U0260392

配电设计手册

PEIDIAN SHEJI SHOUCE

崔元春 主 编
张宏彦 崔连秀 副主编

中国电力出版社
CHINA ELECTRIC POWER PRESS

内 容 提 要

为了帮助和满足电气技术人员和电气专业院校的毕业生尽快适应新技术、新设计、新工艺的技术要求，使其在工程实践中不断提高自身素质和工作效率。作者根据几十年积累的丰富实践经验和跟随我国现时科学技术发展的需要，将电气系统工程常用的技术及数据精编成册，以飼读者。

本书包括以下内容：

上篇　理论基础与计算方法。内容包括第1章重点阐述常用电气工程理论基础知识、第2章阐述了电子元器件基础理论知识、第3章常用图形符号和文字代号、第4章常用法定计量单位及换算、第5章常用物理基础知识及计算、第6章PLC控制与计算机辅助设计、第7章电工电气工程常用计算公式及快速计算方法、第8章短路电流的计算方法及校验、第9章电能计量的计算方法等内容。

下篇　技术应用与设备选型。内容包括第10章变配电系统供电方式及开关类型、第11章特殊环境的类型分区及设备选型、第12章变配电系统工程设计、第13章常用高低压配电开关设备结构特点及技术性能、第14章常用高低压配电系统一次方案单元组合接线图、第15章常用高低压断路器及电动机控制二次回路原理图和接线图、第16章常用高压开关设备主件、第17章常用低压开关设备主件、第18章电力变压器的并列运行、第19章常用电线电缆及母线技术资料、第20章主要列出了电气工程常用国家和行业技术标准。

本书可作为电气工程设计部门和电气成套设备及控制设备的生产企业等专业设计、安装施工人员，变配电工程设计人员和电气行业的安装调试、维修及维护人员的必备工具书，也可作为电工电气专业院校学生和毕业生，作为辅助和职业培训的参考书。

图书在版编目（CIP）数据

配电设计手册/崔元春主编. —北京：中国电力出版社，2015.1
ISBN 978-7-5123-5502-6（2022.2重印）

Ⅰ.①配…　Ⅱ.①崔…　Ⅲ.①配电系统-设计-手册　Ⅳ.①TM72-62

中国版本图书馆CIP数据核字（2014）第014440号

中国电力出版社出版、发行
（北京市东城区北京站西街19号　100005　http://www.cepp.sgcc.com.cn）
三河市万龙印装有限公司印刷
各地新华书店经售
*
2015年1月第一版　2022年2月北京第三次印刷
787毫米×1092毫米　16开本　75.5印张　1863千字
印数4001—5000册　　定价**228.00**元

版 权 专 有　侵 权 必 究
本书如有印装质量问题，我社营销中心负责退换

前言

随着社会科学技术的迅速发展，电气行业也在发生着日新月异的变化。电气系统工程设计、施工也日趋复杂，其在专业设计和变配电设备制造中的地位更是举足轻重。与此同时，对从事电气系统工程设计、安装施工人员的素质和技术水平的要求也越来越高。

为了帮助和满足电气技术人员和电气专业院校的毕业生尽快适应新技术、新设计、新工艺的技术要求，使其在工程实践中不断提高自身素质和工作效率。作者根据几十年积累的丰富实践经验和跟随我国现时科学技术发展的需要，将电气系统工程常用的技术及数据精编成册，以飼读者。

本书特点：各项技术指标均符合国家现行相关技术标准和国际 IEC 标准的要求。内容丰富实用，以点代面，深入浅出，易学易懂，理论实践密切贯穿，数据完整精度准确，资料齐全尽在其中，图样规范层次清楚，参照应用省时省力。本书在编写过程中构思超前，选材精湛，重点突出，具有很高的实用价值。

上篇　理论基础与计算方法：第 1 章重点阐述常用电工电气理论基础知识，它可增强基础理论的认识、提高设计水平；第 2 章阐述了电子元器件基础理论知识，它是高科技发展的理论基础；第 3 章常用图形符号和文字符号，是设计标准图样的必要条件；第 4 章常用法定计量单位及换算；第 5 章常用物理基础知识及计算；第 6 章 PLC 控制与计算机辅助设计，本章对初级设计人员能起到辅导作用；第 7 章电工电气工程常用计算公式及快速计算方法；第 8 章短路电流的计算方法及校验；第 9 章电能计量的计算方法等内容。第 4、5 章和第 7、8、9 章，这 5 章内容全面广泛实用，它在工程设计和日常生活中是离不开的重要数据和计算方法，是设计、选材的重要依据，其中有部分内容对初级人才有着很大的帮助和提高。

下篇　技术应用与设备选型：第 10 章变配电系统供电方式及开关类型；第 11 章特殊环境的类型分区及设备选型。第 10 章和第 11 章，这两章内容是确定工程设计实施方案的先决条件。第 12 章变配电系统工程设计，本章阐述了变配电系统工程设计的方法、步骤及工程实例；第 13 章常用高低压配电开关设备结构特点及技术性能；第 14 章常用高低压配电系统一次方案单元组合接线图；第 15 章常用高低压断路器及电动机控制二次回路原理图和接线图；第 16 章常用高压开关设备主件；第 17 章常用低压开关设备主件；第 18 章电力变压器的并列运行；第 19 章常用电线电缆及母线技术资料。第 13 章至第 19 章的内容是专为工程设计提供设备、材料选型和实施方案而汇编精选的常用技术资料。首先根据工程技术要求从中选取对应方案和设备选型以及主件的选用，再进行系统工程设计。可以帮助读者完成全过程系统工程设计，提高工程设计质量和工作效率。第 20 章和附录，主要列出了电气工程常用国家和生产企业相关技术标准及产品质量管理文件。

本书可作为电气工程设计部门和电气成套设备及控制设备的生产企业等专业设计、安装施工人员，变配电工程设计人员和电气行业的安装调试、维修及维护人员的必备工具书，也可作为电工电气专业院校学生和毕业生，作为辅助和职业培训的参考书。

本书在编写过程中引用了一小部分相关的技术文献，并得到了很多专家的指导和大力支持，并提出了宝贵意见，在此表示衷心的感谢。

因本书纯系作者多年来工作经验的总结与积累，许多方面尚需完善，不妥之处欢迎不吝赐教。

崔元春

2014 年 12 月

目录

下篇 技术应用与设备选型

上篇

理论基础与计算方法

第1章 常用电气工程理论基础

第1节 直流电路的物理概念及基本定律

1. 电的概念

在日常生活中，几乎到处都要用电，但是电究竟是什么呢？我们知道，物质是由分子所组成，而分子是由原子组成，原子则由原子核和电子组成。原子核带正电，电子带负电，这就是平常所说的电。正常情况下，原子核带的正电和电子所带的负电数量相等，因此正负电荷中和，对外并不呈现电的现象。只有在物质得到或失去电子时，才能呈现电性。

2. 电的性质

在物质的原子结构中，电子分数层按照一定的轨道围绕原子核旋转。正常情况下，这些电子被原子核束缚，不会脱离自己的轨道，而成为自由电子，也就是说，在正常情况下，这些物质不会呈现电性。但是如果由于某种原因（例如摩擦或外力作用），使物体失去了电子，则该物体就带了正电。反之，获得电子就带负电。试验证明，电荷之间存在着作用力，同性电荷相互排斥，异性电荷相互吸引。

3. 导体、绝缘体和半导体

凡是能够导电的物体，如铜、铝等金属，称为导体，不能导电的物体，如橡皮、玻璃、塑料等，称为绝缘体，而导电性能介于导体和绝缘体之间的物体如硅、锗等材料，称为半导体。

导体的电阻率一般在10^{-6}～$10^{-3}\Omega \cdot cm$之间，绝缘体的电阻率很大，在10^{8}～$10^{20}\Omega \cdot cm$之间，而半导的电阻率则在10^{-3}～$10^{8}\Omega \cdot cm$之间。

4. 导体与绝缘体的特点

根据物质内部结构分析。如铜、铝的原子结构有很多电子分数层沿不同的轨道围绕着原子核旋转；由于最外层的电子受原子核的束缚力最小，比较容易挣脱束缚而离开原子核成为自由电子。如果这些自由电子在外力的作用下按同一方向运动，就形成了电流，所以铜、铝最易导电，称为导体。

在绝缘体中，原子核对电子的束缚力很强，在一般情况下，不能产生大量的自由电子，所以就不易导电，称为绝缘体。

5. 电阻特性

一般绝缘材料可认为是一个电阻系数很大的导电体，其导电性质是离子性的，而金属导体的导电性质是自由电子性的。

在离子性导电中，代表电流流动的电荷是附在分子上的，它不能脱离分子而移动。当绝缘材料中存在一部分从结晶晶格中分离出来的原子离子时，则绝缘材料具有一定的导电能力。当温度升高时，材料中的原子、分子的活动增加，产生离子的数目也增加，所以导电能力增强，绝缘电阻降低。

而在自由电子性导电的金属导体中，其所具有的自由电子数量是固定不变的，而且不受温度的影响。当温度升高时，材料中的原子、分子活动力增强，自由电子移动时与分子的碰撞的可能性增加，因此，所受的阻力很大，所以，金属导体当温度升高时电阻增加。

6. 超导体的概念

电流在导体内流动时，由于导体本身电阻的存在，将在导体内产生损耗引起发热，从而限制了导体导电能力。

而某些金属在摄氏零下273℃的绝对温度下，电阻会突然消失，这种金属电阻完全消失的特殊现象，称超导电性，具有超导电性的金属称超导体。

如果采用超导体来制作电动机的电枢和磁场绕组，由于电流在超导体内流动时，不会产生任何损耗，从而使电动机的效率得到很大的提高。超导体电动机的效率可达99%以上，在同体积同质量的情况下，超导体电动机的容量可提高10倍，从而改变了电动机的极限容量。

7. 电场和电场强度

（1）在带电体周围的空间，任何电荷都要受到力的作用，这种力称为电场力，而表现有电场力作用的空间称电场。

（2）电场强度是用来表示电场中各点场的强弱和方向的一个物理量。它的定义是：单位正电荷在电场中某一点所受力的大小，叫该点的电场强度，简称场强，用符号E来表示。

$$E=\frac{F}{q_0}$$

式中　q_0——试验电荷；

F——电场力。

一般来说，电场中各点的场强是不一样的，离带电体越远电场越弱。

8. 静电感应

一个不带电的物体，如果靠近带电物体，虽然没有接触，但不带电物体上也会出现电荷。这是因为所有物质所带的正电荷与负电荷数量相等，这样正负电荷中和，不呈现电性。当一个不带电物体靠近带电物体时，如果带电物体所带的是正电荷，它和负电荷相吸，和正电荷相斥，这时靠近带电物体的一面带负电，而另一面带正电。如果把带电物体取走，不带电物体的正负电荷又中和了，仍不带电，这种现象称静电感应。

9. 静电屏蔽

导体在外界电场的作用下，会产生静电感应现象，如果把导体用一个金属罩罩住，则导体便不会产生静电感应现象。这种隔断静电感应的作用，叫作静电屏蔽。

利用静电屏蔽，可使某些电子仪器免受外电场的干扰。另外，利用静电屏蔽的原理制作均压服，能使人在超高压的电场中安全地进行带电作业。

10. 尖端放电原理

如果把导体放到电场中，由于静电感应的结果，在导体中会出现感应电荷。感应电荷在导体表面的分布情况决定于导体表面的形状，试验证明，导体表面凸出的地方所聚集的电荷较多，比较平坦的地方电荷聚集的较少。

在导体尖端的地方由于电荷密集，电场很强，在一定的条件下即可导致空气击穿而发生“尖端放电”现象。如变电站和高大建筑物所安装的避雷针，就是利用尖端放电的原理而设置的。

11. 电流和电流强度

（1）导体内的自由电子或离子在电场力的作用下，做有规律的定向运动，形成电流（也称为直流电）。习惯上规定：电流是由高电位流向低电位，而电子是由低电位流向高电位，正电荷移动的方向作为正方向。电流用英文字母 I 表示。

以上所说的导体是对金属导体而言，对于其他类型的导体（如电解液和电离气体），参加运动的导电粒子则不同。在电解液中是正负离子，而在电离气体中，则自由电子、正负离子三者兼有。

（2）为了衡量电流的强弱，引入了电流强度这个物理量。它的定义为单位时间内通过导体截面的电荷量，用如下公式表示。

$$I=\frac{Q}{t}$$

式中　Q——电量，C；

t——时间，s；

I——电流，A。

1A 电流相当于每秒钟在导体的截面通过 1C 的电量，约为 6.4×10^{18} 个电子所带电荷的总和。

12. 电源的定义

能将其他形的能量转换成电能的设备叫电源。如发电机、蓄电池和光电池等都是电源，它们分别把机械能、化学能、光能等转换成电能。

13. 电动势（电压）

在电源（电场）力的作用下，将导体内部的正、负电荷推移到导体的两端所做的功，使其两端产生了电位差，这个电位差叫电动势，又称电压。

用公式来表示，即

$$U=\frac{W}{Q}$$

式中　U——电压，V；

W——电功，J；

Q——电量，C。

14. 电源的串联及表达式

把第一个电池的正极接到第二个电池的负极上，第二个电池的正极接到第三个电池的负极上，第三个电池的正极和第一个电池的负极各引出一段线的端头作为负载的正、负极端头。这种连接的方法叫做电源的串联，如图 1-1 所示。

串联电池的总电动势（即电压）等于各个电池的电动势之和。用公式来表示

$$E=E_1+E_2+E_3$$

式中　E——串联电池的总电动势，V；

E_1、E_2、E_3——各个电池的电动势，V。

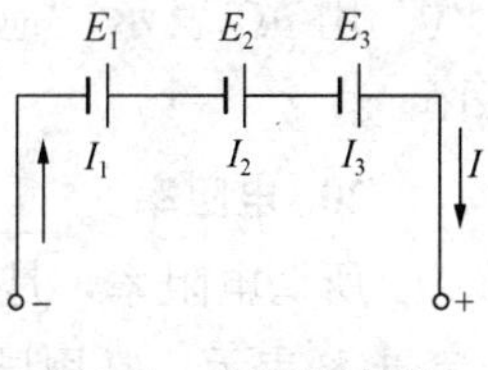

图 1-1　电源的串联

15. 电源的并联及表达式

把电源的正极和正极连接在一起，引出一段线作为电源的正极，再把电池的负极和负极连接在一起；引出一段线作为电源的负极，这种连接方法叫作电源的并联，如图 1-2 所示。用公式来表示：

$$E=E_1=E_2=E_3$$

电源并联后，电路上的总电压等于各个电池的电压，总电流等于各个电池所供给的电流

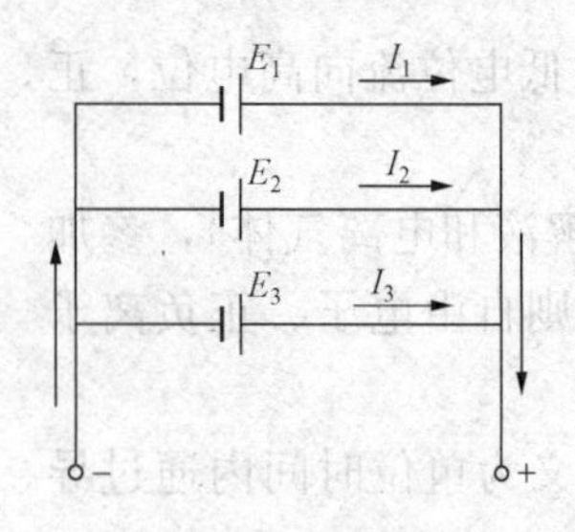

图 1-2　电源的并联

之和。换言之，并联电压相等，电流增大。串联电流相等，电压增大。即

并联时 $E=E_1=E_2=E_3$，$I=I_1+I_2+I_3$。

串联时 $E=E_1+E_2+E_3$，$I=I_1=I_2=I_3$。

16. 短路与断路

（1）电气设备在正常运行时，其电流的途径是电源的一端经电气设备的绕组（负载）流回电源的另一端而形成闭合回路。如果由于某种原因，使绕组的绝缘破坏或发生相间碰线，由此导致电流剧增的现象叫做短路。

（2）在闭合回路中，发生断线使电流不能导通的现象称做断路。

17. 热电效应

将两根不同金属导线的两端分别连接起来，组成一闭合回路，一端加热，另一端冷却，导线中将产生电流。另外，在一段均匀导线上如果有温度差存在，也会有电动势产生，这些现象称为热电效应。

热电效应是可逆的，单位时间的发热量 Q 与电流强度成正比，并且与两端金属的性质有关。工业上用来测量高温的热电偶，就是利用热电效应原理制成的。

18. 光电效应

光照射在某些物体上，使它释放出电子的作用称为光电效应。从晶体和半导体中释放出电子，使其导电性增大，称内光电效应；所放出的电子脱离了物体，称外光电效应；而用电子冲击物质使它发光的现象，称为反光电效应。

太阳能电池、光电管、光敏电阻等，就是利用光电效应而制成的。

19. 电阻

电流在导体内流动所受到的阻力叫电阻。为什么电流在导体内流动会受到阻力呢？这是因为电流是自由电子沿着一定方向运动所形成的，自由电子在运动过程中，有时被其他原子拉住，而别的电子又被推出来，这样拉来推去，使电子的运动受到了阻力。

电阻常用单位“欧姆”，简称“欧”用字母 Ω 来表示。另外，根据测量（计量）的要求，电阻的单位还有“兆欧”用 MΩ 表示、“千欧”用 kΩ 表示、“毫欧”用 mΩ 表示和“微欧”用 μΩ 表示。他们的换算关系是：$1\text{M}\Omega=10^6\Omega$、$1\text{k}\Omega=10^3\Omega$、$1\text{m}\Omega=10^{-3}\Omega$、$1\mu\Omega=10^{-6}\Omega$

20. 电阻率

所谓电阻率，是指各种导体长为 1m，截面积为 1mm²，温度为 20℃时所测的电阻值，用字母 P 表示。常用导体材料的电阻率见表 1-1。

表 1-1　常用导线材料的电阻率

材料名称	电阻率 ρ（nΩ·m）	材料名称	电阻率 ρ（nΩ·m）	材料名称	电阻率 ρ（nΩ·m）
银	0.0165	铝	0.0295	铁	0.0978
铜	0.0175	钨	0.0548	铅	2.222

计算导体电阻公式如下

$$R = \rho \frac{L}{S}$$

式中　R——导体电阻，Ω；

ρ——导体的电阻率，Ω · mm²/m；

L——导体的长度，m；

S——导体的截面积，mm²。

21. 欧姆定律

欧姆定律反映了电路中电阻、电压、电流的相互关系，它不仅适用于直流电路，也适用于交流电路。它常用以下两种形式来表示：

（1）部分电路的欧姆定律。在一段不含电动势只有电阻的电路中，当电路中的电阻一定时，流过电阻的电流与两端的电压成正比，当电路中两端的电压一定时，流过电阻的电流与其电阻成反比，如图 1-3 所示。

用公式表示为
$$I=\frac{U}{R}$$

式中　I——电流，A；

U——电压，V；

R——电阻，Ω。

应用欧姆定律不仅可以计算电流，也可以计算电压 $U=IR$ 及电阻 $R=\frac{U}{I}$，所以只要知道其中的两个量，代入公式即可求出第三个量。

（2）全电路欧姆定律。在只有一个电源而无分支的闭合电路中，电流与电源电动势成正比，与电路的总电阻（电源内阻 r_0 和负载电阻 R）成反比，如图 1-4 所示。

用公式表示为

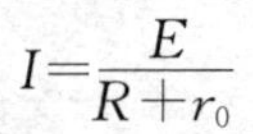

$$I=\frac{E}{R+r_0}$$

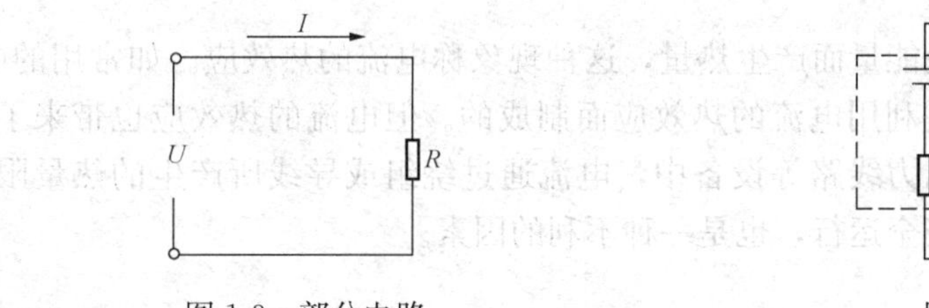

图 1-3　部分电路

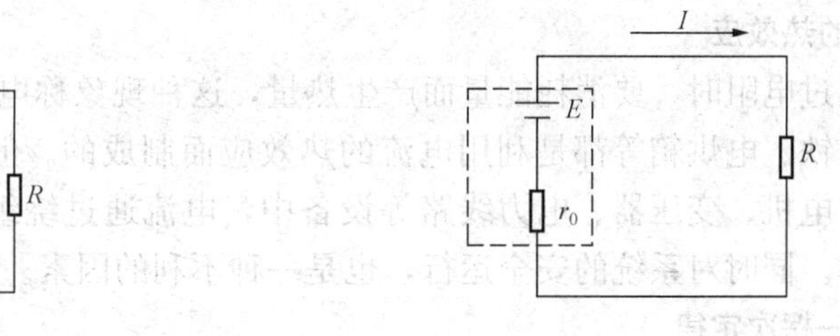

图 1-4　全电路

22. 电导

电导就是表征物体传导电流的能力。电导是电阻的倒数，用公式表示为

$$G = \frac{1}{R}$$

式中　G——电导，1/Ω。

23. 线性电阻和非线性电阻

（1）线性电阻的阻值不随着电压、电流的变化而改变，是一常数，其伏安特性为一直线。线性电阻上的电流与电压关系服从欧姆定律，一般常用的电阻多数为线性电阻。

（2）非线性电阻的阻值随着电压、电流的变化而改变，其伏安特性为一曲线，所以不能用欧姆定律来直接运算，只能根据伏安特性用做图的方法来求解，例如晶体二极管就是一个非线性电阻元件。

24. 功率与电能

（1）功率是指单位时间内电场力所做的功。

即
$$P=\frac{A}{t}$$

式中 A——电功，J；

t——时间，s；

P——功率，W。

1W=1J/s，一般常用千瓦（kW）表示。它们的换算关系是1kW=1000W。

（2）电能是指一段时间内电源力所做的功称为电能。即 $W=Pt$

1kW的负载在1h内所消耗的电能为1kWh，俗称1度电。

（3）功率的换算关系。

$$P=\frac{W}{t}=IU=I^2R=\frac{U^2}{R}$$

它适用于直流电路或纯电阻负载的单相交流电路的计算。

25. 效率

由于能量在转换和传递过程中，不可避免地产生各种损耗，即输出功率总是小于输入功率。为了衡量能量在转换和传递过程中损耗的程度，把输出功率和输入功率之比（用百分数表示）定义为效率。即

$$\eta=\frac{P_2}{P_1}\times100\%$$

式中 η——效率；

P_2——输出功率；

P_1——输入功率。

26. 电流的热效应

当电流通过电阻时，要消耗能量而产生热量，这种现象称电流的热效应。如常用的电炉、白炽灯、电烙铁、电烘箱等都是利用电流的热效应而制成的。但电流的热效应也带来了很大的麻烦，如在电机、变压器、电力线路等设备中，电流通过绕组或导线所产生的热量限制了设备的利用率。同时对系统的安全运行，也是一种不利的因素。

27. 焦耳—楞次定律

电流通过导体时，将在导体上产生热量。其热量的大小与流过导体电流值的二次方、导体本身的电阻以及通电时间成正比，这就是焦耳—楞次定律。

试验表明：1Ω电阻的导体通过1A电流时，每秒钟所产生的热量为0.24kal。公式如下

$$Q=0.24I^2Rt$$

式中 Q——热量，kal。

注：1kal等于把1g水升高1℃时所需的热量。

28. 基尔霍夫第一定律

基尔霍夫第一定律，它表示任一时刻连接在同一节点的各个支路电流间的关系。在电路中，任一时刻流入任一节点的电流和，恒等于流出节点的电流和，即任一时刻，流进或流出任一节点的电流代数和恒等于零。用公式来表示 $\sum I=0$

29. 基尔霍夫第二定律

基尔霍夫第二定律，它是说明回路中电动势及电压降之间关系的一条基本定律。

电路中任一时刻任一回路，各段电位升（电动势）的代数和等于电位降（电压降）的代数和。用公式表示为

$$\sum E = \sum IR$$

式中电动势和电压降的正负号规定如下：在回路中任取一环绕方向，若电动势或电流方向与环绕方向一致时，取正号，反之取负号。若回路中无电动势，则公式右端应取零。用下式表示：

$$\sum E = \sum IR = 0$$

30. 电阻的串联

把电阻一个接一个成串的连接起来，使电流只有一条通路，叫作电阻串联，如图 1-5 所示。

串联电阻的总电阻可用下式计算

$$R = R_1 + R_2 + R_3 + \cdots + R_n$$

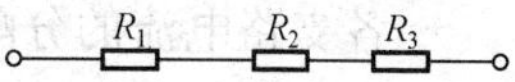

图 1-5 电阻串联

如通过串联电路的电流为 I，可按欧姆定律计算各电阻的电压降。公式为

$$U_1 = IR_1$$

$$U_2 = IR_2$$

由此可知，在串联电路中，总电压等于各电阻的电压降之和。即

$$U = U_1 + U_2 + U_3 + \cdots + U_n$$

31. 两电阻串联，各电阻上的电压分配

各电阻上的电压分配关系，可按分压公式求得：

$$U_1 = U\frac{R_1}{R_1 + R_2}，\quad U_2 = U\frac{R_2}{R_1 + R_2}$$

式中 U_1——R_1 两端的电压；

U_2——R_2 两端的电压；

U——加到两电阻上的总电压。

由上可知，总电压是按电阻值成正比的关系分配在两个电阻上的，电阻大的分得电压大，电阻小的分得电压小。

32. 电阻的并联

在电路中，把电阻相互并排地连接起来，使电流有几条通路，叫电阻并联，如图 1-7 所示。

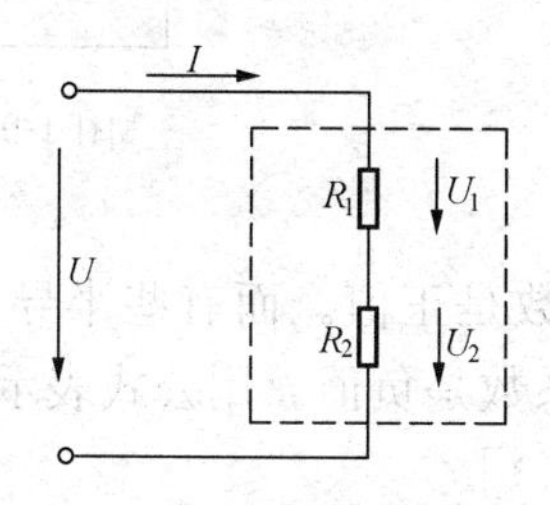

图 1-6 两电阻串联

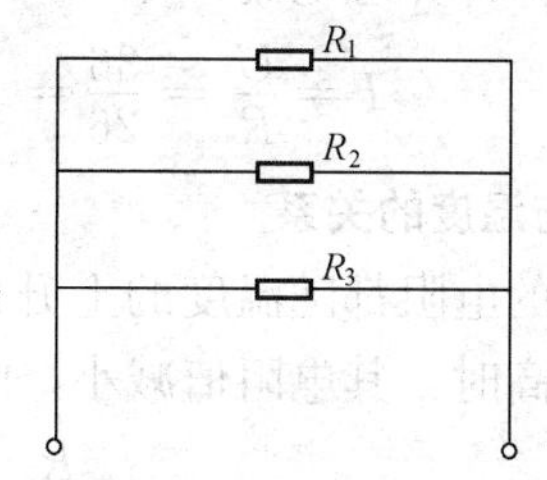

图 1-7 电阻并联

并联电阻两端所受的电压是相等的，因此从电源一端通过并联各电阻流到另一端的总电流，等于各个电阻上所流过的电流之和。即总电流为

$$I = I_1 + I_2 + I_3 + \cdots + I_n$$

式中　I——并联电路的总电流；

I_1、I_2、$I_3 \cdots I_n$——通过各个并联电阻上的电流。

在实际工作中，如遇两个电阻并联，其总电阻可按下式计算

$$R=\frac{R_1 R_2}{R_1+R_2}$$

在并联电路中，总电阻的倒数等于各支路电阻倒数之和。如遇两个以上的电阻并联时，其总电阻可按下式计算

$$\frac{1}{R}=\frac{1}{R_1}+\frac{1}{R_2}+\frac{1}{R_3}+\cdots+\frac{1}{R_n}$$

式中　R——并联电路的总电阻；

R_1、R_2、$R_3 \cdots R_n$——各并联支路的电阻。

33. 两电阻并联，各支路的电流分配

各支路电流的分配关系，可按分流公式来求得，即

$$I_1=I\frac{R_2}{R_1+R_2}$$

$$I_2=I\frac{R_1}{R_1+R_2}$$

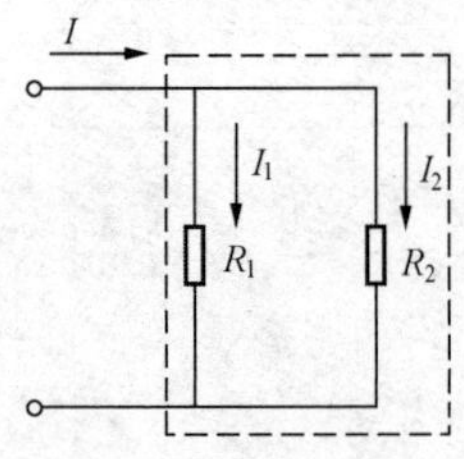

图 1-8　两个电阻并联

由上可知，总电流是按电阻值成反比分配在两个电阻上的，电阻小的分得电流大，电阻大的分得电流小。

34. 电阻复（混）联及总电阻计算

在电路中，电阻如既有并联又有串联，那么这个电路就叫做复联。如果要计算复联电路的总电阻，首先要合并串联和并联部分，再计算总电阻。

【例 1-1】　有一复联电路，如图 1-9 所示，电阻 R_1 为 20Ω，R_2 为 10Ω，R_3 为 15Ω，电源电压为 36V，试求复联电路的总电阻和总电流。

解：先计算 R_2 和 R_3 并联后的电阻

$$R_{2\cdot 3}=\frac{R_2 R_3}{R_2+R_3}=\frac{10\times 15}{10+15}=\frac{150}{25}=6(\Omega)$$

因 $R_{2\cdot 3}$ 与 R_1 是串联，所以总电阻为

$$R=R_{2\cdot 3}+R_1=6+20=26(\Omega)$$

按欧姆定律计算总电流，即

$$I=\frac{U}{R}=\frac{36}{26}=1.38(\text{A})$$

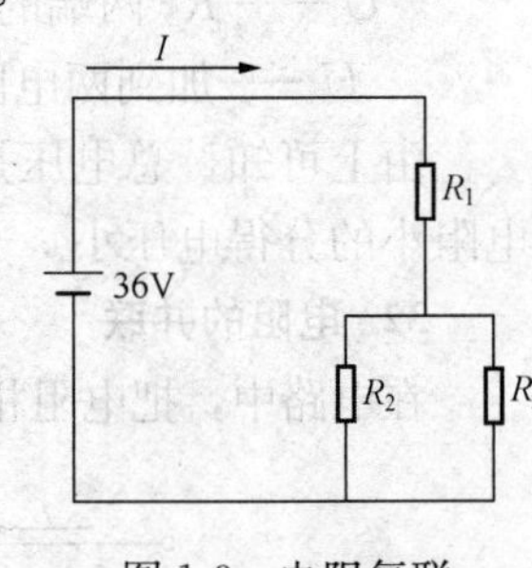

图 1-9　电阻复联

35. 电阻与温度的关系

通常金属的电阻都随温度的上升而增大，故温度系数是正值。而有些半导体材料、电解液，当温度升高时，其电阻值减小，因此它的电阻温度系数是负值。用公式表示如下：

$$R_2=R_1[1+a_1(t_2-t_1)]$$

式中　R_1——温度为 t_1 时导体的电阻，Ω；

R_2——温度为 t_2 时导体的电阻，Ω；

a_1——以温度 t_1 为基准时导体的电阻温度系数；

t_1、t_2——导体的温度，℃。

36. 标准电阻

标准电阻是为测量直流电路中的电阻而设计的，其标称电阻值和所标定的误差，也只适用于直流电阻的测量。如用在交流测量中，由于本身的电感和导线间及接头间的电容影响，误差将增大。

37. 电位与电压的区别

单位正电荷在电场中某一点所具有的势能称作电位。电压是两点间的电位差，亦即单位正电荷从电场中的某一点移到另一点时所做的功。

由此可见，电位是指电路中某一点的势能，而电压是两点间的电位差。电位的高低与所选择的参考点有关，当电位的参考点改变时，电位的高低也随之改变。但不论选择哪点作为参考点，任意两点间的电压是不会改变的。应当注意的是：一个电路里只能有一个参考点。

第 2 节 交流电路的物理概念及基本定律

1. 电容及电容器

（1）被电介质（绝缘体）分开的两个金属片（或任何形状的金属导体）的组合体可以储蓄很多电量，这个导体的组合就叫做电容器。而这两个金属导体叫做电容器的极板。储存电荷的本领叫做电容。把电容器储存电荷的过程称为电容器的充电。

（2）如果把电容器的两个极板连接到电源上，在电场力的作用下，电源负极的自由电子将移向与它相接的极板上，使该极带负电荷。与此同时，另一极板上的自由电子将移向电源正极，使其出现等量的正电荷。这种电荷移动直到极板上的电压与电源电压相等为止。这个过程也叫做电容器的充电。

（3）电容器所能储存电荷的量 Q 与外加电压 U 之比是个常数，用 C 表示，叫做电容。

$$C=\frac{Q}{U}$$

式中 C——电容，F；

Q——电量，C；

U——电压，V。

（4）电容量的大小只决定于电容器自身的结构，如增大两极板的面积和缩小两极间的距离，提高介电系数，都可提高电容量。

（5）在实际应用中，电容一般用微法（μF）或微微法（$\mu\mu$F 或 pF）作单位，它们之间的关系如下

$$1\text{F}=10^6\mu\text{F}$$
$$1\mu\text{F}=10^6\text{pF}$$
$$1\text{F}=10^{12}\text{pF}$$

2. 负温度系数电容器

一般介质制成的电容器，其容量随着工作温度的增高而略有增加。但用陶瓷制成的电容器，其容量随着温度的增高而略有下降，这种电容器称为负温度系数电容器。

3. 电容器的性能

（1）电容器隔断直流。虽然电容器在充电时间内，电路中有充电电流，但充电时间极为短暂，常在1‰s左右，故常称暂态电流。当充电过程结束后，电路中便不再有电流通

过，所以常在不专门研究暂态过程的情况下，说直流电不能通过电容器。即电容器能隔断直流。

（2）电容器通交流。电容器接在交流电路中与接在直流电路中情况不同，将电容器与白炽灯串联在一起接交流电源时，发现白炽灯一直在亮，这说明电路中始终有电流通过，这是因为交流电的大小与方向在不断地变化，不断地使电容器充电与放电，因而使电路始终有电流流通。

根据上述功能，常把电容器用在直流电路中作为隔直或滤波器件。用在交流电路中作为补偿电能（电压）或隔直器件。

4. 电容器的串联

把几个电容器头尾串接起来，叫做电容的串联。串联电容器两端的总电压，等于各个电容器上的电压之和。其总电容值可按下式计算：

$$\frac{1}{C}=\frac{1}{C_1}+\frac{1}{C_2}+\frac{1}{C_3}+\cdots+\frac{1}{C_n}$$

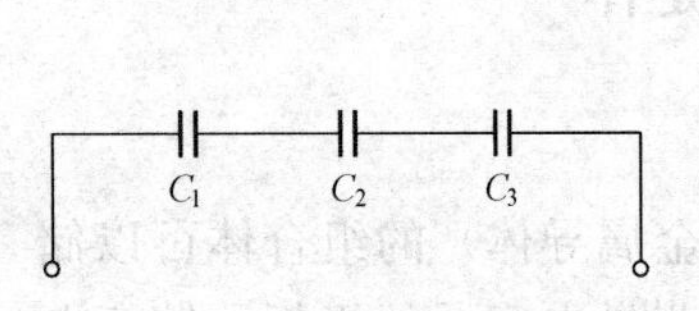

图 1-10　电容的串联

式中　C——串联电容器的总电容，F；

C_1、C_2、$C_3\cdots C_n$——各电容器电容，F。

可见，串联电容器总电容的倒数等于各个电容的倒数之和。电容器串联时，其总容量是减少的。

5. 串联电容器的用法

即使串联电容器的容量相同，由于电容器本身绝缘电阻各不相同，将有不同程度的漏电流存在，如将绝缘电阻不同的电容器串联在一起时，根据分压原理，则绝缘电阻大的电容器两端电压将超过其耐压值而造成击穿，全部电压将加在其他电容器上，将电容器逐个击穿。

为了解决这个问题，一般在每个电容器两端并联一个均压电阻，其阻值按电容器绝缘电阻的 1/10 以下选择。

6. 电容器的并联

如果电容器的容量小于需要时，可把几个电容器并联起来用。并联的方法是把各个电容器并排地连接起来，各引出一段线跨接于电源上，叫做电容器的并联，参见图 1-11。并联电容器在电路中各个电容器所承受的电压都相等（即电源电压）。因此，电容器所充的总电荷，等于各个电容器所充的电荷之和。并联电容器的总电容可按下式计算：

$$C=C_1+C_2+C_3+\cdots+C_n$$

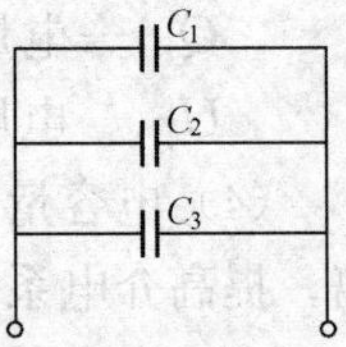

C1
C2
C3

图 1-11　电容并联

式中　C——并联电容器的总电容，F；

C_1、C_1、$C_3\cdots C_n$——各个电容器的电容，F。

7. 交流电的定义及应用

交流电是指电路中电流、电压及电势的大小和方向都随着时间做周期性变化，这种随时间做周期性变化的电流称交变电流，简称交流。

所谓直流电，就是电源电动势的大小和方向恒定不变，当电路结构和负载电阻不变时，各部分电流和电压的大小和方向也不随时间变化。图 1-12 是交流电和直流电的波形图。

图中横坐标表示时间（t）、纵坐标表示瞬时电流（i）、电势（e）、电压（u），横轴上方为电流正值，横轴下方为电流负值。

交流电可以通过变压器变换电压，在远距离输电时通过升高电压以减少线路损耗。而当

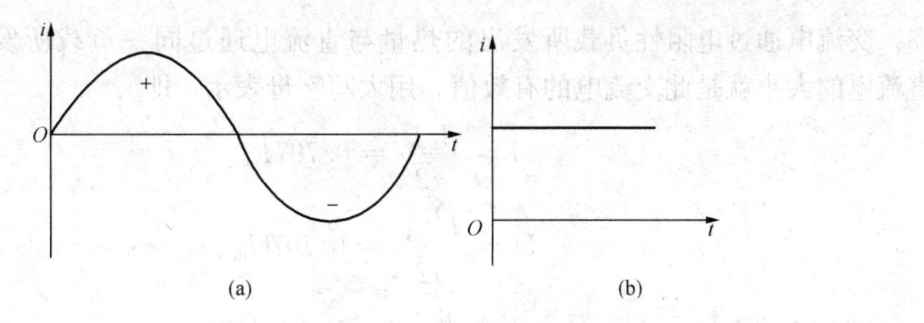

图 1-12 交、直电波形图

（a）交流电正弦波；（b）直流电

使用时，又可通过降压变压器变成低压，既能保证安全，又能降低对设备的绝缘要求。此外，交流电动机与直流电动机相比较，具有造价低廉、坚固耐用、维护简便等优点。所以交流电获得了广泛的应用。

8. 周期、频率和角频率

交流电变化一个周波所需的时间称为周期。用符号 T 来表示，单位为 s。

交流电每秒变化的次数，称为频率。用符号 f 来表示，单位为赫兹（Hz）。

交流电在单位时间内变化的角度称为角频率。用符号 ω 来表示，单位为 rad/s，它们之间的关系如图 1-13 所示。

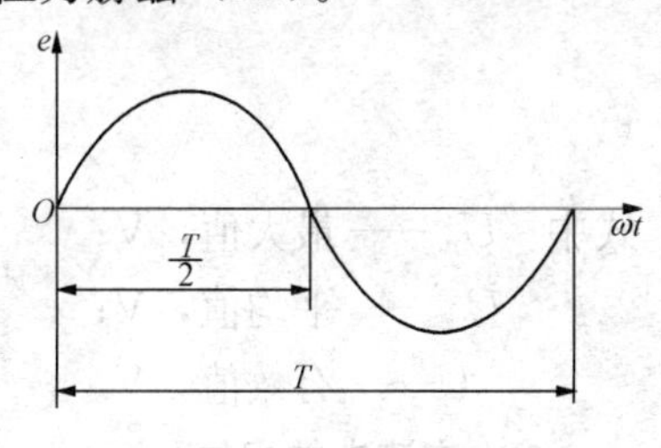

图 1-13 周期与频率的关系

各变量之间有如下换算关系

$$T = \frac{1}{f} = \frac{2\pi}{\omega}$$

$$f = \frac{1}{T} = \frac{\omega}{2\pi}$$

$$\omega = \frac{2\pi}{T} = 2\pi f$$

9. 交流电瞬时值、最大值、有效值和平均值

（1）交流电是按正弦曲线变化的，任一瞬间的数值称为瞬时值，用小写字母表示

$$i = I_{max}\sin(\omega t + \varphi)$$

$$u = u_{max}\sin(\omega t + \varphi)$$

$$e = e_{max}\sin(\omega t + \varphi)$$

式中 i——电流瞬时值，A；

u——电压瞬时值，V；

e——电动势瞬时值，V。

（2）交流电正弦曲线的波幅称为交流电的最大值或振幅值，用大写字母表示，并在右下角注 max（表示最大值），即

$$I_{max} = \sqrt{2}I = 1.414I$$

$$U_{max} = \sqrt{2}U = 1.414U$$

$$E_{max} = \sqrt{2}E = 1.414E$$

式中 I_{max}——电流最大值，A；

U_{max}——电压最大值，V；

E_{max}——电动势最大值，V。

(3) 交流电通过电阻性负载所发出的热量与直流电通过同一负载所发出的热量相等时，这一直流电的大小就是此交流电的有效值。用大写字母表示，即

$$I=\frac{I_{max}}{\sqrt{2}}=0.707I_{max}$$

$$U=\frac{U_{max}}{\sqrt{2}}=0.707U_{max}$$

$$E=\frac{E_{max}}{\sqrt{2}}=0.707E_{max}$$

式中 I——电流有效值，A；

U——电压有效值，V；

E——电动势有效值，V。

(4) 交流电平均值是指正弦电流在半个周期内的平均值，用以衡量脉动电流的大小，正弦电流在一个周期内的平均值等于零。

(5) 以电压为例，最大值与平均值、有效值的关系。即

$$U_{m}=1.57U_{cp}=1.414U$$

$$U_{cp}=0.637U_{m}=0.9U$$

$$U=0.707U_{m}=1.11U_{cp}$$

式中 U_{m}——最大值，V；

U_{cp}——平均值，V；

U——有效值，V。

10. 交流电的相位

当线圈在均匀的磁场中作等速旋转时，导线切割磁力线，即感应出电动势，这种感应电动势的变化情况可用正弦曲线或旋转的向量来表示。如果有三个线圈，它们在空间的位置上互差120°角，在均匀的磁场中以相同的速度作等速旋转，这时在三个线圈中即产生频率相同的感应电动势。由于三个线圈在空间的位置不同（互差120°），感应电动势的变化在时间上就有先后的差别，这种先后差别叫相位。

11. 视在功率、有功功率、无功功率及计算

(1) 在具有电阻和电抗的交流电路中电压与电流有效值的乘积称为视在功率。用符号 S 表示，单位为（VA）或（kVA）。变压器的容量是指它的视在功率。

1）单相交流电路计算公式

$$S=UI$$

2）对称三相交流电路计算公式

$$S=3U_{\phi}I_{\phi}=\sqrt{3}U_{x}I_{x}$$

(2) 在交流电路中，有功功率又叫平均功率，即瞬时功率在一个周期内的平均值。它是指电路中电阻部分所消耗的功率，用符号 P 表示，单位为（W或kW）。

1）单相交流电路计算公式

$$P=UI\cos\varphi$$

2）对称三相交流电路计算公式

$$P=3U_{\phi}I_{\phi}\cos\varphi=\sqrt{3}U_{x}I_{x}\cos\varphi$$

(3) 在具有电感或电容的交流电路中，它们只与电源进行能量的交换，并没有消耗真正的能量。把与电源交换能量的功率的振幅值叫做无功功率，用符号 Q 表示，单位为 Var 或 kvar

1) 单相交流电路计算公式：

$$Q = UI\sin\varphi$$

2) 对称三相交流电路计算公式：

$$Q = 3U_{\phi}I_{\phi}\sin\varphi = \sqrt{3}U_{x}I_{x}\sin\varphi$$

(4) 综上所述，在交流电路中的功率有三种，即视在功率、有功功率和无功功率。不论负载是星形接法（Y），还是三角形（△）接法，只要三相电路对称，则三相功率就等于三倍的单相功率，这是因为每一相的电压和电流都相等，阻抗角也相等，每相的功率就必定相等，它们的表达公式为

$$S = UI \quad S = 3U_{\phi}I_{\phi} = \sqrt{3}U_{x}I_{x}$$

$$P = UI\cos\varphi \quad P = 3U_{\phi}I_{\phi}\cos\varphi = \sqrt{3}U_{x}I_{x}\cos\varphi$$

$$Q = UI\sin\varphi \quad Q = 3U_{\phi}I_{\phi}\sin\varphi = \sqrt{3}U_{x}I_{x}\sin\varphi$$

式中　S——视在功率，VA；
U——电压有效值，V；
I——电流有效值，A；
U_{ϕ}——相电压，V；
I_{ϕ}——相电流，A；
U_{x}——线电压，V；
I_{x}——线电流，A；
φ——相电压与相电流的相位差；
$\cos\varphi$——功率因数；
P——有功功率，W；
Q——无功功率，Var。

如果三相负载不对称，则应分别计算各相功率，三相功率等于各相功率之和。

12. 功率因数及计算

功率因数是指负载所需有功功率 P 与视在功率 S 的比值。即 $\cos\varphi=\dfrac{P}{S}$

如果功率因数过低，将使电源设备的容量不能充分利用。

例如，有一台 10kVA 220V 的单相变压器，当负载的功率因数分别为 $\cos\varphi=1$ 和 $\cos\varphi=0.5$ 时，输出的有功功率各为多少？

解： $I=\dfrac{S}{U}=\dfrac{10\times1000}{220}=45.5$ (A)

$\cos\varphi=1$ 时

$$P = UI\cos\varphi = 220\times45.5\times1 = 10(\text{kW})$$

$\cos\varphi=0.5$ 时

$$P = UI\cos\varphi = 220\times45.5\times0.5 = 5(\text{kW})$$

由此可见，负载功率因数过低，变压器输出的有功功率就越小。

另外，由于功率因数过低，致使线路上的无功功率增加，无功功率越大，线路上的电压降和功率损耗就越大，所以提高功率因数具有很大的经济意义。

13. 相电压、相电流及星形连接

三相交流电路中，三相输电线（相线）与中性线之间的电压称为相电压，每相负载中流过的电流称为相电流，用公式表示为$U_x = \sqrt{3}U_\phi$；$I_x = I_\phi$。负载的星形连接见图 1-14。

14. 线电压、线电流及三角形连接

三相交流电路中，三相输电线（相线）各线之间的电压称为线电压，各线中流过的电流称为线电流，用公式表示为$U_x = U_\phi$；$I_x = \sqrt{3}I_\phi$。负载的三角形连接见图 1-15。

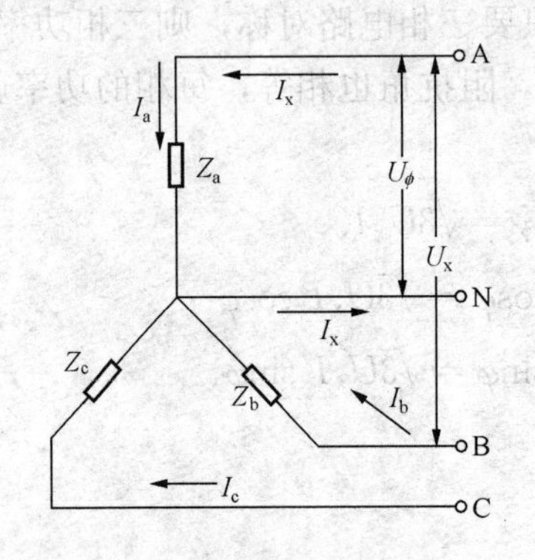

图 1-14　负载的星形连接

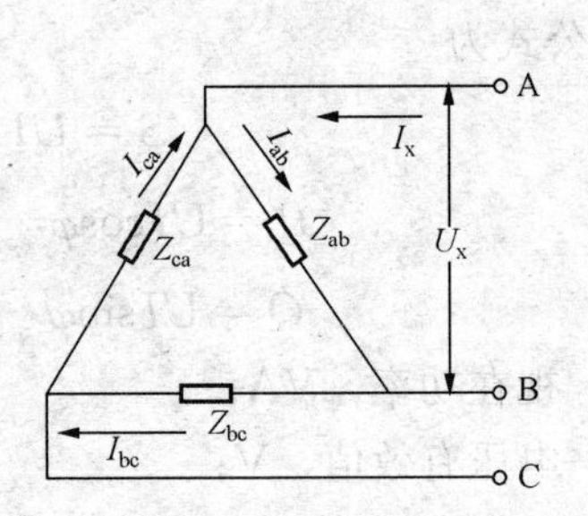

图 1-15　负载的三角形连接

15. 电路中的阻抗、感抗、容抗

（1）当交流电流流过具有电阻、电容、电感的电路时，电阻、电容、电感三者具有阻碍电流流过的作用，这种作用称为阻抗，用字母 Z 表示。阻抗是电压有效值和电流有效值的比值，计算公式为

$$Z = \sqrt{R^2 + (X_L - X_C)^2} = \frac{U}{I}$$

（2）当交流电流过具有电感线圈的电路时，电感有阻碍电流流过的作用，这种阻碍作用称为感抗，用字母 X_L 表示，计算公式为

$$X_L = \omega L = 2\pi f L$$

式中　ω——角频率。

（3）当交流电通过具有电容的电路时，电容有阻碍电流通过的作用，这种阻碍作用称为容抗，用字母 X_C 表示，计算公式为

$$X_C = \frac{1}{\omega C} = \frac{1}{2\pi f C}$$

16. 电阻、电感、电容在电路中相互串联或并联后的阻抗计算

（1）电阻、电感串联的阻抗计算公式为

$$Z = \sqrt{R^2 + X_L^2}$$

参见图 1-16。

（2）电阻、电容串联的阻抗计算公式为

$$Z = \sqrt{R^2 + X_C^2}$$

参见图 1-17。

(3) 电阻、电感、电容串联阻抗的计算公式为

$$Z=\sqrt{R^2+(X_L-X_C)^2}=\sqrt{R^2+X^2}$$

$$X=X_L-X_C$$

参见图 1-18。

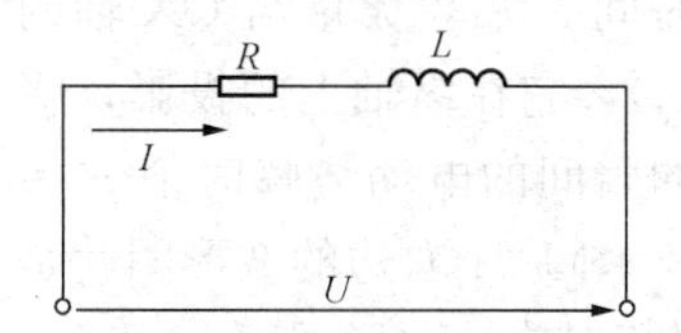

图 1-16 电阻、电感串联

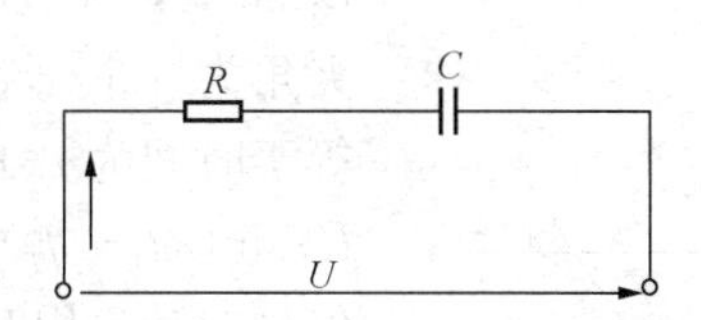

图 1-17 电阻、电容串联

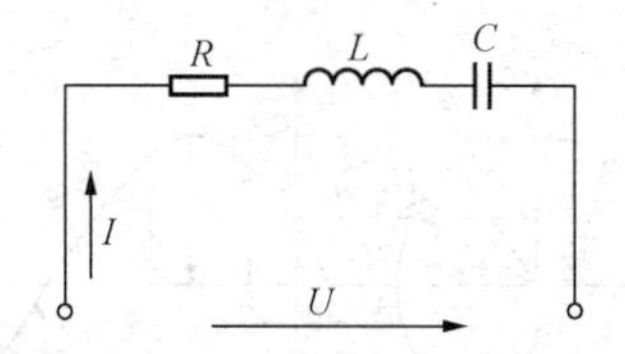

图 1-18 电阻、电感、电容串联

当 $X_L>X_C$ 时电路呈电感性，当 $X_L<X_C$ 时电路呈电容性。

(4) 电阻，电感并联的阻抗计算公式为

$$\frac{1}{Z}=\sqrt{\left(\frac{1}{R}\right)^2+\left(\frac{1}{X_L}\right)^2}$$

参见图 1-19。

(5) 电阻、电容并联的阻抗计算公式为

$$\frac{1}{Z}=\sqrt{\left(\frac{1}{R}\right)^2+\left(\frac{1}{X_C}\right)^2}$$

参见图 1-20。

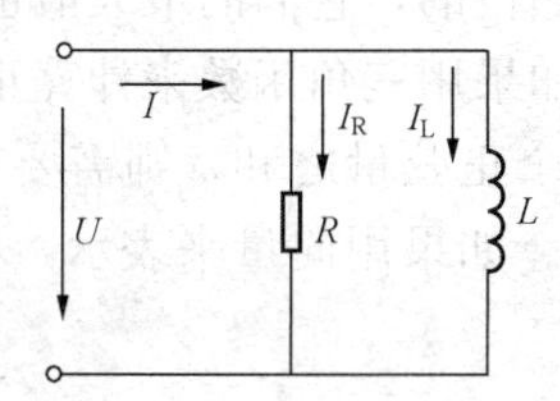

图 1-19 电阻、电感并联

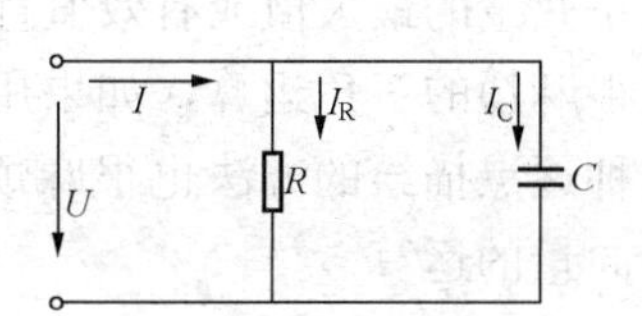

图 1-20 电阻、电容并联

17. 集肤效应

当交流电通过导线时，导线截面上各处电流分布不均匀，中心处电流密度小而靠近表面处的电流密度大，这种电流分布不均匀的现象称为集肤（趋肤）效应，而且这种现象随着频率的增高和导线截面的增大越来越显著。

考虑到交流电的集肤效应，为了有效地利用导线材料，发电厂的大电流母线常做成槽形或菱形，另外，在高压输配电线路中，利用集肤效应的影响，用钢芯铝线代替铝绞线，这样既节省了铝导线，同时也增加了导线的机械强度。

18. 向量、正弦量与向量之间的关系

向量也称矢量，它既有大小又有方向，向量的长短表示向量的大小，向量与横轴的夹角能够表示向量的方向。

正弦量可以用一个旋转向量来表示，向量的大小表示正弦量的最大值，向量的初始位置代表正弦量的初相位，向量旋转的角速度代表正弦量的角频率，向量旋转时在纵轴上的投影代表正弦量的瞬时值。

例如，用旋转矢量来表示正弦电动势 $e=E_m\sin(\omega t+\psi_e)$ 的方法如下：如图 1-21 所示，从直角坐标原点 O 作矢量 E_m，长度等于正弦交流电势的振幅 E_m，与水平轴正方向（OX）的夹

角等于电动势的初相角 ψ_c（ψ_c 为正值依反时针方向作出，而负值则依顺时针方向作出），并设矢量围绕原点 O，沿反时针方向以等于电动势角频率 ω 的恒定速度旋转。那么任何时刻这旋转矢量在纵轴上的投影，均等于这瞬间电动势的瞬时值。

从图 1-21 可以看出，当 $t=0$ 时旋转矢量在纵轴上的投影，即为电势的初始值 $e_0=E_m\sin\psi_c$，经过时间 t_1 后，矢量与 OX 轴的夹角为 $(\omega t_1+\psi_c)$，它在纵轴上的投影，将等于时间为 t_1 的瞬间的电动势瞬时值 $e_1=E_m\sin(\omega t_1+\psi_c)$，图 1-21 右边的波形图就是矢量旋转一周时相对应的波形图。

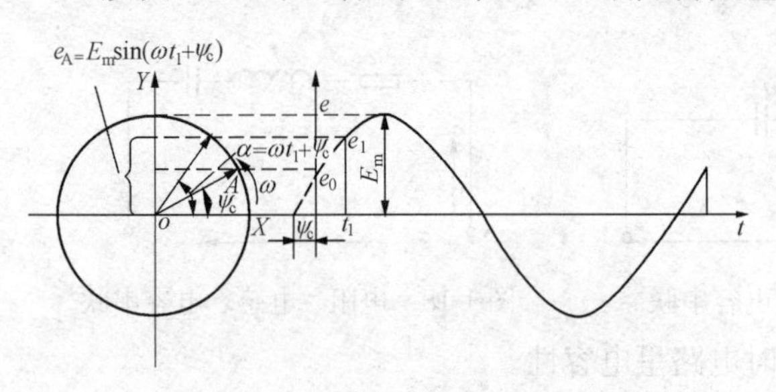

图 1-21　用旋转矢量表示正弦量

由此可见，旋转矢量可以完整地表示出按正弦规律变化的交流电。或者说，任意正弦交流电可由相应的旋转矢量来表示。

必须指出，只有随时间按正弦规律变化的量才能用旋转矢量来表示。

将同频率的正弦交流电用矢量表示在同一个图上，由于它们角频率相同，所以不论旋转到什么位置，彼此间的夹角，即相位差始终不变。通常在研究同频率正弦交流电各矢量间的关系时，都不标出角频率，而只是按它们的初相位，加上振幅间的比例关系作出矢量，这就是交流电的矢量图。

19. 在交流电路中为何要用向量表示各个正弦量

在交流电路中，由于各个正弦量之间往往不是同相位的，它们的最大值也不是同时出现，所以不能将正弦量的最大值或有效值直接进行加减，如果用三角函数来计算正弦量的瞬时值，则需要进行很麻烦的三角运算，如果用波形图来求两个正弦量之和，则需要在波形图上逐点相加，但这种逐点描绘的方法也很麻烦，并且不准确。如果用向量来表示，则正量的运算就可以简化为向量的运算。

20. 向量加减运算方法

向量进行加减运算有两种方法：

(1) 头尾相加法。几个向量相加时，只要把第二个向量的始端接在第一个向量的末端，第三个向量的始端接在第二个向量的末端……这样依次地连接起来，将第一个向量的始端和最后一个向量的末端连接起来，所得的向量就是所有向量的和，如图 1-22 所示。

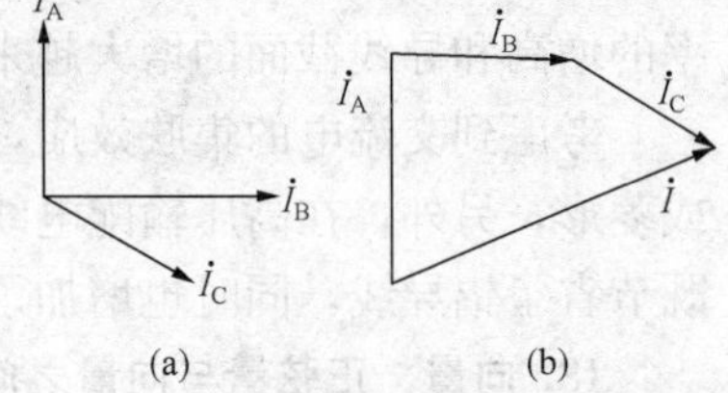

图 1-22　两个以上向量的加法
(a) 三个已知向量；(b) 三个向量的和

而几个向量相减，实际上就是反向量相加，即减去一个正向量，等于加上一个反向量，如图 1-23 所示。

(2) 平行四边形法。平行四边形法是向量加减运算中常用的一种比较方便的方法，在几个向量相加或相减时，可以不必移动向量，而利用平行四边形的方法求出向量的和或差，如图 1-24 所示。

当 S_{AB}、S_{AD} 相加时，作平行四边形，对角线 S_{AE} 等于二者之和。相减时，S_{DB} 等于二者之差。

21. 电压三角形、阻抗三角形和功率三角形的定义及三者之间的关系

在电阻、电感、电容串联电路中，外施电压 U 与电阻压降 U_R、电感压降 U_L 以及电容压降 U_C 在向量关系上构成了一个直角三角形，这个直角三角形称为电压三角形，如图 1-25 所示。

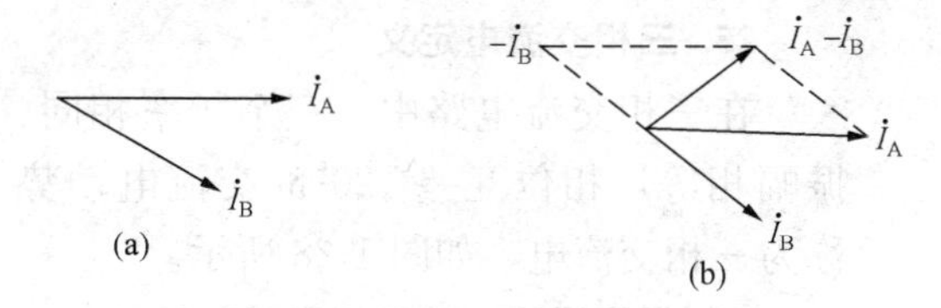

图 1-23 两个向量的减法

（a）两个已知向量；（b）两个向量的差

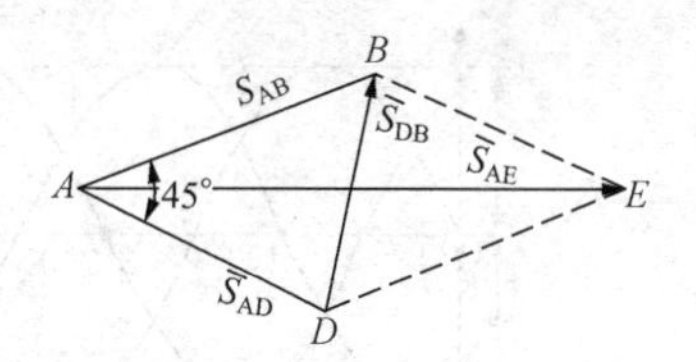

图 1-24 应用平行四边形求向量的和或差

在电压三角形中

$$U=\sqrt{U_R^2+U_x^2}$$

如果把电压三角形各边都除以电流 I，就得到了阻抗三角形，如图 1-26 所示。

在阻抗三角形中

$$Z=\sqrt{R^2+(X_L-X_C)^2}$$

如果把电压三角形的各边都乘以电流 I 就得到了功率三角形，如图 1-27 所示，它说明了视在功率与有功功率、无功功率之间的关系。在功率三角形中，$S=\sqrt{P^2+(Q_L-O_C)^2}$。

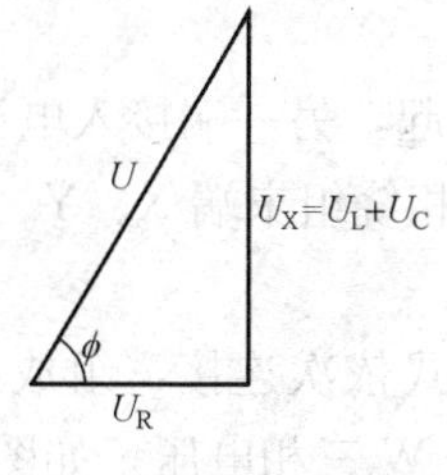

图 1-25 电压三角形

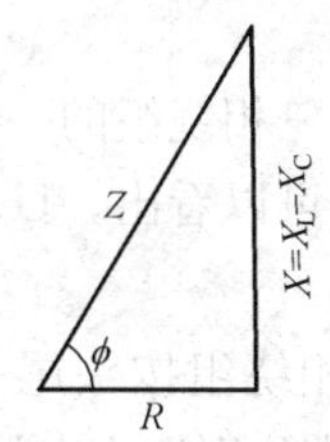

图 1-26 阻抗三角形

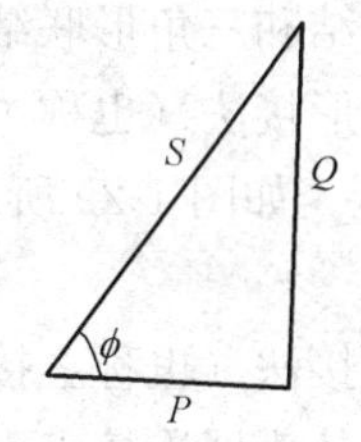

图 1-27 功率三角形

22. 串联谐振

在电阻、电感和电容串联的电路中，电压与电流同相位的现象叫作串联谐振。产生串联谐振的条件是回路的总电抗等于零。即

$$X=\omega L-\frac{1}{\omega C}=0$$

谐振时电路是纯电阻性，而且总阻抗 Z 最小，并等于电阻 R，这时电路中电流最大，电感上的电等于电容上的电压，而且可能比电源电压大许多倍。所以串联谐振也称电压谐振。

23. 串联谐振有何利弊

由于电感及电容两端电压是外加电压 Q 倍，收音机的谐振回路可利用这一点来选择接收某个频率信号。但在电力系统中，串联谐振将产生高出电源电压数倍的过电压，这对电力设备的安全运行造成很大的危害，所以必须采取有效的消谐措施进行过电压保护。

24. 并联谐振

在电容、电感电路里，如果电感线圈的电阻忽略不计，则电压与电流同相位的现象叫作并联谐振，产生并联谐振的条件是

$$X_L-X_C=0$$

并联谐振是一种完全的补偿，电源无需提供无功功率，只提供电阻所需要的有功功率，所以谐振时，回路总阻抗为纯电阻，线路中的总电流最小，而支路电流往往大于回路的总电流，因此，并联谐振也称电流谐振。

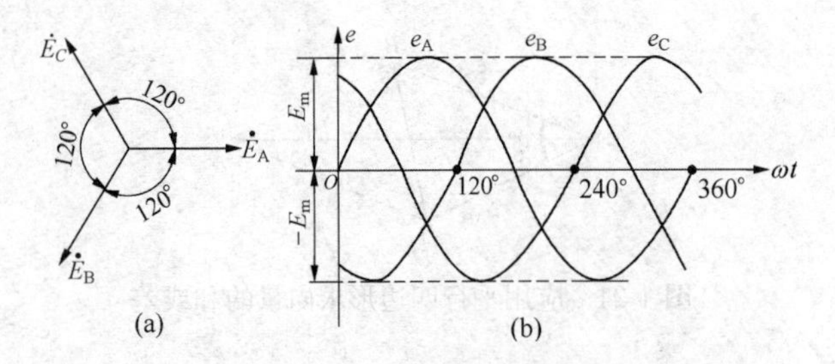

图 1-28　对称三相电动势的向量图和波形图

（a）向量图；（b）波形图

25. 三相交流电定义

在三相交流电路中，三个频率相同、振幅相等，相位互差 120°的交流电动势称为三相交流电，如图 1-28 所示。

26. 低压网络中的三相四线制供电

如果电源和负载都是星形接线，那么就可以用中性线连接电源和负载的中性点。这种用四根导线把电源和负载连接起来的三相电路称为三相四线制。

由于三相四线制可以同时获得线电压和相电压，所以在低压网络中既可以接三相动力负载，也可以接单相照明负荷或单相动力负荷。故三相四线制在低压供电中获得了广泛的应用。

而三相三制接线方式只能用于动力负荷的接线。

27. 负载的星形接法和三角形接法

电力系统的负载，按接线方式可分两大类，一类是三相负载，如三相电动机等动力负载。另一类是照明、电风扇等家用电器和电动工具等单相负载。在三相负载中常用的绕组连接方式有星形联结和三角形联结。

所谓星形接法（也称丫接），是指三相绕组的一端连接在一起，另一端接入电源的 U、V、W 三相电压，如图 1-29 所示。从图中可以看出，U、V、W 三相绕组末端 X、Y、Z 是连接在一起的。

三角形接法（也称△接）是把三相绕组按头尾—头尾的方式依次连接，组成一闭合三角形，然后再从头尾连接点引出三根电缆分别接入电源的 U、V、W 三相电压，如图 1-30 所示。

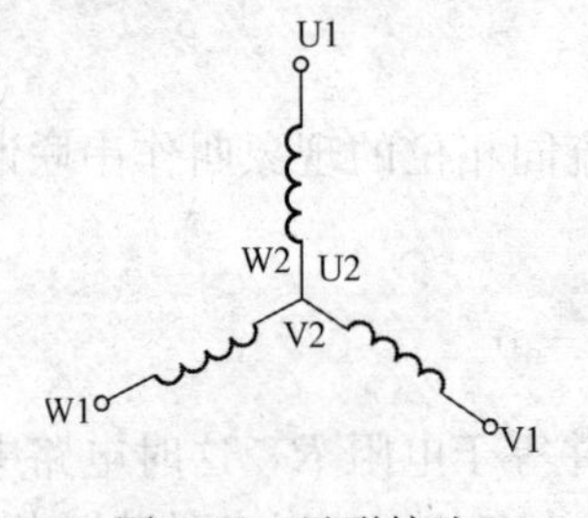

图 1-29　星形接法

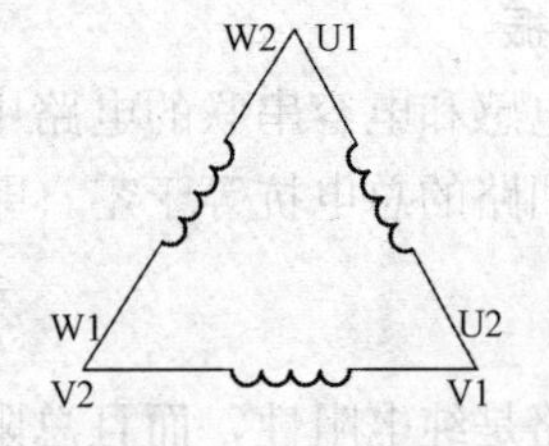

图 1-30　三角形接法

在星形和三角形接法中，所谓线电压是指两相之间的电压（用 U_n 表示），相电压是指每相绕组始末端的电压（用 U_ϕ 表示）、线电流是表示相线流过的电流（用 I_n 表示），相电流则表示每相绕组流过的电流（用 I_ϕ 表示）。

在丫接法中，线电压等于相电压的$\sqrt{3}$倍。即 $U_x=\sqrt{3}U_\phi$；线电流等相电流，即 $I_x=I_\phi$。

在△联结中，线电压等于相电压，即 $U_x=U_\phi$，而线电流则等于$\sqrt{3}$倍的相电流，即 $I_x=\sqrt{3}I_\phi$。

28. 涡流

置于变化磁场中的导电物质内部将产生感应电流，以反抗磁通的变化，这种电流往往以磁通的轴线为中心呈涡旋形态，故称涡流。

在电机、变压器设备中，由于涡流的存在，将使铁心发热，产生热损耗。同时使磁场减弱，因此造成电气设备的效率降低，容量不能充分利用。所以，多数交流电气设备的铁心，都是用厚 0.35 或 0.5mm 的硅钢片叠成，以减少涡流损耗。

但涡流的热效应也有有利的一面，可利用其原理制成感应炉冶炼金属。另外，利用磁场对涡流的力效应，制成了磁电式，感应式电工仪表，如电能表中阻尼器就是利用磁场对涡流的力效应而制成的。

第 3 节 电磁感应的物理概念和基本定律

1. 磁铁的特性

铁（或钢）是由许多很小的磁分子所组成，在靠近磁铁时，这些磁分子受到磁铁的影响，就整整齐齐地排列起来，接近磁铁的一面和磁铁是异性极，所以他们就吸合了，即同性相吸，异性相斥。铜、铝等金属里因没有磁分子，而不能磁化，当然也就不能吸合了。

2. 磁场和磁感应强度

在磁铁和通电导体周围的空间有磁力线作用（试验表明）的空间范围，称为磁场。

反映磁场强弱的物理量称为磁感应强度，他与磁通 ϕ 成正比、与垂直于磁场的截面积 S 成反比。即 $B=\dfrac{\phi}{S}$。

3. 电磁场的基本概念

所谓电磁场是指彼此相联系的交变电场和磁场，在电磁场中，磁场的变化会产生电场，而电场的变化也会产生磁场，这种交变电磁场不仅可以存在于电荷、电流的周围。而且能够在空间传播，构成电磁场。

4. 磁路的基本概念

在实际设备中，为了在较小的磁场强度下，能够得到较大的磁感应强度，或者说在较小的电流下得到较多的磁通，就需要利用铁磁性物质做成一定的形状，以使磁通主要集中在一定的路径内，而路径以外的周围空间，由于导磁系数很小，故磁通极少。

集中在一定路径上的磁通叫做主磁通，主磁通经过的路径叫作磁路。磁路通常是由铁磁性材料及空气隙组成的。

不经过磁路的磁通叫作漏磁通。在实际工作中，漏磁通很少，可忽略不计。

在实际应用中，磁路有不分支路和分支路两种。在不分支路的磁路中，通过磁路每一个横截面的磁通量都具有相同的数值。

5. 磁路的欧姆定律

由于磁路从形式上看和电路欧姆定律十分相似，故称为磁路欧姆定律。在磁路中，当线圈通以电流时，铁心中便出现磁通，因磁通正比于线圈中的电流强度和线圈匝数，所以通常把线圈中的电流强度 I 和线圈匝数 N 乘积定义为通电线圈的磁动势（磁源）F（单位为安匝），则 $F=IN$

磁通用公式 $\phi=\dfrac{IN}{R_M}$ 来表示

式中 ϕ——磁通；

IN——磁动势；

R_M——磁阻。

［注］IN 和 ϕ 是线性关系。

6. 直线导体右手螺旋定则

当电流流过直线导体时，导体的周围会产生磁场。其磁场的强弱与通过电流的大小有关，而磁场的方向则决定于载流导体的电流方向。直线导体右手螺旋定则是确定通电直线导体产生的磁场方向的规则。

将右手握住载流直线导体，拇指伸直并指向电流方向，则其余四指所指的方向就是磁力线（磁场）的方向，如图 1-31 所示。

7. 螺旋线圈右手螺旋定则

当电流流过螺旋线圈时，线圈内会产生磁场。螺旋线圈右手定则是确定通电螺旋线圈内部产生的磁场方向的规则。

用右手握住线圈，使四指指向线圈中的电流方向，则拇指所指的方向就是磁力线（磁场）的方向，如图 1-32 所示。

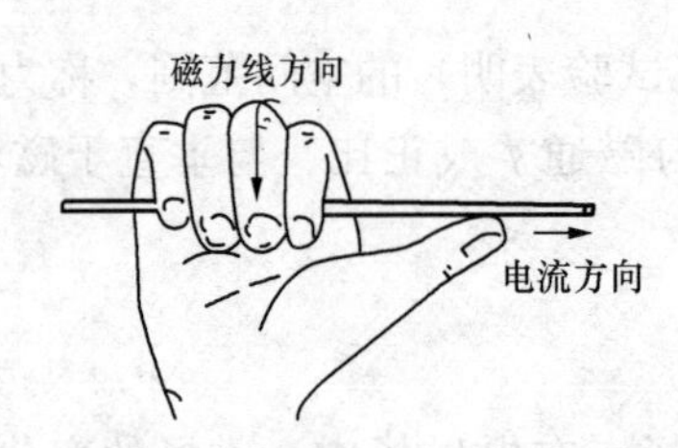

图 1-31 直线导体右手螺旋定则

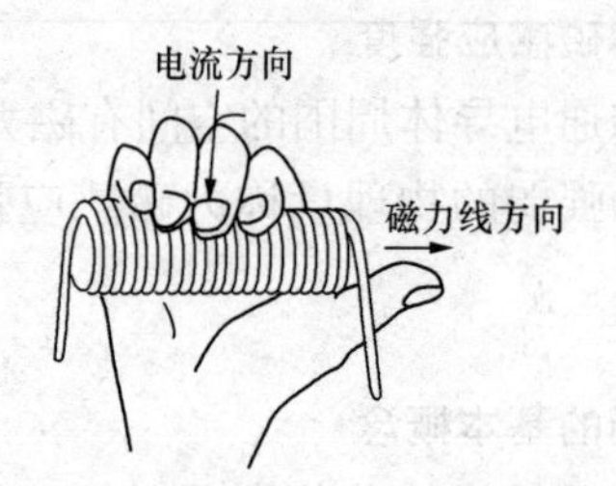

图 1-32 螺旋导体右手螺旋定则

8. 左手定则

电动机左手定则是确定载流导体在磁场中受力时，磁场方向、电流方向和载流导体受力方向三者之间关系的一个规则。

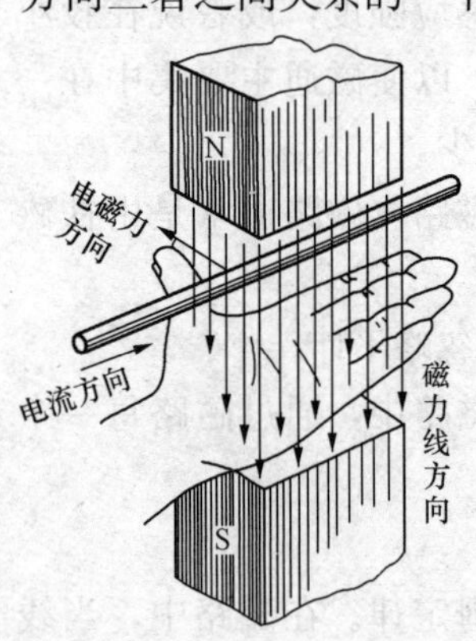

图 1-33 电动机左手定则

平伸左手手掌，使拇指与其余四指相垂直，将掌心对着磁场的北极（N 极），让磁力线从手心垂直穿过，使四指指向电流方向，那么拇指所指的方向就是导体所受电磁力的方向，如图 1-33 所示。

在实际应用上，可以用来判断载流导体在磁场中的运动方向，与电动机作用原理相同，所以也称电动机定则。

9. 右手定则

当导体在磁场中作切割磁力线运动时，将产生感应电动势。右手定则是表示磁场方向，导体运动方向和感应电动势方向三者之间关系的一个规则。

平伸右手手掌，使拇指与其余四指相垂直，将掌心对着磁场的北极（N 极），让磁力线从手心垂直穿过，使拇指指向导体运动的方向，那么四指的指向就是导体内感应电动势的方向，如图 1-34 所示。

在实际应用中，可用来判别导体在磁场中运动时，使其感应电动势的方向。发电机就是根据这个原理制成的，所以也叫发电机定则。

10. 平行载流导体之间的相互作用力

由于载流导体周围存在磁场，若两导体又相互平行，则每根导体都处于另一根导体的磁场中，并与磁力线垂直。因此两导体间都要受到电磁场的作用。

当通入同方向的电流时［见图 1-35（a)］，根据左手定则判断，导线 A 置于 I_2 所产生的磁场中，受到向下的作用力，同理，导线 B 亦置于 I_1 所产生的磁场中，受到向上的作用力。

当通入不同方向的电流时［见图 1-35（b)］，根据左手定则判断，导线 C 置于 I_2 所产生的磁场中，受到向上的作用力，同理，导线 D 亦置于 I_1 所产生的磁场中，则受到向下的作用力。

由此可见，通过同方向电流的平行导线是相互吸引的，反之，通过反方向电流的平行导线是相互推斥的。

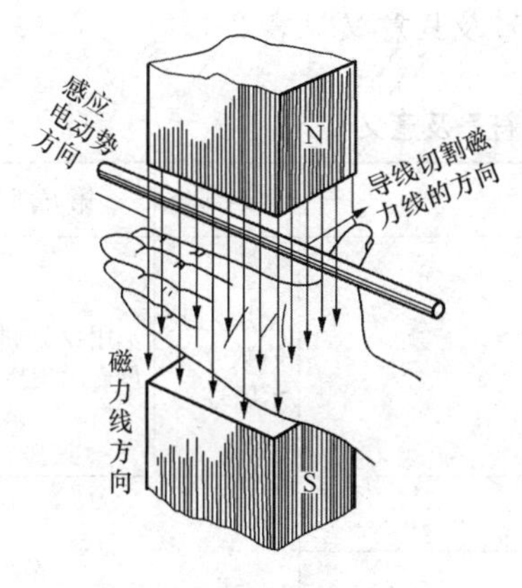

图 1-34　发电机右手定则

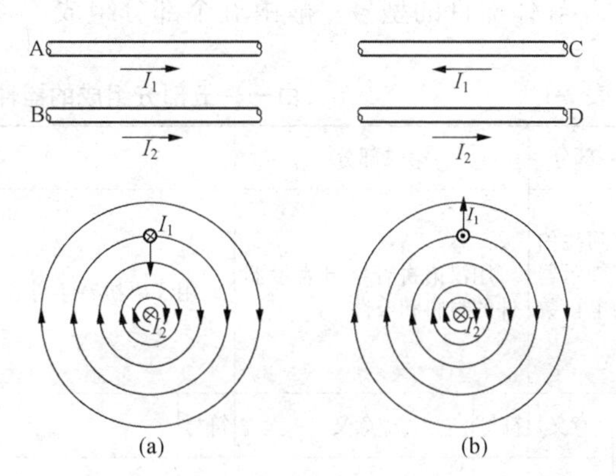

图 1-35　平行载流导体间电磁力的方向

（a）两电流同方向时；（b）两电流反方向时

11. 电磁感应的定义

变化的磁场在导体中产生电动势的现象，称为电磁感应。由此产生的电动势称为感应电动势。感应电动势产生的电流，称为感应电流。

电磁感应现象可以用电磁感应定律来说明。即穿过线圈的磁通发生变化时，线圈中感应电动势的大小和磁通的变化速度以及线圈的匝数成正比。用公式表示

$$e = -\omega \frac{\Delta\phi}{\Delta t}$$

式中　e——感应电动势；

ω——线圈匝数；

$\frac{\Delta\phi}{\Delta t}$——磁通变化率。

12. 自感电动势和互感电动势

当线圈中电流大小发生变化时，由这个电流所产生的磁通也将随之变化，这个变化的磁通将在线圈中产生感应电动势，由于这个感应电动势是由线圈本身的电流变化而产生的，所以叫自感电动势。

互感电动势也是一种电磁感应现象，产生互感电动势的磁通是由另外一个线圈中的感应电流产生的。

自感电动势的方向，总是反抗线圈中磁通的变化，所以当电流增加时，自感电动势的方向与电流的方向相反，力图阻止电流的增加。而当电流减小时，自感电动势的方向和电流方向相同，力图阻止电流的减小。

第 2 章　电子元器件基础理论知识

第 1 节　半导体分立器件型号命名法

半导体器件的型号一般由五个部分组成，各部分的符号及其意义见表 2-1。

表 2-1　由一～五部分组成的器件型号的常用符号及意义

第一部分		第二部分		第三部分		第四部分	第五部分
用阿拉伯数字表示器件的电极数目		用汉语拼音字母表示器件的材料和极性		用汉语拼音字母表示器件的类别		用阿拉伯数字表示序号	用汉语拼音字母表示规格号
符号	意义	符号	意义	符号	意义		
2	二极管	A B C D	N 型，锗材料 P 型，锗材料 N 型，硅材料 P 型，硅材料	P V W	小信号管 混频检波管 电压调整管和电压基准管		
3	三极管	A B C D E	PNP 型，锗材料 NPN 型，锗材料 PNP 型，硅材料 NPN 型，硅材料 化合物材料	Z L K K U G D A T CS① GL GF GD GT	整流管 整流堆 开关管 低频小功率晶体管（f_a<3MHz，P_C<1W） 光电器件 高频小功率晶体管（$f_a \geqslant$3MHz，P_C<1W） 低频大功率晶体管（f_a<3MHz，$P_C \geqslant$1W） 高频大功率晶体管（$f_a \geqslant$3MHz，$P_C \geqslant$1W） 闸流管 场效应晶体管 硅桥式整流器 发光二极管 光敏二极管 光敏晶体管		

① CS 表示双绝缘栅场效应晶体管。

例 1　硅整流二极管 2CZ11B

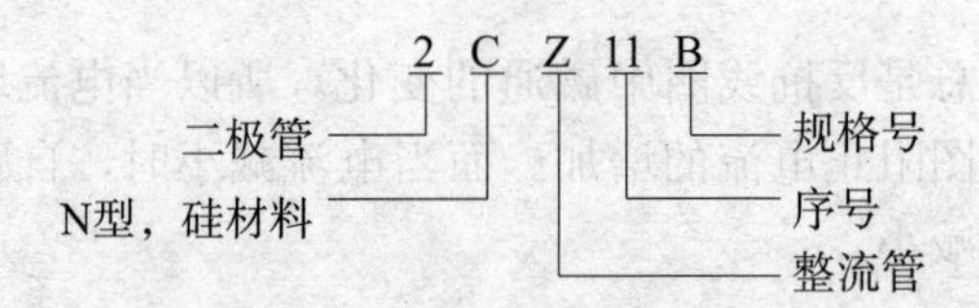

例 2　硅高频小功率晶体管 3DG 102 C

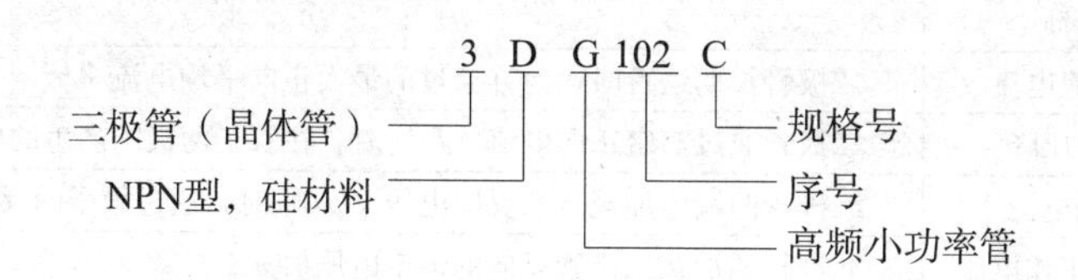

第 2 节　晶体二极管的结构分类及主要技术参数

1. 晶体二极管的结构及分类

（1）晶体二极管的结构。晶体二极管是用半导体材料制作的二端器件，大多数由一个 PN 结、管壳和电极引线等构成。晶体二极管的结构及符号如图 2-1 所示，图中晶体二极管的符号上端即 PN 结的 P 端称为阳极或正极，下端即 N 端称为阴极或负极，箭头表示正向电流的方向。

（2）晶体二极管的分类。

1）按所用材料分类，可分为锗二极管和硅二极管。

2）按 PN 结的结构分类，可分为点接触型和面接触型。点接触型二极管 PN 结的接触面积很小，不能通过大电流，但极间电容也很小，适用于高频信号的检波和脉冲开关电路。面接触型二极管 PN 结面积大，可通过较大电流，适用于作整流元件，但由于极间电容也较大，因而不适用于高频电路。

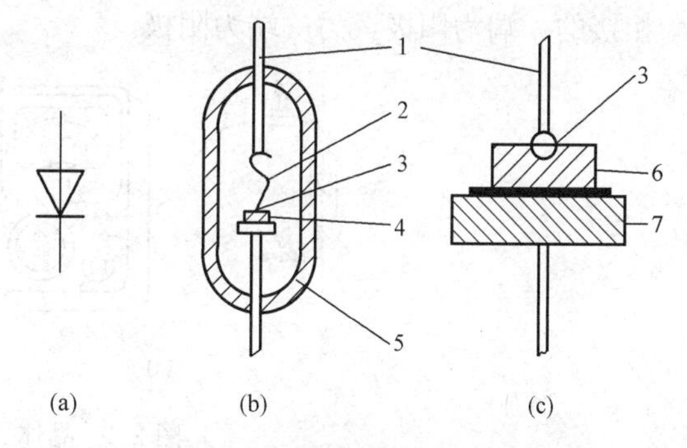

图 2-1　晶体二极管的结构及符号

（a）符号；（b）点接触型；（c）面接触型

1—引线；2—金属触丝；3—P 型区；4—N 型锗片；5—玻璃外壳；6—N 型硅片；7—支架

3）按用途分类，主要有普通二极管、整流二极管、开关二极管、稳压二极管和光电二极管等。此外还有一些特殊用途的二极管，如变容、隧道、雪崩、阶跃恢复等二极管，它们主要应用于微波工程。

2. 晶体二极管的特性及主要技术参数

（1）二极管的特性。二极管最主要的特性是单向导电性，它可以用二极管两端的电压与通过管子的电流之间的关系曲线即伏安特性曲线来表示，如图 2-2 所示。

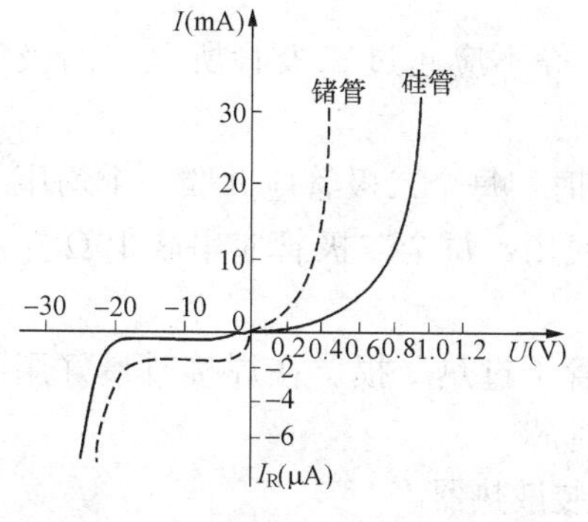

图 2-2　二极管的伏安特性曲线

当二极管外加正向电压时（P 端接电源正极、N 端接负极），其正向电压很小，而电流较大，称为正向导通状态。当二极管外加反向电压，其反向电压很大时，电流却很小，称为反向截止状态。当反向电压增大到一定值时，反向电流会突然增大，极易将 PN 结击穿，该区间称为反向击穿区，一般二极管不能在该区段工作。

（2）二极管主要技术参数（见表 2-2）。

表 2-2　　二极管主要技术参数

参数	名称	定义
I_F	最大整流电流	二极管长期运行时，允许通过的最大正向平均电流
U_F	正向电压降	二极管通过额定正向电流（I_F）时，在管子两极间产生的电压降（平均值）
I_R	反向漏电流	二极管两端施加规定的反向电压（U_R）时，通过管子的反向漏电流
U_R	最高反向工作电压	允许长期加在二极管反向的恒定电压值
U_B	反向击穿电压	发生反向击穿时的电压值
I_{FSM}	不重复正向浪涌电流	一种由于电路异常情况（如故障）引起的、并使结温超过额定结温的不重复性最大正向过载电流

3. 晶体二极管的使用常识

（1）晶体二极管极性的判别。晶体二极管的极性可根据管壳上的二极管符号来确定。如无标注符号，可根据二极管正向电阻小、反向电阻大的特点，用万用表来判别极性，其方法如图 2-3 所示。测试时，将万用表置电阻 $R\times100$ 或 $R\times1\text{k}$ 挡，若测得电阻为几百欧至几千欧，则与黑表笔相接的一端为阳极，另一端为阴极；若测出电阻大于几百千欧，则与红表笔相接的一端为阳极，另一端为阴极。

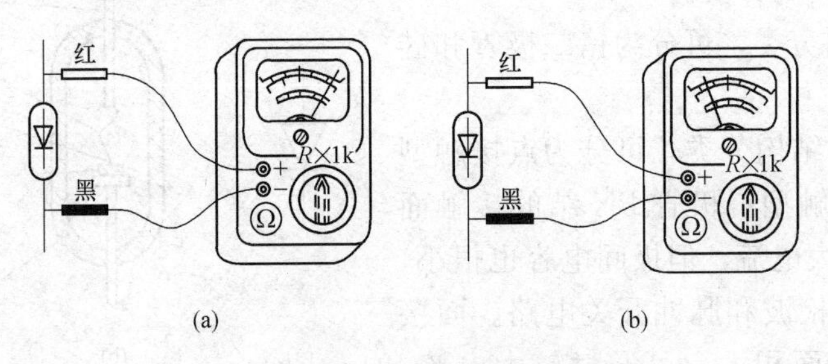

图 2-3　晶体二极管的极性判别方法

（a）测量正向电阻；（b）测量反向电阻

（2）晶体二极管性能的判别。晶体二极管的正反向电阻相差越大越好。如果正反向电阻相差不大，说明二极管性能不好或已损坏；如果测试时万用表指针不动，说明二极管内部已断线；如果测得电阻值为零，说明二极管电极间短路。

（3）晶体二极管的使用注意事项。

1）二极管接入电路时，必须注意极性正确。

2）二极管上的正向电流和反向电压峰值以及环境温度等不应超过二极管所允许的极限值。

3）整流二极管不应直接串联和并联使用。如需串联使用时，每个二极管应并联一个均压电阻，其大小按每 100V（峰值）70kΩ 左右计算；如需并联使用，每个二极管应串联 10Ω 左右的均流电阻，以防元器件过载。

4）二极管接入电路时，既要防止虚焊，又要注意不使管子过热受损。在焊接时最好用 45W 以下的电烙铁进行，并用镊子夹住管脚根部，以免烫坏管芯。

5）对于大功率的二极管，需加装散热器时，应按规定安装散热器。

6）在安装时，应使二极管尽量远离发热器件。

4. 常用晶体二极管的技术数据

常用晶体二极管的技术数据见表 2-3。

表 2-3　　常用硅整流二极管的型号及技术数据

型　号	U_R（V）	I_F（A）	U_F（V）	I_R（μA）	I_{FSM}（A）	主要用途
2CZ31	50～800	1	0.8	5	20	通信设备及仪表用电源
2CZ32	25～800	1.5	0.8	3	30	
	50～1000					电视、收录机电源
2CZ33	50～600					
2CZ52	25～400	0.1	0.7	1	2	通信设备、仪器仪表及家用电器用稳压电源
	25～800					
	50～1000					
2CZ53	25～400	0.3	1	5	6	
	25～800					
	50～1000					
2CZ54	25～800	0.5		10	10	
2CZ55	50～700	1			20	
	25～800					
	25～1000					
	25～1400					
2CZ56	100～2000	3	0.8		65	
2CZ57	25～1000	5		20	105	
	25～2000					
2CZ58	100～2000	10		30	210	
2CZ59	25～1000	20		40	420	
	25～1400					
	100～2000					
2CZ82	25～800	0.1	1	5	2	
2CZ84	25～800	0.5	0.8		15	
	100～1000					
2CZ85	100～600	1			30	
	25～1000					
2CZ86	100～600	2	1.2	3		
2CZ87	100～600	3				
2DZ12	50～1400	0.1	1	5	2	通信设备、仪器仪表、稳压电源
2DZ13		0.3			6	
2DZ14		0.5		10	10	
2DZ15		1			20	
2DZ16		3	0.8	20	65	
2DZ17		5			105	

第 3 节　稳压二极管的特点及主要技术数据

1. 稳压二极管的特点

稳压二极管也是一种晶体二极管，在电子线路中起稳定电压的作用。稳压二极管的伏安特性曲线如图 2-4 所示。稳压二极管的伏安特性与一般晶体二极管的伏安特性基本相似，

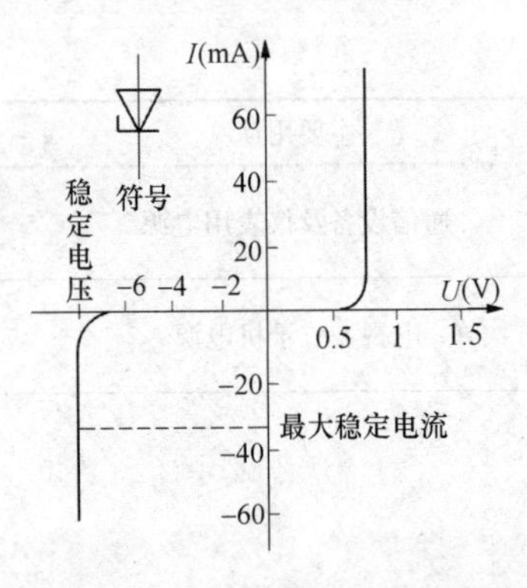

图 2-4　稳压二极管的伏安特性及符号

所不同的是一般晶体二极管在反向电压过大时会发生击穿现象而损坏管子，而稳压二极管则恰恰工作在这个击穿区域。

稳压二极管特点：

（1）允许在不超过最大耗散功率的击穿区工作。稳压管工作在击穿区域时，只要通过管子的反向电流小于最大允许电流（即管子耗散的功率小于规定的最大耗散功率），就能正常工作，而不会烧坏。

（2）在击穿区，稳压二极管的反向电流可在很大范围内变化，但稳定电压却几乎不变。利用该特性，即可达到稳压的目的。

2. 稳压二极管的使用注意事项

（1）稳压二极管的极性判别方法同普通晶体二极管。

（2）稳压二极管应工作在反向电压下，极性不得接反。如果极性接反，会使电源短路，过大的电流会烧毁二极管。

（3）一般情况下，稳压二极管不能并联使用，这是因为稳压值的微小差别会导致稳压电流的分配极不均匀，使电流大的管子过载烧毁。

（4）稳定电流相近的稳压二极管可以串联使用，此时输出电压为各稳压二极管稳定电压之和。

（5）可以将两个稳压二极管以相反的方向串联，并加上适当的工作电流，以获得较低的稳定电压。

（6）稳压二极管必须在离管脚 5mm 以上进行焊接，电烙铁功率一般不大于 45 瓦，焊接时间一般不得超过 5s。

3. 稳压二极管的主要技术参数

稳压二极管的主要技术参数见表 2-4。

表 2-4　稳压二极管的主要技术参数

参　数	名　称	定　义
U_Z	稳定电压	在稳压范围内，通过管子的反向电流为规定值时，在管子两极间产生的电压降
I_{ZM}	最大工作电流	在最大耗散功率下，稳压管允许通过的反向电流
P_{ZM}	最大耗散功率	在给定的使用条件下，稳压管允许承受的最大功率。$P_{ZM}=U_Z I_{ZM}$
R_Z	动态电阻	在测试条件下，稳压管两端电压微变量与通过管子电流微变量的比值
C_{TV}	电压温度系数	在测试条件下，稳定电压的相对变化与环境温度的绝对变化的比值
I_Z	稳定电流（反向测试电流）	测试反向电流参数时，给定的反向电流
I_R	反向漏电流	两端施加规定的反向电压（U_R）时，通过管子的反向漏电流
U_F	正向压降	通过额定电流时，两极间所产生的电压降

4. 常用稳压二极管的型号及技术数据

常用稳压二极管的型号及技术数据见表 2-5。

表 2-5　　　　常用硅稳压二极管的型号及技术数据

型　号	P_{ZM} (W)	I_{ZM} (mA)	U_Z (V)	R_{Z1} (kΩ)	I_{Z1} (mA)	R_{Z2} (Ω)	I_{Z2} (mA)	I_R (μA)	U_F (V)	$C_{TV}\times$ 10^{-4}/℃
2CW50	0.25	83	1.0～2.8	300	1	50	10	≤10	1	≥−9
2CW51		71	2.5～3.5	400		60	10	≤5		≥−9
2CW52		55	3.2～4.5	550		70	10	≤2		≥−8
2CW53		41	4.0～5.8	550		50	10	≤1		−6～4
2CW54		38	5.5～6.5	500		30	10	≤0.5		−3～5
2CW55		33	6.2～7.5	400		15	10	≤0.5		≤6
2CW56		27	7.2～8.8	400		15	5	≤0.5		≤7
2CW57		26	8.5～9.5	400		20	5	≤0.5		≤8
2CW58		23	9.2～10.5	400		25	5	≤0.5		≤8
2CW59		20	10～11.8	400		30	5	≤0.5		≤9
2DW64	1	5	180～200	≤1	1	≤1100	20	≤0.5	≤1	≤12
2DW80	3	65	38～45			≤35				
2DW81		50	42～55			≤40				
2DW82		45	52～65			≤40				
2DW83		40	62～75			≤45				
2DW84		35	70～85			≤60	8			
2DW85		30	80～95			≤150				
2DW86		25	90～110			≤250				
2DW87			100～120			≤280				
2DW88		20	110～130			≤370				
2DW89			120～145			≤550				
2DW90		19	135～155			≤600				
2DW91		18	145～165			≤650				
2DW92		17	155～175			≤700				
2DW93		15	165～190			≤800				
2DW94			180～200			≤920				

第4节　常用整流电路

将交流电转变为直流电的过程称为整流。根据交流电源的不同，可分为单相整流和三相整流；根据整流方式的不同，可分为半波整流和全波整流。

将交流电转变为直流电的设备称为整流器。整流器一般由整流变压器、整流电路、滤波器等组成，如图 2-5 所示。整流变压器的作用是将交流电压降低或升高为负载所需的电压值；整流电路的作用是将交流电转变为脉动直流电；滤波器的作用是将脉动的直流电转变为较平直的直流电。

1. 单相半波整流电路

单相半波整流电路及波形如图 2-6 所示。当变压器二次电压 u_2 为正半周时，二极管 VD 承受正向电压而导通，此时二极管的电压降近似为零，负载电阻 R_L 上有电流 i_L 通过，R_L 两端电压近似等于变压器二次电压 u_2。当交流电压 u_2 为负半周时，二极管因承受反向电压而截

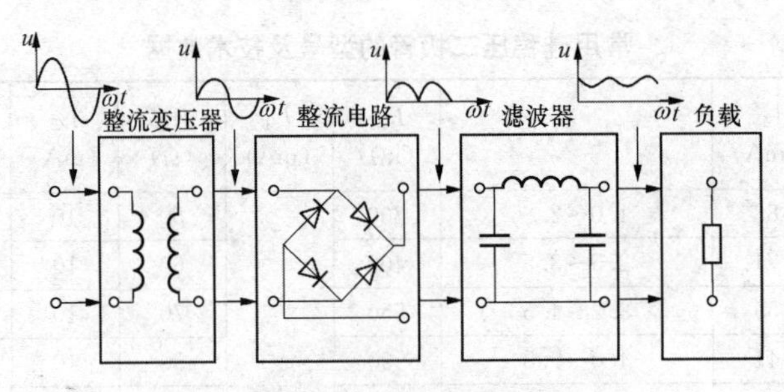

图 2-5　整流器示意图

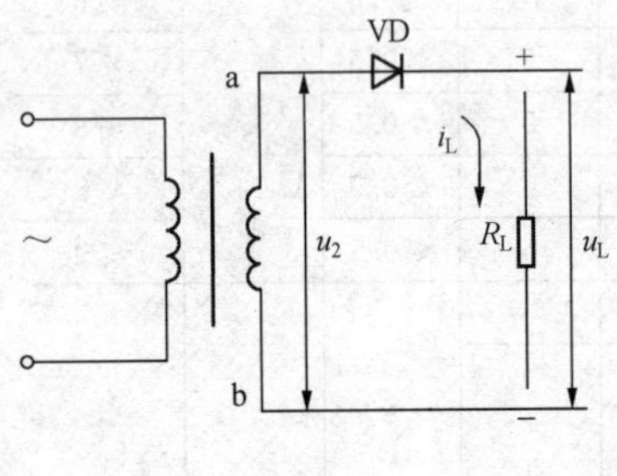

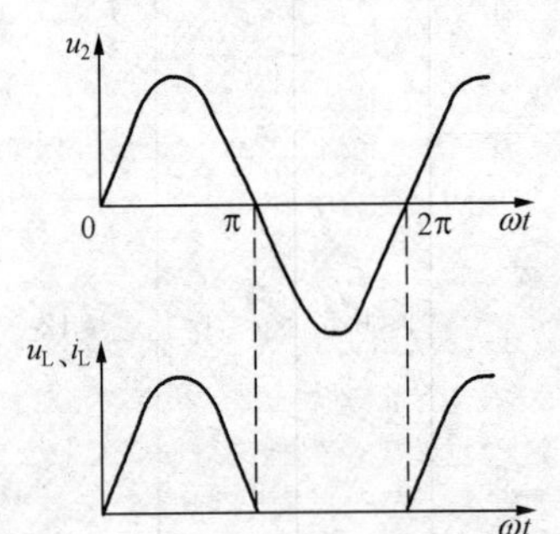

图 2-6　单相半波整流电路及波形

止，此时交流电压 u_2 全部加载在二极管的两端，负载电阻 R_L 上几乎没有电流流过。

2. 单相全波整流电路

单相全波整流电路及波形如图 2-7 所示。该电路由两个交替工作的单相半波整流电路组合而成。当交流电压 u_2 为正半周时，二极管 VD1 导通，VD2 截止，电流 i_L 经 VD1 流过负载电阻 R_L。当交流电压 u_2 为负半周时，二极管 VD1 截止，VD2 导通，电流 i_L 经 VD2 流过负载电阻 R_L。

3. 单相桥式整流电路

单相桥式整流电路及波形如图 2-8 所示。该电路由四个二极管组成桥式电路，不论交流电压是正半周还是负半周，负载电阻 R_L 上都有电流通过，因而也是一种全波整流电路。

当交流电压 u_2 为正半周时，二极管 VD1、VD4 导通，VD2、VD3 截止，电流经 VD1、VD4 流过负载电阻 R_L。当交流电压 u_2 为负半周时，二极管 VD1、VD4 截止，VD2、VD3 导通，电流经 VD2、VD3 流过负载电阻 R_L。

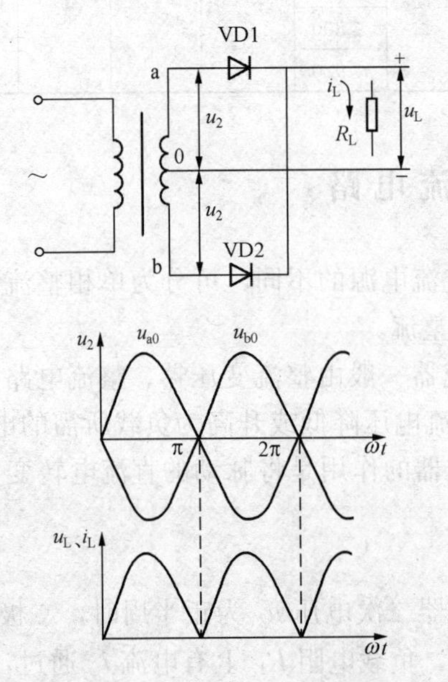

图 2-7　单相全波整流电路及波形

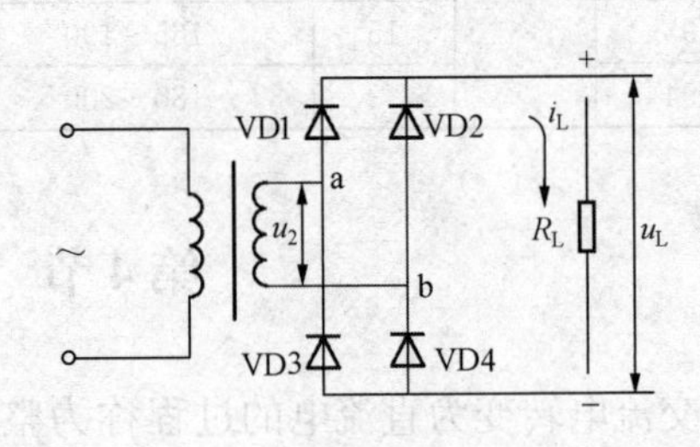

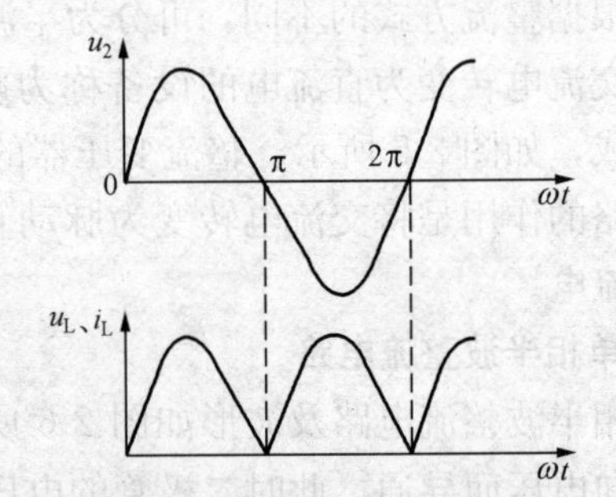

图 2-8　单相桥式整流电路及波形

4. 单相整流电路的比较

单相整流电路的比较见表2-6。

表2-6　　单相整流电路的比较（电阻负载）

整流电路名称	单相半波	单相全波	单相桥式
输出直流电压 U_L	$0.45U_2$	$0.9U_2$	$0.9U_2$
输出直流电流 I_L	$0.45U_2/R_L$	$0.9U_2/R_L$	$0.9U_2/R_L$
二极管承受的最大反向电压	$1.41U_2$	$2.33U_2$	$1.41U_2$
流过每个二极管的平均电流	I_L	$I_L/2$	$I_L/2$
整流变压器平均计算容量	$3.09U_LI_L$	$1.48U_LI_L$	$1.23U_LI_L$
脉动系数 S	1.57	0.667	0.667
纹波系数 γ	1.21	0.484	0.484
优点	线路简单、元件少	1. 输出直流电压高 2. 输出直流电流脉动小 3. 变压器利用率比半波整流时高	1. 输出直流电压高 2. 输出直流电流脉动小 3. 二极管承受反向电压低 4. 变压器二次侧无中心抽头，利用率高
缺点	输出电压脉动较大，不易滤成平滑的直流	1. 变压器二次侧中心有抽头，二次侧利用率较低 2. 二极管承受的反向电压高	1. 所用二极管较多（共4只） 2. 整流器内阻较大（在每个半周内，电流都需流经两个二极管）
适用场合	适用于输出电流小，稳定性要求不高的场合，如稳压电源中的辅助电源	适用于输出电流较大、稳定性高的场合，如稳压电源的主回路	适用场合同单相全波整流电路，但在所有的二极管耐压都较低时，用此电路比较恰当

注　U_L—输出直流电压，即整流电压平均值；

U_2—整流变压器二次电压；

I_L—输出直流电流，即整流电流平均值；

R_L—负载等效电阻，$R_L=\frac{U_L}{I_L}$；

$S=\frac{\text{输出电流交流分量的基波振幅值}}{\text{输出电流直流分量（即平均值）}}$；

$\gamma=\frac{\text{输出电流交流分量的有效值}}{\text{输出电流直流分量（即平均值）}}$。

第5节　晶体管的结构及特性和主要技术参数

1. 晶体管的结构、分类及特性

（1）晶体管的结构。晶体管的结构及符号见表2-7。晶体管由三层半导体组成，形成两个PN结，一个叫发射结，一个叫集电结。三层半导体的引出线称为晶体管的三个极，其中e为发射极，c为集电极，b为基极。晶体管符号中发射极的箭头所指方向表示电流方向。

表2-7　　晶体管的结构及符号

型　式	PNP型	NPN型
结构示意图	C；P型锗；N型锗片；铟球；B；P型锗；铟球；E 某种锗晶体管	C；N型硅片；P型硅；B；E；N型硅 某种硅晶体管

续表

型　式	PNP 型	NPN 型
原理图	C集电极 P 基极 B　N　集电结 发射结 P 发射极 E	C集电极 N 基极 B　P　集电结 发射结 N 发射极 E
符号	C B E	C B E

（2）晶体管的分类。

1）按所用材料分类，可分为锗晶体管和硅晶体管。

2）按结构型式分类，可分为 PNP 型和 NPN 型。

3）按用途分类，可分为低频小功率管、高频小功率管、低频大功率管、高频大功率管、开关管等。

（3）晶体管的特性曲线。晶体管的工作特性可以用伏安特性曲线来表示，通常用共发射极电路的发射结的伏安特性曲线和集电结的伏安特性曲线，来分别描述晶体管的输入特性和输出特性。

输入特性是指加在发射结的输入电压 U_{BE} 与基极输入电流 I_B 的关系曲线，当集电结电压 U_{CE} 增大时，特性曲线右移，如图 2-9（a）所示，输出特性是指以输入电流 I_B 为参量的输出电压 U_{CE} 和输出电流 I_C 的关系曲线，为一曲线族，如图 2-9（b）所示。

（4）晶体管的工作状态。晶体管的工作状态可分为截止状态、放大状态和饱和状态，这三种工作状态在输出特性曲线上也可反应出来，即图 2-9（b）中所示的截止区Ⅰ、放大区Ⅱ和饱和区Ⅲ。其中放大状态起着放大作用，截止和饱和状态起着开关作用。晶体管的三种工作状态及其数量关系见表 2-8。

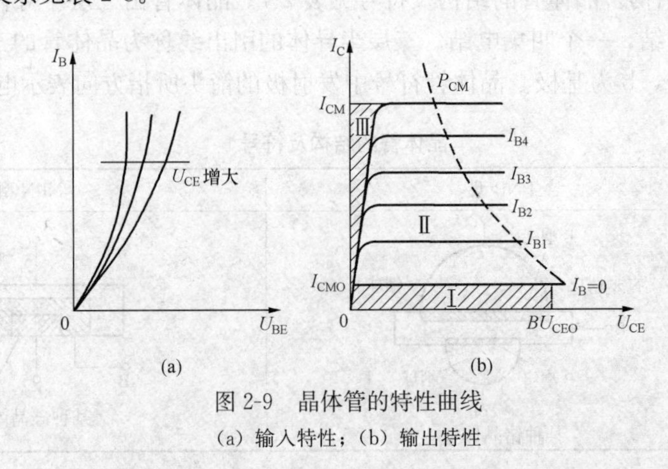

图 2-9　晶体管的特性曲线

（a）输入特性；（b）输出特性

表 2-8　　晶体管的三种工作状态及数量关系

工作状态	截止状态	放大状态	饱和状态
PNP 型	$-E_C$，I_C，R_C，I_B，U_{BE}，I_E，$U_{CE}\approx E_C$ 约 +0.3 ～ −0.2V	$-E_C$，I_C，R_C，I_B，U_{BE}，I_E，U_{CE} 约 −0.2 ～ −0.3V	$-E_C$，I_C，R_C，I_B，U_{BE}，I_E，$U_{CE}\approx 0$ 小于 −0.3V
NPN 型	$+E_C$，I_C，R_C，I_B，U_{BE}，I_E，$U_{CE}\approx E_C$ 约 −0.3 ～ +0.5V	$+E_C$，I_C，R_C，I_B，U_{BE}，I_E，U_{CE} 约 +0.5～ +0.7V	$+E_C$，I_C，R_C，I_B，U_{BE}，I_E，$U_{CE}\approx 0$ 大于 +0.7V
	$I_B\leqslant 0$（I_B 为负），其实际方向与图中所示相反，即与放大和饱和状态时的 I_B 方向相反	$I_B>0$，其实际方向如图所示	$I_B>\dfrac{E_C}{\beta R_C}$
参数范围	锗管的 U_{BE} 约在 +0.3～−0.2V 内 硅管的 U_{BE} 约在 −0.3～+0.5V 内	锗管的 U_{BE} 约在 −0.2～0.3V 内 硅管的 U_{BE} 约在 +0.5～+0.7V 内	锗管的 U_{BE} 比 −0.3V 更负 硅管的 U_{BE} 大于 +0.7V
	$I_C\leqslant I_{CEO}$ 锗管：几十～几百微安 硅管：几微安以下	$I_C=\beta I_B+I_{CEO}$	$I_C\approx\dfrac{E_C}{R_C}$
	$U_{CE}=E_C$	$U_{CE}=E_C-I_CR_C$	$U_{CE}\approx 0.2$～0.3V（管子饱和压降）
工作状态和特点	当 $I_B\leqslant 0$ 时，I_C 很小（小于 I_{CEO}），晶体管相当于开断，电源电压 E_C 几乎全部加在管子两端	I_B 从 0 逐渐增大，I_C 也按一定比例增加，管子起放大作用，微小的 I_B 的变化能引起 I_C 较大幅度的变化	I_C 不再随 I_B 的增加而增大，管子两端压降很小，电源电压 E_C 几乎全部加在负载电阻 R_C 上

2. 晶体管的放大作用

晶体管在电子电路中主要起电流放大作用，其原理如图 2-10 所示。以 PNP 型晶体管为例，发射极在正向电压作用下流出的电流 I_C 绝大部分通过基区（N 型半导体）流向集电极，形成集电极电流 I_C，只有很小一部分电流从基极流出形成基极电流 I_B。基极电流 I_B 与集电极电流 I_C 有一定的比例关系，即一个很小的基极电流 I_B 对应于一个较大的集电极电流 I_C，基极电流 I_B 的微小变化就会引起集电极电流 I_C 的较大变化。这就是晶体管的电流放大作用。NPN 型晶体管的电流放大原理与 PNP 型晶体管相同，只是电压极性和电流方向不同。

3. 晶体管的开关作用

晶体管在电子电路中还可起开关作用，其典型电路如图 2-11 所示，其控制信号一般为正脉冲波。当脉冲出现时，输入端处于高电平 U_H，使基极有很大的注入电流，引起很大的集电极电流，电源电压 E_C 的大部分都降在负载电阻 R_L 上，晶体管集电极和发射极间的电压降 U_{CE} 变得很小。此时晶体管的集电极和发射极之间如同接通了的开关，此状态称为导通或开态。反之，当输入端控制电压处于低电平时，则基极没有电流注入，集电极电流很小。此时负载电阻 R_L 上的电压降很小，电源电压 E_C 几乎全部降在晶体管上，集电极和发射极之间如同断开了的开关。

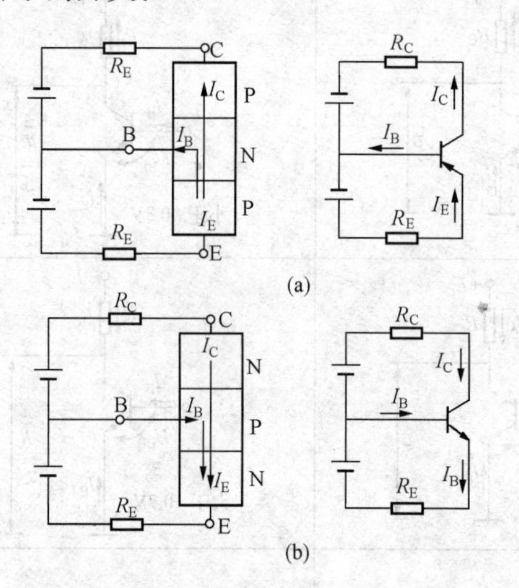

图 2-10　晶体管的电流放大原理图
(a) PNP 型；(b) NPN 型

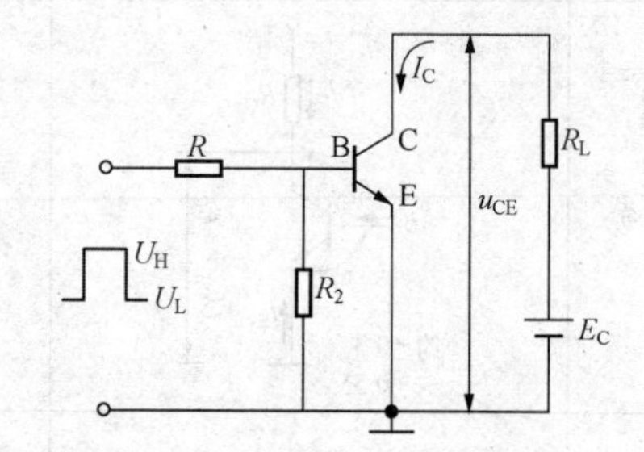

图 2-11　晶体管开关电路图

4. 晶体管的三种基本接法

晶体管作为放大元件使用时，它的三个电极中必须有一个电极作为输入和输出信号的公共端。根据公共端电极的不同，晶体管可以组成三种基本接法，即共发射极、共基极及共集电极接法。这三种基本接法及其组成电路的性能比较见表 2-9。

表 2-9　　　　晶体管三种基本放大电路的接法和性能

电路名称	共发射极电路	共集电极电路（射极输出电路）	共基极电路
电路原理图（PNP 型）			
输出与输入电压的相位	反相	同相	同相
输入阻抗	较小（约几百欧）	大（约几百千欧）	小（约几十欧）
输出阻抗	较大（约几十千欧）	小（约几十欧）	大（约几百千欧）
电流放大倍数	大（几十到两百倍）	大（几十到两百倍）	1
电压放大倍数	大（几百～千倍）	1	较大（几百倍）
功率放大倍数	大（几千倍）	小（几十倍）	较大（几百倍）
频率特性	较差	好	好
稳定性	差	较好	较好
失真情况	较大	较小	较小
对电源要求	采用偏置电路，只需一个电源	采用偏置电路，只需一个电源	需要两个独立电源
应用范围	放大、开关等电路	阻抗变换电路	高频放大、振荡

注　NPN 型三种接法的电源极性与 PNP 型的相反。

5. 晶体管的使用常识

（1）晶体管极性和管型的判别见表 2-10。

表 2-10　晶体管极性和管型的判别

测试内容		测试方法	极性和管型判别
判别基极	PNP 型晶体管	黑　红	将万用表放在电阻 $R\times100$ 或 $R\times1k$ 挡，用万用表的红表棒接晶体管的某一管脚，用黑表棒分别接另外两管脚。测得三组（每组二次）读数，当其中一组二次测得的阻值均小时，则红表棒所连接的管脚为 PNP 型晶体管的基极
	NPN 型晶体管	c　b	方法同上，但以黑表棒为准，用红表棒分别接另外两管脚，当其中一组二次测得的阻值均小时，则黑表棒所连接的管脚为 NPN 型晶体管的基极
判别集电极		c　e　嘴	在判明基极后，再将万用表两个表棒接到管子的另外两脚，用嘴含住基极，再将表棒对调测试，比较两次指针位置，对于 PNP 型晶体管，阻值小的一次，红表棒所接的管脚为集电极；对于 NPN 型晶体管，阻值小的一次，黑表棒所接的管脚为集电极

（2）晶体管性能的判别见表 2-11。

表 2-11　PNP 型晶体管性能的判别

测试内容	测试方法	性能判别
穿透电流 I_{ceo}	红　黑　c　b　e	将万用表放在电阻 $R\times100$ 或 $R\times1k$ 挡，测集电极与发射极反向电阻，阻值越大，说明穿透电流 I_{CEO} 越小，晶体管性能越稳定
电流放大系数 β	100kΩ　c　b　e	进行上述测试时，如果在基极与集电极之间接入 100kΩ 电阻，集电极与发射极之间的反向电阻便减小，万用表指针将向右偏转，偏转的角度越大，说明电流放大系数 β 值越大
稳定性能	c　b　e	在判别穿透电流的同时，用手捏住晶体管，受人体体温影响，集电极与发射极之间的反向电阻将有所减小。若电阻变化不大，则管子稳定性较好

注　测 NPN 型晶体管时，将万用表的测试棒对调即可。

（3）晶体管的使用注意事项。

1）根据使用场合和电路性能，选择合适类型的晶体管。例如，用于高、中频放大和振荡用的晶体管，应选用特征频率较高和极间电容较小的高频管，保证管子工作在高频段时，仍有较高的功率和稳定的工作状态；用于前置放大的晶体管，应选用放大倍数β较大而穿透电流较小的管子，使管子在稳定工作的前提下，充分发挥这一级晶体管的最大效能。

2）根据电路要求和已知工作条件选择晶体管，即确定晶体管的几个主要参数。参数选择原则见表2-12。

表2-12　　晶体管主要参数的选择

参　数	BU_{CEO}	I_{CM}	P_{CM}	β	f_T
选择原则	$\geqslant E_C$（电源电压）	$\geqslant(2\sim3)I_C$	$\geqslant P_O$（输出功率）	40～100	$\geqslant 3f$
说明	若是电感性负载：$U_{CEO}\geqslant 2E_C$	I_C为管子的工作电流	甲类功放：$P_{CM}\geqslant 3P_O$ 甲乙类功放：$P_{CM}\geqslant\left(\frac{1}{3}\sim\frac{1}{5}\right)P_O$	β太高容易引起自激振荡，稳定性差	f为工作频率

3）加在晶体管上的电流、电压、功率以及环境温度等都不应超过其额定值。

4）晶体管接入电路时，应先接通基极，最后接入电源。拆线时应最先断开电源，最后拆除基极的连接线，以免管子受损。

5）安装晶体管时注意事项同二极管的使用注意事项。

6. 晶体管的主要技术参数

晶体管的主要技术参数见表2-13。

表2-13　　晶体管的主要技术参数

参　数		名　称	定　义
直流参数	H_{fe}	共发射极直流放大系数	在共发射极电路中，当集电极电压U_{CE}和集电极电流I_C为规定值时，I_C与I_B之比，$H_{fe}=I_C/I_B$
直流参数	I_{CEO}	集电极—发射极反向截止电流	基极开路，集电极—发射极间的电压为规定值时的集电极电流
直流参数	I_{CBO}	集电极—基极反向截止电流	发射极开路，集电极—基极间的电压为规定值时的集电极电流
直流参数	B_{CEO}	集电极—发射极反向击穿电压	基极开路时，集电极与发射极间最大允许电压
直流参数	BU_{CBO}	集电极—基极反向击穿电压	发射极开路时，集电极与基极间最大允许电压
交流参数	h_{fe}（或β）	共发射极交流电流放大系数	在共发射极电路中，输出电流I_C与输入电流I_B的变化量之比，$h_{fe}(\beta)=\Delta I_C/\Delta I_B$
交流参数	f_T	特征频率	因频率增高，h_{fe}下降到1时的频率
极限参数	I_{CM}	集电极最大允许电流	当晶体管参数变化不超过规定值时，集电极所允许承受的最大电流
极限参数	R_{th}	热阻	单位功率所产生的温差
极限参数	P_{CM}	集电极最大允许耗散功率	保证参数在规定范围内变化的最大集电极耗散功率

7. 常用晶体管的型号及技术数据

常用晶体管的型号及技术数据见表2-14。

表 2-14　　部分常用硅低频小功率晶体管的型号及技术数据

型　号	极限参数		直流参数					
	P_{CM}（mW）	I_{CM}（mA）	BU_{CEO}（V）	BU_{CBO}（V）	I_{CBO}（μA）	I_{CEO}（μA）	I_{CBO}（μA）	H_{fe}
200 3DX201A 202	300	300	≥12	≥4	≤1	≤2	≤1	55～400
200 3DX201B 202			≥18					
200 3CX201A 202	300	300	≥12	≥4	≤0.5	≤1	≤0.5	55～400
200 3CX201B 202			≥18					
3DX203 3CX203	500	500	15		5			40～400
3DX204 3CX204	700	700	15～40		5			55～400
3DX211 3CX211	200	50	12		0.05			40～400

第 6 节　晶闸管及可控整流电路

晶闸管是一种电力电子器件，适用于作可控制的整流元件。

1. 晶闸管的结构及特性

（1）晶闸管的结构。晶闸管分为螺栓型和平板型两种。螺栓型晶闸管如图 2-12 所示，平板型晶闸管如图 2-13 所示。两种外形的管子其管芯结构都是一样的，即在一块硅片上交叠地制出 P1、N1、P2 和 N2 区，由外层的 P1 和 N2 区分别引出两个电极，称为阳极 A 和阴极 K，由中间的 P2 区引出的电极称为控制极 G（门极）。

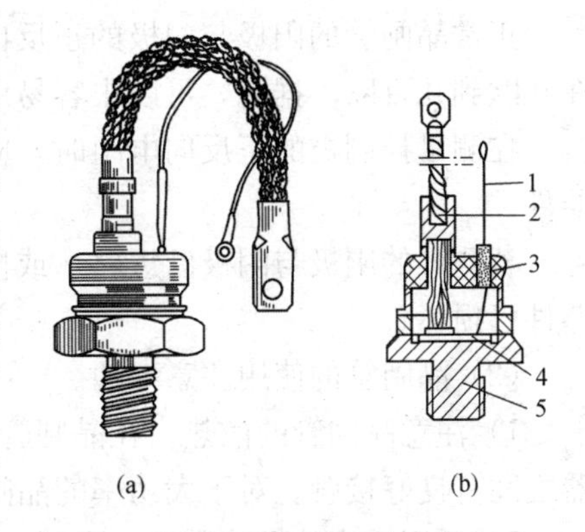

图 2-12　螺栓型晶闸管

(a) 外形；(b) 结构

1—控制极引线；2—阴极引线；3—陶瓷—金属外壳；4—管芯；5—管座（阳极）

（2）晶闸管的伏安特性。晶闸管的伏安特性曲线及符号如图 2-14 所示。

1）正向阻断特性。当控制极无信号时，晶闸管虽加有正向阳极电压，但不导通，如图 2-14 曲线Ⅰ所示。当阳极电压达到一定值时，晶闸管会突然由关断状态转化为导通状态，该电压称为正向转折电压。

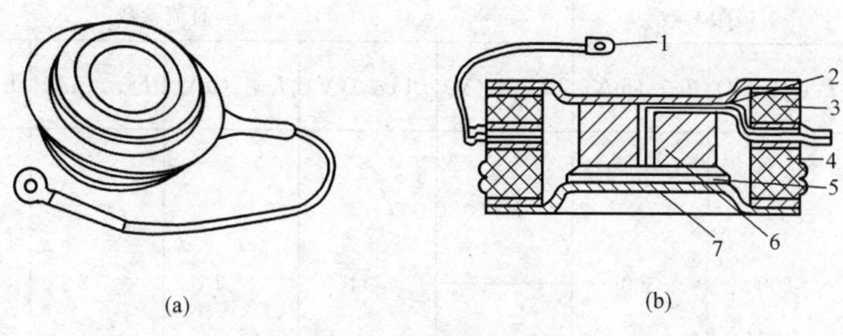

图 2-13　平板型晶闸管

(a) 外形；(b) 结构

1—控制极外引线；2—控制极内引线绝缘套管；3—阴极陶瓷外壳；

4—阳极陶瓷外壳；5—管芯；6—阴极压块；7—银片

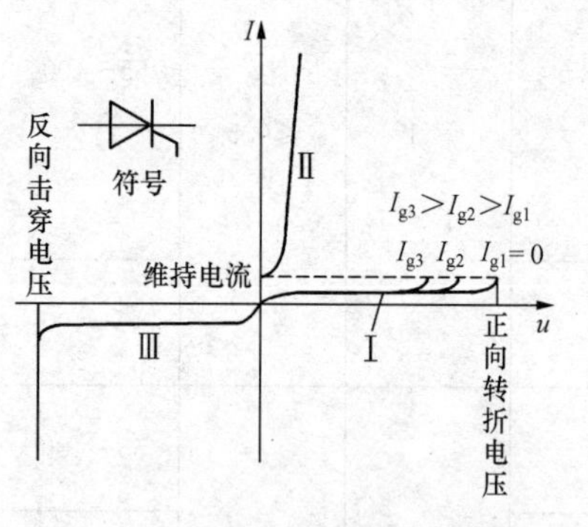

图 2-14　晶闸管的伏安特性及符号

2）导通工作特性。当控制极加以正向电流时，晶闸管会在较低的正向阳极电压下导通，如图 2-14 曲线Ⅱ所示。器件一旦导通，控制极将失去作用，即无论有无正向控制电压，晶闸管始终处于导通状态。要使晶闸管关断，就必须降低正向阳极电压，使器件的正向电流小于维持电流，或施加反向阳极电压。

(3) 反向阻断特性。当晶闸管加以反向电压时，管子不会导通，处于反向阻断状态，如图 2-14 曲线Ⅲ所示。当反向阳极电压大到一定程度时，器件会被击穿，该电压称为反向击穿电压。

利用晶闸管的伏安特性，可将其用作可控制的整流元件，以毫安级的控制极电流来控制大功率的整流。

2. 晶闸管的使用常识

(1) 元器件的判别。螺栓形晶闸管的细引线是控制极；平板形晶闸管的中间金属环或引线是控制极。

正常晶闸管的阳极与门极的正反向电阻均在几百千欧以上，门极与阴极的正向电阻大约在几欧到几百欧。据此，可以很容易地判别晶闸管的阳极和阴极。

在测量控制极的正反向电阻时，应将万用表置于 $R\times1$ 或 $R\times10$ 挡，以防电压过高，损坏器件。

若测得的阳极与阴极已短路，或阳极与控制极已短路，或控制极与阴极已开路，则说明器件已损坏。

(2) 晶闸管的使用注意事项。

1）注意晶闸管的散热。在晶闸管上要配用具有规定散热面积的散热器，并使元件和散热器之间有良好接触。对于大功率的晶闸管，要按规定进行风冷或水冷。

2）采用适当的保护措施，限制电压、电流的变化率。

3）要防止控制极的正向过载和反向击穿。

4）使用中要避免剧烈振动和冲击。

3. 晶闸管的型号命名方法

国产晶体管型号的组成：

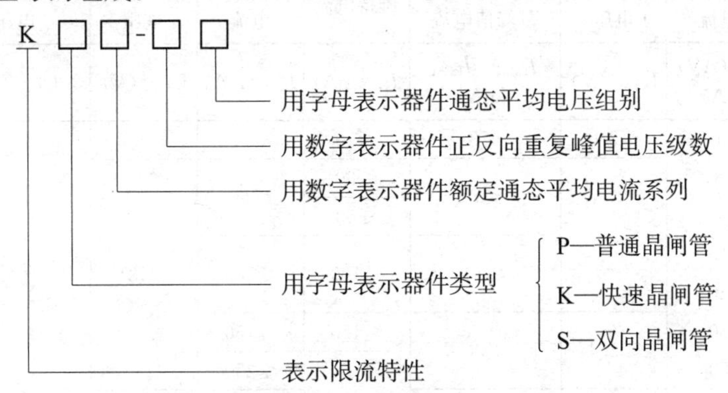

型号中的系列、级数和组别的划分方法见表 2-15。

表 2-15　　型号中的系列、级数和组别的划分方法

(1) 按额定通态平均电流分系列

系列	通态平均电流（A）	系列	通态平均电流（A）
KP1	1	KP200	200
KP5	5	KP300	300
KP10	10	KP400	400
KP20	20	KP500	500
KP30	30	KP600	600
KP50	50	KP800	800
KP100	100	KP1000	1000

(2) 按正反向重复峰值电压分级

级别	正反向重复峰值电压（V）	级别	正反向重复峰值电压（V）
1	100	12	1200
2	200	14	1400
3	300	16	1600
4	400	18	1800
5	500	20	2000
6	600	22	2200
7	700	24	2400
8	800	26	2600
9	900	28	2800
10	1000	30	3000

(3) 按通态平均电压分组

组别	通态平均电压（V）	组别	通态平均电压（V）
A	$U_T \leqslant 0.4$	F	$0.8 < U_T \leqslant 0.9$
B	$0.4 < U_T \leqslant 0.5$	G	$0.9 < U_T \leqslant 1.0$
C	$0.5 < U_T \leqslant 0.6$	H	$1.0 < U_T \leqslant 1.1$
D	$0.6 < U_T \leqslant 0.7$	I	$1.1 < U_T \leqslant 1.2$
E	$0.7 < U_T \leqslant 0.8$		

例如，KP400-16C 表示正反向重复峰值电压为 1600V、额定通态平均电流为 400 安、通态平均电压为 0.5～0.6V 的普通晶闸管。

4. 普通晶闸管的型号及技术数据

普通晶闸管的特性参数见表 2-16。

表 2-16　　普通晶闸管特性参数

型　号	通态平均电流	通态峰值电压	断态、反向重复峰值电流	维持电流	门极触发电流	门极触发电压	门极不触发电压	断态电压临界上升率
	I_T（AV）（A）	U_{TM}（V）	I_{DRM}、I_{RRM}（mA）	I_H（mA）	I_{GT}（mA）	U_{GT}（V）	U_{GD}（V）	du/dt（V/μs）
KP1	1	≤2.0	≤3	≤10	≤20	≤2.5		
KP3	3		≤8	≤30	≤60			
KP5	5			≤60				25～800
KP10	10	≤2.2						
KP20	20		≤10	≤100	≤100	≤3		
KP30	30			≤150	≤150			
KP50	50	≤2.4	≤20		≤250			50～1000
KP100	100			≤200			≥0.2	
KP200	200		≤40		≤250	≤3.5		
KP300	300							
KP400	400		≤50	≤300				
KP500	500	≤2.6			≤350			100～1000
KP600	600		≤60	≤400		≤4		
KP800	800		≤80					
KP1000	1000		≤120	≤500	≤450			

5. 晶闸管整流电路

晶闸管可以组成多种单相和三相可控整流电路，常用整流电路见表 2-17。

表 2-17　　晶闸管整流电路

整流电路名称	单相半波	单相全波	单相半控桥
电路图	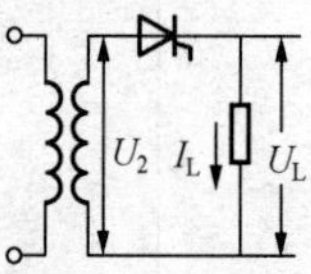	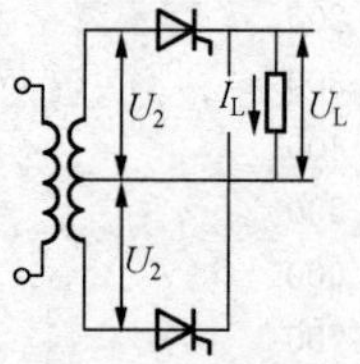	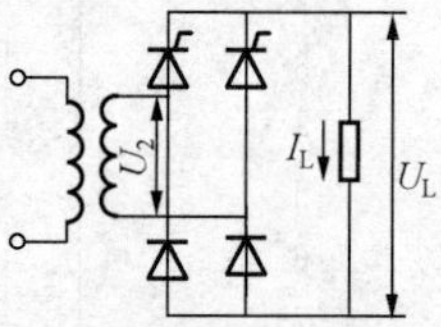
整流电路名称	单相全控桥	三相半波	三相半控桥
电路图	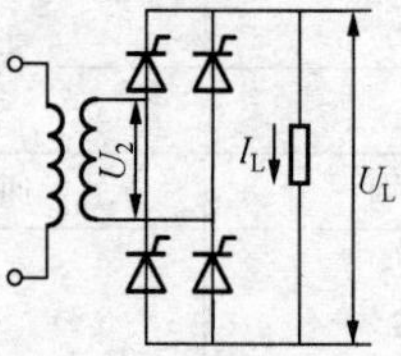	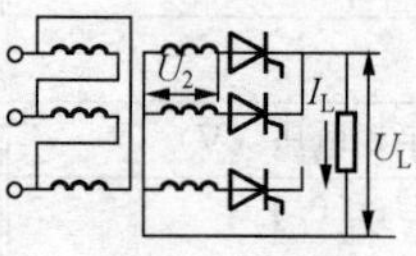	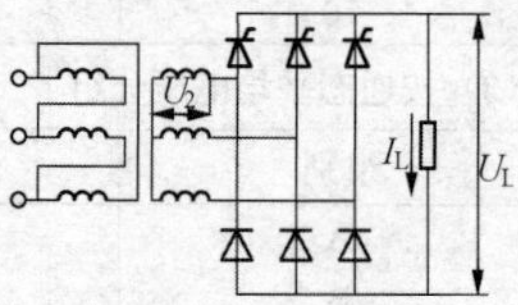
整流电路名称	三相全控桥	双三相桥串联	双三相桥带平衡电抗器
电路图	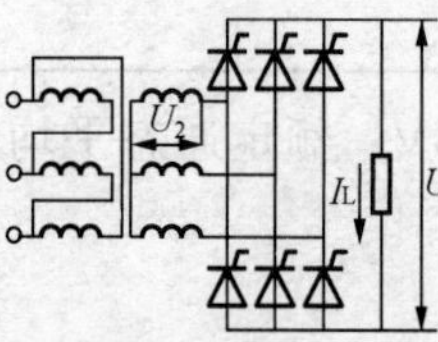	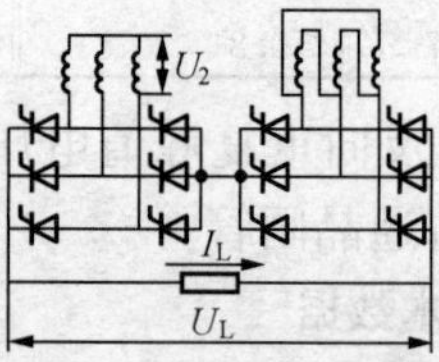	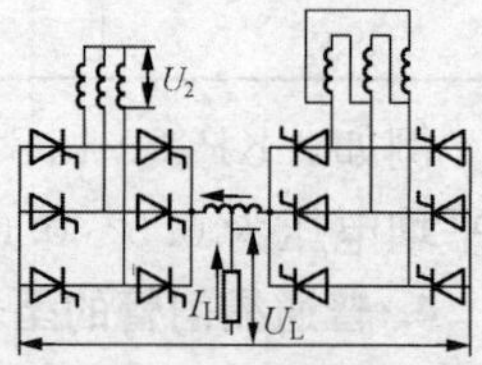

第3章 常用电气图形符号和文字符号

第1节 电气工程常用图形符号

电气工程常用图形符号见表3-1。

表3-1 **电气常用图形符号**（择自GB/T 4728）

图形符号	说 明	IEC	图形符号	说 明	IEC
	单极开关（机械式开点）	＝		先断后合的转换触点	＝
	单极开关（机械式闭点）	＝		剩余电流保护断路器	＝
	多极开关（单线表示）	＝		断路器	＝
	两极开关（多线表示）	＝		熔断器式断路器	＝
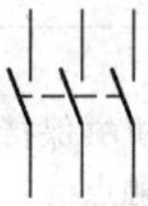	三极开关（多线表示）	＝		隔离开关	＝
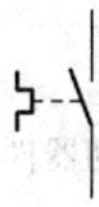	手动开关一般符号	＝	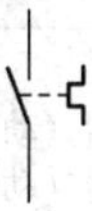	热继电器动合触点	＝
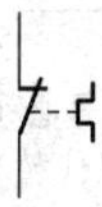	热继电器动断触点	＝	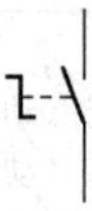	具有动合触点但无自动复位的旋转开关	＝
	接触器（动合触点）	＝	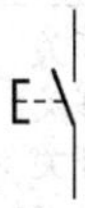	动合按钮	＝
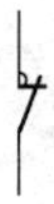	接触器（动断触点）	＝	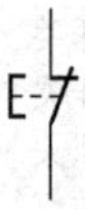	动断按钮	＝

续表

图形符号	说　明	IEC	图形符号	说　明	IEC
	动合触点 注：本符号也可以用作开关一般符号	=		延时闭合的动合触点	=
	动断触点 注：本符号也可以用作开关一般符号	=		延时断开的动合触点	=
θ	热敏开关（动合触点）	=		延时闭合的动断触点	=
P	气敏开关（动合触点）	=		延时断开的动断触点	=
	熔断器式隔离开关	=		接地开关	=
	负荷开关	=		带接地刀的隔离开关	=
	熔断器式负荷开关	=		双电源自动转换开关	=
	熔断器式开关	=		信号继电器机械保持的动合触点	=
	压力控制器（动合） 压力控制器（动断）	=		热继电器驱动器件	=
	液位控制器（动合） 液位控制器（动断）	=	*	指示仪表（*号必须按照规定予以代替）	=
	位置开关 行程开关 限位开关 （动合触点）	=	V	电压表	=
	位置开关 行程开关 限位开关 （动断触点）	=	A	电流表	=

续表

图形符号	说　明	IEC
W	有功功率表	=
var	无功功率表	=
cosφ	功率因数表	=
Hz	频率表	=
p	压力表	=
θ	温度计 高温计	=
n	转速表	=
Isinφ	无功电流表	=
W pmax	最大需量指示器（由一台积算仪表操纵的）	=
*	控制和指示设备（＊号必须按照规定予以代替）	=
Ah	安培小时计	=
Wh	电能表（瓦时计）	=
varh	无功电能表	=
Wh	带发送器电能表	=
Wh	由电能表操纵的遥测仪表（转发器）	=

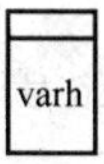

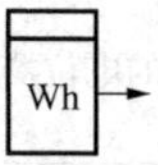

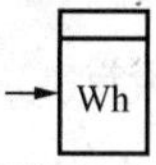

图形符号	说　明	IEC
Wh	 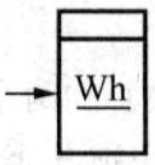 由电能表操纵的带打印器件的遥测仪表（转发器）	=
SP	 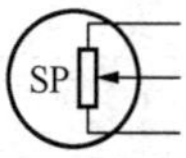 远传压力表	=
R	 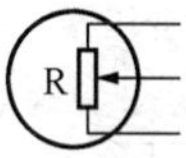 电位器	=
	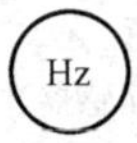 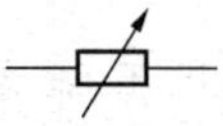 可调电位器	=
	 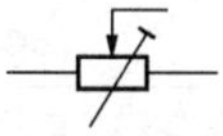 预调电位器	=
	 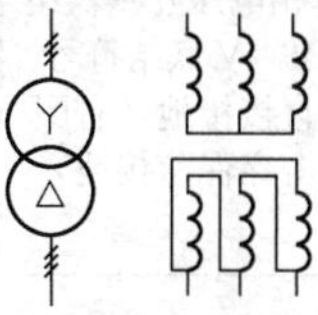 三相变压器（星形—三角形联结）	=
	 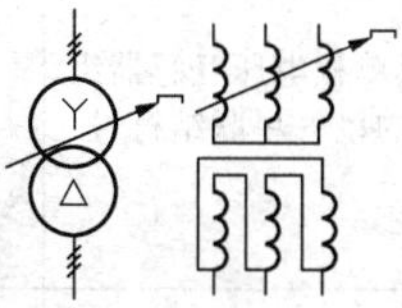 具有有载分接开关的三相变压器（星形—三角形联结）	=
	 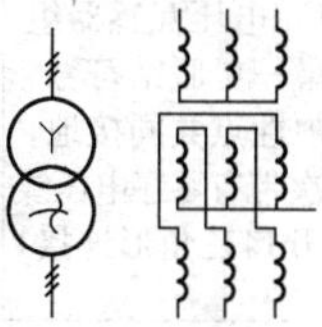 三相变压器（星形—曲折形联结）	=
	 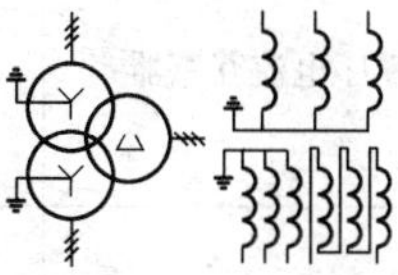 三相三绕组变压器，两个绕组为有中性点引出线的星形、中性点接地，第三绕组为开口三角形连接	=
	 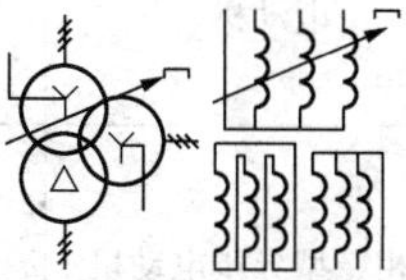 具有有载分接开关的三相三绕组变压器，有中性点引出线的星形—三角形联结	=
	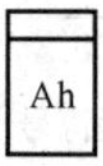 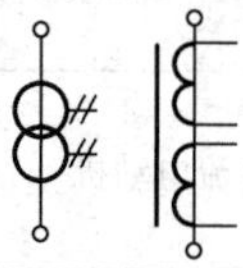 在一个铁心上具有两个二次绕组的电流互感器	=

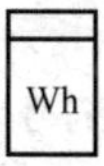

续表

图形符号	说　明	IEC	图形符号	说　明	IEC
	具有两个铁心和两个二次绕组的电流互感器	=		自耦变压器	=
				电抗器，扼流圈	=
	电流互感器 脉冲变压器	=		单相双绕组变压器（单相电压互感器）	=
				三绕组变压器（三相电压互感器）	=
V V	两只单相电压互感器组成的 V—V 符号			UPS 电源	=
L2 L1 L3 U V W　L2 L1 L3 U V W	两只单相电压互感器组成的 V—V 联结符号（左图直接接地，右图通过击穿保险接地）	=		操作器件一般符号	=
				具有两个绕组的操作器件组合表示法	=
	三只单相电压互感器组成的星—星联结符号		M	电动机保护器	=
L2 L1 L3 U V W N　L N	三只单相电压互感器组成的星—星联结符号（左图中性点共同接地，右图二次带有零序电压线圈组成开口三角形连接）	=		变换器一般符号	=
			* ① ②	传感器 *—表示传感器的种类	=
	零序电流互感器	=		电容器一般符号	=
M 3～	三相绕线转子异步电动机	=		熔断器一般符号	=
				电阻器一般符号	=
M 3～	三相笼型异步电动机	=		带滑动触点的电位器	=
M ≅	交直流电动机	=		可调电容器	=

续表

图形符号	说　明	IEC
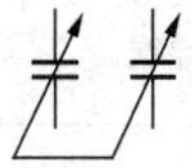	双联可调电容器	=
	加热器	=
	指示灯或照明灯	=
	击穿保险	=
	避雷器（电涌保护器）	=
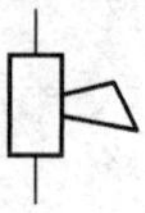	电喇叭或扬声器	=
	电铃	=
	电风扇	=
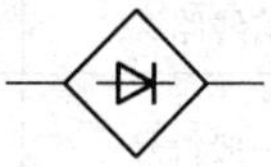	桥式全波整流器	=
	带电显示器	=
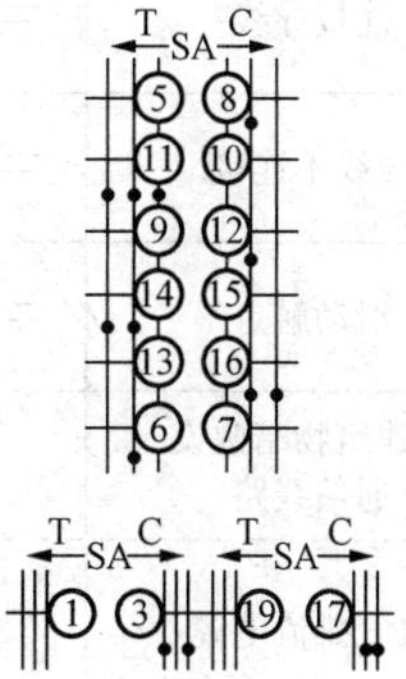	操作转换开关： 带自复机构及定位的 LW2-Z-1a. 4. 6a. 40. 20/8F 型转换开关 部分触点图形符号。 ——表示手柄操作位置； ·表示手柄转向此位置 时触点闭合	=
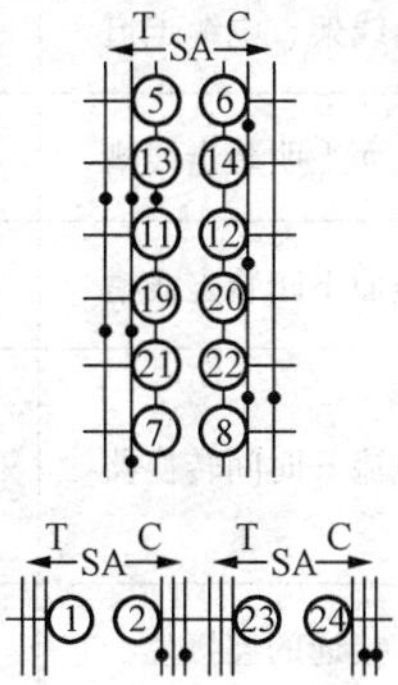	操作转换开关： 带自复机构及定位的 LW2-Z-1a. 4. 6a. 40. 20/8F 型转换开关 部分触点图形符号。 ——表示手柄操作位置； ·表示手柄转向此位置 时触点闭合	=
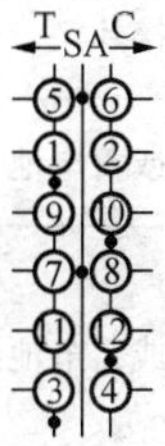	操作转换开关： 定位的 LW5(12)- 16D 0724/3 型转换开关 部分触点图形符号。 ——表示手柄操作位置； ·表示手柄转向此位置 时触点闭合	=
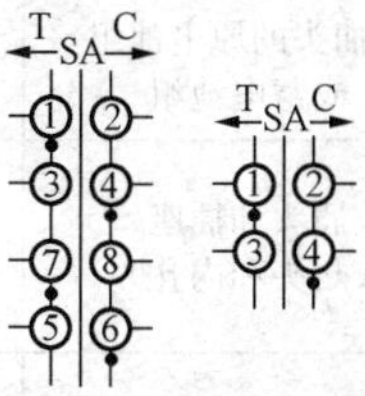	操作转换开关： 定位的 LW5(12)- 16D 0401/2(1) 型转换开 关部分触点图形符号。 ——表示手柄操作位置； ·表示手柄转向此位置 时触点闭合	=
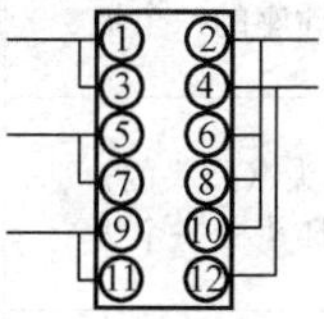	电压转换开关： LW12-16DYH3/F3 型 转换开关触点图形符号	=
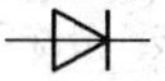	二极管一般符号	=
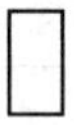	柜、屏、盘、架一般符号 （可用文字符号或型号 表示设备名称）	=
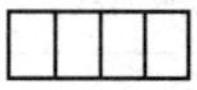	列柜、屏、盘、 架一般符号（可用文字 符号或型号 表示设备名称）	=
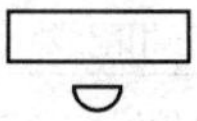	人工交换台、中继台、 测量台、业务台等 一般符号	=
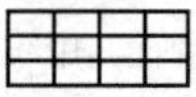	总配线架	=
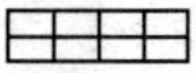	中间配线架	=

续表

图形符号	说明	IEC	图形符号	说明	IEC
	走线架、电缆走道	=		直流导线	=
	地面上明装走线槽	=		滑触线	=
	地面下暗装走线槽	=		地下线路	=
TA KM ③ ④	电流—时间转换器	=		电力电缆直通接线盒（多线表示）	=
	接通的连接片	=	3 3	电力电缆直通接线盒（单线表示）	=
	换接片	=		控制及信号线路（电力及照明用）	=
	原电池或蓄电池	=		50V及其以下电力线及照明线路	=
	原电池组或蓄电池组	=		架空线路	=
	带抽头的原电池组或蓄电池组	=		管道线路	=
	插头和插座（凸头和内孔）	=	6	多孔（如6孔）管道线路	=
	插座（内孔的）或插座的一个极	=		具有埋入地下连接点的线路	=
	插头（凸头的）或插头的一个极	=		水下线路	=
	导线、导线组、电路线路、母线一般符号	=		延建筑物明敷设通信线路	=
	三根导线	=		端子一般符号	=
4	四根导线	=		可拆卸的端子	=
	事故照明线	=		连接点	=
	中性线	=		连接导线	=
	具有保护线和中性线的三相配线	=		导线不连接	=
	保护线	=		滑动触点	=
	保护和中性共用线	=		延建筑物暗敷设通信线路	
~	交流导线	=		电气排流电缆	

续表

图形符号	说 明	IEC
	装在支柱上的封闭式母线	＝
	母线伸缩接头	＝
	保护接地	＝
	无噪声接地	＝
	电缆终端头	＝
	等电位	＝
	接地一般符号	＝
	接机壳或接底板	＝
	电力电缆连接分线盒（多线表示）	＝
3 3 3	电力电缆连接分线盒（单线表示）	＝
	挂在钢索上的线路	
	用单线表示的多回路线路（或电缆管束）	
	变换器一般符号 转换器一般符号	＝
	直流变流器	＝
	整流器	＝
	整流器/逆变器	＝
	感温火灾探测器	＝
	感烟火灾探测器	＝
	火灾报警装置	＝
	手动报警器	＝
	照明信号	＝
	星—三角起动器	＝
	自耦变压器式起动器	＝
	带可控整流器的调节—启动器	＝
	电动机起动一般符号	＝
	步进起动器	＝
	调节—起动器	＝
	气体继电器	＝
	自动重闭合器件	＝
	电话机	＝
	带自动释放的起动器	＝
	可逆式电动机直接在线接触器式起动器 可逆式电动机满压接触器式起动器	＝
	计数控制器	＝
	液体控制	＝

续表

图形符号	说 明	IEC
	液体控制	=
	温度控制（θ 可用 t 代替）	=
	压力控制	=
	热	
	烟	
	易爆气体	
	单相插座	=
	暗装单相插座	
	带接地插孔的三相插座	
	带接地插孔的暗装三相插座	
	带接地插孔的密闭（防水）三相插座	
	带接地插孔的防爆三相插座	
	带保护触点插座、带接地插孔的单相插座	=
	带接地插孔的暗装单相插座	
	密闭（防水）单相插座	
	防爆单相插座	
	插座箱（板）	
	多个插座（示出 3 个）	=
	具有单极开关的插座	=
	具有隔离变压器的插座	=
	带熔断器的插座	
	开关的一般符号	=
	带接地插孔的密闭（防水）单相插座	
	带接地插孔的防爆单相插座	
	密封（防水）双极开关	
	防爆双极开关	
	三极开关	
	暗装三极开关	
	密封（防水）三极开关	
	防爆三极开关	
	单极拉线开关	=
	单极限时开关	=
	具有指示灯的开关	=
	双控开关（单极三线）	=

续表

图形符号	说　明	IEC	图形符号	说　明	IEC
	单极开关			双极开关	=
	暗装单极开关			暗装双极开关	
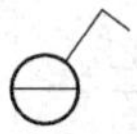	密封（防水）单极开关			调光器	=
	防爆单极开关				

第2节　电气工程常用文字符号

电气工程常用文字符号见表3-2～表3-13。

表3-2　　**电气图常用文字符号**（择自GB/T 4728、GB/T 7159）

设备名称	文字符号	IEC	设备名称	文字符号	IEC
发电机	G	=	电流变换器	BC	=
电动机	M	=	电压变换器	BU	=
电力变压器	TM	=	压力变送器	BP	=
控制电源变压器	TC	=	流量变送器	BL	=
配电变压器	TD	=	电动机保护器	KP	=
电流互感器	TA	=	液位传感器	SL	=
电压互感器	TV	=	压力传感器	SP	=
零序电流互感器	TAN	=	远传压力表	SP	=
零序电压互感器	TVN	=	位置传感器	SQ	=
接触器	KM	=	温度传感器	ST	=
熔断器	FU	=	电流—时间转换器	KCT	
调节器	A	=	断路器	QF	=
电阻器	R	=	开关	Q	=
电位器	RW	=	隔离开关	QS	=
电感器	L	=	控制开关	SA	=
电抗器	L	=	选择开关（转换开关）	SA	=
电容器	C	=	负荷开关	QL	=
整流器	U	=	熔断器组合隔离开关	QRS	
压敏电阻器	RV	=	双向（投）开关	QTL	=
温湿度控制器	BH	=	接地开关	QE	=
带电显示器	DX	=	旋钮	SW	=
避雷器	F	=	按钮	SB	=
场声器（电喇叭）	HA	=	合闸按钮	SB	=
变频器	UP	=	停止按钮	SBS	=

续表

设备名称	文字符号	IEC	设备名称	文字符号	IEC
试验按钮	SBT	=	频敏变阻器	RF	=
合闸线圈	YC	=	测量设备	P	=
跳闸线圈	YT	=	温湿度控制器	BH	
继电器	K	=	综合微机保护装置	ZWB	
电流继电器	KA	=	带电显示器	DX	
电压继电器	KV	=	击穿保险	FB	=
时间继电器	KT	=	发热器件	EH	=
控制继电器	KC	=	加热器	EE	
中间继电器	KM	=	电风扇	EV	
信号继电器	KS	=	蓄电池	GB	=
差动继电器	KD	=	分励脱扣器	F	=
功率继电器	KPR	=	欠电压脱扣器	Q	=
接地继电器	KE	=	合闸电磁铁	X	=
气体继电器	KB	=	储能电动机	M	=
逆流继电器	KR	=	接线盒	XH	=
闪光继电器	KFR	=	接线柱	X	=
热继电器（热元件）	KH	=	端子板（排）	XT	=
温度继电器	KTE	=	连接片	XB	=
重合闸继电器	KRr	=	插座	XS	=
阻抗继电器	KZ	=	插头	XP	=
方向继电器	KP	=	电铃	HA	=
压力继电器	KPR	=	扬声器（电喇叭）	HA	=
液流继电器	KFI	=	电磁锁	YA	=
过电流继电器	KAO	=	电流表	PA	=
欠电流继电器	KAU	=	电压表	PV	=
过电压继电器	KVO	=	有功功率表	PW	=
欠电压继电器	KVU	=	无功功率表	PR	=
防跳继电器	KCF	=	电能表	PJ	=
出口继电器	KCO	=	有功电能表	PJ	=
闭锁继电器	KCB	=	无功电能表	PJR	=
绝缘监察继电器	KVI	=	频率表	PF	=
零序电流继电器	KCZ	=	功率因数表	PPF	=
零序电压继电器	KVZ	=	照明灯	EL	
负序电流继电器	KAN	=	指示灯	HL	=
负序电压继电器	KVN	=	红色指示灯（HR）	HLR	=
功率方向继电器	KW	=	绿色指示灯（HG）	HLG	=
事故信号继电器	KCA	=	兰色指示灯（HB）	HLB	=
跳闸位置继电器	KCT	=	黄色指示灯（HY）	HLY	=
合闸位置继电器	KCC	=	白色指示灯（HW）	HLW	=
同步中间继电器	KCS	=	母线	W	=
加速继电器	KCL	=	电压小母线	WV	=
保持继电器	KL	=	控制小母线	WCL	=

续表

设备名称	文字符号	IEC	设备名称	文字符号	IEC
合闸小母线	WCL	=	高压开关柜	AH	=
信号小母线	WS	=	低压交流配电屏（柜）	AA	=
事故音响小母线	WFS	=	低压直流配电屏（柜）	AD	=
预告音响小母线	WPS	=	电力配电柜	AP	=
闪光小母线	WF	=	应急电力配电箱	APE	=
直流母线	WB	=	照明配电箱	AL	=
中性线	N	=	应急照明配电箱	ALE	=
保护接地	PE	=	电源自动切换箱（柜）	AT	=
保护接地与中性线共用	PEN	=	并联电容屏箱（柜）	ACC	=
电力干线	WPM	=	控制箱（柜、屏）	AC	=
照明干线	WLM	=	信号箱（屏）	AS	=
电力分支干线	WP	=	接线端字箱	AXT	=
照明分支干线	WL	=	保护屏	AE	=
应急照明干线	WEM	=	电能表箱	AW	=
应急照明分支干线	WE	=	插座箱	AX	=
插接式母线	WIB	=	中央信号屏	ACS	=
电能计量柜	AM	=			

表 3-3　　设备元件运行状态及导线颜色标识方法

设备名称	文字说明	设备名称	文字说明
信号灯功能颜色标记：择自 GB/T 4026		复归按钮	黑色
事故跳闸危险	红色	母线或导线颜色标记：择自 GB/T 4026—2004	
异常报警指示	黄色	交流系统电源 L1 相	黄色
开关闭合状态	红色（白色）	交流系统电源 L2 相	绿色
开关断开状态	绿色	交流系统电源 L3 相	红色
电动机起动过程	蓝色	交流系统设备端 U 相	黄色
储能完毕指示	白色（绿色）	交流系统设备端 V 相	绿色
按钮功能颜色标记：择自 GB/T 4026		交流系统设备端 W 相	红色
正常分闸或停止	黑色（绿色）	交流系统中性线（N 线）	黑色
正常合闸或起动	白色（红色）	交流系统接地线（PE）	黄/绿双色
事故紧急操作	红色	直流系统正电源（＋）	红色
储能按钮	白色	直流系统负电源（－）	蓝色

表 3-4　　信号小母线文字代号及回路标号

二次小母线名称	文字符号	回路标号	二次小母线名称	文字符号	回路标号
信号小母线	WS＋、WS－	701、702	预告音响小母线（直流）	WPS	709
“掉牌未复归”光字牌	WA	703	闪光信号小母线	WF	100
“掉牌未复归”光字牌	WB	704	进线速断跳闸信号		711
事故音响小母线（交流）	WFS	729	进线过流跳闸信号		713
预告音响小母线（交流）	WPS	716	进线过流跳闸信号		713
事故音响小母线（直流）	WFS	708	进线联锁跳闸信号		715

续表

二次小母线名称	文字符号	回路标号	二次小母线名称	文字符号	回路标号
进线失压跳闸信号		717	母联过流跳闸信号		731
配变速断信号		719	母联后加速动作信号		733
配变过流信号		721	母联自投动作信号		735
变压器重瓦斯信号		723	PT柜失压或故障信号		741
变压器轻瓦斯信号		725	PT柜过压信号		743
变压器超温信号		727	计量单元未投入信号		751
变压器故障信号		729			

表 3-5　小母线常用的文字符号及回路标号

二次小母线名称	文字符号	回路标号	二次小母线名称	文字符号	回路标号
交流回路控制电源	U相-WCu	1或101	电压小母线	W相-WVw	W630～639
交流回路控制电源	W相-WCw	2或102	中性（零）线	N	N600
交流回路辅助电源	U相-WCu1	201	二次电流测量回路线	U相	U411～419
交流回路辅助电源	W相-WCw1	202	二次电流测量回路线	V相	V411～419
直流回路控制电源	WC+	1或101	二次电流测量回路线	W相	W411～419
直流回路控制电源	WC−	2或102	二次电流保护回路线	U相	U421～429
电压小母线	U相-WVu	U630～639	二次电流保护回路线	V相	V421～429
电压小母线	V相-WVv	V630（V600）	二次电流保护回路线	W相	W421～429

注　表中电压小母线括号内（V600）的标号，适用于（TV）二次侧V相接地回路中，如果V相不接地，回路标号可顺延至V639。

表 3-6　设备特定接线端标记和特定导线端识别

导体名称择自（GB/T 4026）		字母数字符号		IEC
		设备端子	导线端头	
交流系统电源导线	第一相	U	L1	≡
	第二相	V	L2	≡
	第三相	W	L3	≡
	中性线	N	N	≡
	保护接地线	PE	PE	≡
	中性保护接地线	PEN	PEN	≡
直流系统电源导线	正极	C	L+	≡
	负极	D	L−	≡
	中间线	M	M	≡
其他系列导线	保护导体	PE	PE	≡
	不接地的保护导体	PU	PU	≡
	保护中性导体	—	PEN	≡
	接地导体	E	E	≡
	低噪声接地导体	TE	TE	≡
	接机壳接机架	MM	MM	≡
	等电位连接	CC	CC	≡

表 3-7　　母线和导线的颜色标识及排列方式

类别		垂直排列	水平排列	前后排列	颜色
交流	A相	上	左	远	黄色
	B相	中	中	中	绿色
	C相	下	右	近	红色
	中性线	最下	最右	最近	淡蓝色
	中性保护线	最下	最右	最近	黄绿双色
直流	正极	上	左	远	红色
	负极	下	右	近	蓝色
	中性线	最下	最右	最近	紫色
	接地线	最下	最右	最近	紫底黑条

注　母线相序颜色可以贯穿母线全长，也可在母线明显位置用圆形或垂直于母线的条形色标加以区别。本标准引自GB/T 4026。

表 3-8　　开关电器操作机构的操作方向及指示

操作器件名称	运动方式	运动方向及相互位置	
		合闸时	分闸时
手柄手轮或单双臂杠杆	转动	顺时针	逆时针
手柄或杠杆	线性运动	向上↑	向下↓
两个上下排列按钮	按	上面	下面
两个水平排列按钮	按	右面	左面

表 3-9　　供电条件常用的文字符号（择自 GB/T 7159）

名称	文字符号	单位符号	IEC
系统标称电压	U_n	V	＝
设备的额定电压	U_r	V	＝
设备的额定电流	I_r	A	＝
设备的额定频率	f	Hz	＝
设备的安装功率	P_n	kW	＝
计算有功功率	P	kW	＝
计算无功功率	Q	Kvar	＝
计算视在功率	S	kVA	＝
额定视在功率	S_r	kVA	＝
计算电流	I_c	A	＝
起动电流	I_{st}	A	＝
尖峰电流	I_p	A	＝
整定电流	I_s	A	＝
稳态短路电流	I_k	kA	＝
功率因数	$\cos\varphi$		＝
阻抗电压	U_{kr}	%	＝

表 3-10　　低压断路器供电条件常用的文字符号

名　称	文字符号	单位符号	IEC
框架等级额定电流	I_{nm}	A	
额定电流	I_n	A	
额定工作电压	U_e	V	
额定绝缘电压	U_i	V	
额定冲击耐受电压	U_{imp}	V	
工频耐受电压	U	V	
N 极额定电流	I_N	A	
额定极限短路分断能力（有效值）	I_{cu}	kA	
额定运行短路分断能力（有效值）	I_{cs}	kA	
额定短路接通能力（峰值）	I_{cm}	kA	
额定短时耐受电流 1s（有效值）	I_{cw}	kA	
全分断、闭合（无附加延时）	ms		

表 3-11　　电气设备常用辅助文字符号（择自 GB/T 4729、GB/T 7159）

字母代码	项目种类	IEC	应用实例
A	组件部件	═	分立元件放大器、磁放大器、激光器、微波激射器、印刷电路板、本表其他地方未提及的组件、部件
B	变换器（从非电量到电量或相反）	═	热电传感器、热电池、光电池、测功计、晶体换能器、送话器、拾音器、扬声器、耳机、自整角机、旋转变压器
C	电容器	═	各种类型的电容器
D	二进制单元延迟器件存储器件	═	数字集成电路和器件、延迟线、双稳态元件、单稳态元件、磁芯存储器、寄存器、磁带记录机、盘式记录机
E	杂项	═	光器件、热器件、本表其他地方未提及的元件
F	保护器件	═	熔断器、过电压放电器件、避雷器
G	发电机电源	═	旋转发电机、旋转变频机、电池、振荡器、石英晶体振荡器
H	信号器件	═	光指示器、声指示器
J			
V	电真空器件半导体器件	═	电子管、气体放电管、晶体管、晶闸管、二极管
W	传输通道、波导、天线	═	导线、电缆、母线、波导定向耦合器、偶极天线、抛物面天线
X	端子、插头、插座	═	插头和插座、测试塞孔、端子板、焊接端子片、连接片、电缆封端和接头
Y	电气操作的机械装置	═	制动器、离合器、气阀
Z	终端设备、混合变压器、滤波器均衡器、限幅器	═	电缆平衡网络、压缩扩展器、晶体滤波器、网络
K	继电器、接触器	═	各种类型的继电器、接触器
L	电感器、电抗器	═	感应线圈、线路陷波器、电抗器（并联和串联）
M	电动机	═	各种类型的电动机
N	模拟集成电路	═	运算放大器、模拟/数字混合器件
P	测量设备、试验设备	═	指示、记录、积算、测量设备、信号发生器、时钟
Q	电力电路的开关	═	断路器、隔离开关、负荷开关
R	电阻器	═	可变电阻器、电阻器、电位器、变阻器、分流器、热敏电阻
S	控制电路的开关	═	控制开关、按钮、限制开关、选择开关、选择器、拨号接触器、连接器
T	变压器	═	变压器、电压互感器、电流互感器
U	调制器、变换器	═	鉴频器、解调器、变频器、编码器、逆变器、变流器、电报译码器

注　一个项目可能有几种名称，故可能有几个字母代码，使用时应选用较确切的代码。

表 3-12　　电气设备、装置常用文字符号（择自 GB/T 4729、GB/T 7159）

设备、装置和元器件名称	文字符号	IEC
分离元件放大器、激光器、调节器、本表其他地方未提及的组件、部件	A	=
电桥	AB	=
晶体管放大器	AD	=
集成电路放大器	AJ	=
磁放大器	AM	=
电子管放大器	AV	=
印制电路板	AP	=
抽屉柜	AT	=
支架盘	AR	=
热电传感器、热电池、光电池、送话器、拾音器、耳机、自整角机旋转变压器、变换器或传感器	B	=
压力变送器	BP	=
位置变送器	BQ	=
旋转变换器（测速发电机）	BR	=
温度变换器	BT	=
速度变换器	BV	=
电容器	C	=
数字集成电路和器件：延迟线、双稳态元件、单稳态元件、磁芯存储器、寄存器、磁带记录机、盘式记录机	D	=
本表其他地方未规定的器件	E	=
发热器件	EH	=
照明灯	EL	=
空气调节器	EV	=
过电压放电器件、避雷器	F	=
具有瞬时动作的限流保护器件	FA	=
具有延时动作的限流保护器件	FR	=
具有延时和瞬时动作的限流保护器件	FS	=
熔断器	FU	=
限压保护器件	FV	=
旋转发电机、振荡器	G	=
发声器、同步发电机	GS	=
异步发电机	GA	=
蓄电池	GB	=
旋转式或固定式变频机	GF	=
声响指示器	HA	=
光指示器、指示灯	HL	=
瞬时接触继电器、瞬时有或无继电器、交流继电器	KA	=
闭锁接触继电器	KL	=
接触器	KM	=
极化继电器	KP	=
簧片继电器、逆流继电器	KR	=
延时有或无继电器	KT	=
感应线圈、线路陷波器、电抗器（并联或串联）	L	=
电动机	M	=
同步电动机	MS	=
可做发电机或电动机用的电机	MG	=
力矩电动机	MT	=
运算放大器、混合模拟/数字器件	N	=
指示器件、记录器件、积算测量器件、信号发生器	P	=
电压表	PV	=
电流表	PA	=
频率表	PF	=
电能表	PJ	=
有功电能表	PJ	=
无功电能表	PJR	=
有功功率表	PW	=
无功功率表	PR	=
功率因数表	PPF	=
（脉冲）计数器	PC	=
记录仪器	PS	=
时钟、操作时间表	PT	=
电力电路的开关器件	Q	=
断路器	QF	=
隔离开关	QS	=
负荷开关	QL	=
电动机保护开关	QM	=
电阻器、变阻器	R	=
电位器	RP	=
测量分路表	RS	=
热敏电阻器	RT	=
压敏电阻器	RV	=
拨号接触器	S	=
控制开关、选择开关	SA	=
按钮开关	SB	=
液体标高传感器	SL	=
压力传感器	SP	=
位置传感器（包括接近传感器）	SQ	=
转速传感器	SR	=

续表

设备、装置和元器件名称	文字符号	IEC	设备、装置和元器件名称	文字符号	IEC
温度传感器	ST	=	连接片	XB	=
变压器	T	=	测试插孔	XJ	=
电力变压器	TM	=	插头	XP	=
磁稳压器	TS	=	插座	XS	=
控制电路电源用变压器	TC	=	端子板（端子排）	XT	=
电流互感器	TA	=	气阀	Y	=
电压互感器	TV	=	电磁铁	YA	=
鉴频器、解调器、变频器、编码器、交流器、逆变器、整流器、电板译码器	U	=	电磁制动器	YB	=
			电磁制离合器	YC	=
气体放电管、二极管、晶体管、晶闸管	V	=	电磁吸盘	YH	=
电子管	VE	=	电动阀	YM	=
控制电路用电源的整流器	VC	=	电磁阀	YV	=
导线、电缆、母线、波导、波导定向耦合器、偶极天线、抛物天线	W	=	电缆平衡网络、压缩扩展器、晶体滤波器、网络	Z	=
连接插头和插座、接线柱、电缆封端和接头、焊接端子板	X	=			

表 3-13　　常用电气量辅助文字符号（择自 GB/T 4729、GB/T 7159）

名　称	文字符号	IEC	名　称	文字符号	IEC
电流	A	=	紧急	EM	
模拟	A		快速	F	
交流	AC	=	反馈	FB	
自动	A、AUT		正、向前	FW	
加速	ACC		绿	GN	=
附加	ADD		高	H	=
可调	ADJ		输入	IN	
辅助	AUX		增	INC	
异步	ASY		感应	IND	
制动	B、BRK		左	L	
黑	BK	=	限制	L	
蓝	BL	=	低	L	=
向后	BW		闭锁	LA	
控制	C		主	M	
顺时针	CW		中	M	
逆时针	CCW		中间线	M	=
延时（延迟）	D		手动	M、MAN	
差动	D	=	中性线	N	=
数字	D		断开	OFF	
降	D		闭合	ON	
直流	DC	=	输出	OUT	
减	DEC		压力	P	
接地	E	=	保护	P	

续表

名　称	文字符号	IEC	名　称	文字符号	IEC
保护接地	PE	=	同步	SYN	
保护接地与中性线共用	PEN	=	温度	T	
不接地保护	PU	=	时间	T	
记录	R		无噪声接地	TE	=
右	R		真空	V	
反	R		速度	V	
红	RD	=	电压	V	
复位	R、RST		白	WH	=
备用	RES	=	黄	YE	=
运转	RUN		电源A相	L1	=
信号	S		电源B相	L2	=
起动	ST		电源C相	L3	=
位置、定位	S、SET		电源中性线	N	=
饱和	SAT		电源正极	L+	=
步进	STE		电源负极	L−	=
停止	STP				

第 4 章　常用法定计量单位及换算

第 1 节　国际电工技术符号及常用物理量和单位

现在，国际上已将电工技术符号标准化，并规定以拉丁字母“SI”作为国际单位制的简称。

国际单位制以长度的米、质量的千克、时间的秒、电流的安培、热力学温度的开尔文、物质的量的摩尔、发光强度的坎德拉 7 个单位为基本单位；以平面角的弧度、立体角的球面度两个单位为辅助单位。表 4-1 中列出电学量的符号与 SI 单位。

表 4-1　　电学的量和单位

量的名称	量的符号	SI 单位	
		名称	符号
电量、电荷	Q	库［仑］	C
电场强度	E	伏［特］每米	V/m
电通量、电位移	D	库［仑］每平方米	C/m^2
电位差、电压	U	伏［特］	V
电位	V，φ	伏［特］	V
介电常数、介质常数	ε	法［拉］每米	F/m
电场常数 $\varepsilon_0=0.885\,419\times10^{-11}$	ε_0	法［拉］每米	F/m
相对介电常数	ε_r		l
电容	C	法［拉］	F
电流	I	安［培］	A
电流密度	S，J	安［培］每平方米	A/m^2
电导率	σ，κ，γ	西［门子］每米	S/m
电阻率	ρ	欧［姆］米	Ω·m
电导	G	西［门子］	S
电阻	R	欧［姆］	Ω
电抗	X	欧［姆］	Ω

表 4-2 中列出磁学量的数理符号与 SI 单位。

表 4-2　　磁学的量和单位

量的名称	量的符号	SI 单位	
		名称	符号
磁通量	Φ	韦［伯］	Wb
磁感应强度	B	特［斯拉］	T
磁场强度	H	安［培］每米	A/m
磁动势，磁通	F，Fm	安［培］	A

续表

量的名称	量的符号	SI单位	
		名称	符号
磁位差	Um	安［培］	A
磁导率	μ	亨［利］每米	H/m
绝对磁导率 $\mu_c=4\pi\times10^{-7}$	μ_0	亨［利］每米	H/m
相对磁导率	μ_r	—	1
电感（自感）	L	亨［利］	H
互感	L，M	亨［利］	H

表4-3中列出交流电流与网络的量的数理符号。

表4-3　　交流电流与网络的量和单位

量的名称	量的符号	SI单位	
		名称	符号
视在功率	S	伏安	VA
有功功率	P	瓦［特］	W
无功功率	Q	乏	var
畸变功率	D	瓦［特］	W
相位移	φ	弧度	rad
负荷角	θ	弧度	rad
功率因数 $\lambda=P/S$，$\lambda=\cos\varphi$	λ	—	
损失角	δ	弧度	rad
损失系数 $d=\text{tg}\delta$	d	—	
阻抗	Z	欧［姆］	Ω
导纳	Y	西［门子］	S
电阻	R	欧［姆］	Ω
电导	G	西［门子］	S
电抗	X	欧［姆］	Ω
电纳	B	西［门子］	S
阻抗角 $\gamma=\text{arctg}X/R$	γ	弧度	rad

此外，有些技术术语常常需用数字和比例的相互关系来表示，以说明其特性和效果。在表4-4中列出常用的技术术语以及用数字与比例相互关系表示量和单位。

表4-4　　交流电流与网络的量和单位

术语名称	符　号	SI单位
效率	η	1
转差率	s	1
极对数	P	1
线匝数	W、N	1
变压比	$\ddot{u}$	1
相和导线数	m	1
振幅系数	γ	1
过电压系数	k	1

续表

术语名称	符号	SI单位
1个周期分量的序数	υ	1
含波量	s	1
含基波量	g	1
含谐波量、畸变系数	k	1
因集肤效应造成电阻增加 $\zeta=R_d/R_a$	ζ	1

注　R_d 与 R_a 分别表示直流电阻与交流电阻。

第2节　常用法定计量单位名称与符号

常用法定计量单位名称与符号见表4-5。

表4-5　常用法定计量单位名称与符号表

量的名称	量的符号	单位名称		单位符号	错误写法示例	
		全称	简称		单位符号	单位中文符号
长度	l，(L)	米 海里		m n mile	M	 里，海里
面积	A，(S)	平方米 公顷		m^2	M^2	平米
体积 容积	V	立方米 升		m^3 L，(l)	M^3	方，立方，立米 立升，公升
平面角	α，β γ，θ ϕ等	弧度 度 角分 角秒	 分 秒	rad (°) (′) (″)		 角分 角秒
立体角	Ω	球面度		Sr	Sr	度
角速度 旋转速度	ω n	转每分 弧度每秒 弧度每分		r/min rad/s rad/min	rpm	转/分钟
速度	μ，ν，ω、c	米每秒		m/s	M/S	
加速度	α	米每二次方秒		m/s^2	M/S^2	
时间	t	秒 分 小时 天（日）	 时 	s min h d	S，(″) hr，H D	 分钟 小时
质量	m	千克（公斤） 吨 原子质量单位		kg t u	KG T	 公吨
体积质量 [质量]密度	ρ	千克每立方米 千克每升 吨每立方米		kg/m^3 kg/L (kg/l) t/m^3	KG/M^3 KG/L T/M^3	千克/立米 千克/立升 吨/立米

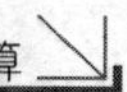

续表

量的名称	量的符号	单位名称		单位符号	错误写法示例	
		全称	简称		单位符号	单位中文符号
线密度	ρ_l	千克每米 特克斯	特	tex kg/m	Tex KG/M	特克斯
面密度	ρ_A、(ρs)	千克每平方米		kg/m^2	KG/M^2	千克/平米
动量	ρ	千克米每秒		kg・m/s	KG・M/S	千克米/秒
动量矩，角动量	L	千克二次方米每秒		kg・m^2/s	KG・M^2/S	千克平米/秒
转动惯量	I，(J)	千克二次方米		kg・m^2	KG・M^2	千克米^2，千克・平米
质量流量	q_m	千克每秒 千克每小时 吨每秒 吨每小时	 千克每时 吨每时	kg/s kg/h t/s t/h	KG/S KG/H T/S T/H	 千克/小时 吨/小时
体积流量	q_v	立方米每秒 立方米每小时 升每秒	 立方米每时	m^3/s m^3/h L/s，(l/s)	M^3/S M^3/H L/S	立方/秒，立米/秒 立米/时，米^3/小时
力 重力	F $W(P,G)$	牛顿 兆牛顿 千牛顿 毫牛顿	牛 兆牛 千牛 毫牛	N MN kN mN	n mN KN MN	牛顿 兆牛顿 千牛顿 毫牛顿
体重	γ	牛顿每立方米 千牛顿每立方米 牛顿每升	牛每立方米 千牛每立方米 牛每升	N/m^3 kN/m^3 N/L， (N/l)	N/M^3 KN/M^3	牛/立米，牛顿/米^3 千牛顿/米^3 牛顿/升
压力 压强 应力	 ρ σ、τ	帕斯卡 牛顿每平方厘米 牛顿每平方毫米	帕 牛每平方厘米 牛每平方毫米	Pa N/cm^2 N/mm^2	PA，pa N/CM^2 N/MM^2	帕斯卡 牛顿/厘米^2 牛顿/毫米^2
引力常数	G	牛顿平方米每二次方千克	牛平方米每二次方千克	N・m^2/kg^2	N・M^2/KG^2	牛顿・米^2/千克^2
力矩	M	牛顿米	牛米	N・m	N・M	牛米，牛顿・米
弹性模量	E	帕斯卡	帕	Pa	PA・pa	帕斯卡
［动力］黏度	$\eta(\mu)$	帕斯卡秒	帕秒	Pa・S	PA・S	帕秒，帕斯卡・秒
运动黏度	ν	二次方米每秒		m^2/s	M^2/S	平米/秒
功能	$W(A)$ $E(W)$	焦耳 兆焦耳 千焦耳 电子伏 千瓦特小时	焦 兆焦 千焦 千瓦时	J MJ kJ eV kW・h	 mJ KJ KW・H	焦耳 兆焦耳 千焦耳 伏 度，千瓦・小时
功率	P	瓦特 兆瓦特 千瓦特 毫瓦特	瓦 兆瓦 千瓦 毫瓦	W MW kW mW	 mW KW MW	瓦特 兆瓦特 千瓦特 毫瓦特
电流	I	安培 千安培 毫安培 微安培	安 千安 毫安 微安	A kA mA μA	 KA MA	安培 千安培 毫安培 微安培
电流密度	J，(S，δ)	安培每平方米	安每平方米	A/m^2	A/M^2	安/平米 安培/米^2

续表

量的名称	量的符号	单位名称		单位符号	错误写法示例	
		全称	简称		单位符号	单位中文符号
电流线密度	A，(a)	安培每米	安每米	A/m	A/M	安培/米
电荷量	Q	库仑	库	C	c	库仑
电荷［体］密度	$\rho(\eta)$	库仑每立方米	库每立方米	C/m^3	C/M^3	库仑/立米
电荷面密度	σ	库仑每平方米	库每平方米	C/m^2	C/M^2	库仑/平米
电位 电压 电动势	V，ϕ U E	伏特 千伏特 毫伏特	伏 千伏 毫伏	V kV mV	 KV MV	伏特 千伏特 毫伏特
电位移	D	库仑每平方米	库每平方米	C/m^2	C/M^2	库仑/平米
电容	C	法拉 毫法拉 微法拉 皮可法拉	法 毫法 微法 皮法	F mF μF pF	 MF PF，μμF	法拉 毫法拉 微法拉 皮法拉，微微法
介电常数	ε	法拉每米	法每米	F/m	F/M	法拉/米
电阻	R	欧姆 兆欧姆 千欧姆 毫欧姆	欧 兆欧 千欧 毫欧	Ω MΩ kΩ mΩ	 MΩ kΩ mΩ	欧姆 兆欧姆 千欧姆 毫欧姆
电阻率	ρ	欧姆米	欧米	Ω·m	Ω·M	欧米，欧姆·米
电导	G	西门子	西	S	s	西门子
电场强度	E，(K)	伏特每米	伏每米	V/m	V/M	伏特/米
磁通量	ϕ	韦伯	韦	Wb	WB	韦伯
磁通量密度 磁感应强度	B	特斯拉	特	T	t	特斯拉
电感	L，M	亨利	亨	H	h	亨利
磁场强度	H	安培每米	安每米	A/m	A/M	安培/米
热力学温度	T	开尔文	开	K	°K	度，开尔文
摄氏温度	t，θ	摄氏度		℃	°c，C	度
热，热量	Q	焦耳 兆焦耳 千焦耳 毫焦耳	焦 兆焦 千焦 毫焦	J MJ kJ mJ	 mJ KJ MJ	焦耳 兆焦耳 千焦耳 毫焦耳
热流量	ϕ	瓦特	瓦	W		瓦特
热导率	λ，k	瓦特每米开尔文	瓦每米开	W/(m·K)	w/m·K	瓦特/米·开
传热系数	h，a	瓦特每平方米 开尔文	瓦每平方米开	$W/(m^2\cdot K)$	$w/m^2\cdot K$	瓦特/米²·开
线（膨）胀系数	a_l	每开尔文	每开	K^{-1}	$°K^{-1}$	度$^{-1}$，开尔文$^{-1}$
体（膨）胀系数	a_γ，ν	每开尔文	每开	K^{-1}	$°K^{-1}$	度$^{-1}$，开尔文$^{-1}$
内能	$U(E)$	焦耳	焦J	焦	焦耳	
比内能	$\mu(l)$	焦耳每千克	焦每千克	J/kg	J/KG	焦耳/千克
热容	C	焦耳每开尔文	焦每开	J/K	J/K	焦耳/开
频率	$f(\nu)$	赫兹	赫	Hz	HZ	赫兹
周期	T	秒		s	S	

续表

量的名称	量的符号	单位名称		单位符号	错误写法示例	
		全称	简称		单位符号	单位中文符号
波长	λ	米		m	M	
声压	P	帕斯卡	帕	Pa	PA·Pa	帕斯卡
级差，声压级	L	分贝		dB	db	
声强度	I	瓦特每平方米	瓦每平方米	W/m^2		瓦特/平米
发光强度	$I(I_v)$	坎德拉	坎	cd	Cd	坎德拉
[亮] 亮度	$L(L_v)$	坎德拉每平方米	坎每平方米	cd/m^2		坎德拉　$米^2$
光通量	$\phi(\phi_v)$	流明	流	lm	Lm	流明
光量	$Q(Q_v)$	流明秒 流明小时	流秒 流时	lm·s lm·h	Lm·S Lm·H	流秒，流明·秒 流明·小时
光照度	$E(E_v)$	勒克斯	勒	lx	Lx	勒克斯
曝光量	H	勒克斯秒 勒克斯小时	勒秒 勒时	lx·s lx·h	Lx·S Lx·H	勒秒 勒小时
物质的量	n	摩尔	摩	mol	Mol	摩尔
摩尔质量	M	千克每摩尔	千克每摩	kg/mol	KG/Mol	千克/摩尔
放射性活度	A	贝可勒尔	贝可	Bq	bq	贝，贝可勒尔
吸收剂量	D	戈瑞	戈	Gy	Gy，gy	戈瑞
剂量当量	H	希沃特	希	S_v	SV，sv	希沃特
流量	Q	立方米每秒		m^3/s		

第3节　十进制倍数的词头与符号

十进制倍数的词头与符号见表4-6。

表4-6　　**十进制倍数的词头与符号**

因　数	词头名称		符　号
	法文	中文	
10^{18}		艾 [可萨]	E
10^{15}		拍 [它]	P
10^{12}	téra	太 [拉]	T
10^{9}	giga	吉 [咖]	G
10^{6}	mèga	兆	M
10^{3}	kilo	千	k
10^{2}	hecto	百	h
10^{1}	déca	十	da
10^{-1}	déci	分	d
10^{-2}	centi	厘	c
10^{-3}	milli	毫	m
10^{-6}	micro	微	μ
10^{-9}	nano	纳 [诺]	n
10^{-12}	pico	皮 [可]	p
10^{-15}	femto	飞 [母托]	f
10^{-18}	atto	阿 [托]	a

注　10^4 称为万，10^8 称为亿，10^{12} 称为万亿，这类数词的使用不受词头名称的影响，但不应与词头混淆。

第4节 常用单位及其换算

1. 长度单位换算

长度单位换算见表4-7。

表4-7 长度单位换算

法定计量单位	米（m）	[市]尺	公里（km）	[市]里	码（yd）	英尺（ft）	英里（mile）	海里（n mile）	英寸（in）
1米	1	3	0.001	0.002	1.0936	3.2808	0.000 52	0.000 54	39.370
1[市]尺	0.3333	1		0.000 67	0.3645	1.0936	0.000 21	0.000 18	13.123
1公里	1000	3000	1	2	1093.6	3280.8	0.6214	0.5396	39 370
1[市]里	500	1500	0.5	1	546.82	1640.4	0.3107	0.2698	19 684.8
1码	0.9144	2.7432	0.0009	0.001 83	1	3	0.0006	0.000 49	36
1英尺	0.3048	0.9144	0.0003	0.000 61	0.3333	1	0.0002	0.000 16	12
1英里	1609.3	4828	1.6093	3.2187	1760	5280	1	0.8684	63 360
1海里	1853.2	5559.6	1.8532	3.7064	2026.7	6080	1.1516	1	
1英寸	0.0254	0.0762	0.000 03		0.0278	0.0833	0.000 02		1

2. 面积单位换算

面积换算见表4-8。

表4-8 面积单位换算

法定计量单位	米^2（m^2）	英尺^2（ft^2）	码^2（yd^2）	公亩（are）	英亩（acre）	公里^2（km^2）	英里^2（$mile^2$）	市亩
1米^2	1	10.7636	1.1960	0.01	0.0002			0.0015
1英尺^2	0.0929	1	0.1111	0.000 93	0.000 02			0.0014
1码^2	0.8361	9	1	0.008 36	0.0002			0.001 25
1公亩	100	1076.4	119.60	1	0.0247	0.0001	0.000 04	0.15
1英亩	4046.9	43 560	4840	40.469	1	0.0040	0.0016	6.0703
1公里^2	100万	1076.4万	119.60万	10 000	247.11	1	0.3861	1500
1英里^2	259万	2788万	309.8万	25 900	640	2.59	1	3885
1市亩	666.7	7176.2	797.33	6.6667	0.1645			1

3. 体积、容积单位换算

体积、容积单位换算见表4-9。

表4-9 体积、容积单位换算

法定计量单位	厘米^3（cm^3）	升（L）	米^3（m）	英寸^3（in^3）	英尺^3（ft^3）	码^3（yd^3）	英加仑（imp. gal）	美加仑（U. S. gal）
1厘米^3	1	0.001		0.0610				
1升	1000	1	0.001	61.024	0.0353	0.0013	0.22	0.2642
1米^3	100万	1000	1	61 024	35.313	1.308	220	264.2

续表

法定计量单位	厘米^3 (cm^3)	升 (L)	米^3 (m)	英寸^3 (in^3)	英尺^3 (ft^3)	码^3 (yd^3)	英加仑 (imp. gal)	美加仑 (U. S. gal)
1英寸^3	16.3871	0.0164	0.000 02	1	0.000 579	0.000 02	0.0036	0.0043
1英尺^3	28 317	28.317	0.0283	1728	1	0.037	6.2288	7.4805
1码^3	7645.55	764.6	0.7646	46 656	27	1	168	202
1英加仑	4546.1	4.546	0.0045	277.42	0.1605	0.006	1	1.201
1美加仑	3785.4	3.7854	0.0038	231	0.1337	0.004 95	0.8327	1

4. 质量单位换算

质量单位换算见表4-10。

表4-10　质量单位换算

法定计量单位	克 (g)	千克 (kg)	吨 (t)	英吨 (l. tn)	美吨 (sh. tn)	磅 (lb)	市斤	市担	盎司 (oz)
1克	1	0.001				0.0022	0.002	0.000 02	0.0353
1公斤	1000	1	0.001	0.0010	0.0011	2.2046	2	0.02	35.274
1吨	100万	1000	1	0.9842	1.1023	2204.6	2000	20	35 274
1英吨	101.6万	1016	1.0160	1	1.12	2240	2032.1	20.321	
1美吨	90.719万	907.19	0.9072	0.8929	1	2000	1814.4	18.144	
1磅	453.59	0.4536	0.000 454	0.000 446	0.0005	1	0.9072		16
1市斤	500	0.5	0.0005	0.000 49	0.000 55	1.1023	1	0.01	17.637
1市担	50 000	50	0.05	0.0492	0.0551	110.23	100	1	1763.7
1盎司	28.35	0.0284	0.000 03			0.0625	0.0567		1

5. 流量单位换算

流量单位换算见表4-11。

表4-11　流量单位换算

法定计量单位	升/秒 (L/s)	米^3/秒 (m^3/s)	米^3/时 (m^3/h)	英尺^3/秒 (ft^3/s)	英尺^3/分 (ft^3/min)	美加仑/秒 (U. Sgal/s)	英加仑/秒 (imp. gal/s)
1升/秒	1	0.001	3.6	0.035 31	2.110	0.2642	0.2201
1米^3/秒	1000	1	3600	35.31	2119	264.2	220.1
1米^3/时	0.2778	0.000 28	1	0.009 81	0.587	0.0734	0.0611
1英尺^3/秒	28.326	0.0283	101.9108	1	60	7.4813	6.2279
1英尺^3/分	0.472	0.000 47	1.7	0.0167	1	0.125	0.104
1美加仑/秒	3.7863	1.7036	13.6222	0.1337	8.01	1	0.8333
1英加仑/秒	4.5435	0.004 54	16.3466	0.1607	9.62	1.2004	1

6. 压力、压强和应力单位换算

压力、压强和应力单位换算见表4-12。

表 4-12　　压力、压强、应力单位换算

法定计量单位	米制						英制	
帕［斯卡］(Pa)	巴 (bar)	千克力/毫米² (kgf/mm^2)	工程大气压 (at)	标准大气压 (atm)*	毫米水柱 (mmH_2O)	毫米汞柱 (mmHg)	磅力/英寸² (lbf/in^2)	英寸水柱 (inH_2O)
1	10^{-5}	1.02×10^{-7}	1.02×10^{-5}	0.99×10^{-5}	0.102	0.0075	14.5×10^{-5}	40.15×10^{-4}
10^5	1	0.0102	1.02	0.9869	10 197	750.1	14.5	—
98.07×10^5	98.07	1	100	96.78	10^6	73 556	1422	—
98 067	0.9807	0.01	1	0.9678	10^4	735.6	14.22	393.7
101 325	1.013	—	1.0332	1	10 332	760	14.7	406.8
9.807	—	—	0.0001	0.9678×10^{-4}	1	0.0736	—	39.37×10^{-3}
133.32	—	—	0.001 36	0.001 32	13.6	1	0.019 34	0.5354
6894.8	0.068 95	7.03×10^{-4}	0.0703	0.068	703	51.71	1	27.68
249.1	—	—	0.002 54	0.002 46	25.4	1.8676	0.036 13	1

* 标准大气压即物理大气压。1atm=1.0332at。习惯上常用 at 来代表表压多少，即：kgf/cm^2；用 ata 来代表绝对大气压。

7. 功、能和热单位换算

功、能和热单位换算见表 4-13。

表 4-13　　功、能和热单位换算

法定计量单位	米制					英制
焦［耳］(J)	千瓦·时 (kW·h)	千克力·米 (kgf·m)	千卡 (kcal)	米制马力小时 (PS·h)	尔格 (erg)	英尺·磅力 (ft·lbf)
1	277.8×10^{-9}	0.102	239×10^{-6}	377.7×10^{-9}	10^7	0.7376
3.6×10^6	1	367.1×10^3	859.845	1.36	36×10^{12}	2.655×10^6
9.807	2.724×10^{-6}	1	2.342×10^{-3}	3.704×10^{-6}	9.807×10^7	7.233
4186.8	1.163×10^{-3}	426.935	1	1.581×10^{-3}	41.87×10^9	3.087×10^3
2.648×10^6	0.7355	270×10^3	632.5	1	26.48×10^{12}	1.953×10^6
10^{-7}	27.78×10^{-15}	0.102×10^{-7}	23.9×10^{-12}	37.77×10^{-15}	1	0.7376×10^{-7}
1.356	0.3768×10^{-6}	0.1383	0.324×10^{-3}	0.5121×10^{-6}	1.356×10^7	1

8. 功率单位换算

功率单位换算见表 4-14。

表 4-14　　功率单位换算

法定计量单位	米制		英制
千瓦 (kW)	米制马力 (PS)	千克力·米/秒 (kgf·m/s)	英制马力 (HP)
1	1.3596	102	1.341
0.7355	1	75	0.9863
0.009 81	0.013 33	1	0.013 15
0.7457	1.0139	76.04	1

第 5 章　常用物理基础知识及计算

第 1 节　常用元素的物理数据

1. 常见元素的物理性能

表 5-1　　常用元素的物理性能

名称	符号	密度(20℃)(g/cm³)	熔点(101 323Pa)(℃)	沸点(101 323Pa)(℃)	导热系数[10²W/(m·K)]	线胀系数(0～100℃)(10⁻⁶/℃)	电阻率(0℃)(10⁻⁸Ω·m)	电阻温度系数(0℃)(10⁻³/℃)
银	Ag	10.49	960.8	2210	4.187	19.7	1.59	4.29
铝	Al	2.6984	660.1	2500	2.219	23.6	2.635	4.23
氩	Ar	1.784×10^{-3}	−189.2	−185.7	1.7×10^{-4}			
金	Au	19.32	1063	2966	2.973	14.2	2.065	3.5
硼	B	2.34	2300	2675		8.3 (40℃)	1.8×10^{12}	
钡	Ba	3.5	710	1640		19.0	50	
铍	Be	1.84	1283	2970	1.465	11.6 (20～60℃)	6.6	6.7
溴	Br	3.12 (液态)	−7.1	58.4			6.7×10^{7}	
碳	C	2.25 (石墨)	3727 (高纯度)	1830	0.239	0.6～4.3	1375	0.6～1.2
钙	Ca	1.55	850	1440	1.256	22.3	3.6	3.33
镉	Cd	8.65	321.03	763	0.921	31.0	7.51	4.24
氯	Cl	3.214×10^{-3}	−101	−33.9	0.72×10^{-4}		10×10^{9}	
钴	Co	8.9	1492	2870	0.691	12.4	5.06 (α)	6.6
铬	Cr	7.19	1903	2642	0.670	6.2	12.9	2.5
铜	Cu	8.96	1083	2580	3.936	17.0	1.67～1.68 (20℃)	4.3
氟	F	1.696×10^{-3}	−219.6	−188.2				
铁	Fe	7.87	1537	2930	0.754	11.76	9.7 (20℃)	6.0
镓	Ga	5.91	29.8	2260	0.293	18.3	13.7	3.9
锗	Ge	5.323	958	2880	0.586	5.92	0.86×10^{6}～52×10^{6}	1.4
氢	H	0.0899×10^{-3}	−259.04	−252.01	17×10^{-4}			
汞	Hg	13.546 (液)	−38.87	356.53	0.082	182	94.07	0.99
碘	I	4.93	113.8	183	43.54×10^{-4}	93	1.3×10^{16}	
钾	K	0.87	63.2	765	1.005	83	6.55	5.4
锂	Li	0.531	180	1347	0.712	56	8.55	4.6
镁	Mg	1.74	650	1108	1.537	24.3	4.47	4.1
锰	Mn	7.43	1244	2150	0.05 (−192℃)	37	185 (20℃)	1.7
钼	Mo	10.22	2625	4800	1.424	4.9	5.17	4.71

续表

名称	符号	密度 (20℃) (g/cm^3)	熔点 (101 323Pa) (℃)	沸点 (101 323Pa) (℃)	导热系数 [$10^2 W/(m \cdot K)$]	线胀系数 (0～100℃) (10^{-6}/℃)	电阻率 (0℃) ($10^{-8} \Omega \cdot m$)	电阻温度系数 (0℃) (10^{-3}/℃)
氮	N	1.25×10^{-3}	−210	−195.8	25.12×10^{-5}			
钠	Na	0.9712	97.8	892	1.340	71	4.27	5.47
氖	Ne	0.8999×10^{-3}	−248.6	−246.0	0.000 46			
镍	Ni	8.90	1453	2732	0.921	13.4	6.84	5.9～8.0
氧	O	1.429×10^{-3}	−218.83	−182.97	247.02×10^{-8}			
磷	P	1.83	44.1	280		125	1×10^{17}	−0.456
铅	Pb	11.34	327.3	1750	0.348	29.3	18.8	4.2
铂	Pt	21.45	1769	4530	0.691	8.9	9.2～9.6	3.99
硫	S	2.07	115	444.6	26.42×10^{-4}	64	2×10^{23} (20℃)	
锑	Sb	6.68	630.5	1440	0.188	8.5～10.8	39.0	5.1
硒	Se	4.808	220	685	$(29.3 \sim 76.6) \times 10^{-4}$	37	12	4.45
硅	Si	2.329	1412	3310	0.837	2.8～7.2	10	0.8～1.8
锡	Sn	7.298	231.91	2690	0.628	23	11.5	4.4
钛	Ti	4.508	1677	3260	0.151 (α)	8.2	42.1～47.8	3.97
铀	U	19.05	1132	3930	0.297	6.8～14.1	79.0	1.95
钒	V	6.1	1910	3400	0.310	8.3	29.0	2.18～2.76
钨	W	19.3	3380	5900	1.662	4.6 (20℃)	24.8～26	2.8
氙	Xe	5.495×10^{-3}	−112	−108			5.1	4.82
锌	Zn	7.134 (25℃)	419.505	907	1.130	39.5	5.75	4.2

注 1. 数据旁括号内的温度指该数据的特定温度。
2. 对液体元素，线胀系数栏的数据为体胀系数。

2. 常用物理常数

摩尔气体常数 $R = (8.314\,41 \pm 0.000\,26) J/(mol \cdot K)$

玻耳兹曼常数 $k = (1.380\,662 \pm 0.000\,044) \times 10^{-23} J/K$

引力常数 $G = (6.6720 \pm 0.0041) \times 10^{-11} N \cdot m^2/kg^2$

标准重力加速度 $g_n = 9.806\,65 m/s^2$

斯特藩 - 玻耳兹曼常数 $\sigma = (5.670\,32 \pm 0.000\,71) \times 10^{-8} W/(m^2 \cdot K^4)$

阿伏加德罗常数 $N_A = (6.022\,045 \pm 0.000\,031) \times 10^{23} mol^{-1}$

普朗克常数 $h = (6.626\,176 \pm 0.000\,036) \times 10^{-34} J \cdot s$

电磁波在真空中的传播速度 $c = 2.997\,924\,58 \times 10^8 m/s$

真空介电常数 $\varepsilon_0 = 8.854\,187\,818 \times 10^{-12} F/m$

真空磁通率 $\mu_0 = 4\pi \times 10^{-7} H/m = 12.566\,370\,614\,4 \times 10^{-7} H/m$

元电荷 $e = (1.602\,189\,2 \pm 0.000\,004\,6) \times 10^{-19} C$

电子〔静止〕质量 $m_e = (0.910\,953\,4 \pm 0.000\,004\,7) \times 10^{-30} kg$

质子〔静止〕质量 $m_p = (1.672\,648\,5 \pm 0.000\,008\,6) \times 10^{-27} kg$

中子〔静止〕质量 $m_n = (1.674\,954\,3 \pm 0.000\,008\,6) \times 10^{-27} kg$

玻尔磁子 $\mu_B = (9.274\,078 \pm 0.000\,036) \times 10^{-24} A \cdot m^2$

法拉第常数 $F = (9.648\,456 \pm 0.000\,027) \times 10^4 C/mol$

热力学温度 $T_0 = 273.15 K$

第 2 节　固体的几何形状与面积和体积的计算

在现代科学技术中，无论哪一门学科，基本上都要与固体的面积、周长、重心和体积等发生联系。虽然固体的几何形状变化万千，但总有一定的规律，并从某种基本形状演变或衍生而来。下面简明介绍其基本计算。

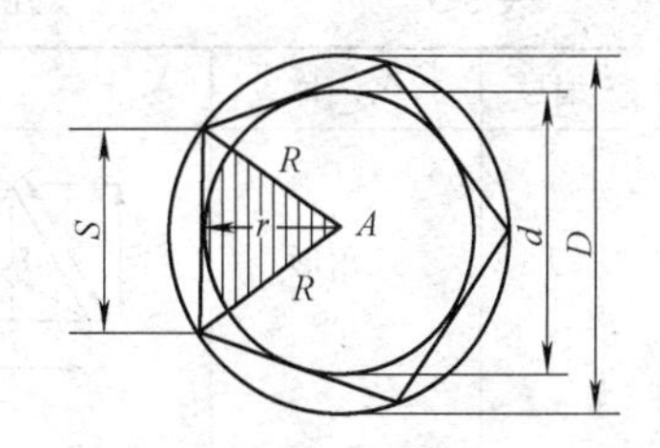

图 5-1　正多边形

1. 多边形面积的计算

（1）正多边形。正多边形是最常见的。如图 5-1 所示，其面积为 A、边长为 S、外圆与内圆的半径为 R 与 r。这些数据，均可从表 5-1 中查出。

表 5-2　　正多边形计算数据表

边数量 n	面积 A			边长 S		外半径 R		内半径 r	
	$S^2\times$	$R^2\times$	$r^2\times$	$R\times$	$r\times$	$S\times$	$r\times$	$R\times$	$S\times$
3	0.4330	1.2990	5.1962	1.7321	3.4641	0.5774	2.0000	0.5000	0.2887
4	1.0000	2.0000	4.0000	1.4142	2.0000	0.7071	1.4142	0.7071	0.5000
5	1.7250	2.3776	3.6327	1.1756	1.4531	0.8507	1.2361	0.8090	0.6882
6	2.5981	2.5981	3.4641	1.0000	1.1547	1.0000	1.1547	0.8660	0.8660
8	4.8284	2.8284	3.3137	0.7654	0.8284	1.3066	1.0824	0.9239	1.2071
10	7.6942	2.9389	3.2492	0.6180	0.6498	1.6190	1.0515	0.9511	1.5388
12	11.196	3.0000	3.2154	0.5176	0.5359	1.9319	1.0353	0.9659	1.8660

（2）不等边多边形。不等边多边形如图 5-2 所示。其面积

$$A=\frac{1}{2}(g_1h_1+g_2h_2+\cdots+g_nh_n) \tag{5-1}$$

（3）勾股定理。计算几何图形的面积时，往往应用勾股定理。按照图 5-3 所示，勾、股、弦的关系如下：

$$\left.\begin{aligned} c^2&=a^2+b^2;c=\sqrt{a^2+b^2}\\ a^2&=c^2-b^2;a=\sqrt{c^2-b^2}\\ b^2&=c^2-a^2;b=\sqrt{c^2-a^2}\end{aligned}\right\} \tag{5-2}$$

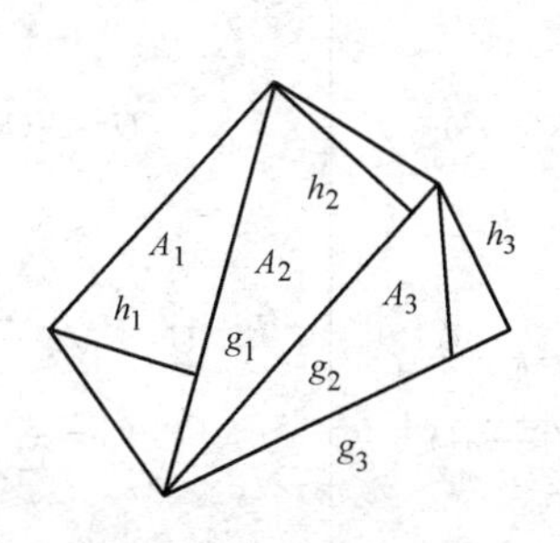

图 5-2　不等边多边形

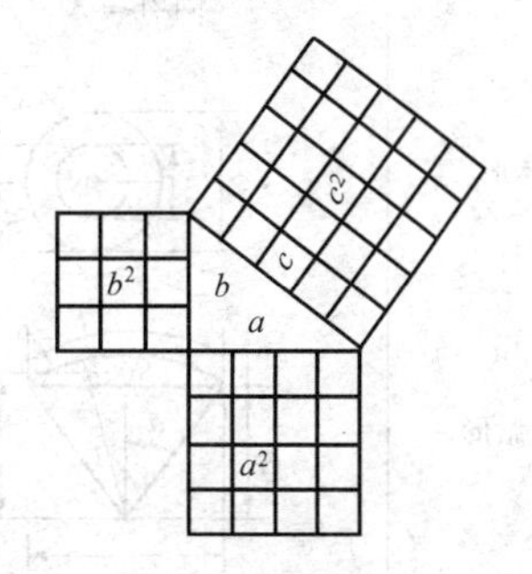

图 5-3　勾股定理

2. 几种典型几何图形面积、周长和重心距的计算

在固体材料中经常要涉及到物体的面积和重心。根据常见的几种物体形状，将其面积 A、

周长U及其重心距e的计算式列于表5-3。

表5-3中所列的几何图形及其计算式，是现代电工技术中常见的几种典型形式，作为现代电力（或电气）工程师应当掌握。

表5-3　几种典型几何图形面积、周长与重心距的计算式

编号	名　称	几何图形	面积A	周长U、重心距e
1	三角形		$A=\frac{1}{2}ah$	$U=a+b+c$ $e=\frac{1}{3}h$
2	梯形或不等边四边形		$A=\frac{a+b}{2}\cdot h$	$U=a+b+c+d$ $e=\frac{h}{3}\cdot\frac{a+2b}{a+b}$
3	矩形		$A=ab$	$U=2(a+b)$
4	扇形		$A=\frac{br}{2}=\frac{\alpha}{180}r\pi$ $b=r\pi\frac{\alpha}{180}$	$U=2r+b$ $e=\frac{2}{3}r\frac{\sin\alpha}{\alpha}\cdot\frac{180}{\pi}$
5	半圆形		$A=\frac{1}{2}\pi r^2$	$U=r(2+\pi)=5.14r$ $e=\frac{1}{3}\cdot\frac{r}{\pi}=0.425r$
6	圆形		$A=r^2\pi=\pi\frac{d^2}{4}$	$U=2\pi r=\pi d$
7	环扇形		$A=\frac{\pi}{180}\alpha(R^2-r^2)$	$U=2(R-r)+B+b$ $e=\frac{2}{3}\cdot R\cdot\frac{\sin\alpha}{\alpha}\cdot\frac{180}{\pi}$
8	半环形		$A=\frac{\pi}{2}(R^2-r^2)$	若$b<0.2R$，则$e\approx0.32(R+r)$
9	环形		$A=\pi(R^2-r^2)$	$U=2\pi(R+r)$
10	圆弧形		$A=\frac{\alpha}{180}r^2\pi-\frac{sh}{2}$ $(s=2\sqrt{r^2-h^2})$	$U=2\sqrt{r^2-h^2}+\frac{\pi r\alpha}{90}$ $e=\frac{s^2}{12\cdot A}$
11	椭圆形		$A=\frac{ab}{4}\pi$	$U=\frac{a+b}{2}\cdot\pi$

3. 几种常见固体的体积与表面积的计算

表 5-4 中列出几种常见固体的体积 V、表面积 A_F 的计算式。

表 5-4　几种常见的固体的体积 V 与表面积 A_F 的计算式

编号	名　称	几何图形	体积 V	表面积 A_F、底面面积 A、曲面部分面积 A_C
1	矩形体	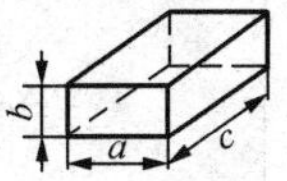	$V=abc$	$A_F=2(ab+ac+bc)$
2	立方体	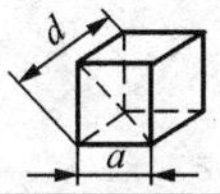	$V=a^3=\frac{d^3}{2.828}$	$A_F=6a^2=3d^2$
3	棱柱形	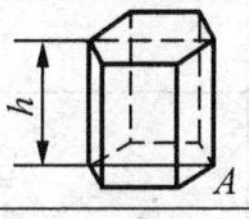	$V=Ah$	$A_F=A_C+2A$
4	锥形体	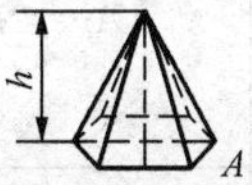	$V=\frac{1}{3}Ah$	$A_F=A+$外层表面面积
5	圆锥体	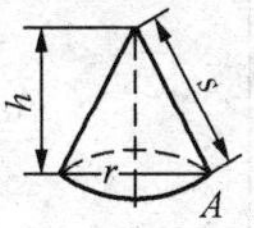	$V=\frac{1}{3}Ah$	$A_F=\pi rs+\pi r^2$ $s=\sqrt{h^2+r^2}$
6	截头圆锥体	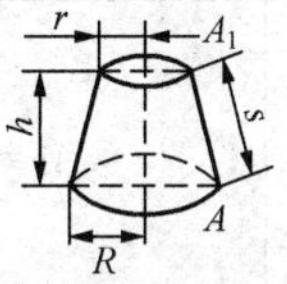	$V=(R^2+r^2+Rr)\cdot\frac{\pi h}{3}$	$A_F=(R+r)\pi s+\pi(R^2+r^2)$ $s=\sqrt{h^2+(R-r)^2}$
7	截头锥形体	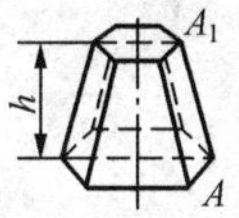	$V=\frac{1}{3}h(A+A_1+\sqrt{AA_1})$	$A_F=A+A_1+$外层表面面积
8	球体	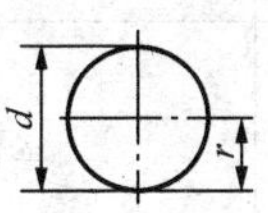	$V=\frac{4}{3}\pi r^3$	$A_F=4\pi r^2$
9	半球体	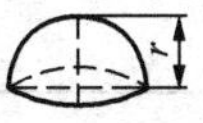	$V=\frac{2}{3}\pi r^3$	$A_F=3\pi r^2$
10	球截体	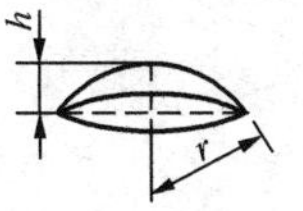	$V=\pi h^2\left(1-\frac{1}{3}h\right)$	$A_F=2\pi rh+\pi(2rh-h^2)=\pi h(4r-h)$
11	球扇体	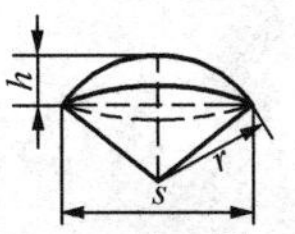	$V=\frac{2}{3}\pi r^2 h$	$A_F=\frac{\pi r}{2}(4h+s)$
12	球域体	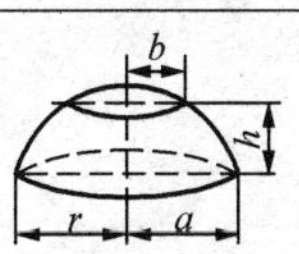	$V=\frac{\pi h}{3}(3a^2+3b^2+h^2)$	$A_F=\pi(2rh+a^2+b^2)$

续表

编号	名　称	几何图形	体积 V	表面积 A_F、底面面积 A、曲面部分面积 A_C
13	斜切圆柱体	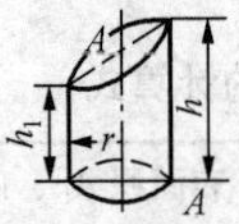	$V=\pi r^2\dfrac{h+h_1}{2}$	$A_F=\pi r(h+h_1)+A+A_1$
14	柱面楔体	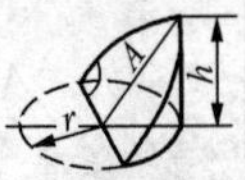	$V=\dfrac{2}{3}r^2h$	$A_F=2rh+\dfrac{\pi}{2}r^2+A$
15	圆柱体	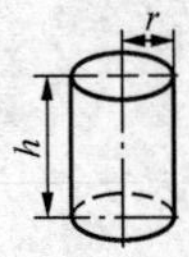	$V=\pi r^2h$	$A_F=2\pi rh+2\pi r^2$
16	空心圆柱体	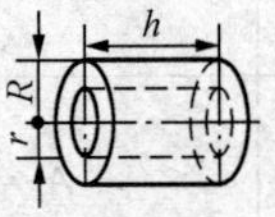	$V=\pi h(R^2-r^2)$	$A_F=2\pi h(R+r)+2\pi(R^2-r^2)$
17	筒体	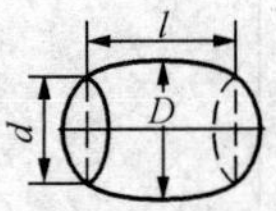	$V=\dfrac{\pi}{15}l\times(2D^2+Dd+0.75d^2)$	$A_F=\dfrac{D+d}{2}\pi d+\dfrac{\pi}{2}d^2$
18	截头锥体	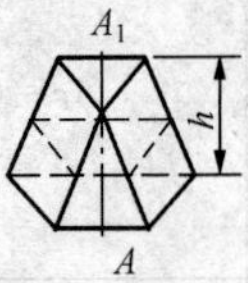	$V=\left(\dfrac{A-A_1}{2}+A_1\right)h$	$A_F=A+A_1+$边侧面积
19	旋转体	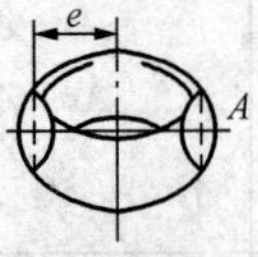	$V=2\pi eA$ $A=$横截面	$A_F=$横截面的周长$\times 2\pi e$
20	回转体	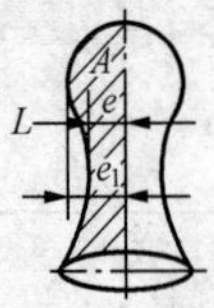	弯曲表面体积（影线体积）×重心路径 $V=A2\pi e$	弯曲线长×重心路径 $A_F=L2\pi e_1$

第 6 章 可编程控制器与计算机辅助设计

第 1 节 可编程控制器（PLC）

一、PLC 系统结构

1. PLC 分类与特点

可编程控制器（Programmable Logic Controlier；PLC）是从 20 世纪 60 年代末开始发展的一种工业控制装置。国际电工委员会（IEC）对 PLC 的定义为：可编程序控制器是一种数字运算操作的电子系统，专为在工业环境下应用而设计。它采用可编程序的存储器，以存储执行逻辑运算、顺序控制、定时、计数和运算等操作的指令，并通过数字或模拟式的输入和输出操作，来控制各类机械或生产过程，可编公司的 PLC-5 系列，Gould 公司的 M8 系列；日本 MITSUBISHI 公司的 F 系列，OMRON 公司的 C 系列；德国 SIEMENS 公司的 S7 系列等。

（1）按所处理的 I/O 信号的类别分：

以模拟量 I/O 为主的可编程序控制器（Programmable Controller），即可编程数字调节器。

以数字量 I/O 为主的可编程序逻辑控制器（Programmable Logic Controller）简称为 PLC，就是目前在工控领域广泛应用的可编程控制器。

（2）按所处理的 I/O 点规模和用户程序的存储容量分：

小型 I/O 点＜256，存储容量 2～4KW（W＝16 个二进制位，K＝1024）。

中型 I/O 点在 256～512 点，存储容量 4K～8KW。

大型 I/O 点在 1024 以上，存储容量≥8KW。

在 PLC 中，每条基本指令占用的存储空间为 1 个 W，用户程序容量以基本指令的存储 W 数来表示。此外，在用语句表编制的 I/O 程序中，每条基本指令占用 1 个程序步，因此也可用允许执行的程序步数来表示其存储容量。

（3）按安装和外形结构分：

1）单元式，将 CPU、I/O 模块、电源做成一体，也称整体式，小型 PLC 往往设计为单元式（其 I/O 点之比通常搭配为 3∶2），通过扩充各种扩展单元，同一种机型 PLC 可达到覆盖更大范围 I/O 点数的配置；

2）模块式也称插件装配型，这类 PLC 将 CPU 与存储器、数字量或模拟量 I/O、特殊功能以及电源等部件做成各种各样的模块，模块以插件形式插在机架（或基板）上，由用户按控制系统的要求和规模自行配置，中大型 PLC 均为模块式。

近年来，有的 PLC 厂家推出在 IPC 上运行 PLC 系统软件来构成所谓的“软 PLC”，或在 IPC 的扩展槽插入一块 PLC 的插卡构成 PLC-PC 集成型系统，从而加速了 PLC 的推广应用。为满足单机自动化要求和降低成本，小型的 PLC 一般设计为独立使用型。随着 PLC 专有局域网和开放型联网的发展，各类PLC都可通过通信接口进行点—点通信，或通过通信模程序控制器及其相关设备，都按易于与工业控制系统联成一个整体，易于扩充其功能的原则设计。

20世纪60年代中期，美国通用汽车公司GM为满足市场需求，提出寻求一种比继电器更可靠，响应速度更快，功能更强大的通用控制器，1969年，美国数字设备公司DEC据此研制出世界上第一台PLC，型号为PDP-14，并在GM公司的汽车生产线上首次应用成功。此后，这种新型的工业控制器获得了迅速发展，并在工业自动化的各个领域获得了广泛的应用。比较有代表性的PLC生产厂家有及产品：美国A-B块与工业控制局域网实现联网通信。PLC与工业控制计算机结合在一起，通过高速数据通道访问公共存储区与计算机实现信息交换，PLC通过现场总线构成集中高度可靠的分散控制系统，是当前PLC应用技术发展的积极动向。

2. PLC基本结构

与一般工业控制计算机一样，PLC的硬件由CPU、存储器、电源、输入/输出通道和外围设备等模块构成，软件则包括实时操作系统和用户程序两部分。PLC的微处理器和存储区以及相关的控制电路统称为CPU模块。PLC采用的微处理器芯片有通用型和专用型。通用芯片有采用位片式（如AMD2901）、单片微处理机（如Intel 8051），或常用微机芯片（如Intel 8086，80286）等。20世纪80年代开发的PLC，小型机用8位CPU，中大型机用16位CPU，90年代均采用16位甚至32位的CPU芯片。

PLC的系统软件由实时操作系统RTOS组成，可分为基本控制软件和编程器软件两部分，固化在EPROM，以实现内部分配、调度管理和监控。PLC的用户不允许直接进入操作系统内部，而必须通过编制用户程序来体现PLC应用系统的控制要求，并在现场通过调试实现。

图6-1所示的是小型PLC的系统框图。该PLC的CPU模块由一个内含32KB掩膜ROM的16位单片微处理器与一只顺控逻辑运算芯片组成。

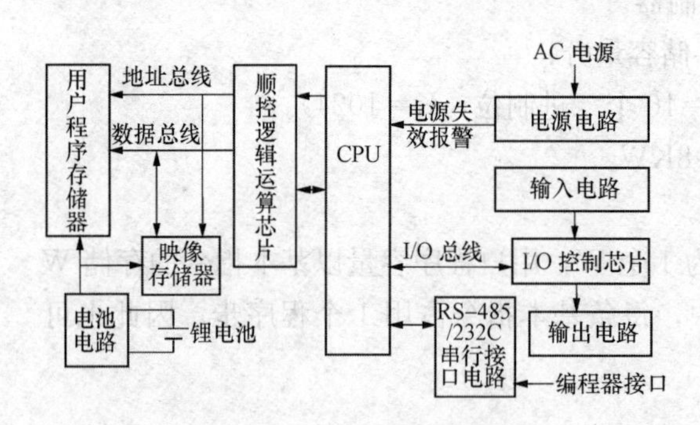

图6-1 PLC的组成框图

PLC的用户存储器一般采用低功耗RAM，用户存储器的容量视PLC的规模变化很大，可为几KB到几百KB，用锂电池（加超级电容）支持RAM失电时程序或数据的保存，也可提供EPROM和EEPROM等选件，可将程序固化其内。CPU中的存储器主要用来存储系统程序、用户程序和系统数据（包括输入输出状态表、寄存器状态表、定时器/计数器现时值和内部继电器的状态等）。CPU通过I/O总线进行输入输出状态存取，通过地址总线访问用户程序存储器（数据映像）寄存器，通过数据总线对（数据映像）寄存器和用户程序存储器作数据存取。

在工业电源普遍受到污染，用电器相互干扰日益严重情况下，PLC配置了高可靠与抗干扰的稳压电源部件。PLC对其电源部件的要求为：1）在0～55℃温度范围，电源电压波动在+10%～-15%之间，负载变化在10%～30%以内，输出电压应稳定在额定值的5%以内；2）有过电流及过电压保护；3）具有足够的抗电干扰的能力，即使叠加在供电电源上的干扰脉冲（由脉宽为50ns的脉冲组成宽度15ms的脉冲群，重复周期为300ms，脉冲幅度至少为2kV），也不会影响PLC的正常运行。

现代 PLC 基本采用开关型电源，将交流供电电压整流后送入开关型电源器件，由该器件将直流电调制为高频方波，再将方波整流滤波为直流稳压电源。

3. 输入/输出模块

输入/输出（In/Output）模块，简称 I/O 模块，是现场设备和 PLC 之间的直接接口部件。小型 PLC 中，I/O 模块的编程地址通常在出厂时已经被固定，用户必须按编程手册的规定使用。中大型 PLC 中，每个模块的编程地址可由硬件（例如，装在模块或机架旁的配置开关）或软件设定，其组态方式更为灵活。

开关量输入/输出，也称数字量输入/输出（DI/DO）模块的电压规格有直流（DC）的 12V、24V、48V；交流（AC）115V/230V 等多种。直流 DI 模块可直接使用本机的＋24V 电源，每个回路的输入电流为 20mA。交流 DI 模块则应自备交流信号电源。DO 模块按使用的开关元件不同，可分为继电器型、晶体管型和晶闸管等三种。继电器型 DO 价格相对低廉，适应面广，每个回路的允许开关的负载电流为 2A（阻性负载）。每个模块的输入（或输出）点数为 4、8、16，有的最高可达 32。I/O 模块的每个电路都装有发光二极管（LED）指示灯，以显示每个回路的工作状态。作为提高抗干扰的重要措施，在 I/O 模块的数字电路和外部电路之间均采用光耦合隔离器件。

模拟量输入/输出（AI/AO）模块的信号范围为 DC 1～5V，－10～－10V 或 4～20mA。每个模块有 2、4、8 或 16 个通道。A/D 输入若采用逐位比较转换方式，转换时间为 20～50μs，而采用双重积分的 A/D 转换器的转换时间约为 60ms。输出模块 D/A 转换时间多为 T 形电阻网络，转换时间约为 1～5μs。模块的数字电路部分可采用光耦合隔离器件以提高控制系统的抗干扰性能。

在一些特定的应用场合，PLC 厂商推出了各种特殊的功能模块，也称智能化模块。例如，实现快速响应（<0.2ms）的中断输入模块，高速脉冲计数模块（2～100kHz），以及功能更加强大的如温度、位置、通信等智能化模块。此外，还有一些特殊 I/O 模块还自带编程器，在进行有关 I/O 数据需要的信号调制与变换后，将变换好的数据均存入专门的缓冲存储区，供 PLC 的 CPU 模块存取。

另外，为使 I/O 模块能根据工厂自动化要求就地安装，以节省电缆投资和缩短施工周期，推出了分散型 I/O 子系统。其特点是 I/O 模块可以分散安装（有安装机架的，称为远程 I/O 站；无安装机架，密封性好，模块与模块之间也可分散安装）。可用双绞线、同轴电缆或光缆与 PLC 的 CPU 作高速通信，而且还具有 I/O 子系统的自诊断功能。

4. 编程器

编程器是由键盘和显示器组成的人机接口部件。其显示器采用发光二极管（LED）或液晶显示器（LCD）两种。常用的编程器有以下三种基本类型：

（1）简易编程器。采用小屏幕的 LCD 或 LED 字符显示器，由小型键盘输入指令程序，编程器通过电缆与 PLC 主机连接，有的可直接插装在主机上。

（2）图形编程器。这类编程器配置较大屏幕的图形显示器和完善的磁盘文件管理系统和外部 I/O 设备，可直接输入并显示梯形图等图形程序，还能将程序存入 EPROM 或 EEPROM 中。

（3）PC 机。在通用微机上运行的专用编程软件包，再通过通信电缆与 PLC 连接，使得在实验室或工业现场进行应用系统的开发和调试更加方便。

编程器是 PLC 开发应用必需的主要外围设备，一般都是专用的。低档的 PLC 编程器只能在联机（ON-LINE）方式下使用，以进行用户程序的编写、读出、编辑修改（如插入、删除、搜索）。较高档的编程器允许采用离线（OFF-LINE）工作方式，以便于进行用户程序的编辑、转储或打印等操作。

在监控运行状态下，通过编程器可显示PLC内部的工作状态和I/O数据，并能进行检查（语法检查、地址检查等）、调试（强制输出、设定值变更、模拟试验等）和自诊断（对CPU、输入输出模块测试）等。

5. PLC基本工作原理

PLC在接入编程器时有三种可选的工作方式：

（1）编程方式（Program）。编辑并输入用户程序。

（2）运行方式（RUN）。执行已装入PLC的用户程序（当不接入编程器时，PLC将直接进入该方式并运行用户程序）。

（3）监控方式（Monitor）。在运行用户程序的同时，可利用编程器的键盘和显示器监视或检查PLC内部执行指令的情况，以便于进行程序的调试。

在PLC控制系统中，用户编制的控制程序表达了生产过程的工艺要求，并事先存入PLC的用户程序存储器。运行时按存储程序的指令顺序逐条执行，以完成工艺流程要求的操作。PLC的CPU内有指示程序步存储地址的程序计数器。在程序运行过程中，每执行一步该计数器自动加1。程序从起始步（步序号为0）起依次执行到最终步（一般均为END指令），然后再返回起始步循环运算。PLC每完成一次循环操作完成一个扫描周期。对于不同机型的PLC，循环扫描周期取值在小于1μs至几十微秒之间。程序步计数器按上述方式循环工作，这是PLC与通用计算机的显著区别。

程序步是PLC程序的最基本元素。一般而言，执行一个程序步即可完成一条较简单的指令操作。但复杂的指令及其相关的操作数，则可能要由几个程序步才能完成。

应指出的是，在程序运行时所用到的数据并不直接来自输入输出模块的端口，而是来自（数据映像）寄存器。该映像区中的数据是PLC在扫描周期的输入扫描（采样）和输出更新（锁存）阶段周期性地刷新，这称之为I/O的刷新控制方式。图6-2是PLC采用循环扫描方式执行用户程序操作过程的示意图。还有一种I/O直接控制方式，每当I/O状态发生变化便直接刷新映像寄存器。只有在一些要求快速响应特殊场合，才采用中断控制方式或使用专用的I/O模块。

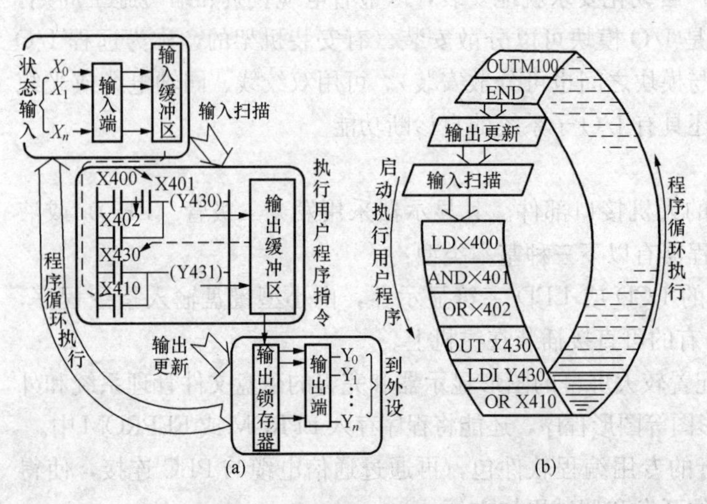

图6-2　PLC循环扫描工作示意图

（a）瀑布模型；（b）环状模型

PLC按顺序扫描的模式工作，既便于PLC的用户程序采用电气控制专业常用的梯形图（一种类似于继电器控制原理图的表达方式）语言，又为PLC的可靠运行提供了基本保证。尽管PLC中的程序执行是串行的，但由于运算速度极快（一般，PLC的循环扫描周期为毫秒级），因此实际执行过程仍与继电器控制逻辑相同（或相仿）。还可以通过 CPU 内部设置的监视定时器（也称看门狗，Watchdog）来监视每次扫描是否超过规定的时间，避免由于 CPU 内部故障使程序执行进入死循环。

一般来讲，PLC 与计算机之间的通信，或是 PLC 之间的通信（对等通信、局域网通信），其信息的交换和刷新也是在扫描周期的某个预定的时间段组织实施的。通信控制器的数据存储区与 CPU 的数据存储区互为映像。

二、编程语言

1. 梯形图语言

目前，PLC 尚无统一的通用编程语言。常用的 PLC 编程语言大致可分为文本型和图示型两种。文本型主要有命令语句和高级语言图示型，图示型则有梯形图、逻辑图以及顺序功能图等多种形式。由继电器电路衍变而来的梯形图，目前仍是 PLC 编程语言的主流。

PLC 梯形图采用类似继电器梯形图形式表示内部微机的控制程序，使编程简单且形象直观，见图 6-3。在梯形图中，还可以引入助记符、功能块和应用命令等。

（1）逻辑元素。指梯形图上的触点（常开和常闭，也称为动合和动断）、输出线圈、垂直或水平连接线、数据或特殊功能寄存器、功能图及助记符等作为编制程序的最小单位。

PLC 梯形图中，常开接点用“-| |-”表示，常闭触点用“-|/|-”表示；线圈用“—○-|”（或“—(　)-|”）表示；垂直短线用“|”，水平短线用“—”表示。

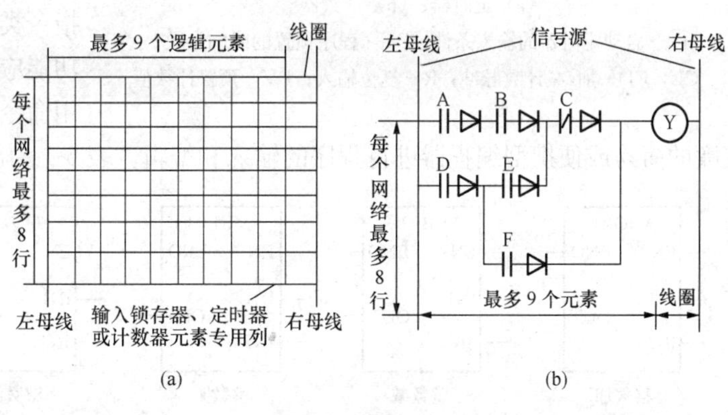

图 6-3　梯形图示例

（a）梯形网络格式；（b）信号流

在 PLC 编程中，按逻辑功能可将内部资源划分并命名为输入继电器、输出继电器、辅助继电器、定时器、计数器、特殊继电器等多种编程元件。编程者通过有机组织这些编程元件，如同应用其他计算机语言中各种变量或数据结构，可以编址出满足各种控制要求的应用程序来。

（2）逻辑行。指一组相互连接的逻辑元素，也称梯形网络（NETWORK）或梯级（RUNG）。每个逻辑行的最大宽度为 10（或 11）列，最大长度为 7（或 8）行。最后一列是专为线圈设置的，并表示一个逻辑行的输出。PLC 内部按循环扫描的方式执行梯形图程序，并规定其信号流向（flows）从左上角开始，由左侧母线（高电位）向右侧母线（低电位）流通，或垂直向下流通，但不允许从右向左流动，见图 6-3。信号流不能反向流过触点，如同假想在每个逻辑元素的右侧串接一个二极管而起到阻流作用一样。

（3）编程地址。用来识别继电器触点、线圈和内部寄存器等不同编程元件，并可用不同代码表示其所属类型。例如，西门子公司 S7-200 用 Qx. x 表示开关量输出，用 Ix. x 表示开关量输入。其中，x 可取 0～7 之间的数字，开关量在内部表示为位数据，内部处理时还可以使用字节、字、双字数据。

（4）基本指令和应用指令。基本指令最初是为取代传统继电器控制系统所需的那些指令。

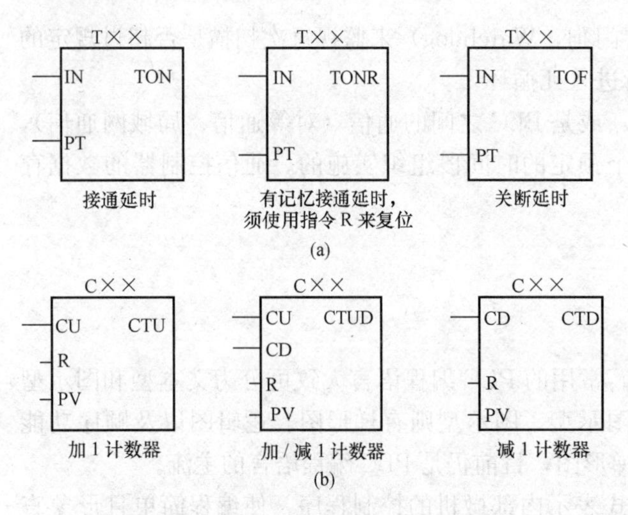

图 6-4　定时器、计数器功能块（S7-200）

（a）定时器；（b）计数器

IN—启动定时器的输入条件；PT—程序预置的时间参数；

CU，CD—加/减计数脉冲；R—复位输入；PV—预置计数值

应用指令也称功能指令，是指在完成基本逻辑控制、定时控制、顺序控制的基础上，为满足用户不断提出的应用要求开发的特定指令。图 6-4 和图 6-5 给出了 S7-200 型 PLC 的部分功能指令图例。

由于 PLC 充分发挥了内部计算机强大的软件运算和控制功能，从而能够方便地满足更复杂工控系统的应用要求。

2. 命令语言

在中小型 PLC 中，采用命令语言（或称指令、助记符）仍是广泛使用的一种编程方式。其助记符号大多是逻辑功能的英文缩写，便于记忆与编程，基本指令类似于高档微处理器的宏汇编语言，功能应用指令则更接近于高级语言。使用命令语句编程的优点是可由价格相对较廉的简易或便携型编程器进行程序的输入和编辑。表 6-1 为部分 PLC 常用命令语句列表。

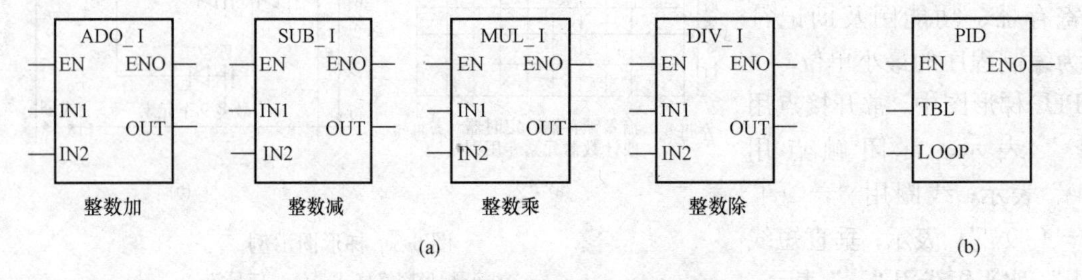

图 6-5　算术运算和 PID 回路控制功能块（S7-200）

（a）算术运算；（b）PID 回路控制

EN—启动相应运算的输入条件；IN1，IN2—运算输入参数；OUT—运算结果输出；EN—启动相应运算的输入条件；

TBL—进行相应 PID 运算所需参数表起始地址；LOOP—常数 0～7，同一程序最多可使用 8 条 PID 指令

表 6-1　　部分 PLC 常用命令语句列表

操作性质	对应助记符	操作性质	对应助记符
以动合触点开始逻辑行	LD、STR…	计数器	CNT、CT、UDCNT、CNTR…
以动断触点开始逻辑行	LD·NOT、STR·NOT、LDI…	微分命令	PLS、DIFU、DIFD、DFN、PD…
串联动合触点	AND、A…	控制转移	JMP/JME、CJP/EJP、IL/ILC、JMP/JEND…
串联动断触点	AND·NOT、AN、ANDN、ANI…	移位寄存器	SFT、SR、SFR、SFRN、SFTR…
并联动合触点	OR、O…	置位/复位	SET、RET、S、R、KEEP…
并联动断触点	OR·NOT、ON、ORI、ORN…	空操作	NOP…
并联支路（块）串联	AND·LD、ANB、AND·STR、ANDLD…	用户程序结束	END…
串联支路（块）并联	OR·LD、ORB、OR·STR、ORLD…	算术运算	ADD、SUB、MUL、DIV…
输出	OUT、=…	数据处理	MOV、BCD、BIN…
定时器	TIM、TMR、ATMR…	功能运算符	FUN、FNC…

每条命令语句由命令助记符和参数两部分组成。命令助记符部分主要是指定逻辑功能，不能缺少。大多数命令有一个参数，即指定逻辑元件的编程地址，部分逻辑元件需要第二参数（如，定时器的时间设定值等），少量命令只执行内部操作可不用说明参数。

三、PLC 应用技术

目前，在 PLC 应用系统开发中梯形图程序设计通常有两种程序设计方法。

（1）基于继电器梯形图设计法。基于经验或试凑的程序设计方法。即按照应用目标的要求：在某些参考方案基础上经过适当的修改和扩充形成初步方案，再在反复调试和改进中逐步完善。

（2）数字逻辑设计法。使 PLC 应用系统设计变得更加有条理和系统化。常用的数字逻辑设计法有以下 3 种：

1）直接描述法。对于比较简单的逻辑 I/O 对象，往往可以直接写出关于某个输出的 I/O 逻辑代数方程式。例如，典型的启停控制可用下式表示

$$\text{运行} = (\text{启动} + \text{自保}) * \overline{\text{停止}}。$$

根据逻辑方程式与 PLC 梯形图逻辑行的对应关系可知："="号的左边就是输出到某个继电器的线圈，右边为该逻辑行的输入条件；原变量为动合触点，反变量为动断触点；逻辑"与"对应于触点的"串联"，逻辑"或"对应于触点的"并联"。最后，应用相应的编程元件代换逻辑方程式后，就能转换为等效的 PLC 梯形图。

图 6-6 为应用 PLC 直接描述法设计一台电热水器控制器的示例。为简化起见，所有的 I/O 信号均为开关量，T2 为储水罐，进水阀 P2、出水阀 P4、电热控制 HEAT。对应于系统的 I/O 控制要求，可写出如下逻辑关系式：

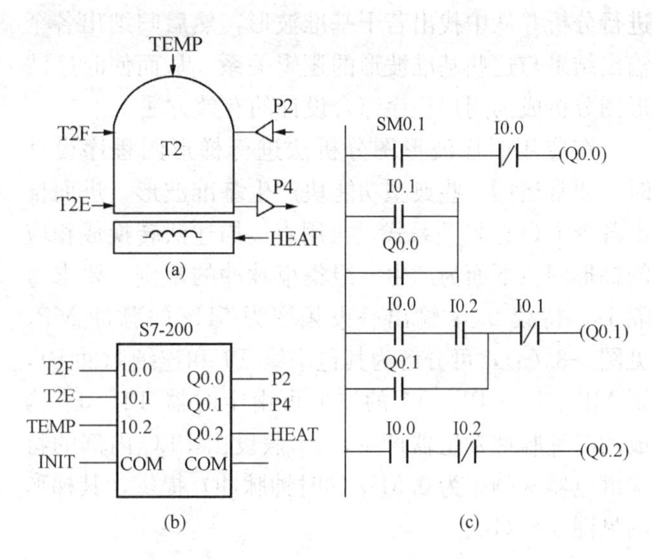

图 6-6　电热水器控制系统

（a）电热水器结构示意图；（b）PLC 外部 I/O 连接图；（c）PLC 梯形图

$$P2 = (INIT + T2E + P2) * \overline{T2F}$$

$$P4 = (T2F * TEMP + P4) * \overline{T2E}$$

$$HEAT = T2F * HEAT$$

式中　INIT——初始化脉冲，可由 PLC 的特殊继电器提供；

T2E 和 T2F——指示水箱 T2 中存水"空"和"满"；

TEMP——检测水箱温度达到设定值时的状态指示输入。

根据所示的逻辑关系可知，该热水器不设手动的启停操作，且在一上电后由初始化脉冲自动启动 P2 进水，当水箱满后停止进水并开始加热，当且仅当水箱满及水温没有达到设定值时才启动电加热，一旦达到预定的水温即自动开启 P4 放水。如此循环不连续地进水—加热—放水……直至系统停电。

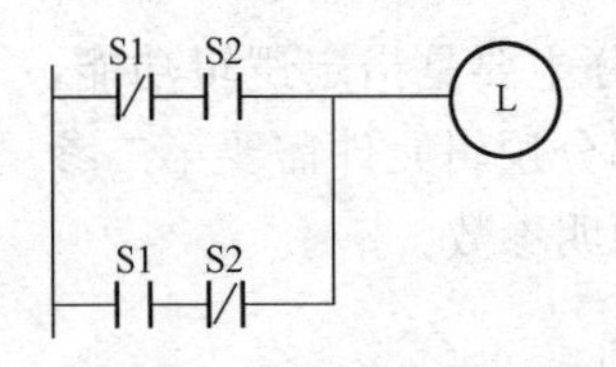

图 6-7 灯两地控制梯形图

2）真值表法。先把各个输入变量与输出的各种组合关系用真值表列出来，然后把输出为 1 或 0 的条件归纳起来，可得到一组"与-或"逻辑方程式，从而再转换成梯形图。图 6-7 为由两个单极开关 S1、S2 对灯 L 实现两地控制的例子。真值表见表 6-2，则可推导得到以下逻辑式

$$L = S1 \cdot \overline{S2} + \overline{S1} \cdot S2$$

表 6-2 真 值 表

S1	S2	L	S1	S2	L
OFF	OFF	OFF	ON	OFF	ON
OFF	ON	ON	ON	ON	OFF

3）时序波形图法。在梯形图程序分析中，时序波形图是有效的形象化图示工具。实际上，在有些应用系统中，I/O 的逻辑关系一开始往往并不能用直接描述法表达出来，但相互之间的要求却可先用时序波形图画出来，这样，可对此进行分析并从中找出若干基准波形，然后归纳出各个输出结果与这些基准波形的逻辑关系。从而使时序波形图分析成为用户程序综合设计的有效方法。

在应用时序波形图分析法进行梯形图程序设计时，通常运用一些典型功能块产生基准波形，进而推出各个 I/O 逻辑关系式，再用直接描述法转换成相应的梯形图。下面为产生一组集束脉冲的示例，要求每隔 1s、持续 0.4s 输出一束频率为 5Hz 的脉冲 MP，见图 6-8（a），可分解为其包络线 T1 和连续脉冲 P1，则 MP＝T1·P1。T1 的波形可由定时器 T1、T2 构成的时钟脉冲发生器产生，P1 假设由 PLC 内部的特殊继电器（频率为 0.5Hz 的时钟脉冲）提供，其梯形图见图 6-8（b）。

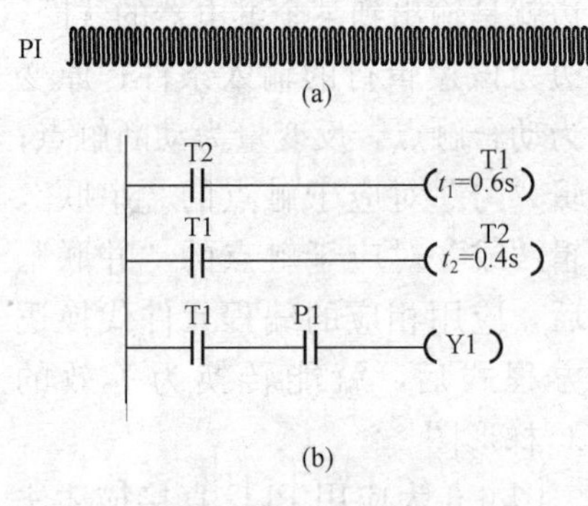

图 6-8 集束脉冲输出
（a）时序波形图；（b）梯形图

第 2 节 计算机辅助设计 CAD

一、CAD 技术

1. CAD 系统的软硬件组成

CAD（Computer Aided Design）是用计算机硬件和软件实现工程和产品的设计，要想充分发挥 CAD 的作用，必须要有高性能的硬件和功能强大的软件。

（1）CAD 硬件的组成。组成 CAD 系统的计算机分为大、中、小型机、工作站和微机四大类。目前应用较多的是 CAD 工作站，国内主要是微机和工作站。外围设备包括鼠标、键盘、扫描仪等输入设备和显示器、打印机、绘图仪、复印机等输出设备。CAD 系统都是以网络的形式出现的，特别是在并行工程环境中，为了进行产品的并行设计，网络更是必不可少的。那种单机 CAD 的工作方式在大中型企业中将逐渐淘汰，因为已远远不能满足现代企业设

计的要求。

(2) CAD 软件的组成。软件分为两大类：支撑软件和应用软件。支撑软件包括操作系统（实现对硬件的控制和资源的管理）、程序设计语言（Fortran、Basic、C、二次开发语言和汇编语言）及其编辑系统、数据库管理系统（对数据的输入、输出、分类、存储、检索进行管理）和图形支撑软件（AutoCAD）。

应用软件是根据本领域工程特点，利用支撑软件系统开发的解决本工程领域特定问题的应用软件系统。应用软件系统包括：设计计算方法库（常用数学方法库、统计数学方法库、常规设计计算方法库、优化设计方法库、可靠性设计软件、动态设计软件等）和各种专业程序库（常用机械零件设计计算方法库、常用产品设计软件包等）。目前在二维 CAD 软件方面，国内已经开发出众多的应用软件，主要包括基于 AutoCAD 平台和自主平台两类应用软件。应用软件的性能对 CAD 的效率有极大的影响，所以应特别重视它的开发和应用。

采用 CAD 技术可以显著地缩短设计周期，提高设计质量和劳动生产率，是加速产品更新换代的有效手段。

2. 图形标准

国际标准化组织（ISO）先后发布或正在讨论的图形和 CAD 数据交换标准有计算机图形接口 CGI、计算机图形元文件 CGM、图形核心系统 GKS 和 GKS-3D、程序员层次结构交互图形系统 PHIGS、基本图形转换规范 IGES 及产品数据转换规范 STEP。这些标准大多以程序库的形式安装在工作站或高档 PC 机上供用户使用。

(1) 面向图形设备的接口 CGI 和 CGM。计算机图形接口 CGI 是 ISO TC97 组提出的图形设备接口标准，标准号是 ISO DP9636。CGI 的目的是提供控制图形硬件的一种与设备无关的方法，也使得有经验的用户最大限度地、灵活地直接控制图形设备。

计算机图形元文件 CGM 是 ANSI 1986 年公布的标准。1987 年成为 ISO 标准，标准号是 ISO IS8632。CGM 是一套与设备无关的语义、词法定义的图形文件格式。

(2) 面向程序员的接口 GKS、GKS-3D、PHIGS、IGES 和 STEP。图形核心系统 GKS 是 ISO 于 1985 年公布的标准（标准号 ISO IS7942），它提供了在应用程序和图形输入输出设备之间的功能接口，定义了一个独立于语言的图形系统核心。在具体应用中，必须符合所使用语言的约定方式，把 GKS 嵌入到相应的语言中。应用程序不得旁路 GKS 而直接使用图形资源。

程序员级层次交互式图形系统 PHIGS，是 ISO 1986 年公布的计算机图形软件标准（标准号 ISO IS8592）。PHIGS 是为具有高度动态性、交互性的三维图形应用而设计的图形软件工具库，其最主要的特点是能够在系统中高效率地描述应用模型，迅速修改图形模型的数据，并能绘制显示修改后的图形模型，它也是在应用程序与图形设备之间提供了一种功能接口。

基本图形转换规范 IGES，是为了解决数据在不同的 CAD/CAM 系统之间传送的问题，而定义了一套表示 CAD/CAM 中常用的几何和非几何数据的格式以及相应的文件结构。IGES 的作用是在不同的 CAD/CAM 之间交换数据。

产品模型数据转换规范 STEP 的产品模型数据是覆盖产品整个生命周期的应用而全面定义的产品所有数据元。产品模型数据包括进行设计、分析、制造、测试、检验零部件或结构所需的几何、拓扑、公差、属性和性能等数据。产品模型对于生产制造、直接质量控制测试和支持产品新功能的开发提供了全面的信息。

3. CAD 用户接口

从 20 世纪 80 年代开始，不论是 PC 机、工作站，还是超级计算机，都装配了图形化的用户接口环境——窗口系统。其中，微软的 Windows、Unix 环境下的 X 窗口和 Sun 微系统公司的 NeWS 等最流行。它们都有相似的输入/输出设备：一个基于位图的图形显示器，一个键盘和一个定位器（通常是鼠标器）。

CAD 系统必须允许用户能动态地输入位置坐标、指定选择功能、设置变换参数等。20 世纪 80 年代初开始，把用户程序从应用程序中独立出来，提出了用户接口管理系统的概念。面向应用程序的用户接口有三种形式：

（1）子程序库。这种形式的基本思想是选择一种适合的高级程序设计语言作为主语言，用此主语言扩展一系列的过程调用，以实现有关的设计分析和图形处理。在此情况下，用户程序包括两部分：①主语言语句；②扩展了的过程调用语句。常用的程序库有 GKS、GKS3D、PHIGS、GL 等。

（2）专用语言。专用语言的功能与子程序的功能类似，但其使用形式与子程序库大不一样。常见的形式有解释执行，如 Auto Lisp 语言；另一种形式是用户写的专用语言语句，如 DAL 语言。

（3）交互命令。交互反映了人与计算机运行的程序之间传递信息的形式，交互式用户接口基于某种模型，实现用户所需要的增、删、改等操作。交互过程的任务可以归纳为：选择、定位、定向、定路径、定量、文本共六种。交互控制任务大致可分为变形、徒手画、拖动、光滑外形等四种。

在应用程序和输入设备之间常用的输入控制方式有：请求、取样和事件三种方式。

4. 几何造型技术

用计算机及其图形系统或工作站表示物体形状与模拟物体及其动态处理过程的技术。几何造型技术的研究国际上始于 20 世纪 60 年代末，开始主要研究用线框图构造三维形体。进入 70 年代后，随着不同领域 CAD/CAM 技术的发展，几何造型技术分曲面造型和实体造型，近年来又发展了特征造型。基于不同的造型对象又分为正则形体造型和非正则形体造型。

（1）参数曲线。工程上常用的几种曲线拟合方法：

1）Bezier 曲线　当给定 $n+1$ 个顶点构造 n 次多项式，则 Bezier 曲线上各点坐标插值式为

$$C(u) = \sum_{i=0}^{n} P_i B_{i,n}(u) \quad 0 \leqslant u \leqslant 1$$

式中　P_i——构成 Bezier 曲线特征多边形第 i 个顶点的坐标值，位置向量；

$B_{(i,n)}(u)$——Bernstein 基函数，$B_{(i,n)}(u) = C_n u(1-u)^{(n-i)}$，$i=0，1，2，\cdots，n$。

当 $n=3$ 时，即为工程常用的三次 Bezier 曲线，其计算表达式为

$$C(u) = \sum_{i=0}^{3} P_i B_{i,n}(u) = (1-u)^3 P_0 + 3u(1-u)^2 P_1 + 3u^2(1-u) P_2 + u^3 P_3, \quad 0 \leqslant u \leqslant 1;$$

其矩阵表示形式

$$C(u) = [u^3 \quad u^2 \quad u \quad 1] \begin{bmatrix} -1 & 3 & -3 & 1 \\ 3 & -6 & 3 & 0 \\ -3 & 3 & 0 & 0 \\ 1 & 0 & 0 & 0 \end{bmatrix} \begin{bmatrix} P_0 \\ P_1 \\ P_2 \\ P_3 \end{bmatrix}$$

2）B 样条曲线　在 CAD 中常用三次 B 样条曲线，是从空间 $n+1$ 个顶点中每次取相邻的

四个顶点，构造出一段三次B样条曲线。其矩阵表达式为

$$C_{i,4}(u)=\frac{1}{6}[u^3 \quad u^2 \quad u \quad 1]\begin{bmatrix}-1 & 3 & -3 & 1\\ 3 & -6 & 3 & 0\\ -3 & 0 & 3 & 0\\ 1 & 4 & 1 & 0\end{bmatrix}\begin{bmatrix}P_0\\ P_1\\ P_2\\ P_3\end{bmatrix} \qquad 0\leqslant u\leqslant 1$$

式中　P_i——三次B样条曲线的四个相邻控制点，$i=0$，1，2，3。

（2）参数曲面。常用形式有双三次Ferguson曲面、双三次Bezier曲面、双三次B样条曲面以及双三次非均匀有理B样条曲面。在实际工作中，平面、二次曲面以及由路径和截面线产生的扫描面也应用极为广泛。

（3）形体在计算机内的表示。形体在计算机内通常采用五层拓扑结构定义，如果考虑形体的外壳，则为六层结构，见图6-9所示。

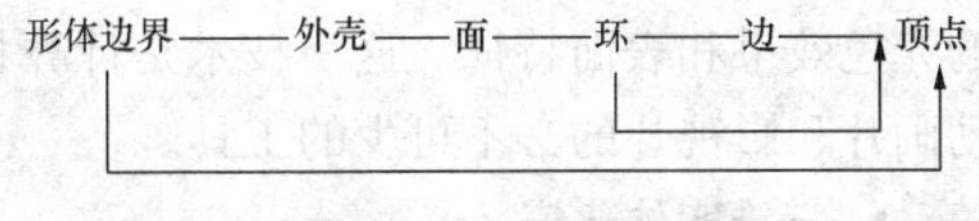

图6-9　形体的层次结构

几何信息用来表示上述元素的几何性质和度量关系。拓扑信息用来表示上述各元素之间的连接关系。任何形体都可以用上述元素及其几何、拓扑信息来定义。目前常用的表示形体的形式有五种：参数形体及其调用、单元分解、扫描变换、结构的实体几何和边界表示。

（4）常用的几何造型技术。目前，国内外常用的几何造型技术有离散法造型、基于NURBS表示的造型、欧拉法造型、分数维造型、基于物理过程的造型、从二维图形构造三维形体、特征造型和非正则流体造型等八种造型技术。

5. 真实图形输出

用计算机生成三维物体的真实图形，是CAD技术应用的重要内容。真实图形在仿真、模拟、几何造型、广告影视、指挥控制、科学计算的可视化等许多领域都有广泛的应用。在用显示设备描绘物体的图形时，主要涉及的工作有窗口视图变换、图形的几何变换、三维投影变换、裁剪、消除隐藏线面、光照模型、真实图形生成算法和科学计算可视化等内容。

（1）窗口视图变换。在用户坐标系下，用户指定的任一小于或等于用户域的区域称为窗口区；在设备坐标系下，用户指定的任一小于或等于视图域的区域称为视图区。用户坐标系下窗口内图形显示到设备坐标系下视图区中就要进行窗口—视图转换。

若已知在用户坐标系下，窗口区四条边分别定义为WXL（X左边界）、WXR（X右边界）WYB（Y底边界）、WYT（Y上边界），其相应的屏幕中视图区的边框在设备坐标系下分别为VXL、VXR、VYB、VYT，则在用户坐标系下的点（X_w，Y_w）对应屏幕视图区的点（X_s，Y_s），其变换公式为

$$X_s=\frac{(VXR-VXL)}{(WXR-WXL)}(X_w-WXL)+VXL$$

$$Y_s=\frac{(VYT-VYB)}{(WYT-WYB)}(Y_w-WYB)+VYB$$

（2）图形变换。一般是指对图形的几何信息经过几何变换后产生新的图形。对于线框图的变换，通常是以点变换为基础，变换的内容包括平移、旋转、对称、变比例、错切等，把构成形体的一系列顶点作几何变换后，连接新的顶点序列即可产生新的形体。由于在变换中采用了齐次坐标技术从而可方便地用矩阵运算实现对形体的几何变换。

（3）投影变换。根据投影中心到投影平面之间距离的不同，投影变换可分为平行投影与

透视投影。平行投影的投影中心到投影平面的距离为无穷大，对透视投影，此距离有限。

（4）裁剪。在对形体进行窗口视图变换时，为了把需要的部分图形从整体中分离出来，要用窗口视图边界去裁剪整体图形，剪取落在窗口视图区内的图形。对二维图形来说，常需要作线段、多边形及字符裁剪，其裁剪边界通常是矩形。而对三维形体，其裁剪边界一般是立方体或为正四棱台。

（5）消除隐藏线、面。在图形输出时，对在指定位置的观察者来说，需要确定景物中哪些形体、哪些面、哪些边是可见的，或不可见的，或部分可见的。消除隐藏线、面就是使显示的三维物体图像具有真实感。

现有的消隐算法大致可分为两类。按处理对象的几何形状来划分，可分为消除隐藏线和隐藏面两种，按处理对象所属空间来分，可分为用户空间和图像空间两种。

（6）真实明暗色彩图形生成技术。真实明暗色彩图形生成技术是用来在屏幕上生成物体的光色效果和表面特征。这一技术是计算机模拟、仿真艺术和广告的基础，也是计算机制作动画片和影视片的必不可少的工具。

6. 三维实体建模

对于现实世界中的物体，从人们的想象出发，利用交互的方式将物体的想象模型输入计算机，而计算机以一定的方式将模型存储起来，这种过程称为几何建模。建模技术是CAD系统的核心技术，它是分析计算的基础，也是实现计算机辅助制造的基本手段。几何建模主要处理零件的几何信息和拓扑信息。几何信息一般是指物体在欧氏空间中的形状、位置和大小，拓扑信息则是指物体各分量的数目及其相互间的连接关系。目前常用的建模系统是三维几何建模系统，一般常用三种建模方式：线框建模、表面建模和实体建模。

线框建模是最简单的建模系统，物体只通过棱边（直线、圆弧、圆）来描述，所需信息量少，所占存储空间也最少。但没有面的信息，有些情况下信息不完整，存在多义性。表面建模是通过对物体各种表面或曲面进行描述的建模方法。表面建模常用于其表面不能用简单的数学模型进行描述的物体，如汽车、飞机、船舶的一些外表面。这种系统的重点在于由给出的离散数据构造曲面，使该曲面通过或逼近这些点，一般都采用插值、逼近和拟合算法。常用的算法有Bezier曲线、B样条曲线、Coons曲面、Bezier曲面和最近几年发展起来的NUBERS曲面。表面建模还可以用于有限元网格划分、多坐标数控编程、计算刀具的运动轨迹等，表面建模的缺点是不存在各个表面之间相互关系的信息，如果要同时考虑各个表面时，就不能采用表面建模方法。

三维实体建模是目前应用最多的一种技术，它在运动学分析、物理特性计算、装配干涉检验、有限元分析方面都已成为不可缺少的工具，实体建模生成物体的方法有体素法、轮廓扫描法（二维平面封闭轮廓在空间平移或旋转形成实体）和实体扫描法（刚体在空间运动以产生新的物体）。

三维实体建模在计算机内部的表达方式（数据的逻辑结构）有多种，常用的边界表示法Brep，构造立体几何法CSG，混合模式Brep-CSG和空间单元表示法。边界表示法采用“坐标值-点-边-面-物体”的方式表示物体，能提供较全面的关于点、边、面的信息。

CSG法又称布尔模型，它是通过基本体系及它们之间的布尔运算（相加、相减、相交）来表示的。计算机内部存储的主要是物体的生成过程。因此，其数据结构成树状，称为CSG树。CSG法的缺点是信息表示不完整，但是对零件的修改却容易得多。

混合格式一般采用Brep法和CSG法的组合，可以取各自的长处。空间单元表示法是通过具有一定大小的立方体（称为单元）组合起来表示物体的一种方法。它是通过定义各个单元的位置是否被占用来表达物体，因而是一种近似表示法。并且，单元的大小直接影响到模型的分辨率。单元表示法要求的存储空间大，且不能表示物体各部分之间的关系，也没有点、线、面的概念。优点是算法简单，便于物性计算和有限元分析。

计算机辅助设计还包括很多其他内容，如优化设计、智能CAD、概念设计、工程数据库、计算机分析和仿真、CAD/CAM集成及接口技术等。最早的CAD的含义是计算机辅助绘图，随着技术的不断发展，CAD的含义才发展为计算机辅助设计。一个完善的CAD系统，应包括交互式图形程序库、工程数据库和应用程序库。对于产品或工程的设计，借助CAD技术，可以大大缩短设计周期，提高设计效率。

二、CAD的应用

1. 机械CAD

开始于20世纪50年代末期，现在已渗透到机械领域的各个部门。机械CAD是用计算机实现产品的最优设计；计算机辅助制造（CAM）是根据最优设计的信息，用机床自动加工工件，计算机辅助测试（CAT）是用计算机检验产品的机械动作，实现产品的检验和测试的自动化；计算机辅助工程（CAE）是包括CAD/CAM/CAT系统的流水线信息的技术组合；计算机集成制造系统CIMS则是在信息技术、自动化技术和制造技术基础上形成的智能化制造系统。由这几部分构成的广义机械CAD组成模块见图6-10。

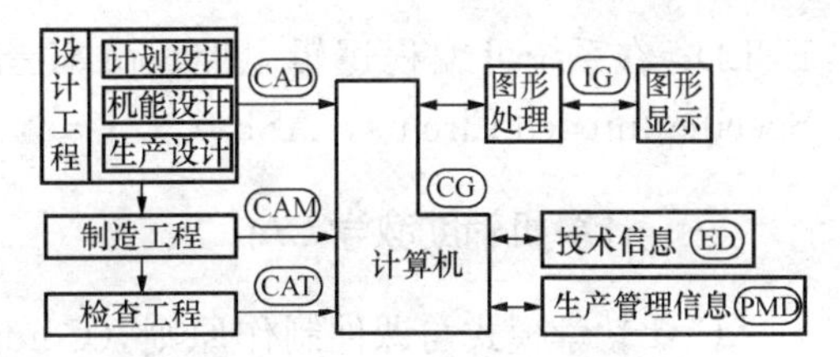

图6-10 广义机械CAD组成模块

在机械设计中，对有关零部件进行力学分析是CAD的一项基本内容。有限元法是进行辅助设计和工程分析的重要工具之一。在处理连续体的各种复杂因素时，把连续物体看成是若干简单单元的集合，通过对各个单元的特性分析，以及考虑每个单元在整体结构中相互联系的特征，就能得到物体上各处的应力和位移，这就是有限元法。有限元分析软件包括前置处理程序、计算分析程序和后置处理程序三大部分。前置处理程序的功能是：建立产品几何模型，进行模型分割，自动生成有限元网络，有限元网络的连接、修改、变换、加密，有关机械特性、载荷、约束等的处理，以及输入功能。计算分析程序的功能是：形成刚度矩阵和载荷列阵，求解联立方程组，计算应力、应变和振动特性。后置处理程序的功能是：将计算分析结果转换为变形图、变形动态显示图、应力等高线图、应力应变彩色浓淡图，以及应力、应变、曲线等。

机械产品的优化设计包括两部分内容：一是将工程实际问题抽象成最优化的数学模型；二是应用最优化数值方法求解这个数学模型。数学模型是设计问题的数学表现形式，反映了设计问题中各主要因素间的内在联系。要将工程实际问题抽象成正确的数学模型，一方面要求数学模型应尽可能准确和可靠地描述设计问题，这样使数学模型必然比较复杂；另一方面数学模型应易于处理，便于运算。其实质是决定优化的目标函数、设计变量的约束条件。

机械产品的计算机工艺规程设计（CAPP）是CAD数据转换成各种加工、管理的信息，它给总调度提供生产规划数据（加工时定额、成本等），给制造控制系统（如工作站或PC）提供所需的工具、夹具、切割参数等有关数据。

机械设计专家系统主要用于：机械设计中那些主要是推理而不是计算的部分；为CAD提供较好的初始方案；帮助设计者学习各种新技术，完善CAD系统。

2. 电子CAD

CAD技术在电子领域中的应用已深入到电路、电子线路、印制电路板、日用电器设备、计算机等各个方面，其中集成电路的CAD成效最为显著。

目前，在集成电路的各个设计阶段，从系统设计到样片设计与测试都已广泛采用计算机辅助设计。CAD在集成电路设计与生产中的作用是缩短设计时间，减少设计错误和反复，当需要改变设计时能做到及时方便。一个比较完整的电子CAD系统模块见图6-11。

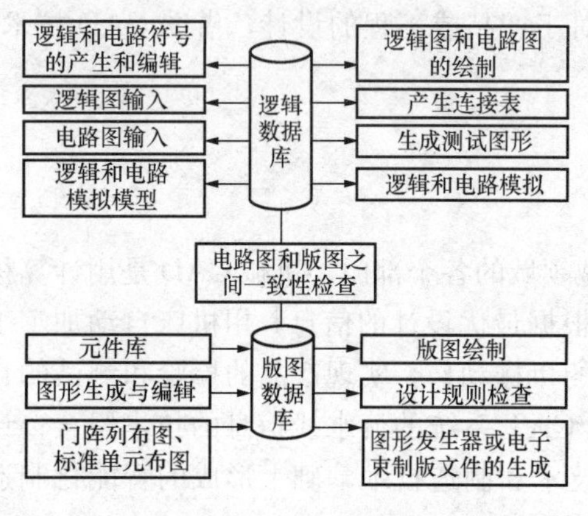

图6-11 电子CAD系统模块

在该电子CAD系统中，用户可完成逻辑模拟、时序分析、电路模拟、元器件模拟、工艺模拟、使用版图编辑器进行版图设计等工作。

近年来，随着大规模集成电路技术、电子CAD技术等的迅速发展，以应用可编程逻辑器件PLD为重要特征的电子设计自动化EDA取得了长足的进步。人们不但可以通过电子CAD系统进行电路的逻辑模拟，还能够应用诸如集成规模较小的可编程阵列逻辑PAL、通用阵列逻辑GAL等器件实现译码电路的专用化和微型化，还可应用集成度更高的现场可编程门阵列FPGA、EPLD、在系统可编程逻辑电路ispLSI等器件制作更加紧凑的专用集成电路（Application Specific Integed Circuts，ASIC）。

三、计算机辅助教学CAI

CAI教学模式与课件制作原则（Computer Aided Instruction）是以程序教学和视听教学为理论基础，从认识论出发，研究出一种程序式的计算机教学系统。对于那些用语言和文字难以表达、学生又难以理解的抽象内容，CAI通过动画模拟、局部放大、变化过程演示等手段，可使教学效果极佳。CAI应用软件被特别称为课件，随着语音、图形图像等多媒体设备的广泛应用，也称其为多媒体课件。

CAI的教学过程以学生为中心，教学结合，不但界面友好，信息反馈及时，而且学生能发挥主动性和灵活性，大大提高学习效率。因此，CAI已成为教师和学生越来越得力的教学工具。

CAI教学环境应该包括：需要一定数量并能满足教学要求的硬设备，最好能工作在网络环境下的计算机及其附属设备；需要大批的各种科目的系列课件以及制作课件的写作工具软件等软件支撑环境；需要一批有一定造诣的、教学经验丰富的教师致力于CAI课件的开发，同时，需要计算机专家在软件环境建设方面的技术支持和教学管理人员的密切配合。

CAI教学实践中已摸索出以下五种教学模式：①模拟实验型　教学效果好，发展前景引人注目；②示教型　教师的好帮手；③练习自测型　学习效率高；④授课型　有利于自学；⑤问题扩充型　是学习计算方法与程序设计的新途径。

一个优秀的课件往往是几种教学模式的合理组合。

第7章 电气工程常用计算公式及换算

第1节 电气工程常用基本计算公式

1. 常用基本计算公式及换算

电气工程常用基本计算公式及换算见表7-1。

表7-1　　电气工程常用基本计算公式及换算

标题号	计算项目名称	公　式	符号及计算单位
(1) (2) (3) (4)	电源串联电压 电源串联电流 电源并联电压 电源并联电流	$E=E_1+E_2+E_3$ $I=I_1=I_2=I_3$ $E=E_1=E_2=E_3$ $I=I_1+I_2+I_3$	E——串并联电池的总电动势，V E_1、E_2、E_3——每个电池的电动势，V I——串并联电池的总电流，A I_1、I_2、I_3——每个电池的电流，A
(5)	全电路欧姆定律	$I=\frac{E}{R+r_0}$	I——电路中的电流，A E——电源电动势，V R——负载电阻，Ω r_0——电源内阻，Ω
(6)	单相电路中的能量	$W=Pt$	W——电能，kWh P——电功率，kW t——时间，h
(7)	效率	$\eta\%=\frac{P_2}{P_1}\times 100$	η——效率 P_1——输入功率 P_2——输出功率
(8) (9)	电阻串联阻值 电阻串联电压	$R=R_1+R_2+R_3$ $R_U=R_{U_1}+R_{U_2}+R_{U_3}$	R——串并联电路的总电阻，Ω
(10) (11) (12) (13)	电阻串联电流 电阻并联阻值 电阻并联电压 电阻并联电流	$R_I=R_{I_1}=R_{I_2}=R_{I_3}$ $\frac{1}{R}=\frac{1}{R_1}+\frac{1}{R_2}+\frac{1}{R_3}$ $R_U=R_{U_1}=R_{U_2}=R_{U_3}$ $R_I=R_{I_1}+R_{I_2}+R_{I_3}$	R_1、R_2、R_3——每个支路电阻，Ω R_U——串并联电路的总电压，V R_{U_1}、R_{U_2}、R_{U_3}——每个支路电阻压降，V R_I——串并联电路的总电流，A R_{I_1}、R_{I_2}、R_{I_3}——每个支路电流，A
(14) (15) (16) (17)	电容器串联容量 电容器串联电压 电容器并联容量 电容器并联电压	$\frac{1}{C}=\frac{1}{C_1}+\frac{1}{C_2}+\frac{1}{C_3}$ $C_U=C_{U_1}+C_{U_2}+C_{U_3}$ $C=C_1+C_2+C_3$ $C_U=C_{U_1}=C_{U_2}+C_{U_3}$	C——串联电容器的总电容，F C_U——串联电容器的总电压，V C_1、C_2、C_3——每个支路电容，F C_{U_1}、C_{U_2}、C_{U_3}——每个支路电容压降，V

续表

标题号	计算项目名称	公　式	符号及计算单位
(18)	功率因数	$\cos\varphi=\frac{P}{S}$	$\cos\varphi$——功率因数 P——有功功率，W S——视在功率，VA
(19)	磁路欧姆定律	$\Phi=\frac{IN}{R_M}$	Φ——磁通，Wb IN——磁动势，安匝 R——磁阻，A/Wb
(20)	导体电阻 1）欧姆电阻（直流电阻） 2）有效电阻（交流电阻） 3）计算温度变化时电阻变化的公式	导体电阻 欧姆电阻（直流电阻） $R_z=\rho\frac{l}{S}$ 有效电阻（交流电阻） $R=KR_z$ 计算温度变化时电阻变化的公式 $R_2=R_1[1+\alpha(t_2-t_1)]$	R_z——温度t℃时导体的欧姆电阻，Ω； R——温度t℃时导体的有效电阻，Ω； ρ——电阻率，在20℃时： 铜导线$\rho=0.0184\Omega\cdot mm^2/m$； 铝导线$\rho=0.0310\Omega\cdot mm^2/m$； 铜母线$\rho=0.0175\Omega\cdot mm^2/m$； 铝母线$\rho=0.0295\Omega\cdot mm^2/m$； 当$t$℃不为20℃时，$\rho$值应加校正； l——导体长度，m； S——导体截面，mm^2； K——除考虑集肤效应外，尚计及磁导体中励磁现象的系数； R_2，R_1——相当于温度t_2及t_1时的导体电阻，Ω； t_1，t_2——变化前后的温度，℃； α——温度系数； 铜$\alpha=0.004$； 铝$\alpha=0.004$
(21)	电路的阻抗 1）感抗计算公式 2）容抗计算公式 3）全电抗计算公式 4）交流电路的阻抗（串联时） 5）电阻、电感串联 6）电阻、电容串联 7）电阻、电感并联 8）电阻、电容并联	电路的阻抗 感抗 $X_L=\omega L=2\pi fL$ 容抗 $X_C=\frac{1}{\omega C}=\frac{1}{2\pi fC}$ 全电抗 $X=X_L-X_C$ 交流电路的阻抗（串联时） $Z=\sqrt{R^2+(X_L-X_C)^2}$ $=\sqrt{R^2+X^2}$ 或 $Z=\sqrt{R^2+\left(\omega L-\frac{1}{\omega C}\right)^2}$ $Z=\frac{U}{I}$ 电阻、电感串联 $Z=\sqrt{R^2+X_L^2}$ 电阻、电容串联 $Z=\sqrt{R^2+X_C^2}$ 电阻、电感并联 $\frac{1}{Z}=\sqrt{\left(\frac{1}{R}\right)^2+\left(\frac{1}{X_L}\right)^2}$ 电阻、电容并联 $\frac{1}{Z}=\sqrt{\left(\frac{1}{R}\right)^2+\left(\frac{1}{X_C}\right)^2}$	X_L、X_C——感抗与容抗，Ω； ω——角频率（当$f=50Hz$时，$\omega=314$）； f——频率，Hz； L——自感系数（电感），H； C——电容，F； Z——阻抗，Ω； X——全电抗； R——电阻，Ω

续表

标题号	计算项目名称	公　式	符号及计算单位
(22)	电路的导纳 1）电导计算公式 2）感性电纳计算公式 3）容性电纳计算公式 4）全电纳计算公式 5）由 RLC 并联的总导纳计算公式 6）具有多个并联支路的导纳计算公式 7）每支路由 RLC 串成的导纳计算公式 8）总电导与总电纳 9）总导纳计算公式 10）总阻抗计算公式	电路的导纳 电导 $G=\frac{1}{R}$ 感性电纳 $B_L=\frac{1}{X_L}=\frac{1}{\omega L}$ 容性电纳 $B_C=\frac{1}{X_C}=\omega C$ 全电纳 $B=B_L-B_C$ 由 *RLC* 并联的总导纳 $Y=\sqrt{G^2+(B_L-B_C)^2}$ $=\frac{1}{Z}=\frac{1}{U}$ 或 $Y=\sqrt{\left(\frac{1}{P}\right)^2+\left(\frac{1}{\omega L}-\omega C\right)^2}$ 具有多个并联支路的导纳 每支路由 *RLC* 串成的导纳 $G_1=\frac{R_1}{Z_1^2}$；$G_2=\frac{R_2}{Z_2^2}\cdots$ $G_n=\frac{R_n}{Z_n^2}$ $B_1=\frac{X_1}{Z_1^2}$；$B_2=\frac{X_2}{Z_2^2}\cdots$ $B_n=\frac{X_n}{Z_n^2}$ 总电导与总电纳 $G=G_1+G_2+\cdots+G_n$ $B=B_1+B_2+\cdots+B_n$ 总导纳 $Y=\sqrt{G^2+B^2}$ 总阻抗 $Z=\frac{1}{Y}=\frac{1}{\sqrt{G^2+B^2}}=\frac{U}{I}$	G——电导，1/Ω； B_L 与 B_C——感性电纳与容性电纳，1/Ω； Y——总导纳，1/Ω； U——线电压，V； I——线电流，A G_1，$G_2\cdots G_n$——各支路的电导； B_1，$B_2\cdots B_n$——各支路的电纳； R_1，$R_2\cdots R_n$——各支路中的电阻； X_1，$X_2\cdots X_n$——各支路中的电抗； Z_1，$Z_2\cdots Z_n$——各支路的阻抗
(23)	变压器的有功和无功损耗电量	(1) 有功损耗电量 $\Delta P_T=(\Delta P_c+\beta^2\Delta p_m)T$ $\beta=\frac{W\mathrm{n}}{T\cos\phi_2 S_e}$ (2) 无功损耗电量 $\Delta Q_n=(Q_o+\beta^2 Q_e)T$ $Q_o=I_o\%S_e10^{-3}$ $Q_e=U_k\%S_e10^{-3}$	Q_o——变压器空载时无功损耗，kvar Q_e——变压器在额定负荷下的无功损耗，kvar $I_o\%$——变压器空载电流百分数； $U_k\%$——变压器短路电压百分数； T——变压器利用时间，h； Δp_T——变压器有功损耗电量，kWh； Δp_c——变压器铁损，kW； Δp_m——变压器在额定负荷下的铜损，kW； β——变压器月平均负荷率； $\cos\phi_2$——变压器二次侧月平均力率； S_e——变压器额定容量，kVA； T——变压器利用时间，h； ΔQ_n——变压器无功损耗电量，kWh

续表

标题号	计算项目名称	公 式	符号及计算单位
(24) (25)	电感（自感系数） 三相线路的电感	有铁心线圈的电感 $L=\frac{1.25n^2S\mu}{l}\times10^{-8}$ 公式适用于单层线圈，另外$\frac{1}{r_x}$<6 时应加校正系数 三相线路的电感 $L_0=\left(46\log\frac{D_p}{r}+0.5\mu\right)\times10^{-4}$ $D_p=\sqrt[3]{D_1D_2D_3}$	L——电感，H； n——匝数； S——线圈的截面，cm²； μ——导磁系数； l——磁路的长度，cm； r_x——线圈的半径，cm； L_0——每公里线路的电感，H/km； D_p——线路导线间的几何均距，cm； D_1，D_2，D_3——每两根导线中心线间的距离，cm； r——导线的外半径，cm
(26)	三相线路的电容、串联时总电容、并联时的总电容	三相线路的电容 $C_0=\frac{24}{\log\frac{D_p}{r}\times10^9}$ 数个电容串联时电路的总电容 $C=\frac{1}{\frac{1}{C_1}+\frac{1}{C_2}+\cdots+\frac{1}{C_n}}$ 数个电容并联时电路的总电容 $C=C_1+C_2+\cdots+C_n$	D_p——线路导线间的几何均距，cm； C_0——每公里线路的电容，F/km； r——导线（电缆芯）半径，cm； C_1，C_2，…，C_n——电路的各个电容，F； C——总电容，F
(27)	欧姆定律及一般关系式在直流或纯阻负载的单相交流电路中	$I=\frac{U}{R}=\frac{P}{U}=\sqrt{\frac{P}{R}}$ $U=IR=\frac{P}{I}=\sqrt{PR}$ $R=\frac{U}{I}=\frac{P}{I^2}=\frac{U^2}{P}$ $P=IU=I^2R=\frac{U^2}{R}$ 具有电抗的交流电路 $I=\frac{U}{Z}$ 或 $U=IZ$ 式中 $Z=\sqrt{R^2+X^2}$	I——电路的电流，A； U——电路的电压，V； R——电路的电阻，Ω； P——电路的功率，W； Z——电路的阻抗，Ω
(28)	基尔霍夫定律	对于结点（第一定律） $\Sigma I=0$ 对于闭合环路（第二定律） $\Sigma E=\Sigma(IZ)$	ΣI——流入某结点电流的代数和，A； ΣE——作用于环路中的电动势代数和，V； $\Sigma(IZ)$——环路中各段电压降代数和，V
(29)	交流电路的关系式 1）50Hz 工频的周期、角频率和转速的关系 2）正弦电流的最大值，瞬时值与有效值	50Hz 工频的周期、角频率和转速的关系 $T=\frac{1}{f}=0.02(\text{s})$ $\omega=\frac{2\pi}{T}=2\pi f=314$ $n=\frac{f\times60}{p}=\frac{3000}{p}$ 正弦电流的最大值、瞬时值与有效值 $u=U_{max}\sin\omega t$ $i=I_{max}\sin(\omega t-\phi)$ $U=\frac{U_{max}}{\sqrt{2}},I=\frac{I_{max}}{\sqrt{2}}$	T——周期，s； f——频率，Hz； ω——角频率，rad/s； n——发电机或电动机的周期转速，r/min； p——发电机或电动机的极对数； u，i——电压，电流的瞬时值； U_{max}，I_{max}——电压，电流的最大值； U，I——电压，电流的有效值； ϕ——电压与电流的相位差

续表

标题号	计算项目名称	公　式	符号及计算单位
(29)	3）功率因数 4）电路中的电流及电压	功率因数 $\cos\phi=\frac{R}{Z}=\frac{U_a}{U}=\frac{I_a}{I}=\frac{P}{S}$ $\sin\phi=\frac{X}{Z}=\frac{U_r}{U}=\frac{I_r}{I}=\frac{Q}{S}$ 电路中的电流及电压 $I=\sqrt{I_a^2+I_r^2}$ $I_a=I\cos\phi;I_r=I\sin\varphi$ $U=\sqrt{U_a^2+U_r^2}$ $U_a=U\cos\phi;U_r=U\sin\varphi$	U_a，I_a——电压，电流的有功分量； U_r，I_r——电压，电流的无功分量； P——有功功率； Q——无功功率； S——视在功率
(30)	三相系统中电流与电压的关系	星形联结 $I_x=I_\phi;U_x=\sqrt{3}U_\phi$ 三角形联结 $I_x=\sqrt{3}I_\phi;U_x=U_\phi$	U_x（或U）——线电压； I_x（或I）——线电流； U_ϕ——相电压； I_ϕ——相电流
(31)	导线中的电压损失	直流或单相交流的无感负载（照明）网络 $\Delta U=2IR$ 三相交流的无感负载（照明）网络 $\Delta U=\sqrt{3}IR$ 三相交流线路 $\Delta U=\sqrt{3}I(R\cos\varphi+X\sin\varphi)$	ΔU——电压损失，V； R——一根导线的电阻，Ω； I——线电流，A； X——一根导线的电抗，Ω； $\cos\varphi$——功率因数
(32)	电流的热效应和动效应	电流的热效应 $Q=0.24I^2Rt$ 电流的动效应 $F=20i_1i_2\frac{l}{a}\times10^{-8}$	Q——发热量，cal； t——通电时间，s； R——电阻，Ω； F——作用于长导体上的力，N； l，a——导体长和导体间的距离，m； i_1，i_2——平行导体中电流的幅值，A
(33)	电流的化学效应	电流的化学效应 $Q=10.36\frac{A}{n}It\times10^{-5}$	Q——在电极上收取的物质重量，g； A——物质的原子量； n——物质的原子价； I——电流，A； t——时间，s；
(34)	电磁铁的吸力（起重力）	直流 $P\approx\left(\frac{B}{0.5}\right)^2S\times9.806\times10^4$ 交流 $P\approx\frac{1}{2}\left(\frac{B_{max}}{0.5}\right)^2S\times9.806\times10^4$	P——电磁铁的超重力，N； B——磁感应强度，Wb/m^2； B_{max}——磁感应强度的幅值，Wb/m^2； S——铁芯截面积，m^2
(35)	交流电路中的功率与能量（单相和三相电路）	单相电路 $P=U_\phi I\cos\varphi$ $Q=U_\phi I\sin\varphi$ $S=U_\phi I=\sqrt{P^2+Q^2}$ 三相电路 $P=\sqrt{3}U_xI\cos\phi$ $Q=\sqrt{3}U_xI\sin\phi$ $S=\sqrt{3}U_xI$ $W_a=\sqrt{3}U_xI\cos\phi T$ $W_r=\sqrt{3}U_xI\sin\phi T$	P——有功功率，W； Q——无功功率，var； S——视在功率，VA； U_x——线电压，V； U_ϕ——相电压，V； I——线电流，A； W_a——有功电能，Wh； W_r——无功电能，varh； T——时间，h

续表

标题号	计算项目名称	公式	符号及计算单位
(36)	三相线路中的功率损耗（有功损耗、电感、电容性损耗）	有功损耗 $\Delta P = 3I^2R$ 电感性损耗 $\Delta Q_L = 3I^2X_L$ 电容性损耗 $\Delta Q_C = 3U^2B_C$	ΔP、ΔQ_L、ΔQ_C——相应地在电阻（R）、感抗（X_L）、容抗（X_C）中的功率损耗，W（或var）； U——电网电压，V； B_C——容性电纳，1/Ω
(37)	磁路的基本公式（磁通量、磁化力和电磁感应定律）	磁通量 $\Phi = BS; B = \mu H$ 直流磁路中的磁化力 $I\omega = \Sigma Hl = \phi\Sigma \frac{1}{\mu S}$ 交流磁路中的电磁感应定律 $U = 4.44 f\omega BS$	Φ——磁通量，Wb； B——磁感应强度，Wb/m²； H——磁场强度，A/m； S——铁心截面，m²； μ——导磁率； 真空 $\mu_0 = 4\pi \times 10^{-7}$ H/m； l——磁路平均长度，m； N——绕组匝数； I——电流，A； U——电压，V； f——频率，Hz

2. 线路电压损失计算

线路电压损失计算公式见表 7-2。

表 7-2　　线路电压损失计算公式

标题号	计算项目名称	负荷情况	计算公式
(1)	三相平衡负荷线路	(1) 终端负荷用电流矩（A·km）表示 (2) 几个负荷用电流矩（A·km）表示 (3) 终端负荷用负荷矩（kW·km）表示 (4) 几个负荷用负荷矩（kW·km）表示 (5) 整条线路的导线截面、材料及敷设方式均相同且 cosφ=1，几个负荷用负荷矩（kW·km）表示	$\Delta u\% = \frac{\sqrt{3}}{10U_e}(R_0\cos\varphi + X_0\sin\varphi)Il = \Delta u_0\%Il$ $\Delta u\% = \frac{\sqrt{3}}{10U_e}\Sigma[(R_0\cos\varphi + X_0\sin\varphi)Il] = \Sigma(\Delta u_0\%Il)$ $\Delta u\% = \frac{1}{10U_e^2}(R_0 + X_0\mathrm{tg}\varphi)Pl = \Delta u_p\%Pl$ $\Delta u\% = \frac{1}{10U_e^2}\Sigma[(R_0 + X_0\mathrm{tg}\varphi)Pl] = \Sigma(\Delta u_p\%Pl)$ $\Delta u\% = \frac{R_0}{10U_e^2}\Sigma Pl = \frac{1}{10U_e^2\gamma S}$ $\Sigma Pl = \frac{\Sigma Pl}{CS}$
(2)	接于线电压的单相负荷线路	(1) 终端负荷用电流矩（A·km）表示 (2) 几个负荷用电流矩（A·km）表示 (3) 终端负荷用负荷矩（kW·km）表示 (4) 几个负荷用负荷矩（kW·km）表示 (5) 整条线路的导线截面、材料及敷设方式均相同，且 cosφ=1，几个负荷用负荷矩（kW·km）表示	$\Delta u\% = \frac{2}{10U_e}(R_0\cos\varphi + X_0'\sin\varphi)Il = 1.15\Delta u_a\%Il$ $\Delta u\% = \frac{2}{10U_e}\Sigma[(R_0\cos\varphi + X_0'\sin\varphi)Il] \approx 1.15\Sigma(\Delta u_a\%Il)$ $\Delta u\% = \frac{2}{10U_e^2}(R_0 + X_0'\mathrm{tg}\varphi)$ $Pl \approx 2\Delta u_p\%Pl$ $\Delta u\% = \frac{2}{10U_e^2}\Sigma[(R_0 + X_0'\mathrm{tg}\varphi)Pl] \approx 2\Sigma(\Delta u_p\%Pl)$ $\Delta u\% = \frac{2R_0}{10U_e^2}\Sigma Pl$

续表

标题号	计算项目名称	负荷情况	计算公式
(3)	接于相电压的两相—中性线平衡负荷线路	(1) 终端负荷用电流矩(A·km)表示 (2) 终端负荷用负荷矩(kW·km)表示 (3) 终端负荷且 $\cos\varphi=1$，用负荷矩(kW·km)表示	$\Delta u\%=\dfrac{1.5\sqrt{3}}{10U_e}(R_0\cos\varphi+X_0\sin\varphi)Il$ $\approx 1.15\Delta u_0\%Il$ $\Delta u\%=\dfrac{2.25}{10U_e^2}(R_0+X_0\mathrm{tg}\varphi)$ $Pl\approx 2.25\Delta u_p\%Pl$ $\Delta u\%=\dfrac{2.25R_0}{10U_e}Pl=\dfrac{2.25}{10U_e^2\gamma S}$ $Pl=\dfrac{Pl}{CS}$
(4)	接相电压的单相负荷线路	(1) 终端负荷用电流矩(A·km)表示 (2) 终端负荷用负荷矩(kW·km)表示 (3) 终端负荷且 $\cos\varphi=1$ 或直流线路用负荷矩(kW·km)表示	$\Delta u\%=\dfrac{2}{10U_{e\varphi}}(R_0\cos\varphi+X'_0\sin\varphi)Il$ $\approx 2\Delta u_a\%Il$ $\Delta u\%=\dfrac{2}{10U_{e\varphi}^2}(R_0+X'_0\mathrm{tg}\varphi)$ $Pl\approx 6\Delta u_p\%Pl$ $\Delta u\%=\dfrac{2R_0}{10U_{e\varphi}}Pl=\dfrac{2}{10U_{e\varphi}^2\gamma S}Pl=\dfrac{Pl}{CS}$

符 号 说 明

$\Delta u(\%)$——线路电压损失百分数，%；
$\Delta u_a(\%)$——三相线路每1A·km的电压损失百分数，%/(A·km)；
$\Delta u_p(\%)$——三相线路每1kW·km的电压损失百分数，%/(kW·km)；
U_e——额定线电压，kV；
$U_{e\phi}$——额定相电压，kV；
X'_0——单相线路单位长度的感抗，Ω/km，其值可取 X_0 值；
R_0、X_0——三相线路单位长度的电阻和感抗，Ω/km；
I——负荷计算电流，A；
l——线路长度，km；
P——有功负荷，km；
γ——电导率，$m/(\Omega\cdot mm)^2$，$\gamma=\dfrac{1}{\rho}$，ρ 为电阻率 $\Omega\cdot mm^2/m$；
S——线芯标称截面积，mm^2；
$\cos\varphi$——功率因数；
C——功率因数为1时的计算系数

注 实际上单相线路的感抗值与三相线路的感抗值不同，但在工程计算中可以忽略其误差，对于380/220V线路的电压损失，导线截面为50mm² 及以下时误差约1%，50mm² 以上时最大误差为5%。

3. 线路电压损失的计算系数 *C* 值

线路电压损失的计算系数 C 值见表7-3。

表7-3　线路电压损失的计算系数 *C* 值（$\cos\varphi=1$）

线路额定电压(V)	线路系统	导线 C 值(θ=50℃)		母线 C 值(θ=65℃)	
		铝	铜	铝	铜
380/220	三相四线	44.5	72.0	42.2	68.4
380/220	两相及中性线	19.8	32.0	18.8	30.4
220	单相及直流	7.45	12.1	7.07	11.5
110	单相及直流	1.86	3.02	1.77	2.86
36	单相及直流	0.200	0.323	0.189	0.307

续表

线路额定电压（V）	线路系统	导线C值（θ=50℃）		母线C值（θ=65℃）	
		铝	铜	铝	铜
24	单相及直流	0.0887	0.144	0.084	0.136
12		0.0220	0.036	0.021	0.034
6		0.0055	0.009	0.005	0.009

注 1. 20℃时ρ值（$\Omega\cdot mm^2/m$）铝母线为0.029，铜母线为0.0179，铝导线为0.031，铜导线为0.0184。
2. 计算C值时，导线工作温度为50℃，铝导线γ值［$m/(\Omega\cdot mm^2)$］为30.79，铜导线为49.88。母线工作温度为65℃，铝母线γ值为29.2，铜母线为47.3。
3. U_e为额定线电压，kV；$U_{eφ}$为额定相电压，kV。

4. 常用快速计算法

（1）已知变压器容量求电流（近似值）见表7-4。

表7-4 计算系数表

电压等级（kV）	系 数	电压等级（kV）	系 数
0.4	1.5（1.875）	35	0.015
6	0.1	110	0.005
10	0.06	220	0.0025

注 此项理论值应乘以1.5，但实际应用时，有的产品应乘以1.875。

容量乘以系数。

口诀：容量除以电压值，其商乘以0.6。

（2）已知三相电动机容量求电流（近似值）。

容量除以电压，其商乘以系数。

$$\frac{P(\mathrm{kW})}{U(\mathrm{kV})}\times 0.76$$

口诀：三相二百二电机，千瓦三点五安流。
常用三百八电机，一个千瓦二安流。
低压六百六电机，千瓦一点二安流。
高压三千伏电机，四个千瓦一安流。
高压六千伏电机，八个千瓦一安流。
额定电压到一万，十三千瓦一安流。

（3）已知380V电动机容量求热继电器电流（近似值）。

$$整定电流\ I_{set}=电动机额定电流\ I_n\approx 2P$$

$$热继电器额定电流\approx 2.5P$$

口诀：电动机过载保护，热继的热元件。
号流容量两倍半，两倍千瓦整定。

（4）已知380V电动容量求远控交流接触器额定电流（近似值）。

接触器额定电流要大于电动机额定电流，$>2P$电动机容量。

口诀：远控电机接触器，两倍容量靠等级；频繁起动正反转，靠级基础升一级。

（5）已知电动机容量求空载电流（近似值）。

口诀：电动机空载电流，容量八折左右求；
新大极数少六折，旧小极数多千瓦数。

（6）求负荷开关熔体电流（近似值）。

口诀： 直接起动电动机，容量不超十千瓦。

六倍千瓦选开关，五倍千瓦配熔体；

供电设备千伏安，需大三倍千瓦数。

（7）已知变压器容量求熔体电流（近似值）见表7-5。

表7-5　　计算系数表

电压等级（kV）	系　数	电压等级（kV）	系　数
0.4	1.8	10	0.1
6	0.16	35	0.03

口诀： 配变低压熔体流，容量乘9除以5。

配变高压熔体流，容量除十来相求。

得出电流单位安，再靠等级加或减。

高压最小有要求，不能小于三安流。

1）根据有关规定“高压熔体应按配电变压器额定电流的1.5～2倍选取”（一般选取1.73倍）

$$\text{熔体流}=\frac{\text{容量}}{\text{一次电压}}$$

2）根据“配电变压器低压熔体一般按二次侧额定电流的1.2～1.3倍选择”又知，配电变压器0.4kV侧额定电流为其容量的1.5倍，计算结果为1.8倍，或用口诀：“容量翻番九折求”；也可用口诀“容量乘9除以5”。

（8）已知笼型电动机容量，求知断路器脱扣器整定电流。

口诀： 电路开关性能好，电流选择最重要。

断路器的脱扣器，整定电流量翻倍。

瞬时一般是二十，较小电机二十四。

延时脱扣三倍半，热脱扣器整两倍。

第2节　电压降、功率损失与导体截面的关系

1. 直流电路

（1）直流电压降

$$\Delta U=2R_L I l=\frac{2Il}{xA}=\frac{2IP}{xAU} \tag{7-1}$$

（2）电压降百分率

$$\Delta u=\frac{\Delta U}{U_{\mathrm{N}}}100\%=\frac{2R_L I l}{U_{\mathrm{N}}}100\% \tag{7-2}$$

（3）功率损失

$$\Delta P=2I^2R_L l=\frac{2IP^2}{xAU^2} \tag{7-3}$$

（4）功率损失百分率

$$\Delta p=\frac{\Delta P}{P_{\mathrm{N}}}100\%=\frac{2I^2R_Ll}{P_{\mathrm{N}}}100\% \tag{7-4}$$

（5）导体截面

$$A=\frac{2Il}{x\Delta U}=\frac{2Il}{x\Delta uU}100\%=\frac{2IP}{\Delta pU^2x}100\% \tag{7-5}$$

2. 单相交流电路

（1）电压降

$$\Delta U=2I(R_L\cos\phi+X_L\sin\phi)l \tag{7-6}$$

（2）电压降百分率

$$\Delta u=\frac{\Delta U}{U_{\mathrm{N}}}100\%=\frac{2I(R_L\cos\phi+X_L\sin\phi)l}{U_{\mathrm{N}}}100\% \tag{7-7}$$

（3）功率损失

$$\Delta P=2I^2R_Ll=\frac{2P^2l}{xAU^2\cos^2\phi} \tag{7-8}$$

（4）功率损失百分率

$$\Delta p=\frac{\Delta P}{P_{\mathrm{N}}}100\%=\frac{2I^2R_Ll}{P_{\mathrm{N}}}100\% \tag{7-9}$$

（5）导体截面

$$A=\frac{2l\cos\phi}{x\left(\frac{\Delta U}{I}-2X_Ll\sin\phi\right)}=\frac{2l\cos\phi}{x\left(\frac{\Delta uU_{\mathrm{N}}}{I100\%}-2X_Ll\sin\phi\right)} \tag{7-10}$$

3. 三相交流电路

（1）电压降

$$\Delta U=\sqrt{3}I(R_L\cos\phi+X_L\sin\phi)l \tag{7-11}$$

（2）电压降百分率

$$\Delta u=\frac{\Delta U}{U_{\mathrm{N}}}100\%=\frac{\sqrt{3}I(R_L\cos\phi+X_L\sin\phi)l}{U_{\mathrm{N}}}100\% \tag{7-12}$$

（3）功率损失

$$\Delta P=3I^2R_Ll=\frac{P^2l}{xAU^2\cos^2\phi} \tag{7-13}$$

（4）功率损失百分率

$$\Delta p=\frac{\Delta P}{P_{\mathrm{N}}}100\%=\frac{3I^2Rl}{P_{\mathrm{N}}}100\% \tag{7-14}$$

（5）导体截面

$$A=\frac{l\cos\phi}{x\left(\frac{\Delta U}{\sqrt{3}I}-X_L\cdot l\sin\phi\right)}=\frac{l\cos\phi}{x\left(\frac{\Delta uU}{\sqrt{3}I100\%}-X_L\cdot l\sin\phi\right)} \tag{7-15}$$

在单相和三相交流系统中，当使用电缆与截面小于16mm^{2}的线路时，通常忽略感抗。此时，用直流电阻进行计算是能满足要求的。

第3节 电动机与变压器的电流计算

1. 直流电

（1）电动机

$$I=\frac{P}{U\eta}(U\text{ 为相电压},\eta\text{ 为效率}) \tag{7-16}$$

（2）发电机

$$I=\frac{P}{U} \tag{7-17}$$

2. 单相交流电动机和变压器

（1）电动机

$$I=\frac{P}{U\eta\cos\phi} \tag{7-18}$$

（2）变压器或同步发电机

$$I=\frac{S}{U}\quad(S\text{ 为额定容量}) \tag{7-19}$$

3. 三相交流电动机和变压器

（1）感应电动机

$$I=\frac{P}{\sqrt{3}U\eta\cos\phi} \tag{7-20}$$

（2）变压器或同步发电机

$$I=\frac{S}{\sqrt{3}U} \tag{7-21}$$

（3）同步电动机

$$I\approx\frac{P}{\sqrt{3}U\eta\cos\varphi}\sqrt{1+\mathrm{tg}^2\varphi} \tag{7-22}$$

为了说明情况，表7-6中列出具有代表性的笼型异步电动机的电流额定值。

应当说明，在1500r/min的同步转速下，电动机的电流额定值与三相电动机的常规内冷却与表面外冷却有关；而熔断器与规定的电动机电流额定值和直接起动有关，即最大起动电流值为6倍额定电流。起动时间最大值：5s。

表7-6　低电压笼型三相电动机的电流额定值

电动机输出值			220V		380V		500V		660V	
			电动机电流额定值与熔断器电流额定值（A）							
kW	cosφ	η（%）	电动机	熔断器	电动机	熔断器	电动机	熔断器	电动机	熔断器
0.25	0.7	62	1.4	4	0.8	2	0.6	2	—	—
0.37	0.72	64	2.1	4	1.2	4	0.9	2	0.7	2
0.55	0.75	69	2.7	4	1.8	4	1.2	4	0.9	2
0.75	0.8	74	3.4	6	2.0	4	1.5	4	1.1	2
1.1	0.83	77	4.4	6	2.6	4	2.0	4	1.5	2
1.5	0.83	78	6.0	16	3.5	6	2.6	4	2.0	4

续表

电动机输出值			220V		380V		500V		660V	
			电动机电流额定值与熔断器电流额定值（A）							
kW	cosφ	η（%）	电动机	熔断器	电动机	熔断器	电动机	熔断器	电动机	熔断器
2.2	0.83	81	8.7	20	5.0	10	3.7	10	2.9	6
3.0	0.84	81	11.5	20	6.6	16	5.0	10	3.5	6
4.0	0.84	82	14.7	25	8.5	20	6.4	16	4.9	10
5.5	0.85	83	19.8	35	11.5	25	8.6	20	6.7	16
7.5	0.86	85	26.5	50	15.5	35	11.5	25	9.0	16
11.0	0.86	87	39.0	63	22.5	35	17.0	35	13.0	25
15.0	0.86	87	52.0	80	30.0	50	22.5	35	17.5	25
18.5	0.86	88	62.0	100	36.0	63	27.0	50	21.0	35
22.0	0.87	89	74.0	100	43.0	63	32.0	63	25.0	35
30.0	0.87	90	98.0	125	57.0	80	43.0	63	33.0	50
37.0	0.87	90	124.0	200	72.0	100	54.0	80	42.0	63
45.0	0.88	91	147.0	225	85.0	125	64.0	100	49.0	63
55.0	0.88	91	180.0	250	104.0	160	78.0	120	60.0	100
75.0	0.88	91	246.0	350	142.0	200	106.0	160	82.0	125
90.0	0.88	92	287.0	355	169.0	225	127.0	200	98.0	125
110.0	0.88	92	350.0	425	204.0	250	154.0	225	118.0	160
132.0	0.88	92	416.0	500	243.0	300	182.0	250	140.0	200
160.0	0.88	93	500.0	600	292.0	355	220.0	300	170.0	224
200.0	0.88	93	620.0	800	368.0	425	283.0	355	214.0	300
250.0	0.88	93	—	—	465.0	500	355.0	425	270.0	355
315.0	0.88	93	—	—	580.0	630	444.0	500	337.0	400
400.0	0.89	96	—	—	—	—	534.0	630	410.0	500
500.0	0.89	96	—	—	—	—	—	—	515.0	630

一般说来，当滑环电动机与笼型异步电动机应用星形—三角形联结起动时（即起动时间≤15s；起动电流＝2×额定电流），足以满足由电动机额定电流所规定的熔断器规范。这时，电动机的相电流继电器整定值应为0.58×电动机额定电流

此外，在有比较强的额定电流，起动电流或起动时间较长时，可以用较大规格的熔断器。但是，应对架空线路或电缆线路后备过电流的保护提出建议与改进措施。

第8章　短路电流的计算及校验

第1节　三相系统短路电流和电气设备的阻抗计算

1. 术语与定义

本节术语是参照当前国际标准、并结合我国具体情况阐述的。

（1）短路电流：指在短路持续时间内，流过故障点的电流。

（2）对称短路电流：指短路电流的工频分量。

（3）初始对称短路电流 I''_K：指短路发生瞬间对称短路电流的有效值。

（4）峰值短路电流 I_s：短路发生后电流的最大瞬时值，简称峰值。

（5）持续短路电流 I_K：指过渡现象消失后的对称短路电流的有效值。

（6）对称遮断电流 I_n：指当断路器切短路故障时，触头分离瞬间流过断路器的对称短路电流的有效值。

（7）发电机近点故障：三相短路故障时，当同步发电机中的初始对称短路电流大于2倍额定电流时，称之为近点故障。

（8）发电机远点故障：三相短路故障时，如果任一同步发电机的初始对称短路电流不超过2倍额定电流时，称为远点故障。

（9）同步发电机的初始电压 E''：短路发生瞬间，同步发电机电压的有效值。E''为相对中性点的电压，其值决定于故障前的负荷以及其他因素。

（10）系统运行电压 U_H：系统正常运行情况下的线电压。该线电压是指相同额定系统电压的所有电力元件的平均电压。

（11）额定系统电压 U_N：同一系统中，与运行特性有关的线电压。所有运行电压及额定电压一般都指相与相的电压，即线电压。

（12）初始对称短路功率 S''_K：通常简称为故障功率。其值为三相短路故障点的初始对称短路电流、额定系统电压和相系数$\sqrt{3}$的乘积。

（13）最小开关延迟 t_v：又称最小开断时间。即从短路发生一直到断路器触头分开时的最短时间，亦即可能的最短延迟时间与断路器断开时间的和。这里不须计入跳闸机构的可调整延迟时间。

（14）三相网络的正序阻抗 Z_1：从故障点向正序系统看进去的每相阻抗，即由各个电力元件的正序阻抗组成。

（15）三相网络的负序阻抗 Z_2：从故障点向负序系统看进去的每相阻抗，即由各个电力元件的负序阻抗组成（仅在有三相旋转电机时，负序阻抗不同于正序阻抗）。

（16）三相网络的零序阻抗 Z_0：从故障点向零序系统看进去的每相阻抗，即由各个电力元件的零序阻抗组成。

（17）同步电机初始电抗 X''_d（直轴次瞬态电抗）：指短路发生的瞬间同步电机的电抗。

（18）不对称三相系统的对称分量。三相网络中有以下不同的故障类型：

1）三相故障（I''_{k3p}）；

2）不接地两相故障（I''_{k2p}）；

3）两相接地故障（I''_{k2pe}，I''_{ke2pe}）；

4）单相接地故障（I''_{k1p}）；

5）双重接地故障（I''_{kee}）。

三相故障作用于对称的三相网络时，因三相导线相同且承载相同的短路电流有效值，所以仅用一相计算即可。

除三相短路外，所有其他短路均会引起不对称的负载。此时，可把不对称系统分解为对称分量。

在对称电压系统中，由不对称负载所产生的电流（$\dot{I}_1$、$\dot{I}_2$ 与 $\dot{I}_3$），可用对称分量（即正序、负序和零序分量）确定。

对称分量可用复数或图解法求出。

图 8-1 为电流 $\dot{I}_1$、$\dot{I}_2$ 与 $\dot{I}_3$ 的示意图。该图是将导线 1 作为基准导线的。于是有：

正序电流
$$\dot{I}_m = \frac{1}{3}(\dot{I}_1 + \dot{a}\dot{I}_2 + \dot{a}^2\dot{I}_3) \tag{8-1}$$

负序电流
$$\dot{I}_g = \frac{1}{3}(\dot{I}_1 + \dot{a}^2\dot{I}_2 + \dot{a}\dot{I}_3) \tag{8-2}$$

零序电流
$$\dot{I}_0 = \frac{1}{3}(\dot{I}_1 + \dot{I}_2 + \dot{I}_3) = \frac{1}{3}\dot{I}_N \tag{8-3}$$

旋转算子值为 1 时，有

$$\left.\begin{aligned} \dot{a} &= e^{\dot{a}120^\circ} \\ \dot{a}^2 &= e^{\dot{a}240^\circ} \\ 1 + \dot{a} + \dot{a}^2 &= 0 \end{aligned}\right\} \tag{8-4}$$

现在，依据上述公式进行图解法分析。由式（8-1）和图 8-1（a）看出，如果将超前于基准导线的电流矢量向落后方向旋转 120°，将落后于基准导线的电流矢量向超前方向旋转 120°，其结果等于 3 倍基准导线的正序电流 $\dot{I}_m$。

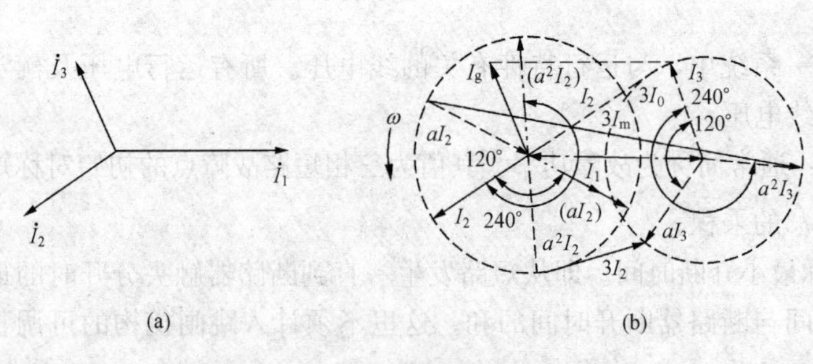

图 8-1 图解法确定对称分量

（a）不对称电流矢量；（b）分解为对称分量

显然，负序分量也可同理分析。只将上述超前和落后的电流反向旋转，其结果即为基准导线负序电流 $\dot{I}_g$ 的三倍。

将电流矢量 $\dot{I}_1$、$\dot{I}_2$ 与 $\dot{I}_3$ 几何相加，则得出三倍基准导线的零序电流 $\dot{I}_0$。

如果中性线电流为零，则无零序（系统）电流。

图 8-1（b）示出图解确定的对称分量的矢量图。

2. 额定电压 1kV 以上三相系统短路电流的计算

（1）基本原则。为了选择电气设备，必须知道可能出现的短路电流值或短路功率值。短路电流瞬时值的变化情况如图 8-2 所示。它包括交流分量和直流分量。图中，I''_K是初始对称短路电流；I_s 是峰值短路电流；I_K 是持续短路电流；A 是直流电流的初值；1 是电流的上包线；2 是电流的下包线；3 是直流电流的衰减线。

1）峰值短路电流 I_s 的计算。

计算峰值短路电流 I_s 时，可忽略连续故障。三相短路电流按在三相导线中同时产生考虑。这样，

$$I_s = \sqrt{2}KI''_K \tag{8-5}$$

式中，I''_K用表 2-3 中的算式计算。K 是直流分量的衰减系数，可按式

$$K = 1.022 + 0.96899e^{-3.0801R/X} \tag{8-6}$$

计算，也可用图 8-3 查出。

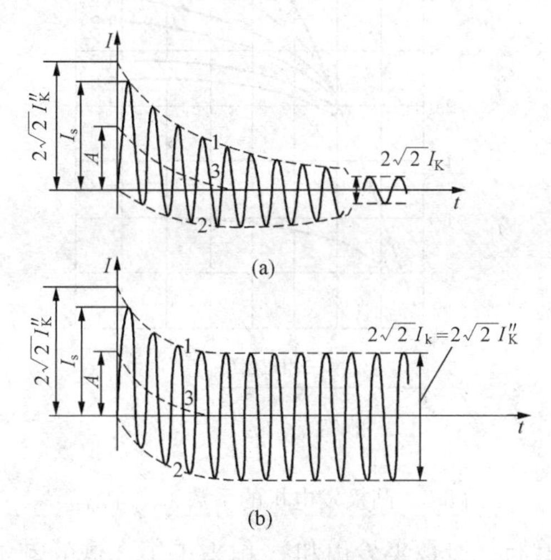

图 8-2 短路电流曲线

(a) 发电机近点故障；(b) 发电远点故障

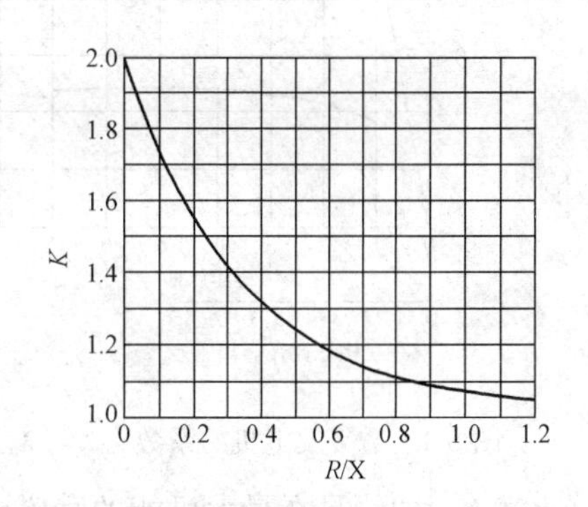

图 8-3 系数 K 计算曲线

对于具有分支的网络，用分布系数 K 值精确计算 I_s 时，只有网络分支的 R/X 相同时，才有可能。如果有相差悬殊的 R/X 值的并联分支，可用下述近似法求得。

当 R/X 值甚小时，分布系数 K 是相同的，并且只有故障网络有流过短路电流的分支时，才考虑分布系数 K。

根据从故障点得到的等值系统阻抗 $Z_K=R_K+jX_K$，按 R_K/X_K 的比值求出的系数 K_K。在计算 I_s 时采用 $1.15K_K$。而 $1.15K_K$ 的值总小于 1.8。

$K=2$ 只是理论极限的最大值，短路的有效电阻 $R=0$ 时才达此值。实践表明，当机组容量小于 100MVA 时，发电机机端短路时，K 值不会超过 1.8。但是，当大功率变压器与发电机为单元接线时，由于变压器的 R/X 值非常小，当变压器高压侧附近短路时，情况最为不利，$K=1.9$。这也同样适用于短路发生在电抗器后面的大故障功率的网络。

2）持续短路电流 I_K 的计算。通常按下面三种故障类型计算持续短路电流。

a. 三相故障的持续短路电流

$$I_K = I_{K3p} = \lambda I_N \tag{8-7}$$

b. 两相不接地故障的持续短路电流

$$I_{K2p} = \sqrt{3}\lambda I_N \tag{8-8}$$

c. 相对地故障的持续短路电流

$$I_{K1p} = 3\lambda I_N \tag{8-9}$$

一般说来，I_K 取决于短路时的发电机励磁、饱和效应与网络中的开关操作状态。用 λ_{max}（最大）与 λ_{min}（最小）可以得到相应上限和下限的近似值。图 8-4 与图 8-5 示出同步发电机三相与两相短路故障时的 λ_{max} 与 λ_{min} 值。

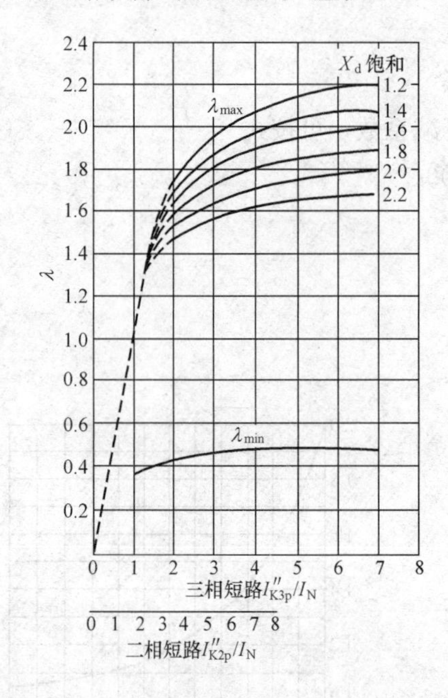

图 8-4　透平发电机的系数 λ_{max} 与 λ_{min}

图 8-5　凸极发电机的系数 λ_{max} 与 λ_{min}

上述 λ_{max} 曲线是在最大可能的励磁电压下取得的。对透平发电机，相当于 1.3 倍的额定负荷及额定功率因数时的励磁电压；对凸极发电机，则相当于 1.6 倍。这些值，如果其偏差不超过±20%时，λ_{max} 可与偏差成正比。

3）对称遮断电流 I_a 的计算

a. 同步发电机、同步电动机与同步调相机的遮断电流

$$I_a = \mu I''_K \tag{8-10}$$

b. 感应电动机的遮断电流

$$I_a = \mu q I''_K \tag{8-11}$$

c. 当网络连接点上 $X_Q \leqslant 0.5X_T$ 时，系统馈出的对称遮断电流

$$I_a = I''_K \tag{8-12}$$

但是，$X_Q > 0.5X_T$ 时，该网络必须与同步发电机合在一起处理。

上述诸式中，μ 表示在开关延迟时间内的对称短路电流的衰减系数，如图 8-6 所示，I_N 为馈电的同步发电机额定电流，横坐标上的 I''_{K3p}/I_N 对应三相短路；I''_{K2p}/I_N 对应二相短路。

另外，式中的 q 是有关感应电动机的系数。由于没有固有磁场，电动机的短路电流会随 q 值迅速衰减。系数 q 是电动机的功率/极对数的函数，用于计算感应电动机的对称遮断电流（见图 8-7）。

以上所述电流，如果是由多个单独电源馈电，则会使对称遮断电流增大。

如果是复式励磁或整流器励磁，若未知其精确值时，可取 $\mu=1$。仅当 $t_v \leqslant 0.25$s 且最大励磁电压不超过正常励磁的 1.6 倍时，才应用图 8-6 所示的值。其他情况均取 $\mu=1$。

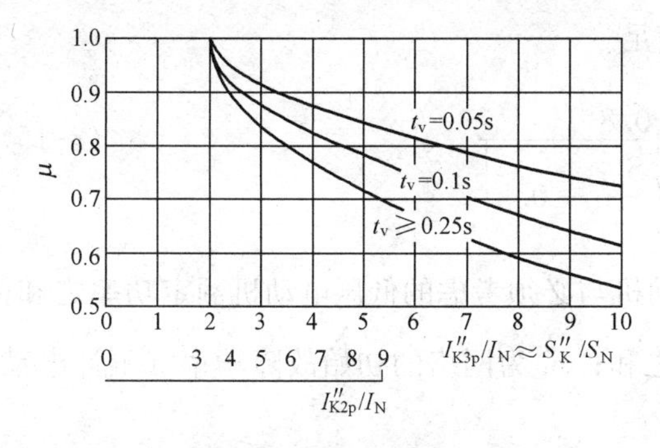

图 8-6 对应最小开关延迟的衰减系数 μ 与 I''_K/I_N 的关系

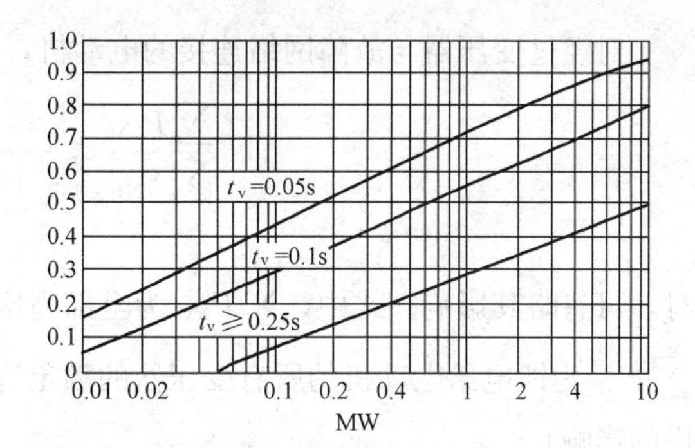

图 8-7 计算感应电动机对称遮断电流的 q 值

4）同步电机的初始电压 E''。同步电机初始电压

$$E''=c\cdot U_N/\sqrt{3} \tag{8-13}$$

为了确定最大短路电流，靠近发电机短路时，$c\cdot U_N/\sqrt{3}$可采用 $1\cdot 1U_N/\sqrt{3}$的值。

如果初始电抗（直轴次瞬态电抗）大于发电机额定阻抗的 20%，且发电机与故障点间没有变压器，则

$$c\cdot U_N=\sqrt{3}U_G\left(1+\frac{I_G X''_d\sin\varphi}{U_G}\right) \tag{8-14}$$

式中 U_G——发电机的端电压（相对中性点电压）；

I_G——发电机的负荷电流；

X''_d——发电机初始电抗（直轴次瞬态电抗）；

φ——U_G 与 I_G 间的相角（发电机过励时为正，欠励时为负）。

5）变压器的考虑。高压网或低压网电气设备的阻抗一般用额定变比（主轴头）的二次方换算。分接头调整范围为 $t\geqslant 10\%$的变压器，在短路电流计算中，变压器的电抗取值为：用对应主轴头的电抗值除以 $1+t/100\%$。电压与电流的换算用额定变比。

6）电动机的影响。同步电动机与调相机是按同步发电机处理的。感应电动机对 I''_K、I_s 与 I_n 都有影响。在二相短路的情况下，对 I_K 也有影响。对于通过变压器供电的低压电动机，如变压器高压侧短路，只计及电动机对 I''_K和 I_s 的影响。

表 8-1 中列出三相与二相短路故障时，I''_K、I_s、I_a 与 I_K 最大值的计算式。

表 8-1 **感应电动机端接短路时短路电流的计算式**

名 称	三 相	二 相
初始对称短路电流	$I''_{K3pM}=\frac{U_{NT}}{\sqrt{3}X_M}$ $X_M=\frac{1}{I_{st}/I_{NM}}\cdot\frac{U_{NM}}{\sqrt{3}I_{MN}}$ I_{st}——电动机起动电流	$I''_{K2pM}=\frac{\sqrt{3}}{2}I''_{K3pM}$
峰值短路电流	$I_{s3pM}=K_M\sqrt{2}I''_{K3pM}$ $K_M=1.4$	$I_{s2pM}=\frac{\sqrt{3}}{2}I_{a3pM}$
对称遮断电流	$I_{a3pM}=I''_{K3pM}$	$I_{a2pM}=\frac{\sqrt{3}}{2}I''_{K3pM}$
持续短路电流	$I_{K3pM}=0$	$I_{K2pM}=\frac{1}{2}I''_{K3pM}$

对经过变压器与故障网络连接的电动机，当满足

$$\frac{\sum P_{NM}}{\sum S_{NT}} \leqslant \frac{0.8}{\left|\frac{100\sum S_{NT}}{S''_K} - 0.3\right|} \tag{8-15}$$

时，可忽略其影响。式中，$\sum P_{NM}$ 为全部高压电动机与必须考虑的低压电动机额定功率之和；$\sum S_{NT}$ 为馈电给电动机的所有变压器的额定容量之和；S''_K为网络的初始故障功率（不计电动机的影响）。

低压电动机通过两台或多台串联连接的变压器向短路点供出的电流可以不考虑。

为了简化计算，低压电动机群的额定电流 I_{NM}可以取变压器低压侧的额定电流值。

以%/MVA 计算的体系，适用于高压网络中短路电流的计算。而在%/MVA 体系中，各电气设备的阻抗容易由其特性求出。按照%/MVA 体系计算短路电流，一般能得到足够精确的结果，并且可以假设变压器的变比等于所连接的系统额定电压之比。表 8-2 列出以%/MVA 计算阻抗或电抗的算式。

表 8-2　阻抗或电抗的计算式（以%/MVA 计）

网络元件	阻抗 Z 或电抗 X	单　位
同步电机 X''_d/S_N	X''_d——次瞬态电抗	%
	S_N——额定视在功率	MVA
变压器 u_K/S_N	u_K——阻抗电压降	%
	S_N——额定视在功率	MVA
限流电抗器 u_N/S_D	u_N——额定电压降	%
	S_D——通过容量	MVA
感应电动机$\frac{I_N/I_{st}}{S_N}\times 100\%$	I_N——额定电流	
	I_{st}——起动电流（按额定电压且转子有短路环）	
线路$\frac{Z'l100\%}{U_N^2}$	Z'——每相导线阻抗	Ω/km
	l——线路长度	km
串联电容器$-\frac{X_c 100\%}{U_N^2}$	X_c——每相电抗	Ω
	U_N——额定系统电压	kV
并联电容器$-\frac{100\%}{S_N}$	S_N——额定视在功率	MVA
网络$\frac{1.1\times 100\%}{S''_{KQ}}$	S''_{KQ}——在连接点 Q 上三相初始对称故障功率	MVA

（2）非对称故障短路电流。初始短路电流 I''_K的计算式已列于表 8-3 中。确定对应故障点最大短路电流的短路类型，可利用图 8-8 中的曲线进行。但图 8-8 不包括双重接地故障，因其短路电流比二相短路要小。图 8-8 中，对两相接地故障的 I''_{Ke2pe}不考虑流过大地和接地线中的短路电流。

表 8-3　　初始短路电流与短路功率的计算式

短路故障类型	计算式	以%MVA 系统的数值方程
在有或无接地故障下，三相短路故障（L1、L2、L3，I''_{K3p}）	$I''_{K3p}=\dfrac{1.1U_N}{\sqrt{3}\mid\dot{Z}_1\mid}$ $S''_K=\sqrt{3}U_N I''_{K3p}$	$I''_{K3p}=\dfrac{1.1\times100\%}{\mid\sqrt{3}\dot{Z}_1\mid}\cdot\dfrac{1}{U_N}$ $S''_K=\dfrac{1.1\times100\%}{\dot{Z}_1}$
两相短路故障（L1、L2、L3，I''_{K2p}）	$I''_{ke2pe}=\dfrac{\sqrt{3}\times1.1U_N}{\left\lvert\dot{Z}_1+\dot{Z}_0+\dot{Z}_0\dfrac{\dot{Z}_1}{\dot{Z}_2}\right\rvert}$	$I''_{ke2pe}=\dfrac{\sqrt{3}\times1.1\times100\%}{\left\lvert\dot{Z}_1+\dot{Z}_0+\dot{Z}_0\dfrac{\dot{Z}_1}{\dot{Z}_2}\right\rvert}\cdot\dfrac{1}{U_N}$
两相接地故障（L1、L2、L3，I''_{ke2pe}，I''_{kepe}）	$I''_{K2p}=\dfrac{1.1U_N}{\mid\dot{Z}_1+\dot{Z}_2\mid}$	$I''_{K2p}=\dfrac{1.1\times100\%}{\mid\dot{Z}_1+\dot{Z}_2\mid}\cdot\dfrac{1}{U_N}$
单相接地故障（L1、L2、L3，I''_{K1p}）	$I''_{K1p}=\dfrac{\sqrt{3}\times1.1U_N}{\mid\dot{Z}_1+\dot{Z}_2+\dot{Z}_0\mid}$	$I''_{K1p}=\dfrac{\sqrt{3}\times1.1\times100\%}{\mid\dot{Z}_1+\dot{Z}_2+\dot{Z}_0\mid}\cdot\dfrac{1}{U_N}$

注　I''_K 单位为 kA；S''_K 单位为 MVA；U_N 单位为 kV；Z 单位为%/MVA。

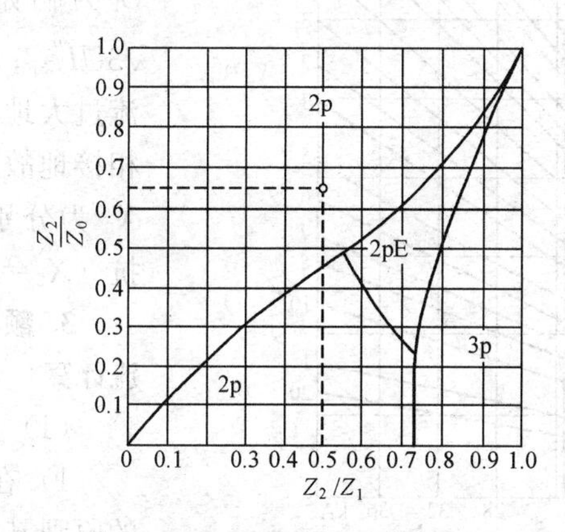

图 8-8　确定对应最大短路电流的故障类型图解

例如，当 $Z_2/Z_1=0.5$、$Z_2/Z_0=0.65$ 时，最大短路电流发生在单相接地故障。当 Z_1、Z_2 和 Z_0 的阻抗角均大于 15°时，图 8-8 提供的数据是准确的。表 8-4 中列出 Z_2/Z_1、Z_2/Z_0 的参考值。

表 8-4　　Z_2/Z_1 与 Z_2/Z_0 的参考值

内　容		Z_2/Z_1	Z_2/Z_0
计算：I''_K	接近发电机	1	—
	远离发电机	1	—
I_K	接近发电机	0.05～0.25	—
	远离发电机	0.25～1.00	—
网络：具有非有效接地的中性点			

续表

内容	Z_2/Z_1	Z_2/Z_0
网络：具有绝缘的中性点	—	0
具有接地补偿	—	0
中性点通过阻抗接地	—	0～0.25
网络：具有有效接地的中性点	—	>0.25

I_s 和 I_a 的计算分述如下。

1）两相不接地短路：

$$I_{s2p}=K\cdot\sqrt{2}I''_{K2p} \tag{8-16}$$

$$I_{a2p}=\mu\cdot I''_{K2p} \tag{8-17}$$

2）单相对地故障

$$I_{s1p}=X\cdot\sqrt{2}\cdot I''_{K1p} \tag{8-18}$$

$$I_{a1p}=I''_{K1p} \tag{8-19}$$

两相接地故障不需计算。

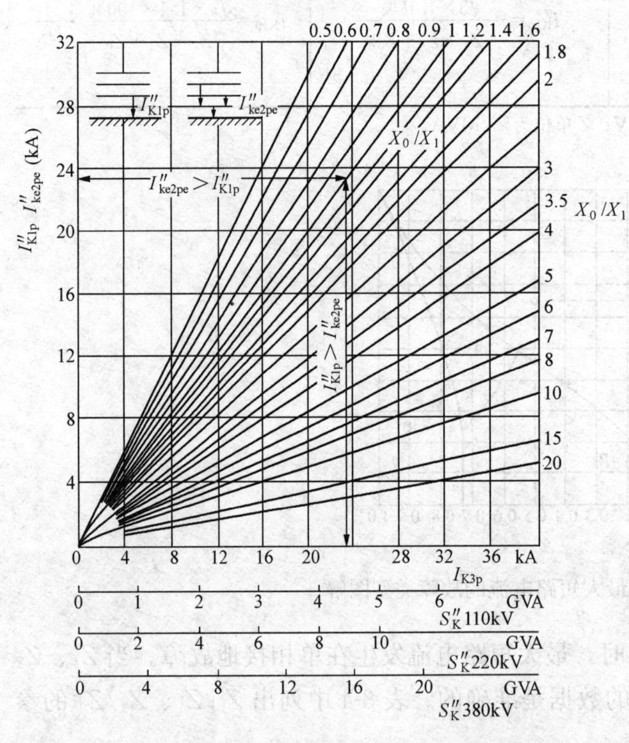

图 8-9 非对称接地故障时，中性点接地网络故障点上初始短路电流 I''_K 的计算曲线

对中性点接地网络，在非对称接地故障情况下，确定故障点的初始短路电流 I''_K 可利用图 8-9。在图中，S''_K 为初始对称故障功率，即 $S''_K=\sqrt{3}UI''_{K3p}$；I''_{ke2pe} 为两相对地故障时，流过大地的初始短路电流；I''_{K1p} 为单相接地故障时的初始短路电流；X_1、X_0 为分别是正序、零序总和短路电抗（$X_2=X_1$）。

3. 额定电压 1kV 及以下的短路电流计算

（1）计算的基本原则。

1）在高压电气设备计算短路电流的原则基本上，也适用于低压电气设备的短路电流计算。但是，有若干要点应予注意。低压电缆电阻的欧姆值一般大于电抗的欧姆值。而高压供电网络与变压器的电抗则大于电阻。这些阻抗的比值往往相差悬殊。因此，计算中往往用电气设备的复数阻抗。

计算短路电流时，常假定为完全短路。至于其他影响，特别是电弧电阻、接触电阻、导体温度、电流互感器的电感等可能使短路电流值减小。这些影响不易计算，故考虑用一系数 C 处理。

安装的所有电气设备和部件，必须按最大电动力和短路热应力设计。同时，保护装置必须保证对较小的短路电流值有所反应。选择电气设备时应综合考虑这些因素。

现介绍产生最大短路电流与最小短路电流的条件。

当导线温度为20℃与系数 $C=1.0$ 时，不管三相、二相或单相短路故障，短路途径阻抗确定的短路电流均为最大值。三相、二相与单相短路电流最小值的求法类似于最大值，但此时应在 $C=0.95$ 和导体电阻在80℃的情况下。

为了评估应力及保护装置的可靠性，在表8-5中列出需要计算的短路电流，该表是在 $I''_K=I_a=I_K$ 的条件下，以单电源且远离发电机故障为前提的。

表8-5　　低压网单电源远离发电机故障的短路电流计算

计算情况	网络元件	需计算的短路电流		
		三相	二相	单相
最大短路电流	电站	×	×	
应力：电动	开关装置	×		×
应力：合闸、开断	开关装置	×		×
应力：热态	电站和线路	×		×
最小短路电流 可靠性	保护装置		×	×

按照分路熔断器及其电流极限特性，I''_K值即可使熔断器熔断而保护短路故障网络。这里，峰值短路电流为熔断器的切断电流。

通常，由高压系统通过变压器供电的低压网络，如在低压侧短路，则总是看作远离发电机（即系数 $\mu=1$）。在低压网络中不包括任何发电机或电动机时，$I''_K=I_a=I_K$。

低压电动机对 I''_K、I_s 及 I_a 的影响常被忽略。但是，如果集中大量低压电动机时，在 $\Sigma I_{NM}>0.01I''_{K3p}$（不计电动机时）的情况下，必须将低压电动机考虑在内。ΣI_{NM} 为所考虑的电动机额定电流之和。

2）若两个低压网相连接，如500V及380V。当计算较高电压级内短路电流时，可将低压网络感应电动机的影响忽略。顺便指出，计算最小短路电流时，不计入感应电动机。

通常，感应电动机通过不同长度与截面的线路连至母线，为简化计算，每个电动机组为包括了它们的线路在内的等值电动机来考虑。

（2）供电网络的影响。

按图8-10（a）所示的供电网络原理图，与变压器电抗 X_T 相比，供电网络的电抗 X_Q 值愈小，或与变压器额定容量相比，短路功率 S''_{KQ}值愈大，则供电网络对低压系统中短路电流的影响愈不明显，如图8-10（b）所示。

4. 电气设备的阻抗计算

（1）馈电系统。一般来说，只要已知初始对称故障功率 S''_{KQ}或连接点 Q（图8-11）的对称短路电流 I''_{KQ}，就可计算出馈电系统的阻抗 Z_Q，即

$$Z_Q=\frac{1.1\cdot U_{NQ}^2}{S''_{KQ}}=\frac{1.1\cdot U_{NQ}}{\sqrt{3}I''_{KQ}} \tag{8-20}$$

$$Z_Q=R_Q+jX_Q$$

式中　U_{NQ}——系统额定电压；

S''_{KQ}——初始对称短路功率；

I''_{KQ}——初始对称短路电流；

Z_Q——用于短路电流计算的馈电系统等值阻抗。

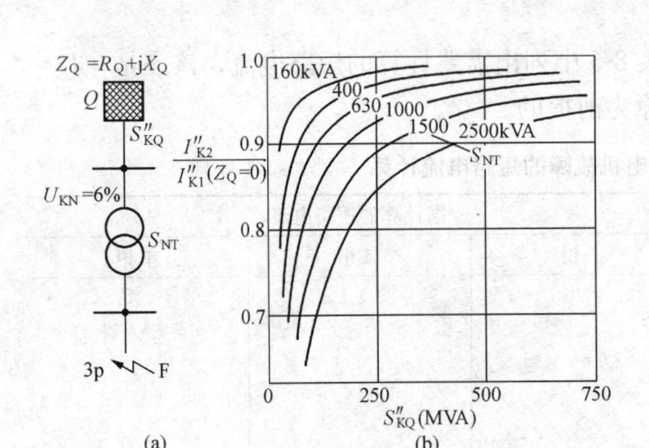

图 8-10 供电网络原理接线图

(a) 原理接线图；(b) 影响曲线

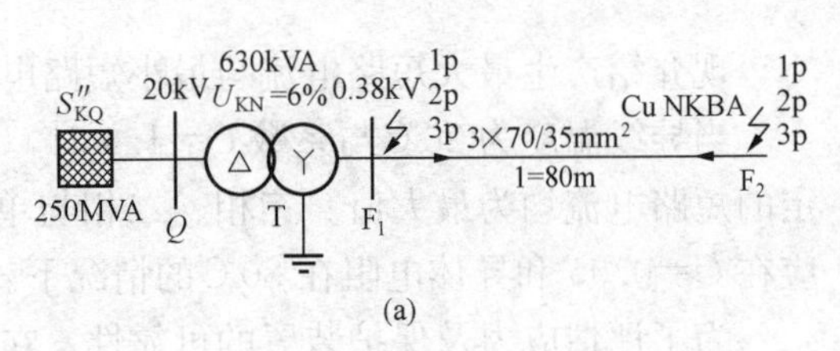

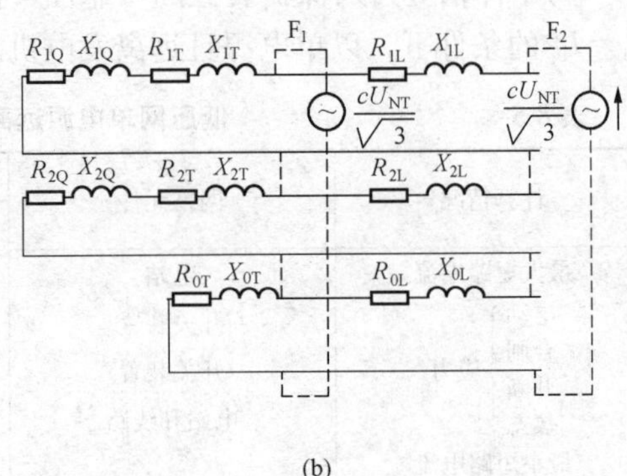

图 8-11 低压网及其序网图

(a) 低压网电路图；(b) 单相故障序网

如果未知馈电系统的等值电阻 R_{Q}，则可令 $R_{Q}=0.1X_{Q}$ 及 $X_{Q}=0.995Z_{Q}$，并可不计温度的影响。

图 8-11 中变压器的接线方式常被采用，因这种接法可消除两系统之间零序电压的相互影响。

如果阻抗 Z_{Q} 涉及的是变压器低压侧，则

$$Z_{Q}=\frac{1.1\cdot U_{NT}^{2}}{S''_{KQ}}=\frac{1.1\cdot U_{NT}}{\sqrt{3}\cdot I''_{KQ}}\cdot\frac{1}{u''_{N}} \tag{8-21}$$

（2）电机。

1）同步发电机。为了计算短路电流，发电机的阻抗可采用下式

$$\dot{Z}=R_{SG}+jX''_{d} \tag{8-22}$$

$$X''_{d}=\frac{x''_{d}\cdot U_{NG}^{2}}{100\%\cdot S_{NG}} \tag{8-23}$$

式中 x''_{d}——初始电抗百分数；

U_{NG}——发电机额定电压；

S_{NG}——发电机额定功率。

对高压电机，当 $S_{NG}\geqslant 100$MVA 时，$R_{SG}=0.05X''_{d}$；$S_{NG}<100$MVA 时，$R_{SG}=0.07X''_{d}$。

对低压电机，有

$$R_{SG}=0.15X''_{d}$$

使用系数 0.05、0.07 及 0.15 有足够的精确度，并已考虑第一个半周波对称短路电流的衰减。

2）同步电动机。上述同步发电机的值对同步电动机及调相机同样适用，不赘述。

3）感应电动机。

通常，根据 I_{st}/I_{NM} 的比值计算感应电动机的短路电抗 X_{M}，即

$$X_{M}=\frac{1}{I_{st}/I_{NM}}\cdot\frac{U_{NM}}{\sqrt{3}\cdot I_{NM}}=\frac{U_{NM}^{2}}{I_{st}/I_{NM}\cdot S_{NM}} \tag{8-24}$$

式中 I_{st}——电动机的起动电流；

I_{NM}——电动机的额定电流；

U_{NM}——电动机的额定电压；

S_{NM}——电动机的视在功率。

表 8-6 中列出了同步发电机的电抗值。

表 8-6　　同步发电机的电抗

电抗 \ 发电机类型	透平发电机	凸极发电机	
		有阻尼绕组①	无阻尼绕组
次瞬态电抗（饱和）X''_d(%)	9～22②	12～30③	20～40③
瞬态电抗（饱和）X'_d(%)	14～25④	20～45	20～40
同步电抗（非饱和）X_d⑤（%）	140～300	80～180	80～180
负序电抗 $X_2$⑥（%）	9～22	10～25	30～50
零序电抗 $X_0$⑦（%）	3～10	5～20	5～25

① 适用于叠片组成的磁极靴与全阻尼绕组也用于搭板连接件的固体磁极靴。
② 这些值随发电机额定功率增加。对低压发电机，则为低值。
③ 对低转速转子（$n<375\text{min}^{-1}$），则是较高的值。
④ 对每一大型发电机（1000MVA 及以上）等于 40%～45%。
⑤ 饱和状态值为 5%～20%较低值。
⑥ 一般，$X_2=0.5(X''_d+X''_q)$，此外，也适用瞬变状态。
⑦ 取决于绕组节距。

此外，当计算电动机的峰值短路电流时，其电阻采用如下假定值：对高压电动机，每对极的额定容量小于 1MW（$K=1.65$）时，$R_M=0.15X_M$；每对极的额定容量大于或等于 1MW（$K=1.75$）时，$R_M=0.10X_M$。

对于低压电动机，$R_M=0.3X_M$（$K=1.4$）。

（3）变压器和电抗器。

1）变压器。在表 8-7 与表 8-8 分别列出三相变压器阻抗电压降 u_K 与电阻电压降 u_R 的典型值。

表 8-7　　三相变压器阻抗电压降 u_K 的典型值

额定一次侧电压（kV）	5～20	30	60	110	220	400
u_K（%）	3.5～8	6～9	7～10	9～12	10～14	10～16

表 8-8　　三相变压器电阻电压降 u_R 的典型值

额定功率（MVA）	0.25	0.63	2.5	6.3	12.5	31.5
u_R（%）	1.4～1.7	1.2～1.5	0.9～1.1	0.7～0.85	0.6～0.7	0.5～0.6

当变压器额定功率超过 31.5MVA 时，则 $u_R<0.5\%$。

变压器正序与负序阻抗相等。零序阻抗则与正序、负序阻抗不同。

变压器的正序阻抗

$$\dot{Z}_1 = \dot{Z}_T = R_T + jX_T \tag{8-25}$$

$$Z_T = \frac{u_{KN}}{100\%} \times \frac{U_{NT}^2}{S_{NT}} \tag{8-26}$$

$$R_T = \frac{u_{RN}}{100\%} \times \frac{U_{NT}^2}{S_{NT}} \tag{8-27}$$

$$X_T = \sqrt{Z_T^2 - R_T^2} \tag{8-28}$$

三绕组变压器的正序阻抗对应额定通过容量，并与电压 U_{NT} 有关（图 8-12），即

$$|\dot{Z}_{12}| = |\dot{Z}_1 + \dot{Z}_2| = u_{KN12}\frac{U_{NT}^2}{S_{NT12}} \tag{8-29}$$

$$|\dot{Z}_{13}| = |\dot{Z}_1 + \dot{Z}_3| = u_{KN13}\frac{U_{NT}^2}{S_{NT13}} \tag{8-30}$$

$$|\dot{Z}_{23}| = |\dot{Z}_2 + \dot{Z}_3| = u_{KN23}\frac{U_{NT}^2}{S_{NT23}} \tag{8-31}$$

式中 u_{KN12}——短路电压，与 S_{NT12} 有关；

u_{KN13}——短路电压，与 S_{NT13} 有关；

u_{KN23}——短路电压，与 S_{NT23} 有关；

S_{NT12}、S_{NT13} 与 S_{NT23}——变压器的额定通过容量。

而各绕组的阻抗则为

$$\dot{Z}_1 = \frac{1}{2}(\dot{Z}_{12} + \dot{Z}_{13} - \dot{Z}_{23}) \tag{8-32}$$

$$\dot{Z}_2 = \frac{1}{2}(\dot{Z}_{12} + \dot{Z}_{23} - \dot{Z}_{13}) \tag{8-33}$$

$$\dot{Z}_3 = \frac{1}{2}(\dot{Z}_{13} + \dot{Z}_{23} - \dot{Z}_{12}) \tag{8-34}$$

三绕组变压器一般是大功率变压器。它的电抗远远大于电阻。按照近似法，可以令其阻抗等于电抗。

变压器的零序阻抗随其铁心结构和绕组连接的类型而变。为了得到变压器零序阻抗，图 8-13 示出变压器零序阻抗测量实例。另外，在表 8-9 列出三相变压器的 X_0/X_1 的参考值。

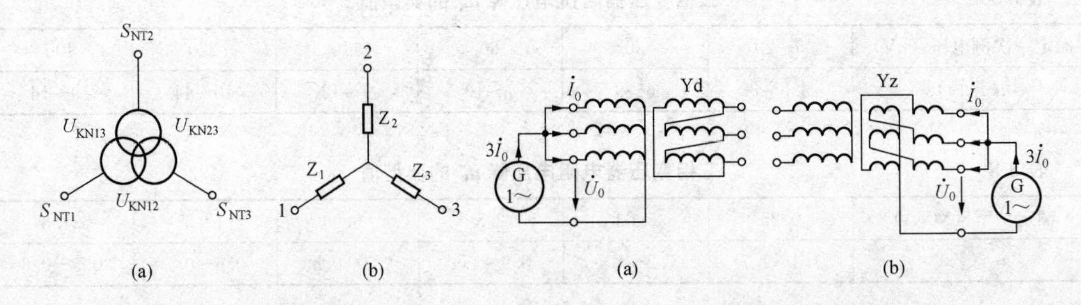

图 8-12 三相变压器等效阻抗图

（a）原理接线图；（b）等值阻抗

图 8-13 变压器零序阻抗测量

（a）Yd 连接；（b）Yz 连接

表 8-9　　　　　　　　　　　三相变压器 X_0/X_1 参考值

接线连接形式 / 铁心与变压器的类型					
三柱铁心	0.7～1	3～10	3～10	∞	1～2.4
	α	∞	∞	0.1～0.15	∞
五柱铁心	1	10～100	10～100	∞	1～2.4
	∞	∞	∞	0.1～0.15	∞
三个单相变压器	1	10～100	10～100	∞	1～2.4
	∞	∞	∞	0.1～0.15	∞

2）限流电抗器。

电抗器的电抗

$$X_D = \frac{\Delta u_N U_N}{100\% \sqrt{3} I_N} = \frac{\Delta u_N U_N^2}{100\% S_D} \tag{8-35}$$

式中　Δu_N——电抗器电压降的额定百分比；

U_N——额定网络电压；

I_N——电抗器额定电流；

S_D——电抗器通过容量。

电抗器额定电压降的标准值常采用：Δu_N（%）：3、5、6、8、10。

（4）三相架空线路。为便于网络计算，架空线路采用Ⅱ型等值电路，它包括电阻、电感与电容，如图 8-14 所示。

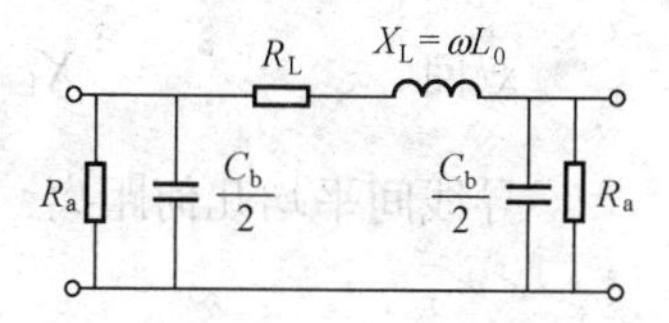

图 8-14　架空线路等效电路

在正序系统中，常常忽略高压架空线路的电阻 R_L。仅在低压与中压网络，电阻、电抗为同一数量级时才予以考虑。

计算短路电流时，是忽略正序电容的。而在零序系统中，通常考虑导线对地电容。至于泄漏电阻 R_a，一般是不需考虑。

1）正序与负序阻抗的计算。

a. 常用的符号。

a_T——分裂导线的分裂间距（见图 8-15）；

r——导线半径；

r_e——分裂导线的等值半径（单绞线 $r_e=r$）；

n——分裂导线的每相分裂数；

r_T——分裂导线的等值半径（见图 8-15）；

d——在三相系统三相导线之间（见图 8-16 中 d_{12}、d_{23} 与 d_{31}）的平均几何距离；

r_s——架空地线半径；

μ_0——空间导磁率，$4\pi\times10^{-4}$，H/km；

μ_s——架空地线相对导磁率；

μ_L——导线相对磁导率（一般 $\mu_L=1$）；

ω——角频率；

δ——大地电流渗透度，m；

ρ——土壤电阻率；

R_L——导线电阻；

R_s——架空地线电阻（取决于在钢绞线内的电流与钢绞线含钢量）；

L_b——每相导线电感，$L_b=L_1$（H/km）。

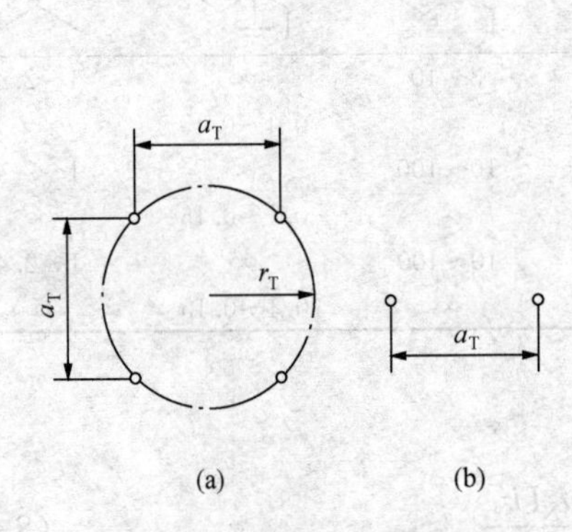

图 8-15 分裂导线结构图

（a）4 分裂导线；（b）双分裂导线

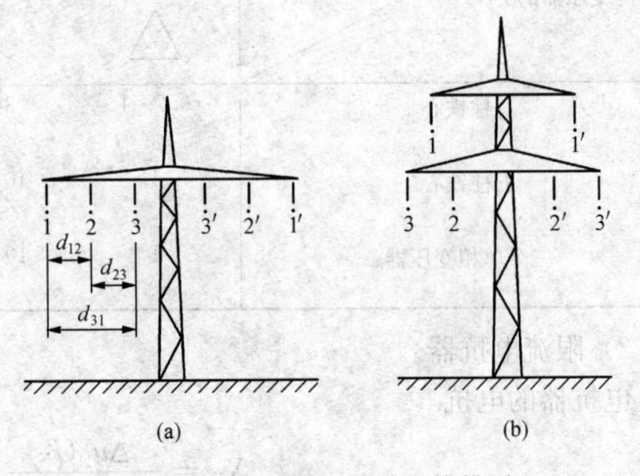

图 8-16 架空输电线路导线排列

（a）塔型（一）；（b）塔型（二）

b. 计算式。

对称换位单回路与双回路线路电抗 X_L 计算公式如下：

单回 $$X_L=\omega L_b=\omega\frac{\mu_0}{2\pi}\left(\ln\frac{d}{r_e}+\frac{1}{4n}\right)(\Omega/\text{km},每相) \tag{8-36}$$

双回 $$X_L=\omega L_b=\omega\frac{\mu_0}{2\pi}\left(\ln\frac{dd'}{r_e d''}+\frac{1}{4n}\right)(\Omega/\text{km},每相) \tag{8-37}$$

导线间平均几何距离

$$d=\sqrt[3]{d_{12}d_{23}d_{31}} \tag{8-38}$$

$$d'=\sqrt[3]{d'_{12}d'_{23}d'_{31}} \tag{8-39}$$

$$d''=\sqrt[3]{d''_{11}d''_{22}d''_{33}} \tag{8-40}$$

等值半径 r_e

$$r_e=\sqrt[n]{nr\,r_T^{n-1}} \tag{8-41}$$

$$r_T=\frac{a_T}{2\sin\frac{\pi}{n}} \tag{8-42}$$

例如，4 分裂导线等值半径

$$r_T=\frac{a_T}{2\sin\frac{\pi}{4}}=\frac{a_T}{\sqrt{2}}.$$

正序与负序阻抗

$$\dot{Z}_1=\dot{Z}_2=\frac{R_1}{n}+X_L \tag{8-43}$$

2）零序阻抗的计算

单回路无架空地线

$$\dot{Z}_{01} = R_0 + jX_0 \tag{8-44}$$

单回路有架空地线

$$\dot{Z}_{01G} = \dot{Z}_{01} - 3\frac{\dot{Z}_{aG}^2}{\dot{Z}_G} \tag{8-45}$$

双回路无架空地线

$$\dot{Z}_{02} = \dot{Z}_{01} + 3\dot{Z}_{ab} \tag{8-46}$$

双回路有架空地线

$$\dot{Z}_{02G} = \dot{Z}_{02} - 6\frac{\dot{Z}_{as}^2}{\dot{Z}_s} \tag{8-47}$$

式中的零序电阻 R_0 与零序电抗 X_0 的计算如下：

$$R_0 = R_L + 3\frac{\mu_0}{8}\omega \tag{8-48}$$

$$X_0 = \omega\frac{\mu_0}{2\pi}\left(3\ln\frac{\delta}{\sqrt[3]{rd^2}} + \frac{\mu_L}{4n}\right) \tag{8-49}$$

$$\delta = \frac{1.85}{\sqrt{\mu_0\dfrac{1}{\rho}\omega}}；\quad d = \sqrt[3]{d_{12}d_{23}d_{31}} \tag{8-50}$$

大地电磁渗透度 δ 是这样一个深度：在这个深度上，返回电流减少的效果与返回电流遍布整个大地的效果一样。

表 8-10 列出 50Hz 时大地电流渗透度 δ 与土壤电阻率 ρ 的关系。

表 8-10　　50Hz 时大地电流渗透度与土壤电阻率 ρ 的关系

土壤 参数	冲积土、灰泥、沼泽地	黏土、白土、泥土	疏松石灰石、砂石、粘土片岩	石英、不可渗透的沙石		花岗岩、片麻岩、粘土石板	
				湿砂	湿砾石	干砂或砾石	石质土壤
ρ (Ω·m)	30	50	100	200	500	1000	3000
$\sigma=\frac{1}{\rho}$ (μs/cm)	333	200	100	50	20	10	3.33
δ(m)	510	560	930	1320	2080	2940	5100

如图 8-17 所示，Z_{ab} 为系统 a 与地和系统 b 与地回路的交流阻抗，其计算式如下：

$$\dot{Z}_{ab} = \frac{\mu_0}{8}\omega + j\omega\frac{\mu_0}{2\pi}\ln\frac{\delta}{d_{ab}} \tag{8-51}$$

$$d_{ab} = \sqrt{d'd''} \tag{8-52}$$

$$d' = \sqrt[3]{d'_{12}d'_{23}d'_{31}} \tag{8-53}$$

$$d'' = \sqrt[3]{d''_{11}d''_{22}d''_{33}} \tag{8-54}$$

同理，导线与地和架空地线与地回路的交流阻抗为

$$\dot{Z}_{aG} = \frac{\mu_0}{8}\omega + j\omega\frac{\mu_0}{2\pi}\ln\frac{\delta}{d_{aG}} \tag{8-55}$$

上式中，1 条架空地线时，有

$$d_{aG} = \sqrt[3]{d_{1G}d_{2G}d_{3G}} \tag{8-56}$$

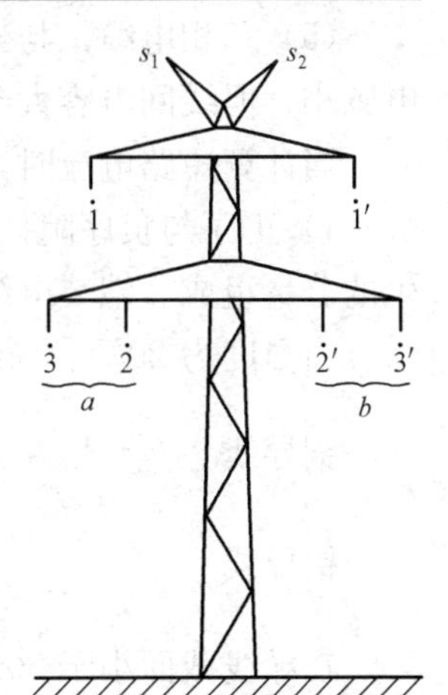

图 8-17　双回路双架空地线布置

2 条架空地线时，有

$$d_{aG}=\sqrt[6]{d_{1G1}d_{2G1}d_{3G1}d_{1G2}d_{2G2}d_{3G2}} \tag{8-57}$$

而架空地线—地的回路阻抗

$$\dot{Z}_G=R+\frac{\mu_0}{8}\omega+j\omega\frac{\mu_0}{2\pi}\left(\ln\frac{\delta}{r}+\frac{\mu_G}{4n}\right) \tag{8-58}$$

式中的 R 及 r 值如下：

单根地线　　$n=1$，$r=r_G$，$R=R_G$

双根地线　　$n=2$，$r=\sqrt{r_G d_{G1G2}}$，$R=R_G/2$

当两对称排列的钢绞线架空地线之间的距离为 d_{G1G2} 时，有效电阻 R_G 与直流电阻 R_d 的比值（即 R_G/R_d）介于 1.4～1.6 之间；而导电良好的钢芯铝线、青铜绞线或铜绞线的架空地线，则介于 1.05～1.0 之间。

钢绞线架空地线可以采用平均值 $\mu_G=25$；而对于采用 1 层铝线的钢芯铝线的架空地线，μ_G 值约为 5～10。当钢芯铝绞线的架空地线截面比为 6∶1 及以上，或铝绞线为 2 层，或青铜绞线与铜绞线用于架空地线时，可采用 $\mu_G\approx1.0$。

3）运行电容的计算。通常，在 110～380kV 高压输电线路中，运行电容 C_b 在 9×10^{-9}～14×10^{-9}F/km 范围内。较高的电压对应于比较大的值。当计算导线对地电容时，必须考虑架空地线。例如，对图 8-16（a）的塔型，有

$$C_E=(0.6\sim0.7)\times C_b \tag{8-59}$$

对图 8-16（b）的塔型，有

$$C_E=(0.5\sim0.55)\times C_b \tag{8-60}$$

上两式中，C_E 的较高值是对应具有架空地线的线路；而较低值对应无架空地线的线路。一般双回路线路的 C_E 值低于单回路线路的值。

导线—导线电容 C_g、导线—地电容 C_E 与运行电容 C_b 之间关系如下

$$C_b=C_E+3C_g \tag{8-61}$$

（5）三相电缆。与架空线路相似，电缆也可用Ⅱ型等效电路表示。虽然因其间距小使其电感小，但线间电容大于架空线路。

当计算短路电流时，一般忽略正序运行电容，而在零序系统中则用导线对地电容。

1）正序与负序阻抗的计算。电缆的交流电阻由直流电阻（R_d）和集肤效应与邻近效应产生的分量组成。铠装电缆另外增加包皮与护层损失。

当温度为 20℃、导线截面为 A（mm^2）时的直流电阻如下：

铜导线

$$R_{dCu}=\frac{17.9\times10^3}{A}(m\Omega/km) \tag{8-62}$$

铝导线

$$R_{dAl}=\frac{28.6\times10^3}{A}(m\Omega/km) \tag{8-63}$$

在导线截面小于 $50mm^2$ 时，电缆的附加电阻是可以忽略的（表 8-11）；对导线截面大的电缆，其附加电阻值列于表 8-12。另外，在表 8-13～表 8-15 列出在 50Hz 时的不同电压与不同类型电缆的电感 L 和电抗 X_L。

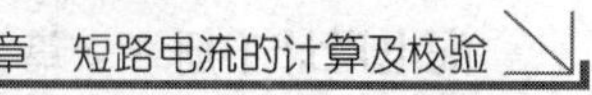

表 8-11　　铜导线聚氯乙烯绝缘电缆单位长度的有效电阻

导线数目与截面（mm^2）	在70℃时直流电阻 R_d（Ω/km）	在70℃时欧姆电阻 R_d（Ω/km）	电抗 X_L（Ω/km）	每单位长度有效电阻 $R_L\cos\varphi+X_L\sin\varphi$				
				cosφ				
				0.95（Ω/km）	0.9（Ω/km）	0.8（Ω/km）	0.7（Ω/km）	0.6（Ω/km）
4×1.5	14.47	14.47	0.115	13.80	13.10	11.65	10.20	8.77
4×2.5	8.71	8.71	0.110	8.31	7.89	7.03	6.18	5.31
4×4.0	5.45	5.45	0.107	5.21	4.95	4.42	3.89	3.36
4×6.0	3.62	3.62	0.100	3.47	3.30	2.96	2.61	2.25
4×10.0	2.16	2.16	0.094	2.08	1.99	1.78	1.58	1.37
4×16.0	1.36	1.36	0.090	1.32	1.26	1.14	1.02	0.888
4×25.0	0.863	0.863	0.086	0.847	0.814	0.742	0.666	0.587
4×35.0	0.627	0.627	0.083	0.622	0.600	0.550	0.498	0.443
4×50.0	0.463	0.463	0.083	0.466	0.453	0.420	0.380	0.344
4×70.0	0.321	0.321	0.082	0.331	0.326	0.306	0.283	0.258
4×95.0	0.231	0.232	0.082	0.246	0.245	0.235	0.221	0.205
4×120.0	0.183	0.184	0.080	0.200	0.200	0.195	0.186	0.174
4×150.0	0.149	0.150	0.080	0.168	0.170	0.168	0.162	0.154
4×185.0	0.118	0.1202	0.080	0.139	0.143	0.144	0.141	0.136
4×240.0	0.0901	0.0922	0.079	0.112	0.117	0.121	0.121	0.119
4×300.0	0.0718	0.0745	0.079	0.0954	0.101	0.107	0.109	0.108

表 8-12　　不同类型电缆附加电阻的参考值

电缆类型 \ 截面（mm^2）	50	70	95	120	150	185	240	300	400
塑料绝缘电缆									
NYCY[1] 0.6/1kV	—	0.003	0.0045	0.0055	0.0070	0.0085	0.0115	0.0135	0.0180
NYFGbY[2] } 3.5/6kV～5.8/10kV	—	0.008	0.0080	0.0085	0.0085	0.0090	0.0090	0.0090	0.0090
NYCY[2] } 3.5/6kV～5.8/10kV	—	—	0.0015	0.0020	0.0025	0.0030	0.0040	0.0050	0.0065
铠装铅包电缆　36kV 及以下	0.0100	0.0110	0.0110	0.0120	0.0120	0.0130	0.0130	0.0140	0.0150
非铠装铝包电缆　12kV 及以下	0.0035	0.0045	0.0055	0.0060	0.0080	0.0100	0.0120	0.0140	0.0180
非铠装单芯电缆　36kV 及以下									
放在同一平面，相距 7cm									
有铅包皮	0.0120	0.0120	0.0120	0.0120	0.0120	0.0120	0.0120	0.0120	0.0120
有铝包皮	0.0050	0.0050	0.0050	0.0050	0.0050	0.0050	0.0050	0.0050	0.0050
非铠装单芯充油电缆有铅包皮									
123kV（一束）	—	—	0.0090	0.0090	0.0090	0.0095	0.0095	0.0100	0.0105
245kV（放一个水平面，相距 18cm）	—	—	—	—	0.0345	0.0350	0.0350	0.0350	0.0350
三芯充油电缆									
铠装有铅包皮　36kV～123kV	0.0100	0.0110	0.0110	0.0120	0.0120	0.0130	0.0130	0.0140	0.0150
非铠装有铝包皮　36kV	—	0.0040	0.0060	0.0070	0.0090	0.0105	0.0130	0.0150	0.0180
非铠装有铝包皮　123kV	—	—	0.0145	0.0155	0.0180	0.0165	0.0205	0.0230	0.0270

注　1. 应用 NYCY0.6/1kV 电缆，其中 C 的有效截面等于 $\frac{1}{2}$ 外部导线。

2. 应用 NYFGbY 电缆，在 7.2/12kV 时，至少有 6mm^2 铜导线。

表 8-13　　具有金属化纸保护层的高压三芯电缆每相正序电抗 X_L（f=50Hz）

芯线数目与截面（mm^2）	U=7.2kV X_L（Ω/km）	U=12kV X_L（Ω/km）	U=17.5kV X_L（Ω/km）	U=24kV X_L（Ω/km）	U=36kV X_L（Ω/km）
3×10	0.134	0.143	—	—	—
3×16	0.124	0.132	0.148	—	—
3×25	0.116	0.123	0.138	0.148	—
3×35	0.110	0.118	0.13	0.14	0.154
3×25	0.111	0.118	—	—	—
3×35	0.106	0.113	—	—	—
3×50	0.10	0.107	0.118	0.126	0.138
3×70	0.096	0.102	0.111	0.119	0.13
3×95	0.093	0.098	0.107	0.113	0.126
3×120	0.090	0.094	0.104	0.11	0.121
3×150	0.088	0.093	0.10	0.107	0.116
3×185	0.086	0.090	0.097	0.104	0.113
3×240	0.085	0.088	0.094	0.10	0.108
3×300	0.083	0.086	0.093	0.097	0.105

表 8-14　　铠装三芯电缆每相正序电抗 X_L（f=50Hz）

芯线数目与截面（mm^2）	U=3.6kV X_L（Ω/km）	U=7.2kV X_L（Ω/km）	U=12kV X_L（Ω/km）	U=17.5kV X_L（Ω/km）	U=29kV X_L（Ω/km）
3×6	0.120	0.144	—	—	—
3×10	0.112	0.133	0.142	—	—
3×16	0.105	0.123	0.132	0.152	—
3×25	0.096	0.111	0.122	0.141	0.151
3×35	0.092	0.106	0.112	0.135	0.142
3×50	0.089	0.10	0.106	0.122	0.129
3×70	0.085	0.096	0.101	0.115	0.122
3×95	0.084	0.093	0.098	0.110	0.117
3×120	0.082	0.091	0.095	0.107	0.112
3×150	0.081	0.088	0.092	0.104	0.109
3×185	0.080	0.087	0.09	0.10	0.105
3×240	0.079	0.085	0.089	0.097	0.102
3×300	0.077	0.083	0.086	—	—
3×400	0.076	0.082	—	—	—

表 8-15　　铠装 SL 型电缆每相正序电抗 X_L（f=50Hz）

芯线数目与截面（mm^2）	U=7.2kV X_L（Ω/km）	U=12kV X_L（Ω/km）	U=17.5kV X_L（Ω/km）	U=24kV X_L（Ω/km）	U=36kV X_L（Ω/km）
3×6	0.171	—	—	—	—
3×10	0.157	0.165	—	—	—
3×16	0.146	0.152	0.165	—	—
3×25	0.136	0.142	0.152	0.16	—

续表

芯线数目与截面（mm^2）	U=7.2kV X_L（Ω/km）	U=12kV X_L（Ω/km）	U=17.5kV X_L（Ω/km）	U=24kV X_L（Ω/km）	U=36kV X_L（Ω/km）
3×35	0.129	0.134	0.144	0.152	0.165
3×35	0.123	0.129	—	—	—
3×50	0.116	0.121	0.132	0.138	0.149
3×70	0.11	0.115	0.124	0.13	0.141
3×95	0.107	0.111	0.119	0.126	0.135
3×120	0.103	0.107	0.115	0.121	0.13
3×150	0.10	0.104	0.111	0.116	0.126
3×185	0.098	0.101	0.108	0.113	0.122
3×240	0.093	0.099	0.104	0.108	0.118
3×300	0.093	0.096	0.102	0.106	0.113

2）零序阻抗的计算。计算电缆的零序阻抗，不可能提供一个简单的公式。因为屏蔽、铠装、土壤金属管道与金属结构吸收中线电流。所以研究电缆的构造、外部屏蔽与钢甲的特性是很重要的。通常这些因素对零序阻抗的影响，由电缆制造厂家提供。但目前，零序阻抗是在已安装好的电缆上进行实测获得。小截面（小于 $70mm^2$）电缆中线电流的返回线对零序阻抗影响很大。

如果中线电流仅仅通过中线流回，有

$$R_{0L}=R_L+3R_{neu} \tag{8-64}$$

$$X_{0L}=(3.5\sim4.0)X_L \tag{8-65}$$

表 8-16 列出 1kV 及以上三相高压网络内中性点设置对故障的影响。

表 8-16　　在 1kV 及以上电压网络内中性点设置对故障工况的影响

中性点的设置	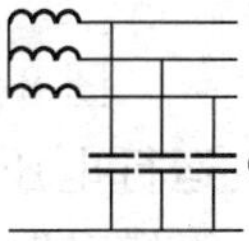 绝缘 C_E	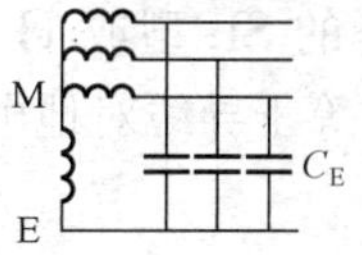 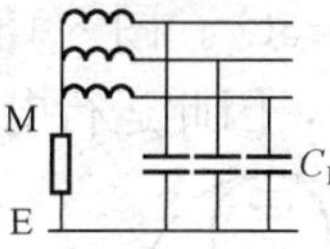 消弧线圈 M E C_E $\omega L=\frac{1}{3\omega C_E}$	限流R或X M E C_E $\omega L<\frac{1}{3\omega C_E}$	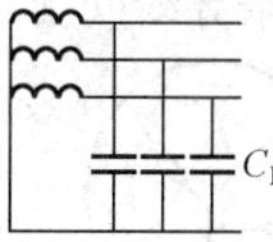 低电阻接地 C_E
实际应用	有限范围的网络，发电厂的辅助设备	10～110kV 网络内架空线路	在市镇内 10～110kV 系统电缆网络	在 110～380kV 网络多重保护接地
系统与大地之间	电容	电容，消弧线圈	电容，中性点电抗器	电容，接地导线
$\dot Z_0/\dot Z_1$	$\left\lvert\frac{1/j\omega C_E}{\dot Z_1}\right\rvert$	很高的电阻	4～60：电感性 30～60：电阻性	2～4
用于单相故障近似计算时在故障点上的电流 $E_1=\frac{cU_H}{\sqrt{3}}=E''$	接地故障电流（容性） $\dot I_E\approx j3\omega C_E\dot E_1$	残余接地故障电流 $\dot I_R\approx3\omega C_E(\delta+j\nu)\dot E_1$ δ——损失角 ν——干扰度	接地故障电流 $\dot I''_{K1P}$ $\dot I''_{K1p}=\dot I_R\approx\frac{3\dot E_1}{j(X_1+X_2+X_3)}$ $\frac{\dot I''_{K1p}}{\dot I''_{K3p}}=\frac{3X_1}{2X_1+X_0}=\frac{3}{2+X_0/X_1}$	

续表

I''_{K1p}/I''_{K3p}	I_{CE}/I''_{K3p}	I_R/I''_{K3p}	0.05～0.5：电感性 0.1～0.05：电阻性	0.5～0.75
U_{LEmax}/U_N	≈1	1～1.1	0.8～0.95：电感性 0.1～0.05：电阻性	0.75～≤0.80
U_{0max}/U_N	≈0.6	0.6～0.66	0.42～0.56：电感性 0.58～0.60：电阻性	0.3～0.42
在整个网络内电压升	是	是	否	否
故障持续时间	10～60min 可能短时接地，接着由中线电流有选择断开（小于1s）	同左	＜1s	＜1s
接地故障电弧	自熄灭，低于几安及以下	自熄灭	局部自熄灭，经常持续	持续
检验	用接地故障接触继电器、功率继电器切断故障点（在短时接地时通过中性点电流切断）	同左	通过中性点电流或是短路保护选择切断	短路保护
双接地故障风险率	有	有	稍有	无
接地	接地电极电压，$U_E \leqslant 125V$，接触电压 $U_{tou} \leqslant 65V$	同左	接地电极电压 $U_E > 125$ 伏允许的接触电压	同左
测量防备对通讯线路干扰	一般不需要	不需要	如接近架空线路应注意距离。电缆一般不需要	同左

3）电容。电缆电容取决于电缆结构的类型，如图 8-18 所示。图 8-18（a）为钢带铠装电缆，运行电容 $C_b = C_E + 3C_g$。图 8-18（b）的 SL 型或 H 型电缆与图 8-18（c）的单芯电缆，三条导线间无电容耦合，因此运行电容 C_b 等于导线对地电容 C_E。

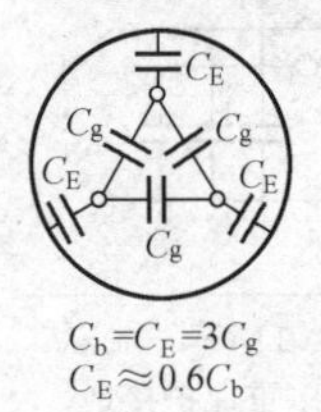

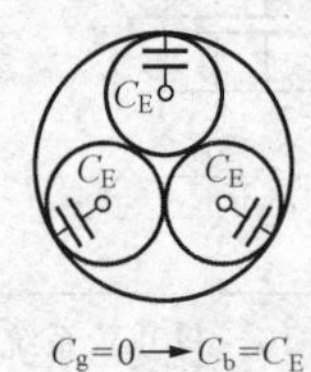

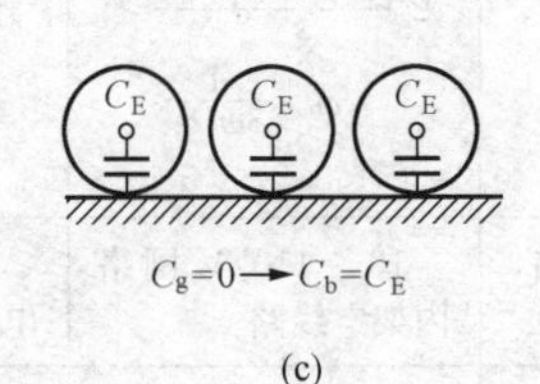

图 8-18　不同类型电缆的局部电容

图 8-19 示出在 1～20kV 运行电压时，钢带铠装三芯电缆对地电容 C_E 为导线截面 A 的函数关系。图 8-20 示出在 10～60kV 运行电压时，单芯、SL 与 H 型电缆导线对地电容 C_E 的值。

（6）开关装置内的母线。在开关装置设计中，当采用大截面母线时，可以忽略电阻。按图 8-21 方式排列的矩形母线，每米电感 L 的平均值可按下式计算

$$L = 2 \times \left[\ln\left(2\,\frac{\pi D + b}{\pi B + 2b}\right) + 0.03\right] \times 10^{-7}\,(\mathrm{H/m}) \tag{8-66}$$

式中　D——外边母线中心之间的距离；

b——母线的高度；

B——一相母线的宽度。

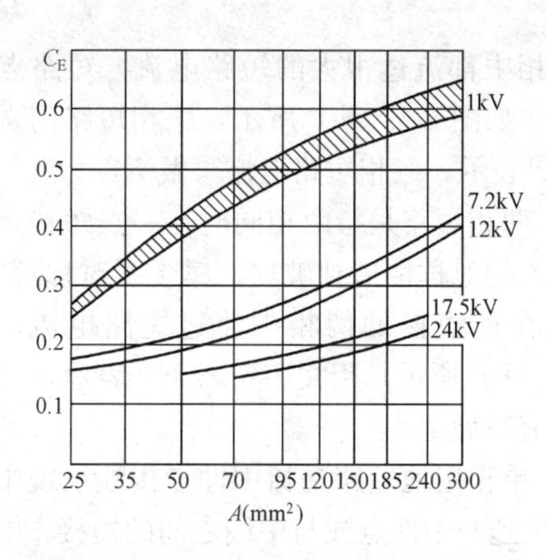

图 8-19　铠装三芯电缆的导线对地电容 C_E 与导线截面 A 的关系

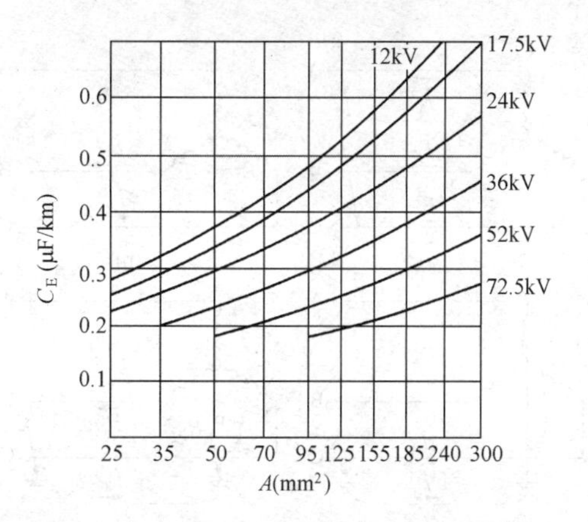

图 8-20　单芯、SL 与 H 型电缆的导线对地电容 C_E 与导线截面 A 的关系

图 8-21 曲线为 1m 母线长度的 L 值。因此，有

$$X = 2\pi f L \times 1 \tag{8-67}$$

当母线安装在边侧及分成为组合（即相分裂）母线时，则三相母线单位长度的电感较大，在计算短路电流时，通常是要计入的。

并联两个或更多的三相设备，可以获得小电感。母线裂相（每相分裂为几根导体并联）布置时，单位长度的电感比非裂相布置时小 20%。当母线平行并排布置时，单位长度的电感约为上述方法的 50%。

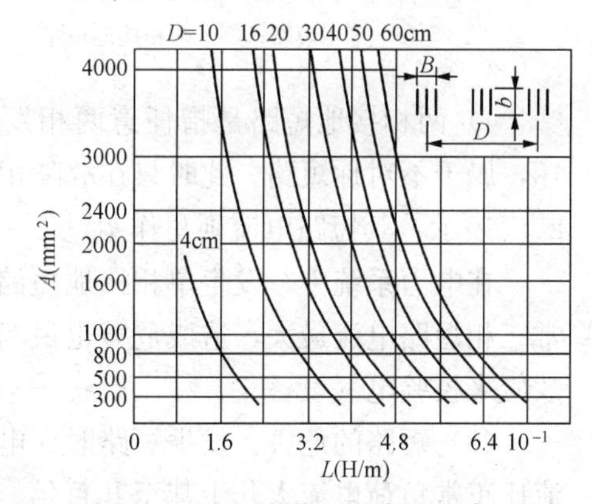

图 8-21　矩形截面母线的电感

第 2 节　工厂供配电短路及短路电流的计算

1. 短路的有关概念

工厂供配电系统中要求正常不间断供电，以保证工厂生产和生活的正常进行。但由于各种原因难免会出现故障，使系统的正常运行遭到破坏。系统中最常见的故障是短路。所谓短路是指不同的相与相或者相与地之间发生的金属性非正常连接。

(1) 短路的原因。短路的原因主要有以下几点：

1) 设备或装置存在隐患。如绝缘材料陈旧老化，绝缘机械损坏，设备本身质量不好或设计安装有误等。

2) 运行、维护不当。如操作人员违反操作规程，误带负荷拉隔离开关，导致三相弧光短路，或者操作人员技术水平低及管理不善等。

3) 自然灾害。如雷击，特大洪水、大风、冰雪等引起的线路断线、倒杆，鸟兽害（即鸟类及蛇鼠等小动物跨越在裸露的不同电位的导体之间，咬坏设备或导体的绝缘，而引起短路故障）。

(2) 短路的种类。在三相系统中，短路种类有下列几种。

1) 三相短路是指三相同时在一点短接，短路时电压和电流均保持对称，属于对称短路。

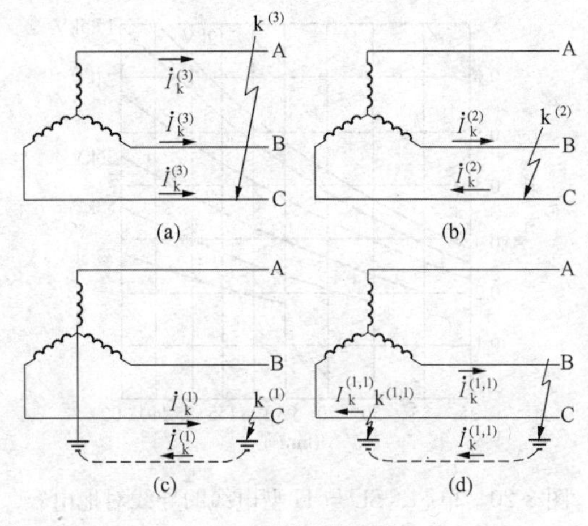

图 8-22　短路的种类

（a）三相短路；（b）两相短路；

（c）单相短路；（d）两相接地短路

此时三相中都流过很大的短路电流，短路点电压为零。如图 8-22（a）所示，三相短路用文字符号 $k^{(3)}$ 表示，三相短路电流写做 $I_k^{(3)}$。

2）两相短路是指两相同时在一点短接，电压和电流的对称性遭到破坏，属于不对称短路。此时只在被短接的两相中流过短路电流，如图 8-22（b）所示，用文字符号 $k^{(2)}$ 表示，两相短路电流写做 $I_k^{(2)}$。

3）单相接地短路是指中性点接地系统中任一相经大地与中性点或与中线之间的短接，电压和电流的对称性遭到破坏，属于不对称短路。此时只在故障相中流过短路电流，如图 8-22（c）所示，用文字符号 $k^{(1)}$ 表示，单相接地短路电流写做 $I_k^{(1)}$。

4）两相接地短路是指任意两相发生单相接地而产生短路，电压和电流的对称性遭到破坏，属于不对称短路。此时只在故障相中流过短路电流，如图 8-22（d）所示，都用文字符号 $k^{(1.1)}$ 表示，其短路电流则写作 $I_k^{(1.1)}$。

在电力系统中，发生单相接地短路的可能性最大，而发生三相短路的可能性最小，但通常三相短路电流最大，造成危害也最为严重。因而常以三相短路时短路电流热效应和电动力效应来校验电气设备。

（3）短路的危害。发生短路时，电路的阻抗比正常运行时电路的阻抗小得多，其短路电流比正常负荷电流大几十甚至几百倍。在大容量电力系统中，短路电流可高达几万甚至几十万安培，如此大的短路电流对电力系统将产生极大的危害。

1）由于短路电流比正常运行电流大很多倍，当短路电流通过电气设备时，使电气设备发热，烧毁电气设备，并造成部分用户停电。

2）由于短路使电力系统电压和频率下降，影响用户的正常生产。

3）由于系统振荡、同期遭到破坏时，将引起系统解列，造成大面积停电。

由此可见，短路的后果是非常严重的，在供配电设计和运行中应采用有效措施消除可能引起短路故障的一切因素。同时为了减轻短路的严重后果和防止故障扩大，需要计算短路电流，以便能正确选择和校验各种电气设备（使电气设备具有足够的动稳定性和热稳定性，以保证在可能出现的最大短路电流时不致损坏），整定反应短路故障的继电保护装置及选择限制短路电流的电气设备（如电抗器）等。

2. 无限大容量电源系统三相短路的概念

（1）无限大容量电源系统。无限大容量电源系统，是指其容量相对单个用户的用电设备容量大得多的电力系统，系统无论负荷如何变动或发生短路，电力系统变电所馈电母线上的电压基本维持不变。实际上真正的无限大容量电源系统是没有的，但如果电力系统的容量大于所研究的用户用电设备容量 50 倍时，即可将此电力系统视为容量无限大，记作 $S=\infty$，电源的内阻抗 $Z=0$。

一般来说，中小型工厂甚至某些大型工厂的用电容量相对于现代大型电力系统来说是较小的，因此在计算工厂供配电系统的短路电流时，可认为电力系统是无限大容量的电源。

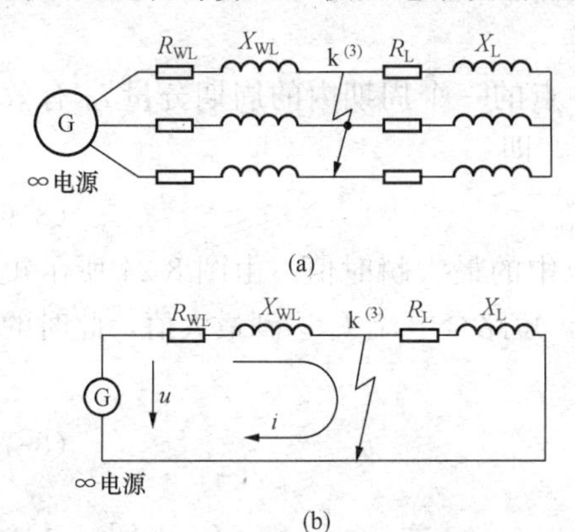

图 8-23 无限大容量系统中发生三相短路
(a) 三相电路图；(b) 等效单相电路图

(2) 无限大容量系统三相短路的物理过程。图 8-23 (a)为无限大容量电源供电三相电路上发生三相短路的电路图。由于三相对称，因此这个三相电路可用图 8-23 (b) 所示的等效单相电路图来表示。从图上看，回路中阻抗可以分为两部分，线路阻抗 $Z=R_{WL}+jX_{WL}$ 可看作从电源到短路点的阻抗，负载阻抗 $Z'=R_L+jX_L$ 是从短路点到负荷的阻抗。回路的总阻抗为 $Z+Z'$。如图 8-23 (b) 所示，当 k 点发生短路时，电路被分为两个独立回路，短路点左侧是一个与电源相连的短路回路，短路点右侧是一个无电源的短路回路。短路后无源回路中的电流由原来的数值衰减到零。有源回路短路后，回路中阻抗突然大幅下降，而短路阻抗中存在电感，且感抗远大于电阻。根据电路理论，电感元件中电流是不能突变的，所以电路必然要经过一个暂态过程或称过渡过程。经推导计算可知在此过程中短路电流 I_k 由两部分组成，即

$$I_k = I_p + I_{np} \tag{8-68}$$

式中 I_p——短路电流周期分量；

I_{np}——短路电流非周期分量。

从物理概念上讲，短路电流周期分量是因短路后电路阻抗突然减小很多倍，而按欧姆定律应突然增大很多倍的电流；短路电流非周期分量是因短路电路含有感抗，电路电流不可能突变，而按楞次定律感应产生的、用以维持短路初瞬间电流不致突变的一个反向衰减电流。此电流一般经 0.2s 左右衰减完毕后，短路电流达到稳定状态。图 8-24 为无限大容量系统发生三相短路前后电流、电压的变动曲线。

(3) 有关短路的物理量。

1) 短路电流周期分量 i_p。该分量是按欧姆定律由短路的电压和阻抗所决定的一个短路电流。在无限大容量系统中，由于电源电压不变，因此 i_p 是幅值恒定的正弦交流电流。

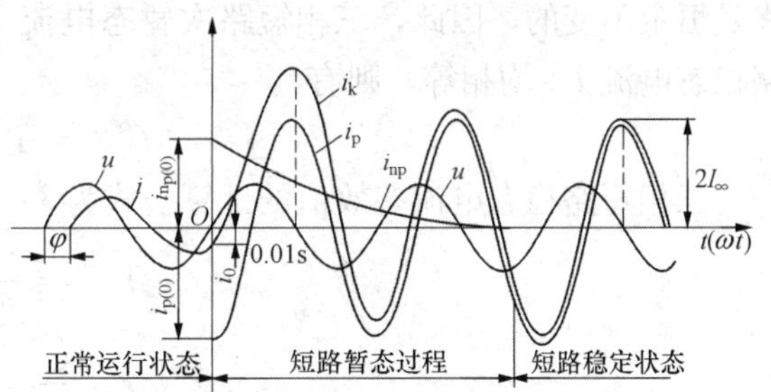

图 8-24 无限大容量系统发生三相短路前后电流、电压的变动曲线

在系统正常运行中，电力系统可以看做感性系统，所以电流 i 滞后电压 u 一个相位角 φ，由图 8-24 所示，假设在电压瞬时值 $u=0$ 时发生短路，由于短路电路的感抗远大于电阻，因此短路电路可近似看做一个纯电感电路，$t=0$、$u=0$，电流 i_p 则要突然增大到幅值。这里 I'' 为短路后第一个周期的短路电流周期分量 I_p 的有效值，称为短路次暂态电流有效值。

2) 短路电流非周期分量 i_{np}。该分量是在突然短路时短路电路中出现自感电动势而产生的一个短路电流，正因为有这样一个电流 i_{np}，才使得短路前后的电流不致突变。非周期分量 i_{np} 是按负指数函数衰减的，短路回路电阻越大，衰减得越快。

3）短路全电流 i_k。任一瞬间的短路全电流（即短路电流瞬时值）i_k，为该瞬时短路电流周期分量 i_p 和非周期分量 i_{np} 的叠加，如图 8-24 所示。

某一 t 时刻的短路全电流有效值 $I_{k(t)}$，是以 t 为中点的一个周期内的周期分量 i_p 有效值 $I_{p(t)}$ 和非周期分量 i_{np} 在 t 时刻的瞬时值 $i_{np(t)}$ 的方均根值，即

$$I_k(t) = \sqrt{I_{p(t)}^2 + i_{np(t)}^2} \tag{8-69}$$

4）短路冲击电流 i_{sh}。短路冲击电流为短路全电流中的最大瞬时值。由图 8-24 所示短路电流曲线可以看出，短路后经过半个周期（0.01s）时，短路全电流 I_k 达到最大值，此时的电流即短路冲击电流，可计算为

$$i_{sh} \approx K_{sh}\sqrt{2}I'' \tag{8-70}$$

式中　K_{sh}——冲击系数。

计算证明 K_{sh} 在 1 和 2 之间。短路全电流的最大有效值，是短路后第一个周期的短路全电流有效值，通称短路冲击电流有效值，用 I_{sh} 表示。

在进行短路计算时，可按下列经验公式计算：

计算高压电路的短路时，一般可取 $K_{sh}=1.8$，因此

$$i_{sh} = 2.55I'' \tag{8-71}$$

$$I_{sh} = 1.51I'' \tag{8-72}$$

计算低压电路的短路时，一般可取 $K_{sh}=1.3$，因此

$$i_{sh} = 1.84I'' \tag{8-73}$$

$$I_{sh} = 1.09I'' \tag{8-74}$$

5）短路稳态电流 I_∞。短路电流非周期分量 i_{np} 衰减完毕以后（一般经 0.1～0.2s）的短路全电流称为短路稳态电流，用 I_∞ 表示。短路电流稳态值 I_∞ 通常用来校验电器和线路中载流部件的热稳定性。

在无限大容量系统中，三相短路电流周期分量有效值（用 $I_k^{(3)}$ 表示）在短路全过程中始终是恒定不变的，因此，三相短路次暂态电流 $I''^{(3)}$ 和三相短路周期分量有效值 $I_k^{(3)}$ 及三相短路稳态电流 $I_\infty^{(3)}$ 均相等，则有

$$I''^{(3)} = I_\infty^{(3)} = I_k^{(3)} \tag{8-75}$$

三相短路稳态电流有效值的计算公式为

$$I_\infty^{(3)} = \frac{U_k}{\sqrt{3}\,|Z_\Sigma|}$$

$$|Z_\Sigma| = \sqrt{R_\Sigma^2 + X_\Sigma^2}$$

式中　U_k——短路点的计算电压；

$|Z_\Sigma|$——短路回路的总阻抗。

如 $X_\Sigma > R_\Sigma/3$，则三相短路稳态电流有效值的计算公式为

$$I_\infty^{(3)} = \frac{U_k}{\sqrt{3}X_\Sigma} \tag{8-76}$$

6）短路容量 $S_k^{(3)}$。短路容量是电力系统中某一点发生三相短路时的短路功率。三相短路容量的计算公式是

$$S_k^{(3)} = \sqrt{3}U_k I_k^{(3)} \tag{8-77}$$

式中　U_k——电网的平均额定电压，kV；

$I_k^{(3)}$——短路计算点的三相短路电流，kA。

其中，短路容量 S_k 单位为 MV · A。

3. 短路电流的计算方法及目的

当电网中某处发生短路时，其中一部分阻抗被短接，网络阻抗发生变化，故在短路电流计算时，应对各电气设备的参数（电阻及电抗）先进行计算，再计算短路电流的数值。短路电流一般的计算过程是：首先绘出计算电路图，标明电路上各个元件参数，确定短路计算点，然后按所选择的短路计算点绘出等效电路图，在等效电路图上将被计算的短路电流所流经的主要元件表示出来，并计算出阻抗值；根据元件的连接方式，解出总的等效阻抗，最后计算短路电流和短路容量。

短路电流计算方法常用的有欧姆法和标幺制法。欧姆法，又称有名单位制法，因其短路计算中，电气设备元件的阻抗都采用有名单位“欧姆”（Ω）而得名。标幺制又称相对制，即相对单位制法，因其短路计算中的有关物理量采用标幺值（相对单位）而得名。对同一短路问题，两种方法的计算结果应该是相同的，但在高压网络中计算短路电流时采用标幺制法更为方便。

短路电流计算为正确地选择和校验电力系统中的电气设备，选定正确合理的主接线方式提供了总要依据：短路电流计算也为继电保护装置动作电流的整定，保护灵敏度的检验，以及熔断器选择性的配合提供必要的数据。与三相短路相比，两相及单相短路电流均较小，因此，在远离发电机的无限大容量系统中，短路电流校验一般只考虑三相短路。

一个已经定型的工厂供电系统，线路中的电气设备参数及型号均经过严格的选定。在进行维护或检修时，若需要更换元件应尽量选用原型号元件；如需更换新型号，则不可随意降低参数标准。

4. 短路电流的效应

电力系统发生短路时，短路电流非常大。短路电流通过导体或电气设备，会产生很大的电动力和很高的温度，称为短路的电动力效应和热效应。电气设备和导体应能承受这两种效应的作用，满足动、热稳定的要求。

（1）短路电流的电动力效应。电流所引起的电动力效应使电器的载流部分受到机械应力。正常情况下，由电动力所引起的机械应力不大。但在短路故障时，因短路电流很大，此机械应力很大，特别是短路冲击电流 i_{sh} 所引起的电动力最大，可能使电器和载流部分遭受严重的破坏。所以必须计算短路电流产生的电动力大小，以便校验和选择电气设备。

两个平行敷设的导体中有电流 i_1 和 i_2（单位为 A）流过时，如图 8-25 所示，它们之间的电动力（单位为 N）可表示为

$$F = 2.04 i_1 i_2 \frac{l}{a} \times 10^{-7} \tag{8-78}$$

式中 l——平行导体长度，m；

a——导体轴线距离，m。

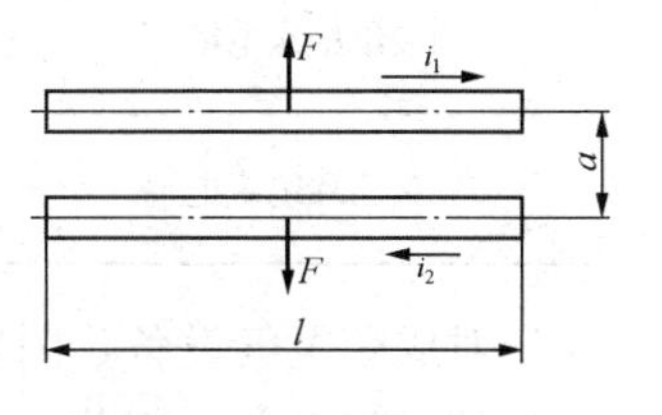

图 8-25　两根平行导体的相互作用力

作用力的方向是电流同向时相吸引，反相时相排斥。作用力沿长度 l 均匀分布，图 8-25 中所示 F 是作用于长度中点的合力。

式（8-78）适用于圆形和管形导体，也适用于当 $l \geqslant a$ 时的其他截面导体。

从式（8-78）可见，短路电流越大则作用力越大。如果三相电路中发生两相短路，则两相冲击短路电流 $i_{sh}^{(2)}$ 产生的电动力（排斥力）为

$$F^{(2)} = 2.04 i_{sh}^{(2)2} \frac{l}{a} \times 10^{-7} \tag{8-79}$$

三相短路时，假定三相导体平行布置在同一平面上，由于短路冲击电流只在一相中发生，中间B相将受到最大作用力，其值为

$$F^{(3)} = 1.76 i_{sh}^{(3)2} \frac{l}{a} \times 10^{-7} \tag{8-80}$$

若要求电器的动稳定度是足够的，则是指在最大短路电动力作用下，电器的机械强度仍有裕度。比较式（8-79）和式（8-80），因为流到短路点的 $i_{sh}^{(2)} = \frac{\sqrt{3}}{2} i_{sh}^{(3)}$，可见三相短路时的短路电动力最大，因此校验电气设备动稳定性时应用三相短路电流。

1）对于一般电器，通常制造厂提供电器产品的极限通过电流（动稳定电流）i_{max}，要求流过电器的最大三相短路冲击电流 $i_{sh}^{(3)}$ 不大于此值，即

$$i_{sh}^{(3)} \leqslant i_{max} \tag{8-81}$$

2）对于绝缘子，动稳定度校验条件是要求绝缘子的最大允许抗弯载荷大于计算载荷，即

$$F_{al} \geqslant F_{c}^{(3)} \tag{8-82}$$

式中　F_{al}——绝缘子的最大允许载荷；

$F_{c}^{(3)}$——最大计算载荷。

（2）短路电流的热效应。电力系统正常运行时，额定电流在导体中发热产生的热量一方面被导体吸收，并使导体温度升高，另一方面通过各种方式传入周围介质中。当产生的热量等于散失的热量时，导体达到热平衡状态。在电力系统中出现短路时，由于短路电流大、发热量大、时间短，热量来不及散入周围介质中去，这时可认为全部热量都用来升高导体温度。导体达到的最高温度 θ_m 与导体短路前的温度 θ、短路电流大小及通过短路电流的时间有关。

计算出导体最高温度 θ_m 后，将其与表8-17所规定的导体允许最高温度相比较，若 θ_m 不超过规定值，则认为满足热稳定要求。

表8-17　常用导体和电缆的最高允许温度

导体的材料和种类		最高允许温度（℃）	
		正常时	短路时
硬导体	铜	70	300
	铜（镀锡）	85	200
	铝	70	200
	铜	70	300
油浸纸绝缘电缆	铜芯 10kV	60	250
	铝芯 10kV	60	200
交联聚乙烯绝缘电缆	铜芯	80	230
	铝芯	80	200

对成套电气设备，因导体材料及截面均已确定，故达到极限温度所需的热量只与电流及通过的时间有关。因此，设备可进行热稳定校验为

$$I_t^2 t \geqslant I_\infty^2 t_{ima} \tag{8-83}$$

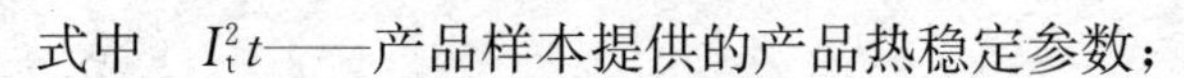

式中　$I_t^2 t$——产品样本提供的产品热稳定参数；

I_∞——短路稳态电流；

t_{ima}——短路电流作用假想时间。

对导体和电缆，通常导体的热稳定最小截面 A_{min} 为

$$A_{min} = \frac{I_\infty}{C}\sqrt{t_{ima}} \tag{8-84}$$

式中　I_∞——短路稳态电流；

t_{ima}——短路电流作用假想时间；

C——导体的热稳定系数。

如果导体和电缆的选择截面大于等于 A_{min}，则热稳定性合格。

第3节　短路电流的校验计算

1. 短路电流的校验计算

短路电流的校验计算见表8-18。

表8-18　　短路电流校验计算

设备名称	计算项目	计算公式	说　明
断路器 负荷开关 隔离开关	动稳定	$i_{max} \geqslant i_a^{(3)}$ 或 $I_{max} \geqslant I_c^{(3)}$	i_{max}，I_{max}：设备的极限通过电流峰值及有效值（kA）（由样本查出） $i_c^{(3)}$，$I_c^{(3)}$：三相短路冲击电流峰值及全电流有效值（kA）
	热稳定	$I_\infty \leqslant I_t \frac{\sqrt{t}}{\sqrt{t_{jx}}}$ 或 $I_\infty \leqslant I_{max}$ （当 $I_t \frac{\sqrt{t}}{\sqrt{t_{jx}}} > I_{max}$ 时）	I_t：设备在 t 秒内允许通过的热稳定电流（kA）（由样本查出）I_∞ 短路稳态电流（kA） t_{jx}：假想时间（s）；I_{max} 同上
电流互感器	动稳定	内部动稳定 $i_c^{(3)} \leqslant K_{dw} \cdot \sqrt{2} \cdot I_{le} \cdot 10^{-3}$ 外部动稳定：从略	$i_c^{(3)}$——同前（kA） K_{dw}——电流互感器动稳定倍数（由样本查出） I_{le}——电流互感器额定一次电流（A）
	热稳定	$I_\infty \leqslant \frac{I_{le} \cdot K_t}{\sqrt{t_{jx}}} 10^{-3}$	I_∞——短路稳态电流（kA） I_{le}，t_{jx}——同上 K_t——电流互感器的一秒钟热稳定倍数（由样本查出）
母线	动稳定	$\sigma_{js} < \sigma_y$ 式中 $\sigma_{js} = 1.76 \frac{l^2}{aW}(I_c^{(3)})^2 \cdot 10^{-3}$ 当母线横放时 $W = 0.167bh^2$ 当母线竖放时 $W = 0.167b^2h$	σ_{js}——母线计算机械应力（kg/cm²） σ_y——母线允许机械应力（kg/cm²） 铜母线 $\sigma_y = 1400$kg/cm² 铝母线 $\sigma_y = 700$kg/cm² W——抗弯矩（cm³） l——支柱绝缘子间距离（cm） a——母线相间中心距离（cm） b——母线厚度（cm） h——母线宽度（cm） $i_c^{(3)}$——三相短路冲击电流峰值（kA）

续表

设备名称	计算项目	计算公式	说明
母线	热稳定	铜母线 $S_{min}=\frac{I_{\infty}}{165}\sqrt{t_{jx}}$ 铝母线 $S_{min}=\frac{I_{\infty}}{95}\sqrt{t_{jx}}$	S_{min}——导体所需最小截面（mm^2） t_{jx}——假想时间（s） I_{∞}——短路稳态电流（A）
电缆	热稳定	10kV及以下纸绝缘电缆 铝芯： $S_{min}=\frac{I_{\infty}}{95}\sqrt{t_{jx}}$ 铜芯： $S_{min}=\frac{I_{\infty}}{165}\sqrt{t_{jx}}$	S_{min}——导体所需最小截面（mm^2） t_{jx}——假想时间（s） I_{∞}——短路稳态电流（A）
绝缘子	动稳定	$F_{js}\leqslant 0.6F_{ph}$ 支柱绝缘子： $F_{js}=1.76\frac{L}{a}(i_c^{(3)})^2\cdot 10^{-2}$ 套管绝缘子： $F_{js}=0.88\frac{L}{a}(i_c^{(3)})^2\cdot 10^{-2}$	F_{ph}——绝缘子破坏荷重（kg）由样本查出 F_{js}——作用于绝缘子上的计算荷重（kg） $i_c^{(3)}$——三相短路冲击电流峰值（kA） a——相间距离（cm） l——绝缘子间跨距（cm） 当支柱绝缘子两边跨距不同时，取其平均值： $l=\frac{l_1+l_2}{2}$

注　由无限容量电力系统供电的三相短路电流假想时间 t_{jx}，可按下式求得

$$t_{jx}=t+0.05(s)$$

式中　t——短路延续时间，为保护继电器整定动作时间与开关动作时间之和；

0.05——考虑短路电流非周期分量的影响。

2. 电流互感器动稳定及热稳定近似值

电流互感器动稳定及热稳定近似值见表8-19。

表8-19　　电流互感器动稳定及热稳定近似值

电流互感器一次额定电流（A）		10	15	20	30	40	50	75	100	150	200	300	400
内部动稳定时允许通过冲击电流 i_c(kA)		2.1	3.2	4.2	6.4	8.5	10.6	15.9	21.2	31.8	42.3	55.2	73.6
热稳定允许通过稳态短路电流 I_d(kA) 当假想时间为 t_{jx}(s)	0.5	1.1	1.6	2.1	3.2	4.2	5.3	7.9	10.6	15.9	21.2	31.8	42.3
	1	0.8	1.1	1.5	2.3	3.0	3.8	5.6	7.5	11.2	15.0	22.5	30.0
	1.5	0.6	0.9	1.2	1.8	2.4	3.1	4.6	6.1	9.2	12.2	18.3	24.4
	2	0.5	0.8	1.1	1.6	2.1	2.7	4.0	5.3	7.9	10.6	15.9	21.2
	2.5	0.5	0.7	0.9	1.4	1.9	2.4	3.5	4.7	7.0	9.4	14.1	18.8

注　1. 本表适用于LQJ、LMJ、LFX、LA、LFC等型非加强型电流互感器。

2. 表列数据按校验公式计算而得，一秒热稳定倍数 $K_t=75$。
动稳定倍数：200A及以下时 $K_{dw}=150$；300～400A时，$K_{dw}=130$。

3. 在一般工业企业电网中，对35kV级电流互感器及6～10kV级400A以上的电流互感器不必进行稳定度校验。

3. 铝芯纸绝缘电缆允许的短路电流有效值

铝芯纸绝缘电缆允许的短路电流有效值见表8-20。

表 8-20 **铝芯纸绝缘电缆允许的短路电流有效值** (kA)

短路假想时间 t_{jx}(s)		0.2	0.4	0.6	0.8	1.0	1.2	1.4	1.6	1.8	2.0
	2.5	0.53	0.37	0.3	0.26	0.23	0.21	0.2	0.18	0.17	0.16
	4	0.84	0.6	0.49	0.42	0.38	0.34	0.32	0.3	0.28	0.26
	6	1.27	0.9	0.73	0.63	0.57	0.52	0.48	0.45	0.42	0.40
	10	2.12	1.5	1.22	1.06	0.95	0.86	0.8	0.75	0.7	0.67
	16	3.39	2.4	1.96	1.69	1.52	1.38	1.23	1.2	1.13	1.07
	25	5.31	3.75	3.06	2.65	2.37	2.16	2.0	1.87	1.76	1.67
	35	7.43	5.25	4.29	3.71	3.32	3.03	2.81	2.62	2.47	2.35
铝芯电缆截面（mm^2）	50	10.62	7.5	6.13	5.31	4.75	4.33	4.01	3.75	3.53	3.35
	70	14.87	10.51	8.58	7.43	6.65	6.07	5.62	5.25	4.95	4.7
	95	20.1	14.26	11.65	10.08	9.02	8.24	7.62	7.13	6.72	6.38
	120	25.4	18.02	14.71	12.74	11.4	10.41	9.63	9.01	8.49	8.06
	150	31.8	22.5	18.39	15.93	14.25	13.01	12.04	11.26	10.61	10.07
	185	39.3	27.7	22.6	19.65	17.57	16.05	14.85	13.89	13.09	12.42
	240	50.9	36.0	29.4	25.4	22.8	20.8	19.27	18.02	16.98	16.12

注 1. 当为铜芯电缆时，其允许通过的短路稳态电流有效值可将本表相应数值乘以$\sqrt{3}$倍。
2. 全塑料电力电缆的热稳定性能优于纸绝缘电缆，暂可参照本表考虑。

4. 铝母线允许的短路稳态电流有效值

铝母线允许的短路稳态电流有效值见表 8-21。

表 8-21 **铝母线允许的短路稳态电流有效值** (kA)

短路假想时间 t_{jx}(s)		0.2	0.4	0.6	0.8	1.0	1.2	1.4	1.6	1.8	2.0
	30×4	25.4	18.3	14.7	12.7	11.4	10.4	9.6	9.0	8.5	8.1
	40×4	33.9	24.0	19.6	17.0	15.2	13.9	12.8	12.0	11.3	10.7
	40×5	42.4	30.0	24.5	21.2	19.0	17.4	16.1	15.0	14.2	13.4
	50×5	53.1	37.5	30.6	26.5	23.7	21.6	20.0	18.8	17.7	16.8
	50×6	63.7	45.0	36.7	31.8	28.5	26.0	24.0	22.5	21.2	20.1
	60×6	76.4	54.0	44.1	38.2	34.2	31.2	28.9	27.0	25.4	24.1
铝母线规格（mm）	80×6	101.9	72.0	58.8	50.9	45.6	41.6	38.5	86.0	33.9	32.2
	100×6	127.4	90.1	73.5	63.7	57.0	52.0	48.1	45.0	42.4	40.3
	60×8	101.9	72.0	58.8	50.9	45.6	41.6	38.5	36.0	33.9	32.2
	80×8	135.9	96.1	78.4	67.9	60.8	55.5	51.3	48.0	45.3	42.9
	100×8	169.9	120.1	98.1	84.9	76.0	69.4	64.2	60.0	56.6	53.7
	60×10	127.4	90.1	73.5	63.7	57.0	52.0	48.1	45.0	42.4	40.3
	80×10	169.9	120.1	98.1	84.9	76.0	69.4	64.2	60.0	56.6	53.7
	100×10	212.4	150.1	122.6	106.2	95.0	86.7	80.3	75.0	70.7	67.1

注 当为铜母线时，其允许的通过短路稳态电流有效值可将本表相应数值乘以$\sqrt{3}$倍。

5. 铝母线允许的短路冲击电流峰值

铝母线允许的短路冲击电流峰值见表 8-22。

表 8-22　　铝母线允许的短路冲击电流峰值　　(kA)

支持点间距离 L(cm)		100				120				140			
相间距离 a(cm)		20	25	30	35	20	25	30	35	20	25	30	35
铝母线放置形式													
铝母线规格（mm）	30×4	21.8	24.4	26.7	28.9	18.2	20.3	22.3	24.1	15.6	17.4	19.1	20.6
	40×4	29.1	32.5	35.7	38.5	24.2	27.1	29.7	32.1	20.8	23.2	25.5	27.5
	40×5	32.5	36.4	39.9	43.1	27.1	30.3	33.2	35.9	23.2	26.0	28.5	30.8
	50×5	40.7	45.5	49.9	53.9	33.9	37.9	41.5	44.9	29.1	32.5	35.6	38.5
	50×6	44.6	49.8	54.6	59.0	37.1	41.5	45.5	49.2	31.8	35.6	39.0	42.1
	60×6	53.5	59.3	65.6	70.8	44.8	49.9	54.6	59.0	38.2	42.7	46.8	50.6
	80×6	71.4	79.8	87.4	94.4	59.5	66.5	72.9	78.7	51.0	57.0	62.4	67.4
	100×6	89.2	99.8	109.3	118.0	74.4	83.1	91.0	98.4	63.7	71.2	78.1	84.3
	60×8	61.8	69.1	75.7	81.7	51.5	57.6	63.1	68.1	44.1	49.3	54.1	58.4
	80×8	82.4	92.1	100.9	109.0	68.7	76.8	84.1	90.2	58.9	65.8	72.1	77.9
	100×8	103.0	115.2	126.2	136.3	85.8	95.9	105.2	113.6	73.6	82.3	90.1	97.4
	60×10	69.1	77.2	84.7	91.4	57.6	64.4	70.5	76.2	49.3	55.2	60.4	65.3
	80×10	92.1	103.3	112.9	121.9	76.8	85.8	94.0	101.6	65.8	73.6	80.6	87.1
	100×10	115.2	128.8	141.1	152.4	96.0	107.4	117.6	127.0	82.3	92.0	100.8	108.8

注　当为铜母线时，其允许通过的短路冲击电流峰值可将本表相应数值乘以$\sqrt{2}$倍。

第 9 章 常用计算方法

第1节 功率因数的计算

功率因数也称力率，是有功功率与视在功率的比值。用符号 $\cos\phi$ 表示。

1. 功率因数的有关知识

电网在向电力用户输送电能的过程中，由于用电负荷的特性不同会产生有功功率、无功功率和视在功率。

有功功率是被用电设备所消耗的功率，将电能转换为机械能、光能、热能等形式而消耗，用符号“P”表示，计量单位是瓦或千瓦，单位符号为“W”或“kW”。

无功功率是用电设备与电源进行能量交换的功率，这部分功率不做功，不被消耗，但又是不可避免的。用符号“Q”表示，计量单位是千乏，用符号“kvar”表示。

视在功率是电源供给的总功率，是电压与电流的乘积，是有功功率与无功功率的相量之和。用符号“S”表示，计量单位是千伏安，用符号“kVA”表示。

有功功率、无功功率、视在功率三者之间的关系可用三角形表示，见图 9-1。

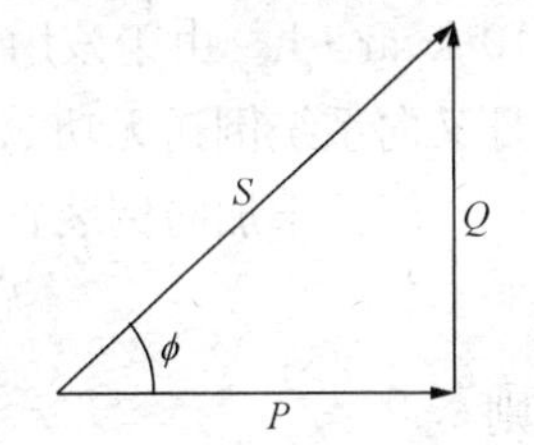

图 9-1 有功、无功、视在功率关系图

P—有功功率；Q—无功功率；S—视在功率；ϕ—功率因数角

有功功率、无功功率、视在功率关系图又可称为“功率三角形”由图可以直观地看出有功功率、无功功率、视在功率之间的关系，即根据勾股定理有：$S=\sqrt{P^2+Q^2}$。ϕ 角为功率因数角，由三角形可得：$\cos\phi=\dfrac{P}{S}$，即功率因数为有功功率与视在功率之比值。

2. 功率因数的计算

“供电营业规则”规定：无功电力应就地平衡。用户应该在提高自然功率因数的基础上，设计和装置无功补偿设备，并做到随其负荷和电压变动及时投入或切除，防止无功电力倒送。

功率因数调整电费按国家规定的电热价格执行。为此营业人员特别是抄表人员必须清楚其计算方法，以便以此执行功率因数调整电费。

在实际工作中功率因数的计算是以有功电量和无功电量为已知条件进行的，对装有功电能表和无功电能表的用户一般可采用下列方法计算功率因数。

(1) 在抄表之后先求出无功电量与有功电量之比得正切函数值，再在三角函数表中找出与其对应的余弦函数值，即为所求的功率因数值。由功率三角形可以看出 $\tan\phi$ 等。

【例 9-1】 某用户一个月抄表后有功电量为 9.567×10^5 kW · h，无功电量为 4.4965×10^5 kvar · h，求功率因数是多少？

解： $P=9.567\times10^5$ kW · h，$Q=4.4965\times10^5$ kvar · h

根据 $\tan\phi=\dfrac{Q}{P}$，将已知条件代入公式得

$$\tan\phi = \frac{4.4965}{9.567} = 0.4700$$

查三角函数表可得 $\cos\phi=0.91$。

（2）利用有功电能表和无功电能表的抄见电量直接求功率因数。根据三角函数变换可以得出

$$\cos\phi = \frac{1}{\sqrt{1+\tan^2\phi}} = \frac{1}{\sqrt{1+\left(\frac{Q}{P}\right)^2}} = \frac{P}{\sqrt{P^2+Q^2}}$$

将［例 9-1］中的数据按此方法计算得

$$\cos\phi = \frac{1}{\sqrt{1+(0.4)^2}} = 0.9046 \approx 0.9$$

（3）功率因数的计算是按有功电量和无功电量，电网要求用户无功负荷就地平衡，既不允许向电网索取无功，也不允许向电网倒送无功。因此，采取具有止逆装置的双向计量无功电能表或加装计量倒送无功的无功电能表。当有向电网倒送无功电量时，计算功率因数的无功电量应该是正向与反向无功电量的绝对值之和。

【例 9-2】 某用户平均月有功电量为 6.78×10^5kW·h，消耗电网无功电量为 5.43×10^5kvar·h。由于该用户购置电容器较多，没有根据电压和负荷情况及时投切电容器，造成每月又向系统倒送无功 3.2×10^5kvar·h，试分别求下列情况下的功率因数。

解： 未加防倒装置时

$$\text{无功电量} = 543\,000 - 320\,000 = 223\,000(\text{kvar}\cdot\text{h})$$

则

$$\cos\phi = \frac{1}{\sqrt{1+\left(\frac{223\,000}{678\,000}\right)^2}} = 0.9499 \approx 0.95$$

加防倒送装置时无功电量＝543 000kvar·h，则功率因数

$$\cos\phi = \frac{1}{\sqrt{1+\left(\frac{543\,000}{678\,000}\right)^2}} = 0.745 \approx 0.75$$

按现行规定计算得

$$\text{无功电量} = 543\,000 + 320\,000 = 863\,000(\text{kvar}\cdot\text{h})$$

$$\cos\phi = \frac{1}{\sqrt{1+\left(\frac{863\,000}{678\,000}\right)^2}} = 0.617 \approx 0.62$$

3. 功率因数低的原因及危害

感应电动机和变压器是消耗无功功率的主要电气设备，如若经常轻负荷运行，将严重影响功率因数降低。

感应电动机的配套不合理，造成低负荷或空负荷运行。它是消耗无功功率最大，并使功率因数降低的一种用电设备。其次是变压器。变压器空载运行时，损耗是与负荷无关的。一些主变器较大的用户和一些负荷较低用户的变压器，都是不合理的。其他如电焊机、日光灯、霓虹灯等电气设备也是造成功率因数低的用电设备。

用电力率低则无功电流大，线损也大，致使耗电量增加，使成本增高，有的还要影响产品质量，同时对电力系统也有一定的影响，由于用户的用电功率因数低，就不能充分发挥电力系统的设备潜力。由于功率因数低电流增大，电压下降，则损耗也增大。

4. 提高功率因数的措施

提高功率因数的措施有两种，即自然调整和机械调整。提高自然功率因数的措施是不增加补偿设备，而适当的按负荷情况调配电动机和变压器的容量，减少轻负荷运行的现象，是直接提高功率因数的办法。采取机械调整提高功率因数是增加补偿设备的方法。采取两种方法具体措施有以下几项。

（1）对于平均负荷小于30％额定容量的变压器应该更换，使变压器在负荷率60％以上运行。

（2）正确选择电动机的容量，使其合理配套。拆除电动机的多余容量，以小容量电动机调换轻负荷的大容量电动机。

（3）采用空载自动断电装置，使电动机、电焊机在无负荷时自动停下来，这样既可节省有功损耗，也降低无功损耗。

（4）提高电气设备的检修质量，特别是感应电动机的修理质量。

（5）要搞好技术革新、改造设备、改进工艺，学习各种先进技术。

（6）采用调相机补偿无功，提高电压质量。

（7）安装电力电容器补偿无功、提高功率因数。

第2节 变压器损失的计算

变压器是改变交流电压的一种器械，既能把电压升高，又能使电压降低，以满足用户需要。

变压器是根据电磁感应原理制成的。它有两个不同匝数的绕组分别套在硅钢片制成的铁心上，使铁心形成闭合回路。其结构见图9-2。当一次绕组接通交流电源时，其周围产生磁通穿过二次绕组，在二次绕组内引起感应电压。由于一次绕组和二次绕组的匝数不同，所以它们的电压也不一样。线圈多的，则电压高，电流小；线圈少的，则电压低，电流大。升压变压器是一次电压低，二次电压高。降压变压器则反之。

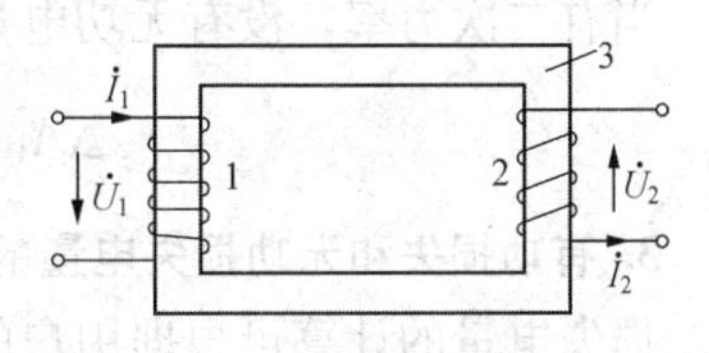

图9-2 变压器结构、原理图
1—一次绕组；2—二次绕组；3—铁心

变压器在变压的过程中，输入功率与输出功率产生差额，既为变压器损耗，或称电能损失。变压器的电能损失分为有功损失和无功损失，这些损失是由不变（固定）损失和可变损失两部分组成。

1. 有功损失

有功损失包括两部分，一部分是与变压器负荷无关的空载损耗，通常称为铁损。只要变压器一次侧接上电源，不论二次侧是否有负荷都会产生这部分损失，所以也称做固定损失。运行中的变压器铁损计算时间，每月按30×24h＝720（h）计算。另一部分是与变压器负荷有关的短路损耗，通常称为铜损，当变压器带负荷时，就有电流通过线圈，由于线圈有电阻，因此就要产生电能损失，而且是随负荷电流变化而变化的，与电流平方成正比例，所以也称作可变损失。当不用电时，它的损失很小，可以不计，所以在计算铜损时，按使用时间计算。

有功损失的计算公式为

$$\Delta A_{\mathrm{P}}=P_0T+P_{\mathrm{K}}\frac{K}{TS_{\mathrm{e}}^2}(A_{\mathrm{P}}^2+A_{\mathrm{Q}}^2) \tag{9-1}$$

式中 ΔA_{P}——变压器有功损失电量，kW·h；

P_0——变压器额定电压下铁损，kW；

S_{e}——变压器额定容量，kVA；

K——与负荷曲线有关的修正系数，按生产班次确定，一班生产 $K=3.6$，二班生产 $K=1.8$，三班生产 $K=1.2$；

P_{K}——变压器额定电流时的铜损，kW；

A_{P}——二次抄见有功电量，kW·h；

A_{Q}——二次抄见无功电量，kvar·h；

T——变压器运行时间。

当有二次力率，没有无功电量时，有功损失电量可按下式计算

$$\Delta A_{\mathrm{P}}=P_0T+KP_{\mathrm{K}}\left(\frac{A_{\mathrm{P}}}{S_{\mathrm{e}}\cos\phi T}\right)^2T \tag{9-2}$$

式中 $\cos\phi$——变压器二次功率因数。

2. 无功损失

无功损失同有功损失一样也包括两部分，一部分是与负荷无关随变压器空载电流百分数而变化的固定损失；另一部分是根据变压器的短路电压百分数（也称阻抗电压百分数），并随变压器负荷的平方而变化的可变损失。

无功损失的计算公式为

$$\Delta A_{\mathrm{P}}=I_0S_{\mathrm{e}}T+U_{\mathrm{K}}\frac{K}{TS_{\mathrm{e}}^2}(A_{\mathrm{P}}^2+A_{\mathrm{Q}}^2) \tag{9-3}$$

式中 I_0——变压器空载电流的百分数；

U_{K}——变压器短路电压的百分数。

当有二次力率，没有无功电量时，无功损失电量可按下式计算

$$\Delta A_{\mathrm{P}}=I_0S_{\mathrm{e}}T+KS_{\mathrm{e}}U_{\mathrm{K}}\left(\frac{A_{\mathrm{P}}}{S_{\mathrm{e}}\cos\phi T}\right)^2T \tag{9-4}$$

3. 有功损失和无功损失电量的计算

损失电量的计算可根据用户的不同特点采用不同的计算方式。

(1) 大用户变压器损失电量的计算。凡装有无功电能表的二次计量的大用户，其变压器损失电量可按式（9-1）和式（9-3）进行计算。该公式基本是两部分，一部分是常数，另一部分是有功电量平方和这个变数。在实际计算中一种方法是建立变损计算卡片，见表9-1，各种固定数据填于卡内，每月根据有功电量和无功电量计算变损，计算起来比较方便精确。另一种方法是利用求出功率值来查表求变损。这种方法虽简单但不及第一种方法精确。

表 9-1 变损计算卡片

型　式	SJ—60/10	额定容量	3200kVA
空载电流	4.5%	空载损失	11.5kW
短路损失	37kW	短路电压	7%
修正分数	$K=1.2$		

续表

型　式	SJ—60/10	额定容量	3200kVA
有功损失范围	8280～34 920	无功损失范围	103 680～264 960
有功不变损失	8280	有功损失常数	0.006 022
无功不变损失	103 680	无功损失常数	0.0365

注　有、无功抄见电量的单位为 MW·h。

有功损失电量＝有功不变损失＋有功损失常数×(平方有功电量＋平方无功电量)

＝8280＋0.006 022×(平方有功电量＋平方无功电量)

无功损失电量＝无功不变损失＋无功损失常数×(平方有功电量＋平方无功电量)

＝103 680＋0.0365×(平方有功电量＋平方无功电量)

卡片计算变损的方法有：

1）制成一种计算卡片。

2）按公式计算出有关常项填入表内。

3）将抄见的有功电量、无功电量代入公式求出有功、无功变损。

【例 9-3】 某户受电变压器型号为 SJ—60/10，容量为 3200kVA。受电电压为 60kV，三班生产二次装表计量，本月抄见有功电量为 1.1056MW·h，无功电量为 8.292×10^5kvar·h，求变压器有功、无功损失。

解： 首先建立变损计算卡片，有关数据填入卡内。计算有关数据：

$$三班生产\ K=1.2$$

$$\begin{aligned}有功不变损失&=P_0\times720\\&=11.5\times720\\&=8280(\text{kW}\cdot\text{h})\end{aligned}$$

$$\begin{aligned}无功损失常数&=\frac{KP_K}{TS_e}\times10^6\\&=\frac{1.2\times37}{720\times3200^2}\times10^6\\&=0.006\,022\end{aligned}$$

10^6 是统一单位变换，由 kW·h 变为 MW·h。

$$\begin{aligned}无功不变损失&=I_0S_eT\\&=4.5\%\times3200\times720\\&=130\,680(\text{kvar}\cdot\text{h})\end{aligned}$$

$$\begin{aligned}无功损失常数&=\frac{KU_K}{TS_e}\times10^6\\&=\frac{1.2\times7\%}{720\times3200}\times10^6\\&=0.0365\end{aligned}$$

$$\begin{aligned}有功损失范围&=P_0T\sim(P_0+P_K)T\\&=11.5\times720\sim(11.5+37)\times720\\&=8280\sim34\,920(\text{kW}\cdot\text{h})\end{aligned}$$

$$\begin{aligned}无功损失范围&=I_0S_eT\sim(I_0S_e+U_KS_e)T\\&=4.5\%\times3200\times720\sim(4.5\%+7\%)\times3200\times720\\&=103\,680\sim264\,960(\text{kvar}\cdot\text{h})\end{aligned}$$

然后再按每月实际发生的有功电量、无功电量求出变损电量。

$$
\begin{aligned}
\text{当月有功损失电量} &= 8280 + 0.006\,022 \times (1105.6^2 + 829.2^2) \\
&= 8280 + 0.006\,022 \times 1\,909\,924 \\
&= 19\,782(\mathrm{kW \cdot h})
\end{aligned}
$$

$$
\begin{aligned}
\text{当月无功损失电量} &= 103\,680 + 0.0365 \times 1\,909\,924 \\
&= 173\,316(\mathrm{kvar \cdot h})
\end{aligned}
$$

按上述方法计算，只要变压器参数不变，将有关数据填入表内后，每月计算有功、无功损失电量时，只需将抄见有功电量、无功电量按表中公式计算即可。计算出的有功、无功损失电量应在表中已算出的损失范围之内。

另一种方法是用查表的方法计算。

变压器损失计算简表，是根据变压器的容量、型号、使用时间等数据计算出的各种用电量时的损失电量表，列于表中的各损失电量是按 $\cos\phi=1$ 时的情况计算。以上例数据计算损失电量：

1）以有功抄见电量除以无功抄见电量，得出正切值，再查功率因数表即可求出二次力率。

$$
\mathrm{tg}\phi = \frac{\text{无功电量}}{\text{有功电量}} = \frac{829.2}{1105.6} = 0.75
$$

查表得出 $\cos\phi=0.8$。

2）以功率因数除以有功抄见电量，得出力率为 1 时的电量数，查变损简表中相应班次的有功电量数即可得出有功、无功损失电量。

$$
\frac{\text{有功抄见电量}}{0.8} = \frac{1105.6}{0.8} = 1382
$$

查简表中三班生产的抄见电量 1382MW·h 时即可得有、无功损失电量分别为 19 786kW·h 和 173 354kW·h。

由计算结果可知按公式计算和查表方法得出的有功、无功损失电量是基本相同的。对于用电量较大的用户，参数比较齐全，以公式计算为宜。

（2）小型变压器的损失计算。小型变压器的损失计算采用下列公式，其力率按 0.7 计算。

$$
\text{有功损失电量} = \text{铁损} \times \text{运行时间} + \text{铜损} \times \left(\frac{\text{平均负荷}}{\text{容量} \times \text{力率}}\right)^2 \times \text{使用时间}
$$

$$
\begin{aligned}
\text{无功损失电量} =& \text{变压器容量} \times \text{空载电流}\,\% \times \text{运行时间} + \text{变压器容量} \times \text{短路电压}\,\% \\
& \times \left(\frac{\text{平均负荷}}{\text{容量} \times \text{力率}}\right)^2 \times \text{使用时间}
\end{aligned}
$$

$$
\text{平均负荷} = \frac{\text{抄见有功电量}}{\text{变压器运行时间}}
$$

运行时间为 30×24h=720（h）

使用时间按一班 200h，二班 400h，三班 600h 计算，不再乘修正系数。

【例 9-4】 某工厂 10kV 受电，变压器容量为 320kVA，二次侧计量，某月份抄表有功电量为 38 100kW·h，无功电量为 38 730kW·h，求变压器的有功损失电量及一次功率因数值。

解： 根据已给定的变压型号得知空载损耗 1.9kW；空载电流 7%；短路损耗 6.2kW；阻抗电压 4.5%。两班生产使用时间为 400h。

二次侧计量，二次功率因数可根据有功电量和无功电量求出。

$$\mathrm{tg}\phi_2=\frac{无功电量}{有功电量}=\frac{38\,730}{38\,100}=1.0165$$

查三角函数表可得 $\cos\phi=0.7$。

或按公式

$$\cos\phi_2=\frac{38\,100}{\sqrt{38\,100^2+38\,730^2}}=0.7$$

$$\begin{aligned}有功损失电量&=1.9\times720+6.2\times\left(\frac{38\,100\div400}{320\times0.7}\right)^2\times400\\&=1368+6.2\times0.181\times400\\&=1368+449\\&=1817\end{aligned}$$

$$\begin{aligned}无功损失电量&=320\times7\%\times720+320\times4.5\%\times0.181\times400\\&=16\,128+1043\\&=17\,171\end{aligned}$$

一次功率因数的计算，应首先求出功率因数角的正切值

$$\mathrm{tg}\phi_2=\frac{38\,730+17\,171}{38\,100+1817}=\frac{55\,901}{39\,917}=1.400$$

查三角函数表可得 $\cos\phi_1=0.7$。

$\cos\phi_1=0.58$ 是该用户执行功率因数调整电费的值。

(3) 每天的变损计算。对破月投入或停止运行的变压器损失电量要按实际运行日期进行计算。用计算公式直接计算时，把使用的天数按规定时间折算为小时数，代入公式即可算得；如查表计算时，应将抄见电量折算为月电量，即 $\frac{抄见电量}{使用天数}\times30=月$，再折算为日损失电量，据此计算实际损失数。即

$$应收损失电量=\frac{月损失电量}{30}\times使用天数$$

关于其起用和停止日期的算法是：由开始接电那天算起；停止用电的前一天算止。例如18 日接电，就是由 18 日开始起算，算到当月抄表日止；如果是 18 日停止，就算到 17 日为止。

【例 9-5】 一普通工业用户，新装 10/0.4kV 180kVA 变压器一台，本月 3 日投入运行，于当月 20 日抄表，使用电量为 3600kW·h，一班生产，求应加多少变压器损失电量?

解：3～20 日计用 18 天，其平均每日电量为 3600/18=200kW·h，月用电量为 200×30=6000kW·h，以此查表得月损失电量为 953kW·h。一天的损失为 953/30≈31.8kW·h，而 18 天的损失就是 18×31.8=572。

简算表中的各项数据解释：

变压器的有功和无功损失值是厂家出厂值。

负荷数由变压器容量乘以力率得出。

抄见电量负荷乘以使用时间。

力率按使用的实际力率计算；对于小型变压器（75kVA 以下）按 0.7 计算，根据实际使用情况采用平均值。

(4) 用户有外供的变损计算。当用户有外供时，对变损的计算必须先求出总电量，用总电量去查简算表，找出总的损失，而后再去求部分的损失。其公式为

$$月总电量 = \frac{变压器容量}{契约容量} \times 月抄见电量$$

$$应收变损 = \frac{总变损 \times 契约容量}{变压器容量}$$

【例 9-6】 某工业用户 10kV 供电，二次计量，变压器容量为 320kVA。契约容量 170kVA，外带 150kVA，本月抄见电量为 17 000kW·h，一班生产，求该户变损是多少？

解： 先求出 320kVA 变压器的月总电量按公式为

$$月总电量 = \frac{3200}{170} \times 17\,000 = 32\,000(\text{kW} \cdot \text{h})$$

查简表（也可按公式计算）可得损失电量为 2229kW·h，其应收变损为

$$应收变损 = \frac{170 \times 2229}{320} = 1184(\text{kW} \cdot \text{h})$$

在实际工作中，计算变损的方法很多，过去多用查简表为主，现在可以多利用计算器或计算机，按公式计算为好。

4. 变损计算的作用

在电价分类中高压供电电价低，低压供电电价高，某些时候用户计量点的安装位置与所执行的电价的电压等级不相统一，所以为了准确合理地收费，使执行电压高的电价用户负担变压器损失电量，就需要进行变压器损失电量的计算。

一次侧计量的用户，因为电能表装在变压器前边，变压器的损失由电能表计量，所以不用计算变压器损失电量。对于二次计量的用户，因为电能表装在变压器后边，也就是说变压器接在表外，所以要加收变压器损失电量。

一次侧与二次侧计量是区分加收还是不加收变损的决定因素。凡是装有电压互感器，而且它的一次电压和受电电压是一致的为一次计量用户；如果是电压互感器的一次电压低于受电电压和未装电压互感器的就是二次计量。

受电电压与计量点的关系见表 9-2 及图 9-3。

表 9-2　受电电压与计量点关系

受电电压（kV）	电压比（V）	计量点	受电电压（kV）	电压比（V）	计量点
60	60 000/100	一次	10	10 000/100	一次
60	10 000/100	二次	10		二次

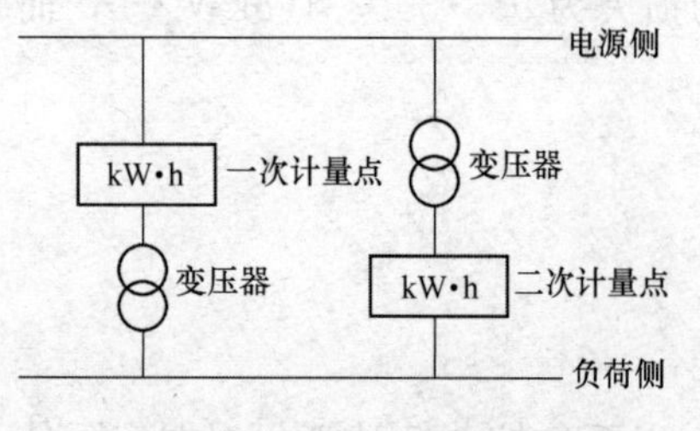

图 9-3　计量点与受电电压关系图

对于执行功率因数调整电费的用户，除计算出变压器有功损失电量加到抄见电量中计收电费外，还要计算出其无功损失电量加到抄见的无功电量中去，以便计算该用户的功率因数。对不执行功率因数调整电费的用户，只算出其变压器有功损失电量加到抄见有功电量中计收电费就可以了。

实行峰、谷电价的用户，其计算的变损和线损电量均按平时段电量计收电费。

第3节 线路损失的计算

线路损失简称线损。就是线路本身带电后所消耗的电能。

电业部门的线损，大体分三部分来计算。由网局计算的是由发电厂出口计量点到一次变电所进口计量点这一段，称为一次网损。其余的两部分是送变电损失和配电损失，由供电部门计算。送变电损失是由一次变电站到二次变电站之间的损失；配电损失是由二次变电站到用户之间的损失，这里包括营业上的不明损失。

线损的计算与管理是营业工作的主要内容之一，直接影响供电部门的经济效益，所以营业人员要密切与送配变电人员配合，做好线损管理工作，把损失率控制在最低限度。

1. 常用名词解释

(1) 供电量。指发电厂、供电地区或电力网向用户供出的电量，包括输送电能过程中的损失电量。也称为地区受电量。

(2) 售电量。指电业部门卖给各工厂、企业、各行业及广大居民用户的电量。

(3) 用电量。指售电量（用户购入电量）与自备电厂自发电量之和，是用户的用电设备所耗用的电量。

(4) 购电量。是指本企业外购入的电量，包括从国外购入电量；电力企业之间以及电力企业与自备电厂之间的互购电量。

(5) 线损电量。是供电量与售电量的差值。

(6) 线损率。是线损电量与供电量比值的百分数。可表示为

$$\frac{供电量-售电量}{供电量}\times 100\%$$

2. 线路的实际损失计算

凡是用户投资建设，并自行维护运行或暂时未移交给供电部门的线路设备，其损失应由用户承担。一般在计算上只计算有功损失，因为线路的无功损失不同于变压器的无功损失，而线路的无功损失要比变压器无功损失少得多，故可忽略不计。计算公式为

$$\Delta A_{L} = 3I^{2}R_{L}TK\times 10^{-3} \tag{9-5}$$

式中 ΔA_L——线路损失电量，kW·h；

I——线路中的电流值，一般按平均负荷或均方根电流求得，按平均负荷求得时的计算公式为$I=\dfrac{A_P/T}{\sqrt{3}U\cos\varphi}$；

R_L——线路电阻值，Ω；

T——用电时间，h；

U——额定电压，kV。

因为在三相电路中，$I=\dfrac{A_P/T}{\sqrt{3}U\cos\varphi}$，$\cos\varphi\dfrac{A_P}{\sqrt{A_P^2+A_Q^2}}$，将两公式代入基础公式便有

$$\Delta A_{L} = \frac{KR_{L}\times 10^{-3}}{U^{2}T}(A_P^2+A_Q^2) \tag{9-6}$$

该公式由两部分组成，第一部分为常数部分即$\dfrac{KR_L\times 10^{-3}}{U^2T}$。另一部分是变数，即（$A_P^2+$

A_Q^2）在实际线损计算过程中，只要把常数算好，对每条需计算线损的线路设计一张“线损计算卡片”，每月将抄见的有功电量与无功电量的平方和与这个常数相乘即可。因此，这个公式在实际计算时比较方便，但必须是装有无功电能表的用户。计算过程中有功电量和无功电量的单位为 kW·h。

除按公式计算线损外还可以用查表的方法计算。将各种电量的计算表，事先按公式将各种用电量的损失值计算出来列于表中，以备日常工作中查用。这个表是按二次功率因数为 1，线路长度为 1km 计算的。因此在查表之前，必须将功率因数小于 1 的电量换算为功率因数等于 1 的电量。查表时，按四舍五入的原则，按其上线数值取值计算。

【例 9-7】 某用户受电电压为 60kV，线路长度为 25km，用 $70mm^2$ 的钢芯铝绞线，本月抄见有功电量为 59 万 kW·h，功率因数为 0.8，计算该用户当月的线损电量是多少？

解：已知 $70mm^2$ 钢芯铝绞线电阻率为 0.46Ω/km，运行时间为 720h，线路长度 25km，功率因数为 0.8，电流 $I=\dfrac{A_P}{\sqrt{3}UT}=\dfrac{590\,000}{1.73\times60\times0.8\times720}\approx10$（A）

（1）按公式计算。

$$
\begin{aligned}
\Delta A_L &= 3I^2R_L10^{-3}TK \\
&= 300\times0.46\times25\times720\times10^{-3}\times1.2 \\
&= 138\times25\times720\times10^{-3}\times1.2 \\
&= 0.138\times25\times720\times1.2 \\
&= 3.45\times720\times1.2 \\
&= 2980(kW\cdot h)
\end{aligned}
$$

（2）利用查表法计算。抄见电量 590 000kW·h，二次功率因数 0.8，换算为功率因数等于 1 时的电量为

$$\frac{590\,000}{0.8}=737\,551(kW\cdot h)$$

以此电量去查表中对应的 101，即为每 km 线路的线损为 101kW·h，所以总的损失为

$$101\times25\times1.2=3030(kW\cdot h)$$

查表与公式计算相比多了 50kW·h，这是由于四舍五入影响的，关系不大，所以说用两种方法计算都是可以的。

【例 9-8】 有一用户线路，运行电压 60kV，线路长为 30km，其中 LGJ—35 导线 15km，LGJ—50 导线 15km，全月有功抄见电量为 1196.8kW·h。无功抄见电量为 897.6kW·h，计算线损。

已知：$U_e=60kV$，$R_{50}=0.65\Omega$，$R_{35}=0.85\Omega$，$T=720h$，$L_{50}=50km$，$L_{35}=15km$，$K=1.2$。

解：（1）按公式法计算

$$
\begin{aligned}
\cos\phi &= \frac{A_P}{\sqrt{A_P^2+A_Q^2}} \\
&= \frac{1196.8}{\sqrt{1196.8^2+897.6^2}} \\
&= 0.8
\end{aligned}
$$

$$\begin{aligned} I &= \frac{A_P}{\sqrt{3}UT\cos\phi} \\ &= \frac{1196.8}{\sqrt{3}\times 60\times 720\times 0.8} \\ &\approx 20(\mathrm{A}) \end{aligned}$$

导线长度为LGJ—35型15km，LGJ—50型15km，其电阻率分别为0.85Ω/km，0.65Ω/km。所以电阻 $R_L=0.85\times15+0.65\times15=1.5\times15=22.5$（Ω）

$$\begin{aligned} \Delta A_L &= 3KI^2R_LT\times10^{-3} \\ &= 3\times20^2\times22.5\times720\times10^{-3}\times1.2 \\ &= 3\times400\times22.5\times720\times1.2\times10^{-3} \\ &= 1200\times2.25\times720\times1.2\times10^{-3} \\ &= 19\,440\times1.2 \\ &= 23\,328(\mathrm{kW\cdot h}) \end{aligned}$$

在实际的线损管理工作中可以制成用户的线损计算卡片，将计算公式中的固定部分计算出来，与已知的数据填于计算卡内，每月的计算工作只需将固定部分与可变部分（$A_P^2+A_Q^2$）相乘便可求出该户的当月损失电量为

$$\begin{aligned} A_L &= 3KI^2R_LT\times10^{-3} \\ &= \frac{KR_L\times10^{-3}}{TU^2}(A_P^2+A_Q^2) \end{aligned}$$

在公式中 $\frac{KR_L\times10^{-3}}{TU^2}$ 是固定不变的（对于一段固定的线路，当参数变时发生变化），计算出数据与其他各项数据填列于表9-3中。

表9-3　　**线损计算卡片**

导线型号	电阻率（Ω/km）	线路长度/(km)	电　阻
LGJ—50	0.65	15	9.75
LGJ—35	0.85	15	12.75
线路总电阻			22.5
运行电压	60kV	修正系数	K=1.2
损失常数	0.010 42		
线路损失电量=损失常数×(平方有功电量+平方无功电量)			

注　抄见电量的单位为kW·h。

$$\frac{KR_L\times10^{-3}}{TU^2}=\frac{1.2\times22.5}{720\times60^2}=0.010\,42$$

根据表9-3中的数据和当月抄见的有功电量及无功电量计算出线损电量

$$\begin{aligned} \Delta A_L &= \text{损失常数}\times(A_P^2+A_Q^2) \\ &= 0.010\,42\times(1196.8^2+897.6^2) \\ &= 0.010\,42\times22\,380.16 \\ &= 23\,320(\mathrm{kW\cdot h}) \end{aligned}$$

(2) 用查表的方法计算线路损失电量

$$\cos\phi=\frac{A_P}{\sqrt{A_P^2+A_Q^2}}=\frac{1196.8}{\sqrt{1196.8^2+897.6^2}}\approx 0.8$$

将抄见的有功电量折合到功率因数为1时的电量为

$$\frac{A_P}{\cos\phi}=\frac{1196.8}{0.8}=1496(kW\cdot h)$$

查表的已知条件为 $\cos\phi=0.8$，$A_P=1496kW\cdot h$。LGJ—35导线损失电量为734kW·h/km，LGJ—50导线损失电量为562kW·h/km，$K=1.2$ 其总的线路损失电量为

$$\begin{aligned}\Delta A_L&=[(15\times 734)+(15\times 562)]\times 1.2\\&=[11\,010+8430]\times 1.2\\&=19\,440\times 1.2\\&=23\,328(kW\cdot h)\end{aligned}$$

从计算结果可见，应用线损计算公式计算与查表计算其计算结果是基本相同的，在实际工作中可根据具体情况选择计算方法。

3. 营业上的损失

在供电系统中，线损率是供电局一项重要的经济考核指标。线损率$=\frac{供电量-售电量}{供电量}\times 100\%$，其中供电量－售电量＝损失电量，实际上线损率是损失电量与供电量比值的百分数。

用户应负担的变压器损失电量、线路损失电量均加在用户的抄见电量中发行。在供电局的损失电量中即包括供电局的送、配电线路损失电量；主变压器、配电变压器的损失电量，同时还包括另外一部分就是营业上的损失电量称为不明损失电量。不明损失电量主要是营业管理上漏洞造成的，一般有以下几方面：

(1) 电能表的误抄、误算、漏乘倍率等。

(2) 电能表本身的误差超过国家规定的误差标准，也就是说电能表不准。

(3) 电能表的错误接线，计量不合理。

(4) 漏户，由于手续传递上的漏洞，致使用户长期用电不交费。

(5) 用户窃电，如表外接线，分流等手段使电能表不计或少计电量。

(6) 不按例日抄表，电量虽然没有损失，但能造成损失电量计算上的虚数，使线损计算不准确。

(7) 不及时办理用电手续，如临时用电协定电量用户到期不拆除用电、高压用户停用后不停变台。

(8) 电流互感器变比错误。

(9) 漏收变压器损失和线路损失电量。要减少上述各项不明损失应做好以下几方面的工作：

1) 加强对营业人员培训，使他们热爱本职工作，精通业务，熟练地胜任本职工作。

2) 加强用电监察工作，按规定开展定期检查。

3) 加强工作责任心，一丝不苟地工作。全员动员，随时消灭漏抄和窃电户。

4) 加强营业普查工作，做到账、卡、簿和现场完全相符。

5) 建立严格的考核制度，工作失职者要予以处罚。

6) 严格按例日抄表，一般用户最多不得提前和推迟两天，大用户必须按例日进行，不许

估算，要尽量扩大月末零点抄表户。

7）提高电能表的实抄率和正确率，提高抄表人员的责任心和自觉性，减少和消灭“锁门户”，杜绝错抄、漏抄、误抄和误乘倍率等现象发生。

8）合理计量，对高压供电低压计量户，要逐月加收变损和线损。

9）建立专责与审核制度，要严格对用户特别是大用户进行用电情况分析，对用电变化较大的用户应查明原因。

第4节　电能计量装置倍率的计算

电能计量的倍率由两部分组成，一部分是表本身的倍率；另一部分是采用互感器后产生的倍率。电能表是电能计量装置的主体，电流互感器（通常称为TA）和电压互感器（通常称为TV）是电能计量装置的附件，主体与附件通过导线连接在一起进行电能计量。营业工作人员，尤其是抄表人员对电能表的倍率应该了解。由于各类用户的用电性质不同，使用容量不同，因而在计量方式上也不尽相同，有的用户可以用电能表直接计量，有的用户为了扩大量程，可采用电流互感器，或既采用电流互感器又兼用电压互感器。无倍率的电能表计量的电能就是该表每月读数与上月读数之差；采用电流互感器的电能表就要乘以电流互感器变比的比值数；既有电流互感器又有电压互感器的电能表就要乘以两互感器变比的连乘积；当电能表本身有乘率而又附有互感器时的实用乘率应该是电能表乘率和互感器乘率的连乘积。

负载消耗的电能就是实用电量数（后一次抄读数减前一次抄读数）乘以一个常数，这个常数称作电能表的倍率，此倍率可称作实用倍率，用公式表示为

$$W=(w_2-w_1)K_j \tag{9-7}$$

式中　W——实用电量数；

w_1——前一次抄表读数；

w_2——后一次抄表读数；

K_j——实用倍率（K_j）。

1. 电能表本身的倍率

如电能表按照铭牌上注明的额定电压，标定电流，并按规定的接线方式接入相应的电路，则电能表的读数就是实用电量数，但应注意计度器示度小数点倍数的标示。

【例9-9】 某户电能表铭牌标示为220V，5A，将表直接接入220V电路时，其实用倍率等于电能表本身的倍率，当表铭牌上没有注明倍率时，表本身倍率与实用倍率1相等，其负载月消耗的电能就为两次抄表的表示差。即

$$W=(w_2-w_1)\times 1$$

有些电能表为了扩大量程和消除小数位，往往在铭牌上注明“×10”，“×100”，“×1000”等乘数，电能表的读数乘以此数就是实用的电量数。

另外最小指示为0.01时，可以缩小倍率的整数倍数。方法是将最小指示窗口，整数位以下的小数位窗口涂上黑漆，变为整数位，此时倍率可去掉两个零，即缩小了100倍。同样最小指示为0.1的也可以缩小10倍。

2. 电能表的实用倍率

电能表的实用倍率计算公式为

$$K_j = \frac{K'_L K'_y}{K_L K_y} K_b$$

在实际抄表过程中应注意各种倍率的使用，避免错乘倍率。

【例 9-10】 5A，220V 直接接入式单相电能表，本身无变比和倍率，经 100/5 电流互感器计量单相二线有功电量，计算实用倍率。

解： 已知 $K'_L=100/5=20$，$K'_y=1$，$K_b=1$，$K_L=1$，$K_y=1$，代入计算公式

$$K_j = \frac{K'_L K'_y}{K_L K_y} K_b = \frac{1\times 20\times 1}{1\times 1} = 20$$

【例 9-11】 电能表铭牌上标有 $3\times\frac{600}{5}$A 和 3×380V 电能表，通过额定变比为 200/5A 的电流互感器接入 380V 的三相三线电路运行，求其实用倍率。

解： 已知 $K_L=\frac{600}{5}$，$K_y=1$，$K'_L=200/5$，$K'_y=1$，$K_b=1$

$$K_j = \frac{K'_L K'_y}{K_L K_y} K_b = \frac{200/5\times 1}{\frac{600}{5}\times 1}\times 1 = \frac{40}{120} = \frac{1}{3}$$

实用倍率为 1/3。

由［例 9-11］可见，如果采用的电流互感器和电压互感器的变比与电能表铭牌上所注明的变比相符，则 $K_j=K_b$，也就是电能表读数等于实用的电量数。

为了简化倍率的计算，当电能表符合计度器传动比数与试验常数之比等于 1 的情况下，可以互感器的比数作为倍率。

具体讲就是符合下列 3 个公式。

最小指示为 0.01 时：$$\frac{传动比数\times 10}{试验常数} = 1$$

最小指示为 0.1 时：$$\frac{传动比数}{试验常数} = 1$$

最小指示为 1.0 时：$$\frac{传动比数}{试验常数\times 10} = 1$$

最小指示为最末一位字轮转动 1/10 时，记度器所走的电量数。

以上三式的比值等于 1 时其倍率就等于电流互感器比×电压互感器比。

【例 9-12】 若电能表铭牌标示为 3×100V，5A 时，当将电能表接在电压互感器比为 10 000/100，电流互感器比为 500/5 的电路时，求计费倍率。

解： $K_j=K_L K_b=10\,000/100\times 500/5=100\times 100=10\,000$

计费倍率是 10 000。

下篇

技术应用与设备选型

第 10 章　变配电系统供电方式及开关设备类型

第 1 节　变电站一次主接线及其特点

1. 一路电源供电方式及特点

一路电源供电方式，一般只适用于 3 类负荷的用户，这种供电方式，一次接线简单，设备投资费用低，占地面积小，电缆进线也可采用架空进线，如图 10-1 所示，图中为单电源单母线手车式配电系统，也可采用固定安装方式配电设备。

一路电源配电系统维护简单，操作方便，但检修时需要全部停电，因此不适用于重要负荷。

2. 二路电源供电方式及特点

二路电源供电方式，一般适用于 1 类或 2 类负荷的用户。

二路电源配电系统分为单母线分段或不分段配电方式，分段开关可采用断路器或隔离开关进行控制，如图 10-2 所示，图中为双电源单母线分段手车式配电系统。也可采用固定安装方式配电。母线分段与不分段，手车式还是固定式可根据用户要求来确定。

二路电源配电系统容量大，适用于配电回路多的变电站。其供电经济、合理，安全可靠、性能稳定、运行操作灵活。但投资较高，操作步骤较复杂，占地面积也较大。

3. 三路电源供电方式及特点

三路电源供电方式，适用于 1 类或 2 类负荷大用户。除具备二路电源供电的特点外，还可根据负荷情况随时改变运行方案，如图 10-3 所示。

这种供电方式初投资大，操作步骤复杂，占地面积和建设面积大。给 1 类负荷供电时，还应配备备用发电机组或大容量的 UPS 不间断电源装置。

图 10-3 为三电源手车式单母线分段的配电系统。也可根据用户要求采用其他方式的配电方案。

第 2 节　开关设备结构分类及主要特点

1. 高压开关设备结构分类及主要特点

高压开关设备结构分类及主要特点见表 10-1。

2. 低压开关设备主要技术数据及特点

低压成套开关设备主要技术数据及结构特点见表 10-2。

第 3 节　高低压开关设备结构配置及型号规格

1. 高压开关柜结构配置及型号规格

常用部分高压开关柜结构配置及型号见表 10-3。

2. 低压开关柜结构配置及型号规格

常用部分低压开关柜结构配置及型号规格见表 10-4。

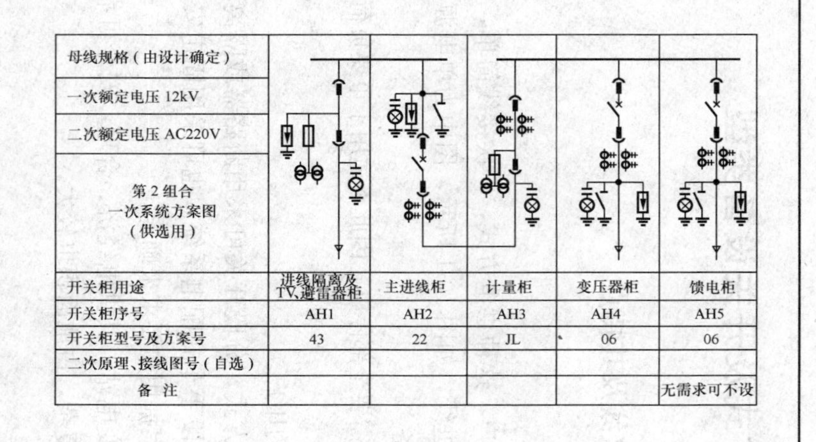

母线规格（由设计确定）					
一次额定电压 12kV					
二次额定电压 AC220V					
第 1 组合 一次系统方案图 （供选用）					
开关柜用途	进线隔离及TV、避雷器柜	主进线柜	计量柜	变压器柜	馈电柜
开关柜序号	AH1	AH2	AH3	AH4	AH5
开关柜型号及方案号	43	22	JL	05	06
二次原理、接线图号（自选）					
备　注					无需求可不设

母线规格（由设计确定）					
一次额定电压 12kV					
二次额定电压 AC220V					
第 2 组合 一次系统方案图 （供选用）					
开关柜用途	进线隔离及TV、避雷器柜	主进线柜	计量柜	变压器柜	馈电柜
开关柜序号	AH1	AH2	AH3	AH4	AH5
开关柜型号及方案号	43	22	JL	06	06
二次原理、接线图号（自选）					
备　注					无需求可不设

母线规格（由设计确定）				
一次额定电压 12kV				
二次额定电压 AC220V				
第 3 组合 一次系统方案图 （供选用）				
开关柜用途	进线＋计量柜	TV 避雷器柜	变压器柜	馈电柜
开关柜序号	AH1	AH2	AH3	AH4
开关柜型号及方案号	73	43	06	06
二次原理、接线图号（自选）				
备　注				无需求可不设

母线规格（由设计确定）				
一次额定电压 12kV				
二次额定电压 AC220V				
第 4 组合 一次系统方案图 （供选用）				
开关柜用途	进线＋计量柜	TV、避雷器柜	变压器柜	馈电柜
开关柜序号	AH1	AH2	AH3	AH4
开关柜型号及方案号	73	43	06	06
二次原理、接线图号（自选）				
备　注				无需求可不设

说明：
1. 一次和二次回路所配置的元件型号、规格、数量详见所选方案图表。
2. 本方案是否配置温控装置或综合保护装置可根据用户需求来确定选用有关方案。
3. 本方案在实际应用中可根据需求自行调整。
4. 如果某台柜子不需要计量，则可选用不带计量的设计方案。
5. 接地开关可根据用户需求来确定，如不需要则可删除。
6. 本章每张图中如有分项单元图表，不另行单注图表号，以图表中组合方案号为序。

图10–1　一路电源供电方式及特点

母线规格（由设计确定）													
一次额定电压 12kV													
二次额定电压 AC220V													
第 5 组合 一次系统方案图 （供选用）													
开关柜用途	进线隔离及TV、避雷器柜	1 号主进线柜	1 号计量柜	1 号变压器柜	1 号馈电柜	母线分断柜	隔离联络柜	2 号馈电柜	2 号变压器柜	所用变负荷柜	2 号计量柜	2 号主进线柜	进线隔离及TV、避雷器柜
开关柜序号	AH1	AH2	AH3	AH4	AH5	AH6	AH7	AH8	AH9	AH10	AH11	AH12	AH13
开关柜型号及方案号	43	22	JL	06	06	12	55	06	06	77	JL	20	43
二次原理、接线图号（自选）													
备 注					无需求可不设	一用一备不设此柜	一用一备不设此柜	无需求可不设		无需求可不设			

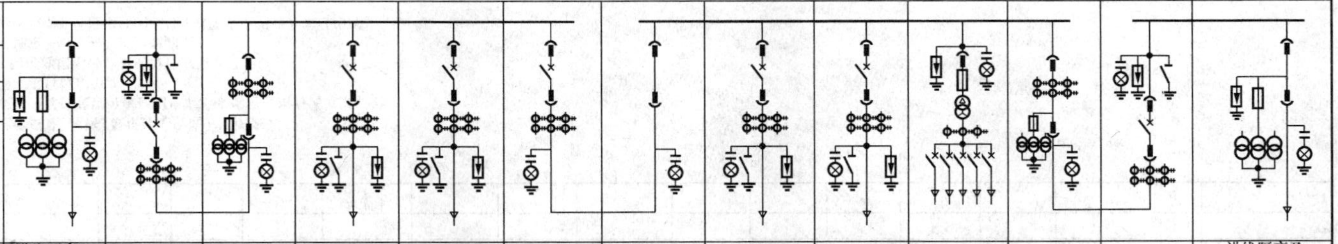

母线规格（由设计确定）													
一次额定电压 12kV													
二次额定电压 AC220V													
第 6 组合 一次系统方案图 （供选用）													
开关柜用途	进线隔离及TV、避雷器柜	2号主进线柜	2 号计量柜	2 号变压器柜	2 号馈电柜	母线分断柜	隔离联络柜	1号馈电柜	1号变压器柜	所用变负荷柜	1号计量柜	1号主进线柜	进线隔离及TV、避雷器柜
开关柜序号	AH1	AH2	AH3	AH4	AH5	AH6	AH7	AH8	AH9	AH10	AH11	AH12	AH13
开关柜型号及方案号	42	18	JL	03	03	08	55	03	03	77	JL	16	42
二次原理、接线图号（自选）													
备 注					无需求可不设	一用一备不设此柜	一用一备不设此柜	无需求可不设		无需求可不设			

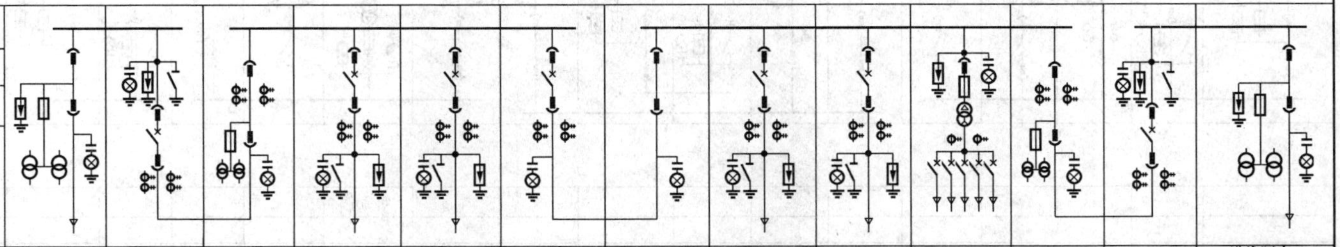

说明：
1. 一次和二次回路所配置的元件型号、规格、数量详见所选方案图表。
2. 本方案是否配置温控装置或综合保护装置可根据用户需求来确定选用有关方案。
3. 本方案在实际应用中可根据需求自行调整。
4. 如果某台柜子不需要计量，则可选用不带计量的设计方案。
5. 接地开关可根据用户需求来确定，如不需要则可删除。
6. 本章每张图中如有分项单元图表，不另行单注图表号，以图表中组合方案号为序。

图10-2　二路电源供电方式及特点

母线规格（由设计确定）																
一次额定电压 12kV																
二次额定电压 AC220V																
第 7 组合 一次系统方案图 （供选用）																
开关柜用途	1号进线隔离及TV、避雷器柜	1 号主进线柜	1 号计量柜	1 号变压器柜	所用变负荷柜	母线分断柜	隔离联络柜	3号进线隔离及TV、避雷器柜	3 号主进线柜	3 号计量柜	隔离联络柜	母线分断柜	2 号变压器柜	2 号计量柜	2 号主进线柜	2号进线隔离及TV、避雷器柜
开关柜序号	AH1	AH2	AH3	AH4	AH5	AH6	AH7	AH8	AH9	AH10	AH11	AH12	AH13	AH14	AH15	AH16
开关柜型号及方案号	43	22	JL	06	77	12	55	43	22	JL	55	12	06	JL	20	43
二次原理、接线图号（自选）																
备 注					无需求可不投											

母线规格（由设计确定）																
一次额定电压 12kV																
二次额定电压 AC220V																
第 8 组合 一次系统方案图 （供选用）																
开关柜用途	1号进线隔离及TV、避雷器柜	1 号主进线柜	1 号计量柜	1 号变压器柜	所用变负荷柜	母线分断柜	隔离联络柜	3号进线隔离及TV、避雷器柜	3 号主进线柜	3 号计量柜	隔离联络柜	母线分断柜	2 号变压器柜	2 号计量柜	2 号主进线柜	2号进线隔离及TV、避雷器柜
开关柜序号	AH1	AH2	AH3	AH4	AH5	AH6	AH7	AH8	AH9	AH10	AH11	AH12	AH13	AH14	AH15	AH16
开关柜型号及方案号	42	18	JL	03	77	08	55	42	18	JL	55	08	03	JL	18	42
二次原理、接线图号（自选）																
备 注					无需求可不投											

说明：

1. 一次和二次回路所配置的元件型号、规格、数量详见所选方案图表。
2. 本方案是否配置温控装置或综合保护装置可根据用户需求来确定选用有关方案。
3. 本方案在实际应用中可根据需求自行调整。
4. 如果某台柜子不需要计量，则可选用不带计量的设计方案。
5. 接地开关可根据用户需求来确定，如不需要则可删除。
6. 本章每张图中如有分项单元图表，不另行单注图表号，以图表中组合方案号为序。

图10-3 三路电源供电方式及特点

表 10-1 高压开关设备结构分类及主要特点

分类方式	基本类型	主要特点	型 号
按主开关的安装方式	固定式	主开关（断路器、负荷开关、电压互感器等主要电器）为固定安装，空气绝缘，又可分箱型和内部用隔板分割的形式	GG—/A（F）
	手车式	主开关及主要电器可移至柜外，采用隔离触头的啮合实现可移开部件与固定回路的电气连通，主开关移出比较笨重，主开关与车加工成一体，加工要求精度高	JYN□-12 GFC—12
	中置式	主开关小车与运载车分为两部分，运载车是通用型，主开关安装在柜体的中部，也称移开式，结构型式较手车式又进一步，操作轻便	KYN□-12
	下置式	主开关小车与运载车分两部分，运载车是通用型，主开关安装在柜体的下部，操作较方便	KYN36—12
	双层布置式	一个柜体主开关分上下两层布置，相当一个开关柜具有两台开关柜功能，可靠、安全均有所保证，节省占地面积，经济性好	KYN□-12
按开关柜隔室的构成型式	铠装型	主开关及其两端相联的元件均具有单独的隔室，隔室由接地的金属隔板构成。隔板均满足规定的防护等级要求。当柜内发生内部电弧故障时，可将故障限制在一个隔室中。在相临隔室带电时，也可使主开关室不带电，保证检修主开关人员的安全	KGN1—12 KYN1—12
	间隔型	隔室的设置与铠装型相同，但隔室可由非金属板构成，结构比较紧凑	JYN1—40.5（F）
	箱型	隔室的数目少于铠装型和间隔型，或隔板的防护等级达不到规定的要求。结构比较简单，成本低	XGN—40.5
	半封闭型	母线室不封闭或外壳防护等级不满足规定的要求，安全可靠性低，结构简单，成本低	GG—1A（F）
按主母线系统	单母线	开关柜的基本母线形式，检修主开关和母线时需对负载停电	KYN□-40.5 KYN□-12
	单母线带旁路母线	具有主母线和旁路母线，检修主开关时，可由旁路开关经旁路母线对负载供电	GPG—12
	双母线	具有两路主母线。当一路母线退出时，可由另一路母线供电	GSG—12（F）
按柜内绝缘介质	空气绝缘	极间和极对地的绝缘强度靠空气间隙来保证，绝缘稳定性能好、造价低、但柜体体积较大	GFC—40.5
	复合绝缘	极间和极对地的绝缘强度靠固体绝缘材料加较小的空气间隙来保证。柜体体积小，造价高	

表 10-2　　低压成套开关设备主要技术数据及结构特点

基本类型	型号	额定电压（V）	水平母线		外形尺寸（mm）			防护等级	结构特点
			额定电流（A）	额定短时耐受电流（kA）	宽	深	高		
固定式	GGD1 GGD2 PGL3	380	≤3200	≤50	600 800 1000	600 800	2200	IP20 IP30	框架为钢板弯制成型，螺栓连接或焊接而成 元件固定安装
固定式	GGL1	380 660	≤2500	≤50	600 800	600 800 1000	2200		框架采用矩形钢管组装式 元件固定安装
抽屉式	GCK GCS	380 660	≤4000	≤80	600 800 1000 1200	600 800 1000	2200	IP40 IP30	框架为异型钢材组合装配式，功能单元、母线、电缆为封闭隔离独立隔室，功能单元为抽屉式
抽屉式	GCL1	380 660	≤3200	≤80	600 800 1000	800 1000 1100	2200	IP30	
固定式	GBD1 GGD3	380 660	≤4000	≤80	800 1000 1200	600 800 1000	2200	IP30 IZ40	框架为异型钢材组合装配式，功能单元间隔离，功能单元为固定安装式
固定式	GBL1 PGL（F）	380 660	≤3200	≤30	400 600 800	400 600	1800	IP30	
抽屉式	MNS	380 660	≤5000	≤100	600 800 1000	600 800 1000	2200	IP30 IP40	框架为型材组合装配式，功能单元、母线电缆为封闭隔离独立隔室，功能单元为抽屉式
固定式	XGM1 XGZ1 XGC1 XLZ1	220 380	≤630	额定漏电动作电流： 主电路＜0.1A 分支电路＜0.03A				IP20 IP30	框架为钢板弯制 电器元件导轨或固定安装 可嵌墙或挂墙安装
箱式变电站	GYB1	高压进线 10kV、低压出线 380V 变压器最大容量 800kVA。外形尺寸按载重汽车的装载尺寸设计						IP30	结构为钢板焊接整体式，高压室、变压器室、低压室成一体。箱体采用槽钢骨架和薄钢板加装条形复板，减少了日照辐射、增大了通风面积、元件固定安装

注　高压和低压成套开关设备型号繁多，在表$\frac{10\text{-}1}{10\text{-}2}$中仅举几种常用开关设备，未列出的型号开关设备其技术性能、特点基本相同，外形结构略有不同。

表 10-3　常用部分高压柜结构配置及型号规格

技术数据 / 开关柜型号	类别型式	电气参数			主要电器设备型号							外形尺寸（宽×深×高，mm×mm×mm）
		额定电压（kV）	额定电流（A）	额定断开容量（kA）	主开关	操动机构	电流互感器	高压熔断器	避雷器	电压互感器	接地开关	
XGN□-35（Z）	单母线带旁路固定式	35	1250、1600、2000	25、31．5	ZN12—35	专用直流操作（弹簧机构）	LZZB7—35 LCZ—35	RN1—35	HY5WZ2—54/134	JDZ9—35、JDZX9—35		1818×2960（3860）×3650
KYN10—40.5	单母线手车式	40.5	1250、1600	25、31.5	ZN12—40.5 ZN65A—40.5		LDJ—40.5 LCZ—40.5	XRNP—35 XRNT—35	HY5WZ2—54/134	JDZ9—40.5 JDZX9—40.5	JN12—40.5	1400×2200×2600
KYN□-35（Z）	单母线手车式	35（40.5）	1600	20、25、31.5	ZN□-35	专用弹簧操动机构	LDJ1—35	RN1—35	HY5WZ1—42/134	JDZ8—35、JDZX8—35	JN11—35	1600×2260×2600
KYN800—10	单母线中置式	（6）10	630、1250、2000、2500、3150	20、25、31.5、40、50	ZN12—10 ZN□-10B ZN65—12 ZN28—12		LAJ—10 LZZBJ9—10A			JDZJ—10、JDZ—10、JDZX9—10G		900×1750（800）×2750
KYN□-12（VUA）	单母线双层	（3）（6）10	1250、3000	25、31.5、40	ZN18—12CE（美）		LFJ3—10Q LDJ3—10Q					800×1760×2300
DF5151	单母线中置式	12	630、1250、1600、2000、2500、3150	20、25、31.5、40	VS1、VD4		AS12	RN2—10	HY5WZ—17/50	RZL10 REL10	JN15	800（1000）×1500（1660）×2300
MMV15	单母线中置式	15	630、1250、2000	25、31.5、40								650（800）×1600×2100
KYN□-12（Z）—（GZS）	单母线中置式	12	630、1250、1600、2000、2500、3150		VS1、VD4		AS12	RN2—10	HY5WS2—17/50	RZL—10 REL—10	JN15	800（1000）×1500×2300

续表

技术数据 / 开关柜型号	类别型式	电气参数			主要电器设备型号							外形尺寸（宽×深×高，mm×mm×mm）
		额定电压（kV）	额定电流（A）	额定断开容量（kA）	主开关	操动机构	电流互感器	高压熔断器	避雷器	电压互感器	接地开关	
KYN3A—10	单母线手车式	10	630、1250、1600、2000、2500、3150		ZN28—10	CD17、CT19	LZZB1—10	RN2—10	FZ2 FS3 FCD3	JDZJ—10 JDZ—10	JN4—10	
KYN（VE）—10	单母线中置式	10	630、1250、1600、2500、3150	20、25、31.5、40、50	ZN、VK、VD4、VCB		LZZJB9—10	RN2—10	HY5WS	JDZ—10		800（1000）×1540（1700）×2300
KYN□-12	单母线下置式	10	1250、2000、3150	25、31.5、40	VPR		LZZJ—10	RN2—10	HY5WS—12.7/50 HY5WZ—12.7/50	JDZX—10G JDZZ—10J	JN15—10	840（1000）×1700×2150
KYN17—12	单母线中置式	3、6、7.2、12	800、1250	31.5	ZN21—12、VS1—12		LZZBJ9—10A	RN2—10	HY5WZ1—17.5	JDZ9—10	JN16—10	800×1500×2200
KYN18B—10Z	单母线中置式	3、6、10	630、1250、1600、2000、2500、3150	31.5、40	ZN12—12T		LZZBJ9—10G、LMZD2—10	RN1—10 RN2—10	HY2.5W1	JDZJ—10		800（840）×1775×2150
KYN18C—10	单母线中置式	3、6、10	630、1250、1600、2000、2500、3100	25、31.5、40	ZN28—10	CD11、CT19	LZZB1—10	RN2—10	FZ2、FS3、FCD3	JDZJ—10 JDZ—10	JNA 12	
KYN18D—10ZQ	单母线中置式	10	1000、1250、1600、2000、2500、3150	25、31.5、40、50	ZN12A—10		AS—12、LZZBJ9—10A		HY5W	JDZJ—10 JDZBJ9—10 JDZ—10 REL—10		900×1650 1000×（2055）×2050
KYN21A—10	单母线手车	3、6、10	630、1000、1250、1600、2000、2500（3150）	20、25、31.5、40	ZN28—10、ZN12	CD17、CT19	LDJ—10Q	RN2—10 XRNT—10	HY5WZ1—12.7/45	JDZ—10 JDZJ—10 JSJV—10 JSJW—10	JN4—10	840（1000）×1700×2200

续表

技术数据 开关柜型号	类别型式	电气参数			主要电器设备型号							外形尺寸（宽×深×高，mm×mm×mm）
		额定电压（kV）	额定电流（A）	额定断开容量（kA）	主开关	操动机构	电流互感器	高压熔断器	避雷器	电压互感器	接地开关	
KYN27—12	单母线中置式	3、6、7.2、10	同上	16、20、25、31.5、40	ZN28—10		LZZJ—10	RN2—10	同上	JDX8—10G JDZ2—10	JN15—12	840（1000）×1700×2200
KYN28（ZSS）	单母线中置式	10	630、1250、1600、2000、2500、3150	16、20、25、31.5、40、50	ZN21—10 ZN2—10 VS1—12		LZZB（J）AS12	XCRNP—10	HY5W Y5W	RZL10 REL10	JN15—10	800×1400（1600）×2200
KYN28A—12	单母线中置式	12	630、1250、1600、2000、2500、3150	20、25、31.5、40、50	ZN21—12 VS1—12 VD4—12		LZZBJ9—12	XRN—10		RZL10 REL10		800（1000）×1500（1600）×2200
KYN36—12（MA—EC）	单母线下置式	12	630、1250、1600、2000、2500、3150	25、31.5、40	VPR							700（800）（1400）（1500）×1800×2200
KYN48（DKY）—12	单母线中置式	12	630、1250、1600、2000、3150	20、25、31.5、40	VK							800×1650×2200
KYN1000—10	单母线手车式	3、6、10	1600、2000、3150	31.5 40、50	3AH ZN12—10		LZZBJ9—10A	RN2—6（10） SDLDN1		JDZJ—6 JDZ—6 JDZJ—10 JDZ—10		800（900）×1775（2175）×2050
CAV—12	单母线移开式	12、24	2500	16、25、31.5	BLV							800（900）×1410（1540）×2150（2450）

续表

技术数据 / 开关柜型号	类别型式	电气参数			主要电器设备型号							外形尺寸（宽×深×高，mm×mm×mm）
		额定电压（kV）	额定电流（A）	额定断开容量（kA）	主开关	操动机构	电流互感器	高压熔断器	避雷器	电压互感器	接地开关	
MV_{nex}—12	单母线移开式	12	1250、2500、3150	25、31.5、40	EVolis							800（900）（1000）×1595×2300
RM6—IQI	环网组合	12、24	630	20/3s 16/1s	400TB 158LR						JN15—12	1186×710×1140（3单元）
KYN9000—12	F—C回路	3.6 1.2 12	400	4							JN15—12	450×1775×2330（3.6kV） 500×1775×2330
KYN9000—12（KYN28A—12）	单（双）母线手车式	3.6 7.2 12	630、1250、1600、2000、2500、3150、4000	16、20、25、31.5、40、50、63	ZN18A—12 3AH VS1 VD4						JN15—12	1000（800、900）×1500（1670、1390）×2250（2120）
HXGN—12	环网组合	10（12）	630、125	20/4S 31.5	ZFN—12 FN5—12 ISARC—12		LFSQ LFS	SFLAJ XRNP—12	HY5WS HY5WZ		JN15—12	800（820）×900（800）×2200
HXGN15—12	环网（ABB）组合	12	630	20/3S							JN15—12	750（500）×900×1600（1850）
KYN8BK	单（双）母线手车式	7.2 12	630	25 31.5	3AH		LZZ89—10A AS12—1506	XRNP	HY5WZ	JDZJ JDZ UNE	JN15—10F	800×1650×2550 800×3650×2550（双母线）
XGN17C—40.5	单母线	40.5	630、1250、2500、3150	25 31.5	3AH ZN12						JN15—10F	1918×2500（3250）×3120

续表

技术数据 / 开关柜型号	类别型式	电气参数			主要电器设备型号							外形尺寸（宽×深×高，mm×mm×mm）
		额定电压（kV）	额定电流（A）	额定断开容量（kA）	主开关	操动机构	电流互感器	高压熔断器	避雷器	电压互感器	接地开关	
XGN15—12	单母线环网组合	12	63～630	20 25	SFG、SHS2 FLN36 FLRN36 等 SF_6 负荷开关	单双弹簧操动机构	LZZB6 LZZBJ9	XRNT—12			JN15—12	350×840×1635 500×840×1885 750×840×1885
BA1—35	单母线手车式	35	1250，1600	25	HB35	KHB	GN，AKB，AKX，AKH	RN2—35		VKV，VKI		1200×2400×2350
GBC—35（F）	单母线手车式	35	1000	16.2	SN10—35	CD—10	LCZ—35	RN2—35	FZ3—35	JDJJ2—35 JDJ2—35		1818×2050×2900
GBC—35A（F）	单母线手车式	35	1000	16～31.5	SN10—35 SN12—35	CD10—IV	LCZ—35	RN2—35	FZ3—35	JDJJ2—35 JDJ2—35		1818×2050×2900
JYN1—35（F）	单母线手车式	35	1000	16.2	SN10—35	CD10 CT8	LCZ—35	RN2—35 RW10—35	FZ—35 FYZ1—35	JDJJ2—35 JDJ2—35		1818×2400×2925
KYN—35	单母线手车式	35	1600	25	SN10—35 ZN—35 LN2—35	CT12 CT10	LFJ1—35 LDJ1—35	RN2—35 RN1—35	FZ—35	JDZ8—35 JDZJ8—35	JN—35	1200 1400 × 2060 2260 ×2640
GBC—35（S）	双母线手车式	35	1000	16	SN10—35 SN12—35	CD10 CT8 CT7	LCZ—35	RN1—35	YSC12	JDJ2—35		1818×3600×3600
GC2—10（F）	单母线手车式五防	10	630～3000	20～40	SN10—10 ZN□-10	CD10 CT8	LFS—10 LFSQ—10	RN2—10	FS3—10 FCD3—10	JDZ—10 JDZJ—10	JN—10G	800 1000 ×1500×2282
GC5—10（F）	单母线手车式五防	10	630～2500	16～40	SN10—10 ZN3—10 LN2—10	CD10 CT8	LFS—10	RN1—10 RN2—10	FS・FZ—10	JDZ—10 JDZJ—10	JN1—10（G）	840×1170×2185

续表

开关柜型号 \ 技术数据	类别型式	电气参数			主要电器设备型号							外形尺寸（宽×深×高，mm×mm×mm）
		额定电压（kV）	额定电流（A）	额定断开容量（kA）	主开关	操动机构	电流互感器	高压熔断器	避雷器	电压互感器	接地开关	
GFC—3BQ（F）	单母线手车式五防全工况	10	900	31.5	SN10—10	CD10 CT7	LZX—10Q LZZB9—10 LZZB9—10C	RN1—10 RN2—10	FS3—10 FCD3—10	JDJ—10 JDZ—10 JDZJ—10 JSJW—10	JN2—10	800×1250×2100
GFC—3BZQ（F）					ZN4—10							800×1250×2100
GFC—3BQG（F）					SN10—10							800×1500×2100
GFC—3BPQ（F）	带旁路母线				SN10—10							800×1960×2100
GFC—7B（F）	单母线手车式五防		630～1250	8～40	SN10—10 ZN3—10 ZN5—10	CD10 CT8	LZJC—10	RN2—10 RN3—10	FS2—10 FZ2—10 FCD3—10	JDZ—10 JJDZJ—10	JN—10	840×1500×2200
GFC—10A（F）			1000	31.5	SN10—10 ZN4—10C	CD10 GS10—1	LZJC—10	RN2—10	FS2—10 FZ2—10 FCD3—10	JDZ—10 JDZJ—10		800×1280×2000
GFC—10B			630～2500	16～40	SN10—10	CD10	LZX—10 LQZQ—10	RN2—10 RN3—10	FS2—10 FZ2—10 FCD3—10	JDZ—10 JDZJ—10		800 1000 ×1500×2200
GCF—11			1000	16.5	SN10—10	CD10	LZX—10 LZJC—10	RN2—10	FS4—10	JDZ1—10 JDZJ1—10		800×1200×2100
GFC—15A（F）			600～3000	10～40	SN10—10	CD10	LZX—10	RN2—10	FS8—10 FZ—10 FCD3—10	JDZ—10 JDZJ—10		1000×1550×2000
GFC—15AZ（F）			600～3000	31.5～300	SN10—10 ZN4—10	CD	LZX—10	RN1—10 RN2—10	FZ—10 FS3—10 FCD3—10	JDZ—10 JDZJ—10		800×1550×2000
GFC—18G			630～2500	16～31.5	SN10—10 ZN—10	CD14 CT8	LZZB6—10 LZZJB6—10 LZX—10	RN1—10 RN2—10	FZ—10 FS3—10 FCD3—10	JDZ—10 JDZ6—10	JN—101	1000×1500×2200

续表

开关柜型号 \ 技术数据	类别型式	电气参数			主要电器设备型号							外形尺寸（宽×深×高，mm×mm×mm）
		额定电压（kV）	额定电流（A）	额定断开容量（kA）	主开关	操动机构	电流互感器	高压熔断器	避雷器	电压互感器	接地开关	
BA/BB—10	单、双母线手车式	10	630～2500	25～40	HB10	KHB	AKS AKV	RN1—10 RN5—10	FZ—10 FS3—10 FCD3—10	VKI VKV		800 1120 1000 × 1570 ×1800
JYN2—10	单母线手车式五防		630～2500	16～31.5	SN10—10	CD10 CT8	LZZB6—10 LZZJB6—10 LMZB6—10	RN2—10 RN3—10	FS2，FZ FCD3—10	JDZ6—10 JDZJ6—10	JN—10I	840 1000 ×1500 ×2200
JYN2—10A			630～1250	8～40	SN10—10 ZN3—10， ZN5—10	CD10 CT8	LZJC—10 LZXQ5—10 LZJC/CB—10	RN2—10	FS2，FZ2 FCD3—10	JDZ—10 JDZJC—10	JN2—10	800×1500×2200
JYNB—10			900	40	SN10—10	CD10 CT8	LZZQB9—10	RN2—10	FS3—10	4MQ—10		800×1275×2400 2650
JYNC—10			630～3150	31.5～50	ZN□-10 ZN12—12	CD10 CT8 CT7	LZZBJ9— 10A	RN2—10	FZ—10 FS3—10	JDZ—10 JDZJ—10 4QM		800×1275×2400 2650
JYN□-10			630～3000	16.5～40	SN10—10 ZN—10， LN—10	CD10 CT8	LZXQ4—10 AKS，AK1		FS3—10 FCD3—10	JDZC—10 JDZJ6—10		1200×1000×1800
JYN□-10A			600～3000	16～40	SN10—10 ZN3，5B， 7—10	CD10 CT8	LZXQ4—10 LMZD2—10	RN1—10 RN2—10	FZ—10 FS3—10 FCD3—10	JDZ—10 JDZJ—10	JN5—10	700 1250 900 × 1350 ×2000
KYN—10 KYN1—10			630～2500	16.2～40	SN10—10	CD10 CT8	LDJ—10	RN2—10 RN3—10	FS2—10 FZ2—10	JDZ—10 JSJW—10	JN4—10	800 1500 1000 × 1800 ×2200 2350
KYN3—10			630～2500	20～40	SN10—10 ZN□-10	CD10 CT8	LFSQ—10 LMZ—10	RN1—10 RN2—10	FZ2—10 FS3—10 FCD3—10	JDZ—10 JDZJ—10 ISJW—10	JN—10	800 1000 ×1800 ×2200

续表

技术数据 / 开关柜型号	类别型式	电气参数			主要电器设备型号							外形尺寸（宽×深×高，mm×mm×mm）
		额定电压（kV）	额定电流（A）	额定断开容量（kA）	主开关	操动机构	电流互感器	高压熔断器	避雷器	电压互感器	接地开关	
KGN1—10（F）	单、双母线固定式		5～2500	16～40	SN10—10	CD10 CT8	LA（J）—10 LQJ—10	RN1—10 RN2—10	FS—10 FZ—10	JDZ—10 JDZJ—10 JSJW—10		1180×1600×3000
KGN3—10	单母线手车式		630～2500	20～40	SN10—10	CD10 CT8	LFZJ—10	RN2—10	FS—10 FZ—10	JDZ—10 JDZJ—10 JSJW—10		1180×1600×2900
GG—1A（F）			600～3000	16～40	SN10—10	CD10 CD14 CT8	LA—10 LAJ—10 LFZJ—10	RN1—10 RN2—10	FZ—10 FS—10 FCD—10	JDZ—10 JDZJ—10	JN—10	1218×1225×3125
GG—1AZ（F）	单母线固定式五防		400～1000	16，20	VS1—10 ZN□-10	CD10 CT8	LA—10 LMZJ—10	RN1—10 RN2—10	FZ—10 FS—10 FCD—10	JDZ—10 JDZJ—10	JN—10	1218×1225×3110
GG—11		10	400～1000	16.5	SN10—10	CD10 CS15	LFZ1—10 LDZ1—10 LMZ1—10	RN2—10	FS4 FZ2—10 FCD3—10	JDZ1—10 JDZJ1—10		1100×1200×2600
GPG—1A（F）	单母线带旁路		400～3000	31.5	SN10—10 ZN4—10	CD10	LA—10 LMZ—10 LMZJ1—10	RN1—10 RN2—10	FS3—10 FCD3—10 FYR1—10	JDZ，JDJ—10 JSJW—10 JDZJ—10		1218×1950×3150
GSG—1A（F）	双母线固定式五防		400～3000	31.5	SN10—10 ZN4—10	CD10	LA—10 LMZ—10 LMZJ1—10	RN2—10	FS3—10	JDZJ—10 JSJW—10		1400×1900×2700
VC—10	单母线固定式		630～1250	25	VK—10J/M25		LZJ—10	RN1—10 RN2—10	FZ—10 FS3—10	JDZ—10 JDZJ—10		800×1540×2300
XGN—10	单、双母线固定式		630～2500	16～31.5	ZN—10	CD10 CT8	LZZJ—10	RN2—10 RN1—10	FZ—10 FS3—10	JDZ—10 JDZJ—10 JSJW—10	JN□-10	1100×1200×2650

续表

开关柜型号 \ 技术数据	类别型式	电气参数			主要电器设备型号							外形尺寸（宽×深×高，mm×mm×mm）
		额定电压（kV）	额定电流（A）	额定断开容量（kA）	主开关	操动机构	电流互感器	高压熔断器	避雷器	电压互感器	接地开关	
XGN1—10 XGN2—10	单母线固定式	10	630～2500	16～40	SN10—10 ZN28—10	CD10 CT8	LZZJ—10	RN2—10 RN1—10	FZ—10 FS3—10	JDZ—10 JDZJ—10 JSJW—10	JN4—10	1100×1200×2650
HGKC—10	环网开关柜	10	630	22	KL—10/630 KLF—10/630		LZJC—10	RN3—10		JDZ—10	EUK—10	850×725×1900
MKH—10 ELC—24	环网开关柜	10	630	16			LFS—10	SDLAJ—12 SFLAJ—12	FZ2—10 FS3—10	JDZ—10		450 900 ×955×1600
HXGN1—10	环网开关柜	10	400	31.5	FN5—10		LZJC—10	RN2—10 RN3—10	FS2—10 FS4—10	JD2—10		750×800×1900
GFG—10（F）	环网开关柜	10	400 600	31.5 50	FN5—10D		LZJC—10	RN3—10 SLAJ	FS2—10 FS4—10	JDZ—10		750×800×1900
HK—10D	环网开关柜	10	630	16、20	HKZ—10		LFS—10 LZJC—10	RN2—10 SLF—10	FS4—10 HYSWS1	JDZ—10 JDZJ—10		650 800 ×700× 1800 2200
PJ1	计量柜	10	20～1000				LQJ—10 LA—10	RN2—10		JDZ—10		1200×1200×3100
GGJ—1	计量柜	10	20～1000				LQJ—10	RN2—10		JDJ—10		1218×1225×3110
GSC—1（F）	双层柜	6	2500	40	CKG1		LAJ—10	RN2—10		JDZ—10		840×1500×2200
JYNC—10（J、R）	接触器柜	10	630～3150	50	ZJ□-10/400		LA2—10	WFNH0 WKNH0	MYGK—6/5		JN□-10/I	650×1275×2400

表 10-4　常用部分低压开关柜结构配置及型号规格

技术数据 / 开关柜型号	类别型式	电气参数			主要电器型号					外形尺寸（宽×深×高，mm×mm×mm）
		额定电压（V）	额定电流（A）	分断能力（kA）	受电断路器	馈电断路器	交流接触器	熔断器	电流互感器	
GGD GML2 PGL	固定式	400 660	630～4000	50	RMW2—1600 AH—3200 CW1—5000 DW18—2500	NS—630 RMM1—630 CM1—630 DZ20—630	CJX4	RT 系列 NT 系列	BH—0.66□/5	600 800 × 600 800 ×2200 1000
GCY	抽出式	400 660	630～4000	50（80）	RMW1—6300 CW1—5000 ME3205 CW2—6300	NS 系列 CM1 系列 RMM1 系列	B 系列	同上	SDH—□/5	600 800 ×800×2200
GCK GCL GCS MN5 XES	抽出式	380	630～4000	50（80）	CW1—5000 MRW1—6300 ME—3205 CW2—6300 F5S—5000 MRW2—1600 M 系列 F 系列	ME 系列 FIS 系列 QSA 系列 CM1 系列 XKM 系列 NS 系列 TG 系列 AH 系列	CJ20 系列 CJ40 系列 B 系列	同上	LMK3 系列	600 800 × 800 1000 ×2200 1000
YDSD	抽出式	380	630～4000	50（80）	DW18C 系列 AF 系列	CM1 系列	LC1 系列	NT 系列	LM 系列	600 800 × 800 1000 1000 ×2200 1200
LGT—6000	固定式 抽出式	660	630～5500	100	万能式	塑壳式	CJ20	同上	LM 系列	（n×520） ×（n×240） ×2200
LMDH	抽出式 抽屉式 固定式 插入式	380 660	630～7000	50	NS 系列 M 系列 F 系列 QSA 系列	M 系列 C 系列 F 系列 3KM 系列 NS 系列 SH 系列	LC1 系列 OKQR 系列 LS 系列	同上	LMK 系列	

续表

开关柜型号 \ 技术数据	类别型式	电气参数			主要电器型号					外形尺寸（宽×深×高，mm×mm×mm）
		额定电压（V）	额定电流（A）	分断能力（kA）	受电断路器	馈电断路器	交流接触器	熔断器	电流互感器	
SIKUS	固定 抽出式	400	3200 6400	65（80）	3WN6 系列	3VF 系列	3KL 系列 FF 系列	3NJ6	LMZ—0.5 BH—0.66	400/600/800/1100 ×1000×2200
MHS	抽出式	380 660	5500	100	DW914	S 系列	B 系列 CJ20 系列	RTO RT20 系列	LN4、LN11 LMZ	600/800/1000 ×1000×2200
MLS（MNSG）	抽屉式	380 660	1250～5000	50（80）	S 系列 AH 系列 F 系列 3WN6 系列	CM1 系列 XKM1 系列	B 系列	NT 系列 RT 系列	LMK— 0.66□/5	600/800/1000 ×600/800/1000 ×2200
MB—100/200/400	固定式 抽屉式		1200，6300	80	M 系列	NS 系列 C 系列	LC1 系列	同上	同上	900/1200/1400 ×1035/1385/1510 ×2366
JYD 2000	固定式 分隔式 抽屉式	380 660	800～1600 ～4000	50（80）	IZM NZM 系列	NZM 系列	RKZ 系列	同上	ASTW 系列	600×800×2200
NY2000Z	抽出式	380 660	630～5000	30，50， 80，1000	1000～3200	NZM 系列 LZM	PKZ 系列 IZM 系列	同上	ASTW6	400/600/800/1000 ×800/1000/1400 ×2200
JYD3000	抽出式	380 660	1600～4000	50，80	IZM 系列 IN 系列	NZM 系列	PKZ 系列	GSTA 系列	ASTW6	600/800 ×800/1000 ×2200
PRISMA	固定式	1000	630 3200	25，85	MT 系列	NS 系列 M 系列 C45N 系列	LC 系列	NT 系列	LMK—0.66	900×800×2025
HONOR		660	6000	50	（SACE）、 SH 系列 F 系列	同上	CJ20 系列	OESA 系列	同上	760×820×2200

第11章　特殊环境的类型分区及设备选型

第1节　特殊环境的分区和分类

1. 具有爆炸和火灾危险环境的分区

具有爆炸和火灾危险环境的分区见表11-1。

表11-1　具有爆炸和火灾危险环境的分区

类　型	分区	环境特征
气体或蒸汽爆炸性混合物的爆炸危险环境	0区	连续出现或长期出现爆炸性气体混合物环境的区
	1区	在正常运行时，可出现爆炸性气体混合物环境的区
	2区	在正常运行时，不可能出现爆炸性气体混合物环境，或即使出现也仅是短时存在的爆炸性气体混合物环境的区
粉尘爆炸性混合物的爆炸危险环境	10区	连续出现或长期出现爆炸性粉尘环境的区
	11区	有时会将积留下的粉尘扬起而偶然出现爆炸性粉尘混合物环境的区
火灾危险环境	21区	具有闪点高于环境温度的可燃液体，在数量和配置上能引起火灾危险环境的区
	22区	具有悬浮状、堆积状的可燃粉尘，虽不可能形成爆炸性混合物，但在数量和配置上能引起火灾危险环境的区
	23区	具有固体状可燃物质，在数量和配置上能引起火灾危险环境的区

注　1. 正常运行是指正常的开车、运转、停车，作为产品的危险性物料的取出，密闭容器盖的开闭、安全阀、排放阀的开闭等工作状态。正常运行时所有工厂设备都在其设计参数范围内工作。
2. 在生产中0区是极个别的，大多数情况属于2区。在设计时应采取合理措施尽量减少1区。

2. 具有腐蚀环境的分类

具有腐蚀环境的分类见表11-2。

表11-2　具有腐蚀环境的分类

环境特征	类　别		
	0类	1类	2类
	轻腐蚀环境	中等腐蚀环境	强腐蚀环境
化学腐蚀性物质的释放状况	一般无泄漏现象，任一种腐蚀性物质的释放严酷度经常为1级，有时（如事故或不正常操作时）可能达2级	有泄漏现象，任一种腐蚀性物质的释放严酷度经常为2级，有时（如事故或不正常操作时）可能达3级	泄漏现象较严重，任一种腐蚀性物质的释放严酷度经常为3级，有时（如事故或不正常操作时）偶然超过3级
地区最湿月平均最高相对湿度（25℃）	65%及以上	75%及以上	85%及以上
操作条件	由于风向关系，有时可闻到化学物质气味	经常能感到化学物质的刺激，但不需配戴防护器具进行正常的工艺操作	对眼睛或外呼吸道有强烈刺激，有时需配戴防护器具才能进行正常的工艺操作

续表

环境特征	类别		
	0类	1类	2类
	轻腐蚀环境	中等腐蚀环境	强腐蚀环境
表观现象	建筑物和工艺、电气设施只有一般锈蚀现象，工艺和电气设施只需常规维修，一般树木生长正常	建筑物和工艺、电气设施腐蚀现象明显，工艺和电气设施一般需年度大修；一般树木生长不好	建筑物和工艺、电气设施腐蚀现象严重，设备大修间隔期较短，一般树木成活率低
通风情况	通风条件正常	自然通风良好	通风条件不好

注　如果地区最湿月平均最低温度低于25℃时，其同月平均最高相对湿度必须换算到25℃时的相对湿度。

第2节　安装在危险环境的电气设备选型及使用环境条件

1. 安装在具有危险环境的电气设备选型

安装在具有爆炸危险环境的电气设备选型见表11-3。

表11-3　　安装在具有爆炸危险环境的电气设备选型

设备种类＼区域等级		0区	1区	2区	10区	11区
电机		—	隔爆型、正压型	隔爆、正压、增安、无火花型①	尘密、正压防爆型	IP54
电器和仪表	固定安装	—	隔爆型	隔爆型	尘密、正压防爆型	IP65
	移动式	—	—	—	尘密、正压防爆型	
	携带式				尘密封	
照明灯具	固定安装及移动式	—	隔爆型	隔爆型、增安型	尘密型	尘密型
	携带式	—	隔爆型	隔爆		
变压器		—		隔爆、正压、增安型	尘密、正压防爆、充油防爆型	
操作箱、柱		—	隔爆型、正压型	隔爆、正压型	尘密、正压防爆型	—
控制盘		本质安全型②（按钮）	—			
配电盘		—	—	隔爆型		

注　1. 0区内在正常情况下，连续或经常存在爆炸性混合物的地点（如贮存易燃液体的贮罐或工艺设备内的上部空间），不宜设置电气设备。但为了测量、保护或控制的要求，可装设本质安全型电气设备。

2. 2区和11区内电机正常运行时有火花的部件（如集电环），应采用下列类型之一的罩子：防爆通风、充气型、封闭式等。

3. 2区内事故排风电机应选用隔爆型。

4. 1区内正常运行时，不发生火花的部件和按工作条件发热不超过80℃的固定安装的电器和仪表，可选用尘密型。

5. 2区内事故排风机用电机的固定安装的控制设备（如按钮），应选用任意一种防爆类型。

6. 携带式照明灯具的玻璃罩应有金属网保护。

① 无火花电动机用于通风不良及户内具有比空气重的介质区域内时需慎重考虑。

② 仅允许用ia型（本质安全型号之一）。

2. 安装在具有火灾危险环境的电气设备选型

安装在具有火灾危险环境的电气设备选型见表 11-4。

表 11-4　安装在具有火灾危险环境的电气设备选型

设备种类 \ 区域等级		21 区	22 区	23 区
电机	固定安装	IP44①	IP54	IP21②
	移动式和携带式	IP54		IP54
电器和仪表	固定安装	充油、IP56、IP65、IP44③	IP65	IP22
	移动式和携带式	IP56、IP65		IP44
照明灯具	固定安装	保护	防尘	开启
	移动式和携带式④	防尘		保护
配电装置		防尘		保护
接线盒				

① 在 21 区内，固定安装的 IP44 型电机正常运行时有火花的部件（如集电环），应装在全封闭的罩子内。
② 在 23 区内，固定安装的正常运行时有火花（如滑环电机）的电机，不应采用 IP21 型，而应采用 IP44 型。
③ 在 21 区内，固定安装的电器和仪表，在正常运行有火花时，不宜采用 IP44 型。
④ 移动式和携带式照明灯具的玻璃罩，应有金属网保护。

3. 安装在具有腐蚀环境的电气设备选型

安装在具有腐蚀环境的电气设备选型见表 11-5。

表 11-5　安装在具有腐蚀环境的电气设备选型

电气设备名称	户内环境类别			户外环境类别		
	0 类	1 类	2 类	0 类	1 类	2 类
配电装置和控制装置	封闭型	F1 级防腐型	F2 级防腐型	W 级户外型	WF1 级户外防腐型	WF2 级户外防腐型
电力变压器	普通型或全密闭型	全密闭型或防腐型	—	普通型或全密闭型	全密闭型或防腐型	—
电动机	基本系列（如 Y 系列电动机）	F1 级专用系列	F2 级专用系列	W 级户外型	WF1 级专用系列	WF2 级专用系列
控制电器和仪表（包括按钮、信号灯、电表、插座等）	保护型、封闭型或密闭型	F1 级防腐型	F2 级防腐型	W 级户外型	WF1 级户外防腐型	WF2 级户外防腐型
灯具	普通型或防水防尘型	防腐型（如 GC-51、GC-57、BYG-1-1FF 等）		防水防尘型	户外防腐型	
电线	塑料绝缘电线	橡皮绝缘电线或塑料护套电线		塑料绝缘电线	塑料绝缘电线（1kV 以上架空线路采用防腐钢芯铝绞线）	
电缆	塑料外护层电缆			塑料外护层电缆		
电缆桥架	普通型	F1 级防腐型	F2 级防腐型	普通型	WF1 级防腐型	WF2 级防腐型

注　适用环境类别和标志符号：F1、F2 为户内 1 类、2 类：W、WF1、WF2 为户外 0 类、1 类、2 类。

4. 具有五种防护类型防腐电工产品的使用环境条件

具有五种防护类型防腐电工产品的使用环境条件见表 11-6。

表 11-6　　具有五种防护类型防腐电工产品的使用环境条件

环境参数		W	WF1	WF2	F1	F2
空气温度（℃）	最高	+40			+40	
	最低	−20，−35			−5	
高相对湿度（%）		100			95	
太阳辐射（W/m^2）		1120			700	
周围空气运动速度（m/s）		30			10	
降雨强度（mm/min）		6			—	
凝露		有			有	
结冰（霜）条件		有			有	
溅水条件		有			有	
化学气体浓度①（mg/m^2）	二氧化硫	0.3	5.0	13	5.0	13
	硫化氢	0.1	3.0	14	3.0	14
	氯气	0.1	0.3	0.6	0.3	0.6
	氯化氢	0.1	1.0	3.0	1.0	3.0
	氟化氢	0.01	0.05	0.1	0.05	0.1
	氨气	1.00	10	35	10	35
	氧化氮②	0.5	3.0	10	3.0	10
沙尘浓度	沙（mg/m^3）	300	1000	4000	300	3000
	尘（飘浮 mg/m^3）	5.0	15	20	0.4	4.0
	尘［沉低 $mg/(m^2 \cdot d)$］	500	1000	2000	350	1000

① 化学气体浓度一律采用平均值，即长期测定值的平均值。
② 换算为二氧化氮的值。

第12章　变配电系统工程设计

第1节　电气设备选型验算

电气设备元件选用时的验算见表12-1。

表12-1　设备元件选用时的验算项目

项目 / 设备元件名称	电压（kV）	电流（A）	遮断容量（MVA）	短路电流校验	
				动稳定	热稳定
断路器	○	○	○	○	○
负荷开关	○	○	○	○	○
隔离开关	○	○	—	○	○
交流接触器	○	○	—	○	○
电压互感器	○	—	—	—	—
电流互感器	○	○	—	○	○
熔断器	○	○	○	—	—
支柱绝缘子	○	—	—	○	—
套管绝缘子	○	○	—	○	—
母线	—	○	—	○	—
电缆	○	○		○	
保护器件	○	○	—	—	—
说明	设备元件的额定电压和线路工作电压必须相符	设备元件的额定电流应大于工作最大电流	遮断容量应大于短路容量（S_d）	按三相暂态短路电流（j_c或I_c）校验	按三相稳态短路电流（I_d）校验

注　1. 符号“○”表示需要进行验算（进厂检验）项目，符号“—”表示不必验算；
2. 低压交流接触器不需要做短路电流校验。

第2节　变电站设计与相关专业的技术配合

1. 变电站设计对土建的技术要求

变电站、配电所设计对土建的技术要求见表12-2。

表12-2　变电站、配电所设计对土建的技术要求

房间名称 / 房间部位	变压器室	高压配电室（有充油设备）	低压配电室	值班室
建筑物耐火等级	一	二		
屋面	①应有保温、隔热层及防水、排水措施；②平屋顶应有5%～8%的坡度			
天棚	严禁抹灰，刷白或涂白油漆			
屋檐	伸出外墙面一定距离，以防止雨水沿墙面流淌			

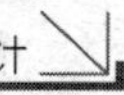

续表

房间名称 房间部位	变压器室	高压配电室 （有充油设备）	低压配电室	值班室
内墙面	①墙面勾缝并刷白；②墙基应防止油浸蚀，③与爆炸危险场所相邻的墙壁内侧应抹灰、刷白	邻近带电部分的内墙面只刷白，其他部位抹灰、刷白	抹灰并刷白	
地坪	①低式安装采用卵石或碎石铺设，厚度250mm；②高式安装为水泥地坪，向中间通风及排油孔作2%的坡度	普通水泥地坪抹光		
电缆沟		①水泥抹光并采取防水、排水措施；②若采用钢筋混凝土盖板，要求平整光洁，其重量应小于40kg		
通风窗	①车间内变压器室通风窗应为非燃材料制成，其他变压器室可用木制；②应有防止雨雪或小动物进入措施；③门上进风窗可用百叶窗，内设10mm×10mm的铁	用木制百叶窗加保护网，网孔为10mm×10mm		
门	敞开式： ①用轻型金属网门，其网格大小为上半部应小于40mm×40mm，下半部应小于10mm×10mm；②门高不低于1.8m 封闭式： ①用铁门或木板内侧包铁皮门；②单扇门宽小于1.5m时，应在大门上加开小门，小门上应装弹簧锁，其高度使室外开启方便，大小门开启角度应为180°，应尽量降低小门门槛，使进出方便	通往室外的门一般为非防火门；当室内总油量大于或等于60kg，且门开向建筑物内时，应用非燃体或难燃体做成	①可用木门；②南方炎热地区，通向屋外的门，应设置纱门	
	门向外开，当相邻房间都有电气设备时，门应能向两个方向开或开向电压较低的房间			
采光窗	不设采光窗	宜设不能开启的采光窗，窗台高应大于1.8m	可设能开启的采光窗。但临街的侧墙不宜开窗	

2. S9型变压器室通风窗有效面积查询

S9型变压器室通风窗有效面积查询表见表12-3。

表12-3　　S9型变压器室通风窗有效面积查询表

变压器容量（kVA）	进出风窗中心高差（m）	进出风窗面积之比 $F_j:F_c$	进风温度 $t_j=30℃$		进风温度 $t_j=35℃$	
			进风窗面积 $F_j(m^2)$	出风窗面积 $F_c(m^2)$	进风窗面积 $F_j(m^2)$	出风窗面积 $F_c(m^2)$
630	2.0	1∶1	1.1	1.1	2.0	2.0
		1∶1.5	0.9	1.35	1.6	2.4
	2.5	1∶1	1.0	1.0	1.8	1.8
		1∶1.5	0.8	1.2	1.44	2.16

续表

变压器容量(kVA)	进出风窗中心高差(m)	进出风窗面积之比 $F_j:F_c$	进风温度 $t_j=30℃$		进风温度 $t_j=35℃$	
			进风窗面积 $F_j(m^2)$	出风窗面积 $F_c(m^2)$	进风窗面积 $F_j(m^2)$	出风窗面积 $F_c(m^2)$
630	3.0	1∶1	0.9	0.9	1.6	1.6
		1∶1.5	0.72	1.08	1.28	1.92
	3.5	1∶1	0.83	0.83	1.5	1.5
		1∶1.5	0.66	1.0	1.2	1.8
1000	2.5	1∶1	1.4	1.4	2.57	2.57
		1∶1.5	1.12	1.68	2.05	3.08
	3.0	1∶1	1.28	1.28	2.35	2.35
		1∶1.5	1.02	1.5	1.88	2.82
	3.5	1∶1	1.18	1.18	2.17	2.17
		1∶1.5	0.94	1.42	1.74	2.6
	4.0	1∶1	1.11	1.11	2.03	2.03
		1∶1.5	0.89	1.33	1.62	2.44
1600	2.0	1∶1	2.24	2.24	4.1	4.1
		1∶1.5	1.79	2.69	3.28	4.92
	2.5	1∶1	2.0	2.0	3.68	3.68
		1∶1.5	1.6	2.4	2.94	4.4
	3.0	1∶1	1.83	1.83	3.35	3.35
		1∶1.5	1.46	2.2	2.68	4.0
	3.5	1∶1	1.69	1.69	3.1	3.1
		1∶1.5	1.35	2.0	2.48	3.72
	4.0	1∶1	1.58	1.58	2.9	2.9
		1∶1.5	1.26	1.9	2.32	3.48

3. S11型变压器室通风窗有效面积查询

S11型变压器室通风窗有效面积查询表见表12-4。

表12-4　S11型变压器室通风窗有效面积查询表

变压器容量(kVA)	进出风窗中心高差(m)	进出风窗面积之比 $F_j:F_c$	进风温度 $t_j=30℃$		进风温度 $t_j=35℃$	
			进风窗面积 $F_j(m^2)$	出风窗面积 $F_c(m^2)$	进风窗面积 $F_j(m^2)$	出风窗面积 $F_c(m^2)$
630	2.0	1∶1	0.84	0.84	1.55	1.55
		1∶1.5	0.67	1.0	1.24	1.86
	2.5	1∶1	0.76	0.76	1.39	1.39
		1∶1.5	0.61	0.91	1.11	1.67
	3.0	1∶1	0.69	0.69	1.27	1.27
		1∶1.5	0.55	0.83	1.02	1.52
	3.5	1∶1	0.64	0.64	1.17	1.17
		1∶1.5	0.51	0.77	0.94	1.4
1000	2.0	1∶1	1.37	1.37	2.5	2.5
		1∶1.5	1.1	1.64	2.0	3.0
	2.5	1∶1	1.22	1.22	2.25	2.25
		1∶1.5	0.98	1.46	1.8	2.7
	3.0	1∶1	1.11	1.11	2.05	2.05
		1∶1.5	0.89	1.33	1.64	2.46
	3.5	1∶1	1.03	1.03	1.9	1.9
		1∶1.5	0.82	1.24	1.52	2.28

续表

变压器容量(kVA)	进出风窗中心高差(m)	进出风窗面积之比 F_j：F_c	进风温度 $t_j=30℃$		进风温度 $t_j=35℃$	
			进风窗面积 $F_j(m^2)$	出风窗面积 $F_c(m^2)$	进风窗面积 $F_j(m^2)$	出风窗面积 $F_c(m^2)$
1600	2.0	1：1	1.92	1.92	3.53	3.53
		1：1.5	1.54	2.3	2.82	4.24
	2.5	1：1	1.72	1.72	3.16	3.16
		1：1.5	1.38	2.06	2.53	3.79
	3.0	1：1	1.57	1.57	2.88	2.88
		1：1.5	1.26	1.88	2.3	3.46
	3.5	1：1	1.45	1.45	2.67	2.67
		1：1.5	1.16	1.74	2.14	3.2
	4.0	1：1	1.36	1.36	2.5	2.5
		1：1.5	1.09	1.63	2.0	3.0

4. 变电站设计对通风、采暖和给排水设计专业的技术要求

变电站、配电所设计对通风、采暖和给排水设计专业的技术要求见表12-5。

表12-5　　变电站、配电所设计对采暖、通风、给排水设计专业的技术要求

项　目	房间名称				
	高压配电室（有充油电气设备）	电容器室	油浸变压器室	低压配电室	控制室值班室
通风	宜采用自然通风，当安装有较多油断路器时，应装设事故排烟装置，其控制开关宜安装在便于开启处	应有良好的自然通风，按夏季排风温度小于或等于40℃计算。 室内应有反映室内温度的指示装置	宜采用自然通风，按夏季排风温度小于或等于45℃计算，进风和排风的温差宜小于或等于15℃	一般靠自然通风	
		当自然通风不能满足要求时，应设机械通风。当采用机械通风时，其通风管道应采用非燃性材料制作。如周围环境污秽时，宜加空气过滤器			
采暖	一般不采暖，但严寒地区，室内温度影响电气设备元件和仪表正常运行时，应有采暖措施	一般不采暖，当温度低于制造厂规定值以下时，应采暖		一般不采暖，当兼作控制室或值班室时，在采暖地区应采暖	在采暖地区应采暖
	控制室和配电室内的采暖装置，宜采用钢管焊接，且不应有法兰、螺纹接头和阀门等				
给排水	有人值班的独立变、配电所宜设厕所和给排水设施				

第3节　用电负荷分级及供电方案选择

1. 用电负荷分级供电要求

用电负荷分级供电要求见表12-6。

表 12-6　　　　　　　　　　　　用电负荷分级及供电要求

负荷级别	预示后果程度	供电要求
一级负荷	1. 中断供电将造成人身伤亡者。 2. 中断供电将在政治、经济造成重大损失者，如：重大设备损坏、重大产品报废、用重要原料生产的产品大量报废、国民经济中重点企业的连续生产过程被打乱需要长时间才能恢复等。 3. 中断供电将影响有重大政治、经济意义的用电单位的正常工作者，如：重要铁路枢纽、重要通信枢纽、重要宾馆、经常用于国际活动的大量人员集中的公共场所等用电单位中的重要电力负荷	一级负荷应由两个电源供电，两个电源的要求应符合下列条件之一： （1）两个电源之间无联系。 （2）两个电源之间有联系，但应符合下列要求： 1）发生任何一种故障时，两个电源的任何部分应不致同时受到损坏。 2）对于仅允许很短时间内中断供电的一级负荷，应能在发生任何一种故障且主保护装置（包括断路器）失灵时，仍有一个电源不中断供电
二级负荷	1. 中断供电将在政治、经济上造成较大损失者，如主要设备损坏、大量产品报废、连续生产过程被打乱，需要较长时间才能恢复、重点企业大量减产等。 2. 中断供电将影响重要用电单位的正常工作者，如：铁路枢纽、通信枢纽等用电单位中的重要电力负荷，以及中断供电将造成大型影剧院、大型商场等大量人员集中的重要的公共场所秩序混乱者	二级负荷的供电系统，应尽量做到当发生电力变压器故障或电力线路常见故障时，不致中断供电（或中断供电后能迅速恢复） 在负荷较小地区供电条件确有困难时，二级负荷可由一回 6kV 及以上专用架空线供电。当地区供电条件允许且投资不高时，二级负荷宜由两个电源供电 二类高层民用建筑的消防用电，应按二级负荷的两回路的要求供电
三级负荷	不属于一级和二级负荷者	无特殊要求

2. 民用建筑中常用用电设备的负荷级别

民用建筑中常用用电设备的负荷级别见表 12-7。

表 12-7　　　　　　　　　　民用建筑中常用用电设备的负荷级别

建筑类别	建筑物名称	用电设备及部位名称	负荷级别	备　注
住宅建筑	高层普通住宅	客梯，楼梯照明	二级	
公寓建筑	高层宿舍	客梯，主要通道照明	二级	
旅馆建筑	一、二级旅游旅馆	经营管理用电子计算机及其外部设备电源，宴会厅电声、新闻摄影、录像电源、宴会厅、餐厅、娱乐厅、高级客房、厨房、主要通道照明、部分客梯	一级	
		其余客梯，一般客房照明	二级	
	高层普通旅馆	客梯，主要通道照明	二级	
办公建筑	省、市、自治区及部级办公楼	客梯，主要办公室、会议室、总值班室、档案室及主要通道照明	一级	
	银行	主要业务用电子计算机及其外部设备电源、防盗信号电源	一级	③
		客梯	二级	①
教学建筑	高等学校教学楼	客梯，主要通道照明	二级	①
	高等学校的重要实验室		一级	②
科研建筑	科研院所的重要实验室		一级	②
	市（地区）级及以上气象台	主要业务用电子计算机及其外部设备电源，气象雷达、电报及传真收发设备、卫星云图接收机、语言广播电源，天气绘图及预报照明	一级	
		客梯	二级	①
	计算中心	主要业务用电子计算机及其外部设备电源	一级	
		客梯	二级	①

续表

建筑类别	建筑物名称	用电设备及部位名称	负荷级别	备 注
文娱建筑	大型剧院	舞台、贵宾室、演员化妆室照明、电声、广播及电视转播、新闻摄影电源	一级	
博览建筑	省、市、自治区级及以上博物馆、展览管	珍贵展品展室的照明，防盗信号电源	一级	
		商品展览用电	二级	
体育建筑	省、市、自治区级及以上体育馆、体育场	比赛厅（场）、主席台、贵宾室、接待室、广场照明计时记分、电声、广播及电视转播、新闻摄影电源	一级	
医疗建筑	县（区）级及以上医院	手术室、分娩室、婴儿室、急诊室、监护病房，高压氧仓、病理切片分析、区域性中心血库及照明	一级	
		细菌培养、电子显微镜、电子计算机 X 线断层扫描装置、放射性同位素加速器电源，客梯	二级	①
商业仓库建筑	冷库	大型冷库、有特殊要求的冷库的一台氨压缩机及其附属设备，电梯，库内照明	二级	
商业建筑	省辖市及以上重点百货大楼	营业厅部分照明	一级	
		自动扶梯	二级	
司法建筑	监狱	警卫照明	一级	
公用附属建筑	区域采暖锅炉房		二级	
一类高层建筑	高层建筑的消防设施	消防控制室、消防水泵、消防电梯、防烟排烟设施，火灾自动报警、自动灭火装置、火灾事故照明、疏散指示标志和电动的防火门窗、卷帘、阀门等消防用电	一级	
二类高层建筑			二级	
	县（区）级及以上医院	急诊部用房、监护病房、手术部、分娩室、婴儿室、血液病房的净化室、血液透析室、病理切片分析、CT 扫描室、区域用中心血库、高压氧仓、加速器机房和治疗室、配血室的电力及照明，培养箱、冰箱、恒温箱的电源	一级	
		电子显微镜电源、客梯电力	二级	
	银行	主要业务用电子计算机系统电源，防盗信号电源	一级[①]	
		客梯电力，营业厅、门厅照明	二级[④]	
	火车站	特大型站和国境站的旅客站房、站台、天桥、地道的用电设备	一级	
	民用机场	航行管制、导航、通信、气象、助航灯光系统的设施和台站；边防、海关、安全检查设备；三级以上油库；为飞行及旅客服务的办公用房；旅客活动场所的事故照明	一级[①]	
	民用机场	候机楼、外航驻机场办事处、机场宾馆及旅客过夜用房、站坪照明、站坪机务用电	一级	
		其他用电	二级	
	水运客运站	通信枢纽，导航设施、收发信台	一级	
		港口重要作业区，一等客运站用电	二级	
	汽车客运站	一、二级站	二级	
	广播电台	电子计算机系统电源	一级[①]	
		直接播出的语言播音室、控制室、微波设备、发射机房的电力及照明	一级	
		主要客梯电力、楼梯照明	二级	

续表

建筑类别	建筑物名称	用电设备及部位名称	负荷级别	备　注
	电视台	电子计算机系统电源	一级①	
		直接播出的电视演播厅、中心机房、录像室、微波机房发射机房的电力及照明	一级	
		洗印室、电视电影室、主要客梯电力、楼梯照明	二级	
	市话局、电信枢纽、卫星地面站	载波机、微波机、长途电话交换机、市内电话交换机、文件传真机、会议电话、移运通信、卫星通信等通信设备的电源；载波机室、微波机室、交换机室、测量室、转接台室、传输室、电力室、电池室、文件传真机室、会议电话室、移运通信室、调度机室、卫星地面站的应急照明，营业厅照明，用户电传机	一级⑤	
		主要客梯电力，楼梯照明	二级	
	冷库	大型冷库、有特殊要求的冷库的一台氨压缩机及其附属设备的电力，电梯电力，库内照明	二级	
	监狱	警卫照明	一级	

① 对于允许稍长时间（手动切换时间）中断的一级负荷，应能在发生任何一种故障且保护装置正常时，有一个电源不中断供电；在发生任何故障且主保护装置失灵，致使两个电源相继中断时，应能在有人值班的处所完成各种必要的操作，迅速恢复一个电源的供电。

② 当一级负荷容量不大时，应优先采用从电力系统或临近单位取得低压电源作为第二电源，亦可采用柴油发电机组或蓄电池组作为备用电源；当一级负荷容量较大时，应采用两路高压电源。

③ 对于特殊建筑，应考虑在一电源检修或故障的同时，另一电源又发生故障的严重情况，此时应从电力系统取得第三电源或自备电源。

④ 应按照一级负荷允许中断供电的时间考虑并确定备用电源手动投入或自动方式投入。

⑤ 对于采用备用电源自动投入或自动投入（自起动）技术仍不能满足特殊要求的一级负荷的供电（银行、气象台等特殊业务需要设置的计算机网络系统的特殊负荷的一级负荷供电）应由不停电电源装置（UPS）供电。

3. 工业建筑中常用用电设备的负荷级别

工业建筑中常用用电设备的负荷级别见表12-8。

表12-8　　工业建筑中常用用电设备的负荷级别

厂房或车间名称	用电设备名称	负荷级别	备　注
热煤气站	鼓风机、发生炉传动机构	二级	
冷煤气站	鼓风机、排送机、冷却通风机、发生炉传动机构、中央仪表室计量屏、冷却塔风扇、高压整流器，双皮带系统的机械化输煤系统	二级	
部级重点企业中总蒸发量超过10t/h的锅炉房	给水泵、软化水泵、鼓风机、引风机、二次鼓风机、炉篦机构	二级	
部级重点企业中总排气量超过$40m^3/min$的压缩空气站	压缩机、独立励磁机	二级	
铸钢车间	平炉气化冷却水泵、平炉循环冷却水泵、平炉加料起重机、平炉所用的75t及以上浇铸起重机、平炉鼓风机平炉用其他用电设备（换向机构、炉门卷扬机构、计器屏），5t、10t电弧炼钢炉低压用电设备（电动机升降机构、倾炉机构）及其浇铸起重机	二级	
铸铁车间	30t及以上的浇铸起重机、部级重点企业冲天炉鼓风机	二级	
热处理车间	井式炉专用淬火起重机、井式炉油槽抽油泵	二级	
300t及以下的水压机车间	锻造专用设备：起重机、水压机、高压水泵	二级	

续表

厂房或车间名称	用电设备名称	负荷级别	备　注
大型电机试验站	主要机组、辅助机组	二级	20 万 kW 及以上发电机的试验站
刚玉冶炼车间	刚玉冶炼电炉变压器、低压用电设备（循环冷却水泵、电机提升机构、电炉传动机构、卷扬机构）	二级	
磨具成型车间	隧道窑鼓风机，卷扬机构	二级	
油漆树脂车间	反应釜及其供热锅炉	二级	
层压制品车间	压机及其供热锅炉	二级	
动平衡试验站	动平衡试验装置的润滑油系统	二级	
线缆车间	熔炼炉的冷却水泵、鼓风机，连铸机的冷却水泵，连轧机的冷却水泵及润滑泵压铅机、压铝机的熔化炉、高压水泵、水压机 交联聚乙烯加工设备的挤压交联，冷却、收线用电设备漆包机的传动机构、鼓风机、漆泵 干燥浸油缸的连续电加热、真空泵、液压泵	二级	
焙烧车间	隧道窑鼓风机、排风机、窑车推进机、窑门关闭机构油加热器、油泵及其供热锅炉	二级	

注　1. 仅当建筑物为高层建筑时，其载客电梯、楼梯照明为二级负荷。
2. 指高等学校、科研院所中一旦中断供电将造成人身伤亡或重大政治影响、重大经济损失的实验室，例如：生物制品实验室等。
3. 在面积较大的银行营业厅中，供暂时继续工作用的事故照明为一级负荷。
4. 表中列为一级负荷的电子计算机，其机房及软件存放间的事故照明为一级负荷；民用主体建筑中当有大量一级负荷时，其附属的锅炉房、空调机房的电力及照明为二级负荷。
5. 多台大型电热装置的负荷级别宜属于一级负荷，电热装置的辅助设备的负荷级别，应依据事故停电所造成的损失或影响程度确定。

4. 常用一级负荷供电电源方案

常用一级负荷供电电源方案见表 12-9。

表 12-9　　常用一级负荷供电电源方案

供电电源方案类别		A		B		C		D		E	
供电电源方案	厂所	两个电厂		两个电厂		同一电厂		区域变电站		一个区域变电站	
		甲电厂	乙电厂	甲电厂	乙电厂	甲机组	乙机组	甲变电站	乙变电站	区域变电站	自备发电机
	发电机组	~	~	~	~	~	~				
	升压变压器										
	高压配电线路							≥35/10（6）kV		≥35/10(6)V	
	降压变压器										自备发电机组 ~
用电	低压配电线路										
	负荷用电	一级负荷用电设备 UPS		一级负荷用电设备		一级负荷用电设备		一级负荷用电设备		一级负荷用电设备	

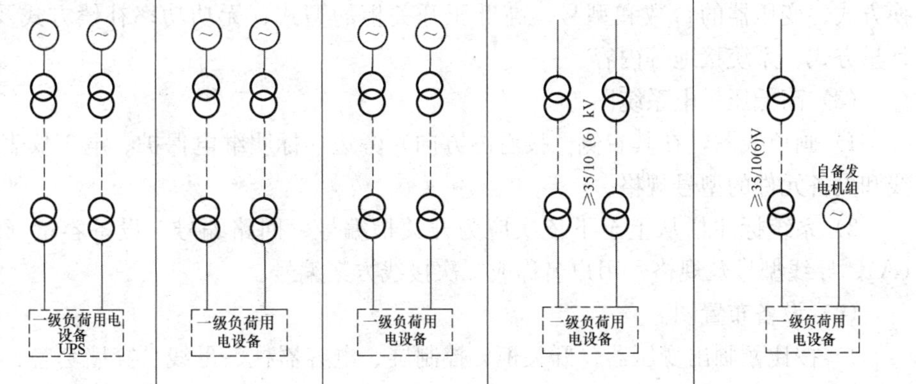

5. 应急电源配电接线方案

应急电源配电接线方案见图 12-1。

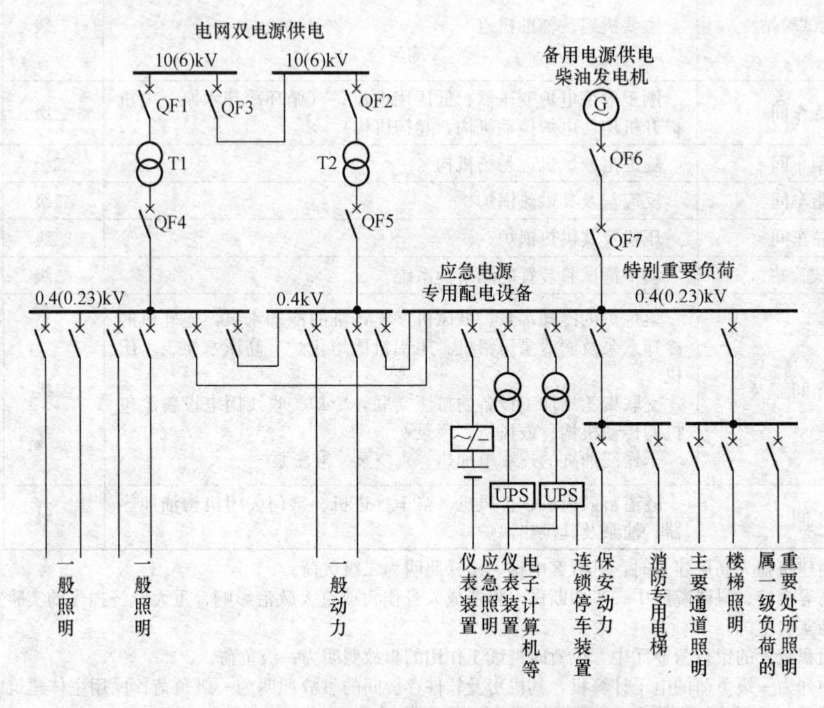

图 12-1 应急电源配电接线方案示意图

第 4 节 工程设计方法及实例

1. 设计内容和基本思路

（1）设计说明。施工图设计说明主要介绍系统组成概况，图样中难以表示的内容，可用文字说明其共性问题，以及无需图样表示只需文字描述的内容。

变电站的施工图设计说明主要包括变电站的位置和型式、电源进线及线路敷设情况（进线回路数、进线线路规格及敷设）、变电站主接线、高低压主开关与母联开关之间的联锁和切换方式、变压器的台数和型号、高低压开关柜的型式、无功功率补偿方式及补偿电容器柜、计量方式、系统接地等内容。

（2）高低压供电系统图。

1）画单线图，在其右侧（按看图方向）旁边，标明继电保护、电工仪表、电压等级、母线和设备元件的型号规格。

2）系统标注栏从上至下依次应为开关柜编号、回路编号、设备容量（kW）、计算电流（A）、导线型号及规格、用户名称或二次接线方案编号。

（3）设备布置图。

1）按比例画出变压器、开关柜、控制屏、电容器柱、母线、穿墙套管、支架等平面布置图、安装尺寸。

2）进出线的敷设、安装方法，标出进出线编号、方向位置、线路型号和规格。

3）变电站选用标准图时，应注明选用标准图编号和页次，不需绘制剖面图。

（4）继电保护二次电路图与屏面布置图（工程简单时可略）。绘制高低压系统继电保护二次接线展开图、屏面布置图、接线图和外部接线图。

（5）照明与接地平面图。

1）接地极和接地线的平面布置、材料规格、埋没深度、接地电阻值等。

2）引用标准安装图编号、页次。

2. 设计内容与工作

（1）高低压供电系统图。

1）供电电源（回路数与电压等级）。在负荷分级与负荷计算的基础上，由一、二级负荷及其容量来确定电源电压、电源路数、备用电源或应急电源的种类与容量，确定供电系统结构形式。

2）电气设备选择。根据计算电流初步确定电气设备的规格（额定电流），初步选择开关柜的型号和方案编号；根据初定的系统图进行短路计算，以校验电气设备的动热稳定性和开关的分断能力，最终确定设备型号规格。导线规格的最终确定还应满足与保护装置配合的要求。

3）电容器柜选择。根据电容补偿计算结果，确定电容器的容量及数量，选择电容器柜及控制方式。

4）变压器台数与容量选择。根据系统方案（系统图）和运行方式（备用及电源切换方式），并由计算容量来确定变压器的台数与容量。

（2）设备布置图。根据高低压供电系统图进行设备的平面布置，画出主要剖面图以便明确设备之间的布置和连接关系，以及主要安装尺寸。

（3）保护二次电路图。包括继电保护的保护配置与整定计算、低压断路器和熔断器的保护计算、保护的上下级配合、备用电源的投入或切换方式。

（4）照明与接地平面图。

1）接地平面图。包括接地装置选择（利用自然接地体或采用人工接地体）、接地电阻计算、接地极的数量与规格。

2）照明平面图与系统图。

3. 工程实例

【例 12-1】 某公司一期建设 1 号综合楼，建筑总面积 12 840m^2，总高度 28.2m。各层基本数据见表 12-10，用电负荷见表 12-11。

表 12-10　某公司 1 号综合楼各层基本数据

层　数	面积（m^2）	层高（m）	主要功能
B1	1900	3.20，4.20	汽车库，泵房，水池，变电站
1	1600	3.80	营业大厅，办公
2	1600	3.50	餐厅，办公
3	1600	3.50	办公
4～7	1600	3.20	办公
RF	260	—	机房

表 12-11　　某公司 1 号综合楼用电负荷

回路编号	回路名称	设备功率（kW）	回路编号	回路名称	设备功率（kW）
WP1	消防泵	30.0	WL9	一层空调	16.0
WP2	生活泵	5.00	WL10	二层空调	25.0
WP3	电梯	7.00	WL11	三层空调	25.0
WP4	电梯	7.00	WL12	四层空调	25.0
WP5	消防增压泵	6.00	WL13	五层空调	25.0
WP6	送排风机		WL14	六层空调	22.0
WP7	潜污泵	7.00	WL15	七层空调	22.0
WL1	地下层照明	7.00	WL16	一层空调	6.0
WL2	1 层照明	30.0	WL17	二层空调	26.0
WL3	2 层照明	35.0	WL18	三层空调	26.0
WL4	3 层照明	36.0	WL19	四层空调	30.0
WL5	4 层照明	36.0	WL20	五层空调	30.0
WL6	5 层照明	36.0	WL21	六层空调	30.0
WL7	6 层照明	35.0	WL22	七层空调	30.0
WL8	7 层、屋顶层照明	35.0	WL23	一层空调	24.0

【例 12-2】 某公司总占地面积为 20 000m²，各单体建筑面积为：办公楼 3500m²、综合实验楼 2000m²、一期厂房 6920m²、二期厂房 5500m²、职工餐厅 900m²，其用电负荷见表 12-12。变电站为独立变电站。

表 12-12　　某公司用电负荷

回路编号	回路名称	设备功率（kW）	回路编号	回路名称	设备功率（kW）
WP1	一期厂房一层电力	160	WP13	一期厂房三层电力	120
WP2	一期厂房二层电力	230	WL1	一期厂房照明	40
WP3	实验楼电力	120	WL2	实验楼照明	20
WP4	办公楼电力	35	WL3	冷冻水泵等电力	50
WP5	食堂电力	35	WL4	冷水机组	90
WP6	二期厂房电力	110	WL5	办公楼照明	45
WP7	二期厂房电力	110	WL6	办公楼空调电力	45
WP8	消防泵	35	WL7	食堂餐厅照明	45
WP9	喷淋泵	55	WL8	二期厂房照明	20
WP10	消防加压泵	3	WL9	二期厂房照明	20
WP11	一期厂房电梯	14	WL10	门卫、室外照明	15
WP12	一期厂房电梯	14	WL11	冷水机组	90

第 5 节　供配电系统工程设计方案

1. 设计原则和内容

（1）供电电源及供电电压。在确定供电电源时，应结合建筑物的负荷级别、用电容量、用电单位的电源情况和电力系统的供电情况等因素，保证满足供电可靠性和经济合理性的要求。

根据有关规范规定，一级负荷应由两个电源供电，且当其中一个电源发生故障时另一电源应不致同时受到损坏。在一级负荷容量较大或有高压用电设备时应采用两路高压电源，如一级负荷容量不大，应优先采用从电力系统或临近单位取得第二低压电源，也可采用应急发电机组。当一级负荷仅为照明或其他动力负荷时，宜采用蓄电池组作备用电源。

应急电源可以是独立的正常电源的发电机组、供电网络中有效地独立的正常电源的专门馈电线路或蓄电池。

二级负荷的供电系统应做到，当发生电力变压器故障或线路常见故障时，不致中断供电或中断后能迅速恢复供电。有条件时宜由两回线路供电。在负荷较小或地区供电条件困难时，也可由一路 6kV 及以上专用架空线路供电；当采用电缆线路时应由两根电缆组成电缆段，且每段电缆应能承受二级负荷的 100%，并互为热备用。

对于需要两回电源线路供电的用户，宜采用同级电压，以提高设备的利用率。但是。根据各级负荷的不同需要及地区供电条件，如能满足一、二级负荷的用电要求，也可采用不同等级的电压供电。

用电单位的供电电压应根据用电容量、用电设备特性、供电距离、供电线路的回路数、当地公共电网现状及其发展规划等因素，通过技术比较后确定。

如果一个用户的用电设备容量在 100kW 及以下或变压器容量在 50kVA 及以下，则可采用 220/380V 的低压供电系统。

当采用高压供电时，一般供电电压为 10kV。如果用电负荷很大（如特大型高层建筑、超高层建筑、大型企业等），在通过技术、经济性比较后，也可采用 35kV 及以上的供电电压，但应与当地供电部门协商。

常用的供电方案有以下几种：

1）0.22/0.38kV 低压电源供电。多用于用户电力负荷较小、可靠性要求稍低，可以从邻近变电所取得足够的低压供电回路的情况。

2）一路 10（6）kV 高压电源供电。主要用于三级负荷的用户，仅有照明或其他用电等少量的一级负荷采用蓄电池组作为备用电源。

3）一路 10（6）kV 高压电源、一路 0.22/0.38kV 低压电源供电。用于取得第二高压电源较困难或不经济时，且可以从邻近处取得低压电源作为备用电源的情况。

4）两路 10（6）kV 电源供电。用于负荷容量较大、供电可靠性要求较高、有较多一二级的负荷的用户，是最常用的供电方式之一。

5）两路 10（6）kV 电源供电、自备发电机组备用。用于负荷容量大、供电可靠性要求高，有大量一级负荷的用户，如星级宾馆、《高层民用建筑设计防火规范》中规定的一类高层建筑等。这种供电方式也是最常用的供电方式。

6）两路 35kV 电源供电、自备发电机组备用。用于对负荷容量特别大的用户，如大型企业、超高层建筑或高层建筑群等。

（2）高压电气主接线。

1）一路电源进线的单母线接线。如图 12-2 所示，这种接线方式适用于负荷不大、可靠性要求稍低的场合。当没有其他备用电源时，一般只用于三级负荷的供电；当进线电源为专用架空线或满足二级负荷供电条件的电缆线路时，则可用于二级负荷的供电。

2）两路电源进线的单母线不分段接线。如图 12-3 所示，两路 10kV 电源一用一备，一般也都用于二级负荷的供电。

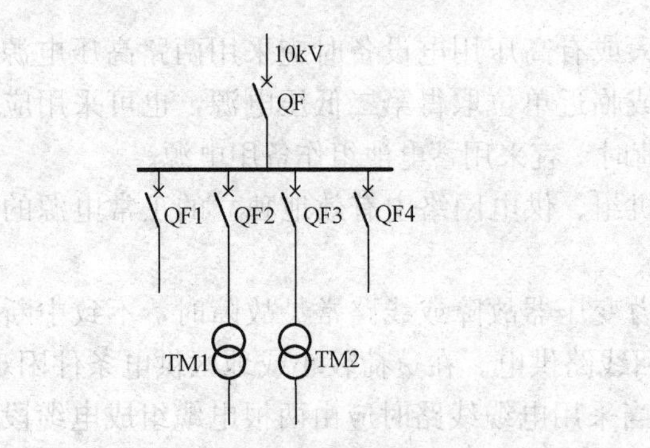

图 12-2　一路电源进线的单母线接线

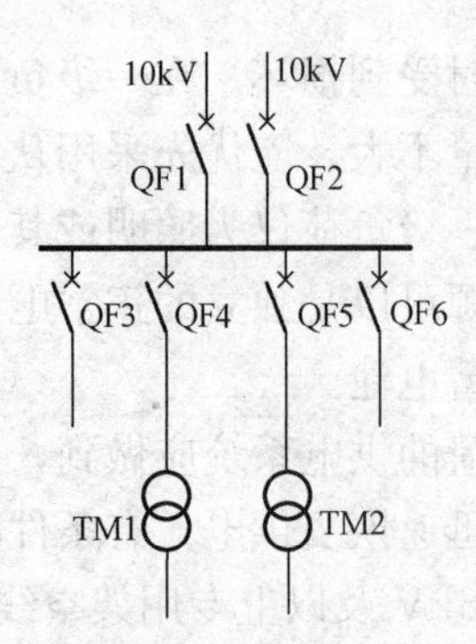

图 12-3　两路电源进线的单母线接线

3）两路无联络的分别供电单母线接线。如图 12-4 所示，两路 10kV 电源进线，两段单母线无联络，一般采用互为备用的工作方式。这种接线多用于负荷不太大的二级负荷的场合。

4）两路电源进线的母线联络为分段单母线接线。如图 12-5 所示，两路 10（35）kV 电源进线，这是最常用的高压主接线形式，两路电源同时供电、互为备用，通常母联开关为断路器，可以手动切换、也可以自动切换，适用于一、二级负荷的供电。

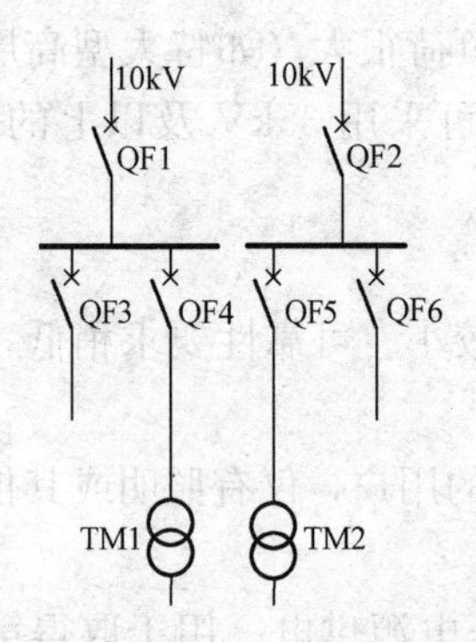

图 12-4　两路无联络的分别供电单母线接线

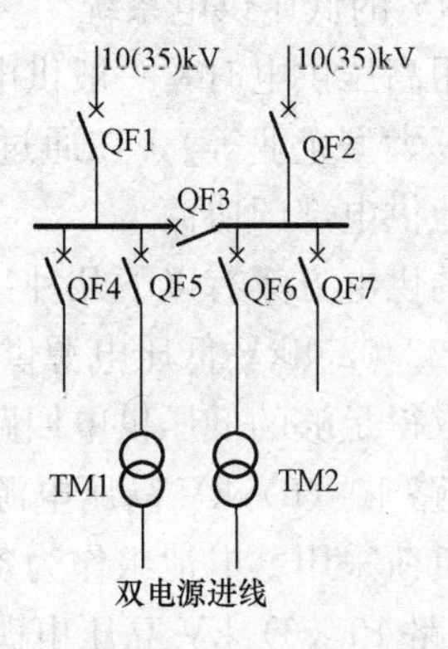

图 12-5　母线联络的分段单母线接线

（3）低压电气主接线。10kV 变配电所的低压电气主接线一般采用单母线接线和分段单母线接线两种方式。对于分段单母线接线，两段母线互为备用，母联开关手动或自动切换。

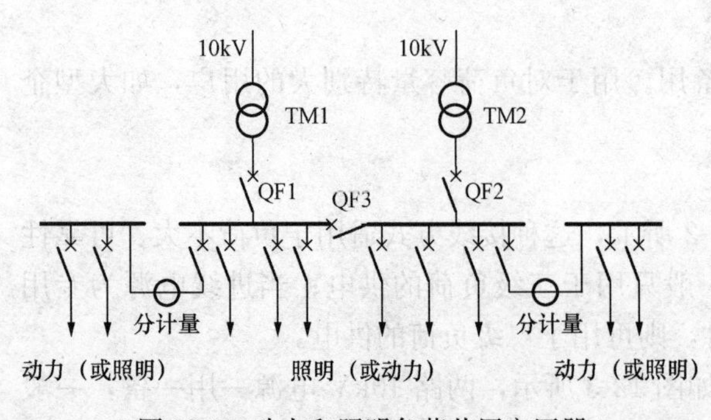

图 12-6　动力和照明负荷共用变压器供电的低压电气主接线

根据变压器台数和电力负荷的分组情况，对于两台及以上的变压器，可以有以下几种常见的低压主接线形式。

1）电力和照明负荷共用变压器供电。如图 12-6 所示，对于这种接线方式，为了对动力和照明负荷分别计量，应将动力电价负荷和照明电价负荷分别集中，设分计量表。

照明电价负荷包括：民用及非工业用户或普通工业用户的生活和生产照明用电。

非工业电力电价负荷包括服务行业的炊

事电器用电；高层建筑的电梯用电；民用建筑采暖锅炉房的鼓风机、水泵用电等。

普通工业电力电价负荷包括总容量不足 320kVA 的工业负荷，如纺织合线设备用电、食品加工设备用电等。

2）空调制冷负荷专用变压器供电。如图 12-7（a）所示，空调制冷负荷由专用变压器供电，当在非空调季节空调设备停运时，可将专用变压器停运，从而达到经济运行的目的。

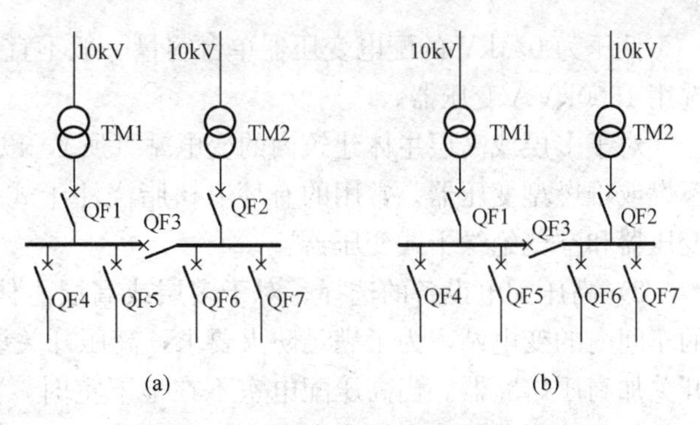

图 12-7　空调制冷负荷专用变压器供电的低压电气主接线

（a）制冷和空调；（b）照明和一般动力

3）电力和照明负荷分别由变压器供电。见图 12-7（b），动力负荷和照明负荷分别由变压器供电。

为满足消防负荷的供电可靠性要求，在采用备用电源时，变电站的低压电气主接线如图 12-8、图 12-9 所示（两图未考虑不同电价负荷的分别计量）。

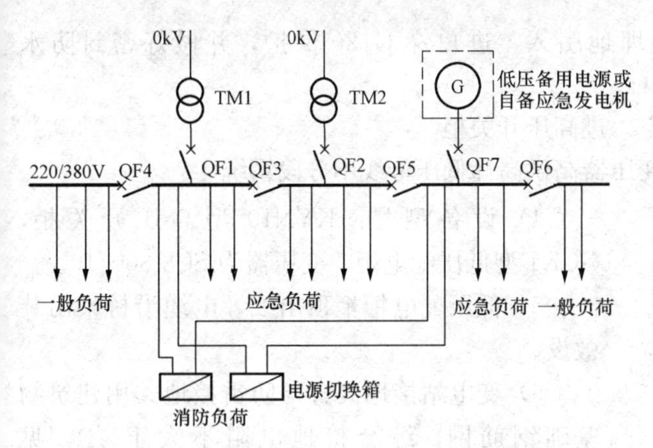

图 12-8　两台变压器加一路备用电源的低压电气主接线

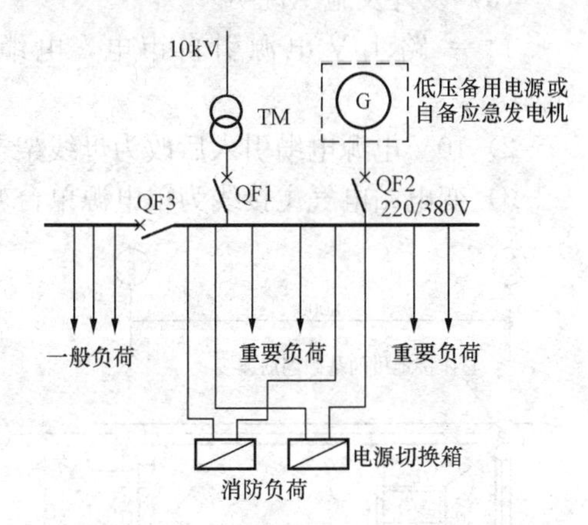

图 12-9　一台变压器加一路备用电源的低压电气主接线

图 12-8 所示为两台变压器加一路备用电源（可以是自备发电机组，也可以是低压备用市电）的方案；图 12-9 为一台变压器加一路备用电源的方案。

（4）变配电设备的选择。

1）变压器的选择。变压器的台数一般根据负荷特点、用电容量和运行方式等条件综合考虑确定。

当有大量一、二级负荷，或者季节性负荷变化较大（如空调制冷负荷），或者集中负荷较大的情况，一般宜有两台及以上的变压器。

变压器的容量应按计算负荷来选择。对于两台变压器供电的低压单母线系统，当两台变压器采用一用一备的工作方式时，每台变压器的容量按低压母线上的全部计算负荷来确定。当两台变压器采用互为备用的工作方式，正常时每台变压器负担总负荷的一半左右，一台变压器出现故障时，另一台变压器应承担全部负荷中的一、二级负荷，以保证对一、二级负荷供电可靠性的要求。

低压为 0.4kV 的配电变压器单台容量一般不宜大于 1250kVA，当技术经济合理时，也可选用 1600kVA 变压器。

对于多层或高层主体建筑内的变电站（所），以及防火要求高的车间内的变电站，宜选用不燃或难燃型变压器。常用的有环氧树脂浇注干式变压器，也可以选六氟化硫变压器、硅油变压器和空气绝缘干式变压器。

2）高压配电设备的选择。对于多层或高层主体建筑内的变电站（所），以及防火要求高的车间内的变电站，为了满足防火要求，高压开关设备一般选真空断路器、SF_6 断路器、负荷开关加高压熔断器。当高压配电室不在地下室时，如果布局能达到防火要求，也可采用优良性能的少油断路器。高压成套配电装置一般选用手车式。

选择电器设备时应符合正常运行、检修、短路和过电压等情况的要求。对于高层建筑中的变电所，为安全起见，断路器的遮断能力宜提高一挡选用。

3）低压配电设备的选择。低压配电设备的选择应满足工作电压、电流、频率、准确等级和使用环境的要求，应尽量满足短路条件下的动热稳定性，对断开短路电流的电器应校验其短路条件下的通断能力。

（5）设计及施工说明。

1）一路 10V 电源引自市电，电缆埋地引入，进户穿 G120 保护，并做好密封防水处理。

2）10V 电源电缆引入后改为母线架空，进高压开关柜。

3）变电站电气主接线为单电源单台变压器高供高计低压母线不分段系统。

4）设备型号：KYN10 型高压开关柜，GCK1 型低压配电柜，变压器为 SC8-800/10。

5）低压配电柜柜顶出线，电缆沿桥架吊装敷设。

6）变电站接地装置与防雷接地共用建筑物基础钢筋网，综合接地电阻不大于 4Ω，见图 12-10。

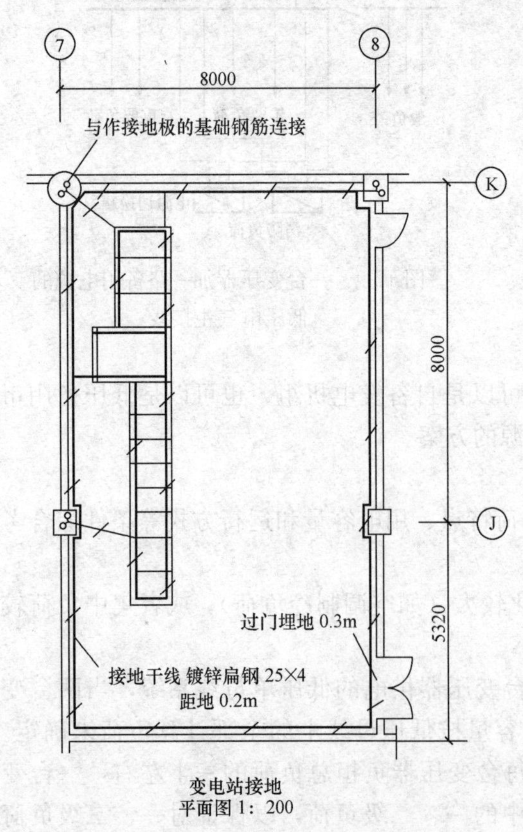

图 12-10　设计及施工说明、接地平面图

2. 供配电系统工程设计方案应用实例一

（1）供电电源及供电电压选择。根据有关规范的规定，本工程按三级负荷供电。一期建设的 1 号综合楼总设备容量为 630kW；根据业主要求，变压器按终装容量考虑定为 800kVA，由城市电力网引来一路 10kV 电源，进线电缆型号为 YJV 22—10kV—3 × 25mm^2，配电高压母线 TMy—3(40×4)，低压母线 TMy—3(80×10)＋1(50×4)。

（2）变电站电气主接线和二次回路原理接线见图 12-11～图 12-28。变电站电气主接线为单电源、单台变压器供电，高压柜进线和计量及低压柜进线和计量，母线不分段。

（3）设备选择。高压开关柜为KyW28A-12型户内交流金属铠装中置式开关柜，低压配电柜为GCK型低压抽屉或成套开关柜。因变电站设在地下层，故采用SC9-800/10kV型环氧树脂浇注干式变压器。

在低压配电柜抽屉单元布置时需要注意：模数大的抽屉要置于柜体的下部，模数小的抽屉要置于柜体的上部，这样布置即美观又合理。并留有一定数量的备用单元位置，以便后期选用。

3. 供配电系统工程设计方案应用实例二

（1）供电系统概况。根据该项工程设计要求与有关规范的规定，本工程按一级负荷供电。该工程为五星级大酒店和综合大楼建筑项目，总设备容量为2000kVA，由城市电力网引来两路10kV电源供电，设一座独立变电站。

（2）设计要求。

1）正常供电时，两路电源分别供电互为备用，如果一路电源故障时，另一路电源手动或自动投入并承担全部负荷。

2）开关柜机械和电气联锁功能。

a. AH2柜与AH1、AH3柜机械及电气联锁；AH9与AH8、AH10柜机械与电气联锁（机械联锁推荐选用程序锁）。

b. AH2、AH5、AH9柜进行电气联锁。

c. AH5柜与AH6柜机械与电气联锁。

d. 只有隔离手车处于工作位置时，对应断路器才可以实施合、分闸操作。

e. 主进线柜与进线隔离柜及计量柜的联锁，应满足隔离手车、计量柜的AT和PT车都处于工作位置时，主进线柜才能进行合、分闸操作。

3）真空断路器控制电压为DC 220V、65Ah。

4）安装用电负荷管理装置，电量采集装置、失压计时仪，此项工作由供电部门来完成。

5）高压母线选用TMy—3(50×5)＋30×3，电缆选用ZRC—YJVn—8.7/15kV 3×35mm^2，低压母线选用TMy—3×2(100×10)＋10×10。

6）高压柜型号为KYN28A-12，外形尺寸为800mm×1500mm×2300mm进出线断路器型号为VS1—12/630A—25kA，电流互感器为LZZBJ9—12/0.25级，电压互感器为JDZ10—10/0.1kV，综合继电保护为ABB—SPAJ—140C，其他元件按要求选用。

7）变压器选用S11-2000/10.DYn11型油浸变压器，也可选用干式变压器。

8）低压柜型号为GCK抽出式开关柜，外形尺寸为1000mm×1000mm×2200mm，抽屉柜为600mm×1000mm×2200mm，进出线断路器型号为CW1—3200/3P—2900A，电流互感器为BH—0.66 0.5级0.25级计量用，控制电压为DC 220V，其他元件按要求选用。

（3）变电站电气主接线和二次回路原理接线图（高压部分）见图12-29～图12-51。变电站电气主接线为双电源单母线分断互为备用，高低压配电系统主接线方式基本相同。

二次回路控制接线分为二次原理图和二次接线图，根据各回路的功能要求，设计出各种不同的控制方式。

（4）变电站电气二次回路原理接线图（低压部分）见图12-52～图12-69。

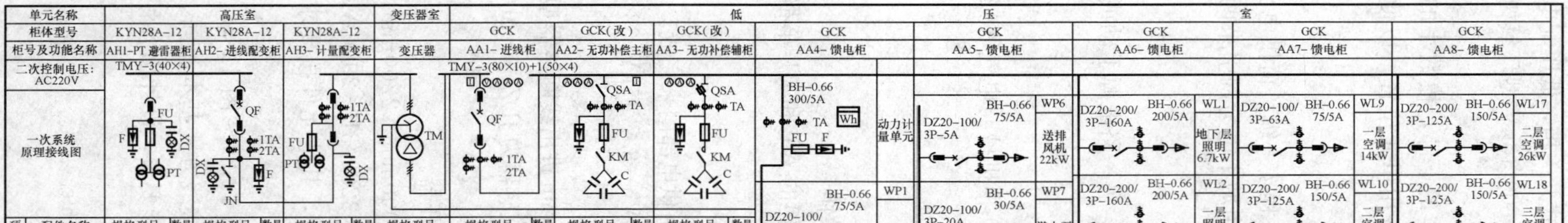

单元名称	高压室			变压器室	低压室		
柜体型号	KYN28A-12	KYN28A-12	KYN28A-12		GCK	GCK(改)	GCK(改)
柜号及功能名称	AH1-PT避雷器柜	AH2-进线配变柜	AH3-计量配变柜	变压器	AA1-进线柜	AA2-无功补偿主柜	AA3-无功补偿辅柜
二次控制电压：AC220V	TMY-3(40×4)				TMY-3(80×10)+1(50×4)		
一次系统原理接线图	FU、F、DX、PT	QF、1TA、2TA、DX、F、JN	1TA、2TA、FU、PT、DX	TM	QF、1TA、2TA	QSA、TA、FU、KM、C	QSA、TA、FU、KM、C

项	配件名称	AH1 规格型号	数量	AH2 规格型号	数量	AH3 规格型号	数量	变压器 规格型号	AA1 规格型号	数量	AA2 规格型号	数量	AA3 规格型号	数量
一次回路配件	断路器手车			VS1/12/630A 25kA/AC220V	1			变压器 SC9-800/10 Dyn11						
	PT避雷器手车	JDZ9-10/0.1 HY5WR-17/50	1											
	2元件计量手车					JDZ9-10/0.1kV 75A/5A 0.2级	1							
	接地开关			JNF15-12/31.5kA	1									
	低压互感器	C45-32/3P-15A	1						DW17-1600/3300	1	隔离开关熔断器组 QSA-400/31	1	隔离开关熔断器组 QSA-400/31	1
	电压互感器													
	电流互感器			LZZBJ9-12/0.5级 75A/5A					BB3.0-0.66 1600/6 0.25级 BB3.0-0.66 1600/6 0.25级	3 1	BH40-0.66 400/5 0.5级表计用	3	BH40-0.66 400/5 0.5级表计用	3
	带电显示装置	DXN-12Q（配电磁锁）		DXN-12Q(配电磁锁)	1	DXN-12Q(配电磁锁)	1							
	过电压保护器													
	避雷器			HY5WZ2-17/50kV	3						FYS-0.22	3	FYS-0.22	3
	熔断器	RT14-20/6A	1	XRNT-12/63A	2	XRNT-12/63A RT14-20/5A	3 7				RT14-32/25A	30	RT14-32/25A	30
	交流接触器										CJ20C-25A/220V	10	CJ20C-25A/220V	10
	过电流保护器										JR36-32 18~25A	10	JR36-32 18~25A	10
	电容器										BSMJ-0.4-15-3	10	BSMJ-0.4-15-3	10
二次回路配件	继电保护装置													
	多功能电能表			DSSD22 3×100V 3(6)	1				DSSD22 3×100V 3(6)	1				
	中间继电器			DX03 AC220V	1									
	时间继电器													
	电压继电器	LY-32 60V	1											
	电流继电器			GL-25/10A	2									
	信号继电器			DX-31B 1A DX-31BJ 220V	2 1									
	控制转换开关	LW6-2/F082	1	LW2-Z-1a.4.6a.40.20/F8	1	LW5-16DYH3/3			LW12-16DYH3/3	1				
	电压表	42L6-V 0~12kV 10/0.1kV	3			42L6-V 0~12kV 10/0.1kV	1		6L2-V 0~450V	1				
	电流表			42L6-A 75A/5A	3	42L6-A 75A/5A	3		6L2-A 1200/5A	3	6L2-A 400/5A	3	6L2-A 400/5A	3
	按钮或旋钮	LA23-11X	2	LA23-11X	3	LA23-11X	2		LA39-11 红绿各1只	2				
	指示灯	AD16-22/220V	2	AD16-22/220V	4	AD16-22/220V	1		AD16-22 红绿各1只	2	AD16-22B 白色	10	AD16-22B 白色	10
	凝露控制器	SK/AC220V	1	SK/AC220V	1	SK/AC220V	1							
	无功补偿控制器										RVC-10/380V	1		
	控制变压器	KB-100/220V 1kVA	1											

AA4-馈电柜（GCK）：动力计量单元 BH-0.66 300/5A，TA、FU、F、Wh

回路	断路器	电流互感器	用途
WP1	DZ20-100/3P-80A	BH-0.66 75/5A	消防泵 30kW
WP2	DZ20-100/3P-32A	BH-0.66 30/5A	生活泵 10kW
WP3	DZ20-100/3P-20A	BH-0.66 30/5A	电梯 6.75kW
WP4	DZ20-100/3P-20A	BH-0.66 30/5A	电梯 6.75kW
WP5	DZ20-100/3P-16A	BH-0.66 30/5A	消防增压泵 5.7kW

AA5-馈电柜（GCK）

回路	断路器	电流互感器	用途
WP6	DZ20-100/3P-5A	BH-0.66 75/5A	送排风机 22kW
WP7	DZ20-100/3P-20A	BH-0.66 30/5A	潜水泵 6.6kW
WP8	DZ20-100/3P-20A	BH-0.66 30/5A	备用
WP9	DZ20-100/3P-20A	BH-0.66 30/5A	备用

AA6-馈电柜（GCK）

回路	断路器	电流互感器	用途
WL1	DZ20-200/3P-160A	BH-0.66 200/5A	地下层照明 6.7kW
WL2	DZ20-200/3P-160A	BH-0.66 200/5A	一层照明 30kW
WL3	DZ20-200/3P-160A	BH-0.66 200/5A	二层照明 34kW
WL4	DZ20-200/3P-160A	BH-0.66 200/5A	三层照明 35kW
WL5	DZ20-200/3P-160A	BH-0.66 200/5A	四层照明 34kW
WL6	DZ20-200/3P-160A	BH-0.66 200/5A	五层照明 34kW
WL7	DZ20-200/3P-160A	BH-0.66 200/5A	六层照明 34kW
WL8	DZ20-200/3P-160A	BH-0.66 200/5A	七层照明 35kW

AA7-馈电柜（GCK）

回路	断路器	电流互感器	用途
WL9	DZ20-100/3P-63A	BH-0.66 75/5A	一层空调 14kW
WL10	DZ20-200/3P-125A	BH-0.66 150/5A	二层空调 25.5kW
WL11	DZ20-200/3P-125A	BH-0.66 150/5A	三层空调 24kW
WL12	DZ20-200/3P-125A	BH-0.66 150/5A	四层空调 24kW
WL13	DZ20-200/3P-125A	BH-0.66 150/5A	五层空调 24kW
WL14	DZ20-200/3P-125A	BH-0.66 150/5A	六层空调 24kW
WL15	DZ20-200/3P-125A	BH-0.66 150/5A	七层空调 22.5kW
WL16	DZ20-100/3P-32A	BH-0.66 50/5A	一层空调 6kW

AA8-馈电柜（GCK）

回路	断路器	电流互感器	用途
WL17	DZ20-200/3P-125A	BH-0.66 150/5A	二层空调 26kW
WL18	DZ20-200/3P-125A	BH-0.66 150/5A	三层空调 24kW
WL19	DZ20-200/3P-125A	BH-0.66 150/5A	四层空调 27.5kW
WL20	DZ20-200/3P-125A	BH-0.66 150/5A	五层空调 27.5kW
WL21	DZ20-200/3P-125A	BH-0.66 150/5A	六层空调 27.5kW
WL22	DZ20-200/3P-125A	BH-0.66 150/5A	七层空调 27.5kW
WL23	DZ20-100/3P-100A	BH-0.66 100/5A	一层空调 21kW
WL24	DZ20-200/3P-125A	BH-0.66 150/5A	备用

说明：

1. 设备元器件的采购，详见各柜的设备表。上表列出的元器件只是部分主要件。
2. 电流、电压表可改用 6L2 型的。多功能电能表也可改用其他型号的。
3. 高低压开关柜也可根据用户需要选择其他柜型。

图 12-11 高低压配电柜（交流操作）一次系统原理接线布置图

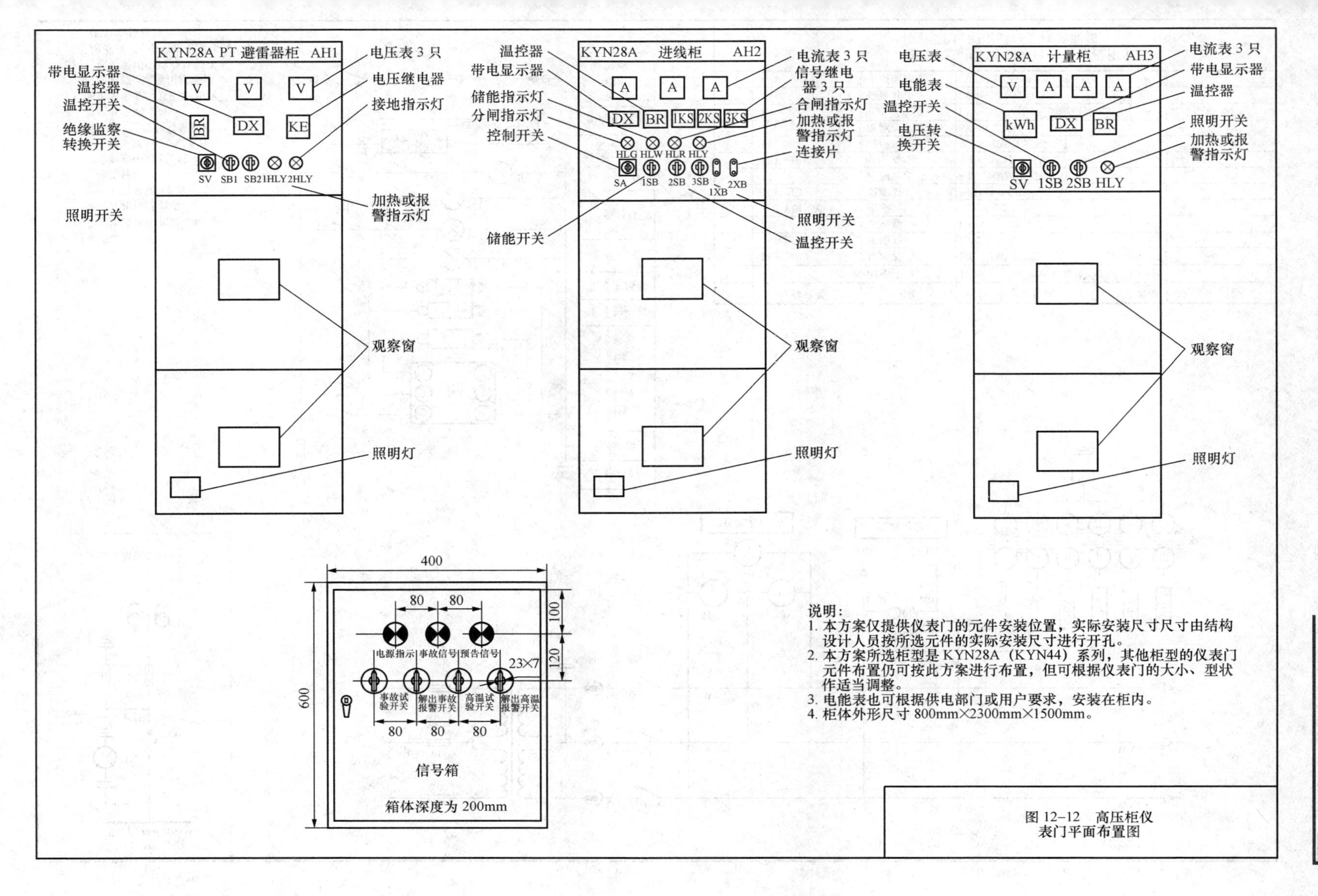

图 12-12　高压柜仪表门平面布置图

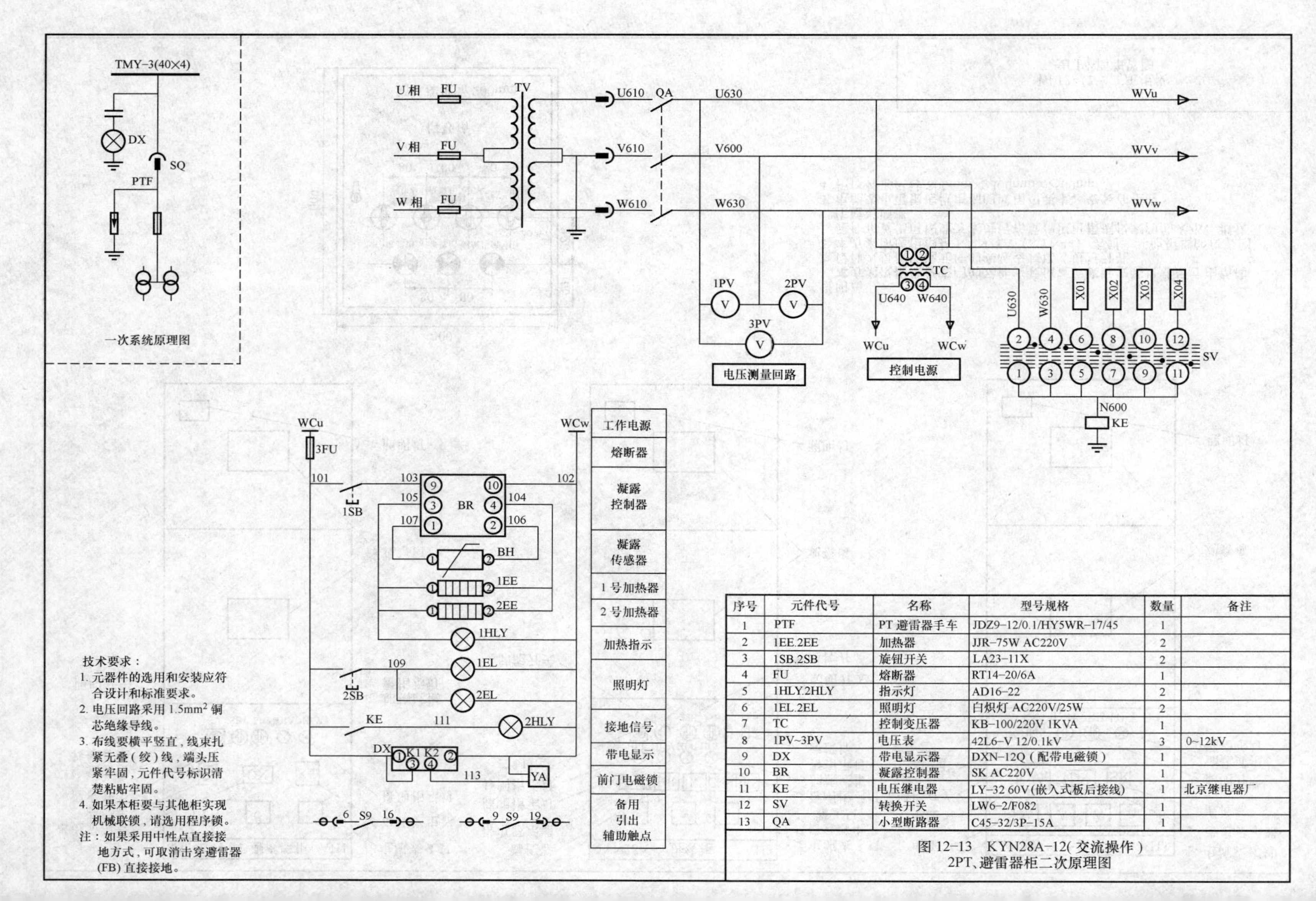

技术要求：

1. 元器件的选用和安装应符合设计和标准要求。
2. 电压回路采用 1.5mm² 铜芯绝缘导线。
3. 布线要横平竖直，线束扎紧无叠（绞）线，端头压紧牢固，元件代号标识清楚粘贴牢固。
4. 如果本柜要与其他柜实现机械联锁，请选用程序锁。

注：如果采用中性点直接接地方式，可取消击穿避雷器(FB) 直接接地。

序号	元件代号	名称	型号规格	数量	备注
1	PTF	PT 避雷器手车	JDZ9-12/0.1/HY5WR-17/45	1	
2	1EE.2EE	加热器	JJR-75W AC220V	2	
3	1SB.2SB	旋钮开关	LA23-11X	2	
4	FU	熔断器	RT14-20/6A	1	
5	1HLY.2HLY	指示灯	AD16-22	2	
6	1EL.2EL	照明灯	白炽灯 AC220V/25W	2	
7	TC	控制变压器	KB-100/220V 1KVA	1	
8	1PV~3PV	电压表	42L6-V 12/0.1kV	3	0~12kV
9	DX	带电显示器	DXN-12Q（配带电磁锁）	1	
10	BR	凝露控制器	SK AC220V	1	
11	KE	电压继电器	LY-32 60V(嵌入式板后接线)	1	北京继电器厂
12	SV	转换开关	LW6-2/F082	1	
13	QA	小型断路器	C45-32/3P-15A	1	

图 12-13　KYN28A-12(交流操作)
2PT、避雷器柜二次原理图

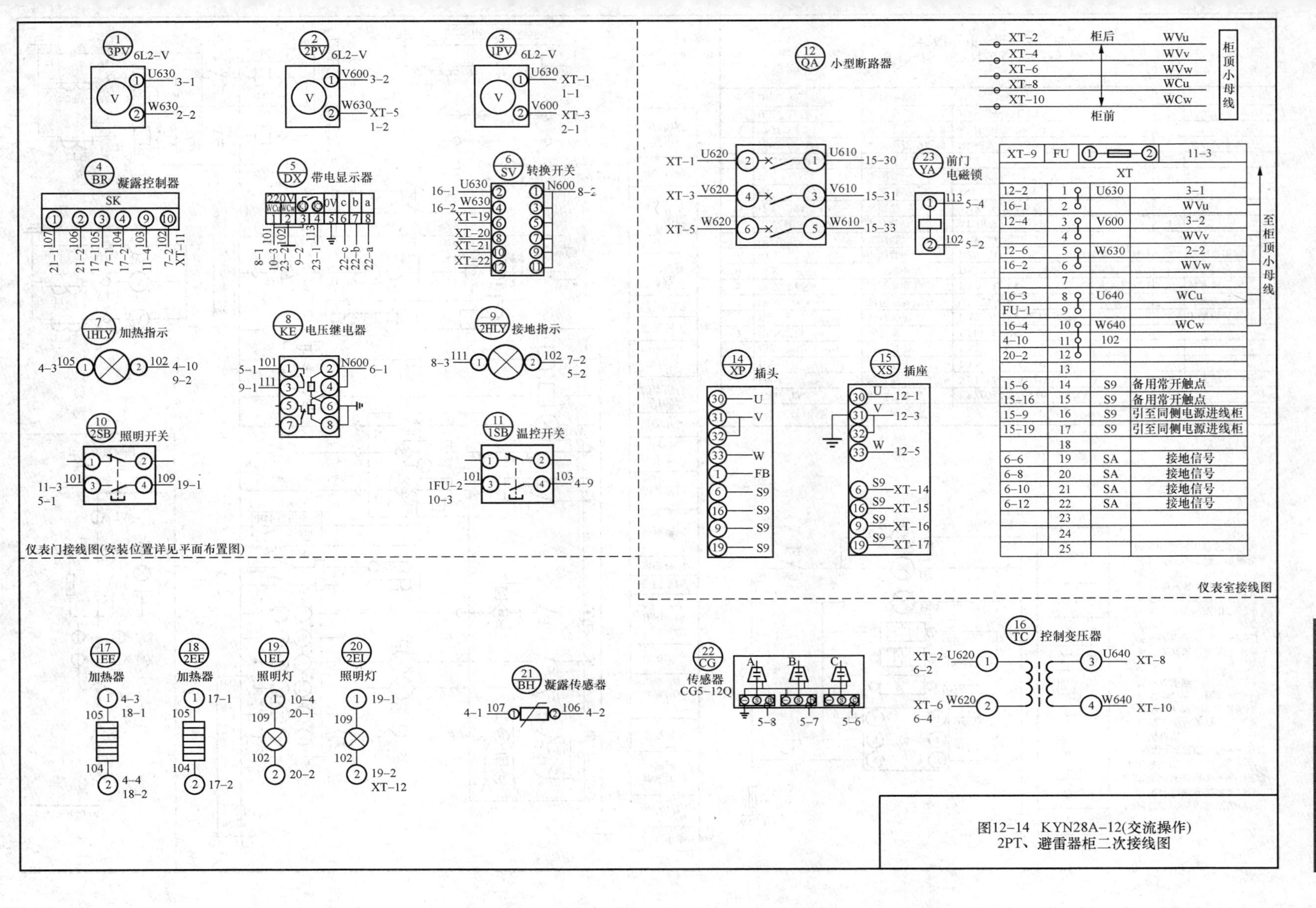

图12-14 KYN28A-12(交流操作)2PT、避雷器柜二次接线图

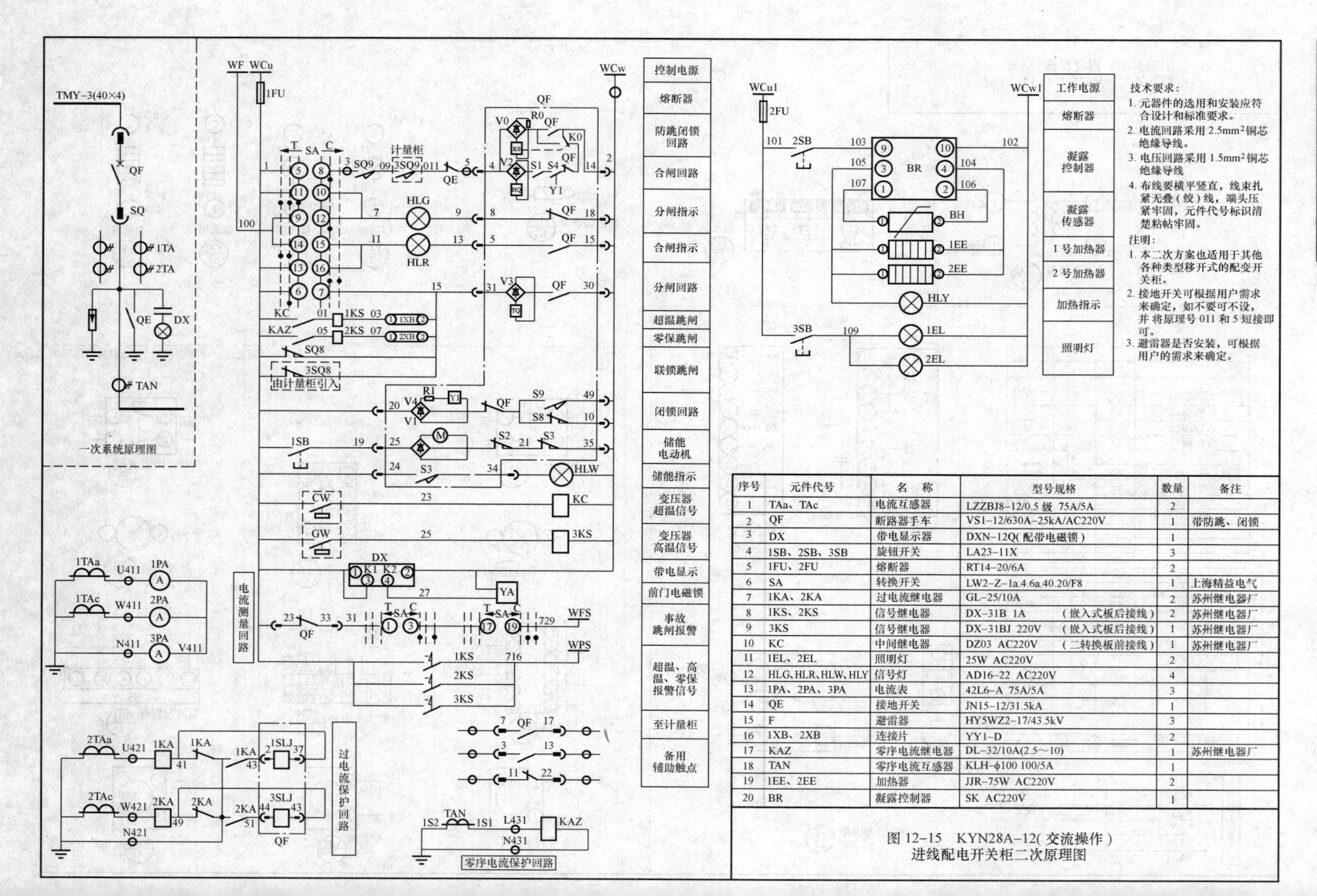

技术要求：

1. 元器件的选用和安装应符合设计和标准要求。
2. 电流回路采用 $2.5mm^2$ 铜芯绝缘导线。
3. 电压回路采用 $1.5mm^2$ 铜芯绝缘导线
4. 布线要横平竖直，线束扎紧无叠（绞）线，端头压紧牢固，元件代号标识清楚粘帖牢固。

注明：

1. 本二次方案也适用于其他各种类型移开式的配变开关柜。
2. 接地开关可根据用户需求来确定，如不要可不设，并将原理号 011 和 5 短接即可。
3. 避雷器是否安装，可根据用户的需求来确定。

序号	元件代号	名　称	型号规格	数量	备注
1	TAa、TAc	电流互感器	LZZBJ8-12/0.5 级 75A/5A	2	
2	QF	断路器手车	VS1-12/630A-25kA/AC220V	1	带防跳、闭锁
3	DX	带电显示器	DXN-12Q（配带电磁锁）	1	
4	1SB、2SB、3SB	旋钮开关	LA23-11X	3	
5	1FU、2FU	熔断器	RT14-20/6A	2	
6	SA	转换开关	LW2-Z-1a.4.6a.40.20/F8	1	上海精益电气
7	1KA、2KA	过电流继电器	GL-25/10A	2	苏州继电器厂
8	1KS、2KS	信号继电器	DX-31B 1A（嵌入式板后接线）	2	苏州继电器厂
9	3KS	信号继电器	DX-31BJ 220V（嵌入式板后接线）	1	苏州继电器厂
10	KC	中间继电器	DZ03 AC220V（二转换板前接线）	1	苏州继电器厂
11	1EL、2EL	照明灯	25W AC220V	2	
12	HLG、HLR、HLW、HLY	信号灯	AD16-22 AC220V	4	
13	1PA、2PA、3PA	电流表	42L6-A 75A/5A	3	
14	QE	接地开关	JN15-12/31.5kA	1	
15	F	避雷器	HY5WZ2-17/43.5kV	3	
16	1XB、2XB	连接片	YY1-D	2	
17	KAZ	零序电流继电器	DL-32/10A(2.5～10)	1	苏州继电器厂
18	TAN	零序电流互感器	KLH-ϕ100 100/5A	1	
19	1EE、2EE	加热器	JJR-75W AC220V	2	
20	BR	凝露控制器	SK AC220V	1	

图 12-15　KYN28A-12（交流操作）进线配电开关柜二次原理图

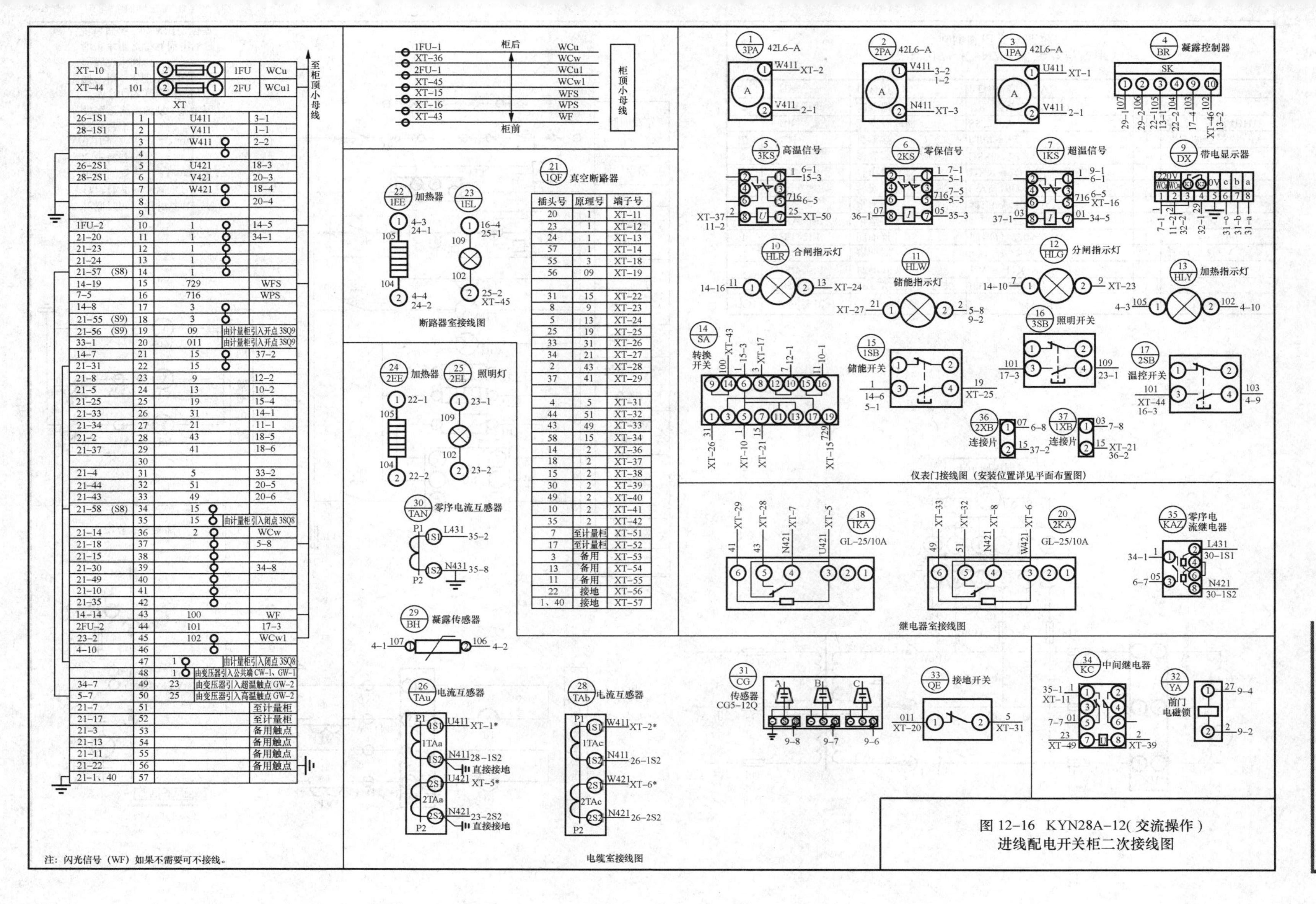

图 12-16　KYN28A-12（交流操作）进线配电开关柜二次接线图

注：闪光信号（WF）如果不需要可不接线。

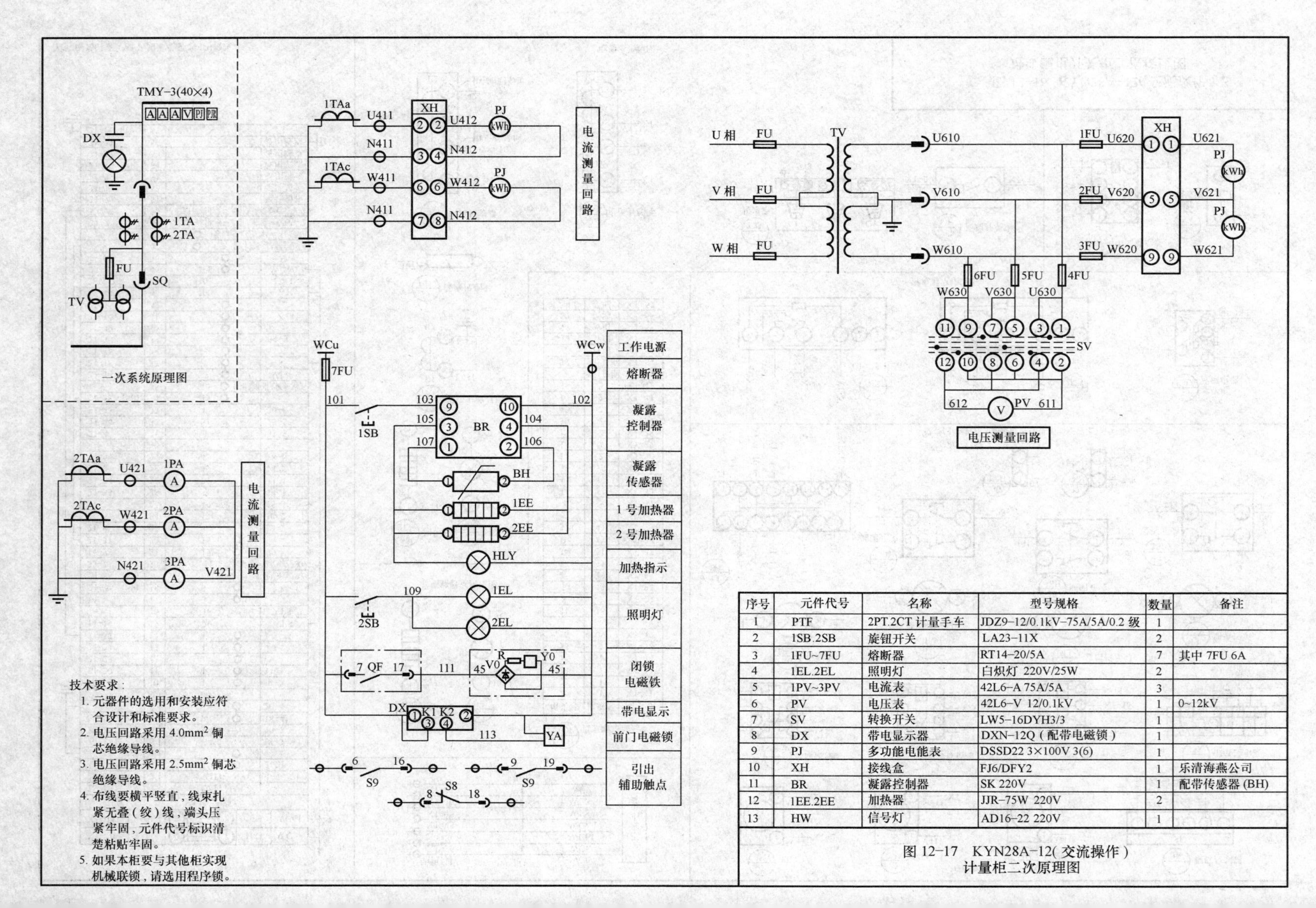

技术要求：

1. 元器件的选用和安装应符合设计和标准要求。
2. 电压回路采用 4.0mm^2 铜芯绝缘导线。
3. 电压回路采用 2.5mm^2 铜芯绝缘导线。
4. 布线要横平竖直，线束扎紧无叠（绞）线，端头压紧牢固，元件代号标识清楚粘贴牢固。
5. 如果本柜要与其他柜实现机械联锁，请选用程序锁。

序号	元件代号	名称	型号规格	数量	备注
1	PTF	2PT.2CT 计量手车	JDZ9-12/0.1kV-75A/5A/0.2 级	1	
2	1SB.2SB	旋钮开关	LA23-11X	2	
3	1FU~7FU	熔断器	RT14-20/5A	7	其中 7FU 6A
4	1EL.2EL	照明灯	白炽灯 220V/25W	2	
5	1PV~3PV	电流表	42L6-A 75A/5A	3	
6	PV	电压表	42L6-V 12/0.1kV	1	0~12kV
7	SV	转换开关	LW5-16DYH3/3	1	
8	DX	带电显示器	DXN-12Q（配带电磁锁）	1	
9	PJ	多功能电能表	DSSD22 3×100V 3(6)	1	
10	XH	接线盒	FJ6/DFY2	1	乐清海燕公司
11	BR	凝露控制器	SK 220V	1	配带传感器 (BH)
12	1EE.2EE	加热器	JJR-75W 220V	2	
13	HW	信号灯	AD16-22 220V	1	

图 12-17　KYN28A-12(交流操作)计量柜二次原理图

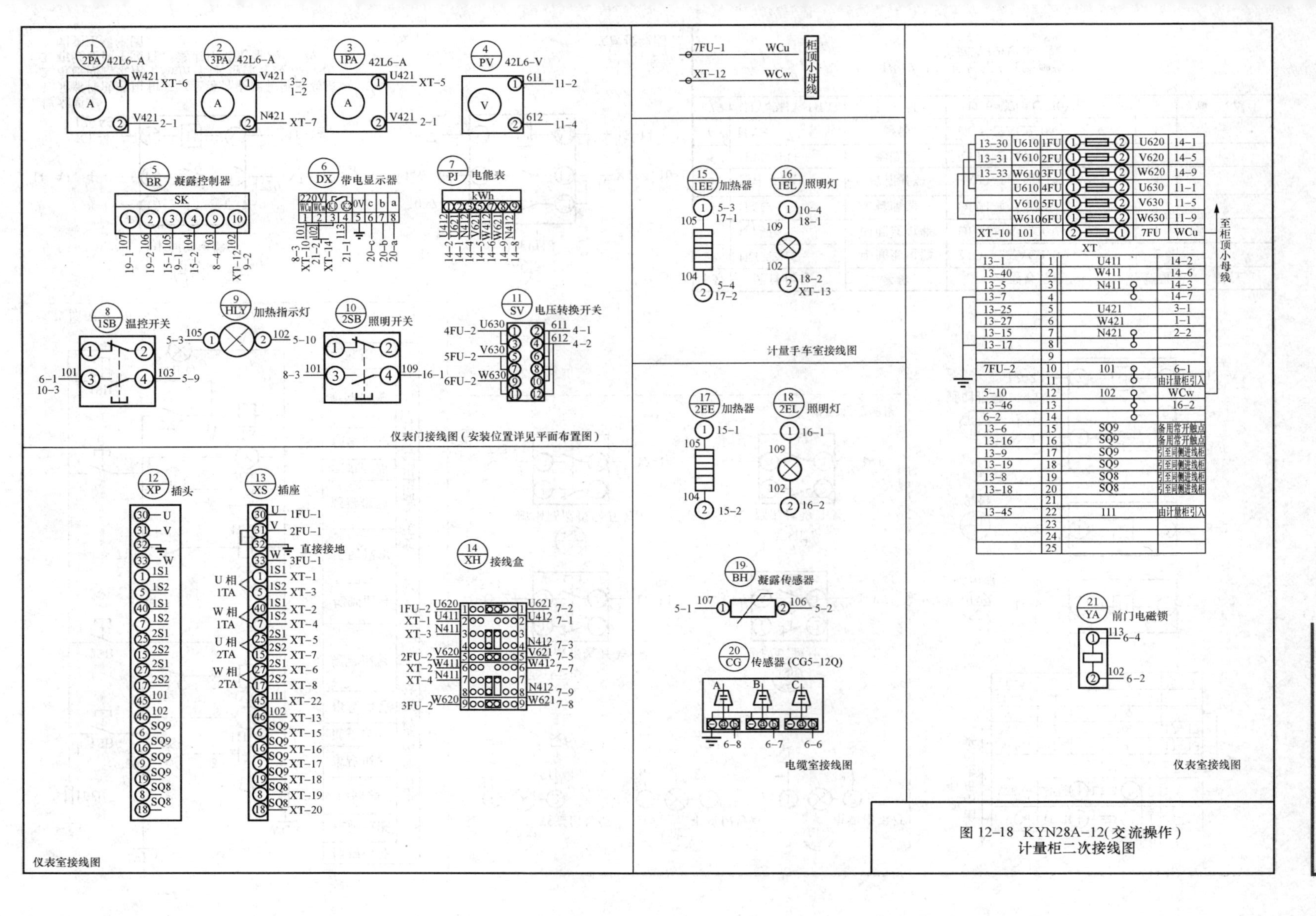

图 12-18　KYN28A-12(交流操作)计量柜二次接线图

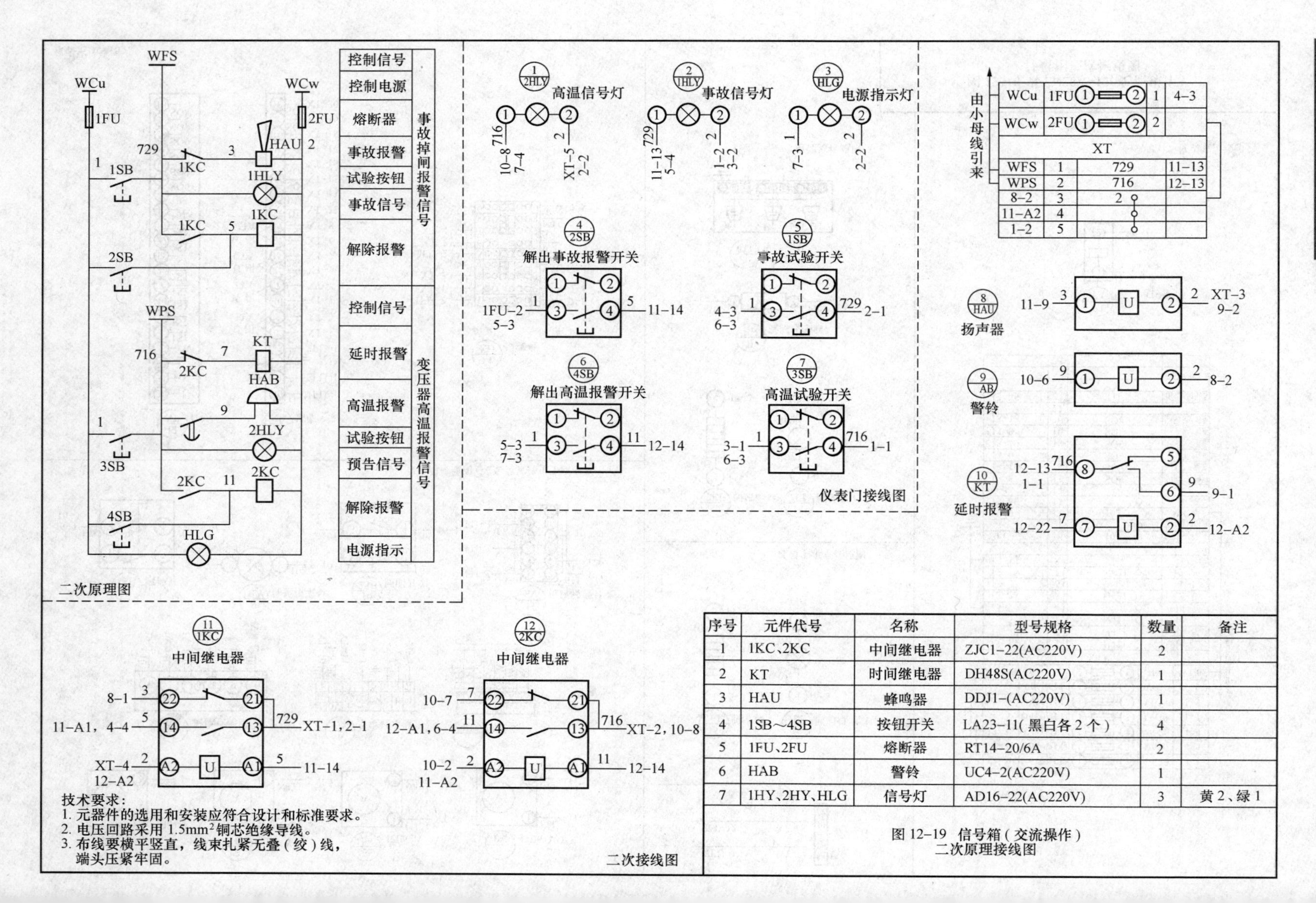

序号	元件代号	名称	型号规格	数量	备注
1	1KC、2KC	中间继电器	ZJC1-22(AC220V)	2	
2	KT	时间继电器	DH48S(AC220V)	1	
3	HAU	蜂鸣器	DDJ1-(AC220V)	1	
4	1SB～4SB	按钮开关	LA23-11(黑白各2个)	4	
5	1FU、2FU	熔断器	RT14-20/6A	2	
6	HAB	警铃	UC4-2(AC220V)	1	
7	1HY、2HY、HLG	信号灯	AD16-22(AC220V)	3	黄2、绿1

技术要求：
1. 元器件的选用和安装应符合设计和标准要求。
2. 电压回路采用 1.5mm² 铜芯绝缘导线。
3. 布线要横平竖直，线束扎紧无叠（绞）线，端头压紧牢固。

图 12-19 信号箱（交流操作）二次原理接线图

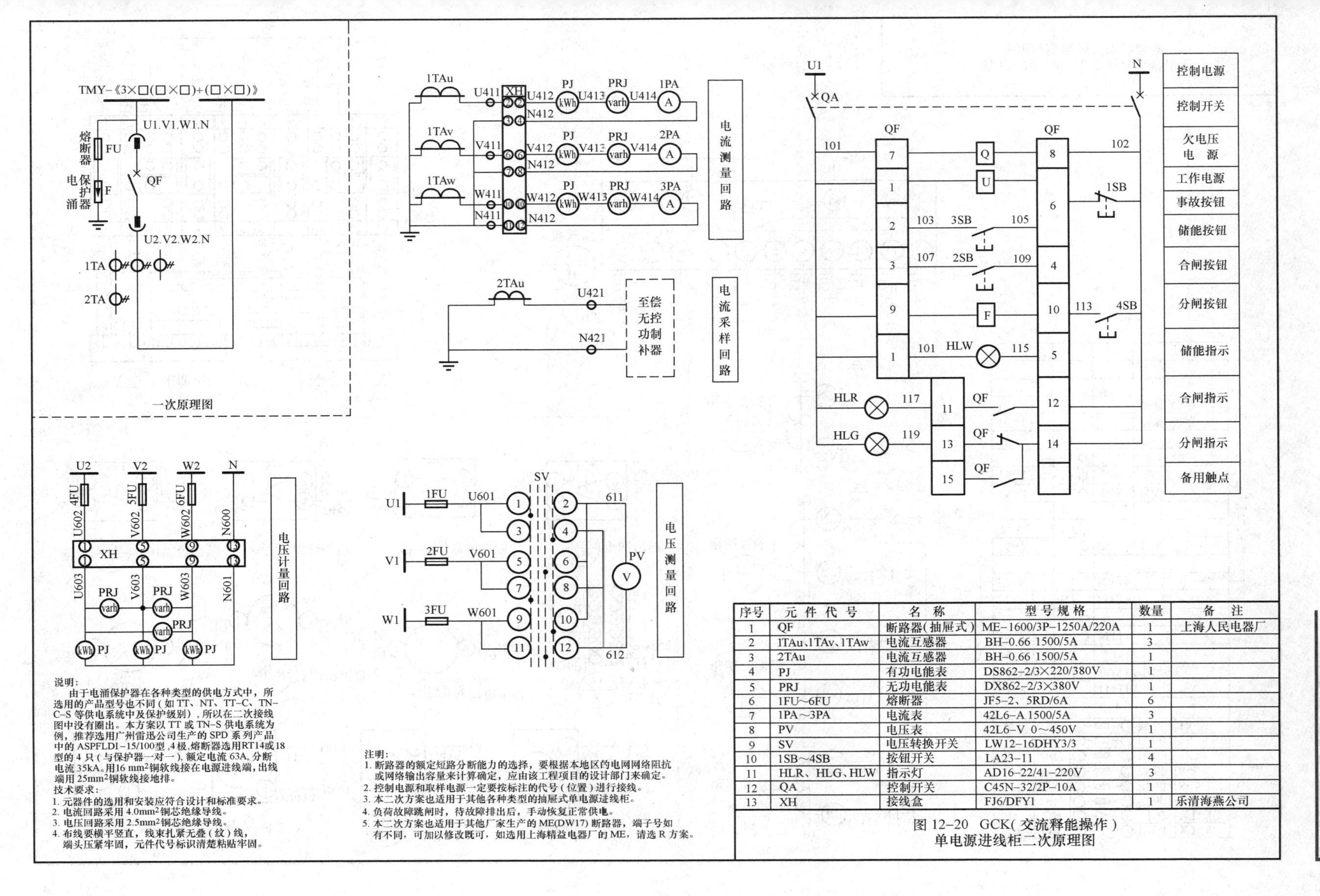

说明：

由于电涌保护器在各种类型的供电方式中，所选用的产品型号也不同（如TT、NT、TT-C、TN-C-S等供电系统中及保护级别），所以在二次接线图中没有圈出。本方案以TT或TN-S供电系统为例，推荐选用广州雷迅公司生产的SPD系列产品中的ASPFLDI-15/100型，4极，熔断器选用RT14或18型的4只（与保护器一对一），额定电流63A，分断电流35kA。用16 mm²铜软线接在电源进线端，出线端用25mm²铜软线接地排。

技术要求：

1. 元器件的选用和安装应符合设计和标准要求。
2. 电流回路采用4.0mm²铜芯绝缘导线。
3. 电压回路采用2.5mm²铜芯绝缘导线。
4. 布线要横平竖直，线束扎紧无叠（纹）线，端头压紧牢固，元件代号标识清楚粘贴牢固。

注明：

1. 断路器的额定短路分断能力的选择，要根据本地区的电网网络阻抗或网络输出容量来计算确定，应由该工程项目的设计部门来确定。
2. 控制电源和取样电源一定要按标注的代号（位置）进行接线。
3. 本二次方案也适用于其他各种类型的抽屉式单电源进线柜。
4. 负荷故障跳闸时，待故障排出后，手动恢复正常供电。
5. 本二次方案也适用于其他厂家生产的ME(DW17)断路器，端子号如有不同，可加以修改既可，如选用上海精益电器厂的ME，请选R方案。

序号	元件代号	名称	型号规格	数量	备注
1	QF	断路器(抽屉式)	ME-1600/3P-1250A/220A	1	上海人民电器厂
2	1TAu、1TAv、1TAw	电流互感器	BH-0.66 1500/5A	3	
3	2TAu	电流互感器	BH-0.66 1500/5A	1	
4	PJ	有功电能表	DS862-2/3×220/380V	1	
5	PRJ	无功电能表	DX862-2/3×380V	1	
6	1FU~6FU	熔断器	JF5-2、5RD/6A	6	
7	1PA~3PA	电流表	42L6-A 1500/5A	3	
8	PV	电压表	42L6-V 0~450V	1	
9	SV	电压转换开关	LW12-16DHY3/3	1	
10	1SB~4SB	按钮开关	LA23-11	4	
11	HLR、HLG、HLW	指示灯	AD16-22/41-220V	3	
12	QA	控制开关	C45N-32/2P-10A	1	
13	XH	接线盒	FJ6/DFY1	1	乐清海燕公司

图12-20　GCK（交流释能操作）单电源进线柜二次原理图

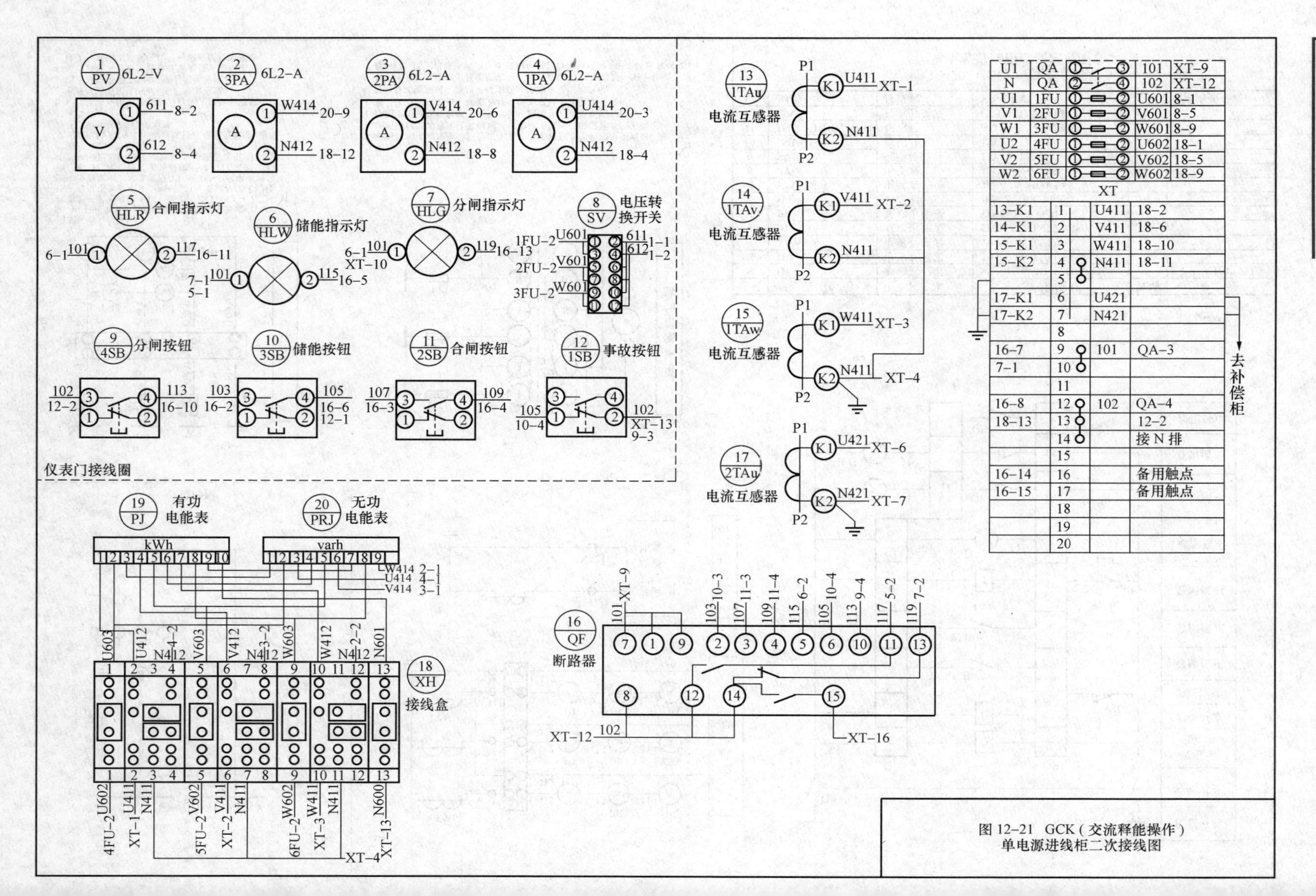

图 12-21 GCK（交流释能操作）单电源进线柜二次接线图

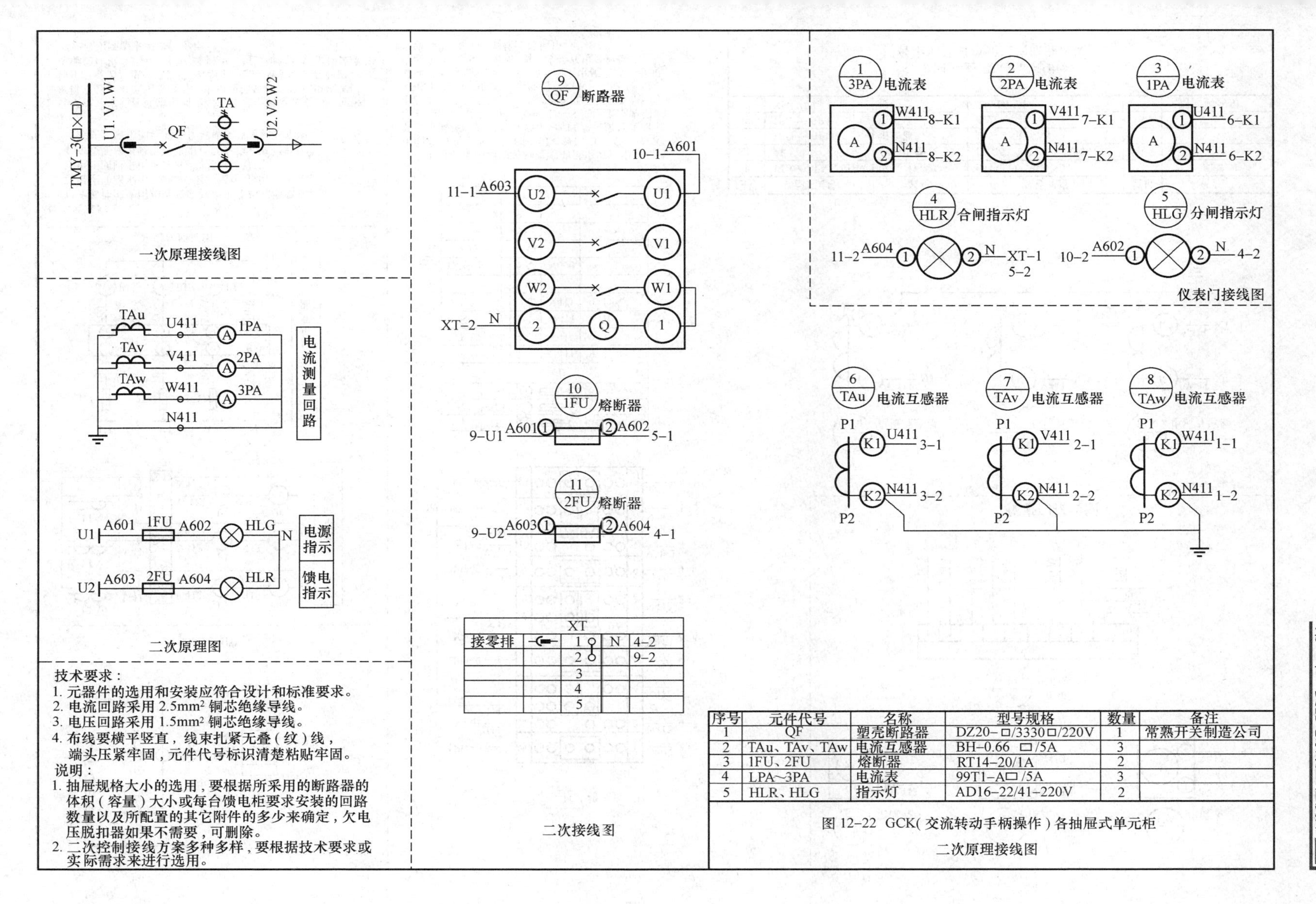

技术要求：
1. 元器件的选用和安装应符合设计和标准要求。
2. 电流回路采用 2.5mm^2 铜芯绝缘导线。
3. 电压回路采用 1.5mm^2 铜芯绝缘导线。
4. 布线要横平竖直，线束扎紧无叠（纹）线，端头压紧牢固，元件代号标识清楚粘贴牢固。

说明：
1. 抽屉规格大小的选用，要根据所采用的断路器的体积（容量）大小或每台馈电柜要求安装的回路数量以及所配置的其它附件的多少来确定，欠电压脱扣器如果不需要，可删除。
2. 二次控制接线方案多种多样，要根据技术要求或实际需求来进行选用。

序号	元件代号	名称	型号规格	数量	备注
1	QF	塑壳断路器	DZ20–□/3330□/220V	1	常熟开关制造公司
2	TAu、TAv、TAw	电流互感器	BH–0.66 □/5A	3	
3	1FU、2FU	熔断器	RT14–20/1A	2	
4	LPA~3PA	电流表	99T1–A□/5A	3	
5	HLR、HLG	指示灯	AD16–22/41–220V	2	

图 12-22 GCK（交流转动手柄操作）各抽屉式单元柜

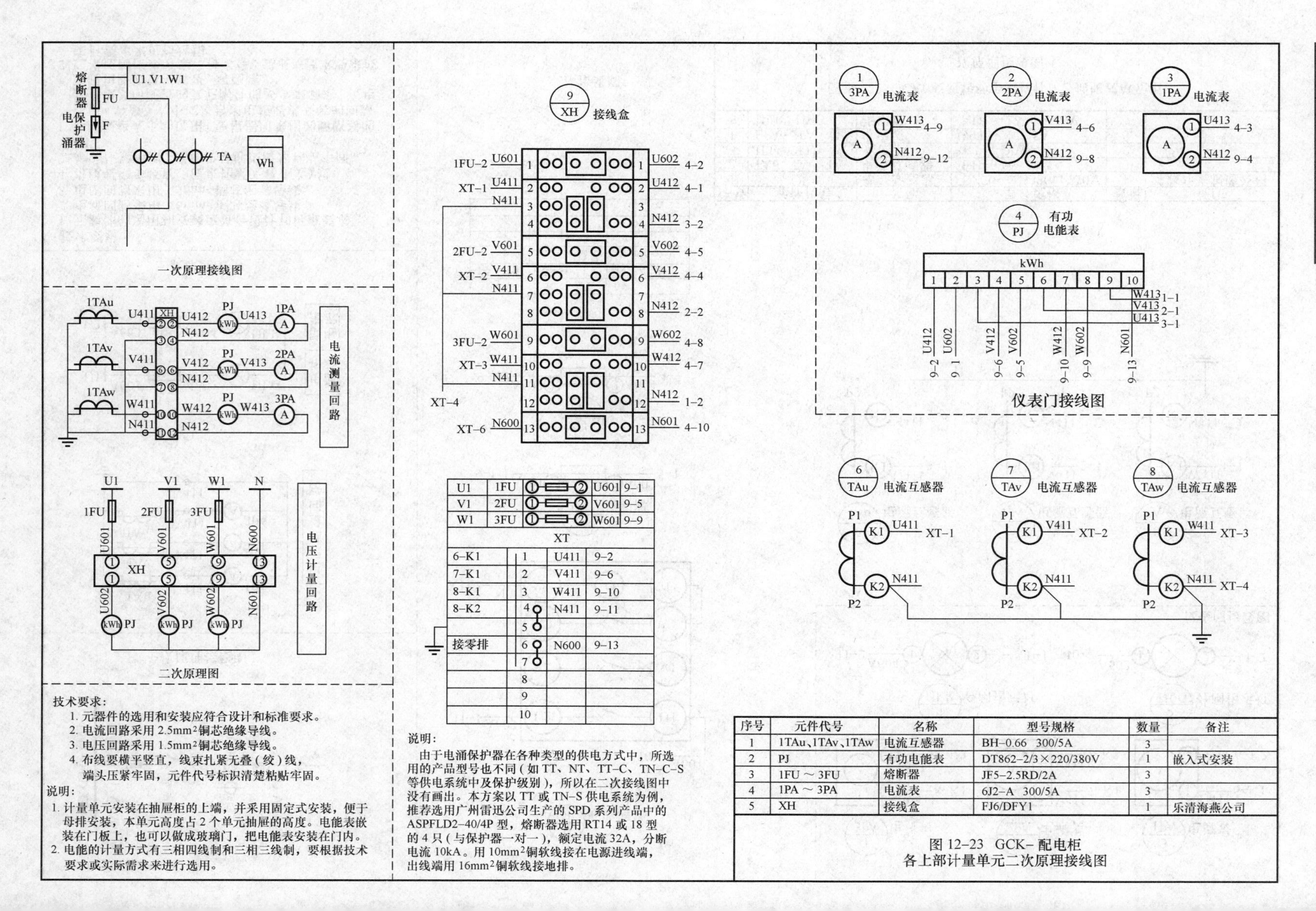

技术要求：

1. 元器件的选用和安装应符合设计和标准要求。
2. 电流回路采用 2.5mm²铜芯绝缘导线。
3. 电压回路采用 1.5mm²铜芯绝缘导线。
4. 布线要横平竖直，线束扎紧无叠（绞）线，端头压紧牢固，元件代号标识清楚粘贴牢固。

说明：

1. 计量单元安装在抽屉柜的上端，并采用固定式安装，便于母排安装，本单元高度占 2 个单元抽屉的高度。电能表嵌装在门板上，也可以做成玻璃门，把电能表安装在门内。
2. 电能的计量方式有三相四线制和三相三线制，要根据技术要求或实际需求来进行选用。

说明：

由于电涌保护器在各种类型的供电方式中，所选用的产品型号也不同（如 TT、NT、TT–C、TN–C–S 等供电系统中及保护级别），所以在二次接线图中没有画出。本方案以 TT 或 TN–S 供电系统为例，推荐选用广州雷迅公司生产的 SPD 系列产品中的 ASPFLD2–40/4P 型，熔断器选用 RT14 或 18 型的 4 只（与保护器一对一），额定电流 32A，分断电流 10kA。用 10mm²铜软线接在电源进线端，出线端用 16mm²铜软线接地排。

序号	元件代号	名称	型号规格	数量	备注
1	1TAu、1TAv、1TAw	电流互感器	BH–0.66 300/5A	3	
2	PJ	有功电能表	DT862–2/3×220/380V	1	嵌入式安装
3	1FU ～ 3FU	熔断器	JF5–2.5RD/2A	3	
4	1PA ～ 3PA	电流表	6J2–A 300/5A	3	
5	XH	接线盒	FJ6/DFY1	1	乐清海燕公司

图 12–23 GCK–配电柜各上部计量单元二次原理接线图

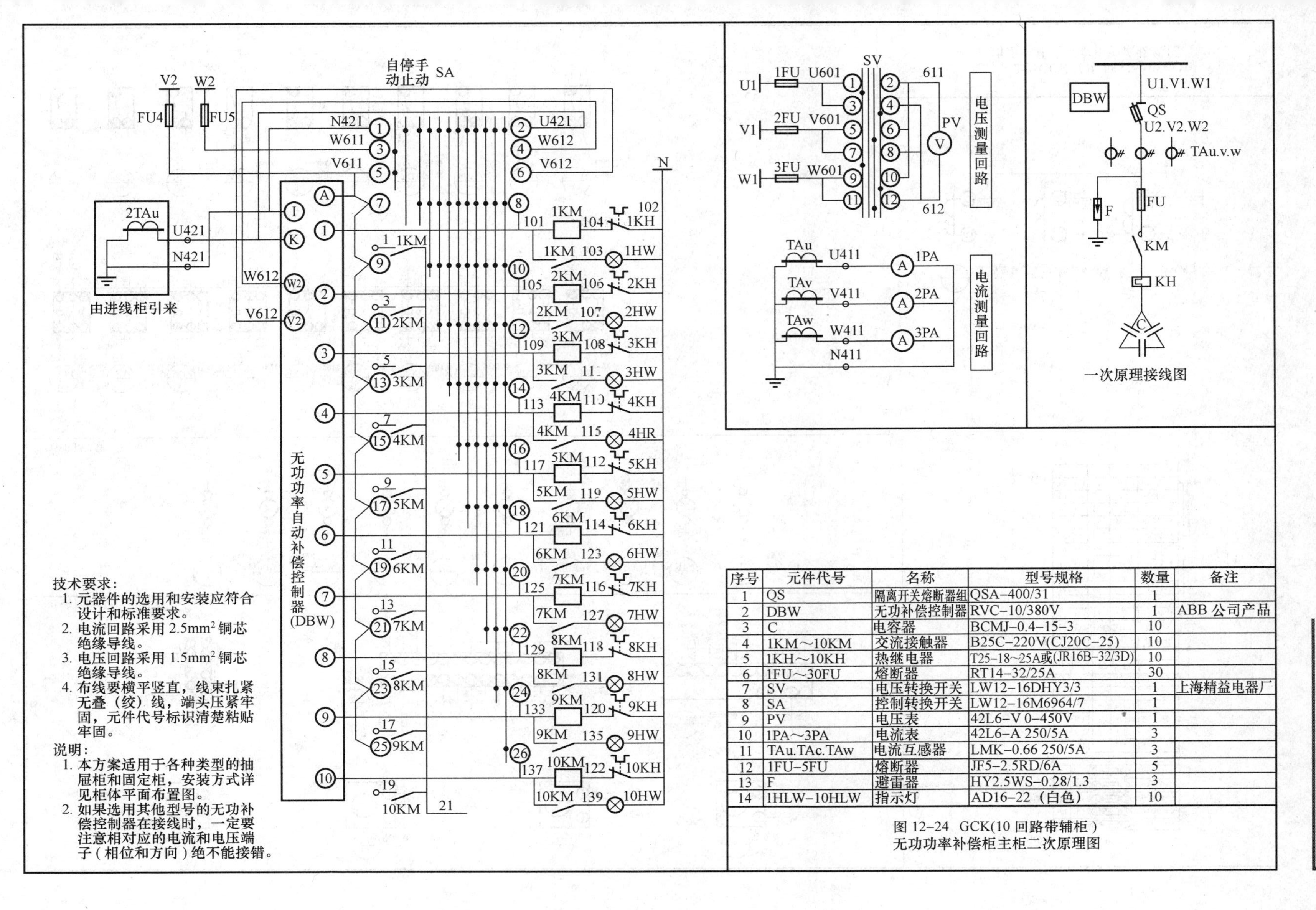

序号	元件代号	名称	型号规格	数量	备注
1	QS	隔离开关熔断器组	QSA-400/31	1	
2	DBW	无功补偿控制器	RVC-10/380V	1	ABB 公司产品
3	C	电容器	BCMJ-0.4-15-3	10	
4	1KM～10KM	交流接触器	B25C-220V(CJ20C-25)	10	
5	1KH～10KH	热继电器	T25-18～25A或(JR16B-32/3D)	10	
6	1FU～30FU	熔断器	RT14-32/25A	30	
7	SV	电压转换开关	LW12-16DHY3/3	1	上海精益电器厂
8	SA	控制转换开关	LW12-16M6964/7	1	
9	PV	电压表	42L6-V 0-450V	1	
10	1PA～3PA	电流表	42L6-A 250/5A	3	
11	TAu.TAc.TAw	电流互感器	LMK-0.66 250/5A	3	
12	1FU-5FU	熔断器	JF5-2.5RD/6A	5	
13	F	避雷器	HY2.5WS-0.28/1.3	3	
14	1HLW-10HLW	指示灯	AD16-22（白色）	10	

图 12-24　GCK(10 回路带辅柜）
无功功率补偿柜主柜二次原理图

技术要求：
1. 元器件的选用和安装应符合设计和标准要求。
2. 电流回路采用 2.5mm² 铜芯绝缘导线。
3. 电压回路采用 1.5mm² 铜芯绝缘导线。
4. 布线要横平竖直，线束扎紧无叠（绞）线，端头压紧牢固，元件代号标识清楚粘贴牢固。

说明：
1. 本方案适用于各种类型的抽屉柜和固定柜，安装方式详见柜体平面布置图。
2. 如果选用其他型号的无功补偿控制器在接线时，一定要注意相对应的电流和电压端子（相位和方向）绝不能接错。

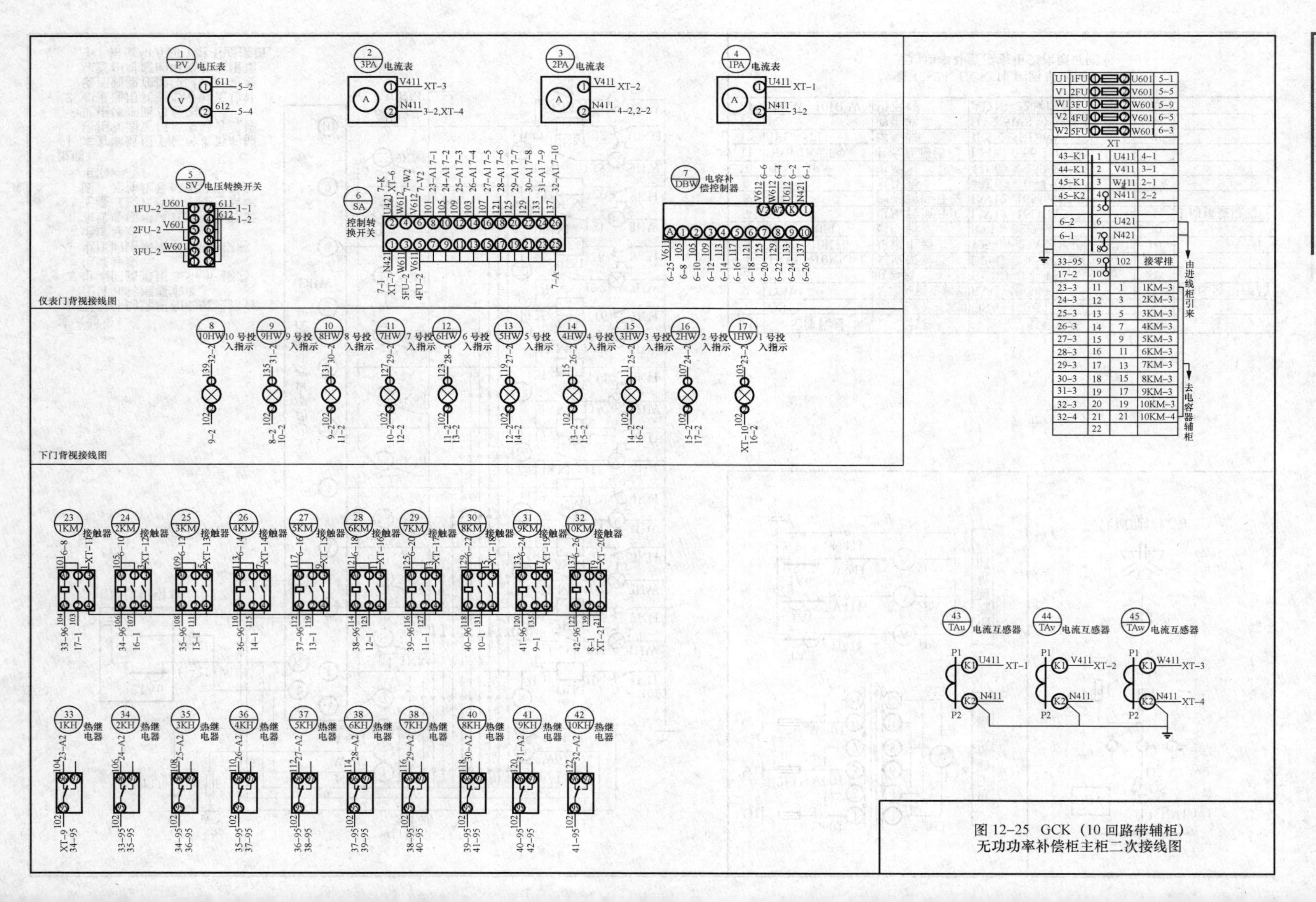

图 12-25 GCK（10 回路带辅柜）无功功率补偿柜主柜二次接线图

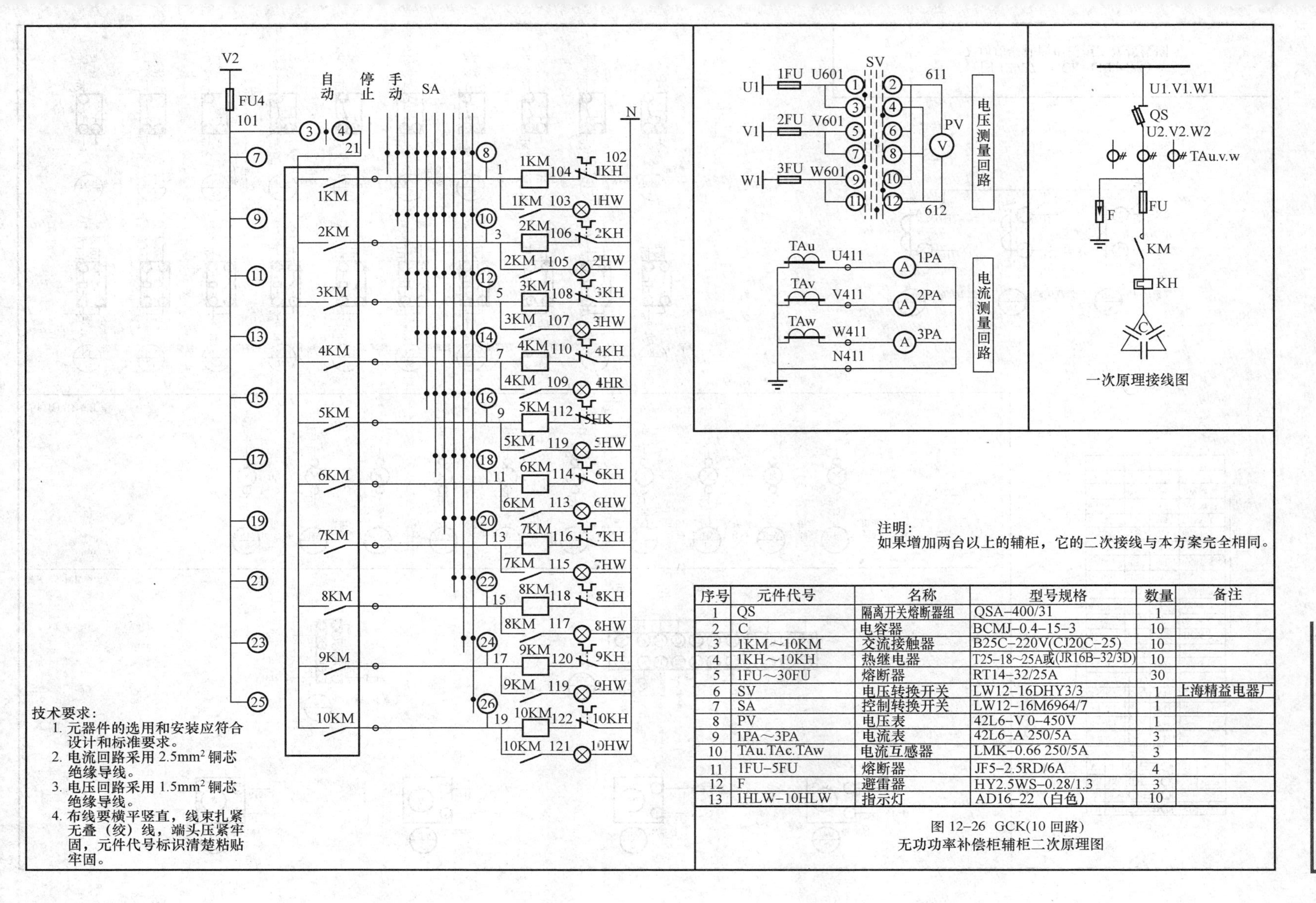

技术要求：

1. 元器件的选用和安装应符合设计和标准要求。
2. 电流回路采用 2.5mm² 铜芯绝缘导线。
3. 电压回路采用 1.5mm² 铜芯绝缘导线。
4. 布线要横平竖直，线束扎紧无叠（绞）线，端头压紧牢固，元件代号标识清楚粘贴牢固。

注明：
如果增加两台以上的辅柜，它的二次接线与本方案完全相同。

序号	元件代号	名称	型号规格	数量	备注
1	QS	隔离开关熔断器组	QSA–400/31	1	
2	C	电容器	BCMJ–0.4–15–3	10	
3	1KM～10KM	交流接触器	B25C–220V(CJ20C–25)	10	
4	1KH～10KH	热继电器	T25–18～25A或(JR16B–32/3D)	10	
5	1FU～30FU	熔断器	RT14–32/25A	30	
6	SV	电压转换开关	LW12–16DHY3/3	1	上海精益电器厂
7	SA	控制转换开关	LW12–16M6964/7	1	
8	PV	电压表	42L6–V 0–450V	1	
9	1PA～3PA	电流表	42L6–A 250/5A	3	
10	TAu.TAc.TAw	电流互感器	LMK–0.66 250/5A	3	
11	1FU–5FU	熔断器	JF5–2.5RD/6A	4	
12	F	避雷器	HY2.5WS–0.28/1.3	3	
13	1HLW–10HLW	指示灯	AD16–22（白色）	10	

图 12–26　GCK(10 回路)
无功功率补偿柜辅柜二次原理图

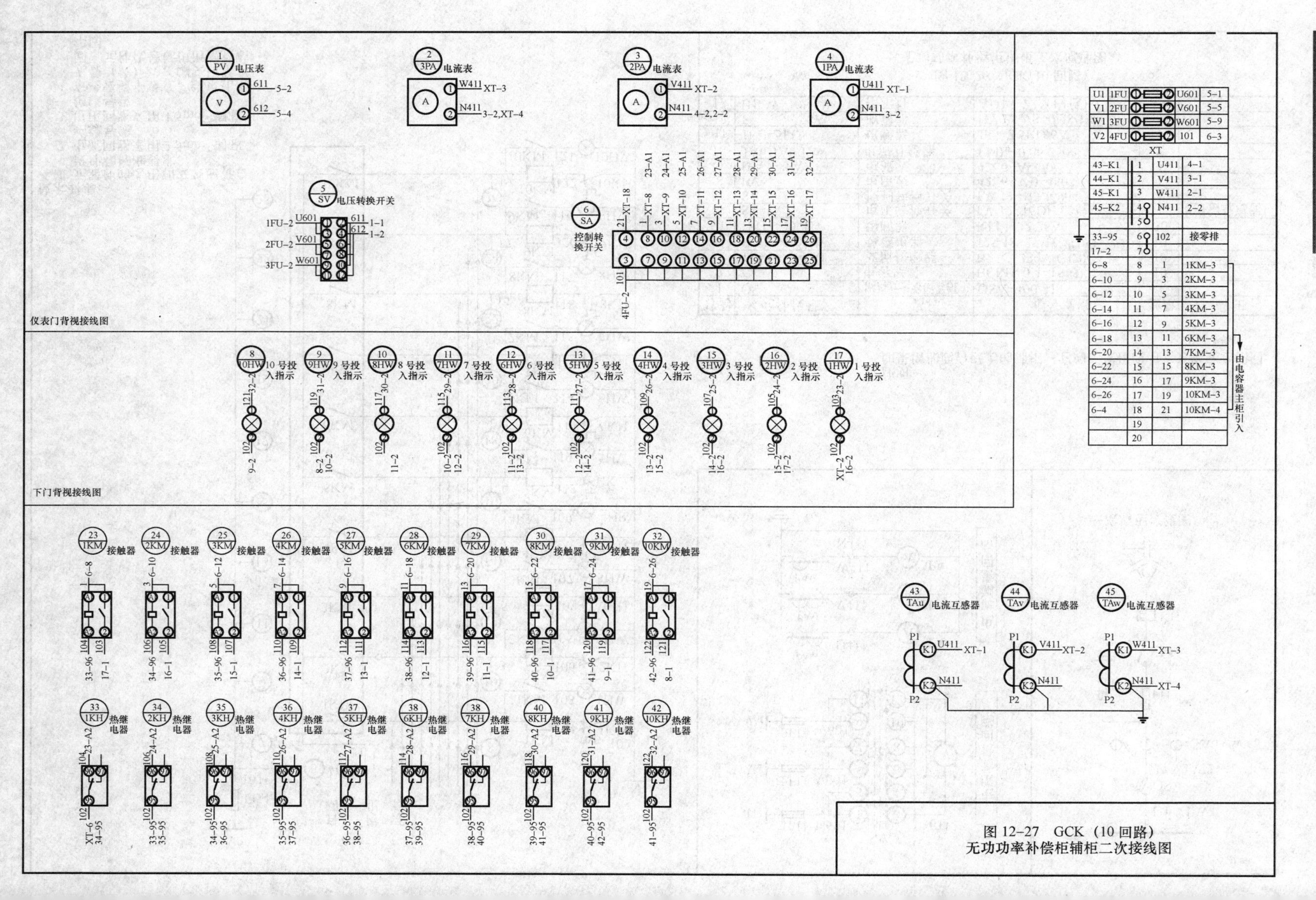

图12-27 GCK（10回路）
无功功率补偿柜辅柜二次接线图

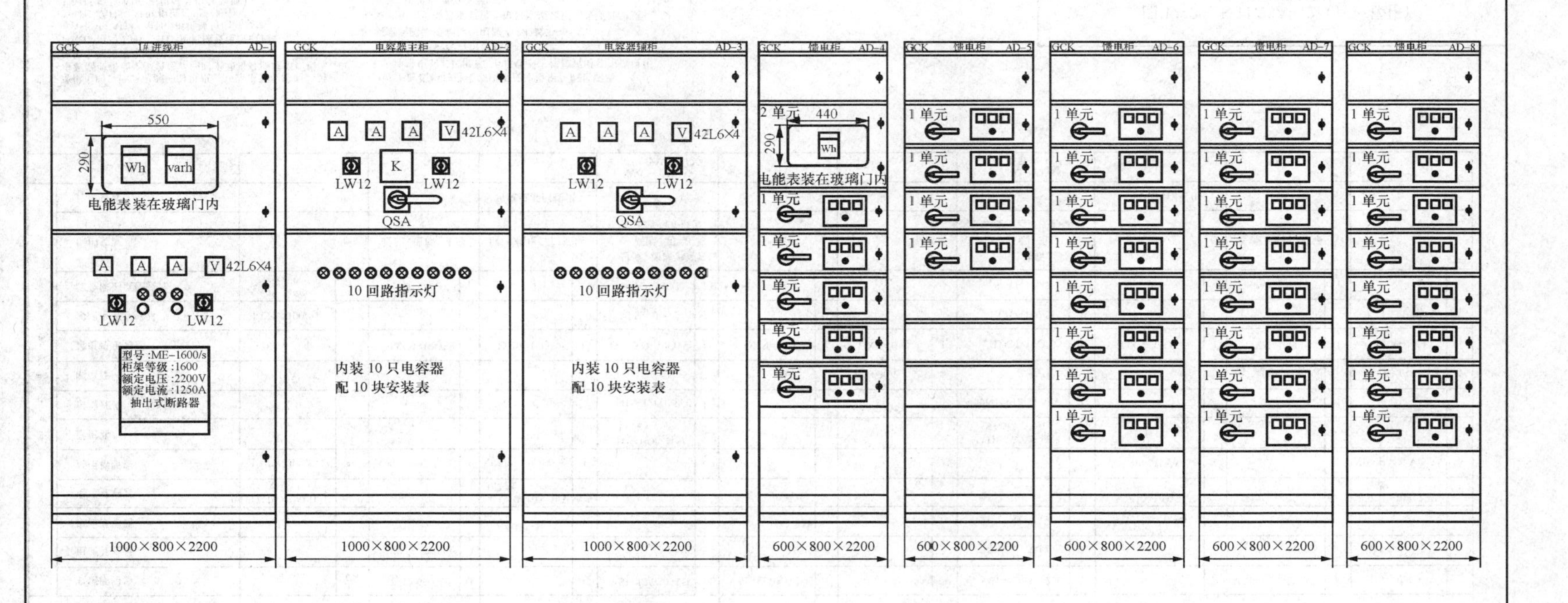

技术要求:

1. 本方案仅提供仪表门的元件安装位置，部分元器件的实际安装尺寸由结构设计人员按所选原件的实际安装尺寸进行开孔。
2. 本方案所选柜型是 GCK 系列产品。
3. 柜体的规格尺寸应按所选的断路器容量大小以及母排的安装形式作适当的调整。
4. 门板厚度不低于 2mm，其他材料按标准柜配置齐全，母线夹按母线的规格大小配好。
5. 表计开孔尺寸采用 42L6 型，也可根据用户要求改为 6L2 型表计，灯和按钮开孔直径为 23mm，无功补偿控制器按所选用的型号实际开孔号尺寸开孔，抽屉柜上的电流表为 99T1 型表。
6. 眉头饮子：蓝底白字。
7. 漆色按用户要求制作。

图 12–28 GCK 低压配电柜平面布置图

开关柜编号	AH1	AH2	AH3	AH4	AH5	AH6	AH7	AH8	AH9	AH10
开关柜型号	KYN28A-12	KYN28A-12	KYN28A-12	KYN28A-12	KYN28A-12	KYN28A-12	KYN28A-12	KYN28A-12	KYN28A-12	KYN28A-12
开关柜尺寸：（宽×深×高 /mm）	800×1500×2300	800×1500×2300	800×1500×2300	800×1500×2300	800×1500×2300	800×1500×2300	800×1500×2300	800×1500×2300	800×1500×2300	800×1500×2300
开关柜用途	1 号进线隔离 +PT 柜	1 号主进线柜	1 号计量柜	1 号变压器柜	母联分断柜	隔离联络柜	2 号变压器柜	2 号计量柜	2 号主进线柜	2 号进线隔离 +PT 柜
母线规格：TMY-50×5 一次额定电压 12kV 二次额定电压 DC220V 一次系统方案接线图	V 11SQ	A×3 1QF 1SQ	kWh Varh FG 12SQ	A×3 4QF 4SQ	A×3 3QF 3SQ	33SQ	A×3 6QF 6SQ	kWh Varh FG 22SQ	A×3 2QF 2SQ	V 21SQ
主要电器设备 真空断路器		VS1-12/630-25k 1		VS1-12/630-25k 1	VS1-12/630-25k 1		VS1-12/630-25k 1		VS1-12/630-25k 1	
电流互感器		LZZBJ9-12 0.5/10P15 250/5 3		LZZBJ9-12 0.5/10P15 120/5 3	LZZBJ9-12 0.5/10P15 250/5 3		LZZBJ9-12 0.5/10P15 120/5 3		LZZBJ9-12 0.5/10P15 250/5 3	
电流互感器			LZZBJ9-12 0.2S 250/5 2					LZZBJ9-12 0.2S 250/5 2		
电压互感器	JDZ10-10/0.1kV 0.5 级 2		JDZ10-10/0.1kV 0.2 级 2					JDZ10-10/0.1kV 0.2 级 2		JDZ10-10/0.1kV 0.5 级 2
高压熔断器	XRNP-12kV/0.5A 3		XRNP-12kV/0.5A 3					XRNP-12kV/0.5A 3		XRNP-12kV/0.5A 3
避雷器				HY5WZ2-17/43.5kV 3			HY5WZ2-17/43.5kV 3			
接地开关				JN15-12/31.5kV 1			JN15-12/31.5kV 1			
隔离车	630A 1					630A 1				630A 1
带电显示装置	DXN-10Q 1	DXN-10Q 1	DXN-10Q 1	DXN-10Q 1	DXN-10Q 1	DXN-10Q 1	DXN-10Q 1	DXN-10Q 1	DXN-10Q 1	DXN-10Q 1
零序电流互感器	KLH 100/5 1			KLH 100/5 1			KLH 100/5 1			KLH 100/5 1
综合保护监控装置		SPAJ-140C 1		SPAJ-140C 1	SPAJ-140C 1		SPAJ-140C 1		SPAJ-140C 1	
保护装置		过流、速断、零序	FG-供电部门提供	过流、速断、零序 高温、超温 变压器开关报警	过流		过流、速断、零序 高温、超温 变压器开关报警		过流、速断、零序	
计量装置			供电部门提供					供电部门提供		
电缆规格				ZRC-YJV_{22}-8.7/15kV 3×120			ZRC-YJV_{22}-8.7/15kV 3×120			

说明：

1. 正常供电时，两路电源同时供电，一路电源故障时，另一路电源需要带动全部负荷，同时手动将分段联络柜投入。
2. 开关柜电气闭锁功能：
   (1)AH2 柜与 AH1、AH3 柜机械及电气联锁；AH9 与 AH8、AH10 柜机械与电气联锁。
   (2)AH2、AH5、AH9 柜进行电气联锁。
   (3)AH5 柜与 AH6 柜机械及电气联锁。
   (4)只有隔离手车处于工作位置时，对应断路器才可以实现分、合闸操作。
   (5)主进线柜与进线隔离柜及计量柜：满足隔离手车、计量柜的 CT 和 PT 手车处于工作位置时，主进线柜才能实现分、合闸操作。
3. 真空断路器控制操作电源为 DC220V/65Ah。
4. 安装用电负荷管理装置、电量采集装置、失压计时仪(GF)，由供电部门负责安装。

图 12-29 KYN28A-12（直流操作）一次方案原理接线图

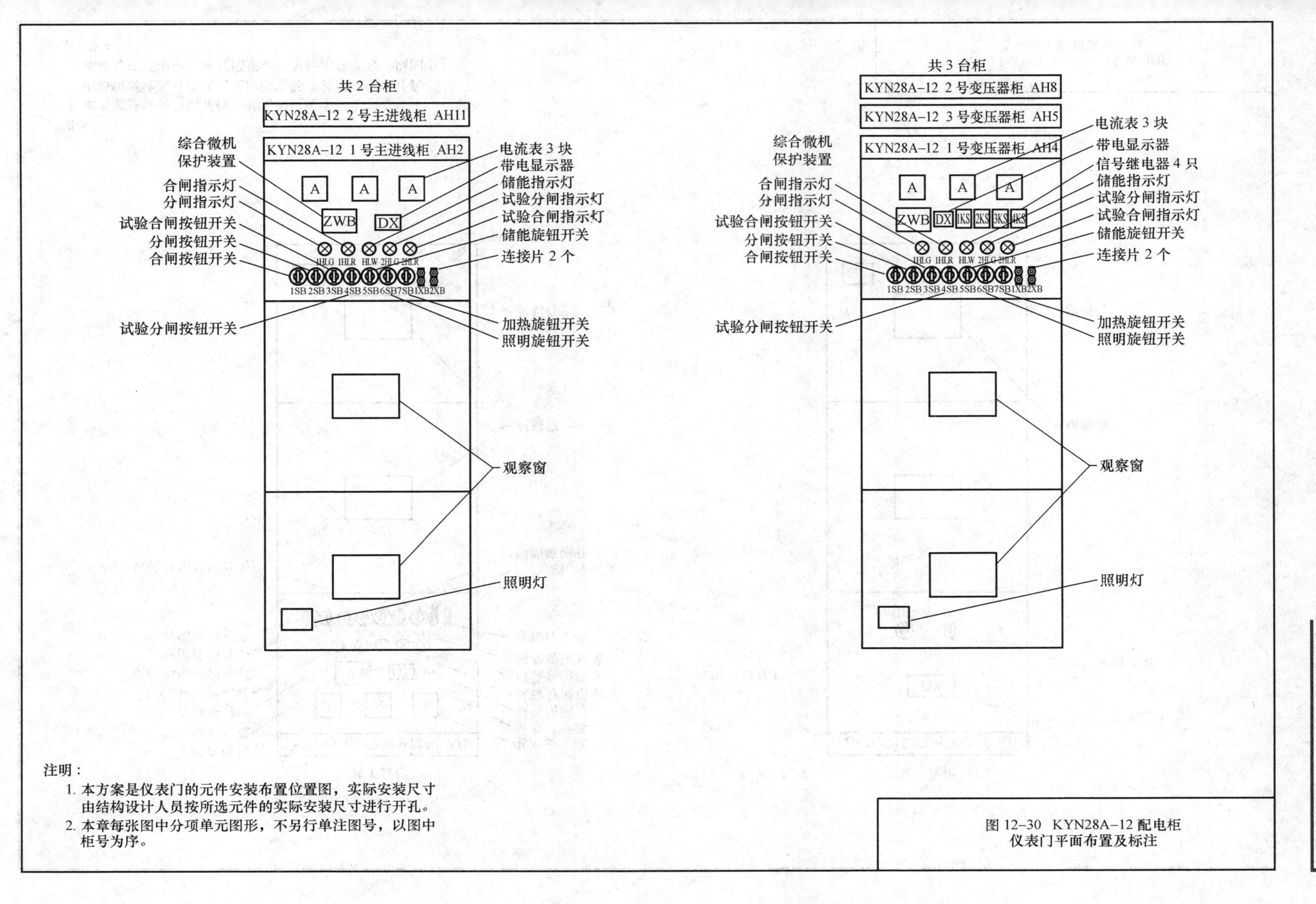

注明：

1. 本方案是仪表门的元件安装布置位置图，实际安装尺寸由结构设计人员按所选元件的实际安装尺寸进行开孔。
2. 本章每张图中分项单元图形，不另行单注图号，以图中柜号为序。

图12-30　KYN28A-12配电柜仪表门平面布置及标注

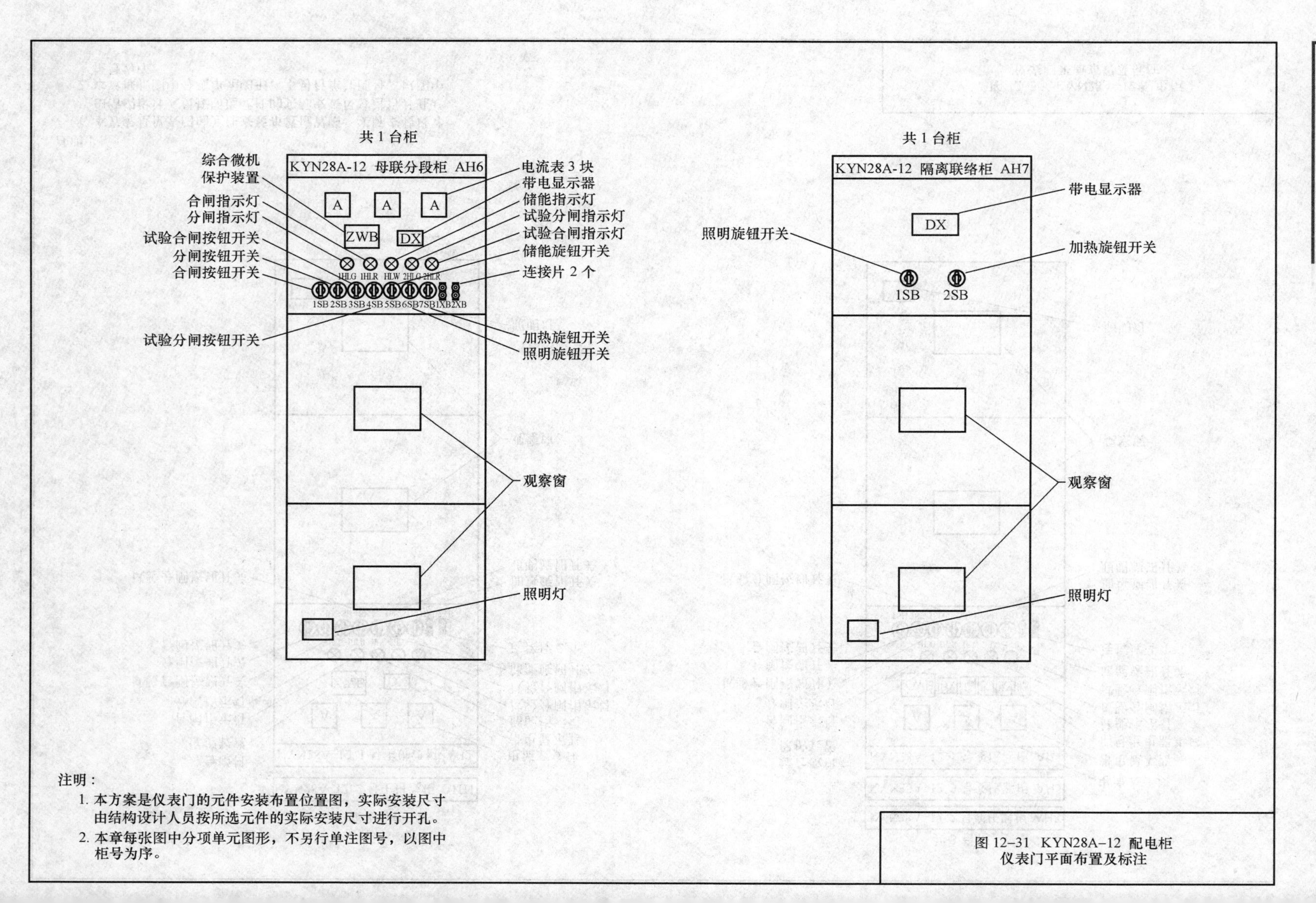

注明：

1. 本方案是仪表门的元件安装布置位置图，实际安装尺寸由结构设计人员按所选元件的实际安装尺寸进行开孔。
2. 本章每张图中分项单元图形，不另行单注图号，以图中柜号为序。

图 12-31 KYN28A-12 配电柜仪表门平面布置及标注

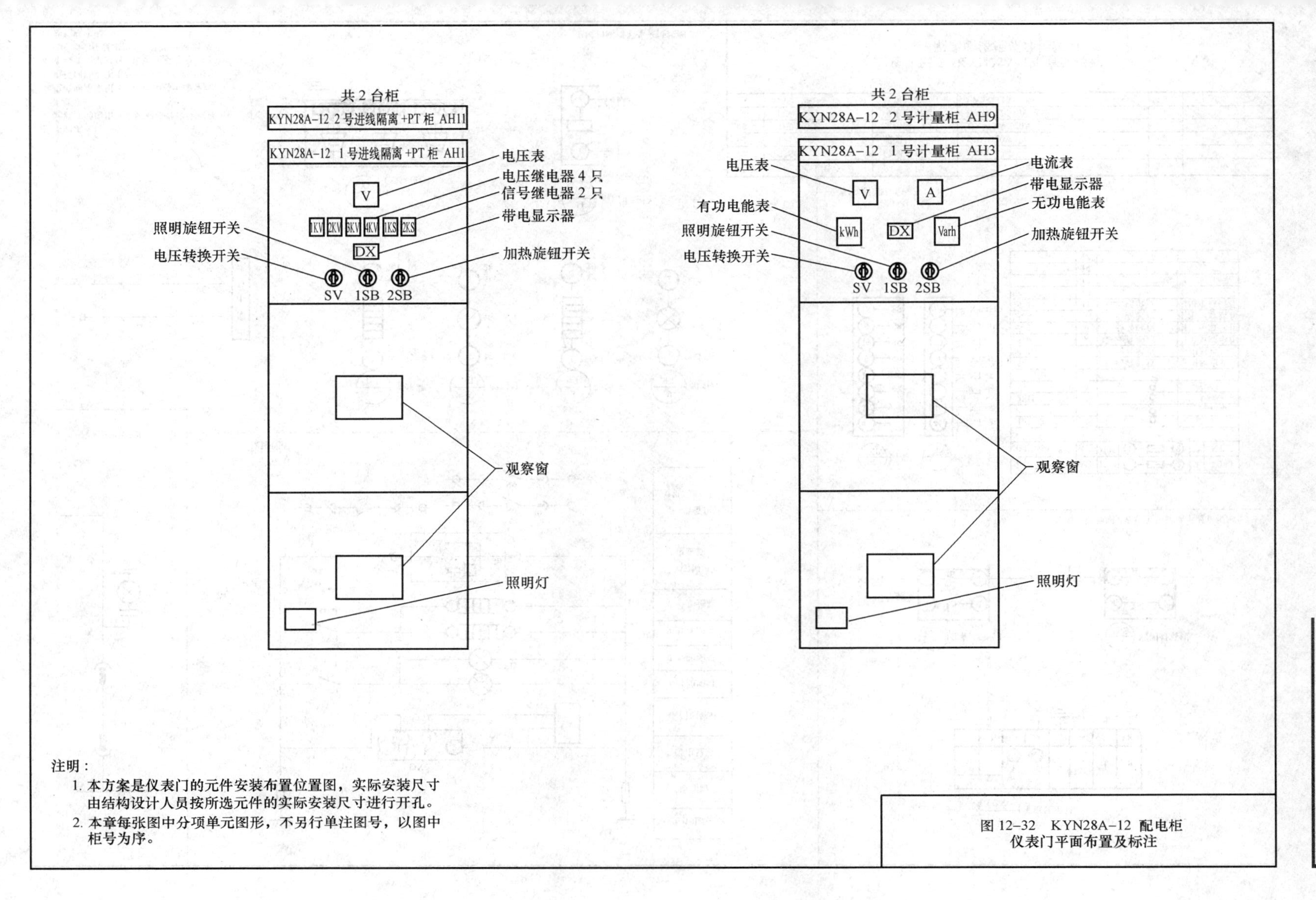

注明：

1. 本方案是仪表门的元件安装布置位置图，实际安装尺寸由结构设计人员按所选元件的实际安装尺寸进行开孔。
2. 本章每张图中分项单元图形，不另行单注图号，以图中柜号为序。

图 12-32　KYN28A-12 配电柜仪表门平面布置及标注

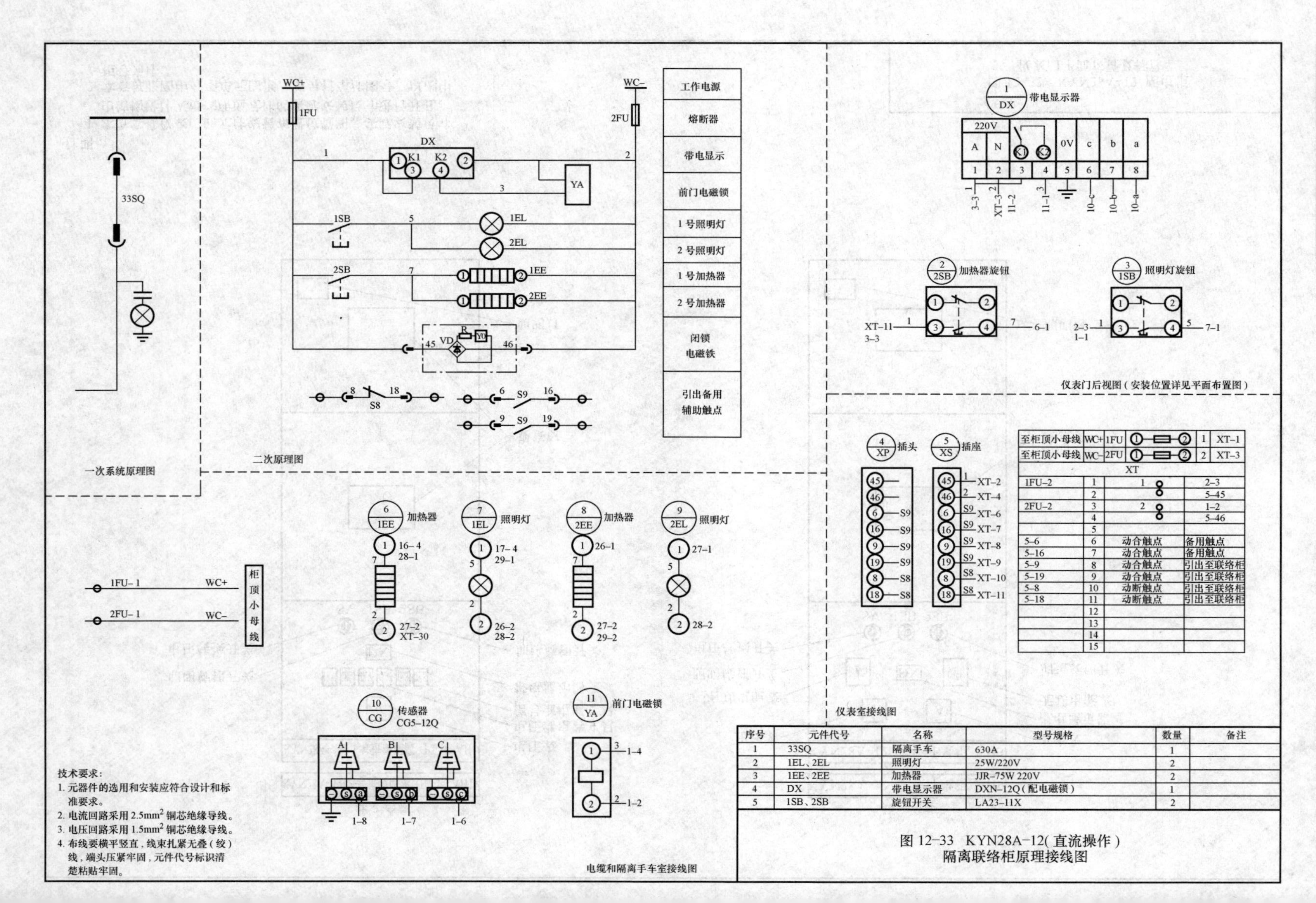

技术要求：
1. 元器件的选用和安装应符合设计和标准要求。
2. 电流回路采用 2.5mm^2 铜芯绝缘导线。
3. 电压回路采用 1.5mm^2 铜芯绝缘导线。
4. 布线要横平竖直，线束扎紧无叠（绞）线，端头压紧牢固，元件代号标识清楚粘贴牢固。

序号	元件代号	名称	型号规格	数量	备注
1	33SQ	隔离手车	630A	1	
2	1EL、2EL	照明灯	25W/220V	2	
3	1EE、2EE	加热器	JJR−75W 220V	2	
4	DX	带电显示器	DXN−12Q（配电磁锁）	1	
5	1SB、2SB	旋钮开关	LA23−11X	2	

图 12−33 KYN28A−12（直流操作）隔离联络柜原理接线图

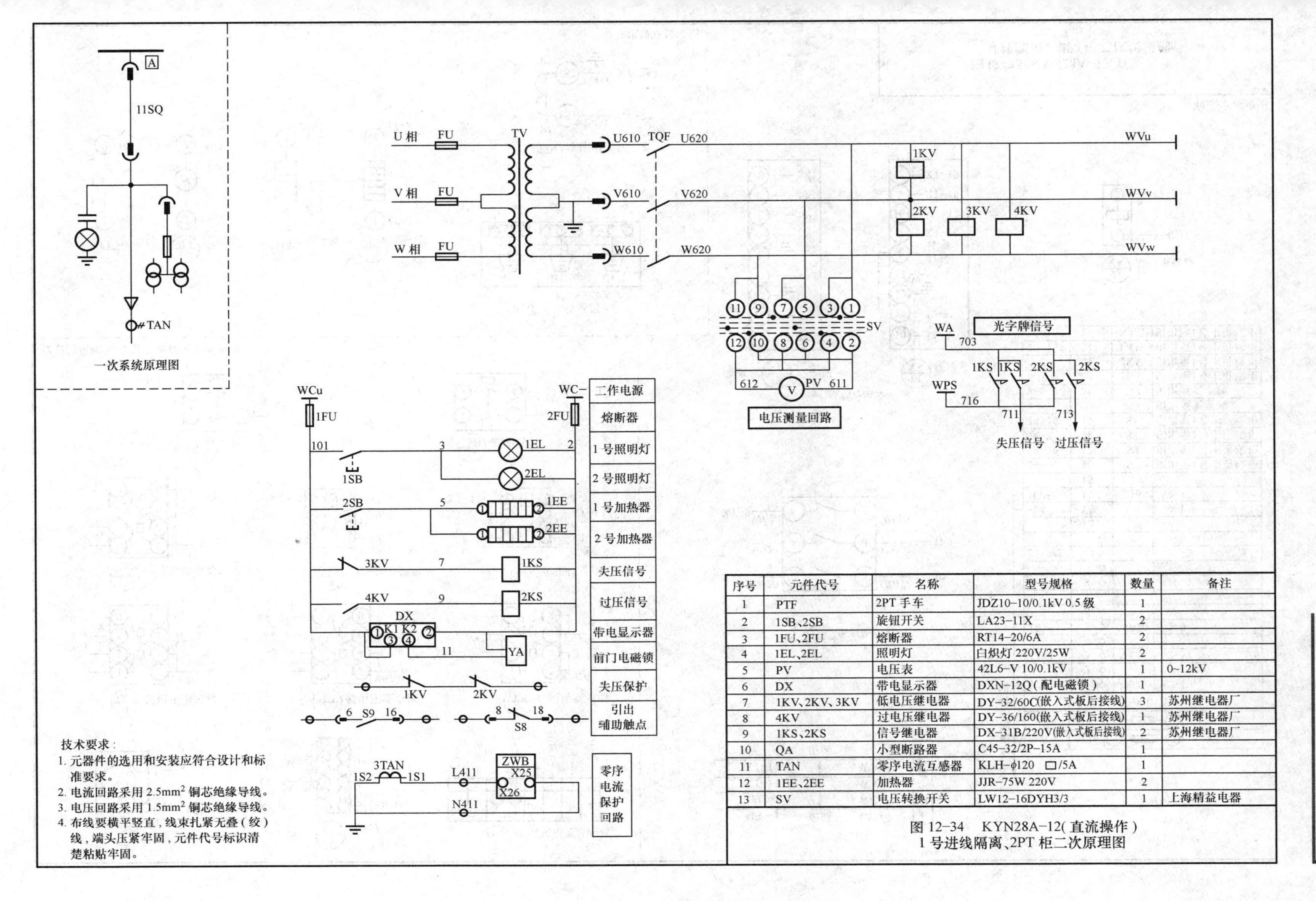

技术要求：
1. 元器件的选用和安装应符合设计和标准要求。
2. 电流回路采用 $2.5mm^2$ 铜芯绝缘导线。
3. 电压回路采用 $1.5mm^2$ 铜芯绝缘导线。
4. 布线要横平竖直，线束扎紧无叠（绞）线，端头压紧牢固，元件代号标识清楚粘贴牢固。

序号	元件代号	名称	型号规格	数量	备注
1	PTF	2PT 手车	JDZ10-10/0.1kV 0.5 级	1	
2	1SB、2SB	旋钮开关	LA23-11X	2	
3	1FU、2FU	熔断器	RT14-20/6A	2	
4	1EL、2EL	照明灯	白炽灯 220V/25W	2	
5	PV	电压表	42L6-V 10/0.1kV	1	0~12kV
6	DX	带电显示器	DXN-12Q（配电磁锁）	1	
7	1KV、2KV、3KV	低电压继电器	DY-32/60C(嵌入式板后接线)	3	苏州继电器厂
8	4KV	过电压继电器	DY-36/160(嵌入式板后接线)	1	苏州继电器厂
9	1KS、2KS	信号继电器	DX-31B/220V(嵌入式板后接线)	2	苏州继电器厂
10	QA	小型断路器	C45-32/2P-15A	1	
11	TAN	零序电流互感器	KLH-ϕ120 □/5A	1	
12	1EE、2EE	加热器	JJR-75W 220V	2	
13	SV	电压转换开关	LW12-16DYH3/3	1	上海精益电器

图 12-34 KYN28A-12（直流操作）1 号进线隔离、2PT 柜二次原理图

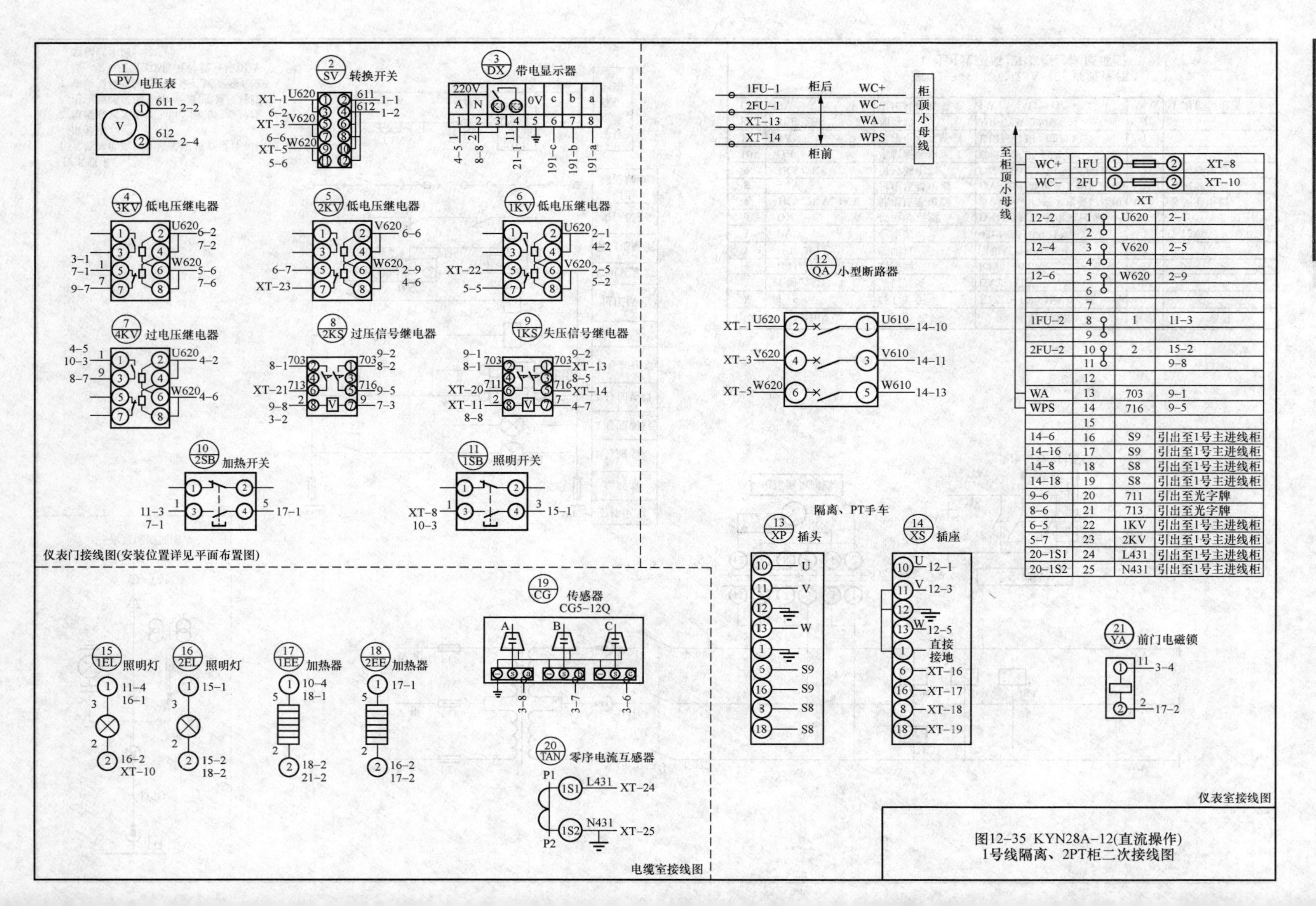

WC+	1FU	①—②	XT-8
WC-	2FU	①—②	XT-10
	XT		
12-2	1	U620	2-1
	2		
12-4	3	V620	2-5
	4		
12-6	5	W620	2-9
	6		
	7		
1FU-2	8	1	11-3
	9		
2FU-2	10	2	15-2
	11		9-8
	12		
WA	13	703	9-1
WPS	14	716	9-5
	15		
14-6	16	S9	引出至1号主进线柜
14-16	17	S9	引出至1号主进线柜
14-8	18	S8	引出至1号主进线柜
14-18	19	S8	引出至1号主进线柜
9-6	20	711	引出至光字牌
8-6	21	713	引出至光字牌
6-5	22	1KV	引出至1号主进线柜
5-7	23	2KV	引出至1号主进线柜
20-1S1	24	L431	引出至1号主进线柜
20-1S2	25	N431	引出至1号主进线柜

图12-35 KYN28A-12(直流操作)1号线隔离、2PT柜二次接线图

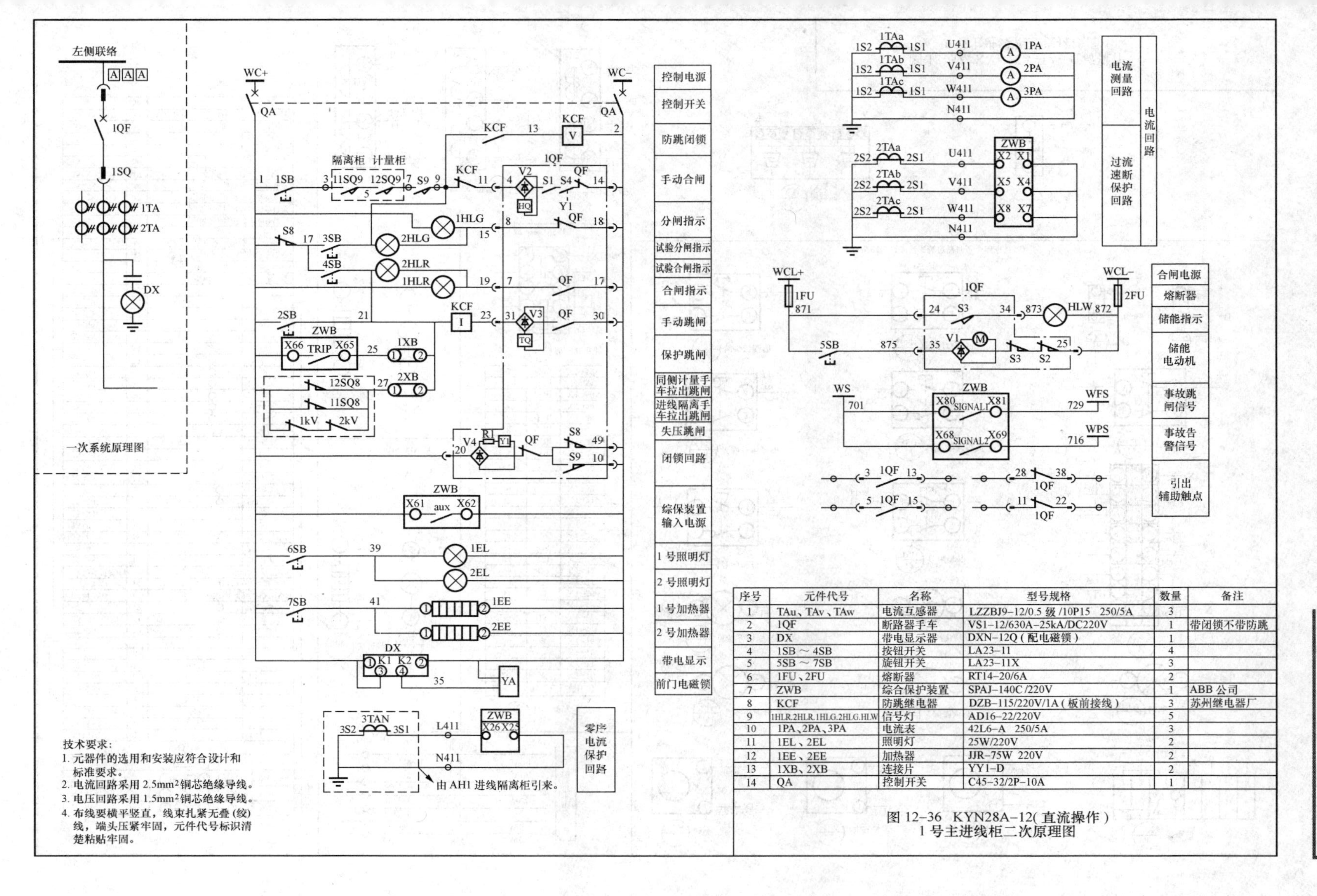

序号	元件代号	名称	型号规格	数量	备注
1	TAu、TAv、TAw	电流互感器	LZZBJ9–12/0.5 级 /10P15　250/5A	3	
2	1QF	断路器手车	VS1–12/630A–25kA/DC220V	1	带闭锁不带防跳
3	DX	带电显示器	DXN–12Q（配电磁锁）	1	
4	1SB ~ 4SB	按钮开关	LA23–11	4	
5	5SB ~ 7SB	旋钮开关	LA23–11X	3	
6	1FU、2FU	熔断器	RT14–20/6A	2	
7	ZWB	综合保护装置	SPAJ–140C /220V	1	ABB 公司
8	KCF	防跳继电器	DZB–115/220V/1A（板前接线）	3	苏州继电器厂
9	1HLR.2HLR.1HLG.2HLG.HLW	信号灯	AD16–22/220V	5	
10	1PA、2PA、3PA	电流表	42L6–A　250/5A	3	
11	1EL、2EL	照明灯	25W/220V	2	
12	1EE、2EE	加热器	JJR–75W　220V	2	
13	1XB、2XB	连接片	YY1–D	2	
14	QA	控制开关	C45–32/2P–10A	1	

图 12–36　KYN28A–12（直流操作）1 号主进线柜二次原理图

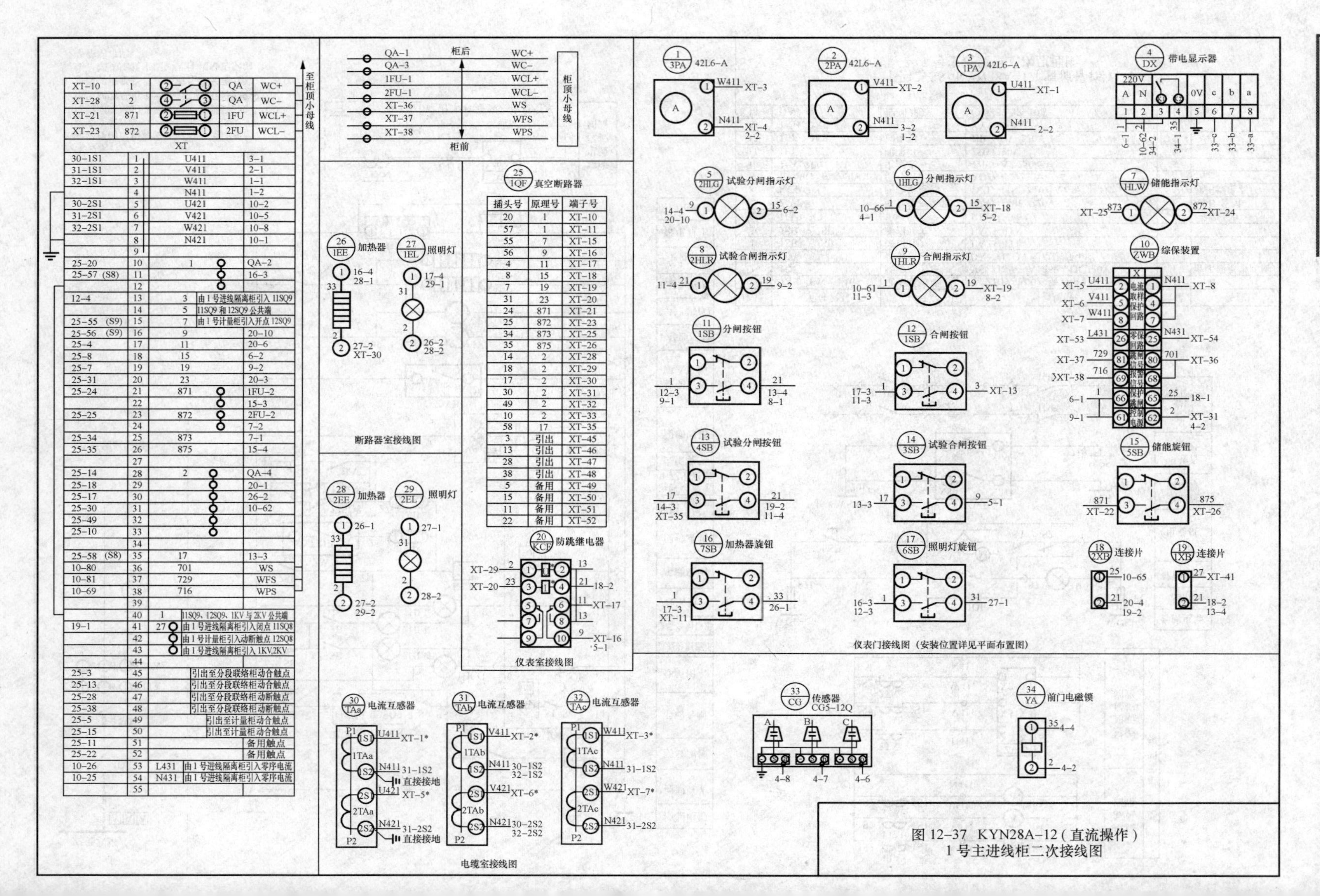

插头号	原理号	端子号
20	1	XT-10
57	1	XT-11
55	7	XT-15
56	9	XT-16
4	11	XT-17
8	15	XT-18
7	19	XT-19
31	23	XT-20
24	871	XT-21
25	872	XT-23
34	873	XT-25
35	875	XT-26
14	2	XT-28
18	2	XT-29
17	2	XT-30
30	2	XT-31
49	2	XT-32
10	2	XT-33
58	17	XT-35
3	引出	XT-45
13	引出	XT-46
28	引出	XT-47
38	引出	XT-48
5	备用	XT-49
15	备用	XT-50
11	备用	XT-51
22	备用	XT-52

图 12-37 KYN28A-12（直流操作）1号主进线柜二次接线图

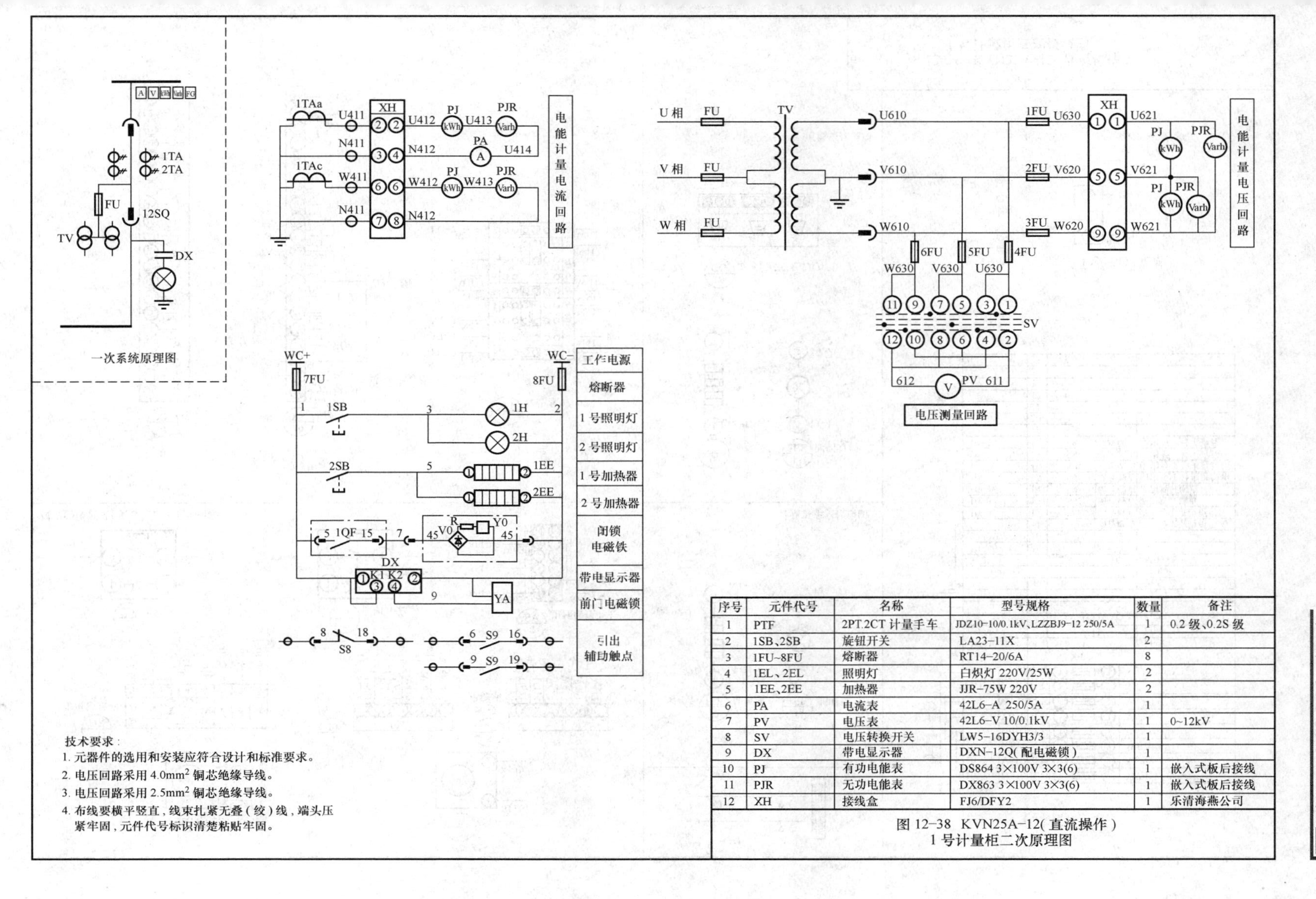

序号	元件代号	名称	型号规格	数量	备注
1	PTF	2PT.2CT 计量手车	JDZ10-10/0.1kV、LZZBJ9-12 250/5A	1	0.2 级、0.2S 级
2	1SB、2SB	旋钮开关	LA23-11X	2	
3	1FU~8FU	熔断器	RT14-20/6A	8	
4	1EL、2EL	照明灯	白炽灯 220V/25W	2	
5	1EE、2EE	加热器	JJR-75W 220V	2	
6	PA	电流表	42L6-A 250/5A	1	
7	PV	电压表	42L6-V 10/0.1kV	1	0~12kV
8	SV	电压转换开关	LW5-16DYH3/3	1	
9	DX	带电显示器	DXN-12Q(配电磁锁)	1	
10	PJ	有功电能表	DS864 3×100V 3×3(6)	1	嵌入式板后接线
11	PJR	无功电能表	DX863 3×100V 3×3(6)	1	嵌入式板后接线
12	XH	接线盒	FJ6/DFY2	1	乐清海燕公司

技术要求：

1. 元器件的选用和安装应符合设计和标准要求。
2. 电压回路采用 4.0mm^2 铜芯绝缘导线。
3. 电压回路采用 2.5mm^2 铜芯绝缘导线。
4. 布线要横平竖直，线束扎紧无叠（绞）线，端头压紧牢固，元件代号标识清楚粘贴牢固。

图 12-38 KVN25A-12(直流操作)
1 号计量柜二次原理图

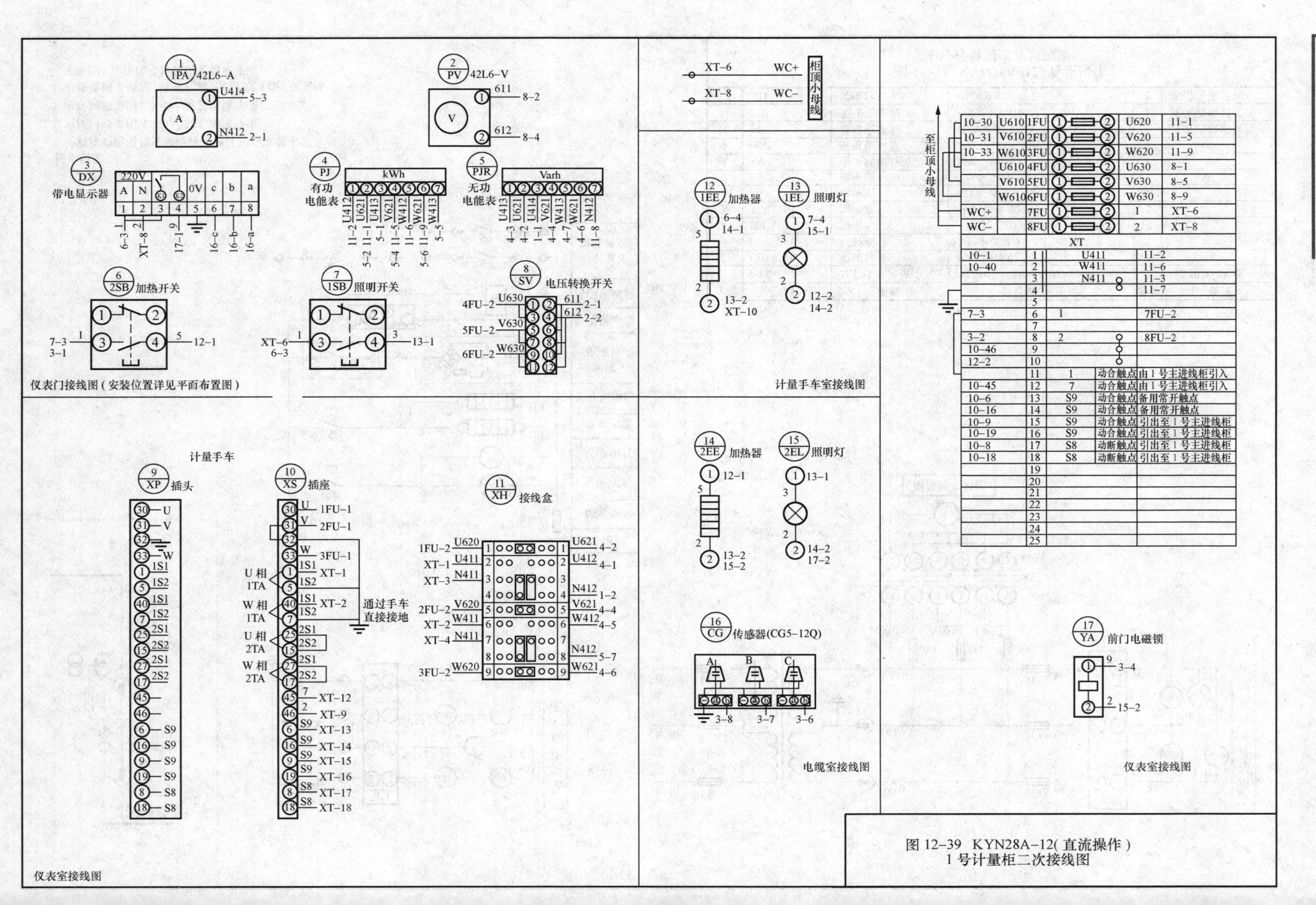

图 12-39 KYN28A-12（直流操作）1号计量柜二次接线图

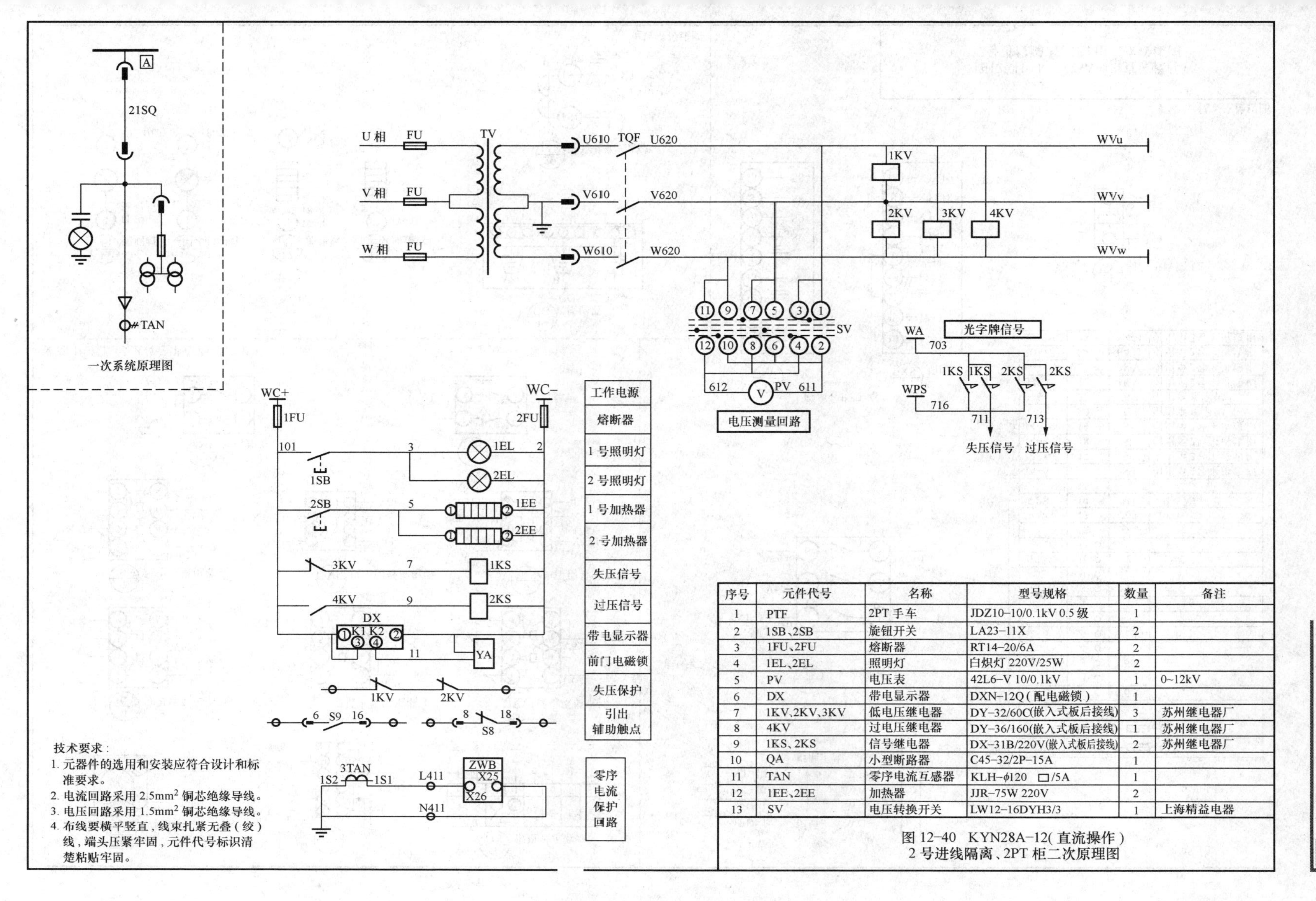

技术要求：

1. 元器件的选用和安装应符合设计和标准要求。
2. 电流回路采用 2.5mm² 铜芯绝缘导线。
3. 电压回路采用 1.5mm² 铜芯绝缘导线。
4. 布线要横平竖直，线束扎紧无叠（绞）线，端头压紧牢固，元件代号标识清楚粘贴牢固。

序号	元件代号	名称	型号规格	数量	备注
1	PTF	2PT 手车	JDZ10-10/0.1kV 0.5 级	1	
2	1SB、2SB	旋钮开关	LA23-11X	2	
3	1FU、2FU	熔断器	RT14-20/6A	2	
4	1EL、2EL	照明灯	白炽灯 220V/25W	2	
5	PV	电压表	42L6-V 10/0.1kV	1	0~12kV
6	DX	带电显示器	DXN-12Q（配电磁锁）	1	
7	1KV、2KV、3KV	低电压继电器	DY-32/60C(嵌入式板后接线)	3	苏州继电器厂
8	4KV	过电压继电器	DY-36/160(嵌入式板后接线)	1	苏州继电器厂
9	1KS、2KS	信号继电器	DX-31B/220V(嵌入式板后接线)	2	苏州继电器厂
10	QA	小型断路器	C45-32/2P-15A	1	
11	TAN	零序电流互感器	KLH-ϕ120 □/5A	1	
12	1EE、2EE	加热器	JJR-75W 220V	2	
13	SV	电压转换开关	LW12-16DYH3/3	1	上海精益电器

图 12-40 KYN28A-12（直流操作）2 号进线隔离、2PT 柜二次原理图

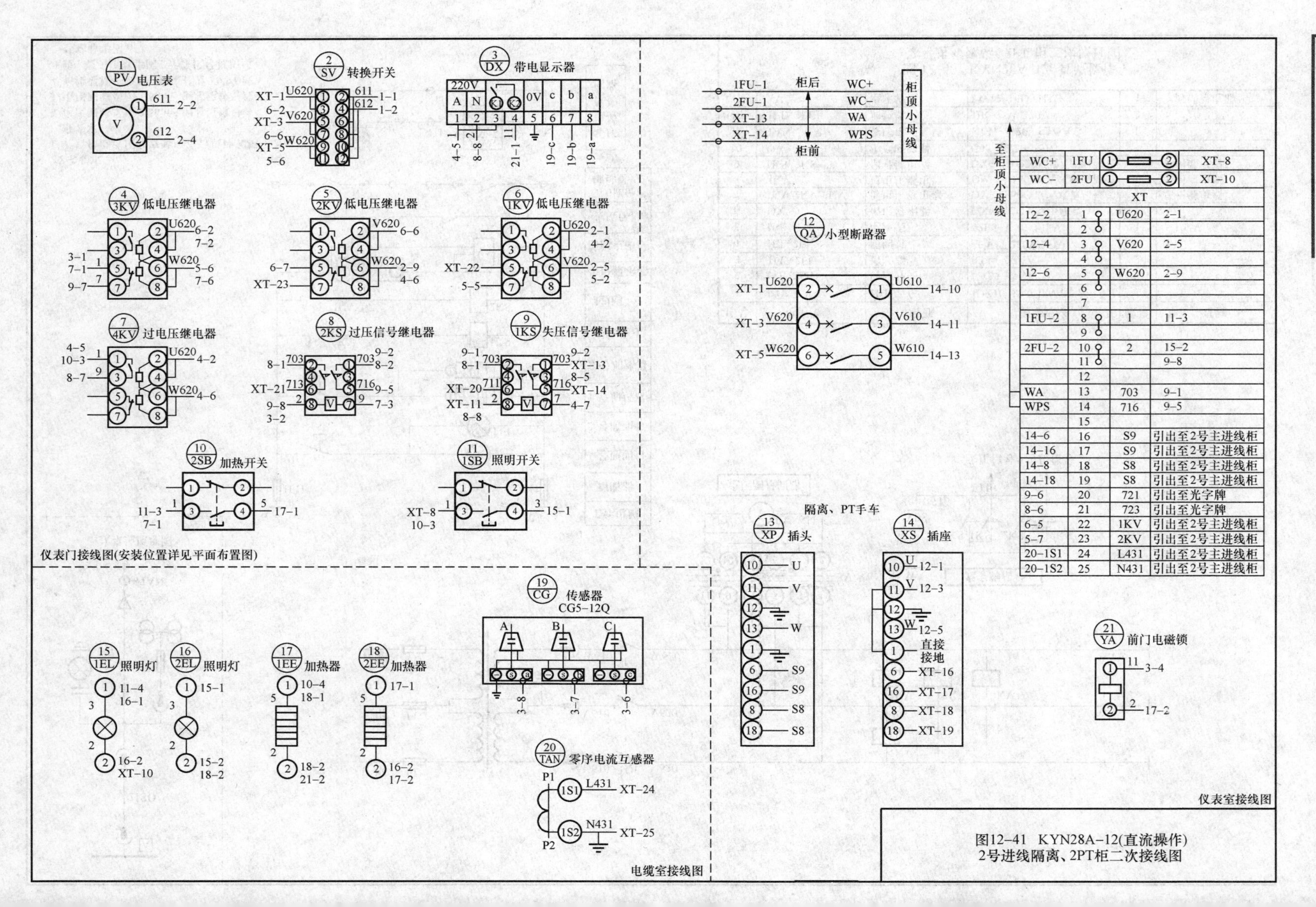

WC+	1FU	①—②	XT-8
WC-	2FU	①—②	XT-10
	XT		
12-2	1	U620	2-1
	2		
12-4	3	V620	2-5
	4		
12-6	5	W620	2-9
	6		
	7		
1FU-2	8	1	11-3
	9		
2FU-2	10	2	15-2
	11		9-8
	12		
WA	13	703	9-1
WPS	14	716	9-5
	15		
14-6	16	S9	引出至2号主进线柜
14-16	17	S9	引出至2号主进线柜
14-8	18	S8	引出至2号主进线柜
14-18	19	S8	引出至2号主进线柜
9-6	20	721	引出至光字牌
8-6	21	723	引出至光字牌
6-5	22	1KV	引出至2号主进线柜
5-7	23	2KV	引出至2号主进线柜
20-1S1	24	L431	引出至2号主进线柜
20-1S2	25	N431	引出至2号主进线柜

图12-41 KYN28A-12(直流操作)
2号进线隔离、2PT柜二次接线图

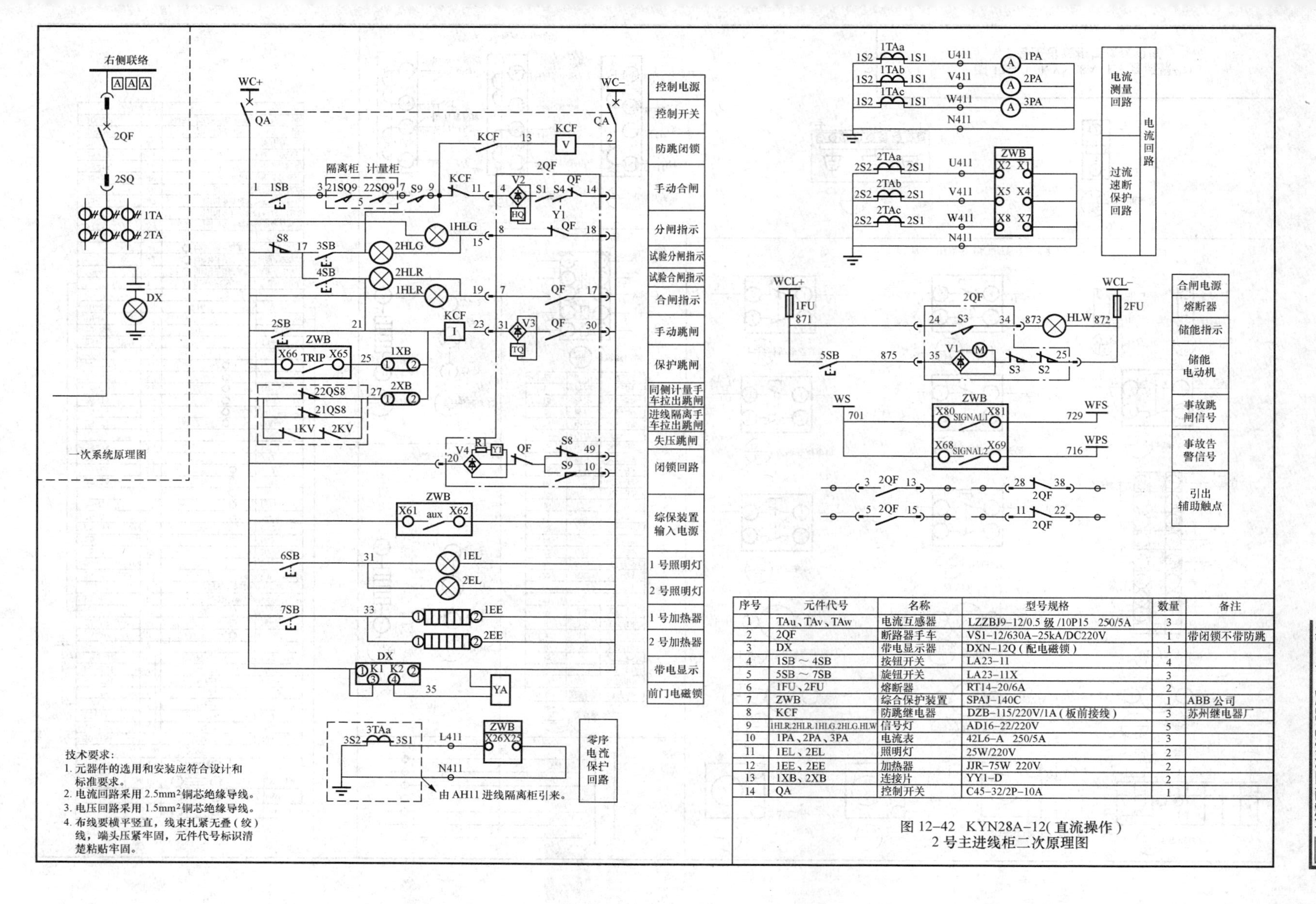

序号	元件代号	名称	型号规格	数量	备注
1	TAu、TAv、TAw	电流互感器	LZZBJ9-12/0.5 级 /10P15 250/5A	3	
2	2QF	断路器手车	VS1-12/630A-25kA/DC220V	1	带闭锁不带防跳
3	DX	带电显示器	DXN-12Q（配电磁锁）	1	
4	1SB ~ 4SB	按钮开关	LA23-11	4	
5	5SB ~ 7SB	旋钮开关	LA23-11X	3	
6	1FU、2FU	熔断器	RT14-20/6A	2	
7	ZWB	综合保护装置	SPAJ-140C	1	ABB 公司
8	KCF	防跳继电器	DZB-115/220V/1A（板前接线）	3	苏州继电器厂
9	1HLR.2HLR.1HLG.2HLG.HLW	信号灯	AD16-22/220V	5	
10	1PA、2PA、3PA	电流表	42L6-A 250/5A	3	
11	1EL、2EL	照明灯	25W/220V	2	
12	1EE、2EE	加热器	JJR-75W 220V	2	
13	1XB、2XB	连接片	YY1-D	2	
14	QA	控制开关	C45-32/2P-10A	1	

图 12-42 KYN28A-12（直流操作）2 号主进线柜二次原理图

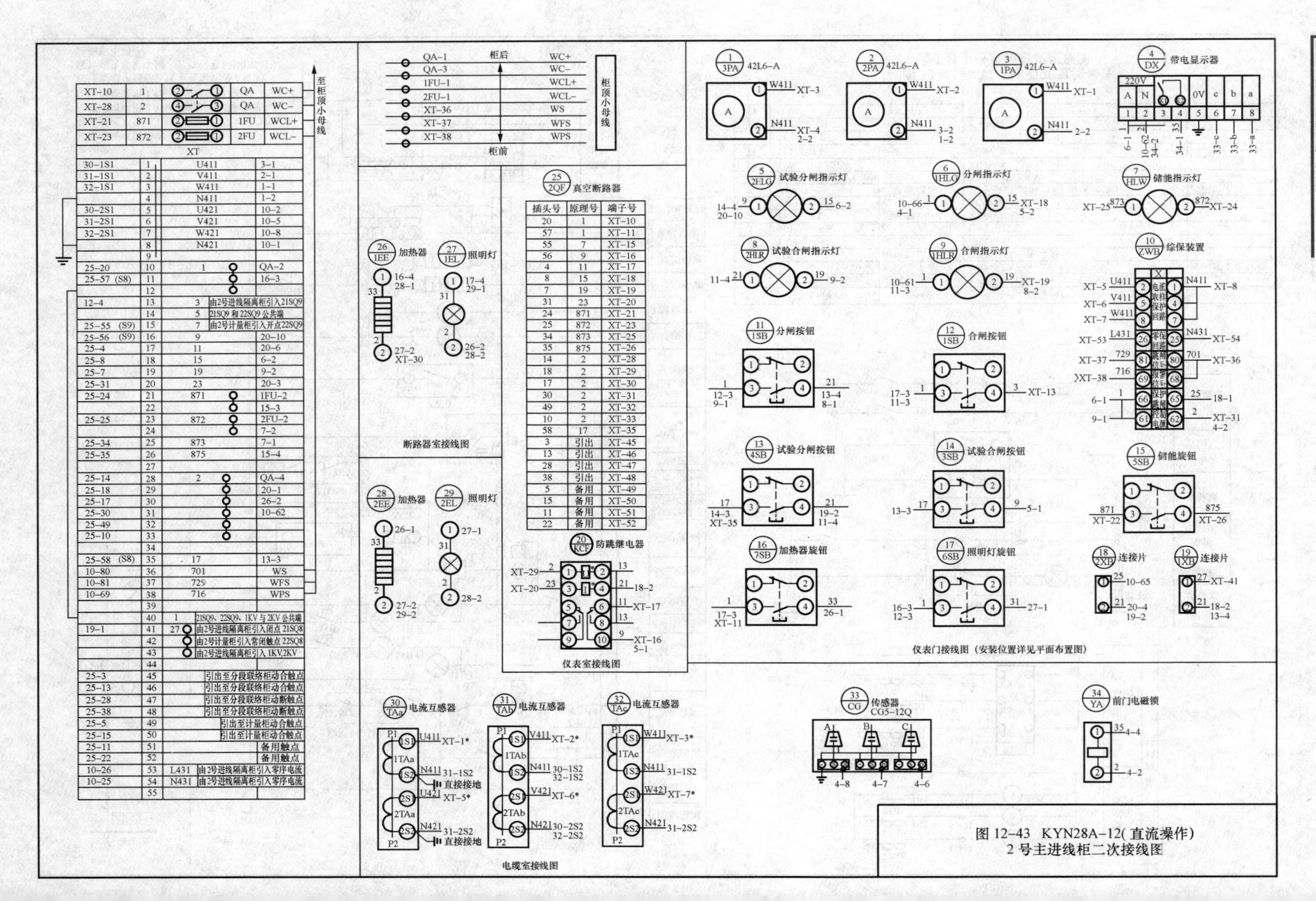

图 12-43 KYN28A-12(直流操作)
2号主进线柜二次接线图

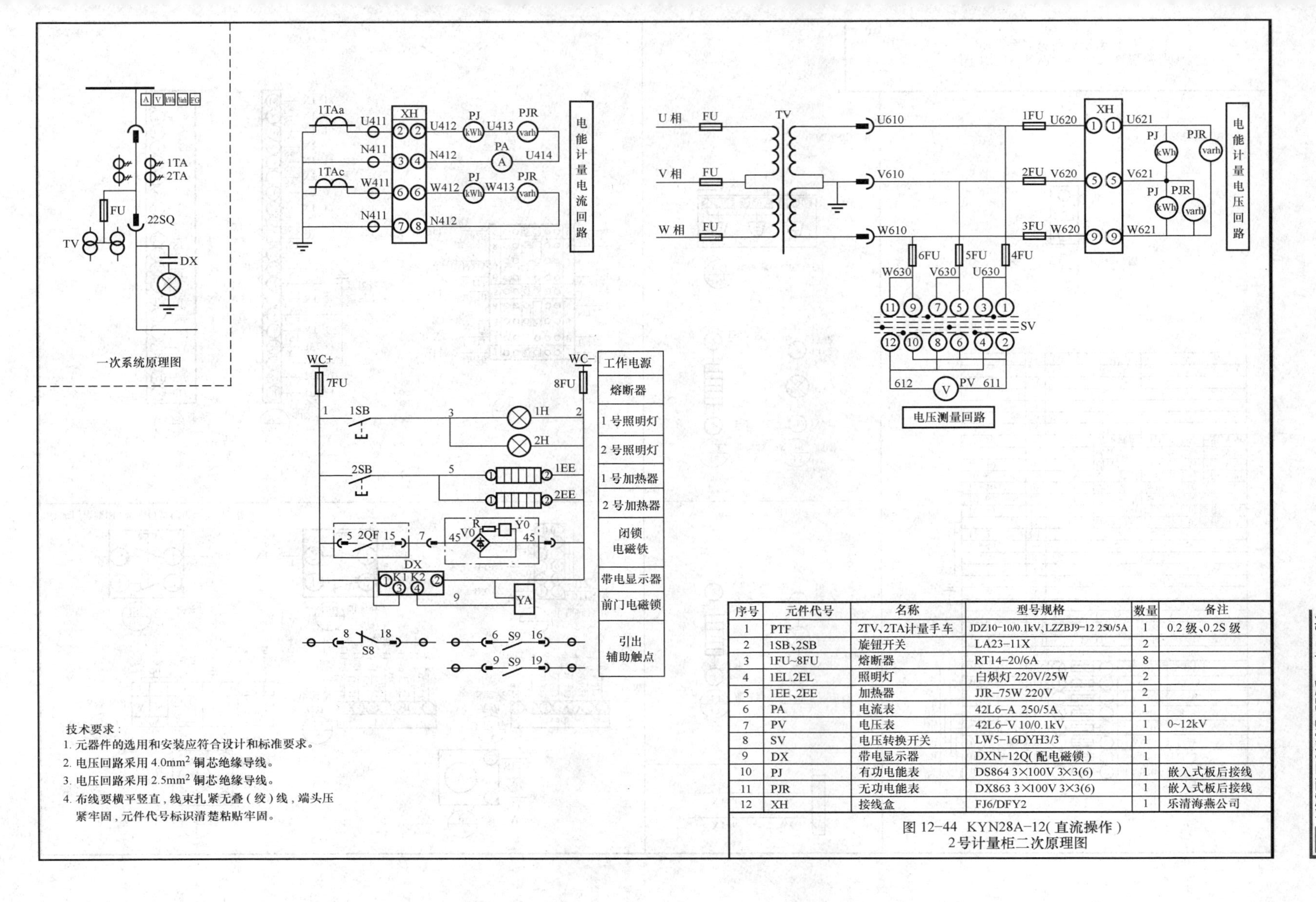

序号	元件代号	名称	型号规格	数量	备注
1	PTF	2TV、2TA计量手车	JDZ10-10/0.1kV、LZZBJ9-12 250/5A	1	0.2 级、0.2S 级
2	1SB、2SB	旋钮开关	LA23-11X	2	
3	1FU~8FU	熔断器	RT14-20/6A	8	
4	1EL.2EL	照明灯	白炽灯 220V/25W	2	
5	1EE、2EE	加热器	JJR-75W 220V	2	
6	PA	电流表	42L6-A 250/5A	1	
7	PV	电压表	42L6-V 10/0.1kV	1	0~12kV
8	SV	电压转换开关	LW5-16DYH3/3	1	
9	DX	带电显示器	DXN-12Q(配电磁锁)	1	
10	PJ	有功电能表	DS864 3×100V 3×3(6)	1	嵌入式板后接线
11	PJR	无功电能表	DX863 3×100V 3×3(6)	1	嵌入式板后接线
12	XH	接线盒	FJ6/DFY2	1	乐清海燕公司

技术要求：

1. 元器件的选用和安装应符合设计和标准要求。
2. 电压回路采用 4.0mm^2 铜芯绝缘导线。
3. 电压回路采用 2.5mm^2 铜芯绝缘导线。
4. 布线要横平竖直，线束扎紧无叠（绞）线，端头压紧牢固，元件代号标识清楚粘贴牢固。

图 12-44 KYN28A-12(直流操作)
2号计量柜二次原理图

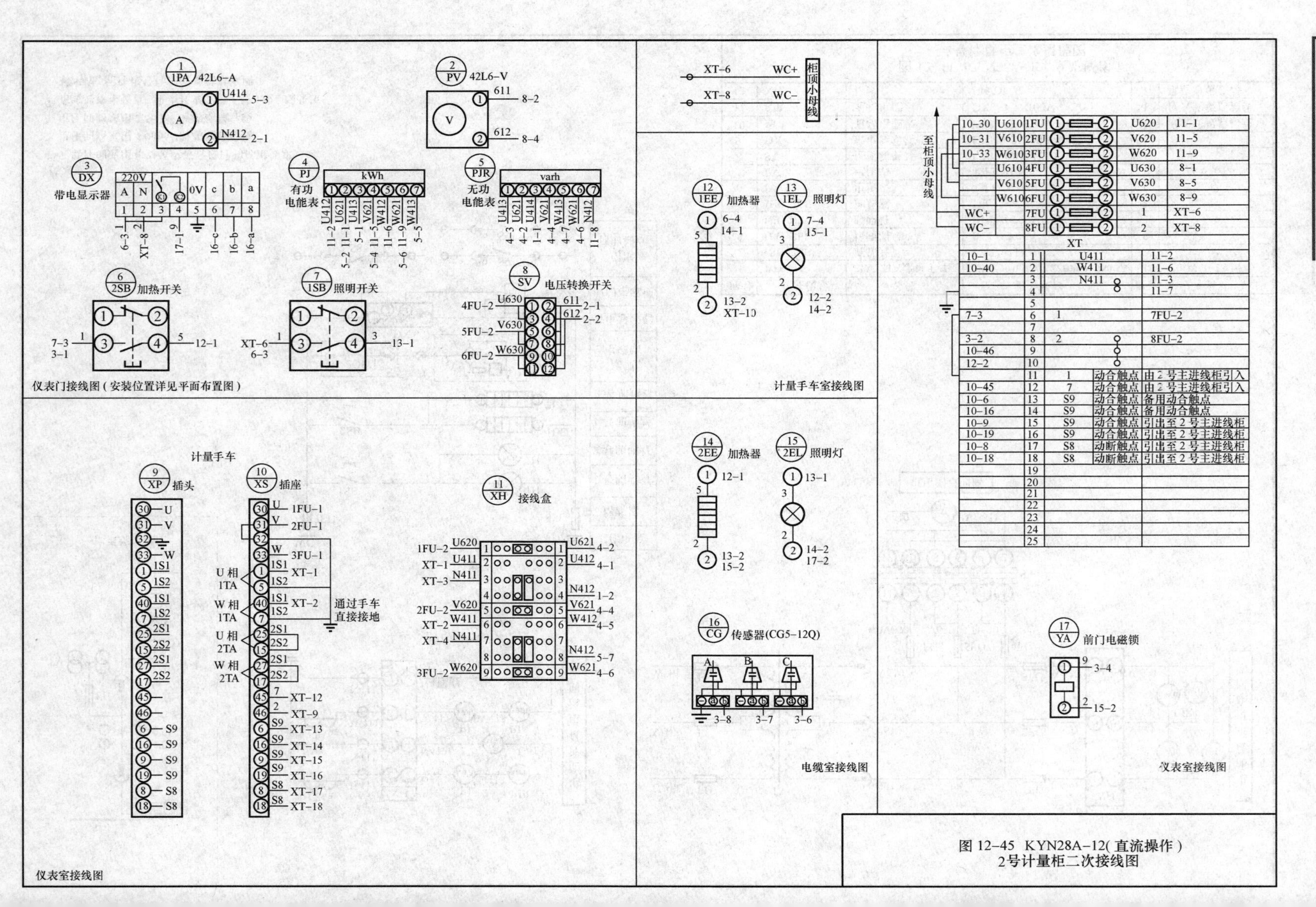

图 12-45 KYN28A-12(直流操作)
2号计量柜二次接线图

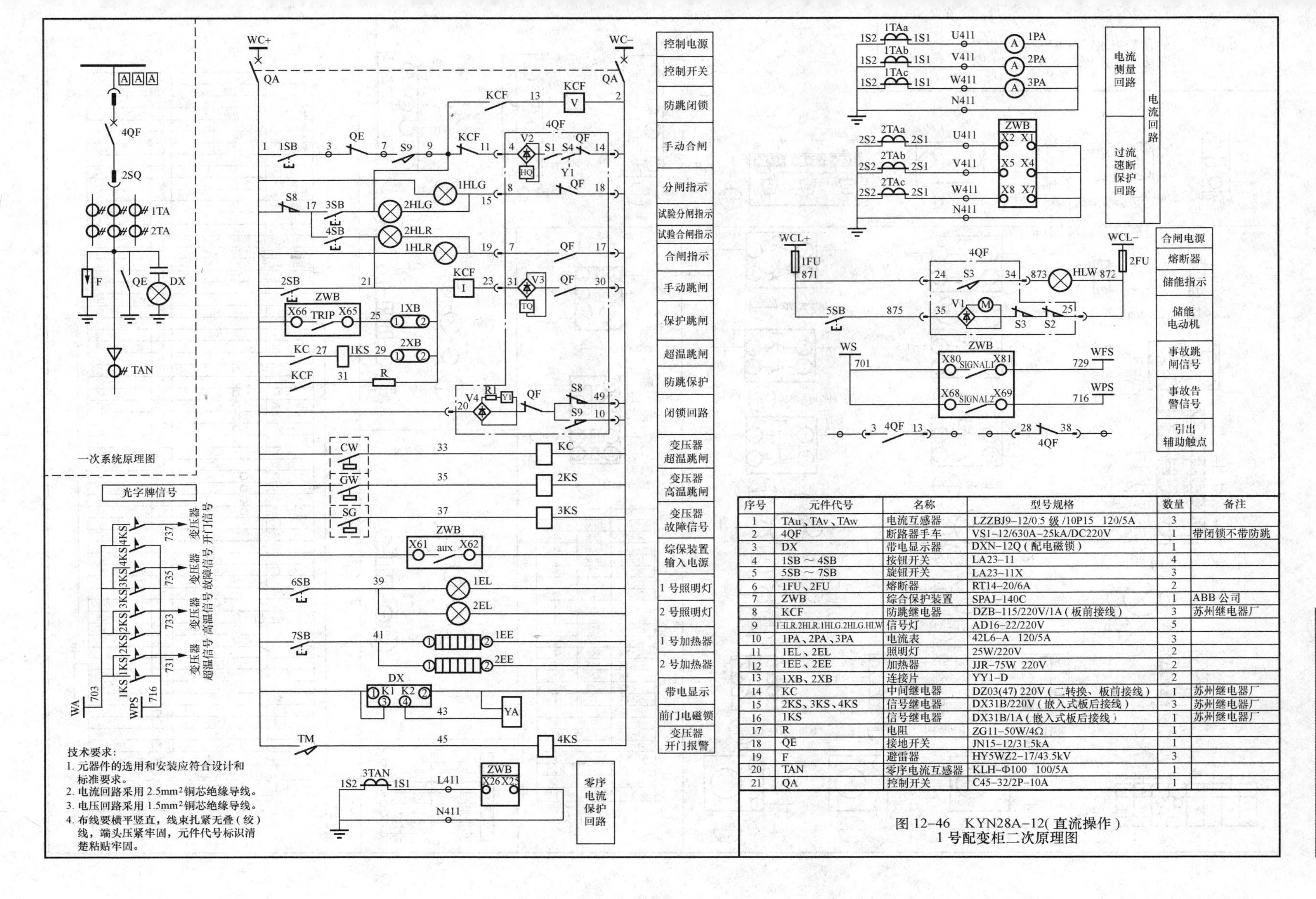

序号	元件代号	名称	型号规格	数量	备注
1	TAu、TAv、TAw	电流互感器	LZZBJ9-12/0.5 级 /10P15　120/5A	3	
2	4QF	断路器手车	VS1-12/630A-25kA/DC220V	1	带闭锁不带防跳
3	DX	带电显示器	DXN-12Q（配电磁锁）	1	
4	1SB～4SB	按钮开关	LA23-11	4	
5	5SB～7SB	旋钮开关	LA23-11X	3	
6	1FU、2FU	熔断器	RT14-20/6A	2	
7	ZWB	综合保护装置	SPAJ-140C	1	ABB 公司
8	KCF	防跳继电器	DZB-115/220V/1A（板前接线）	3	苏州继电器厂
9	1HLR,2HLR,1HLG,2HLG,HLW	信号灯	AD16-22/220V	5	
10	1PA、2PA、3PA	电流表	42L6-A　120/5A	3	
11	1EL、2EL	照明灯	25W/220V	2	
12	1EE、2EE	加热器	JJR-75W　220V	2	
13	1XB、2XB	连接片	YY1-D	2	
14	KC	中间继电器	DZ03(47) 220V（二转换、板前接线）	1	苏州继电器厂
15	2KS、3KS、4KS	信号继电器	DX31B/220V（嵌入式板后接线）	3	苏州继电器厂
16	1KS	信号继电器	DX31B/1A（嵌入式板后接线）	1	苏州继电器厂
17	R	电阻	ZG11-50W/4Ω	1	
18	QE	接地开关	JN15-12/31.5kA	1	
19	F	避雷器	HY5WZ2-17/43.5kV	3	
20	TAN	零序电流互感器	KLH-Φ100　100/5A	1	
21	QA	控制开关	C45-32/2P-10A	1	

技术要求：
1. 元器件的选用和安装应符合设计和标准要求。
2. 电流回路采用 2.5mm² 铜芯绝缘导线。
3. 电压回路采用 1.5mm² 铜芯绝缘导线。
4. 布线要横平竖直，线束扎紧无叠（绞）线，端头压紧牢固，元件代号标识清楚粘贴牢固。

图 12-46　KYN28A-12(直流操作）1 号配变柜二次原理图

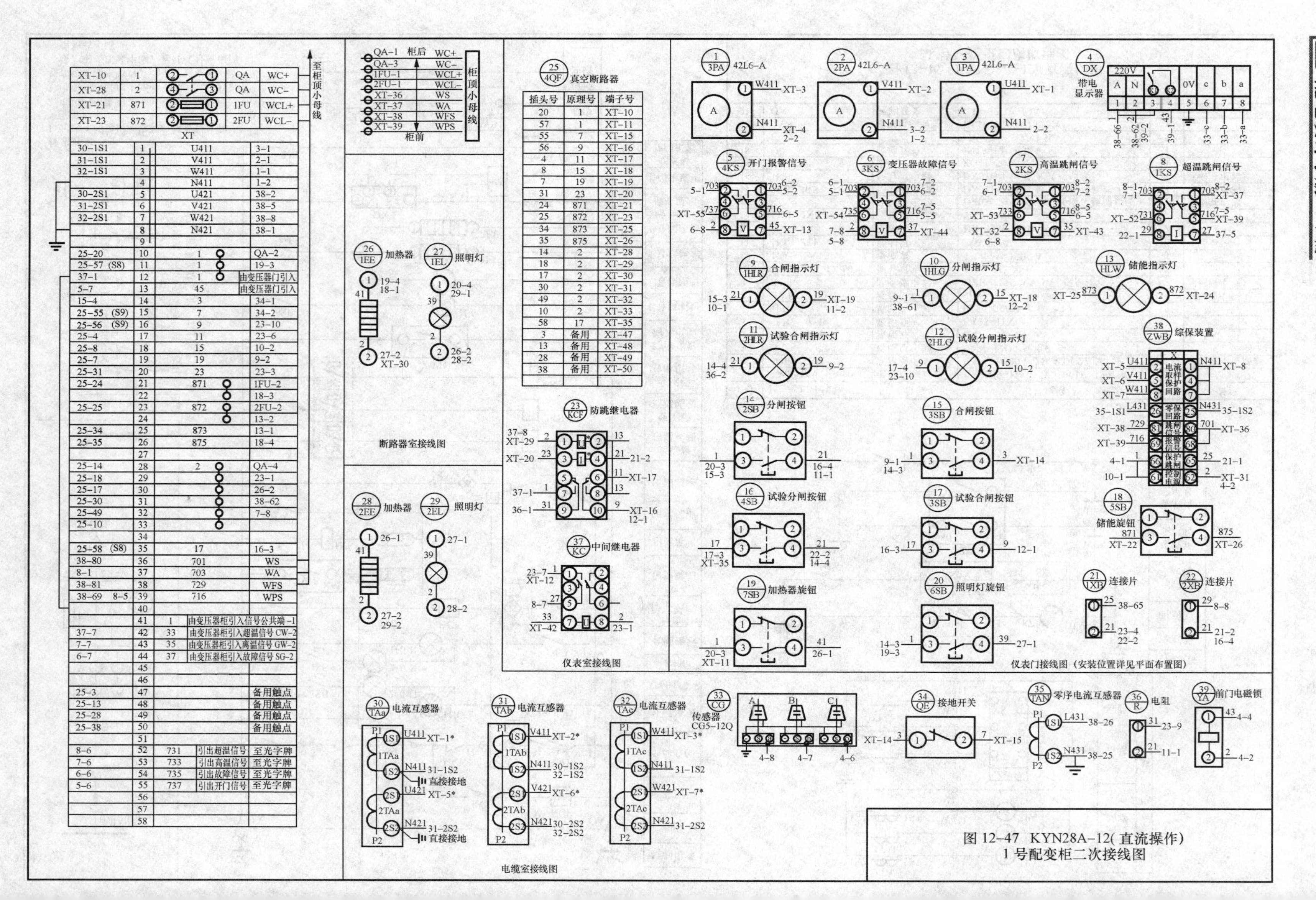

图 12-47 KYN28A-12(直流操作)1号配变柜二次接线图

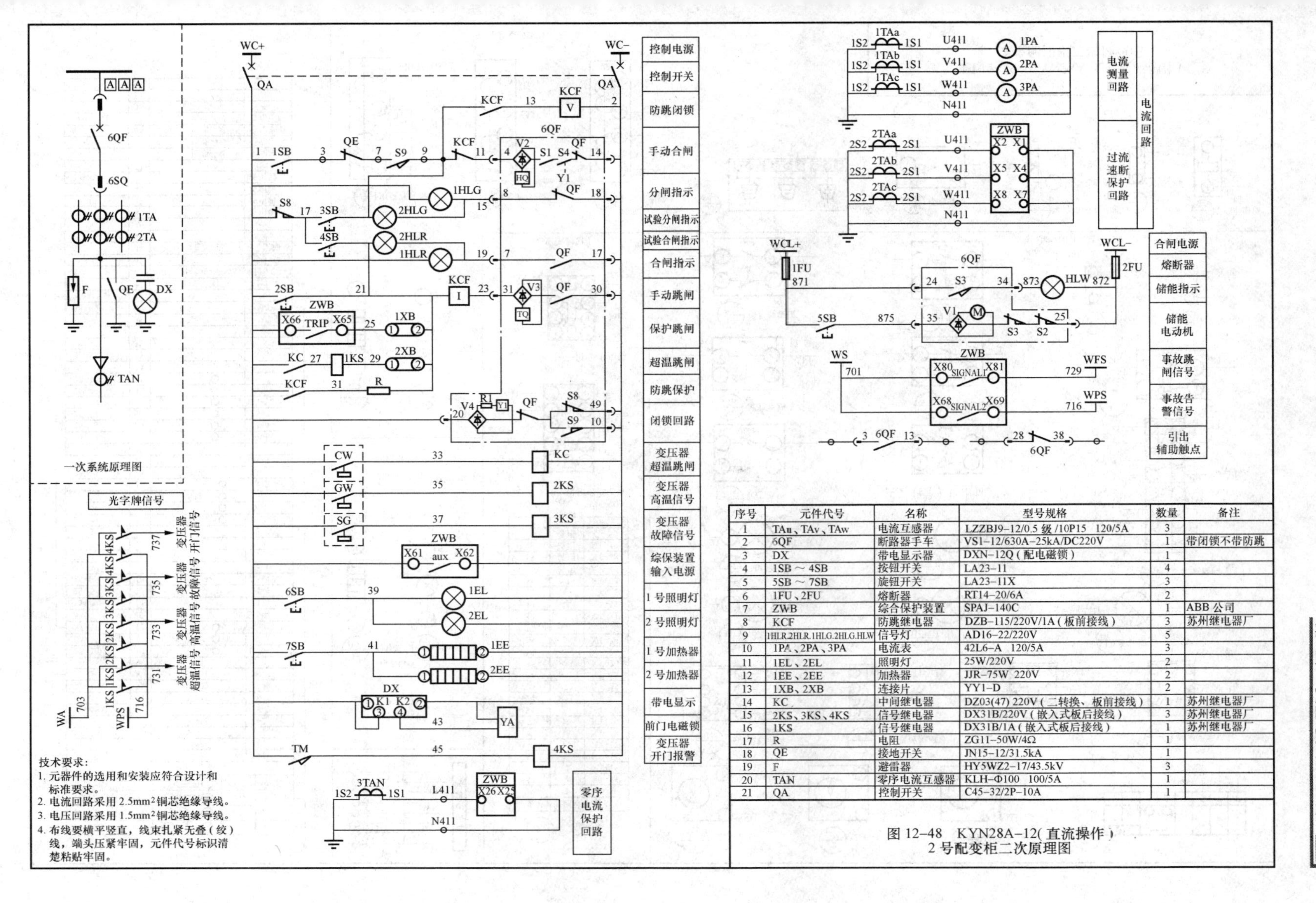

序号	元件代号	名称	型号规格	数量	备注
1	TAu、TAv、TAw	电流互感器	LZZBJ9-12/0.5 级 /10P15 120/5A	3	
2	6QF	断路器手车	VS1-12/630A-25kA/DC220V	1	带闭锁不带防跳
3	DX	带电显示器	DXN-12Q（配电磁锁）	1	
4	1SB～4SB	按钮开关	LA23-11	4	
5	5SB～7SB	旋钮开关	LA23-11X	3	
6	1FU、2FU	熔断器	RT14-20/6A	2	
7	ZWB	综合保护装置	SPAJ-140C	1	ABB 公司
8	KCF	防跳继电器	DZB-115/220V/1A（板前接线）	3	苏州继电器厂
9	1HLR.2HLR.1HLG.2HLG.HLW	信号灯	AD16-22/220V	5	
10	1PA、2PA、3PA	电流表	42L6-A 120/5A	3	
11	1EL、2EL	照明灯	25W/220V	2	
12	1EE、2EE	加热器	JJR-75W 220V	2	
13	1XB、2XB	连接片	YY1-D	2	
14	KC	中间继电器	DZ03(47) 220V（二转换、板前接线）	1	苏州继电器厂
15	2KS、3KS、4KS	信号继电器	DX31B/220V（嵌入式板后接线）	3	苏州继电器厂
16	1KS	信号继电器	DX31B/1A（嵌入式板后接线）	1	苏州继电器厂
17	R	电阻	ZG11-50W/4Ω	1	
18	QE	接地开关	JN15-12/31.5kA	1	
19	F	避雷器	HY5WZ2-17/43.5kV	3	
20	TAN	零序电流互感器	KLH-Φ100 100/5A	1	
21	QA	控制开关	C45-32/2P-10A	1	

技术要求：
1. 元器件的选用和安装应符合设计和标准要求。
2. 电流回路采用 $2.5mm^2$ 铜芯绝缘导线。
3. 电压回路采用 $1.5mm^2$ 铜芯绝缘导线。
4. 布线要横平竖直，线束扎紧无叠（绞）线，端头压紧牢固，元件代号标识清楚粘贴牢固。

图 12-48 KYN28A-12（直流操作）2 号配变柜二次原理图

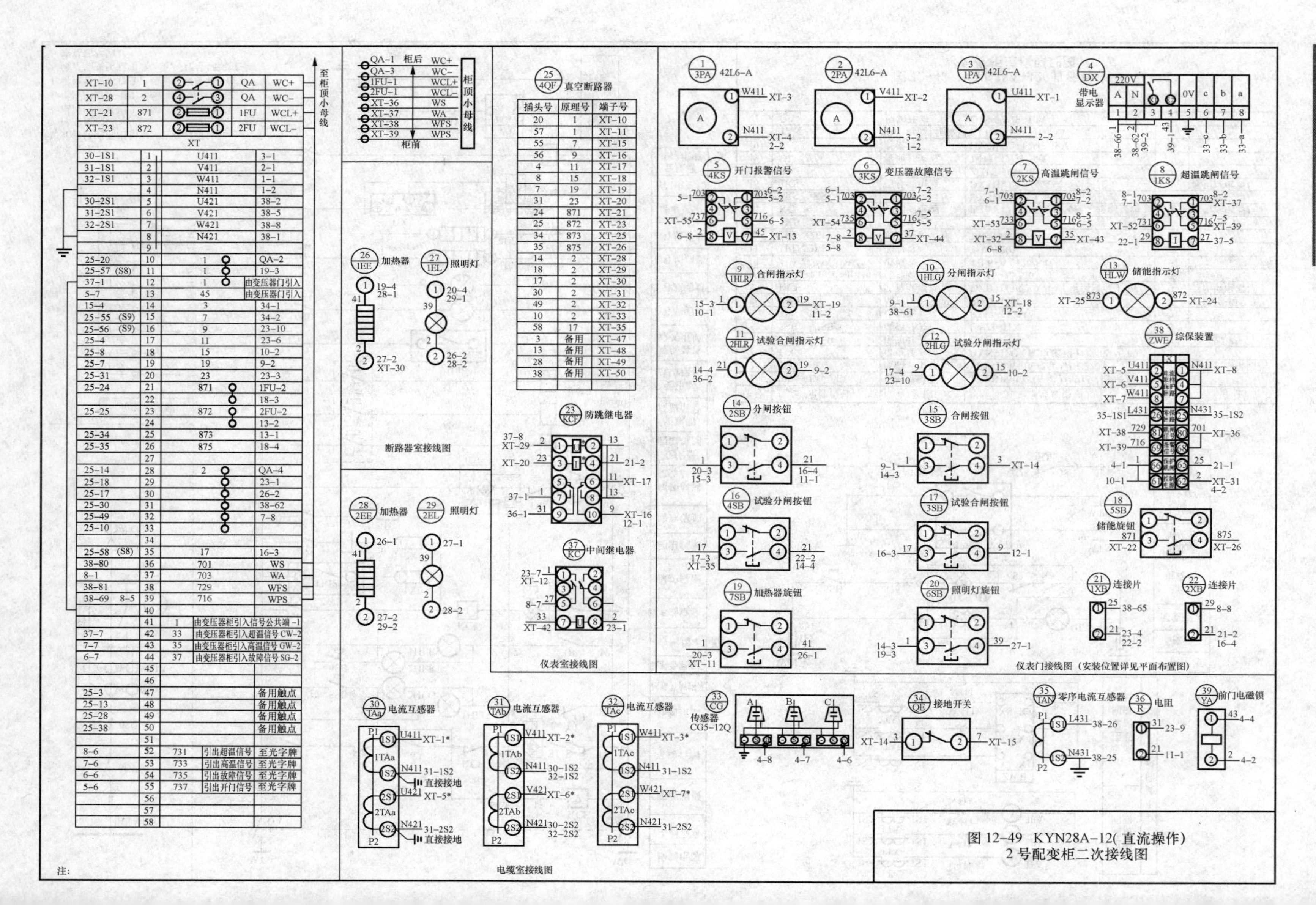

25 4QF 真空断路器

插头号	原理号	端子号
20	1	XT-10
57	1	XT-11
55	7	XT-15
56	9	XT-16
4	11	XT-17
8	15	XT-18
7	19	XT-19
31	23	XT-20
24	871	XT-21
25	872	XT-23
34	873	XT-25
35	875	XT-26
14	2	XT-28
18	2	XT-29
17	2	XT-30
30	2	XT-31
49	2	XT-32
10	2	XT-33
58	17	XT-35
3	备用	XT-47
13	备用	XT-48
28	备用	XT-49
38	备用	XT-50

图 12-49 KYN28A-12(直流操作)
2号配变柜二次接线图

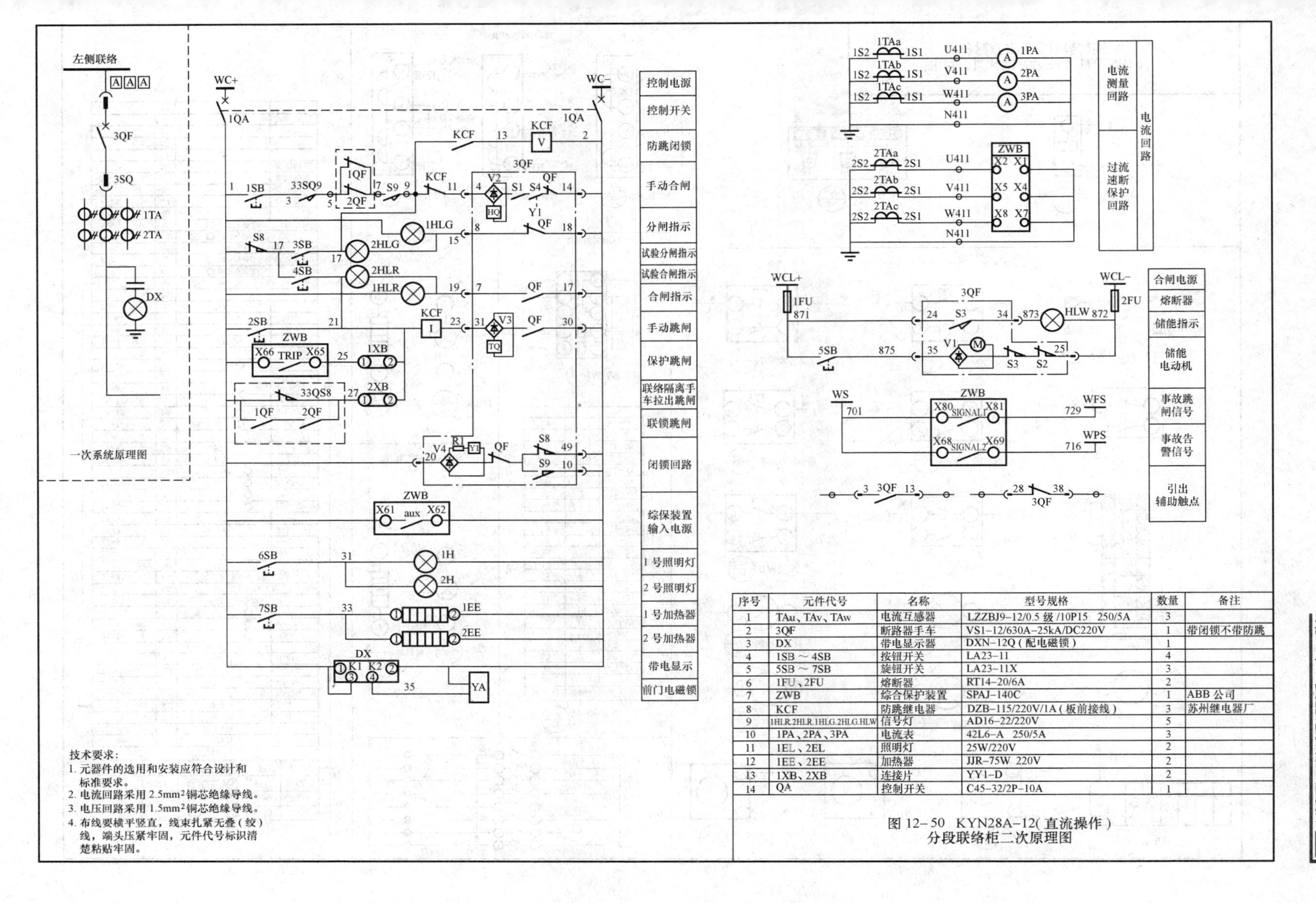

序号	元件代号	名称	型号规格	数量	备注
1	TAu、TAv、TAw	电流互感器	LZZBJ9-12/0.5 级 /10P15　250/5A	3	
2	3QF	断路器手车	VS1-12/630A-25kA/DC220V	1	带闭锁不带防跳
3	DX	带电显示器	DXN-12Q（配电磁锁）	1	
4	1SB ~ 4SB	按钮开关	LA23-11	4	
5	5SB ~ 7SB	旋钮开关	LA23-11X	3	
6	1FU、2FU	熔断器	RT14-20/6A	2	
7	ZWB	综合保护装置	SPAJ-140C	1	ABB 公司
8	KCF	防跳继电器	DZB-115/220V/1A（板前接线）	3	苏州继电器厂
9	1HLR.2HLR.1HLG.2HLG.HLW	信号灯	AD16-22/220V	5	
10	1PA、2PA、3PA	电流表	42L6-A　250/5A	3	
11	1EL、2EL	照明灯	25W/220V	2	
12	1EE、2EE	加热器	JJR-75W　220V	2	
13	1XB、2XB	连接片	YY1-D	2	
14	QA	控制开关	C45-32/2P-10A	1	

技术要求：
1. 元器件的选用和安装应符合设计和标准要求。
2. 电流回路采用 2.5mm² 铜芯绝缘导线。
3. 电压回路采用 1.5mm² 铜芯绝缘导线。
4. 布线要横平竖直，线束扎紧无叠（绞）线，端头压紧牢固，元件代号标识清楚粘贴牢固。

图 12-50　KYN28A-12（直流操作）分段联络柜二次原理图

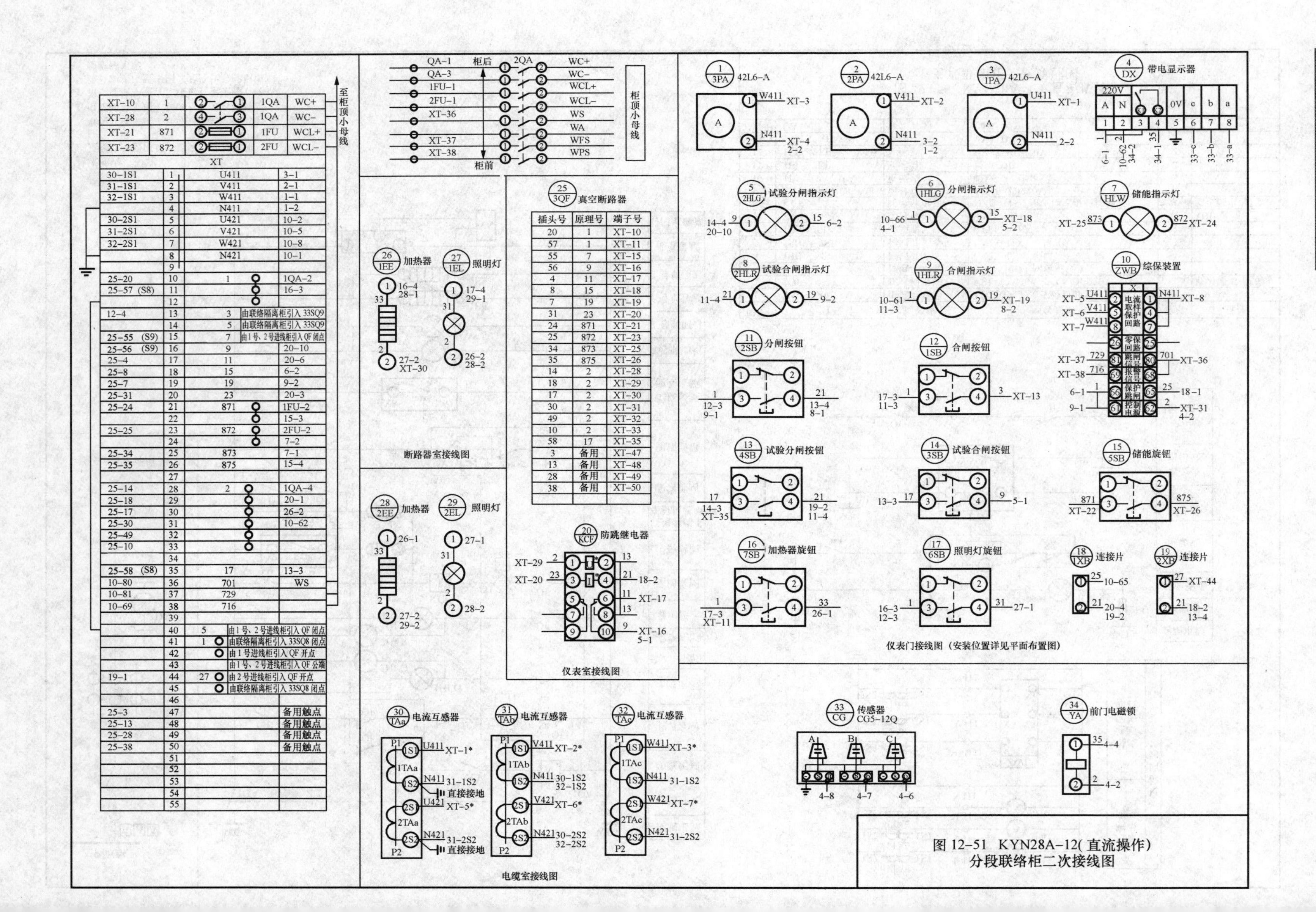

图12-51 KYN28A-12(直流操作)分段联络柜二次接线图

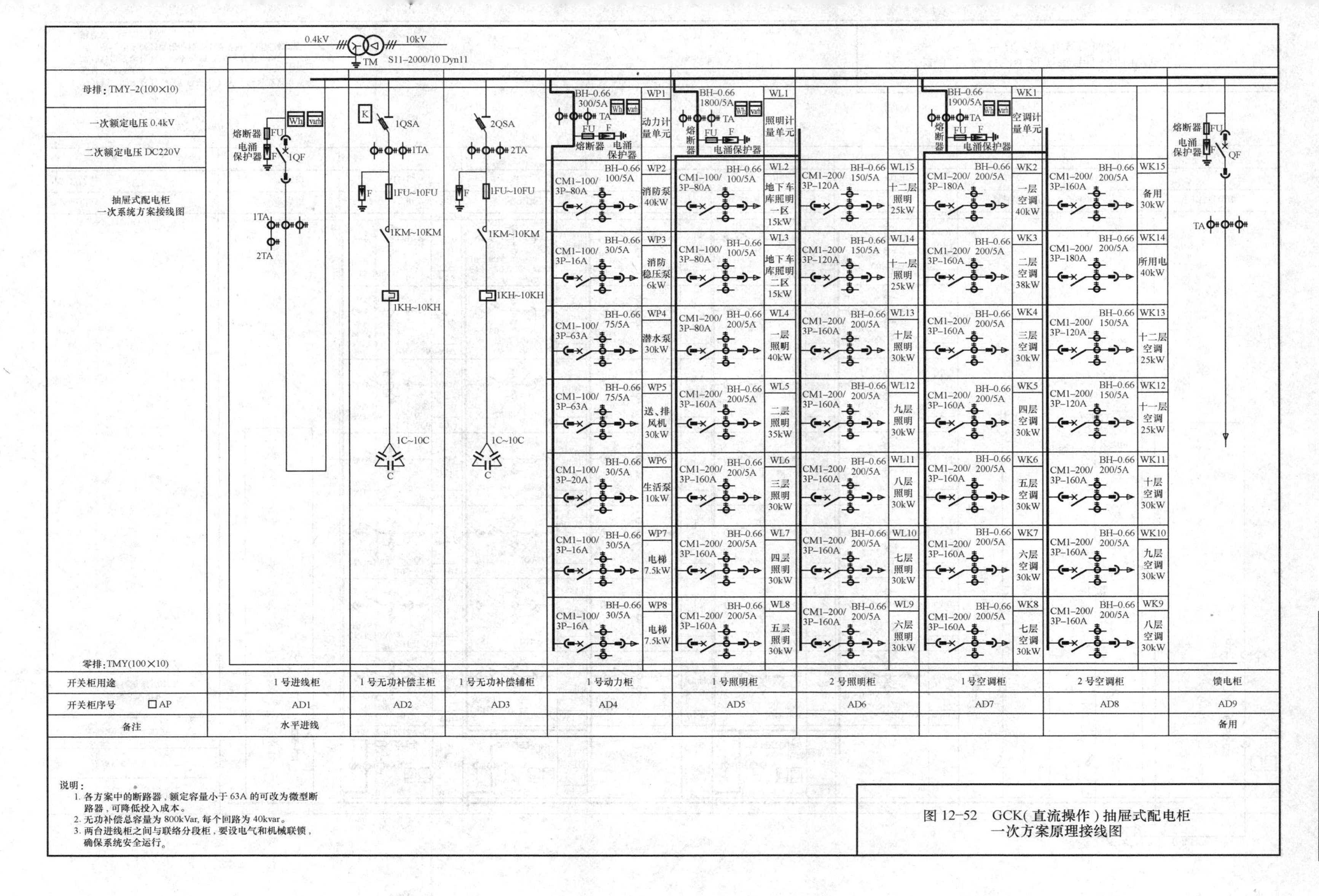

说明：
1. 各方案中的断路器，额定容量小于 63A 的可改为微型断路器，可降低投入成本。
2. 无功补偿总容量为 800kVar，每个回路为 40kvar。
3. 两台进线柜之间与联络分段柜，要设电气和机械联锁，确保系统安全运行。

图 12–52 GCK（直流操作）抽屉式配电柜一次方案原理接线图

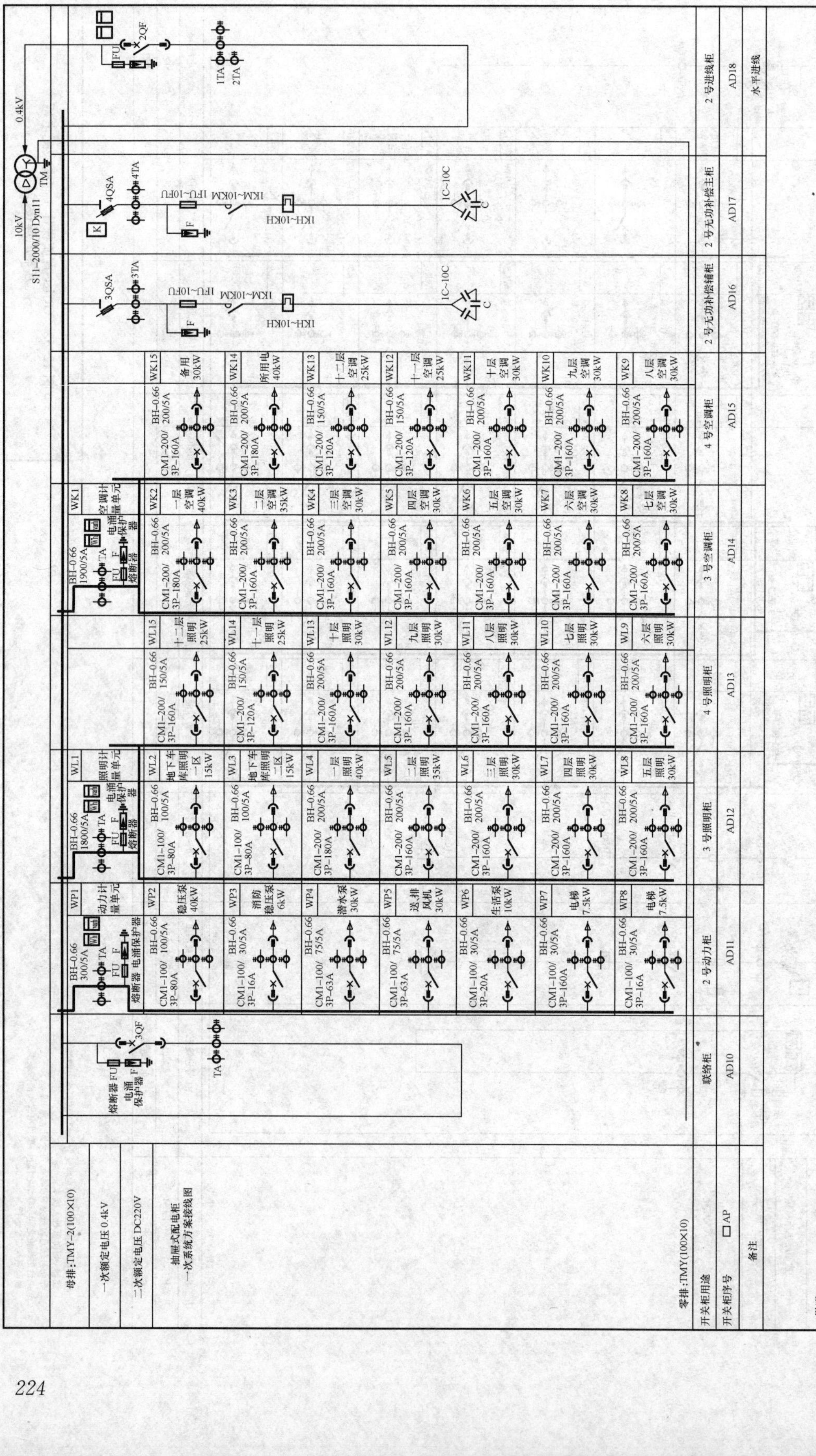

母排：TMY-2(100×10)

一次额定电压 0.4kV

二次额定电压 DC220V

抽屉式配电柜一次系统方案接线图

10kV　S11-2000/10 Dyn11　TM　0.4kV

开关柜用途	联络柜	2号动力柜	3号照明柜	4号照明柜	3号空调柜	4号空调柜	2号无功补偿辅柜	2号无功补偿主柜	2号进线柜
主要元件	熔断器 FU 电涌保护器 F 3QF TA	BH-0.66 300/5A TA　FU　F 熔断器　电涌保护器 WP1 动力计量单元	BH-0.66 1800/5A TA　FU　F 熔断器　电涌保护器 WL1 照明计量单元		BH-0.66 1900/5A TA　FU　F 熔断器　电涌保护器 WK1 空调计量单元		3QSA 3TA F 1FU~10FU 1KM~10KM 1KH~10KH 1C~10C C	K 4QSA 4TA F 1FU~10FU 1KM~10KM 1KH~10KH 1C~10C C	FU 2QF 1TA 2TA
回路1		WP2　CM1-100/3P-80A　BH-0.66 100/5A　稳压泵 40kW	WL2　CM1-100/3P-80A　BH-0.66 100/5A　地下车库照明一区 15kW	WL15　CM1-200/3P-160A　BH-0.66 150/5A　十二层照明 25kW	WK2　CM1-200/3P-180A　BH-0.66 200/5A　一层空调 40kW	WK15　CM1-200/3P-160A　BH-0.66 200/5A　备用 30kW			
回路2		WP3　CM1-100/3P-16A　BH-0.66 30/5A　消防稳压泵 6kW	WL3　CM1-100/3P-80A　BH-0.66 100/5A　地下车库照明二区 15kW	WL14　CM1-200/3P-120A　BH-0.66 150/5A　十一层照明 25kW	WK3　CM1-200/3P-160A　BH-0.66 200/5A　二层空调 35kW	WK14　CM1-200/3P-180A　BH-0.66 200/5A　所用电 40kW			
回路3		WP4　CM1-100/3P-63A　BH-0.66 75/5A　潜水泵 30kW	WL4　CM1-200/3P-180A　BH-0.66 200/5A　一层照明 40kW	WL13　CM1-200/3P-160A　BH-0.66 200/5A　十层照明 30kW	WK4　CM1-200/3P-160A　BH-0.66 200/5A　三层空调 30kW	WK13　CM1-200/3P-120A　BH-0.66 150/5A　十二层空调 25kW			
回路4		WP5　CM1-100/3P-63A　BH-0.66 75/5A　送、排风机 30kW	WL5　CM1-200/3P-160A　BH-0.66 200/5A　二层照明 35kW	WL12　CM1-200/3P-160A　BH-0.66 200/5A　九层照明 30kW	WK5　CM1-200/3P-160A　BH-0.66 200/5A　四层空调 30kW	WK12　CM1-200/3P-120A　BH-0.66 150/5A　十一层空调 25kW			
回路5		WP6　CM1-100/3P-20A　BH-0.66 30/5A　生活泵 10kW	WL6　CM1-200/3P-160A　BH-0.66 200/5A　三层照明 30kW	WL11　CM1-200/3P-160A　BH-0.66 200/5A　八层照明 30kW	WK6　CM1-200/3P-160A　BH-0.66 200/5A　五层空调 30kW	WK11　CM1-200/3P-160A　BH-0.66 200/5A　十层空调 30kW			
回路6		WP7　CM1-100/3P-160A　BH-0.66 30/5A　电梯 7.5kW	WL7　CM1-200/3P-160A　BH-0.66 200/5A　四层照明 30kW	WL10　CM1-200/3P-160A　BH-0.66 200/5A　七层照明 30kW	WK7　CM1-200/3P-160A　BH-0.66 200/5A　六层空调 30kW	WK10　CM1-200/3P-160A　BH-0.66 200/5A　九层空调 30kW			
回路7		WP8　CM1-100/3P-16A　BH-0.66 30/5A　电梯 7.5kW	WL8　CM1-200/3P-160A　BH-0.66 200/5A　五层照明 30kW	WL9　CM1-200/3P-160A　BH-0.66 200/5A　六层照明 30kW	WK8　CM1-200/3P-160A　BH-0.66 200/5A　七层空调 30kW	WK9　CM1-200/3P-160A　BH-0.66 200/5A　八层空调 30kW			

零排：TMY(100×10)

开关柜用途	联络柜	2号动力柜	3号照明柜	4号照明柜	3号空调柜	4号空调柜	2号无功补偿辅柜	2号无功补偿主柜	2号进线柜
开关柜序号　□AP	AD10	AD11	AD12	AD13	AD14	AD15	AD16	AD17	AD18
备注									水平进线

说明：

1. 各方案中的断路器，额定容量小于63A的可改为微型断路器，可降低投入成本。
2. 无功补偿总容量为800kVar，每个回路为40kvar。
3. 两台进线柜之间与联络分段柜，要设电气和机械联锁，确保系统安全运行。

图12-53　GCK（直流操作）抽屉式配电柜一次系统方案接线图

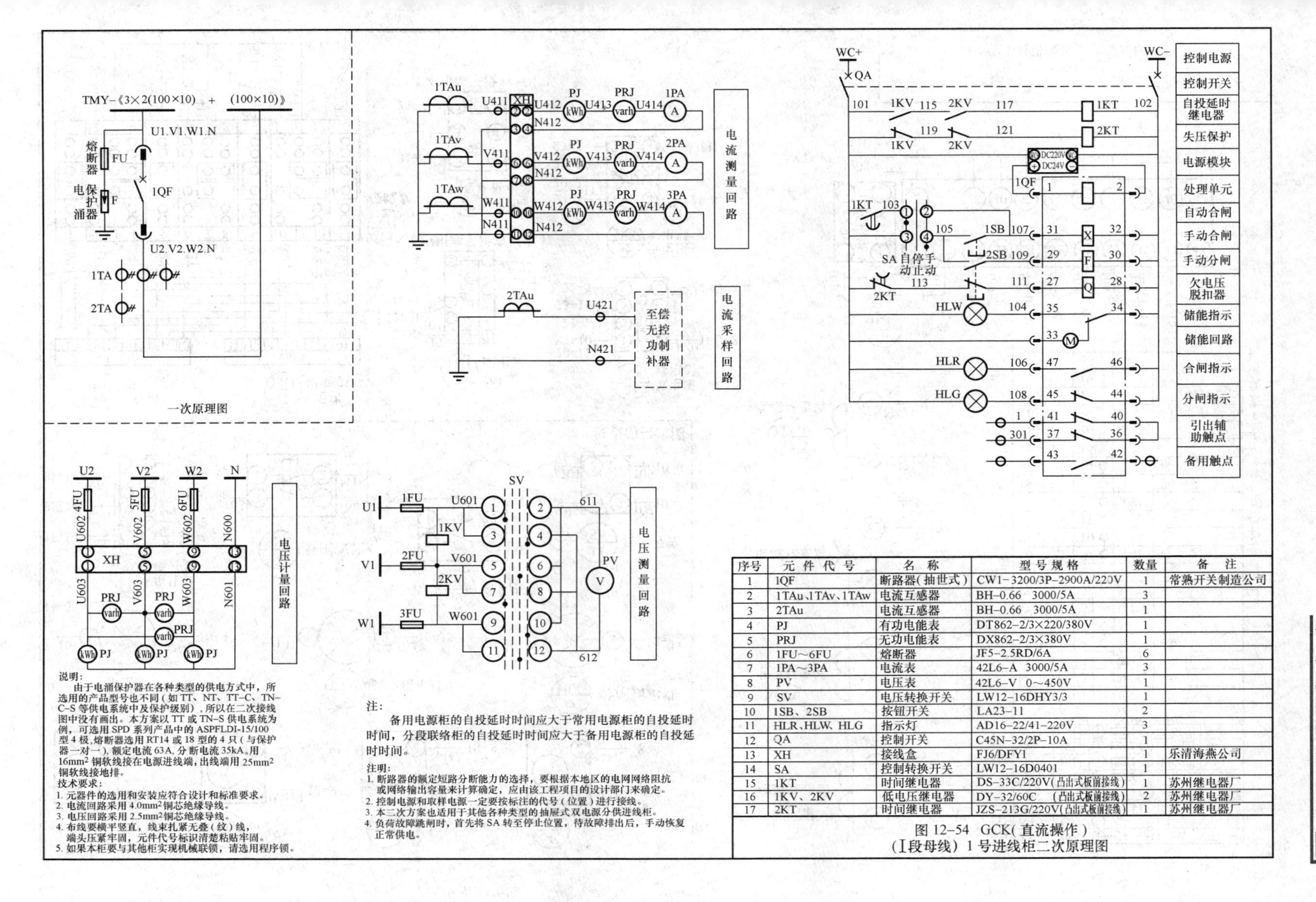

说明：

由于电涌保护器在各种类型的供电方式中，所选用的产品型号也不同（如 TT、NT、TT-C、TN-C-S 等供电系统中及保护级别），所以在二次接线图中没有画出。本方案以 TT 或 TN-S 供电系统为例，可选用 SPD 系列产品中的 ASPFLDI-15/100 型 4 极，熔断器选用 RT14 或 18 型的 4 只（与保护器一对一），额定电流 63A，分断电流 35kA，用 $16mm^2$ 铜软线接在电源进线端，出线端用 $25mm^2$ 铜软线接地排。

技术要求：

1. 元器件的选用和安装应符合设计和标准要求。
2. 电流回路采用 $4.0mm^2$ 铜芯绝缘导线。
3. 电压回路采用 $2.5mm^2$ 铜芯绝缘导线。
4. 布线要横平竖直，线束扎紧无叠（纹）线，端头压紧牢固，元件代号标识清楚粘贴牢固。
5. 如果本柜要与其他柜实现机械联锁，请选用程序锁。

注：

备用电源柜的自投延时时间应大于常用电源柜的自投延时时间，分段联络柜的自投延时时间应大于备用电源柜的自投延时时间。

注明：

1. 断路器的额定短路分断能力的选择，要根据本地区的电网网络阻抗或网络输出容量来计算确定，应由该工程项目的设计部门来确定。
2. 控制电源和取样电源一定要按标注的代号（位置）进行接线。
3. 本二次方案也适用于其他各种类型的抽屉式双电源分供进线柜。
4. 负荷故障跳闸时，首先将 SA 转至停止位置，待故障排出后，手动恢复正常供电。

序号	元件代号	名称	型号规格	数量	备注
1	1QF	断路器（抽世式）	CW1-3200/3P-2900A/220V	1	常熟开关制造公司
2	1TAu、1TAv、1TAw	电流互感器	BH-0.66 3000/5A	3	
3	2TAu	电流互感器	BH-0.66 3000/5A	1	
4	PJ	有功电能表	DT862-2/3×220/380V	1	
5	PRJ	无功电能表	DX862-2/3×380V	1	
6	1FU～6FU	熔断器	JF5-2.5RD/6A	6	
7	1PA～3PA	电流表	42L6-A 3000/5A	3	
8	PV	电压表	42L6-V 0～450V	1	
9	SV	电压转换开关	LW12-16DHY3/3	1	
10	1SB、2SB	按钮开关	LA23-11	2	
11	HLR、HLW、HLG	指示灯	AD16-22/41-220V	3	
12	QA	控制开关	C45N-32/2P-10A	1	
13	XH	接线盒	FJ6/DFY1	1	乐清海燕公司
14	SA	控制转换开关	LW12-16D0401	1	
15	1KT	时间继电器	DS-33C/220V(凸出式板前接线)	1	苏州继电器厂
16	1KV、2KV	低电压继电器	DY-32/60C (凸出式板前接线)	2	苏州继电器厂
17	2KT	时间继电器	JZS-213G/220V(凸出式板前接线)	1	苏州继电器厂

图 12-54 GCK(直流操作)(Ⅰ段母线) 1 号进线柜二次原理图

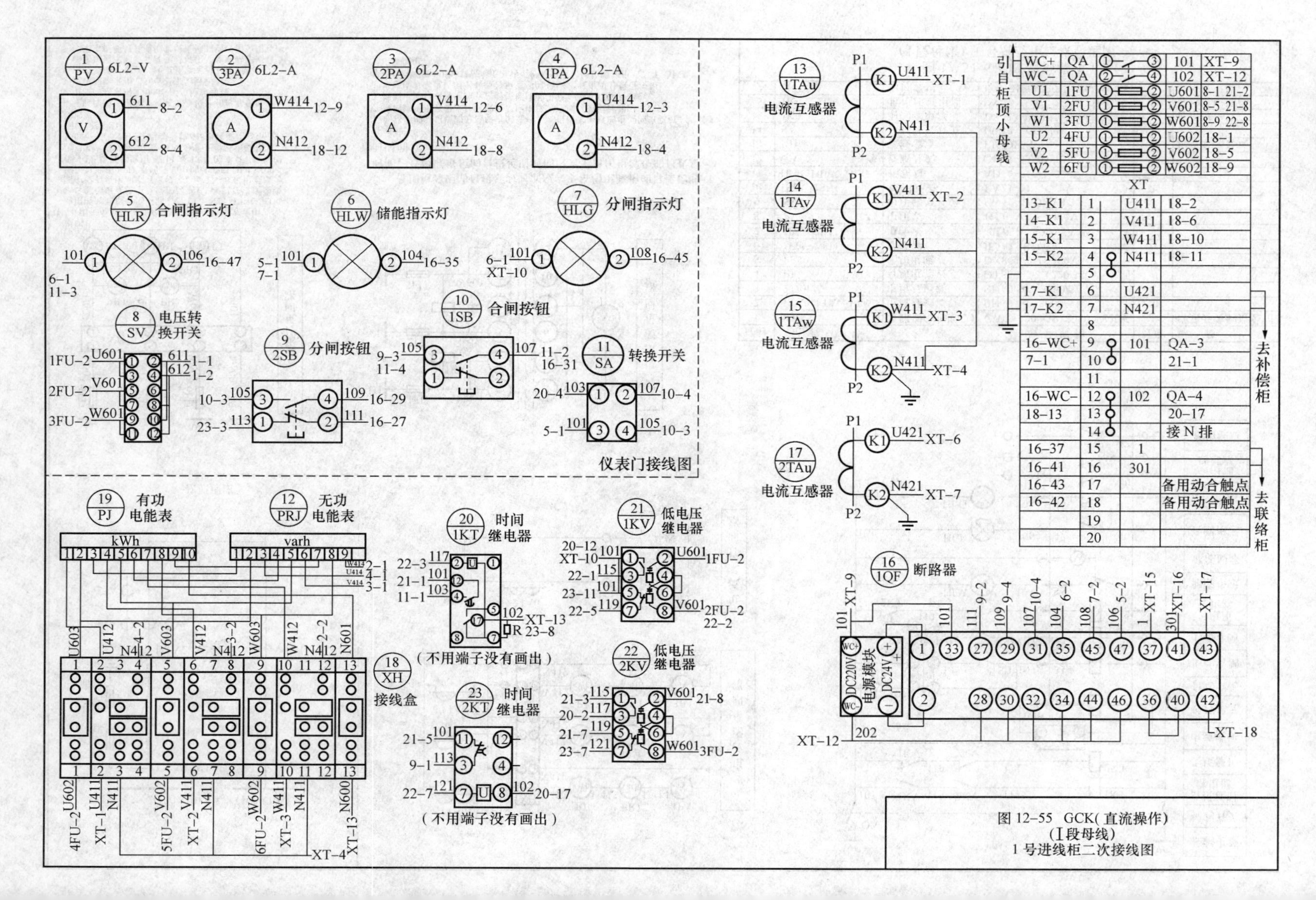

图 12-55 GCK（直流操作）（Ⅰ段母线）1号进线柜二次接线图

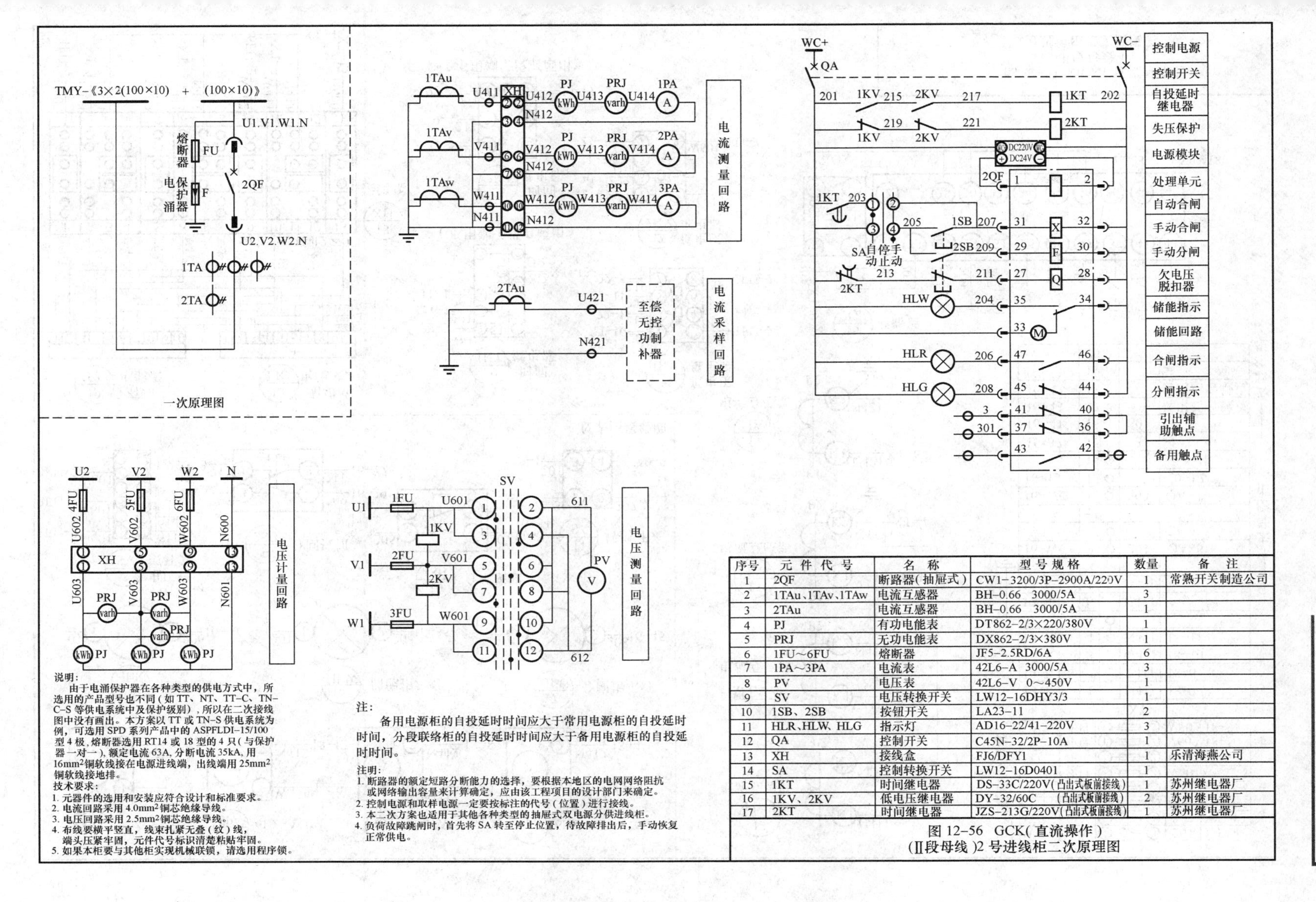

说明：

由于电涌保护器在各种类型的供电方式中，所选用的产品型号也不同（如TT、NT、TT-C、TN-C-S等供电系统中及保护级别），所以在二次接线图中没有画出。本方案以TT或TN-S供电系统为例，可选用SPD系列产品中的ASPFLDI-15/100型4极，熔断器选用RT14或18型的4只（与保护器一对一），额定电流63A，分断电流35kA，用16mm²铜软线接在电源进线端，出线端用25mm²铜软线接地排。

技术要求：

1. 元器件的选用和安装应符合设计和标准要求。
2. 电流回路采用4.0mm²铜芯绝缘导线。
3. 电压回路采用2.5mm²铜芯绝缘导线。
4. 布线要横平竖直，线束扎紧无叠（纹）线，端头压紧牢固，元件代号标识清楚粘贴牢固。
5. 如果本柜要与其他柜实现机械联锁，请选用程序锁。

注：

备用电源柜的自投延时时间应大于常用电源柜的自投延时时间，分段联络柜的自投延时时间应大于备用电源柜的自投延时时间。

注明：

1. 断路器的额定短路分断能力的选择，要根据本地区的电网网络阻抗或网络输出容量来计算确定，应由该工程项目的设计部门来确定。
2. 控制电源和取样电源一定要按标注的代号（位置）进行接线。
3. 本二次方案也适用于其他各种类型的抽屉式双电源分供进线柜。
4. 负荷故障跳闸时，首先将SA转至停止位置，待故障排出后，手动恢复正常供电。

序号	元件代号	名称	型号规格	数量	备注
1	2QF	断路器（抽屉式）	CW1-3200/3P-2900A/220V	1	常熟开关制造公司
2	1TAu、1TAv、1TAw	电流互感器	BH-0.66 3000/5A	3	
3	2TAu	电流互感器	BH-0.66 3000/5A	1	
4	PJ	有功电能表	DT862-2/3×220/380V	1	
5	PRJ	无功电能表	DX862-2/3×380V	1	
6	1FU～6FU	熔断器	JF5-2.5RD/6A	6	
7	1PA～3PA	电流表	42L6-A 3000/5A	3	
8	PV	电压表	42L6-V 0～450V	1	
9	SV	电压转换开关	LW12-16DHY3/3	1	
10	1SB、2SB	按钮开关	LA23-11	2	
11	HLR、HLW、HLG	指示灯	AD16-22/41-220V	3	
12	QA	控制开关	C45N-32/2P-10A	1	
13	XH	接线盒	FJ6/DFY1	1	乐清海燕公司
14	SA	控制转换开关	LW12-16D0401	1	
15	1KT	时间继电器	DS-33C/220V(凸出式板前接线)	1	苏州继电器厂
16	1KV、2KV	低电压继电器	DY-32/60C (凸出式板前接线)	2	苏州继电器厂
17	2KT	时间继电器	JZS-213G/220V(凸出式板前接线)	1	苏州继电器厂

图 12-56 GCK(直流操作)(Ⅱ段母线)2号进线柜二次原理图

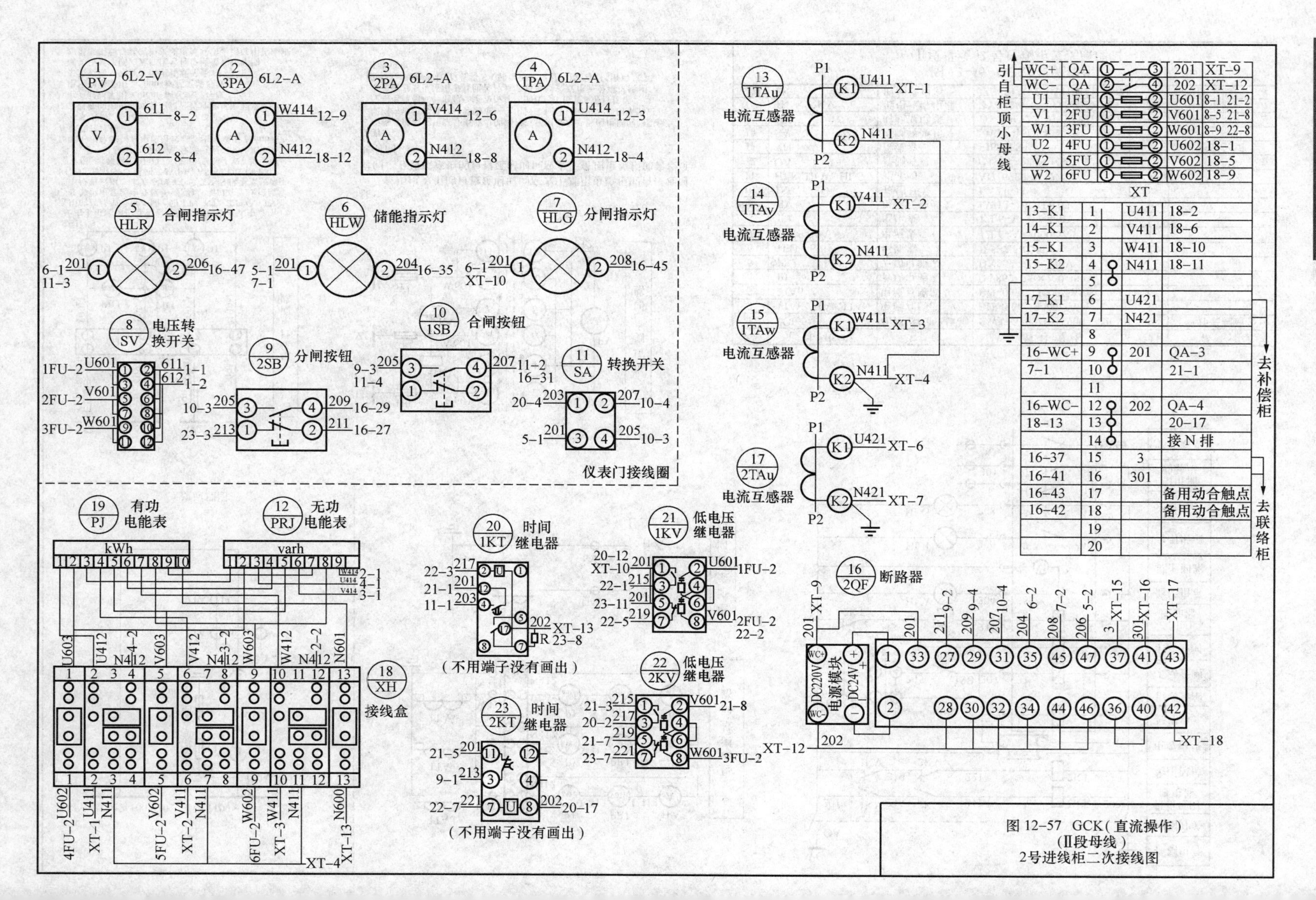

图 12-57 GCK（直流操作）（Ⅱ段母线）2号进线柜二次接线图

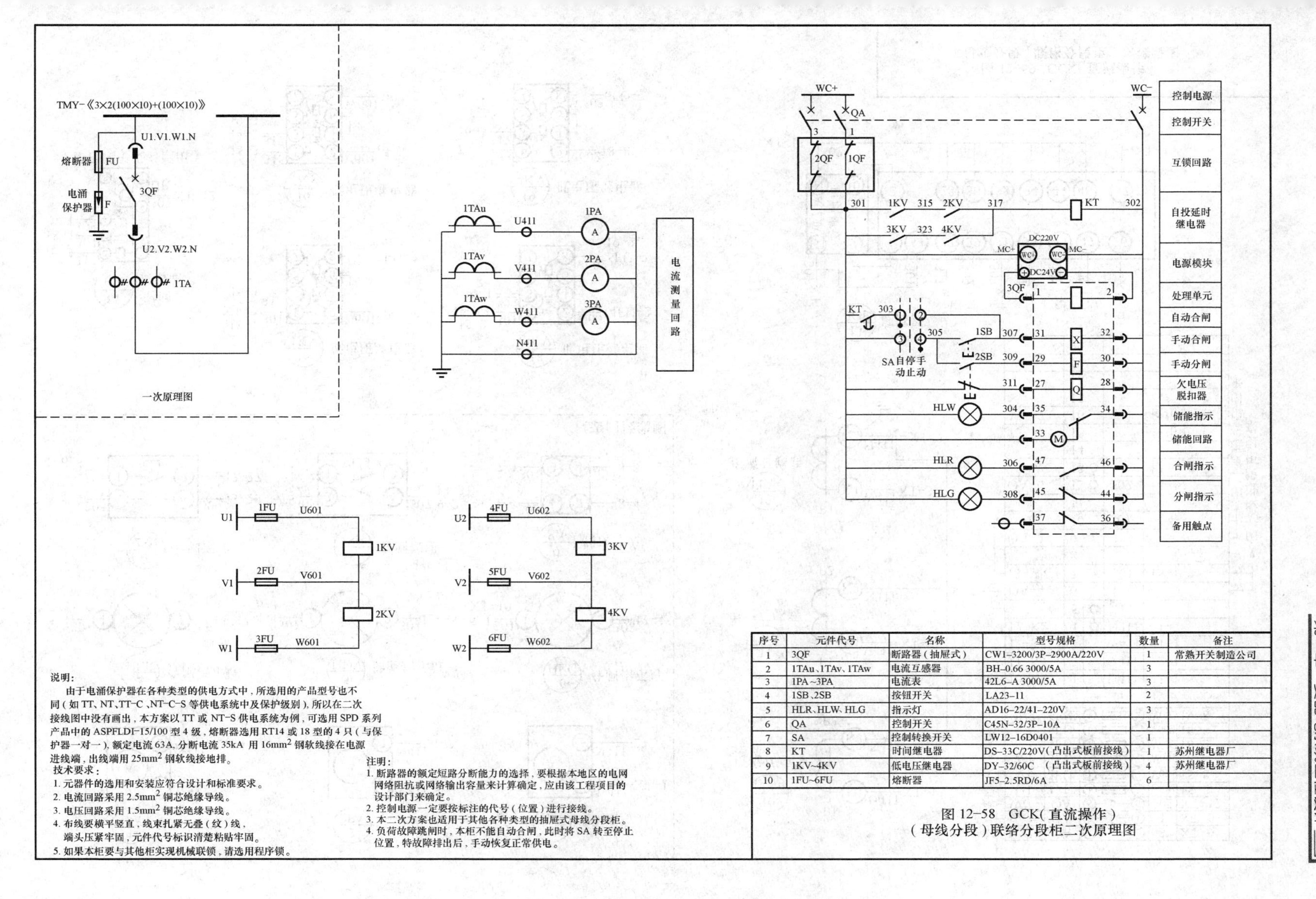

说明：

由于电涌保护器在各种类型的供电方式中，所选用的产品型号也不同（如 TT、NT、TT-C、NT-C-S 等供电系统中及保护级别），所以在二次接线图中没有画出，本方案以 TT 或 NT-S 供电系统为例，可选用 SPD 系列产品中的 ASPFLDI-15/100 型 4 级，熔断器选用 RT14 或 18 型的 4 只（与保护器一对一），额定电流 63A，分断电流 35kA 用 $16mm^2$ 铜软线接在电源进线端，出线端用 $25mm^2$ 铜软线接地排。

技术要求：

1. 元器件的选用和安装应符合设计和标准要求。
2. 电流回路采用 $2.5mm^2$ 铜芯绝缘导线。
3. 电压回路采用 $1.5mm^2$ 铜芯绝缘导线。
4. 布线要横平竖直，线束扎紧无叠（纹）线，端头压紧牢固，元件代号标识清楚粘贴牢固。
5. 如果本柜要与其他柜实现机械联锁，请选用程序锁。

注明：

1. 断路器的额定短路分断能力的选择，要根据本地区的电网网络阻抗或网络输出容量来计算确定，应由该工程项目的设计部门来确定。
2. 控制电源一定要按标注的代号（位置）进行接线。
3. 本二次方案也适用于其他各种类型的抽屉式母线分段柜。
4. 负荷故障跳闸时，本柜不能自动合闸，此时将 SA 转至停止位置，待故障排出后，手动恢复正常供电。

序号	元件代号	名称	型号规格	数量	备注
1	3QF	断路器（抽屉式）	CW1-3200/3P-2900A/220V	1	常熟开关制造公司
2	1TAu、1TAv、1TAw	电流互感器	BH-0.66 3000/5A	3	
3	1PA~3PA	电流表	42L6-A 3000/5A	3	
4	1SB、2SB	按钮开关	LA23-11	2	
5	HLR、HLW、HLG	指示灯	AD16-22/41-220V	3	
6	QA	控制开关	C45N-32/3P-10A	1	
7	SA	控制转换开关	LW12-16D0401	1	
8	KT	时间继电器	DS-33C/220V（凸出式板前接线）	1	苏州继电器厂
9	1KV~4KV	低电压继电器	DY-32/60C （凸出式板前接线）	4	苏州继电器厂
10	1FU~6FU	熔断器	JF5-2.5RD/6A	6	

图 12-58 GCK（直流操作）（母线分段）联络分段柜二次原理图

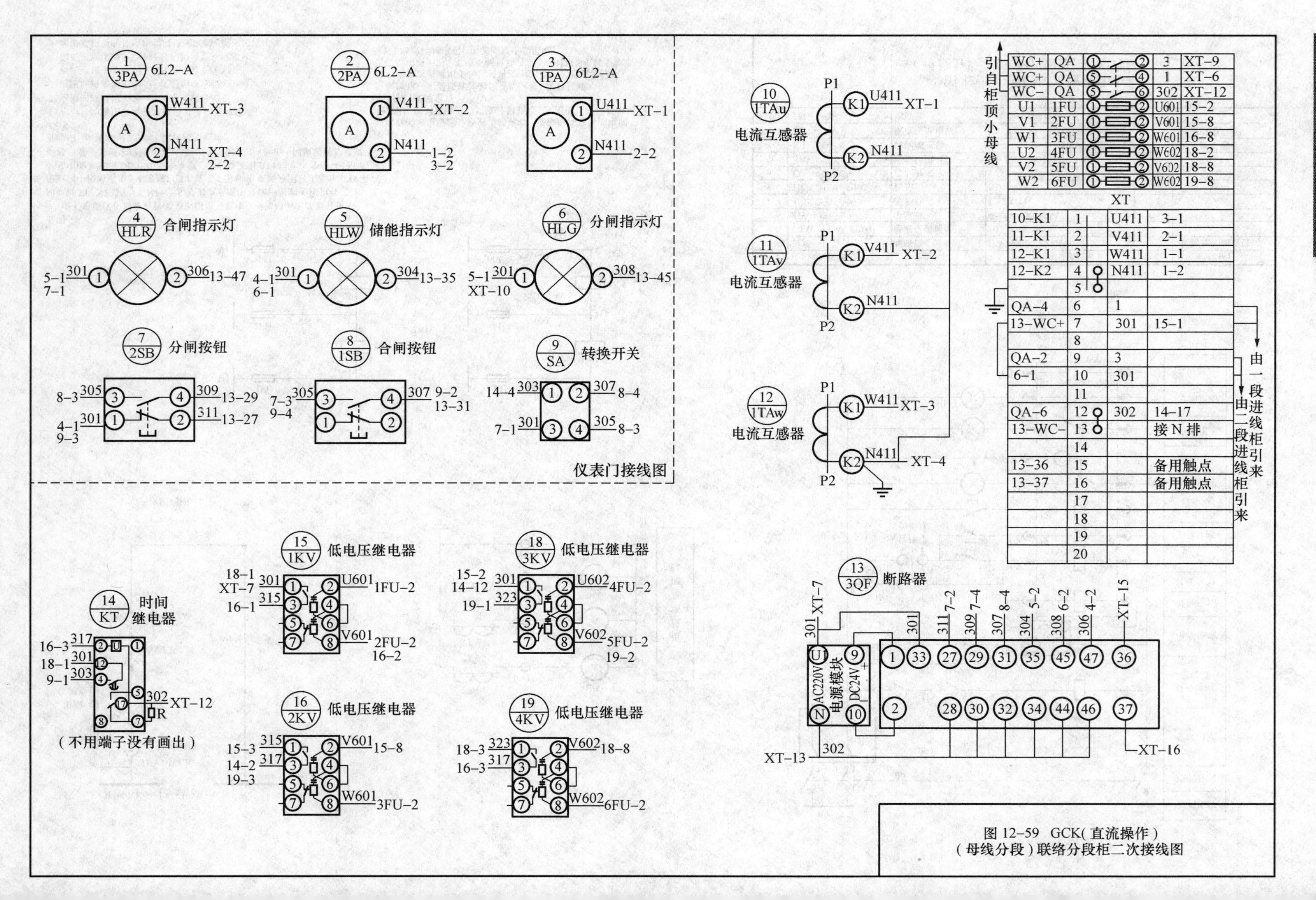

图 12-59 GCK（直流操作）（母线分段）联络分段柜二次接线图

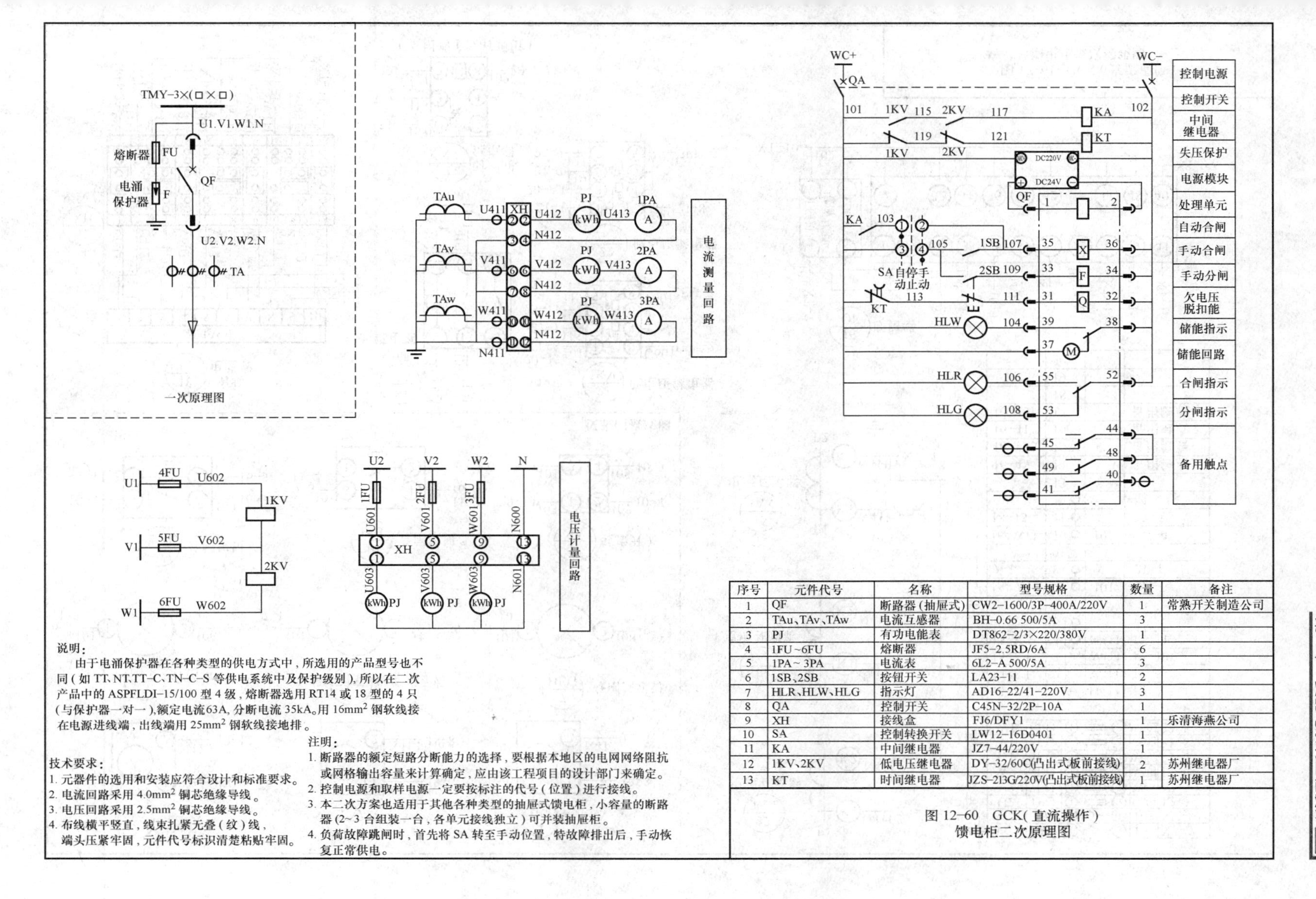

说明：

由于电涌保护器在各种类型的供电方式中，所选用的产品型号也不同（如 TT、NT、TT−C、TN−C−S 等供电系统中及保护级别），所以在二次产品中的 ASPFLDI−15/100 型 4 级，熔断器选用 RT14 或 18 型的 4 只（与保护器一对一），额定电流63A，分断电流 35kA。用 16mm^2 钢软线接在电源进线端，出线端用 25mm^2 钢软线接地排。

技术要求：

1. 元器件的选用和安装应符合设计和标准要求。
2. 电流回路采用 4.0mm^2 铜芯绝缘导线。
3. 电压回路采用 2.5mm^2 铜芯绝缘导线。
4. 布线横平竖直，线束扎紧无叠（纹）线，端头压紧牢固，元件代号标识清楚粘贴牢固。

注明：

1. 断路器的额定短路分断能力的选择，要根据本地区的电网网络阻抗或网格输出容量来计算确定，应由该工程项目的设计部门来确定。
2. 控制电源和取样电源一定要按标注的代号（位置）进行接线。
3. 本二次方案也适用于其他各种类型的抽屉式馈电柜，小容量的断路器（2~3 台组装一台，各单元接线独立）可并装抽屉柜。
4. 负荷故障跳闸时，首先将 SA 转至手动位置，待故障排出后，手动恢复正常供电。

序号	元件代号	名称	型号规格	数量	备注
1	QF	断路器（抽屉式）	CW2−1600/3P−400A/220V	1	常熟开关制造公司
2	TAu、TAv、TAw	电流互感器	BH−0.66 500/5A	3	
3	PJ	有功电能表	DT862−2/3×220/380V	1	
4	1FU ~6FU	熔断器	JF5−2.5RD/6A	6	
5	1PA ~ 3PA	电流表	6L2−A 500/5A	3	
6	1SB、2SB	按钮开关	LA23−11	2	
7	HLR、HLW、HLG	指示灯	AD16−22/41−220V	3	
8	QA	控制开关	C45N−32/2P−10A	1	
9	XH	接线盒	FJ6/DFY1	1	乐清海燕公司
10	SA	控制转换开关	LW12−16D0401	1	
11	KA	中间继电器	JZ7−44/220V	1	
12	1KV、2KV	低电压继电器	DY−32/60C(凸出式板前接线)	2	苏州继电器厂
13	KT	时间继电器	JZS−213G/220V(凸出式板前接线)	1	苏州继电器厂

图 12−60　GCK（直流操作）馈电柜二次原理图

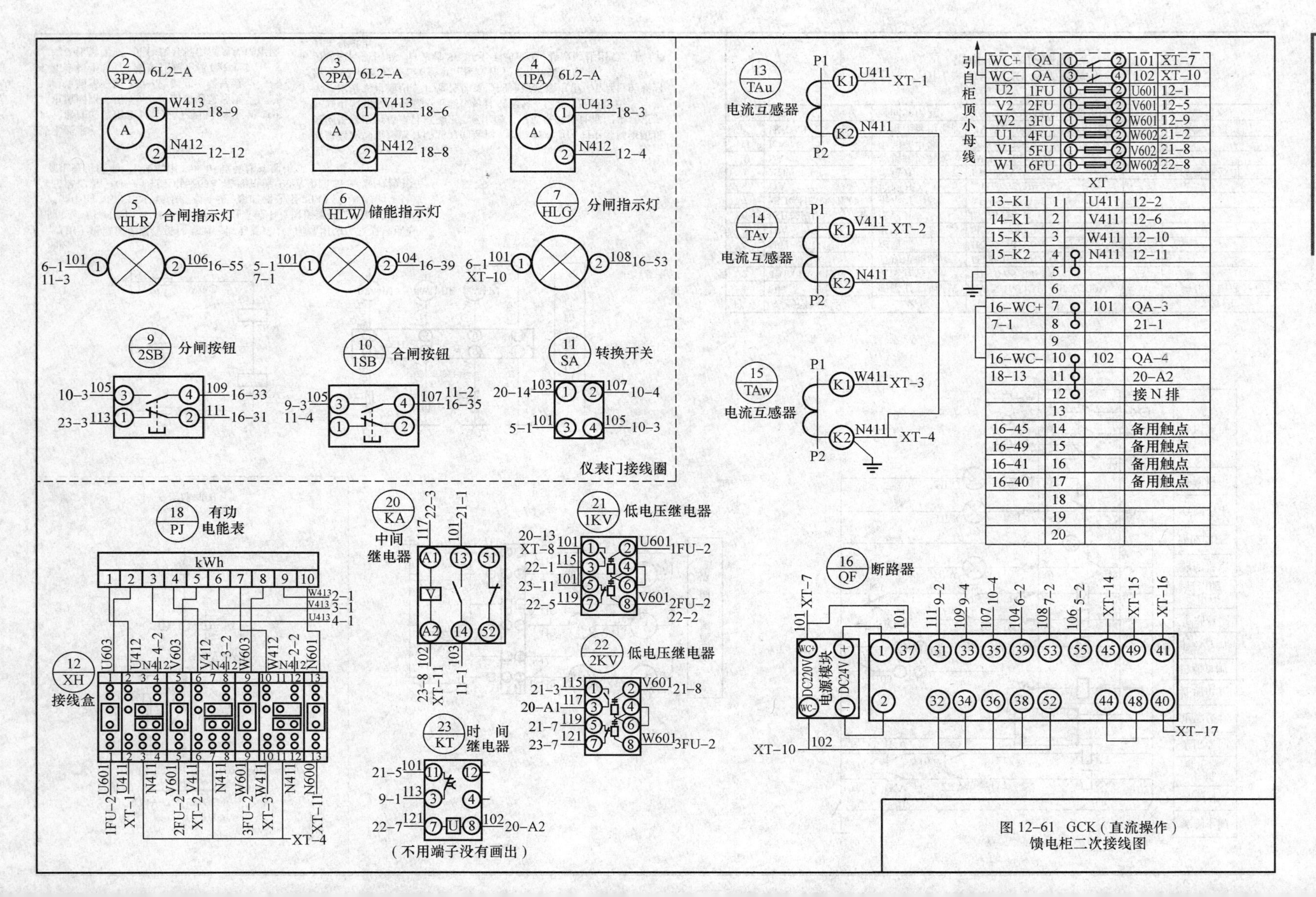

图 12-61　GCK（直流操作）馈电柜二次接线图

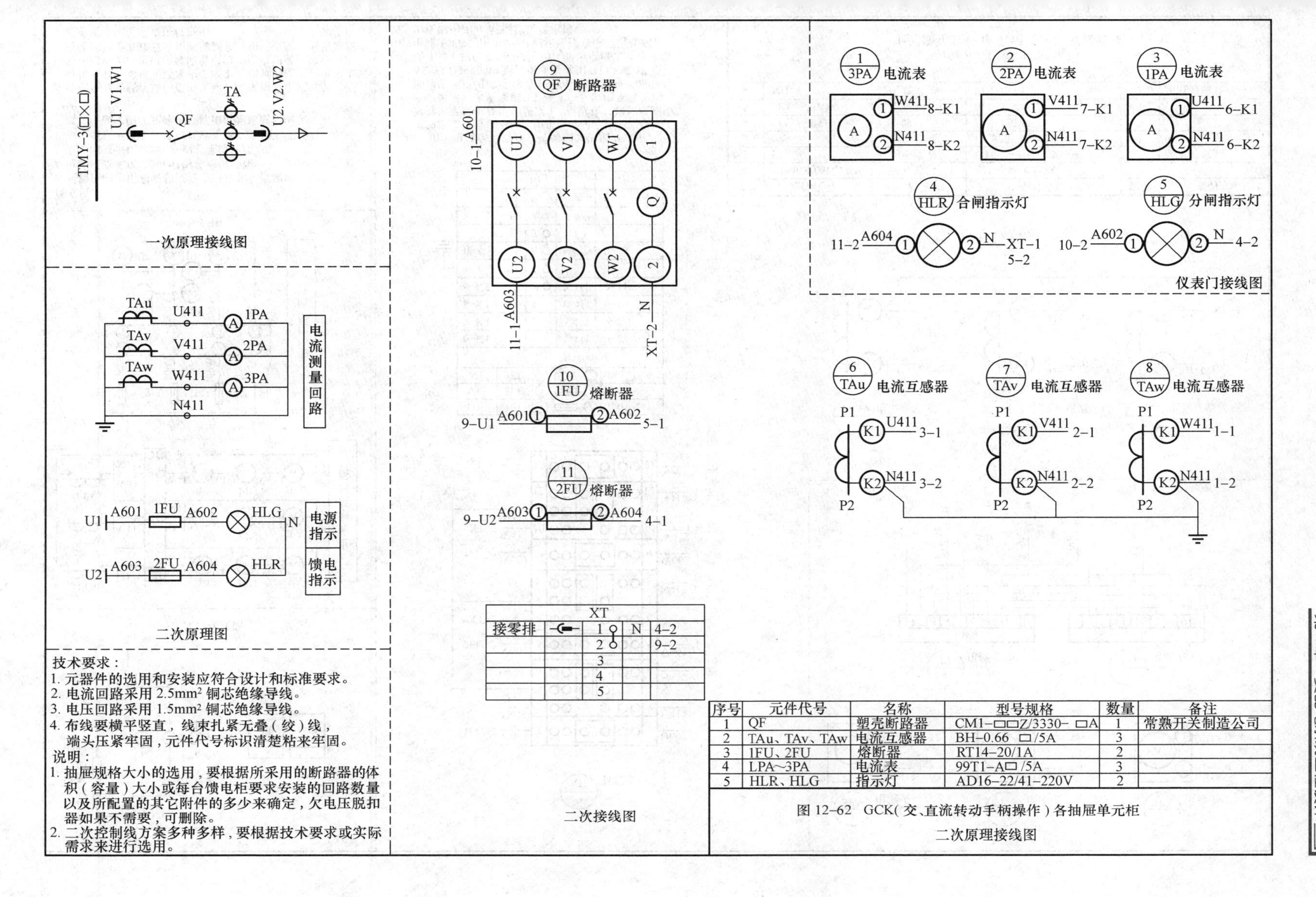

接零排		XT		
		1	N	4-2
		2		9-2
		3		
		4		
		5		

技术要求：
1. 元器件的选用和安装应符合设计和标准要求。
2. 电流回路采用 2.5mm² 铜芯绝缘导线。
3. 电压回路采用 1.5mm² 铜芯绝缘导线。
4. 布线要横平竖直，线束扎紧无叠（绞）线，端头压紧牢固，元件代号标识清楚粘来牢固。

说明：
1. 抽屉规格大小的选用，要根据所采用的断路器的体积（容量）大小或每台馈电柜要求安装的回路数量以及所配置的其它附件的多少来确定，欠电压脱扣器如果不需要，可删除。
2. 二次控制线方案多种多样，要根据技术要求或实际需求来进行选用。

序号	元件代号	名称	型号规格	数量	备注
1	QF	塑壳断路器	CM1-□□Z/3330- □A	1	常熟开关制造公司
2	TAu、TAv、TAw	电流互感器	BH-0.66 □/5A	3	
3	1FU、2FU	熔断器	RT14-20/1A	2	
4	LPA~3PA	电流表	99T1-A□ /5A	3	
5	HLR、HLG	指示灯	AD16-22/41-220V	2	

图 12-62 GCK（交、直流转动手柄操作）各抽屉单元柜二次原理接线图

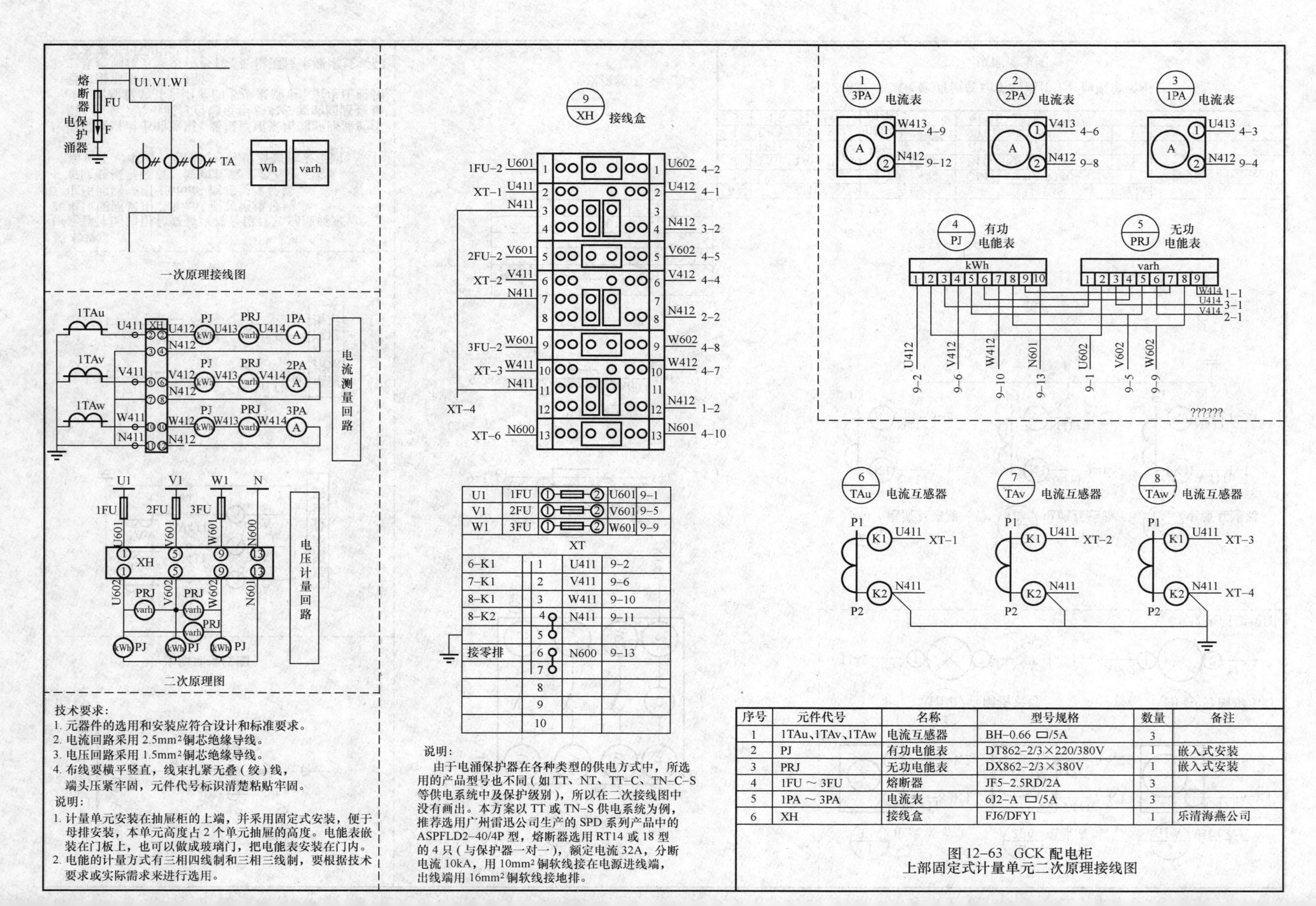

技术要求：

1. 元器件的选用和安装应符合设计和标准要求。
2. 电流回路采用 2.5mm²铜芯绝缘导线。
3. 电压回路采用 1.5mm²铜芯绝缘导线。
4. 布线要横平竖直，线束扎紧无叠（绞）线，端头压紧牢固，元件代号标识清楚粘贴牢固。

说明：

1. 计量单元安装在抽屉柜的上端，并采用固定式安装，便于母排安装，本单元高度占 2 个单元抽屉的高度。电能表嵌装在门板上，也可以做成玻璃门，把电能表安装在门内。
2. 电能的计量方式有三相四线制和三相三线制，要根据技术要求或实际需求来进行选用。

说明：

由于电涌保护器在各种类型的供电方式中，所选用的产品型号也不同（如 TT、NT、TT–C、TN–C–S 等供电系统中及保护级别），所以在二次接线图中没有画出。本方案以 TT 或 TN–S 供电系统为例，推荐选用广州雷迅公司生产的 SPD 系列产品中的 ASPFLD2–40/4P 型，熔断器选用 RT14 或 18 型的 4 只（与保护器一对一），额定电流 32A，分断电流 10kA，用 10mm²铜软线接在电源进线端，出线端用 16mm²铜软线接地排。

序号	元件代号	名称	型号规格	数量	备注
1	1TAu、1TAv、1TAw	电流互感器	BH–0.66 □/5A	3	
2	PJ	有功电能表	DT862–2/3×220/380V	1	嵌入式安装
3	PRJ	无功电能表	DX862–2/3×380V	1	嵌入式安装
4	1FU ～ 3FU	熔断器	JF5–2.5RD/2A	3	
5	1PA ～ 3PA	电流表	6J2–A □/5A	3	
6	XH	接线盒	FJ6/DFY1	1	乐清海燕公司

图 12–63 GCK 配电柜上部固定式计量单元二次原理接线图

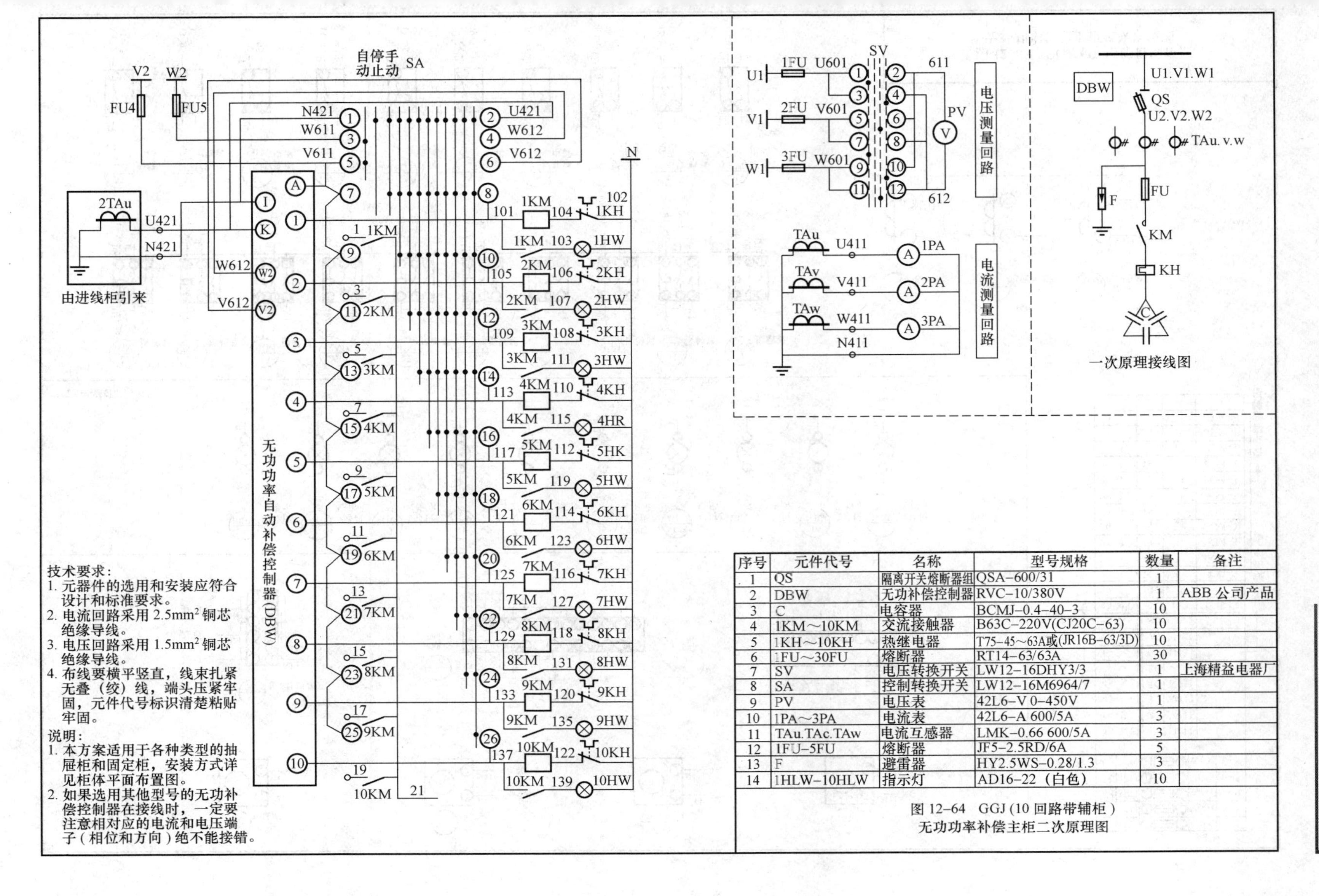

技术要求：

1. 元器件的选用和安装应符合设计和标准要求。
2. 电流回路采用 $2.5mm^2$ 铜芯绝缘导线。
3. 电压回路采用 $1.5mm^2$ 铜芯绝缘导线。
4. 布线要横平竖直，线束扎紧无叠（绞）线，端头压紧牢固，元件代号标识清楚粘贴牢固。

说明：

1. 本方案适用于各种类型的抽屉柜和固定柜，安装方式详见柜体平面布置图。
2. 如果选用其他型号的无功补偿控制器在接线时，一定要注意相对应的电流和电压端子（相位和方向）绝不能接错。

序号	元件代号	名称	型号规格	数量	备注
1	QS	隔离开关熔断器组	QSA–600/31	1	
2	DBW	无功补偿控制器	RVC–10/380V	1	ABB 公司产品
3	C	电容器	BCMJ–0.4–40–3	10	
4	1KM～10KM	交流接触器	B63C–220V(CJ20C–63)	10	
5	1KH～10KH	热继电器	T75–45～63A或(JR16B–63/3D)	10	
6	1FU～30FU	熔断器	RT14–63/63A	30	
7	SV	电压转换开关	LW12–16DHY3/3	1	上海精益电器厂
8	SA	控制转换开关	LW12–16M6964/7	1	
9	PV	电压表	42L6–V 0–450V	1	
10	1PA～3PA	电流表	42L6–A 600/5A	3	
11	TAu.TAc.TAw	电流互感器	LMK–0.66 600/5A	3	
12	1FU–5FU	熔断器	JF5–2.5RD/6A	5	
13	F	避雷器	HY2.5WS–0.28/1.3	3	
14	1HLW–10HLW	指示灯	AD16–22（白色）	10	

图 12–64 GGJ (10 回路带辅柜)
无功功率补偿主柜二次原理图

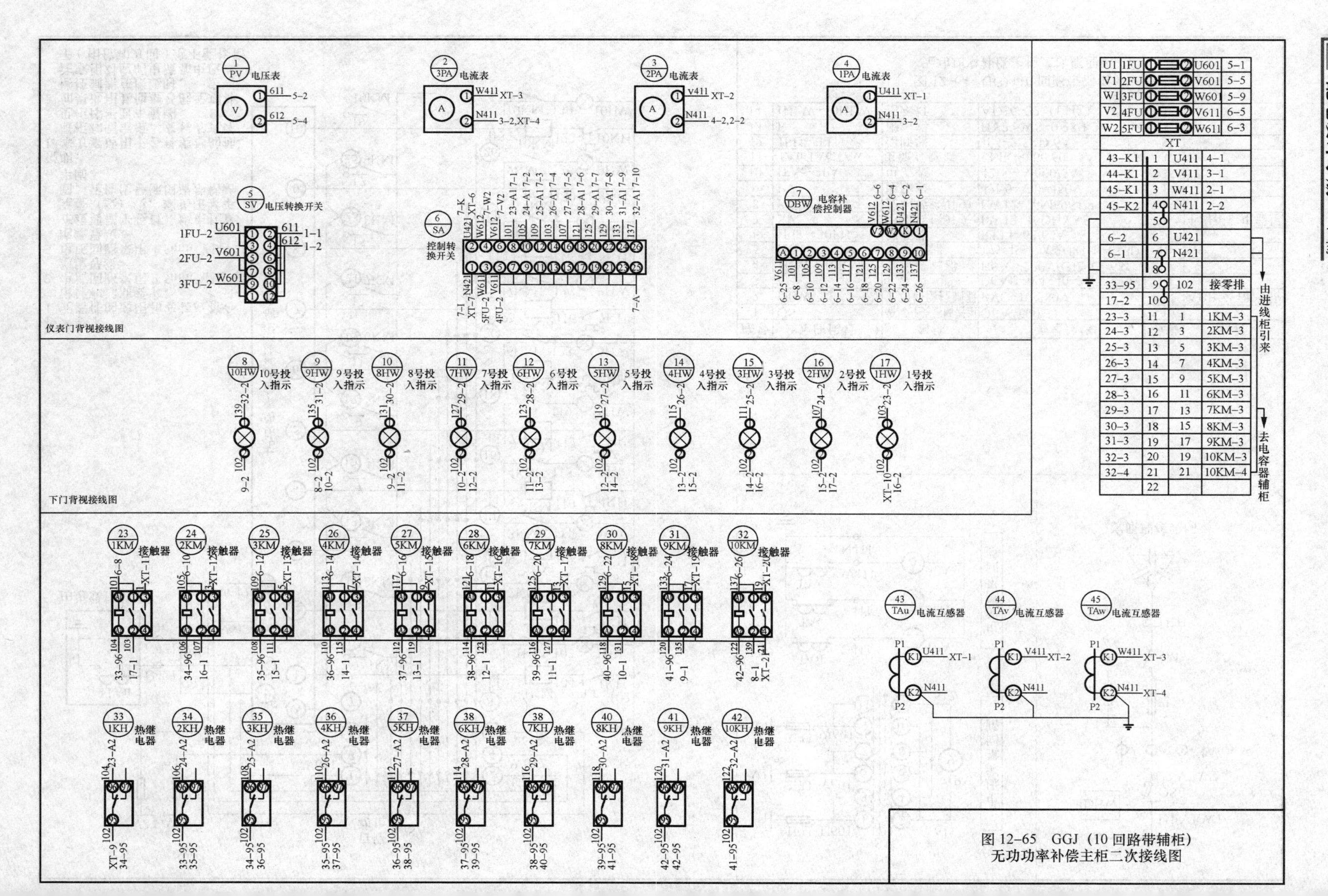

图12-65 GGJ（10回路带辅柜）无功功率补偿主柜二次接线图

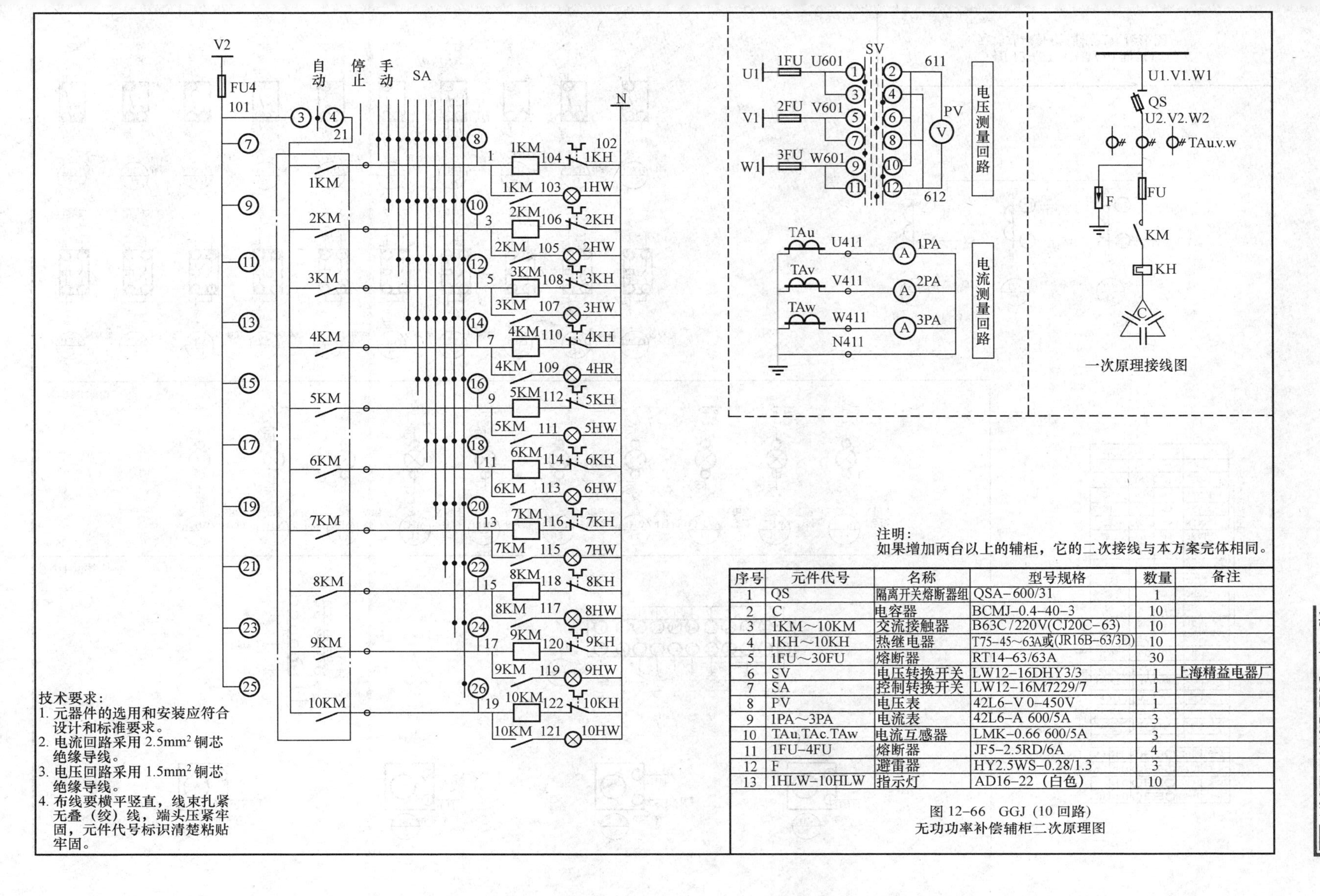

技术要求：
1. 元器件的选用和安装应符合设计和标准要求。
2. 电流回路采用 $2.5mm^2$ 铜芯绝缘导线。
3. 电压回路采用 $1.5mm^2$ 铜芯绝缘导线。
4. 布线要横平竖直，线束扎紧无叠（绞）线，端头压紧牢固，元件代号标识清楚粘贴牢固。

注明：
如果增加两台以上的辅柜，它的二次接线与本方案完体相同。

序号	元件代号	名称	型号规格	数量	备注
1	QS	隔离开关熔断器组	QSA−600/31	1	
2	C	电容器	BCMJ−0.4−40−3	10	
3	1KM～10KM	交流接触器	B63C/220V(CJ20C−63)	10	
4	1KH～10KH	热继电器	T75−45～63A或(JR16B−63/3D)	10	
5	1FU～30FU	熔断器	RT14−63/63A	30	
6	SV	电压转换开关	LW12−16DHY3/3	1	上海精益电器厂
7	SA	控制转换开关	LW12−16M7229/7	1	
8	PV	电压表	42L6−V 0−450V	1	
9	1PA～3PA	电流表	42L6−A 600/5A	3	
10	TAu.TAc.TAw	电流互感器	LMK−0.66 600/5A	3	
11	1FU−4FU	熔断器	JF5−2.5RD/6A	4	
12	F	避雷器	HY2.5WS−0.28/1.3	3	
13	1HLW−10HLW	指示灯	AD16−22（白色）	10	

图 12−66 GGJ（10 回路）
无功功率补偿辅柜二次原理图

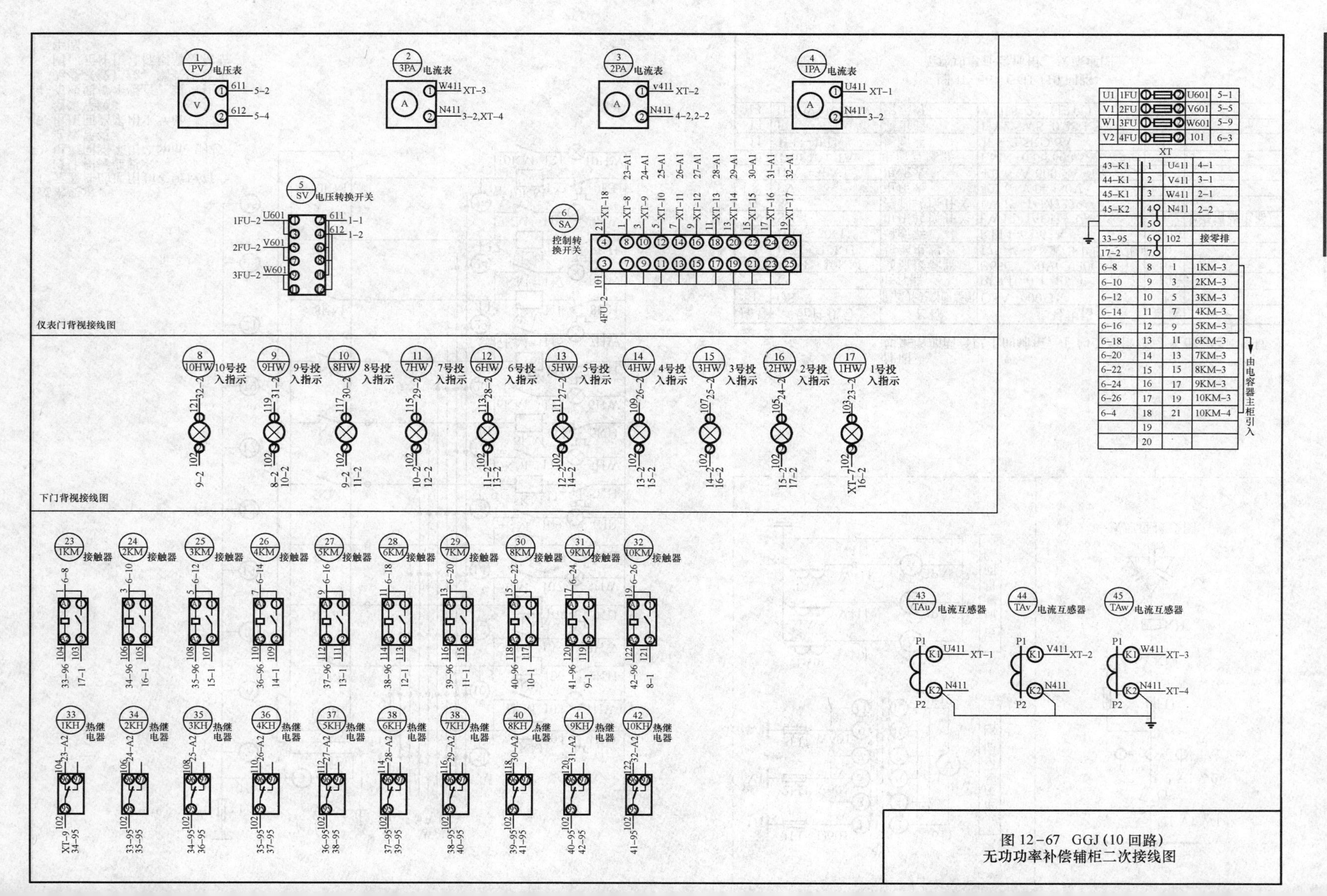

图12-67 GGJ(10回路)无功功率补偿辅柜二次接线图

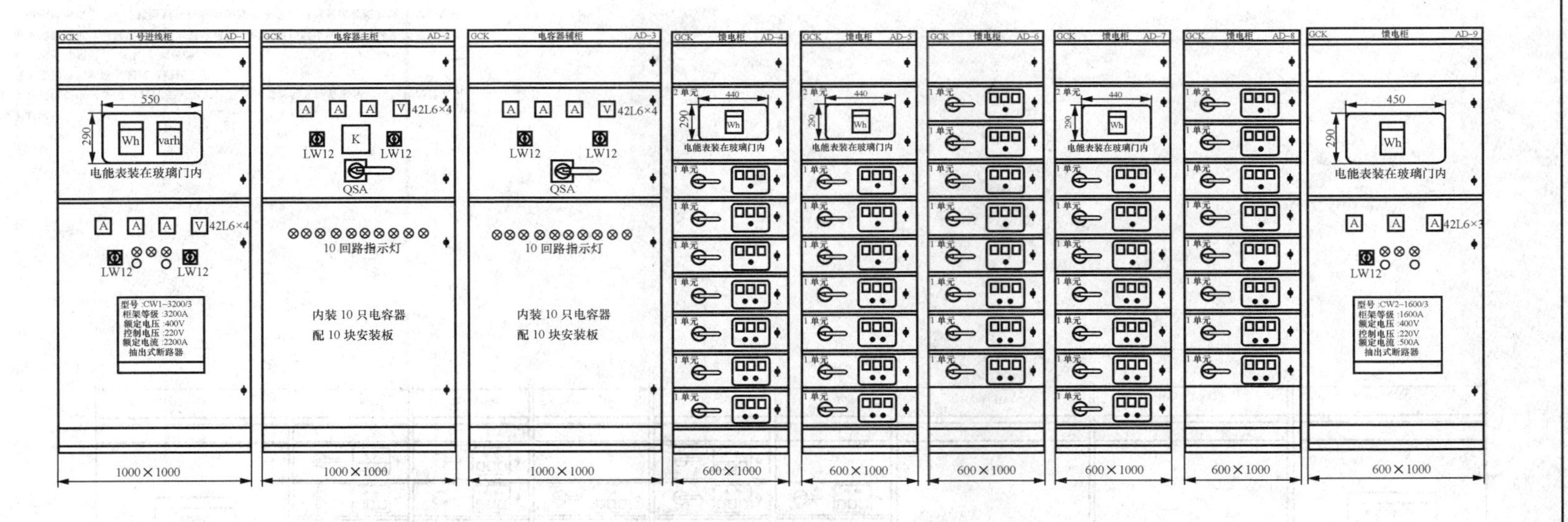

技术要求：

1. 本方案仅提供仪表门的元件安装位置，部分元器件的实际安装尺寸由结构设计人员按所选元件的实际安装尺寸进行开孔。
2. 本方案所选柜型是 GCK 系列产品。
3. 柜体的规格尺寸应按所选的断路器容量大小以及母排的安装形式作适当的调整。
4. 门板厚度不低于 2mm，其他材料按标准柜配置齐全，母线夹按母线的规格大小配好。
5. 表计开孔尺寸采用 42L6 型，也可根据用户要求改为 6L2 型表计，灯和按钮开孔直径为 23mm，无功补偿控制器按所选用的型号实际开孔尺寸开孔，抽屉柜上的电流表为 99T1 型表。
6. 眉头印字：蓝底白字。
7. 漆色按用户要求制做。

图 12-68　GCK 配电柜平面布置图一段母线（一）

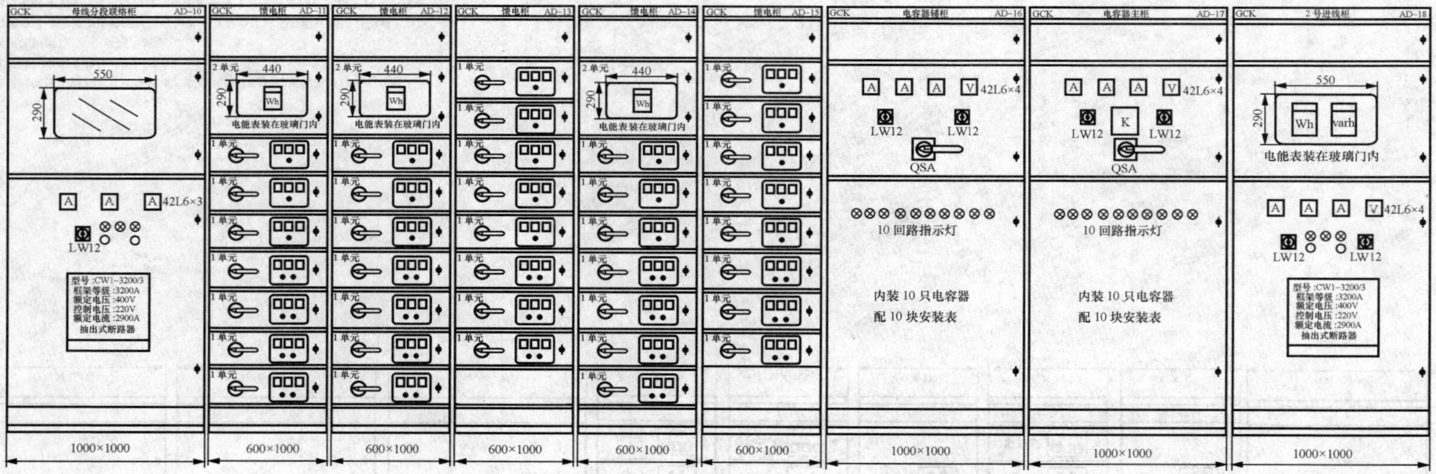

GCK 母线分段联络柜 AD-10：550；290；A A A 42L6×3；LW12；型号:CW1-3200/3 框架等级:3200A 额定电压:400V 控制电压:220V 额定电流:2900A 抽出式断路器；1000×1000

GCK 馈电柜 AD-11：2 单元；440；290；Wh；电能表装在玻璃门内；1 单元；600×1000

GCK 馈电柜 AD-12：2 单元；440；290；Wh；电能表装在玻璃门内；1 单元；600×1000

GCK 馈电柜 AD-13：1 单元；600×1000

GCK 馈电柜 AD-14：2 单元；440；290；Wh；电能表装在玻璃门内；1 单元；600×1000

GCK 馈电柜 AD-15：1 单元；600×1000

GCK 电容器辅柜 AD-16：A A A V 42L6×4；LW12 LW12；QSA；10 回路指示灯；内装 10 只电容器 配 10 块安装表；1000×1000

GCK 电容器主柜 AD-17：A A A V 42L6×4；LW12 K LW12；QSA；10 回路指示灯；内装 10 只电容器 配 10 块安装表；1000×1000

GCK 2 号进线柜 AD-18：550；290；Wh varh；电能表装在玻璃门内；A A A V 42L6×4；LW12 LW12；型号:CW1-3200/3 框架等级:3200A 额定电压:400V 控制电压:220V 额定电流:2900A 抽出式断路器；1000×1000

技术要求：

1. 本方案仅提供仪表门的元件安装位置，部分元器件的实际安装尺寸由结构设计人员按所选元件的实际安装尺寸进行开孔。
2. 本方案所选柜型是GCK 系列产品。
3. 柜体的规格尺寸应按所选的断路器容量大小以及母排的安装形式作适当的调整。
4. 门板厚度不低于 2mm, 其他材料按标准柜配置齐全，母线夹按母线的规格大小配好。
5. 表计开孔尺寸采用 42L6 型，也可根据用户要求改为 6L2 型表计，灯和按钮开孔直径为 23mm，无功补偿控制器按所选用的型号实际开孔尺寸开孔，抽屉柜上的电流表为 99T1 型表。
6. 眉头印字：蓝底白字。
7. 漆色按用户要求制做。

图 12–69 GCK 配电柜
平面布置图一段母线（二）

第6节 变电站布置

1. 变电站的位置选定

变电站位置的选择应从安全运行的角度出发，达到较好的技术经济性能。应根据下列要求经技术经济比较后确定：

（1）接近负荷中心。

（2）进出线方便。

（3）接近电源侧。

（4）设备运输方便。

（5）不应设在有剧烈振动或高温的场所。

（6）不宜设在多尘或有腐蚀性气体的场所，当无法远离时，不应设在污染源盛行风向的下风侧。

（7）不应设在厕所、浴室或其他经常积水的场所的正下方，且不宜与之相贴邻。

（8）不应设在有爆炸危险环境的（相邻层）正上方或正下方，且不宜设在有火灾危险环境的（相邻层）正上方或正下方，当与有爆炸或火灾危险环境的建筑物毗邻时，应按爆炸和火灾危险环境的有关规定执行。

（9）不应设在地势低洼和可能积水的场所。

上述9条要求中，（5）～（9）必须要满足，（1）～（4）根据具体工程综合考虑，因为它们之间有时是相互矛盾的。

现代的民用建筑（尤其是高层建筑），将变电站设置在地下层是最常见的方案。这时更需注意进出线的方便，尤其要注意与电气竖井的联系。

2. 变电站的建筑型式

变电站的型式应根据用电负荷的状况和周围环境情况确定，应符合下列规定：

（1）负荷较大的车间和站房，宜设附设变电站或半露天变电站。

（2）负荷较大多跨厂房，负荷中心在厂房的中部且环境许可时，宜设车间内变电站或组合式成套变电站。

（3）高层或大型民用建筑内，宜设室内变电所或组合式成套变电站。

（4）负荷小而分散的工业企业和大中城市的居民区，宜设独立变电站，有条件时也可设附设变电所或户外箱式变电站。

（5）环境允许的中小城镇居民区和工厂的生活区，当变压器容量在315kVA及以下时，宜设杆上式或高台式变电站。

需要指出的是，上述要求乃有关规范的规定。随着我国社会生产力的进步、国家综合实力的提高、城市化进程的加快，以人为本的社会环境的逐步形成，新建变电站中，半露天变电站、杆上式变电站及高台式变电站已不多见，而组合式成套变电站和户外箱式变电站的应用则越来越多。

3. 变电站的布置

配变电装置的布置必须遵循安全、可靠、适用和经济等原则，并应便于安装、操作、搬运、检修、试验和监测。布置应符合《10kV及以下变电所设计规范》（GB 50053—2001）《低压配电设计规范》(GB 50054—2001) 等规范的规定。

在配变电装置布置时，一般需考虑的基本内容如下：

(1) 适当安排建筑物内各房间的相对位置，使配电室的位置便于进出线。低压配电室应靠近变压器室，电容器室宜与低压配电室相毗连，控制室、值班室和辅助房间的位置应便于运行人员工作和管理。

(2) 带可燃性油的高压配电装置，宜装设在单独的高压配电室内。当高压开关柜的数量为6台及以下时，可与低压配电柜设置在同一房间内。不带可燃性油的高、低压配电装置和非油浸的电力变压器，可设置在同一房间内。

(3) 尽量利用自然采光和自然通风。变压器室和电容器室尽量避免日晒，控制室尽可能朝南。

(4) 10kV变电站宜单层布置，当采用双层布置时，变压器室应设在底层，设于二层的配电室应留有吊运设备的吊装孔或吊装平台。

(5) 高低压配电室内宜留有适当数量的配电装置的备用位置。

(6) 由同一配电站供给一级负荷用电时，母线分段处应设防火隔板或有门洞的隔墙。供给一级负荷用电的两路电缆不应通过同一电缆沟，当无法分开时，该电缆沟内的两路电缆应采用阻燃性电缆，且应分别设在电缆沟两侧的支架上。

第7节 变电站二次电路

1. 操作电源与站用电源

变配电站的操作电源应根据断路器操动机构的形式、供电负荷等级、继电保护要求、出线回路数等因素来考虑。

断路器的操动机构主要有电磁操动机构和弹簧储能操动机构两种。电磁操动机构采用直流操作。弹簧储能操动机构既可直流操作又可交流操作，所需合闸功率小，且在无电源时还可以手动储能。

交流操作具有投资少、建设快、二次接线简单、运行维护方便等优点。但是在采用交流操作保护装置时，电压互感器二次负荷会增加，有时不能满足要求。此外，交流继电器不配套也使交流操作的使用受到限制。因此，交流操作只用于能满足继电保护要求、出线回路少的小型配、变电站。

对于用电负荷较多、一级负荷容量较大，继电保护要求严格的变电站，为了满足可靠性和继电保护等的高要求，一般采用直流操作电源。

目前，普遍采用阀控式全密封铅酸蓄电池组成的微机监控高频开关直流电源和微机监控充电、浮充电直流电源。

变配电站的站用电源应根据变配电站的规模、电压等级、供电负荷等级、操作电源种类等因素来确定。

35kV变电站一般装设两台容量相同，可互为备用的变压器，直流母线采用分段单母线接线，并装有设备用电源自动投入装置，蓄电池应能切换至任一母线。

对于10kV变电站，当负荷级别较高时，一般宜设站用变压器；当负荷级别稍低、采用交流操作时，供给操作、控制、保护、信号等的站用电源，可引自低压互感器。

2. 10kV变电站常用继电保护方式

（1）过电流保护。当电气设备发生短路故障时，将产生很大的短路电流，利用这一特点，设置过电流保护和电流速断保护。

过电流保护的动作电流是按照躲开被保护设备（包括线路）的最大工作电流来整定的。考虑到由于某些原因可能会出现瞬时电流波动，造成断路器频繁跳闸，因此要求过电流保护在动作时带有时限。为了使上、下级的各电气设备继电保护动作有选择性，动作时间的整定采用阶梯的时限阶段差，即位于电源侧的上一级保护的动作时间要比下级保护时间长。

过电流保护的动作时间分为定时限和反时限两种。定时限是指保护装置的动作时间是固定的，与短路电流大小无关，常采用时间继电器来实现。反时限是指保护装置的动作时间与短路电流大小成反比关系，短路电流越大，动作时间越短，所以称为反时限过电流保护。

1）电流速断保护。是按照被保护设备的短路电流来整定的。它不依靠上、下级保护的整定时间差别来求得选择性，可以快速跳闸来切断故障。为了防止越级动作，要求其动作电流要选得大于被保护设备（线路）末端的最大短路电流。

2）定时限过电流保护。电流速断保护的动作迅速，但不能保护线路全长。过电流保护能保护线路的全长，但动作不迅速，所以出现了采用带时限的过电流保护。

带时限电流速断保护的动作时限比下一级线路瞬时动作的速断保护大一个时间阶差，一般取0.5s，其动作电流应大于下一段线路瞬时速断保护的动作电流值。

（2）欠电压保护。是反映电压降低而动作的继电保护，常用于以下场合：

1）因故障等原因，当电源电压突然剧烈降低或瞬间消失时，为了保证重要负荷的电动机自起动，对不重要的电动机装设欠电压保护动作跳闸。

2）对不允许自起动的电动机，以及由于生产工艺条件及技术保安要求，不允许失去电源后再自起动的电动机，应装设欠电压保护动作跳闸。

3）对于3～10kV配电线路，由于故障等原因瞬时跳闸后，为了减少自动重合闸动作合闸时线路上变压器的励磁涌流，以防止励磁涌流过大，引起线路继电保护第二次跳闸而使重合闸动作失败，对一般用电负荷安装欠电压保护，在线路失压后动作跳闸。

（3）其他保护。除以上几种保护外，还有变压器的气体保护，对重要负荷或线路，有自动重合闸装置，有的双电源变电站还采用备用电源自动投入装置。

（4）继电保护的一般原则。继电保护和自动装置应满足可靠性、选择性、灵敏性和速动性的要求。电力设备和线路短路故障的保护应有主保护和后备保护，必要时应再增设辅助保护。

继电保护装置应根据所在地供电部门的要求采用定时限或反时限特性的继电器。

正常电源与应急发电机电源间应有电气闭锁或采用双投开关。

（5）10kV线路的继电保护配置。10kV线路的继电保护配置见表12-13。

表12-13　　10kV线路的继电保护配置

被保护线路	保护装置名称				备　注
	无时限电流速断保护	带时限电流速断保护	过电流保护	单相接地保护	
单侧电源放射式单回线路	自重要配电所引出的线路装设	当无时限电流速断保护不能满足选择性动作时装设	装设	中性点经小电阻接地的系统应装设，并应动作于跳闸	当过电流保护的动作时限不大于0.5～0.7s，且无保护配合上的要求时，可不装设电流速断保护

（6）变压器的继电保护配置。变压器的继电保护配置见表12-14。

表 12-14　　电力变压器的继电保护配置

<table>
<tr><th rowspan="2">变压器容量
/kVA</th><th colspan="7">保护装置名称</th><th rowspan="2">备　注</th></tr>
<tr><th>带时限过电流保护①</th><th>电流速断保护</th><th>纵联差动保护</th><th>单相低压侧接地保护②</th><th>过负荷保护</th><th>气体保护④</th><th>温度保护</th></tr>
<tr><td><400</td><td>—</td><td>—</td><td>—</td><td>—</td><td>—</td><td>≥315kVA的车间内油浸变压器</td><td>—</td><td>一般用高压熔断器保护</td></tr>
<tr><td>400～630</td><td rowspan="2">高压侧采用断路器时装设</td><td rowspan="2">高压侧采用断路器且过电流保护时限大于0.5s时装设</td><td>—</td><td rowspan="3">装设</td><td rowspan="4">并列运行或单独运行并作为其他负荷的备用电源时，应根据可能过负荷的情况装设③</td><td>车间内变压器装设</td><td>—</td><td rowspan="3">一般采用GL型继电器兼作过电流及电流速断保护</td></tr>
<tr><td>800</td><td>—</td><td rowspan="3">装设</td><td>—</td></tr>
<tr><td>1000～1600</td><td rowspan="2">装设</td><td rowspan="2">过电流保护时限大于0.5s时装设</td><td>—</td><td rowspan="2">装设</td></tr>
<tr><td>>1600</td><td>当电流速断保护不能满足灵敏性要求时装设</td><td>—</td><td>—</td></tr>
</table>

① 当带时限过电流保护不能满足灵敏性要求时，应采用低电压闭锁的带时限过电流保护。
② 对于400kVA及以上的Yyn0联结的低压中性点直接接地的变压器，可利用高压侧三相式过电流保护兼作，也可用接于低压侧中性线上的零序电流保护，或用接于低压侧的三相电流保护；对于一次电压为10kV及以下、容量为400kVA及以上的Dyn11联结的低压中性点直接接地的变压器，当灵敏性符合要求时，可利用高压侧三相式过电流保护兼作。单相低压侧接地保护装置带时限动作于跳闸。
③ 低压电压为230/400V的变压器，当低压侧出线断路器带有过负荷保护时，可不装设专用的过负荷保护。过负荷保护采用单相式，一般带时限作用于信号，在无经常值班人员的变电所可动作于跳闸或断开部分负荷。
④ 重瓦斯动作于跳闸（当电源侧无断路器或短路开关时可作用于信号），轻瓦斯作用于信号。

(7) 10kV母线分段断路器的继电保护配置。10kV母线分段断路器的继电保护配置见表12-15。

表 12-15　　10kV 母线分段断路器的继电保护配置

<table>
<tr><th rowspan="2">被保护设备</th><th colspan="2">保护装置名称</th><th rowspan="2">备　注</th></tr>
<tr><th>电流速断保护</th><th>过电流保护</th></tr>
<tr><td>不并列运行的分段母线</td><td>仅在分段断路器合闸瞬间起作用，合闸后自动解除</td><td>装设</td><td>采用反时限过电流保护时，继电器瞬动部分应解除
对出线不多的二、三级负荷供电的配电站母线分段断路器可不设保护装置</td></tr>
</table>

3. 断路器的控制、信号回路

断路器的控制及信号回路的设计原则如下：

(1) 一般分为控制保护回路、合闸回路、事故信号回路、预告信号回路、隔离开关与断路器闭锁回路等。

(2) 控制、信号回路电源取决于操动机构的形式和控制电源的种类。断路器一般采用弹簧或电磁操动机构，弹簧操动机构的控制电源可用直流或交流，电磁操动机构则要用直流。

(3) 接线可采用灯光监视方式或音响监视方式。工业企业变电站一般采用灯光监视的接线方式。

（4）接线要求。

1）应能监视电源保护装置（熔断器或低压断路器）及跳、合闸回路的完整性（在合闸线圈及合闸接触器线圈上不允许并接电阻）。

2）应能指示断路器合闸与跳闸的位置状态，自动合闸或跳闸时应有明显信号。

3）有防止断路器跳跃的闭锁装置。

4）合闸或跳闸完成后应使命令脉冲自动解除。

5）接线应简单可靠，使用电缆芯最少。

（5）当断路器控制电源采用硅整流器带电容储能的直流系统时，控制回路正电源的监视应改用重要回路合闸位置继电器监视、指示灯等常接负荷，电源正极改为信号小母线或灯光小母线。

（6）事故跳闸的信号回路应采用不对应原理接线。

（7）事故信号、预告信号能使中央信号装置发出音响及灯光信号，并用信号继电器直接指示故障性质。

4. 电气测量与电能计量

10kV 变电站测量与计量仪表的装设见表 12-16。

表 12-16　　10kV 变电站测量与计量仪表的装设

线路名称	装设的表计数量（也可根据用户要求增设）				
	电流表	电压表	有功功率表	有功电能表	无功电能表
10kV 进线	1	—	—	1①	1①
10kV 母线（每段）	—	4②	—	—	—
10kV 联络线	1	—	1	2③	—
10kV 出线	1	—	—	1	1④
变压器高压侧	1	—	—	1	1④
变压器低压侧	3	—	—	1⑤	—
低压母线（每段）	—	1	—	—	—
出线（>100A）	1⑥	—	—	1④	—

① 在树干式线路供电或由电力系统供电的变电站装设。
② 一只测线电压，其余三只作母线绝缘监视（在母线配出回路较少时可不装）。
③ 电能表只装在线路的一端，并有逆止器。
④ 不送往经济独立核算单位的可不装。
⑤ 在高压侧未装电能表时装设。
⑥ 三相不平衡线路应装三只电流表。

5. 中央信号装置

变配电站在控制室或值班室内一般设中央信号装置，由事故信号和预告信号组成。

中央事故信号装置应保证在任何断路器事故跳闸时，能瞬时发出音响信号，在控制屏或配电装置上应有相应的灯光或其他指示信号。

中央预告信号装置应保证在任何回路发生故障时，能及时发出音响信号，并有显示故障性质和地点的指示信号（灯光或信号继电器）。

一般事故音响信号用电笛，预告音响信号用电铃。

中央信号装置在发出音响信号后，应能手动或自动恢复原状态，而灯光或指示信号仍应保持，直至处理后故障消除时为止。

企业变电站的中央信号装置一般采用重复动作的信号装置。若变电站接线简单，中央事故信号可不重复动作。

6. 工程实例

见图 12-11～图 12-28。高压柜 AH1 为电压互感器和避雷器柜，避雷器防过电压，电压互感器二次侧有电源母线线电压测量。因工程用电设备为三级负荷，且是较小型的变电站，故采用交流操作电源，引自电压互感器二次侧。

高压柜 AH2 为主进柜，断路器作为变压器的保护电器，操动机构为电动机储能弹簧操动机构。保护配置有采用 GL 型继电器构成带反时限特性的过电流保护和电流速断保护，去分流跳闸方式；因高压侧过电流保护接线方式为两相两继电器的 V 形接线，故在变压器低压侧中性线上装设零序过电流保护，作用于跳闸信号；因变压器为干式，故装设温度保护，作用于跳闸信号。AH2 柜与计量柜 AH3 联锁，若计量柜不在运行位置，则断路器无法合闸；若计量柜从运行位置抽出，则断路器自动跳闸。

高压柜 AH3 为计量兼出线柜，装设电流表、多功能电能表（能测量有功电能和无功电能）。电压互感器和电流互感器均为 V 形接线。计量柜与主进柜 AH2 进行电气和机械联销，当断路器分闸，计量手车方可抽出。

中央信号装置：因变电站主接线简单，故采用中央复归不重复动作的中央事故信号和中央预告信号。

7. 大型变电站的控制、保护及自动装置

（1）变电站的控制方式。

1）变电站的监控类型分为有人值班和无人值班两种类型。

2）电气设备的控制地点。220～500kV 变电站主要电气设备以及 35kV 及以上线路均在主控制室控制。6～10kV 户内配电装置到用户端的线路一般采用在就地开关柜上控制。变电站内各设备的几段保护装置和电能表，一般装设在控制该元件的地方。

3）变电站内设备的控制方式。

a. 强电一对一的控制方式，适用于规模较小、控制设备不多、监视面不大的变电站。

b. 强电小型开关控制方式常采用控制台信号返回屏或控制屏控制方式，能缩小监视面，操作集中，模拟性强，在一些大型变电站得到广泛应用。

c. 弱电控制方式，控制电压采用 24、48V，也具有监视面小，操作集中及模拟性强等优点，有弱电一对一控制接线及弱电选线控制两种接线方式。

d. 计算机监控方式，变电站计算机检测已被广泛采用，如我国已有很多 35～220kV 变电站采用了计算机控制方式。

（2）变电站主设备的继电保护。

1）主变压器。其保护配置见表 12-17。

表 12-17　　主变压器保护配置

序　号	保护种类	配置原则
1	非电量保护	80kVA 及以上油浸变压器
2	差动保护	（1）6300kVA 及以上并列运行变压器 （2）10 000kVA 及以上单独运行变压器 （3）220kV 及以上装设双重差动保护

续表

序 号	保护种类	配置原则
3	后备保护	(1) 过电流保护 (2) 复合电压启动的过电流保护 (3) 负序电流保护和单相低压起动的过电流保护 (4) 阻抗保护
4	高压侧零序电流保护	110kV及以上中性点直接接地电力网
5	过负荷保护	适应所有变压器
6	过励磁保护	330kV及以上变压器

2) 220～500kV并联电抗器。其保护配置见表12-18。

表12-18　220～500kV并联电抗器保护配置

序 号	保护种类	配置原则
1	差动保护	宜装设两套差动保护
2	过电流保护	宜为反时限特性
3	过负荷保护	宜为反时限特性
4	匝间短路保护	1) 零序电流方向保护 2) 阻抗保护 3) 零序电流保护
5	非电量保护	轻、重瓦斯、油温

3) 并联电容器组。其保护配置见表12-19。

表12-19　并联电容器组保护配置

序 号	保护种类	配置原则
1	过电流保护	带0.2s以上时限以躲过涌流
2	专用熔断器保护	单台电容器内部绝缘损坏用
3	零序电压保护	电容器组为单星形联结
4	电桥式差电流保护	电容器组为单星形联结，而每相可以接成四个平衡臂的桥路
5	电压差动保护	每相两组电容器串联组成
6	中性点不平衡电流或不平衡电压保护	电容器组为双星形联结
7	零序电流保护	电容器组为三角形联结
8	过负荷保护	1) 接入的系统高次谐波含量高 2) 实测电流超过允许值
9	母线过电压保护	
10	低电压保护	

4) 低压并联电抗器。其保护配置见表12-20。

表12-20　低压并联电抗器保护配置

序 号	保护种类	配置原则
1	差动保护	容量为10MVA及以上装设
2	过电流保护	宜用反时限特性
3	过负荷保护	宜用反时限特性
4	气体保护	油浸式电抗器装

5）6～10kV 高压电动机。其保护配置见表 12-21。

表 12-21　　6～10kV 高压电动机保护配置

保护方式	主回路的动作情况	使用范围	一般采用继电器型号
电流速断保护	动作于跳闸	一般用于 2000kW 以下的电动机，采用两相式	DL-10 GL-10
过负荷保护	作用于信号或带一定时间作用于跳闸	均宜装设	DL-10 GL-10
欠电压保护	动作于跳闸	根据具体需要装设	
单相接地保护	动作于跳闸或信号	当接地电流大于 5A、须装接地电流为 10A 及以上时，保护装置动作于跳闸；10A 以下时，可动作于跳闸或信号	
纵联差动保护	动作于跳闸	2000kW 及以上或 2000kW 以下电流速断保护灵敏度不能满足要求时	DL-10 BCH-2

对于上述各类短路保护装置的灵敏度系数要求，不宜低于表 12-22 所列数值。

表 12-22　　短路保护最小灵敏系数

保护分类	保护类型	组成元件	灵敏系数	备　注
主保护	变压器纵联差动保护	差电流元件	2.0	
	母线的完全电流差动保护	差电流元件	2.0	
	母线的不完全电流差动保护	差电流元件	1.5	
	变压器电流速断保护		2.0	按保护安装处短路计算
后备保护	远后备保护	电流、电压及阻抗元件	1.2	按相邻电力设备和线路末端短路计算
		零序或负序方向元件	1.5	
	近后备保护	电流、电压及阻抗元件	1.3～1.5	按线路末端短路计算
		负序或零序方向元件	2.0	
辅助保护	电流速断保护	电流元件	≥1.2	按正常运行方式下，保护安装处短路计算

（3）变电站的安全自动装置。常用的安全自动装置有备用电源自动投注装置、自动准同步装置、线路自动重合闸装置、自动按频率减负荷装置、电力系统无功补偿自动装置。

（4）变电站的综合自动化。计算机监控系统是变电站的综合自动化系统中主要核心部分，该系统以电子技术、网络技术为依托，采用分层、分布式网络结构，实现面向对象的设计思想，总体集成了计算机监测、数据处理及通信远动、故障录波、防误操作、AVQC（无功—电压自动调节）、SOE（事故顺序记录）、运行管理等诸多功能。遵循信息共享的原则，采用计算机网络进行数据传输。在布置上一般采用控制保护设备下放布置的原则，从而减少大量二次电缆。目前，国内 35kV 及以上变电站广泛采用计算机监控系统。

变电站的综合自动化既可避免设备配置重复、功能重复和数据采集系统重叠，又可节约投资，减少运行人员，全面提高运行可靠性。

对于不同电压的变电站，采用的自动化系统配置、网络的构成、上下位机的数量等是不同的。

随着自动化系统的进一步发展，今后变电站将广泛采用无人值班，通过远动信息网络，完成全部的就地操作控制功能。在事故预想和自恢复功能方面也会有更大的发展，大屏幕显示技术、投影技术、声控技术等都将在自动化系统中得到逐步应用，并发挥作用。

8. 变电站的其他设施及要求

（1）变电站的防污措施。

1）正确划分污秽等级。按国家标准《高压架空线路和发电厂、变电站环境污区分级及挖我绝缘选择标准》GB/T 16434—1996 划分，再按所确定的污秽等级，选用相应的爬电比距，见表 12-23。

表 12-23　线路和发电厂、变电站污秽等级和相应爬电比距

污秽等级	污秽特征	盐密（mg/cm²）	爬电比距（cm/kV）	
			≤220kV	≥330kV
0	大气清洁地区及离海岸盐场 50km 以上无明显污染地区	—	—	—
Ⅰ	大气轻度污染地区，工业区和人口低密集区，离海岸盐场 10～50km 地区。在污闪季节中干燥少雾（含毛毛雨）或雨量较多时	≤0.06	1.6(1.84)	1.6(1.76)
Ⅱ	大气中等污染地区，轻盐碱和炉烟污秽地区，离海岸盐场 3～10km 地区。在污闪季节中潮湿多雾（含毛毛雨）但雨量较少时	>0.06～0.10	2.0(2.30)	2.0(2.20)
Ⅲ	大气污染较严重地区，重雾和重盐碱地区，离海岸盐场 1～3km 地区。工业和人口密度较大地区，离化学污源和炉烟污秽 300～1500m 的较严重污秽地区	>0.10～0.25	2.50(2.88)	2.50(2.75)
Ⅳ	大气特别严重污染地区，离海岸盐场 1km 以内，离化学污源和炉烟污秽 300m 以内的地区	>0.25～0.35	3.10(3.75)	3.10(3.41)

注 1. 表中（）内数字为额定电压计算值。
2. 对变电站设备为 0 级（220kV 及以下，爬电比距为 1.48cm/kV；380kV 及以上，爬电比距为 1.55cm/kV），目前保留作为过渡时期的污秽等级。
3. 对处于污秽环境中用于中性点绝缘和经消弧线圈接地的电力设备，其外绝缘水平一般可提高一级选取。

2）尽量远离污染源，且应使配电装置处于污染源的上风向。

3）合理选择配电装置类型。户内配电装置及 GIS 均具有良好的防污性能，选用时应通过技术经济比较。

4）采用防污涂料。常用的有磷脂涂料和有机硅涂料。

5）加强运行维护。定期停电清扫及带电水冲洗等。

（2）变电站的防火。

1）变电站内建（构）筑物的火灾危险性分类及其耐火等级应符合表 12-24 的规定。

表 12-24　建（构）筑物的火灾危险性分类及其耐火等级

建（构）筑物名称		火灾危险性分类	耐火等级
主控制楼		戊	二级
通信楼		戊	二级
电缆夹层		丙	二级
户内配电装置楼（室）	单台设备油量 60kg 以上	丙	二级
	单台设备油量 60kg 及以下	丁	二级
屋外配电装置		丙	二级

续表

建（构）筑物名称		火灾危险性分类	耐火等级
油浸变压器室		丙	一级
有可燃介质的电容器室		丙	二级
油处理室		丙	二级
总事故贮油池		丙	一级
检修间		丁	二级
调相机厂房		丁	二级
汽车库		丁	二级
材料库、工具间（有可燃物）		丙	二级
材料棚库		戊	三级
天桥	下面设置电缆夹层时	丙	二级
	下面不设置电缆夹层时	戊	二级
锅炉房		丁	二级
水泵房、水处理室、水塔、水池		戊	二级
制氢站、贮氢罐		甲	三级
空气压缩机室（无润滑油或不喷油螺杆式）		戊	二级

注 主控制楼、通信楼不采取防止电缆着火后延燃的措施时，火灾危险性应为丙类。

2）变电站内各建（构）筑物及设备的防火间距不应小于表 12-25 的规定。

表 12-25　变电站内建（构）筑物及设备的防火间距 （m）

名　称	火灾危险性为丙、丁、戊类生产建（构）筑物（一、二级耐火等级）	生活建筑物（一、二级耐火等级）	户外配电装置	户外可燃介质电容器	总事故储油池
火灾危险性为丙、丁、戊类生产建（构）筑物（一、二级耐火等级）	10	10	10	10	5
生活建筑物（一、二级耐火等级）	10	6	10	15	10
户外配电装置	10	10	—	10	5
户外可燃介质电容器	10	15	10	—	5
总事故贮油池	5	10	5	5	—

注 两建筑物相邻，其较高一边外墙为防火墙时，防火间距可不限。但两座建筑物门窗之间净距不应小于 5m。

3）变压器的主要防火措施。

a. 单台容量为 125 000kVA 及以上的主变压器应设置水喷雾灭火系统、合成泡沫喷淋系统或其他灭火系统。

b. 总油量超过 100kg 的户内油浸变压器，应设置单独的变压器室。

c. 油量为 250kg 以上的户外油浸变压器之间的最小间距见表 12-26。当间距不能满足表 12-26 要求时应设置防火墙。

表 12-26　油量为 250kg 及以上的户外油浸变压器之间的最小间距

电压等级（kV）	≤35	66	110	≥220
最小间距（m）	5	6	8	10

4）户内配电装置的主要防火措施。

a. 配电装置室应设向外开的防火门，装弹簧锁，严禁用门闩；

b. 长度大于 7m 的配电装置室应有两个安全出口，长度大于 60m 时宜增添一个出口；

c. 户内单台油量为 100kg 以上的电气设备，应设置储油或挡油设施；

d. 35kV 及以下户内断路器、油浸电流互感器和电压互感器，应设置在开关柜或两侧有防火隔墙（板）的间隔内；35kV 以上应安装在有防火隔墙的间隔内；

e. 布置在高层民用主体建筑中的户内配电装置，不宜采用具有可燃性能的断路器。

（3）变电站的抗震。

1）抗震设防设计要求。

a. 电压为 330kV 及以上的电气设施，7 度及以上时，应进行抗震设计；

b. 电压为 220kV 及以下的电气设施，8 度及以上时，应进行抗震设计；

c. 安装在户内二层及以上和户外高架平台上的电气设施，7 度及以上时，应进行抗震设计。

2）抗震措施。

a. 合理选择配电装置型式，设防烈度为 9 度时，电压为 110kV 及以上的配电装置不宜采用户外高型或半高型，以及双层户内配电装置，若采用管型母线，则宜用悬挂式结构；

b. 选择抗震性能较好的电气设备，如选用阻尼比较高的设备，对制造厂提出抗震性能的要求等；

c. 装设减震阻尼装置，如装在少油断路器上的减震器，阀型避雷器上的阻尼器，棒形支柱绝缘子上的阻尼垫等；

d. 降低设备安装高度，减少设备端子承受的拉力；

e. 设备与基础的固定应牢固可靠，防止位移和倾倒。

第 8 节　电气设备的接地与防雷

1. 电气装置的安全电压

（1）安全电压。我国规定安全电压额定值的等级分别为 42、36、24、12、6V。当电气设备采用了超过 24V 的安全电压等级时，必须有防止直接接触带电体的保护措施。

通常采用的安全电压为 36V 或 12V。机床照明或手提式照明灯一般都采用 36V 安全电压。在特别潮湿的环境中，或在金属容器、隧道、矿井内使用的手提式或插卡式照明灯，均应采用 12V 以下的安全电压。

（2）跨步电压。在距接地载流体 15～20m 范围内，沿径向电位的分布是不相同的，靠接地载流体越近，电位值越高，离接地载流体的水平距离越远，电位值越小，若人进入此区域或触及到接地载流装置的外壳时，两脚之间因有电位差作用于人体，危及安全。

人在距接地短路点 15～20m 的范围内，人体一步之间的电位差称为跨步电压 U_s，一般人体步距为 0.8m，故跨步电压为该区域水平距离 0.8m 之间的电位差值 $U_s = U_1 - U_2$，接地散流及电位分布如图 12-70

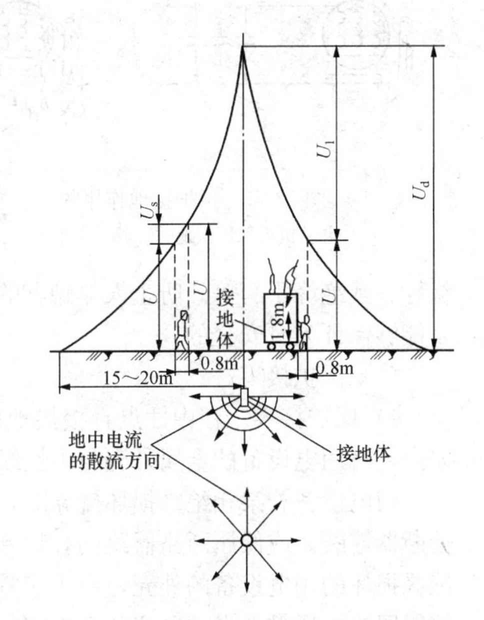

图 12-70　接地散流及电位分布示意图

所示。可见，当高压带电体落于附近时，处于安全考虑，切不可大步逃离。

（3）接触电压。人站在运行中的电气设备附近，若手触及漏电设备的外壳时，加于人手和脚之间的电位差称为接触电压U_t。通常人距设备有一定距离（一步为0.8m），人触及设备有一定高度（1.8m），故接触电压U_t按距漏电设备0.8m、高度1.8m计算，即$U_t=U_d-U$，如图12-70所示。

为了保证人身安全，电气工程在接地装置的设计和施工时，应保证接触电压和跨步电压在允许值范围内。

2. 保护接地与接零

保护接地是为了保证人身安全的接地，即将正常时不带电而故障时可能带电的电气装置的金属部分与地有良好的电气连接。按接线方式的不同，可以分为以下两种。

（1）保护接地。图12-71为说明保护接地作用的原理接线图。在此小接地电流系统中，正常工作时电动机外壳不带电，对人是安全的。当绝缘损坏，某一相碰壳时，外壳带电。此时人触及会有接地电流通过人体流入大地。若电动机对地绝缘，且碰壳发生在绕组的首端，这时人触及外壳与直接触及电源线一样会发生电击的危险，如图12-71（a）所示。图12-71（b）中，电动机执行保护接地时，人触及同样碰壳的电动机时，接地电流将通过人体和接地装置组成的并联支路流入地中，通过人体的电流为

$$I_m=\frac{R_E}{R_m+R_E+R_t}I_d \tag{12-1}$$

式中 I_m——流过人体的电流，A；

I_d——单相接地电流，A；

R_m——人体电阻，Ω；

R_E——接地电阻，Ω；

R_t——人体与带电体之间的接触电阻，Ω。

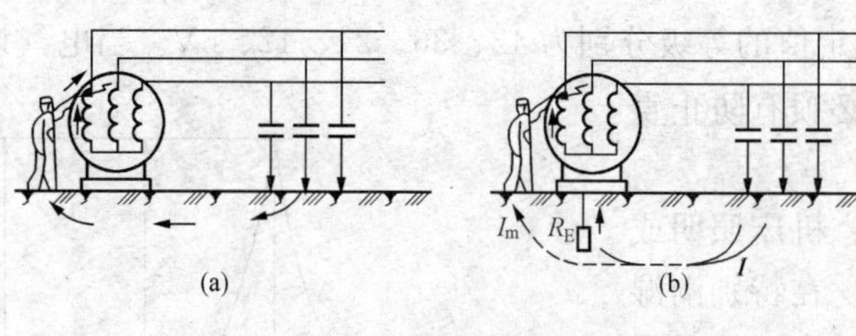

图12-71 保护接地作用的原理接线图
（a）电动机无保护接地时；（b）电动机执行保护接地时

由式（12-1）可见，欲使通过人体的电流I_m足够地小，就必须提高人体电阻R_m，人体与带电体之间的接触电阻R_t或降低接地装置的接地电阻R_E。要提高R_m值，应保证人体在健康、洁净、干燥的状态下参加工作，人触及可能漏电的电气装置时，地面应铺设绝缘垫，工作人员应穿绝缘鞋、戴绝缘手套等。防止人体触电的根本技术措施是降低接地电阻R_E值，只要R_E足够小，是能够保证人身安全的。

（2）保护接零。

1）保护接零。在中性点直接接地的0.38kV/0.22kV的三相四线网络中，为了保证人身安全，将用电设备的金属外壳与中性线作良好的电气连接，称为保护接零，如图12-72所示。

用电设备若某相绝缘损坏碰壳时，在故障相中会产生很大的单相短路电流，使电源处的熔断器熔断，或低压断路器跳闸，切断电源，可以避免人体触电。即使保护动作之前触及了绝缘损坏的用电设备的外壳，由于接零回路的电阻远小于人体电阻，短路电流几乎全部通过接零回路，通过人身的电流几乎为零，从而保证了人身安全。

2）中性线的重复接地。在保护接零的系统中，为了防止接地中性线断线失去接零的保护作用，有时还需要中性线的重复接地。所谓中性线的重复接地，即在保护接零的系统中，将中性线每隔一段距离而进行的数点接地，如图 12-73 所示。

图 12-73（a）中，运行中若接地中性线断线，断线之前的部分可以得到接零保护，而断线后的部分在电动机某相故障搭壳、特别是有单相负载的情况下，即使电动机未发生故障，也会使电动机外壳出现危险的电压。图 12-73（b）中，当采用了中性线的重复接地措施后，中性线断线后实际上保护接零转变成了保护接地，从而提高了安全性。需要指出的是，重复接地对人体并非绝对安全，重要的是使中性线不能断线，这在施工和运行中要特别注意。

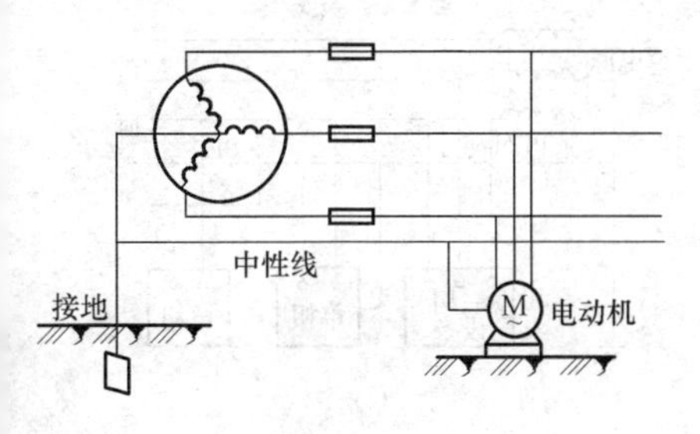

图 12-72　保护接零

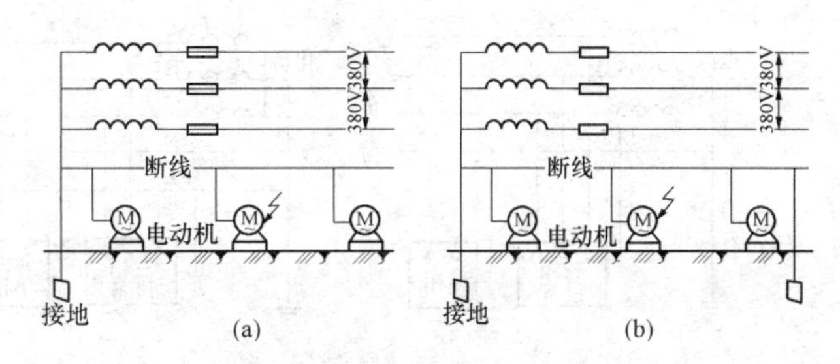

图 12-73　中性线的重复接地
（a）无重复接地时；（b）有重复接地时

3. 接地的 TN、TT、IT 系统

在 0.38kV/0.22kV 的低压配电系统中，为了取得相电压、线电压、保护人身安全及供电的可靠性，我国现已广泛采用了中性点直接接地的 TN、TT 和 IT 接线的供电方式，如图 12-74 所示。从触电防护的角度出发，它们分别采用了保护接地和保护接零的技术措施。

各系统除了从电源引出三相配电线外，分别设置了电源的中性线（代号 N）、保护线（代号 PE）或保护中性线（PEN）。中性线（N 线）一是用于连接额定电压为 220V 的单相设备，二是用于传导三相系统中不平衡电流，三是用于减小系统中性点的偏移。保护线（PE 线）是保证人身安全、防止触电事故发生的接地线。保护中性线（PEN 线）兼有中性线和保护线的功能。

（1）TN 系统。TN 系统中的触电防护采用的是保护接零的措施，即将供电系统内用电设备的必须接地部分与 N 线、PE 线或 PEN 线相连。如果 N 线与 PE 线合并成 PEN 线，称为 TN-C 系统，用三相四线制供电，如图 12-74（a）所示；如果 N 线和 PE 线分设，称为 TN-S 系统，用三相五线制供电，如图 12-74（b）所示；如果系统前的一部分 PE 线和 N 线合为 PEN 线，而后一部分 N 线和 PE 线分设，则称为 TN-C-S 系统，用三相四线制供电，如图 12-74（c）所示。其中 TN-S 系统具有更高的电气安全性，广泛使用于小企业及民用生活中。

（2）TT 系统。TT 系统中引出的 N 线提供单相负荷的通路，用电设备的外壳与各自的 PE 线分别接地，是三相四线制采用保护接地的供电系统，如图 12-74（d）所示。

TT 系统由于各设备的 PE 线分别接地，无电磁联系、无互相干扰，因此适用于对信号干扰要求较高的场合，如对电子数据处理、精密检测装置的供电等。但 TT 系统中若干用电设备的绝缘损坏不形成短路，而仅是绝缘不良引起的漏电时，由于漏电电流较小，电路中的电流保护装置可能不动作，会使漏电设备的外壳长期带电，增加人体触电的危险性。因此为了保护人身安全，TT 系统中应装设灵敏的触电保护装置。

(3) IT 系统。IT 系统中的中性点不接地或经阻抗（1000Ω）接地，通常不引出中性线，为三相三线制的小接地电流系统供电方式。由于小接地电流系统的运行方式发生设备碰壳时可以继续供电，供电的可靠性较高，但设备外壳可能带上危险的电压，危及人身安全。预防触电的安全措施是各用电设备分别用 PE 线接地，如图 12-74（e）所示，另外 IT 系统应装灵敏的触电保护装置和绝缘监视装置，或单相接地保护装置。同 TT 系统一样，IT 系统用电设备的各 PE 线之间无电磁联系。IT 系统多用于供电可靠性要求很高的电气装置中，如发电厂的厂用电及矿井等。

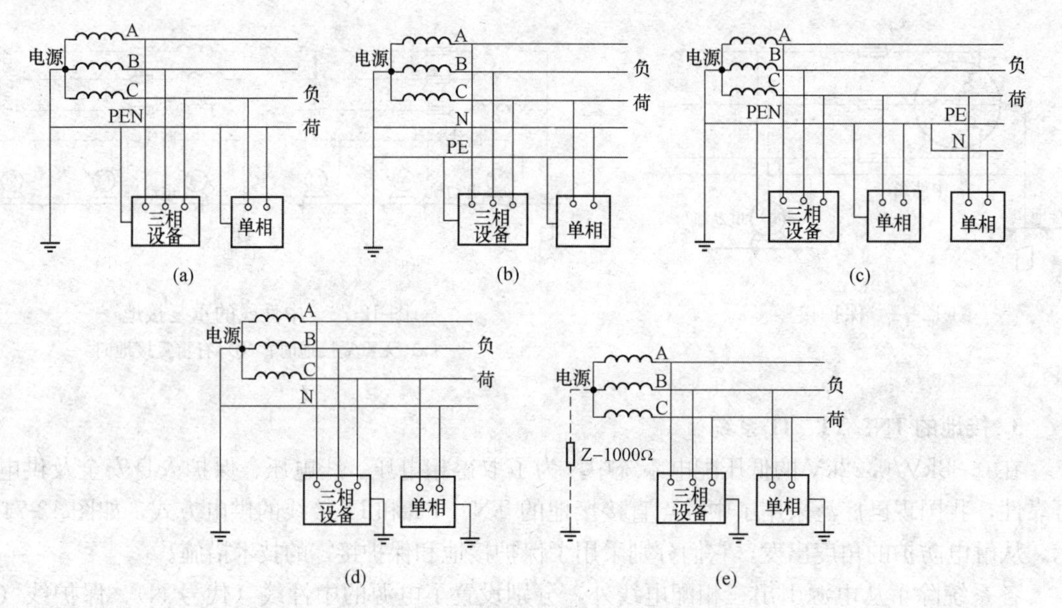

图 12-74　保护接地的 TN、TT、IT 系统

(a) TN-C 系统；(b) TN-S 系统；(c) TN-C-S 系统；(d) TT 系统；(e) IT 系统

4. 保护接地方式的选择

(1) 电压为 1000V 以及上的高压电气装置，在各种情况下均应采取保护接地。电压在 1000V 以内的电气装置，在中性点不接地的电力网中，应采用保护接地；在中性点直接接地的电力网中，应采用保护接零和中性线重复接地，在没有中性线情况下，亦可采用保护接地措施。

(2) 由同一个电源供电的低压配电网中，只能采用一种保护方式，不可以对一部分电气设备采用保护接地、对另一部分电气设备又采用保护接零。因为在三相四线制保护接零的供电网中，若又有采用保护接地方式的电气装置，当该装置一相发生绝缘损坏碰壳时，接地电流受到接地电阻的限制，使保护装置动作失灵，故障不能切除。同时，此接地电流流回电源中性点时在电源接地电阻上产生电压降，在中性线上产生高电位，直接使保护接零的电气设备外壳上带上不允许的高电位，从而危及人身安全。

5. 接地电阻的允许值

从保护接地的原理分析可知，接地装置的接地电阻越小，接地电压也越低。实际上保护接地的基本原理就是将绝缘损坏时设备外壳上的对地电压限制在安全范围内。要对降低接地

电阻值提出过高的要求是不经济的，对不同的电网可以有不同的要求，总体来说接地电阻 R_E 为

$$R_E = \frac{U_E}{I_E} \tag{12-2}$$

式中 U_E——接地电压，V；

I_E——接地电流，A。

（1）对高压设备的接地电阻要求。

1）大接地电流电网。在 110kV 及以上的电力网中，单相短路时，接地短路电流很大，相应的继电保护迅速将故障切除。因此，在接地的设备上只在短时间内出现过电压，且工作人员此时触及装置外壳的机会很小。考虑到一般系统的接地电流大于 4000A，规定接地电压不超过 2000V，接地电阻 R_E 不得超过 0.5Ω。

2）小接地电流电网。小接地电流系统中发生单相接地时，允许继续运行一段时间，用电设备发生故障碰壳时，增大了触电的可能性。但其接地电流相对不大，对地电压值也较低；一般高、低压装置共用同一接地装置时，接地电压 U_E 不超过 120V；对高压装置单独设立的接地装置 U_E 不应大于 250V，总的 R_E 不应大于 10Ω。

（2）对低压设备的接地电阻要求

1）对于与总容量在 100kVA 以上的发电机或变压器供电系统相连的接地装置，R_E 不应超过 4Ω，此系统有中性线的重复接地时，每处的 R_E 不应超过 4Ω。

2）对于与总容量在 100kVA 以下的发电机或变压器供电系统相连的接地装置，R_E 不应超过 10Ω，此系统中零线的重复接地每处的 R_E 不应超过 30Ω，且接点处不应少于 3 个。

3）对 TT、IT 系统中用电设备的接地电阻，按接地电压不高于 50V 计算，一般 R_E 不大于 100Ω。

6. 供配电系统的防雷措施

雷电是自然界中的一种静电现象，当雷电发生时，放电电流使空气分子电离燃烧发出强烈火光，并使周围空气猛烈膨胀，发出巨大响声。由于雷电的电压极高，电流很大，所以破坏力强，危及面广。对建筑物、电气线路、变配电装置等设施以及对人都会造成严重伤害。

雷电的电压可达十几万伏甚至数十万伏，它的电流能达数十千安甚至数百千安。雷电放电的时间极短促，一般约为几十毫秒，但强大的雷电流会在极短的时间内造成极大的危害。为防止雷电的破坏，变配电站及其重要设备应采取相应的防雷措施，供配电系统的防雷措施方式归纳起来主要有以下三方面。

（1）架空线路的防雷措施。

1）110kV 以上的架空线路一般沿全线装设避雷线。

2）35kV 架空线路一般只在进出变电站的一段线路上装设避雷线。

3）3～10kV 架空线路的防雷措施主要有以下几个方面。

a. 利用三角形排列的顶线兼作防雷保护线。

b. 在架空线路系统中，对绝缘比较薄弱的杆塔，应装设管型避雷器或保护间隙。

c. 架空线路上的柱上断路器和负荷开关，应装设阀型避雷保护。

d. 同级电压线路的相互交叉或与较低电压线路、通信线路交叉时，交叉档两端的铁塔均应接地。

e. 对于经常运行而又带电的柱上断路器，应在带电侧装设阀型避雷器保护。

(2) 变配电站的防雷措施。

1) 装设避雷针防护直击雷电。变配电站的露天变（配）电设备、母线架构、建筑等应装设避雷针作为直击雷电防护装置。变（配）电站内的避雷针按安装和接地的方式不同，可分为独立避雷针和构架避雷针两种。独立避雷针与被保护物之间应保持一定的空间距离，以免当避雷针上落雷时造成向被保护物反击的事故。如图 12-75 所示，避雷针对被保护物不发生反击的空间距离 S_h 按下式计算

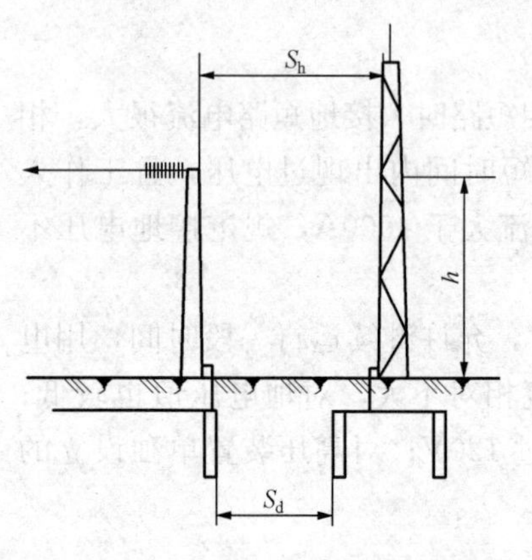

图 12-75　独立避雷针与被保护物之间的允许距离

$$S_h = 0.3R_{sh} + 0.1h \tag{12-3}$$

式中　R_{sh}——避雷针接地装置的冲击接地电阻，Ω；

h——被保护物的高度，m。

为了降低雷击避雷针时所造成的感应过电压的影响，在条件许可时此距离应尽量增大，一般情况不应小于 5m。

独立避雷针宜装设独立的接地装置，而且其装置与被保护物的接地体之间也应保持一定的距离，以免在地中向被保护物的接地体发生反击。避雷针的接地装置与被保护物的接地网间的最小允许距离 S_d 按下式计算

$$S_d \geqslant 0.5R_{sh} \tag{12-4}$$

一般情况下，S_d 不应小于 3m。

2) 装设避雷器防护感应雷及侵入波。高压侧装设避雷器主要用来保护主变压器，以免雷电冲击波沿高压线路侵入变电站，损坏变电站的变压器。为此要求避雷器应尽量靠近主变压器安装，但是变压器和母线之间还有高压开关等设备，按照电气设备间应留有一定安全距离的要求，接在母线上的避雷器和主变压器之间应有一定的距离。这个距离过大，会使避雷器失去对变压器的保护作用。为限制距离，阀型避雷器至 3～10kV 主变压器的最大允许电气距离见表 12-27 所示。

表 12-27　　阀型避雷器至 3～10kV 主变压器的最大允许电气距离

雷雨季节经常运行的进线路数	1	2	3	≥4
避雷器至主变压器的最大允许电气距离（m）	15	23	27	30

低压侧装设避雷器主要用于多雷区用来防止雷电波沿低压线路侵入而击穿电力变压器的绝缘。当变压器低压侧中性点不接地时（如 IT 系统），其中性点可选择装设阀式避雷器、金属氧化物避雷器或保护间隙。

(3) 变电站防雷方案。

1) 3～10kV 变电站典型防雷方案，高压配电装置中避雷器的装设如图 12-76 所示，电力变压器的防雷保护及其接地系统如图 12-77 所示。其设置方式如下：

a. 在每路进线端和每段母线上，均装有阀型避雷器。

b. 如果进线有一段引入电缆的架空线路，则在架空线路终端的电缆头处装设阀型避雷器或管型避雷器，其接地端与电缆头外壳相连后接地。

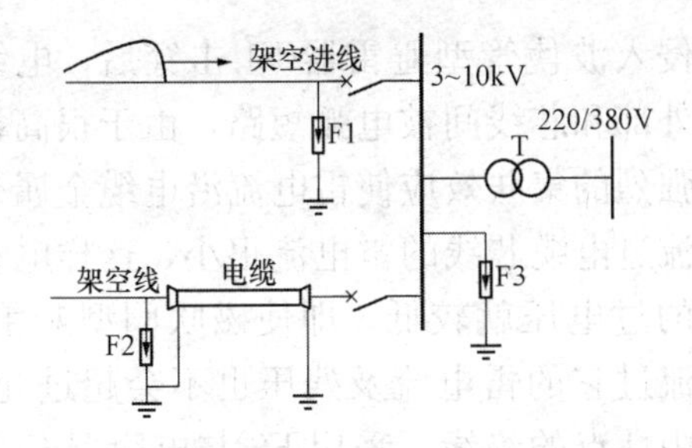

图 12-76 高压配电装置中避雷器的装设

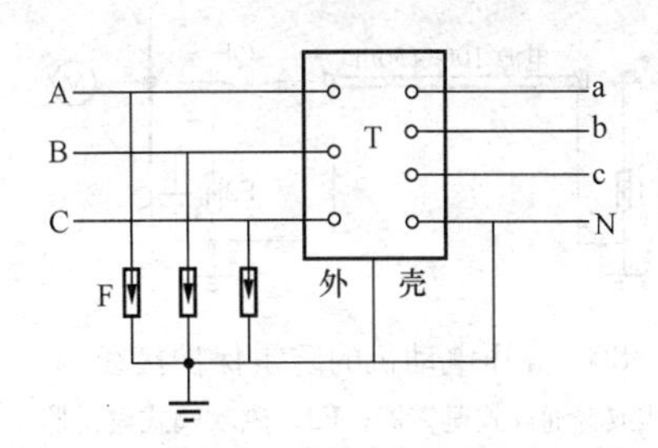

图 12-77 电力变压器的防雷保护及其接地系统

T—电力变压器；F—阀式避雷器

c. 避雷器的接地端与变压器低压侧中性点及金属外壳等连接在一起接地。

2）35～110kV 变电站典型防雷方案如图 12-78 所示，其设置方式如下：

a. 在变电站进线段 1～2km 的杆塔上架设避雷线，防止进线段被雷击感应过电压限制在进入变电站的雷电流 5kA 以内。

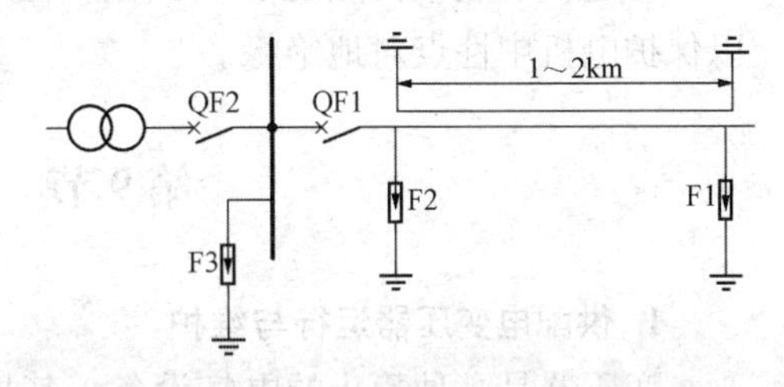

图 12-78 35～110kV 变电站典型防雷方案

b. 由于木杆线路对地绝缘很高，为了限制线路上遭受直击雷产生的高电压，在线路进线段的首端，装设一组管型避雷器 F1，其工频接地电阻应该在 10Ω 以下。

c. 变电站的进线段在靠近隔离开关或断路器 QF1 处装设一组管型避雷器 F2，以防止线路上的侵入波在隔离开关或断路器开路处的电压上升，或引起闪络。F2 的外间隙应调整到正常运行时不被击穿。

d. 变电站母线上，装设阀型（或氧化物）避雷器 F3。

e. 如为母线分段的两路进线时，每路进线和每段母线均按以上标准方案实施保护。

f. 对 35kV 进线且容量不大的变电站，可根据它的重要性简化防雷保护：①容量在 5600kVA 以下的变电站，避雷线可缩短为 500～600m，可不装设 F2；②容量在 3200kVA 以下者，可简化为不装避雷线，只将 500～600m 进线段的所有线路的绝缘子铁脚接地或只在母线上装阀型避雷器；③容量在 1000kVA 以下不重要负荷的变电站，可简化为如图 12-79 所示的防雷接线方式。其中，FZ 为阀型避雷器，JX 为保护间隙。

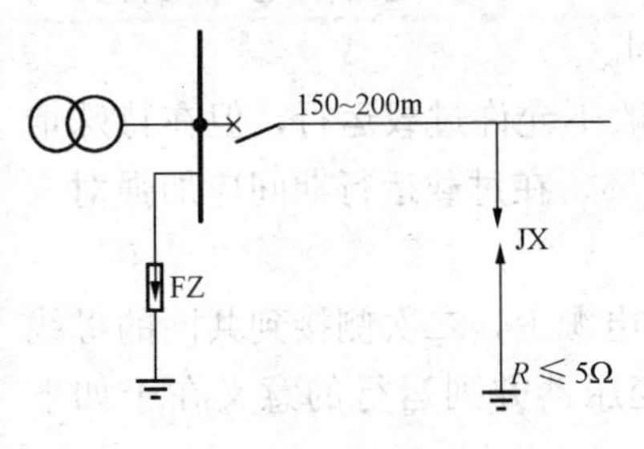

图 12-79 35kV 变电所进线段简化保护接线

（4）高压电动机的防雷措施。

高压电动机对雷电波侵入的防护，不能采用普通的 FS 型和 FD 型阀式避雷器，而要采用专用于保护旋转电动机用的 FCD 型磁吹阀式避雷器，或采用具有串联间隙的金属氧化物避雷器。

由于电动机固体介质绝缘的出厂冲击耐压值低，尤其是运行中电动机绕组的安全冲击耐压值常低于 FCD 型阀型避雷器的残压，单靠避雷器保护不够完善，必须与电容器和电缆线段等联合组成保护，这样可进一步降低侵入波的波陡度，使保护的可靠性更高。具有电缆进线段的高压电动机防雷保护接线，如图 12-80 所示。

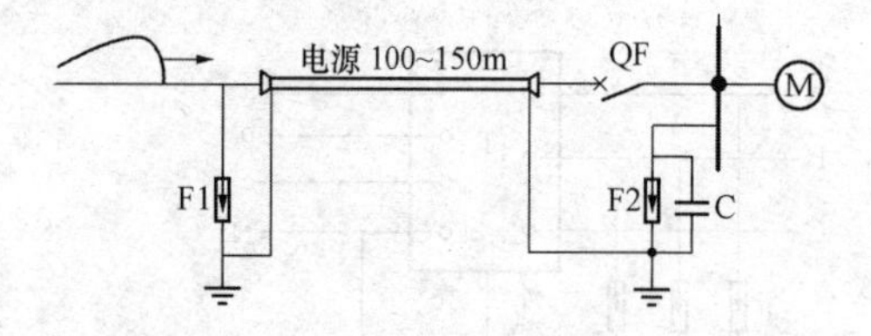

图 12-80　高压电动机的防雷保护接线

F1—管式或普通阀式避雷器；F2—磁吹阀式避雷器

当侵入波使管型避雷器 F1 击穿后，电缆首端的金属外部和芯线间被电弧短路，由于很高雷电流频率和强烈的集肤效应使雷电流沿电缆金属外皮流动，而流过电缆芯线的雷电流很小，这样电动机母线所受的过电压就较低，即使磁吹阀型避雷器 F2 动作，流过它的雷电流及残压也不会超过允许值。为保护中性点的绝缘，采用 F2 与电容器 C 并联来降低母线上侵入波的波陡度。

对定子绕组中性点能够引出的高压电动机，应在中性点装设阀型或金属氧化物避雷器，以保护电机中性点对地绝缘。

第 9 节　变电站的运行与维护

1. 供配电变压器运行与维护

变压器是一种静止的电气设备，其构造比较简单、运行条件较好。供配电工作人员若能全面掌握其性能，正确操作和运行维护就可以使变压器安全可靠地供电，减少和避免临时性检修，延长使用寿命。

（1）供配电变压器的运行。

1）空载运行。空载运行是变压器的一种极限运行状态，是指变压器一次绕组接通电源，二次绕组开路的一种运行状态。

变压器空载运行时，二次绕组中无电流流过，即变压器没有电能输出，但一次绕组中有空载电流流过，电源消耗了功率，这些功率全部转化为能量损耗，此损耗称空载损耗，它主要包括铁损耗和铜损耗两部分，因其铜损耗很小可忽略不计，所以变压器的空载损耗又叫铁损耗。通常空载损耗占变压器额定功率的 0.2%～1.5%，对长期运行积累的电能损失是不可忽视的，因此，变压器在不带负荷时应及时从电网上切除，以节约电能。

2）负载运行。负载运行是变压器的最基本运行状态。由于变压器二次侧接上负载，所以二次绕组中有电流流过，即变压器有了电能输出，此电能由电源供给，大小由负荷决定。变压器的负载运行与空载运行相比，一次侧的流入电流明显增大，二次绕组的端电压也将受到负载的影响而发生变化，这是负载运行与空载运行的主要区别。

变压器所带负荷超过其额定容量叫过载运行。变压器一般不允许过载运行，但在特殊情况下允许短时间内（几个小时）过载 15%左右，不得超过 30%。在过载运行期间应加强对变压器的监视，其温升不允许超过铭牌规定限值。

3）并列运行。将两台或多台变压器的一次侧接到共同的电源上，二次侧接到共同的母线上的运行方式称为变压器的并列运行，如图 12-81 所示。变压器并列运行的意义在于如下几点。

a. 可以大大加强供电的可靠性。

b. 有利于变压器的检修。

c. 有利于经济运行。

d. 可随负荷的逐年增加分期安装变压器，减少初次投资。

由此可见，变压器的并列运行，在电网的安全和经济运行中有着重要的意义。

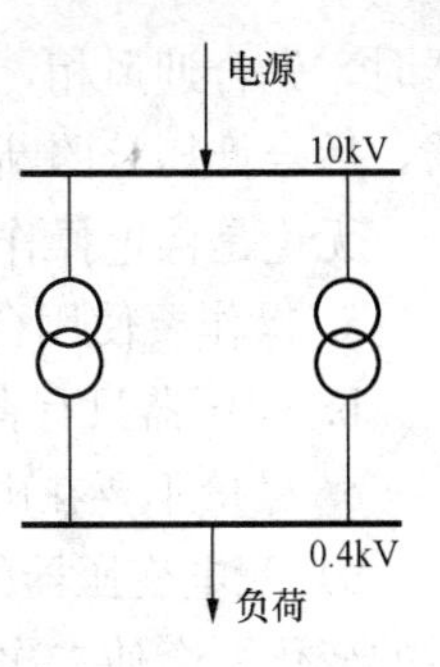

图 12-81 变压器的并列运行

变压器并列运行的理想情况是：当变压器已经并列而未带负荷时，各变压器仍与单独空载运行时一样，只有空载电流，而各变压器之间没有环流存在；当带有负荷后，各变压器能按其容量的大小成比例地分配负荷，即容量大的变压器多分担负荷，容量小的变压器少分担负荷。由此，在实际运行中并列运行的变压器必须满足以下条件：

a. 联结组别相同。若联结组别不相同，并列运行的变压器二次侧线电压间将存在一定的相位差，会产生很大的电压差，而变压器的内阻抗很少。所以，这个电压差将在变压器线圈中产生几倍于变压器额定电流的环流，使变压器严重损伤，甚至烧坏。因此，并列运行的变压器联结组别必须相同。

b. 变比相等。并列运行的变压器，其高低压侧额定电压必须分别相同。如果变比不相等，相应的二次电压就会产生电压差，从而在变压器线圈内中将有环流存在，增加变压器的损耗，减少变压器的输出容量。因此，要求并列运行的变压器变比相等。但达到完全相等是比较困难，所以允许变比有一个不大于0.5%的差值。

c. 阻抗电压相等。并列运行的变压器其他条件相符，阻抗电压不相等时，会使并列运行的变压器负荷不能按其容量比分配，即阻抗电压大的变压器负荷分配少，当这台变压器达到满载时，另一台阻抗电压小的变压器就要过载。所以，要求并列运行的变压器阻抗电压尽量相等，允许相差不得超过±10%。

另外，由于变压器容量越大，其阻抗电压也越大，所以并列运行变压器的容量不宜相差过大，一般不能超过3∶1。

(2) 供配电变压器的维护。

1) 变压器高、低压熔断丝的选择。变压器在运行中有可能发生故障和出现异常运行情况，为了避免造成严重后果和事故扩大，需要给变压器装设相应的保护装置。小容量配电变压器一般采用高、低压熔断丝保护。

高压熔断丝（一般为高压跌落式熔断器）作为变压器本体保护和二次侧出线故障的后备保护。按运行规程规定，容量为100kVA以下的配电变压器其高压熔丝的容量可按2～3倍的一次额定电流选择，容量为100kVA以上的配电变压器高压熔丝的容量可按1.5～2倍的一次额定电流选择。

配电变压器低压总熔断器保护的作用是变压器二次侧发生短路或过载时熔丝熔断，使变压器不致烧毁。其熔丝选择的原则是：应能保证当低压熔断器所在回路电气部分发生故障时，低压熔丝熔断，而高压熔丝不断；熔丝容量一般选取比变压器二次额定电流稍大一些即可，最大不应超过变压器二次额定电流的20%～30%。

2) 变压器的操作。

a. 停电操作。操作的顺序必须是先停低压侧，后停高压侧。在停低压侧时，也必须是先停分路断路器，再停总断路器。配电变压器一般都采用跌落式断路器，在停跌落式断路器时，为防止风力作用造成相间弧光短路，应先拉中相，再拉背风相，最后拉迎风相。

b. 送电操作。操作顺序与停电相反，即先送高压侧、后送低压侧。合高压侧跌落式断路器时，先合迎风相，再合背风相，最后合中相；在合低压侧断路器时，应先合低压侧总断路器，后合低压分路断路器。

无论是停电操作还是送电操作必须注意以下几点：

a. 操作要使用合格的安全工具，操作要有人监护。

b. 变压器只有在空载状态下才允许操作高压侧跌落式断路器。

c. 尽量不要在雨天或大雾天操作，以免发生大的电弧。

3）配电变压器的电压调节。运行中的配电变压器由于一次侧电压的变化、负载大小和性质的变化，会使二次侧电压也有较大的变化。为使负载电压在一定范围内变化，保证用电设备的正常需要，有必要对变压器进行调压，配电变压器一般采用无载调压方式。

无载调压具体调压方法为：利用调压分接开关的转换，改变变压器一次绕组的匝数，从而改变变压比，以达到调节二次输出电压的目的，即当电源电压在额定值时，开关置于“Ⅱ”挡；当电源电压低于额定值时，开关置于“Ⅲ”挡；当电源电压高于额定值时，开关置于“Ⅰ”挡。分接开关接线图如图 12-82 所示。

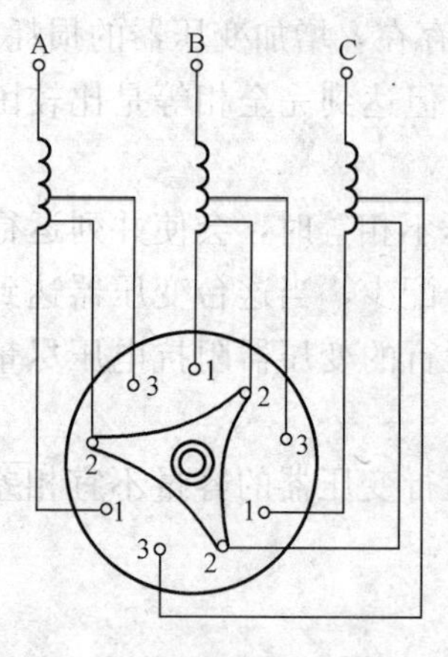

图 12-82　分接开关接线图

配电变压器无载调压分接开关的调整应按以下步骤进行。

a. 先将变压器停电。

b. 将分接开关调到位后，来回转动几次，使其触点接触良好。

c. 调试完毕后，必须用电桥或万用表来测量绕组的直流电阻，以免因为分接开关接触不良烧毁变压器。大容量的变压器测量时要用双臂电桥。

d. 测量完后，应先对线圈放电，然后再拆开测量接线，以防发生残余电荷触电事故。

e. 绕组的直流电阻值与变压器油温有很大关系，测量时应兼测变压器上层油温，把所测得电阻值换算到油温为 20℃时的相应电阻值，再与规定值比较。

f. 三相绕组的直流电阻相对误差值不应超过 2%，所测结果和历次测量数据不应有很大的出入，否则要分析原因进行处理。

g. 若测量结果一切正常，则可使变压器投入运行。

2. 架空线路的运行与维护

架空线路在露天架设，长年经受自然条件和周围环境的影响，因此事故较多，在运行中应加强巡视和维护，预防事故的发生。

(1) 架空配电线路的故障原因。

1）大自然季节变化的影响。在雷雨季节会发生雷击事故；大雾季节会发生闪络放电事故；大风、雨雪、高温及严寒等都会给架空线路造成不利影响，如大风、大雨常常会引起电杆倒塌，导线短接或折断。

2）电力负荷的影响。工业生产在不同季节用电负荷有很大的变化，线路往往超载运行，使导线接头过热而发生导线烧断事故，且线路电压过低还会发生烧毁电气设备等事故。

3）线路本身存在缺陷或人为因素的影响。架设线路时使用的材料不合格或已有损伤；线路安装不合要求或构件因运行年久而变质；在电杆和拉线附近取土、构筑设施；由于导线接头不牢，负荷电流过大会引起导线发热等。

4）周围环境及外物的影响。不同地区的线路受环境条件的影响各不相同，例如化工区线路受到污染，容易发生闪络放电；城镇的线路易受天线、风筝等外物的影响；野外地区受树木、大风影响出现倒杆、断线、接地短路等事故。另外，空气中灰尘、煤烟、水汽、可溶性盐类和有腐蚀性气体，将使线路的绝缘水平降低，绝缘子泄漏电流增大。

5）气温的影响。导线本身具有热胀冷缩的特性，受气温的影响较大。昼夜间气温高低悬殊，一年四季变化就更大，导线的弧垂亦随之增大和减小。在冬季，由于气温过低弧垂变小，遇有风雪最易发生断线事故。夏季气温升高导线弧垂过大，遇到大风，容易发生相间碰线短路事故。因此，导线的弧度应根据气温高低调整适度。

（2）架空配电线路的故障及故障点的查找。当各种原因引起线路供电的突然中断，首先要找到故障点和故障类型，才能找出故障原因和制订修复措施，恢复供电线路的运行，并防止以后发生类似事故。

1）线路故障的分类。

a. 按设备机械性能分为以下几种：①倒杆。由于外界的原因（如杆基失土、洪水冲刷、外力撞击等）使杆塔的平衡状态失去控制，造成倒杆，供电中断。架空线路中倒杆是一种恶性故障。②断线。因外界原因造成导线的断裂，致使供电中断。

b. 按设备电气性能分为以下几种：①单相接地。线路一相的一点对地绝缘性能丧失，该相电流经由此点流入大地，形成单相接地。单相接地是电气故障中出现最多的故障。它的危害主要在于使三相平衡系统受到破坏，非故障相的电压升高到原来的$\sqrt{3}$倍，很可能会引起非故障相绝缘的破坏。造成单相接地的因素很多，如导线断线落地、树枝碰及导线、跳线、因风偏对电杆放电等。②两相短路。线路的任意两相之间造成直接放电，使通过导线的电流比正常时增大许多倍，并在放电点形成强烈的电弧，烧坏导线，造成供电中断。两相短路包括两相接地短路，比单相接地情况要严重得多，形成两相短路的原因有混线、雷击、外力破坏等。③三相短路。在线路的同一地点三相间直接放电，形成三相短路。三相短路（包括三相接地短路）是线路上最严重的电气故障，不过它出现的机会极少。造成三相短路的原因有线路带地线合闸、线路倒杆造成三相接地等。④缺相。断线不接地，通常又称缺相运行。送电端三相有电压，受电端一相无电流，三相电动机无法运转。造成缺相运行的原因是熔断器熔丝一相烧断、耐张杆的一相跳线、因接头不良烧断等。

2）查寻故障点的基本方法。故障发生后，变电站断路器跳闸或有接地显示，从继电保护装置动作上可初步了解故障的电气类型，但还不能立即确定故障点确切的地理位置。要查出故障点的位置，必须立即对线路进行故障巡视。在故障巡视中，巡线工作会遇到如下困难。

a. 对于较高电压的送电线路，由于距离长，全线巡视工作量甚大。

b. 对于 10kV 配电线路，除了主干线外，还有许多分支线需要同时查找。

c. 一些较小的电气故障，在供电设备上所造成的机械损伤有时不明显，如树枝碰线单相接地，大都是瞬时性的，树枝烧断后导线上留下的伤痕很轻很小，巡视时难于发现。为了迅速查出故障点，可用以下方法：①分段普查。对于长距离的高压线，可分成多个小组进行全面巡查，出发前明确分工，定出起止杆号，一旦查出故障点，立即报告。②分区试送、缩小查找范围。对于接有分支线的 10kV 线路，可通过变电所或线路上的断路器切除部分线路，再对余下部分进行试送，从试送成功是否便可区别故障线路与非故障线路，这样经过几次“筛选”，故障线路的范围大为缩小，故障巡视的工作量也大为减少。③细心查找和访问。轻微的电气故障，如导线因碰树枝而引起的单相接地，往往不易寻找。但是绝大多数电气故障都伴随有电弧产生，在短路点必然有烧伤的痕迹，只要细心找到烧伤的痕迹，便可判断已发生过电气故障。在查找过程中，必要时应访问沿线居民群众，了解事故当时的目击情况，以助分析故障和找到故障点。

（3）架空线路的运行与管理。为了线路安全运行，不发生或少发生事故，必须从以下方面加强线路运行和管理工作。

1）掌握季节和环境特点，做出相应的预防事故措施。

2）充分掌握用电客户的用电规律，制订出相应的预防措施。

3）加强线路巡视工作。

（4）预防线路事故发生的措施。

1）防污。及时清扫绝缘子，在大雾季节或者气温0℃左右雨季节来临之前，应抓紧绝缘子的测试，清扫及紧固木结构的连接螺栓等项工作，以防泄漏电流引起绝缘子表面闪络和木杆燃烧事故。

2）防雷。在雷雨季节到来之前，应做好防雷设备的试验检查和安装工作，并要按期测试接地装置的电阻以及更换损坏的绝缘线。

3）防暑。在高温季节来到之前，应检查各相导线的弧垂，以防因气温增高弧垂增大而发生事故。对满负荷运行的电气设备，要加强温度监视，检查导线对地距离，检查交叉跨越距离。

4）防寒防冻。在严寒季节来到之前，应注意导线弧垂，过紧的应加以调整以防断线，注意导线覆冰情况，防止断线。

5）防风。在风季到来之前，要加固拉线及电杆基础，调整各相导线弧垂，清理线路周围杂物及附近的树木，以免树碰导线造成事故。

6）防汛。在汛期到来之前，对在河流附近冲刷以及附近挖土造成杆基不稳的电杆，要采取各种防止倒杆的措施。另外，还应做好防鸟和其他小动物等工作。

（5）架空线路的故障及预防。高压线路发生故障后，变电站开关跳闸或使保护装置发出信号。如果在低压线路发生故障，将会造成熔丝熔断。为预防事故发生、保障供电，需要对线路进行及时检修和维护。

1）对事故的分析和处理。事故发生后，首先应记录故障时间，变电所保护装置的动作情况，当时天气、风力情况和当地群众、用电单位反映的情况，迅速组织人力进行事故巡视，尽快找出故障点。

找到故障点以后，如果导线断落在地上（带电时），8m以内不得有人进入，以防跨步电压触电，巡视人员除立即报告外，还应看守事故现场，保留现场实物和痕迹，以便于分析事故原因。经抢修恢复正常供电后，要认真分析事故原因，制订防范措施，最后写出分析报告。

2）事故的预防。巡线中发现的问题、缺陷和不安全因素，应安排计划进行检修，达到规程要求标准，一般要求杆身倾斜不大于杆径，拉线紧固没有松弛，绝缘子表面清洁无裂纹，导线弧垂对地距离应符合要求。为了安全运行，预防事故发生，除正常的检修、维护外，还应对线路进行定期测试，测试的周期和内容见表12-28。

表 12-28　　线路的测试周期和内容

项　目	周　期	内　容
接地装置和接地电阻	每5年1次	用接地电阻测试仪测量，并检查接地装置锈蚀情况
绝缘子测试	每2年1次	用固定间隙测试悬式绝缘子，查明因绝缘降低而成为零值的绝缘子
线路首末端电压	每年1次	在最高负荷时进行测量
线路电流	每年1次	在高峰负荷时测量低压线路和高压线路支线上的电流
登杆检查	1～2年1次	重点检查绝缘子，清扫污秽，留心各部螺栓、绑线情况等

3. 用电安全工作规范

（1）保证安全工作的组织措施。在高低压电气设备上工作，保证安全的组织措施是工作票制度、安全措施票制度、工作许可制度、工作监护制度、现场看守制度、工作间断和转移制度、工作终结、验收和恢复送电制度，严格遵守相关规程制度。

（2）保证安全工作的技术措施。在全部停电和部分停电的电气设备上工作时，必须完成下列技术措施：

1）停电。检修设备，一般情况下均应停电后进行，即把从各方面可能来电的电源都断开，且应有明显的以空气为介质的断开点。对于多回路的设备，特别要注意防止从低压侧向被检修设备反送电。在断开电源的同时，还要断开断路器的操作电源，刀闸的操作把手也必须锁住。

2）验电。工作前，必须用相应电压等级的验电笔或验电器，对检修设备的进出线两侧各相分别检验，明确无电后，方可开始工作。验电器具应在事先带电设备上进行试验，以证明其性能可靠。

3）装设接地线。装设接地线是预防工作地点突然来电的惟一可靠安全措施。

对可能送电到检修设备的各电源侧及可能产生感应电压的地方，都要装设接地线。装设接地线时，必须先装接地端，后接导体端，且接触必须良好。拆接地线的顺序相反，即先拆导体端、后拆接地端。装拆接地线时均应使用绝缘操作杆或戴绝缘手套。

接地线使用截面积不小于25mm^{2}的铜绞线，严禁使用不合乎规定的导线作接地线短路之用。接地线应尽量装设在工作时看得见的地方。

4）悬挂标示牌和装设遮栏。在断开的开关和刀闸操作把手上，悬挂“禁止合闸，有人工作”的标示牌，必要时加锁固定。

第13章　常用高低压配电开关设备及一次线路方案

第1节　40.5kV系列高压配电开关设备

1. JYN1-40.5型间隔移开式户内交流金属封闭开关设备

(1) 用途。JYN1-40.5型间隔移开式户内交流金属封闭开关设备（简称开关柜），系三相交流50Hz单母线系统的户内成套装置，作为接受和分配35kV的网络电能之用。该开关柜具有“五防”的功能，开关柜外形见图13-1。

图13-1　JYN1-40.5型间隔移开式户门交流金属封闭开关柜外形图

(2) 主要技术参数。开关柜所配的一次元件包括断路器、操动机构、电流互感器、电压互感器、熔断器、避雷器、电力变压器等，在本产品的装置条件下，应满足各自产品的技术性能。开关柜断路器主要技术参数见表13-1、表13-2。

表13-1　　开关柜主要技术参数

项目			参数		
系统标称电压（kV）			35		
额定电压（kV）			40.5		
额定电流（A）			1250		1600
额定短路开断电流（kA）			20	25	25
额定短路关合电流（峰值）（kA）			50	63	63
额定峰值耐受电流（kA）			50	63	63
额定短时耐受电流（4s，kA）			20	25	25
额定绝缘水平		1min工频耐受电压（kV）	95		
		雷电冲击耐受电压	185		
动载荷		向上（kN）	约5		
		向下（kN）	约5		
主母线规格（铜、铝）(mm)			100×10、80×8		
柜体尺寸（宽×深×高）		主柜（mm）	1818×2400×2925		
		柜后全小室（mm）	1818×855×2925		
		柜后半小室（mm）	1818×855×1194		
质量	断路器柜/kg		1800		
	其中手车	SF_6断路器手车（kg）	500		
		真空断路器手车（kg）	600		

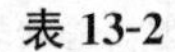

表 13-2　　　　断路器技术数据

项　目		SF$_6$ 断路器	真空断路器	真空断路器
		LN2-40.5（Z）	ZN23 A-40.5	ZN91-40.5
系统额定电压（kV）		35	35	35
额定电压（kV）		40.5	40.5	40.5
额定电流（A）		1600	1600	1600
额定短路开断电流（kA）		25	25	25
额定短路关合电流（峰值）（kA）		63	63	63
额定峰值耐受电流（kA）		63	63	63
额定短时耐受电流（kA）		25	25	25
额定短路持续时间（s）		4	4	4
分闸时间（s）	额定操作电压下	≤0.06	≤0.06	≤0.06
合闸时间（s）		≤0.05	≤0.1	
操作顺序		分—0.3s—合分—180s—合分		
机械寿命（次）		3000	6000	10 000
所配操动机构		CT12Ⅱ	CT□	CT□

（3）结构及特点。该开关柜由型钢及钢板弯制焊接而成的柜体与手车两大部分组成。手车按其用途分为断路器手车，避雷器手车，隔离手车，“Y”形联结电压互感器手车，“V”形联结电压互感器手车，单相电压互感器手车和站用变压器手车等七种。

（4）一次线路方案。一次线路各单元方案图见表 13-3。

表 13-3　　　　一次线路各单元方案图

编号	01	02	03	04	05	06	07	08
一次线路图								
编号	09	10	11	12	13	14	15	16
一次线路图								
编号	17	18	19	20	21	22	23	24
一次线路图								

续表

编号	25	26	27	28	29	30	31	32
一次线路图	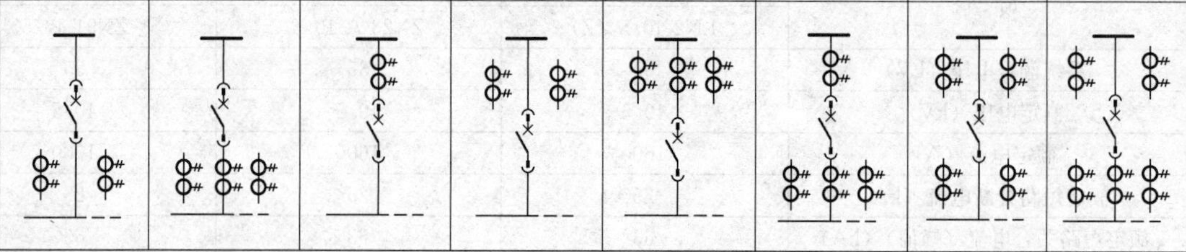							
编号	33	34	35	36	37	38	39	40
一次线路图	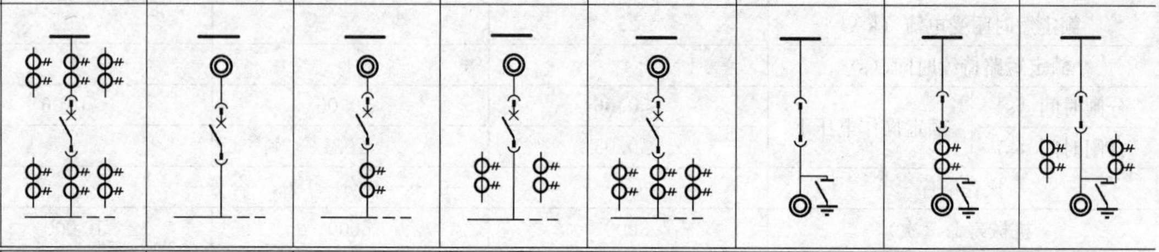							
编号	41	42	43	44	45	46	47	48
一次线路图	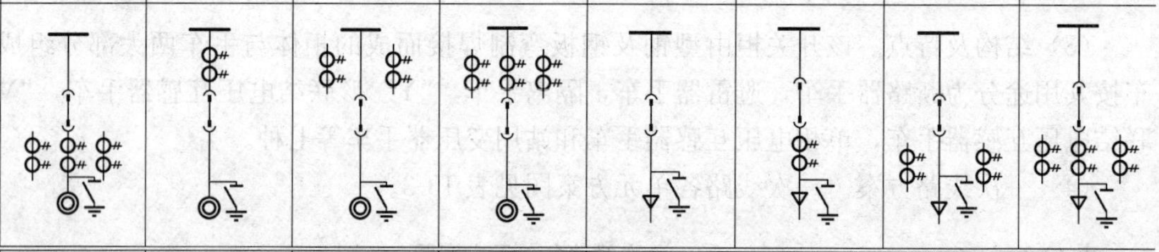							
编号	49	50	51	52	53	54	55	56
一次线路图	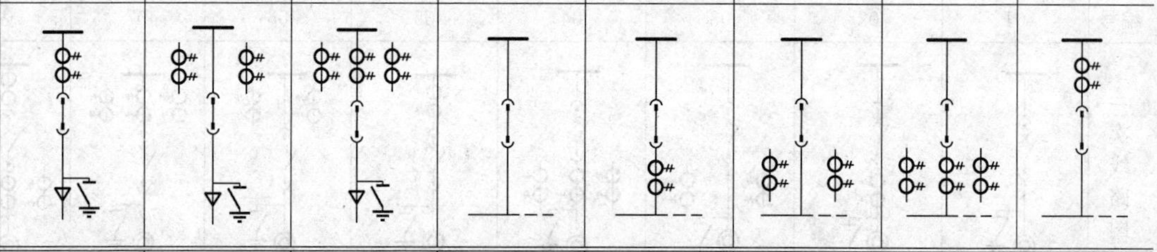							
编号	57	58	59	60	61	62	63	64
一次线路图	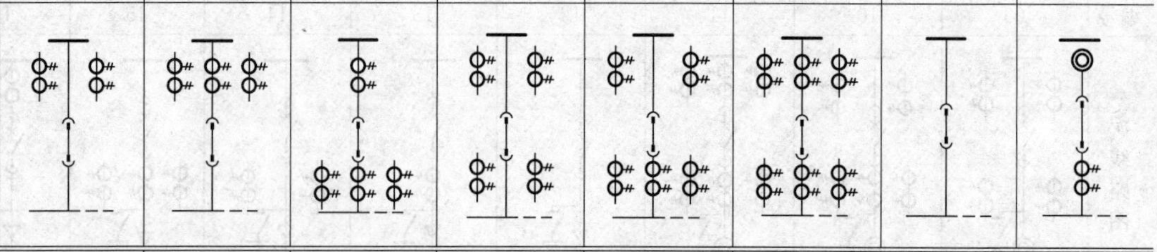							
编号	65	66	67	68	69	70	71	72
一次线路图	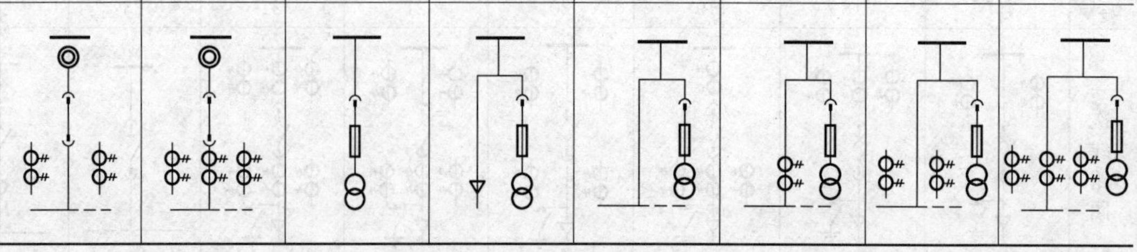							

续表

编号	73	74	75	76	77	78	79	80
一次线路图	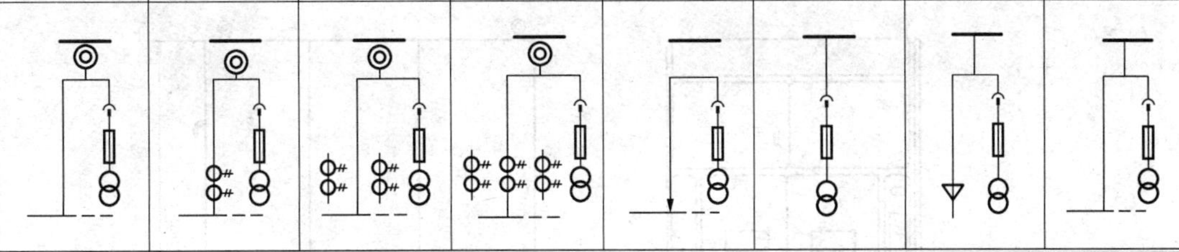							
编号	81	82	83	84	85	86	87	88
一次线路图	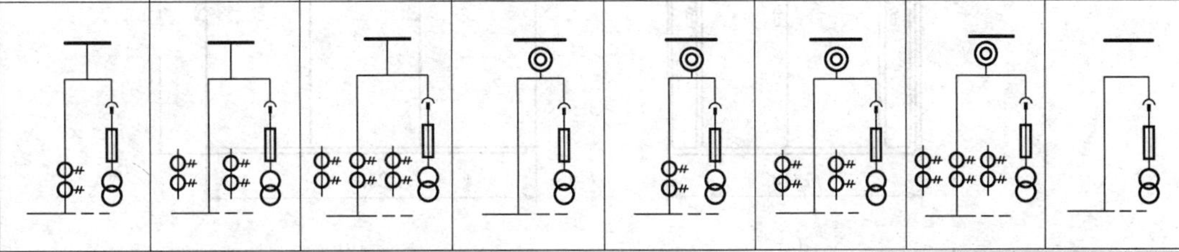							
编号	89	90	91	92	93	94	95	96
一次线路图	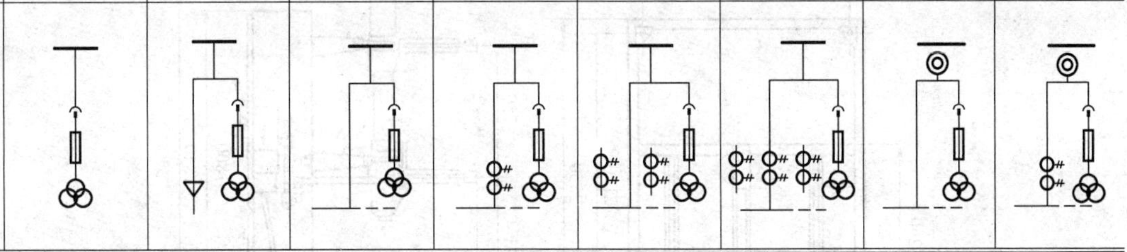							
编号	97	98	99	100	101	102	103	104
一次线路图	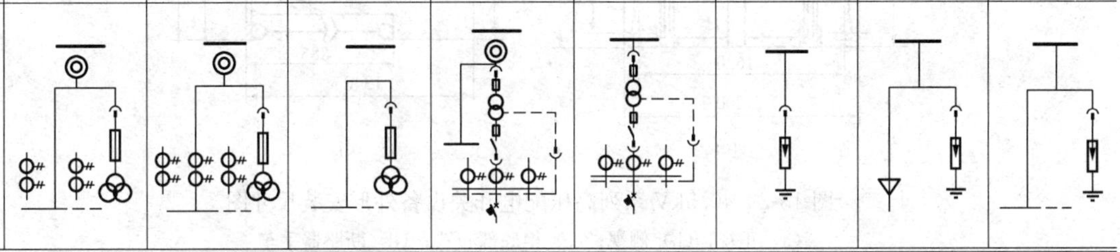							
编号	105	106	107	108	109	110	111	112
一次线路图	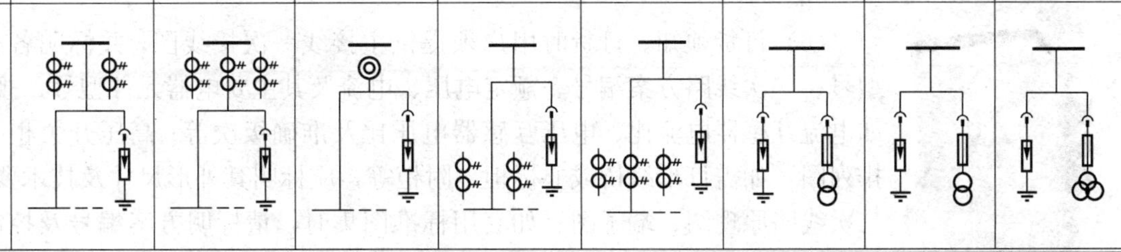							
编号	113		114		115		116	
一次线路图	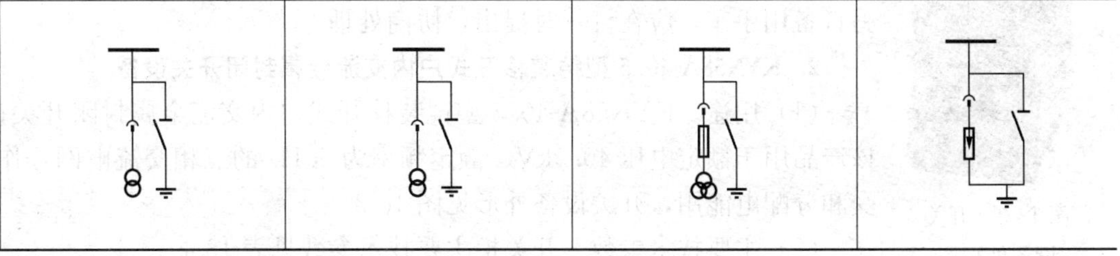							

（5）外形安装尺寸图见图 13-2。

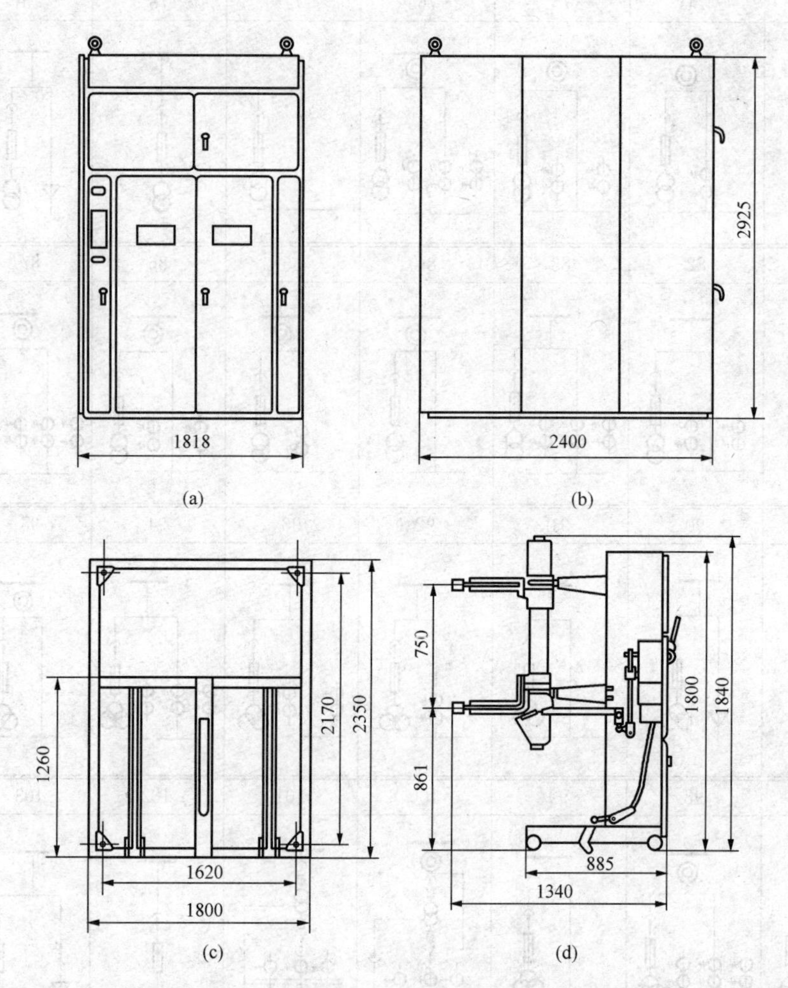

图 13-2　40.5kV 系列高压配电开关设备外形安装尺寸图
（a）正视；（b）侧视；（c）柜底部布置；（d）断路器手车

图 13-3　开关设备外形图

（6）订货须知。订货时用户须提供主接线一次接线图，并标明各柜的型号、一次线路方案编号、额定电压、电流及其主要电器元件型号、规格，如电流互感器电流比、电压互感器电压比及准确级次等；高压开关柜平面排列图，如需订母线桥或非标柜、附柜等，应标明其外形尺寸及技术要求；二次线路原理图、端子图、如套用标准图集时，请标明方案编号及控制回路电压值及可变二次元器件的型号、参数；如需选用改变一次线路方案或另订备用手车，应在订货时提出，协商处理。

2. KYN58A-40.5 型铠装移开式户内交流金属封闭开关设备

（1）用途。KYN58A-40.5 型铠装移开式户内交流金属封闭开关设备，该产品用于额定电压 40.5kV、额定频率为 50Hz 的三相交流电网，作为接受和分配电能用，开关设备外形见图 13-3。

（2）主要技术参数。开关柜主要技术参数见表 13-4。

表 13-4　　　　开关柜主要技术参数

项　目		参　数
额定电压（kV）		40.5
额定电流（A）		630、1000、1250、1600、2000、2500
1min 工频耐受电压（kV）		95
额定短时耐受电流（4s，kA）		20、25、31.5
额定峰值耐受电流（kA）		50、63、80
防护等级	外壳	IP4X
	隔室间	IP2X

（3）结构及特点。该开关设备由断路器室、电缆室、母线室、仪表室四部分组成。框架用弯折式薄钢板，柜前、后、左、右均为封闭，以隔离人与柜内带电体，柜顶和底封闭以防异物进入；金属部件按照规定作热镀锌或电镀锌处理；外壳作高温喷涂环氧粉末处理；具有阻燃性能；具有“五防”功能。

（4）一次线路方案。一次线路各单元方案图见表 13-5。

表 13-5　　　　一次线路各单元方案图

编号	01	02	03	04	05	06	07	08
一次线路图	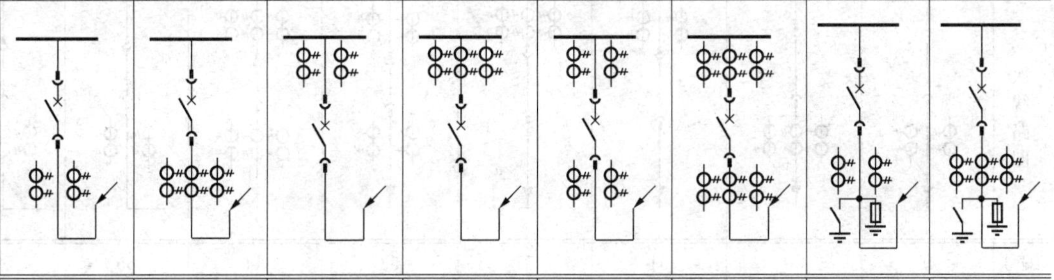							
编号	09	10	11	12	13	14	15	16
一次线路图	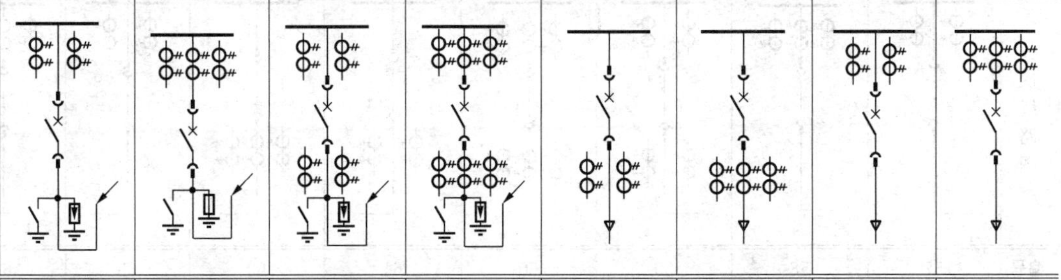							
编号	17	18	19	20	21	22	23	24
一次线路图	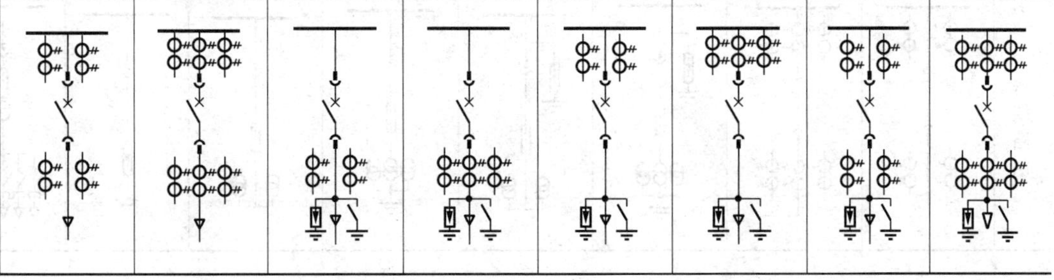							

续表

编号	25	26	27	28	29	30	31	32
一次线路图								
编号	33	34	35	36	37	38	39	40
一次线路图								
编号	41	42	43	44	45	46	47	48
一次线路图								
编号	49	50	51	52	53	54	55	56
一次线路图								
编号	57	58	59	60	61	62	63	64
一次线路图								

续表

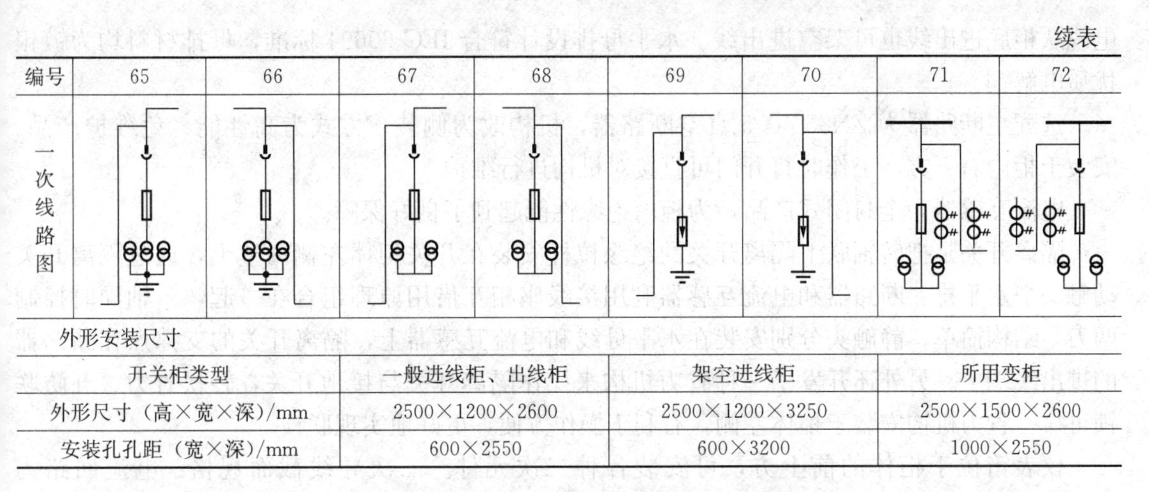

编号	65	66	67	68	69	70	71	72
一次线路图								

外形安装尺寸

开关柜类型	一般进线柜、出线柜	架空进线柜	所用变柜
外形尺寸（高×宽×深）/mm	2500×1200×2600	2500×1200×3250	2500×1500×2600
安装孔孔距（宽×深）/mm	600×2550	600×3200	1000×2550

订货须知　按DL/T 404—1997《户内交流高压开关柜订货技术条件》的规定。

3. XGN77-40.5型箱型固定式户内交流金属封闭开关设备

（1）用途。XGN77-40.5（Z）型箱型固定式户内交流金属封闭开关设备（简称开关柜），是为了满足城市用地紧张和预装式变电站免维护、体积小的要求而开发的，可代替现在市场任何一种40.5kV固定式开关设备。系三相交流50Hz单母线及单母线分段系统的户内成套装置，作为接受和分配35kV网络电能之用。根据一次元件不同可组成众多的接线方案，满足用户对控制、保护、计量等各种要求。该产品符合GB 3906及IEC 60298等标准要求，达到高档次、超小型、低价位、最新颖的高压开关设备，为国内领先水平。

（2）主要技术参数。开关柜主要技术参数见表13-6。

表13-6　　开关柜主要技术参数

项　目		参　数
额定电压（kV）		40.5
额定电流	主母线的额定电流（A）	630、1250、1600
	配用断路器的额定电流（A）	630、1250、1600
额定绝缘水平	1min工频耐受电压（极间、极对地/断口）（kV）	95/110
	雷电冲击耐受电压（极间、极对地/断口）（kV）	185/215
	辅助、控制回路1min工频耐受电压（V）	2000
额定频率（Hz）		50
额定短路开断电流		20、25、31.5
额定短时耐受电流（额定短路持续时间4s）（kA）		20、25、31.5
额定峰值耐受电流（kA）		50、63、80
额定短路关合电流（kA）		50、63、80
控制回路额定电压（V）		AC/DC 110、220
防护等级		IP3X
外形尺寸（宽×深×高）（mm）		1450×1600×2600
		1450×1800×2600

（3）结构及特点。该开关柜是目前国内以空气绝缘，体积最小的40.5kV固定柜，体积为国内同类其他产品的60%，并且可靠墙安装，安全从柜前进行检修和一次元件的互换。打开前门可见，设备内所有一次元件均采用侧装的方式。水平母线位于柜顶，元件由上至下排列，

电缆从柜底进出线也可架空进出线。水平母排设计符合 IEC 60694 标准，母排材料均为镀银优质电解铜。

选配主断路器为 ZN85-40.5 真空断路器，机构改为侧装，方式为高性能、免维护产品。安装于柜内右下方，工作时打开门可直接对机构进行维护。

电流互感器为全封闭式产品，为柜内绝缘性能起到了良好保障。

隔离开关是把转轴联上隔离开关的绝缘拉杆安装在开关柜体左侧内壁上，通过隔离开关动触头把水平排、断路器和电流互感器利用接线座相互借用原理组合在一起，一轴同时控制两刀，结构简单；静触头分别安装在水平母线和电流互感器上，隔离开关的支撑点在断路器的进出线端上。另外还开发了一种省力机构来操作隔离开关与接地开关，轻松省力、五防联锁可靠。省力机构安装于柜体左侧，有利于操作方便，更好地实现联锁。

仪表箱位于柜体的前上方，可安装各种二次元件。二次导线截面规格：电流回路为 $2.5mm^2$；电压回路为 $1.5mm^2$；绝缘等级：2000V。连接方式为端子固定。可配 3 开 3 闭或 10 动合辅助接点，亦可按用户的要求生产。

（4）一次线路方案。一次线路各单元方案图见表 13-7。

表 13-7　　一次线路各单元方案图

编号	01	02	03	04	05	06	07
一次线路图	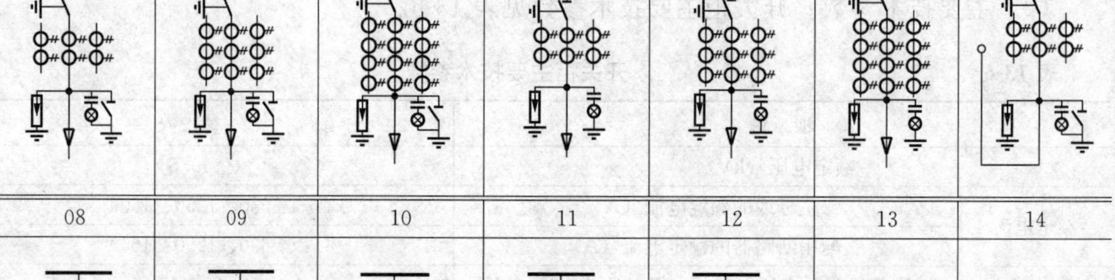						
编号	08	09	10	11	12	13	14
一次线路图	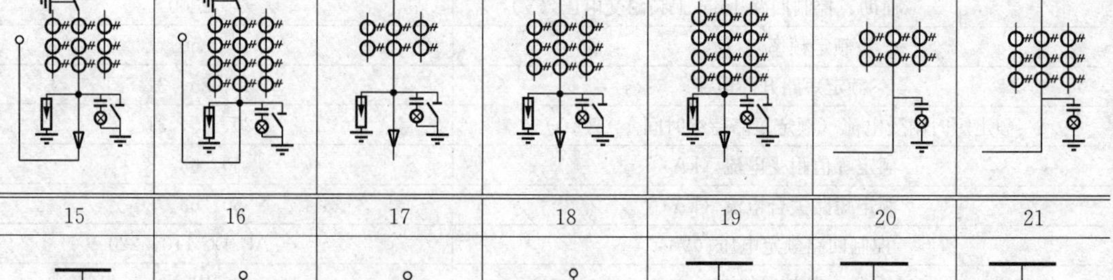						
编号	15	16	17	18	19	20	21
一次线路图	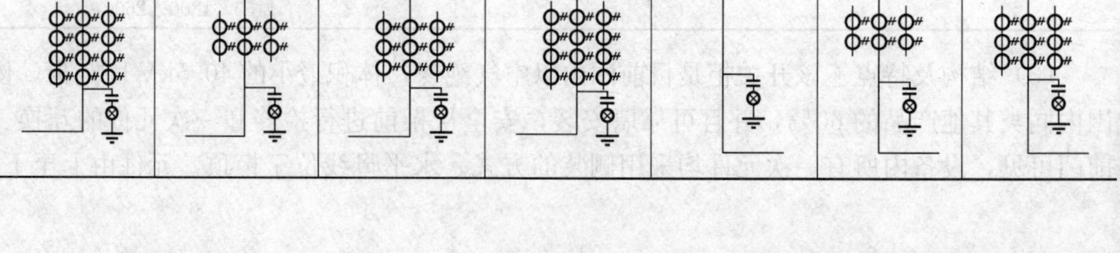						

续表

编号	22	23	24	25	26	27	28
一次线路图							
编号	29	30	31	32	33	34	35
一次线路图							
编号	36	37	38	39	40	41	42
一次线路图							

4. KYN61A-40.5 型铠装移开式户内交流金属封闭开关设备

（1）用途。KYN61A-40.5 型铠装移开式户内交流金属封闭开关设备（简称开关柜），系额定电压为 40.5kV、三相交流 50Hz、额定电流 630～1250A 的成套配电装置，适用于发电厂、变电站以及工矿企业的配电室，作为控制、保护、测量、接受和分配电能之用。产品符合 GB 3906、DL/T 404 等标准的要求，并具备完善的“五防”的功能，开关柜外形见图 13-4。

图 13-4 开关柜外形图

（2）主要技术参数。开关柜主要技术参数见表 13-8。

表 13-8　　　　开关柜主要技术参数

项目		参数	
		配用 ZN85A-40.5	配用 FP4025D-40.5
额定电压（kV）		40.5	
额定绝缘水平	1min 工频耐受电压（相间、相对地）（kV）	95	
	雷电冲击耐受电压（峰值）（kV）	185	
	隔离断口 1min 工频耐受电压（有效值）（kV）	115	
	隔离断口雷电冲击耐受电压（峰值）（kV）	215	
额定频率（Hz）		50	
额定电流（A）		1600	1250
额定短路开断电流（kA）		31.5	25
额定短路关合电流（kA）		80	63
额定短时耐受电流（kA）		31.5	25
额定短路持续时间（s）		4	3
额定峰值耐受电流（kA）		80	63
额定操作顺序		分—0.3s—合分—180s—合分	
额定短路开断电流开断次数（次）		20	20
机械寿命（次）		10 000	5000
辅助电源电压（V）		AC/DC 110、220	
外壳防护等级		外壳 IP4、隔离间 IP2X	
相间中心距（mm）		300	300
柜体外形尺寸（宽×深×高）（mm）		1200×2600×2400	

（3）结构及特点。柜体结构采用组装式，断路器采用手车落地式结构；配用全新型复合绝缘真空断路器或 SF_6 断路器，具有互换性好，更换简单的特点；手车架中装有丝杆螺母推进机构可轻松移动手车；所有的开关正常操作均可在柜门关闭状态下进行；主断路器、手车、柜体之间的联锁均采用强制性机械闭锁方式，满足“五防”功能；电缆室空间充裕、可连接多根电缆；外壳防护等级为 IP4X，手车室门打开状态下，防护等级 IP2X。

（4）一次线路方案。一次线路各单元方案图见表 13-9。

表 13-9　　　　一次线路各单元方案图

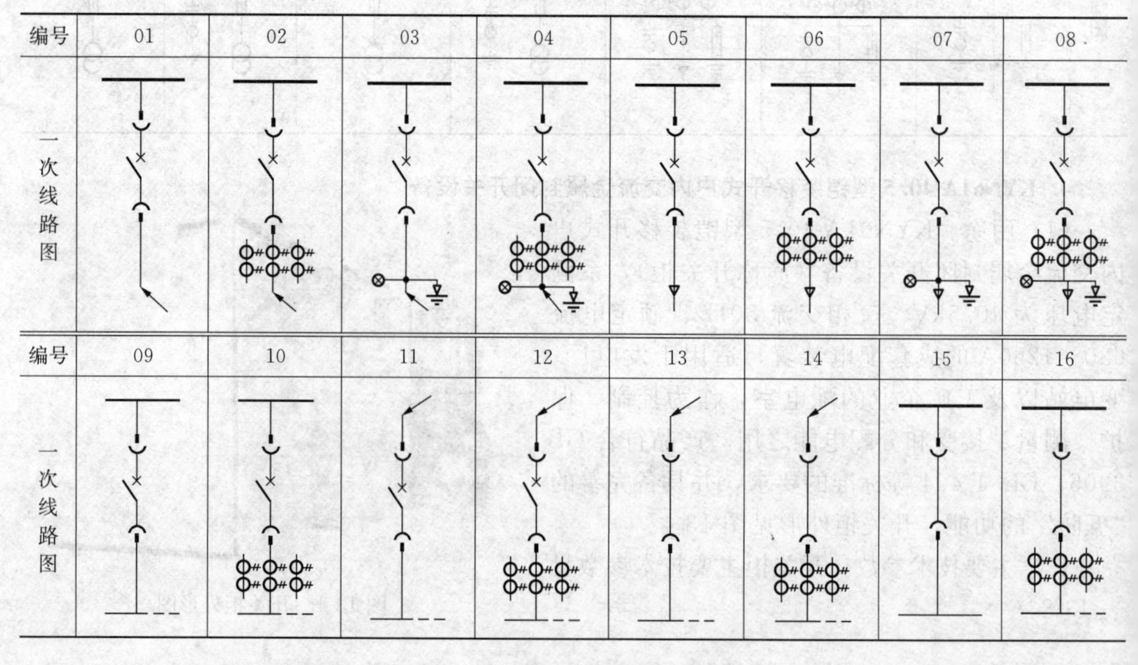

续表

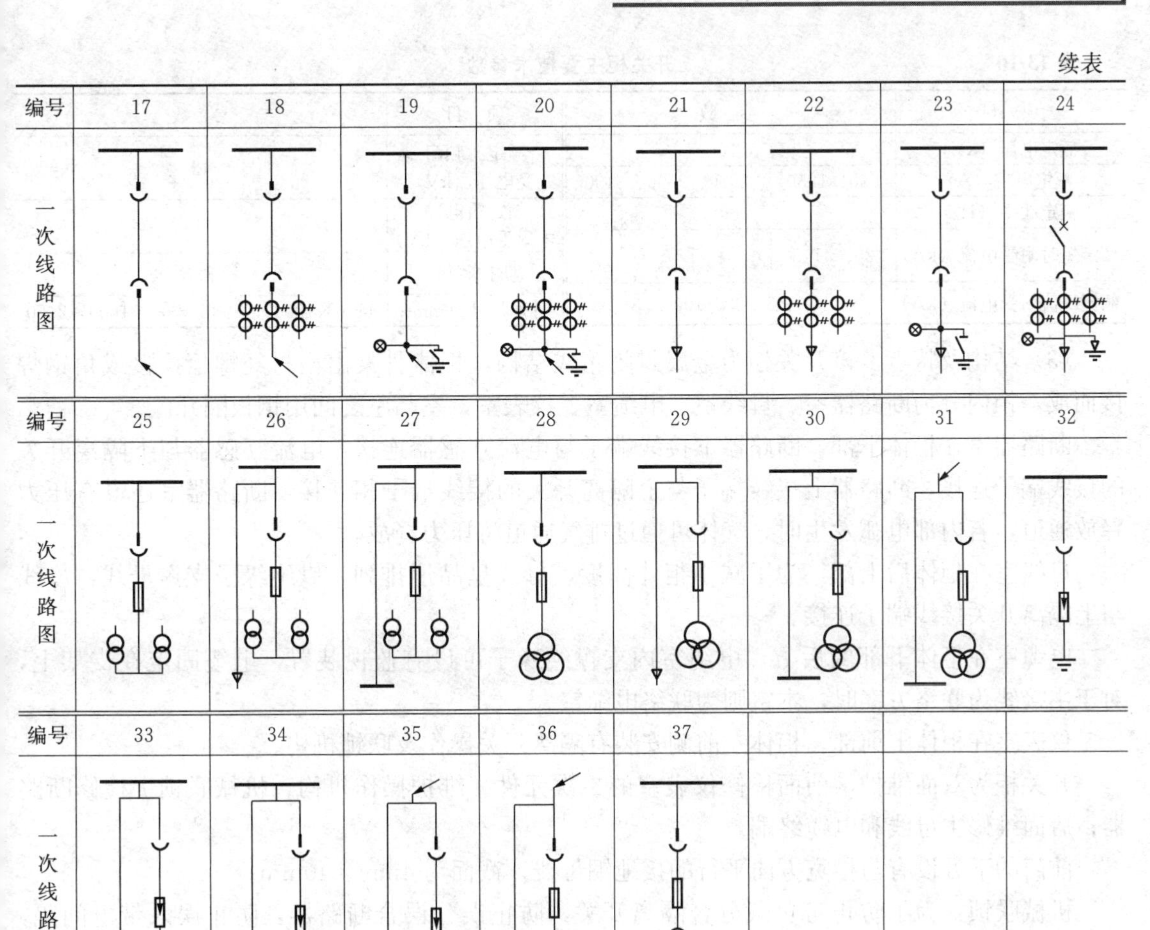

编号	17	18	19	20	21	22	23	24
一次线路图								
编号	25	26	27	28	29	30	31	32
一次线路图								
编号	33	34	35	36	37			
一次线路图								

第2节　12kV系列高压配电开关设备

1. XGN2-12型箱型固定式户内交流金属封闭开关设备

(1) 用途。XGN2-12 (Z) 型箱型固定式户内交流金属封闭开关设备（简称开关柜），用于额定电压为3.6～12kV、三相交流50Hz、额定电流630～3150A的电力系统中，作为接受与分配电能之用，特别适用于频繁操作的场合。产品符合GB 3906及IEC 298的要求，并且具有完善的防误操作功能，开关柜外形见图13-5。

图13-5　开关柜外形图

该开关柜的主开关采用ZN28A-12系列、ZN28-12系列、ZN68-12系列和ZN63A-12 (VS1) 等真空断路器，隔离开关采用GN30-12旋转式隔离开关、GN22-10大电流隔离开关和GN30-10旋转式大电流隔离开关系列产品。

(2) 主要技术参数。开关柜主要技术参数见表13-10。

表 13-10　　开关柜主要技术参数

项　目	参　数		项　目	参　数	
额定电压（kV）	12		额定工频耐受电压（kV）	42	
额定电流（A）	630、1250	2000、2500、3150			
额定频率（Hz）	50		额定雷电冲击耐受电压（kV）	75	
额定短时耐受电流（kA）	25、31.5	31.5、40	防护等级	IP2X	
额定峰值耐受电流（kA）	63、80、100		外形尺寸（mm）	1100×1200×2650	1200×1600×2650

（3）结构及特点。该开关柜为金属封闭箱式结构，柜体骨架由型材经螺栓拴接或角钢焊接而成，柜内分为断路器室、母线室、电缆室、仪表室，室与室之间用钢板隔开。

断路器室在柜体下部，断路器下接线端子与电流互感器连接，电流互感器与下隔离开关的接线端子连接，断路器上接线端子与上隔离开关的接线端子相连接，断路器室还设有压力释放通道，若内部电弧发生时，气体可通过排气通道将压力释放。

母线室在柜体后上部，为了减小柜体高度，母线呈品形排列，以绝缘子支撑母线，母线与上隔离开关接线端子连接。

电缆室在柜体下部的后方，电缆室内支撑绝缘子可设有监视装置，电缆固定在支架上，对于主接线为联络方案时，本室则为联络电缆室。

仪表室在柜体上前部，柜体左前侧安装有隔离开关操作及联锁机构。

开关柜为双面维护，前面检修仪表室的二次元件、维护操作机构、机械联锁、检修断路器；后面维修主母线和电缆终端。

前门的下方设有与柜宽方向平行的接地铜母线，截面为 4mm×40mm。

机械联锁：为了防止带负载分合隔离开关，防止误分误合断路器，防止误入带电间隔，防止带合接地开关；防止带接地刀合闸，开关柜采用相应的机械联锁。

（4）一次线路方案。一次线路各单元方案图见表 13-11。

表 13-11　　一次线路各单元方案图

编号	05	06	07	08	09	10	11	12
一次线路图								
编号	17	18	19	20	21	22	23	24
一次线路图								

续表

编号	25	26	27	28	29	30	31	32
一次线路图								
编号	33	34	35	36	37	38	39	41
一次线路图								
编号	42	43	44	45	46	47	48	49
一次线路图								
编号	50	51	52	53	54	56	57	58
一次线路图								
编号	59	60	61	62	63	64	65	66
一次线路图								

（5）外形安装尺寸图表。开关柜外形安装尺寸图见图 13-6，开关柜安装尺寸见表 13-12。

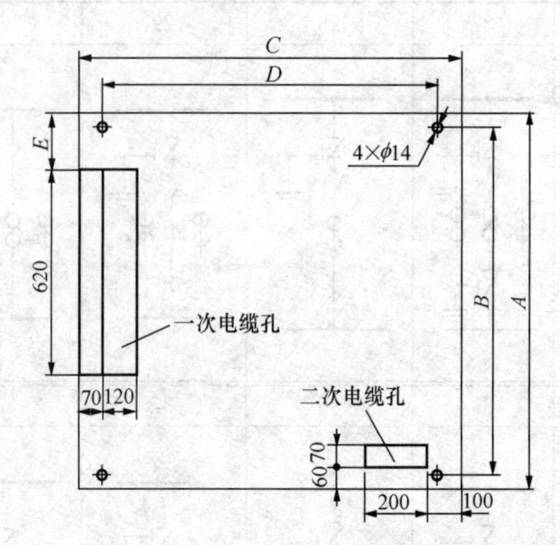

图 13-6　开关柜外形安装尺寸

表 13-12　　开关柜安装尺寸　　(mm)

规格＼尺寸	A	B	C	D	E	框体尺寸（长×宽×高）
电缆进出	1100	1040	1200	1050	160	1100×1200×2650
来空进出	1100	1040	1600	1450	—	1100×1600×2650
≥2000A 电缆进出	1200	1140	1200	1050	210	1200×1200×2650
≥2000A 架空进出	1200	1140	1600	1450	—	1200×1600×2650

（6）订货须知。订货时须提供一次线路方案编号及单线系统图，开关柜排列图、平面布置图（或并柜图），二次回路接线原理图、端子排列图。开关柜主要元器件的型号、规格、数量；特殊器件请提供厂家及相应技术资料；主母线的规格、材质，柜体颜色等；需要母线桥时，提供跨距和高度尺寸；备品、备件的名称及数量；开关柜使用在特殊条件时应在订货时提出。

2. JYN2-12 系列间隔移开式户内交流金属封闭开关设备

（1）用途。JYN2-12 系列间隔移开式户内金属封闭开关设备，用于 3～12kV 单母线系统，作为一般接收和分配电能的户内式金属封闭开关设备。

（2）主要技术参数。开关柜主要技术参数见表 13-13。

表 13-13　　开关柜主要技术参数

项　目	参　数		
额定电压（kV）	3.6	7.2	12
开关柜额定电流（A）	630、800	1000	1000、1600、2500
断路器额定电流（A）	630、1000	1000	1250、2000、3000
额定开断电流（有效值）(kA)	20	31.5	40
最大关合电流（峰值）(kA)	50	80	100
动稳定电流（峰值）(kA)	50	80	100
4s 热稳定电流（A）	20	31.5	40
开断电容器组（A）	1000		

续表

项 目	参 数		
一次母线动稳定电流（峰值,kA）	50	80	80
配用机构	CT8-Ⅰ、CT8-Ⅱ、CT19-Ⅰ、CT19-Ⅱ、CD17Ⅰ、CD17Ⅱ、CD17Ⅲ		
质量（kg）	750	800	1200
外形尺寸①（宽×深×高）/(mm×mm×mm)	840×1500×2200 1000×1500×200		

① 方案 26，柜宽 1200mm。

（3）结构及特点。该开关柜用钢板弯制焊接而成，由柜体和手车两部分组成。柜体由钢板或绝缘板分隔成手车室、母线室、电缆室的继电器仪表室四个部分。柜体前上部是继电器仪表室，下门内是手车室及断路器的排气通道，门上装有观察窗。下封板与接地开关有联锁。上封板下面装有电压显示器，下封板与接地开关有联锁。上封板下面装有电压显示器，当母线带电时显示器灯亮，不能拆卸上封板。

手车用钢板变制焊接而成，底部装有四个滚轮，能沿水平方向移动，还装有接地触头、导向装置、脚踏联锁机构及手车杠杆推进机构的扣攀。手车拉出后用附加转向小轮使手车灵活转向移动。手车分断路器车、电压互感器车、电压互感器避雷车、电容器避雷车、所用变车、隔离手车和接地车 7 种。

产品外壳防护等级符合 IP2X 规定，并具备“五防”功能。

（4）一次线路方案。一次线路各单元方案图见表 13-14。

表 13-14　　　　一次线路各单元方案图

编号	01	02	03	04	05	06	07
一次线路图	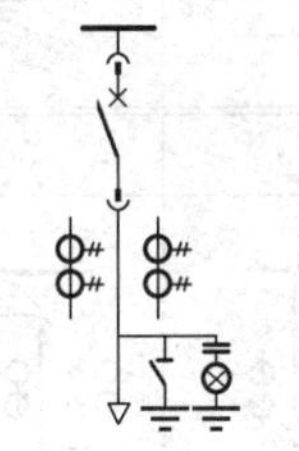	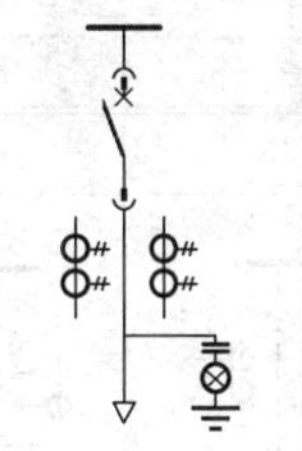	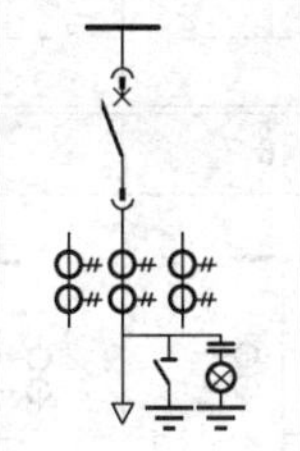	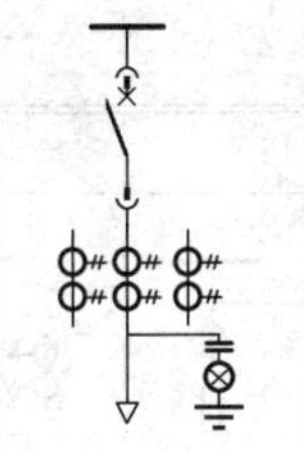	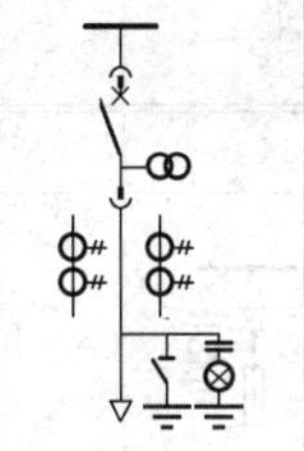	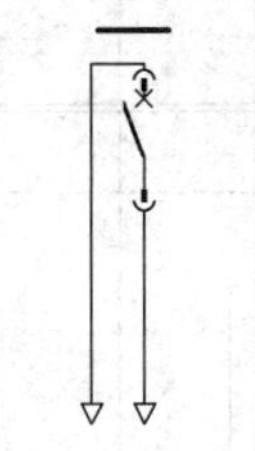	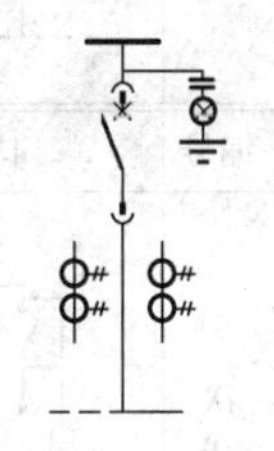
编号	08	09	10	11	12	13	14
一次线路图	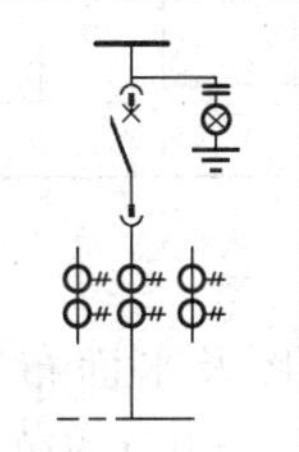	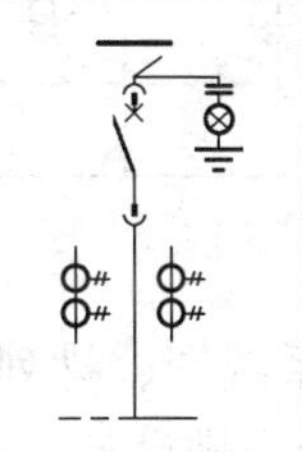	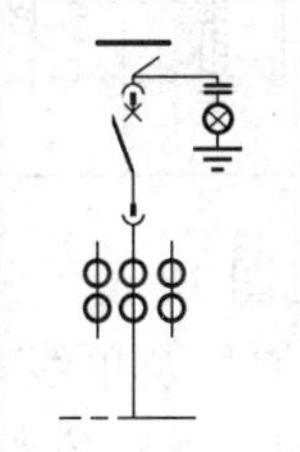	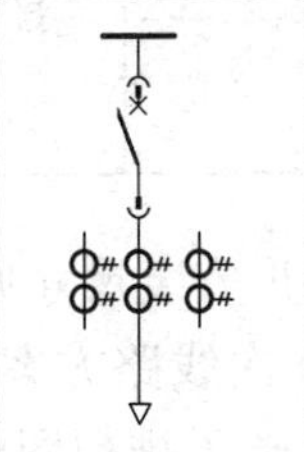	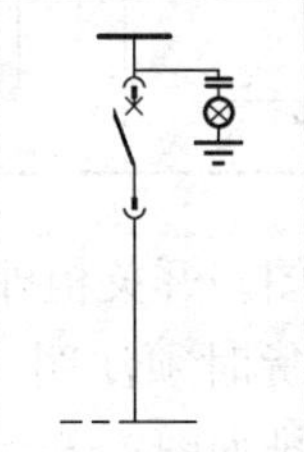	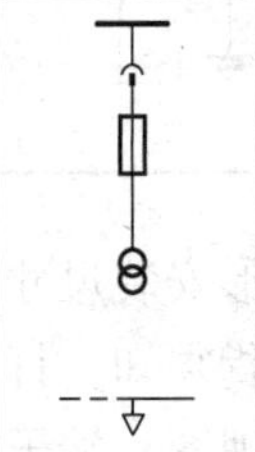	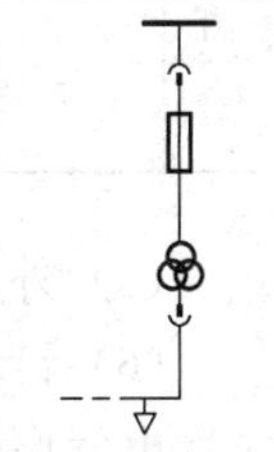
编号	15	16	17	18	19	20	21
一次线路图	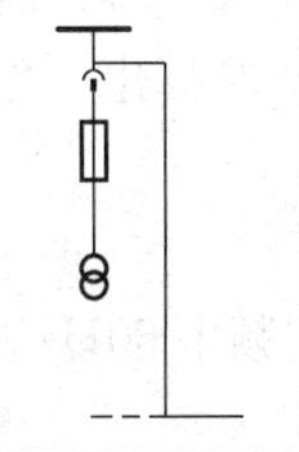	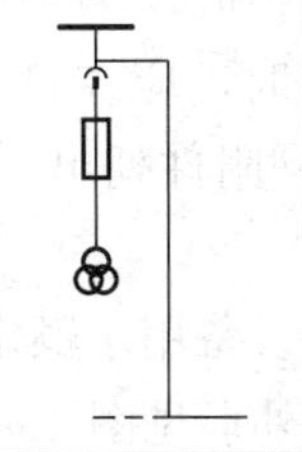	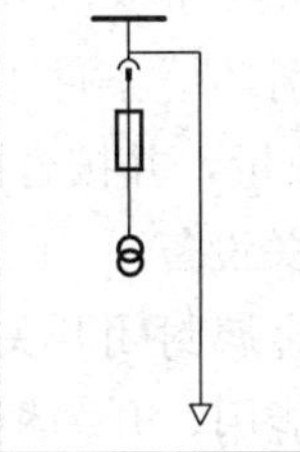	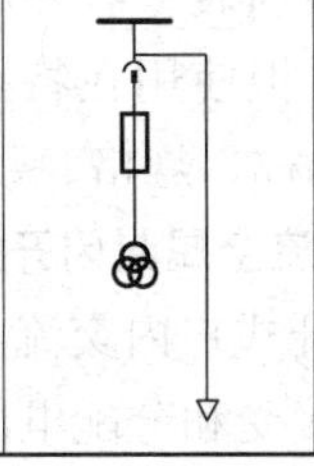	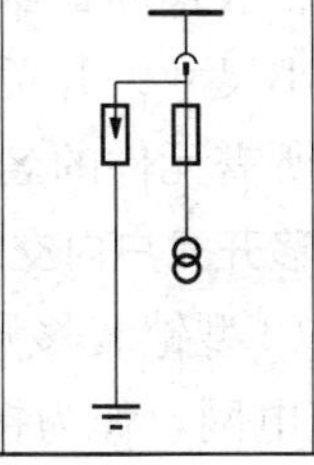	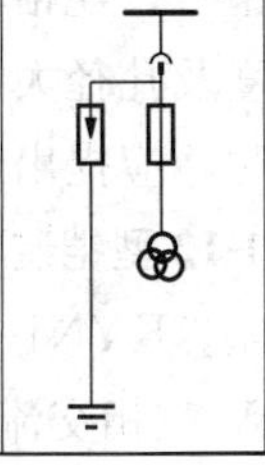	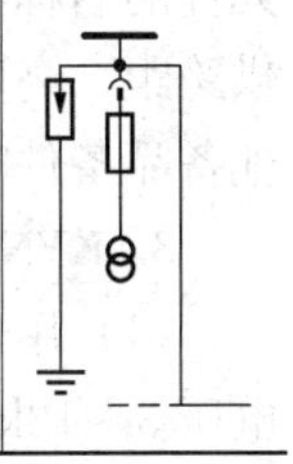

续表

编号	22	23	24	25	26	27	28
一次线路图	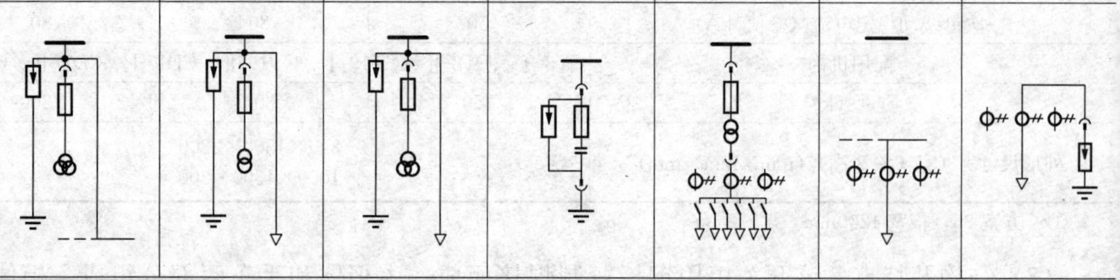						
编号	29	30	31	32	33	34	35
一次线路图	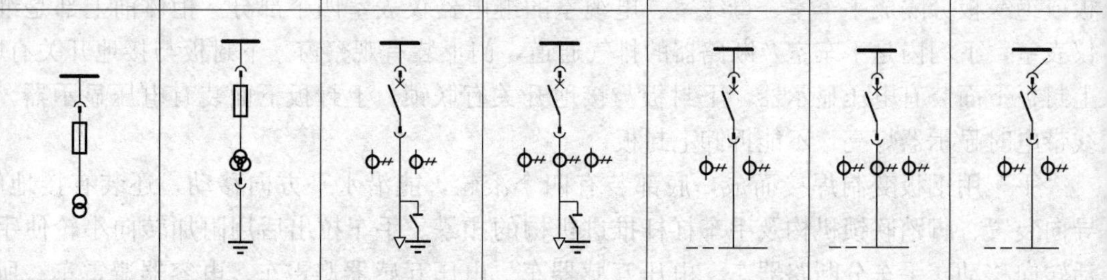						
编号	36	37	38	39	40	41	42
一次线路图	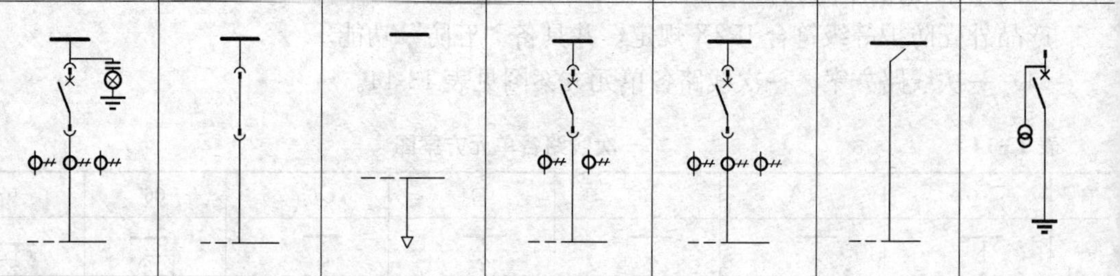						
编号	43	44	45	46	48	49	50
一次线路图	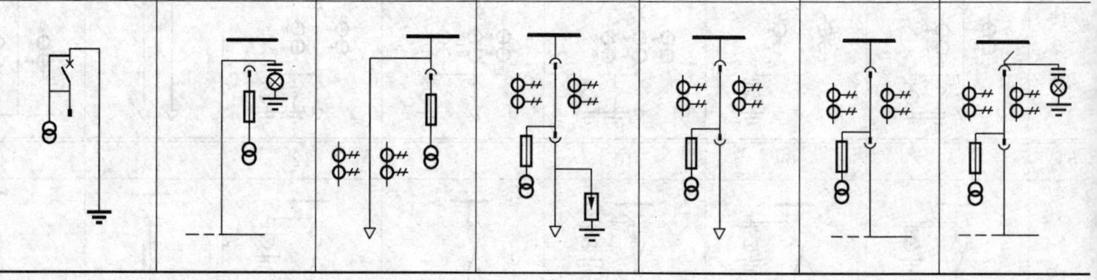						

（5）外形安装尺寸图。开关柜外形安装尺寸见图 13-7。

（6）订货须知。订货时须注明一次线路方案编号及单线系统图、排列图及平面布置图；二次电气原理图，端子排列图；若无端子排列图时，按厂家端子排设计；每台开关柜的电气元件的名称型号、规格、数量的详细列表。需要母线桥（两列柜间及墙柜间母线桥）时需提供跨距、高度及孔径大小尺寸；开关柜使用在特别环境条件下时，应在订货时提出；需要其他备品备件时，应提出所需元件的名称、规格、数量，并按合同附件列出。

3. KYN1-12 型铠装移开式户内交流金属封闭开关设备

（1）用途。KYN1-12 型铠装移开式户内交流金属封闭开关设备用于额定频率 50Hz、额定电压 3～12kV 三相交流电网，作为接受和分配电能用，开关柜外形见图 13-8。

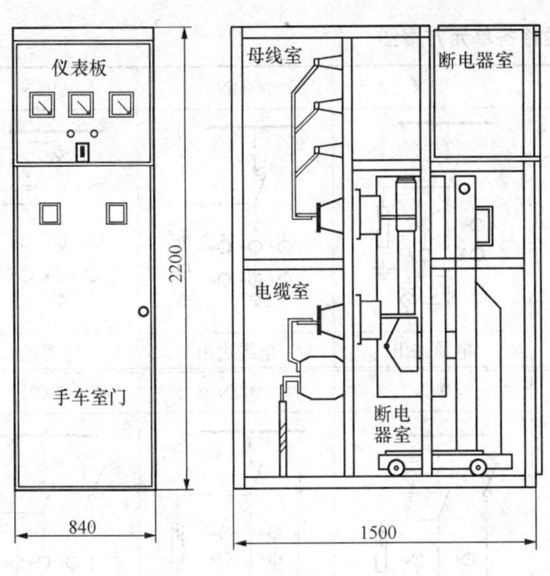

图 13-7　开关柜外形安装尺寸

图 13-8　开关柜外形图

（2）主要技术参数。

额定电压：3.6kV、7.2kV、12kV。

额定电流：630A、1000A、1250A、1600A、2000A、2500A、3150A。

开关柜额定绝缘水平见表 13-15。

表 13-15　　开关柜额定绝缘水平

额定电压/kV	雷电冲击耐受电压（峰值）/kV		1min 工频耐受电压（有效值）/kV		辅助回路及控制回路1min 工频耐受电压/kV
	对地、相间	隔离断口	对地、相间	隔离断口	
3.6	40	46	24	26	2
7.2	60	70	32	36	
12	75	85	42	48	

额定短时 4s 耐受电流：16kA、20kA、25kA、31.5kA、40kA。

额定峰值耐受电流：40kA、50kA、63kA、80kA、100kA。

防护等级：外壳 IP2X、隔离 IP2X。

（3）结构及特点。本产品由前柜、后柜、继电器仪表箱、手车及泄压装置五部分组成，前柜、后柜和泄压装置用螺栓连接，继电器仪表箱用减振器与前柜相连。前柜分手车室和二次端子室，后柜分电缆室和主回路母线室。各部分均用钢板分割焊接而成。该产品有以下特点：①有安全的一次触头活门，手车在工作位置与进出位置之间运动时，隔离活门自动打开或关闭，保证了带电检修的安全；②有足够的电气绝缘强度，柜内相间、相对地的空气距离均不小于 125mm；③具有可靠的机械联锁装置，满足“五防”要求；④主母线采用“品”字形布置，垂直安装，降低了回路短路时电动力的影响；电流互感器与一次触头一体化，减少了故障环节，增大了柜内空间；⑤操作简便省力，配有蜗轮、蜗杆推进机构；⑥配有长寿的真空灭弧室、操动机构，使维修工作大大减少。

（4）一次线路方案。一次线路各单元方案图见表 13-16。

表 13-16　　一次线路各单元方案图

编号	01N	02N	03N	04N	05N
一次线路图	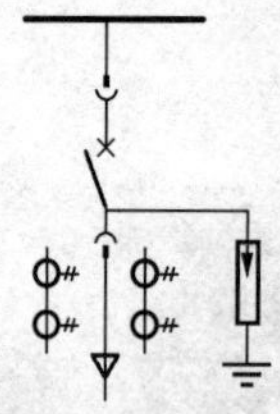	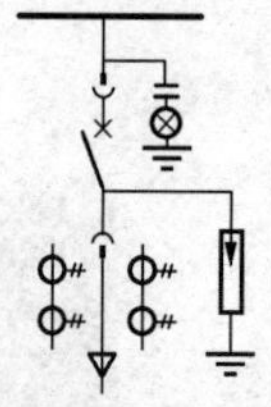	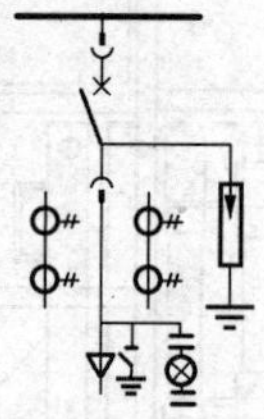	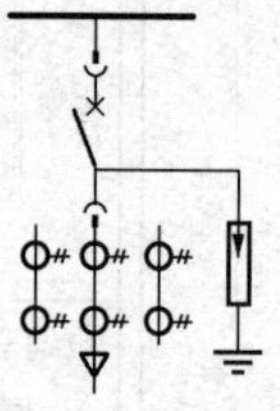	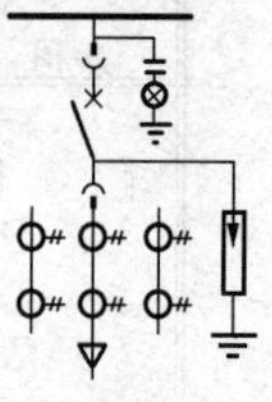
用途	电缆进出	电缆进出	电缆进出	电缆进出	电缆进出
编号	06N	07N	08N	09N	10N
一次线路图	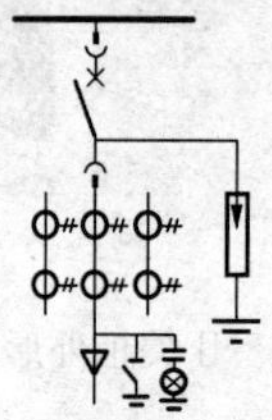	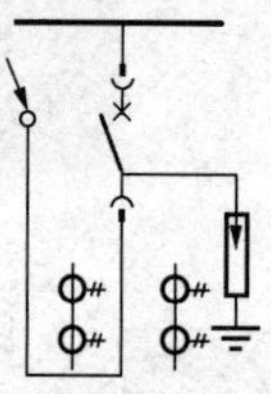	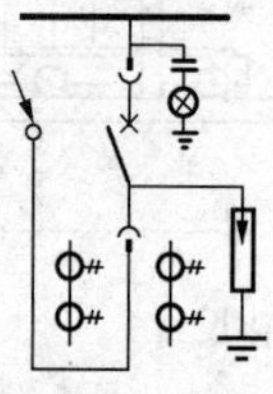	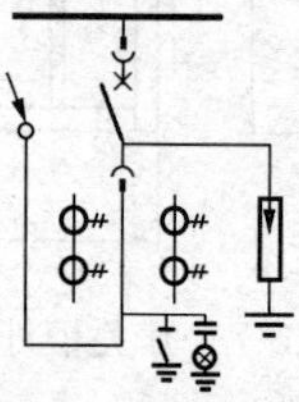	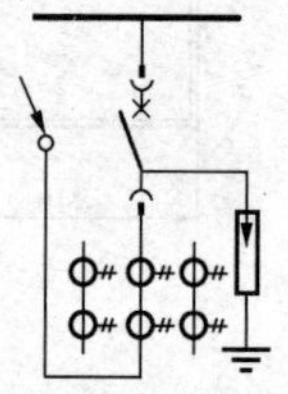
用途	电缆进出	架空进出	架空进出	架空进出	架空进出
编号	11N	12N	13N	14N	15N
一次线路图	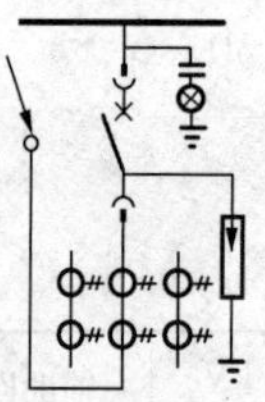	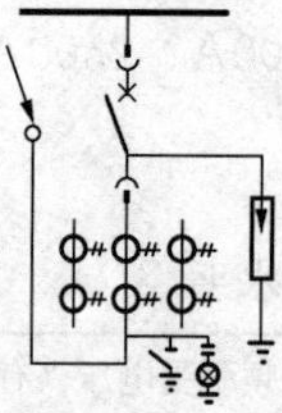	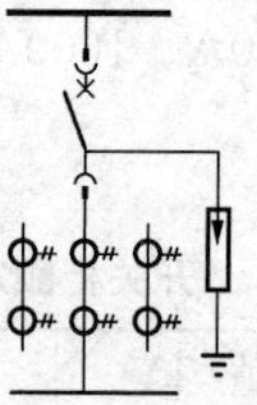	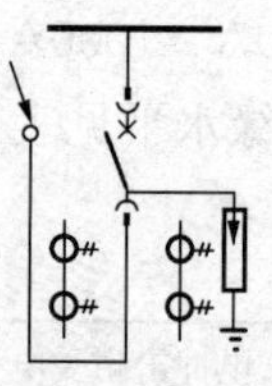	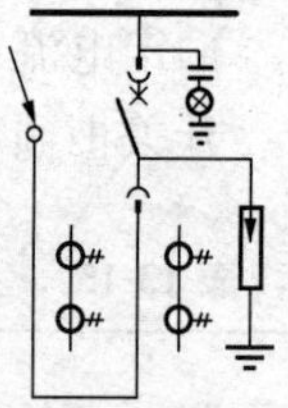
用途	架空进出	架空进出	左右联络	架空进出	架空进出

编号	16N	17N	18N	19N	20N	21N
一次线路图	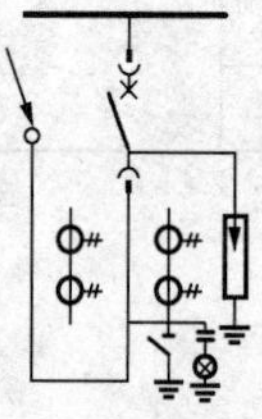	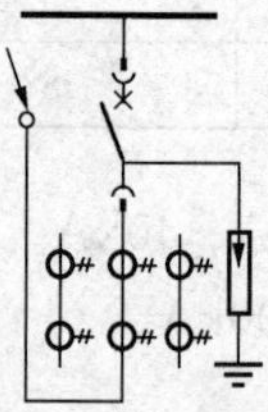	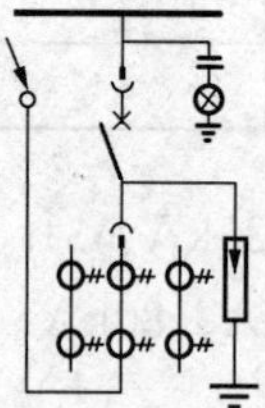	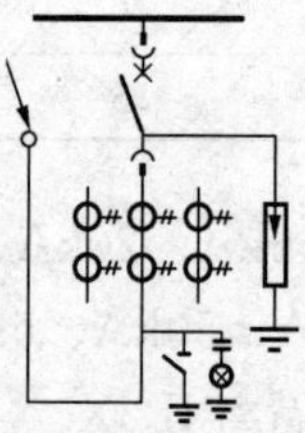	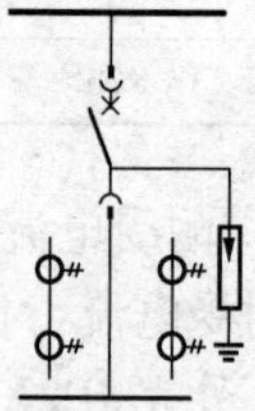	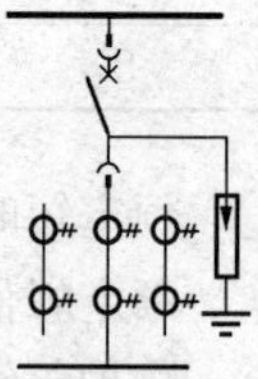
用途	架空进出	架空进出	架空进出	架空进出	架空进出	架空进出

订货须知　订货时须提供一次线路方案编号、单母线系统图、平面布置图；辅助电路电气原理图，端子排列图；开关柜内电器元件的型号、规格、数量；母线的规格、材质；备品备件的名称及数量；特殊要求。

4. KYN18A-12（Z）型铠装移开式户内交流金属封闭开关设备

（1）用途。KYN18A-12（Z）型铠装移开式户内交流金属封闭开关设备（以下简称开关柜）。是中置式真空开关柜，真空开关柜主要选用 ZN22B-12 真空断路器，也可配用 ZN12-10 真空断路器及西门子公司的 3AF、3AH 真空断路器。

本产品符合 GB 3906—2006《3～35kV 交流金属封闭开关柜设备》、DL 404《户内交流开关柜订货技术条件》及 IEC 298《交流金属封闭开关设备和控制设备》等标准。适用于 3～10kV 交流三相 50Hz 单母线电力系统中作为接受和分配电能之用。可广泛用于各类型发电厂，变电站及工矿企业中。本产品可靠墙安装（不推荐）和不靠墙安装。开关柜外形见图 13-9。

图 13-9　开关柜外形图

（2）使用环境条件。

1）环境温度：不高于＋40℃，不低于－10℃。

2）相对湿度：日平均值不大于 95%，月平均值不大于 90%。

3）地震烈度：不超过 8 度。

4）水蒸气压力：日平均值不超过 2.2kPa。月平均值不超过 1. 8kPa。

5）海拔高度：不超过 1000m（特殊订货不大于 3000m）。

6）无火灾、爆炸危险、严重污秽、化学腐蚀及剧烈震动的场所。

（3）主要技术参数。开关柜主要技术参数见表 13-17。

表 13-17　　开关柜主要技术参数

额定电压（kV）	3；6；10		
额定短路开断电流（kA）	31.5	40	50
额定电流（A）	1250；1600；2000；2500	1600；2000；2500；3150	
4s 额定热稳定电流（kA）	31.5	40	50（3s）
额定动稳定电流（kA）	80	100	125
额定雷电冲击耐受电压（kV）	75		
额定 1min 工频耐受电压（kV）	42		
外壳及隔室防护等级	IP30		

（4）主要特点。本开关柜为铠装移开式户内金属封闭开关柜设备，结构上分为柜体和可移开部件（简称小车）两部分。

1）柜体。本型开关柜柜体由优质薄钢板构件组装成的框架结构，柜内由接地薄钢板分隔为主母线室，小车室，电缆（电流互感器）室，继电器室。各室设有独立的通向柜顶的排气通道，当柜内由于意外原因压力增大时，柜顶的盖板将自动打开，使压力气体定向排放。小车室设有悬挂小车的轨道，左侧轨道上，还设有开合主回路触头盒遮挡帘板的机构和小车运动导向装置。右侧轨道上，设有小车的接地装置和防止小车滑脱的限位机构。主母线室可安装三相矩形主母线。如用户需要各柜主母线经绝缘套管贯通。电缆室中还可安装接地开关。继电器室内设有继电器安装板，可安装凸出安装的各种继电器，继电器室门上可安装各种计量仪表，操作开关，信号装置等。小室顶部设有小母线端子，单层布置时最多可设 15 个小母线端子。小室下部可安装二次端子排，端子排安装于固定小室底板上。大电流进出线柜当额定电流≥2500A 时，开关柜配置强制通风装置。在开关柜顶部设有被装风机的通风口。在柜前，柜后分别设有各小室独立进风口。开关柜可在面对面排列时，两组柜间用母线桥连接；架空进出线柜也可配置进线母线桥。母线桥是用薄钢板弯制而成的封闭结构。

2）小车。本型开关柜的小车是悬挂结构，小车的滚轮，导向装置，接地装置等，均设置在小车的两侧中部。小车的主回路触头视小车的额定电流不同而不同，可分为 1250、1600、2000、2500、3150A 五挡，1250A 触头保证在 4s 额定热稳定电流 31.5kA，额定动稳定电流 80kA 的系统可靠运行；1250A 以上触头保证 3s 额定热稳定电流 50kA，额定动稳定电流 125kA 的系统可靠运行。

5. KYN28A-12 型铠装移开式户内交流金属封闭开关设备

（1）用途。KYN28A-12 型铠装移开式户内交流金属封闭开关设备（简称开关柜），适用于三相交流，额定电压 3.6～12kV、额定频率 50Hz 的单母线及其分段系统，作为户内接受和分配电能的成套配电设备，主要用于发电厂、中小型发电动机送电，工矿企、事业单位配电及电业系统二次变电所的受电、送电及大型高压电动机启动等，并具有对电路进行控制、保护和检测等功能。该开关柜可配 VD4、VS1、VEP、3AH 等户内高压真空断路器。该设备除具有与国际同类产品相同的结构、技术参数、制造技术外，还根据国内运行的实际情况，加大了空气绝缘净距，充分满足 GB 3906—2006、IEC 298、DL 404—1997 等标准的要求，是目前性能最为优越的配电装置，开关柜外形见图 13-10。

图 13-10　开关柜外形图

（2）主要技术参数。开关柜主要技术参数见表 13-18。

表 13-18　　开关柜主要技术参数

项　目	参　数	项　目	参　数
最高工作电压（kV）	12	额定短路关合电流（峰值，kA）	63、80、100、125
额定电压（kV）	10		
工频耐受电压（kV）	42（断口间 48）	额定动稳定电流（峰值，kA）	63、80、100、125
冲击耐受电压（kV）	75（断口间 85）		
额定电流（A）	630、1250、1600、2000、3150、4000	额定热稳定电流（有效值）/时间（kA/s）	25/4、31.5/4、40/4、50/4
额定频率（Hz）	50	额定短路电流开断次数（次）	50
防护等级	外壳 IP4X、断路器室门打开 IP3X	机械寿命（次）	30 000
		额定电流开断次数（次）	30 000
额定短路开断电流（有效值）（kA）	25、31.5、40、50	质量（kg）	700～900

（3）结构及特点。开关柜由固定的柜体和可抽出式部件（简称手车）两大部分组成。开关柜的外壳和隔板是用敷铝锌钢板经数控机床加工和弯折之后拴接而成，因此装配好的开关柜能保证结构尺寸上的统一性。敷铝锌钢板具有很强的抗腐蚀与抗氧化作用，并具有比同等钢板高的机械强度。开关被隔板分成手车室、母线室、电缆室、继电器仪表室，每一单元均独立接地。开关柜外壳防护等级为 IP4X，断路器室门打开时的防护等级为 IP2X。

手车根据用途可分为断路器手车、电压互感器手车、计量手车、隔离手车、站用变手车等，相同用途的手车具有互换性。手车在柜内有试验/隔离位置和工作位置，每一位置都设有定位装置以保证手车处于以上两位置时不能随便移动。

开关柜可安装成背对背或面对面双排排列。由于开关柜的安装与调试均在正面进行，所以开关柜可靠墙安装。

（4）一次线路方案。一次线路各单元方案图见表 13-19。

表 13-19　　一次线路各单元方案图

编号	001	002	003	004	005	006	007	008
一次线路图	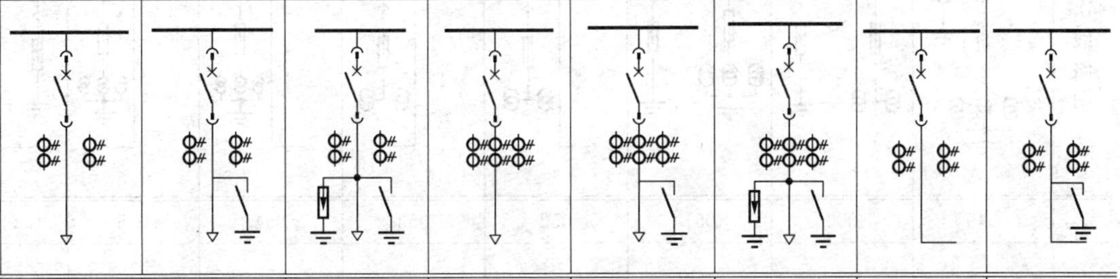							
编号	009	010	011	012	013	014	015	016
一次线路图	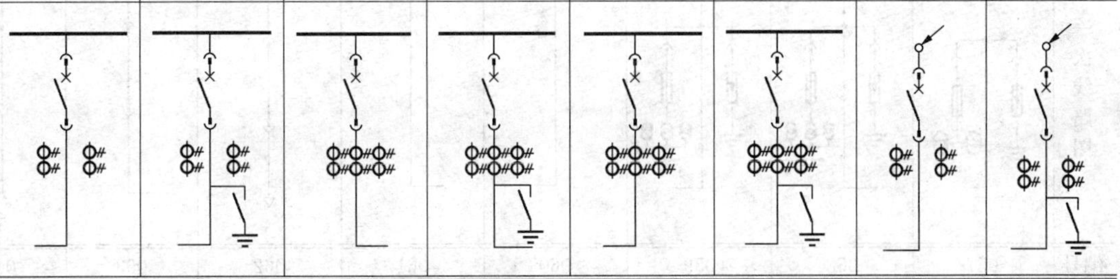							
编号	017	018	019	020	021	022	023	024
一次线路图	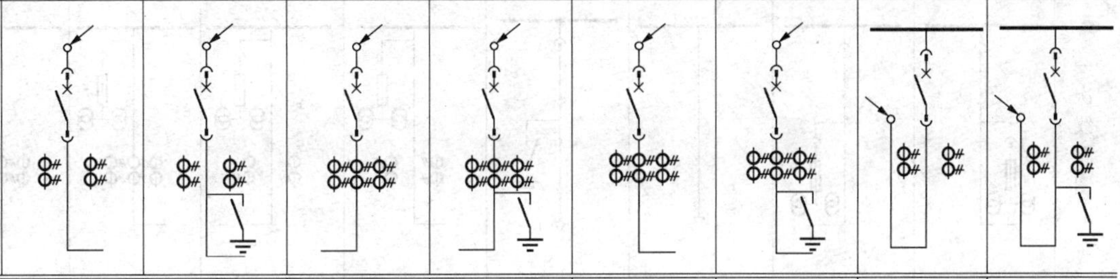							
编号	025	026	027	028	029	030	031	032
一次线路图	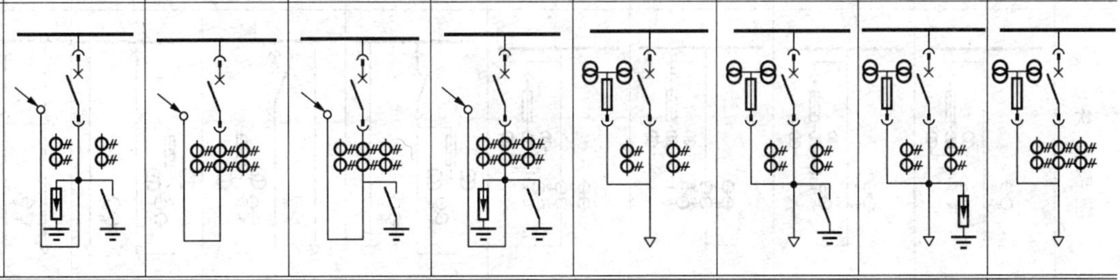							
编号	033	034	035	036	037	038	039	040
一次线路图	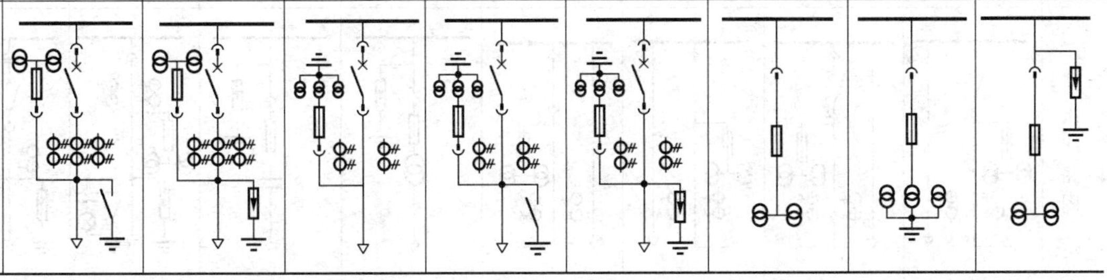							

续表

编号	041	042	043	044	045	046	047	048
一次线路图	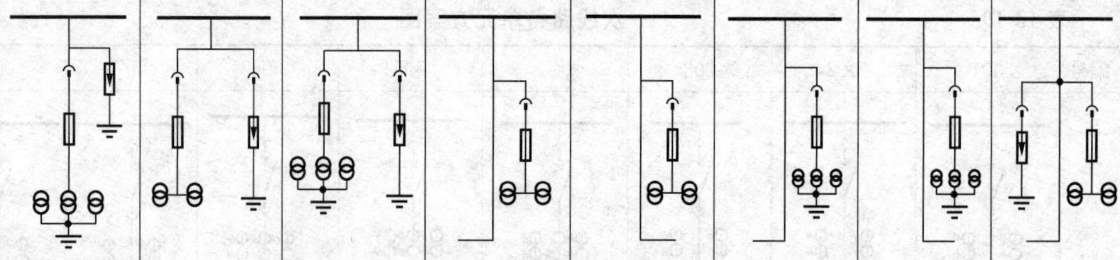							
编号	049	050	051	052	053	054	055	056
一次线路图	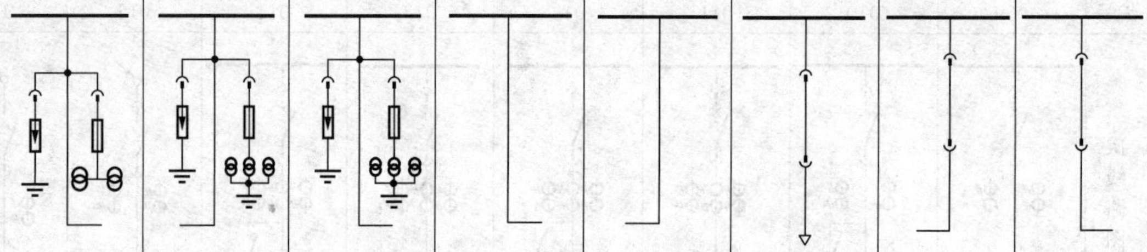							
编号	057	058	059	060	061	062	063	064
一次线路图	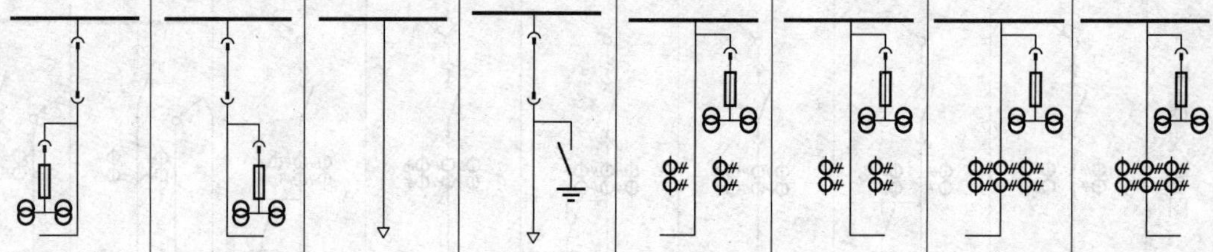							
编号	065	066	067	068	069	070	071	072
一次线路图	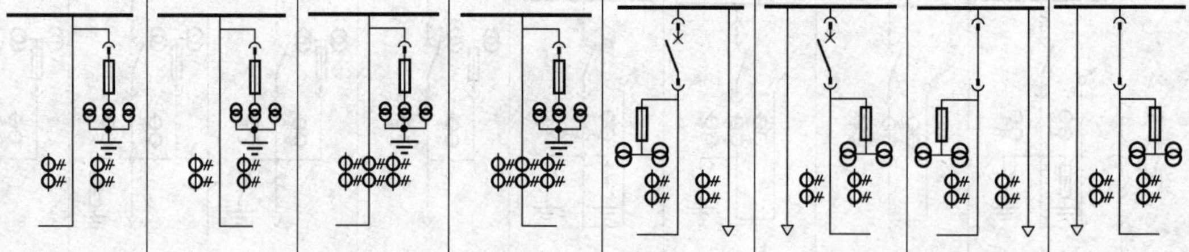							
编号	073	074	075	076	077	078	079	080
一次线路图	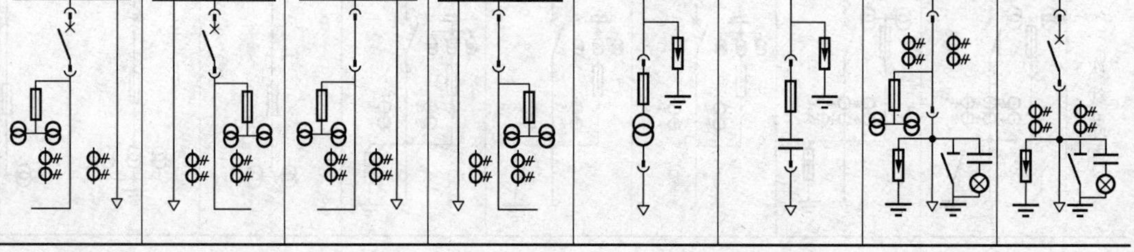							

续表

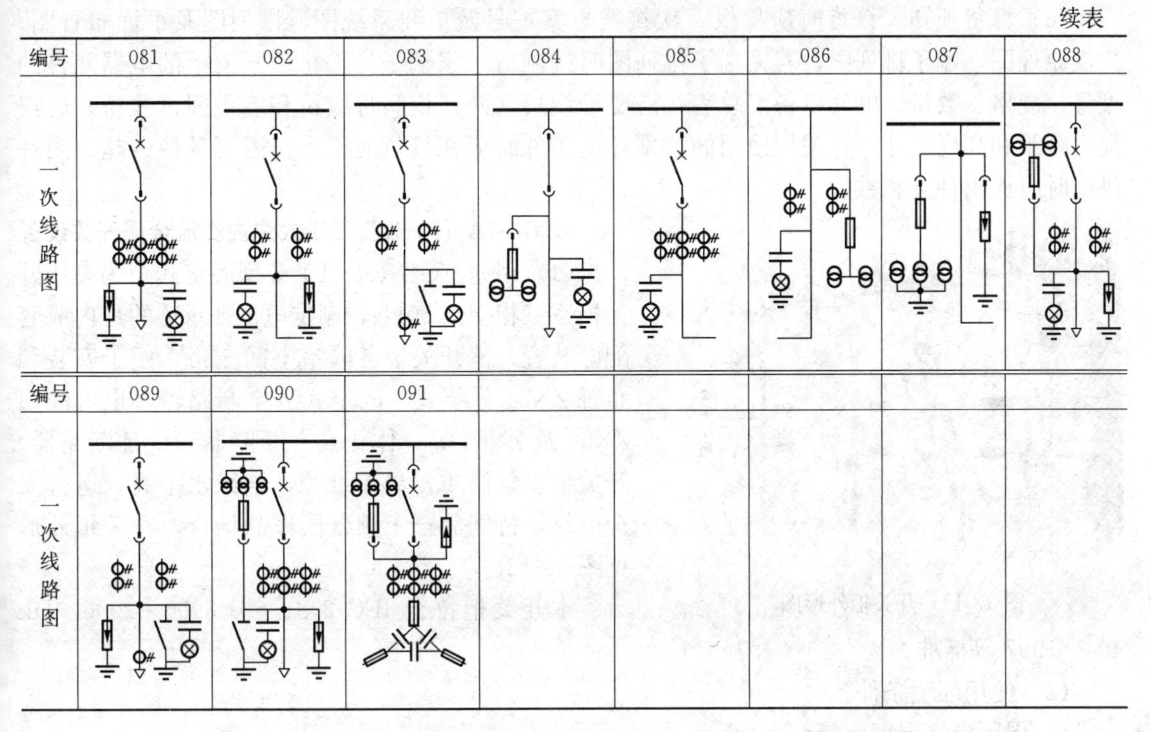

（5）外形安装尺寸图表。开关柜外形安装尺寸图见图 13-11，开关柜安装尺寸见表 13-20。

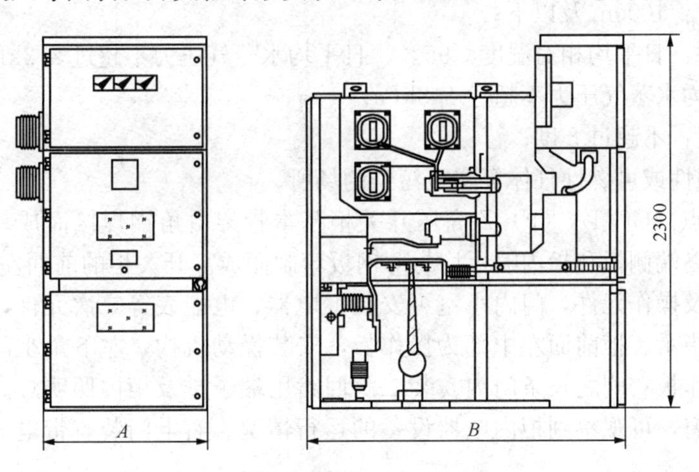

图 13-11　开关柜外形安装尺寸

表 13-20　　　　**开关柜安装尺寸**

柜宽 *A*（mm）	柜宽 *B*（mm）
650	1500（电缆）
	1660（架空）
800	1500（电缆）
	1660（架空）
1000	1500（电缆）
	1660（架空）

注　额定电流小于 1600A 且采用电缆进出线时，柜体宽度为 650mm（复合绝缘）或 800mm（空气绝缘），柜体深度为 1500mm；额定电流 1600A 及以上且采用架空进出线时，柜体宽度为 1000mm，柜体深度为 1660mm。

（6）订货须知。订货时应提供一次接线方案编号及单线系统图，排列图及平面布置图；二次原理图，端子排列图，若无端子排列图时按制造厂家端子排编排；开关柜的电器元件的型号、规格、数量；电气设备汇总表；需要母线桥（两列柜间母线桥和墙柜间母线桥）时需提供跨距和高度尺寸；开关柜使用的特别环境条件时应在订货时提出；需要其他或超出附件供件时应提出种类和数量。

6. GG-1A（F）Z型固定式户内交流金属开关设备

（1）用途。GG-1A（F）Z型固定式户内高压开关柜系三相交流50Hz、额定电压10kV的户内成套配电装置。该开关柜各隔室空间充裕，便于安装和布置ZN28分装式、固定式真空断路器，也可配用ZN68及ZN63等一体化真空断路器和少油断路器。开关柜安装简单，易于维护，绝缘水平高，运行安全可靠，特别适合于频繁操作的场合，开关柜外形见图13-12。

图13-12　开关柜外形图

本开关柜符合IEC 298、GB 3906—2006、DL 404—1997等标准。

（2）使用环境条件。

1）周围空气温度－15～＋40℃；

2）海拔高度：1000m及以下；

3）湿度条件：日平均相对湿度≤95%，日平均水蒸气压力不超过2.2kPa；月平均相对湿度≤90%，月平均水蒸气压力不超过1.8kPa；

4）地震烈度：不超过8度；

5）没有腐蚀性或可燃性气体等明显污染的场所。

（3）主要特点。GG-1A（F）Z高压开关柜基本骨架由角钢焊接而成。前面板、前面大门、柜间隔板、终端侧板和柜内隔板均为薄钢板弯制而成。开关柜的前面左门装有监视仪表、继电器、指示灯及操作元件，门内小室可安装继电器、电能表等二次元件，电能表也可通过门上的观察观看指示。柜前面左中部为操作板，安装操动机构。左下角小门内安装合闸接触器及熔断器。操作板右侧之长条门内安装二次回路用端子排及柜内照明灯。柜前面右侧上下两扇门装有观察窗，可观察到柜内电器设备的运行情况。右上门装有带电显示装置，以便观测回路带电状况。

柜内用薄钢板分隔为上部为断路器室，下部为隔离开关室，并可安装柜间联络母线。隔板上可安装电流互感器等元件。上部母线隔离开关与断路器之间装有隔板，主母线安装于柜顶部支持绝缘子上。各种状态下的机械联锁采用强制机械闭锁方式，满足“五防”功能。母线可根据需要选用铝母线或铜母线。电气间障不小于125mm。旁路方案是在主柜后增加深600mm的附柜，附柜有后门及操作板保护，后门于主柜前门装有可逆式机构联锁。

（4）主要技术参数。开关柜主要技术参数见表13-21。

（5）结构及外形示意图。开关柜结构及外形示意图见图13-13。

7. HXGN15A-12（F、R）箱型固定式交流金属封闭环网开关柜

（1）用途。HXGN15A-12（F、R）箱型固定式交流金属封闭环网开关设备（简称“环网

表 13-21　　　　　　　　开关柜主要技术参数

序号	项　目			数　据
1	额定电压（kV）			10
2	额定绝缘水平	额定工频耐受电压（kV）	极间、极对地	42/1min
			断口间	48/1min
3		额定雷电冲击耐受电压（kV）	极间、极对地	75
			断口间	85
4	额定电流（A）			1000、1250、1600、2000、2500、3150
5	额定短时耐受电流（kA）			20、25、31.5、40、50
6	额定峰值耐受电流（kA）			50、63、80、100
7	额定短路持续时间（s）			4
8	防护等级			IP2X

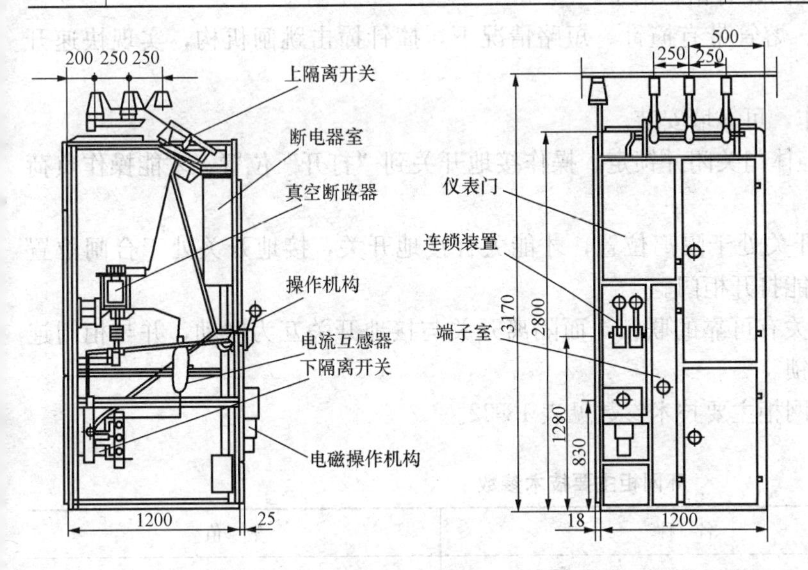

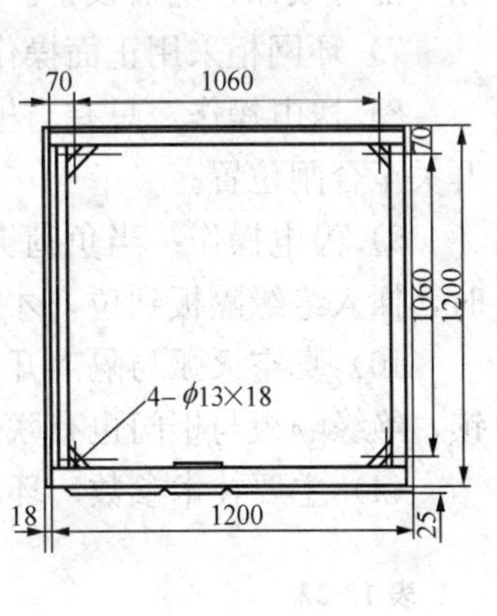

图 13-13　开关柜结构及外形示意图

柜”），是为城市电网改造和建设需要而生产的新型高压开关柜。在供电系统中亦作为开断负荷电流和短路电流以及关合短路电流之用，适用于交流 3～10kV、50Hz 的配电系统中。广泛地用于城市电网建设和改造工程、工矿企业、高层建筑和公共设施等，作为环网供电单元和终端设备，起着电能的分配、控制和电气设备的保护作用也可装在预装式变电站中。本环网柜成套性强、体积小、无燃烧和爆炸危险，具有可靠的“五防”功能。本环网柜符合 GB 3906《3.6-40.53kV 交流金属封闭开关设备》、IEC 60420《高压交流负荷开关—熔断器组合电器》标准的有关规定，环网柜外形图见图 13-14。

图 13-14　开关柜外形图

（2）使用环境条件。

1）周围空气温度－15～＋40℃；

2）海拔高度：1000 及以下；

3）湿度条件：日平均相对湿度≤95%；日平均水蒸气压力不超过2.2kPa；月平均相对湿度≤90%，月平均水蒸气压力不超过1.8kPa；

4）地震烈度：不超过8度；

5）没有腐蚀性或可燃性气体等明显污染的场所。

（3）主要特点。

1）环网柜采用8MF型材组装，全构架安装模数孔E20mm。

2）环网柜主配FZN21-12D型负荷开关或FZRN21-12D型熔断器组合电器，该型电器带有隔离开关、真空负荷开关、接地开关，且隔离开关及接地开关均有明显断口。

3）隔离开关、真空负荷开关、接地开关、柜门具有完善可靠的机械联动、连锁装置，能有效防止误操作，并确保安全维护。

4）可手动、电动操作。

5）计量柜的柜门、仪表门设有铅封销子。

6）熔断器组合电器柜、熔管带有撞针。短路情况下，撞针撞击跳闸机构，实现快速开断，能有效保护电器设备。

7）环网柜采用正面操作，可靠墙安装。

8）送电操作：只有当柜体门关闭并锁定，操作接地开关到"打开"位置，才能操作负荷开关全合闸位置。

9）停电操作：当负荷开关处于隔离位置，才能关合接地开关，接地开关处于合闸位置时，插入绝缘隔板到位，才能打开柜门。

10）真空灭弧与隔离开关有可靠的联锁，而隔离开关与接地开关互为联动，并与柜门连锁，绝缘隔板与柜门也有联锁。

（4）主要技术参数。环网柜主要技术参数见表13-22。

表13-22　环网柜主要技术参数

序　号	名　称	数　值
1	额定电压（kA）	10（最高工作电压12）
2	额定电流（A）	630
3	额定短路开断电流（kA）	20、25、31.5
4	额定有功负载开断电流（A）	630
5	额定短时耐受电流（kA）	20、25、31.5
6	额定峰值耐受电压（kA）	40、50、63
7	额定工频耐受电压（kV）	42（断口，48）
8	雷电冲击耐受电压（kV）	75（断口，85）
9	机械寿命（次）	1000
10	额定交接电流（组合电器）(A)	3150
11	操作方式	手动或电动
12	防护等级	IP2X

（5）结构及外形示意图。环网柜结构及外形见图13-15。

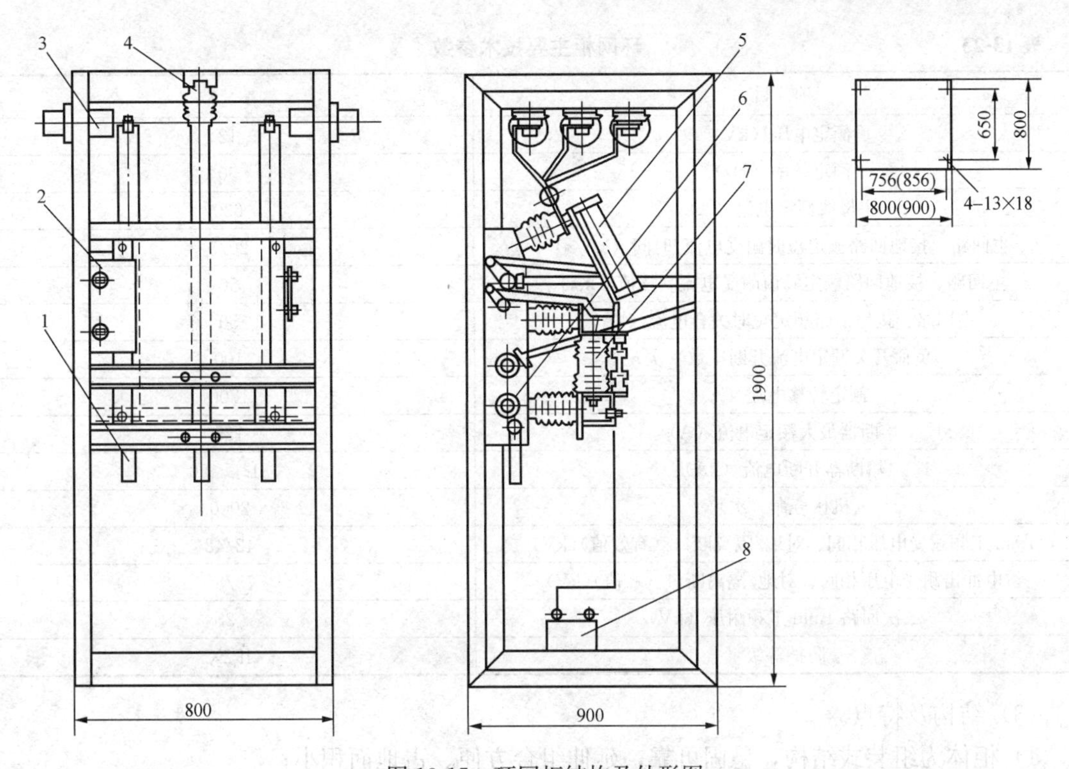

图 13-15　环网柜结构及外形图

1—接地开关；2—操动机构；3—穿墙套管；4—绝缘子；5—熔断器（隔离刀）；6—弹操机构；7—负荷开关；8—电流互感器

8. XGN15-12 型箱型固定式户内交流金属封闭环网开关设备

（1）用途。XGN15-12 型箱型固定式户内交流金属封闭开关设备（简称环网柜），适用于三相交流 50Hz、额定电压 12kV 电力系统中作为电能的接受和分配之用。可用于环网供电和终端供电，也可作为箱变高压侧设备。产品符合 GB/T 11022、GB 3906 等标准规定，并具备“五防”联锁功能。既可配用 FLN36-12D、FLN38-12D、FLN48-12 型二工位及三工位 SF_6 负荷开关，或 FLRN36-12D 型 SF_6 负荷开关-熔断器组合电器，也可配装 ABB 公司的原装 SFG 型负荷开关、HAD/US 型 SF_6 断路器或 VD4-S 型真空断路器，还可根据用户需要装配最先进的进口 ISM 系列永磁机构真空断路器以及 VB 系列真空断路器，环网柜外形见图 13-16。

图 13-16　环网柜外形图

（2）主要技术参数。环网柜主要技术参数见表 13-23。

表 13-23　　环网柜主要技术参数

项　目	参　数
额定电压（kV）	12
额定频率（Hz）	50
主母线额定电流（A）	630
主回路、接地回路额定短时耐受电流/时间（kA/s）	20/3
主回路、接地回路额定峰值耐受电流（峰值，kA）	50
主回路、接地回路额定短时关合电流（kA）	50
负荷开关额定电流开断次数（次）	100
额定转移电流（A）	1700
熔断器最大额定电流（A）	125
熔断器开断电流（kA）	31.5～50
机械寿命（次）	2000
1min 工频耐受电压相间、对地/隔离断口（有效值）(kV)	42/48
雷电冲击耐受电压相间、对地/隔离断口（峰值）(kV)	75/85
二次回路 1min 工频耐压（kV）	2
防护等级	IP2X

（3）结构及特点。

1）柜体为组装式结构，稳固可靠，延伸组合方便、占地面积小；

2）柜体采用进口覆铝锌钢板，覆层花纹均匀色泽适中，在阳光和灯光下均不眩目，正面面板为静电喷涂，其颜色可按用户要求制作；

3）环网柜由母线室、负荷开关室、电缆室和低压控制室等部分组成。主要隔室由钢板分离，防止故障扩大；

4）负荷开关、接地开关、柜门之间的联锁均采用强制性机械联锁方式，以实现五防联锁功能；

5）柜后均装有泄压板，确保正面操作人员的安全；

6）负荷开关的传动操作与机械联锁装置的设计配合，使机械联锁装置结构更加简单而且动作可靠。

柜前操作板上有模拟接线，开关的工作位置在模拟线中能正确反映。

（4）一次线路方案。一次线路各单元方案图见表 13-24。

表 13-24　　一次线路各方案图

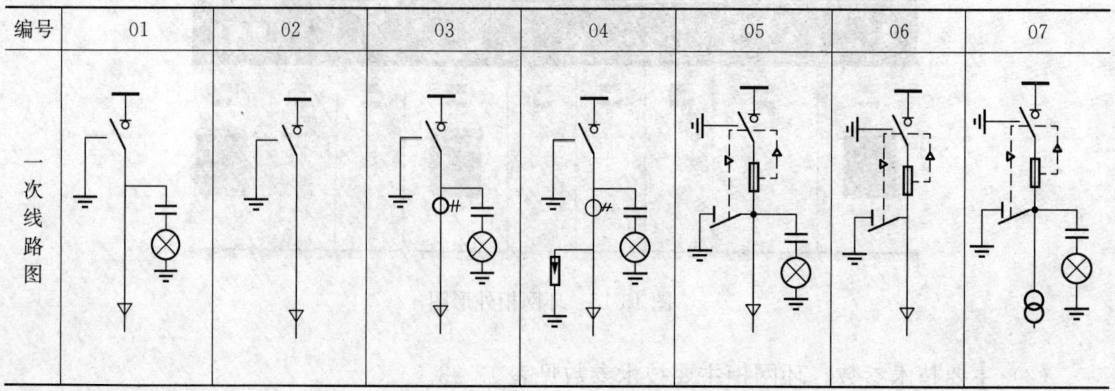

编号	01	02	03	04	05	06	07
一次线路图							

续表

编号	08	09	10	11	12	13	14
一次线路图							
编号	15	16	17	18	19	20	
一次线路图							

（5）外形安装尺寸图。环网柜外形安装尺寸见图 13-17。

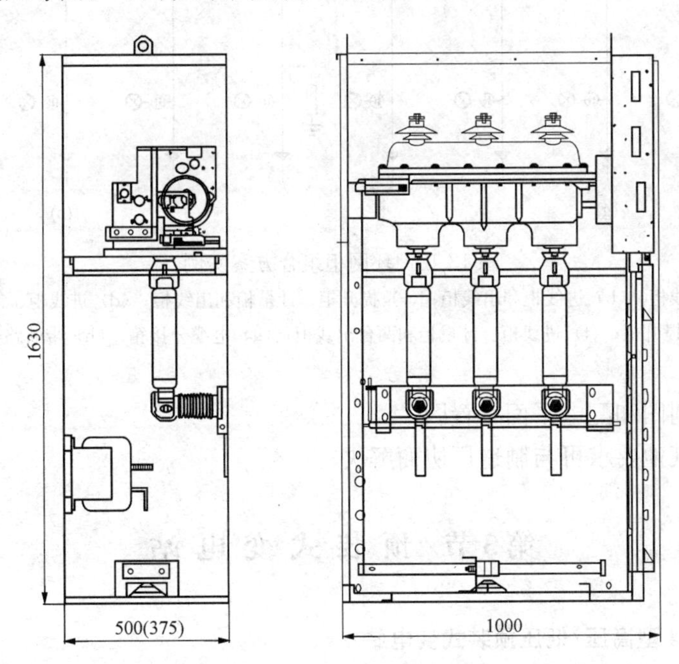

图 13-17　环网柜外形安装图

（6）环网柜组合方案实例。环网柜组合方案实例见图 13-18。

（7）订货须知。

1）订货时应提供一次线路方案编号或组合方案编号；

2）环网柜内辅助回路、控制回路原理相同；

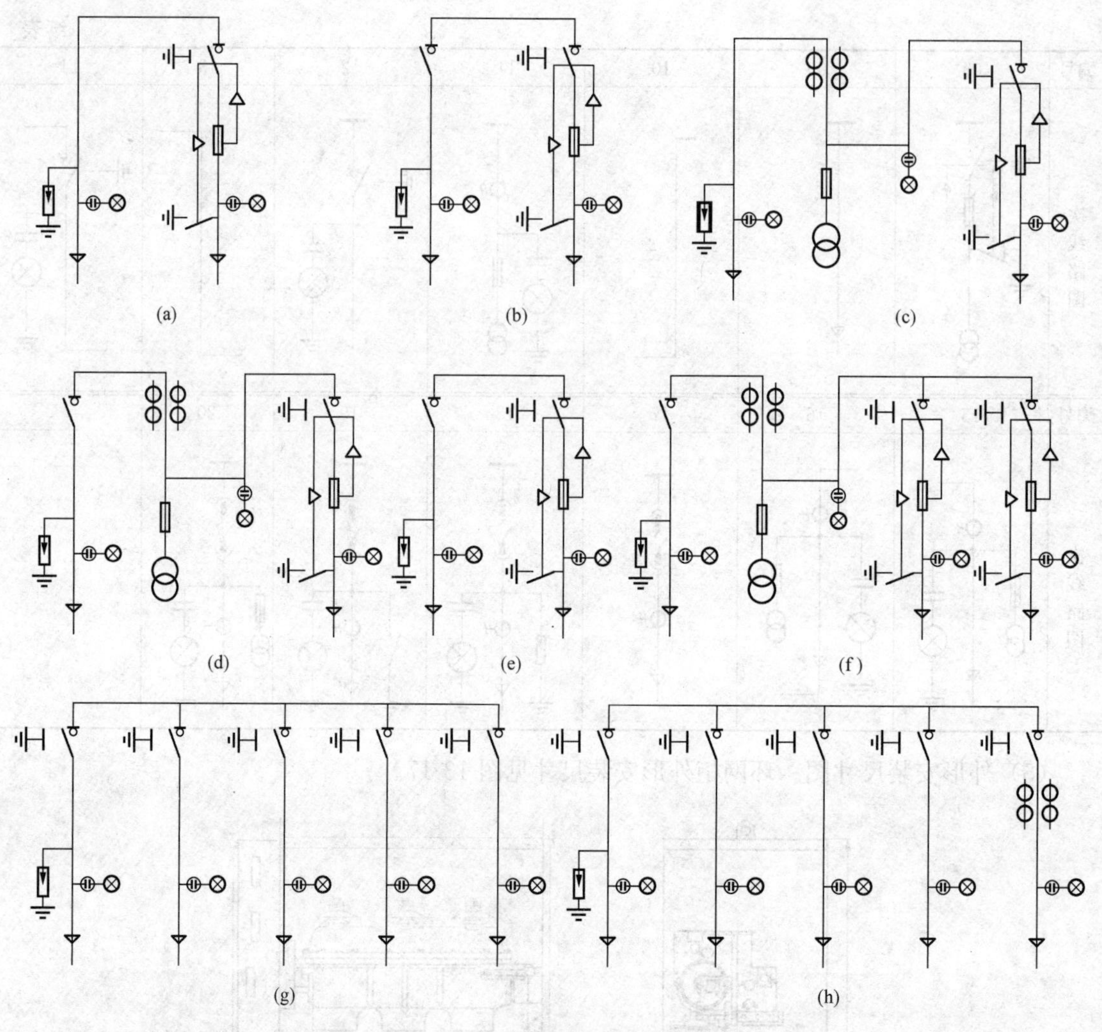

图 13-18　环网柜组合方案实例

（a）提升柜和出线柜；（b）进线柜和出线柜；（c）提升柜、计量柜和出线柜；（d）进线柜、计量柜和出线柜；（e）带隔离开关的提升柜；（f）进线柜、计量柜和两台出线柜；（g）电缆分接箱；（h）带断路器柜的电缆分接箱

3）环网柜排列图和配电平面布置图；

4）若用户有其他要求可与制造厂协商解决。

第3节　预装式变电站

1. YB22-12/0.4 型高压/低压预装式变电站

（1）用途。YB22-12/0.4 型高压/低压预装式变电站（简称箱变），是为满足城网建设的需要而开发的新一代产品，该产品是交流 50Hz、7.2～12kV 的网络中额定容量为 50～1250kVA 独立成套配变电装置，适用于城市高层建筑、住宅小区、厂矿、宾馆、公园、油田、机场、码头、商场、铁路及临时性设施等户内外场所，预装式变电站外形见图 13-19。

（2）主要技术参数。预装式变电站主要技术参数见表 13-25。

图 13-19　预装式变电站外形图

表 13-25　　　　**预装式变电站主要技术参数**

项目			参数
额定电压	高压侧		12kV
	低压侧		0.4kV
额定容量			5～1250kVA
额定频率			50Hz
额定短时耐受电流	高压		20kA
	低压	200～400kVA	15kA
		400～800kVA	30kA
		1000kV 及以上	按采用设备定
额定峰值耐受电流	高压		50kA
	低压	15kA	30kA
		30kA	30kA、50kA
		按采用设备定	按采用设备定
额定关合电流			50kA

项目				参数
绝缘水品	高压开关设备	工频耐受电压（对地、相间、断口）		42/48kV
		雷电冲击耐受电压（对地、相间、断口）		75/85kV
	变压器	工频耐受电压（油浸变压器、干式变压器）		35/28kV
		雷电冲击耐受电压		75kV
	低压开关设备	工频耐受电压	额定电压 60≤U_e≤300V 时	2000V
			额定电压 300≤U_e≤660V 时	2500V
噪声水平			油浸式变压器	55dB
			干式变压器	65dB
外壳防护等级			变压器室	IP23D
			低压室	IP23D

（3）结构及特点。预装式变电站的油箱分上、下两部分，上面为高压设备油箱，下面为变压器油箱两者仅电气连通而油不通。Ⅰ、Ⅱ线路为环网馈电线路，Ⅲ支路为变压器支路，Ⅳ为低压输出，既可用于环网，也可用于终端，转移十分方便。Ⅰ、Ⅱ线路馈电由环网负荷开关进行切换，Ⅲ支路的变压器高压侧进线端装有终端负荷开关及后备保护熔断器和插入式熔断器，用以保护该支路的短路故障和负载端正常切换，以及过载、过温保护。Ⅰ、Ⅱ支路进出线采用硅橡胶的T形电缆终端连接的高压电缆，并可装避雷器。变压器低压端通过低压断路器和计量表计后输出。

（4）一次线路方案。预装式变电站一次线路各单元方案图见表 13-26。

表 13-26　　　　**预装式变电站一次线路各单元方案图**

编号	1	2	3	4	5
一次线路图	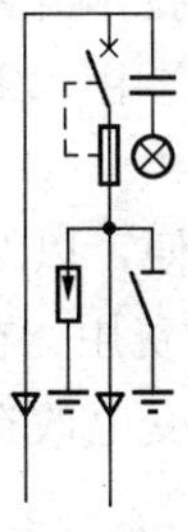	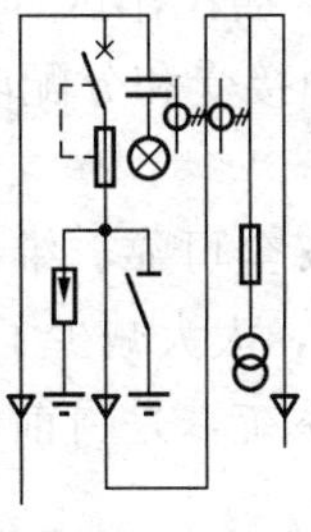	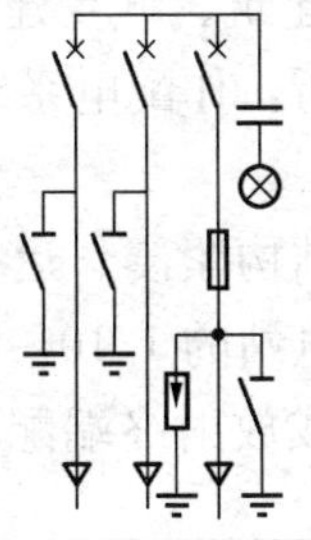	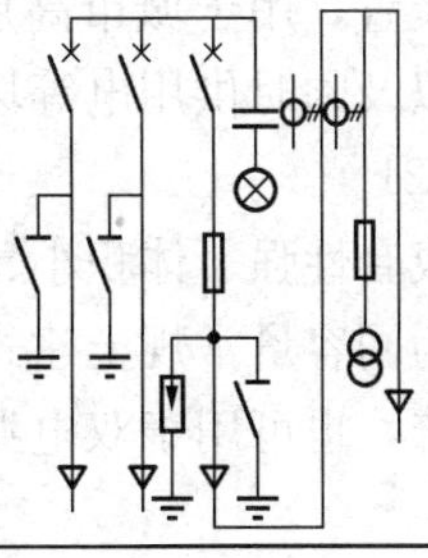	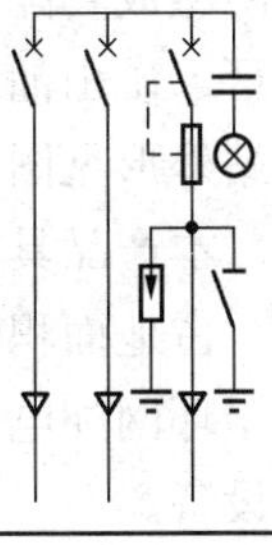

续表

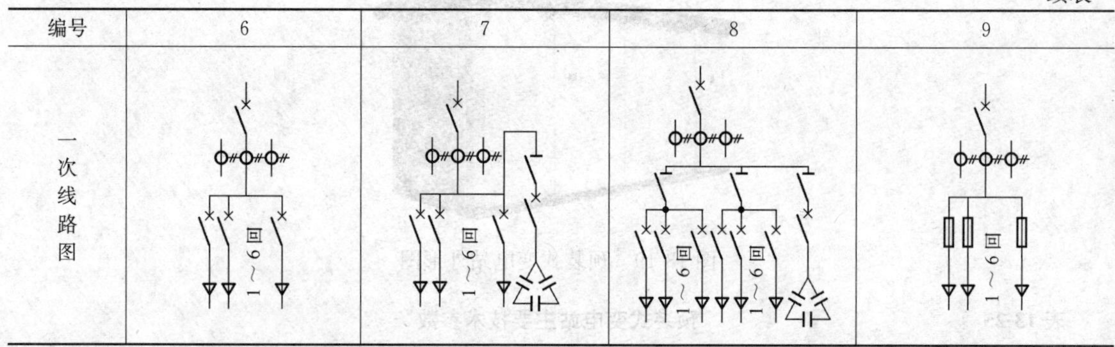

(5) 外形安装尺寸图表。预装式变电站外形安装尺寸见图 13-20，安装尺寸见表 13-27。

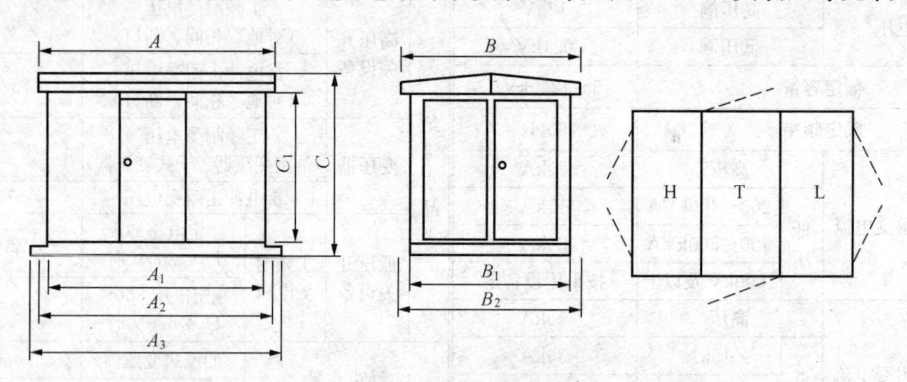

图 13-20 预装式变电站外形安装尺寸图

表 13-27　　预装式变电站外形安装尺寸

设计序号	外形尺寸（mm）	安装尺寸（mm）	变压器容量（kVA）
101	A=2960、B=2110、C=2370、A_1=2750、B_1=1800、C_1=2120、A_3=2800	A_2=2820、B_2=1740	50～250
102	A=3500、B=2300、C=2410、A_1=3200、B_1=2000、C_1=2160、A_3=2800	A_2=3270、B_2=1940	315～630
103	A=3800、B=2700、C=2660、A_1=3500、B_1=2400、C_1=2360、A_3=3600	A_2=3570、B_2=2340	800～1250

2. ZBW 型户外组合式变电站

(1) 用途。ZBW 型户外组合式变电站是将高压电器设备、变压器、低压器设备等组合成紧凑型成套配电装置，用于城市高层建筑、城乡建筑、居民小区、高新技术开发区、中小型工厂、矿山油田以及临时供用电等场所，作配电系统中接受和分配电能之用。ZBW 组合式变电站外形见图 13-21。

本产品具有成套性强、体积小、结构紧凑、运行安全可靠、维护方便，以及可移动等特点，占地面积仅为同容量常规土建式电站的 1/10～1/5，大大减少了建设费用。在配电系统中用于环网配电系统，也可用于双电源或放射终端配电系统，是目前城乡变电改造的首选型成套设备。

图 13-21　ZBW 组合式变电站外形图

本产品符合 GB/T 17467—1998《高压/低压预装式变电站》标准。

（2）使用环境条件。

1）环境温度：最高不超过＋40℃；最低不低于－25℃；（24h 周期内平均温度不超过＋30℃）

2）地震烈度：地震水平加速度不大于 0.4/s；垂直加速度不大于 0.2/s；

3）海拔高度：低于 1000m；

4）无剧烈震动和冲击及爆炸危险场所。

（3）结构及主要特点。本产品由高压配电装置、变压器及低压配电装置组合而成。分成三个功能隔室，既高压室、变压器室和低压室。高压室功能齐全，高压室由 HXGN-10 环网柜组成一次供电系统，可布置成环网供电、终端供电、双电源供电等多种供电方式，还可装设高压计量元件，满足高压计量的要求。变压器可选择 S9、S11 以及其他低耗油浸变压器或干式变压器。变压器室设自动强迫风冷系统及照明系统，低压室根据用户要求采用面板或柜装式结构组成用户所需要供电方案，有动力配电、照明配电、无功功率补偿、电能计量等多种功能，满足用户的不同要求，并方便用户的供电管理和提高供电质量。

高压室结构紧凑合理，并且有全面防误操作联锁功能。高、低压室所选用全部元件性能可靠、操作方便，使产品运行安全可靠、操作维护方便。

采用自然通风和强迫通风两种方式，使通风冷却良好，变压器室和低压室均有通风道。排风扇有温检装置，按整定温度能自动启动和关闭，保证变压器满足负荷运行。

箱体结构能防止污水和污物进入，并采用进口热镀锌彩钢板或防锈铝合金板制作，设计双层结构，夹层间充满泡沫塑料，具有良好的隔热作用。具备长期户外使用条件，确保防腐、防水、防尘性能，使用寿命长，同时外形美观。

（4）主要技术参数。ZBW 组合式变电站主要技术参数见表 13-28。

表 13-28　　ZBW 组合式变电站主要技术参数

序　号	项　目	高压电器	变压器	低压电器
1	额定电压（kV）	6；10	6/0.4；10/0.4	0.4
2	额定容量（kVA）		Ⅰ型 200～1250	
			Ⅱ型 50～400	
3	额定电流（A）	630		100～2000
4	额定短路开断电流（kA）	20、25		20～40
5	额定短时耐受电流（kA）	20、25	200～400kVA	20、25
			>400kVA	25、31.5
6	额定关合电流（kA）	40、50	200～400kVA	40
			>400kVA	63
7	工频耐压（1mim，kV）	相对地相间 42	油浸式 35	≤300V：2.0
		隔离断口 48	干式 28	>300V：2.5
8	雷电冲击耐压（kV）	相对地及相间 75	75	
		隔离断口 85		
9	箱体防护等级	IP3X	IP2X	IP3X
10	噪声水平（dB）		油浸式<55	
			干式<65	

注　变压器容量小于 200kVA 时，项目 5.6 不作要求。

（5）ZBW 组合式变电站结构及外形示意图。ZBW 组合式变电站结构及外形见图 13-22。

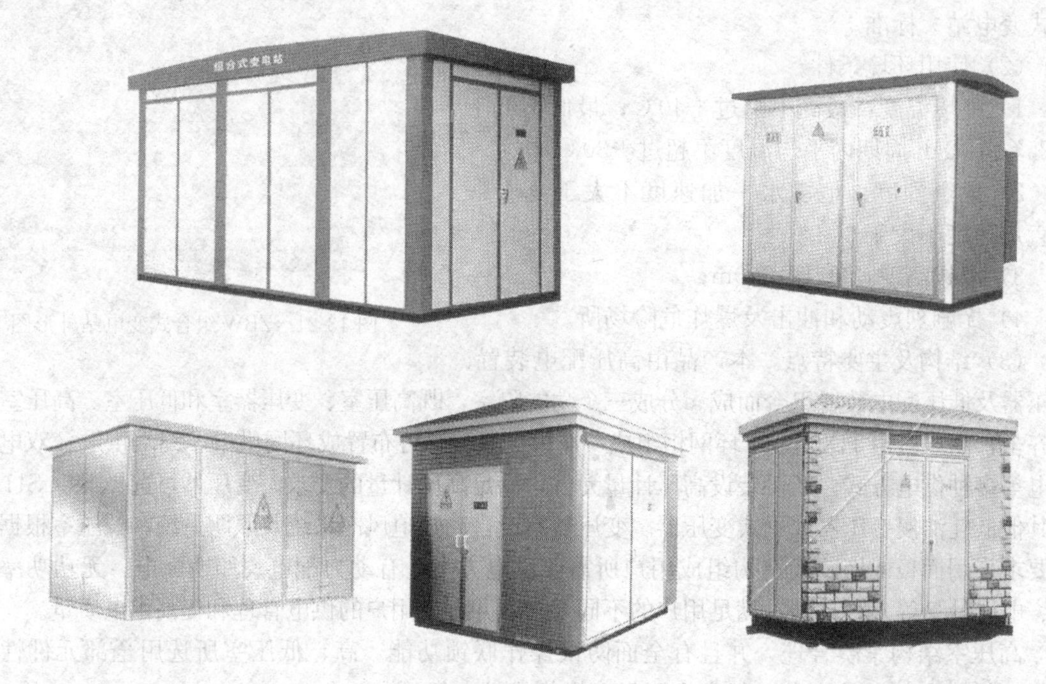

图 13-22　ZBW 组合式变电站结构及外形示意图

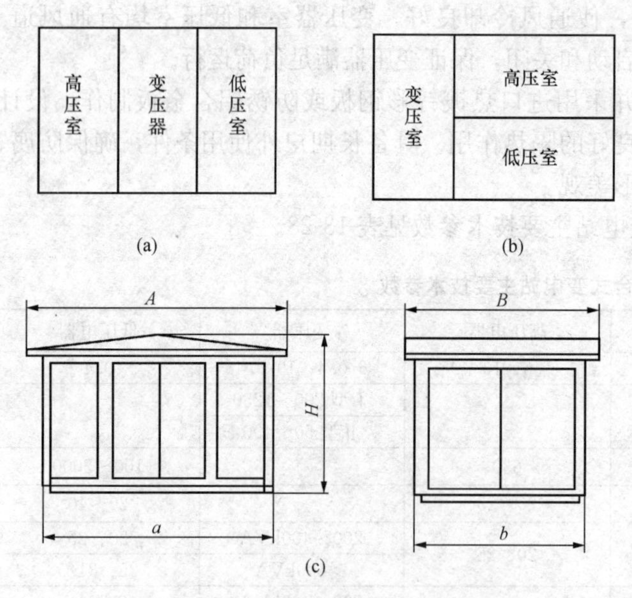

图 13-23　ZBW 组合式变压器平面布置图
（a）日字型；（b）品字型；（c）外形安装尺寸

（6）ZBW 组合式变电站平面布置图及外形安装尺寸。

ZBW 型系列组合式变电站，要根据排列方式分“目”字形和“品”字形排列，也可以根据需要演化成其他型式，ZBW 组合式变压器平面布置见图 13-23，外形安装尺寸见表 13-29。

3. YB6 系列预装式变电站

（1）用途。YB6 系列预装式变电站适用于 3～10kV 环网供电，双电源供电或终端供电系统中，作为高压配电、计量，补偿控制和保护装置。预装式变电站内除装有变压器外，高压侧还装有四位负荷开关，二工位负荷开关，后备保护熔断器及插入式熔断器；低压侧按用户要求装配控制电器，配电电器，补偿装置及电能计量表等。

YB6 系列预装式变电站可用于室内，又可用于室外，广泛运用于工业园区，居民小区，商业中心，及高层建筑等各种场所，YB6 系列预装式变电站外形图见图 13-29。

（2）使用环境条件。

1）海拔≤1000m（超过此范围另行设计）；

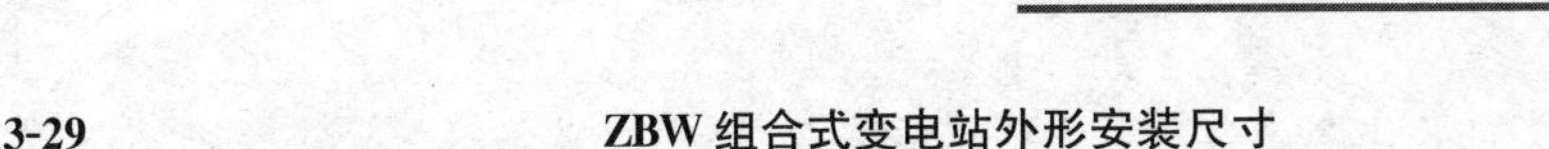

表 13-29　　**ZBW 组合式变电站外形安装尺寸**

品种			A	a	B	b	H	最佳适用场所
三相	[“目”字]型	100～630kVA	4140	3750	2590	2290	2320	工矿、油田、建筑、施工
		800～1250kVA	5184	4880	2500	2290	2626	
	[“品”字]型	50～400kVA	2500	2300	2400	2200	2320	生活小区
单相	[“目”字]型	50kVA	2500	2300	1260	1060	2215	路灯供电
		80～100kVA	2500	2300	1840	1640	2215	

2) 风压：不大于 70Pa（相当 35m/s）；

3) 湿度：日平均值不大于 95%；月平均值不大于 90%；

4) 环境温度：最高气温+40℃；最低气温−25℃；

5) 地震烈度：8 度；

6) 无导电尘挨，无爆炸危险，无腐蚀金属和电器元件的气体场所。

图 13-24　YB6 系列预装式变电站外形图

(3) 结构及特点。该系列产品箱体结构分为前后两个部分，前面为高低压操作间隔。高压间隔内包括高压端子、负荷开关、无载调压分接开关、插入式熔断器、压力式释放阀、油温计、油位计、放油阀。低压间隔内包括低压开关和端子，后部为注油箱体及散热片，变压器绕组和铁心、高压负荷开关及保护用熔断器都在储油箱中。其特点如下：

1) 体积小，结构紧凑仅为国内同容量 YB6 系列预装式变电站的 1/3 左右；

2) 全封闭、全绝缘，无需绝缘距离，可靠保证人身安全；

3) 既可用于环网，又可用于终端，转换十分方便，提高了供电的可靠性；

4) 损耗小，低于国内 S9 型变压器损耗；

5) 电缆接头可操作 200A 负荷电流，在紧急情况下可作为负荷开关操作，并具有隔离开关的特点；

6) 采用双熔丝保护，降低了运行成本。插入式熔断器熔丝为双敏熔丝（温度、电流）；

7) 采用了△/Y接法及三相五柱式结构，优点是电压质量高、中性点不漂移、箱体不发热、噪音低、防雷性好。

(4) 主要技术参数。YB6 系列预装式变电站主要技术参数见表 13-30。

表 13-30　　**YB6 系列预装式变电站主要技术参数**

名称	高压电器设备	变压器	低压电器设备
额定电压（kV）	10	10/0.4	0.4
额定电流（A）	630	72/1800	
额定频率（Hz）	50	50	50
额定容量（kVA）		50～1250	
1min 工频耐受电压（kV）	对地、相间 42，断口 48	35/28	2.0/2.5
雷电冲击耐受电压（kV）	75	75	
壳体防护等级		全封闭	IP23
噪音水平（dB）		油温变压器≤55	
外形尺寸（长宽高）(mm)	1825×1400×2020～3945×1560×2020		

第4节 低压配电开关设备

1. MNS型交流低压抽屉式开关柜

(1) 用途。MNS是从ABB引进的最先进的低压开关柜技术，它具有运行更可靠、结构更紧凑、操作维护更方便、完善的智能化系统等特点，适用于所有作为三相交流50、60Hz、额定工作电压380～660V的发电、配电和电力使用的场所，如电力系统、石油化工、公用事业、建筑物、住宅、污水处理、船舶、钻井平台及工矿企业等。装置符合IEC 439《低压成套开关设备和控制设备》、GB 7251—2005《低压成套开关设备》、ZBK 36001《低压抽出式成套开关设备》等标准，抽屉式开关柜外形见图13-25。

图13-25 抽屉式开关柜外形图

(2) 结构及特点。

1) 设计紧凑：以较小空间能容纳较多的功能。

2) 结构通用性强、组装灵活：25mm为模数的C型型材能满足各种结构形式、防护等级及使用环境的要求。

3) 采用标准模块设计：分别可组成保护、操作、转换、控制、调节、测定、指示等标准单元，用户可根据需要任意选用组装。以200于种组装件可组成不同方案的柜架结构和抽屉单元。

4) 安全性高：大量采用高强度阻燃工程塑料组件，有效加强防护安全性能。

5) 抽屉类型。

a. 有五种标准尺寸，都是以8E (200mm) 高度为基准。

8E/4：在8E高度空间组装4个抽屉单元即高×宽×深分别为200mm×150mm×400mm。

8E/2：在8E高度空间组装2个抽屉单元即高×宽×深分别为200mm×300mm×400mm。

8E：在8E高度空间组装1个抽屉单元即高×宽×深分别为200mm×600mm×400mm。

16E：在16E高度空间组装1个抽屉单元即高×宽×深分别为400mm×600mm×400mm。

24E：在24E高度空间组装1个抽屉单元即高×宽×深分别为600mm×600mm×400mm。

b. 五种抽屉单元可在一个柜中作单一组装，也可用作混合组装，一个柜体中作单一组装时最多容纳抽屉单元数见表13-31。

表13-31 一个柜体中最多容纳单元数

抽屉型式	8E/4	8E/2	8E	16E	24E
最多容纳单元数	36	18	9	4	3

(3) 使用环境条件。

1) 环境温度：不高于+40℃，不低于−5℃。24h的平均温度不得高于+35℃；

2) 相对湿度：日平均值不大于95%，月平均值不大于90%；温度的变化可能会偶然产生凝露的影响；

3) 地震烈度：不超过8度；

4) 海拔高度：不超过2000m (除海拔特殊要求外)；

5) 设备应安装在无火灾、爆炸危险、严重污秽、化学腐蚀及剧烈震动的户内场所。

（4）主要技术参数。抽屉式开关柜主要技术参数见表13-32。

表13-32　抽屉式开关柜主要技术参数

序号	名称		数值
1	主回路额定电压（V）		AC380、660
2	辅助回路额定电压（V）		AC220、400
			DC110、220
3	额定绝缘电压（V）		660、1000
4	额定电流（A）	水平母线	≤4000
		垂直母线（MCC）	≤1000
5	母线额定短时耐受电流（kA）		100/1s
6	母线额定峰值受电流（kA）		220/0.1s
7	额定工频耐受电压（V）	主电路	2500/1min
		辅助电路	1760/1min
8	母线	三相四线制	A、B、C、PEN
		三相五线制	A、B、C、PE、N
9	防护等级		IP3X、IP4X
10	外形尺寸（$W \times D \times H$，mm）		800(600/1000)×600(800/1000)×2200

（5）结构示意图。抽屉式开关柜结构外形见图13-26。

（6）安装示意图。抽屉式开关柜安装尺寸见图13-27。

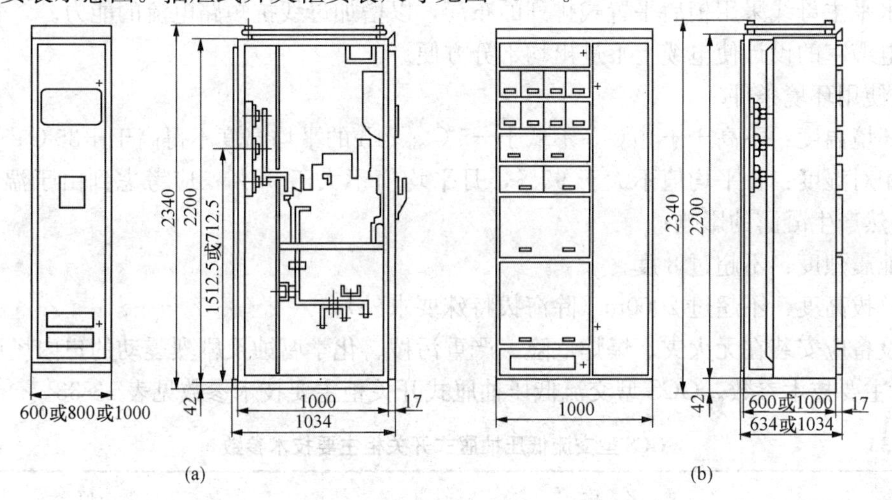

图13-26　抽屉式开关柜结构外形图

（a）PC柜；（b）MCC柜

2. GCS型交流低压抽屉式开关柜

（1）用途。GCS型交流低压抽出式开关柜适用于发电厂、石油、化工、冶金、纺织、高层建筑等行业的配电系统，或发电厂、变电站、石化系统等自动化程度高、要求与计算机接口场合，作为三相交流50、60Hz额定工作电压380～660V，额定电流4000A及以下的发、供电系统中的配电、电动机集中控制、无功功率补偿等低压成套配电装置。装置符合IEC 439《低压成套开关设备和控制设备》、GB 7251—2005《低压成套开关设备》、ZBK 36001《低压抽出式成套开关设备》等标准，开关柜外形见图13-28。

（2）结构及特点。

1）主构架采用8MF开口型钢，由2.5mm冷轧钢板弯制而成，在型钢的两侧面分别有模

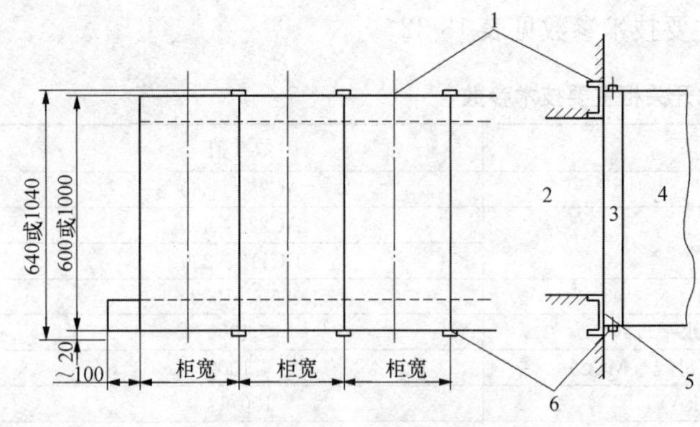

图 13-27　MNS 型低压抽屉式开关柜安装尺寸图
1—电焊处；2—电缆沟；3—开关柜底；4—开关柜；
5—10 号槽钢；6—连接板

图 13-28　GCS 型交流低压抽屉式开关柜外形图

数为 20mm 和 100mm 的 $\phi9.2$ 安装孔，内部安装灵活方便。

2）主构架设计为两种，全组装式结构和部分（侧框和横梁）焊接式结构，可供用户选择。

3）装置的各功能室相互隔离，功能室作用相互独立、可靠，不因某一功能单元的故障影响其他功能单元正常工作。

4）水平主母线采用柜后平置式排列的布局，以增加母线抗短路电流的能力。

5）电缆室的设计使电缆上下进出均十分方便。

（3）使用环境条件。

1）环境温度：不高于＋40℃，不低于－5℃。24h 的平均温度不得高于＋35℃；

2）相对湿度：日平均值不大于 95％，月平均值不大于 90％；应考虑到由于温度的变化可能会偶然产生凝露的影响；

3）地震烈度：不超过 8 度；

4）海拔高度：不超过 2000m（除海拔特殊要求外）；

5）设备应安装在无火灾、爆炸危险、严重污秽、化学腐蚀及剧烈震动的户内场所。

（4）主要技术参数。GCS 型交流低压抽屉式开关柜主要技术参数见表 13-33。

表 13-33　　GCS 型交流低压抽屉式开关柜主要技术参数

序　号	名　称		数　值
1	主回路额定电压（V）		AC380、660
2	辅助回路额定电压（V）		AC220、380
			DC110、220
3	额定绝缘电压（V）		660　1000
4	额定电流（A）	水平母线	≤4000
		垂直母线（MCC）	≤1000
5	母线额定短时耐受电流（kA）		50/1s、80/1s
6	母线额定峰值受电流（kA）		105/0.1s、176/0.1s
7	额定工频耐受电压（V）	主电路	2500/1min
		辅助电路	1760/1min
8	母线	三相四线制	A、B、C、PEN
		三相五线制	A、B、C、PE、N
9	防护等级		IP3X、IP4X
10	外形尺寸（$W\times D\times H$，mm）		800(600/1000)×600(800/1000)×2200

（5）结构外形及安装尺寸。GCS型交流低压抽屉式开关柜结构外形及安装尺寸见图13-29。

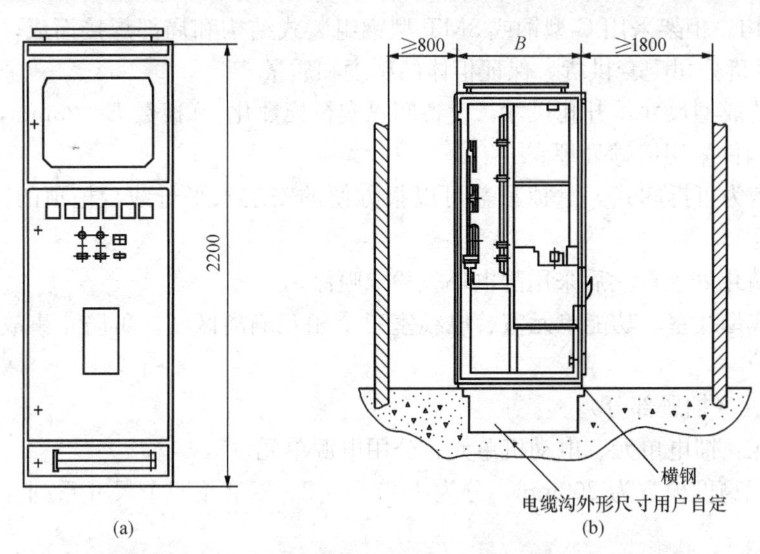

图13-29　GCS型交流低压抽屉式开关柜结构外形及安装图

（a）正面图；（b）侧面安装图

3. GCK、GCL型交流低压抽屉式开关柜

（1）用途。GCK、GCL型交流低压抽出式开关柜是我公司根据广大用户的需求而设计的，具有结构先进，外形美观，电气性能高，防护等级高，安全可靠，维护方便等特点，是冶金、石油、化工、电力、机械、轻纺等行业低压供电系统理想的配电装置。被国家列为两网改造推荐产品和第九批节能产品。本产品符合GB 7251—2005《低压成套开关设备和控制设备》、JB/T 9661《低压抽出式开关式设备》、IEC 60439—1《低压成套开关设备和控制设备》标准，GCK、GCL型交流低压抽屉式开关柜外形见图13-30。

图13-30　GCK、GCL型交流低压抽屉式开关柜外形图

（2）使用环境条件。

1）海拔高度：不超过2000m。

2）环境温度：－5～＋40℃；日平均温度不高于＋35℃。

3）相对湿度：最高温度为＋40℃时不超过50%，在较低温度时允许有较大的相对湿度；如＋20℃时为90%。

4）没有火灾、爆炸危险、严重污染、化学腐蚀及剧烈振动的场所。

5）与垂直面倾斜度不超过5°。

6）适用于以下温度的运输和储存过程，－25～＋55℃，在短时间内（不超过24h）不超过＋70℃。

7）如上述使用条件不能满足时，应由用户在订货时向供货公司提出协商解决。

（3）结构及特点。GCK、GCL的基本柜架为组合装配式结构，柜架的全部结构件都经过镀锌，喷塑处理，通过螺钉紧固互相连接成基本柜架，再按需要加上门，挡板、隔板、抽屉、安装支架以及母线和电器组件等零件，组装成一台完整的控制柜，本柜结构有下列特点。

1）柜架结构。柜架采用C型钢或8MT型钢组装式结构和局部焊接而成，柜架零件及专用配套零件有供货公司配套供货，保证柜体的精度和质量。

a. 零部件的成型尺寸，开孔尺寸，设备间隔实行模数化。(模数 $E=25$mm，下同)。

b. 内部结构件采用镀锌处理。

c. 柜体顶盖为可拆卸式，拿掉顶盖可以很方便的安装水平母线，柜顶的四角装有吊环，用于起吊和装运。

d. 外部经磷化处理；然后采用静电环氧粉末喷涂。

e. 柜体分成母线室、功能单元室、电缆室三个相互隔离区间，可防止事故扩散和便于带电维修。

2）功能单元（抽屉部分）。

a. 功能单元：馈电单元、电动机单元、公用电源单元。

b. 抽屉单元高度模数为200mm，分为1/2、1、2、3单元四个尺寸系列。单元回路额定电流630A以下。

c. 每台MCC柜最多能安装9个一单元的抽屉或18个1/2单元的抽屉。

d. 隔室的门板由主开关的操作机构与抽屉进行机械联锁，主断路器在合闸位置时，门板打不开。

e. 主断路器的操作机构可用一把挂锁锁定在合闸或分闸位置，可安全地进行电器设备的维修。

f. 功能单元背面具有主电路进出线插头、辅助电路二次插头及接地插头。

g. 接地插头使抽屉在分离试验连接位置时，保证了保护电路的连续性。

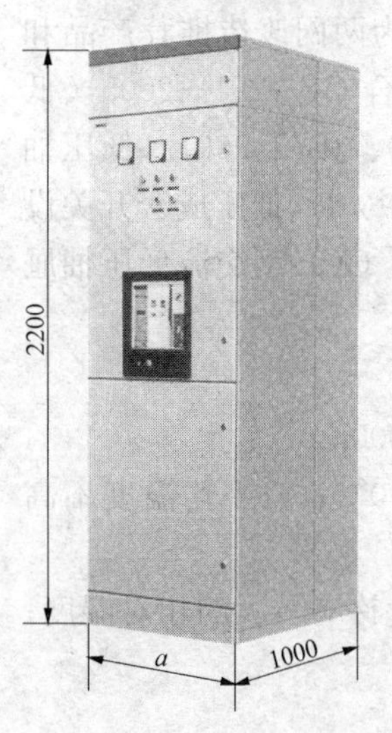

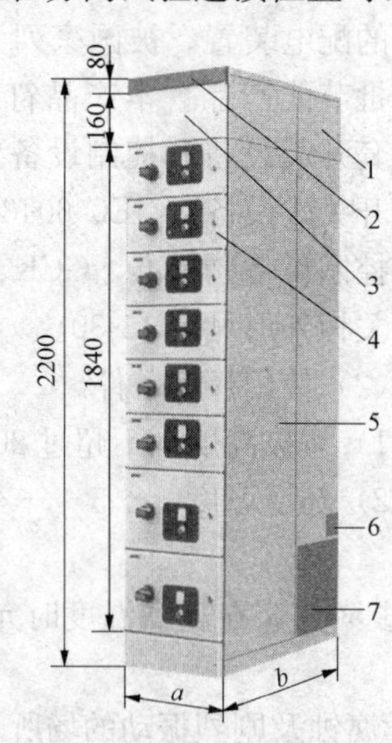

图13-31　GCK、GCL型交流低压抽屉式开关柜结构外形及安装尺寸

1—水平的母线室；2—装饰板；3—上挡板；4—门板；5—侧板；6—电缆室；7—N、PE排室

h. 功能单元隔室采用金属隔板隔开。

i. 隔室中的活门，随着抽屉的推进和拉出自动打开和封闭，使之在隔室中不会触及垂直母线。

3）母线系统。

a. 垂直母线采用聚碳酸酯工程塑料外壳封闭。

b. GCK、GCL母线系统三相四线制、三相五线制，水平母线装于柜顶，N线、PE线即可以装于顶柜，也可以装于柜下部。

c. 三相水平母线采用铜母线，机械强度高、散热性好。

(4）结构外形及安装尺寸。GCK、GCL型交流低压抽屉式开关柜结构外形及安装尺寸见图13-31。

(5）主要技术参数。

1）额定绝缘电压：660、1000V；

2）额定工作电压：380V、660V；

3）辅助电路额定电压：AC 220、380V，DC 110、220V；

4）额定频率：50Hz；

5）额定电流：水平母线≤3150A 垂直母线 630、800、1200A；

6）额定短时耐受电流：50、80kA/1s；

7）额定峰值电流：105kA/0.1s，176kA/0.1s；

8）功能单元（抽屉）分断能力：50kA（有效值）；

9）外壳防护等级：IP3X、IP4X；

10）母线设置：三相四线制、三相五线制；

11）操作方式：就地、远方、自动。

（6）外形及安装尺寸。开关柜外形及安装尺寸见图 13-32。

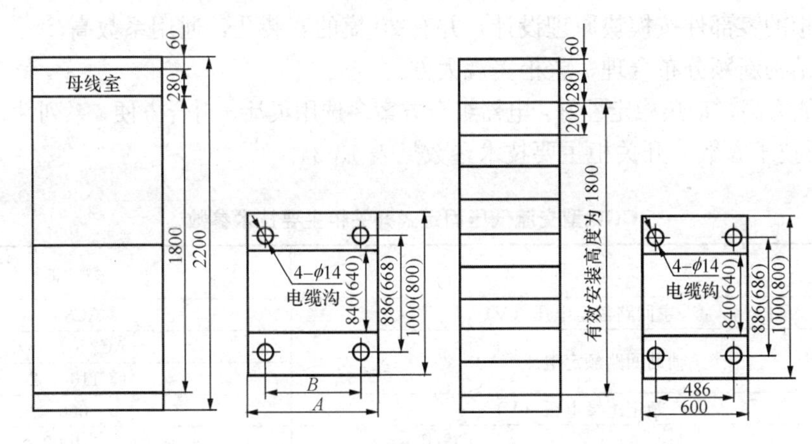

图 13-32　GCK、GCL 型交流低压抽屉式开关柜外形及安装尺寸

1）柜高 2200mm，有效安装高度 1800mm。

2）受电柜及母线联络柜柜宽根据开关电流等级及进出线方式为 600、800、1000、1200（800+400）mm。柜深为 800、1000mm。

3）馈电柜。柜宽：600、800mm，柜深：800、1000mm。

4）电动机控制柜（MCC）。柜宽：600、600+200mm，柜深：800、1000mm。

5）功率因数补偿柜。柜宽：600（4、6 路）、800（8 路）、1000（10 路）mm，柜深：800、1000mm。

4. GGD 型交流低压固定式开关柜

（1）用途。GGD 交流低压配电柜是根据能源部、电力用户及设计要求，本着安全、经济、合理、可靠的原则而设计的新型固定式低压配电柜。该产品适用于发电厂、变电站、工矿企业等电力用户的交流 50、60Hz、额定电压 380V、额定工作电流至 3150A 的配电系统，作为动力、照明及配电设备的电能转换、分配和控制之用。该产品符合 IEC 439《低压成套开关设备和控制设备》，GB 7251—2005《低压成套开关设备》等标准，开关柜外形见图 13-33。

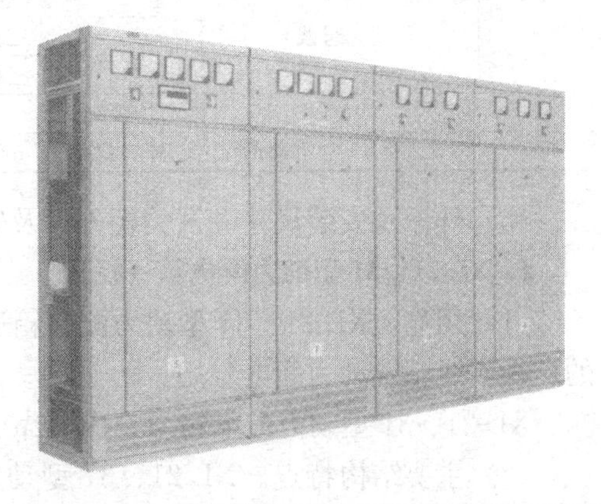

图 13-33　GGD 型交流低压固定式开关柜外形图

（2）使用环境条件。

1）环境温度：周围空气温度不高于＋40℃，不低于－5℃；24h内的平均温度不得高于＋35℃；

2）相对湿度：周围空气相对湿度在最高温度为＋40℃时不超过50％，在较低温度时允许有较大的相对湿度。例如＋20℃时为90％，应考虑到由于温度的变化可能会偶然产生凝露的影响；

3）地震烈度：不超过8度；

4）海拔高度：不超过2000m（除海拔特殊要求外）；

5）设备应安装在无火灾、爆炸危险、严重污秽、化学腐蚀及剧烈震动的户内场所。

（3）主要结构特点。

1）柜体采用通用柜的形式，构架用8MF冷轧钢板弯制成型和局部焊接组装而成。

2）通用柜的零部件按模块原理设计，并有20模的安装孔，通用系数高。

3）柜体结构新颖分布合理，整柜美观大方。

4）分断能力高，动热稳定性好，电器组合方案多选用灵活，组合方便，系列性、实用性强。

（4）主要技术参数。开关柜主要技术参数见表13-34。

表13-34　GGD型交流低压固定式开关柜主要技术参数

<table>
<tr><th>序　号</th><th colspan="2">名　称</th><th>数　值</th></tr>
<tr><td>1</td><td colspan="2">主回路额定电压（V）</td><td>AC380</td></tr>
<tr><td rowspan="2">2</td><td colspan="2" rowspan="2">辅助回路额定电压（V）</td><td>AC220、380</td></tr>
<tr><td>DC110、220</td></tr>
<tr><td>3</td><td colspan="2">额定绝缘电压（V）</td><td>660</td></tr>
<tr><td rowspan="3">4</td><td rowspan="3">额定电流（A）</td><td>GGD1</td><td>≤1000</td></tr>
<tr><td>GGD2</td><td>≤1600</td></tr>
<tr><td>GGD3</td><td>≤3150</td></tr>
<tr><td rowspan="3">5</td><td rowspan="3">母线额定短时耐受电流（kA）</td><td>GGD1</td><td>15/1s</td></tr>
<tr><td>GGD2</td><td>30/1s</td></tr>
<tr><td>GGD3</td><td>50/1s</td></tr>
<tr><td rowspan="3">6</td><td rowspan="3">母线额定峰值耐受电流（kA）</td><td>GGD1</td><td>30/0.1s</td></tr>
<tr><td>GGD2</td><td>60/0.1s</td></tr>
<tr><td>GGD3</td><td>105/0.1s</td></tr>
<tr><td rowspan="2">7</td><td rowspan="2">额定工频耐受电压（V）</td><td>主回路</td><td>2500/1min</td></tr>
<tr><td>辅助电路</td><td>1760/1min</td></tr>
<tr><td rowspan="3">8</td><td rowspan="3">母线</td><td>三相三线制</td><td>A、B、C</td></tr>
<tr><td>三相四线制</td><td>A、B、C、PEN</td></tr>
<tr><td>三相五线制</td><td>A、B、C、PE、N</td></tr>
<tr><td>9</td><td colspan="2">防护等级</td><td>IP3X、IP4X</td></tr>
<tr><td>10</td><td colspan="2">外形尺寸（$W\times D\times H$，mm）</td><td>800(600，1000)×600(800)×2200</td></tr>
</table>

（5）外形及安装尺寸。开关柜外形及安装尺寸见图13-34和表13-35。

5. XL-21、31型动力配电箱（柜）

（1）用途。XL-21、31型动力配电箱适用于发电厂及工矿企业中，在交流电压500V以下的三相四线系统动力配电之用。

XL-21、31型动力配电箱系户内装靠墙安装、屏前检修。配电箱（柜）外形见图13-35。

（2）主要结构特点。XL-21、31型动力配电箱系封闭式，外壳用优质钢板弯制而成，隔离开关操作手柄于箱前右柱上部或箱前的正面上部，可以作为切换电源之用。配电箱前面装

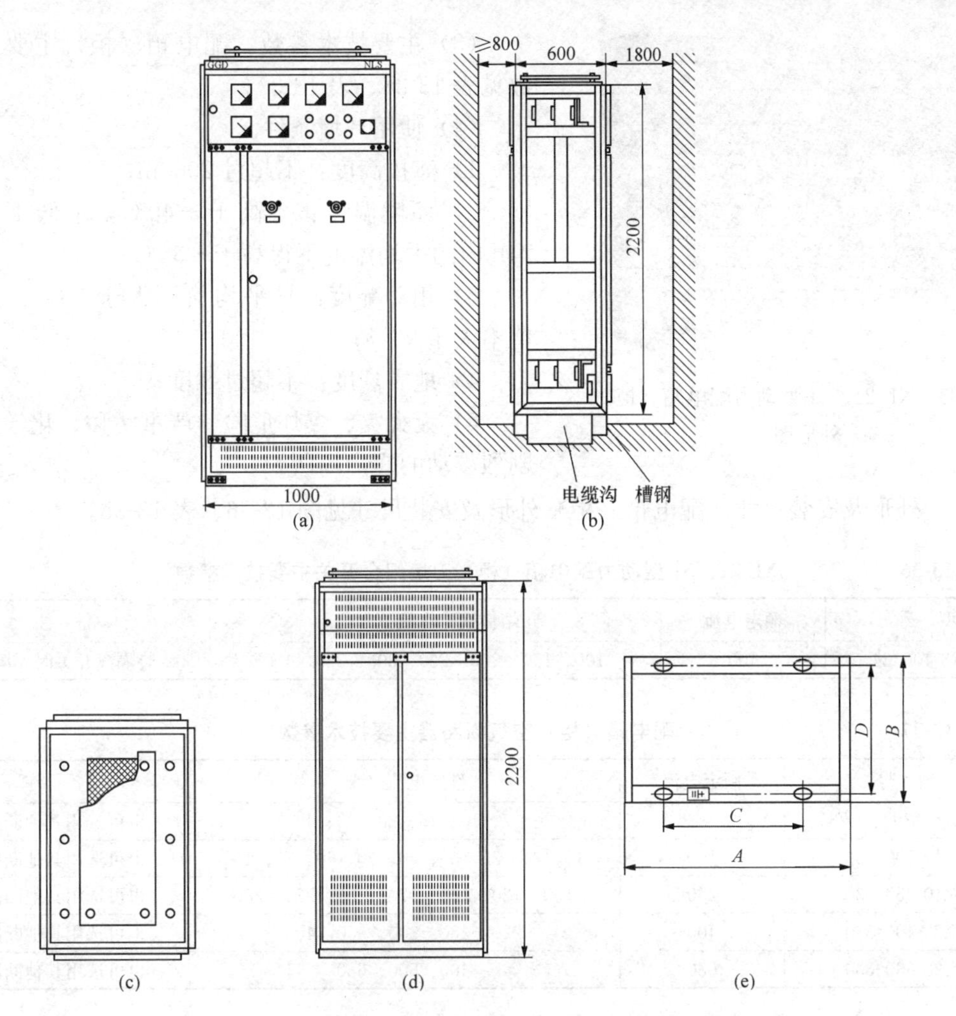

图 13-34　GGD型交流低压固定式开关柜外形及安装尺寸

（a）正面图；（b）侧面图；（c）俯视底板图；（d）背面图；（e）柜底安装图

表 13-35　　开关柜安装尺寸

产品代号	A（mm）	B（mm）	C（mm）	D（mm）
GGD06	600	600	450	556
GGD06A	600	800	450	756
GGD08	800	600	650	556
GGD08A	800	800	650	756
GGD10	1000	600	850	556
GGD10A	1000	800	850	756
GGD12	1200	800	1050	756

有电流电压表，指示汇流母线电流电压。配电箱前面有门，门打开后，配电箱内全部设备敞露，便于检修维护。本配电箱均采用国内自行设计的型材组件，具有结构紧凑，检修方便；线路方案可以灵活组合等特点。配电箱除装有空气断路器和熔断器作为短路保护外，还装有接触器和热继电器，箱前门可装操作按钮和指示灯。

图 13-35　XL-21、31 型动力配电箱（柜）外形图

（3）主要技术参数。配电箱（柜）主要技术参数见表 13-36、表 13-37。

（4）使用环境条件。

1）海拔高度：不超过 2000m；

2）环境温度：不高于＋40℃，不低于－5℃，24h 内的平均温度不得高于＋35℃；

3）相对湿度：日平均值不大于 95％，月平均值不大于 90％；

4）地震烈度：不超过 8 度；

5）无火灾、爆炸危险、严重污秽、化学腐蚀及剧烈震动的户内场所。

（5）外形及安装尺寸。配电箱（柜）外形及安装尺寸见图 13-36、表 13-38。

表 13-36　XL-21、31 型动力配电箱（柜）刀熔组合开关主要技术参数

型　号	额定电流	熔体额定电流（A）	备　注
HR3-400/34	400	100、150、200、250、300、350、400	装隔离开关时无溶体

表 13-37　配电箱（柜）空气断路器主要技术参数

型　号	额定电流	额定电流（A）	备　注
DZ15-40/390、DZ47	40	7、10、15、20、30、40	也可选用其他断路器
DZ10-100/330	100	15、20、25、30、40、50、60、80、100	也可选用其他断路器
DZ10-250/330	250	100、120、140、170、200、225、250	也可选用其他断路器
DZ20-400/330	400	220、250、300、350、400	也可选用其他断路器
DZ20-630/330	630	400、500、630	也可选用其他断路器

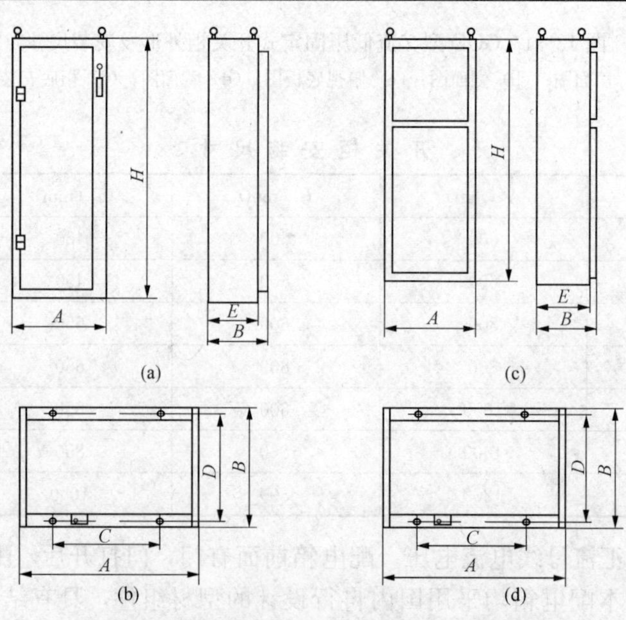

图 13-36　配电箱（柜）外形及安装平面图

（a）A 型结构安装外形图；（b）A 型平面安装图；（c）B 型结构安装外形图；（d）B 型平面安装图

表 13-38　　配电箱（柜）安装尺寸

产品型号	方案代号	A（mm）	B（mm）	C（mm）	D（mm）	E（mm）	H（mm）
XL-21A		600	370	450	306	350	1600
XL-21B		700	370	550	306	350	1700
XL-21C		700	470	550	406	450	1700
XL-31	1～30号	600	460	450	396	440	1800
XL-31	31～38号	600	370	450	306	350	1800

第5节　直流电源设备

1. GZDW系列智能型高频开关电源柜

（1）用途。GZDW系列智能高频开关电源系统适合各类变电站的高频开关直流系统及相关配套设备。现已广泛应用于从60～800kV不同电压等级的变电站及开闭所，15～60MW发电机组的电厂，国家重点工程领域，如地铁、油田、化工、冶金业等。

（2）系统特点。

1）采用高频开关电源技术、模块化设计、$N+1$热备份。

2）电压输入范围宽，电网适应性强。

3）充电模块可带电插拔，维护方便快捷。

4）有可靠的防雷及电气绝缘防护措施，确保系统和人身安全。

5）采用大屏幕触摸屏，点阵液晶显示，LED背光，实现全汉化实时显示及操作。

6）可通过点击触摸屏进行系统参数查询、设置，人机界面友好，操作简单方便。

7）监控系统可自动完成对电池电压、充放电电流及温度补偿的精确管理，确保电池工作在最佳状态，延长电池使用寿命。

8）采用以微处理器为核心的集散式监控系统，模块化设计，实施对电源系统全方位的监测、控制及电源系统的"四遥"，实现无人值守。

9）实时监测蓄电池端电压、充放电电流，精确控制蓄电池的均充和浮充，具有电池过欠压告警、电池过温告警及过充保护等功能。

10）系统具有对蓄电池温度补偿的管理功能。

11）可采用一套监控系统管理双组蓄电池组、两组充电装置、母线分段，实现双组电池独立充电管理。

（3）系统工作原理。两路市电经过交流切换输入一路交流，给各个充电模块供电。充电模块将输入三相交流电转换为直流电，给蓄电池充电，同时给合闸母线负载供电，另外合闸母线通过降压装置给控制母线供电。

系统中的各监控单元受主监控的管理和控制，通过通信线将各监控单元采集的信息送给主监控统一管理。主监控显示直流系统各种信息，用户也可触摸显示屏查询信息及操作，系统信息还可以接入到远程监控系统。

系统除交流监控、直流监控、开关量监控等基础单元外，还可以配置绝缘监测、电池巡检等功能单元，用来对直流系统进行全面监控。

（4）系统参数。

1）自然环境。

海拔高度：2000m；

环境温度：−5～+50℃；

相对湿度：≤90%（20±5℃）；

无导电及爆炸尘埃，无腐蚀性气体；

无剧烈振动及冲击；

室内使用且通风良好。

2）系统参数。

稳压精度：≤±0.5%；

稳流精度：≤±0.5%；

纹波系数：≤±0.1%；

功率因数：≥0.92；

效率：≥94%；

噪声：≤45dB；

均流不平衡度：≤3%；

可靠性指标：MTBF≥100 000h；

交流电压输入范围：380V±15%；

交流电压频率范围：50Hz±10%；

（5）产品规格及性能。GZDW 系列智能型高频开关电源柜规格及性能见表 13-39。

表 13-39　GZDW 系列智能型高频开关电源柜规格及性能

设备类型	设备名称	性能描述
充电模块	ZCK10A	三相输入 220V/10A 模块风冷
	ZCK10Z	三相输入 220V/10A 模块自冷
模块托架	TJ10-4A	ZCK10A 模块托架（4 位）
	TJ10-3A	ZCK10A 模块托架（3 位）
	TJ10L-4B	ZCK10Z 模块托架（4 位）
	TJ10L-3B	ZCK10Z 模块托架（3 位）
监控单元	ZWK-TPC	触摸屏主监控
	ZWK-A	交流监控单元
	ZWK-D	直流监控单元
	ZWK-K	开关量监控单元
	ZWK-B	19 节电池巡检单元
	ZWK-J	30 路绝缘检测单元
壁挂系统	GZBW-C	壁挂充电箱（450×700×240）
	GZBW-B	壁挂电池箱（600×700×240）
	ZCK02Z	单相输入 220V/2A 模块自冷
	ZCK04Z	单相输入 110V/4A 模块自冷
	ZCKGB	壁挂降压硅链 220V
	ZCKGA	壁挂降压硅链 110V

（6）直流系统电池管理。电池组是直流系统中不可或缺的重要组成部分，对电池组良好的维护和监测显得尤其重要。GZDW 智能高频开关直流系统具有先进的电池管理功能，可对电池的充电电压、充放电电流实时监控以及温度补偿、维护性定期均充等。

1）充电功能。系统监控根据设置的充电参数，自动完成电池充电程序，充电参数根据使用电池的类型、容量以及厂家提供的资料设置（镉镍蓄电池和阀式密封铅酸蓄电池充电程序有一定差异）。

a. 镉镍蓄电池的充电程序如下。

• 镉镍蓄电池正常充电程序：用0.2C_2A（可设置）恒流（主充）充电，电压达到均充整定值（1.47～1.55）V×n（n为单体电池节数）时，微机控制整流模块自动转为恒压充电，当充电电流逐渐减小，达到0.02CA（可设置）时，再延续充电3h，整流模块自动转为浮充电运行状态，电压为（1.36～1.45）V×n（可设置）。一般情况下，所有均充时间不能大于均充限时时间，否则，强制转为浮充，并进入过充保护状态。

• 维护性定期均充充电程序：正常运行浮充状态下每隔1～3个月，微机控制整流模块自动转入恒流充电（主充）状态运行，按镉镍蓄电池正常充电程序进行充电。

• 交流电中断程序：正常浮充运行状态时，电网事故停电，这时整流模块停止工作，蓄电池通过降压装置，无间断地向控制母线送电。当电池电压低于设置的告警限时系统监控模块发出声光告警。

• 交流电源恢复程序：交流电源恢复送电运行时，微机控制充电装置自动进入均充状态运行，按镉镍蓄电池正常充电程序进行充电。

b. 阀控式密封铅酸蓄电池运行曲线图如下图所示，充电程序如下。

•阀控式密封铅酸蓄电池正常充电程序：用0.1C_{10}A（可设置）恒流（主充）充电，电压达到整定值（2.30～2.40）V×n（n为单体电池节数）时，微机控制整流模块自动转为恒压充电，当充电电流逐渐减小，达到0.01CA（可设置）时，微机开始计时，3h后，微机控制整流模块自动转为浮充电状态运行，电压为（2.23-2.28）V×n。一般情况下，所有均充时间不能大于均充限时时间，否则，强制转为浮充，并进入过充保护状态。

• 维护性定期均充充电程序：正常运行浮充状态下每隔1～3个月，微机控制整流模块自动转入恒流充电（主充）状态运行，按阀控式密封铅酸蓄电池正常充电程序进行充电。

• 交流电中断程序：正常浮充电运行状态时，电网事故停电，这时整流模块停止工作，蓄电池通过降压装置，无间断地向二次控制母线送电。当电池电压低于设置的告警限时系统监控模块发出声光告警。

• 交流电源恢复程序：交流电源恢复送电运行时，微机控制整流模块自动进入恒流充电（主充）状态运行，按阀控式密封铅酸蓄电池正常充电程序进行充电。

2）电池温度补偿。阀控式密封铅酸蓄电池在不同的温度下对蓄电池充电电压做相应的调整才能保障电池处于最佳状态，电池管理系统监测环境温度，用户可根据电池厂家提供的参数，选择使用电池温度补偿功能，系统监测环境温度，自动调整电池充电电压，满足电池充电的要求。

3）电池定期维护保养功能。所谓免维护密封电池，是指无须人工加酸加水，而非真正意义上的免维护，相反其维护要求变得更高。

电池长期不用或长期处于浮充状态，电池极板的活性物质很易硫化，当活性物质越来越少时，电池的放电能力也越来越差，直至放不出电。此外，由于电池之间的离散性，单体电池之间的实际电压不尽相同，电池标称的浮充电压只是一种均值，所选定的浮充电压并不能满足每一节电池的要求，如果电池长期处于浮充状态，其结果必定是，部分电池的电量能保证充满，而有一部分电池是无法充满的，这一部分电池表现出来的电压是虚的，需要放电时，其放电能力很差。因此，要求充电系统具备定期对电池作维护性的均充活化功能，以免电池硫化、虚充，确保电池的放电能力和使用寿命。

（7）蓄电池运行示波图见图 13-37。

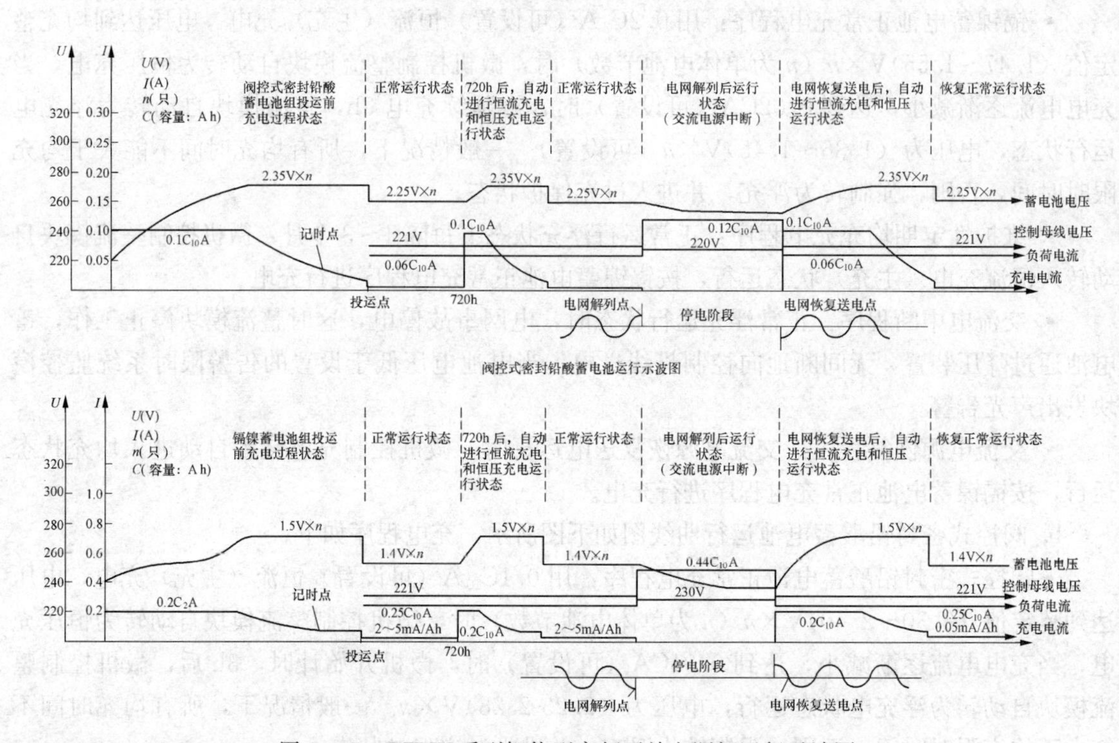

图 13-37 GZDW 系列智能型高频开关电源柜运行示波图

2. GZKW 系列微机监控高频开关直流电源柜（直流屏）

（1）用途。GZKW 系列微机监控制高频开关（简称直流屏）直流电源柜是引进先进的变流技术，融合多年的实践经验，在 GZD（W）系列微机控制直流电源柜的基础上研制开发的新一代产品。它综合了高频开关技术和计算机技术，功率输出单元采用模块化（$N+1$）沉余设计，监控单元可采用高性能高速 PLC 或微机，显示操作单元采用新型人机界面触摸屏，可带电热插拔等优点。具有"遥控、遥测、遥信、遥调"功能，是新型的高品质直流操作电源。适用于 500kV 及以下变电站、发电厂等无人值守场所。技术性能完全符合 DL/T 459—2000 和 JB/T 5777.4—2000 电力系统直流电源设备通用技术条件的标准要求，GZKW 系列微机监控高频开关直流电源柜外形见图 13-38。

图 13-38 GZKW 系列微机监控高频开关直流电源柜外形图

（2）使用环境条件。

1）海拔高度不超过 3000mm；

2）环境温度 $-5\sim+55$℃；

3）日平均相对湿度不大于 90%；

4）无强烈振动和冲击、无强电磁场干扰；

5）周围无严重尘埃、爆炸性介质、腐蚀金属和破坏绝缘的有害气体，导电微粒及严重霉菌；

6）垂直倾斜度不大于5°；

（3）主要技术参数。

额定输入电压：AC380V±15%　　稳压精度：≤0.5%

额定频率：50Hz　　稳流精度：≤0.5%

额定输出电压：DC220V、110V、48V、24V　　纹波系统：≤0.1%

额定输出电流：6、10、20、30、40、50、60、80、100、200A　　整机噪声：≤55dB

蓄电池额定容量：6～200Ah　　工作方式：连续工作

（4）主要特点。具有均匀、浮充的充电状态选择，电压、电流方便可调，具有稳压限流及稳流限压的功能。微机监控单元采用大屏幕液晶显示器，具有良好的人机界面。全汉化显示电池容量、电池电压、充电电流、控母电压、负载电流及直流系统的一系列参数。多个模块运行时具有良好的均流性能，可单独带电插拔其中任一模块而不影响其他模块的正常运行。交流失电后自动投入，不间断供电。系统可根据电池的容量自动选择最佳充电方式对蓄电池进行充电。微机监控单元退出系统后，不影响直流系统的正常运行。防护等级IP3X。

（5）系统功能。系统功能原理见图13-39。

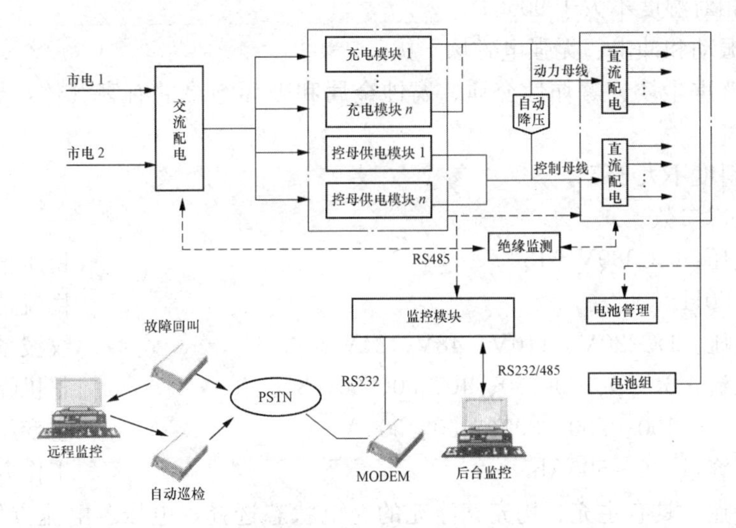

图13-39 系统功能原理图

3. GZD（W）系列（微机监控）直流电源柜（屏）

（1）用途。GZD（W）系列（微机监控）直流电源柜是针对无人值守发电厂和变电站对直流电源柜所提出的功能和技术需求而研制开发的新一代替换产品。

GZD（W）系列（微机监控）直流电源柜应用于（大、中、小型）发电厂和变电站，在正常运行和事故状态下的高压开关分合闸、继电保护、自动控制、事故照明、灯光和音响信号灯所需要的直流电源；微机控制直流电源柜可用于无人值守、远程控制的发电厂、变电站或其他行业所需的直流电源。也可根据用户需要设计生产非微机控制的直流电源柜，直流电源柜（屏）外形见图13-40。

技术性能完全符合 DL/T 459—2000 和 JB/T 5777.4—2000，电力系统直流电源设备通用技术条件的标准要求。

图 13-40　直流电源柜（屏）外形图

（2）使用环境条件。

1）海拔高度不超过 3000mm；

2）环境温度－5～＋55℃；

3）日平均相对湿度不大于 90％；

4）无强烈振动和冲击、无强电磁场干扰；

5）周围无严重尘埃、爆炸性介质、腐蚀金属和破坏绝缘的有害气体，导电微粒及严重霉菌；

6）垂直倾斜度不大于 5°。

（3）主要技术参数。

额定输入电压：AC380V±15％

额定频率：50Hz

额定输出电压：DC220V、110V、48V、24V

额定输出电流：6、10、20、30、40、50、60、80、100、200、300、400、500A

蓄电池额定容量：6～500Ah

稳压精度：≤1％

稳流精度：≤1％

纹波系统：≤1％

整机噪声：≤55dB

主变压器温升：≤60

工作方式：连续工作

（4）主要特点。具有主充、均充、浮充的充电状态选择，电压、电流方便可调，具有稳压限流及稳流限压的功能。微机监控单元采用高亮数码管显示，显示内容包括电池电压、充电电流、控母电压、充电机输出电压、电流、单节电池电压及直流系统的一系列参数。交流失电后自动投入，不间断供电。系统可根据电池的容量自动选择最佳充电方式对蓄电池进行充电。微机监控单元退出系统后，不影响直流系统的正常运行，防护等级 IP3X 或 IP4X。

（5）设计序号及说明。直流电源柜（屏）设计序号及说明见表 13-40。

表 13-40　直流电源柜（屏）设计序号及说明

产品型号	序号说明	规格（种）	适用范围
GZD（W）30-□/□	单母线分段、单组电池、二台双线充电输出、无降压回路	10	发电厂或大型变电站
GZD（W）31-□/□	单母线、单组电池、二台双线充电输出、无降压回路	10	发电厂或大型变电站

续表

产品型号	序号说明	规格（种）	适用范围
GZD（W）32-□/□	双母线分段、单组电池、二台双线充电输出	20	10～500kV 变电站和大中小型发电厂
GZD（W）33-□/□	双母线、单组电池、二台双线充电输出	20	10～500kV 变电站和大中小型发电厂
GZD（W）34-□/□	双母线分段、单组电池、二台三线充电输出	20	10～500kV 变电站和大中小型发电厂
GZD（W）35-□/□	双母线、单组电池、二台三线充电输出	20	10～500kV 变电站和大中小型发电厂
GZD（W）40-□/□	单母线分段、单组电池、三台双线充电输出、无降压回路	10	重要发电厂或大型变电站
GZD（W）41-□/□	双母线、双组电池、二台双线充电输出	12	10～500kV 变电站和大中小型发电厂
GZD（W）42-□/□	双母线分段、双组电池、三台双线充电输出	10	重要发电厂或大型变电站
GZD（W）43-□/□	双母线、双组电池、二台三线充电输出	12	10～500kV 变电站和大中小型发电厂

4. PCD（W）系列抽屉式电力工程直流屏

（1）产品用途。该产品适用于大、中型发电厂、水电站和110～500kV 输配电工程急需更新换代产品，也是新建大中型电力工程的最佳选择。也适用于冶金、铁道、矿山、石化等行业所需要的直流电源。

（2）功能特点。PCD（W）系列抽出式电力工程直流屏具有结构设计新颖、美观大方、容量大、方案多、系统联络灵活、接线简单、元件选型先进、检修维护方便，运行安全可靠、性能稳定等特点。

该产品具有两套控制系统，2～3 台充电浮充电装置，1～2 组蓄电池，互为备用，可确保不间断供电。从而，从根本上改变了长期以来直流屏所处的落后面貌，PCP（W）系列直流屏具有创新的设计思想，为国内首创，电力工程直流屏外形见图 13-41。

图 13-41 电力工程直流屏外形图

（3）主电路方案及说明。电力工程直流屏主电路方案及说明见表 13-41。

表 13-41　　电力工程直流屏主电路方案及说明

序号	代　号	方案说明	适用范围
1	PCD（W）30-□/□	单组电池、单母线分段、两组整流器、有闪光、两台降压装置	大中型发电厂和大中型水电站及110～500kV 输配电工程
2	PCD（W）31-□/□	单组电池、单母线、两组整流器、有闪光、一台降降压装置	
3	PCD（W）32-□/□	单组电池、单母线、两组整流器、无闪光	
4	PCD（W）33-□/□	两组电池、两组单投联络、三组整流器、其中浮充跨接两段母线	
5	PCD（W）34-□/□	两组电池、一组单投联络、三组整流器、其中浮充跨接两段母线	
6	PCD（W）35-□/□	两组电池、两组双投联络、三组整流器、其中浮充跨接两段母线	
7	PCD（W）36-□/□	两组电池、两组单投联络、三组整流器、其中浮充双电缆跨接两段母线	

续表

序号	代　号	方案说明	适用范围
8	PCD（W）37-□/□	两组电池、一组单投联络、三组整流器、其中浮充双电缆跨接两段母线	大中型发电厂和大中型水电站及110～500kV输配电工程
9	PCD（W）38-□/□	两组电池、两组双投联络、三组整流器、其中浮充双电缆跨接两段母线	
10	PCD（W）39-□/□	两组电池、两组单投联络、三组整流器、其中充电跨接两组电池	
11	PCD（W）40-□/□	两组电池、一组单投联络、三组整流器、其中充电跨接两组电池	
12	PCD（W）41-□/□	两组电池、两组双投联络、三组整流器、其中充电跨接两组电池	
13	PCD（W）42-□/□	两组电池、两组单投联络、三组整流器、其中充电双电缆跨接两组电池	
14	PCD（W）43-□/□	两组电池、一组单投联络、三组整流器、其中充电双电缆跨接两组电池	
15	PCD（W）44-□/□	两组电池、两组双投联络、三组整流器、其中充电双电缆跨接两组电池	

（4）主要技术参数。直流屏主要技术参数见表13-42。

表13-42　　直流屏主要技术参数

项　目			技术指标	
交流输入	相数		三相四线	
	额定频率（Hz）		50±5%	
	额定电压（V）		380±10%	
直流输出	直流系统电压（V）		220	110
	直流输出额定电压（V）		230	115
	直流输出额定电流 I_e（A）		100，120，130，150，160，180，200，240，260，315，350，400，500	
	最大极限输出电流（A）		1.2I_e	
	充电运行方式	最高充电电压（V）	324	162
		电压调节范围（V）	198-324	99-162
		负荷调节电流范围（V）	（0.1～1.0）I_e	
		稳流精度	∠±1%	
	浮充电运行方式	送控制母线电压（V）	210-230	105-115
		送电池组浮充电压（V）	198-264	99-132
		负荷电流调节范围（A）	（0.1～1.0）I_e	
		稳压精度	∠±1%	
	均充电运行方式	电池组均充电电压（V）	198-286	99-143
		负荷电流调节范围	（0.1～1.0）I_e	
		稳压精度	∠±1%	
	限流点电流调节范围（A）		（0.5～1.1）I_e	
	纹波系数		∠1%	
工作方式			连续工作	
各部件温升	变压器		∠60℃	
	整流模块		∠50℃	
	电阻元件		∠25℃	
整机噪声			∠55dB	
变压器、电抗器绝缘等级			B	
短时耐受电流（交流）	有效值 kA/s		30～50	
	峰值 kA/0.1s		63～105	
防护等级			IP30或IP40	
外形尺寸（高×宽×深）高含上眉头60（mm）			2260(2360)×800(1000)×600(800)	

（5）主要优点。

1）规格齐全：该产品共有十五种型号几百种规格，完全能满足大中型发电厂、水电站和110～500kV输配电工程对直流电源的需求。

2）运行可靠：交流双路输入自动切换，系统设有2～3台充电浮充电装置，两套控制系统互为备用，系统切换方便，确保不间断供电。

3）运行稳定：抗干扰性能好，稳流、稳压精度高，纹波系数小。

4）电池使用寿命长：能严格按照蓄电池充电曲线对电池进行充电、浮充电，设有温度补偿装置，避免过充或欠充现象，选用优质蓄电池，寿命可达10年以上。

5）控制方式多：设有2套控制系统（既微机控制和继电器控制），各自均具有自动和手动控制方式，操作方便。2套控制系统互为备用，运行连续性强。

6）安全系数高：能对各工作点跟踪检测，软件与硬件保护相结合，微机绝缘检测装置连续巡回检测母线和各馈线对地绝缘情况，发生故障即时报警。

7）远动通信：能与上位机通信，实现集中监测和远程控制、无人值守。

（6）使用环境条件。

1）海拔高度不大于2000m；

2）用于户内，周围空气温度为－5～＋40℃；

3）空气最大相对湿度不超过90％（20±5℃时）；

4）周围无导电微粒，无严重尘埃、无腐蚀破坏绝缘及元器件的气体；

5）特殊使用环境，由用户与供货公司协商解决。

第 14 章　常用高低压配电系统一次方案单元组合接线图

第 1 节　高压部分配电柜

1. 高压配电系统供电方式组合方案图（抽出式）

（1）一路电源供电见图 14-1。

（2）二路电源供电见图 14-2。

（3）三路电源供电见图 14-3。

2. 高压配电系统供电方式组合方案图（固定式）

（1）一路电源供电见图 14-4。

（2）二路电源供电见图 14-5。

（3）三路电源供电见图 14-6。

3. 高压配电一次系统组合方案图（抽出式、交流操作）

（1）双电源单母线分段，见图 14-7。

（2）双电源单母线分段，见图 14-8。

（3）双电源单母线分段，见图 14-9。

（4）双电源单母线分段，见图 14-10。

（5）双电源单母线分段，见图 14-11。

（6）双电源单母线不分段，见图 14-12。

（7）单电源单母线，见图 14-13。

（8）单电源单母线，见图 14-14。

4. 高压配电一次系统组合方案图（固定式、交流操作）

（1）双电源单母线分段，见图 14-15。

（2）双电源单母线分段，见图 14-16。

（3）双电源单母线分段，见图 14-17。

（4）双电源单母线分段，见图 14-18。

（5）双电源单母线分段，见图 14-19。

（6）双电源单母线不分段，见图 14-20。

（7）单电源单母线，见图 14-21。

（8）单电源单母线，见图 14-22。

5. 高压配电一次系统组合方案图（抽出式、直流操作）

（1）双电源单母线分段，见图 14-23。

（2）双电源单母线分段，见图 14-24。

（3）双电源单母线分段，见图 14-25。

（4）双电源单母线分段，见图 14-26。

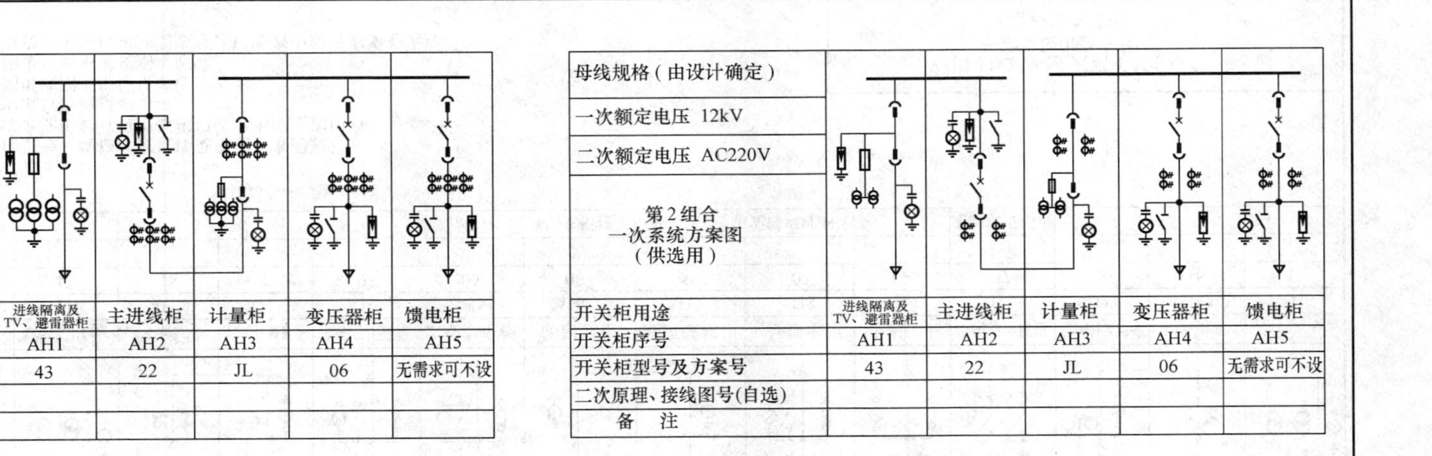

母线规格（由设计确定）					
一次额定电压 12kV					
二次额定电压 AC220V					
第1组合 一次系统方案图 （供选用）					
开关柜用途	进线隔离及TV、避雷器柜	主进线柜	计量柜	变压器柜	馈电柜
开关柜序号	AH1	AH2	AH3	AH4	AH5
开关柜型号及方案号	43	22	JL	06	无需求可不设
二次原理、接线图号(自选)					
备　注					

母线规格（由设计确定）					
一次额定电压 12kV					
二次额定电压 AC220V					
第2组合 一次系统方案图 （供选用）					
开关柜用途	进线隔离及TV、避雷器柜	主进线柜	计量柜	变压器柜	馈电柜
开关柜序号	AH1	AH2	AH3	AH4	AH5
开关柜型号及方案号	43	22	JL	06	无需求可不设
二次原理、接线图号(自选)					
备　注					

母线规格（由设计确定）				
一次额定电压 12kV				
二次额定电压 AC220V				
第3组合 一次系统方案图 （供选用）				
开关柜用途	进线＋计量柜	TV、避雷器柜	变压器柜	馈电柜
开关柜序号	AH1	AH2	AH3	AH4
开关柜型号及方案号	73	43	06	06
二次原理、接线图号(自选)				
备　注				无需求可不设

母线规格（由设计确定）				
一次额定电压 12kV				
二次额定电压 AC220V				
第4组合 一次系统方案图 （供选用）				
开关柜用途	进线＋计量柜	TV、避雷器柜	变压器柜	馈电柜
开关柜序号	AH1	AH2	AH3	AH4
开关柜型号及方案号	73	43	06	06
二次原理、接线图号(自选)				
备　注				无需求可不设

说明：
1. 一次和二次回路所配置的元件型号、规格、数量详见所选方案图表。
2. 本方案是否配置温控装置或综合保护装置可根据用户需求来确定选用有关方案。
3. 本方案在实际应用中可根据需求自行调整。
4. 如果某台柜子不需要计量，则可选用不带计量的设计方案。
5. 接地开关可根据用户需求来确定，如不需要则可删除。
6. 本章每张图中如有分项单元图表，不另行单注图表号，以图表中组合方案号为序。

图 14–1　抽出式高压配电柜
一次系统组合方案图（一路电源供电）

母线规格（由设计确定）													
一次额定电压 12kV													
二次额定电压 AC220V													
第5组合 一次系统方案图 （供选用）													
开关柜用途	进线隔离及TV、避雷器柜	1号主进线柜	1号计量柜	1号变压器柜	1号馈电柜	母线分断柜	隔离联络柜	2号馈电柜	2号变压器柜	所用变负荷柜	2号计量柜	2号主进线柜	进线隔离及TV、避雷器柜
开关柜序号	AH1	AH2	AH3	AH4	AH5	AH6	AH7	AH8	AH9	AH10	AH11	AH12	AH13
开关柜型号及方案号	43	22	JL	06	06	12	55	06	06	77	JL	20	43
二次原理、接线图号(自选)													
备　注					无需求可不设	一用一备不设此柜	一用一备不设此柜	无需求可不设		无需求可不设			

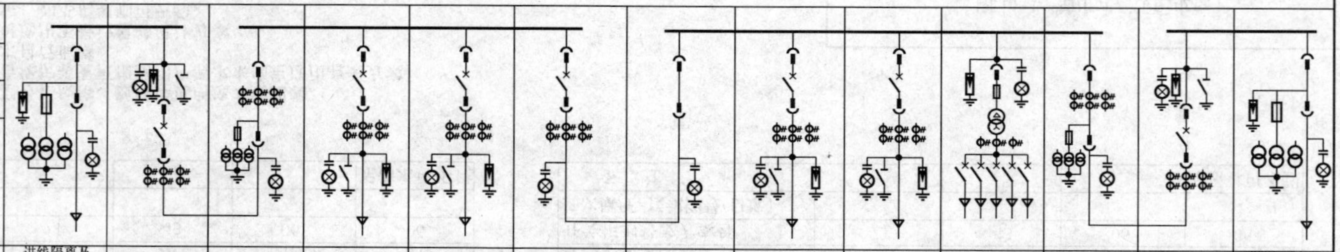

母线规格（由设计确定）													
一次额定电压 12kV													
二次额定电压 AC220V													
第6组合 一次系统方案图 （供选用）													
开关柜用途	进线隔离及TV、避雷器柜	2号主进线柜	2号计量柜	2号变压器柜	2号馈电柜	母线分断柜	隔离联络柜	1号馈电柜	1号变压器柜	所用变负荷柜	1号计量柜	1号进线柜	进线隔离及TV、避雷器柜
开关柜序号	AH1	AH2	AH3	AH4	AH5	AH6	AH7	AH8	AH9	AH10	AH11	AH12	AH13
开关柜型号及方案号	42	18	JL	03	03	08	55	03	03	77	JL	16	42
二次原理、接线图号(自选)													
备　注					无需求可不设	一用一备不设此柜	一用一备不设此柜	无需求可不设		无需求可不设			

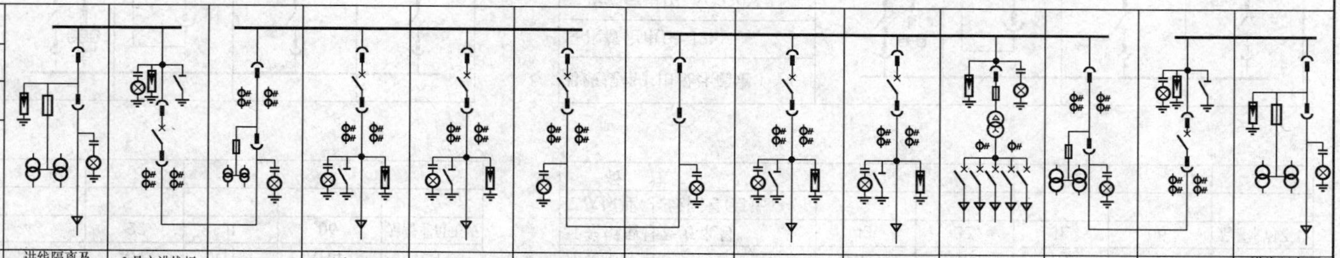

说明：
1. 一次和二次回路所配置的元件型号、规格、数量详见所选方案图表。
2. 本方案是否配置温控装置或综合保护装置可根据用户需求来确定选用有关方案。
3. 本方案在实际应用中可根据需求自行调整。
4. 如果某台柜子不需要计量，则可选用不带计量的设计方案。
5. 接地开关可根据用户需求来确定，如不需要则可删除。
6. 本章每张图中如有分项单元图表，不另行单注图表号，以图表中组合方案号为序。

图 14-2　抽出式高压配电柜一次系统组合方案图（二路电源供电）

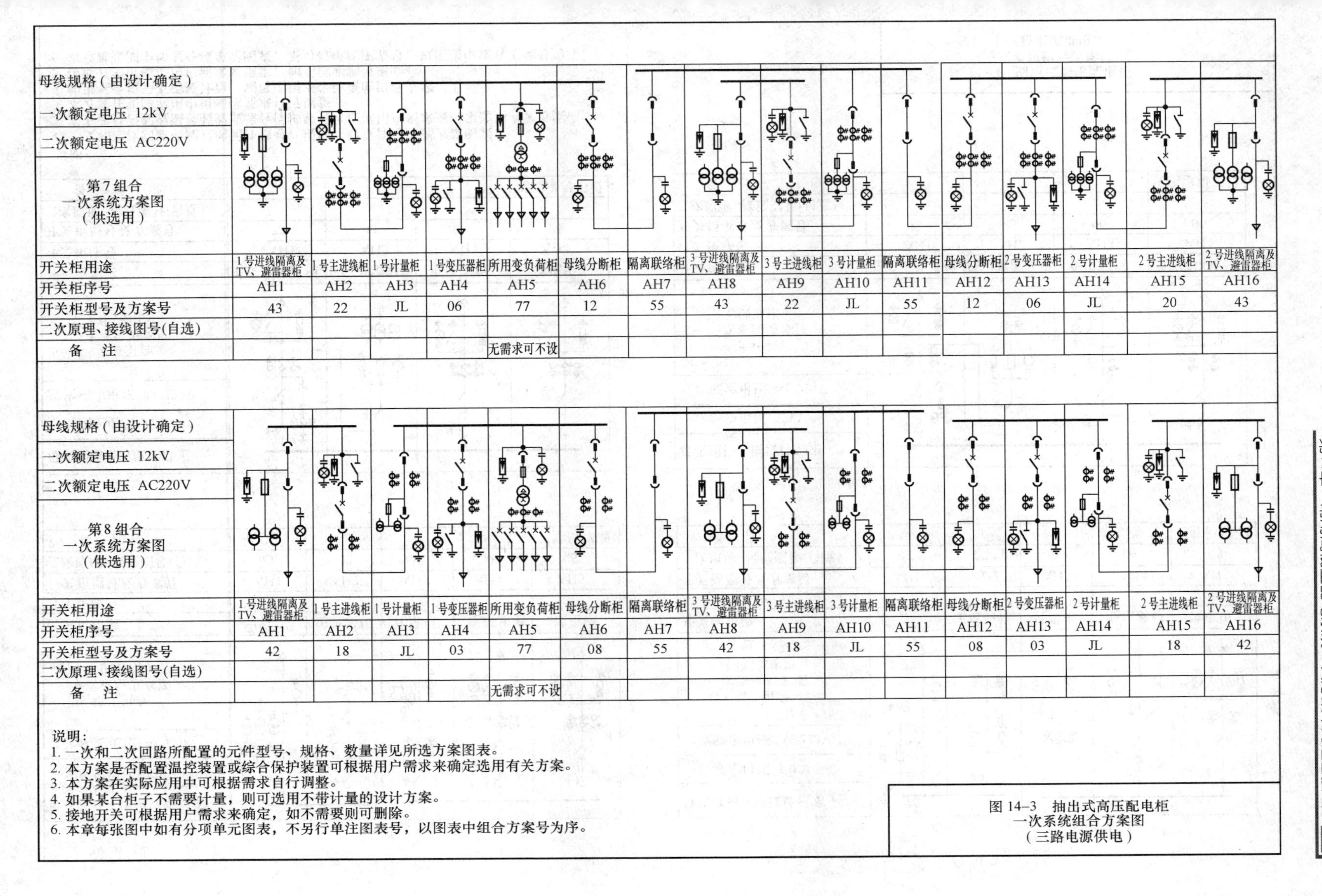

开关柜用途	1号进线隔离及TV、避雷器柜	1号主进线柜	1号计量柜	1号变压器柜	所用变负荷柜	母线分断柜	隔离联络柜	3号进线隔离及TV、避雷器柜	3号主进线柜	3号计量柜	隔离联络柜	母线分断柜	2号变压器柜	2号计量柜	2号主进线柜	2号进线隔离及TV、避雷器柜
开关柜序号	AH1	AH2	AH3	AH4	AH5	AH6	AH7	AH8	AH9	AH10	AH11	AH12	AH13	AH14	AH15	AH16
开关柜型号及方案号	43	22	JL	06	77	12	55	43	22	JL	55	12	06	JL	20	43
二次原理、接线图号(自选)																
备　注					无需求可不设											

开关柜用途	1号进线隔离及TV、避雷器柜	1号主进线柜	1号计量柜	1号变压器柜	所用变负荷柜	母线分断柜	隔离联络柜	3号进线隔离及TV、避雷器柜	3号主进线柜	3号计量柜	隔离联络柜	母线分断柜	2号变压器柜	2号计量柜	2号主进线柜	2号进线隔离及TV、避雷器柜
开关柜序号	AH1	AH2	AH3	AH4	AH5	AH6	AH7	AH8	AH9	AH10	AH11	AH12	AH13	AH14	AH15	AH16
开关柜型号及方案号	42	18	JL	03	77	08	55	42	18	JL	55	08	03	JL	18	42
二次原理、接线图号(自选)																
备　注					无需求可不设											

说明：
1. 一次和二次回路所配置的元件型号、规格、数量详见所选方案图表。
2. 本方案是否配置温控装置或综合保护装置可根据用户需求来确定选用有关方案。
3. 本方案在实际应用中可根据需求自行调整。
4. 如果某台柜子不需要计量，则可选用不带计量的设计方案。
5. 接地开关可根据用户需求来确定，如不需要则可删除。
6. 本章每张图中如有分项单元图表，不另行单注图表号，以图表中组合方案号为序。

图 14-3　抽出式高压配电柜
一次系统组合方案图
（三路电源供电）

母线规格（由设计确定）					
一次额定电压 12kV					
二次额定电压 AC220V					
第1组合 一次系统方案图 （供选用）					
开关柜用途	进线隔离及TV、避雷器柜	主进线柜	计量柜	变压器柜	馈电柜
开关柜序号					
开关柜型号及方案号	AH1	AH2	AH3	AH4	AH5
二次原理、接线图号(自选)	43	22	JL	06	06
备　注					无需求可不设

母线规格（由设计确定）					
一次额定电压 12kV					
二次额定电压 AC220V					
第2组合 一次系统方案图 （供选用）					
开关柜用途	进线隔离及TV、避雷器柜	主进线柜	计量柜	变压器柜	馈电柜
开关柜序号					
开关柜型号及方案号	AH1	AH2	AH3	AH4	AH5
二次原理、接线图号(自选)	43	22	JL	06	06
备　注					无需求可不设

母线规格（由设计确定）				
一次额定电压 12kV				
二次额定电压 AC220V				
第3组合 一次系统方案图 （供选用）				
开关柜用途	进线＋计量柜	TV、避雷器柜	变压器柜	馈电柜
开关柜序号	AH1	AH2	AH3	AH4
开关柜型号及方案号	73	43	06	06
二次原理、接线图号(自选)				
备　注				无需求可不设

母线规格（由设计确定）				
一次额定电压 12kV				
二次额定电压 AC220V				
第4组合 一次系统方案图 （供选用）				
开关柜用途	进线＋计量柜	TV、避雷器柜	变压器柜	馈电柜
开关柜序号	AH1	AH2	AH3	AH4
开关柜型号及方案号	73	43	06	06
二次原理、接线图号(自选)				
备　注				无需求可不设

说明：
1. 一次和二次回路所配置的元件型号、规格、数量详见所选方案图表。
2. 本方案是否配置温控装置或综合保护装置可根据用户需求来确定选用有关方案。
3. 本方案在实际应用中可根据需求自行调整。
4. 如果某台柜子不需要计量，则可选用不带计量的设计方案。
5. 接地开关可根据用户需求来确定，如不需要则可删除。
6. 本章每张图中如有分项单元图表，不另行单注图表号，以图表中组合方案号为序。

14-4　固定式高压配电柜
一次系统组合方案图
（一路电源供电）

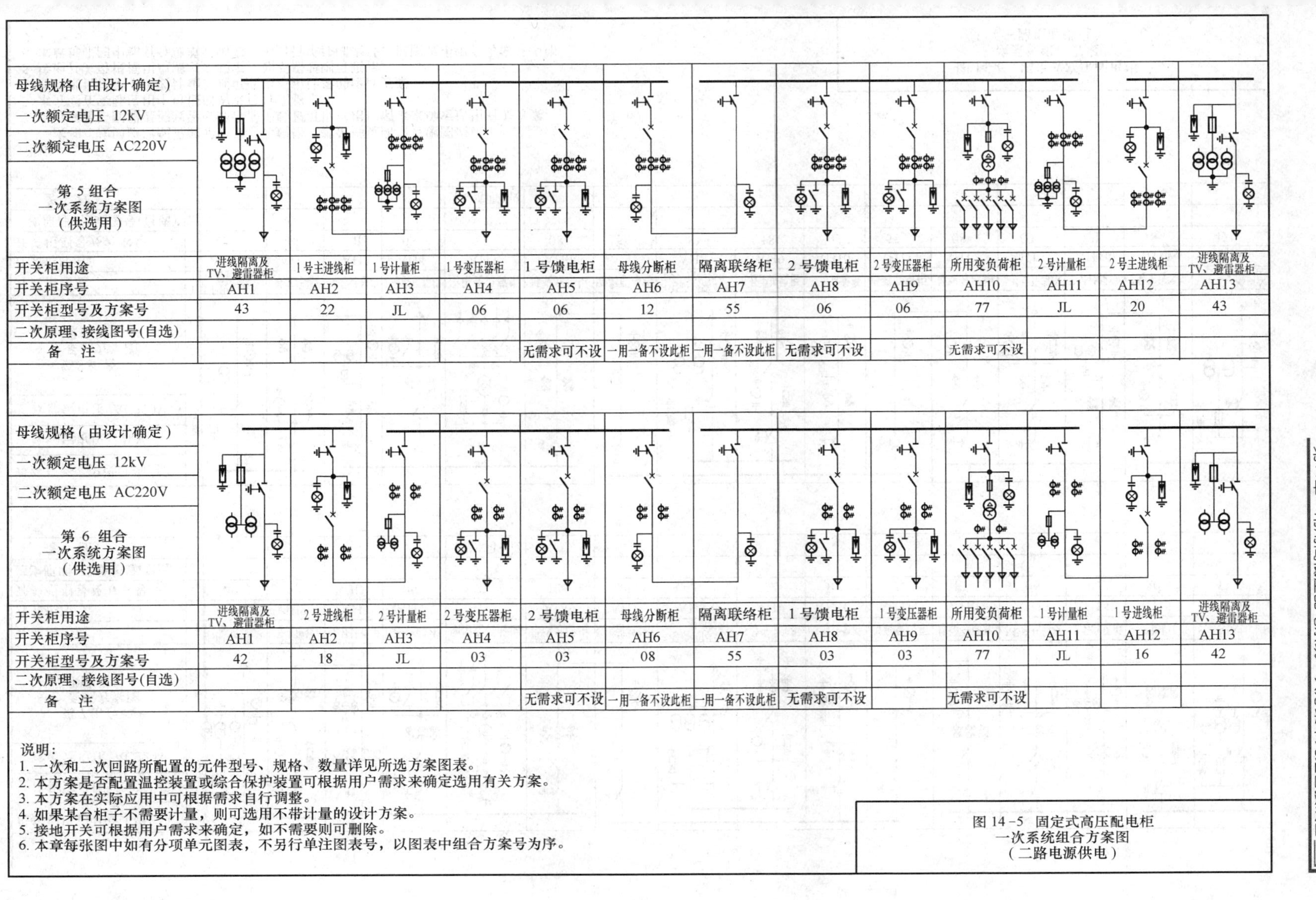

母线规格（由设计确定）													
一次额定电压 12kV													
二次额定电压 AC220V													
第 5 组合 一次系统方案图 （供选用）													
开关柜用途	进线隔离及TV、避雷器柜	1号主进线柜	1号计量柜	1号变压器柜	1 号馈电柜	母线分断柜	隔离联络柜	2 号馈电柜	2号变压器柜	所用变负荷柜	2号计量柜	2号主进线柜	进线隔离及TV、避雷器柜
开关柜序号	AH1	AH2	AH3	AH4	AH5	AH6	AH7	AH8	AH9	AH10	AH11	AH12	AH13
开关柜型号及方案号	43	22	JL	06	06	12	55	06	06	77	JL	20	43
二次原理、接线图号(自选)													
备　注					无需求可不设	一用一备不设此柜	一用一备不设此柜	无需求可不设		无需求可不设			

母线规格（由设计确定）													
一次额定电压 12kV													
二次额定电压 AC220V													
第 6 组合 一次系统方案图 （供选用）													
开关柜用途	进线隔离及TV、避雷器柜	2号进线柜	2号计量柜	2号变压器柜	2 号馈电柜	母线分断柜	隔离联络柜	1 号馈电柜	1号变压器柜	所用变负荷柜	1号计量柜	1号进线柜	进线隔离及TV、避雷器柜
开关柜序号	AH1	AH2	AH3	AH4	AH5	AH6	AH7	AH8	AH9	AH10	AH11	AH12	AH13
开关柜型号及方案号	42	18	JL	03	03	08	55	03	03	77	JL	16	42
二次原理、接线图号(自选)													
备　注					无需求可不设	一用一备不设此柜	一用一备不设此柜	无需求可不设		无需求可不设			

说明：
1. 一次和二次回路所配置的元件型号、规格、数量详见所选方案图表。
2. 本方案是否配置温控装置或综合保护装置可根据用户需求来确定选用有关方案。
3. 本方案在实际应用中可根据需求自行调整。
4. 如果某台柜子不需要计量，则可选用不带计量的设计方案。
5. 接地开关可根据用户需求来确定，如不需要则可删除。
6. 本章每张图中如有分项单元图表，不另行单注图表号，以图表中组合方案号为序。

图 14-5　固定式高压配电柜一次系统组合方案图（二路电源供电）

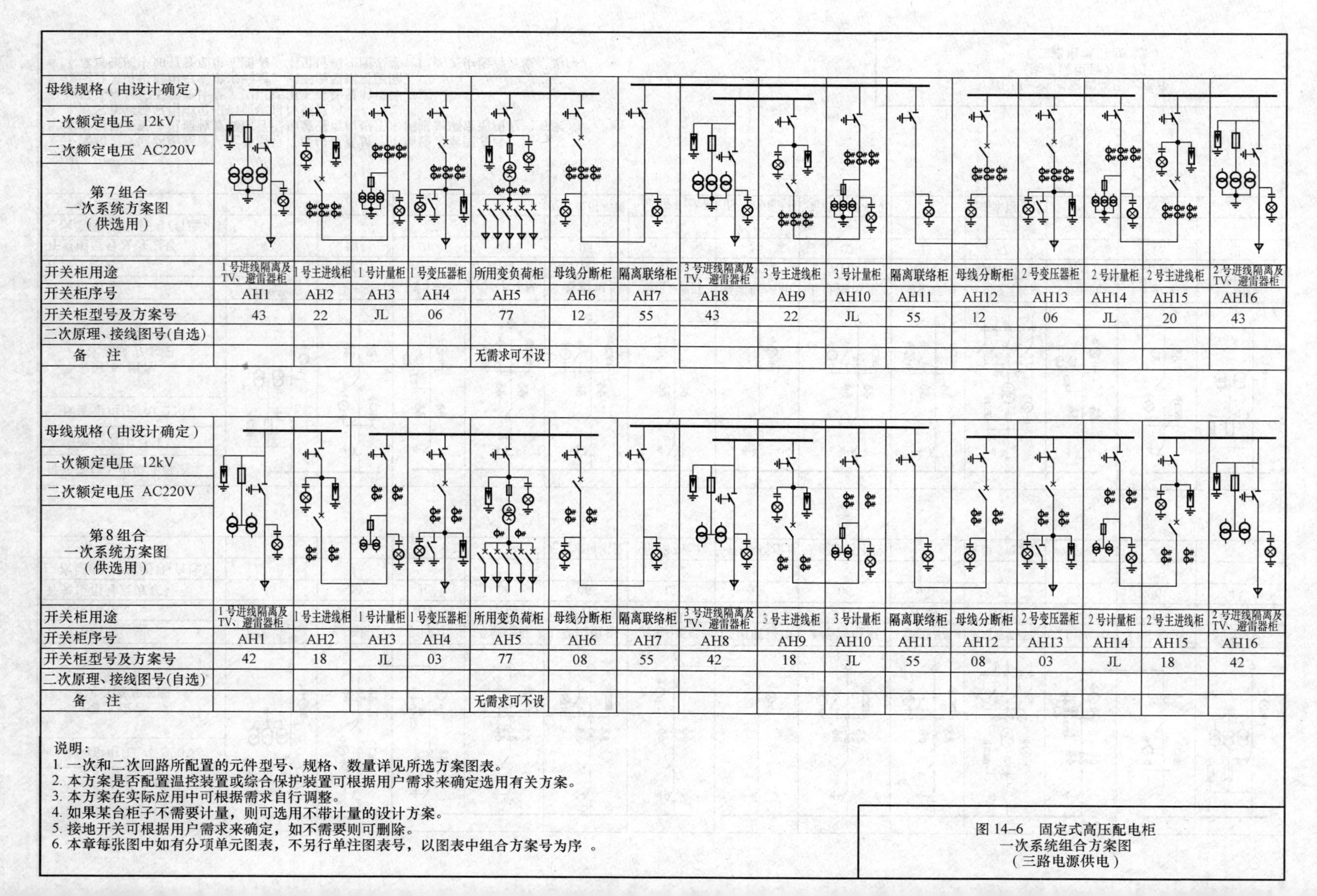

母线规格（由设计确定）																
一次额定电压 12kV																
二次额定电压 AC220V																
第 7 组合 一次系统方案图 （供选用）																
开关柜用途	1 号进线隔离及TV、避雷器柜	1 号主进线柜	1 号计量柜	1 号变压器柜	所用变负荷柜	母线分断柜	隔离联络柜	3 号进线隔离及TV、避雷器柜	3 号主进线柜	3 号计量柜	隔离联络柜	母线分断柜	2 号变压器柜	2 号计量柜	2 号主进线柜	2 号进线隔离及TV、避雷器柜
开关柜序号	AH1	AH2	AH3	AH4	AH5	AH6	AH7	AH8	AH9	AH10	AH11	AH12	AH13	AH14	AH15	AH16
开关柜型号及方案号	43	22	JL	06	77	12	55	43	22	JL	55	12	06	JL	20	43
二次原理、接线图号(自选)																
备　注					无需求可不设											

母线规格（由设计确定）																
一次额定电压 12kV																
二次额定电压 AC220V																
第 8 组合 一次系统方案图 （供选用）																
开关柜用途	1 号进线隔离及TV、避雷器柜	1 号主进线柜	1 号计量柜	1 号变压器柜	所用变负荷柜	母线分断柜	隔离联络柜	3 号进线隔离及TV、避雷器柜	3 号主进线柜	3 号计量柜	隔离联络柜	母线分断柜	2 号变压器柜	2 号计量柜	2 号主进线柜	2 号进线隔离及TV、避雷器柜
开关柜序号	AH1	AH2	AH3	AH4	AH5	AH6	AH7	AH8	AH9	AH10	AH11	AH12	AH13	AH14	AH15	AH16
开关柜型号及方案号	42	18	JL	03	77	08	55	42	18	JL	55	08	03	JL	18	42
二次原理、接线图号(自选)																
备　注					无需求可不设											

说明：

1. 一次和二次回路所配置的元件型号、规格、数量详见所选方案图表。
2. 本方案是否配置温控装置或综合保护装置可根据用户需求来确定选用有关方案。
3. 本方案在实际应用中可根据需求自行调整。
4. 如果某台柜子不需要计量，则可选用不带计量的设计方案。
5. 接地开关可根据用户需求来确定，如不需要则可删除。
6. 本章每张图中如有分项单元图表，不另行单注图表号，以图表中组合方案号为序 。

图 14–6　固定式高压配电柜
一次系统组合方案图
（三路电源供电）

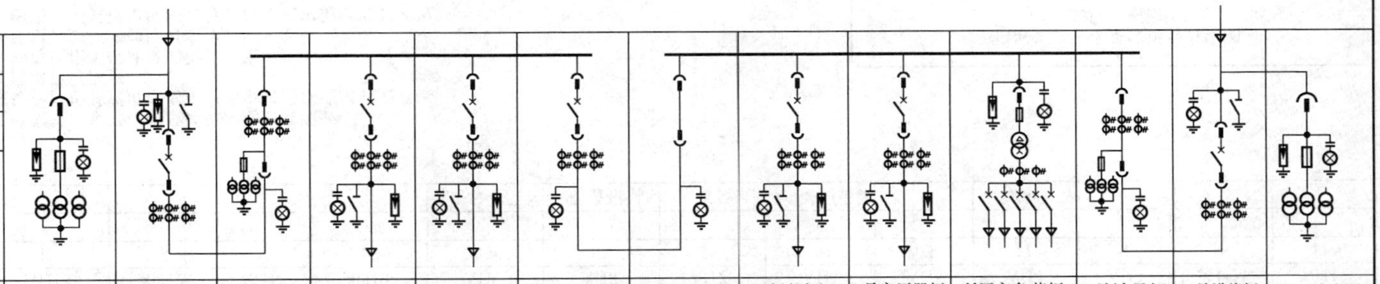

母线规格（由设计确定）													
一次额定电压 12kV													
二次额定电压 AC220V													
第1组合 一次系统方案图 （供选用）													
开关柜用途	TV、避雷器柜	2号进线柜	2号计量柜	2号变压器柜	2号馈电柜	母线分断柜	隔离联络柜	1号馈电柜	1号变压器柜	所用变负荷柜	1号计量柜	1号进线柜	TV、避雷器柜
开关柜序号	AH13	AH12	AH11	AH10	AH9	AH8	AH7	AH6	AH5	AH4	AH3	AH2	AH1
开关柜型号及方案号	43	22	JL	06	06	08	55	06	06	77	JL	20	43
二次原理、接线图号(自选)													
备　注		架空进线			无需求可不设	一用一备不设此柜	一用一备不设此柜	无需求可不设		无需求可不设		架空进线	

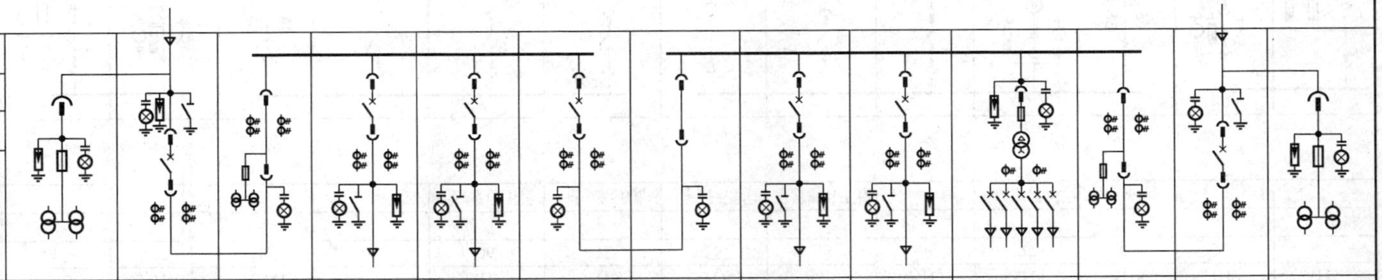

母线规格（由设计确定）													
一次额定电压 12kV													
二次额定电压 AC220V													
第2组合 一次系统方案图 （供选用）													
开关柜用途	TV、避雷器柜	2号进线柜	2号计量柜	2号变压器柜	2号馈电柜	母线分断柜	隔离联络柜	1号馈电柜	1号变压器柜	所用变负荷柜	1号计量柜	1号进线柜	TV、避雷器柜
开关柜序号	AH13	AH12	AH11	AH10	AH9	AH8	AH7	AH6	AH5	AH4	AH3	AH2	AH1
开关柜型号及方案号	42	18	JL	03	03	08	55	03	03	77	JL	16	42
二次原理、接线图号(自选)													
备　注		架空进线			无需求可不设	一用一备不设此柜	一用一备不设此柜	无需求可不设		无需求可不设		架空进线	

说明：
1. 一次和二次回路所配置的元件型号、规格、数量详见所选方案图表。
2. 本方案是否配置温控装置或综合保护装置可根据用户需求来确定选用有关方案。
3. 本方案在实际应用中可根据需求自行调整。
4. 如果某台柜子不需要计量，则可选用不带计量的设计方案。
5. 接地开关可根据用户需求来确定，如不需要则可删除。
6. 本章每张图中如有分项单元图表，不另行单注图表号，以图表中组合方案号为序。

图 14-7　一次系统组合方案图
（抽出式、交流操作）
双电源单母线分段（一）

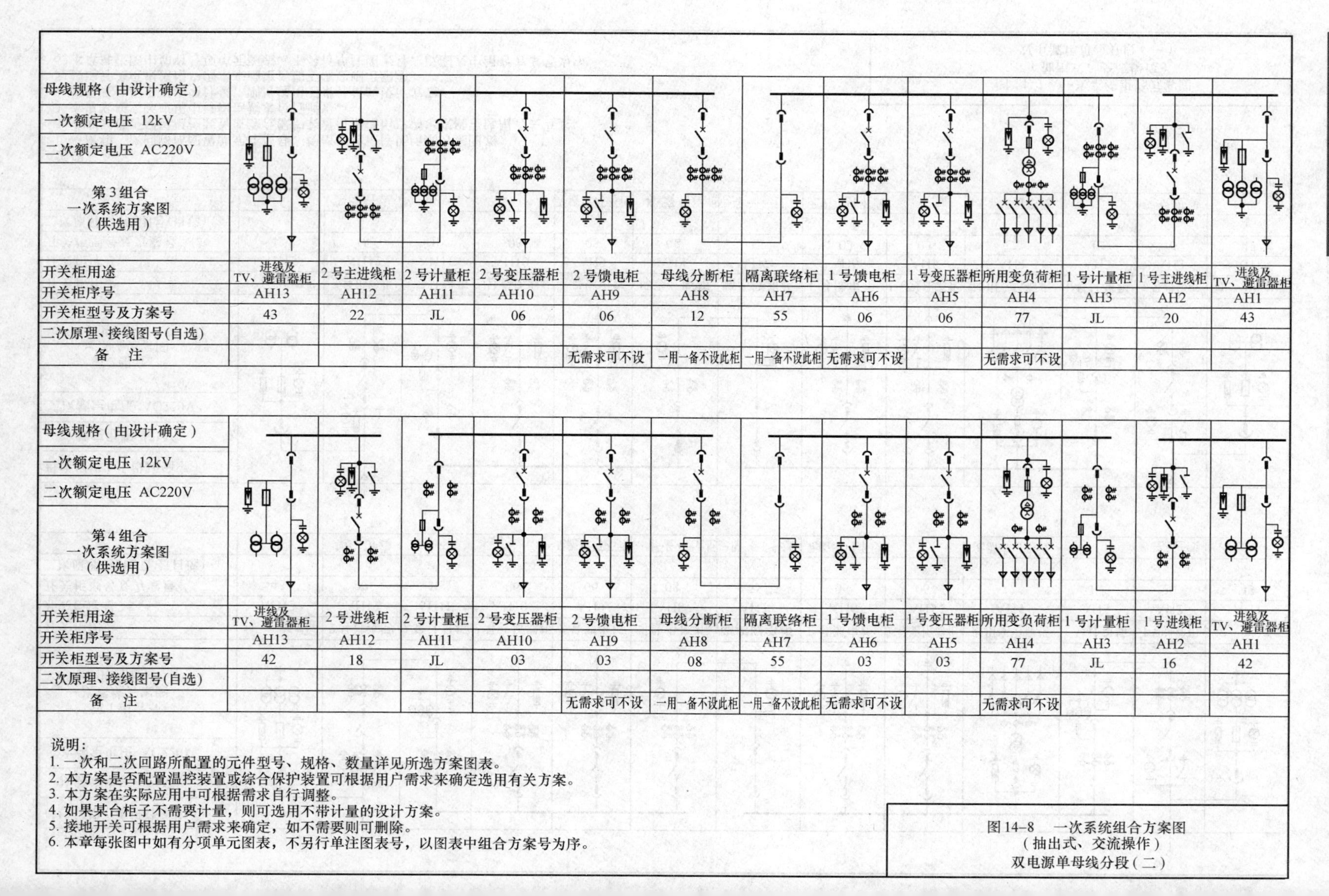

母线规格（由设计确定）													
一次额定电压 12kV													
二次额定电压 AC220V													
第3组合 一次系统方案图 （供选用）													
开关柜用途	进线及TV、避雷器柜	2号主进线柜	2号计量柜	2号变压器柜	2号馈电柜	母线分断柜	隔离联络柜	1号馈电柜	1号变压器柜	所用变负荷柜	1号计量柜	1号主进线柜	进线及TV、避雷器柜
开关柜序号	AH13	AH12	AH11	AH10	AH9	AH8	AH7	AH6	AH5	AH4	AH3	AH2	AH1
开关柜型号及方案号	43	22	JL	06	06	12	55	06	06	77	JL	20	43
二次原理、接线图号(自选)													
备注					无需求可不设	一用一备不设此柜	一用一备不设此柜	无需求可不设		无需求可不设			

母线规格（由设计确定）													
一次额定电压 12kV													
二次额定电压 AC220V													
第4组合 一次系统方案图 （供选用）													
开关柜用途	进线及TV、避雷器柜	2号进线柜	2号计量柜	2号变压器柜	2号馈电柜	母线分断柜	隔离联络柜	1号馈电柜	1号变压器柜	所用变负荷柜	1号计量柜	1号进线柜	进线及TV、避雷器柜
开关柜序号	AH13	AH12	AH11	AH10	AH9	AH8	AH7	AH6	AH5	AH4	AH3	AH2	AH1
开关柜型号及方案号	42	18	JL	03	03	08	55	03	03	77	JL	16	42
二次原理、接线图号(自选)													
备注					无需求可不设	一用一备不设此柜	一用一备不设此柜	无需求可不设		无需求可不设			

说明：
1. 一次和二次回路所配置的元件型号、规格、数量详见所选方案图表。
2. 本方案是否配置温控装置或综合保护装置可根据用户需求来确定选用有关方案。
3. 本方案在实际应用中可根据需求自行调整。
4. 如果某台柜子不需要计量，则可选用不带计量的设计方案。
5. 接地开关可根据用户需求来确定，如不需要则可删除。
6. 本章每张图中如有分项单元图表，不另行单注图表号，以图表中组合方案号为序。

图14-8　一次系统组合方案图
（抽出式、交流操作）
双电源单母线分段（二）

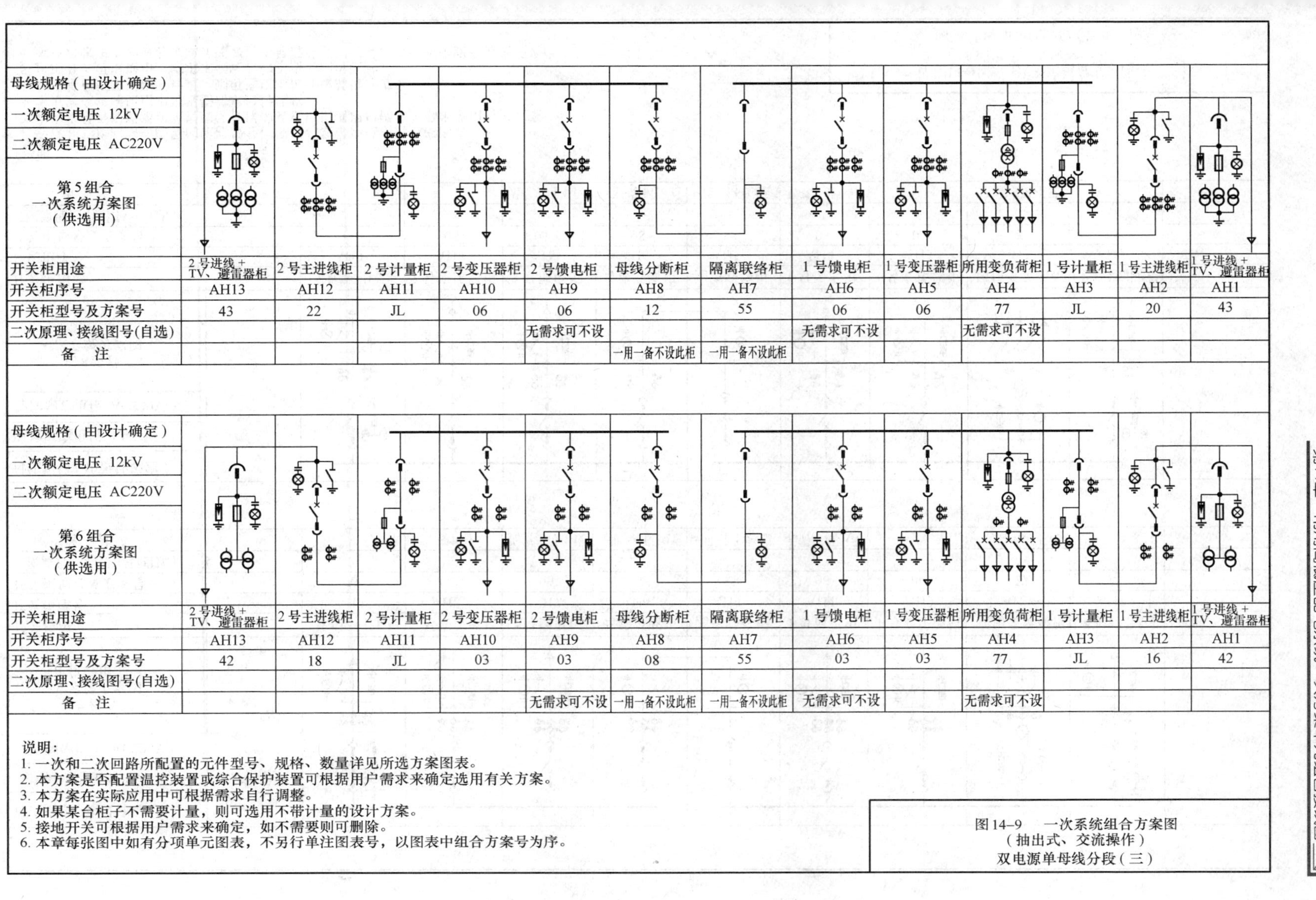

母线规格（由设计确定）													
一次额定电压 12kV													
二次额定电压 AC220V													
第5组合 一次系统方案图 （供选用）													
开关柜用途	2号进线+TV、避雷器柜	2号主进线柜	2号计量柜	2号变压器柜	2号馈电柜	母线分断柜	隔离联络柜	1号馈电柜	1号变压器柜	所用变负荷柜	1号计量柜	1号主进线柜	1号进线+TV、避雷器柜
开关柜序号	AH13	AH12	AH11	AH10	AH9	AH8	AH7	AH6	AH5	AH4	AH3	AH2	AH1
开关柜型号及方案号	43	22	JL	06	06	12	55	06	06	77	JL	20	43
二次原理、接线图号(自选)					无需求可不设			无需求可不设		无需求可不设			
备　注						一用一备不设此柜	一用一备不设此柜						

母线规格（由设计确定）													
一次额定电压 12kV													
二次额定电压 AC220V													
第6组合 一次系统方案图 （供选用）													
开关柜用途	2号进线+TV、避雷器柜	2号主进线柜	2号计量柜	2号变压器柜	2号馈电柜	母线分断柜	隔离联络柜	1号馈电柜	1号变压器柜	所用变负荷柜	1号计量柜	1号主进线柜	1号进线+TV、避雷器柜
开关柜序号	AH13	AH12	AH11	AH10	AH9	AH8	AH7	AH6	AH5	AH4	AH3	AH2	AH1
开关柜型号及方案号	42	18	JL	03	03	08	55	03	03	77	JL	16	42
二次原理、接线图号(自选)													
备　注					无需求可不设	一用一备不设此柜	一用一备不设此柜	无需求可不设		无需求可不设			

说明：
1. 一次和二次回路所配置的元件型号、规格、数量详见所选方案图表。
2. 本方案是否配置温控装置或综合保护装置可根据用户需求来确定选用有关方案。
3. 本方案在实际应用中可根据需求自行调整。
4. 如果某台柜子不需要计量，则可选用不带计量的设计方案。
5. 接地开关可根据用户需求来确定，如不需要则可删除。
6. 本章每张图中如有分项单元图表，不另行单注图表号，以图表中组合方案号为序。

图14–9　一次系统组合方案图
（抽出式、交流操作）
双电源单母线分段（三）

母线规格（由设计确定）									
一次额定电压 12kV									
二次额定电压 AC220V									
第 7 组合 一次系统方案图（供选用）									
开关柜用途	2 号进线 + 计量柜	2 号变压器柜	2 号馈电柜	母线分断柜	隔离联络柜	1 号馈电柜	1 号变压器柜	所用变负荷柜	1 号进线 + 计量柜
开关柜序号	AH9	AH8	AH7	AH6	AH5	AH4	AH3	AH2	AH1
开关柜型号及方案号	73	06	06	12	55	06	06	77	74
二次原理、接线图号(自选)									
备　注			无需求可不设	一用一备不设此柜	一用一备不设此柜	无需求可不设		无需求可不设	

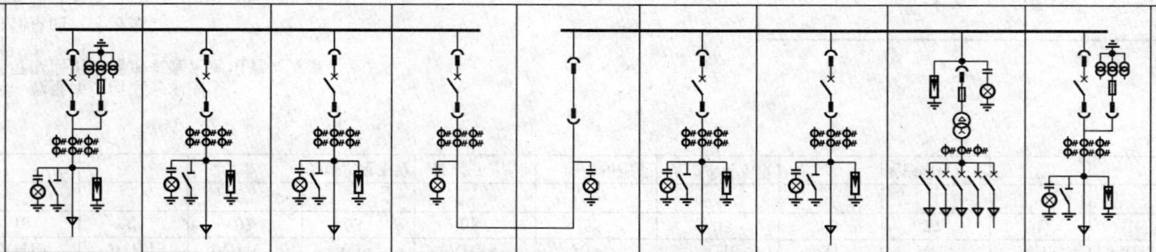

母线规格（由设计确定）									
一次额定电压 12kV									
二次额定电压 AC220V									
第 8 组合 一次系统方案图（供选用）									
开关柜用途	2 号进线 + 计量柜	2 号变压器柜	2 号馈电柜	母线分断柜	隔离联络柜	1 号馈电柜	1 号变压器柜	所用变负荷柜	1 号进线 + 计量柜
开关柜序号	AH9	AH8	AH7	AH6	AH5	AH4	AH3	AH2	AH1
开关柜型号及方案号	69	03	03	08	55	03	03	77	70
二次原理、接线图号(自选)									
备　注			无需求可不设	一用一备不设此柜	一用一备不设此柜	无需求可不设		无需求可不设	

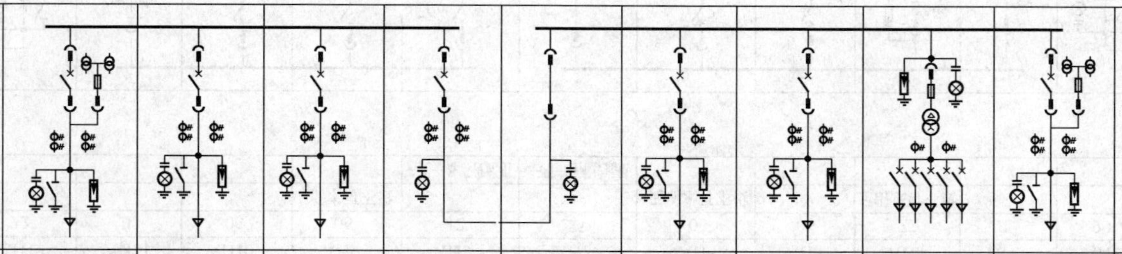

说明：

1. 一次和二次回路所配置的元件型号、规格、数量详见所选方案图表。
2. 本方案是否配置温控装置或综合保护装置可根据用户需求来确定选用有关方案。
3. 本方案在实际应用中可根据需求自行调整。
4. 如果某台柜子不需要计量，则可选用不带计量的设计方案。
5. 接地开关可根据用户需求来确定，如不需要则可删除。
6. 本章每张图中如有分项单元图表，不另行单注图表号，以图表中组合方案号为序。

图14-10　一次系统组合方案图
（抽出式、交流操作）
双电源单母线分段（四）

母线规格（由设计确定）													
一次额定电压 12kV													
二次额定电压 AC220V													
第 9 组合 一次系统方案图 （供选用）													
开关柜用途	2 号进线 +TV	联络 + 计量柜	隔离联络柜	2 号变压器柜	2 号馈电柜	母线分断柜	隔离联络柜	1 号馈电柜	1 号变压器柜	所用变负荷柜	隔离联络柜	联络 + 计量柜	1 号进线 +TV
开关柜序号	AH13	AH12	AH11	AH10	AH9	AH8	AH7	AH6	AH5	AH4	AH3	AH2	AH1
开关柜型号及方案号	36	68	55	06	06	12	55	06	06	77	55	67	36
二次原理、接线图号(自选)													
备　注					无需求可不设	一用一备不设此柜	一用一备不设此柜	无需求可不设		无需求可不设			

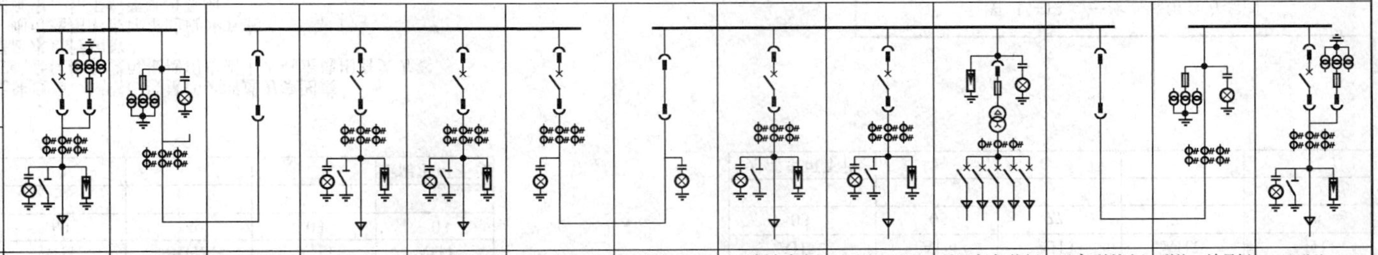

母线规格（由设计确定）													
一次额定电压 12kV													
二次额定电压 AC220V													
第 10 组合 一次系统方案图 （供选用）													
开关柜用途	2 号进线 +TV	联络 + 计量柜	隔离联络柜	2 号变压器柜	2 号馈电柜	母线分断柜	隔离联络柜	1 号馈电柜	1 号变压器柜	所用变负荷柜	隔离联络柜	联络 + 计量柜	1 号进线 +TV
开关柜序号	AH13	AH12	AH11	AH10	AH9	AH8	AH7	AH6	AH5	AH4	AH3	AH2	AH1
开关柜型号及方案号	30	62	55	03	03	08	55	03	03	77	55	61	30
二次原理、接线图号(自选)													
备　注					无需求可不设	一用一备不设此柜	一用一备不设此柜	无需求可不设		无需求可不设			

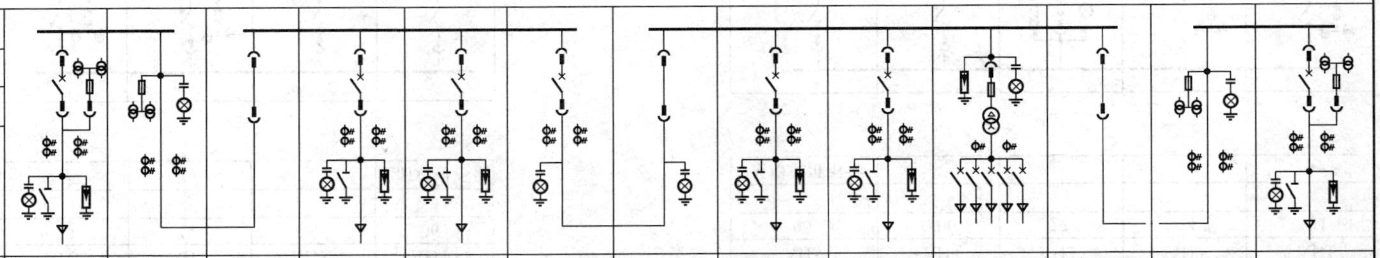

说明：
1. 一次和二次回路所配置的元件型号、规格、数量详见所选方案图表。
2. 本方案是否配置温控装置或综合保护装置可根据用户需求来确定选用有关方案。
3. 本方案在实际应用中可根据需求自行调整。
4. 如果某台柜子不需要计量，则可选用不带计量的设计方案。
5. 接地开关可根据用户需求来确定，如不需要则可删除。
6. 本章每张图中如有分项单元图表，不另行单注图表号，以图表中组合方案号为序。

图 14-11　一次系统组合方案图
（抽出式、交流操作）
双电源单母线分段（五）

母线规格（由设计确定）				
一次额定电压 12kV				
二次额定电压 AC220V				
第 11 组合 一次系统方案图 （供选用）				
开关柜用途	1 号进线 + 计量柜	2 号进线 + 计量柜	变压器柜	馈电柜
开关柜序号	AH1	AH2	AH3	AH4
开关柜型号及方案号	73	73	06	06
二次原理、接线图号(自选)				
备　注				无需求可不设

母线规格（由设计确定）				
一次额定电压 12kV				
二次额定电压 AC220V				
第 13 组合 一次系统方案图 （供选用）				
开关柜用途	1 号进线 + 计量柜	2 号进线 + 计量柜	变压器柜	馈电柜
开关柜序号	AH1	AH2	AH3	AH4
开关柜型号及方案号	69	69	03	03
二次原理、接线图号(自选)				
备　注				无需求可不设

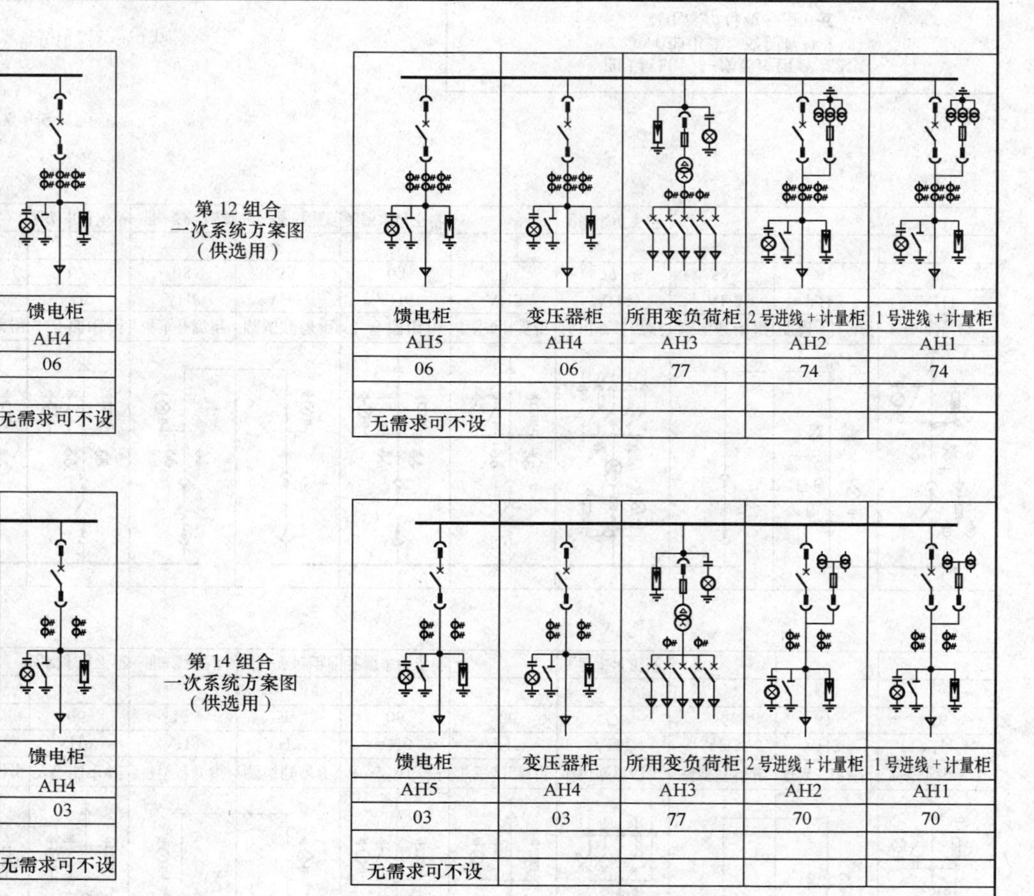

第 12 组合
一次系统方案图
（供选用）

馈电柜	变压器柜	所用变负荷柜	2 号进线 + 计量柜	1 号进线 + 计量柜
AH5	AH4	AH3	AH2	AH1
06	06	77	74	74
无需求可不设				

第 14 组合
一次系统方案图
（供选用）

馈电柜	变压器柜	所用变负荷柜	2 号进线 + 计量柜	1 号进线 + 计量柜
AH5	AH4	AH3	AH2	AH1
03	03	77	70	70
无需求可不设				

说明：
1. 一次和二次回路所配置的元件型号、规格、数量详见所选方案图表。
2. 本方案是否配置温控装置或综合保护装置可根据用户需求来确定选用有关方案。
3. 本方案在实际应用中可根据需求自行调整。
4. 如果某台柜子不需要计量，则可选用不带计量的设计方案。
5. 接地开关可根据用户需求来确定，如不需要则可删除。
6. 本章每张图中如有分项单元图表，不另行单注图表号，以图表中组合方案号为序。

图 14-12　一次系统组合方案图
（抽出式、交流操作）
双电源单母线分段（六）

母线规格（由设计确定）				
一次额定电压 12kV				
二次额定电压 AC220V				
第 15 组合 一次系统方案图 （供选用）				
开关柜用途	进线 + 计量柜	TV、避雷器柜	变压器柜	馈电柜
开关柜序号	AH1	AH2	AH3	AH4
开关柜型号及方案号	73	43	06	06
二次原理、接线图号(自选)				
备　注				无需求可不设

母线规格（由设计确定）				
一次额定电压 12kV				
二次额定电压 AC220V				
第 17 组合 一次系统方案图 （供选用）				
开关柜用途	进线 + 计量柜	TV、避雷器柜	变压器柜	馈电柜
开关柜序号	AH1	AH2	AH3	AH4
开关柜型号及方案号	73	42	04	04
二次原理、接线图号(自选)				
备　注				无需求可不设

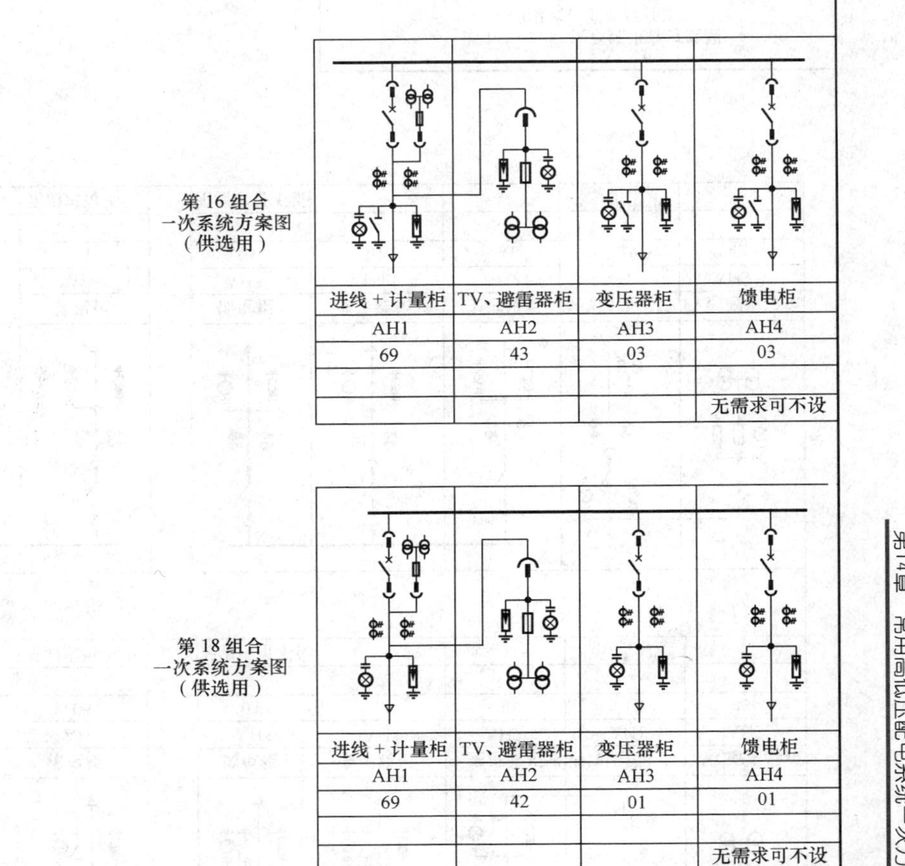

第 16 组合
一次系统方案图
（供选用）

开关柜用途	进线 + 计量柜	TV、避雷器柜	变压器柜	馈电柜
开关柜序号	AH1	AH2	AH3	AH4
开关柜型号及方案号	69	43	03	03
二次原理、接线图号(自选)				
备　注				无需求可不设

第 18 组合
一次系统方案图
（供选用）

开关柜用途	进线 + 计量柜	TV、避雷器柜	变压器柜	馈电柜
开关柜序号	AH1	AH2	AH3	AH4
开关柜型号及方案号	69	42	01	01
二次原理、接线图号(自选)				
备　注				无需求可不设

说明：
1. 一次和二次回路所配置的元件型号、规格、数量详见所选方案图表。
2. 本方案是否配置温控装置或综合保护装置可根据用户需求来确定选用有关方案。
3. 本方案在实际应用中可根据需求自行调整。
4. 如果某台柜子不需要计量，则可选用不带计量的设计方案。
5. 接地开关可根据用户需求来确定，如不需要则可删除。
6. 本章每张图中如有分项单元图表，不另行单注图表号，以图表中组合方案号为序。

图 14–13　一次系统组合方案图
（抽出式、交流操作）
单电源单母线（一）

母线规格（由设计确定）										
一次额定电压 12kV										
二次额定电压 DC220V										
第 19 组合 一次系统方案图 （供选用）										
开关柜用途	TV、避雷器柜	进线隔离 +TV	主进线柜	变压器柜	馈电柜	馈电柜	变压器柜	主进线柜	进线隔离 +TV	TV、避雷器柜
开关柜序号	AH3	AH1	AH2	AH4	AH5	AH5	AH4	AH2	AH1	AH3
开关柜型号及方案号	43	37（改）	33	06	06	03	03	30	37（改）	43
二次原理、接线图号(自选)										
备　注		互感器和计量柜由供电局提供			无需求可不设	无需求可不设			互感器和计量柜由供电局提供	

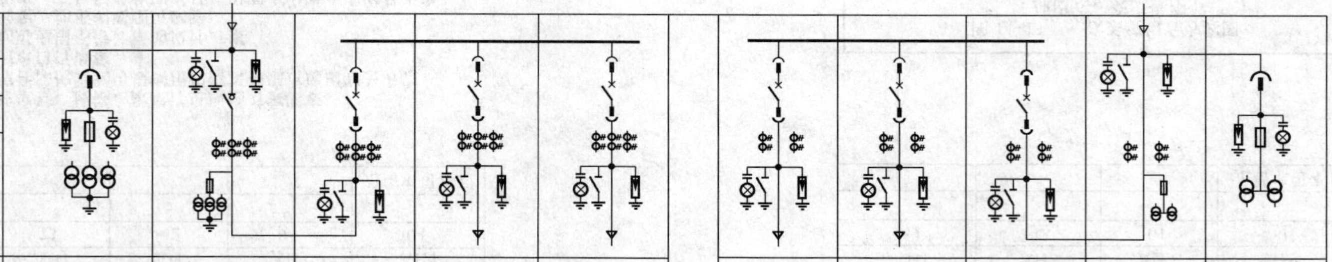

母线规格（由设计确定）										
一次额定电压 12kV										
二次额定电压 DC220V										
第 20 组合 一次系统方案图 （供选用）										
开关柜用途	TV、避雷器柜	进线隔离 +TV	主进线柜	变压器柜	馈电柜	馈电柜	变压器柜	主进线柜	进线隔离 +TV	TV、避雷器柜
开关柜序号	AH3	AH1	AH2	AH4	AH5	AH5	AH4	AH2	AH1	AH3
开关柜型号及方案号	42	37（改）	32	04	04	01	01	31	37（改）	42
二次原理、接线图号(自选)										
备　注		互感器和计量柜由供电局提供			无需求可不设	无需求可不设			互感器和计量柜由供电局提供	

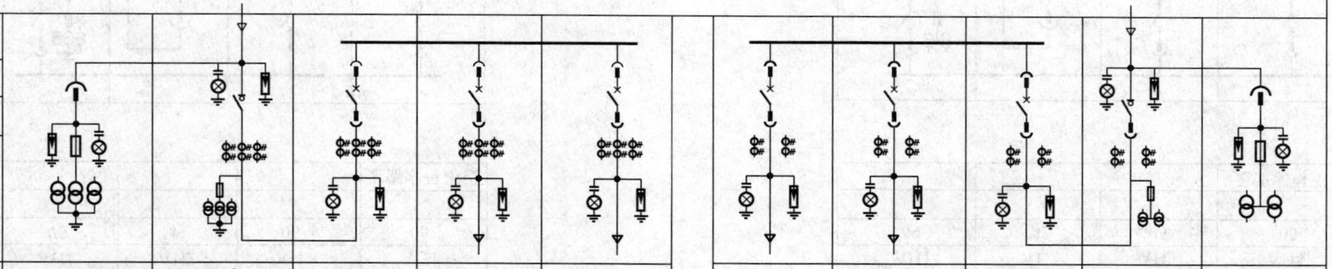

说明：
1. 一次和二次回路所配置的元件型号、规格、数量详见所选方案图表。
2. 本方案是否配置温控装置或综合保护装置可根据用户需求来确定选用有关方案。
3. 本方案在实际应用中可根据需求自行调整。
4. 如果某台柜子不需要计量，则可选用不带计量的设计方案。
5. 接地开关可根据用户需求来确定，如不需要则可删除。
6. 本章每张图中如有分项单元图表，不另行单注图表号，以图表中组合方案号为序。

图 14-14　一次系统组合方案图
（抽出式、交流操作）
单电源单母线（二）

母线规格（由设计确定）													
一次额定电压 12kV													
二次额定电压 AC220V													
第1组合 一次系统方案图 （供选用）													
开关柜用途	2号进线	TV、避雷器柜	2号计量	2号变压器柜	2号馈电柜	母线分断柜	隔离联络柜	1号馈电柜	1号变压器柜	所用变负荷柜	1号计量	1号进线	TV、避雷器柜
开关柜序号	AH13	AH12	AH11	AH10	AH9	AH8	AH7	AH6	AH5	AH4	AH3	AH2	AH1
开关柜型号及方案号	08	54	75	08	08	12	95	08	08		75	08	54
二次原理、接线图号(自选)													
备　注					无需求可不设	一用一备不设此柜	一用一备不设此柜	无需求可不设		无需求可不设			

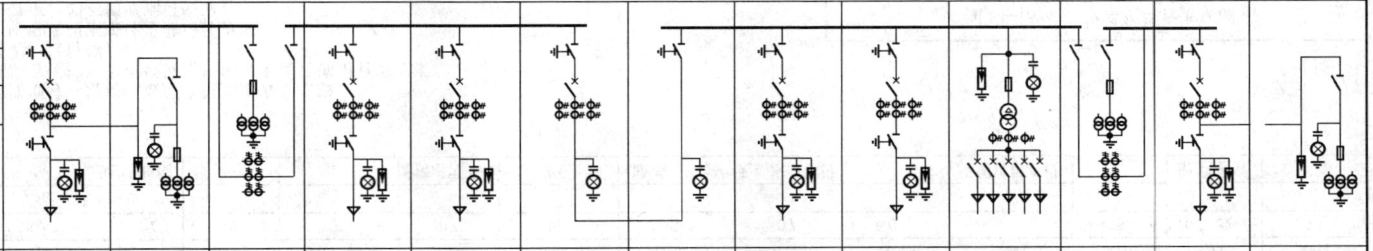

母线规格（由设计确定）													
一次额定电压 12kV													
二次额定电压 AC220V													
第2组合 一次系统方案图 （供选用）													
开关柜用途	2号进线	TV、避雷器柜	2号计量	2号变压器柜	2号馈电柜	母线分断柜	隔离联络柜	1号馈电柜	1号变压器柜	所用变负荷柜	1号计量	1号进线	TV、避雷器柜
开关柜序号	AH13	AH12	AH11	AH10	AH9	AH8	AH7	AH6	AH5	AH4	AH3	AH2	AH1
开关柜型号及方案号	07	55	75	07	07	11	95	07	07		75	07	55
二次原理、接线图号(自选)													
备　注					无需求可不设	一用一备不设此柜	一用一备不设此柜	无需求可不设		无需求可不设			

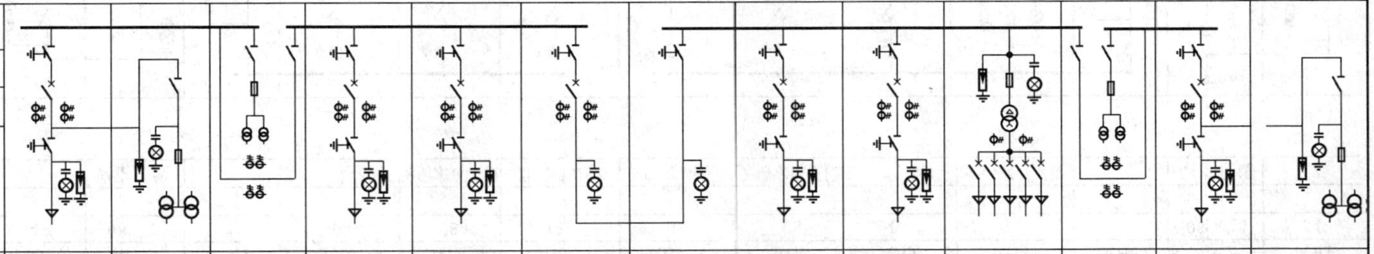

说明：
1. 一次和二次回路所配置的元件型号、规格、数量详见所选方案图表。
2. 本方案是否配置温控装置或综合保护装置可根据用户需求来确定选用有关方案。
3. 本方案在实际应用中可根据需求自行调整。
4. 如果某台柜子不需要计量，则可选用不带计量的设计方案。
5. 接地开关可根据用户需求来确定，如不需要则可删除。
6. 本章每张图中如有分项单元图表，不另行单注图表号，以图表中组合方案号为序。

图 14-15　一次系统组合方案图
（固定式、交流操作）
双电源单母线分段（一）

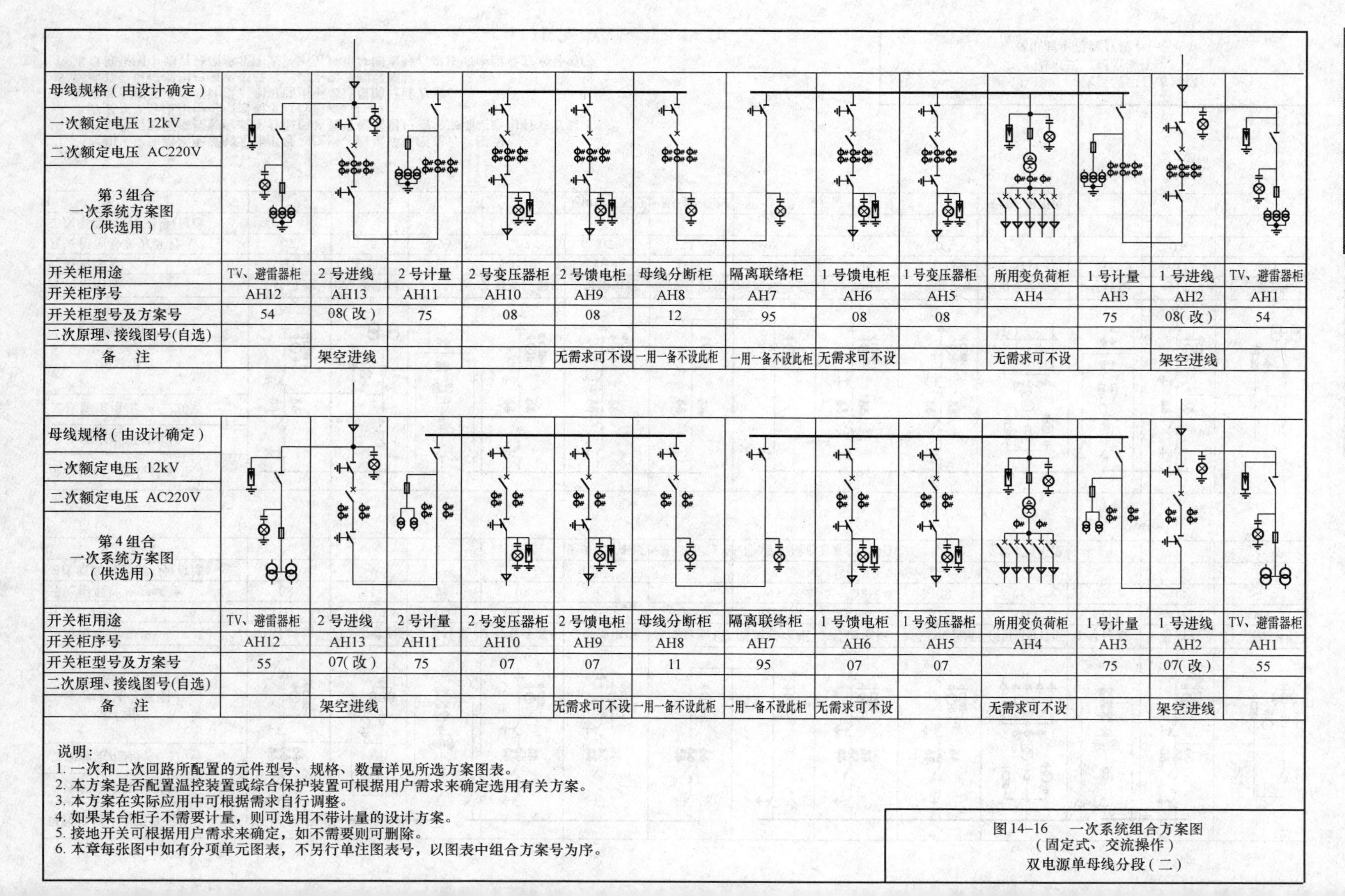

母线规格（由设计确定）													
一次额定电压 12kV													
二次额定电压 AC220V													
第3组合一次系统方案图（供选用）													
开关柜用途	TV、避雷器柜	2号进线	2号计量	2号变压器柜	2号馈电柜	母线分断柜	隔离联络柜	1号馈电柜	1号变压器柜	所用变负荷柜	1号计量	1号进线	TV、避雷器柜
开关柜序号	AH12	AH13	AH11	AH10	AH9	AH8	AH7	AH6	AH5	AH4	AH3	AH2	AH1
开关柜型号及方案号	54	08(改)	75	08	08	12	95	08	08		75	08(改)	54
二次原理、接线图号(自选)													
备注		架空进线			无需求可不设	一用一备不设此柜	一用一备不设此柜	无需求可不设		无需求可不设		架空进线	

母线规格（由设计确定）													
一次额定电压 12kV													
二次额定电压 AC220V													
第4组合一次系统方案图（供选用）													
开关柜用途	TV、避雷器柜	2号进线	2号计量	2号变压器柜	2号馈电柜	母线分断柜	隔离联络柜	1号馈电柜	1号变压器柜	所用变负荷柜	1号计量	1号进线	TV、避雷器柜
开关柜序号	AH12	AH13	AH11	AH10	AH9	AH8	AH7	AH6	AH5	AH4	AH3	AH2	AH1
开关柜型号及方案号	55	07(改)	75	07	07	11	95	07	07		75	07(改)	55
二次原理、接线图号(自选)													
备注		架空进线			无需求可不设	一用一备不设此柜	一用一备不设此柜	无需求可不设		无需求可不设		架空进线	

说明：
1. 一次和二次回路所配置的元件型号、规格、数量详见所选方案图表。
2. 本方案是否配置温控装置或综合保护装置可根据用户需求来确定选用有关方案。
3. 本方案在实际应用中可根据需求自行调整。
4. 如果某台柜子不需要计量，则可选用不带计量的设计方案。
5. 接地开关可根据用户需求来确定，如不需要则可删除。
6. 本章每张图中如有分项单元图表，不另行单注图表号，以图表中组合方案号为序。

图14-16　一次系统组合方案图（固定式、交流操作）双电源单母线分段（二）

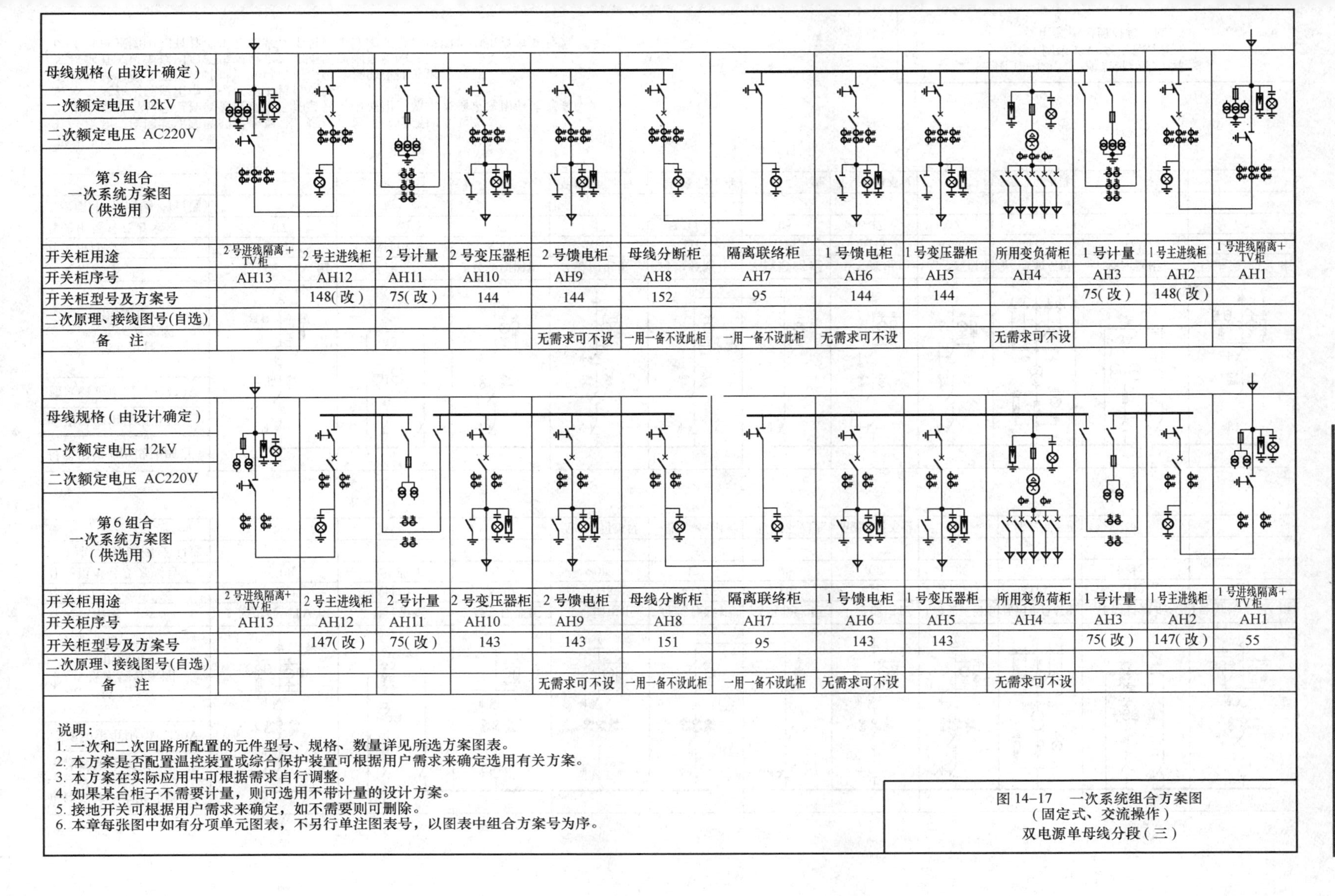

母线规格（由设计确定）													
一次额定电压 12kV													
二次额定电压 AC220V													
第5组合 一次系统方案图（供选用）													
开关柜用途	2号进线隔离+TV柜	2号主进线柜	2号计量	2号变压器柜	2号馈电柜	母线分断柜	隔离联络柜	1号馈电柜	1号变压器柜	所用变负荷柜	1号计量	1号主进线柜	1号进线隔离+TV柜
开关柜序号	AH13	AH12	AH11	AH10	AH9	AH8	AH7	AH6	AH5	AH4	AH3	AH2	AH1
开关柜型号及方案号		148(改)	75(改)	144	144	152	95	144	144		75(改)	148(改)	
二次原理、接线图号(自选)													
备　注					无需求可不设	一用一备不设此柜	一用一备不设此柜	无需求可不设		无需求可不设			

母线规格（由设计确定）													
一次额定电压 12kV													
二次额定电压 AC220V													
第6组合 一次系统方案图（供选用）													
开关柜用途	2号进线隔离+TV柜	2号主进线柜	2号计量	2号变压器柜	2号馈电柜	母线分断柜	隔离联络柜	1号馈电柜	1号变压器柜	所用变负荷柜	1号计量	1号主进线柜	1号进线隔离+TV柜
开关柜序号	AH13	AH12	AH11	AH10	AH9	AH8	AH7	AH6	AH5	AH4	AH3	AH2	AH1
开关柜型号及方案号		147(改)	75(改)	143	143	151	95	143	143		75(改)	147(改)	55
二次原理、接线图号(自选)													
备　注					无需求可不设	一用一备不设此柜	一用一备不设此柜	无需求可不设		无需求可不设			

说明：
1. 一次和二次回路所配置的元件型号、规格、数量详见所选方案图表。
2. 本方案是否配置温控装置或综合保护装置可根据用户需求来确定选用有关方案。
3. 本方案在实际应用中可根据需求自行调整。
4. 如果某台柜子不需要计量，则可选用不带计量的设计方案。
5. 接地开关可根据用户需求来确定，如不需要则可删除。
6. 本章每张图中如有分项单元图表，不另行单注图表号，以图表中组合方案号为序。

图14-17　一次系统组合方案图（固定式、交流操作）双电源单母线分段（三）

母线规格（由设计确定）											
一次额定电压 12kV											
二次额定电压 AC220V											
第7组合 一次系统方案图 （供选用）	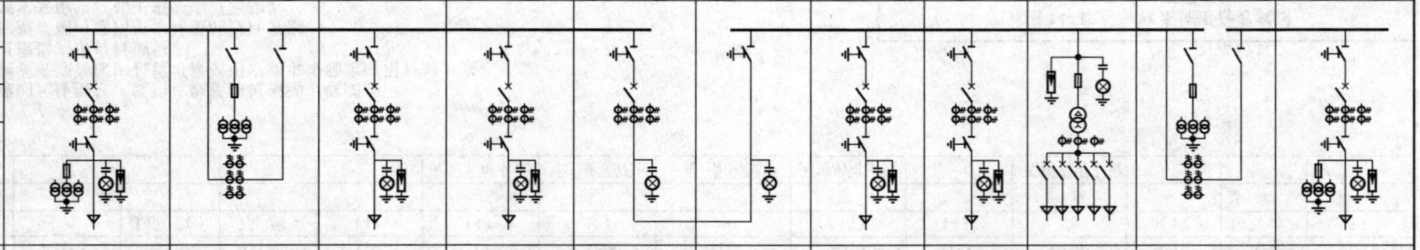										
开关柜用途	2号进线+TV柜	2号计量柜	2号变压器柜	2号馈电柜	母线分断柜	隔离联络柜	1号馈电柜	1号变压器柜	所用变负荷柜	1号计量柜	1号进线+TV柜
开关柜序号	AH11	AH10	AH9	AH8	AH7	AH6	AH5	AH4	AH3	AH2	AH1
开关柜型号及方案号	08	75(改)	08	08	12	95	08	08		75(改)	08
二次原理、接线图号(自选)											
备　注				无需求可不设	一用一备不设此柜	一用一备不设此柜	无需求可不设		无需求可不设		

母线规格（由设计确定）											
一次额定电压 12kV											
二次额定电压 AC220V											
第8组合 一次系统方案图 （供选用）	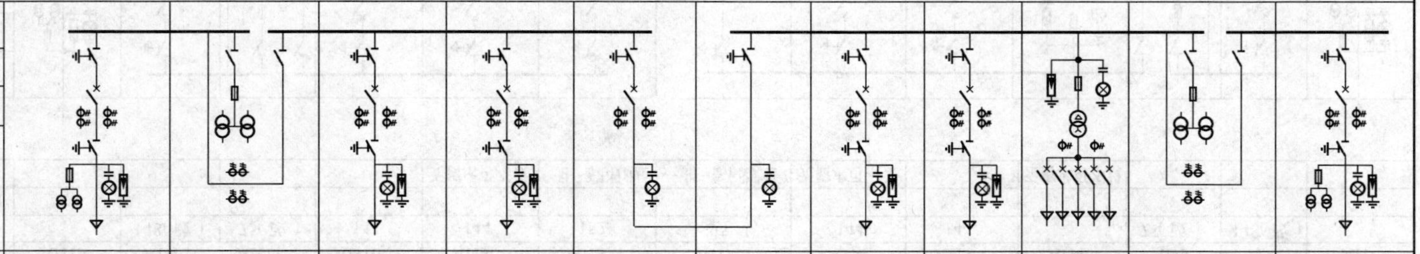										
开关柜用途	2号进线+TV柜	2号计量柜	2号变压器柜	2号馈电柜	母线分断柜	隔离联络柜	1号馈电柜	1号变压器柜	所用变负荷柜	1号计量柜	1号进线+TV柜
开关柜序号	AH11	AH10	AH9	AH8	AH7	AH6	AH5	AH4	AH3	AH2	AH1
开关柜型号及方案号	07	75(改)	07	07	11	95	07	07		75(改)	07
二次原理、接线图号(自选)											
备　注				无需求可不设	一用一备不设此柜	一用一备不设此柜	无需求可不设		无需求可不设		

说明：
1. 一次和二次回路所配置的元件型号、规格、数量详见所选方案图表。
2. 本方案是否配置温控装置或综合保护装置可根据用户需求来确定选用有关方案。
3. 本方案在实际应用中可根据需求自行调整。
4. 如果某台柜子不需要计量，则可选用不带计量的设计方案。
5. 接地开关可根据用户需求来确定，如不需要则可删除。
6. 本章每张图中如有分项单元图表，不另行单注图表号，以图表中组合方案号为序。

图 14-18　一次系统组合方案图
（固定式、交流操作）
双电源单母线分段（四）

母线规格（由设计确定）											
一次额定电压 12kV											
二次额定电压 AC220V											
第9组合 一次系统方案图（供选用）											
开关柜用途	2号进线+计量	TV、避雷器柜	2号变压器柜	2号馈电柜	母线分断柜	隔离联络柜	1号馈电柜	1号变压器柜	所用变负荷柜	1号进线+计量	TV、避雷器柜
开关柜序号	AH11	AH10	AH9	AH8	AH7	AH6	AH5	AH4	AH3	AH2	AH1
开关柜型号及方案号	148	54	144	144	152	95	144	144		148	54
二次原理、接线图号(自选)											
备　注				无需求可不设	一用一备不设此柜	一用一备不设此柜	无需求可不设		无需求可不设		

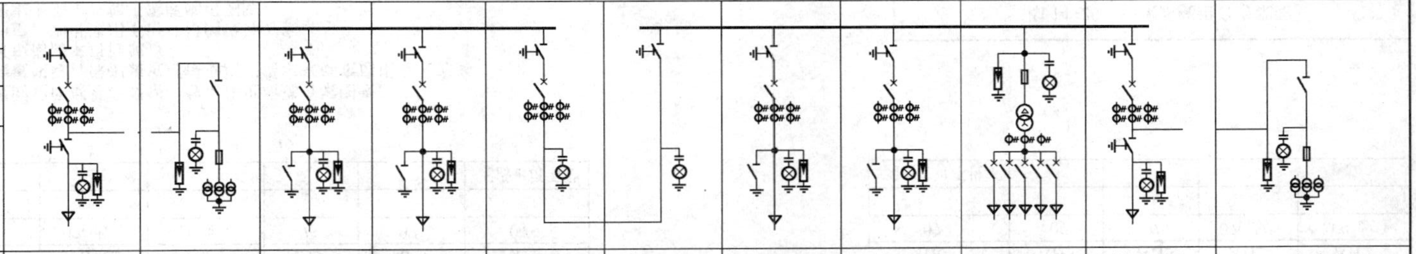

母线规格（由设计确定）											
一次额定电压 12kV											
二次额定电压 AC220V											
第10组合 一次系统方案图（供选用）											
开关柜用途	2号进线+计量	TV、避雷器柜	2号变压器柜	2号馈电柜	母线分断柜	隔离联络柜	1号馈电柜	1号变压器柜	所用变负荷柜	1号进线+计量	TV、避雷器柜
开关柜序号	AH11	AH10	AH9	AH8	AH7	AH6	AH5	AH4	AH3	AH2	AH1
开关柜型号及方案号	147	55	143	143	151	95	143	143		147	55
二次原理、接线图号(自选)											
备　注				无需求可不设	一用一备不设此柜	一用一备不设此柜	无需求可不设		无需求可不设		

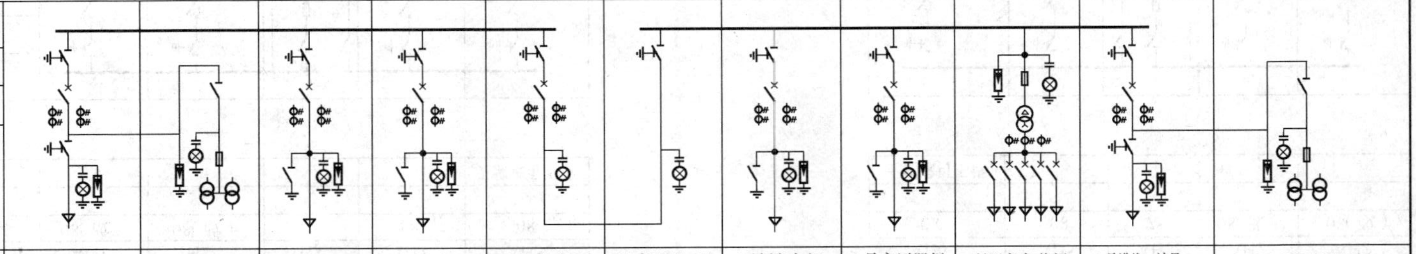

说明：
1. 一次和二次回路所配置的元件型号、规格、数量详见所选方案图表。
2. 本方案是否配置温控装置或综合保护装置可根据用户需求来确定选用有关方案。
3. 本方案在实际应用中可根据需求自行调整。
4. 如果某台柜子不需要计量，则可选用不带计量的设计方案。
5. 接地开关可根据用户需求来确定，如不需要则可删除。
6. 本章每张图中如有分项单元图表，不另行单注图表号，以图表中组合方案号为序。

图 14–19　一次系统组合方案图
（固定式、交流操作）
双电源单母线分段（五）

母线规格（由设计确定）					
一次额定电压 12kV					
二次额定电压 AC220V					
第11组合 一次系统方案图 （供选用）					
开关柜用途	1号进线+TV	2号进线+TV	计量柜	变压器柜	馈电柜
开关柜序号	AH1	AH2	AH3	AH4	AH5
开关柜型号及方案号	08（改）	08（改）	75	08	08
二次原理、接线图号(自选)					
备　注					无需求可不设

母线规格（由设计确定）					
一次额定电压 12kV					
二次额定电压 AC220V					
第13组合 一次系统方案图 （供选用）					
开关柜用途	1号进线+TV	2号进线+TV	计量柜	变压器柜	馈电柜
开关柜序号	AH1	AH2	AH3	AH4	AH5
开关柜型号及方案号	07（改）	07（改）	75	07	07
二次原理、接线图号(自选)					
备　注					无需求可不设

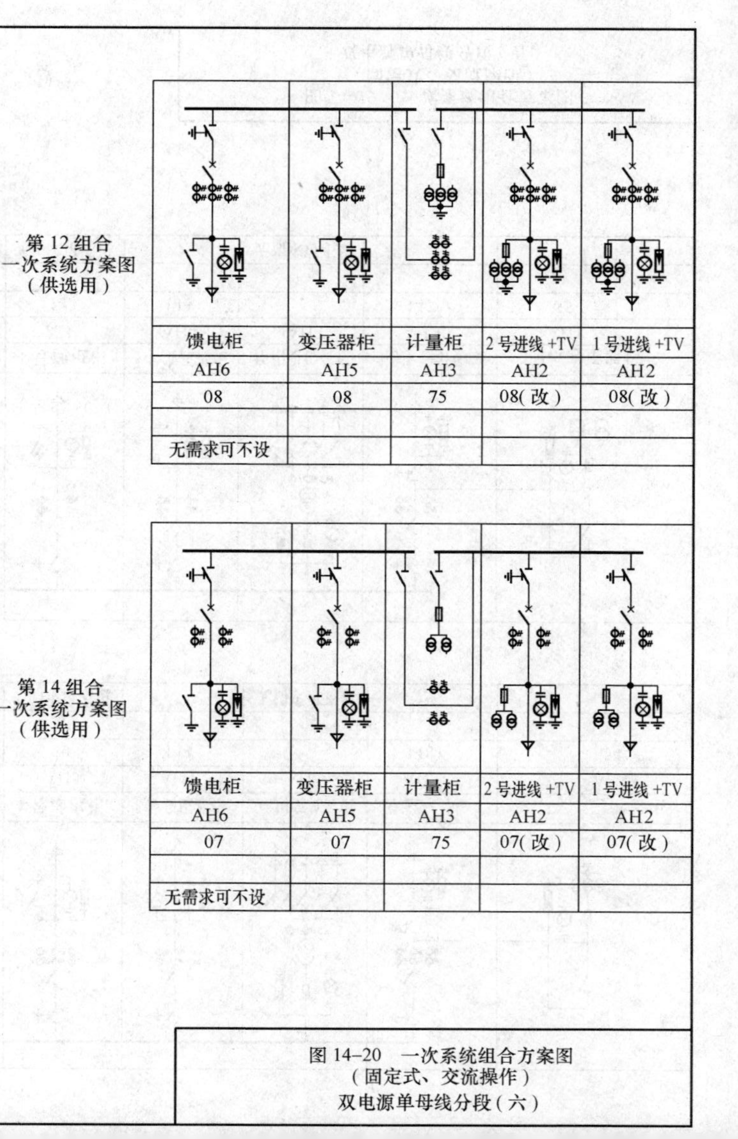

第12组合
一次系统方案图
（供选用）

开关柜用途	馈电柜	变压器柜	计量柜	2号进线+TV	1号进线+TV
开关柜序号	AH6	AH5	AH3	AH2	AH2
开关柜型号及方案号	08	08	75	08（改）	08（改）
二次原理、接线图号(自选)					
备　注	无需求可不设				

第14组合
一次系统方案图
（供选用）

开关柜用途	馈电柜	变压器柜	计量柜	2号进线+TV	1号进线+TV
开关柜序号	AH6	AH5	AH3	AH2	AH2
开关柜型号及方案号	07	07	75	07（改）	07（改）
二次原理、接线图号(自选)					
备　注	无需求可不设				

说明：
1. 一次和二次回路所配置的元件型号、规格、数量详见所选方案图表。
2. 本方案是否配置温控装置或综合保护装置可根据用户需求来确定选用有关方案。
3. 本方案在实际应用中可根据需求自行调整。
4. 如果某台柜子不需要计量，则可选用不带计量的设计方案。
5. 接地开关可根据用户需求来确定，如不需要则可删除。
6. 本章每张图中如有分项单元图表，不另行单注图表号，以图表中组合方案号为序。

图14-20　一次系统组合方案图
（固定式、交流操作）
双电源单母线分段（六）

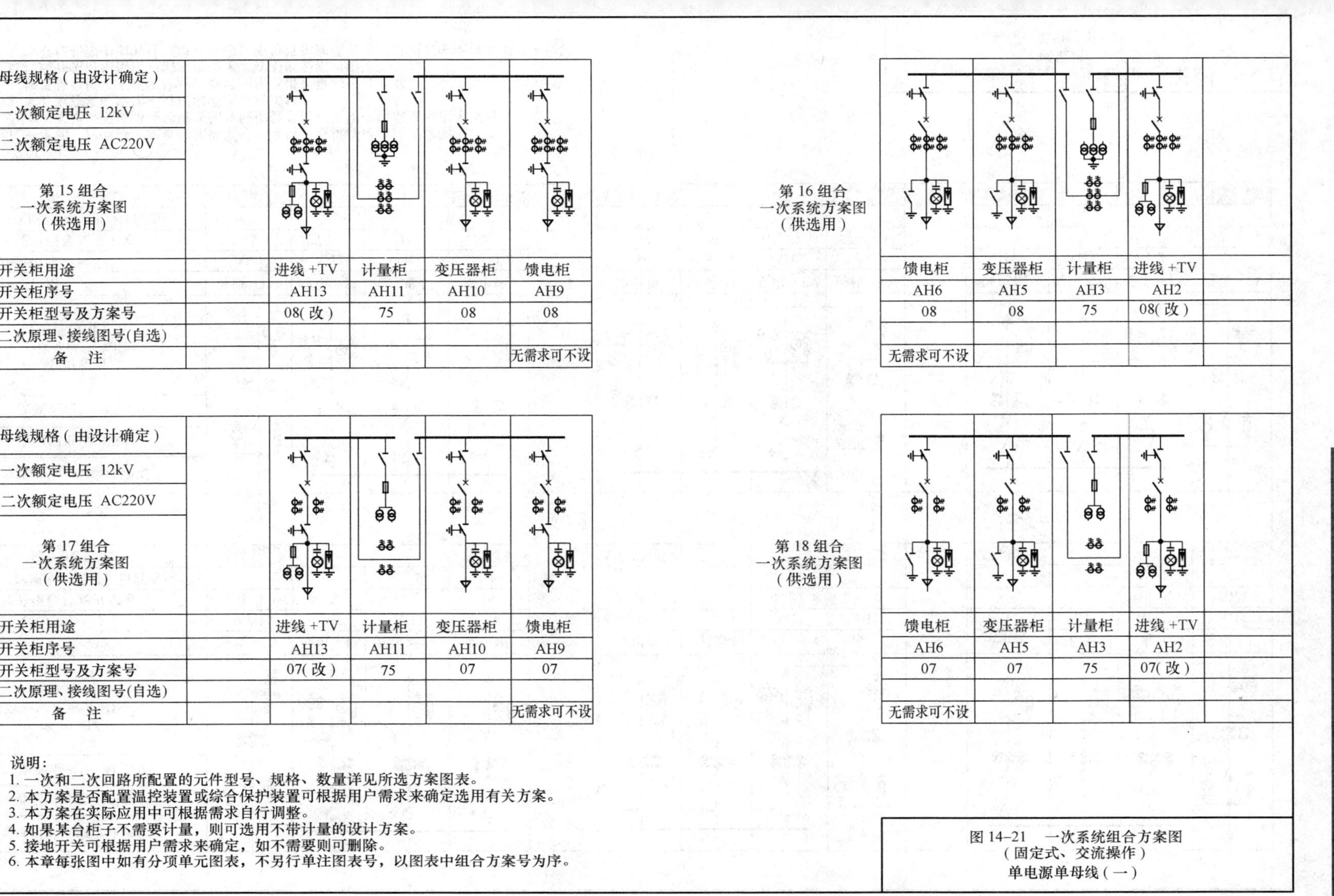

母线规格（由设计确定）				
一次额定电压 12kV				
二次额定电压 AC220V				
第 15 组合 一次系统方案图 （供选用）				
开关柜用途	进线 +TV	计量柜	变压器柜	馈电柜
开关柜序号	AH13	AH11	AH10	AH9
开关柜型号及方案号	08(改)	75	08	08
二次原理、接线图号(自选)				
备　注				无需求可不设

第 16 组合 一次系统方案图 （供选用）				
开关柜用途	馈电柜	变压器柜	计量柜	进线 +TV
开关柜序号	AH6	AH5	AH3	AH2
开关柜型号及方案号	08	08	75	08(改)
二次原理、接线图号(自选)				
备　注	无需求可不设			

母线规格（由设计确定）				
一次额定电压 12kV				
二次额定电压 AC220V				
第 17 组合 一次系统方案图 （供选用）				
开关柜用途	进线 +TV	计量柜	变压器柜	馈电柜
开关柜序号	AH13	AH11	AH10	AH9
开关柜型号及方案号	07(改)	75	07	07
二次原理、接线图号(自选)				
备　注				无需求可不设

第 18 组合 一次系统方案图 （供选用）				
开关柜用途	馈电柜	变压器柜	计量柜	进线 +TV
开关柜序号	AH6	AH5	AH3	AH2
开关柜型号及方案号	07	07	75	07(改)
二次原理、接线图号(自选)				
备　注	无需求可不设			

说明：

1. 一次和二次回路所配置的元件型号、规格、数量详见所选方案图表。
2. 本方案是否配置温控装置或综合保护装置可根据用户需求来确定选用有关方案。
3. 本方案在实际应用中可根据需求自行调整。
4. 如果某台柜子不需要计量，则可选用不带计量的设计方案。
5. 接地开关可根据用户需求来确定，如不需要则可删除。
6. 本章每张图中如有分项单元图表，不另行单注图表号，以图表中组合方案号为序。

图 14–21　一次系统组合方案图
（固定式、交流操作）
单电源单母线（一）

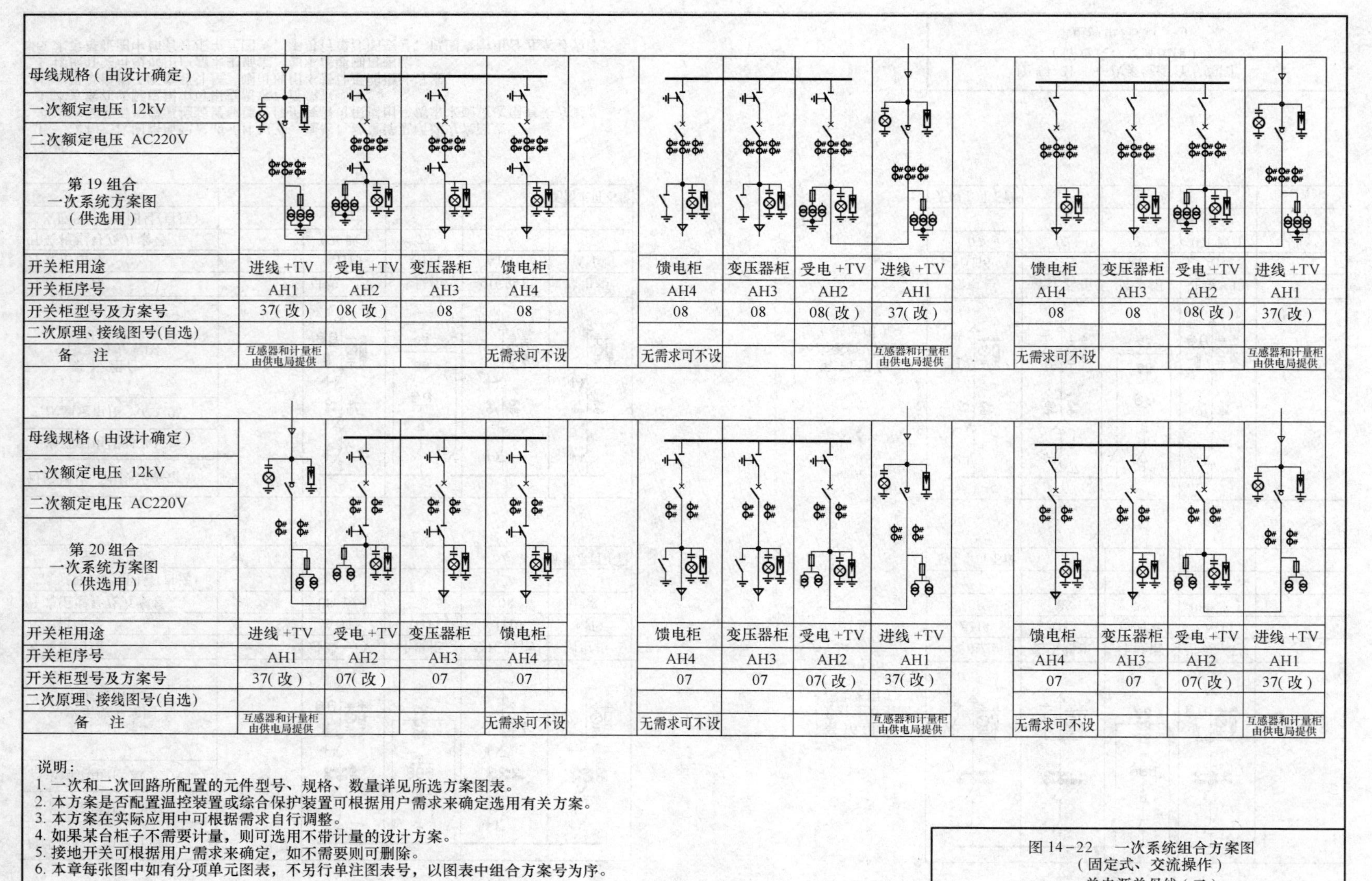

母线规格（由设计确定） 一次额定电压 12kV 二次额定电压 AC220V 第 19 组合 一次系统方案图 （供选用）												
开关柜用途	进线 +TV	受电 +TV	变压器柜	馈电柜	馈电柜	变压器柜	受电 +TV	进线 +TV	馈电柜	变压器柜	受电 +TV	进线 +TV
开关柜序号	AH1	AH2	AH3	AH4	AH4	AH3	AH2	AH1	AH4	AH3	AH2	AH1
开关柜型号及方案号	37（改）	08（改）	08	08	08	08	08（改）	37（改）	08	08	08（改）	37（改）
二次原理、接线图号(自选)												
备　注	互感器和计量柜由供电局提供			无需求可不设	无需求可不设			互感器和计量柜由供电局提供	无需求可不设			互感器和计量柜由供电局提供

母线规格（由设计确定） 一次额定电压 12kV 二次额定电压 AC220V 第 20 组合 一次系统方案图 （供选用）												
开关柜用途	进线 +TV	受电 +TV	变压器柜	馈电柜	馈电柜	变压器柜	受电 +TV	进线 +TV	馈电柜	变压器柜	受电 +TV	进线 +TV
开关柜序号	AH1	AH2	AH3	AH4	AH4	AH3	AH2	AH1	AH4	AH3	AH2	AH1
开关柜型号及方案号	37（改）	07（改）	07	07	07	07	07（改）	37（改）	07	07	07（改）	37（改）
二次原理、接线图号(自选)												
备　注	互感器和计量柜由供电局提供			无需求可不设	无需求可不设			互感器和计量柜由供电局提供	无需求可不设			互感器和计量柜由供电局提供

说明：
1. 一次和二次回路所配置的元件型号、规格、数量详见所选方案图表。
2. 本方案是否配置温控装置或综合保护装置可根据用户需求来确定选用有关方案。
3. 本方案在实际应用中可根据需求自行调整。
4. 如果某台柜子不需要计量，则可选用不带计量的设计方案。
5. 接地开关可根据用户需求来确定，如不需要则可删除。
6. 本章每张图中如有分项单元图表，不另行单注图表号，以图表中组合方案号为序。

图 14-22　一次系统组合方案图
（固定式、交流操作）
单电源单母线（二）

母线规格（由设计确定）															
一次额定电压 12kV															
二次额定电压 DC220V															
第1组合 一次系统方案图（供选用）															
开关柜用途	1号进线隔离柜	TV、避雷器柜	1号主进线柜	1号计量柜	1号变压器柜	所用变负荷柜	1号馈电柜	母线分断柜	隔离联络柜	2号馈电柜	2号变压器柜	2号计量柜	2号主进线柜	TV、避雷器柜	2号进线隔离柜
开关柜序号	AH1	AH2	AH3	AH4	AH5	AH6	AH7	AH8	AH9	AH10	AH11	AH12	AH13	AH14	AH15
开关柜型号及方案号	54	43	12	JL	06	77	06	12	55	06	06	JL	13	43	54
二次原理、接线图号(自选)															
备　注	可改架空进线					无需求可不设	无需求可不设	一用一备不设此柜	一用一备不设此柜	无需求可不设					可改架空进线

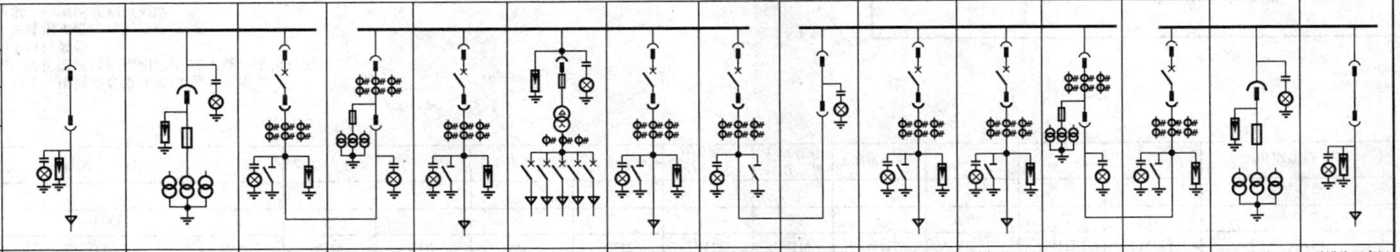

母线规格（由设计确定）															
一次额定电压 12kV															
二次额定电压 DC220V															
第2组合 一次系统方案图（供选用）															
开关柜用途	1号进线隔离柜	TV、避雷器柜	1号主进线柜	1号计量柜	1号变压器柜	所用变负荷柜	1号馈电柜	母线分断柜	隔离联络柜	2号馈电柜	2号变压器柜	2号计量柜	2号主进线柜	TV、避雷器柜	2号进线隔离柜
开关柜序号	AH1	AH2	AH3	AH4	AH5	AH6	AH7	AH8	AH9	AH10	AH11	AH12	AH13	AH14	AH15
开关柜型号及方案号	54	42	8	JL	03	77	03	08	55	03	03	JL	10	42	54
二次原理、接线图号(自选)															
备　注	可改架空进线					无需求可不设	无需求可不设	一用一备不设此柜	一用一备不设此柜	无需求可不设					可改架空进线

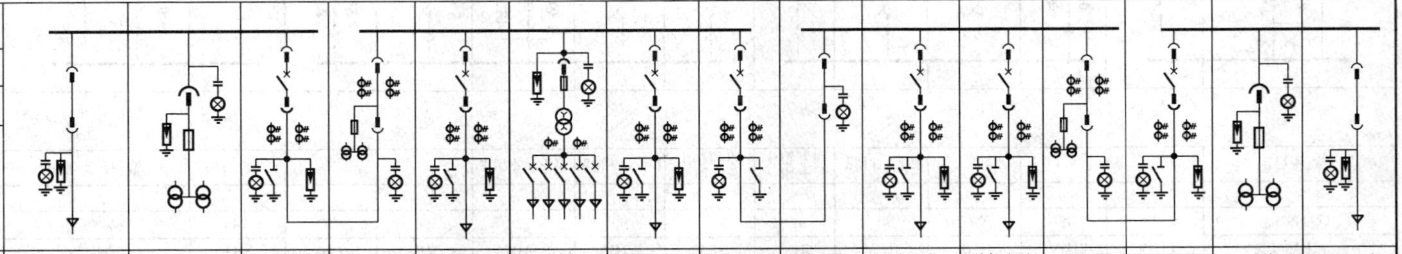

说明：
1. 一次和二次回路所配置的元件型号、规格、数量详见所选方案图表。
2. 本方案是否配置温控装置或综合保护装置可根据用户需求来确定选用有关方案。
3. 本方案在实际应用中可根据需求自行调整。
4. 如果某台柜子不需要计量，则可选用不带计量的设计方案。
5. 接地开关可根据用户需求来确定，如不需要则可删除。
6. 本章每张图中如有分项单元图表，不另行单注图表号，以图表中组合方案号为序。

图 14-23　一次系统组合方案图
（抽出式、直流操作）
双电源单母线分段（一）

母线规格(由设计确定)													
一次额定电压 12kV													
二次额定电压 DC220V													
第3组合 一次系统方案图 (供选用)													
开关柜用途	1号进线+TV、避雷器柜	1号主进线柜	1号计量柜	1号变压器柜	所用变负荷柜	1号馈电柜	母线分断柜	隔离联络柜	2号馈电柜	2号变压器柜	2号计量柜	2号主进线柜	2号进线+TV、避雷器柜
开关柜序号	AH2	AH3	AH4	AH5	AH6	AH7	AH3	AH9	AH10	AH11	AH12	AH13	AH14
开关柜型号及方案号	50(改)	12	JL	06	77	06	12	55	06	06	JL	13	50(改)
二次原理、接线图号(自选)													
备注	可改架空进线				无需求可不设	无需求可不设	一用一备不设此柜	一用一备不设此柜	无需求可不设				可改架空进线

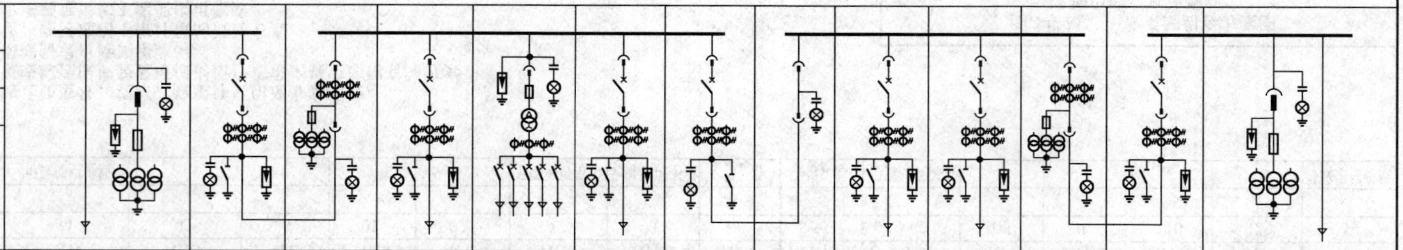

母线规格(由设计确定)													
一次额定电压 12kV													
二次额定电压 DC220V													
第4组合 一次系统方案图 (供选用)													
开关柜用途	1号进线+TV、避雷器柜	1号主进线柜	1号计量柜	1号变压器柜	所用变负荷柜	1号馈电柜	母线分断柜	隔离联络柜	2号馈电柜	2号变压器柜	2号计量柜	2号主进线柜	2号进线+TV、避雷器柜
开关柜序号	AH2	AH3	AH4	AH5	AH6	AH7	AH8	AH9	AH10	AH11	AH12	AH13	AH14
开关柜型号及方案号	49(改)	8	JL	03	77	03	08	55	03	03	JL	10	49(改)
二次原理、接线图号(自选)													
备注	可改架空进线				无需求可不设	无需求可不设	一用一备不设此柜	一用一备不设此柜	无需求可不设				可改架空进线

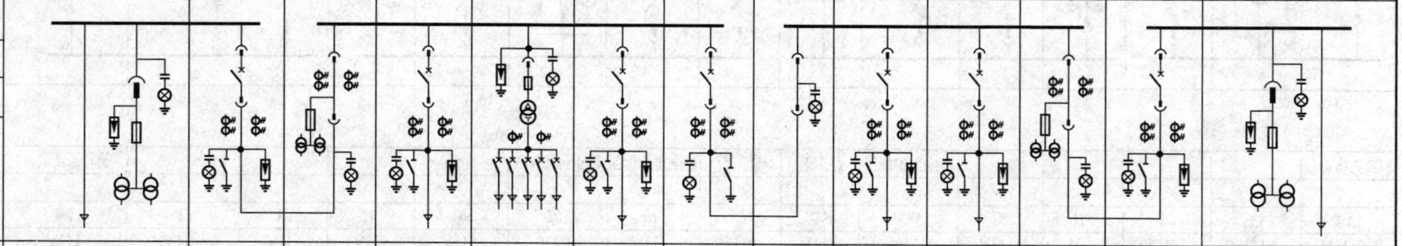

说明：
1.一次和二次回路所配置的元件型号、规格、数量详见所选方案图表。
2.本方案是否配置温控装置或综合保护装置可根据用户需求来确定选用有关方案。
3.本方案在实际应用中可根据需求自行调整。
4.如果某台柜子不需要计量，则可选用不带计量的设计方案。
5.接地开关可根据用户需求来确定，如不需要则可删除。
6.本章每张图中如有分项单元图表，不另行单注图表号，以图表中组合方案号为序。

图14-24 一次系统组合方案图
(抽出式、直流操作)双电源单母线分段(二)

母线规格(由设计确定)											
一次额定电压　12kV											
二次额定电压　DC220V											
第5组合 一次系统方案图 (供选用)	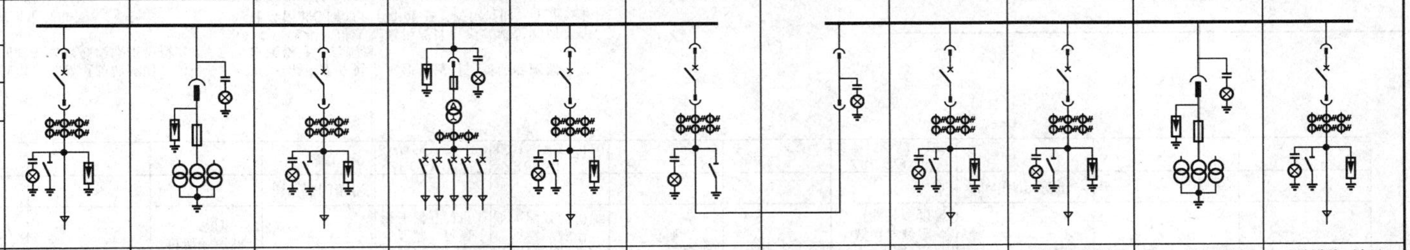										
开关柜用途	1号进线+计量	TV、避雷器柜	1号变压器柜	所用变负荷柜	1号馈电柜	母线分断柜	隔离联络柜	2号馈电柜	2号变压器柜	TV、避雷器柜	2号进线+计量
开关柜序号	AH1	AH2	AH3	AH4	AH5	AH6	AH7	AH8	AH9	AH10	AH11
开关柜型号及方案号	73(改)	43	06	77	06	12	55	06	06	43	73(改)
二次原理、接线图号(自选)											
备注	可改架空进线			无需求可不设	无需求可不设	一用一备 不设此柜	一用一备 不设此柜	无需求可不设			可改架空进线

母线规格(由设计确定)											
一次额定电压　12kV											
二次额定电压　DC220V											
第6组合 一次系统方案图 (供选用)	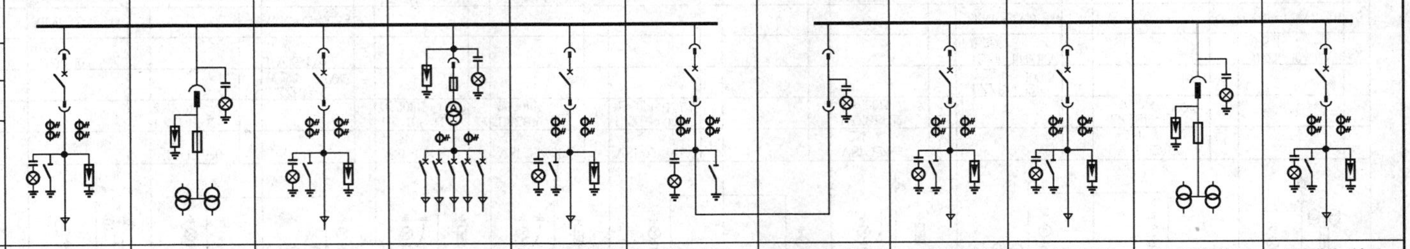										
开关柜用途	1号进线+计量	TV、避雷器柜	1号变压器柜	所用变负荷柜	1号馈电柜	母线分断柜	隔离联络柜	2号馈电柜	2号变压器柜	TV、避雷器柜	2号进线+计量
开关柜序号	AH1	AH2	AH3	AH4	AH5	AH6	AH7	AH8	AH9	AH10	AH11
开关柜型号及方案号	69(改)	42	03	77	03	08	55	03	03	42	69(改)
二次原理、接线图号(自选)											
备注	可改架空进线			无需求可不设	无需求可不设	一用一备 不设此柜	一用一备 不设此柜	无需求可不设			可改架空进线

说明：
1.一次和二次回路所配置的元件型号、规格、数量详见所选方案图表。
2.本方案是否配置温控装置或综合保护装置可根据用户需求来确定选用有关方案。
3.本方案在实际应用中可根据需求自行调整。
4.如果某台柜子不需要计量，则可选用不带计量的设计方案。
5.接地开关可根据用户需求来确定，如不需要则可删除。
6.本章每张图中如有分项单元图表，不另行单注图表号，以图表中组合方案号为序。

图14-25　一次系统组合方案图
(抽出式、直流操作)双电源单母线分段(三)

开关柜编号	AH1		AH2		AH3		AH4		AH5		AH6		AH7		AH8		AH9		AH10		AH11	
开关柜型号	KYN28A-12		KYN28A-12		KYN28A-12		KYN28A-12		KYN28A-12		KYN28A-12		KYN28A-12		KYN28A-12		KYN28A-12		KYN28A-12		KYN28A-12	
开关柜尺寸:(宽×深×高/mm)	800×1500×2300		800×1500×2300		800×1500×2300		800×1500×2300		800×1500×2300		800×1500×2300		800×1500×2300		800×1500×2300		800×1500×2300		800×1500×2300		800×1500×2300	
开关柜用途	1号进线隔离+TV柜		1号主进线柜		1号计量柜		1号变压器柜		3号变压器柜		母联分断柜		隔离联络柜		2号变压器柜		2号计量柜		2号主进线柜		2号进线隔离+TV柜	
母线规格:TMY-80×10 一次额定电压 12kV 二次额定电压 DC220V 第7组合 一次系统方案图	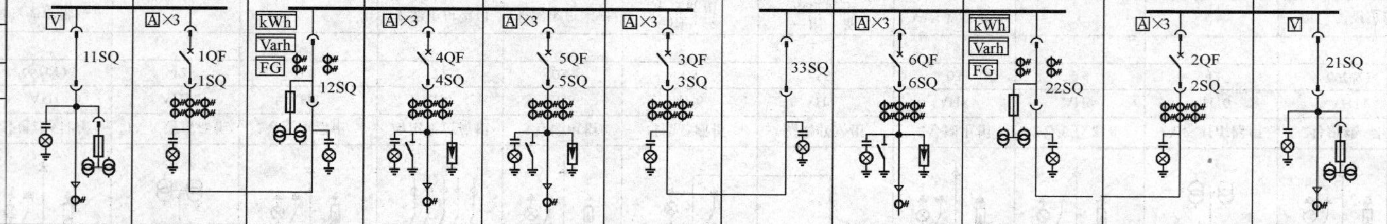 V 11SQ		A×3 1QF 1SQ		kWh Varh FG 12SQ		A×3 4QF 4SQ		A×3 5QF 5SQ		A×3 3QF 3SQ		33SQ		A×3 6QF 6SQ		kWh Varh FG 22SQ		A×3 2QF 2SQ		V 21SQ	
主要电器设备 真空断路器			VSI-12/630-25k	1			VSI-12/630-25k	1	VSI-12/630-25k	1	VSI-12/630-25k	1			VSI-12/630-25k	1			VSI-12/630-25k	1		
电流互感器			LZZBJ9-12 0.5/10P15 200/5	3			LZZBJ9-12 0.5/10P15 75/5	3	LZZBJ9-12 0.5/10P15 75/5	3	LZZBJ9-12 0.5/10P15 150/5	3			LZZBJ9-12 0.5/10P15 75/5	3			LZZBJ9-12 0.5/10P15 200/5	3		
电流互感器					LZZBJ9-12 0.2S 100/5	2											LZZBJ9-12 0.2S 100/5	2				
电压互感器	JDZ10-10/0.1kV 0.5级	2			JDZ10-10/0.1kV 0.2级	2											JDZ10-10/0.1kV 0.2级	2			JDZ10-10/0.1kV 0.5级	2
高压熔断器	XRNP-12kV/0.5A	2			XRNP-12kV/0.5A	3											XRNP-12kV/0.5A	3			XRNP-12kV/0.5A	3
避雷器							HY5WZ2-17/43.5kV	3	HY5WZ2-17/43.5kV	3					HY5WZ2-17/43.5kV	3						
接地开关							JN15-12/31.5kV	1	JN15-12/31.5kV	1					JN15-12/31.5kV	1						
隔离车	630A	1											630A	1							630A	1
带电显示装置	DXN-10Q	1	DXN-10Q	1	DXN-10Q	1	DXN-10Q	1	DXN-10Q	1	DXN-10Q	1	DXN-10Q	1	DXN-10Q	1	DXN-10Q	1	DXN-10Q	1	DXN-10Q	1
零序电流互感器	KLH 100/5	1					KLH 100/5	1	KLH 100/5	1					KLH 100/5	1					KLH 100/5	1
综合保护监控装置			SPAJ-140C	1			SPAJ-140C	1	SPAJ-140C	1	SPAJ-140C	1			SPAJ-140C	1			SPAJ-140C	1		
保护设置			过流、速断、零序				过流、速断、零序 高温、超温 变压器开门报警		过流、速断、零序 高温、超温 变压器开门报警		过流				过流、速断、零序 高温、超温 变压器开门报警				过流、速断、零序			
计量装置					供电部门提供												供电部门提供					
电缆规格							ZRC-YJV$_{22}$-8.7/15kV 3×120		ZRC-YJV$_{22}$-8.7/15kV 3×120						ZRC-YJV$_{22}$-8.7/15kV 3×120							

说明:

1.正常供电时，两路电源同时供电，一路电源故障时，另一路电源需要带动全部负荷，同时手动将分段联络柜投入。

2.开关柜电气闭锁功能:

(1)AH1柜与AH2、AH3柜机械及电气联锁；AH9与AH10、AH11柜机械与电气联锁。

(2)AH2、AH6、AH10柜进行电气联锁。

(3)AH6柜与AH7柜机械及电气联锁。

(4)只有隔离手车处于工作位置时，对应断路器才可以实现分、合闸操作。

(5)主进线柜与进线隔离柜及计量柜：满足隔离手车、计量柜的CT和TV手车处于工作位置时，主进线柜才能实现分、合闸操作。

3.真空断路器控制操作电源为DC220V/65Ah。

4.安装用电负荷管理装置、电量采集装置、失压计时仪。

图14-26　一次系统原理接线图
KYN28A-12(直流操作)双电源单母线分段

(5) 双电源单母线不分段，见图 14-27。
(6) 单电源单母线，见图 14-28。

6. 高压配电一次系统组合方案图（固定式、直流操作）

(1) 双电源单母线分段，见图 14-29。
(2) 双电源单母线分段，见图 14-30。
(3) 双电源单母线不分段，见图 14-31。
(4) 单电源单母线，见图 14-32。
(5) 单电源单母线，见图 14-33。

第2节 高压部分（XGN15-12 系列）环网柜

1. XGN15-12 环网柜一次系统单元组合方案图

(1) 双电源组合原理接线图（带综保、VS1 断路器）见图 14-34。
(2) 双电源组合原理接线图（FLN36-12D 负荷开关、电动操作）见图 14-35。
(3) 双电源组合原理接线图（FLN36-12D、VS1 开关、电动操作）见图 14-36。
(4) 双电源组合原理接线图（FLN36-12D 负荷开关、手动操作）见图 14-37。
(5) 单电源组合原理接线图（FLN36-12D 负荷开关、手动操作）见图 14-38。

2. XGN15 环网柜一次方案单元组合模块（国产 FLN36-12D 系列模块）

(1) 二工位手动进出线柜见图 14-39。
(2) 三工位手动进出线柜见图 14-40。
(3) 带断路器进出线柜见图 14-41。
(4) 手动、电动进出线柜见图 14-42。
(5) 计量柜见图 14-43。
(6) 电缆提升柜、母联柜见图 14-44。
(7) 双电源进出线柜见图 14-45。
(8) TV 柜见图 14-46。

3. XGN15 环网柜一次方案组合模块（进口原装施耐德 MG-SM6 系列模块）

(1) 进口原装施耐德 MG-SM6 模块（一）见图 14-47。
(2) 进口原装施耐德 MG-SM6 模块（二）见图 14-48。
(3) 进口原装施耐德 MG-SM6 模块，变压器保护、断路器开关柜（一）见图 14-49。
(4) 进口原装施耐德 MG-SM6 模块，变压器保护、断路器开关柜（二）见图 14-50。
(5) 进口原装施耐德 MG-SM6 模块，变压器保护组合开关柜见图 14-51。
(6) 进口原装施耐德 MG-SM6 模块，网路节点负开关柜见图 14-52。
(7) 进口原装施耐德 MG-SM6 模块，网路节点断路器、负开关柜见图 14-53。

4. XGN15 环网柜一次方案组合模块（进口原装 ABB SF_6-Safe 系列模块）

(1) 进口原装 ABB SF_6-Safe 系列模块（一）见图 14-54。
(2) 进口原装 ABB SF_6-Safe 系列模块（二）见图 14-55。
(3) 进口原装 ABB SF_6-Safe 系列模块（三）见图 14-56。
(4) 进口原装 ABB SF_6-Safe 系列模块（四）见图 14-57。

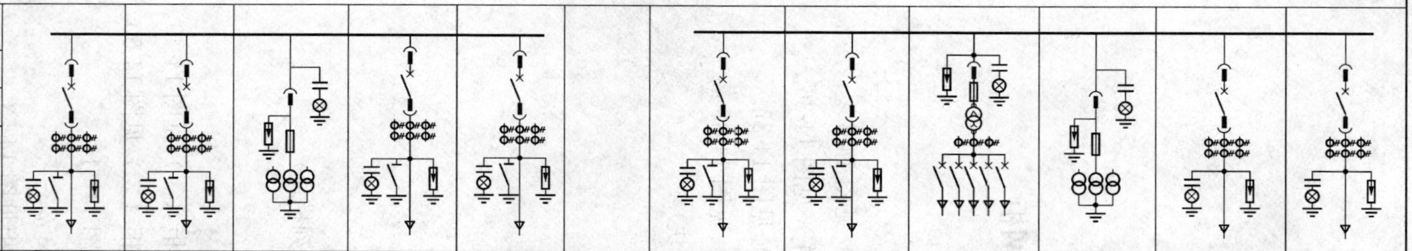

母线规格（由设计确定）											
一次额定电压 12kV											
二次额定电压 DC220V											
第8组合 一次系统方案图 （供选用）											
开关柜用途	1号进线+计量柜	2号进线+计量柜	TV、避雷器柜	变压器柜	馈电柜	馈电柜	变压器柜	所用变负荷柜	TV、避雷器柜	2号进线+计量柜	1号进线+计量柜
开关柜序号	AH1	AH2	AH3	AH4	AH5	AH6	AH5	AH4	AH3	AH2	AH1
开关柜型号及方案号	73（改）	73（改）	43	06	06	06	06	77	43	74（改）	74（改）
二次原理、接线图号（自选）											
备 注					无需求可不设	无需求可不设		无需求可不设			

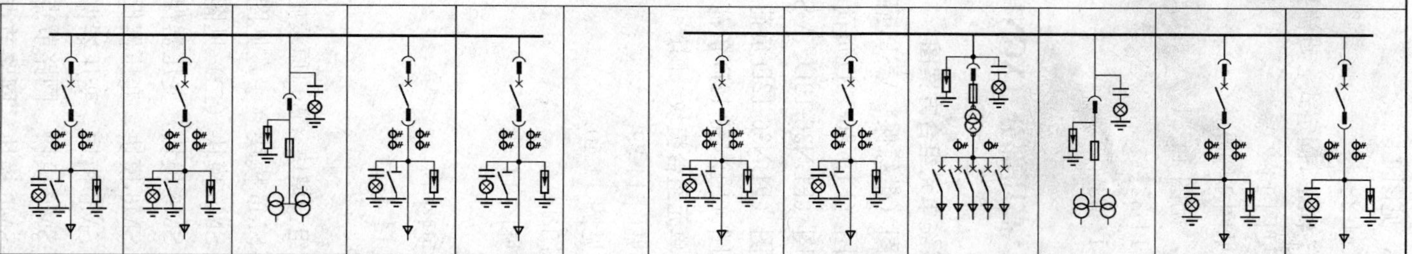

母线规格（由设计确定）											
一次额定电压 12kV											
二次额定电压 DC220V											
第9组合 一次系统方案图 （供选用）											
开关柜用途	1号进线+计量柜	2号进线+计量柜	TV、避雷器柜	变压器柜	馈电柜	馈电柜	变压器柜	所用变负荷柜	TV、避雷器柜	2号进线+计量柜	1号进线+计量柜
开关柜序号	AH1	AH2	AH3	AH4	AH5	AH6	AH5	AH4	AH3	AH2	AH1
开关柜型号及方案号	69（改）	69（改）	42	03	03	03	03	77	42	70（改）	70（改）
二次原理、接线图号（自选）											
备 注					无需求可不设	无需求可不设		无需求可不设			

说明：
1. 一次和二次回路所配置的元件型号、规格、数量详见所选方案图表。
2. 本方案是否配置温控装置或综合保护装置可根据用户需求来确定选用有关方案。
3. 本方案在实际应用中可根据需求自行调整。
4. 如果某台柜子不需要计量，则可选用不带计量的设计方案。
5. 接地开关可根据用户需求来确定，如不需要则可删除。
6. 本章每张图中如有分项单元图表，不另行单注图表号，以图表中组合方案号为序。

图14-27 一次系统组合方案图
（抽出式、直流操作）
双电源单母线不分段

母线规格（由设计确定）										
一次额定电压　12kV										
二次额定电压　DC220V										
第 10 组合 一次系统方案图 （供选用）										
开关柜用途	进线隔离 +TV	主进线柜	TV、避雷器柜	变压器柜	馈电柜	馈电柜	变压器柜	TV、避雷器柜	主进线柜	进线隔离 +TV
开关柜序号	AH1	AH2	AH3	AH4	AH5	AH5	AH4	AH3	AH2	AH1
开关柜型号及方案号	37（改）	33	43	06	06	03	03	43	30	37（改）
二次原理、接线图号（自选）										
备　注	互感器和计量柜由供电局提供				无需求可不设	无需求可不设				互感器和计量柜由供电局提供

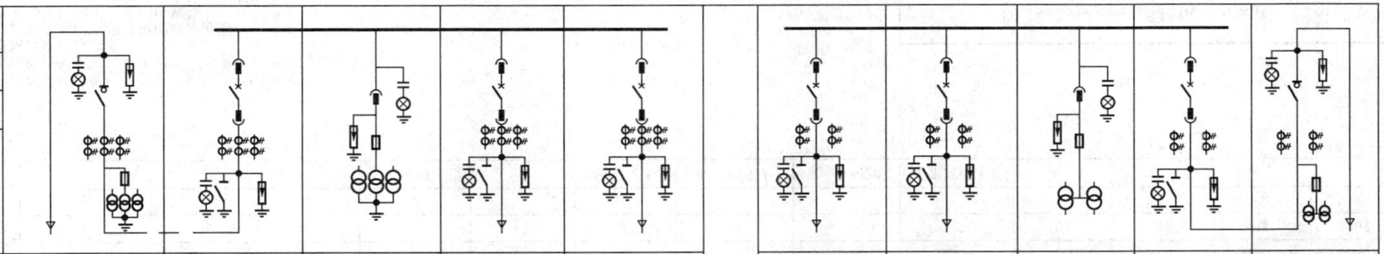

母线规格（由设计确定）										
一次额定电压　12kV										
二次额定电压　DC220V										
第 11 组合 一次系统方案图 （供选用）										
开关柜用途	进线隔离 +TV	主进线柜	TV、避雷器柜	变压器柜	馈电柜	馈电柜	变压器柜	TV、避雷器柜	主进线柜	进线隔离 +TV
开关柜序号	AH1	AH2	AH3	AH4	AH5	AH5	AH4	AH3	AH2	AH1
开关柜型号及方案号	37（改）	32	42	04	04	01	01	42	31	37（改）
二次原理、接线图号（自选）										
备　注	互感器和计量柜由供电局提供				无需求可不设	无需求可不设				互感器和计量柜由供电局提供

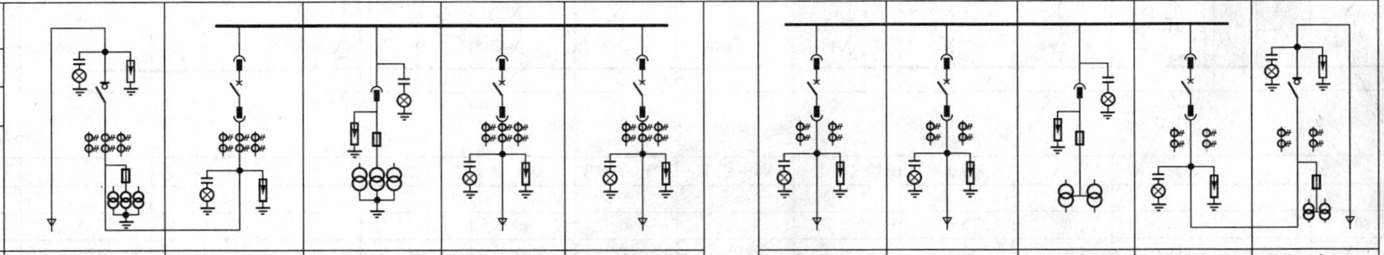

说明：
1. 一次和二次回路所配置的元件型号、规格、数量详见所选方案图表。
2. 本方案是否配置温控装置或综合保护装置可根据用户需求来确定选用有关方案。
3. 本方案在实际应用中可根据需求自行调整。
4. 如果某台柜子不需要计量，则可选用不带计量的设计方案。
5. 接地开关可根据用户需求来确定，如不需要则可删除。
6. 本章每张图中如有分项单元图表，不另行单注图表号，以图表中组合方案号为序。

图 14–28　一次系统组合方案图
（抽出式、直流操作）单电源单母线

母线规格（由设计确定）													
一次额定电压 12kV													
二次额定电压 DC220V													
第 1 组合 一次系统方案图 （供选用）	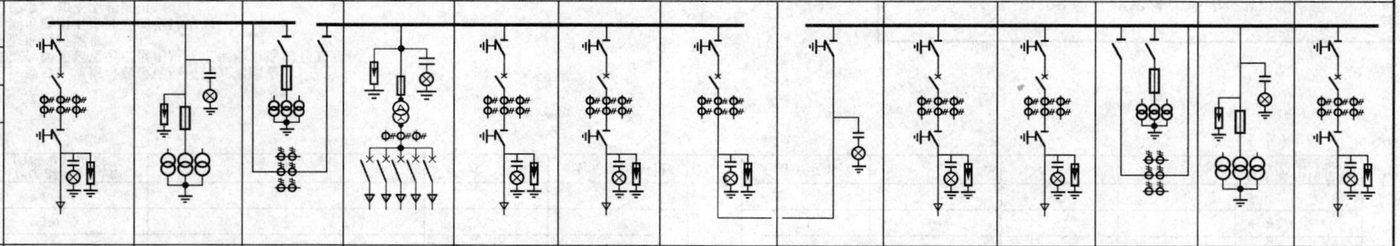												
开关柜用途	1号进线柜	TV、避雷器柜	1号计量柜	所用变负荷柜	1号变压器柜	1号馈电柜	母线分断柜	隔离联络柜	2号馈电柜	2号变压器柜	2号计量柜	TV、避雷器柜	2号进线柜
开关柜序号	AH1	AH2	AH3	AH4	AH5	AH6	AH7	AH8	AH9	AH10	AH11	AH12	AH13
开关柜型号及方案号	08	54	75		08	08	12	95	08	08	75	54	08
二次原理、接线图号（自选）													
备 注				无需求可不设		无需求可不设	一用一备不设此柜	一用一备不设此柜	无需求可不设				

母线规格（由设计确定）													
一次额定电压 12kV													
二次额定电压 DC220V													
第 2 组合 一次系统方案图 （供选用）	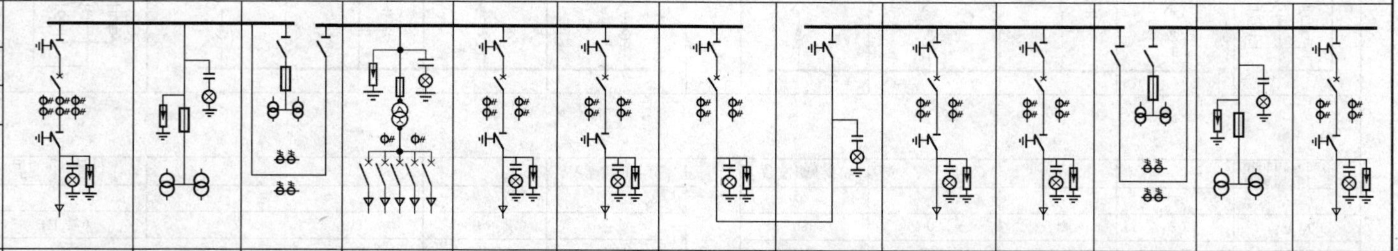												
开关柜用途	1号进线柜	TV、避雷器柜	1号计量柜	所用变负荷柜	1号变压器柜	1号馈电柜	母线分断柜	隔离联络柜	2号馈电柜	2号变压器柜	2号计量柜	TV、避雷器柜	2号进线柜
开关柜序号	AH1	AH2	AH3	AH4	AH5	AH6	AH7	AH8	AH9	AH10	AH11	AH12	AH13
开关柜型号及方案号	07	55	75		07	07	11	95	07	07	75	55	07
二次原理、接线图号（自选）													
备 注				无需求可不设		无需求可不设	一用一备不设此柜	一用一备不设此柜	无需求可不设				

说明：
1. 一次和二次回路所配置的元件型号、规格、数量详见所选方案图表。
2. 本方案是否配置温控装置或综合保护装置可根据用户需求来确定选用有关方案。
3. 本方案在实际应用中可根据需求自行调整。
4. 如果某台柜子不需要计量，则可选用不带计量的设计方案。
5. 接地开关可根据用户需求来确定，如不需要则可删除。
6. 本章每张图中如有分项单元图表，不另行单注图表号，以图表中组合方案号为序。

图 14-29 一次系统组合方案图（固定式、直流操作）双电源单母线分段（一）

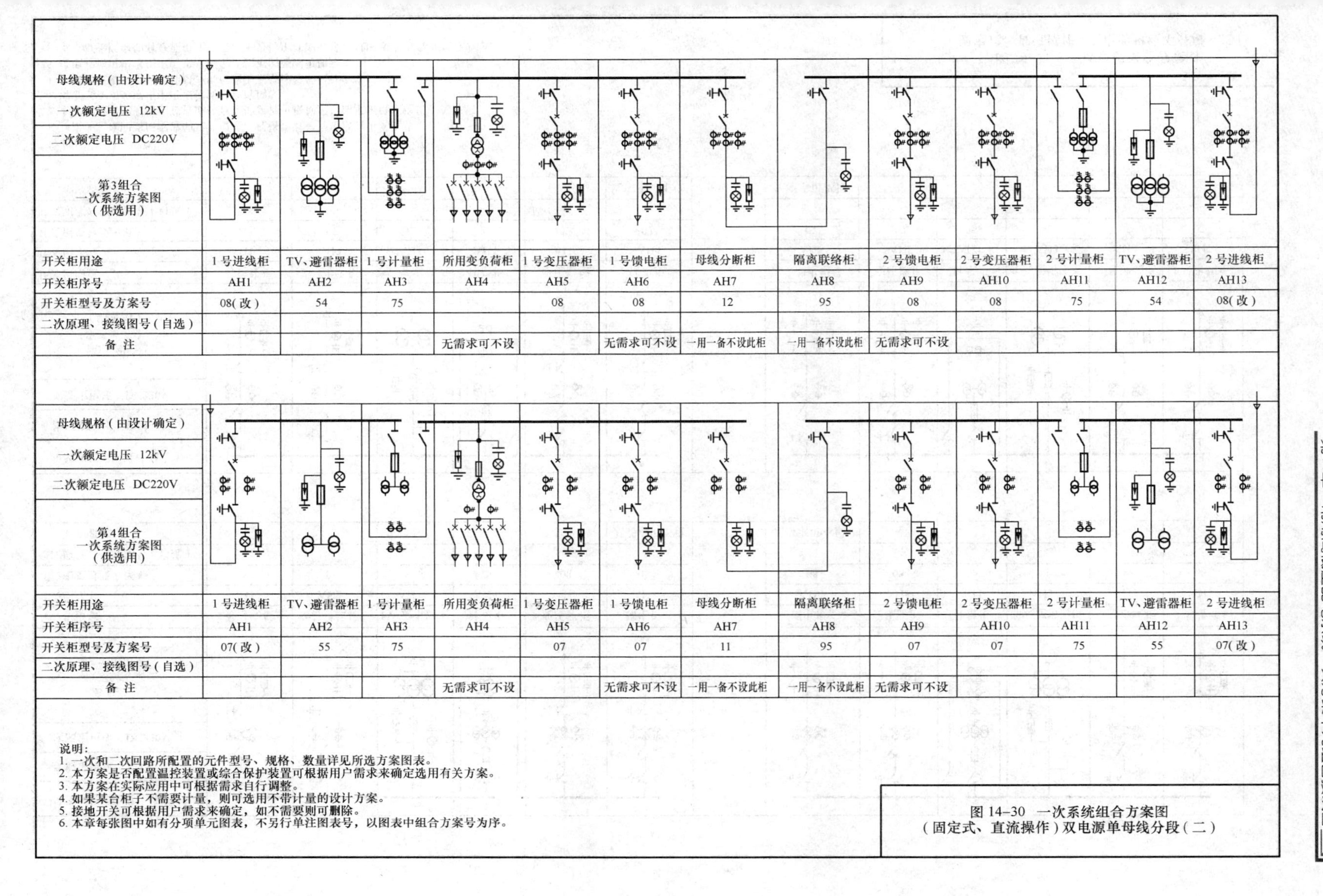

母线规格（由设计确定）													
一次额定电压 12kV													
二次额定电压 DC220V													
第3组合 一次系统方案图（供选用）													
开关柜用途	1号进线柜	TV、避雷器柜	1号计量柜	所用变负荷柜	1号变压器柜	1号馈电柜	母线分断柜	隔离联络柜	2号馈电柜	2号变压器柜	2号计量柜	TV、避雷器柜	2号进线柜
开关柜序号	AH1	AH2	AH3	AH4	AH5	AH6	AH7	AH8	AH9	AH10	AH11	AH12	AH13
开关柜型号及方案号	08（改）	54	75		08	08	12	95	08	08	75	54	08（改）
二次原理、接线图号（自选）													
备注				无需求可不设		无需求可不设	一用一备不设此柜	一用一备不设此柜	无需求可不设				

母线规格（由设计确定）													
一次额定电压 12kV													
二次额定电压 DC220V													
第4组合 一次系统方案图（供选用）													
开关柜用途	1号进线柜	TV、避雷器柜	1号计量柜	所用变负荷柜	1号变压器柜	1号馈电柜	母线分断柜	隔离联络柜	2号馈电柜	2号变压器柜	2号计量柜	TV、避雷器柜	2号进线柜
开关柜序号	AH1	AH2	AH3	AH4	AH5	AH6	AH7	AH8	AH9	AH10	AH11	AH12	AH13
开关柜型号及方案号	07（改）	55	75		07	07	11	95	07	07	75	55	07（改）
二次原理、接线图号（自选）													
备注				无需求可不设		无需求可不设	一用一备不设此柜	一用一备不设此柜	无需求可不设				

说明：
1. 一次和二次回路所配置的元件型号、规格、数量详见所选方案图表。
2. 本方案是否配置温控装置或综合保护装置可根据用户需求来确定选用有关方案。
3. 本方案在实际应用中可根据需求自行调整。
4. 如果某台柜子不需要计量，则可选用不带计量的设计方案。
5. 接地开关可根据用户需求来确定，如不需要则可删除。
6. 本章每张图中如有分项单元图表，不另行单注图表号，以图表中组合方案号为序。

图 14-30 一次系统组合方案图
（固定式、直流操作）双电源单母线分段（二）

母线规格（由设计确定）												
一次额定电压　12kV												
二次额定电压　DC220V												
第5组合 一次系统方案图 （供选用）												
开关柜用途	1号进线柜	2号进线柜	TV、避雷器柜	计量柜	变压器柜	馈电柜	馈电柜	变压器柜	计量柜	TV、避雷器柜	2号进线柜	1号进线柜
开关柜序号	AH1	AH2	AH3	AH4	AH5	AH6	AH6	AH5	AH4	AH3	AH2	AH1
开关柜型号及方案号	08	08	43	75	08	08	08	08	75	43	08	08
二次原理、接线图号（自选）												
备注						无需求可不设	无需求可不设					

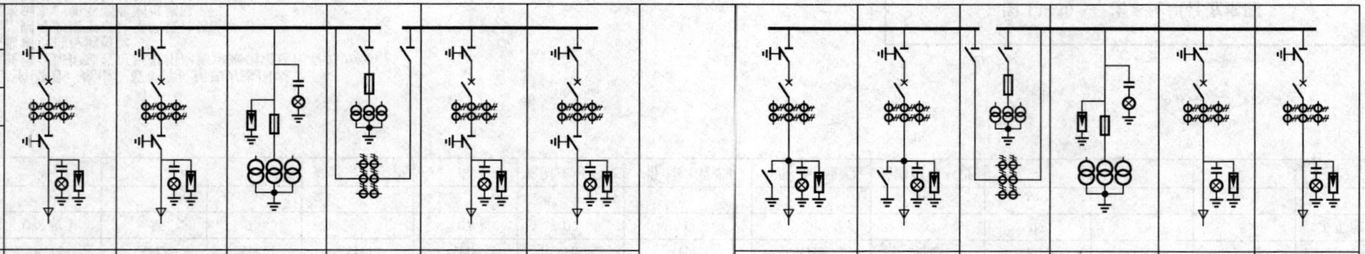

母线规格（由设计确定）												
一次额定电压　12kV												
二次额定电压　DC220V												
第6组合 一次系统方案图 （供选用）												
开关柜用途	1号进线柜	2号进线柜	TV、避雷器柜	计量柜	变压器柜	馈电柜	馈电柜	变压器柜	计量柜	TV、避雷器柜	2号进线柜	1号进线柜
开关柜序号	AH1	AH2	AH3	AH4	AH5	AH6	AH6	AH5	AH4	AH3	AH2	AH1
开关柜型号及方案号	07	07	42	75	07	07	07	07	75	42	07	07
二次原理、接线图号（自选）												
备注						无需求可不设	无需求可不设					

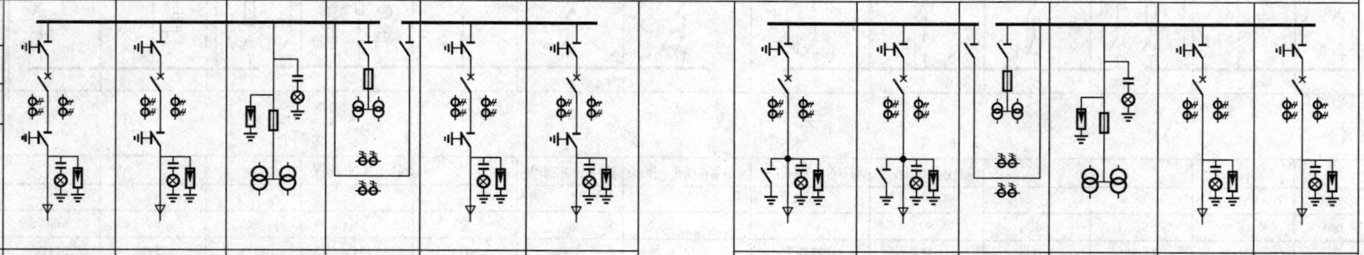

说明：

1. 一次和二次回路所配置的元件型号、规格、数量详见所选方案图表。
2. 本方案是否配置温控装置或综合保护装置可根据用户需求来确定选用有关方案。
3. 本方案在实际应用中可根据需求自行调整。
4. 如果某台柜子不需要计量，则可选用不带计量的设计方案。
5. 接地开关可根据用户需求来确定，如不需要则可删除。
6. 本章每张图中如有分项单元图表，不另行单注图表号，以图表中组合方案号为序。

图14-31　一次系统组合方案图
（固定式、直流操作）双电源母线不分段（三）

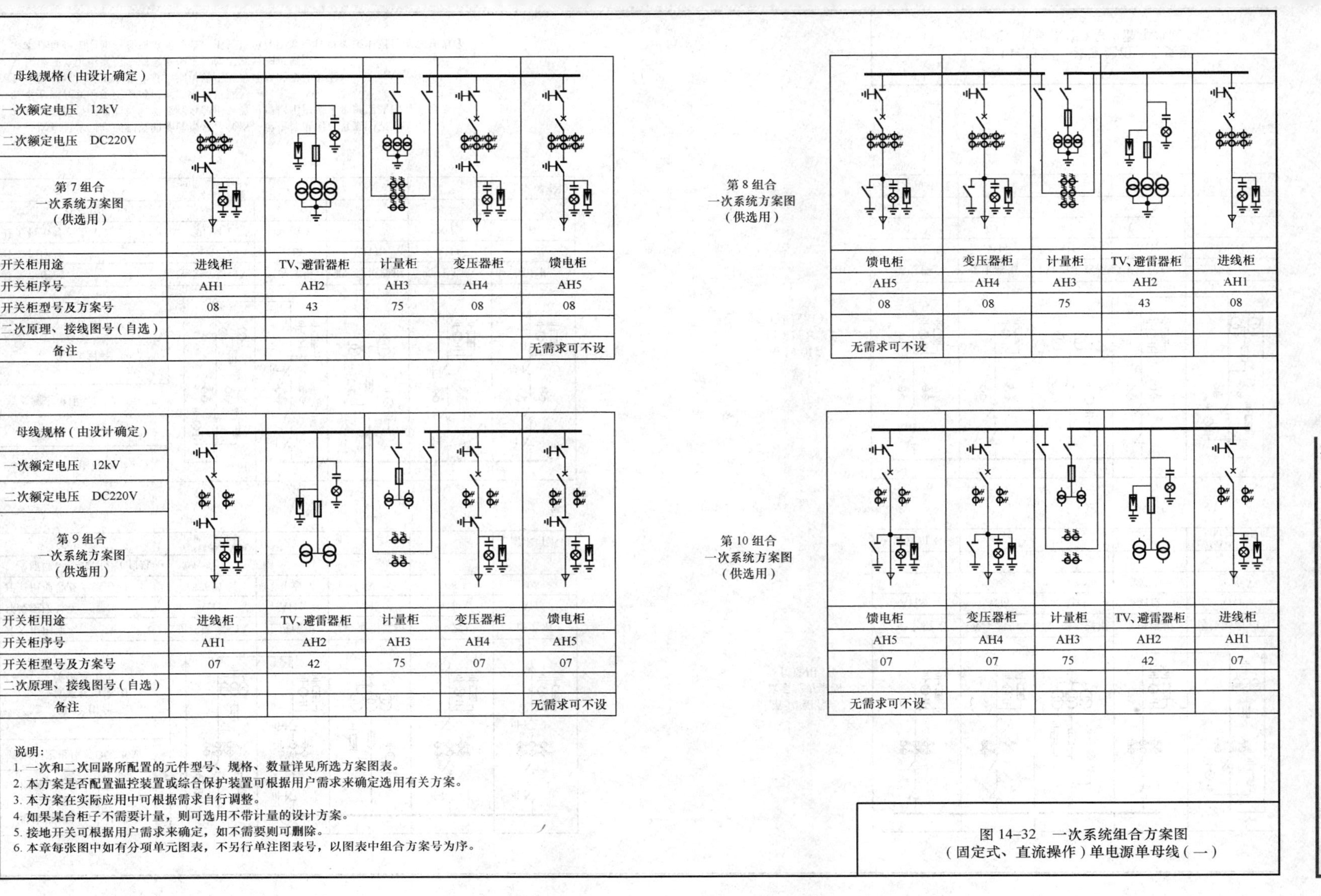

母线规格（由设计确定）					
一次额定电压　12kV					
二次额定电压　DC220V					
第7组合 一次系统方案图 （供选用）					
开关柜用途	进线柜	TV、避雷器柜	计量柜	变压器柜	馈电柜
开关柜序号	AH1	AH2	AH3	AH4	AH5
开关柜型号及方案号	08	43	75	08	08
二次原理、接线图号（自选）					
备注					无需求可不设

第8组合 一次系统方案图 （供选用）					
开关柜用途	馈电柜	变压器柜	计量柜	TV、避雷器柜	进线柜
开关柜序号	AH5	AH4	AH3	AH2	AH1
开关柜型号及方案号	08	08	75	43	08
二次原理、接线图号（自选）					
备注	无需求可不设				

母线规格（由设计确定）					
一次额定电压　12kV					
二次额定电压　DC220V					
第9组合 一次系统方案图 （供选用）					
开关柜用途	进线柜	TV、避雷器柜	计量柜	变压器柜	馈电柜
开关柜序号	AH1	AH2	AH3	AH4	AH5
开关柜型号及方案号	07	42	75	07	07
二次原理、接线图号（自选）					
备注					无需求可不设

第10组合 一次系统方案图 （供选用）					
开关柜用途	馈电柜	变压器柜	计量柜	TV、避雷器柜	进线柜
开关柜序号	AH5	AH4	AH3	AH2	AH1
开关柜型号及方案号	07	07	75	42	07
二次原理、接线图号（自选）					
备注	无需求可不设				

说明：
1. 一次和二次回路所配置的元件型号、规格、数量详见所选方案图表。
2. 本方案是否配置温控装置或综合保护装置可根据用户需求来确定选用有关方案。
3. 本方案在实际应用中可根据需求自行调整。
4. 如果某台柜子不需要计量，则可选用不带计量的设计方案。
5. 接地开关可根据用户需求来确定，如不需要则可删除。
6. 本章每张图中如有分项单元图表，不另行单注图表号，以图表中组合方案号为序。

图 14-32　一次系统组合方案图
（固定式、直流操作）单电源单母线（一）

母线规格（由设计确定）					
一次额定电压　12kV					
二次额定电压　DC220V					
第 11 组合 一次系统方案图 （供选用）					
开关柜用途	进线隔离+TV	主进线柜	TV、避雷器柜	变压器柜	馈电柜
开关柜序号	AH1	AH2	AH3	AH4	AH5
开关柜型号及方案号	37（改）	08（改）	43	08	08
二次原理、接线图号（自选）					
备注	互感器和计量柜由供电局提供				无需求可不设

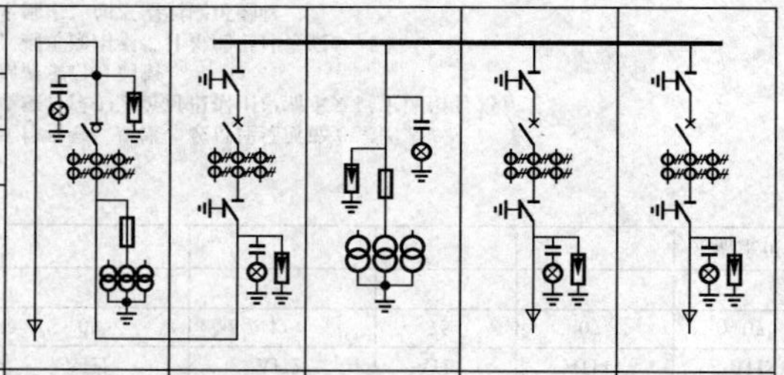

第 12 组合 一次系统方案图 （供选用）				
馈电柜	变压器柜	TV、避雷器柜	主进线柜	进线隔离+TV
AH5	AH4	AH3	AH2	AH1
08	08	43	08（改）	37（改）
无需求可不设				互感器和计量柜由供电局提供

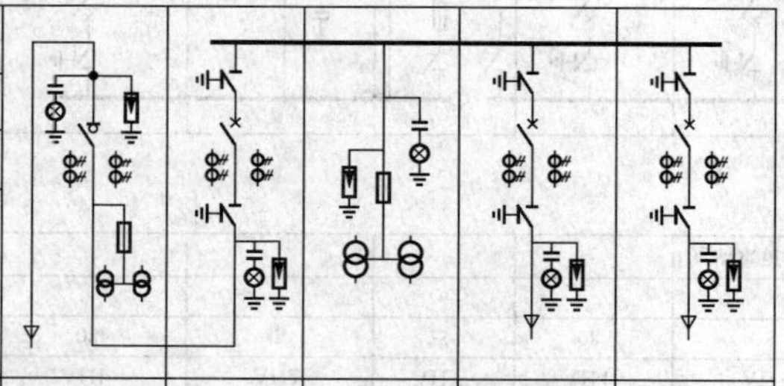

母线规格（由设计确定）					
一次额定电压　12kV					
二次额定电压　DC220V					
第 13 组合 一次系统方案图 （供选用）					
开关柜用途	进线隔离+TV	主进线柜	TV、避雷器柜	变压器柜	馈电柜
开关柜序号	AH1	AH2	AH3	AH4	AH5
开关柜型号及方案号	37（改）	07（改）	42	07	07
二次原理、接线图号（自选）					
备注	互感器和计量柜由供电局提供				无需求可不设

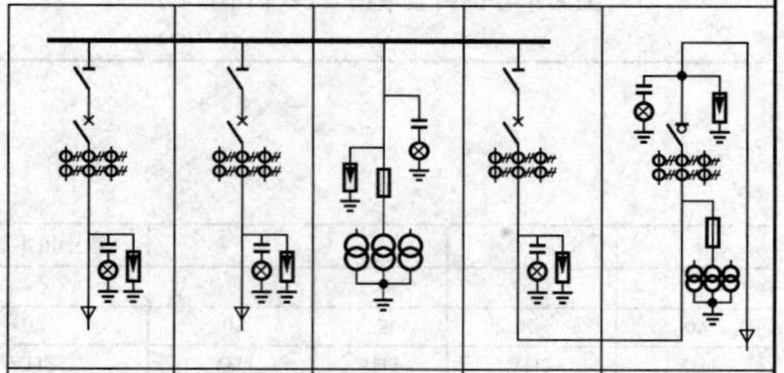

第 14 组合 一次系统方案图 （供选用）				
馈电柜	变压器柜	TV、避雷器柜	主进线柜	进线隔离+TV
AH5	AH4	AH3	AH2	AH1
07	07	42	07（改）	37（改）
无需求可不设				互感器和计量柜由供电局提供

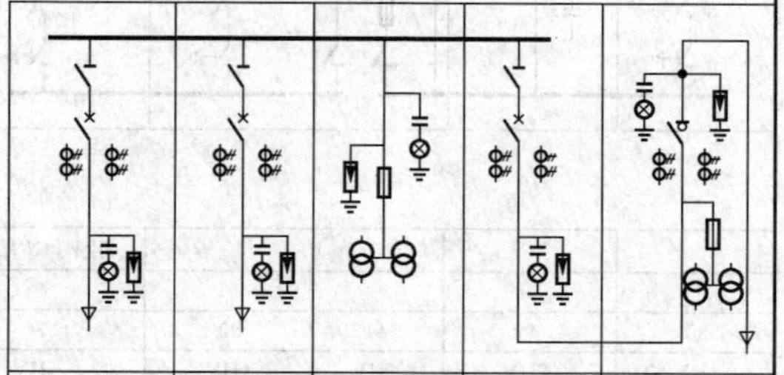

说明：
1. 一次和二次回路所配置的元件型号、规格、数量详见所选方案图表。
2. 本方案是否配置温控装置或综合保护装置可根据用户需求来确定选用有关方案。
3. 本方案在实际应用中可根据需求自行调整。
4. 如果某台柜子不需要计量，则可选用不带计量的设计方案。
5. 接地开关可根据用户需求来确定，如不需要则可删除。
6. 本章每张图中如有分项单元图表，不另行单注图表号，以图表中组合方案号为序。

图 14-33　一次系统组合方案图
（固定式、直流操作）单电源单母线（二）

开关柜编号	AH1		AH2		AH3		AH4		AH5		AH6		AH7	
开关柜型号	XGN15–12		XGN15–12		XGN15–12		XGN15–12		XGN15–12		XGN15–12		XGN15–12	
开关柜用途	1 号进线柜		2 号进线柜		进线联络柜		计量柜		TV+避雷器柜		1 号配电变压器柜		2 号配电变压器柜	
主母线：TMY–50×5														
二次额定电压：AC220V														
一次方案接线图	QL 1QF 1TA 2TA F DX		QL 2QF 1TA 2TA F DX		QL 3QF 1TA 2TA QE F DX		1TA 2TA DS F FU TV		QL F FU DS TV		QL 4QF 1TA 2TA QE F DX		QL 5QF 1TA 2TA QE F DX	
名称 \ 型号	型号	数量	型号	数量	型号	数量	型号	数量	型号	数量	型号	数量	型号	数量
主要设备及元器件 SF$_6$负荷开关	FLN36–12（K 型机构）	1	FLN36–12（K 型机构）	1	FLN36–12（K 型机构）	1	FLN36–12（K 型机构）	1	FLN36–12（K 型机构）	1	FLN36–12（K 型机构）	1	FLN36–12（K 型机构）	1
隔离开关														
真空断路器	VS1–12–1250–31.5	1	VS1–12–1250–31.5	1	VS1–12–1250–31.5	1					VS1–12–1250–31.5	1	VS1–12–1250–31.5	1
接地开关					JN15–12	1					JN15–12	1	JN15–12	1
高压熔断器							XRNP–10/0.5A	3	XRNP–10/0.5A	3				
电压互感器							JDZ–12/0.2 级 10/0.1kV	2	JDZ–12/0.2 级 10/0.1kV	2				
电流互感器	LZZBJ9–12 200/5	2	LZZB9–12 200/5	2	LZZB9–12 200/5	3	LZZB9–12 200/5	2			LZZB9–12 200/5	3	LZZB9–12 200/5	3
综合保护装置	SPAJ140C	1	SPAJ140C	1	SPAJ140C	1					SPAJ140C	1	SPAJ140C	1
带电显示器	DXN–12	1	DXN–12	1	DXN–12	1	DXN–12	1	DXN–12	1	DXN–12	1	DXN–12	1
避雷器	HY5WZ–17/45	3	HY5WZ–17/45	3	HY5WZ–17/45	3	HY5WZ–17/45	3	HY5WZ–17/45	3	HY5WZ–17/45	3	HY5WZ–17/45	3
备注														
安装尺寸(宽×深×高)/mm	500×965×1885		500×965×1885		500×965×1885		750×965×1885		750×965×1885		500×965×1885		500×965×1885	
出厂编号														

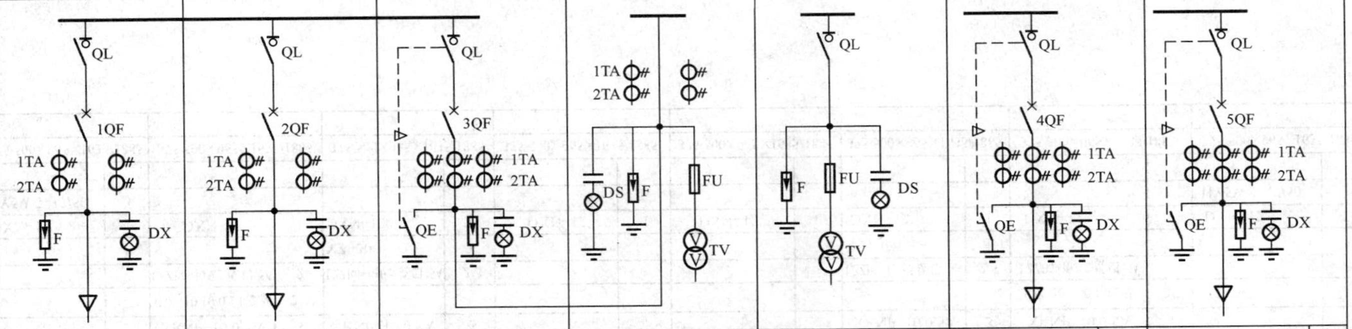

说明：

1. Ⅱ型或Ⅲ型及进口负荷开关柜的一次方案接线图基本一致。
2. 柜体尺寸 (mm) 是根据各种柜型的功能要求而异，柜宽有 375、500、750、800，柜深有 965(916、940)，柜高有 140、1635、1885 等规格。

图 14–34　双电源组合原理接线图（带综保、VS1 断路器）

开关柜编号	AH1(16)		AH2(12)		AH3(05 改)		AH4(10)		AH5(11)		AH6(05 改)		AH7(12)		AH8(16)	
开关柜型号	XGN15-12		XGN15-12		XGN15-12		XGN15-12		XGN15-12		XGN15-12		XGN15-12		XGN15-12	
开关柜用途	双电源进线柜		计量柜		配变柜		提升柜		母联柜		配电变压器柜		计量柜		双电源进线柜	
主母线：TMY-50×5																
二次额定电压:AC220V																
一次方案接线图																
名称 \ 型号	型号	数量	型号	数量	型号	数量	型号	数量	型号	数量	型号	数量	型号	数量	型号	数量
主要设备及元器件 SF$_6$ 负荷开关	FLN36-12D	1			FLRN36-12D	1			FLN36-12D	1	FLRN36-12D	1			FLN36-12D	1
隔离开关																
真空断路器																
接地开关																
高压熔断器			XRNP-10 0.5A	3	XRNP-10 0.5A	3					XRNP-10 0.5A	3	XRNP-10 0.5A	3		
电压互感器			JDZ-10 10/0.1 0.2 级	2/3									JDZ-10 10/0.1 0.2 级	2/3		
电流互感器			LZZB6-10 0.2 级□/5A	2	LZZB6-10 0.5 级□/5A	2/3					LZZB6-10 0.5 级□/5A	2/3	LZZB6-10 0.2 级□/5A	2		
综合保护装置					YZ-300	1					YZ-300	1				
带电显示器	DXN-12	1	DXN-12	1	DXN-12	1	DXN-12	1	DXN-12	1	DXN-12	1	DXN-12	1	DXN-12	1
避雷器	HY5WS-17/50	3													HY5WS-17/50	3
备注																
安装尺寸(宽×深×高)/mm	375/500×965×1635/1885		375/500×965×1635/1885		375/500×965×1635/1885		375/500×965×1635/1885		375/50C×965×1635/1885		375/500×965×1635/1885		375/500×965×1635/1885		375/500×965×1635/1885	
出厂编号																

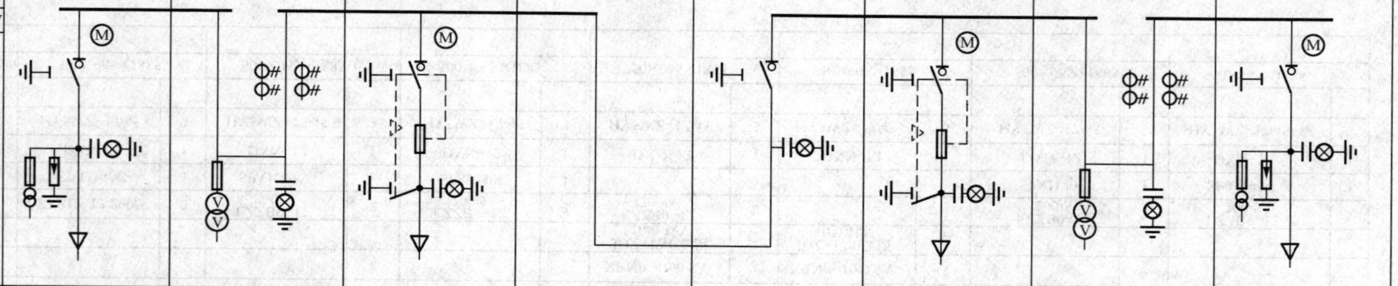

说明：
1. Ⅱ型或Ⅲ型及进口负荷开关柜的一次方案接线图基本一致。
2. 柜体尺寸(mm)是根据各种柜型的功能要求而异，柜宽有375、500、750、800，柜深有965(916、940)，柜高有140、1635、1885等规格。

图 14-35 双电源组合原理接线图
(FLN36-12D 负荷开关、电动操作)

	开关柜编号	AH1(15)		AH2(01)		AH3(05 改)		AH4(10)		AH5(11)		AH6(05 改)		AH7(01)		AH8(15)	
	开关柜型号	XGN15-12		XGN15-12		XGN15-12		XGN15-12		XGN15-12		XGN15-12		XGN15-12		XGN15-12	
	开关柜用途	进线柜		环网出线柜		配电变压器柜		提升柜		母联柜		配电变压器柜		环网出线柜		进线柜	
	主母线：TMY-50×5																
	二次额定电压:AC220V																
	一次方案接线图																
名称	型号	型号	数量	型号	数量	型号	数量	型号	数量	型号	数量	型号	数量	型号	数量	型号	数量
主要设备及元器件	SF_6 负荷开关	FLN36-12D	1	FLN36-12D	1	FLRN36-12D	1			FLN36-12D	1	FLRN36-12D	1	FLN36-12D	1	FLN36-12D	1
	隔离开关																
	真空断路器	VS-12/630-31.5	1													VS1-12/630-31.5	1
	接地开关	JN15-12	1													JN15-12	1
	高压熔断器	XRNP-10 0.5A	3			XRNP-10 0.5A	3					XRNP-10 0.5A	3			XRNP-10 0.5A	3
	电压互感器	JDZ-10 10/0.22	2/3													JDZ-10 10/0.22	2/3
	电流互感器	LZZB6-10 □/5A	2/3			LZZB6-10 □/5A	2/3					LZZB6-10 □/5A	2/3			LZZB6-10 □/5A	2/3
	综合保护装置	YZ-300	1			YZ-300	1					YZ-300	1			YZ-300	1
	带电显示器	DXN-12	1	DXN-12	1	DXN-12	1	DXN-12	1	DXN-12	1	DXN-12	1	DXN-12	1	DXN-12	1
	避雷器	HY5WS-17/50	3													HY5WS-17/50	3
	备注																
安装尺寸(宽×深×高)/mm		750×965×1885		375/500×965×1635/1885		375/500×965×1635/1885		375/500×965×1635/1885		375/500×965×1635/1885		375/500×965×1635/1885		375/500×965×1635/1885		750×965×1885	
出厂编号																	

说明：
1. Ⅱ型或Ⅲ型及进口负荷开关柜的一次方案接线图基本一致。
2. 柜体尺寸(mm)是根据各种柜型的功能要求而异，柜宽有375、500、750、800，柜深有965(916、940)，柜高有140、1635、1885等规格。

图 14-36 双电源组合原理接线图（FLN36-12D、VS1开关、电动操作）

开关柜编号	AH1(16)		AH2(12)		AH3(05 改)		AH4(10)		AH5(11)		AH6(05 改)		AH7(12)		AH8(16)	
开关柜型号	XGN15-12		XGN15-12		XGN15-12		XGN15-12		XGN15-12		XGN15-12		XGN15-12		XGN15-12	
开关柜用途	双电源进线柜		计量柜		配电变压器柜		提升柜		母联柜		配电变压器柜		计量柜		双电源进线柜	
主母线：TMY-50×5																
二次额定电压:AC220V																
一次方案接线图																
名称 型号	型号	数量	型号	数量	型号	数量	型号	数量	型号	数量	型号	数量	型号	数量	型号	数量
主要设备及元器件 SF_6 负荷开关	FLN36-12D	1			FLRN36-12D	1			FLN36-12D	1	FLRN36-12D	1			FLN36-12D	1
隔离开关																
真空断路器																
接地开关																
高压熔断器			XRNP-10 0.5A	3	XRNP-10 0.5A	3					XRNP-10 0.5A	3	XRNP-10 0.5A	3		
电压互感器			JDZ-10 10/0.1 0.2 级	2/3									JDZ-10 10/0.1 0.2 级	2/3		
电流互感器			LZZB6-10 0.2 级 □/5A	2	LZZB6-10 □/5A	2/3					LZZB6-10 □/5A	2/3	LZZB6-10 0.2 级 □/5A	2		
综合保护装置					YZ-300	1					YZ-300	1				
带电显示器	DXN-12	1	DXN-12	1	DXN-12	1	DXN-12	1	DXN-12	1	DXN-12	1	DXN-12	1	DXN-12	1
避雷器	HY5WS-17/50	3													HY5WS-17/50	3
备注																
安装尺寸(宽×深×高)/mm	375/500×965×1635/1885		375/500×965×1635/1885		375/500×965×1635/1885		375/500×965×1635/1885		375/500×965×1635/1885		375/500×965×1635/1885		375/500×965×1635/1885		375/500×965×1635/1885	
出厂编号																

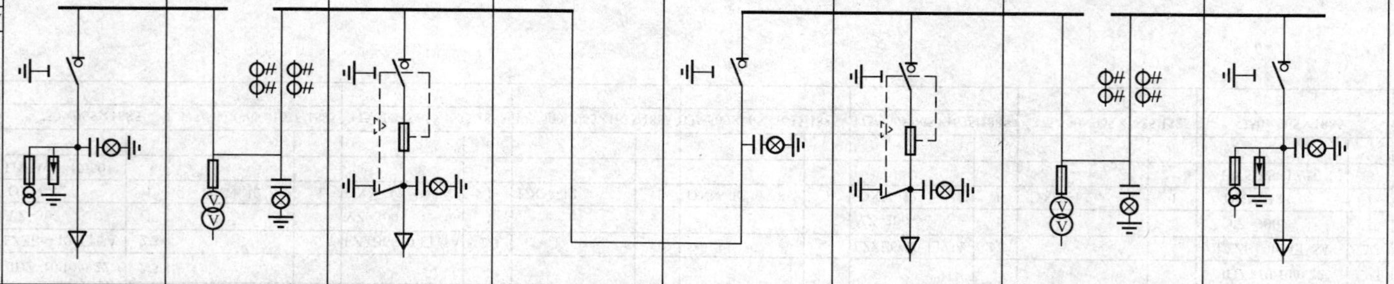

说明：
1. Ⅱ型或Ⅲ型及进口负荷开关柜的一次方案接线图基本一致。
2. 柜体尺寸 (mm) 是根据各种柜型的功能要求而异，柜宽有 375、500、750、800，柜深有 965(916、940)，柜高有 140、1635、1885 等规格。

图 14-37 双电源组合原理接线图
(FLN36-12D 负荷开关、手动操作)

开关柜编号	AH1 (01)		AH2(01)		AH3(05)		AH1(02)		AH2(12)		AH3(05)		AH4(05)	
开关柜型号	XGN15-12		XGN15-12		XGN15-12		XGN15-12		XGN15-12		XGN15-12		XGN15-12	
开关柜用途	进出线柜		进出线柜		出线柜		进线柜		计量柜		出线柜		出线柜	
主母线：TMY-50×5														
二次额定电压：AC220V														
一次方案接线图														
名称 \ 型号	型号	数量	型号	数量	型号	数量	型号	数量	型号	数量	型号	数量	型号	数量
主要设备及元器件：SF_6负荷开关	FLN36-12D	1	FLN36-12D	1	FLRN36-12D	1	FLN36-12D	1			FLRN36-12D	1	FLRN36-12D	1
隔离开关														
真空断路器														
接地开关														
高压熔断器					XRNP-10/0.5A	3			XRNP-10 0.5A	3	XRNP-10 0.5A	3	XRNP-10 0.5A	3
电流互感器									JDZ-10 10/0.1 0.2 级	2/3				
零序电流互感器									LZZB6-10 0.2 级 □/5A	2				
综合保护装置														
带电显示器	DXN-12	1	DXN-12	1	DXN-12	1	DXN-12	1	DXN-12	1	DXN-12	1	DXN-12	1
避雷器							HY5WS-17/50	3						
备注														
安装尺寸(宽×深×高)/mm	375/500×965×1635/1885		375/500×965×1635/1885		375/500×965×1635/1885		375/500×965×1635/1885		375/500×965×1635/1885		375/500×965×1635/1885		375/500×965×1635/1885	
出厂编号														

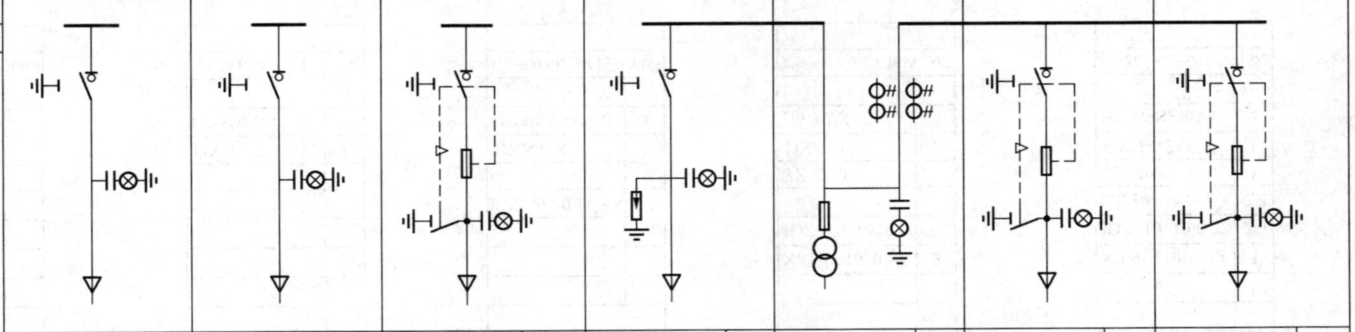

说明：

1. Ⅱ型或Ⅲ型及进口负荷开关柜的一次方案接线图基本一致。
2. 柜体尺寸 (mm) 是根据各种柜型的功能要求而异，柜宽有 375、500、750、800，柜深有 965(916、940)，柜高有 140、1635、1885 等规格。

图 14-38　单电源组合原理接线图（FLN36-12 负荷开关、手动操作）

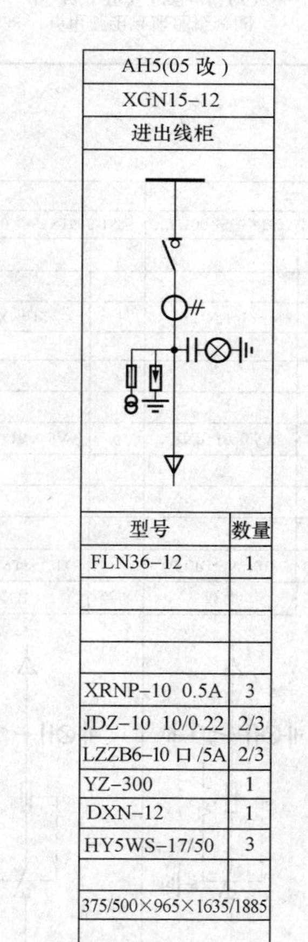

AH1(01 改)	
XGN15-12	
进出线柜	
型号	数量
FLN36-12	1
DXN-12	1
375/500×965×1635/1885	

AH2(02 改)	
XGN15-12	
进出线柜	
型号	数量
FLN36-12	1
DXN-12	1
HY5WS-17/50	3
375/500×965×1635/1885	

AH3(03 改)	
XGN15-12	
进出线柜	
型号	数量
FLN36-12	1
LZZB6-10 口 /5A	2/3
DXN-12	1
HY5WS-17/50	3
375/500×965×1635/1885	

AH4(04 改)	
XGN15-12	
进出线柜	
型号	数量
FLN36-12	1
XRNP-10 0.5A	3
JDZ-10 10/0.22	2/3
YZ-300	1
DXN-12	1
HY5WS-17/50	3
375/500×965×1635/1885	

AH5(05 改)	
XGN15-12	
进出线柜	
型号	数量
FLN36-12	1
XRNP-10 0.5A	3
JDZ-10 10/0.22	2/3
LZZB6-10 口 /5A	2/3
YZ-300	1
DXN-12	1
HY5WS-17/50	3
375/500×965×1635/1885	

说明：

1. 一次和二次回路所配置的元件型号、规格、数量详见所选方案图表。
2. 本方案是否配置温控装置或综合保护装置可根据用户需求来确定选用有关方案。
3. 本方案在实际应用中可根据需求自行调整。
4. 如果某台柜子不需要计量，则可选用不带计量的设计方案。
5. 接地开关可根据用户需求来确定。
6. 本章每张图中如有分项单元图表，不另行单注图表号，以图表中方案柜号为序。

图 14-39　二工位手动进出线柜

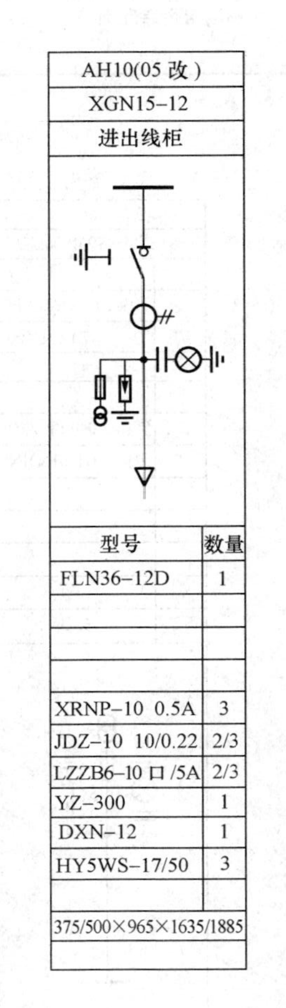

AH6(01)	
XGN15-12	
进出线柜	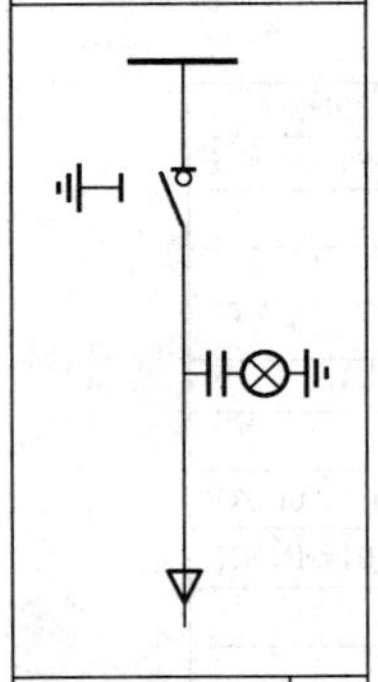
型号	数量
FLN36-12D	1
DXN-12	1
375/500×965×1635/1885	

AH7(02)	
XGN15-12	
进出线柜	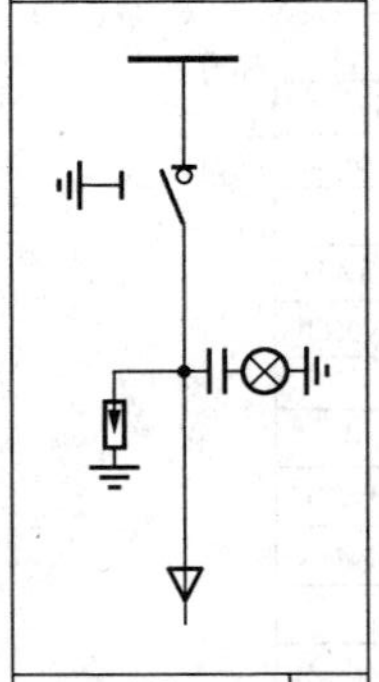
型号	数量
FLN36-12D	1
DXN-12	1
HY5WS-17/50	3
375/500×965×1635/1885	

AH8(03)	
XGN15-12	
进出线柜	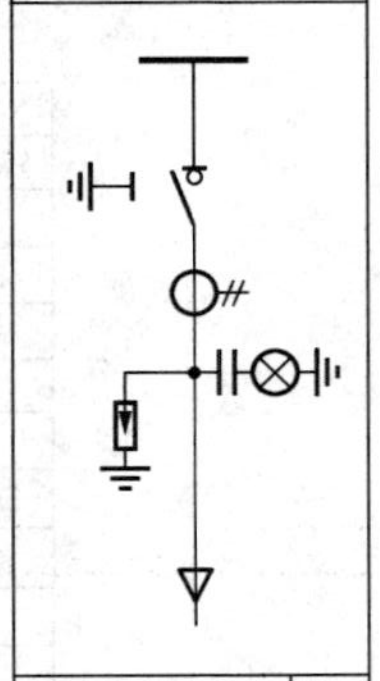
型号	数量
FLN36-12D	1
LZZB6-10 口/5A	2/3
DXN-12	1
HY5WS-17/50	3
375/500×965×1635/1885	

AH9(04)	
XGN15-12	
进出线柜	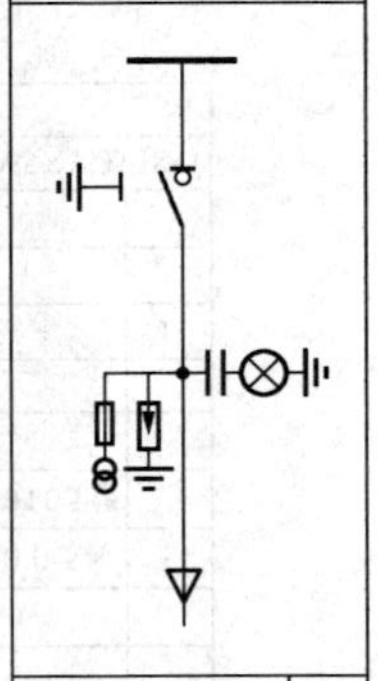
型号	数量
FLN36-12D	1
XRNP-10 0.5A	3
JDZ-10 10/0.22	2/3
YZ-300	1
DXN-12	1
HY5WS-17/50	3
375/500×965×1635/1885	

AH10(05 改)	
XGN15-12	
进出线柜	
型号	数量
FLN36-12D	1
XRNP-10 0.5A	3
JDZ-10 10/0.22	2/3
LZZB6-10 口/5A	2/3
YZ-300	1
DXN-12	1
HY5WS-17/50	3
375/500×965×1635/1885	

说明：

1. 一次和二次回路所配置的元件型号、规格、数量详见所选方案图表。
2. 本方案是否配置温控装置或综合保护装置可根据用户需求来确定选用有关方案。
3. 本方案在实际应用中可根据需求自行调整。
4. 如果某台柜子不需要计量，则可选用不带计量的设计方案。
5. 接地开关可根据用户需求来确定。
6. 本章每张图中如有分项单元图表，不另行单注图表号，以图表中方案柜号为序。

图 14-40　三工位手动进出线柜

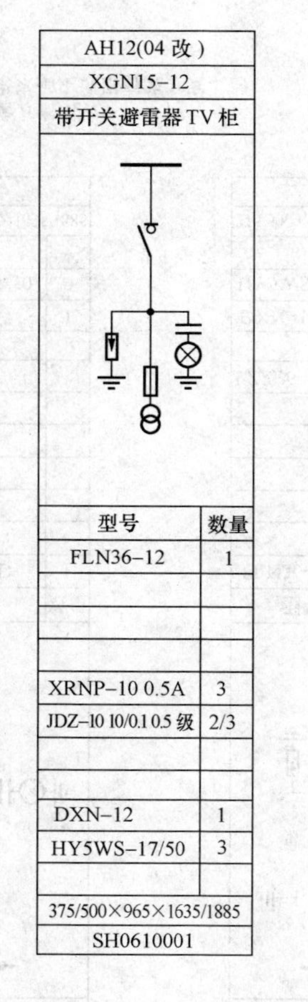

AH11(04 改)	
XGN15-12	
带开关 TV 柜	
型号	数量
FLN36-12	1
XRNP-10 0.5A	3
JDZ-10 10/0.1 0.5 级	2/3
375/500×965×1635/1885	
SH0610001	

AH12(04 改)	
XGN15-12	
带开关避雷器 TV 柜	
型号	数量
FLN36-12	1
XRNP-10 0.5A	3
JDZ-10 10/0.1 0.5 级	2/3
DXN-12	1
HY5WS-17/50	3
375/500×965×1635/1885	
SH0610001	

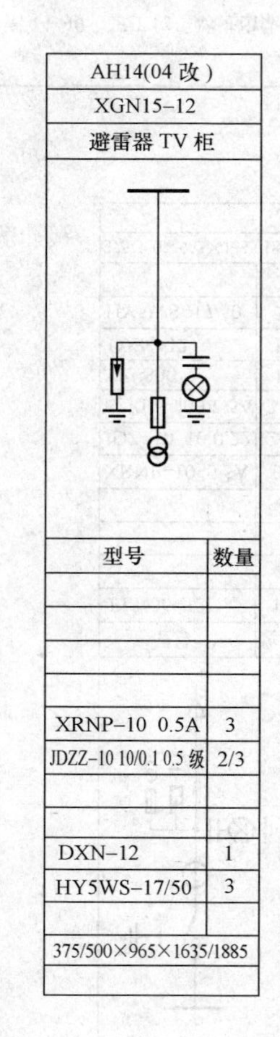

AH13(04 改)	
XGN15-12	
TV 柜	
型号	数量
XRNP-10 0.5A	3
JDZ-10 10/0.1 0.5 级	2/3
DXN-12	1
375/500×965×1635/1885	

AH14(04 改)	
XGN15-12	
避雷器 TV 柜	
型号	数量
XRNP-10 0.5A	3
JDZZ-10 10/0.1 0.5 级	2/3
DXN-12	1
HY5WS-17/50	3
375/500×965×1635/1885	

说明：
1. 一次和二次回路所配置的元件型号、规格、数量详见所选方案图表。
2. 本方案是否配置温控装置或综合保护装置可根据用户需求来确定选用有关方案。
3. 本方案在实际应用中可根据需求自行调整。
4. 如果某台柜子不需要计量，则可选用不带计量的设计方案。
5. 接地开关可根据用户需求来确定。
6. 本章每张图中如有分项单元图表，不另行单注图表号，以图表中方案柜号为序。

图 14-41 带断路器进出线柜

手动出线柜　　　　电动出线柜

方案编号	AH15(05)		AH16(06)		AH17(06 改)		AH18(05 改)		AH19(06 改)		AH20(06 改)	
柜型	XGN15-12		XGN15-12		XGN15-12		XGN15-12		XGN15-12		XGN15-12	
用途	出线柜		出线柜		出线柜		出线柜		出线柜		出线柜	
	型号	数量	型号	数量	型号	数量	型号	数量	型号	数量	型号	数量
	FLRN36-12D	1	FLRN36-12D	1	FLRN36-12D	1	FLRN36-12D	1	FLRN36-12D	1	FLRN36-12	1
	XRNP-10 0.5A	3	XRNT-10 □A	3	XRNT-10 □A	3	XRNP-10 0.5A	3	XRNP-10 0.5A	3	XRNP-10 0.5A	3
			LZZB6-10 □/5A	2/3	LZZB6-10 □/5A	2/3						
					LXBK-Φ120 □/5A	1	LZZB6-10 □/5A	2/3	LZZB6-10 □/5A	2/3	LZZB6-10 □/5A	2/3
			YZ-300	1	YZ-300	1	YZ-300	1	YZ-300	1	YZ-300	1
	DXN-12	1	DXN-12	1	DXN-12	1	DXN-12	1	DXN-12	1	DXN-12	1
					零序继电器 DD-11/60	1					零序继电器 DD-11/60	1
	375/500×965×1635/1885		375/500×965×1635/1885		375/500×965×1635/1885		375/500×965×1635/1885		375/500×965×1635/1885		375/500×965×1635/1885	

说明：
1. 一次和二次回路所配置的元件型号、规格、数量详见所选方案图表。
2. 本方案是否配置温控装置或综合保护装置可根据用户需求来确定选用有关方案。
3. 本方案在实际应用中可根据需求自行调整。
4. 如果某台柜子不需要计量，则可选用不带计量的设计方案。
5. 接地开关可根据用户需求来确定。
6. 本章每张图中如有分项单元图表，不另行单注图表号，以图表中方案柜号为序。

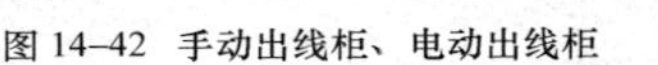
图 14-42　手动出线柜、电动出线柜

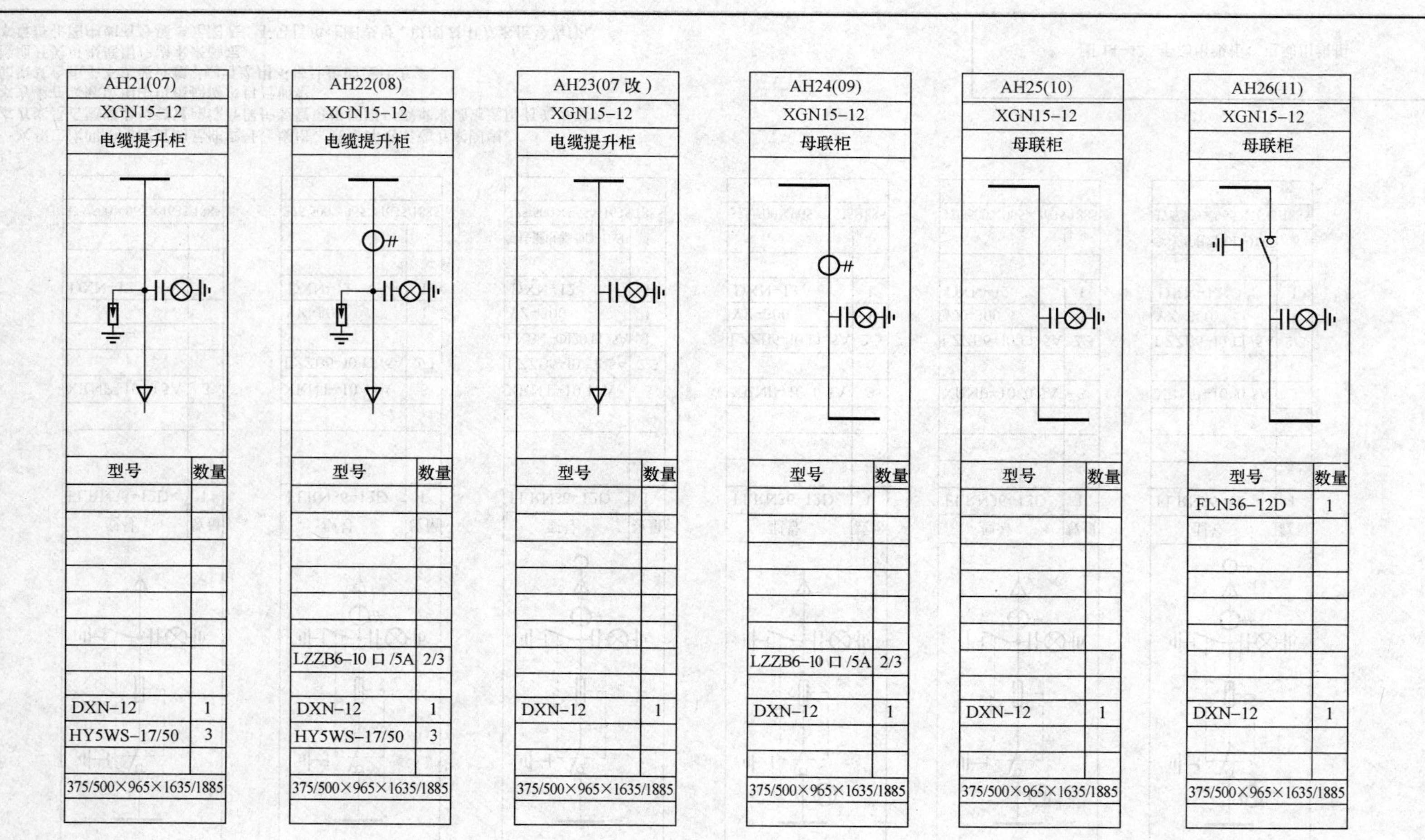

说明：

1. 一次和二次回路所配置的元件型号、规格、数量详见所选方案图表。
2. 本方案是否配置温控装置或综合保护装置可根据用户需求来确定选用有关方案。
3. 本方案在实际应用中可根据需求自行调整。
4. 如果某台柜子不需要计量，则可选用不带计量的设计方案。
5. 接地开关可根据用户需求来确定。
6. 本章每张图中如有分项单元图表，不另行单注图表号，以图表中方案柜号为序。

图 14–43 计量柜

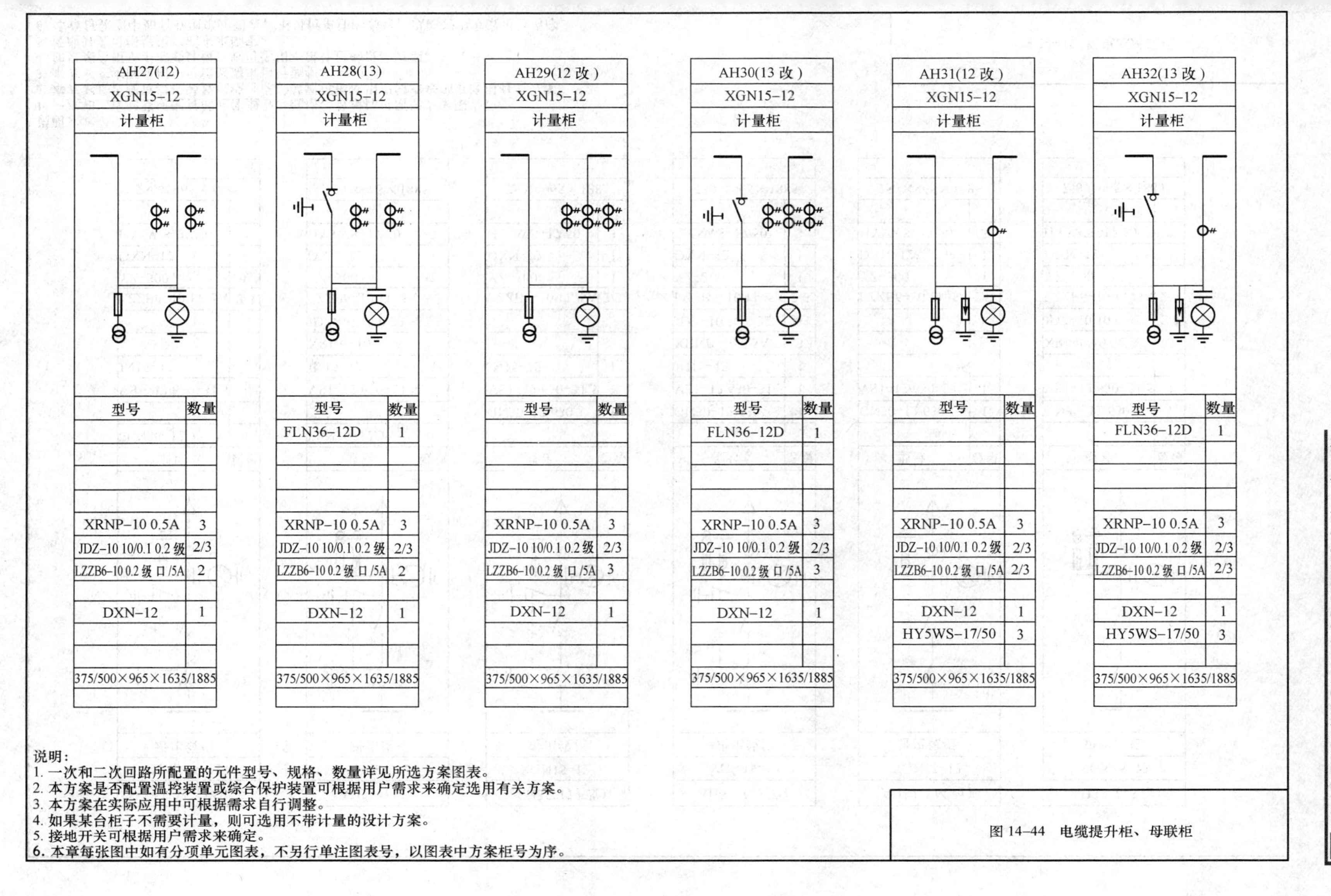

AH27(12)		AH28(13)		AH29(12改)		AH30(13改)		AH31(12改)		AH32(13改)	
XGN15-12		XGN15-12		XGN15-12		XGN15-12		XGN15-12		XGN15-12	
计量柜		计量柜		计量柜		计量柜		计量柜		计量柜	
型号	数量	型号	数量	型号	数量	型号	数量	型号	数量	型号	数量
		FLN36-12D	1			FLN36-12D	1			FLN36-12D	1
XRNP-10 0.5A	3	XRNP-10 0.5A	3	XRNP-10 0.5A	3	XRNP-10 0.5A	3	XRNP-10 0.5A	3	XRNP-10 0.5A	3
JDZ-10 10/0.1 0.2级	2/3	JDZ-10 10/0.1 0.2级	2/3	JDZ-10 10/0.1 0.2级	2/3	JDZ-10 10/0.1 0.2级	2/3	JDZ-10 10/0.1 0.2级	2/3	JDZ-10 10/0.1 0.2级	2/3
LZZB6-10 0.2级 口/5A	2	LZZB6-10 0.2级 口/5A	2	LZZB6-10 0.2级 口/5A	3	LZZB6-10 0.2级 口/5A	3	LZZB6-10 0.2级 口/5A	2/3	LZZB6-10 0.2级 口/5A	2/3
DXN-12	1	DXN-12	1	DXN-12	1	DXN-12	1	DXN-12	1	DXN-12	1
								HY5WS-17/50	3	HY5WS-17/50	3
375/500×965×1635/1885		375/500×965×1635/1885		375/500×965×1635/1885		375/500×965×1635/1885		375/500×965×1635/1885		375/500×965×1635/1885	

说明：
1. 一次和二次回路所配置的元件型号、规格、数量详见所选方案图表。
2. 本方案是否配置温控装置或综合保护装置可根据用户需求来确定选用有关方案。
3. 本方案在实际应用中可根据需求自行调整。
4. 如果某台柜子不需要计量，则可选用不带计量的设计方案。
5. 接地开关可根据用户需求来确定。
6. 本章每张图中如有分项单元图表，不另行单注图表号，以图表中方案柜号为序。

图 14-44 电缆提升柜、母联柜

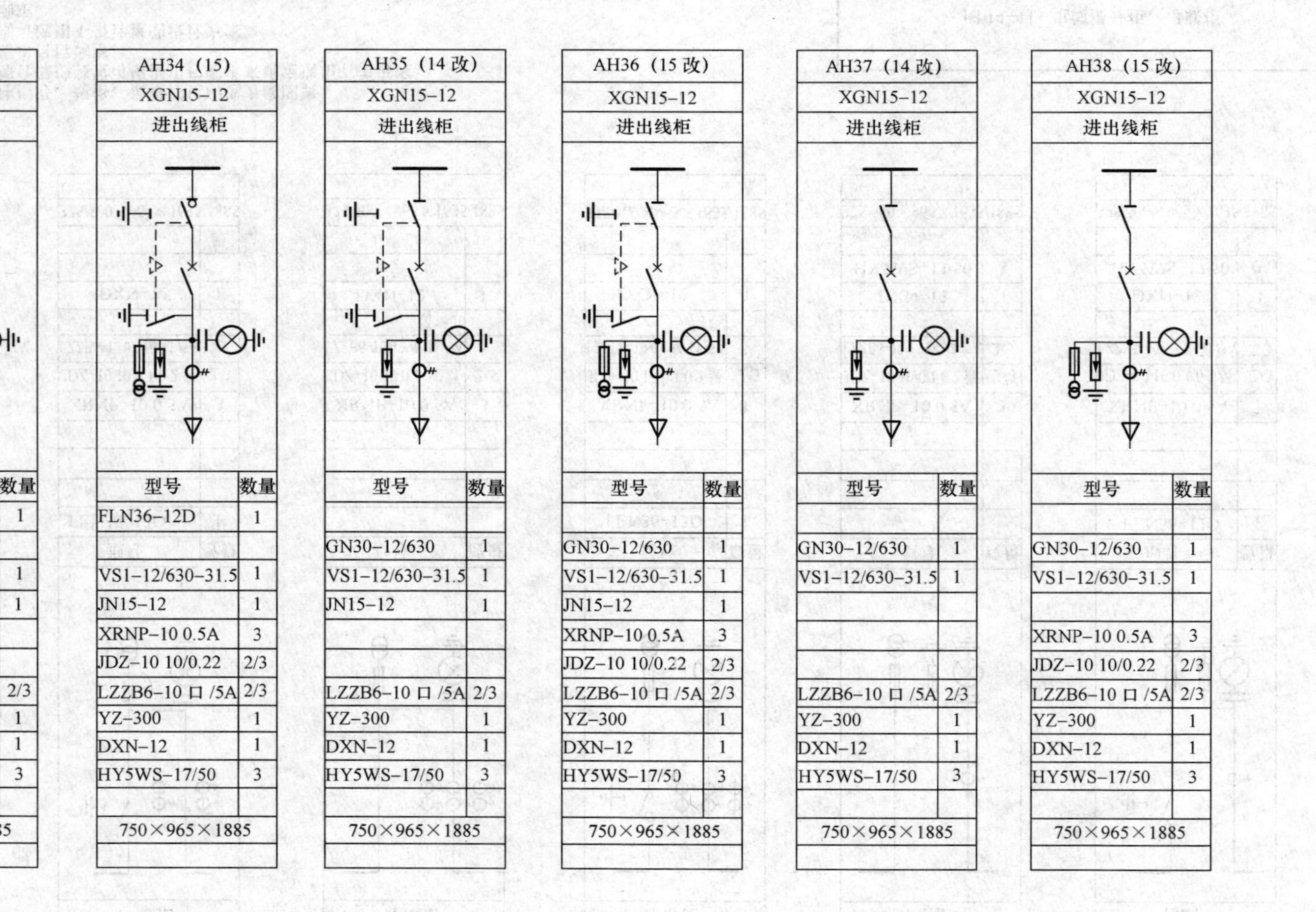

说明：
1. 一次和二次回路所配置的元件型号、规格、数量详见所选方案图表。
2. 本方案是否配置温控装置或综合保护装置可根据用户需求来确定选用有关方案。
3. 本方案在实际应用中可根据需求自行调整。
4. 如果某台柜子不需要计量，则可选用不带计量的设计方案。
5. 接地开关可根据用户需求来确定。
6. 本章每张图中如有分项单元图表，不另行单注图表号，以图表中方案柜号为序。

图 14−45 双电源进线柜

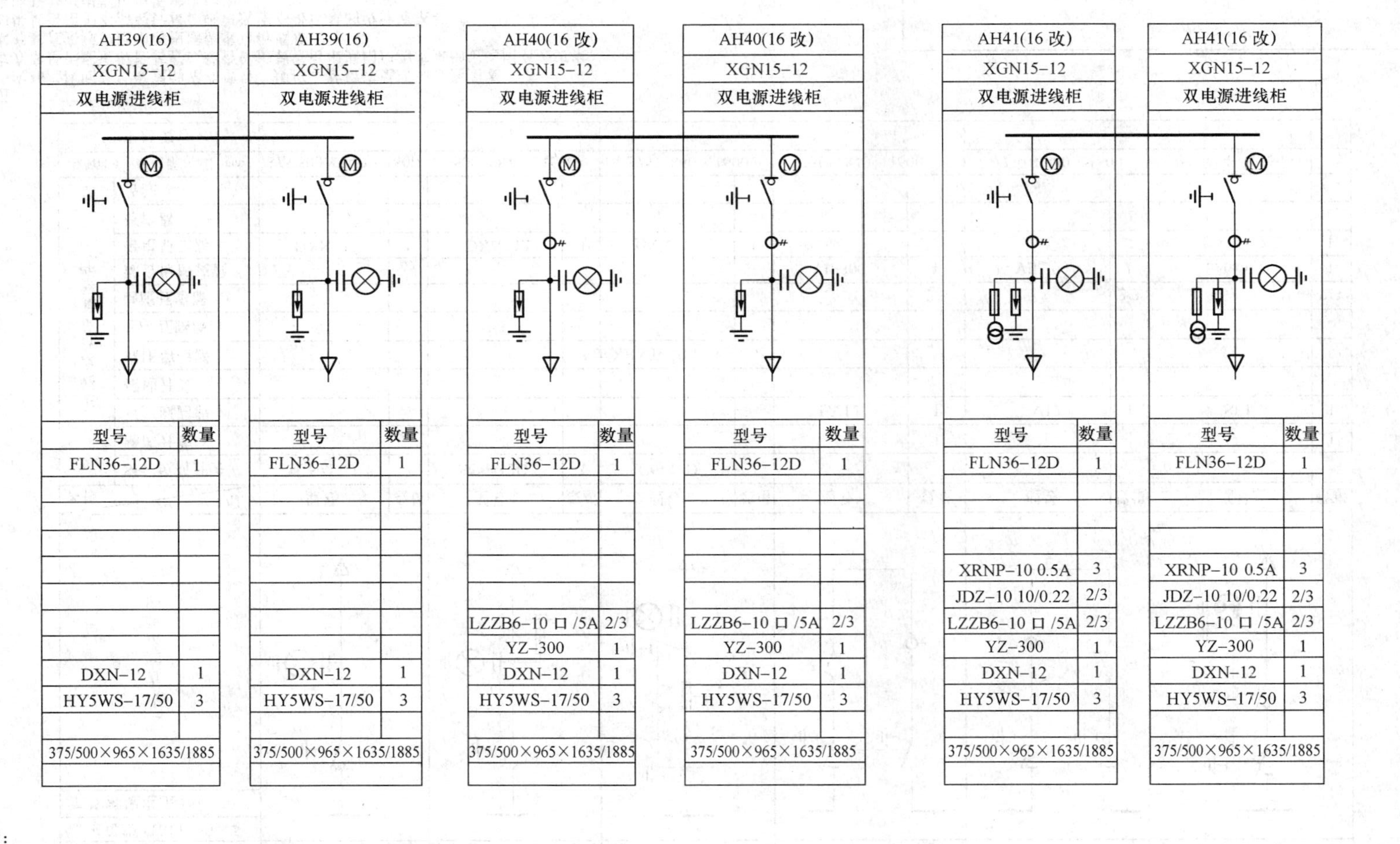

方案	AH39(16)	AH39(16)	AH40(16改)	AH40(16改)	AH41(16改)	AH41(16改)
型号 / 数量	FLN36-12D 1	FLN36-12D 1	FLN36-12D 1	FLN36-12D 1	FLN36-12D 1	FLN36-12D 1
					XRNP-10 0.5A 3	XRNP-10 0.5A 3
					JDZ-10 10/0.22 2/3	JDZ-10 10/0.22 2/3
			LZZB6-10 口 /5A 2/3	LZZB6-10 口 /5A 2/3	LZZB6-10 口 /5A 2/3	LZZB6-10 口 /5A 2/3
			YZ-300 1	YZ-300 1	YZ-300 1	YZ-300 1
	DXN-12 1	DXN-12 1	DXN-12 1	DXN-12 1	DXN-12 1	DXN-12 1
	HY5WS-17/50 3	HY5WS-17/50 3	HY5WS-17/50 3	HY5WS-17/50 3	HY5WS-17/50 3	HY5WS-17/50 3
尺寸	375/500×965×1635/1885	375/500×965×1635/1885	375/500×965×1635/1885	375/500×965×1635/1885	375/500×965×1635/1885	375/500×965×1635/1885

说明：
1. 一次和二次回路所配置的元件型号、规格、数量详见所选方案图表。
2. 本方案是否配置温控装置或综合保护装置可根据用户需求来确定选用有关方案。
3. 本方案在实际应用中可根据需求自行调整。
4. 如果某台柜子不需要计量，则可选用不带计量的设计方案。
5. 接地开关可根据用户需求来确定。
6. 本章每张图中如有分项单元图表，不另行单注图表号，以图表中方案柜号为序。

图 14-46　TV 柜

开关柜编号	IM		IMP		QM		DM2		DM2		DM1A	
开关柜型号	SM6-12		SM6-12		SM6-12		SM6-12		SM6-12		SM6-12	
开关柜用途	进出线柜		带避雷器的进出线柜		开关熔断器组合柜		断路器双侧隔离右出线柜		断路器双侧隔离左出线柜		隔离开关断路器柜	
主母线：TMY-50×5												
二次额定电压：AC220V												
一次方案接线图 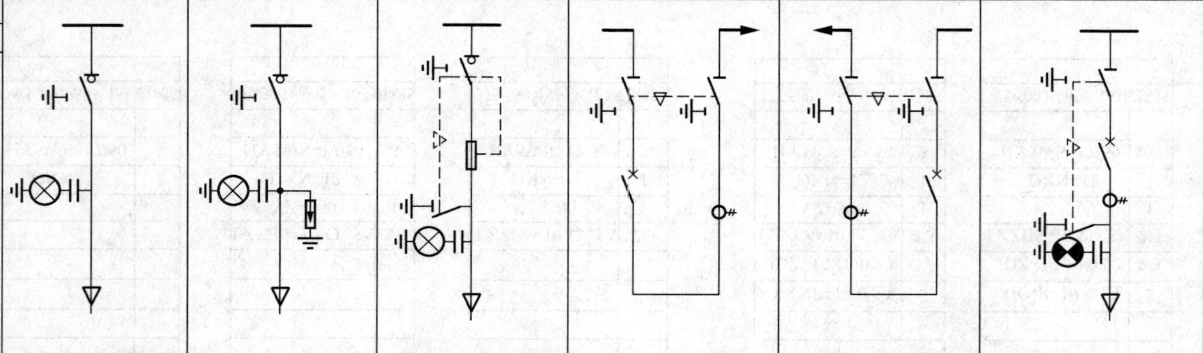												
名称 \ 型号	型号	数量	型号	数量	型号	数量	型号	数量	型号	数量	型号	数量
主要设备及元器件：SF_6 负荷开关	SC6-12D	1	SC6-12D	1	SC6-12D	1						
隔离开关								1		1		1
真空断路器							EV12	1	EV12	1	SF1	1
接地开关												
高压熔断器					XRNT-10 口 A	3						
电压互感器												
电流互感器								2/3		2/3		2/3
综合保护装置							VIP300	1	VIP300	1	Sapam	1
带电显示器	DXN-12	1	DXN-12	1	DXN-12	1					DXN-12	1
避雷器												
备注												
安装尺寸（宽×深×高）/mm	375/500×840×1600		500×840×1600		375×840×1600		750×840×1600		750×840×1600		750×840×1600	
出厂编号												

说明：
1. 一次和二次回路所配置的元件型号、规格、数量详见所选方案图表。
2. 本方案是否配置温控装置或综合保护装置可根据用户需求来确定选用有关方案。
3. 本方案在实际应用中可根据需求自行调整。
4. 如果某台柜子不需要计量，则可选用不带计量的设计方案。
5. 接地开关可根据用户需求来确定。
6. 本章每张图中如有分项单元图表，不另行单注图表号，以图表中方案柜号为序。

图 14-47 进口原装施耐德 MG-SM6 模块(一)

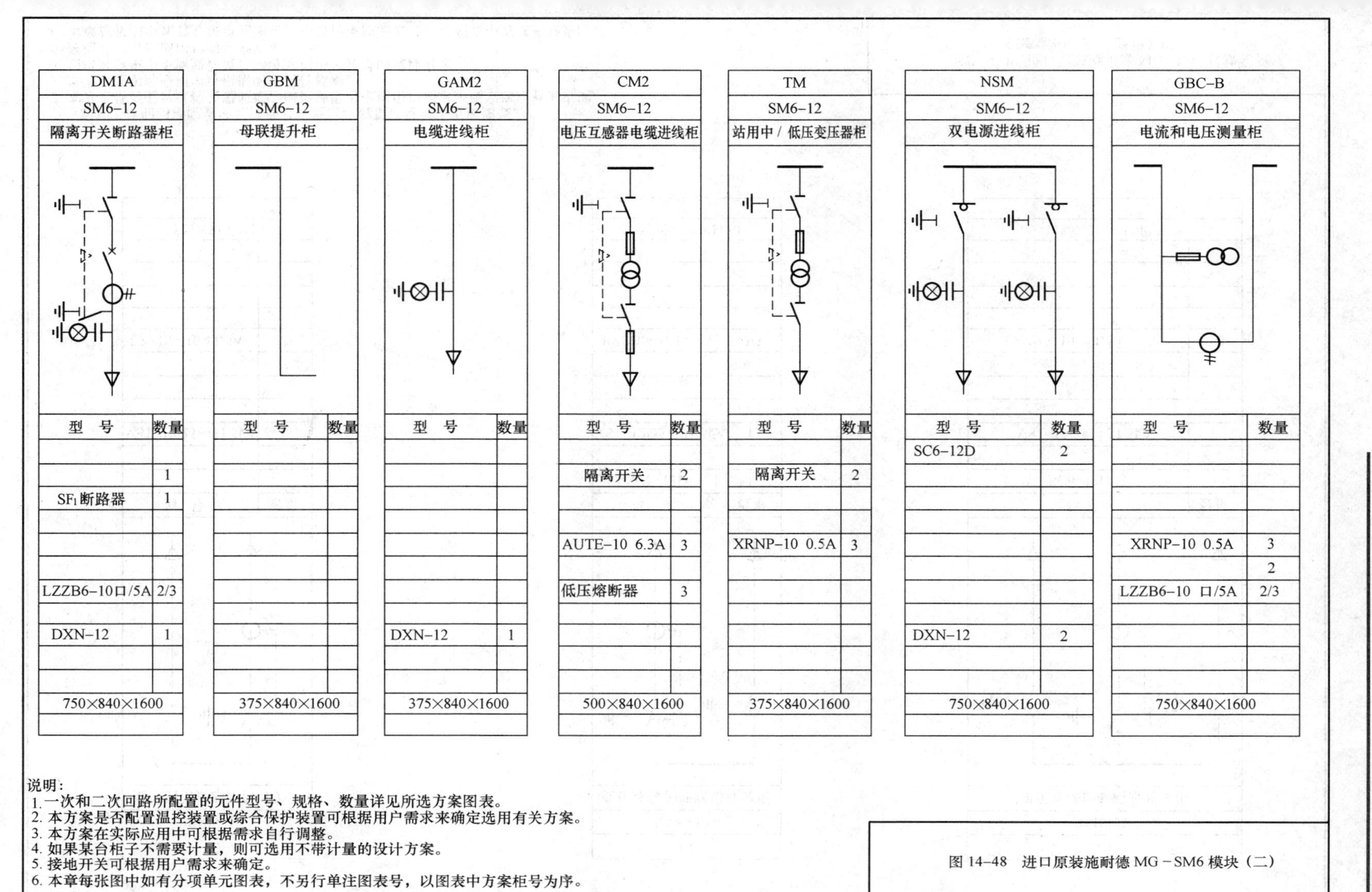

说明：
1. 一次和二次回路所配置的元件型号、规格、数量详见所选方案图表。
2. 本方案是否配置温控装置或综合保护装置可根据用户需求来确定选用有关方案。
3. 本方案在实际应用中可根据需求自行调整。
4. 如果某台柜子不需要计量，则可选用不带计量的设计方案。
5. 接地开关可根据用户需求来确定。
6. 本章每张图中如有分项单元图表，不另行单注图表号，以图表中方案柜号为序。

图 14–48 进口原装施耐德 MG－SM6 模块（二）

D	
RM6-12	
变压器保护断路器开关柜	
型　号	数量
VS1-12/25～31.5kA	1
LZZB6-10 口/5A	2/3
527×710×1140	

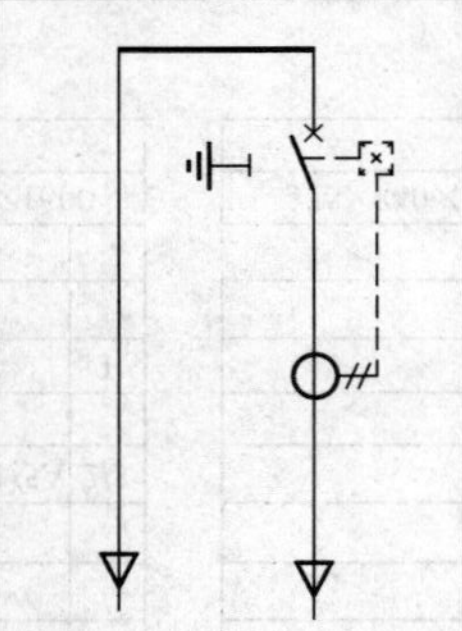

DI	
RM6-12	
变压器保护断路器开关柜	
型　号	数量
SC6-12D	1
VS1-12/25～31.5kA	1
LZZB6-10 口/5A	2/3
829×710×1140	

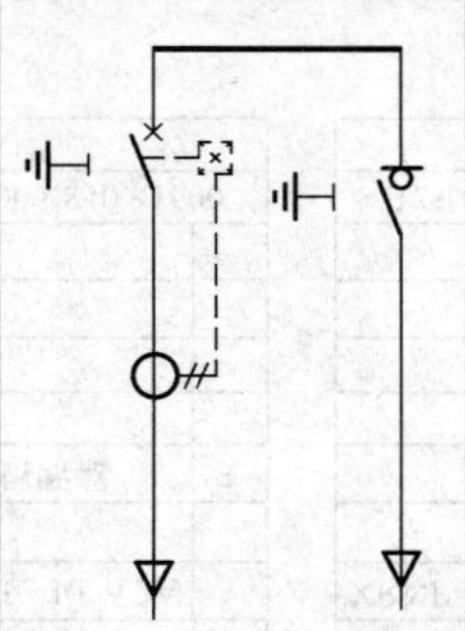

IDI	
RM6-12	
变压器保护断路器开关柜	
型　号	数量
SC6-12D	2
VS1-12/25～31.5kA	1
LZZB6-10　口/5A	2/3
1186×710×1140	

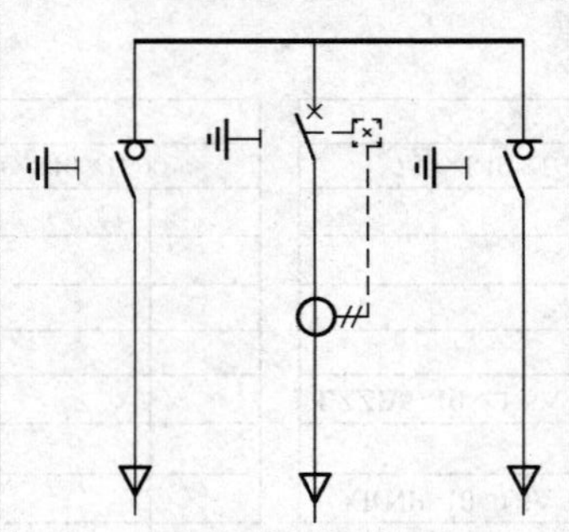

说明：
1. 一次和二次回路所配置的元件型号、规格、数量详见所选方案图表。
2. 本方案是否配置温控装置或综合保护装置可根据用户需求来确定选用有关方案。
3. 本方案在实际应用中可根据需求自行调整。
4. 如果某台柜子不需要计量，则可选用不带计量的设计方案。
5. 接地开关可根据用户需求来确定。
6. 本章每张图中如有分项单元图表，不另行单注图表号，以图表中方案柜号为序。

图 14-49　进口原装施耐德 MG-RM6 模块变压器保护、断路器开关柜（一）

IIDI	
RM6–12	
变压器保护断路器开关柜	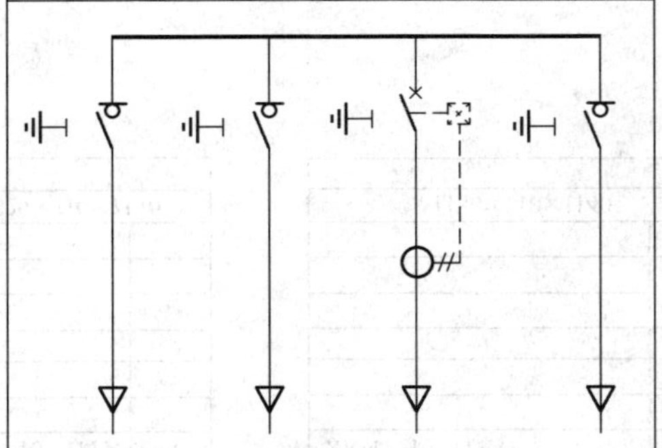
型　号	数量
SC6–12D	3
VS1–12/25～31.kA	1
LZZB6–10　口 /5A	2/3
1619×710×1140	

DIDI	
RM6–12	
变压器保护断路器开关柜	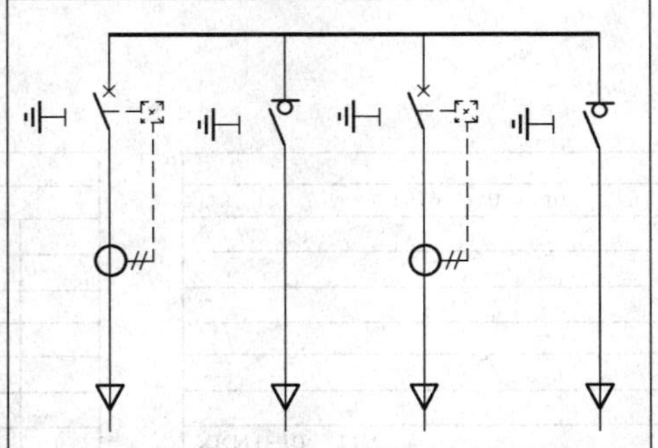
型　号	数量
SC6–12D	2
VS1–12/25～31.5kA	2
LZZB6–10　口/5A	4/6
1619×710×1140	

说明：
1. 一次和二次回路所配置的元件型号、规格、数量详见所选方案图表。
2. 本方案是否配置温控装置或综合保护装置可根据用户需求来确定选用有关方案。
3. 本方案在实际应用中可根据需求自行调整。
4. 如果某台柜子不需要计量，则可选用不带计量的设计方案。
5. 接地开关可根据用户需求来确定。
6. 本章每张图中如有分项单元图表，不另行单注图表号，以图表中方案柜号为序。

图 14–50　进口原装施耐德 MG–RM6 模块变压器保护、断路器开关柜(二)

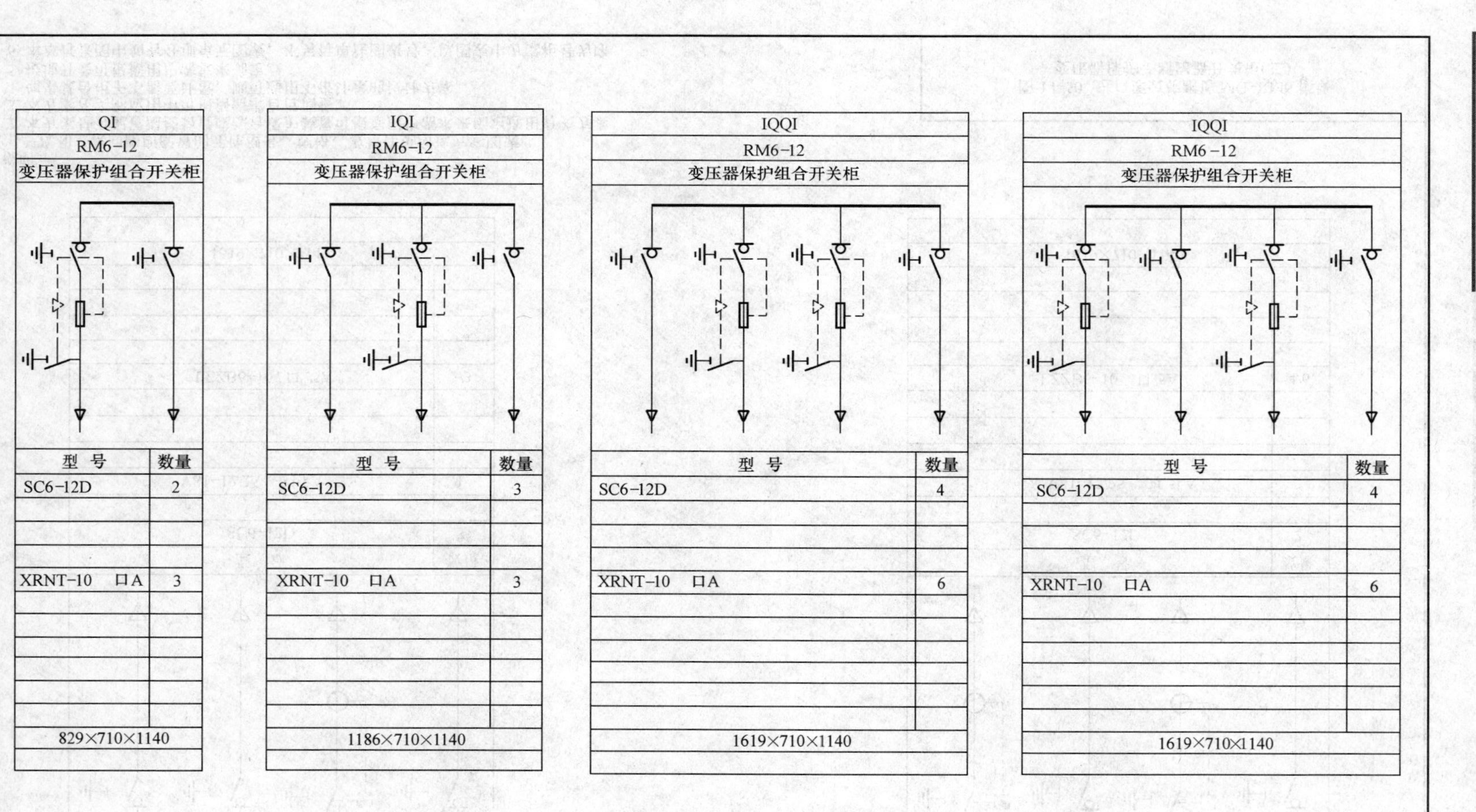

说明：

1. 一次和二次回路所配置的元件型号、规格、数量详见所选方案图表。
2. 本方案是否配置温控装置或综合保护装置可根据用户需求来确定选用有关方案。
3. 本方案在实际应用中可根据需求自行调整。
4. 如果某台柜子不需要计量，则可选用不带计量的设计方案。
5. 接地开关可根据用户需求来确定。
6. 本章每张图中如有分项单元图表，不另行单注图表号，以图表中方案柜号为序。

图 14-51 进口原装施耐德MG-RM6 模块变压器保护组合开关柜

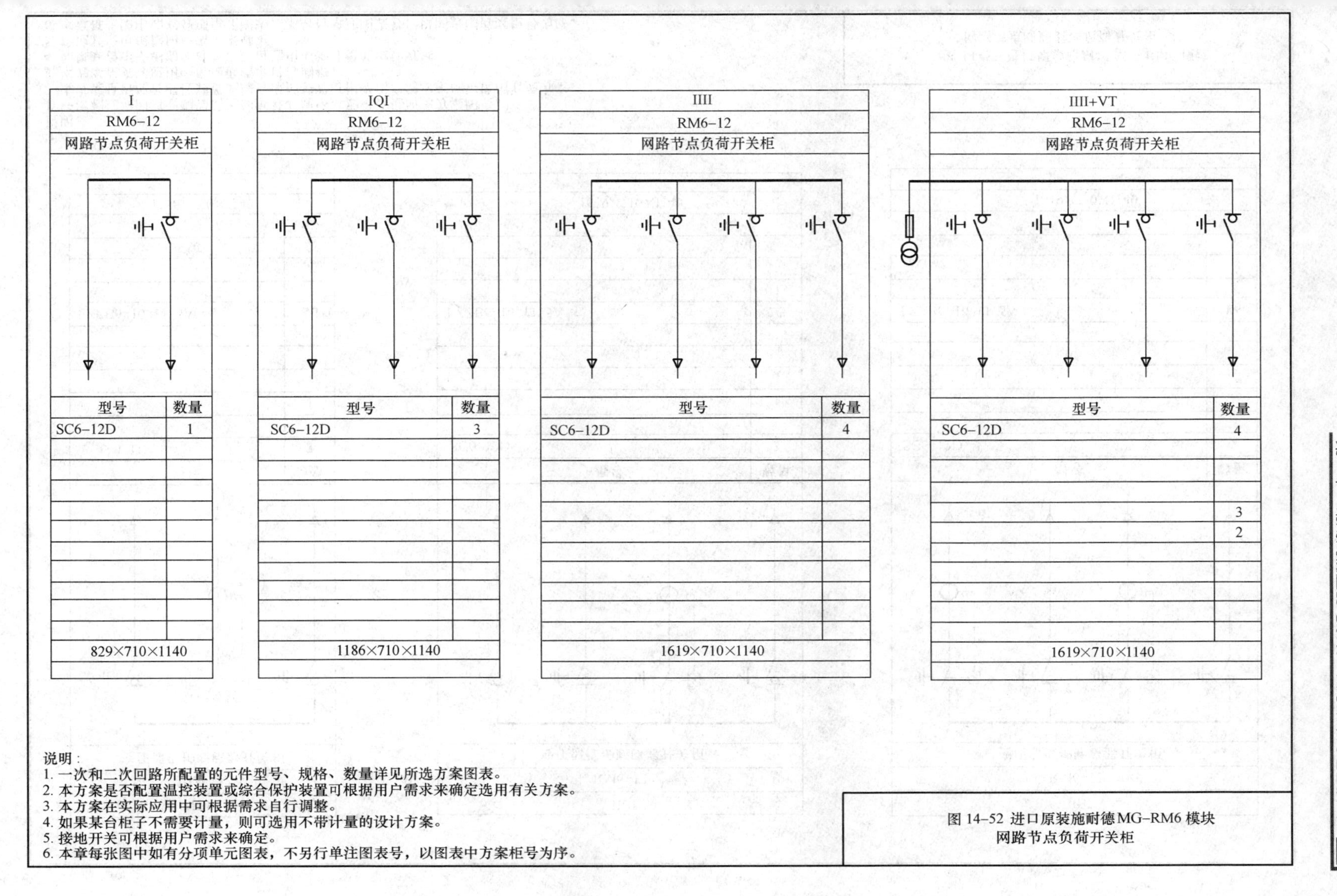

说明：
1. 一次和二次回路所配置的元件型号、规格、数量详见所选方案图表。
2. 本方案是否配置温控装置或综合保护装置可根据用户需求来确定选用有关方案。
3. 本方案在实际应用中可根据需求自行调整。
4. 如果某台柜子不需要计量，则可选用不带计量的设计方案。
5. 接地开关可根据用户需求来确定。
6. 本章每张图中如有分项单元图表，不另行单注图表号，以图表中方案柜号为序。

图 14-52 进口原装施耐德MG-RM6 模块网路节点负荷开关柜

IBI	
RM6-12	
变压器保护断路器开关柜	
型号	数量
SC6-12D	2
	1
LZZB6-10 口 /5A	2/3
	1
1186×710×1140	

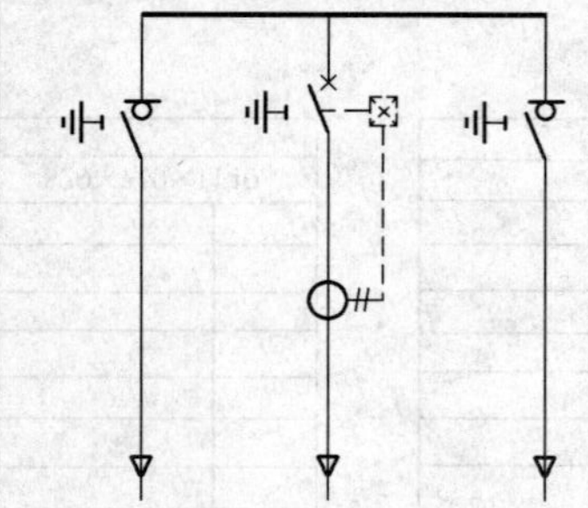

IIBI	
RM6-12	
变压器保护断路器开关柜	
型号	数量
SC6-12D	3
	1
LZZB6-10 口 /5A	2/3
	1
1619×710×1140	

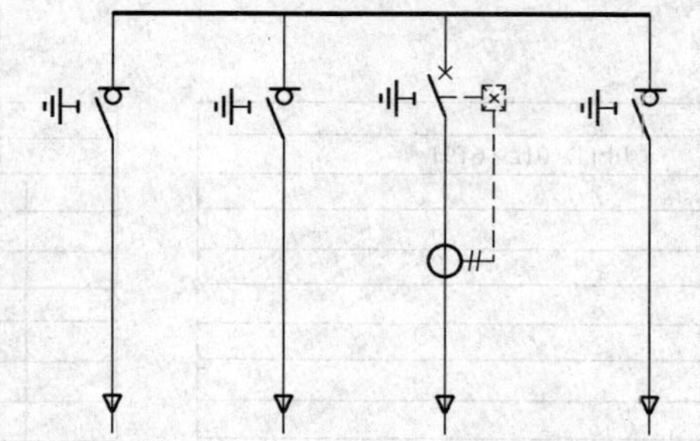

BIBI	
RM6-12	
变压器保护断路器开关柜	
型号	数量
SC6-12D	2
	2
LZZB6-10 口 /5A	4/6
	2
1619×710×1140	

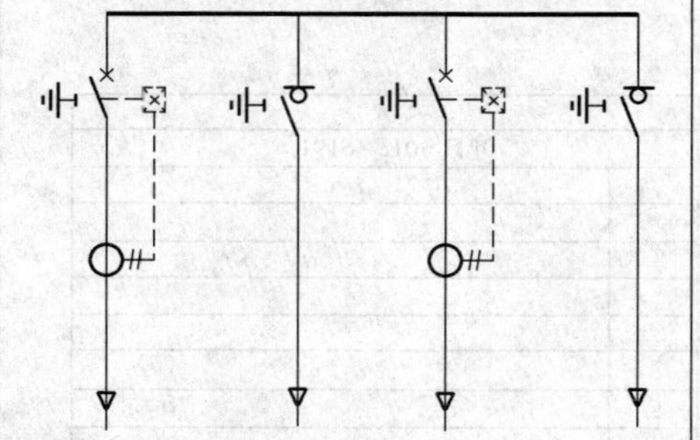

说明：
1. 一次和二次回路所配置的元件型号、规格、数量详见所选方案图表。
2. 本方案是否配置温控装置或综合保护装置可根据用户需求来确定选用有关方案。
3. 本方案在实际应用中可根据需求自行调整。
4. 如果某台柜子不需要计量，则可选用不带计量的设计方案。
5. 接地开关可根据用户需求来确定。
6. 本章每张图中如有分项单元图表，不另行单注图表号，以图表中方案柜号为序。

图 14-53 进口原装施耐德 MC-RM6 模块网路节点断路器、负荷开关柜

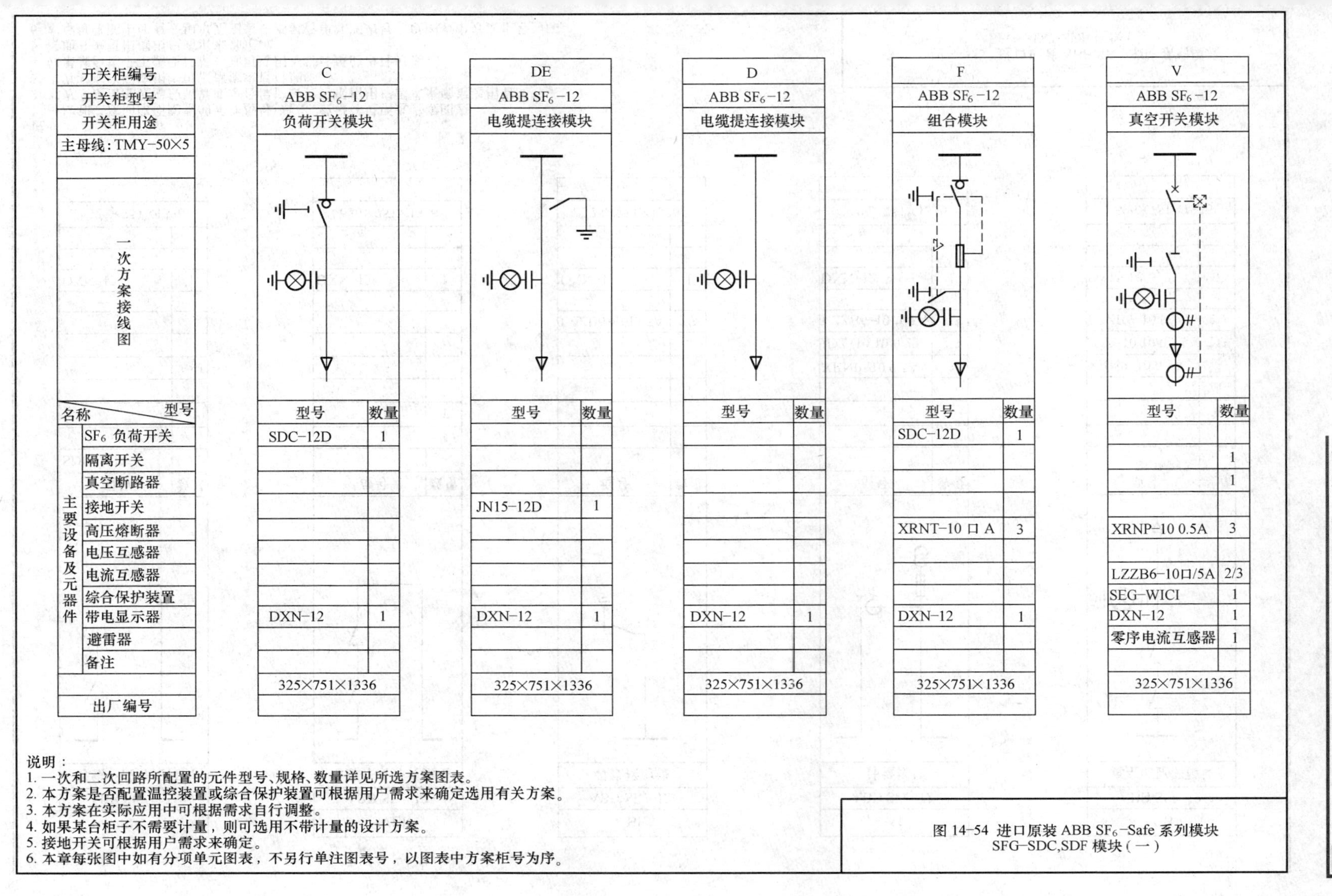

开关柜编号	C		DE		D		F		V	
开关柜型号	ABB SF_6-12		ABB SF_6-12		ABB SF_6-12		ABB SF_6-12		ABB SF_6-12	
开关柜用途	负荷开关模块		电缆提连接模块		电缆提连接模块		组合模块		真空开关模块	
主母线：TMY-50×5										
一次方案接线图										
名称 \ 型号	型号	数量	型号	数量	型号	数量	型号	数量	型号	数量
主要设备及元器件：SF_6 负荷开关	SDC-12D	1					SDC-12D	1		
隔离开关										1
真空断路器										1
接地开关			JN15-12D	1						
高压熔断器							XRNT-10 口 A	3	XRNP-10 0.5A	3
电压互感器										
电流互感器									LZZB6-10口/5A	2/3
综合保护装置									SEG-WICI	1
带电显示器	DXN-12	1	DXN-12	1	DXN-12	1	DXN-12	1	DXN-12	1
避雷器									零序电流互感器	1
备注										
	325×751×1336		325×751×1336		325×751×1336		325×751×1336		325×751×1336	
出厂编号										

说明：

1. 一次和二次回路所配置的元件型号、规格、数量详见所选方案图表。
2. 本方案是否配置温控装置或综合保护装置可根据用户需求来确定选用有关方案。
3. 本方案在实际应用中可根据需求自行调整。
4. 如果某台柜子不需要计量，则可选用不带计量的设计方案。
5. 接地开关可根据用户需求来确定。
6. 本章每张图中如有分项单元图表，不另行单注图表号，以图表中方案柜号为序。

图 14-54 进口原装 ABB SF_6-Safe 系列模块 SFG-SDC,SDF 模块（一）

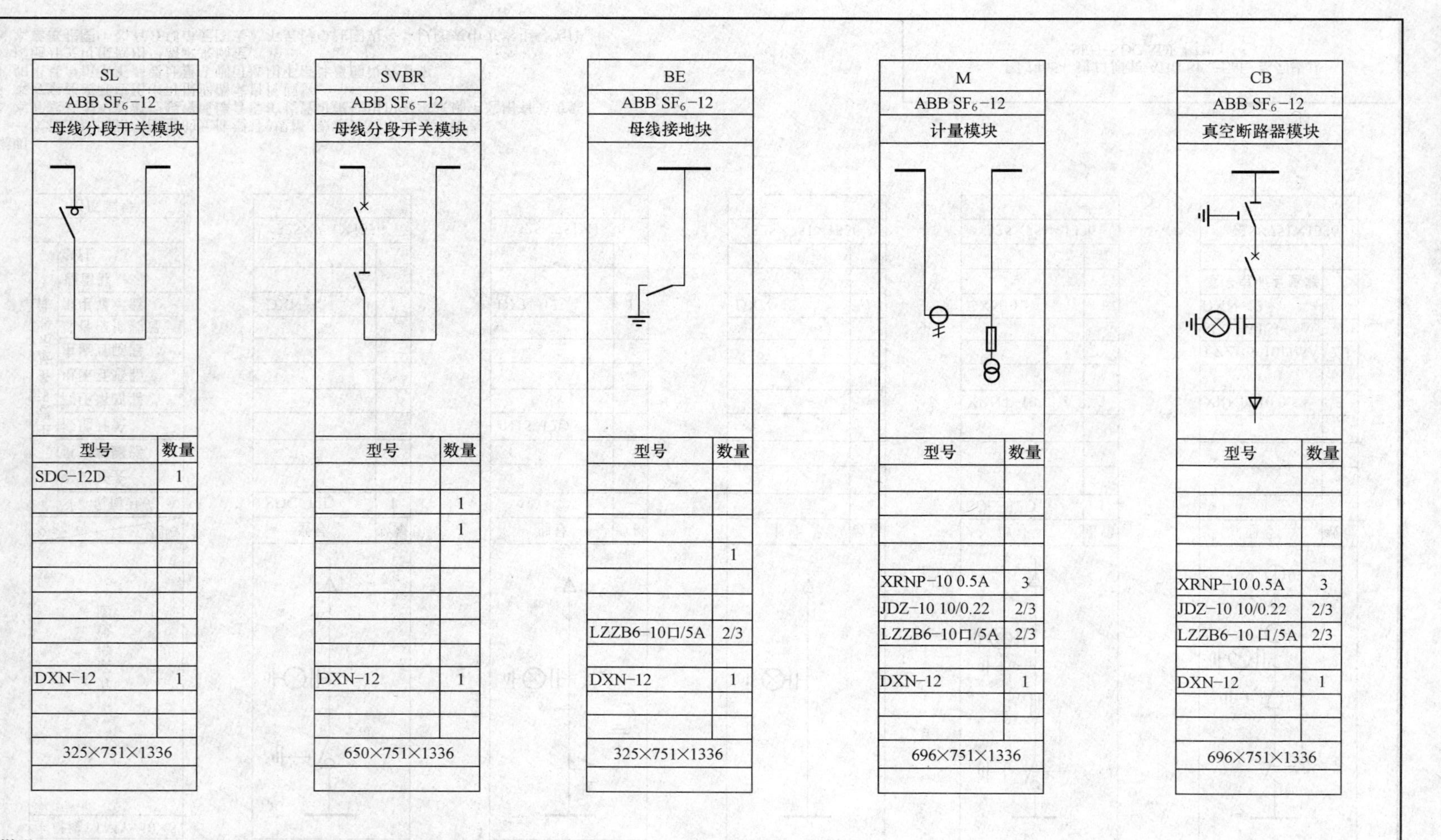

SL 型号	数量	SVBR 型号	数量	BE 型号	数量	M 型号	数量	CB 型号	数量
SDC-12D	1								
			1						
			1						
					1				
						XRNP-10 0.5A	3	XRNP-10 0.5A	3
						JDZ-10 10/0.22	2/3	JDZ-10 10/0.22	2/3
				LZZB6-10口/5A	2/3	LZZB6-10口/5A	2/3	LZZB6-10口/5A	2/3
DXN-12	1	DXN-12	1	DXN-12	1	DXN-12	1	DXN-12	1
325×751×1336		650×751×1336		325×751×1336		696×751×1336		696×751×1336	

说明：
1. 一次和二次回路所配置的元件型号、规格、数量详见所选方案图表。
2. 本方案是否配置温控装置或综合保护装置可根据用户需求来确定选用有关方案。
3. 本方案在实际应用中可根据需求自行调整。
4. 如果某台柜子不需要计量，则可选用不带计量的设计方案。
5. 接地开关可根据用户需求来确定。
6. 本章每张图中如有分项单元图表，不另行单注图表号，以图表中方案柜号为序。

图 14-55　进口原装 ABB SF_6-Safe 系列模块 SFG-SDC, SDF 模块（二）

CFFC

C		F		F		C	
ABB SF_6−12		ABB SF_6−12		ABB SF_6−12		ABB SF_6−12	
负荷开关模块		组合模块		组合模块		负荷开关模块	
型号	数量	型号	数量	型号	数量	型号	数量
SDC−12D	1	SDC−12D	1	SDC−12D	1	SDC−12D	1
		XRNT−10 □A	3	XRNT−10 □A	3		
DXN−12	1	DXN−12	1	DXN−12	1	DXN−12	1
325×751×1336		325×751×1336		325×751×1336		325×751×1336	

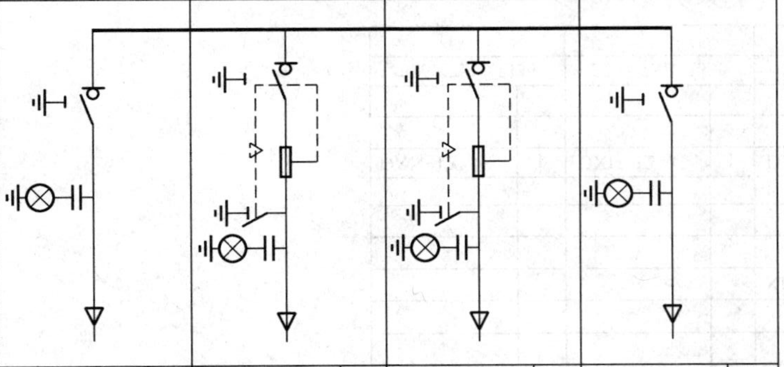

CCCC

C		C		C		C	
ABB SF_6−12		ABB SF_6−12		ABB SF_6−12		ABB SF_6−12	
负荷开关模块		负荷开关模块		负荷开关模块		负荷开关模块	
型号	数量	型号	数量	型号	数量	型号	数量
SDC−12D	1	SDC−12D	1	SDC−12D	1	SDC−12D	1
DXN−12	1	DXN−12	1	DXN−12	1	DXN−12	1
325×751×1336		325×751×1336		325×751×1336		325×751×1336	

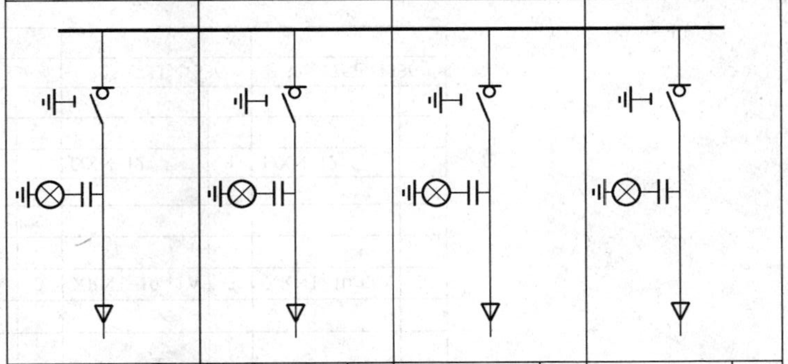

说明：

1. 一次和二次回路所配置的元件型号、规格、数量详见所选方案图表。
2. 本方案是否配置温控装置或综合保护装置可根据用户需求来确定选用有关方案。
3. 本方案在实际应用中可根据需求自行调整。
4. 如果某台柜子不需要计量，则可选用不带计量的设计方案。
5. 接地开关可根据用户需求来确定。
6. 本章每张图中如有分项单元图表，不另行单注图表号，以图表中方案柜号为序。

图 14−56　进口原装 ABB SF_6−Safe 系列模块 SFG−SDC, SDF 模块（三）

CCFFF									
C		C		F		F		F	
ABB SF_6-12		ABB SF_6-12		ABB SF_6-12		ABB SF_6-12		ABB SF_6-12	
负荷开关模块		负荷开关模块		组合模块		组合模块		组合模块	
型号	数量	型号	数量	型号	数量	型号	数量	型号	数量
SDC-12D	1	SDC-12D	1	SDC-12D	1	SDC-12D	1	SDC-12D	1
				XRNT-10 □A	3	XRNT-10 □A	3	XRNT-10 □A	3
DXN-12	1	DXN-12	1	DXN-12	1	DXN-12	1	DXN-12	1
325×751×1336		325×751×1336		325×751×1336		325×751×1336		325×751×1336	

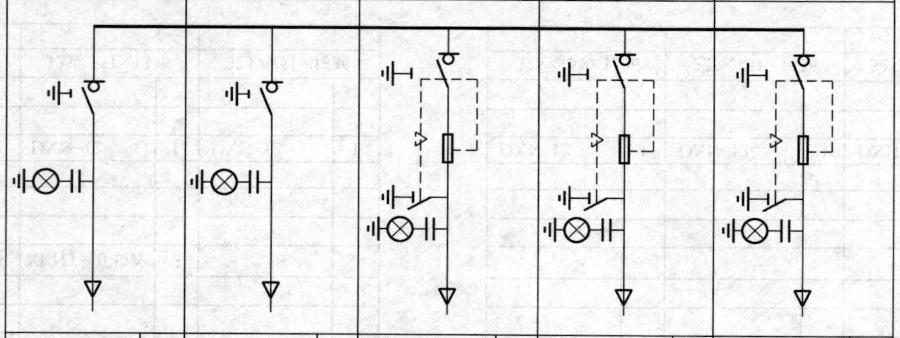

说明：
1. 一次和二次回路所配置的元件型号、规格、数量详见所选方案图表。
2. 本方案是否配置温控装置或综合保护装置可根据用户需求来确定选用有关方案。
3. 本方案在实际应用中可根据需求自行调整。
4. 如果某台柜子不需要计量，则可选用不带计量的设计方案。
5. 接地开关可根据用户需求来确定。
6. 本章每张图中如有分项单元图表，不另行单注图表号，以图表中方案柜号为序。

图 14-57 进口原装 ABB SF_6-Safe 系列模块 SFG-SDC, SDF 模块（四）

(5) 进口原装 ABB SF_6-Safe 系列模块（五）见图 14-58。
(6) 进口原装 ABB SF_6-Safe 系列模块（六）见图 14-59。
(7) 进口原装 ABB SF_6-Safe 系列模块（七）见图 14-60。
(8) 进口原装 ABB SF_6-Safe 系列模块（八）见图 14-61。
(9) 进口原装 ABB SF_6-Safe 系列模块（九）见图 14-62。
(10) 进口原装 ABB SF_6-Safe 系列模块（十）见图 14-63。
(11) 进口原装 ABB SF_6-Safe 系列模块（十一）见图 14-64。

5. 计量柜安装平面布置图和仪表门平面布置图（见图 14-65）

第 3 节 高压部分（HXGN1-12 系列）环网柜

(1) 一次方案组合原理接线图（一）见图 14-66。
(2) 一次方案组合原理接线图（二）见图 14-67。
(3) 一次方案组合原理接线图（三）见图 14-68。
(4) 一次方案组合原理接线图（四）见图 14-69。
(5) 一次方案组合原理接线图（五）见图 14-70。
(6) 一次方案组合原理接线图（六）见图 14-71。

第 4 节 低压部分（配电和电控柜）

1. 低压配电系统一次方案组合模块（抽屉式）

(1) 抽屉式配电柜一次方案原理接线图（一）见图 14-72。
(2) 抽屉式配电柜一次方案原理接线图（二）见图 14-73。
(3) 抽屉式配电柜一次方案原理接线图（三）见图 14-74。

2. 低压配电系统一次方案组合模块（固定式）

(1) 固定式配电柜一次方案原理接线图（一）见图 14-75。
(2) 固定式配电柜一次方案原理接线图（二）见图 14-76。
(3) 固定式配电柜一次方案原理接线图（三）见图 14-77。
(4) 固定式配电柜一次方案原理接线图（四）见图 14-78。
(5) 固定式配电柜一次方案原理接线图（五）见图 14-79。

CCVV

C		C		V		V	
ABB SF_6–12		ABB SF_6–12		ABB SF_6–12		ABB SF_6–12	
负荷开关模块		负荷开关模块		真空开关模块		真空开关模块	
型号	数量	型号	数量	型号	数量	型号	数量
SDC–12D	1	SDC–12D	1				
				XRNP–10 0.5A	3	XRNP–10 0.5A	3
				LZZB6–10□/5A	2/3	LZZB6–10□/5A	2/3
				SEG–WICI	1	SEG–WICI	1
DXN–12	1	DXN–12	1	DXN–12	1	DXN–12	1
				零序电流互感器	1	零序电流互感器	1
325×751×1336		325×751×1336		325×751×1336		325×751×1336	

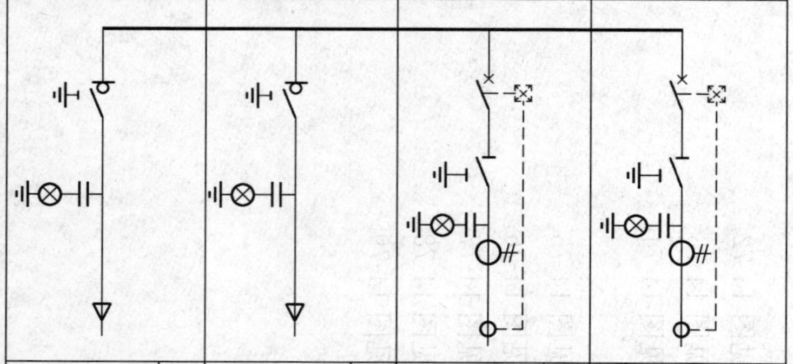

CCFF

C		C		F		F	
ABB SF_6–12		ABB SF_6–12		ABB SF_6–12		ABB SF_6–12	
负荷开关模块		负荷开关模块		组合模块		组合模块	
型号	数量	型号	数量	型号	数量	型号	数量
SDC–12D	1	SDC–12D	1	SDC–12D	1	SDC–12D	1
				XRNT–10 □A	3	XRNT–10 □A	3
DXN–12	1	DXN–12	1	DXN–12	1	DXN–12	1
325×751×1336		325×751×1336		325×751×1336		325×751×1336	

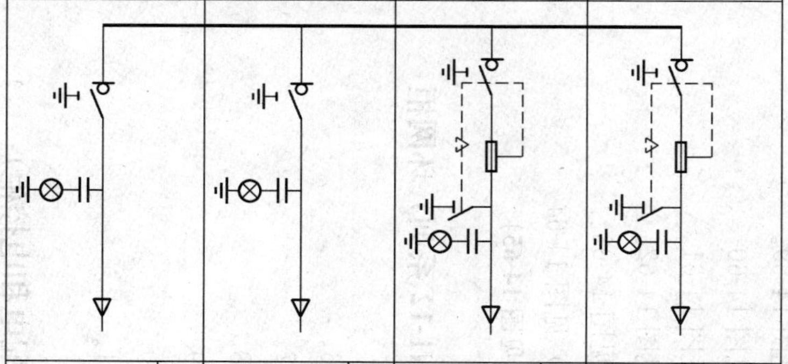

说明：
1. 一次和二次回路所配置的元件型号、规格、数量详见所选方案图表。
2. 本方案是否配置温控装置或综合保护装置可根据用户需求来确定选用有关方案。
3. 本方案在实际应用中可根据需求自行调整。
4. 如果某台柜子不需要计量，则可选用不带计量的设计方案。
5. 接地开关可根据用户需求来确定。
6. 本章每张图中如有分项单元图表，不另行单注图表号，以图表中方案柜号为序。

图 14–58 进口原装 ABB SF_6–Safe 系列模块 SFG–SDC, SDF 模块（五）

CCCFF

C		C		C		F		F	
ABB SF_6−12		ABB SF_6−12		ABB SF_6−12		ABB SF_6−12		ABB SF_6−12	
负荷开关模块		负荷开关模块		负荷开关模块		组合模块		组合模块	
型号	数量	型号	数量	型号	数量	型号	数量	型号	数量
SDC−12D	1	SDC−12D	1	SDC−12D	1	SDC−12D	1	SDC−12D	1
						XRNT−10 口 A	3	XRNT−10 口 A	3
DXN−12	1	DXN−12	1	DXN−12	1	DXN−12	1	DXN−12	1
325×751×1336		325×751×1336		325×751×1336		325×751×1336		325×751×1336	

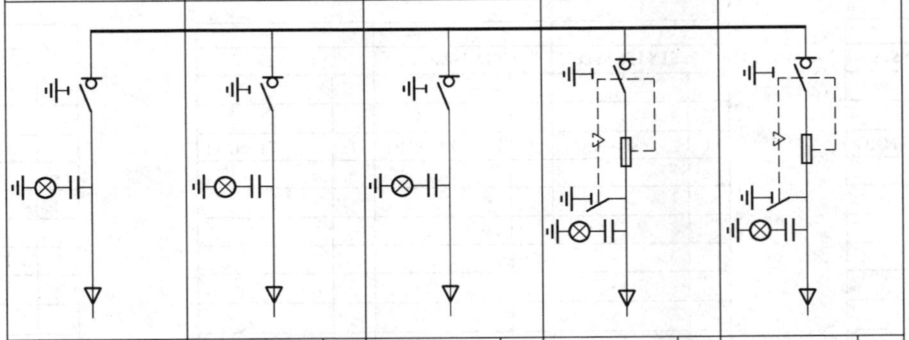

说明：
1. 一次和二次回路所配置的元件型号、规格、数量详见所选方案图表。
2. 本方案是否配置温控装置或综合保护装置可根据用户需求来确定选用有关方案。
3. 本方案在实际应用中可根据需求自行调整。
4. 如果某台柜子不需要计量，则可选用不带计量的设计方案。
5. 接地开关可根据用户需求来确定。
6. 本章每张图中如有分项单元图表，不另行单注图表号，以图表中方案柜号为序。

图 14−59 进口原装 ABB SF_6−Safe 系列模块 SFG−SDC, SDF 模块（六）

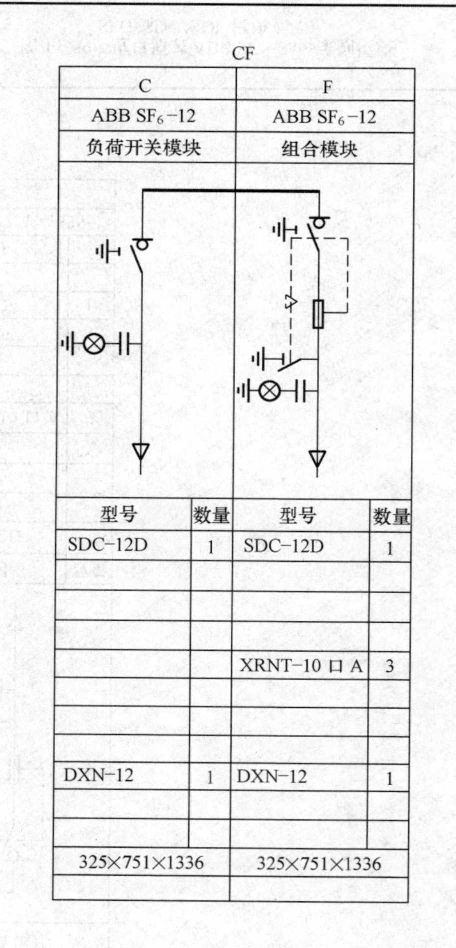

DF

D ABB SF_6-12 电缆提连接模块		F ABB SF_6-12 组合模块	
型号	数量	型号	数量
		SDC-12D	1
		XRNT-10 口 A	3
DXN-12	1	DXN-12	1
325×751×1336		325×751×1336	

CCC

C ABB SF_6-12 负荷开关模块		C ABB SF_6-12 负荷开关模块		C ABB SF_6-12 负荷开关模块	
型号	数量	型号	数量	型号	数量
SDC-12D	1	SDC-12D	1	SDC-12D	1
DXN-12	1	DXN-12	1	DXN-12	1
325×751×1336		325×751×1336		325×751×1336	

CF

C ABB SF_6-12 负荷开关模块		F ABB SF_6-12 组合模块	
型号	数量	型号	数量
SDC-12D	1	SDC-12D	1
		XRNT-10 口 A	3
DXN-12	1	DXN-12	1
325×751×1336		325×751×1336	

说明：

1. 一次和二次回路所配置的元件型号、规格、数量详见所选方案图表。
2. 本方案是否配置温控装置或综合保护装置可根据用户需求来确定选用有关方案。
3. 本方案在实际应用中可根据需求自行调整。
4. 如果某台柜子不需要计量，则可选用不带计量的设计方案。
5. 接地开关可根据用户需求来确定。
6. 本章每张图中如有分项单元图表，不另行单注图表号，以图表中方案柜号为序。

图 14-60 进口原装 ABB SF_6-Safe 系列模块 SFG-SDC, SDF 模块（七）

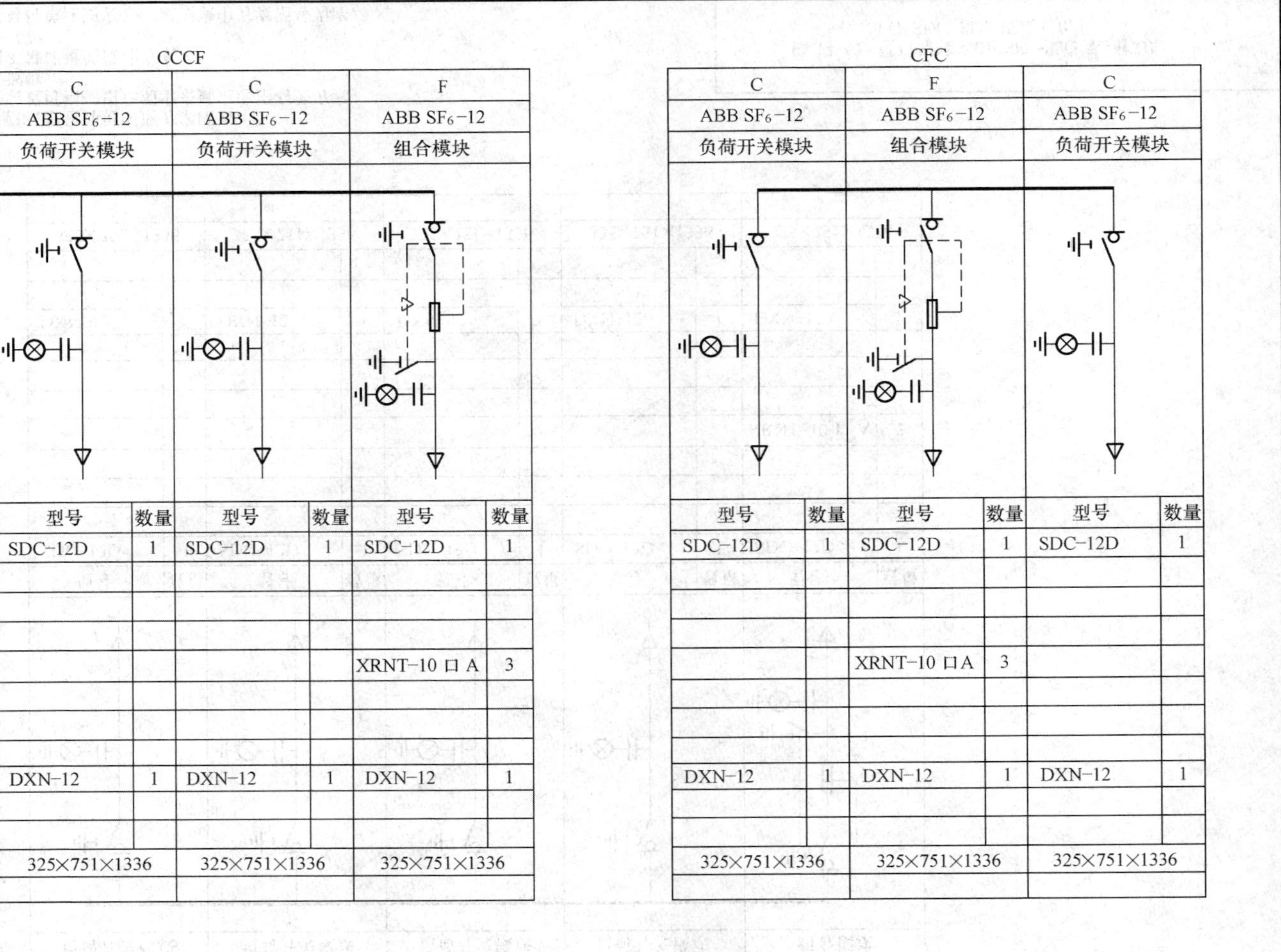

CCCF

C		C		C		F	
ABB SF_6-12		ABB SF_6-12		ABB SF_6-12		ABB SF_6-12	
负荷开关模块		负荷开关模块		负荷开关模块		组合模块	
型号	数量	型号	数量	型号	数量	型号	数量
SDC-12D	1	SDC-12D	1	SDC-12D	1	SDC-12D	1
						XRNT-10 口A	3
DXN-12	1	DXN-12	1	DXN-12	1	DXN-12	1
325×751×1336		325×751×1336		325×751×1336		325×751×1336	

CFC

C		F		C	
ABB SF_6-12		ABB SF_6-12		ABB SF_6-12	
负荷开关模块		组合模块		负荷开关模块	
型号	数量	型号	数量	型号	数量
SDC-12D	1	SDC-12D	1	SDC-12D	1
		XRNT-10 口A	3		
DXN-12	1	DXN-12	1	DXN-12	1
325×751×1336		325×751×1336		325×751×1336	

说明：
1. 一次和二次回路所配置的元件型号、规格、数量详见所选方案图表。
2. 本方案是否配置温控装置或综合保护装置可根据用户需求来确定选用有关方案。
3. 本方案在实际应用中可根据需求自行调整。
4. 如果某台柜子不需要计量，则可选用不带计量的设计方案。
5. 接地开关可根据用户需求来确定。
6. 本章每张图中如有分项单元图表，不另行单注图表号，以图表中方案柜号为序。

图 14-61　进口原装 ABB SF_6-Safe 系列模块 SFG-SDC, SDF 模块（八）

CCCCF

C		C		C		C		F	
ABB SF_6-12		ABB SF_6-12		ABB SF_6-12		ABB SF_6-12		ABB SF_6-12	
负荷开关模块		负荷开关模块		负荷开关模块		负荷开关模块		组合模块	
型号	数量	型号	数量	型号	数量	型号	数量	型号	数量
SDC-12D	1	SDC-12D	1	SDC-12D	1	SDC-12D	1	SDC-12D	1
								XRNT-10 口 A	3
DXN-12	1	DXN-12	1	DXN-12	1	DXN-12	1	DXN-12	1
325×751×1336		325×751×1336		325×751×1336		325×751×1336		325×751×1336	

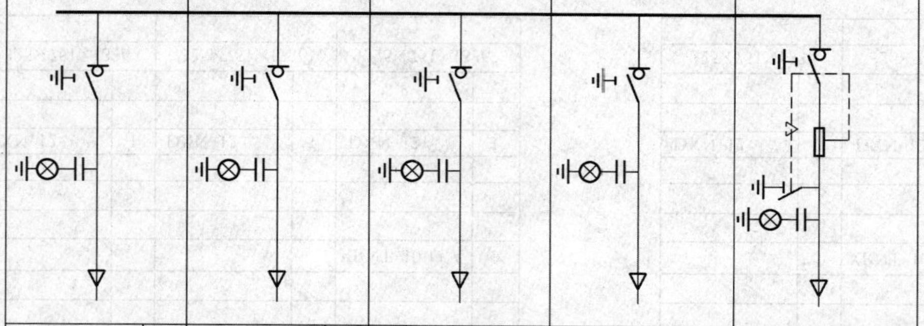

说明：
1. 一次和二次回路所配置的元件型号、规格、数量详见所选方案图表。
2. 本方案是否配置温控装置或综合保护装置可根据用户需求来确定选用有关方案。
3. 本方案在实际应用中可根据需求自行调整。
4. 如果某台柜子不需要计量，则可选用不带计量的设计方案。
5. 接地开关可根据用户需求来确定。
6. 本章每张图中如有分项单元图表，不另行单注图表号，以图表中方案柜号为序。

图 14-62 进口原装 ABB SF_6-Safe 系列模块 SFG-SDC, SDF 模块（九）

CCCCC

C		C		C		C		C	
ABB SF_6-12		ABB SF_6-12		ABB SF_6-12		ABB SF_6-12		ABB SF_6-12	
负荷开关模块		负荷开关模块		负荷开关模块		负荷开关模块		负荷开关模块	
型号	数量	型号	数量	型号	数量	型号	数量	型号	数量
SDC-12D	1	SDC-12D	1	SDC-12D	1	SDC-12D	1	SDC-12D	1
DXN-12	1	DXN-12	1	DXN-12	1	DXN-12	1	DXN-12	1
325×751×1336		325×751×1336		325×751×1336		325×751×1336		325×751×1336	

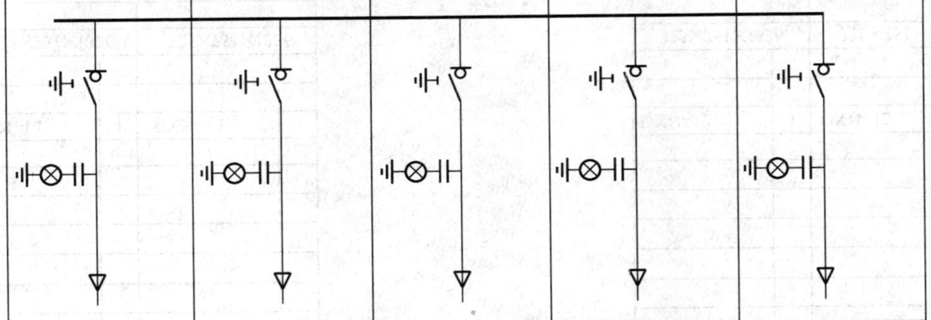

说明：
1. 一次和二次回路所配置的元件型号、规格、数量详见所选方案图表。
2. 本方案是否配置温控装置或综合保护装置可根据用户需求来确定选用有关方案。
3. 本方案在实际应用中可根据需求自行调整。
4. 如果某台柜子不需要计量，则可选用不带计量的设计方案。
5. 接地开关可根据用户需求来确定。
6. 本章每张图中如有分项单元图表，不另行单注图表号，以图表中方案柜号为序。

图 14-63　进口原装 ABB SF_6-Safe 系列模块 SFG-SDC, SDF 模块（十）

FCC

F		C		C	
ABB SF_6–12		ABB SF_6–12		ABB SF_6–12	
组合模块		负荷开关模块		负荷开关模块	
型　号	数量	型　号	数量	型　号	数量
SDC–12D	1	SDC–12D	1	SDC–12D	1
XRNT–10 口 A	3				
DXN–12	1	DXN–12	1	DXN–12	1
325×751×1336		325×751×1336		325×751×1336	

CCF

C		C		F	
ABB SF_6–12		ABB SF_6–12		ABB SF_6–12	
负荷开关模块		负荷开关模块		组合模块	
型　号	数量	型　号	数量	型　号	数量
SDC–12D	1	SDC–12D	1	SDC–12D	1
				XRNT–10 口 A	3
DXN–12	1	DXN–12	1	DXN–12	1
325×751×1336		325×751×1336		325×751×1336	

说明：

1. 一次和二次回路所配置的元件型号、规格、数量详见所选方案图表。
2. 本方案是否配置温控装置或综合保护装置可根据用户需求来确定选用有关方案。
3. 本方案在实际应用中可根据需求自行调整。
4. 如果某台柜子不需要计量，则可选用不带计量的设计方案。
5. 接地开关可根据用户需求来确定。
6. 本章每张图中如有分项单元图表，不另行单注图表号，以图表中方案柜号为序。

图 14–64　进口原装 ABB SF_6–Safe 系列模块 SFG–SDC，SDF 模块（十一）

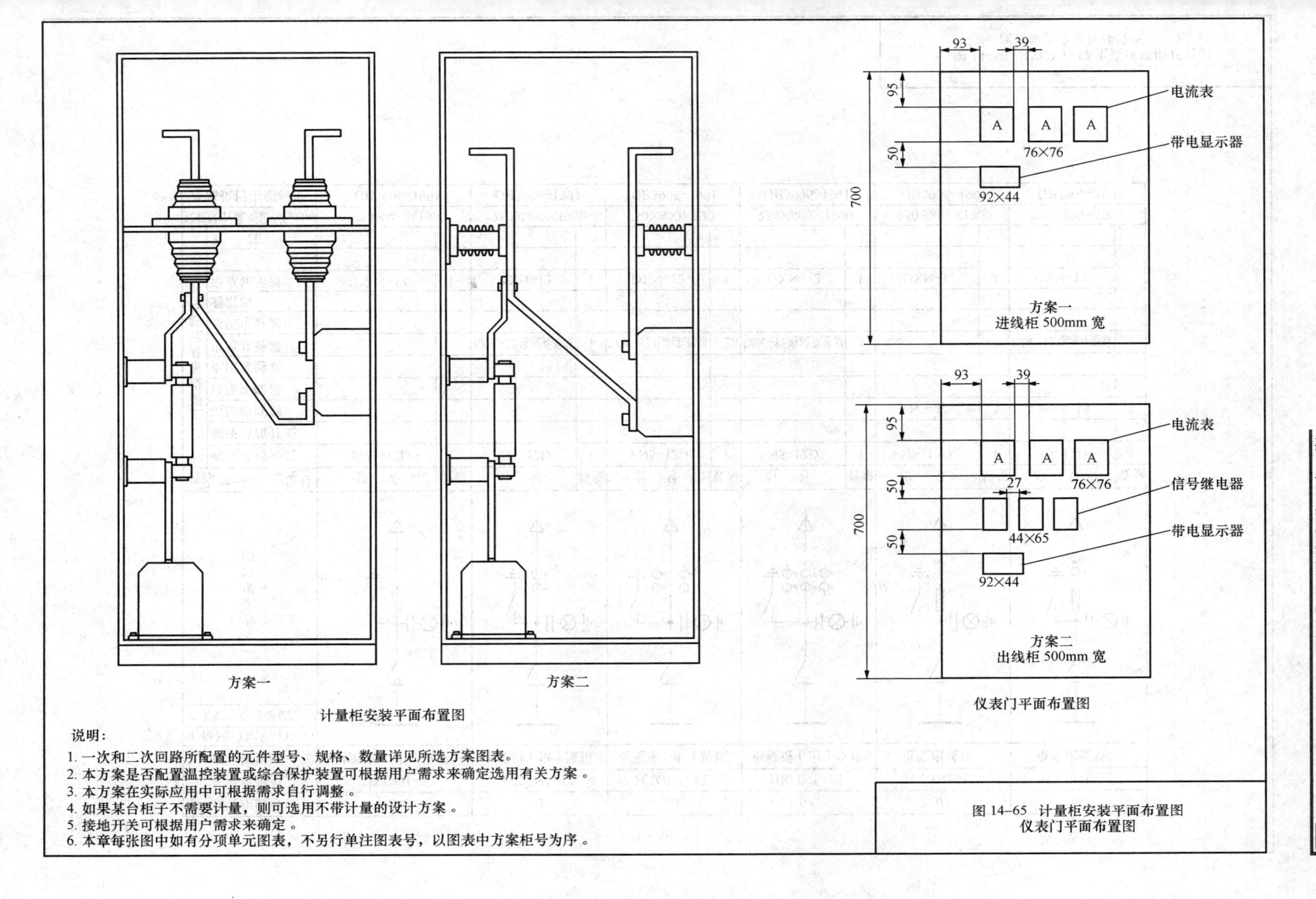

说明：

1. 一次和二次回路所配置的元件型号、规格、数量详见所选方案图表。
2. 本方案是否配置温控装置或综合保护装置可根据用户需求来确定选用有关方案。
3. 本方案在实际应用中可根据需求自行调整。
4. 如果某台柜子不需要计量，则可选用不带计量的设计方案。
5. 接地开关可根据用户需求来确定。
6. 本章每张图中如有分项单元图表，不另行单注图表号，以图表中方案柜号为序。

图 14-65　计量柜安装平面布置图
仪表门平面布置图

开关柜编号	01		02		03		04		05		06	
开关柜型号	HXGN1-12		HXGN1-12		HXGN1-12		HXGN1-12		HXGN1-12		HXGN1-12	
开关柜用途	电缆进（出）线柜		电缆进（出）线柜		电缆进（出）线柜		电缆进（出）线柜		电缆出线柜		电缆出线柜	
主母线：TMY-口×口 二次额定电压:AC220V 一次方案接线图												
名称 \ 型号	型号	数量	型号	数量	型号	数量	型号	数量	型号	数量	型号	数量
主要设备及元器件 高压负荷开关	FN5-12D	1	FN5-12D	1	FN5-12D	1	FN5-12D	1	FN5-12D	1	FN5-12D	1
高压负荷开关												
高压熔断器									RN3-10	3	RN3-10	3
高压熔断器												
电压互感器												
电流互感器			LZJC-12 电流互感器	1	LZJC-12 电流互感器	2	LZJC-12 电流互感器	3			LZJC-12 电流互感器	1
高压电容器												
避雷器												
带点显示器	DXN-12	1	DXN-12	1	DXN-12	1	DXN-12	1	DXN-12	1	DXN-12	1
备注												
安装尺寸(宽×深×高)/mm	750×800×1900		750×800×1900		750×800×1900		750×800×1900		750×800×1900		750×800×1900	
产品执行主要标准	GB3906-1991		GB3906-1991		GB3906-1991		GB3906-1991		GB3906-1991		GB3906-1991	

图 14-66 HXGN1-12 型高压环网开关柜一次方案组合原理接线图（一）

开关柜编号	07		08		09		10		11		12	
开关柜型号	HXGN1-12		HXGN1-12		HXGN1-12		HXGN1-12		HXGN1-12		HXGN1-12	
开关柜用途	电缆出线柜		电缆出线柜		电压互感器柜		电压互感器柜		电压互感器、电缆进出线柜		电压互感器、电缆进出线柜	
主母线:TMY-口×口												
二次额定电压:AC220V												
一次方案接线图												
名称 \ 型号	型　号	数量	型　号	数量	型　号	数量	型　号	数量	型　号	数量	型　号	数量
主要设备及元器件 高压负荷开关	FN5-12D	1	FN5-12D	1			FN5-12D	1	FN5-12D	1	FN5-12D	1
高压负荷开关					FN5-12D	1						
高压熔断器	RN3-10	3	RN3-10	3								
高压熔断器					RN2-10	3	RN2-10	3	RN2-10	3	RN2-10	3
电压互感器					JDZ-12	2	JDZ-12	2	JDZ-12	2	JDZ-12	2
电流互感器	LZJC-12 电流互感器	2	LZJC-12 电流互感器	3							LZJC-12 电流互感器	1
高压电容器												
避雷器												
带点显示器	DXN-12	1	DXN-12	1	DXN-12	1	DXN-12	1	DXN-12	1	DXN-12	1
备　注												
安装尺寸(宽×深×高)/mm	750×800×1900		750×800×1900		750×800×1900		750×800×1900		750×800×1900		750×800×1900	
产品执行主要标准	GB3906-1991		GB3906-1991		GB3906-1991		GB3906-1991		GB3906-1991		GB3906-1991	

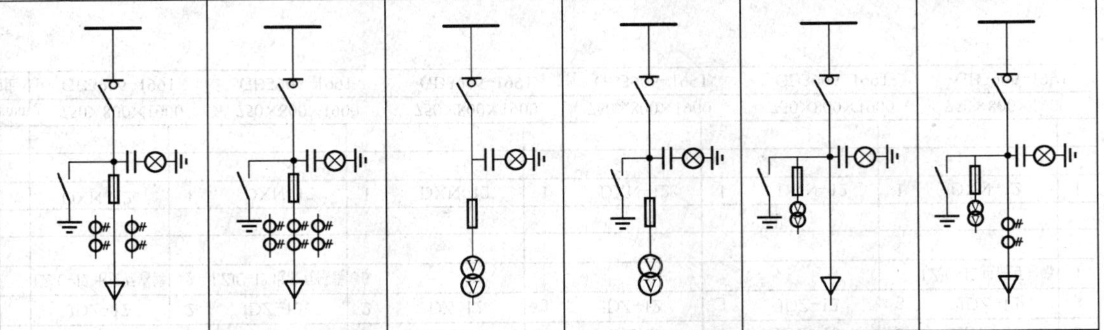

图 14-67　HXGN1-12 型高压环网开关柜一次方案组合接线图（二）

开关柜编号	13		14		15		16		17		18	
开关柜型号	HXGN1-12		HXGN1-12		HXGN1-12		HXGN1-12		HXGN1-12		HXGN1-12	
开关柜用途	电压互感器、电缆进出线柜		电压互感器、电缆进出线柜		电压互感器柜		电压互感器柜		电压互感器、电缆进出线柜		电压互感器、电缆进出线柜	
主母线：TMY-□×□ 二次额定电压:AC220V 一次方案接线图												
名称＼型号	型　号	数量	型　号	数量	型　号	数量	型　号	数量	型　号	数量	型　号	数量
主要设备及元器件：高压负荷开关	FN5-12D	1	FN5-12D	1			FN5-12D	1	FN5-12D	1	FN5-12D	1
高压负荷开关					FN5-12D	1						
高压熔断器	RN3-10	3	RN3-10	3								
高压熔断器					RN2-10	3	RN2-10	3	RN2-10	3	RN2-10	3
电压互感器	JDZ-12	2	JDZ-12	2	JDZ-12	3	JDZ-12	3	JDZ-12	3	JDZ-12	3
电流互感器	LZJC-12 电流互感器	2	LZJC-12 电流互感器	3							LZJC-12 电流互感器	1
高压电容器												
避雷器												
带点显示器	DXN-12	1	DXN-12	1	DXN-12	1	DXN-12	1	DXN-12	1	DXN-12	1
备　注												
安装尺寸(宽×深×高)/mm	750×800×1900		750×800×1900		750×800×1900		750×800×1900		750×800×1900		750×800×1900	
产品执行主要标准	GB3906-1991		GB3906-1991		GB3906-1991		GB3906-1991		GB3906-1991		GB3906-1991	

图 14-68　HXGN1-12 型高压环网开关柜一次方案组合接线图（三）

开关柜编号		19		20		21		22		23		24	
开关柜型号		HXGN1-12		HXGN1-12		HXGN1-12		HXGN1-12		HXGN1-12		HXGN1-12	
开关柜用途		电压互感器、电缆进出线柜		电压互感器、电缆进出线柜		避雷器柜		避雷器柜		避雷器、电缆进出线柜		避雷器、电缆进出线柜	
主母线：TMY- □×□ 二次额定电压：AC220V 一次方案接线图													
名称	型号	型 号	数量	型 号	数量	型 号	数量	型 号	数量	型 号	数量	型 号	数量
主要设备及元器件	高压负荷开关	FN5-12D	1	FN5-12D	1			FN5-12D	1	FN5-12D	1	FN5-12D	1
	高压负荷开关					FN5-12	1						
	高压熔断器	RN3-10	3	RN3-10	3								
	高压熔断器												
	电压互感器	JDZ-12	3	JDZ-12	3								
	电流互感器	LZJC-12 电流互感器	2	LZJC-12 电流互感器	3							LZJC-12 电流互感器	1
	高压电容器												
	避雷器					FS4-10	3	FS4-10	3	FS4-10	3	FS4-10	3
	带电显示器	DXN-12	1	DXN-12	1	DXN-12	1	DXN-12	1	DXN-12	1	DXN-12	1
	备 注												
安装尺寸（宽×深×高）/mm		750×800×1900		750×800×1900		750×800×1900		750×800×1900		750×800×1900		750×800×1900	
产品执行主要标准		GB3906-1991		GB3906-1991		GB3906-1991		GB3906-1991		GB3906-1991		GB3906-1991	

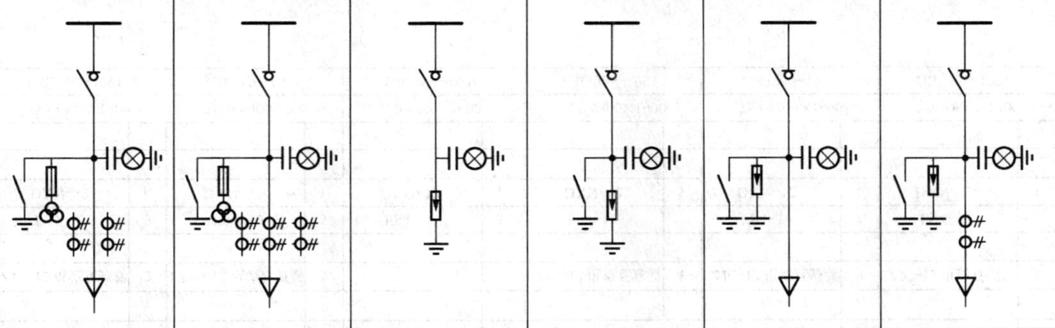

图 14-69 HXGN1-12 型高压环网开关柜一次方案组合接线图 （四）

开关柜编号	25		26		27		28		29		30	
开开关柜型号	HXGN1-12		HXGN1-12		HXGN1-12		HXGN1-12		HXGN1-12		HXGN1-12	
开关柜用途	避雷器、电缆进出线柜		避雷器、电缆进出线柜		避雷器电缆出线柜		避雷器电缆出线柜		避雷器、电缆出线柜		避雷器、电缆出线柜	
主母线：TMY-□×□ 二次额定电压：AC220V 一次方案接线图												
名称 型号	型　号	数量	型　号	数量	型　号	数量	型　号	数量	型　号	数量	型　号	数量
主要设备及元器件 高压负荷开关	FN5-12D	1	FN5-12D	1	FN5-12D	1	FN5-12D	1	FN5-12D	1	FN5-12D	1
高压负荷开关												
高压熔断器					RN3-10	3	RN3-10	3	RN3-10	3	RN3-10	3
高压熔断器												
电压互感器												
电流互感器	LZJC-12 电流互感器	2	LZJC-12 电流互感器	3			LZJC-12 电流互感器	1	LZJC-12 电流互感器	2	LZJC-12 电流互感器	3
高压电容器												
避雷器	FS4-10	3	FS4-10	3	FS4-10	3	FS4-10	3	FS4-10	3	FS4-10	3
带电显示器	DXN-12	1	DXN-12	1	DXN-12	1	DXN-12	1	DXN-12	1	DXN-12	1
备　注												
安装尺寸（宽×深×高）/mm	750×800×1900		750×800×1900		750×800×1900		750×800×1900		750×800×1900		750×800×1900	
产品执行主要标准	GB3906-1991		GB3906-1991		GB3906-1991		GB3906-1991		GB3906-1991		GB3906-1991	

图 14-70 HXGN1-12 型高压环网开关柜一次方案组合接线图（五）

开关柜编号		31		32		33		34		35		36	
开关柜型号		HXGN1-12		HXGN1-12		HXGN1-12		HXGN1-12		HXGN1-12		HXGN1-12	
开关柜用途		避雷器、电压互感器柜		避雷器、电压互感器柜		避雷器、电压互感器柜		避雷器、电压互感器柜		避雷器、电容器柜		避雷器、电容器柜	
主母线：TMY-□×□ 二次额定电压：AC220V 一次方案接线图													
名称 \ 型号		型号	数量	型号	数量	型号	数量	型号	数量	型号	数量	型号	数量
主要设备及元器件	高压负荷开关			FN5-12D	1			FN5-12D	1			FN5-12D	1
	高压负荷开关	FN5-12	1			FN5-12	1			FN5-12	1		
	高压熔断器												
	高压熔断器	RN2-10	3	RN2-10	3	RN2-10	3	RN2-10	3				
	电压互感器	JDZ-12	3	JDZ-12	2	JDZ-12	3	JDZ-12	3				
	电流互感器												
	高压电容器									BWF-12.5	3	BWF-12.5	3
	避雷器	FS4-10	3	FS4-10	3	FS4-10	3	FS4-10	3	FS4-10	3	FS4-10	3
	带电显示器	DXN-12	1	DXN-12	1	DXN-12	1	DXN-12	1	DXN-12	1	DXN-12	1
	备注												
安装尺寸（宽×深×高）/mm		750×800×1900		750×800×1900		750×800×1900		750×800×1900		750×800×1900		750×800×1900	
产品执行主要标准		GB3906-1991		GB3906-1991		GB3906-1991		GB3906-1991		GB3906-1991		GB3906-1991	

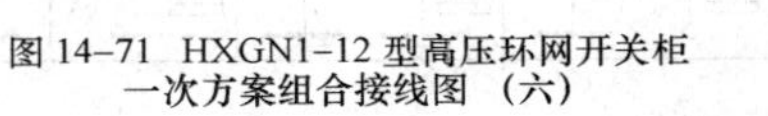
图 14-71 HXGN1-12 型高压环网开关柜一次方案组合接线图（六）

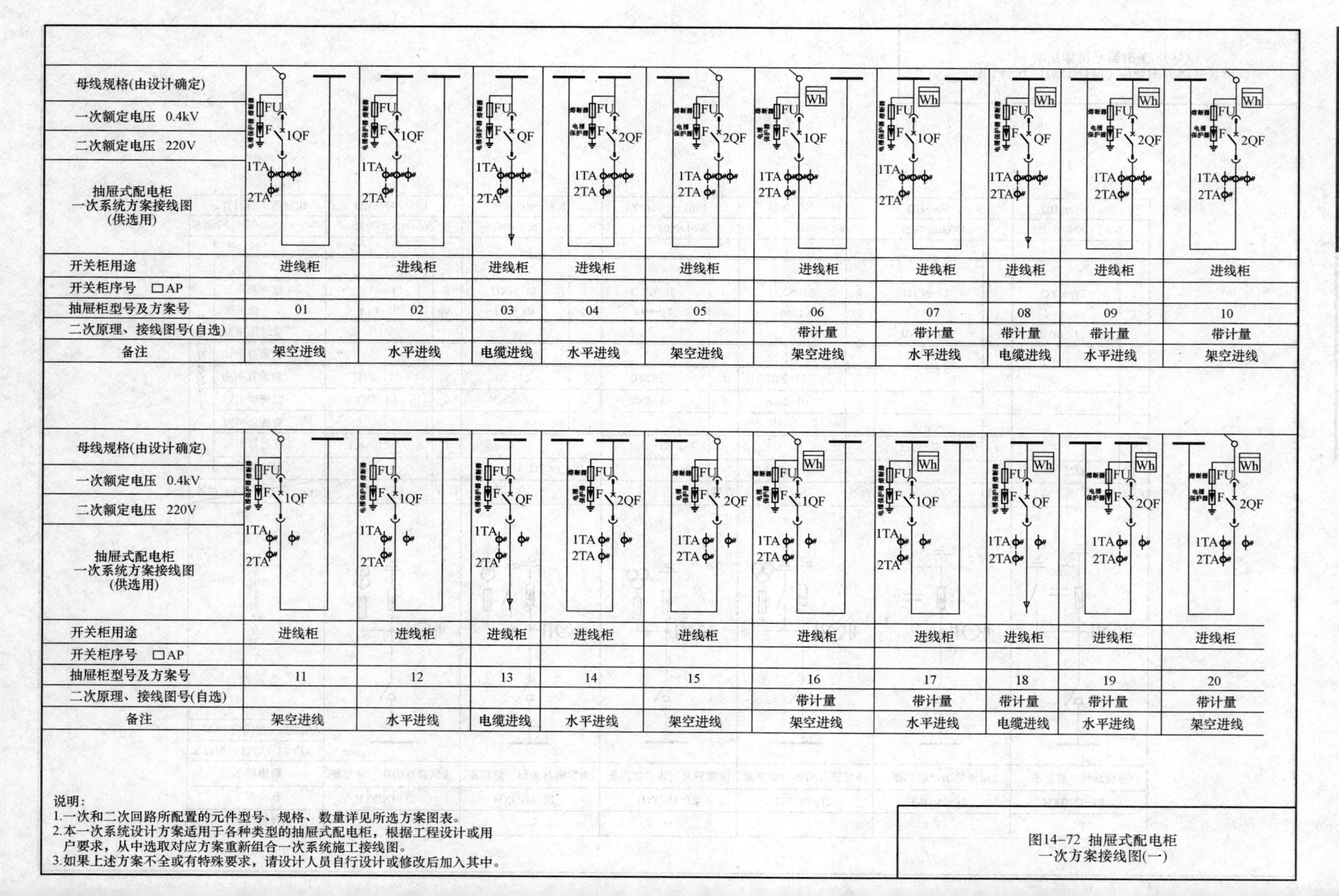

母线规格(由设计确定)										
一次额定电压 0.4kV										
二次额定电压 220V										
抽屉式配电柜一次系统方案接线图(供选用)										
开关柜用途	进线柜	进线柜	进线柜	进线柜	进线柜	进线柜	进线柜	进线柜	进线柜	进线柜
开关柜序号 □AP										
抽屉柜型号及方案号	01	02	03	04	05	06	07	08	09	10
二次原理、接线图号(自选)						带计量	带计量	带计量	带计量	带计量
备注	架空进线	水平进线	电缆进线	水平进线	架空进线	架空进线	水平进线	电缆进线	水平进线	架空进线

母线规格(由设计确定)										
一次额定电压 0.4kV										
二次额定电压 220V										
抽屉式配电柜一次系统方案接线图(供选用)										
开关柜用途	进线柜	进线柜	进线柜	进线柜	进线柜	进线柜	进线柜	进线柜	进线柜	进线柜
开关柜序号 □AP										
抽屉柜型号及方案号	11	12	13	14	15	16	17	18	19	20
二次原理、接线图号(自选)						带计量	带计量	带计量	带计量	带计量
备注	架空进线	水平进线	电缆进线	水平进线	架空进线	架空进线	水平进线	电缆进线	水平进线	架空进线

说明:
1.一次和二次回路所配置的元件型号、规格、数量详见所选方案图表。
2.本一次系统设计方案适用于各种类型的抽屉式配电柜，根据工程设计或用户要求，从中选取对应方案重新组合一次系统施工接线图。
3.如果上述方案不全或有特殊要求，请设计人员自行设计或修改后加入其中。

图14-72 抽屉式配电柜一次方案接线图(一)

母线规格（由设计确定） 一次额定电压 0.4kV 二次额定电压 220V 抽屉式配电柜 一次系统方案接线图 （供选用）	FU F 3QF TA	FU F 3QF TA	FU F QF TA	FU F QSA TA	QF TA	QF TA	QSA TA	FU F QF TA TAN	FU F QSA TA TAN	QF TA TAN	QF TA TAN	QSA TA TAN
开关柜用途	联络柜	联络柜	馈电柜	馈电柜	单元馈电柜	单元馈电柜	单元馈电柜	馈电柜	馈电柜	单元馈电柜	单元馈电柜	单元馈电柜
开关柜序号 □AP												
抽屉柜型号及方案号	21	22	23	24	25	26	27	28	29	30	31	32
二次原理、接线图号(自选)												
备注					单元抽屉	单元抽屉	单元抽屉			单元抽屉	单元抽屉	单元抽屉

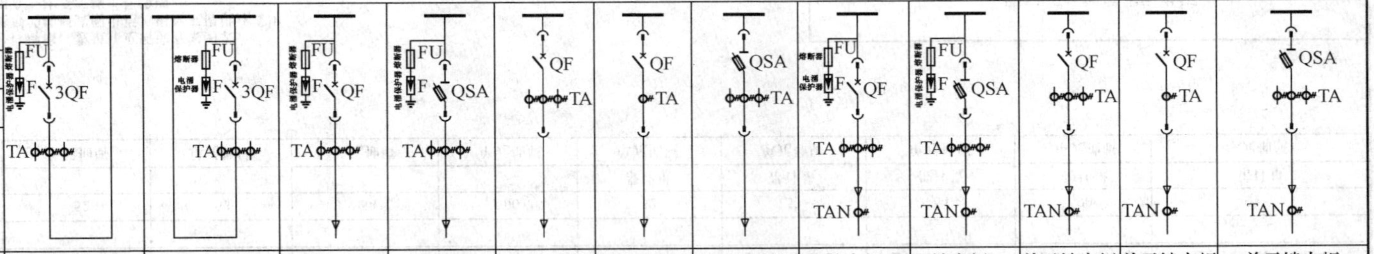

母线规格（由设计确定） 一次额定电压 0.4kV 二次额定电压 220V 抽屉式配电柜 一次系统方案接线图 （供选用）	FU F 3QF TA	FU F 3QF TA	FU F QF TA	FU F QSA TA	QF TA	QSA TA	QSA TA	FU F QF TA TAN	FU F QSA TA TAN	QF TA TAN	QSA TA TAN	QSA TA TAN
开关柜用途	联络柜	联络柜	馈电柜	馈电柜	单元馈电柜	单元馈电柜	单元馈电柜	馈电柜	馈电柜	单元馈电柜	单元馈电柜	单元馈电柜
开关柜序号 □AP												
抽屉柜型号及方案号	32	33	34	35	36	37	38	39	40	41	42	43
二次原理、接线图号(自选)												
备注					单元抽屉	单元抽屉	单元抽屉			单元抽屉	单元抽屉	单元抽屉

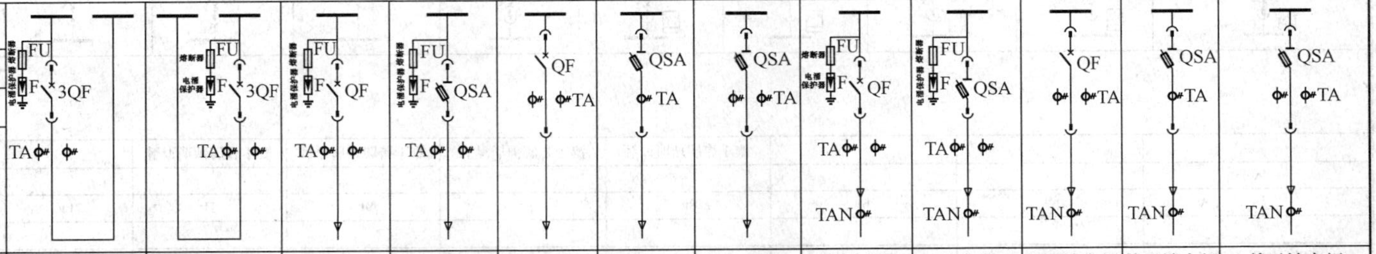

说明：
1.一次和二次回路所配置的元件型号、规格、数量详见所选方案图表。
2.本一次系统设计方案适用于各种类型的抽屉式配电柜，根据工程设计或用户要求，从中选取对应方案重新组合一次系统施工接线图。
3.如果上述方案不全或有特殊要求，请设计人员自行设计或修改后加入其中。
4.抽屉的规格大小要根据该回路的容量大小而定。

图14-73 抽屉式配电柜一次方案接线图(二)

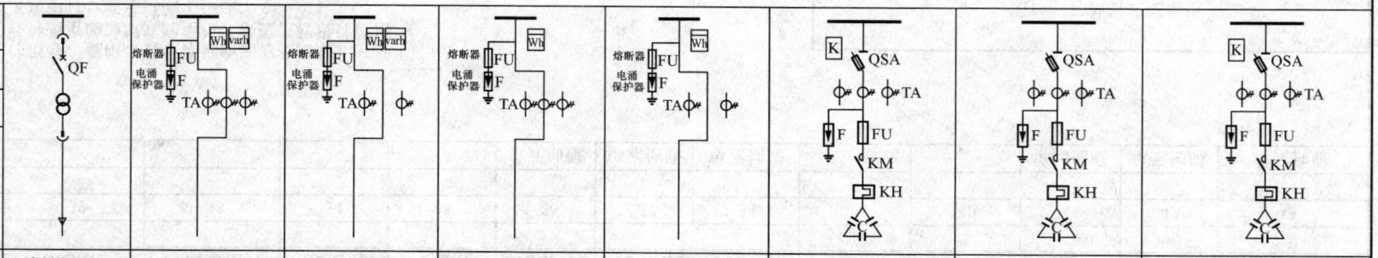

母线规格(由设计确定)								
一次额定电压 0.4kV								
二次额定电压 220V								
抽屉式配电柜 一次系统方案接线图 (供选用)								
开关柜用途	控制电源柜	上部计量单元	上部计量单元	上部计量单元	上部计量单元	无功补偿主柜	无功补偿辅柜	大容量无功补偿柜
开关柜序号 □AP								
抽屉柜型号及方案号	44	45	46	47	48	49	50	51
二次原理、接线图号(自选)								
备注		装在抽屉的最上端	装在抽屉的最上端	装在抽屉的最上端	装在抽屉的最上端			

母线规格(由设计确定)									
一次额定电压 0.4kV									
二次额定电压 220V									
抽屉式配电柜 一次系统方案接线图 (供选用)									
开关柜用途	电动机直接起动	电动机可逆起动	电动机Y/Δ起动	电动机自耦降压起动	电动机直接起动	电动机可逆起动	电动机Y/Δ起动	电动机自耦降压起动	电动机自耦降压起动
开关柜序号 □AP									
抽屉柜型号及方案号	52	53	54	90	52	53	54	90	91
二次原理、接线图号(自选)					带计量	带计量	带计量	带计量	带计量
备注	单元抽屉	单元抽屉	单元抽屉	单元抽屉	单元抽屉	单元抽屉	单元抽屉	单元抽屉	单元抽屉

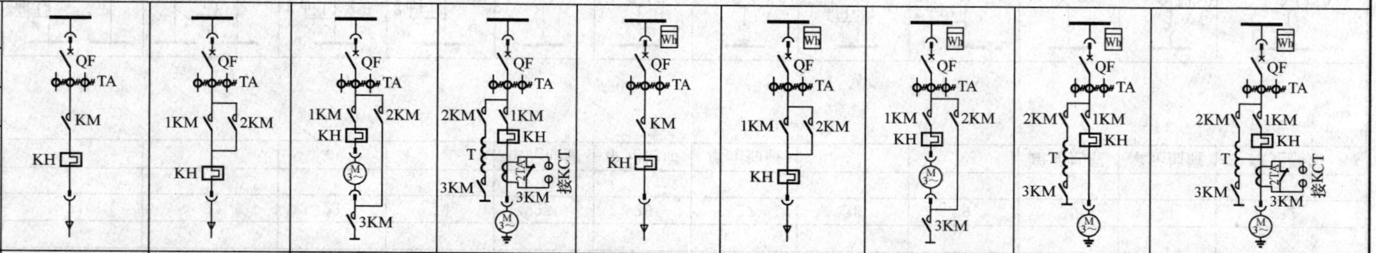

说明:
1.一次和二次回路所配置的元件型号、规格、数量详见所选方案图表。
2.本一次系统设计方案适用于各种类型的抽屉式配电柜，根据工程设计或用户要求，从中选取对应方案重新组合一次系统施工接线图。
3.如果上述方案不全或有特殊要求，请设计人员自行设计或修改后加入其中。
4.抽屉的规格大小要根据该回路的容量大小而定。

图14-74 抽屉式配电柜一次方案接线图(三)

母线规格（由设计确定）										
一次额定电压 0.4kV										
二次额定电压 220V										
固定式配电柜 一次系统方案接线图 （供选用）	熔断器 FU 电涌保护器 F 1QS 1QF 1TA 2TA	熔断器 FU 电涌保护器 F 1QS 1QF 1TA 2TA	熔断器 FU 电涌保护器 F QS QF TA	熔断器 FU 电涌保护器 F 2QS 2QF 1TA 2TA	熔断器 FU 电涌保护器 F 2QS 2QF 1TA 2TA	熔断器 FU 电涌保护器 F Wh 1QS 1QF 1TA 2TA	熔断器 FU 电涌保护器 F Wh 1QS 1QF 1TA 2TA	熔断器 FU 电涌保护器 F Wh QS QF TA	熔断器 FU 电涌保护器 F Wh 2QS 2QF 1TA 2TA	熔断器 FU 电涌保护器 F Wh 2QS 2QF 1TA 2TA
开关柜用途	进线柜	进线柜	进线柜	进线柜	进线柜	进线柜	进线柜	进线柜	进线柜	进线柜
开关柜序号　□AP										
抽屉柜型号及方案号	01	02	03	04	05	06	07	08	09	10
二次原理、接线图号（自选）						带计量	带计量	带计量	带计量	带计量
备　注	架空进线	水平进线	电缆进线	水平进线	架空进线	架空进线	水平进线	电缆进线	水平进线	架空进线

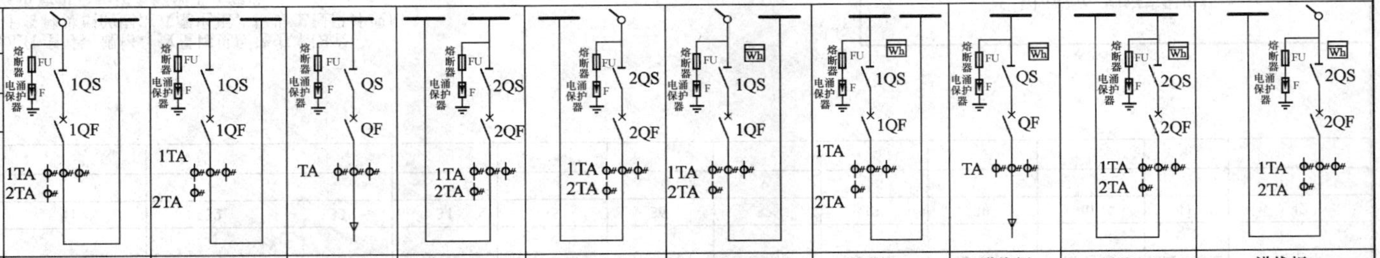

母线规格（由设计确定）										
一次额定电压 0.4kV										
二次额定电压 220V										
固定式配电柜 一次系统方案接线图 （供选用）	熔断器 FU 电涌保护器 F 1QS 1QF 1TA 2TA	熔断器 FU 电涌保护器 F 1QS 1QF 1TA 2TA	熔断器 FU 电涌保护器 F QS QF TA	熔断器 FU 电涌保护器 F 2QS 2QF 1TA 2TA	熔断器 FU 电涌保护器 F Wh 2QS 2QF 1TA 2TA	FU F Wh 1QS 1QF 1TA 2TA	熔断器 FU 电涌保护器 F Wh 1QS 1QF 1TA 2TA	熔断器 FU 电涌保护器 F Wh QS QF TA	熔断器 FU 电涌保护器 F Wh 2QS 2QF 1TA 2TA	熔断器 FU 电涌保护器 F Wh 2QS 2QF 1TA 2TA
开关柜用途	进线柜	进线柜	进线柜	进线柜	进线柜	进线柜	进线柜	进线柜	进线柜	进线柜
开关柜序号　□AP										
抽屉柜型号及方案号	11	12	13	14	15	16	17	18	19	20
二次原理、接线图号（自选）						带计量	带计量	带计量	带计量	带计量
备　注	架空进线	水平进线	电缆进线	水平进线	架空进线	架空进线	水平进线	电缆进线	水平进线	架空进线

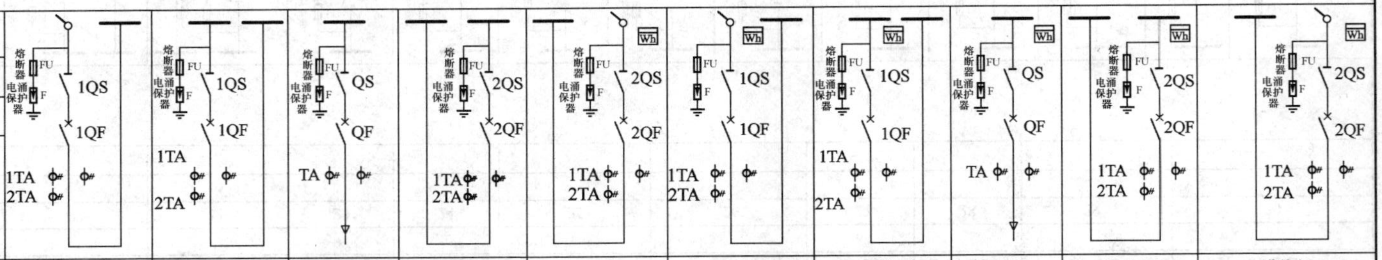

说明：
1. 一次和二次回路所配置的元件型号、规格、数量详见所选方案图表。
2. 本一次系统设计方案适用于各种类型的固定式配电柜，根据工程设计或用户要求，从中选取对应方案重新组合一次系统施工接线图。
3. 如果上述方案不全或有特殊要求，请设计人员自行设计或修改后加入其中。

图 14–75　固定式配电柜一次方案接线图（一）

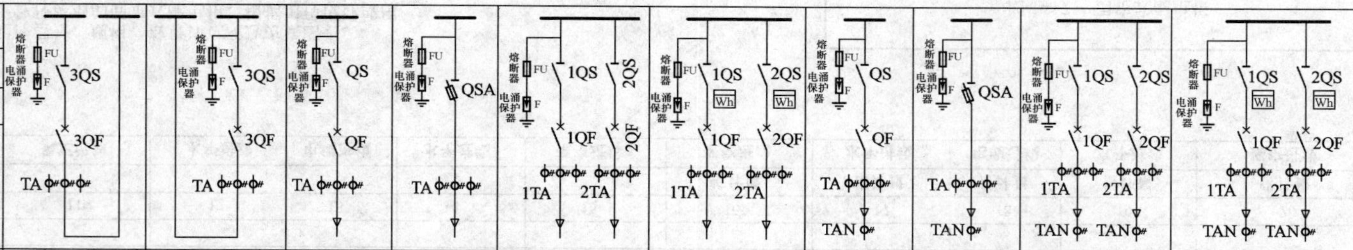

母线规格（由设计确定）										
一次额定电压 0.4kV										
二次额定电压 220V										
固定式配电柜一次系统方案接线图（供选用）	熔断器 FU 电涌保护器 F 3QS 3QF TA	熔断器 FU 电涌保护器 F 3QS 3QF TA	熔断器 FU 电涌保护器 F QS QF TA	熔断器 FU 电涌保护器 F QSA TA	熔断器 FU 电涌保护器 F 1QS 2QS 1QF 2QF 1TA 2TA	熔断器 FU 电涌保护器 F 1QS 2QS Wh Wh 1QF 2QF 1TA 2TA	熔断器 FU 电涌保护器 F QS QF TA TAN	熔断器 FU 电涌保护器 F QSA TA TAN	熔断器 FU 电涌保护器 F 1QS 2QS 1QF 2QF 1TA 2TA TAN TAN	熔断器 FU 电涌保护器 F 1QS 2QS Wh Wh 1QF 2QF 1TA 2TA TAN TAN
开关柜用途	联络柜	联络柜	馈电柜	馈电柜	馈电柜	馈电柜	馈电柜	馈电柜	馈电柜	馈电柜
开关柜序号 □AP										
抽屉柜型号及方案号	21	22	23	24	25	26	27	28	29	30
二次原理、接线图号（自选）										
备　注										

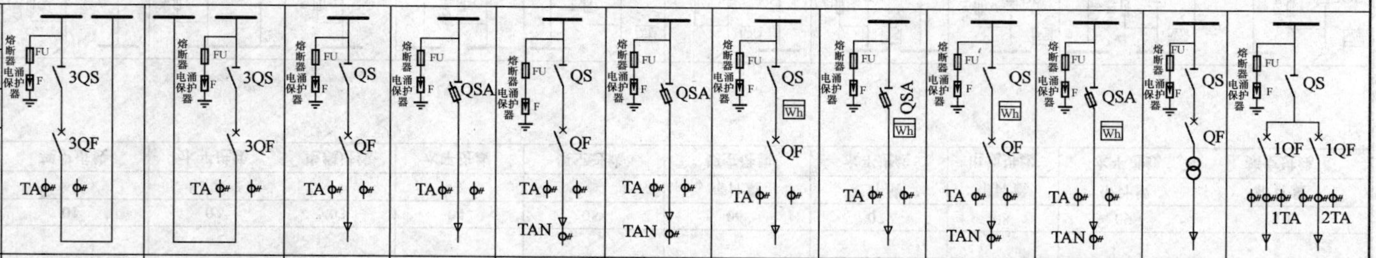

母线规格（由设计确定）												
一次额定电压 0.4kV												
二次额定电压 220V												
固定式配电柜一次系统方案接线图（供选用）	熔断器 FU 电涌保护器 F 3QS 3QF TA	熔断器 FU 电涌保护器 F 3QS 3QF TA	熔断器 FU 电涌保护器 F QS QF TA	熔断器 FU 电涌保护器 F QSA TA	熔断器 FU 电涌保护器 F QS QF TA TAN	熔断器 FU 电涌保护器 F QSA TA TAN	熔断器 FU 电涌保护器 F QS Wh QF TA	熔断器 FU 电涌保护器 F QSA Wh TA	熔断器 FU 电涌保护器 F QS Wh QF TA TAN	熔断器 FU 电涌保护器 F QSA Wh TA TAN	熔断器 FU 电涌保护器 F QS QF	熔断器 FU 电涌保护器 F QS 1QF 1QF 1TA 2TA
开关柜用途	联络柜	联络柜	馈电柜	馈电柜	馈电柜	馈电柜	馈电柜	馈电柜	馈电柜	馈电柜	控制电源柜	馈电柜
开关柜序号 □AP												
抽屉柜型号及方案号	31	32	33	34	35	36	37	38	39	40	41	42
二次原理、接线图号（自选）												
备　注												

说明：
1. 一次和二次回路所配置的元件型号、规格、数量详见所选方案图表。
2. 本一次系统设计方案适用于各种类型的固定式配电柜，根据工程设计或用户要求，从中选取对应方案重新组合一次系统施工接线图。
3. 如果上述方案不全或有特殊要求，请设计人员自行设计或修改后加入其中。

图 14-76 固定式配电柜一次方案接线图（二）

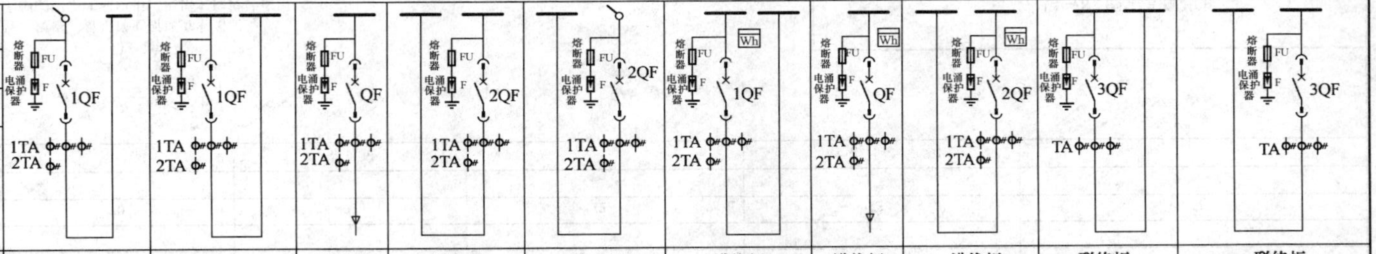

母线规格（由设计确定）										
一次额定电压 0.4kV										
二次额定电压 220V										
固定式配电柜 一次系统方案接线图 （供选用）	熔断器 FU、电涌保护器 F、1QF、1TA、2TA	熔断器 FU、电涌保护器 F、1QF、1TA、2TA	熔断器 FU、电涌保护器 F、QF、1TA、2TA	熔断器 FU、电涌保护器 F、2QF、1TA、2TA	熔断器 FU、电涌保护器 F、2QF、1TA、2TA	熔断器 FU、电涌保护器 F、Wh、1QF、1TA、2TA	熔断器 FU、电涌保护器 F、Wh、QF、1TA、2TA	熔断器 FU、电涌保护器 F、Wh、2QF、1TA、2TA	熔断器 FU、电涌保护器 F、3QF、TA	熔断器 FU、电涌保护器 F、3QF、TA
开关柜用途	进线柜	进线柜	进线柜	进线柜	进线柜	进线柜	进线柜	进线柜	联络柜	联络柜
开关柜序号 □AP										
抽屉柜型号及方案号	43	44	45	46	47	48	49	50	51	52
二次原理、接线图号（自选）						带计量	带计量	带计量		
备 注	架空进线	水平进线	电缆进线	水平进线	架空进线	水平进线	电缆进线	水平进线		

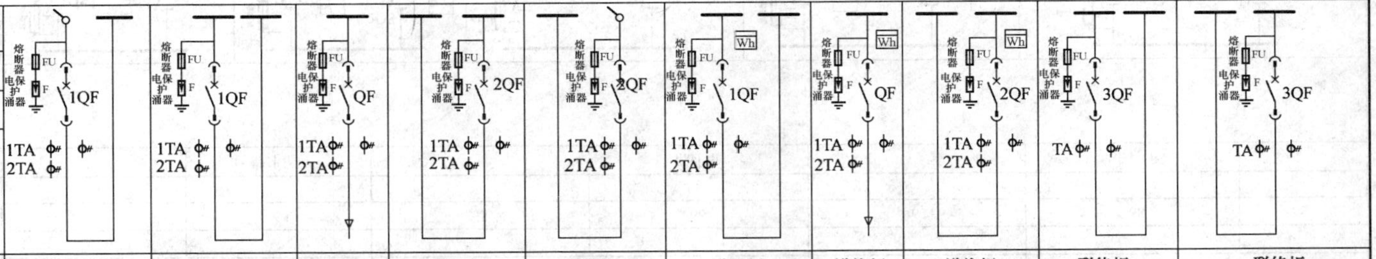

母线规格（由设计确定）										
一次额定电压 0.4kV										
二次额定电压 220V										
固定式配电柜 一次系统方案接线图 （供选用）	熔断器 FU、电保护涌器 F、1QF、1TA、2TA	熔断器 FU、电保护涌器 F、1QF、1TA、2TA	熔断器 FU、电保护涌器 F、QF、1TA、2TA	熔断器 FU、电保护涌器 F、2QF、1TA、2TA	熔断器 FU、电保护涌器 F、2QF、1TA、2TA	熔断器 FU、电保护涌器 F、Wh、1QF、1TA、2TA	熔断器 FU、电保护涌器 F、Wh、QF、1TA、2TA	熔断器 FU、电保护涌器 F、Wh、2QF、1TA、2TA	熔断器 FU、电保护涌器 F、3QF、TA	熔断器 FU、电保护涌器 F、3QF、TA
开关柜用途	进线柜	进线柜	进线柜	进线柜	进线柜	进线柜	进线柜	进线柜	联络柜	联络柜
开关柜序号 □AP										
抽屉柜型号及方案号	53	54	55	56	57	58	59	60	61	62
二次原理、接线图号（自选）						带计量	带计量	带计量		
备 注	架空进线	水平进线	电缆进线	水平进线	架空进线	水平进线	电缆进线	水平进线		

说明：
1. 一次和二次回路所配置的元件型号、规格、数量详见所选方案图表。
2. 额定电流 2000A 以上的固定式配电柜，应选用抽屉式断路器，根据工程设计或用户要求，从中选取对应方案重新组合一次系统施工接线图。
3. 采用此方案有节省柜内安装空间、降低成本和操作方便省力等优点。

图 14-77 固定式配电柜一次方案接线图（三）

母线规格（由设计确定）							
一次额定电压 0.4kV							
二次额定电压 220V							
固定式配电柜 一次系统方案接线图 （供选用）	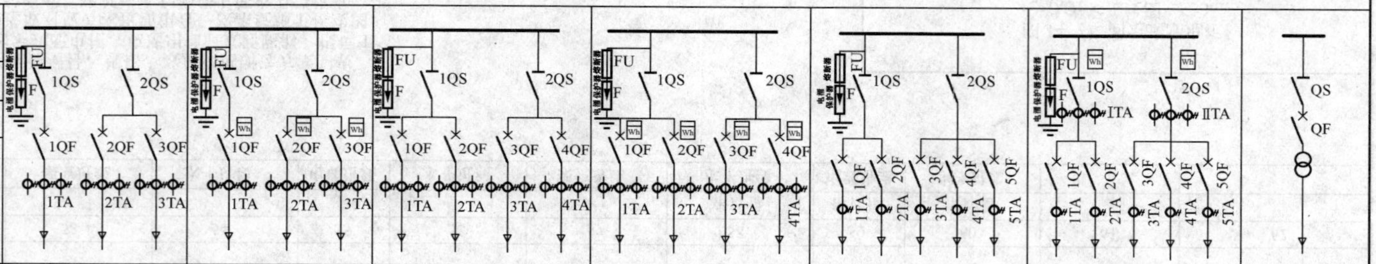 FU F 1QS 2QS 1QF 2QF 3QF 1TA 2TA 3TA	FU F 1QS 2QS Wh 1QF 2QF 3QF 1TA 2TA 3TA	FU F 1QS 2QS 1QF 2QF 3QF 4QF 1TA 2TA 3TA 4TA	FU F 1QS 2QS Wh 1QF 2QF 3QF 4QF 1TA 2TA 3TA 4TA	FU F 1QS 2QS 1QF 2QF 3QF 4QF 5QF 1TA 2TA 3TA 4TA 5TA	FU F Wh 1QS 2QS ⅠTA ⅡTA 1QF 2QF 3QF 4QF 5QF 1TA 2TA 3TA 4TA 5TA	QS QF
开关柜用途	三回路馈电柜	三回路馈电柜	四回路馈电柜	四回路馈电柜	五回路馈电柜	五回路馈电柜	控制电源柜
开关柜序号 □AP							
抽屉柜型号及方案号	63	64	65	66	67	68	69
二次原理、接线图号（自选）							
备注		带计量		带计量		带计量	

母线规格（由设计确定）					
一次额定电压 0.4kV					
二次额定电压 220V					
固定式配电柜 一次系统方案接线图 （供选用）	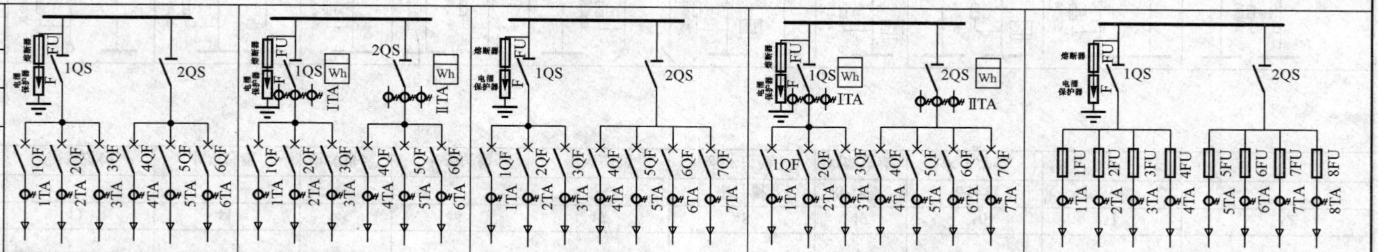 熔断器 电涌保护器 FU F 1QS 2QS 1QF 2QF 3QF 4QF 5QF 6QF 1TA 2TA 3TA 4TA 5TA 6TA	熔断器 电涌保护器 FU F 1QS 2QS Wh ⅠTA ⅡTA 1QF 2QF 3QF 4QF 5QF 6QF 1TA 2TA 3TA 4TA 5TA 6TA	熔断器 电涌保护器 FU F 1QS 2QS 1QF 2QF 3QF 4QF 5QF 6QF 7QF 1TA 2TA 3TA 4TA 5TA 6TA 7TA	熔断器 电涌保护器 FU F 1QS 2QS Wh ⅠTA ⅡTA 1QF 2QF 3QF 4QF 5QF 6QF 7QF 1TA 2TA 3TA 4TA 5TA 6TA 7TA	熔断器 电涌保护器 FU F 1QS 2QS 1FU 2FU 3FU 4FU 5FU 6FU 7FU 8FU 1TA 2TA 3TA 4TA 5TA 6TA 7TA 8TA
开关柜用途	六回路馈电柜	六回路馈电柜	七回路馈电柜	七回路馈电柜	八路照明配电柜
开关柜序号 □AP					
抽屉柜型号及方案号	70	71	72	73	74
二次原理、接线图号（自选）					
备注		带计量		带计量	

说明：
1. 一次和二次回路所配置的元件型号、规格、数量详见所选方案图表。
2. 本一次系统设计方案适用于各种类型的固定式配电柜，根据工程设计或用户要求，从中选取对应方案重新组合一次系统施工接线图。
3. 如果上述方案不全或有特殊要求，请设计人员自行设计或修改后加入其中。

图 14-78　固定式配电柜一次方案接线图（四）

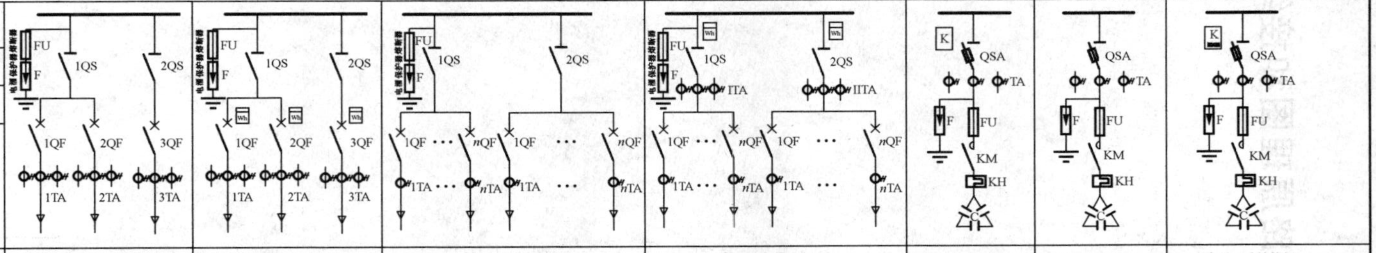

母线规格（由设计确定）							
一次额定电压 0.4kV							
二次额定电压 220V							
固定式配电柜 一次系统方案接线图 （供选用）							
开关柜用途	三回路混合式馈电柜	三回路混合式馈电柜	八回路以上的馈电柜	八回路以上的馈电柜	无功补偿主柜	无功补偿辅柜	大容量无功补偿柜
开关柜序号　□AP							
抽屉柜型号及方案号	75	76	77	78	79	80	81
二次原理、接线图号（自选）							
备注		带计量		带计量			带通信功能

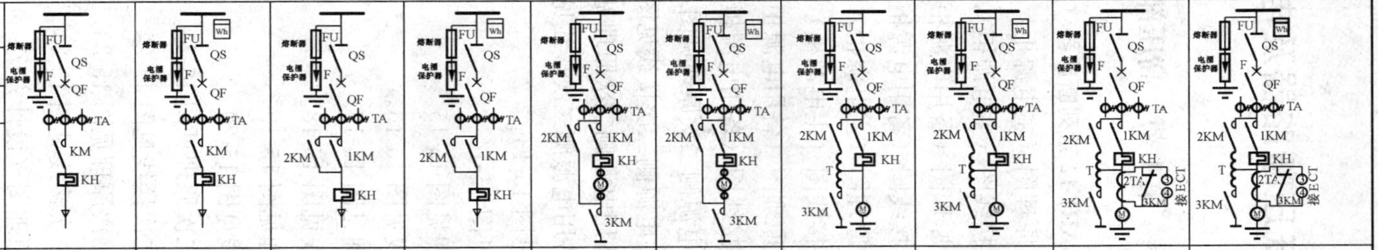

母线规格（由设计确定）										
一次额定电压 0.4kV										
二次额定电压 220V										
固定式配电柜 一次系统方案接线图 （供选用）										
开关柜用途	电动机直接起动	电动机直接起动	电动机可逆起动	电动机可逆起动	电动机 Y/Δ 起动	电动机 Y/Δ 起动	电动机自耦降压起动	电动机自耦降压起动	电动机自耦降压起动	电动机自耦降压起动
开关柜序号　□AP										
抽屉柜型号及方案号	82	83	84	85	86	87	88	89	90	91
二次原理、接线图号（自选）										
备注		带计量		带计量		带计量		带计量		带计量

说明：

1. 一次和二次回路所配置的元件型号、规格、数量详见所选方案图表。
2. 本一次系统设计方案适用于各种类型的固定式配电柜，根据工程设计或用户要求，从中选取对应方案重新组合一次系统施工接线图。
3. 如果上述方案不全或有特殊要求，设计人员自行设计或修改后加入其中。
4. 上述电动机控制方案采用热继电器保护方式，如果采用电动机保护器保护方式。只要把方案图中的热继电器符号改成电动机保护器符号（▭）即可。

图 14-79　固定式配电柜一次方案接线图（五）

第15章　常用高低压断路器及电动机二次回路原理图和接线图

第1节　高压部分（开关柜）

1. VS1（ZN63、VD4、3AH）-12系列断路器（手车式、直流操作）

（1）双电源进线柜二次原理图（主电源柜）见图15-1。

（2）双电源进线柜二次接线图（主电源柜）见图15-2。

（3）双电源进线柜二次原理图（备用电源柜）见图15-3。

（4）双电源进线柜二次接线图（备用电源柜）见图15-4。

（5）双电源进线柜二次原理图（主电源柜）带计量见图15-5。

（6）双电源进线柜二次接线图（主电源柜）带计量见图15-6。

（7）双电源进线柜二次原理图（备用电源柜）带计量见图15-7。

（8）双电源进线柜二次接线图（备用电源柜）带计量见图15-8。

（9）3PT、避雷器柜主电源侧二次原理见图15-9。

（10）3PT、避雷器柜主电源侧二次接线见图15-10。

（11）3PT、避雷器柜备用电源侧二次原理见图15-11。

（12）3PT、避雷器柜备用电源侧二次接线见图15-12。

（13）计量柜二次原理见图15-13。

（14）计量柜二次接线见图15-14。

（15）进出线柜二次原理见图15-15。

（16）进出线柜二次接线见图15-16。

（17）配油变柜二次原理见图15-17。

（18）配油变柜二次接线见图15-18。

（19）配干变柜二次原理见图15-19。

（20）配干变柜二次接线见图15-20。

（21）配油变带计量柜二次原理见图15-21。

（22）配油变带计量柜二次接线见图15-22。

（23）配干变带计量柜二次原理见图15-23。

（24）配干变带计量柜二次接线见图15-24。

（25）母线分段柜二次原理图（设计方案一）见图15-25。

（26）母线分段柜二次接线图（设计方案一）见图15-26。

（27）母线分段柜二次原理图（设计方案二）见图15-27。

（28）母线分段柜二次接线图（设计方案二）见图15-28。

（29）母线分段柜二次原理图（设计方案三）见图15-29。

（30）母线分段柜二次接线图（设计方案三）见图15-30。

（31）中央信号屏二次原理及盘面布置见图15-31。

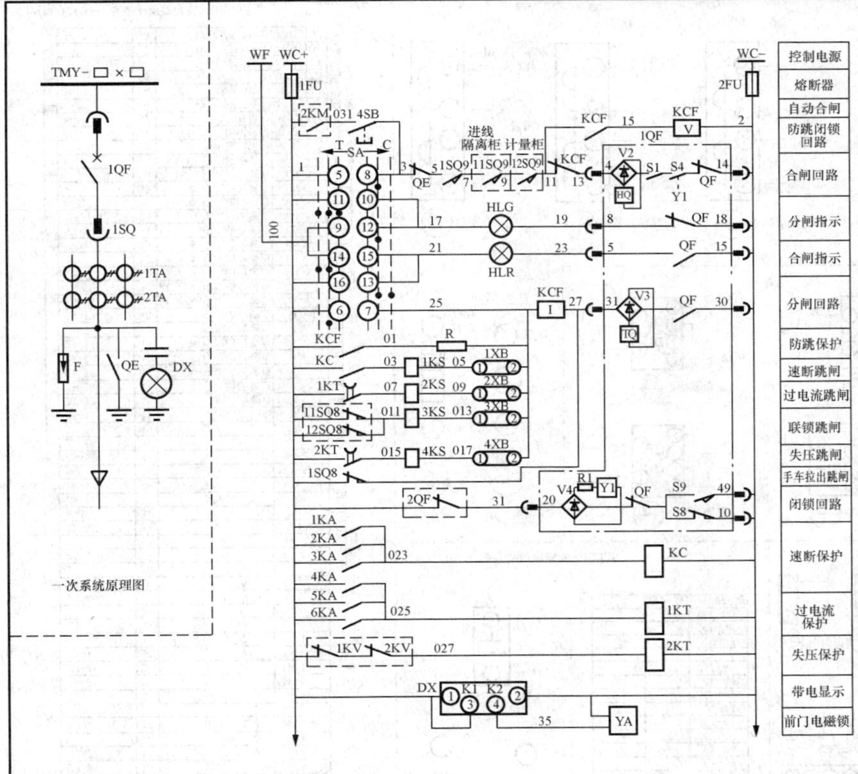

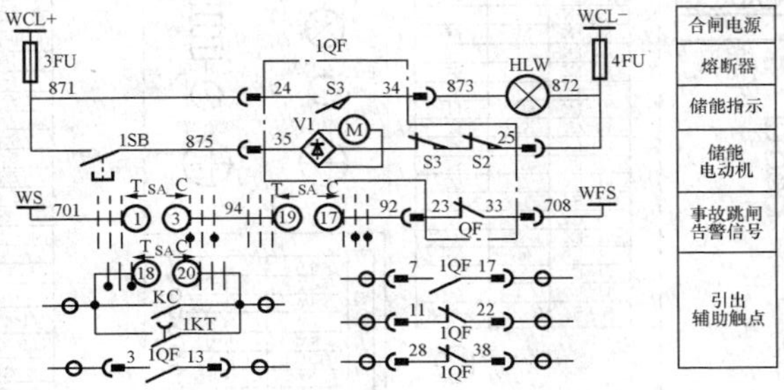

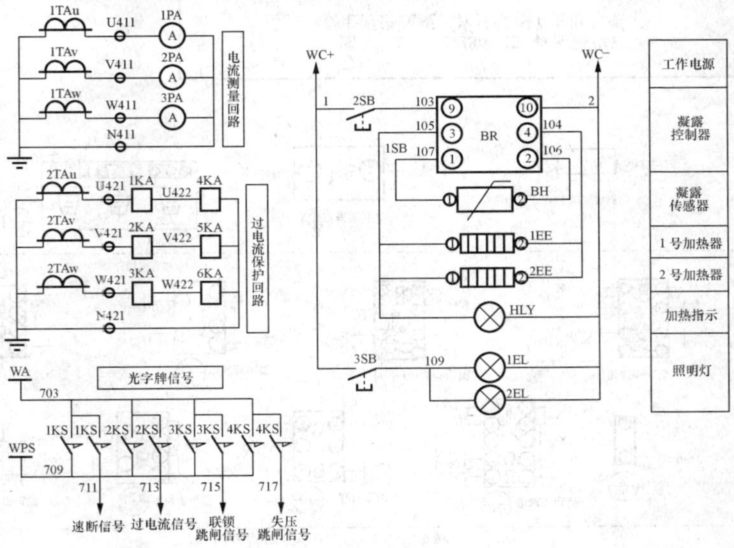

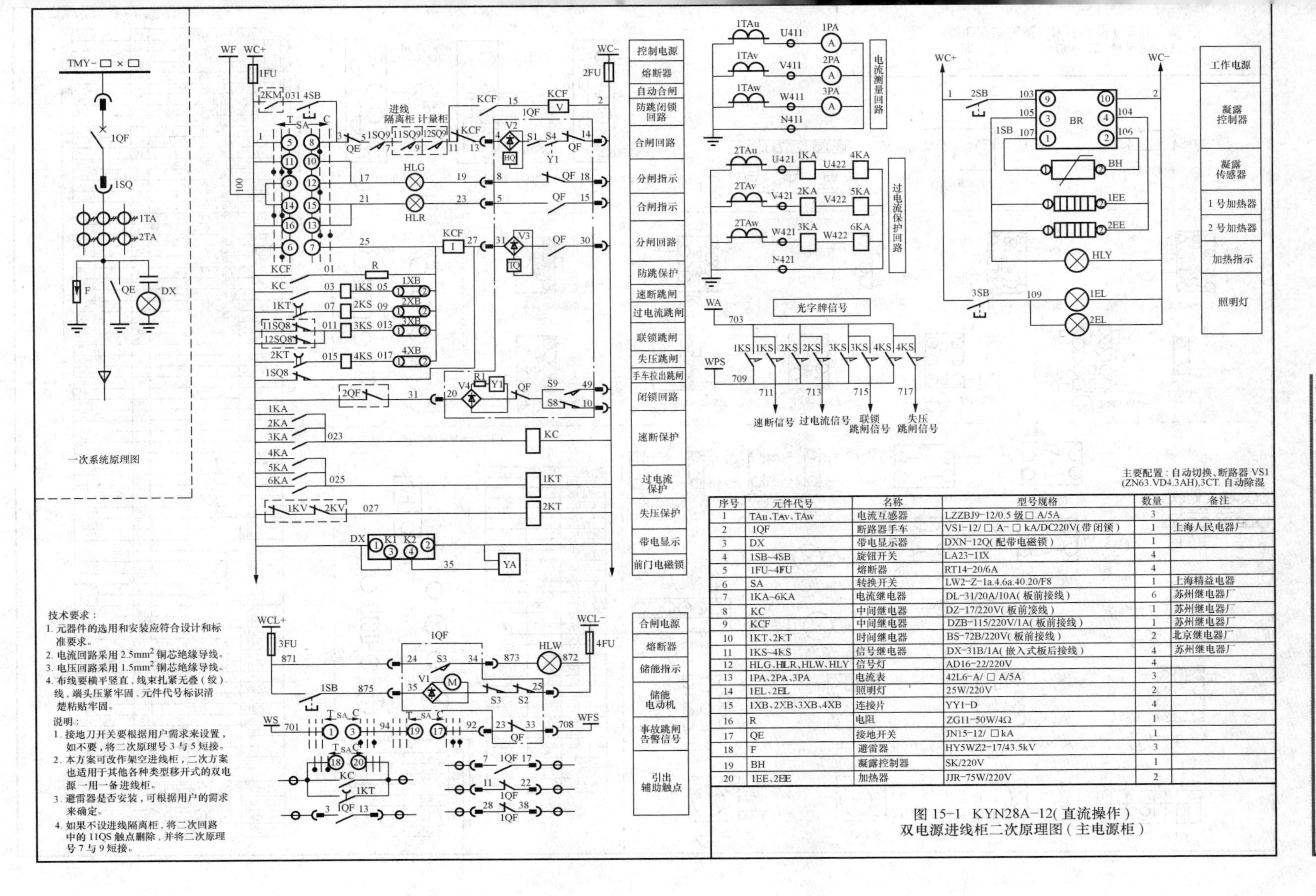

技术要求：

1. 元器件的选用和安装应符合设计和标准要求。
2. 电流回路采用 2.5mm² 铜芯绝缘导线。
3. 电压回路采用 1.5mm² 铜芯绝缘导线。
4. 布线要横平竖直，线束扎紧无叠（绞）线，端头压紧牢固，元件代号标识清楚粘贴牢固。

说明：

1. 接地刀开关要根据用户需求来设置，如不要，将二次原理号 3 与 5 短接。
2. 本方案可改作架空进线柜，二次方案也适用于其他各种类型移开式的双电源一用一备进线柜。
3. 避雷器是否安装，可根据用户的需求来确定。
4. 如果不设进线隔离柜，将二次回路中的 11QS 触点删除，并将二次原理号 7 与 9 短接。

主要配置：自动切换、断路器 VS1 (ZN63.VD4.3AH),3CT. 自动除湿

序号	元件代号	名称	型号规格	数量	备注
1	TAu、TAv、TAw	电流互感器	LZZBJ9-12/0.5 级□ A/5A	3	
2	1QF	断路器手车	VS1-12/ □ A- □ kA/DC220V(带闭锁)	1	上海人民电器厂
3	DX	带电显示器	DXN-12Q(配带电磁锁)	1	
4	1SB~4SB	旋钮开关	LA23-11X	4	
5	1FU~4FU	熔断器	RT14-20/6A	4	
6	SA	转换开关	LW2-Z-1a.4.6a.40.20/F8	1	上海精益电器
7	1KA~6KA	电流继电器	DL-31/20A/10A(板前接线)	6	苏州继电器厂
8	KC	中间继电器	DZ-17/220V(板前接线)	1	苏州继电器厂
9	KCF	中间继电器	DZB-115/220V/1A(板前接线)	1	苏州继电器厂
10	1KT、2KT	时间继电器	BS-72B/220V(板前接线)	2	北京继电器厂
11	1KS~4KS	信号继电器	DX-31B/1A(嵌入式板后接线)	4	苏州继电器厂
12	HLG、HLR、HLW、HLY	信号灯	AD16-22/220V	4	
13	1PA、2PA、3PA	电流表	42L6-A/ □ A/5A	3	
14	1EL、2EL	照明灯	25W/220V	2	
15	1XB、2XB、3XB、4XB	连接片	YY1-D	4	
16	R	电阻	ZG11-50W/4Ω	1	
17	QE	接地开关	JN15-12/ □kA	1	
18	F	避雷器	HY5WZ2-17/43.5kV	3	
19	BH	凝露控制器	SK/220V	1	
20	1EE、2EE	加热器	JJR-75W/220V	2	

图 15-1　KYN28A-12(直流操作)双电源进线柜二次原理图(主电源柜)

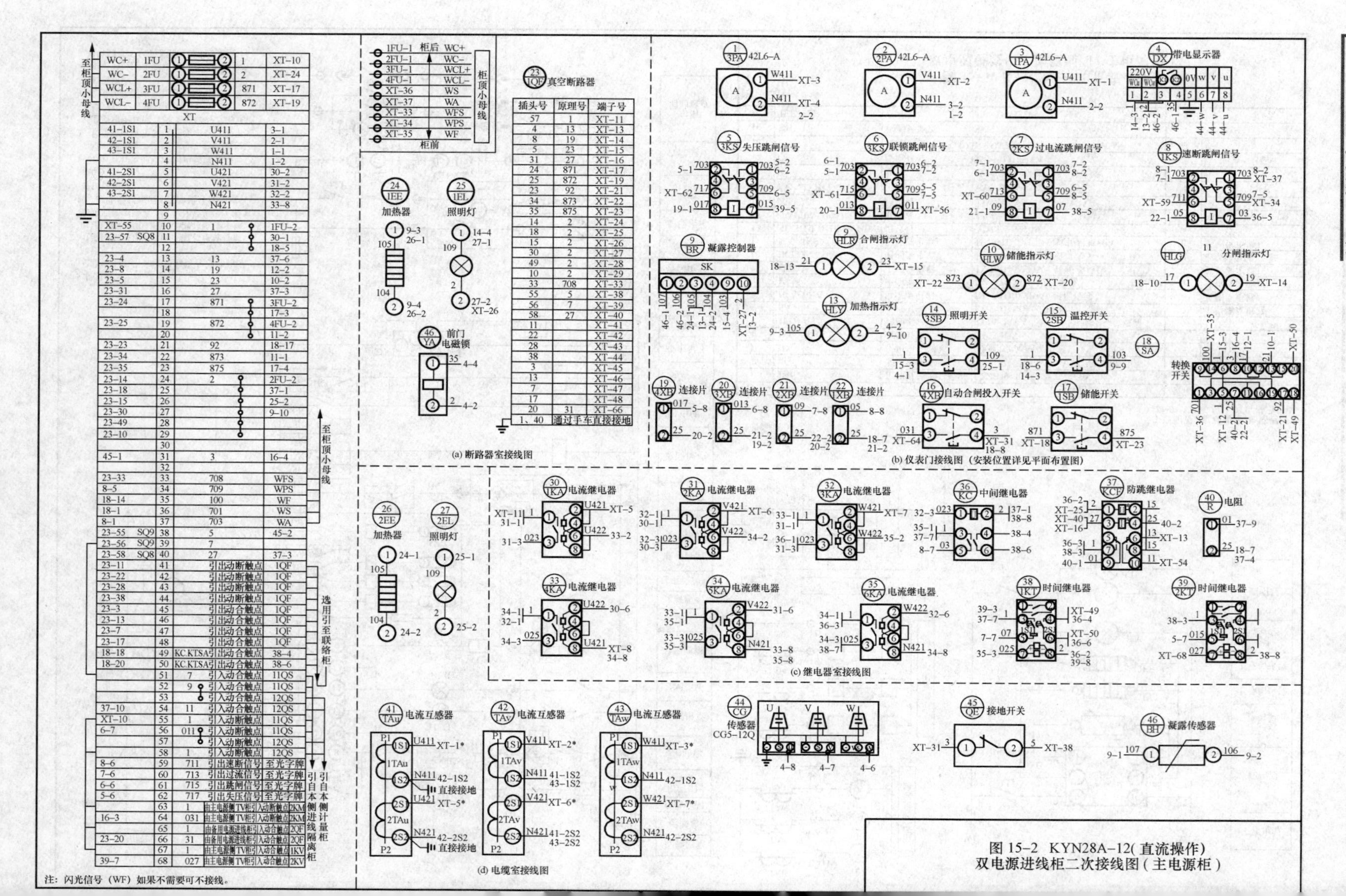

图 15-2 KYN28A-12（直流操作）双电源进线柜二次接线图（主电源柜）

注：闪光信号（WF）如果不需要可不接线。

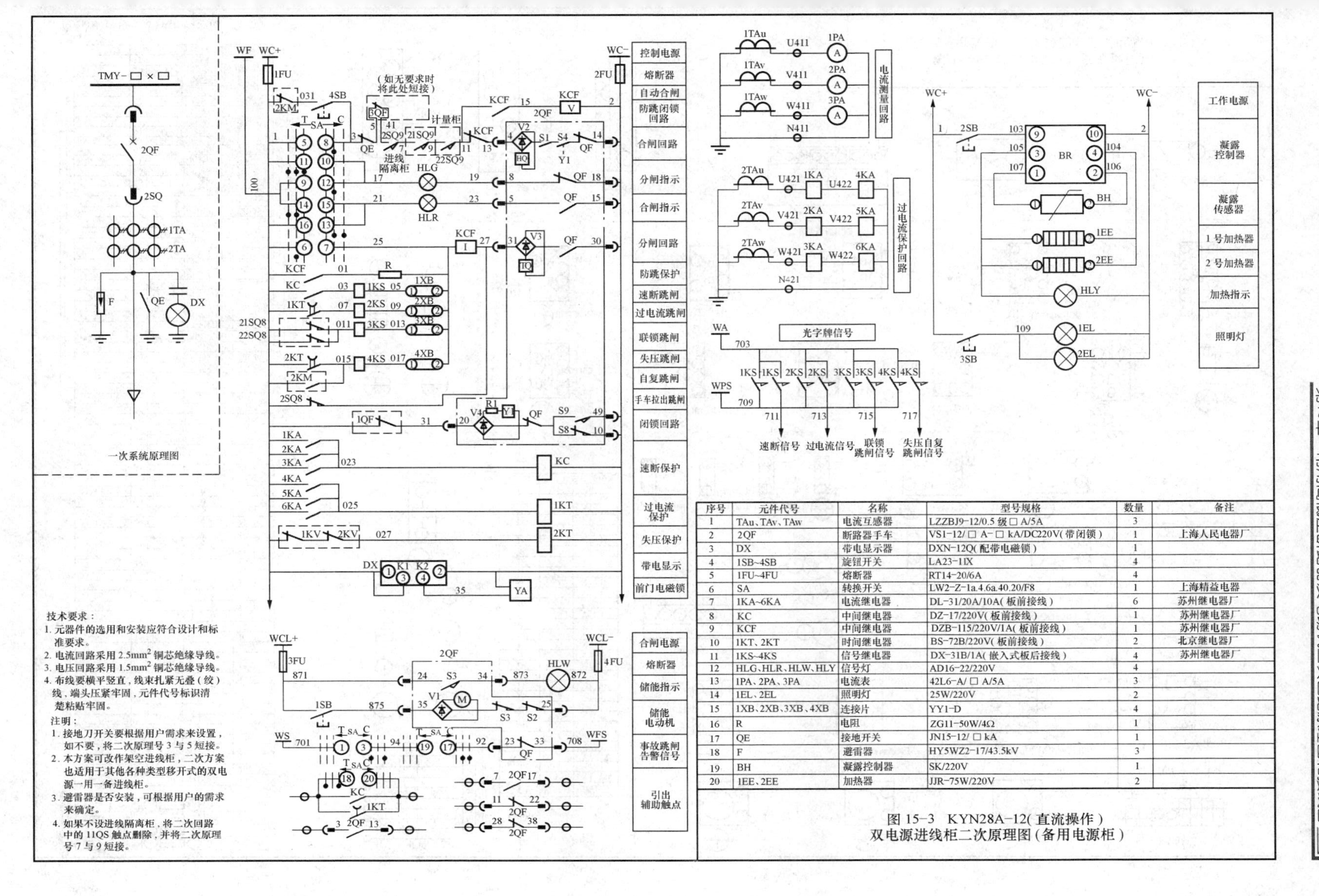

技术要求：

1. 元器件的选用和安装应符合设计和标准要求。
2. 电流回路采用 $2.5mm^2$ 铜芯绝缘导线。
3. 电压回路采用 $1.5mm^2$ 铜芯绝缘导线。
4. 布线要横平竖直，线束扎紧无叠（绞）线，端头压紧牢固，元件代号标识清楚粘贴牢固。

注明：

1. 接地刀开关要根据用户需求来设置，如不要，将二次原理号 3 与 5 短接。
2. 本方案可改作架空进线柜，二次方案也适用于其他各种类型移开式的双电源一用一备进线柜。
3. 避雷器是否安装，可根据用户的需求来确定。
4. 如果不设进线隔离柜，将二次回路中的 11QS 触点删除，并将二次原理号 7 与 9 短接。

序号	元件代号	名称	型号规格	数量	备注
1	TAu、TAv、TAw	电流互感器	LZZBJ9-12/0.5 级□ A/5A	3	
2	2QF	断路器手车	VS1-12/□ A-□ kA/DC220V(带闭锁)	1	上海人民电器厂
3	DX	带电显示器	DXN-12Q(配带电磁锁)	1	
4	1SB~4SB	旋钮开关	LA23-11X	4	
5	1FU~4FU	熔断器	RT14-20/6A	4	
6	SA	转换开关	LW2-Z-1a.4.6a.40.20/F8	1	上海精益电器
7	1KA~6KA	电流继电器	DL-31/20A/10A(板前接线)	6	苏州继电器厂
8	KC	中间继电器	DZ-17/220V(板前接线)	1	苏州继电器厂
9	KCF	中间继电器	DZB-115/220V/1A(板前接线)	1	苏州继电器厂
10	1KT、2KT	时间继电器	BS-72B/220V(板前接线)	2	北京继电器厂
11	1KS~4KS	信号继电器	DX-31B/1A(嵌入式板后接线)	4	苏州继电器厂
12	HLG、HLR、HLW、HLY	信号灯	AD16-22/220V	4	
13	1PA、2PA、3PA	电流表	42L6-A/□ A/5A	3	
14	1EL、2EL	照明灯	25W/220V	2	
15	1XB、2XB、3XB、4XB	连接片	YY1-D	4	
16	R	电阻	ZG11-50W/4Ω	1	
17	QE	接地开关	JN15-12/□ kA	1	
18	F	避雷器	HY5WZ2-17/43.5kV	3	
19	BH	凝露控制器	SK/220V	1	
20	1EE、2EE	加热器	JJR-75W/220V	2	

图 15-3 KYN28A-12(直流操作) 双电源进线柜二次原理图(备用电源柜)

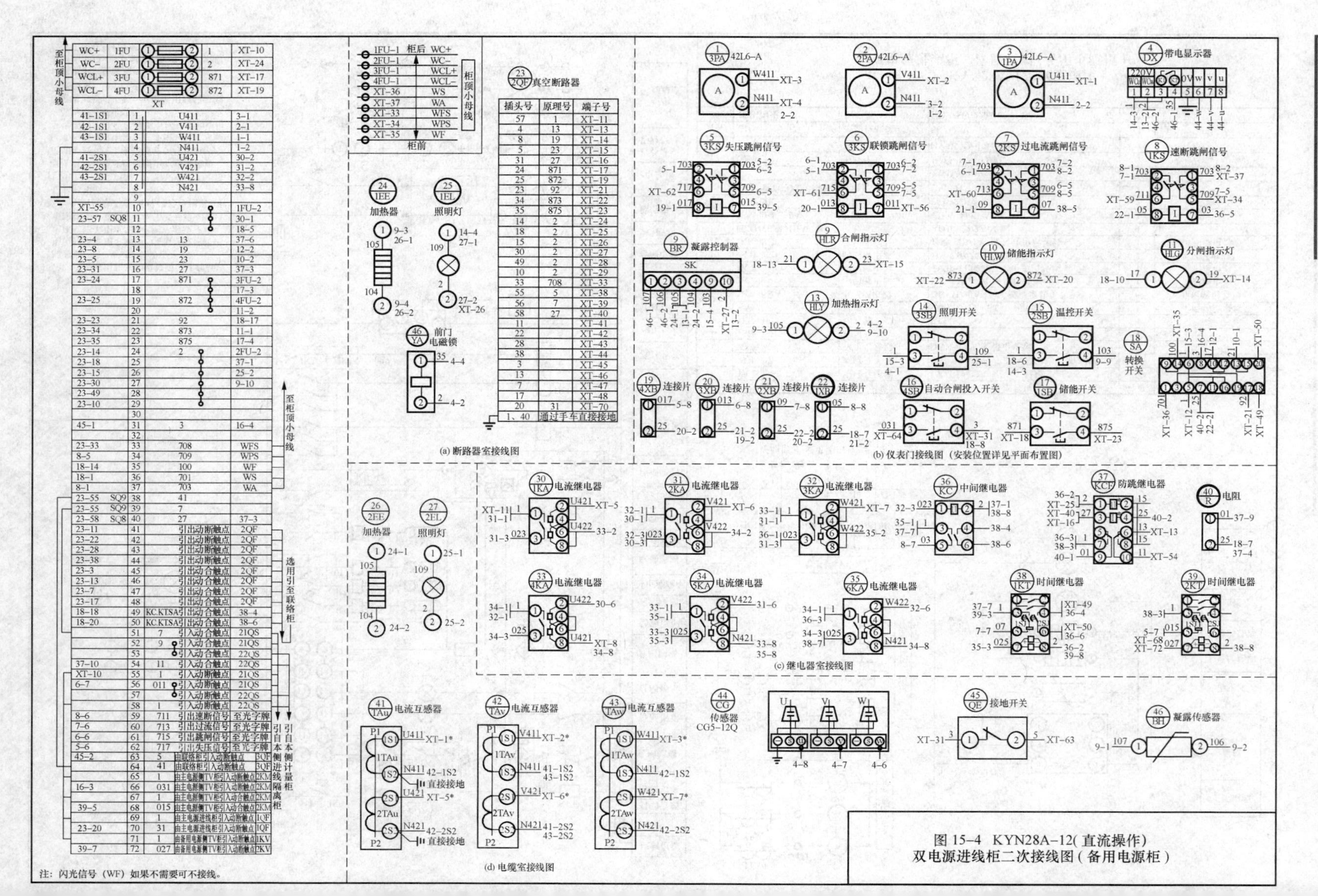

23 2QF 真空断路器

插头号	原理号	端子号
57	1	XT-11
4	13	XT-13
8	19	XT-14
5	23	XT-15
31	27	XT-16
24	871	XT-17
25	872	XT-19
23	92	XT-21
34	873	XT-22
35	875	XT-23
14	2	XT-24
18	2	XT-25
15	2	XT-26
30	2	XT-27
49	2	XT-28
10	2	XT-29
33	708	XT-33
55	5	XT-38
56	7	XT-39
58	27	XT-40
11		XT-41
22		XT-42
28		XT-43
38		XT-44
3		XT-45
13		XT-46
7		XT-47
17		XT-48
20	31	XT-70
1、40	通过手车直接接地	

(a) 断路器室接线图

(b) 仪表门接线图（安装位置详见平面布置图）

(c) 继电器室接线图

(d) 电缆室接线图

注：闪光信号（WF）如果不需要可不接线。

图 15-4 KYN28A-12(直流操作)
双电源进线柜二次接线图(备用电源柜)

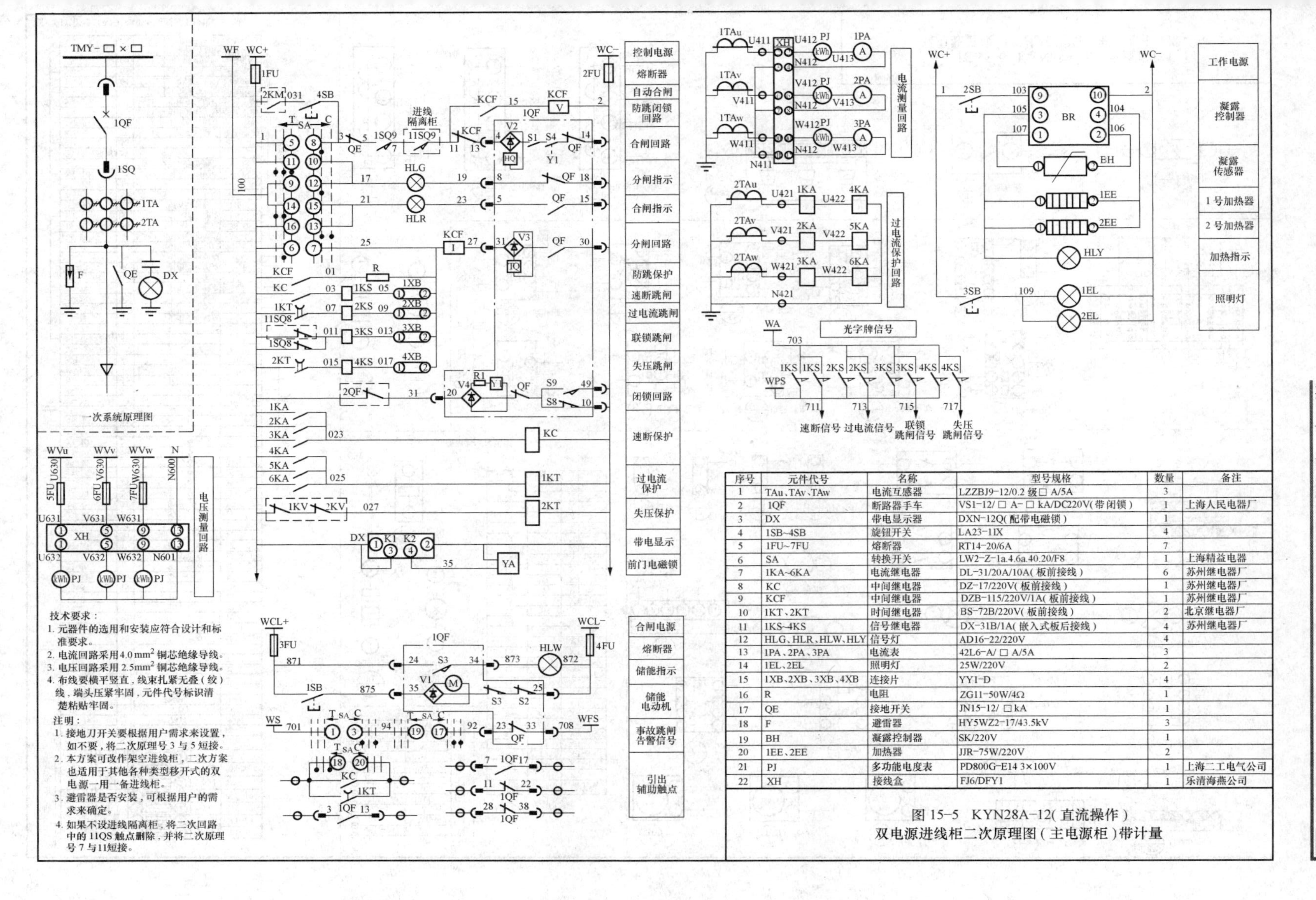

序号	元件代号	名称	型号规格	数量	备注
1	TAu、TAv、TAw	电流互感器	LZZBJ9-12/0.2 级□ A/5A	3	
2	1QF	断路器手车	VS1-12/ □ A- □ kA/DC220V(带闭锁)	1	上海人民电器厂
3	DX	带电显示器	DXN-12Q(配带电磁锁)	1	
4	1SB~4SB	旋钮开关	LA23-11X	4	
5	1FU~7FU	熔断器	RT14-20/6A	7	
6	SA	转换开关	LW2-Z-1a.4.6a.40.20/F8	1	上海精益电器
7	1KA~6KA	电流继电器	DL-31/20A/10A(板前接线)	6	苏州继电器厂
8	KC	中间继电器	DZ-17/220V(板前接线)	1	苏州继电器厂
9	KCF	中间继电器	DZB-115/220V/1A(板前接线)	1	苏州继电器厂
10	1KT、2KT	时间继电器	BS-72B/220V(板前接线)	2	北京继电器厂
11	1KS~4KS	信号继电器	DX-31B/1A(嵌入式板后接线)	4	苏州继电器厂
12	HLG、HLR、HLW、HLY	信号灯	AD16-22/220V	4	
13	1PA、2PA、3PA	电流表	42L6-A/ □ A/5A	3	
14	1EL、2EL	照明灯	25W/220V	2	
15	1XB、2XB、3XB、4XB	连接片	YY1-D	4	
16	R	电阻	ZG11-50W/4Ω	1	
17	QE	接地开关	JN15-12/ □ kA	1	
18	F	避雷器	HY5WZ2-17/43.5kV	3	
19	BH	凝露控制器	SK/220V	1	
20	1EE、2EE	加热器	JJR-75W/220V	2	
21	PJ	多功能电度表	PD800G-E14 3×100V	1	上海二工电气公司
22	XH	接线盒	FJ6/DFY1	1	乐清海燕公司

技术要求：

1. 元器件的选用和安装应符合设计和标准要求。
2. 电流回路采用 4.0mm^2 铜芯绝缘导线。
3. 电压回路采用 2.5mm^2 铜芯绝缘导线。
4. 布线要横平竖直，线束扎紧无叠（绞）线，端头压紧牢固，元件代号标识清楚粘贴牢固。

注明：

1. 接地刀开关要根据用户需求来设置，如不要，将二次原理号 3 与 5 短接。
2. 本方案可改作架空进线柜，二次方案也适用于其他各种类型移开式的双电源一用一备进线柜。
3. 避雷器是否安装，可根据用户的需求来确定。
4. 如果不设进线隔离柜，将二次回路中的 11QS 触点删除，并将二次原理号 7 与 11短接。

图 15-5 KYN28A-12(直流操作)双电源进线柜二次原理图(主电源柜)带计量

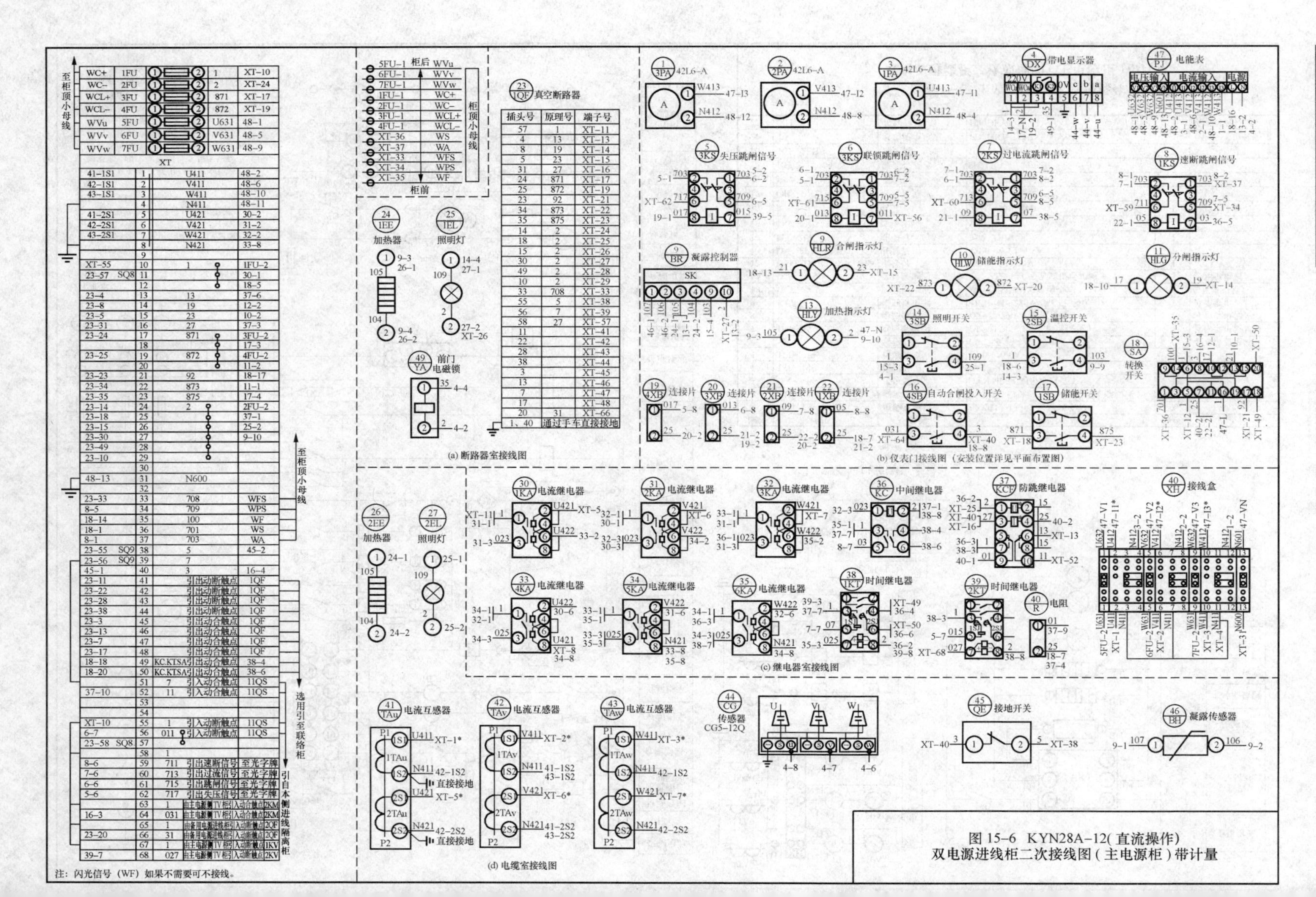

插头号	原理号	端子号
57	1	XT-11
4	13	XT-13
8	19	XT-14
5	23	XT-15
31	27	XT-16
24	871	XT-17
25	872	XT-19
23	92	XT-21
34	873	XT-22
35	875	XT-23
14	2	XT-24
18	2	XT-25
15	2	XT-26
30	2	XT-27
49	2	XT-28
10	2	XT-29
33	708	XT-33
55	5	XT-38
56	7	XT-39
58	27	XT-57
11		XT-41
22		XT-42
28		XT-43
38		XT-44
3		XT-45
13		XT-46
7		XT-47
17		XT-48
20	31	XT-66
1、40	通过手车直接接地	

注：闪光信号（WF）如果不需要可不接线。

图15-6 KYN28A-12（直流操作）双电源进线柜二次接线图（主电源柜）带计量

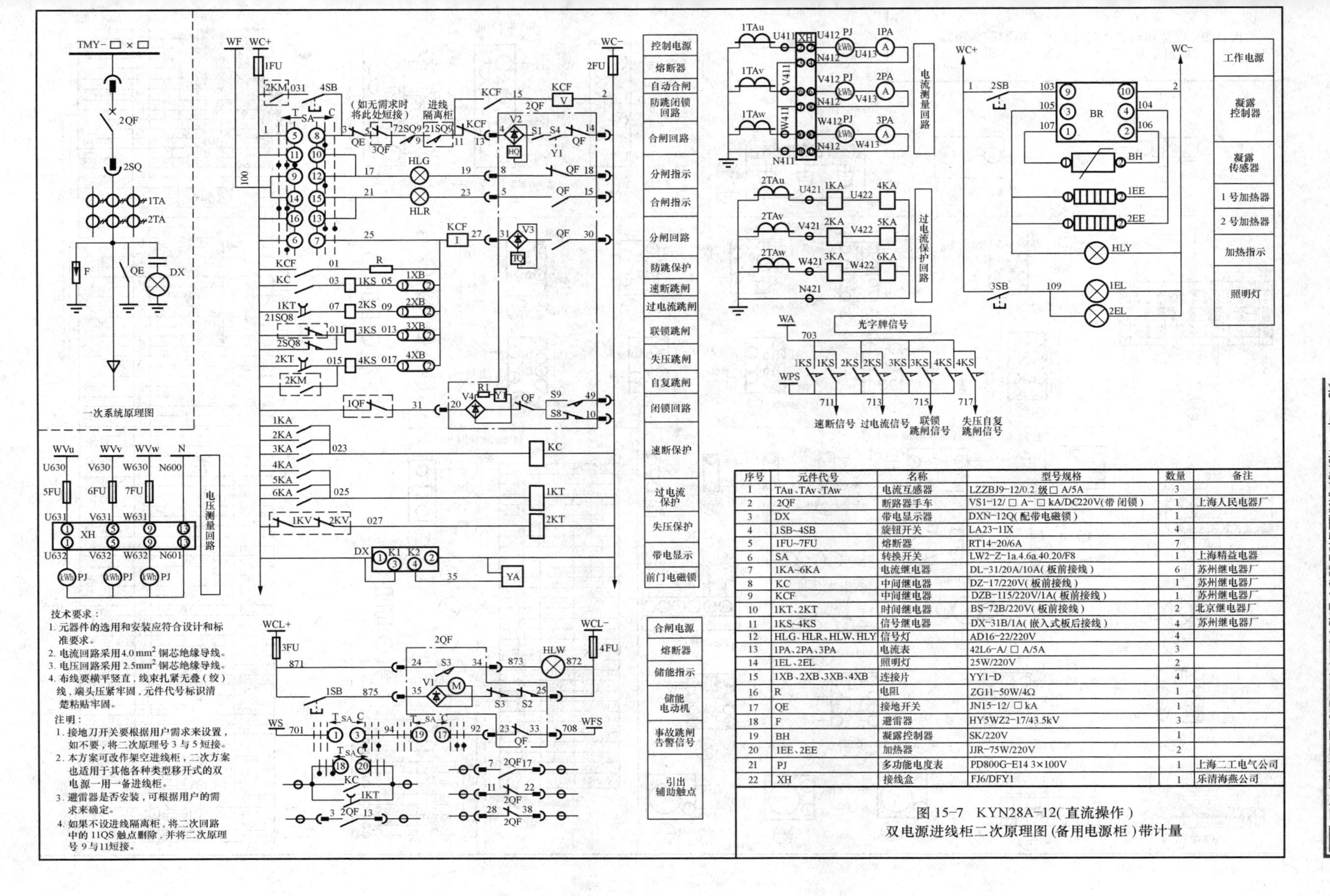

技术要求：

1. 元器件的选用和安装应符合设计和标准要求。
2. 电流回路采用4.0mm^{2}铜芯绝缘导线。
3. 电压回路采用2.5mm^{2}铜芯绝缘导线。
4. 布线要横平竖直，线束扎紧无叠（绞）线，端头压紧牢固，元件代号标识清楚粘贴牢固。

注明：

1. 接地刀开关要根据用户需求来设置，如不要，将二次原理号3与5短接。
2. 本方案可改作架空进线柜，二次方案也适用于其他各种类型移开式的双电源一用一备进线柜。
3. 避雷器是否安装，可根据用户的需求来确定。
4. 如果不设进线隔离柜，将二次回路中的11QS触点删除，并将二次原理号9与11短接。

序号	元件代号	名称	型号规格	数量	备注
1	TAu、TAv、TAw	电流互感器	LZZBJ9-12/0.2级□A/5A	3	
2	2QF	断路器手车	VS1-12/□A-□kA/DC220V(带闭锁)	1	上海人民电器厂
3	DX	带电显示器	DXN-12Q(配带电磁锁)	1	
4	1SB~4SB	旋钮开关	LA23-11X	4	
5	1FU~7FU	熔断器	RT14-20/6A	7	
6	SA	转换开关	LW2-Z-1a.4.6a.40.20/F8	1	上海精益电器
7	1KA~6KA	电流继电器	DL-31/20A/10A(板前接线)	6	苏州继电器厂
8	KC	中间继电器	DZ-17/220V(板前接线)	1	苏州继电器厂
9	KCF	中间继电器	DZB-115/220V/1A(板前接线)	1	苏州继电器厂
10	1KT、2KT	时间继电器	BS-72B/220V(板前接线)	2	北京继电器厂
11	1KS~4KS	信号继电器	DX-31B/1A(嵌入式板后接线)	4	苏州继电器厂
12	HLG、HLR、HLW、HLY	信号灯	AD16-22/220V	4	
13	1PA、2PA、3PA	电流表	42L6-A/□A/5A	3	
14	1EL、2EL	照明灯	25W/220V	2	
15	1XB、2XB、3XB、4XB	连接片	YY1-D	4	
16	R	电阻	ZG11-50W/4Ω	1	
17	QE	接地开关	JN15-12/□kA	1	
18	F	避雷器	HY5WZ2-17/43.5kV	3	
19	BH	凝露控制器	SK/220V	1	
20	1EE、2EE	加热器	JJR-75W/220V	2	
21	PJ	多功能电度表	PD800G-E14 3×100V	1	上海二工电气公司
22	XH	接线盒	FJ6/DFY1	1	乐清海燕公司

图15-7　KYN28A-12(直流操作)双电源进线柜二次原理图(备用电源柜)带计量

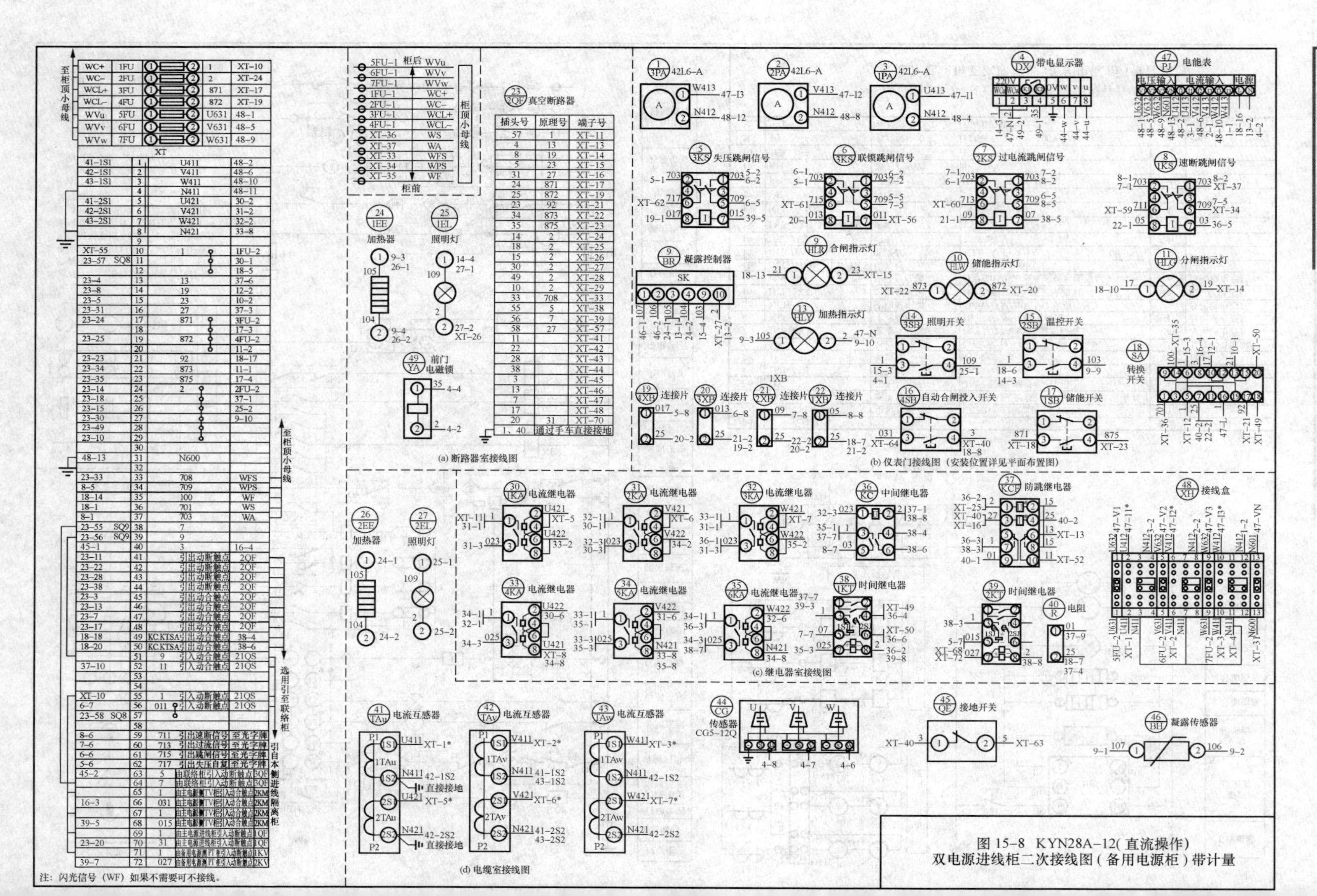

注：闪光信号（WF）如果不需要可不接线。

图15-8　KYN28A-12（直流操作）双电源进线柜二次接线图（备用电源柜）带计量

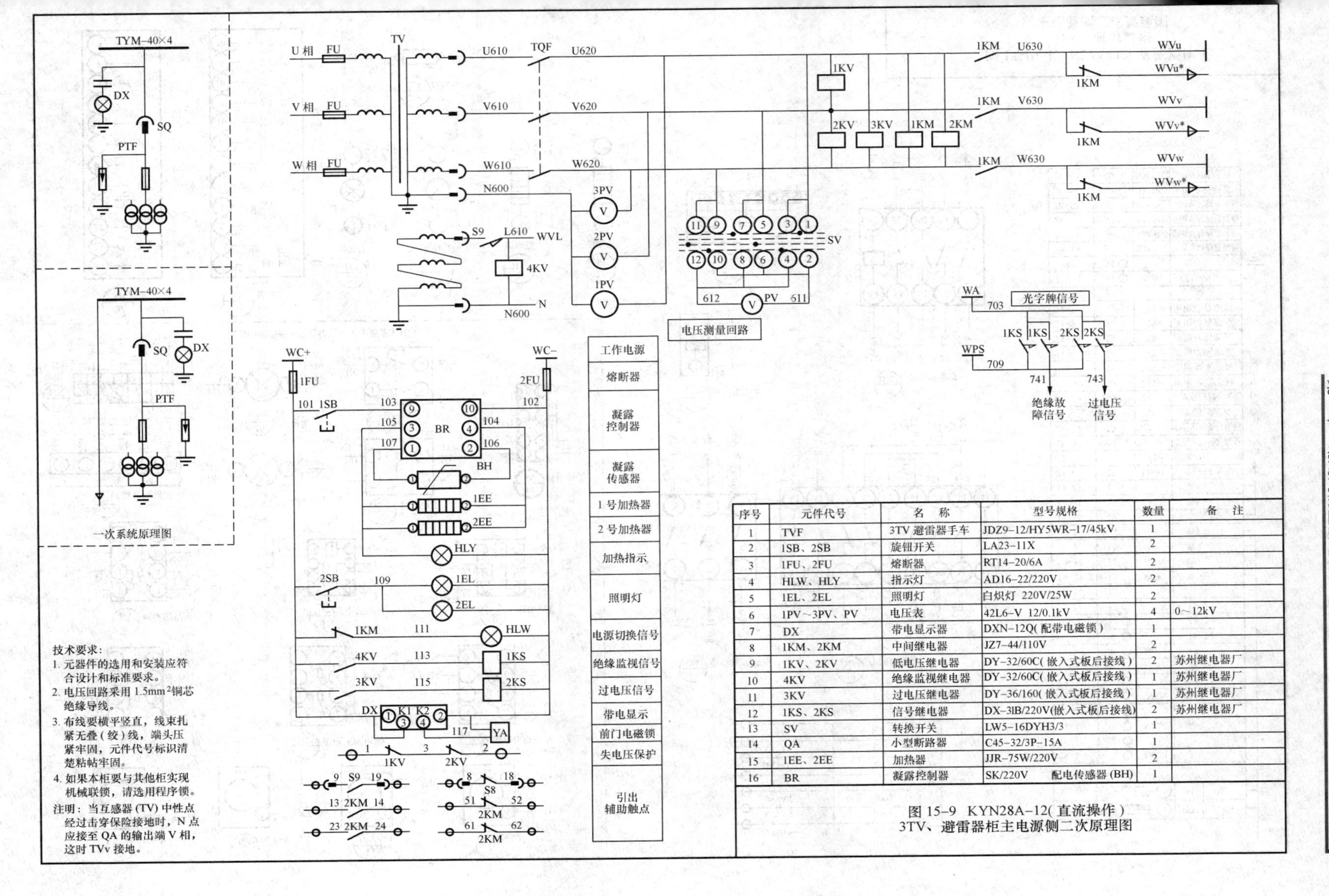

序号	元件代号	名　称	型号规格	数量	备　注
1	TVF	3TV 避雷器手车	JDZ9-12/HY5WR-17/45kV	1	
2	1SB、2SB	旋钮开关	LA23-11X	2	
3	1FU、2FU	熔断器	RT14-20/6A	2	
4	HLW、HLY	指示灯	AD16-22/220V	2	
5	1EL、2EL	照明灯	白炽灯 220V/25W	2	
6	1PV～3PV、PV	电压表	42L6-V 12/0.1kV	4	0～12kV
7	DX	带电显示器	DXN-12Q(配带电磁锁)	1	
8	1KM、2KM	中间继电器	JZ7-44/110V	2	
9	1KV、2KV	低电压继电器	DY-32/60C(嵌入式板后接线)	2	苏州继电器厂
10	4KV	绝缘监视继电器	DY-32/60C(嵌入式板后接线)	1	苏州继电器厂
11	3KV	过电压继电器	DY-36/160(嵌入式板后接线)	1	苏州继电器厂
12	1KS、2KS	信号继电器	DX-31B/220V(嵌入式板后接线)	2	苏州继电器厂
13	SV	转换开关	LW5-16DYH3/3	1	
14	QA	小型断路器	C45-32/3P-15A	1	
15	1EE、2EE	加热器	JJR-75W/220V	2	
16	BR	凝露控制器	SK/220V　配电传感器(BH)	1	

技术要求：

1. 元器件的选用和安装应符合设计和标准要求。
2. 电压回路采用 1.5mm²铜芯绝缘导线。
3. 布线要横平竖直，线束扎紧无叠(绞)线，端头压紧牢固，元件代号标识清楚粘帖牢固。
4. 如果本柜要与其他柜实现机械联锁，请选用程序锁。

注明：当互感器(TV)中性点经过击穿保险接地时，N 点应接至 QA 的输出端 V 相，这时 TVv 接地。

图 15-9　KYN28A-12(直流操作)3TV、避雷器柜主电源侧二次原理图

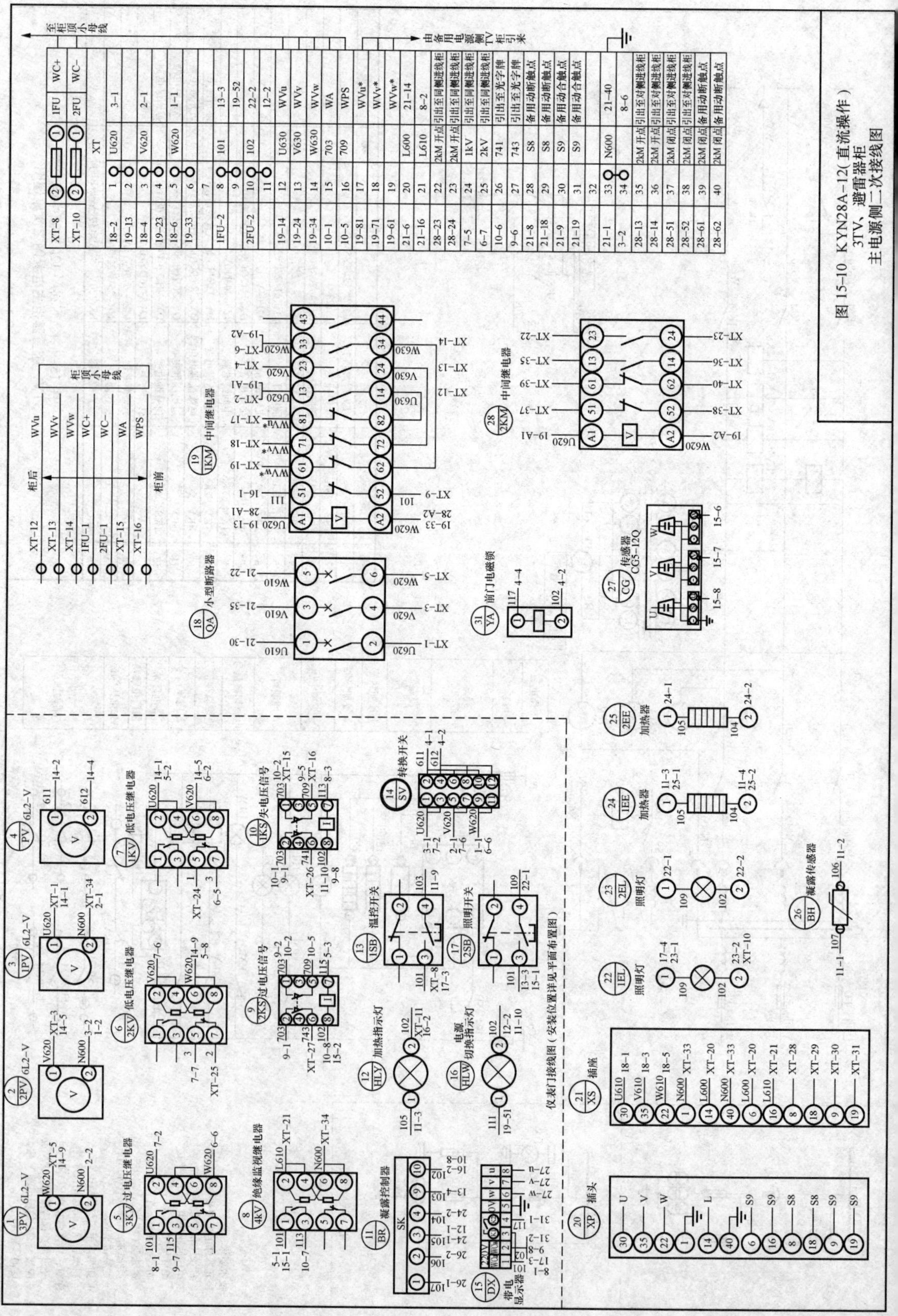

1 3PV 6L2-V

2 2PV 6L2-V

3 1PV 6L2-V

4 PV 6L2-V

5 3KV 过电压继电器

6 2KV 低电压继电器

7 1KV 低电压继电器

8 4kV 绝缘监视继电器

9 2KS 过电压信号

10 1KS 失电压信号

11 BR 凝露控制器

12 HLY 加热指示灯

13 1SB 温控开关

14 SV 转换开关

15 DX 带电显示器

16 HLW 电源切换指示灯

17 2SB 照明开关

仪表门接线图（安装位置详见平面布置图）

18 QA 小型断路器

19 1KM 中间继电器

20 XP 插头

21 XS 插座

22 1EL 照明灯

23 2EL 照明灯

24 1EE 加热器

25 2EE 加热器

26 BH 凝露传感器

27 CG 传感器 CG5-12Q

28 2KM 中间继电器

31 YA 前门电磁锁

柜后 / 柜前 — 柜顶小母线: WVu, WVv, WVw, WC+, WC−, WA, WPS

XT-8	② ①	1FU	WC+
XT-10	② ①	2FU	WC−

XT

18–2	1	U620	3–1
19–13	2		
18–4	3	V620	2–1
19–23	4		
18–6	5	W620	1–1
19–33	6		
	7		
1FU–2	8	101	13–3
	9		19–52
2FU–2	10	102	22–2
	11		12–2
19–14	12	U630	WVu
19–24	13	V630	WVv
19–34	14	W630	WVw
10–1	15	703	WA
10–5	16	709	WPS
19–81	17		WVu*
19–71	18		WVv*
19–61	19		WVw*
21–6	20	L600	21–14
21–16	21	L610	8–2
28–23	22	2kM 开点	引出至同侧进线柜
28–24	23	2kM 开点	引出至同侧进线柜
7–5	24	1kV	引出至同侧进线柜
6–7	25	2kV	引出至同侧进线柜
10–6	26	741	引出至光字牌
9–6	27	743	引出至光字牌
21–8	28	S8	备用动断触点
21–18	29	S8	备用动断触点
21–9	30	S9	备用动合触点
21–19	31	S9	备用动合触点
	32		
21–1	33	N600	21–40
3–2	34		8–6
28–13	35	2kM 开点	引出至对侧进线柜
28–14	36	2kM 开点	引出至对侧进线柜
28–51	37	2kM 闭点	引出至对侧进线柜
28–52	38	2kM 闭点	引出至对侧进线柜
28–61	39	2kM 闭点	备用动断触点
28–62	40	2kM 闭点	备用动断触点

至柜顶小母线

由备用电源侧TV柜引来

图 15-10 KYN28A-12(直流操作)
3TV、避雷器柜
主电源侧二次接线图

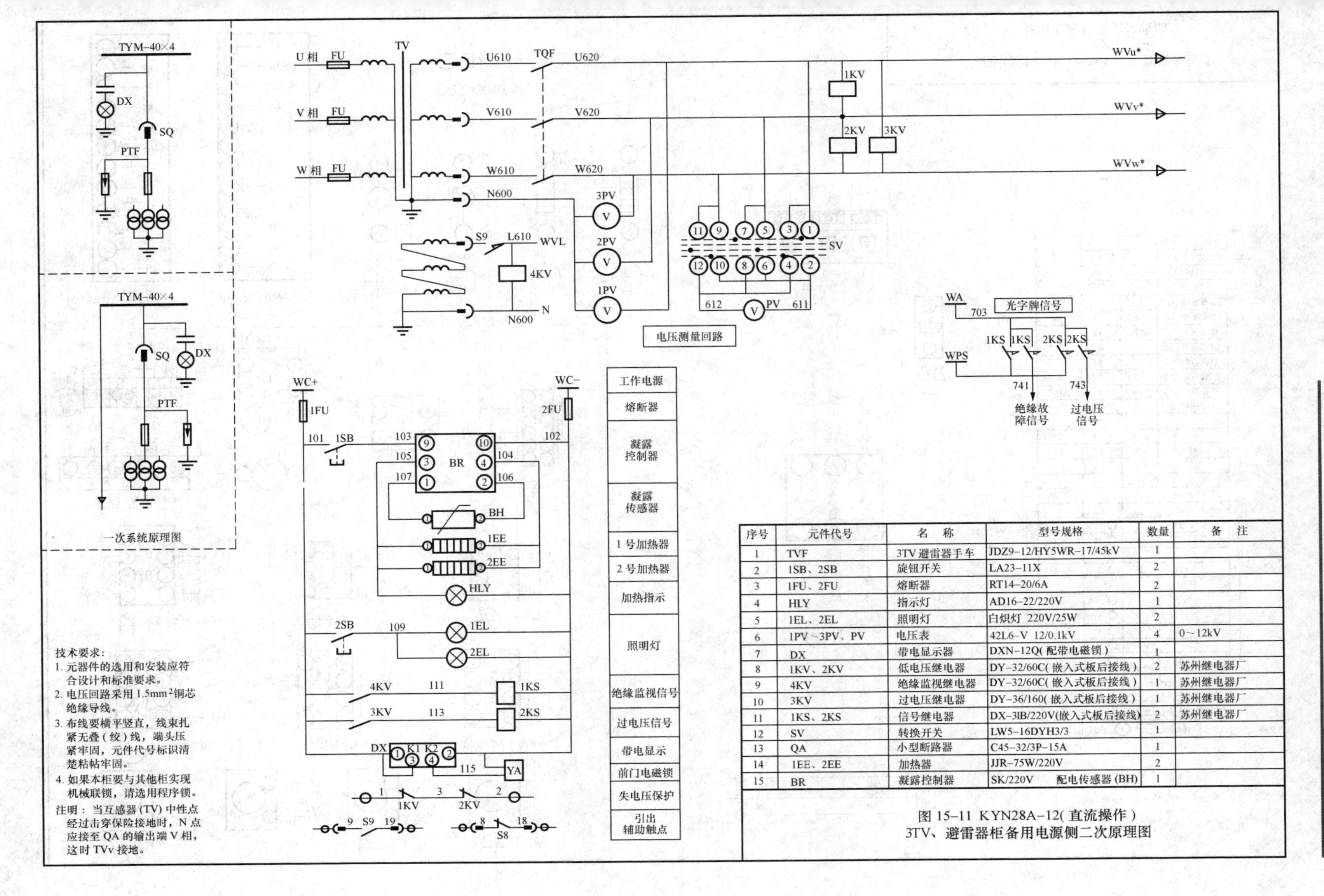

序号	元件代号	名　称	型号规格	数量	备　注
1	TVF	3TV 避雷器手车	JDZ9-12/HY5WR-17/45kV	1	
2	1SB、2SB	旋钮开关	LA23-11X	2	
3	1FU、2FU	熔断器	RT14-20/6A	2	
4	HLY	指示灯	AD16-22/220V	1	
5	1EL、2EL	照明灯	白炽灯 220V/25W	2	
6	1PV～3PV、PV	电压表	42L6-V 12/0.1kV	4	0～12kV
7	DX	带电显示器	DXN-12Q(配带电磁锁)	1	
8	1KV、2KV	低电压继电器	DY-32/60C(嵌入式板后接线)	2	苏州继电器厂
9	4KV	绝缘监视继电器	DY-32/60C(嵌入式板后接线)	1	苏州继电器厂
10	3KV	过电压继电器	DY-36/160(嵌入式板后接线)	1	苏州继电器厂
11	1KS、2KS	信号继电器	DX-31B/220V(嵌入式板后接线)	2	苏州继电器厂
12	SV	转换开关	LW5-16DYH3/3	1	
13	QA	小型断路器	C45-32/3P-15A	1	
14	1EE、2EE	加热器	JJR-75W/220V	2	
15	BR	凝露控制器	SK/220V　配电传感器 (BH)	1	

图 15-11 KYN28A-12(直流操作)
3TV、避雷器柜备用电源侧二次原理图

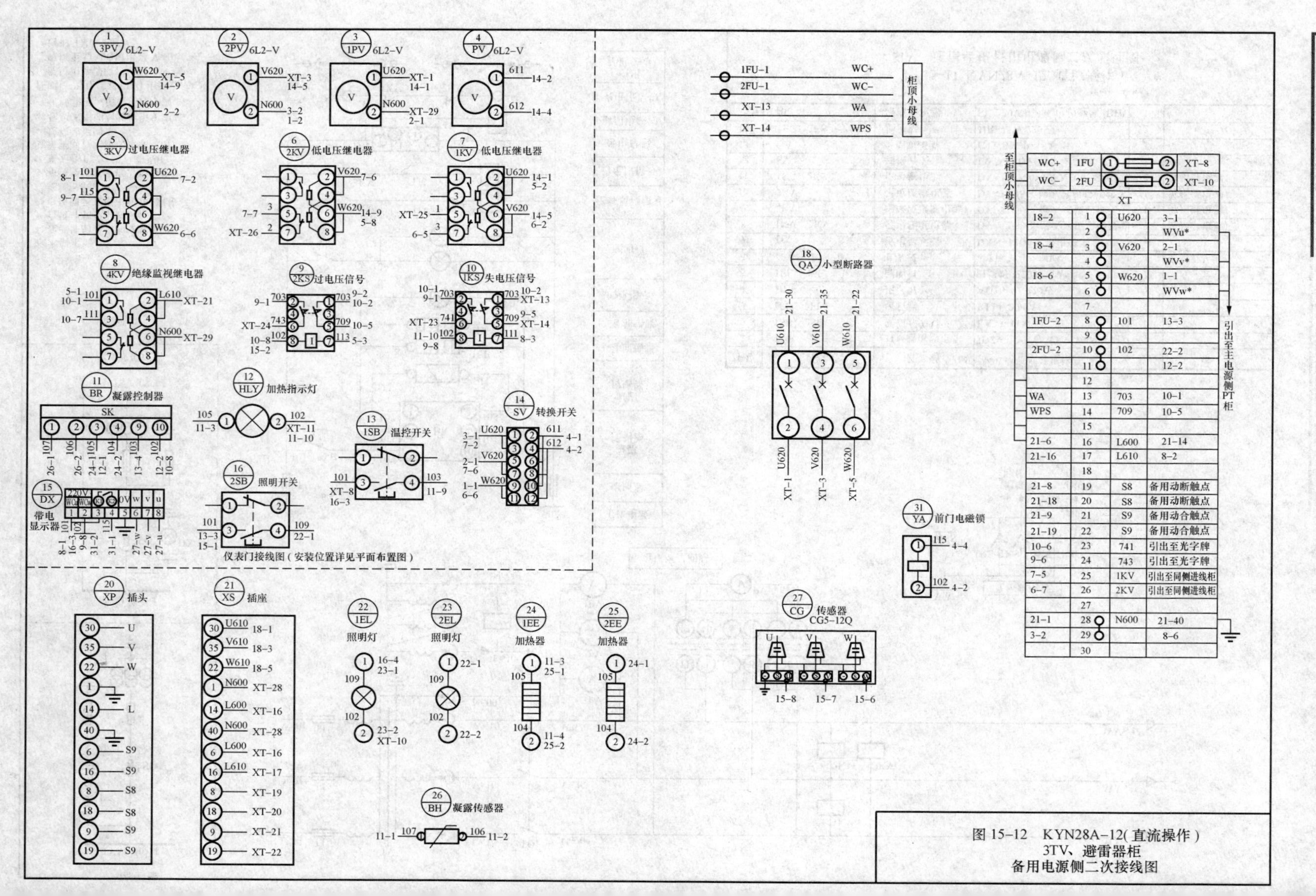

图15-12 KYN28A-12（直流操作）3TV、避雷器柜备用电源侧二次接线图

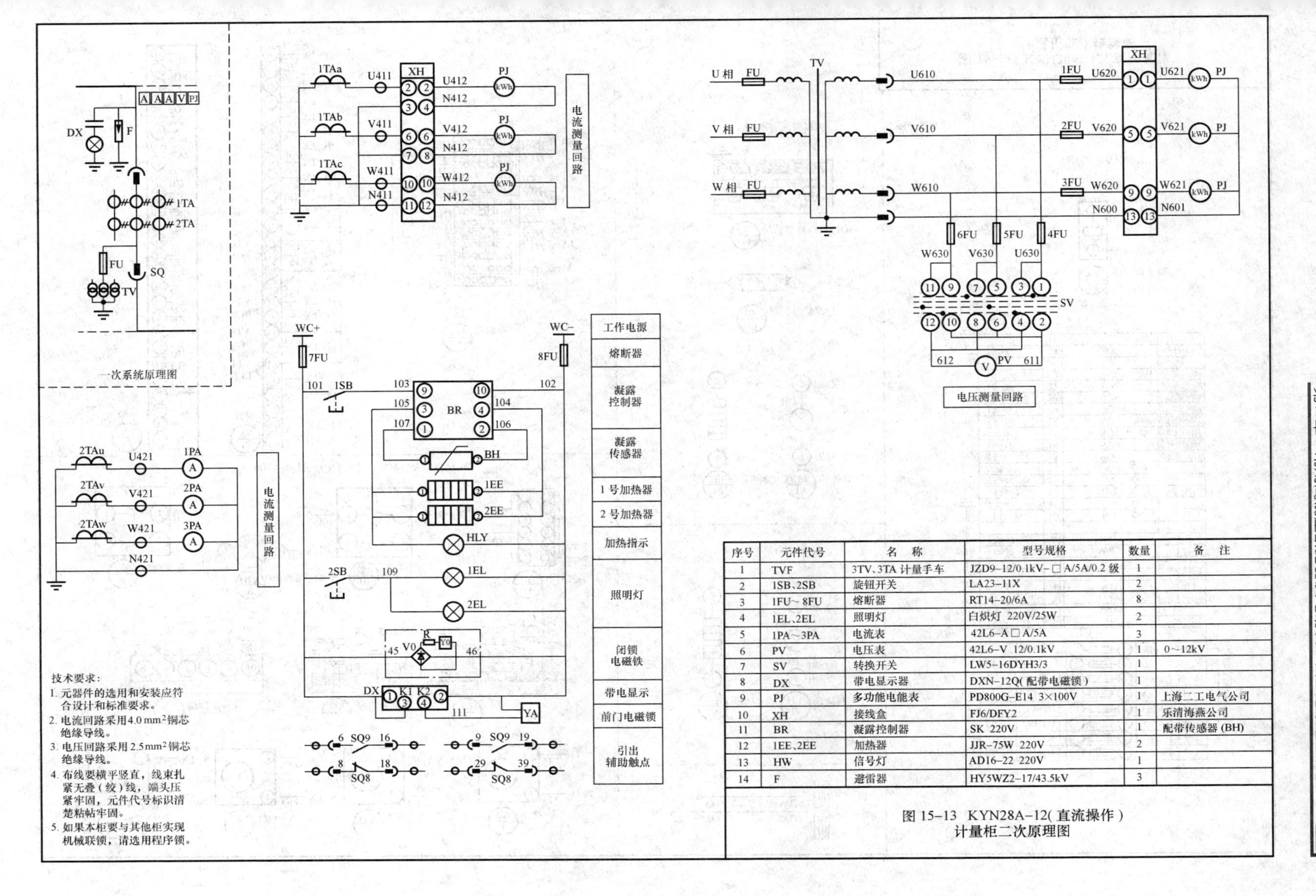

序号	元件代号	名　称	型号规格	数量	备　注
1	TVF	3TV、3TA 计量手车	JZD9-12/0.1kV-□ A/5A/0.2 级	1	
2	1SB、2SB	旋钮开关	LA23-11X	2	
3	1FU～8FU	熔断器	RT14-20/6A	8	
4	1EL、2EL	照明灯	白炽灯 220V/25W	2	
5	1PA～3PA	电流表	42L6-A□ A/5A	3	
6	PV	电压表	42L6-V 12/0.1kV	1	0～12kV
7	SV	转换开关	LW5-16DYH3/3	1	
8	DX	带电显示器	DXN-12Q(配带电磁锁)	1	
9	PJ	多功能电能表	PD800G-E14 3×100V	1	上海二工电气公司
10	XH	接线盒	FJ6/DFY2	1	乐清海燕公司
11	BR	凝露控制器	SK 220V	1	配带传感器 (BH)
12	1EE、2EE	加热器	JJR-75W 220V	2	
13	HW	信号灯	AD16-22 220V	1	
14	F	避雷器	HY5WZ2-17/43.5kV	3	

技术要求：
1. 元器件的选用和安装应符合设计和标准要求。
2. 电流回路采用4.0 mm²铜芯绝缘导线。
3. 电压回路采用 2.5mm² 铜芯绝缘导线。
4. 布线要横平竖直，线束扎紧无叠（绞）线，端头压紧牢固，元件代号标识清楚粘帖牢固。
5. 如果本柜要与其他柜实现机械联锁，请选用程序锁。

图 15-13 KYN28A-12(直流操作)
计量柜二次原理图

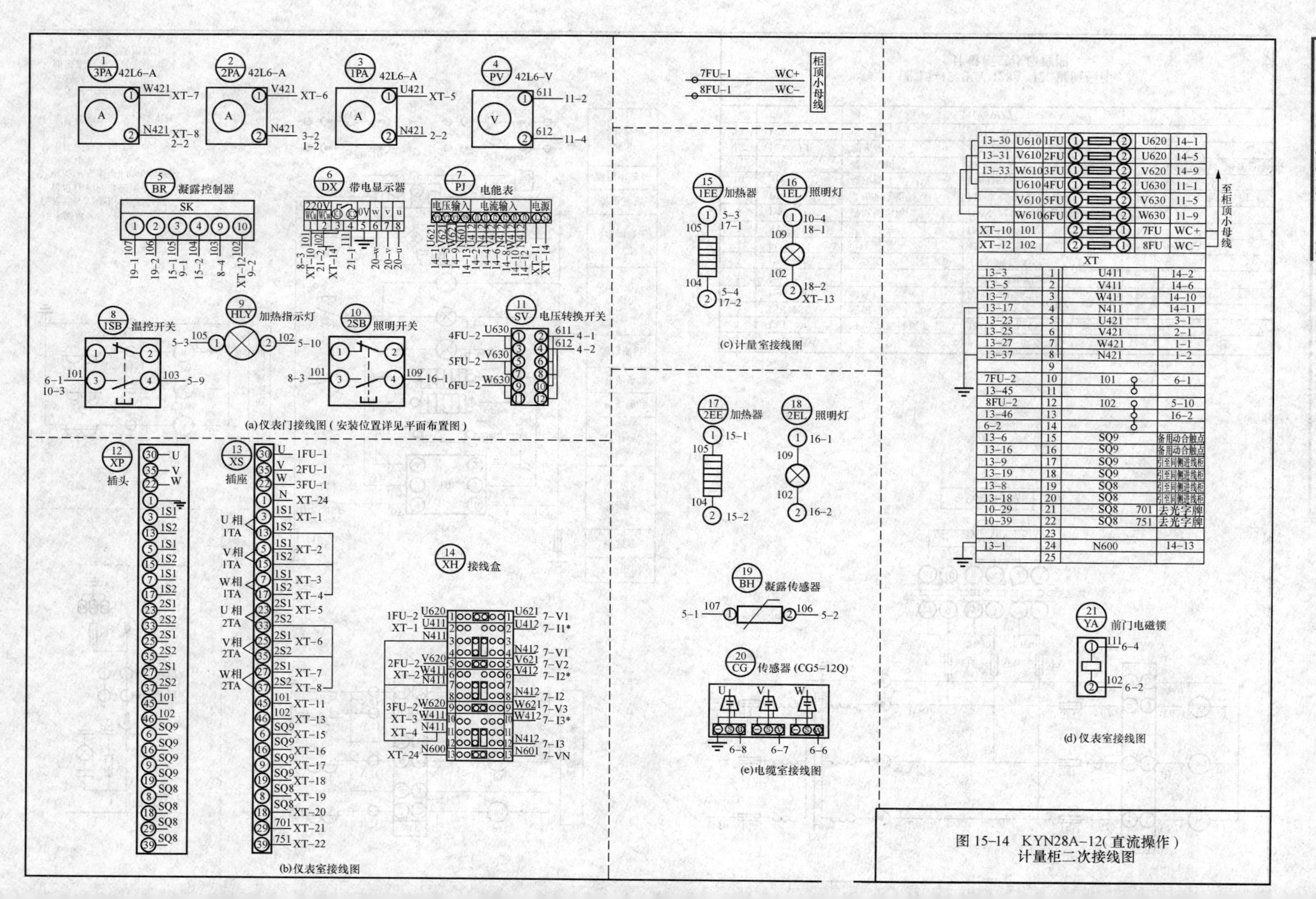

图 15-14 KYN28A-12（直流操作）计量柜二次接线图

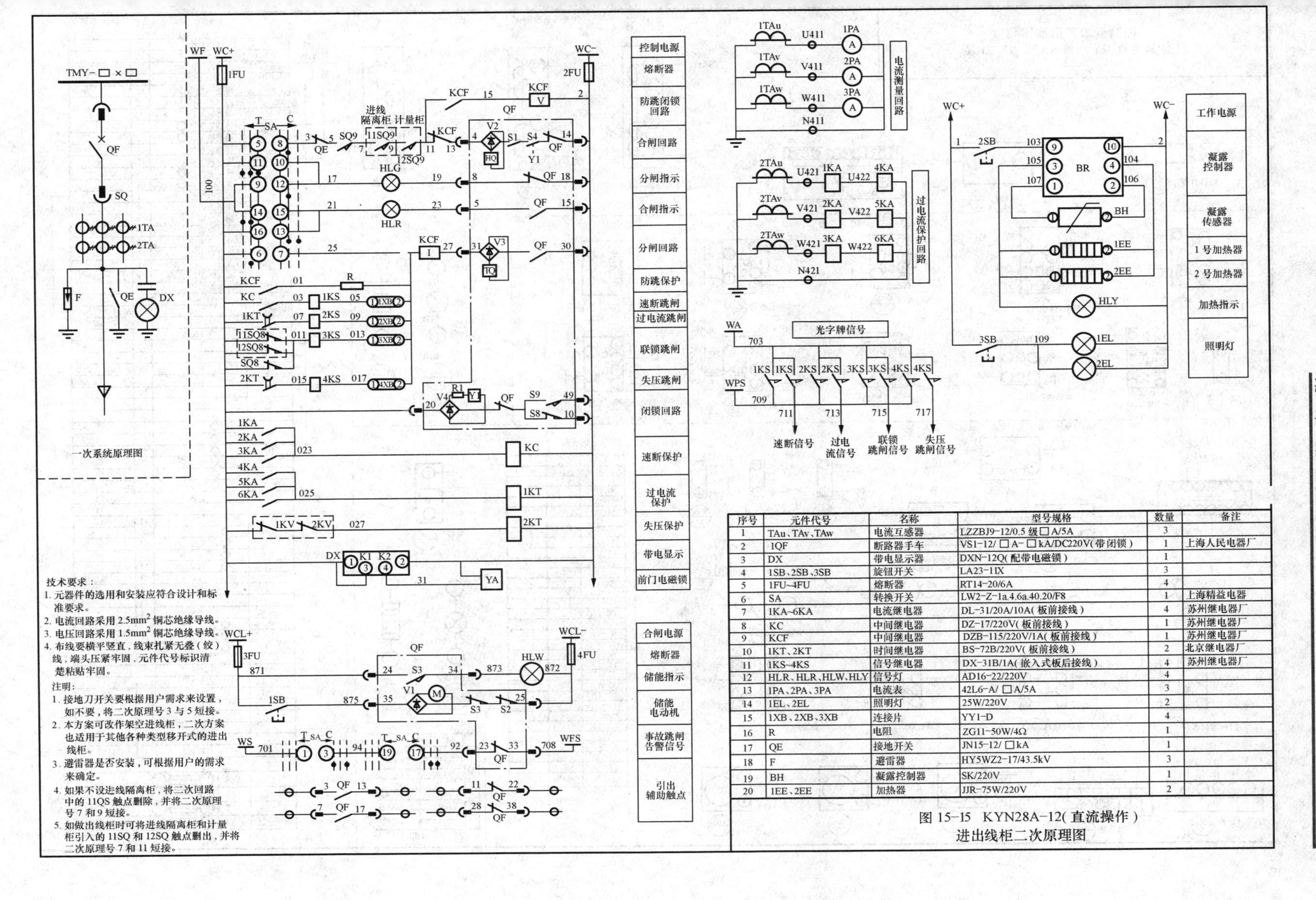

技术要求：

1. 元器件的选用和安装应符合设计和标准要求。
2. 电流回路采用 2.5mm² 铜芯绝缘导线。
3. 电压回路采用 1.5mm² 铜芯绝缘导线。
4. 布线要横平竖直，线束扎紧无叠（绞）线，端头压紧牢固，元件代号标识清楚粘贴牢固。

注明：

1. 接地刀开关要根据用户需求来设置，如不要，将二次原理号 3 与 5 短接。
2. 本方案可改作架空进线柜，二次方案也适用于其他各种类型移开式的进出线柜。
3. 避雷器是否安装，可根据用户的需求来确定。
4. 如果不设进线隔离柜，将二次回路中的 11QS 触点删除，并将二次原理号 7 和 9 短接。
5. 如做出线柜时可将进线隔离柜和计量柜引入的 11SQ 和 12SQ 触点删出，并将二次原理号 7 和 11 短接。

序号	元件代号	名称	型号规格	数量	备注
1	TAu、TAv、TAw	电流互感器	LZZBJ9-12/0.5 级□A/5A	3	
2	1QF	断路器手车	VS1-12/□A-□kA/DC220V（带闭锁）	1	上海人民电器厂
3	DX	带电显示器	DXN-12Q（配带电磁锁）	1	
4	1SB、2SB、3SB	旋钮开关	LA23-11X	3	
5	1FU~4FU	熔断器	RT14-20/6A	4	
6	SA	转换开关	LW2-Z-1a.4.6a.40.20/F8	1	上海精益电器
7	1KA~6KA	电流继电器	DL-31/20A/10A（板前接线）	4	苏州继电器厂
8	KC	中间继电器	DZ-17/220V（板前接线）	1	苏州继电器厂
9	KCF	中间继电器	DZB-115/220V/1A（板前接线）	1	苏州继电器厂
10	1KT、2KT	时间继电器	BS-72B/220V（板前接线）	2	北京继电器厂
11	1KS~4KS	信号继电器	DX-31B/1A（嵌入式板后接线）	4	苏州继电器厂
12	HLR、HLR、HLW、HLY	信号灯	AD16-22/220V	4	
13	1PA、2PA、3PA	电流表	42L6-A/□A/5A	3	
14	1EL、2EL	照明灯	25W/220V	2	
15	1XB、2XB、3XB	连接片	YY1-D	4	
16	R	电阻	ZG11-50W/4Ω	1	
17	QE	接地开关	JN15-12/□kA	1	
18	F	避雷器	HY5WZ2-17/43.5kV	3	
19	BH	凝露控制器	SK/220V	1	
20	1EE、2EE	加热器	JJR-75W/220V	2	

图 15-15　KYN28A-12（直流操作）进出线柜二次原理图

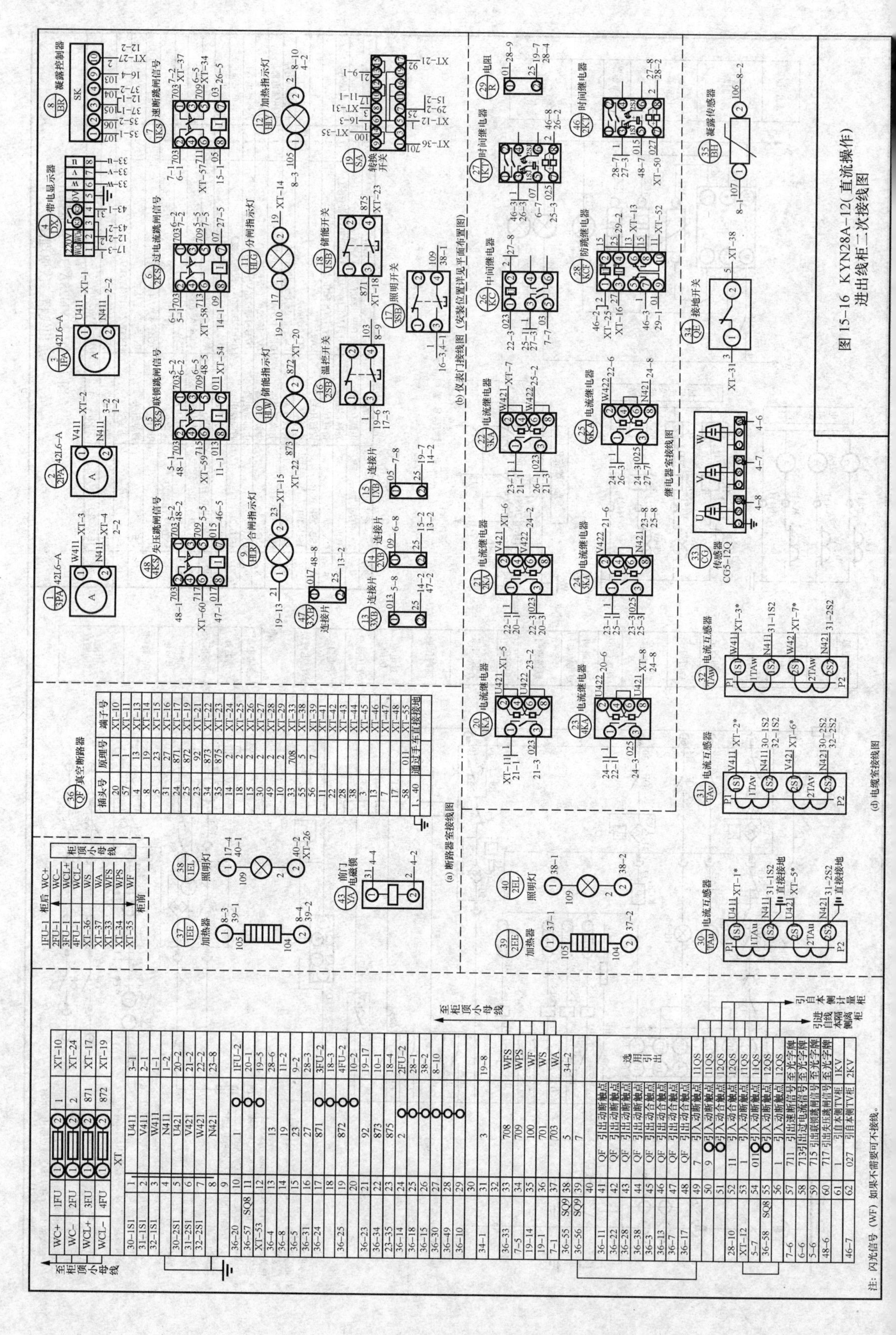

图 15-16 KYN28A-12（直流操作）进出线柜二次接线图

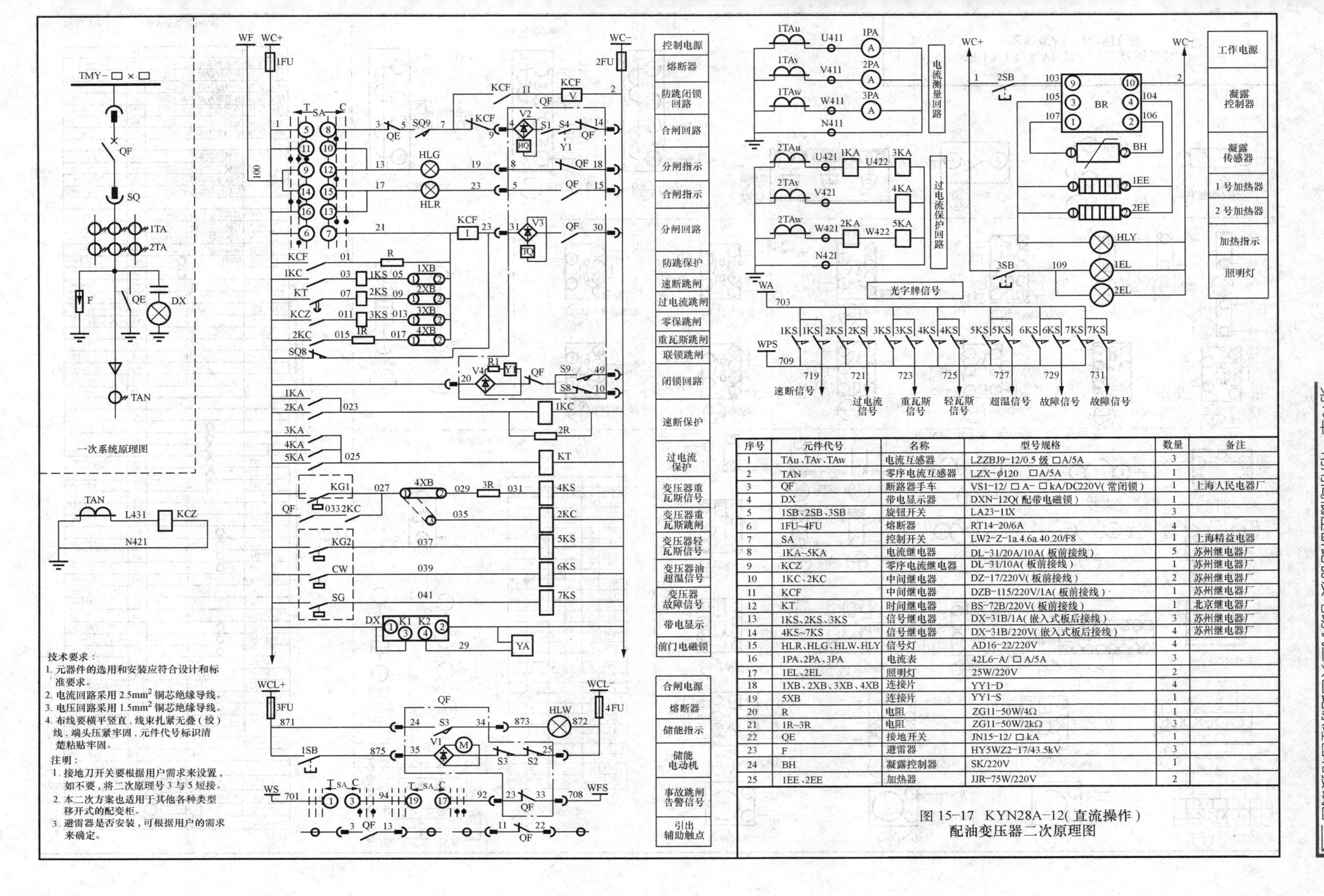

序号	元件代号	名称	型号规格	数量	备注
1	TAu、TAv、TAw	电流互感器	LZZBJ9-12/0.5 级 □A/5A	3	
2	TAN	零序电流互感器	LZX-φ120　□A/5A	1	
3	QF	断路器手车	VS1-12/ □ A- □ kA/DC220V(常闭锁)	1	上海人民电器厂
4	DX	带电显示器	DXN-12Q(配带电磁锁)	1	
5	1SB、2SB、3SB	旋钮开关	LA23-11X	3	
6	1FU~4FU	熔断器	RT14-20/6A	4	
7	SA	控制开关	LW2-Z-1a.4.6a.40.20/F8	1	上海精益电器
8	1KA~5KA	电流继电器	DL-31/20A/10A(板前接线)	5	苏州继电器厂
9	KCZ	零序电流继电器	DL-31/10A(板前接线)	1	苏州继电器厂
10	1KC、2KC	中间继电器	DZ-17/220V(板前接线)	2	苏州继电器厂
11	KCF	中间继电器	DZB-115/220V/1A(板前接线)	1	苏州继电器厂
12	KT	时间继电器	BS-72B/220V(板前接线)	1	北京继电器厂
13	1KS、2KS、3KS	信号继电器	DX-31B/1A(嵌入式板后接线)	3	苏州继电器厂
14	4KS~7KS	信号继电器	DX-31B/220V(嵌入式板后接线)	4	苏州继电器厂
15	HLR、HLG、HLW、HLY	信号灯	AD16-22/220V	4	
16	1PA、2PA、3PA	电流表	42L6-A/ □ A/5A	3	
17	1EL、2EL	照明灯	25W/220V	2	
18	1XB、2XB、3XB、4XB	连接片	YY1-D	4	
19	5XB	连接片	YY1-S	1	
20	R	电阻	ZG11-50W/4Ω	1	
21	1R~3R	电阻	ZG11-50W/2kΩ	3	
22	QE	接地开关	JN15-12/ □ kA	1	
23	F	避雷器	HY5WZ2-17/43.5kV	3	
24	BH	凝露控制器	SK/220V	1	
25	1EE、2EE	加热器	JJR-75W/220V	2	

技术要求：

1. 元器件的选用和安装应符合设计和标准要求。
2. 电流回路采用 $2.5mm^2$ 铜芯绝缘导线。
3. 电压回路采用 $1.5mm^2$ 铜芯绝缘导线。
4. 布线要横平竖直，线束扎紧无叠（绞）线，端头压紧牢固，元件代号标识清楚粘贴牢固。

注明：

1. 接地刀开关要根据用户需求来设置，如不要，将二次原理号 3 与 5 短接。
2. 本二次方案也适用于其他各种类型移开式的配变柜。
3. 避雷器是否安装，可根据用户的需求来确定。

图 15-17　KYN28A-12(直流操作)配油变压器二次原理图

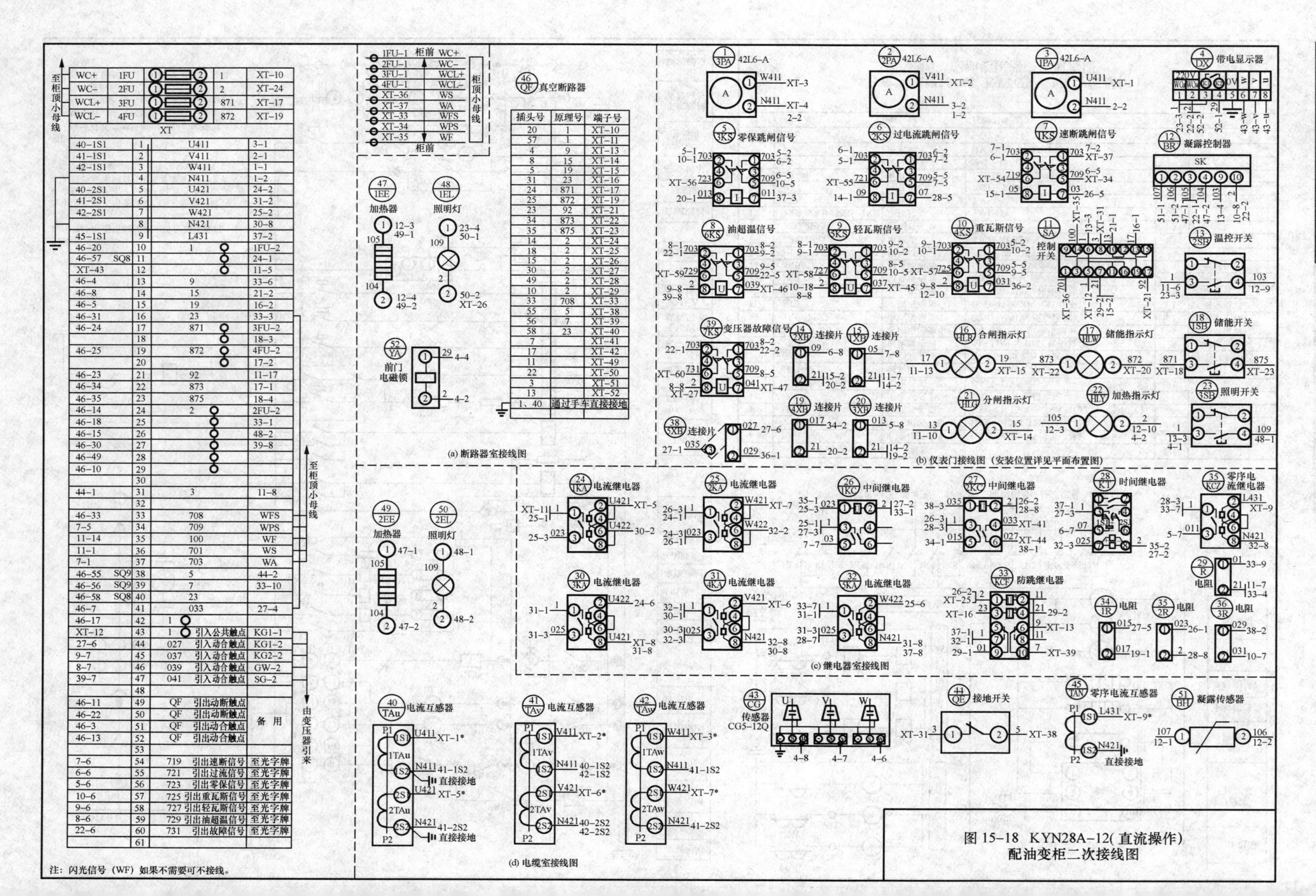

WC+	1FU	1	XT-10
WC-	2FU	2	XT-24
WCL+	3FU	871	XT-17
WCL-	4FU	872	XT-19

	XT		
40-1S1	1	U411	3-1
41-1S1	2	V411	2-1
42-1S1	3	W411	1-1
	4	N411	1-2
40-2S1	5	U421	24-2
41-2S1	6	V421	31-2
42-2S1	7	W421	25-2
	8	N421	30-8
45-1S1	9	L431	37-2
46-20	10	1	1FU-2
46-57 SQ8	11		24-1
XT-43	12		11-5
46-4	13	9	33-6
46-8	14	15	21-2
46-5	15	19	16-2
46-31	16	23	33-3
46-24	17	871	3FU-2
	18		18-3
46-25	19	872	4FU-2
	20		17-2
46-23	21	92	11-17
46-34	22	873	17-1
46-35	23	875	18-4
46-14	24	2	2FU-2
46-18	25		33-1
46-15	26		48-2
46-30	27		39-8
46-49	28		
46-10	29		
	30		
44-1	31	3	11-8
	32		
46-33	33	708	WFS
7-5	34	709	WPS
11-14	35	100	WF
11-1	36	701	WS
7-1	37	703	WA
46-55 SQ9	38	5	44-2
46-56 SQ9	39	7	33-10
46-58 SQ8	40	23	
46-7	41	033	27-4
46-17	42	1	
XT-12	43	1 引入公共触点	KG1-1
27-6	44	027 引入动合触点	KG1-2
9-7	45	037 引入动合触点	KG2-2
8-7	46	039 引入动合触点	GW-2
39-7	47	041 引入动合触点	SG-2
	48		
46-11	49	QF 引出动断触点	备用
46-22	50	QF 引出动断触点	
46-3	51	QF 引出动合触点	
46-13	52	QF 引出动合触点	
	53		
7-6	54	719 引出速断信号	至光字牌
6-6	55	721 引出过流信号	至光字牌
5-6	56	723 引出零保信号	至光字牌
10-6	57	725 引出重瓦斯信号	至光字牌
9-6	58	727 引出轻瓦斯信号	至光字牌
8-6	59	729 引出油超温信号	至光字牌
22-6	60	731 引出故障信号	至光字牌
	61		

插头号	原理号	端子号
20	1	XT-10
57	1	XT-11
4	9	XT-13
8	15	XT-14
5	19	XT-15
31	23	XT-16
24	871	XT-17
25	872	XT-19
23	92	XT-21
34	873	XT-22
35	875	XT-23
14	2	XT-24
18	2	XT-25
15	2	XT-26
30	2	XT-27
49	2	XT-28
10	2	XT-29
33	708	XT-33
55	5	XT-38
56	7	XT-39
58	23	XT-40
7		XT-41
17		XT-42
11		XT-49
22		XT-50
3		XT-51
13		XT-52
1、40	通过手车直接接地	

图 15-18 KYN28A-12(直流操作)配油变柜二次接线图

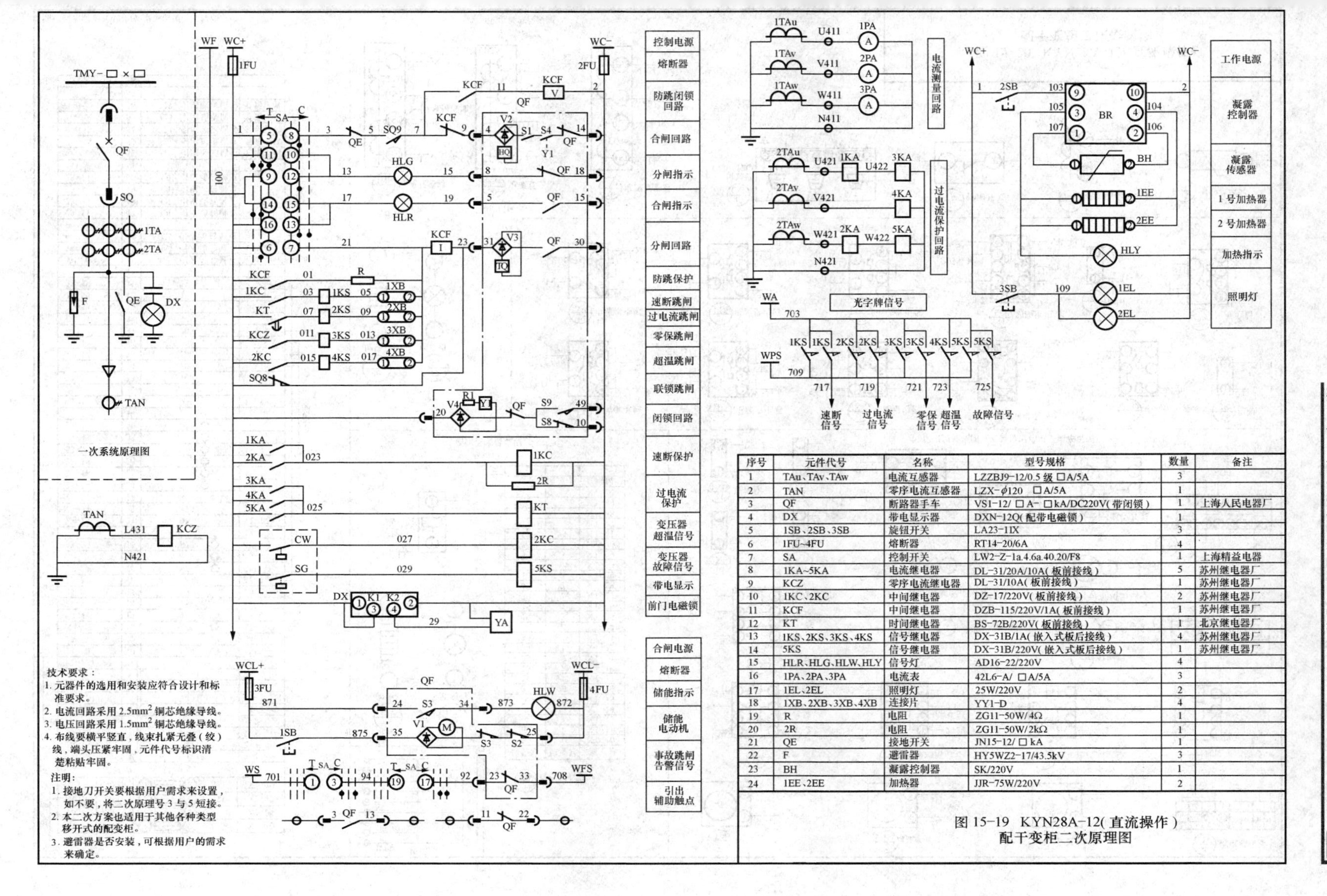

序号	元件代号	名称	型号规格	数量	备注
1	TAu、TAv、TAw	电流互感器	LZZBJ9-12/0.5 级 □A/5A	3	
2	TAN	零序电流互感器	LZX-ϕ120 □A/5A	1	
3	QF	断路器手车	VS1-12/ □A- □kA/DC220V(带闭锁)	1	上海人民电器厂
4	DX	带电显示器	DXN-12Q(配带电磁锁)	1	
5	1SB、2SB、3SB	旋钮开关	LA23-11X	3	
6	1FU~4FU	熔断器	RT14-20/6A	4	
7	SA	控制开关	LW2-Z-1a.4.6a.40.20/F8	1	上海精益电器
8	1KA~5KA	电流继电器	DL-31/20A/10A(板前接线)	5	苏州继电器厂
9	KCZ	零序电流继电器	DL-31/10A(板前接线)	1	苏州继电器厂
10	1KC、2KC	中间继电器	DZ-17/220V(板前接线)	2	苏州继电器厂
11	KCF	中间继电器	DZB-115/220V/1A(板前接线)	1	苏州继电器厂
12	KT	时间继电器	BS-72B/220V(板前接线)	1	北京继电器厂
13	1KS、2KS、3KS、4KS	信号继电器	DX-31B/1A(嵌入式板后接线)	4	苏州继电器厂
14	5KS	信号继电器	DX-31B/220V(嵌入式板后接线)	1	苏州继电器厂
15	HLR、HLG、HLW、HLY	信号灯	AD16-22/220V	4	
16	1PA、2PA、3PA	电流表	42L6-A/ □A/5A	3	
17	1EL、2EL	照明灯	25W/220V	2	
18	1XB、2XB、3XB、4XB	连接片	YY1-D	4	
19	R	电阻	ZG11-50W/4Ω	1	
20	2R	电阻	ZG11-50W/2kΩ	1	
21	QE	接地开关	JN15-12/ □kA	1	
22	F	避雷器	HY5WZ2-17/43.5kV	3	
23	BH	凝露控制器	SK/220V	1	
24	1EE、2EE	加热器	JJR-75W/220V	2	

技术要求：
1. 元器件的选用和安装应符合设计和标准要求。
2. 电流回路采用 $2.5mm^2$ 铜芯绝缘导线。
3. 电压回路采用 $1.5mm^2$ 铜芯绝缘导线。
4. 布线要横平竖直，线束扎紧无叠（绞）线，端头压紧牢固，元件代号标识清楚粘贴牢固。

注明：
1. 接地刀开关要根据用户需求来设置，如不要，将二次原理号 3 与 5 短接。
2. 本二次方案也适用于其他各种类型移开式的配变柜。
3. 避雷器是否安装，可根据用户的需求来确定。

图 15-19 KYN28A-12(直流操作)配干变柜二次原理图

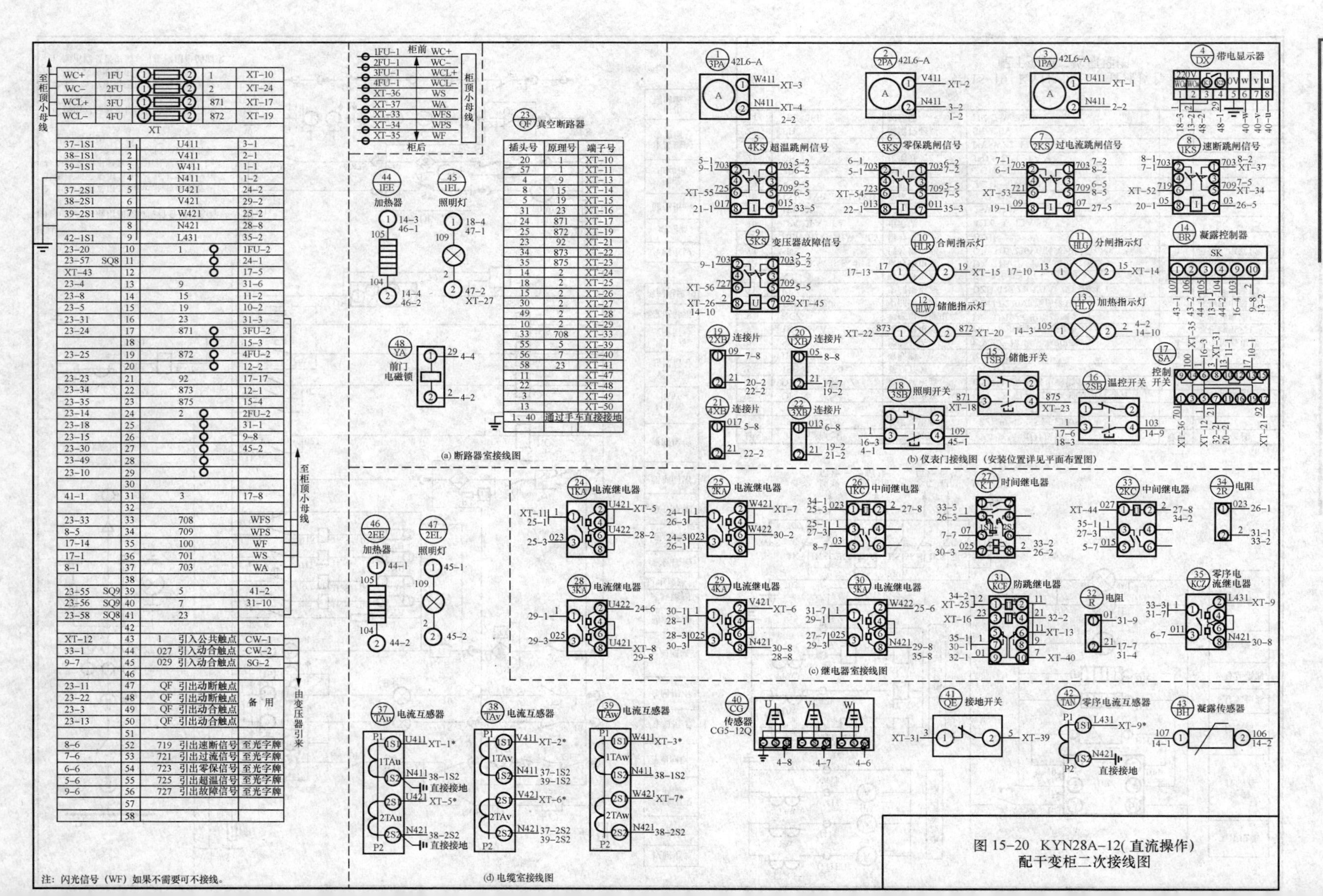

图 15-20 KYN28A-12(直流操作)配干变柜二次接线图

注：闪光信号（WF）如果不需要可不接线。

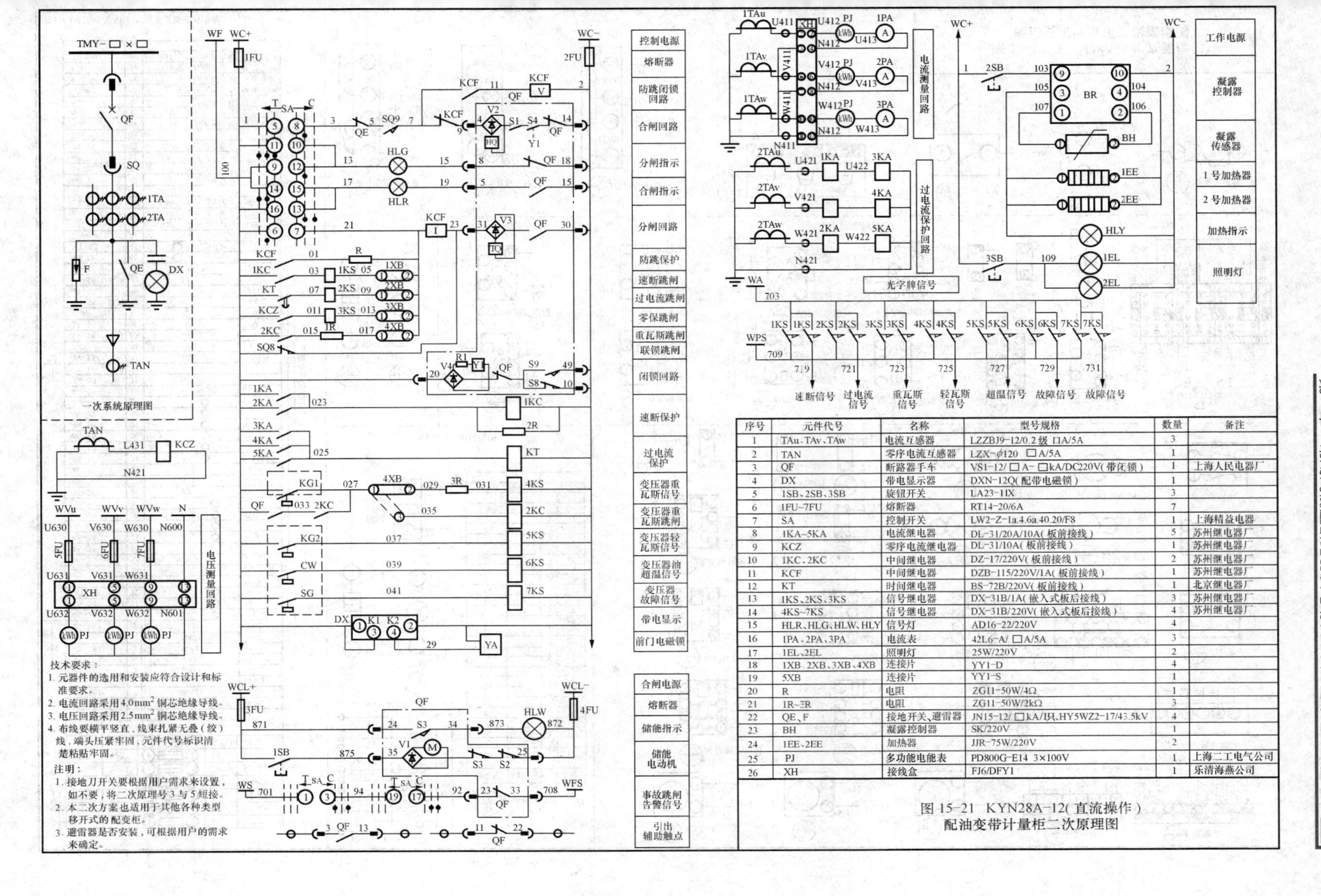

技术要求：
1. 元器件的选用和安装应符合设计和标准要求。
2. 电流回路采用4.0mm² 铜芯绝缘导线。
3. 电压回路采用2.5mm² 铜芯绝缘导线。
4. 布线要横平竖直，线束扎紧无叠（绞）线，端头压紧牢固，元件代号标识清楚粘贴牢固。

注明：
1. 接地刀开关要根据用户需求来设置，如不要，将二次原理号3与5短接。
2. 本二次方案也适用于其他各种类型移开式的配变柜。
3. 避雷器是否安装，可根据用户的需求来确定。

序号	元件代号	名称	型号规格	数量	备注
1	TAu、TAv、TAw	电流互感器	LZZBJ9-12/0.2级 □A/5A	3	
2	TAN	零序电流互感器	LZX-ϕ120 □A/5A	1	
3	QF	断路器手车	VS1-12/□A-□kA/DC220V(带闭锁)	1	上海人民电器厂
4	DX	带电显示器	DXN-12Q(配带电磁锁)	1	
5	1SB、2SB、3SB	旋钮开关	LA23-11X	3	
6	1FU~7FU	熔断器	RT14-20/6A	7	
7	SA	控制开关	LW2-Z-1a.4.6a.40.20/F8	1	上海精益电器
8	1KA~5KA	电流继电器	DL-31/20A/10A(板前接线)	5	苏州继电器厂
9	KCZ	零序电流继电器	DL-31/10A(板前接线)	1	苏州继电器厂
10	1KC、2KC	中间继电器	DZ-17/220V(板前接线)	2	苏州继电器厂
11	KCF	中间继电器	DZB-115/220V/1A(板前接线)	1	苏州继电器厂
12	KT	时间继电器	BS-72B/220V(板前接线)	1	北京继电器厂
13	1KS、2KS、3KS	信号继电器	DX-31B/1A(嵌入式板后接线)	3	苏州继电器厂
14	4KS~7KS	信号继电器	DX-31B/220V(嵌入式板后接线)	4	苏州继电器厂
15	HLR、HLG、HLW、HLY	信号灯	AD16-22/220V	4	
16	1PA、2PA、3PA	电流表	42L6-A/□A/5A	3	
17	1EL、2EL	照明灯	25W/220V	2	
18	1XB、2XB、3XB、4XB	连接片	YY1-D	4	
19	5XB	连接片	YY1-S	1	
20	R	电阻	ZG11-50W/4Ω	1	
21	1R~3R	电阻	ZG11-50W/2kΩ	3	
22	QE、F	接地开关、避雷器	JN15-12/□kA/1只,HY5WZ2-17/43.5kV	4	
23	BH	凝露控制器	SK/220V	1	
24	1EE、2EE	加热器	JJR-75W/220V	2	
25	PJ	多功能电能表	PD800G-E14 3×100V	1	上海二工电气公司
26	XH	接线盒	FJ6/DFY1	1	乐清海燕公司

图15-21 KYN28A-12(直流操作)配油变带计量柜二次原理图

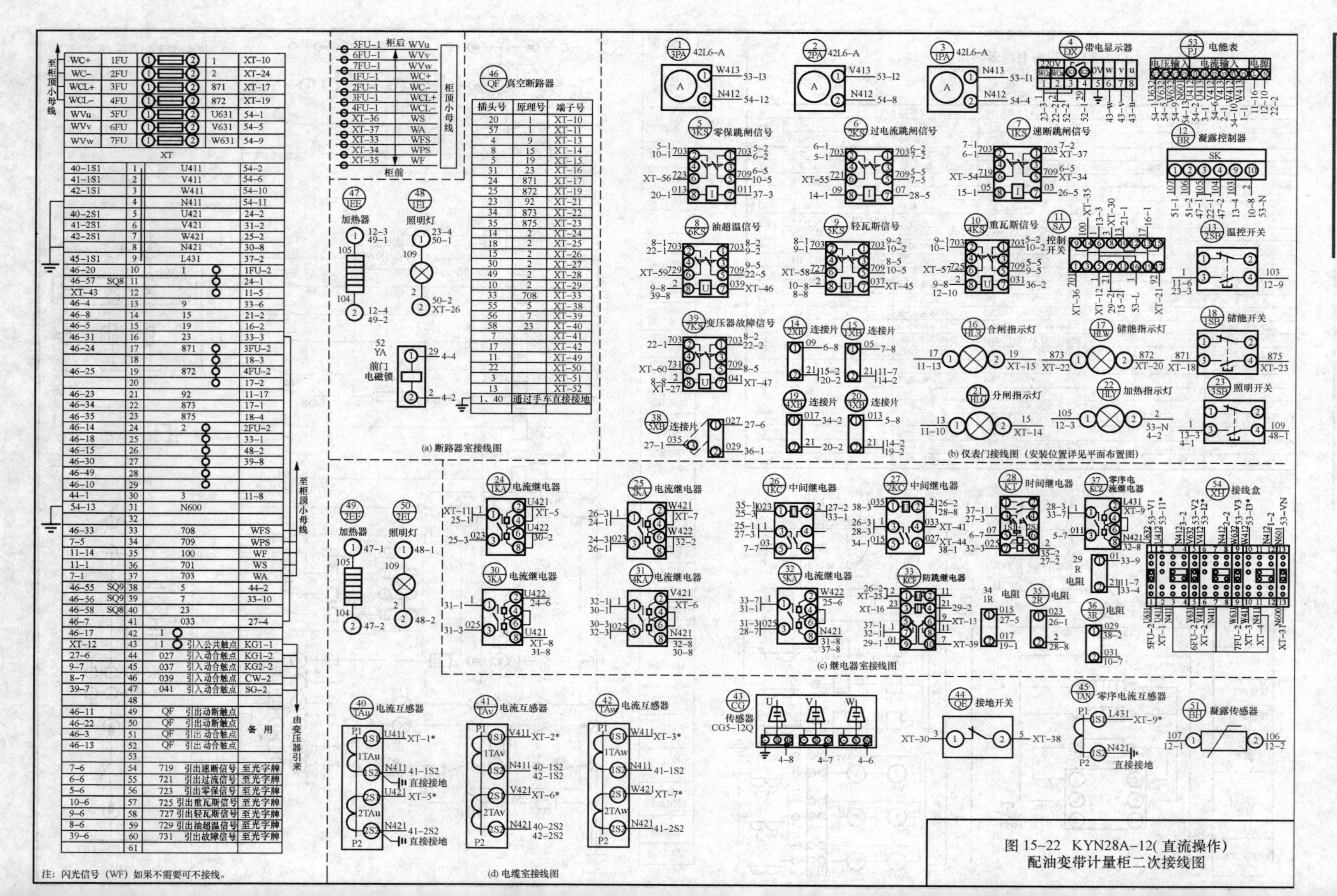

插头号	原理号	端子号
20	1	XT-10
57	1	XT-11
4	9	XT-13
8	15	XT-14
5	19	XT-15
31	23	XT-16
24	871	XT-17
25	872	XT-19
23	92	XT-21
34	873	XT-22
35	875	XT-23
14	2	XT-24
18	2	XT-25
15	2	XT-26
30	2	XT-27
49	2	XT-28
10	2	XT-29
33	708	XT-33
55	5	XT-38
56	7	XT-39
58	23	XT-40
7		XT-41
17		XT-42
11		XT-49
22		XT-50
3		XT-51
13		XT-52
1、40	通过手车直接接地	

小母线	熔断器	编号	去向
WC+	1FU	1	XT-10
WC-	2FU	2	XT-24
WCL+	3FU	871	XT-17
WCL-	4FU	872	XT-19
WVu	5FU	U631	54-1
WVv	6FU	V631	54-5
WVw	7FU	W631	54-9

XT			
40-1S1	1	U411	54-2
41-1S1	2	V411	54-6
42-1S1	3	W411	54-10
	4	N411	54-11
40-2S1	5	U421	24-2
41-2S1	6	V421	31-2
42-2S1	7	W421	25-2
	8	N421	30-8
45-1S1	9	L431	37-2
46-20	10	1	1FU-2
46-57 SQ8	11		24-1
XT-43	12		11-5
46-4	13	9	33-6
46-8	14	15	21-2
46-5	15	19	16-2
46-31	16	23	33-3
46-24	17	871	3FU-2
	18		18-3
46-25	19	872	4FU-2
	20		17-2
46-23	21	92	11-17
46-34	22	873	17-1
46-35	23	875	18-4
46-14	24	2	2FU-2
46-18	25		33-1
46-15	26		48-2
46-30	27		39-8
46-49	28		
46-10	29		
44-1	30	3	11-8
54-13	31	N600	
	32		
46-33	33	708	WFS
7-5	34	709	WPS
11-14	35	100	WF
11-1	36	701	WS
7-1	37	703	WA
46-55 SQ9	38	5	44-2
46-56 SQ9	39	7	33-10
46-58 SQ8	40	23	
46-7	41	033	27-4
46-17	42	1	
XT-12	43	1 引入公共触点	KG1-1
27-6	44	027 引入动合触点	KG1-2
9-7	45	037 引入动合触点	KG2-2
8-7	46	039 引入动合触点	CW-2
39-7	47	041 引入动合触点	SG-2
	48		
46-11	49	QF 引出动断触点	备用
46-22	50	QF 引出动断触点	
46-3	51	QF 引出动合触点	
46-13	52	QF 引出动合触点	
	53		
7-6	54	719 引出速断信号	至光字牌
6-6	55	721 引出过流信号	至光字牌
5-6	56	723 引出零保信号	至光字牌
10-6	57	725 引出重瓦斯信号	至光字牌
9-6	58	727 引出轻瓦斯信号	至光字牌
8-6	59	729 引出油超温信号	至光字牌
39-6	60	731 引出故障信号	至光字牌
	61		

注：闪光信号（WF）如果不需要可不接线。

图15-22 KYN28A-12(直流操作)配油变带计量柜二次接线图

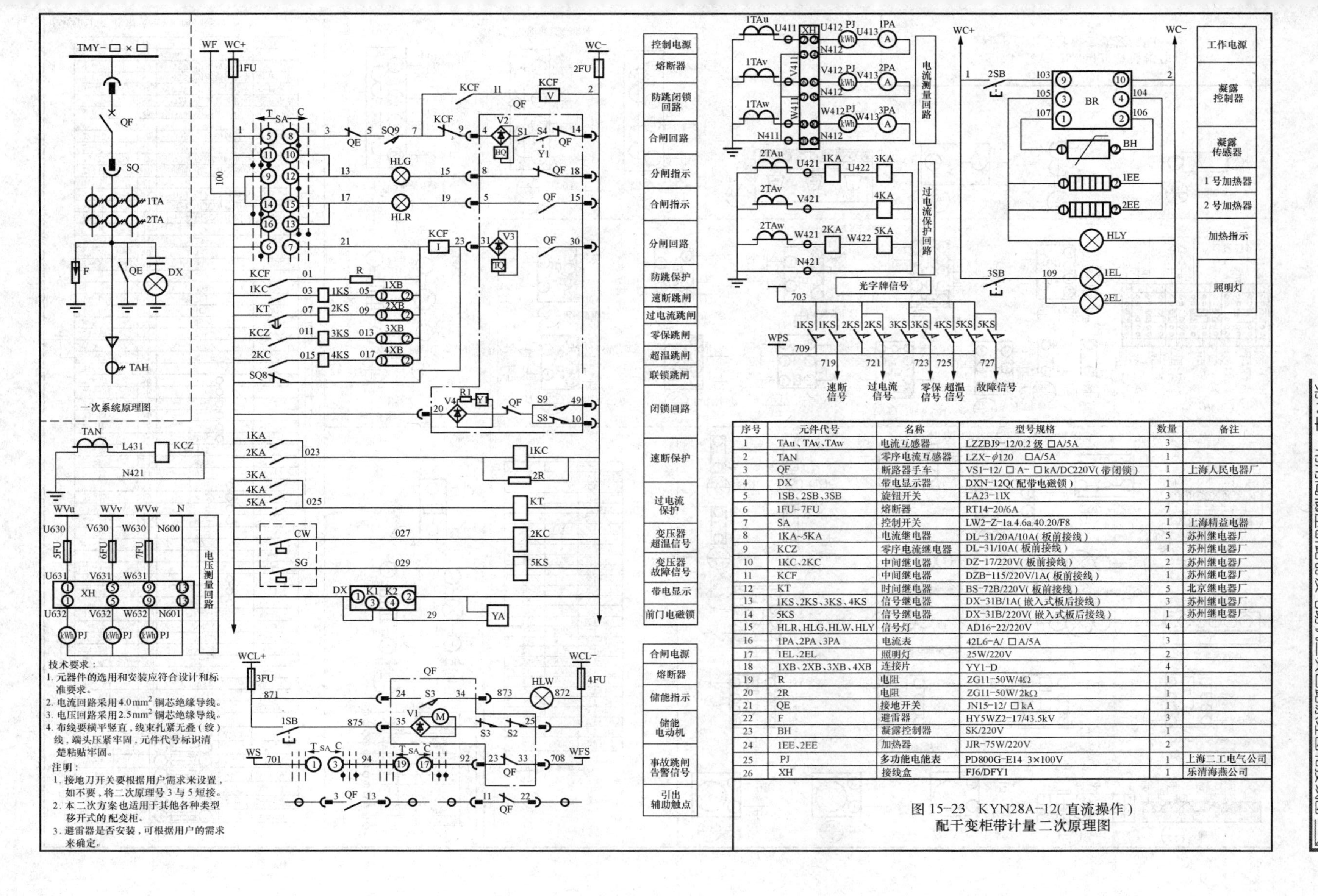

序号	元件代号	名称	型号规格	数量	备注
1	TAu、TAv、TAw	电流互感器	LZZBJ9-12/0.2 级 □A/5A	3	
2	TAN	零序电流互感器	LZX-ϕ120 □A/5A	1	
3	QF	断路器手车	VS1-12/ □ A- □kA/DC220V(带闭锁)	1	上海人民电器厂
4	DX	带电显示器	DXN-12Q(配带电磁锁)	1	
5	1SB、2SB、3SB	旋钮开关	LA23-11X	3	
6	1FU~7FU	熔断器	RT14-20/6A	7	
7	SA	控制开关	LW2-Z-1a.4.6a.40.20/F8	1	上海精益电器
8	1KA~5KA	电流继电器	DL-31/20A/10A(板前接线)	5	苏州继电器厂
9	KCZ	零序电流继电器	DL-31/10A(板前接线)	1	苏州继电器厂
10	1KC、2KC	中间继电器	DZ-17/220V(板前接线)	2	苏州继电器厂
11	KCF	中间继电器	DZB-115/220V/1A(板前接线)	1	苏州继电器厂
12	KT	时间继电器	BS-72B/220V(板前接线)	5	北京继电器厂
13	1KS、2KS、3KS、4KS	信号继电器	DX-31B/1A(嵌入式板后接线)	3	苏州继电器厂
14	5KS	信号继电器	DX-31B/220V(嵌入式板后接线)	1	苏州继电器厂
15	HLR、HLG、HLW、HLY	信号灯	AD16-22/220V	4	
16	1PA、2PA、3PA	电流表	42L6-A/ □A/5A	3	
17	1EL、2EL	照明灯	25W/220V	2	
18	1XB、2XB、3XB、4XB	连接片	YY1-D	4	
19	R	电阻	ZG11-50W/4Ω	1	
20	2R	电阻	ZG11-50W/2kΩ	1	
21	QE	接地开关	JN15-12/ □kA	1	
22	F	避雷器	HY5WZ2-17/43.5kV	3	
23	BH	凝露控制器	SK/220V	1	
24	1EE、2EE	加热器	JJR-75W/220V	2	
25	PJ	多功能电能表	PD800G-E14 3×100V	1	上海二工电气公司
26	XH	接线盒	FJ6/DFY1	1	乐清海燕公司

技术要求：

1. 元器件的选用和安装应符合设计和标准要求。
2. 电流回路采用 $4.0mm^2$ 铜芯绝缘导线。
3. 电压回路采用 $2.5mm^2$ 铜芯绝缘导线。
4. 布线要横平竖直，线束扎紧无叠（绞）线，端头压紧牢固，元件代号标识清楚粘贴牢固。

注明：

1. 接地刀开关要根据用户需求来设置，如不要，将二次原理号 3 与 5 短接。
2. 本二次方案也适用于其他各种类型移开式的配变柜。
3. 避雷器是否安装，可根据用户的需求来确定。

图 15-23 KYN28A-12(直流操作)配干变柜带计量二次原理图

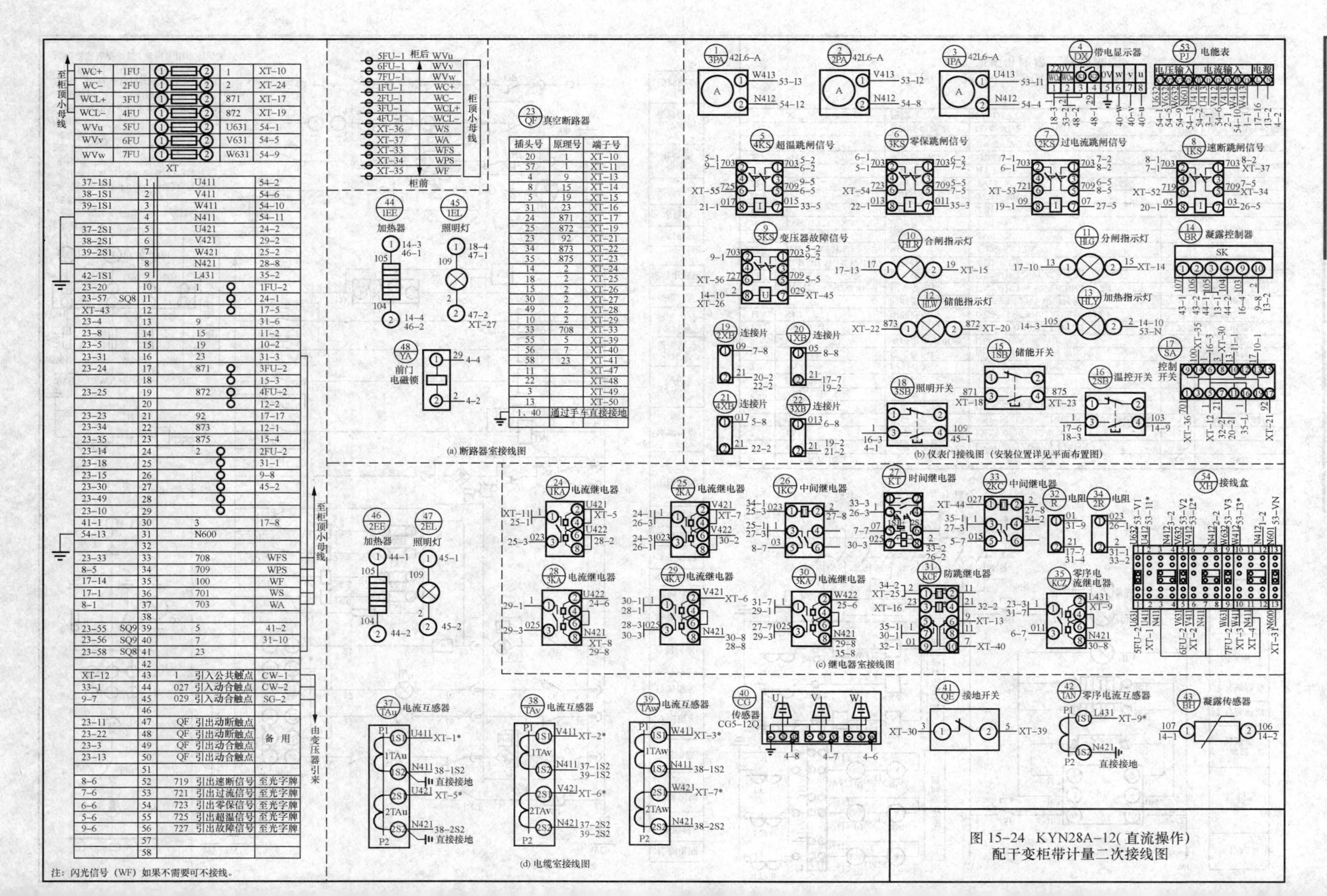

图15-24 KYN28A-12（直流操作）配干变柜带计量二次接线图

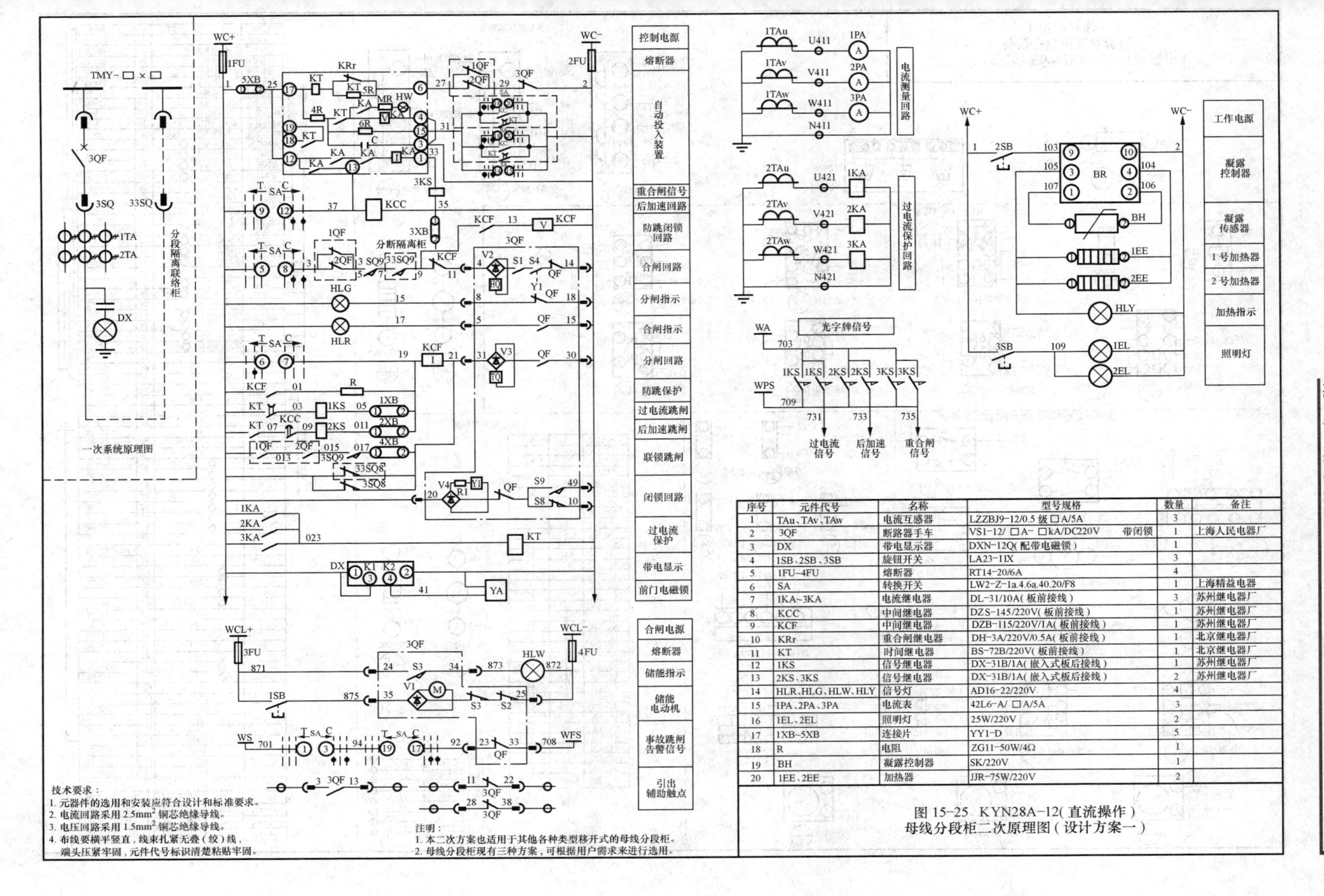

序号	元件代号	名称	型号规格	数量	备注
1	TAu、TAv、TAw	电流互感器	LZZBJ9-12/0.5 级 □A/5A	3	
2	3QF	断路器手车	VS1-12/ □A- □kA/DC220V　带闭锁	1	上海人民电器厂
3	DX	带电显示器	DXN-12Q(配带电磁锁)	1	
4	1SB、2SB、3SB	旋钮开关	LA23-11X	3	
5	1FU~4FU	熔断器	RT14-20/6A	4	
6	SA	转换开关	LW2-Z-1a.4.6a.40.20/F8	1	上海精益电器
7	1KA~3KA	电流继电器	DL-31/10A(板前接线)	3	苏州继电器厂
8	KCC	中间继电器	DZS-145/220V(板前接线)	1	苏州继电器厂
9	KCF	中间继电器	DZB-115/220V/1A(板前接线)	1	苏州继电器厂
10	KRr	重合闸继电器	DH-3A/220V/0.5A(板前接线)	1	北京继电器厂
11	KT	时间继电器	BS-72B/220V(板前接线)	1	北京继电器厂
12	1KS	信号继电器	DX-31B/1A(嵌入式板后接线)	1	苏州继电器厂
13	2KS、3KS	信号继电器	DX-31B/1A(嵌入式板后接线)	2	苏州继电器厂
14	HLR、HLG、HLW、HLY	信号灯	AD16-22/220V	4	
15	1PA、2PA、3PA	电流表	42L6-A/ □A/5A	3	
16	1EL、2EL	照明灯	25W/220V	2	
17	1XB~5XB	连接片	YY1-D	5	
18	R	电阻	ZG11-50W/4Ω	1	
19	BH	凝露控制器	SK/220V	1	
20	1EE、2EE	加热器	JJR-75W/220V	2	

技术要求：
1. 元器件的选用和安装应符合设计和标准要求。
2. 电流回路采用 $2.5mm^2$ 铜芯绝缘导线。
3. 电压回路采用 $1.5mm^2$ 铜芯绝缘导线。
4. 布线要横平竖直，线束扎紧无叠（绞）线，端头压紧牢固，元件代号标识清楚粘贴牢固。

注明：
1. 本二次方案也适用于其他各种类型移开式的母线分段柜。
2. 母线分段柜现有三种方案，可根据用户需求来进行选用。

图 15-25　KYN28A-12（直流操作）母线分段柜二次原理图（设计方案一）

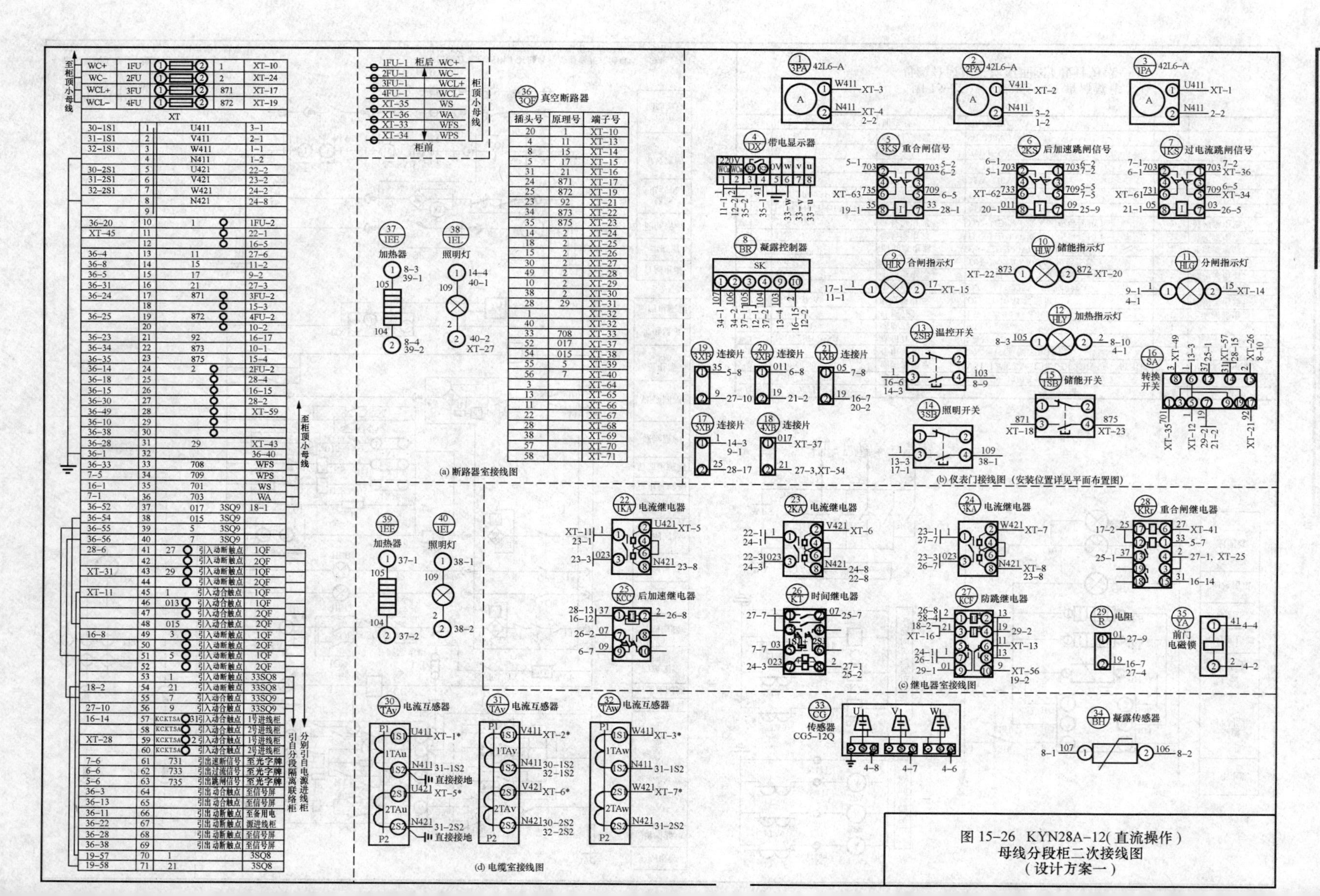

图15-26 KYN28A-12(直流操作)母线分段柜二次接线图（设计方案一）

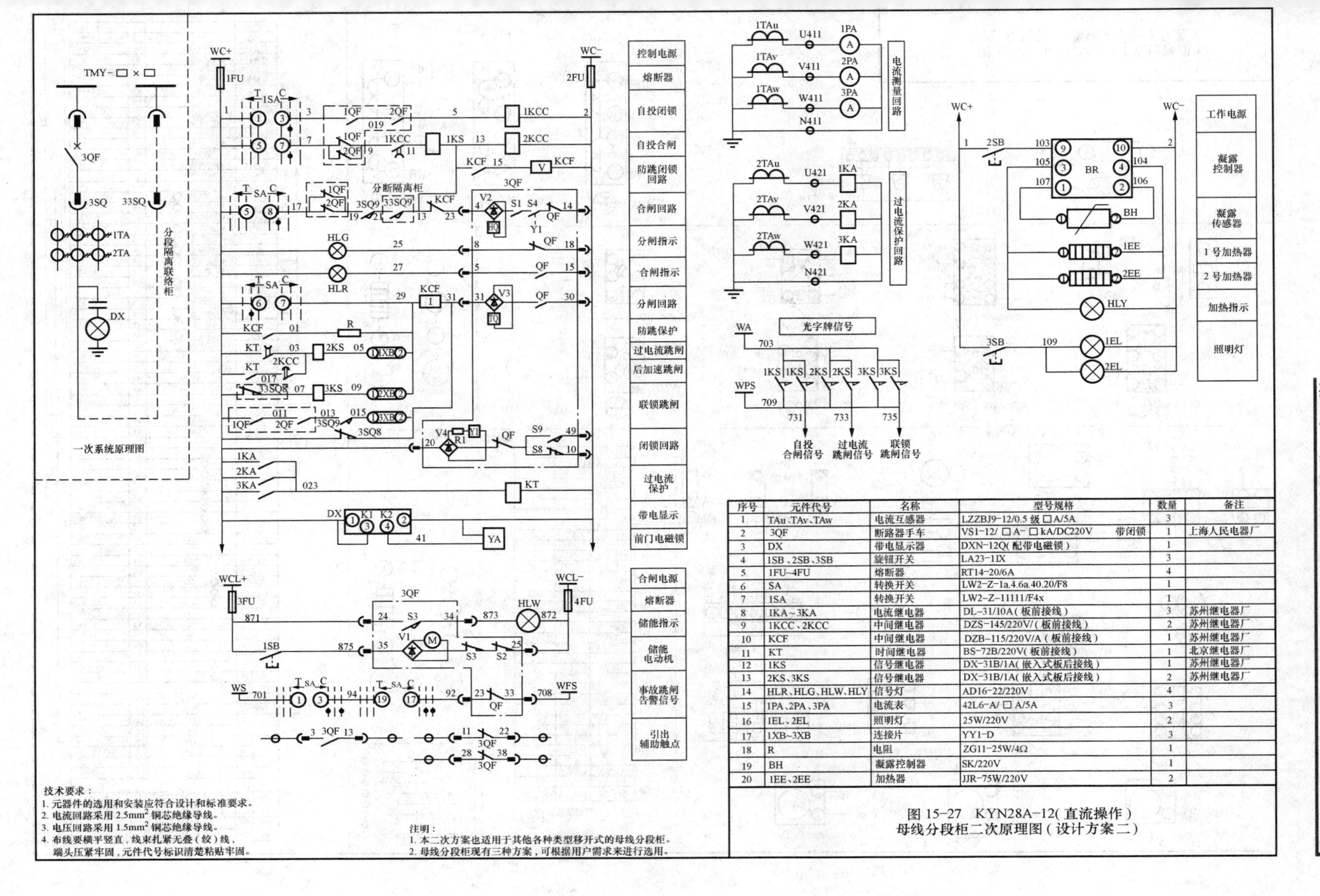

序号	元件代号	名称	型号规格		数量	备注
1	TAu、TAv、TAw	电流互感器	LZZBJ9-12/0.5 级 □A/5A		3	
2	3QF	断路器手车	VS1-12/ □A- □kA/DC220V	带闭锁	1	上海人民电器厂
3	DX	带电显示器	DXN-12Q(配带电磁锁)		1	
4	1SB、2SB、3SB	旋钮开关	LA23-1IX		3	
5	1FU~4FU	熔断器	RT14-20/6A		4	
6	SA	转换开关	LW2-Z-1a.4.6a.40.20/F8		1	
7	1SA	转换开关	LW2-Z-11111/F4x		1	
8	1KA~3KA	电流继电器	DL-31/10A(板前接线)		3	苏州继电器厂
9	1KCC、2KCC	中间继电器	DZS-145/220V/(板前接线)		2	苏州继电器厂
10	KCF	中间继电器	DZB-115/220V/A(板前接线)		1	苏州继电器厂
11	KT	时间继电器	BS-72B/220V(板前接线)		1	北京继电器厂
12	1KS	信号继电器	DX-31B/1A(嵌入式板后接线)		1	苏州继电器厂
13	2KS、3KS	信号继电器	DX-31B/1A(嵌入式板后接线)		2	苏州继电器厂
14	HLR、HLG、HLW、HLY	信号灯	AD16-22/220V		4	
15	1PA、2PA、3PA	电流表	42L6-A/ □A/5A		3	
16	1EL、2EL	照明灯	25W/220V		2	
17	1XB~3XB	连接片	YY1-D		3	
18	R	电阻	ZG11-25W/4Ω		1	
19	BH	凝露控制器	SK/220V		1	
20	1EE、2EE	加热器	JJR-75W/220V		2	

技术要求：
1. 元器件的选用和安装应符合设计和标准要求。
2. 电流回路采用 $2.5mm^2$ 铜芯绝缘导线。
3. 电压回路采用 $1.5mm^2$ 铜芯绝缘导线。
4. 布线要横平竖直，线束扎紧无叠（绞）线，端头压紧牢固，元件代号标识清楚粘贴牢固。

注明：
1. 本二次方案也适用于其他各种类型移开式的母线分段柜。
2. 母线分段柜现有三种方案，可根据用户需求来进行选用。

图 15-27　KYN28A-12（直流操作）母线分段柜二次原理图（设计方案二）

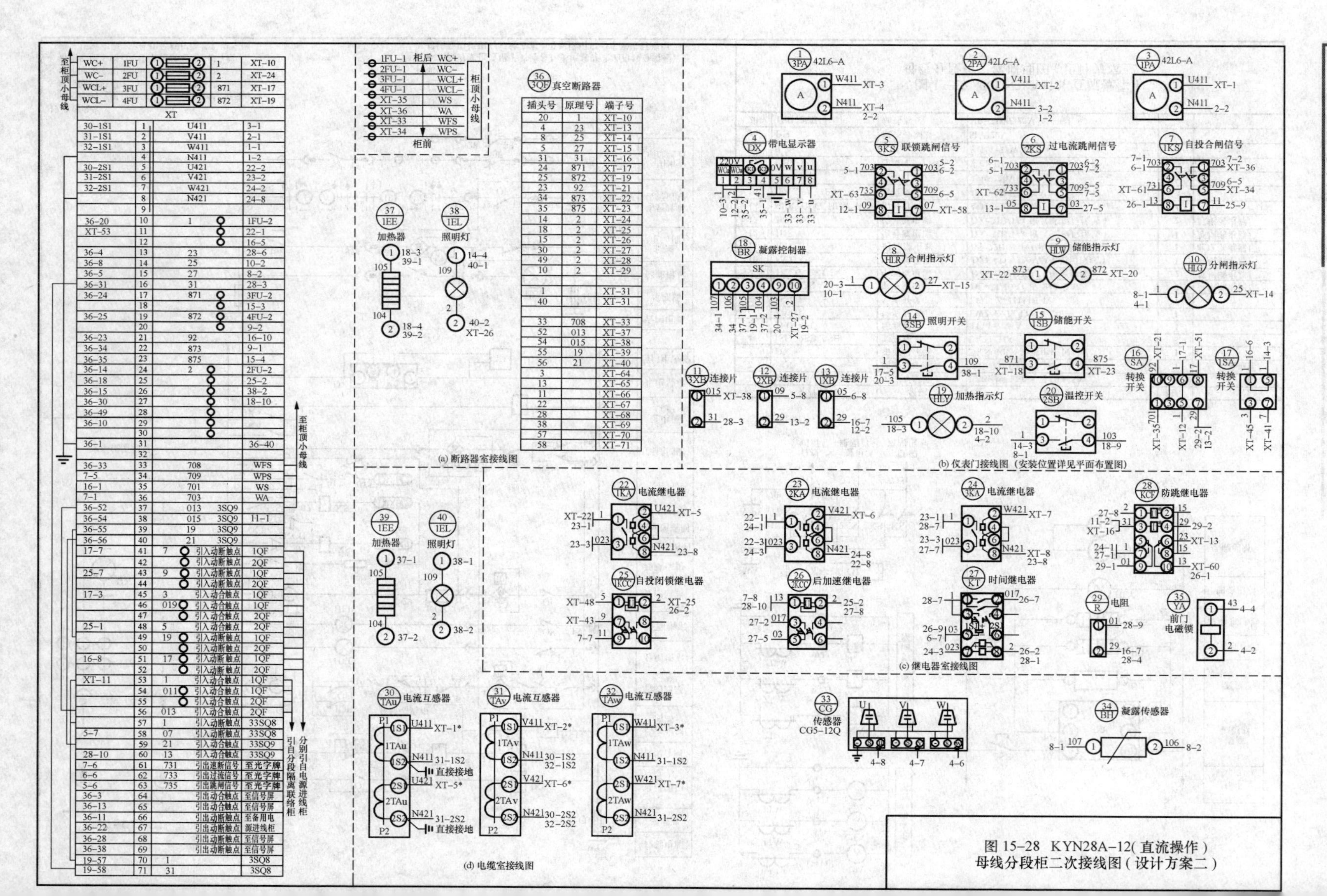

WC+	1FU	①—②	1	XT-10
WC-	2FU	①—②	2	XT-24
WCL+	3FU	①—②	871	XT-17
WCL-	4FU	①—②	872	XT-19

XT

30-1S1	1	U411		3-1
31-1S1	2	V411		2-1
32-1S1	3	W411		1-1
	4	N411		1-2
30-2S1	5	U421		22-2
31-2S1	6	V421		23-2
32-2S1	7	W421		24-2
	8	N421		24-8
	9			
36-20	10	1		1FU-2
XT-53	11			22-1
	12			16-5
36-4	13	23		28-6
36-8	14	25		10-2
36-5	15	27		8-2
36-31	16	31		28-3
36-24	17	871		3FU-2
	18			15-3
36-25	19	872		4FU-2
	20			9-2
36-23	21	92		16-10
36-34	22	873		9-1
36-35	23	875		15-4
36-14	24	2		2FU-2
36-18	25			25-2
36-15	26			38-2
36-30	27			18-10
36-49	28			
36-10	29			
	30			
36-1	31			36-40
	32			
36-33	33	708		WFS
7-5	34	709		WPS
16-1	35	701		WS
7-1	36	703		WA
36-52	37	013	3SQ9	
36-54	38	015	3SQ9	11-1
36-55	39	19	3SQ9	
36-56	40	21	3SQ9	
17-7	41	7	引入动断触点	1QF
	42		引入动断触点	2QF
25-7	43	9	引入动断触点	1QF
	44		引入动断触点	2QF
17-3	45	3	引入动合触点	1QF
	46	019	引入动合触点	1QF
	47		引入动合触点	2QF
25-1	48	5	引入动合触点	2QF
	49	19	引入动断触点	1QF
	50		引入动断触点	2QF
16-8	51	17	引入动断触点	1QF
	52		引入动断触点	2QF
XT-11	53	1	引入动合触点	1QF
	54	011	引入动合触点	1QF
	55		引入动合触点	2QF
	56	013	引入动合触点	2QF
	57	1	引入动断触点	33SQ8
5-7	58	07	引入动断触点	33SQ8
	59	21	引入动合触点	33SQ9
28-10	60	13	引入动合触点	33SQ9
7-6	61	731	引出速断信号	至光字牌
6-6	62	733	引出过流信号	至光字牌
5-6	63	735	引出跳闸信号	至光字牌
36-3	64		引出动合触点	至信号屏
36-13	65		引出动合触点	至信号屏
36-11	66		引出动断触点	至备用电
36-22	67		引出动断触点	源进线柜
36-28	68		引出动断触点	至信号屏
36-38	69		引出动断触点	至信号屏
19-57	70	1		3SQ8
19-58	71	31		3SQ8

36/3QF 真空断路器

插头号	原理号	端子号
20	1	XT-10
4	23	XT-13
8	25	XT-14
5	27	XT-15
31	31	XT-16
24	871	XT-17
25	872	XT-19
23	92	XT-21
34	873	XT-22
35	875	XT-23
14	2	XT-24
18	2	XT-25
15	2	XT-26
30	2	XT-27
49	2	XT-28
10	2	XT-29
1		XT-31
40		XT-31
33	708	XT-33
52	013	XT-37
54	015	XT-38
55	19	XT-39
56	21	XT-40
3		XT-64
13		XT-65
11		XT-66
22		XT-67
28		XT-68
38		XT-69
57		XT-70
58		XT-71

(a) 断路器室接线图

(b) 仪表门接线图（安装位置详见平面布置图）

(c) 继电器室接线图

(d) 电缆室接线图

图 15-28 KYN28A-12（直流操作）母线分段柜二次接线图（设计方案二）

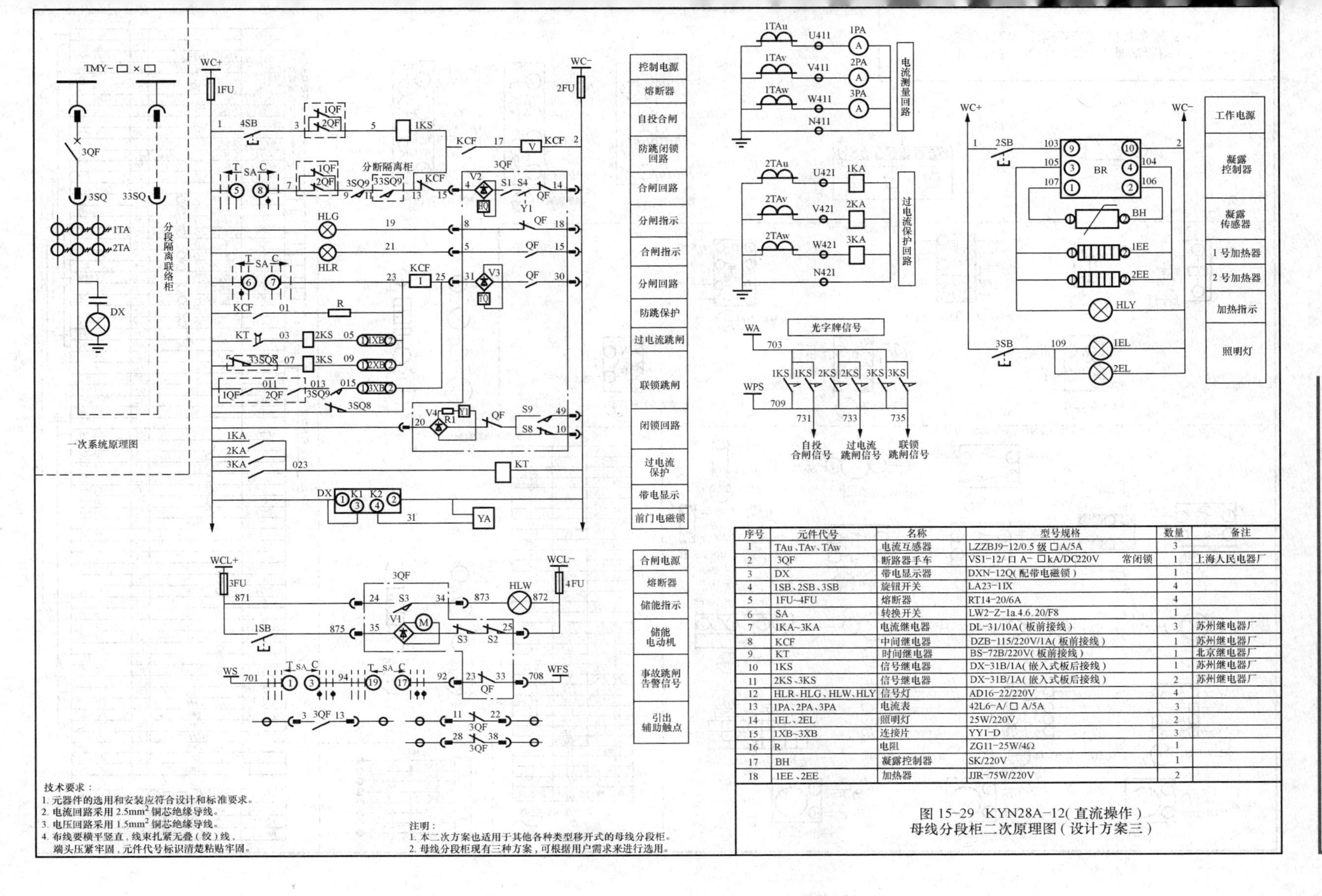

序号	元件代号	名称	型号规格	数量	备注
1	TAu、TAv、TAw	电流互感器	LZZBJ9-12/0.5 级 □A/5A	3	
2	3QF	断路器手车	VS1-12/ □ A- □kA/DC220V　常闭锁	1	上海人民电器厂
3	DX	带电显示器	DXN-12Q(配带电磁锁)	1	
4	1SB、2SB、3SB	旋钮开关	LA23-11X	4	
5	1FU~4FU	熔断器	RT14-20/6A	4	
6	SA	转换开关	LW2-Z-1a.4.6.20/F8	1	
7	1KA~3KA	电流继电器	DL-31/10A(板前接线)	3	苏州继电器厂
8	KCF	中间继电器	DZB-115/220V/1A(板前接线)	1	苏州继电器厂
9	KT	时间继电器	BS-72B/220V(板前接线)	1	北京继电器厂
10	1KS	信号继电器	DX-31B/1A(嵌入式板后接线)	1	苏州继电器厂
11	2KS、3KS	信号继电器	DX-31B/1A(嵌入式板后接线)	2	苏州继电器厂
12	HLR、HLG、HLW、HLY	信号灯	AD16-22/220V	4	
13	1PA、2PA、3PA	电流表	42L6-A/ □ A/5A	3	
14	1EL、2EL	照明灯	25W/220V	2	
15	1XB~3XB	连接片	YY1-D	3	
16	R	电阻	ZG11-25W/4Ω	1	
17	BH	凝露控制器	SK/220V	1	
18	1EE、2EE	加热器	JJR-75W/220V	2	

技术要求：
1. 元器件的选用和安装应符合设计和标准要求。
2. 电流回路采用 2.5mm² 铜芯绝缘导线。
3. 电压回路采用 1.5mm² 铜芯绝缘导线。
4. 布线要横平竖直，线束扎紧无叠（绞）线，端头压紧牢固，元件代号标识清楚粘贴牢固。

注明：
1. 本二次方案也适用于其他各种类型移开式的母线分段柜。
2. 母线分段柜现有三种方案，可根据用户需求来进行选用。

图 15-29　KYN28A-12(直流操作)母线分段柜二次原理图(设计方案三)

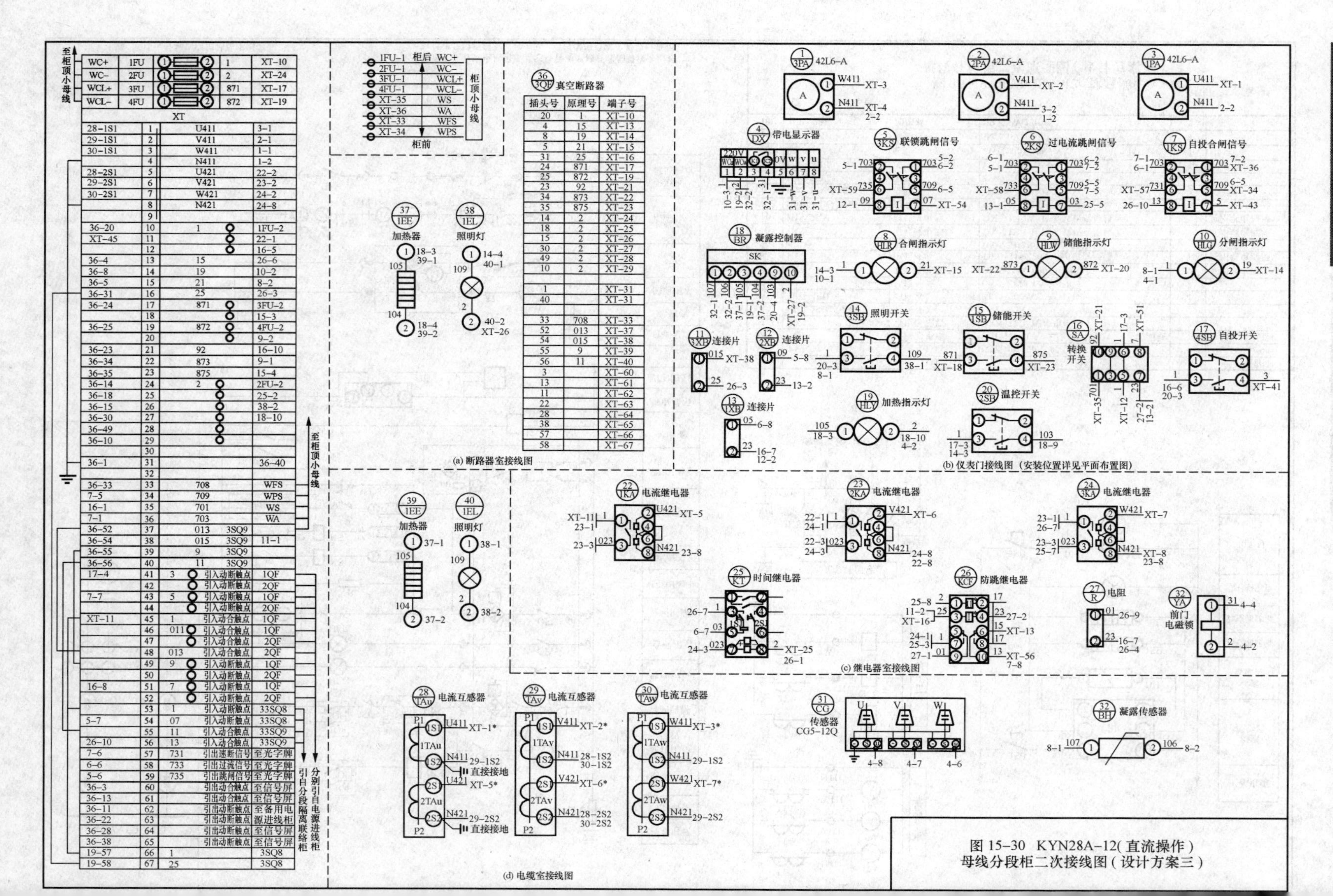

图 15-30 KYN28A-12(直流操作)母线分段柜二次接线图（设计方案三）

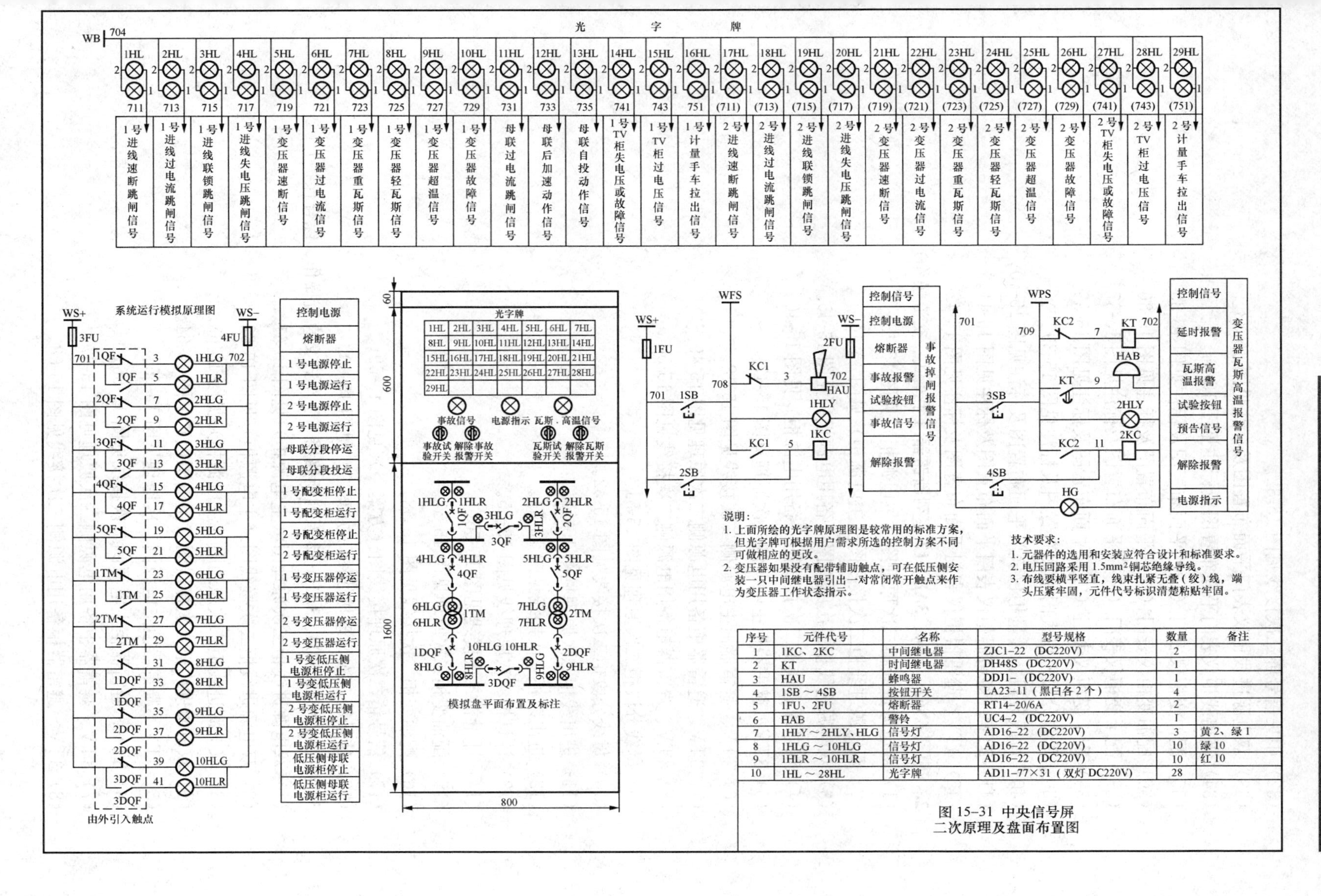

说明：
1. 上面所绘的光字牌原理图是较常用的标准方案，但光字牌可根据用户需求所选的控制方案不同可做相应的更改。
2. 变压器如果没有配带辅助触点，可在低压侧安装一只中间继电器引出一对常闭常开触点来作为变压器工作状态指示。

技术要求：
1. 元器件的选用和安装应符合设计和标准要求。
2. 电压回路采用 $1.5mm^2$ 铜芯绝缘导线。
3. 布线要横平竖直，线束扎紧无叠（绞）线，端头压紧牢固，元件代号标识清楚粘贴牢固。

序号	元件代号	名称	型号规格	数量	备注
1	1KC、2KC	中间继电器	ZJC1-22 (DC220V)	2	
2	KT	时间继电器	DH48S (DC220V)	1	
3	HAU	蜂鸣器	DDJ1- (DC220V)	1	
4	1SB ～ 4SB	按钮开关	LA23-11（黑白各2个）	4	
5	1FU、2FU	熔断器	RT14-20/6A	2	
6	HAB	警铃	UC4-2 (DC220V)	1	
7	1HLY～2HLY、HLG	信号灯	AD16-22 (DC220V)	3	黄2、绿1
8	1HLG ～ 10HLG	信号灯	AD16-22 (DC220V)	10	绿10
9	1HLR ～ 10HLR	信号灯	AD16-22 (DC220V)	10	红10
10	1HL ～ 28HL	光字牌	AD11-77×31（双灯 DC220V）	28	

图 15-31　中央信号屏二次原理及盘面布置图

(32) 中央信号屏二次接线见图 15-32。
(33) 双电源进线柜仪表门平面布置图及标注见图 15-33。
(34) 进出线柜仪表门平面布置图及标注见图 15-34。
(35) 配油变柜仪表门(一)平面布置图及标注见图 15-35。
(36) 配油变柜仪表门(二)平面布置图及标注见图 15-36。
(37) 配干变柜仪表门(一)平面布置图及标注见图 15-37。
(38) 配干变柜仪表门(二)平面布置图及标注见图 15-38。
(39) 母线分段柜仪表门平面布置图及标注见图 15-39。
(40) 母线分段、计量柜仪表门平面布置图及标注见图 15-40。
(41) 2TV、避雷器柜仪表门平面布置图及标注见图 15-41。
(42) 3TV、避雷器柜仪表门平面布置图及标注见图 15-42。

2. VS1 (ZN63、VD4、3AH)-12 系列断路器(手车式、交流操作)

(1) 双电源进线柜二次原理图(主电源柜)见图 15-43。
(2) 双电源进线柜二次接线图(主电源柜)见图 15-44。
(3) 双电源进线柜二次原理图(备用电源柜)见图 15-45。
(4) 双电源进线柜二次接线图(备用电源柜)见图 15-46。
(5) 3TV、避雷器柜主电源侧二次原理见图 15-47。
(6) 3TV、避雷器柜主电源侧二次接线见图 15-48。
(7) 3TV、避雷器柜备用电源侧二次原理见图 15-49。
(8) 3TV、避雷器柜备用电源侧二次接线见图 15-50。
(9) 母线分段柜二次原理见图 15-51。
(10) 母线分段柜二次接线见图 15-52。
(11) 进出线柜二次原理见图 15-53。
(12) 进出线柜二次接线见图 15-54。
(13) 计量柜二次原理线见图 15-55。
(14) 计量柜二次接线见图 15-56。
(15) 配油变柜二次原理见图 15-57。
(16) 配油变柜二次接线见图 15-58。
(17) 信号箱二次原理接线图(方案一)见图 15-59。
(18) 信号箱二次原理接线图(方案二)见图 15-60。

3. VS1 (ZN63、VD4、3AH)-12 系列断路器(手车式交直流操作、综合保护)

(1) 双电源进线柜二次原理图(主电源柜)见图 15-61。
(2) 双电源进线柜二次接线图(主电源柜)见图 15-62。
(3) 双电源进线柜二次原理图(主电源柜)见图 15-63。
(4) 双电源进线柜二次接线图(主电源柜)见图 15-64。
(5) 3TV、避雷器柜主电源侧二次原理见图 15-65。
(6) 3TV、避雷器柜主电源侧二次接线见图 15-66。
(7) 3TV、避雷器柜备用电源侧二次原理见图 15-67。
(8) 3TV、避雷器柜备用电源侧二次接线见图 15-68。

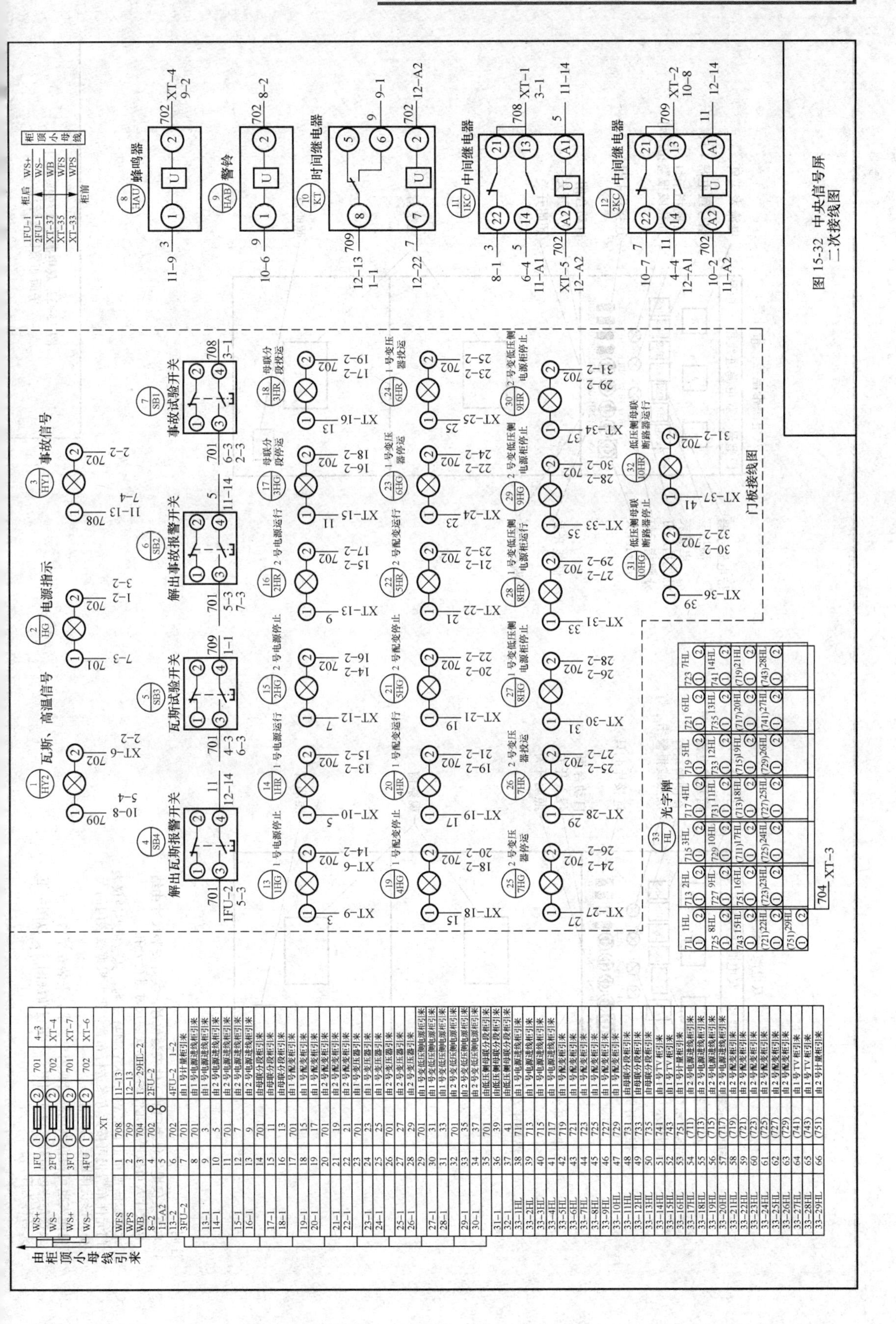

图 15-32　中央信号屏二次接线图

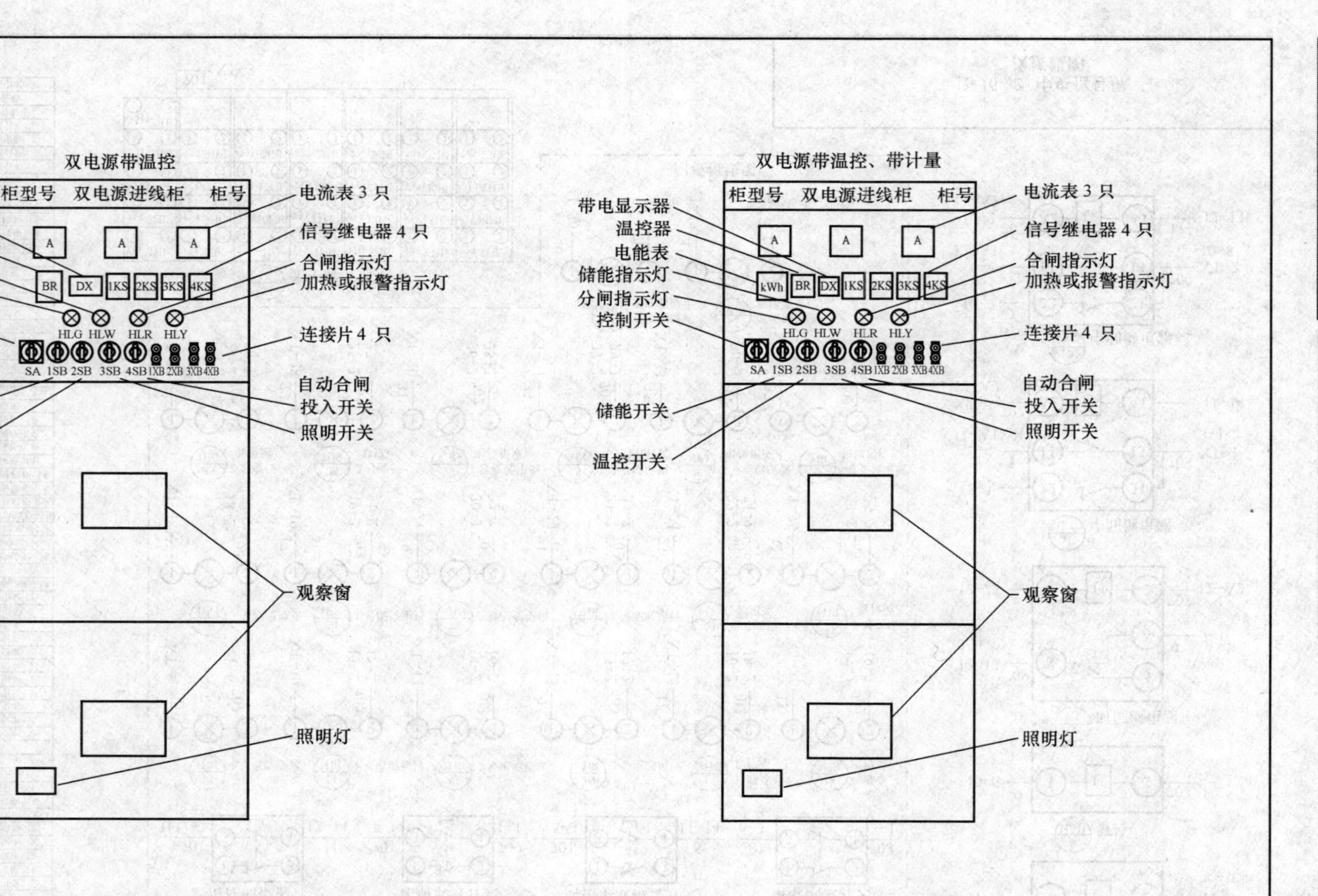

注明：

1. 本方案仅提供仪表门的元件安装位置，实际安装尺寸由结构设计人员按所选元件的实际安装尺寸进行开孔。
2. 本方案所选柜型是 KYN28(KYN44) 系列，其他柜型的仪表门元件布置仍可按此方案进行布置，但可根据仪表门的大小、形状作以适当调整。
3. 电能表也可根据供电部门或用户要求，安装在柜内。
4. 本章每张图中分项单元图形，不另行单注图号，以图中柜头名称为序。

图 15–33 双电源进线柜仪表门平面布置图及标注

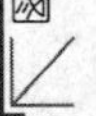

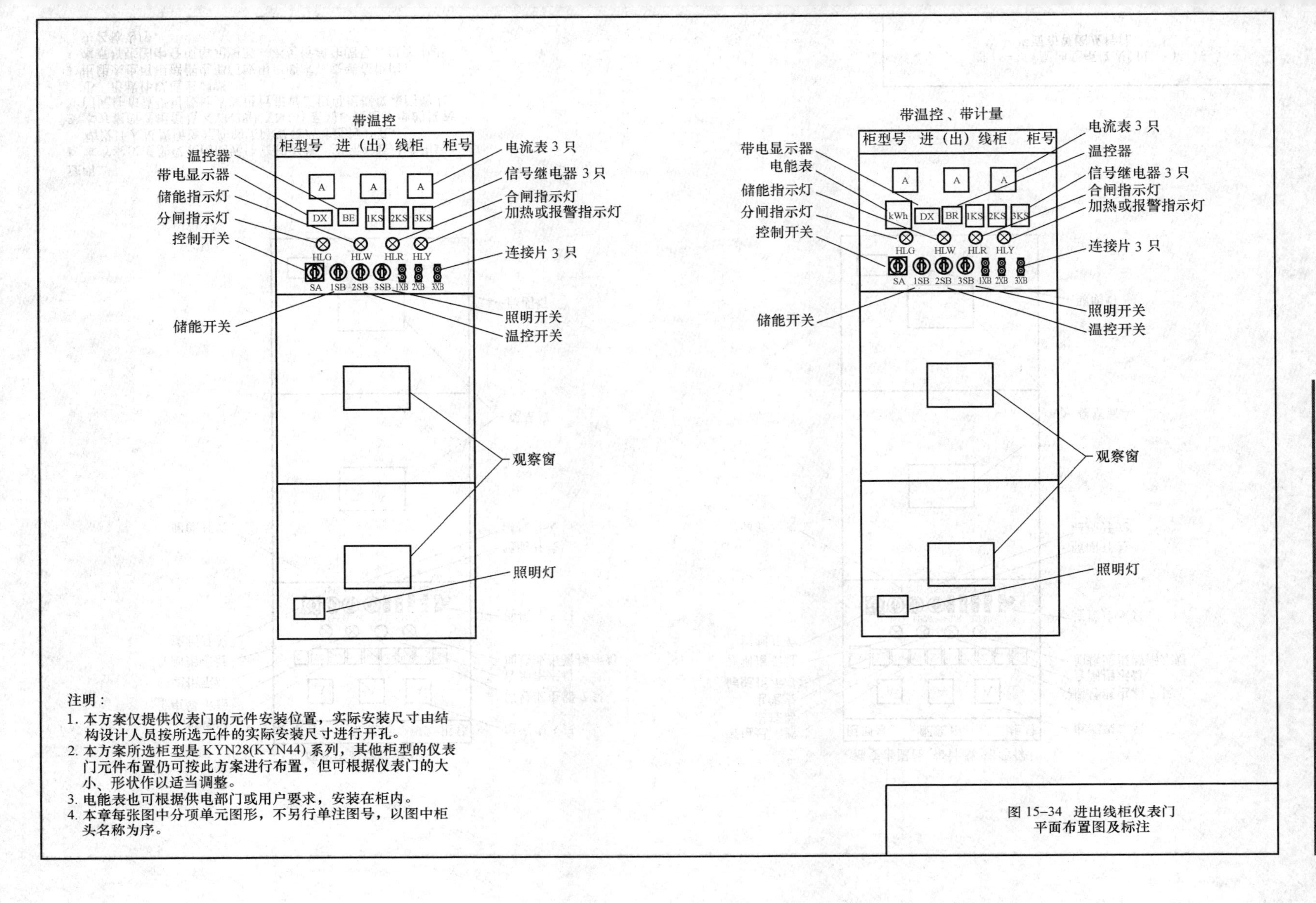

注明：
1. 本方案仅提供仪表门的元件安装位置，实际安装尺寸由结构设计人员按所选元件的实际安装尺寸进行开孔。
2. 本方案所选柜型是 KYN28(KYN44) 系列，其他柜型的仪表门元件布置仍可按此方案进行布置，但可根据仪表门的大小、形状作以适当调整。
3. 电能表也可根据供电部门或用户要求，安装在柜内。
4. 本章每张图中分项单元图形，不另行单注图号，以图中柜头名称为序。

图 15-34 进出线柜仪表门平面布置图及标注

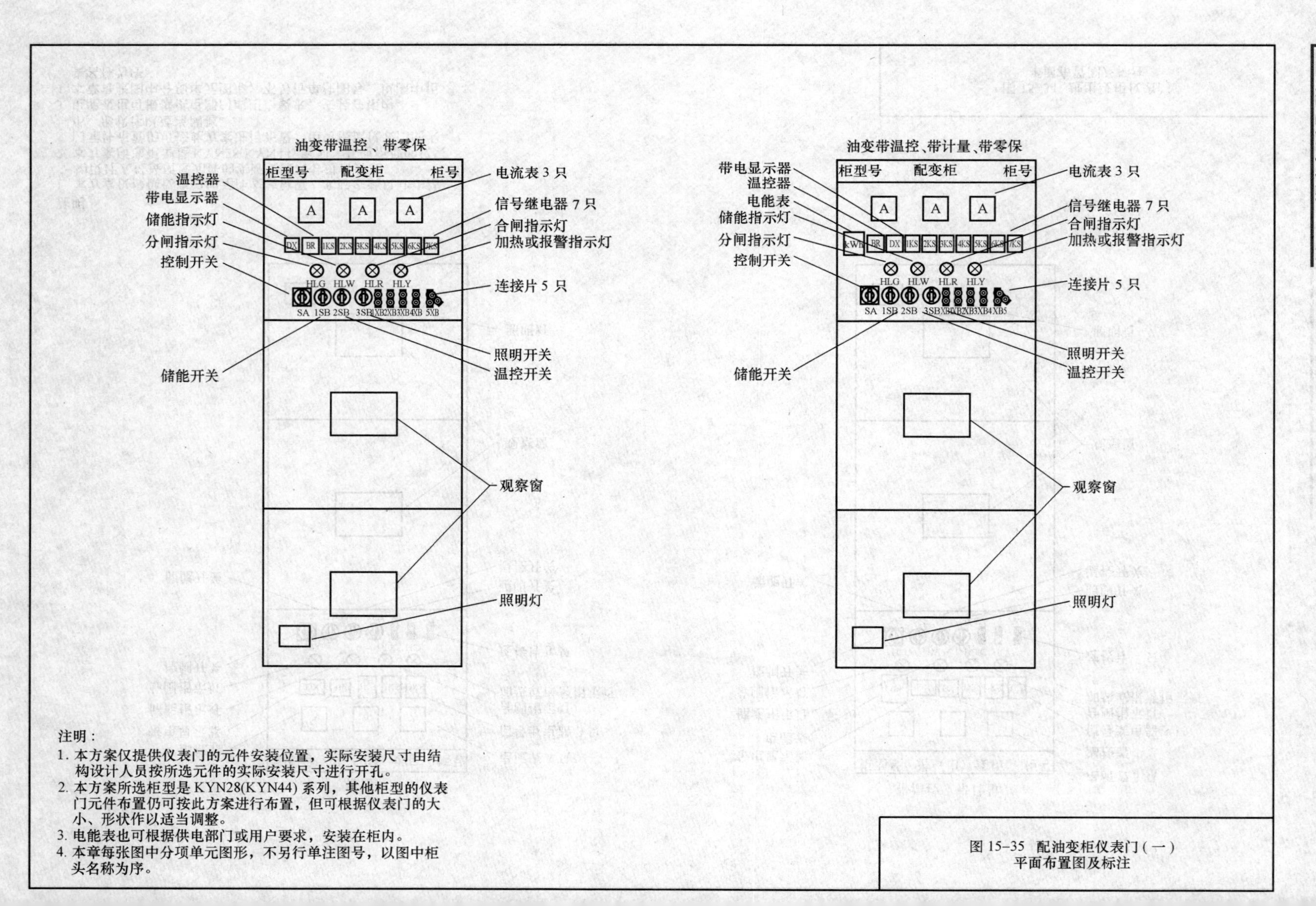

注明：

1. 本方案仅提供仪表门的元件安装位置，实际安装尺寸由结构设计人员按所选元件的实际安装尺寸进行开孔。
2. 本方案所选柜型是 KYN28(KYN44) 系列，其他柜型的仪表门元件布置仍可按此方案进行布置，但可根据仪表门的大小、形状作以适当调整。
3. 电能表也可根据供电部门或用户要求，安装在柜内。
4. 本章每张图中分项单元图形，不另行单注图号，以图中柜头名称为序。

图 15-35 配油变柜仪表门（一）平面布置图及标注

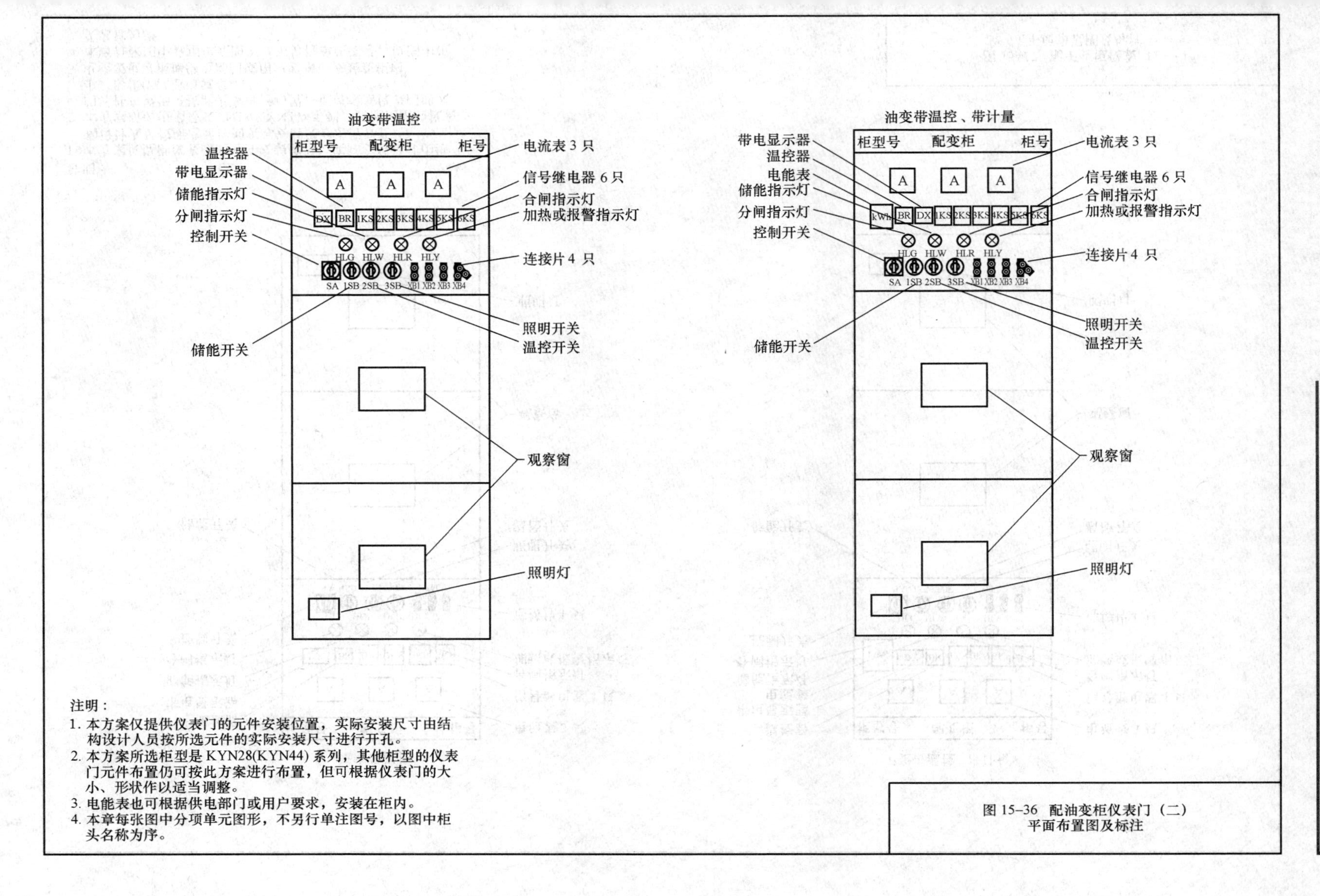

注明：

1. 本方案仅提供仪表门的元件安装位置，实际安装尺寸由结构设计人员按所选元件的实际安装尺寸进行开孔。
2. 本方案所选柜型是 KYN28(KYN44) 系列，其他柜型的仪表门元件布置仍可按此方案进行布置，但可根据仪表门的大小、形状作以适当调整。
3. 电能表也可根据供电部门或用户要求，安装在柜内。
4. 本章每张图中分项单元图形，不另行单注图号，以图中柜头名称为序。

图 15-36 配油变柜仪表门（二）平面布置图及标注

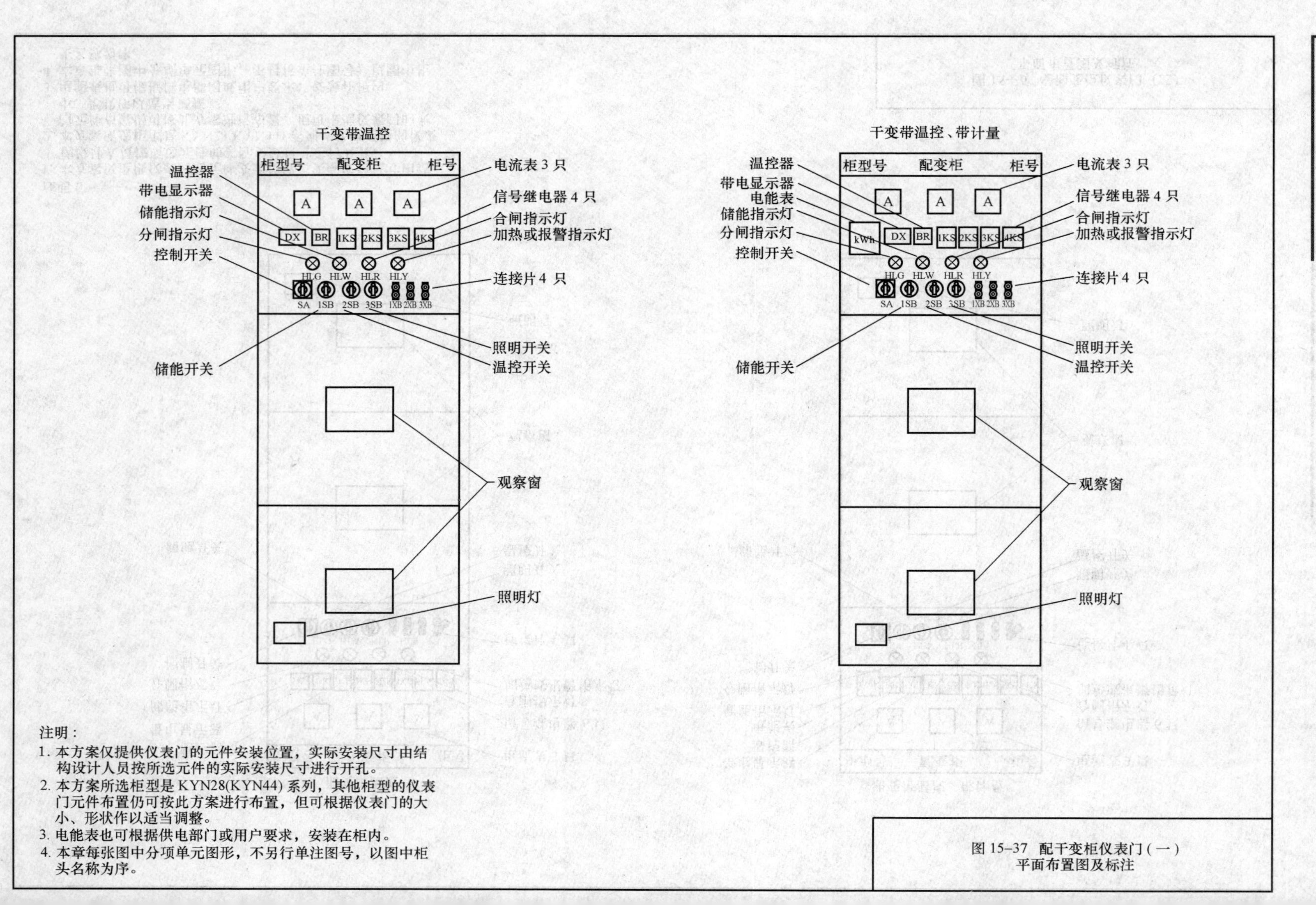

注明：

1. 本方案仅提供仪表门的元件安装位置，实际安装尺寸由结构设计人员按所选元件的实际安装尺寸进行开孔。
2. 本方案所选柜型是 KYN28(KYN44) 系列，其他柜型的仪表门元件布置仍可按此方案进行布置，但可根据仪表门的大小、形状作以适当调整。
3. 电能表也可根据供电部门或用户要求，安装在柜内。
4. 本章每张图中分项单元图形，不另行单注图号，以图中柜头名称为序。

图 15-37 配干变柜仪表门（一）平面布置图及标注

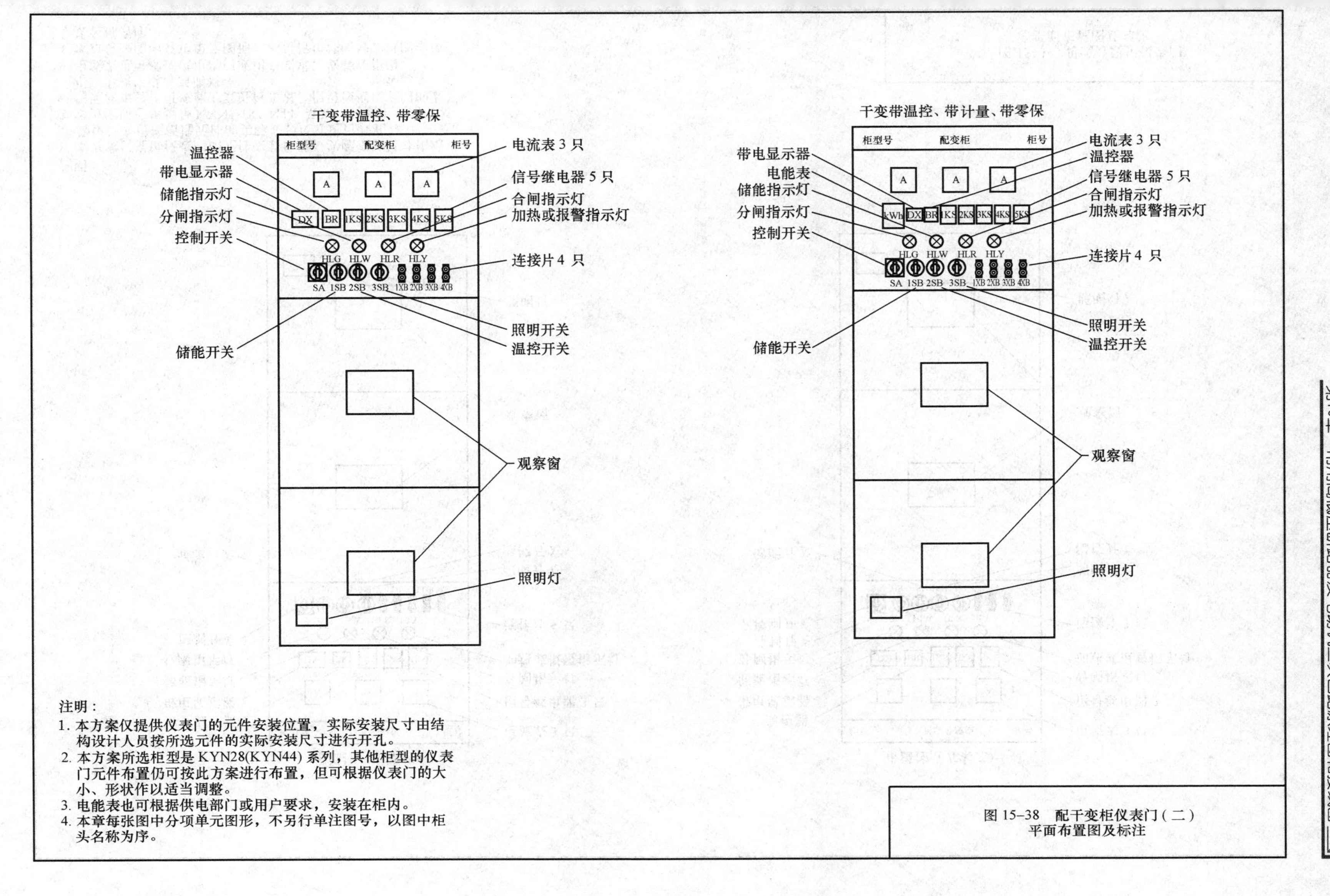

注明：

1. 本方案仅提供仪表门的元件安装位置，实际安装尺寸由结构设计人员按所选元件的实际安装尺寸进行开孔。
2. 本方案所选柜型是 KYN28(KYN44) 系列，其他柜型的仪表门元件布置仍可按此方案进行布置，但可根据仪表门的大小、形状作以适当调整。
3. 电能表也可根据供电部门或用户要求，安装在柜内。
4. 本章每张图中分项单元图形，不另行单注图号，以图中柜头名称为序。

图 15-38 配干变柜仪表门（二）平面布置图及标注

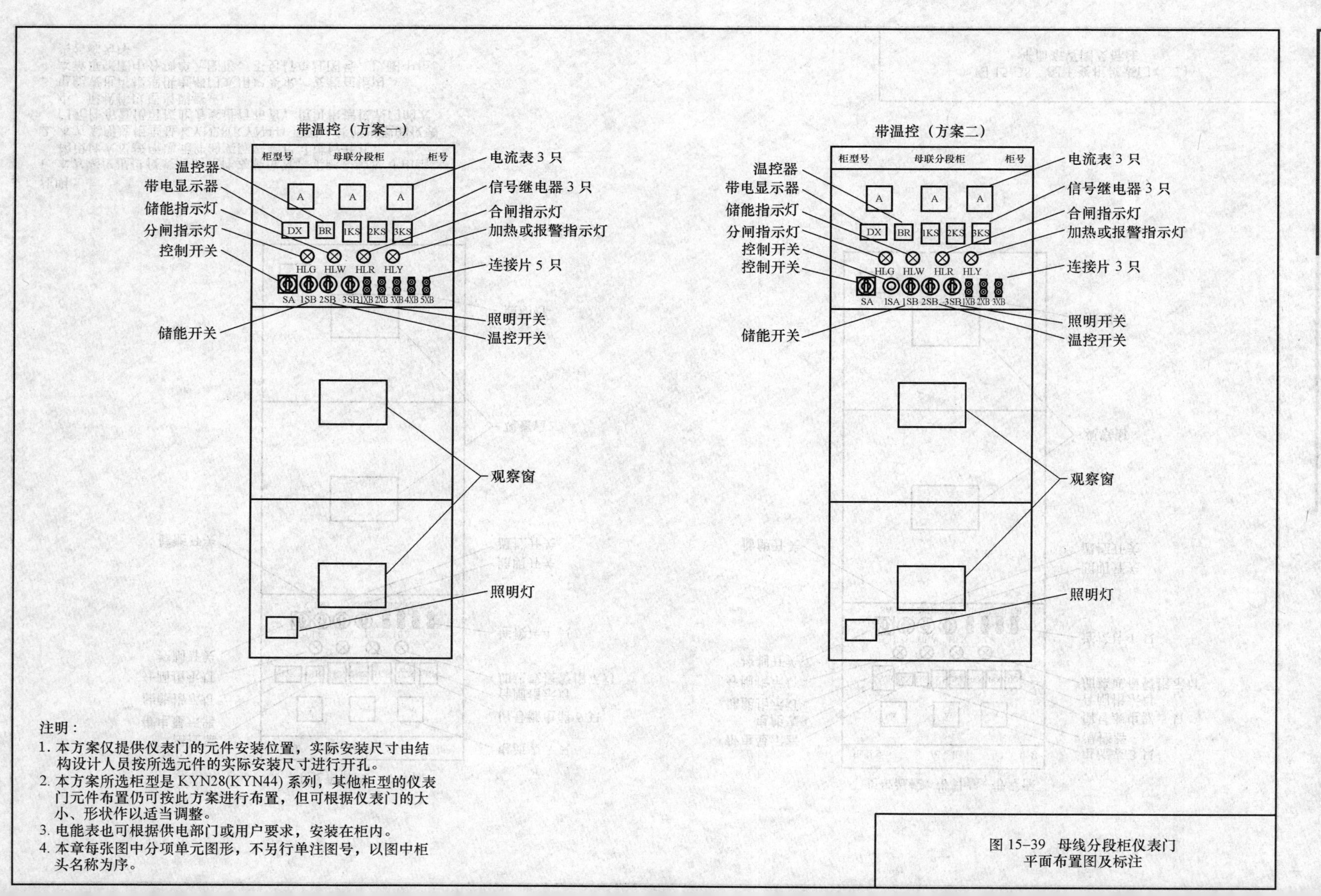

注明：

1. 本方案仅提供仪表门的元件安装位置，实际安装尺寸由结构设计人员按所选元件的实际安装尺寸进行开孔。
2. 本方案所选柜型是 KYN28(KYN44) 系列，其他柜型的仪表门元件布置仍可按此方案进行布置，但可根据仪表门的大小、形状作以适当调整。
3. 电能表也可根据供电部门或用户要求，安装在柜内。
4. 本章每张图中分项单元图形，不另行单注图号，以图中柜头名称为序。

图 15–39　母线分段柜仪表门平面布置图及标注

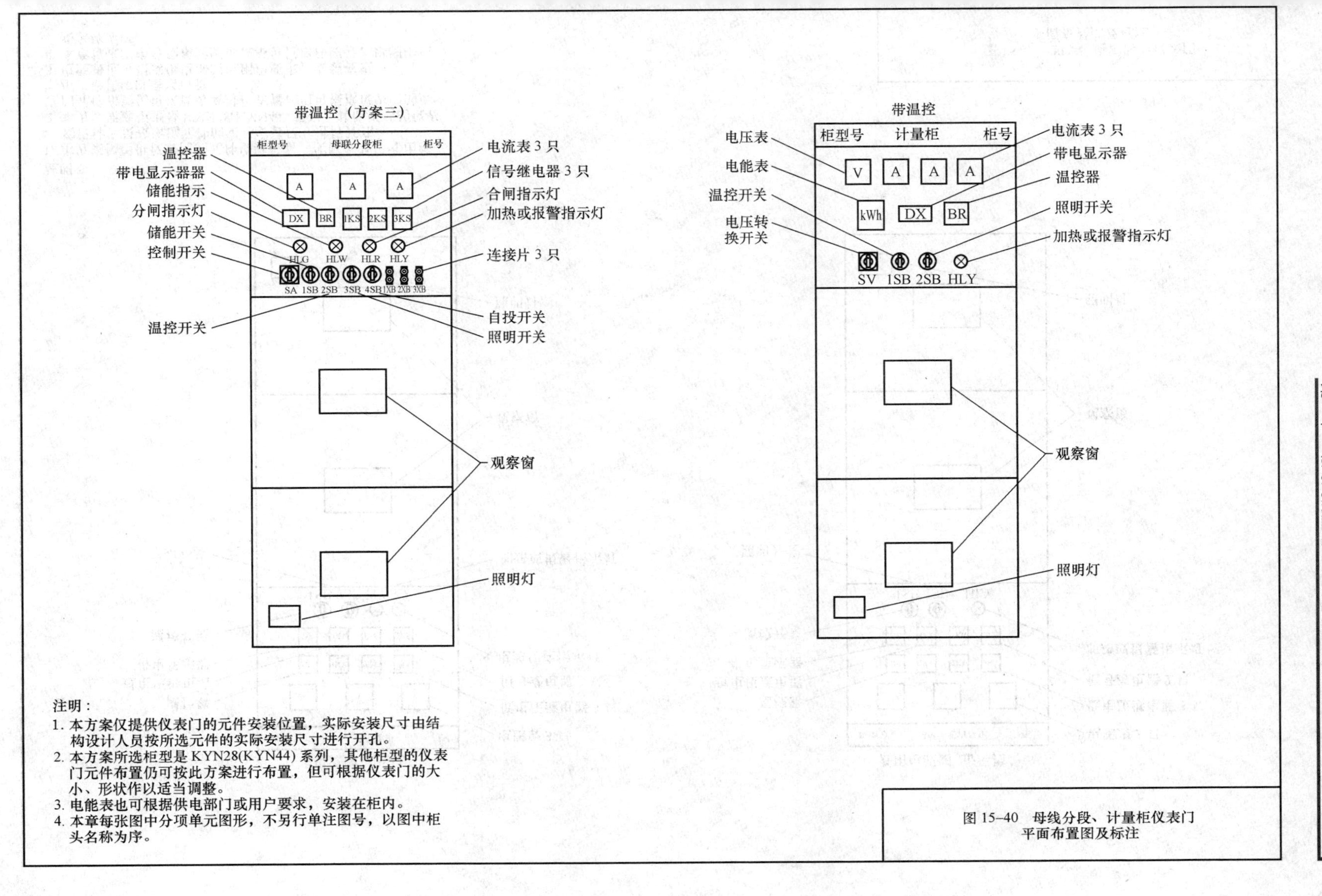

注明：

1. 本方案仅提供仪表门的元件安装位置，实际安装尺寸由结构设计人员按所选元件的实际安装尺寸进行开孔。
2. 本方案所选柜型是 KYN28(KYN44) 系列，其他柜型的仪表门元件布置仍可按此方案进行布置，但可根据仪表门的大小、形状作以适当调整。
3. 电能表也可根据供电部门或用户要求，安装在柜内。
4. 本章每张图中分项单元图形，不另行单注图号，以图中柜头名称为序。

图 15–40　母线分段、计量柜仪表门平面布置图及标注

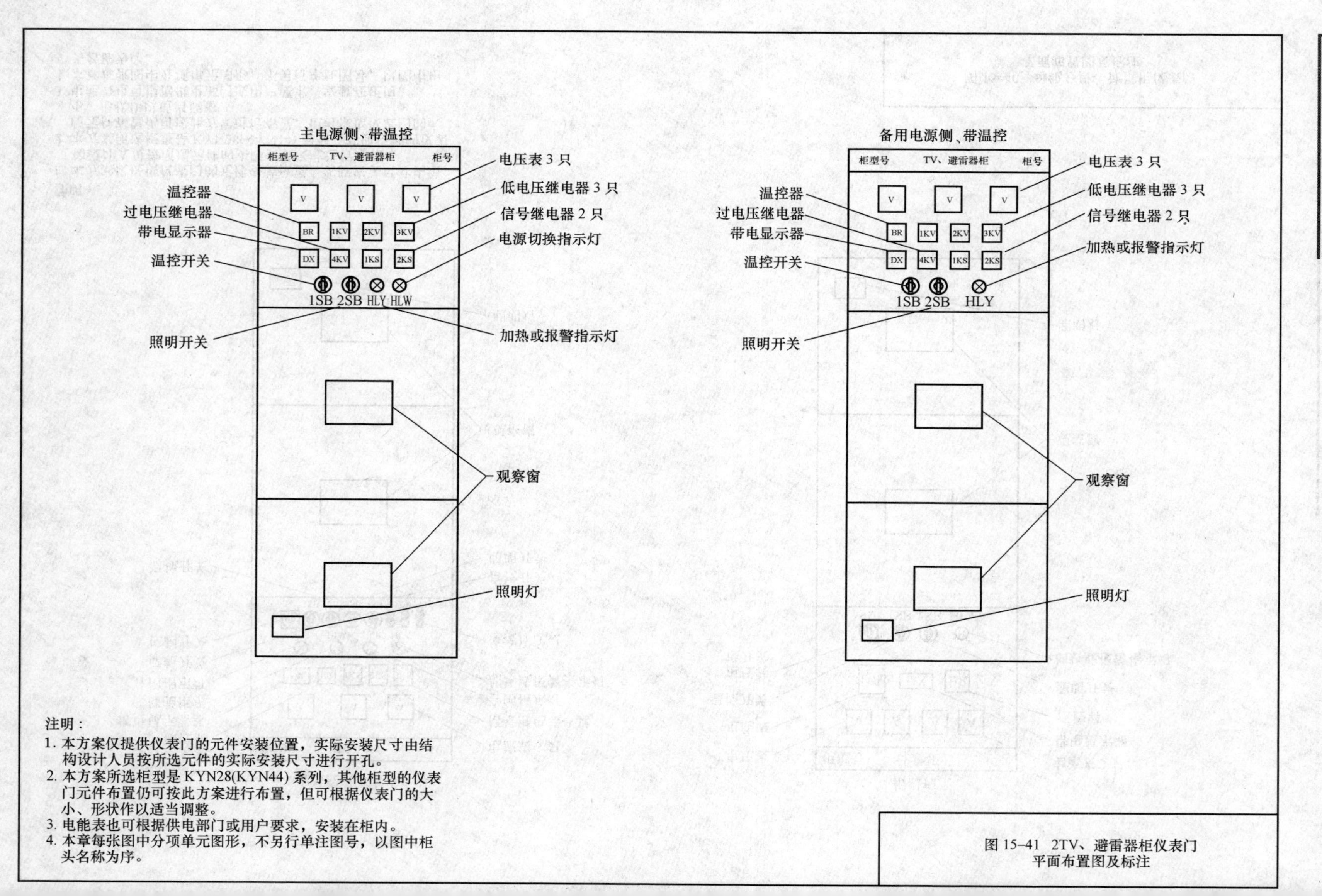

注明：
1. 本方案仅提供仪表门的元件安装位置，实际安装尺寸由结构设计人员按所选元件的实际安装尺寸进行开孔。
2. 本方案所选柜型是 KYN28(KYN44) 系列，其他柜型的仪表门元件布置仍可按此方案进行布置，但可根据仪表门的大小、形状作以适当调整。
3. 电能表也可根据供电部门或用户要求，安装在柜内。
4. 本章每张图中分项单元图形，不另行单注图号，以图中柜头名称为序。

图 15–41　2TV、避雷器柜仪表门平面布置图及标注

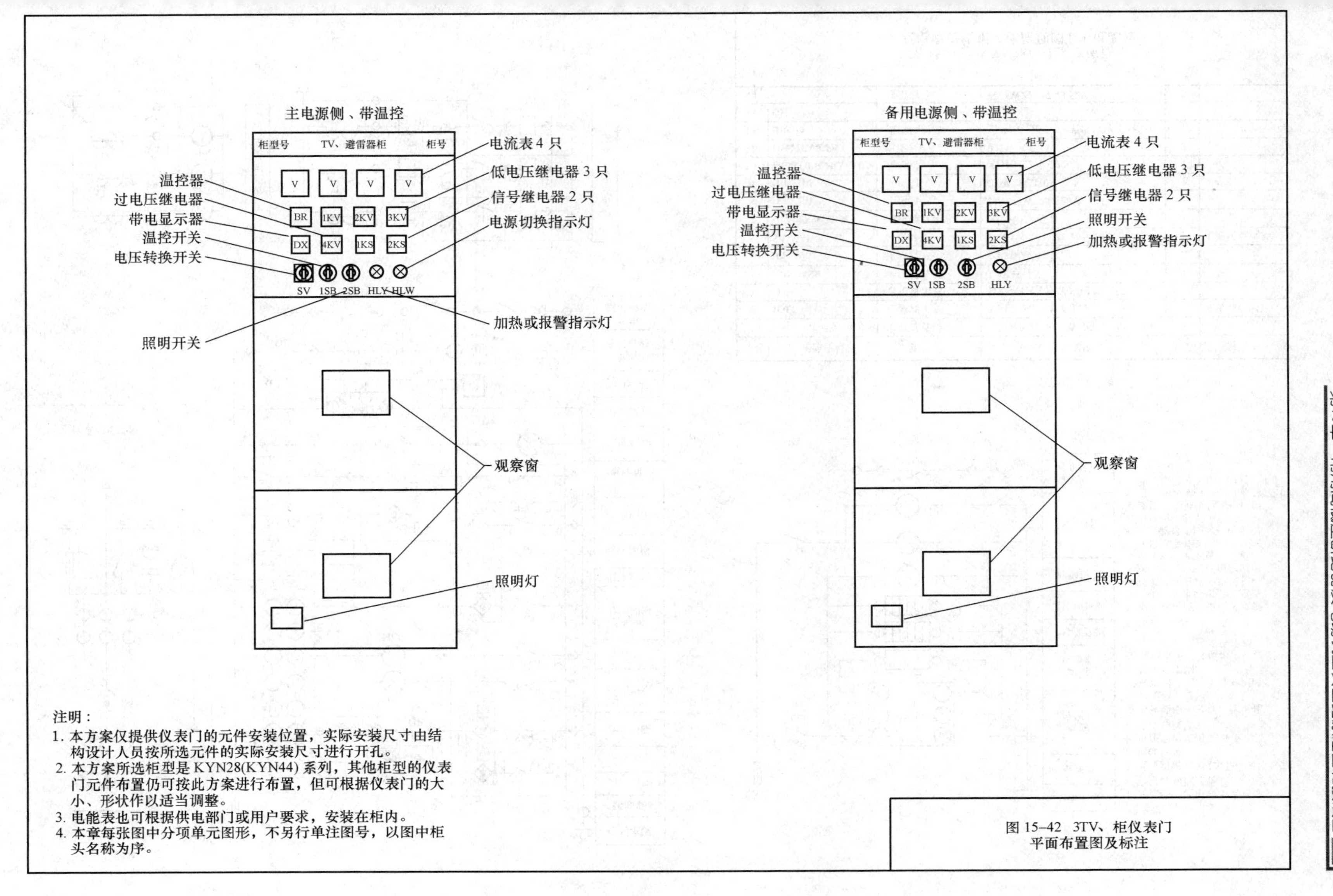

注明：

1. 本方案仅提供仪表门的元件安装位置，实际安装尺寸由结构设计人员按所选元件的实际安装尺寸进行开孔。
2. 本方案所选柜型是 KYN28(KYN44) 系列，其他柜型的仪表门元件布置仍可按此方案进行布置，但可根据仪表门的大小、形状作以适当调整。
3. 电能表也可根据供电部门或用户要求，安装在柜内。
4. 本章每张图中分项单元图形，不另行单注图号，以图中柜头名称为序。

图 15–42　3TV、柜仪表门平面布置图及标注

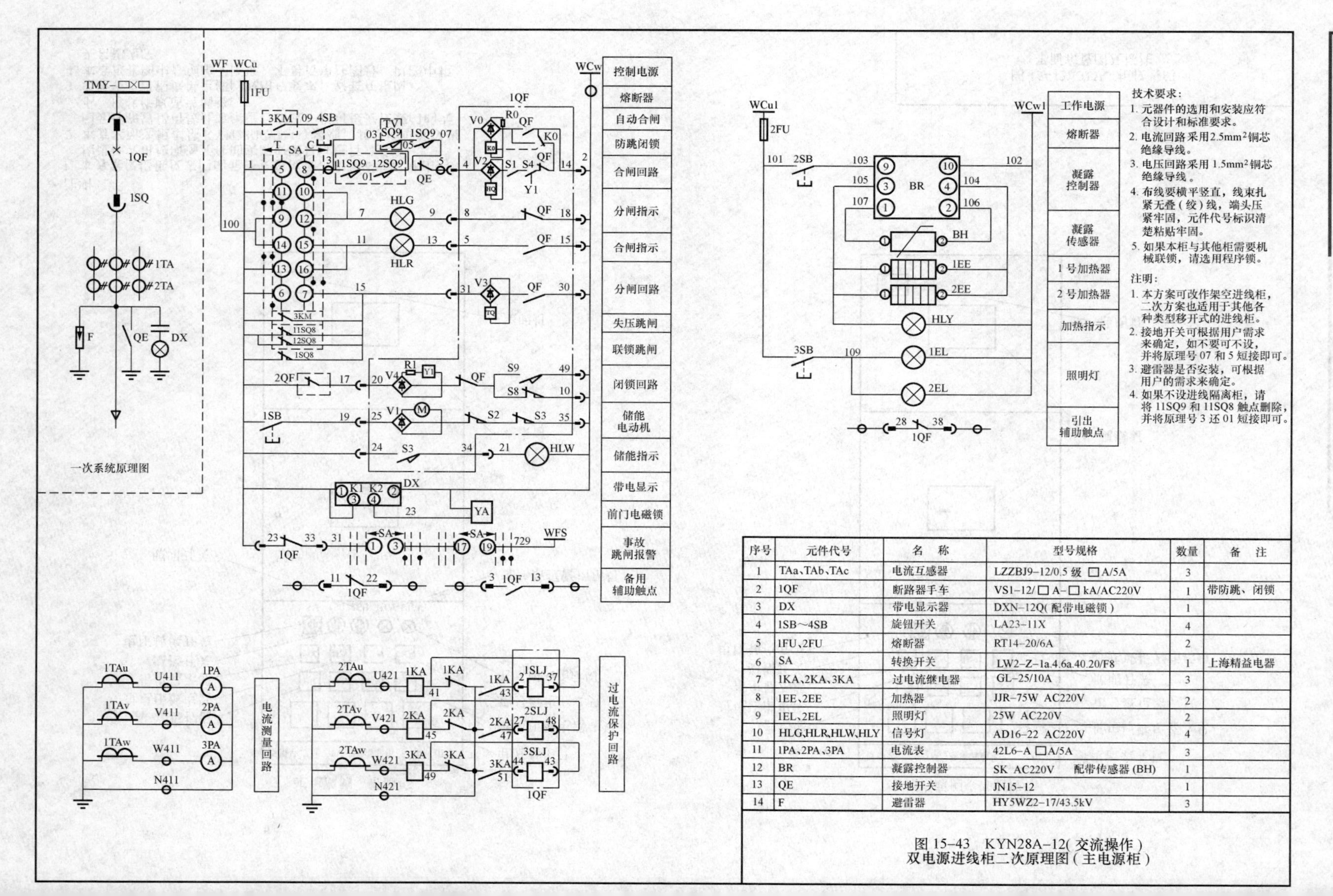

序号	元件代号	名　称	型号规格	数量	备　注
1	TAa、TAb、TAc	电流互感器	LZZBJ9-12/0.5 级 □A/5A	3	
2	1QF	断路器手车	VS1-12/□ A-□ kA/AC220V	1	带防跳、闭锁
3	DX	带电显示器	DXN-12Q(配带电磁锁)	1	
4	1SB～4SB	旋钮开关	LA23-11X	4	
5	1FU、2FU	熔断器	RT14-20/6A	2	
6	SA	转换开关	LW2-Z-1a.4.6a.40.20/F8	1	上海精益电器
7	1KA、2KA、3KA	过电流继电器	GL-25/10A	3	
8	1EE、2EE	加热器	JJR-75W AC220V	2	
9	1EL、2EL	照明灯	25W AC220V	2	
10	HLG,HLR,HLW,HLY	信号灯	AD16-22 AC220V	4	
11	1PA、2PA、3PA	电流表	42L6-A □A/5A	3	
12	BR	凝露控制器	SK AC220V　配带传感器 (BH)	1	
13	QE	接地开关	JN15-12	1	
14	F	避雷器	HY5WZ2-17/43.5kV	3	

图 15-43　KYN28A-12(交流操作)双电源进线柜二次原理图(主电源柜)

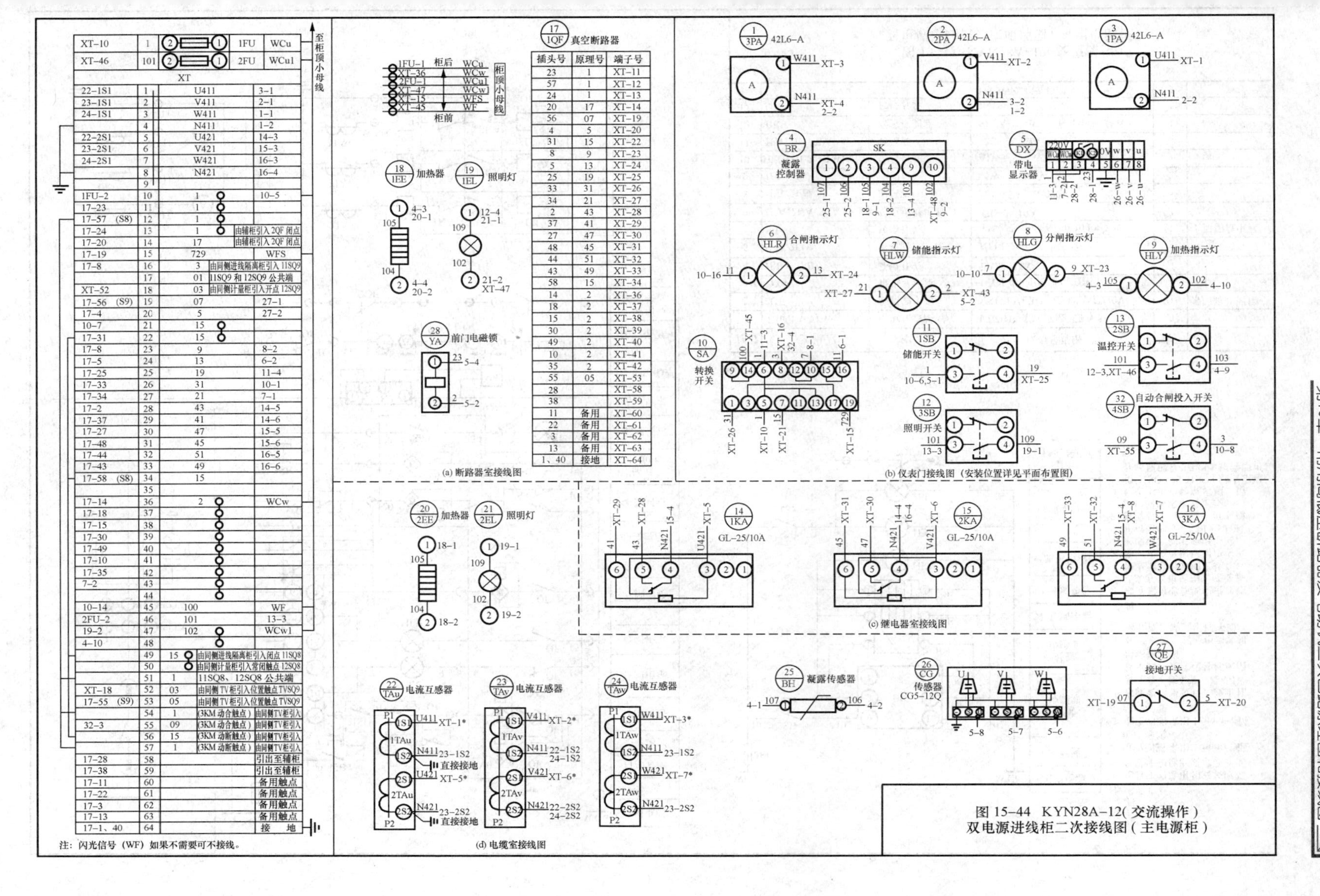

插头号	原理号	端子号
23	1	XT-11
57	1	XT-12
24	1	XT-13
20	17	XT-14
56	07	XT-19
4	5	XT-20
31	15	XT-22
8	9	XT-23
5	13	XT-24
25	19	XT-25
33	31	XT-26
34	21	XT-27
2	43	XT-28
37	41	XT-29
27	47	XT-30
48	45	XT-31
44	51	XT-32
43	49	XT-33
58	15	XT-34
14	2	XT-36
18	2	XT-37
15	2	XT-38
30	2	XT-39
49	2	XT-40
10	2	XT-41
35	2	XT-42
55	05	XT-53
28		XT-58
38		XT-59
11	备用	XT-60
22	备用	XT-61
3	备用	XT-62
13	备用	XT-63
1、40	接地	XT-64

图15-44 KYN28A-12（交流操作）双电源进线柜二次接线图（主电源柜）

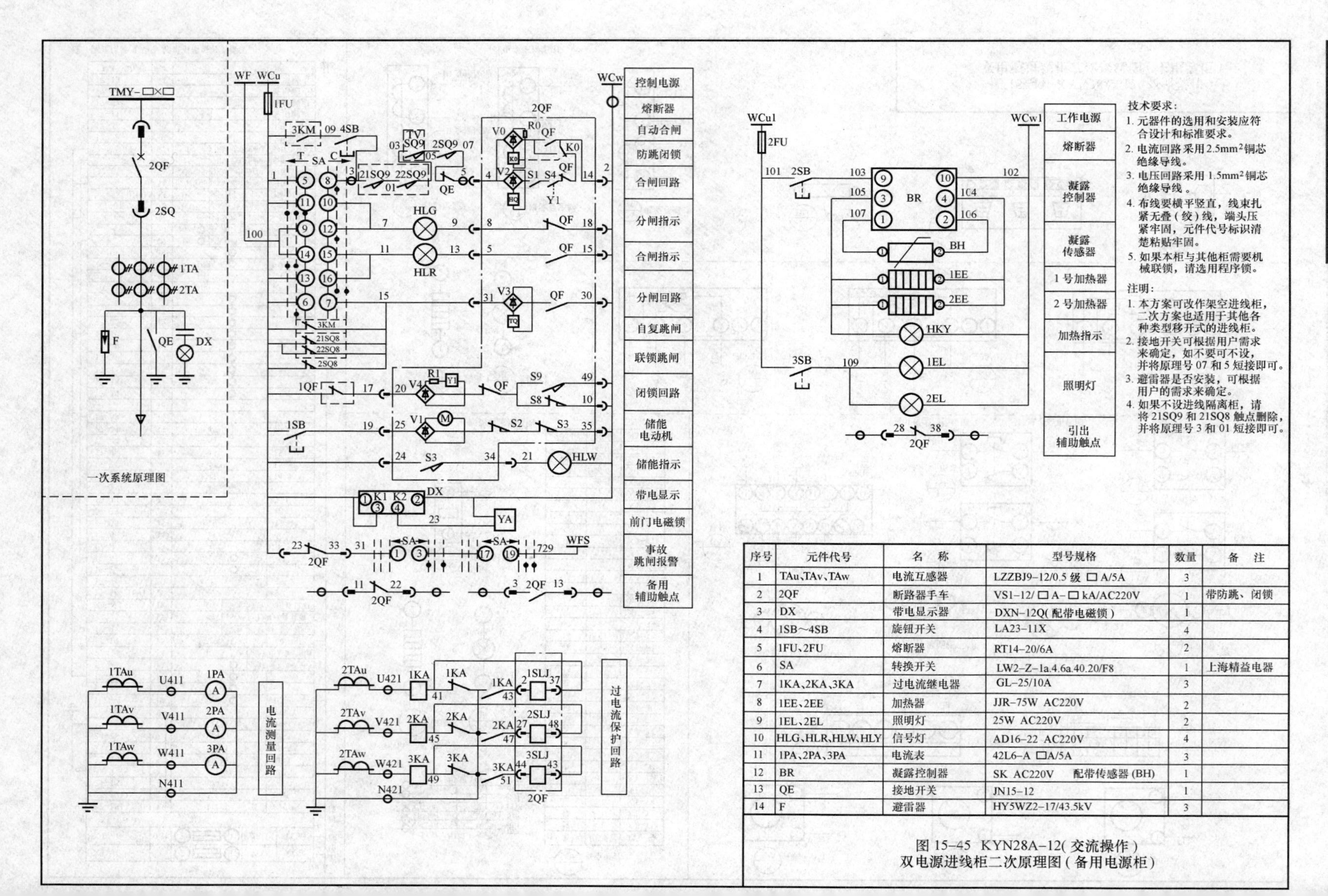

技术要求：
1. 元器件的选用和安装应符合设计和标准要求。
2. 电流回路采用 $2.5mm^2$ 铜芯绝缘导线。
3. 电压回路采用 $1.5mm^2$ 铜芯绝缘导线。
4. 布线要横平竖直，线束扎紧无叠（绞）线，端头压紧牢固，元件代号标识清楚粘贴牢固。
5. 如果本柜与其他柜需要机械联锁，请选用程序锁。

注明：
1. 本方案可改作架空进线柜，二次方案也适用于其他各种类型移开式的进线柜。
2. 接地开关可根据用户需求来确定，如不要可不设，并将原理号 07 和 5 短接即可。
3. 避雷器是否安装，可根据用户的需求来确定。
4. 如果不设进线隔离柜，请将 21SQ9 和 21SQ8 触点删除，并将原理号 3 和 01 短接即可。

序号	元件代号	名　称	型号规格	数量	备　注
1	TAu、TAv、TAw	电流互感器	LZZBJ9-12/0.5 级 □A/5A	3	
2	2QF	断路器手车	VS1-12/□A-□kA/AC220V	1	带防跳、闭锁
3	DX	带电显示器	DXN-12Q(配带电磁锁)	1	
4	1SB～4SB	旋钮开关	LA23-11X	4	
5	1FU、2FU	熔断器	RT14-20/6A	2	
6	SA	转换开关	LW2-Z-1a.4.6a.40.20/F8	1	上海精益电器
7	1KA、2KA、3KA	过电流继电器	GL-25/10A	3	
8	1EE、2EE	加热器	JJR-75W AC220V	2	
9	1EL、2EL	照明灯	25W AC220V	2	
10	HLG、HLR、HLW、HLY	信号灯	AD16-22 AC220V	4	
11	1PA、2PA、3PA	电流表	42L6-A □A/5A	3	
12	BR	凝露控制器	SK AC220V　配带传感器(BH)	1	
13	QE	接地开关	JN15-12	1	
14	F	避雷器	HY5WZ2-17/43.5kV	3	

图 15-45 KYN28A-12(交流操作)
双电源进线柜二次原理图(备用电源柜)

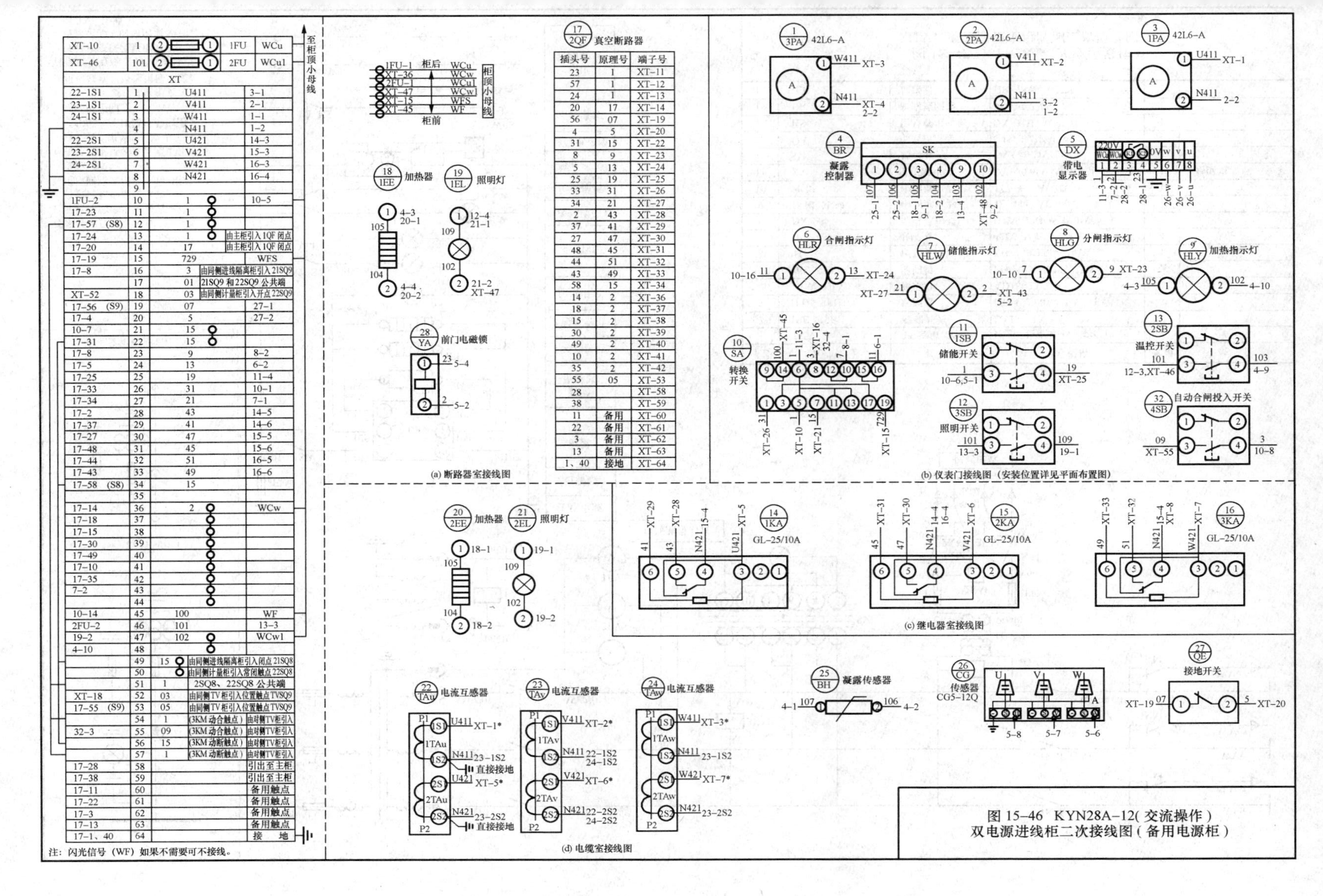

XT-10	1	1FU	WCu
XT-46	101	2FU	WCu1
	XT		
22-1S1	1	U411	3-1
23-1S1	2	V411	2-1
24-1S1	3	W411	1-1
	4	N411	1-2
22-2S1	5	U421	14-3
23-2S1	6	V421	15-3
24-2S1	7	W421	16-3
	8	N421	16-4
	9		
1FU-2	10	1	10-5
17-23	11	1	
17-57 (S8)	12	1	
17-24	13	1	由主柜引入1QF闭点
17-20	14	17	由主柜引入1QF闭点
17-19	15	729	WFS
17-8	16	3	由同侧进线隔离柜引入21SQ9
	17	01	21SQ9和22SQ9公共端
XT-52	18	03	由同侧计量柜引入开点22SQ9
17-56 (S9)	19	07	27-1
17-4	20	5	27-2
10-7	21	15	
17-31	22	15	
17-8	23	9	8-2
17-5	24	13	6-2
17-25	25	19	11-4
17-33	26	31	10-1
17-34	27	21	7-1
17-2	28	43	14-5
17-37	29	41	14-6
17-27	30	47	15-5
17-48	31	45	15-6
17-44	32	51	16-5
17-43	33	49	16-6
17-58 (S8)	34	15	
	35		
17-14	36	2	WCw
17-18	37		
17-15	38		
17-30	39		
17-49	40		
17-10	41		
17-35	42		
7-2	43		
	44		
10-14	45	100	WF
2FU-2	46	101	13-3
19-2	47	102	WCw1
4-10	48		
	49	15	由同侧进线隔离柜引入闭点21SQ8
	50		由同侧计量柜引入常闭触点22SQ8
	51	1	2SQ8、22SQ8公共端
XT-18	52	03	由同侧TV柜引入位置触点TVSQ9
17-55 (S9)	53	05	由同侧TV柜引入位置触点TVSQ9
	54	1	(3KM动合触点) 由对侧TV柜引入
32-3	55	09	(3KM动合触点) 由对侧TV柜引入
	56	15	(3KM动断触点) 由对侧TV柜引入
	57	1	(3KM动断触点) 由对侧TV柜引入
17-28	58		引出至主柜
17-38	59		引出至主柜
17-11	60		备用触点
17-22	61		备用触点
17-3	62		备用触点
17-13	63		备用触点
17-1、40	64		接地

17 2QF 真空断路器

插头号	原理号	端子号
23	1	XT-11
57	1	XT-12
24	1	XT-13
20	17	XT-14
56	07	XT-19
4	5	XT-20
31	15	XT-22
8	9	XT-23
5	13	XT-24
25	19	XT-25
33	31	XT-26
34	21	XT-27
2	43	XT-28
37	41	XT-29
27	47	XT-30
48	45	XT-31
44	51	XT-32
43	49	XT-33
58	15	XT-34
14	2	XT-36
18	2	XT-37
15	2	XT-38
30	2	XT-39
49	2	XT-40
10	2	XT-41
35	2	XT-42
55	05	XT-53
28		XT-58
38		XT-59
11	备用	XT-60
22	备用	XT-61
3	备用	XT-62
13	备用	XT-63
1、40	接地	XT-64

注：闪光信号（WF）如果不需要可不接线。

图 15-46　KYN28A-12(交流操作)双电源进线柜二次接线图(备用电源柜)

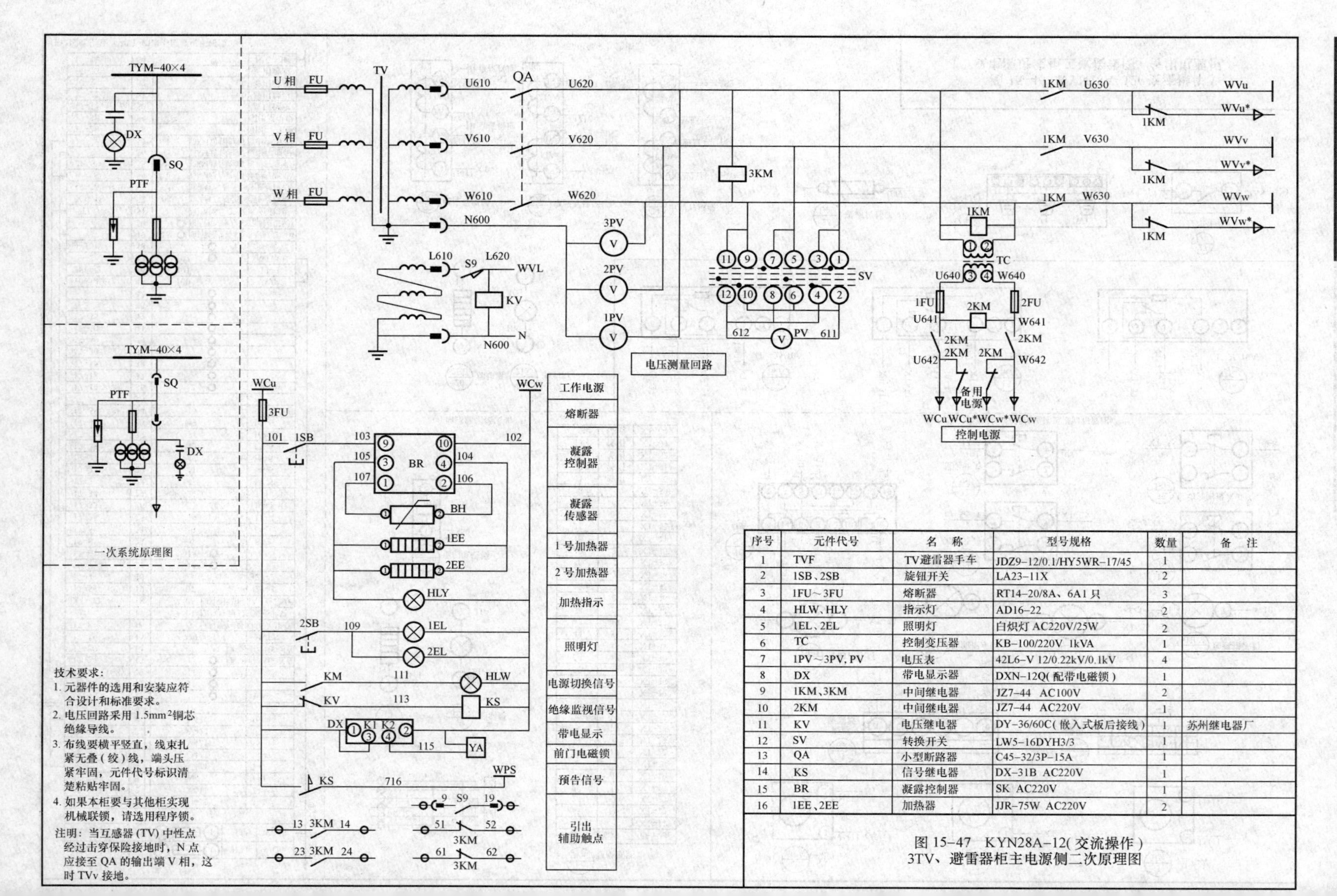

技术要求：

1. 元器件的选用和安装应符合设计和标准要求。
2. 电压回路采用 1.5mm²铜芯绝缘导线。
3. 布线要横平竖直，线束扎紧无叠（绞）线，端头压紧牢固，元件代号标识清楚粘贴牢固。
4. 如果本柜要与其他柜实现机械联锁，请选用程序锁。

注明：当互感器（TV）中性点经过击穿保险接地时，N 点应接至 QA 的输出端 V 相，这时 TVv 接地。

序号	元件代号	名 称	型号规格	数量	备 注
1	TVF	TV避雷器手车	JDZ9-12/0.1/HY5WR-17/45	1	
2	1SB、2SB	旋钮开关	LA23-11X	2	
3	1FU～3FU	熔断器	RT14-20/8A、6A1 只	3	
4	HLW、HLY	指示灯	AD16-22	2	
5	1EL、2EL	照明灯	白炽灯 AC220V/25W	2	
6	TC	控制变压器	KB-100/220V 1kVA	1	
7	1PV～3PV, PV	电压表	42L6-V 12/0.22kV/0.1kV	4	
8	DX	带电显示器	DXN-12Q(配带电磁锁)	1	
9	1KM, 3KM	中间继电器	JZ7-44 AC100V	2	
10	2KM	中间继电器	JZ7-44 AC220V	1	
11	KV	电压继电器	DY-36/60C(嵌入式板后接线)	1	苏州继电器厂
12	SV	转换开关	LW5-16DYH3/3	1	
13	QA	小型断路器	C45-32/3P-15A	1	
14	KS	信号继电器	DX-31B AC220V	1	
15	BR	凝露控制器	SK AC220V	1	
16	1EE、2EE	加热器	JJR-75W AC220V	2	

图 15-47 KYN28A-12(交流操作) 3TV、避雷器柜主电源侧二次原理图

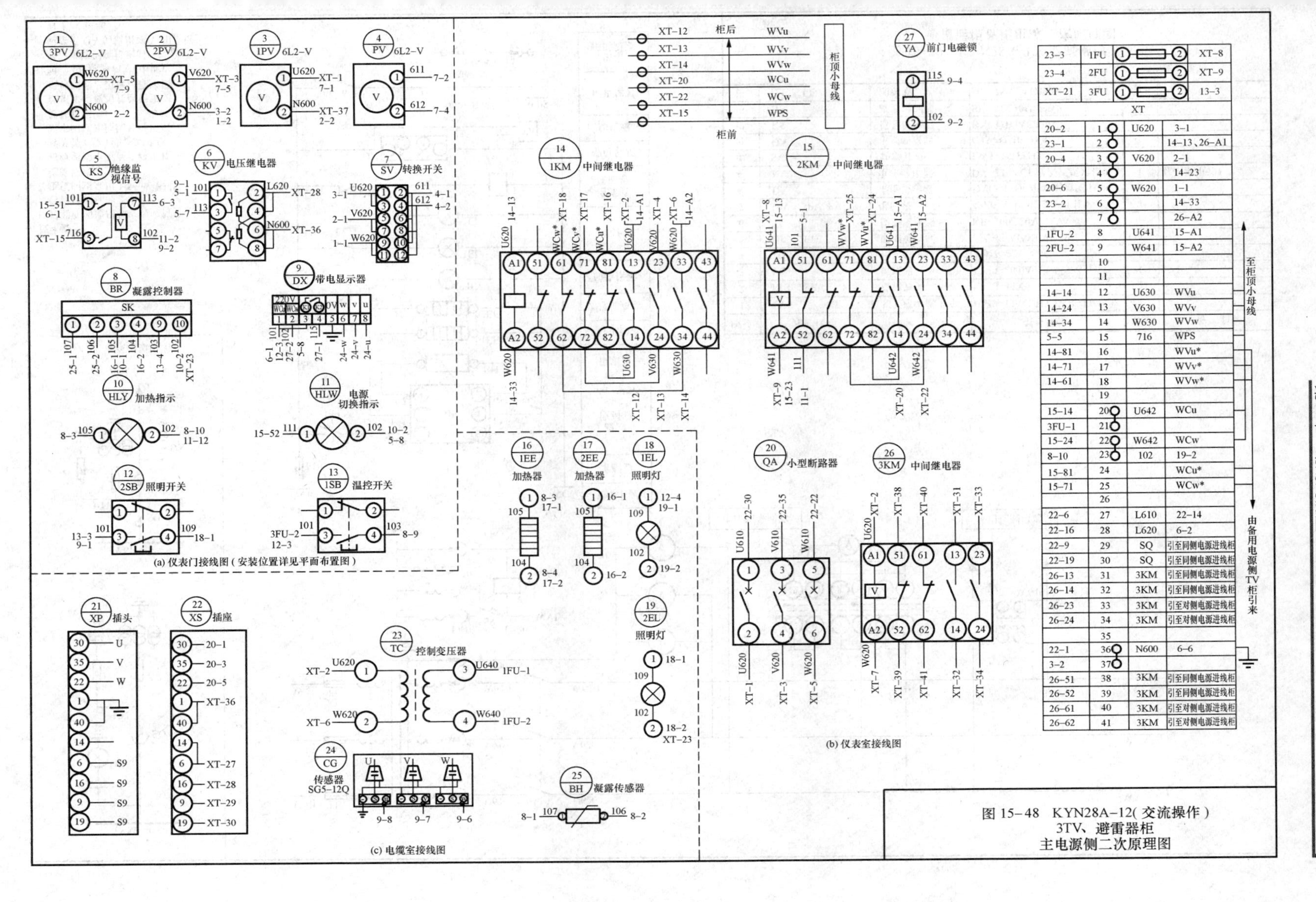

图 15-48 KYN28A-12(交流操作) 3TV、避雷器柜 主电源侧二次原理图

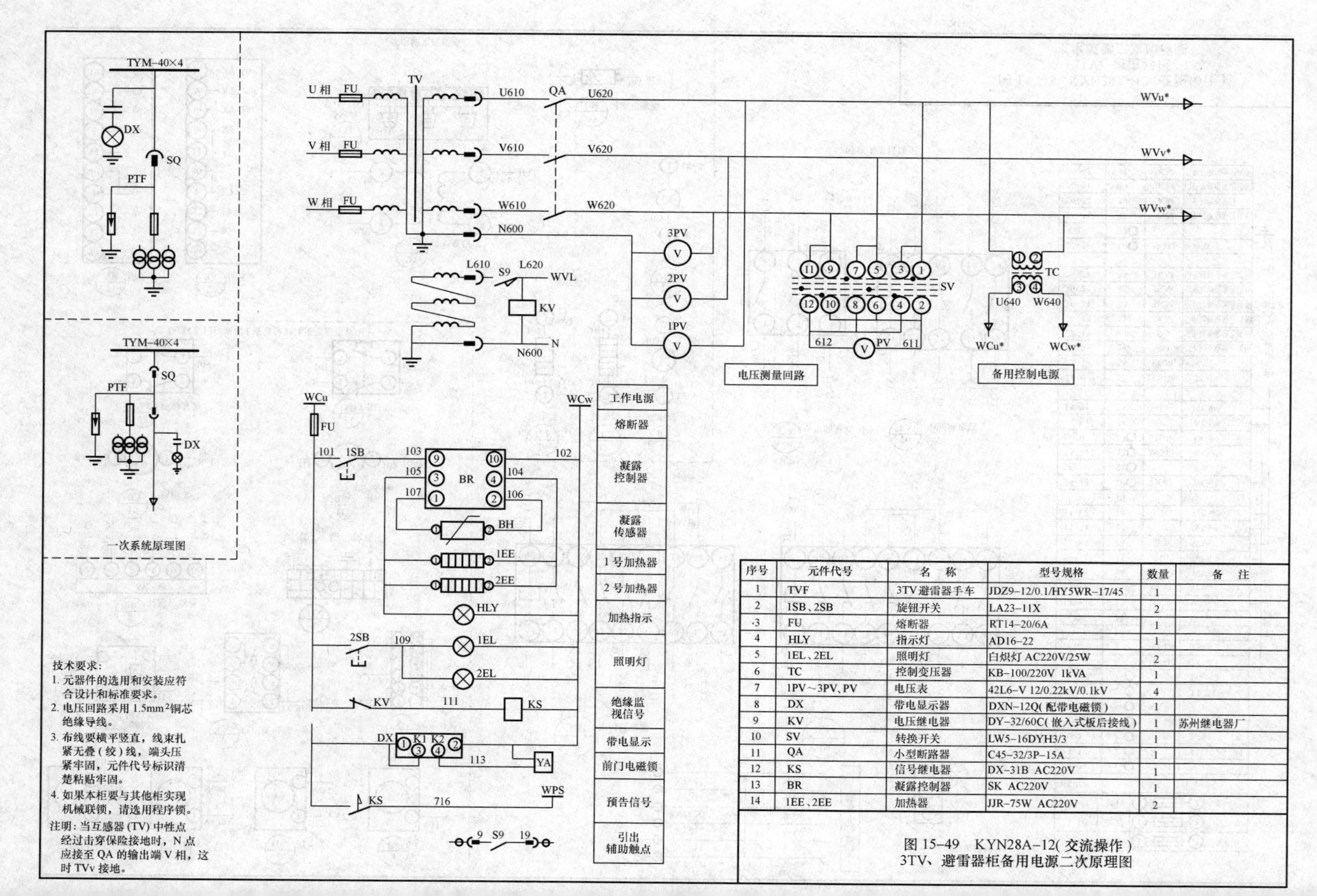

技术要求:

1. 元器件的选用和安装应符合设计和标准要求。
2. 电压回路采用 1.5mm²铜芯绝缘导线。
3. 布线要横平竖直，线束扎紧无叠（绞）线，端头压紧牢固，元件代号标识清楚粘贴牢固。
4. 如果本柜要与其他柜实现机械联锁，请选用程序锁。

注明：当互感器 (TV) 中性点经过击穿保险接地时，N 点应接至 QA 的输出端 V 相，这时 TVv 接地。

序号	元件代号	名　称	型号规格	数量	备　注
1	TVF	3TV 避雷器手车	JDZ9-12/0.1/HY5WR-17/45	1	
2	1SB、2SB	旋钮开关	LA23-11X	2	
·3	FU	熔断器	RT14-20/6A	1	
4	HLY	指示灯	AD16-22	1	
5	1EL、2EL	照明灯	白炽灯 AC220V/25W	2	
6	TC	控制变压器	KB-100/220V 1kVA	1	
7	1PV～3PV、PV	电压表	42L6-V 12/0.22kV/0.1kV	4	
8	DX	带电显示器	DXN-12Q(配带电磁锁)	1	
9	KV	电压继电器	DY-32/60C(嵌入式板后接线)	1	苏州继电器厂
10	SV	转换开关	LW5-16DYH3/3	1	
11	QA	小型断路器	C45-32/3P-15A	1	
12	KS	信号继电器	DX-31B AC220V	1	
13	BR	凝露控制器	SK AC220V	1	
14	1EE、2EE	加热器	JJR-75W AC220V	2	

图 15-49 KYN28A-12(交流操作) 3TV、避雷器柜备用电源二次原理图

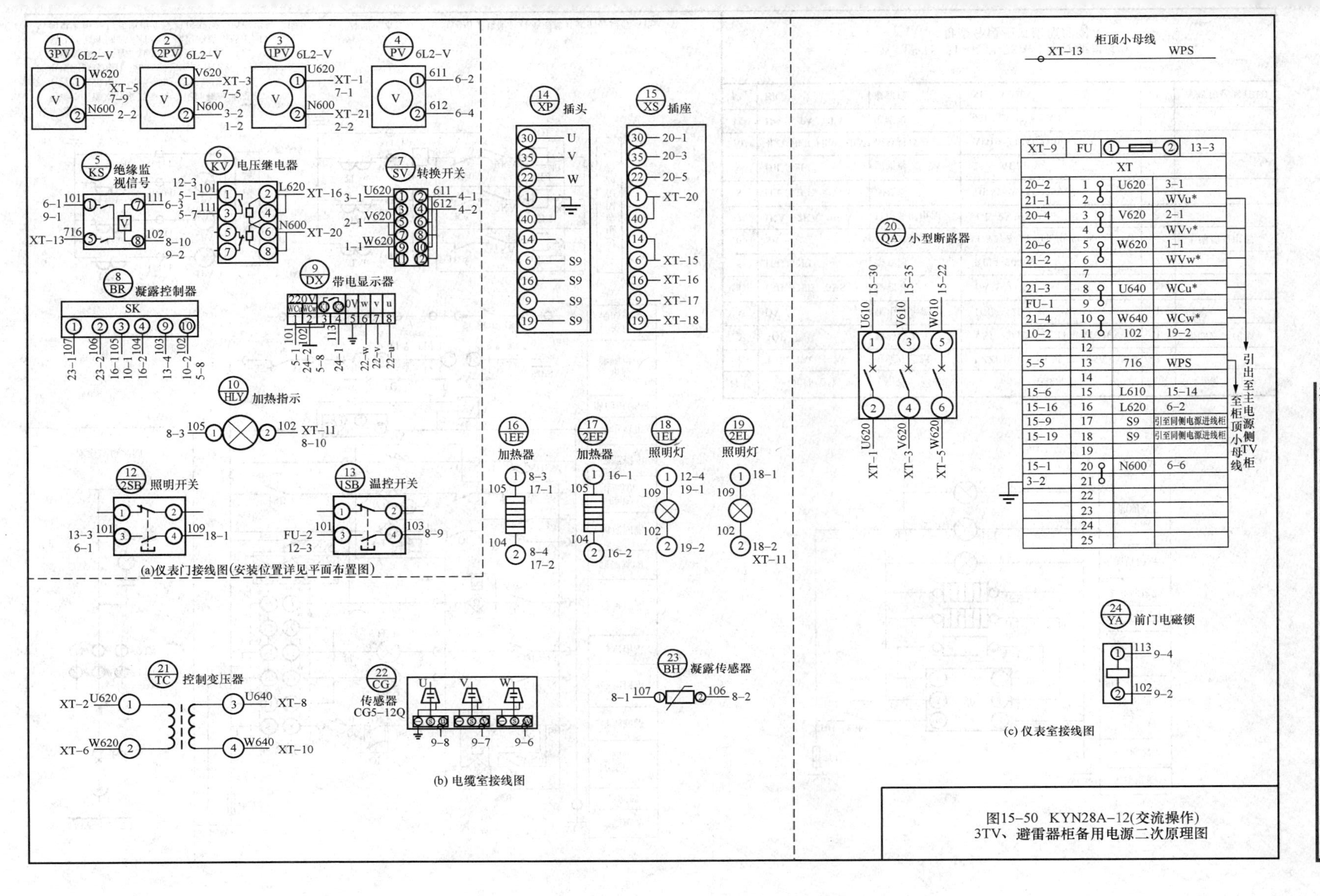

图15-50　KYN28A-12(交流操作)3TV、避雷器柜备用电源二次原理图

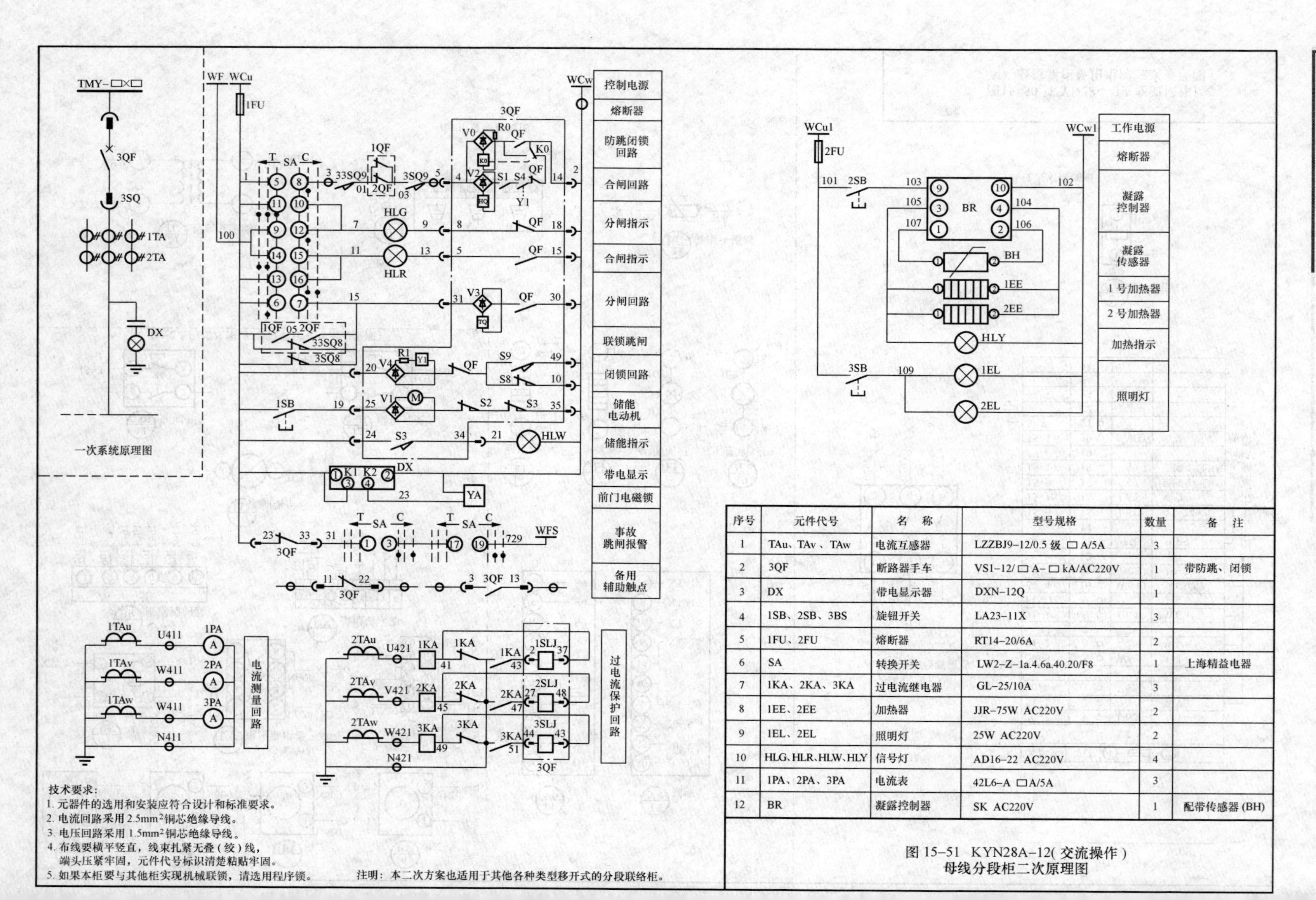

序号	元件代号	名称	型号规格	数量	备注
1	TAu、TAv、TAw	电流互感器	LZZBJ9-12/0.5 级 □A/5A	3	
2	3QF	断路器手车	VS1-12/□A-□kA/AC220V	1	带防跳、闭锁
3	DX	带电显示器	DXN-12Q	1	
4	1SB、2SB、3BS	旋钮开关	LA23-11X	3	
5	1FU、2FU	熔断器	RT14-20/6A	2	
6	SA	转换开关	LW2-Z-1a.4.6a.40.20/F8	1	上海精益电器
7	1KA、2KA、3KA	过电流继电器	GL-25/10A	3	
8	1EE、2EE	加热器	JJR-75W AC220V	2	
9	1EL、2EL	照明灯	25W AC220V	2	
10	HLG、HLR、HLW、HLY	信号灯	AD16-22 AC220V	4	
11	1PA、2PA、3PA	电流表	42L6-A □A/5A	3	
12	BR	凝露控制器	SK AC220V	1	配带传感器(BH)

技术要求：
1. 元器件的选用和安装应符合设计和标准要求。
2. 电流回路采用 2.5mm²铜芯绝缘导线。
3. 电压回路采用 1.5mm²铜芯绝缘导线。
4. 布线要横平竖直，线束扎紧无叠（绞）线，端头压紧牢固，元件代号标识清楚粘贴牢固。
5. 如果本柜要与其他柜实现机械联锁，请选用程序锁。

注明：本二次方案也适用于其他各种类型移开式的分段联络柜。

图 15-51 KYN28A-12(交流操作)母线分段柜二次原理图

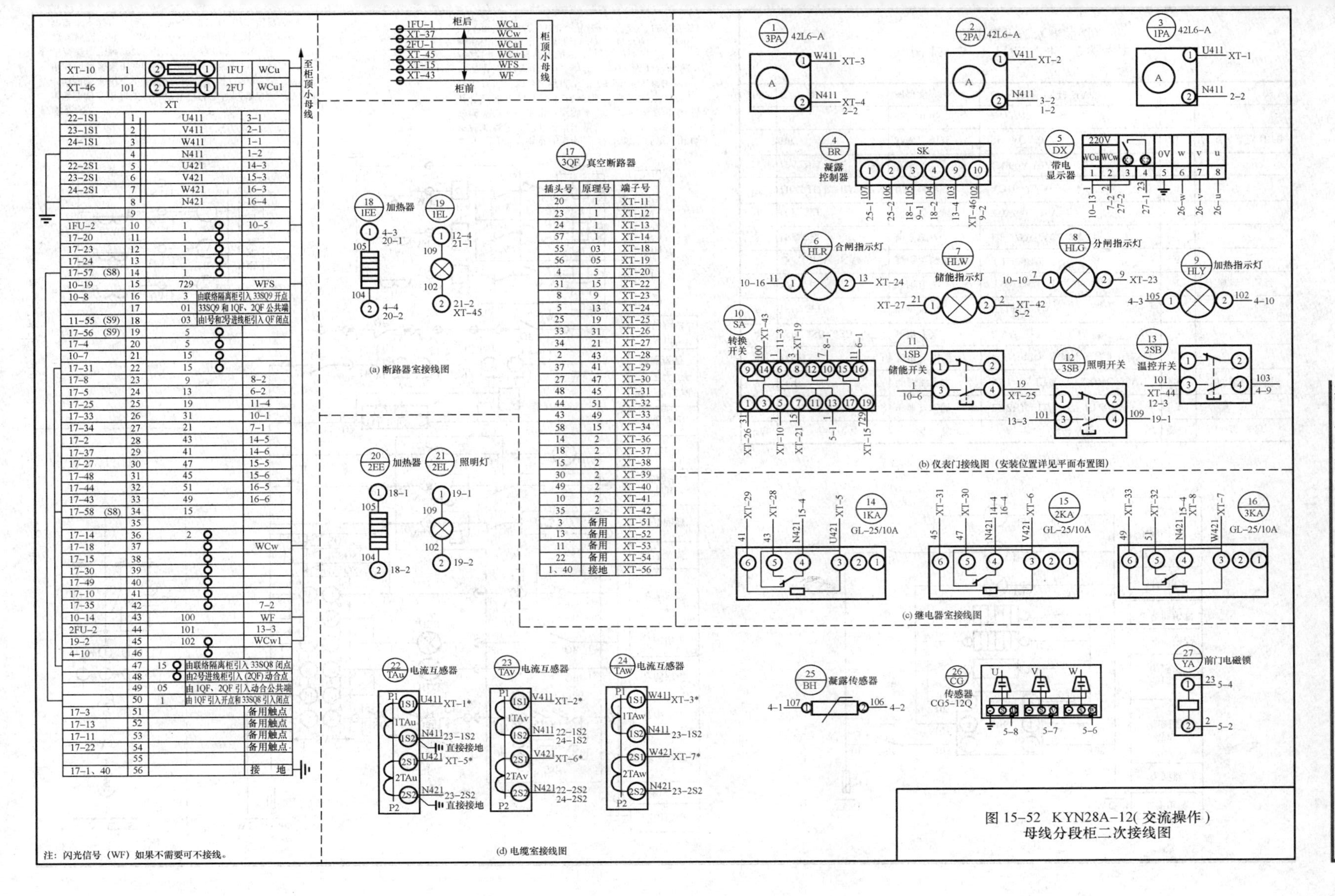

图15-52　KYN28A-12(交流操作)母线分段柜二次接线图

注：闪光信号（WF）如果不需要可不接线。

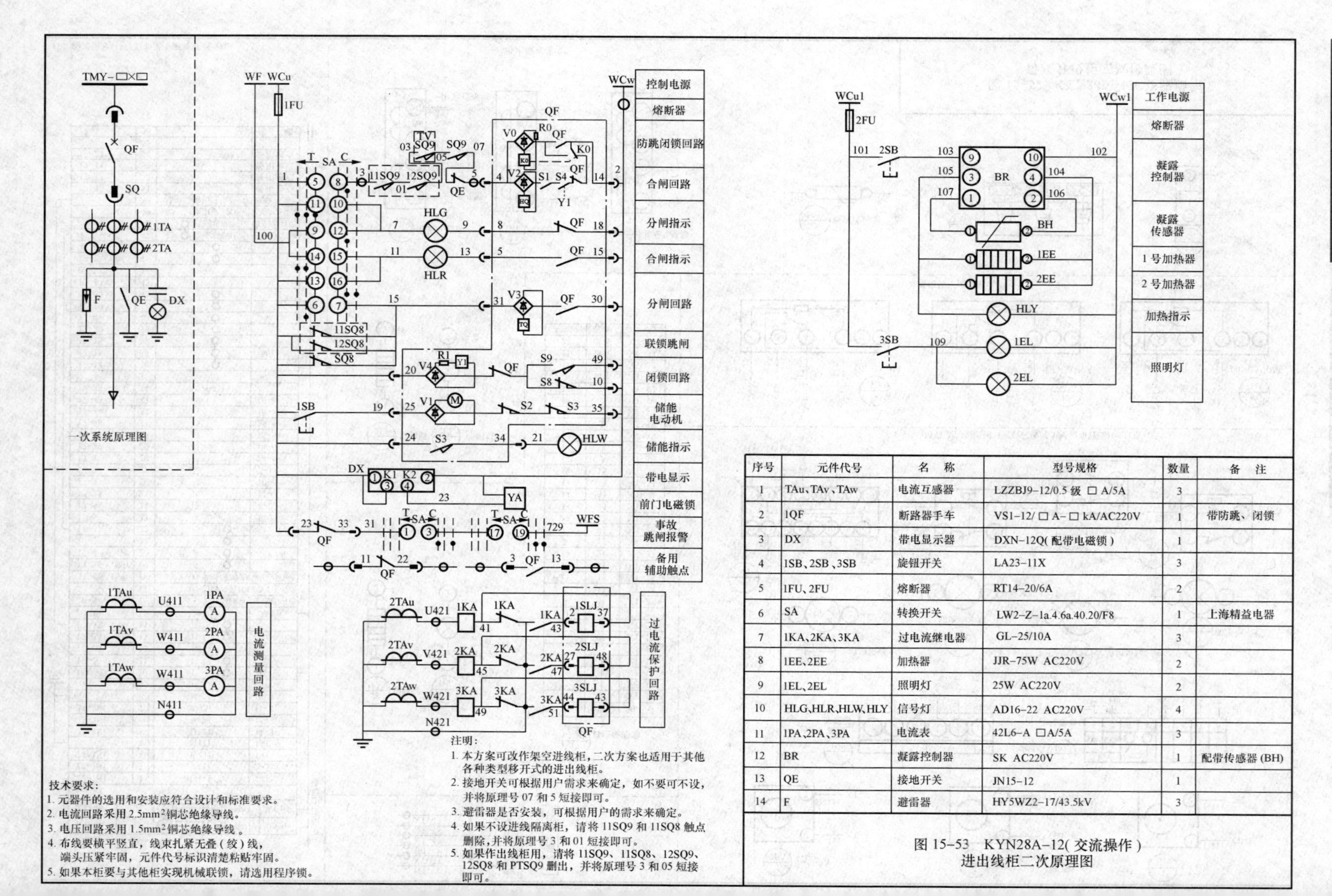

技术要求：

1. 元器件的选用和安装应符合设计和标准要求。
2. 电流回路采用 2.5mm²铜芯绝缘导线。
3. 电压回路采用 1.5mm²铜芯绝缘导线。
4. 布线要横平竖直，线束扎紧无叠（绞）线，端头压紧牢固，元件代号标识清楚粘贴牢固。
5. 如果本柜要与其他柜实现机械联锁，请选用程序锁。

注明：

1. 本方案可改作架空进线柜，二次方案也适用于其他各种类型移开式的进出线柜。
2. 接地开关可根据用户需求来确定，如不要可不设，并将原理号 07 和 5 短接即可。
3. 避雷器是否安装，可根据用户的需求来确定。
4. 如果不设进线隔离柜，请将 11SQ9 和 11SQ8 触点删除，并将原理号 3 和 01 短接即可。
5. 如果作出线柜用，请将 11SQ9、11SQ8、12SQ9、12SQ8 和 PTSQ9 删出，并将原理号 3 和 05 短接即可。

序号	元件代号	名　称	型号规格	数量	备　注
1	TAu、TAv、TAw	电流互感器	LZZBJ9-12/0.5 级 □ A/5A	3	
2	1QF	断路器手车	VS1-12/ □ A- □ kA/AC220V	1	带防跳、闭锁
3	DX	带电显示器	DXN-12Q(配带电磁锁)	1	
4	1SB、2SB、3SB	旋钮开关	LA23-11X	3	
5	1FU、2FU	熔断器	RT14-20/6A	2	
6	SA	转换开关	LW2-Z-1a.4.6a.40.20/F8	1	上海精益电器
7	1KA、2KA、3KA	过电流继电器	GL-25/10A	3	
8	1EE、2EE	加热器	JJR-75W AC220V	2	
9	1EL、2EL	照明灯	25W AC220V	2	
10	HLG、HLR、HLW、HLY	信号灯	AD16-22 AC220V	4	
11	1PA、2PA、3PA	电流表	42L6-A □A/5A	3	
12	BR	凝露控制器	SK AC220V	1	配带传感器(BH)
13	QE	接地开关	JN15-12	1	
14	F	避雷器	HY5WZ2-17/43.5kV	3	

图 15-53　KYN28A-12(交流操作)进出线柜二次原理图

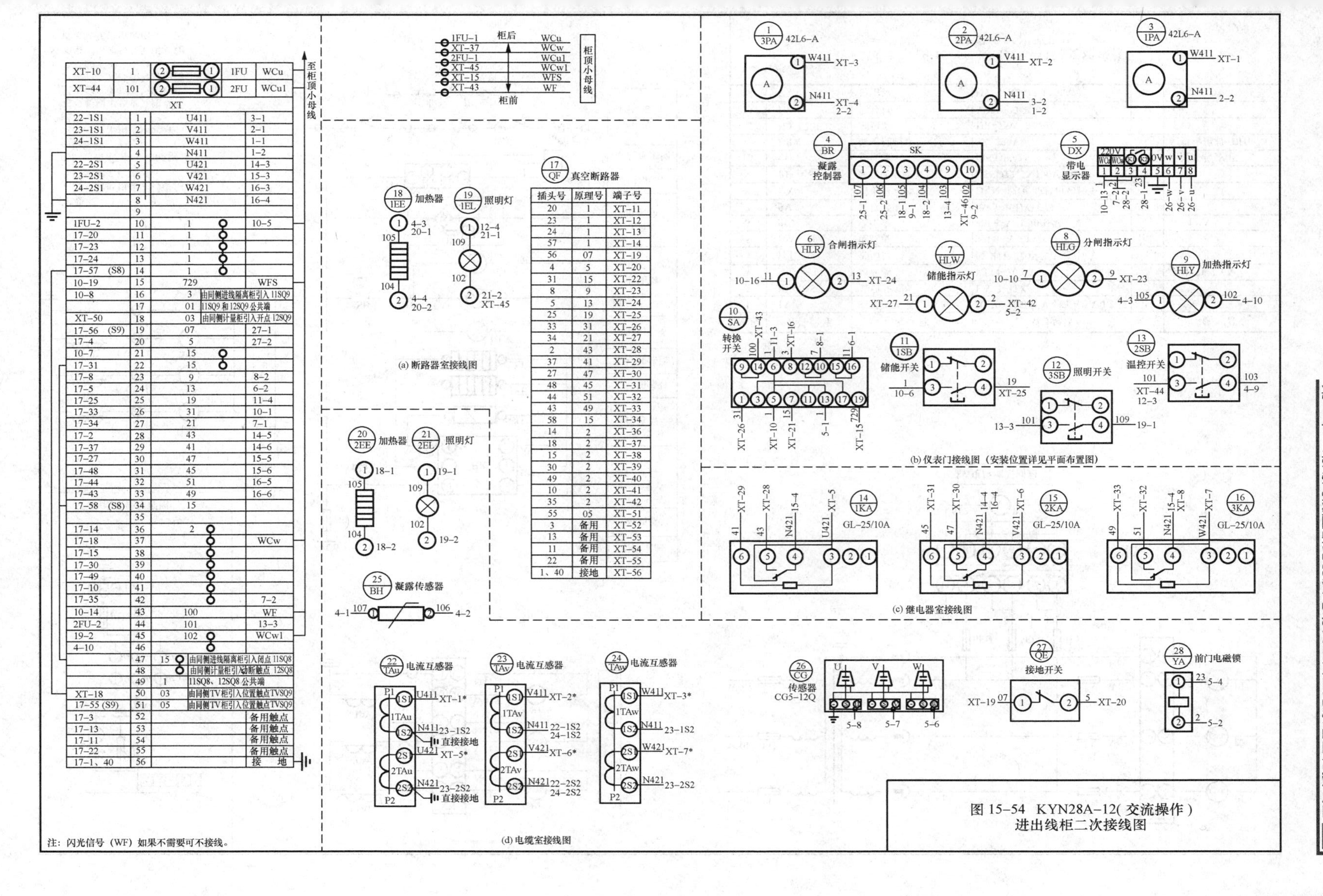

真空断路器

插头号	原理号	端子号
20	1	XT-11
23	1	XT-12
24	1	XT-13
57	1	XT-14
56	07	XT-19
4	5	XT-20
31	15	XT-22
8	9	XT-23
5	13	XT-24
25	19	XT-25
33	31	XT-26
34	21	XT-27
2	43	XT-28
37	41	XT-29
27	47	XT-30
48	45	XT-31
44	51	XT-32
43	49	XT-33
58	15	XT-34
14	2	XT-36
18	2	XT-37
15	2	XT-38
30	2	XT-39
49	2	XT-40
10	2	XT-41
35	2	XT-42
55	05	XT-51
3	备用	XT-52
13	备用	XT-53
11	备用	XT-54
22	备用	XT-55
1、40	接地	XT-56

XT-10	1	1FU	WCu
XT-44	101	2FU	WCu1
	XT		
22-1S1	1	U411	3-1
23-1S1	2	V411	2-1
24-1S1	3	W411	1-1
	4	N411	1-2
22-2S1	5	U421	14-3
23-2S1	6	V421	15-3
24-2S1	7	W421	16-3
	8	N421	16-4
	9		
1FU-2	10	1	10-5
17-20	11	1	
17-23	12	1	
17-24	13	1	
17-57 (S8)	14	1	
10-19	15	729	WFS
10-8	16	3	由同侧进线隔离柜引入11SQ9
	17	01	11SQ9和12SQ9公共端
XT-50	18	03	由同侧计量柜引入开点12SQ9
17-56 (S9)	19	07	27-1
17-4	20	5	27-2
10-7	21	15	
17-31	22	15	
17-8	23	9	8-2
17-5	24	13	6-2
17-25	25	19	11-4
17-33	26	31	10-1
17-34	27	21	7-1
17-2	28	43	14-5
17-37	29	41	14-6
17-27	30	47	15-5
17-48	31	45	15-6
17-44	32	51	16-5
17-43	33	49	16-6
17-58 (S8)	34	15	
	35		
17-14	36	2	
17-18	37		WCw
17-15	38		
17-30	39		
17-49	40		
17-10	41		
17-35	42		7-2
10-14	43	100	WF
2FU-2	44	101	13-3
19-2	45	102	WCw1
4-10	46		
	47	15	由同侧进线隔离柜引入闭点11SQ8
	48		由同侧计量柜引入断触点12SQ8
	49	1	11SQ8、12SQ8公共端
XT-18	50	03	由同侧TV柜引入位置触点TVSQ9
17-55 (S9)	51	05	由同侧TV柜引入位置触点TVSQ9
17-3	52		备用触点
17-13	53		备用触点
17-11	54		备用触点
17-22	55		备用触点
17-1、40	56		接地

注：闪光信号（WF）如果不需要可不接线。

图 15-54 KYN28A-12(交流操作)进出线柜二次接线图

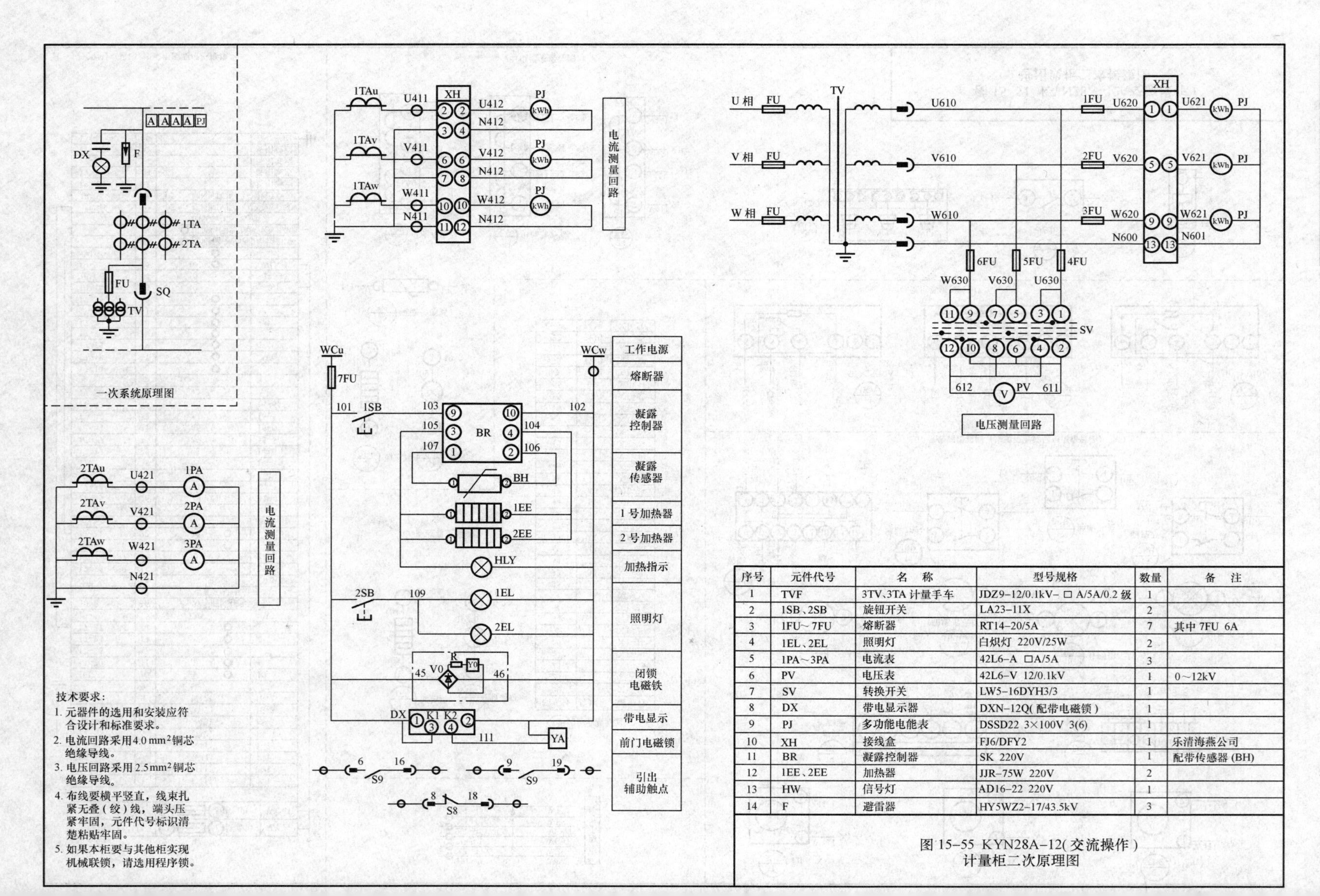

技术要求：

1. 元器件的选用和安装应符合设计和标准要求。
2. 电流回路采用4.0 mm^2铜芯绝缘导线。
3. 电压回路采用2.5 mm^2铜芯绝缘导线。
4. 布线要横平竖直，线束扎紧无叠（绞）线，端头压紧牢固，元件代号标识清楚粘贴牢固。
5. 如果本柜要与其他柜实现机械联锁，请选用程序锁。

序号	元件代号	名　称	型号规格	数量	备　注
1	TVF	3TV、3TA 计量手车	JDZ9-12/0.1kV-□ A/5A/0.2 级	1	
2	1SB、2SB	旋钮开关	LA23-11X	2	
3	1FU～7FU	熔断器	RT14-20/5A	7	其中 7FU 6A
4	1EL、2EL	照明灯	白炽灯 220V/25W	2	
5	1PA～3PA	电流表	42L6-A □A/5A	3	
6	PV	电压表	42L6-V 12/0.1kV	1	0～12kV
7	SV	转换开关	LW5-16DYH3/3	1	
8	DX	带电显示器	DXN-12Q(配带电磁锁)	1	
9	PJ	多功能电能表	DSSD22 3×100V 3(6)	1	
10	XH	接线盒	FJ6/DFY2	1	乐清海燕公司
11	BR	凝露控制器	SK 220V	1	配带传感器 (BH)
12	1EE、2EE	加热器	JJR-75W 220V	2	
13	HW	信号灯	AD16-22 220V	1	
14	F	避雷器	HY5WZ2-17/43.5kV	3	

图 15-55 KYN28A-12(交流操作)计量柜二次原理图

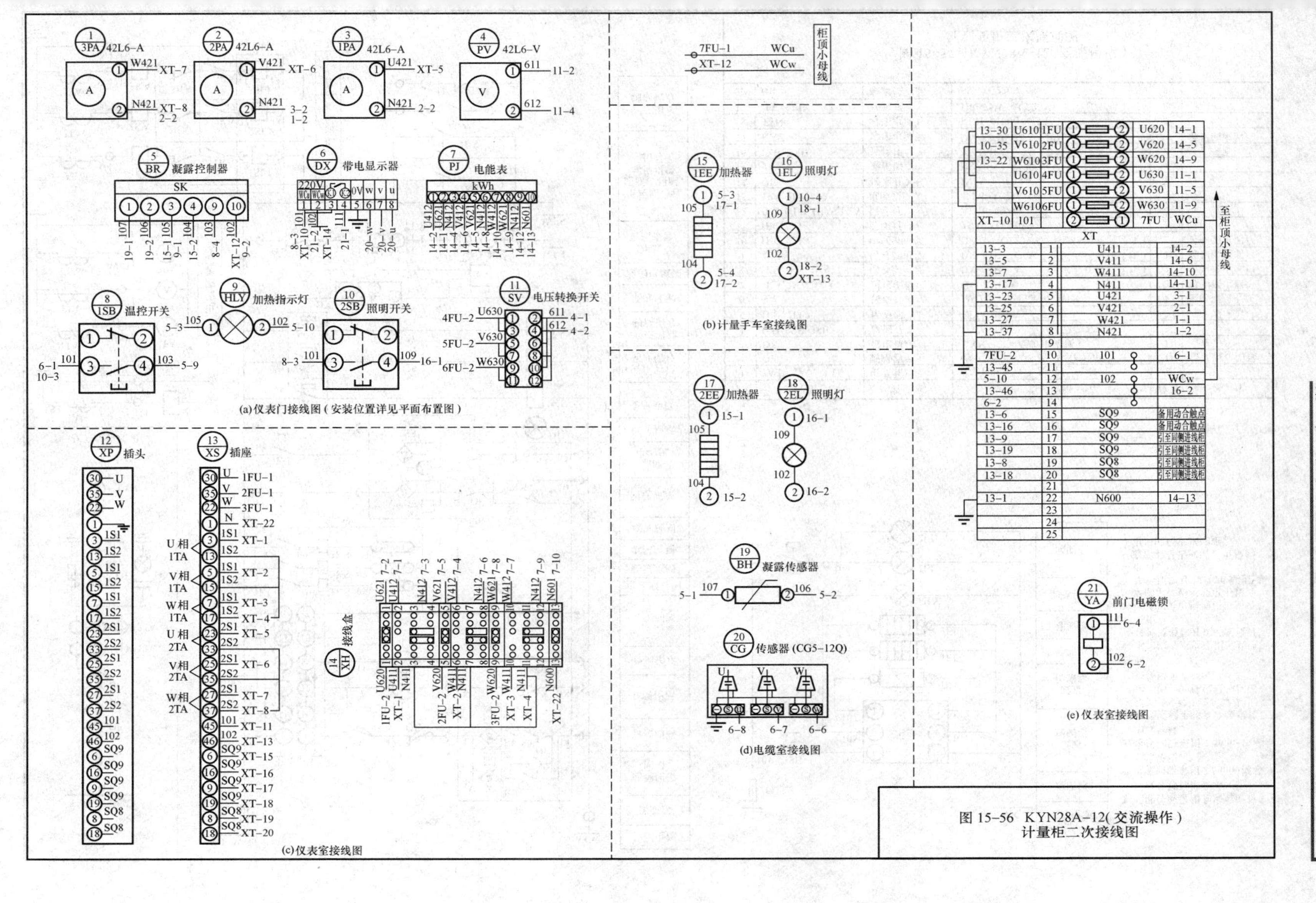

图 15-56　KYN28A-12(交流操作)
计量柜二次接线图

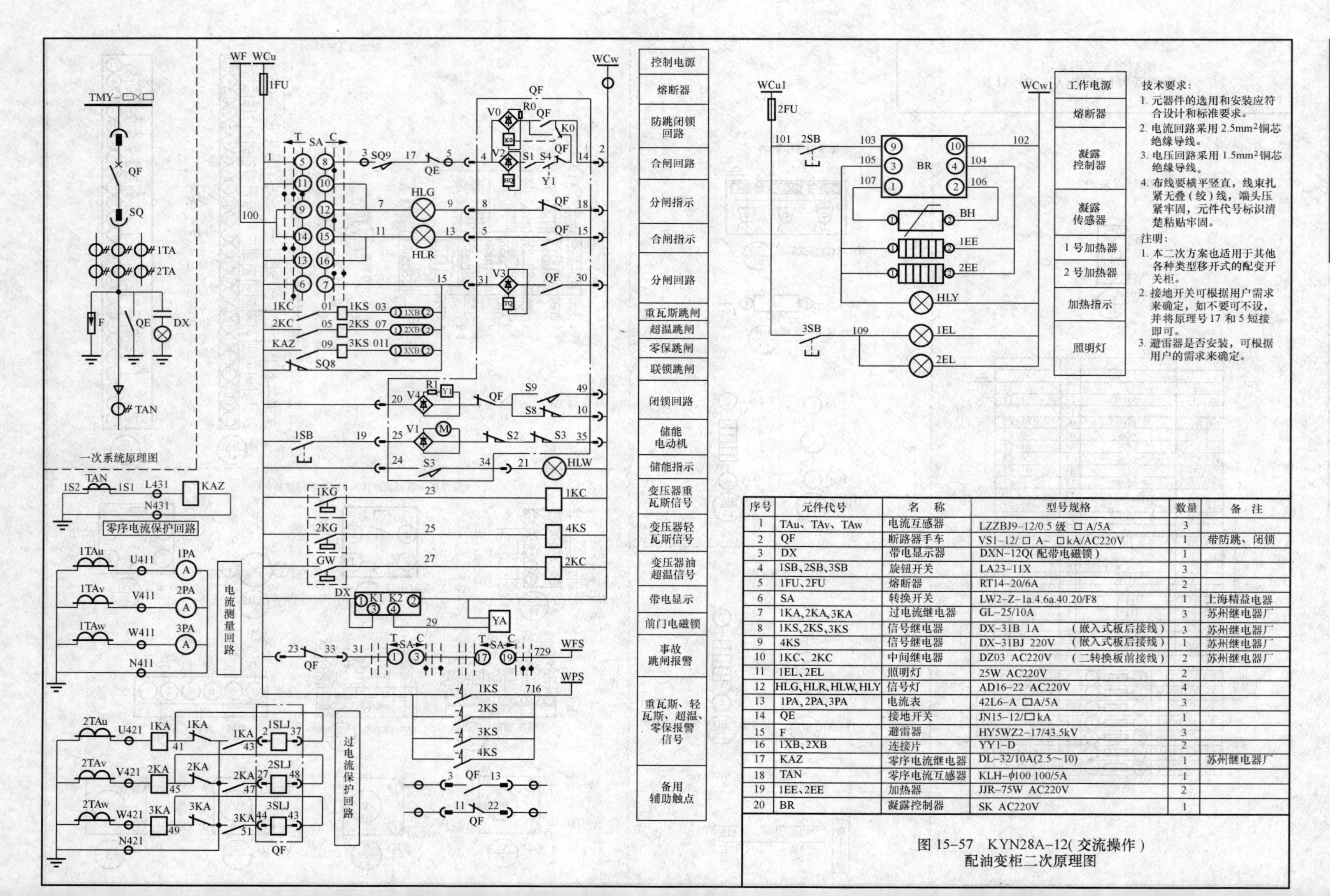

序号	元件代号	名　称	型号规格	数量	备　注
1	TAu、TAv、TAw	电流互感器	LZZBJ9-12/0.5 级 □ A/5A	3	
2	QF	断路器手车	VS1-12/□ A- □kA/AC220V	1	带防跳、闭锁
3	DX	带电显示器	DXN-12Q(配带电磁锁)	1	
4	1SB、2SB、3SB	旋钮开关	LA23-11X	3	
5	1FU、2FU	熔断器	RT14-20/6A	2	
6	SA	转换开关	LW2-Z-1a.4.6a.40.20/F8	1	上海精益电器
7	1KA、2KA、3KA	过电流继电器	GL-25/10A	3	苏州继电器厂
8	1KS、2KS、3KS	信号继电器	DX-31B 1A （嵌入式板后接线）	3	苏州继电器厂
9	4KS	信号继电器	DX-31BJ 220V （嵌入式板后接线）	1	苏州继电器厂
10	1KC、2KC	中间继电器	DZ03 AC220V （二转换板前接线）	2	苏州继电器厂
11	1EL、2EL	照明灯	25W AC220V	2	
12	HLG、HLR、HLW、HLY	信号灯	AD16-22 AC220V	4	
13	1PA、2PA、3PA	电流表	42L6-A □A/5A	3	
14	QE	接地开关	JN15-12/□kA	1	
15	F	避雷器	HY5WZ2-17/43.5kV	3	
16	1XB、2XB	连接片	YY1-D	2	
17	KAZ	零序电流继电器	DL-32/10A(2.5～10)	1	苏州继电器厂
18	TAN	零序电流互感器	KLH-φ100 100/5A	1	
19	1EE、2EE	加热器	JJR-75W AC220V	2	
20	BR	凝露控制器	SK AC220V	1	

图 15-57　KYN28A-12(交流操作)配油变柜二次原理图

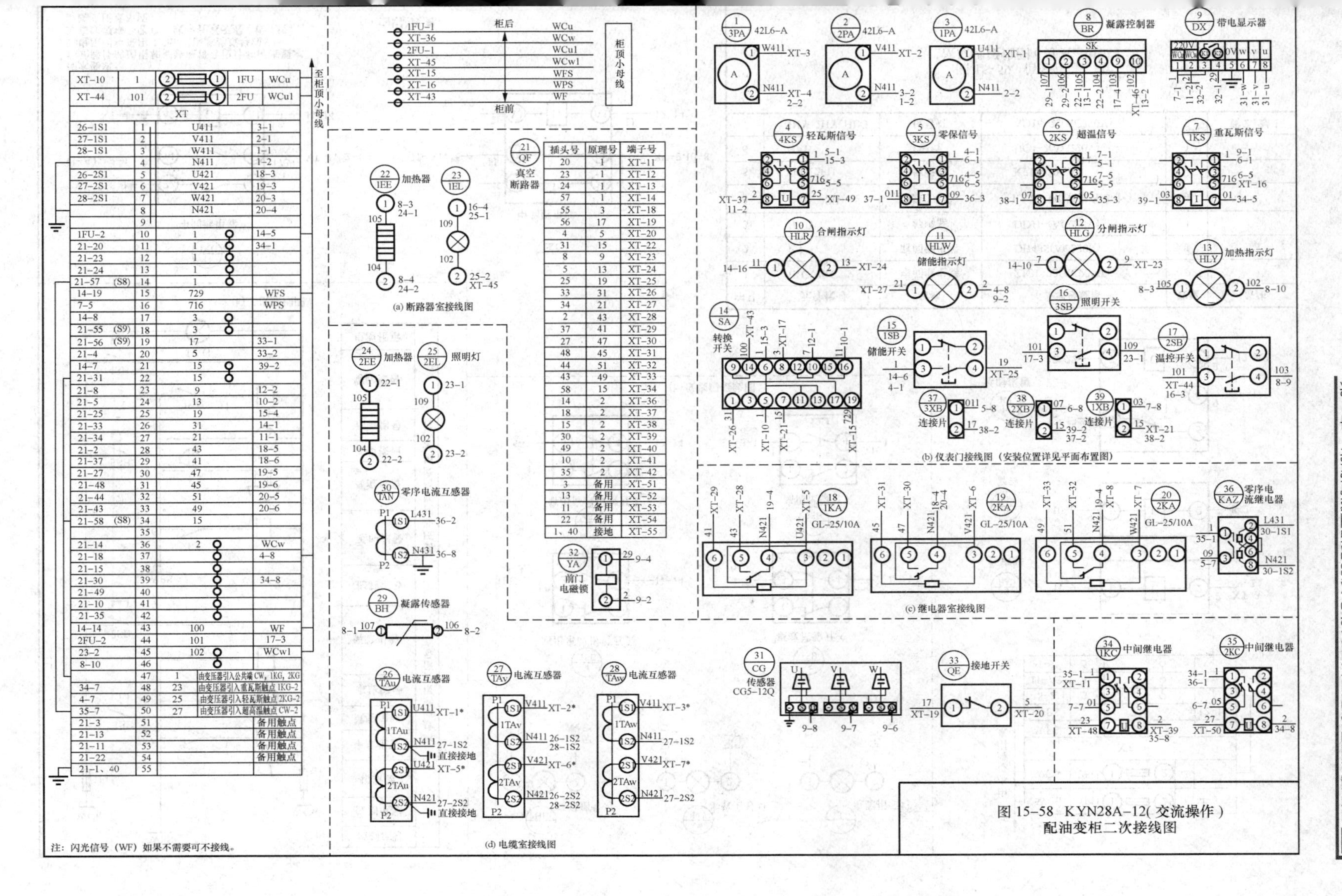

插头号	原理号	端子号
20	1	XT-11
23	1	XT-12
24	1	XT-13
57	1	XT-14
55	3	XT-18
56	17	XT-19
4	5	XT-20
31	15	XT-22
8	9	XT-23
5	13	XT-24
25	19	XT-25
33	31	XT-26
34	21	XT-27
2	43	XT-28
37	41	XT-29
27	47	XT-30
48	45	XT-31
44	51	XT-32
43	49	XT-33
58	15	XT-34
14	2	XT-36
18	2	XT-37
15	2	XT-38
30	2	XT-39
49	2	XT-40
10	2	XT-41
35	2	XT-42
3	备用	XT-51
13	备用	XT-52
11	备用	XT-53
22	备用	XT-54
1、40	接地	XT-55

图 15-58　KYN28A-12（交流操作）配油变柜二次接线图

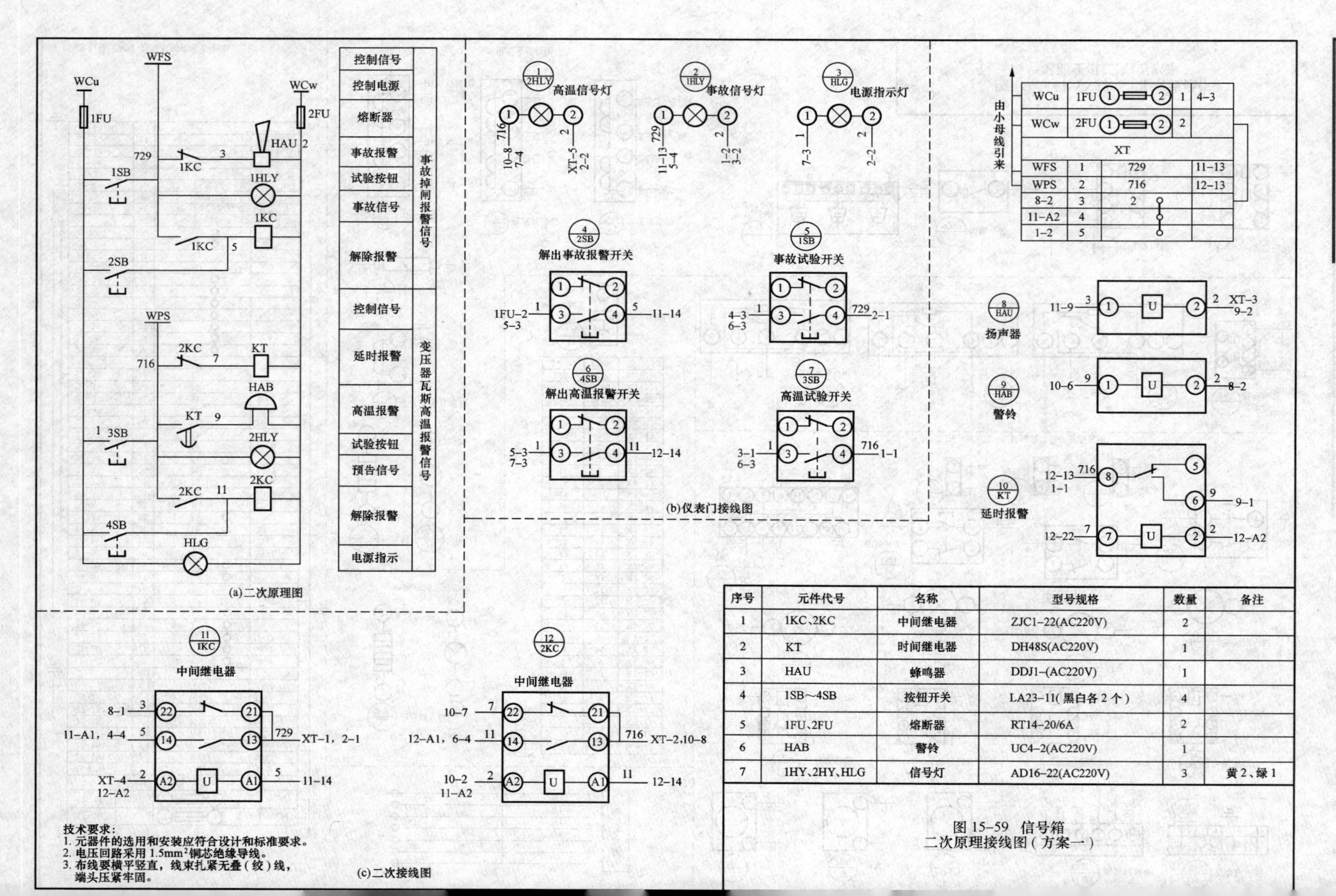

序号	元件代号	名称	型号规格	数量	备注
1	1KC、2KC	中间继电器	ZJC1-22(AC220V)	2	
2	KT	时间继电器	DH48S(AC220V)	1	
3	HAU	蜂鸣器	DDJ1-(AC220V)	1	
4	1SB～4SB	按钮开关	LA23-11(黑白各2个)	4	
5	1FU、2FU	熔断器	RT14-20/6A	2	
6	HAB	警铃	UC4-2(AC220V)	1	
7	1HY、2HY、HLG	信号灯	AD16-22(AC220V)	3	黄2、绿1

技术要求：
1. 元器件的选用和安装应符合设计和标准要求。
2. 电压回路采用1.5mm²铜芯绝缘导线。
3. 布线要横平竖直，线束扎紧无叠（绞）线，端头压紧牢固。

图15-59 信号箱
二次原理接线图（方案一）

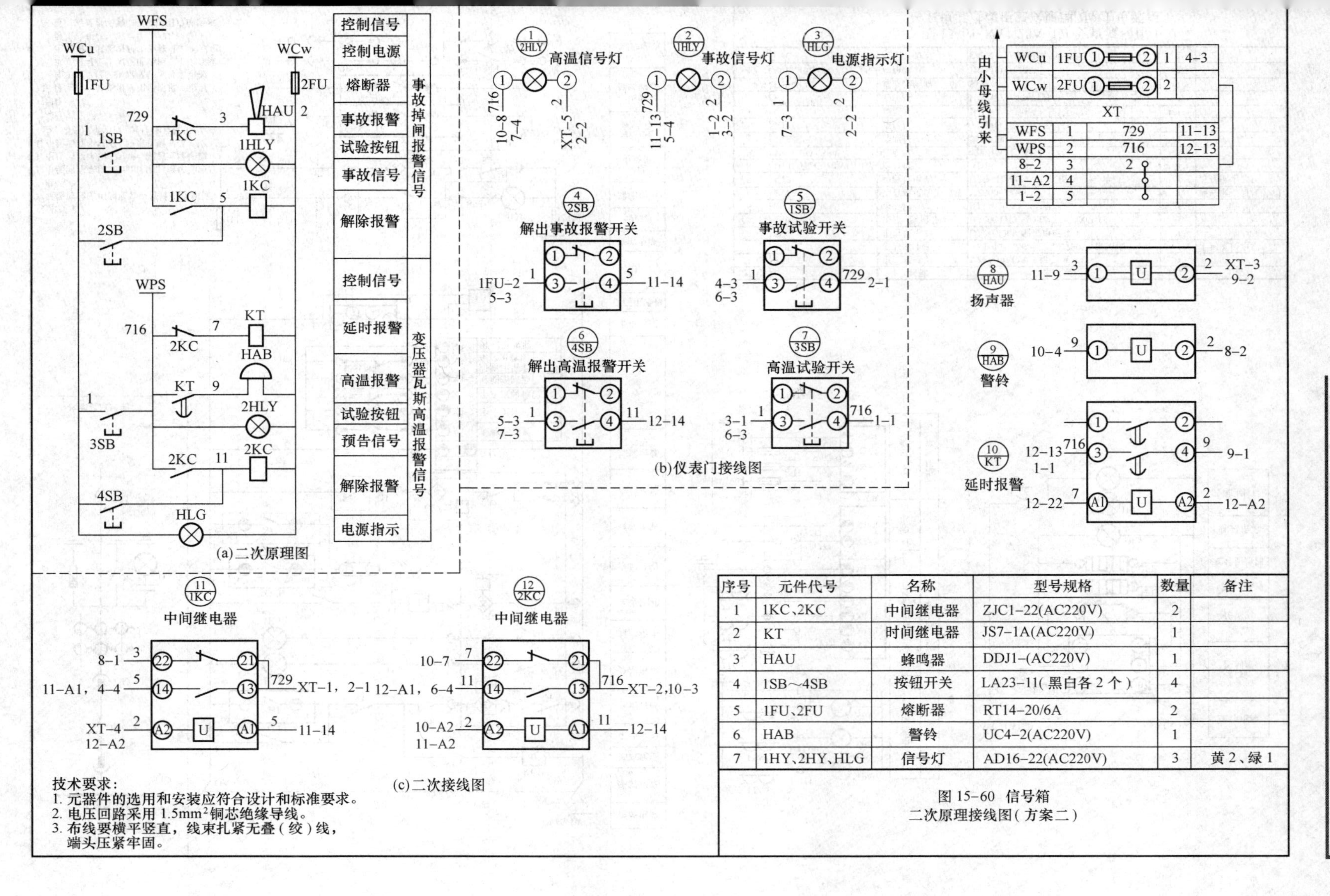

序号	元件代号	名称	型号规格	数量	备注
1	1KC、2KC	中间继电器	ZJC1-22(AC220V)	2	
2	KT	时间继电器	JS7-1A(AC220V)	1	
3	HAU	蜂鸣器	DDJ1-(AC220V)	1	
4	1SB～4SB	按钮开关	LA23-11(黑白各2个)	4	
5	1FU、2FU	熔断器	RT14-20/6A	2	
6	HAB	警铃	UC4-2(AC220V)	1	
7	1HY、2HY、HLG	信号灯	AD16-22(AC220V)	3	黄2、绿1

技术要求：
1. 元器件的选用和安装应符合设计和标准要求。
2. 电压回路采用 $1.5mm^2$ 铜芯绝缘导线。
3. 布线要横平竖直，线束扎紧无叠（绞）线，端头压紧牢固。

图 15-60　信号箱二次原理接线图（方案二）

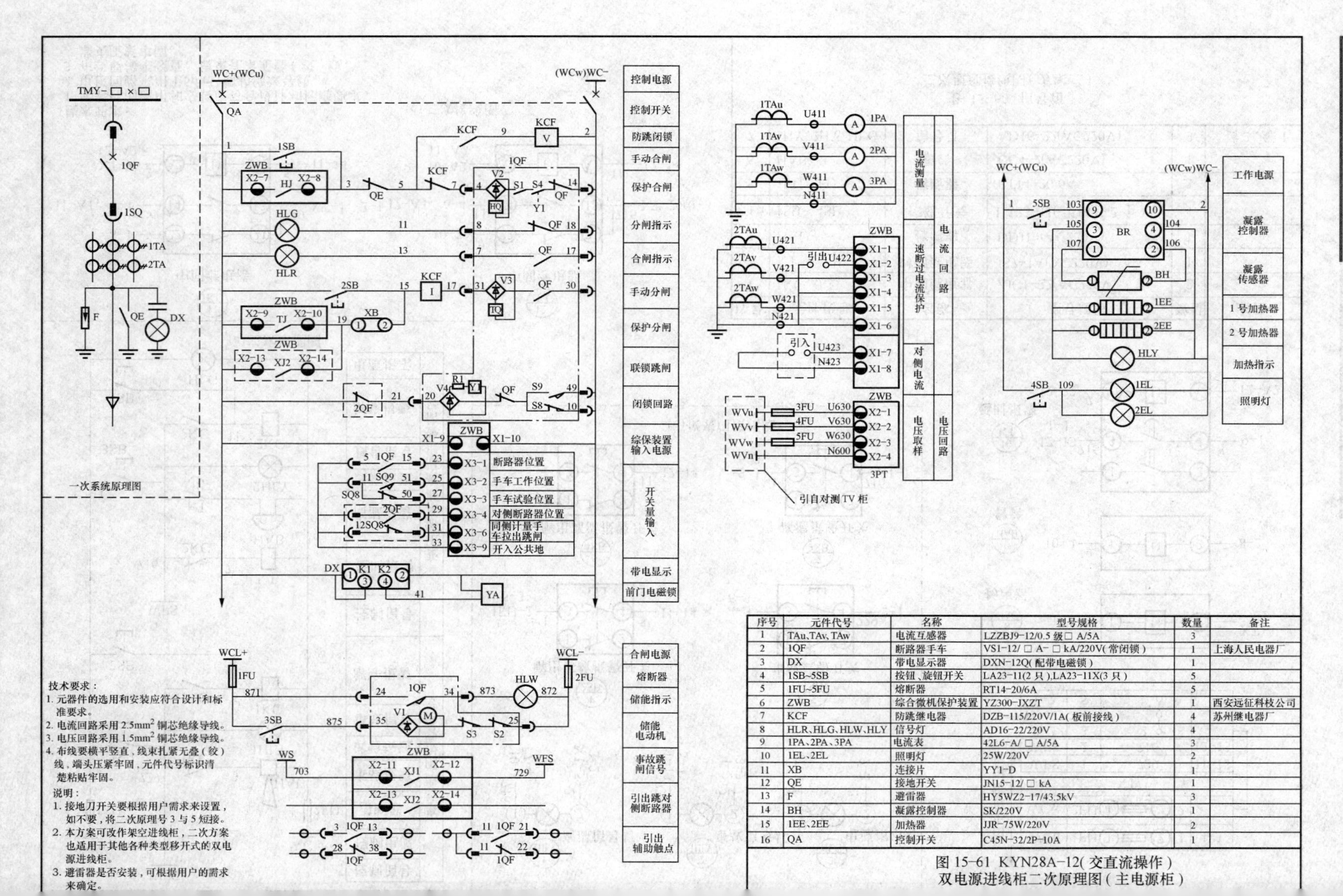

序号	元件代号	名称	型号规格	数量	备注
1	TAu、TAv、TAw	电流互感器	LZZBJ9-12/0.5 级□ A/5A	3	
2	1QF	断路器手车	VS1-12/□A-□kA/220V（常闭锁）	1	上海人民电器厂
3	DX	带电显示器	DXN-12Q（配带电磁锁）	1	
4	1SB~5SB	按钮、旋钮开关	LA23-11(2只)、LA23-11X(3只)	5	
5	1FU~5FU	熔断器	RT14-20/6A	5	
6	ZWB	综合微机保护装置	YZ300-JXZT	1	西安远征科技公司
7	KCF	防跳继电器	DZB-115/220V/1A（板前接线）	4	苏州继电器厂
8	HLR、HLG、HLW、HLY	信号灯	AD16-22/220V	4	
9	1PA、2PA、3PA	电流表	42L6-A/□A/5A	3	
10	1EL、2EL	照明灯	25W/220V	2	
11	XB	连接片	YY1-D	1	
12	QE	接地开关	JN15-12/□kA	1	
13	F	避雷器	HY5WZ2-17/43.5kV	3	
14	BH	凝露控制器	SK/220V	1	
15	1EE、2EE	加热器	JJR-75W/220V	2	
16	QA	控制开关	C45N-32/2P-10A	1	

技术要求：

1. 元器件的选用和安装应符合设计和标准要求。
2. 电流回路采用 2.5mm² 铜芯绝缘导线。
3. 电压回路采用 1.5mm² 铜芯绝缘导线。
4. 布线要横平竖直，线束扎紧无叠（绞）线，端头压紧牢固，元件代号标识清楚粘贴牢固。

说明：

1. 接地刀开关要根据用户需求来设置，如不要，将二次原理号 3 与 5 短接。
2. 本方案可改作架空进线柜，二次方案也适用于其他各种类型移开式的双电源进线柜。
3. 避雷器是否安装，可根据用户的需求来确定。

图 15-61 KYN28A-12（交直流操作）双电源进线柜二次原理图（主电源柜）

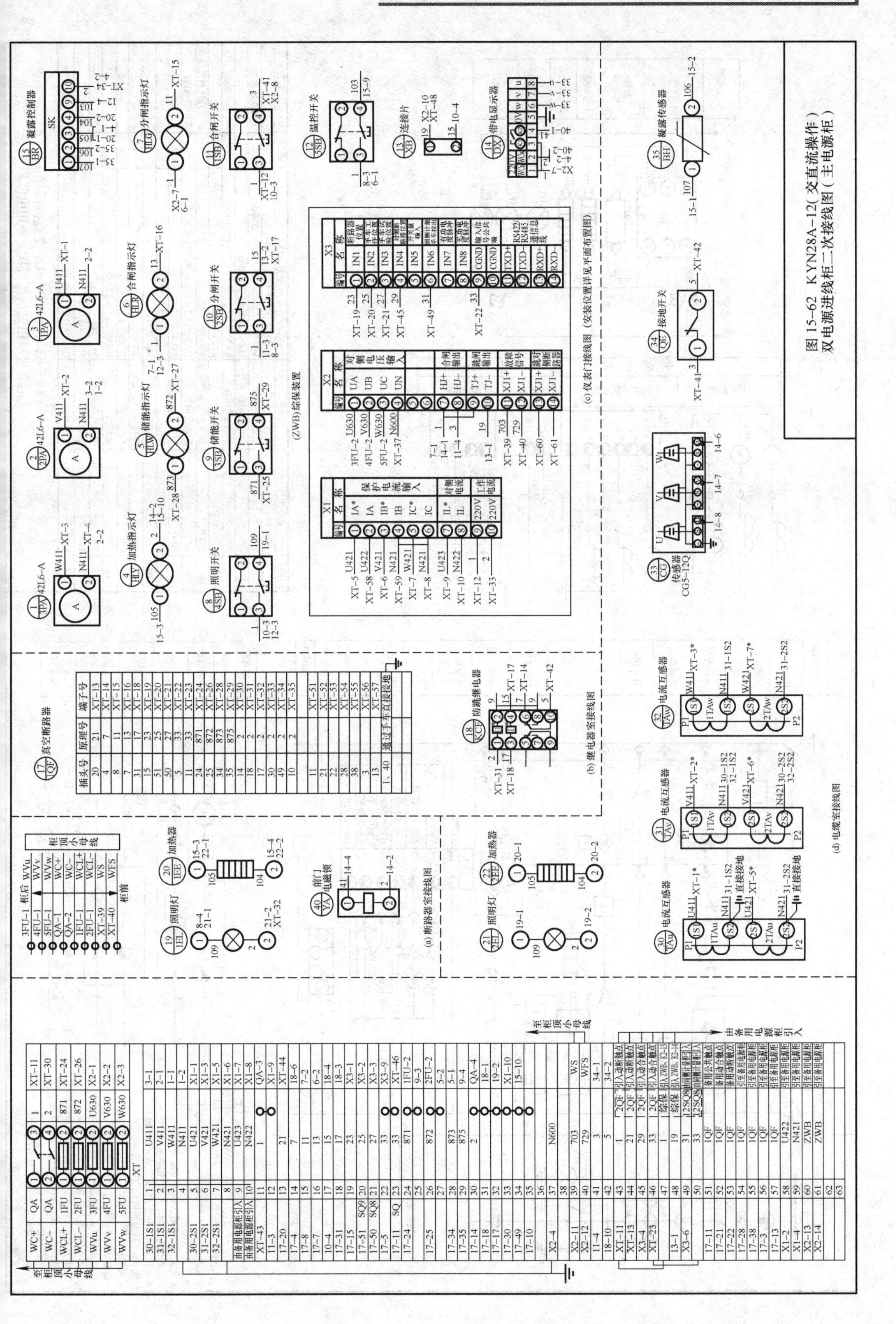

图 15-62　KYN28A-12(交直流操作)双电源进线柜二次接线图(主电源柜)

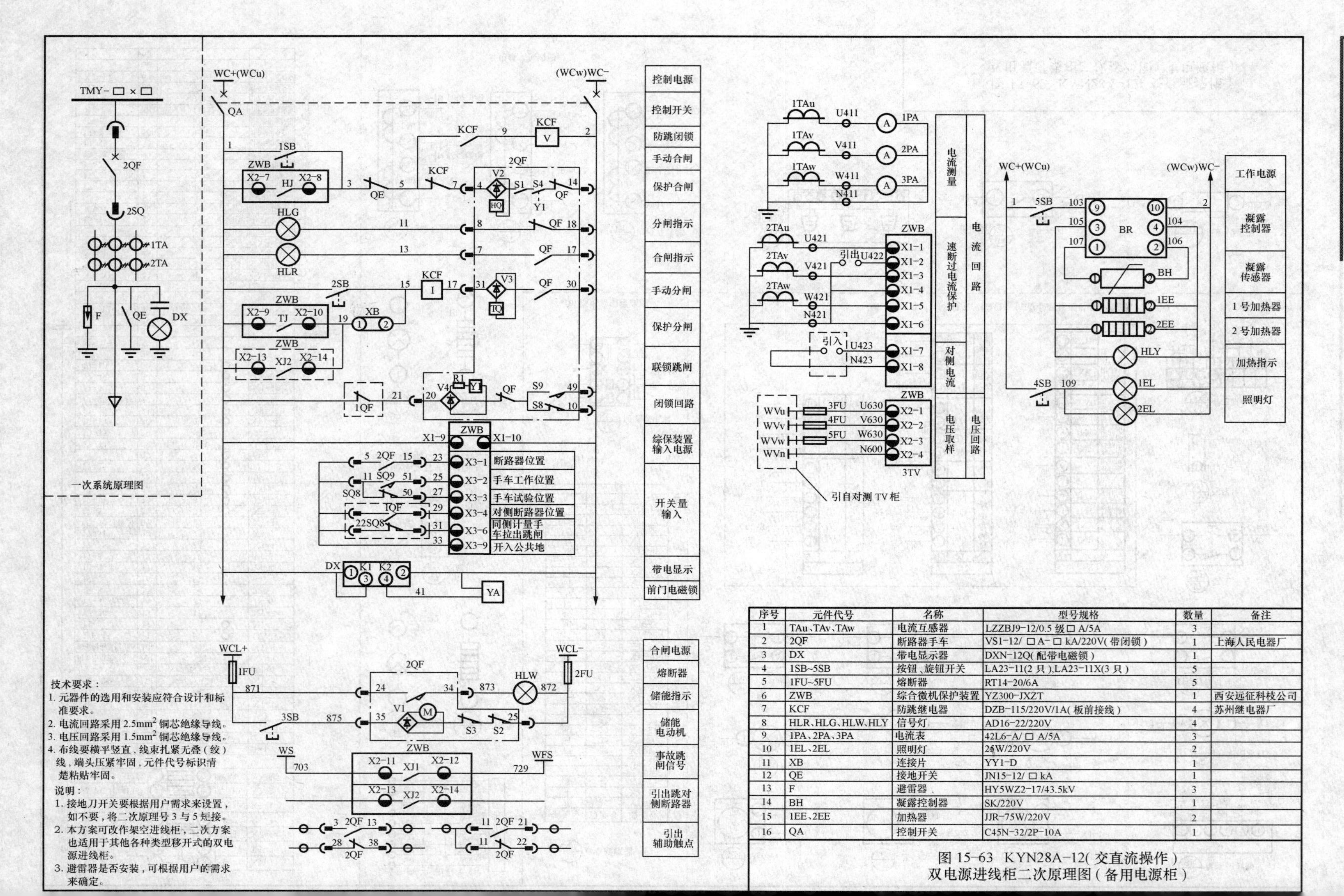

技术要求：

1. 元器件的选用和安装应符合设计和标准要求。
2. 电流回路采用 2.5mm^2 铜芯绝缘导线。
3. 电压回路采用 1.5mm^2 铜芯绝缘导线。
4. 布线要横平竖直，线束扎紧无叠（绞）线，端头压紧牢固，元件代号标识清楚粘贴牢固。

说明：

1. 接地刀开关要根据用户需求来设置，如不要，将二次原理号 3 与 5 短接。
2. 本方案可改作架空进线柜，二次方案也适用于其他各种类型移开式的双电源进线柜。
3. 避雷器是否安装，可根据用户的需求来确定。

序号	元件代号	名称	型号规格	数量	备注
1	TAu、TAv、TAw	电流互感器	LZZBJ9-12/0.5 级□ A/5A	3	
2	2QF	断路器手车	VS1-12/ □A-□ kA/220V(带闭锁)	1	上海人民电器厂
3	DX	带电显示器	DXN-12Q(配带电磁锁)	1	
4	1SB~5SB	按钮、旋钮开关	LA23-11(2 只)、LA23-11X(3 只)	5	
5	1FU~5FU	熔断器	RT14-20/6A	5	
6	ZWB	综合微机保护装置	YZ300-JXZT	1	西安远征科技公司
7	KCF	防跳继电器	DZB-115/220V/1A(板前接线)	4	苏州继电器厂
8	HLR、HLG、HLW、HLY	信号灯	AD16-22/220V	4	
9	1PA、2PA、3PA	电流表	42L6-A/□ A/5A	3	
10	1EL、2EL	照明灯	25W/220V	2	
11	XB	连接片	YY1-D	1	
12	QE	接地开关	JN15-12/□ kA	1	
13	F	避雷器	HY5WZ2-17/43.5kV	3	
14	BH	凝露控制器	SK/220V	1	
15	1EE、2EE	加热器	JJR-75W/220V	2	
16	QA	控制开关	C45N-32/2P-10A	1	

图 15-63 KYN28A-12(交直流操作)双电源进线柜二次原理图(备用电源柜)

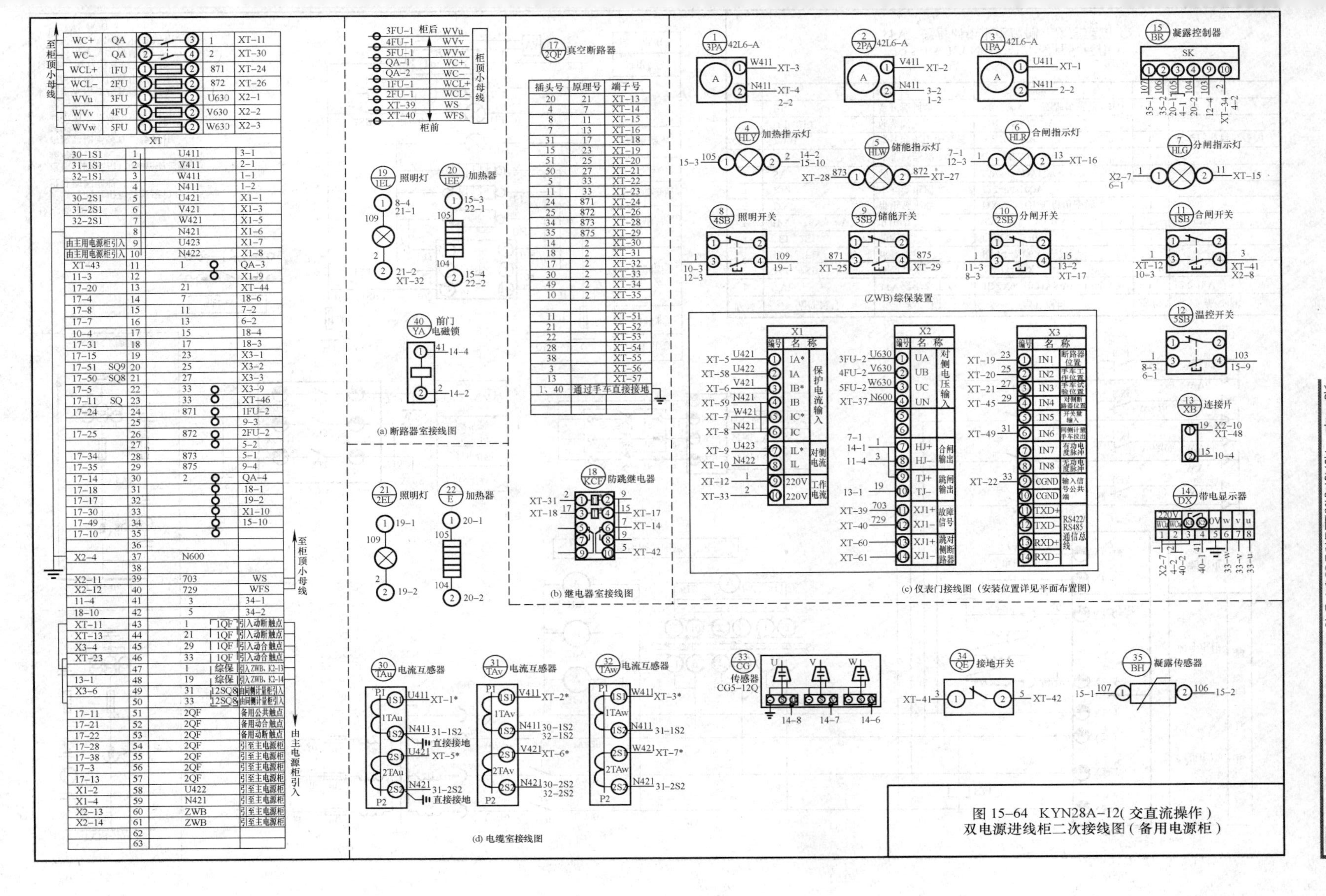

图 15-64　KYN28A-12（交直流操作）双电源进线柜二次接线图（备用电源柜）

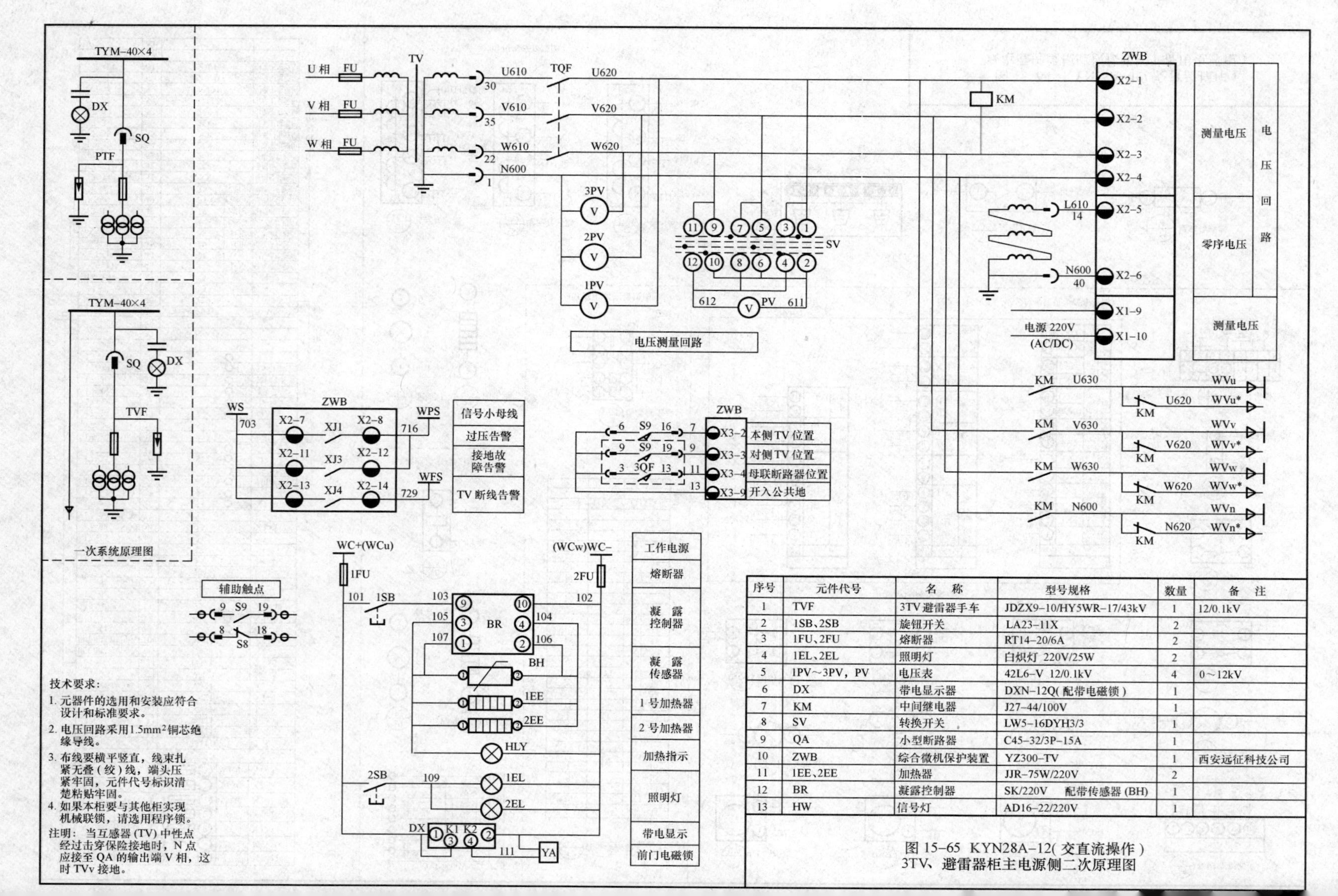

技术要求：

1. 元器件的选用和安装应符合设计和标准要求。
2. 电压回路采用1.5mm²铜芯绝缘导线。
3. 布线要横平竖直，线束扎紧无叠（绞）线，端头压紧牢固，元件代号标识清楚粘贴牢固。
4. 如果本柜要与其他柜实现机械联锁，请选用程序锁。

注明：当互感器 (TV) 中性点经过击穿保险接地时，N 点应接至 QA 的输出端 V 相，这时 TVv 接地。

序号	元件代号	名　称	型号规格	数量	备　注
1	TVF	3TV 避雷器手车	JDZX9-10/HY5WR-17/43kV	1	12/0.1kV
2	1SB、2SB	旋钮开关	LA23-11X	2	
3	1FU、2FU	熔断器	RT14-20/6A	2	
4	1EL、2EL	照明灯	白炽灯 220V/25W	2	
5	1PV～3PV，PV	电压表	42L6-V 12/0.1kV	4	0～12kV
6	DX	带电显示器	DXN-12Q(配带电磁锁)	1	
7	KM	中间继电器	J27-44/100V	1	
8	SV	转换开关	LW5-16DYH3/3	1	
9	QA	小型断路器	C45-32/3P-15A	1	
10	ZWB	综合微机保护装置	YZ300-TV	1	西安远征科技公司
11	1EE、2EE	加热器	JJR-75W/220V	2	
12	BR	凝露控制器	SK/220V　配带传感器 (BH)	1	
13	HW	信号灯	AD16-22/220V	1	

图 15-65 KYN28A-12(交直流操作)
3TV、避雷器柜主电源侧二次原理图

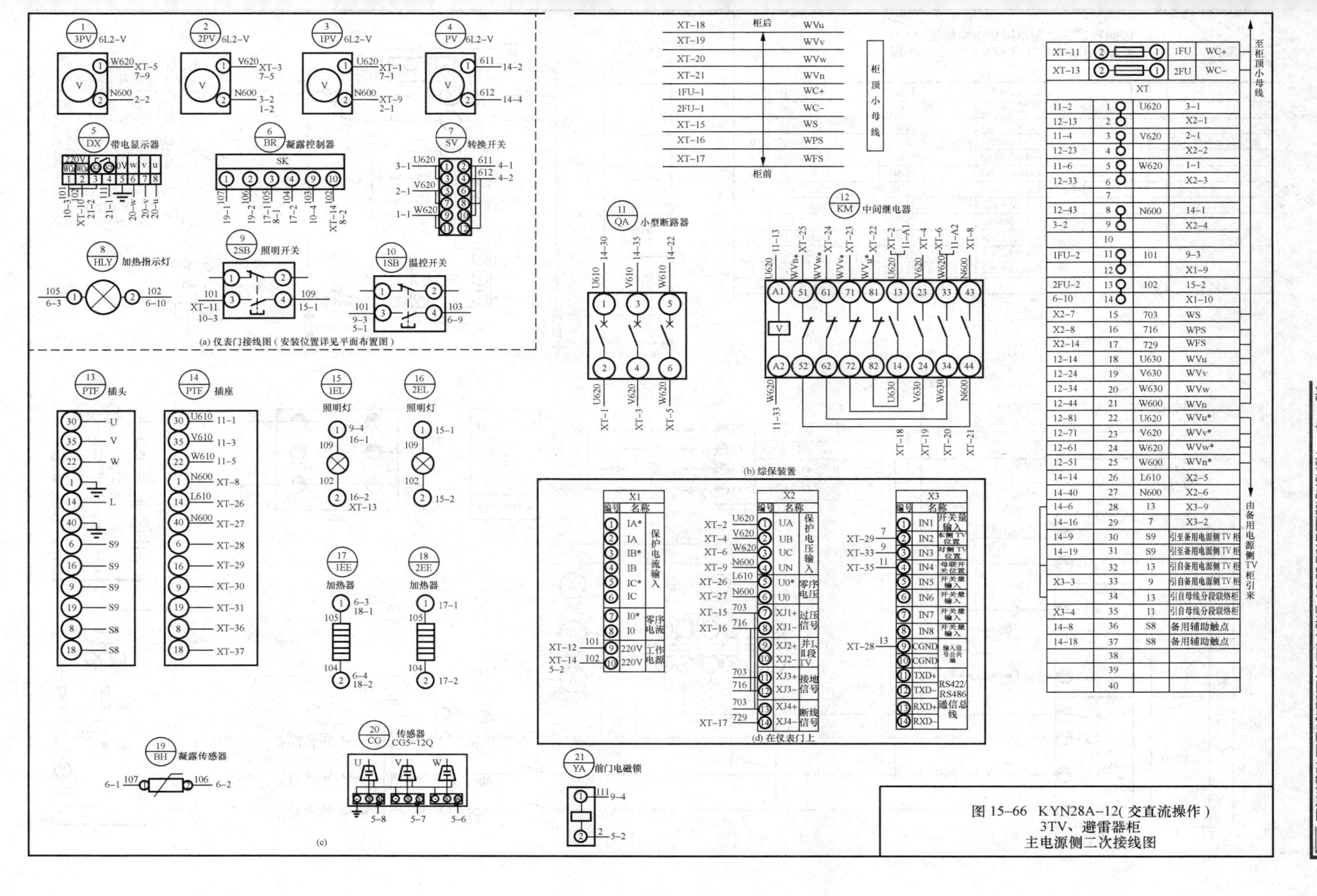

图 15-66 KYN28A-12（交直流操作）3TV、避雷器柜主电源侧二次接线图

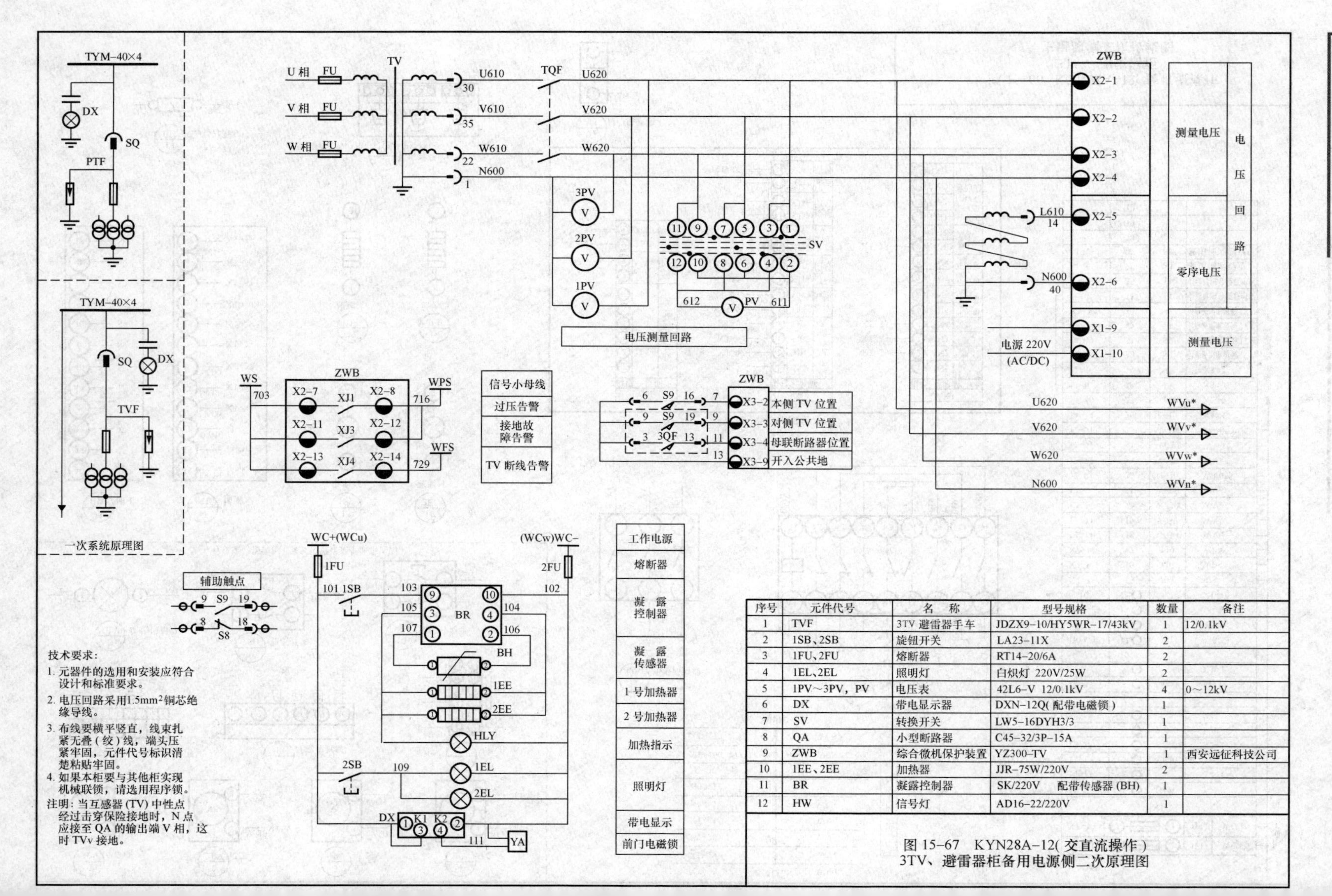

序号	元件代号	名　称	型号规格	数量	备注
1	TVF	3TV 避雷器手车	JDZX9-10/HY5WR-17/43kV	1	12/0.1kV
2	1SB、2SB	旋钮开关	LA23-11X	2	
3	1FU、2FU	熔断器	RT14-20/6A	2	
4	1EL、2EL	照明灯	白炽灯 220V/25W	2	
5	1PV～3PV，PV	电压表	42L6-V 12/0.1kV	4	0～12kV
6	DX	带电显示器	DXN-12Q(配带电磁锁)	1	
7	SV	转换开关	LW5-16DYH3/3	1	
8	QA	小型断路器	C45-32/3P-15A	1	
9	ZWB	综合微机保护装置	YZ300-TV	1	西安远征科技公司
10	1EE、2EE	加热器	JJR-75W/220V	2	
11	BR	凝露控制器	SK/220V　配带传感器 (BH)	1	
12	HW	信号灯	AD16-22/220V	1	

技术要求：

1. 元器件的选用和安装应符合设计和标准要求。
2. 电压回路采用1.5mm²铜芯绝缘导线。
3. 布线要横平竖直，线束扎紧无叠（绞）线，端头压紧牢固，元件代号标识清楚粘贴牢固。
4. 如果本柜要与其他柜实现机械联锁，请选用程序锁。

注明：当互感器 (TV) 中性点经过击穿保险接地时，N 点应接至 QA 的输出端 V 相，这时 TVv 接地。

图 15-67　KYN28A-12(交直流操作)3TV、避雷器柜备用电源侧二次原理图

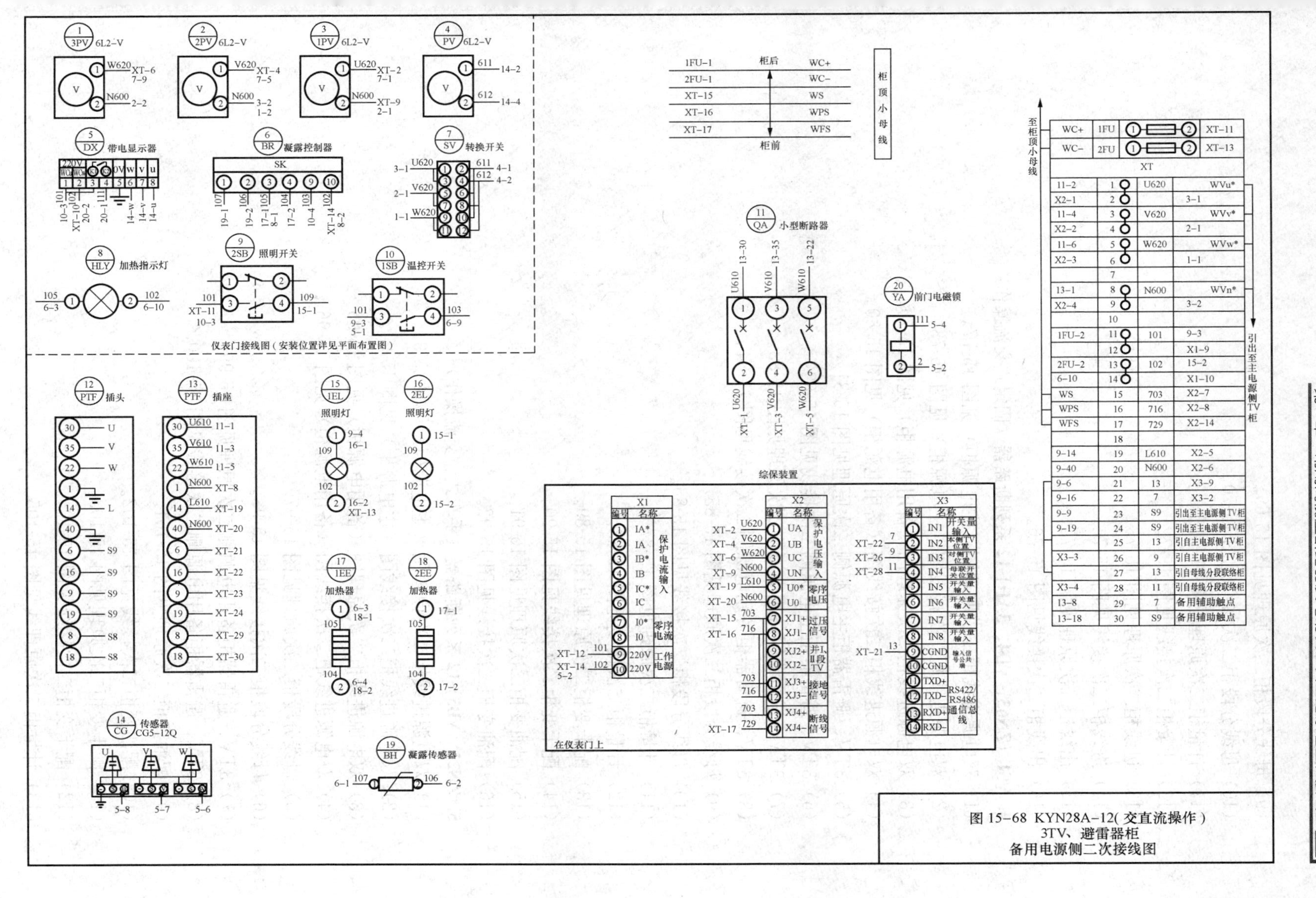

图 15-68 KYN28A-12(交直流操作) 3TV、避雷器柜 备用电源侧二次接线图

(9) 母线分段柜二次原理见图 15-69。

(10) 母线分段柜二次接线见图 15-70。

(11) 计量柜二次原理见图 15-71。

(12) 计量柜二次接线见图 15-72。

(13) 进线柜二次原理见图 15-73。

(14) 进线柜二次接线见图 15-74。

(15) 出线柜二次原理见图 15-75。

(16) 出线柜二次接线见图 15-76。

4. VS1 (ZN63、VD4、3AH)-12 系列断路器（固定式交流操作）

(1) 双电源进线柜二次原理图（主电源柜）见图 15-77。

(2) 双电源进线柜二次接线图（主电源柜）见图 15-78。

(3) 双电源进线柜二次原理图（备用电源柜）见图 15-79。

(4) 双电源进线柜二次接线图（备用电源柜）见图 15-80。

(5) 3TV、避雷器柜主电源侧二次原理见图 15-81。

(6) 3TV、避雷器柜主电源侧二次接线见图 15-82。

(7) 3TV、避雷器柜备用电源侧二次原理见图 15-83。

(8) 3TV、避雷器柜备用电源侧二次接线见图 15-84。

(9) 母线分段柜二次原理见图 15-85。

(10) 母线分段柜二次接线见图 15-86。

(11) 计量柜二次原理见图 15-87。

(12) 计量柜二次接线见图 15-88。

(13) 配干变柜二次原理见图 15-89。

(14) 配干变柜二次接线见图 15-90。

(15) 配油变柜二次原理见图 15-91。

(16) 配油变柜二次接线见图 15-92。

5. ZN21 (VB5)-12 系列断路器（手车式、交流操作）

(1) 双电源进线柜二次原理图（主电源柜）见图 15-93。

(2) 双电源进线柜二次接线图（主电源柜）见图 15-94。

(3) 双电源进线柜二次原理图（备用电源柜）见图 15-95。

(4) 双电源进线柜二次接线图（备用电源柜）见图 15-96。

(5) 母线分段柜二次原理见图 15-97。

(6) 母线分段柜二次接线见图 15-98。

(7) 3TV、避雷器柜备用电源侧二次原理见图 15-99。

(8) 3TV、避雷器柜备用电源侧二次接线见图 15-100。

(9) 配油变柜二次原理见图 15-101。

(10) 配油变柜二次接线见图 15-102。

(11) 配干变柜二次原理见图 15-103。

(12) 配干变柜二次接线见图 15-104。

(13) 计量柜二次原理线见图 15-105。

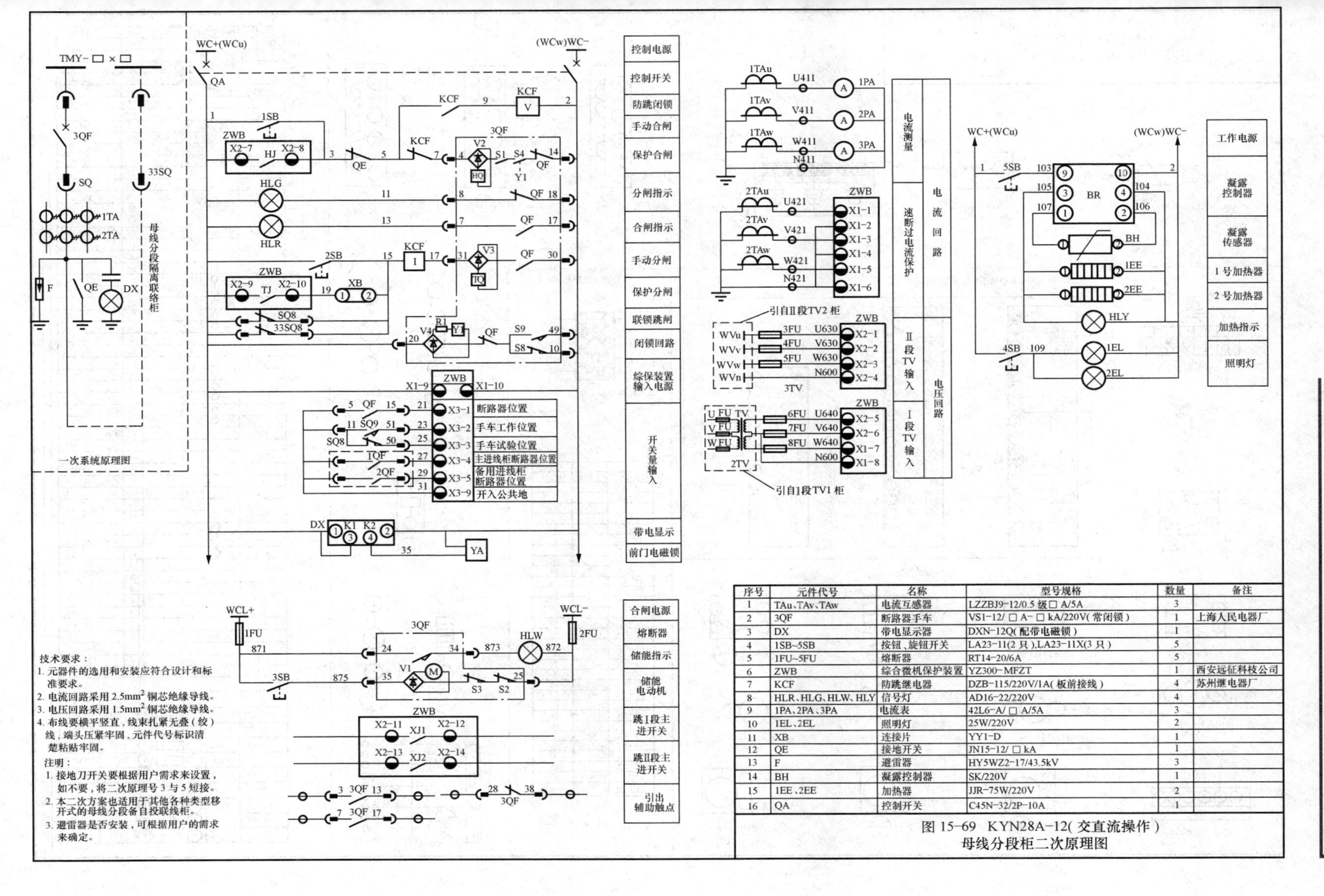

序号	元件代号	名称	型号规格	数量	备注
1	TAu、TAv、TAw	电流互感器	LZZBJ9-12/0.5 级□ A/5A	3	
2	3QF	断路器手车	VS1-12/ □ A- □ kA/220V(常闭锁)	1	上海人民电器厂
3	DX	带电显示器	DXN-12Q(配带电磁锁)	1	
4	1SB~5SB	按钮、旋钮开关	LA23-11(2 只)、LA23-11X(3 只)	5	
5	1FU~5FU	熔断器	RT14-20/6A	5	
6	ZWB	综合微机保护装置	YZ300-MFZT	1	西安远征科技公司
7	KCF	防跳继电器	DZB-115/220V/1A(板前接线)	4	苏州继电器厂
8	HLR、HLG、HLW、HLY	信号灯	AD16-22/220V	4	
9	1PA、2PA、3PA	电流表	42L6-A/ □ A/5A	3	
10	1EL、2EL	照明灯	25W/220V	2	
11	XB	连接片	YY1-D	1	
12	QE	接地开关	JN15-12/ □ kA	1	
13	F	避雷器	HY5WZ2-17/43.5kV	3	
14	BH	凝露控制器	SK/220V	1	
15	1EE、2EE	加热器	JJR-75W/220V	2	
16	QA	控制开关	C45N-32/2P-10A	1	

图 15-69 KYN28A-12(交直流操作)母线分段柜二次原理图

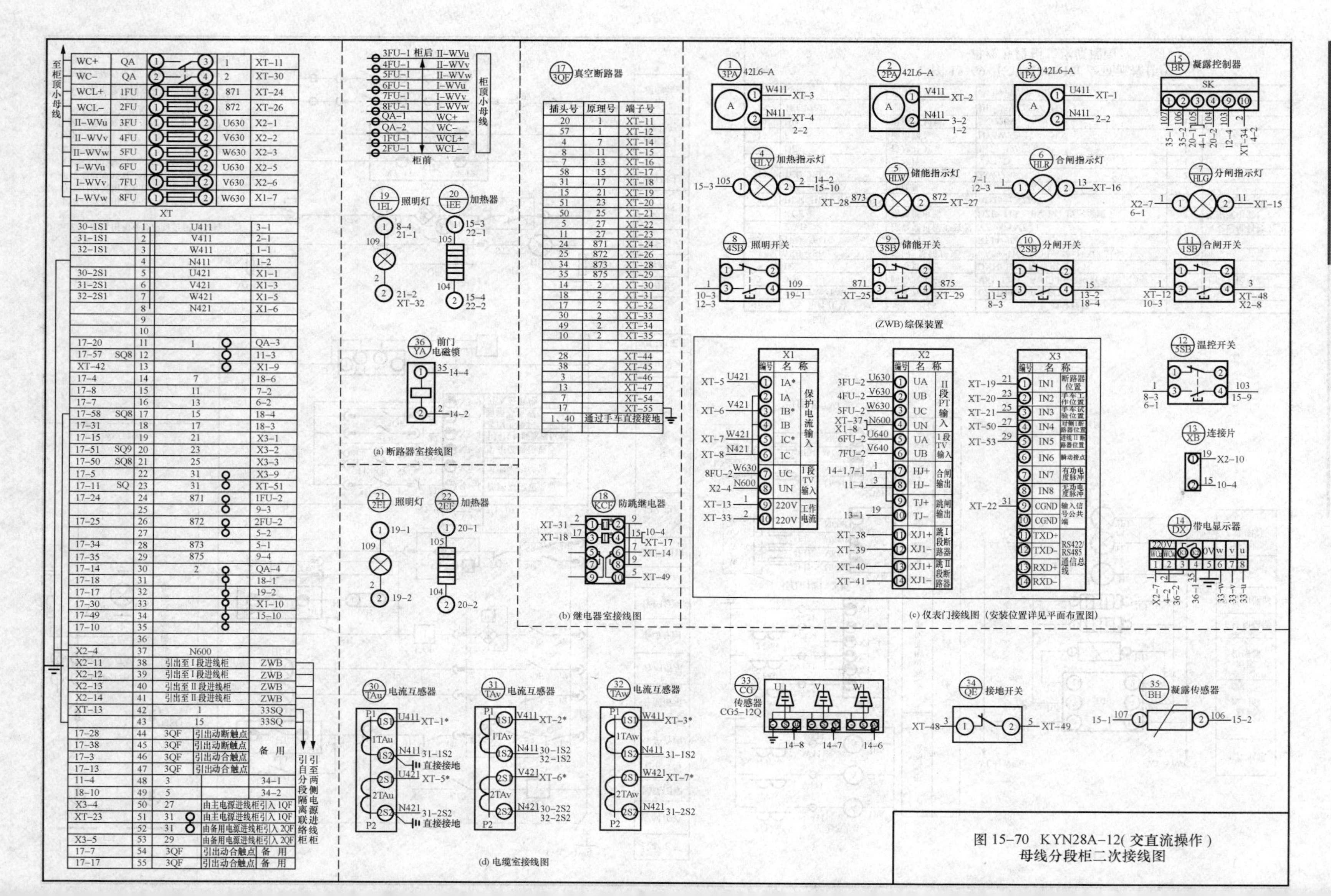

图 15-70 KYN28A-12(交直流操作)母线分段柜二次接线图

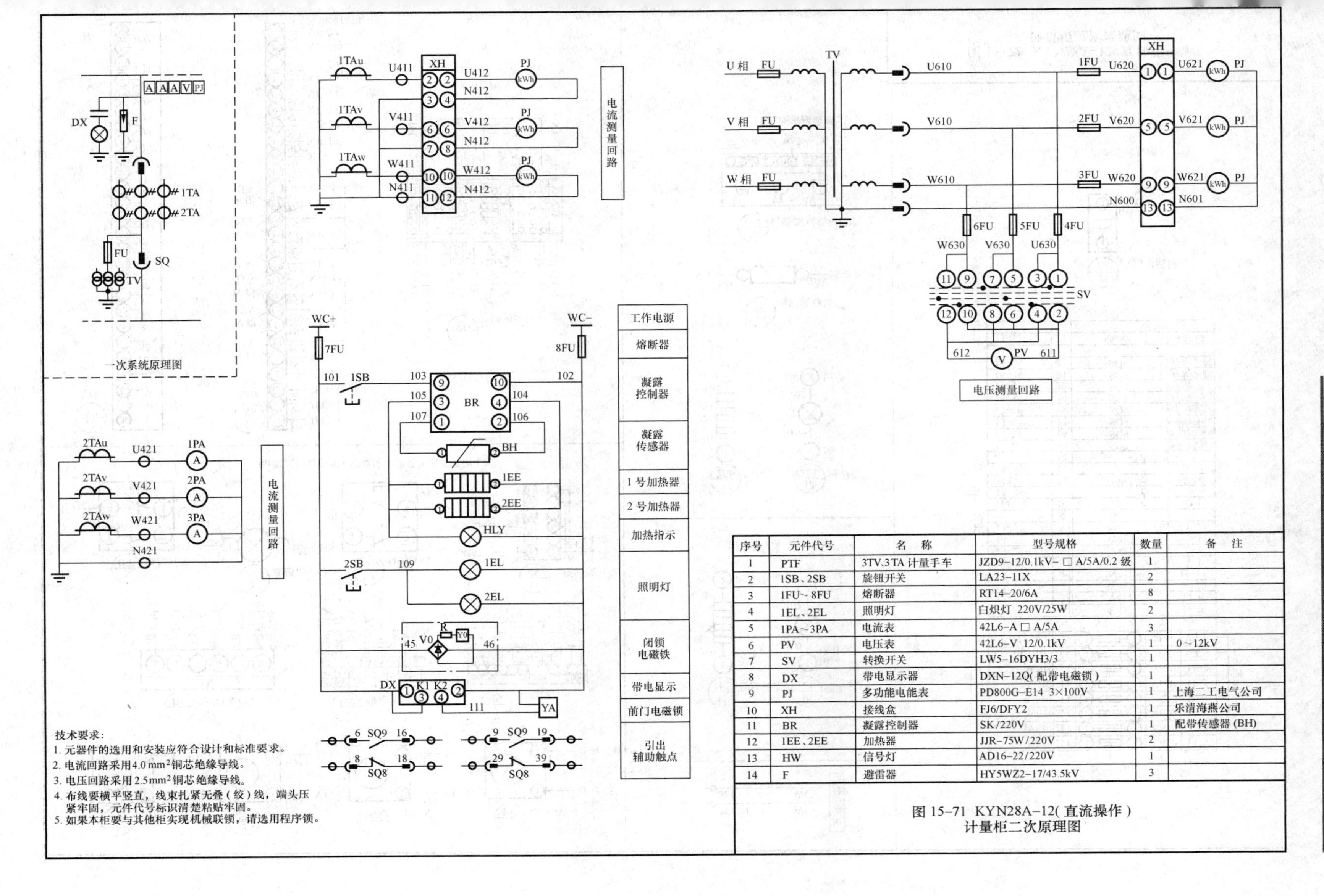

序号	元件代号	名　称	型号规格	数量	备　注
1	PTF	3TV、3TA 计量手车	JZD9-12/0.1kV-□A/5A/0.2 级	1	
2	1SB、2SB	旋钮开关	LA23-11X	2	
3	1FU~8FU	熔断器	RT14-20/6A	8	
4	1EL、2EL	照明灯	白炽灯 220V/25W	2	
5	1PA~3PA	电流表	42L6-A □ A/5A	3	
6	PV	电压表	42L6-V 12/0.1kV	1	0~12kV
7	SV	转换开关	LW5-16DYH3/3	1	
8	DX	带电显示器	DXN-12Q(配带电磁锁)	1	
9	PJ	多功能电能表	PD800G-E14 3×100V	1	上海二工电气公司
10	XH	接线盒	FJ6/DFY2	1	乐清海燕公司
11	BR	凝露控制器	SK/220V	1	配带传感器(BH)
12	1EE、2EE	加热器	JJR-75W/220V	2	
13	HW	信号灯	AD16-22/220V	1	
14	F	避雷器	HY5WZ2-17/43.5kV	3	

技术要求：
1. 元器件的选用和安装应符合设计和标准要求。
2. 电流回路采用4.0 mm²铜芯绝缘导线。
3. 电压回路采用2.5mm²铜芯绝缘导线。
4. 布线要横平竖直，线束扎紧无叠（绞）线，端头压紧牢固，元件代号标识清楚粘贴牢固。
5. 如果本柜要与其他柜实现机械联锁，请选用程序锁。

图 15-71　KYN28A-12(直流操作)计量柜二次原理图

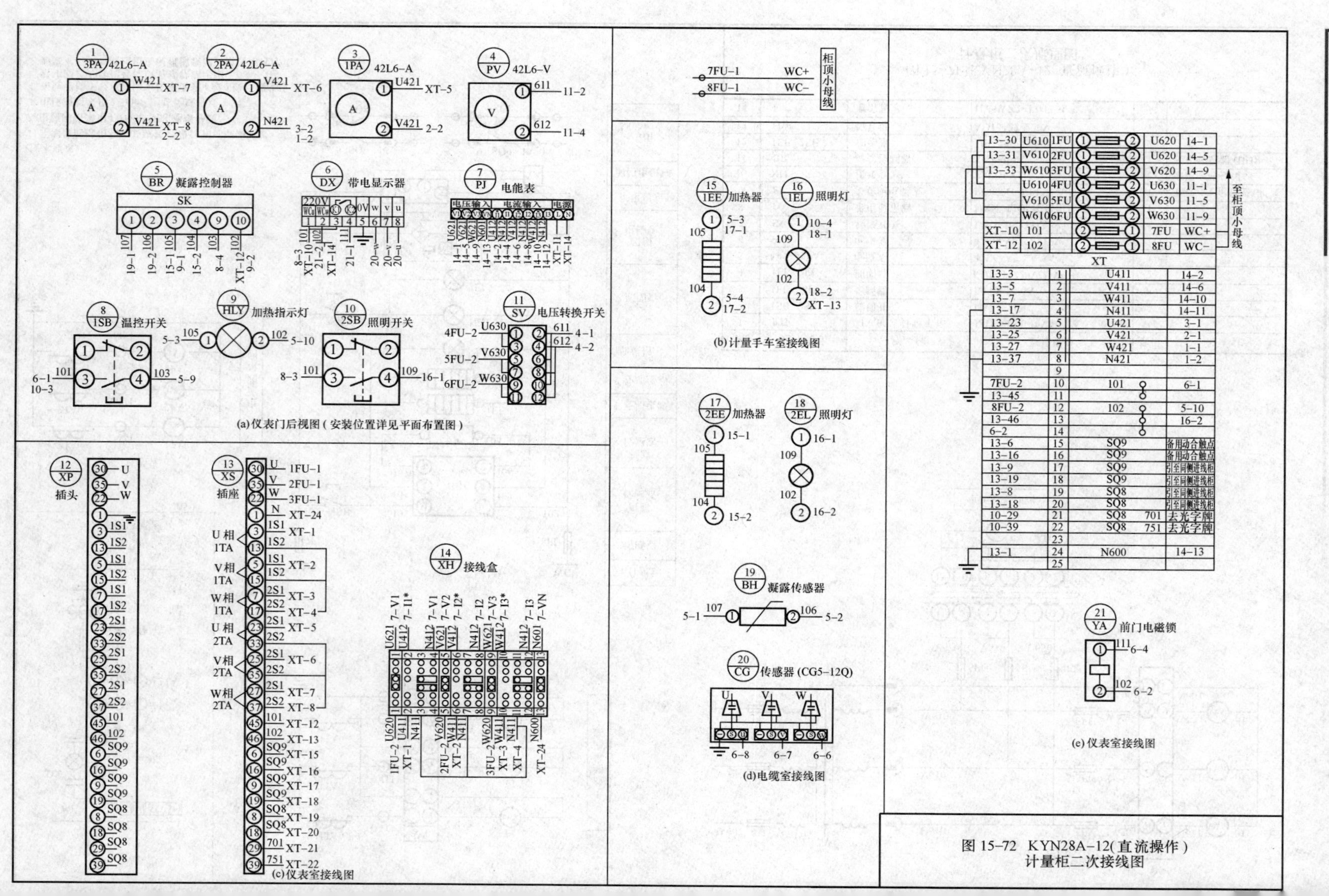

图 15-72 KYN28A-12（直流操作）计量柜二次接线图

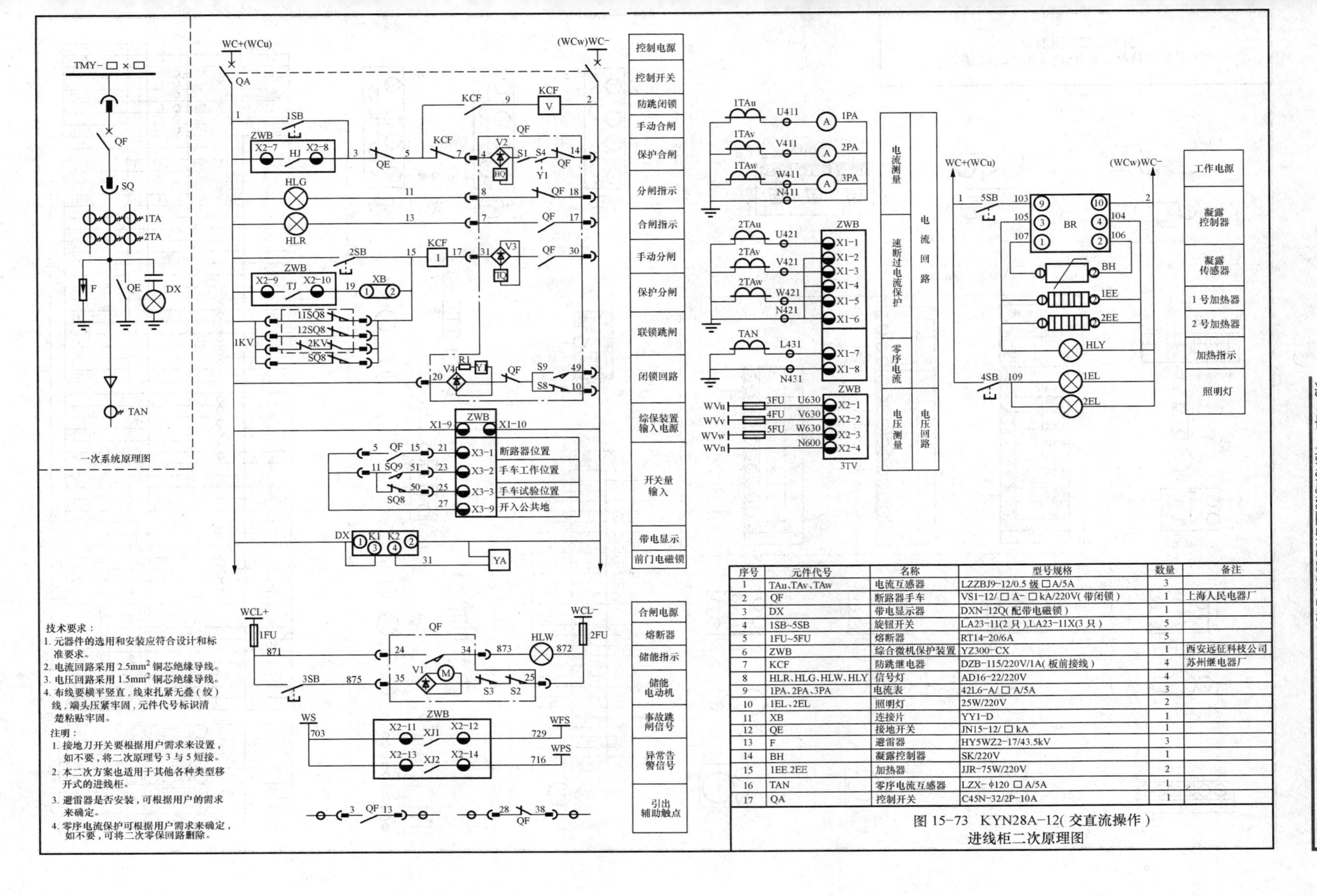

技术要求：

1. 元器件的选用和安装应符合设计和标准要求。
2. 电流回路采用 $2.5mm^2$ 铜芯绝缘导线。
3. 电压回路采用 $1.5mm^2$ 铜芯绝缘导线。
4. 布线要横平竖直，线束扎紧无叠（绞）线，端头压紧牢固，元件代号标识清楚粘贴牢固。

注明：

1. 接地刀开关要根据用户需求来设置，如不要，将二次原理号 3 与 5 短接。
2. 本二次方案也适用于其他各种类型移开式的进线柜。
3. 避雷器是否安装，可根据用户的需求来确定。
4. 零序电流保护可根据用户需求来确定，如不要，可将二次零保回路删除。

序号	元件代号	名称	型号规格	数量	备注
1	TAu、TAv、TAw	电流互感器	LZZBJ9-12/0.5 级 □A/5A	3	
2	QF	断路器手车	VS1-12/□A-□kA/220V（带闭锁）	1	上海人民电器厂
3	DX	带电显示器	DXN-12Q（配带电磁锁）	1	
4	1SB~5SB	旋钮开关	LA23-11(2 只)，LA23-11X(3 只)	5	
5	1FU~5FU	熔断器	RT14-20/6A	5	
6	ZWB	综合微机保护装置	YZ300-CX	1	西安远征科技公司
7	KCF	防跳继电器	DZB-115/220V/1A（板前接线）	4	苏州继电器厂
8	HLR、HLG、HLW、HLY	信号灯	AD16-22/220V	4	
9	1PA、2PA、3PA	电流表	42L6-A/□A/5A	3	
10	1EL、2EL	照明灯	25W/220V	2	
11	XB	连接片	YY1-D	1	
12	QE	接地开关	JN15-12/□kA	1	
13	F	避雷器	HY5WZ2-17/43.5kV	3	
14	BH	凝露控制器	SK/220V	1	
15	1EE、2EE	加热器	JJR-75W/220V	2	
16	TAN	零序电流互感器	LZX-φ120 □A/5A	1	
17	QA	控制开关	C45N-32/2P-10A	1	

图 15-73　KYN28A-12（交直流操作）进线柜二次原理图

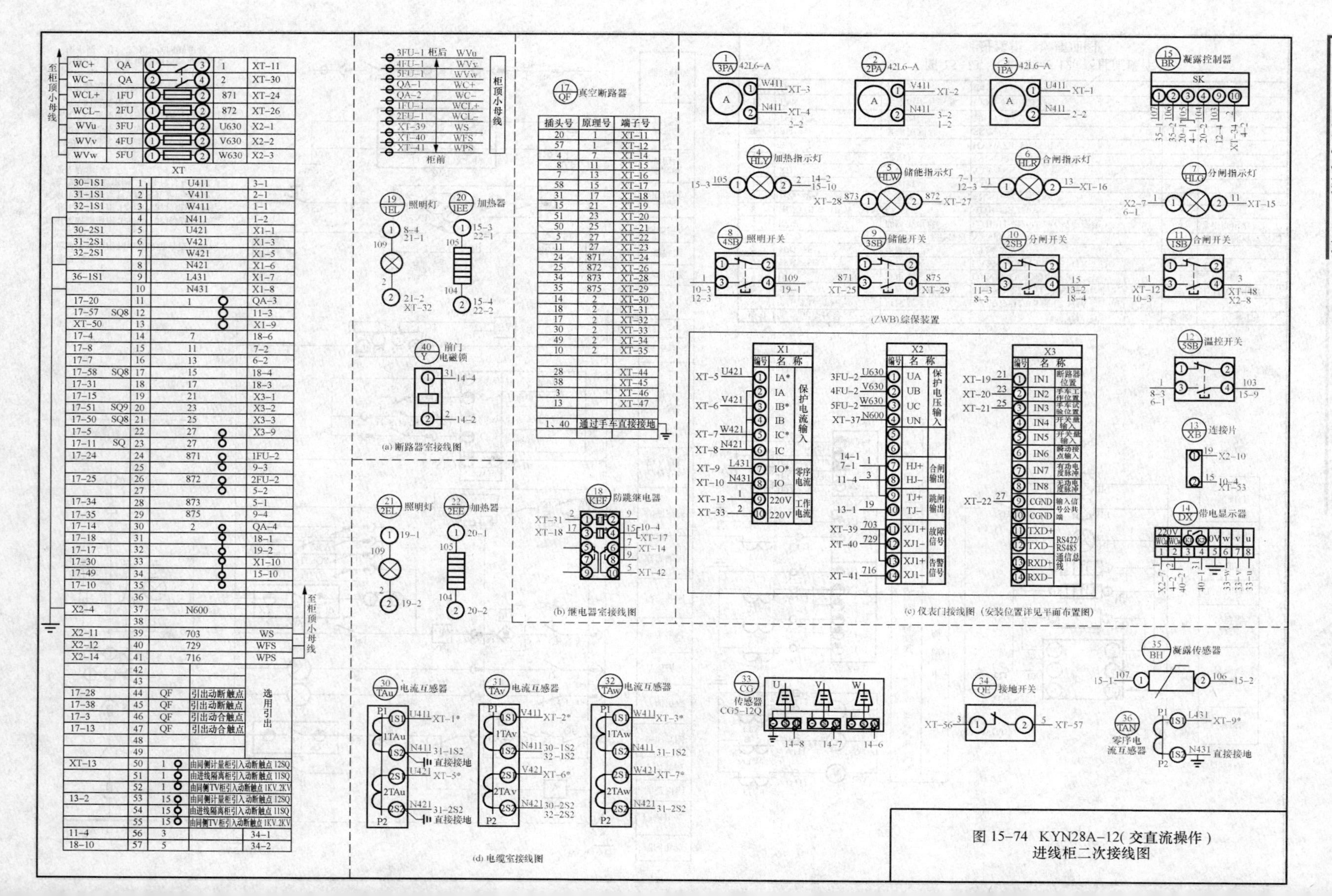

图 15-74 KYN28A-12（交直流操作）进线柜二次接线图

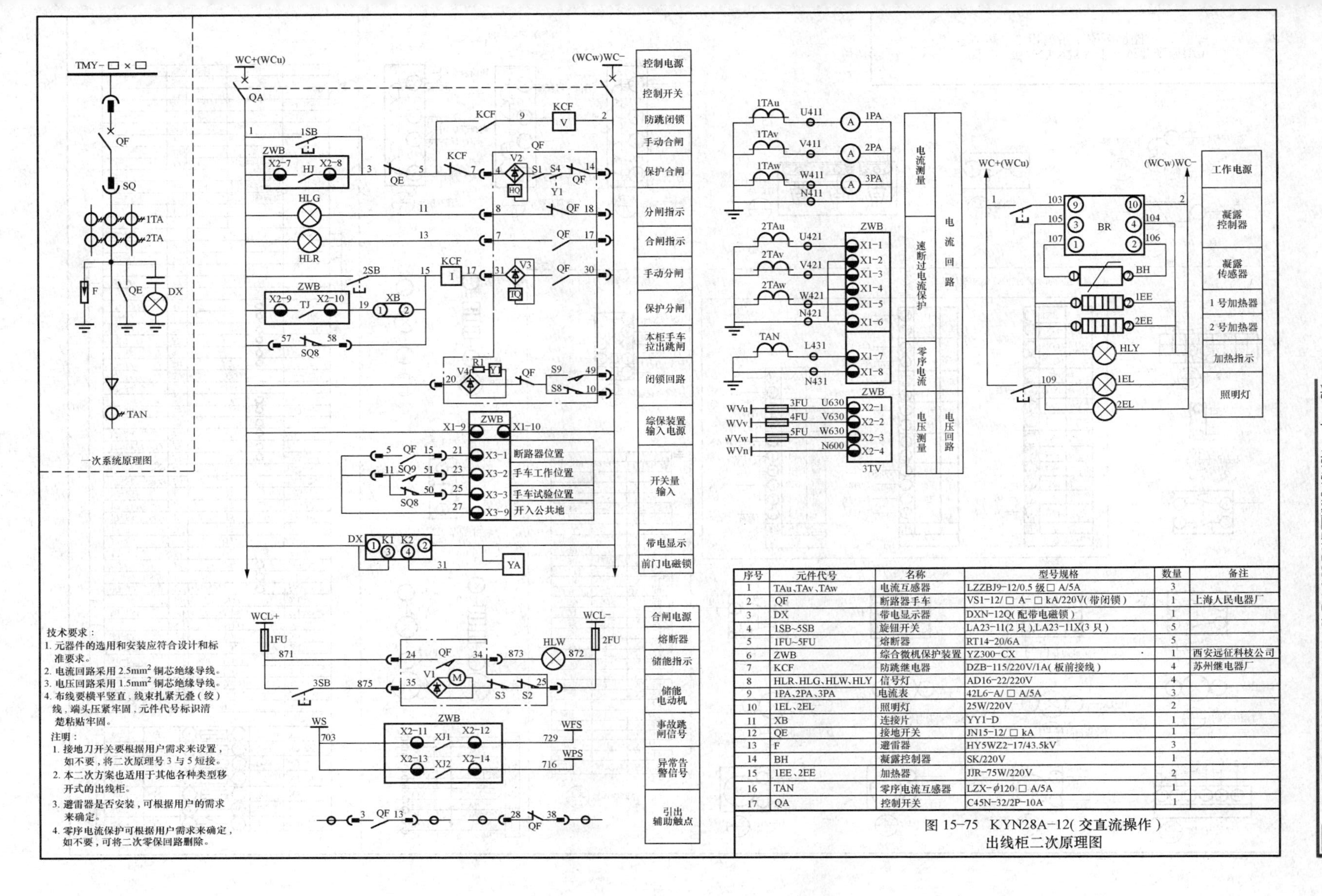

技术要求：

1. 元器件的选用和安装应符合设计和标准要求。
2. 电流回路采用 $2.5mm^2$ 铜芯绝缘导线。
3. 电压回路采用 $1.5mm^2$ 铜芯绝缘导线。
4. 布线要横平竖直，线束扎紧无叠（绞）线，端头压紧牢固，元件代号标识清楚粘贴牢固。

注明：

1. 接地刀开关要根据用户需求来设置，如不要，将二次原理号 3 与 5 短接。
2. 本二次方案也适用于其他各种类型移开式的出线柜。
3. 避雷器是否安装，可根据用户的需求来确定。
4. 零序电流保护可根据用户需求来确定，如不要，可将二次零保回路删除。

序号	元件代号	名称	型号规格	数量	备注
1	TAu、TAv、TAw	电流互感器	LZZBJ9-12/0.5 级□ A/5A	3	
2	QF	断路器手车	VS1-12/ □ A- □ kA/220V(带闭锁)	1	上海人民电器厂
3	DX	带电显示器	DXN-12Q(配带电磁锁)	1	
4	1SB~5SB	旋钮开关	LA23-11(2 只),LA23-11X(3 只)	5	
5	1FU~5FU	熔断器	RT14-20/6A	5	
6	ZWB	综合微机保护装置	YZ300-CX	1	西安远征科枝公司
7	KCF	防跳继电器	DZB-115/220V/1A(板前接线)	4	苏州继电器厂
8	HLR、HLG、HLW、HLY	信号灯	AD16-22/220V	4	
9	1PA、2PA、3PA	电流表	42L6-A/ □ A/5A	3	
10	1EL、2EL	照明灯	25W/220V	2	
11	XB	连接片	YY1-D	1	
12	QE	接地开关	JN15-12/ □ kA	1	
13	F	避雷器	HY5WZ2-17/43.5kV	3	
14	BH	凝露控制器	SK/220V	1	
15	1EE、2EE	加热器	JJR-75W/220V	2	
16	TAN	零序电流互感器	LZX-ϕ120 □ A/5A	1	
17	QA	控制开关	C45N-32/2P-10A	1	

图 15-75　KYN28A-12(交直流操作)出线柜二次原理图

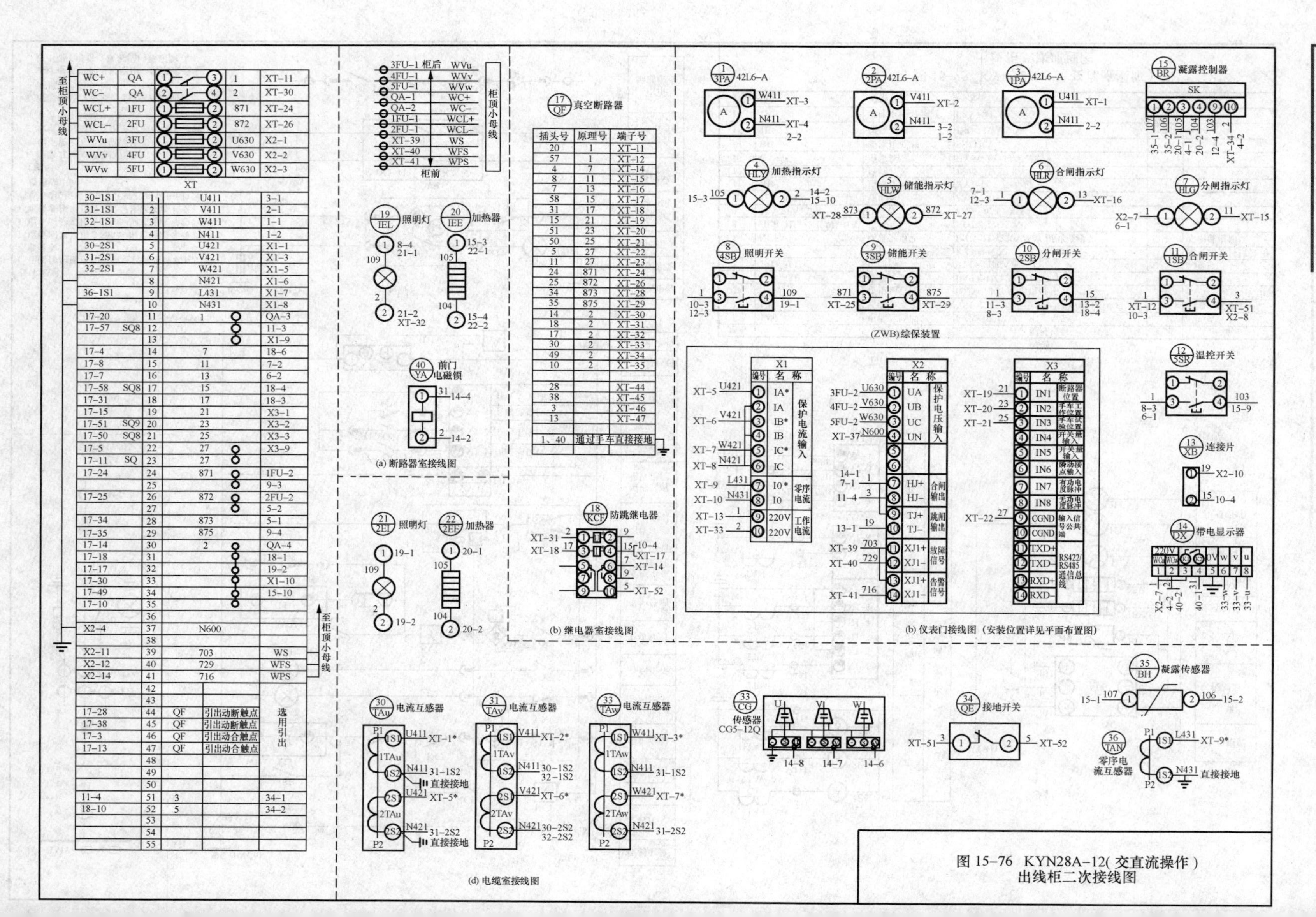

图 15-76 KYN28A-12(交直流操作)出线柜二次接线图

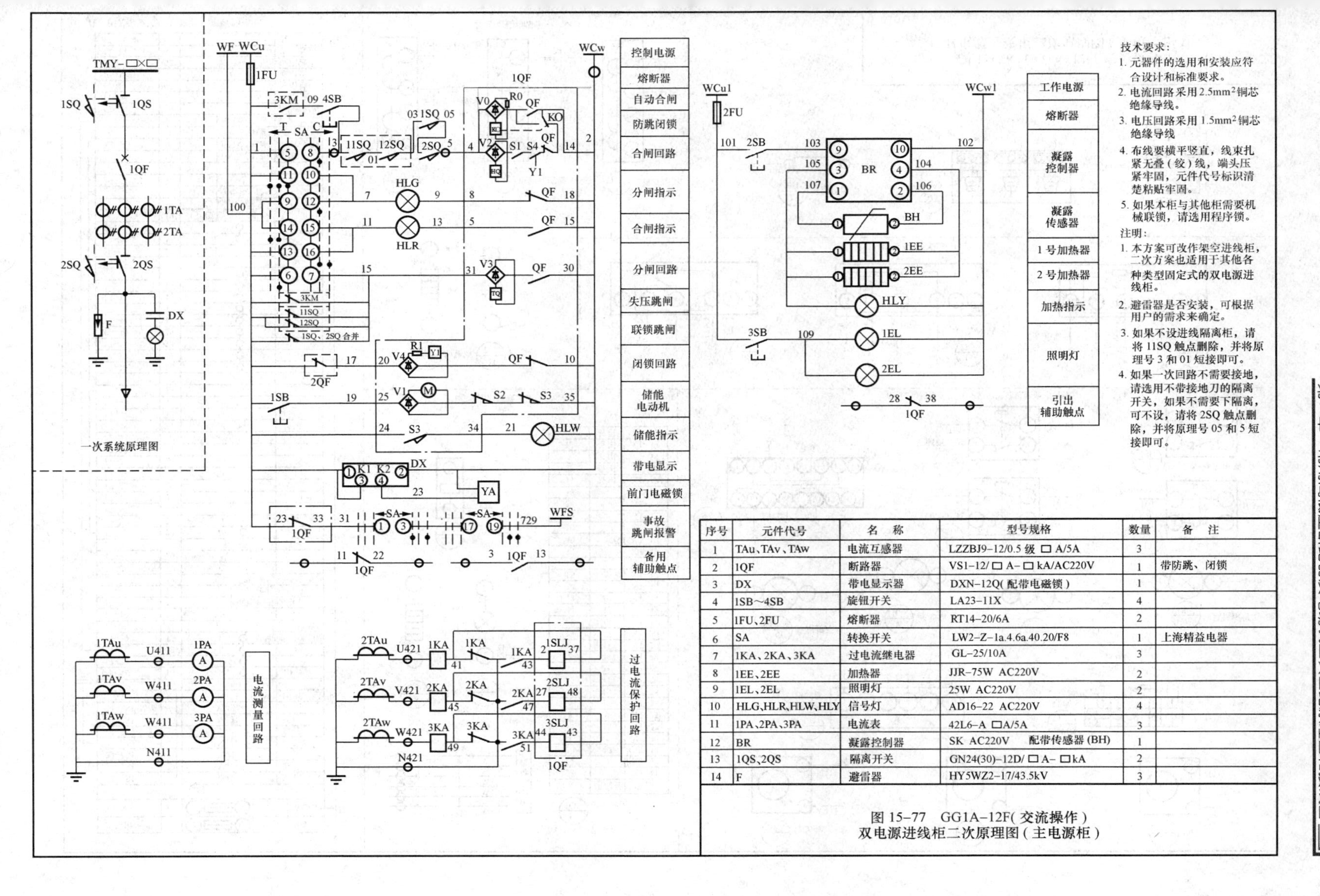

序号	元件代号	名　称	型号规格	数量	备　注
1	TAu、TAv、TAw	电流互感器	LZZBJ9-12/0.5级 □ A/5A	3	
2	1QF	断路器	VS1-12/ □ A- □ kA/AC220V	1	带防跳、闭锁
3	DX	带电显示器	DXN-12Q(配带电磁锁)	1	
4	1SB～4SB	旋钮开关	LA23-11X	4	
5	1FU、2FU	熔断器	RT14-20/6A	2	
6	SA	转换开关	LW2-Z-1a.4.6a.40.20/F8	1	上海精益电器
7	1KA、2KA、3KA	过电流继电器	GL-25/10A	3	
8	1EE、2EE	加热器	JJR-75W AC220V	2	
9	1EL、2EL	照明灯	25W AC220V	2	
10	HLG、HLR、HLW、HLY	信号灯	AD16-22 AC220V	4	
11	1PA、2PA、3PA	电流表	42L6-A □A/5A	3	
12	BR	凝露控制器	SK AC220V　配带传感器(BH)	1	
13	1QS、2QS	隔离开关	GN24(30)-12D/ □ A- □kA	2	
14	F	避雷器	HY5WZ2-17/43.5kV	3	

图 15-77　GG1A-12F(交流操作)双电源进线柜二次原理图(主电源柜)

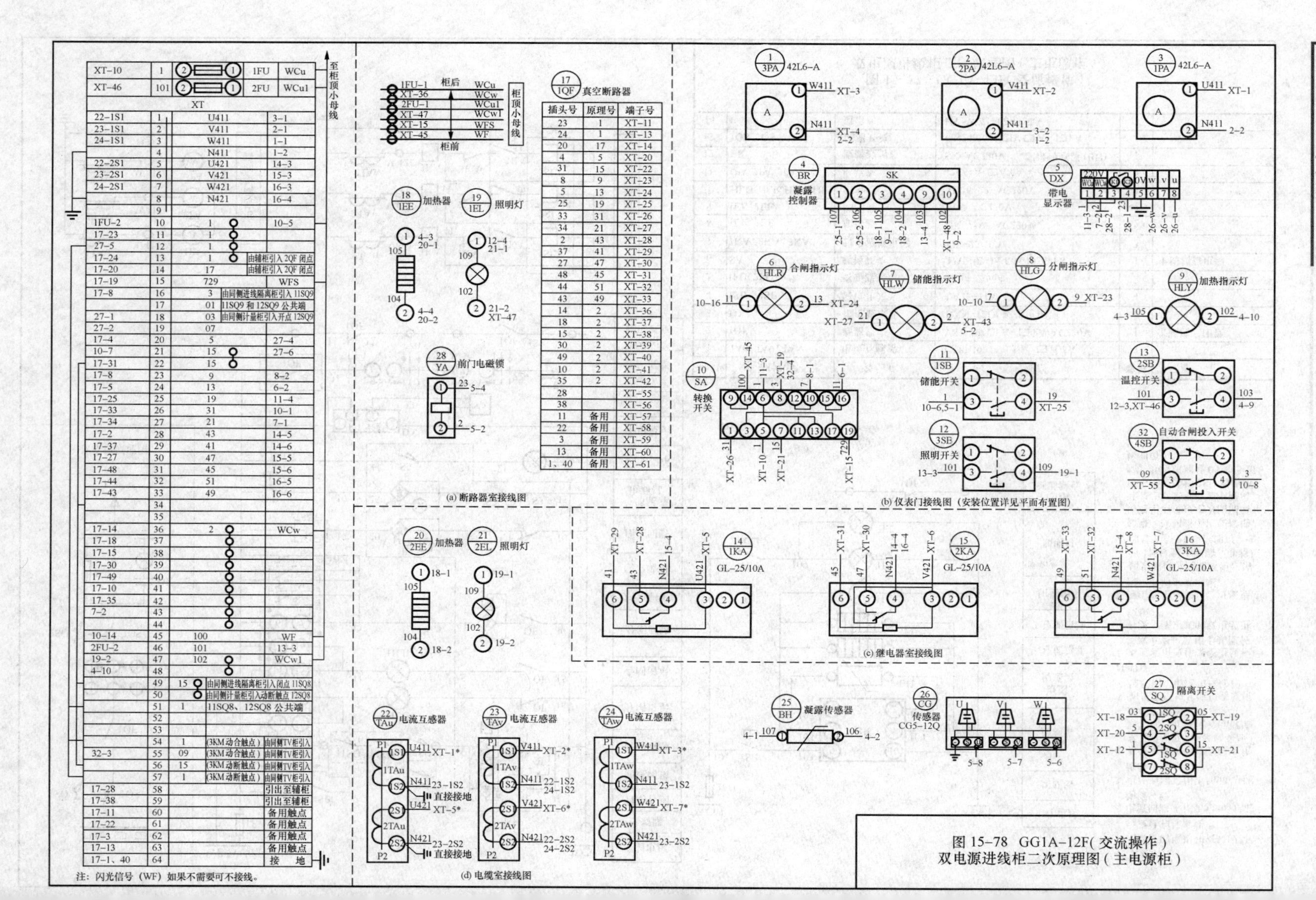

图 15-78 GG1A-12F(交流操作)双电源进线柜二次原理图(主电源柜)

注：闪光信号（WF）如果不需要可不接线。

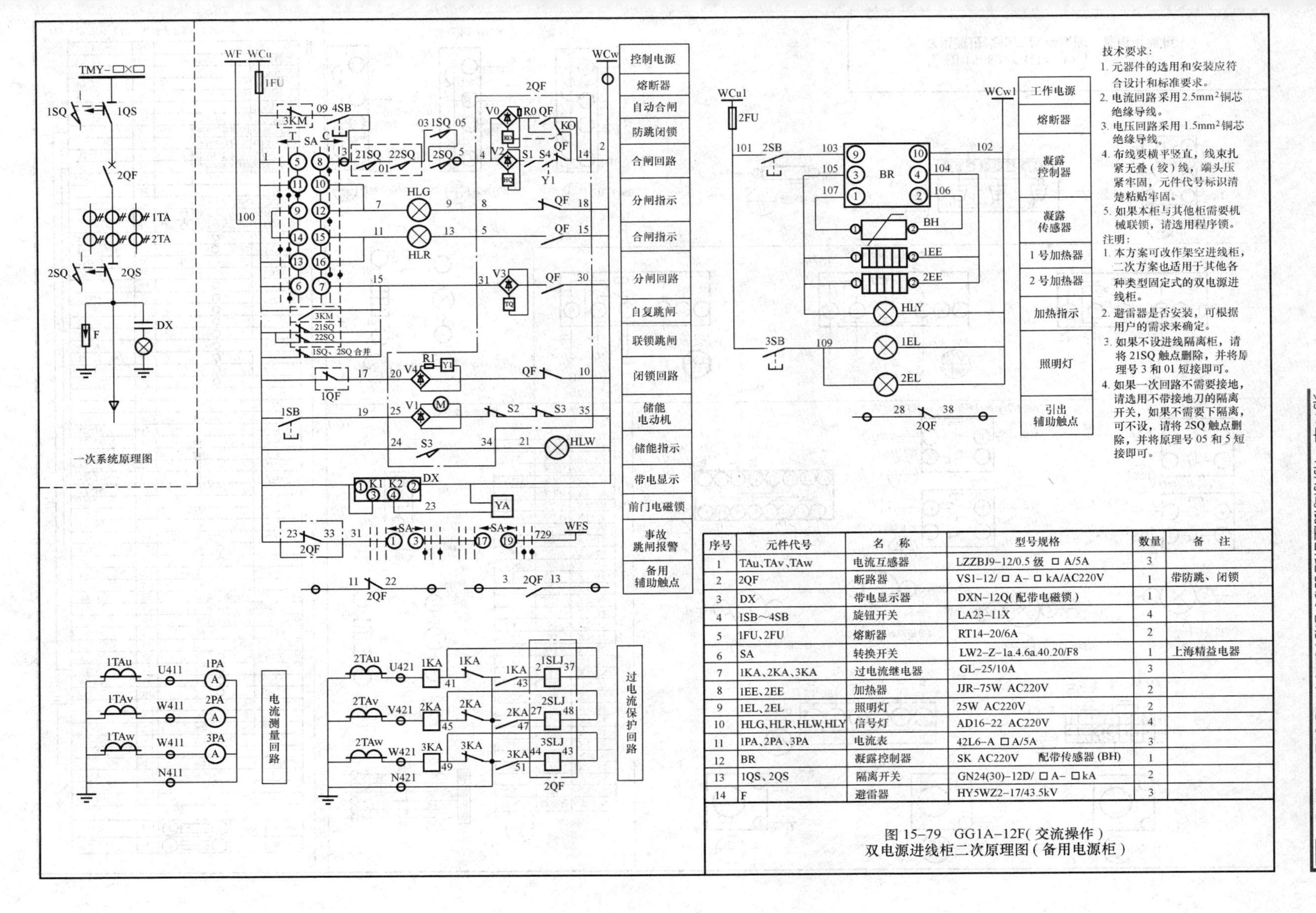

技术要求：

1. 元器件的选用和安装应符合设计和标准要求。
2. 电流回路采用 2.5mm²铜芯绝缘导线。
3. 电压回路采用 1.5mm²铜芯绝缘导线。
4. 布线要横平竖直，线束扎紧无叠（绞）线，端头压紧牢固，元件代号标识清楚粘贴牢固。
5. 如果本柜与其他柜需要机械联锁，请选用程序锁。

注明：

1. 本方案可改作架空进线柜，二次方案也适用于其他各种类型固定式的双电源进线柜。
2. 避雷器是否安装，可根据用户的需求来确定。
3. 如果不设进线隔离柜，请将 21SQ 触点删除，并将原理号 3 和 01 短接即可。
4. 如果一次回路不需要接地，请选用不带接地刀的隔离开关，如果不需要下隔离，可不设，请将 2SQ 触点删除，并将原理号 05 和 5 短接即可。

序号	元件代号	名　称	型号规格	数量	备　注
1	TAu、TAv、TAw	电流互感器	LZZBJ9-12/0.5 级 □ A/5A	3	
2	2QF	断路器	VS1-12/ □ A- □ kA/AC220V	1	带防跳、闭锁
3	DX	带电显示器	DXN-12Q(配带电磁锁)	1	
4	1SB～4SB	旋钮开关	LA23-11X	4	
5	1FU、2FU	熔断器	RT14-20/6A	2	
6	SA	转换开关	LW2-Z-1a.4.6a.40.20/F8	1	上海精益电器
7	1KA、2KA、3KA	过电流继电器	GL-25/10A	3	
8	1EE、2EE	加热器	JJR-75W AC220V	2	
9	1EL、2EL	照明灯	25W AC220V	2	
10	HLG、HLR、HLW、HLY	信号灯	AD16-22 AC220V	4	
11	1PA、2PA、3PA	电流表	42L6-A □ A/5A	3	
12	BR	凝露控制器	SK AC220V　配带传感器 (BH)	1	
13	1QS、2QS	隔离开关	GN24(30)-12D/ □ A- □ kA	2	
14	F	避雷器	HY5WZ2-17/43.5kV	3	

图 15-79　GG1A-12F(交流操作)
双电源进线柜二次原理图(备用电源柜)

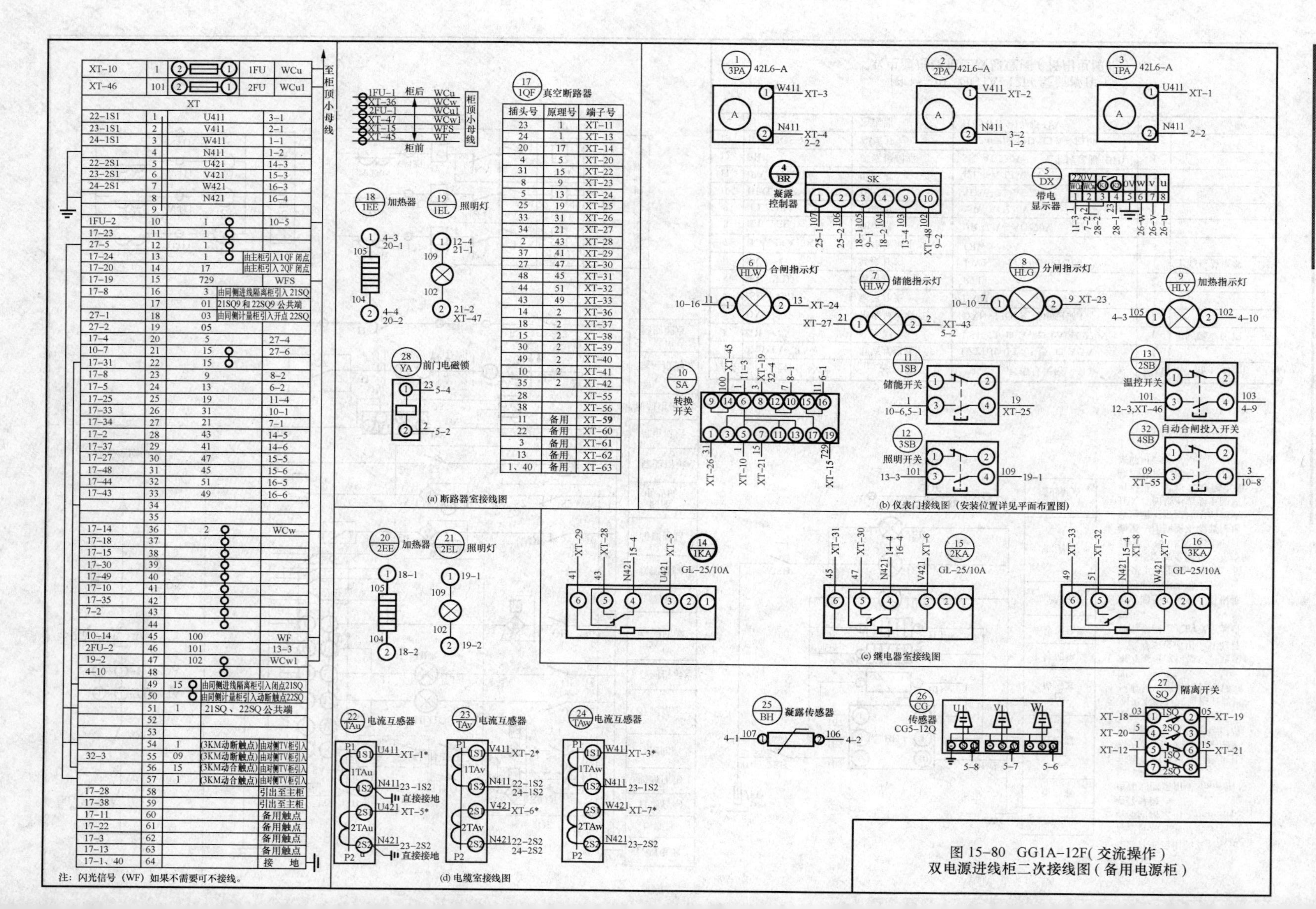

图 15-80 GG1A-12F（交流操作）
双电源进线柜二次接线图（备用电源柜）

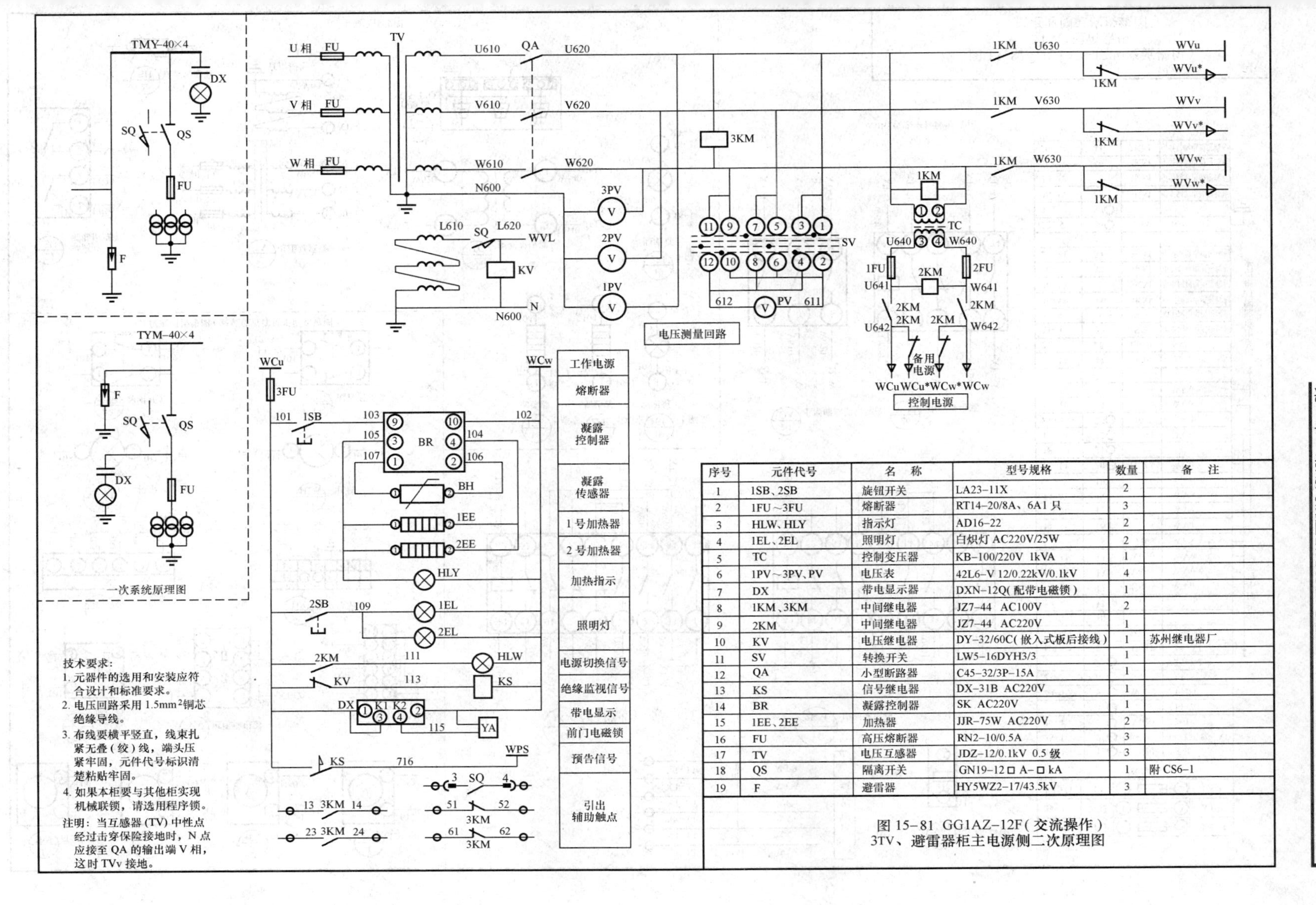

序号	元件代号	名　称	型号规格	数量	备　注
1	1SB、2SB	旋钮开关	LA23-11X	2	
2	1FU～3FU	熔断器	RT14-20/8A、6A1 只	3	
3	HLW、HLY	指示灯	AD16-22	2	
4	1EL、2EL	照明灯	白炽灯 AC220V/25W	2	
5	TC	控制变压器	KB-100/220V 1kVA	1	
6	1PV～3PV、PV	电压表	42L6-V 12/0.22kV/0.1kV	4	
7	DX	带电显示器	DXN-12Q(配带电磁锁)	1	
8	1KM、3KM	中间继电器	JZ7-44 AC100V	2	
9	2KM	中间继电器	JZ7-44 AC220V	1	
10	KV	电压继电器	DY-32/60C(嵌入式板后接线)	1	苏州继电器厂
11	SV	转换开关	LW5-16DYH3/3	1	
12	QA	小型断路器	C45-32/3P-15A	1	
13	KS	信号继电器	DX-31B AC220V	1	
14	BR	凝露控制器	SK AC220V	1	
15	1EE、2EE	加热器	JJR-75W AC220V	2	
16	FU	高压熔断器	RN2-10/0.5A	3	
17	TV	电压互感器	JDZ-12/0.1kV 0.5 级	3	
18	QS	隔离开关	GN19-12□ A-□ kA	1	附 CS6-1
19	F	避雷器	HY5WZ2-17/43.5kV	3	

技术要求：
1. 元器件的选用和安装应符合设计和标准要求。
2. 电压回路采用 1.5mm²铜芯绝缘导线。
3. 布线要横平竖直，线束扎紧无叠（绞）线，端头压紧牢固，元件代号标识清楚粘贴牢固。
4. 如果本柜要与其他柜实现机械联锁，请选用程序锁。

注明：当互感器 (TV) 中性点经过击穿保险接地时，N 点应接至 QA 的输出端 V 相，这时 TVv 接地。

图 15-81　GG1AZ-12F(交流操作)
3TV、避雷器柜主电源侧二次原理图

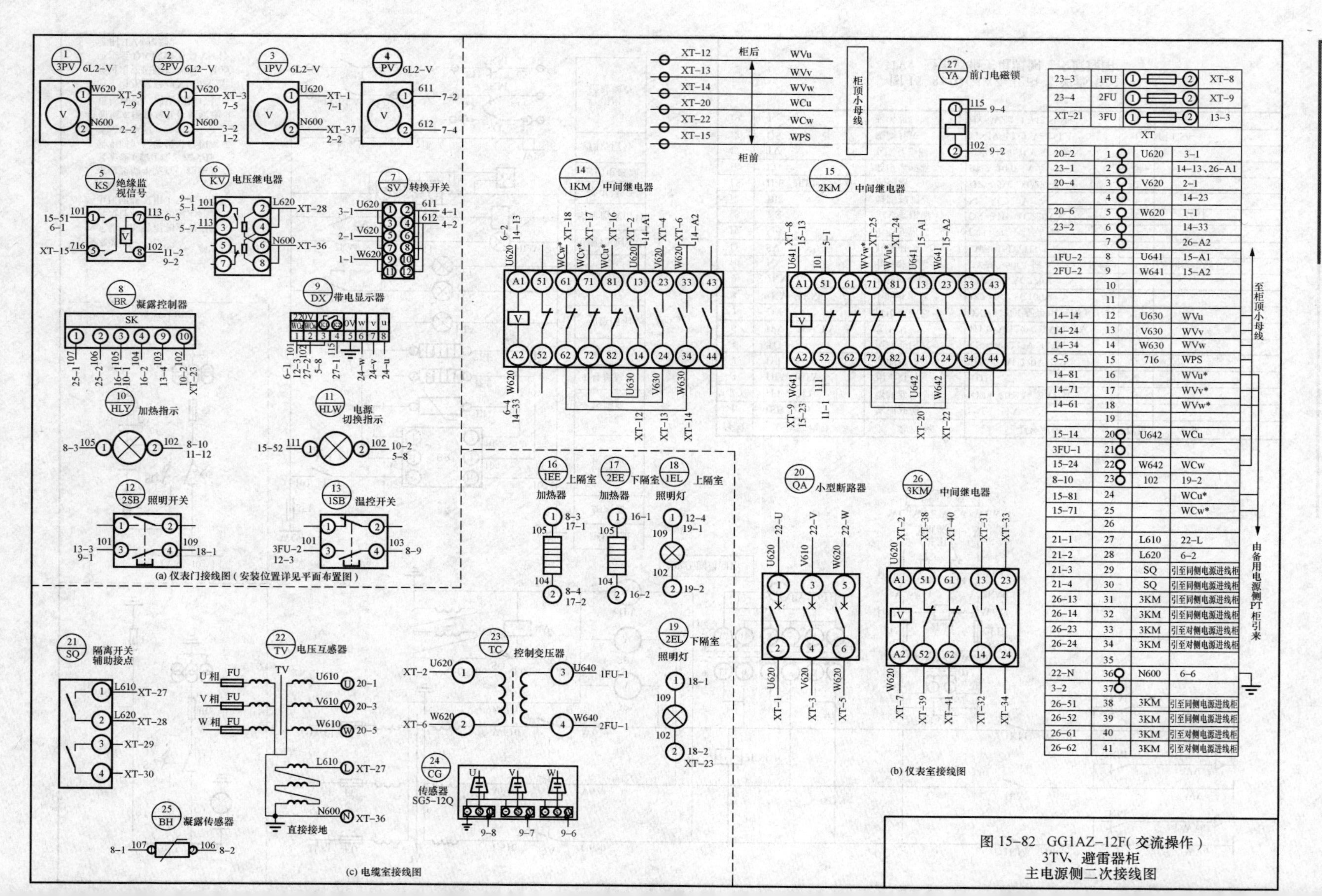

图 15-82 GG1AZ-12F(交流操作) 3TV、避雷器柜 主电源侧二次接线图

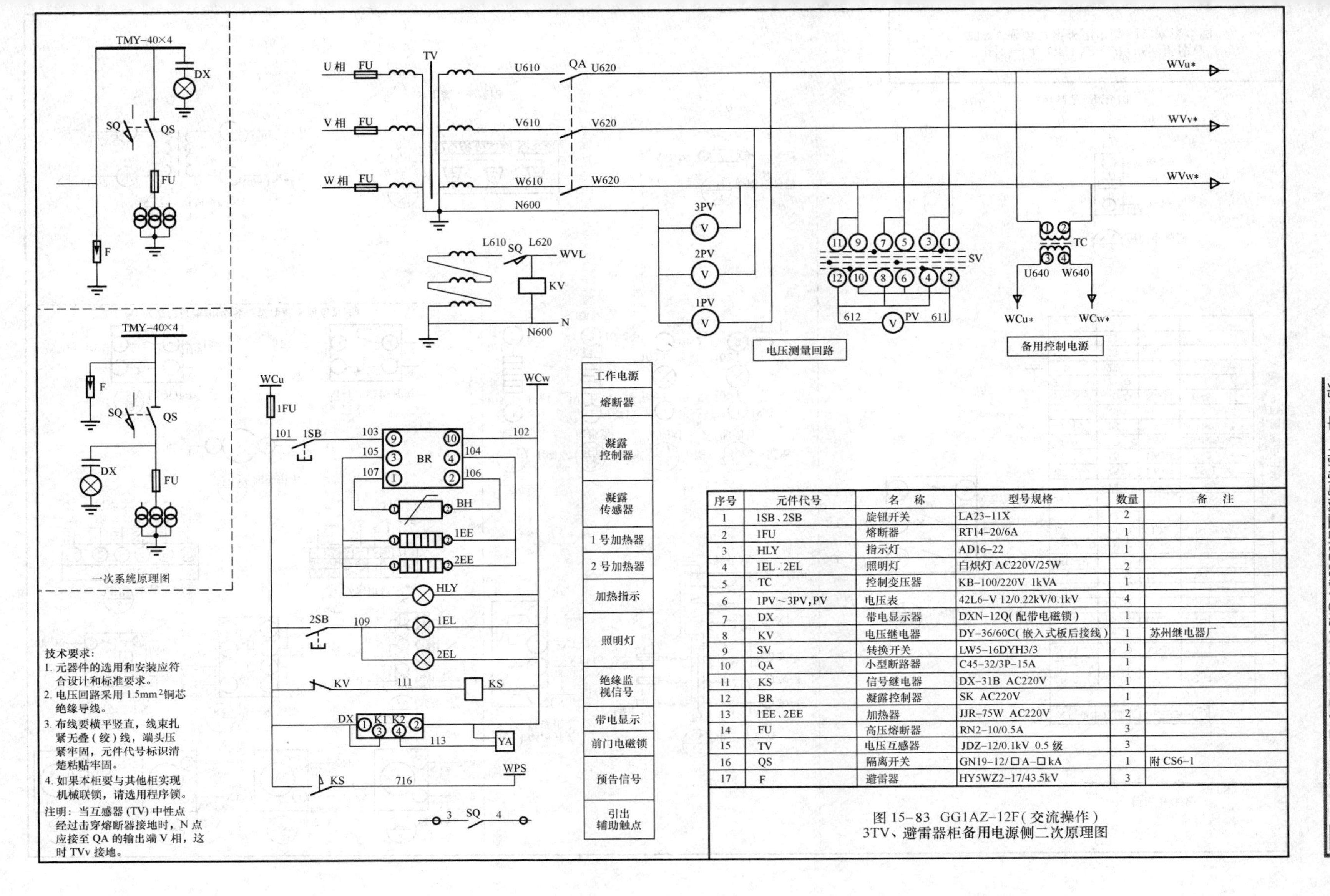

序号	元件代号	名称	型号规格	数量	备注
1	1SB、2SB	旋钮开关	LA23-11X	2	
2	1FU	熔断器	RT14-20/6A	1	
3	HLY	指示灯	AD16-22	1	
4	1EL、2EL	照明灯	白炽灯 AC220V/25W	2	
5	TC	控制变压器	KB-100/220V 1kVA	1	
6	1PV～3PV,PV	电压表	42L6-V 12/0.22kV/0.1kV	4	
7	DX	带电显示器	DXN-12Q(配带电磁锁)	1	
8	KV	电压继电器	DY-36/60C(嵌入式板后接线)	1	苏州继电器厂
9	SV	转换开关	LW5-16DYH3/3	1	
10	QA	小型断路器	C45-32/3P-15A	1	
11	KS	信号继电器	DX-31B AC220V	1	
12	BR	凝露控制器	SK AC220V	1	
13	1EE、2EE	加热器	JJR-75W AC220V	2	
14	FU	高压熔断器	RN2-10/0.5A	3	
15	TV	电压互感器	JDZ-12/0.1kV 0.5 级	3	
16	QS	隔离开关	GN19-12/□A-□kA	1	附 CS6-1
17	F	避雷器	HY5WZ2-17/43.5kV	3	

技术要求：

1. 元器件的选用和安装应符合设计和标准要求。
2. 电压回路采用 1.5mm²铜芯绝缘导线。
3. 布线要横平竖直，线束扎紧无叠（绞）线，端头压紧牢固，元件代号标识清楚粘贴牢固。
4. 如果本柜要与其他柜实现机械联锁，请选用程序锁。

注明：当互感器 (TV) 中性点经过击穿熔断器接地时，N 点应接至 QA 的输出端 V 相，这时 TVv 接地。

图 15-83 GG1AZ-12F（交流操作）
3TV、避雷器柜备用电源侧二次原理图

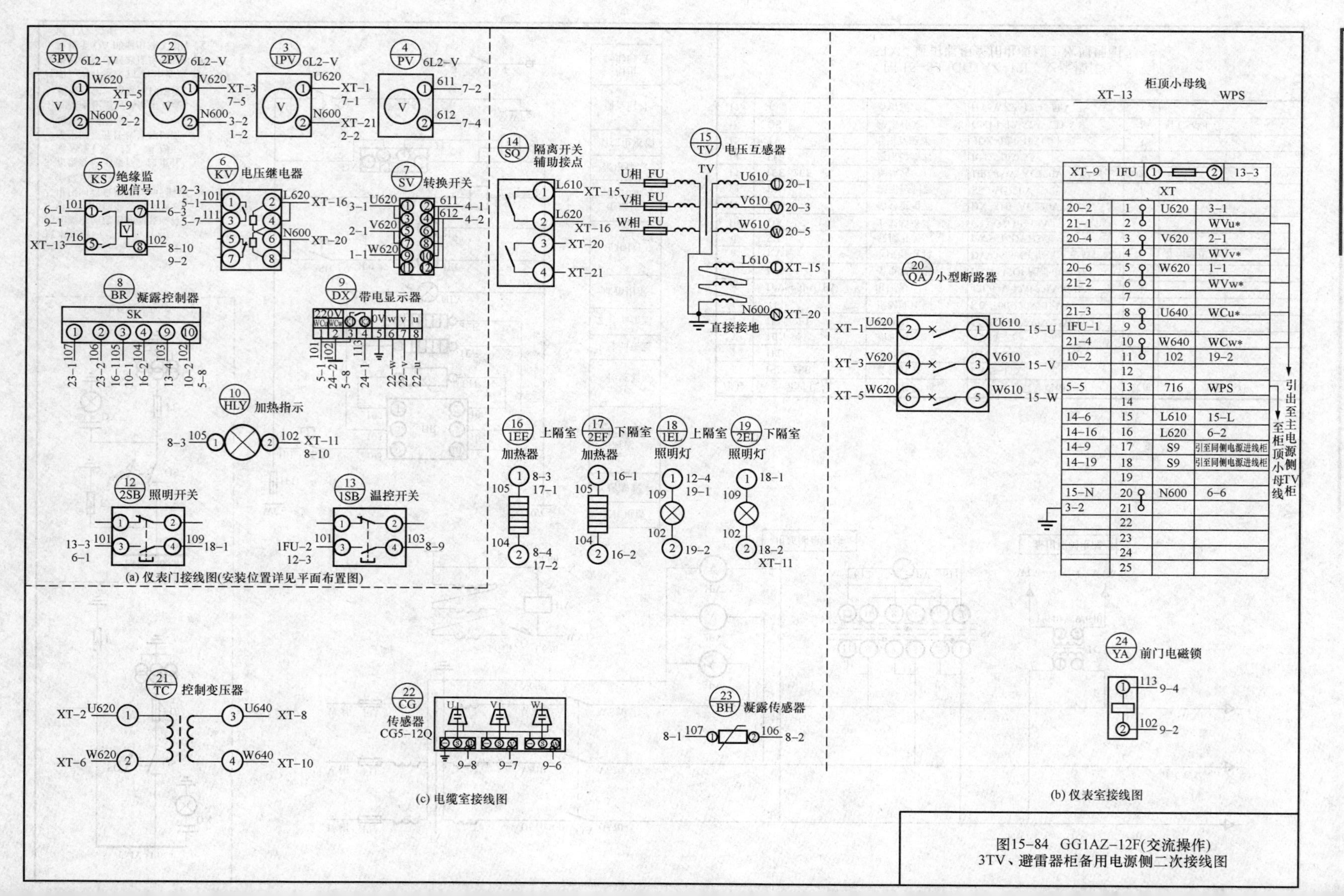

图15-84 GG1AZ-12F(交流操作)3TV、避雷器柜备用电源侧二次接线图

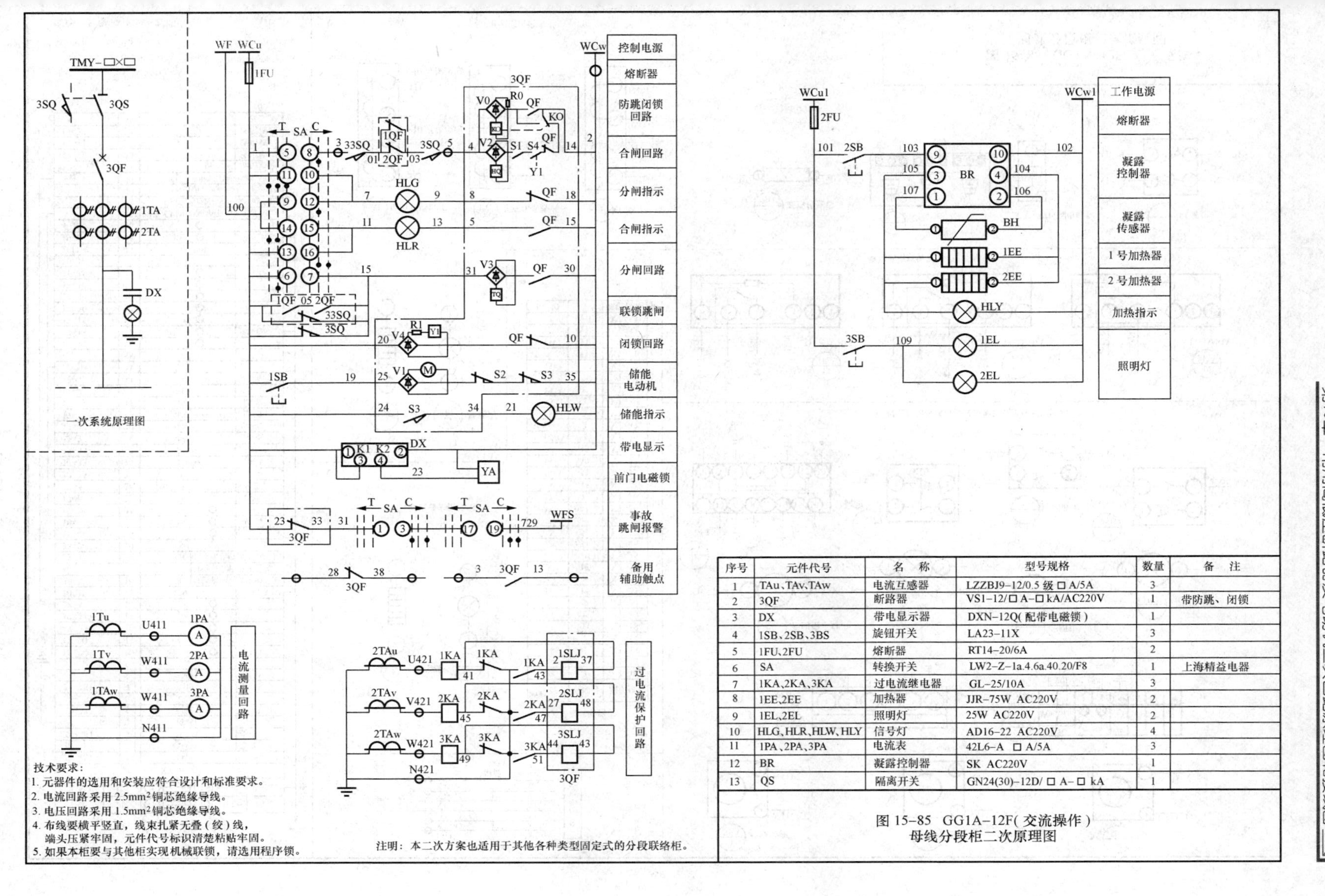

序号	元件代号	名　称	型号规格	数量	备　注
1	TAu、TAv、TAw	电流互感器	LZZBJ9-12/0.5 级 □ A/5A	3	
2	3QF	断路器	VS1-12/□ A-□ kA/AC220V	1	带防跳、闭锁
3	DX	带电显示器	DXN-12Q(配带电磁锁)	1	
4	1SB、2SB、3BS	旋钮开关	LA23-11X	3	
5	1FU、2FU	熔断器	RT14-20/6A	2	
6	SA	转换开关	LW2-Z-1a.4.6a.40.20/F8	1	上海精益电器
7	1KA、2KA、3KA	过电流继电器	GL-25/10A	3	
8	1EE、2EE	加热器	JJR-75W AC220V	2	
9	1EL、2EL	照明灯	25W AC220V	2	
10	HLG、HLR、HLW、HLY	信号灯	AD16-22 AC220V	4	
11	1PA、2PA、3PA	电流表	42L6-A □ A/5A	3	
12	BR	凝露控制器	SK AC220V	1	
13	QS	隔离开关	GN24(30)-12D/ □ A-□ kA	1	

技术要求：
1. 元器件的选用和安装应符合设计和标准要求。
2. 电流回路采用 2.5mm² 铜芯绝缘导线。
3. 电压回路采用 1.5mm² 铜芯绝缘导线。
4. 布线要横平竖直，线束扎紧无叠（绞）线，端头压紧牢固，元件代号标识清楚粘贴牢固。
5. 如果本柜要与其他柜实现机械联锁，请选用程序锁。

注明：本二次方案也适用于其他各种类型固定式的分段联络柜。

图 15-85　GG1A-12F(交流操作)母线分段柜二次原理图

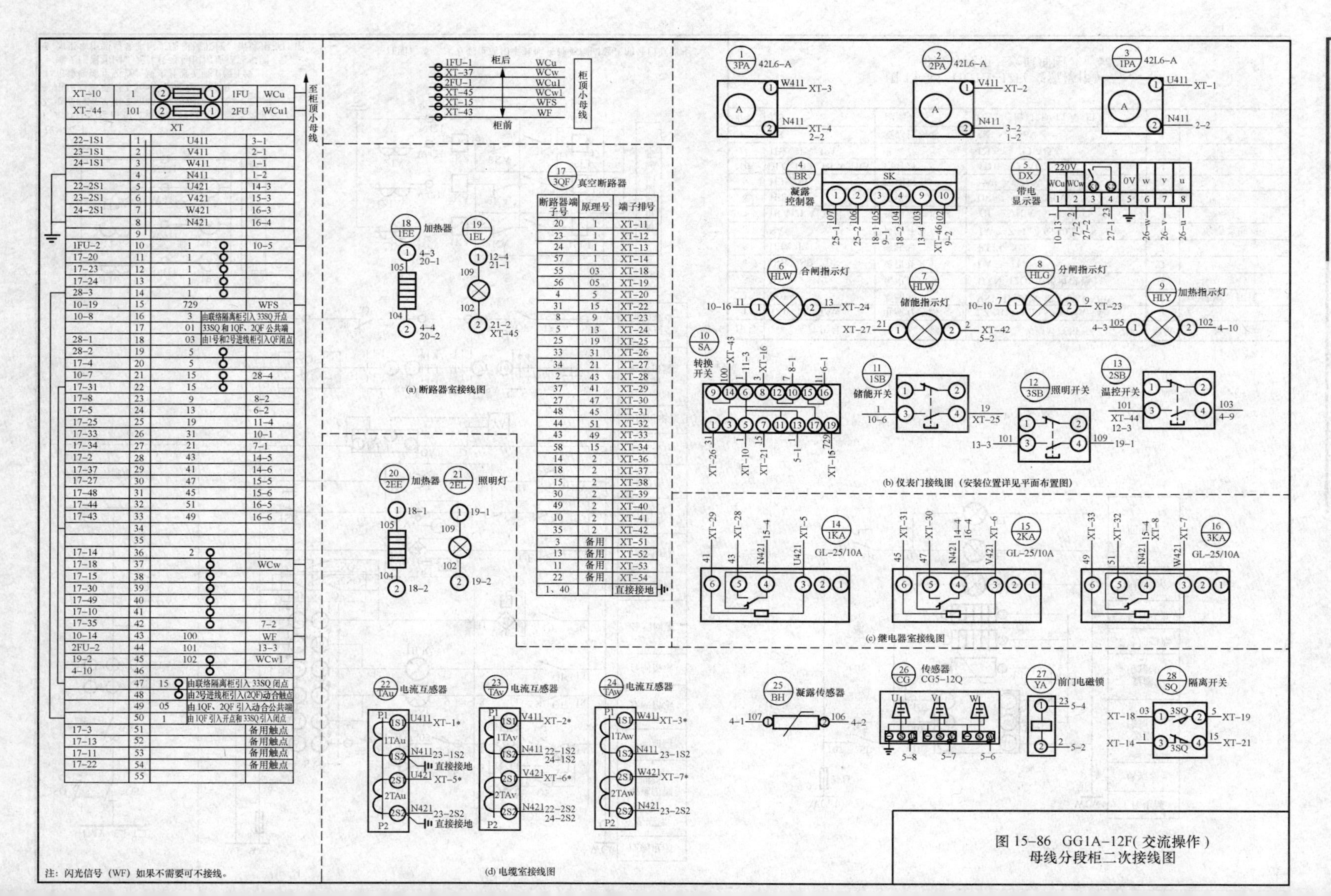

断路器端子号	原理号	端子排号
20	1	XT-11
23	1	XT-12
24	1	XT-13
57	1	XT-14
55	03	XT-18
56	05	XT-19
4	5	XT-20
31	15	XT-22
8	9	XT-23
5	13	XT-24
25	19	XT-25
33	31	XT-26
34	21	XT-27
2	43	XT-28
37	41	XT-29
27	47	XT-30
48	45	XT-31
44	51	XT-32
43	49	XT-33
58	15	XT-34
14	2	XT-36
18	2	XT-37
15	2	XT-38
30	2	XT-39
49	2	XT-40
10	2	XT-41
35	2	XT-42
3	备用	XT-51
13	备用	XT-52
11	备用	XT-53
22	备用	XT-54
1、40		直接接地

图 15-86 GG1A-12F(交流操作)母线分段柜二次接线图

注：闪光信号（WF）如果不需要可不接线。

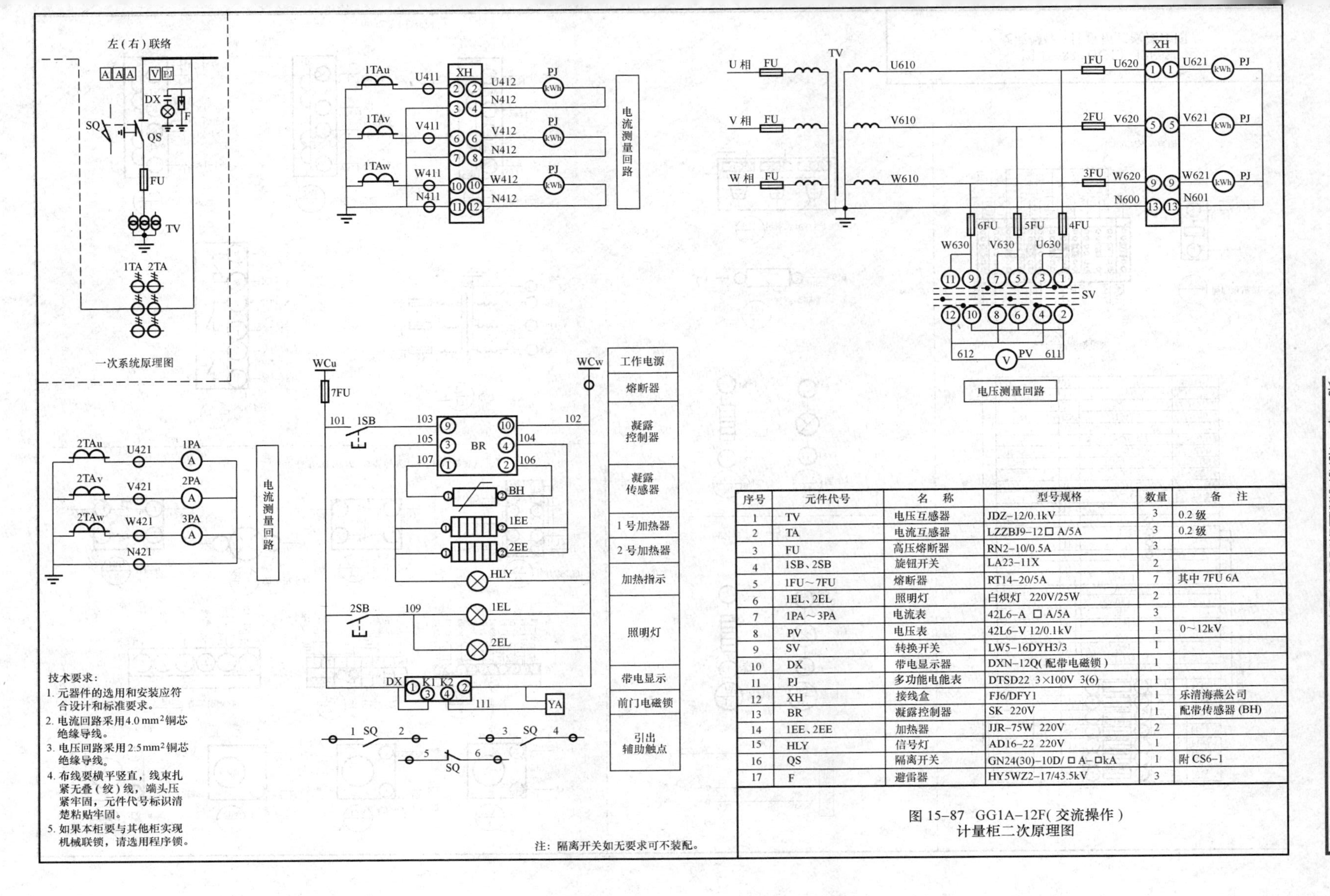

序号	元件代号	名　称	型号规格	数量	备　注
1	TV	电压互感器	JDZ–12/0.1kV	3	0.2 级
2	TA	电流互感器	LZZBJ9–12□ A/5A	3	0.2 级
3	FU	高压熔断器	RN2–10/0.5A	3	
4	1SB、2SB	旋钮开关	LA23–11X	2	
5	1FU～7FU	熔断器	RT14–20/5A	7	其中 7FU 6A
6	1EL、2EL	照明灯	白炽灯　220V/25W	2	
7	1PA～3PA	电流表	42L6–A □ A/5A	3	
8	PV	电压表	42L6–V 12/0.1kV	1	0～12kV
9	SV	转换开关	LW5–16DYH3/3	1	
10	DX	带电显示器	DXN–12Q(配带电磁锁)	1	
11	PJ	多功能电能表	DTSD22 3×100V 3(6)	1	
12	XH	接线盒	FJ6/DFY1	1	乐清海燕公司
13	BR	凝露控制器	SK 220V	1	配带传感器(BH)
14	1EE、2EE	加热器	JJR–75W 220V	2	
15	HLY	信号灯	AD16–22 220V	1	
16	QS	隔离开关	GN24(30)–10D/□A–□kA	1	附 CS6–1
17	F	避雷器	HY5WZ2–17/43.5kV	3	

技术要求：
1. 元器件的选用和安装应符合设计和标准要求。
2. 电流回路采用4.0 mm²铜芯绝缘导线。
3. 电压回路采用2.5mm²铜芯绝缘导线。
4. 布线要横平竖直，线束扎紧无叠(绞)线，端头压紧牢固，元件代号标识清楚粘贴牢固。
5. 如果本柜要与其他柜实现机械联锁，请选用程序锁。

注：隔离开关如无要求可不装配。

图 15–87　GG1A–12F(交流操作)计量柜二次原理图

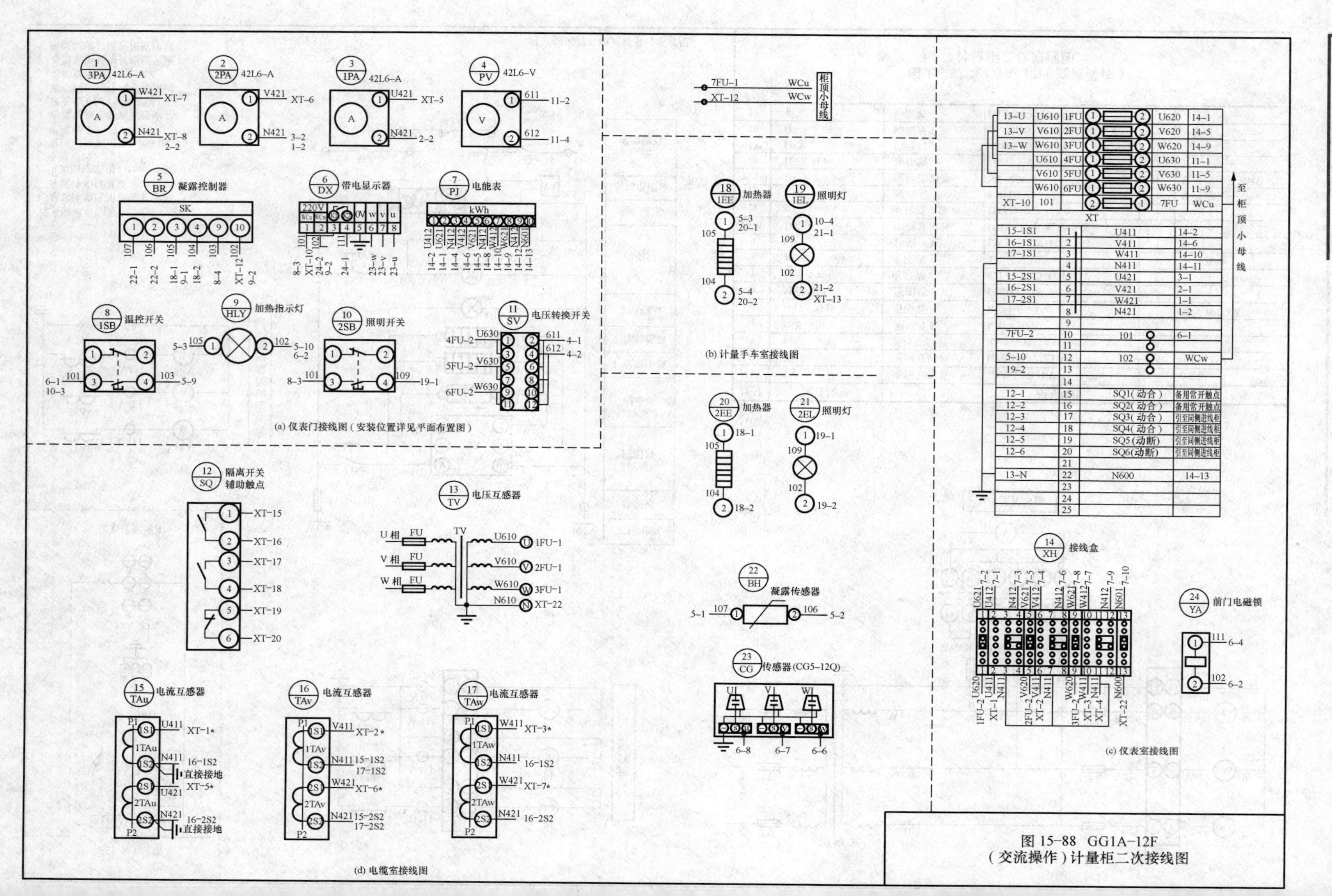

图 15-88 GG1A-12F（交流操作）计量柜二次接线图

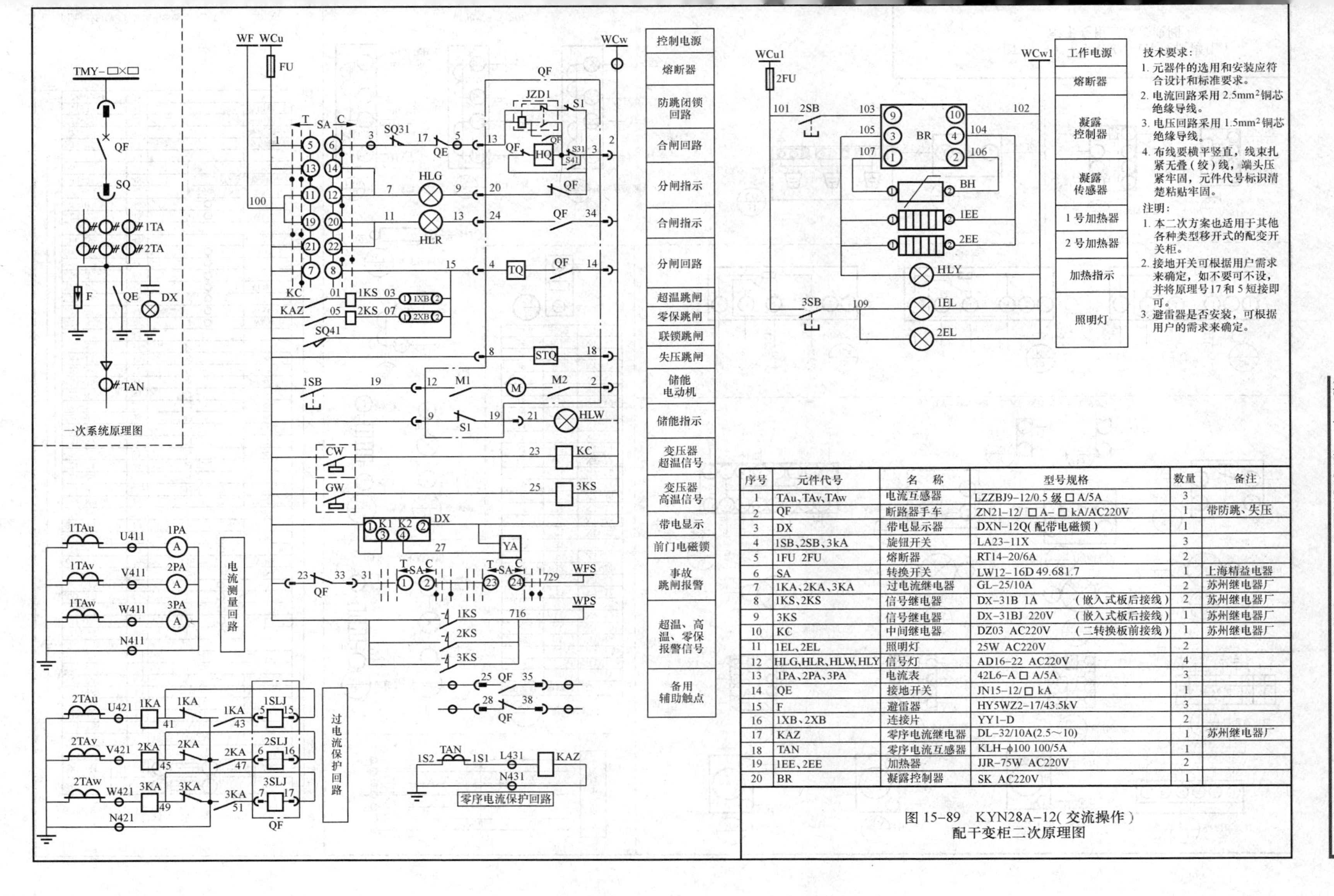

序号	元件代号	名　称	型号规格	数量	备注
1	TAu、TAv、TAw	电流互感器	LZZBJ9-12/0.5 级 □ A/5A	3	
2	QF	断路器手车	ZN21-12/ □ A- □ kA/AC220V	1	带防跳、失压
3	DX	带电显示器	DXN-12Q（配带电磁锁）	1	
4	1SB、2SB、3kA	旋钮开关	LA23-11X	3	
5	1FU 2FU	熔断器	RT14-20/6A	2	
6	SA	转换开关	LW12-16D 49.681.7	1	上海精益电器
7	1KA、2KA、3KA	过电流继电器	GL-25/10A	2	苏州继电器厂
8	1KS、2KS	信号继电器	DX-31B 1A（嵌入式板后接线）	2	苏州继电器厂
9	3KS	信号继电器	DX-31BJ 220V（嵌入式板后接线）	1	苏州继电器厂
10	KC	中间继电器	DZ03 AC220V（二转换板前接线）	1	苏州继电器厂
11	1EL、2EL	照明灯	25W AC220V	2	
12	HLG、HLR、HLW、HLY	信号灯	AD16-22 AC220V	4	
13	1PA、2PA、3PA	电流表	42L6-A □ A/5A	3	
14	QE	接地开关	JN15-12/□ kA	1	
15	F	避雷器	HY5WZ2-17/43.5kV	3	
16	1XB、2XB	连接片	YY1-D	2	
17	KAZ	零序电流继电器	DL-32/10A(2.5～10)	1	苏州继电器厂
18	TAN	零序电流互感器	KLH-ϕ100 100/5A	1	
19	1EE、2EE	加热器	JJR-75W AC220V	2	
20	BR	凝露控制器	SK AC220V	1	

图 15-89　KYN28A-12（交流操作）配干变柜二次原理图

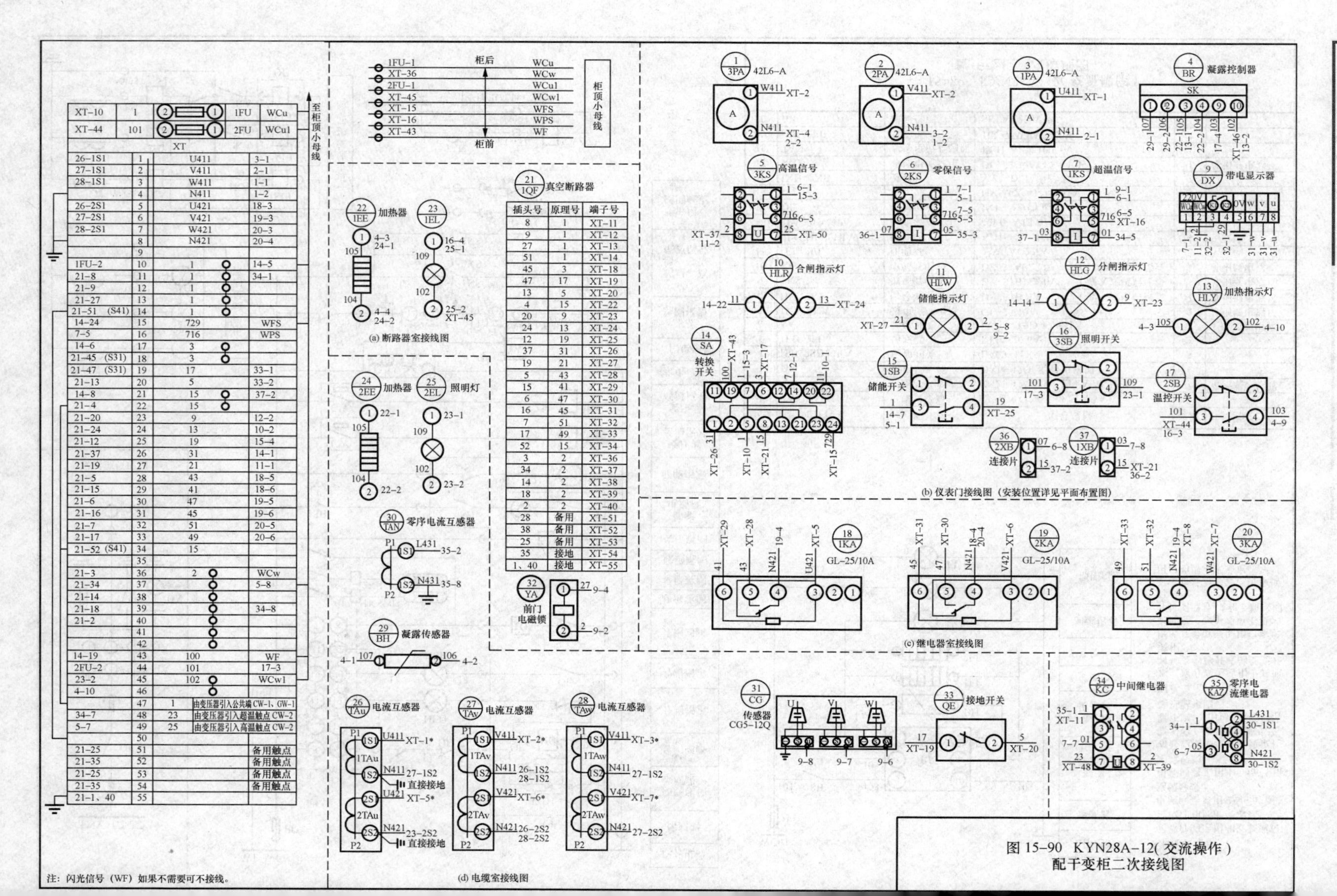

插头号	原理号	端子号
8	1	XT-11
9	1	XT-12
27	1	XT-13
51	1	XT-14
45	3	XT-18
47	17	XT-19
13	5	XT-20
4	15	XT-22
20	9	XT-23
24	13	XT-24
12	19	XT-25
37	31	XT-26
19	21	XT-27
5	43	XT-28
15	41	XT-29
6	47	XT-30
16	45	XT-31
7	51	XT-32
17	49	XT-33
52	15	XT-34
3	2	XT-36
34	2	XT-37
14	2	XT-38
18	2	XT-39
2	2	XT-40
28	备用	XT-51
38	备用	XT-52
25	备用	XT-53
35	接地	XT-54
1、40	接地	XT-55

图 15-90 KYN28A-12（交流操作）配干变柜二次接线图

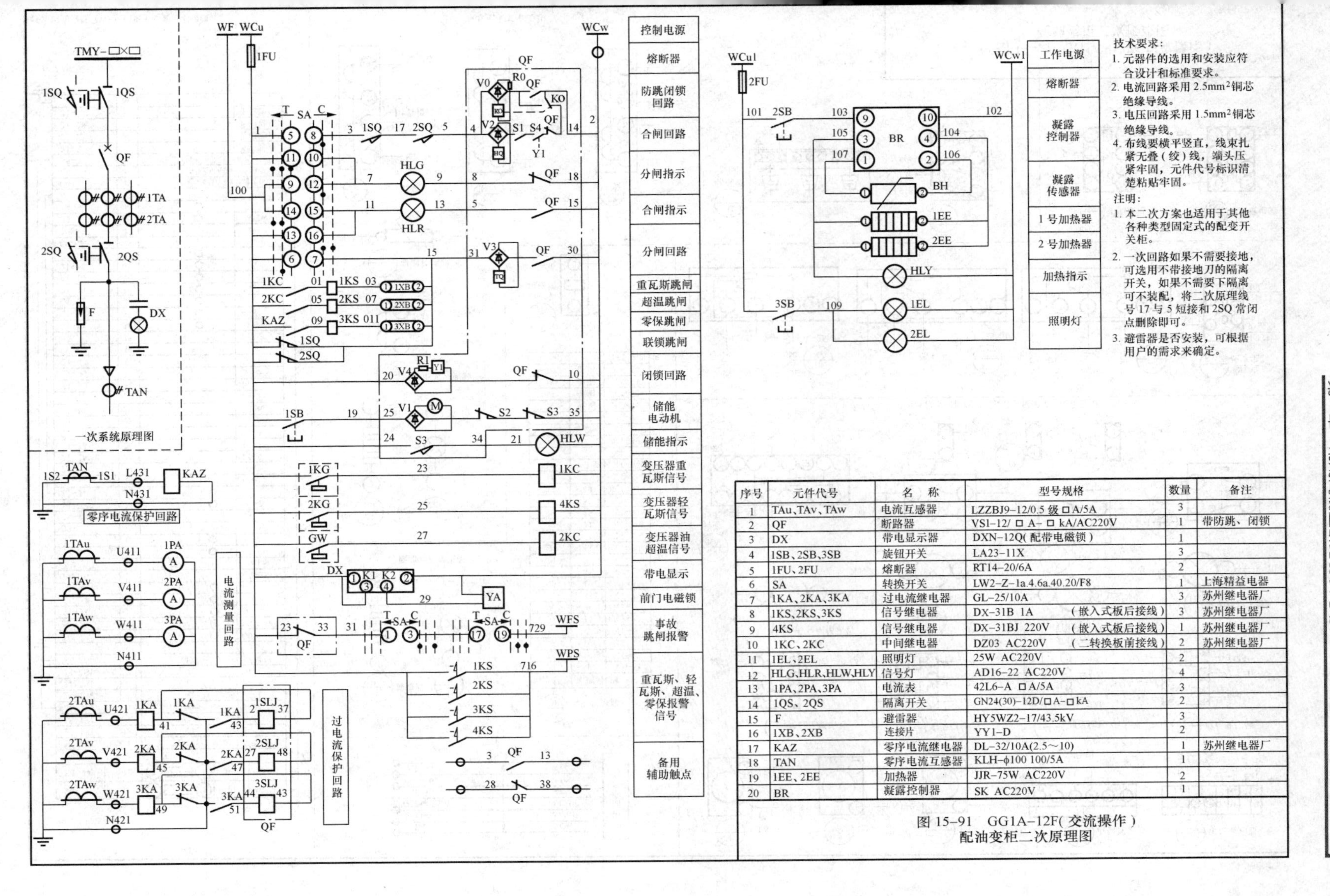

技术要求:
1. 元器件的选用和安装应符合设计和标准要求。
2. 电流回路采用 2.5mm²铜芯绝缘导线。
3. 电压回路采用 1.5mm²铜芯绝缘导线。
4. 布线要横平竖直，线束扎紧无叠（绞）线，端头压紧牢固，元件代号标识清楚粘贴牢固。

注明:
1. 本二次方案也适用于其他各种类型固定式的配变开关柜。
2. 一次回路如果不需要接地，可选用不带接地刀的隔离开关，如果不需要下隔离可不装配，将二次原理线号 17 与 5 短接和 2SQ 常闭点删除即可。
3. 避雷器是否安装，可根据用户的需求来确定。

序号	元件代号	名 称	型号规格	数量	备注
1	TAu、TAv、TAw	电流互感器	LZZBJ9-12/0.5 级 □A/5A	3	
2	QF	断路器	VS1-12/ □ A- □ kA/AC220V	1	带防跳、闭锁
3	DX	带电显示器	DXN-12Q(配带电磁锁)	1	
4	1SB、2SB、3SB	旋钮开关	LA23-11X	3	
5	1FU、2FU	熔断器	RT14-20/6A	2	
6	SA	转换开关	LW2-Z-1a.4.6a.40.20/F8	1	上海精益电器
7	1KA、2KA、3KA	过电流继电器	GL-25/10A	3	苏州继电器厂
8	1KS、2KS、3KS	信号继电器	DX-31B 1A （嵌入式板后接线）	3	苏州继电器厂
9	4KS	信号继电器	DX-31BJ 220V （嵌入式板后接线）	1	苏州继电器厂
10	1KC、2KC	中间继电器	DZ03 AC220V （二转换板前接线）	2	苏州继电器厂
11	1EL、2EL	照明灯	25W AC220V	2	
12	HLG、HLR、HLW、HLY	信号灯	AD16-22 AC220V	4	
13	1PA、2PA、3PA	电流表	42L6-A □A/5A	3	
14	1QS、2QS	隔离开关	GN24(30)-12D/□A-□kA	2	
15	F	避雷器	HY5WZ2-17/43.5kV	3	
16	1XB、2XB	连接片	YY1-D	2	
17	KAZ	零序电流继电器	DL-32/10A(2.5～10)	1	苏州继电器厂
18	TAN	零序电流互感器	KLH-φ100 100/5A	1	
19	1EE、2EE	加热器	JJR-75W AC220V	2	
20	BR	凝露控制器	SK AC220V	1	

图 15-91 GG1A-12F(交流操作)配油变柜二次原理图

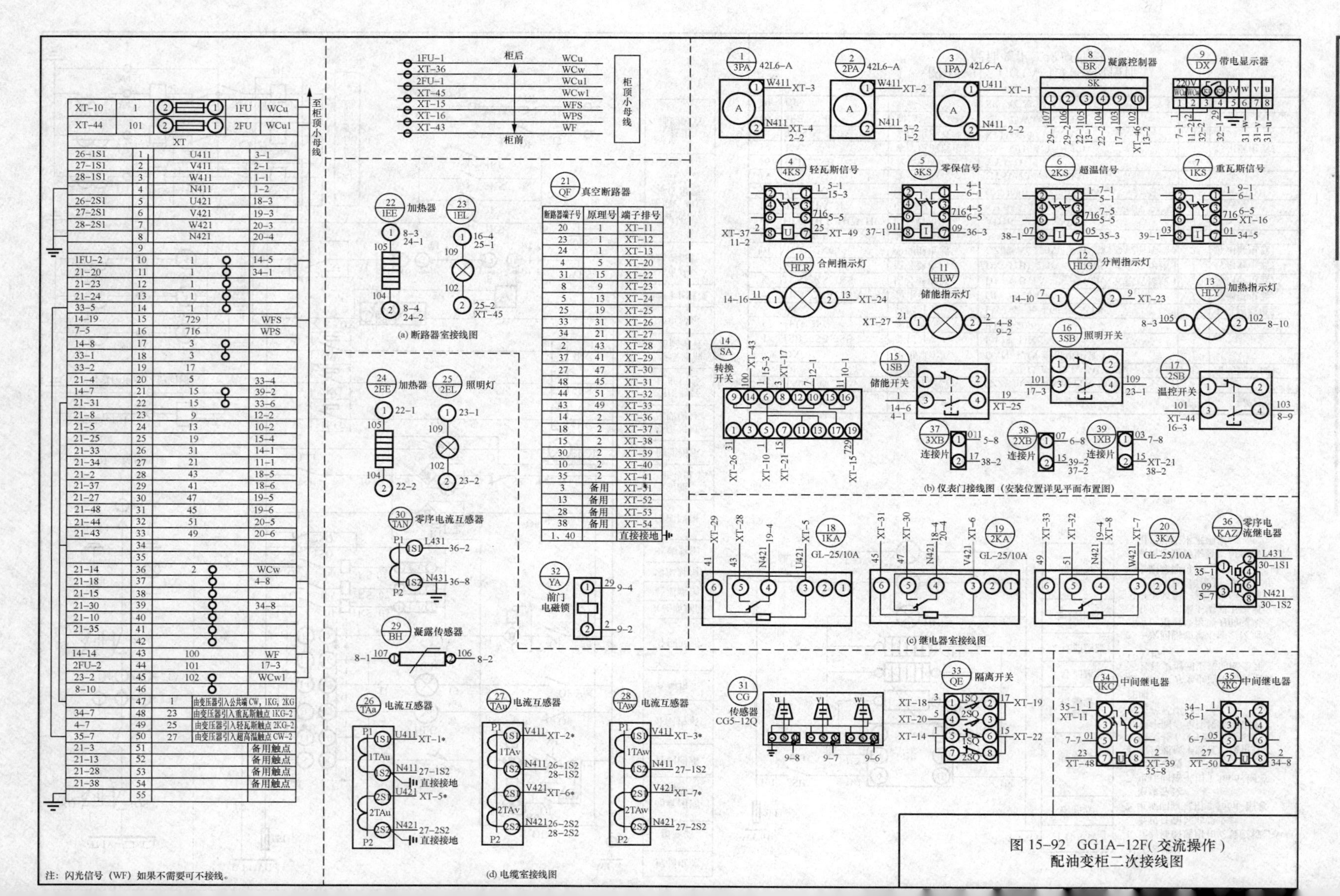

XT-10	1	1FU	WCu
XT-44	101	2FU	WCu1
		XT	
26-1S1	1	U411	3-1
27-1S1	2	V411	2-1
28-1S1	3	W411	1-1
	4	N411	1-2
26-2S1	5	U421	18-3
27-2S1	6	V421	19-3
28-2S1	7	W421	20-3
	8	N421	20-4
	9		
1FU-2	10	1	14-5
21-20	11	1	34-1
21-23	12	1	
21-24	13	1	
33-5	14	1	
14-19	15	729	WFS
7-5	16	716	WPS
14-8	17	3	
33-1	18	3	
33-2	19	17	
21-4	20	5	33-4
14-7	21	15	39-2
21-31	22	15	33-6
21-8	23	9	12-2
21-5	24	13	10-2
21-25	25	19	15-4
21-33	26	31	14-1
21-34	27	21	11-1
21-2	28	43	18-5
21-37	29	41	18-6
21-27	30	47	19-5
21-48	31	45	19-6
21-44	32	51	20-5
21-43	33	49	20-6
	34		
	35		
21-14	36	2	WCw
21-18	37		4-8
21-15	38		
21-30	39		34-8
21-10	40		
21-35	41		
	42		
14-14	43	100	WF
2FU-2	44	101	17-3
23-2	45	102	WCw1
8-10	46		
	47	1	由变压器引入公共端 CW，1KG，2KG
34-7	48	23	由变压器引入重瓦斯触点 1KG-2
4-7	49	25	由变压器引入轻瓦斯触点 2KG-2
35-7	50	27	由变压器引入超高温触点 CW-2
21-3	51		备用触点
21-13	52		备用触点
21-28	53		备用触点
21-38	54		备用触点
	55		

21 QF 真空断路器

断路器端子号	原理号	端子排号
20	1	XT-11
23	1	XT-12
24	1	XT-13
4	5	XT-20
31	15	XT-22
8	9	XT-23
5	13	XT-24
25	19	XT-25
33	31	XT-26
34	21	XT-27
2	43	XT-28
37	41	XT-29
27	47	XT-30
48	45	XT-31
44	51	XT-32
43	49	XT-33
14	2	XT-36
18	2	XT-37
15	2	XT-38
30	2	XT-39
10	2	XT-40
35	2	XT-41
3	备用	XT-51
13	备用	XT-52
28	备用	XT-53
38	备用	XT-54
1，40		直接接地

(a) 断路器室接线图

(b) 仪表门接线图（安装位置详见平面布置图）

(c) 继电器室接线图

(d) 电缆室接线图

注：闪光信号（WF）如果不需要可不接线。

图 15-92 GG1A-12F（交流操作）配油变柜二次接线图

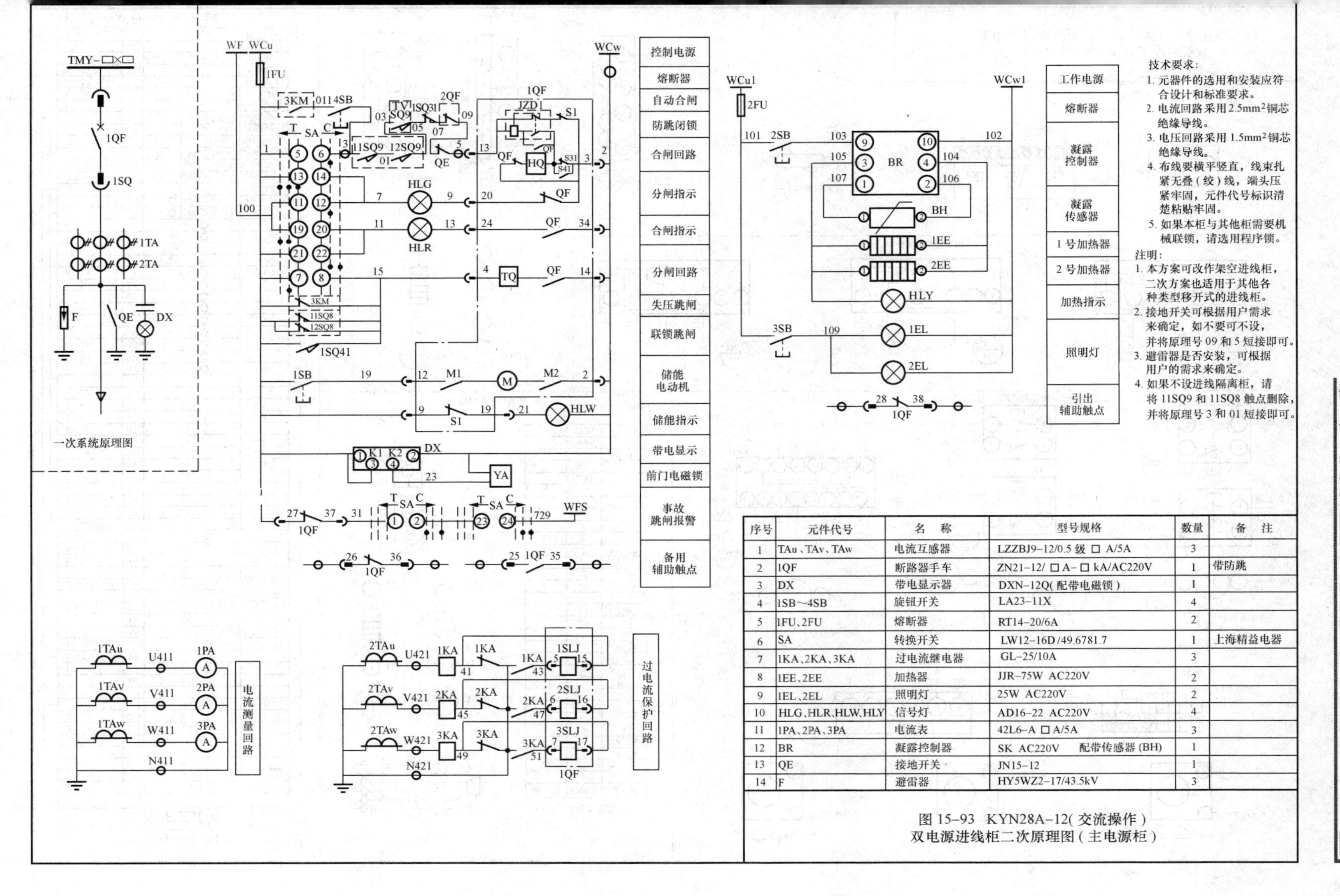

技术要求：
1. 元器件的选用和安装应符合设计和标准要求。
2. 电流回路采用 $2.5mm^2$ 铜芯绝缘导线。
3. 电压回路采用 $1.5mm^2$ 铜芯绝缘导线。
4. 布线要横平竖直，线束扎紧无叠（绞）线，端头压紧牢固，元件代号标识清楚粘贴牢固。
5. 如果本柜与其他柜需要机械联锁，请选用程序锁。

注明：
1. 本方案可改作架空进线柜，二次方案也适用于其他各种类型移开式的进线柜。
2. 接地开关可根据用户需求来确定，如不要可不设，并将原理号 09 和 5 短接即可。
3. 避雷器是否安装，可根据用户的需求来确定。
4. 如果不设进线隔离柜，请将 11SQ9 和 11SQ8 触点删除，并将原理号 3 和 01 短接即可。

序号	元件代号	名　称	型号规格	数量	备　注
1	TAu、TAv、TAw	电流互感器	LZZBJ9-12/0.5 级 □ A/5A	3	
2	1QF	断路器手车	ZN21-12/ □ A- □ kA/AC220V	1	带防跳
3	DX	带电显示器	DXN-12Q(配带电磁锁)	1	
4	1SB～4SB	旋钮开关	LA23-11X	4	
5	1FU、2FU	熔断器	RT14-20/6A	2	
6	SA	转换开关	LW12-16D/49.6781.7	1	上海精益电器
7	1KA、2KA、3KA	过电流继电器	GL-25/10A	3	
8	1EE、2EE	加热器	JJR-75W AC220V	2	
9	1EL、2EL	照明灯	25W AC220V	2	
10	HLG、HLR、HLW、HLY	信号灯	AD16-22 AC220V	4	
11	1PA、2PA、3PA	电流表	42L6-A □ A/5A	3	
12	BR	凝露控制器	SK AC220V　配带传感器(BH)	1	
13	QE	接地开关	JN15-12	1	
14	F	避雷器	HY5WZ2-17/43.5kV	3	

图 15-93　KYN28A-12(交流操作)双电源进线柜二次原理图(主电源柜)

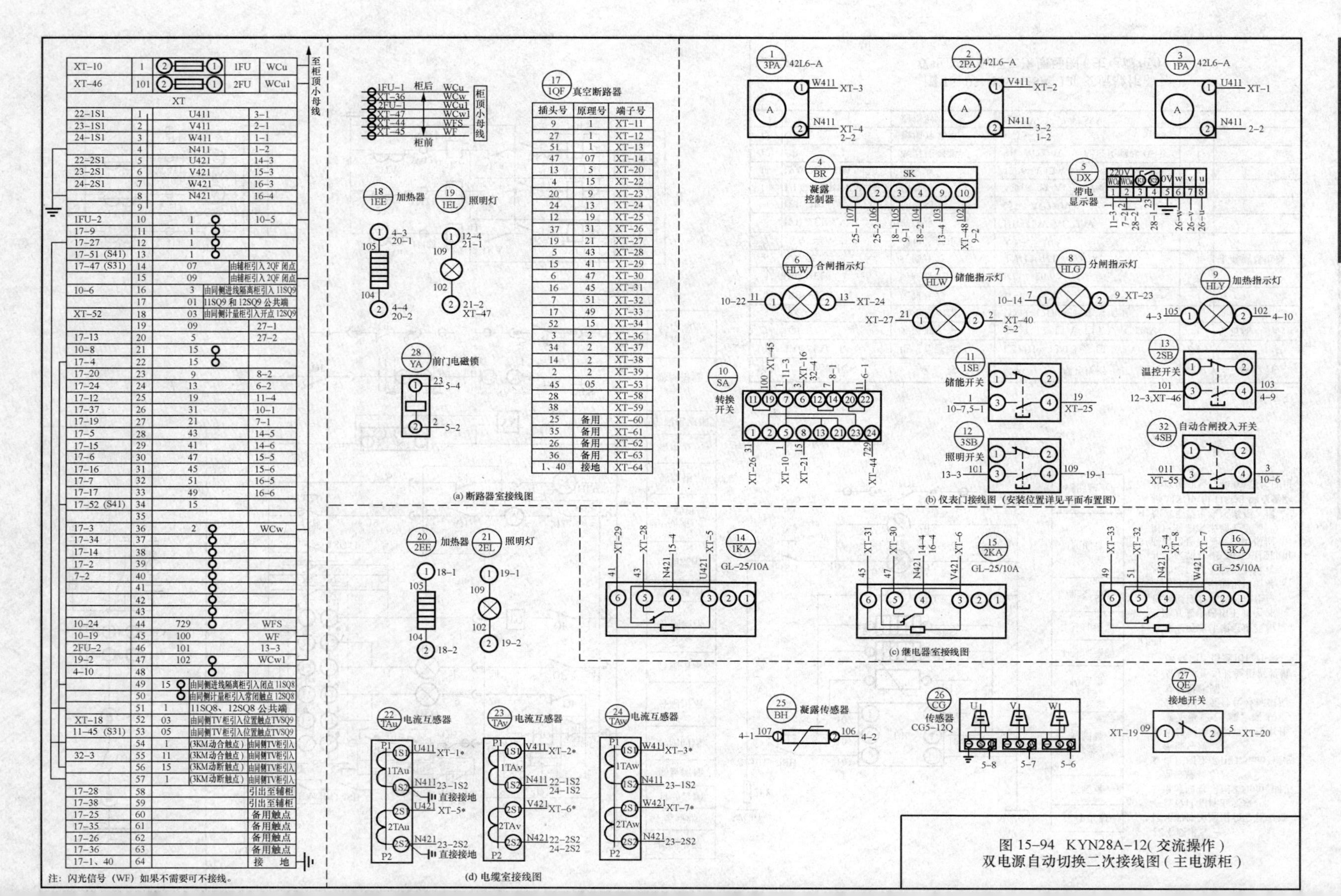

外部	端子	内部	去向
XT-10	1	1FU	WCu
XT-46	101	2FU	WCu1
22-1S1	1	U411	3-1
23-1S1	2	V411	2-1
24-1S1	3	W411	1-1
	4	N411	1-2
22-2S1	5	U421	14-3
23-2S1	6	V421	15-3
24-2S1	7	W421	16-3
	8	N421	16-4
	9		
1FU-2	10	1	10-5
17-9	11	1	
17-27	12	1	
17-51 (S41)	13	1	
17-47 (S31)	14	07	由辅柜引入2QF闭点
	15	09	由辅柜引入2QF闭点
10-6	16	3	由同侧进线隔离柜引入11SQ9
	17	01	11SQ9和12SQ9公共端
XT-52	18	03	由同侧计量柜引入开点12SQ9
	19	09	27-1
17-13	20	5	27-2
10-8	21	15	
17-4	22	15	
17-20	23	9	8-2
17-24	24	13	6-2
17-12	25	19	11-4
17-37	26	31	10-1
17-19	27	21	7-1
17-5	28	43	14-5
17-15	29	41	14-6
17-6	30	47	15-5
17-16	31	45	15-6
17-7	32	51	16-5
17-17	33	49	16-6
17-52 (S41)	34	15	
	35		
17-3	36	2	WCw
17-34	37		
17-14	38		
17-2	39		
7-2	40		
	41		
	42		
	43		
10-24	44	729	WFS
10-19	45	100	WF
2FU-2	46	101	13-3
19-2	47	102	WCw1
4-10	48		
	49	15	由同侧进线隔离柜引入闭点11SQ8
	50		由同侧计量柜引入常闭触点12SQ8
	51	1	11SQ8、12SQ8公共端
XT-18	52	03	由同侧TV柜引入位置触点TVSQ9
11-45 (S31)	53	05	由同侧TV柜引入位置触点TVSQ9
	54	1	(3KM动合触点) 由同侧TV柜引入
32-3	55	11	(3KM动合触点) 由同侧TV柜引入
	56	15	(3KM动断触点) 由同侧TV柜引入
	57	1	(3KM动断触点) 由同侧TV柜引入
17-28	58		引出至辅柜
17-38	59		引出至辅柜
17-25	60		备用触点
17-35	61		备用触点
17-26	62		备用触点
17-36	63		备用触点
17-1、40	64		接地

1QF 真空断路器

插头号	原理号	端子号
9	1	XT-11
27	1	XT-12
51	1	XT-13
47	07	XT-14
13	5	XT-20
4	15	XT-22
20	9	XT-23
24	13	XT-24
12	19	XT-25
37	31	XT-26
19	21	XT-27
5	43	XT-28
15	41	XT-29
6	47	XT-30
16	45	XT-31
7	51	XT-32
17	49	XT-33
52	15	XT-34
3	2	XT-36
34	2	XT-37
14	2	XT-38
2	2	XT-39
45	05	XT-53
28	3	XT-58
38	8	XT-59
25	备用	XT-60
35	备用	XT-61
26	备用	XT-62
36	备用	XT-63
1、40	接地	XT-64

图15-94　KYN28A-12（交流操作）
双电源自动切换二次接线图（主电源柜）

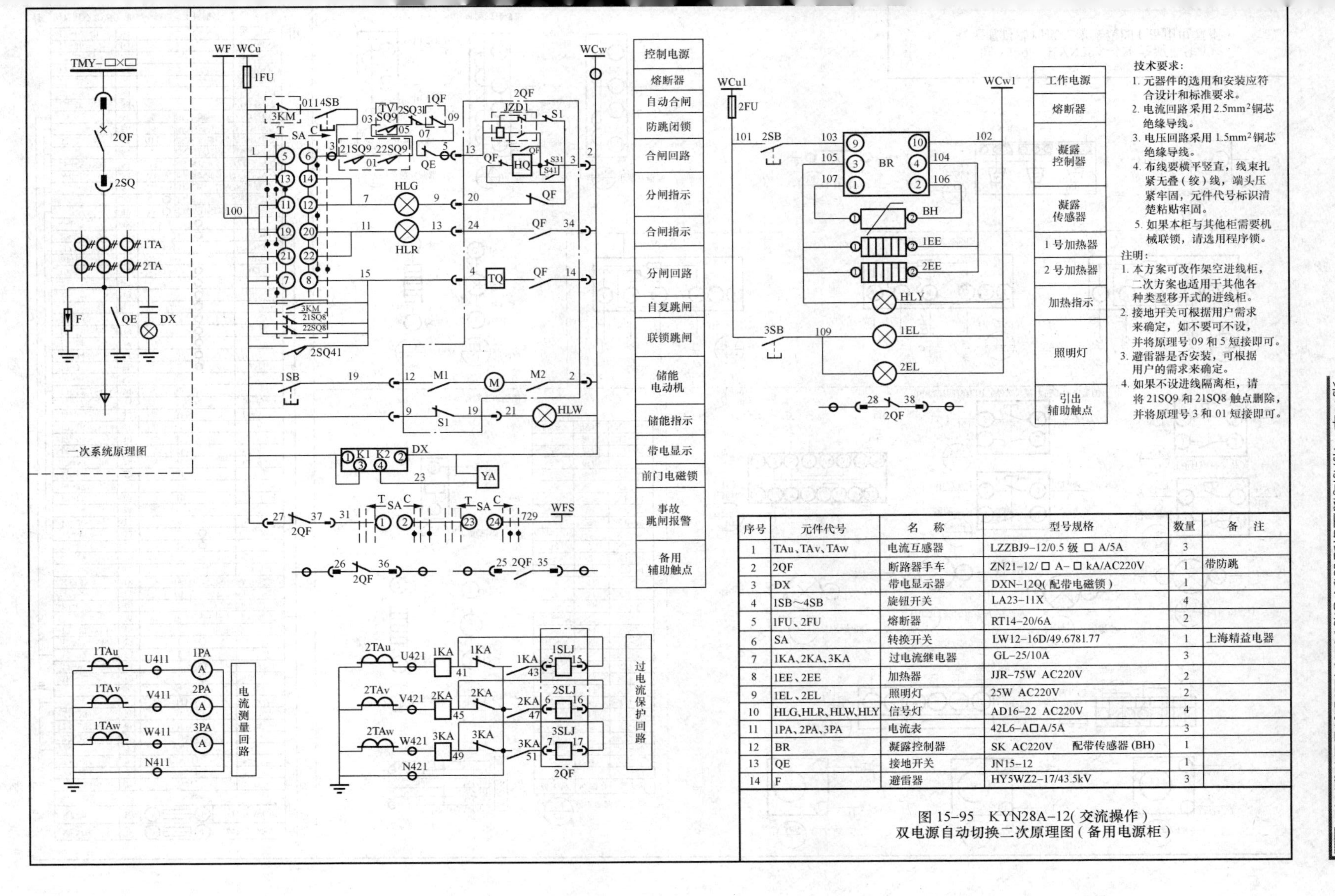

技术要求：

1. 元器件的选用和安装应符合设计和标准要求。
2. 电流回路采用 $2.5mm^2$ 铜芯绝缘导线。
3. 电压回路采用 $1.5mm^2$ 铜芯绝缘导线。
4. 布线要横平竖直，线束扎紧无叠（绞）线，端头压紧牢固，元件代号标识清楚粘贴牢固。
5. 如果本柜与其他柜需要机械联锁，请选用程序锁。

注明：

1. 本方案可改作架空进线柜，二次方案也适用于其他各种类型移开式的进线柜。
2. 接地开关可根据用户需求来确定，如不要可不设，并将原理号 09 和 5 短接即可。
3. 避雷器是否安装，可根据用户的需求来确定。
4. 如果不设进线隔离柜，请将 21SQ9 和 21SQ8 触点删除，并将原理号 3 和 01 短接即可。

序号	元件代号	名　称	型号规格	数量	备　注
1	TAu、TAv、TAw	电流互感器	LZZBJ9-12/0.5 级 □ A/5A	3	
2	2QF	断路器手车	ZN21-12/ □ A- □ kA/AC220V	1	带防跳
3	DX	带电显示器	DXN-12Q(配带电磁锁)	1	
4	1SB～4SB	旋钮开关	LA23-11X	4	
5	1FU、2FU	熔断器	RT14-20/6A	2	
6	SA	转换开关	LW12-16D/49.6781.77	1	上海精益电器
7	1KA、2KA、3KA	过电流继电器	GL-25/10A	3	
8	1EE、2EE	加热器	JJR-75W AC220V	2	
9	1EL、2EL	照明灯	25W AC220V	2	
10	HLG、HLR、HLW、HLY	信号灯	AD16-22 AC220V	4	
11	1PA、2PA、3PA	电流表	42L6-A□A/5A	3	
12	BR	凝露控制器	SK AC220V 配带传感器(BH)	1	
13	QE	接地开关	JN15-12	1	
14	F	避雷器	HY5WZ2-17/43.5kV	3	

图 15-95 KYN28A-12(交流操作)双电源自动切换二次原理图(备用电源柜)

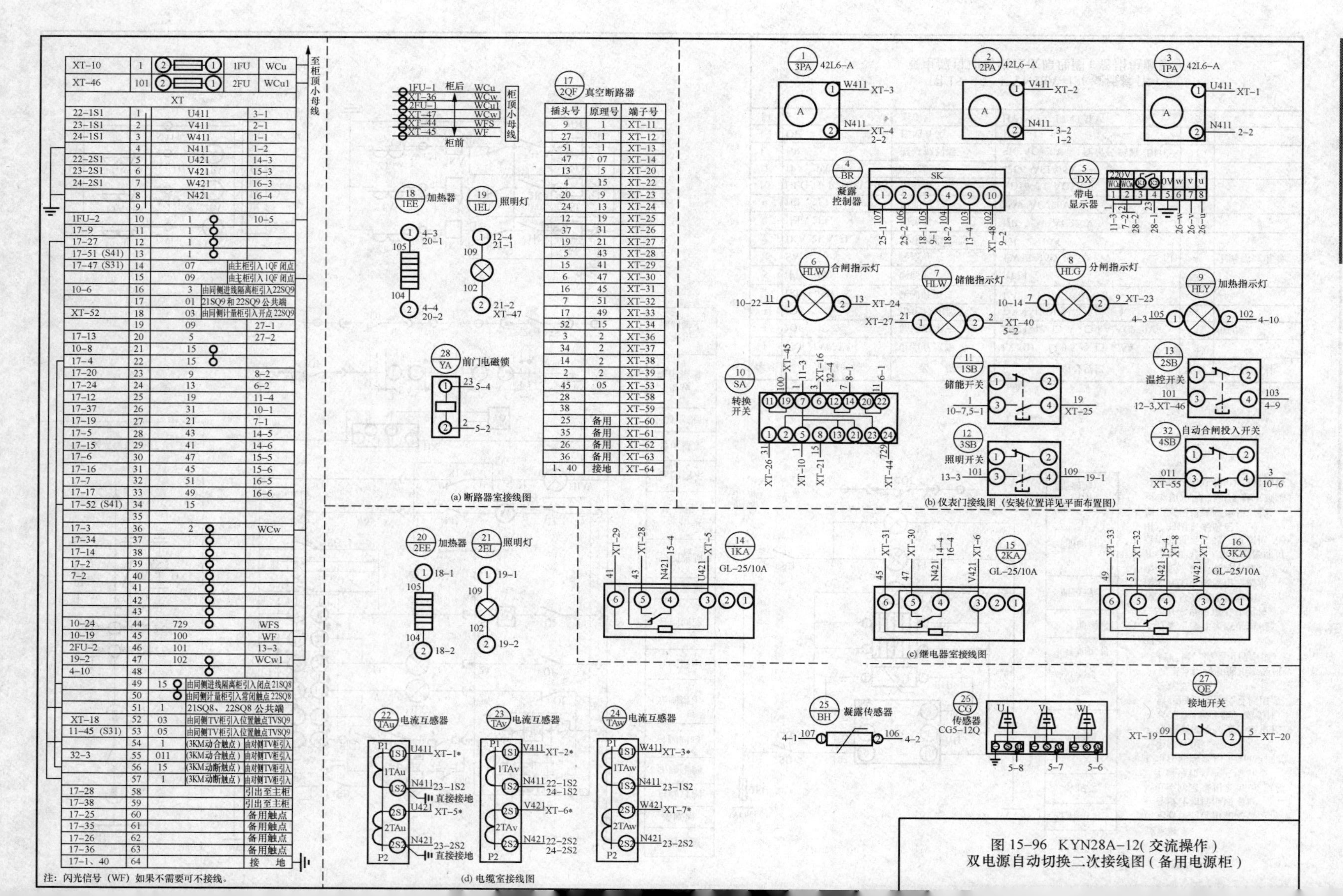

插头号	原理号	端子号
9	1	XT-11
27	1	XT-12
51	1	XT-13
47	07	XT-14
13	5	XT-20
4	15	XT-22
20	9	XT-23
24	13	XT-24
12	19	XT-25
37	31	XT-26
19	21	XT-27
5	43	XT-28
15	41	XT-29
6	47	XT-30
16	45	XT-31
7	51	XT-32
17	49	XT-33
52	15	XT-34
3	2	XT-36
34	2	XT-37
14	2	XT-38
2	2	XT-39
45	05	XT-53
28		XT-58
38		XT-59
25	备用	XT-60
35	备用	XT-61
26	备用	XT-62
36	备用	XT-63
1、40	接地	XT-64

注：闪光信号（WF）如果不需要可不接线。

图15-96 KYN28A-12（交流操作）双电源自动切换二次接线图（备用电源柜）

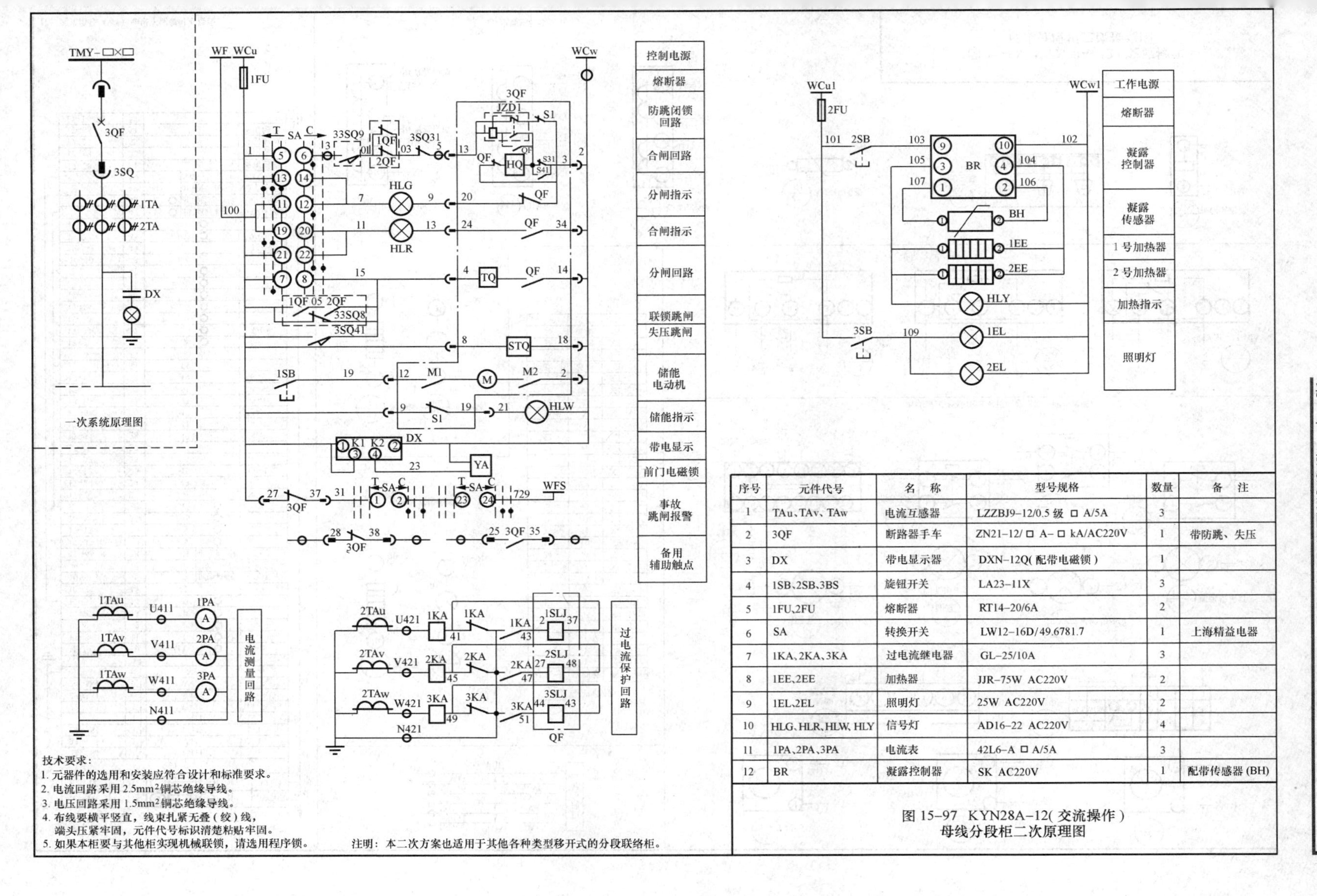

序号	元件代号	名　称	型号规格	数量	备　注
1	TAu、TAv、TAw	电流互感器	LZZBJ9-12/0.5 级 □ A/5A	3	
2	3QF	断路器手车	ZN21-12/□ A-□ kA/AC220V	1	带防跳、失压
3	DX	带电显示器	DXN-12Q(配带电磁锁)	1	
4	1SB、2SB、3BS	旋钮开关	LA23-11X	3	
5	1FU、2FU	熔断器	RT14-20/6A	2	
6	SA	转换开关	LW12-16D/49.6781.7	1	上海精益电器
7	1KA、2KA、3KA	过电流继电器	GL-25/10A	3	
8	1EE、2EE	加热器	JJR-75W AC220V	2	
9	1EL、2EL	照明灯	25W AC220V	2	
10	HLG、HLR、HLW、HLY	信号灯	AD16-22 AC220V	4	
11	1PA、2PA、3PA	电流表	42L6-A □ A/5A	3	
12	BR	凝露控制器	SK AC220V	1	配带传感器(BH)

技术要求：
1. 元器件的选用和安装应符合设计和标准要求。
2. 电流回路采用 2.5mm²铜芯绝缘导线。
3. 电压回路采用 1.5mm²铜芯绝缘导线。
4. 布线要横平竖直，线束扎紧无叠（绞）线，端头压紧牢固，元件代号标识清楚粘贴牢固。
5. 如果本柜要与其他柜实现机械联锁，请选用程序锁。

注明：本二次方案也适用于其他各种类型移开式的分段联络柜。

图 15-97 KYN28A-12(交流操作)母线分段柜二次原理图

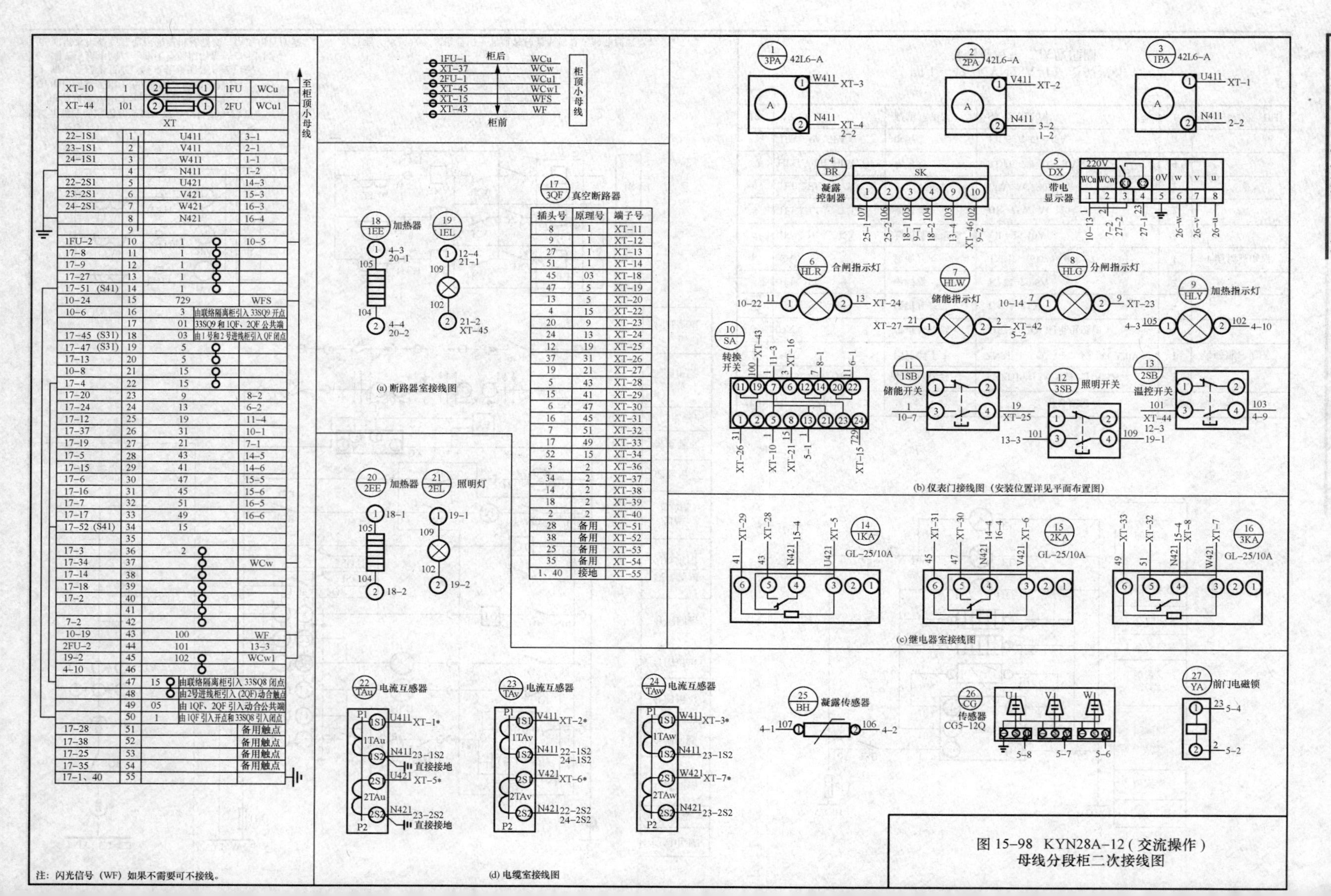

XT-10	1	1FU	WCu
XT-44	101	2FU	WCu1

XT

22-1S1	1	U411	3-1
23-1S1	2	V411	2-1
24-1S1	3	W411	1-1
	4	N411	1-2
22-2S1	5	U421	14-3
23-2S1	6	V421	15-3
24-2S1	7	W421	16-3
	8	N421	16-4
	9		
1FU-2	10	1	10-5
17-8	11	1	
17-9	12	1	
17-27	13	1	
17-51 (S41)	14	1	
10-24	15	729	WFS
10-6	16	3 由联络隔离柜引入33SQ9开点	
	17	01 33SQ9和1QF、2QF公共端	
17-45 (S31)	18	03 由1号和2号进线柜引入QF闭点	
17-47 (S31)	19	5	
17-13	20	5	
10-8	21	15	
17-4	22	15	
17-20	23	9	8-2
17-24	24	13	6-2
17-12	25	19	11-4
17-37	26	31	10-1
17-19	27	21	7-1
17-5	28	43	14-5
17-15	29	41	14-6
17-6	30	47	15-5
17-16	31	45	15-6
17-7	32	51	16-5
17-17	33	49	16-6
17-52 (S41)	34	15	
	35		
17-3	36	2	
17-34	37		WCw
17-14	38		
17-18	39		
17-2	40		
	41		
7-2	42		
10-19	43	100	WF
2FU-2	44	101	13-3
19-2	45	102	WCw1
4-10	46		
	47	15 由联络隔离柜引入33SQ8闭点	
	48	由2号进线柜引入(2QF)动合触点	
	49	05 由1QF、2QF引入动合公共端	
	50	1 由1QF引入开点和33SQ8引入闭点	
17-28	51		备用触点
17-38	52		备用触点
17-25	53		备用触点
17-35	54		备用触点
17-1、40	55		

17 3QF 真空断路器

插头号	原理号	端子号
8	1	XT-11
9	1	XT-12
27	1	XT-13
51	1	XT-14
45	03	XT-18
47	5	XT-19
13	5	XT-20
4	15	XT-22
20	9	XT-23
24	13	XT-24
12	19	XT-25
37	31	XT-26
19	21	XT-27
5	43	XT-28
15	41	XT-29
6	47	XT-30
16	45	XT-31
7	51	XT-32
17	49	XT-33
52	15	XT-34
3	2	XT-36
34	2	XT-37
14	2	XT-38
18	2	XT-39
2	2	XT-40
28	备用	XT-51
38	备用	XT-52
25	备用	XT-53
35	备用	XT-54
1、40	接地	XT-55

图15-98 KYN28A-12（交流操作）母线分段柜二次接线图

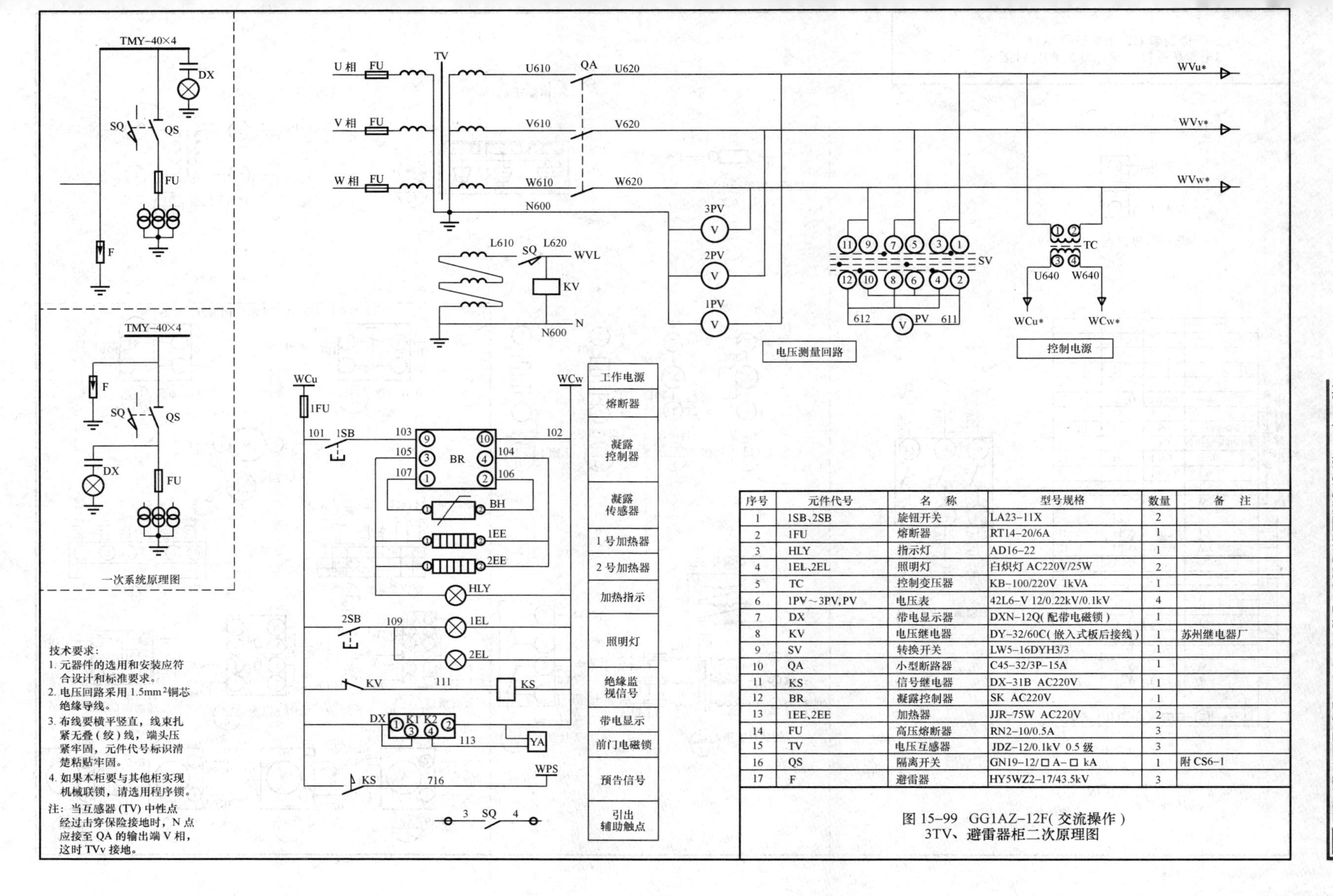

序号	元件代号	名　称	型号规格	数量	备　注
1	1SB、2SB	旋钮开关	LA23-11X	2	
2	1FU	熔断器	RT14-20/6A	1	
3	HLY	指示灯	AD16-22	1	
4	1EL、2EL	照明灯	白炽灯 AC220V/25W	2	
5	TC	控制变压器	KB-100/220V 1kVA	1	
6	1PV～3PV，PV	电压表	42L6-V 12/0.22kV/0.1kV	4	
7	DX	带电显示器	DXN-12Q(配带电磁锁)	1	
8	KV	电压继电器	DY-32/60C(嵌入式板后接线)	1	苏州继电器厂
9	SV	转换开关	LW5-16DYH3/3	1	
10	QA	小型断路器	C45-32/3P-15A	1	
11	KS	信号继电器	DX-31B AC220V	1	
12	BR	凝露控制器	SK AC220V	1	
13	1EE、2EE	加热器	JJR-75W AC220V	2	
14	FU	高压熔断器	RN2-10/0.5A	3	
15	TV	电压互感器	JDZ-12/0.1kV 0.5 级	3	
16	QS	隔离开关	GN19-12/□ A-□ kA	1	附 CS6-1
17	F	避雷器	HY5WZ2-17/43.5kV	3	

技术要求：
1. 元器件的选用和安装应符合设计和标准要求。
2. 电压回路采用 1.5mm²铜芯绝缘导线。
3. 布线要横平竖直，线束扎紧无叠（绞）线，端头压紧牢固，元件代号标识清楚粘贴牢固。
4. 如果本柜要与其他柜实现机械联锁，请选用程序锁。

注：当互感器（TV）中性点经过击穿保险接地时，N 点应接至 QA 的输出端 V 相，这时 TVv 接地。

图 15-99　GG1AZ-12F（交流操作）3TV、避雷器柜二次原理图

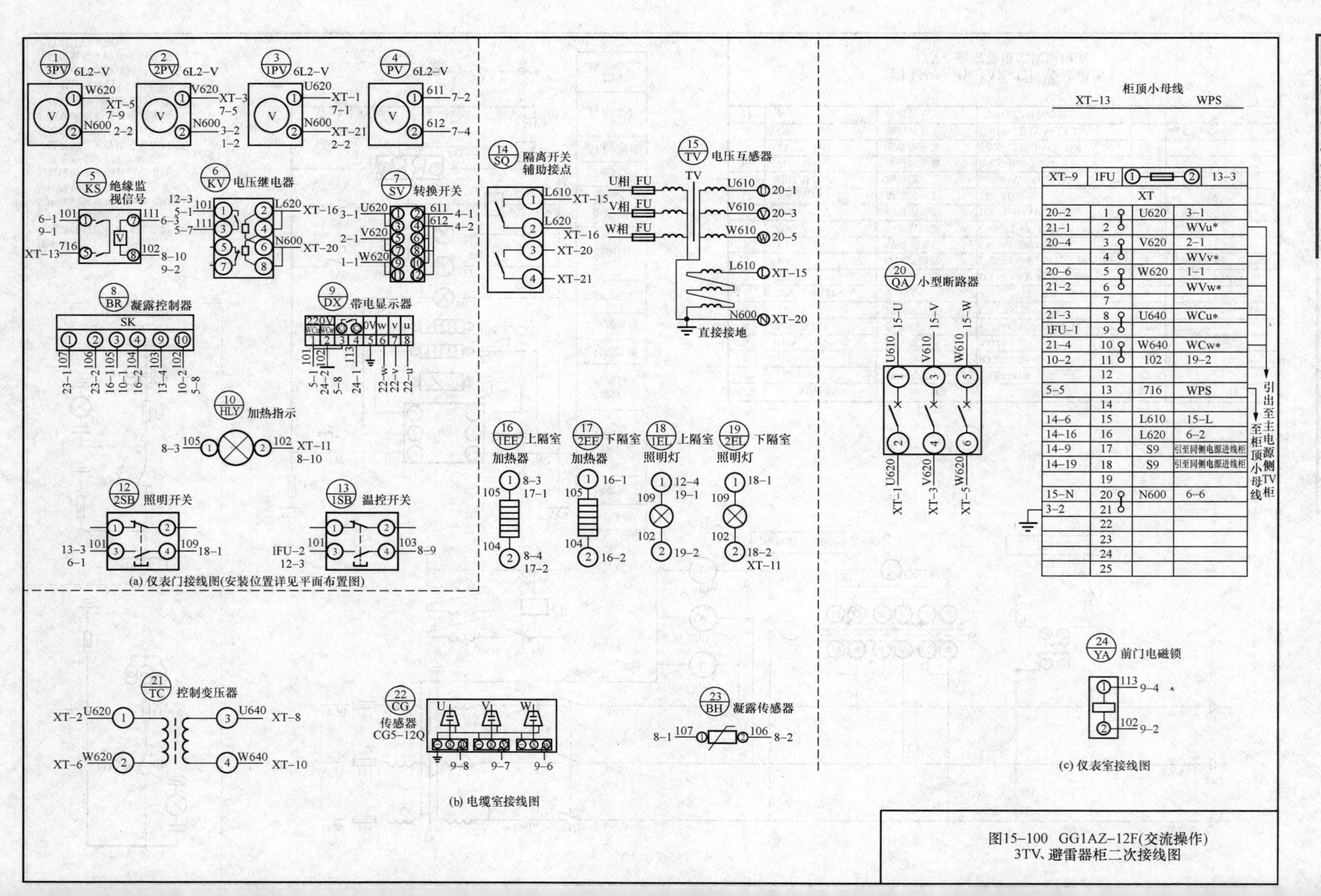

图15-100 GG1AZ-12F(交流操作)3TV、避雷器柜二次接线图

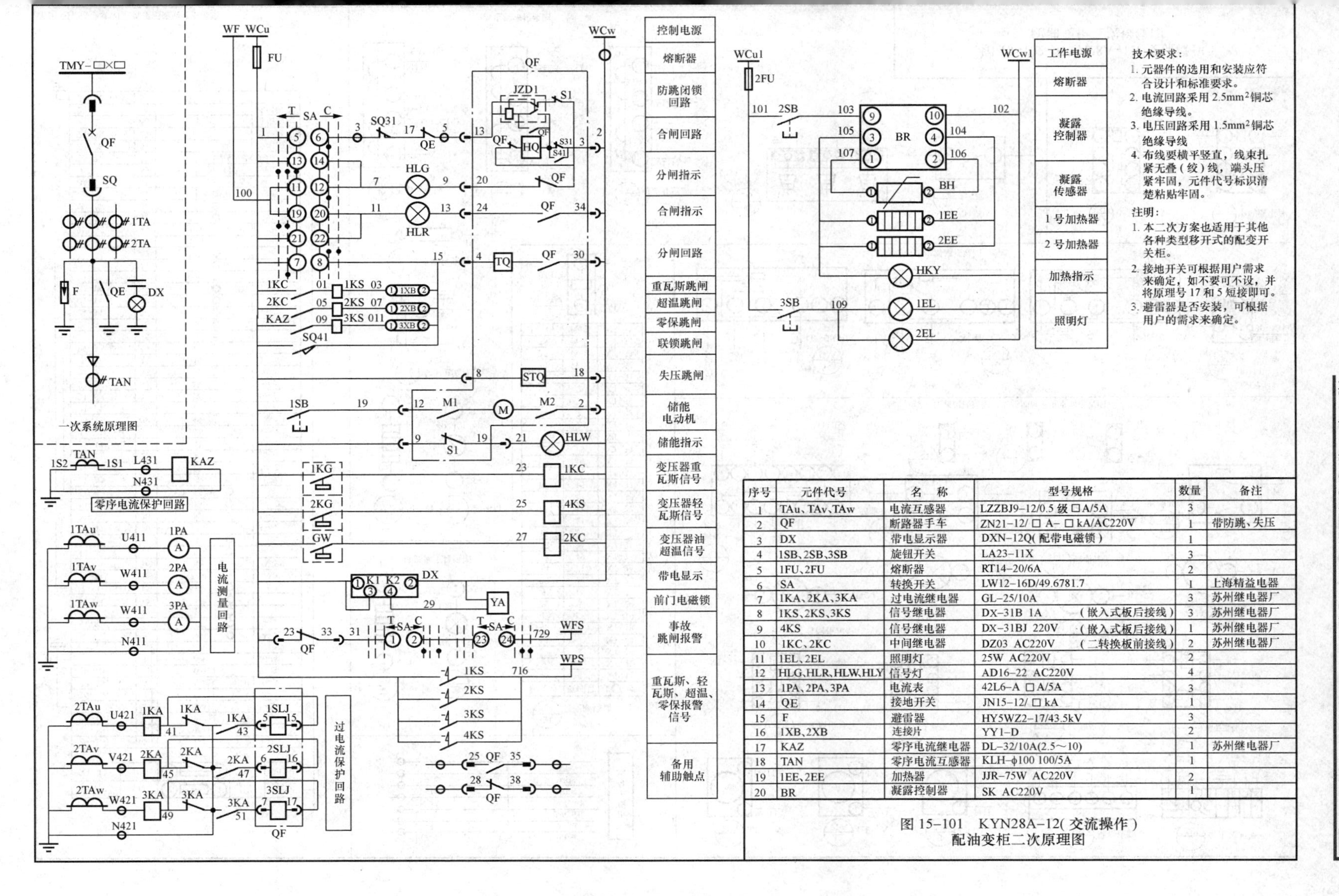

序号	元件代号	名　称	型号规格	数量	备注
1	TAu、TAv、TAw	电流互感器	LZZBJ9-12/0.5 级 □A/5A	3	
2	QF	断路器手车	ZN21-12/□ A- □ kA/AC220V	1	带防跳、失压
3	DX	带电显示器	DXN-12Q(配带电磁锁)	1	
4	1SB、2SB、3SB	旋钮开关	LA23-11X	3	
5	1FU、2FU	熔断器	RT14-20/6A	2	
6	SA	转换开关	LW12-16D/49.6781.7	1	上海精益电器
7	1KA、2KA、3KA	过电流继电器	GL-25/10A	3	苏州继电器厂
8	1KS、2KS、3KS	信号继电器	DX-31B 1A （嵌入式板后接线）	3	苏州继电器厂
9	4KS	信号继电器	DX-31BJ 220V （嵌入式板后接线）	1	苏州继电器厂
10	1KC、2KC	中间继电器	DZ03 AC220V （二转换板前接线）	2	苏州继电器厂
11	1EL、2EL	照明灯	25W AC220V	2	
12	HLG、HLR、HLW、HLY	信号灯	AD16-22 AC220V	4	
13	1PA、2PA、3PA	电流表	42L6-A □A/5A	3	
14	QE	接地开关	JN15-12/□ kA	1	
15	F	避雷器	HY5WZ2-17/43.5kV	3	
16	1XB、2XB	连接片	YY1-D	2	
17	KAZ	零序电流继电器	DL-32/10A(2.5～10)	1	苏州继电器厂
18	TAN	零序电流互感器	KLH-ϕ100 100/5A	1	
19	1EE、2EE	加热器	JJR-75W AC220V	2	
20	BR	凝露控制器	SK AC220V	1	

图 15-101　KYN28A-12(交流操作)配油变柜二次原理图

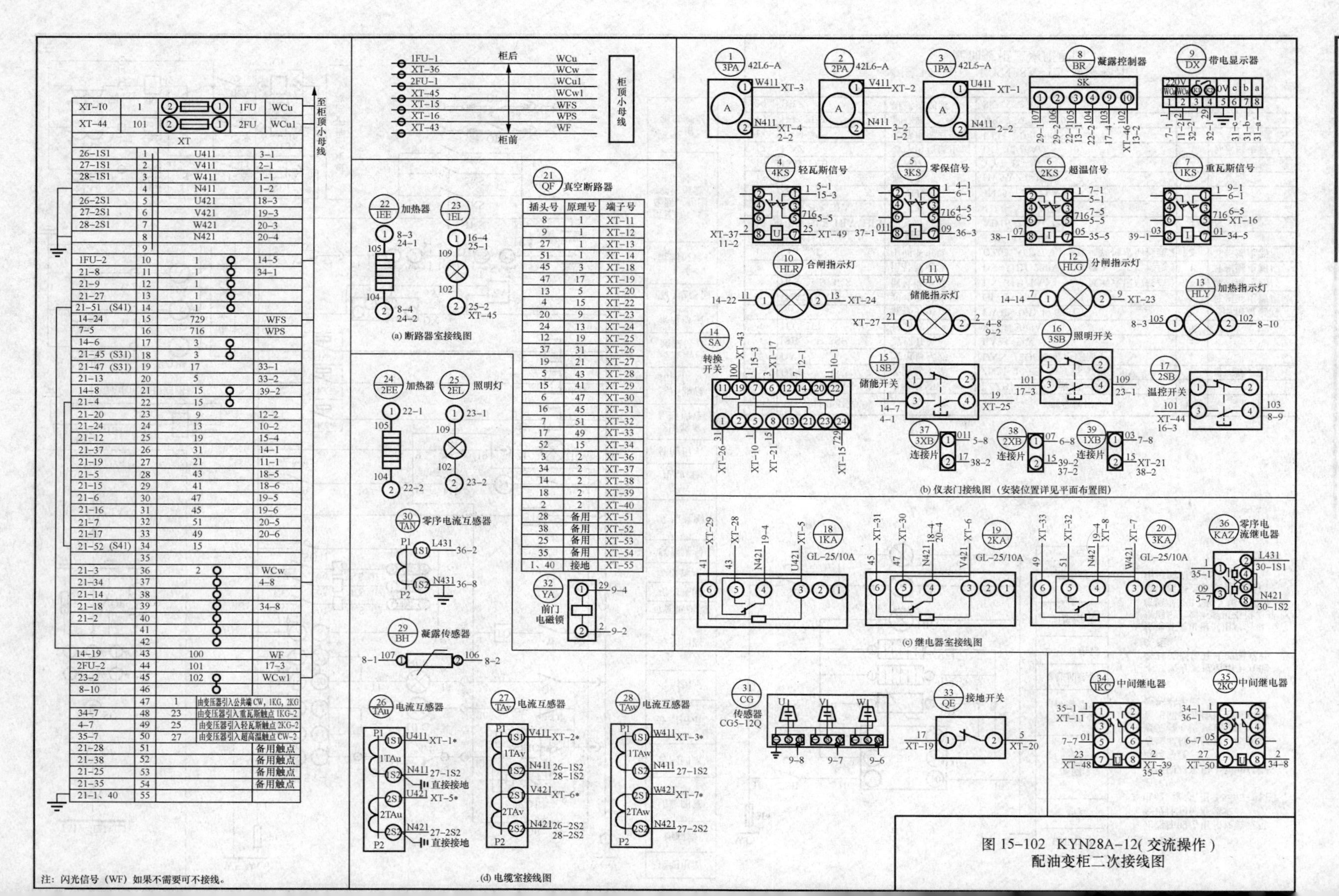

XT-10	1	1FU	WCu
XT-44	101	2FU	WCu1

XT			
26-1S1	1	U411	3-1
27-1S1	2	V411	2-1
28-1S1	3	W411	1-1
	4	N411	1-2
26-2S1	5	U421	18-3
27-2S1	6	V421	19-3
28-2S1	7	W421	20-3
	8	N421	20-4
	9		
1FU-2	10	1	14-5
21-8	11	1	34-1
21-9	12	1	
21-27	13	1	
21-51 (S41)	14	1	
14-24	15	729	WFS
7-5	16	716	WPS
14-6	17	3	
21-45 (S31)	18	3	
21-47 (S31)	19	17	33-1
21-13	20	5	33-2
14-8	21	15	39-2
21-4	22	15	
21-20	23	9	12-2
21-24	24	13	10-2
21-12	25	19	15-4
21-37	26	31	14-1
21-19	27	21	11-1
21-5	28	43	18-5
21-15	29	41	18-6
21-6	30	47	19-5
21-16	31	45	19-6
21-7	32	51	20-5
21-17	33	49	20-6
21-52 (S41)	34	15	
	35		
21-3	36	2	WCw
21-34	37		4-8
21-14	38		
21-18	39		34-8
21-2	40		
	41		
	42		
14-19	43	100	WF
2FU-2	44	101	17-3
23-2	45	102	WCw1
8-10	46		
	47	1	由变压器引入公共端 CW, 1KG, 2KG
34-7	48	23	由变压器引入重瓦斯触点 1KG-2
4-7	49	25	由变压器引入轻瓦斯触点 2KG-2
35-7	50	27	由变压器引入超高温触点 CW-2
21-28	51		备用触点
21-38	52		备用触点
21-25	53		备用触点
21-35	54		备用触点
21-1、40	55		

21 QF 真空断路器

插头号	原理号	端子号
8	1	XT-11
9	1	XT-12
27	1	XT-13
51	1	XT-14
45	3	XT-18
47	17	XT-19
13	5	XT-20
4	15	XT-22
20	9	XT-23
24	13	XT-24
12	19	XT-25
37	31	XT-26
19	21	XT-27
5	43	XT-28
15	41	XT-29
6	47	XT-30
16	45	XT-31
7	51	XT-32
17	49	XT-33
52	15	XT-34
3	2	XT-36
34	2	XT-37
14	2	XT-38
18	2	XT-39
2	2	XT-40
28	备用	XT-51
38	备用	XT-52
25	备用	XT-53
35	备用	XT-54
1、40	接地	XT-55

注：闪光信号（WF）如果不需要可不接线。

图 15-102 KYN28A-12（交流操作）配油变柜二次接线图

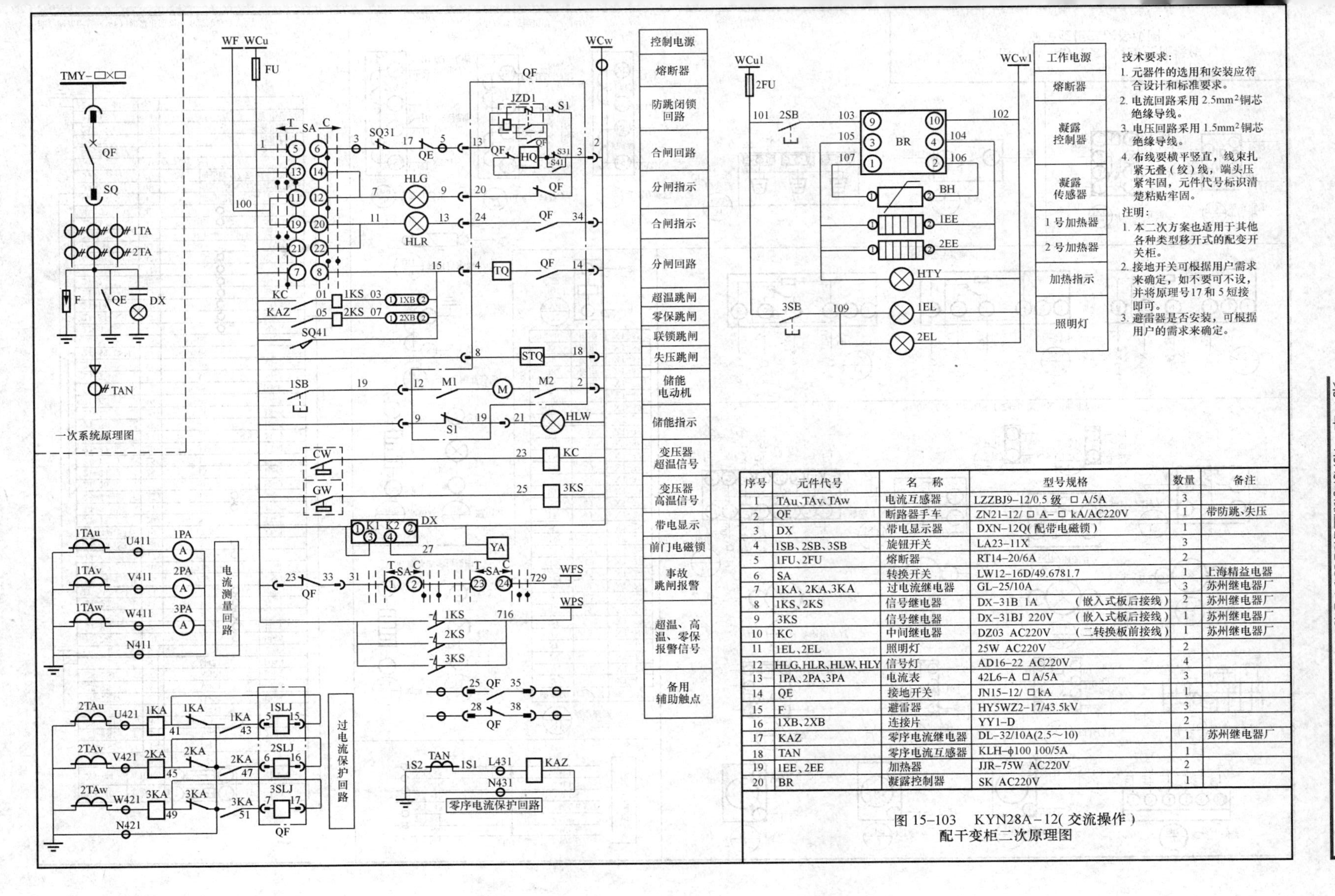

技术要求：

1. 元器件的选用和安装应符合设计和标准要求。
2. 电流回路采用 $2.5mm^2$ 铜芯绝缘导线。
3. 电压回路采用 $1.5mm^2$ 铜芯绝缘导线。
4. 布线要横平竖直，线束扎紧无叠（绞）线，端头压紧牢固，元件代号标识清楚粘贴牢固。

注明：

1. 本二次方案也适用于其他各种类型移开式的配变开关柜。
2. 接地开关可根据用户需求来确定，如不要可不设，并将原理号17和5短接即可。
3. 避雷器是否安装，可根据用户的需求来确定。

序号	元件代号	名　称	型号规格	数量	备注
1	TAu、TAv、TAw	电流互感器	LZZBJ9-12/0.5 级　□ A/5A	3	
2	QF	断路器手车	ZN21-12/ □ A- □ kA/AC220V	1	带防跳、失压
3	DX	带电显示器	DXN-12Q(配带电磁锁)	1	
4	1SB、2SB、3SB	旋钮开关	LA23-11X	3	
5	1FU、2FU	熔断器	RT14-20/6A	2	
6	SA	转换开关	LW12-16D/49.6781.7	1	上海精益电器
7	1KA、2KA、3KA	过电流继电器	GL-25/10A	3	苏州继电器厂
8	1KS、2KS	信号继电器	DX-31B 1A　（嵌入式板后接线）	2	苏州继电器厂
9	3KS	信号继电器	DX-31BJ 220V　（嵌入式板后接线）	1	苏州继电器厂
10	KC	中间继电器	DZ03 AC220V　（二转换板前接线）	1	苏州继电器厂
11	1EL、2EL	照明灯	25W AC220V	2	
12	HLG、HLR、HLW、HLY	信号灯	AD16-22 AC220V	4	
13	1PA、2PA、3PA	电流表	42L6-A □ A/5A	3	
14	QE	接地开关	JN15-12/ □ kA	1	
15	F	避雷器	HY5WZ2-17/43.5kV	3	
16	1XB、2XB	连接片	YY1-D	2	
17	KAZ	零序电流继电器	DL-32/10A(2.5～10)	1	苏州继电器厂
18	TAN	零序电流互感器	KLH-ϕ100 100/5A	1	
19	1EE、2EE	加热器	JJR-75W AC220V	2	
20	BR	凝露控制器	SK AC220V	1	

图 15-103　KYN28A-12(交流操作) 配干变柜二次原理图

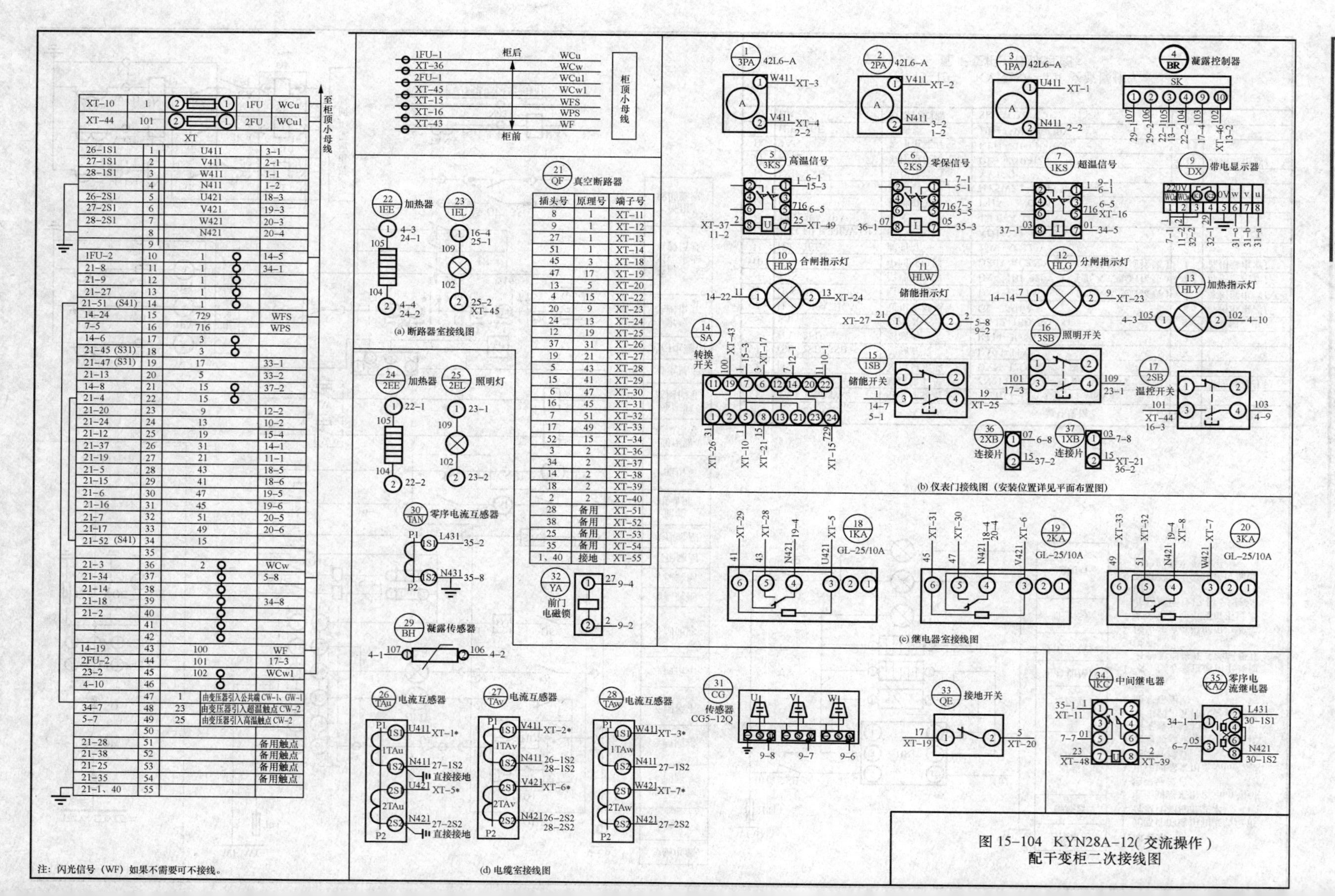

插头号	原理号	端子号
8	1	XT–11
9	1	XT–12
27	1	XT–13
51	1	XT–14
45	3	XT–18
47	17	XT–19
13	5	XT–20
4	15	XT–22
20	9	XT–23
24	13	XT–24
12	19	XT–25
37	31	XT–26
19	21	XT–27
5	43	XT–28
15	41	XT–29
6	47	XT–30
16	45	XT–31
7	51	XT–32
17	49	XT–33
52	15	XT–34
3	2	XT–36
34	2	XT–37
14	2	XT–38
18	2	XT–39
2	2	XT–40
28	备用	XT–51
38	备用	XT–52
25	备用	XT–53
35	备用	XT–54
1、40	接地	XT–55

(a) 断路器室接线图

(b) 仪表门接线图（安装位置详见平面布置图）

(c) 继电器室接线图

(d) 电缆室接线图

注：闪光信号（WF）如果不需要可不接线。

图 15-104 KYN28A-12（交流操作）配干变柜二次接线图

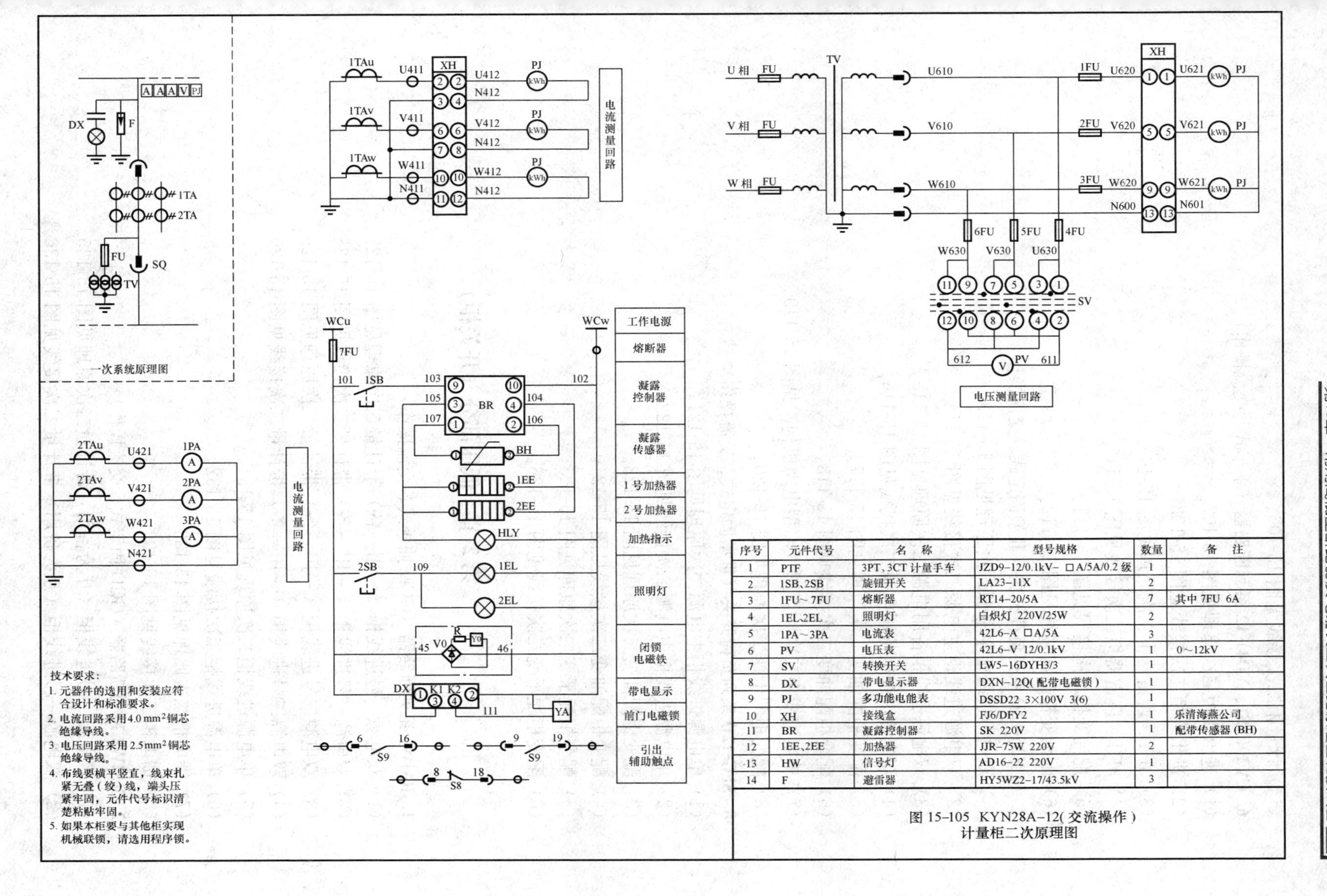

技术要求：
1. 元器件的选用和安装应符合设计和标准要求。
2. 电流回路采用4.0 mm^2铜芯绝缘导线。
3. 电压回路采用2.5 mm^2铜芯绝缘导线。
4. 布线要横平竖直，线束扎紧无叠（绞）线，端头压紧牢固，元件代号标识清楚粘贴牢固。
5. 如果本柜要与其他柜实现机械联锁，请选用程序锁。

序号	元件代号	名 称	型号规格	数量	备 注
1	PTF	3PT、3CT 计量手车	JZD9-12/0.1kV- □A/5A/0.2 级	1	
2	1SB、2SB	旋钮开关	LA23-11X	2	
3	1FU~7FU	熔断器	RT14-20/5A	7	其中 7FU 6A
4	1EL、2EL	照明灯	白炽灯 220V/25W	2	
5	1PA~3PA	电流表	42L6-A □A/5A	3	
6	PV	电压表	42L6-V 12/0.1kV	1	0~12kV
7	SV	转换开关	LW5-16DYH3/3	1	
8	DX	带电显示器	DXN-12Q(配带电磁锁)	1	
9	PJ	多功能电能表	DSSD22 3×100V 3(6)	1	
10	XH	接线盒	FJ6/DFY2	1	乐清海燕公司
11	BR	凝露控制器	SK 220V	1	配带传感器(BH)
12	1EE、2EE	加热器	JJR-75W 220V	2	
13	HW	信号灯	AD16-22 220V	1	
14	F	避雷器	HY5WZ2-17/43.5kV	3	

图 15-105 KYN28A-12(交流操作)计量柜二次原理图

(14) 计量柜二次接线见图 15-106。

6. CV2 (VS1、VD4)-12 系列断路器(手车式、交流操作)

(1) 进出线柜二次原理见图 15-107。

(2) 进出线柜二次接线见图 15-108。

(3) 3PT、避雷器柜二次原理见图 15-109。

(4) 3PT、避雷器柜二次接线见图 15-110。

(5) 配油变柜二次接线见图 15-111。

(6) 配油变柜二次接线见图 15-112。

7. FLN36-12D 系列负荷开关(Ⅱ型固定式、交流操作)

(1) 双电源进线柜主电源二次原理见图 15-113。

(2) 双电源进线柜主电源二次接线见图 15-114。

(3) 双电源进线柜备用电源二次原理见图 15-115。

(4) 双电源进线柜备用电源二次接线见图 15-116。

(5) 配变柜配油变二次原理见图 15-117。

(6) 配变柜配油变二次接线见图 15-118。

(7) 单电进线柜二次原理图(K 型电动机构)见图 15-119。

(8) 配变柜配干变二次原理见图 15-120。

8. SFG-12D 系列负荷开关(Ⅲ型固定式、交流操作)

(1) 单电源进线柜主电源二次原理见图 15-121。

(2) 单电源进线柜主电源二次接线见图 15-122。

(3) 配变柜配油变二次原理见图 15-123。

(4) 配变柜配油变二次接线见图 15-124。

(5) 配变柜配干变二次原理见图 15-125。

(6) 配变柜配干变二次接线见图 15-126。

第 2 节　低压部分(开关柜)

1. RMW1 系列断路器(GCK-抽屉式、交流操作)

(1) 双电源一号进线柜(一用一备)带计量二次原理见图 15-127。

(2) 双电源一号进线柜(一用一备)带计量二次接线见图 15-128。

(3) 双电源二号进线柜(一用一备)带计量二次原理见图 15-129。

(4) 双电源二号进线柜(一用一备)带计量二次接线见图 15-130。

(5) 单电源进线柜二次原理见图 15-131。

(6) 单电源进线柜二次接线见图 15-132。

(7) 馈电柜二次原理见图 15-133。

(8) 馈电柜二次接线见图 15-134。

2. RMW2 系列断路器(GGD-固定式、交流操作)

(1) 双电源一号进线柜(互为备用)带计量二次原理见图 15-135。

(2) 双电源一号进线柜(互为备用)带计量二次接线见图 15-136。

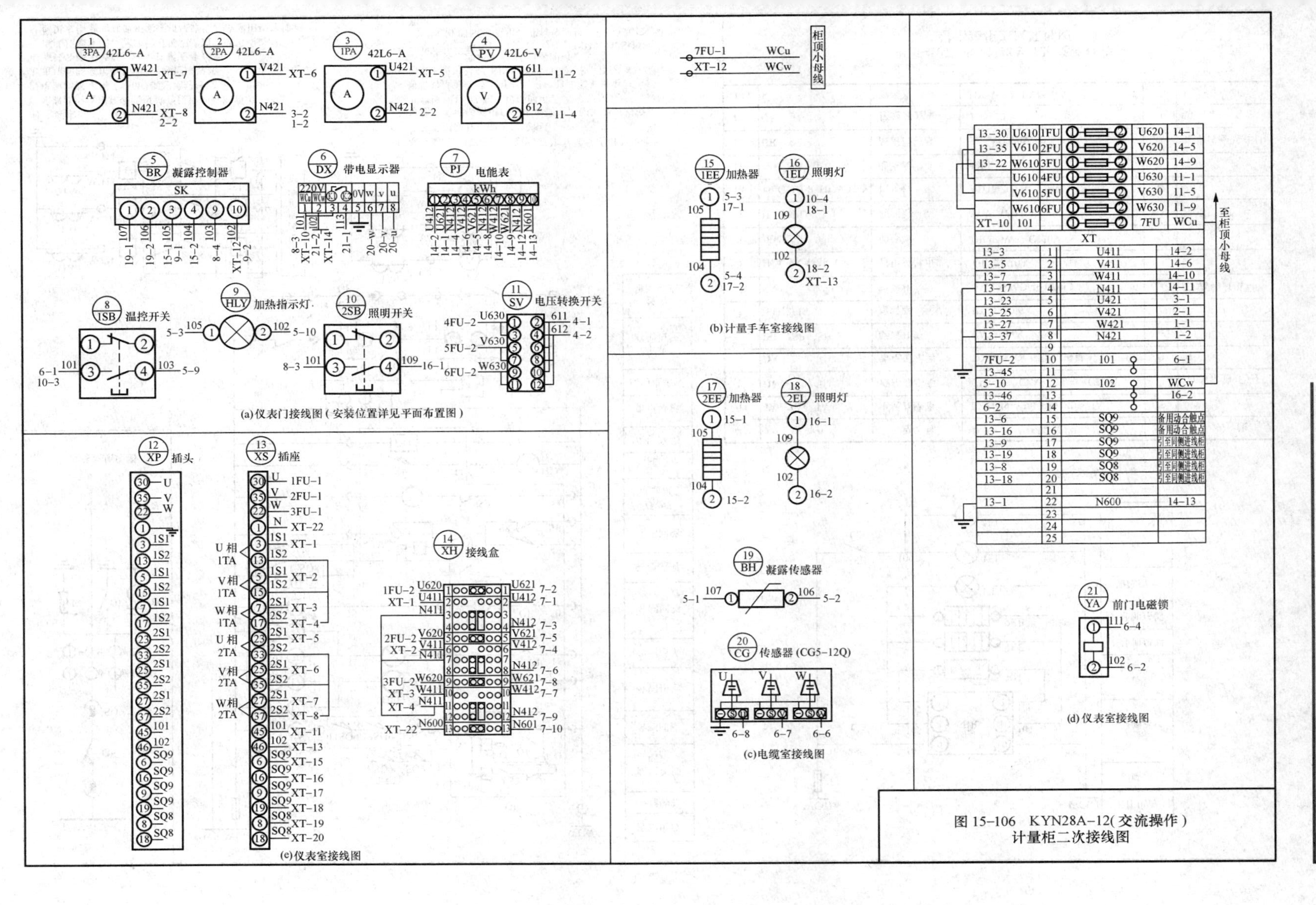

图 15-106 KYN28A-12(交流操作) 计量柜二次接线图

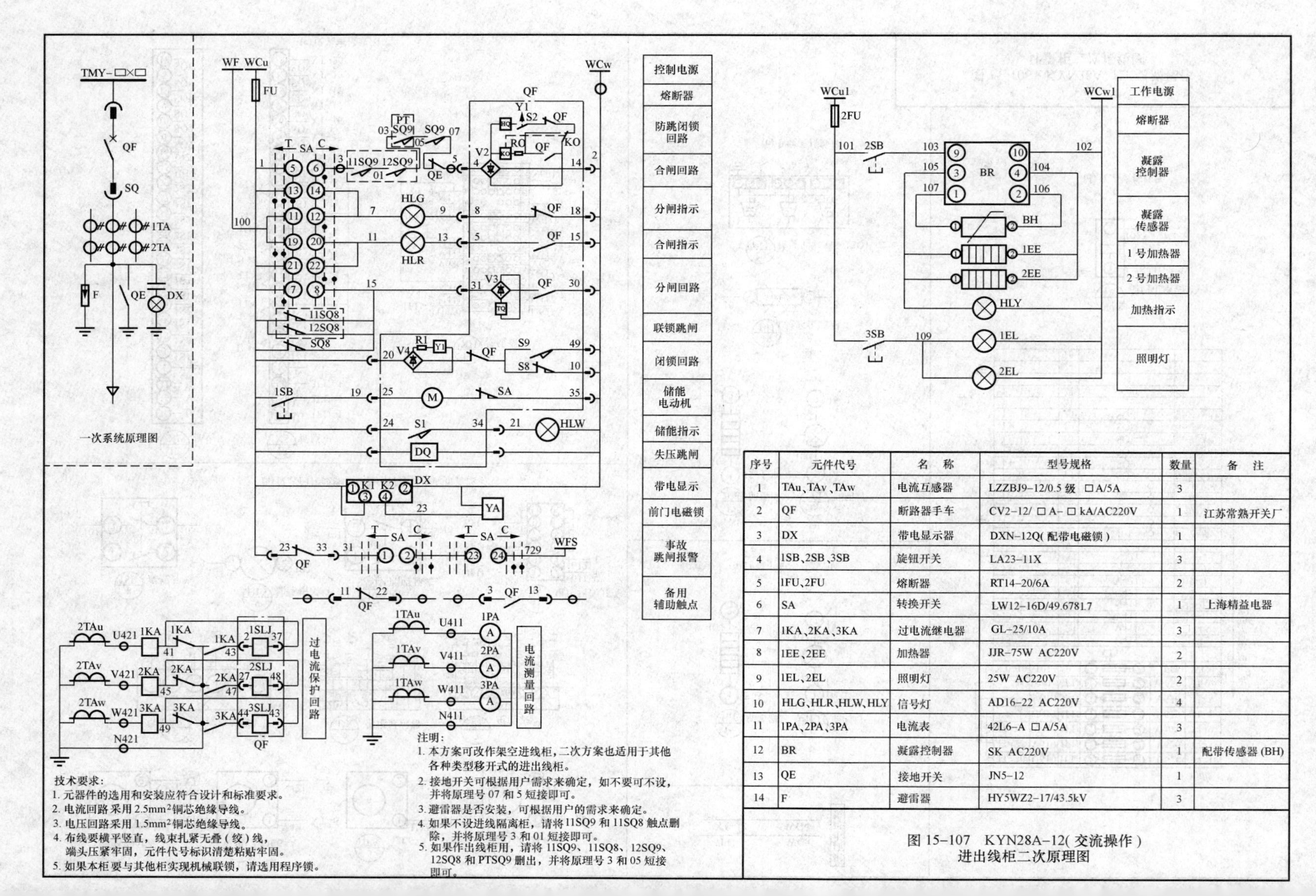

序号	元件代号	名 称	型号规格	数量	备 注
1	TAu、TAv、TAw	电流互感器	LZZBJ9-12/0.5 级 □A/5A	3	
2	QF	断路器手车	CV2-12/ □A- □ kA/AC220V	1	江苏常熟开关厂
3	DX	带电显示器	DXN-12Q(配带电磁锁)	1	
4	1SB、2SB、3SB	旋钮开关	LA23-11X	3	
5	1FU、2FU	熔断器	RT14-20/6A	2	
6	SA	转换开关	LW12-16D/49.6781.7	1	上海精益电器
7	1KA、2KA、3KA	过电流继电器	GL-25/10A	3	
8	1EE、2EE	加热器	JJR-75W AC220V	2	
9	1EL、2EL	照明灯	25W AC220V	2	
10	HLG、HLR、HLW、HLY	信号灯	AD16-22 AC220V	4	
11	1PA、2PA、3PA	电流表	42L6-A □A/5A	3	
12	BR	凝露控制器	SK AC220V	1	配带传感器(BH)
13	QE	接地开关	JN5-12	1	
14	F	避雷器	HY5WZ2-17/43.5kV	3	

技术要求：
1. 元器件的选用和安装应符合设计和标准要求。
2. 电流回路采用 $2.5mm^2$ 铜芯绝缘导线。
3. 电压回路采用 $1.5mm^2$ 铜芯绝缘导线。
4. 布线要横平竖直，线束扎紧无叠（绞）线，端头压紧牢固，元件代号标识清楚粘贴牢固。
5. 如果本柜要与其他柜实现机械联锁，请选用程序锁。

注明：
1. 本方案可改作架空进线柜，二次方案也适用于其他各种类型移开式的进出线柜。
2. 接地开关可根据用户需求来确定，如不要可不设，并将原理号 07 和 5 短接即可。
3. 避雷器是否安装，可根据用户的需求来确定。
4. 如果不设进线隔离柜，请将 11SQ9 和 11SQ8 触点删除，并将原理号 3 和 01 短接即可。
5. 如果作出线柜用，请将 11SQ9、11SQ8、12SQ9、12SQ8 和 PTSQ9 删出，并将原理号 3 和 05 短接即可。

图 15-107　KYN28A-12(交流操作)进出线柜二次原理图

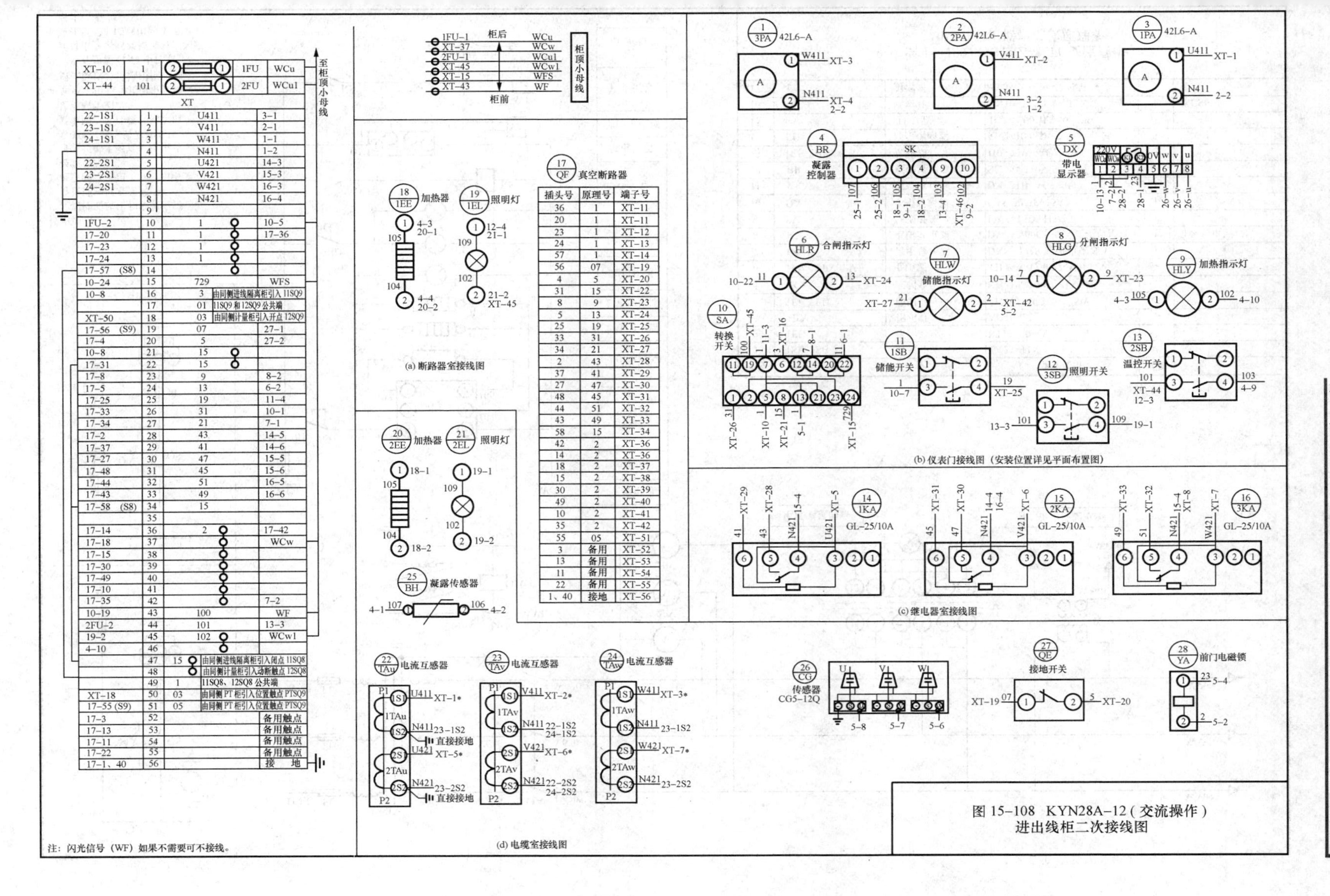

图15-108　KYN28A-12（交流操作）进出线柜二次接线图

注：闪光信号（WF）如果不需要可不接线。

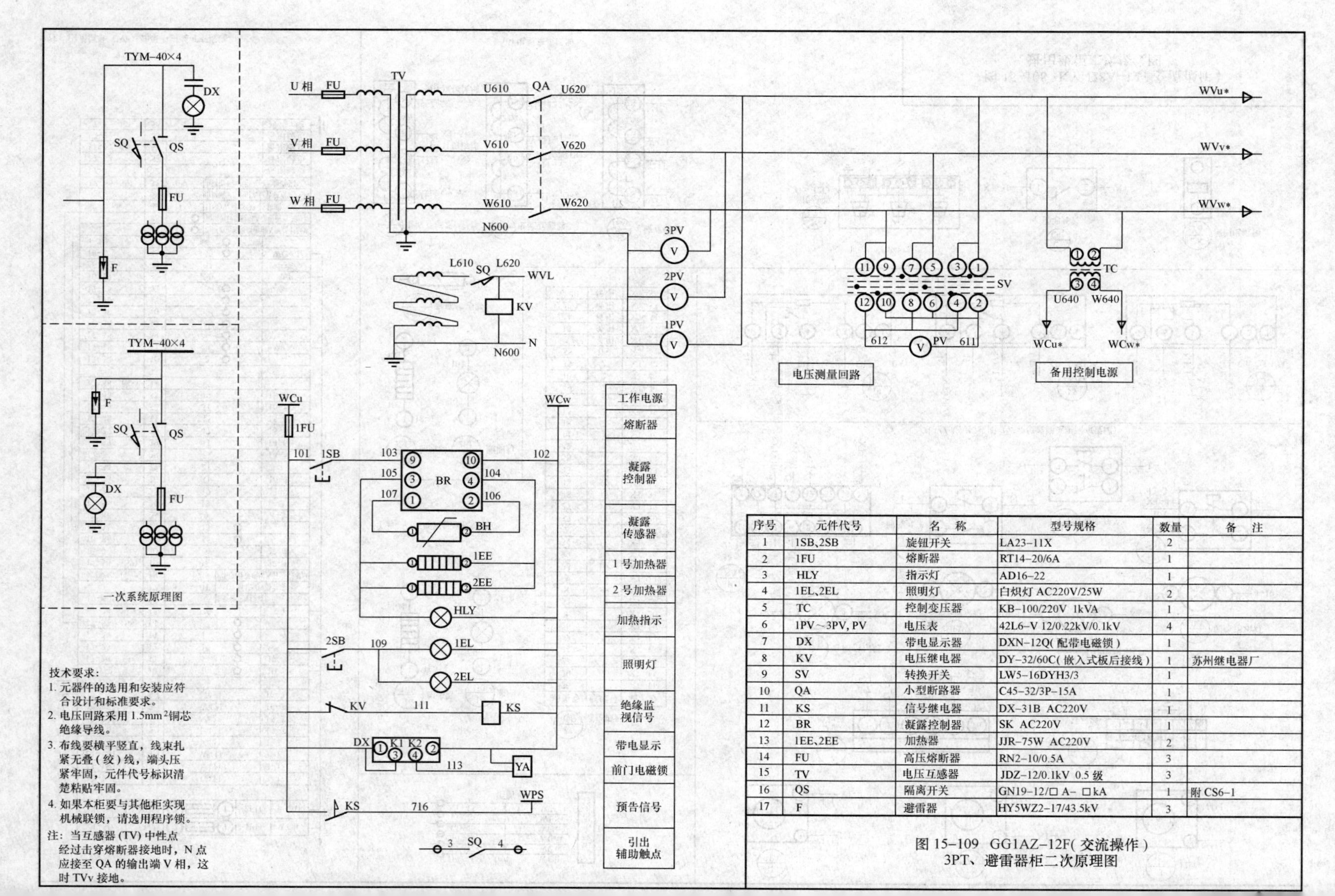

技术要求：

1. 元器件的选用和安装应符合设计和标准要求。
2. 电压回路采用 1.5mm²铜芯绝缘导线。
3. 布线要横平竖直，线束扎紧无叠（绞）线，端头压紧牢固，元件代号标识清楚粘贴牢固。
4. 如果本柜要与其他柜实现机械联锁，请选用程序锁。

注：当互感器（TV）中性点经过击穿熔断器接地时，N 点应接至 QA 的输出端 V 相，这时 TVv 接地。

序号	元件代号	名　称	型号规格	数量	备　注
1	1SB、2SB	旋钮开关	LA23–11X	2	
2	1FU	熔断器	RT14–20/6A	1	
3	HLY	指示灯	AD16–22	1	
4	1EL、2EL	照明灯	白炽灯 AC220V/25W	2	
5	TC	控制变压器	KB–100/220V 1kVA	1	
6	1PV～3PV, PV	电压表	42L6–V 12/0.22kV/0.1kV	4	
7	DX	带电显示器	DXN–12Q（配带电磁锁）	1	
8	KV	电压继电器	DY–32/60C（嵌入式板后接线）	1	苏州继电器厂
9	SV	转换开关	LW5–16DYH3/3	1	
10	QA	小型断路器	C45–32/3P–15A	1	
11	KS	信号继电器	DX–31B AC220V	1	
12	BR	凝露控制器	SK AC220V	1	
13	1EE、2EE	加热器	JJR–75W AC220V	2	
14	FU	高压熔断器	RN2–10/0.5A	3	
15	TV	电压互感器	JDZ–12/0.1kV 0.5 级	3	
16	QS	隔离开关	GN19–12/□ A– □kA	1	附 CS6–1
17	F	避雷器	HY5WZ2–17/43.5kV	3	

图 15–109　GG1AZ–12F（交流操作）3PT、避雷器柜二次原理图

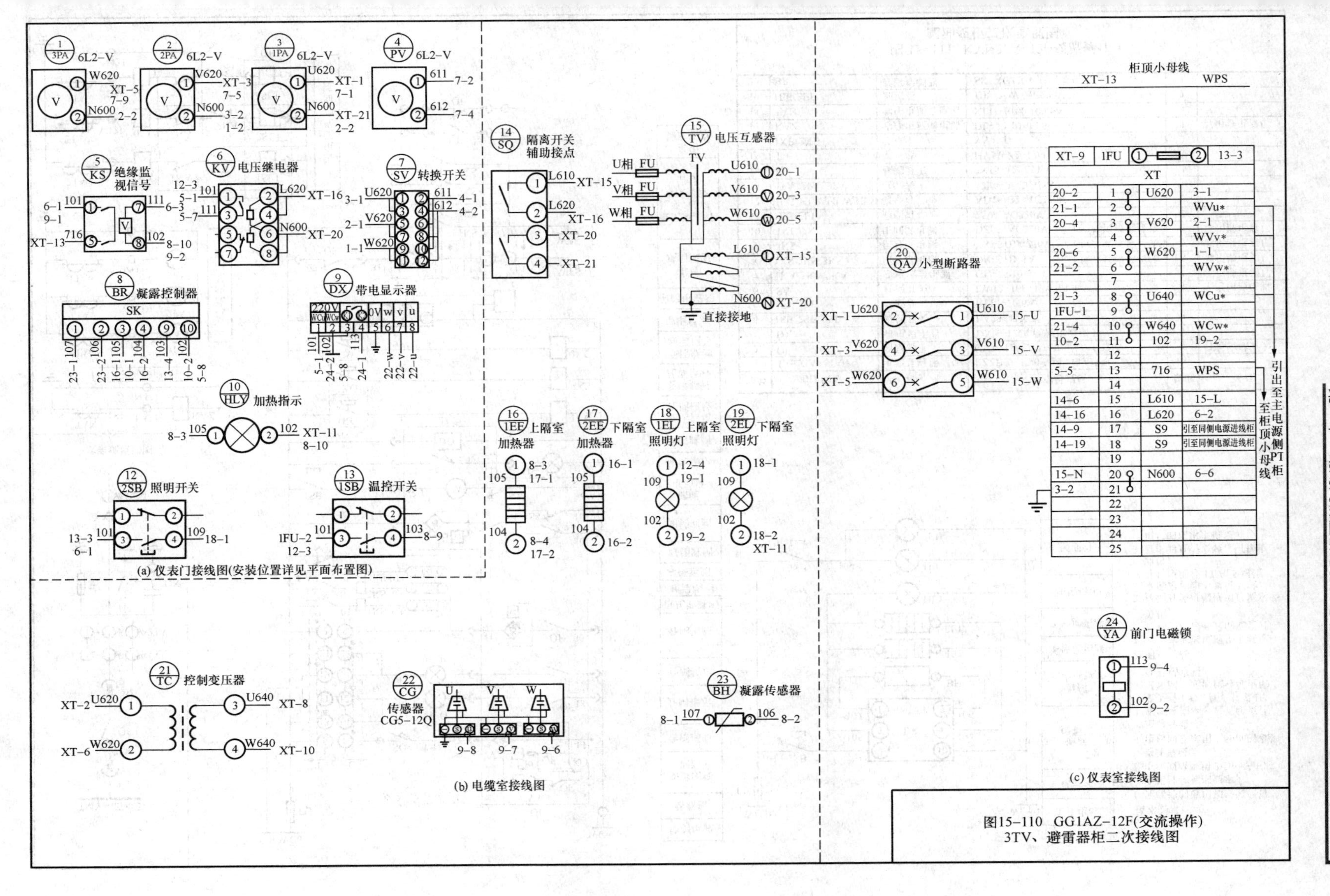

图15-110　GG1AZ-12F(交流操作)
3TV、避雷器柜二次接线图

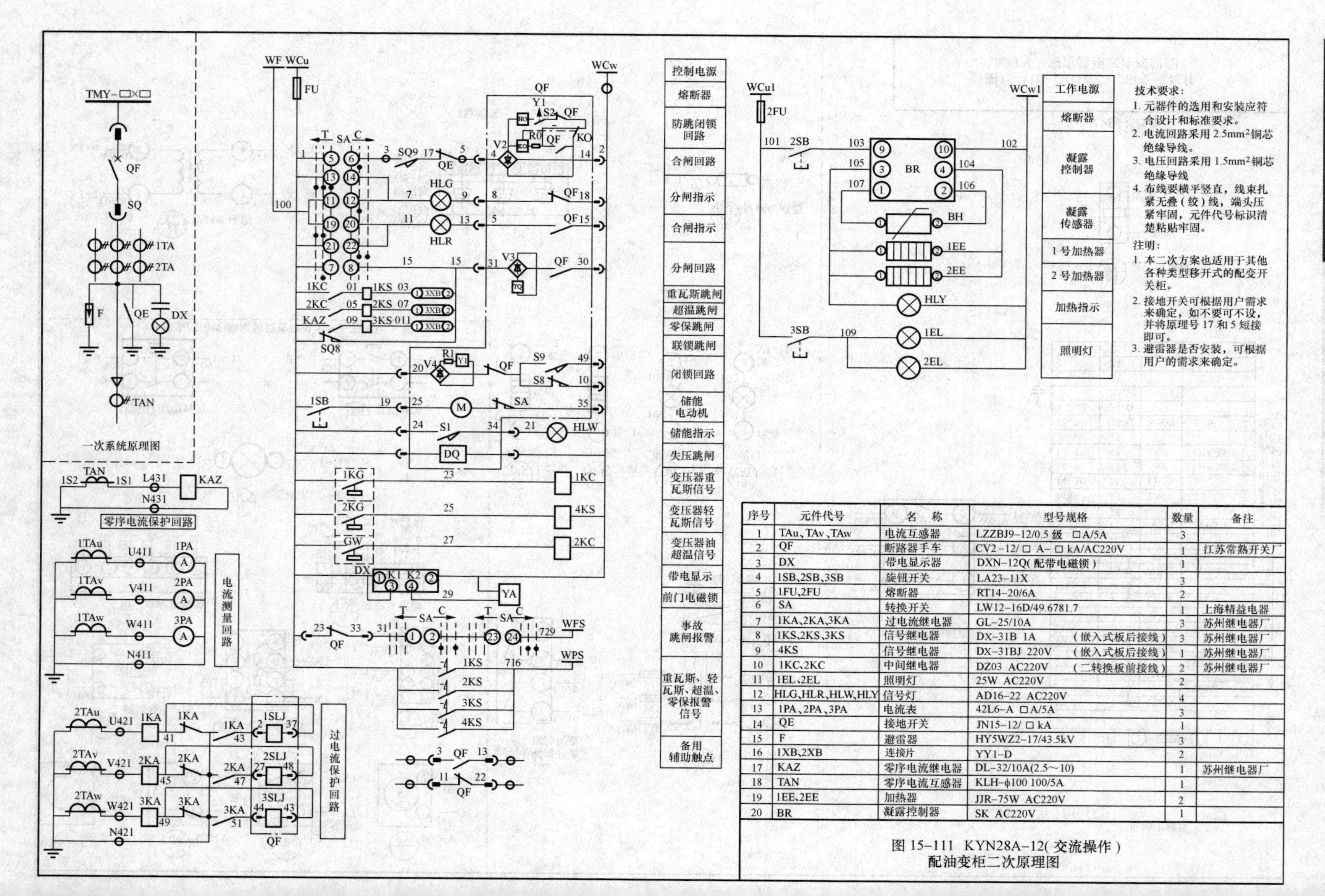

技术要求：

1. 元器件的选用和安装应符合设计和标准要求。
2. 电流回路采用 2.5mm²铜芯绝缘导线。
3. 电压回路采用 1.5mm²铜芯绝缘导线。
4. 布线要横平竖直，线束扎紧无叠（绞）线，端头压紧牢固，元件代号标识清楚粘贴牢固。

注明：

1. 本二次方案也适用于其他各种类型移开式的配变开关柜。
2. 接地开关可根据用户需求来确定，如不要可不设，并将原理号 17 和 5 短接即可。
3. 避雷器是否安装，可根据用户的需求来确定。

序号	元件代号	名　称	型号规格	数量	备注
1	TAu、TAv、TAw	电流互感器	LZZBJ9-12/0.5 级　□A/5A	3	
2	QF	断路器手车	CV2-12/□ A-□ kA/AC220V	1	江苏常熟开关厂
3	DX	带电显示器	DXN-12Q(配带电磁锁)	1	
4	1SB、2SB、3SB	旋钮开关	LA23-11X	3	
5	1FU、2FU	熔断器	RT14-20/6A	2	
6	SA	转换开关	LW12-16D/49.6781.7	1	上海精益电器
7	1KA、2KA、3KA	过电流继电器	GL-25/10A	3	苏州继电器厂
8	1KS、2KS、3KS	信号继电器	DX-31B 1A　（嵌入式板后接线）	3	苏州继电器厂
9	4KS	信号继电器	DX-31BJ 220V　（嵌入式板后接线）	1	苏州继电器厂
10	1KC、2KC	中间继电器	DZ03 AC220V　（二转换板前接线）	2	苏州继电器厂
11	1EL、2EL	照明灯	25W AC220V	2	
12	HLG、HLR、HLW、HLY	信号灯	AD16-22 AC220V	4	
13	1PA、2PA、3PA	电流表	42L6-A □A/5A	3	
14	QE	接地开关	JN15-12/□ kA	1	
15	F	避雷器	HY5WZ2-17/43.5kV	3	
16	1XB、2XB	连接片	YY1-D	2	
17	KAZ	零序电流继电器	DL-32/10A(2.5～10)	1	苏州继电器厂
18	TAN	零序电流互感器	KLH-ϕ100 100/5A	1	
19	1EE、2EE	加热器	JJR-75W AC220V	2	
20	BR	凝露控制器	SK AC220V	1	

图 15-111 KYN28A-12(交流操作)配油变柜二次原理图

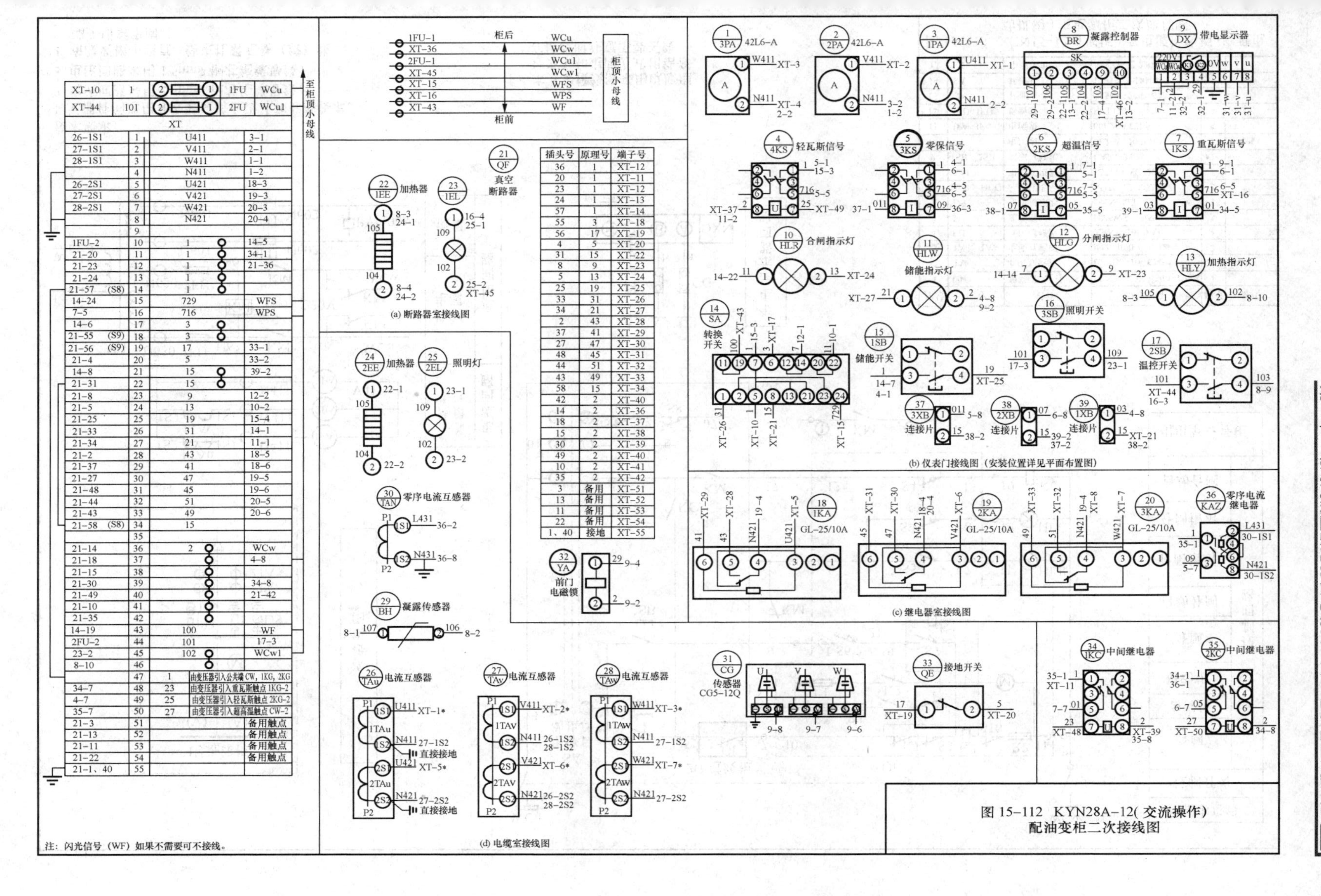

插头号	原理号	端子号
36	1	XT-12
20	1	XT-11
23	1	XT-12
24	1	XT-13
57	1	XT-14
55	3	XT-18
56	17	XT-19
4	5	XT-20
31	15	XT-22
8	9	XT-23
5	13	XT-24
25	19	XT-25
33	31	XT-26
34	21	XT-27
2	43	XT-28
37	41	XT-29
27	47	XT-30
48	45	XT-31
44	51	XT-32
43	49	XT-33
58	15	XT-34
42	2	XT-40
14	2	XT-36
18	2	XT-37
15	2	XT-38
30	2	XT-39
49	2	XT-40
10	2	XT-41
35	2	XT-42
3	备用	XT-51
13	备用	XT-52
11	备用	XT-53
22	备用	XT-54
1、40	接地	XT-55

图 15-112　KYN28A-12(交流操作)配油变柜二次接线图

注：闪光信号（WF）如果不需要可不接线。

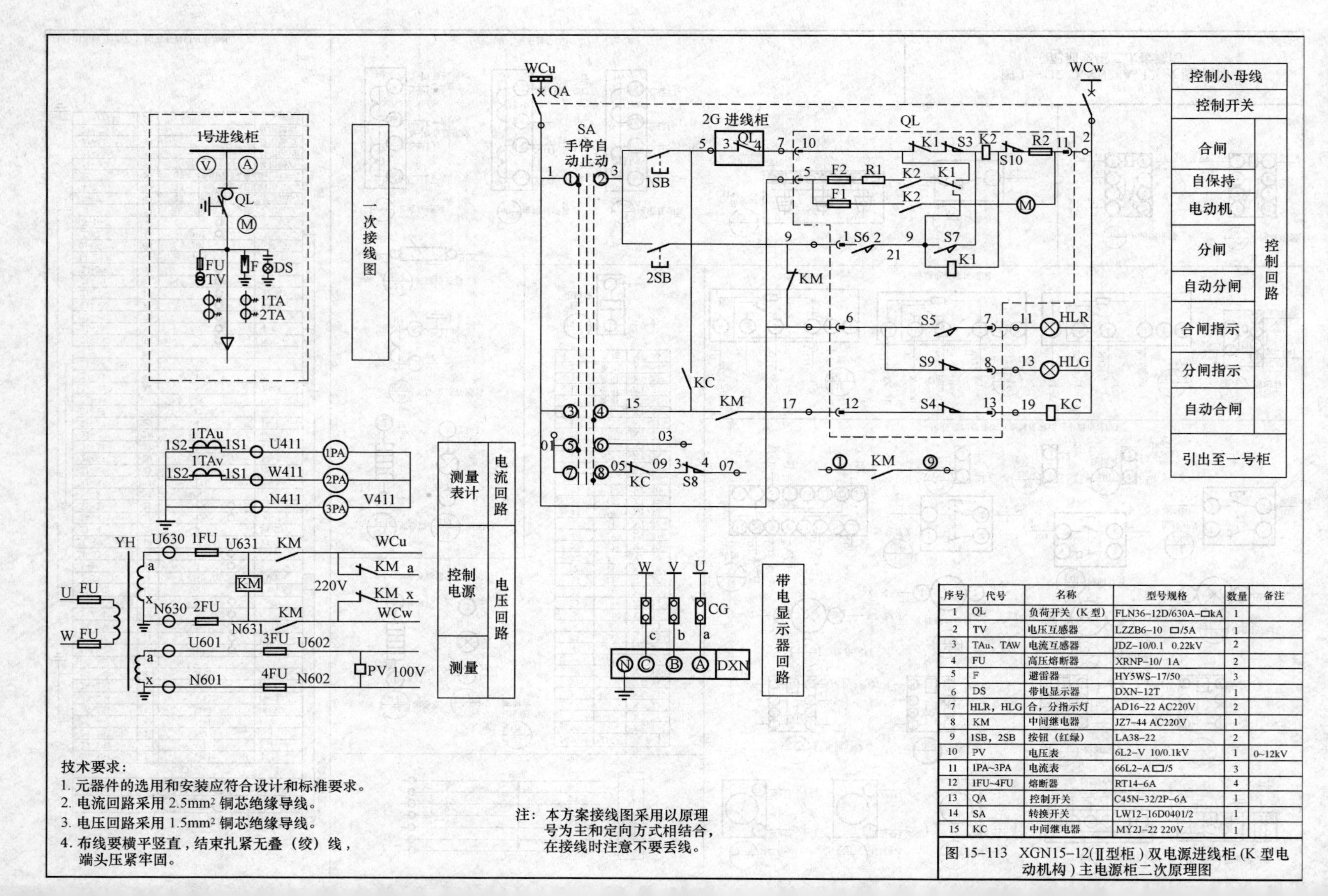

序号	代号	名称	型号规格	数量	备注
1	QL	负荷开关（K 型）	FLN36-12D/630A-□kA	1	
2	TV	电压互感器	LZZB6-10 □/5A	1	
3	TAu、TAW	电流互感器	JDZ-10/0.1 0.22kV	2	
4	FU	高压熔断器	XRNP-10/ 1A	2	
5	F	避雷器	HY5WS-17/50	3	
6	DS	带电显示器	DXN-12T	1	
7	HLR，HLG	合，分指示灯	AD16-22 AC220V	2	
8	KM	中间继电器	JZ7-44 AC220V	1	
9	1SB，2SB	按钮（红绿）	LA38-22	2	
10	PV	电压表	6L2-V 10/0.1kV	1	0~12kV
11	1PA~3PA	电流表	66L2-A □/5	3	
12	1FU~4FU	熔断器	RT14-6A	4	
13	QA	控制开关	C45N-32/2P-6A	1	
14	SA	转换开关	LW12-16D0401/2	1	
15	KC	中间继电器	MY2J-22 220V	1	

技术要求：
1. 元器件的选用和安装应符合设计和标准要求。
2. 电流回路采用 2.5mm² 铜芯绝缘导线。
3. 电压回路采用 1.5mm² 铜芯绝缘导线。
4. 布线要横平竖直，结束扎紧无叠（绞）线，端头压紧牢固。

注：本方案接线图采用以原理号为主和定向方式相结合，在接线时注意不要丢线。

图 15-113 XGN15-12(Ⅱ型柜）双电源进线柜（K 型电动机构）主电源柜二次原理图

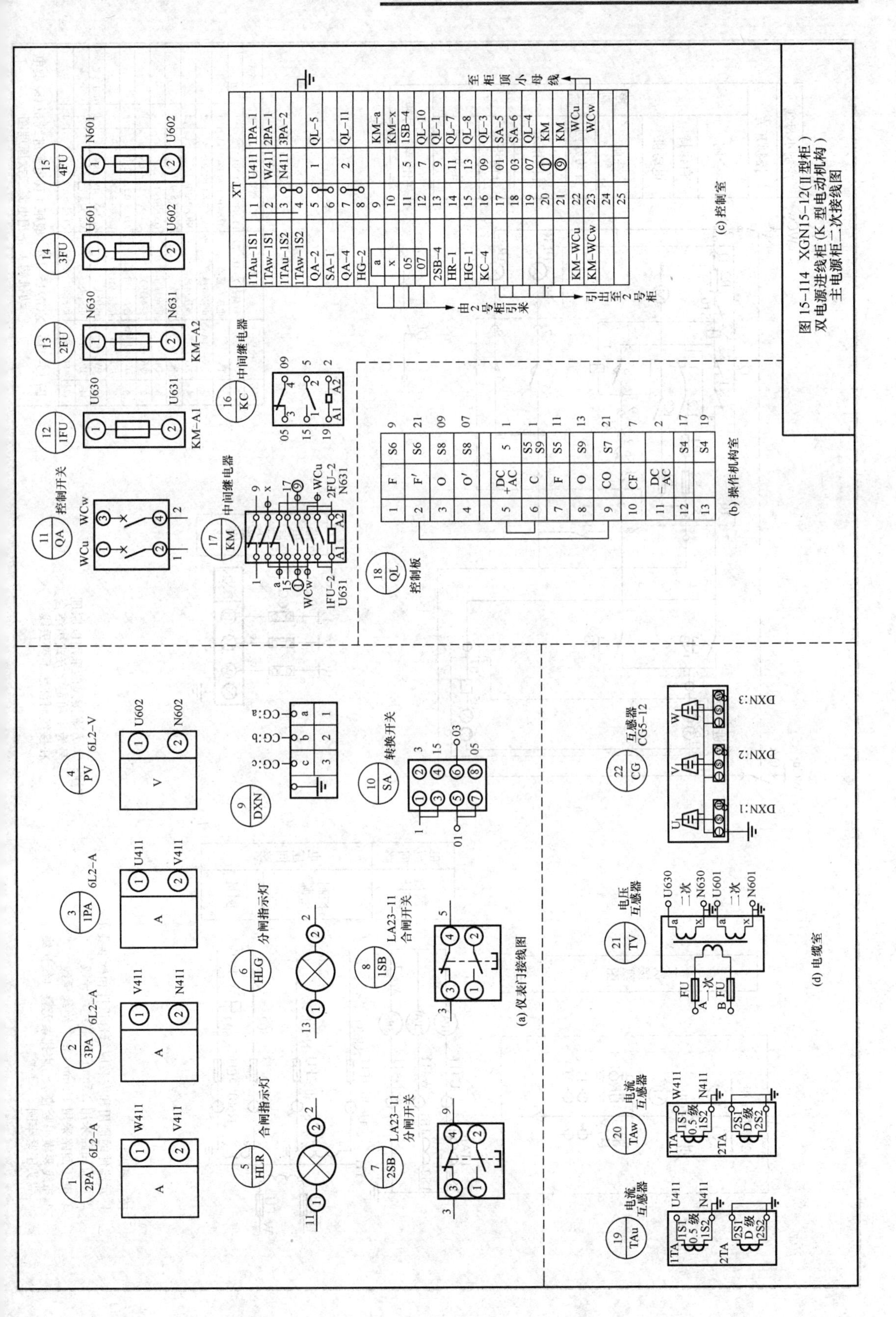

图 15-114　XGN15-12(Ⅱ型柜)双电源进线柜(K型电动机构)主电源柜二次接线图

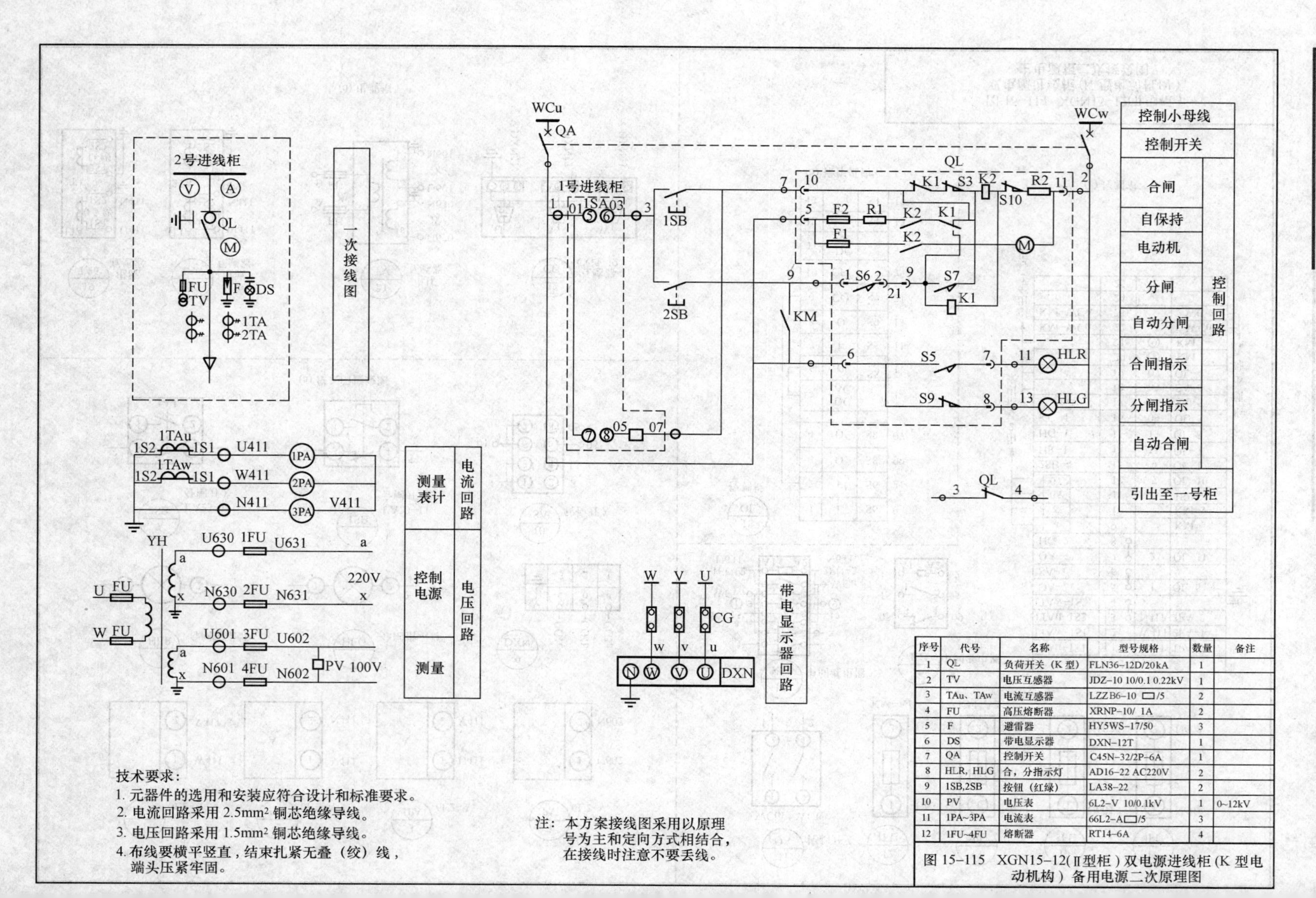

技术要求：

1. 元器件的选用和安装应符合设计和标准要求。
2. 电流回路采用 2.5mm² 铜芯绝缘导线。
3. 电压回路采用 1.5mm² 铜芯绝缘导线。
4. 布线要横平竖直，结束扎紧无叠（绞）线，端头压紧牢固。

注：本方案接线图采用以原理号为主和定向方式相结合，在接线时注意不要丢线。

序号	代号	名称	型号规格	数量	备注
1	QL	负荷开关（K 型）	FLN36-12D/20kA	1	
2	TV	电压互感器	JDZ-10 10/0.1 0.22kV	1	
3	TAu、TAw	电流互感器	LZZB6-10 □/5	2	
4	FU	高压熔断器	XRNP-10/ 1A	2	
5	F	避雷器	HY5WS-17/50	3	
6	DS	带电显示器	DXN-12T	1	
7	QA	控制开关	C45N-32/2P-6A	1	
8	HLR，HLG	合，分指示灯	AD16-22 AC220V	2	
9	1SB,2SB	按钮（红绿）	LA38-22	2	
10	PV	电压表	6L2-V 10/0.1kV	1	0~12kV
11	1PA~3PA	电流表	66L2-A□/5	3	
12	1FU~4FU	熔断器	RT14-6A	4	

图 15-115 XGN15-12(Ⅱ型柜）双电源进线柜（K 型电动机构）备用电源二次原理图

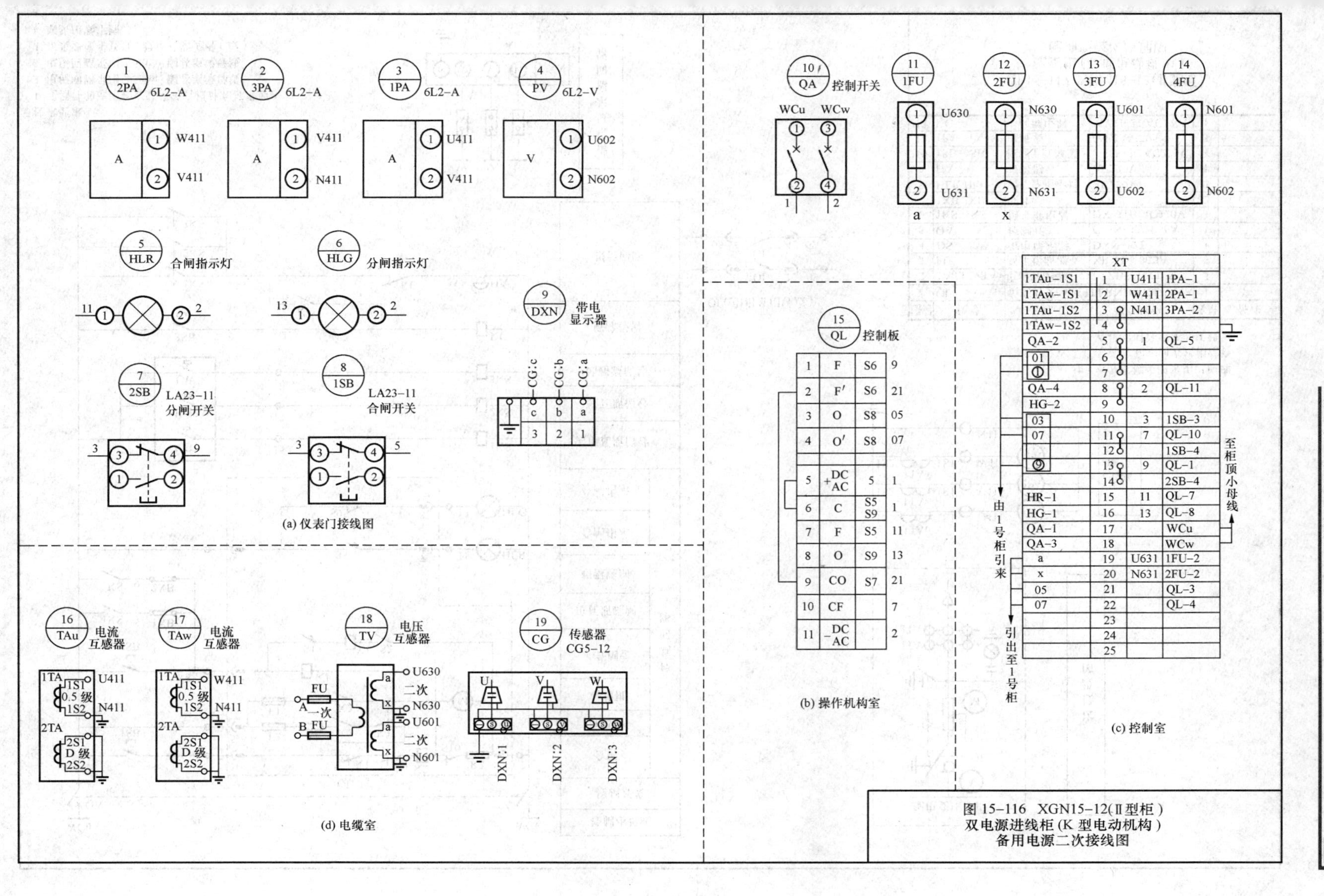

图 15-116　XGN15-12(Ⅱ型柜)双电源进线柜(K型电动机构)备用电源二次接线图

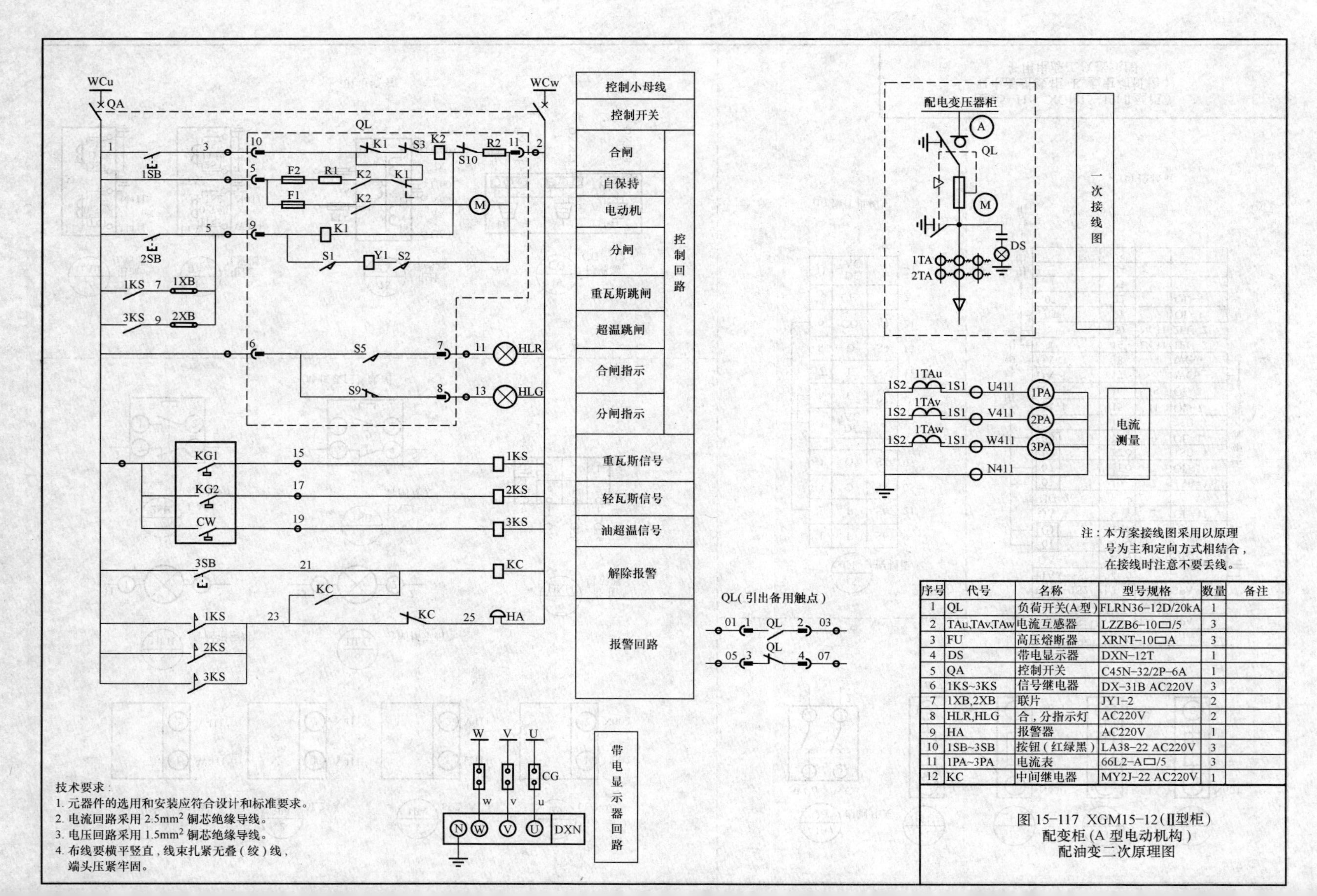

技术要求：

1. 元器件的选用和安装应符合设计和标准要求。
2. 电流回路采用 $2.5mm^2$ 铜芯绝缘导线。
3. 电压回路采用 $1.5mm^2$ 铜芯绝缘导线。
4. 布线要横平竖直，线束扎紧无叠（绞）线，端头压紧牢固。

注：本方案接线图采用以原理号为主和定向方式相结合，在接线时注意不要丢线。

序号	代号	名称	型号规格	数量	备注
1	QL	负荷开关(A型)	FLRN36-12D/20kA	1	
2	TAu,TAv,TAw	电流互感器	LZZB6-10□/5	3	
3	FU	高压熔断器	XRNT-10□A	3	
4	DS	带电显示器	DXN-12T	1	
5	QA	控制开关	C45N-32/2P-6A	1	
6	1KS~3KS	信号继电器	DX-31B AC220V	3	
7	1XB,2XB	联片	JY1-2	2	
8	HLR,HLG	合，分指示灯	AC220V	2	
9	HA	报警器	AC220V	1	
10	1SB~3SB	按钮（红绿黑）	LA38-22 AC220V	3	
11	1PA~3PA	电流表	66L2-A□/5	3	
12	KC	中间继电器	MY2J-22 AC220V	1	

图 15-117 XGM15-12(Ⅱ型柜)配变柜(A 型电动机构)配油变二次原理图

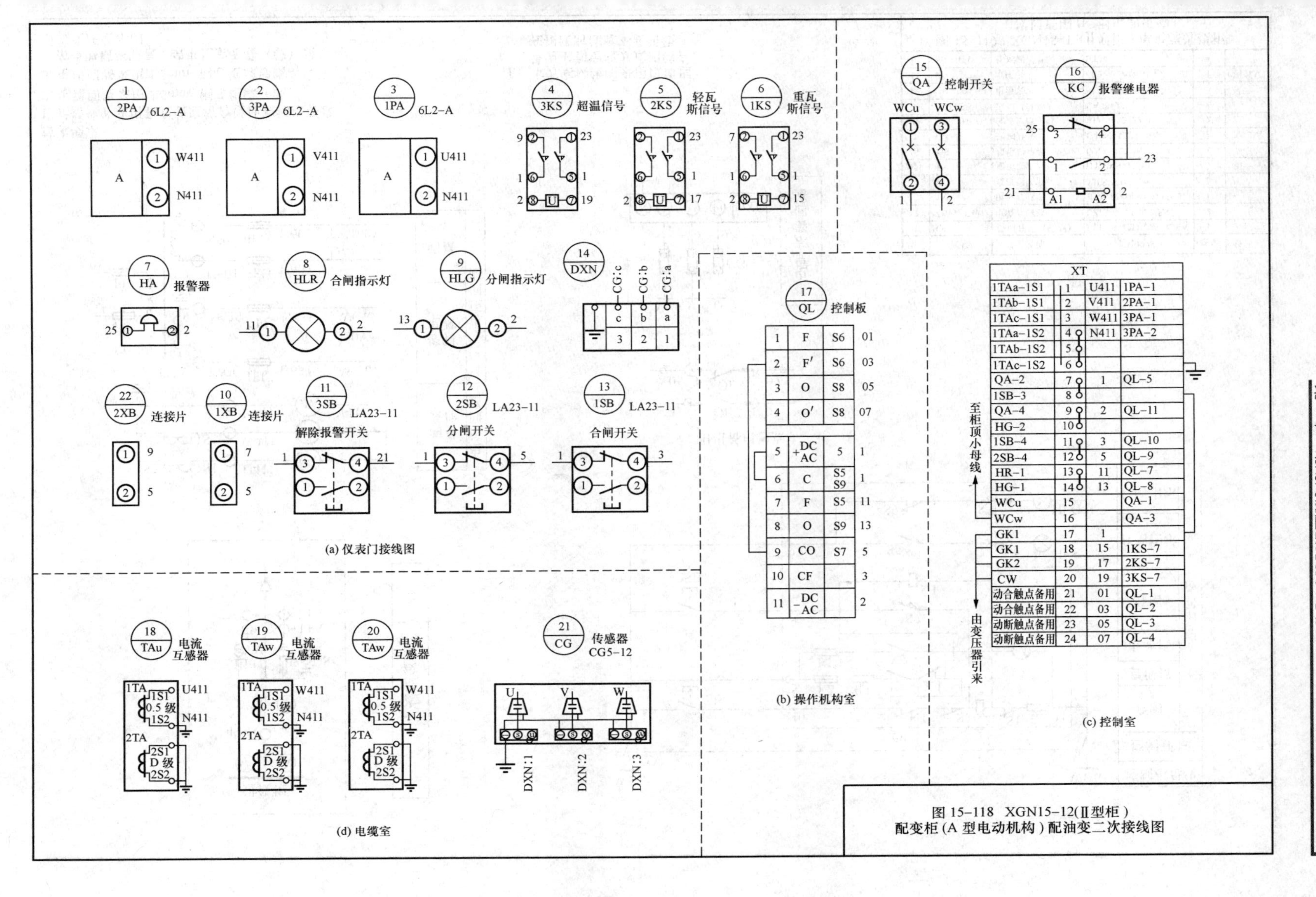

图15-118 XGN15-12(Ⅱ型柜)配变柜(A型电动机构)配油变二次接线图

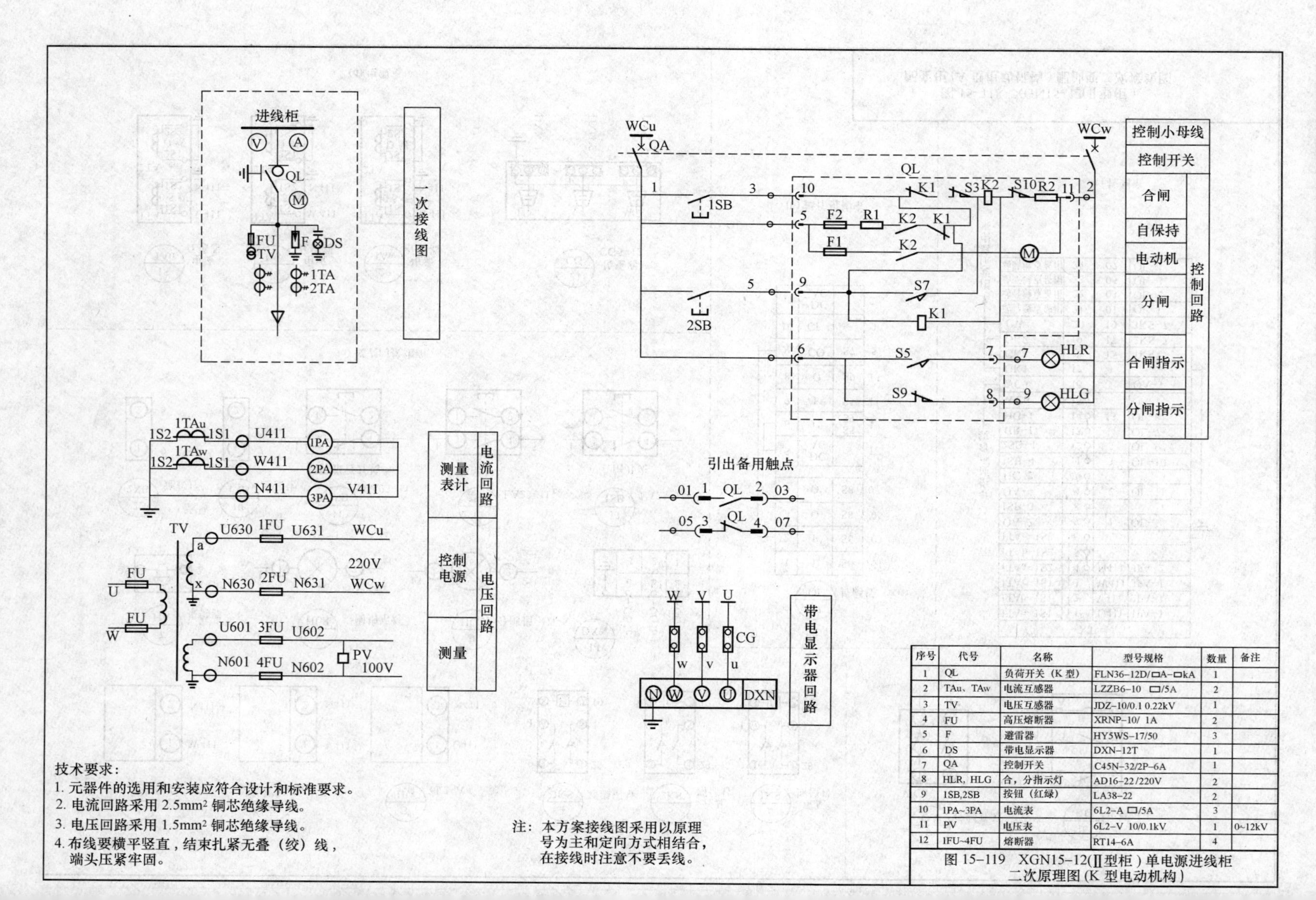

序号	代号	名称	型号规格	数量	备注
1	QL	负荷开关（K 型）	FLN36–12D/□A–□kA	1	
2	TAu、TAw	电流互感器	LZZB6–10 □/5A	2	
3	TV	电压互感器	JDZ–10/0.1 0.22kV	1	
4	FU	高压熔断器	XRNP–10/ 1A	2	
5	F	避雷器	HY5WS–17/50	3	
6	DS	带电显示器	DXN–12T	1	
7	QA	控制开关	C45N–32/2P–6A	1	
8	HLR，HLG	合，分指示灯	AD16–22/220V	2	
9	1SB,2SB	按钮（红绿）	LA38–22	2	
10	1PA~3PA	电流表	6L2–A □/5A	3	
11	PV	电压表	6L2–V 10/0.1kV	1	0~12kV
12	1FU~4FU	熔断器	RT14–6A	4	

技术要求：
1. 元器件的选用和安装应符合设计和标准要求。
2. 电流回路采用 $2.5mm^2$ 铜芯绝缘导线。
3. 电压回路采用 $1.5mm^2$ 铜芯绝缘导线。
4. 布线要横平竖直，结束扎紧无叠（绞）线，端头压紧牢固。

注：本方案接线图采用以原理号为主和定向方式相结合，在接线时注意不要丢线。

图 15–119　XGN15–12(Ⅱ型柜）单电源进线柜二次原理图（K 型电动机构）

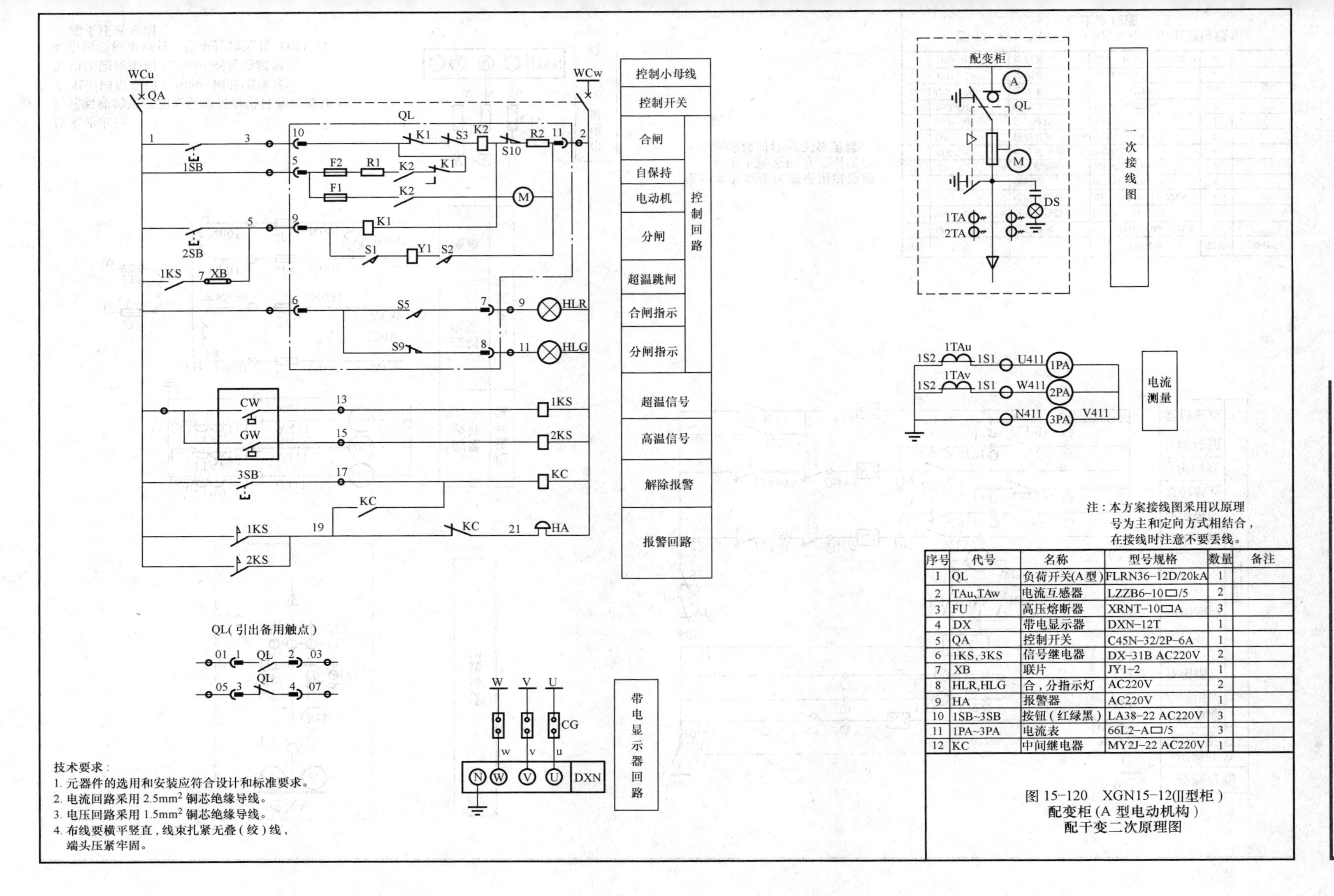

序号	代号	名称	型号规格	数量	备注
1	QL	负荷开关(A型)	FLRN36-12D/20kA	1	
2	TAu,TAw	电流互感器	LZZB6-10□/5	2	
3	FU	高压熔断器	XRNT-10□A	3	
4	DX	带电显示器	DXN-12T	1	
5	QA	控制开关	C45N-32/2P-6A	1	
6	1KS, 3KS	信号继电器	DX-31B AC220V	2	
7	XB	联片	JY1-2	1	
8	HLR,HLG	合，分指示灯	AC220V	2	
9	HA	报警器	AC220V	1	
10	1SB~3SB	按钮(红绿黑)	LA38-22 AC220V	3	
11	1PA~3PA	电流表	66L2-A□/5	3	
12	KC	中间继电器	MY2J-22 AC220V	1	

技术要求：
1. 元器件的选用和安装应符合设计和标准要求。
2. 电流回路采用 $2.5mm^2$ 铜芯绝缘导线。
3. 电压回路采用 $1.5mm^2$ 铜芯绝缘导线。
4. 布线要横平竖直，线束扎紧无叠(绞)线，端头压紧牢固。

图 15-120　XGN15-12(Ⅱ型柜)配变柜(A型电动机构)配干变二次原理图

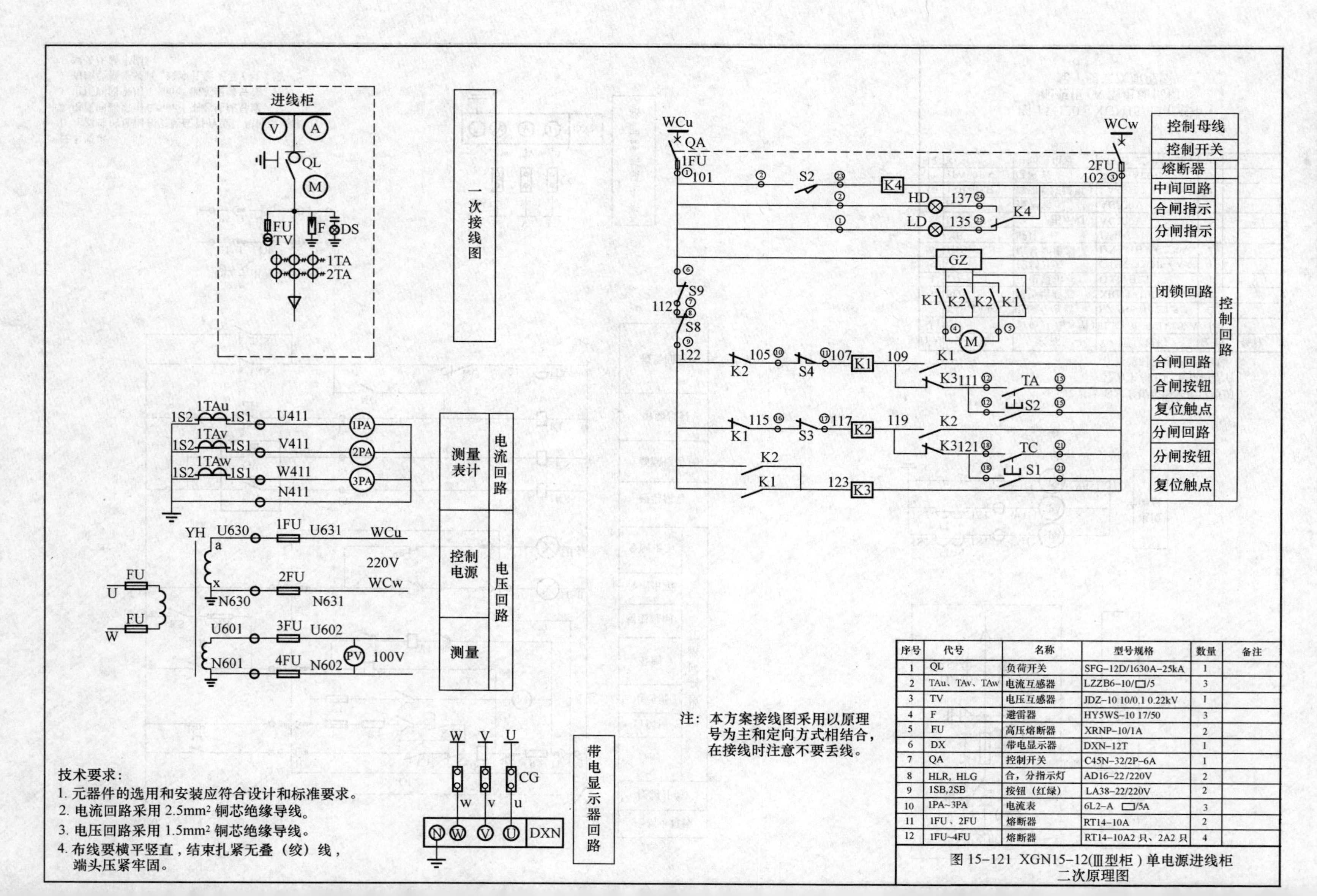

注：本方案接线图采用以原理号为主和定向方式相结合，在接线时注意不要丢线。

序号	代号	名称	型号规格	数量	备注
1	QL	负荷开关	SFG-12D/1630A-25kA	1	
2	TAu、TAv、TAw	电流互感器	LZZB6-10/□/5	3	
3	TV	电压互感器	JDZ-10 10/0.1 0.22kV	1	
4	F	避雷器	HY5WS-10 17/50	3	
5	FU	高压熔断器	XRNP-10/1A	2	
6	DX	带电显示器	DXN-12T	1	
7	QA	控制开关	C45N-32/2P-6A	1	
8	HLR, HLG	合，分指示灯	AD16-22/220V	2	
9	1SB,2SB	按钮（红绿）	LA38-22/220V	2	
10	1PA~3PA	电流表	6L2-A □/5A	3	
11	1FU、2FU	熔断器	RT14-10A	2	
12	1FU~4FU	熔断器	RT14-10A2 只、2A2 只	4	

技术要求：
1. 元器件的选用和安装应符合设计和标准要求。
2. 电流回路采用 $2.5mm^2$ 铜芯绝缘导线。
3. 电压回路采用 $1.5mm^2$ 铜芯绝缘导线。
4. 布线要横平竖直，结束扎紧无叠（绞）线，端头压紧牢固。

图 15-121 XGN15-12(Ⅲ型柜）单电源进线柜二次原理图

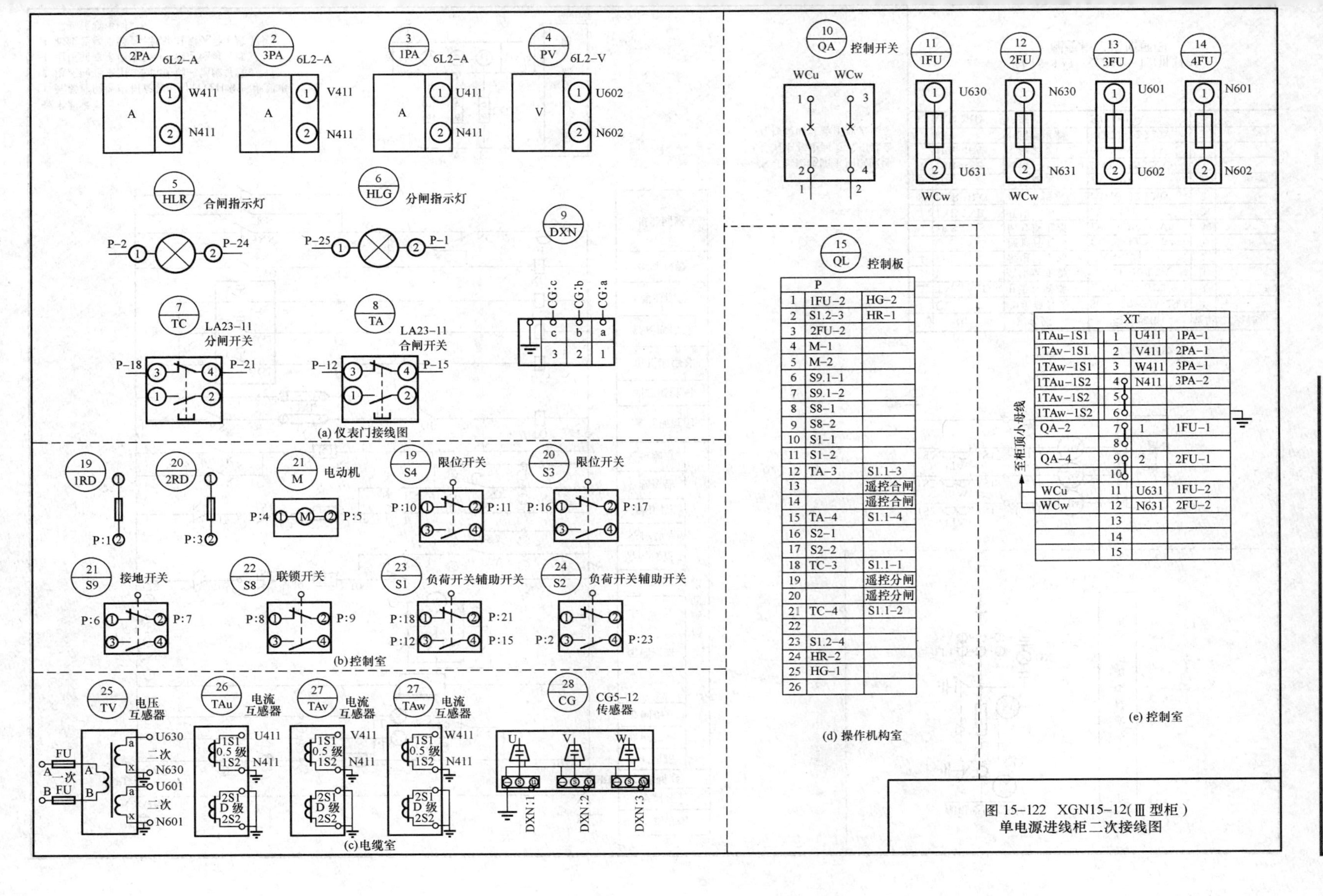

P		
1	1FU-2	HG-2
2	S1.2-3	HR-1
3	2FU-2	
4	M-1	
5	M-2	
6	S9.1-1	
7	S9.1-2	
8	S8-1	
9	S8-2	
10	S1-1	
11	S1-2	
12	TA-3	S1.1-3
13		遥控合闸
14		遥控合闸
15	TA-4	S1.1-4
16	S2-1	
17	S2-2	
18	TC-3	S1.1-1
19		遥控分闸
20		遥控分闸
21	TC-4	S1.1-2
22		
23	S1.2-4	
24	HR-2	
25	HG-1	
26		

	XT		
1TAu-1S1	1	U411	1PA-1
1TAv-1S1	2	V411	2PA-1
1TAw-1S1	3	W411	3PA-1
1TAu-1S2	4	N411	3PA-2
1TAv-1S2	5		
1TAw-1S2	6		
QA-2	7	1	1FU-1
	8		
QA-4	9	2	2FU-1
	10		
WCu	11	U631	1FU-2
WCw	12	N631	2FU-2
	13		
	14		
	15		

图15-122 XGN15-12(Ⅲ型柜)单电源进线柜二次接线图

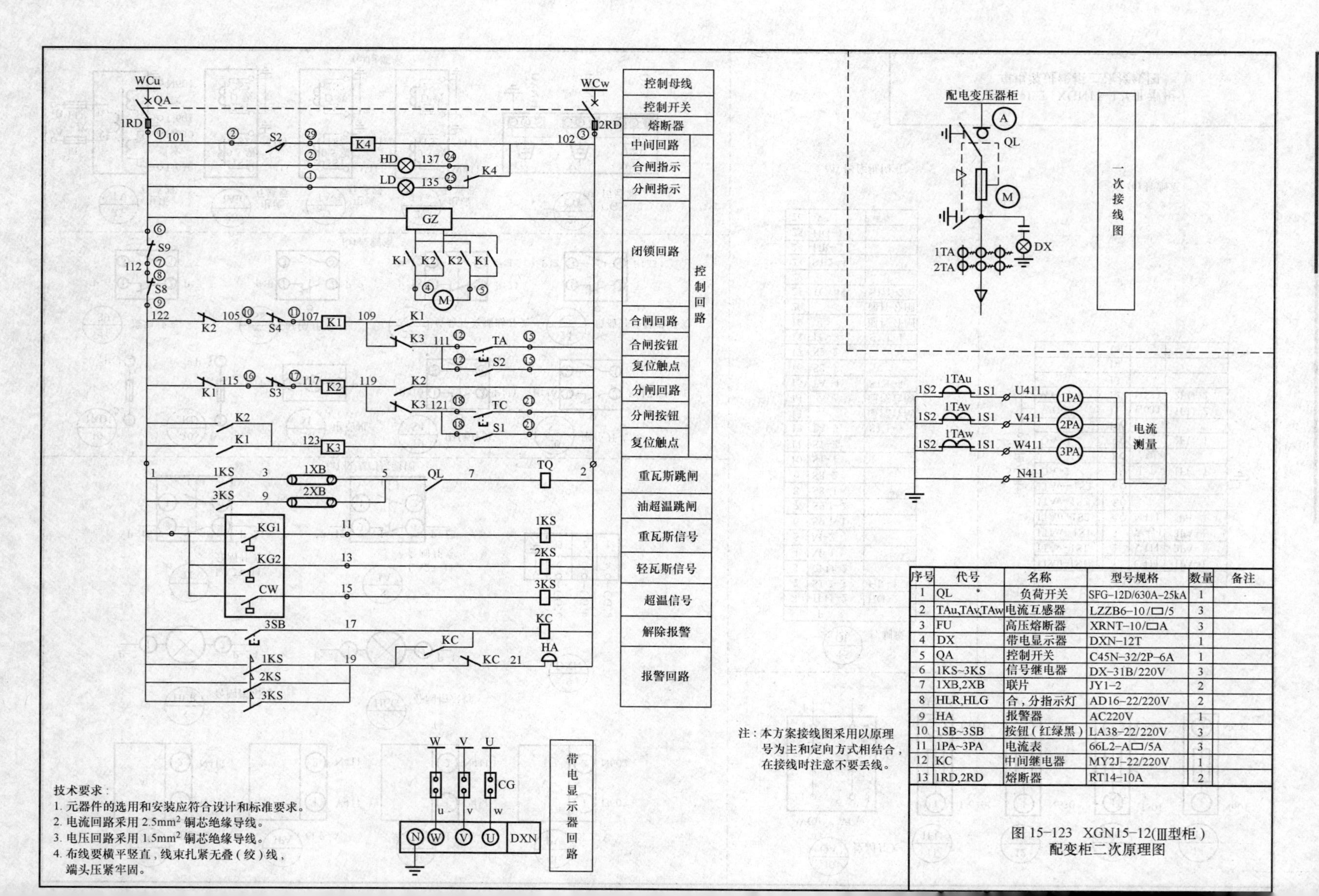

序号	代号	名称	型号规格	数量	备注
1	QL	负荷开关	SFG-12D/630A-25kA	1	
2	TAu,TAv,TAw	电流互感器	LZZB6-10/□/5	3	
3	FU	高压熔断器	XRNT-10/□A	3	
4	DX	带电显示器	DXN-12T	1	
5	QA	控制开关	C45N-32/2P-6A	1	
6	1KS~3KS	信号继电器	DX-31B/220V	3	
7	1XB,2XB	联片	JY1-2	2	
8	HLR,HLG	合，分指示灯	AD16-22/220V	2	
9	HA	报警器	AC220V	1	
10	1SB~3SB	按钮（红绿黑）	LA38-22/220V	3	
11	1PA~3PA	电流表	66L2-A□/5A	3	
12	KC	中间继电器	MY2J-22/220V	1	
13	1RD,2RD	熔断器	RT14-10A	2	

注：本方案接线图采用以原理号为主和定向方式相结合，在接线时注意不要丢线。

技术要求：
1. 元器件的选用和安装应符合设计和标准要求。
2. 电流回路采用 2.5mm² 铜芯绝缘导线。
3. 电压回路采用 1.5mm² 铜芯绝缘导线。
4. 布线要横平竖直，线束扎紧无叠（绞）线，端头压紧牢固。

图 15-123　XGN15-12(Ⅲ型柜）配变柜二次原理图

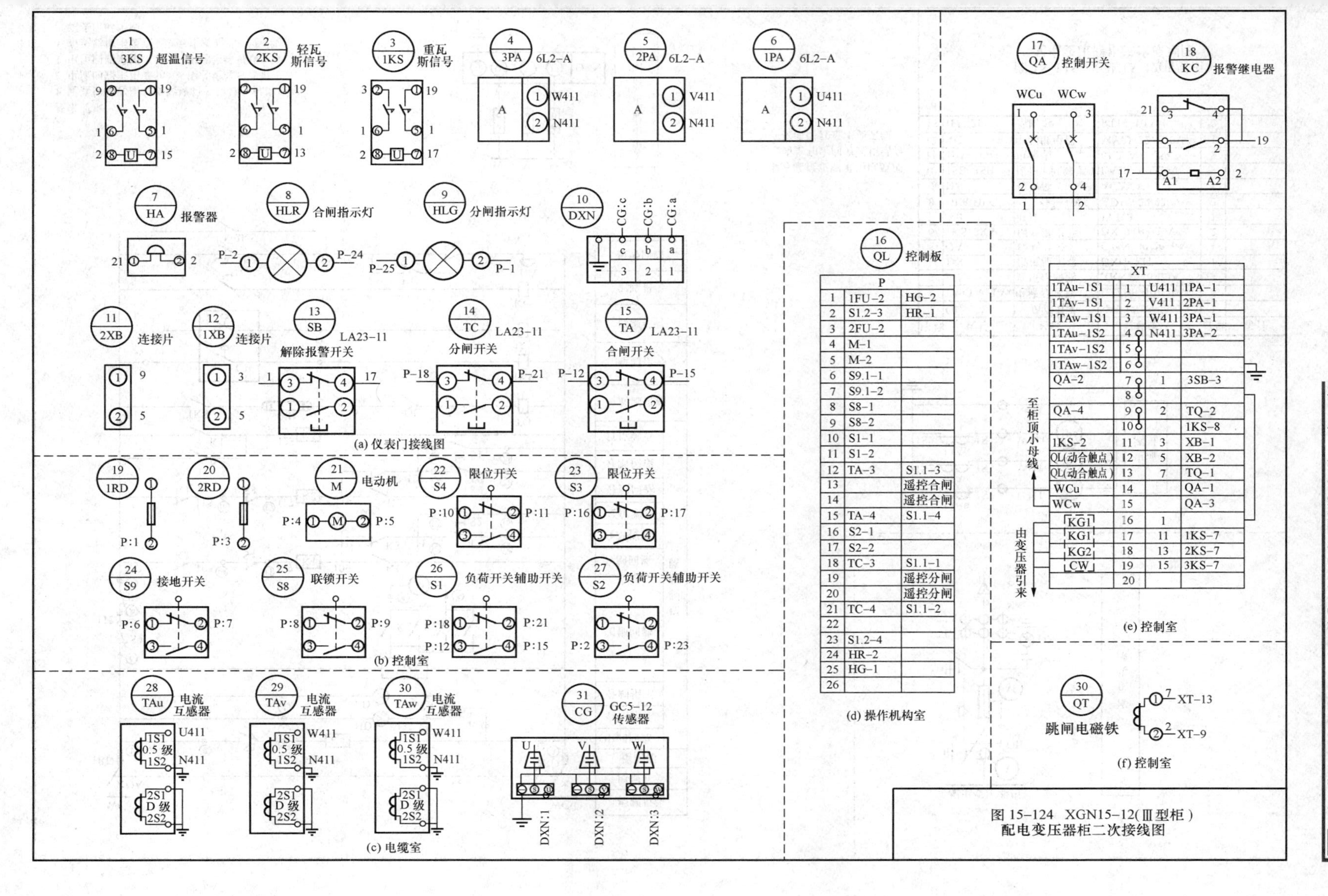

	P	
1	1FU-2	HG-2
2	S1.2-3	HR-1
3	2FU-2	
4	M-1	
5	M-2	
6	S9.1-1	
7	S9.1-2	
8	S8-1	
9	S8-2	
10	S1-1	
11	S1-2	
12	TA-3	S1.1-3
13		遥控合闸
14		遥控合闸
15	TA-4	S1.1-4
16	S2-1	
17	S2-2	
18	TC-3	S1.1-1
19		遥控分闸
20		遥控分闸
21	TC-4	S1.1-2
22		
23	S1.2-4	
24	HR-2	
25	HG-1	
26		

XT			
1TAu-1S1	1	U411	1PA-1
1TAv-1S1	2	V411	2PA-1
1TAw-1S1	3	W411	3PA-1
1TAu-1S2	4	N411	3PA-2
1TAv-1S2	5		
1TAw-1S2	6		
QA-2	7	1	3SB-3
	8		
QA-4	9	2	TQ-2
	10		1KS-8
1KS-2	11	3	XB-1
QL(动合触点)	12	5	XB-2
QL(动合触点)	13	7	TQ-1
WCu	14		QA-1
WCw	15		QA-3
KG1	16	1	
KG1	17	11	1KS-7
KG2	18	13	2KS-7
CW	19	15	3KS-7
	20		

图 15-124　XGN15-12(Ⅲ型柜）配电变压器柜二次接线图

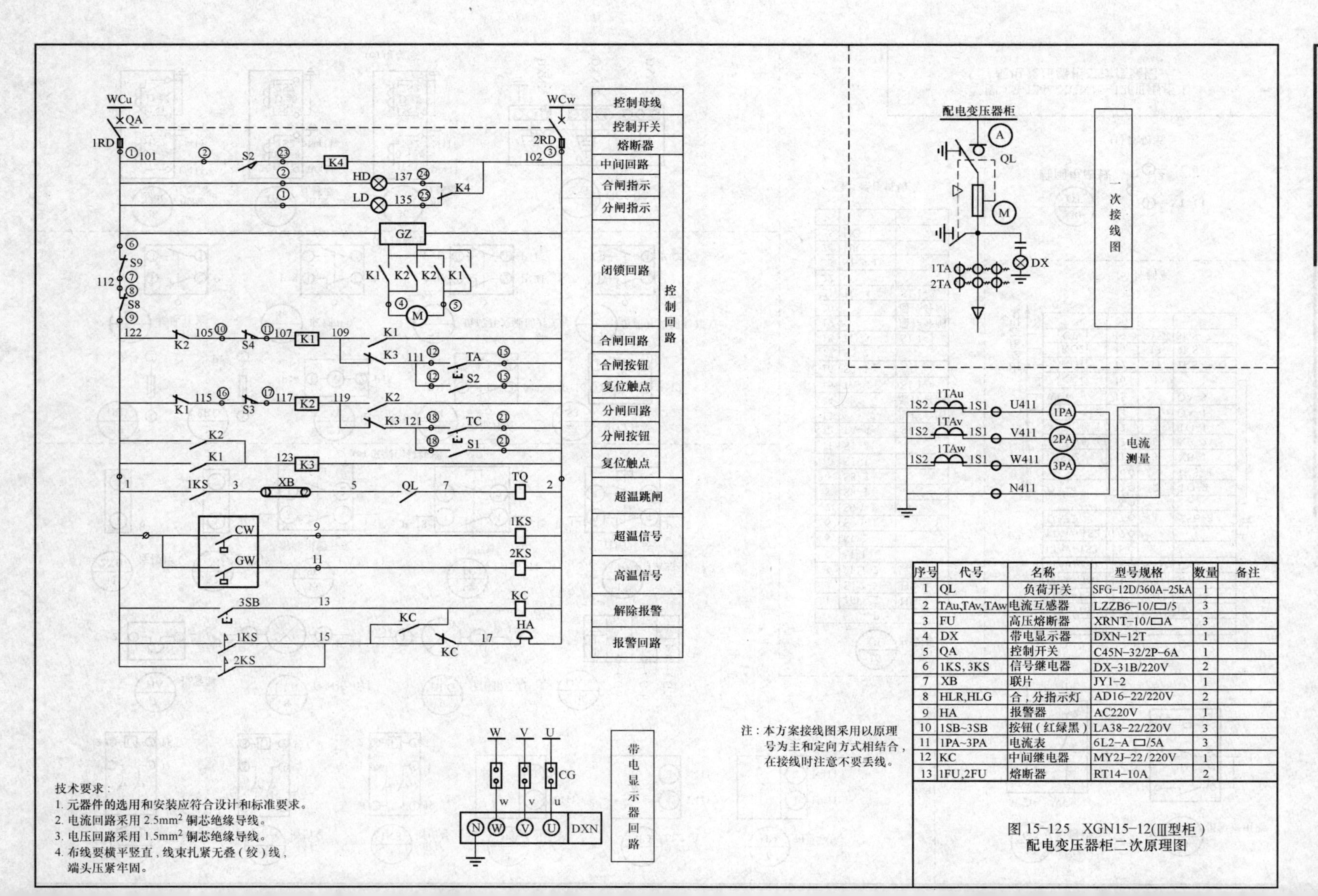

序号	代号	名称	型号规格	数量	备注
1	QL	负荷开关	SFG-12D/360A-25kA	1	
2	TAu,TAv,TAw	电流互感器	LZZB6-10/□/5	3	
3	FU	高压熔断器	XRNT-10/□A	3	
4	DX	带电显示器	DXN-12T	1	
5	QA	控制开关	C45N-32/2P-6A	1	
6	1KS, 3KS	信号继电器	DX-31B/220V	2	
7	XB	联片	JY1-2	1	
8	HLR,HLG	合，分指示灯	AD16-22/220V	2	
9	HA	报警器	AC220V	1	
10	1SB~3SB	按钮（红绿黑）	LA38-22/220V	3	
11	1PA~3PA	电流表	6L2-A □/5A	3	
12	KC	中间继电器	MY2J-22/220V	1	
13	1FU,2FU	熔断器	RT14-10A	2	

注：本方案接线图采用以原理号为主和定向方式相结合，在接线时注意不要丢线。

技术要求：
1. 元器件的选用和安装应符合设计和标准要求。
2. 电流回路采用 $2.5mm^2$ 铜芯绝缘导线。
3. 电压回路采用 $1.5mm^2$ 铜芯绝缘导线。
4. 布线要横平竖直，线束扎紧无叠（绞）线，端头压紧牢固。

图 15-125 XGN15-12(Ⅲ型柜)
配电变压器柜二次原理图

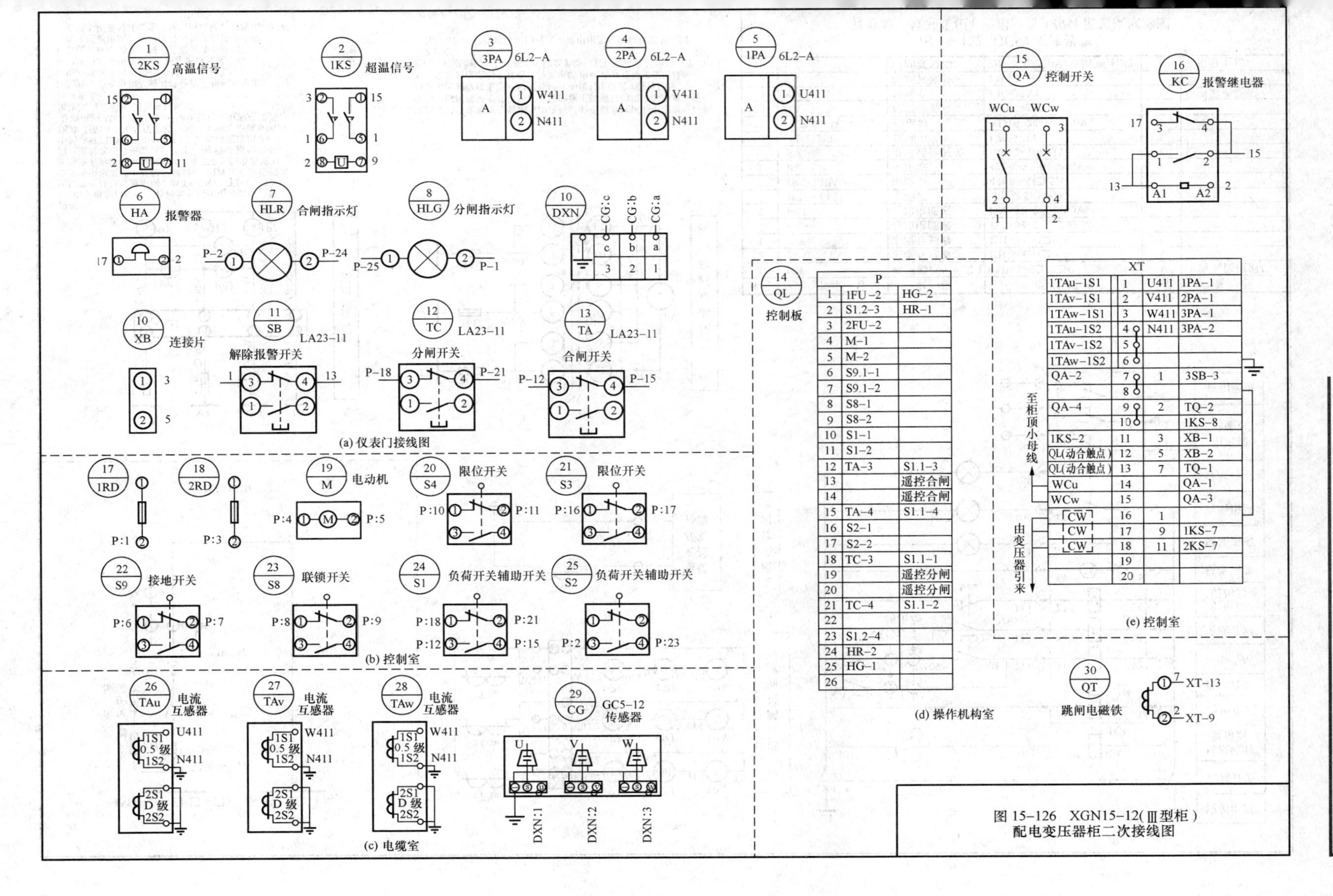

P		
1	1FU-2	HG-2
2	S1.2-3	HR-1
3	2FU-2	
4	M-1	
5	M-2	
6	S9.1-1	
7	S9.1-2	
8	S8-1	
9	S8-2	
10	S1-1	
11	S1-2	
12	TA-3	S1.1-3
13		遥控合闸
14		遥控合闸
15	TA-4	S1.1-4
16	S2-1	
17	S2-2	
18	TC-3	S1.1-1
19		遥控分闸
20		遥控分闸
21	TC-4	S1.1-2
22		
23	S1.2-4	
24	HR-2	
25	HG-1	
26		

	XT		
1TAu-1S1	1	U411	1PA-1
1TAv-1S1	2	V411	2PA-1
1TAw-1S1	3	W411	3PA-1
1TAu-1S2	4	N411	3PA-2
1TAv-1S2	5		
1TAw-1S2	6		
QA-2	7	1	3SB-3
	8		
QA-4	9	2	TQ-2
	10		1KS-8
1KS-2	11	3	XB-1
QL(动合触点)	12	5	XB-2
QL(动合触点)	13	7	TQ-1
WCu	14		QA-1
WCw	15		QA-3
CW	16	1	
CW	17	9	1KS-7
CW	18	11	2KS-7
	19		
	20		

图 15-126　XGN15-12(Ⅲ型柜)配电变压器柜二次接线图

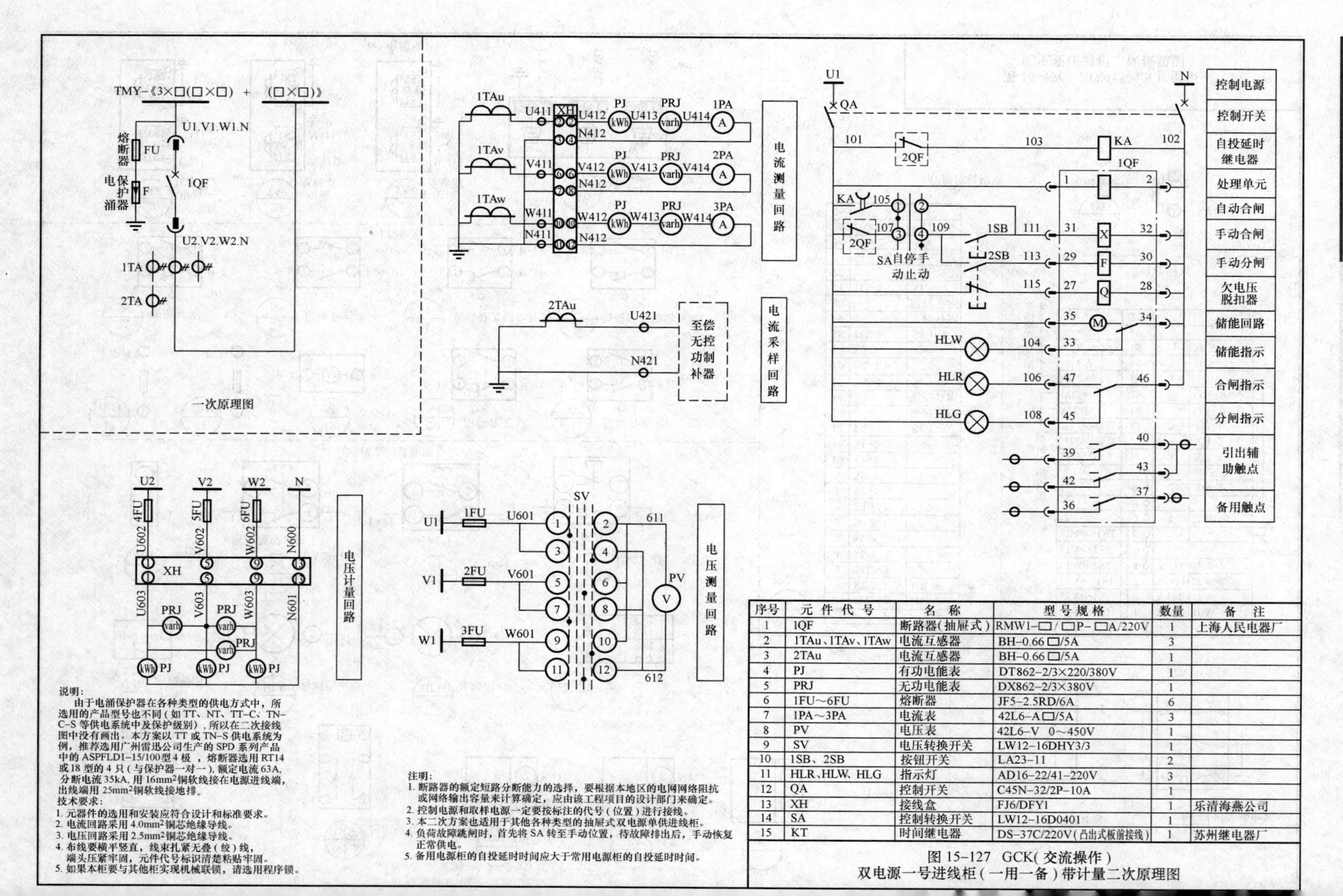

说明：

由于电涌保护器在各种类型的供电方式中，所选用的产品型号也不同（如TT、NT、TT-C、TN-C-S等供电系统中及保护级别），所以在二次接线图中没有画出。本方案以TT或TN-S供电系统为例，推荐选用广州雷迅公司生产的SPD系列产品中的ASPFLDI-15/100型4极，熔断器选用RT14或18型的4只（与保护器一对一），额定电流63A，分断电流35kA，用16mm²铜软线接在电源进线端，出线端用25mm²铜软线接地排。

技术要求：

1. 元器件的选用和安装应符合设计和标准要求。
2. 电流回路采用4.0mm²铜芯绝缘导线。
3. 电压回路采用2.5mm²铜芯绝缘导线。
4. 布线要横平竖直，线束扎紧无叠（绞）线，端头压紧牢固，元件代号标识清楚粘贴牢固。
5. 如果本柜要与其他柜实现机械联锁，请选用程序锁。

注明：

1. 断路器的额定短路分断能力的选择，要根据本地区的电网网络阻抗或网络输出容量来计算确定，应由该工程项目的设计部门来确定。
2. 控制电源和取样电源一定要按标注的代号（位置）进行接线。
3. 本二次方案也适用于其他各种类型的抽屉式双电源单供进线柜。
4. 负荷故障跳闸时，首先将SA转至手动位置，待故障排出后，手动恢复正常供电。
5. 备用电源柜的自投延时时间应大于常用电源柜的自投延时时间。

序号	元件代号	名称	型号规格	数量	备注
1	1QF	断路器（抽屉式）	RMW1-□/□P-□A/220V	1	上海人民电器厂
2	1TAu、1TAv、1TAw	电流互感器	BH-0.66□/5A	3	
3	2TAu	电流互感器	BH-0.66□/5A	1	
4	PJ	有功电能表	DT862-2/3×220/380V	1	
5	PRJ	无功电能表	DX862-2/3×380V	1	
6	1FU～6FU	熔断器	JF5-2.5RD/6A	6	
7	1PA～3PA	电流表	42L6-A□/5A	3	
8	PV	电压表	42L6-V 0～450V	1	
9	SV	电压转换开关	LW12-16DHY3/3	1	
10	1SB、2SB	按钮开关	LA23-11	2	
11	HLR、HLW、HLG	指示灯	AD16-22/41-220V	3	
12	QA	控制开关	C45N-32/2P-10A	1	
13	XH	接线盒	FJ6/DFY1	1	乐清海燕公司
14	SA	控制转换开关	LW12-16D0401	1	
15	KT	时间继电器	DS-37C/220V（凸出式板前接线）	1	苏州继电器厂

图15-127 GCK（交流操作）
双电源一号进线柜（一用一备）带计量二次原理图

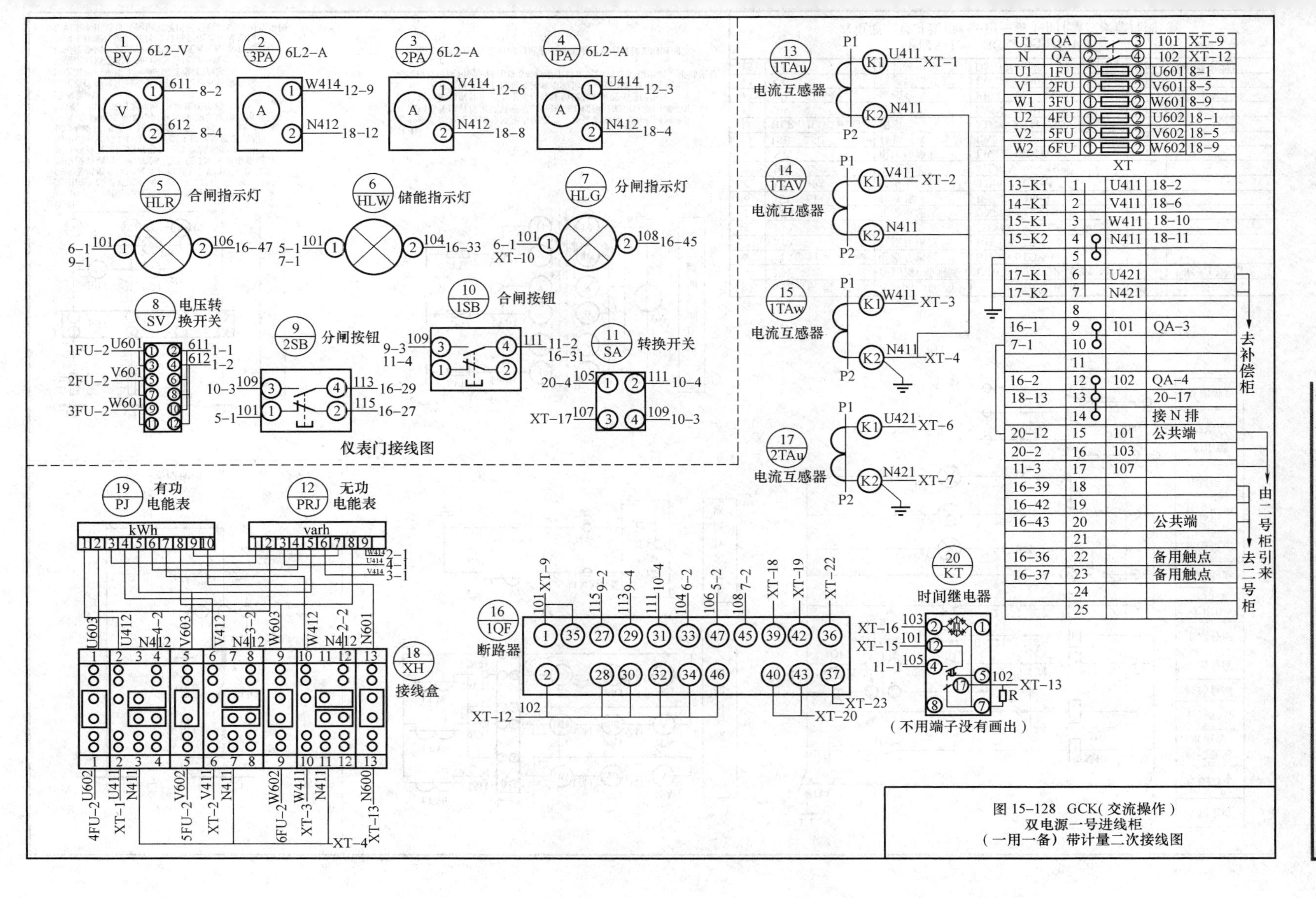

图 15-128　GCK（交流操作）双电源一号进线柜（一用一备）带计量二次接线图

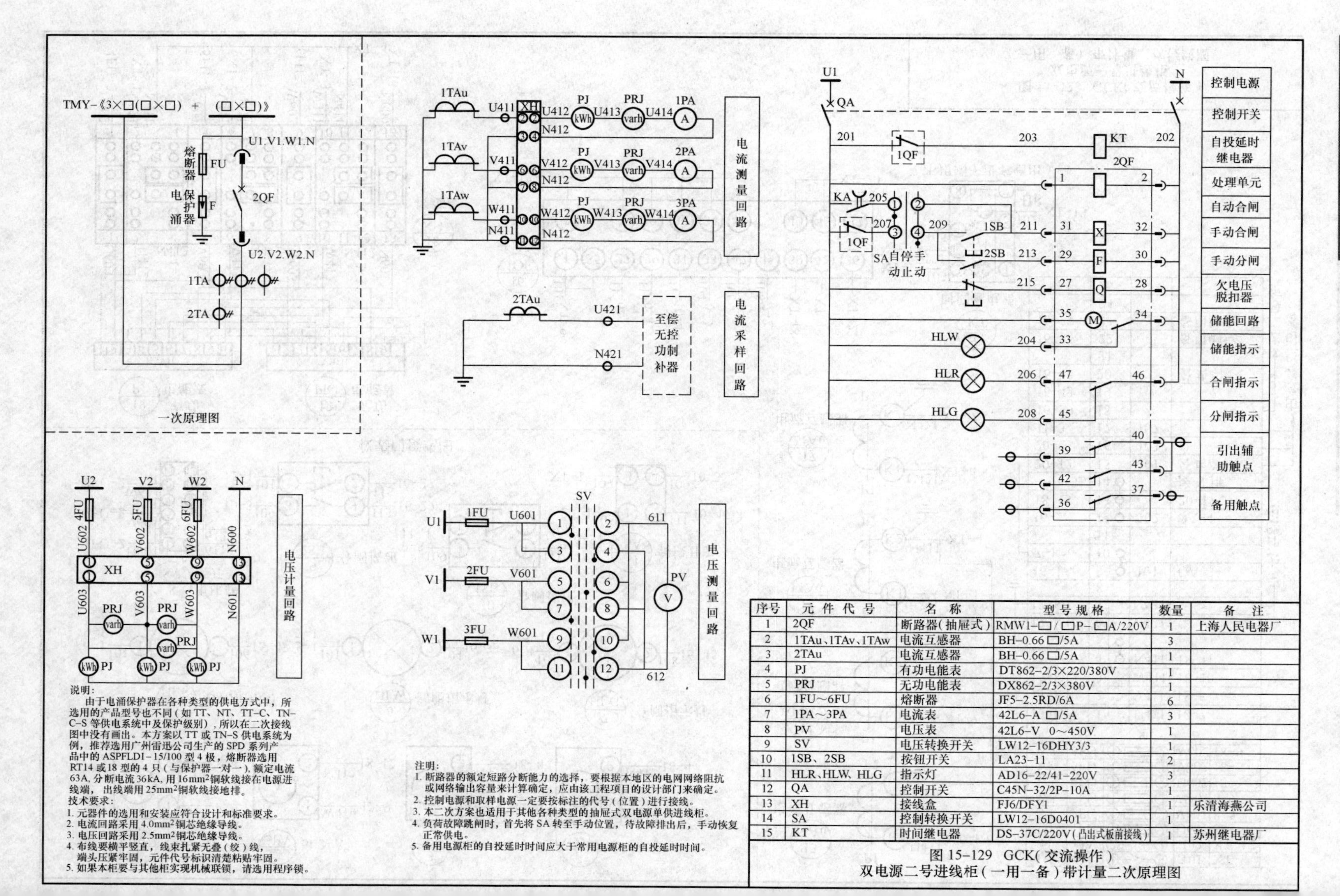

说明：

由于电涌保护器在各种类型的供电方式中，所选用的产品型号也不同（如TT、NT、TT–C、TN–C–S等供电系统中及保护级别），所以在二次接线图中没有画出。本方案以TT或TN–S供电系统为例，推荐选用广州雷迅公司生产的SPD系列产品中的ASPFLDI–15/100型4极，熔断器选用RT14或18型的4只（与保护器一对一），额定电流63A，分断电流36kA，用16mm²铜软线接在电源进线端，出线端用25mm²铜软线接地排。

技术要求：

1. 元器件的选用和安装应符合设计和标准要求。
2. 电流回路采用4.0mm²铜芯绝缘导线。
3. 电压回路采用2.5mm²铜芯绝缘导线。
4. 布线要横平竖直，线束扎紧无叠（绞）线，端头压紧牢固，元件代号标识清楚粘贴牢固。
5. 如果本柜要与其他柜实现机械联锁，请选用程序锁。

注明：

1. 断路器的额定短路分断能力的选择，要根据本地区的电网网络阻抗或网络输出容量来计算确定，应由该工程项目的设计部门来确定。
2. 控制电源和取样电源一定要按标注的代号（位置）进行接线。
3. 本二次方案也适用于其他各种类型的抽屉式双电源单供进线柜。
4. 负荷故障跳闸时，首先将SA转至手动位置，待故障排出后，手动恢复正常供电。
5. 备用电源柜的自投延时时间应大于常用电源柜的自投延时时间。

序号	元件代号	名称	型号规格	数量	备注
1	2QF	断路器（抽屉式）	RMW1–□/□P–□A/220V	1	上海人民电器厂
2	1TAu、1TAv、1TAw	电流互感器	BH–0.66 □/5A	3	
3	2TAu	电流互感器	BH–0.66 □/5A	1	
4	PJ	有功电能表	DT862–2/3×220/380V	1	
5	PRJ	无功电能表	DX862–2/3×380V	1	
6	1FU～6FU	熔断器	JF5–2.5RD/6A	6	
7	1PA～3PA	电流表	42L6–A □/5A	3	
8	PV	电压表	42L6–V 0～450V	1	
9	SV	电压转换开关	LW12–16DHY3/3	1	
10	1SB、2SB	按钮开关	LA23–11	2	
11	HLR、HLW、HLG	指示灯	AD16–22/41–220V	3	
12	QA	控制开关	C45N–32/2P–10A	1	
13	XH	接线盒	FJ6/DFY1	1	乐清海燕公司
14	SA	控制转换开关	LW12–16D0401	1	
15	KT	时间继电器	DS–37C/220V（凸出式板前接线）	1	苏州继电器厂

图15–129 GCK（交流操作）双电源二号进线柜（一用一备）带计量二次原理图

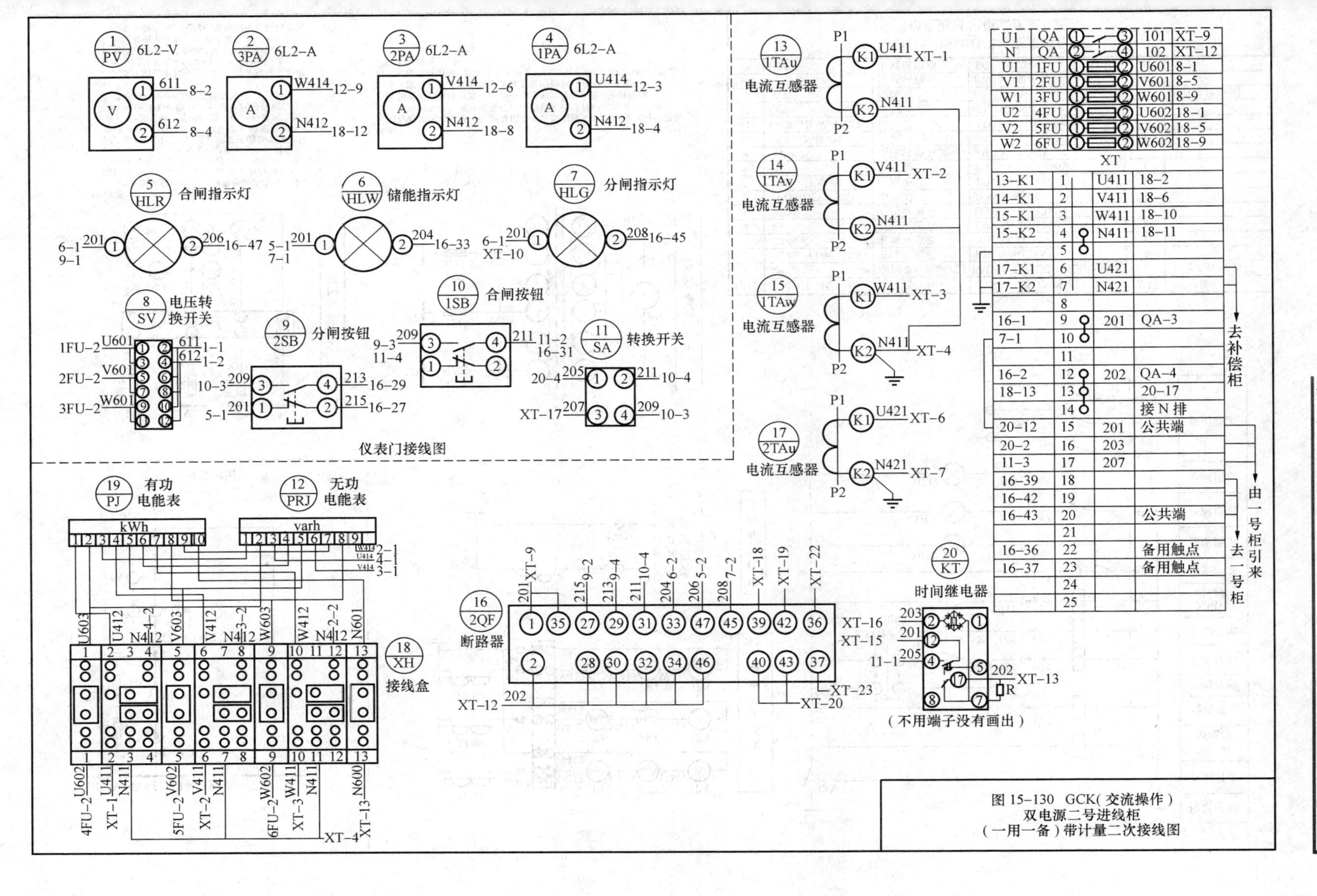

图15-130　GCK（交流操作）双电源二号进线柜（一用一备）带计量二次接线图

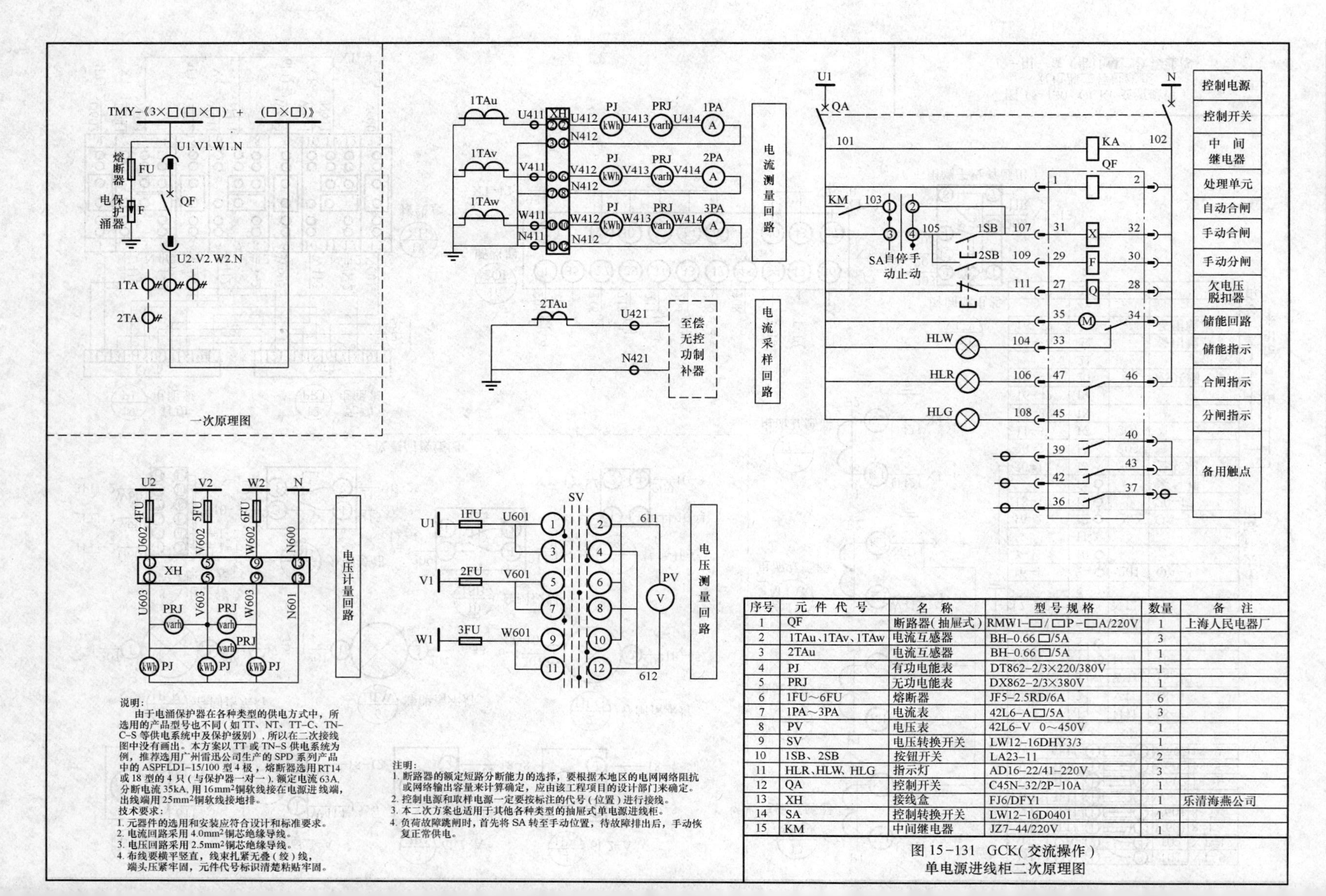

序号	元件代号	名称	型号规格	数量	备注
1	QF	断路器(抽屉式)	RMW1-□/□P-□A/220V	1	上海人民电器厂
2	1TAu、1TAv、1TAw	电流互感器	BH-0.66□/5A	3	
3	2TAu	电流互感器	BH-0.66□/5A	1	
4	PJ	有功电能表	DT862-2/3×220/380V	1	
5	PRJ	无功电能表	DX862-2/3×380V	1	
6	1FU~6FU	熔断器	JF5-2.5RD/6A	6	
7	1PA~3PA	电流表	42L6-A□/5A	3	
8	PV	电压表	42L6-V 0~450V	1	
9	SV	电压转换开关	LW12-16DHY3/3	1	
10	1SB、2SB	按钮开关	LA23-11	2	
11	HLR、HLW、HLG	指示灯	AD16-22/41-220V	3	
12	QA	控制开关	C45N-32/2P-10A	1	
13	XH	接线盒	FJ6/DFY1	1	乐清海燕公司
14	SA	控制转换开关	LW12-16D0401	1	
15	KM	中间继电器	JZ7-44/220V	1	

说明：

由于电涌保护器在各种类型的供电方式中，所选用的产品型号也不同（如TT、NT、TT-C、TN-C-S等供电系统中及保护级别），所以在二次接线图中没有画出。本方案以TT或TN-S供电系统为例，推荐选用广州雷迅公司生产的SPD系列产品中的ASPFLD1-15/100型4极，熔断器选用RT14或18型的4只（与保护器一对一），额定电流63A，分断电流35kA，用16mm²铜软线接在电源进线端，出线端用25mm²铜软线接地排。

技术要求：

1. 元器件的选用和安装应符合设计和标准要求。
2. 电流回路采用4.0mm²铜芯绝缘导线。
3. 电压回路采用2.5mm²铜芯绝缘导线。
4. 布线要横平竖直，线束扎紧无叠（绞）线，端头压紧牢固，元件代号标识清楚粘贴牢固。

注明：

1. 断路器的额定短路分断能力的选择，要根据本地区的电网网络阻抗或网络输出容量来计算确定，应由该工程项目的设计部门来确定。
2. 控制电源和取样电源一定要按标注的代号（位置）进行接线。
3. 本二次方案也适用于其他各种类型的抽屉式单电源进线柜。
4. 负荷故障跳闸时，首先将SA转至手动位置，待故障排出后，手动恢复正常供电。

图15-131 GCK(交流操作)单电源进线柜二次原理图

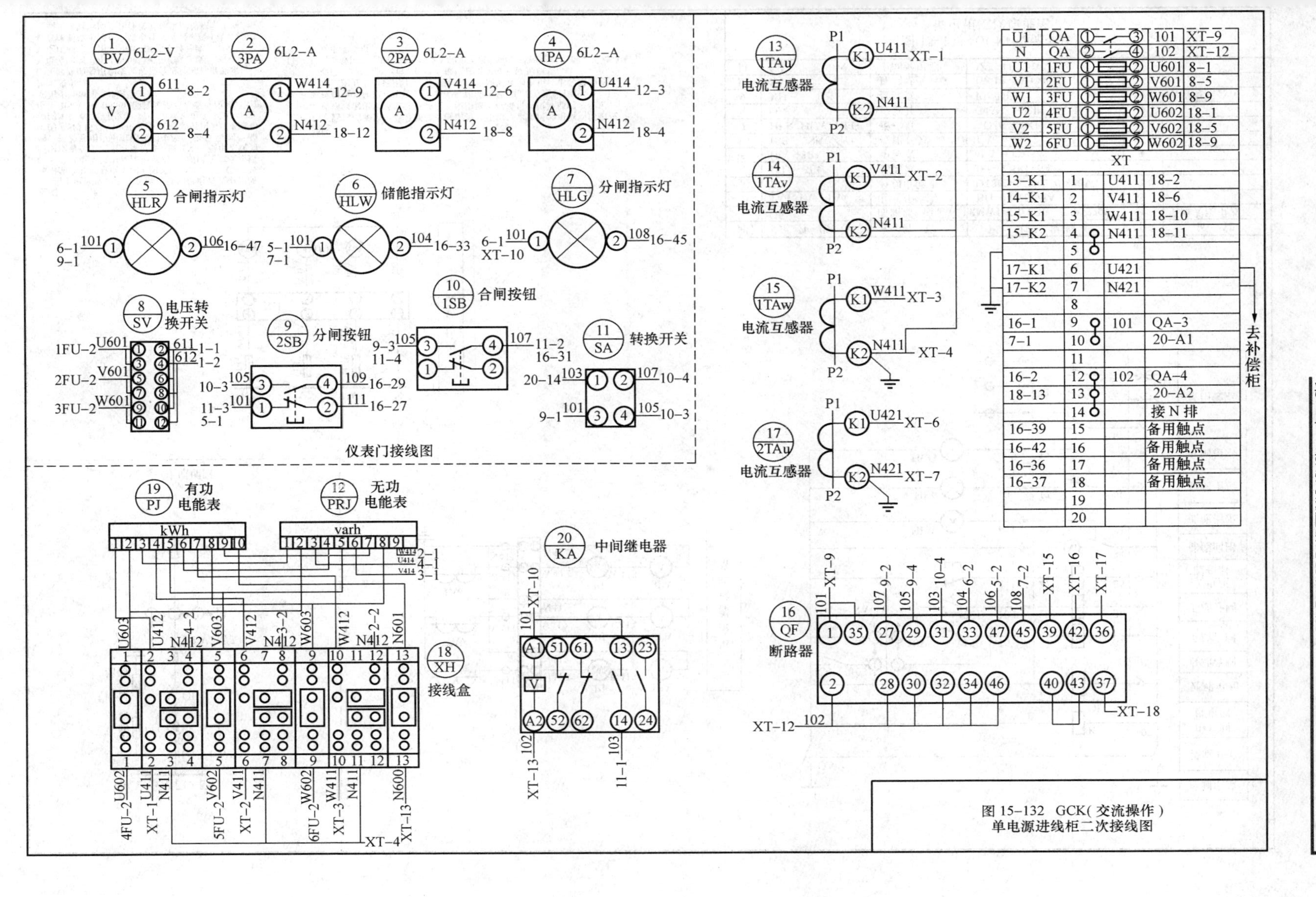

图15-132　GCK（交流操作）单电源进线柜二次接线图

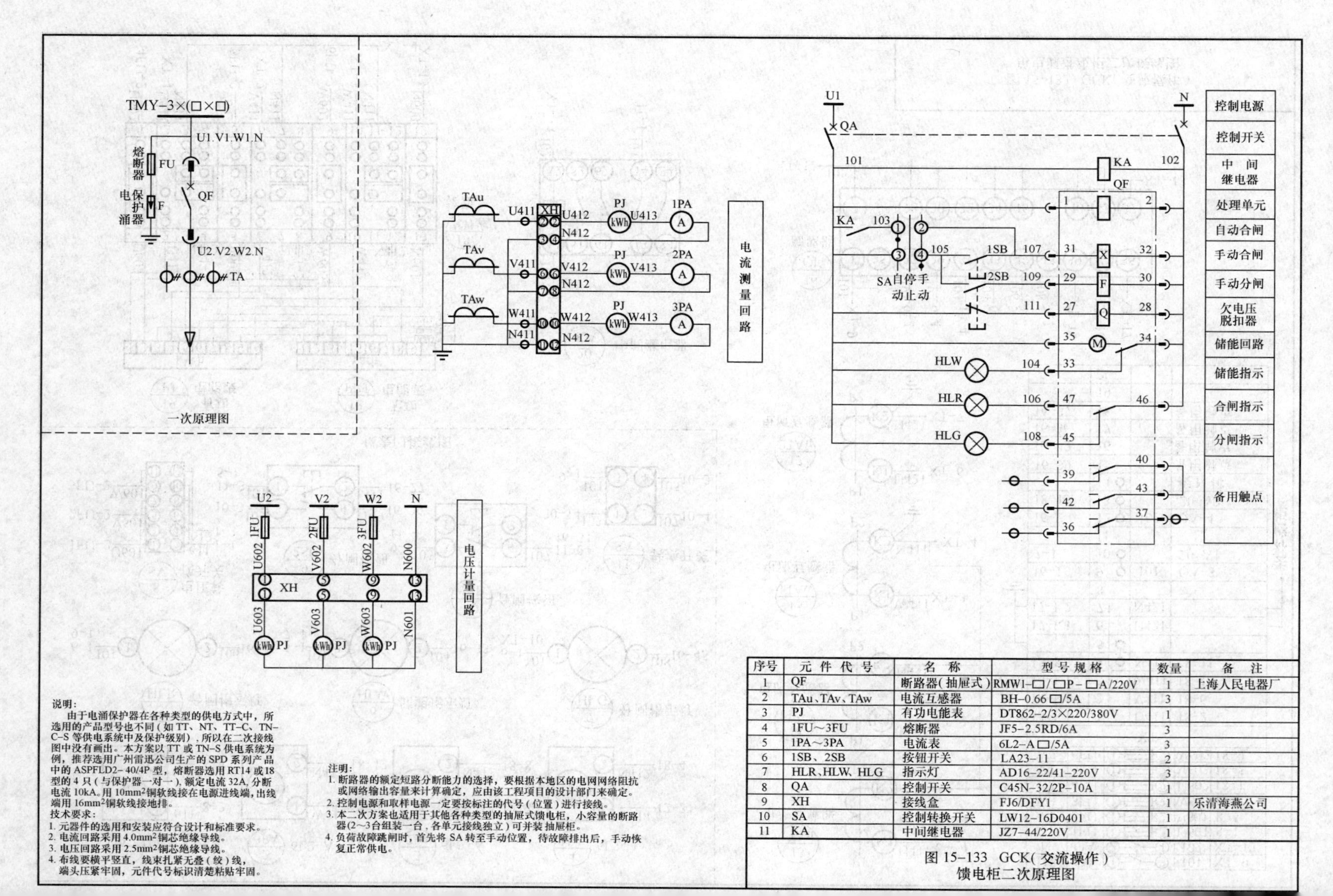

序号	元件代号	名　称	型号规格	数量	备　注
1	QF	断路器(抽屉式)	RMW1−□/□P−□A/220V	1	上海人民电器厂
2	TAu、TAv、TAw	电流互感器	BH−0.66 □/5A	3	
3	PJ	有功电能表	DT862−2/3×220/380V	1	
4	1FU～3FU	熔断器	JF5−2.5RD/6A	3	
5	1PA～3PA	电流表	6L2−A□/5A	3	
6	1SB、2SB	按钮开关	LA23−11	2	
7	HLR、HLW、HLG	指示灯	AD16−22/41−220V	3	
8	QA	控制开关	C45N−32/2P−10A	1	
9	XH	接线盒	FJ6/DFY1	1	乐清海燕公司
10	SA	控制转换开关	LW12−16D0401	1	
11	KA	中间继电器	JZ7−44/220V	1	

说明：

由于电涌保护器在各种类型的供电方式中，所选用的产品型号也不同（如TT、NT、TT−C、TN−C−S等供电系统中及保护级别），所以在二次接线图中没有画出。本方案以TT或TN−S供电系统为例，推荐选用广州雷迅公司生产的SPD系列产品中的ASPFLD2−40/4P型，熔断器选用RT14或18型的4只（与保护器一对一），额定电流32A，分断电流10kA。用10mm²铜软线接在电源进线端，出线端用16mm²铜软线接地排。

技术要求：

1. 元器件的选用和安装应符合设计和标准要求。
2. 电流回路采用4.0mm²铜芯绝缘导线。
3. 电压回路采用2.5mm²铜芯绝缘导线。
4. 布线要横平竖直，线束扎紧无叠（绞）线，端头压紧牢固，元件代号标识清楚粘贴牢固。

注明：

1. 断路器的额定短路分断能力的选择，要根据本地区的电网网络阻抗或网络输出容量来计算确定，应由该工程项目的设计部门来确定。
2. 控制电源和取样电源一定要按标注的代号（位置）进行接线。
3. 本二次方案也适用于其他各种类型的抽屉式馈电柜，小容量的断路器(2～3台组装一台，各单元接线独立）可并装抽屉柜。
4. 负荷故障跳闸时，首先将SA转至手动位置，待故障排出后，手动恢复正常供电。

图15−133　GCK（交流操作）馈电柜二次原理图

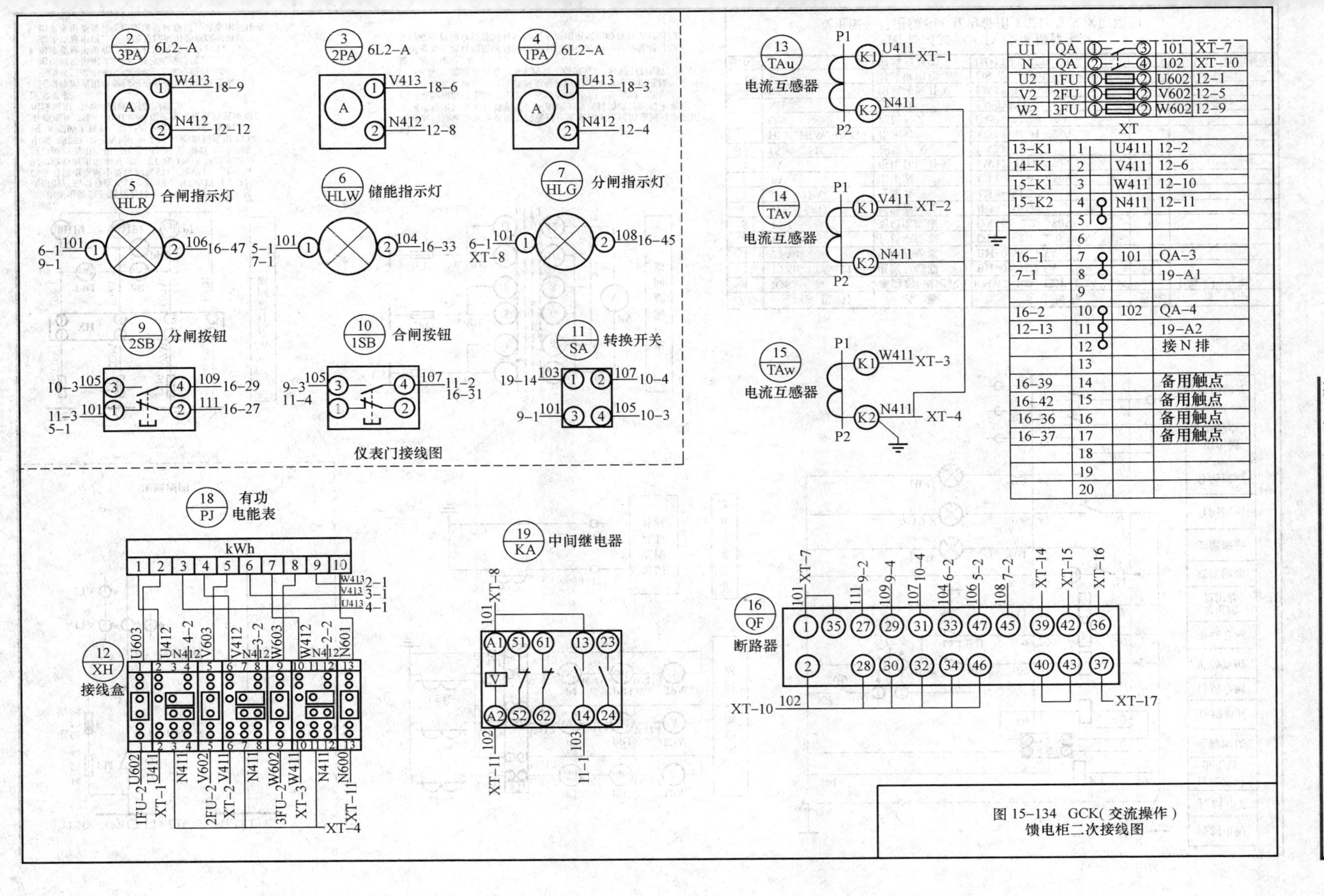

图 15-134 GCK（交流操作）馈电柜二次接线图

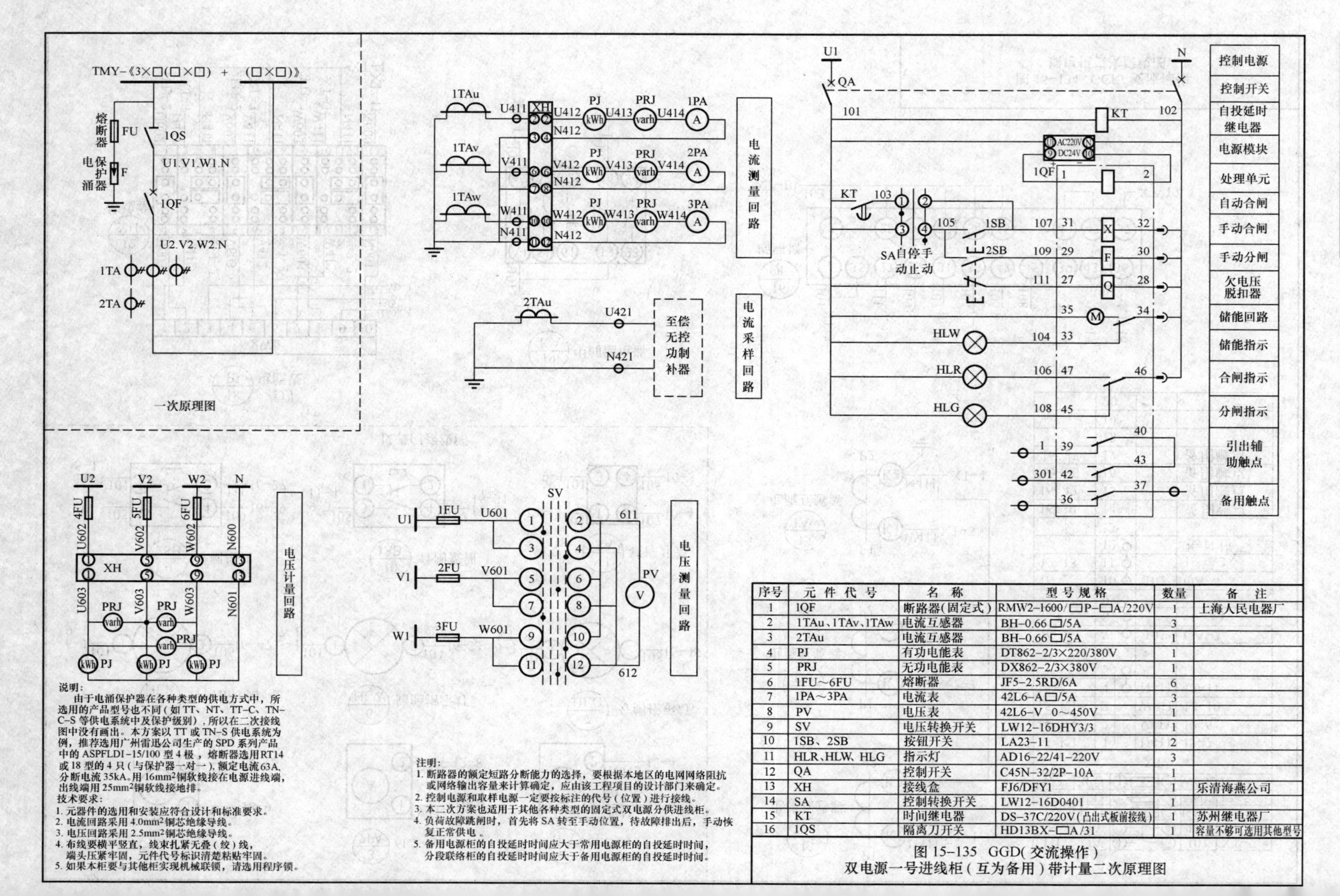

说明：

由于电涌保护器在各种类型的供电方式中，所选用的产品型号也不同（如TT、NT、TT-C、TN-C-S等供电系统中及保护级别），所以在二次接线图中没有画出。本方案以TT或TN-S供电系统为例，推荐选用广州雷迅公司生产的SPD系列产品中的ASPFLDI-15/100型4极，熔断器选用RT14或18型的4只（与保护器一对一），额定电流63A，分断电流35kA。用16mm²铜软线接在电源进线端，出线端用25mm²铜软线接地排。

技术要求：

1. 元器件的选用和安装应符合设计和标准要求。
2. 电流回路采用4.0mm²铜芯绝缘导线。
3. 电压回路采用2.5mm²铜芯绝缘导线。
4. 布线要横平竖直，线束扎紧无叠（绞）线，端头压紧牢固，元件代号标识清楚粘贴牢固。
5. 如果本柜要与其他柜实现机械联锁，请选用程序锁。

注明：

1. 断路器的额定短路分断能力的选择，要根据本地区的电网网络阻抗或网络输出容量来计算确定，应由该工程项目的设计部门来确定。
2. 控制电源和取样电源一定要按标注的代号（位置）进行接线。
3. 本二次方案也适用于其他各种类型的固定式双电源分供进线柜。
4. 负荷故障跳闸时，首先将SA转至手动位置，待故障排出后，手动恢复正常供电。
5. 备用电源柜的自投延时时间应大于常用电源柜的自投延时时间，分段联络柜的自投延时时间应大于备用电源柜的自投延时时间。

序号	元件代号	名称	型号规格	数量	备注
1	1QF	断路器(固定式)	RMW2-1600/□P-□A/220V	1	上海人民电器厂
2	1TAu、1TAv、1TAw	电流互感器	BH-0.66□/5A	3	
3	2TAu	电流互感器	BH-0.66□/5A	1	
4	PJ	有功电能表	DT862-2/3×220/380V	1	
5	PRJ	无功电能表	DX862-2/3×380V	1	
6	1FU～6FU	熔断器	JF5-2.5RD/6A	6	
7	1PA～3PA	电流表	42L6-A□/5A	3	
8	PV	电压表	42L6-V 0～450V	1	
9	SV	电压转换开关	LW12-16DHY3/3	1	
10	1SB、2SB	按钮开关	LA23-11	2	
11	HLR、HLW、HLG	指示灯	AD16-22/41-220V	3	
12	QA	控制开关	C45N-32/2P-10A	1	
13	XH	接线盒	FJ6/DFY1	1	乐清海燕公司
14	SA	控制转换开关	LW12-16D0401	1	
15	KT	时间继电器	DS-37C/220V(凸出式板前接线)	1	苏州继电器厂
16	1QS	隔离刀开关	HD13BX-□A/31	1	容量不够可选用其他型号

图15-135 GGD(交流操作)
双电源一号进线柜（互为备用）带计量二次原理图

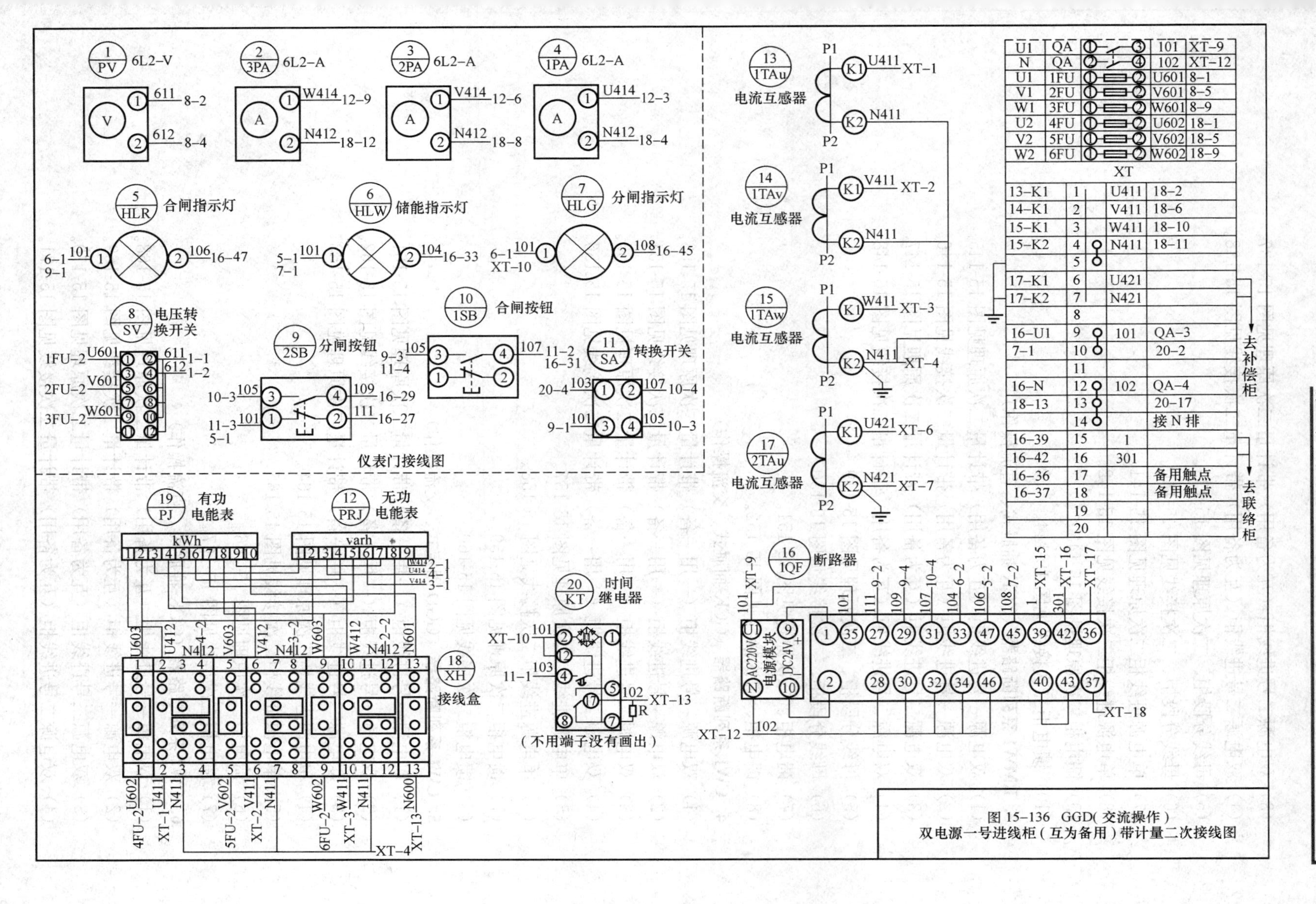

图15-136 GGD（交流操作）
双电源一号进线柜（互为备用）带计量二次接线图

（3）双电源二号进线柜（互为备用）带计量二次原理见图 15-137。
（4）双电源二号进线柜（互为备用）带计量二次接线见图 15-138。
（5）母线分段柜、二次原理见图 15-139。
（6）母线分段柜、二次接线见图 15-140。
（7）单电源进线柜二次原理见图 15-141。
（8）单电源进线柜二次接线见图 15-142。
（9）馈电柜二次原理见图 15-143。
（10）馈电柜二次接线见图 15-144。

3. RMW1 系列断路器（GCK-抽屉式、直流操作）

（1）双电源一号进线柜（互为备用）带计量二次原理见图 15-145。
（2）双电源一号进线柜（互为备用）带计量二次接线见图 15-146。
（3）双电源二号进线柜（互为备用）带计量二次原理见图 15-147。
（4）双电源二号进线柜（互为备用）带计量二次接线见图 15-148。
（5）母线分段柜、二次原理见图 15-149。
（6）母线分段柜、二次接线见图 15-150。
（7）馈电柜、二次原理见图 15-151。
（8）馈电柜、二次接线见图 15-152。

4. CW1 系列断路器（GCK-抽屉式、交流操作）

（1）双电源一号进线柜（一用一备）带计量二次原理见图 15-153。
（2）双电源一号进线柜（一用一备）带计量二次接线见图 15-154。
（3）双电源二号进线柜（一用一备）带计量二次原理见图 15-155。
（4）双电源二号进线柜（一用一备）带计量二次接线见图 15-156。
（5）单电源进线柜二次原理见图 15-157。
（6）单电源进线柜二次接线见图 15-158。
（7）馈电柜二次原理见图 15-159。
（8）馈电柜二次接线见图 15-160。

5. CW1 系列断路器（GGD-固定式、交流操作）

（1）双电源一号进线柜（一用一备）带计量二次原理见图 15-161。
（2）双电源一号进线柜（一用一备）带计量二次接线见图 15-162。
（3）双电源二号进线柜（一用一备）带计量二次原理见图 15-163。
（4）单电源进线柜二次原理见图 15-164。
（5）单电源进线柜二次接线见图 15-165。
（6）馈电柜二次原理见图 15-166。
（7）馈电柜二次接线见图 15-167。

6. CW2 系列断路器（GCK-抽屉式、直流操作）

（1）双电源一号进线柜（互为备用）带计量二次原理见图 15-168。
（2）双电源一号进线柜（互为备用）带计量二次接线见图 15-169。
（3）双电源二号进线柜（互为备用）带计量二次原理见图 15-170。
（4）双电源二号进线柜（互为备用）带计量二次接线见图 15-171。

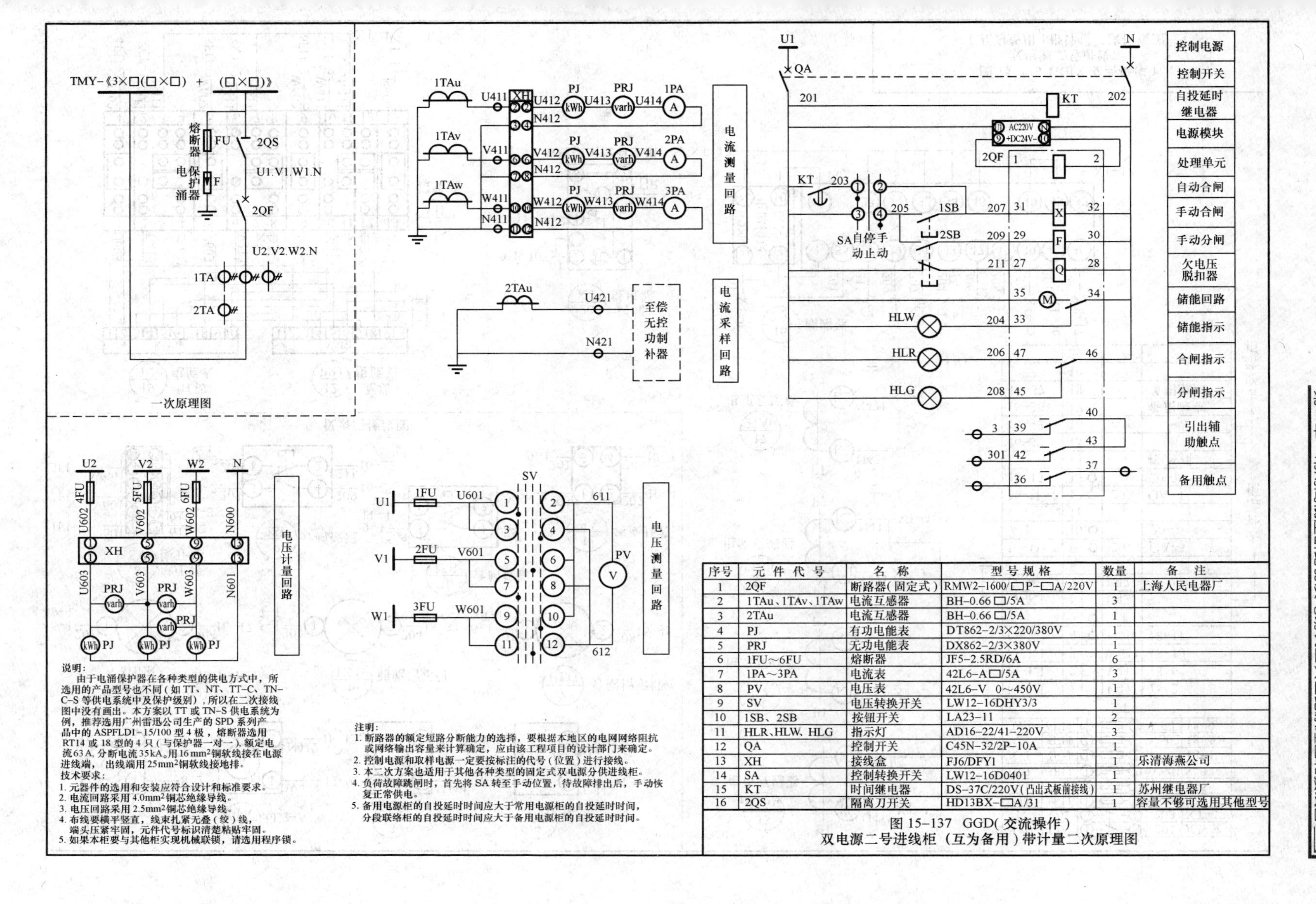

说明：

由于电涌保护器在各种类型的供电方式中，所选用的产品型号也不同（如TT、NT、TT-C、TN-C-S等供电系统中及保护级别），所以在二次接线图中没有画出。本方案以TT或TN-S供电系统为例，推荐选用广州雷迅公司生产的SPD系列产品中的ASPFLDI-15/100型4极，熔断器选用RT14或18型的4只（与保护器一对一），额定电流63A，分断电流35kA，用16mm²铜软线接在电源进线端，出线端用25mm²铜软线接地排。

技术要求：

1. 元器件的选用和安装应符合设计和标准要求。
2. 电流回路采用4.0mm²铜芯绝缘导线。
3. 电压回路采用2.5mm²铜芯绝缘导线。
4. 布线要横平竖直，线束扎紧无叠（绞）线，端头压紧牢固，元件代号标识清楚粘贴牢固。
5. 如果本柜要与其他柜实现机械联锁，请选用程序锁。

注明：

1. 断路器的额定短路分断能力的选择，要根据本地区的电网网络阻抗或网络输出容量来计算确定，应由该工程项目的设计部门来确定。
2. 控制电源和取样电源一定要按标注的代号（位置）进行接线。
3. 本二次方案也适用于其他各种类型的固定式双电源分供进线柜。
4. 负荷故障跳闸时，首先将SA转至手动位置，待故障排出后，手动恢复正常供电。
5. 备用电源柜的自投延时时间应大于常用电源柜的自投延时时间，分段联络柜的自投延时时间应大于备用电源柜的自投延时时间。

序号	元件代号	名称	型号规格	数量	备注
1	2QF	断路器（固定式）	RMW2-1600/□P-□A/220V	1	上海人民电器厂
2	1TAu、1TAv、1TAw	电流互感器	BH-0.66 □/5A	3	
3	2TAu	电流互感器	BH-0.66 □/5A	1	
4	PJ	有功电能表	DT862-2/3×220/380V	1	
5	PRJ	无功电能表	DX862-2/3×380V	1	
6	1FU～6FU	熔断器	JF5-2.5RD/6A	6	
7	1PA～3PA	电流表	42L6-A□/5A	3	
8	PV	电压表	42L6-V 0～450V	1	
9	SV	电压转换开关	LW12-16DHY3/3	1	
10	1SB、2SB	按钮开关	LA23-11	2	
11	HLR、HLW、HLG	指示灯	AD16-22/41-220V	3	
12	QA	控制开关	C45N-32/2P-10A	1	
13	XH	接线盒	FJ6/DFY1	1	乐清海燕公司
14	SA	控制转换开关	LW12-16D0401	1	
15	KT	时间继电器	DS-37C/220V（凸出式板前接线）	1	苏州继电器厂
16	2QS	隔离刀开关	HD13BX-□A/31	1	容量不够可选用其他型号

图15-137　GGD（交流操作）双电源二号进线柜（互为备用）带计量二次原理图

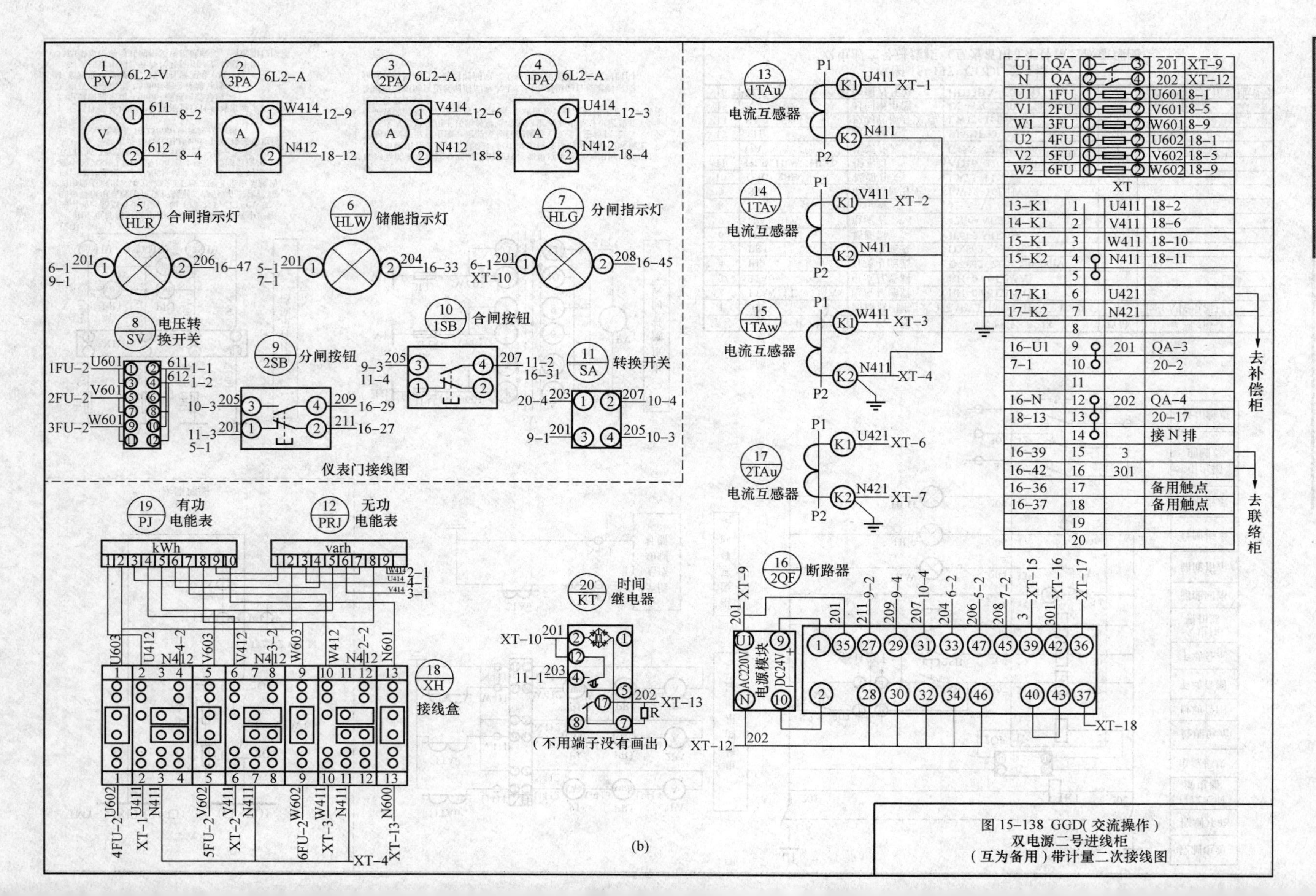

图 15-138 GGD（交流操作）双电源二号进线柜（互为备用）带计量二次接线图

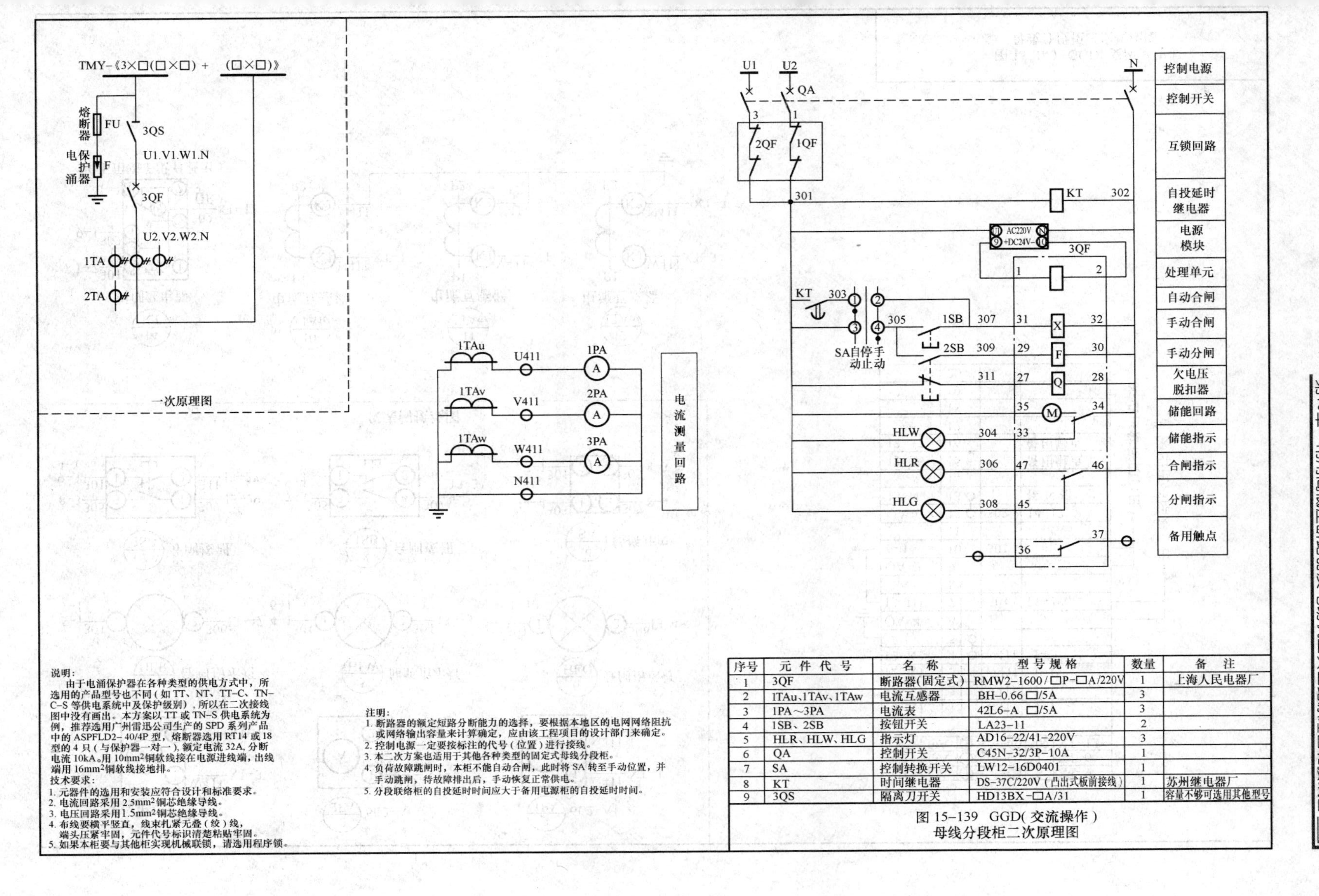

说明：

由于电涌保护器在各种类型的供电方式中，所选用的产品型号也不同（如TT、NT、TT-C、TN-C-S等供电系统中及保护级别），所以在二次接线图中没有画出。本方案以TT或TN-S供电系统为例，推荐选用广州雷迅公司生产的SPD系列产品中的ASPFLD2-40/4P型，熔断器选用RT14或18型的4只（与保护器一对一），额定电流32A，分断电流10kA。用10mm²铜软线接在电源进线端，出线端用16mm²铜软线接地排。

技术要求：

1. 元器件的选用和安装应符合设计和标准要求。
2. 电流回路采用2.5mm²铜芯绝缘导线。
3. 电压回路采用1.5mm²铜芯绝缘导线。
4. 布线要横平竖直，线束扎紧无叠（绞）线，端头压紧牢固，元件代号标识清楚粘贴牢固。
5. 如果本柜要与其他柜实现机械联锁，请选用程序锁。

注明：

1. 断路器的额定短路分断能力的选择，要根据本地区的电网网络阻抗或网络输出容量来计算确定，应由该工程项目的设计部门来确定。
2. 控制电源一定要按标注的代号（位置）进行接线。
3. 本二次方案也适用于其他各种类型的固定式母线分段柜。
4. 负荷故障跳闸时，本柜不能自动合闸，此时将SA转至手动位置，并手动跳闸，待故障排出后，手动恢复正常供电。
5. 分段联络柜的自投延时时间应大于备用电源柜的自投延时时间。

序号	元件代号	名称	型号规格	数量	备注
1	3QF	断路器(固定式)	RMW2-1600/□P-□A/220V	1	上海人民电器厂
2	1TAu、1TAv、1TAw	电流互感器	BH-0.66 □/5A	3	
3	1PA～3PA	电流表	42L6-A □/5A	3	
4	1SB、2SB	按钮开关	LA23-11	2	
5	HLR、HLW、HLG	指示灯	AD16-22/41-220V	3	
6	QA	控制开关	C45N-32/3P-10A	1	
7	SA	控制转换开关	LW12-16D0401	1	
8	KT	时间继电器	DS-37C/220V（凸出式板前接线）	1	苏州继电器厂
9	3QS	隔离刀开关	HD13BX-□A/31	1	容量不够可选用其他型号

图15-139　GGD（交流操作）母线分段柜二次原理图

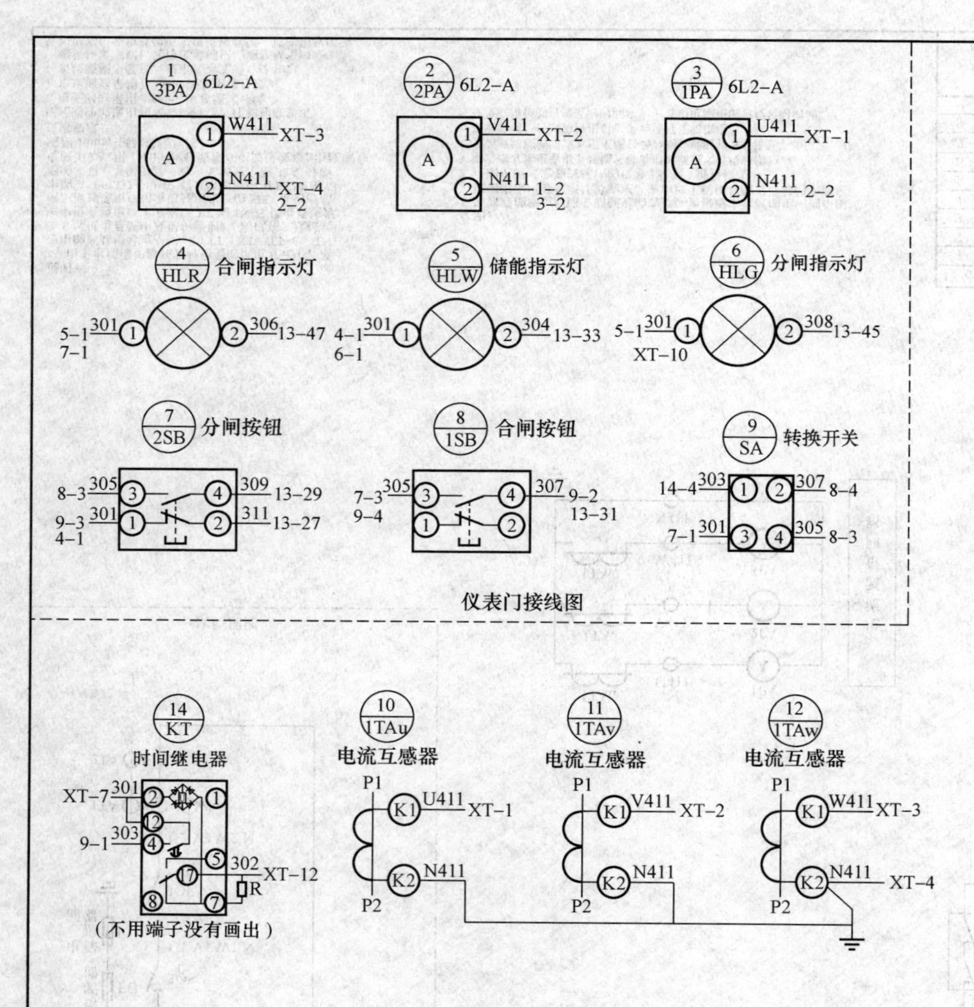

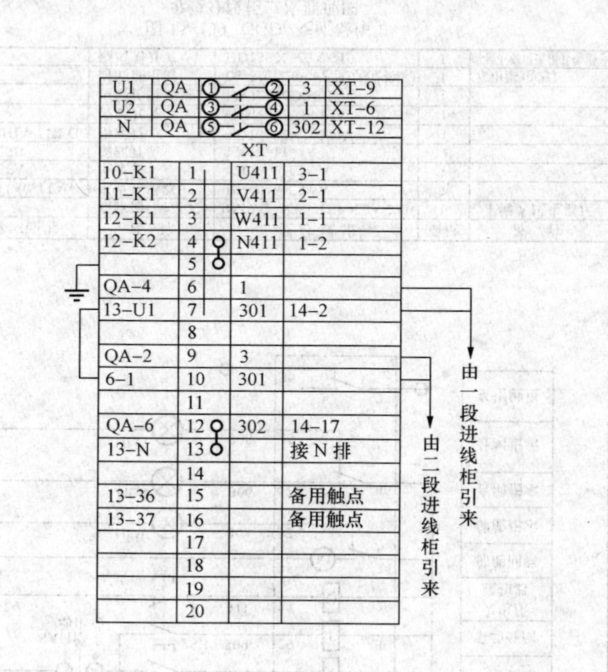

图15-140 GGD(交流操作)母线分段柜二次接线图

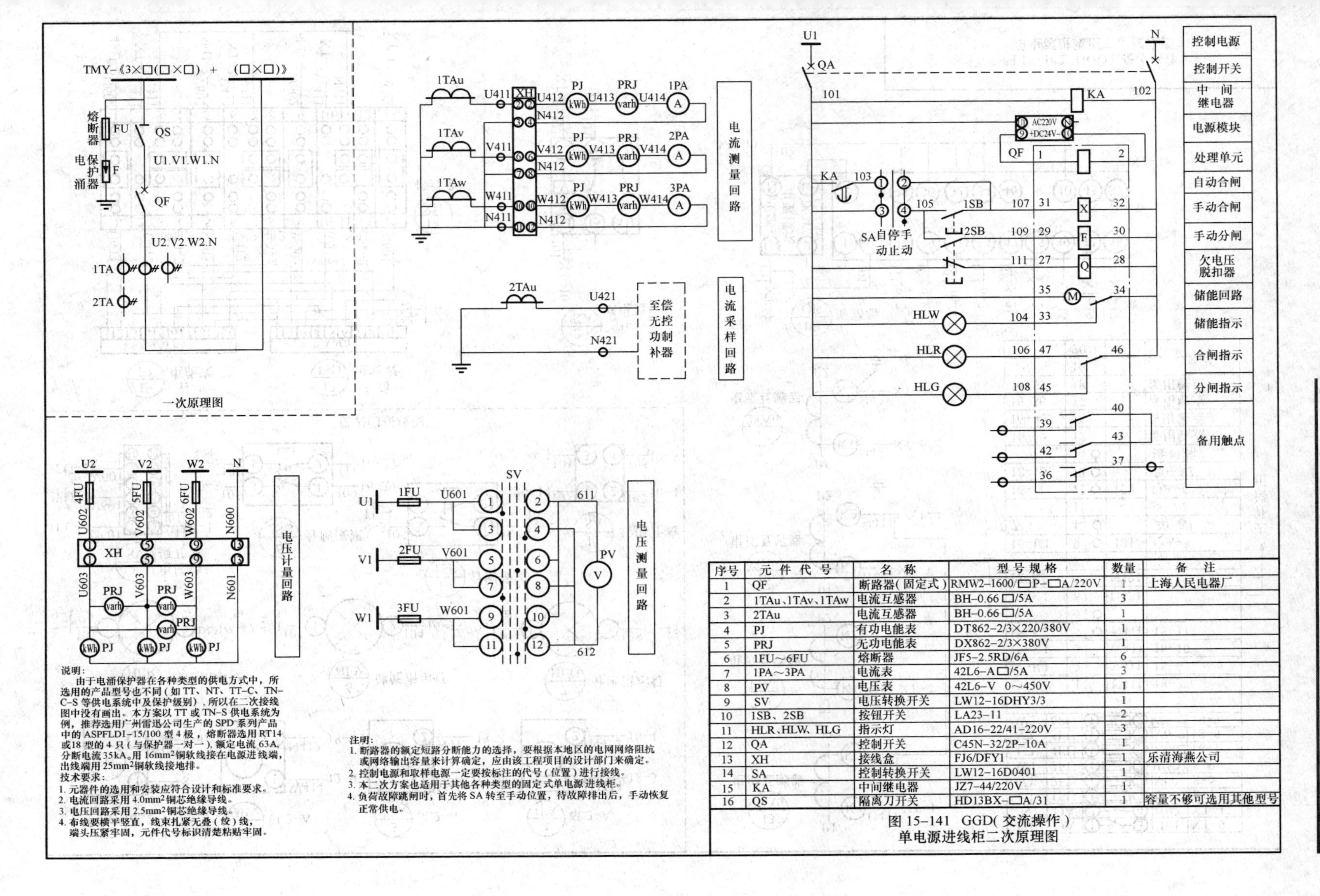

序号	元件代号	名称	型号规格	数量	备注
1	QF	断路器(固定式)	RMW2-1600/□P-□A/220V	1	上海人民电器厂
2	1TAu、1TAv、1TAw	电流互感器	BH-0.66 □/5A	3	
3	2TAu	电流互感器	BH-0.66 □/5A	1	
4	PJ	有功电能表	DT862-2/3×220/380V	1	
5	PRJ	无功电能表	DX862-2/3×380V	1	
6	1FU～6FU	熔断器	JF5-2.5RD/6A	6	
7	1PA～3PA	电流表	42L6-A□/5A	3	
8	PV	电压表	42L6-V 0～450V	1	
9	SV	电压转换开关	LW12-16DHY3/3	1	
10	1SB、2SB	按钮开关	LA23-11	2	
11	HLR、HLW、HLG	指示灯	AD16-22/41-220V	3	
12	QA	控制开关	C45N-32/2P-10A	1	
13	XH	接线盒	FJ6/DFY1	1	乐清海燕公司
14	SA	控制转换开关	LW12-16D0401	1	
15	KA	中间继电器	JZ7-44/220V	1	
16	QS	隔离刀开关	HD13BX-□A/31	1	容量不够可选用其他型号

图 15-141 GGD(交流操作)单电源进线柜二次原理图

说明：

由于电涌保护器在各种类型的供电方式中，所选用的产品型号也不同（如TT、NT、TT-C、TN-C-S等供电系统中及保护级别），所以在二次接线图中没有画出。本方案以TT或TN-S供电系统为例，推荐选用广州雷迅公司生产的SPD系列产品中的ASPFLD1-15/100型4极，熔断器选用RT14或18型的4只（与保护器一对一），额定电流63A，分断电流35kA。用16mm²铜软线接在电源进线端，出线端用25mm²铜软线接地排。

技术要求：

1. 元器件的选用和安装应符合设计和标准要求。
2. 电流回路采用4.0mm²铜芯绝缘导线。
3. 电压回路采用2.5mm²铜芯绝缘导线。
4. 布线要横平竖直，线束扎紧无叠（绞）线，端头压紧牢固，元件代号标识清楚粘贴牢固。

注明：

1. 断路器的额定短路分断能力的选择，要根据本地区的电网网络阻抗或网络输出容量来计算确定，应由该工程项目的设计部门来确定。
2. 控制电源和取样电源一定要按标注的代号（位置）进行接线。
3. 本二次方案也适用于其他各种类型的固定式单电源进线柜。
4. 负荷故障跳闸时，首先将SA转至手动位置，待故障排出后，手动恢复正常供电。

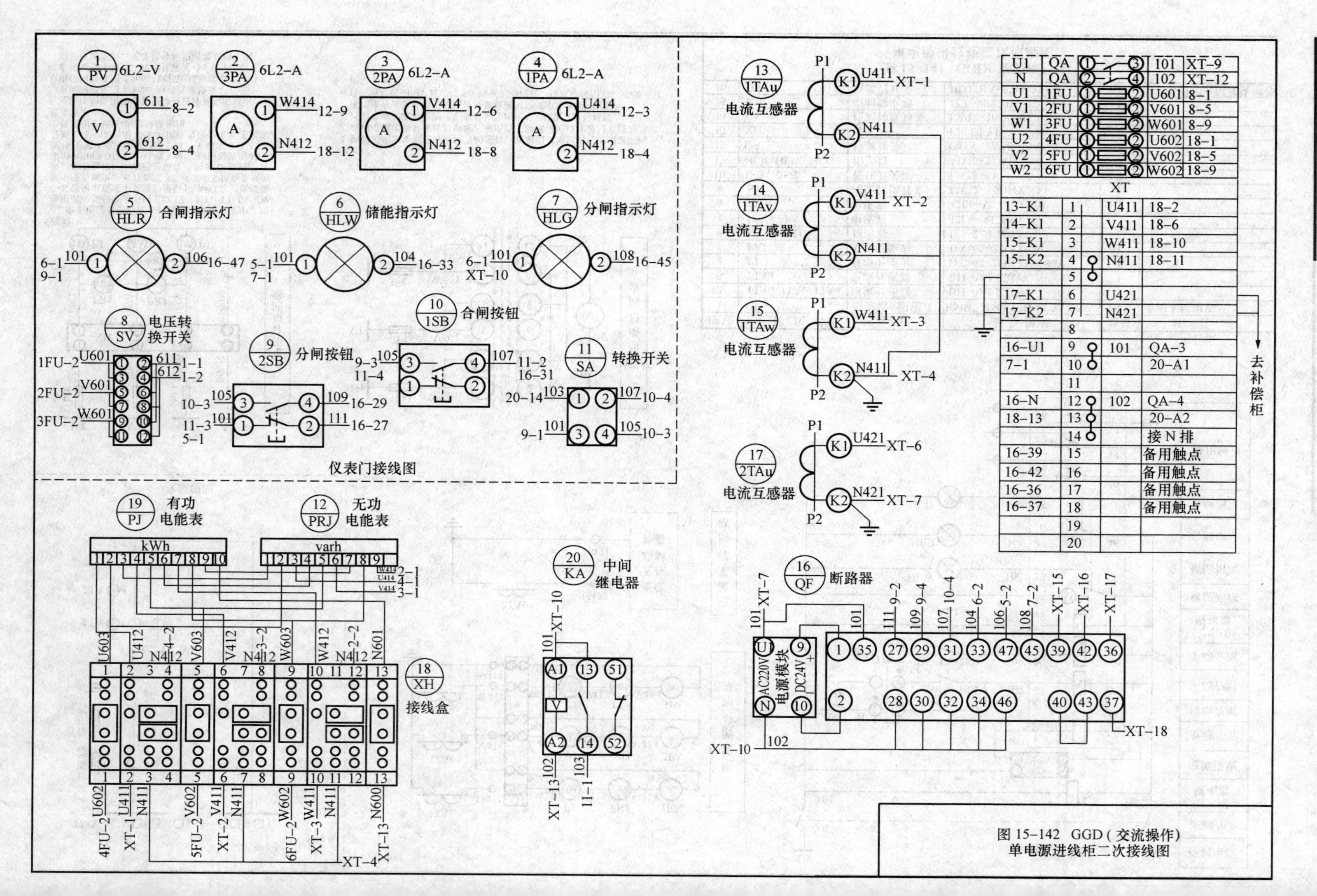

图15-142 GGD（交流操作）单电源进线柜二次接线图

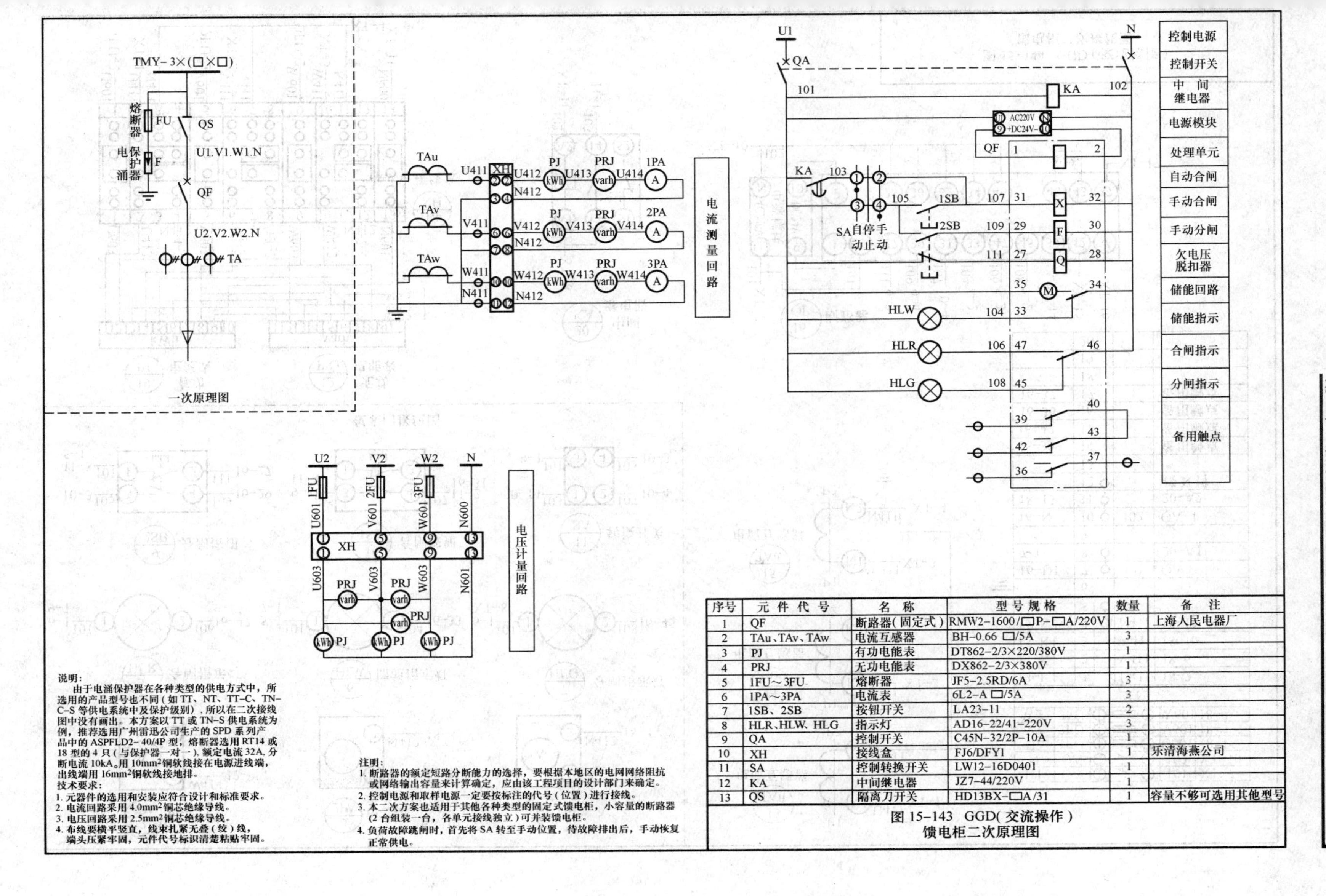

说明：

由于电涌保护器在各种类型的供电方式中，所选用的产品型号也不同（如TT、NT、TT-C、TN-C-S等供电系统中及保护级别），所以在二次接线图中没有画出。本方案以TT或TN-S供电系统为例，推荐选用广州雷迅公司生产的SPD系列产品中的ASPFLD2-40/4P型，熔断器选用RT14或18型的4只（与保护器一对一），额定电流32A，分断电流10kA。用10mm²铜软线接在电源进线端，出线端用16mm²铜软线接地排。

技术要求：

1. 元器件的选用和安装应符合设计和标准要求。
2. 电流回路采用4.0mm²铜芯绝缘导线。
3. 电压回路采用2.5mm²铜芯绝缘导线。
4. 布线要横平竖直，线束扎紧无叠（绞）线，端头压紧牢固，元件代号标识清楚粘贴牢固。

注明：

1. 断路器的额定短路分断能力的选择，要根据本地区的电网网络阻抗或网络输出容量来计算确定，应由该工程项目的设计部门来确定。
2. 控制电源和取样电源一定要按标注的代号（位置）进行接线。
3. 本二次方案也适用于其他各种类型的固定式馈电柜，小容量的断路器（2台组装一台，各单元接线独立）可并装馈电柜。
4. 负荷故障跳闸时，首先将SA转至手动位置，待故障排出后，手动恢复正常供电。

序号	元件代号	名称	型号规格	数量	备注
1	QF	断路器（固定式）	RMW2-1600/□P-□A/220V	1	上海人民电器厂
2	TAu、TAv、TAw	电流互感器	BH-0.66 □/5A	3	
3	PJ	有功电能表	DT862-2/3×220/380V	1	
4	PRJ	无功电能表	DX862-2/3×380V	1	
5	1FU～3FU	熔断器	JF5-2.5RD/6A	3	
6	1PA～3PA	电流表	6L2-A □/5A	3	
7	1SB、2SB	按钮开关	LA23-11	2	
8	HLR、HLW、HLG	指示灯	AD16-22/41-220V	3	
9	QA	控制开关	C45N-32/2P-10A	1	
10	XH	接线盒	FJ6/DFY1	1	乐清海燕公司
11	SA	控制转换开关	LW12-16D0401	1	
12	KA	中间继电器	JZ7-44/220V	1	
13	QS	隔离刀开关	HD13BX-□A/31	1	容量不够可选用其他型号

图15-143　GGD（交流操作）馈电柜二次原理图

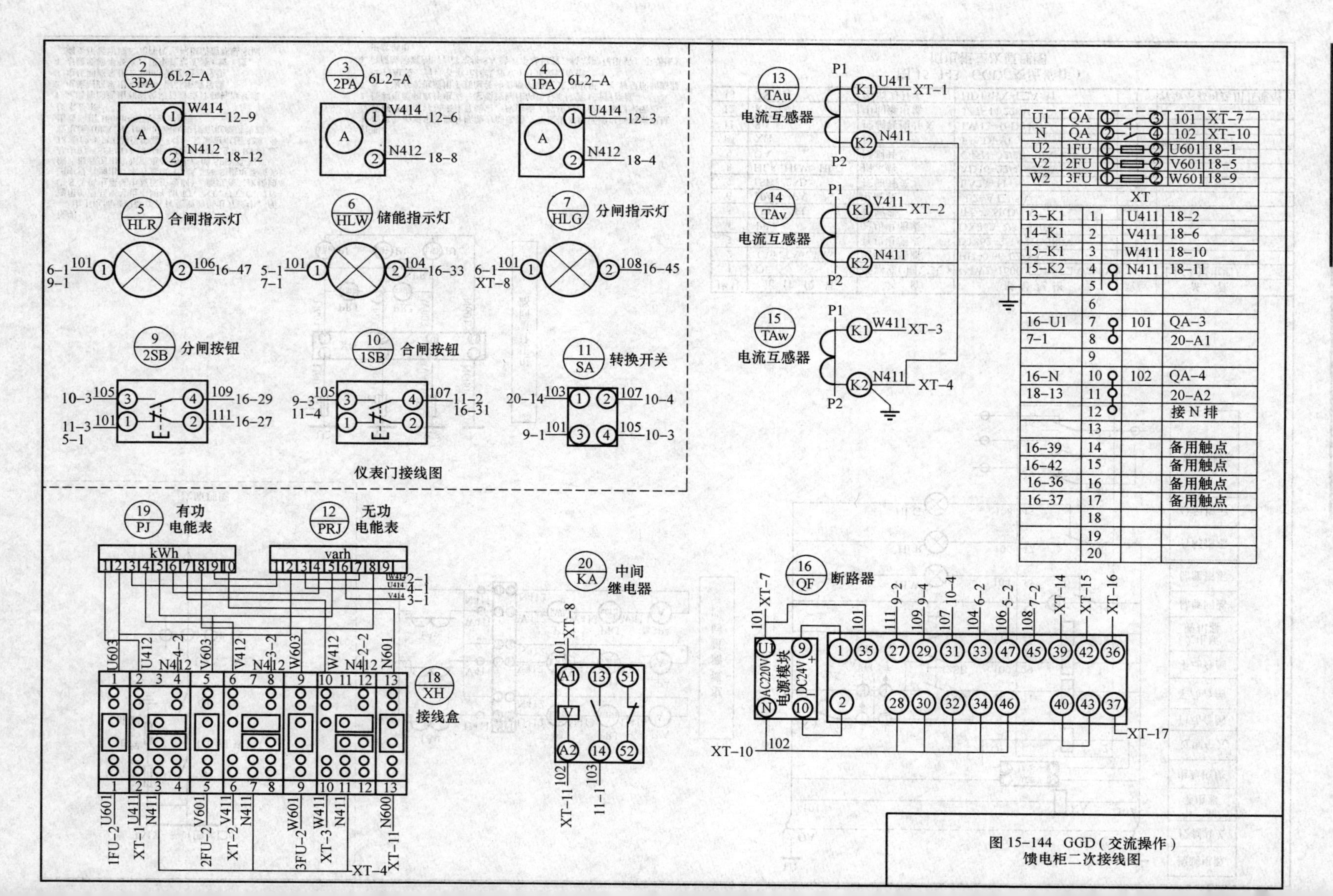

图 15-144 GGD（交流操作）馈电柜二次接线图

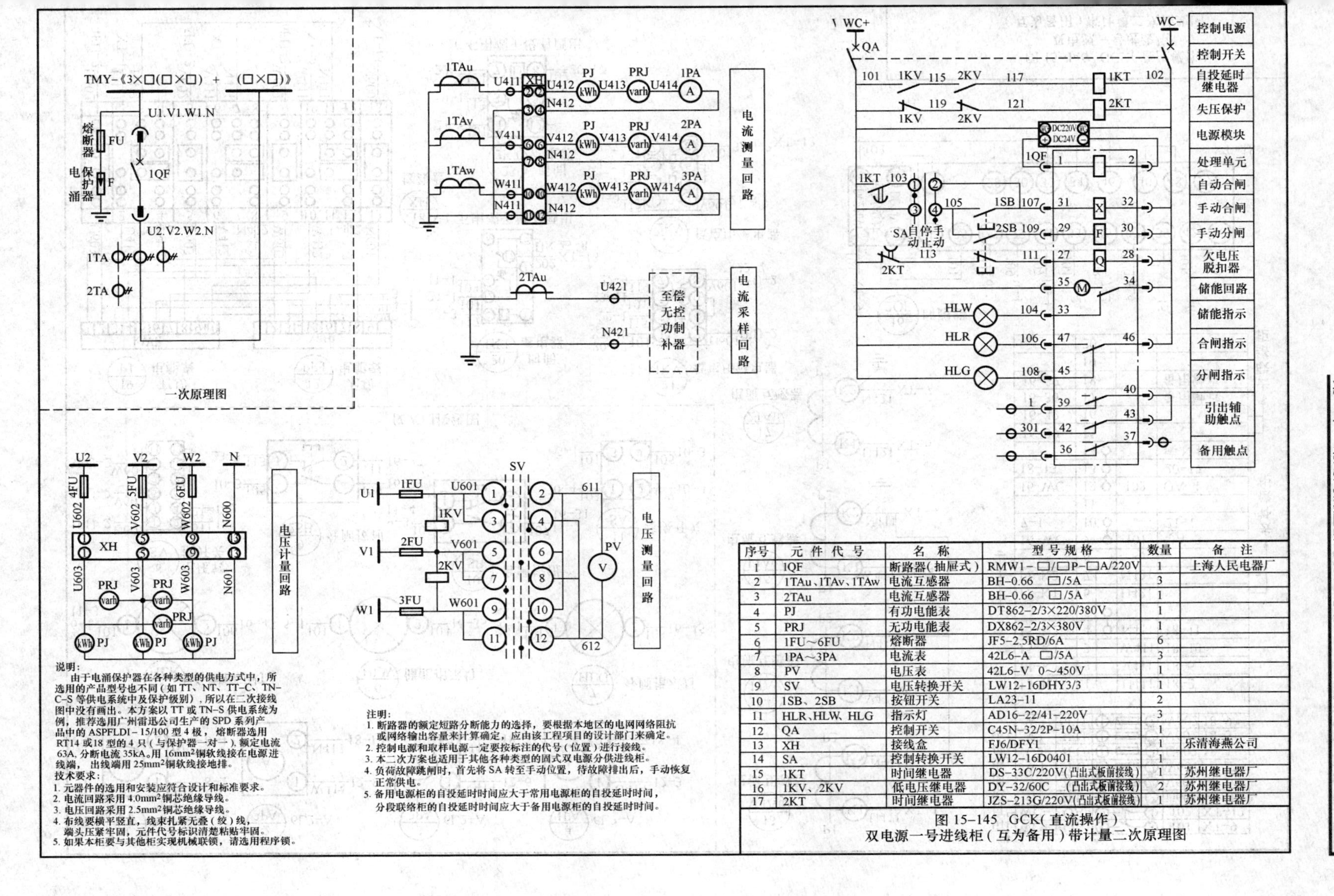

说明：

由于电涌保护器在各种类型的供电方式中，所选用的产品型号也不同（如 TT、NT、TT-C、TN-C-S 等供电系统中及保护级别），所以在二次接线图中没有画出。本方案以 TT 或 TN-S 供电系统为例，推荐选用广州雷迅公司生产的 SPD 系列产品中的 ASPFLDI－15/100 型 4 极，熔断器选用 RT14 或18 型的 4 只（与保护器一对一），额定电流 63A, 分断电流 35kA。用 16mm²铜软线接在电源进线端，出线端用 25mm²铜软线接地排。

技术要求：
1. 元器件的选用和安装应符合设计和标准要求。
2. 电流回路采用 4.0mm²铜芯绝缘导线。
3. 电压回路采用 2.5mm²铜芯绝缘导线。
4. 布线要横平竖直，线束扎紧无叠（绞）线，端头压紧牢固，元件代号标识清楚粘贴牢固。
5. 如果本柜要与其他柜实现机械联锁，请选用程序锁。

注明：
1. 断路器的额定短路分断能力的选择，要根据本地区的电网网络阻抗或网络输出容量来计算确定，应由该工程项目的设计部门来确定。
2. 控制电源和取样电源一定要按标注的代号（位置）进行接线。
3. 本二次方案也适用于其他各种类型的固式双电源分供进线柜。
4. 负荷故障跳闸时，首先将 SA 转至手动位置，待故障排出后，手动恢复正常供电。
5. 备用电源柜的自投延时时间应大于常用电源柜的自投延时时间，分段联络柜的自投延时时间应大于备用电源柜的自投延时时间。

序号	元件代号	名称	型号规格	数量	备注
1	1QF	断路器（抽屉式）	RMW1－□/□P－□A/220V	1	上海人民电器厂
2	1TAu、1TAv、1TAw	电流互感器	BH－0.66　□/5A	3	
3	2TAu	电流互感器	BH－0.66　□/5A	1	
4	PJ	有功电能表	DT862－2/3×220/380V	1	
5	PRJ	无功电能表	DX862－2/3×380V	1	
6	1FU～6FU	熔断器	JF5－2.5RD/6A	6	
7	1PA～3PA	电流表	42L6－A　□/5A	3	
8	PV	电压表	42L6－V　0～450V	1	
9	SV	电压转换开关	LW12－16DHY3/3	1	
10	1SB、2SB	按钮开关	LA23－11	2	
11	HLR、HLW、HLG	指示灯	AD16－22/41－220V	3	
12	QA	控制开关	C45N－32/2P－10A	1	
13	XH	接线盒	FJ6/DFY1	1	乐清海燕公司
14	SA	控制转换开关	LW12－16D0401	1	
15	1KT	时间继电器	DS－33C/220V（凸出式板前接线）	1	苏州继电器厂
16	1KV、2KV	低电压继电器	DY－32/60C　（凸出式板前接线）	2	苏州继电器厂
17	2KT	时间继电器	JZS－213G/220V（凸出式板前接线）	1	苏州继电器厂

图 15－145　GCK（直流操作）双电源一号进线柜（互为备用）带计量二次原理图

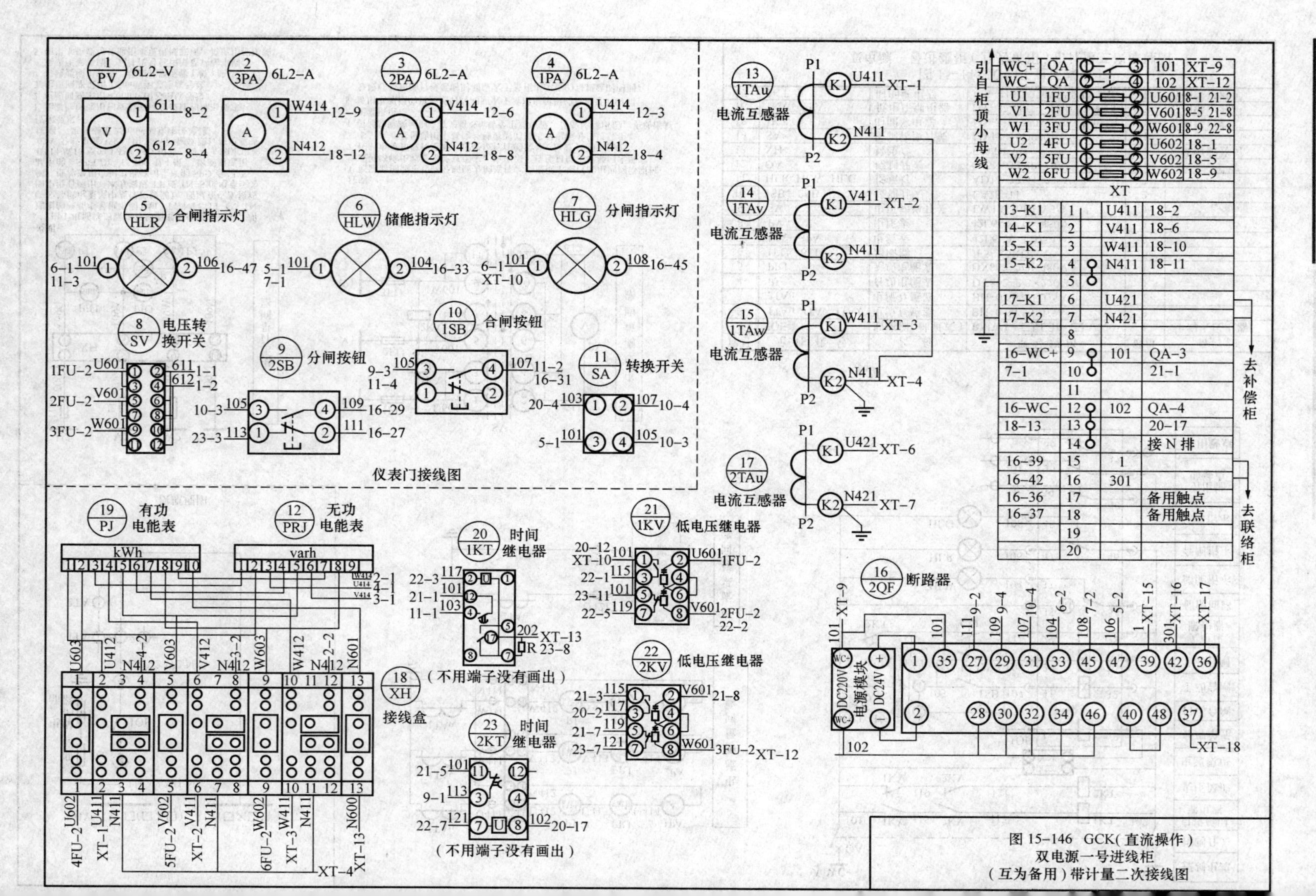

图 15-146 GCK(直流操作)双电源一号进线柜(互为备用)带计量二次接线图

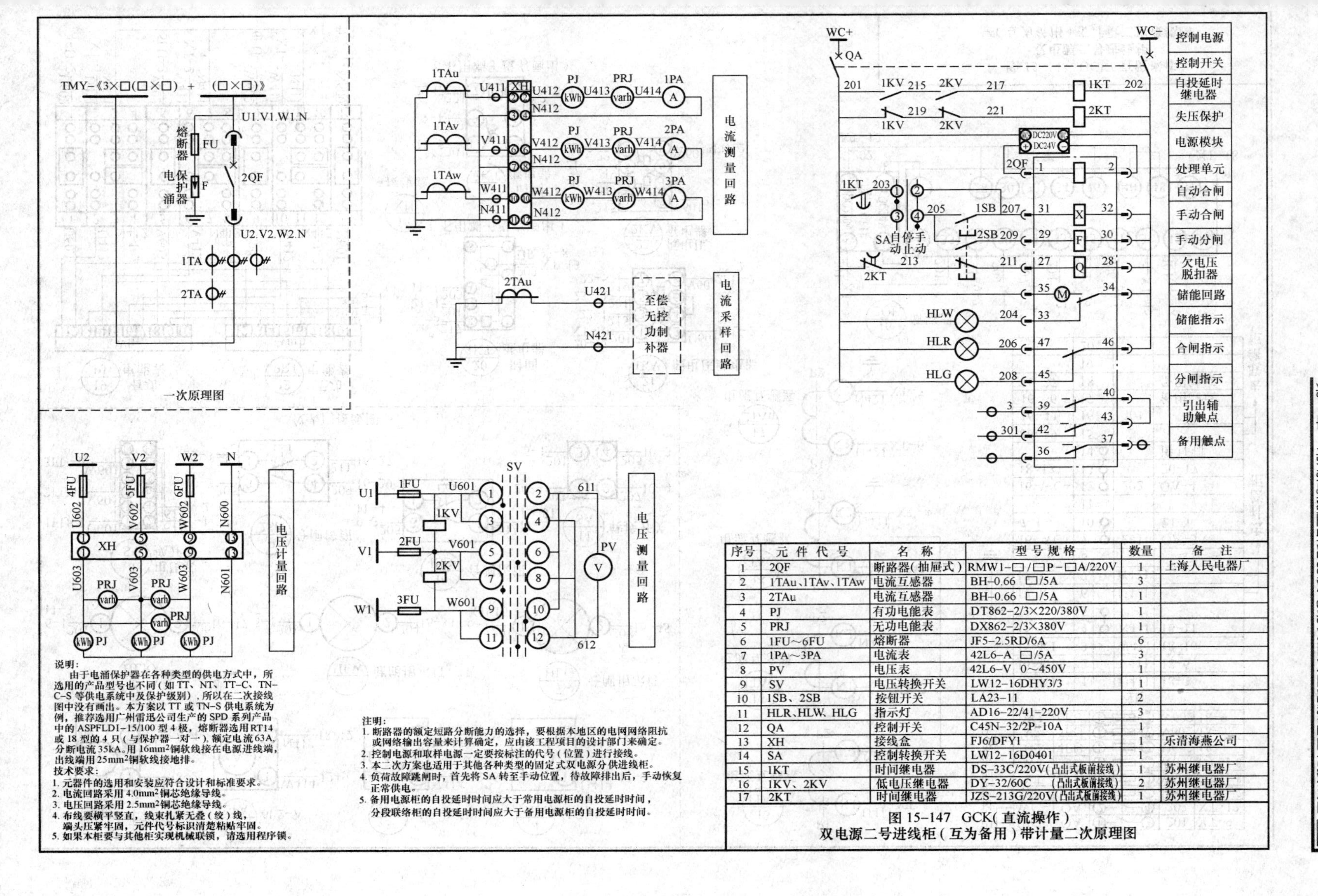

说明：

由于电涌保护器在各种类型的供电方式中，所选用的产品型号也不同（如TT、NT、TT–C、TN–C–S等供电系统中及保护级别），所以在二次接线图中没有画出。本方案以TT或TN–S供电系统为例，推荐选用广州雷迅公司生产的SPD系列产品中的ASPFLDI–15/100型4极，熔断器选用RT14或18型的4只（与保护器一对一），额定电流63A，分断电流35kA。用16mm²铜软线接在电源进线端，出线端用25mm²铜软线接地排。

技术要求：

1. 元器件的选用和安装应符合设计和标准要求。
2. 电流回路采用4.0mm²铜芯绝缘导线。
3. 电压回路采用2.5mm²铜芯绝缘导线。
4. 布线要横平竖直，线束扎紧无叠（绞）线，端头压紧牢固，元件代号标识清楚粘贴牢固。
5. 如果本柜要与其他柜实现机械联锁，请选用程序锁。

注明：

1. 断路器的额定短路分断能力的选择，要根据本地区的电网网络阻抗或网络输出容量来计算确定，应由该工程项目的设计部门来确定。
2. 控制电源和取样电源一定要按标注的代号（位置）进行接线。
3. 本二次方案也适用于其他各种类型的固定式双电源分供进线柜。
4. 负荷故障跳闸时，首先将SA转至手动位置，待故障排出后，手动恢复正常供电。
5. 备用电源柜的自投延时时间应大于常用电源柜的自投延时时间，分段联络柜的自投延时时间应大于备用电源柜的自投延时时间。

序号	元件代号	名称	型号规格	数量	备注
1	2QF	断路器（抽屉式）	RMW1-□/□P-□A/220V	1	上海人民电器厂
2	1TAu、1TAv、1TAw	电流互感器	BH-0.66 □/5A	3	
3	2TAu	电流互感器	BH-0.66 □/5A	1	
4	PJ	有功电能表	DT862-2/3×220/380V	1	
5	PRJ	无功电能表	DX862-2/3×380V	1	
6	1FU～6FU	熔断器	JF5-2.5RD/6A	6	
7	1PA～3PA	电流表	42L6-A □/5A	3	
8	PV	电压表	42L6-V 0～450V	1	
9	SV	电压转换开关	LW12-16DHY3/3	1	
10	1SB、2SB	按钮开关	LA23-11	2	
11	HLR、HLW、HLG	指示灯	AD16-22/41-220V	3	
12	QA	控制开关	C45N-32/2P-10A	1	
13	XH	接线盒	FJ6/DFY1	1	乐清海燕公司
14	SA	控制转换开关	LW12-16D0401	1	
15	1KT	时间继电器	DS-33C/220V（凸出式板前接线）	1	苏州继电器厂
16	1KV、2KV	低电压继电器	DY-32/60C（凸出式板前接线）	2	苏州继电器厂
17	2KT	时间继电器	JZS-213G/220V（凸出式板前接线）	1	苏州继电器厂

图15-147　GCK（直流操作）双电源二号进线柜（互为备用）带计量二次原理图

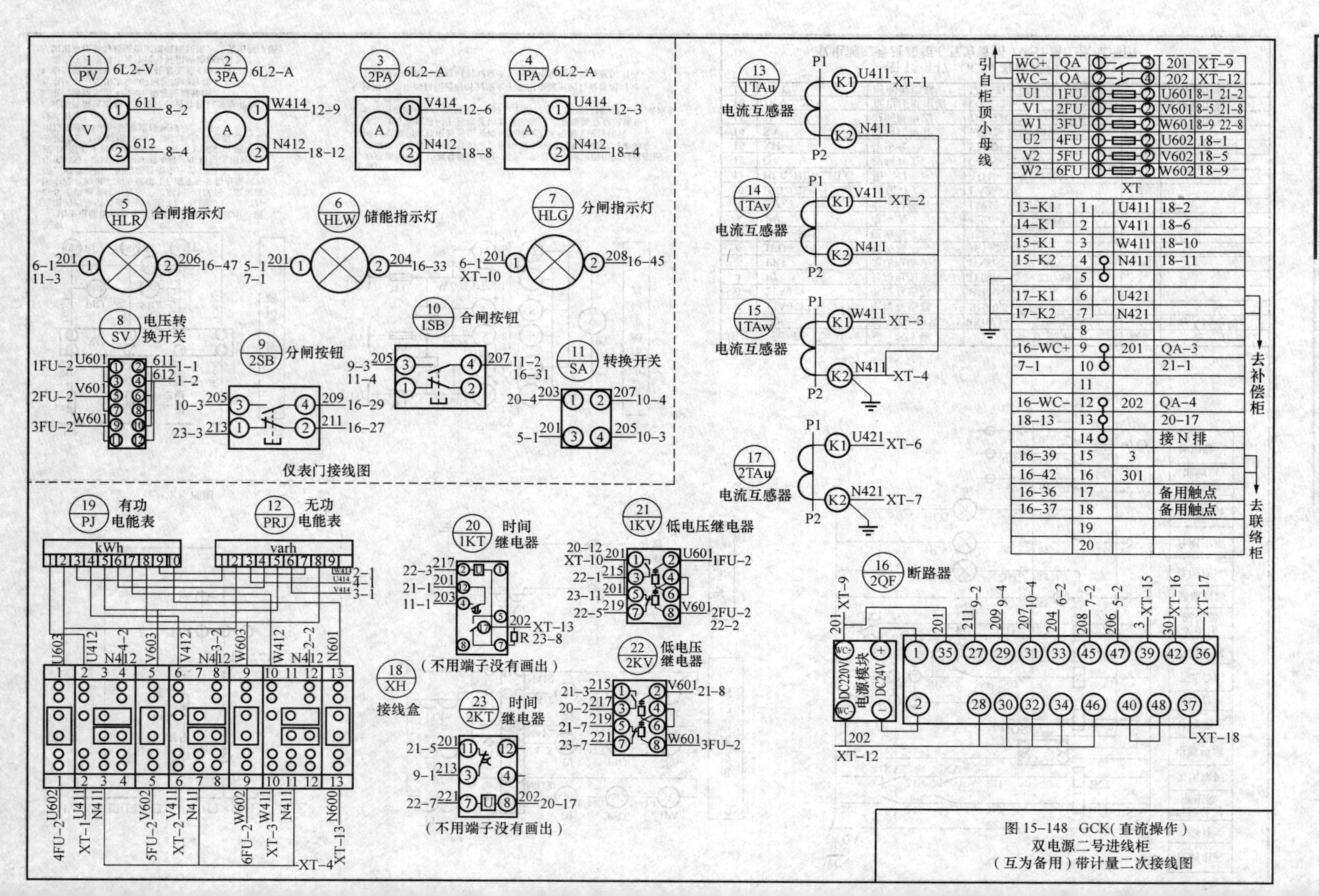

图 15-148 GCK（直流操作）双电源二号进线柜（互为备用）带计量二次接线图

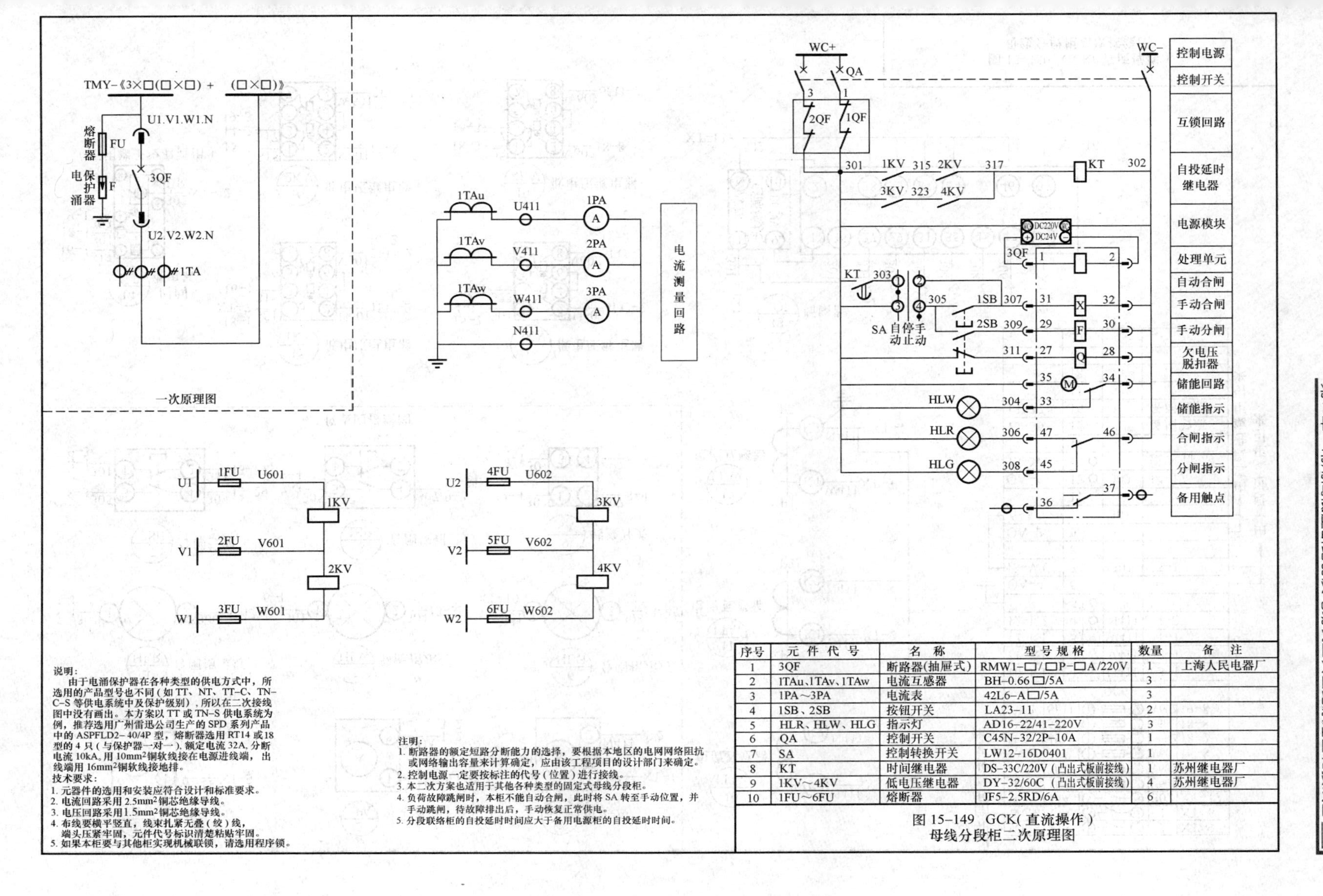

说明：

由于电涌保护器在各种类型的供电方式中，所选用的产品型号也不同(如TT、NT、TT-C、TN-C-S等供电系统中及保护级别)，所以在二次接线图中没有画出。本方案以TT或TN-S供电系统为例，推荐选用广州雷迅公司生产的SPD系列产品中的ASPFLD2-40/4P型，熔断器选用RT14或18型的4只(与保护器一对一)，额定电流32A，分断电流10kA。用10mm²铜软线接在电源进线端，出线端用16mm²铜软线接地排。

技术要求：

1. 元器件的选用和安装应符合设计和标准要求。
2. 电流回路采用2.5mm²铜芯绝缘导线。
3. 电压回路采用1.5mm²铜芯绝缘导线。
4. 布线要横平竖直，线束扎紧无叠(绞)线，端头压紧牢固，元件代号标识清楚粘贴牢固。
5. 如果本柜要与其他柜实现机械联锁，请选用程序锁。

注明：

1. 断路器的额定短路分断能力的选择，要根据本地区的电网网络阻抗或网络输出容量来计算确定，应由该工程项目的设计部门来确定。
2. 控制电源一定要按标注的代号(位置)进行接线。
3. 本二次方案也适用于其他各种类型的固定式母线分段柜。
4. 负荷故障跳闸时，本柜不能自动合闸，此时将SA转至手动位置，并手动跳闸，待故障排出后，手动恢复正常供电。
5. 分段联络柜的自投延时时间应大于备用电源柜的自投延时时间。

序号	元件代号	名称	型号规格	数量	备注
1	3QF	断路器(抽屉式)	RMW1-□/□P-□A/220V	1	上海人民电器厂
2	1TAu、1TAv、1TAw	电流互感器	BH-0.66□/5A	3	
3	1PA～3PA	电流表	42L6-A□/5A	3	
4	1SB、2SB	按钮开关	LA23-11	2	
5	HLR、HLW、HLG	指示灯	AD16-22/41-220V	3	
6	QA	控制开关	C45N-32/2P-10A	1	
7	SA	控制转换开关	LW12-16D0401	1	
8	KT	时间继电器	DS-33C/220V(凸出式板前接线)	1	苏州继电器厂
9	1KV～4KV	低电压继电器	DY-32/60C(凸出式板前接线)	4	苏州继电器厂
10	1FU～6FU	熔断器	JF5-2.5RD/6A	6	

图15-149　GCK(直流操作)母线分段柜二次原理图

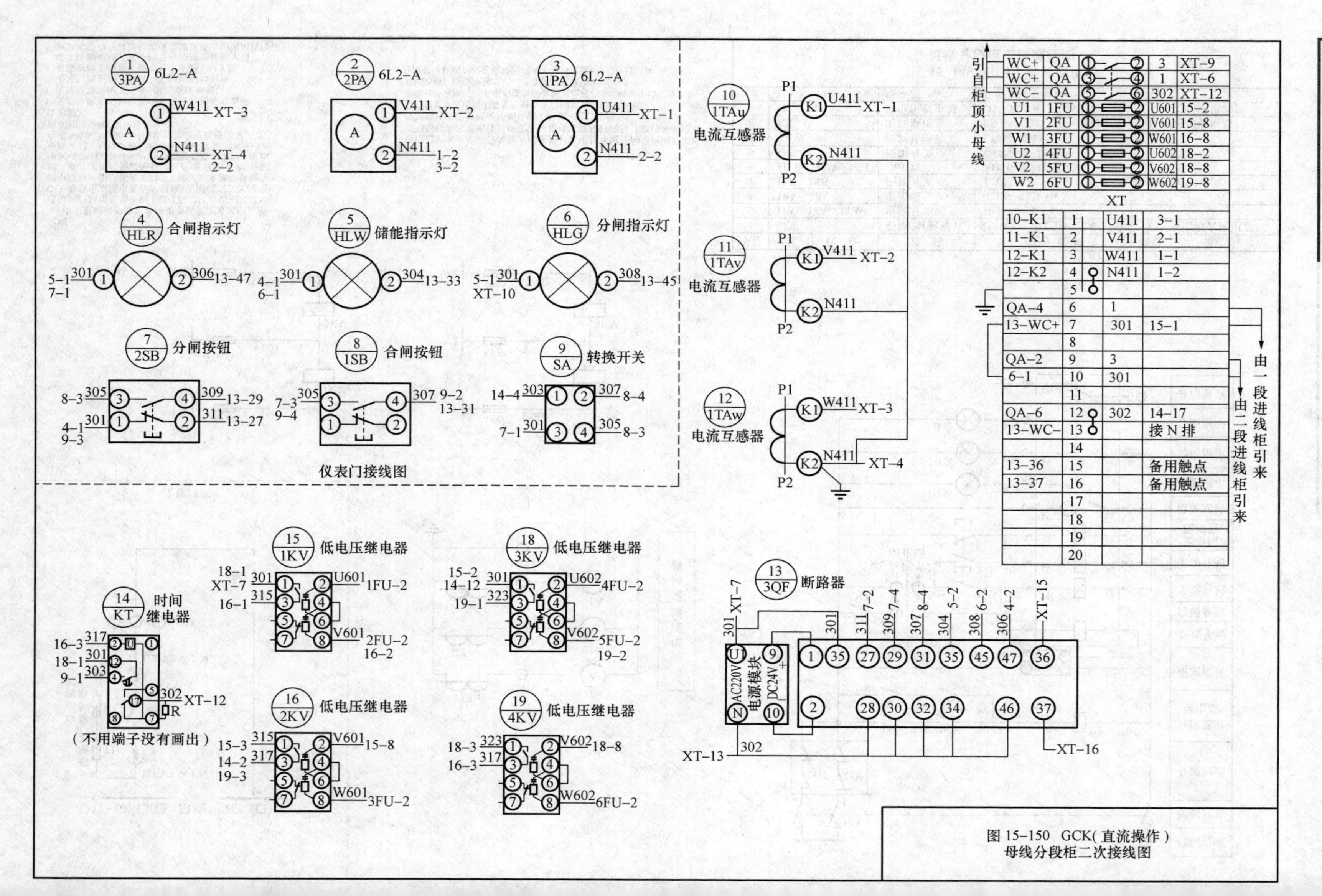

图 15-150 GCK(直流操作)母线分段柜二次接线图

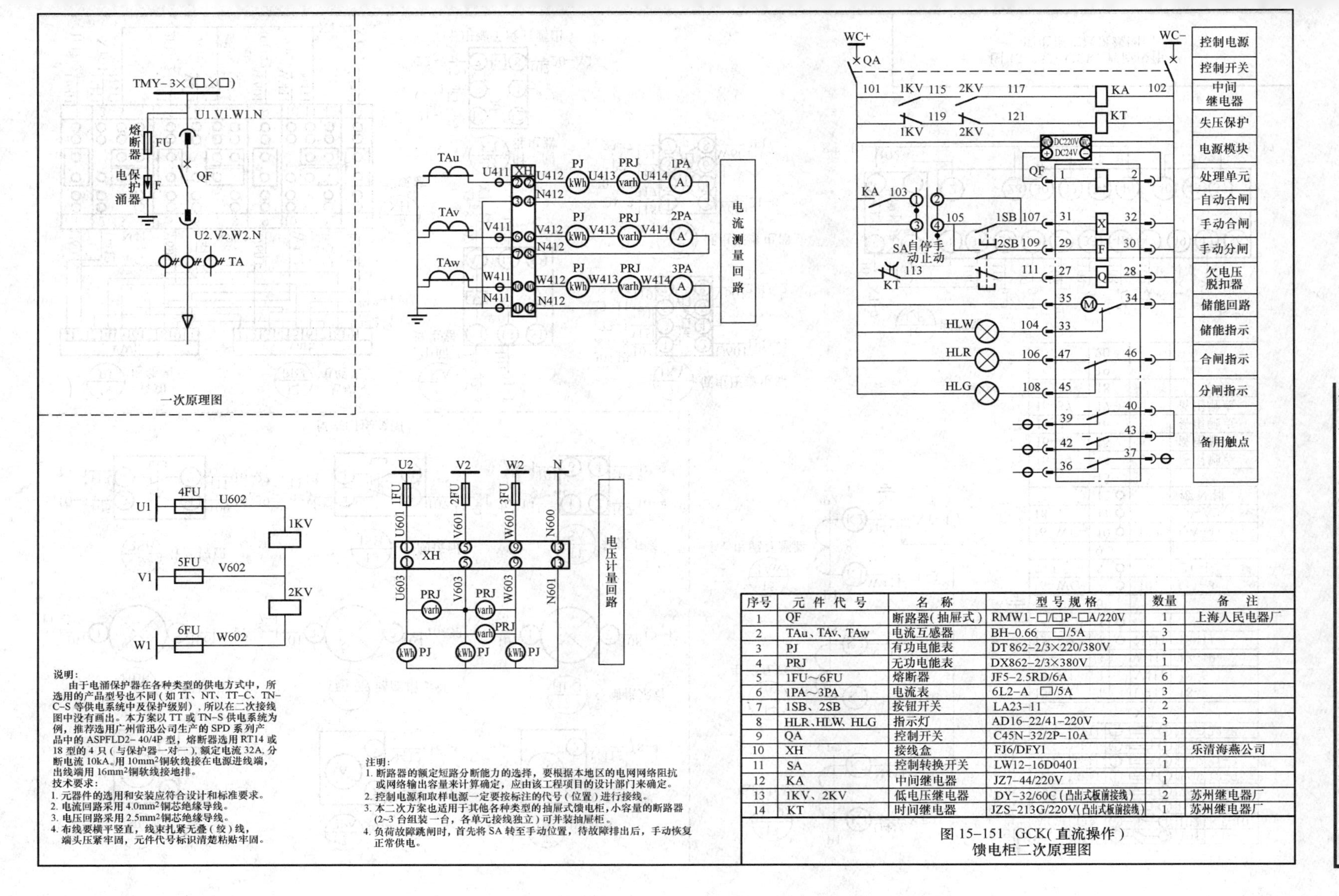

说明：

由于电涌保护器在各种类型的供电方式中，所选用的产品型号也不同（如 TT、NT、TT-C、TN-C-S 等供电系统中及保护级别），所以在二次接线图中没有画出。本方案以 TT 或 TN-S 供电系统为例，推荐选用广州雷迅公司生产的 SPD 系列产品中的 ASPFLD2- 40/4P 型，熔断器选用 RT14 或 18 型的 4 只（与保护器一对一），额定电流 32A，分断电流 10kA。用 $10mm^2$ 铜软线接在电源进线端，出线端用 $16mm^2$ 铜软线接地排。

技术要求：

1. 元器件的选用和安装应符合设计和标准要求。
2. 电流回路采用 $4.0mm^2$ 铜芯绝缘导线。
3. 电压回路采用 $2.5mm^2$ 铜芯绝缘导线。
4. 布线要横平竖直，线束扎紧无叠（绞）线，端头压紧牢固，元件代号标识清楚粘贴牢固。

注明：

1. 断路器的额定短路分断能力的选择，要根据本地区的电网网络阻抗或网络输出容量来计算确定，应由该工程项目的设计部门来确定。
2. 控制电源和取样电源一定要按标注的代号（位置）进行接线。
3. 本二次方案也适用于其他各种类型的抽屉式馈电柜，小容量的断路器(2~3 台组装一台，各单元接线独立）可并装抽屉柜。
4. 负荷故障跳闸时，首先将 SA 转至手动位置，待故障排出后，手动恢复正常供电。

序号	元件代号	名称	型号规格	数量	备注
1	QF	断路器（抽屉式）	RMW1-□/□P-□A/220V	1	上海人民电器厂
2	TAu、TAv、TAw	电流互感器	BH-0.66　□/5A	3	
3	PJ	有功电能表	DT862-2/3×220/380V	1	
4	PRJ	无功电能表	DX862-2/3×380V	1	
5	1FU~6FU	熔断器	JF5-2.5RD/6A	6	
6	1PA~3PA	电流表	6L2-A　□/5A	3	
7	1SB、2SB	按钮开关	LA23-11	2	
8	HLR、HLW、HLG	指示灯	AD16-22/41-220V	3	
9	QA	控制开关	C45N-32/2P-10A	1	
10	XH	接线盒	FJ6/DFY1	1	乐清海燕公司
11	SA	控制转换开关	LW12-16D0401	1	
12	KA	中间继电器	JZ7-44/220V	1	
13	1KV、2KV	低电压继电器	DY-32/60C（凸出式板前接线）	2	苏州继电器厂
14	KT	时间继电器	JZS-213G/220V（凸出式板前接线）	1	苏州继电器厂

图 15-151　GCK（直流操作）馈电柜二次原理图

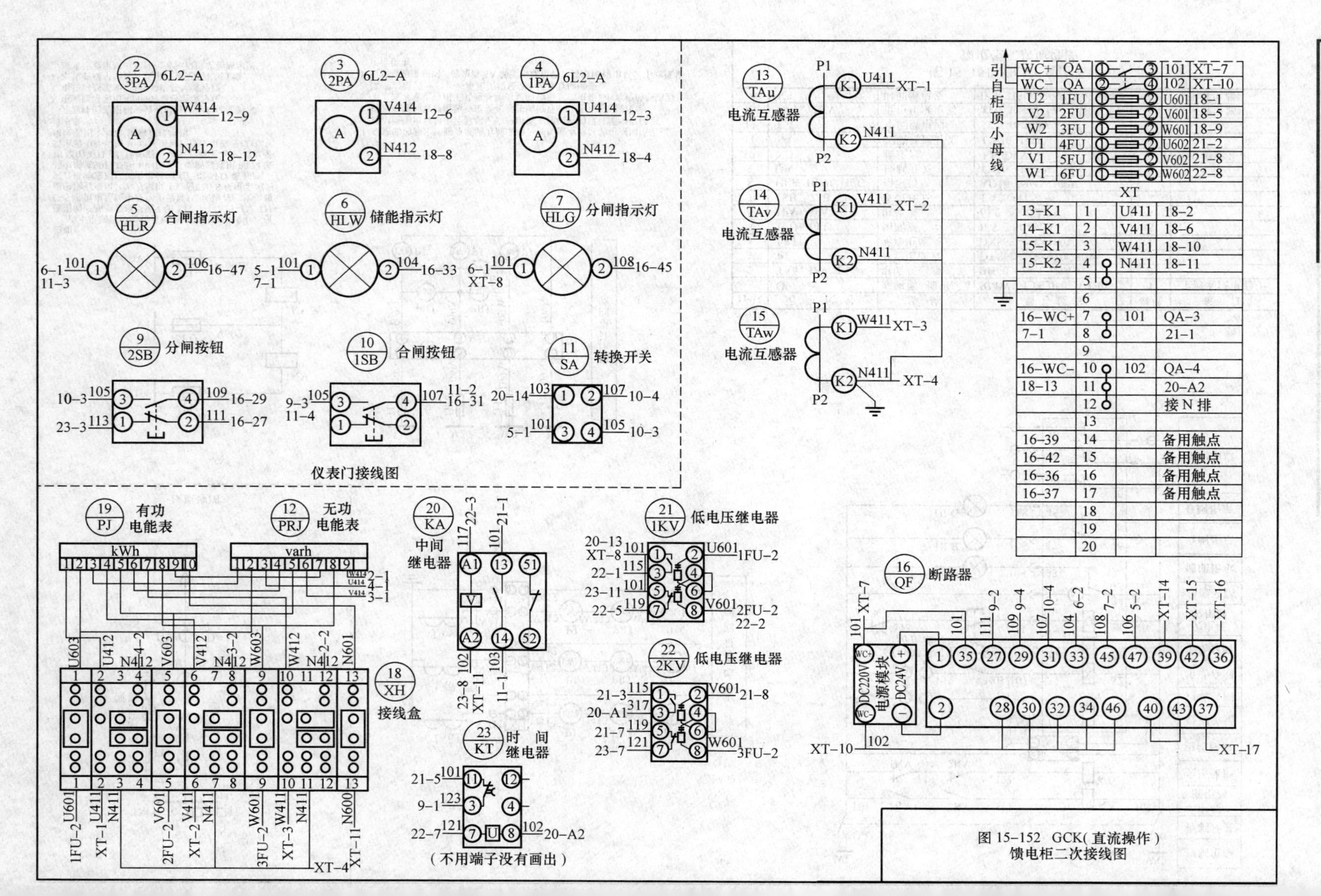

图15-152 GCK（直流操作）馈电柜二次接线图

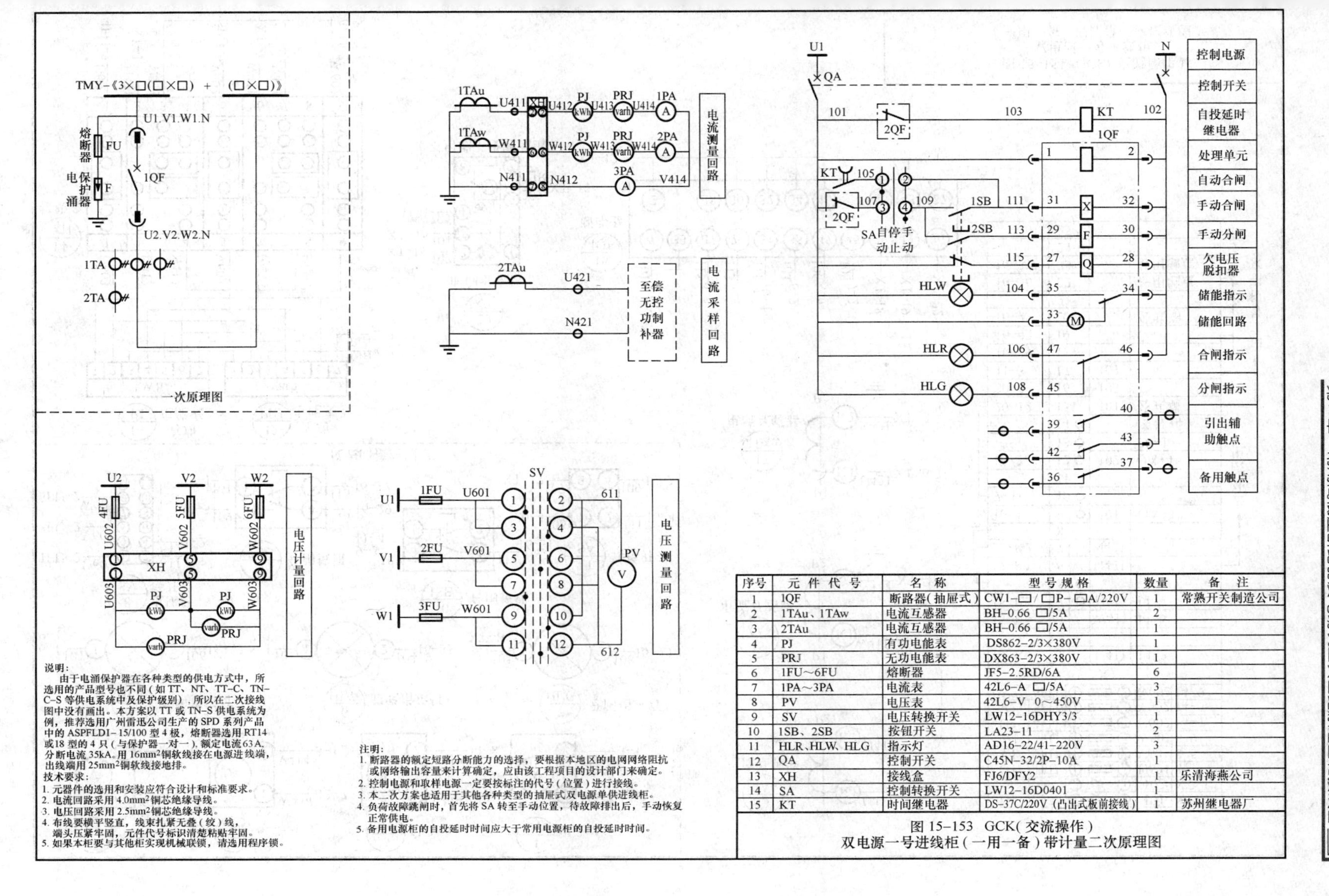

序号	元件代号	名称	型号规格	数量	备注
1	1QF	断路器(抽屉式)	CW1-□/□P-□A/220V	1	常熟开关制造公司
2	1TAu、1TAw	电流互感器	BH-0.66 □/5A	2	
3	2TAu	电流互感器	BH-0.66 □/5A	1	
4	PJ	有功电能表	DS862-2/3×380V	1	
5	PRJ	无功电能表	DX863-2/3×380V	1	
6	1FU～6FU	熔断器	JF5-2.5RD/6A	6	
7	1PA～3PA	电流表	42L6-A □/5A	3	
8	PV	电压表	42L6-V 0～450V	1	
9	SV	电压转换开关	LW12-16DHY3/3	1	
10	1SB、2SB	按钮开关	LA23-11	2	
11	HLR、HLW、HLG	指示灯	AD16-22/41-220V	3	
12	QA	控制开关	C45N-32/2P-10A	1	
13	XH	接线盒	FJ6/DFY2	1	乐清海燕公司
14	SA	控制转换开关	LW12-16D0401	1	
15	KT	时间继电器	DS-37C/220V（凸出式板前接线）	1	苏州继电器厂

说明：

由于电涌保护器在各种类型的供电方式中，所选用的产品型号也不同（如TT、NT、TT-C、TN-C-S等供电系统中及保护级别），所以在二次接线图中没有画出。本方案以TT或TN-S供电系统为例，推荐选用广州雷迅公司生产的SPD系列产品中的ASPFLDI-15/100型4极，熔断器选用RT14或18型的4只（与保护器一对一），额定电流63A，分断电流35kA。用16mm²铜软线接在电源进线端，出线端用25mm²铜软线接地排。

技术要求：

1. 元器件的选用和安装应符合设计和标准要求。
2. 电流回路采用4.0mm²铜芯绝缘导线。
3. 电压回路采用2.5mm²铜芯绝缘导线。
4. 布线要横平竖直，线束扎紧无叠（绞）线，端头压紧牢固，元件代号标识清楚粘贴牢固。
5. 如果本柜要与其他柜实现机械联锁，请选用程序锁。

注明：

1. 断路器的额定短路分断能力的选择，要根据本地区的电网网络阻抗或网络输出容量来计算确定，应由该工程项目的设计部门来确定。
2. 控制电源和取样电源一定要按标注的代号（位置）进行接线。
3. 本二次方案也适用于其他各种类型的抽屉式双电源单供进线柜。
4. 负荷故障跳闸时，首先将SA转至手动位置，待故障排出后，手动恢复正常供电。
5. 备用电源柜的自投延时时间应大于常用电源柜的自投延时时间。

图15-153　GCK（交流操作）双电源一号进线柜（一用一备）带计量二次原理图

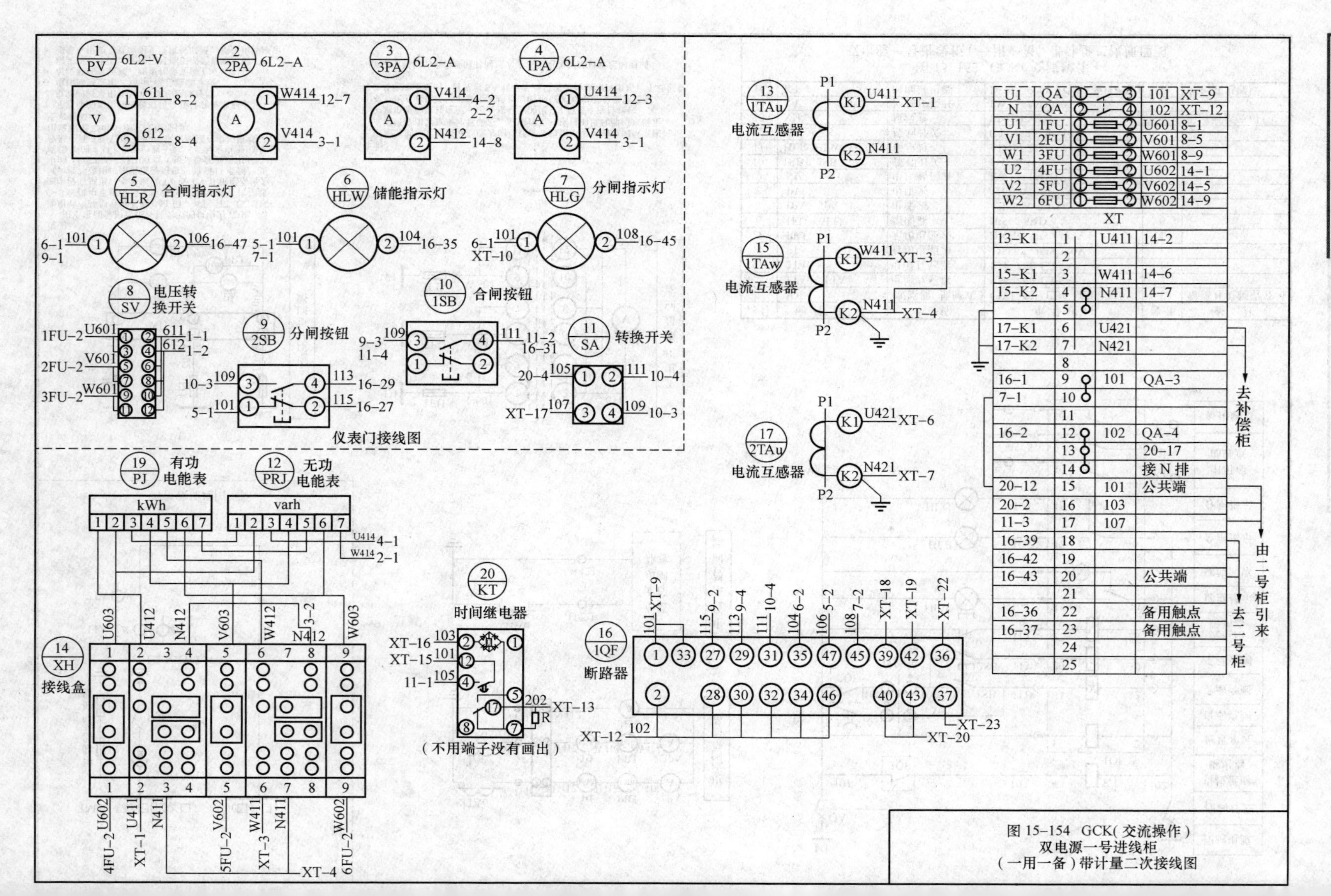

图 15-154 GCK（交流操作）双电源一号进线柜（一用一备）带计量二次接线图

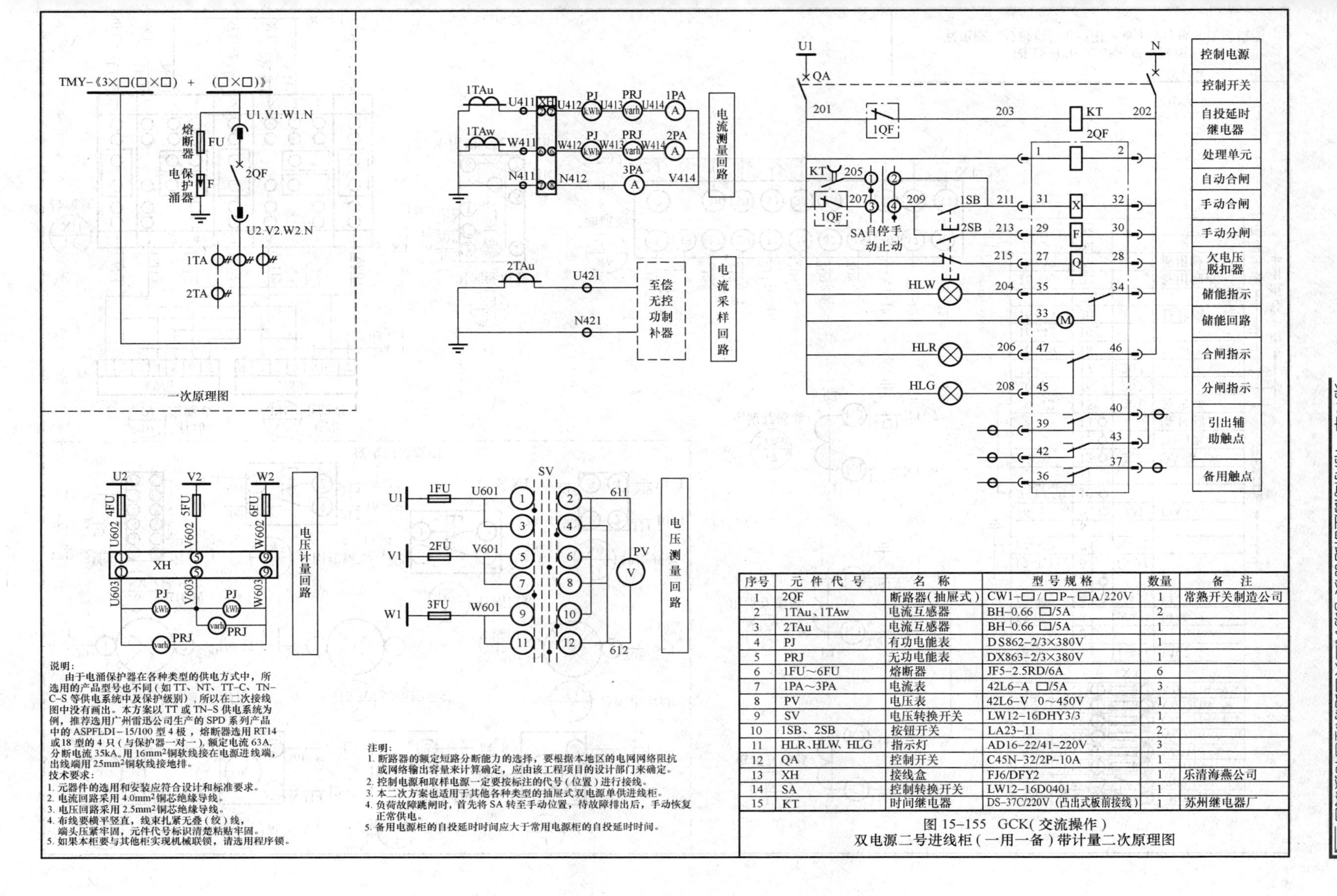

说明：

由于电涌保护器在各种类型的供电方式中，所选用的产品型号也不同（如TT、NT、TT-C、TN-C-S等供电系统中及保护级别），所以在二次接线图中没有画出。本方案以TT或TN-S供电系统为例，推荐选用广州雷迅公司生产的SPD系列产品中的ASPFLDI－15/100型4极，熔断器选用RT14或18型的4只（与保护器一对一），额定电流63A，分断电流35kA。用16mm²铜软线接在电源进线端，出线端用25mm²铜软线接地排。

技术要求：

1. 元器件的选用和安装应符合设计和标准要求。
2. 电流回路采用4.0mm²铜芯绝缘导线。
3. 电压回路采用2.5mm²铜芯绝缘导线。
4. 布线要横平竖直，线束扎紧无叠（绞）线，端头压紧牢固，元件代号标识清楚粘贴牢固。
5. 如果本柜要与其他柜实现机械联锁，请选用程序锁。

注明：

1. 断路器的额定短路分断能力的选择，要根据本地区的电网网络阻抗或网络输出容量来计算确定，应由该工程项目的设计部门来确定。
2. 控制电源和取样电源一定要按标注的代号（位置）进行接线。
3. 本二次方案也适用于其他各种类型的抽屉式双电源单供进线柜。
4. 负荷故障跳闸时，首先将SA转至手动位置，待故障排出后，手动恢复正常供电。
5. 备用电源柜的自投延时时间应大于常用电源柜的自投延时时间。

序号	元件代号	名称	型号规格	数量	备注
1	2QF	断路器（抽屉式）	CW1-□/□P-□A/220V	1	常熟开关制造公司
2	1TAu、1TAw	电流互感器	BH-0.66 □/5A	2	
3	2TAu	电流互感器	BH-0.66 □/5A	1	
4	PJ	有功电能表	DS862-2/3×380V	1	
5	PRJ	无功电能表	DX863-2/3×380V	1	
6	1FU～6FU	熔断器	JF5-2.5RD/6A	6	
7	1PA～3PA	电流表	42L6-A □/5A	3	
8	PV	电压表	42L6-V 0～450V	1	
9	SV	电压转换开关	LW12-16DHY3/3	1	
10	1SB、2SB	按钮开关	LA23-11	2	
11	HLR、HLW、HLG	指示灯	AD16-22/41-220V	3	
12	QA	控制开关	C45N-32/2P-10A	1	
13	XH	接线盒	FJ6/DFY2	1	乐清海燕公司
14	SA	控制转换开关	LW12-16D0401	1	
15	KT	时间继电器	DS-37C/220V（凸出式板前接线）	1	苏州继电器厂

图15-155 GCK（交流操作）双电源二号进线柜（一用一备）带计量二次原理图

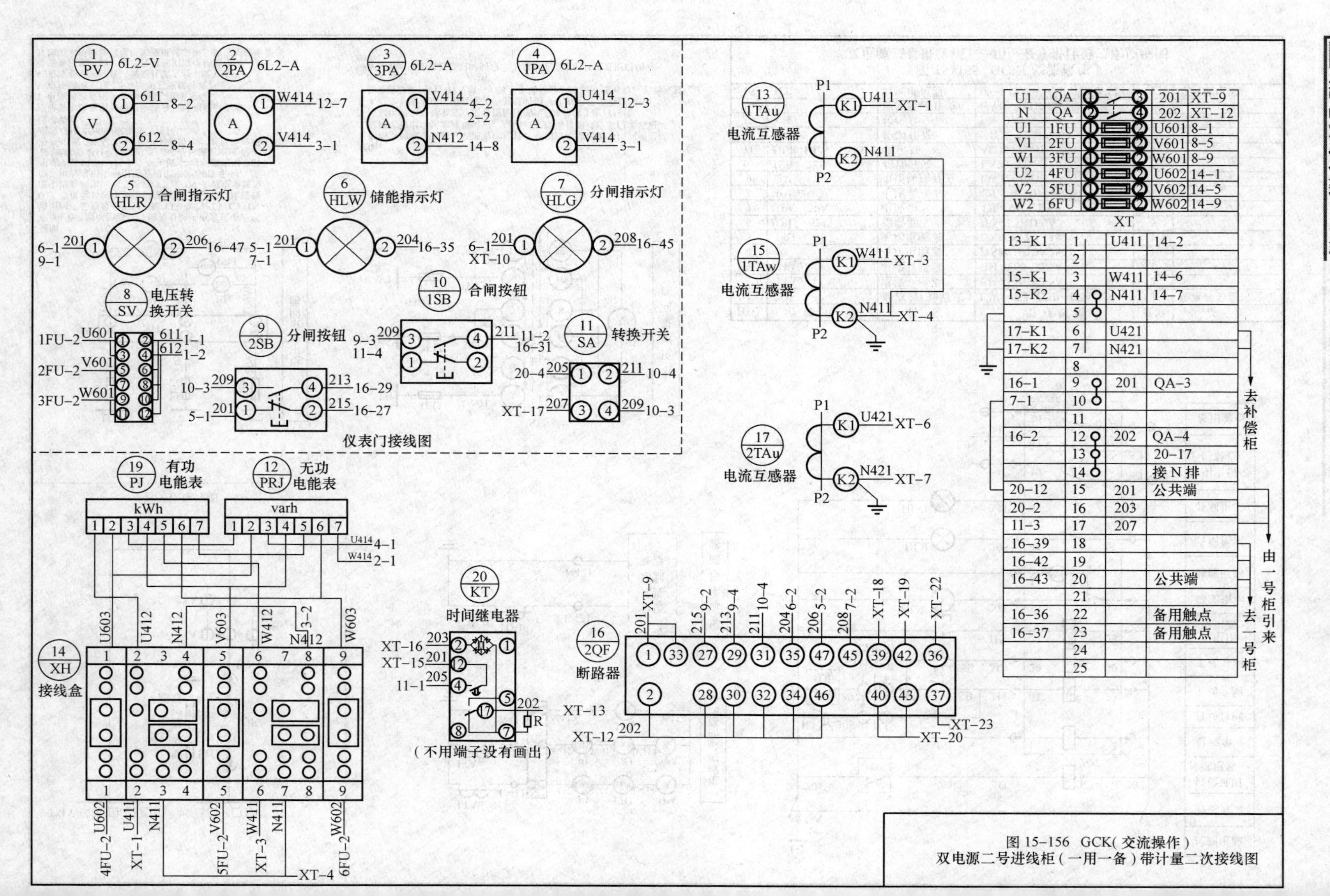

图 15-156 GCK（交流操作）
双电源二号进线柜（一用一备）带计量二次接线图

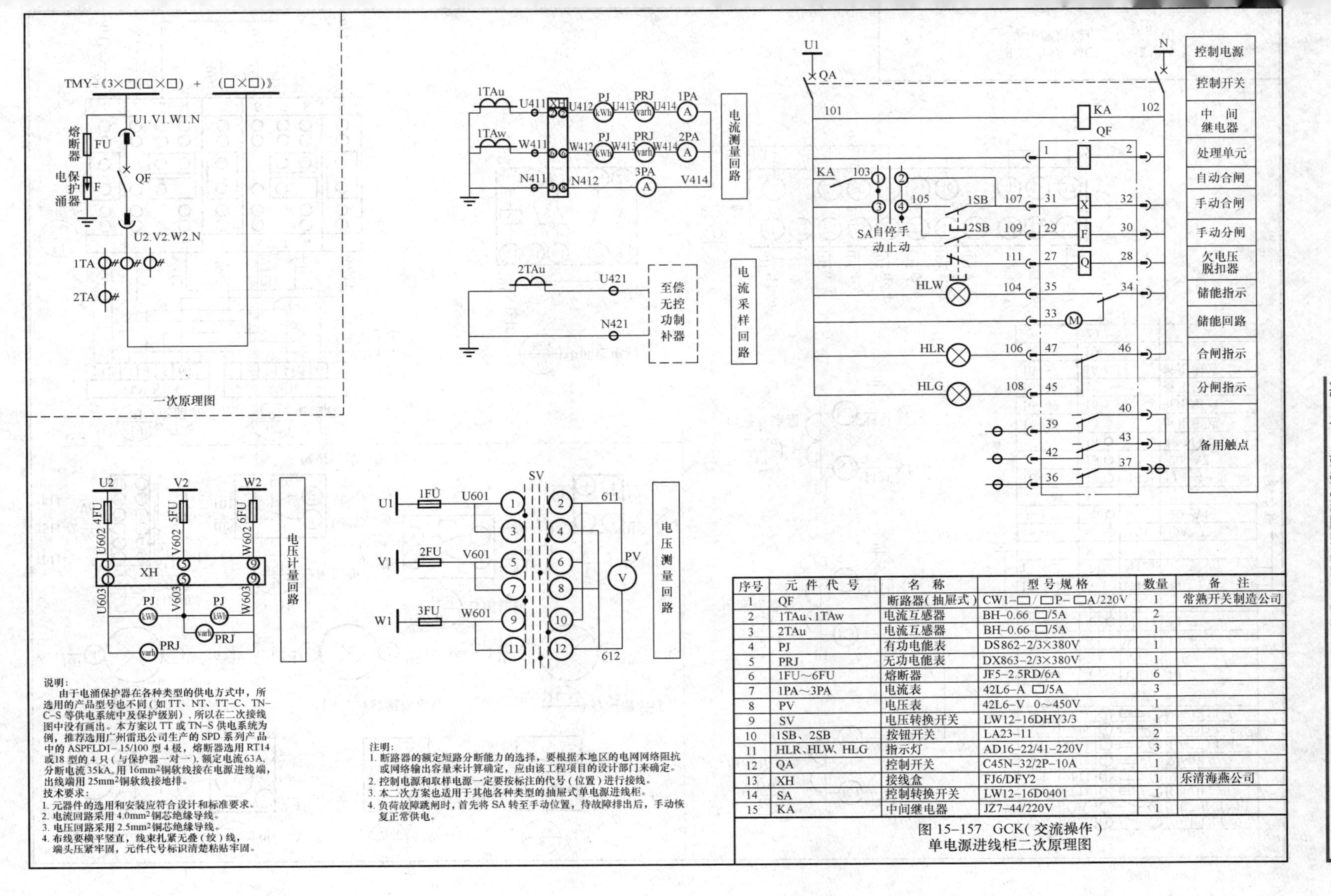

说明：

由于电涌保护器在各种类型的供电方式中，所选用的产品型号也不同（如TT、NT、TT–C、TN–C–S等供电系统中及保护级别），所以在二次接线图中没有画出。本方案以TT或TN–S供电系统为例，推荐选用广州雷迅公司生产的SPD系列产品中的ASPFLDI–15/100型4极，熔断器选用RT14或18型的4只（与保护器一对一），额定电流63A，分断电流35kA。用16mm²铜软线接在电源进线端，出线端用25mm²铜软线接地排。

技术要求：

1. 元器件的选用和安装应符合设计和标准要求。
2. 电流回路采用4.0mm²铜芯绝缘导线。
3. 电压回路采用2.5mm²铜芯绝缘导线。
4. 布线要横平竖直，线束扎紧无叠（绞）线，端头压紧牢固，元件代号标识清楚粘贴牢固。

注明：

1. 断路器的额定短路分断能力的选择，要根据本地区的电网网络阻抗或网络输出容量来计算确定，应由该工程项目的设计部门来确定。
2. 控制电源和取样电源一定要按标注的代号（位置）进行接线。
3. 本二次方案也适用于其他各种类型的抽屉式单电源进线柜。
4. 负荷故障跳闸时，首先将SA转至手动位置，待故障排出后，手动恢复正常供电。

序号	元件代号	名称	型号规格	数量	备注
1	QF	断路器（抽屉式）	CW1–□/□P–□A/220V	1	常熟开关制造公司
2	1TAu、1TAw	电流互感器	BH–0.66 □/5A	2	
3	2TAu	电流互感器	BH–0.66 □/5A	1	
4	PJ	有功电能表	DS862–2/3×380V	1	
5	PRJ	无功电能表	DX863–2/3×380V	1	
6	1FU～6FU	熔断器	JF5–2.5RD/6A	6	
7	1PA～3PA	电流表	42L6–A □/5A	3	
8	PV	电压表	42L6–V 0～450V	1	
9	SV	电压转换开关	LW12–16DHY3/3	1	
10	1SB、2SB	按钮开关	LA23–11	2	
11	HLR、HLW、HLG	指示灯	AD16–22/41–220V	3	
12	QA	控制开关	C45N–32/2P–10A	1	
13	XH	接线盒	FJ6/DFY2	1	乐清海燕公司
14	SA	控制转换开关	LW12–16D0401	1	
15	KA	中间继电器	JZ7–44/220V	1	

图15–157　GCK（交流操作）单电源进线柜二次原理图

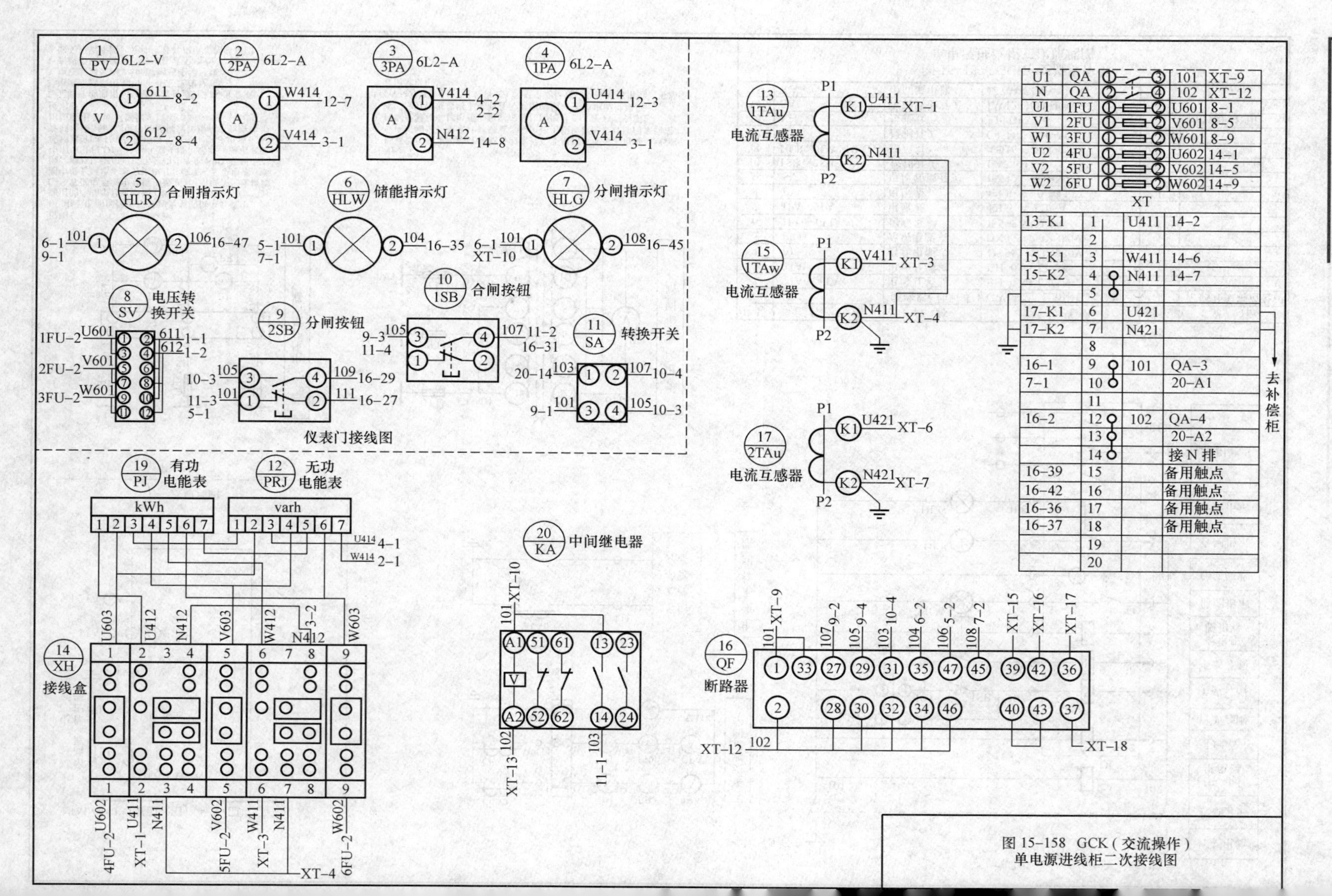

图 15-158 GCK（交流操作）单电源进线柜二次接线图

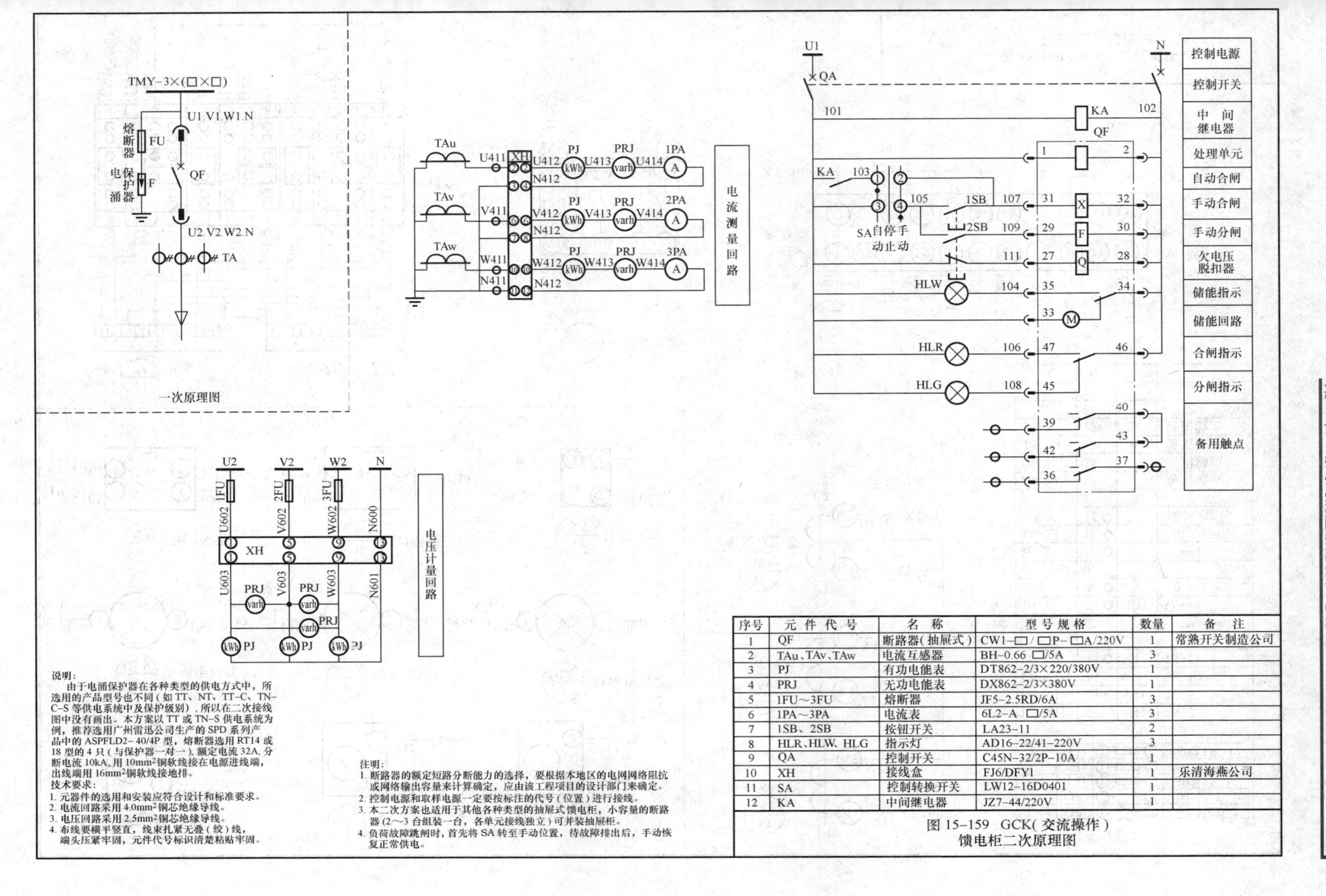

说明：

由于电涌保护器在各种类型的供电方式中，所选用的产品型号也不同（如TT、NT、TT−C、TN−C−S等供电系统中及保护级别），所以在二次接线图中没有画出。本方案以TT或TN−S供电系统为例，推荐选用广州雷迅公司生产的SPD系列产品中的ASPFLD2−40/4P型，熔断器选用RT14或18型的4只（与保护器一对一），额定电流32A，分断电流10kA，用10mm²铜软线接在电源进线端，出线端用16mm²铜软线接地排。

技术要求：

1. 元器件的选用和安装应符合设计和标准要求。
2. 电流回路采用4.0mm²铜芯绝缘导线。
3. 电压回路采用2.5mm²铜芯绝缘导线。
4. 布线要横平竖直，线束扎紧无叠（绞）线，端头压紧牢固，元件代号标识清楚粘贴牢固。

注明：

1. 断路器的额定短路分断能力的选择，要根据本地区的电网网络阻抗或网络输出容量来计算确定，应由该工程项目的设计部门来确定。
2. 控制电源和取样电源一定要按标注的代号（位置）进行接线。
3. 本二次方案也适用于其他各种类型的抽屉式馈电柜，小容量的断路器（2～3台组装一台，各单元接线独立）可并装抽屉柜。
4. 负荷故障跳闸时，首先将SA转至手动位置，待故障排出后，手动恢复正常供电。

序号	元件代号	名称	型号规格	数量	备注
1	QF	断路器（抽屉式）	CW1−□/□P−□A/220V	1	常熟开关制造公司
2	TAu、TAv、TAw	电流互感器	BH−0.66 □/5A	3	
3	PJ	有功电能表	DT862−2/3×220/380V	1	
4	PRJ	无功电能表	DX862−2/3×380V	1	
5	1FU～3FU	熔断器	JF5−2.5RD/6A	3	
6	1PA～3PA	电流表	6L2−A □/5A	3	
7	1SB、2SB	按钮开关	LA23−11	2	
8	HLR、HLW、HLG	指示灯	AD16−22/41−220V	3	
9	QA	控制开关	C45N−32/2P−10A	1	
10	XH	接线盒	FJ6/DFY1	1	乐清海燕公司
11	SA	控制转换开关	LW12−16D0401	1	
12	KA	中间继电器	JZ7−44/220V	1	

图15−159　GCK（交流操作）馈电柜二次原理图

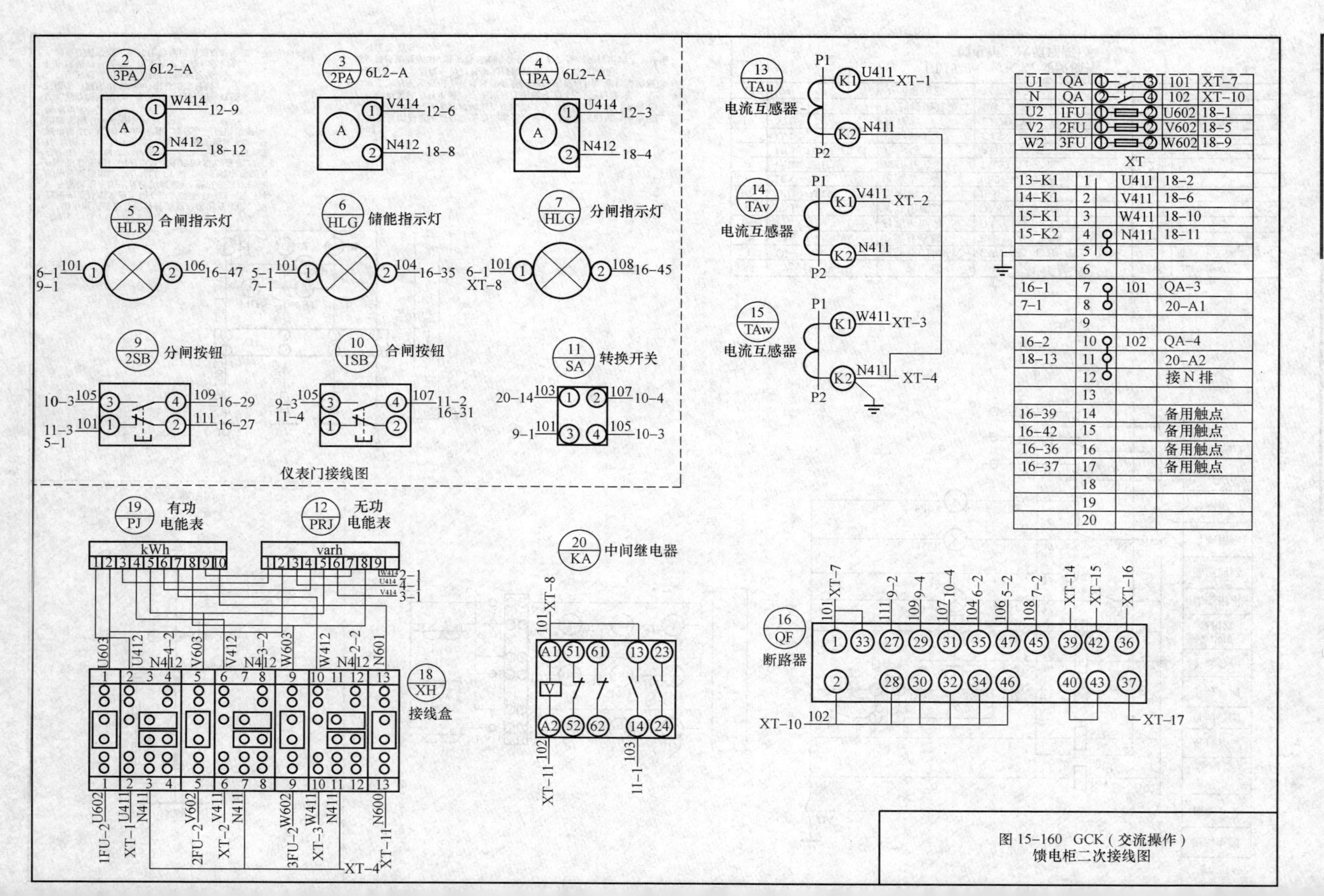

图 15-160 GCK（交流操作）馈电柜二次接线图

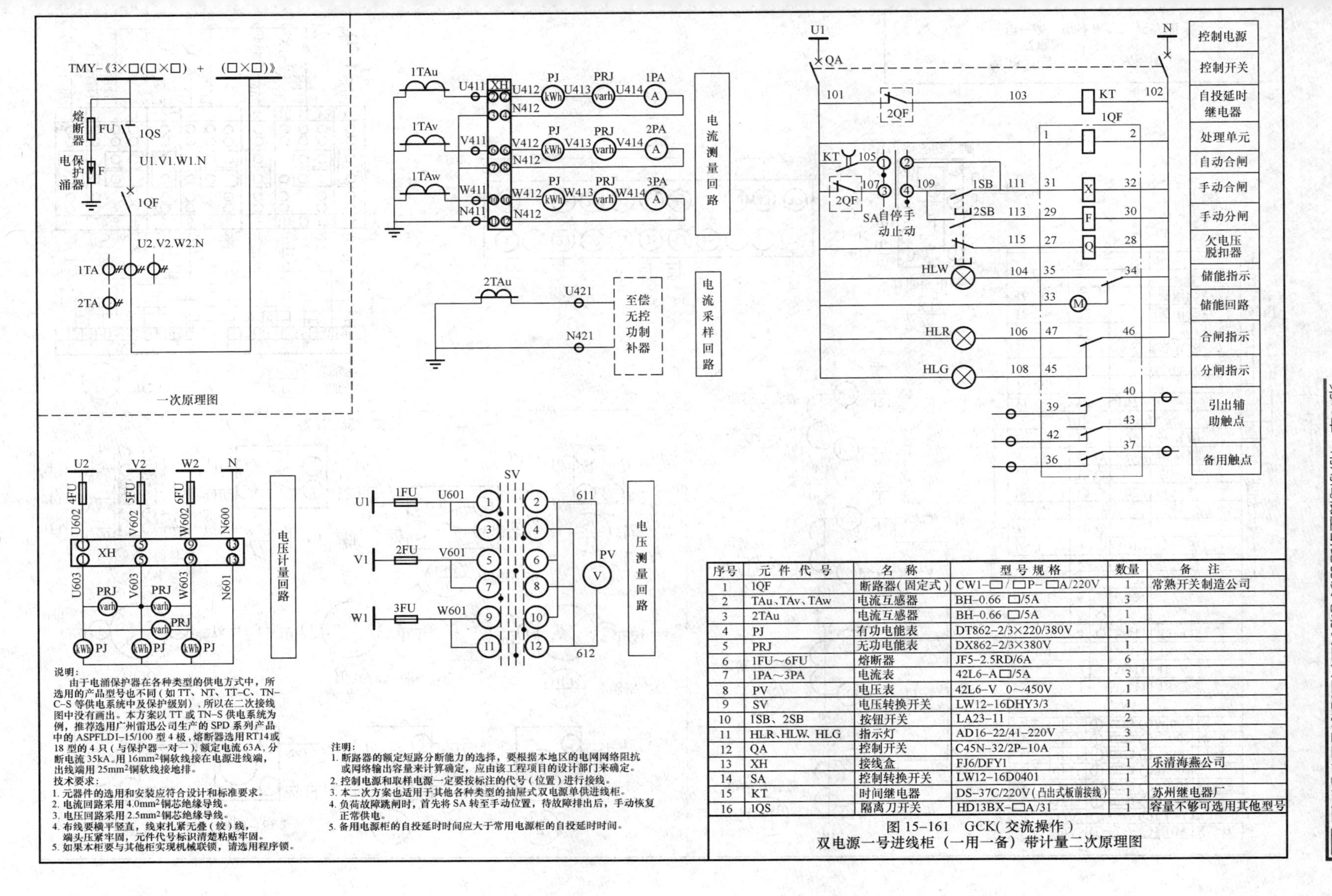

说明：

由于电涌保护器在各种类型的供电方式中，所选用的产品型号也不同（如TT、NT、TT-C、TN-C-S等供电系统中及保护级别），所以在二次接线图中没有画出。本方案以TT或TN-S供电系统为例，推荐选用广州雷迅公司生产的SPD系列产品中的ASPFLDI-15/100型4极，熔断器选用RT14或18型的4只（与保护器一对一），额定电流63A，分断电流35kA。用$16mm^2$铜软线接在电源进线端，出线端用$25mm^2$铜软线接地排。

技术要求：

1. 元器件的选用和安装应符合设计和标准要求。
2. 电流回路采用$4.0mm^2$铜芯绝缘导线。
3. 电压回路采用$2.5mm^2$铜芯绝缘导线。
4. 布线要横平竖直，线束扎紧无叠（绞）线，端头压紧牢固，元件代号标识清楚粘贴牢固。
5. 如果本柜要与其他柜实现机械联锁，请选用程序锁。

注明：

1. 断路器的额定短路分断能力的选择，要根据本地区的电网网络阻抗或网络输出容量来计算确定，应由该工程项目的设计部门来确定。
2. 控制电源和取样电源一定要按标注的代号（位置）进行接线。
3. 本二次方案也适用于其他各种类型的抽屉式双电源单供进线柜。
4. 负荷故障跳闸时，首先将SA转至手动位置，待故障排出后，手动恢复正常供电。
5. 备用电源柜的自投延时时间应大于常用电源柜的自投延时时间。

序号	元件代号	名称	型号规格	数量	备注
1	1QF	断路器（固定式）	CW1-□/□P-□A/220V	1	常熟开关制造公司
2	TAu、TAv、TAw	电流互感器	BH-0.66 □/5A	3	
3	2TAu	电流互感器	BH-0.66 □/5A	1	
4	PJ	有功电能表	DT862-2/3×220/380V	1	
5	PRJ	无功电能表	DX862-2/3×380V	1	
6	1FU～6FU	熔断器	JF5-2.5RD/6A	6	
7	1PA～3PA	电流表	42L6-A□/5A	3	
8	PV	电压表	42L6-V 0～450V	1	
9	SV	电压转换开关	LW12-16DHY3/3	1	
10	1SB、2SB	按钮开关	LA23-11	2	
11	HLR、HLW、HLG	指示灯	AD16-22/41-220V	3	
12	QA	控制开关	C45N-32/2P-10A	1	
13	XH	接线盒	FJ6/DFY1	1	乐清海燕公司
14	SA	控制转换开关	LW12-16D0401	1	
15	KT	时间继电器	DS-37C/220V（凸出式板前接线）	1	苏州继电器厂
16	1QS	隔离刀开关	HD13BX-□A/31	1	容量不够可选用其他型号

图 15-161　GCK（交流操作）
双电源一号进线柜（一用一备）带计量二次原理图

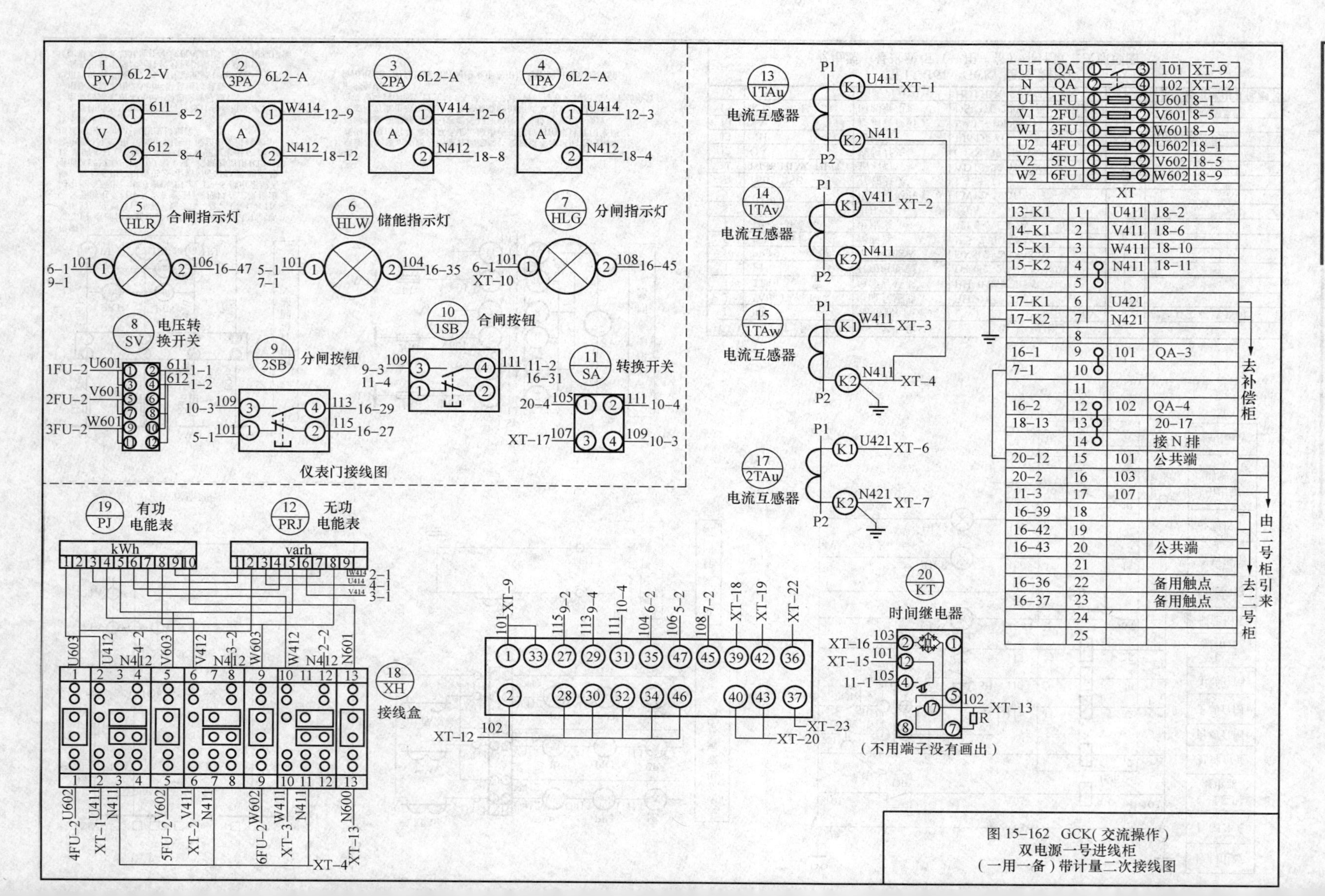

图 15-162 GCK（交流操作）双电源一号进线柜（一用一备）带计量二次接线图

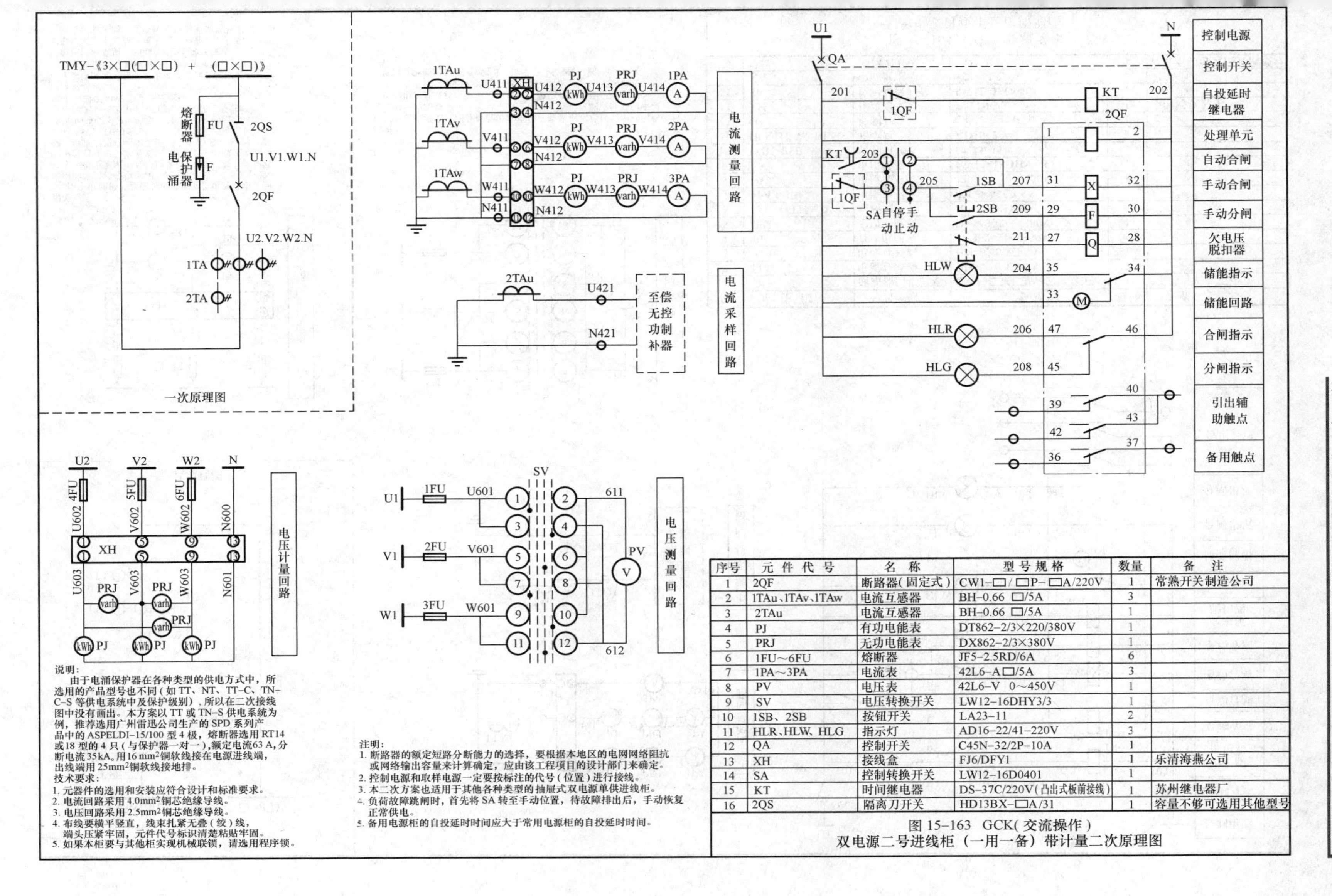

序号	元件代号	名称	型号规格	数量	备注
1	2QF	断路器(固定式)	CW1-□/□P-□A/220V	1	常熟开关制造公司
2	1TAu、1TAv、1TAw	电流互感器	BH-0.66 □/5A	3	
3	2TAu	电流互感器	BH-0.66 □/5A	1	
4	PJ	有功电能表	DT862-2/3×220/380V	1	
5	PRJ	无功电能表	DX862-2/3×380V	1	
6	1FU~6FU	熔断器	JF5-2.5RD/6A	6	
7	1PA~3PA	电流表	42L6-A□/5A	3	
8	PV	电压表	42L6-V 0~450V	1	
9	SV	电压转换开关	LW12-16DHY3/3	1	
10	1SB、2SB	按钮开关	LA23-11	2	
11	HLR、HLW、HLG	指示灯	AD16-22/41-220V	3	
12	QA	控制开关	C45N-32/2P-10A	1	
13	XH	接线盒	FJ6/DFY1	1	乐清海燕公司
14	SA	控制转换开关	LW12-16D0401	1	
15	KT	时间继电器	DS-37C/220V(凸出式板前接线)	1	苏州继电器厂
16	2QS	隔离刀开关	HD13BX-□A/31	1	容量不够可选用其他型号

说明:

由于电涌保护器在各种类型的供电方式中，所选用的产品型号也不同(如TT、NT、TT-C、TN-C-S等供电系统中及保护级别)，所以在二次接线图中没有画出。本方案以TT或TN-S供电系统为例，推荐选用广州雷迅公司生产的SPD系列产品中的ASPELDI-15/100型4极，熔断器选用RT14或18型的4只(与保护器一对一)，额定电流63 A，分断电流35kA。用16 mm²铜软线接在电源进线端，出线端用25mm²铜软线接地排。

技术要求:

1. 元器件的选用和安装应符合设计和标准要求。
2. 电流回路采用4.0mm²铜芯绝缘导线。
3. 电压回路采用2.5mm²铜芯绝缘导线。
4. 布线要横平竖直，线束扎紧无叠(绞)线，端头压紧牢固，元件代号标识清楚粘贴牢固。
5. 如果本柜要与其他柜实现机械联锁，请选用程序锁。

注明:

1. 断路器的额定短路分断能力的选择，要根据本地区的电网网络阻抗或网络输出容量来计算确定，应由该工程项目的设计部门来确定。
2. 控制电源和取样电源一定要按标注的代号(位置)进行接线。
3. 本二次方案也适用于其他各种类型的抽屉式双电源单供进线柜。
4. 负荷故障跳闸时，首先将SA转至手动位置，待故障排出后，手动恢复正常供电。
5. 备用电源柜的自投延时时间应大于常用电源柜的自投延时时间。

图15-163 GCK(交流操作)
双电源二号进线柜(一用一备)带计量二次原理图

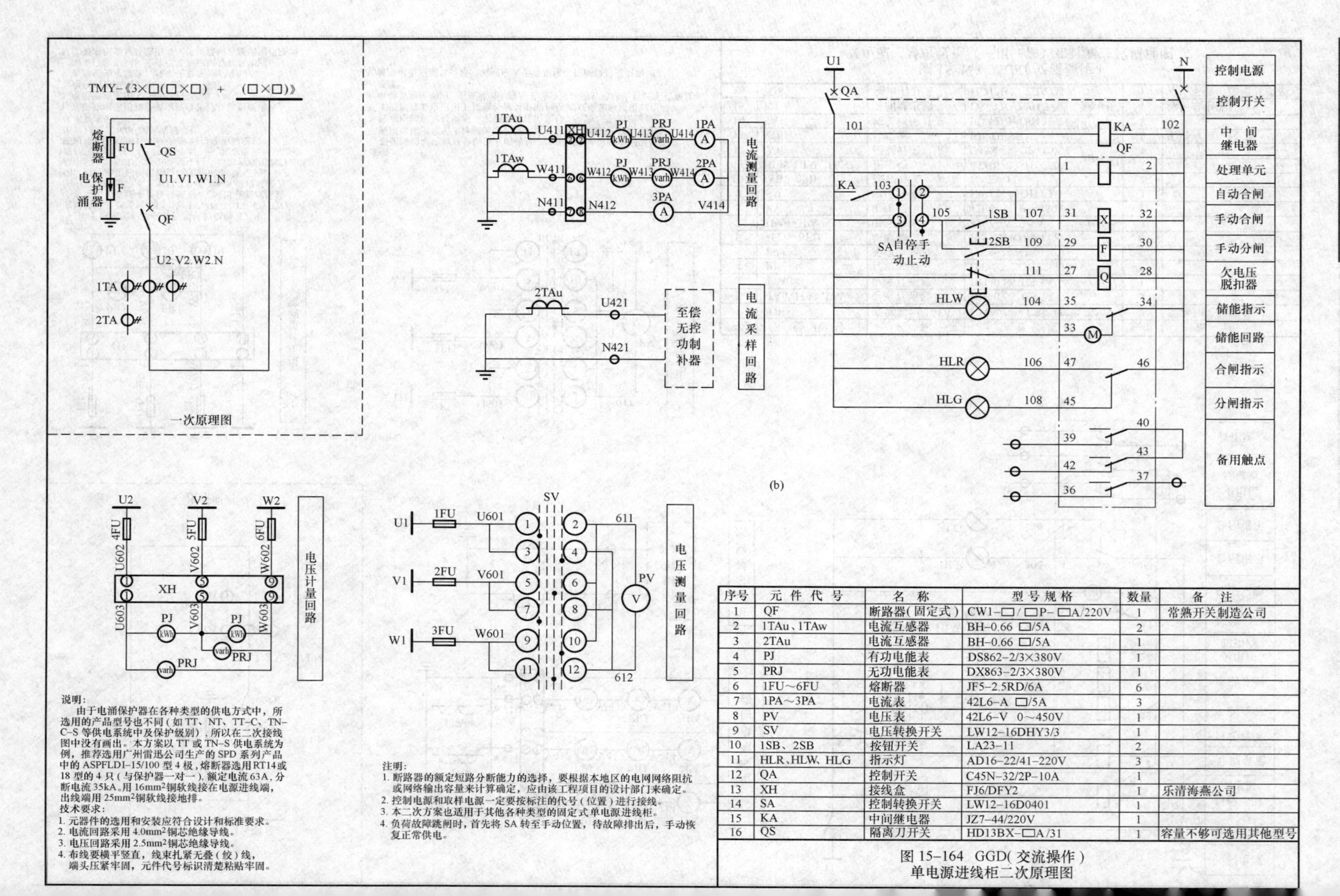

说明：

由于电涌保护器在各种类型的供电方式中，所选用的产品型号也不同（如TT、NT、TT-C、TN-C-S等供电系统中及保护级别），所以在二次接线图中没有画出。本方案以TT或TN-S供电系统为例，推荐选用广州雷迅公司生产的SPD系列产品中的ASPFLDI-15/100型4极，熔断器选用RT14或18型的4只（与保护器一对一），额定电流63A，分断电流35kA。用16mm²铜软线接在电源进线端，出线端用25mm²铜软线接地排。

技术要求：

1. 元器件的选用和安装应符合设计和标准要求。
2. 电流回路采用4.0mm²铜芯绝缘导线。
3. 电压回路采用2.5mm²铜芯绝缘导线。
4. 布线要横平竖直，线束扎紧无叠（绞）线，端头压紧牢固，元件代号标识清楚粘贴牢固。

注明：

1. 断路器的额定短路分断能力的选择，要根据本地区的电网网络阻抗或网络输出容量来计算确定，应由该工程项目的设计部门来确定。
2. 控制电源和取样电源一定要按标注的代号（位置）进行接线。
3. 本二次方案也适用于其他各种类型的固定式单电源进线柜。
4. 负荷故障跳闸时，首先将SA转至手动位置，待故障排出后，手动恢复正常供电。

序号	元件代号	名称	型号规格	数量	备注
1	QF	断路器（固定式）	CW1-□/□P-□A/220V	1	常熟开关制造公司
2	1TAu、1TAw	电流互感器	BH-0.66 □/5A	2	
3	2TAu	电流互感器	BH-0.66 □/5A	1	
4	PJ	有功电能表	DS862-2/3×380V	1	
5	PRJ	无功电能表	DX863-2/3×380V	1	
6	1FU～6FU	熔断器	JF5-2.5RD/6A	6	
7	1PA～3PA	电流表	42L6-A □/5A	3	
8	PV	电压表	42L6-V 0～450V	1	
9	SV	电压转换开关	LW12-16DHY3/3	1	
10	1SB、2SB	按钮开关	LA23-11	2	
11	HLR、HLW、HLG	指示灯	AD16-22/41-220V	3	
12	QA	控制开关	C45N-32/2P-10A	1	
13	XH	接线盒	FJ6/DFY2	1	乐清海燕公司
14	SA	控制转换开关	LW12-16D0401	1	
15	KA	中间继电器	JZ7-44/220V	1	
16	QS	隔离刀开关	HD13BX-□A/31	1	容量不够可选用其他型号

图15-164 GGD（交流操作）单电源进线柜二次原理图

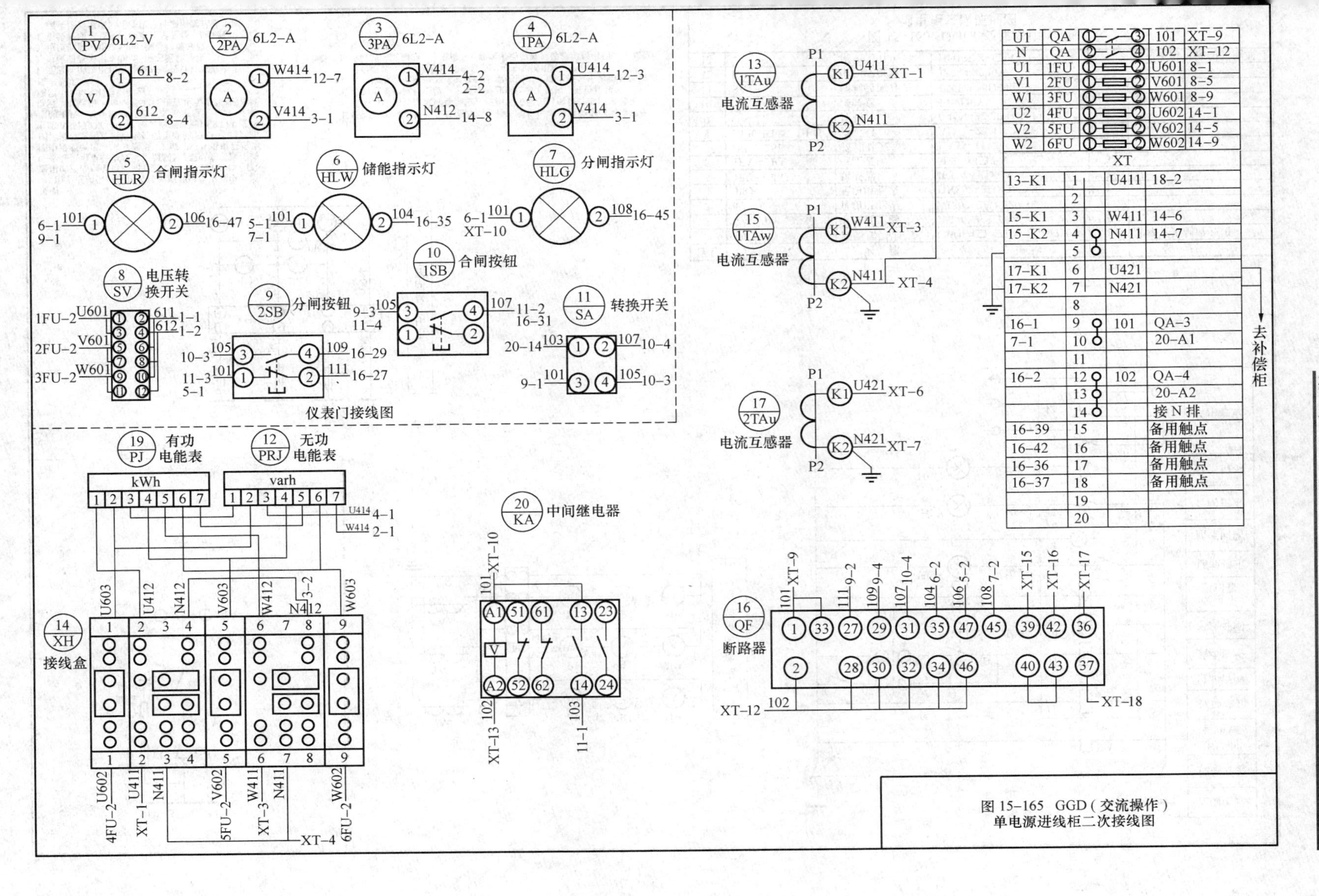

图15-165　GGD（交流操作）单电源进线柜二次接线图

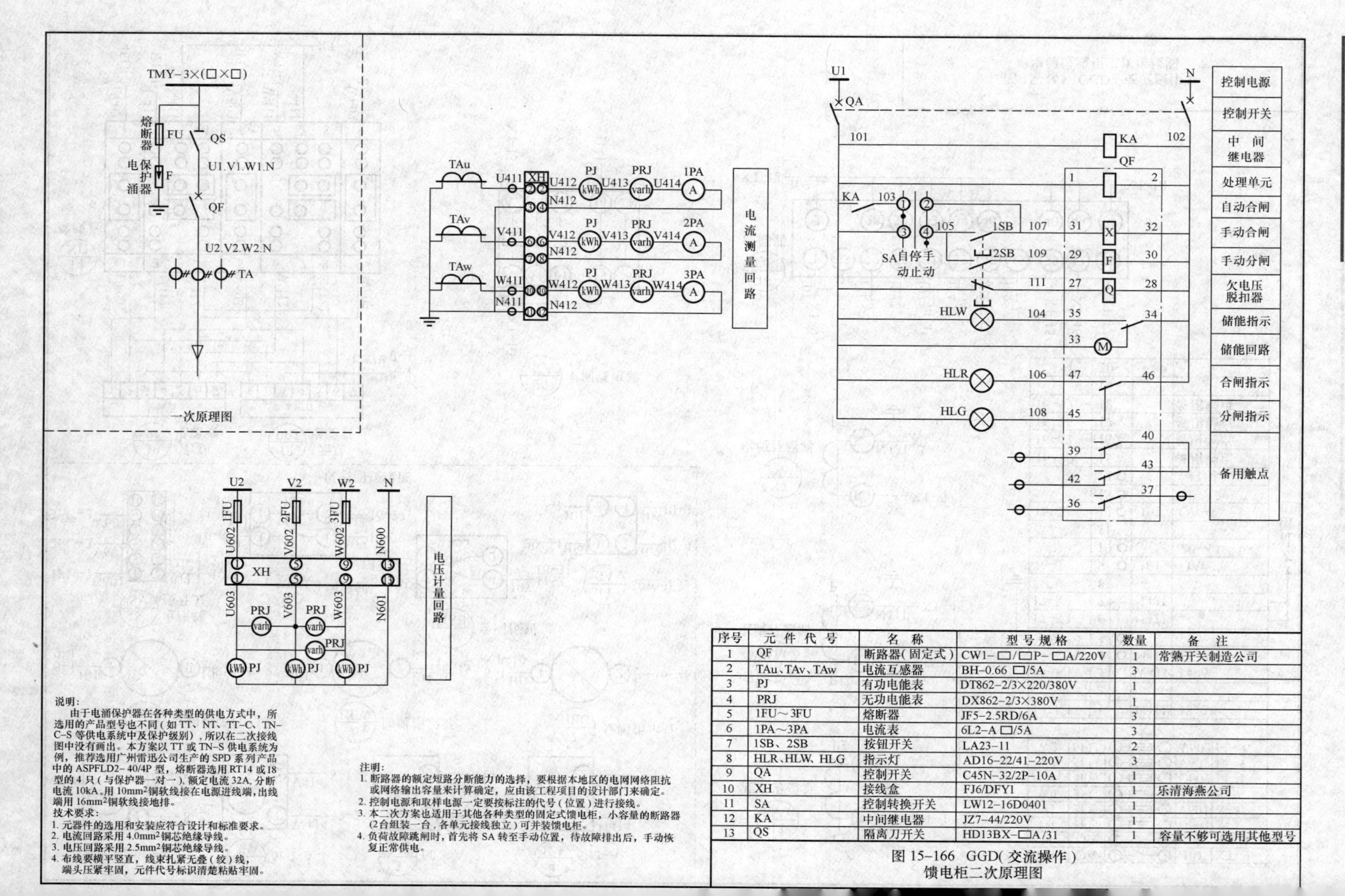

序号	元件代号	名称	型号规格	数量	备注
1	QF	断路器(固定式)	CW1-□/□P-□A/220V	1	常熟开关制造公司
2	TAu、TAv、TAw	电流互感器	BH-0.66 □/5A	3	
3	PJ	有功电能表	DT862-2/3×220/380V	1	
4	PRJ	无功电能表	DX862-2/3×380V	1	
5	1FU～3FU	熔断器	JF5-2.5RD/6A	3	
6	1PA～3PA	电流表	6L2-A □/5A	3	
7	1SB、2SB	按钮开关	LA23-11	2	
8	HLR、HLW、HLG	指示灯	AD16-22/41-220V	3	
9	QA	控制开关	C45N-32/2P-10A	1	
10	XH	接线盒	FJ6/DFY1	1	乐清海燕公司
11	SA	控制转换开关	LW12-16D0401	1	
12	KA	中间继电器	JZ7-44/220V	1	
13	QS	隔离刀开关	HD13BX-□A/31	1	容量不够可选用其他型号

图15-166 GGD(交流操作)馈电柜二次原理图

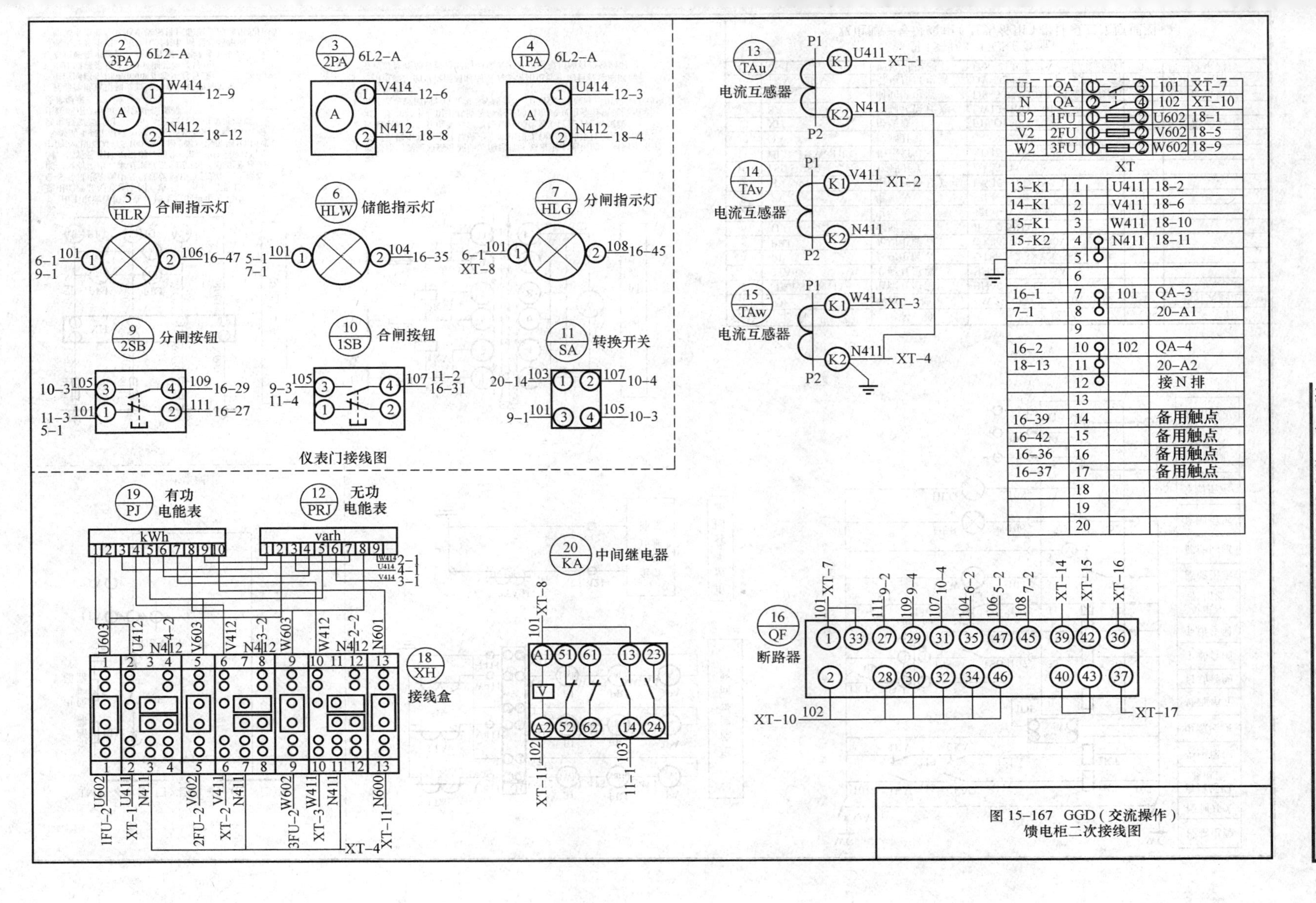

图15-167　GGD（交流操作）馈电柜二次接线图

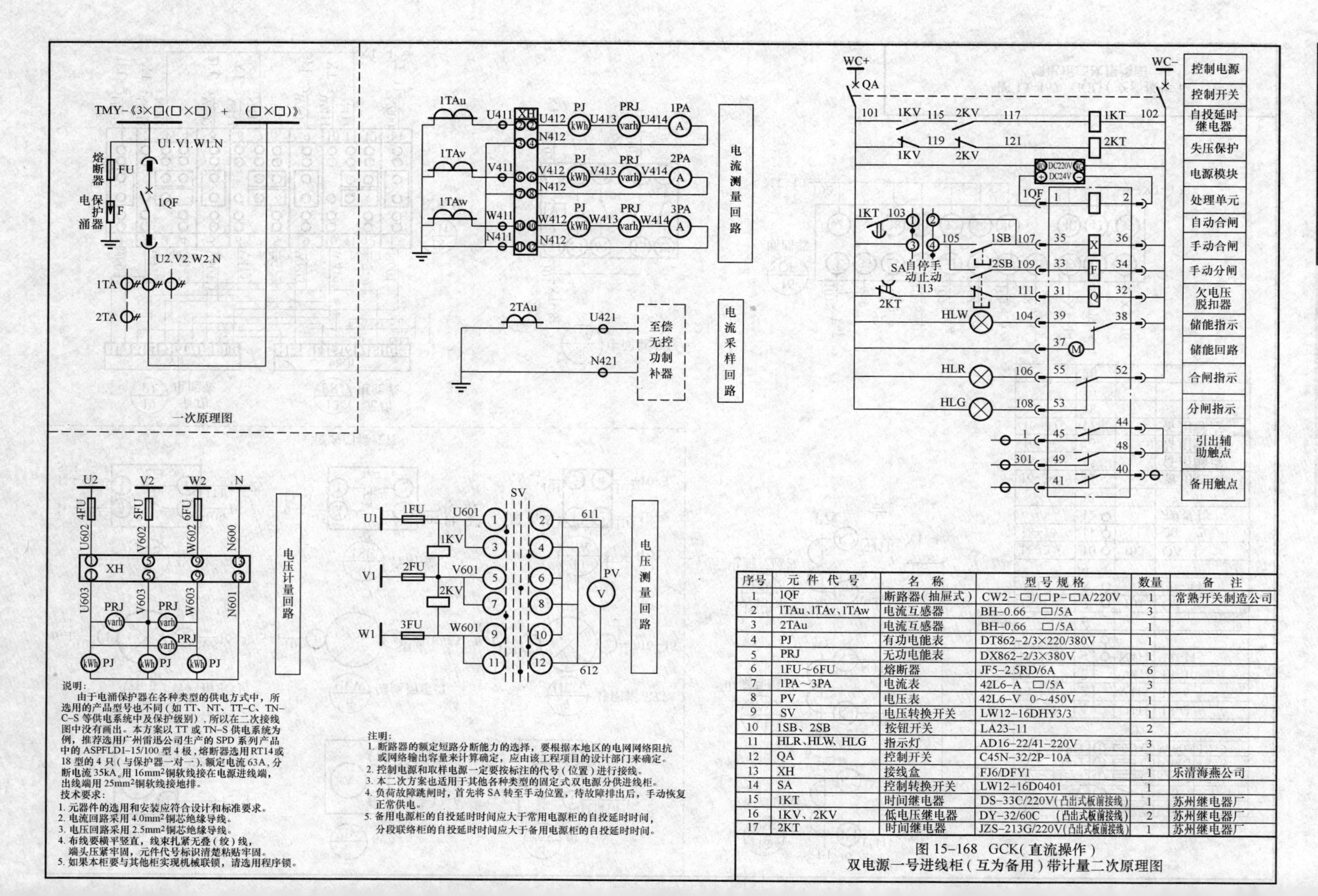

说明：

由于电涌保护器在各种类型的供电方式中，所选用的产品型号也不同（如TT、NT、TT-C、TN-C-S等供电系统中及保护级别），所以在二次接线图中没有画出。本方案以TT或TN-S供电系统为例，推荐选用广州雷迅公司生产的SPD系列产品中的ASPFLDI-15/100型4极，熔断器选用RT14或18型的4只（与保护器一对一），额定电流63A，分断电流35kA，用16mm²铜软线接在电源进线端，出线端用25mm²铜软线接地排。

技术要求：

1. 元器件的选用和安装应符合设计和标准要求。
2. 电流回路采用4.0mm²铜芯绝缘导线。
3. 电压回路采用2.5mm²铜芯绝缘导线。
4. 布线要横平竖直，线束扎紧无叠（绞）线，端头压紧牢固，元件代号标识清楚粘贴牢固。
5. 如果本柜要与其他柜实现机械联锁，请选用程序锁。

注明：

1. 断路器的额定短路分断能力的选择，要根据本地区的电网网络阻抗或网络输出容量来计算确定，应由该工程项目的设计部门来确定。
2. 控制电源和取样电源一定要按标注的代号（位置）进行接线。
3. 本二次方案也适用于其他各种类型的固定式双电源分供进线柜。
4. 负荷故障跳闸时，首先将SA转至手动位置，待故障排出后，手动恢复正常供电。
5. 备用电源柜的自投延时时间应大于常用电源柜的自投延时时间，分段联络柜的自投延时时间应大于备用电源柜的自投延时时间。

序号	元件代号	名称	型号规格	数量	备注
1	1QF	断路器（抽屉式）	CW2-□/□P-□A/220V	1	常熟开关制造公司
2	1TAu、1TAv、1TAw	电流互感器	BH-0.66 □/5A	3	
3	2TAu	电流互感器	BH-0.66 □/5A	1	
4	PJ	有功电能表	DT862-2/3×220/380V	1	
5	PRJ	无功电能表	DX862-2/3×380V	1	
6	1FU~6FU	熔断器	JF5-2.5RD/6A	6	
7	1PA~3PA	电流表	42L6-A □/5A	3	
8	PV	电压表	42L6-V 0~450V	1	
9	SV	电压转换开关	LW12-16DHY3/3	1	
10	1SB、2SB	按钮开关	LA23-11	2	
11	HLR、HLW、HLG	指示灯	AD16-22/41-220V	3	
12	QA	控制开关	C45N-32/2P-10A	1	
13	XH	接线盒	FJ6/DFY1	1	乐清海燕公司
14	SA	控制转换开关	LW12-16D0401	1	
15	1KT	时间继电器	DS-33C/220V（凸出式板前接线）	1	苏州继电器厂
16	1KV、2KV	低电压继电器	DY-32/60C （凸出式板前接线）	2	苏州继电器厂
17	2KT	时间继电器	JZS-213G/220V（凸出式板前接线）	1	苏州继电器厂

图15-168 GCK（直流操作）双电源一号进线柜（互为备用）带计量二次原理图

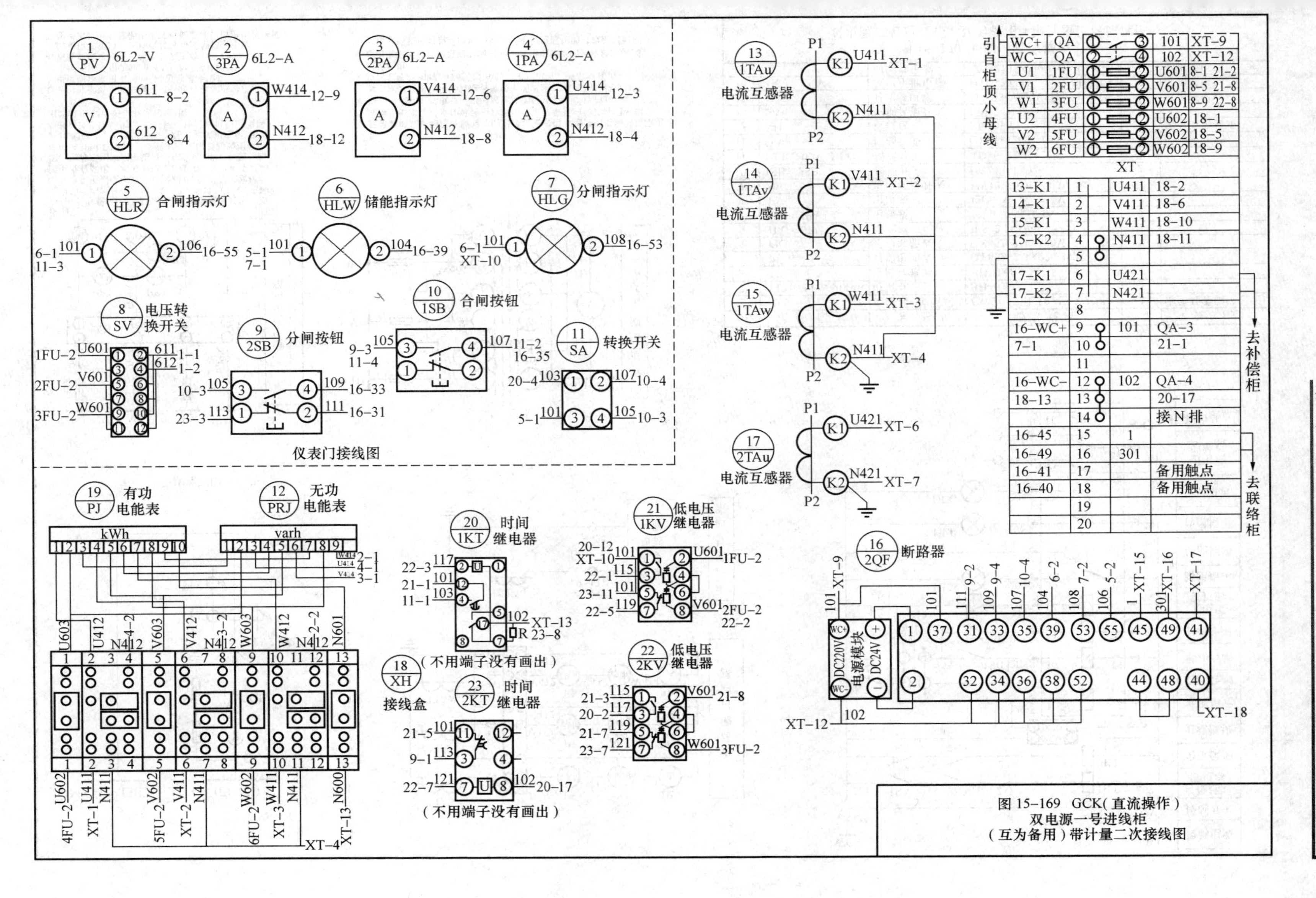

图15-169 GCK（直流操作）双电源一号进线柜（互为备用）带计量二次接线图

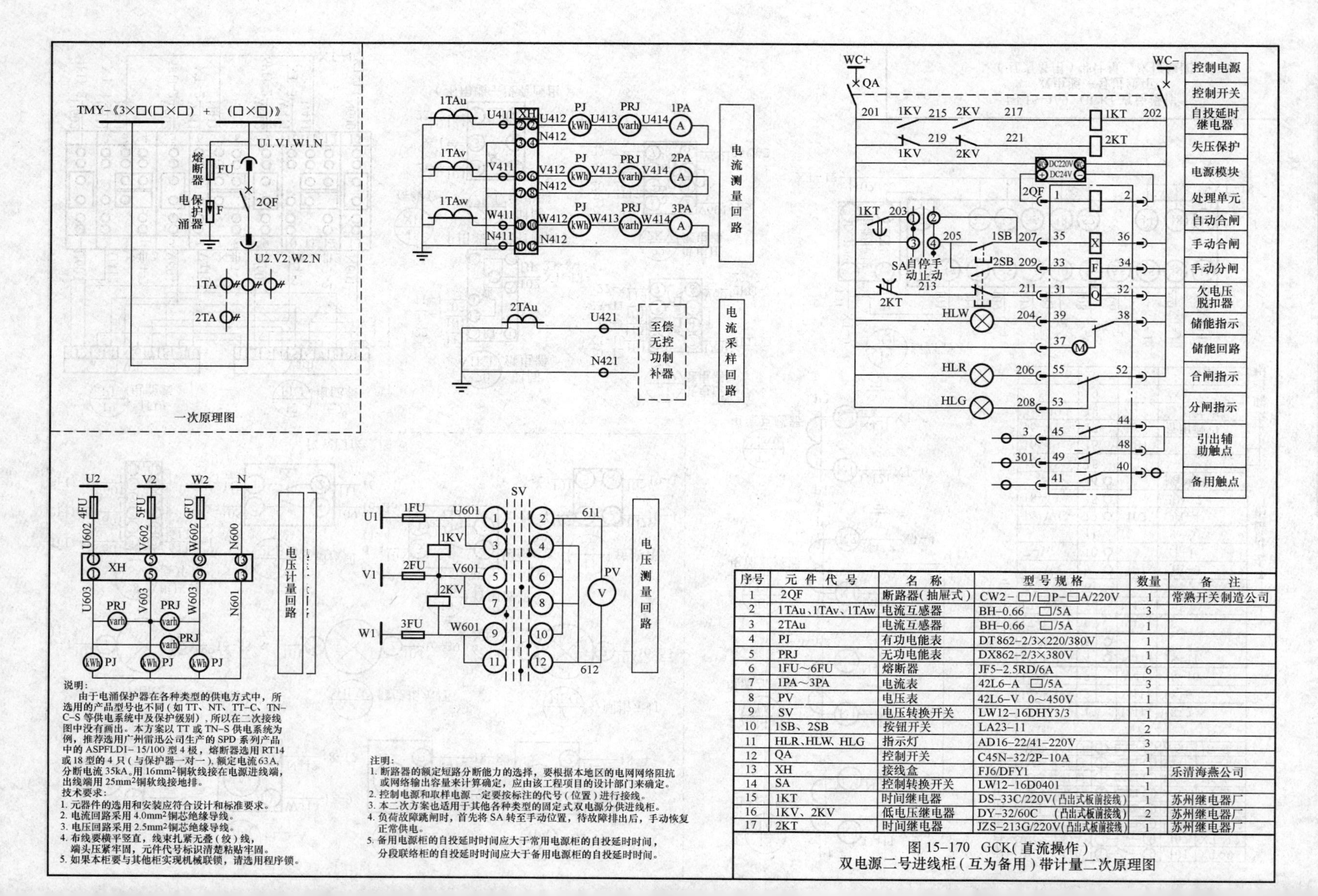

序号	元件代号	名称	型号规格	数量	备注
1	2QF	断路器(抽屉式)	CW2-□/□P-□A/220V	1	常熟开关制造公司
2	1TAu、1TAv、1TAw	电流互感器	BH-0.66 □/5A	3	
3	2TAu	电流互感器	BH-0.66 □/5A	1	
4	PJ	有功电能表	DT862-2/3×220/380V	1	
5	PRJ	无功电能表	DX862-2/3×380V	1	
6	1FU～6FU	熔断器	JF5-2.5RD/6A	6	
7	1PA～3PA	电流表	42L6-A □/5A	3	
8	PV	电压表	42L6-V 0～450V	1	
9	SV	电压转换开关	LW12-16DHY3/3	1	
10	1SB、2SB	按钮开关	LA23-11	2	
11	HLR、HLW、HLG	指示灯	AD16-22/41-220V	3	
12	QA	控制开关	C45N-32/2P-10A	1	
13	XH	接线盒	FJ6/DFY1	1	乐清海燕公司
14	SA	控制转换开关	LW12-16D0401	1	
15	1KT	时间继电器	DS-33C/220V(凸出式板前接线)	1	苏州继电器厂
16	1KV、2KV	低电压继电器	DY-32/60C (凸出式板前接线)	2	苏州继电器厂
17	2KT	时间继电器	JZS-213G/220V(凸出式板前接线)	1	苏州继电器厂

说明：

由于电涌保护器在各种类型的供电方式中，所选用的产品型号也不同（如TT、NT、TT-C、TN-C-S等供电系统中及保护级别），所以在二次接线图中没有画出。本方案以TT或TN-S供电系统为例，推荐选用广州雷迅公司生产的SPD系列产品中的ASPFLDI-15/100型4极，熔断器选用RT14或18型的4只（与保护器一对一），额定电流63A，分断电流35kA，用16mm²铜软线接在电源进线端，出线端用25mm²铜软线接地排。

技术要求：

1. 元器件的选用和安装应符合设计和标准要求。
2. 电流回路采用4.0mm²铜芯绝缘导线。
3. 电压回路采用2.5mm²铜芯绝缘导线。
4. 布线要横平竖直，线束扎紧无叠（绞）线，端头压紧牢固，元件代号标识清楚粘贴牢固。
5. 如果本柜要与其他柜实现机械联锁，请选用程序锁。

注明：

1. 断路器的额定短路分断能力的选择，要根据本地区的电网网络阻抗或网络输出容量来计算确定，应由该工程项目的设计部门来确定。
2. 控制电源和取样电源一定要按标注的代号（位置）进行接线。
3. 本二次方案也适用于其他各种类型的固定式双电源分供进线柜。
4. 负荷故障跳闸时，首先将SA转至手动位置，待故障排出后，手动恢复正常供电。
5. 备用电源柜的自投延时时间应大于常用电源柜的自投延时时间，分段联络柜的自投延时时间应大于备用电源柜的自投延时时间。

图15-170 GCK(直流操作)双电源二号进线柜(互为备用)带计量二次原理图

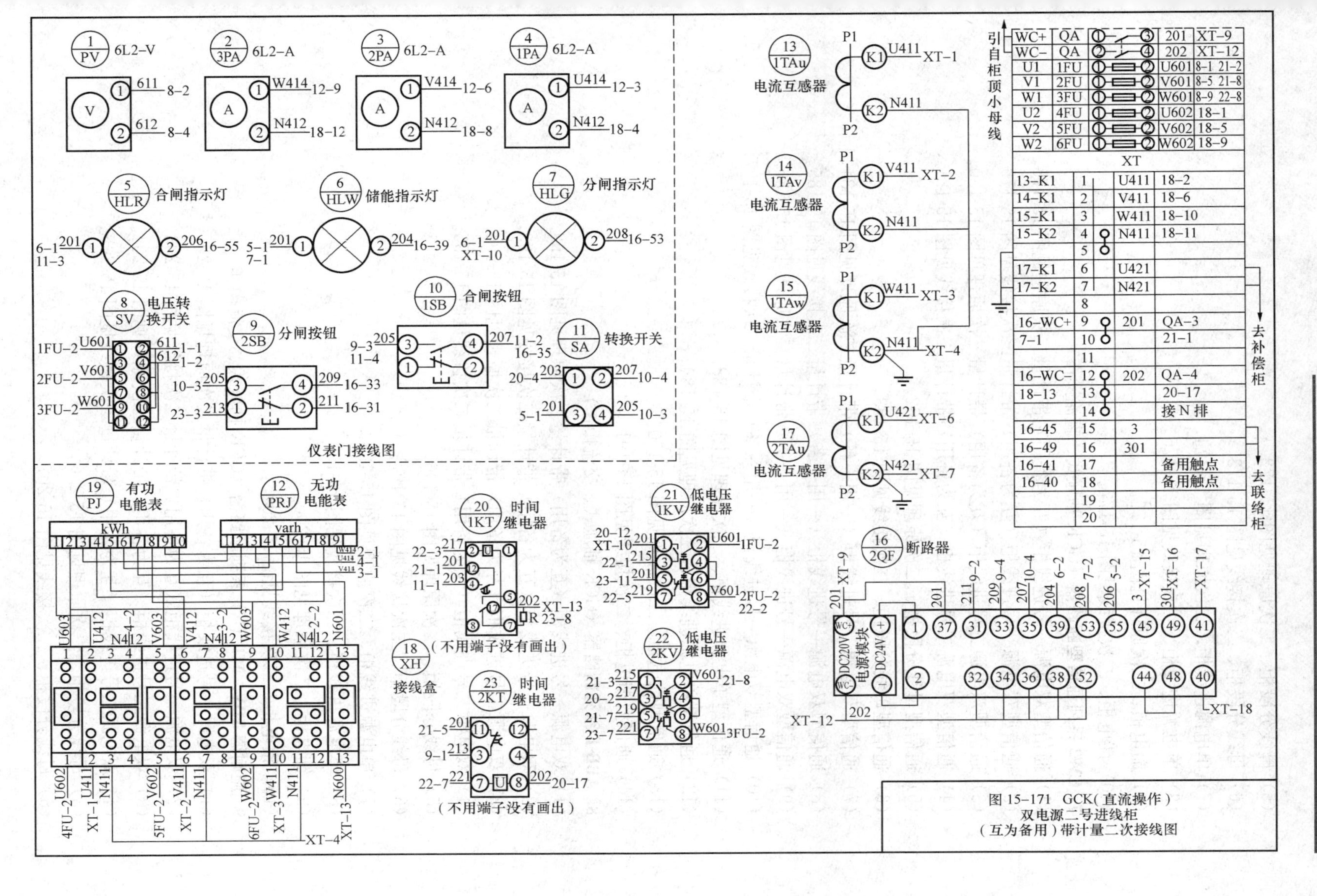

图15-171 GCK（直流操作）双电源二号进线柜（互为备用）带计量二次接线图

(5) 母线分段柜、二次原理见图 15-172。

(6) 母线分段柜、二次接线见图 15-173。

(7) 单电源进线柜、二次原理见图 15-174。

(8) 单电源进线柜、二次接线见图 15-175。

(9) 馈电柜、二次原理见图 15-176。

(10) 馈电柜、二次接线见图 15-177。

7. CW2 系列通信型断路器（GCK-抽屉式、直流操作）

(1) 通信型双电源一号进线柜（互为备用）带计量二次原理见图 15-178。

(2) 通信型双电源一号进线柜（互为备用）带计量二次接线见图 15-179。

(3) 通信型双电源二号进线柜（互为备用）带计量二次原理见图 15-180。

(4) 通信型双电源二号进线柜（互为备用）带计量二次接线见图 15-181。

(5) 通信型母线分段柜、二次原理见图 15-182。

(6) 通信型母线分段柜、二次接线见图 15-183。

(7) 通信型双电源一号进线柜（一用一备）带计量二次原理见图 15-184。

(8) 通信型双电源一号进线柜（一用一备）带计量二次接线见图 15-185。

(9) 通信型双电源一号进线柜（一用一备）带计量二次原理见图 15-186。

(10) 通信型双电源一号进线柜（一用一备）带计量二次接线见图 15-187。

(11) 通信型单电源进线柜、二次原理见图 15-188。

(12) 通信型单电源进线柜、二次原理见图 15-189。

(13) 通信型馈电柜、二次原理见图 15-190。

(14) 通信型馈电柜、二次接线见图 15-191。

8. ABB-F 系列断路器（GCK-抽屉式、交流操作）

(1) 双电源一号进线柜（互为备用）带计量二次原理见图 15-192。

(2) 双电源一号进线柜（互为备用）带计量二次接线见图 15-193。

(3) 双电源二号进线柜（互为备用）带计量二次原理见图 15-194。

(4) 双电源二号进线柜（互为备用）带计量二次接线见图 15-195。

(5) 母线分段柜、二次原理见图 15-196。

(6) 母线分段柜、二次接线见图 15-197。

(7) 单电源进线柜、二次原理见图 15-198。

(8) 单电源进线柜、二次接线见图 15-199。

(9) 馈电柜、二次原理见图 15-200。

(10) 馈电柜、二次接线见图 15-201。

9. 施耐德 MW、MT (N) 系列断路器（GCK-抽屉式、交流操作）

(1) 双电源一号进线柜（互为备用）带计量二次原理见图 15-202。

(2) 双电源一号进线柜（互为备用）带计量二次接线见图 15-203。

(3) 双电源二号进线柜（互为备用）带计量二次原理见图 15-204。

(4) 双电源二号进线柜（互为备用）带计量二次接线见图 15-205。

(5) 母线分段柜、二次原理见图 15-206。

(6) 母线分段柜、二次接线见图 15-207。

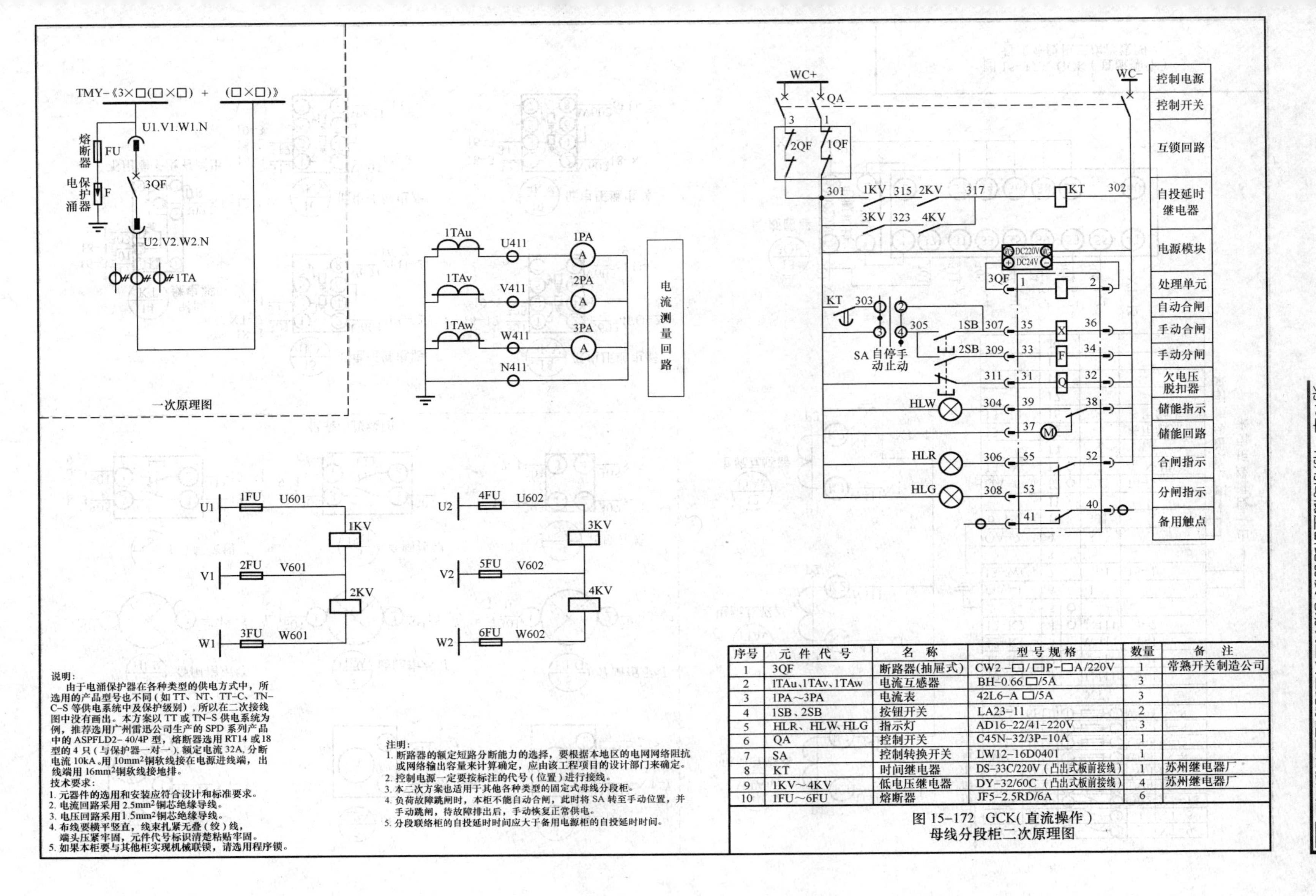

说明：

由于电涌保护器在各种类型的供电方式中，所选用的产品型号也不同（如TT、NT、TT-C、TN-C-S等供电系统中及保护级别），所以在二次接线图中没有画出。本方案以TT或TN-S供电系统为例，推荐选用广州雷迅公司生产的SPD系列产品中的ASPFLD2- 40/4P型，熔断器选用RT14或18型的4只（与保护器一对一），额定电流32A，分断电流10kA。用$10mm^2$铜软线接在电源进线端，出线端用$16mm^2$铜软线接地排。

技术要求：

1. 元器件的选用和安装应符合设计和标准要求。
2. 电流回路采用$2.5mm^2$铜芯绝缘导线。
3. 电压回路采用$1.5mm^2$铜芯绝缘导线。
4. 布线要横平竖直，线束扎紧无叠（绞）线，端头压紧牢固，元件代号标识清楚粘贴牢固。
5. 如果本柜要与其他柜实现机械联锁，请选用程序锁。

注明：

1. 断路器的额定短路分断能力的选择，要根据本地区的电网网络阻抗或网络输出容量来计算确定，应由该工程项目的设计部门来确定。
2. 控制电源一定要按标注的代号（位置）进行接线。
3. 本二次方案也适用于其他各种类型的固定式母线分段柜。
4. 负荷故障跳闸时，本柜不能自动合闸，此时将SA转至手动位置，并手动跳闸，待故障排出后，手动恢复正常供电。
5. 分段联络柜的自投延时时间应大于备用电源柜的自投延时时间。

序号	元件代号	名称	型号规格	数量	备注
1	3QF	断路器(抽屉式)	CW2-□/□P-□A/220V	1	常熟开关制造公司
2	1TAu、1TAv、1TAw	电流互感器	BH-0.66□/5A	3	
3	1PA～3PA	电流表	42L6-A□/5A	3	
4	1SB、2SB	按钮开关	LA23-11	2	
5	HLR、HLW、HLG	指示灯	AD16-22/41-220V	3	
6	QA	控制开关	C45N-32/3P-10A	1	
7	SA	控制转换开关	LW12-16D0401	1	
8	KT	时间继电器	DS-33C/220V（凸出式板前接线）	1	苏州继电器厂
9	1KV～4KV	低电压继电器	DY-32/60C（凸出式板前接线）	4	苏州继电器厂
10	1FU～6FU	熔断器	JF5-2.5RD/6A	6	

图15-172　GCK(直流操作)母线分段柜二次原理图

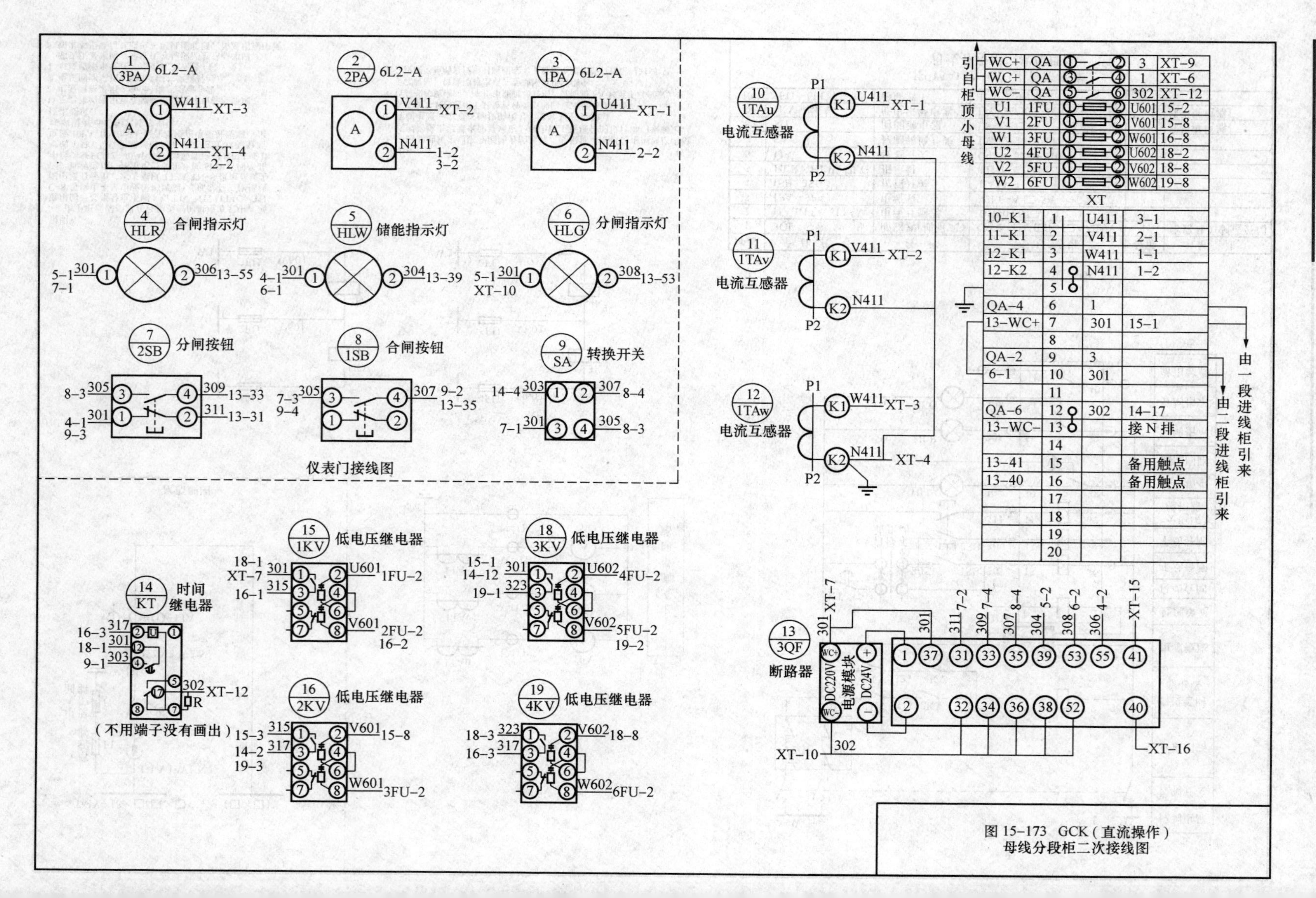

图 15-173 GCK（直流操作）母线分段柜二次接线图

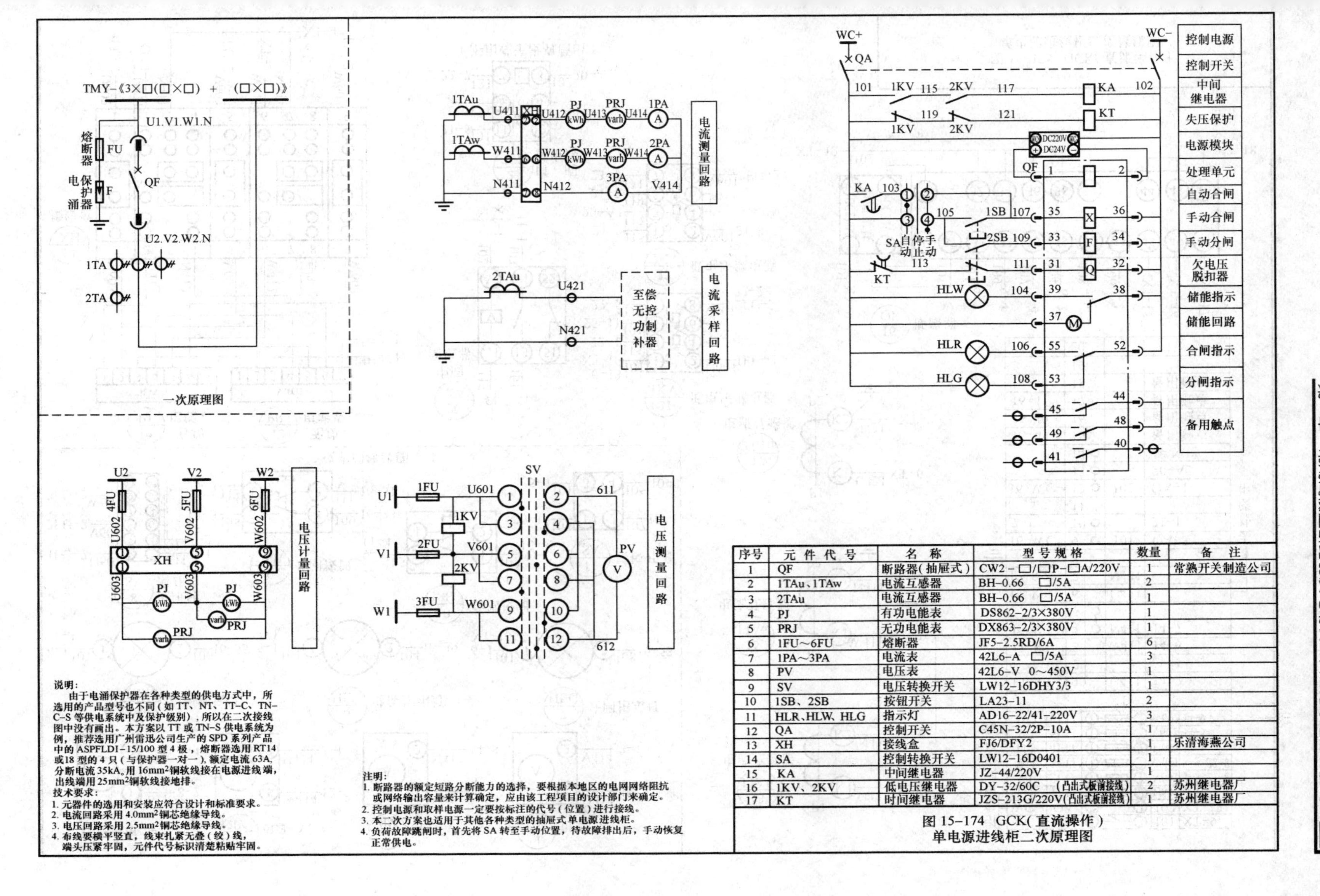

序号	元件代号	名称	型号规格	数量	备注
1	QF	断路器(抽屉式)	CW2-□/□P-□A/220V	1	常熟开关制造公司
2	1TAu、1TAw	电流互感器	BH-0.66　□/5A	2	
3	2TAu	电流互感器	BH-0.66　□/5A	1	
4	PJ	有功电能表	DS862-2/3×380V	1	
5	PRJ	无功电能表	DX863-2/3×380V	1	
6	1FU~6FU	熔断器	JF5-2.5RD/6A	6	
7	1PA~3PA	电流表	42L6-A　□/5A	3	
8	PV	电压表	42L6-V　0~450V	1	
9	SV	电压转换开关	LW12-16DHY3/3	1	
10	1SB、2SB	按钮开关	LA23-11	2	
11	HLR、HLW、HLG	指示灯	AD16-22/41-220V	3	
12	QA	控制开关	C45N-32/2P-10A	1	
13	XH	接线盒	FJ6/DFY2	1	乐清海燕公司
14	SA	控制转换开关	LW12-16D0401	1	
15	KA	中间继电器	JZ-44/220V	1	
16	1KV、2KV	低电压继电器	DY-32/60C　(凸出式板前接线)	2	苏州继电器厂
17	KT	时间继电器	JZS-213G/220V(凸出式板前接线)	1	苏州继电器厂

说明：

由于电涌保护器在各种类型的供电方式中，所选用的产品型号也不同（如TT、NT、TT-C、TN-C-S等供电系统中及保护级别），所以在二次接线图中没有画出。本方案以TT或TN-S供电系统为例，推荐选用广州雷迅公司生产的SPD系列产品中的ASPFLDI-15/100型4极，熔断器选用RT14或18型的4只（与保护器一对一），额定电流63A，分断电流35kA。用16mm²铜软线接在电源进线端，出线端用25mm²铜软线接地排。

技术要求：

1. 元器件的选用和安装应符合设计和标准要求。
2. 电流回路采用4.0mm²铜芯绝缘导线。
3. 电压回路采用2.5mm²铜芯绝缘导线。
4. 布线要横平竖直，线束扎紧无叠（绞）线，端头压紧牢固，元件代号标识清楚粘贴牢固。

注明：

1. 断路器的额定短路分断能力的选择，要根据本地区的电网网络阻抗或网络输出容量来计算确定，应由该工程项目的设计部门来确定。
2. 控制电源和取样电源一定要按标注的代号（位置）进行接线。
3. 本二次方案也适用于其他各种类型的抽屉式单电源进线柜。
4. 负荷故障跳闸时，首先将SA转至手动位置，待故障排出后，手动恢复正常供电。

图15-174　GCK(直流操作)单电源进线柜二次原理图

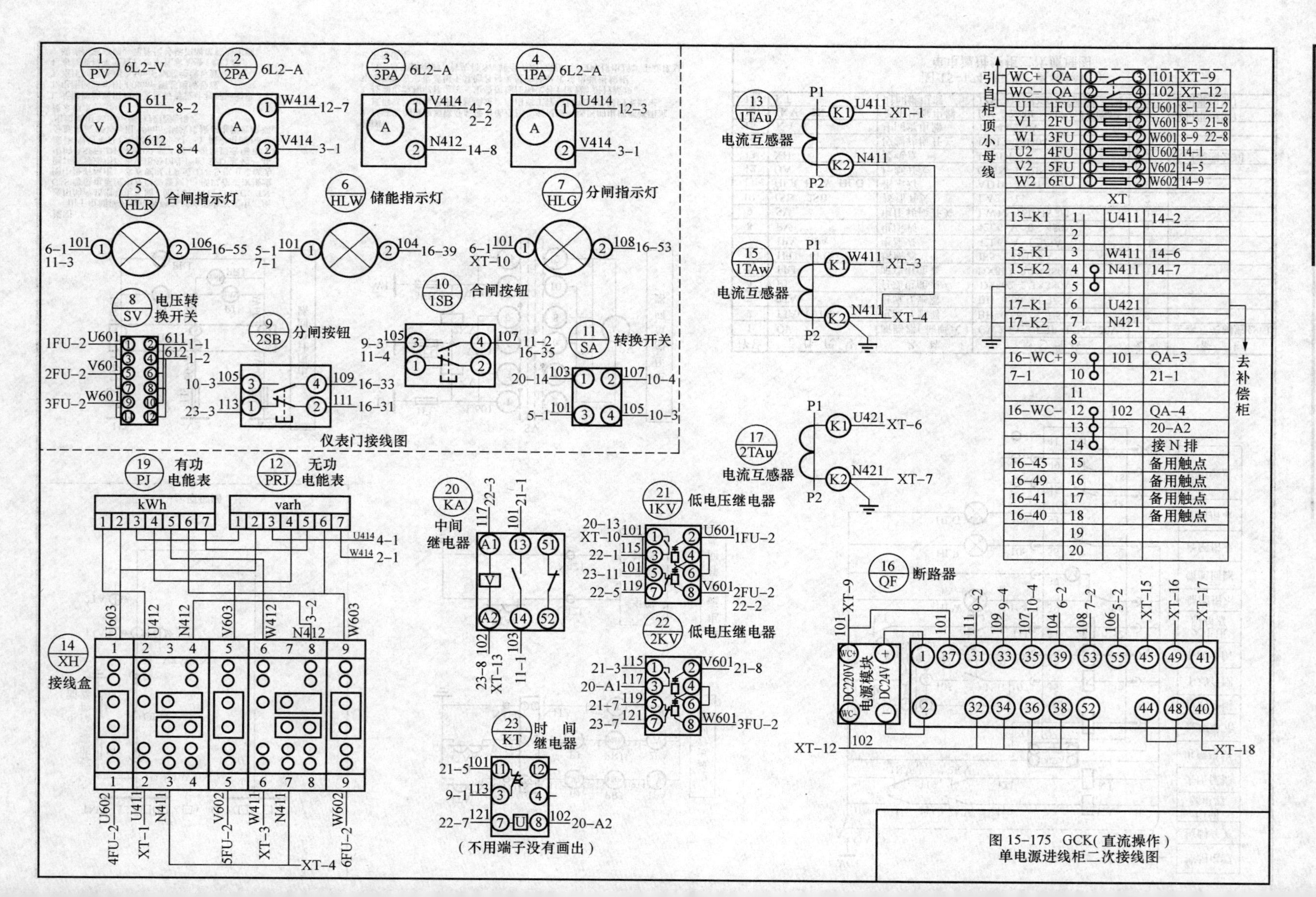

图15-175 GCK（直流操作）单电源进线柜二次接线图

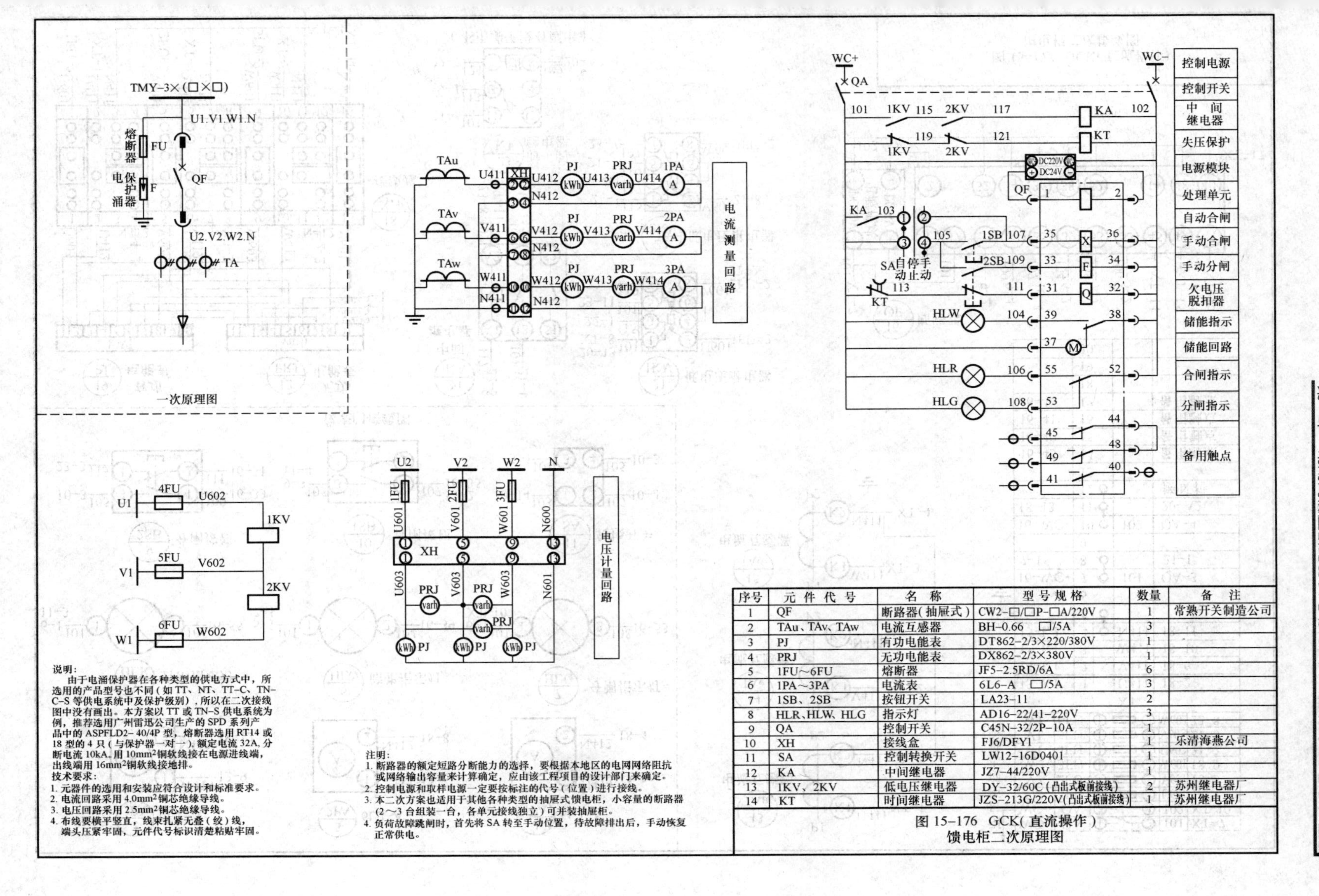

说明：

由于电涌保护器在各种类型的供电方式中，所选用的产品型号也不同（如TT、NT、TT-C、TN-C-S等供电系统中及保护级别），所以在二次接线图中没有画出。本方案以TT或TN-S供电系统为例，推荐选用广州雷迅公司生产的SPD系列产品中的ASPFLD2-40/4P型，熔断器选用RT14或18型的4只（与保护器一对一），额定电流32A，分断电流10kA。用10mm²铜软线接在电源进线端，出线端用16mm²铜软线接地排。

技术要求：

1. 元器件的选用和安装应符合设计和标准要求。
2. 电流回路采用4.0mm²铜芯绝缘导线。
3. 电压回路采用2.5mm²铜芯绝缘导线。
4. 布线要横平竖直，线束扎紧无叠（绞）线，端头压紧牢固，元件代号标识清楚粘贴牢固。

注明：

1. 断路器的额定短路分断能力的选择，要根据本地区的电网网络阻抗或网络输出容量来计算确定，应由该工程项目的设计部门来确定。
2. 控制电源和取样电源一定要按标注的代号（位置）进行接线。
3. 本二次方案也适用于其他各种类型的抽屉式馈电柜，小容量的断路器（2～3台组装一台，各单元接线独立）可并装抽屉柜。
4. 负荷故障跳闸时，首先将SA转至手动位置，待故障排出后，手动恢复正常供电。

序号	元件代号	名称	型号规格	数量	备注
1	QF	断路器（抽屉式）	CW2-□/□P-□A/220V	1	常熟开关制造公司
2	TAu、TAv、TAw	电流互感器	BH-0.66 □/5A	3	
3	PJ	有功电能表	DT862-2/3×220/380V	1	
4	PRJ	无功电能表	DX862-2/3×380V	1	
5	1FU～6FU	熔断器	JF5-2.5RD/6A	6	
6	1PA～3PA	电流表	6L6-A □/5A	3	
7	1SB、2SB	按钮开关	LA23-11	2	
8	HLR、HLW、HLG	指示灯	AD16-22/41-220V	3	
9	QA	控制开关	C45N-32/2P-10A	1	
10	XH	接线盒	FJ6/DFY1	1	乐清海燕公司
11	SA	控制转换开关	LW12-16D0401	1	
12	KA	中间继电器	JZ7-44/220V	1	
13	1KV、2KV	低电压继电器	DY-32/60C（凸出式板前接线）	2	苏州继电器厂
14	KT	时间继电器	JZS-213G/220V（凸出式板前接线）	1	苏州继电器厂

图 15-176 GCK（直流操作）馈电柜二次原理图

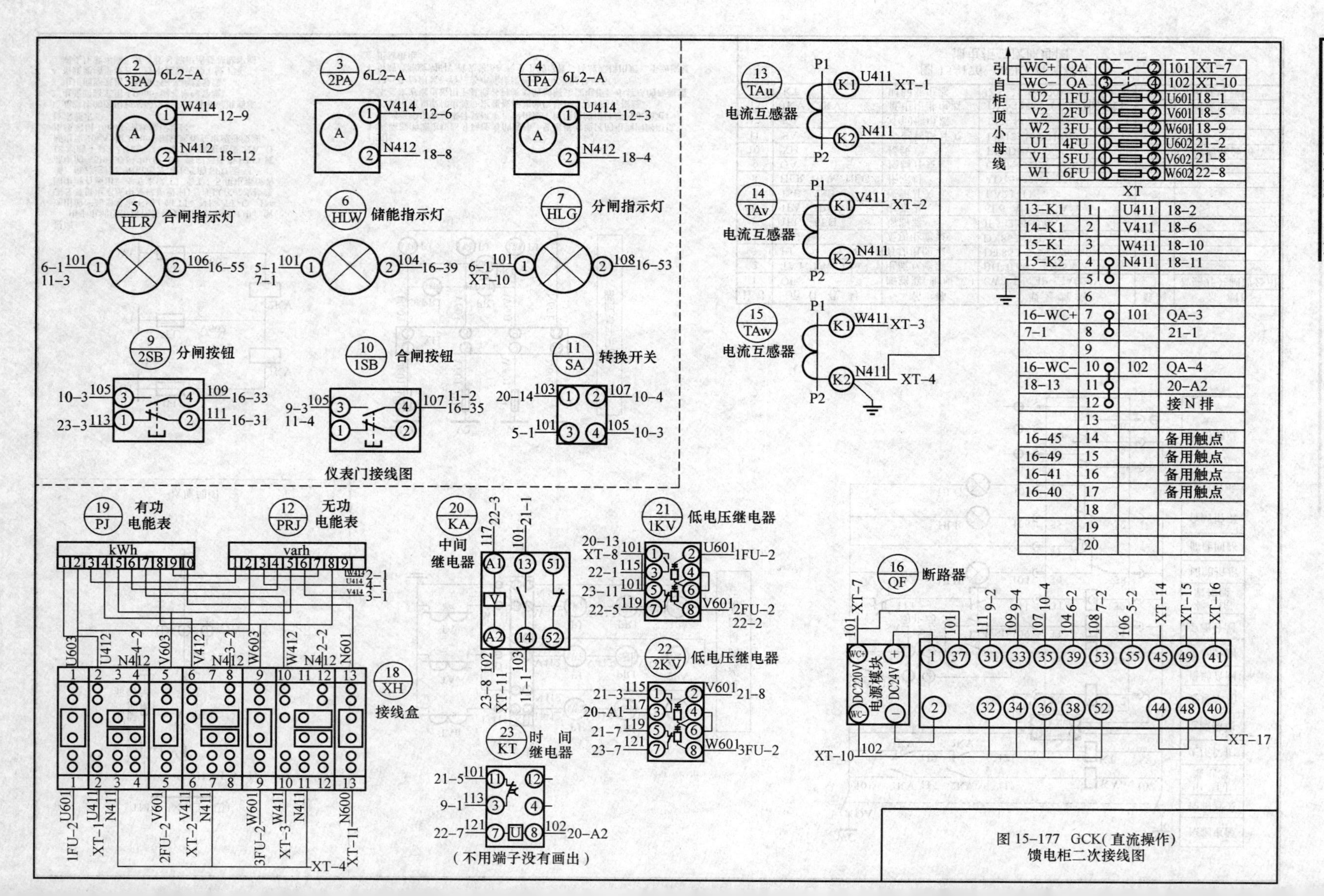

图15-177 GCK（直流操作）馈电柜二次接线图

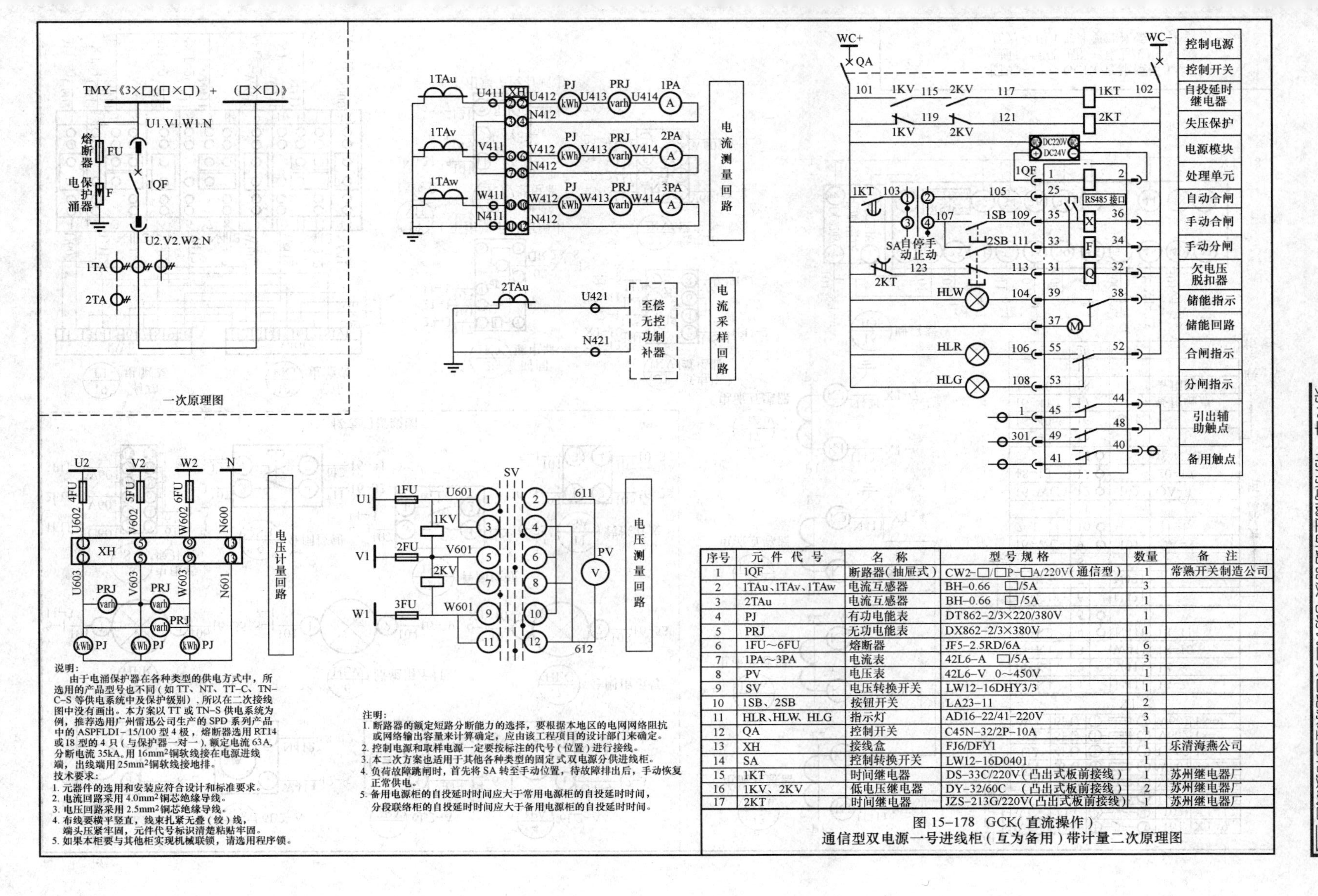

说明：

由于电涌保护器在各种类型的供电方式中，所选用的产品型号也不同（如TT、NT、TT-C、TN-C-S等供电系统中及保护级别），所以在二次接线图中没有画出。本方案以TT或TN-S供电系统为例，推荐选用广州雷迅公司生产的SPD系列产品中的ASPFLDI-15/100型4极，熔断器选用RT14或18型的4只（与保护器一对一），额定电流63A，分断电流35kA，用16mm²铜软线接在电源进线端，出线端用25mm²铜软线接地排。

技术要求：

1. 元器件的选用和安装应符合设计和标准要求。
2. 电流回路采用4.0mm²铜芯绝缘导线。
3. 电压回路采用2.5mm²铜芯绝缘导线。
4. 布线要横平竖直，线束扎紧无叠（绞）线，端头压紧牢固，元件代号标识清楚粘贴牢固。
5. 如果本柜要与其他柜实现机械联锁，请选用程序锁。

注明：

1. 断路器的额定短路分断能力的选择，要根据本地区的电网网络阻抗或网络输出容量来计算确定，应由该工程项目的设计部门来确定。
2. 控制电源和取样电源一定要按标注的代号（位置）进行接线。
3. 本二次方案也适用于其他各种类型的固定式双电源分供进线柜。
4. 负荷故障跳闸时，首先将SA转至手动位置，待故障排出后，手动恢复正常供电。
5. 备用电源柜的自投延时时间应大于常用电源柜的自投延时时间，分段联络柜的自投延时时间应大于备用电源柜的自投延时时间。

序号	元件代号	名称	型号规格	数量	备注
1	1QF	断路器（抽屉式）	CW2-□/□P-□A/220V（通信型）	1	常熟开关制造公司
2	1TAu、1TAv、1TAw	电流互感器	BH-0.66 □/5A	3	
3	2TAu	电流互感器	BH-0.66 □/5A	1	
4	PJ	有功电能表	DT862-2/3×220/380V	1	
5	PRJ	无功电能表	DX862-2/3×380V	1	
6	1FU～6FU	熔断器	JF5-2.5RD/6A	6	
7	1PA～3PA	电流表	42L6-A □/5A	3	
8	PV	电压表	42L6-V 0～450V	1	
9	SV	电压转换开关	LW12-16DHY3/3	1	
10	1SB、2SB	按钮开关	LA23-11	2	
11	HLR、HLW、HLG	指示灯	AD16-22/41-220V	3	
12	QA	控制开关	C45N-32/2P-10A	1	
13	XH	接线盒	FJ6/DFY1	1	乐清海燕公司
14	SA	控制转换开关	LW12-16D0401	1	
15	1KT	时间继电器	DS-33C/220V（凸出式板前接线）	1	苏州继电器厂
16	1KV、2KV	低电压继电器	DY-32/60C （凸出式板前接线）	2	苏州继电器厂
17	2KT	时间继电器	JZS-213G/220V（凸出式板前接线）	1	苏州继电器厂

图 15-178　GCK（直流操作）
通信型双电源一号进线柜（互为备用）带计量二次原理图

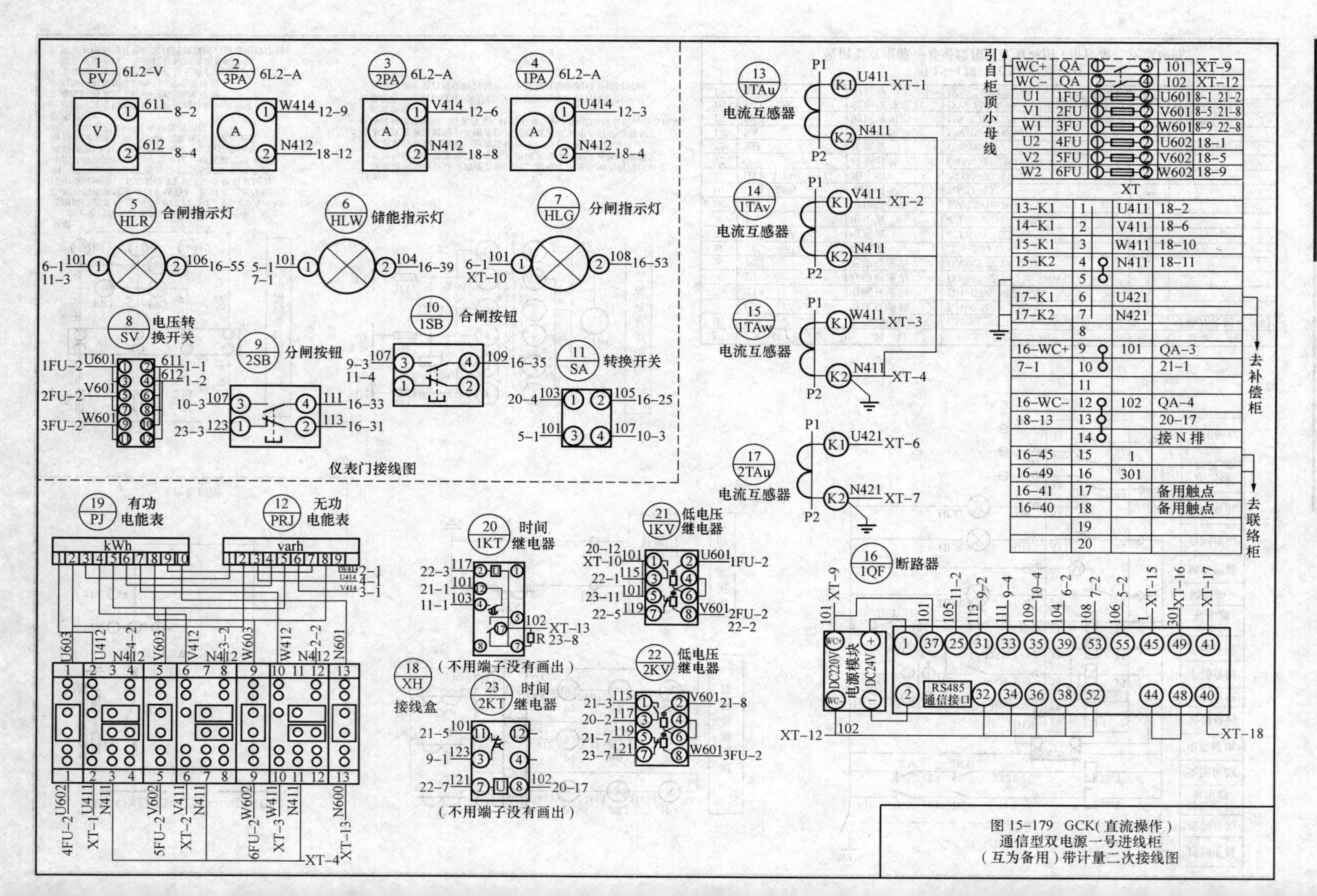

图 15-179 GCK（直流操作）通信型双电源一号进线柜（互为备用）带计量二次接线图

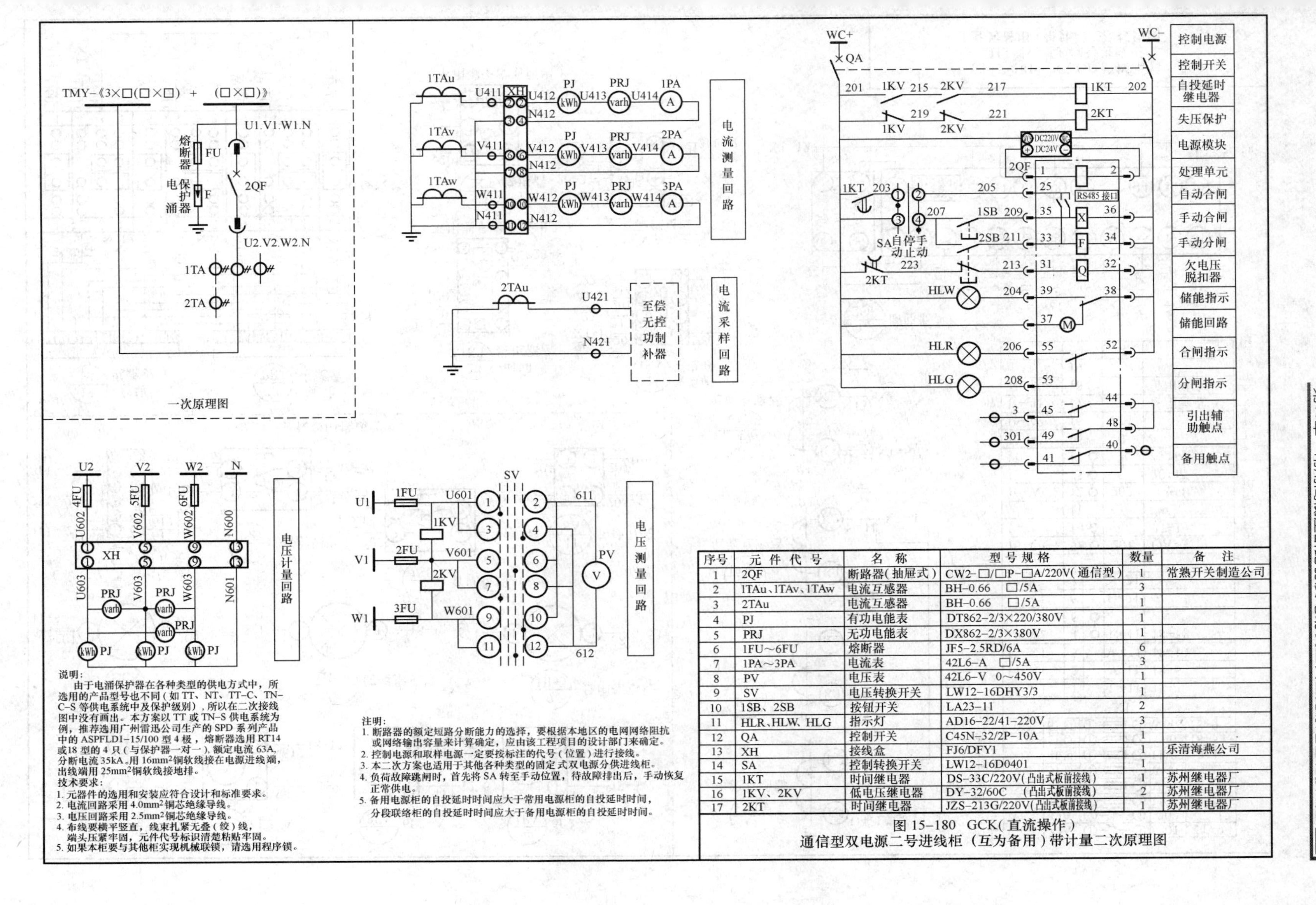

说明：

由于电涌保护器在各种类型的供电方式中，所选用的产品型号也不同（如TT、NT、TT-C、TN-C-S等供电系统中及保护级别），所以在二次接线图中没有画出。本方案以TT或TN-S供电系统为例，推荐选用广州雷迅公司生产的SPD系列产品中的ASPFLDI-15/100型4极，熔断器选用RT14或18型的4只（与保护器一对一），额定电流63A，分断电流35kA。用16mm²铜软线接在电源进线端，出线端用25mm²铜软线接地排。

技术要求：

1. 元器件的选用和安装应符合设计和标准要求。
2. 电流回路采用4.0mm²铜芯绝缘导线。
3. 电压回路采用2.5mm²铜芯绝缘导线。
4. 布线要横平竖直，线束扎紧无叠（绞）线，端头压紧牢固，元件代号标识清楚粘贴牢固。
5. 如果本柜要与其他柜实现机械联锁，请选用程序锁。

注明：

1. 断路器的额定短路分断能力的选择，要根据本地区的电网网络阻抗或网络输出容量来计算确定，应由该工程项目的设计部门来确定。
2. 控制电源和取样电源一定要按标注的代号（位置）进行接线。
3. 本二次方案也适用于其他各种类型的固定式双电源分供进线柜。
4. 负荷故障跳闸时，首先将SA转至手动位置，待故障排出后，手动恢复正常供电。
5. 备用电源柜的自投延时时间应大于常用电源柜的自投延时时间，分段联络柜的自投延时时间应大于备用电源柜的自投延时时间。

序号	元件代号	名称	型号规格	数量	备注
1	2QF	断路器（抽屉式）	CW2-□/□P-□A/220V（通信型）	1	常熟开关制造公司
2	1TAu、1TAv、1TAw	电流互感器	BH-0.66　□/5A	3	
3	2TAu	电流互感器	BH-0.66　□/5A	1	
4	PJ	有功电能表	DT862-2/3×220/380V	1	
5	PRJ	无功电能表	DX862-2/3×380V	1	
6	1FU～6FU	熔断器	JF5-2.5RD/6A	6	
7	1PA～3PA	电流表	42L6-A　□/5A	3	
8	PV	电压表	42L6-V　0～450V	1	
9	SV	电压转换开关	LW12-16DHY3/3	1	
10	1SB、2SB	按钮开关	LA23-11	2	
11	HLR、HLW、HLG	指示灯	AD16-22/41-220V	3	
12	QA	控制开关	C45N-32/2P-10A	1	
13	XH	接线盒	FJ6/DFY1	1	乐清海燕公司
14	SA	控制转换开关	LW12-16D0401	1	
15	1KT	时间继电器	DS-33C/220V（凸出式板前接线）	1	苏州继电器厂
16	1KV、2KV	低电压继电器	DY-32/60C　（凸出式板前接线）	2	苏州继电器厂
17	2KT	时间继电器	JZS-213G/220V（凸出式板前接线）	1	苏州继电器厂

图15-180　GCK（直流操作）通信型双电源二号进线柜（互为备用）带计量二次原理图

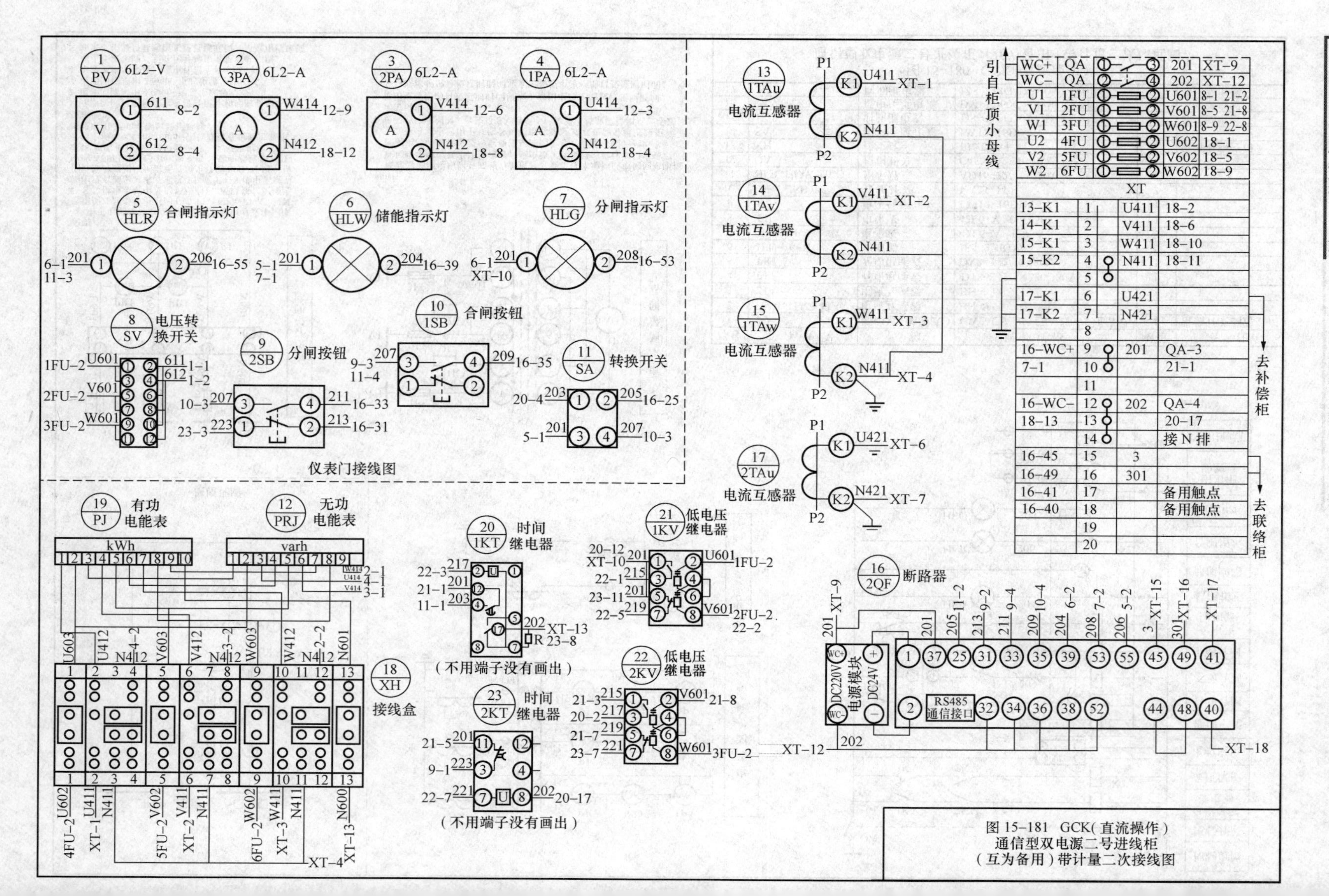

图 15-181 GCK（直流操作）通信型双电源二号进线柜（互为备用）带计量二次接线图

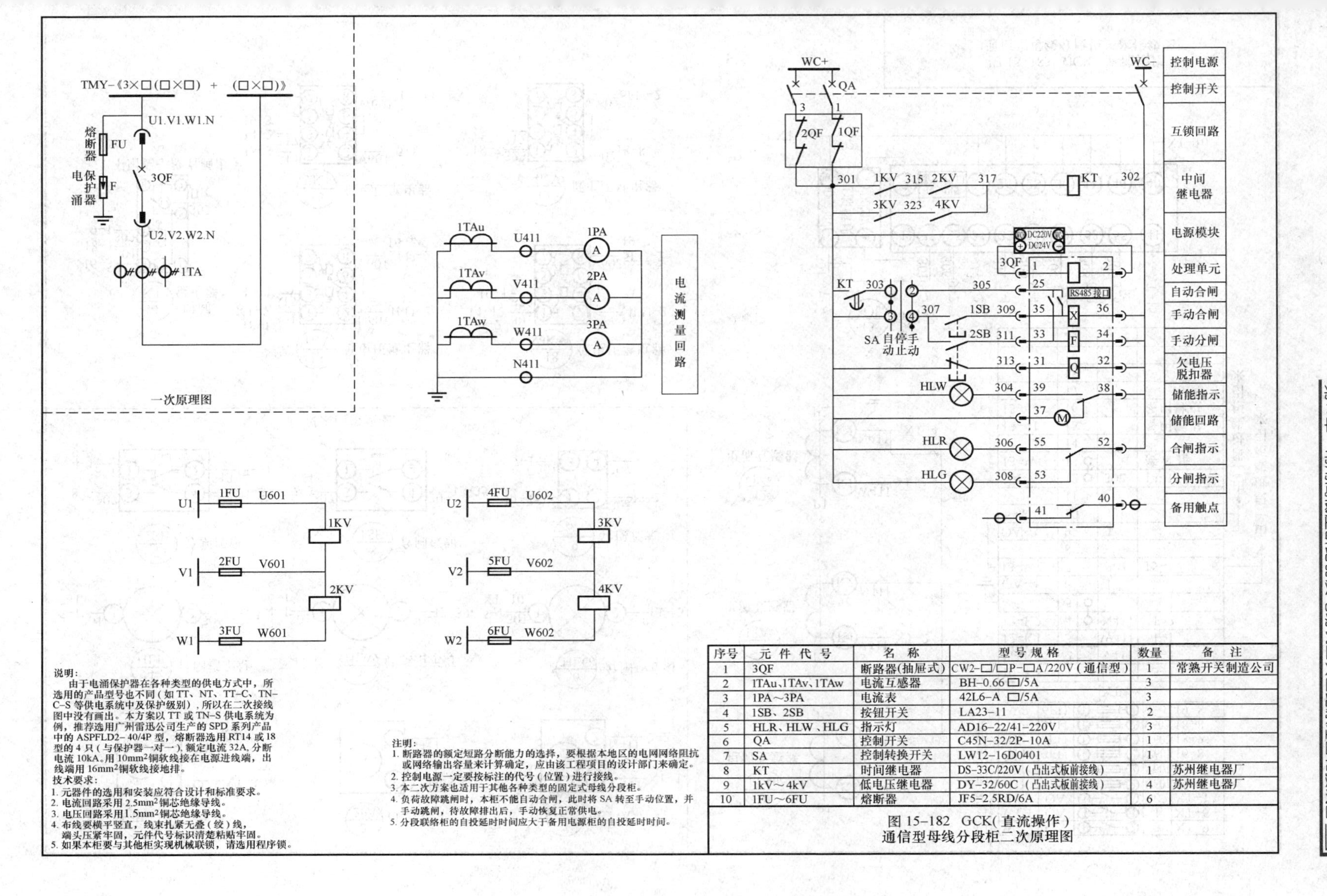

说明：

由于电涌保护器在各种类型的供电方式中，所选用的产品型号也不同（如TT、NT、TT-C、TN-C-S等供电系统中及保护级别），所以在二次接线图中没有画出。本方案以TT或TN-S供电系统为例，推荐选用广州雷迅公司生产的SPD系列产品中的ASPFLD2-40/4P型，熔断器选用RT14或18型的4只（与保护器一对一），额定电流32A，分断电流10kA。用10mm²铜软线接在电源进线端，出线端用16mm²铜软线接地排。

技术要求：

1. 元器件的选用和安装应符合设计和标准要求。
2. 电流回路采用2.5mm²铜芯绝缘导线。
3. 电压回路采用1.5mm²铜芯绝缘导线。
4. 布线要横平竖直，线束扎紧无叠（绞）线，端头压紧牢固，元件代号标识清楚粘贴牢固。
5. 如果本柜要与其他柜实现机械联锁，请选用程序锁。

注明：

1. 断路器的额定短路分断能力的选择，要根据本地区的电网网络阻抗或网络输出容量来计算确定，应由该工程项目的设计部门来确定。
2. 控制电源一定要按标注的代号（位置）进行接线。
3. 本二次方案也适用于其他各种类型的固定式母线分段柜。
4. 负荷故障跳闸时，本柜不能自动合闸，此时将SA转至手动位置，并手动跳闸，待故障排出后，手动恢复正常供电。
5. 分段联络柜的自投延时时间应大于备用电源柜的自投延时时间。

序号	元件代号	名称	型号规格	数量	备注
1	3QF	断路器(抽屉式)	CW2-□/□P-□A/220V（通信型）	1	常熟开关制造公司
2	1TAu、1TAv、1TAw	电流互感器	BH-0.66 □/5A	3	
3	1PA～3PA	电流表	42L6-A □/5A	3	
4	1SB、2SB	按钮开关	LA23-11	2	
5	HLR、HLW、HLG	指示灯	AD16-22/41-220V	3	
6	QA	控制开关	C45N-32/2P-10A	1	
7	SA	控制转换开关	LW12-16D0401	1	
8	KT	时间继电器	DS-33C/220V（凸出式板前接线）	1	苏州继电器厂
9	1kV～4kV	低电压继电器	DY-32/60C（凸出式板前接线）	4	苏州继电器厂
10	1FU～6FU	熔断器	JF5-2.5RD/6A	6	

图 15-182　GCK（直流操作）通信型母线分段柜二次原理图

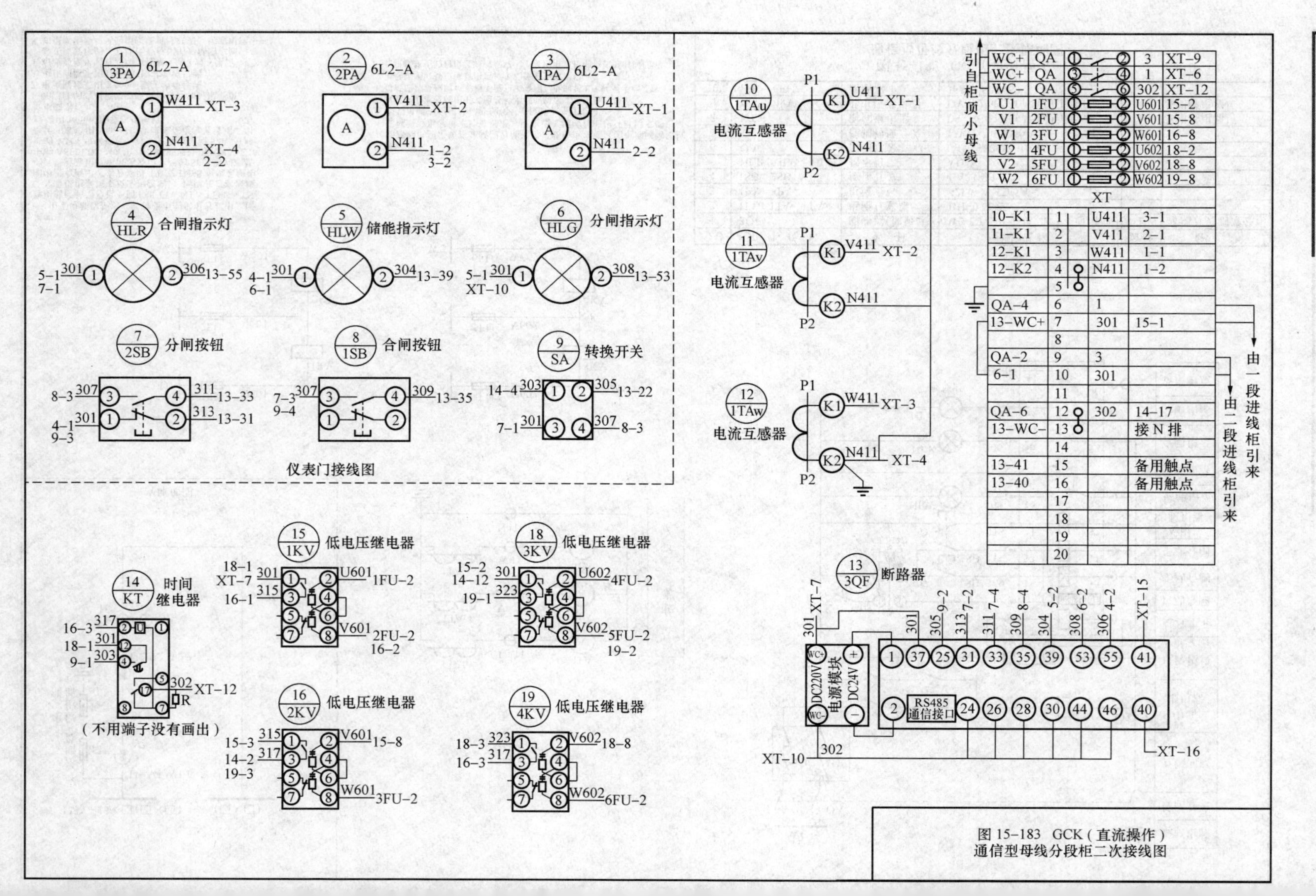

图 15-183 GCK（直流操作）通信型母线分段柜二次接线图

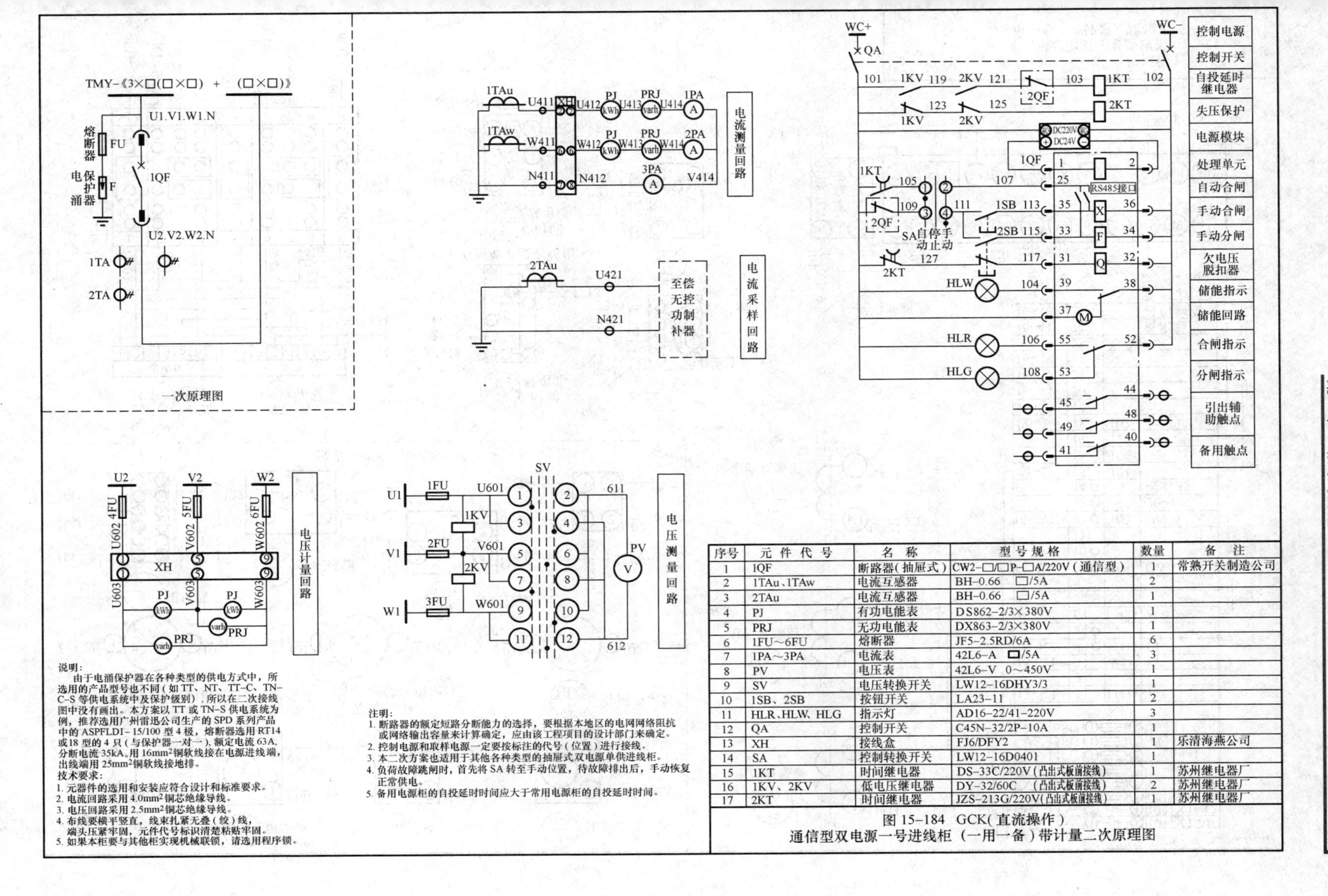

说明：

由于电涌保护器在各种类型的供电方式中，所选用的产品型号也不同（如TT、NT、TT-C、TN-C-S等供电系统中及保护级别），所以在二次接线图中没有画出。本方案以TT或TN-S供电系统为例，推荐选用广州雷迅公司生产的SPD系列产品中的ASPFLDI-15/100型4极，熔断器选用RT14或18型的4只（与保护器一对一），额定电流63A，分断电流35kA，用16mm²铜软线接在电源进线端，出线端用25mm²铜软线接地排。

技术要求：

1. 元器件的选用和安装应符合设计和标准要求。
2. 电流回路采用4.0mm²铜芯绝缘导线。
3. 电压回路采用2.5mm²铜芯绝缘导线。
4. 布线要横平竖直，线束扎紧无叠（绞）线，端头压紧牢固，元件代号标识清楚粘贴牢固。
5. 如果本柜要与其他柜实现机械联锁，请选用程序锁。

注明：

1. 断路器的额定短路分断能力的选择，要根据本地区的电网网络阻抗或网络输出容量来计算确定，应由该工程项目的设计部门来确定。
2. 控制电源和取样电源一定要按标注的代号（位置）进行接线。
3. 本二次方案也适用于其他各种类型的抽屉式双电源单供进线柜。
4. 负荷故障跳闸时，首先将SA转至手动位置，待故障排出后，手动恢复正常供电。
5. 备用电源柜的自投延时时间应大于常用电源柜的自投延时时间。

序号	元件代号	名称	型号规格	数量	备注
1	1QF	断路器（抽屉式）	CW2-□/□P-□A/220V（通信型）	1	常熟开关制造公司
2	1TAu、1TAw	电流互感器	BH-0.66 □/5A	2	
3	2TAu	电流互感器	BH-0.66 □/5A	1	
4	PJ	有功电能表	DS862-2/3×380V	1	
5	PRJ	无功电能表	DX863-2/3×380V	1	
6	1FU～6FU	熔断器	JF5-2.5RD/6A	6	
7	1PA～3PA	电流表	42L6-A □/5A	3	
8	PV	电压表	42L6-V 0～450V	1	
9	SV	电压转换开关	LW12-16DHY3/3	1	
10	1SB、2SB	按钮开关	LA23-11	2	
11	HLR、HLW、HLG	指示灯	AD16-22/41-220V	3	
12	QA	控制开关	C45N-32/2P-10A	1	
13	XH	接线盒	FJ6/DFY2	1	乐清海燕公司
14	SA	控制转换开关	LW12-16D0401	1	
15	1KT	时间继电器	DS-33C/220V（凸出式板前接线）	1	苏州继电器厂
16	1KV、2KV	低电压继电器	DY-32/60C（凸出式板前接线）	2	苏州继电器厂
17	2KT	时间继电器	JZS-213G/220V(凸出式板前接线)	1	苏州继电器厂

图15-184 GCK(直流操作)通信型双电源一号进线柜（一用一备）带计量二次原理图

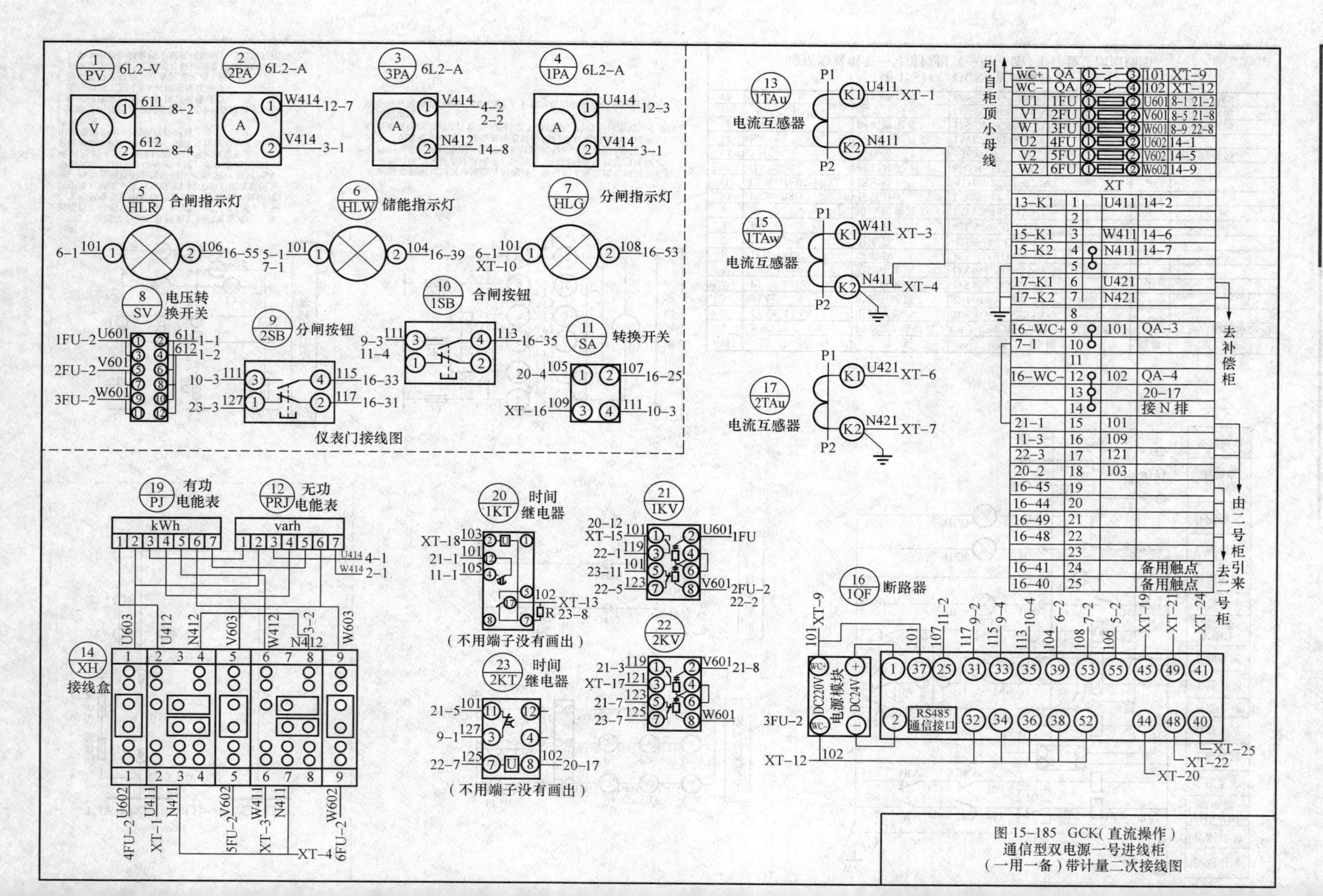

图 15-185 GCK（直流操作）通信型双电源一号进线柜（一用一备）带计量二次接线图

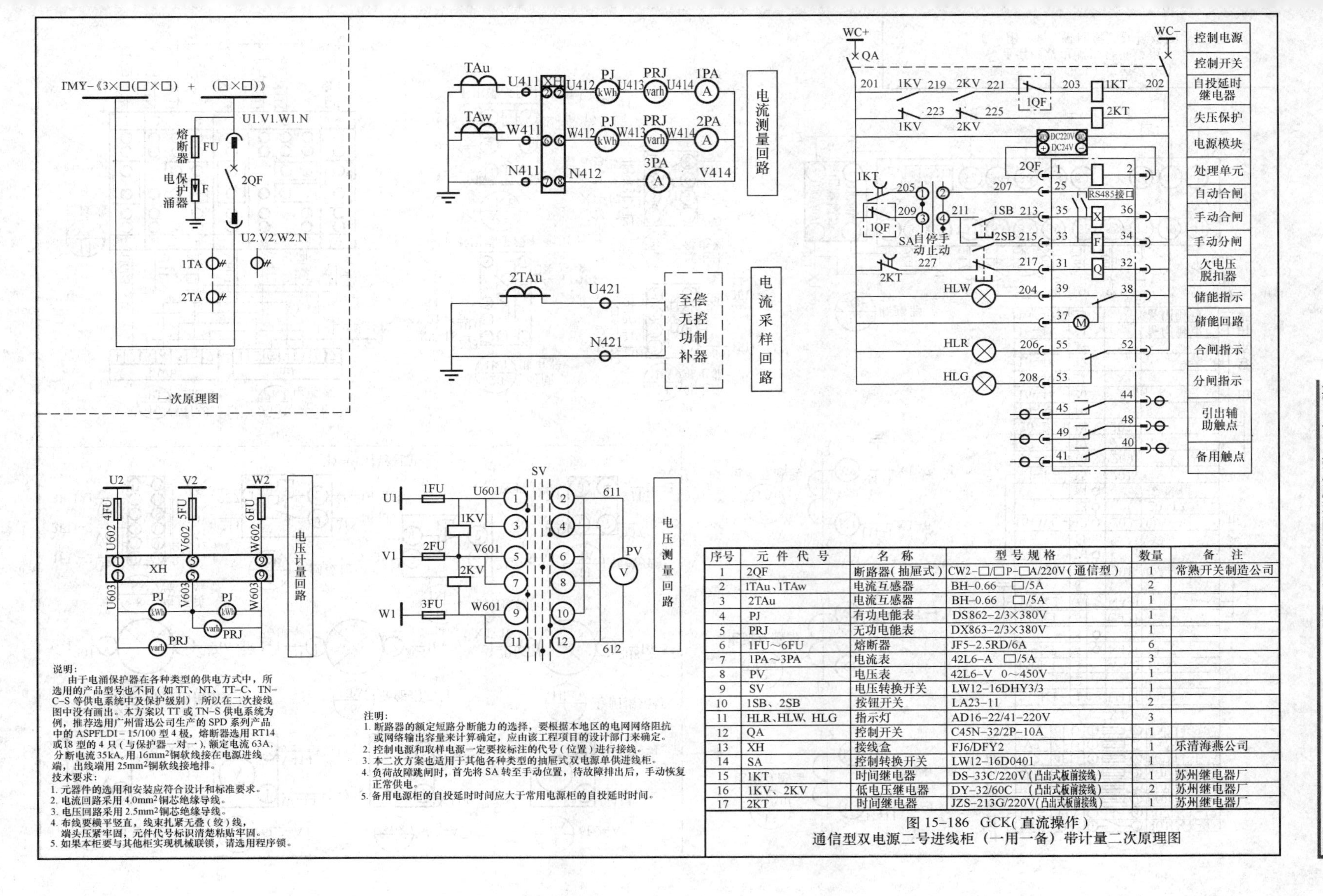

说明：

由于电涌保护器在各种类型的供电方式中，所选用的产品型号也不同（如TT、NT、TT-C、TN-C-S等供电系统中及保护级别），所以在二次接线图中没有画出。本方案以TT或TN-S供电系统为例，推荐选用广州雷迅公司生产的SPD系列产品中的ASPFLDI－15/100型4极，熔断器选用RT14或18型的4只（与保护器一对一），额定电流63A，分断电流35kA。用16mm²铜软线接在电源进线端，出线端用25mm²铜软线接接地排。

技术要求：

1. 元器件的选用和安装应符合设计和标准要求。
2. 电流回路采用4.0mm²铜芯绝缘导线。
3. 电压回路采用2.5mm²铜芯绝缘导线。
4. 布线要横平竖直，线束扎紧无叠（绞）线，端头压紧牢固，元件代号标识清楚粘贴牢固。
5. 如果本柜要与其他柜实现机械联锁，请选用程序锁。

注明：

1. 断路器的额定短路分断能力的选择，要根据本地区的电网网络阻抗或网络输出容量来计算确定，应由该工程项目的设计部门来确定。
2. 控制电源和取样电源一定要按标注的代号（位置）进行接线。
3. 本二次方案也适用于其他各种类型的抽屉式双电源单供进线柜。
4. 负荷故障跳闸时，首先将SA转至手动位置，待故障排出后，手动恢复正常供电。
5. 备用电源柜的自投延时时间应大于常用电源柜的自投延时时间。

序号	元件代号	名称	型号规格	数量	备注
1	2QF	断路器（抽屉式）	CW2-□/□P-□A/220V（通信型）	1	常熟开关制造公司
2	1TAu、1TAw	电流互感器	BH-0.66　□/5A	2	
3	2TAu	电流互感器	BH-0.66　□/5A	1	
4	PJ	有功电能表	DS862-2/3×380V	1	
5	PRJ	无功电能表	DX863-2/3×380V	1	
6	1FU～6FU	熔断器	JF5-2.5RD/6A	6	
7	1PA～3PA	电流表	42L6-A　□/5A	3	
8	PV	电压表	42L6-V　0～450V	1	
9	SV	电压转换开关	LW12-16DHY3/3	1	
10	1SB、2SB	按钮开关	LA23-11	2	
11	HLR、HLW、HLG	指示灯	AD16-22/41-220V	3	
12	QA	控制开关	C45N-32/2P-10A	1	
13	XH	接线盒	FJ6/DFY2	1	乐清海燕公司
14	SA	控制转换开关	LW12-16D0401	1	
15	1KT	时间继电器	DS-33C/220V（凸出式板前接线）	1	苏州继电器厂
16	1KV、2KV	低电压继电器	DY-32/60C　（凸出式板前接线）	2	苏州继电器厂
17	2KT	时间继电器	JZS-213G/220V（凸出式板前接线）	1	苏州继电器厂

图15-186　GCK（直流操作）

通信型双电源二号进线柜（一用一备）带计量二次原理图

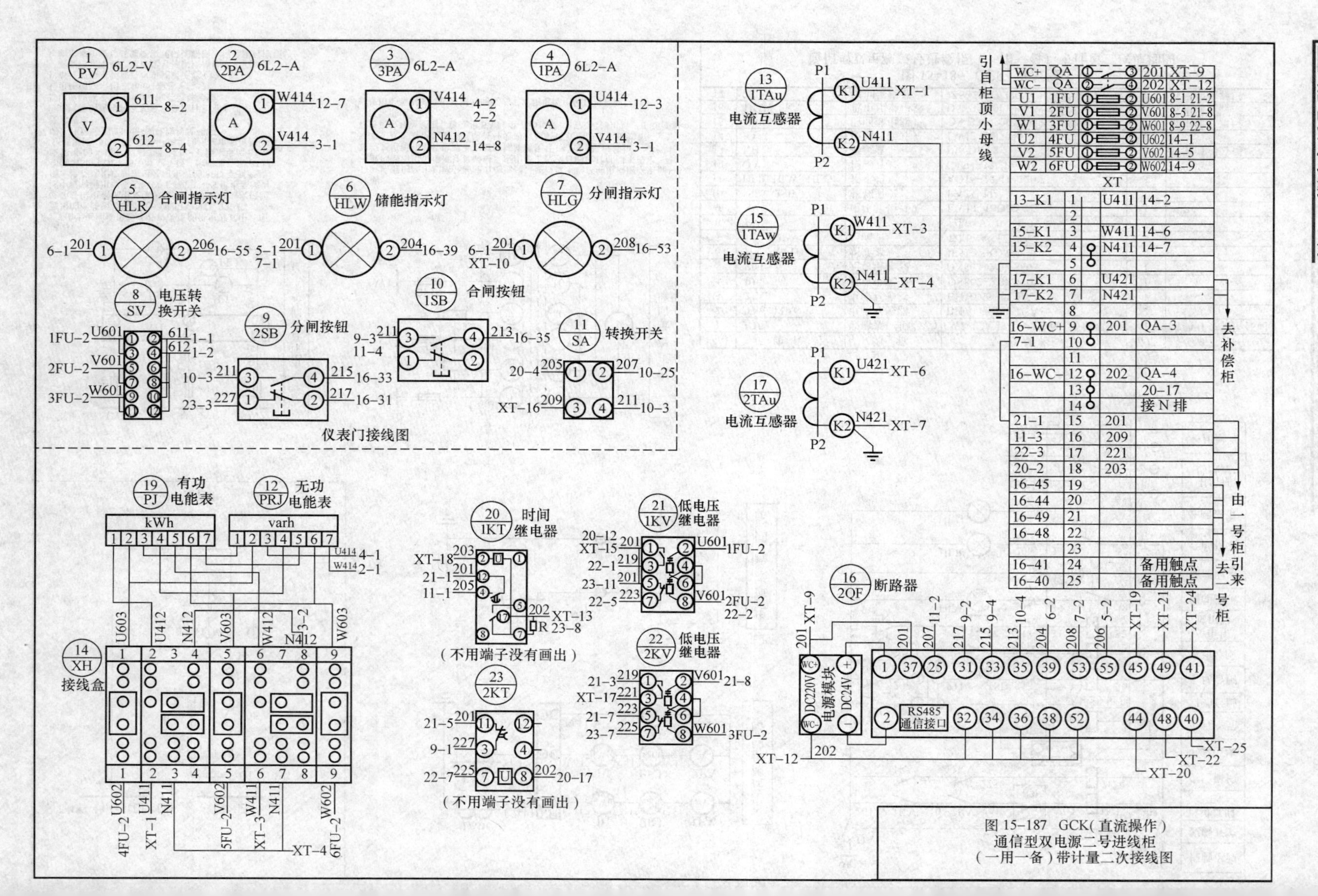

图 15-187 GCK（直流操作）通信型双电源二号进线柜（一用一备）带计量二次接线图

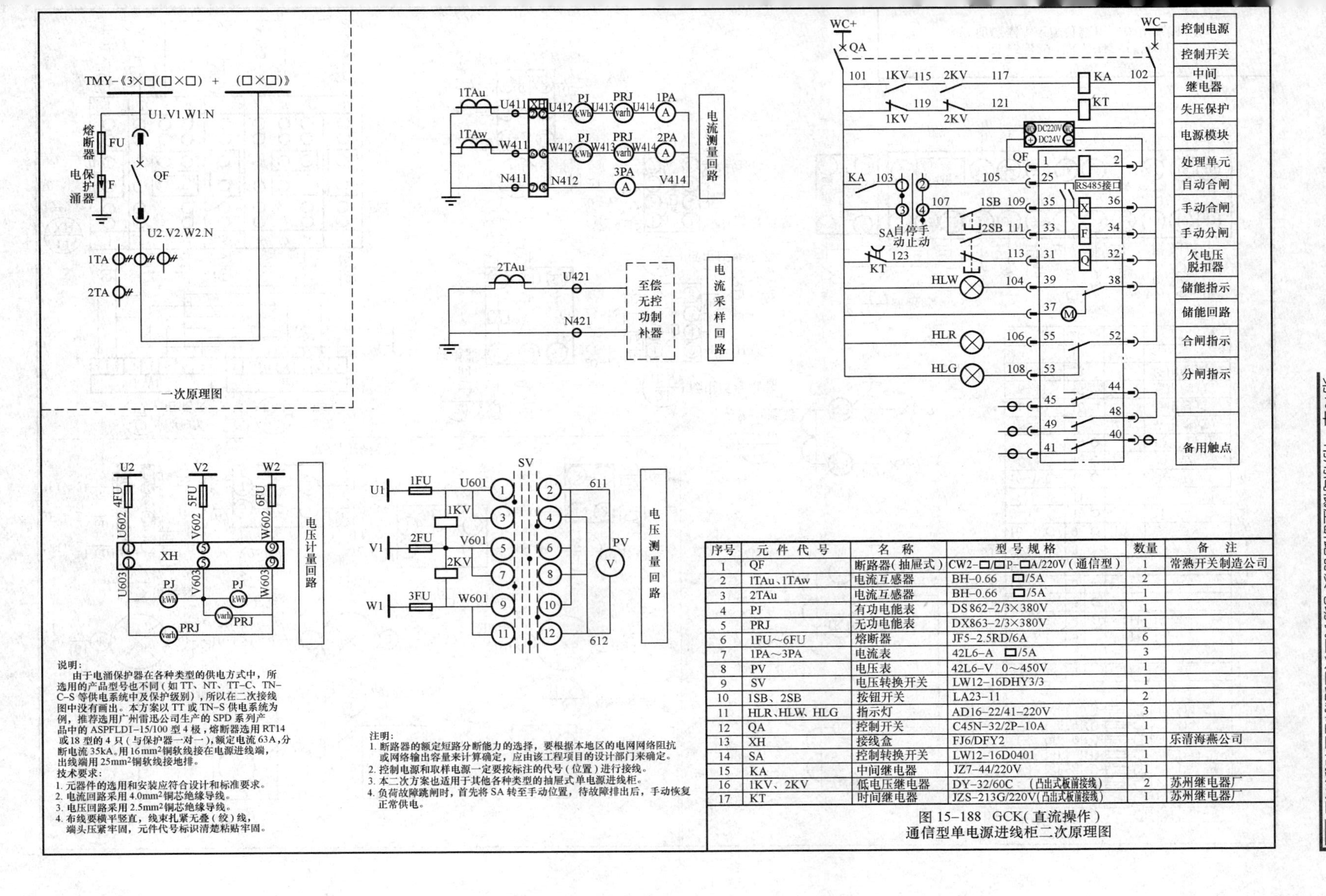

说明：

由于电涌保护器在各种类型的供电方式中，所选用的产品型号也不同（如TT、NT、TT-C、TN-C-S等供电系统中及保护级别），所以在二次接线图中没有画出。本方案以TT或TN-S供电系统为例，推荐选用广州雷迅公司生产的SPD系列产品中的ASPFLDI-15/100型4极，熔断器选用RT14或18型的4只（与保护器一对一），额定电流63A，分断电流35kA。用16mm²铜软线接在电源进线端，出线端用25mm²铜软线接地排。

技术要求：

1. 元器件的选用和安装应符合设计和标准要求。
2. 电流回路采用4.0mm²铜芯绝缘导线。
3. 电压回路采用2.5mm²铜芯绝缘导线。
4. 布线要横平竖直，线束扎紧无叠（绞）线，端头压紧牢固，元件代号标识清楚粘贴牢固。

注明：

1. 断路器的额定短路分断能力的选择，要根据本地区的电网网络阻抗或网络输出容量来计算确定，应由该工程项目的设计部门来确定。
2. 控制电源和取样电源一定要按标注的代号（位置）进行接线。
3. 本二次方案也适用于其他各种类型的抽屉式单电源进线柜。
4. 负荷故障跳闸时，首先将SA转至手动位置，待故障排出后，手动恢复正常供电。

序号	元件代号	名称	型号规格	数量	备注
1	QF	断路器（抽屉式）	CW2-□/□P-□A/220V（通信型）	1	常熟开关制造公司
2	1TAu、1TAw	电流互感器	BH-0.66 □/5A	2	
3	2TAu	电流互感器	BH-0.66 □/5A	1	
4	PJ	有功电能表	DS862-2/3×380V	1	
5	PRJ	无功电能表	DX863-2/3×380V	1	
6	1FU～6FU	熔断器	JF5-2.5RD/6A	6	
7	1PA～3PA	电流表	42L6-A □/5A	3	
8	PV	电压表	42L6-V 0～450V	1	
9	SV	电压转换开关	LW12-16DHY3/3	1	
10	1SB、2SB	按钮开关	LA23-11	2	
11	HLR、HLW、HLG	指示灯	AD16-22/41-220V	3	
12	QA	控制开关	C45N-32/2P-10A	1	
13	XH	接线盒	FJ6/DFY2	1	乐清海燕公司
14	SA	控制转换开关	LW12-16D0401	1	
15	KA	中间继电器	JZ7-44/220V	1	
16	1KV、2KV	低电压继电器	DY-32/60C （凸出式板前接线）	2	苏州继电器厂
17	KT	时间继电器	JZS-213G/220V（凸出式板前接线）	1	苏州继电器厂

图15-188 GCK（直流操作）通信型单电源进线柜二次原理图

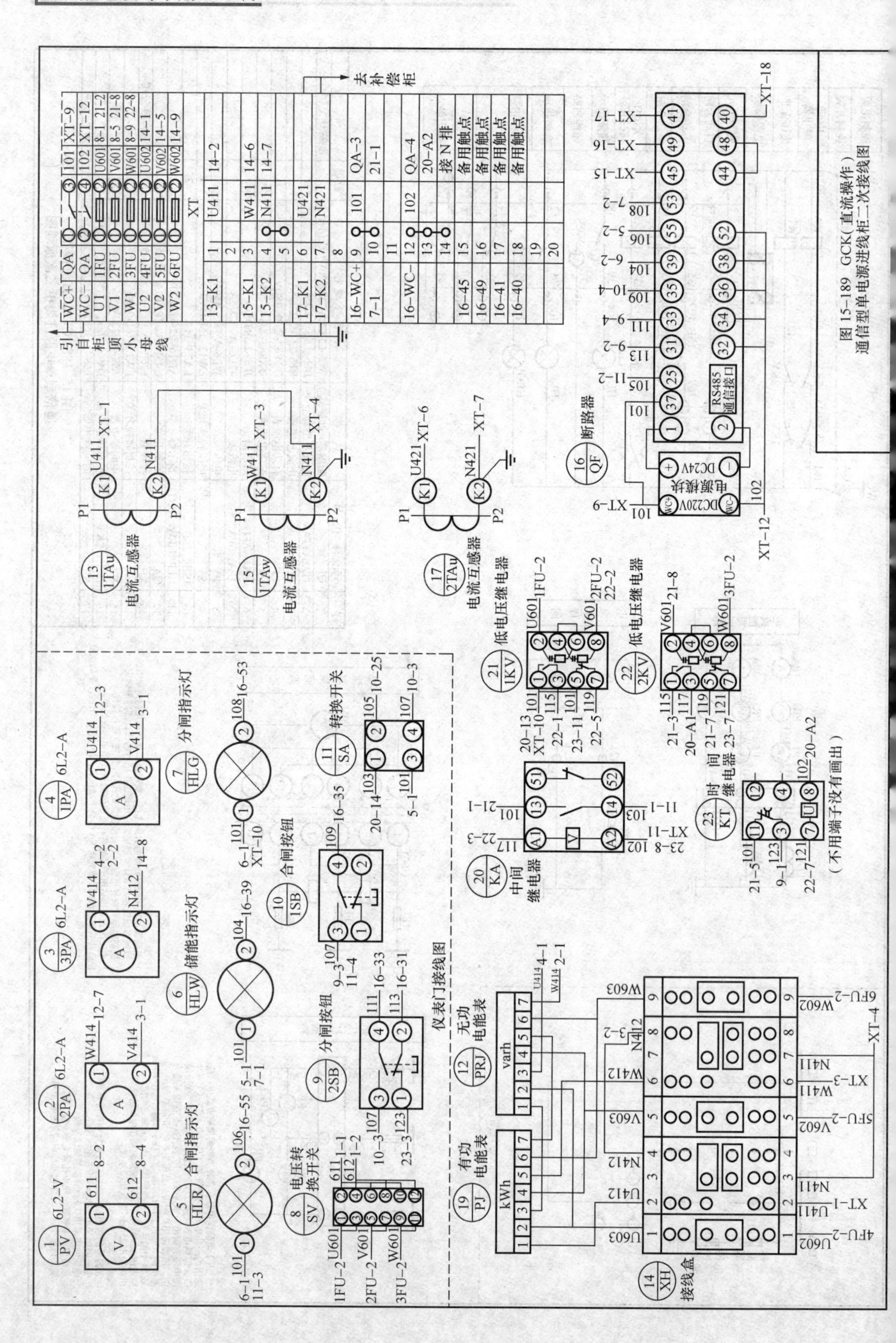

图 15-189 GCK（直流操作）通信型单电源进线柜二次接线图

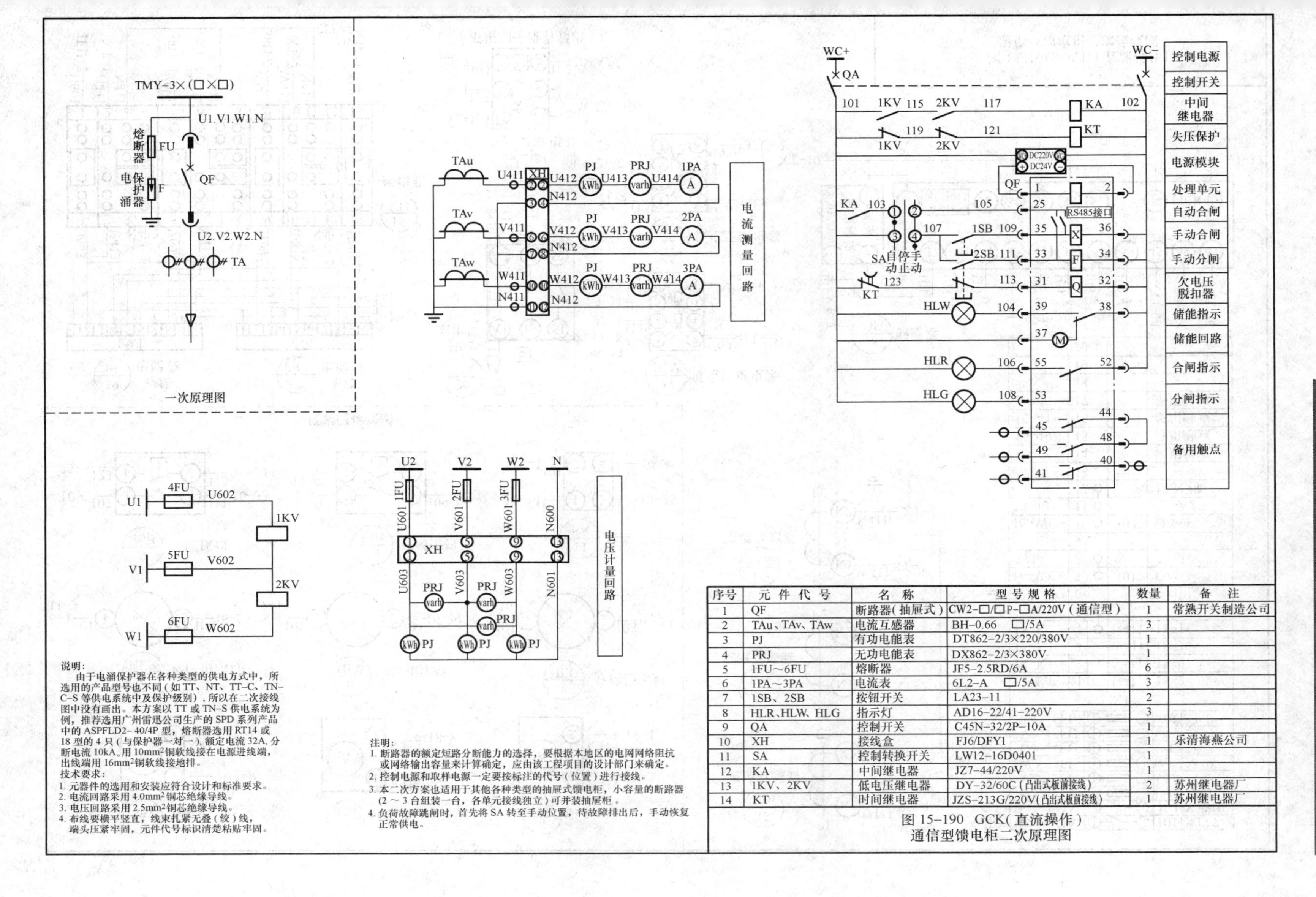

说明：

由于电涌保护器在各种类型的供电方式中，所选用的产品型号也不同（如TT、NT、TT-C、TN-C-S等供电系统中及保护级别），所以在二次接线图中没有画出。本方案以TT或TN-S供电系统为例，推荐选用广州雷迅公司生产的SPD系列产品中的ASPFLD2-40/4P型，熔断器选用RT14或18型的4只（与保护器一对一），额定电流32A，分断电流10kA。用10mm²铜软线接在电源进线端，出线端用16mm²铜软线接地排。

技术要求：

1. 元器件的选用和安装应符合设计和标准要求。
2. 电流回路采用4.0mm²铜芯绝缘导线。
3. 电压回路采用2.5mm²铜芯绝缘导线。
4. 布线要横平竖直，线束扎紧无叠（绞）线，端头压紧牢固，元件代号标识清楚粘贴牢固。

注明：

1. 断路器的额定短路分断能力的选择，要根据本地区的电网网络阻抗或网络输出容量来计算确定，应由该工程项目的设计部门来确定。
2. 控制电源和取样电源一定要按标注的代号（位置）进行接线。
3. 本二次方案也适用于其他各种类型的抽屉式馈电柜，小容量的断路器（2～3台组装一台，各单元接线独立）可并装抽屉柜。
4. 负荷故障跳闸时，首先将SA转至手动位置，待故障排出后，手动恢复正常供电。

序号	元件代号	名称	型号规格	数量	备注
1	QF	断路器（抽屉式）	CW2-□/□P-□A/220V（通信型）	1	常熟开关制造公司
2	TAu、TAv、TAw	电流互感器	BH-0.66　□/5A	3	
3	PJ	有功电能表	DT862-2/3×220/380V	1	
4	PRJ	无功电能表	DX862-2/3×380V	1	
5	1FU～6FU	熔断器	JF5-2.5RD/6A	6	
6	1PA～3PA	电流表	6L2-A　□/5A	3	
7	1SB、2SB	按钮开关	LA23-11	2	
8	HLR、HLW、HLG	指示灯	AD16-22/41-220V	3	
9	QA	控制开关	C45N-32/2P-10A	1	
10	XH	接线盒	FJ6/DFY1	1	乐清海燕公司
11	SA	控制转换开关	LW12-16D0401	1	
12	KA	中间继电器	JZ7-44/220V	1	
13	1KV、2KV	低电压继电器	DY-32/60C（凸出式板前接线）	2	苏州继电器厂
14	KT	时间继电器	JZS-213G/220V（凸出式板前接线）	1	苏州继电器厂

图15-190　GCK（直流操作）通信型馈电柜二次原理图

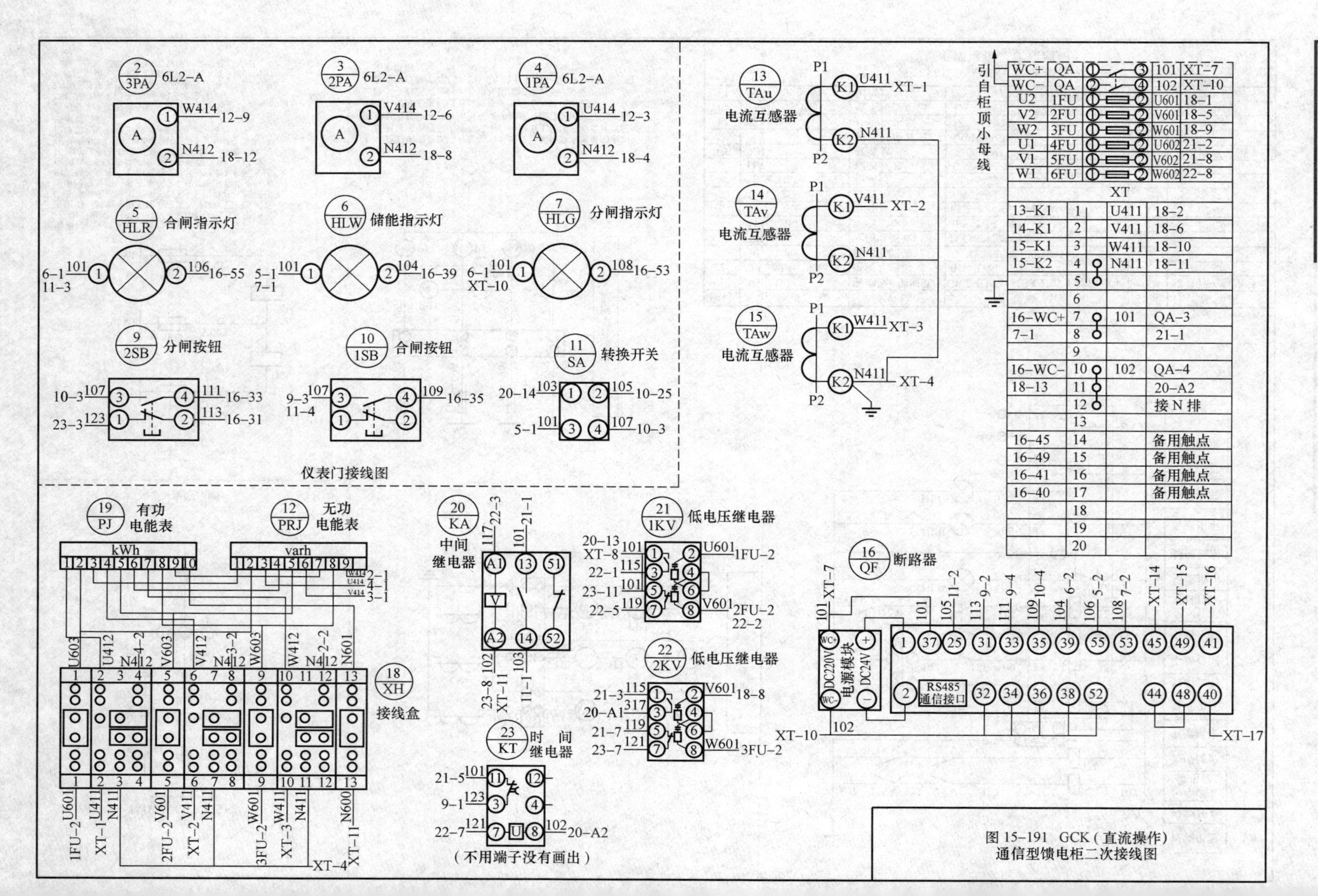

WC+	QA	1—3	101	XT-7
WC-	QA	2—4	102	XT-10
U2	1FU	1—2	U601	18-1
V2	2FU	1—2	V601	18-5
W2	3FU	1—2	W601	18-9
U1	4FU	1—2	U602	21-2
V1	5FU	1—2	V602	21-8
W1	6FU	1—2	W602	22-8

XT			
13-K1	1	U411	18-2
14-K1	2	V411	18-6
15-K1	3	W411	18-10
15-K2	4	N411	18-11
	5		
	6		
16-WC+	7	101	QA-3
7-1	8		21-1
	9		
16-WC-	10	102	QA-4
18-13	11		20-A2
	12		接 N 排
	13		
16-45	14		备用触点
16-49	15		备用触点
16-41	16		备用触点
16-40	17		备用触点
	18		
	19		
	20		

图 15-191 GCK(直流操作)通信型馈电柜二次接线图

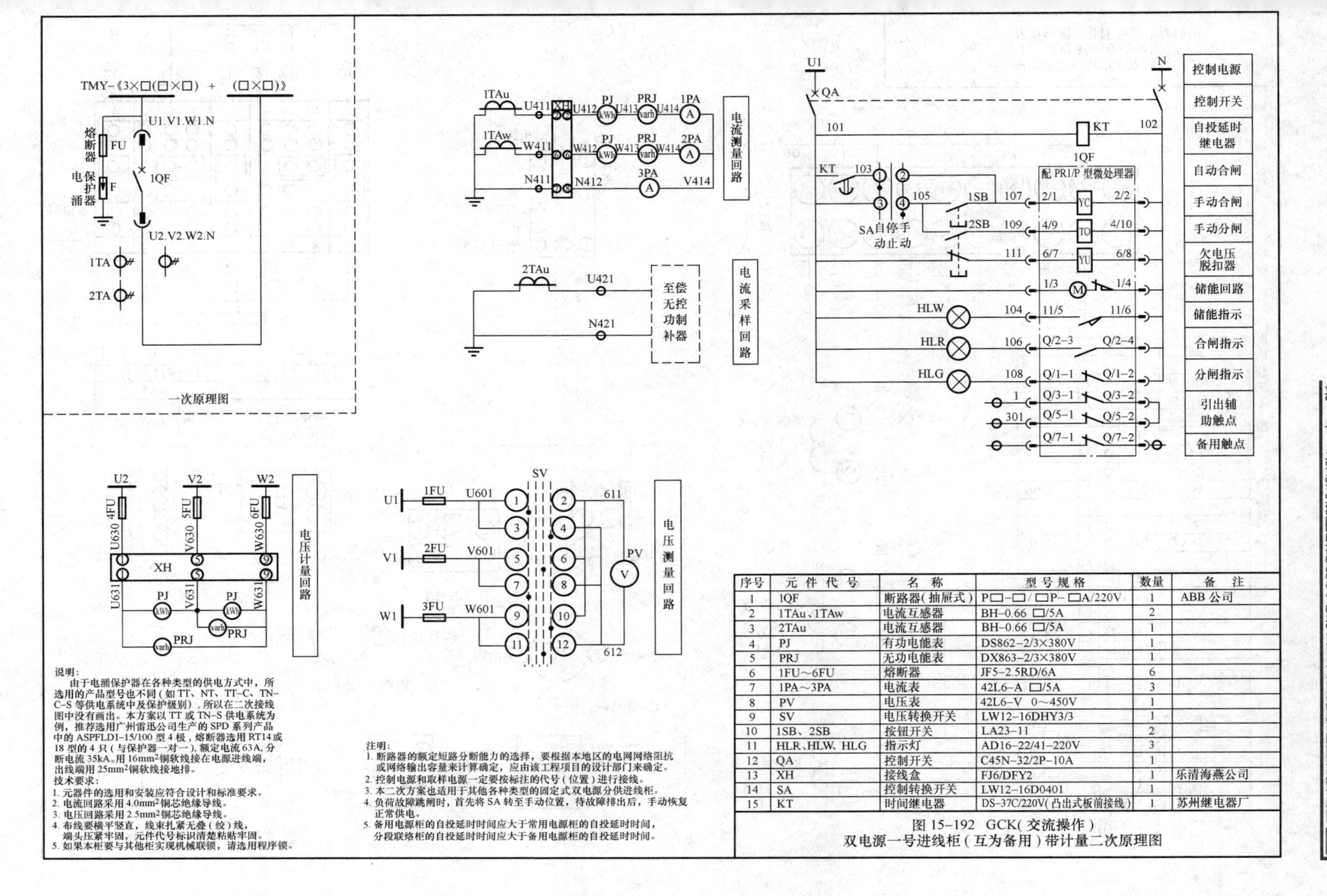

说明：

由于电涌保护器在各种类型的供电方式中，所选用的产品型号也不同（如TT、NT、TT–C、TN–C–S等供电系统中及保护级别），所以在二次接线图中没有画出。本方案以TT或TN–S供电系统为例，推荐选用广州雷迅公司生产的SPD系列产品中的ASPFLDI–15/100型4极，熔断器选用RT14或18型的4只（与保护器一对一），额定电流63A，分断电流35kA。用16mm²铜软线接在电源进线端，出线端用25mm²铜软线接地排。

技术要求：

1. 元器件的选用和安装应符合设计和标准要求。
2. 电流回路采用4.0mm²铜芯绝缘导线。
3. 电压回路采用2.5mm²铜芯绝缘导线。
4. 布线要横平竖直，线束扎紧无叠（绞）线，端头压紧牢固，元件代号标识清楚粘贴牢固。
5. 如果本柜要与其他柜实现机械联锁，请选用程序锁。

注明：

1. 断路器的额定短路分断能力的选择，要根据本地区的电网网络阻抗或网络输出容量来计算确定，应由该工程项目的设计部门来确定。
2. 控制电源和取样电源一定要按标注的代号（位置）进行接线。
3. 本二次方案也适用于其他各种类型的固定式双电源分供进线柜。
4. 负荷故障跳闸时，首先将SA转至手动位置，待故障排出后，手动恢复正常供电。
5. 备用电源柜的自投延时时间应大于常用电源柜的自投延时时间，分段联络柜的自投延时时间应大于备用电源柜的自投延时时间。

序号	元件代号	名称	型号规格	数量	备注
1	1QF	断路器（抽屉式）	P□–□/□P–□A/220V	1	ABB公司
2	1TAu、1TAw	电流互感器	BH–0.66 □/5A	2	
3	2TAu	电流互感器	BH–0.66 □/5A	1	
4	PJ	有功电能表	DS862–2/3×380V	1	
5	PRJ	无功电能表	DX863–2/3×380V	1	
6	1FU～6FU	熔断器	JF5–2.5RD/6A	6	
7	1PA～3PA	电流表	42L6–A □/5A	3	
8	PV	电压表	42L6–V 0～450V	1	
9	SV	电压转换开关	LW12–16DHY3/3	1	
10	1SB、2SB	按钮开关	LA23–11	2	
11	HLR、HLW、HLG	指示灯	AD16–22/41–220V	3	
12	QA	控制开关	C45N–32/2P–10A	1	
13	XH	接线盒	FJ6/DFY2	1	乐清海燕公司
14	SA	控制转换开关	LW12–16D0401	1	
15	KT	时间继电器	DS–37C/220V（凸出式板前接线）	1	苏州继电器厂

图15–192 GCK（交流操作）双电源一号进线柜（互为备用）带计量二次原理图

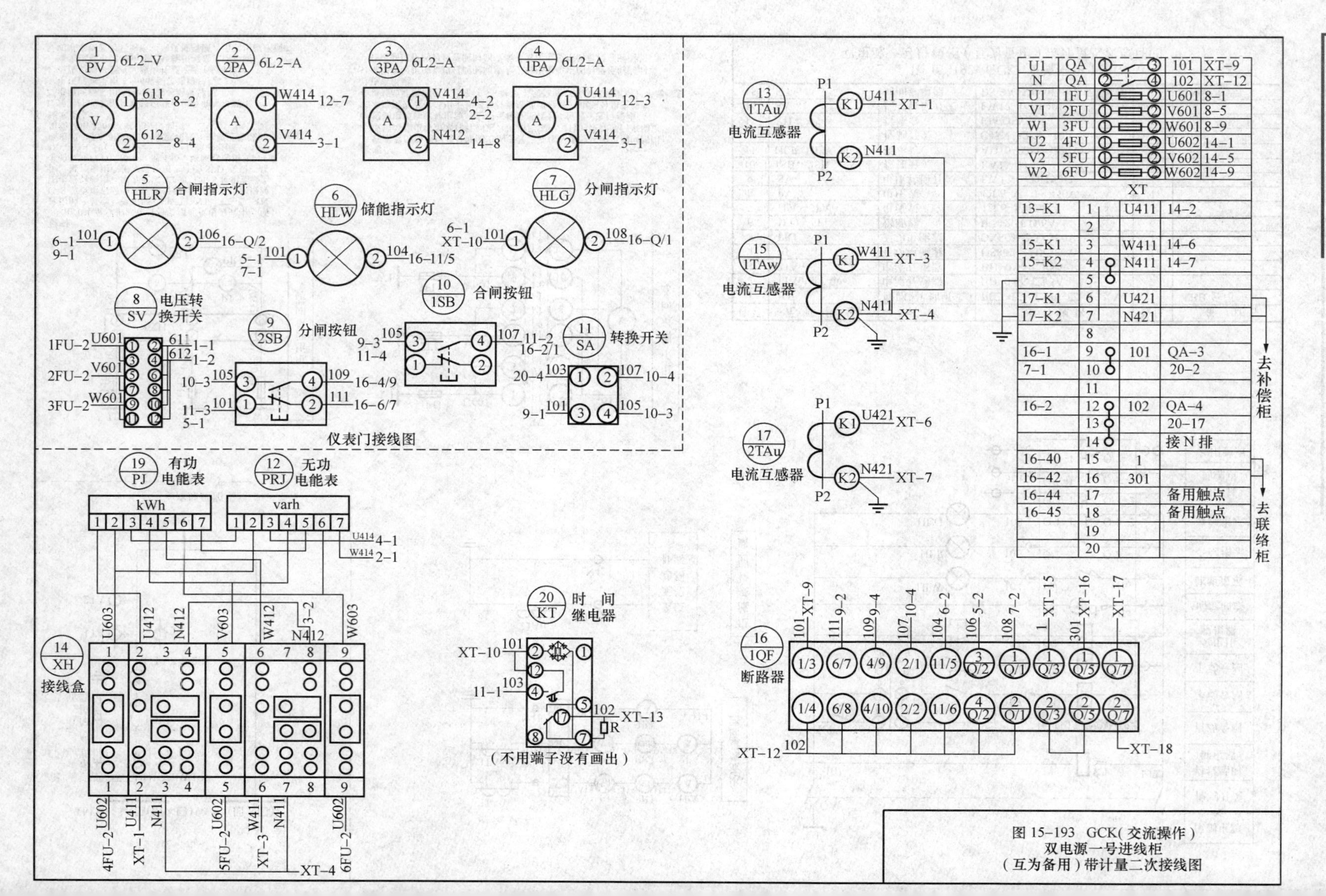

图15-193　GCK（交流操作）双电源一号进线柜（互为备用）带计量二次接线图

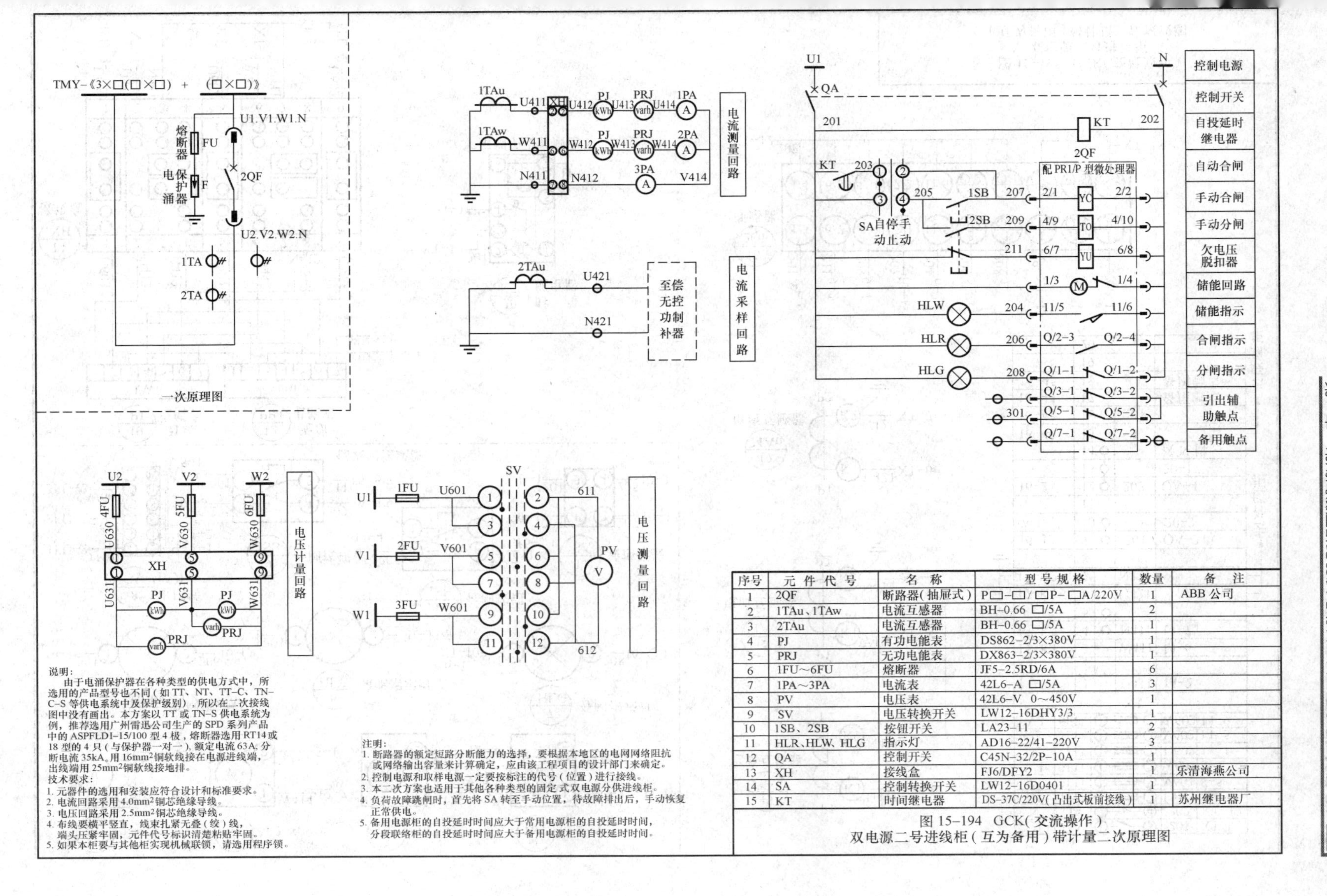

说明：

由于电涌保护器在各种类型的供电方式中，所选用的产品型号也不同（如TT、NT、TT–C、TN–C–S等供电系统中及保护级别），所以在二次接线图中没有画出。本方案以TT或TN–S供电系统为例，推荐选用广州雷迅公司生产的SPD系列产品中的ASPFLDI–15/100型4极，熔断器选用RT14或18型的4只（与保护器一对一），额定电流63A，分断电流35kA。用$16mm^2$铜软线接在电源进线端，出线端用$25mm^2$铜软线接地排。

技术要求：

1. 元器件的选用和安装应符合设计和标准要求。
2. 电流回路采用$4.0mm^2$铜芯绝缘导线。
3. 电压回路采用$2.5mm^2$铜芯绝缘导线。
4. 布线要横平竖直，线束扎紧无叠（绞）线，端头压紧牢固，元件代号标识清楚粘贴牢固。
5. 如果本柜要与其他柜实现机械联锁，请选用程序锁。

注明：

1. 断路器的额定短路分断能力的选择，要根据本地区的电网网络阻抗或网络输出容量来计算确定，应由该工程项目的设计部门来确定。
2. 控制电源和取样电源一定要按标注的代号（位置）进行接线。
3. 本二次方案也适用于其他各种类型的固定式双电源分供进线柜。
4. 负荷故障跳闸时，首先将SA转至手动位置，待故障排出后，手动恢复正常供电。
5. 备用电源柜的自投延时时间应大于常用电源柜的自投延时时间，分段联络柜的自投延时时间应大于备用电源柜的自投延时时间。

序号	元件代号	名称	型号规格	数量	备注
1	2QF	断路器（抽屉式）	P□–□/□P–□A/220V	1	ABB公司
2	1TAu、1TAw	电流互感器	BH–0.66 □/5A	2	
3	2TAu	电流互感器	BH–0.66 □/5A	1	
4	PJ	有功电能表	DS862–2/3×380V	1	
5	PRJ	无功电能表	DX863–2/3×380V	1	
6	1FU～6FU	熔断器	JF5–2.5RD/6A	6	
7	1PA～3PA	电流表	42L6–A □/5A	3	
8	PV	电压表	42L6–V 0～450V	1	
9	SV	电压转换开关	LW12–16DHY3/3	1	
10	1SB、2SB	按钮开关	LA23–11	2	
11	HLR、HLW、HLG	指示灯	AD16–22/41–220V	3	
12	QA	控制开关	C45N–32/2P–10A	1	
13	XH	接线盒	FJ6/DFY2	1	乐清海燕公司
14	SA	控制转换开关	LW12–16D0401	1	
15	KT	时间继电器	DS–37C/220V（凸出式板前接线）	1	苏州继电器厂

图15–194　GCK（交流操作）双电源二号进线柜（互为备用）带计量二次原理图

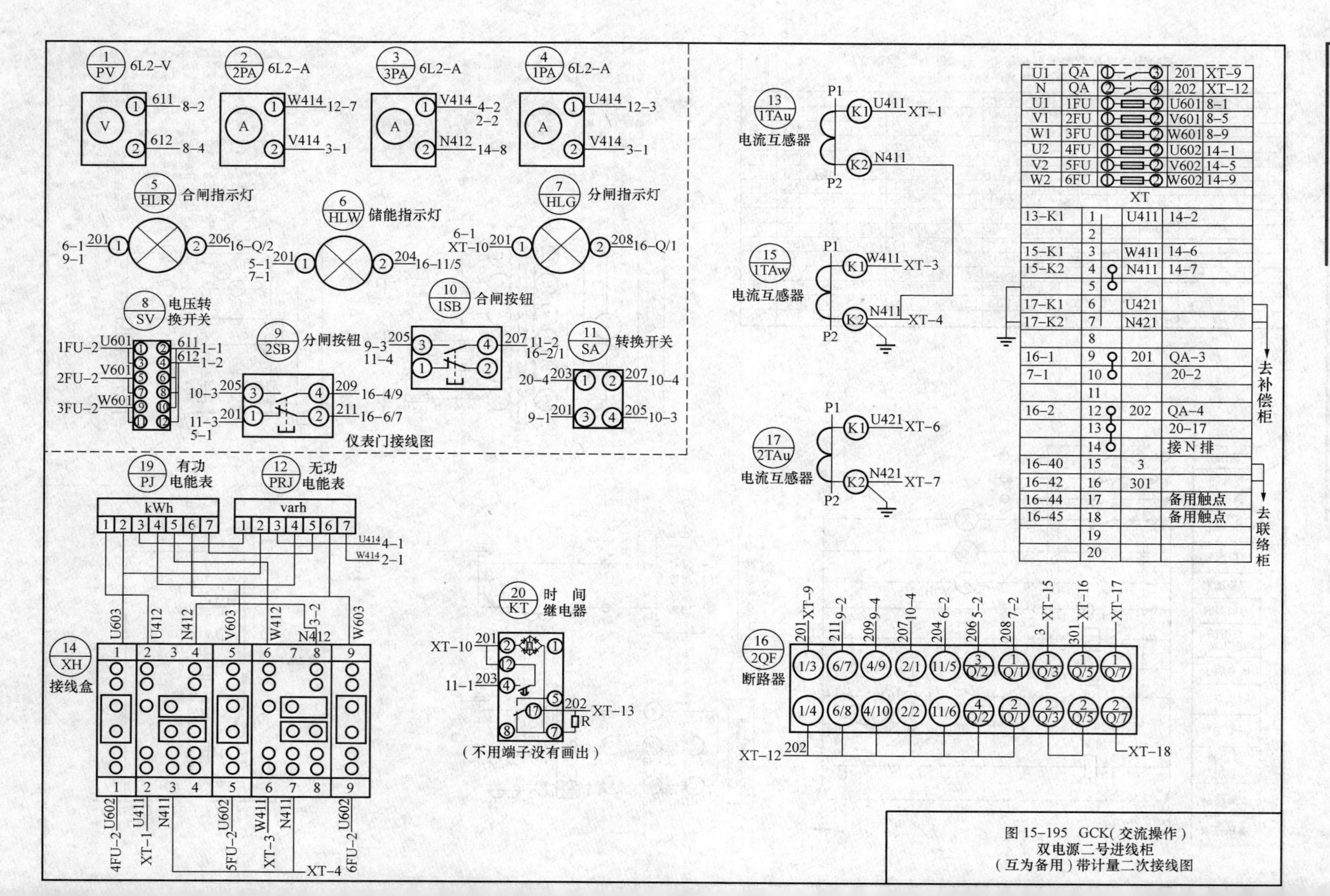

图 15-195 GCK(交流操作)双电源二号进线柜(互为备用)带计量二次接线图

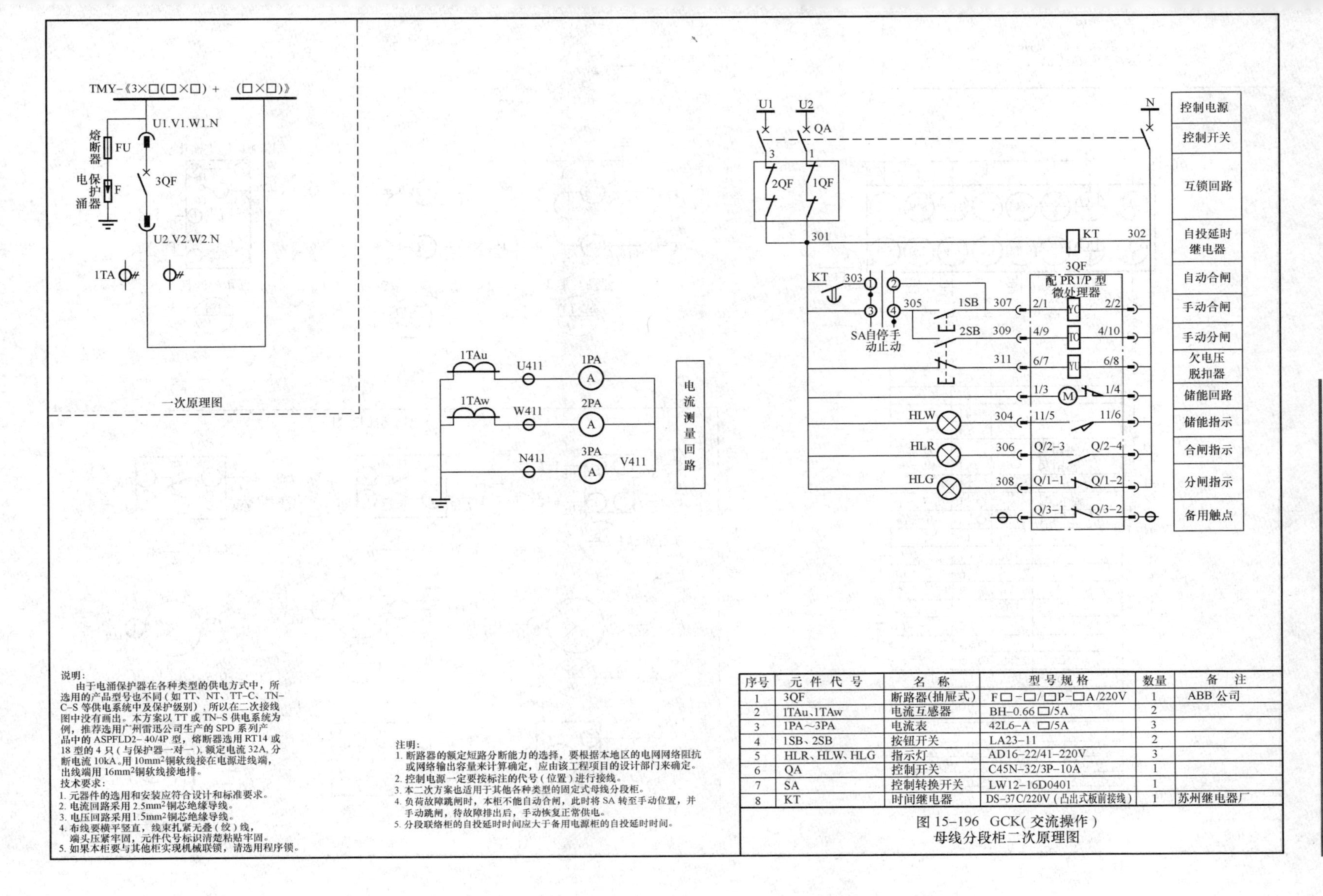

说明：

由于电涌保护器在各种类型的供电方式中，所选用的产品型号也不同（如TT、NT、TT-C、TN-C-S等供电系统中及保护级别），所以在二次接线图中没有画出。本方案以TT或TN-S供电系统为例，推荐选用广州雷迅公司生产的SPD系列产品中的ASPFLD2-40/4P型，熔断器选用RT14或18型的4只（与保护器一对一），额定电流32A，分断电流10kA。用10mm²铜软线接在电源进线端，出线端用16mm²铜软线接地排。

技术要求：

1. 元器件的选用和安装应符合设计和标准要求。
2. 电流回路采用2.5mm²铜芯绝缘导线。
3. 电压回路采用1.5mm²铜芯绝缘导线。
4. 布线要横平竖直，线束扎紧无叠（绞）线，端头压紧牢固，元件代号标识清楚粘贴牢固。
5. 如果本柜要与其他柜实现机械联锁，请选用程序锁。

注明：

1. 断路器的额定短路分断能力的选择，要根据本地区的电网网络阻抗或网络输出容量来计算确定，应由该工程项目的设计部门来确定。
2. 控制电源一定要按标注的代号（位置）进行接线。
3. 本二次方案也适用于其他各种类型的固定式母线分段柜。
4. 负荷故障跳闸时，本柜不能自动合闸，此时将SA转至手动位置，并手动跳闸，待故障排出后，手动恢复正常供电。
5. 分段联络柜的自投延时时间应大于备用电源柜的自投延时时间。

序号	元件代号	名称	型号规格	数量	备注
1	3QF	断路器(抽屉式)	F□-□/□P-□A/220V	1	ABB公司
2	1TAu、1TAw	电流互感器	BH-0.66□/5A	2	
3	1PA～3PA	电流表	42L6-A □/5A	3	
4	1SB、2SB	按钮开关	LA23-11	2	
5	HLR、HLW、HLG	指示灯	AD16-22/41-220V	3	
6	QA	控制开关	C45N-32/3P-10A	1	
7	SA	控制转换开关	LW12-16D0401	1	
8	KT	时间继电器	DS-37C/220V（凸出式板前接线）	1	苏州继电器厂

图15-196　GCK（交流操作）母线分段柜二次原理图

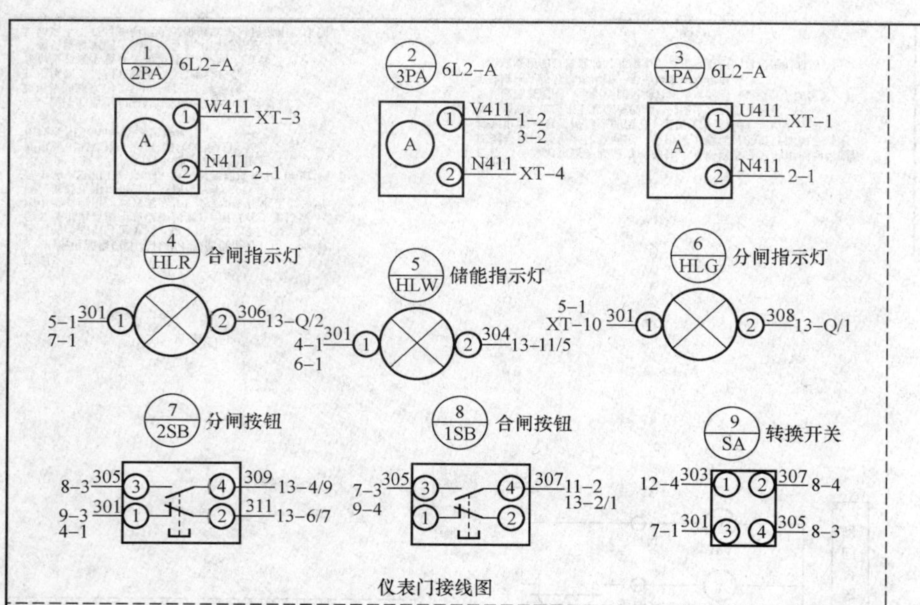

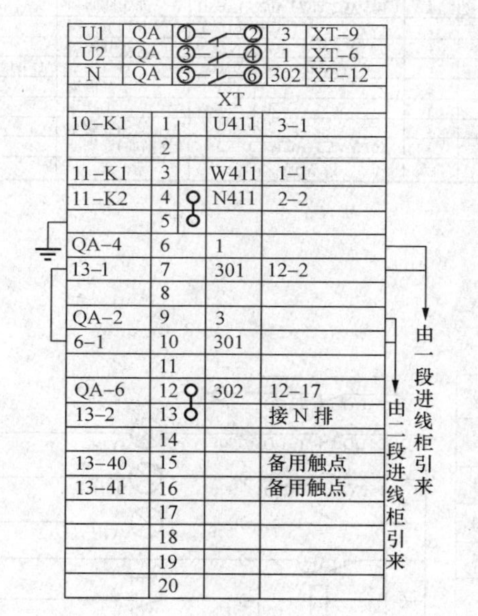

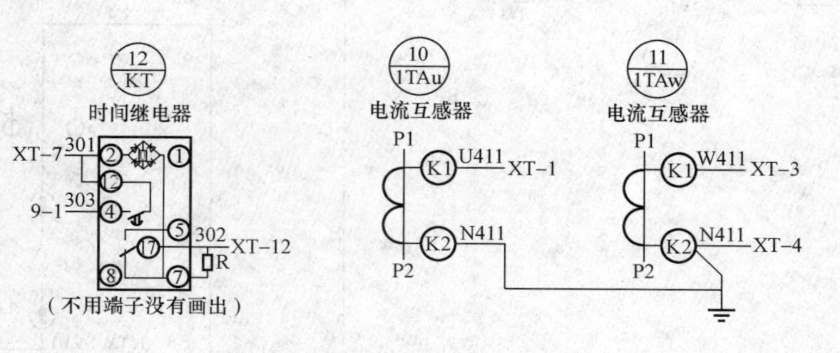

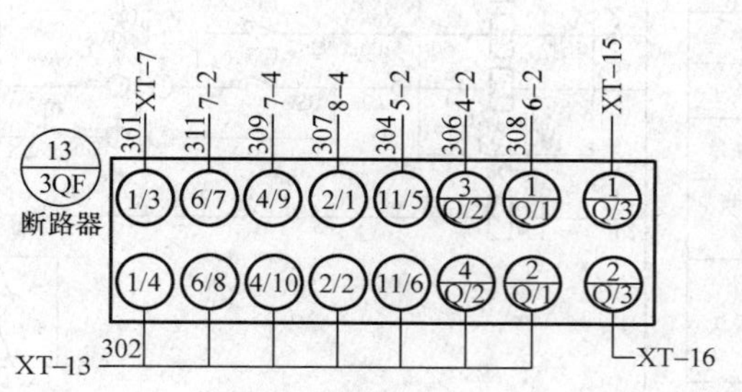

图 15-197 GCK(交流操作)
母线分段柜二次接线图

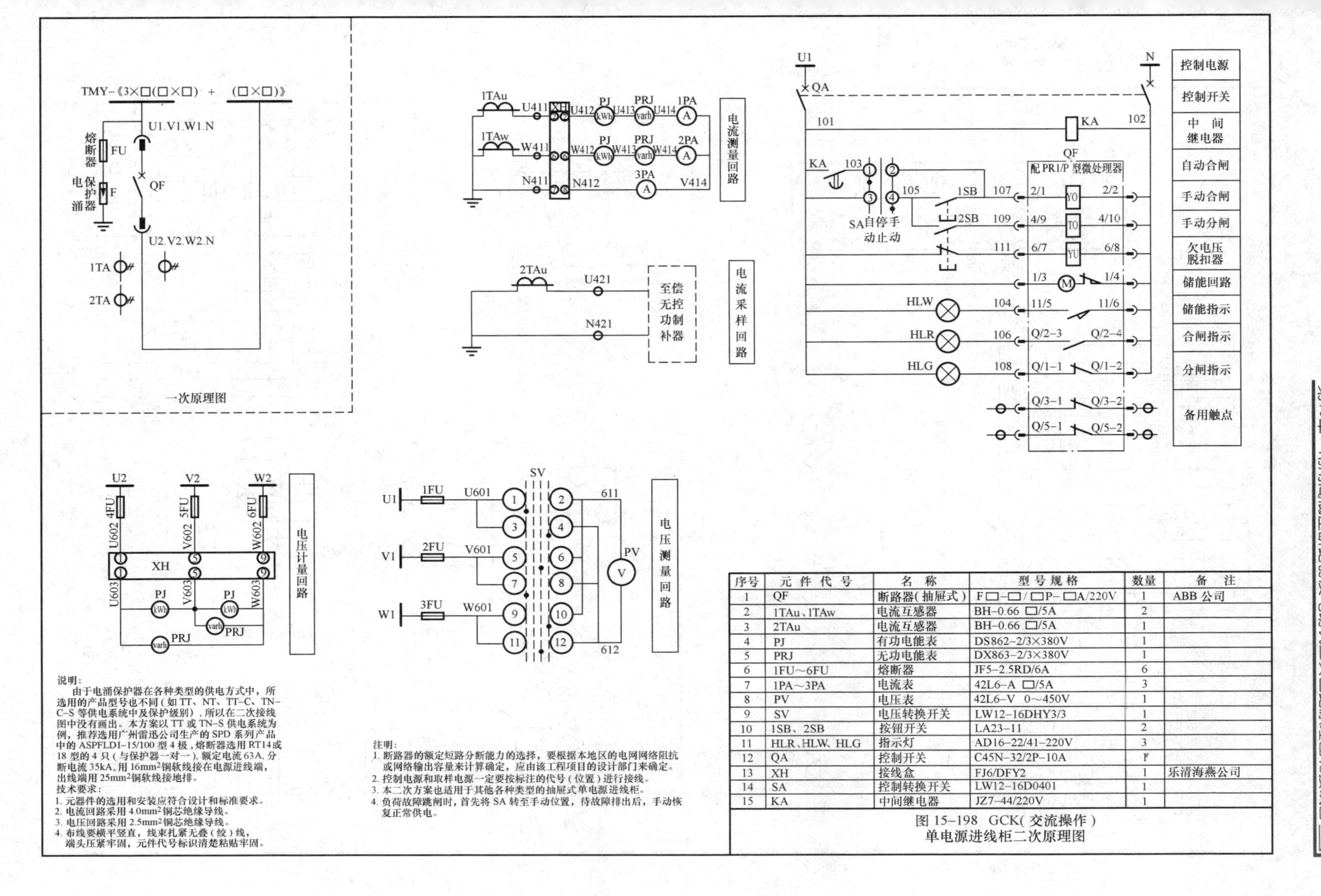

序号	元件代号	名称	型号规格	数量	备注
1	QF	断路器(抽屉式)	F□-□/□P-□A/220V	1	ABB公司
2	1TAu、1TAw	电流互感器	BH-0.66 □/5A	2	
3	2TAu	电流互感器	BH-0.66 □/5A	1	
4	PJ	有功电能表	DS862-2/3×380V	1	
5	PRJ	无功电能表	DX863-2/3×380V	1	
6	1FU~6FU	熔断器	JF5-2.5RD/6A	6	
7	1PA~3PA	电流表	42L6-A □/5A	3	
8	PV	电压表	42L6-V 0~450V	1	
9	SV	电压转换开关	LW12-16DHY3/3	1	
10	1SB、2SB	按钮开关	LA23-11	2	
11	HLR、HLW、HLG	指示灯	AD16-22/41-220V	3	
12	QA	控制开关	C45N-32/2P-10A	1	
13	XH	接线盒	FJ6/DFY2	1	乐清海燕公司
14	SA	控制转换开关	LW12-16D0401	1	
15	KA	中间继电器	JZ7-44/220V	1	

说明：

由于电涌保护器在各种类型的供电方式中，所选用的产品型号也不同（如TT、NT、TT-C、TN-C-S等供电系统中及保护级别），所以在二次接线图中没有画出。本方案以TT或TN-S供电系统为例，推荐选用广州雷迅公司生产的SPD系列产品中的ASPFLDI-15/100型4极，熔断器选用RT14或18型的4只（与保护器一对一），额定电流63A，分断电流35kA，用16mm²铜软线接在电源进线端，出线端用25mm²铜软线接地排。

技术要求：

1. 元器件的选用和安装应符合设计和标准要求。
2. 电流回路采用4.0mm²铜芯绝缘导线。
3. 电压回路采用2.5mm²铜芯绝缘导线。
4. 布线要横平竖直，线束扎紧无叠（绞）线，端头压紧牢固，元件代号标识清楚粘贴牢固。

注明：

1. 断路器的额定短路分断能力的选择，要根据本地区的电网网络阻抗或网络输出容量来计算确定，应由该工程项目的设计部门来确定。
2. 控制电源和取样电源一定要按标注的代号（位置）进行接线。
3. 本二次方案也适用于其他各种类型的抽屉式单电源进线柜。
4. 负荷故障跳闸时，首先将SA转至手动位置，待故障排出后，手动恢复正常供电。

图15-198　GCK（交流操作）单电源进线柜二次原理图

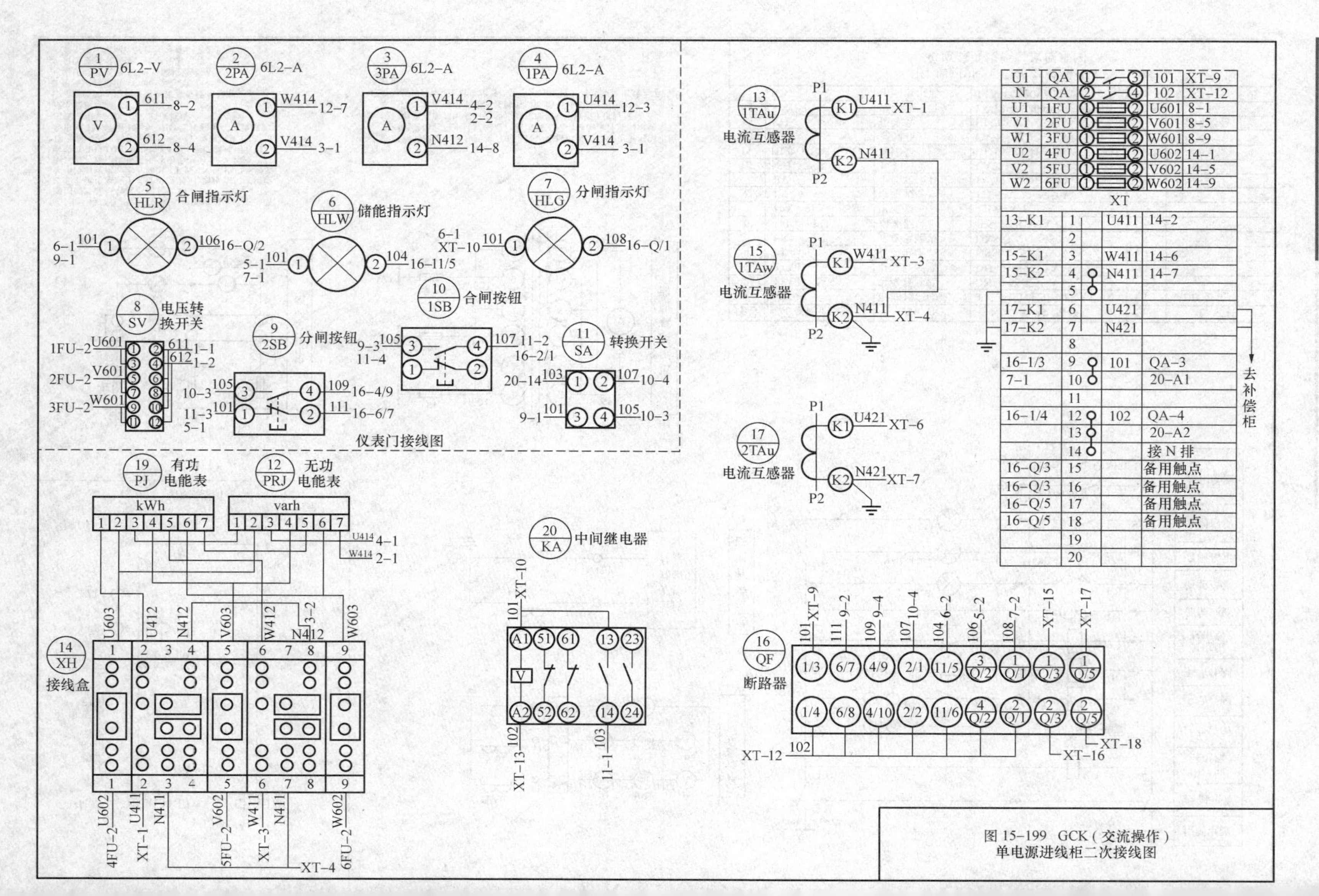

图 15-199 GCK（交流操作）单电源进线柜二次接线图

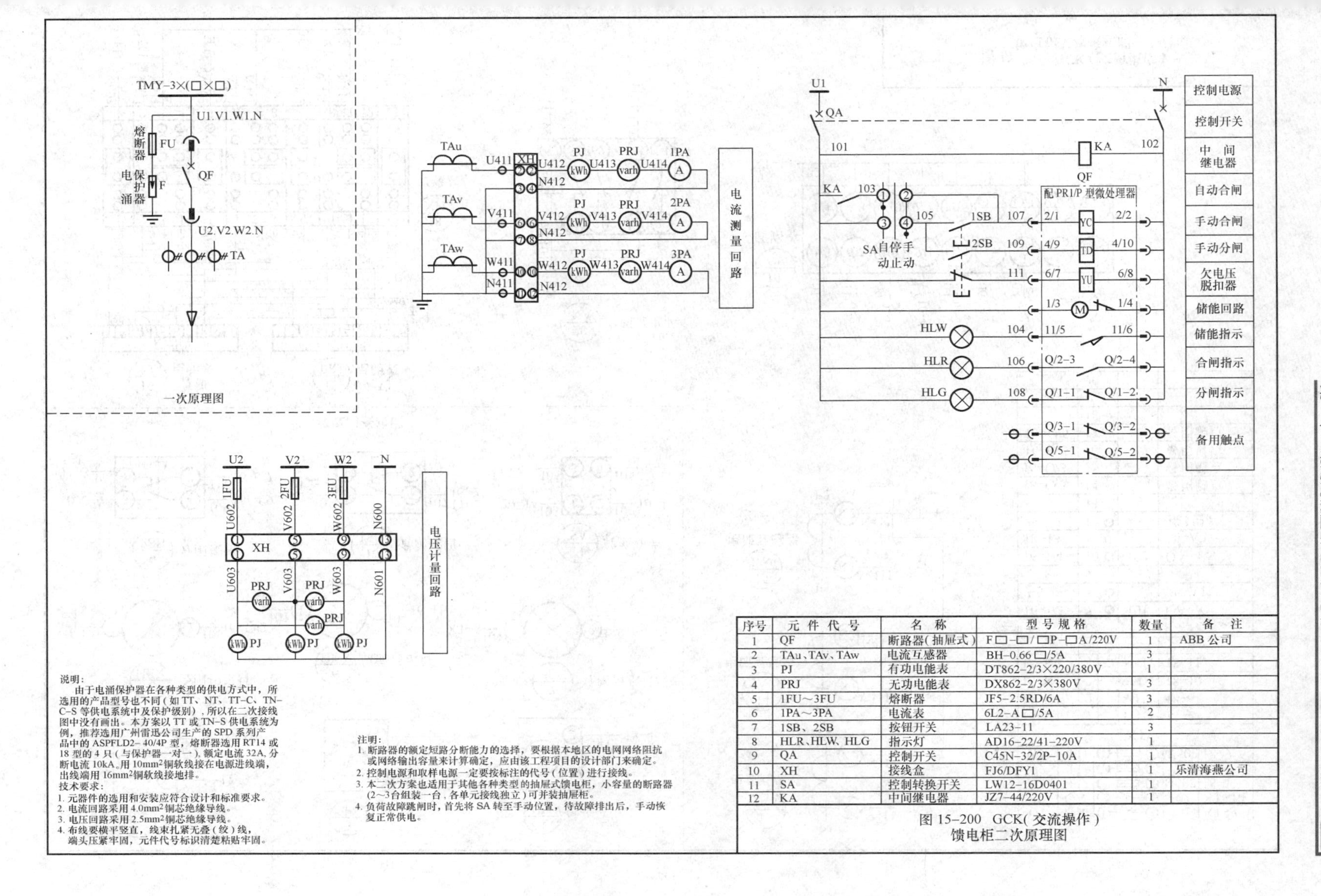

说明：

由于电涌保护器在各种类型的供电方式中，所选用的产品型号也不同（如TT、NT、TT-C、TN-C-S等供电系统中及保护级别），所以在二次接线图中没有画出。本方案以TT或TN-S供电系统为例，推荐选用广州雷迅公司生产的SPD系列产品中的ASPFLD2-40/4P型，熔断器选用RT14或18型的4只（与保护器一对一），额定电流32A，分断电流10kA。用$10mm^2$铜软线接在电源进线端，出线端用$16mm^2$铜软线接地排。

技术要求：

1. 元器件的选用和安装应符合设计和标准要求。
2. 电流回路采用$4.0mm^2$铜芯绝缘导线。
3. 电压回路采用$2.5mm^2$铜芯绝缘导线。
4. 布线要横平竖直，线束扎紧无叠（绞）线，端头压紧牢固，元件代号标识清楚粘贴牢固。

注明：

1. 断路器的额定短路分断能力的选择，要根据本地区的电网网络阻抗或网络输出容量来计算确定，应由该工程项目的设计部门来确定。
2. 控制电源和取样电源一定要按标注的代号（位置）进行接线。
3. 本二次方案也适用于其他各种类型的抽屉式馈电柜，小容量的断路器（2～3台组装一台，各单元接线独立）可并装抽屉柜。
4. 负荷故障跳闸时，首先将SA转至手动位置，待故障排出后，手动恢复正常供电。

序号	元件代号	名称	型号规格	数量	备注
1	QF	断路器（抽屉式）	F□-□/□P-□A/220V	1	ABB公司
2	TAu、TAv、TAw	电流互感器	BH-0.66□/5A	3	
3	PJ	有功电能表	DT862-2/3×220/380V	1	
4	PRJ	无功电能表	DX862-2/3×380V	3	
5	1FU～3FU	熔断器	JF5-2.5RD/6A	3	
6	1PA～3PA	电流表	6L2-A□/5A	2	
7	1SB、2SB	按钮开关	LA23-11	3	
8	HLR、HLW、HLG	指示灯	AD16-22/41-220V	1	
9	QA	控制开关	C45N-32/2P-10A	1	
10	XH	接线盒	FJ6/DFY1	1	乐清海燕公司
11	SA	控制转换开关	LW12-16D0401	1	
12	KA	中间继电器	JZ7-44/220V	1	

图15-200　GCK（交流操作）馈电柜二次原理图

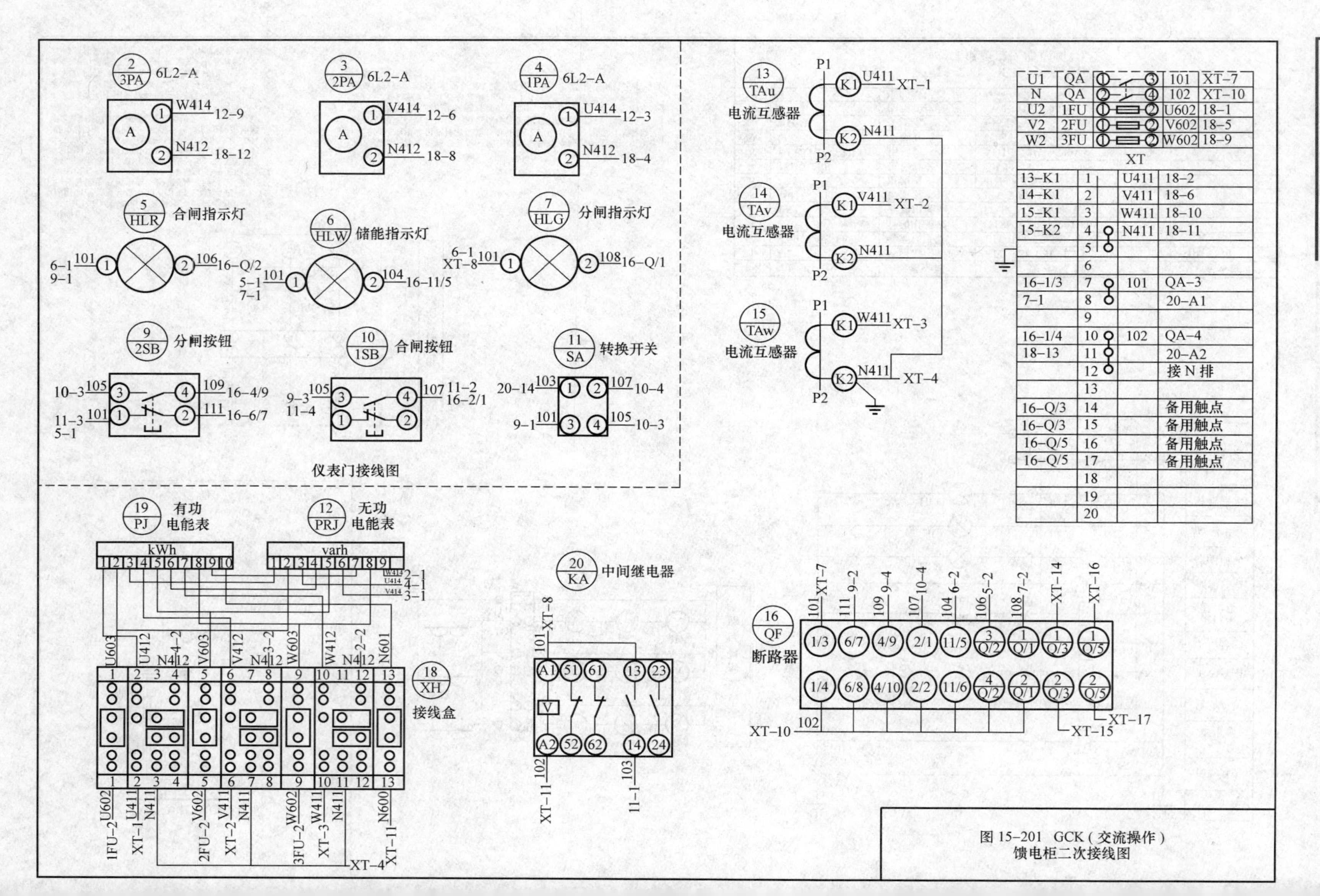

图 15-201 GCK（交流操作）馈电柜二次接线图

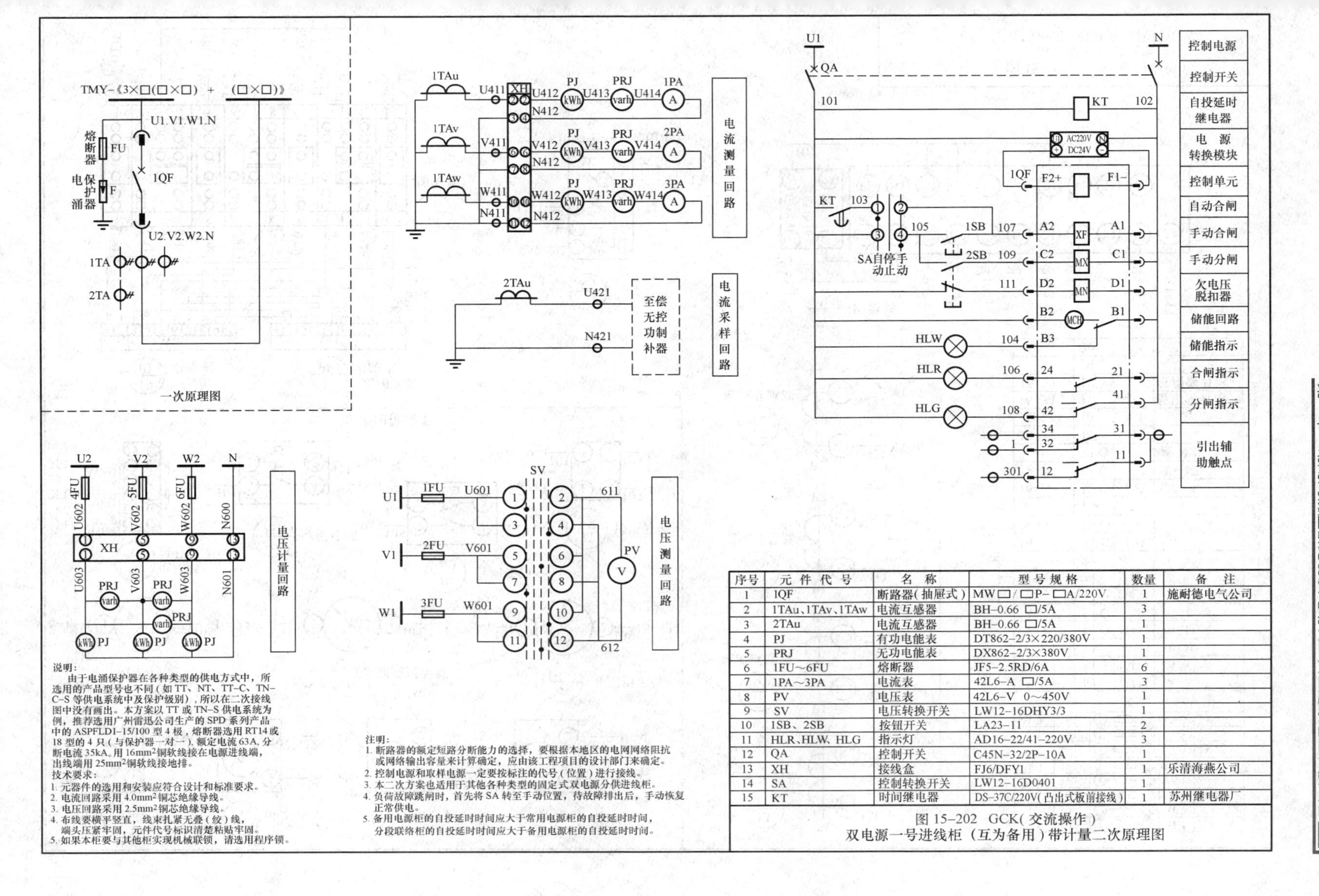

说明：

由于电涌保护器在各种类型的供电方式中，所选用的产品型号也不同（如TT、NT、TT-C、TN-C-S等供电系统中及保护级别），所以在二次接线图中没有画出。本方案以TT或TN-S供电系统为例，推荐选用广州雷迅公司生产的SPD系列产品中的ASPFLDI-15/100型4极，熔断器选用RT14或18型的4只（与保护器一对一），额定电流63A，分断电流35kA。用16mm²铜软线接在电源进线端，出线端用25mm²铜软线接地排。

技术要求：

1. 元器件的选用和安装应符合设计和标准要求。
2. 电流回路采用4.0mm²铜芯绝缘导线。
3. 电压回路采用2.5mm²铜芯绝缘导线。
4. 布线要横平竖直，线束扎紧无叠（绞）线，端头压紧牢固，元件代号标识清楚粘贴牢固。
5. 如果本柜要与其他柜实现机械联锁，请选用程序锁。

注明：

1. 断路器的额定短路分断能力的选择，要根据本地区的电网网络阻抗或网络输出容量来计算确定，应由该工程项目的设计部门来确定。
2. 控制电源和取样电源一定要按标注的代号（位置）进行接线。
3. 本二次方案也适用于其他各种类型的固定式双电源分供进线柜。
4. 负荷故障跳闸时，首先将SA转至手动位置，待故障排出后，手动恢复正常供电。
5. 备用电源柜的自投延时时间应大于常用电源柜的自投延时时间，分段联络柜的自投延时时间应大于备用电源柜的自投延时时间。

序号	元件代号	名称	型号规格	数量	备注
1	1QF	断路器（抽屉式）	MW□/□P-□A/220V	1	施耐德电气公司
2	1TAu、1TAv、1TAw	电流互感器	BH-0.66 □/5A	3	
3	2TAu	电流互感器	BH-0.66 □/5A	1	
4	PJ	有功电能表	DT862-2/3×220/380V	1	
5	PRJ	无功电能表	DX862-2/3×380V	1	
6	1FU～6FU	熔断器	JF5-2.5RD/6A	6	
7	1PA～3PA	电流表	42L6-A □/5A	3	
8	PV	电压表	42L6-V 0～450V	1	
9	SV	电压转换开关	LW12-16DHY3/3	1	
10	1SB、2SB	按钮开关	LA23-11	2	
11	HLR、HLW、HLG	指示灯	AD16-22/41-220V	3	
12	QA	控制开关	C45N-32/2P-10A	1	
13	XH	接线盒	FJ6/DFY1	1	乐清海燕公司
14	SA	控制转换开关	LW12-16D0401	1	
15	KT	时间继电器	DS-37C/220V（凸出式板前接线）	1	苏州继电器厂

图 15-202　GCK（交流操作）双电源一号进线柜（互为备用）带计量二次原理图

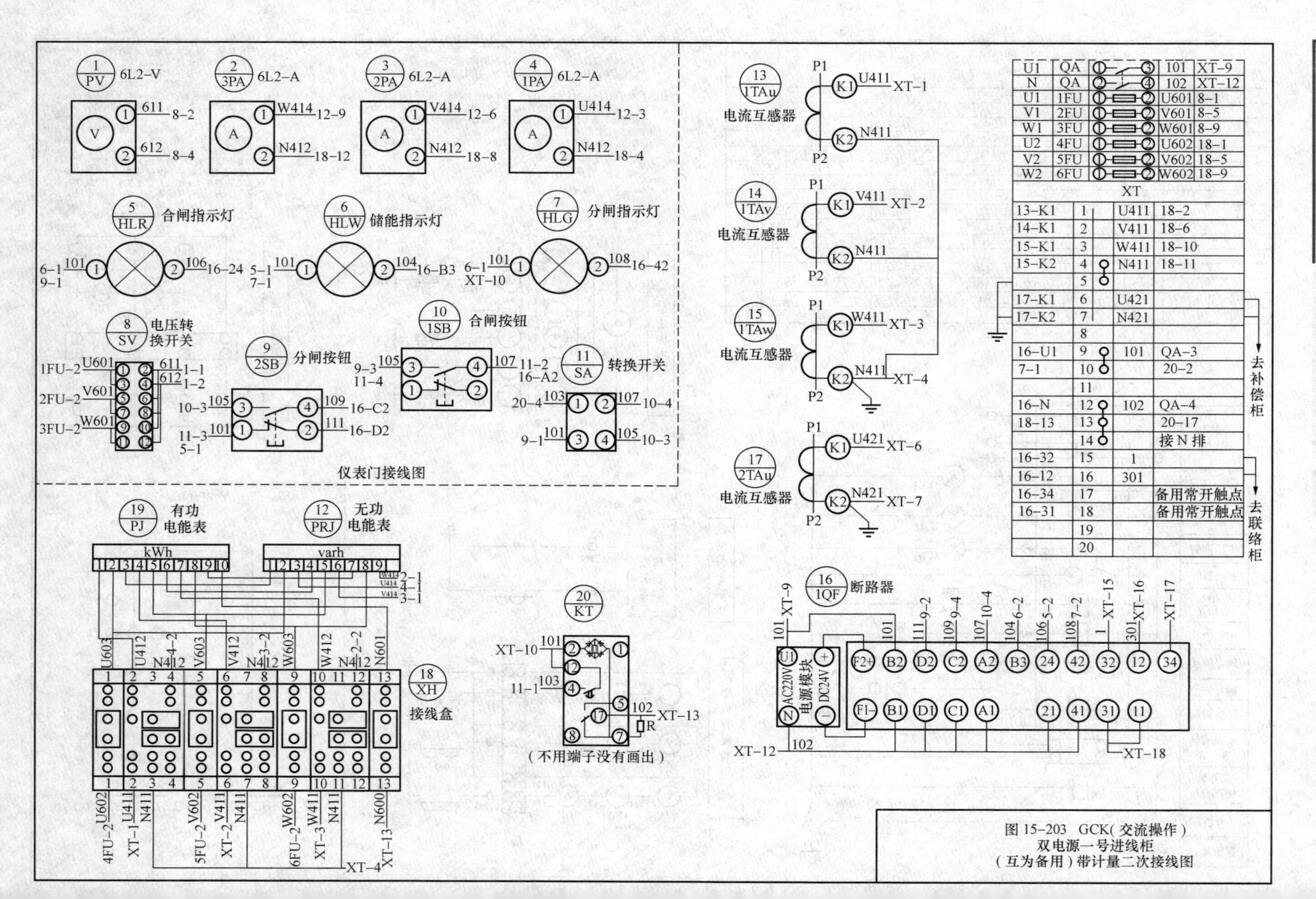

图 15-203 GCK（交流操作）双电源一号进线柜（互为备用）带计量二次接线图

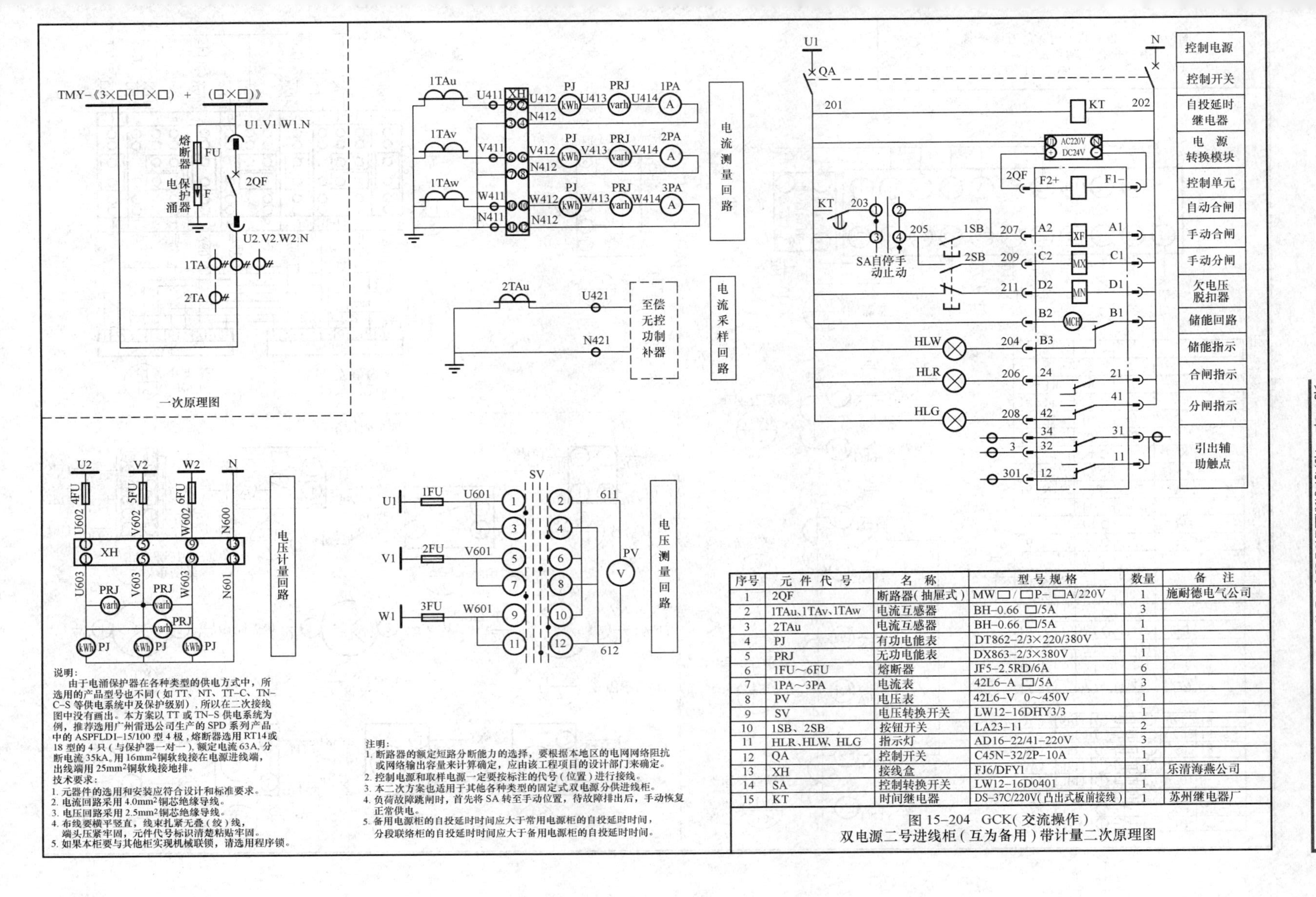

说明：

由于电涌保护器在各种类型的供电方式中，所选用的产品型号也不同（如TT、NT、TT-C、TN-C-S等供电系统中及保护级别），所以在二次接线图中没有画出。本方案以TT或TN-S供电系统为例，推荐选用广州雷迅公司生产的SPD系列产品中的ASPFLDI-15/100型4极，熔断器选用RT14或18型的4只（与保护器一对一），额定电流63A，分断电流35kA。用16mm²铜软线接在电源进线端，出线端用25mm²铜软线接地排。

技术要求：

1. 元器件的选用和安装应符合设计和标准要求。
2. 电流回路采用4.0mm²铜芯绝缘导线。
3. 电压回路采用2.5mm²铜芯绝缘导线。
4. 布线要横平竖直，线束扎紧无叠（绞）线，端头压紧牢固，元件代号标识清楚粘贴牢固。
5. 如果本柜要与其他柜实现机械联锁，请选用程序锁。

注明：

1. 断路器的额定短路分断能力的选择，要根据本地区的电网网络阻抗或网络输出容量来计算确定，应由该工程项目的设计部门来确定。
2. 控制电源和取样电源一定要按标注的代号（位置）进行接线。
3. 本二次方案也适用于其他各种类型的固定式双电源分供进线柜。
4. 负荷故障跳闸时，首先将SA转至手动位置，待故障排出后，手动恢复正常供电。
5. 备用电源柜的自投延时时间应大于常用电源柜的自投延时时间，分段联络柜的自投延时时间应大于备用电源柜的自投延时时间。

序号	元件代号	名称	型号规格	数量	备注
1	2QF	断路器（抽屉式）	MW□/□P-□A/220V	1	施耐德电气公司
2	1TAu、1TAv、1TAw	电流互感器	BH-0.66 □/5A	3	
3	2TAu	电流互感器	BH-0.66 □/5A	1	
4	PJ	有功电能表	DT862-2/3×220/380V	1	
5	PRJ	无功电能表	DX863-2/3×380V	1	
6	1FU～6FU	熔断器	JF5-2.5RD/6A	6	
7	1PA～3PA	电流表	42L6-A □/5A	3	
8	PV	电压表	42L6-V 0～450V	1	
9	SV	电压转换开关	LW12-16DHY3/3	1	
10	1SB、2SB	按钮开关	LA23-11	2	
11	HLR、HLW、HLG	指示灯	AD16-22/41-220V	3	
12	QA	控制开关	C45N-32/2P-10A	1	
13	XH	接线盒	FJ6/DFY1	1	乐清海燕公司
14	SA	控制转换开关	LW12-16D0401	1	
15	KT	时间继电器	DS-37C/220V（凸出式板前接线）	1	苏州继电器厂

图15-204　GCK（交流操作）双电源二号进线柜（互为备用）带计量二次原理图

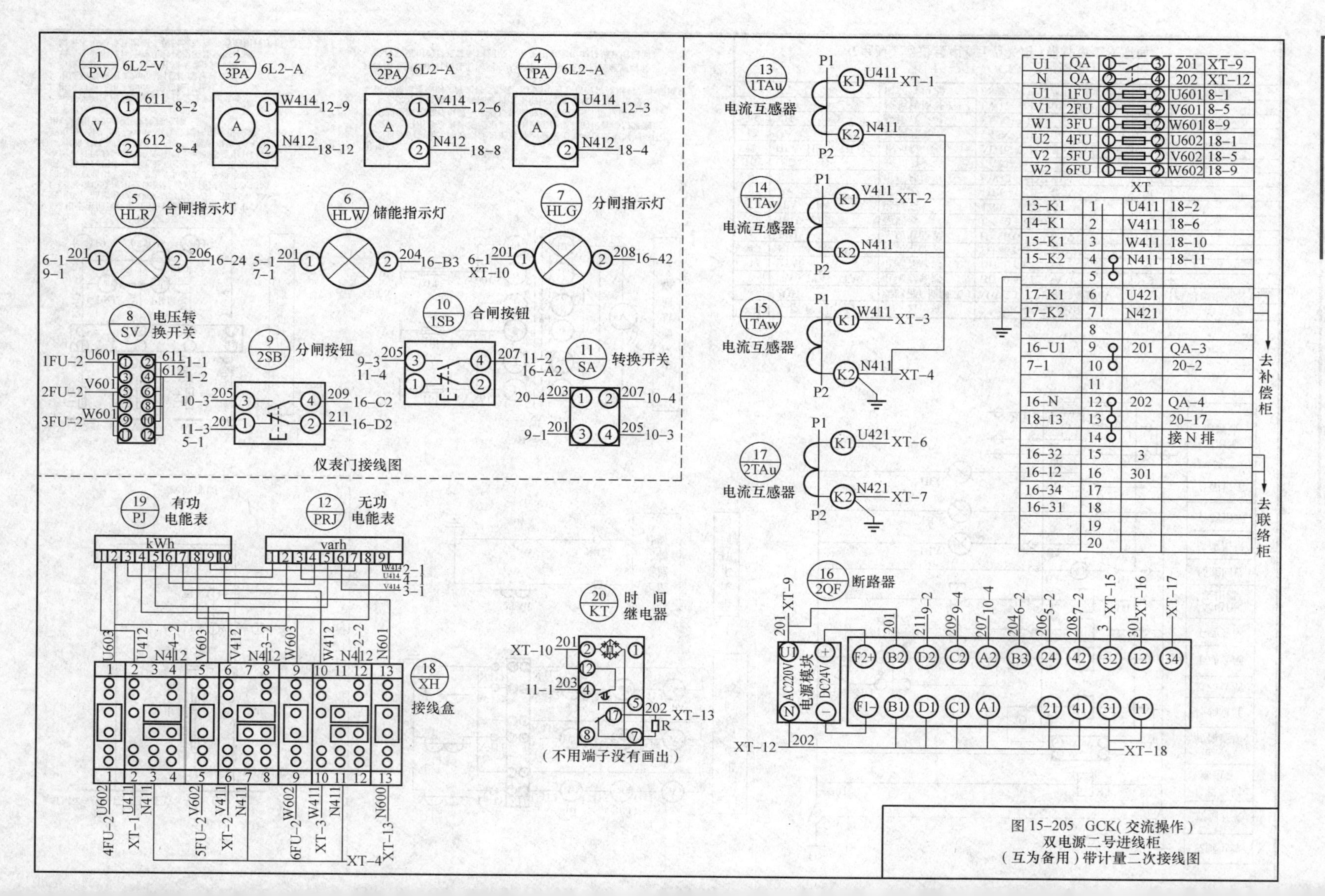

图 15-205 GCK（交流操作）双电源二号进线柜（互为备用）带计量二次接线图

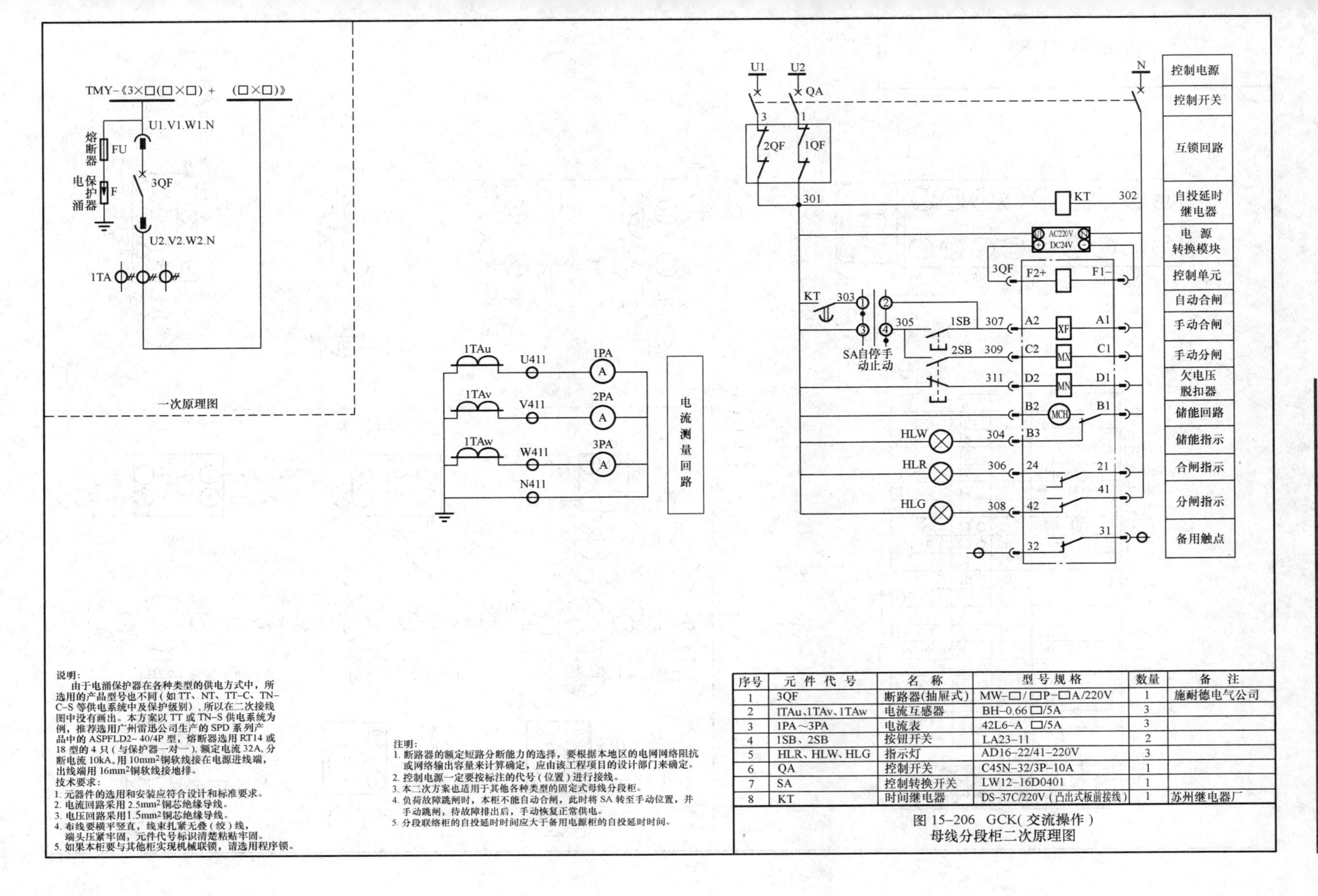

说明：

由于电涌保护器在各种类型的供电方式中，所选用的产品型号也不同（如TT、NT、TT-C、TN-C-S等供电系统中及保护级别），所以在二次接线图中没有画出。本方案以TT或TN-S供电系统为例，推荐选用广州雷迅公司生产的SPD系列产品中的ASPFLD2-40/4P型，熔断器选用RT14或18型的4只（与保护器一对一），额定电流32A，分断电流10kA。用10mm²铜软线接在电源进线端，出线端用16mm²铜软线接地排。

技术要求：

1. 元器件的选用和安装应符合设计和标准要求。
2. 电流回路采用2.5mm²铜芯绝缘导线。
3. 电压回路采用1.5mm²铜芯绝缘导线。
4. 布线要横平竖直，线束扎紧无叠（绞）线，端头压紧牢固，元件代号标识清楚粘贴牢固。
5. 如果本柜要与其他柜实现机械联锁，请选用程序锁。

注明：

1. 断路器的额定短路分断能力的选择，要根据本地区的电网网络阻抗或网络输出容量来计算确定，应由该工程项目的设计部门来确定。
2. 控制电源一定要按标注的代号（位置）进行接线。
3. 本二次方案也适用于其他各种类型的固定式母线分段柜。
4. 负荷故障跳闸时，本柜不能自动合闸，此时将SA转至手动位置，并手动跳闸，待故障排出后，手动恢复正常供电。
5. 分段联络柜的自投延时时间应大于备用电源柜的自投延时时间。

序号	元件代号	名称	型号规格	数量	备注
1	3QF	断路器(抽屉式)	MW-□/□P-□A/220V	1	施耐德电气公司
2	1TAu、1TAv、1TAw	电流互感器	BH-0.66 □/5A	3	
3	1PA～3PA	电流表	42L6-A □/5A	3	
4	1SB、2SB	按钮开关	LA23-11	2	
5	HLR、HLW、HLG	指示灯	AD16-22/41-220V	3	
6	QA	控制开关	C45N-32/3P-10A	1	
7	SA	控制转换开关	LW12-16D0401	1	
8	KT	时间继电器	DS-37C/220V（凸出式板前接线）	1	苏州继电器厂

图15-206　GCK（交流操作）母线分段柜二次原理图

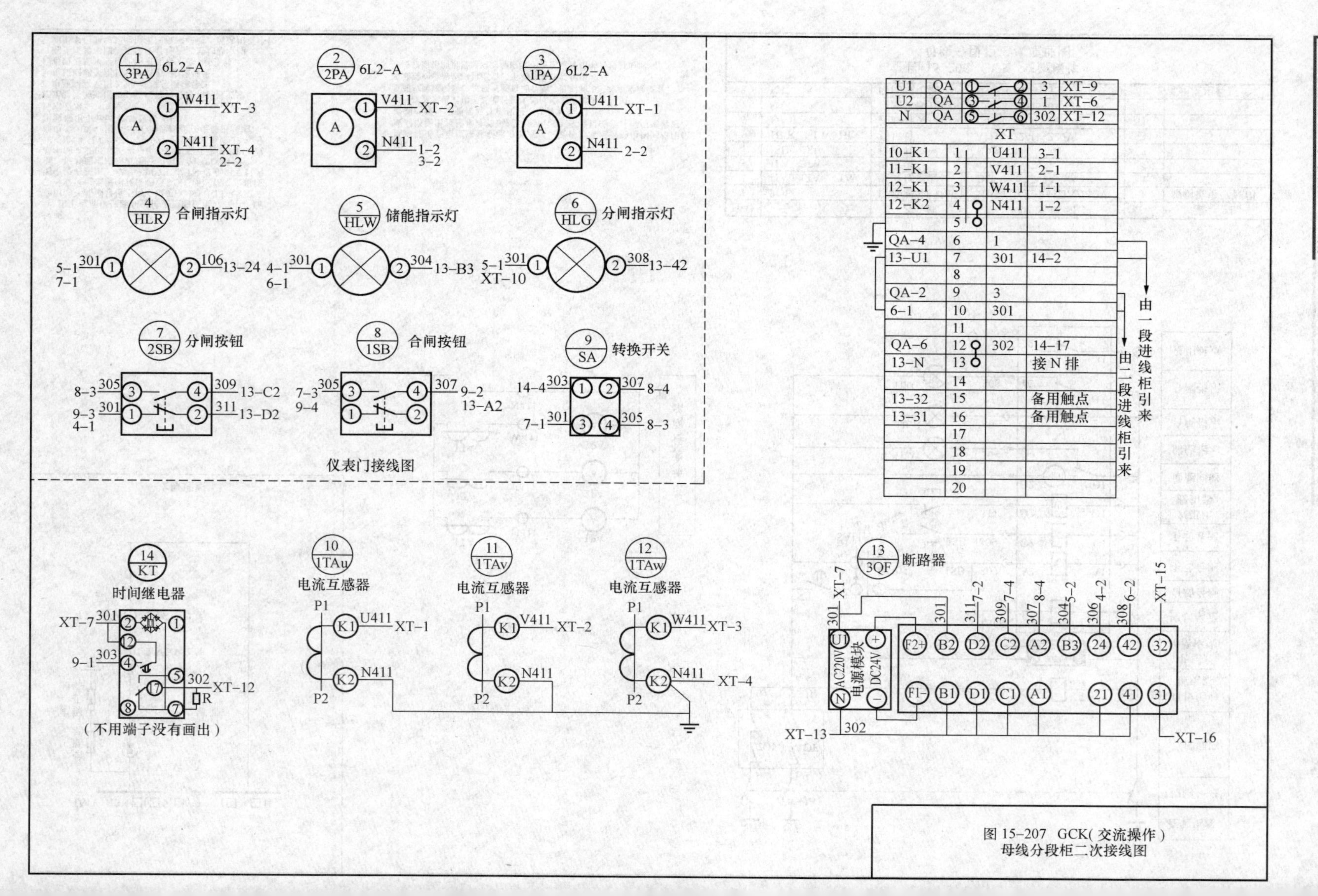

图 15-207 GCK(交流操作)母线分段柜二次接线图

(7) 单电源进线柜、二次原理见图 15-208。
(8) 单电源进线柜、二次接线见图 15-209。
(9) 馈电柜、二次原理见图 15-210。
(10) 馈电柜、二次接线见图 15-211。

10. DW15 系列断路器（GGD-固定式、交流操作）

(1) 双电源一号进线柜（一用一备）带计量二次原理见图 15-212。
(2) 双电源一号进线柜（一用一备）带计量二次接线见图 15-213。
(3) 双电源二号进线柜（一用一备）带计量二次原理见图 15-214。
(4) 双电源二号进线柜（一用一备）带计量二次接线见图 15-215。
(5) 单电源进线柜、二次原理见图 15-216。
(6) 单电源进线柜、二次接线见图 15-217。
(7) 馈电柜、二次原理见图 15-218。
(8) 馈电柜、二次接线见图 15-219。

11. ME（DW17）系列断路器（GCK-抽屉式、交流操作）

(1) 双电源一号进线柜（互为备用）带计量二次原理见图 15-220。
(2) 双电源一号进线柜（互为备用）带计量二次接线见图 15-221。
(3) 双电源二号进线柜（互为备用）带计量二次原理见图 15-222。
(4) 双电源二号进线柜（互为备用）带计量二次接线见图 15-223。
(5) 母线分段柜、二次原理见图 15-224。
(6) 母线分段柜、二次接线见图 15-225。
(7) 馈电柜、二次原理见图 15-226。
(8) 馈电柜、二次接线见图 15-227。
(9) 单电源进线柜、二次原理见图 15-228。
(10) 单电源进线柜、二次接线见图 15-229。

12. ME（DW17）系列断路器（GGD-固定式、交直流操作）

(1) 双电源一号进线柜（一用一备）带计量二次原理见图 15-230。
(2) 双电源一号进线柜（一用一备）带计量二次接线见图 15-231。
(3) 双电源二号进线柜（一用一备）带计量二次原理见图 15-232。
(4) 双电源二号进线柜（一用一备）带计量二次接线见图 15-233。
(5) 单电源进线柜、二次原理见图 15-234。
(6) 单电源进线柜、二次接线见图 15-235。
(7) 馈电柜、二次原理见图 15-236。
(8) 馈电柜、二次接线见图 15-237。

第3节 电动机控制部分

1. CD1 保护系列各种起动方式、二次原理接线图（两地控制）

(1) 直接起动控制设备、二次原理见图 15-238。
(2) 直接起动控制设备、二次接线见图 15-239。

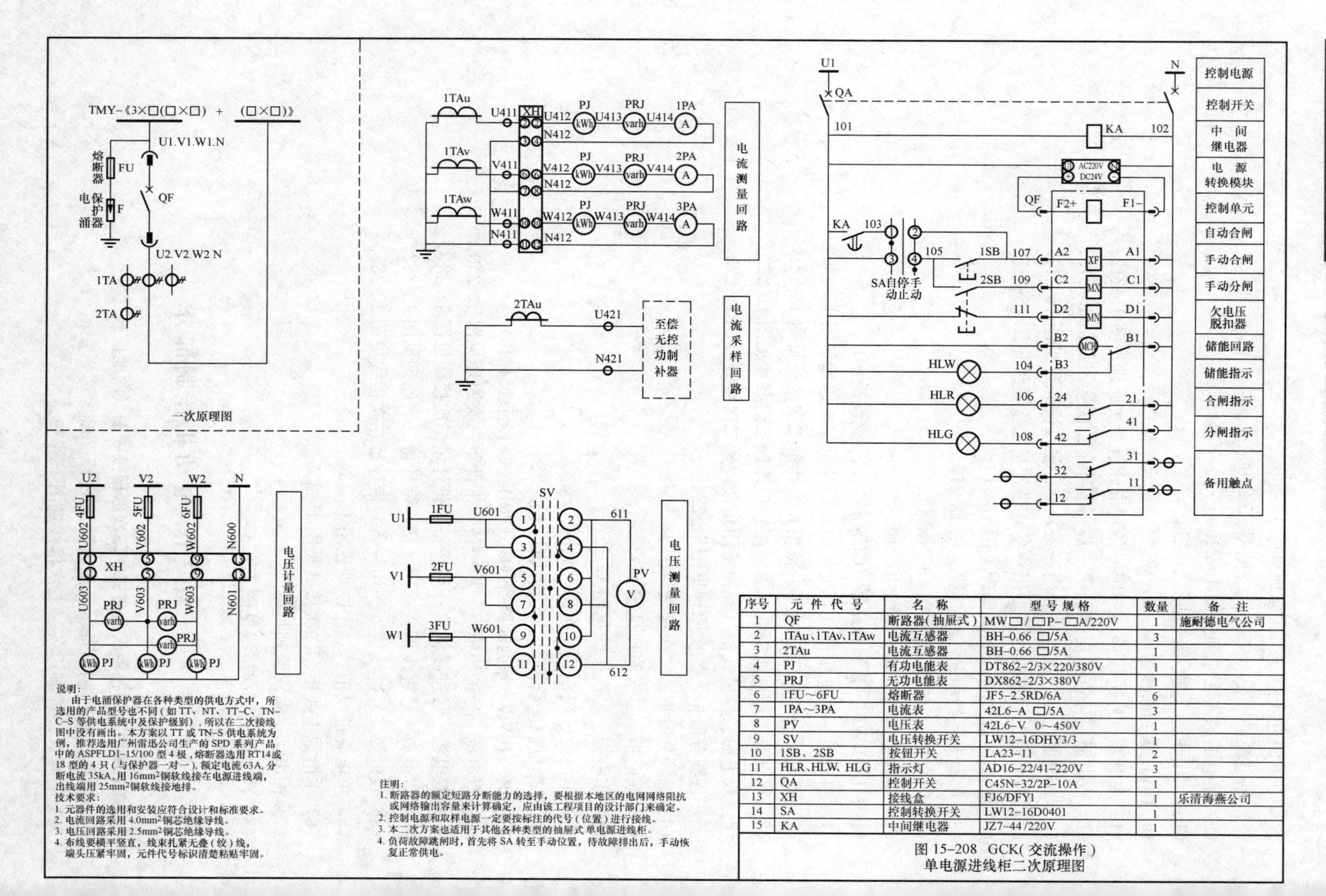

说明：

由于电涌保护器在各种类型的供电方式中，所选用的产品型号也不同（如 TT、NT、TT-C、TN-C-S 等供电系统中及保护级别），所以在二次接线图中没有画出。本方案以 TT 或 TN-S 供电系统为例，推荐选用广州雷迅公司生产的 SPD 系列产品中的 ASPFLD1-15/100 型 4 极，熔断器选用 RT14 或 18 型的 4 只（与保护器一对一），额定电流 63A，分断电流 35kA。用 16mm²铜软线接在电源进线端，出线端用 25mm²铜软线接地排。

技术要求：

1. 元器件的选用和安装应符合设计和标准要求。
2. 电流回路采用 4.0mm²铜芯绝缘导线。
3. 电压回路采用 2.5mm²铜芯绝缘导线。
4. 布线要横平竖直，线束扎紧无叠（绞）线，端头压紧牢固，元件代号标识清楚粘贴牢固。

注明：

1. 断路器的额定短路分断能力的选择，要根据本地区的电网网络阻抗或网络输出容量来计算确定，应由该工程项目的设计部门来确定。
2. 控制电源和取样电源一定要按标注的代号（位置）进行接线。
3. 本二次方案也适用于其他各种类型的抽屉式单电源进线柜。
4. 负荷故障跳闸时，首先将 SA 转至手动位置，待故障排出后，手动恢复正常供电。

序号	元件代号	名称	型号规格	数量	备注
1	QF	断路器（抽屉式）	MW□/□P-□A/220V	1	施耐德电气公司
2	1TAu、1TAv、1TAw	电流互感器	BH-0.66 □/5A	3	
3	2TAu	电流互感器	BH-0.66 □/5A	1	
4	PJ	有功电能表	DT862-2/3×220/380V	1	
5	PRJ	无功电能表	DX862-2/3×380V	1	
6	1FU～6FU	熔断器	JF5-2.5RD/6A	6	
7	1PA～3PA	电流表	42L6-A □/5A	3	
8	PV	电压表	42L6-V 0～450V	1	
9	SV	电压转换开关	LW12-16DHY3/3	1	
10	1SB、2SB	按钮开关	LA23-11	2	
11	HLR、HLW、HLG	指示灯	AD16-22/41-220V	3	
12	QA	控制开关	C45N-32/2P-10A	1	
13	XH	接线盒	FJ6/DFY1	1	乐清海燕公司
14	SA	控制转换开关	LW12-16D0401	1	
15	KA	中间继电器	JZ7-44/220V	1	

图 15-208　GCK（交流操作）单电源进线柜二次原理图

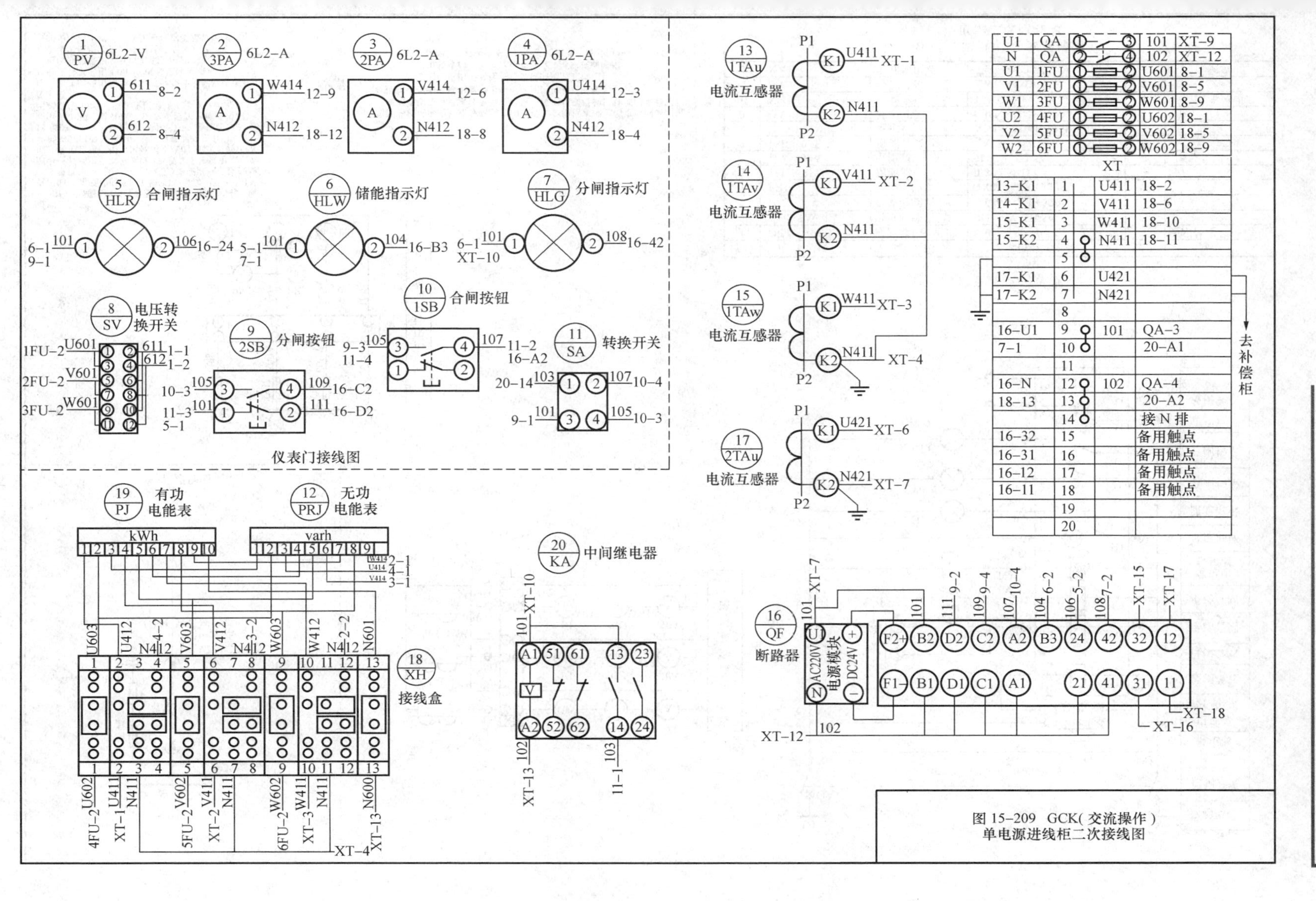

图 15-209 GCK(交流操作)单电源进线柜二次接线图

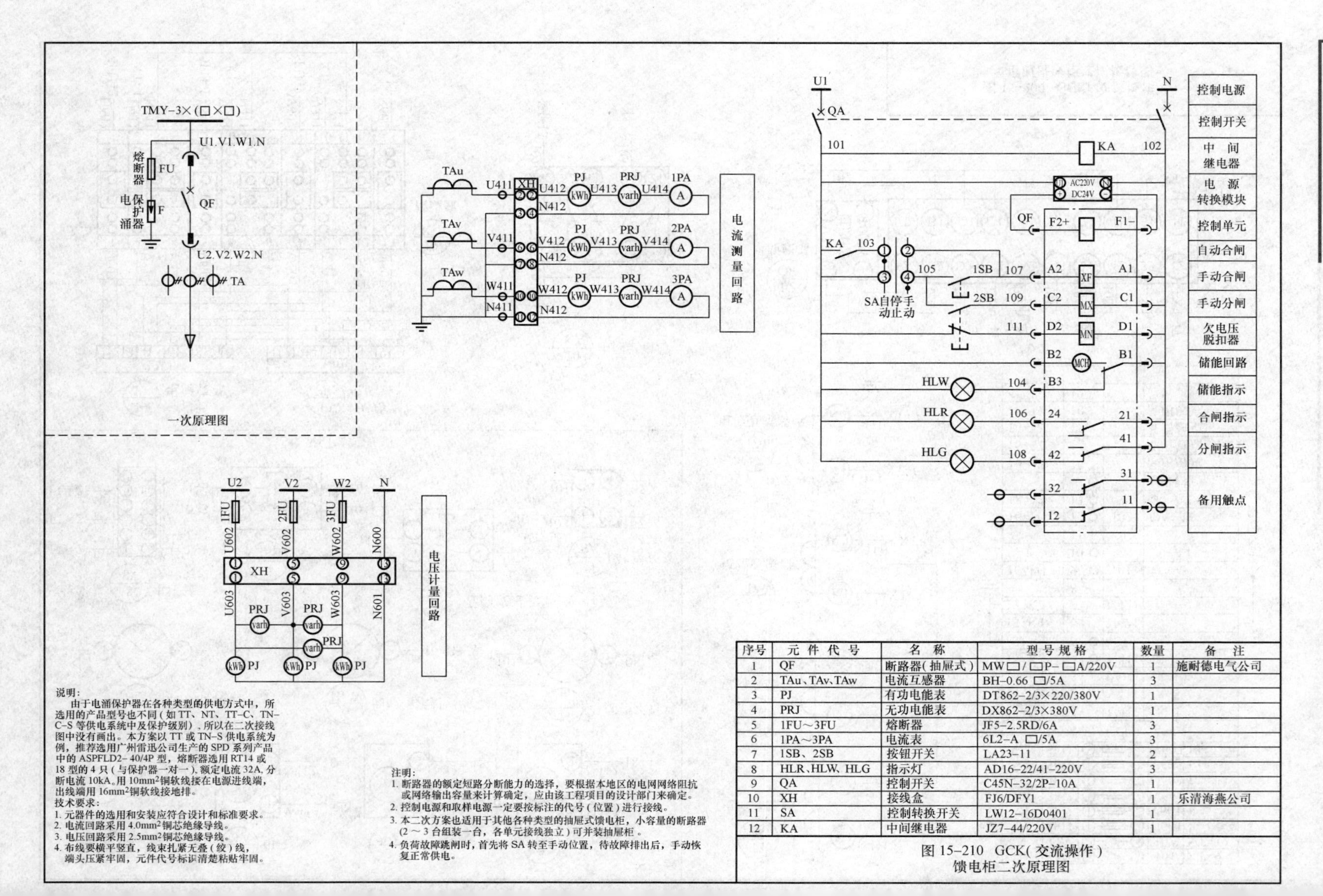

说明：

由于电涌保护器在各种类型的供电方式中，所选用的产品型号也不同（如TT、NT、TT-C、TN-C-S等供电系统中及保护级别），所以在二次接线图中没有画出。本方案以TT或TN-S供电系统为例，推荐选用广州雷迅公司生产的SPD系列产品中的ASPFLD2-40/4P型，熔断器选用RT14或18型的4只（与保护器一对一），额定电流32A，分断电流10kA。用10mm²铜软线接在电源进线端，出线端用16mm²铜软线接地排。

技术要求：

1. 元器件的选用和安装应符合设计和标准要求。
2. 电流回路采用4.0mm²铜芯绝缘导线。
3. 电压回路采用2.5mm²铜芯绝缘导线。
4. 布线要横平竖直，线束扎紧无叠（绞）线，端头压紧牢固，元件代号标识清楚粘贴牢固。

注明：

1. 断路器的额定短路分断能力的选择，要根据本地区的电网网络阻抗或网络输出容量来计算确定，应由该工程项目的设计部门来确定。
2. 控制电源和取样电源一定要按标注的代号（位置）进行接线。
3. 本二次方案也适用于其他各种类型的抽屉式馈电柜，小容量的断路器（2～3台组装一台，各单元接线独立）可并装抽屉柜。
4. 负荷故障跳闸时，首先将SA转至手动位置，待故障排出后，手动恢复正常供电。

序号	元件代号	名称	型号规格	数量	备注
1	QF	断路器（抽屉式）	MW□/□P-□A/220V	1	施耐德电气公司
2	TAu、TAv、TAw	电流互感器	BH-0.66 □/5A	3	
3	PJ	有功电能表	DT862-2/3×220/380V	1	
4	PRJ	无功电能表	DX862-2/3×380V	1	
5	1FU～3FU	熔断器	JF5-2.5RD/6A	3	
6	1PA～3PA	电流表	6L2-A □/5A	3	
7	1SB、2SB	按钮开关	LA23-11	2	
8	HLR、HLW、HLG	指示灯	AD16-22/41-220V	3	
9	QA	控制开关	C45N-32/2P-10A	1	
10	XH	接线盒	FJ6/DFY1	1	乐清海燕公司
11	SA	控制转换开关	LW12-16D0401	1	
12	KA	中间继电器	JZ7-44/220V	1	

图15-210 GCK（交流操作）馈电柜二次原理图

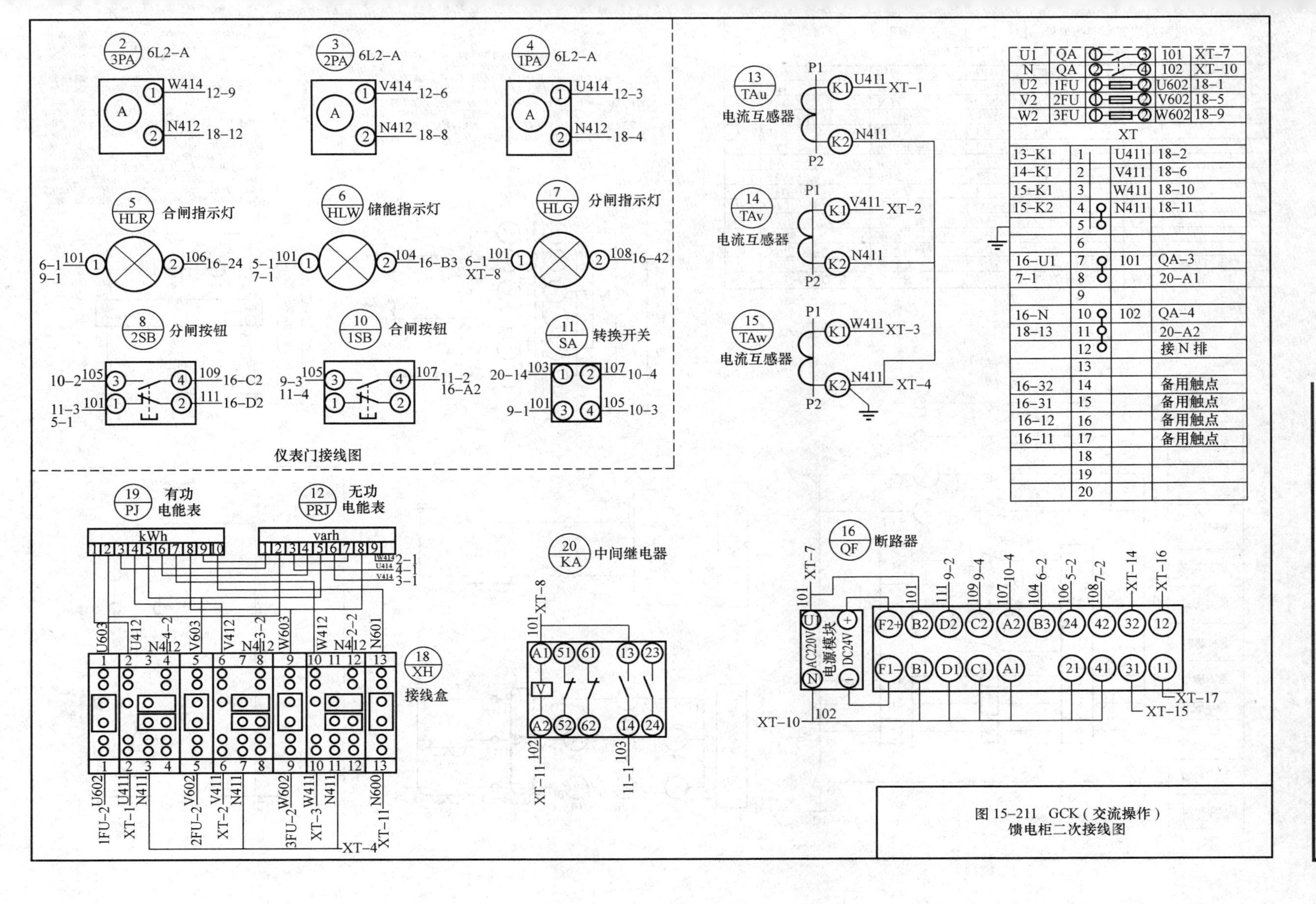

图 15-211　GCK（交流操作）馈电柜二次接线图

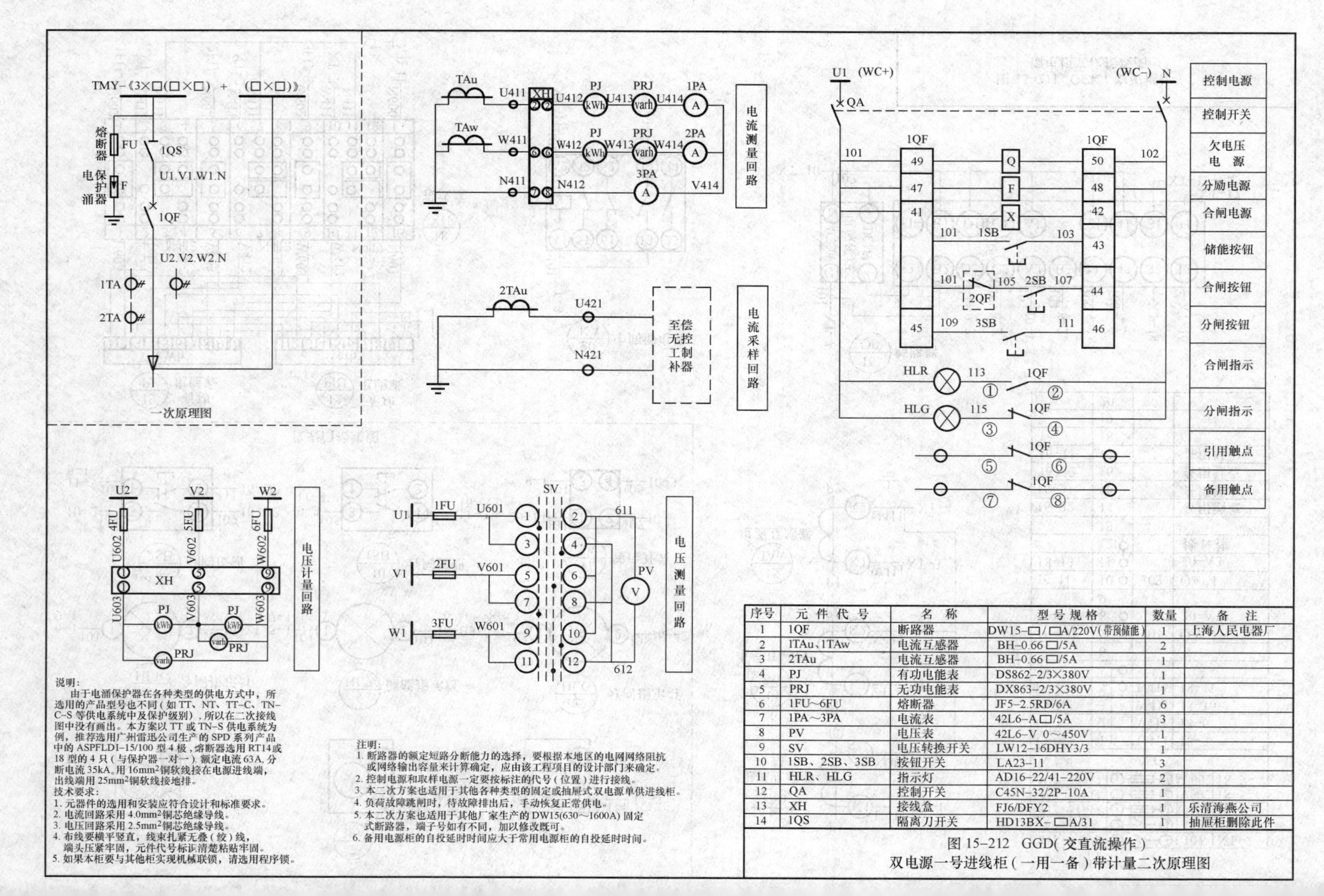

说明：

由于电涌保护器在各种类型的供电方式中，所选用的产品型号也不同（如TT、NT、TT-C、TN-C-S等供电系统中及保护级别），所以在二次接线图中没有画出。本方案以TT或TN-S供电系统为例，推荐选用广州雷迅公司生产的SPD系列产品中的ASPFLD1-15/100型4极，熔断器选用RT14或18型的4只（与保护器一对一）额定电流63A，分断电流35kA。用16mm²铜软线接在电源进线端，出线端用25mm²铜软线接地排。

技术要求：

1. 元器件的选用和安装应符合设计和标准要求。
2. 电流回路采用4.0mm²铜芯绝缘导线。
3. 电压回路采用2.5mm²铜芯绝缘导线。
4. 布线要横平竖直，线束扎紧无叠（绞）线，端头压紧牢固，元件代号标注清楚粘贴牢固。
5. 如果本柜要与其他柜实现机械联锁，请选用程序锁。

注明：

1. 断路器的额定短路分断能力的选择，要根据本地区的电网网络阻抗或网络输出容量来计算确定，应由该工程项目的设计部门来确定。
2. 控制电源和取样电源一定要按标注的代号（位置）进行接线。
3. 本二次方案也适用于其他各种类型的固定或抽屉式双电源单供进线柜。
4. 负荷故障跳闸时，待故障排出后，手动恢复正常供电。
5. 本二次方案也适用于其他厂家生产的DW15(630～1600A)固定式断路器，端子号如有不同，加以修改既可。
6. 备用电源柜的自投延时时间应大于常用电源柜的自投延时时间。

序号	元件代号	名称	型号规格	数量	备注
1	1QF	断路器	DW15-□/□A/220V(带预储能)	1	上海人民电器厂
2	1TAu、1TAw	电流互感器	BH-0.66□/5A	2	
3	2TAu	电流互感器	BH-0.66□/5A	1	
4	PJ	有功电能表	DS862-2/3×380V	1	
5	PRJ	无功电能表	DX863-2/3×380V	1	
6	1FU～6FU	熔断器	JF5-2.5RD/6A	6	
7	1PA～3PA	电流表	42L6-A□/5A	3	
8	PV	电压表	42L6-V 0～450V	1	
9	SV	电压转换开关	LW12-16DHY3/3	1	
10	1SB、2SB、3SB	按钮开关	LA23-11	3	
11	HLR、HLG	指示灯	AD16-22/41-220V	2	
12	QA	控制开关	C45N-32/2P-10A	1	
13	XH	接线盒	FJ6/DFY2	1	乐清海燕公司
14	1QS	隔离刀开关	HD13BX-□A/31	1	抽屉柜删除此件

图15-212 GGD（交直流操作）双电源一号进线柜（一用一备）带计量二次原理图

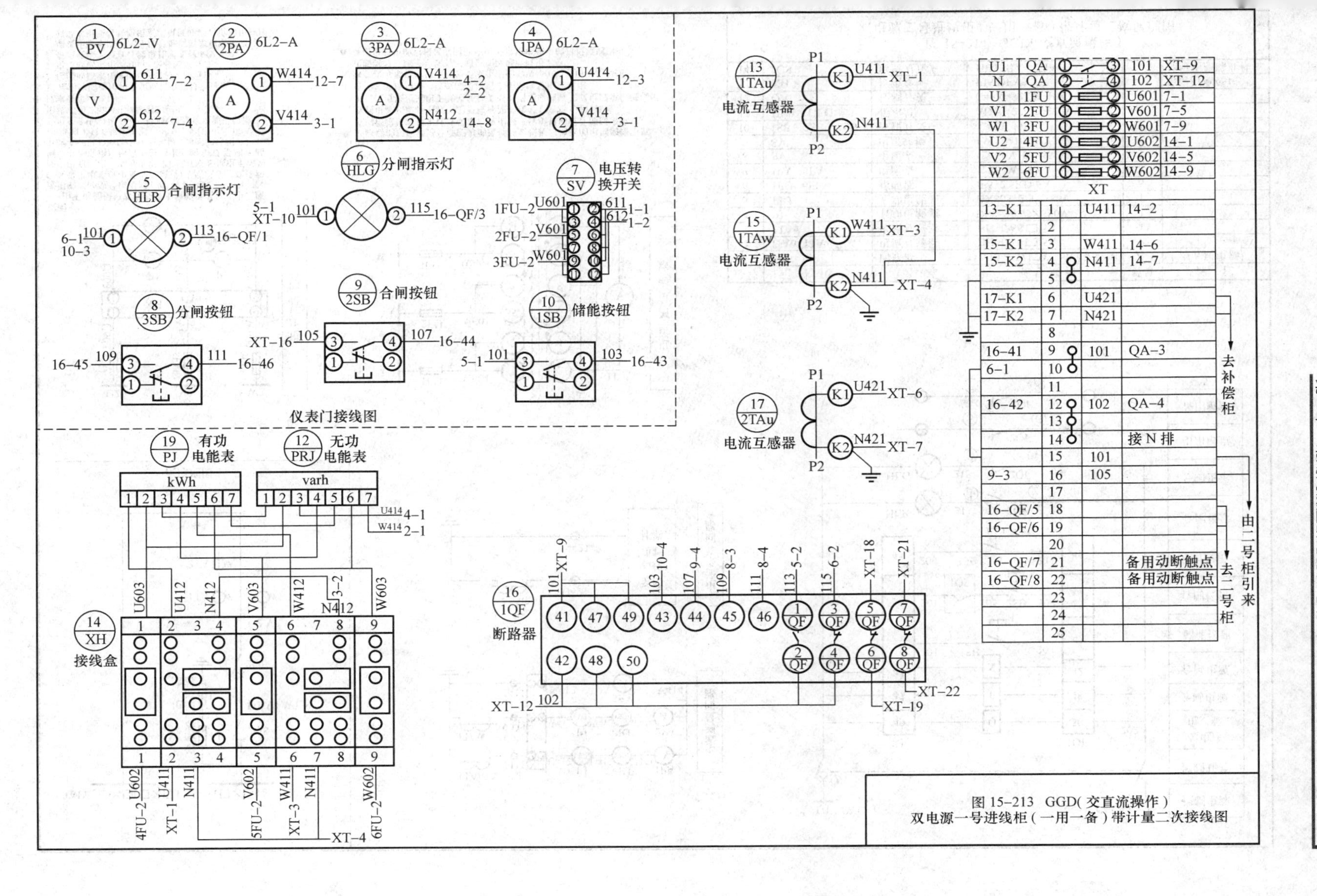

图 15-213 GGD（交直流操作）双电源一号进线柜（一用一备）带计量二次接线图

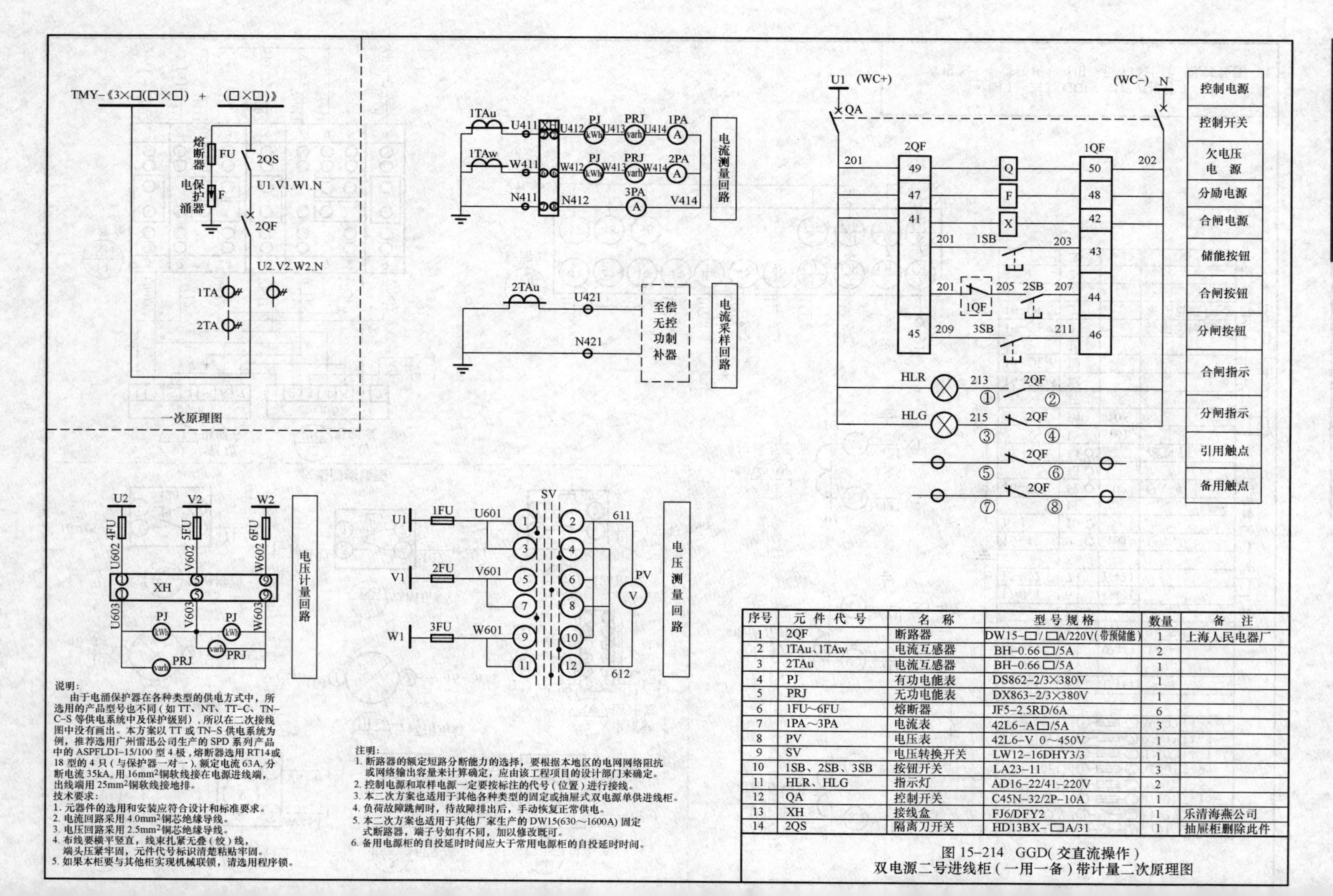

说明:

由于电涌保护器在各种类型的供电方式中，所选用的产品型号也不同（如TT、NT、TT-C、TN-C-S等供电系统中及保护级别），所以在二次接线图中没有画出。本方案以TT或TN-S供电系统为例，推荐选用广州雷迅公司生产的SPD系列产品中的ASPFLDI-15/100型4极，熔断器选用RT14或18型的4只（与保护器一对一），额定电流63A，分断电流35kA。用16mm²铜软线接在电源进线端，出线端用25mm²铜软线接地排。

技术要求:
1. 元器件的选用和安装应符合设计和标准要求。
2. 电流回路采用4.0mm²铜芯绝缘导线。
3. 电压回路采用2.5mm²铜芯绝缘导线。
4. 布线要横平竖直，线束扎紧无叠（绞）线，端头压紧牢固，元件代号标识清楚粘贴牢固。
5. 如果本柜要与其他柜实现机械联锁，请选用程序锁。

注明:
1. 断路器的额定短路分断能力的选择，要根据本地区的电网网络阻抗或网络输出容量来计算确定，应由该工程项目的设计部门来确定。
2. 控制电源和取样电源一定要按标注的代号（位置）进行接线。
3. 本二次方案也适用于其他各种类型的固定或抽屉式双电源单供进线柜。
4. 负荷故障跳闸时，待故障排出后，手动恢复正常供电。
5. 本二次方案也适用于其他厂家生产的DW15(630~1600A)固定式断路器，端子号如有不同，加以修改既可。
6. 备用电源柜的自投延时时间应大于常用电源柜的自投延时时间。

序号	元件代号	名称	型号规格	数量	备注
1	2QF	断路器	DW15-□/□A/220V(带预储能)	1	上海人民电器厂
2	1TAu、1TAw	电流互感器	BH-0.66□/5A	2	
3	2TAu	电流互感器	BH-0.66□/5A	1	
4	PJ	有功电能表	DS862-2/3×380V	1	
5	PRJ	无功电能表	DX863-2/3×380V	1	
6	1FU~6FU	熔断器	JF5-2.5RD/6A	6	
7	1PA~3PA	电流表	42L6-A□/5A	3	
8	PV	电压表	42L6-V 0~450V	1	
9	SV	电压转换开关	LW12-16DHY3/3	1	
10	1SB、2SB、3SB	按钮开关	LA23-11	3	
11	HLR、HLG	指示灯	AD16-22/41-220V	2	
12	QA	控制开关	C45N-32/2P-10A	1	
13	XH	接线盒	FJ6/DFY2	1	乐清海燕公司
14	2QS	隔离刀开关	HD13BX-□A/31	1	抽屉柜删除此件

图15-214 GGD(交直流操作)
双电源二号进线柜（一用一备）带计量二次原理图

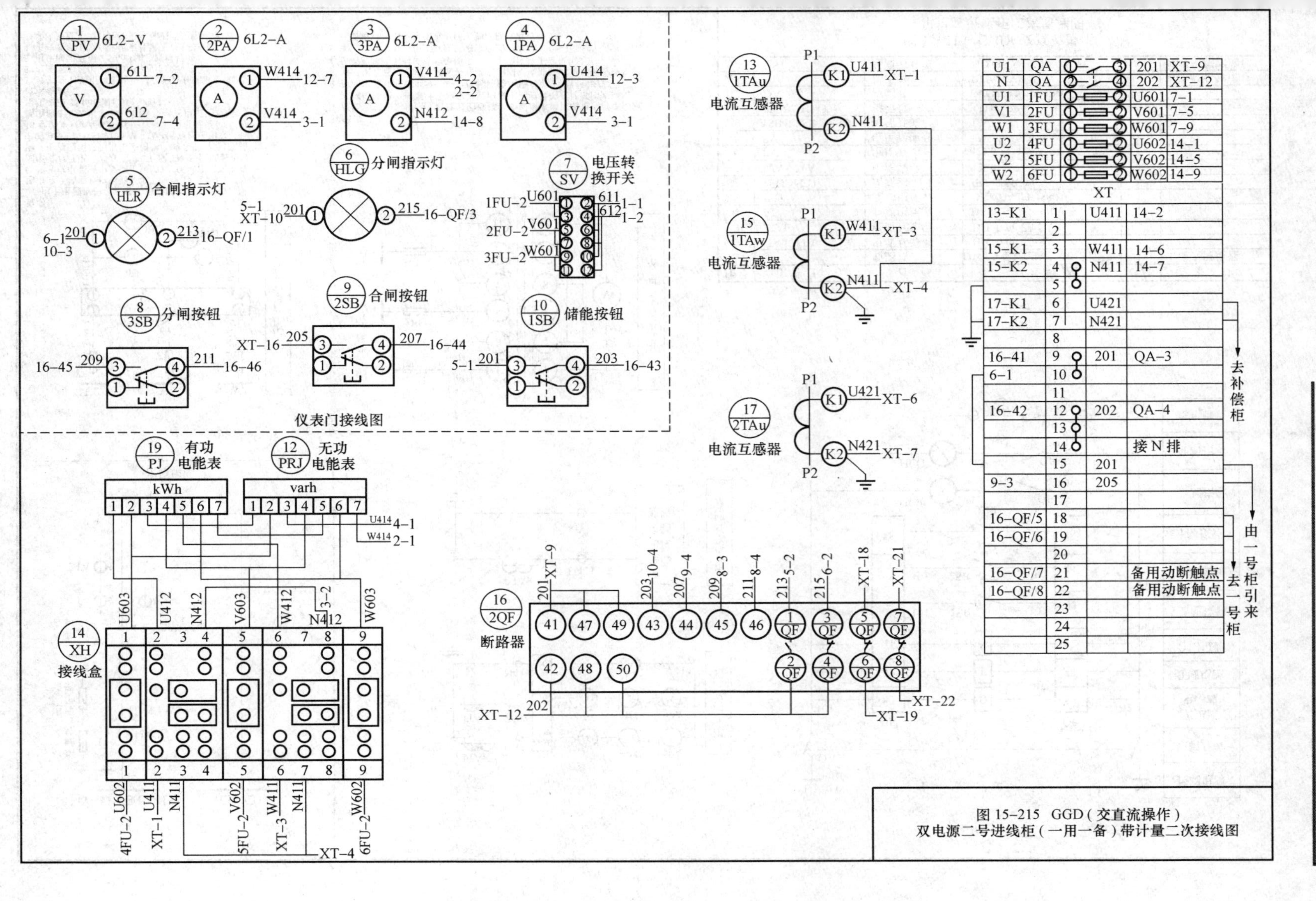

图 15-215　GGD（交直流操作）双电源二号进线柜（一用一备）带计量二次接线图

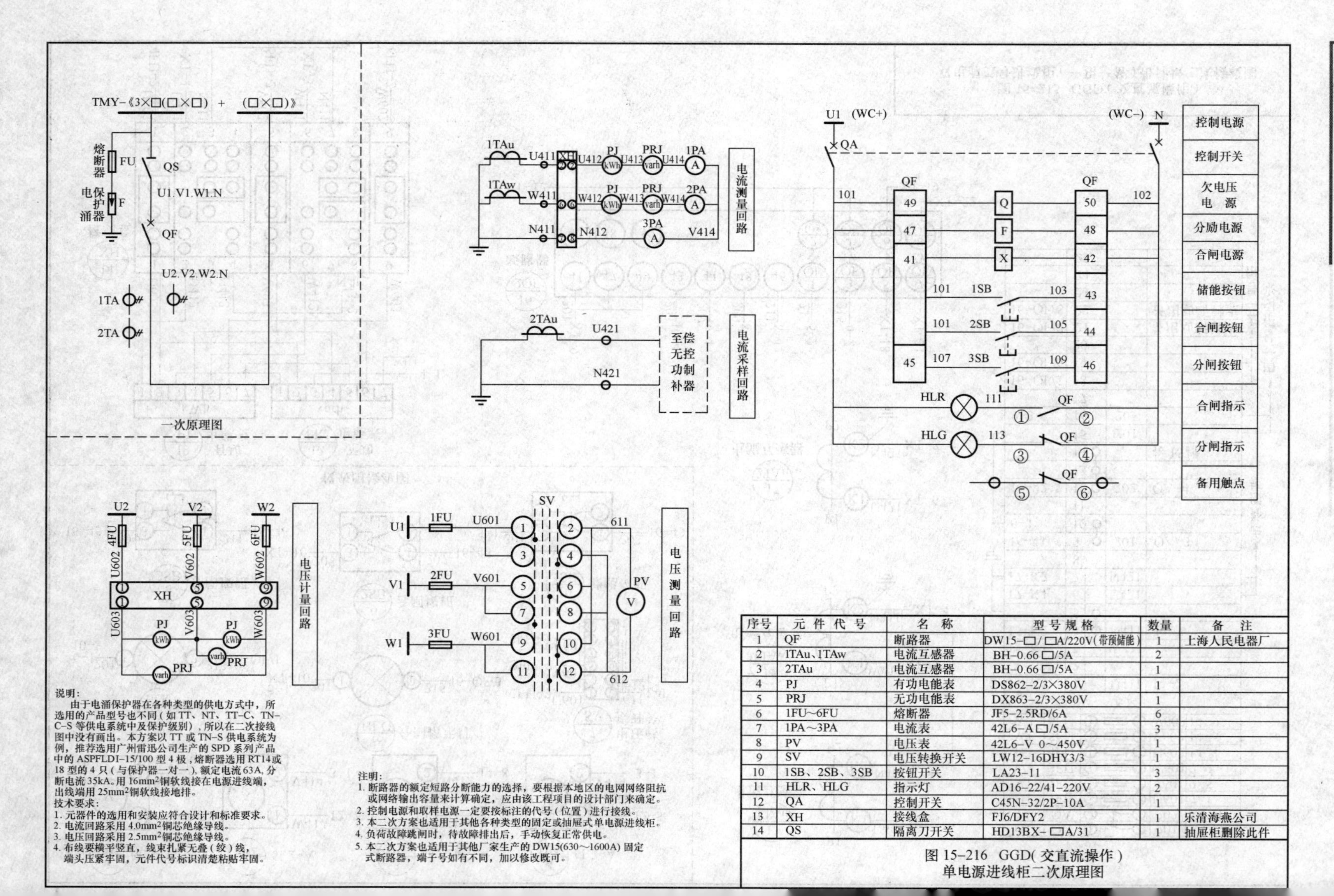

说明：

由于电涌保护器在各种类型的供电方式中，所选用的产品型号也不同（如TT、NT、TT-C、TN-C-S等供电系统中及保护级别），所以在二次接线图中没有画出。本方案以TT或TN-S供电系统为例，推荐选用广州雷迅公司生产的SPD系列产品中的ASPFLDI-15/100型4极，熔断器选用RT14或18型的4只（与保护器一对一），额定电流63A，分断电流35kA。用16mm²铜软线接在电源进线端，出线端用25mm²铜软线接地排。

技术要求：

1. 元器件的选用和安装应符合设计和标准要求。
2. 电流回路采用4.0mm²铜芯绝缘导线。
3. 电压回路采用2.5mm²铜芯绝缘导线。
4. 布线要横平竖直，线束扎紧无叠（绞）线，端头压紧牢固，元件代号标识清楚粘贴牢固。

注明：

1. 断路器的额定短路分断能力的选择，要根据本地区的电网网络阻抗或网络输出容量来计算确定，应由该工程项目的设计部门来确定。
2. 控制电源和取样电源一定要按标注的代号（位置）进行接线。
3. 本二次方案也适用于其他各种类型的固定或抽屉式单电源进线柜。
4. 负荷故障跳闸时，待故障排出后，手动恢复正常供电。
5. 本二次方案也适用于其他厂家生产的DW15(630～1600A)固定式断路器，端子号如有不同，加以修改既可。

序号	元件代号	名称	型号规格	数量	备注
1	QF	断路器	DW15-□/□A/220V(带预储能)	1	上海人民电器厂
2	1TAu、1TAw	电流互感器	BH-0.66□/5A	2	
3	2TAu	电流互感器	BH-0.66□/5A	1	
4	PJ	有功电能表	DS862-2/3×380V	1	
5	PRJ	无功电能表	DX863-2/3×380V	1	
6	1FU～6FU	熔断器	JF5-2.5RD/6A	6	
7	1PA～3PA	电流表	42L6-A□/5A	3	
8	PV	电压表	42L6-V 0～450V	1	
9	SV	电压转换开关	LW12-16DHY3/3	1	
10	1SB、2SB、3SB	按钮开关	LA23-11	3	
11	HLR、HLG	指示灯	AD16-22/41-220V	2	
12	QA	控制开关	C45N-32/2P-10A	1	
13	XH	接线盒	FJ6/DFY2	1	乐清海燕公司
14	QS	隔离刀开关	HD13BX-□A/31	1	抽屉柜删除此件

图15-216 GGD(交直流操作)单电源进线柜二次原理图

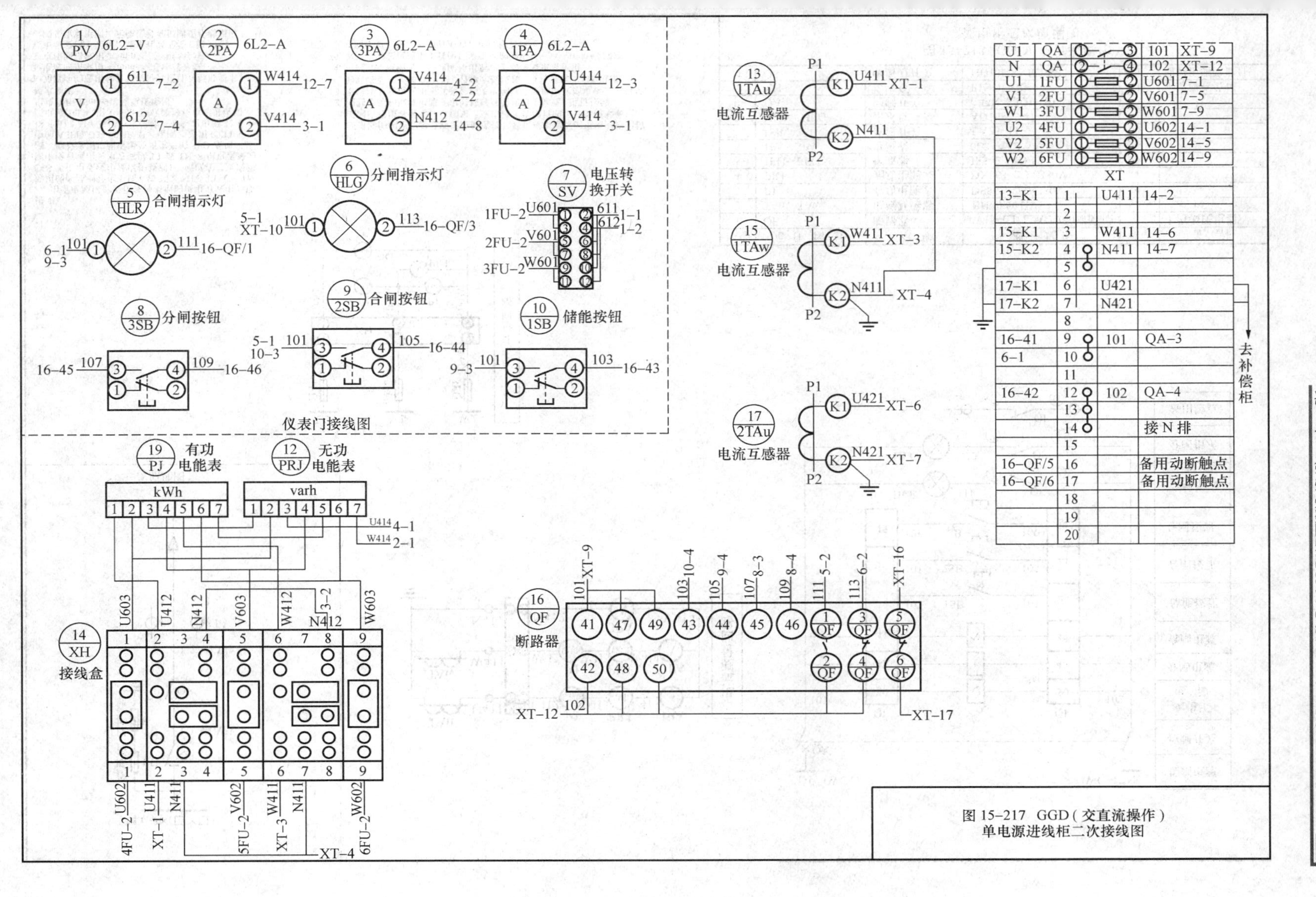

图15-217　GGD（交直流操作）单电源进线柜二次接线图

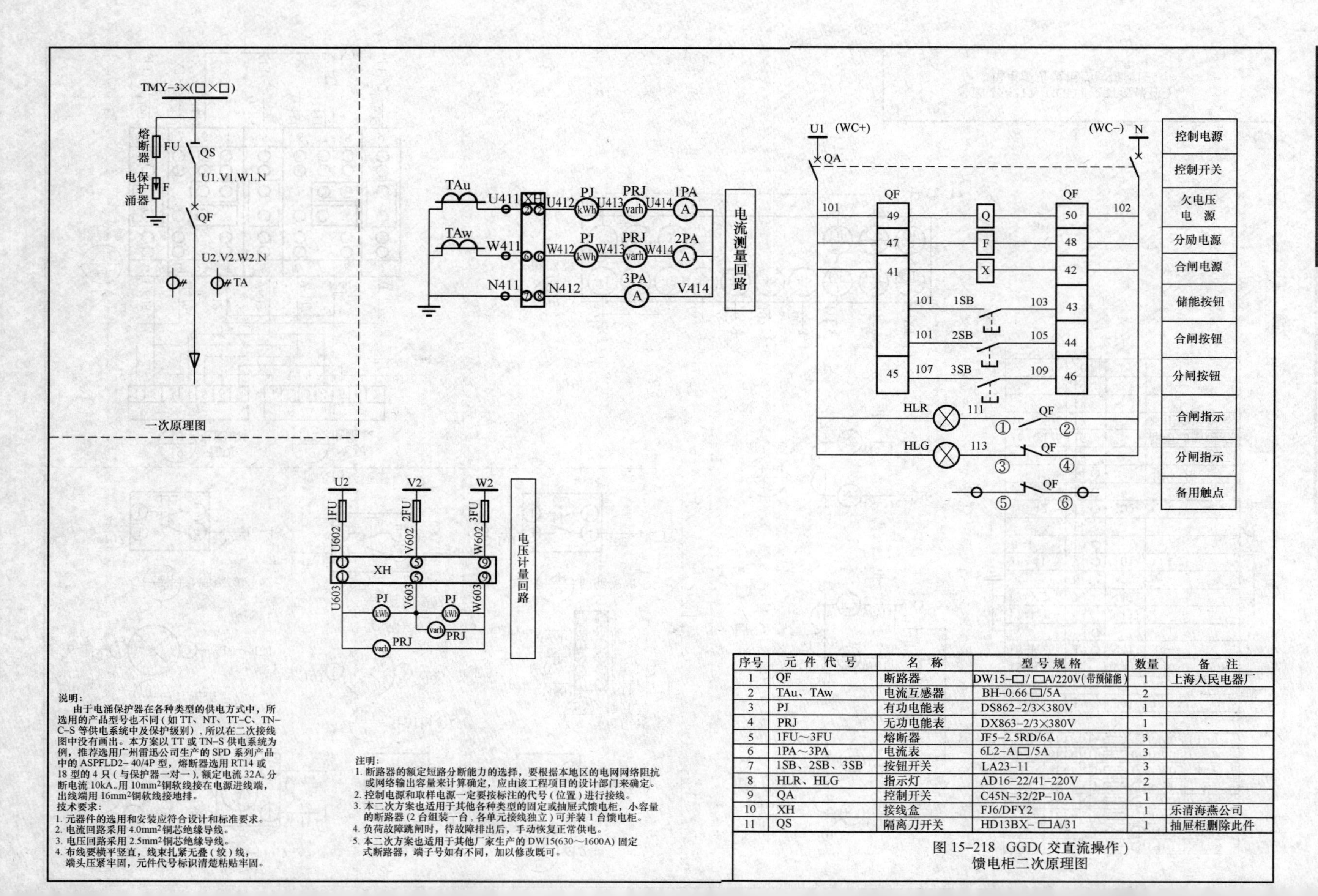

说明：

由于电涌保护器在各种类型的供电方式中，所选用的产品型号也不同（如 TT、NT、TT-C、TN-C-S 等供电系统中及保护级别），所以在二次接线图中没有画出。本方案以 TT 或 TN-S 供电系统为例，推荐选用广州雷迅公司生产的 SPD 系列产品中的 ASPFLD2-40/4P 型，熔断器选用 RT14 或 18 型的 4 只（与保护器一对一），额定电流 32A，分断电流 10kA。用 $10mm^2$ 铜软线接在电源进线端，出线端用 $16mm^2$ 铜软线接地排。

技术要求：

1. 元器件的选用和安装应符合设计和标准要求。
2. 电流回路采用 $4.0mm^2$ 铜芯绝缘导线。
3. 电压回路采用 $2.5mm^2$ 铜芯绝缘导线。
4. 布线要横平竖直，线束扎紧无叠（绞）线，端头压紧牢固，元件代号标识清楚粘贴牢固。

注明：

1. 断路器的额定短路分断能力的选择，要根据本地区的电网网络阻抗或网络输出容量来计算确定，应由该工程项目的设计部门来确定。
2. 控制电源和取样电源一定要按标注的代号（位置）进行接线。
3. 本二次方案也适用于其他各种类型的固定或抽屉式馈电柜，小容量的断路器（2 台组装一台，各单元接线独立）可并装 1 台馈电柜。
4. 负荷故障跳闸时，待故障排出后，手动恢复正常供电。
5. 本二次方案也适用于其他厂家生产的 DW15(630～1600A) 固定式断路器，端子号如有不同，加以修改既可。

序号	元件代号	名称	型号规格	数量	备注
1	QF	断路器	DW15-□/□A/220V(带预储能)	1	上海人民电器厂
2	TAu、TAw	电流互感器	BH-0.66□/5A	2	
3	PJ	有功电能表	DS862-2/3×380V	1	
4	PRJ	无功电能表	DX863-2/3×380V	1	
5	1FU～3FU	熔断器	JF5-2.5RD/6A	3	
6	1PA～3PA	电流表	6L2-A□/5A	3	
7	1SB、2SB、3SB	按钮开关	LA23-11	3	
8	HLR、HLG	指示灯	AD16-22/41-220V	2	
9	QA	控制开关	C45N-32/2P-10A	1	
10	XH	接线盒	FJ6/DFY2	1	乐清海燕公司
11	QS	隔离刀开关	HD13BX-□A/31	1	抽屉柜删除此件

图 15-218 GGD(交直流操作)馈电柜二次原理图

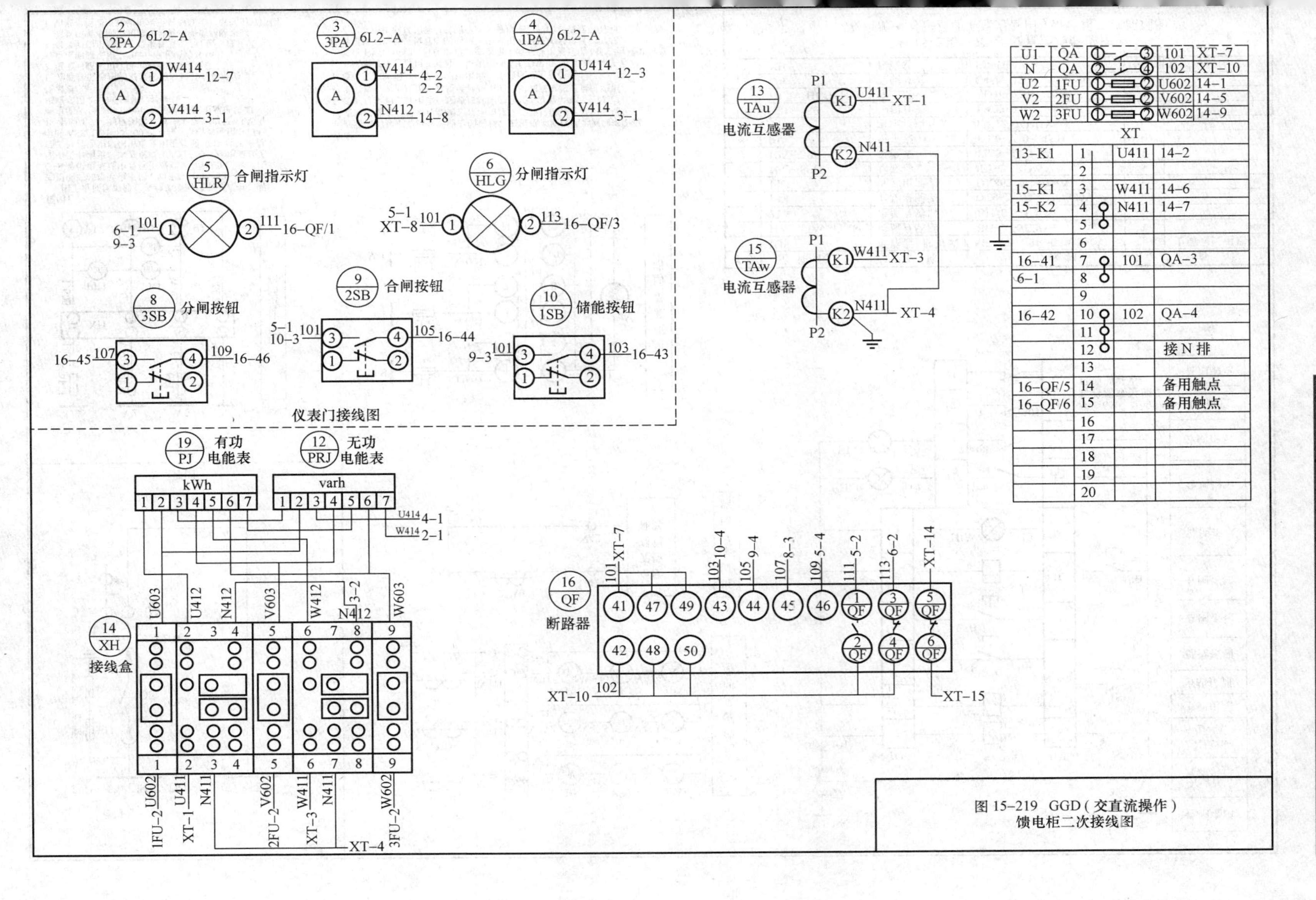

图15-219　GGD（交直流操作）馈电柜二次接线图

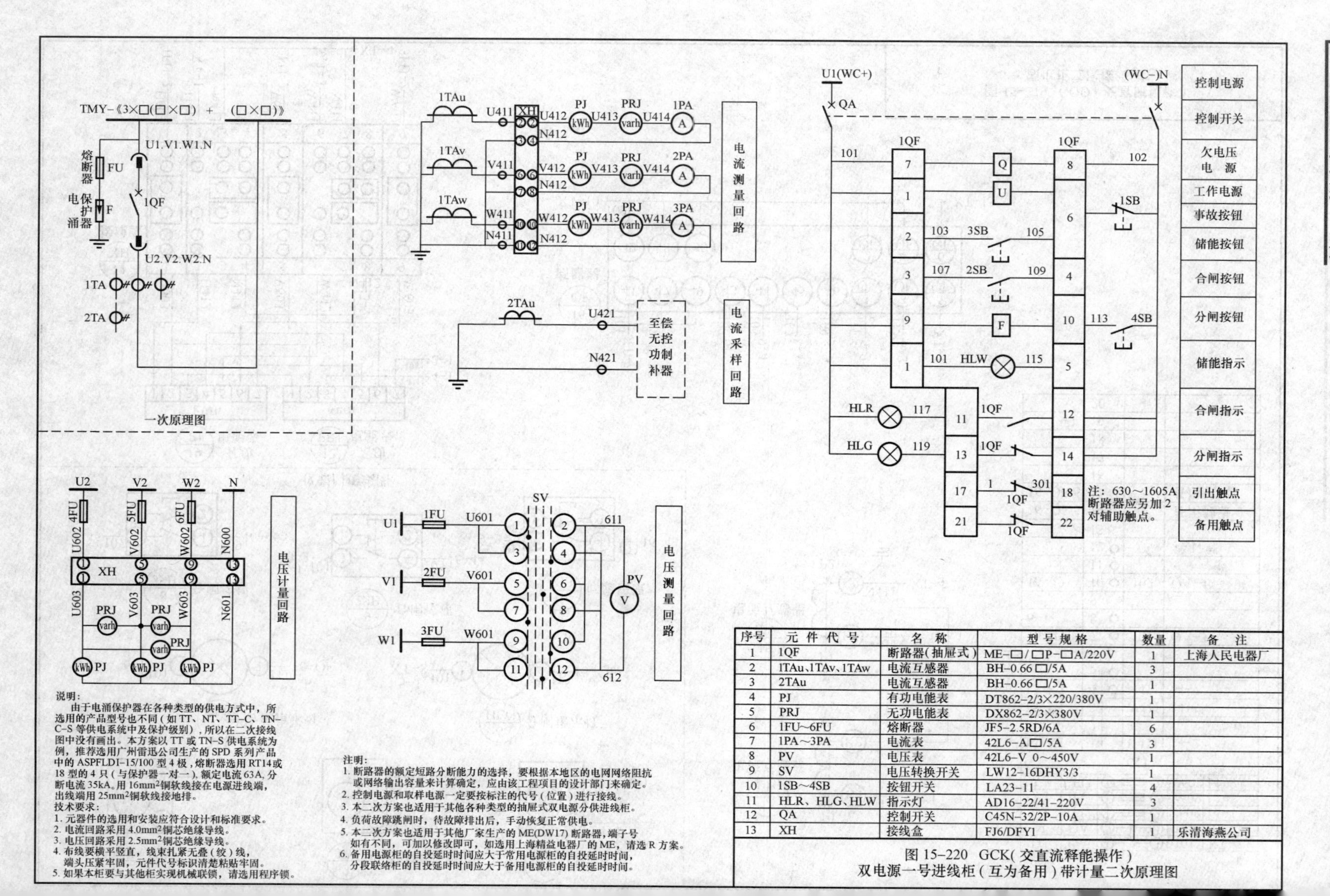

说明：

由于电涌保护器在各种类型的供电方式中，所选用的产品型号也不同（如TT、NT、TT-C、TN-C-S等供电系统中及保护级别），所以在二次接线图中没有画出。本方案以TT或TN-S供电系统为例，推荐选用广州雷迅公司生产的SPD系列产品中的ASPFLDI-15/100型4极，熔断器选用RT14或18型的4只（与保护器一对一），额定电流63A，分断电流35kA。用16mm²铜软线接在电源进线端，出线端用25mm²铜软线接地排。

技术要求：

1. 元器件的选用和安装应符合设计和标准要求。
2. 电流回路采用4.0mm²铜芯绝缘导线。
3. 电压回路采用2.5mm²铜芯绝缘导线。
4. 布线要横平竖直，线束扎紧无叠（绞）线，端头压紧牢固，元件代号标识清楚粘贴牢固。
5. 如果本柜要与其他柜实现机械联锁，请选用程序锁。

注明：

1. 断路器的额定短路分断能力的选择，要根据本地区的电网网络阻抗或网络输出容量来计算确定，应由该工程项目的设计部门来确定。
2. 控制电源和取样电源一定要按标注的代号（位置）进行接线。
3. 本二次方案也适用于其他各种类型的抽屉式双电源分供进线柜。
4. 负荷故障跳闸时，待故障排出后，手动恢复正常供电。
5. 本二次方案也适用于其他厂家生产的ME(DW17)断路器，端子号如有不同，可加以修改即可，如选用上海精益电器厂的ME，请选R方案。
6. 备用电源柜的自投延时时间应大于常用电源柜的自投延时时间，分段联络柜的自投延时时间应大于备用电源柜的自投延时时间。

序号	元件代号	名称	型号规格	数量	备注
1	1QF	断路器(抽屉式)	ME-□/□P-□A/220V	1	上海人民电器厂
2	1TAu、1TAv、1TAw	电流互感器	BH-0.66□/5A	3	
3	2TAu	电流互感器	BH-0.66□/5A	1	
4	PJ	有功电能表	DT862-2/3×220/380V	1	
5	PRJ	无功电能表	DX862-2/3×380V	1	
6	1FU～6FU	熔断器	JF5-2.5RD/6A	6	
7	1PA～3PA	电流表	42L6-A□/5A	3	
8	PV	电压表	42L6-V 0～450V	1	
9	SV	电压转换开关	LW12-16DHY3/3	1	
10	1SB～4SB	按钮开关	LA23-11	4	
11	HLR、HLG、HLW	指示灯	AD16-22/41-220V	3	
12	QA	控制开关	C45N-32/2P-10A	1	
13	XH	接线盒	FJ6/DFY1	1	乐清海燕公司

图15-220 GCK（交直流释能操作）双电源一号进线柜（互为备用）带计量二次原理图

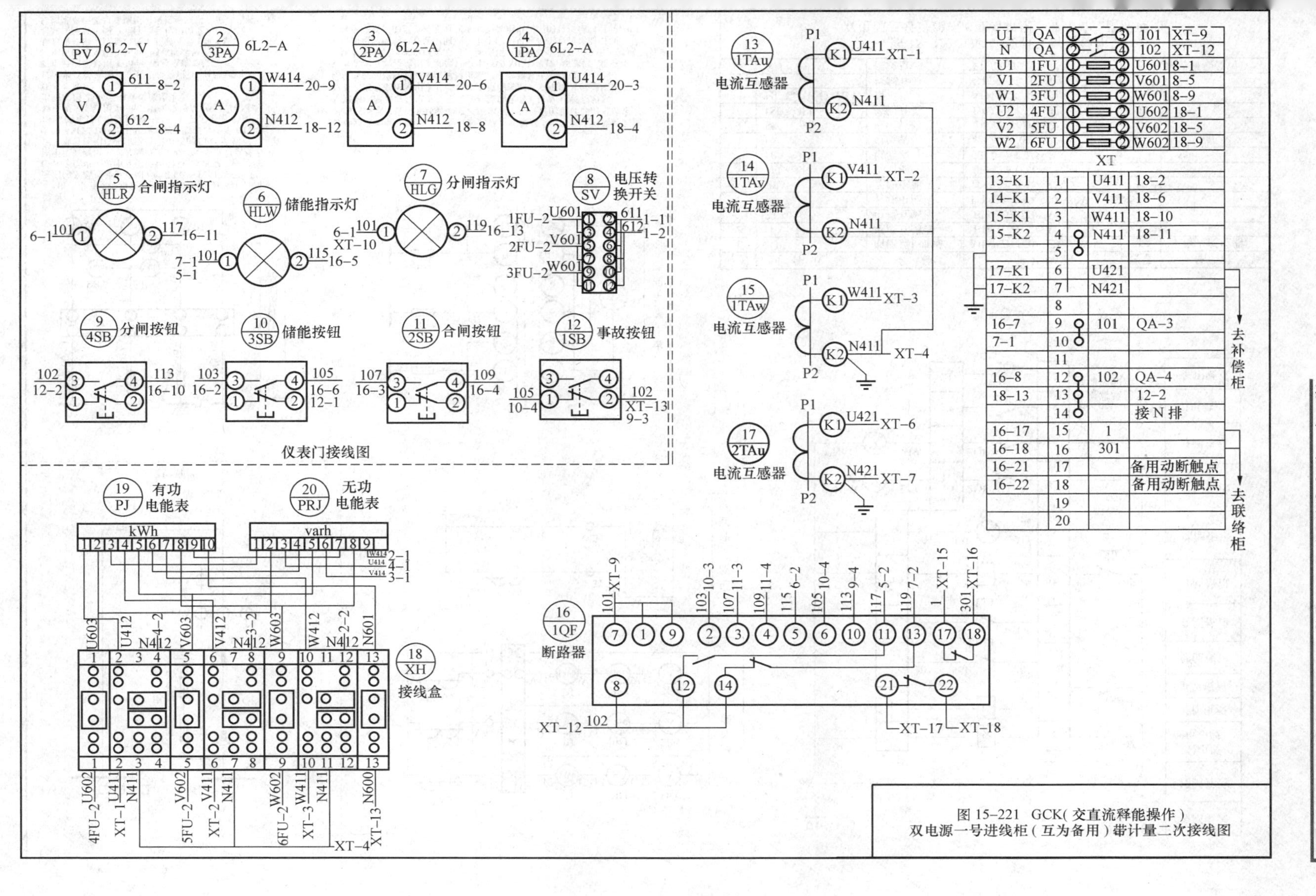

图15-221　GCK（交直流释能操作）双电源一号进线柜（互为备用）带计量二次接线图

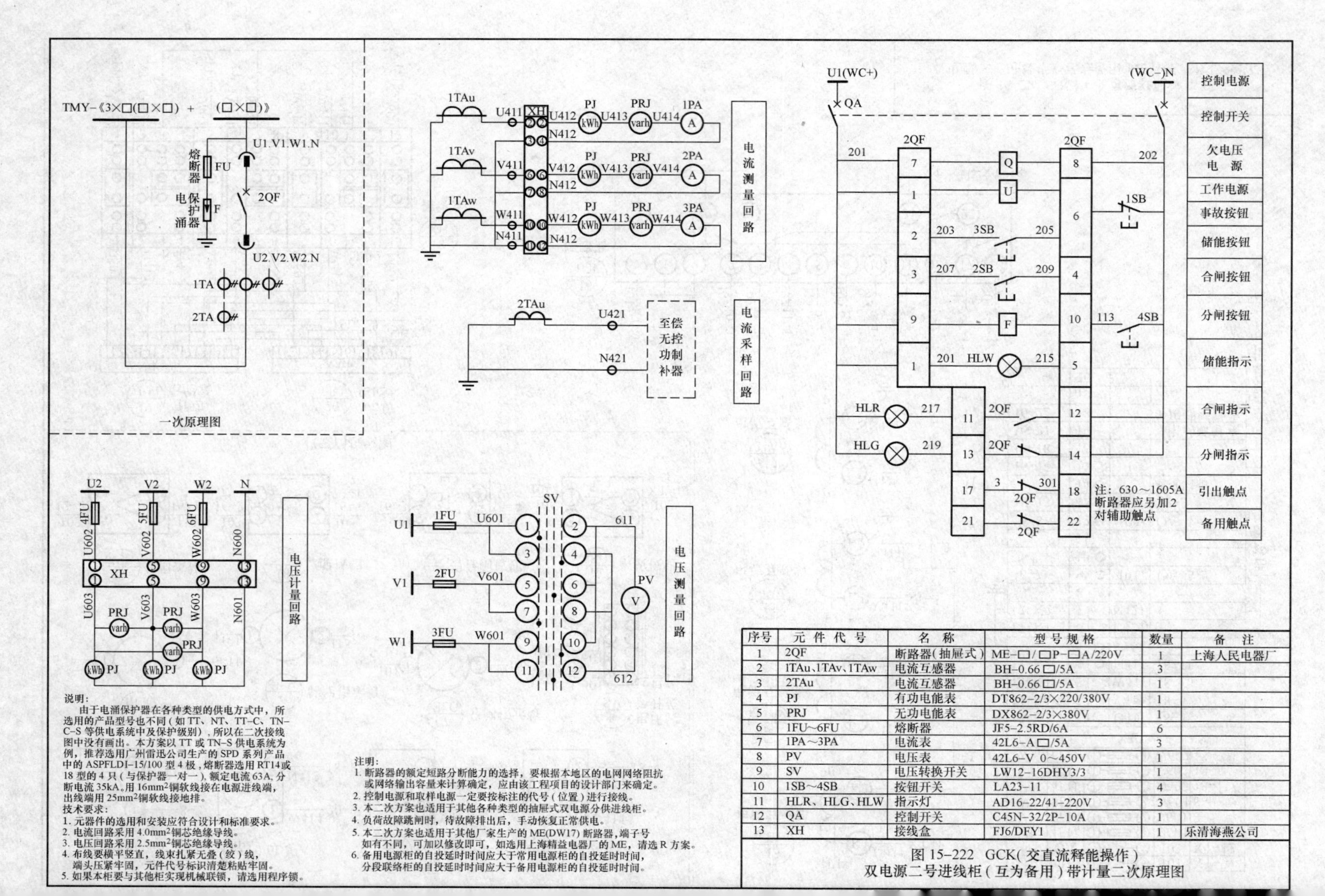

说明：

由于电涌保护器在各种类型的供电方式中，所选用的产品型号也不同（如TT、NT、TT–C、TN–C–S等供电系统中及保护级别），所以在二次接线图中没有画出。本方案以TT或TN–S供电系统为例，推荐选用广州雷迅公司生产的SPD系列产品中的ASPFLDI–15/100型4极，熔断器选用RT14或18型的4只（与保护器一对一），额定电流63A，分断电流35kA。用16mm²铜软线接在电源进线端，出线端用25mm²铜软线接地排。

技术要求：

1. 元器件的选用和安装应符合设计和标准要求。
2. 电流回路采用4.0mm²铜芯绝缘导线。
3. 电压回路采用2.5mm²铜芯绝缘导线。
4. 布线要横平竖直，线束扎紧无叠（绞）线，端头压紧牢固，元件代号标识清楚粘贴牢固。
5. 如果本柜要与其他柜实现机械联锁，请选用程序锁。

注明：

1. 断路器的额定短路分断能力的选择，要根据本地区的电网网络阻抗或网络输出容量来计算确定，应由该工程项目的设计部门来确定。
2. 控制电源和取样电源一定要按标注的代号（位置）进行接线。
3. 本二次方案也适用于其他各种类型的抽屉式双电源分供进线柜。
4. 负荷故障跳闸时，待故障排出后，手动恢复正常供电。
5. 本二次方案也适用于其他厂家生产的ME(DW17)断路器，端子号如有不同，可加以修改即可，如选用上海精益电器厂的ME，请选R方案。
6. 备用电源柜的自投延时时间应大于常用电源柜的自投延时时间，分段联络柜的自投延时时间应大于备用电源柜的自投延时时间。

序号	元件代号	名称	型号规格	数量	备注
1	2QF	断路器(抽屉式)	ME–□/□P–□A/220V	1	上海人民电器厂
2	1TAu、1TAv、1TAw	电流互感器	BH–0.66□/5A	3	
3	2TAu	电流互感器	BH–0.66□/5A	1	
4	PJ	有功电能表	DT862–2/3×220/380V	1	
5	PRJ	无功电能表	DX862–2/3×380V	1	
6	1FU～6FU	熔断器	JF5–2.5RD/6A	6	
7	1PA～3PA	电流表	42L6–A□/5A	3	
8	PV	电压表	42L6–V 0～450V	1	
9	SV	电压转换开关	LW12–16DHY3/3	1	
10	1SB～4SB	按钮开关	LA23–11	4	
11	HLR、HLG、HLW	指示灯	AD16–22/41–220V	3	
12	QA	控制开关	C45N–32/2P–10A	1	
13	XH	接线盒	FJ6/DFY1	1	乐清海燕公司

图15–222 GCK（交直流释能操作）双电源二号进线柜（互为备用）带计量二次原理图

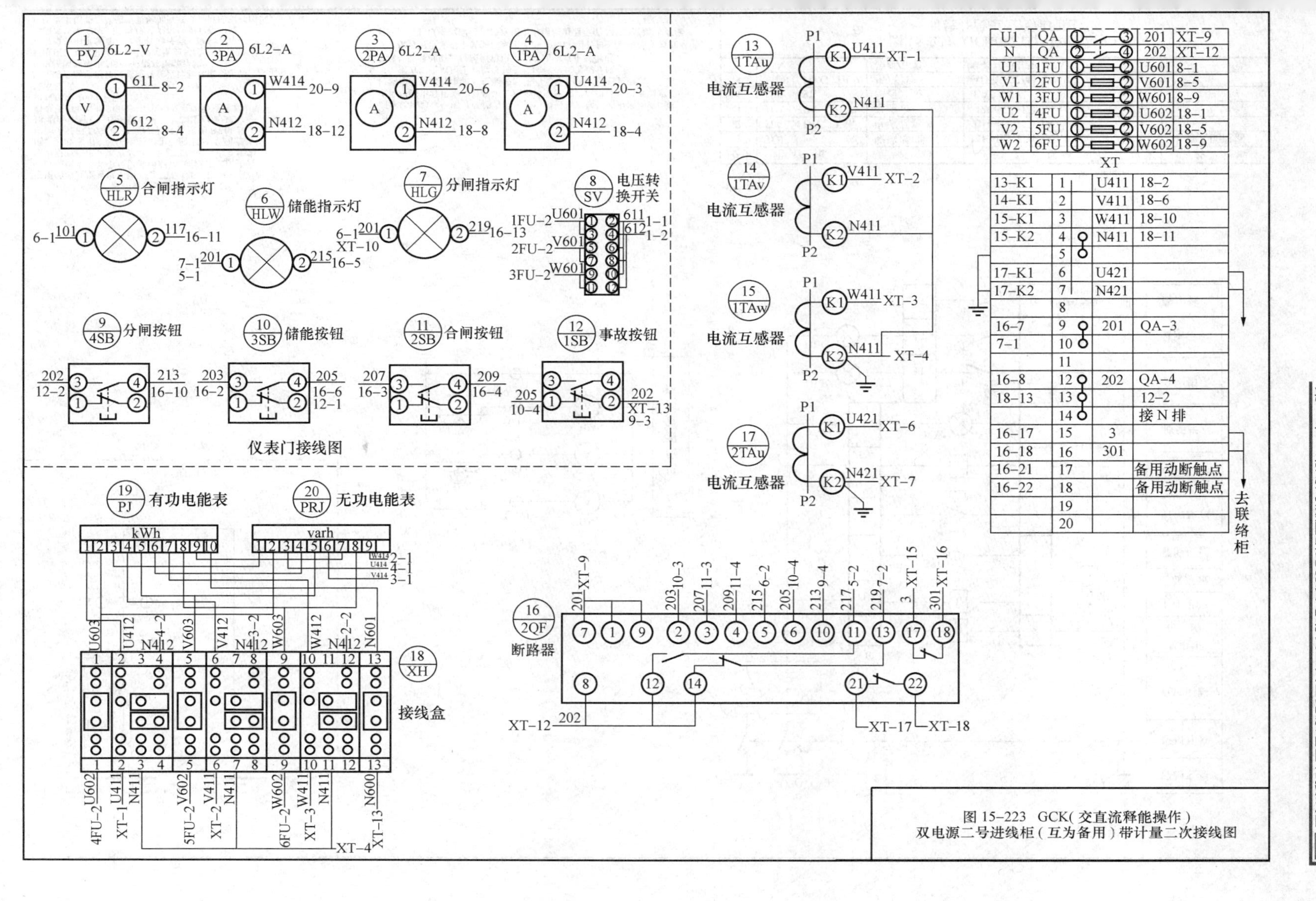

图 15-223　GCK(交直流释能操作)
双电源二号进线柜(互为备用)带计量二次接线图

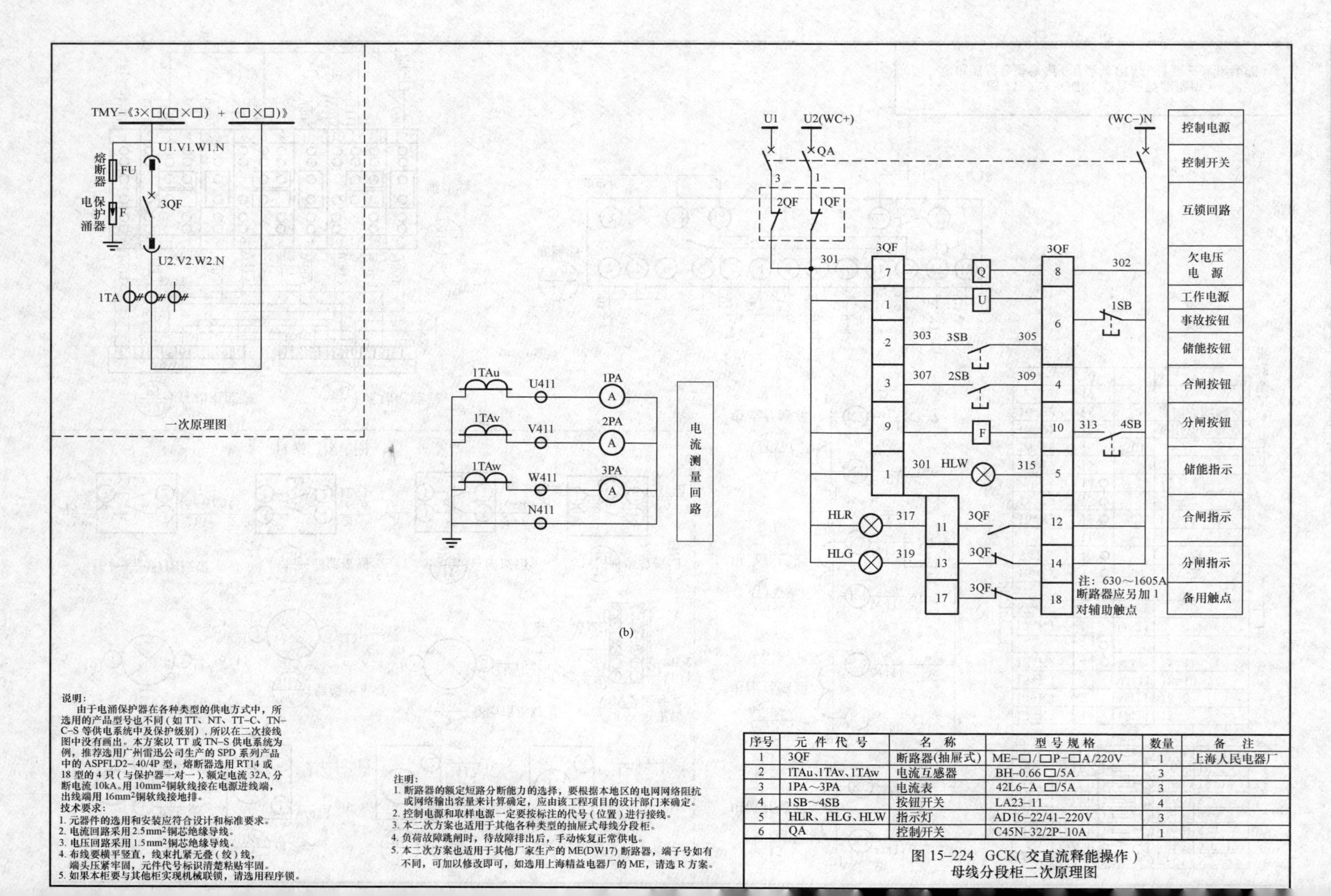

说明：

由于电涌保护器在各种类型的供电方式中，所选用的产品型号也不同（如TT、NT、TT-C、TN-C-S等供电系统中及保护级别），所以在二次接线图中没有画出。本方案以TT或TN-S供电系统为例，推荐选用广州雷迅公司生产的SPD系列产品中的ASPFLD2-40/4P型，熔断器选用RT14或18型的4只（与保护器一对一），额定电流32A，分断电流10kA。用$10mm^2$铜软线接在电源进线端，出线端用$16mm^2$铜软线接地排。

技术要求：

1. 元器件的选用和安装应符合设计和标准要求。
2. 电流回路采用$2.5mm^2$铜芯绝缘导线。
3. 电压回路采用$1.5mm^2$铜芯绝缘导线。
4. 布线要横平竖直，线束扎紧无叠（绞）线，端头压紧牢固，元件代号标识清楚粘贴牢固。
5. 如果本柜要与其他柜实现机械联锁，请选用程序锁。

注明：

1. 断路器的额定短路分断能力的选择，要根据本地区的电网网络阻抗或网络输出容量来计算确定，应由该工程项目的设计部门来确定。
2. 控制电源和取样电源一定要按标注的代号（位置）进行接线。
3. 本二次方案也适用于其他各种类型的抽屉式母线分段柜。
4. 负荷故障跳闸时，待故障排出后，手动恢复正常供电。
5. 本二次方案也适用于其他厂家生产的ME(DW17)断路器，端子号如有不同，可加以修改即可，如选用上海精益电器厂的ME，请选R方案。

序号	元件代号	名称	型号规格	数量	备注
1	3QF	断路器(抽屉式)	ME-□/□P-□A/220V	1	上海人民电器厂
2	1TAu、1TAv、1TAw	电流互感器	BH-0.66 □/5A	3	
3	1PA～3PA	电流表	42L6-A □/5A	3	
4	1SB～4SB	按钮开关	LA23-11	4	
5	HLR、HLG、HLW	指示灯	AD16-22/41-220V	3	
6	QA	控制开关	C45N-32/2P-10A	1	

图15-224 GCK（交直流释能操作）母线分段柜二次原理图

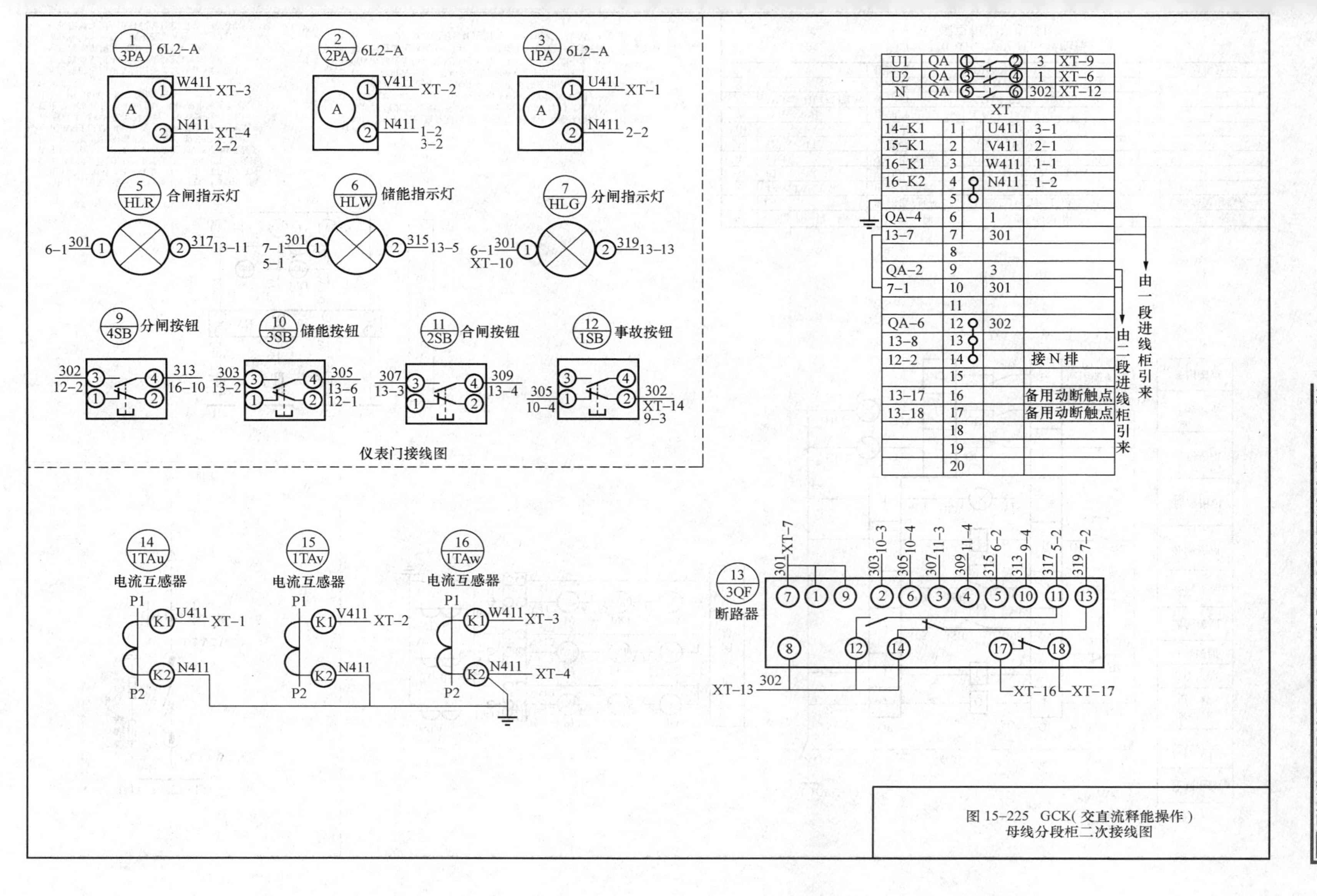

图15-225　GCK（交直流释能操作）母线分段柜二次接线图

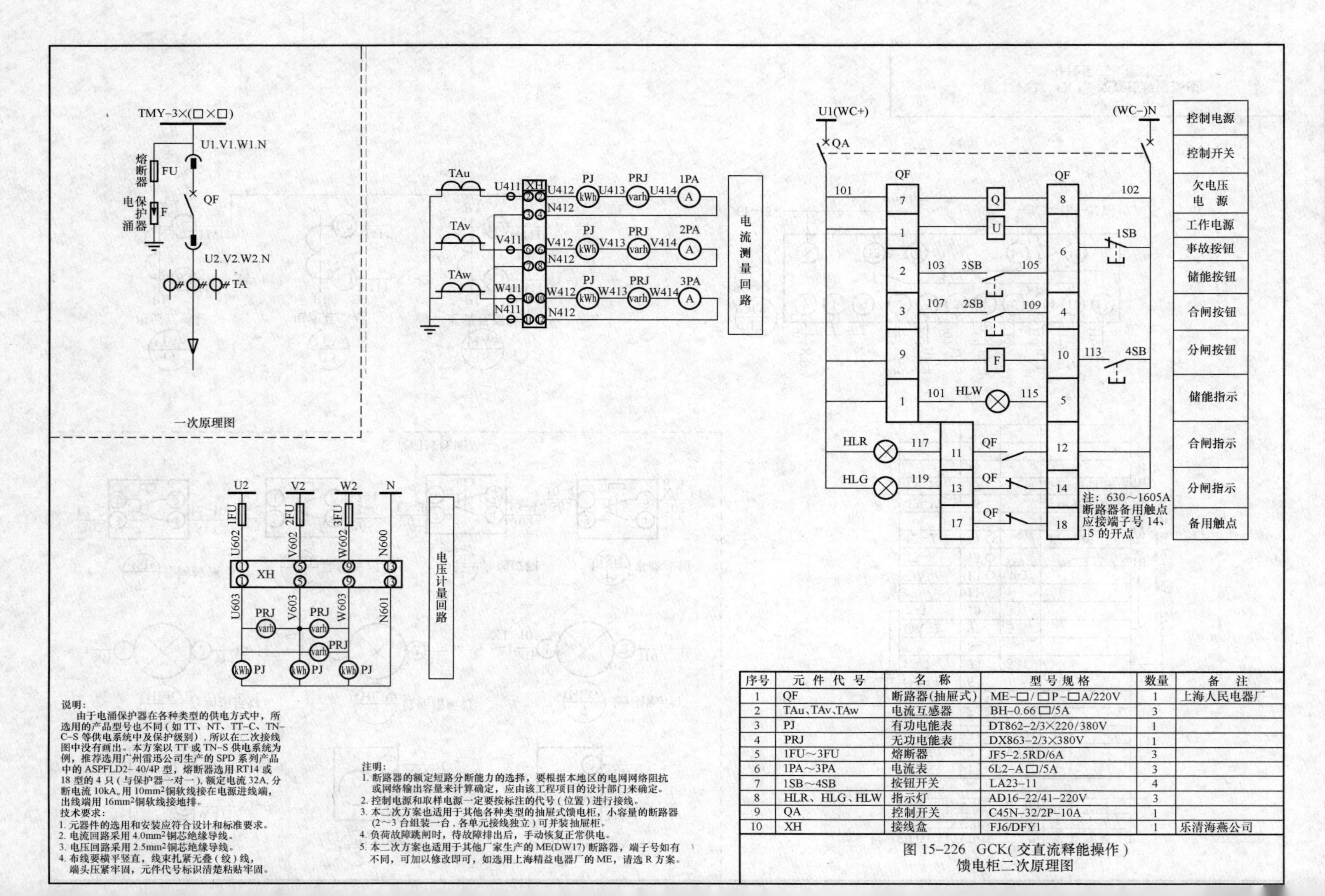

说明：

由于电涌保护器在各种类型的供电方式中，所选用的产品型号也不同（如TT、NT、TT-C、TN-C-S等供电系统中及保护级别），所以在二次接线图中没有画出。本方案以TT或TN-S供电系统为例，推荐选用广州雷迅公司生产的SPD系列产品中的ASPFLD2-40/4P型，熔断器选用RT14或18型的4只（与保护器一对一），额定电流32A，分断电流10kA。用$10mm^2$铜软线接在电源进线端，出线端用$16mm^2$铜软线接地排。

技术要求：

1. 元器件的选用和安装应符合设计和标准要求。
2. 电流回路采用$4.0mm^2$铜芯绝缘导线。
3. 电压回路采用$2.5mm^2$铜芯绝缘导线。
4. 布线要横平竖直，线束扎紧无叠（绞）线，端头压紧牢固，元件代号标识清楚粘贴牢固。

注明：

1. 断路器的额定短路分断能力的选择，要根据本地区的电网网络阻抗或网络输出容量来计算确定，应由该工程项目的设计部门来确定。
2. 控制电源和取样电源一定要按标注的代号（位置）进行接线。
3. 本二次方案也适用于其他各种类型的抽屉式馈电柜，小容量的断路器（2～3台组装一台，各单元接线独立）可并装抽屉柜。
4. 负荷故障跳闸时，待故障排出后，手动恢复正常供电。
5. 本二次方案也适用于其他厂家生产的ME(DW17)断路器，端子号如有不同，可加以修改即可，如选用上海精益电器厂的ME，请选R方案。

序号	元件代号	名称	型号规格	数量	备注
1	QF	断路器(抽屉式)	ME-□/□P-□A/220V	1	上海人民电器厂
2	TAu、TAv、TAw	电流互感器	BH-0.66□/5A	3	
3	PJ	有功电能表	DT862-2/3×220/380V	1	
4	PRJ	无功电能表	DX863-2/3×380V	1	
5	1FU～3FU	熔断器	JF5-2.5RD/6A	3	
6	1PA～3PA	电流表	6L2-A□/5A	3	
7	1SB～4SB	按钮开关	LA23-11	4	
8	HLR、HLG、HLW	指示灯	AD16-22/41-220V	3	
9	QA	控制开关	C45N-32/2P-10A	1	
10	XH	接线盒	FJ6/DFY1	1	乐清海燕公司

图15-226 GCK（交直流释能操作）馈电柜二次原理图

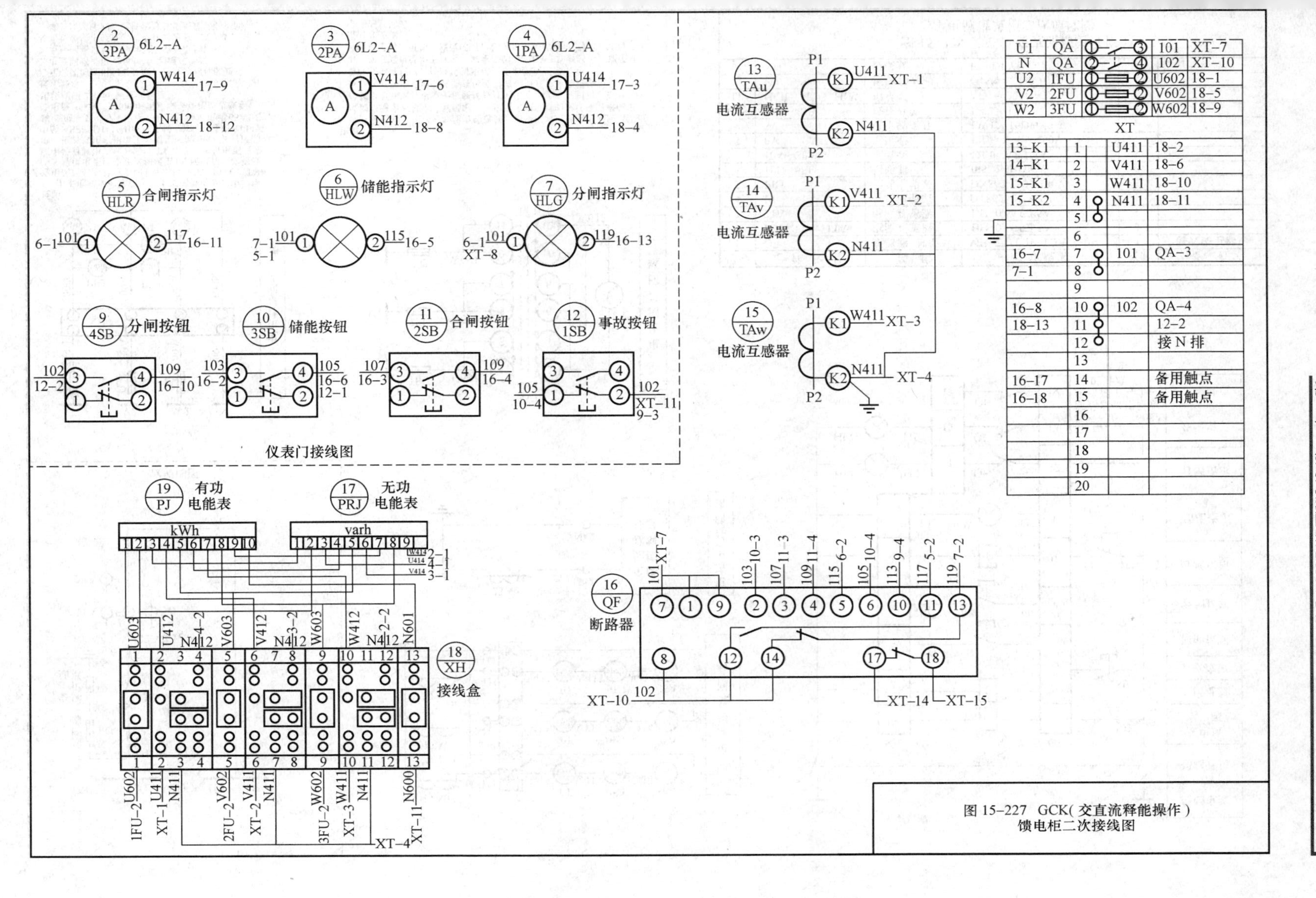

图 15-227　GCK（交直流释能操作）馈电柜二次接线图

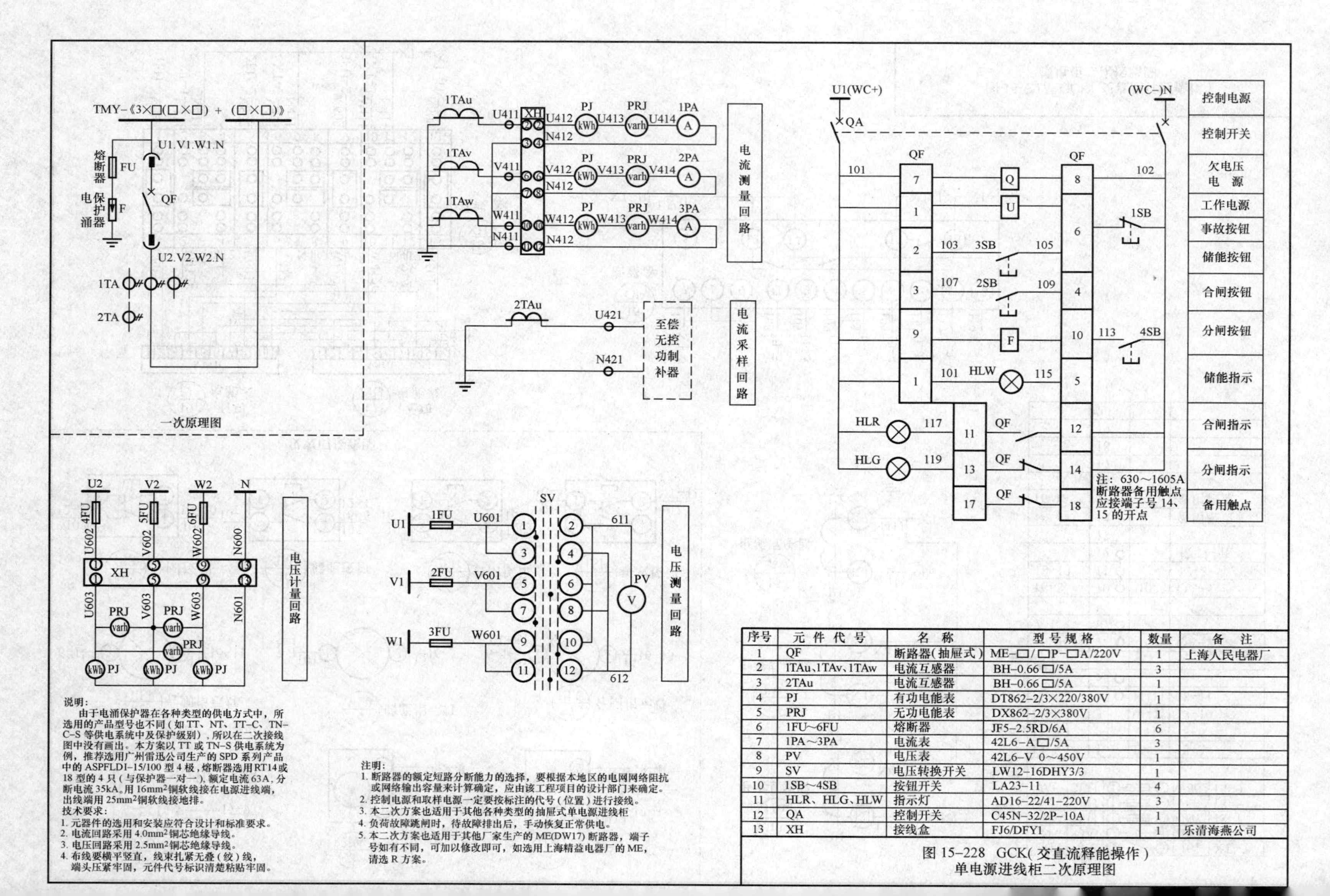

说明：

由于电涌保护器在各种类型的供电方式中，所选用的产品型号也不同（如TT、NT、TT-C、TN-C-S等供电系统中及保护级别），所以在二次接线图中没有画出。本方案以TT或TN-S供电系统为例，推荐选用广州雷迅公司生产的SPD系列产品中的ASPFLDI-15/100型4极，熔断器选用RT14或18型的4只（与保护器一对一），额定电流63A，分断电流35kA。用16mm²铜软线接在电源进线端，出线端用25mm²铜软线接地排。

技术要求：
1. 元器件的选用和安装应符合设计和标准要求。
2. 电流回路采用4.0mm²铜芯绝缘导线。
3. 电压回路采用2.5mm²铜芯绝缘导线。
4. 布线要横平竖直，线束扎紧无叠（绞）线，端头压紧牢固，元件代号标识清楚粘贴牢固。

注明：
1. 断路器的额定短路分断能力的选择，要根据本地区的电网网络阻抗或网络输出容量来计算确定，应由该工程项目的设计部门来确定。
2. 控制电源和取样电源一定要按标注的代号（位置）进行接线。
3. 本二次方案也适用于其他各种类型的抽屉式单电源进线柜
4. 负荷故障跳闸时，待故障排出后，手动恢复正常供电。
5. 本二次方案也适用于其他厂家生产的ME(DW17)断路器，端子号如有不同，可加以修改即可，如选用上海精益电器厂的ME，请选R方案。

序号	元件代号	名称	型号规格	数量	备注
1	QF	断路器(抽屉式)	ME-□/□P-□A/220V	1	上海人民电器厂
2	1TAu、1TAv、1TAw	电流互感器	BH-0.66□/5A	3	
3	2TAu	电流互感器	BH-0.66□/5A	1	
4	PJ	有功电能表	DT862-2/3×220/380V	1	
5	PRJ	无功电能表	DX862-2/3×380V	1	
6	1FU～6FU	熔断器	JF5-2.5RD/6A	6	
7	1PA～3PA	电流表	42L6-A□/5A	3	
8	PV	电压表	42L6-V 0～450V	1	
9	SV	电压转换开关	LW12-16DHY3/3	1	
10	1SB～4SB	按钮开关	LA23-11	4	
11	HLR、HLG、HLW	指示灯	AD16-22/41-220V	3	
12	QA	控制开关	C45N-32/2P-10A	1	
13	XH	接线盒	FJ6/DFY1	1	乐清海燕公司

图15-228 GCK（交直流释能操作）单电源进线柜二次原理图

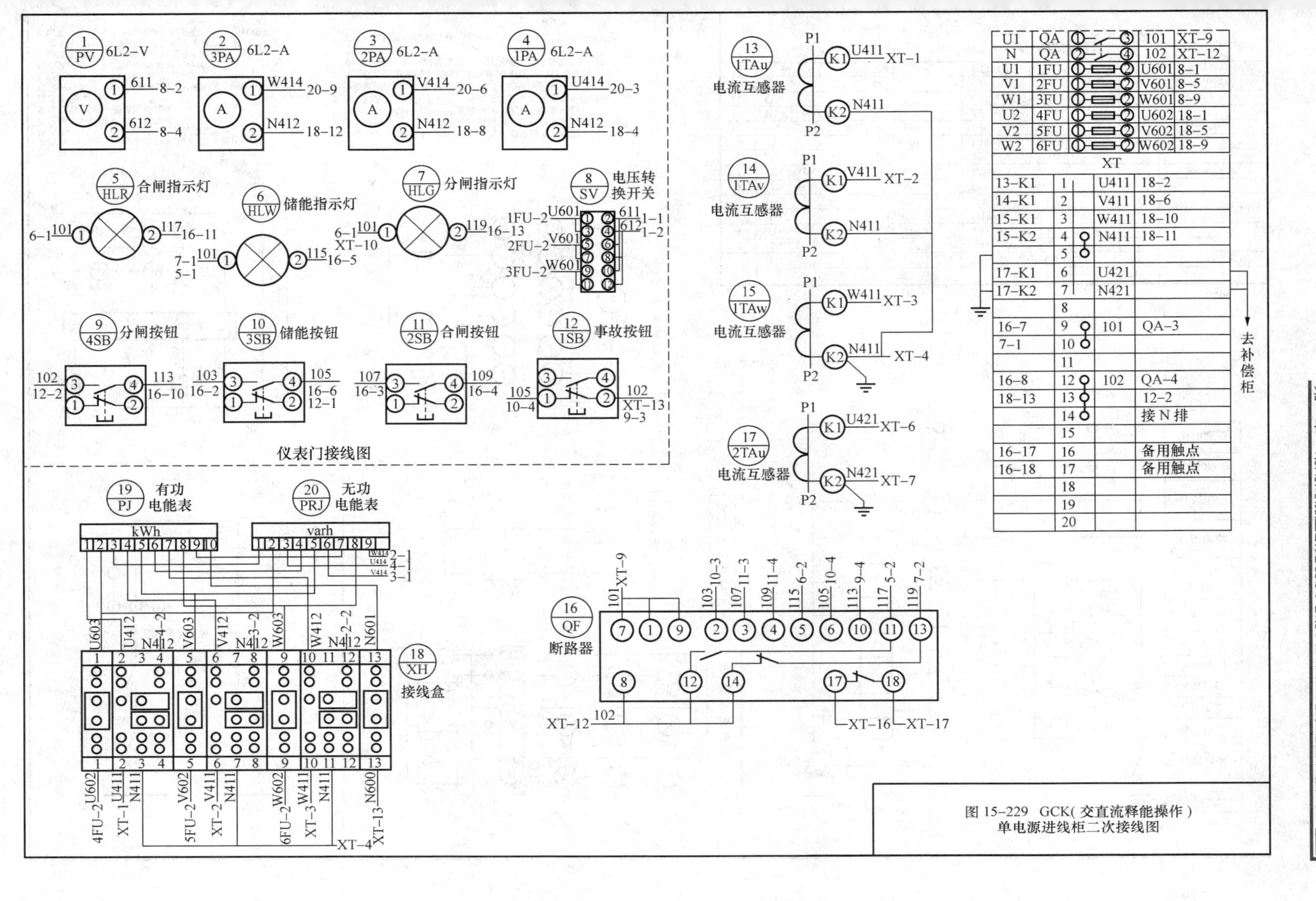

图15-229 GCK（交直流释能操作）单电源进线柜二次接线图

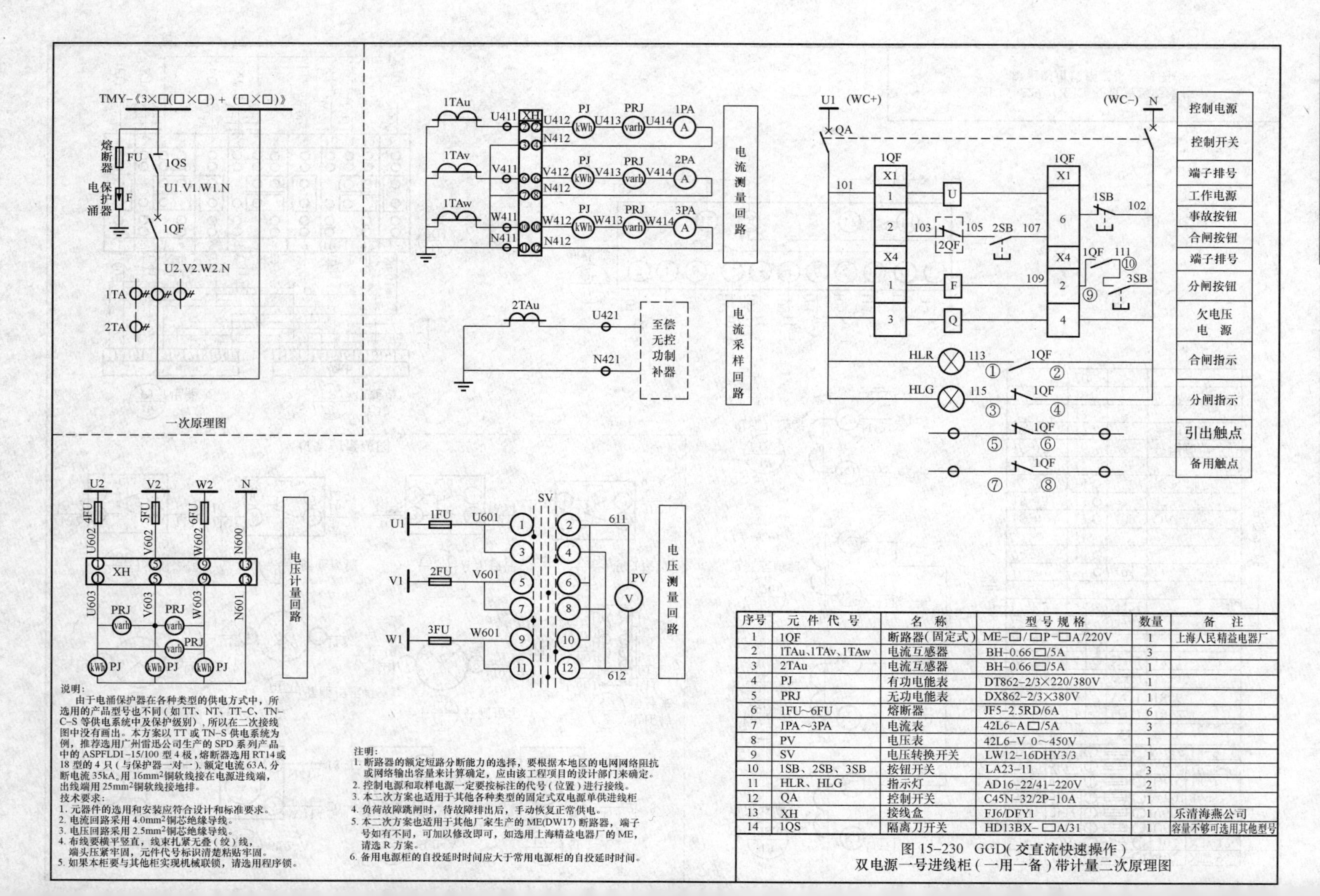

说明：

由于电涌保护器在各种类型的供电方式中，所选用的产品型号也不同（如 TT、NT、TT-C、TN-C-S 等供电系统中及保护级别），所以在二次接线图中没有画出。本方案以 TT 或 TN-S 供电系统为例，推荐选用广州雷迅公司生产的 SPD 系列产品中的 ASPFLDI-15/100 型 4 极，熔断器选用 RT14 或 18 型的 4 只（与保护器一对一），额定电流 63A，分断电流 35kA，用 16mm²铜软线接在电源进线端，出线端用 25mm²铜软线接地排。

技术要求：

1. 元器件的选用和安装应符合设计和标准要求。
2. 电流回路采用 4.0mm²铜芯绝缘导线。
3. 电压回路采用 2.5mm²铜芯绝缘导线。
4. 布线要横平竖直，线束扎紧无叠（绞）线，端头压紧牢固，元件代号标识清楚粘贴牢固。
5. 如果本柜要与其他柜实现机械联锁，请选用程序锁。

注明：

1. 断路器的额定短路分断能力的选择，要根据本地区的电网网络阻抗或网络输出容量来计算确定，应由该工程项目的设计部门来确定。
2. 控制电源和取样电源一定要按标注的代号（位置）进行接线。
3. 本二次方案也适用于其他各种类型的固定式双电源单供进线柜
4. 负荷故障跳闸时，待故障排出后，手动恢复正常供电。
5. 本二次方案也适用于其他厂家生产的 ME(DW17) 断路器，端子号如有不同，可加以修改即可，如选用上海精益电器厂的 ME，请选 R 方案。
6. 备用电源柜的自投延时时间应大于常用电源柜的自投延时时间。

序号	元件代号	名称	型号规格	数量	备注
1	1QF	断路器(固定式)	ME-□/□P-□A/220V	1	上海人民精益电器厂
2	1TAu、1TAv、1TAw	电流互感器	BH-0.66□/5A	3	
3	2TAu	电流互感器	BH-0.66□/5A	1	
4	PJ	有功电能表	DT862-2/3×220/380V	1	
5	PRJ	无功电能表	DX862-2/3×380V	1	
6	1FU~6FU	熔断器	JF5-2.5RD/6A	6	
7	1PA~3PA	电流表	42L6-A□/5A	3	
8	PV	电压表	42L6-V 0~450V	1	
9	SV	电压转换开关	LW12-16DHY3/3	1	
10	1SB、2SB、3SB	按钮开关	LA23-11	3	
11	HLR、HLG	指示灯	AD16-22/41-220V	2	
12	QA	控制开关	C45N-32/2P-10A	1	
13	XH	接线盒	FJ6/DFY1	1	乐清海燕公司
14	1QS	隔离刀开关	HD13BX-□A/31	1	容量不够可选用其他型号

图 15-230 GGD(交直流快速操作)双电源一号进线柜(一用一备)带计量二次原理图

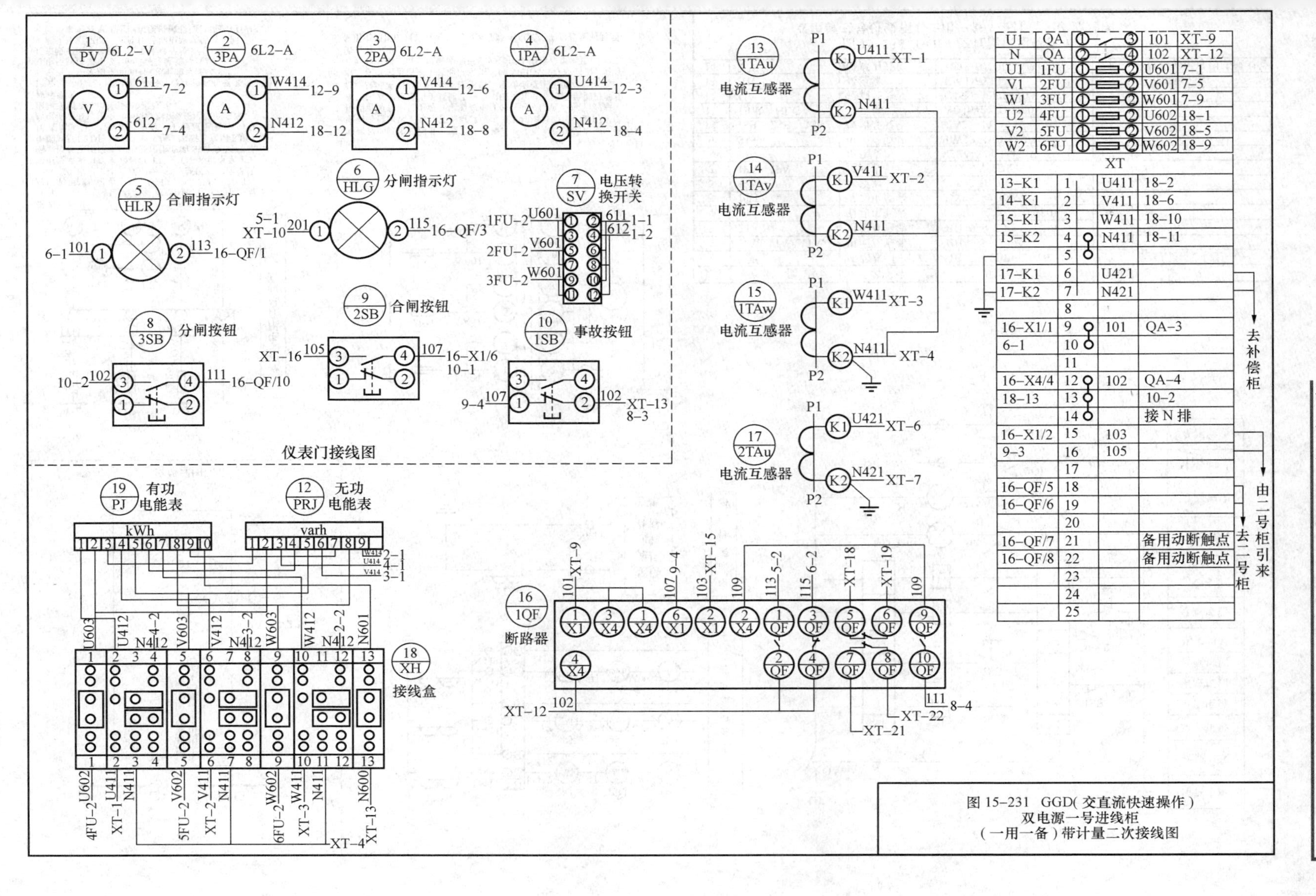

图 15-231　GGD(交直流快速操作)双电源一号进线柜(一用一备)带计量二次接线图

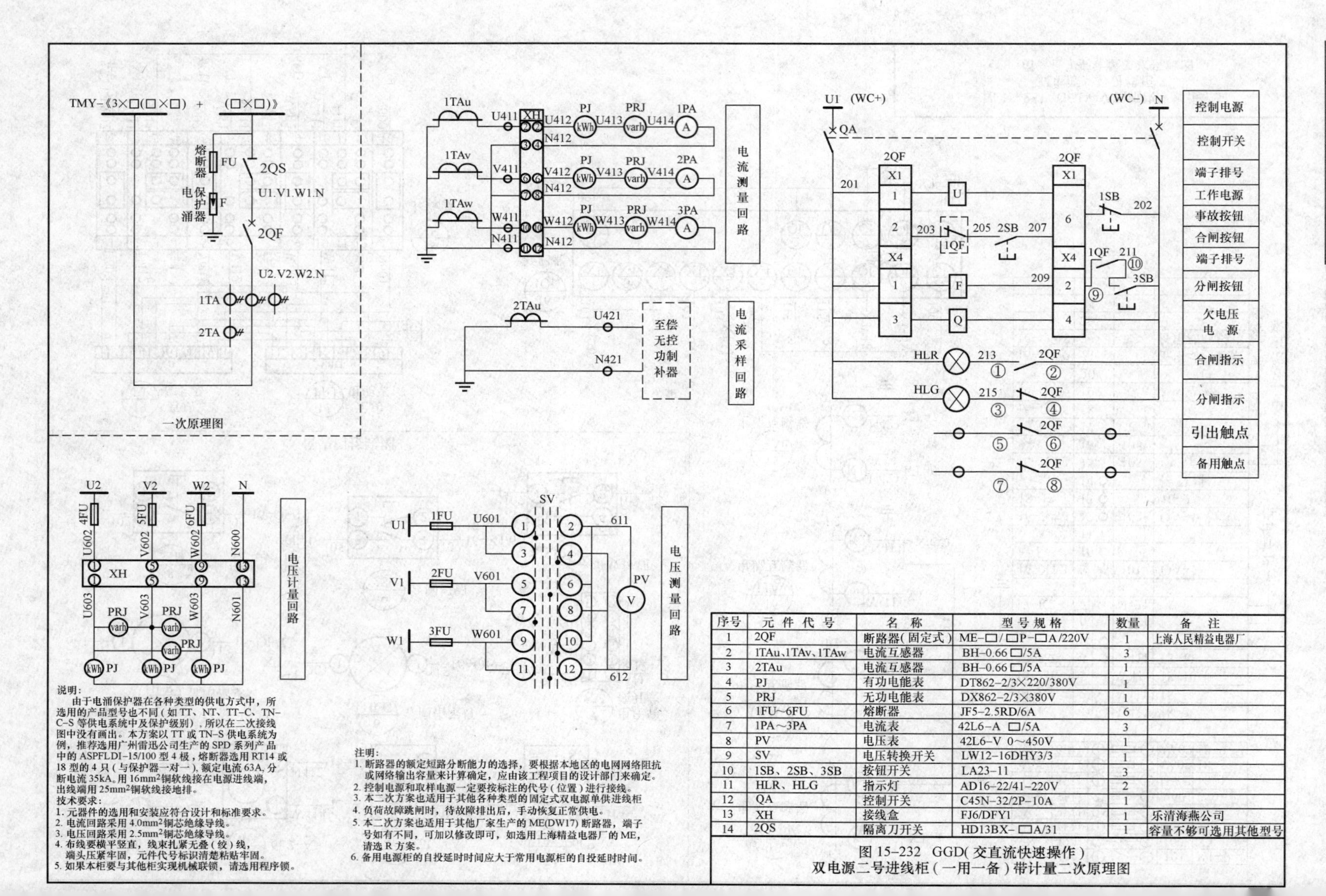

序号	元件代号	名称	型号规格	数量	备注
1	2QF	断路器(固定式)	ME-□/□P-□A/220V	1	上海人民精益电器厂
2	1TAu、1TAv、1TAw	电流互感器	BH-0.66 □/5A	3	
3	2TAu	电流互感器	BH-0.66 □/5A	1	
4	PJ	有功电能表	DT862-2/3×220/380V	1	
5	PRJ	无功电能表	DX862-2/3×380V	1	
6	1FU~6FU	熔断器	JF5-2.5RD/6A	6	
7	1PA~3PA	电流表	42L6-A □/5A	3	
8	PV	电压表	42L6-V 0~450V	1	
9	SV	电压转换开关	LW12-16DHY3/3	1	
10	1SB、2SB、3SB	按钮开关	LA23-11	3	
11	HLR、HLG	指示灯	AD16-22/41-220V	2	
12	QA	控制开关	C45N-32/2P-10A	1	
13	XH	接线盒	FJ6/DFY1	1	乐清海燕公司
14	2QS	隔离刀开关	HD13BX-□A/31	1	容量不够可选用其他型号

说明：

由于电涌保护器在各种类型的供电方式中，所选用的产品型号也不同（如TT、NT、TT-C、TN-C-S等供电系统中及保护级别），所以在二次接线图中没有画出。本方案以TT或TN-S供电系统为例，推荐选用广州雷迅公司生产的SPD系列产品中的ASPFLDI-15/100型4极，熔断器选用RT14或18型的4只（与保护器一对一），额定电流63A，分断电流35kA，用16mm²铜软线接在电源进线端，出线端用25mm²铜软线接地排。

技术要求：

1. 元器件的选用和安装应符合设计和标准要求。
2. 电流回路采用4.0mm²铜芯绝缘导线。
3. 电压回路采用2.5mm²铜芯绝缘导线。
4. 布线要横平竖直，线束扎紧无叠（绞）线，端头压紧牢固，元件代号标识清楚粘贴牢固。
5. 如果本柜要与其他柜实现机械联锁，请选用程序锁。

注明：

1. 断路器的额定短路分断能力的选择，要根据本地区的电网网络阻抗或网络输出容量来计算确定，应由该工程项目的设计部门来确定。
2. 控制电源和取样电源一定要按标注的代号（位置）进行接线。
3. 本二次方案也适用于其他各种类型的固定式双电源单供进线柜
4. 负荷故障跳闸时，待故障排出后，手动恢复正常供电。
5. 本二次方案也适用于其他厂家生产的ME(DW17)断路器，端子号如有不同，可加以修改即可，如选用上海精益电器厂的ME，请选R方案。
6. 备用电源柜的自投延时时间应大于常用电源柜的自投延时时间。

图15-232 GGD(交直流快速操作)双电源二号进线柜(一用一备)带计量二次原理图

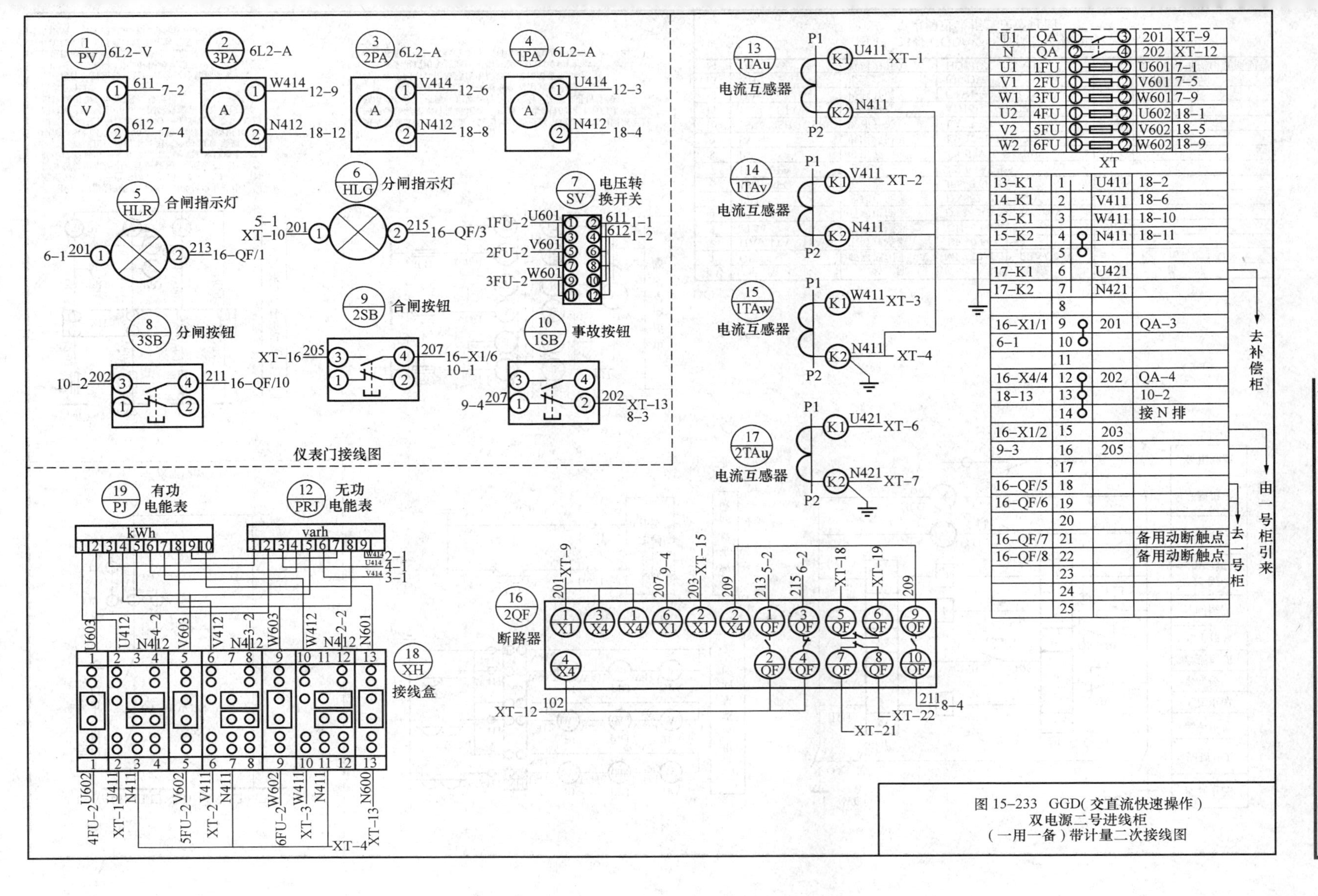

图 15-233　GGD(交直流快速操作)双电源二号进线柜(一用一备)带计量二次接线图

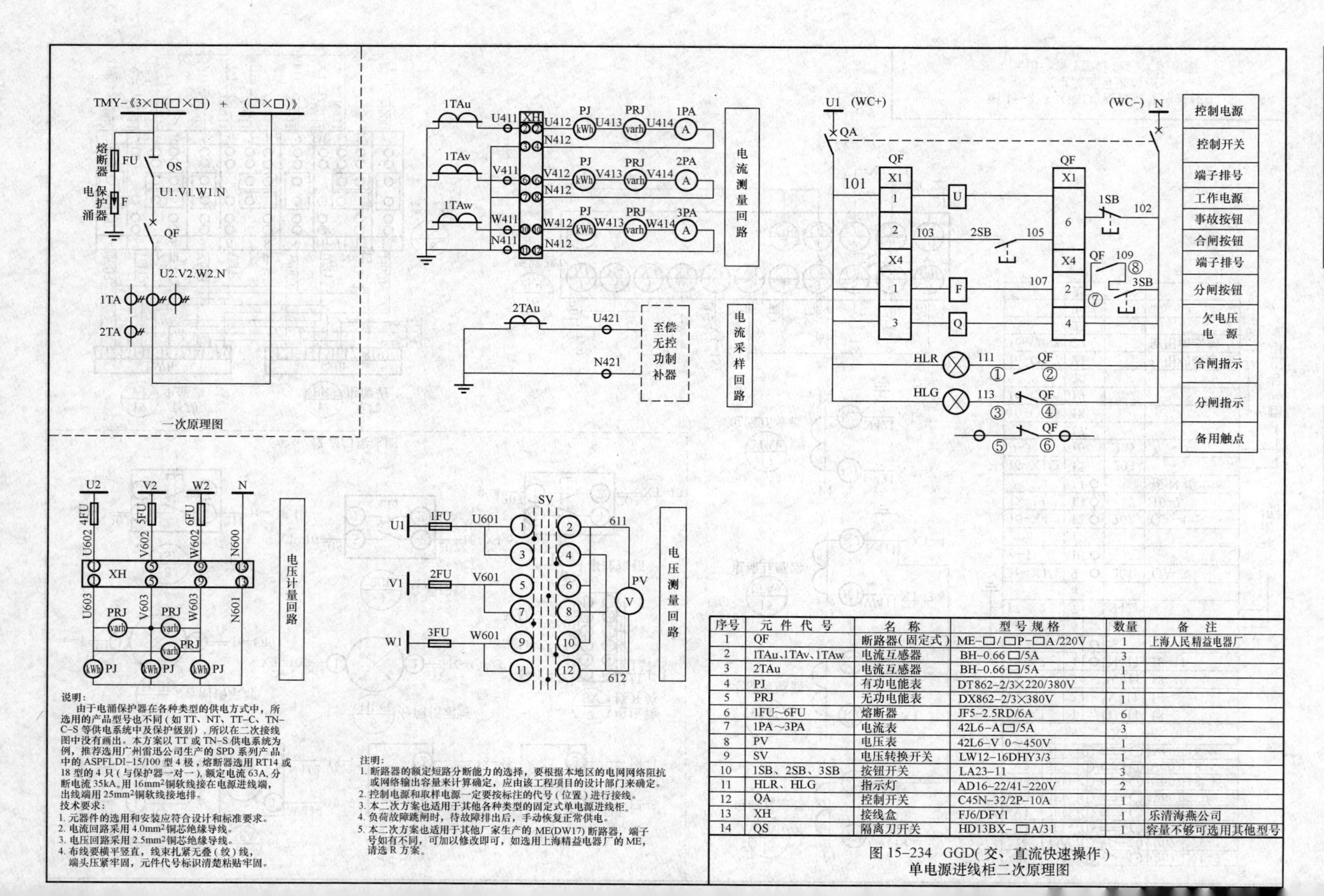

说明：

由于电涌保护器在各种类型的供电方式中，所选用的产品型号也不同（如 TT、NT、TT-C、TN-C-S 等供电系统中及保护级别），所以在二次接线图中没有画出。本方案以 TT 或 TN-S 供电系统为例，推荐选用广州雷迅公司生产的 SPD 系列产品中的 ASPFLDI-15/100 型 4 极，熔断器选用 RT14 或 18 型的 4 只（与保护器一对一），额定电流 63A，分断电流 35kA。用 16mm²铜软线接在电源进线端，出线端用 25mm²铜软线接地排。

技术要求：

1. 元器件的选用和安装应符合设计和标准要求。
2. 电流回路采用 4.0mm²铜芯绝缘导线。
3. 电压回路采用 2.5mm²铜芯绝缘导线。
4. 布线要横平竖直，线束扎紧无叠（绞）线，端头压紧牢固，元件代号标识清楚粘贴牢固。

注明：

1. 断路器的额定短路分断能力的选择，要根据本地区的电网网络阻抗或网络输出容量来计算确定，应由该工程项目的设计部门来确定。
2. 控制电源和取样电源一定要按标注的代号（位置）进行接线。
3. 本二次方案也适用于其他各种类型的固定式单电源进线柜。
4. 负荷故障跳闸时，待故障排出后，手动恢复正常供电。
5. 本二次方案也适用于其他厂家生产的 ME(DW17) 断路器，端子号如有不同，可加以修改即可，如选用上海精益电器厂的 ME，请选 R 方案。

序号	元 件 代 号	名 称	型 号 规 格	数量	备 注
1	QF	断路器（固定式）	ME-□/□P-□A/220V	1	上海人民精益电器厂
2	1TAu、1TAv、1TAw	电流互感器	BH-0.66 □/5A	3	
3	2TAu	电流互感器	BH-0.66 □/5A	1	
4	PJ	有功电能表	DT862-2/3×220/380V	1	
5	PRJ	无功电能表	DX862-2/3×380V	1	
6	1FU~6FU	熔断器	JF5-2.5RD/6A	6	
7	1PA~3PA	电流表	42L6-A □/5A	3	
8	PV	电压表	42L6-V 0~450V	1	
9	SV	电压转换开关	LW12-16DHY3/3	1	
10	1SB、2SB、3SB	按钮开关	LA23-11	3	
11	HLR、HLG	指示灯	AD16-22/41-220V	2	
12	QA	控制开关	C45N-32/2P-10A	1	
13	XH	接线盒	FJ6/DFY1	1	乐清海燕公司
14	QS	隔离刀开关	HD13BX-□A/31	1	容量不够可选用其他型号

图 15-234 GGD（交、直流快速操作）单电源进线柜二次原理图

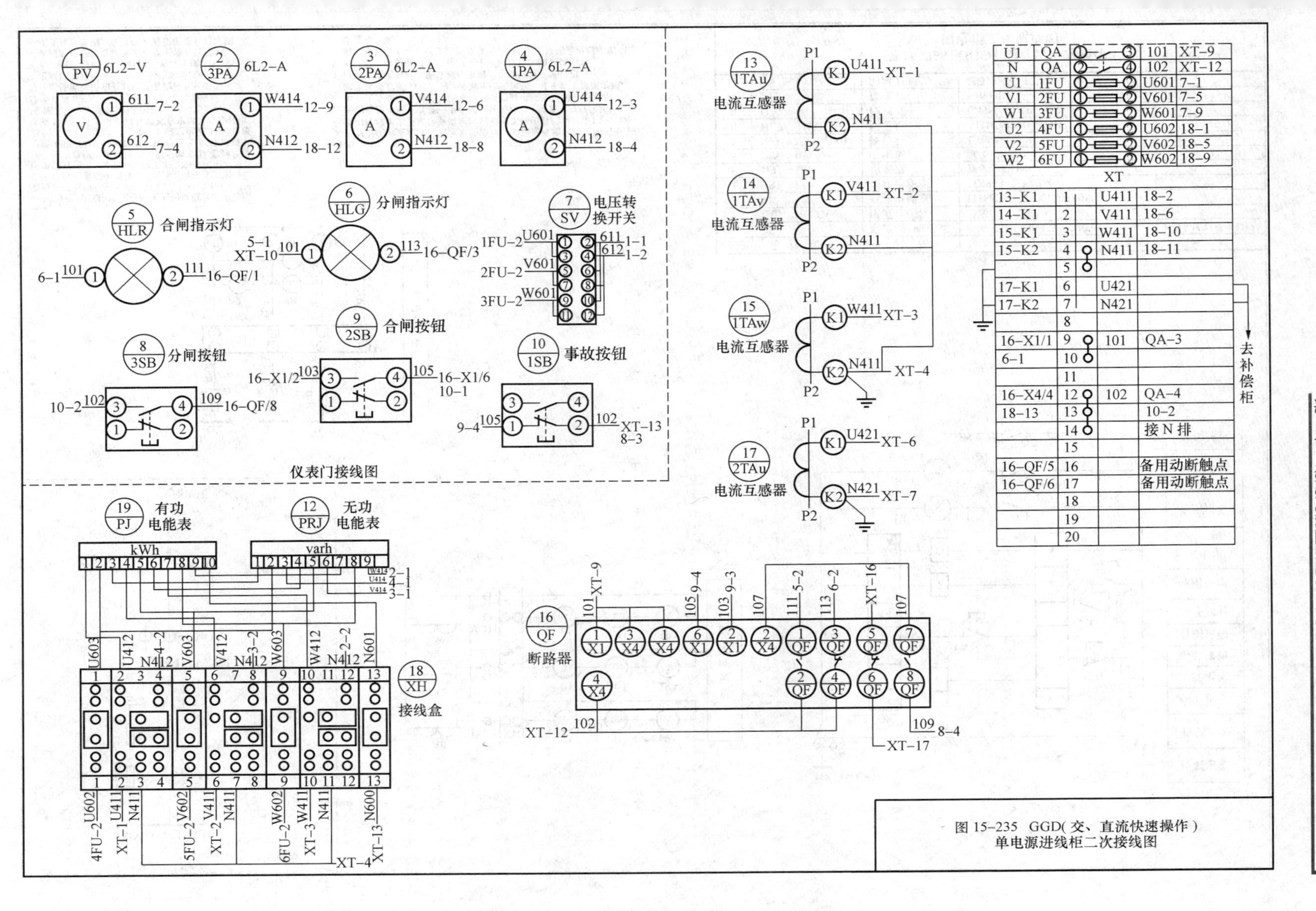

图 15-235　GGD(交、直流快速操作)单电源进线柜二次接线图

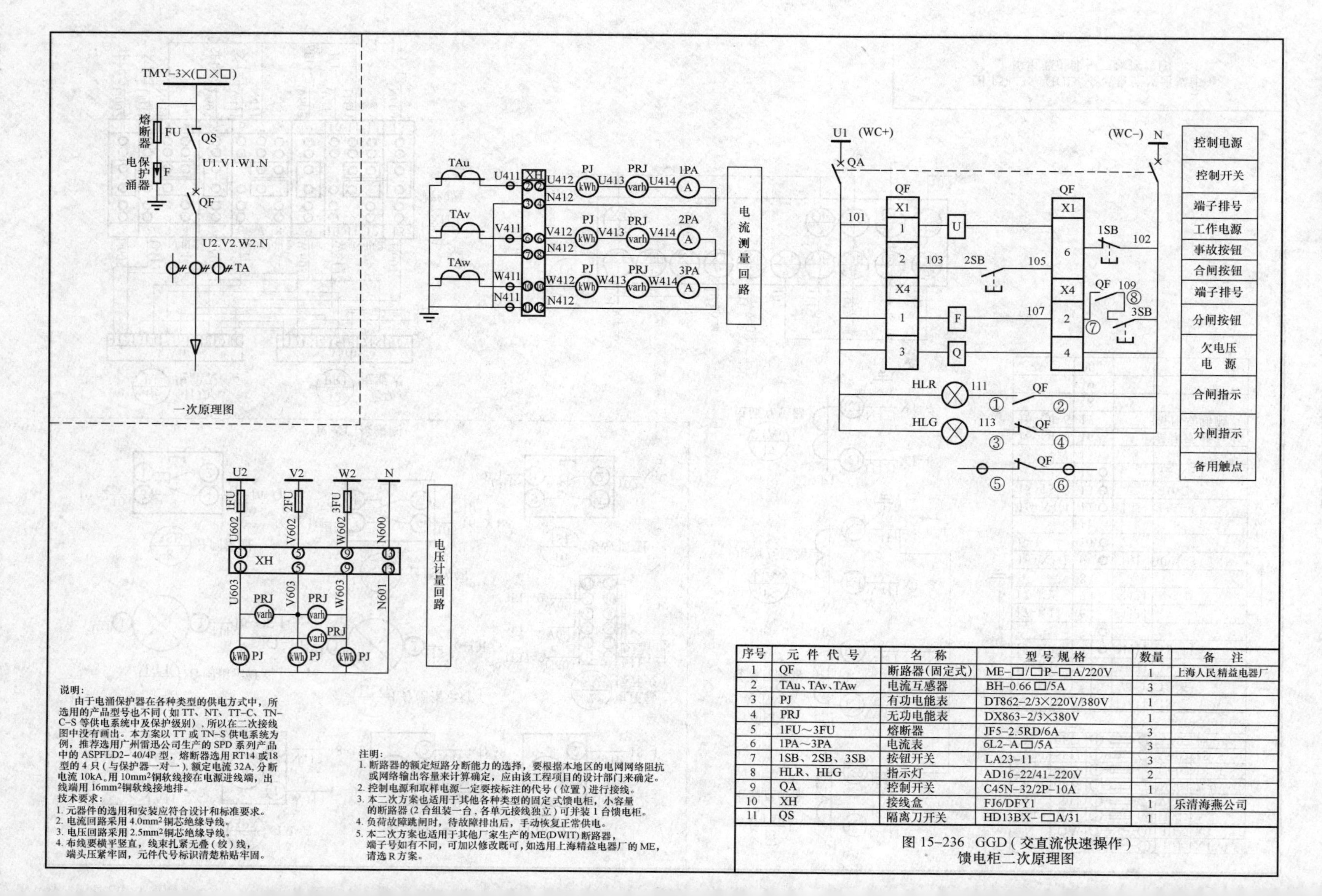

说明：

由于电涌保护器在各种类型的供电方式中，所选用的产品型号也不同（如TT、NT、TT−C、TN−C−S等供电系统中及保护级别），所以在二次接线图中没有画出。本方案以TT或TN−S供电系统为例，推荐选用广州雷迅公司生产的SPD系列产品中的ASPFLD2−40/4P型，熔断器选用RT14或18型的4只（与保护器一对一），额定电流32A，分断电流10kA。用10mm²铜软线接在电源进线端，出线端用16mm²铜软线接地排。

技术要求：

1. 元器件的选用和安装应符合设计和标准要求。
2. 电流回路采用4.0mm²铜芯绝缘导线。
3. 电压回路采用2.5mm²铜芯绝缘导线。
4. 布线要横平竖直，线束扎紧无叠（绞）线，端头压紧牢固，元件代号标识清楚粘贴牢固。

注明：

1. 断路器的额定短路分断能力的选择，要根据本地区的电网网络阻抗或网络输出容量来计算确定，应由该工程项目的设计部门来确定。
2. 控制电源和取样电源一定要按标注的代号（位置）进行接线。
3. 本二次方案也适用于其他各种类型的固定式馈电柜，小容量的断路器（2台组装一台，各单元接线独立）可并装1台馈电柜。
4. 负荷故障跳闸时，待故障排出后，手动恢复正常供电。
5. 本二次方案也适用于其他厂家生产的ME(DWIT)断路器，端子号如有不同，可加以修改既可，如选用上海精益电器厂的ME，请选R方案。

序号	元件代号	名称	型号规格	数量	备注
1	QF	断路器(固定式)	ME−□/□P−□A/220V	1	上海人民精益电器厂
2	TAu、TAv、TAw	电流互感器	BH−0.66 □/5A	3	
3	PJ	有功电能表	DT862−2/3×220V/380V	1	
4	PRJ	无功电能表	DX863−2/3×380V	1	
5	1FU～3FU	熔断器	JF5−2.5RD/6A	3	
6	1PA～3PA	电流表	6L2−A□/5A	3	
7	1SB、2SB、3SB	按钮开关	LA23−11	3	
8	HLR、HLG	指示灯	AD16−22/41−220V	2	
9	QA	控制开关	C45N−32/2P−10A	1	
10	XH	接线盒	FJ6/DFY1	1	乐清海燕公司
11	QS	隔离刀开关	HD13BX−□A/31	1	

图15−236 GGD（交直流快速操作）馈电柜二次原理图

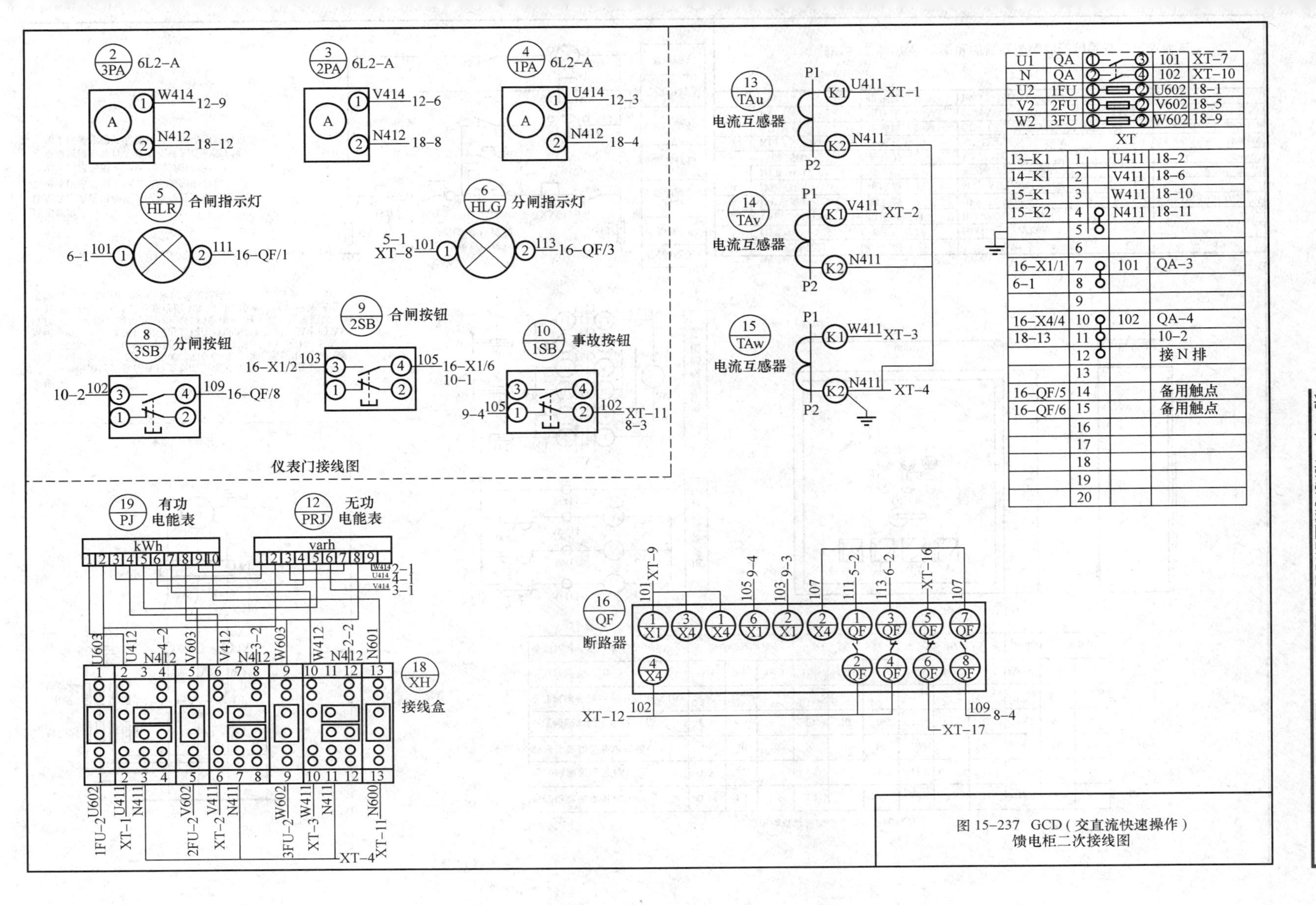

图 15-237　GCD（交直流快速操作）馈电柜二次接线图

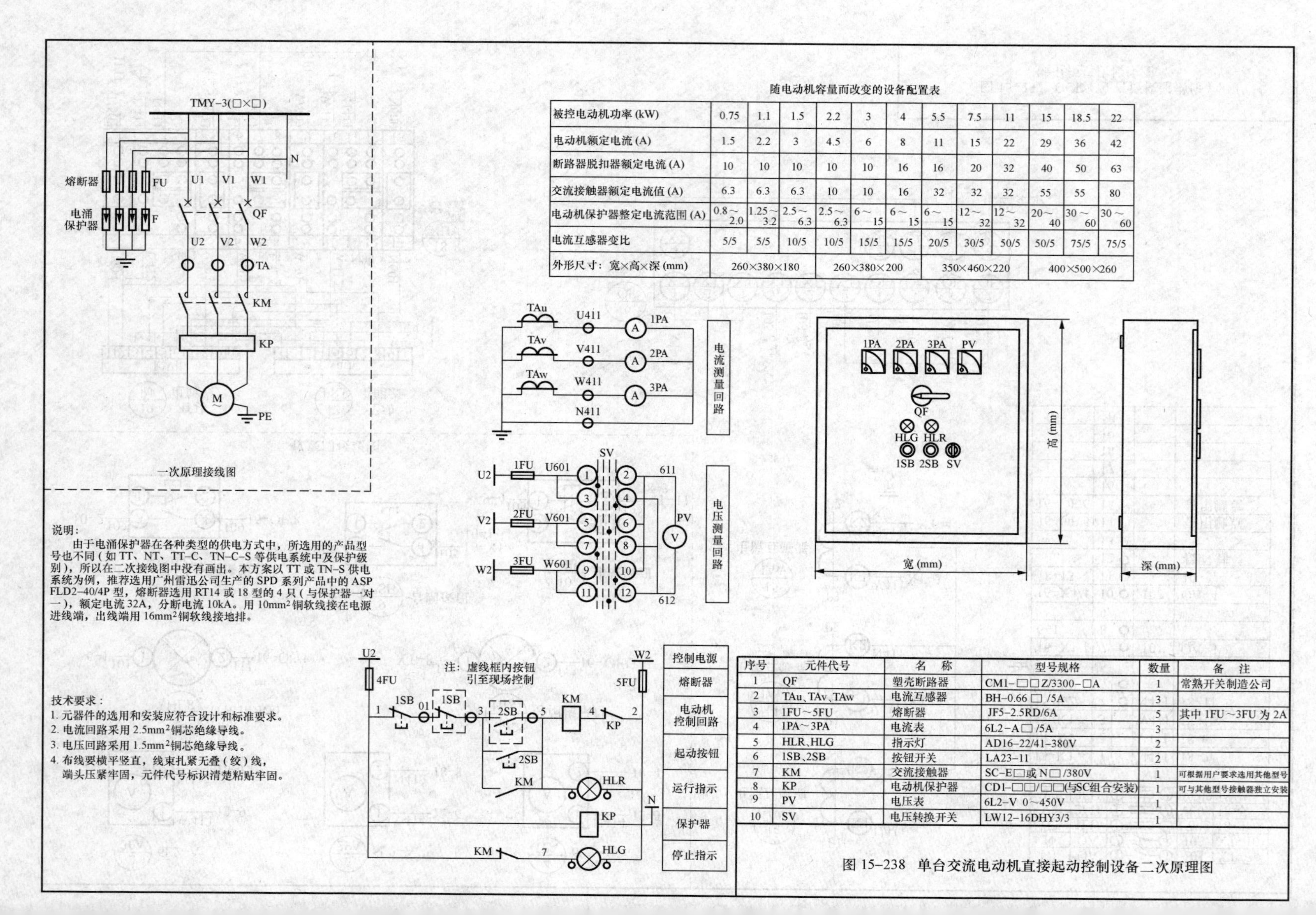

随电动机容量而改变的设备配置表

被控电动机功率 (kW)	0.75	1.1	1.5	2.2	3	4	5.5	7.5	11	15	18.5	22
电动机额定电流 (A)	1.5	2.2	3	4.5	6	8	11	15	22	29	36	42
断路器脱扣器额定电流 (A)	10	10	10	10	10	16	16	20	32	40	50	63
交流接触器额定电流值 (A)	6.3	6.3	6.3	10	10	16	32	32	32	55	55	80
电动机保护器整定电流范围 (A)	0.8～2.0	1.25～3.2	2.5～6.3	2.5～6.3	6～15	6～15	6～15	12～32	12～32	20～40	30～60	30～60
电流互感器变比	5/5	5/5	10/5	10/5	15/5	15/5	20/5	30/5	50/5	50/5	75/5	75/5
外形尺寸：宽×高×深 (mm)	260×380×180			260×380×200			350×460×220			400×500×260		

说明：

由于电涌保护器在各种类型的供电方式中，所选用的产品型号也不同（如 TT、NT、TT–C、TN–C–S 等供电系统中及保护级别），所以在二次接线图中没有画出。本方案以 TT 或 TN–S 供电系统为例，推荐选用广州雷迅公司生产的 SPD 系列产品中的 ASP FLD2–40/4P 型，熔断器选用 RT14 或 18 型的 4 只（与保护器一对一），额定电流 32A，分断电流 10kA。用 $10mm^2$ 铜软线接在电源进线端，出线端用 $16mm^2$ 铜软线接地排。

技术要求：

1. 元器件的选用和安装应符合设计和标准要求。
2. 电流回路采用 $2.5mm^2$ 铜芯绝缘导线。
3. 电压回路采用 $1.5mm^2$ 铜芯绝缘导线。
4. 布线要横平竖直，线束扎紧无叠（绞）线，端头压紧牢固，元件代号标识清楚粘贴牢固。

序号	元件代号	名 称	型号规格	数量	备 注
1	QF	塑壳断路器	CM1–□□Z/3300–□A	1	常熟开关制造公司
2	TAu、TAv、TAw	电流互感器	BH–0.66 □ /5A	3	
3	1FU～5FU	熔断器	JF5–2.5RD/6A	5	其中 1FU～3FU 为 2A
4	1PA～3PA	电流表	6L2–A□ /5A	3	
5	HLR、HLG	指示灯	AD16–22/41–380V	2	
6	1SB、2SB	按钮开关	LA23–11	2	
7	KM	交流接触器	SC–E□或 N□ /380V	1	可根据用户要求选用其他型号
8	KP	电动机保护器	CD1–□□/□□(与SC组合安装)	1	可与其他型号接触器独立安装
9	PV	电压表	6L2–V 0～450V	1	
10	SV	电压转换开关	LW12–16DHY3/3	1	

图 15–238 单台交流电动机直接起动控制设备二次原理图

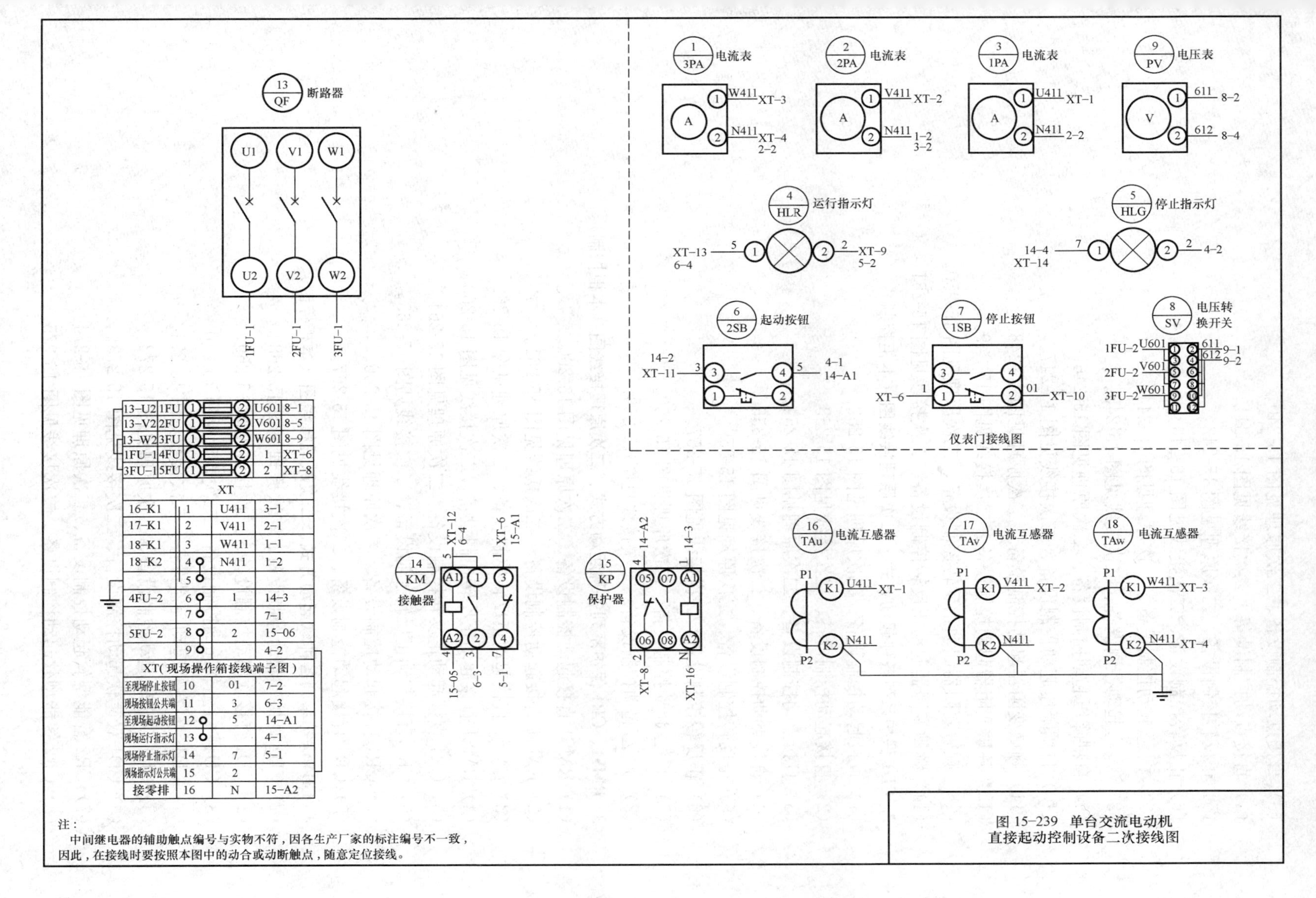

注：
中间继电器的辅助触点编号与实物不符，因各生产厂家的标注编号不一致，因此，在接线时要按照本图中的动合或动断触点，随意定位接线。

图 15-239 单台交流电动机直接起动控制设备二次接线图

（3）直接点动控制设备、二次原理见图 15-240。
（4）直接点动控制设备、二次接线见图 15-241。
（5）正反转控制设备、二次原理见图 15-242。
（6）正反转控制设备、二次接线见图 15-243。
（7）Y/△起动控制设备、二次原理见图 15-244。
（8）Y/△起动控制设备、二次接线见图 15-245。
（9）自耦降压起动控制设备、二次原理见图 15-246。
（10）自耦降压起动控制设备、二次接线见图 15-247。
（11）频敏变阻器起动控制设备、二次原理见图 15-248。
（12）频敏变阻器起动控制设备、二次接线见图 15-249。
（13）频敏变阻器起动正反转控制设备、二次原理见图 15-250。
（14）频敏变阻器起动正反转控制设备、二次接线见图 15-251。

2. CD1 保护系列各种起动方式、二次原理接线图（本柜控制）

（1）直接起动控制设备、二次原理见图 15-252。
（2）直接起动控制设备、二次接线见图 15-253。
（3）直接点动控制设备、二次原理见图 15-254。
（4）直接点动控制设备、二次接线见图 15-255。
（5）正反转控制设备、二次原理见图 15-256。
（6）正反转控制设备、二次接线见图 15-257。
（7）Y/△起动控制设备、二次原理见图 15-258。
（8）Y/△起动控制设备、二次接线见图 15-259。

3. RMS1、CR1 保护系列各种起动方式、二次原理接线图（本柜控制）

（1）RMS1 直接起动控制设备、二次原理见图 15-260。
（2）RMS1 直接起动控制设备、二次接线见图 15-261。
（3）RMS1 直接起动正反转控制设备、二次原理见图 15-262。
（4）RMS1 直接起动正反转控制设备、二次接线见图 15-263。
（5）CR1 直接起动正反转控制设备、二次原理见图 15-264。
（6）CR1 直接起动正反转控制设备、二次接线见图 15-265。
（7）CR1 直接起动控制设备、二次原理见图 15-266。
（8）CR1 直接起动控制设备、二次接线见图 15-267。

4. CD4 保护系列各种软起动方式、二次原理接线图（本柜控制）

（1）CD4 直接软起动控制设备、二次原理见图 15-268。
（2）CD4 直接软起动控制设备、二次接线见图 15-269。
（3）CD4-Y/△软起动控制设备、二次原理见图 15-270。
（4）CD4-Y/△软起动控制设备、二次接线见图 15-271。
（5）CD4 双速软起动控制设备、二次原理见图 15-272。
（6）CD4 双速软起动控制设备、二次接线见图 15-273。
（7）CR2 智能型软起动控制设备、二次原理见图 15-274。
（8）CR2 智能型软起动控制设备、二次接线见图 15-275。

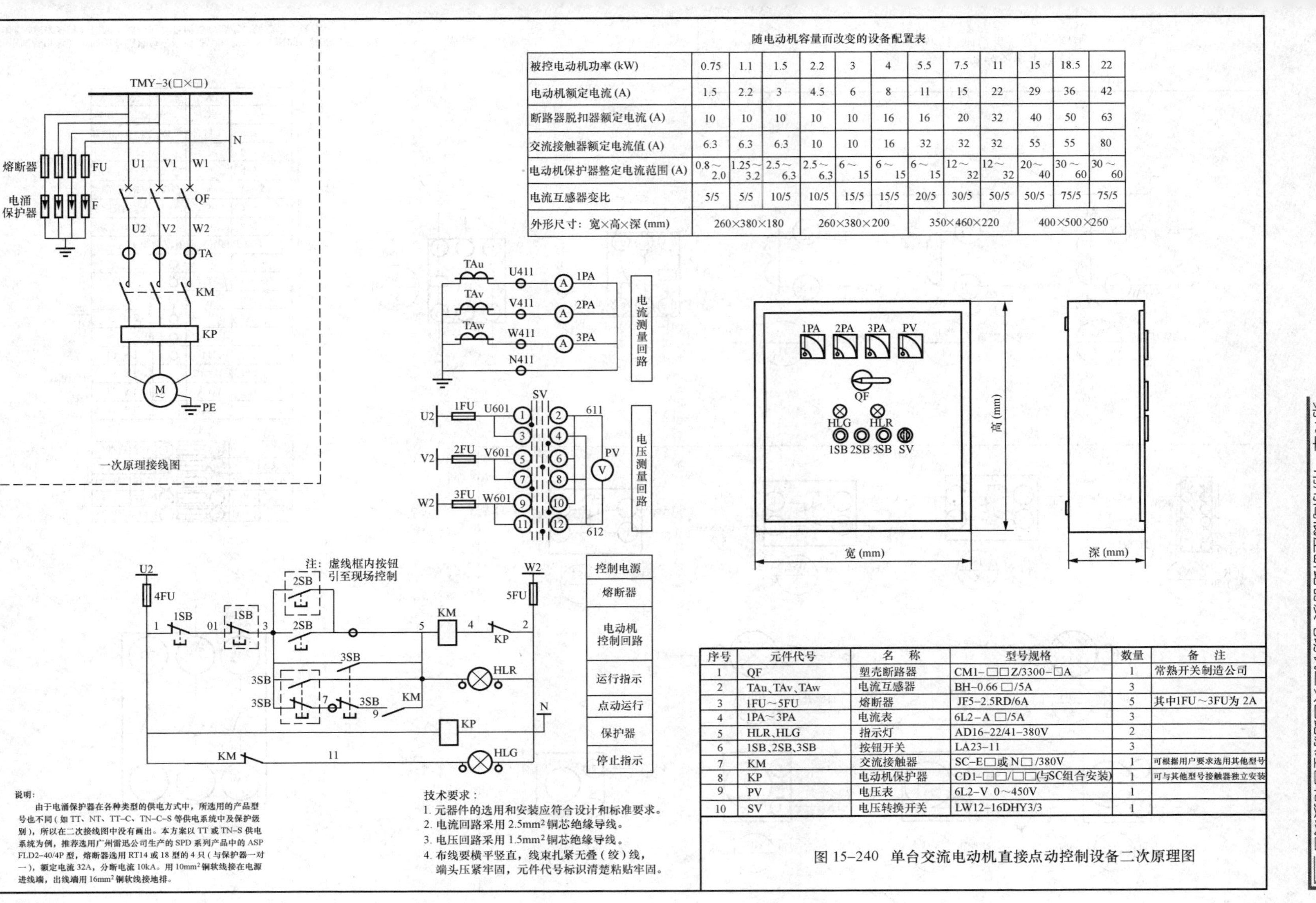

随电动机容量而改变的设备配置表

被控电动机功率 (kW)	0.75	1.1	1.5	2.2	3	4	5.5	7.5	11	15	18.5	22
电动机额定电流 (A)	1.5	2.2	3	4.5	6	8	11	15	22	29	36	42
断路器脱扣器额定电流 (A)	10	10	10	10	10	16	16	20	32	40	50	63
交流接触器额定电流值 (A)	6.3	6.3	6.3	10	10	16	32	32	32	55	55	80
电动机保护器整定电流范围 (A)	0.8～2.0	1.25～3.2	2.5～6.3	2.5～6.3	6～15	6～15	6～15	12～32	12～32	20～40	30～60	30～60
电流互感器变比	5/5	5/5	10/5	10/5	15/5	15/5	20/5	30/5	50/5	50/5	75/5	75/5
外形尺寸：宽×高×深 (mm)	260×380×180			260×380×200			350×460×220			400×500×260		

序号	元件代号	名　称	型号规格	数量	备　注
1	QF	塑壳断路器	CM1-□□Z/3300-□A	1	常熟开关制造公司
2	TAu、TAv、TAw	电流互感器	BH-0.66 □/5A	3	
3	1FU～5FU	熔断器	JF5-2.5RD/6A	5	其中1FU～3FU为2A
4	1PA～3PA	电流表	6L2-A □/5A	3	
5	HLR、HLG	指示灯	AD16-22/41-380V	2	
6	1SB、2SB、3SB	按钮开关	LA23-11	3	
7	KM	交流接触器	SC-E□或N□/380V	1	可根据用户要求选用其他型号
8	KP	电动机保护器	CD1-□□/□□(与SC组合安装)	1	可与其他型号接触器独立安装
9	PV	电压表	6L2-V 0～450V	1	
10	SV	电压转换开关	LW12-16DHY3/3	1	

说明：

由于电涌保护器在各种类型的供电方式中，所选用的产品型号也不同（如TT、NT、TT-C、TN-C-S等供电系统中及保护级别），所以在二次接线图中没有画出。本方案以TT或TN-S供电系统为例，推荐选用广州雷迅公司生产的SPD系列产品中的ASP FLD2-40/4P型，熔断器选用RT14或18型的4只（与保护器一对一），额定电流32A，分断电流10kA。用10mm²铜软线接在电源进线端，出线端用16mm²铜软线接地排。

技术要求：

1. 元器件的选用和安装应符合设计和标准要求。
2. 电流回路采用2.5mm²铜芯绝缘导线。
3. 电压回路采用1.5mm²铜芯绝缘导线。
4. 布线要横平竖直，线束扎紧无叠（绞）线，端头压紧牢固，元件代号标识清楚粘贴牢固。

图 15-240　单台交流电动机直接点动控制设备二次原理图

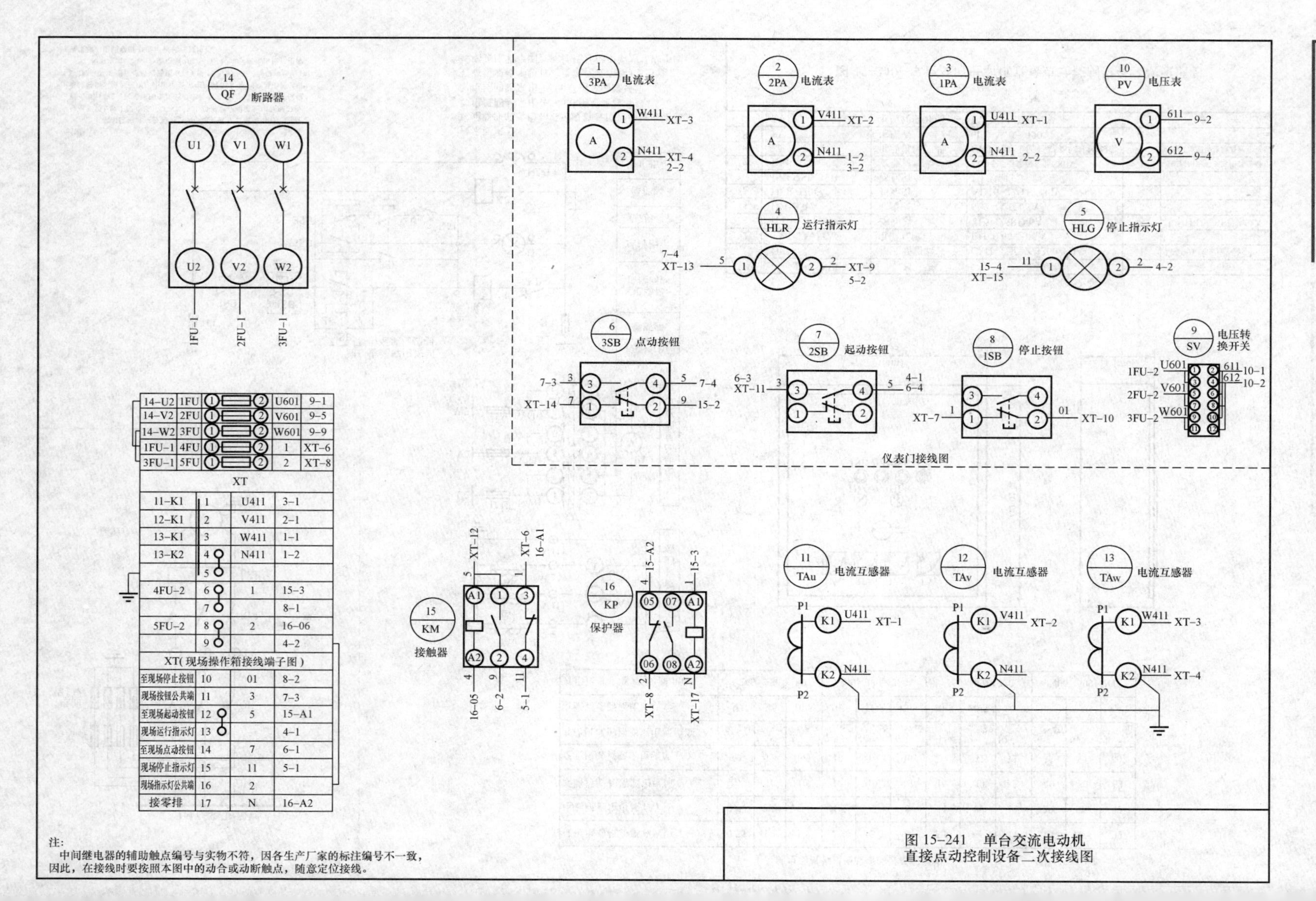

图 15-241 单台交流电动机直接点动控制设备二次接线图

注：

中间继电器的辅助触点编号与实物不符，因各生产厂家的标注编号不一致，因此，在接线时要按照本图中的动合或动断触点，随意定位接线。

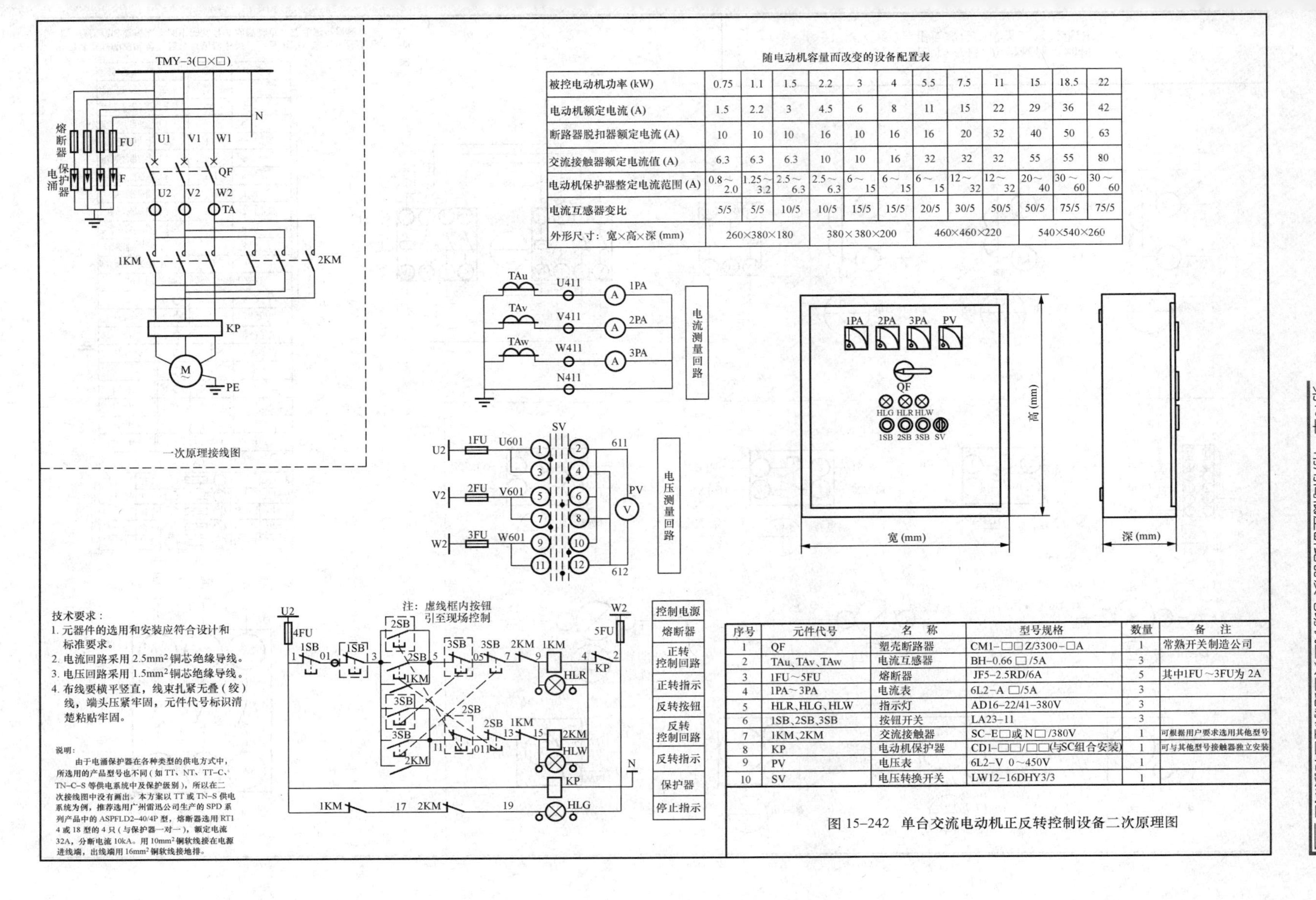

随电动机容量而改变的设备配置表

被控电动机功率 (kW)	0.75	1.1	1.5	2.2	3	4	5.5	7.5	11	15	18.5	22
电动机额定电流 (A)	1.5	2.2	3	4.5	6	8	11	15	22	29	36	42
断路器脱扣器额定电流 (A)	10	10	10	16	10	16	16	20	32	40	50	63
交流接触器额定电流值 (A)	6.3	6.3	6.3	10	10	16	32	32	32	55	55	80
电动机保护器整定电流范围 (A)	0.8～2.0	1.25～3.2	2.5～6.3	2.5～6.3	6～15	6～15	6～15	12～32	12～32	20～40	30～60	30～60
电流互感器变比	5/5	5/5	10/5	10/5	15/5	15/5	20/5	30/5	50/5	50/5	75/5	75/5
外形尺寸：宽×高×深 (mm)	260×380×180			380×380×200			460×460×220			540×540×260		

序号	元件代号	名　称	型号规格	数量	备　注
1	QF	塑壳断路器	CM1-□□Z/3300-□A	1	常熟开关制造公司
2	TAu、TAv、TAw	电流互感器	BH-0.66 □/5A	3	
3	1FU～5FU	熔断器	JF5-2.5RD/6A	5	其中1FU～3FU为 2A
4	1PA～3PA	电流表	6L2-A □/5A	3	
5	HLR、HLG、HLW	指示灯	AD16-22/41-380V	3	
6	1SB、2SB、3SB	按钮开关	LA23-11	3	
7	1KM、2KM	交流接触器	SC-E□或 N□/380V	1	可根据用户要求选用其他型号
8	KP	电动机保护器	CD1-□□/□□(与SC组合安装)	1	可与其他型号接触器独立安装
9	PV	电压表	6L2-V 0～450V	1	
10	SV	电压转换开关	LW12-16DHY3/3	1	

技术要求：

1. 元器件的选用和安装应符合设计和标准要求。
2. 电流回路采用 2.5mm² 铜芯绝缘导线。
3. 电压回路采用 1.5mm² 铜芯绝缘导线。
4. 布线要横平竖直，线束扎紧无叠（绞）线，端头压紧牢固，元件代号标识清楚粘贴牢固。

说明：

由于电涌保护器在各种类型的供电方式中，所选用的产品型号也不同（如 TT、NT、TT-C、TN-C-S 等供电系统中及保护级别），所以在二次接线图中没有画出。本方案以 TT 或 TN-S 供电系统为例，推荐选用广州雷迅公司生产的 SPD 系列产品中的 ASPFLD2-40/4P 型，熔断器选用 RT14 或 18 型的 4 只（与保护器一对一），额定电流 32A，分断电流 10kA。用 $10mm^2$ 铜软线接在电源进线端，出线端用 $16mm^2$ 铜软线接地排。

图 15-242　单台交流电动机正反转控制设备二次原理图

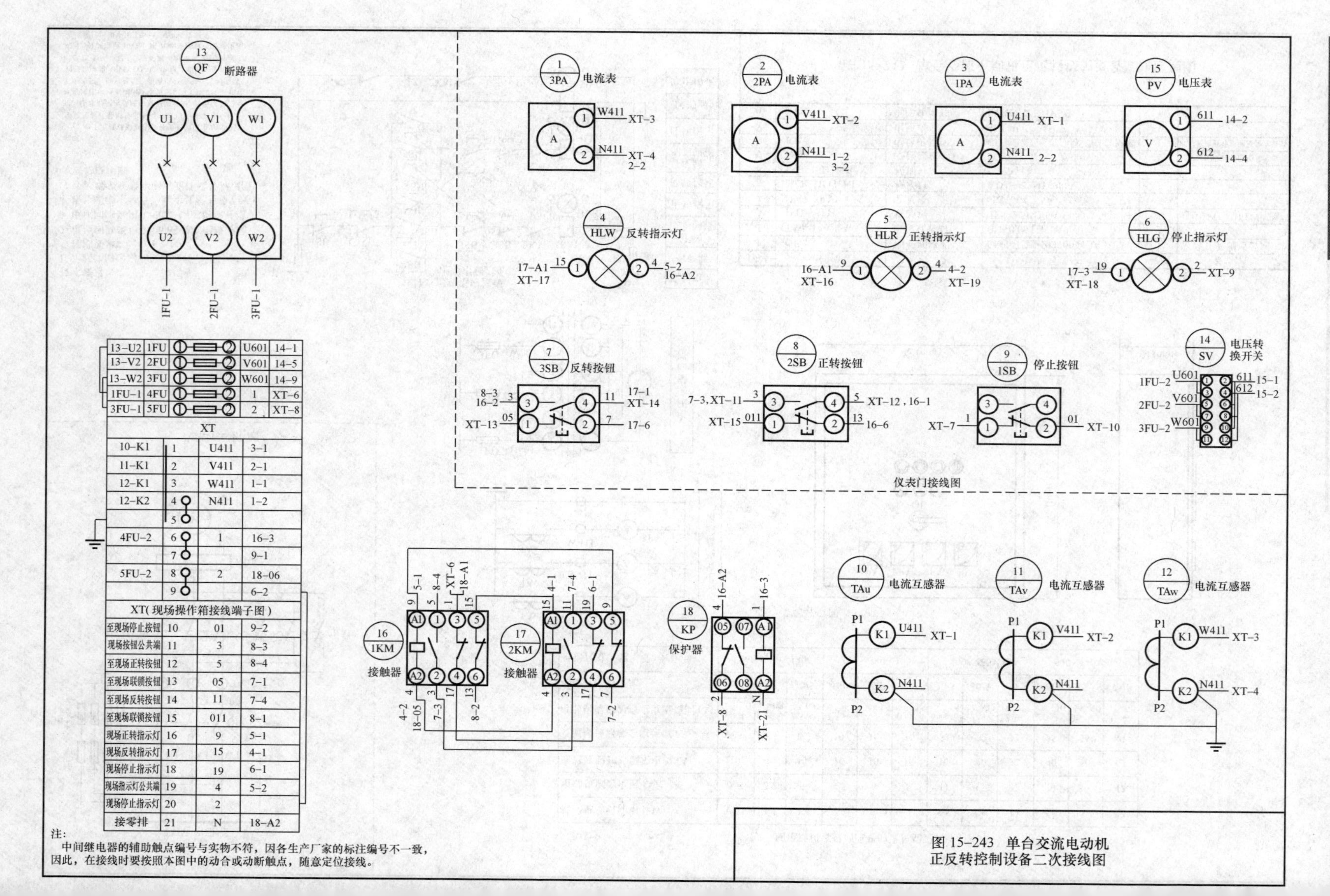

注：

中间继电器的辅助触点编号与实物不符，因各生产厂家的标注编号不一致，因此，在接线时要按照本图中的动合或动断触点，随意定位接线。

图15-243 单台交流电动机正反转控制设备二次接线图

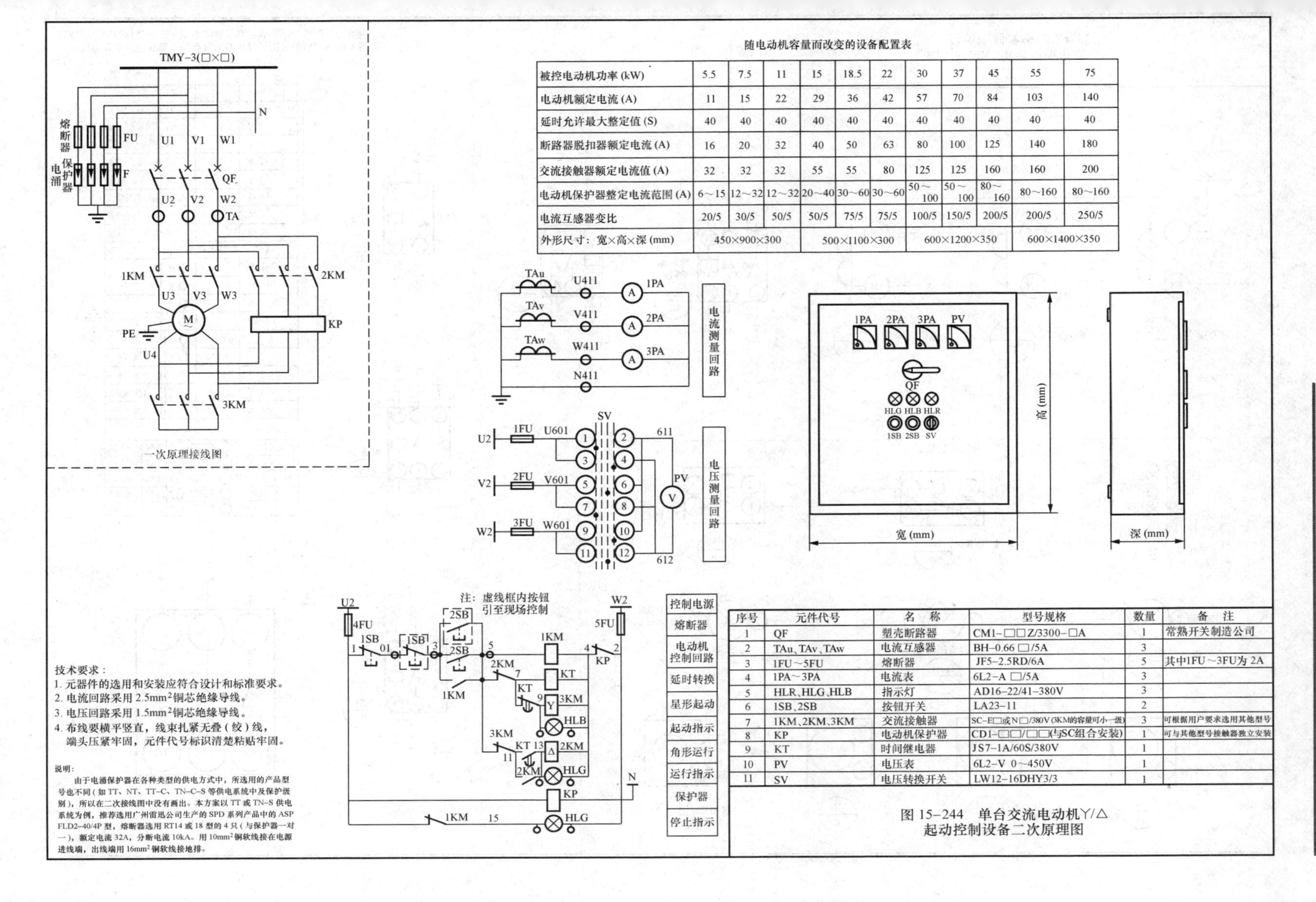

随电动机容量而改变的设备配置表

被控电动机功率 (kW)	5.5	7.5	11	15	18.5	22	30	37	45	55	75
电动机额定电流 (A)	11	15	22	29	36	42	57	70	84	103	140
延时允许最大整定值 (S)	40	40	40	40	40	40	40	40	40	40	40
断路器脱扣器额定电流 (A)	16	20	32	40	50	63	80	100	125	140	180
交流接触器额定电流值 (A)	32	32	32	55	55	80	125	125	160	160	200
电动机保护器整定电流范围 (A)	6～15	12～32	12～32	20～40	30～60	30～60	50～100	50～100	80～160	80～160	80～160
电流互感器变比	20/5	30/5	50/5	50/5	75/5	75/5	100/5	150/5	200/5	200/5	250/5
外形尺寸：宽×高×深 (mm)	450×900×300			500×1100×300			600×1200×350			600×1400×350	

序号	元件代号	名 称	型号规格	数量	备 注
1	QF	塑壳断路器	CM1-□□Z/3300-□A	1	常熟开关制造公司
2	TAu、TAv、TAw	电流互感器	BH-0.66 □/5A	3	
3	1FU～5FU	熔断器	JF5-2.5RD/6A	5	其中1FU～3FU为 2A
4	1PA～3PA	电流表	6L2-A □/5A	3	
5	HLR、HLG、HLB	指示灯	AD16-22/41-380V	3	
6	1SB、2SB	按钮开关	LA23-11	2	
7	1KM、2KM、3KM	交流接触器	SC-E□或N□/380V (3KM的容量可小一级)	3	可根据用户要求选用其他型号
8	KP	电动机保护器	CD1-□□/□□(与SC组合安装)	1	可与其他型号接触器独立安装
9	KT	时间继电器	JS7-1A/60S/380V	1	
10	PV	电压表	6L2-V 0～450V	1	
11	SV	电压转换开关	LW12-16DHY3/3	1	

技术要求：

1. 元器件的选用和安装应符合设计和标准要求。
2. 电流回路采用 2.5mm^{2}铜芯绝缘导线。
3. 电压回路采用 1.5mm^{2}铜芯绝缘导线。
4. 布线要横平竖直，线束扎紧无叠（绞）线，端头压紧牢固，元件代号标识清楚粘贴牢固。

说明：

由于电涌保护器在各种类型的供电方式中，所选用的产品型号也不同（如 TT、NT、TT-C、TN-C-S 等供电系统中及保护级别），所以在二次接线图中没有画出。本方案以 TT 或 TN-S 供电系统为例，推荐选用广州雷迅公司生产的 SPD 系列产品中的 ASP FLD2-40/4P 型，熔断器选用 RT14 或 18 型的 4 只（与保护器一对一），额定电流 32A，分断电流 10kA。用 10mm^{2}铜软线接在电源进线端，出线端用 16mm^{2}铜软线接地排。

图 15-244 单台交流电动机Y/△起动控制设备二次原理图

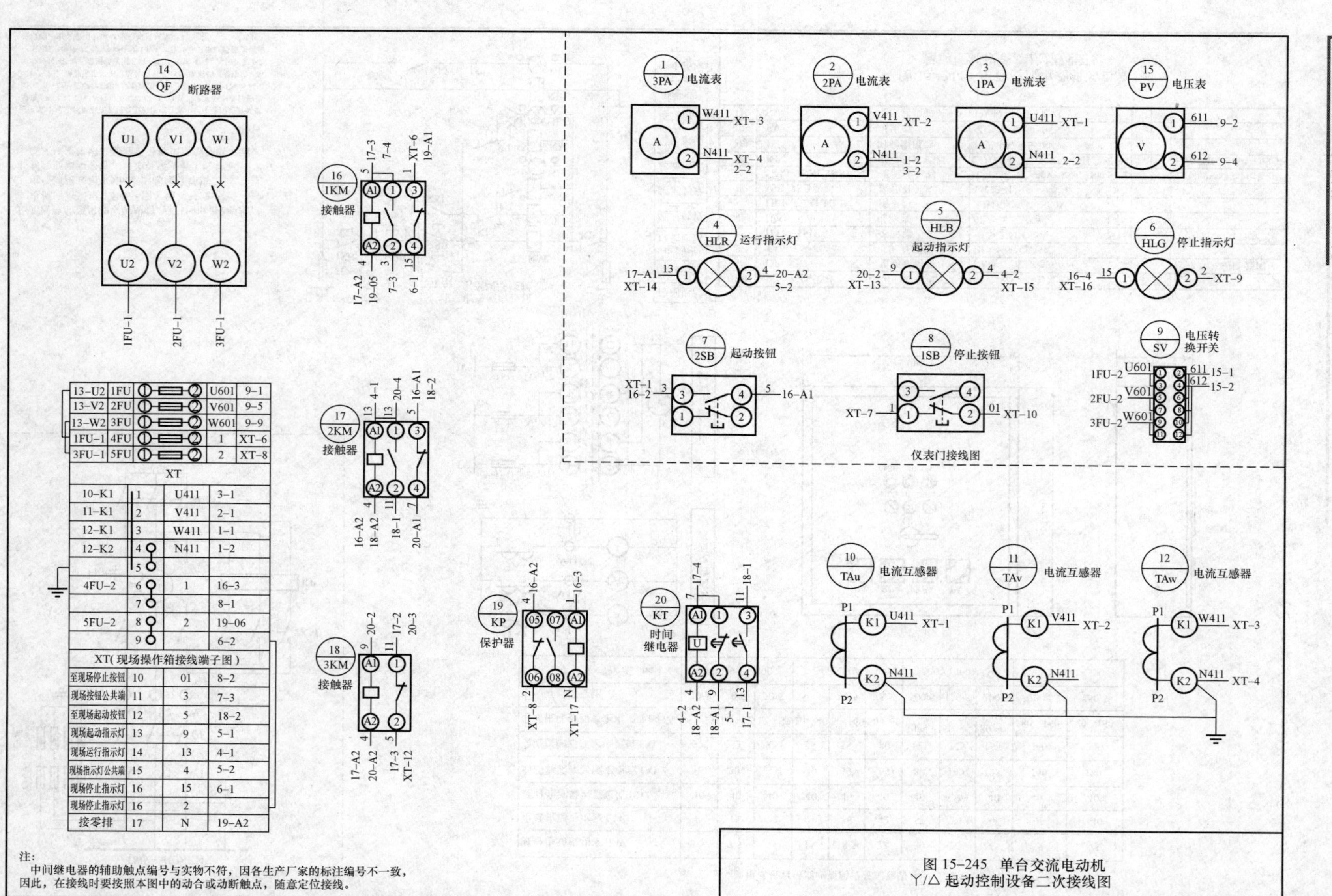

图15-245 单台交流电动机Y/△起动控制设备二次接线图

注：中间继电器的辅助触点编号与实物不符，因各生产厂家的标注编号不一致，因此，在接线时要按照本图中的动合或动断触点，随意定位接线。

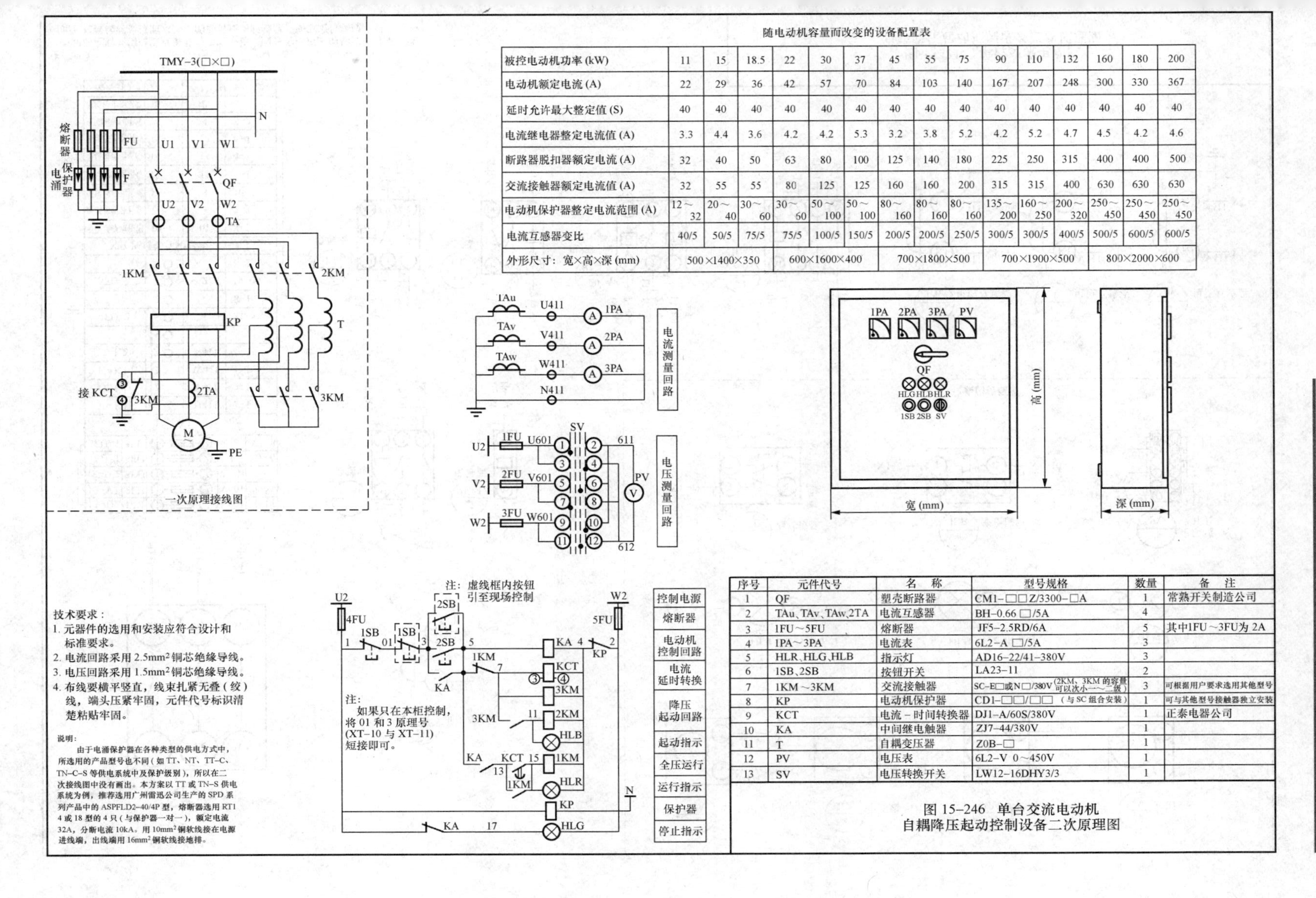

随电动机容量而改变的设备配置表

被控电动机功率 (kW)	11	15	18.5	22	30	37	45	55	75	90	110	132	160	180	200
电动机额定电流 (A)	22	29	36	42	57	70	84	103	140	167	207	248	300	330	367
延时允许最大整定值 (S)	40	40	40	40	40	40	40	40	40	40	40	40	40	40	40
电流继电器整定电流值 (A)	3.3	4.4	3.6	4.2	4.2	5.3	3.2	3.8	5.2	4.2	5.2	4.7	4.5	4.2	4.6
断路器脱扣器额定电流 (A)	32	40	50	63	80	100	125	140	180	225	250	315	400	400	500
交流接触器额定电流值 (A)	32	55	55	80	125	125	160	160	200	315	315	400	630	630	630
电动机保护器整定电流范围 (A)	12～32	20～40	30～60	30～60	50～100	50～100	80～160	80～160	80～160	135～200	160～250	200～320	250～450	250～450	250～450
电流互感器变比	40/5	50/5	75/5	75/5	100/5	150/5	200/5	200/5	250/5	300/5	300/5	400/5	500/5	600/5	600/5
外形尺寸：宽×高×深 (mm)	500×1400×350			600×1600×400			700×1800×500			700×1900×500			800×2000×600		

序号	元件代号	名　称	型号规格	数量	备　注
1	QF	塑壳断路器	CM1-□□Z/3300-□A	1	常熟开关制造公司
2	TAu、TAv、TAw、2TA	电流互感器	BH-0.66 □/5A	4	
3	1FU～5FU	熔断器	JF5-2.5RD/6A	5	其中1FU～3FU为 2A
4	1PA～3PA	电流表	6L2-A □/5A	3	
5	HLR、HLG、HLB	指示灯	AD16-22/41-380V	3	
6	1SB、2SB	按钮开关	LA23-11	2	
7	1KM～3KM	交流接触器	SC-E□或N□/380V（2KM、3KM 的容量可以次小一～二级）	3	可根据用户要求选用其他型号
8	KP	电动机保护器	CD1-□□/□□（与 SC 组合安装）	1	可与其他型号接触器独立安装
9	KCT	电流－时间转换器	DJ1-A/60S/380V	1	正泰电器公司
10	KA	中间继电触器	ZJ7-44/380V	1	
11	T	自耦变压器	Z0B-□	1	
12	PV	电压表	6L2-V 0～450V	1	
13	SV	电压转换开关	LW12-16DHY3/3	1	

技术要求：

1. 元器件的选用和安装应符合设计和标准要求。
2. 电流回路采用 $2.5mm^2$ 铜芯绝缘导线。
3. 电压回路采用 $1.5mm^2$ 铜芯绝缘导线。
4. 布线要横平竖直，线束扎紧无叠（绞）线，端头压紧牢固，元件代号标识清楚粘贴牢固。

说明：

由于电涌保护器在各种类型的供电方式中，所选用的产品型号也不同（如 TT、NT、TT-C、TN-C-S 等供电系统中及保护级别），所以在二次接线图中没有画出。本方案以 TT 或 TN-S 供电系统为例，推荐选用广州雷迅公司生产的 SPD 系列产品中的 ASPFLD2-40/4P 型，熔断器选用 RT14 或 18 型的 4 只（与保护器一对一），额定电流 32A，分断电流 10kA。用 $10mm^2$ 铜软线接在电源进线端，出线端用 $16mm^2$ 铜软线接地排。

图 15-246　单台交流电动机自耦降压起动控制设备二次原理图

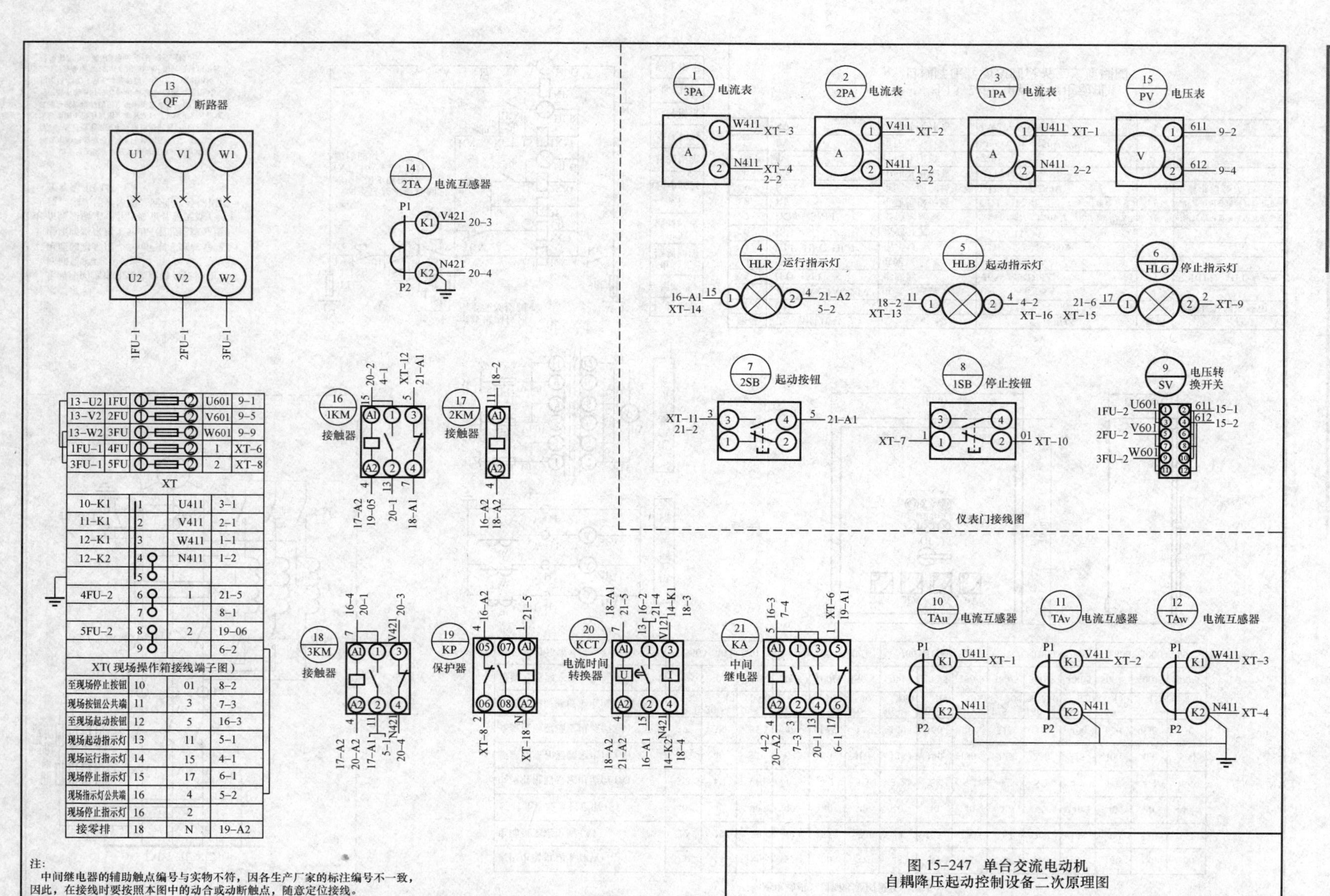

图 15-247 单台交流电动机自耦降压起动控制设备二次原理图

注：中间继电器的辅助触点编号与实物不符，因各生产厂家的标注编号不一致，因此，在接线时要按照本图中的动合或动断触点，随意定位接线。

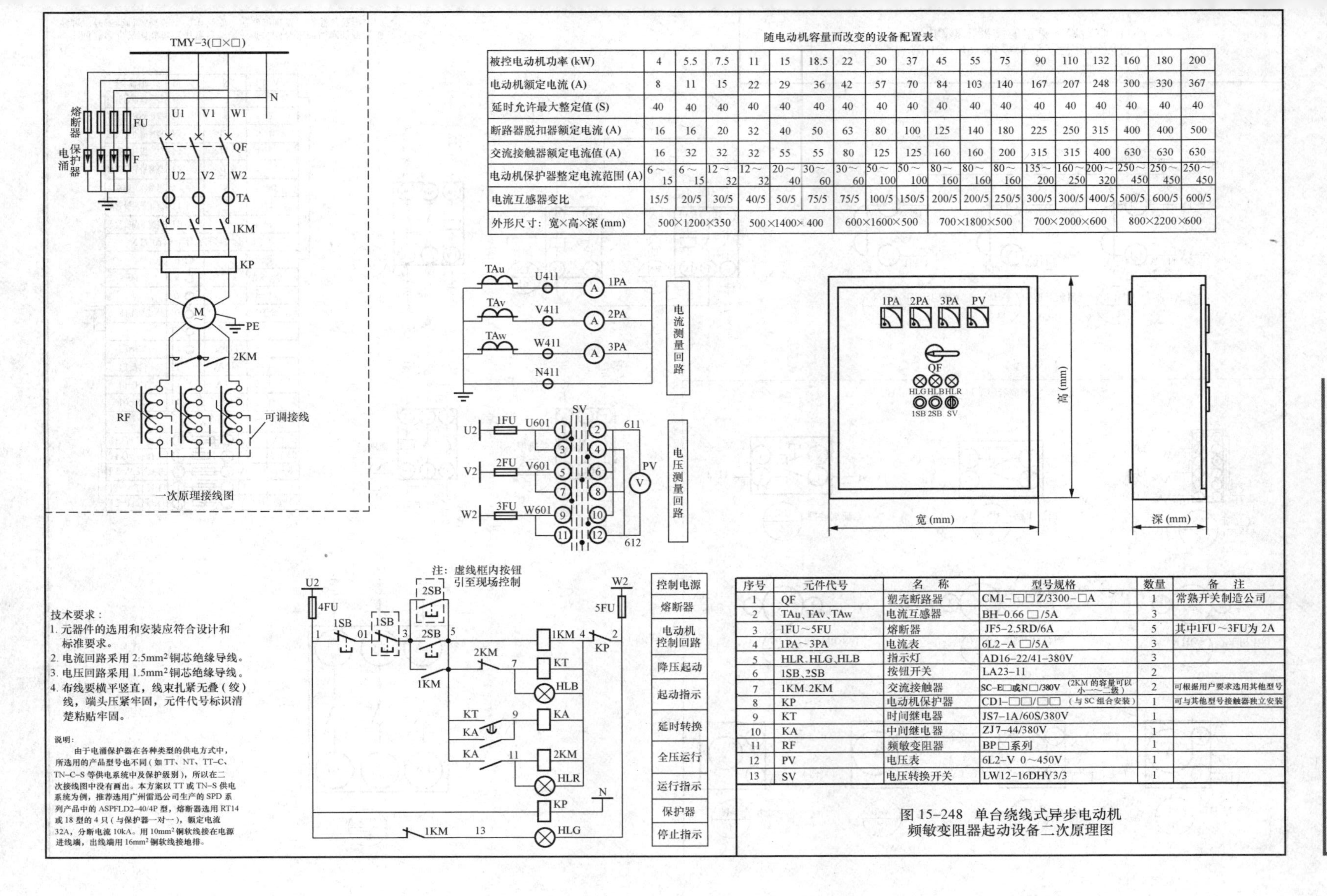

随电动机容量而改变的设备配置表

被控电动机功率 (kW)	4	5.5	7.5	11	15	18.5	22	30	37	45	55	75	90	110	132	160	180	200
电动机额定电流 (A)	8	11	15	22	29	36	42	57	70	84	103	140	167	207	248	300	330	367
延时允许最大整定值 (S)	40	40	40	40	40	40	40	40	40	40	40	40	40	40	40	40	40	40
断路器脱扣器额定电流 (A)	16	16	20	32	40	50	63	80	100	125	140	180	225	250	315	400	400	500
交流接触器额定电流值 (A)	16	32	32	32	55	55	80	125	125	160	160	200	315	315	400	630	630	630
电动机保护器整定电流范围 (A)	6～15	6～15	12～32	12～32	20～40	30～60	30～60	50～100	50～100	80～160	80～160	80～160	135～200	160～250	200～320	250～450	250～450	250～450
电流互感器变比	15/5	20/5	30/5	40/5	50/5	75/5	75/5	100/5	150/5	200/5	200/5	250/5	300/5	300/5	400/5	500/5	600/5	600/5
外形尺寸：宽×高×深 (mm)	500×1200×350			500×1400× 400			600×1600×500			700×1800×500			700×2000×600			800×2200×600		

技术要求：
1. 元器件的选用和安装应符合设计和标准要求。
2. 电流回路采用 $2.5mm^2$ 铜芯绝缘导线。
3. 电压回路采用 $1.5mm^2$ 铜芯绝缘导线。
4. 布线要横平竖直，线束扎紧无叠（绞）线，端头压紧牢固，元件代号标识清楚粘贴牢固。

说明：
由于电涌保护器在各种类型的供电方式中，所选用的产品型号也不同（如 TT、NT、TT–C、TN–C–S 等供电系统中及保护级别），所以在二次接线图中没有画出。本方案以 TT 或 TN–S 供电系统为例，推荐选用广州雷迅公司生产的 SPD 系列产品中的 ASPFLD2–40/4P 型，熔断器选用 RT14 或 18 型的 4 只（与保护器一对一），额定电流 32A，分断电流 10kA。用 $10mm^2$ 铜软线接在电源进线端，出线端用 $16mm^2$ 铜软线接地排。

序号	元件代号	名 称	型号规格	数量	备 注
1	QF	塑壳断路器	CM1–□□Z/3300–□A	1	常熟开关制造公司
2	TAu、TAv、TAw	电流互感器	BH–0.66 □/5A	3	
3	1FU～5FU	熔断器	JF5–2.5RD/6A	5	其中1FU～3FU为 2A
4	1PA～3PA	电流表	6L2–A □/5A	3	
5	HLR、HLG、HLB	指示灯	AD16–22/41–380V	3	
6	1SB、2SB	按钮开关	LA23–11	2	
7	1KM、2KM	交流接触器	SC–E□或N□/380V（2KM 的容量可以小一～二级）	2	可根据用户要求选用其他型号
8	KP	电动机保护器	CD1–□□/□□（与 SC 组合安装）	1	可与其他型号接触器独立安装
9	KT	时间继电器	JS7–1A/60S/380V	1	
10	KA	中间继电器	ZJ7–44/380V	1	
11	RF	频敏变阻器	BP□系列	1	
12	PV	电压表	6L2–V 0～450V	1	
13	SV	电压转换开关	LW12–16DHY3/3	1	

图 15–248 单台绕线式异步电动机频敏变阻器起动设备二次原理图

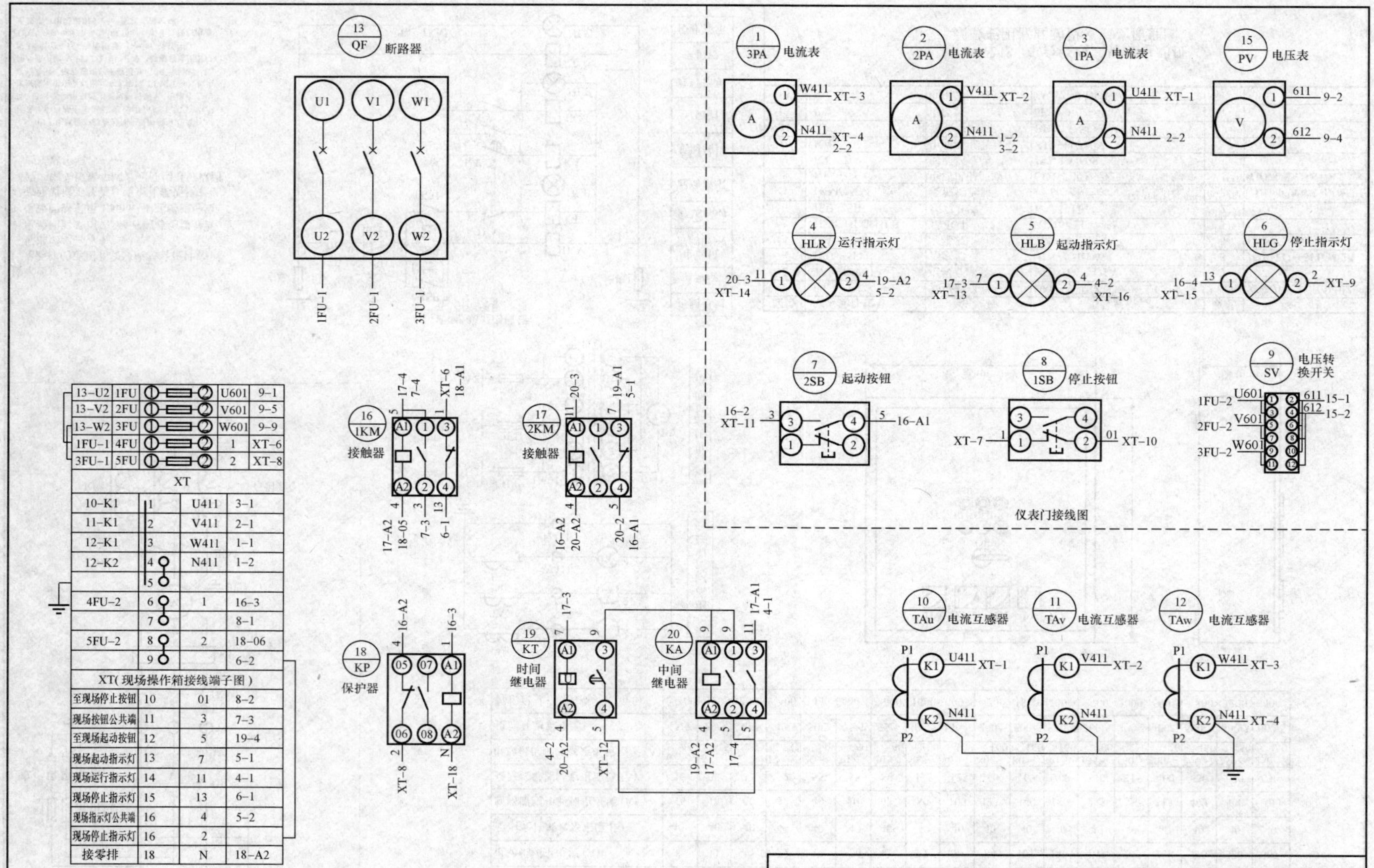
13 QF 断路器
U1 V1 W1
U2 V2 W2
1FU−1 2FU−1 3FU−1
1 3PA 电流表
W411 XT−3
N411 XT−4 2−2
2 2PA 电流表
V411 XT−2
N411 1−2 3−2
3 1PA 电流表
U411 XT−1
N411 2−2
15 PV 电压表
611 9−2
612 9−4
4 HLR 运行指示灯
20−3 XT−14 11
4 19−A2 5−2
5 HLB 起动指示灯
17−3 XT−13 7
4 4−2 XT−16
6 HLG 停止指示灯
16−4 XT−15 13
2 XT−9
7 2SB 起动按钮
16−2 XT−11 3
5 16−A1
8 1SB 停止按钮
XT−7 1
01 XT−10
9 SV 电压转换开关
1FU−2 U601
2FU−2 V601
3FU−2 W601
611 15−1
612 15−2
仪表门接线图
16 1KM 接触器
17−4 7−4
XT−6 18−A1
17−A2 18−05
7−3
6−1
17 2KM 接触器
20−3
19−A1 5−1
16−A2 20−A2
20−2 16−A1
18 KP 保护器
16−A2
16−3
XT−8
XT−18
19 KT 时间继电器
17−3
4−2 20−A2
XT−12
20 KA 中间继电器
17−A1 4−1
19−A2 17−A2
17−4
10 TAu 电流互感器
P1 U411 XT−1
P2 N411
11 TAv 电流互感器
P1 V411 XT−2
P2 N411
12 TAw 电流互感器
P1 W411 XT−3
P2 N411 XT−4
13−U2 1FU U601 9−1
13−V2 2FU V601 9−5
13−W2 3FU W601 9−9
1FU−1 4FU 1 XT−6
3FU−1 5FU 2 XT−8
XT
10−K1 1 U411 3−1
11−K1 2 V411 2−1
12−K1 3 W411 1−1
12−K2 4 N411 1−2
5
4FU−2 6 1 16−3
7 8−1
5FU−2 8 2 18−06
9 6−2
XT(现场操作箱接线端子图)
至现场停止按钮 10 01 8−2
现场按钮公共端 11 3 7−3
至现场起动按钮 12 5 19−4
现场起动指示灯 13 7 5−1
现场运行指示灯 14 11 4−1
现场停止指示灯 15 13 6−1
现场指示灯公共端 16 4 5−2
现场停止指示灯 16 2
接零排 18 N 18−A2

图 15−249　单台绕线式异步电动机频敏变阻器起动设备二次原理图

注：

中间继电器的辅助触点编号与实物不符，因各生产厂家的标注编号不一致，因此，在接线时要按照本图中的动合或动断触点，随意定位接线。

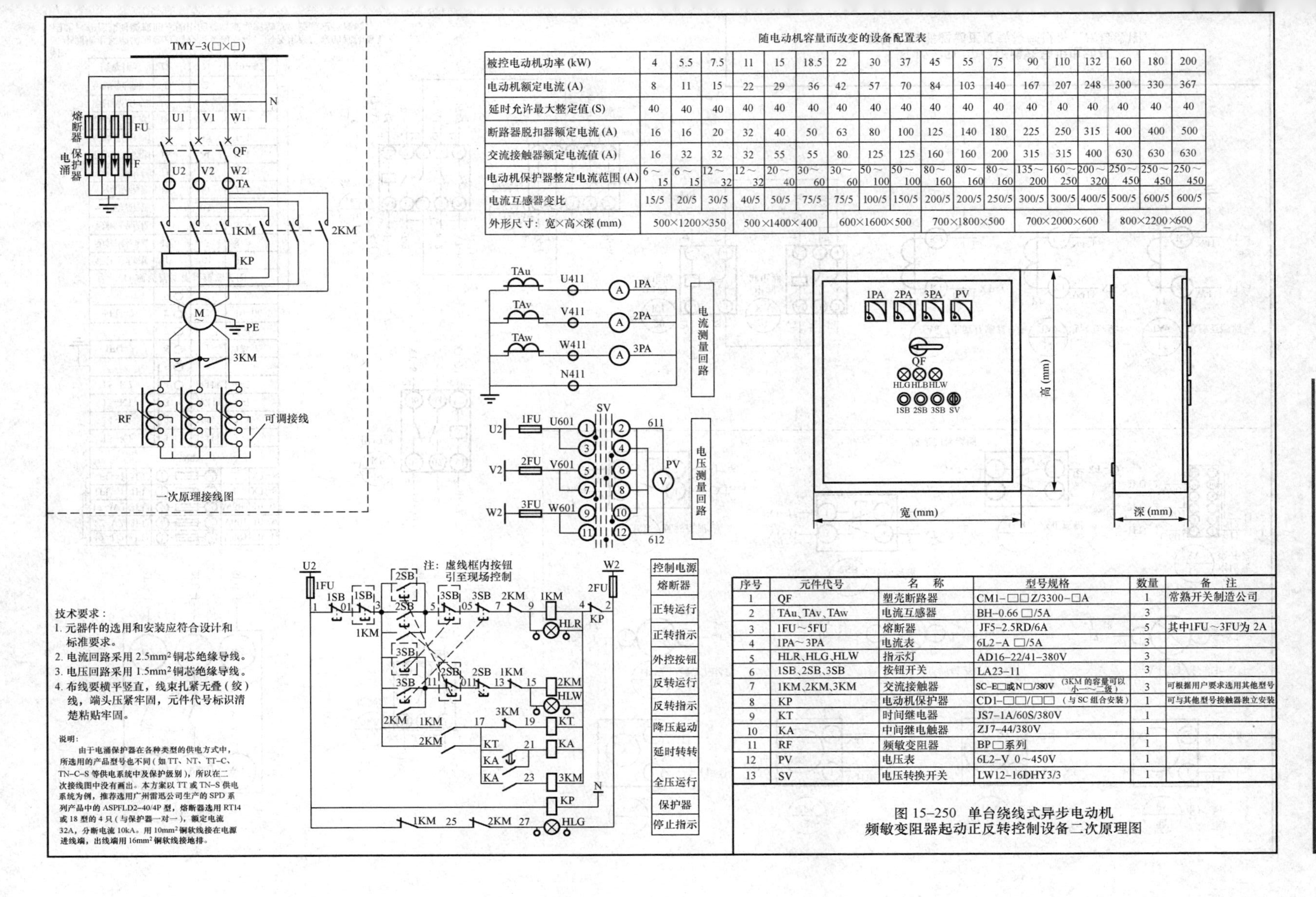

随电动机容量而改变的设备配置表

被控电动机功率 (kW)	4	5.5	7.5	11	15	18.5	22	30	37	45	55	75	90	110	132	160	180	200
电动机额定电流 (A)	8	11	15	22	29	36	42	57	70	84	103	140	167	207	248	300	330	367
延时允许最大整定值 (S)	40	40	40	40	40	40	40	40	40	40	40	40	40	40	40	40	40	40
断路器脱扣器额定电流 (A)	16	16	20	32	40	50	63	80	100	125	140	180	225	250	315	400	400	500
交流接触器额定电流值 (A)	16	32	32	32	55	55	80	125	125	160	160	200	315	315	400	630	630	630
电动机保护器整定电流范围 (A)	6～15	6～15	12～32	12～32	20～40	30～60	30～60	50～100	50～100	80～160	80～160	80～160	135～200	160～250	200～320	250～450	250～450	250～450
电流互感器变比	15/5	20/5	30/5	40/5	50/5	75/5	75/5	100/5	150/5	200/5	200/5	250/5	300/5	300/5	400/5	500/5	600/5	600/5
外形尺寸：宽×高×深 (mm)	500×1200×350			500×1400×400			600×1600×500			700×1800×500			700×2000×600			800×2200×600		

技术要求：

1. 元器件的选用和安装应符合设计和标准要求。
2. 电流回路采用 2.5mm² 铜芯绝缘导线。
3. 电压回路采用 1.5mm² 铜芯绝缘导线。
4. 布线要横平竖直，线束扎紧无叠（绞）线，端头压紧牢固，元件代号标识清楚粘贴牢固。

说明：

由于电涌保护器在各种类型的供电方式中，所选用的产品型号也不同（如 TT、NT、TT–C、TN–C–S 等供电系统中及保护级别），所以在二次接线图中没有画出。本方案以 TT 或 TN–S 供电系统为例，推荐选用广州雷迅公司生产的 SPD 系列产品中的 ASPFLD2–40/4P 型，熔断器选用 RT14 或 18 型的 4 只（与保护器一对一），额定电流 32A，分断电流 10kA。用 10mm² 铜软线接在电源进线端，出线端用 16mm² 铜软线接地排。

序号	元件代号	名　称	型号规格	数量	备　注
1	QF	塑壳断路器	CM1–□□Z/3300–□A	1	常熟开关制造公司
2	TAu、TAv、TAw	电流互感器	BH–0.66 □/5A	3	
3	1FU～5FU	熔断器	JF5–2.5RD/6A	5	其中1FU～3FU为 2A
4	1PA～3PA	电流表	6L2–A □/5A	3	
5	HLR、HLG、HLW	指示灯	AD16–22/41–380V	3	
6	1SB、2SB、3SB	按钮开关	LA23–11	3	
7	1KM、2KM、3KM	交流接触器	SC–E□或N□/380V（3KM 的容量可以小一～二级）	3	可根据用户要求选用其他型号
8	KP	电动机保护器	CD1–□□/□□（与 SC 组合安装）	1	可与其他型号接触器独立安装
9	KT	时间继电器	JS7–1A/60S/380V	1	
10	KA	中间继电触器	ZJ7–44/380V	1	
11	RF	频敏变阻器	BP□系列	1	
12	PV	电压表	6L2–V 0～450V	1	
13	SV	电压转换开关	LW12–16DHY3/3	1	

图 15–250　单台绕线式异步电动机频敏变阻器起动正反转控制设备二次原理图

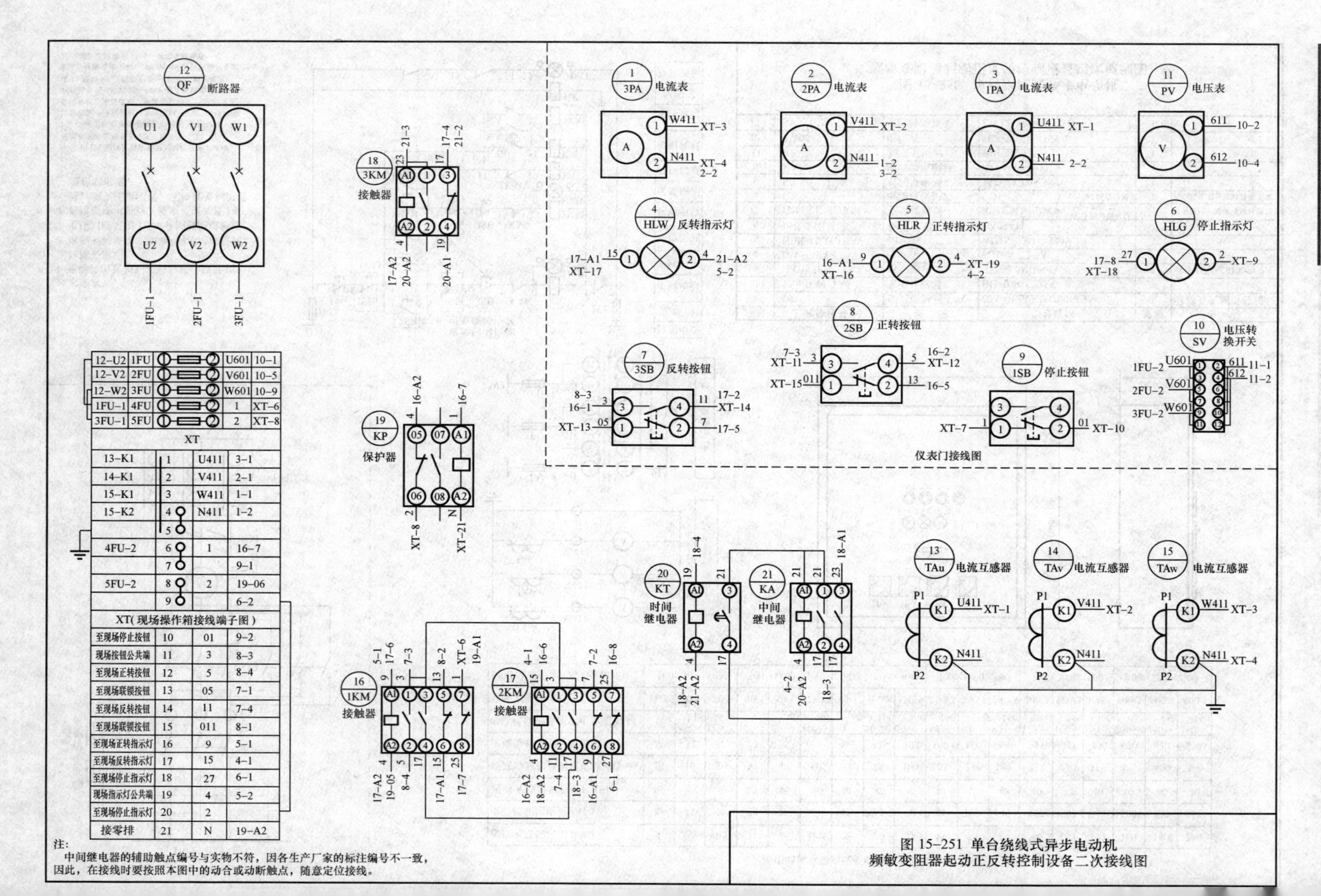

12-U2	1FU	U601	10-1
12-V2	2FU	V601	10-5
12-W2	3FU	W601	10-9
1FU-1	4FU	1	XT-6
3FU-1	5FU	2	XT-8

XT

13-K1	1	U411	3-1
14-K1	2	V411	2-1
15-K1	3	W411	1-1
15-K2	4	N411	1-2
	5		
4FU-2	6	1	16-7
	7		9-1
5FU-2	8	2	19-06
	9		6-2

XT（现场操作箱接线端子图）

至现场停止按钮	10	01	9-2
现场按钮公共端	11	3	8-3
至现场正转按钮	12	5	8-4
至现场联锁按钮	13	05	7-1
至现场反转按钮	14	11	7-4
至现场联锁按钮	15	011	8-1
至现场正转指示灯	16	9	5-1
至现场反转指示灯	17	15	4-1
至现场停止指示灯	18	27	6-1
现场指示灯公共端	19	4	5-2
至现场停止指示灯	20	2	
接零排	21	N	19-A2

注：
中间继电器的辅助触点编号与实物不符，因各生产厂家的标注编号不一致，因此，在接线时要按照本图中的动合或动断触点，随意定位接线。

图 15-251 单台绕线式异步电动机频敏变阻器起动正反转控制设备二次接线图

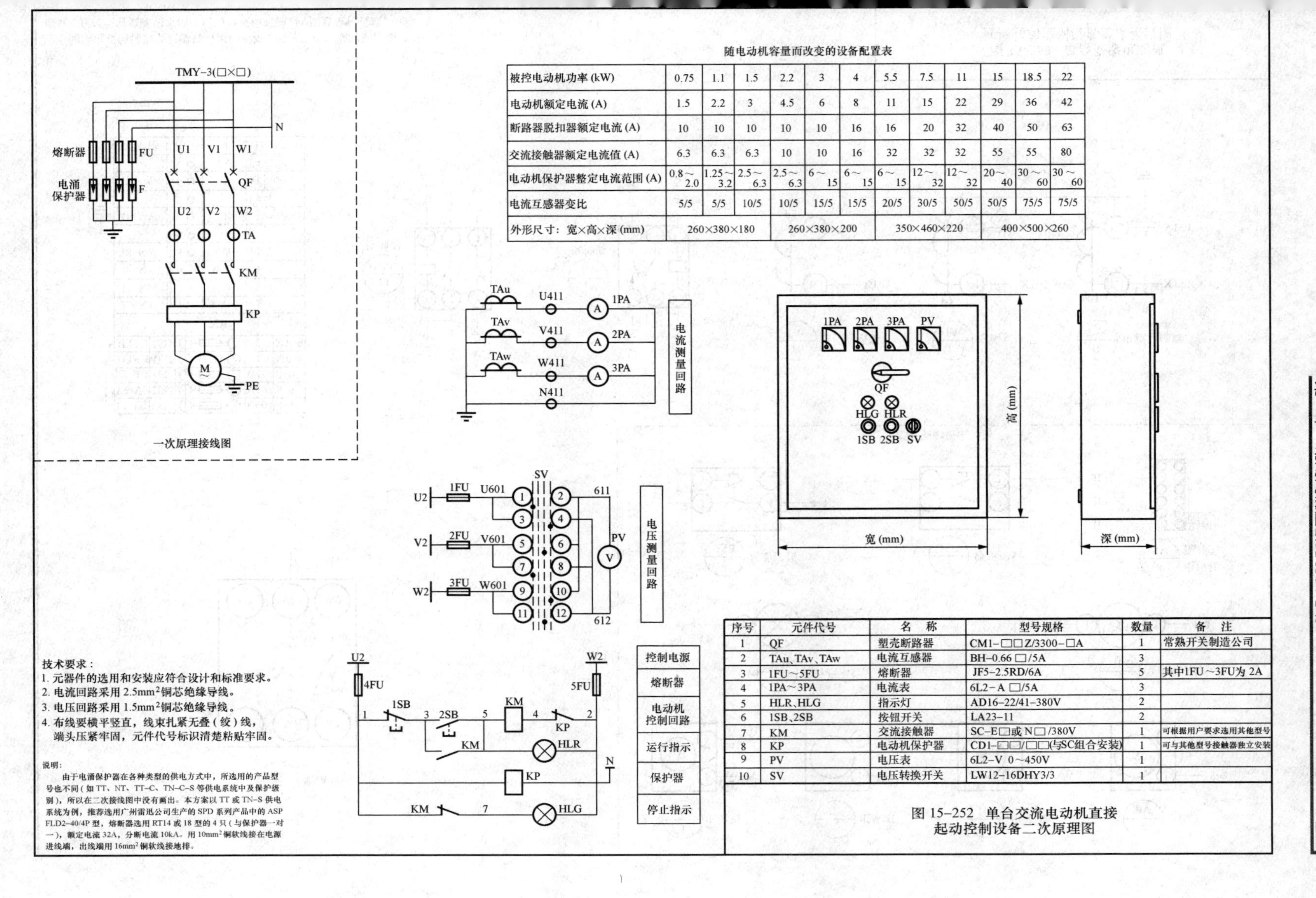

随电动机容量而改变的设备配置表

被控电动机功率 (kW)	0.75	1.1	1.5	2.2	3	4	5.5	7.5	11	15	18.5	22
电动机额定电流 (A)	1.5	2.2	3	4.5	6	8	11	15	22	29	36	42
断路器脱扣器额定电流 (A)	10	10	10	10	10	16	16	20	32	40	50	63
交流接触器额定电流值 (A)	6.3	6.3	6.3	10	10	16	32	32	32	55	55	80
电动机保护器整定电流范围 (A)	0.8～2.0	1.25～3.2	2.5～6.3	2.5～6.3	6～15	6～15	6～15	12～32	12～32	20～40	30～60	30～60
电流互感器变比	5/5	5/5	10/5	10/5	15/5	15/5	20/5	30/5	50/5	50/5	75/5	75/5
外形尺寸：宽×高×深 (mm)	260×380×180			260×380×200			350×460×220			400×500×260		

序号	元件代号	名　称	型号规格	数量	备　注
1	QF	塑壳断路器	CM1-□□Z/3300-□A	1	常熟开关制造公司
2	TAu、TAv、TAw	电流互感器	BH-0.66 □/5A	3	
3	1FU～5FU	熔断器	JF5-2.5RD/6A	5	其中1FU～3FU为2A
4	1PA～3PA	电流表	6L2-A □/5A	3	
5	HLR、HLG	指示灯	AD16-22/41-380V	2	
6	1SB、2SB	按钮开关	LA23-11	2	
7	KM	交流接触器	SC-E□或N□/380V	1	可根据用户要求选用其他型号
8	KP	电动机保护器	CD1-□□/□□(与SC组合安装)	1	可与其他型号接触器独立安装
9	PV	电压表	6L2-V 0～450V	1	
10	SV	电压转换开关	LW12-16DHY3/3	1	

技术要求：
1. 元器件的选用和安装应符合设计和标准要求。
2. 电流回路采用 2.5mm²铜芯绝缘导线。
3. 电压回路采用 1.5mm²铜芯绝缘导线。
4. 布线要横平竖直，线束扎紧无叠（绞）线，端头压紧牢固，元件代号标识清楚粘贴牢固。

说明：

由于电涌保护器在各种类型的供电方式中，所选用的产品型号也不同（如 TT、NT、TT-C、TN-C-S 等供电系统中及保护级别），所以在二次接线图中没有画出。本方案以 TT 或 TN-S 供电系统为例，推荐选用广州雷迅公司生产的 SPD 系列产品中的 ASP FLD2-40/4P 型，熔断器选用 RT14 或 18 型的 4 只（与保护器一对一），额定电流 32A，分断电流 10kA。用 10mm²铜软线接在电源进线端，出线端用 16mm²铜软线接地排。

图 15-252　单台交流电动机直接起动控制设备二次原理图

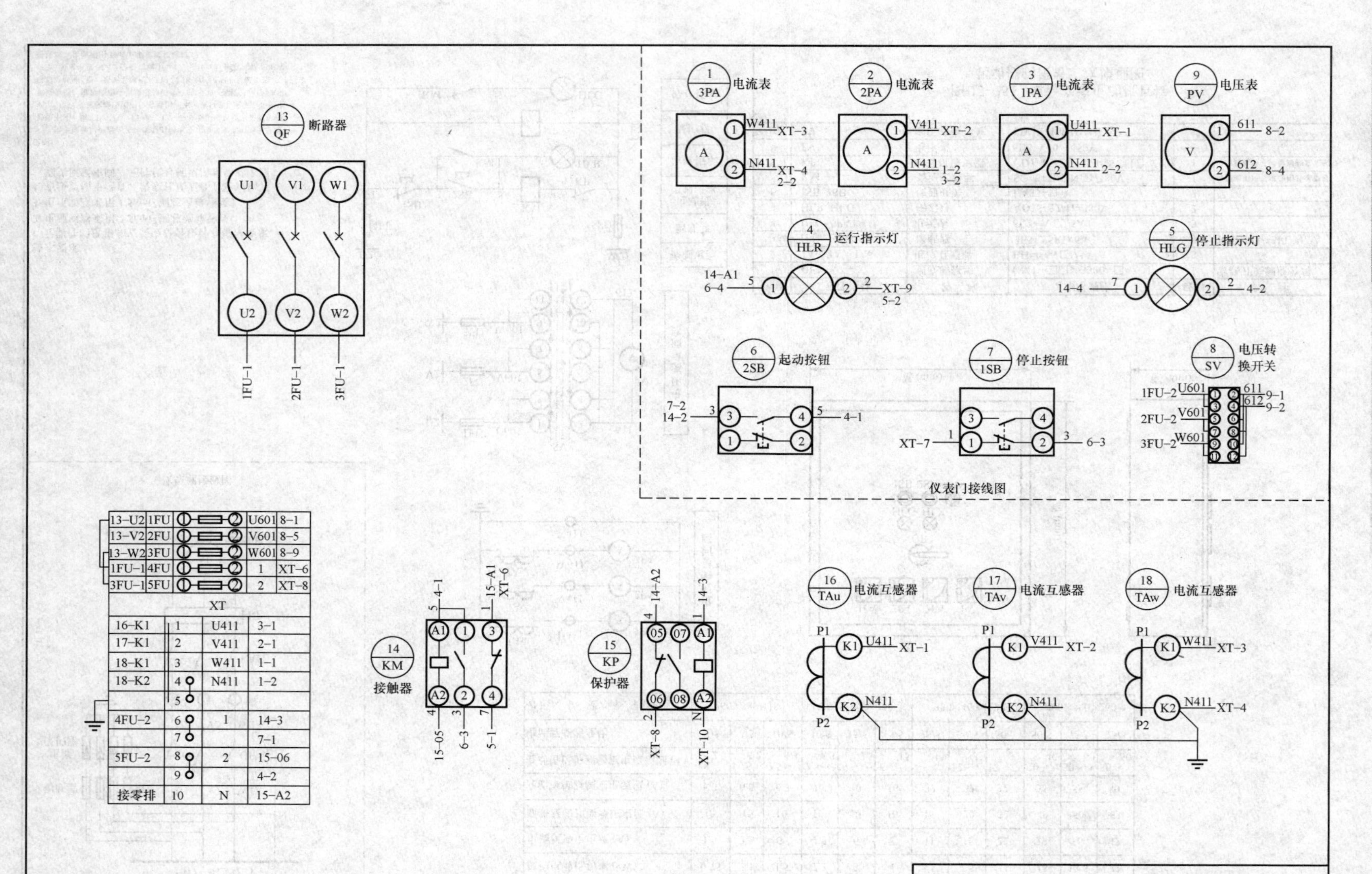

注：
中间继电器的辅助触点编号与实物不符，因各生产厂家的标注编号不一致，因此，在接线时要按照本图中的动合或动断触点，随意定位接线。

图 15-253 单台交流电动机直接起动控制设备二次接线图

随电动机容量而改变的设备配置表

被控电动机功率 (kW)	0.75	1.1	1.5	2.2	3	4	5.5	7.5	11	15	18.5	22
电动机额定电流 (A)	1.5	2.2	3	4.5	6	8	11	15	22	29	36	42
断路器脱扣器额定电流 (A)	10	10	10	16	10	16	16	20	32	40	50	63
交流接触器额定电流值 (A)	6.3	6.3	6.3	10	10	16	32	32	32	55	55	80
电动机保护器整定电流范围 (A)	0.8～2.0	1.25～3.2	2.5～6.3	2.5～6.3	6～15	6～15	6～15	12～32	12～32	20～40	30～60	30～60
电流互感器变比	5/5	5/5	10/5	10/5	15/5	15/5	20/5	30/5	50/5	50/5	75/5	75/5
外形尺寸：宽×高×深 (mm)	260×380×180			260×380×200			350×460×220			400×500×260		

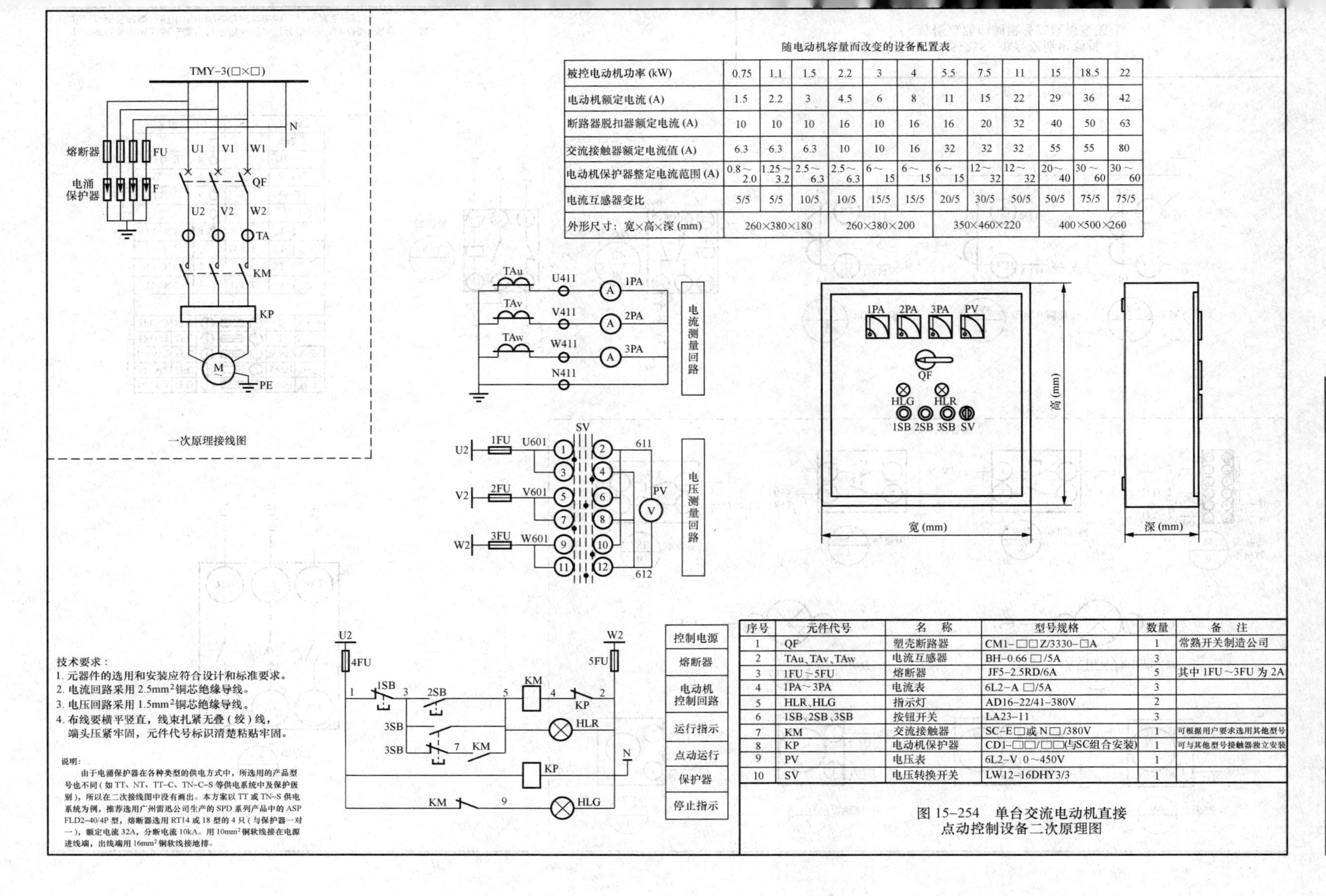

技术要求：
1. 元器件的选用和安装应符合设计和标准要求。
2. 电流回路采用 2.5mm²铜芯绝缘导线。
3. 电压回路采用 1.5mm²铜芯绝缘导线。
4. 布线要横平竖直，线束扎紧无叠（绞）线，端头压紧牢固，元件代号标识清楚粘贴牢固。

说明：

由于电涌保护器在各种类型的供电方式中，所选用的产品型号也不同（如 TT、NT、TT–C、TN–C–S 等供电系统中及保护级别），所以在二次接线图中没有画出。本方案以 TT 或 TN–S 供电系统为例，推荐选用广州雷迅公司生产的 SPD 系列产品中的 ASP FLD2–40/4P 型，熔断器选用 RT14 或 18 型的 4 只（与保护器一对一），额定电流 32A，分断电流 10kA。用 10mm²铜软线接在电源进线端，出线端用 16mm²铜软线接地排。

序号	元件代号	名　称	型号规格	数量	备　注
1	QF	塑壳断路器	CM1–□□Z/3330–□A	1	常熟开关制造公司
2	TAu、TAv、TAw	电流互感器	BH–0.66 □/5A	3	
3	1FU～5FU	熔断器	JF5–2.5RD/6A	5	其中 1FU～3FU 为 2A
4	1PA～3PA	电流表	6L2–A □/5A	3	
5	HLR、HLG	指示灯	AD16–22/41–380V	2	
6	1SB、2SB、3SB	按钮开关	LA23–11	3	
7	KM	交流接触器	SC–E□或 N□/380V	1	可根据用户要求选用其他型号
8	KP	电动机保护器	CD1–□□/□□(与SC组合安装)	1	可与其他型号接触器独立安装
9	PV	电压表	6L2–V 0～450V	1	
10	SV	电压转换开关	LW12–16DHY3/3	1	

图 15–254　单台交流电动机直接点动控制设备二次原理图

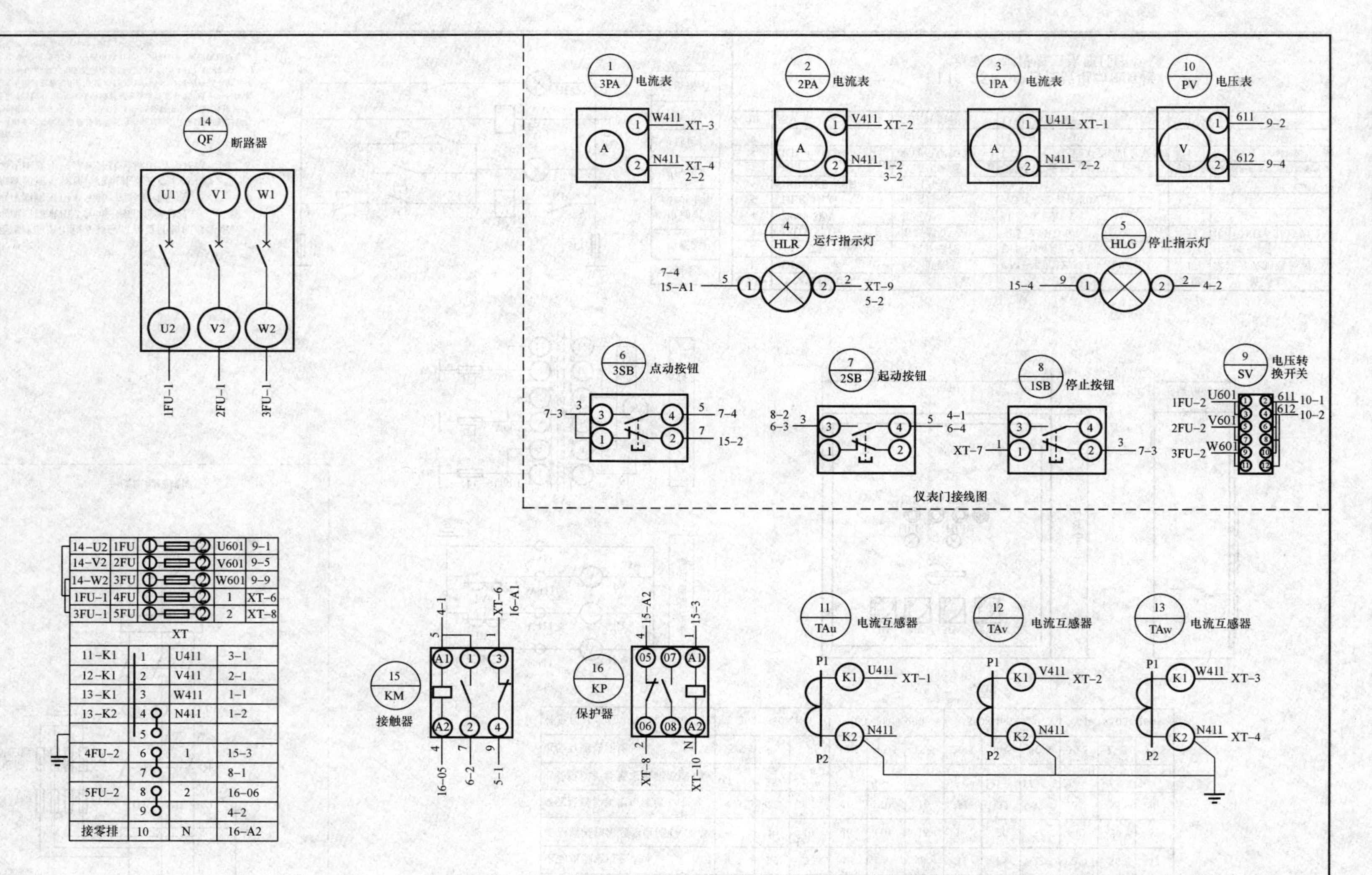

注：
中间继电器的辅助触点编号与实物不符，因各生产厂家的标注编号不一致，因此，在接线时要按照本图中的动合或动断触点，随意定位接线。

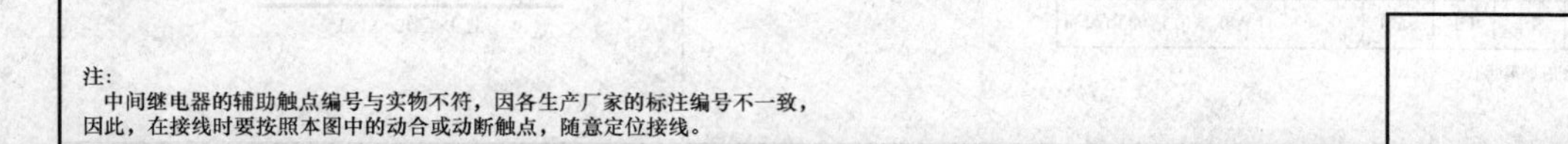
图 15-255 单台交流电动机直接点动控制设备二次接线图

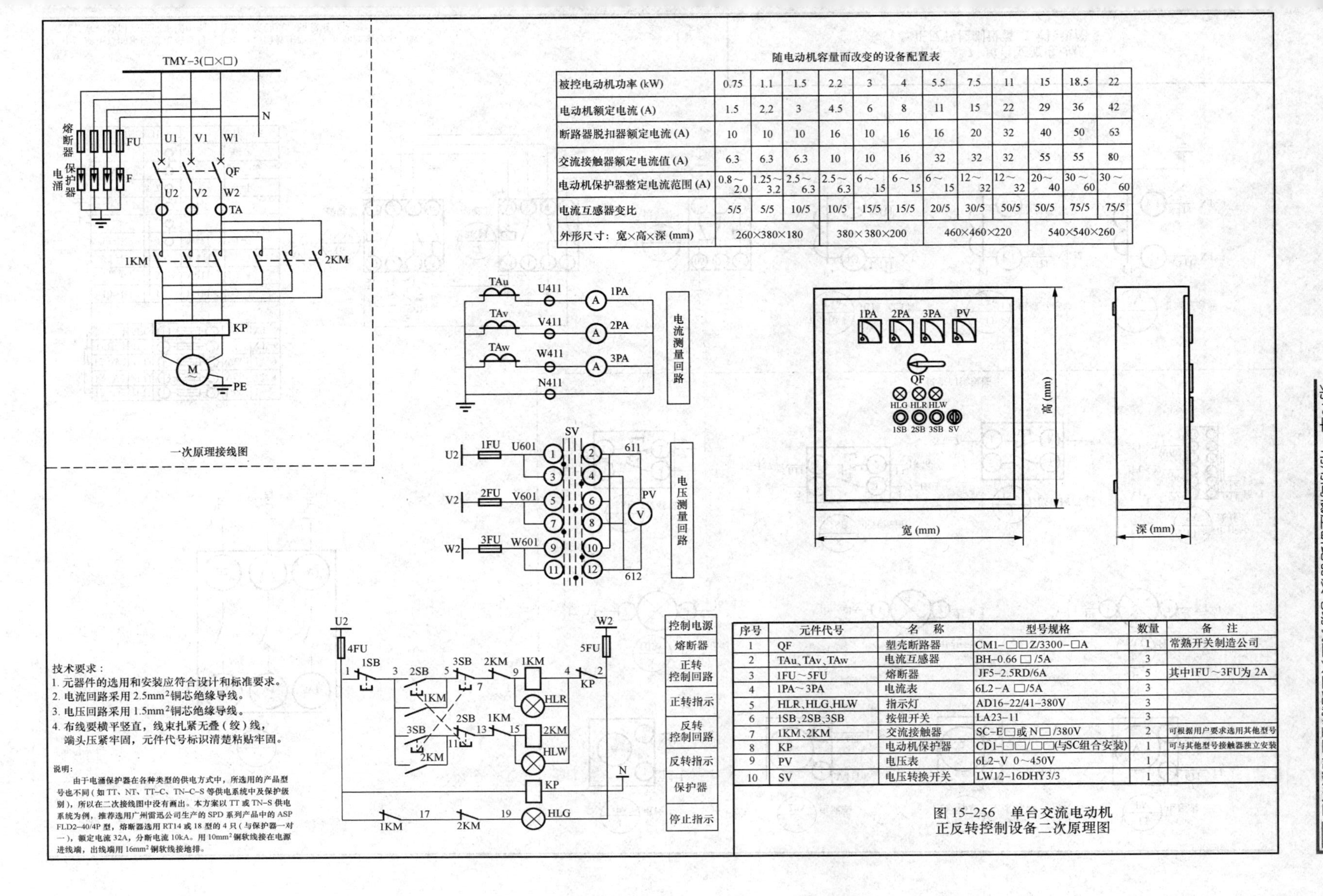

随电动机容量而改变的设备配置表

被控电动机功率 (kW)	0.75	1.1	1.5	2.2	3	4	5.5	7.5	11	15	18.5	22
电动机额定电流 (A)	1.5	2.2	3	4.5	6	8	11	15	22	29	36	42
断路器脱扣器额定电流 (A)	10	10	10	16	10	16	16	20	32	40	50	63
交流接触器额定电流值 (A)	6.3	6.3	6.3	10	10	16	32	32	32	55	55	80
电动机保护器整定电流范围 (A)	0.8~2.0	1.25~3.2	2.5~6.3	2.5~6.3	6~15	6~15	6~15	12~32	12~32	20~40	30~60	30~60
电流互感器变比	5/5	5/5	10/5	10/5	15/5	15/5	20/5	30/5	50/5	50/5	75/5	75/5
外形尺寸：宽×高×深 (mm)	260×380×180			380×380×200			460×460×220			540×540×260		

序号	元件代号	名　称	型号规格	数量	备　注
1	QF	塑壳断路器	CM1-□□Z/3300-□A	1	常熟开关制造公司
2	TAu、TAv、TAw	电流互感器	BH-0.66 □/5A	3	
3	1FU~5FU	熔断器	JF5-2.5RD/6A	5	其中1FU~3FU为 2A
4	1PA~3PA	电流表	6L2-A □/5A	3	
5	HLR、HLG、HLW	指示灯	AD16-22/41-380V	3	
6	1SB、2SB、3SB	按钮开关	LA23-11	3	
7	1KM、2KM	交流接触器	SC-E□或N□/380V	2	可根据用户要求选用其他型号
8	KP	电动机保护器	CD1-□□/□□(与SC组合安装)	1	可与其他型号接触器独立安装
9	PV	电压表	6L2-V 0~450V	1	
10	SV	电压转换开关	LW12-16DHY3/3	1	

技术要求：
1. 元器件的选用和安装应符合设计和标准要求。
2. 电流回路采用 $2.5mm^2$ 铜芯绝缘导线。
3. 电压回路采用 $1.5mm^2$ 铜芯绝缘导线。
4. 布线要横平竖直，线束扎紧无叠（绞）线，端头压紧牢固，元件代号标识清楚粘贴牢固。

说明：

由于电涌保护器在各种类型的供电方式中，所选用的产品型号也不同（如 TT、NT、TT–C、TN–C–S 等供电系统中及保护级别），所以在二次接线图中没有画出。本方案以 TT 或 TN–S 供电系统为例，推荐选用广州雷迅公司生产的 SPD 系列产品中的 ASP FLD2–40/4P 型，熔断器选用 RT14 或 18 型的 4 只（与保护器一对一），额定电流 32A，分断电流 10kA。用 $10mm^2$ 铜软线接在电源进线端，出线端用 $16mm^2$ 铜软线接地排。

图 15–256　单台交流电动机正反转控制设备二次原理图

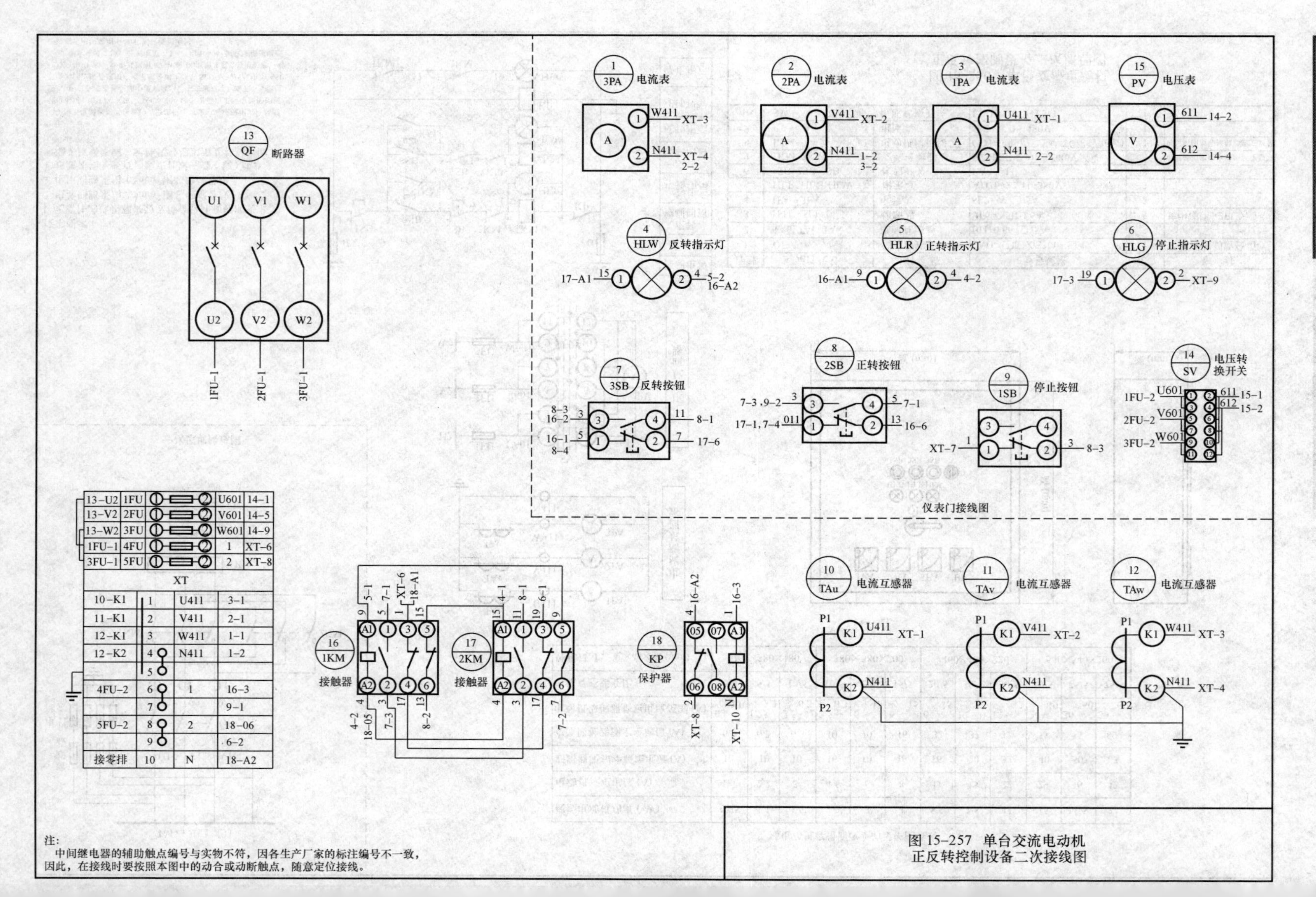

图 15-257　单台交流电动机
正反转控制设备二次接线图

注：
中间继电器的辅助触点编号与实物不符，因各生产厂家的标注编号不一致，因此，在接线时要按照本图中的动合或动断触点，随意定位接线。

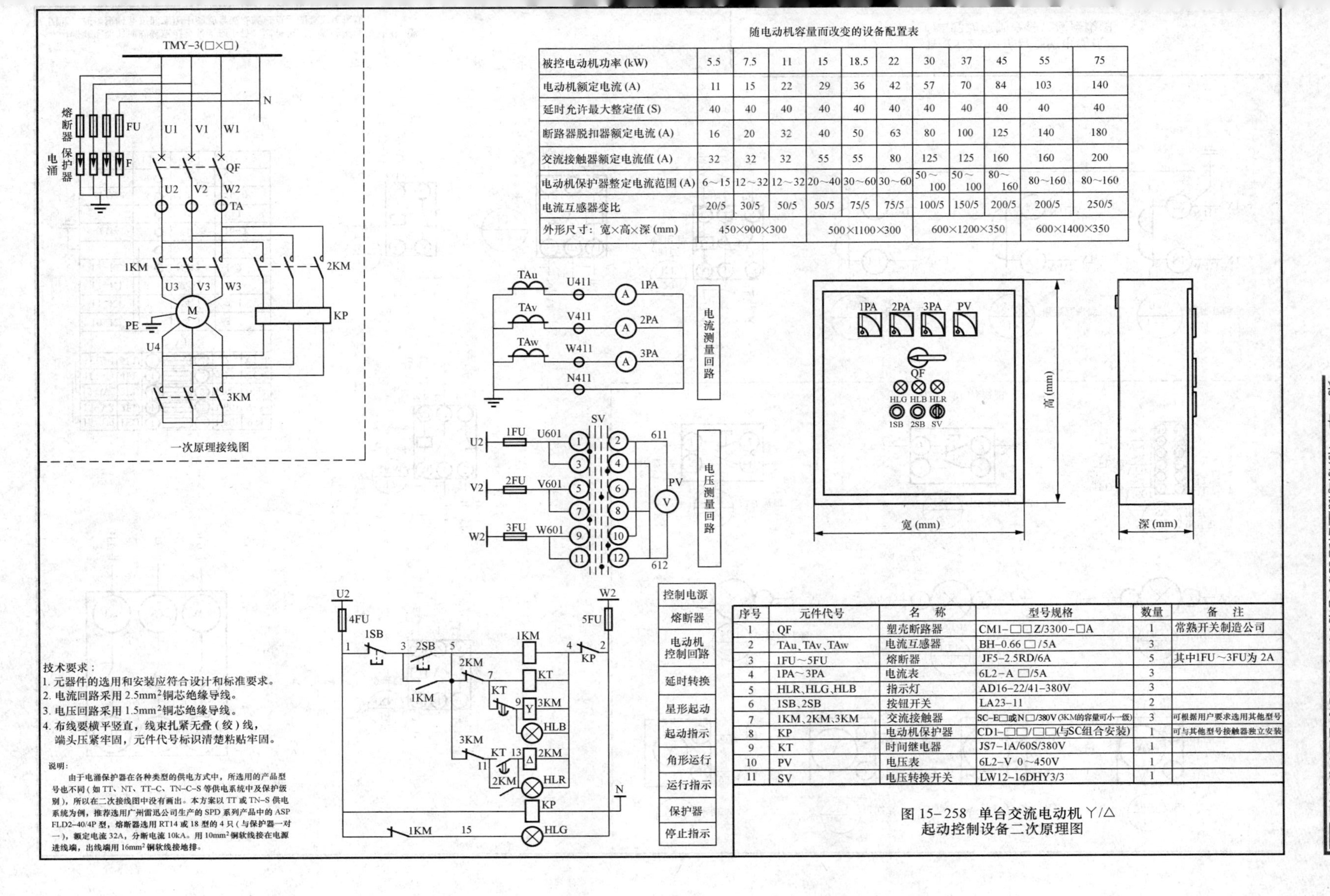

随电动机容量而改变的设备配置表

被控电动机功率 (kW)	5.5	7.5	11	15	18.5	22	30	37	45	55	75
电动机额定电流 (A)	11	15	22	29	36	42	57	70	84	103	140
延时允许最大整定值 (S)	40	40	40	40	40	40	40	40	40	40	40
断路器脱扣器额定电流 (A)	16	20	32	40	50	63	80	100	125	140	180
交流接触器额定电流值 (A)	32	32	32	55	55	80	125	125	160	160	200
电动机保护器整定电流范围 (A)	6～15	12～32	12～32	20～40	30～60	30～60	50～100	50～100	80～160	80～160	80～160
电流互感器变比	20/5	30/5	50/5	50/5	75/5	75/5	100/5	150/5	200/5	200/5	250/5
外形尺寸：宽×高×深 (mm)	450×900×300			500×1100×300			600×1200×350			600×1400×350	

技术要求：
1. 元器件的选用和安装应符合设计和标准要求。
2. 电流回路采用 2.5mm²铜芯绝缘导线。
3. 电压回路采用 1.5mm²铜芯绝缘导线。
4. 布线要横平竖直，线束扎紧无叠（绞）线，端头压紧牢固，元件代号标识清楚粘贴牢固。

说明：

由于电涌保护器在各种类型的供电方式中，所选用的产品型号也不同（如 TT、NT、TT–C、TN–C–S 等供电系统中及保护级别），所以在二次接线图中没有画出。本方案以 TT 或 TN–S 供电系统为例，推荐选用广州雷迅公司生产的 SPD 系列产品中的 ASP FLD2–40/4P 型，熔断器选用 RT14 或 18 型的 4 只（与保护器一对一），额定电流 32A，分断电流 10kA。用 10mm²铜软线接在电源进线端，出线端用 16mm²铜软线接地排。

序号	元件代号	名 称	型号规格	数量	备 注
1	QF	塑壳断路器	CM1–□□Z/3300–□A	1	常熟开关制造公司
2	TAu、TAv、TAw	电流互感器	BH–0.66 □/5A	3	
3	1FU～5FU	熔断器	JF5–2.5RD/6A	5	其中1FU～3FU为 2A
4	1PA～3PA	电流表	6L2–A □/5A	3	
5	HLR、HLG、HLB	指示灯	AD16–22/41–380V	3	
6	1SB、2SB	按钮开关	LA23–11	2	
7	1KM、2KM、3KM	交流接触器	SC–E□或N□/380V (3KM的容量可小一级)	3	可根据用户要求选用其他型号
8	KP	电动机保护器	CD1–□□/□□(与SC组合安装)	1	可与其他型号接触器独立安装
9	KT	时间继电器	JS7–1A/60S/380V	1	
10	PV	电压表	6L2–V 0～450V	1	
11	SV	电压转换开关	LW12–16DHY3/3	1	

图 15–258 单台交流电动机 Y/△ 起动控制设备二次原理图

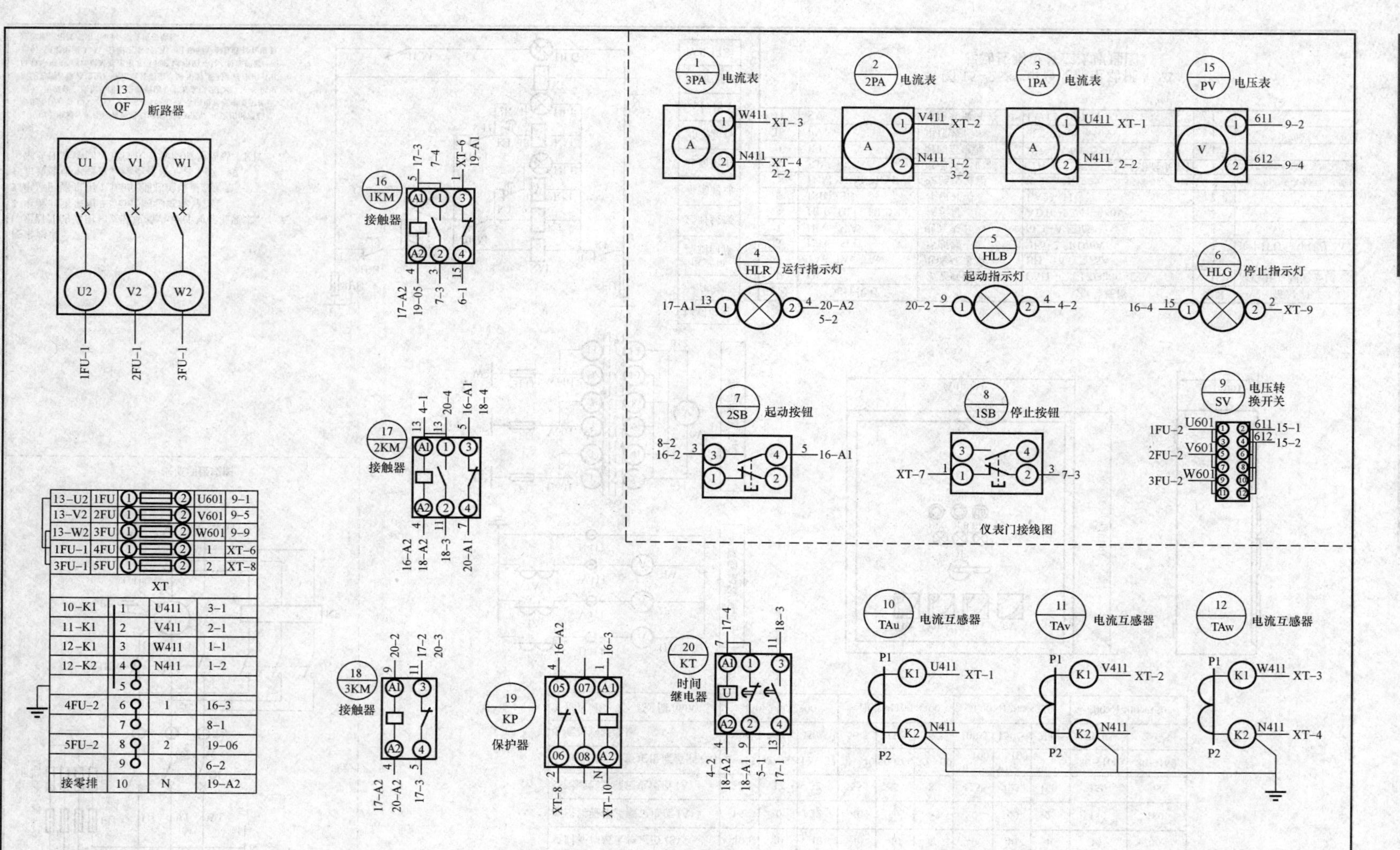

图 15-259 单台交流电动机Y/△起动控制设备二次接线图

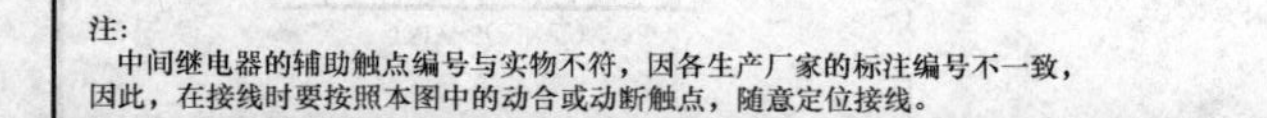
注：
中间继电器的辅助触点编号与实物不符，因各生产厂家的标注编号不一致，因此，在接线时要按照本图中的动合或动断触点，随意定位接线。

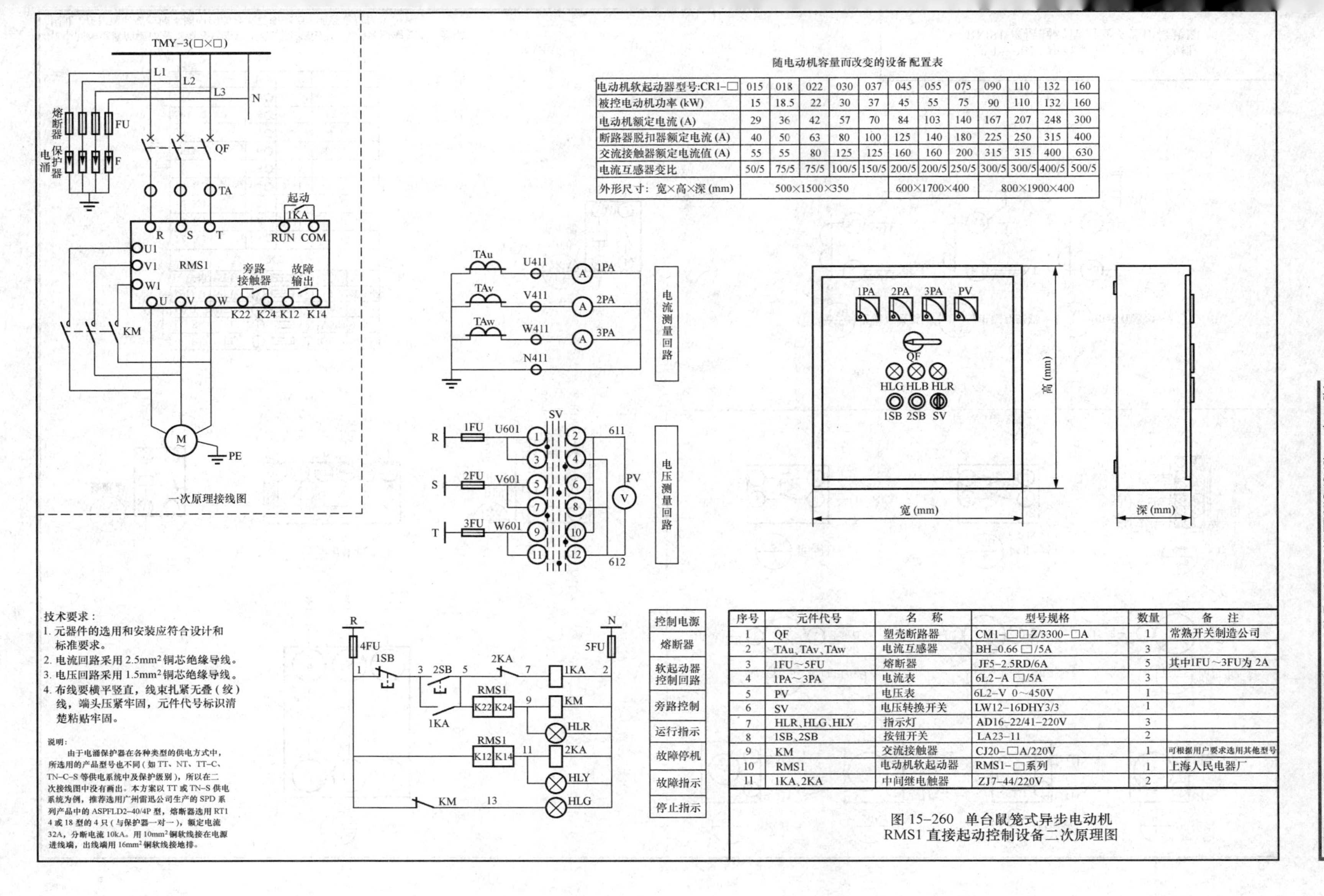

随电动机容量而改变的设备配置表

电动机软起动器型号:CR1-□	015	018	022	030	037	045	055	075	090	110	132	160
被控电动机功率 (kW)	15	18.5	22	30	37	45	55	75	90	110	132	160
电动机额定电流 (A)	29	36	42	57	70	84	103	140	167	207	248	300
断路器脱扣器额定电流 (A)	40	50	63	80	100	125	140	180	225	250	315	400
交流接触器额定电流值 (A)	55	55	80	125	125	160	160	200	315	315	400	630
电流互感器变比	50/5	75/5	75/5	100/5	150/5	200/5	200/5	250/5	300/5	300/5	400/5	500/5
外形尺寸：宽×高×深 (mm)	500×1500×350					600×1700×400			800×1900×400			

技术要求：

1. 元器件的选用和安装应符合设计和标准要求。
2. 电流回路采用 $2.5mm^2$ 铜芯绝缘导线。
3. 电压回路采用 $1.5mm^2$ 铜芯绝缘导线。
4. 布线要横平竖直，线束扎紧无叠（绞）线，端头压紧牢固，元件代号标识清楚粘贴牢固。

说明：

由于电涌保护器在各种类型的供电方式中，所选用的产品型号也不同（如 TT、NT、TT–C、TN–C–S 等供电系统中及保护级别），所以在二次接线图中没有画出。本方案以 TT 或 TN–S 供电系统为例，推荐选用广州雷迅公司生产的 SPD 系列产品中的 ASPFLD2–40/4P 型，熔断器选用 RT14 或 18 型的 4 只（与保护器一对一），额定电流 32A，分断电流 10kA。用 $10mm^2$ 铜软线接在电源进线端，出线端用 $16mm^2$ 铜软线接地排。

序号	元件代号	名　称	型号规格	数量	备　注
1	QF	塑壳断路器	CM1–□□Z/3300–□A	1	常熟开关制造公司
2	TAu、TAv、TAw	电流互感器	BH–0.66 □/5A	3	
3	1FU～5FU	熔断器	JF5–2.5RD/6A	5	其中1FU～3FU为 2A
4	1PA～3PA	电流表	6L2–A □/5A	3	
5	PV	电压表	6L2–V 0～450V	1	
6	SV	电压转换开关	LW12–16DHY3/3	1	
7	HLR、HLG、HLY	指示灯	AD16–22/41–220V	3	
8	1SB、2SB	按钮开关	LA23–11	2	
9	KM	交流接触器	CJ20–□A/220V	1	可根据用户要求选用其他型号
10	RMS1	电动机软起动器	RMS1–□系列	1	上海人民电器厂
11	1KA、2KA	中间继电触器	ZJ7–44/220V	2	

图 15–260　单台鼠笼式异步电动机 RMS1 直接起动控制设备二次原理图

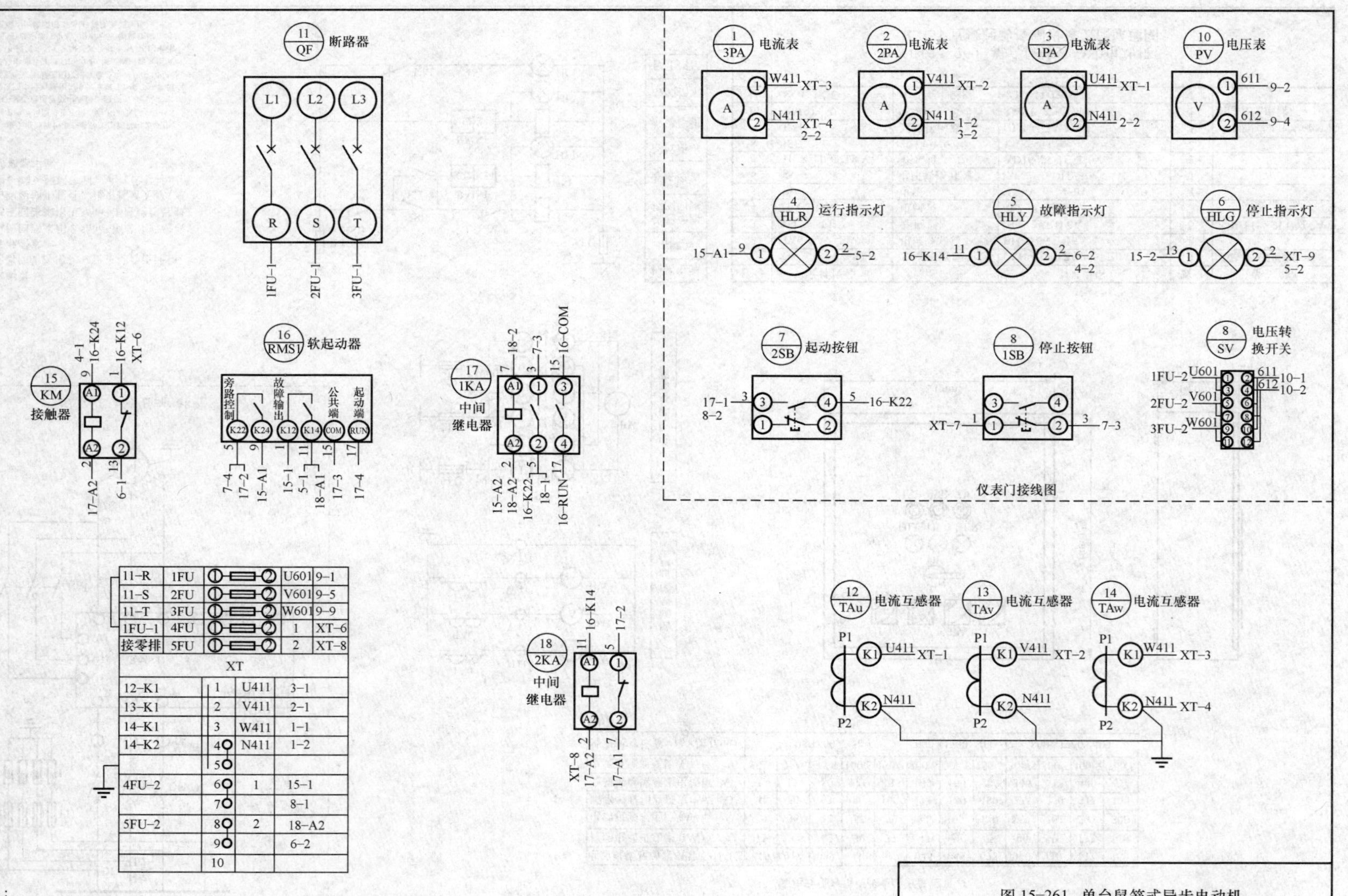

注：

中间继电器的辅助触点编号与实物不符，因各生产厂家的标注编号不一致，因此，在接线时要按照本图中的动合或动断触点，随意定位接线。

图 15–261 单台鼠笼式异步电动机RMS1直接起动控制设备二次接线图

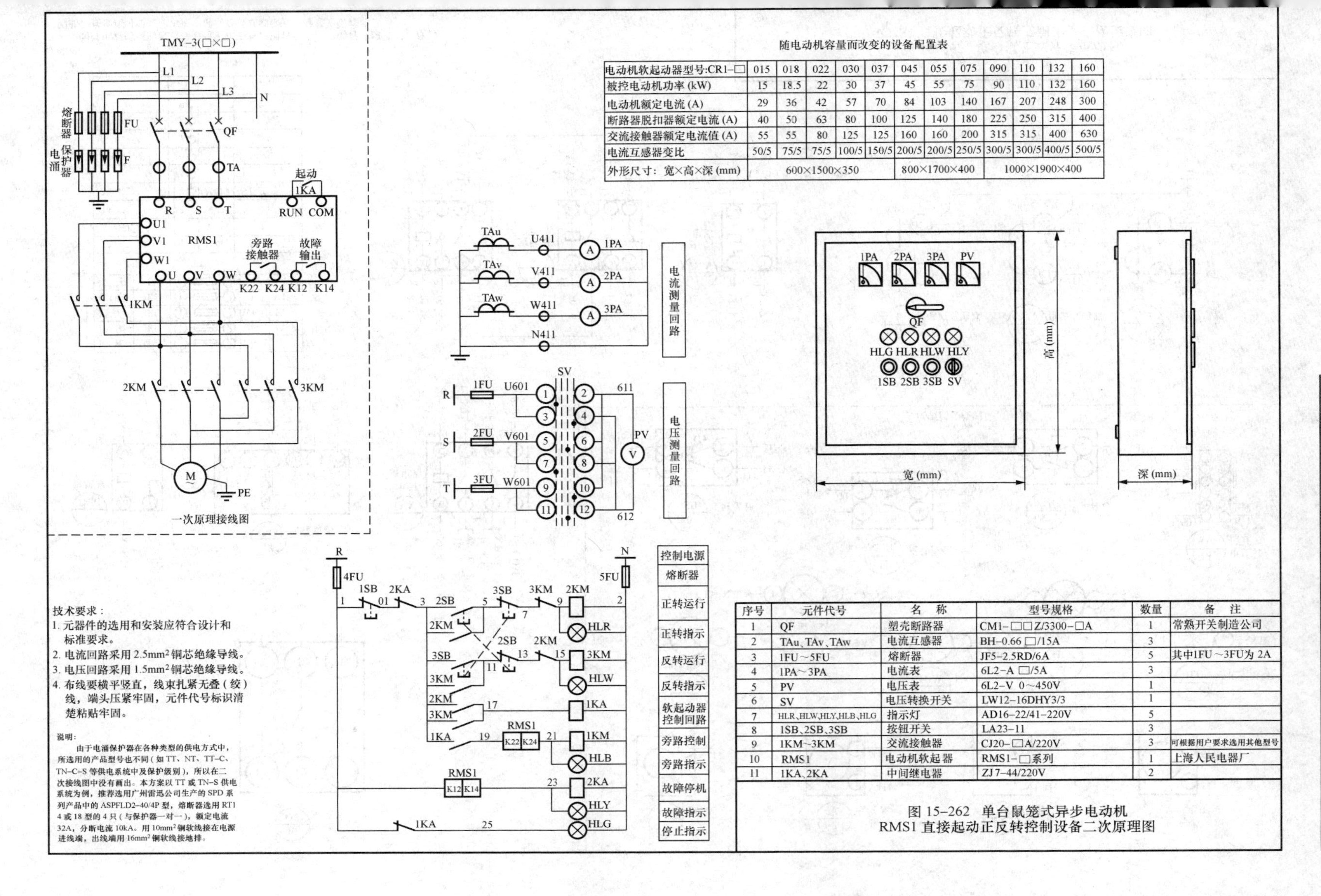

随电动机容量而改变的设备配置表

电动机软起动器型号:CR1-□	015	018	022	030	037	045	055	075	090	110	132	160
被控电动机功率 (kW)	15	18.5	22	30	37	45	55	75	90	110	132	160
电动机额定电流 (A)	29	36	42	57	70	84	103	140	167	207	248	300
断路器脱扣器额定电流 (A)	40	50	63	80	100	125	140	180	225	250	315	400
交流接触器额定电流值 (A)	55	55	80	125	125	160	160	200	315	315	400	630
电流互感器变比	50/5	75/5	75/5	100/5	150/5	200/5	200/5	250/5	300/5	300/5	400/5	500/5
外形尺寸：宽×高×深 (mm)	600×1500×350					800×1700×400			1000×1900×400			

技术要求：

1. 元器件的选用和安装应符合设计和标准要求。
2. 电流回路采用 $2.5mm^2$ 铜芯绝缘导线。
3. 电压回路采用 $1.5mm^2$ 铜芯绝缘导线。
4. 布线要横平竖直，线束扎紧无叠（绞）线，端头压紧牢固，元件代号标识清楚粘贴牢固。

说明：

由于电涌保护器在各种类型的供电方式中，所选用的产品型号也不同（如 TT、NT、TT-C、TN-C-S 等供电系统中及保护级别），所以在二次接线图中没有画出。本方案以 TT 或 TN-S 供电系统为例，推荐选用广州雷迅公司生产的 SPD 系列产品中的 ASPFLD2-40/4P 型，熔断器选用 RT14 或 18 型的 4 只（与保护器一对一），额定电流 32A，分断电流 10kA。用 $10mm^2$ 铜软线接在电源进线端，出线端用 $16mm^2$ 铜软线接地排。

序号	元件代号	名 称	型号规格	数量	备 注
1	QF	塑壳断路器	CM1-□□Z/3300-□A	1	常熟开关制造公司
2	TAu、TAv、TAw	电流互感器	BH-0.66 □/15A	3	
3	1FU～5FU	熔断器	JF5-2.5RD/6A	5	其中1FU～3FU为 2A
4	1PA～3PA	电流表	6L2-A □/5A	3	
5	PV	电压表	6L2-V 0～450V	1	
6	SV	电压转换开关	LW12-16DHY3/3	1	
7	HLR、HLW、HLY、HLB、HLG	指示灯	AD16-22/41-220V	5	
8	1SB、2SB、3SB	按钮开关	LA23-11	3	
9	1KM～3KM	交流接触器	CJ20-□A/220V	3	可根据用户要求选用其他型号
10	RMS1	电动机软起器	RMS1-□系列	1	上海人民电器厂
11	1KA、2KA	中间继电器	ZJ7-44/220V	2	

图 15-262 单台鼠笼式异步电动机 RMS1 直接起动正反转控制设备二次原理图

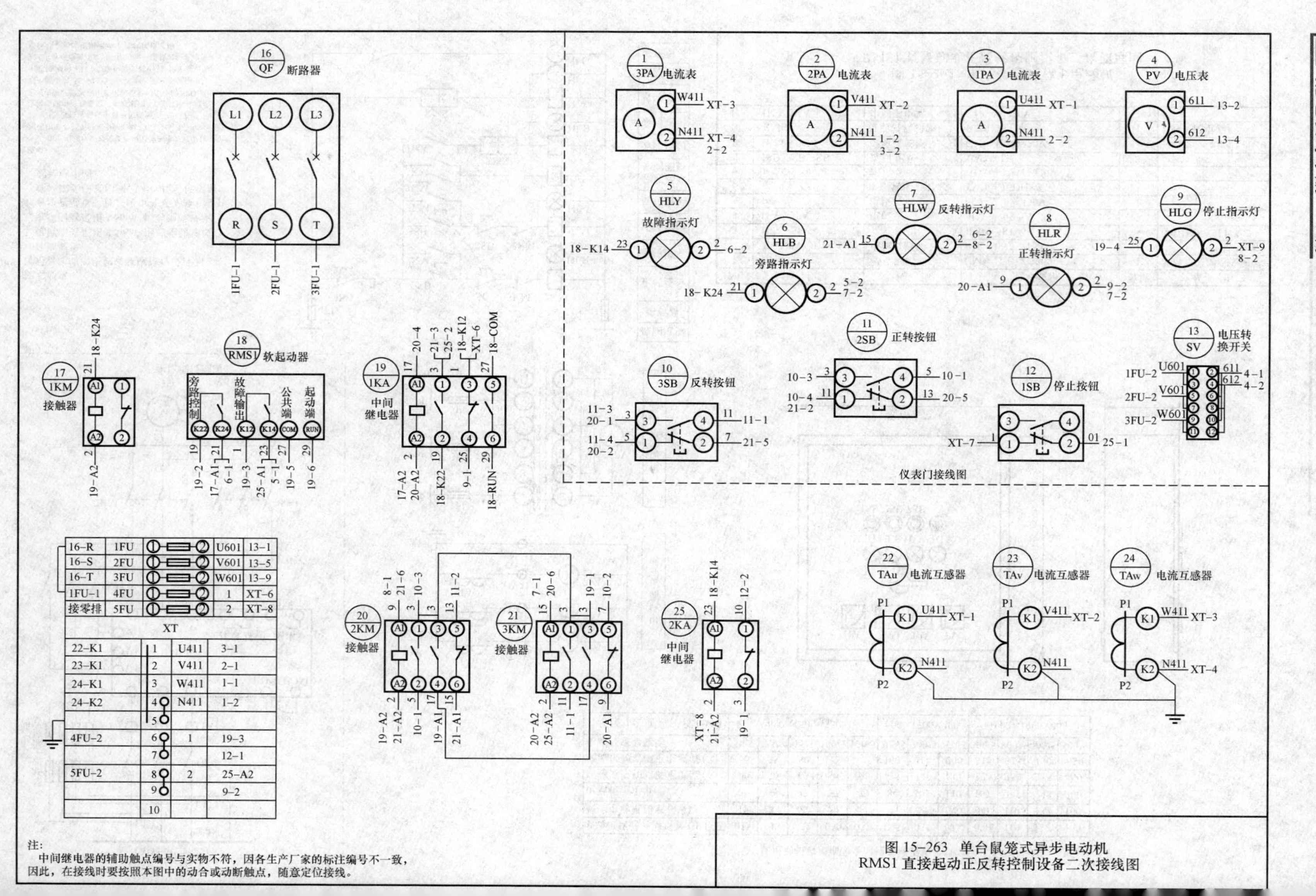

注：
中间继电器的辅助触点编号与实物不符，因各生产厂家的标注编号不一致，因此，在接线时要按照本图中的动合或动断触点，随意定位接线。

图 15-263 单台鼠笼式异步电动机 RMS1 直接起动正反转控制设备二次接线图

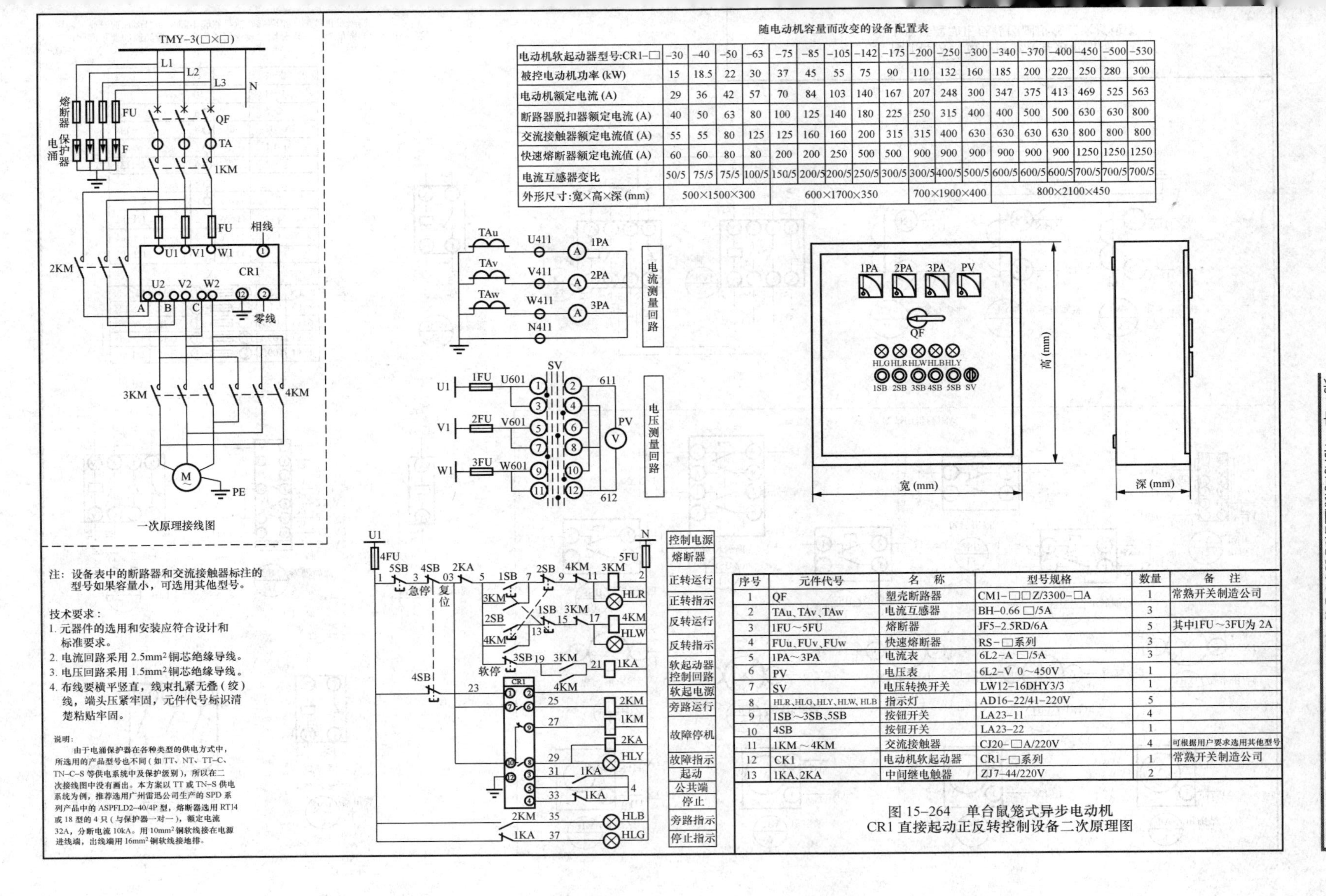

随电动机容量而改变的设备配置表

电动机软起动器型号:CR1-□	-30	-40	-50	-63	-75	-85	-105	-142	-175	-200	-250	-300	-340	-370	-400	-450	-500	-530
被控电动机功率 (kW)	15	18.5	22	30	37	45	55	75	90	110	132	160	185	200	220	250	280	300
电动机额定电流 (A)	29	36	42	57	70	84	103	140	167	207	248	300	347	375	413	469	525	563
断路器脱扣器额定电流 (A)	40	50	63	80	100	125	140	180	225	250	315	400	400	500	500	630	630	800
交流接触器额定电流值 (A)	55	55	80	125	125	160	160	200	315	315	400	630	630	630	630	800	800	800
快速熔断器额定电流值 (A)	60	60	80	80	200	200	250	500	500	900	900	900	900	900	900	1250	1250	1250
电流互感器变比	50/5	75/5	75/5	100/5	150/5	200/5	200/5	250/5	300/5	300/5	400/5	500/5	600/5	600/5	600/5	700/5	700/5	700/5
外形尺寸:宽×高×深 (mm)	500×1500×300				600×1700×350					700×1900×400			800×2100×450					

注：设备表中的断路器和交流接触器标注的型号如果容量小，可选用其他型号。

技术要求：
1. 元器件的选用和安装应符合设计和标准要求。
2. 电流回路采用 2.5mm² 铜芯绝缘导线。
3. 电压回路采用 1.5mm² 铜芯绝缘导线。
4. 布线要横平竖直，线束扎紧无叠（绞）线，端头压紧牢固，元件代号标识清楚粘贴牢固。

说明：

由于电涌保护器在各种类型的供电方式中，所选用的产品型号也不同（如 TT、NT、TT–C、TN–C–S 等供电系统中及保护级别），所以在二次接线图中没有画出。本方案以 TT 或 TN–S 供电系统为例，推荐选用广州雷迅公司生产的 SPD 系列产品中的 ASPFLD2–40/4P 型，熔断器选用 RT14 或 18 型的 4 只（与保护器一对一），额定电流 32A，分断电流 10kA。用 10mm² 铜软线接在电源进线端，出线端用 16mm² 铜软线接地排。

序号	元件代号	名称	型号规格	数量	备注
1	QF	塑壳断路器	CM1-□□Z/3300-□A	1	常熟开关制造公司
2	TAu、TAv、TAw	电流互感器	BH-0.66 □/5A	3	
3	1FU～5FU	熔断器	JF5-2.5RD/6A	5	其中1FU～3FU为 2A
4	FUu、FUv、FUw	快速熔断器	RS-□系列	3	
5	1PA～3PA	电流表	6L2-A □/5A	3	
6	PV	电压表	6L2-V 0～450V	1	
7	SV	电压转换开关	LW12-16DHY3/3	1	
8	HLR、HLG、HLY、HLW、HLB	指示灯	AD16-22/41-220V	5	
9	1SB～3SB、5SB	按钮开关	LA23-11	4	
10	4SB	按钮开关	LA23-22	1	
11	1KM～4KM	交流接触器	CJ20-□A/220V	4	可根据用户要求选用其他型号
12	CK1	电动机软起动器	CR1-□系列	1	常熟开关制造公司
13	1KA、2KA	中间继电触器	ZJ7-44/220V	2	

图 15-264 单台鼠笼式异步电动机 CR1 直接起动正反转控制设备二次原理图

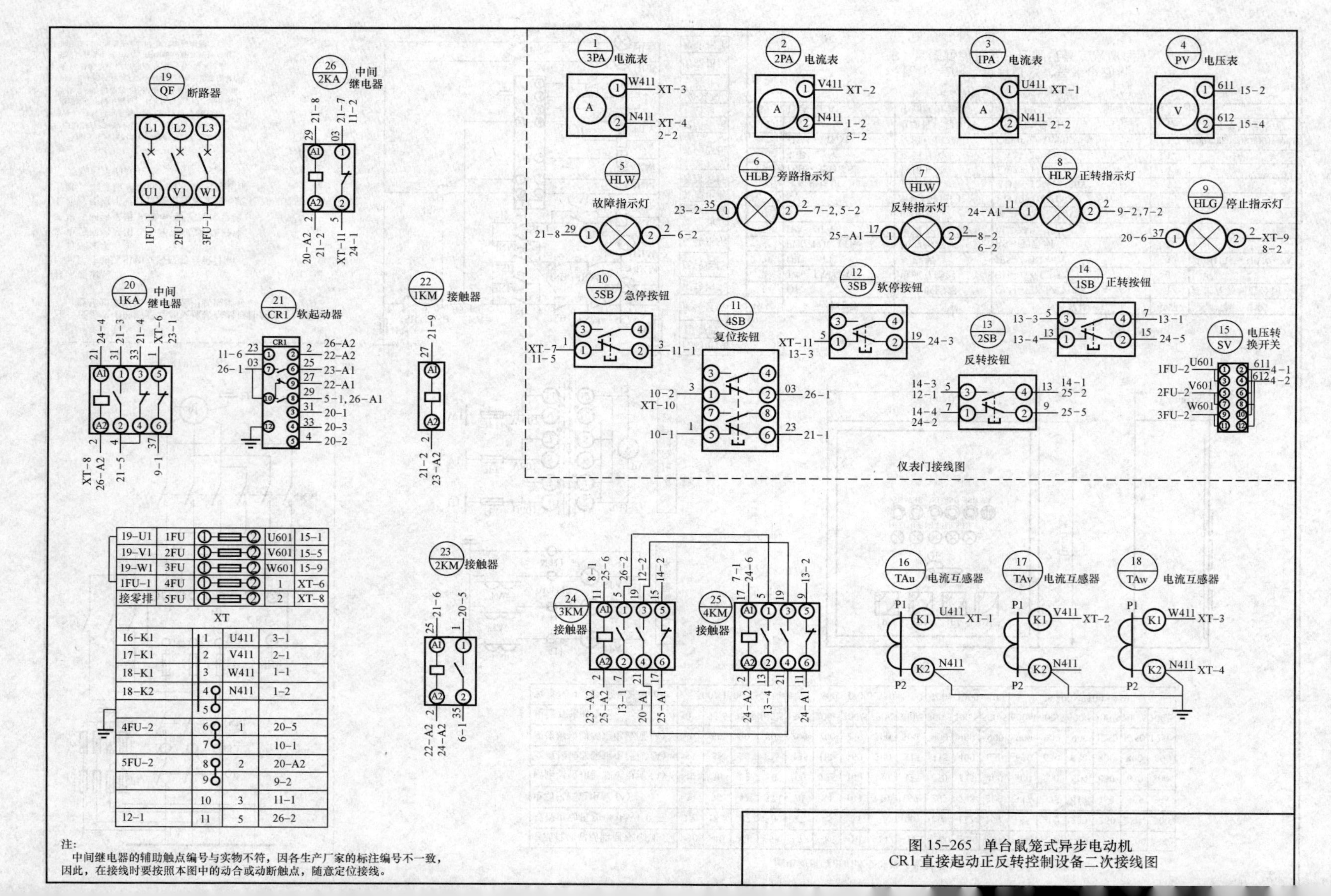

19-U1	1FU	U601	15-1
19-V1	2FU	V601	15-5
19-W1	3FU	W601	15-9
1FU-1	4FU	1	XT-6
接零排	5FU	2	XT-8

16-K1	1	U411	3-1
17-K1	2	V411	2-1
18-K1	3	W411	1-1
18-K2	4	N411	1-2
	5		
4FU-2	6	1	20-5
	7		10-1
5FU-2	8	2	20-A2
	9		9-2
	10	3	11-1
12-1	11	5	26-2

图 15-265 单台鼠笼式异步电动机 CR1 直接起动正反转控制设备二次接线图

注：中间继电器的辅助触点编号与实物不符，因各生产厂家的标注编号不一致，因此，在接线时要按照本图中的动合或动断触点，随意定位接线。

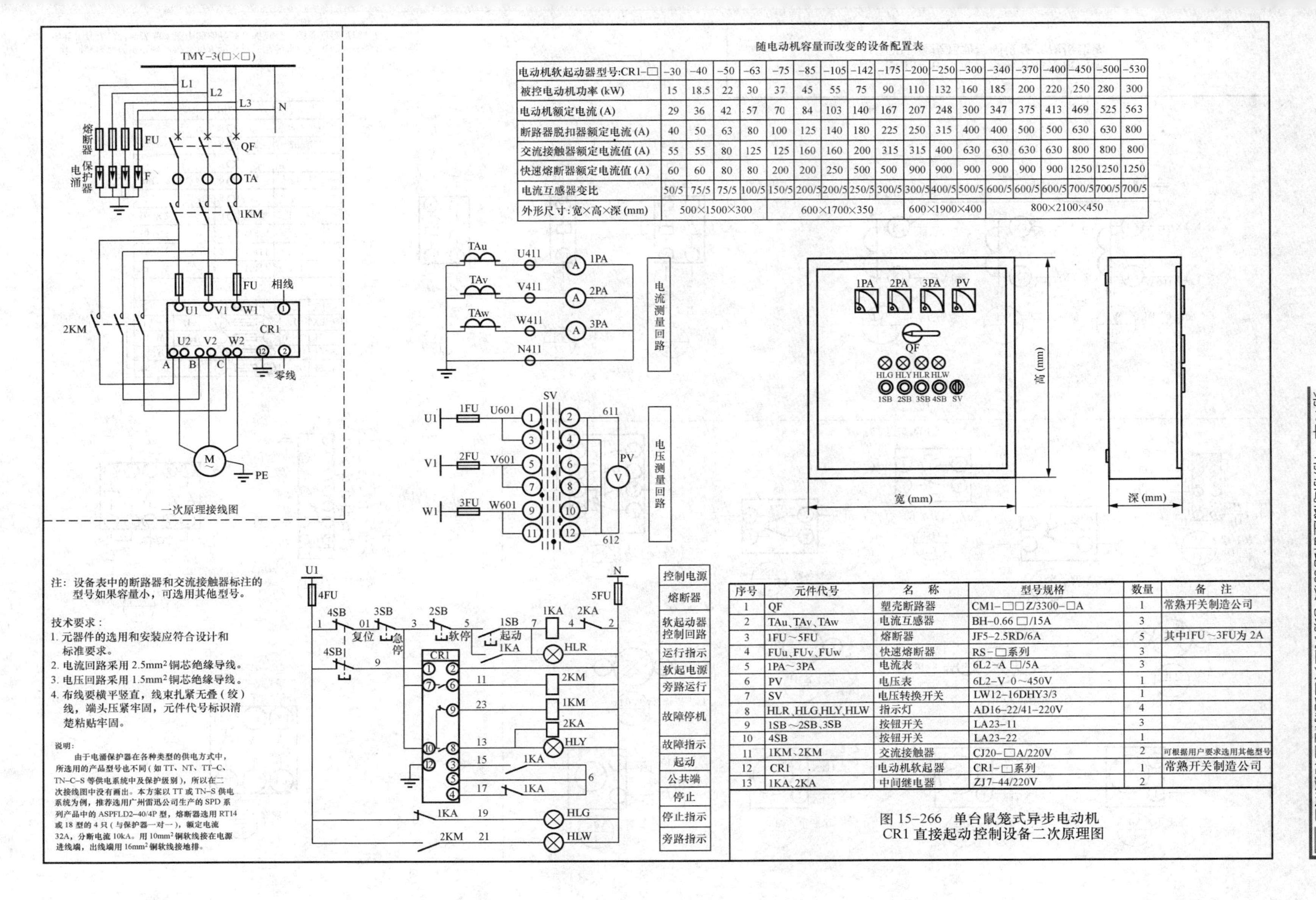

随电动机容量而改变的设备配置表

电动机软起动器型号:CR1-□	-30	-40	-50	-63	-75	-85	-105	-142	-175	-200	-250	-300	-340	-370	-400	-450	-500	-530
被控电动机功率 (kW)	15	18.5	22	30	37	45	55	75	90	110	132	160	185	200	220	250	280	300
电动机额定电流 (A)	29	36	42	57	70	84	103	140	167	207	248	300	347	375	413	469	525	563
断路器脱扣器额定电流 (A)	40	50	63	80	100	125	140	180	225	250	315	400	400	500	500	630	630	800
交流接触器额定电流值 (A)	55	55	80	125	125	160	160	200	315	315	400	630	630	630	630	800	800	800
快速熔断器额定电流值 (A)	60	60	80	80	200	200	250	500	500	900	900	900	900	900	900	1250	1250	1250
电流互感器变比	50/5	75/5	75/5	100/5	150/5	200/5	200/5	250/5	300/5	300/5	400/5	500/5	600/5	600/5	600/5	700/5	700/5	700/5
外形尺寸:宽×高×深 (mm)	500×1500×300				600×1700×350					600×1900×400			800×2100×450					

序号	元件代号	名　称	型号规格	数量	备　注
1	QF	塑壳断路器	CM1-□□Z/3300-□A	1	常熟开关制造公司
2	TAu、TAv、TAw	电流互感器	BH-0.66 □/15A	3	
3	1FU～5FU	熔断器	JF5-2.5RD/6A	5	其中1FU～3FU为 2A
4	FUu、FUv、FUw	快速熔断器	RS-□系列	3	
5	1PA～3PA	电流表	6L2-A □/5A	3	
6	PV	电压表	6L2-V 0～450V	1	
7	SV	电压转换开关	LW12-16DHY3/3	1	
8	HLR、HLG、HLY、HLW	指示灯	AD16-22/41-220V	4	
9	1SB～2SB、3SB	按钮开关	LA23-11	3	
10	4SB	按钮开关	LA23-22	1	
11	1KM、2KM	交流接触器	CJ20-□A/220V	2	可根据用户要求选用其他型号
12	CR1	电动机软起器	CR1-□系列	1	常熟开关制造公司
13	1KA、2KA	中间继电器	ZJ7-44/220V	2	

注：设备表中的断路器和交流接触器标注的型号如果容量小，可选用其他型号。

技术要求：
1. 元器件的选用和安装应符合设计和标准要求。
2. 电流回路采用 $2.5mm^2$ 铜芯绝缘导线。
3. 电压回路采用 $1.5mm^2$ 铜芯绝缘导线。
4. 布线要横平竖直，线束扎紧无叠（绞）线，端头压紧牢固，元件代号标识清楚粘贴牢固。

说明：

由于电涌保护器在各种类型的供电方式中，所选用的产品型号也不同（如 TT、NT、TT-C、TN-C-S 等供电系统中及保护级别），所以在二次接线图中没有画出。本方案以 TT 或 TN-S 供电系统为例，推荐选用广州雷迅公司生产的 SPD 系列产品中的 ASPFLD2-40/4P 型，熔断器选用 RT14 或 18 型的 4 只（与保护器一对一），额定电流 32A，分断电流 10kA。用 $10mm^2$ 铜软线接在电源进线端，出线端用 $16mm^2$ 铜软线接地排。

图 15-266　单台鼠笼式异步电动机 CR1 直接起动控制设备二次原理图

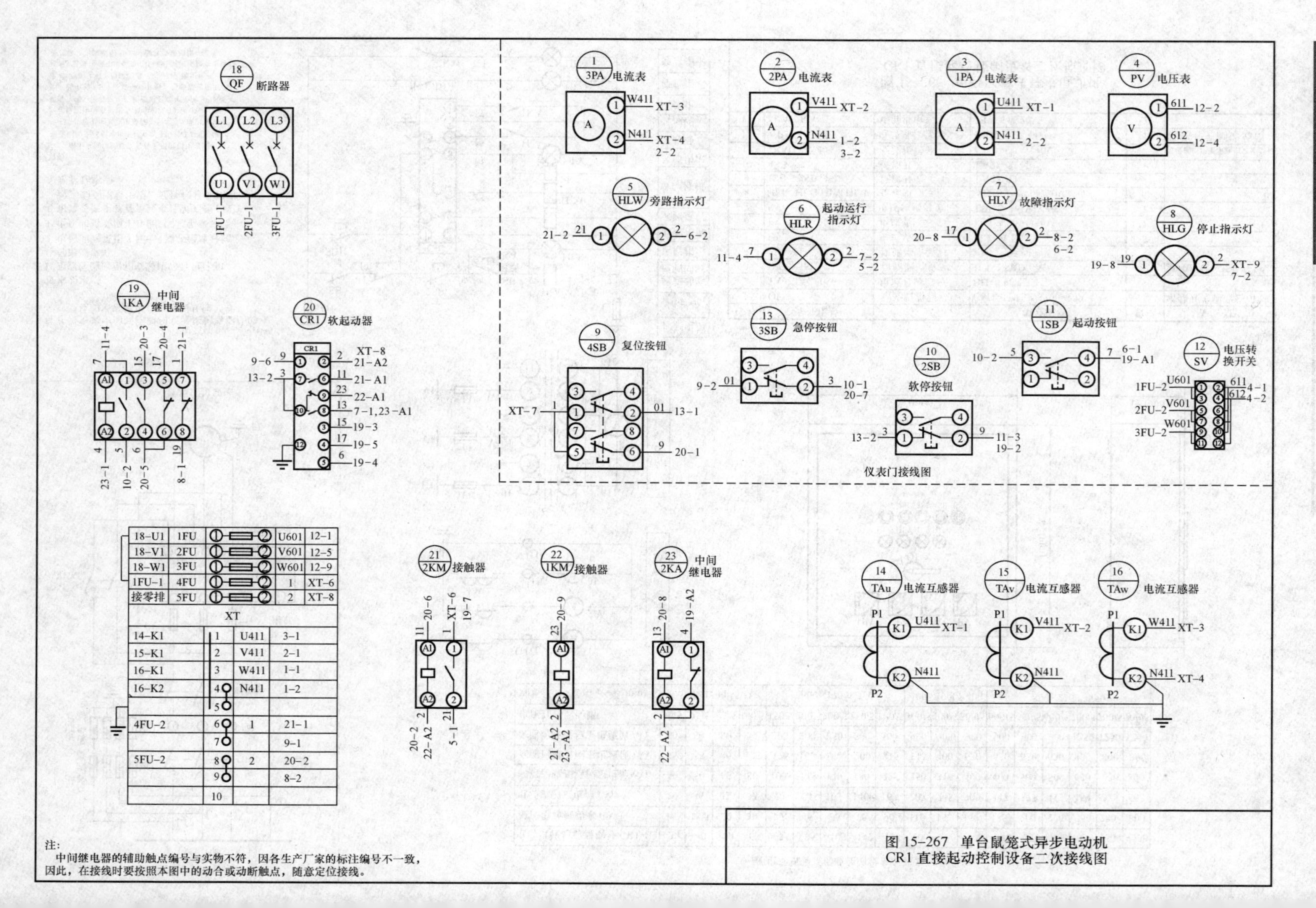

图 15-267 单台鼠笼式异步电动机
CR1 直接起动控制设备二次接线图

注：中间继电器的辅助触点编号与实物不符，因各生产厂家的标注编号不一致，因此，在接线时要按照本图中的动合或动断触点，随意定位接线。

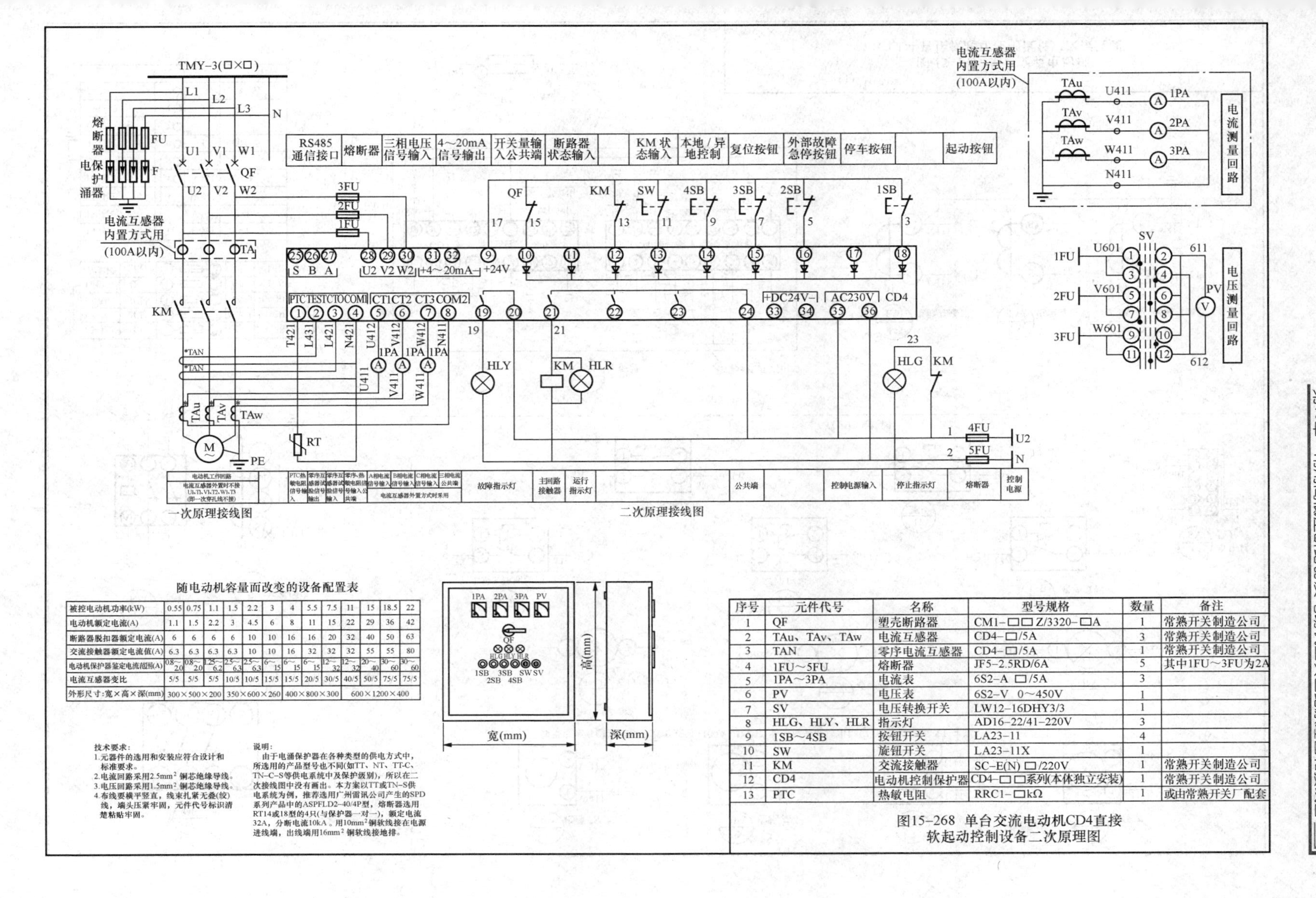

随电动机容量而改变的设备配置表

被控电动机功率(kW)	0.55	0.75	1.1	1.5	2.2	3	4	5.5	7.5	11	15	18.5	22
电动机额定电流(A)	1.1	1.5	2.2	3	4.5	6	8	11	15	22	29	36	42
断路器脱扣器额定电流(A)	6	6	6	6	10	10	16	16	20	32	40	50	63
交流接触器额定电流值(A)	6.3	6.3	6.3	6.3	10	10	16	32	32	32	55	55	80
电动机保护器鉴定电流范围(A)	0.8~2.0	0.8~2.0	1.25~6.2	2.5~6.3	2.5~6.3	6~15	6~15	6~15	12~32	12~32	20~40	30~60	30~60
电流互感器变比	5/5	5/5	5/5	10/5	10/5	15/5	15/5	20/5	30/5	40/5	50/5	75/5	75/5
外形尺寸:宽×高×深(mm)	300×500×200			350×600×260			400×800×300			600×1200×400			

技术要求:

1.元器件的选用和安装应符合设计和标准要求。
2.电流回路采用2.5mm² 铜芯绝缘导线。
3.电压回路采用1.5mm² 铜芯绝缘导线。
4.布线要横平竖直，线束扎紧无叠(绞)线，端头压紧牢固，元件代号标识清楚粘贴牢固。

说明:

由于电涌保护器在各种类型的供电方式中，所选用的产品型号也不同(如TT、NT、TT-C、TN-C-S等供电系统中及保护级别)，所以在二次接线图中没有画出。本方案以TT或TN-S供电系统为例，推荐选用广州雷讯公司产生的SPD系列产品中的ASPFLD2-40/4P型，熔断器选用RT14或18型的4只(与保护器一对一)，额定电流32A，分断电流10kA 。用10mm² 铜软线接在电源进线端，出线端用16mm² 铜软线接地排。

序号	元件代号	名称	型号规格	数量	备注
1	QF	塑壳断路器	CM1-□□Z/3320-□A	1	常熟开关制造公司
2	TAu、TAv、TAw	电流互感器	CD4-□/5A	3	常熟开关制造公司
3	TAN	零序电流互感器	CD4-□/5A	1	常熟开关制造公司
4	1FU~5FU	熔断器	JF5-2.5RD/6A	5	其中1FU~3FU为2A
5	1PA~3PA	电流表	6S2-A □/5A	3	
6	PV	电压表	6S2-V 0~450V	1	
7	SV	电压转换开关	LW12-16DHY3/3	1	
8	HLG、HLY、HLR	指示灯	AD16-22/41-220V	3	
9	1SB~4SB	按钮开关	LA23-11	4	
10	SW	旋钮开关	LA23-11X	1	
11	KM	交流接触器	SC-E(N) □/220V	1	常熟开关制造公司
12	CD4	电动机控制保护器	CD4-□□系列(本体独立安装)	1	常熟开关制造公司
13	PTC	热敏电阻	RRC1-□kΩ	1	或由常熟开关厂配套

图15-268　单台交流电动机CD4直接软起动控制设备二次原理图

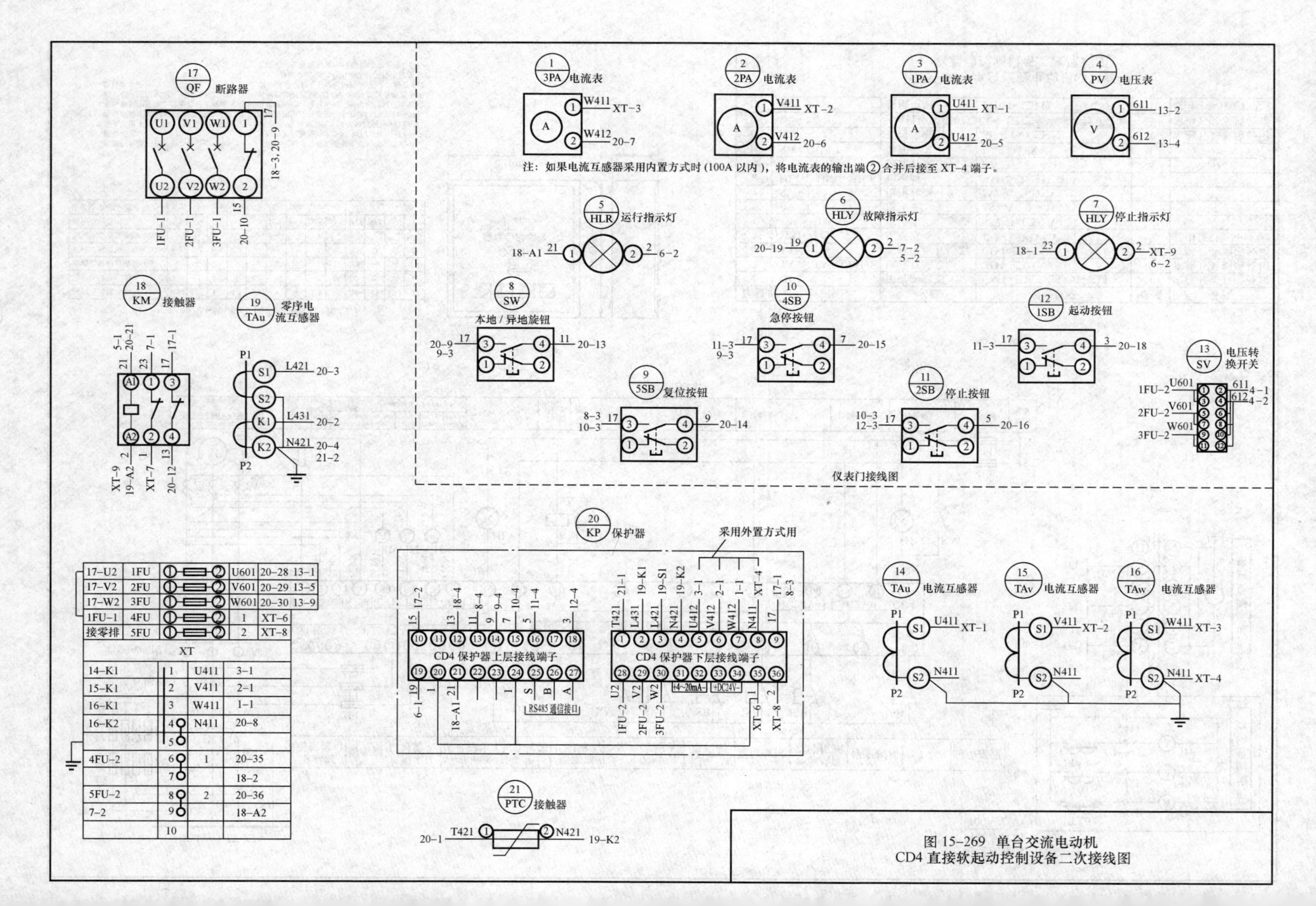

图 15-269 单台交流电动机
CD4 直接软起动控制设备二次接线图

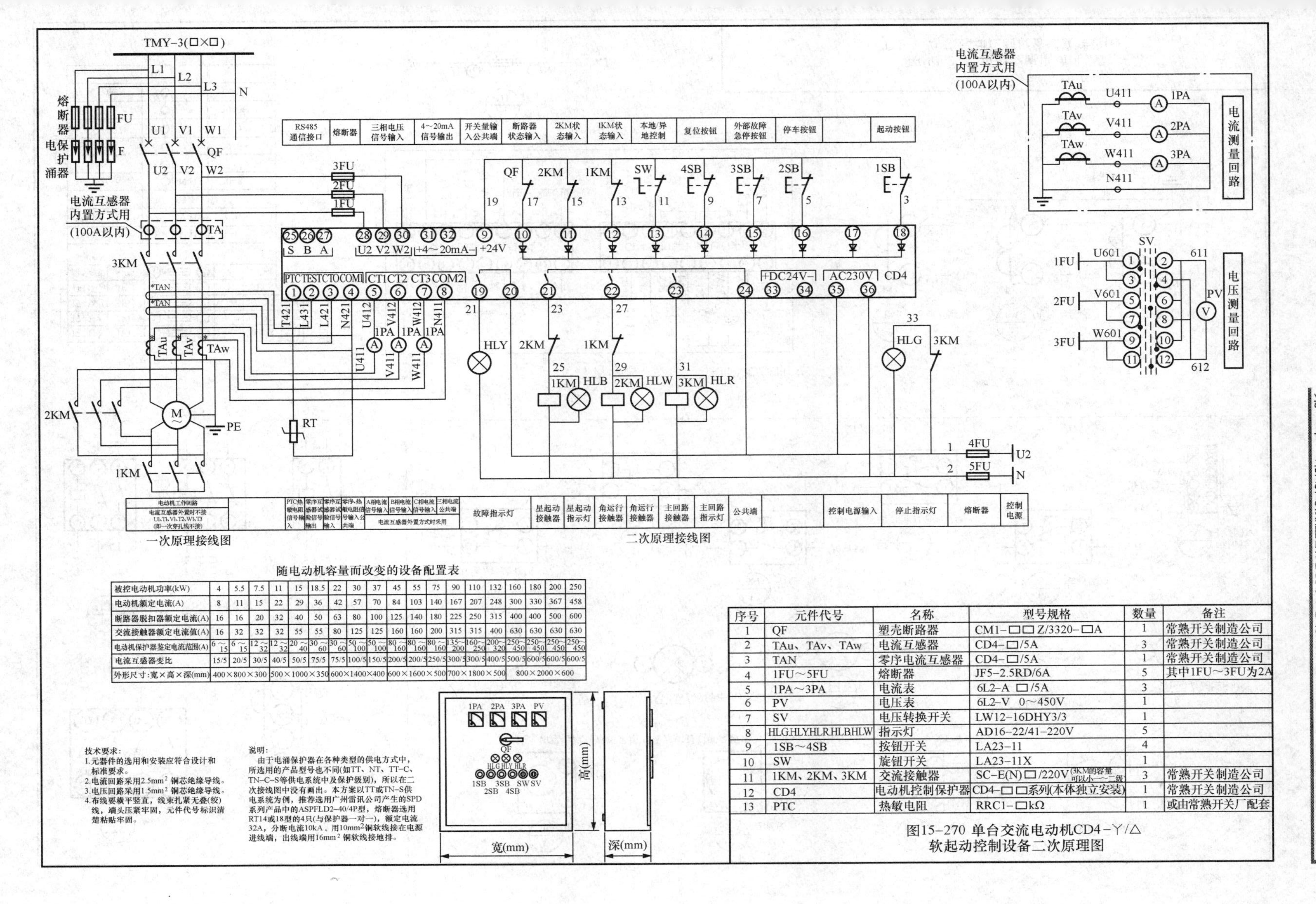

随电动机容量而改变的设备配置表

被控电动机功率(kW)	4	5.5	7.5	11	15	18.5	22	30	37	45	55	75	90	110	132	160	180	200	250
电动机额定电流(A)	8	11	15	22	29	36	42	57	70	84	103	140	167	207	248	300	330	367	458
断路器脱扣器额定电流(A)	16	16	20	32	40	50	63	80	100	125	140	180	225	250	315	400	400	500	600
交流接触器额定电流值(A)	16	32	32	32	55	55	80	125	125	160	160	200	315	315	400	630	630	630	630
电动机保护器鉴定电流范围(A)	6～15	6～15	12～32	12～32	20～40	30～60	30～60	50～100	50～100	80～160	80～160	80～160	135～200	160～250	200～320	250～450	250～450	250～450	250～450
电流互感器变比	15/5	20/5	30/5	40/5	50/5	75/5	75/5	100/5	150/5	200/5	200/5	250/5	300/5	300/5	400/5	500/5	600/5	600/5	600/5
外形尺寸:宽×高×深(mm)	400×800×300			500×1000×350			600×1400×400			600×1600×500			700×1800×500		800×2000×600				

技术要求:
1.元器件的选用和安装应符合设计和标准要求。
2.电流回路采用2.5mm² 铜芯绝缘导线。
3.电压回路采用1.5mm² 铜芯绝缘导线。
4.布线要横平竖直，线束扎紧无叠(绞)线，端头压紧牢固，元件代号标识清楚粘贴牢固。

说明:
由于电涌保护器在各种类型的供电方式中，所选用的产品型号也不同(如TT、NT、TT-C、TN-C-S等供电系统中及保护级别)，所以在二次接线图中没有画出。本方案以TT或TN-S供电系统为例，推荐选用广州雷讯公司产生的SPD系列产品中的ASPFLD2-40/4P型，熔断器选用RT14或18型的4只(与保护器一对一)，额定电流32A，分断电流10kA。用10mm²铜软线接在电源进线端，出线端用16mm² 铜软线接地排。

序号	元件代号	名称	型号规格	数量	备注
1	QF	塑壳断路器	CM1-□□Z/3320-□A	1	常熟开关制造公司
2	TAu、TAv、TAw	电流互感器	CD4-□/5A	3	常熟开关制造公司
3	TAN	零序电流互感器	CD4-□/5A	1	常熟开关制造公司
4	1FU～5FU	熔断器	JF5-2.5RD/6A	5	其中1FU～3FU为2A
5	1PA～3PA	电流表	6L2-A □/5A	3	
6	PV	电压表	6L2-V 0～450V	1	
7	SV	电压转换开关	LW12-16DHY3/3	1	
8	HLG.HLY.HLR.HLB.HLW	指示灯	AD16-22/41-220V	5	
9	1SB～4SB	按钮开关	LA23-11	4	
10	SW	旋钮开关	LA23-11X	1	
11	1KM、2KM、3KM	交流接触器	SC-E(N)□/220V(3KM的容量可以小一～二级)	3	常熟开关制造公司
12	CD4	电动机控制保护器	CD4-□□系列(本体独立安装)	1	常熟开关制造公司
13	PTC	热敏电阻	RRC1-□kΩ	1	或由常熟开关厂配套

图15-270 单台交流电动机CD4-Y/△软起动控制设备二次原理图

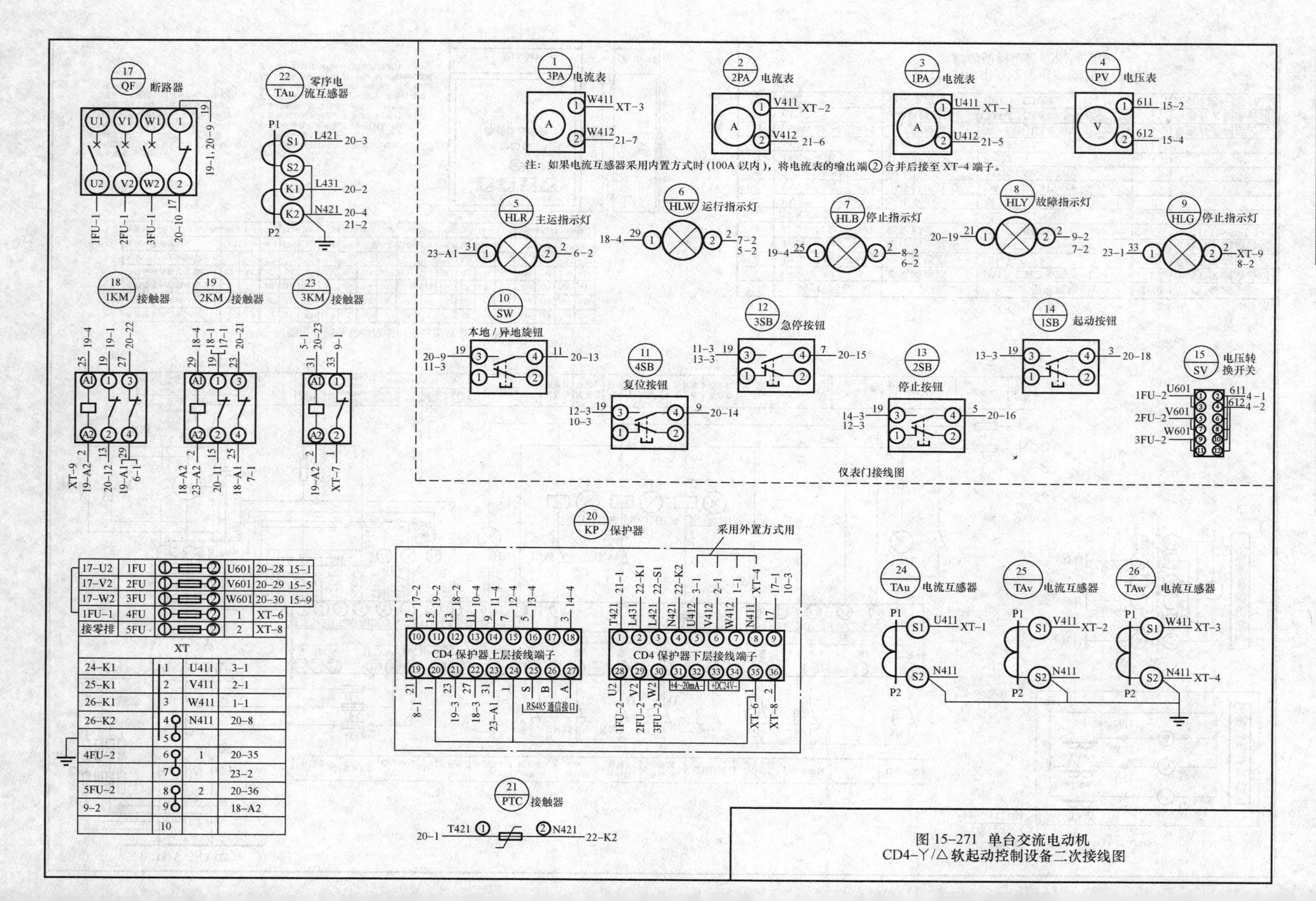

图 15-271 单台交流电动机 CD4-Y/△软起动控制设备二次接线图

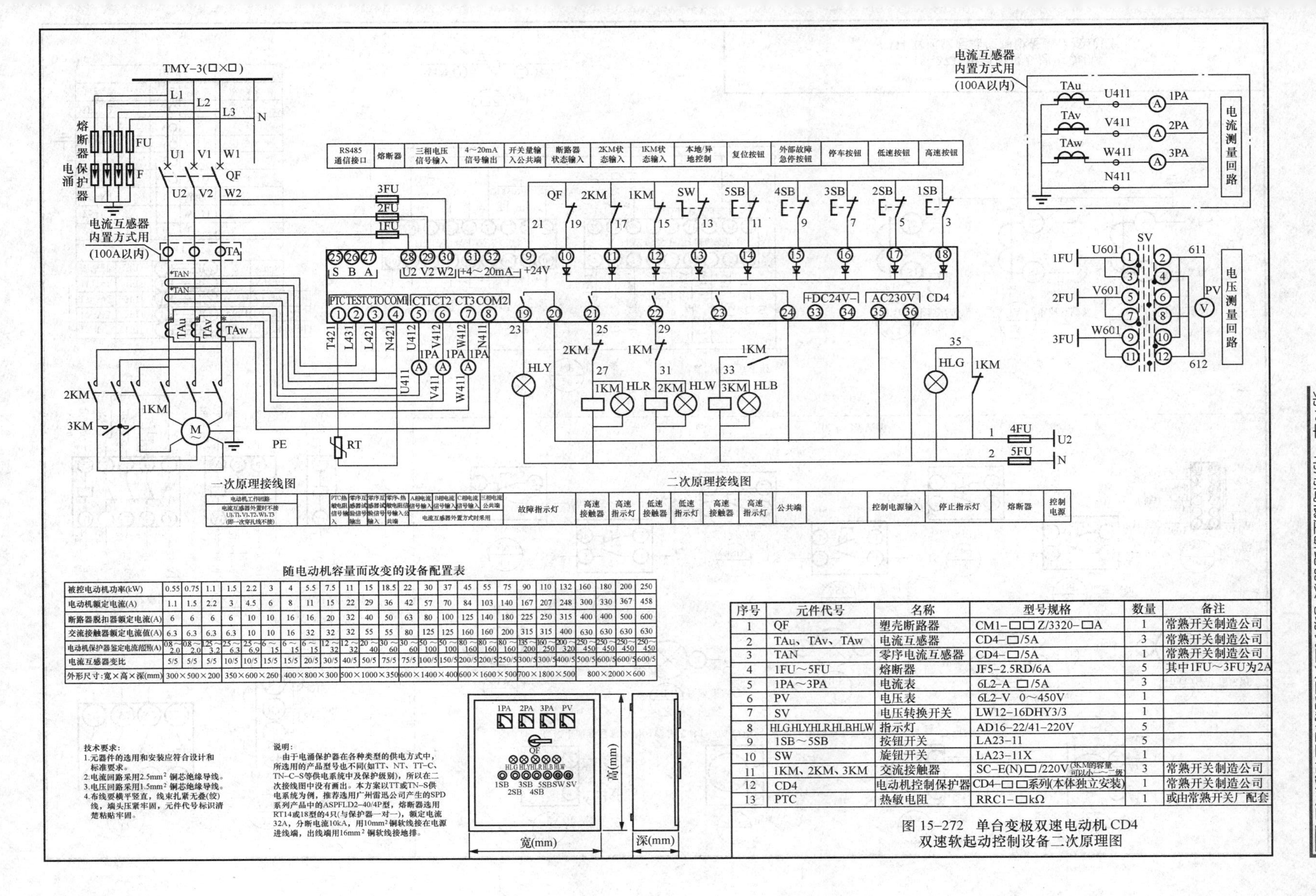

随电动机容量而改变的设备配置表

被控电动机功率(kW)	0.55	0.75	1.1	1.5	2.2	3	4	5.5	7.5	11	15	18.5	22	30	37	45	55	75	90	110	132	160	180	200	250
电动机额定电流(A)	1.1	1.5	2.2	3	4.5	6	8	11	15	22	29	36	42	57	70	84	103	140	167	207	248	300	330	367	458
断路器脱扣器额定电流(A)	6	6	6	6	10	10	16	16	20	32	40	50	63	80	100	125	140	180	225	250	315	400	400	500	600
交流接触器额定电流值(A)	6.3	6.3	6.3	6.3	10	10	16	32	32	32	55	55	80	125	125	160	160	200	315	315	400	630	630	630	630
电动机保护器鉴定电流范围(A)	0.8～2.0	0.8～2.0	1.25～3.2	2.5～6.3	2.5～6.9	6～15	6～15	6～15	12～32	12～32	20～40	30～60	30～60	50～100	50～100	80～160	80～160	80～160	135～200	160～250	200～320	250～450	250～450	250～450	250～450
电流互感器变比	5/5	5/5	5/5	10/5	10/5	15/5	15/5	20/5	30/5	40/5	50/5	75/5	75/5	100/5	150/5	200/5	200/5	250/5	300/5	300/5	400/5	500/5	600/5	600/5	600/5
外形尺寸:宽×高×深(mm)	300×500×200				350×600×260			400×800×300			500×1000×350			600×1400×400			600×1600×500			700×1800×500		800×2000×600			

技术要求:

1. 元器件的选用和安装应符合设计和标准要求。
2. 电流回路采用2.5mm² 铜芯绝缘导线。
3. 电压回路采用1.5mm² 铜芯绝缘导线。
4. 布线要横平竖直，线束扎紧无叠(绞)线，端头压紧牢固，元件代号标识清楚粘贴牢固。

说明:

由于电涌保护器在各种类型的供电方式中，所选用的产品型号也不同(如TT、NT、TT-C、TN-C-S等供电系统中及保护级别)，所以在二次接线图中没有画出。本方案以TT或TN-S供电系统为例，推荐选用广州雷迅公司产生的SPD系列产品中的ASPFLD2-40/4P型，熔断器选用RT14或18型的4只(与保护器一对一)，额定电流32A，分断电流10kA，用10mm² 铜软线接在电源进线端，出线端用16mm² 铜软线接地排。

序号	元件代号	名称	型号规格	数量	备注
1	QF	塑壳断路器	CM1-□□Z/3320-□A	1	常熟开关制造公司
2	TAu、TAv、TAw	电流互感器	CD4-□/5A	3	常熟开关制造公司
3	TAN	零序电流互感器	CD4-□/5A	1	常熟开关制造公司
4	1FU～5FU	熔断器	JF5-2.5RD/6A	5	其中1FU～3FU为2A
5	1PA～3PA	电流表	6L2-A □/5A	3	
6	PV	电压表	6L2-V 0～450V	1	
7	SV	电压转换开关	LW12-16DHY3/3	1	
8	HLGHLYHLRHLBHLW	指示灯	AD16-22/41-220V	5	
9	1SB～5SB	按钮开关	LA23-11	5	
10	SW	旋钮开关	LA23-11X	1	
11	1KM、2KM、3KM	交流接触器	SC-E(N)□/220V(3KM的容量可以小一～二级)	3	常熟开关制造公司
12	CD4	电动机控制保护器	CD4-□□系列(本体独立安装)	1	常熟开关制造公司
13	PTC	热敏电阻	RRC1-□kΩ	1	或由常熟开关厂配套

图 15-272 单台变极双速电动机 CD4 双速软起动控制设备二次原理图

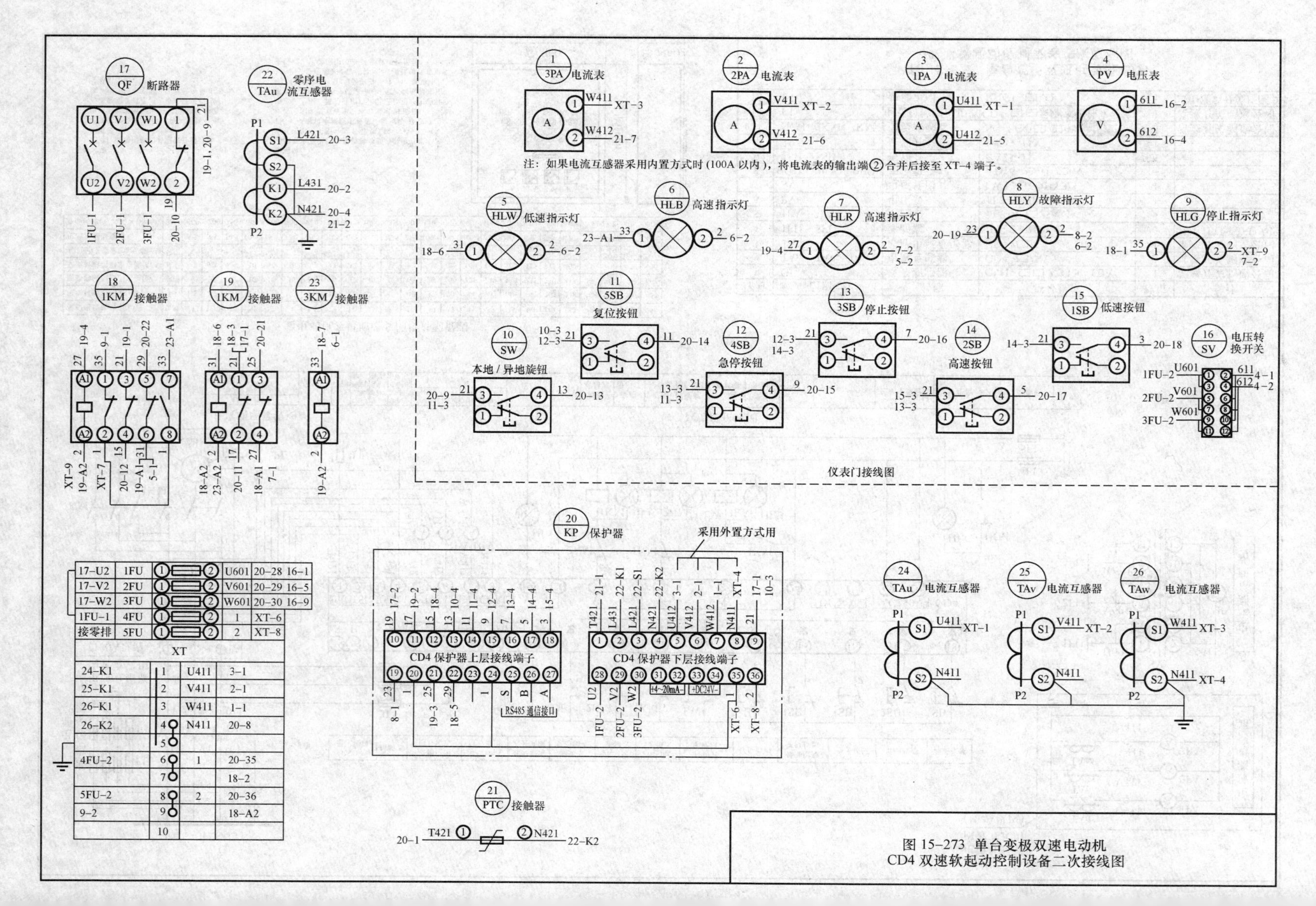

图 15-273 单台变极双速电动机 CD4 双速软起动控制设备二次接线图

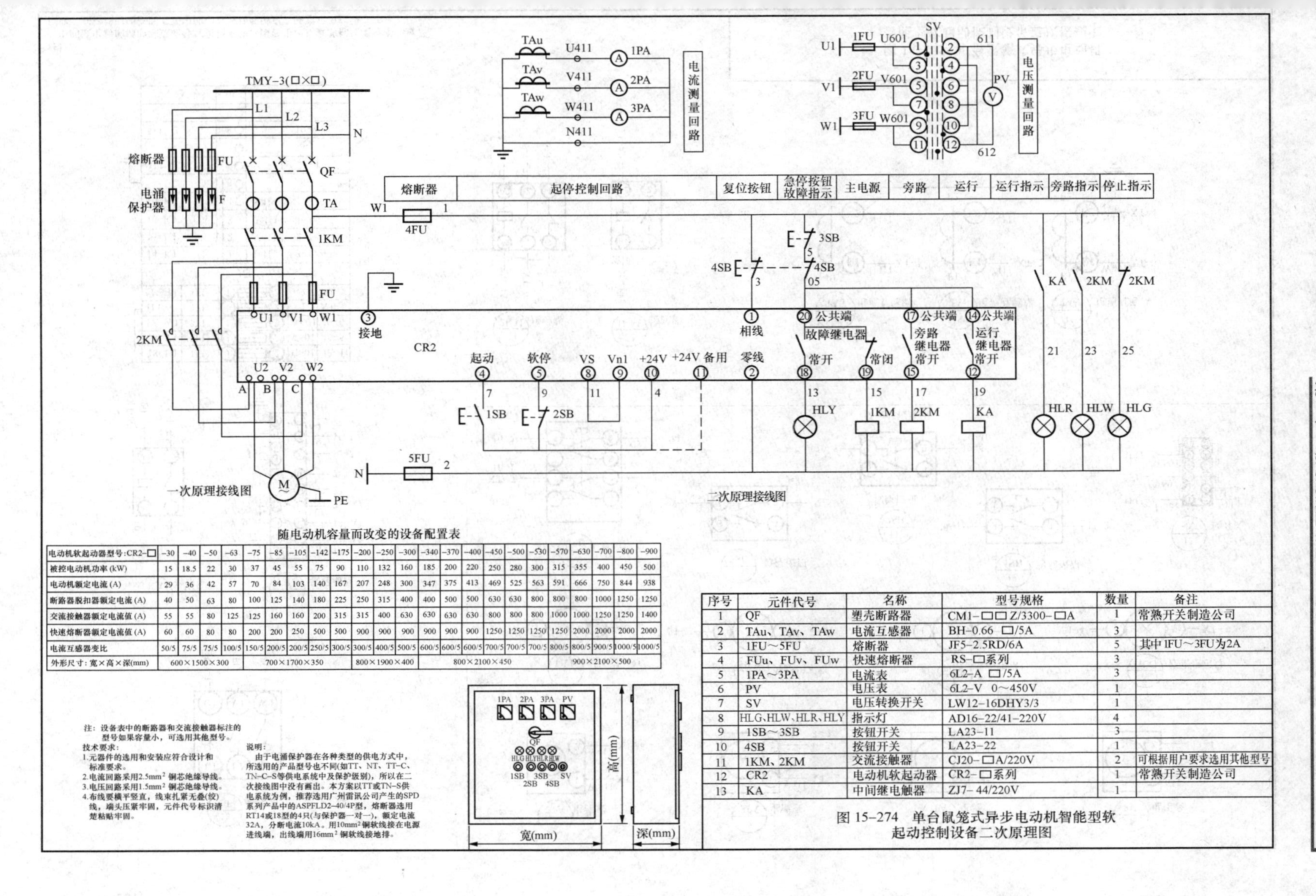

随电动机容量而改变的设备配置表

电动机软起动器型号:CR2-□	-30	-40	-50	-63	-75	-85	-105	-142	-175	-200	-250	-300	-340	-370	-400	-450	-500	-530	-570	-630	-700	-800	-900
被控电动机功率(kW)	15	18.5	22	30	37	45	55	75	90	110	132	160	185	200	220	250	280	300	315	355	400	450	500
电动机额定电流(A)	29	36	42	57	70	84	103	140	167	207	248	300	347	375	413	469	525	563	591	666	750	844	938
断路器脱扣器额定电流(A)	40	50	63	80	100	125	140	180	225	250	315	400	400	500	500	630	630	800	800	800	1000	1250	1250
交流接触器额定电流值(A)	55	55	80	125	125	160	160	200	315	315	400	630	630	630	630	800	800	800	1000	1000	1250	1250	1400
快速熔断器额定电流值(A)	60	60	80	80	200	200	250	500	500	900	900	900	900	900	900	1250	1250	1250	1250	2000	2000	2000	2000
电流互感器变比	50/5	75/5	75/5	100/5	150/5	200/5	200/5	250/5	300/5	300/5	400/5	500/5	600/5	600/5	600/5	700/5	700/5	700/5	800/5	800/5	900/5	1000/5	1000/5
外形尺寸:宽×高×深(mm)	600×1500×300				700×1700×350					800×1900×400			800×2100×450						900×2100×500				

序号	元件代号	名称	型号规格	数量	备注
1	QF	塑壳断路器	CM1-□□Z/3300-□A	1	常熟开关制造公司
2	TAu、TAv、TAw	电流互感器	BH-0.66 □/5A	3	
3	1FU～5FU	熔断器	JF5-2.5RD/6A	5	其中1FU～3FU为2A
4	FUu、FUv、FUw	快速熔断器	RS-□系列	3	
5	1PA～3PA	电流表	6L2-A □/5A	3	
6	PV	电压表	6L2-V 0～450V	1	
7	SV	电压转换开关	LW12-16DHY3/3	1	
8	HLG、HLW、HLR、HLY	指示灯	AD16-22/41-220V	4	
9	1SB～3SB	按钮开关	LA23-11	3	
10	4SB	按钮开关	LA23-22	1	
11	1KM、2KM	交流接触器	CJ20-□A/220V	2	可根据用户要求选用其他型号
12	CR2	电动机软起动器	CR2-□系列	1	常熟开关制造公司
13	KA	中间继电触器	ZJ7-44/220V	1	

注：设备表中的断路器和交流接触器标注的型号如果容量小，可选用其他型号。

技术要求：

1.元器件的选用和安装应符合设计和标准要求。
2.电流回路采用2.5mm^{2}铜芯绝缘导线。
3.电压回路采用1.5mm^{2}铜芯绝缘导线。
4.布线要横平竖直，线束扎紧无叠(绞)线，端头压紧牢固，元件代号标识清楚粘贴牢固。

说明：

由于电涌保护器在各种类型的供电方式中，所选用的产品型号也不同(如TT、NT、TT-C、TN-C-S等供电系统中及保护级别)，所以在二次接线图中没有画出。本方案以TT或TN-S供电系统为例，推荐选用广州雷讯公司产生的SPD系列产品中的ASPFLD2-40/4P型，熔断器选用RT14或18型的4只(与保护器一对一)，额定电流32A，分断电流10kA。用10mm^{2}铜软线接在电源进线端，出线端用16mm^{2}铜软线接地排。

图 15-274　单台鼠笼式异步电动机智能型软起动控制设备二次原理图

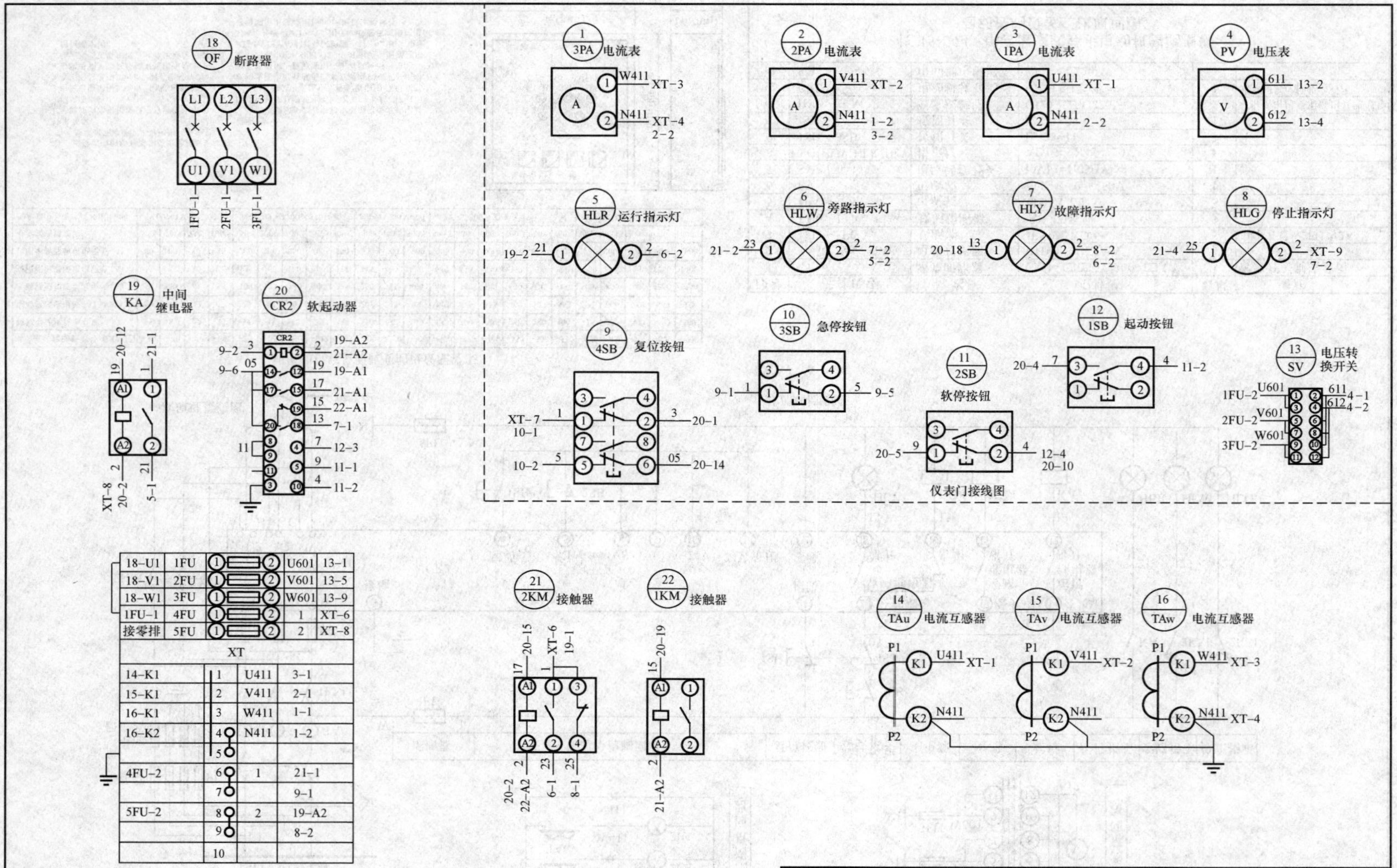

18-U1	1FU	①▭②	U601	13-1
18-V1	2FU	①▭②	V601	13-5
18-W1	3FU	①▭②	W601	13-9
1FU-1	4FU	①▭②	1	XT-6
接零排	5FU	①▭②	2	XT-8

XT			
14-K1	1	U411	3-1
15-K1	2	V411	2-1
16-K1	3	W411	1-1
16-K2	4	N411	1-2
	5		
4FU-2	6	1	21-1
	7		9-1
5FU-2	8	2	19-A2
	9		8-2
	10		

注：
中间继电器的辅助触点编号与实物不符，因各生产厂家的标注编号不一致，因此，在接线时要按照本图中的动合或动断触点，随意定位接线。

图 15-275 单台鼠笼式异步电动机智能型软起动控制设备二次接线图

(9) CR2 智能型软起动控制设备、带计量二次原理见图 15-276。

(10) CR2 智能型软起动控制设备、带计量二次接线见图 15-277。

5. 热继保护系列各种起动方式、二次原理接线图（无计量、本柜控制）

(1) 直接起动控制设备、二次原理见图 15-278。

(2) 直接起动控制设备、二次接线见图 15-279。

(3) 直接起动控制设备、二次原理见图 15-280。

(4) 直接起动控制设备、二次接线见图 15-281。

(5) 正反转起动控制设备、二次原理见图 15-282。

(6) 正反转起动控制设备、二次接线见图 15-283。

(7) Y/△起动控制设备、二次原理见图 15-284。

(8) Y/△起动控制设备、二次接线见图 15-285。

6. 热继保护系列各种起动方式、二次原理接线图（带计量、本柜控制）

(1) 直接起动控制设备、带计量二次原理见图 15-286。

(2) 直接起动控制设备、带计量二次接线见图 15-287。

(3) 直接点动控制设备、带计量二次原理见图 15-288。

(4) 直接点动控制设备、带计量二次接线见图 15-289。

(5) 正反转起动控制设备、带计量二次原理见图 15-290。

(6) 正反转起动控制设备、带计量二次接线见图 15-291。

(7) Y/△起动控制设备、带计量二次原理见图 15-292。

(8) Y/△起动控制设备、带计量二次接线见图 15-293。

7. 热继保护系列各种起动方式、二次原理接线图（无计量、两地控制）

(1) 自藕降压起动控制设备、二次原理见图 15-294。

(2) 自藕降压起动控制设备、二次接线见图 15-295。

(3) 频敏变阻器降压起动控制设备、二次原理见图 15-296。

(4) 频敏变阻器降压起动控制设备、二次接线见图 15-297。

(5) 频敏变阻器降压起动正反转控制设备、二次原理见图 15-298。

(6) 频敏变阻器降压起动正反转控制设备、二次原理见图 15-299。

8. 热继保护系列各种起动方式、二次原理接线图（带计量、两地控制）

(1) 自藕降压起动控制设备、带计量二次原理见图 15-300。

(2) 自藕降压起动控制设备、带计量二次接线见图 15-301。

(3) 频敏变阻器降压起动控制设备、带计量二次原理见图 15-302。

(4) 频敏变阻器降压起动控制设备、带计量二次接线见图 15-303。

(5) 频敏变阻器降压起动正反转控制设备、带计量二次原理见图 15-304。

(6) 频敏变阻器降压起动正反转控制设备、带计量二次原理见图 15-305。

9. RNB3000 系列变频调速控制方式、二次原理接线图（本柜控制）

(1) 变频调速通用电动机控制设备、二次原理见图 15-306。

(2) 变频调速通用电动机控制设备、二次接线见图 15-307。

(3) 变频调速通用正反转控制设备、二次原理见图 15-308。

(4) 变频调速通用正反转控制设备、二次接线见图 15-309。

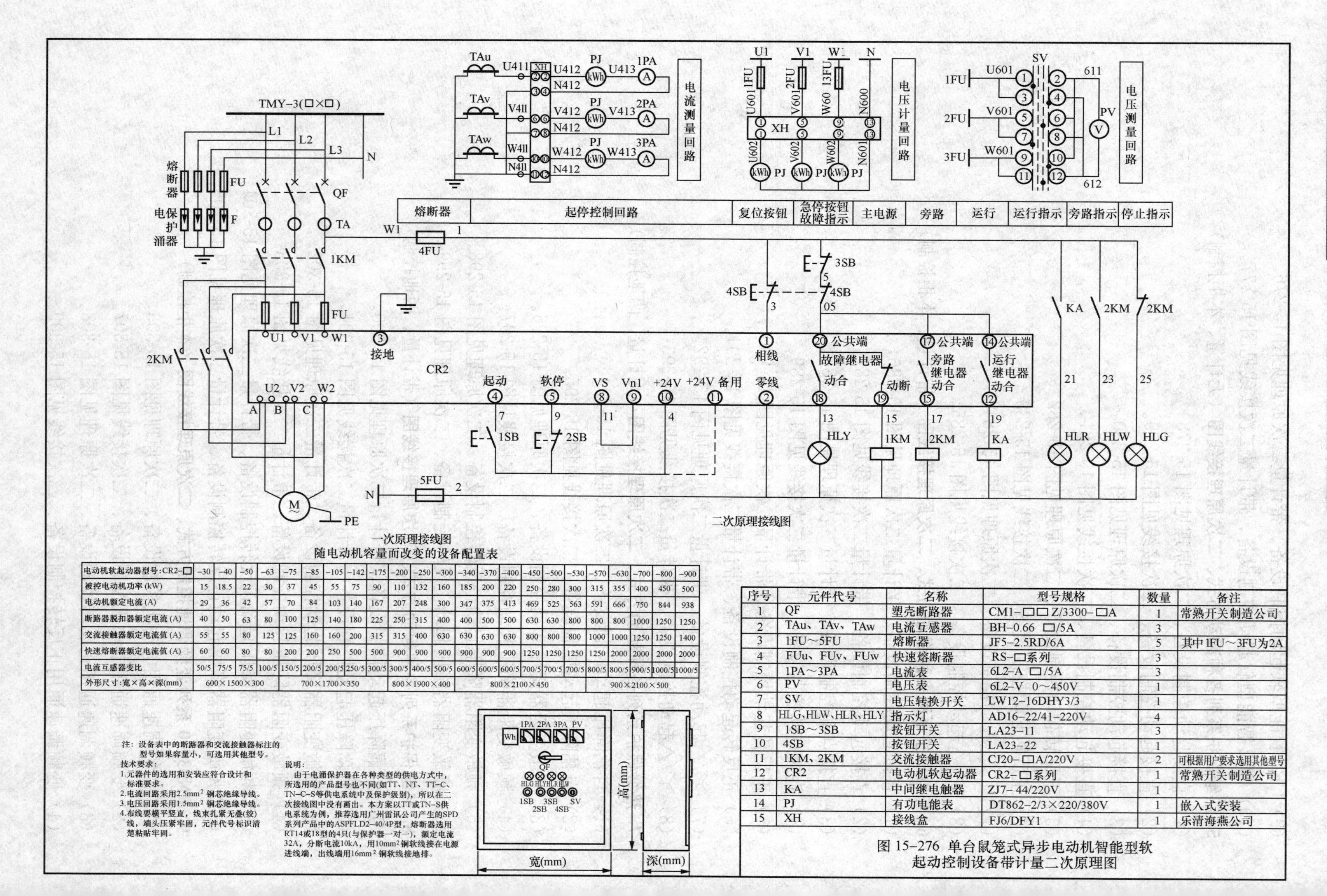

随电动机容量而改变的设备配置表

电动机软起动器型号:CR2-□	-30	-40	-50	-63	-75	-85	-105	-142	-175	-200	-250	-300	-340	-370	-400	-450	-500	-530	-570	-630	-700	-800	-900
被控电动机功率 (kW)	15	18.5	22	30	37	45	55	75	90	110	132	160	185	200	220	250	280	300	315	355	400	450	500
电动机额定电流 (A)	29	36	42	57	70	84	103	140	167	207	248	300	347	375	413	469	525	563	591	666	750	844	938
断路器脱扣器额定电流 (A)	40	50	63	80	100	125	140	180	225	250	315	400	400	500	500	630	630	800	800	800	1000	1250	1250
交流接触器额定电流值 (A)	55	55	80	125	125	160	160	200	315	315	400	630	630	630	630	800	800	800	1000	1000	1250	1250	1400
快速熔断器额定电流值 (A)	60	60	80	80	200	200	250	500	500	900	900	900	900	900	900	1250	1250	1250	1250	2000	2000	2000	2000
电流互感器变比	50/5	75/5	75/5	100/5	150/5	200/5	200/5	250/5	300/5	300/5	400/5	500/5	600/5	600/5	600/5	700/5	700/5	700/5	800/5	800/5	900/5	1000/5	1000/5
外形尺寸:宽×高×深(mm)	600×1500×300				700×1700×350					800×1900×400			800×2100×450						900×2100×500				

注：设备表中的断路器和交流接触器标注的型号如果容量小，可选用其他型号。

技术要求：

1.元器件的选用和安装应符合设计和标准要求。

2.电流回路采用2.5mm² 铜芯绝缘导线。

3.电压回路采用1.5mm² 铜芯绝缘导线。

4.布线要横平竖直，线束扎紧无叠(绞)线，端头压紧牢固，元件代号标识清楚粘贴牢固。

说明：

由于电涌保护器在各种类型的供电方式中，所选用的产品型号也不同(如TT、NT、TT-C、TN-C-S等供电系统中及保护级别)，所以在二次接线图中没有画出。本方案以TT或TN-S供电系统为例，推荐选用广州雷讯公司产生的SPD系列产品中的ASPFLD2-40/4P型，熔断器选用RT14或18型的4只(与保护器一对一)，额定电流32A，分断电流10kA，用10mm² 铜软线接在电源进线端，出线端用16mm² 铜软线接地排。

序号	元件代号	名称	型号规格	数量	备注
1	QF	塑壳断路器	CM1-□□ Z/3300-□A	1	常熟开关制造公司
2	TAu、TAv、TAw	电流互感器	BH-0.66 □/5A	3	
3	1FU~5FU	熔断器	JF5-2.5RD/6A	5	其中1FU~3FU为2A
4	FUu、FUv、FUw	快速熔断器	RS-□系列	3	
5	1PA~3PA	电流表	6L2-A □/5A	3	
6	PV	电压表	6L2-V 0~450V	1	
7	SV	电压转换开关	LW12-16DHY3/3	1	
8	HLG、HLW、HLR、HLY	指示灯	AD16-22/41-220V	4	
9	1SB~3SB	按钮开关	LA23-11	3	
10	4SB	按钮开关	LA23-22	1	
11	1KM、2KM	交流接触器	CJ20-□A/220V	2	可根据用户要求选用其他型号
12	CR2	电动机软起动器	CR2-□系列	1	常熟开关制造公司
13	KA	中间继电触器	ZJ7-44/220V	1	
14	PJ	有功电能表	DT862-2/3×220/380V	1	嵌入式安装
15	XH	接线盒	FJ6/DFY1	1	乐清海燕公司

图 15-276 单台鼠笼式异步电动机智能型软起动控制设备带计量二次原理图

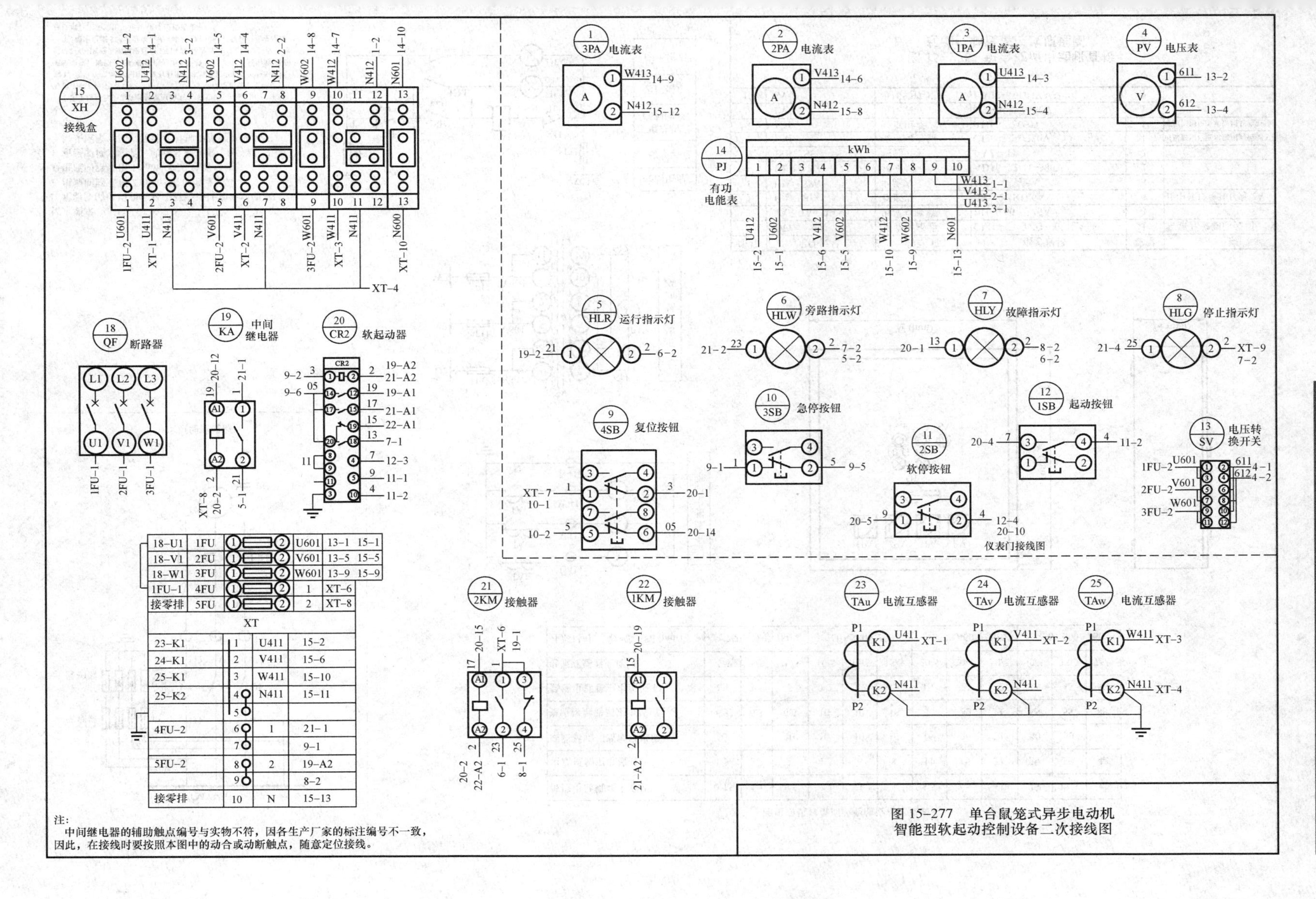

图 15-277　单台鼠笼式异步电动机智能型软起动控制设备二次接线图

注：中间继电器的辅助触点编号与实物不符，因各生产厂家的标注编号不一致，因此，在接线时要按照本图中的动合或动断触点，随意定位接线。

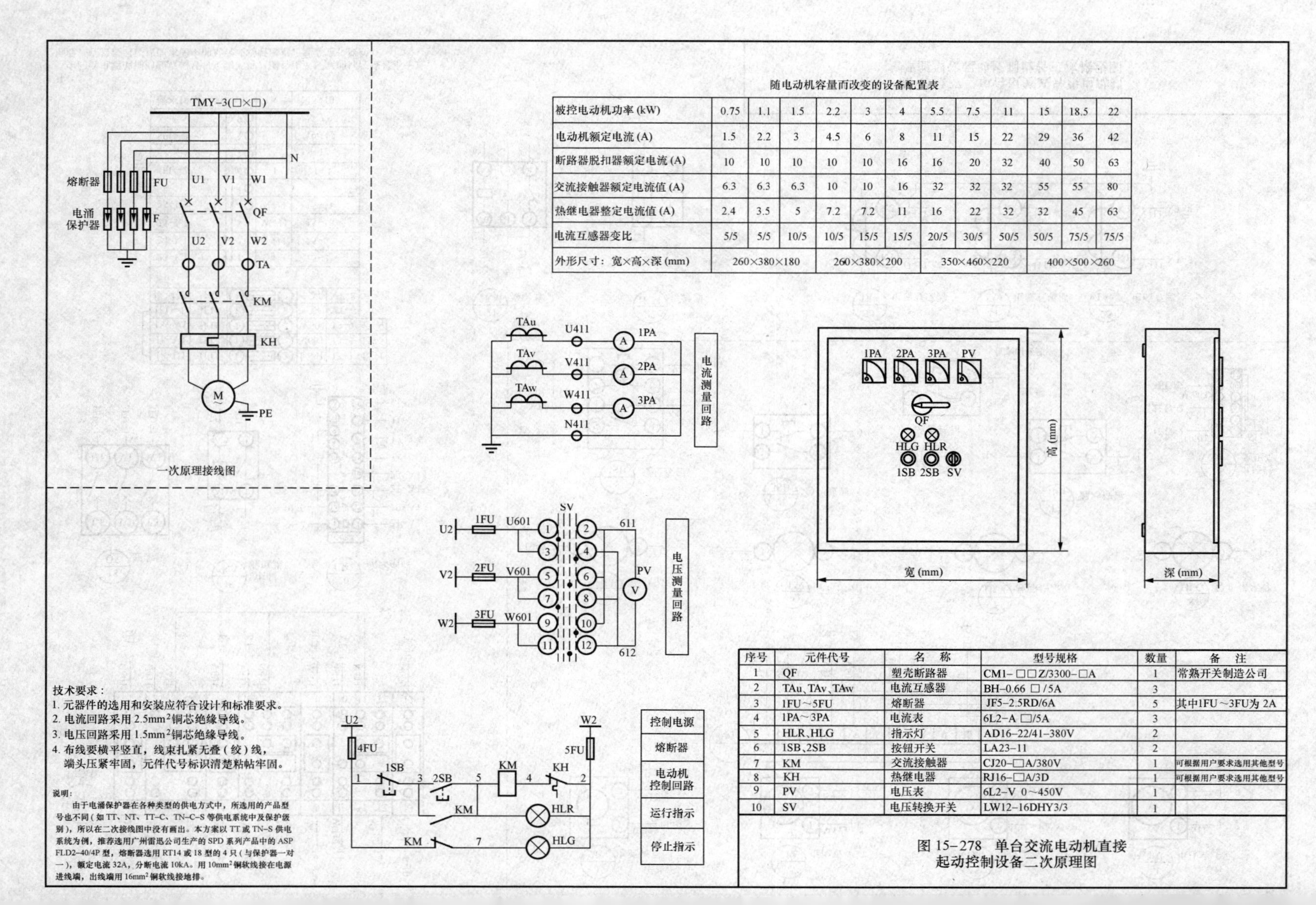

随电动机容量而改变的设备配置表

被控电动机功率 (kW)	0.75	1.1	1.5	2.2	3	4	5.5	7.5	11	15	18.5	22
电动机额定电流 (A)	1.5	2.2	3	4.5	6	8	11	15	22	29	36	42
断路器脱扣器额定电流 (A)	10	10	10	10	10	16	16	20	32	40	50	63
交流接触器额定电流值 (A)	6.3	6.3	6.3	10	10	16	32	32	32	55	55	80
热继电器整定电流值 (A)	2.4	3.5	5	7.2	7.2	11	16	22	32	32	45	63
电流互感器变比	5/5	5/5	10/5	10/5	15/5	15/5	20/5	30/5	50/5	50/5	75/5	75/5
外形尺寸：宽×高×深 (mm)	260×380×180			260×380×200			350×460×220			400×500×260		

技术要求：

1. 元器件的选用和安装应符合设计和标准要求。
2. 电流回路采用 2.5mm²铜芯绝缘导线。
3. 电压回路采用 1.5mm²铜芯绝缘导线。
4. 布线要横平竖直，线束扎紧无叠（绞）线，端头压紧牢固，元件代号标识清楚粘帖牢固。

说明：

由于电涌保护器在各种类型的供电方式中，所选用的产品型号也不同（如 TT、NT、TT–C、TN–C–S 等供电系统中及保护级别），所以在二次接线图中没有画出。本方案以 TT 或 TN–S 供电系统为例，推荐选用广州雷迅公司生产的 SPD 系列产品中的 ASP FLD2–40/4P 型，熔断器选用 RT14 或 18 型的 4 只（与保护器一对一），额定电流 32A，分断电流 10kA。用 10mm²铜软线接在电源进线端，出线端用 16mm²铜软线接地排。

序号	元件代号	名　称	型号规格	数量	备　注
1	QF	塑壳断路器	CM1- □□Z/3300-□A	1	常熟开关制造公司
2	TAu、TAv、TAw	电流互感器	BH-0.66 □/5A	3	
3	1FU～5FU	熔断器	JF5-2.5RD/6A	5	其中1FU～3FU为 2A
4	1PA～3PA	电流表	6L2-A □/5A	3	
5	HLR、HLG	指示灯	AD16-22/41-380V	2	
6	1SB、2SB	按钮开关	LA23-11	2	
7	KM	交流接触器	CJ20-□A/380V	1	可根据用户要求选用其他型号
8	KH	热继电器	RJ16-□A/3D	1	可根据用户要求选用其他型号
9	PV	电压表	6L2-V 0～450V	1	
10	SV	电压转换开关	LW12-16DHY3/3	1	

图 15-278　单台交流电动机直接起动控制设备二次原理图

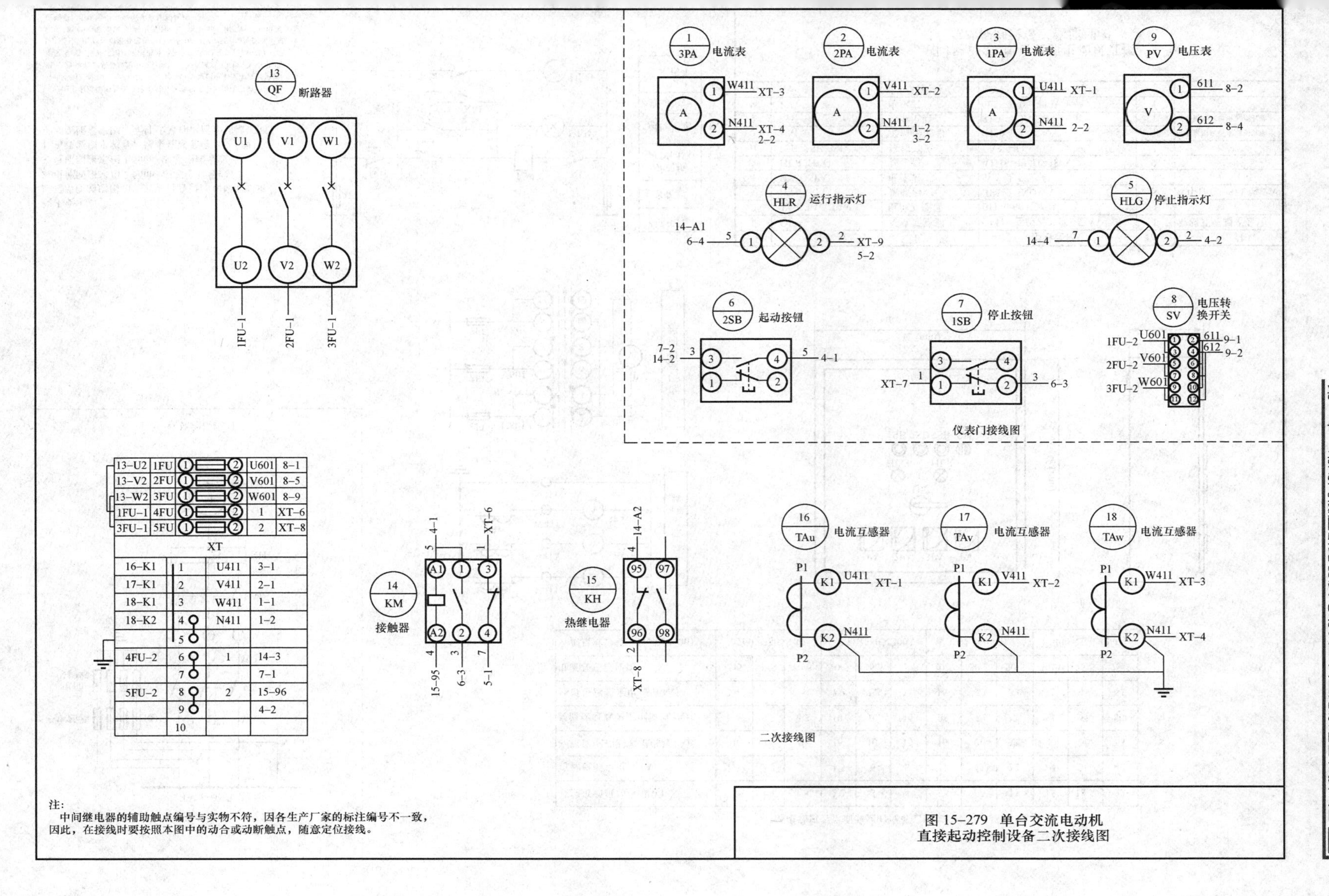

图 15-279 单台交流电动机直接起动控制设备二次接线图

注：
中间继电器的辅助触点编号与实物不符，因各生产厂家的标注编号不一致，因此，在接线时要按照本图中的动合或动断触点，随意定位接线。

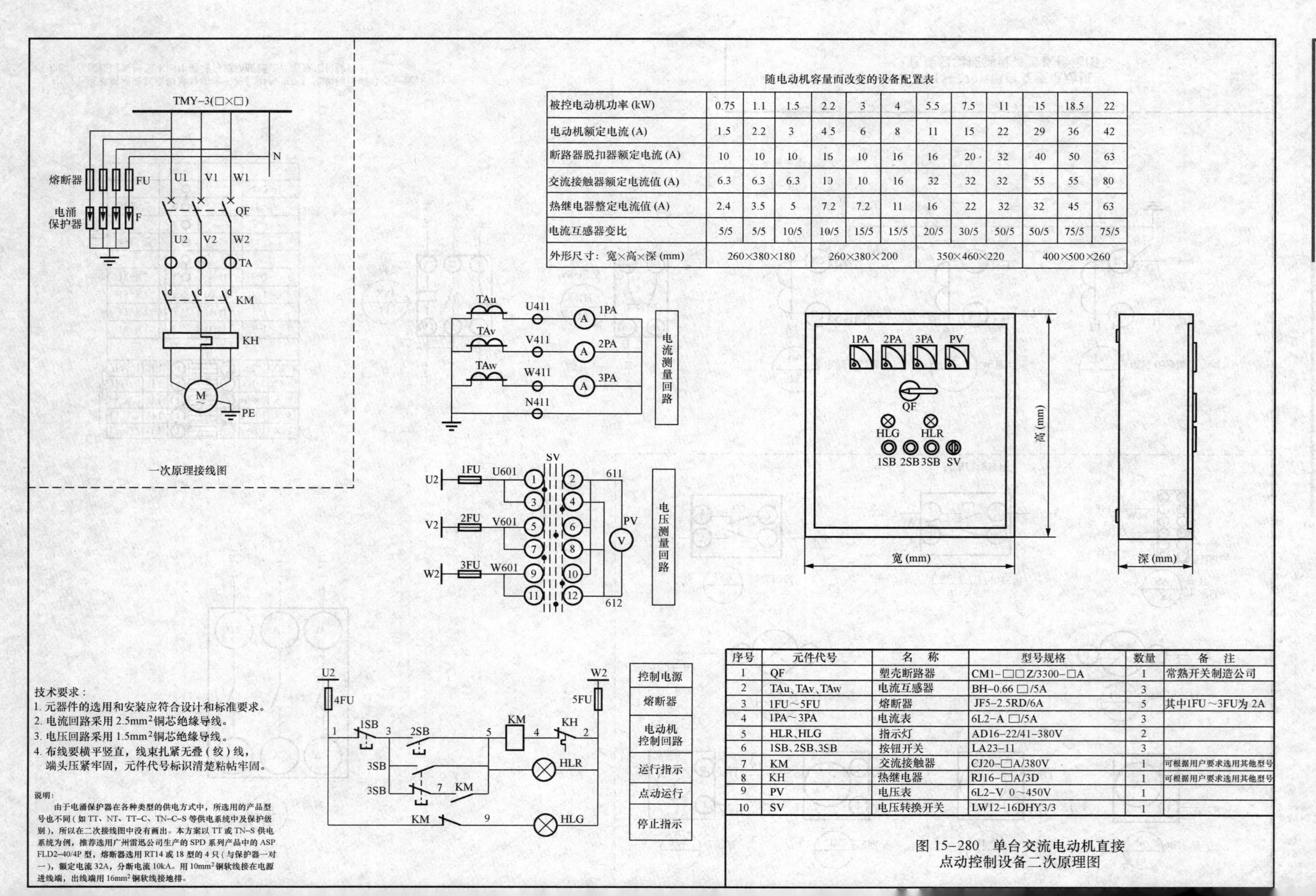

随电动机容量而改变的设备配置表

被控电动机功率(kW)	0.75	1.1	1.5	2.2	3	4	5.5	7.5	11	15	18.5	22
电动机额定电流(A)	1.5	2.2	3	4.5	6	8	11	15	22	29	36	42
断路器脱扣器额定电流(A)	10	10	10	16	10	16	16	20	32	40	50	63
交流接触器额定电流值(A)	6.3	6.3	6.3	10	10	16	32	32	32	55	55	80
热继电器整定电流值(A)	2.4	3.5	5	7.2	7.2	11	16	22	32	32	45	63
电流互感器变比	5/5	5/5	10/5	10/5	15/5	15/5	20/5	30/5	50/5	50/5	75/5	75/5
外形尺寸：宽×高×深(mm)	260×380×180			260×380×200			350×460×220			400×500×260		

技术要求：
1. 元器件的选用和安装应符合设计和标准要求。
2. 电流回路采用 2.5mm²铜芯绝缘导线。
3. 电压回路采用 1.5mm²铜芯绝缘导线。
4. 布线要横平竖直，线束扎紧无叠（绞）线，端头压紧牢固，元件代号标识清楚粘帖牢固。

说明：

由于电涌保护器在各种类型的供电方式中，所选用的产品型号也不同（如 TT、NT、TT–C、TN–C–S 等供电系统中及保护级别），所以在二次接线图中没有画出。本方案以 TT 或 TN–S 供电系统为例，推荐选用广州雷迅公司生产的 SPD 系列产品中的 ASP FLD2–40/4P 型，熔断器选用 RT14 或 18 型的 4 只（与保护器一对一），额定电流 32A，分断电流 10kA。用 10mm²铜软线接在电源进线端，出线端用 16mm²铜软线接地排。

序号	元件代号	名称	型号规格	数量	备注
1	QF	塑壳断路器	CM1–□□Z/3300–□A	1	常熟开关制造公司
2	TAu、TAv、TAw	电流互感器	BH–0.66 □/5A	3	
3	1FU～5FU	熔断器	JF5–2.5RD/6A	5	其中1FU～3FU为 2A
4	1PA～3PA	电流表	6L2–A □/5A	3	
5	HLR、HLG	指示灯	AD16–22/41–380V	2	
6	1SB、2SB、3SB	按钮开关	LA23–11	3	
7	KM	交流接触器	CJ20–□A/380V	1	可根据用户要求选用其他型号
8	KH	热继电器	RJ16–□A/3D	1	可根据用户要求选用其他型号
9	PV	电压表	6L2–V 0～450V	1	
10	SV	电压转换开关	LW12–16DHY3/3	1	

图 15–280 单台交流电动机直接点动控制设备二次原理图

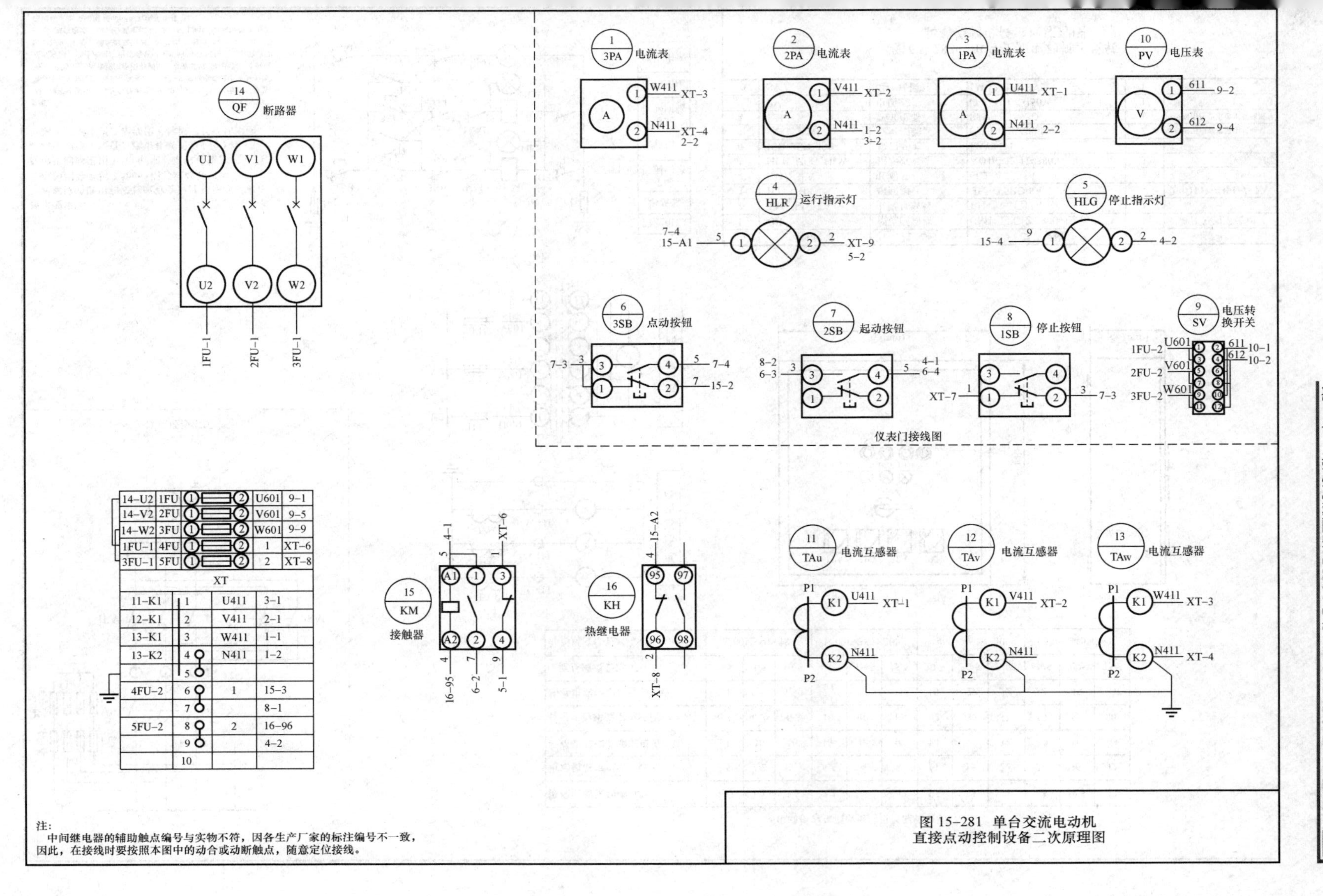

图15-281　单台交流电动机直接点动控制设备二次原理图

注：
中间继电器的辅助触点编号与实物不符，因各生产厂家的标注编号不一致，因此，在接线时要按照本图中的动合或动断触点，随意定位接线。

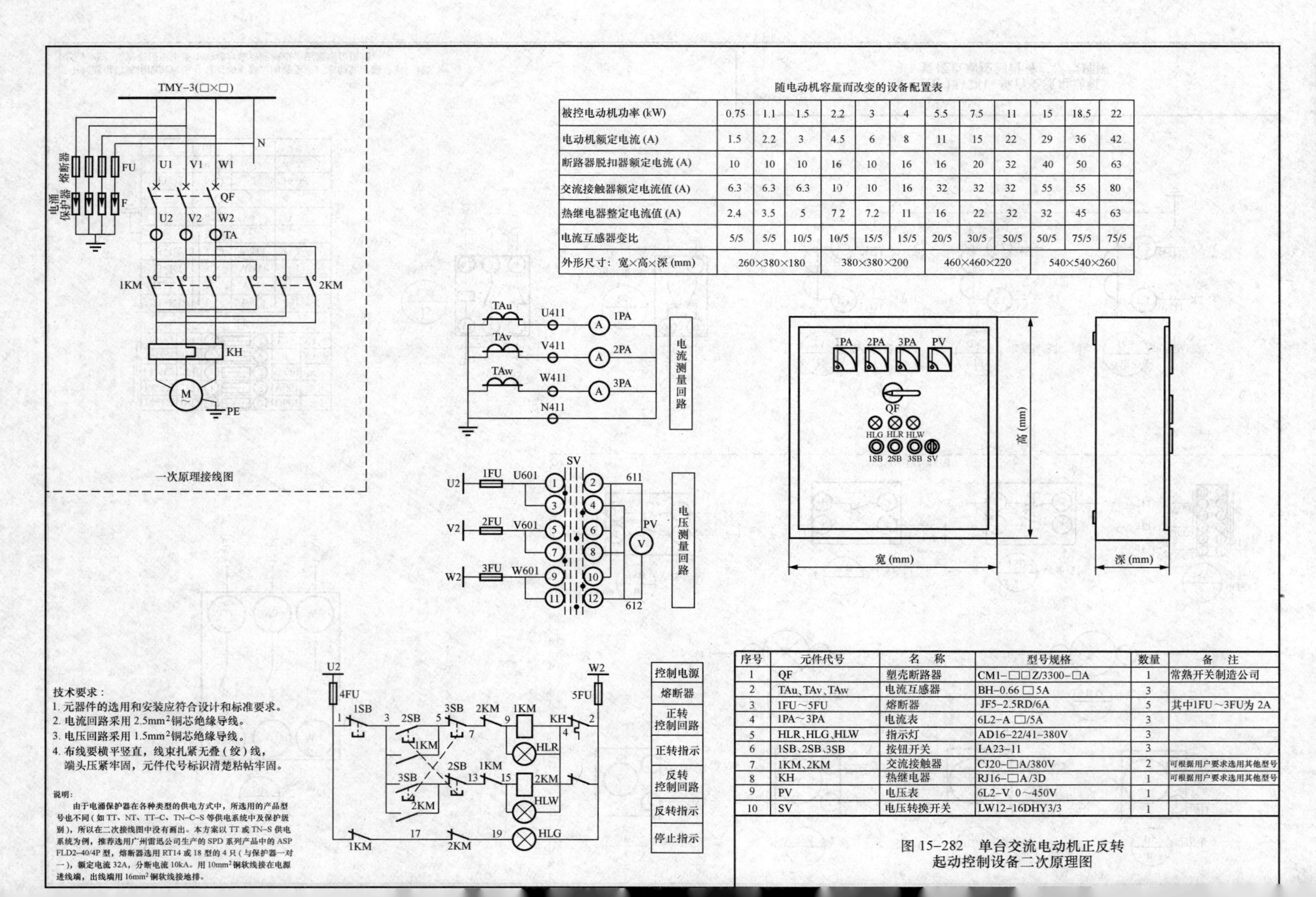

随电动机容量而改变的设备配置表

被控电动机功率 (kW)	0.75	1.1	1.5	2.2	3	4	5.5	7.5	11	15	18.5	22
电动机额定电流 (A)	1.5	2.2	3	4.5	6	8	11	15	22	29	36	42
断路器脱扣器额定电流 (A)	10	10	10	16	10	16	16	20	32	40	50	63
交流接触器额定电流值 (A)	6.3	6.3	6.3	10	10	16	32	32	32	55	55	80
热继电器整定电流值 (A)	2.4	3.5	5	7.2	7.2	11	16	22	32	32	45	63
电流互感器变比	5/5	5/5	10/5	10/5	15/5	15/5	20/5	30/5	50/5	50/5	75/5	75/5
外形尺寸：宽×高×深 (mm)	260×380×180			380×380×200			460×460×220			540×540×260		

序号	元件代号	名　称	型号规格	数量	备　注
1	QF	塑壳断路器	CM1-□□Z/3300-□A	1	常熟开关制造公司
2	TAu、TAv、TAw	电流互感器	BH-0.66 □5A	3	
3	1FU～5FU	熔断器	JF5-2.5RD/6A	5	其中1FU～3FU为 2A
4	1PA～3PA	电流表	6L2-A □/5A	3	
5	HLR、HLG、HLW	指示灯	AD16-22/41-380V	3	
6	1SB、2SB、3SB	按钮开关	LA23-11	3	
7	1KM、2KM	交流接触器	CJ20-□A/380V	2	可根据用户要求选用其他型号
8	KH	热继电器	RJ16-□A/3D	1	可根据用户要求选用其他型号
9	PV	电压表	6L2-V 0～450V	1	
10	SV	电压转换开关	LW12-16DHY3/3	1	

技术要求：

1. 元器件的选用和安装应符合设计和标准要求。
2. 电流回路采用 2.5mm²铜芯绝缘导线。
3. 电压回路采用 1.5mm²铜芯绝缘导线。
4. 布线要横平竖直，线束扎紧无叠（绞）线，端头压紧牢固，元件代号标识清楚粘帖牢固。

说明：

由于电涌保护器在各种类型的供电方式中，所选用的产品型号也不同（如 TT、NT、TT-C、TN-C-S 等供电系统中及保护级别），所以在二次接线图中没有画出。本方案以 TT 或 TN-S 供电系统为例，推荐选用广州雷迅公司生产的 SPD 系列产品中的 ASP FLD2-40/4P 型，熔断器选用 RT14 或 18 型的 4 只（与保护器一对一），额定电流 32A，分断电流 10kA。用 10mm²铜软线接在电源进线端，出线端用 16mm²铜软线接地排。

图 15-282　单台交流电动机正反转起动控制设备二次原理图

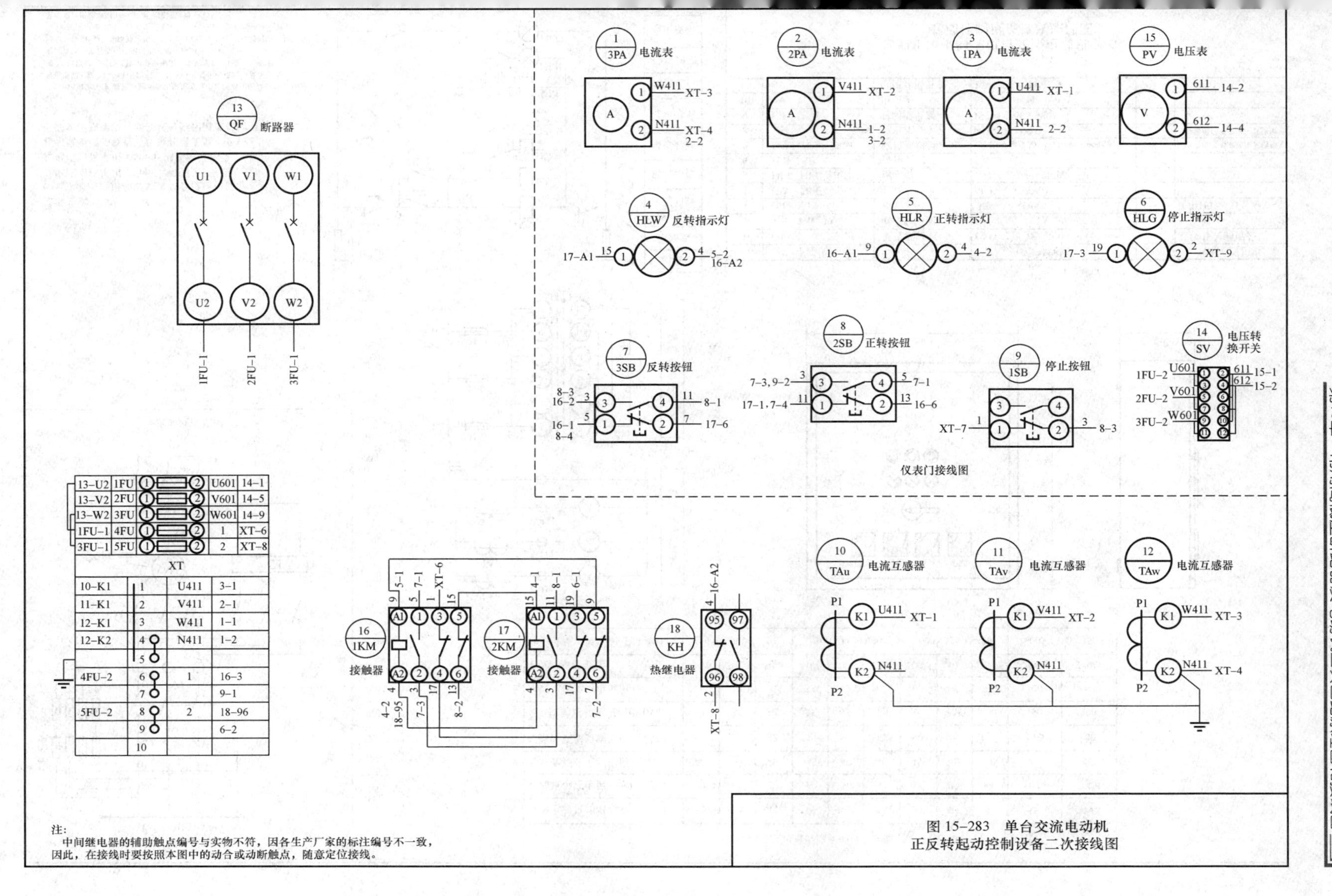

13–U2	1FU	1	2	U601	14–1
13–V2	2FU	1	2	V601	14–5
13–W2	3FU	1	2	W601	14–9
1FU–1	4FU	1	2	1	XT–6
3FU–1	5FU	1	2	2	XT–8

XT			
10–K1	1	U411	3–1
11–K1	2	V411	2–1
12–K1	3	W411	1–1
12–K2	4	N411	1–2
	5		
4FU–2	6	1	16–3
	7		9–1
5FU–2	8	2	18–96
	9		6–2
	10		

注：
中间继电器的辅助触点编号与实物不符，因各生产厂家的标注编号不一致，
因此，在接线时要按照本图中的动合或动断触点，随意定位接线。

图15-283　单台交流电动机
正反转起动控制设备二次接线图

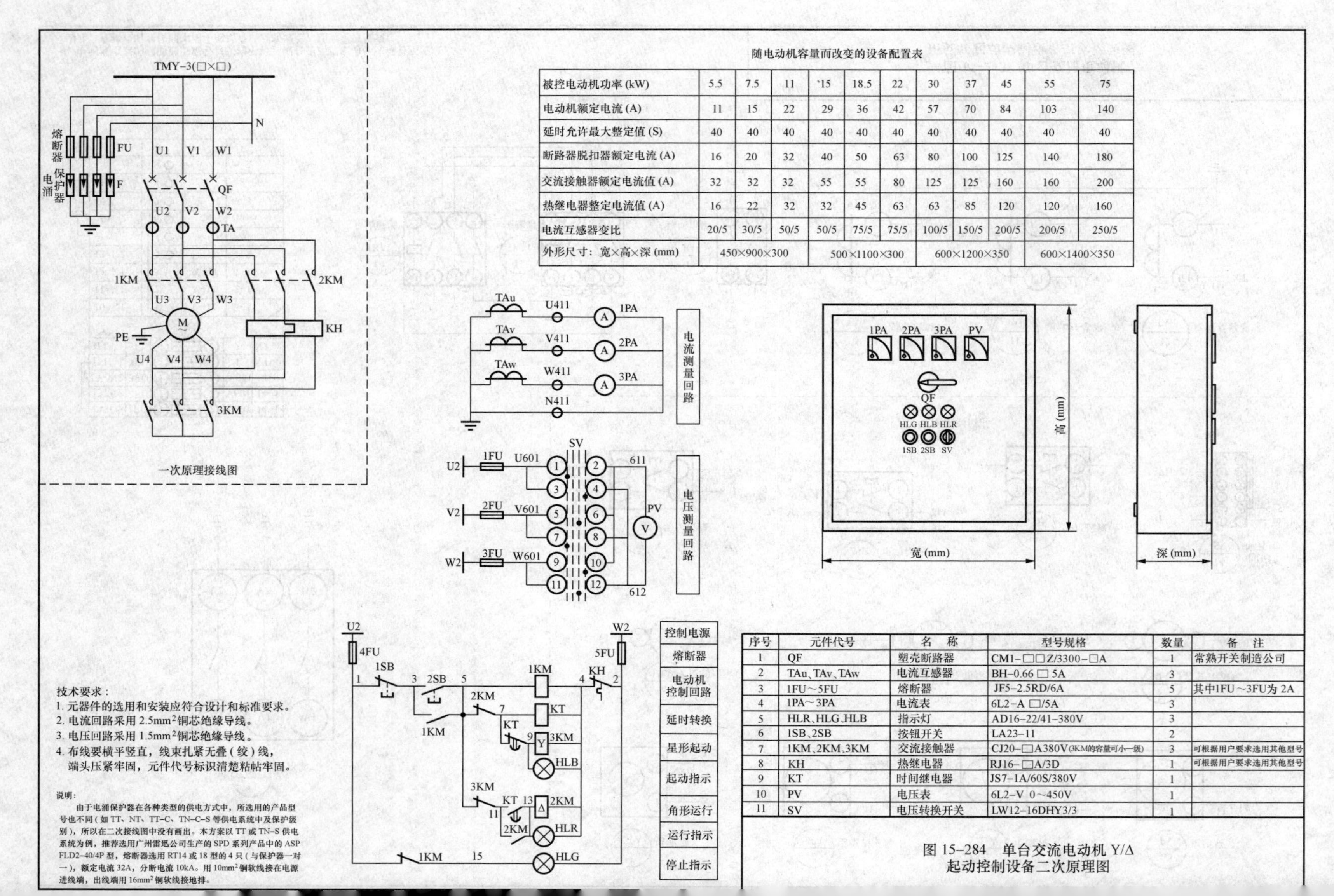

随电动机容量而改变的设备配置表

被控电动机功率 (kW)	5.5	7.5	11	15	18.5	22	30	37	45	55	75
电动机额定电流 (A)	11	15	22	29	36	42	57	70	84	103	140
延时允许最大整定值 (S)	40	40	40	40	40	40	40	40	40	40	40
断路器脱扣器额定电流 (A)	16	20	32	40	50	63	80	100	125	140	180
交流接触器额定电流值 (A)	32	32	32	55	55	80	125	125	160	160	200
热继电器整定电流值 (A)	16	22	32	32	45	63	63	85	120	120	160
电流互感器变比	20/5	30/5	50/5	50/5	75/5	75/5	100/5	150/5	200/5	200/5	250/5
外形尺寸：宽×高×深 (mm)	450×900×300			500×1100×300			600×1200×350			600×1400×350	

技术要求：

1. 元器件的选用和安装应符合设计和标准要求。
2. 电流回路采用 2.5mm^{2}铜芯绝缘导线。
3. 电压回路采用 1.5mm^{2}铜芯绝缘导线。
4. 布线要横平竖直，线束扎紧无叠（绞）线，端头压紧牢固，元件代号标识清楚粘帖牢固。

说明：

由于电涌保护器在各种类型的供电方式中，所选用的产品型号也不同（如 TT、NT、TT–C、TN–C–S 等供电系统中及保护级别），所以在二次接线图中没有画出。本方案以 TT 或 TN–S 供电系统为例，推荐选用广州雷迅公司生产的 SPD 系列产品中的 ASP FLD2–40/4P 型，熔断器选用 RT14 或 18 型的 4 只（与保护器一对一），额定电流 32A，分断电流 10kA。用 10mm^{2}铜软线接在电源进线端，出线端用 16mm^{2}铜软线接地排。

序号	元件代号	名 称	型号规格	数量	备 注
1	QF	塑壳断路器	CM1–□□Z/3300–□A	1	常熟开关制造公司
2	TAu、TAv、TAw	电流互感器	BH–0.66 □ 5A	3	
3	1FU～5FU	熔断器	JF5–2.5RD/6A	5	其中1FU～3FU为 2A
4	1PA～3PA	电流表	6L2–A □/5A	3	
5	HLR、HLG、HLB	指示灯	AD16–22/41–380V	3	
6	1SB、2SB	按钮开关	LA23–11	2	
7	1KM、2KM、3KM	交流接触器	CJ20–□A380V(3KM的容量可小一级)	3	可根据用户要求选用其他型号
8	KH	热继电器	RJ16–□A/3D	1	可根据用户要求选用其他型号
9	KT	时间继电器	JS7–1A/60S/380V	1	
10	PV	电压表	6L2–V 0～450V	1	
11	SV	电压转换开关	LW12–16DHY3/3	1	

图 15–284　单台交流电动机 Y/Δ 起动控制设备二次原理图

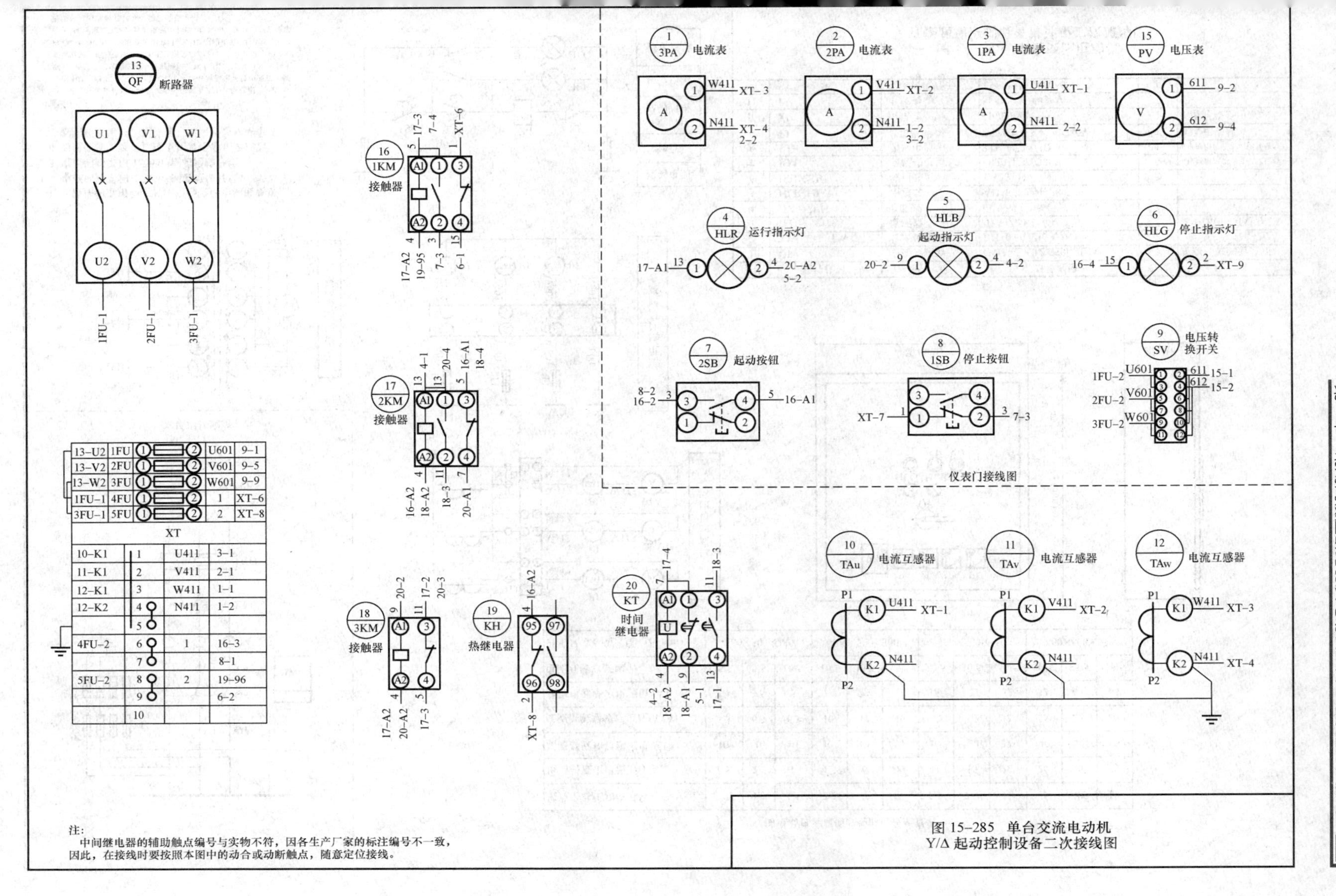

13-U2	1FU	①▭②	U601	9-1
13-V2	2FU	①▭②	V601	9-5
13-W2	3FU	①▭②	W601	9-9
1FU-1	4FU	①▭②	1	XT-6
3FU-1	5FU	①▭②	2	XT-8

XT

10-K1	1	U411	3-1
11-K1	2	V411	2-1
12-K1	3	W411	1-1
12-K2	4	N411	1-2
	5		
4FU-2	6	1	16-3
	7		8-1
5FU-2	8	2	19-96
	9		6-2
	10		

注：
中间继电器的辅助触点编号与实物不符，因各生产厂家的标注编号不一致，因此，在接线时要按照本图中的动合或动断触点，随意定位接线。

图15-285　单台交流电动机Y/Δ起动控制设备二次接线图

随电动机容量而改变的设备配置表

被控电动机功率 (kW)	0.75	1.1	1.5	2.2	3	4	5.5	7.5	11	15	18.5	22
电动机额定电流 (A)	1.5	2.2	3	4.5	6	8	11	15	22	29	36	42
断路器脱扣器额定电流 (A)	10	10	10	10	10	16	16	20	32	40	50	63
交流接触器额定电流值 (A)	6.3	6.3	6.3	10	10	16	32	32	32	55	55	80
热继电器整定电流值 (A)	2.4	3.5	5	7.2	7.2	11	16	22	32	32	45	63
电流互感器变比	5/5	5/5	10/5	10/5	15/5	15/5	20/5	30/5	50/5	50/5	75/5	75/5
外形尺寸：宽×高×深 (mm)	360×500×280			400×500×300			400×560×350			460×600×350		

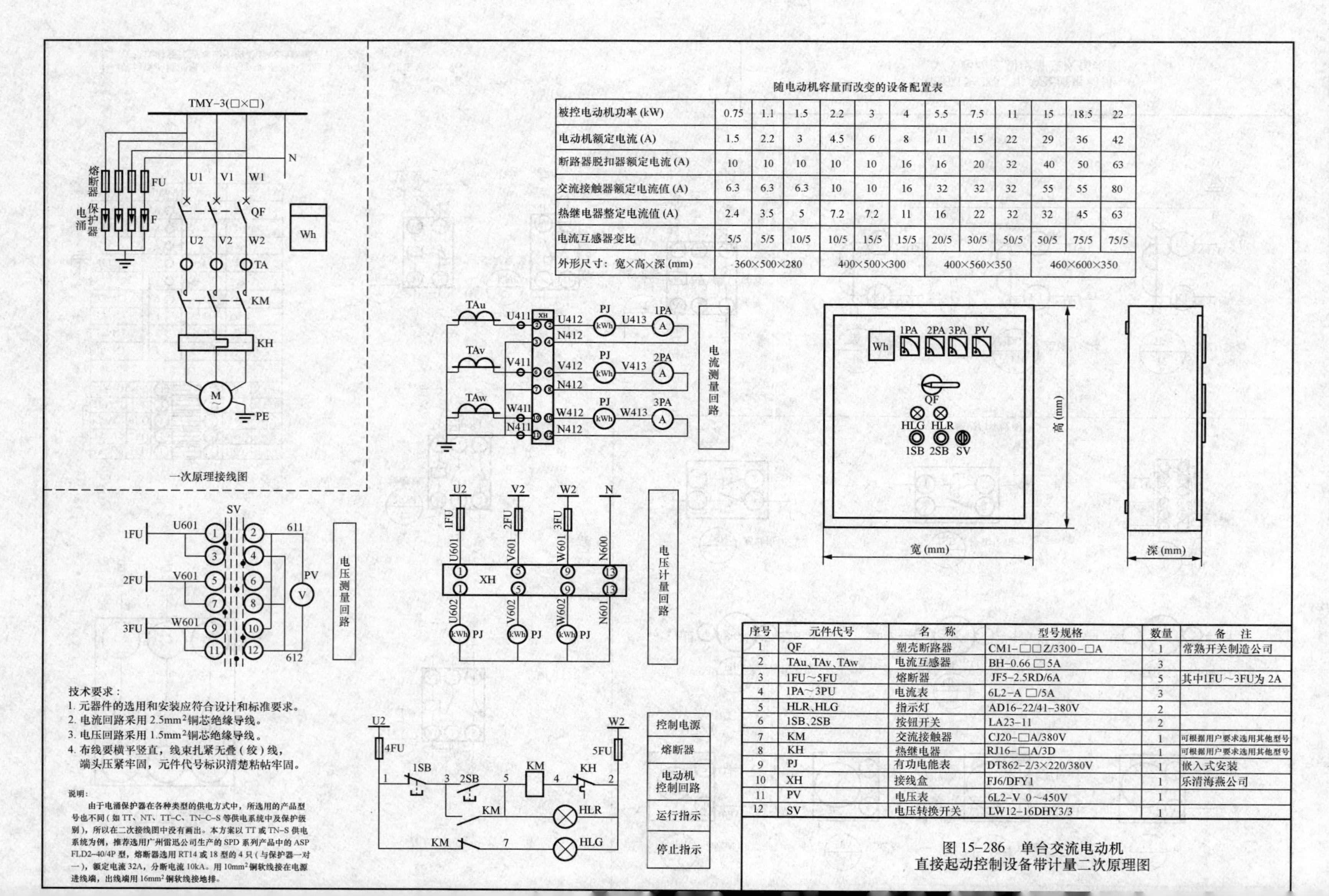

序号	元件代号	名称	型号规格	数量	备注
1	QF	塑壳断路器	CM1-□□Z/3300-□A	1	常熟开关制造公司
2	TAu、TAv、TAw	电流互感器	BH-0.66 □5A	3	
3	1FU～5FU	熔断器	JF5-2.5RD/6A	5	其中1FU～3FU为 2A
4	1PA～3PU	电流表	6L2-A □/5A	3	
5	HLR、HLG	指示灯	AD16-22/41-380V	2	
6	1SB、2SB	按钮开关	LA23-11	2	
7	KM	交流接触器	CJ20-□A/380V	1	可根据用户要求选用其他型号
8	KH	热继电器	RJ16-□A/3D	1	可根据用户要求选用其他型号
9	PJ	有功电能表	DT862-2/3×220/380V	1	嵌入式安装
10	XH	接线盒	FJ6/DFY1	1	乐清海燕公司
11	PV	电压表	6L2-V 0～450V	1	
12	SV	电压转换开关	LW12-16DHY3/3	1	

技术要求：

1. 元器件的选用和安装应符合设计和标准要求。
2. 电流回路采用 2.5mm²铜芯绝缘导线。
3. 电压回路采用 1.5mm²铜芯绝缘导线。
4. 布线要横平竖直，线束扎紧无叠（绞）线，端头压紧牢固，元件代号标识清楚粘帖牢固。

说明：

由于电涌保护器在各种类型的供电方式中，所选用的产品型号也不同（如 TT、NT、TT-C、TN-C-S 等供电系统中及保护级别），所以在二次接线图中没有画出。本方案以 TT 或 TN-S 供电系统为例，推荐选用广州雷迅公司生产的 SPD 系列产品中的 ASP FLD2-40/4P 型，熔断器选用 RT14 或 18 型的 4 只（与保护器一对一），额定电流 32A，分断电流 10kA。用 10mm²铜软线接在电源进线端，出线端用 16mm²铜软线接地排。

图 15-286 单台交流电动机直接起动控制设备带计量二次原理图

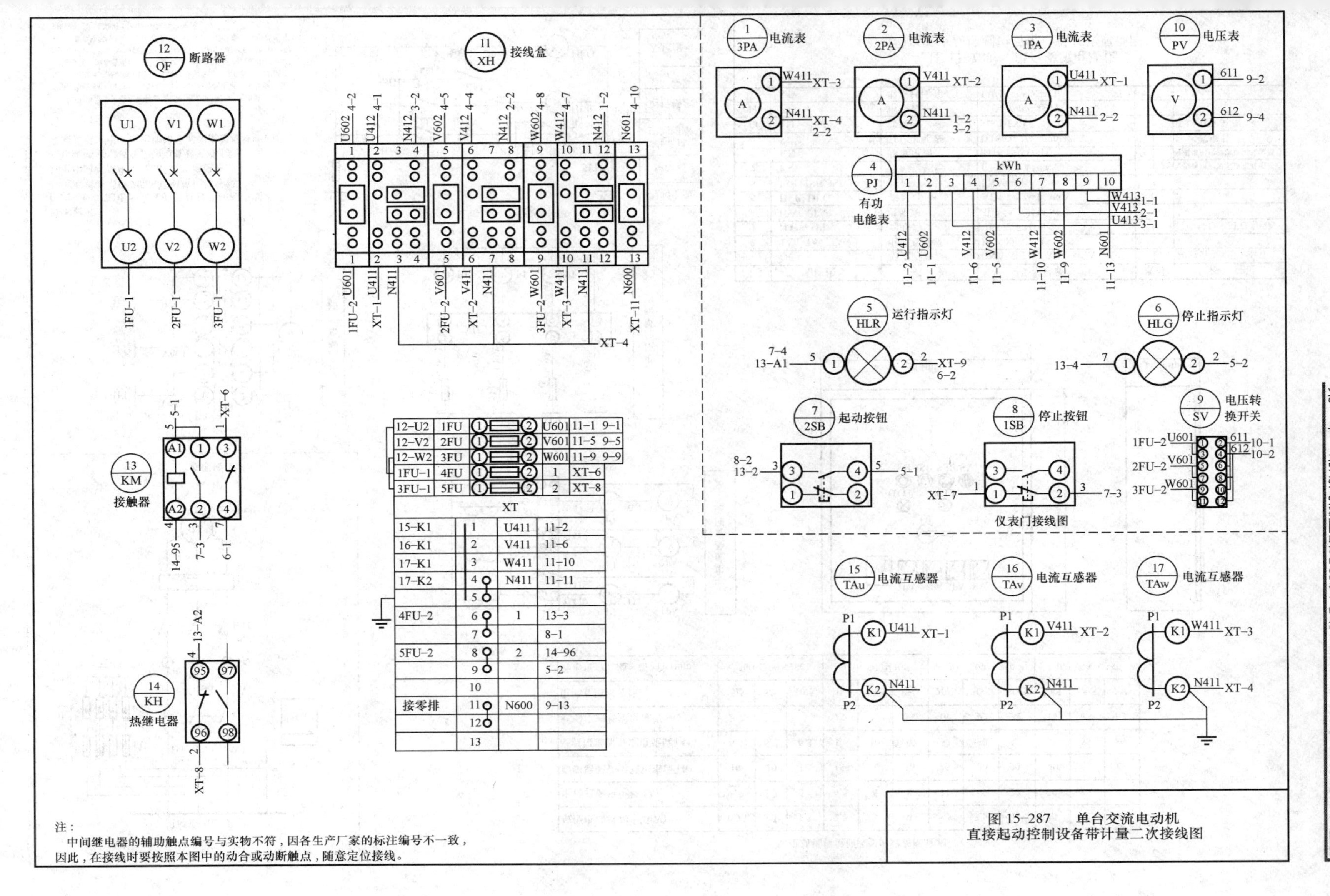

图15-287　单台交流电动机直接起动控制设备带计量二次接线图

注：中间继电器的辅助触点编号与实物不符，因各生产厂家的标注编号不一致，因此，在接线时要按照本图中的动合或动断触点，随意定位接线。

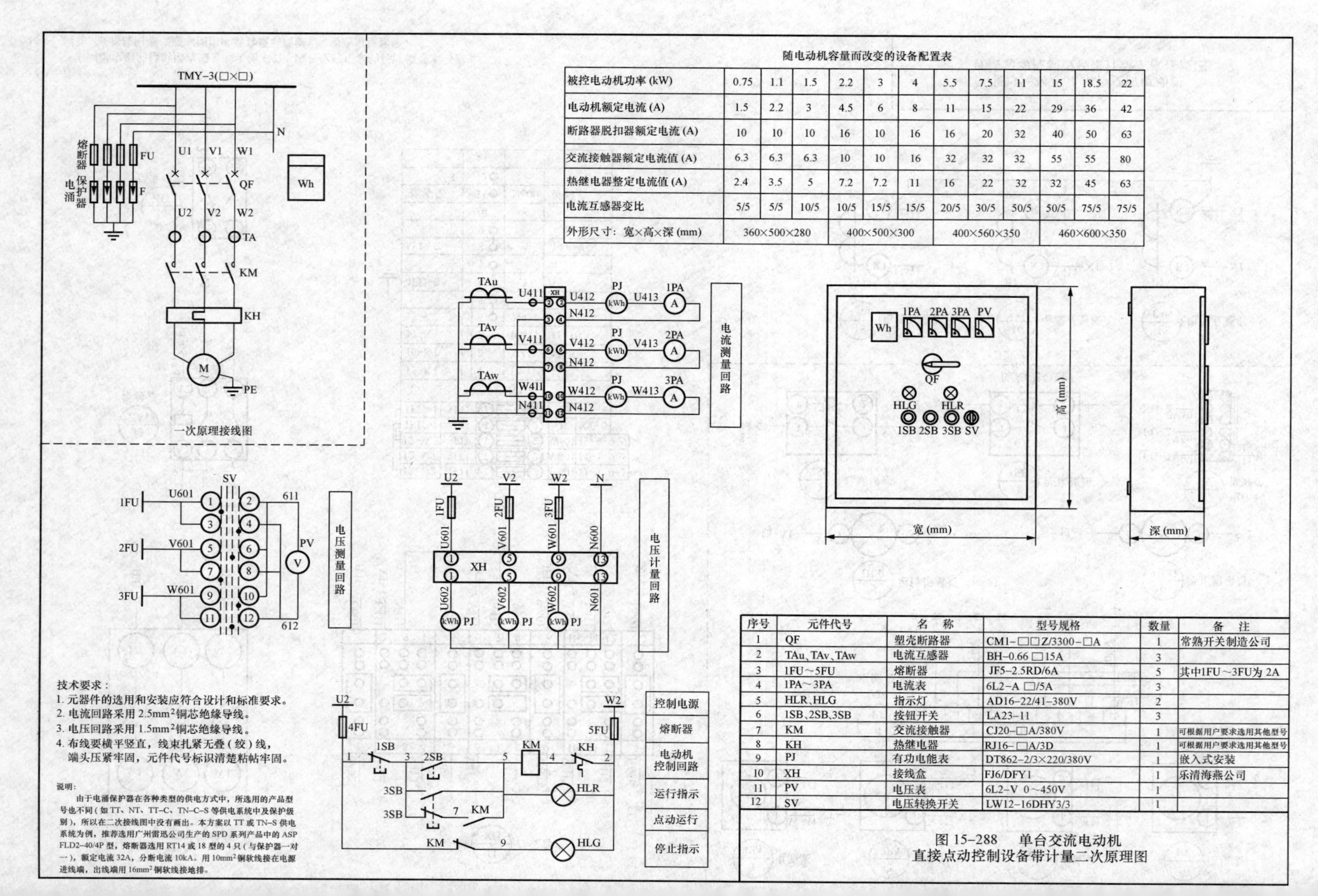

随电动机容量而改变的设备配置表

被控电动机功率 (kW)	0.75	1.1	1.5	2.2	3	4	5.5	7.5	11	15	18.5	22
电动机额定电流 (A)	1.5	2.2	3	4.5	6	8	11	15	22	29	36	42
断路器脱扣器额定电流 (A)	10	10	10	16	10	16	16	20	32	40	50	63
交流接触器额定电流值 (A)	6.3	6.3	6.3	10	10	16	32	32	32	55	55	80
热继电器整定电流值 (A)	2.4	3.5	5	7.2	7.2	11	16	22	32	32	45	63
电流互感器变比	5/5	5/5	10/5	10/5	15/5	15/5	20/5	30/5	50/5	50/5	75/5	75/5
外形尺寸：宽×高×深 (mm)	360×500×280			400×500×300			400×560×350			460×600×350		

序号	元件代号	名　称	型号规格	数量	备　注
1	QF	塑壳断路器	CM1-□□Z/3300-□A	1	常熟开关制造公司
2	TAu、TAv、TAw	电流互感器	BH-0.66 □15A	3	
3	1FU～5FU	熔断器	JF5-2.5RD/6A	5	其中1FU～3FU为 2A
4	1PA～3PA	电流表	6L2-A □/5A	3	
5	HLR、HLG	指示灯	AD16-22/41-380V	2	
6	1SB、2SB、3SB	按钮开关	LA23-11	3	
7	KM	交流接触器	CJ20-□A/380V	1	可根据用户要求选用其他型号
8	KH	热继电器	RJ16-□A/3D	1	可根据用户要求选用其他型号
9	PJ	有功电能表	DT862-2/3×220/380V	1	嵌入式安装
10	XH	接线盒	FJ6/DFY1	1	乐清海燕公司
11	PV	电压表	6L2-V 0～450V	1	
12	SV	电压转换开关	LW12-16DHY3/3	1	

技术要求：

1. 元器件的选用和安装应符合设计和标准要求。
2. 电流回路采用 2.5mm²铜芯绝缘导线。
3. 电压回路采用 1.5mm²铜芯绝缘导线。
4. 布线要横平竖直，线束扎紧无叠（绞）线，端头压紧牢固，元件代号标识清楚粘帖牢固。

说明：

由于电涌保护器在各种类型的供电方式中，所选用的产品型号也不同（如 TT、NT、TT-C、TN-C-S 等供电系统中及保护级别），所以在二次接线图中没有画出。本方案以 TT 或 TN-S 供电系统为例，推荐选用广州雷迅公司生产的 SPD 系列产品中的 ASP FLD2-40/4P 型，熔断器选用 RT14 或 18 型的 4 只（与保护器一对一），额定电流 32A，分断电流 10kA。用 10mm²铜软线接在电源进线端，出线端用 16mm²铜软线接地排。

图 15-288　单台交流电动机直接点动控制设备带计量二次原理图

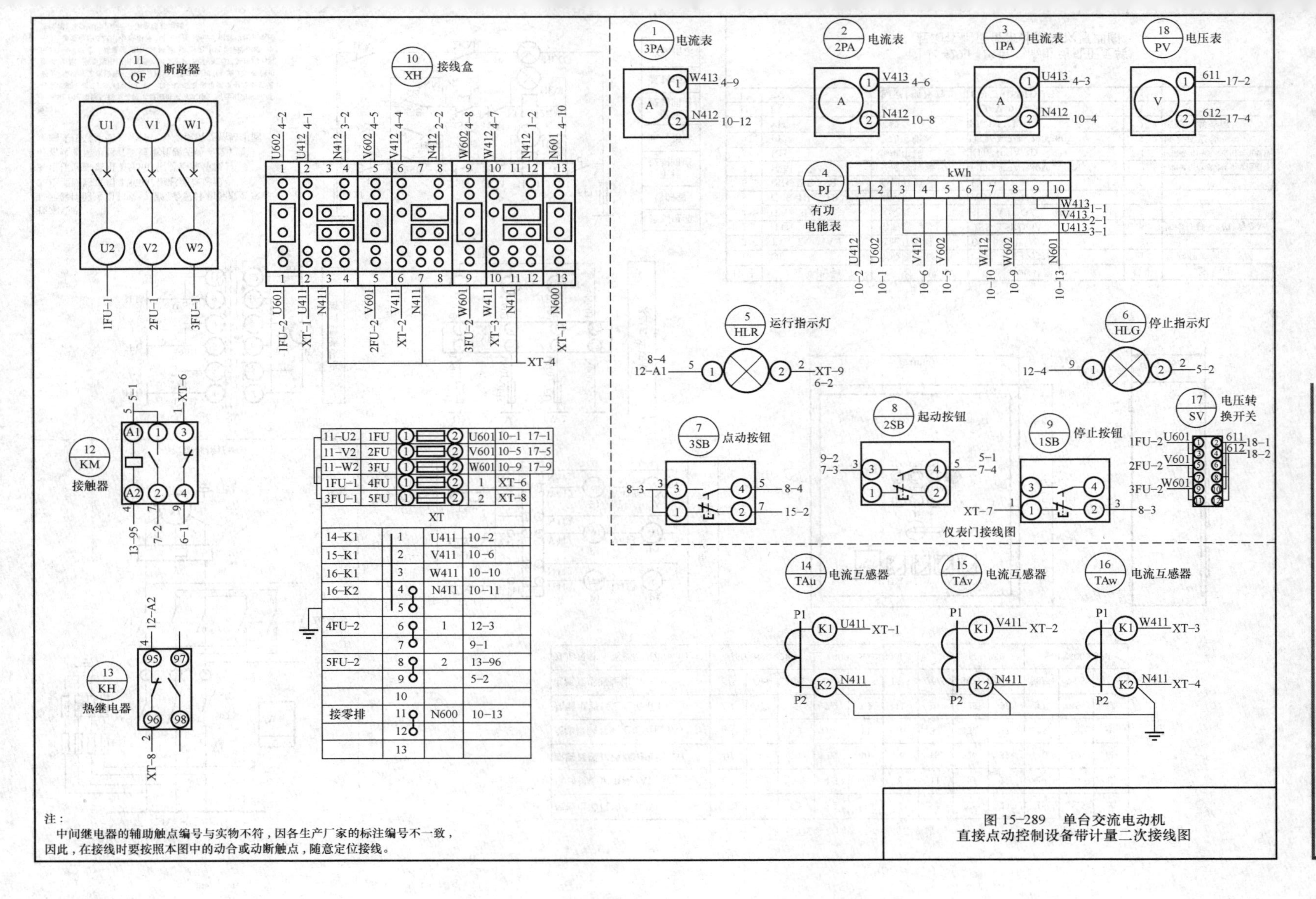

图 15-289　单台交流电动机直接点动控制设备带计量二次接线图

注：
中间继电器的辅助触点编号与实物不符，因各生产厂家的标注编号不一致，因此，在接线时要按照本图中的动合或动断触点，随意定位接线。

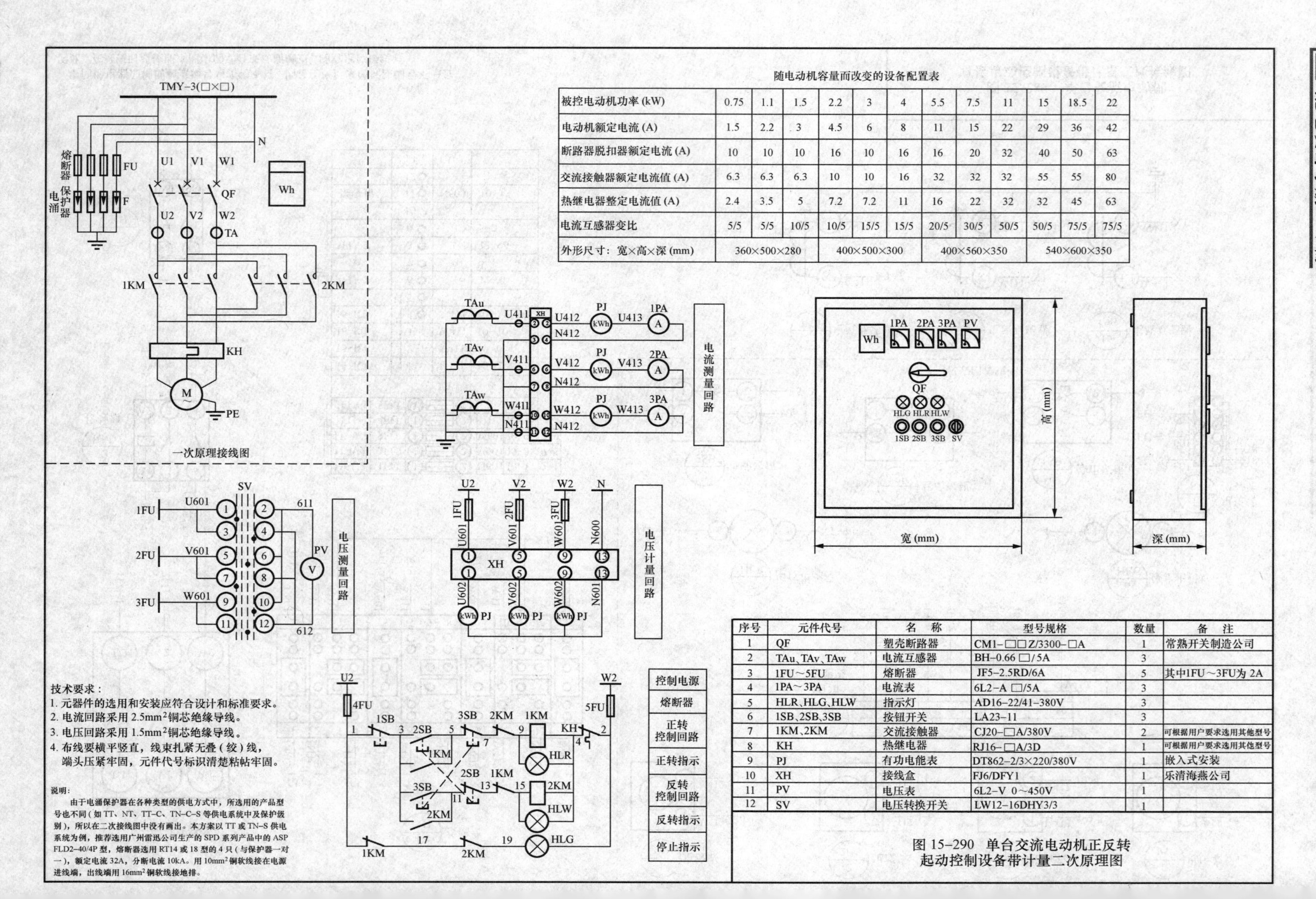

随电动机容量而改变的设备配置表

被控电动机功率 (kW)	0.75	1.1	1.5	2.2	3	4	5.5	7.5	11	15	18.5	22
电动机额定电流 (A)	1.5	2.2	3	4.5	6	8	11	15	22	29	36	42
断路器脱扣器额定电流 (A)	10	10	10	16	10	16	16	20	32	40	50	63
交流接触器额定电流值 (A)	6.3	6.3	6.3	10	10	16	32	32	32	55	55	80
热继电器整定电流值 (A)	2.4	3.5	5	7.2	7.2	11	16	22	32	32	45	63
电流互感器变比	5/5	5/5	10/5	10/5	15/5	15/5	20/5	30/5	50/5	50/5	75/5	75/5
外形尺寸：宽×高×深 (mm)	360×500×280			400×500×300			400×560×350			540×600×350		

序号	元件代号	名　称	型号规格	数量	备　注
1	QF	塑壳断路器	CM1-□□Z/3300-□A	1	常熟开关制造公司
2	TAu、TAv、TAw	电流互感器	BH-0.66 □/5A	3	
3	1FU～5FU	熔断器	JF5-2.5RD/6A	5	其中1FU～3FU为 2A
4	1PA～3PA	电流表	6L2-A □/5A	3	
5	HLR、HLG、HLW	指示灯	AD16-22/41-380V	3	
6	1SB、2SB、3SB	按钮开关	LA23-11	3	
7	1KM、2KM	交流接触器	CJ20-□A/380V	2	可根据用户要求选用其他型号
8	KH	热继电器	RJ16-□A/3D	1	可根据用户要求选用其他型号
9	PJ	有功电能表	DT862-2/3×220/380V	1	嵌入式安装
10	XH	接线盒	FJ6/DFY1	1	乐清海燕公司
11	PV	电压表	6L2-V 0～450V	1	
12	SV	电压转换开关	LW12-16DHY3/3	1	

技术要求：
1. 元器件的选用和安装应符合设计和标准要求。
2. 电流回路采用 2.5mm²铜芯绝缘导线。
3. 电压回路采用 1.5mm²铜芯绝缘导线。
4. 布线要横平竖直，线束扎紧无叠（绞）线，端头压紧牢固，元件代号标识清楚粘帖牢固。

说明：

由于电涌保护器在各种类型的供电方式中，所选用的产品型号也不同（如 TT、NT、TT-C、TN-C-S 等供电系统中及保护级别），所以在二次接线图中没有画出。本方案以 TT 或 TN-S 供电系统为例，推荐选用广州雷迅公司生产的 SPD 系列产品中的 ASP FLD2-40/4P 型，熔断器选用 RT14 或 18 型的 4 只（与保护器一对一），额定电流 32A，分断电流 10kA。用 10mm²铜软线接在电源进线端，出线端用 16mm²铜软线接地排。

图 15-290　单台交流电动机正反转起动控制设备带计量二次原理图

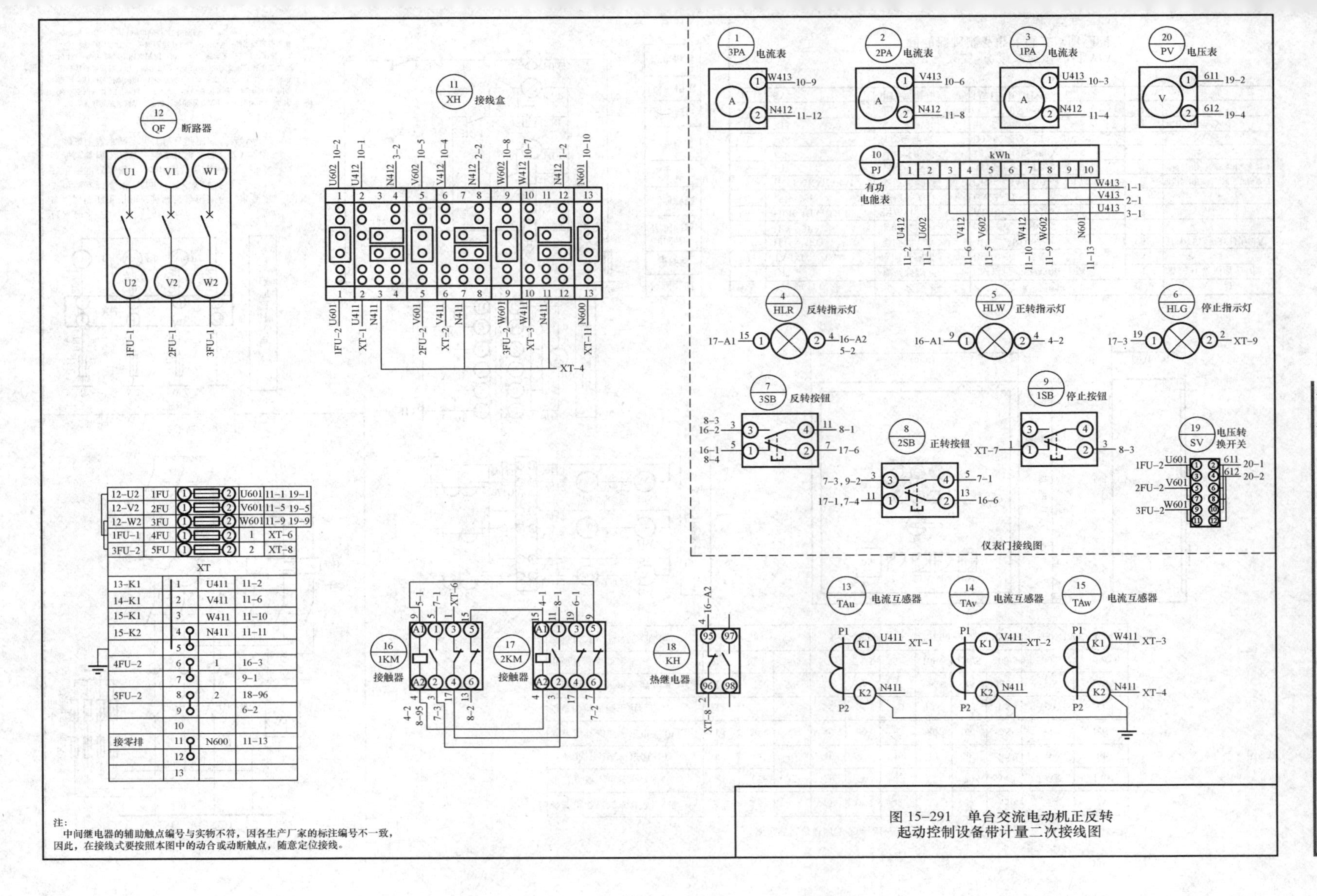

图15-291　单台交流电动机正反转起动控制设备带计量二次接线图

注：
中间继电器的辅助触点编号与实物不符，因各生产厂家的标注编号不一致，因此，在接线式要按照本图中的动合或动断触点，随意定位接线。

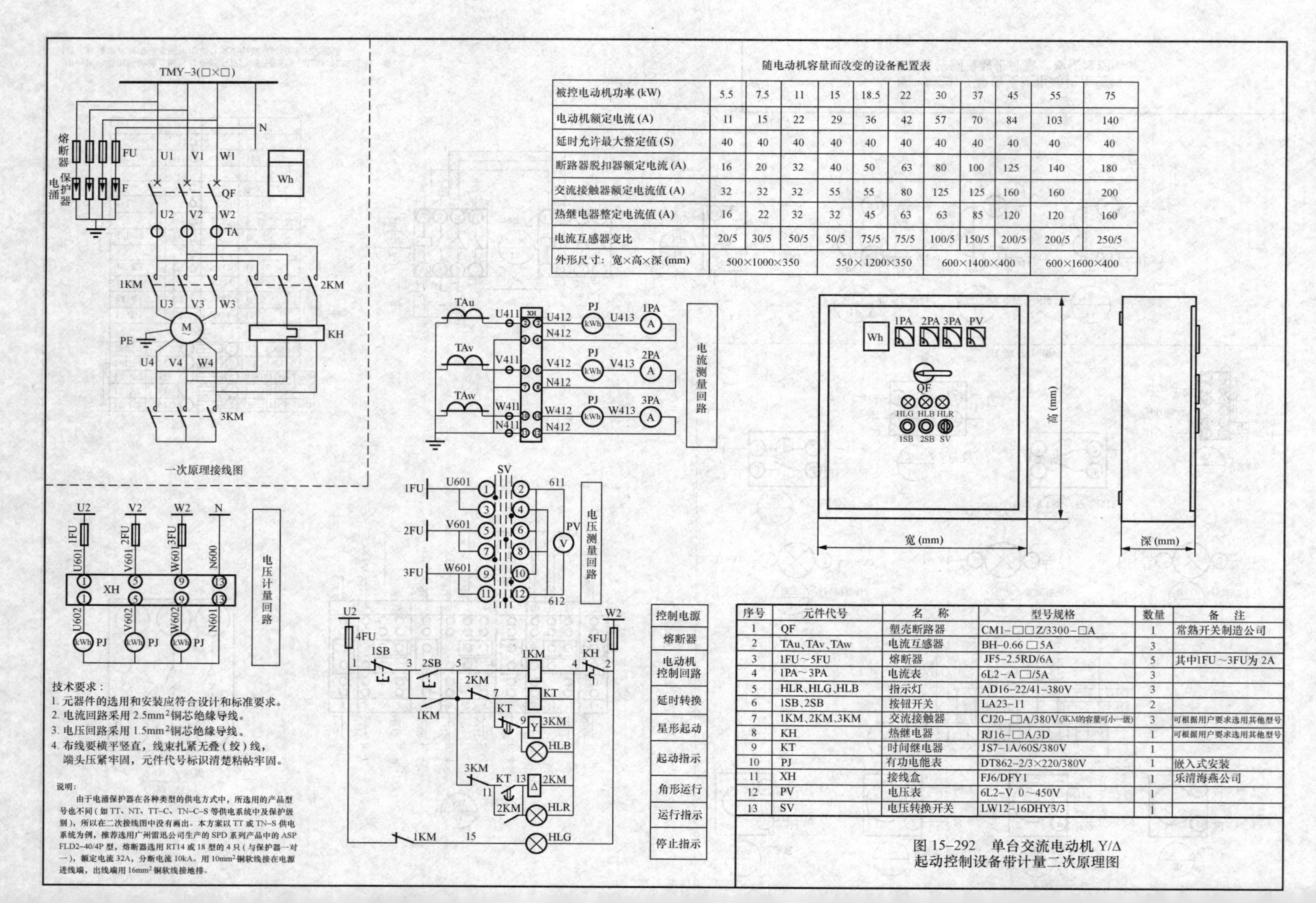

随电动机容量而改变的设备配置表

被控电动机功率 (kW)	5.5	7.5	11	15	18.5	22	30	37	45	55	75
电动机额定电流 (A)	11	15	22	29	36	42	57	70	84	103	140
延时允许最大整定值 (S)	40	40	40	40	40	40	40	40	40	40	40
断路器脱扣器额定电流 (A)	16	20	32	40	50	63	80	100	125	140	180
交流接触器额定电流值 (A)	32	32	32	55	55	80	125	125	160	160	200
热继电器整定电流值 (A)	16	22	32	32	45	63	63	85	120	120	160
电流互感器变比	20/5	30/5	50/5	50/5	75/5	75/5	100/5	150/5	200/5	200/5	250/5
外形尺寸：宽×高×深 (mm)	500×1000×350			550×1200×350			600×1400×400			600×1600×400	

技术要求：

1. 元器件的选用和安装应符合设计和标准要求。
2. 电流回路采用 2.5mm²铜芯绝缘导线。
3. 电压回路采用 1.5mm²铜芯绝缘导线。
4. 布线要横平竖直，线束扎紧无叠（绞）线，端头压紧牢固，元件代号标识清楚粘帖牢固。

说明：

由于电涌保护器在各种类型的供电方式中，所选用的产品型号也不同（如 TT、NT、TT–C、TN–C–S 等供电系统中及保护级别），所以在二次接线图中没有画出。本方案以 TT 或 TN–S 供电系统为例，推荐选用广州雷迅公司生产的 SPD 系列产品中的 ASP FLD2–40/4P 型，熔断器选用 RT14 或 18 型的 4 只（与保护器一对一），额定电流 32A，分断电流 10kA。用 10mm²铜软线接在电源进线端，出线端用 16mm²铜软线接地排。

序号	元件代号	名称	型号规格	数量	备注
1	QF	塑壳断路器	CM1–□□Z/3300–□A	1	常熟开关制造公司
2	TAu、TAv、TAw	电流互感器	BH–0.66 □5A	3	
3	1FU～5FU	熔断器	JF5–2.5RD/6A	5	其中1FU～3FU为 2A
4	1PA～3PA	电流表	6L2–A □/5A	3	
5	HLR、HLG、HLB	指示灯	AD16–22/41–380V	3	
6	1SB、2SB	按钮开关	LA23–11	2	
7	1KM、2KM、3KM	交流接触器	CJ20–□A/380V(3KM的容量可小一级)	3	可根据用户要求选用其他型号
8	KH	热继电器	RJ16–□A/3D	1	可根据用户要求选用其他型号
9	KT	时间继电器	JS7–1A/60S/380V	1	
10	PJ	有功电能表	DT862–2/3×220/380V	1	嵌入式安装
11	XH	接线盒	FJ6/DFY1	1	乐清海燕公司
12	PV	电压表	6L2–V 0～450V	1	
13	SV	电压转换开关	LW12–16DHY3/3	1	

图 15–292　单台交流电动机 Y/Δ 起动控制设备带计量二次原理图

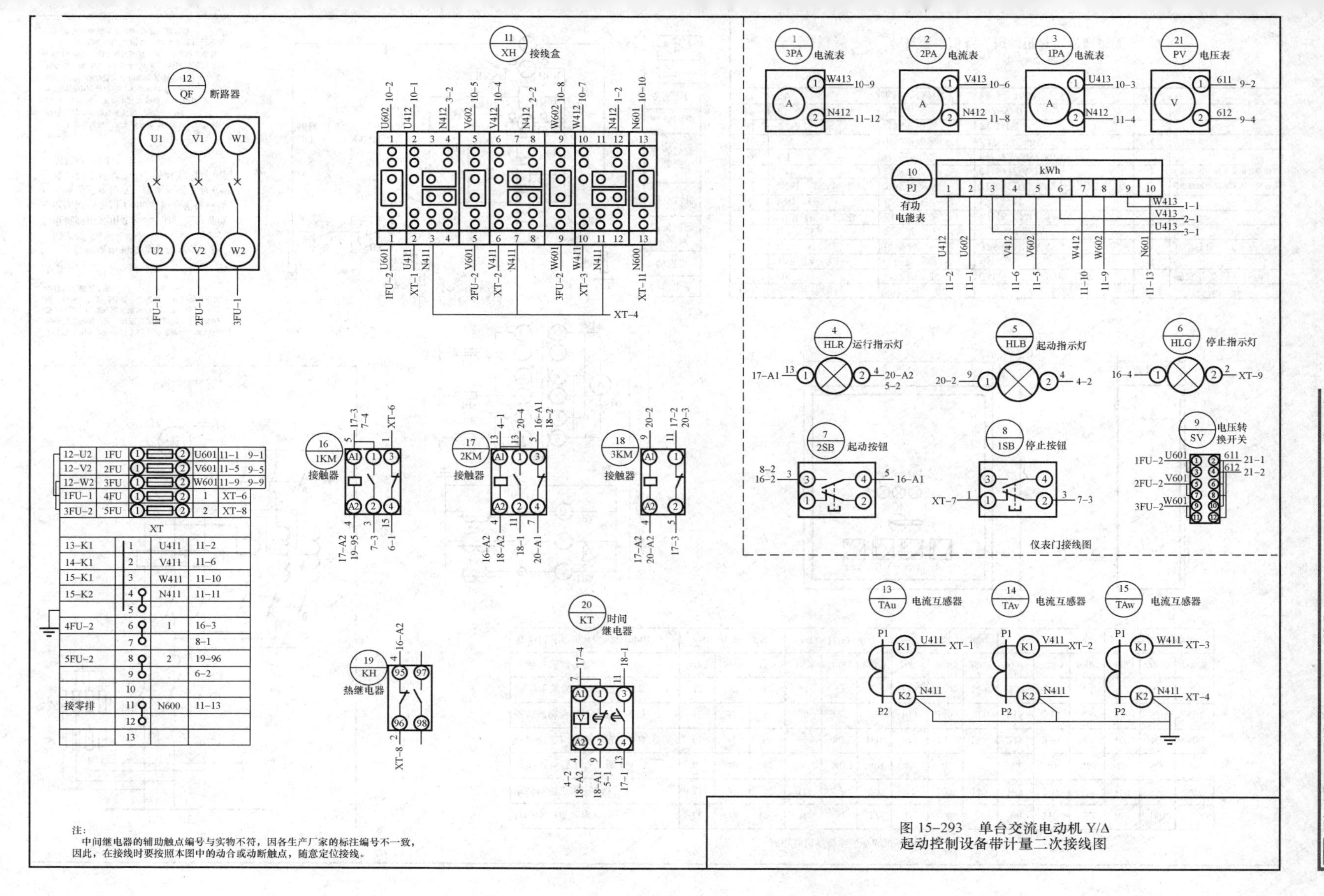

图 15-293　单台交流电动机 Y/Δ 起动控制设备带计量二次接线图

注：
中间继电器的辅助触点编号与实物不符，因各生产厂家的标注编号不一致，因此，在接线时要按照本图中的动合或动断触点，随意定位接线。

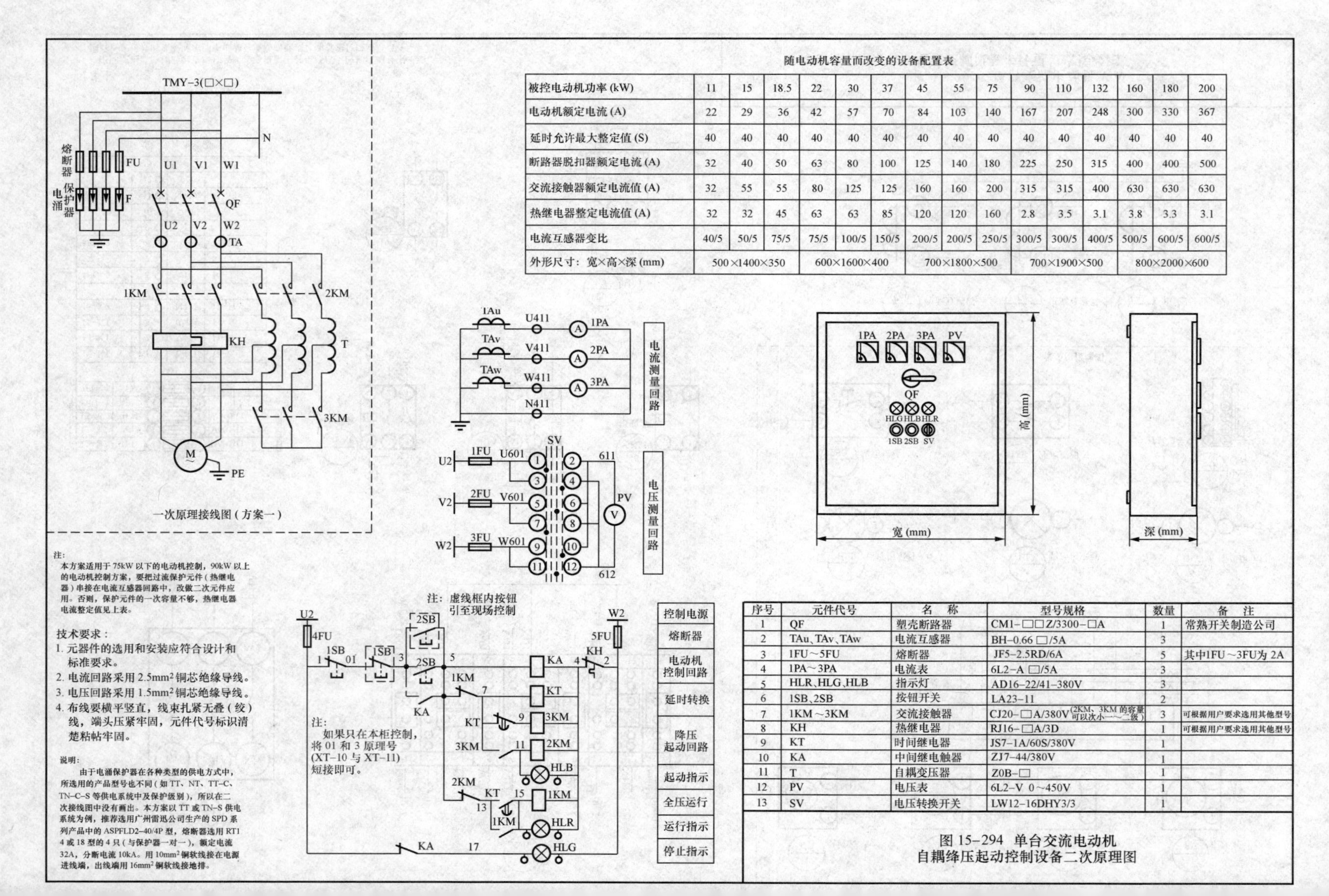

随电动机容量而改变的设备配置表

被控电动机功率 (kW)	11	15	18.5	22	30	37	45	55	75	90	110	132	160	180	200
电动机额定电流 (A)	22	29	36	42	57	70	84	103	140	167	207	248	300	330	367
延时允许最大整定值 (S)	40	40	40	40	40	40	40	40	40	40	40	40	40	40	40
断路器脱扣器额定电流 (A)	32	40	50	63	80	100	125	140	180	225	250	315	400	400	500
交流接触器额定电流值 (A)	32	55	55	80	125	125	160	160	200	315	315	400	630	630	630
热继电器整定电流值 (A)	32	32	45	63	63	85	120	120	160	2.8	3.5	3.1	3.8	3.3	3.1
电流互感器变比	40/5	50/5	75/5	75/5	100/5	150/5	200/5	200/5	250/5	300/5	300/5	400/5	500/5	600/5	600/5
外形尺寸：宽×高×深 (mm)	500×1400×350			600×1600×400			700×1800×500			700×1900×500			800×2000×600		

注：

本方案适用于 75kW 以下的电动机控制，90kW 以上的电动机控制方案，要把过流保护元件（热继电器）串接在电流互感器回路中，改做二次元件应用。否则，保护元件的一次容量不够，热继电器电流整定值见上表。

技术要求：

1. 元器件的选用和安装应符合设计和标准要求。
2. 电流回路采用 2.5mm² 铜芯绝缘导线。
3. 电压回路采用 1.5mm² 铜芯绝缘导线。
4. 布线要横平竖直，线束扎紧无叠（绞）线，端头压紧牢固，元件代号标识清楚粘帖牢固。

说明：

由于电涌保护器在各种类型的供电方式中，所选用的产品型号也不同（如 TT、NT、TT-C、TN-C-S 等供电系统中及保护级别），所以在二次接线图中没有画出。本方案以 TT 或 TN-S 供电系统为例，推荐选用广州雷迅公司生产的 SPD 系列产品中的 ASPFLD2-40/4P 型，熔断器选用 RT14 或 18 型的 4 只（与保护器一对一），额定电流 32A，分断电流 10kA。用 10mm² 铜软线接在电源进线端，出线端用 16mm² 铜软线接地排。

序号	元件代号	名 称	型号规格	数量	备 注
1	QF	塑壳断路器	CM1-□□Z/3300-□A	1	常熟开关制造公司
2	TAu、TAv、TAw	电流互感器	BH-0.66 □/5A	3	
3	1FU～5FU	熔断器	JF5-2.5RD/6A	5	其中1FU～3FU为 2A
4	1PA～3PA	电流表	6L2-A □/5A	3	
5	HLR、HLG、HLB	指示灯	AD16-22/41-380V	3	
6	1SB、2SB	按钮开关	LA23-11	2	
7	1KM～3KM	交流接触器	CJ20-□A/380V（2KM、3KM 的容量可以次小一～二级）	3	可根据用户要求选用其他型号
8	KH	热继电器	RJ16-□A/3D	1	可根据用户要求选用其他型号
9	KT	时间继电器	JS7-1A/60S/380V	1	
10	KA	中间继电器	ZJ7-44/380V	1	
11	T	自耦变压器	Z0B-□	1	
12	PV	电压表	6L2-V 0～450V	1	
13	SV	电压转换开关	LW12-16DHY3/3	1	

图 15-294 单台交流电动机自耦降压起动控制设备二次原理图

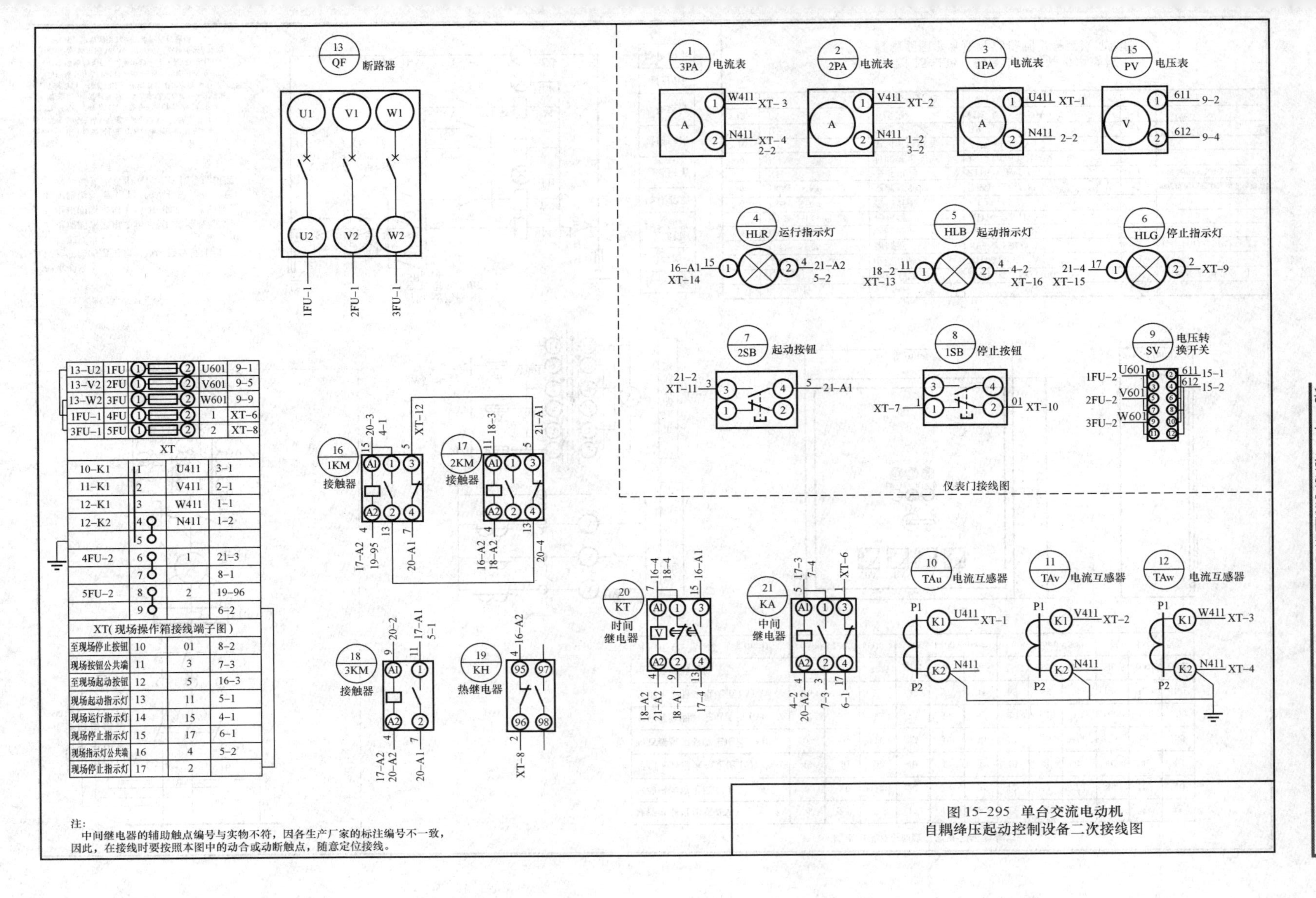

图 15-295　单台交流电动机自耦降压起动控制设备二次接线图

注：中间继电器的辅助触点编号与实物不符，因各生产厂家的标注编号不一致，因此，在接线时要按照本图中的动合或动断触点，随意定位接线。

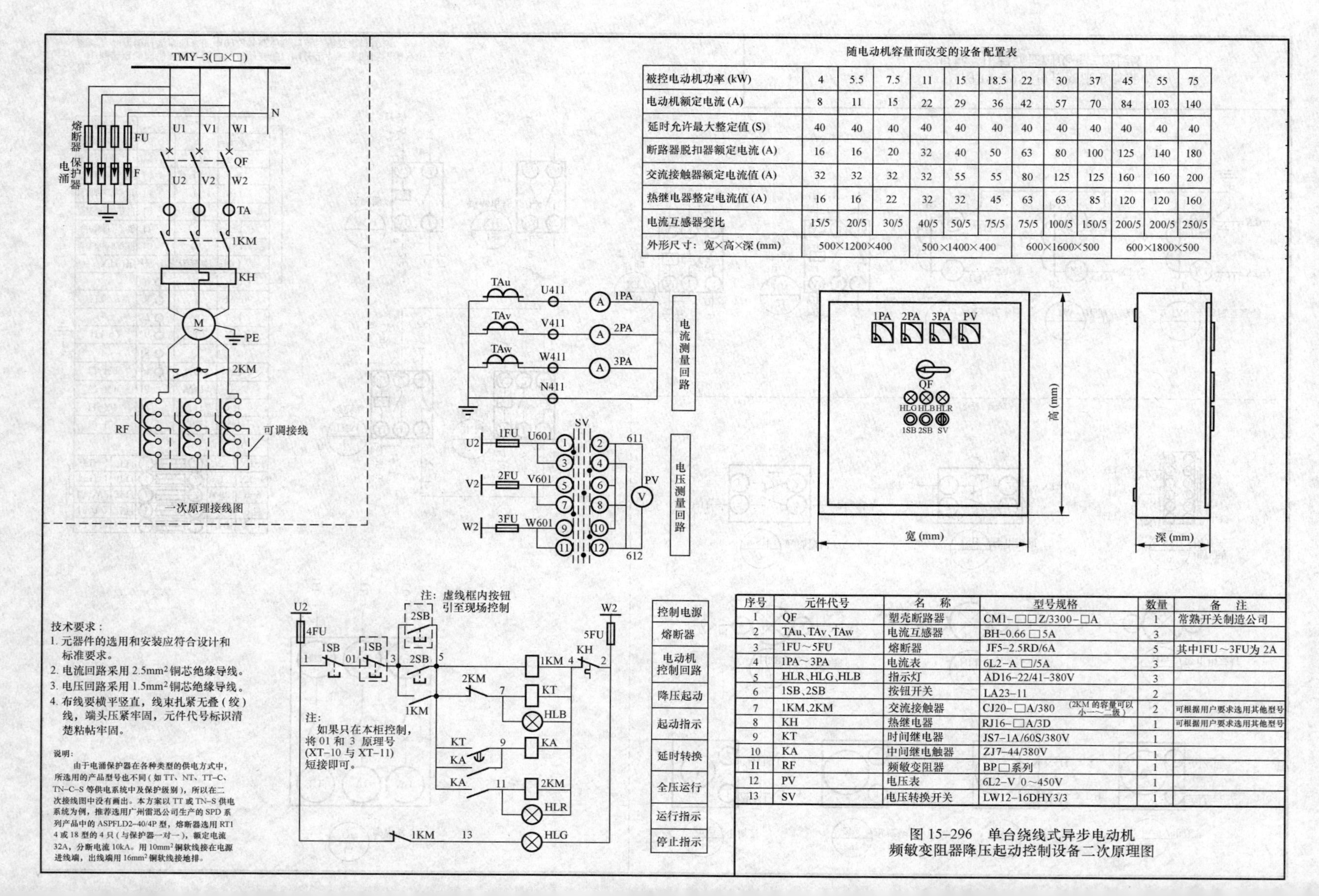

随电动机容量而改变的设备配置表

被控电动机功率 (kW)	4	5.5	7.5	11	15	18.5	22	30	37	45	55	75
电动机额定电流 (A)	8	11	15	22	29	36	42	57	70	84	103	140
延时允许最大整定值 (S)	40	40	40	40	40	40	40	40	40	40	40	40
断路器脱扣器额定电流 (A)	16	16	20	32	40	50	63	80	100	125	140	180
交流接触器额定电流值 (A)	32	32	32	32	55	55	80	125	125	160	160	200
热继电器整定电流值 (A)	16	16	22	32	32	45	63	63	85	120	120	160
电流互感器变比	15/5	20/5	30/5	40/5	50/5	75/5	75/5	100/5	150/5	200/5	200/5	250/5
外形尺寸：宽×高×深 (mm)	500×1200×400			500×1400×400			600×1600×500			600×1800×500		

序号	元件代号	名　称	型号规格	数量	备　注
1	QF	塑壳断路器	CM1-□□Z/3300-□A	1	常熟开关制造公司
2	TAu、TAv、TAw	电流互感器	BH-0.66 □5A	3	
3	1FU～5FU	熔断器	JF5-2.5RD/6A	5	其中1FU～3FU为 2A
4	1PA～3PA	电流表	6L2-A □/5A	3	
5	HLR、HLG、HLB	指示灯	AD16-22/41-380V	3	
6	1SB、2SB	按钮开关	LA23-11	2	
7	1KM、2KM	交流接触器	CJ20-□A/380 (2KM 的容量可以小一～二级)	2	可根据用户要求选用其他型号
8	KH	热继电器	RJ16-□A/3D	1	可根据用户要求选用其他型号
9	KT	时间继电器	JS7-1A/60S/380V	1	
10	KA	中间继电触器	ZJ7-44/380V	1	
11	RF	频敏变阻器	BP□系列	1	
12	PV	电压表	6L2-V 0～450V	1	
13	SV	电压转换开关	LW12-16DHY3/3	1	

技术要求：

1. 元器件的选用和安装应符合设计和标准要求。
2. 电流回路采用 2.5mm² 铜芯绝缘导线。
3. 电压回路采用 1.5mm² 铜芯绝缘导线。
4. 布线要横平竖直，线束扎紧无叠（绞）线，端头压紧牢固，元件代号标识清楚粘帖牢固。

说明：

由于电涌保护器在各种类型的供电方式中，所选用的产品型号也不同（如 TT、NT、TT-C、TN-C-S 等供电系统中及保护级别），所以在二次接线图中没有画出。本方案以 TT 或 TN-S 供电系统为例，推荐选用广州雷迅公司生产的 SPD 系列产品中的 ASPFLD2-40/4P 型，熔断器选用 RT14 或 18 型的 4 只（与保护器一对一），额定电流 32A，分断电流 10kA。用 $10mm^2$ 铜软线接在电源进线端，出线端用 $16mm^2$ 铜软线接地排。

图 15-296　单台绕线式异步电动机频敏变阻器降压起动控制设备二次原理图

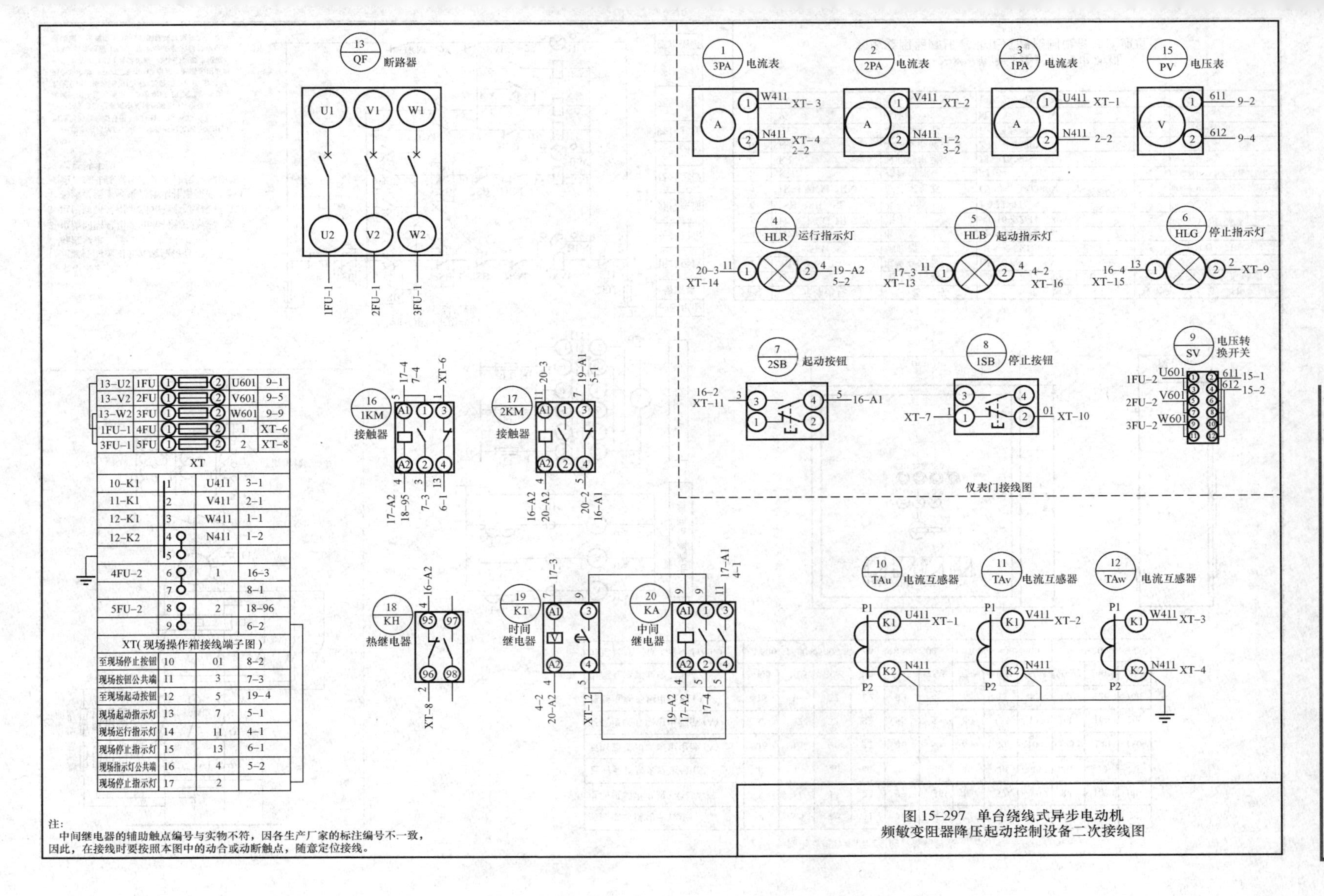

图 15-297　单台绕线式异步电动机频敏变阻器降压起动控制设备二次接线图

注：中间继电器的辅助触点编号与实物不符，因各生产厂家的标注编号不一致，因此，在接线时要按照本图中的动合或动断触点，随意定位接线。

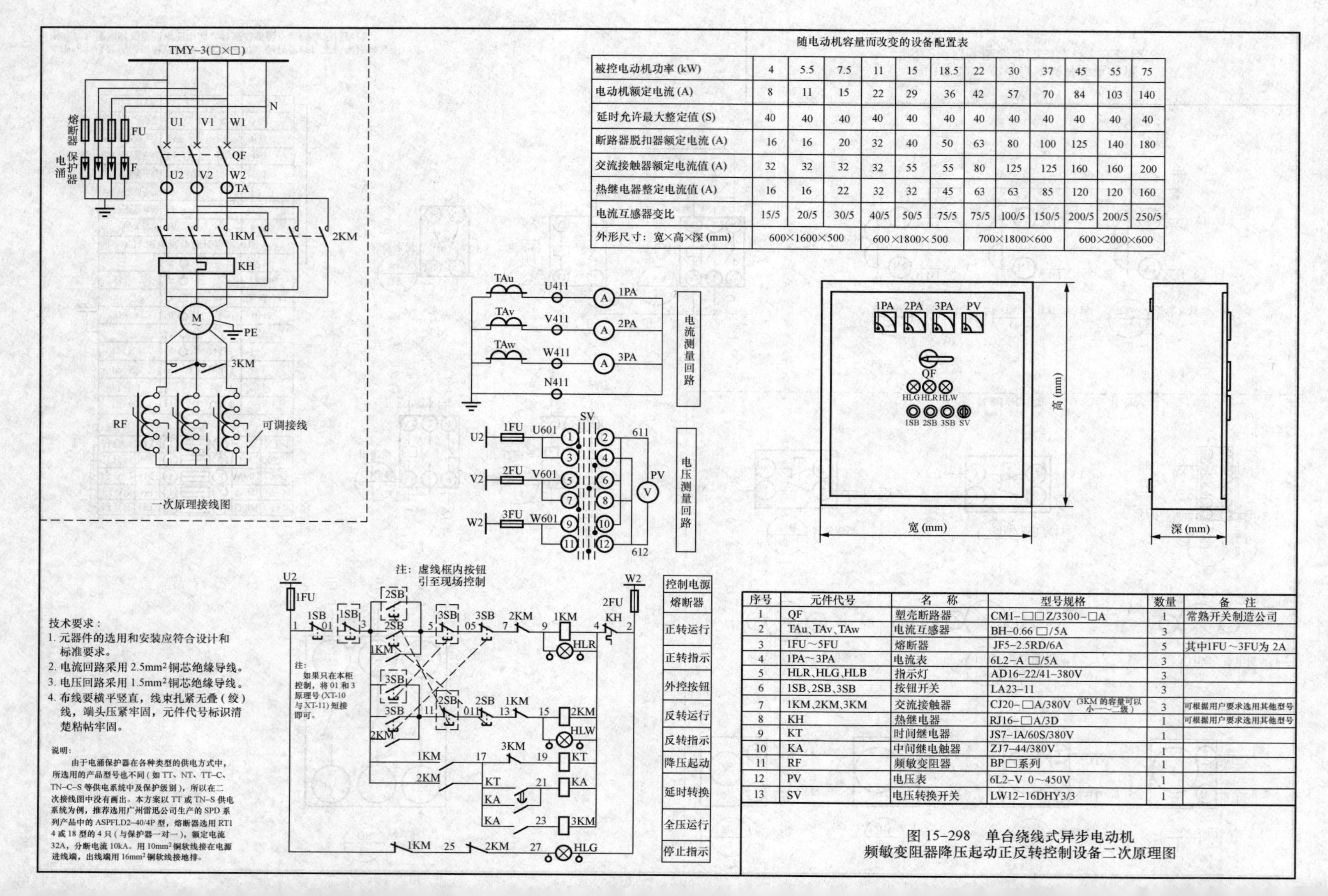

技术要求：

1. 元器件的选用和安装应符合设计和标准要求。
2. 电流回路采用 $2.5mm^2$ 铜芯绝缘导线。
3. 电压回路采用 $1.5mm^2$ 铜芯绝缘导线。
4. 布线要横平竖直，线束扎紧无叠（绞）线，端头压紧牢固，元件代号标识清楚粘帖牢固。

说明：

由于电涌保护器在各种类型的供电方式中，所选用的产品型号也不同（如 TT、NT、TT-C、TN-C-S 等供电系统中及保护级别），所以在二次接线图中没有画出。本方案以 TT 或 TN-S 供电系统为例，推荐选用广州雷迅公司生产的 SPD 系列产品中的 ASPFLD2-40/4P 型，熔断器选用 RT1 4 或 18 型的 4 只（与保护器一对一），额定电流 32A，分断电流 10kA。用 $10mm^2$ 铜软线接在电源进线端，出线端用 $16mm^2$ 铜软线接地排。

随电动机容量而改变的设备配置表

被控电动机功率 (kW)	4	5.5	7.5	11	15	18.5	22	30	37	45	55	75
电动机额定电流 (A)	8	11	15	22	29	36	42	57	70	84	103	140
延时允许最大整定值 (S)	40	40	40	40	40	40	40	40	40	40	40	40
断路器脱扣器额定电流 (A)	16	16	20	32	40	50	63	80	100	125	140	180
交流接触器额定电流值 (A)	32	32	32	32	55	55	80	125	125	160	160	200
热继电器整定电流值 (A)	16	16	22	32	32	45	63	63	85	120	120	160
电流互感器变比	15/5	20/5	30/5	40/5	50/5	75/5	75/5	100/5	150/5	200/5	200/5	250/5
外形尺寸：宽×高×深 (mm)	600×1600×500			600×1800×500			700×1800×600			600×2000×600		

序号	元件代号	名　称	型号规格	数量	备　注
1	QF	塑壳断路器	CM1-□□Z/3300-□A	1	常熟开关制造公司
2	TAu、TAv、TAw	电流互感器	BH-0.66 □/5A	3	
3	1FU～5FU	熔断器	JF5-2.5RD/6A	5	其中1FU～3FU为 2A
4	1PA～3PA	电流表	6L2-A □/5A	3	
5	HLR、HLG、HLB	指示灯	AD16-22/41-380V	3	
6	1SB、2SB、3SB	按钮开关	LA23-11	3	
7	1KM、2KM、3KM	交流接触器	CJ20-□A/380V (3KM的容量可以小一～二级)	3	可根据用户要求选用其他型号
8	KH	热继电器	RJ16-□A/3D	1	可根据用户要求选用其他型号
9	KT	时间继电器	JS7-1A/60S/380V	1	
10	KA	中间继电触器	ZJ7-44/380V	1	
11	RF	频敏变阻器	BP□系列	1	
12	PV	电压表	6L2-V 0～450V	1	
13	SV	电压转换开关	LW12-16DHY3/3	1	

图 15-298　单台绕线式异步电动机频敏变阻器降压起动正反转控制设备二次原理图

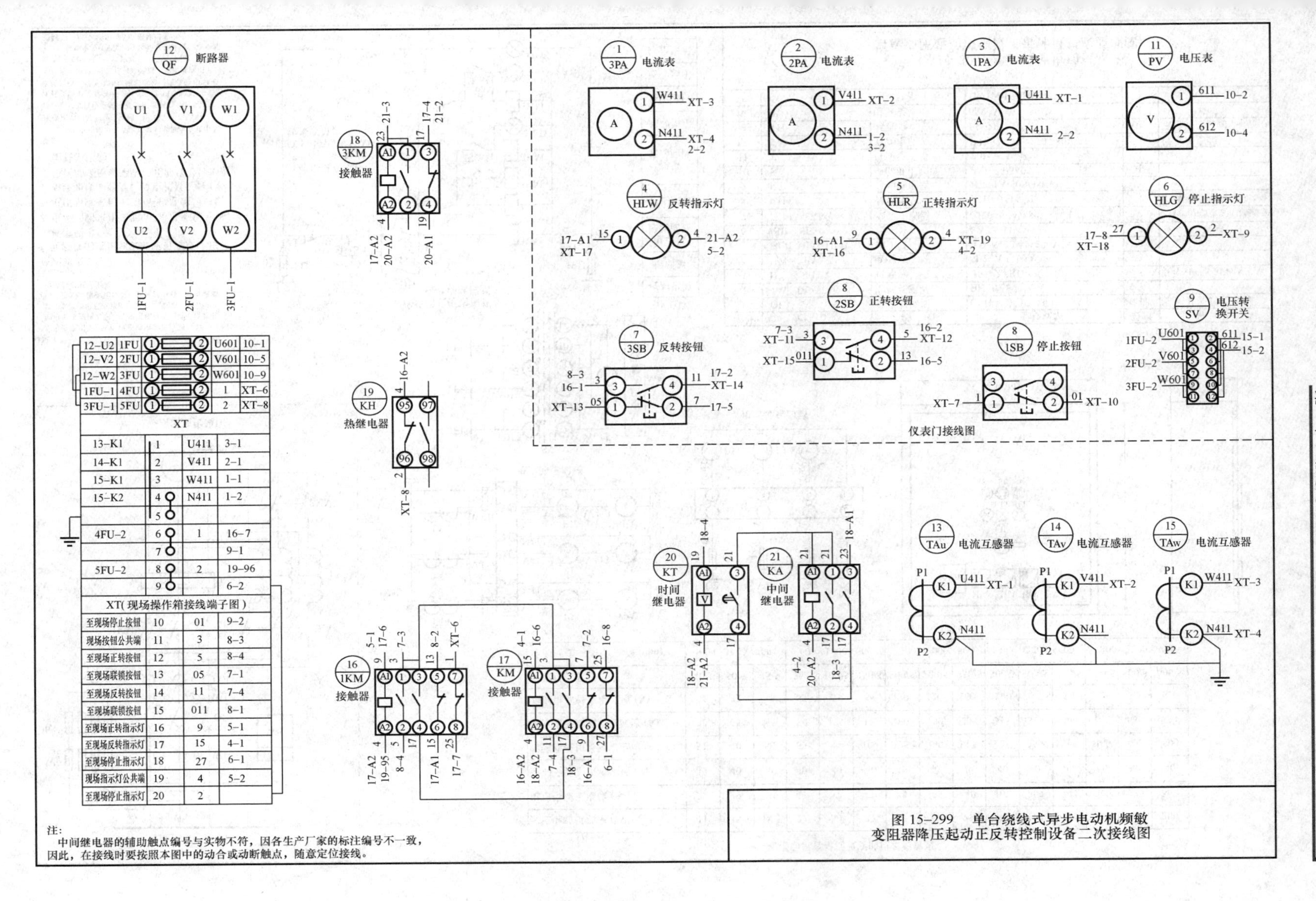

12–U2	1FU	U601	10–1
12–V2	2FU	V601	10–5
12–W2	3FU	W601	10–9
1FU–1	4FU	1	XT–6
3FU–1	5FU	2	XT–8

XT

13–K1	1	U411	3–1
14–K1	2	V411	2–1
15–K1	3	W411	1–1
15–K2	4	N411	1–2
	5		
4FU–2	6	1	16–7
	7		9–1
5FU–2	8	2	19–96
	9		6–2

XT（现场操作箱接线端子图）

至现场停止按钮	10	01	9–2
现场按钮公共端	11	3	8–3
至现场正转按钮	12	5	8–4
至现场联锁按钮	13	05	7–1
至现场反转按钮	14	11	7–4
至现场联锁按钮	15	011	8–1
至现场正转指示灯	16	9	5–1
至现场反转指示灯	17	15	4–1
至现场停止指示灯	18	27	6–1
现场指示灯公共端	19	4	5–2
至现场停止指示灯	20	2	

图 15–299 单台绕线式异步电动机频敏变阻器降压起动正反转控制设备二次接线图

注：
中间继电器的辅助触点编号与实物不符，因各生产厂家的标注编号不一致，因此，在接线时要按照本图中的动合或动断触点，随意定位接线。

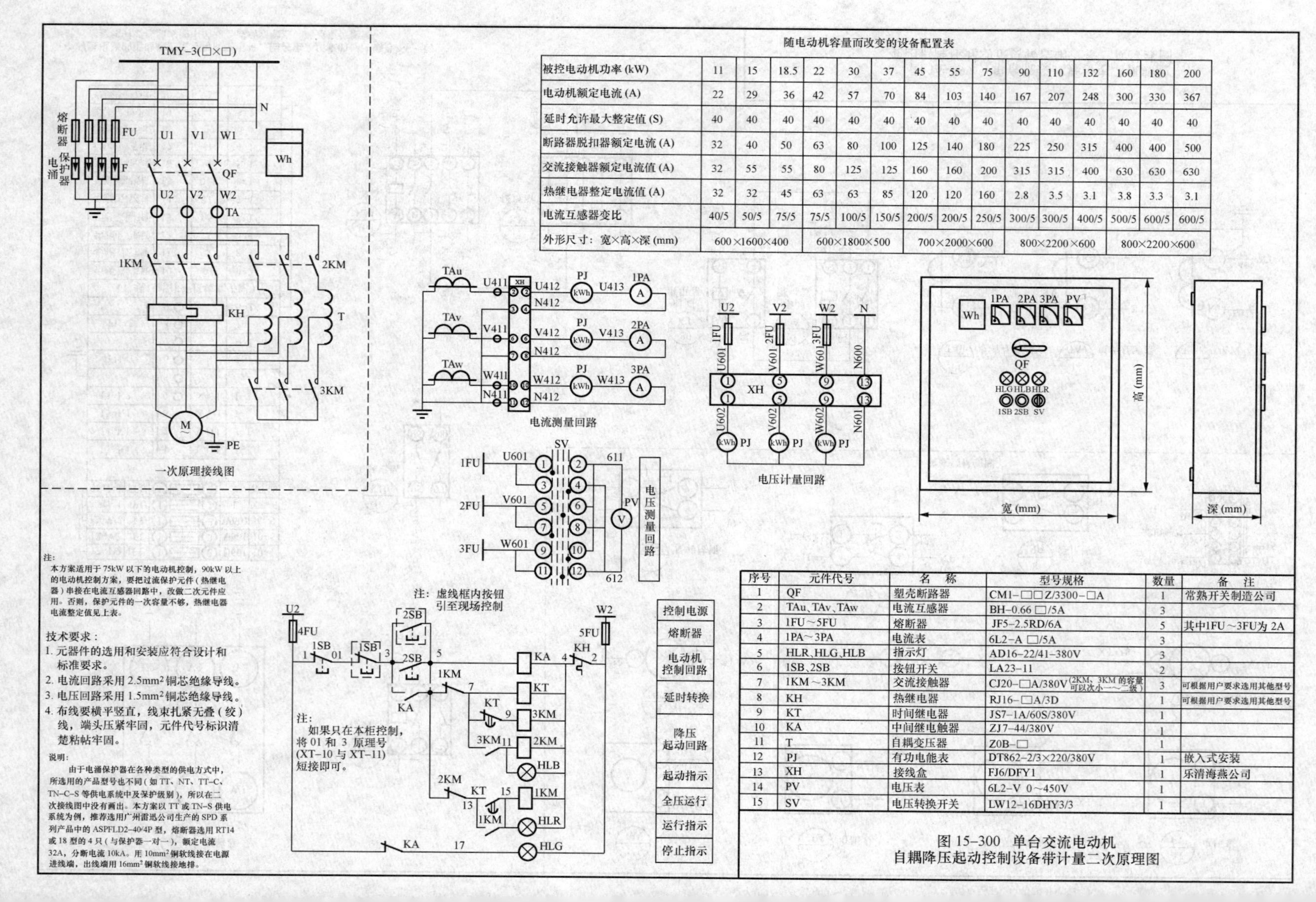

随电动机容量而改变的设备配置表

被控电动机功率 (kW)	11	15	18.5	22	30	37	45	55	75	90	110	132	160	180	200
电动机额定电流 (A)	22	29	36	42	57	70	84	103	140	167	207	248	300	330	367
延时允许最大整定值 (S)	40	40	40	40	40	40	40	40	40	40	40	40	40	40	40
断路器脱扣器额定电流 (A)	32	40	50	63	80	100	125	140	180	225	250	315	400	400	500
交流接触器额定电流值 (A)	32	55	55	80	125	125	160	160	200	315	315	400	630	630	630
热继电器整定电流值 (A)	32	32	45	63	63	85	120	120	160	2.8	3.5	3.1	3.8	3.3	3.1
电流互感器变比	40/5	50/5	75/5	75/5	100/5	150/5	200/5	200/5	250/5	300/5	300/5	400/5	500/5	600/5	600/5
外形尺寸：宽×高×深 (mm)	600×1600×400		600×1800×500				700×2000×600			800×2200×600			800×2200×600		

序号	元件代号	名称	型号规格	数量	备注
1	QF	塑壳断路器	CM1-□□Z/3300-□A	1	常熟开关制造公司
2	TAu、TAv、TAw	电流互感器	BH-0.66 □/5A	3	
3	1FU～5FU	熔断器	JF5-2.5RD/6A	5	其中1FU～3FU为2A
4	1PA～3PA	电流表	6L2-A □/5A	3	
5	HLR、HLG、HLB	指示灯	AD16-22/41-380V	3	
6	1SB、2SB	按钮开关	LA23-11	2	
7	1KM～3KM	交流接触器	CJ20-□A/380V (2KM、3KM的容量可以次小一～二级)	3	可根据用户要求选用其他型号
8	KH	热继电器	RJ16-□A/3D	1	可根据用户要求选用其他型号
9	KT	时间继电器	JS7-1A/60S/380V	1	
10	KA	中间继电触器	ZJ7-44/380V	1	
11	T	自耦变压器	Z0B-□	1	
12	PJ	有功电能表	DT862-2/3×220/380V	1	嵌入式安装
13	XH	接线盒	FJ6/DFY1	1	乐清海燕公司
14	PV	电压表	6L2-V 0～450V	1	
15	SV	电压转换开关	LW12-16DHY3/3	1	

注：

本方案适用于75kW以下的电动机控制，90kW以上的电动机控制方案，要把过流保护元件（热继电器）串接在电流互感器回路中，改做二次元件应用。否则，保护元件的一次容量不够，热继电器电流整定值见上表。

技术要求：

1. 元器件的选用和安装应符合设计和标准要求。
2. 电流回路采用 $2.5mm^2$ 铜芯绝缘导线。
3. 电压回路采用 $1.5mm^2$ 铜芯绝缘导线。
4. 布线要横平竖直，线束扎紧无叠（绞）线，端头压紧牢固，元件代号标识清楚粘帖牢固。

说明：

由于电涌保护器在各种类型的供电方式中，所选用的产品型号也不同（如TT、NT、TT-C、TN-C-S等供电系统中及保护级别），所以在二次接线图中没有画出。本方案以TT或TN-S供电系统为例，推荐选用广州雷迅公司生产的SPD系列产品中的ASPFLD2-40/4P型，熔断器选用RT14或18型的4只（与保护器一对一），额定电流32A，分断电流10kA。用 $10mm^2$ 铜软线接在电源进线端，出线端用 $16mm^2$ 铜软线接地排。

图15-300 单台交流电动机自耦降压起动控制设备带计量二次原理图

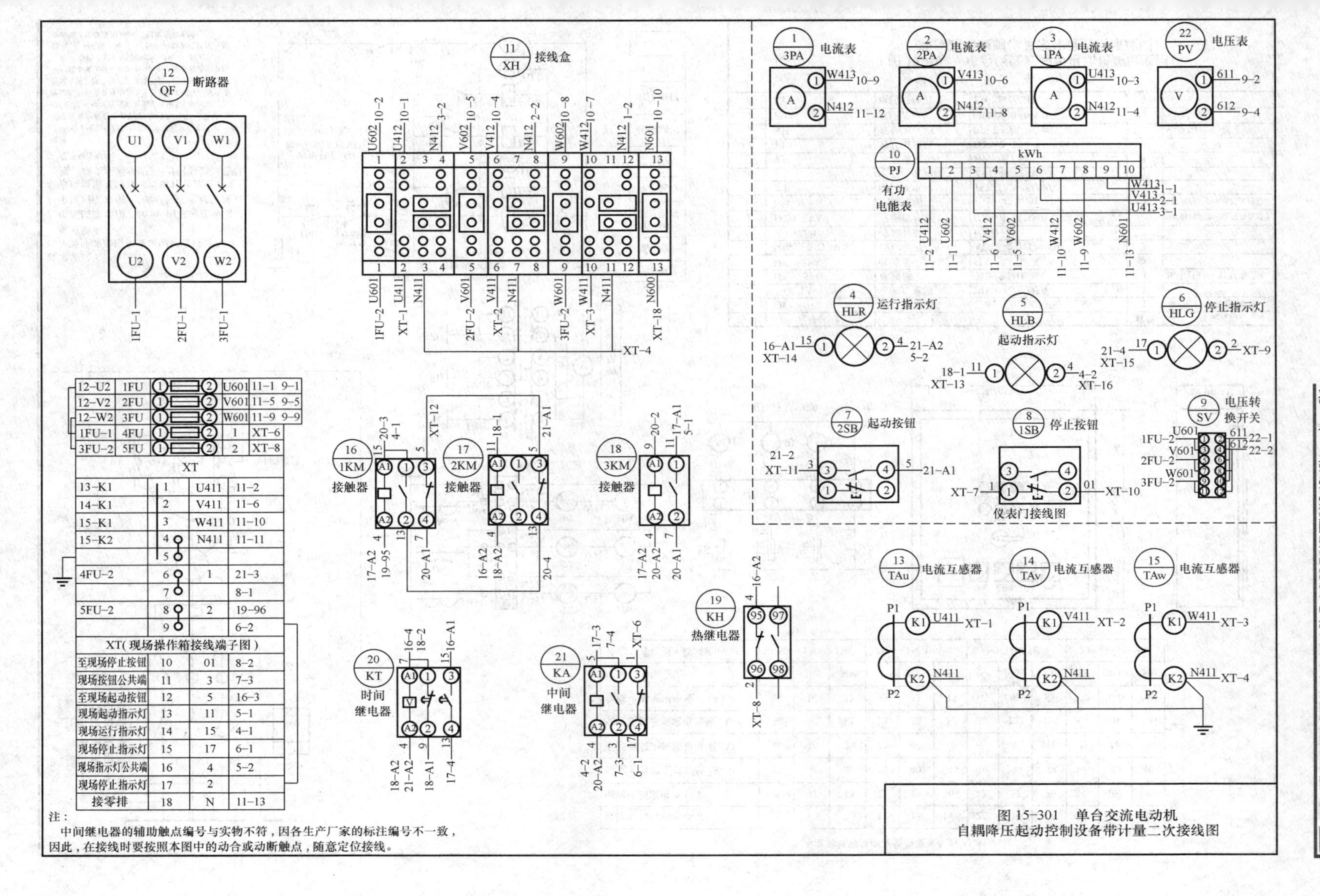

图 15-301　单台交流电动机自耦降压起动控制设备带计量二次接线图

注：
中间继电器的辅助触点编号与实物不符，因各生产厂家的标注编号不一致，因此，在接线时要按照本图中的动合或动断触点，随意定位接线。

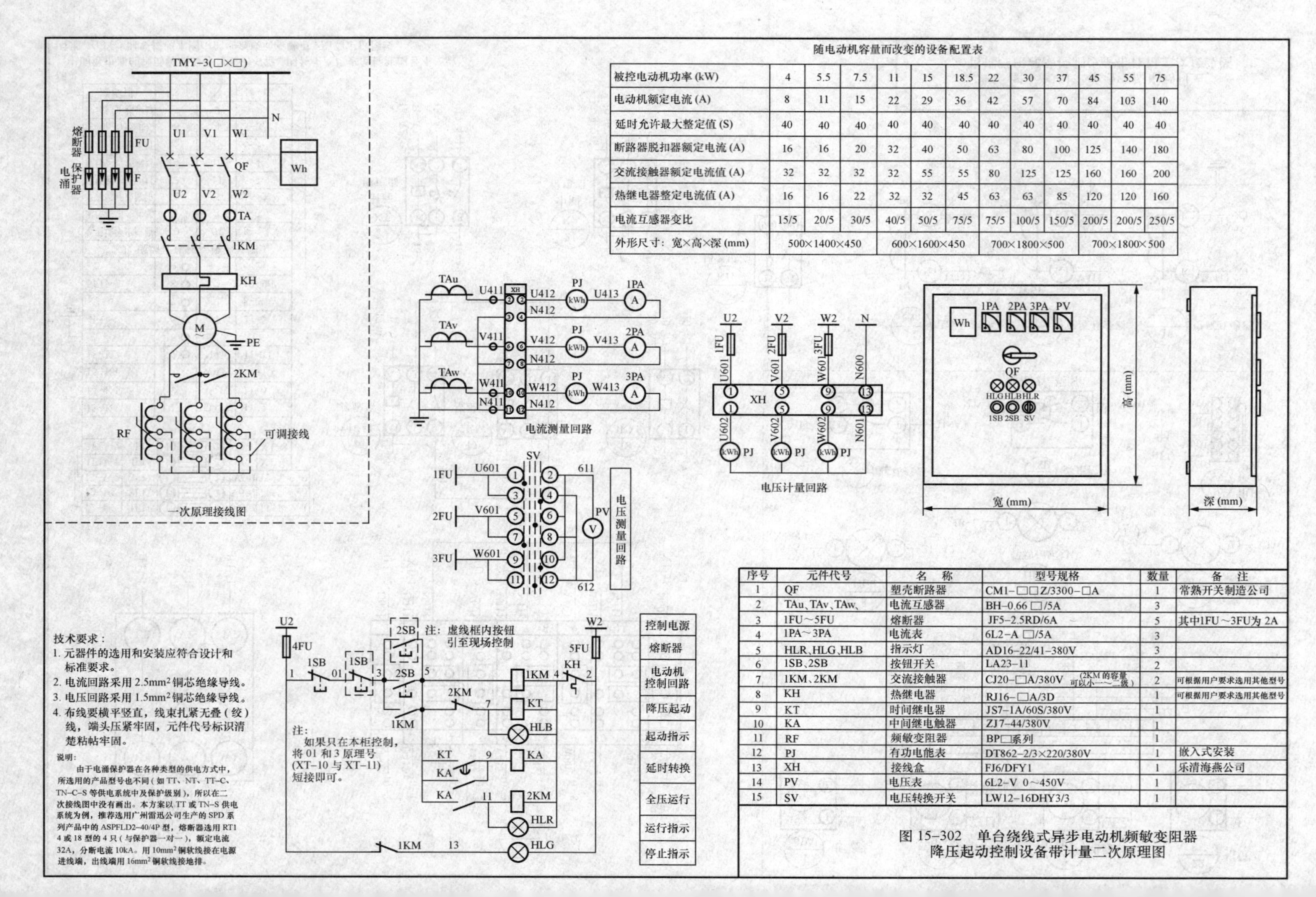

随电动机容量而改变的设备配置表

被控电动机功率 (kW)	4	5.5	7.5	11	15	18.5	22	30	37	45	55	75
电动机额定电流 (A)	8	11	15	22	29	36	42	57	70	84	103	140
延时允许最大整定值 (S)	40	40	40	40	40	40	40	40	40	40	40	40
断路器脱扣器额定电流 (A)	16	16	20	32	40	50	63	80	100	125	140	180
交流接触器额定电流值 (A)	32	32	32	32	55	55	80	125	125	160	160	200
热继电器整定电流值 (A)	16	16	22	32	32	45	63	63	85	120	120	160
电流互感器变比	15/5	20/5	30/5	40/5	50/5	75/5	75/5	100/5	150/5	200/5	200/5	250/5
外形尺寸：宽×高×深 (mm)	500×1400×450			600×1600×450			700×1800×500			700×1800×500		

序号	元件代号	名　称	型号规格	数量	备　注
1	QF	塑壳断路器	CM1-□□Z/3300-□A	1	常熟开关制造公司
2	TAu、TAv、TAw、	电流互感器	BH-0.66 □/5A	3	
3	1FU～5FU	熔断器	JF5-2.5RD/6A	5	其中1FU～3FU为2A
4	1PA～3PA	电流表	6L2-A □/5A	3	
5	HLR、HLG、HLB	指示灯	AD16-22/41-380V	3	
6	1SB、2SB	按钮开关	LA23-11	2	
7	1KM、2KM	交流接触器	CJ20-□A/380V (2KM的容量可以小一～二级)	2	可根据用户要求选用其他型号
8	KH	热继电器	RJ16-□A/3D	1	可根据用户要求选用其他型号
9	KT	时间继电器	JS7-1A/60S/380V	1	
10	KA	中间继电触器	ZJ7-44/380V	1	
11	RF	频敏变阻器	BP□系列	1	
12	PJ	有功电能表	DT862-2/3×220/380V	1	嵌入式安装
13	XH	接线盒	FJ6/DFY1	1	乐清海燕公司
14	PV	电压表	6L2-V 0～450V	1	
15	SV	电压转换开关	LW12-16DHY3/3	1	

技术要求：
1. 元器件的选用和安装应符合设计和标准要求。
2. 电流回路采用 $2.5mm^2$ 铜芯绝缘导线。
3. 电压回路采用 $1.5mm^2$ 铜芯绝缘导线。
4. 布线要横平竖直，线束扎紧无叠（绞）线，端头压紧牢固，元件代号标识清楚粘帖牢固。

说明：

由于电涌保护器在各种类型的供电方式中，所选用的产品型号也不同（如 TT、NT、TT-C、TN-C-S 等供电系统中及保护级别），所以在二次接线图中没有画出。本方案以 TT 或 TN-S 供电系统为例，推荐选用广州雷迅公司生产的 SPD 系列产品中的 ASPFLD2-40/4P 型，熔断器选用 RT14 或 18 型的 4 只（与保护器一对一），额定电流 32A，分断电流 10kA。用 $10mm^2$ 铜软线接在电源进线端，出线端用 $16mm^2$ 铜软线接地排。

图 15-302　单台绕线式异步电动机频敏变阻器降压起动控制设备带计量二次原理图

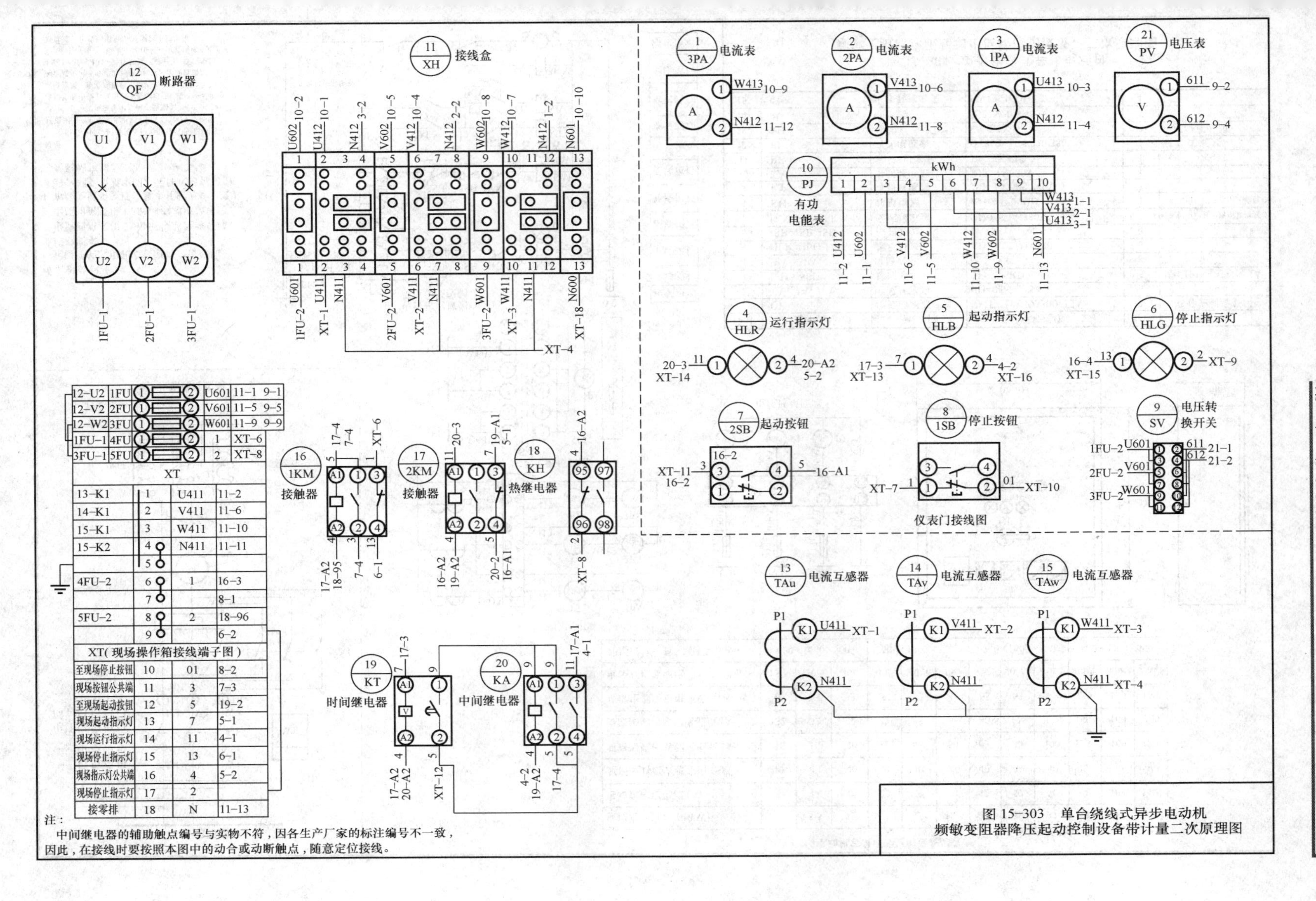

13-K1	1	U411	11-2
14-K1	2	V411	11-6
15-K1	3	W411	11-10
15-K2	4	N411	11-11
	5		
4FU-2	6	1	16-3
	7		8-1
5FU-2	8	2	18-96
	9		6-2
XT（现场操作箱接线端子图）			
至现场停止按钮	10	01	8-2
现场按钮公共端	11	3	7-3
至现场起动按钮	12	5	19-2
现场起动指示灯	13	7	5-1
现场运行指示灯	14	11	4-1
现场停止指示灯	15	13	6-1
现场指示灯公共端	16	4	5-2
现场停止指示灯	17	2	
接零排	18	N	11-13

图15-303　单台绕线式异步电动机频敏变阻器降压起动控制设备带计量二次原理图

注：中间继电器的辅助触点编号与实物不符，因各生产厂家的标注编号不一致，因此，在接线时要按照本图中的动合或动断触点，随意定位接线。

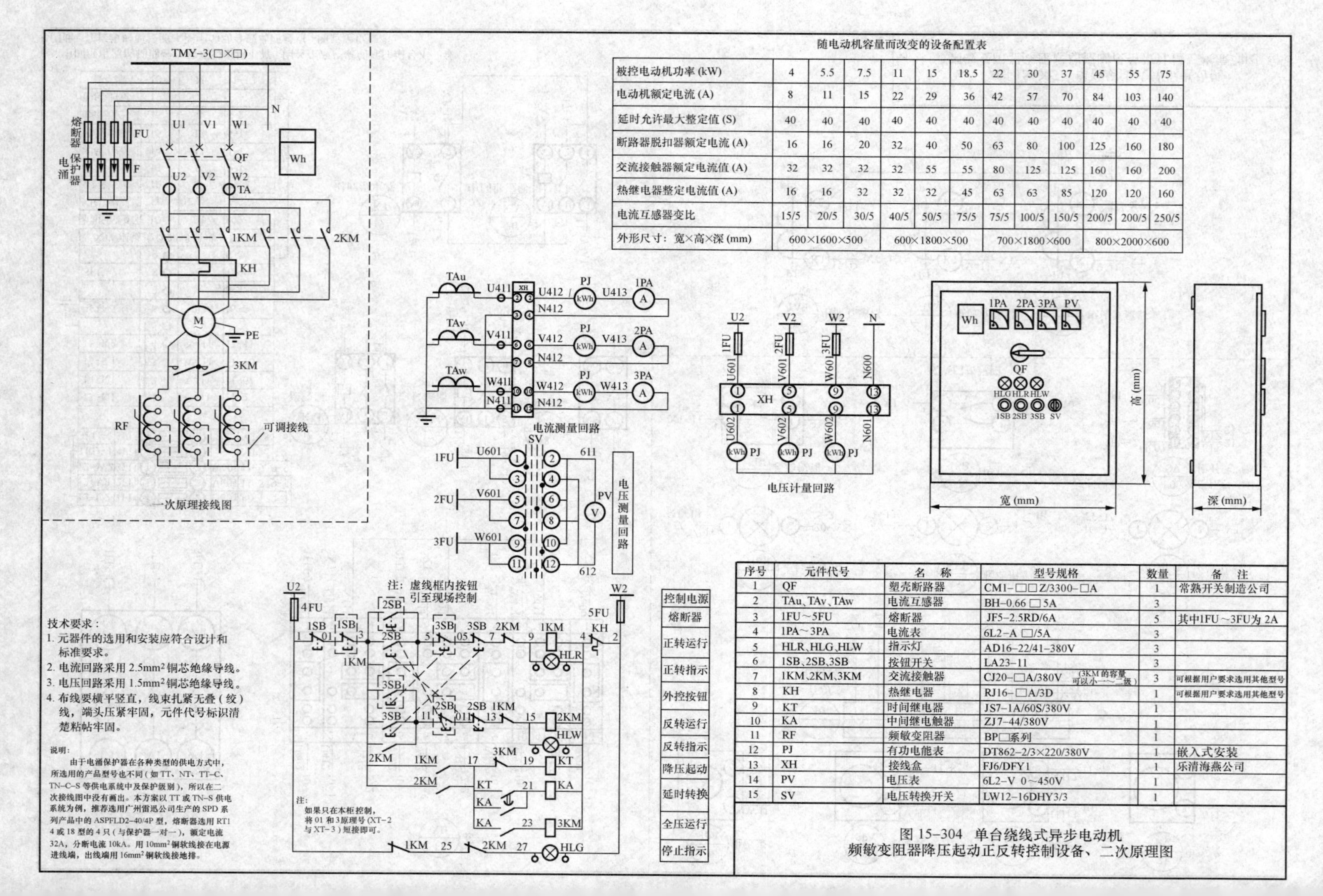

随电动机容量而改变的设备配置表

被控电动机功率 (kW)	4	5.5	7.5	11	15	18.5	22	30	37	45	55	75
电动机额定电流 (A)	8	11	15	22	29	36	42	57	70	84	103	140
延时允许最大整定值 (S)	40	40	40	40	40	40	40	40	40	40	40	40
断路器脱扣器额定电流 (A)	16	16	20	32	40	50	63	80	100	125	160	180
交流接触器额定电流值 (A)	32	32	32	32	55	55	80	125	125	160	160	200
热继电器整定电流值 (A)	16	16	32	32	32	45	63	63	85	120	120	160
电流互感器变比	15/5	20/5	30/5	40/5	50/5	75/5	75/5	100/5	150/5	200/5	200/5	250/5
外形尺寸：宽×高×深 (mm)	600×1600×500		600×1800×500				700×1800×600			800×2000×600		

序号	元件代号	名　称	型号规格	数量	备　注
1	QF	塑壳断路器	CM1-□□Z/3300-□A	1	常熟开关制造公司
2	TAu、TAv、TAw	电流互感器	BH-0.66 □5A	3	
3	1FU～5FU	熔断器	JF5-2.5RD/6A	5	其中1FU～3FU为 2A
4	1PA～3PA	电流表	6L2-A □/5A	3	
5	HLR、HLG、HLW	指示灯	AD16-22/41-380V	3	
6	1SB、2SB、3SB	按钮开关	LA23-11	3	
7	1KM、2KM、3KM	交流接触器	CJ20-□A/380V (3KM 的容量可以小一～二级)	3	可根据用户要求选用其他型号
8	KH	热继电器	RJ16-□A/3D	1	可根据用户要求选用其他型号
9	KT	时间继电器	JS7-1A/60S/380V	1	
10	KA	中间继电器	ZJ7-44/380V	1	
11	RF	频敏变阻器	BP□系列	1	
12	PJ	有功电能表	DT862-2/3×220/380V	1	嵌入式安装
13	XH	接线盒	FJ6/DFY1	1	乐清海燕公司
14	PV	电压表	6L2-V 0～450V	1	
15	SV	电压转换开关	LW12-16DHY3/3	1	

技术要求：

1. 元器件的选用和安装应符合设计和标准要求。
2. 电流回路采用 2.5mm² 铜芯绝缘导线。
3. 电压回路采用 1.5mm² 铜芯绝缘导线。
4. 布线要横平竖直，线束扎紧无叠（绞）线，端头压紧牢固，元件代号标识清楚粘帖牢固。

说明：

由于电涌保护器在各种类型的供电方式中，所选用的产品型号也不同（如 TT、NT、TT-C、TN-C-S 等供电系统中及保护级别），所以在二次接线图中没有画出。本方案以 TT 或 TN-S 供电系统为例，推荐选用广州雷迅公司生产的 SPD 系列产品中的 ASPFLD2-40/4P 型，熔断器选用 RT1 4 或 18 型的 4 只（与保护器一对一），额定电流 32A，分断电流 10kA。用 10mm² 铜软线接在电源进线端，出线端用 16mm² 铜软线接地排。

注：

如果只在本柜控制，将 01 和 3 原理号（XT-2 与 XT-3）短接即可。

图 15-304　单台绕线式异步电动机频敏变阻器降压起动正反转控制设备、二次原理图

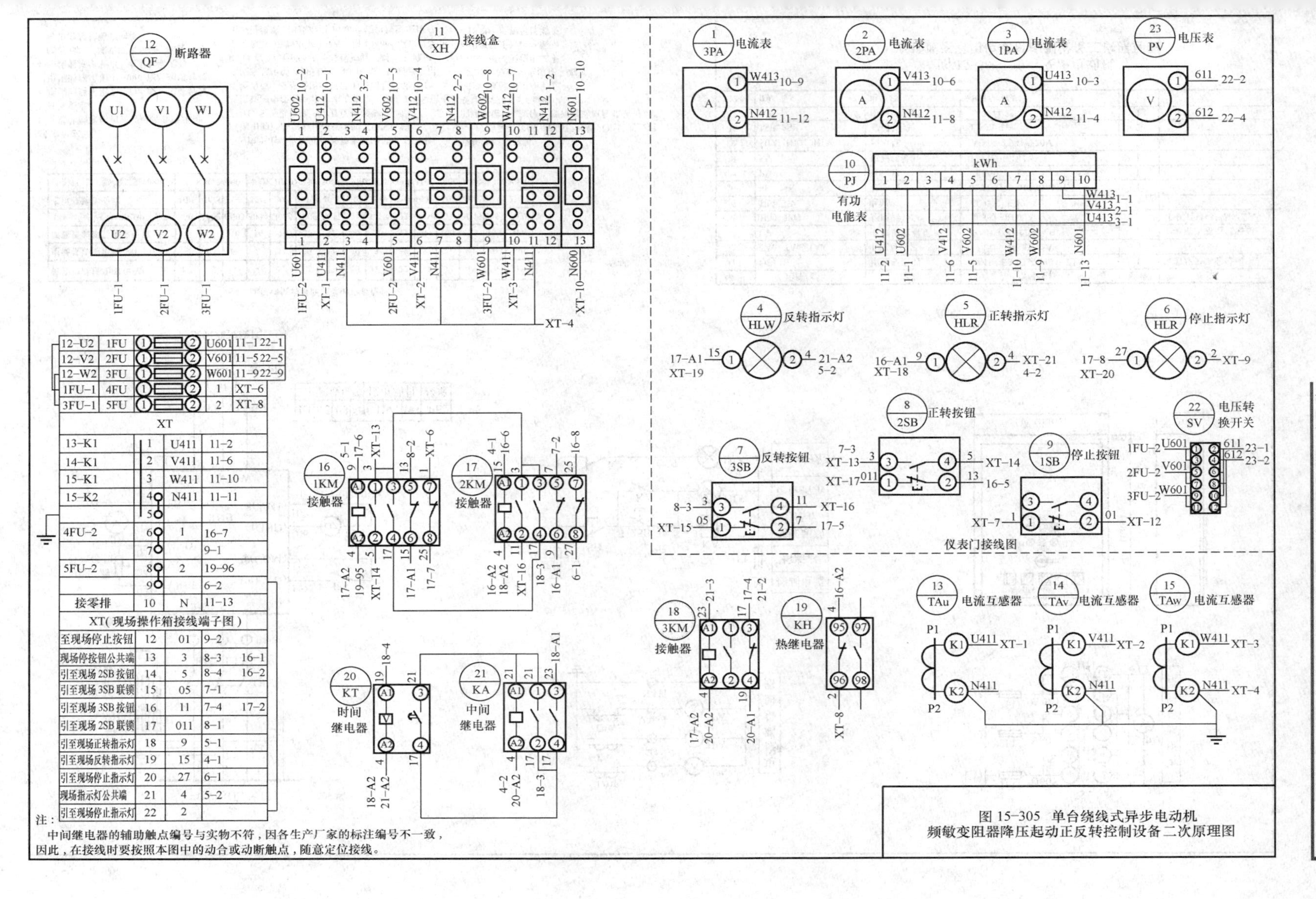

注：

中间继电器的辅助触点编号与实物不符，因各生产厂家的标注编号不一致，因此，在接线时要按照本图中的动合或动断触点，随意定位接线。

图 15-305　单台绕线式异步电动机频敏变阻器降压起动正反转控制设备二次原理图

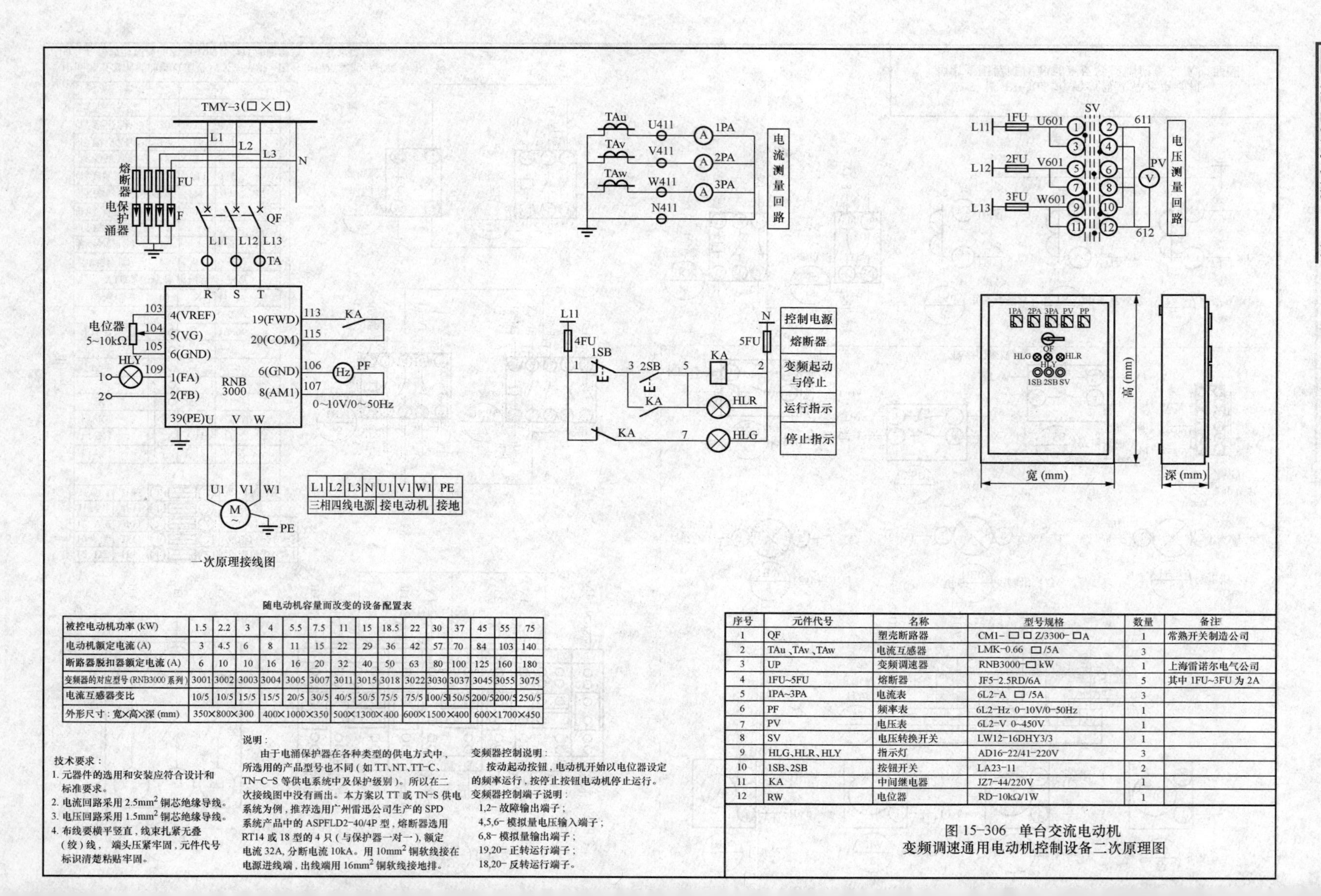

随电动机容量而改变的设备配置表

被控电动机功率 (kW)	1.5	2.2	3	4	5.5	7.5	11	15	18.5	22	30	37	45	55	75
电动机额定电流 (A)	3	4.5	6	8	11	15	22	29	36	42	57	70	84	103	140
断路器脱扣器额定电流 (A)	6	10	10	16	16	20	32	40	50	63	80	100	125	160	180
变频器的对应型号 (RNB3000 系列)	3001	3002	3003	3004	3005	3007	3011	3015	3018	3022	3030	3037	3045	3055	3075
电流互感器变比	10/5	10/5	15/5	15/5	20/5	30/5	40/5	50/5	75/5	75/5	100/5	150/5	200/5	200/5	250/5
外形尺寸：宽×高×深 (mm)	350×800×300			400×1000×350			500×1300×400			600×1500×400			600×1700×450		

技术要求：

1. 元器件的选用和安装应符合设计和标准要求。
2. 电流回路采用 $2.5mm^2$ 铜芯绝缘导线。
3. 电压回路采用 $1.5mm^2$ 铜芯绝缘导线。
4. 布线要横平竖直，线束扎紧无叠（绞）线，端头压紧牢固，元件代号标识清楚粘贴牢固。

说明：

由于电涌保护器在各种类型的供电方式中，所选用的产品型号也不同（如 TT、NT、TT-C、TN-C-S 等供电系统中及保护级别）。所以在二次接线图中没有画出。本方案以 TT 或 TN-S 供电系统为例，推荐选用广州雷迅公司生产的 SPD 系统产品中的 ASPFLD2-40/4P 型，熔断器选用 RT14 或 18 型的 4 只（与保护器一对一），额定电流 32A，分断电流 10kA。用 $10mm^2$ 铜软线接在电源进线端，出线端用 $16mm^2$ 铜软线接地排。

变频器控制说明：

按动起动按钮，电动机开始以电位器设定的频率运行，按停止按钮电动机停止运行。

变频器控制端子说明：

1,2- 故障输出端子；
4,5,6- 模拟量电压输入端子；
6,8- 模拟量输出端子；
19,20- 正转运行端子；
18,20- 反转运行端子。

序号	元件代号	名称	型号规格	数量	备注
1	QF	塑壳断路器	CM1- □ □ Z/3300- □A	1	常熟开关制造公司
2	TAu、TAv、TAw	电流互感器	LMK-0.66 □/5A	3	
3	UP	变频调速器	RNB3000-□kW	1	上海雷诺尔电气公司
4	1FU~5FU	熔断器	JF5-2.5RD/6A	5	其中 1FU~3FU 为 2A
5	1PA~3PA	电流表	6L2-A □/5A	3	
6	PF	频率表	6L2-Hz 0-10V/0-50Hz	1	
7	PV	电压表	6L2-V 0-450V	1	
8	SV	电压转换开关	LW12-16DHY3/3	1	
9	HLG、HLR、HLY	指示灯	AD16-22/41-220V	3	
10	1SB、2SB	按钮开关	LA23-11	2	
11	KA	中间继电器	JZ7-44/220V	1	
12	RW	电位器	RD-10kΩ/1W	1	

图 15-306 单台交流电动机变频调速通用电动机控制设备二次原理图

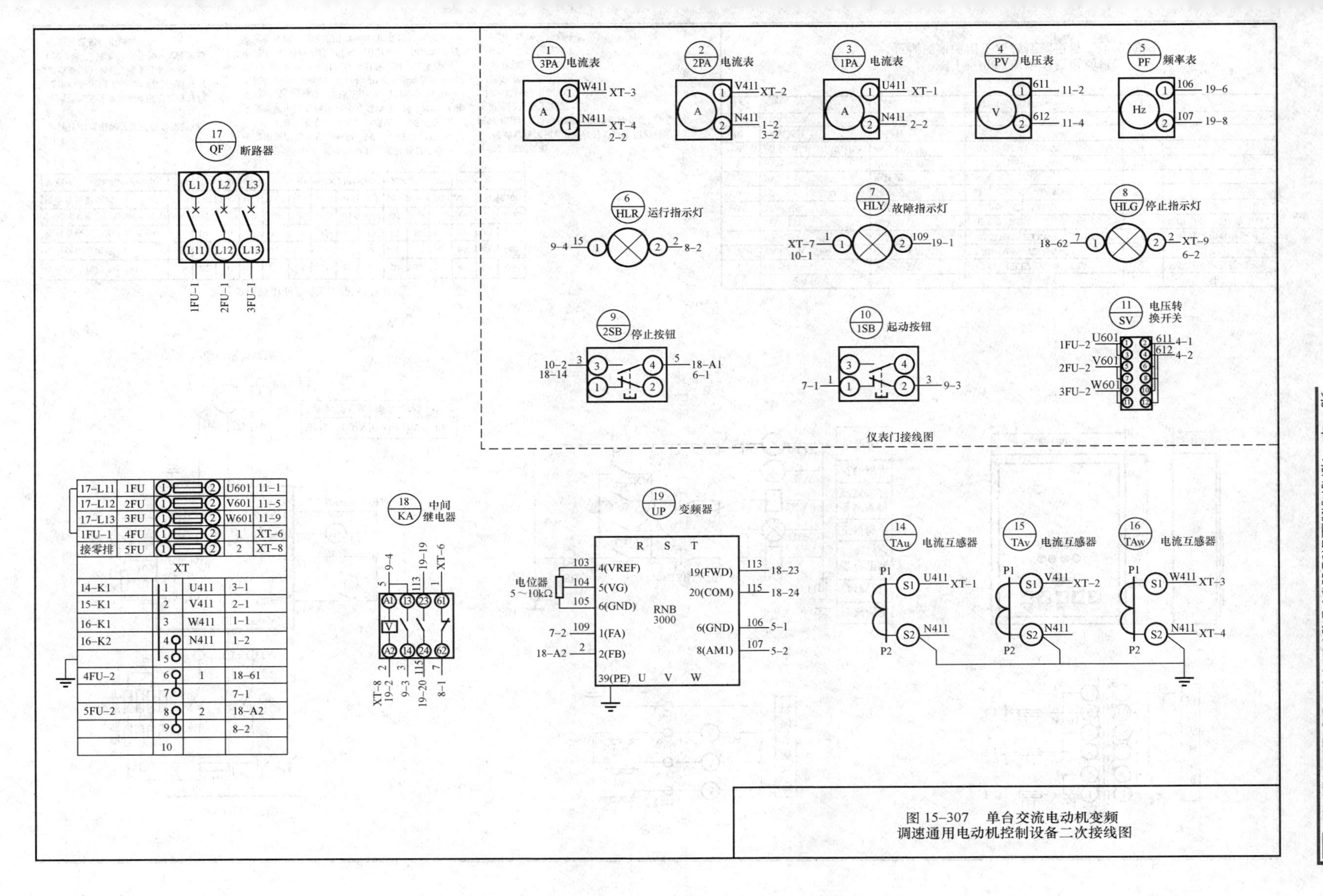

图 15-307　单台交流电动机变频调速通用电动机控制设备二次接线图

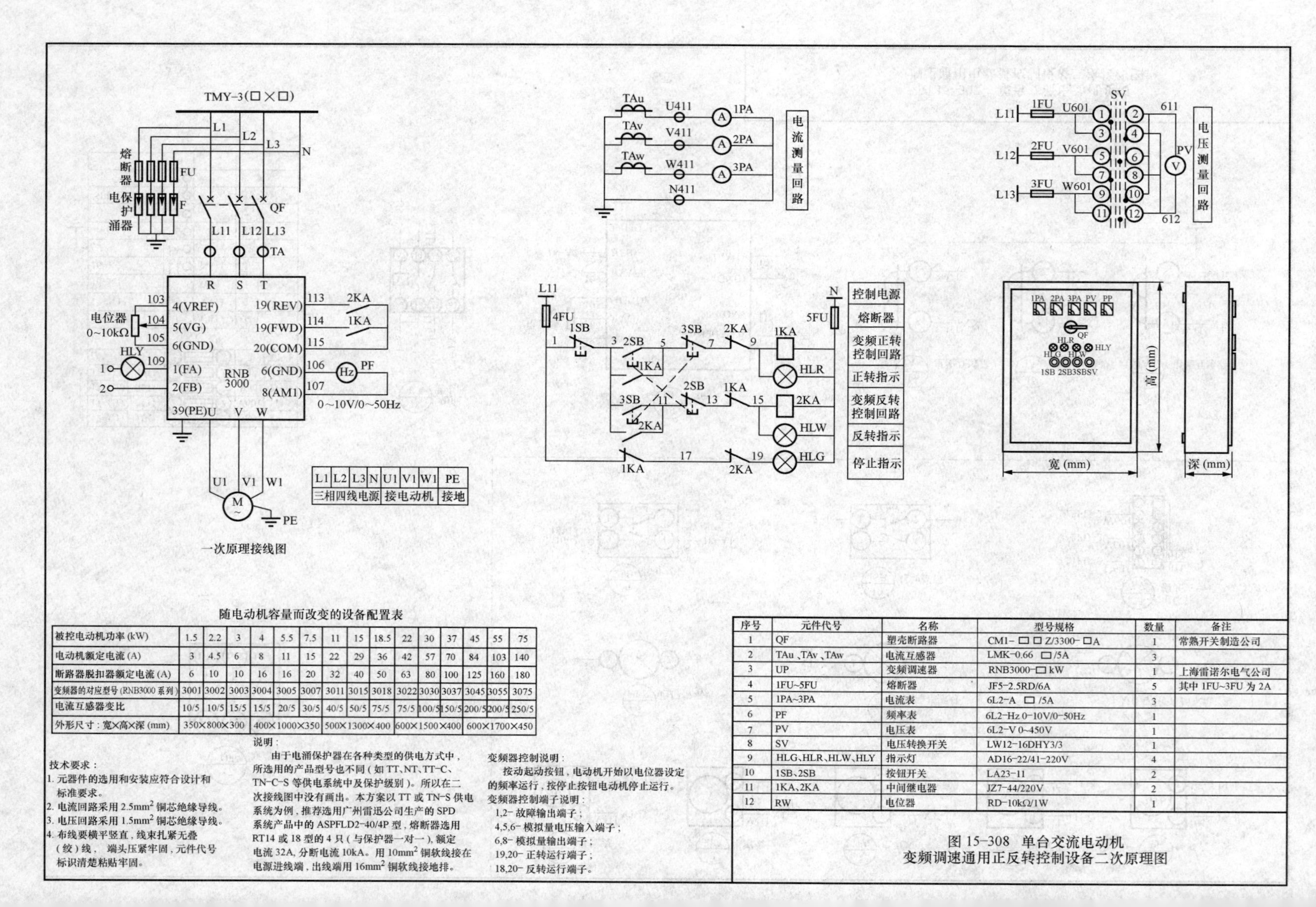

随电动机容量而改变的设备配置表

被控电动机功率 (kW)	1.5	2.2	3	4	5.5	7.5	11	15	18.5	22	30	37	45	55	75
电动机额定电流 (A)	3	4.5	6	8	11	15	22	29	36	42	57	70	84	103	140
断路器脱扣器额定电流 (A)	6	10	10	16	16	20	32	40	50	63	80	100	125	160	180
变频器的对应型号 (RNB3000 系列)	3001	3002	3003	3004	3005	3007	3011	3015	3018	3022	3030	3037	3045	3055	3075
电流互感器变比	10/5	10/5	15/5	15/5	20/5	30/5	40/5	50/5	75/5	75/5	100/5	150/5	200/5	200/5	250/5
外形尺寸：宽×高×深 (mm)	350×800×300			400×1000×350			500×1300×400			600×1500×400			600×1700×450		

技术要求：
1. 元器件的选用和安装应符合设计和标准要求。
2. 电流回路采用 2.5mm² 铜芯绝缘导线。
3. 电压回路采用 1.5mm² 铜芯绝缘导线。
4. 布线要横平竖直，线束扎紧无叠（绞）线，端头压紧牢固，元件代号标识清楚粘贴牢固。

说明：

由于电涌保护器在各种类型的供电方式中，所选用的产品型号也不同（如 TT、NT、TT-C、TN-C-S 等供电系统中及保护级别）。所以在二次接线图中没有画出。本方案以 TT 或 TN-S 供电系统为例，推荐选用广州雷迅公司生产的 SPD 系统产品中的 ASPFLD2-40/4P 型，熔断器选用 RT14 或 18 型的 4 只（与保护器一对一），额定电流 32A，分断电流 10kA。用 10mm² 铜软线接在电源进线端，出线端用 16mm² 铜软线接地排。

变频器控制说明：

按动起动按钮，电动机开始以电位器设定的频率运行，按停止按钮电动机停止运行。

变频器控制端子说明：

1,2- 故障输出端子；
4,5,6- 模拟量电压输入端子；
6,8- 模拟量输出端子；
19,20- 正转运行端子；
18,20- 反转运行端子。

序号	元件代号	名称	型号规格	数量	备注
1	QF	塑壳断路器	CM1-□□Z/3300-□A	1	常熟开关制造公司
2	TAu、TAv、TAw	电流互感器	LMK-0.66 □/5A	3	
3	UP	变频调速器	RNB3000-□kW	1	上海雷诺尔电气公司
4	1FU~5FU	熔断器	JF5-2.5RD/6A	5	其中 1FU~3FU 为 2A
5	1PA~3PA	电流表	6L2-A □/5A	3	
6	PF	频率表	6L2-Hz 0-10V/0-50Hz	1	
7	PV	电压表	6L2-V 0~450V	1	
8	SV	电压转换开关	LW12-16DHY3/3	1	
9	HLG、HLR、HLW、HLY	指示灯	AD16-22/41-220V	4	
10	1SB、2SB	按钮开关	LA23-11	2	
11	1KA、2KA	中间继电器	JZ7-44/220V	2	
12	RW	电位器	RD-10kΩ/1W	1	

图 15-308 单台交流电动机变频调速通用正反转控制设备二次原理图

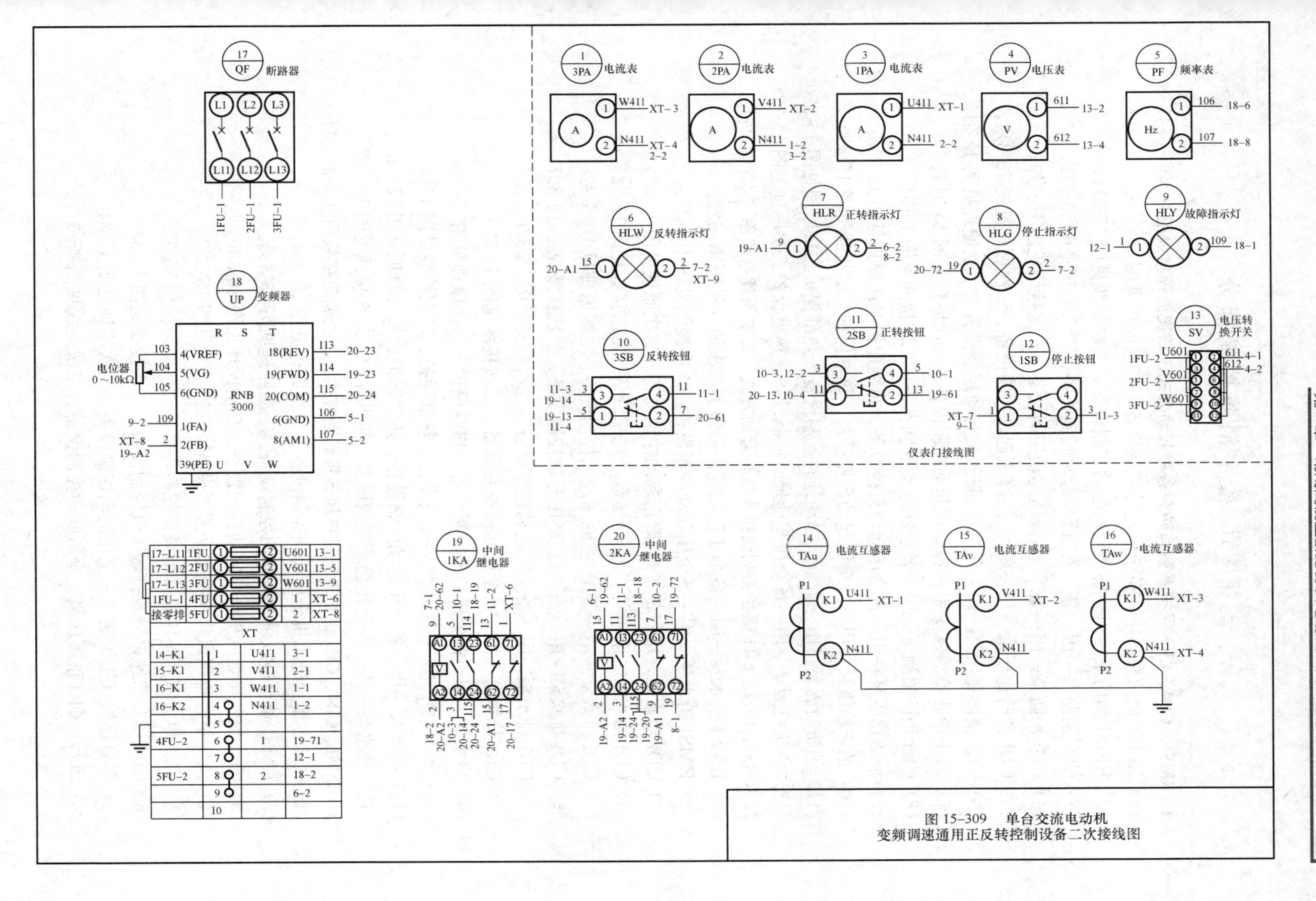

图15-309 单台交流电动机变频调速通用正反转控制设备二次接线图

第4节 楼宇消防控制部分

1. RMS1、CD4、CR1保护系列消防泵各种起动方式、二次原理接线图（本柜控制）

(1) RMS1消防泵一用一备全压起动控制设备、二次原理见图15-310。
(2) RMS1消防泵一用一备全压软起动控制设备、二次接线见图15-311。
(3) CD1消防泵一用一备Y/△降压起动控制设备、二次原理见图15-312。
(4) CD1消防泵一用一备Y/△降压起动控制设备、二次接线见图15-313。
(5) CD1消防稳压泵一用一备Y/△降压起动控制设备、二次原理见图15-314。
(6) CD1消防稳压泵一用一备Y/△降压软起动控制设备、二次原理见图15-315。
(7) CR1消防喷洒泵一用一备全压起动控制设备、二次原理见图15-316。
(8) CR1消防喷洒泵一用一备全压起动控制设备、二次接线见图15-317。
(9) 消防稳压泵一用一备全压起动自控设备、热继保护二次原理见图15-318。
(10) 消防稳压泵一用一备全压起动自控设备、热继保护二次接线见图15-319。
(11) 消防喷洒泵一用一备全压起动延时控制设备、热继保护二次原理见图15-320。
(12) 消防喷洒泵一用一备全压起动延时控制设备、热继保护二次原理见图15-321。

2. RMS1、CD4、CR1保护系列给排水各种起动方式、二次原理接线图（本柜控制）

(1) RMS1给水泵一用一备全压起动控制设备、二次原理见图15-322。
(2) RMS1给水泵一用一备全压起动控制设备、二次接线见图15-323。
(3) CD1给水泵一用一备Y/△降压起动控制设备、二次原理见图15-324。
(4) CD1给水泵一用一备Y/△降压起动控制设备、二次接线见图15-325。
(5) CD1排水泵一用一备Y/△降压起动控制设备、二次原理见图15-326。
(6) CD1排水泵一用一备Y/△降压起动控制设备、二次接线见图15-327。
(7) CR1排水泵一用一备全压起动控制设备、二次原理见图15-328。
(8) CR1排水泵一用一备全压起动控制设备、二次接线见图15-329。
(9) 给水泵一用一备全压起动控制设备、热继保护、二次原理见图15-330。
(10) 给水泵一用一备全压起动控制设备、热继保护、二次接线见图15-331。
(11) 排水泵一用一备全压起动控制设备、热继保护、二次原理见图15-332。
(12) 排水泵一用一备全压起动控制设备、热继保护、二次接线见图15-333。

3. RMS1、CD4、CR1保护系列进排风各种起动方式、二次原理接线图（本柜控制）

(1) RMS1单台进风机全压起动控制设备、二次原理见图15-334。
(2) RMS1单台进风机全压起动控制设备、二次原理见图15-335。
(3) CR1单台排烟风机全压起动控制设备、二次原理见图15-336。
(4) CR1单台排烟风机全压起动控制设备、二次接线见图15-337。
(5) CD1单台双速排风兼排烟风机控制设备、二次原理见图15-338。
(6) CD1单台双速排风兼排烟风机控制设备、二次接线见图15-339。
(7) 单台排烟（正压送风）全压起动控制设备、二次原理见图15-340。
(8) 单台排烟（正压送风）全压起动控制设备、二次接线见图15-341。

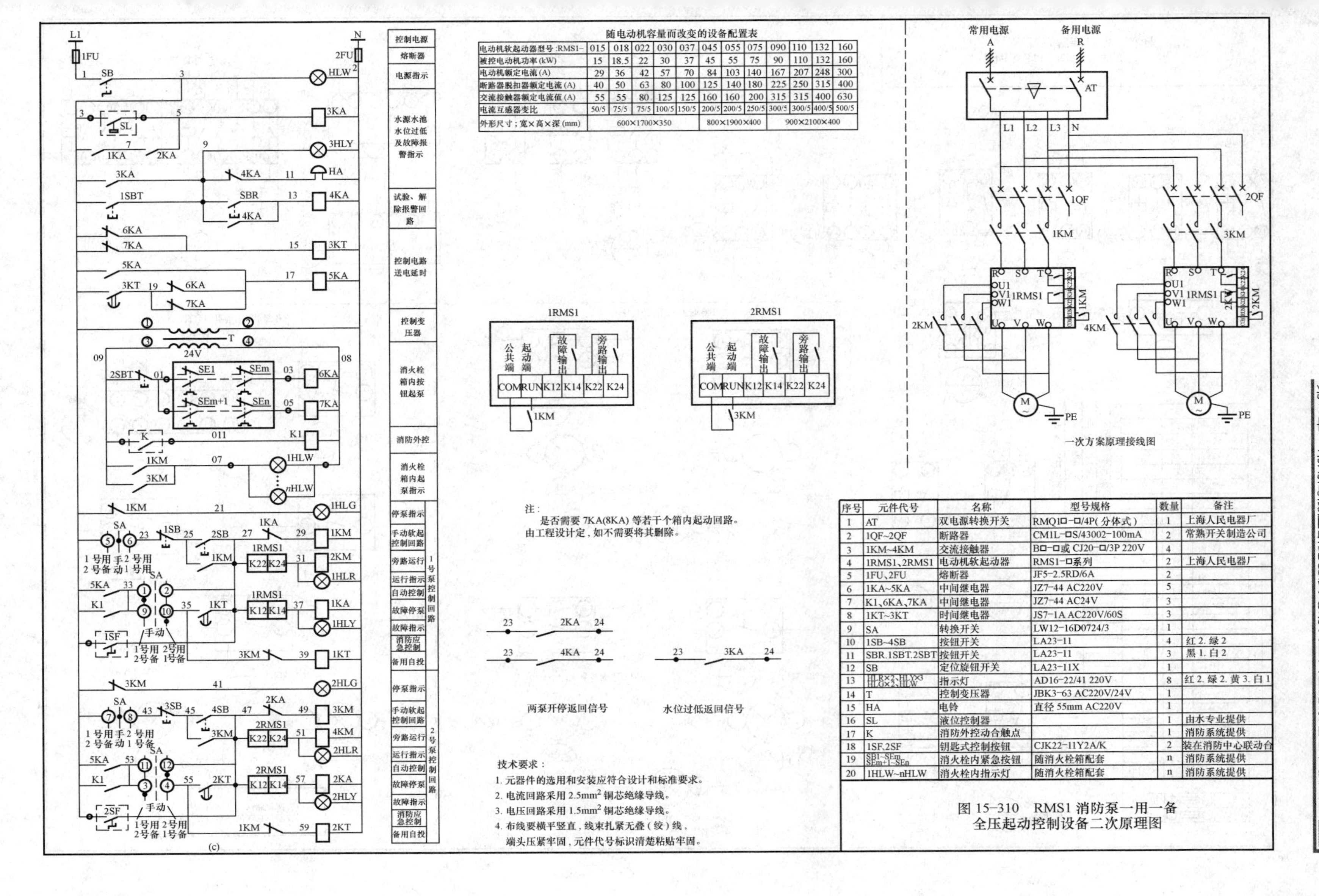

随电动机容量而改变的设备配置表

电动机软起动器型号:RMS1-	015	018	022	030	037	045	055	075	090	110	132	160
被控电动机功率(kW)	15	18.5	22	30	37	45	55	75	90	110	132	160
电动机额定电流(A)	29	36	42	57	70	84	103	140	167	207	248	300
断路器脱扣器额定电流(A)	40	50	63	80	100	125	140	180	225	250	315	400
交流接触器额定电流值(A)	55	55	80	125	125	160	160	200	315	315	400	630
电流互感器变比	50/5	75/5	75/5	100/5	150/5	200/5	200/5	250/5	300/5	300/5	400/5	500/5
外形尺寸;宽×高×深(mm)	600×1700×350					800×1900×400			900×2100×400			

注:
是否需要 7KA(8KA) 等若干个箱内起动回路。由工程设计定，如不需要将其删除。

两泵开停返回信号　　水位过低返回信号

技术要求：
1. 元器件的选用和安装应符合设计和标准要求。
2. 电流回路采用 2.5mm² 铜芯绝缘导线。
3. 电压回路采用 1.5mm² 铜芯绝缘导线。
4. 布线要横平竖直，线束扎紧无叠（绞）线，端头压紧牢固，元件代号标识清楚粘贴牢固。

序号	元件代号	名称	型号规格	数量	备注
1	AT	双电源转换开关	RMQ1□-□/4P(分体式)	1	上海人民电器厂
2	1QF~2QF	断路器	CM1L-□S/43002-100mA	2	常熟开关制造公司
3	1KM~4KM	交流接触器	B□-□或 CJ20-□/3P 220V	4	
4	1RMS1、2RMS1	电动机软起动器	RMS1-□系列	2	上海人民电器厂
5	1FU、2FU	熔断器	JF5-2.5RD/6A	2	
6	1KA~5KA	中间继电器	JZ7-44 AC220V	5	
7	K1、6KA、7KA	中间继电器	JZ7-44 AC24V	3	
8	1KT~3KT	时间继电器	JS7-1A AC220V/60S	3	
9	SA	转换开关	LW12-16D0724/3	1	
10	1SB~4SB	按钮开关	LA23-11	4	红 2. 绿 2
11	SBR.1SBT.2SBT	按钮开关	LA23-11	3	黑 1. 白 2
12	SB	定位旋钮开关	LA23-11X	1	
13	HLR×2、HLY×3 HLG×2、HLW	指示灯	AD16-22/41 220V	8	红 2. 绿 2. 黄 3. 白 1
14	T	控制变压器	JBK3-63 AC220V/24V	1	
15	HA	电铃	直径 55mm AC220V	1	
16	SL	液位控制器		1	由水专业提供
17	K	消防外控动合触点		1	消防系统提供
18	1SF、2SF	钥匙式控制按钮	CJK22-11Y2A/K	2	装在消防中心联动台
19	SE1~SEm SEm+1~SEn	消火栓内紧急按钮	随消火栓箱配套	n	消防系统提供
20	1HLW~nHLW	消火栓内指示灯	随消火栓箱配套	n	消防系统提供

图 15-310　RMS1 消防泵一用一备全压起动控制设备二次原理图

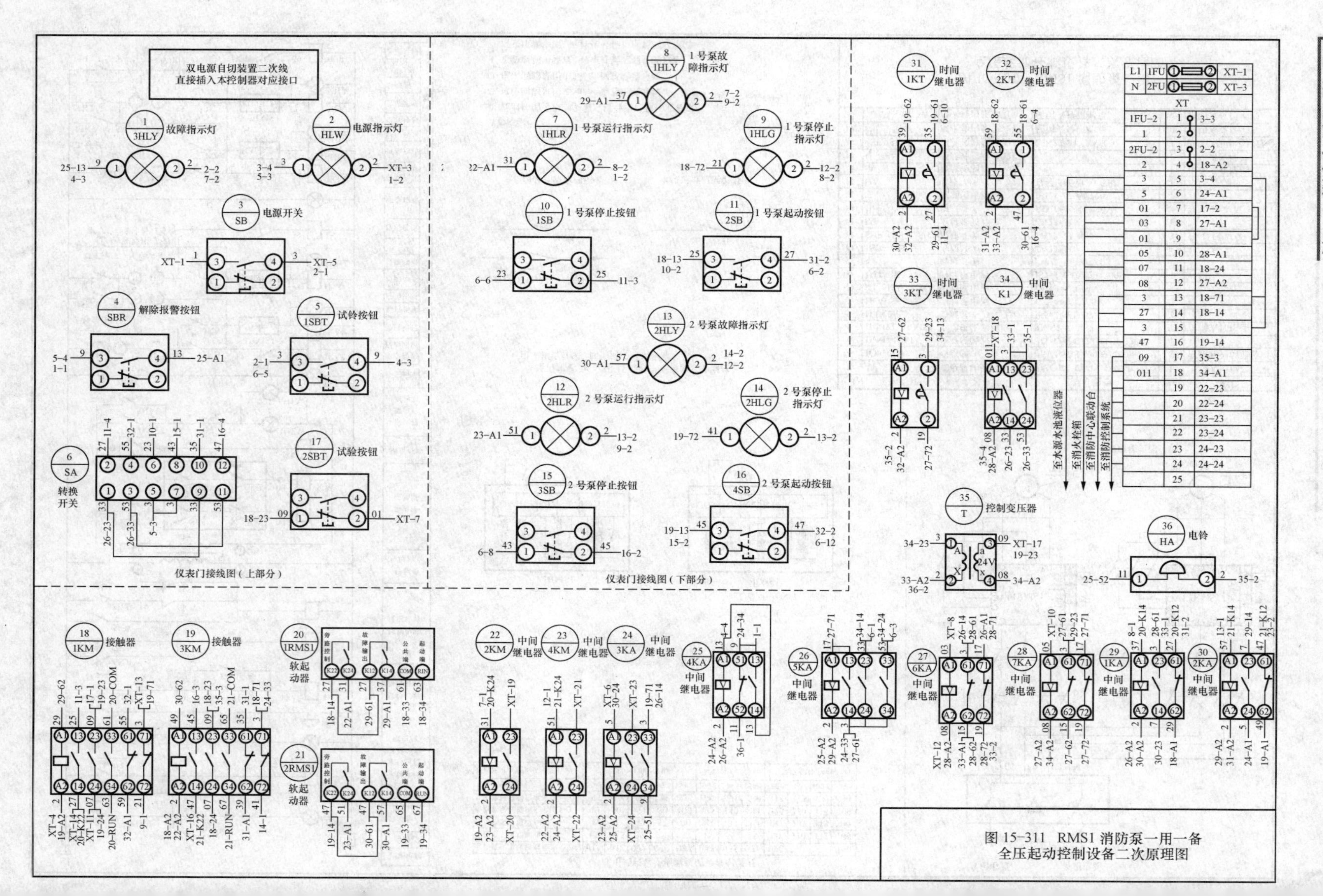

图 15-311 RMS1 消防泵一用一备全压起动控制设备二次原理图

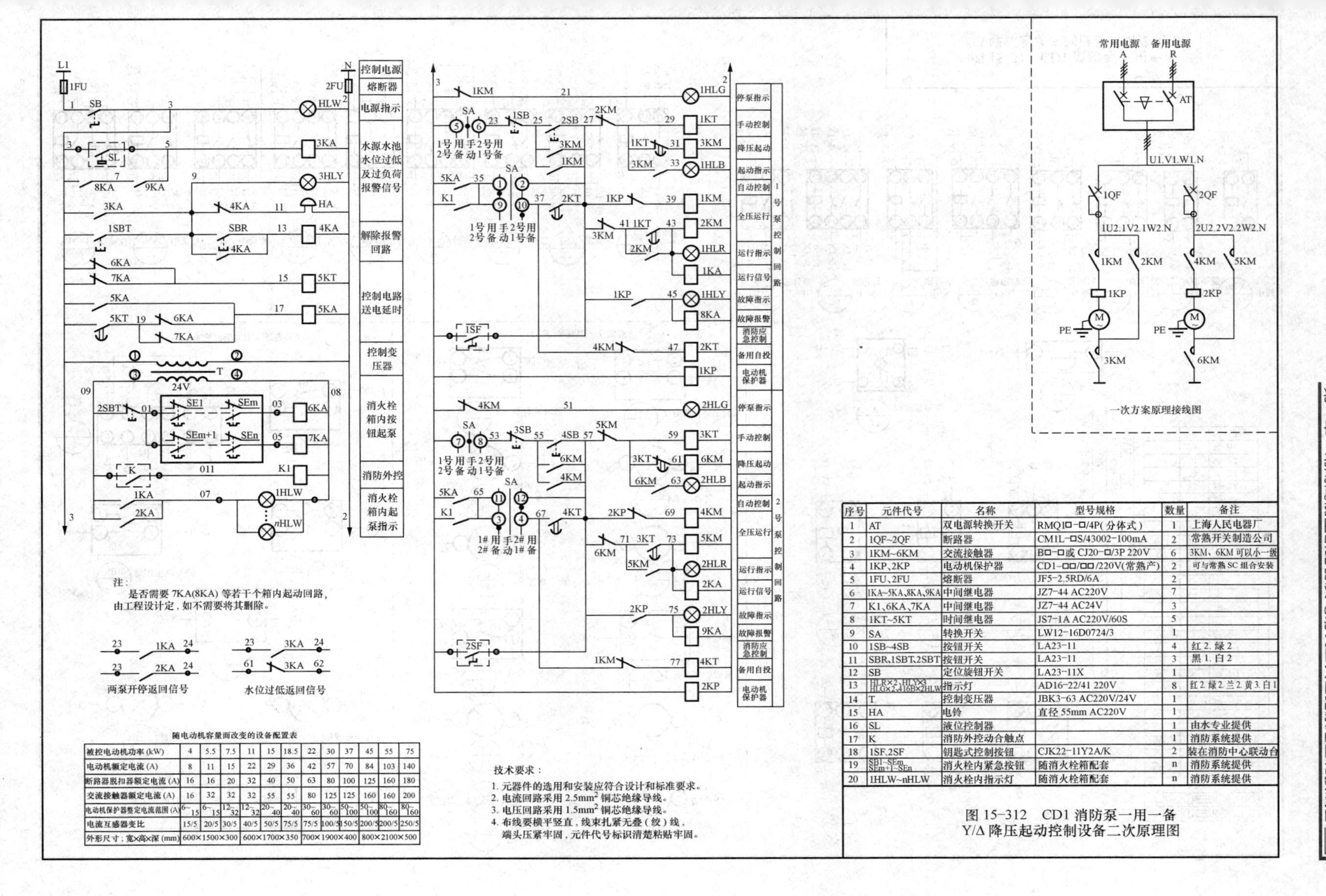

注：
是否需要 7KA(8KA) 等若干个箱内起动回路，由工程设计定，如不需要将其删除。

随电动机容量而改变的设备配置表

被控电动机功率 (kW)	4	5.5	7.5	11	15	18.5	22	30	37	45	55	75
电动机额定电流 (A)	8	11	15	22	29	36	42	57	70	84	103	140
断路器脱扣器额定电流 (A)	16	16	20	32	40	50	63	80	100	125	160	180
交流接触器额定电流 (A)	16	32	32	32	55	55	80	125	125	160	160	200
电动机保护器整定电流范围 (A)	6~15	6~15	12~32	12~32	20~40	20~40	30~60	30~60	50~100	50~100	80~160	80~160
电流互感器变比	15/5	20/5	30/5	40/5	50/5	75/5	75/5	100/5	150/5	200/5	200/5	250/5
外形尺寸：宽×高×深 (mm)	600×1500×300			600×1700×350			700×1900×400			800×2100×500		

技术要求：
1. 元器件的选用和安装应符合设计和标准要求。
2. 电流回路采用 2.5mm^2 铜芯绝缘导线。
3. 电压回路采用 1.5mm^2 铜芯绝缘导线。
4. 布线要横平竖直，线束扎紧无叠（绞）线，端头压紧牢固，元件代号标识清楚粘贴牢固。

序号	元件代号	名称	型号规格	数量	备注
1	AT	双电源转换开关	RMQ1□-□/4P(分体式)	1	上海人民电器厂
2	1QF~2QF	断路器	CM1L-□S/43002-100mA	2	常熟开关制造公司
3	1KM~6KM	交流接触器	B□-□或 CJ20-□/3P 220V	6	3KM、6KM 可以小一级
4	1KP、2KP	电动机保护器	CD1-□□/□□/220V(常熟产)	2	可与常熟 SC 组合安装
5	1FU、2FU	熔断器	JF5-2.5RD/6A	2	
6	1KA~5KA、8KA、9KA	中间继电器	JZ7-44 AC220V	7	
7	K1、6KA、7KA	中间继电器	JZ7-44 AC24V	3	
8	1KT~5KT	时间继电器	JS7-1A AC220V/60S	5	
9	SA	转换开关	LW12-16D0724/3	1	
10	1SB~4SB	按钮开关	LA23-11	4	红 2. 绿 2
11	SBR、1SBT、2SBT	按钮开关	LA23-11	3	黑 1. 白 2
12	SB	定位旋钮开关	LA23-11X	1	
13	HLR×2、HLY×3 HLG×2、416B×2HLW	指示灯	AD16-22/41 220V	8	红 2. 绿 2. 兰 2. 黄 3. 白 1
14	T	控制变压器	JBK3-63 AC220V/24V	1	
15	HA	电铃	直径 55mm AC220V	1	
16	SL	液位控制器		1	由水专业提供
17	K	消防外控动合触点		1	消防系统提供
18	1SF、2SF	钥匙式控制按钮	CJK22-11Y2A/K	2	装在消防中心联动台
19	SB1~SEm SEm+1~SEn	消火栓内紧急按钮	随消火栓箱配套	n	消防系统提供
20	1HLW~nHLW	消火栓内指示灯	随消火栓箱配套	n	消防系统提供

图 15-312　CD1 消防泵一用一备 Y/Δ降压起动控制设备二次原理图

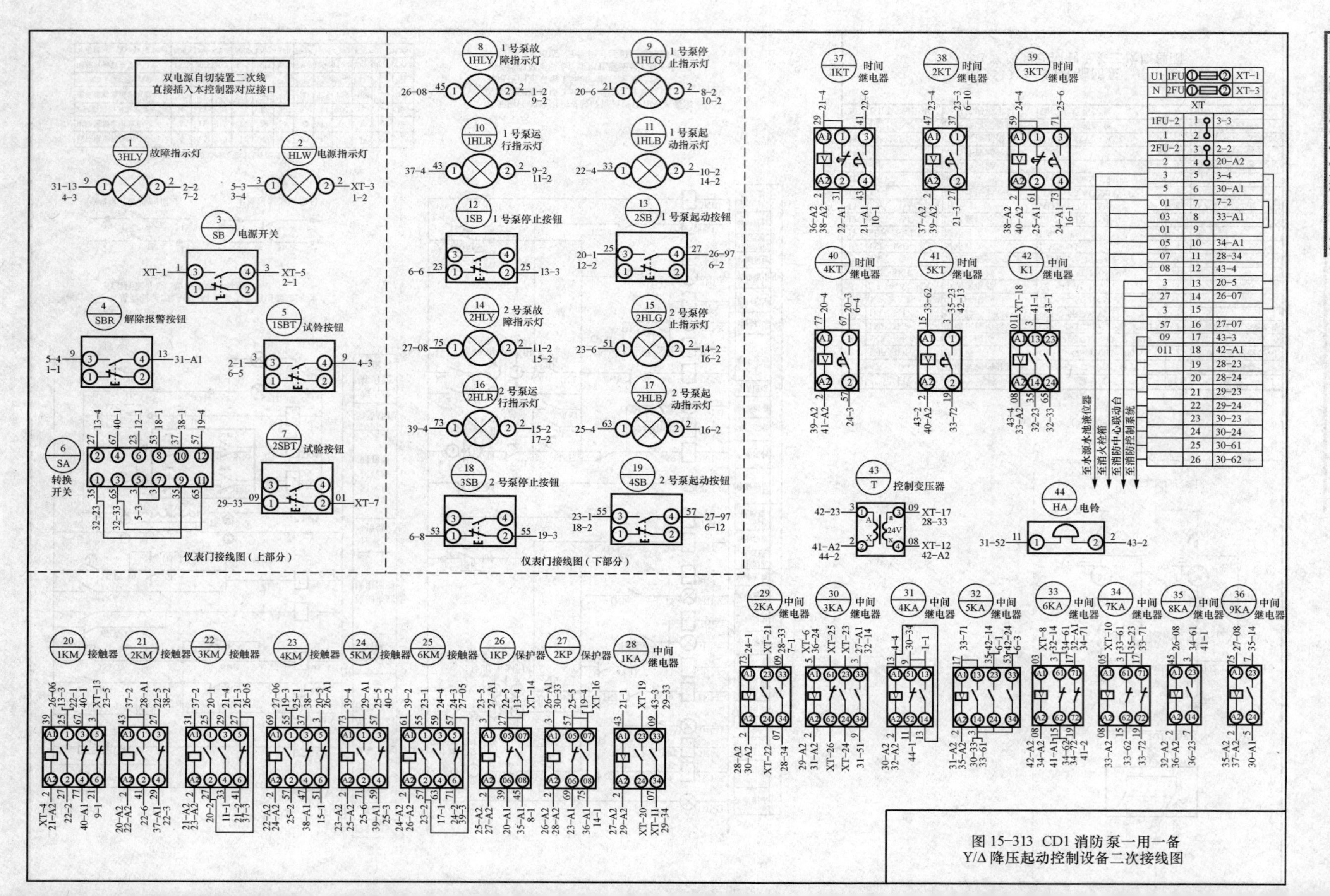

图15-313 CD1 消防泵一用一备
Y/Δ降压起动控制设备二次接线图

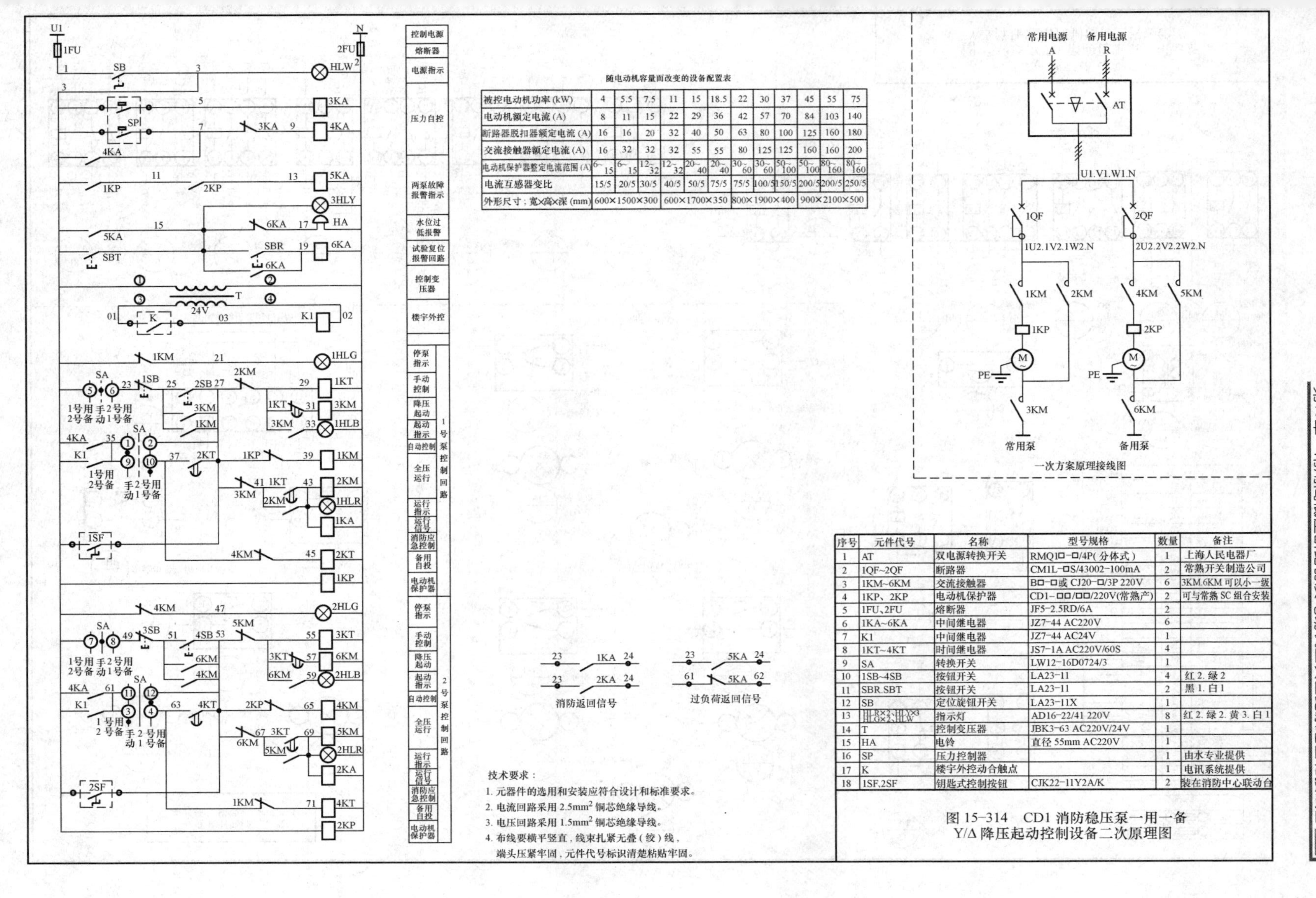

随电动机容量而改变的设备配置表

被控电动机功率 (kW)	4	5.5	7.5	11	15	18.5	22	30	37	45	55	75
电动机额定电流 (A)	8	11	15	22	29	36	42	57	70	84	103	140
断路器脱扣器额定电流 (A)	16	16	20	32	40	50	63	80	100	125	160	180
交流接触器额定电流 (A)	16	32	32	32	55	55	80	125	125	160	160	200
电动机保护器整定电流范围 (A)	6~15	6~15	12~32	12~32	20~40	20~40	30~60	30~60	50~100	50~100	80~160	80~160
电流互感器变比	15/5	20/5	30/5	40/5	50/5	75/5	75/5	100/5	150/5	200/5	200/5	250/5
外形尺寸：宽×高×深 (mm)	600×1500×300			600×1700×350			800×1900×400			900×2100×500		

技术要求：

1. 元器件的选用和安装应符合设计和标准要求。
2. 电流回路采用 2.5mm² 铜芯绝缘导线。
3. 电压回路采用 1.5mm² 铜芯绝缘导线。
4. 布线要横平竖直，线束扎紧无叠（绞）线，端头压紧牢固，元件代号标识清楚粘贴牢固。

序号	元件代号	名称	型号规格	数量	备注
1	AT	双电源转换开关	RMQ1□-□/4P(分体式)	1	上海人民电器厂
2	1QF~2QF	断路器	CM1L-□S/43002-100mA	2	常熟开关制造公司
3	1KM~6KM	交流接触器	B□-□或 CJ20-□/3P 220V	6	3KM.6KM 可以小一级
4	1KP、2KP	电动机保护器	CD1-□□/□□/220V(常熟产)	2	可与常熟 SC 组合安装
5	1FU、2FU	熔断器	JF5-2.5RD/6A	2	
6	1KA~6KA	中间继电器	JZ7-44 AC220V	6	
7	K1	中间继电器	JZ7-44 AC24V	1	
8	1KT~4KT	时间继电器	JS7-1A AC220V/60S	4	
9	SA	转换开关	LW12-16D0724/3	1	
10	1SB~4SB	按钮开关	LA23-11	4	红 2. 绿 2
11	SBR.SBT	按钮开关	LA23-11	2	黑 1. 白 1
12	SB	定位旋钮开关	LA23-11X	1	
13	HLR×2、HLY×3 HLG×2、HLW	指示灯	AD16-22/41 220V	8	红 2. 绿 2. 黄 3. 白 1
14	T	控制变压器	JBK3-63 AC220V/24V	1	
15	HA	电铃	直径 55mm AC220V	1	
16	SP	压力控制器		1	由水专业提供
17	K	楼宇外控动合触点		1	电讯系统提供
18	1SF,2SF	钥匙式控制按钮	CJK22-11Y2A/K	2	装在消防中心联动台

图 15-314　CD1 消防稳压泵一用一备 Y/Δ 降压起动控制设备二次原理图

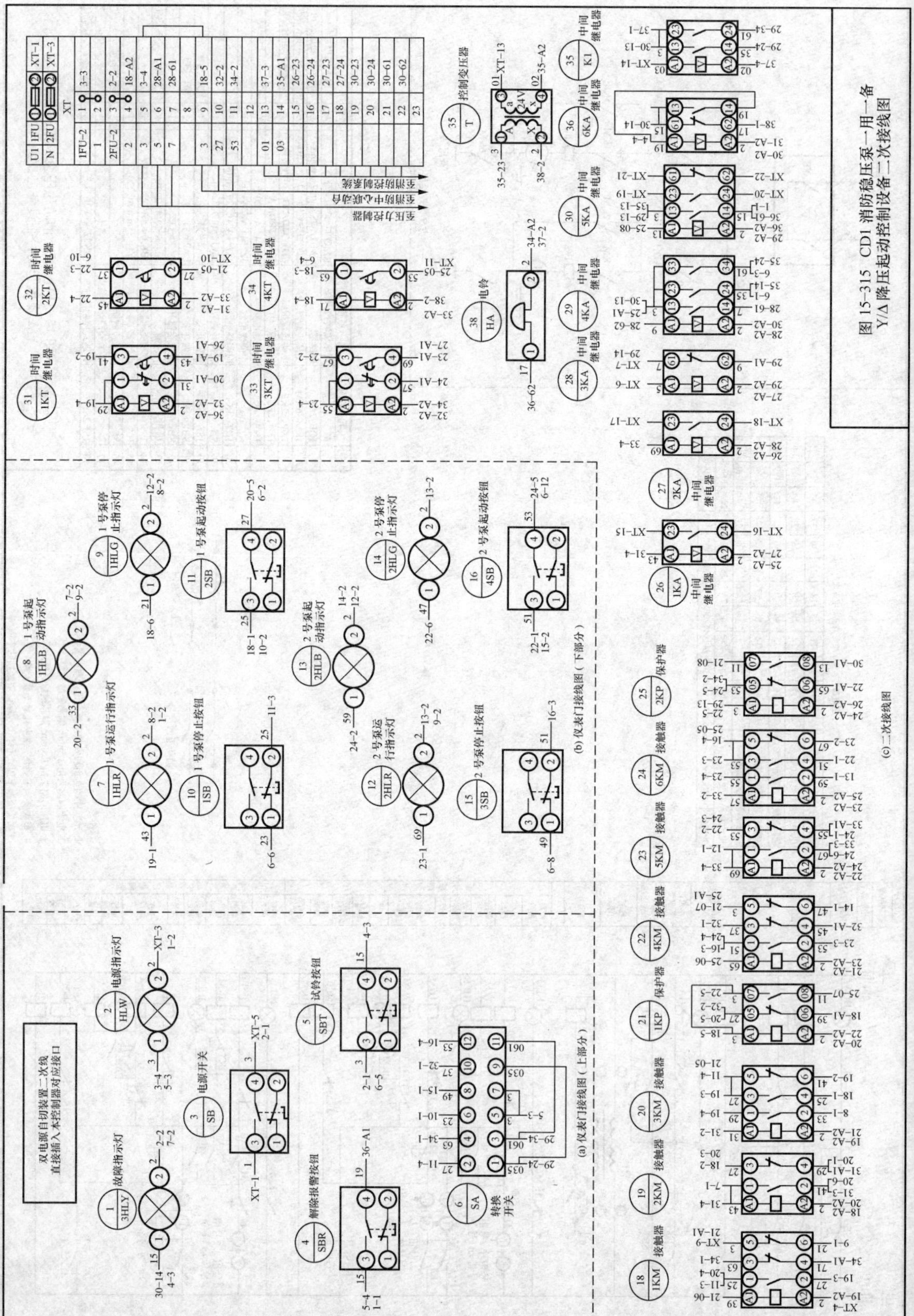

(a) 仪表门接线图（上部分）

(b) 仪表门接线图（下部分）

(c) 二次接线图

图 15-315　CD1 消防稳压泵一用一备 Y/△降压起动控制设备二次接线图

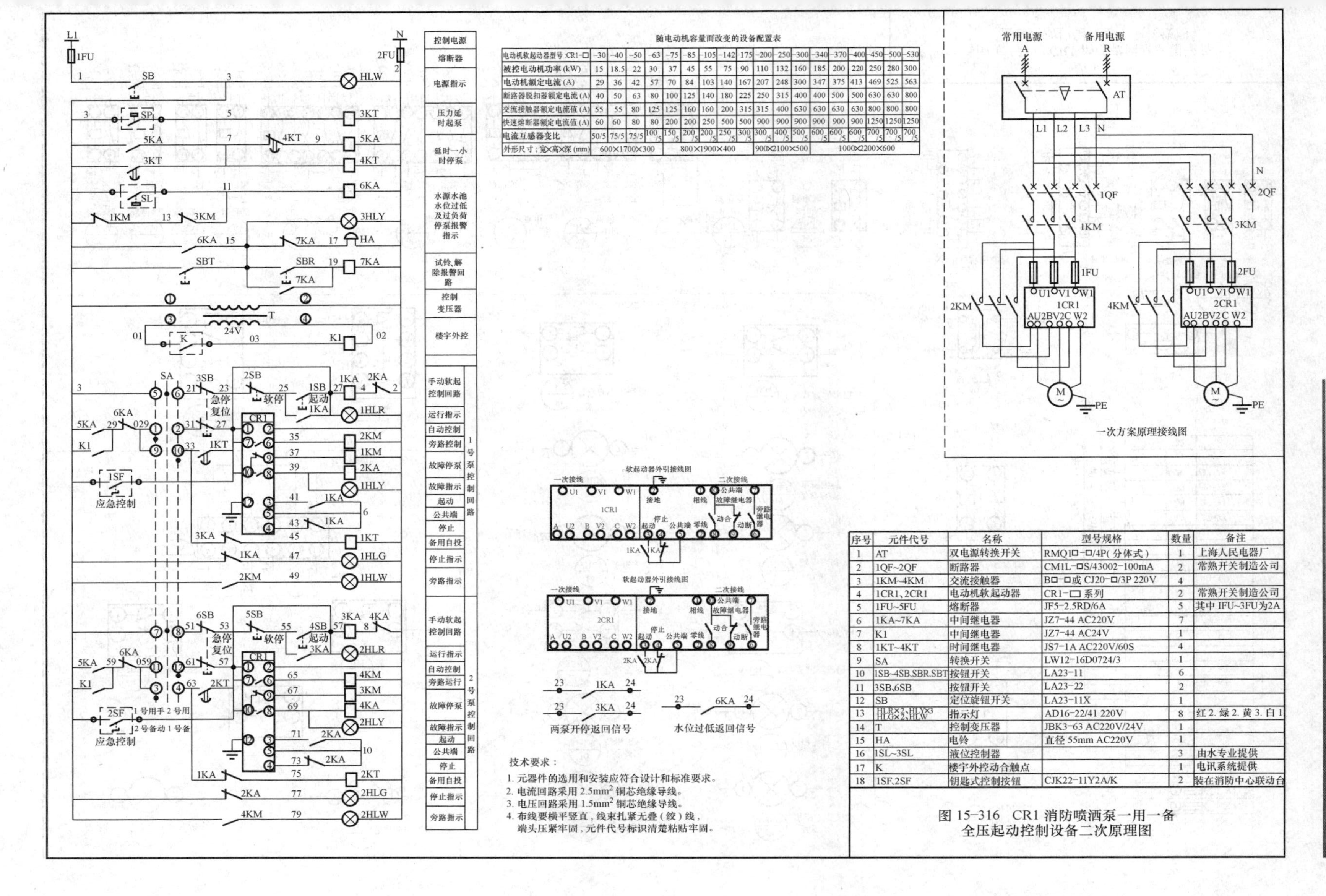

随电动机容量而改变的设备配置表

电动机软起动器型号:CR1-□	-30	-40	-50	-63	-75	-85	-105	-142	-175	-200	-250	-300	-340	-370	-400	-450	-500	-530
被控电动机功率(kW)	15	18.5	22	30	37	45	55	75	90	110	132	160	185	200	220	250	280	300
电动机额定电流(A)	29	36	42	57	70	84	103	140	167	207	248	300	347	375	413	469	525	563
断路器脱扣器额定电流(A)	40	50	63	80	100	125	140	180	225	250	315	400	400	500	500	630	630	800
交流接触器额定电流值(A)	55	55	80	125	125	160	160	200	315	315	400	630	630	630	630	800	800	800
快速熔断器额定电流值(A)	60	60	80	80	200	200	250	500	500	900	900	900	900	900	900	1250	1250	1250
电流互感器变比	50/5	75/5	75/5	100/5	150/5	200/5	200/5	250/5	300/5	300/5	400/5	500/5	600/5	600/5	600/5	700/5	700/5	700/5
外形尺寸:宽×高×深(mm)	600×1700×300				800×1900×400					900×2100×500			1000×2200×600					

序号	元件代号	名称	型号规格	数量	备注
1	AT	双电源转换开关	RMQ1□-□/4P(分体式)	1	上海人民电器厂
2	1QF~2QF	断路器	CM1L-□S/43002-100mA	2	常熟开关制造公司
3	1KM~4KM	交流接触器	B□-□或CJ20-□/3P 220V	4	
4	1CR1、2CR1	电动机软起动器	CR1-□系列	2	常熟开关制造公司
5	1FU~5FU	熔断器	JF5-2.5RD/6A	5	其中1FU~3FU为2A
6	1KA~7KA	中间继电器	JZ7-44 AC220V	7	
7	K1	中间继电器	JZ7-44 AC24V	1	
8	1KT~4KT	时间继电器	JS7-1A AC220V/60S	4	
9	SA	转换开关	LW12-16D0724/3	1	
10	1SB~4SB,SBR,SBT	按钮开关	LA23-11	6	
11	3SB,6SB	按钮开关	LA23-22	2	
12	SB	定位旋钮开关	LA23-11X	1	
13	1HLR×2,1HLY×3,1HLG×2,1HLW	指示灯	AD16-22/41 220V	8	红2,绿2,黄3,白1
14	T	控制变压器	JBK3-63 AC220V/24V	1	
15	HA	电铃	直径55mm AC220V	1	
16	1SL~3SL	液位控制器		3	由水专业提供
17	K	楼宇外控动合触点		1	电讯系统提供
18	1SF,2SF	钥匙式控制按钮	CJK22-11Y2A/K	2	装在消防中心联动台

技术要求：

1. 元器件的选用和安装应符合设计和标准要求。
2. 电流回路采用 $2.5mm^2$ 铜芯绝缘导线。
3. 电压回路采用 $1.5mm^2$ 铜芯绝缘导线。
4. 布线要横平竖直，线束扎紧无叠（绞）线，端头压紧牢固，元件代号标识清楚粘贴牢固。

图15-316 CR1消防喷洒泵一用一备全压起动控制设备二次原理图

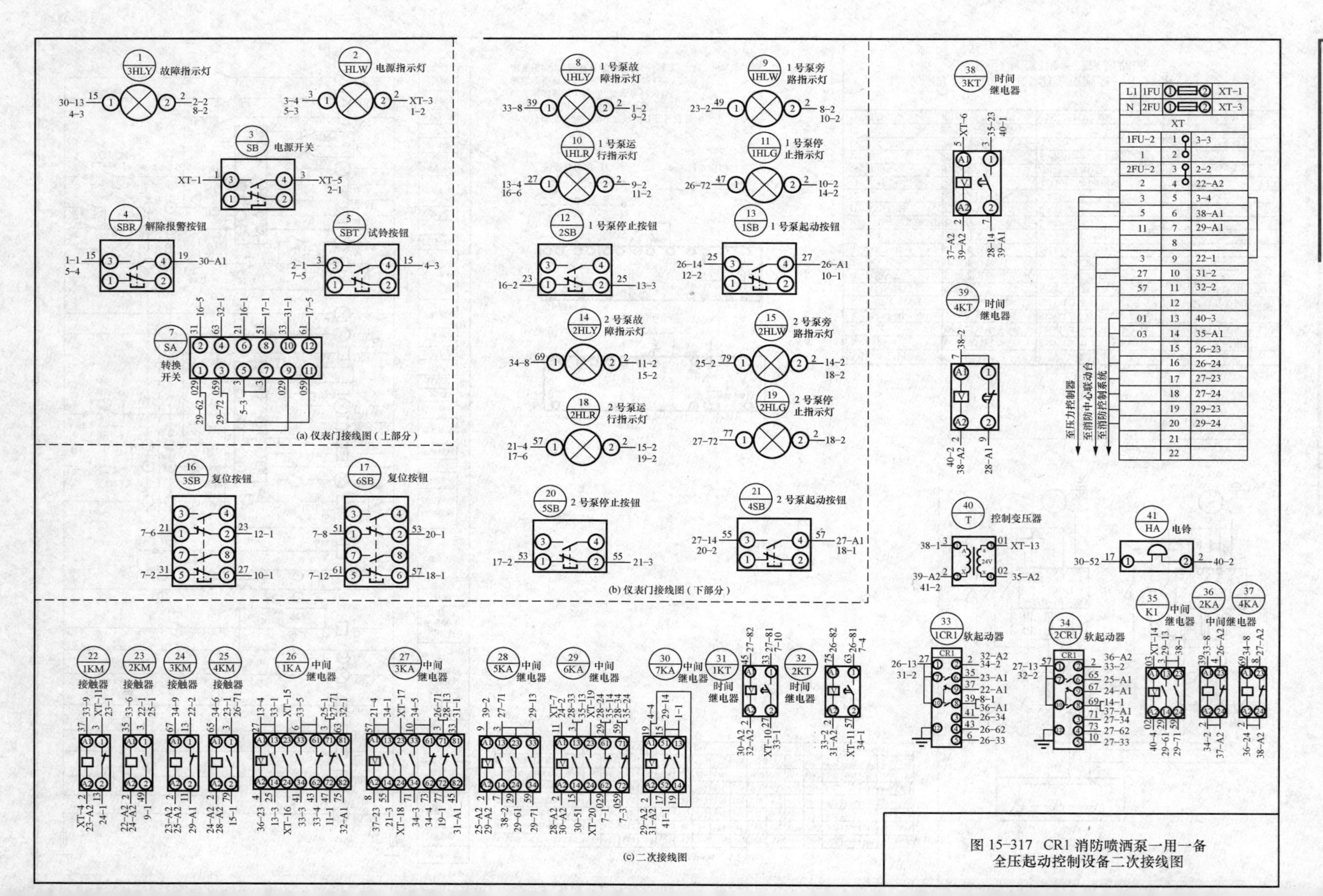

图 15-317 CR1 消防喷洒泵一用一备全压起动控制设备二次接线图

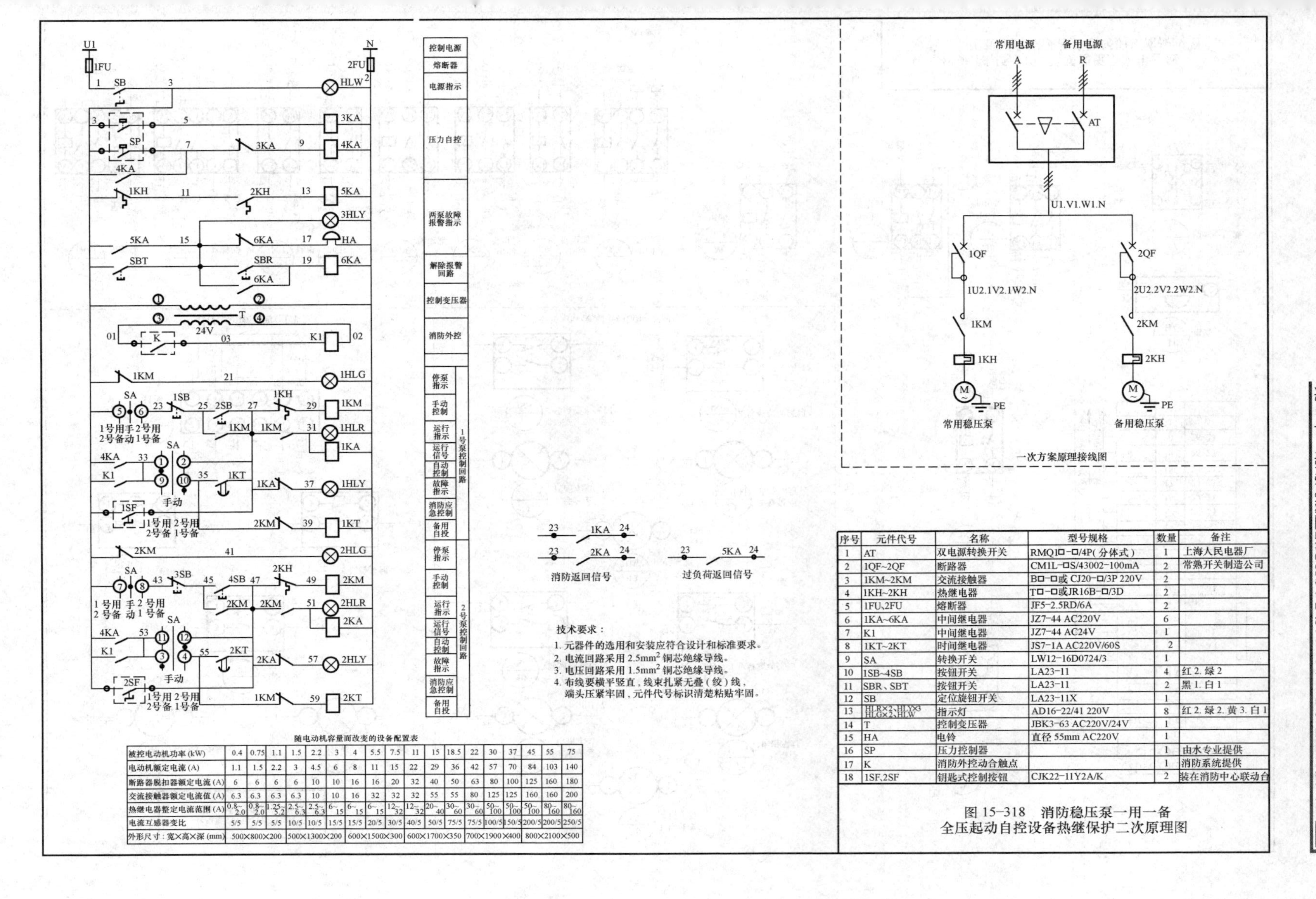

随电动机容量而改变的设备配置表

被控电动机功率(kW)	0.4	0.75	1.1	1.5	2.2	3	4	5.5	7.5	11	15	18.5	22	30	37	45	55	75
电动机额定电流(A)	1.1	1.5	2.2	3	4.5	6	8	11	15	22	29	36	42	57	70	84	103	140
断路器脱扣器额定电流(A)	6	6	6	6	10	10	16	16	20	32	40	50	63	80	100	125	160	180
交流接触器额定电流值(A)	6.3	6.3	6.3	6.3	10	10	16	32	32	32	55	55	80	125	125	160	160	200
热继电器整定电流范围(A)	0.8~2.0	0.8~2.0	1.25~3.2	2.5~6.3	2.5~6.3	6~15	6~15	6~15	12~32	12~32	20~40	30~60	30~60	50~100	50~100	50~100	80~160	80~160
电流互感器变比	5/5	5/5	5/5	10/5	10/5	15/5	15/5	20/5	30/5	40/5	50/5	75/5	75/5	100/5	150/5	200/5	200/5	250/5
外形尺寸：宽×高×深(mm)	500×800×200			500×1300×200			600×1500×300			600×1700×350			700×1900×400			800×2100×500		

技术要求：

1. 元器件的选用和安装应符合设计和标准要求。
2. 电流回路采用 $2.5mm^2$ 铜芯绝缘导线。
3. 电压回路采用 $1.5mm^2$ 铜芯绝缘导线。
4. 布线要横平竖直，线束扎紧无叠（绞）线，端头压紧牢固，元件代号标识清楚粘贴牢固。

序号	元件代号	名称	型号规格	数量	备注
1	AT	双电源转换开关	RMQ1□-□/4P(分体式)	1	上海人民电器厂
2	1QF~2QF	断路器	CM1L-□S/43002-100mA	2	常熟开关制造公司
3	1KM~2KM	交流接触器	B□-□或 CJ20-□/3P 220V	2	
4	1KH~2KH	热继电器	T□-□或JR16B-□/3D	2	
5	1FU、2FU	熔断器	JF5-2.5RD/6A	2	
6	1KA~6KA	中间继电器	JZ7-44 AC220V	6	
7	K1	中间继电器	JZ7-44 AC24V	1	
8	1KT~2KT	时间继电器	JS7-1A AC220V/60S	2	
9	SA	转换开关	LW12-16D0724/3	1	
10	1SB~4SB	按钮开关	LA23-11	4	红 2. 绿 2
11	SBR、SBT	按钮开关	LA23-11	2	黑 1. 白 1
12	SB	定位旋钮开关	LA23-11X	1	
13	HLR×2、HLY×3 HLG×2、HLW	指示灯	AD16-22/41 220V	8	红 2. 绿 2. 黄 3. 白 1
14	T	控制变压器	JBK3-63 AC220V/24V	1	
15	HA	电铃	直径 55mm AC220V	1	
16	SP	压力控制器		1	由水专业提供
17	K	消防外控动合触点		1	消防系统提供
18	1SF、2SF	钥匙式控制按钮	CJK22-11Y2A/K	2	装在消防中心联动台

图 15-318　消防稳压泵一用一备全压起动自控设备热继保护二次原理图

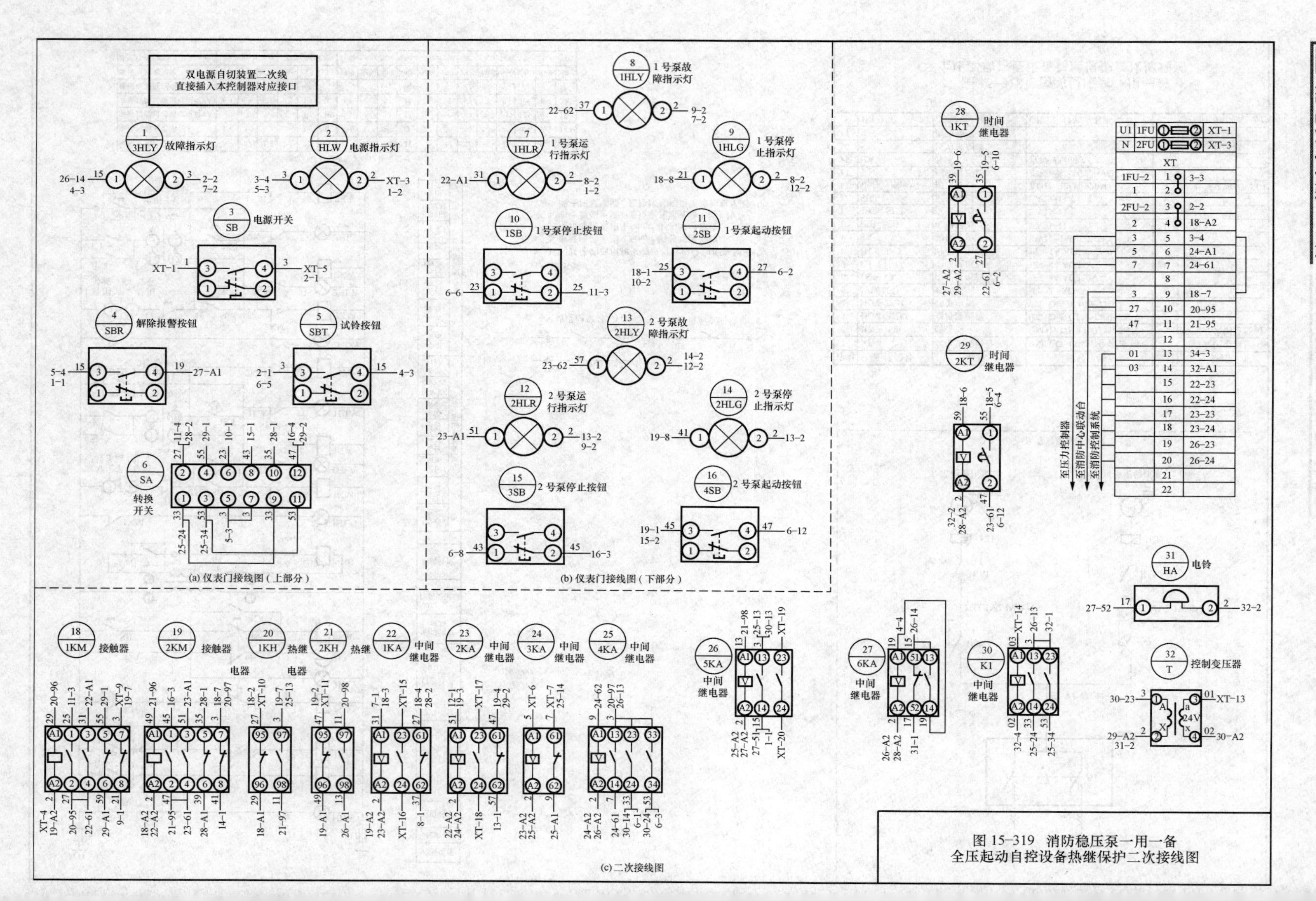

图 15-319 消防稳压泵一用一备全压起动自控设备热继保护二次接线图

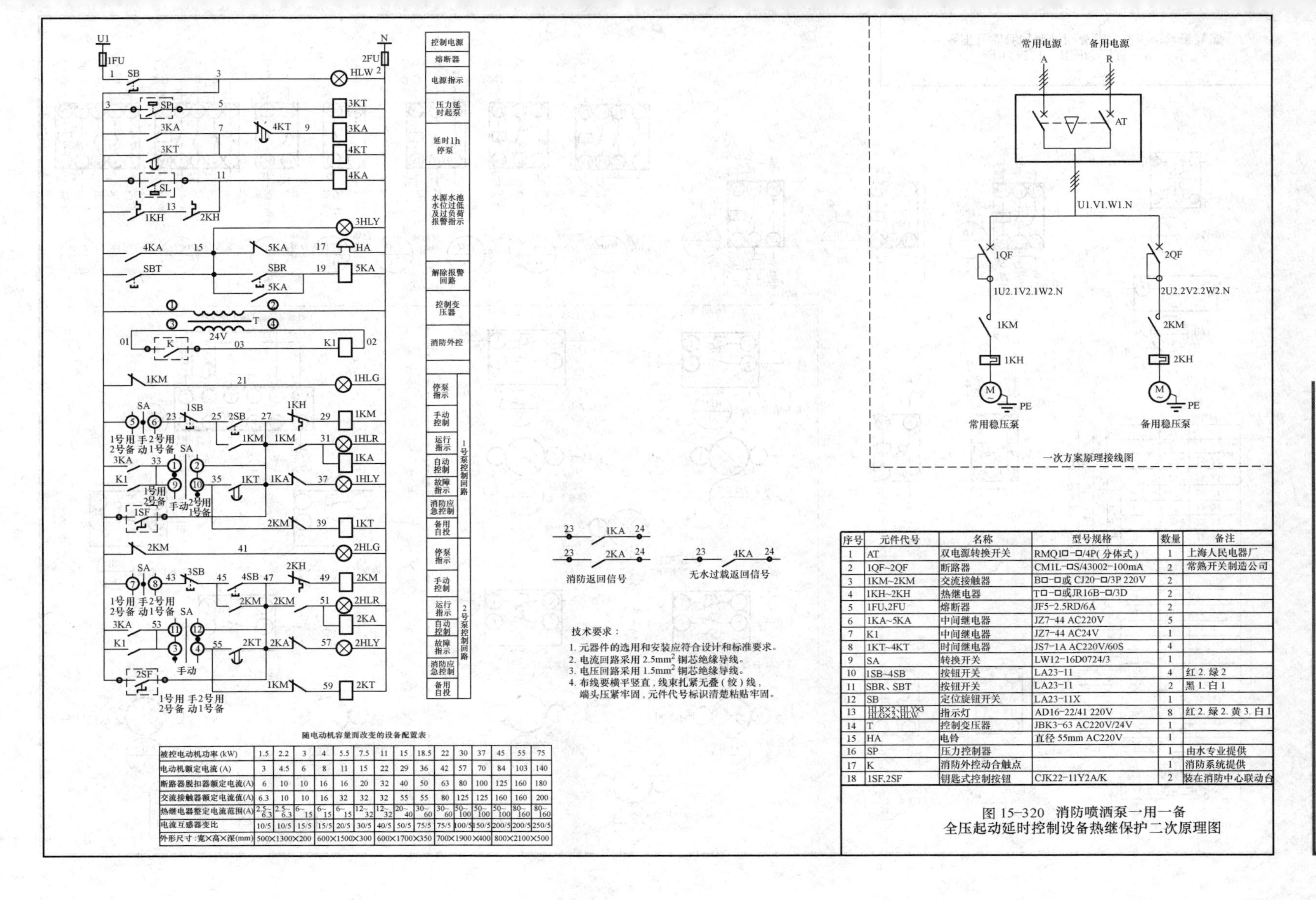

技术要求：
1. 元器件的选用和安装应符合设计和标准要求。
2. 电流回路采用 $2.5mm^2$ 铜芯绝缘导线。
3. 电压回路采用 $1.5mm^2$ 铜芯绝缘导线。
4. 布线要横平竖直，线束扎紧无叠（绞）线，端头压紧牢固，元件代号标识清楚粘贴牢固。

序号	元件代号	名称	型号规格	数量	备注
1	AT	双电源转换开关	RMQ□-□/4P(分体式)	1	上海人民电器厂
2	1QF~2QF	断路器	CM1L-□S/43002-100mA	2	常熟开关制造公司
3	1KM~2KM	交流接触器	B□-□或CJ20-□/3P 220V	2	
4	1KH~2KH	热继电器	T□-□或JR16B-□/3D	2	
5	1FU,2FU	熔断器	JF5-2.5RD/6A	2	
6	1KA~5KA	中间继电器	JZ7-44 AC220V	5	
7	K1	中间继电器	JZ7-44 AC24V	1	
8	1KT~4KT	时间继电器	JS7-1A AC220V/60S	4	
9	SA	转换开关	LW12-16D0724/3	1	
10	1SB~4SB	按钮开关	LA23-11	4	红2.绿2
11	SBR、SBT	按钮开关	LA23-11	2	黑1.白1
12	SB	定位旋钮开关	LA23-11X	1	
13	HLR×2、HLY×3 HLG×2、HLW	指示灯	AD16-22/41 220V	8	红2.绿2.黄3.白1
14	T	控制变压器	JBK3-63 AC220V/24V	1	
15	HA	电铃	直径 55mm AC220V	1	
16	SP	压力控制器		1	由水专业提供
17	K	消防外控动合触点		1	消防系统提供
18	1SF,2SF	钥匙式控制按钮	CJK22-11Y2A/K	2	装在消防中心联动台

随电动机容量而改变的设备配置表

被控电动机功率 (kW)	1.5	2.2	3	4	5.5	7.5	11	15	18.5	22	30	37	45	55	75
电动机额定电流 (A)	3	4.5	6	8	11	15	22	29	36	42	57	70	84	103	140
断路器脱扣器额定电流(A)	6	10	10	16	16	20	32	40	50	63	80	100	125	160	180
交流接触器额定电流值(A)	6.3	10	10	16	32	32	32	55	55	80	125	125	160	160	200
热继电器整定电流范围(A)	2.5~6.3	2.5~6.3	6~15	6~15	6~15	12~32	12~32	20~40	30~60	30~60	50~100	50~100	50~100	80~160	80~160
电流互感器变比	10/5	10/5	15/5	15/5	20/5	30/5	40/5	50/5	75/5	75/5	100/5	150/5	200/5	200/5	250/5
外形尺寸:宽×高×深(mm)	500×1300×200			600×1500×300			600×1700×350			700×1900×400			800×2100×500		

图15-320　消防喷洒泵一用一备全压起动延时控制设备热继保护二次原理图

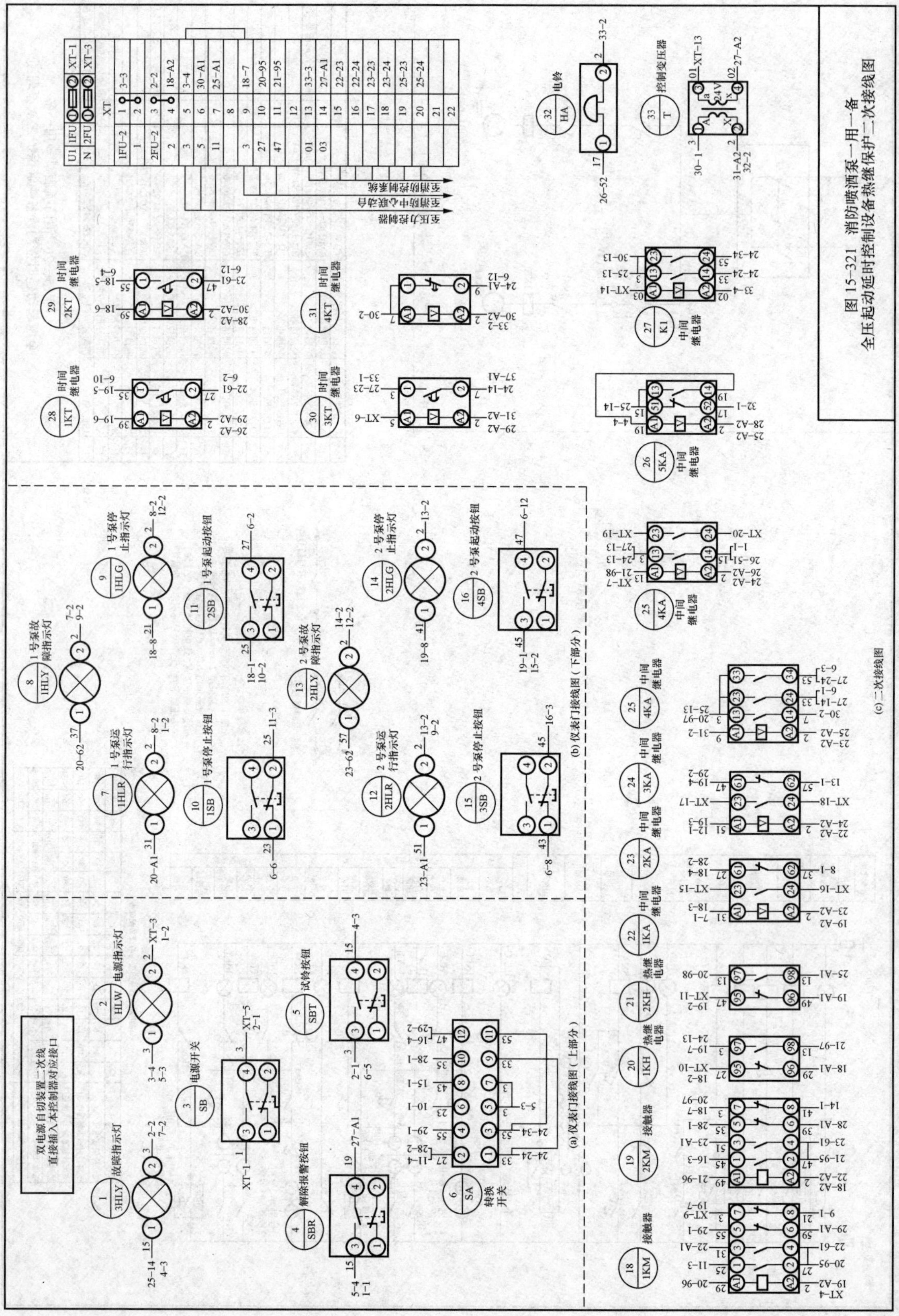

(a) 仪表门接线图（上部分）

(b) 仪表门接线图（下部分）

(c) 二次接线图

图 15-321 消防喷洒泵一用一备全压起动延时控制设备热继保护二次接线图

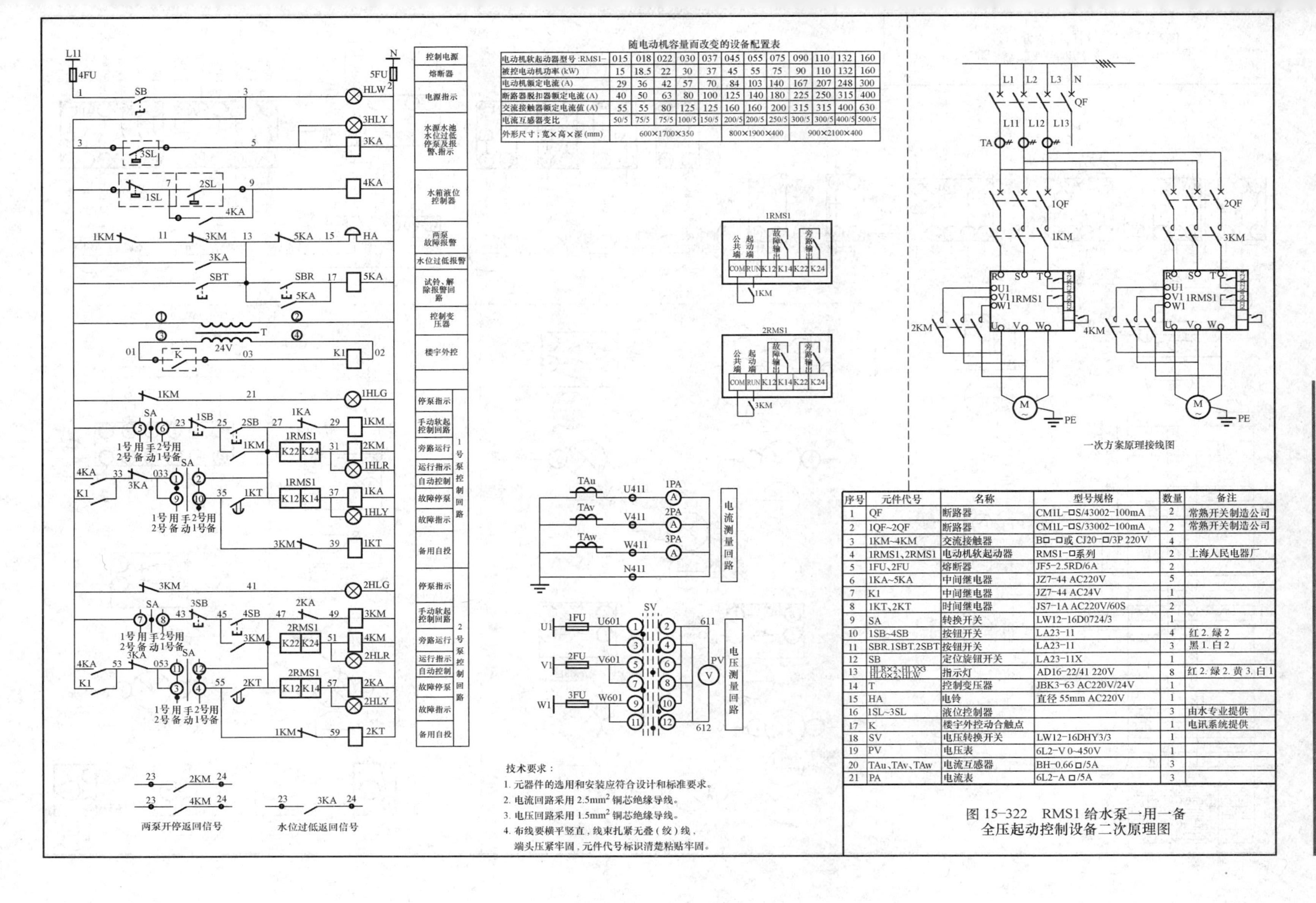

随电动机容量而改变的设备配置表

电动机软起动器型号:RMS1-	015	018	022	030	037	045	055	075	090	110	132	160
被控电动机功率(kW)	15	18.5	22	30	37	45	55	75	90	110	132	160
电动机额定电流(A)	29	36	42	57	70	84	103	140	167	207	248	300
断路器脱扣器额定电流(A)	40	50	63	80	100	125	140	180	225	250	315	400
交流接触器额定电流值(A)	55	55	80	125	125	160	160	200	315	315	400	630
电流互感器变比	50/5	75/5	75/5	100/5	150/5	200/5	200/5	250/5	300/5	300/5	400/5	500/5
外形尺寸:宽×高×深(mm)	600×1700×350					800×1900×400			900×2100×400			

序号	元件代号	名称	型号规格	数量	备注
1	QF	断路器	CM1L-□S/43002-100mA	2	常熟开关制造公司
2	1QF~2QF	断路器	CM1L-□S/33002-100mA	2	常熟开关制造公司
3	1KM~4KM	交流接触器	B□-□或 CJ20-□/3P 220V	4	
4	1RMS1、2RMS1	电动机软起动器	RMS1-□系列	2	上海人民电器厂
5	1FU、2FU	熔断器	JF5-2.5RD/6A	2	
6	1KA~5KA	中间继电器	JZ7-44 AC220V	5	
7	K1	中间继电器	JZ7-44 AC24V	1	
8	1KT、2KT	时间继电器	JS7-1A AC220V/60S	2	
9	SA	转换开关	LW12-16D0724/3	1	
10	1SB~4SB	按钮开关	LA23-11	4	红 2. 绿 2
11	SBR.1SBT.2SBT	按钮开关	LA23-11	3	黑 1. 白 2
12	SB	定位旋钮开关	LA23-11X	1	
13	HLR×2、HLY×3、HLG×2、HLW	指示灯	AD16-22/41 220V	8	红 2. 绿 2. 黄 3. 白 1
14	T	控制变压器	JBK3-63 AC220V/24V	1	
15	HA	电铃	直径 55mm AC220V	1	
16	1SL~3SL	液位控制器		3	由水专业提供
17	K	楼宇外控动合触点		1	电讯系统提供
18	SV	电压转换开关	LW12-16DHY3/3	1	
19	PV	电压表	6L2-V 0~450V	1	
20	TAu、TAv、TAw	电流互感器	BH-0.66 □/5A	3	
21	PA	电流表	6L2-A □/5A	3	

技术要求：

1. 元器件的选用和安装应符合设计和标准要求。
2. 电流回路采用 2.5mm² 铜芯绝缘导线。
3. 电压回路采用 1.5mm² 铜芯绝缘导线。
4. 布线要横平竖直，线束扎紧无叠（绞）线，端头压紧牢固，元件代号标识清楚粘贴牢固。

图 15-322 RMS1 给水泵一用一备全压起动控制设备二次原理图

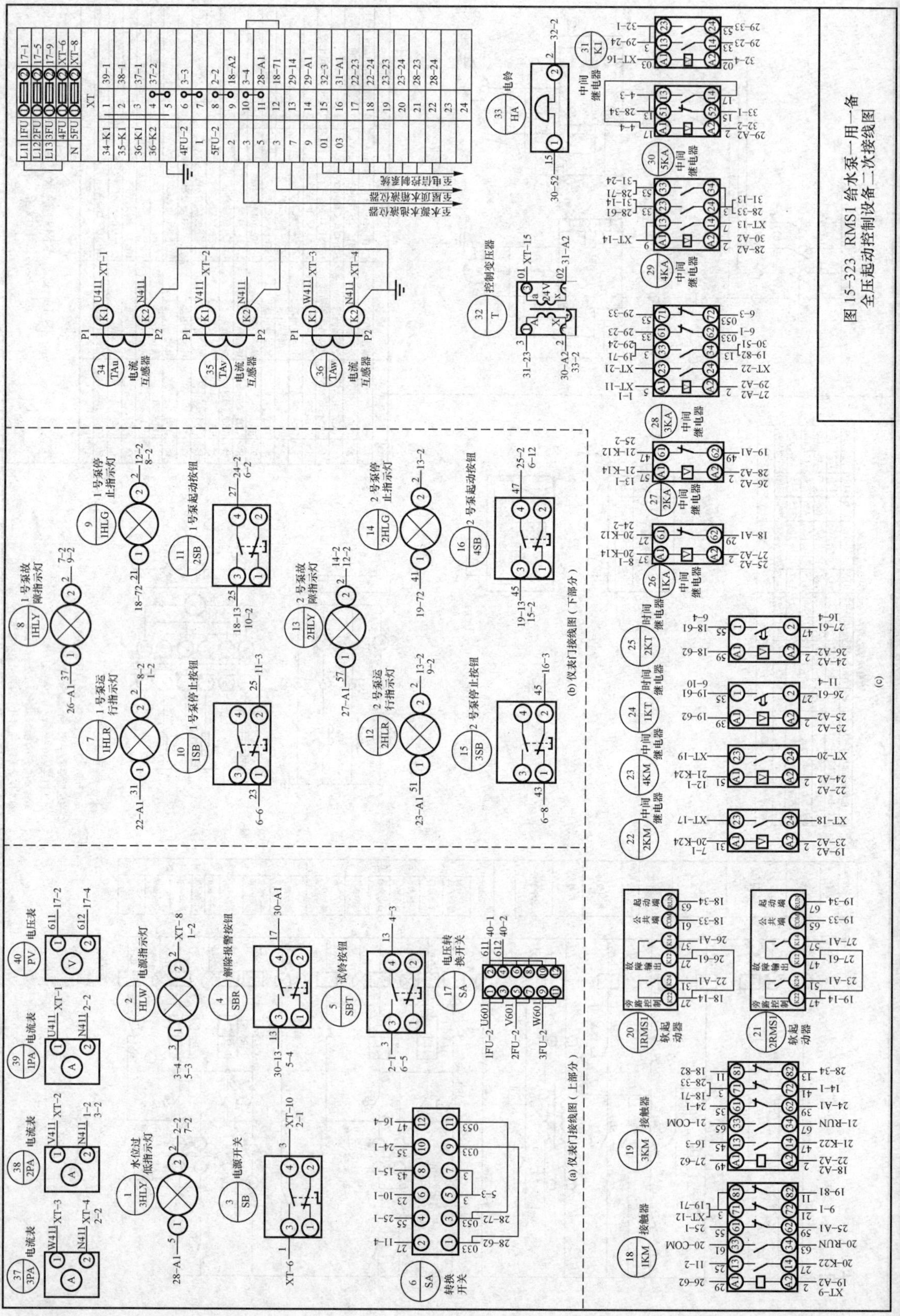

(a) 仪表门接线图（上部分）

(b) 仪表门接线图（下部分）

(c)

图 15-323　RMS1 给水泵一用一备全压起动控制设备二次接线图

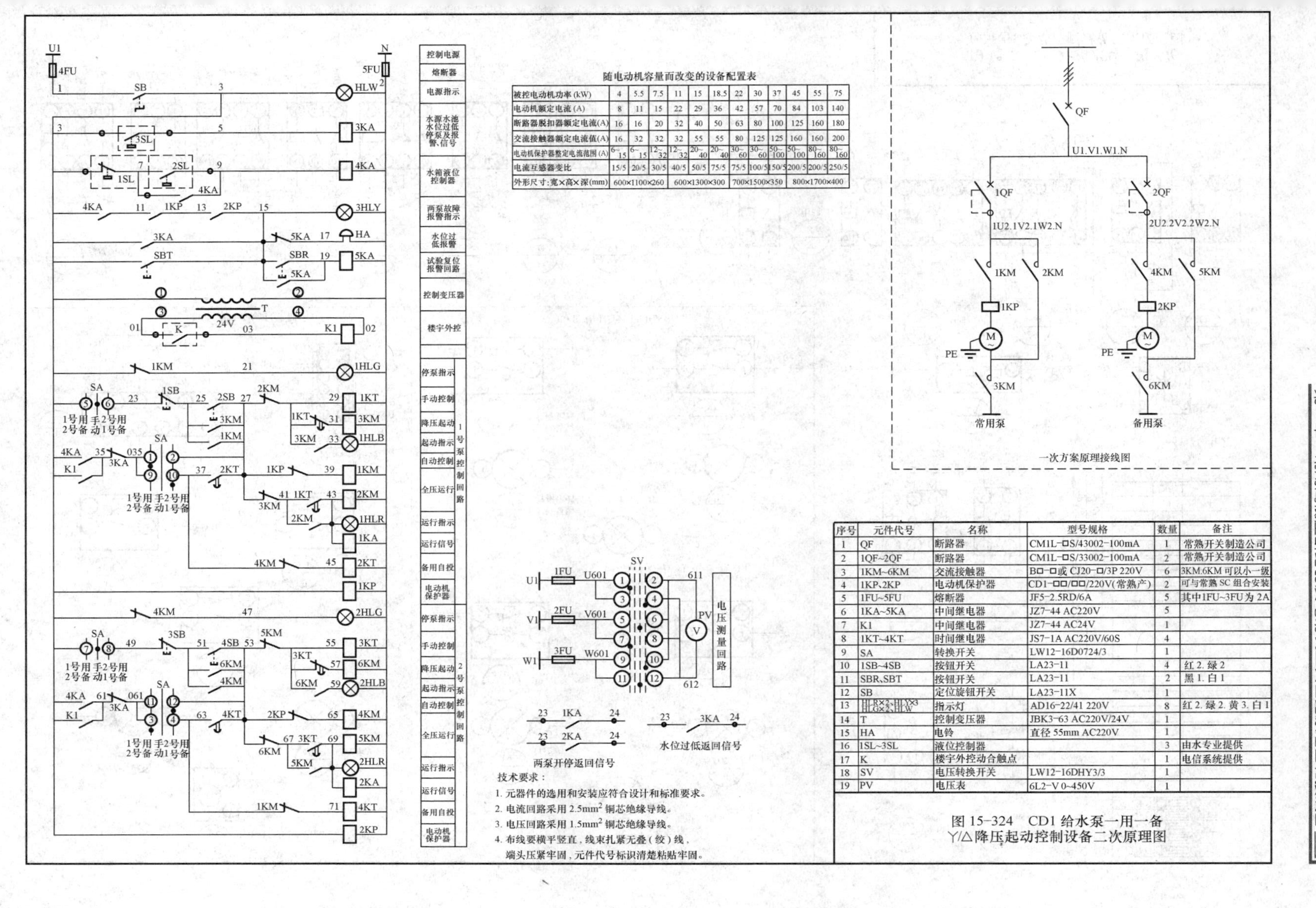

随电动机容量而改变的设备配置表

被控电动机功率(kW)	4	5.5	7.5	11	15	18.5	22	30	37	45	55	75
电动机额定电流(A)	8	11	15	22	29	36	42	57	70	84	103	140
断路器脱扣器额定电流(A)	16	16	20	32	40	50	63	80	100	125	160	180
交流接触器额定电流值(A)	16	32	32	32	55	55	80	125	125	160	160	200
电动机保护器整定电流范围(A)	6~15	6~15	12~32	12~32	20~40	20~40	30~60	30~60	50~100	50~100	80~160	80~160
电流互感器变比	15/5	20/5	30/5	40/5	50/5	75/5	75/5	100/5	150/5	200/5	200/5	250/5
外形尺寸:宽×高×深(mm)	600×1100×260			600×1300×300			700×1500×350			800×1700×400		

技术要求：

1. 元器件的选用和安装应符合设计和标准要求。
2. 电流回路采用 2.5mm² 铜芯绝缘导线。
3. 电压回路采用 1.5mm² 铜芯绝缘导线。
4. 布线要横平竖直，线束扎紧无叠（绞）线，端头压紧牢固，元件代号标识清楚粘贴牢固。

序号	元件代号	名称	型号规格	数量	备注
1	QF	断路器	CM1L-□S/43002-100mA	1	常熟开关制造公司
2	1QF~2QF	断路器	CM1L-□S/33002-100mA	2	常熟开关制造公司
3	1KM~6KM	交流接触器	B□-□或 CJ20-□/3P 220V	6	3KM.6KM 可以小一级
4	1KP、2KP	电动机保护器	CD1-□□/□□/220V(常熟产)	2	可与常熟 SC 组合安装
5	1FU~5FU	熔断器	JF5-2.5RD/6A	5	其中1FU~3FU为 2A
6	1KA~5KA	中间继电器	JZ7-44 AC220V	5	
7	K1	中间继电器	JZ7-44 AC24V	1	
8	1KT~4KT	时间继电器	JS7-1A AC220V/60S	4	
9	SA	转换开关	LW12-16D0724/3	1	
10	1SB~4SB	按钮开关	LA23-11	4	红 2. 绿 2
11	SBR、SBT	按钮开关	LA23-11	2	黑 1. 白 1
12	SB	定位旋钮开关	LA23-11X	1	
13	HLR×2、HLY×3、HLG×2、HLW	指示灯	AD16-22/41 220V	8	红 2. 绿 2. 黄 3. 白 1
14	T	控制变压器	JBK3-63 AC220V/24V	1	
15	HA	电铃	直径 55mm AC220V	1	
16	1SL~3SL	液位控制器		3	由水专业提供
17	K	楼宇外控动合触点		1	电信系统提供
18	SV	电压转换开关	LW12-16DHY3/3	1	
19	PV	电压表	6L2-V 0~450V	1	

图 15-324　CD1 给水泵一用一备 Y/△降压起动控制设备二次原理图

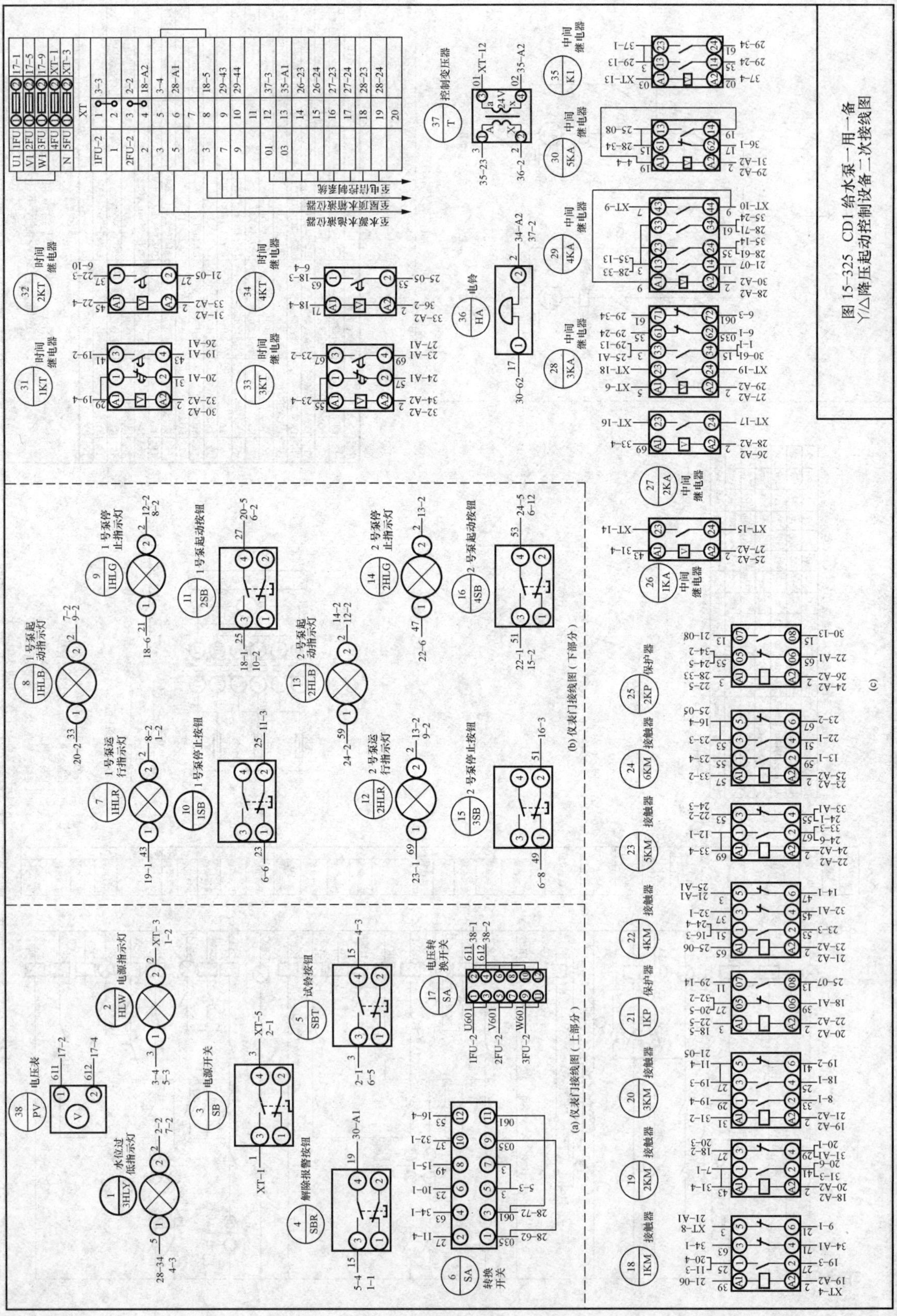

(a) 仪表门接线图（上部分）

(b) 仪表门接线图（下部分）

(c)

图 15-325 CD1 给水泵一用一备 Y/△降压起动控制设备二次接线图

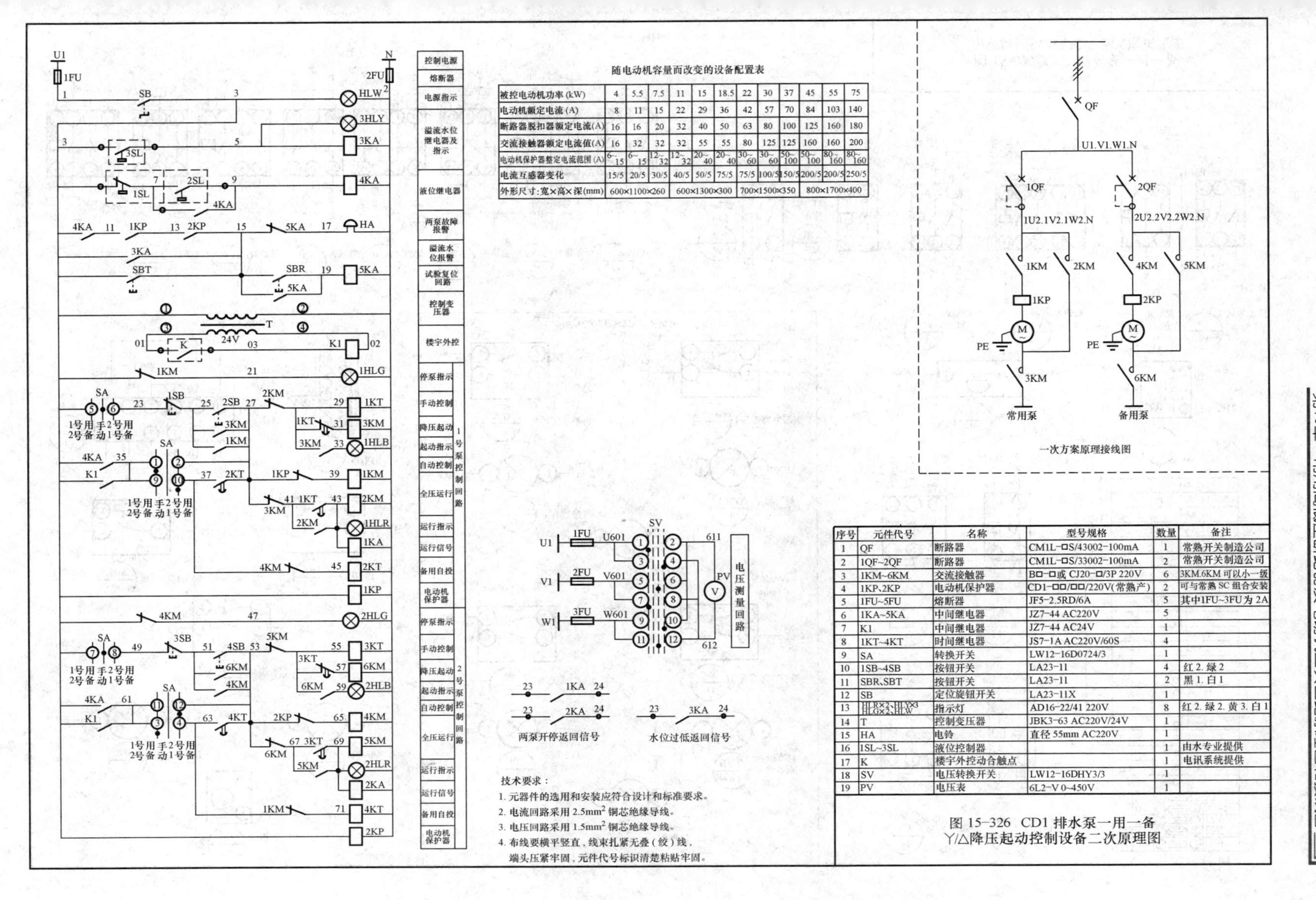

随电动机容量而改变的设备配置表

被控电动机功率 (kW)	4	5.5	7.5	11	15	18.5	22	30	37	45	55	75
电动机额定电流 (A)	8	11	15	22	29	36	42	57	70	84	103	140
断路器脱扣器额定电流(A)	16	16	20	32	40	50	63	80	100	125	160	180
交流接触器额定电流值(A)	16	32	32	32	55	55	80	125	125	160	160	200
电动机保护器整定电流范围 (A)	6~15	6~15	12~32	12~32	20~40	20~40	30~60	30~60	50~100	50~100	80~160	80~160
电流互感器变化	15/5	20/5	30/5	40/5	50/5	75/5	75/5	100/5	150/5	200/5	200/5	250/5
外形尺寸:宽×高×深(mm)	600×1100×260			600×1300×300			700×1500×350			800×1700×400		

序号	元件代号	名称	型号规格	数量	备注
1	QF	断路器	CM1L-□S/43002-100mA	1	常熟开关制造公司
2	1QF~2QF	断路器	CM1L-□S/33002-100mA	2	常熟开关制造公司
3	1KM~6KM	交流接触器	B□-□或 CJ20-□/3P 220V	6	3KM.6KM 可以小一级
4	1KP、2KP	电动机保护器	CD1-□□/□□/220V(常熟产)	2	可与常熟 SC 组合安装
5	1FU~5FU	熔断器	JF5-2.5RD/6A	5	其中1FU~3FU为 2A
6	1KA~5KA	中间继电器	JZ7-44 AC220V	5	
7	K1	中间继电器	JZ7-44 AC24V	1	
8	1KT~4KT	时间继电器	JS7-1A AC220V/60S	4	
9	SA	转换开关	LW12-16D0724/3	1	
10	1SB~4SB	按钮开关	LA23-11	4	红 2. 绿 2
11	SBR、SBT	按钮开关	LA23-11	2	黑 1. 白 1
12	SB	定位旋钮开关	LA23-11X	1	
13	HLR×2、HLY×3 HLG×2、HLW	指示灯	AD16-22/41 220V	8	红 2. 绿 2. 黄 3. 白 1
14	T	控制变压器	JBK3-63 AC220V/24V	1	
15	HA	电铃	直径 55mm AC220V	1	
16	1SL~3SL	液位控制器		1	由水专业提供
17	K	楼宇外控动合触点		1	电讯系统提供
18	SV	电压转换开关	LW12-16DHY3/3	1	
19	PV	电压表	6L2-V 0~450V	1	

技术要求：

1. 元器件的选用和安装应符合设计和标准要求。
2. 电流回路采用 $2.5mm^2$ 铜芯绝缘导线。
3. 电压回路采用 $1.5mm^2$ 铜芯绝缘导线。
4. 布线要横平竖直，线束扎紧无叠（绞）线，端头压紧牢固，元件代号标识清楚粘贴牢固。

图 15-326 CD1 排水泵一用一备 Y/△降压起动控制设备二次原理图

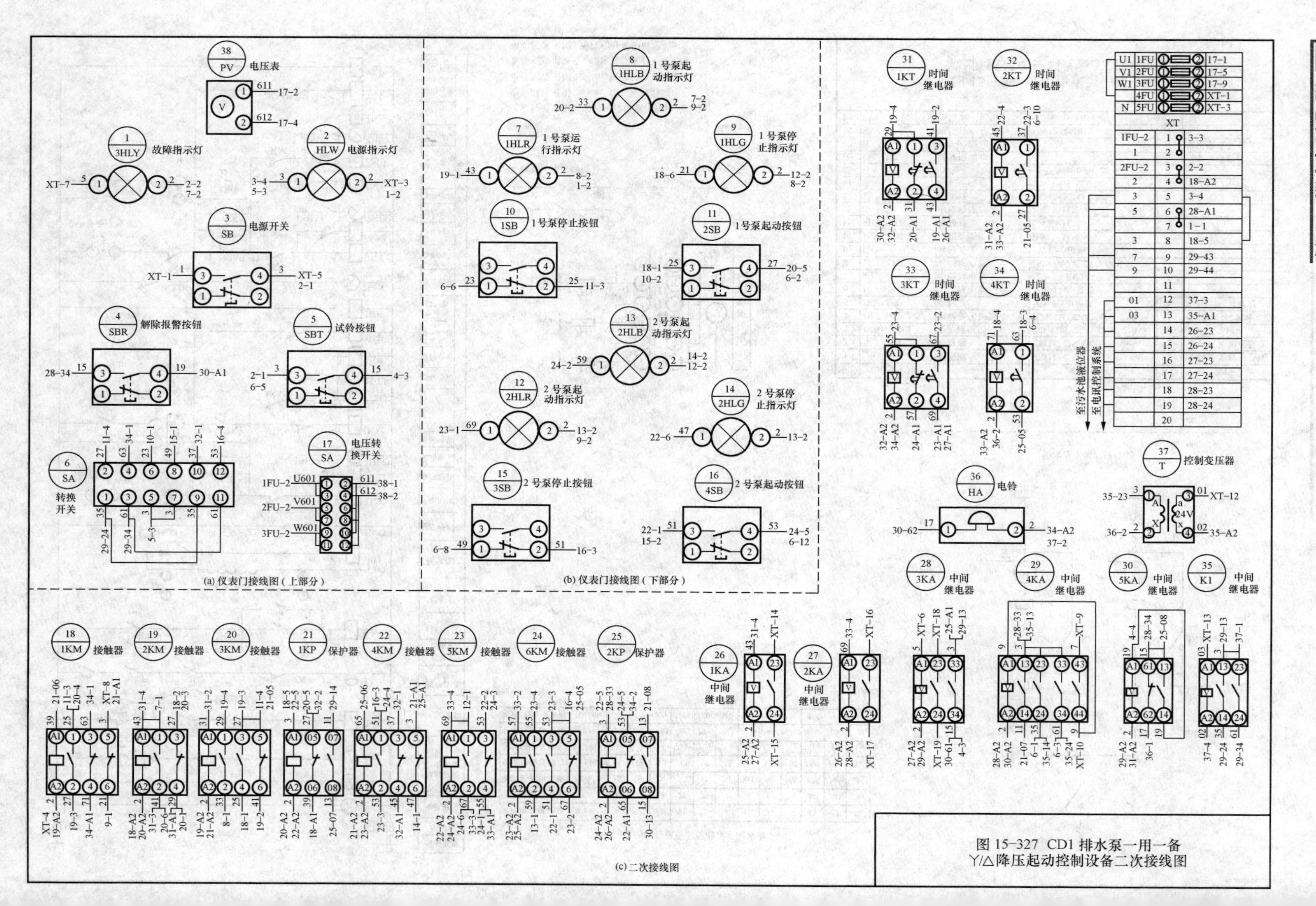

(a) 仪表门接线图（上部分）

(b) 仪表门接线图（下部分）

(c) 二次接线图

图 15-327 CD1 排水泵一用一备Y/△降压起动控制设备二次接线图

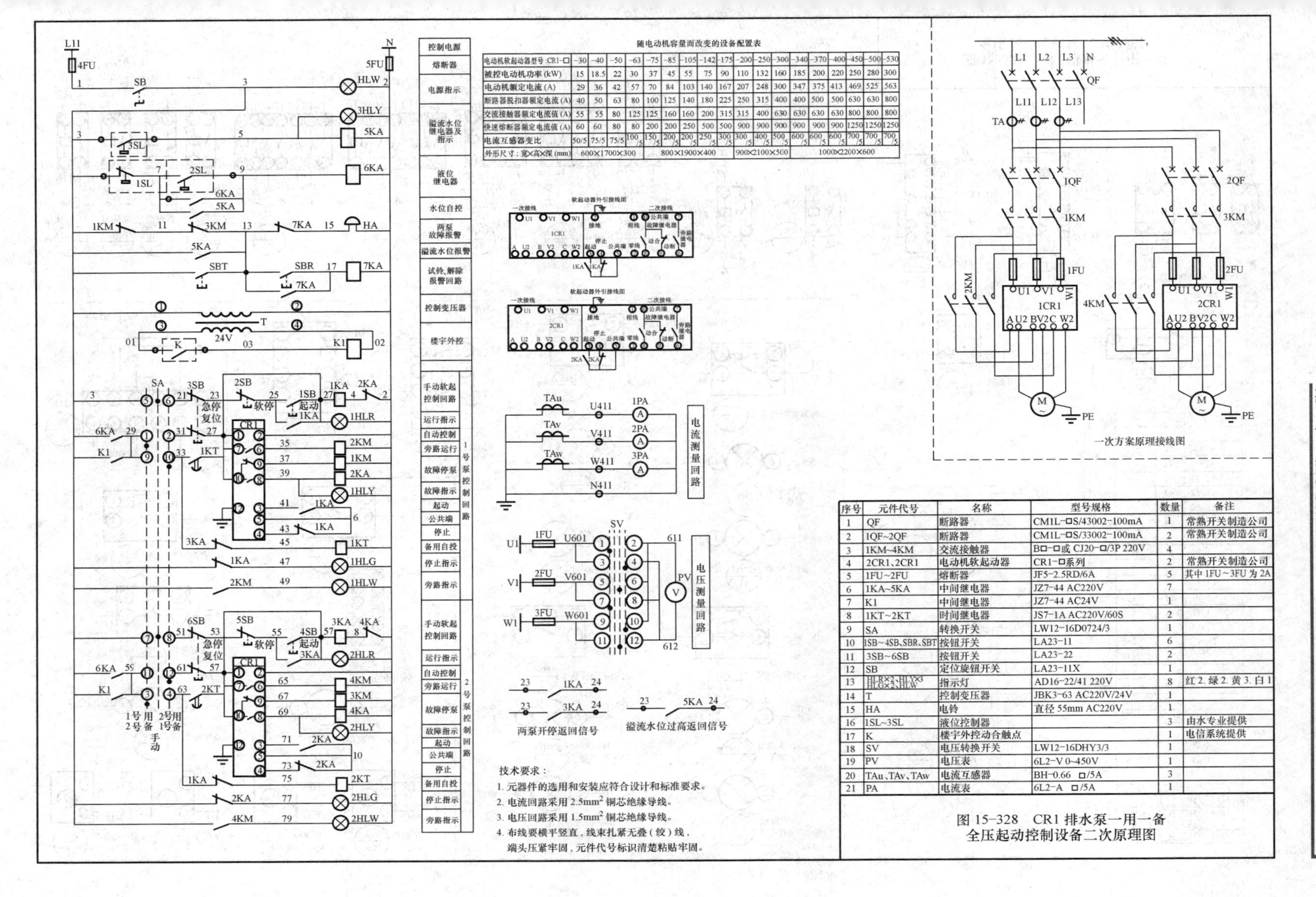

随电动机容量而改变的设备配置表

电动机软起动器型号:CR1-□	-30	-40	-50	-63	-75	-85	-105	-142	-175	-200	-250	-300	-340	-370	-400	-450	-500	-530
被控电动机功率(kW)	15	18.5	22	30	37	45	55	75	90	110	132	160	185	200	220	250	280	300
电动机额定电流(A)	29	36	42	57	70	84	103	140	167	207	248	300	347	375	413	469	525	563
断路器脱扣器额定电流(A)	40	50	63	80	100	125	140	180	225	250	315	400	400	500	500	630	630	800
交流接触器额定电流值(A)	55	55	80	125	125	160	160	200	315	315	400	630	630	630	630	800	800	800
快速熔断器额定电流值(A)	60	60	80	80	200	200	250	500	500	900	900	900	900	900	900	1250	1250	1250
电流互感器变比	50/5	75/5	75/5	100/5	150/5	200/5	200/5	250/5	300/5	300/5	400/5	500/5	600/5	600/5	600/5	700/5	700/5	700/5
外形尺寸:宽×高×深(mm)	600×1700×300				800×1900×400					900×2100×500			1000×2200×600					

技术要求：

1. 元器件的选用和安装应符合设计和标准要求。
2. 电流回路采用 $2.5mm^2$ 铜芯绝缘导线。
3. 电压回路采用 $1.5mm^2$ 铜芯绝缘导线。
4. 布线要横平竖直，线束扎紧无叠（绞）线，端头压紧牢固，元件代号标识清楚粘贴牢固。

序号	元件代号	名称	型号规格	数量	备注
1	QF	断路器	CM1L-□S/43002-100mA	1	常熟开关制造公司
2	1QF~2QF	断路器	CM1L-□S/33002-100mA	2	常熟开关制造公司
3	1KM~4KM	交流接触器	B□-□或 CJ20-□/3P 220V	4	
4	2CR1、2CR1	电动机软起动器	CR1-□系列	2	常熟开关制造公司
5	1FU~2FU	熔断器	JF5-2.5RD/6A	5	其中 1FU~3FU 为 2A
6	1KA~5KA	中间继电器	JZ7-44 AC220V	7	
7	K1	中间继电器	JZ7-44 AC24V	1	
8	1KT~2KT	时间继电器	JS7-1A AC220V/60S	2	
9	SA	转换开关	LW12-16D0724/3	1	
10	1SB~4SB、SBR、SBT	按钮开关	LA23-11	6	
11	3SB~6SB	按钮开关	LA23-22	2	
12	SB	定位旋钮开关	LA23-11X	1	
13	HLR×2、HLY×3、HLG×2、HLW	指示灯	AD16-22/41 220V	8	红 2. 绿 2. 黄 3. 白 1
14	T	控制变压器	JBK3-63 AC220V/24V	1	
15	HA	电铃	直径 55mm AC220V	1	
16	1SL~3SL	液位控制器		3	由水专业提供
17	K	楼宇外控动合触点		1	电信系统提供
18	SV	电压转换开关	LW12-16DHY3/3	1	
19	PV	电压表	6L2-V 0~450V	1	
20	TAu、TAv、TAw	电流互感器	BH-0.66 □/5A	3	
21	PA	电流表	6L2-A □/5A	1	

图 15-328　CR1 排水泵一用一备全压起动控制设备二次原理图

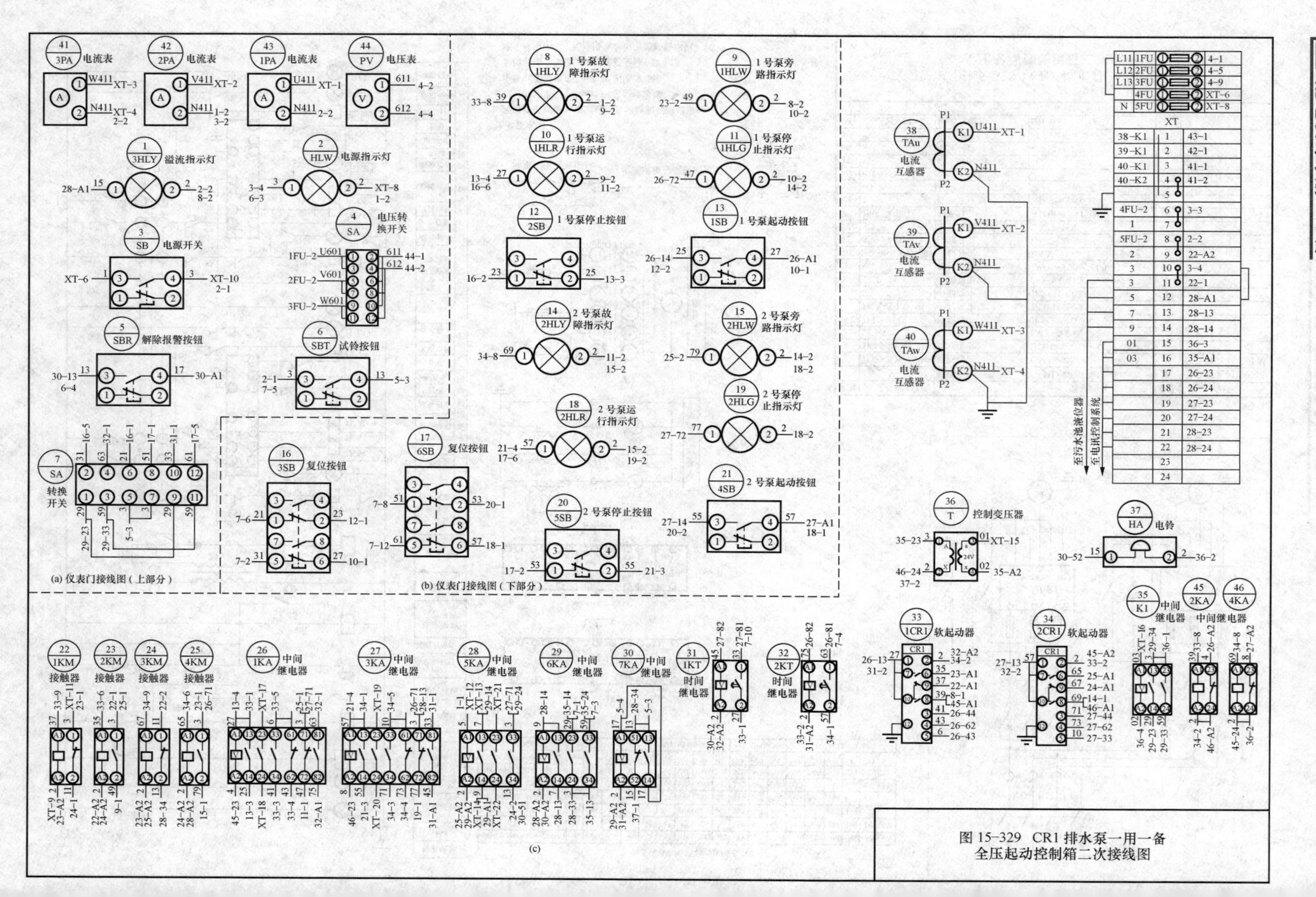

图15-329 CR1排水泵一用一备全压起动控制箱二次接线图

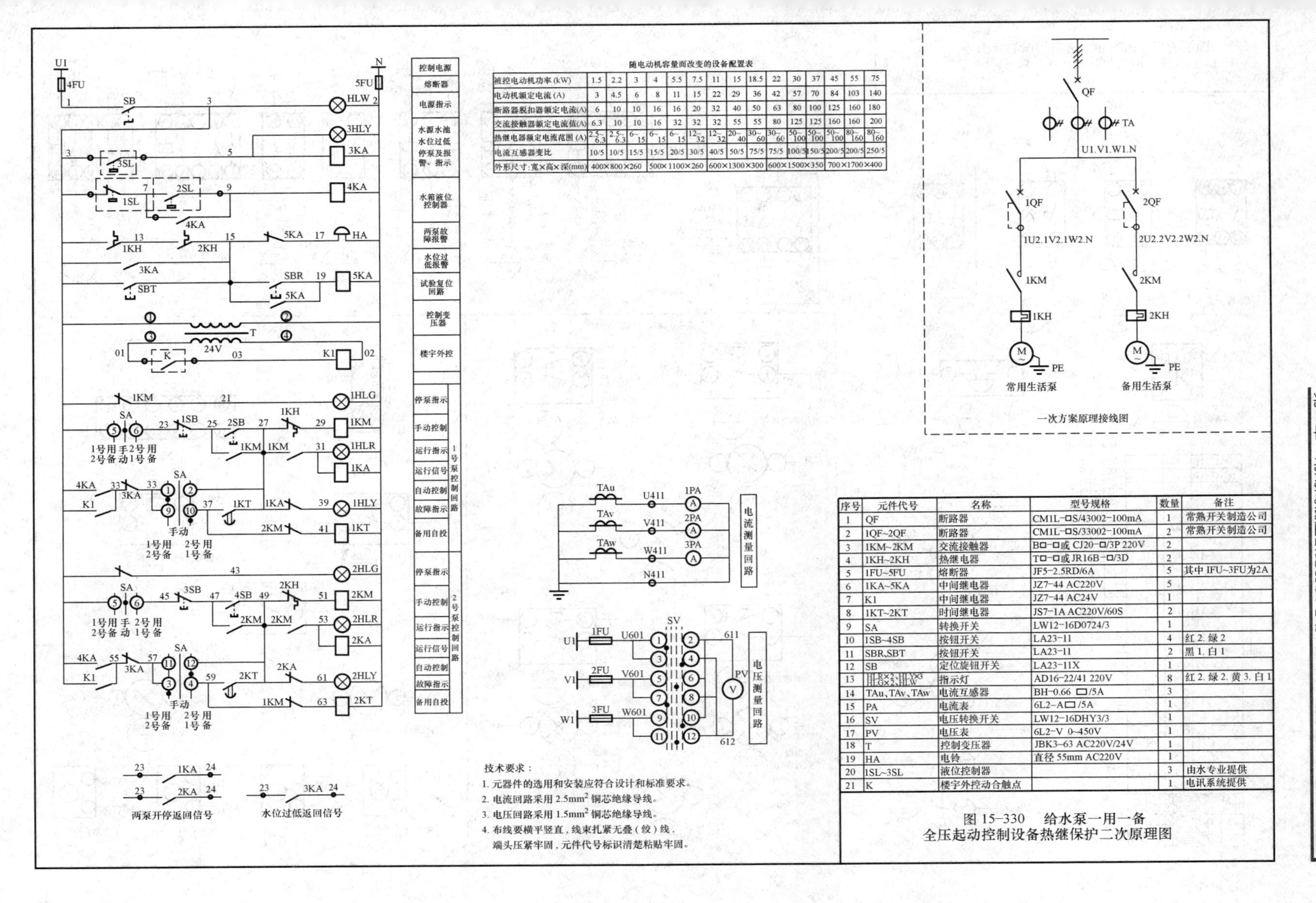

随电动机容量而改变的设备配置表

被控电动机功率 (kW)	1.5	2.2	3	4	5.5	7.5	11	15	18.5	22	30	37	45	55	75
电动机额定电流 (A)	3	4.5	6	8	11	15	22	29	36	42	57	70	84	103	140
断路器脱扣器额定电流(A)	6	10	10	16	16	20	32	40	50	63	80	100	125	160	180
交流接触器额定电流值(A)	6.3	10	10	16	32	32	32	55	55	80	125	125	160	160	200
热继电器额定电流范围 (A)	2.5~6.3	2.5~6.3	6~15	6~15	6~15	12~32	12~32	20~40	30~60	30~60	50~100	50~100	50~100	80~160	80~160
电流互感器变比	10/5	10/5	15/5	15/5	20/5	30/5	40/5	50/5	75/5	75/5	100/5	150/5	200/5	200/5	250/5
外形尺寸:宽×高×深(mm)	400×800×260			500×1100×260			600×1300×300			600×1500×350			700×1700×400		

序号	元件代号	名称	型号规格	数量	备注
1	QF	断路器	CM1L-□S/43002-100mA	1	常熟开关制造公司
2	1QF~2QF	断路器	CM1L-□S/33002-100mA	2	常熟开关制造公司
3	1KM~2KM	交流接触器	B□-□或 CJ20-□/3P 220V	2	
4	1KH~2KH	热继电器	T□-□或 JR16B-□/3D	2	
5	1FU~5FU	熔断器	JF5-2.5RD/6A	5	其中 1FU~3FU为2A
6	1KA~5KA	中间继电器	JZ7-44 AC220V	5	
7	K1	中间继电器	JZ7-44 AC24V	1	
8	1KT~2KT	时间继电器	JS7-1A AC220V/60S	2	
9	SA	转换开关	LW12-16D0724/3	1	
10	1SB~4SB	按钮开关	LA23-11	4	红 2. 绿 2
11	SBR、SBT	按钮开关	LA23-11	2	黑 1. 白 1
12	SB	定位旋钮开关	LA23-11X	1	
13	HLR×2、HLY×3 HLG×2、HLW	指示灯	AD16-22/41 220V	8	红 2. 绿 2. 黄 3. 白 1
14	TAu、TAv、TAw	电流互感器	BH-0.66 □/5A	3	
15	PA	电流表	6L2-A□ /5A	1	
16	SV	电压转换开关	LW12-16DHY3/3	1	
17	PV	电压表	6L2-V 0~450V	1	
18	T	控制变压器	JBK3-63 AC220V/24V	1	
19	HA	电铃	直径 55mm AC220V	1	
20	1SL~3SL	液位控制器		3	由水专业提供
21	K	楼宇外控动合触点		1	电讯系统提供

技术要求：

1. 元器件的选用和安装应符合设计和标准要求。
2. 电流回路采用 2.5mm² 铜芯绝缘导线。
3. 电压回路采用 1.5mm² 铜芯绝缘导线。
4. 布线要横平竖直，线束扎紧无叠（绞）线，端头压紧牢固，元件代号标识清楚粘贴牢固。

图 15-330　给水泵一用一备全压起动控制设备热继保护二次原理图

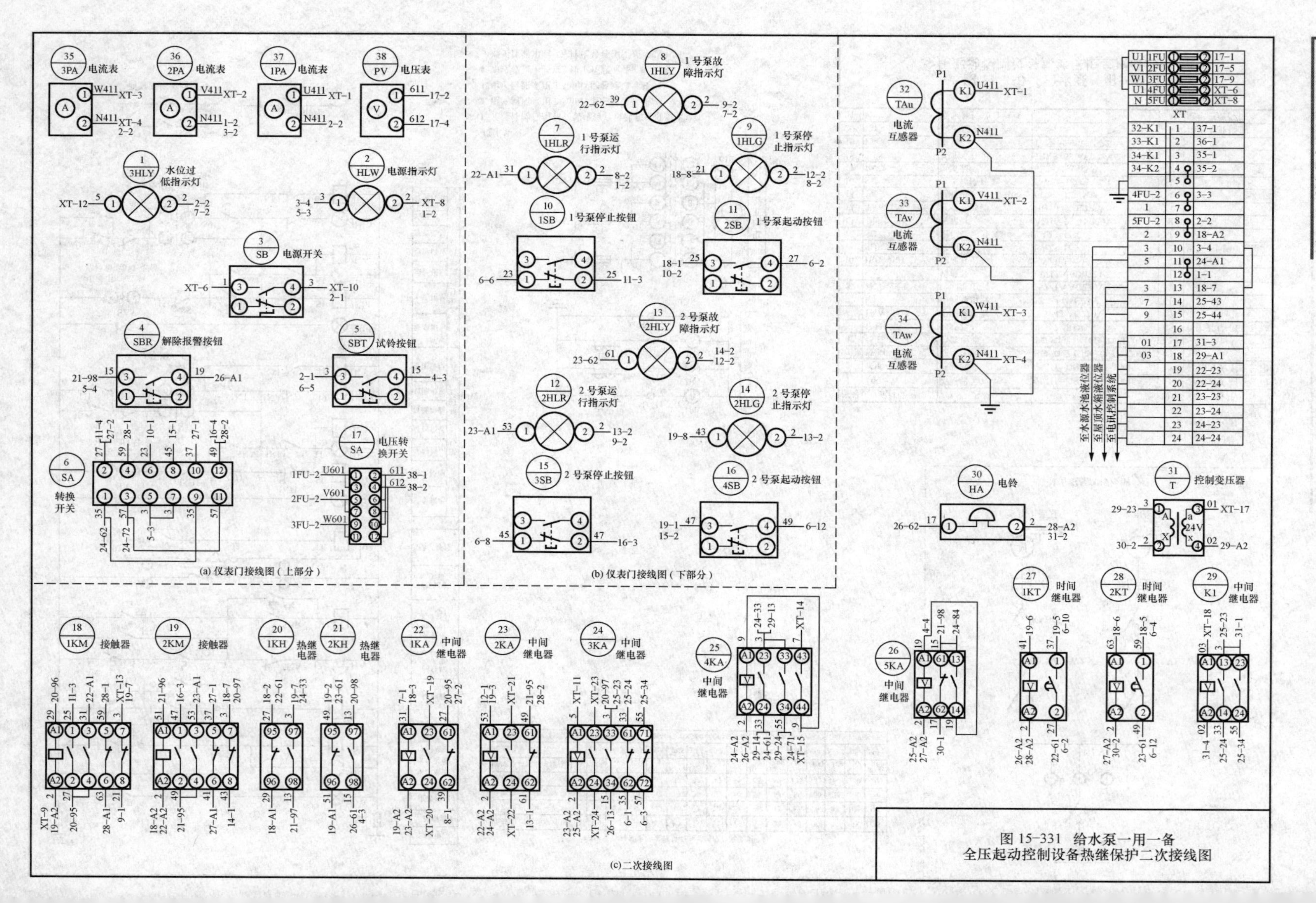

(a) 仪表门接线图（上部分）

(b) 仪表门接线图（下部分）

(c) 二次接线图

图 15-331 给水泵一用一备全压起动控制设备热继保护二次接线图

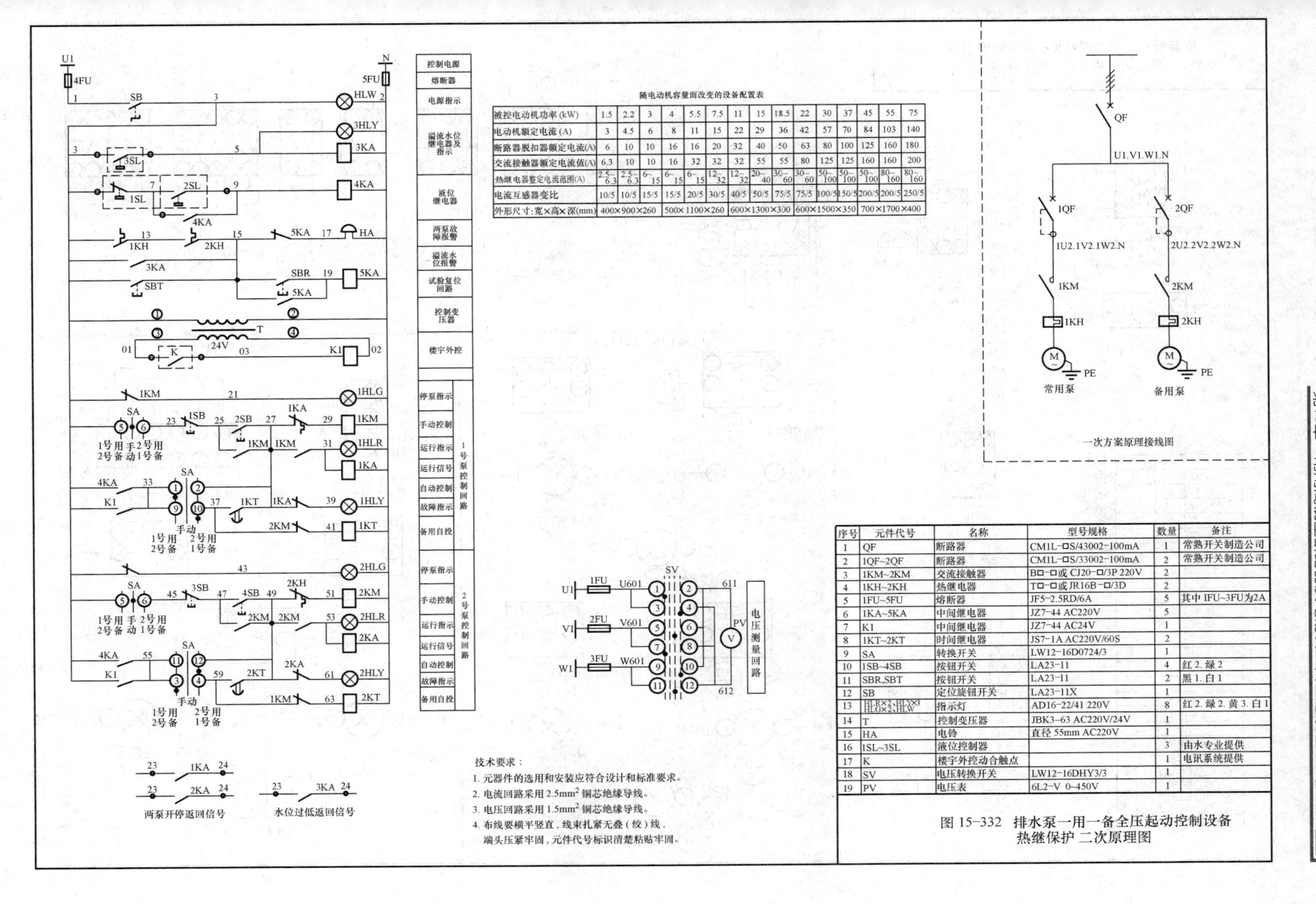

随电动机容量而改变的设备配置表

被控电动机功率(kW)	1.5	2.2	3	4	5.5	7.5	11	15	18.5	22	30	37	45	55	75
电动机额定电流(A)	3	4.5	6	8	11	15	22	29	36	42	57	70	84	103	140
断路器脱扣器额定电流(A)	6	10	10	16	16	20	32	40	50	63	80	100	125	160	180
交流接触器额定电流值(A)	6.3	10	10	16	32	32	32	55	55	80	125	125	160	160	200
热继电器整定电流范围(A)	2.5~6.3	2.5~6.3	6~15	6~15	6~15	12~32	12~32	20~40	30~60	30~60	50~100	50~100	50~100	80~160	80~160
电流互感器变比	10/5	10/5	15/5	15/5	20/5	30/5	40/5	50/5	75/5	75/5	100/5	150/5	200/5	200/5	250/5
外形尺寸:宽×高×深(mm)	400×900×260			500×1100×260			600×1300×300			600×1500×350			700×1700×400		

技术要求：

1. 元器件的选用和安装应符合设计和标准要求。
2. 电流回路采用 2.5mm² 铜芯绝缘导线。
3. 电压回路采用 1.5mm² 铜芯绝缘导线。
4. 布线要横平竖直，线束扎紧无叠（绞）线，端头压紧牢固，元件代号标识清楚粘贴牢固。

序号	元件代号	名称	型号规格	数量	备注
1	QF	断路器	CM1L-□S/43002-100mA	1	常熟开关制造公司
2	1QF~2QF	断路器	CM1L-□S/33002-100mA	2	常熟开关制造公司
3	1KM~2KM	交流接触器	B□-□或 CJ20-□/3P 220V	2	
4	1KH~2KH	热继电器	T□-□或 JR16B-□/3D	2	
5	1FU~5FU	熔断器	JF5-2.5RD/6A	5	其中 IFU~3FU为2A
6	1KA~5KA	中间继电器	JZ7-44 AC220V	5	
7	K1	中间继电器	JZ7-44 AC24V	1	
8	1KT~2KT	时间继电器	JS7-1A AC220V/60S	2	
9	SA	转换开关	LW12-16D0724/3	1	
10	1SB~4SB	按钮开关	LA23-11	4	红 2. 绿 2
11	SBR、SBT	按钮开关	LA23-11	2	黑 1. 白 1
12	SB	定位旋钮开关	LA23-11X	1	
13	HLR×2、HLY×3 HLG×2、HLW	指示灯	AD16-22/41 220V	8	红 2. 绿 2. 黄 3. 白 1
14	T	控制变压器	JBK3-63 AC220V/24V	1	
15	HA	电铃	直径 55mm AC220V	1	
16	1SL~3SL	液位控制器		3	由水专业提供
17	K	楼宇外控动合触点		1	电讯系统提供
18	SV	电压转换开关	LW12-16DHY3/3	1	
19	PV	电压表	6L2-V 0~450V	1	

图 15-332 排水泵一用一备全压起动控制设备热继保护 二次原理图

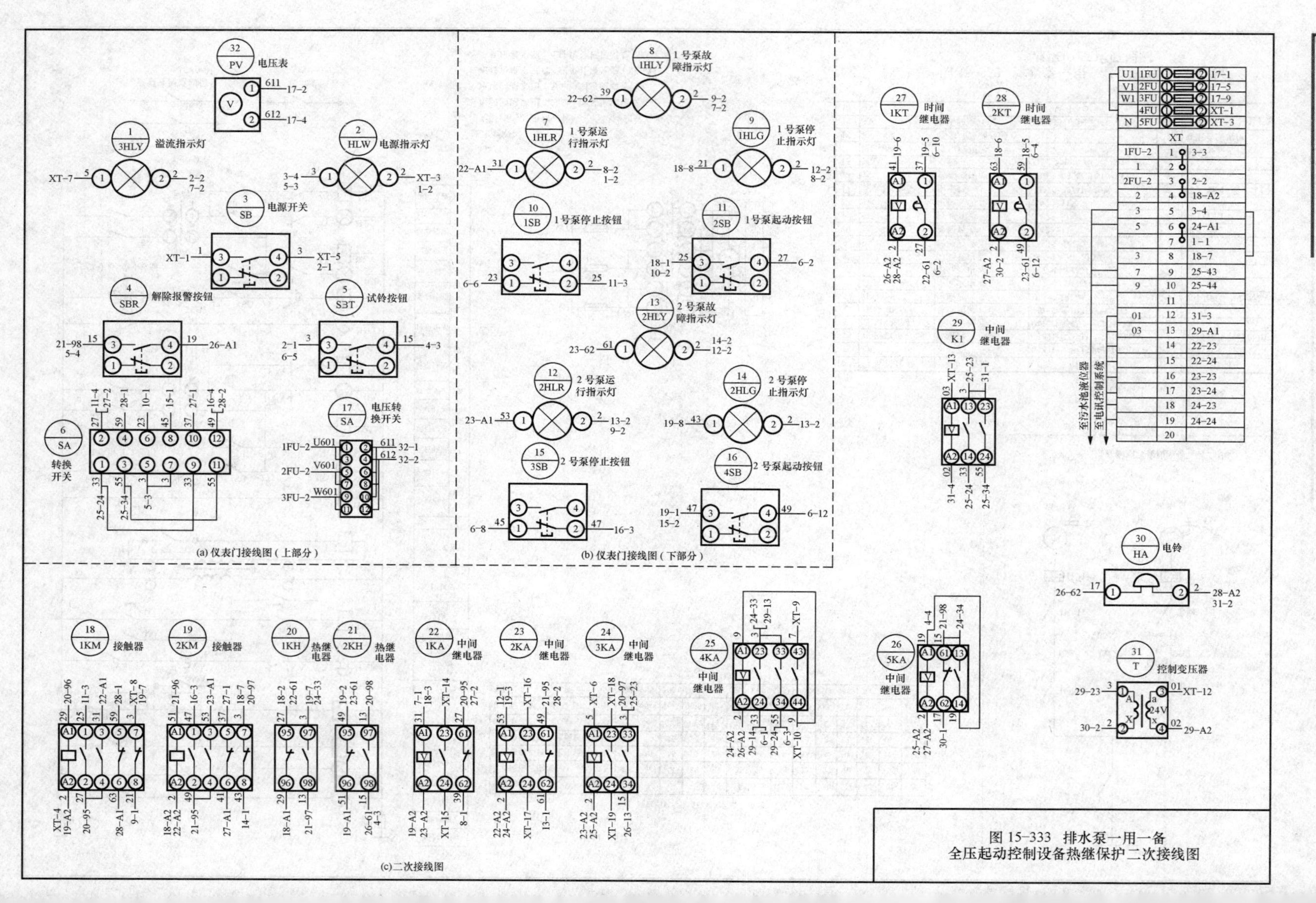

图15-333 排水泵一用一备全压起动控制设备热继保护二次接线图

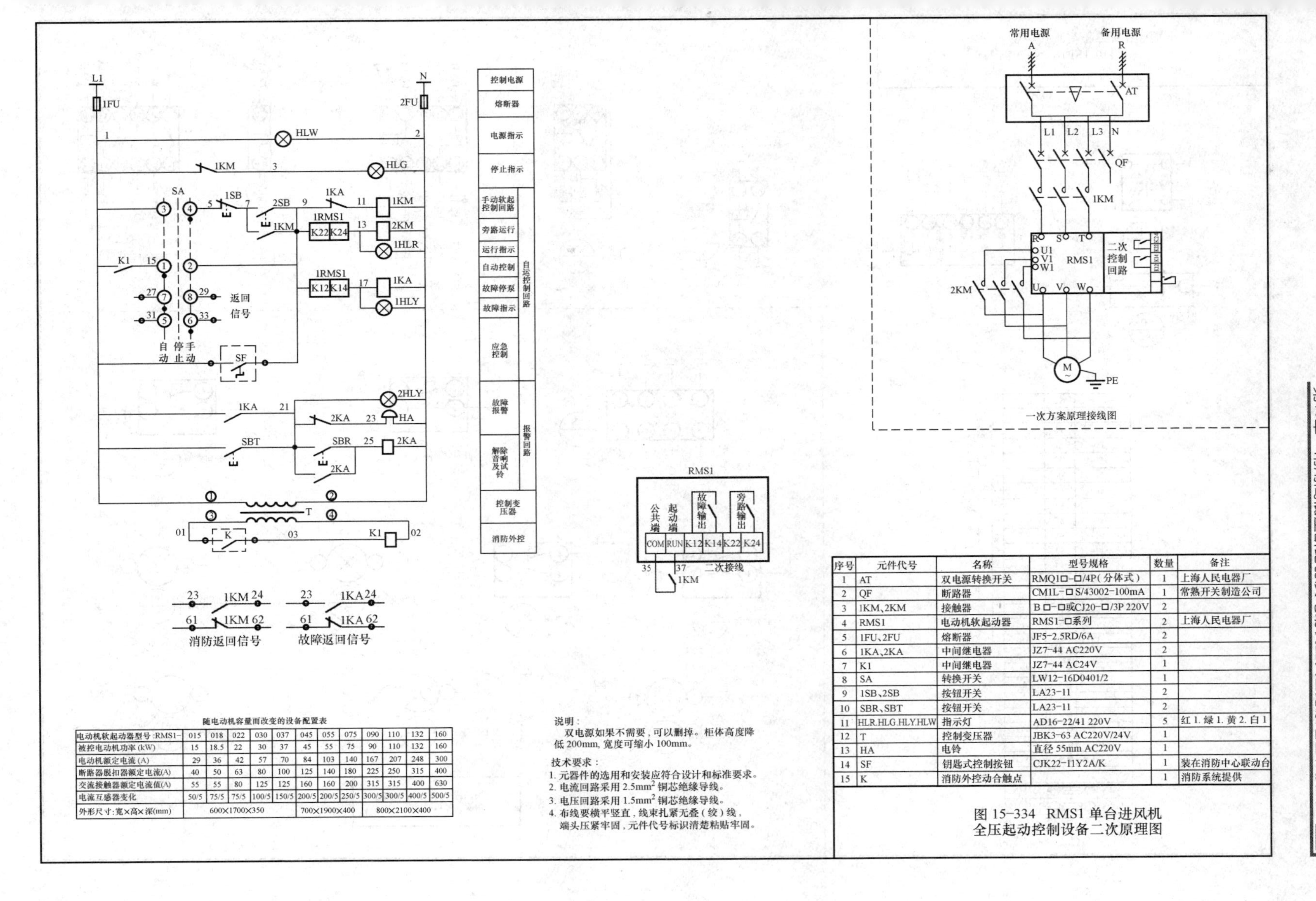

随电动机容量而改变的设备配置表

电动机软起动器型号:RMS1-	015	018	022	030	037	045	055	075	090	110	132	160
被控电动机功率(kW)	15	18.5	22	30	37	45	55	75	90	110	132	160
电动机额定电流(A)	29	36	42	57	70	84	103	140	167	207	248	300
断路器脱扣器额定电流(A)	40	50	63	80	100	125	140	180	225	250	315	400
交流接触器额定电流值(A)	55	55	80	125	125	160	160	200	315	315	400	630
电流互感器变化	50/5	75/5	75/5	100/5	150/5	200/5	200/5	250/5	300/5	300/5	400/5	500/5
外形尺寸:宽×高×深(mm)	600×1700×350					700×1900×400			800×2100×400			

说明:

双电源如果不需要,可以删掉。柜体高度降低 200mm,宽度可缩小 100mm。

技术要求:

1. 元器件的选用和安装应符合设计和标准要求。
2. 电流回路采用 2.5mm^2 铜芯绝缘导线。
3. 电压回路采用 1.5mm^2 铜芯绝缘导线。
4. 布线要横平竖直,线束扎紧无叠(绞)线,端头压紧牢固,元件代号标识清楚粘贴牢固。

序号	元件代号	名称	型号规格	数量	备注
1	AT	双电源转换开关	RMQ1□-□/4P(分体式)	1	上海人民电器厂
2	QF	断路器	CM1L-□S/43002-100mA	1	常熟开关制造公司
3	1KM、2KM	接触器	B□-□或CJ20-□/3P 220V	2	
4	RMS1	电动机软起动器	RMS1-□系列	2	上海人民电器厂
5	1FU、2FU	熔断器	JF5-2.5RD/6A	2	
6	1KA、2KA	中间继电器	JZ7-44 AC220V	2	
7	K1	中间继电器	JZ7-44 AC24V	1	
8	SA	转换开关	LW12-16D0401/2	1	
9	1SB、2SB	按钮开关	LA23-11	2	
10	SBR、SBT	按钮开关	LA23-11	2	
11	HLR.HLG.HLY.HLW	指示灯	AD16-22/41 220V	5	红 1. 绿 1. 黄 2. 白 1
12	T	控制变压器	JBK3-63 AC220V/24V	1	
13	HA	电铃	直径 55mm AC220V	1	
14	SF	钥匙式控制按钮	CJK22-11Y2A/K	1	装在消防中心联动台
15	K	消防外控动合触点		1	消防系统提供

图 15-334 RMS1 单台进风机全压起动控制设备二次原理图

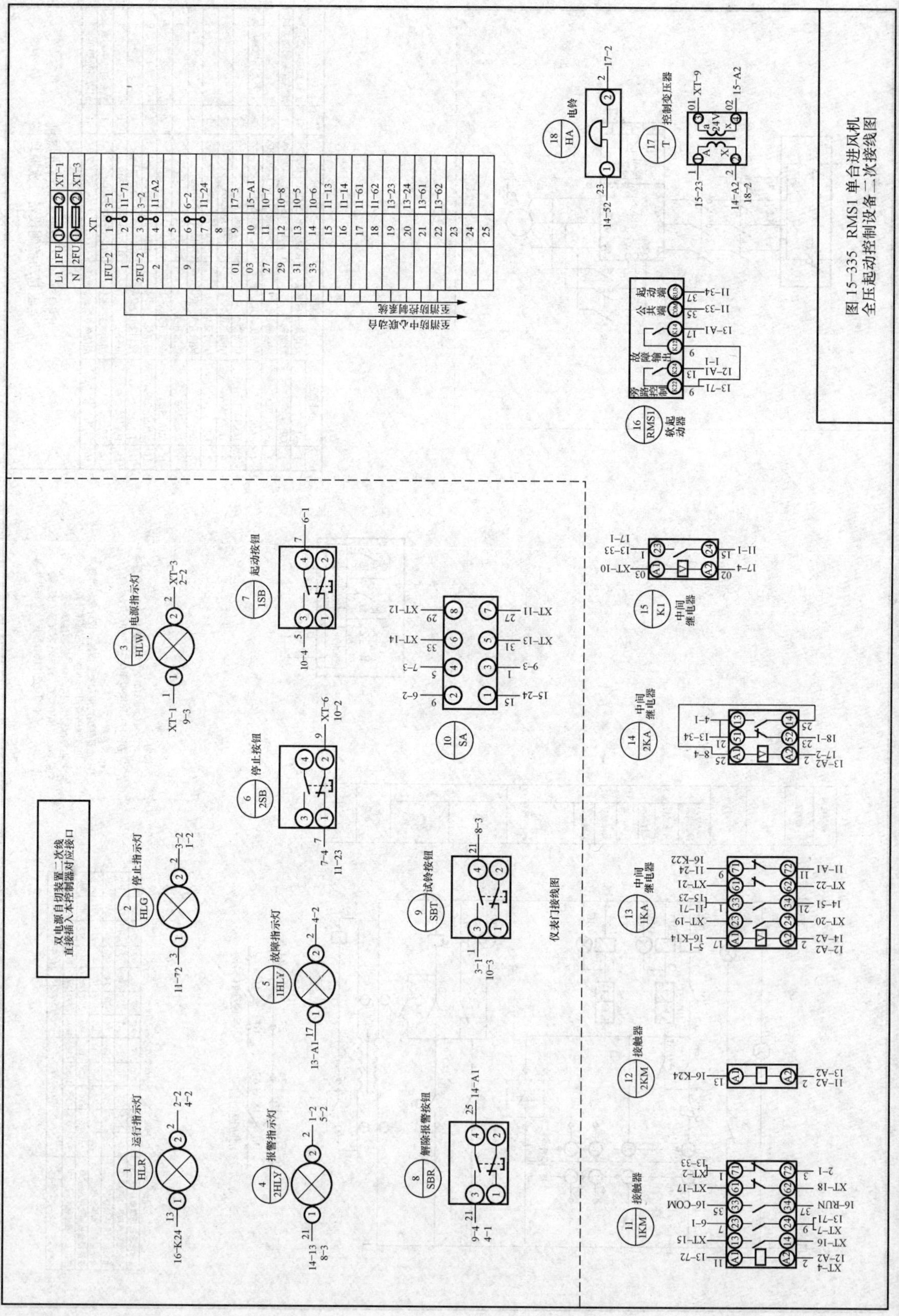

双电源自切装置二次线
直接插入本控制器对应接口

仪表门接线图

图 15-335 RMS1 单台进风机
全压起动控制设备二次接线图

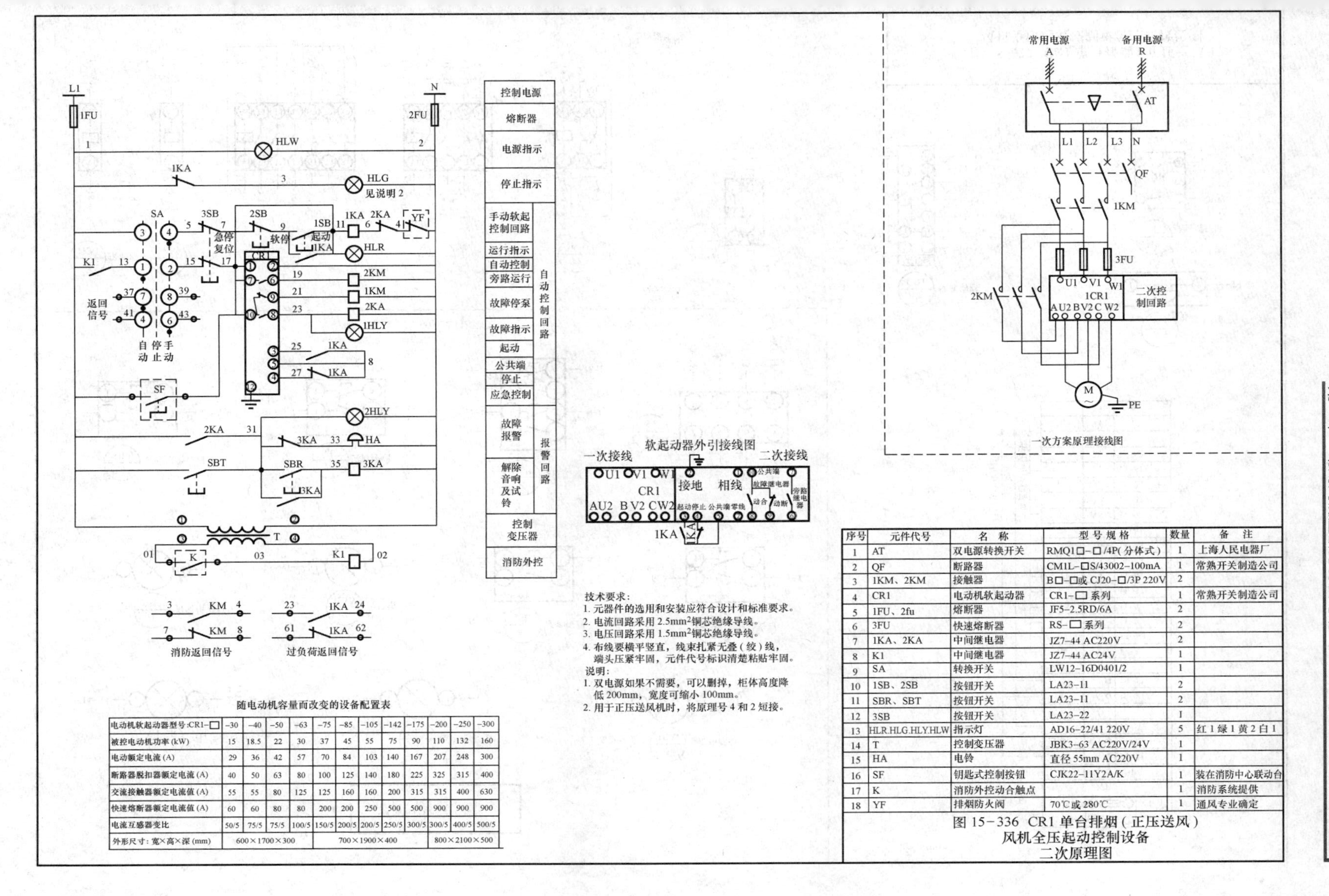

随电动机容量而改变的设备配置表

电动机软起动器型号:CR1-□	-30	-40	-50	-63	-75	-85	-105	-142	-175	-200	-250	-300
被控电动机功率(kW)	15	18.5	22	30	37	45	55	75	90	110	132	160
电动额定电流(A)	29	36	42	57	70	84	103	140	167	207	248	300
断路器脱扣器额定电流(A)	40	50	63	80	100	125	140	180	225	325	315	400
交流接触器额定电流值(A)	55	55	80	125	125	160	160	200	315	315	400	630
快速熔断器额定电流值(A)	60	60	80	80	200	200	250	500	500	900	900	900
电流互感器变比	50/5	75/5	75/5	100/5	150/5	200/5	200/5	250/5	300/5	300/5	400/5	500/5
外形尺寸：宽×高×深(mm)	600×1700×300				700×1900×400					800×2100×500		

技术要求：
1. 元器件的选用和安装应符合设计和标准要求。
2. 电流回路采用 $2.5mm^2$ 铜芯绝缘导线。
3. 电压回路采用 $1.5mm^2$ 铜芯绝缘导线。
4. 布线要横平竖直，线束扎紧无叠（绞）线，端头压紧牢固，元件代号标识清楚粘贴牢固。

说明：
1. 双电源如果不需要，可以删掉，柜体高度降低 200mm，宽度可缩小 100mm。
2. 用于正压送风机时，将原理号 4 和 2 短接。

序号	元件代号	名 称	型 号 规 格	数量	备 注
1	AT	双电源转换开关	RMQ1□-□/4P(分体式)	1	上海人民电器厂
2	QF	断路器	CM1L-□S/43002-100mA	1	常熟开关制造公司
3	1KM、2KM	接触器	B□-□或 CJ20-□/3P 220V	2	
4	CR1	电动机软起动器	CR1-□系列	1	常熟开关制造公司
5	1FU、2fu	熔断器	JF5-2.5RD/6A	2	
6	3FU	快速熔断器	RS-□系列	2	
7	1KA、2KA	中间继电器	JZ7-44 AC220V	2	
8	K1	中间继电器	JZ7-44 AC24V	1	
9	SA	转换开关	LW12-16D0401/2	1	
10	1SB、2SB	按钮开关	LA23-11	2	
11	SBR、SBT	按钮开关	LA23-11	2	
12	3SB	按钮开关	LA23-22	1	
13	HLR.HLG.HLY.HLW	指示灯	AD16-22/41 220V	5	红1绿1黄2白1
14	T	控制变压器	JBK3-63 AC220V/24V	1	
15	HA	电铃	直径 55mm AC220V	1	
16	SF	钥匙式控制按钮	CJK22-11Y2A/K	1	装在消防中心联动台
17	K	消防外控动合触点		1	消防系统提供
18	YF	排烟防火阀	70℃或 280℃	1	通风专业确定

图 15-336 CR1 单台排烟（正压送风）风机全压起动控制设备二次原理图

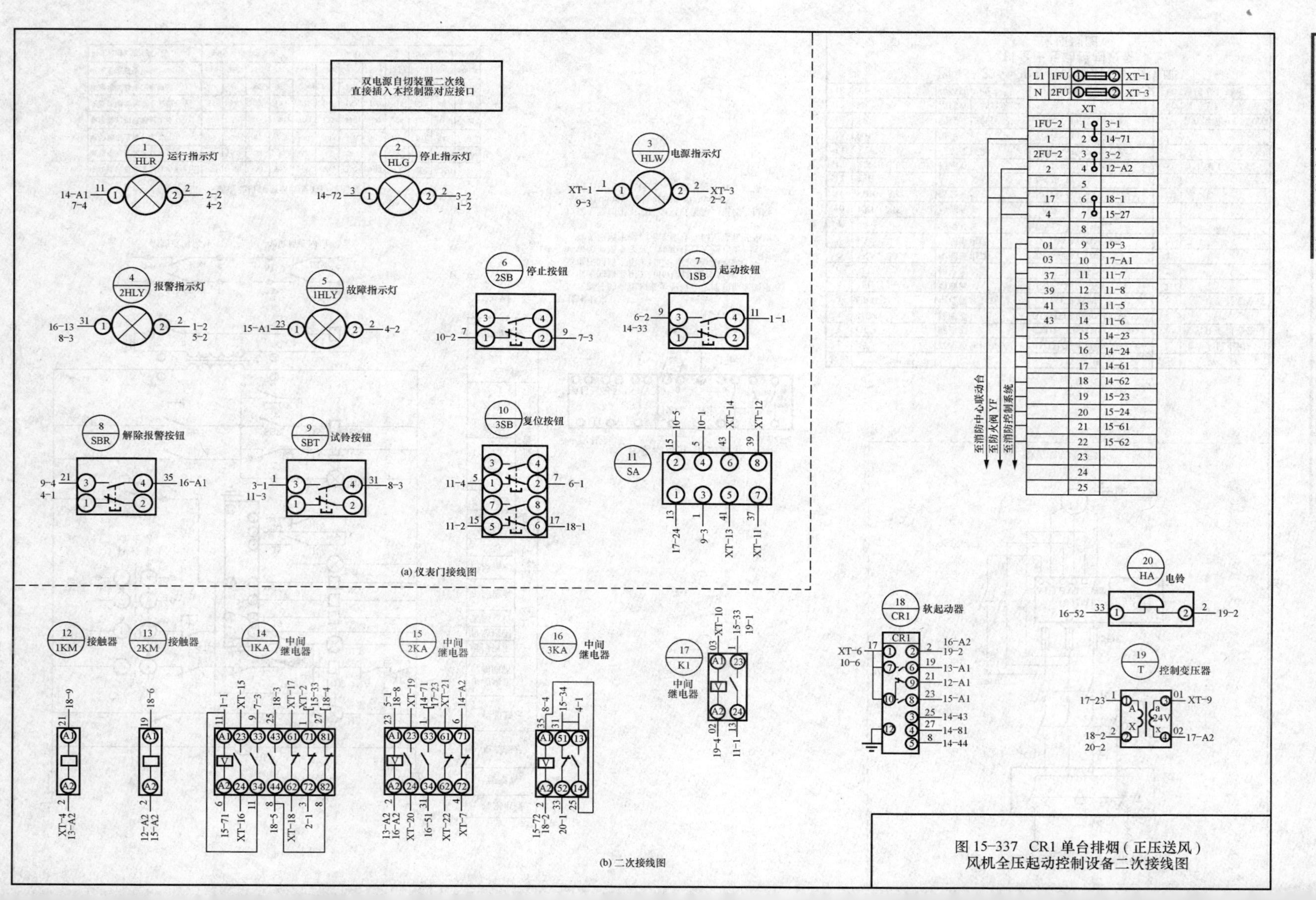

图15-337 CR1单台排烟（正压送风）风机全压起动控制设备二次接线图

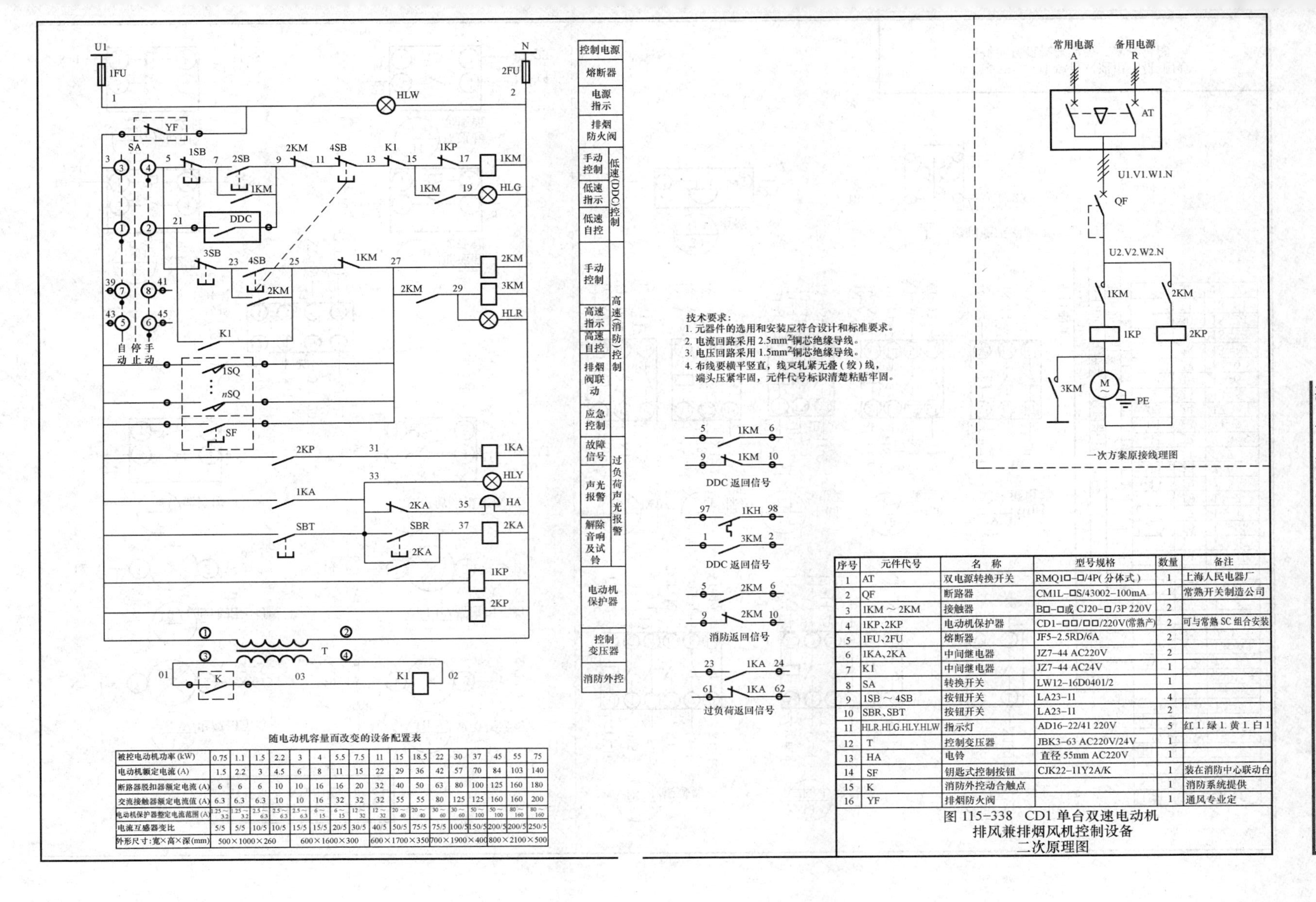

技术要求：
1. 元器件的选用和安装应符合设计和标准要求。
2. 电流回路采用 2.5mm²铜芯绝缘导线。
3. 电压回路采用 1.5mm²铜芯绝缘导线。
4. 布线要横平竖直，线束轧紧无叠（绞）线，端头压紧牢固，元件代号标识清楚粘贴牢固。

随电动机容量而改变的设备配置表

被控电动机功率 (kW)	0.75	1.1	1.5	2.2	3	4	5.5	7.5	11	15	18.5	22	30	37	45	55	75
电动机额定电流 (A)	1.5	2.2	3	4.5	6	8	11	15	22	29	36	42	57	70	84	103	140
断路器脱扣器额定电流 (A)	6	6	6	10	10	16	16	20	32	40	50	63	80	100	125	160	180
交流接触器额定电流值 (A)	6.3	6.3	6.3	10	10	16	32	32	32	55	55	80	125	125	160	160	200
电动机保护器整定电流范围 (A)	1.25～3.2	1.25～3.2	2.5～6.3	2.5～6.3	2.5～6.3	6～15	6～15	12～32	12～32	20～40	20～40	30～60	30～60	50～100	50～100	80～160	80～160
电流互感器变比	5/5	5/5	10/5	10/5	15/5	15/5	20/5	30/5	40/5	50/5	75/5	75/5	100/5	150/5	200/5	200/5	250/5
外形尺寸:宽×高×深(mm)	500×1000×260				600×1600×300				600×1700×350			700×1900×400			800×2100×500		

序号	元件代号	名 称	型号规格	数量	备注
1	AT	双电源转换开关	RMQ1□-□/4P(分体式)	1	上海人民电器厂
2	QF	断路器	CM1L-□S/43002-100mA	1	常熟开关制造公司
3	1KM～2KM	接触器	B□-□或 CJ20-□/3P 220V	2	
4	1KP、2KP	电动机保护器	CD1-□□/□□/220V(常熟产)	2	可与常熟 SC 组合安装
5	1FU、2FU	熔断器	JF5-2.5RD/6A	2	
6	1KA、2KA	中间继电器	JZ7-44 AC220V	2	
7	K1	中间继电器	JZ7-44 AC24V	1	
8	SA	转换开关	LW12-16D0401/2	1	
9	1SB～4SB	按钮开关	LA23-11	4	
10	SBR、SBT	按钮开关	LA23-11	2	
11	HLR.HLG.HLY.HLW	指示灯	AD16-22/41 220V	5	红 1. 绿 1. 黄 1. 白 1
12	T	控制变压器	JBK3-63 AC220V/24V	1	
13	HA	电铃	直径 55mm AC220V	1	
14	SF	钥匙式控制按钮	CJK22-11Y2A/K	1	装在消防中心联动台
15	K	消防外控动合触点		1	消防系统提供
16	YF	排烟防火阀		1	通风专业定

图 115-338 CD1 单台双速电动机排风兼排烟风机控制设备二次原理图

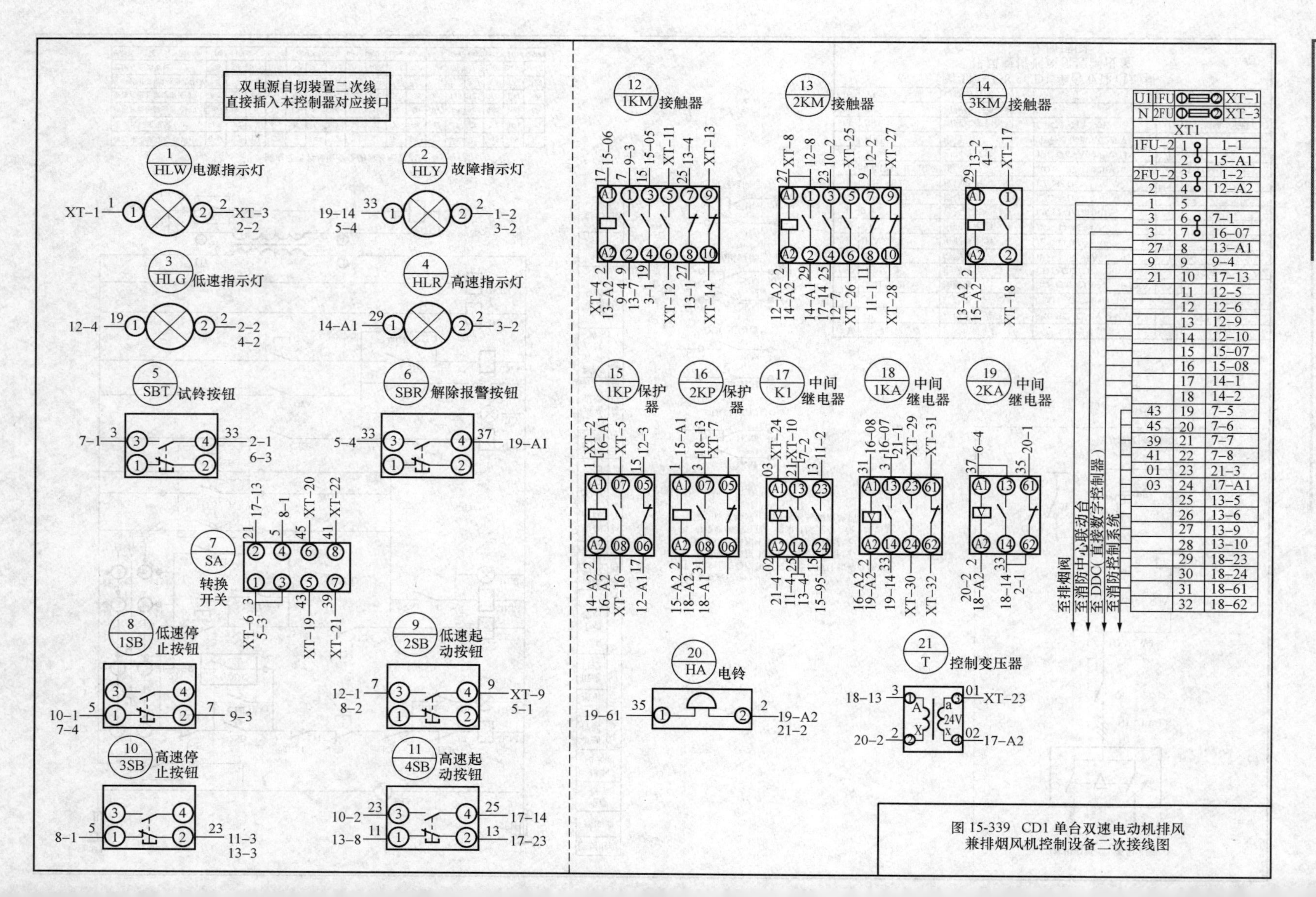

U1	1FU	XT-1
N	2FU	XT-3
	XT1	
1FU-2	1	1-1
1	2	15-A1
2FU-2	3	1-2
2	4	12-A2
1	5	
3	6	7-1
3	7	16-07
27	8	13-A1
9	9	9-4
21	10	17-13
	11	12-5
	12	12-6
	13	12-9
	14	12-10
	15	15-07
	16	15-08
	17	14-1
	18	14-2
43	19	7-5
45	20	7-6
39	21	7-7
41	22	7-8
01	23	21-3
03	24	17-A1
	25	13-5
	26	13-6
	27	13-9
	28	13-10
	29	18-23
	30	18-24
	31	18-61
	32	18-62

图 15-339　CD1 单台双速电动机排风兼排烟风机控制设备二次接线图

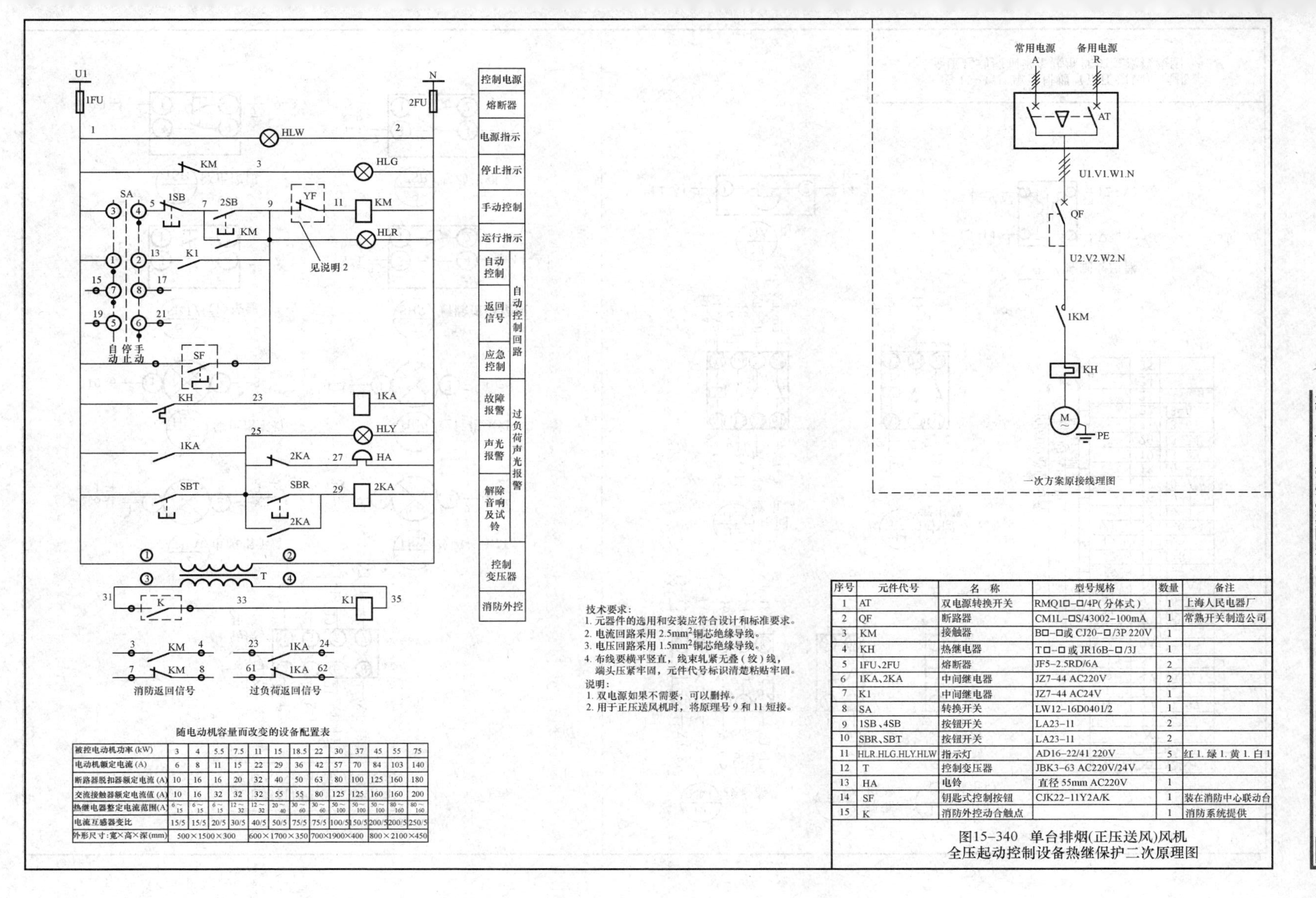

随电动机容量而改变的设备配置表

被控电动机功率 (kW)	3	4	5.5	7.5	11	15	18.5	22	30	37	45	55	75
电动机额定电流 (A)	6	8	11	15	22	29	36	42	57	70	84	103	140
断路器脱扣器额定电流 (A)	10	16	16	20	32	40	50	63	80	100	125	160	180
交流接触器额定电流值 (A)	10	16	32	32	32	55	55	80	125	125	160	160	200
热继电器整定电流范围(A)	6～15	6～15	6～15	12～32	12～32	20～40	30～60	30～60	50～100	50～100	50～100	80～160	80～160
电流互感器变比	15/5	15/5	20/5	30/5	40/5	50/5	75/5	75/5	100/5	150/5	200/5	200/5	250/5
外形尺寸:宽×高×深(mm)	500×1500×300				600×1700×350			700×1900×400			800×2100×450		

技术要求：
1. 元器件的选用和安装应符合设计和标准要求。
2. 电流回路采用 2.5mm^{2}铜芯绝缘导线。
3. 电压回路采用 1.5mm^{2}铜芯绝缘导线。
4. 布线要横平竖直，线束轧紧无叠（绞）线，端头压紧牢固，元件代号标识清楚粘贴牢固。

说明：
1. 双电源如果不需要，可以删掉。
2. 用于正压送风机时，将原理号 9 和 11 短接。

序号	元件代号	名　称	型号规格	数量	备注
1	AT	双电源转换开关	RMQ1□-□/4P(分体式)	1	上海人民电器厂
2	QF	断路器	CM1L-□S/43002-100mA	1	常熟开关制造公司
3	KM	接触器	B□-□或 CJ20-□/3P 220V	1	
4	KH	热继电器	T□-□ 或 JR16B-□/3J	1	
5	1FU、2FU	熔断器	JF5-2.5RD/6A	2	
6	1KA、2KA	中间继电器	JZ7-44 AC220V	2	
7	K1	中间继电器	JZ7-44 AC24V	1	
8	SA	转换开关	LW12-16D0401/2	1	
9	1SB、4SB	按钮开关	LA23-11	2	
10	SBR、SBT	按钮开关	LA23-11	2	
11	HLR.HLG.HLY.HLW	指示灯	AD16-22/41 220V	5	红 1. 绿 1. 黄 1. 白 1
12	T	控制变压器	JBK3-63 AC220V/24V	1	
13	HA	电铃	直径 55mm AC220V	1	
14	SF	钥匙式控制按钮	CJK22-11Y2A/K	1	装在消防中心联动台
15	K	消防外控动合触点		1	消防系统提供

图15-340　单台排烟(正压送风)风机全压起动控制设备热继保护二次原理图

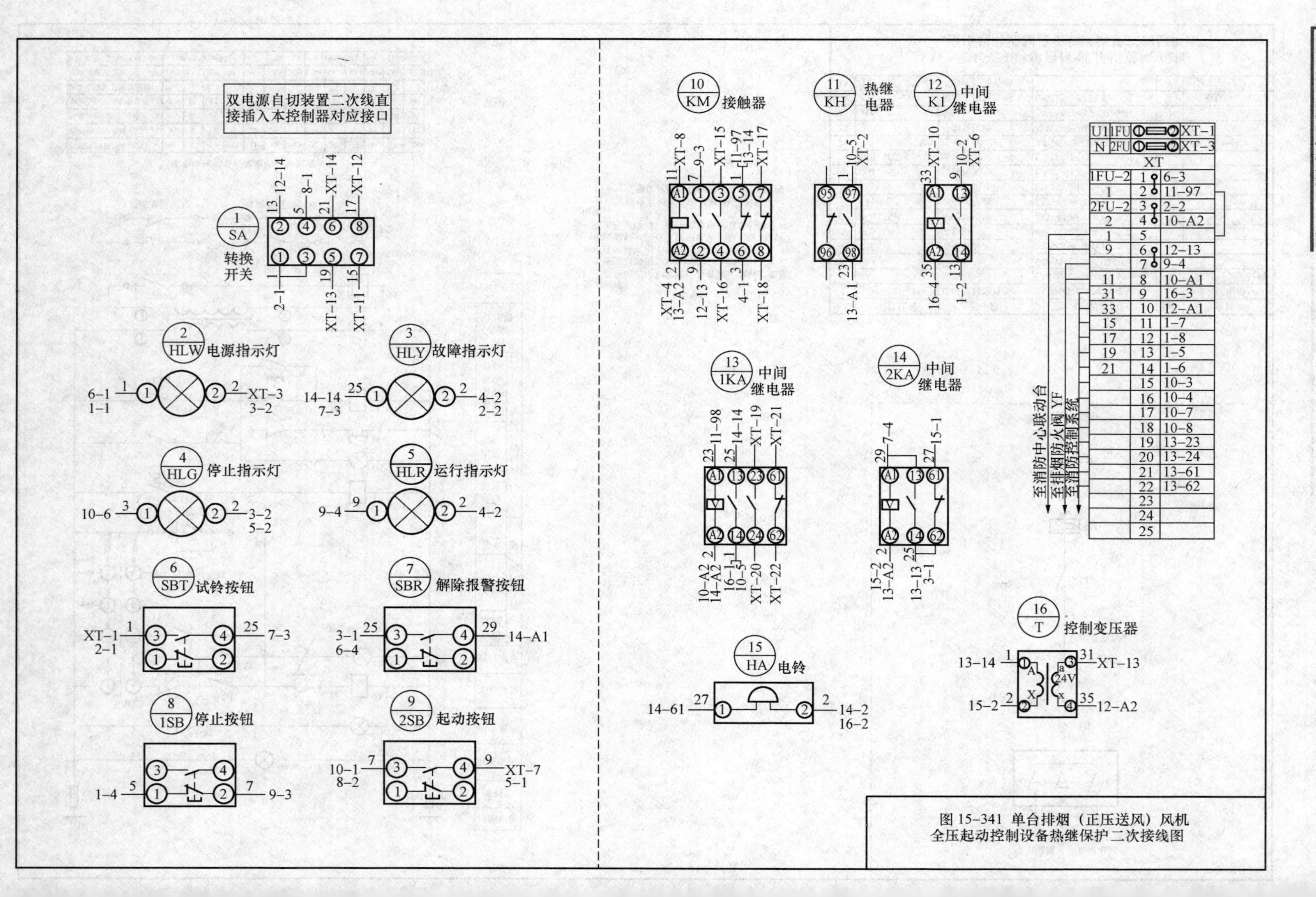

图 15-341 单台排烟（正压送风）风机全压起动控制设备热继保护二次接线图

4. RNB3000 系列变频调速各种起动方式二次原理接线图

(1) 变频调速进风机控制设备、热继保护、二次原理见图 15-342。

(2) 变频调速进风机控制设备、热继保护、二次原理见图 15-343。

(3) 变频调速恒压给水泵控制设备、热继保护、二次原理见图 15-344。

(4) 变频调速恒压给水泵控制设备、热继保护、二次接线见图 15-345。

(5) 变频调速排烟机控制设备、二次原理见图 15-346。

(6) 变频调速排烟机控制设备、二次接线见图 15-347。

(7) 变频调速排污泵控制设备、热继保护、二次原理见图 15-348。

(8) 变频调速排污泵控制设备、热继保护、二次接线见图 15-349。

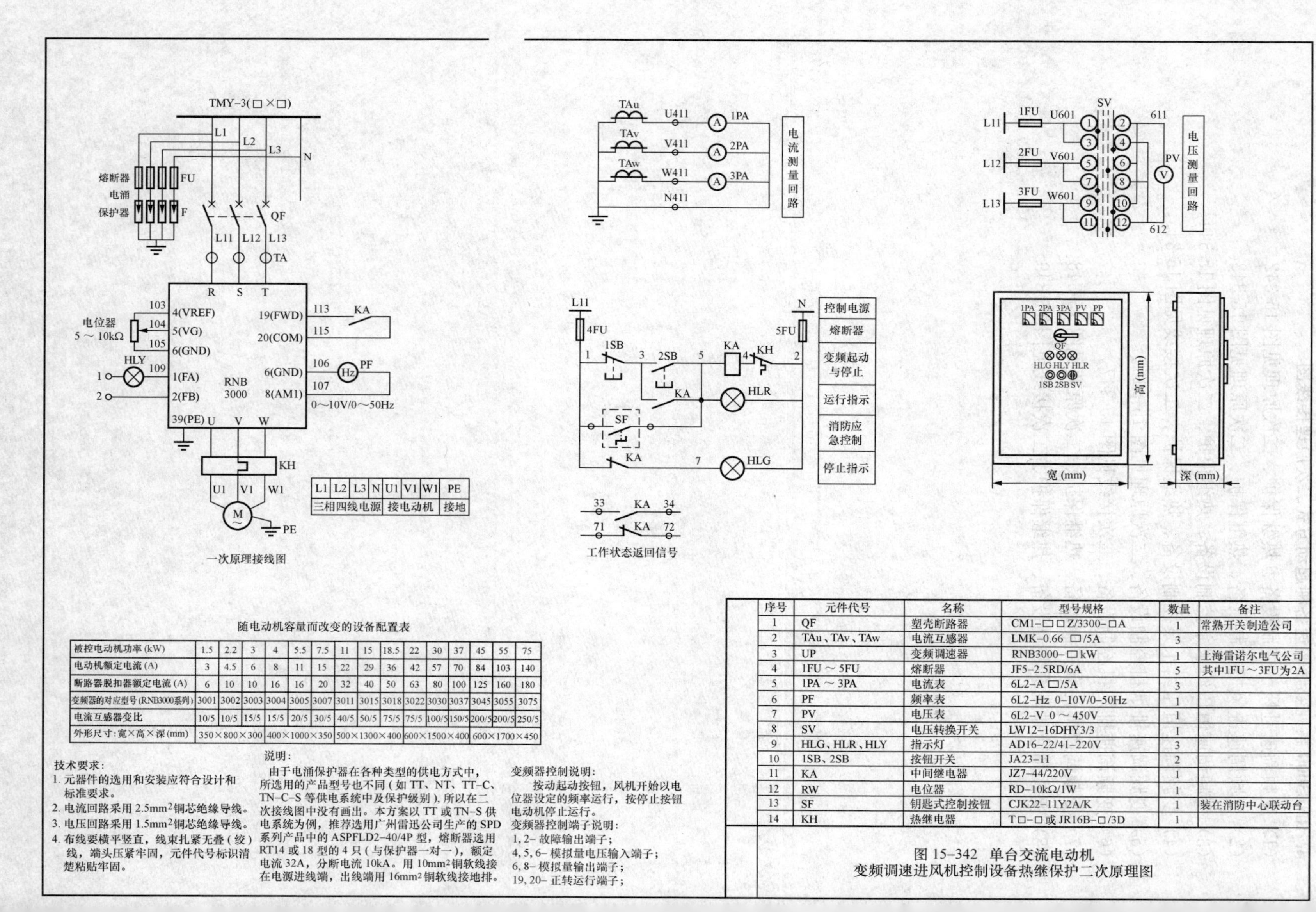

随电动机容量而改变的设备配置表

被控电动机功率 (kW)	1.5	2.2	3	4	5.5	7.5	11	15	18.5	22	30	37	45	55	75
电动机额定电流 (A)	3	4.5	6	8	11	15	22	29	36	42	57	70	84	103	140
断路器脱扣器额定电流 (A)	6	10	10	16	16	20	32	40	50	63	80	100	125	160	180
变频器的对应型号 (RNB3000系列)	3001	3002	3003	3004	3005	3007	3011	3015	3018	3022	3030	3037	3045	3055	3075
电流互感器变比	10/5	10/5	15/5	15/5	20/5	30/5	40/5	50/5	75/5	75/5	100/5	150/5	200/5	200/5	250/5
外形尺寸: 宽×高×深 (mm)	350×800×300			400×1000×350			500×1300×400			600×1500×400			600×1700×450		

技术要求:
1. 元器件的选用和安装应符合设计和标准要求。
2. 电流回路采用 2.5mm²铜芯绝缘导线。
3. 电压回路采用 1.5mm²铜芯绝缘导线。
4. 布线要横平竖直，线束扎紧无叠(绞)线，端头压紧牢固，元件代号标识清楚粘贴牢固。

说明:

由于电涌保护器在各种类型的供电方式中，所选用的产品型号也不同(如 TT、NT、TT-C、TN-C-S 等供电系统中及保护级别)，所以在二次接线图中没有画出。本方案以 TT 或 TN-S 供电系统为例，推荐选用广州雷迅公司生产的 SPD 系列产品中的 ASPFLD2-40/4P 型，熔断器选用 RT14 或 18 型的 4 只(与保护器一对一)，额定电流 32A，分断电流 10kA。用 10mm²铜软线接在电源进线端，出线端用 16mm²铜软线接地排。

变频器控制说明:

按动起动按钮，风机开始以电位器设定的频率运行，按停止按钮电动机停止运行。

变频器控制端子说明:

1, 2- 故障输出端子;
4, 5, 6- 模拟量电压输入端子;
6, 8- 模拟量输出端子;
19, 20- 正转运行端子;

序号	元件代号	名称	型号规格	数量	备注
1	QF	塑壳断路器	CM1-□□Z/3300-□A	1	常熟开关制造公司
2	TAu、TAv、TAw	电流互感器	LMK-0.66 □/5A	3	
3	UP	变频调速器	RNB3000-□kW	1	上海雷诺尔电气公司
4	1FU～5FU	熔断器	JF5-2.5RD/6A	5	其中1FU～3FU为2A
5	1PA～3PA	电流表	6L2-A □/5A	3	
6	PF	频率表	6L2-Hz 0-10V/0-50Hz	1	
7	PV	电压表	6L2-V 0～450V	1	
8	SV	电压转换开关	LW12-16DHY3/3	1	
9	HLG、HLR、HLY	指示灯	AD16-22/41-220V	3	
10	1SB、2SB	按钮开关	JA23-11	2	
11	KA	中间继电器	JZ7-44/220V	1	
12	RW	电位器	RD-10kΩ/1W	1	
13	SF	钥匙式控制按钮	CJK22-11Y2A/K	1	装在消防中心联动台
14	KH	热继电器	T□-□或 JR16B-□/3D	1	

图 15-342 单台交流电动机变频调速进风机控制设备热继保护二次原理图

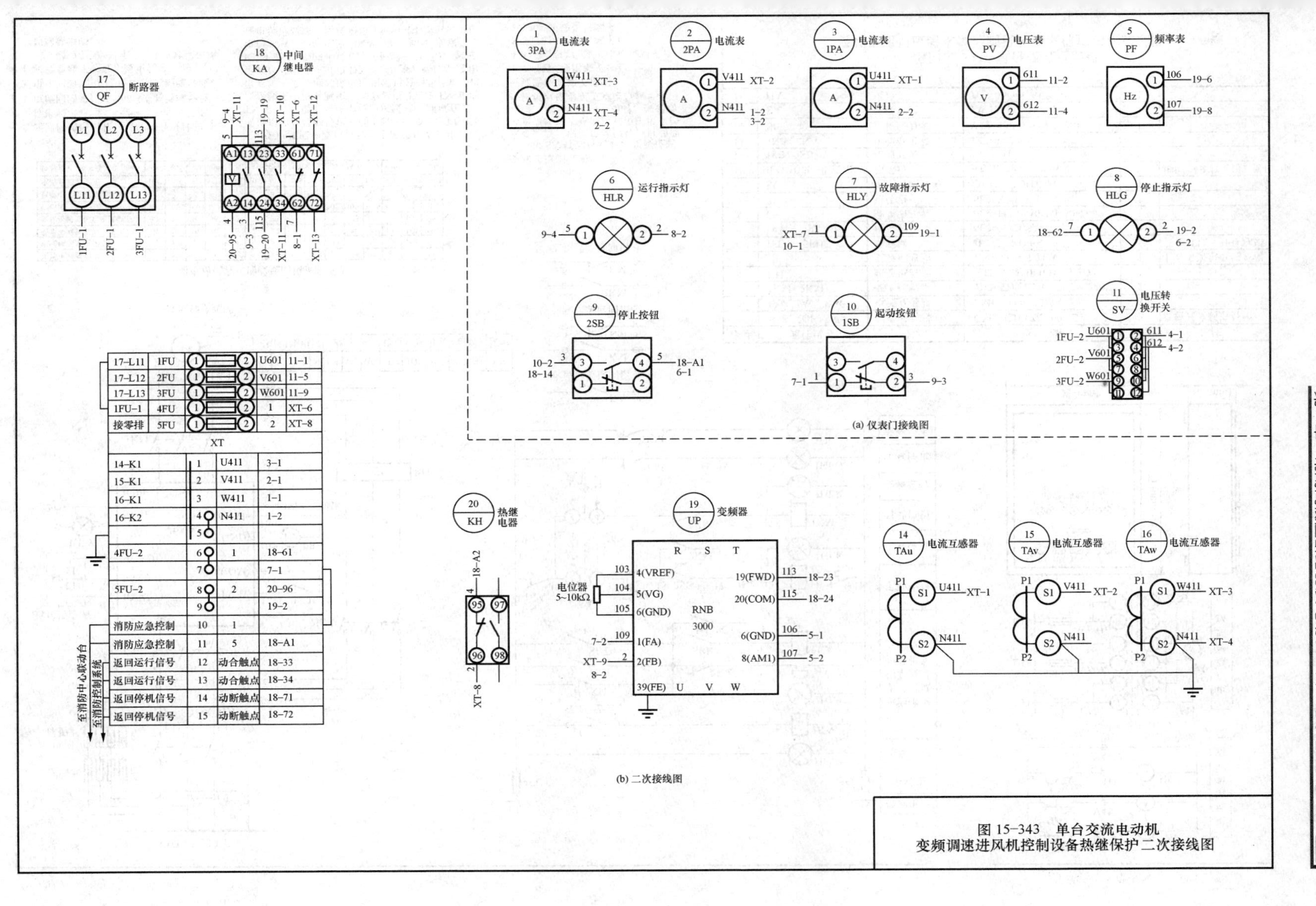

图 15-343 单台交流电动机变频调速进风机控制设备热继保护二次接线图

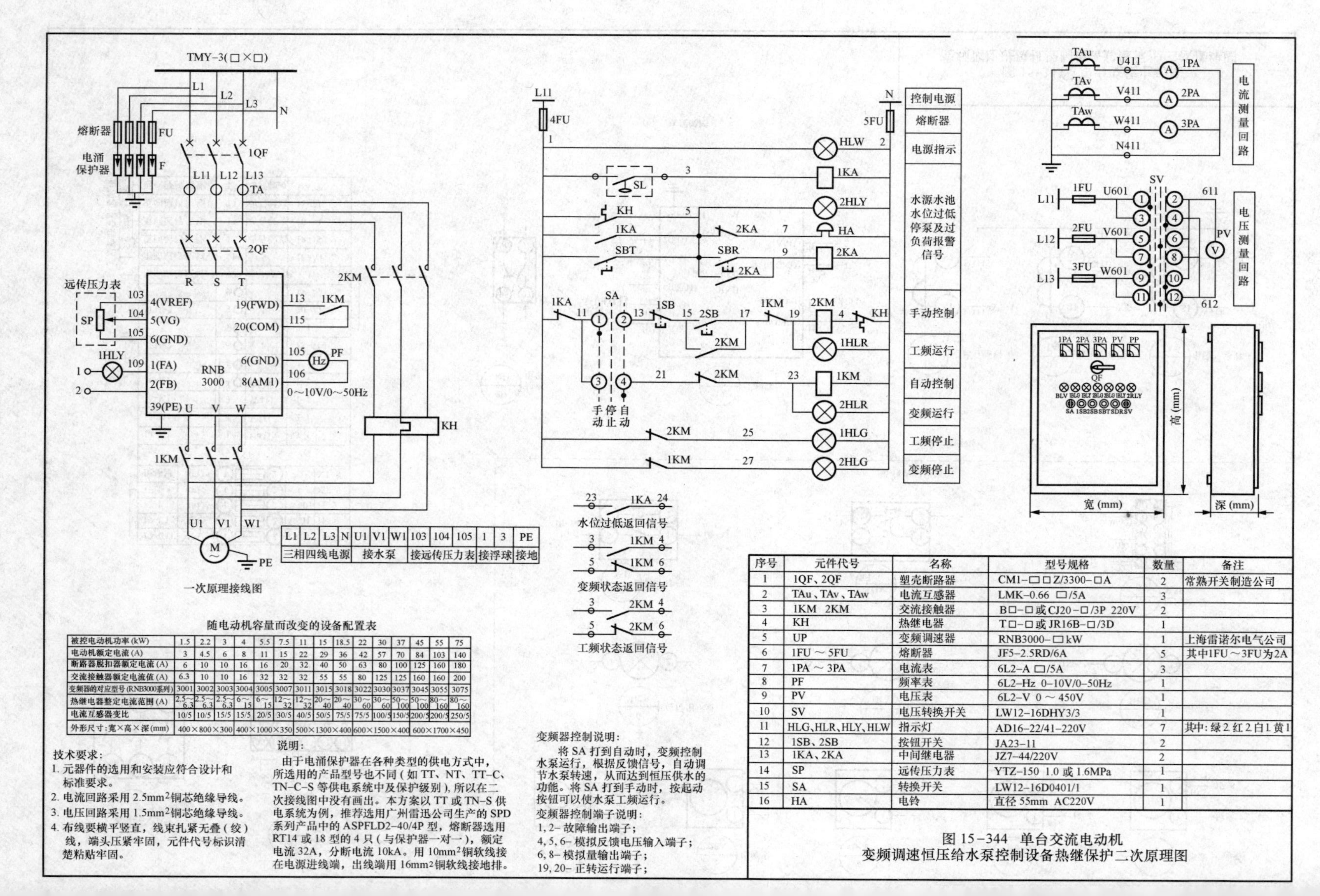

随电动机容量而改变的设备配置表

被控电动机功率 (kW)	1.5	2.2	3	4	5.5	7.5	11	15	18.5	22	30	37	45	55	75
电动机额定电流 (A)	3	4.5	6	8	11	15	22	29	36	42	57	70	84	103	140
断路器脱扣器额定电流 (A)	6	10	10	16	16	20	32	40	50	63	80	100	125	160	180
交流接触器额定电流值 (A)	6.3	10	10	16	32	32	32	55	55	80	125	125	160	160	200
变频器的对应型号 (RNB3000系列)	3001	3002	3003	3004	3005	3007	3011	3015	3018	3022	3030	3037	3045	3055	3075
热继电器整定电流范围 (A)	2.5～6.3	2.5～6.3	2.5～6.3	6～15	6～15	12～32	12～32	20～40	20～40	30～60	30～60	50～100	50～100	80～160	80～160
电流互感器变比	10/5	10/5	15/5	15/5	20/5	30/5	40/5	50/5	75/5	75/5	100/5	150/5	200/5	200/5	250/5
外形尺寸:宽×高×深(mm)	400×800×300			400×1000×350			500×1300×400			600×1500×400			600×1700×450		

技术要求:

1. 元器件的选用和安装应符合设计和标准要求。
2. 电流回路采用 2.5mm²铜芯绝缘导线。
3. 电压回路采用 1.5mm²铜芯绝缘导线。
4. 布线要横平竖直，线束扎紧无叠（绞）线，端头压紧牢固，元件代号标识清楚粘贴牢固。

说明:

由于电涌保护器在各种类型的供电方式中，所选用的产品型号也不同（如 TT、NT、TT–C、TN–C–S 等供电系统中及保护级别），所以在二次接线图中没有画出。本方案以 TT 或 TN–S 供电系统为例，推荐选用广州雷迅公司生产的 SPD 系列产品中的 ASPFLD2–40/4P 型，熔断器选用 RT14 或 18 型的 4 只（与保护器一对一），额定电流 32A，分断电流 10kA。用 10mm²铜软线接在电源进线端，出线端用 16mm²铜软线接地排。

变频器控制说明:

将 SA 打到自动时，变频控制水泵运行，根据反馈信号，自动调节水泵转速，从而达到恒压供水的功能。将 SA 打到手动时，按起动按钮可以使水泵工频运行。

变频器控制端子说明:

1, 2– 故障输出端子;
4, 5, 6– 模拟反馈电压输入端子;
6, 8– 模拟量输出端子;
19, 20– 正转运行端子;

序号	元件代号	名称	型号规格	数量	备注
1	1QF、2QF	塑壳断路器	CM1–□□Z/3300–□A	2	常熟开关制造公司
2	TAu、TAv、TAw	电流互感器	LMK–0.66 □/5A	3	
3	1KM 2KM	交流接触器	B□–□或 CJ20–□/3P 220V	2	
4	KH	热继电器	T□–□或 JR16B–□/3D	1	
5	UP	变频调速器	RNB3000–□kW	1	上海雷诺尔电气公司
6	1FU ～ 5FU	熔断器	JF5–2.5RD/6A	5	其中1FU～3FU为2A
7	1PA ～ 3PA	电流表	6L2–A □/5A	3	
8	PF	频率表	6L2–Hz 0–10V/0–50Hz	1	
9	PV	电压表	6L2–V 0 ～ 450V	1	
10	SV	电压转换开关	LW12–16DHY3/3	1	
11	HLG、HLR、HLY、HLW	指示灯	AD16–22/41–220V	7	其中: 绿 2 红 2 白 1 黄 1
12	1SB、2SB	按钮开关	JA23–11	2	
13	1KA、2KA	中间继电器	JZ7–44/220V	2	
14	SP	远传压力表	YTZ–150 1.0 或 1.6MPa	1	
15	SA	转换开关	LW12–16D0401/1	1	
16	HA	电铃	直径 55mm AC220V	1	

图 15–344 单台交流电动机变频调速恒压给水泵控制设备热继保护二次原理图

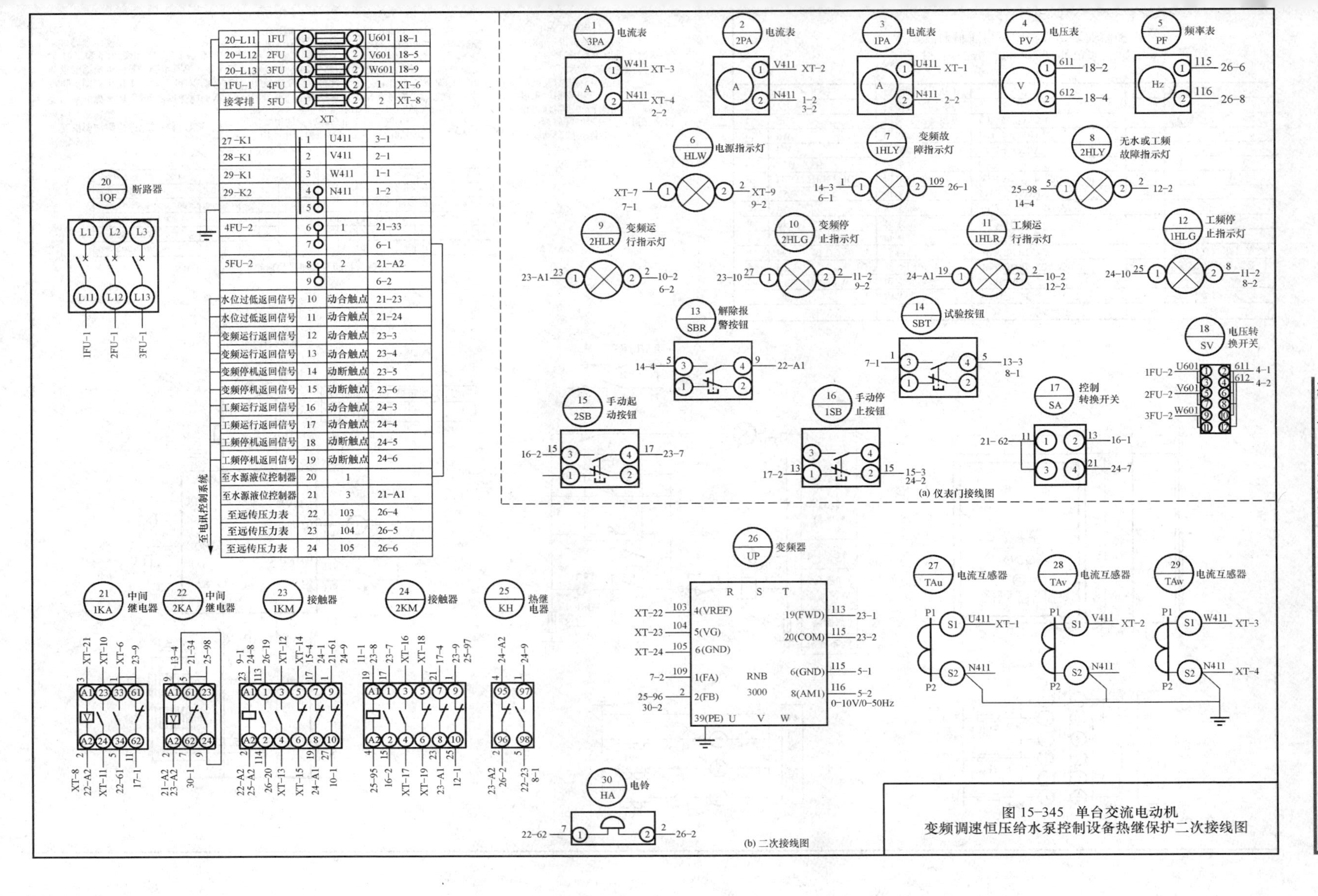

(a) 仪表门接线图

(b) 二次接线图

图 15-345　单台交流电动机变频调速恒压给水泵控制设备热继保护二次接线图

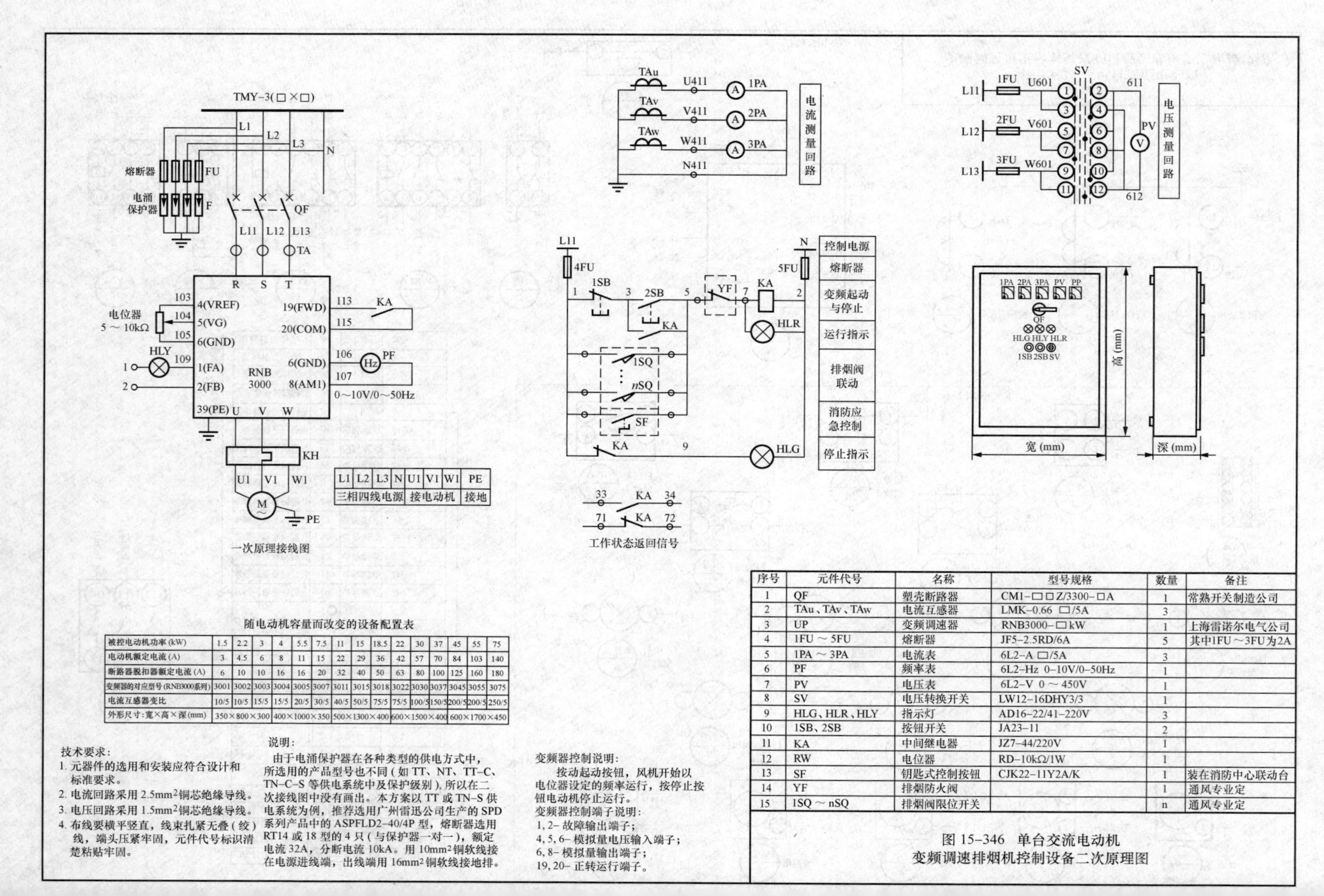

随电动机容量而改变的设备配置表

被控电动机功率 (kW)	1.5	2.2	3	4	5.5	7.5	11	15	18.5	22	30	37	45	55	75
电动机额定电流 (A)	3	4.5	6	8	11	15	22	29	36	42	57	70	84	103	140
断路器脱扣器额定电流 (A)	6	10	10	16	16	20	32	40	50	63	80	100	125	160	180
变频器的对应型号 (RNB3000系列)	3001	3002	3003	3004	3005	3007	3011	3015	3018	3022	3030	3037	3045	3055	3075
电流互感器变比	10/5	10/5	15/5	15/5	20/5	30/5	40/5	50/5	75/5	75/5	100/5	150/5	200/5	200/5	250/5
外形尺寸:宽×高×深 (mm)	350×800×300		400×1000×350			500×1300×400			600×1500×400			600×1700×450			

技术要求:

1. 元器件的选用和安装应符合设计和标准要求。
2. 电流回路采用 2.5mm²铜芯绝缘导线。
3. 电压回路采用 1.5mm²铜芯绝缘导线。
4. 布线要横平竖直，线束扎紧无叠（绞）线，端头压紧牢固，元件代号标识清楚粘贴牢固。

说明:

由于电涌保护器在各种类型的供电方式中，所选用的产品型号也不同（如 TT、NT、TT-C、TN-C-S 等供电系统中及保护级别），所以在二次接线图中没有画出。本方案以 TT 或 TN-S 供电系统为例，推荐选用广州雷迅公司生产的 SPD 系列产品中的 ASPFLD2-40/4P 型，熔断器选用 RT14 或 18 型的 4 只（与保护器一对一），额定电流 32A，分断电流 10kA。用 10mm²铜软线接在电源进线端，出线端用 16mm²铜软线接地排。

变频器控制说明:

按动起动按钮，风机开始以电位器设定的频率运行，按停止按钮电动机停止运行。

变频器控制端子说明:

1, 2- 故障输出端子;
4, 5, 6- 模拟量电压输入端子;
6, 8- 模拟量输出端子;
19, 20- 正转运行端子。

序号	元件代号	名称	型号规格	数量	备注
1	QF	塑壳断路器	CM1-□□Z/3300-□A	1	常熟开关制造公司
2	TAu、TAv、TAw	电流互感器	LMK-0.66 □/5A	3	
3	UP	变频调速器	RNB3000-□kW	1	上海雷诺尔电气公司
4	1FU ～ 5FU	熔断器	JF5-2.5RD/6A	5	其中1FU～3FU为2A
5	1PA ～ 3PA	电流表	6L2-A □/5A	3	
6	PF	频率表	6L2-Hz 0-10V/0-50Hz	1	
7	PV	电压表	6L2-V 0 ～ 450V	1	
8	SV	电压转换开关	LW12-16DHY3/3	1	
9	HLG、HLR、HLY	指示灯	AD16-22/41-220V	3	
10	1SB、2SB	按钮开关	JA23-11	2	
11	KA	中间继电器	JZ7-44/220V	1	
12	RW	电位器	RD-10kΩ/1W	1	
13	SF	钥匙式控制按钮	CJK22-11Y2A/K	1	装在消防中心联动台
14	YF	排烟防火阀		1	通风专业定
15	1SQ ～ nSQ	排烟阀限位开关		n	通风专业定

图 15-346 单台交流电动机变频调速排烟机控制设备二次原理图

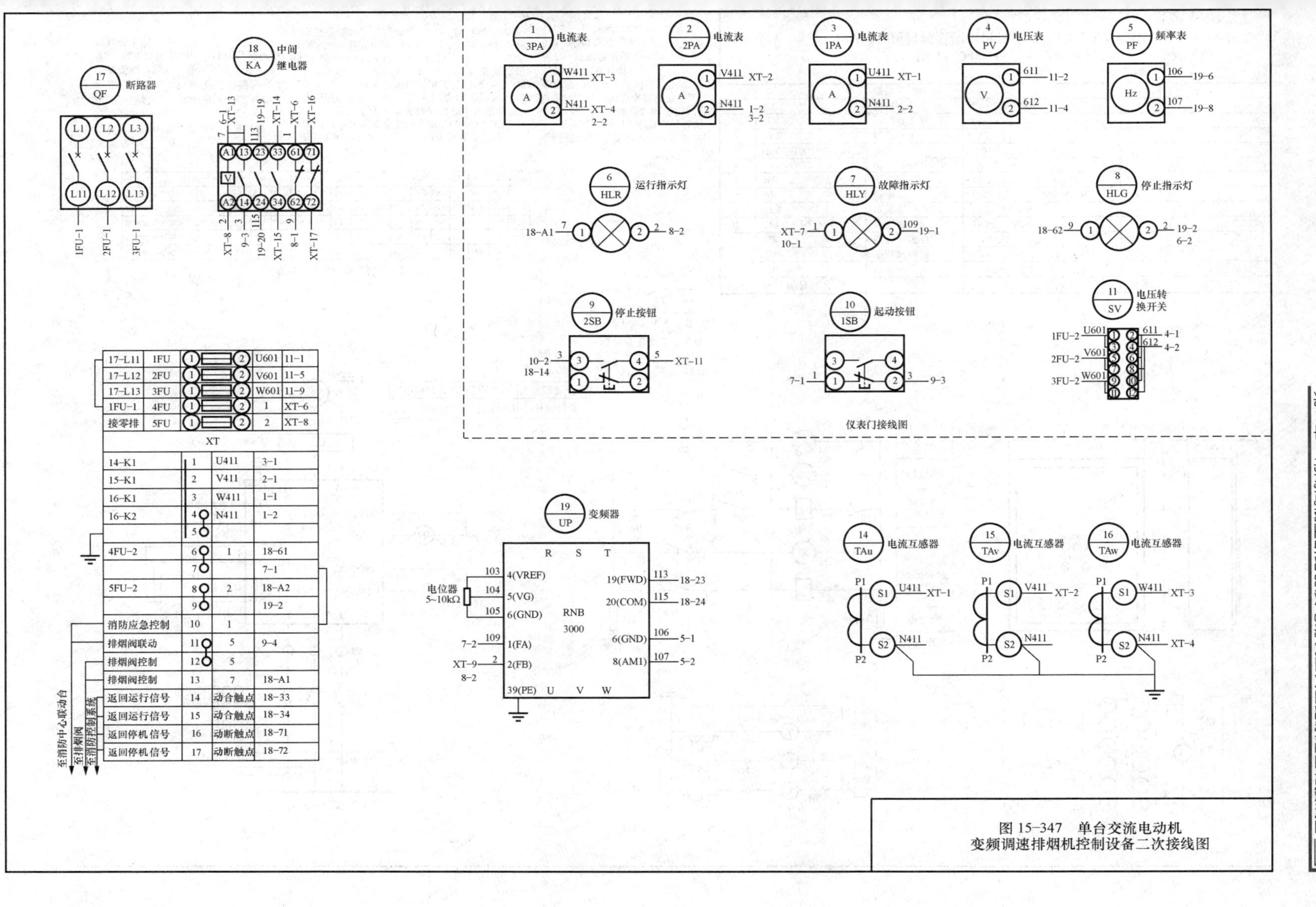

图 15-347　单台交流电动机变频调速排烟机控制设备二次接线图

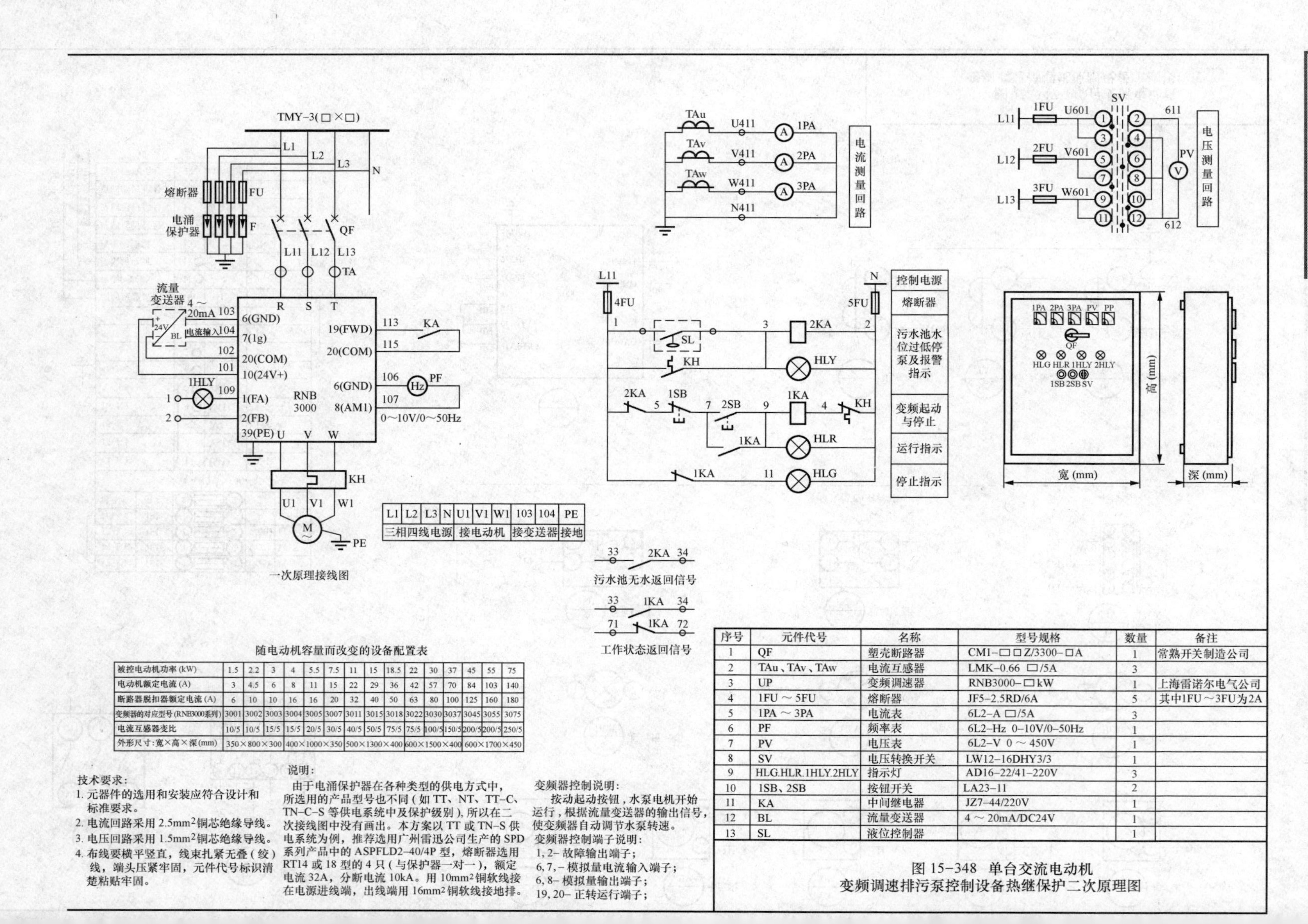

L1	L2	L3	N	U1	V1	W1	103	104	PE
三相四线电源				接电动机			接变送器		接地

随电动机容量而改变的设备配置表

被控电动机功率 (kW)	1.5	2.2	3	4	5.5	7.5	11	15	18.5	22	30	37	45	55	75
电动机额定电流 (A)	3	4.5	6	8	11	15	22	29	36	42	57	70	84	103	140
断路器脱扣器额定电流 (A)	6	10	10	16	16	20	32	40	50	63	80	100	125	160	180
变频器的对应型号 (RNB3000系列)	3001	3002	3003	3004	3005	3007	3011	3015	3018	3022	3030	3037	3045	3055	3075
电流互感器变比	10/5	10/5	15/5	15/5	20/5	30/5	40/5	50/5	75/5	75/5	100/5	150/5	200/5	200/5	250/5
外形尺寸:宽×高×深(mm)	350×800×300			400×1000×350			500×1300×400			600×1500×400			600×1700×450		

技术要求:

1. 元器件的选用和安装应符合设计和标准要求。
2. 电流回路采用 2.5mm²铜芯绝缘导线。
3. 电压回路采用 1.5mm²铜芯绝缘导线。
4. 布线要横平竖直，线束扎紧无叠（绞）线，端头压紧牢固，元件代号标识清楚粘贴牢固。

说明:

由于电涌保护器在各种类型的供电方式中，所选用的产品型号也不同（如 TT、NT、TT–C、TN–C–S 等供电系统中及保护级别），所以在二次接线图中没有画出。本方案以 TT 或 TN–S 供电系统为例，推荐选用广州雷迅公司生产的 SPD 系列产品中的 ASPFLD2–40/4P 型，熔断器选用 RT14 或 18 型的 4 只（与保护器一对一），额定电流 32A，分断电流 10kA。用 10mm²铜软线接在电源进线端，出线端用 16mm²铜软线接地排。

变频器控制说明:

按动起动按钮，水泵电机开始运行，根据流量变送器的输出信号，使变频器自动调节水泵转速。

变频器控制端子说明:

1, 2– 故障输出端子;
6, 7, – 模拟量电流输入端子;
6, 8– 模拟量输出端子;
19, 20– 正转运行端子;

序号	元件代号	名称	型号规格	数量	备注
1	QF	塑壳断路器	CM1–□□Z/3300–□A	1	常熟开关制造公司
2	TAu、TAv、TAw	电流互感器	LMK–0.66 □/5A	3	
3	UP	变频调速器	RNB3000–□kW	1	上海雷诺尔电气公司
4	1FU ～ 5FU	熔断器	JF5–2.5RD/6A	5	其中1FU～3FU为2A
5	1PA ～ 3PA	电流表	6L2–A □/5A	3	
6	PF	频率表	6L2–Hz 0–10V/0–50Hz	1	
7	PV	电压表	6L2–V 0 ～ 450V	1	
8	SV	电压转换开关	LW12–16DHY3/3	1	
9	HLG.HLR.1HLY.2HLY	指示灯	AD16–22/41–220V	3	
10	1SB、2SB	按钮开关	LA23–11	2	
11	KA	中间继电器	JZ7–44/220V	1	
12	BL	流量变送器	4 ～ 20mA/DC24V	1	
13	SL	液位控制器		1	

图 15–348 单台交流电动机变频调速排污泵控制设备热继保护二次原理图

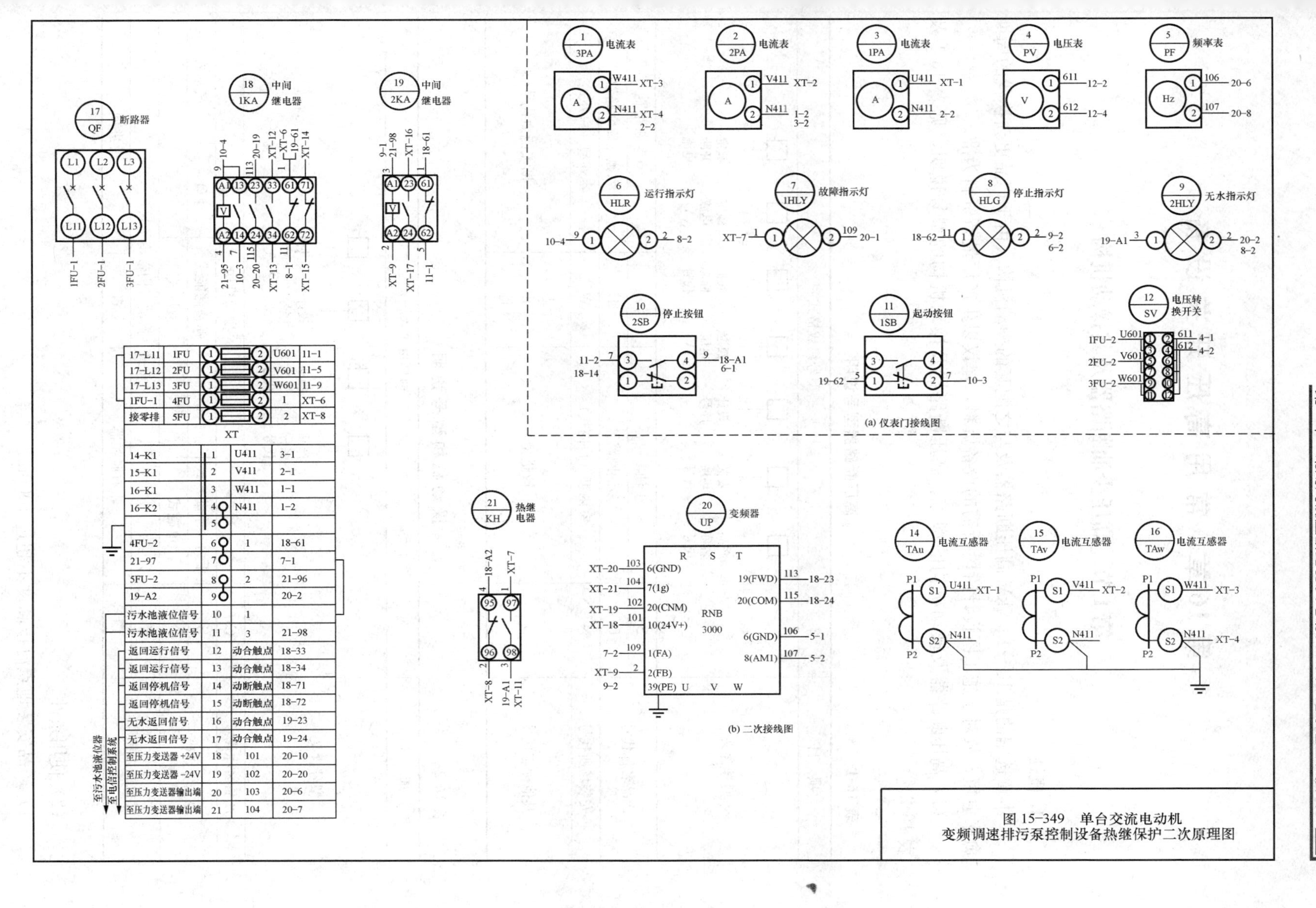

17-L11	1FU	U601	11-1
17-L12	2FU	V601	11-5
17-L13	3FU	W601	11-9
1FU-1	4FU	1	XT-6
接零排	5FU	2	XT-8

XT			
14-K1	1	U411	3-1
15-K1	2	V411	2-1
16-K1	3	W411	1-1
16-K2	4	N411	1-2
	5		
4FU-2	6	1	18-61
21-97	7		7-1
5FU-2	8	2	21-96
19-A2	9		20-2
污水池液位信号	10	1	
污水池液位信号	11	3	21-98
返回运行信号	12	动合触点	18-33
返回运行信号	13	动合触点	18-34
返回停机信号	14	动断触点	18-71
返回停机信号	15	动断触点	18-72
无水返回信号	16	动合触点	19-23
无水返回信号	17	动合触点	19-24
至压力变送器+24V	18	101	20-10
至压力变送器-24V	19	102	20-20
至压力变送器输出端	20	103	20-6
至压力变送器输出端	21	104	20-7

图 15-349　单台交流电动机变频调速排污泵控制设备热继保护二次原理图

第16章　常用高压开关设备

第1节　高压少油断路器及其操动机构

1. 概述

本章选编的是10～40.5kV高压断路器及与之配套的操动机构。由于产品更新换代的周期愈来愈短，故对于施工图设计阶段所需的设备资料，建议以生产厂最新资料为准。

（1）高压断路器及操动机构的型号。高压断路器及操动机构的型号说明，见表16-1及表16-2。

表16-1　高压断路器型号说明

项　目	型号组成格式			
型号含义	□□□-□□/□-□ 产品名称代号、安装场所代号、设计序号、额定电压（kV）、其他标志代号、额定电流（A）、额定开断电流（kA）			
产品名称代号	S	少油断路器	Z	真空断路器
	D	多油断路器	L	六氟化硫断路器
安装场所代号	N	室内型（户内式）	W	室外型（户外式）
其他标志代号	G	改进型	Ⅰ Ⅱ Ⅲ	断流能力代号

表16-2　操动机构型号说明

项　目	型号组成格式					
型号含义	□□□□ 产品名称代号、操动方式代号、设计序号、其他标志代号					
产品名称代号	C	操动机构				
操动方式代号	S	手力（手动）式	T	弹簧储能式	Q	气动式
	D	电磁式	Y	液压式		
其他标志代号	X	箱式（操动机构带箱子）				
	T	带有脱扣器	G	改进型		

（2）使用条件。

1）产品安装地点海拔高度不超过1000m。

2）环境温度不高于+40℃，不低于−30℃。

3）用于户内的产品，相对湿度不大于90%（25℃）。

4）没有火灾、爆炸、严重腐蚀金属及绝缘材料的化学气体和蒸汽的场所。

5）没有剧烈振动的场所。

（3）订货须知。订货时应向制造厂提供如下内容。

1）产品的名称、型号、数量。

2）额定电压、额定电流、额定开断电流。

3）产品的安装方式（水平安装、垂直安装）。

4）操作机构的名称、型号，分、合闸线圈的电压和电流，电动机的型号、规格，操动机构与断路器的连接位置和安装方式。

5）附带电流互感器的型号、规格、数量和电流比、准确级、二次负载。

6）订购湿热型、高海拔、污秽型产品以及有防盐雾等要求时，需特殊注明。断路器装于户外时，是否要加热器也应注明。

7）对产品有特殊要求，有技术协议时，应在订货时指出。

2. SN10-10系列户内高压少油断路器

（1）用途。SN10-10系列户内高压少油断路器是三相、户内高压电器设备，是全国统一设计的系列化产品。适用于额定电压为10kV、交流50Hz的电力系统中，供发电厂、变电所、工矿企业作为电力设备和电力线路的控制与保护之用。也可用于操作较频繁的地方和开断电容器组，能进行快速自动重合闸操作。

断路器一般配用CD10Ⅰ、Ⅱ、Ⅲ型直流电磁操动机构，除SN10-10Ⅲ型断路器外，还可配用CT7、或CT8型弹簧储能操动机构。湖南开关厂生产的断路器还可配用CD14型直流电磁操动机构。

断路器可安装于固定式开关柜内或手车式开关柜内使用，也可单独装配后使用。

（2）型式结构。SN10-10系列高压少油断路器分为框架式和手车式两种结构。

框架式断路器由框架、传动部分及油箱三部分组成。框架上装有分闸限位器、合闸缓冲器、分闸弹簧及6个支持绝缘子。传动部分包括断路器主轴、轴承、绝缘拉杆，主轴轴承装在框架上。油箱固定在支持绝缘子上，断路器下部是用球墨铸铁做成的底罩，底罩内有油缓冲器、传动拐臂、动触杆，动触杆顶端装有动触头。断路器中部是绝缘筒和上、下出线，筒内有纵横吹和机械油吹联合作用的灭弧室。灭弧室上有静触头，下出线上有滚动触头。开关上部是上帽，内装油气分离器，上帽侧面有一个排气孔，顶部有一个注油孔。

断路器导电回路是：上出线经静触头、动触杆、滚动触头到下出线。

当操动机构动作时，框架上的主轴带动绝缘拉杆，绝缘拉杆推动底罩拐臂，使动触杆上下运动从而实现断路器的分、合闸。

手车式断路器的基本结构和框架式一样，仅将框架式的框架改成车架并装有四个小轮子，可装于手车式开关柜内。

断路器有三种型式：Ⅰ、Ⅱ、Ⅲ型。SN10-10Ⅰ、Ⅱ型及SN10-10/1250-40型为单筒结构，SN10-10/2000-40型和SN10-10/3000-40型则系SN10-10/1250-40型（称主筒）再加一个副筒组成双筒结构。由于副筒不产生电弧，故其动、静触头不用耐弧合金，也不装灭弧室。合闸时，主筒触头先接触，副筒触头后接触；分闸时则相反，副筒触头先分开，主筒触头后分开。

(3) 技术数据。SN10-10 系列断路器技术数据见表 16-3。

表 16-3　　SN10-10 系列户内高压少油断路器技术数据

型号		额定电压（kV）	额定电流（A）	额定开断电流（kA）	额定断流容量（MVA）	极限通过电流峰值（kA）	热稳定电流有效值（kA）	合闸时间（s）	固有分闸时间（s）
SN10-10Ⅰ	SN10-10/630-16	10	630	16	300	40	16（2s）	≯0.2	≯0.06
	SN10-10/1000-16		1000						
SN10-10Ⅱ	SN10-10/1000-31.5	10	1000	31.5	500	80	31.5（2s）	≯0.2	≯0.06
SN10-10Ⅲ	SN10-10/1250-43.3	10	1250	43.3	750	130	43.3（2s）	≯0.2	≯0.06
	SN10-10/2000-43.3		2000				43.3（4s）		
	SN10-10/3000-43.3		3000						

型号		操作循环	机械寿命（次）	质量（kg） 油重	质量（kg） 自重（无油）	配用操动机构型号
SN10-10Ⅰ	SN10-10/630-16	分—0.5s—合分—180s—合分	2000	6	100	CD10Ⅰ、Ⅱ、CT7、CS2 等
	SN10-10/1000-16					
SN10-10Ⅱ	SN10-10/1000-31.5	同上	2000	8	120	CD10ⅡCT7 等
SN10-10Ⅲ	SN10-10/1250-43.3	分—180s—合分—180s—合分	1050	9	135	CD10Ⅲ
	SN10-10/2000-43.3			13	170	
	SN10-10/3000-43.3				190	

(4) 外形及安装尺寸。SN10-10 系列高压少油断路器外形及安装尺寸见图 16-1～图 16-3。

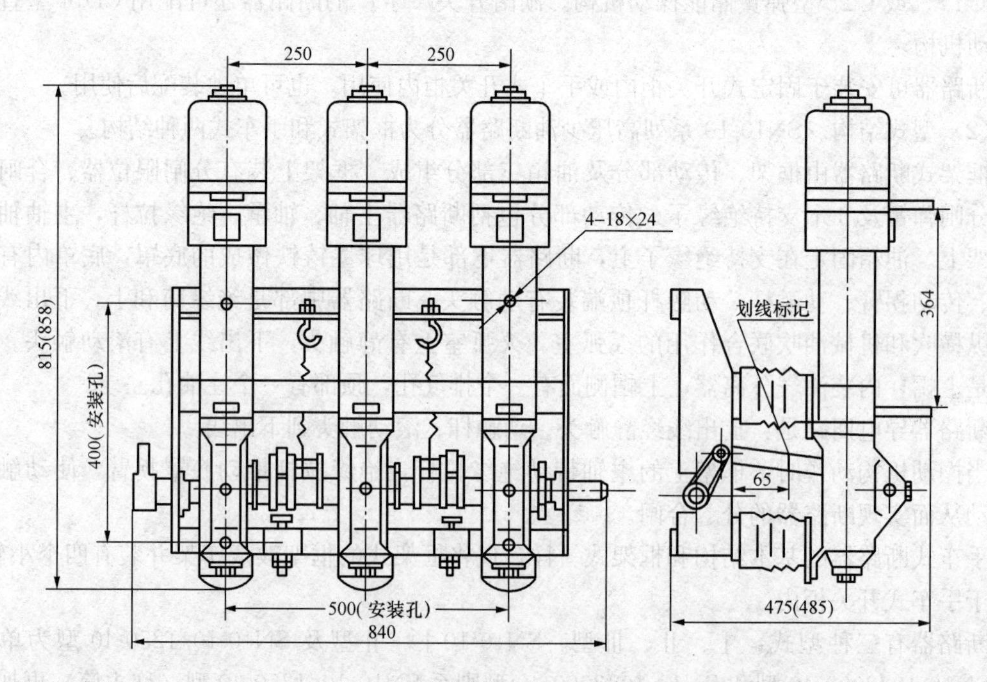

图 16-1　SN10-10 Ⅰ/Ⅱ 型户内高压少油断路器外形及安装尺寸

（产品的安装孔为 18mm×24mm 长孔，长轴为水平方向，括号内数字为Ⅱ型）

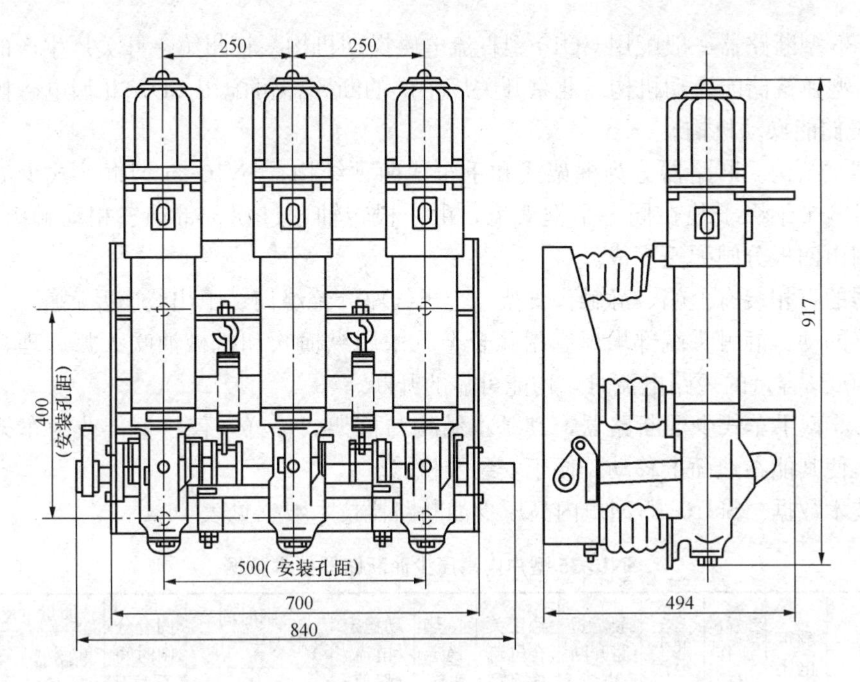

图 16-2 SN10-10Ⅲ/1250-40 型户内高压少油断路器外形及安装尺寸

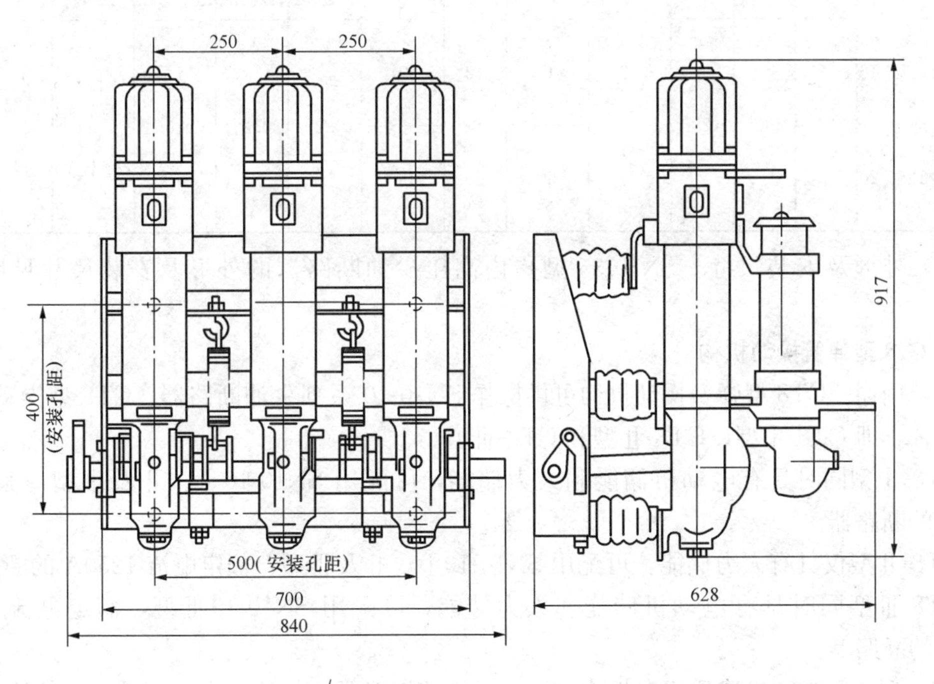

图 16-3 SN10-10Ⅲ$\Big/\frac{2000}{3000}$-40 型户内高压少油断路器外形及安装尺寸

3. SN10-35 型户内高压少油断路器

(1) 用途。SN10-35 型户内高压少油断路器是三相交流 50Hz、户内高压开关设备，适用于发电厂、变电所、工矿企业及其他具有相同要求的额定电压为 35kV 的电力系统，作为切换额定电流、短路故障之用，并可进行一次快速自动重合闸。

断路器可装于 35kV 手车式高压开关柜中使用，也可单独装于配电间内（车式和框架式）使用。

SN10-35 型断路器一般配用 CD10 型直流电磁操动机构，福州第一开关厂生产的断路器可配用 CT10 型弹簧储能操动机构。北京开关厂生产的断路器可配用 CD10Ⅱ型电磁操动机构或 CT7 型弹簧储能操动机构。

（2）型式结构。断路器分为框架式和手车式两种结构。SN10-35 型框架式少油断路器的三相是通过 6 个绝缘子装在同一个框架上，由一根转轴通过拐臂带动三相动触头一起动作，断路器分闸由四根分闸弹簧完成。

断路器的每相装有上帽、静触头支架、上出线座、绝缘筒、下出线座及底座。

断路器的动、静触头端部均焊有耐弧合金，采用纵横吹和机械油吹灭弧原理，因此在开断 10%～100%容量的短路电流时，均能可靠的开断。

SN10-35 型手车式少油断路器，其基本结构与框架式一样，仅将框架改为车架，并装四只小轮子，使其能在地面上移动，便于安装及检修。

（3）技术数据。SN10-35 型户内高压少油断路器技术数据见表 16-4。

表 16-4　　SN10-35 型户内高压少油断路器技术数据

<table>
<tr><th rowspan="2">型　号</th><th rowspan="2">额定电压（kV）</th><th rowspan="2">最高工作电压（kV）</th><th rowspan="2">额定电流（A）</th><th rowspan="2">额定短路开断电流（kA）</th><th rowspan="2">额定关合电流（峰值）（kA）</th><th rowspan="2">4s 热稳定电流（kA）</th><th rowspan="2">动稳定电流（峰值）（kA）</th><th colspan="2">合闸时间（不大于）（s）</th><th rowspan="2">固有分闸时间（不大于）（s）</th><th colspan="2">质量（kg）</th><th rowspan="2">操动机构</th></tr>
<tr><th>电磁操动机构</th><th>弹簧操动机构</th><th>断路器本体（无油）</th><th>油（三相）</th></tr>
<tr><td>SN10-35/1250-16</td><td rowspan="2">34</td><td rowspan="2">40.5</td><td rowspan="2">1250</td><td>16</td><td>40</td><td>16</td><td>40</td><td rowspan="2">0.25</td><td rowspan="2">0.20</td><td rowspan="2">0.06</td><td rowspan="2">400（手车式）
200（框架式）</td><td rowspan="2">15</td><td>CD10-Ⅱ
CT10
CT7</td></tr>
<tr><td>SN10-35/1250-20</td><td>20</td><td>50</td><td>20</td><td>50</td><td>CD10-Ⅲ
CT10
CT7</td></tr>
</table>

（4）外形及安装尺寸。SN10-35 型户内高压少油断路器的外形及安装尺寸见图 16-4、图 16-5。

4. CT8 型弹簧操动机构

（1）用途。CT8 型弹簧操动机构可供操作 SN10-10 系列少油断路器。CT8 型操动机构可分为三种，即 CT8-Ⅰ型、CT8-Ⅱ型和 CT8-Ⅲ型。

CT8-Ⅰ型同时具有电动机储能和人力储能，可配用 SN10-10Ⅰ、Ⅱ及Ⅲ型，额定电流 1250A 的断路器。

CT8-Ⅱ型仅具有人力储能，可配用 SN10-10Ⅰ、Ⅱ及Ⅲ型，额定电流 1250A 的断路器。

CT8-Ⅲ型同时具有电动机储能和人力储能，可配用 SN10-10Ⅲ型，额定电流 2000A、3000A 的断路器。

CT8 型弹簧操动机构采用夹板式结构，机构的储能驱动部分、合闸驱动的凸轮连杆部分、合闸电磁铁等布置在左右侧板之间。合闸弹簧布置在左右侧板外侧，右侧板外侧还布置着切换电机回路的行程开关、过电流脱扣电磁铁或过电流脱扣器、由独立电源供电的分闸电磁铁、欠电压脱扣器。左侧板外侧布置着接线端子。储能电机和辅助开关布置在机构下部。分、合闸按钮布置在机构正面上方左右两边，储能指示与分、合闸指示也布置在机构正面。机构通过固定在左右侧板上的两根角钢上的安装孔，用 M12 螺栓安装在开关柜或断路器手车上。

操动机构的分闸操作由过电流脱扣器、过电流脱扣电磁铁、由独立电源供电的分闸电磁

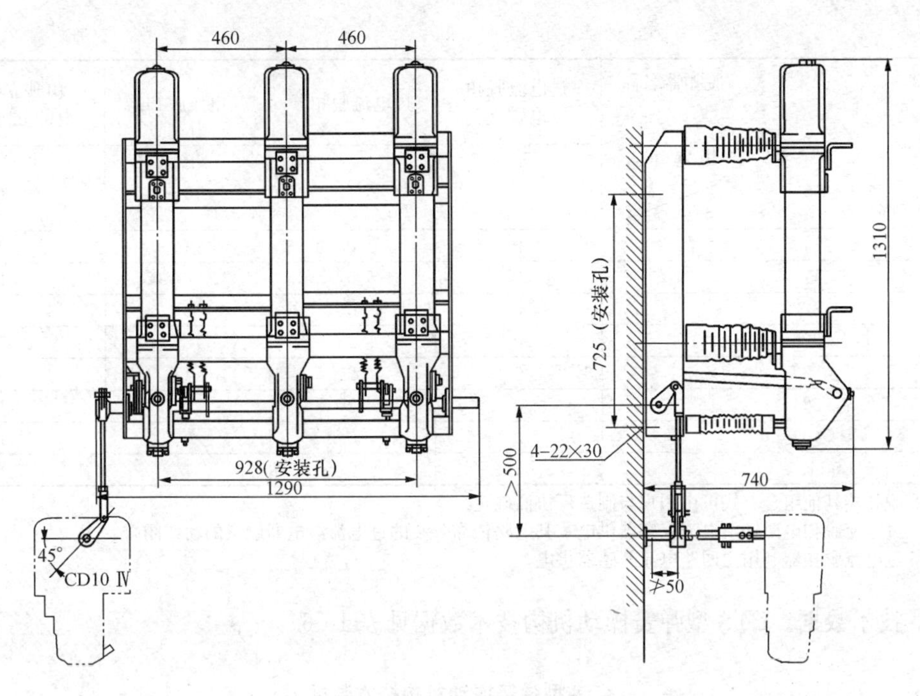

图 16-4　框架式 SN10-35 型户内高压少油断路器外形及安装尺寸

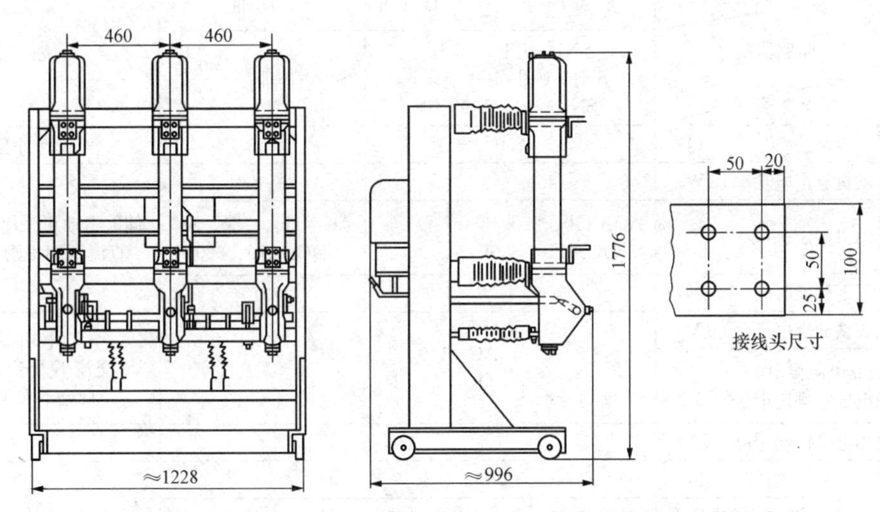

图 16-5　手车式 SN10-35 型户内高压少油断路器外形及安装尺寸

铁、欠电压脱扣器、手动按钮多种方式来实现。可手动按钮和电动（合闸电磁铁）合闸操作。

CT8 型弹簧操动机构脱扣器的组合及其代号见表 16-5。

表 16-5　　CT8 型弹簧操动机构脱扣器的组合及其代号

脱扣器名称 / 脱扣器代号 / 脱扣器数量（个） / 脱扣器组合代号	过电流脱扣电磁铁	过电流脱扣器	欠电压脱扣器	由独立电源供电的分闸电磁铁
	1	2	3	4
111	3	0	0	0
110	2	0	0	0

续表

脱扣器名称 / 脱扣器代号 / 脱扣器数量（个） / 脱扣器组合代号	过电流脱扣电磁铁	过电流脱扣器	欠电压脱扣器	由独立电源供电的分闸电磁铁
	1	2	3	4
113	2	0	1	0
114	2	0	0	1
222	0	3	0	0
220	0	2	0	0
223	0	2	1	0
224	0	2	0	1
400	0	0	0	1
1134	2	0	1	1

注 1. 脱扣器其他组合方式可由用户与制造厂协商确定。
2. 过电流脱扣电磁铁由电流互感器供电，其电路依靠分装的过电流继电器触点的动作闭合。
3. 过电流脱扣器利用主回路电流互感器供电。

（2）技术数据。CT8型弹簧操动机构技术数据见表16-6。

表16-6　　CT8型弹簧操动机构技术数据

机构型号 / 断路器型号 / 名称	CT8-Ⅰ	CT8-Ⅱ	CT8-Ⅲ	备注
断路器型号	SN10-10Ⅰ/630-16 SN10-10Ⅱ/1000-31.5 SN10-10Ⅲ/1250-40		SN10-10Ⅲ/$\frac{2000}{3000}$-40	
合闸功　(J)	250		350	设计计算值
储能电动机额定电功率　(W)	≤450		≤450	
储能电动机额定电压　(V)	AC：110、220、380 DC：110、220		AC：110、220、380 DC：110、220	储能电动机采用HDZ型交直流两用串励式电动机
额定电压下储能时间　(s)	<6		<10	
合闸电磁铁额定电压　(V)	AC：110、220、380 DC：48、110、220			电功率： 交流不大于1500VA 直流不大于1kW
由独立电源供电的分闸电磁铁额定电压　(V)				
过电流脱扣电磁铁额定电流(A)	5			
过电流脱扣器　整定值　(A)	3.5、5、7.5、10			
过电流脱扣器　每级脱扣电流的准确度	±10%			
欠电压脱扣器额定电压(V)	AC：110、220、380			电功率不大于40VA
辅助开关触点能通过的持续电流(A)	10			具有6对动合触点和6对动断触点
行程开关触点能通过的持续电流(A)	2			具有二对转换触点
接线端子能通过的持续电流(A)	10			
合闸时间　(s)	≯0.15			
固有分闸时间　(s)	≤0.06		≤0.07（主筒）	
机构输出轴工作转角　(°)	68°～71°			
机构寿命　(次)	10 000			
质量　(kg)	45	40	55	

（3）电气接线。CT8 型弹簧操动机构的电气接线如图 16-6～图 16-12 所示。

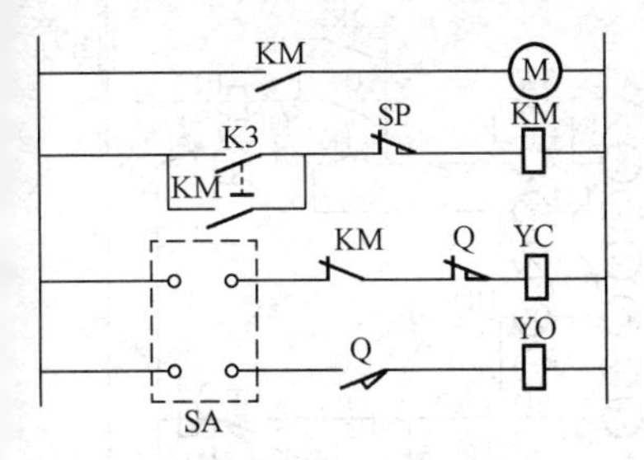

图 16-6　CT8 型弹簧操动机构控制回路原理图

M—机构的控制电动机；KM—中间继电器；SP—机构的行程开关；YC—机构的合闸电磁铁；YO—机构的由独立电源供电的分闸电磁铁；Q—机构的辅助开关；K3—组合开关；SA—控制开关

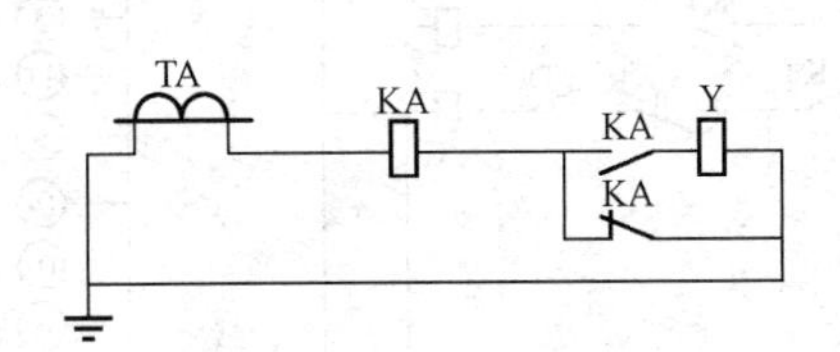

图 16-7　CT8 型弹簧操动机构选用 1 型脱扣器的过电流保护系统原理图

TA—电流互感器；KA—过电流继电器；Y—机构过电流脱扣电磁铁线圈

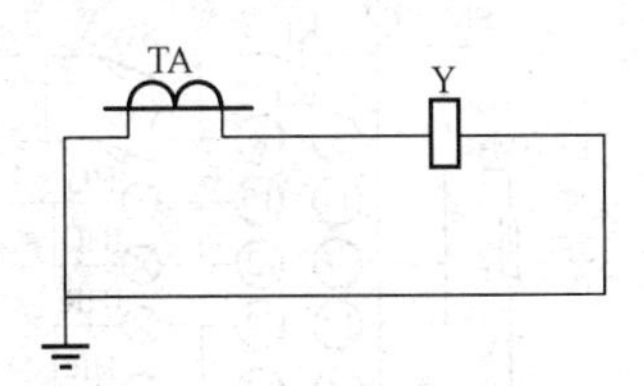

图 16-8　CT8 型弹簧操动机构选用 2 型脱扣器的过电流保护系统原理图

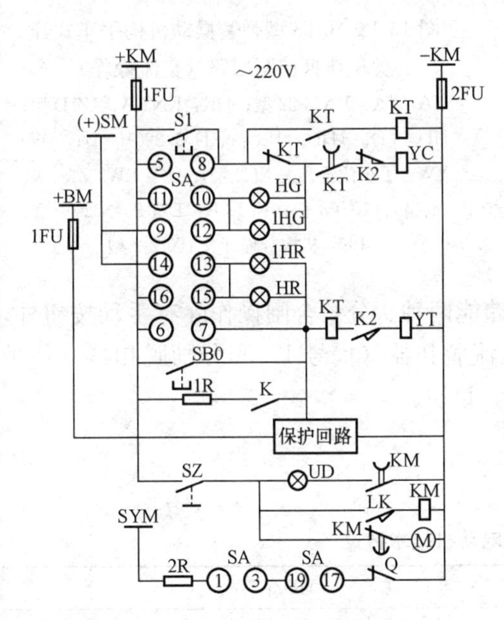

图 16-9　CT8 型弹簧操动机构固定式开关柜典型控制回路（直流操作）

HA、TA：LA18-22 型；HD、HG、1HR、1HG：XD5/220V 型；HK：HK3-A1ZID 型；KK：LW2-Z-1a、4、6a、40、20/F8 型；LK：机构行程开关 LX12-2 型；KT：DZB-214/220V，1A 型；KM：JT3-22/1、220V 型

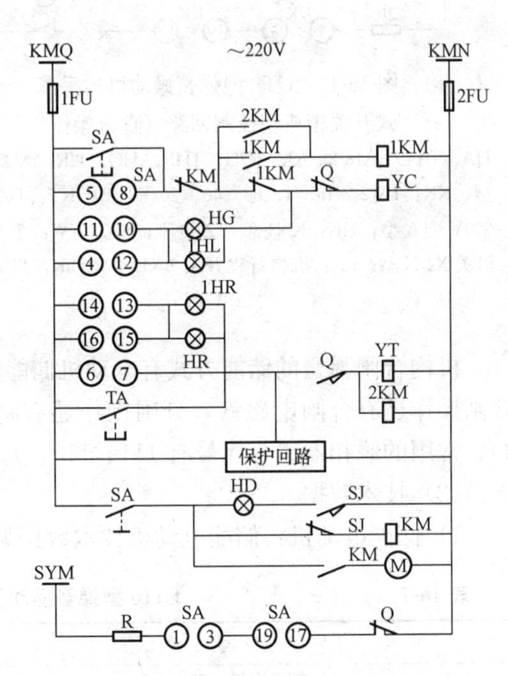

图 16-10　CT8 型弹簧操动机构固定式开关柜典型控制回路（交流操作）

HA、TA：LA1S-22 型；HK：KN3-A、1Z1D 型；HR、HG、1HR、1HG：XD-5/220V 型；KK：LW2-Z、1a、4、6a、40、20/F8 型；1～2KM：DZ-52/220～220V 型；LK：机构行程开关 LX12-2 型；KM：JZ14-44J/4～220V 型

5. CT10 型弹簧操动机构

（1）用途。CT10 型弹簧操动机构用于操动 SN10-35 型高压少油断路器，可用于固定式及手车式开关柜，能满足交、直流操作的要求。

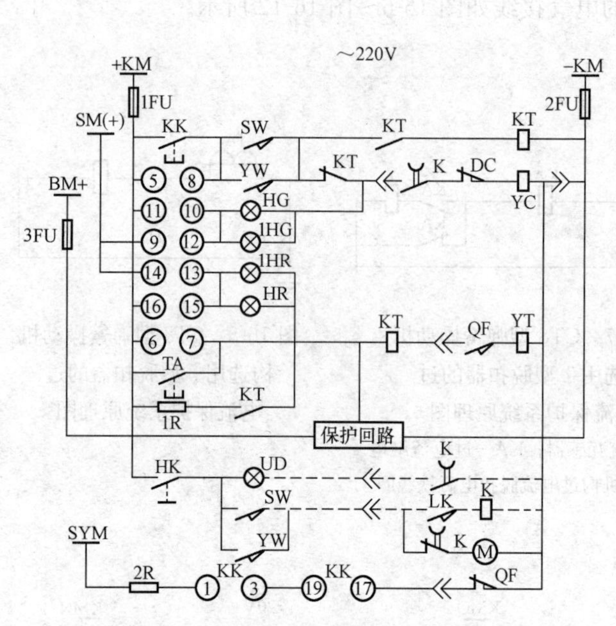

图 16-11　CT8 型弹簧操动机构手车式开关柜典型控制回路（直流操作）

HA、TA：LA18-22 型；1HG、1HR、HG、HR：XD5/220V 型；KK：LW2-Z-1a、4、6a、40、20/F8 型；KT：DZB-214/220V，1A 型；HK：KN3-A、1Z1D 型；SW、YW：手车位置开关 X2-N 型；LK：机构行程开关 LX12-2 型；K：JT3-22/1，220V 型

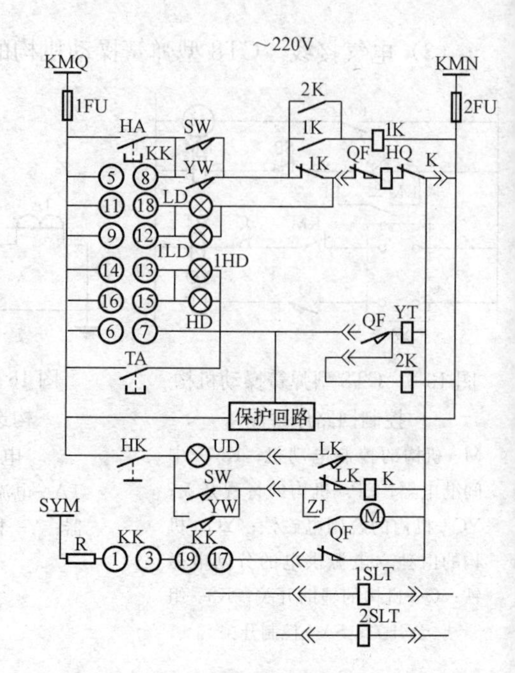

图 16-12　CT8 型弹簧操动机构手车式开关柜典型控制回路（交流操作）

HA、TA：LA18-22 型；HK：KN3-A、1Z1D 型；HD、LD、1HD、1LD：XD 5/220V 型；SW、YW：手车位置开关 XN2 型；KK：LW2-Z1a、4、6a、40、20/F8 型；K.1-2K：DZJ-204/220V 型；LK：机构行程开关 LX12-2 型

机构合闸弹簧的储能方式有电动机储能和手力储能两种。分、合闸操作除有手动按钮外，合闸操作还有合闸电磁铁，分闸操作还有瞬时过电流脱扣器（代号 1）和分励脱扣器（代号 4)。常用的脱扣器组合代号有 111、110、114、400、1114。

（2）技术数据。

1）储能电动机：储能电动机技术数据见表 16-7。

表 16-7　CT10 型弹簧操动机构储能电动机技术数据

型　号	HDZ_1-6
额定电压（V）	≃110、≃220、~380
额定电压下功率（W）	≤600
电动机工作电压范围	85%～110%额定电压
额定工作电压下储能时间（s）	不大于 10

2）合闸线圈：合闸线圈技术数据见表 16-8。

表 16-8　CT10 型弹簧操动机构合闸线圈技术数据

<table>
<tr><td colspan="2">电压种类</td><td colspan="3">交　流</td><td colspan="3">直　流</td></tr>
<tr><td colspan="2">额定电压（V）</td><td>110</td><td>220</td><td>380</td><td>48</td><td>110</td><td>220</td></tr>
<tr><td rowspan="2">额定电流（A）</td><td>铁心起动</td><td>18</td><td>9.1</td><td>5</td><td rowspan="2">32</td><td rowspan="2">15.7</td><td rowspan="2">7.2</td></tr>
<tr><td>铁心吸合</td><td>14</td><td>7.1</td><td>3.6</td></tr>
</table>

续表

电压种类		交　流			直　流		
额定功率（交流 VA）（直流 W）	铁心起动	1980	1980	1900	1540	1727	1588
	铁心吸合	1540	1562	1368			
正常工作电压范围（V）		0.85～1.10 额定电压					

3）分励脱扣器：分励脱扣器（4 型脱扣器）技术数据见表 16-19。

表 16-9　CT10 型弹簧操动机构分励脱扣器（4 型脱扣器）技术数据

电压种类		交　流			直　流		
额定电压（V）		110	220	380	48	110	220
额定电流（A）	铁心起动	12	6	3	9.6	5	2.34
	铁心吸合	7	3.5	2			
额定功率（交流 VA）（直流 W）	铁心起动	1320	1320	1140	460	550	515
	铁心吸合	770	770	760			
正常工作电压范围（V）		0.65～1.20 额定电压					

4）瞬时过电流脱扣器（1 型脱扣器）：瞬时过电流脱扣器动作电流为 5A，阻抗不大于 1.5Ω。

5）辅助开关：共有 6 对动合触头，6 对动断触头，额定电流为 10A。

6）行程开关：共有两对切换触头，触头额定电流为 4A（250V）时。

7）接线端子：共有 24 挡接线端头，额定电流为 10A。

8）机构输出轴工作转角：68°～71°。

9）机构机械寿命：2000 次以上。

10）机构配合 SN10-35 型少油断路器时的动作时间：

a. 合闸时间：不大于 0.2s。

b. 固有分闸时间：不大于 0.06s（配瞬时过电流脱扣器时，固有分闸时间不做考核）。

c. 一次自动重合闸无电流间隙时间：0.3s。

11）手力储能操作力矩：最大操作力矩约为 70N·m。

（3）电气接线。CT10 型弹簧操动机构控制接线及内部接线如图 16-13 及图 16-14 所示。

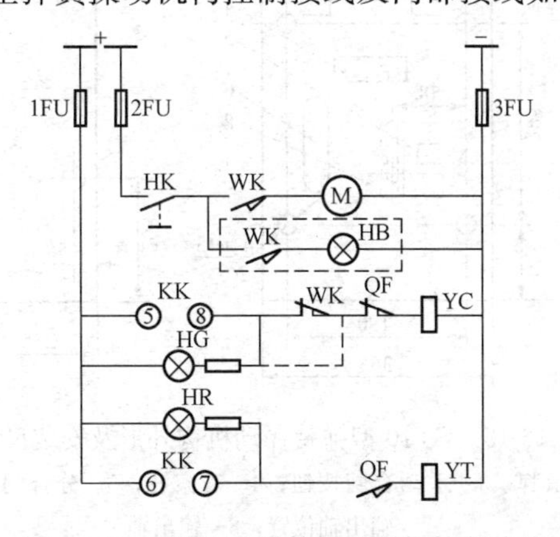

图 16-13　CT10 型弹簧操动机构控制接线

M—电动机；WK—行程开关；QF—辅助开关触头；YC—合闸线圈；YT—分闸线圈；
HK—组合开关；KK—控制开关；1、2、3FU—熔断器；HG、HR、HB—信号灯

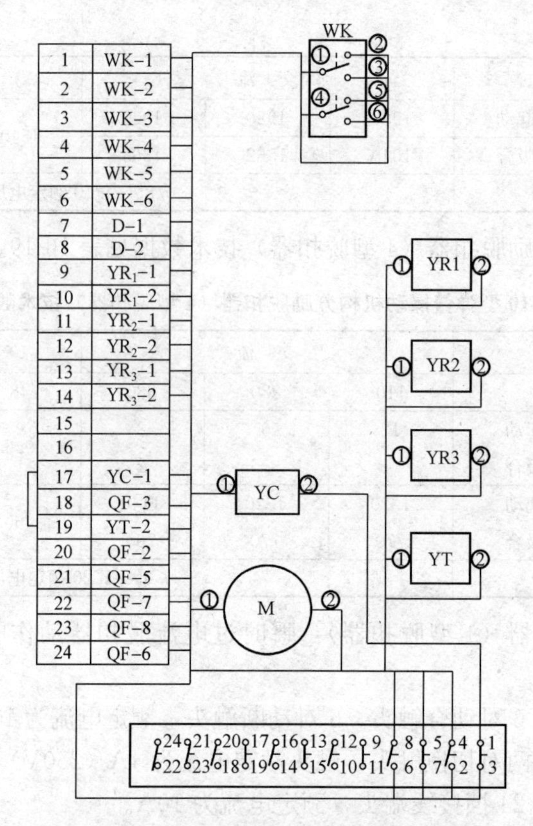

图 16-14　CT10 型弹簧操动机构内部接线

（本图是以三个过电流脱扣器、一个分励脱扣器为例）

M—电动机；WK—行程开关；YR1～YR3—瞬时过电流脱扣器；YC—合闸线圈；YT—分闸线圈

（4）外形及安装尺寸。CT10 型弹簧操动机构外形及安装尺寸如图 16-15 所示。

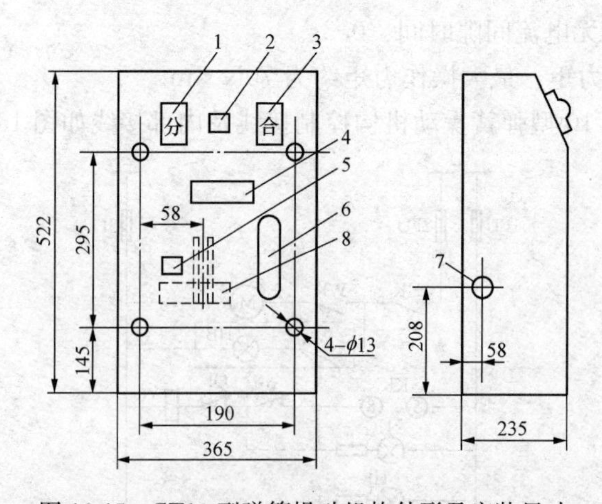

图 16-15　CT10 型弹簧操动机构外形及安装尺寸

1—手动分闸按钮；2—储能指示牌；3—手动合闸按钮；4—观察孔；5—分合闸指示牌；6—手动储能手柄孔；7—辅出轴位置；8—输出轴

第2节 户内高压交流 SF_6 断路器

1. LN2-12、40.5 系列户内高压交流 SF_6 断路器

(1) 用途。LN2-12、40.5 系列户内高压交流 SF_6 断路器是交流 50Hz 三相户内装置，可供工矿企业、发电厂及变电所作保护和控制之用，适用于频繁操作的场所。产品符合 GB 3906 和 IEC 有关标准。SF_6 断路器外形见图 16-16。

图 16-16 SF_6 断路器外形

(2) 主要技术参数。SF_6 断路器主要技术参数见表 16-10。

(3) 结构及特点。灭弧室采用旋弧＋压气原理，能可靠开断大小电流，动静触头磨损小。外绝缘采用整体压注的环氧树脂绝缘筒，绝缘性能好、强度高，内绝缘采用 SF_6 气体。操动机构选用 CT12 型弹簧操动机构（电动机交、直流两用），机械寿命长、可靠性高、操作功小。采用 MKZ-Ⅰ密度控制器来监视 SF_6 气体，气体压力不随环境温度变化而变化，即具有温度自动补偿功能。

表 16-10 SF_6 断路器主要技术参数

项　目		参　数	
额定电压		12	40.5
额定绝缘水平	1min 工频耐压（kV）	42	95
	雷电冲击耐受电压（峰值，kV）	75	185
额定电流（A）		1250	1600
额定短路开断电流（kA）		31.5	25
额定短路关合电流（峰值，kA）		80	63
额定峰值耐受电流（kA）		80	63
额定短时耐受电流（kA）		31.5	25
额定短路持续时间（s）		4	4
机械寿命（次）		10 000	10 000
六氟化硫额定压力（MPa）	表压（20°）	0.55	0.65
闭锁压力（MPa）		0.50	0.59
补气压力（MPa）		0.50	0.59
年漏气气率（%）		≤1	
水分含量（体积分数，%）		≤15 010^{-4}	
额定操作电压（V）		DC/AC220、110V	
额定分、合闸电流（A）		见 CT12 厂家样本	
额定操作顺序		分—0.3s—合分—180s—合分	

适用面广，可配移开式开关设备类型有 JYN1-40.5、KYN72-40.5；也可作为固定式安装。

(4) 外形安装尺寸图。外形安装尺寸见图 16-17、图 16-18。

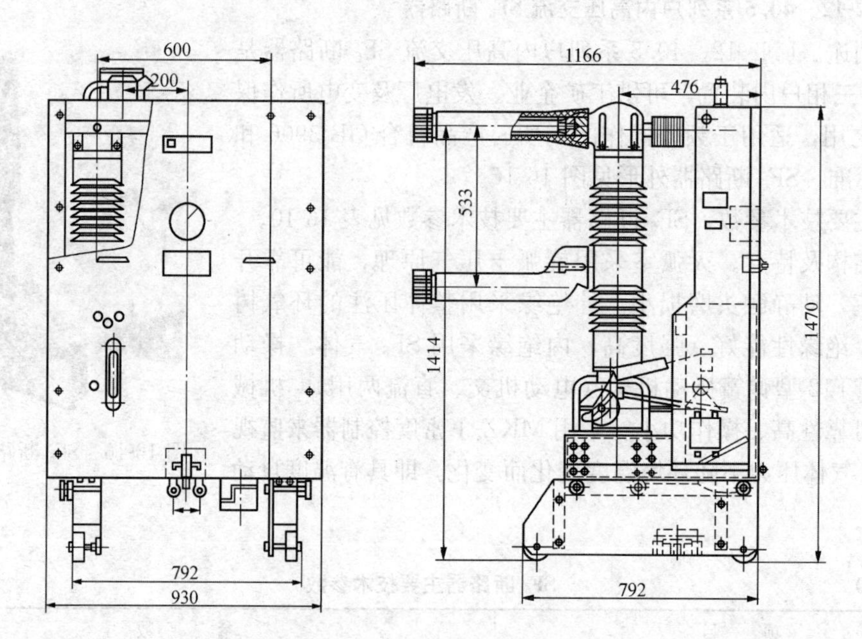

图 16-17 LN2-40.5 型外形安装尺寸

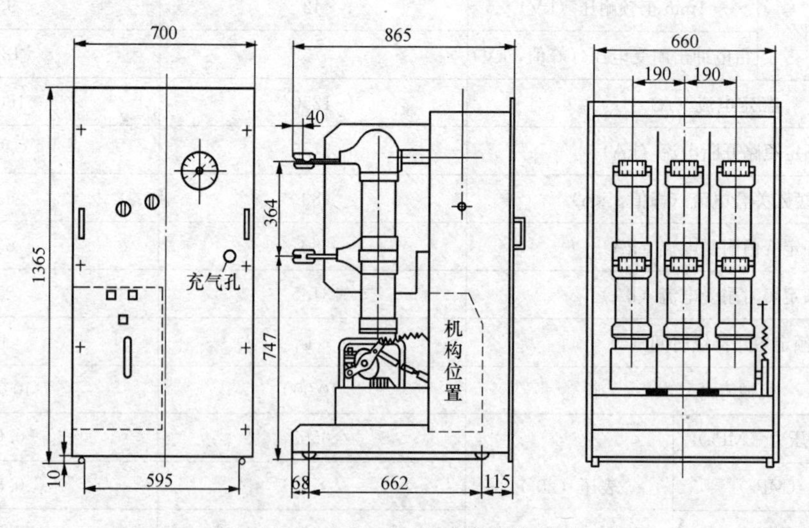

图 16-18 LN2-12 型外形安装尺寸

(5) 订货须知。订货时须注明产品型号、名称及数量，额定电流、额定电压及额定短路开断电流；操动机构脱扣器组合代号及合、分闸电压；六氟化硫气瓶规格（5、10、20、40L）及数量。

2. LN3-72.5 型户内高压交流 SF_6 断路器

(1) 用途。LN3-72.5 型户内高压交流 SF_6 断路器系三相交流 50Hz 高压电器设备，主要用于输变电线路的保护，也可作联络断路器使用。

（2）主要技术参数。主要技术参数见表16-11。

表16-11　　LN3-72.5型断路器主要技术参数

项　目	数　据	项　目	数　据
额定电压（kV）	72.5	分闸时间（s）	≤0.03
额定电流（A）	2500	合闸时间（s）	≤0.15
额定短路开断电流（kA）	31.5	开断时间（s）	≤0.06
额定短路关合电流（峰值，kA）	80	分—合时间（s）	≥0.3
额定短路持续时间（s）	4	合—分时间（s）	0.08-8.01
额定短时耐受电流（kA）	31.5	机械寿命（次）	3000
额定峰值耐受电流（峰值，kA）	80		

（3）结构及特点。该断路器三相组装在一个框架上，每相一桩单断口，配有CT15型弹簧操动机构，三相灭弧室的所有可动部件都机械地连接到弹簧操动机构上，分闸操作由分闸弹簧完成，合闸操作则由电动机通过棘轮连杆储能的合闸弹簧来完成。

（4）外形安装尺寸图。外形安装尺寸见图16-19。

（5）订货须知。订货时须注明断路器的型号、名称；断路器的额定电压、额定电流、额定短路开断电流；控制电源电压（DC220V或DC110V）；储能电动机电源（AC220V或DC220V）。

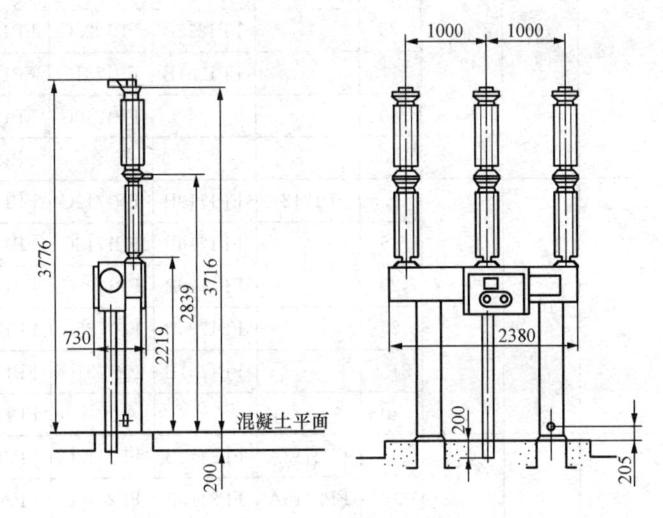

图16-19　LN3-72.5型断路器外形安装尺寸

3. LN5-7.2～40.5系列户内高压交流SF_6断路器

（1）用途。LN5-7.2～40.5系列户内高压交流SF_6断路器，适用于三相交流50Hz、电压3.6～35kV电力系统中，供工矿企业、发电厂及变电所作保护和控制之用，也可用作联络断路器。

该系列产品是苏州阿海珐开关有限公司引进法国ALSTOM公司技术生产的，引进产品为FP系列SF_6断路器。

（2）主要技术参数。主要技术参数见表16-12。

（3）结构及特点。LN5系列（FP）断路器系列范围很广，能适用于各种不同的使用要求。

断路器为各极独立结构。各极均安置在共同的刚性底座上，操动机构也安装在底座上。

这种分极结构可使用不同的底座，因而可获得不同相距的断路器。每个极由一个灭弧元件组成，该元件封闭在由环氧树脂制成的外壳中。

表 16-12　　LN5-7.2～40.5 系列断路器主要技术参数

额定电压(kV)	绝缘水平(kV)		开断电流(kA)	工作电流(A)							
	冲击耐受电压(峰值)	1min工频耐受电压(50Hz)		400	630	800	1250	1600	2000	2500	3150
7.2	60	30①、23	16	FP0716A	FP0716B	FP0716C	FP0716D	FP0716E			
			20		FP0720B	FP0720C	FP0720D	FP0720E			
			25		FP0725B	FP0725C	FP0725D	FP0725E	FP0725F	FP0725G	
			31.5		FP0731B	FP0731C	FP0731D	FP0731E	FP0731F	FP0731G	
			40				FP0740D	FP0740E	FP0740F	FP0740G	FP0740H
			50				FP0750D	FP0750E	FP0750F	FP0750G	FP0750H
12	75、95①	30、42①	16	FP1216A	FP1216B	FP1216C	FP1216D	FP1216E			
			20	FP1220A	FP1220B	FP1220C	FP1220D	FP1220E			
			25		FP1225B	FP1225C	FP1225D	FP1225E	FP1225F	FP1225G	
			31.5		FP1231B	FP1231C	FP1231D	FP1231E	FP1231F	FP1231G	FP1231H
			40			FP1240C	FP1240D	FP1240E	FP1240F	FP1240G	FP1240H
			50				FP1250D	FP1250E	FP1250F	FP1250G	FP1250H
17.5	105	40	12.5	FP1712A	FP1712B	FP1712C	FP1712D	FP1712E			
			16		FP1716B	FP1716C	FP1716D	FP1716E			
			20		FP1720B	FP1720C	FP1720D	FP1720E	FP1720F	FP1720G	
			25		FP1725B	FP1725C	FP1725D	FP1725E	FP1275F	FP1725G	FP1725H
			31.5		FP1731B	FP1731C	FP1731D	FP1731E	FP1731F	FP1731G	FP1731H
			40				FP1740D	FP1740E	FP1740F	FP1740G	FP1740H
24	125	50	12.5	FP2412A	FP2412B	FP2412C	FP2412D	FP2412E			
			16	FP2416A	FP2416B	FP2416C	FP2416D	FP2416E			
			20		FP2420B	FP2420C	FP2420D	FP2420E	FP2420F	FP2420G	FP2420H
			25		FP2425B	FP2425C	FP2425D	FP2425E	FP2425F	FP2425G	FP2425H
			31.5			FP2431C	FP2431D	FP2431E	FP2431F	FP2431G	FP2431H
			40			FP2440C	FP2440D	FP2440E	FP2440F	FP2440G	FP2440H
36	170	70	12.5	FP3612A	FP3612B	FP3612C	FP3612D				
			16		FP3616B	FP3616C	FP3616D	FP3616E			
			20			FP3620C	FP3620D	FP3620E	FP3620F	FP3620G	FP3620H
			25			FP3625C	FP3625D	FP3625E	FP3625F	FP3625G	FP3625H
40.5①	185①	95①	12.5	FP4012A	FP4012B	FP4012C	FP4012D				
			16		FP4016B	FP4016C	FP4016D	FP4016E			
			20			FP4020C	FP4020D	FP4020E	FP4020F	FP4020G	FP4020H
			25			FP4025C	FP4025D	FP4025E	FP4025F	FP4025G	FP4025H
			31.5								

① 为满足 GB 标准的电压等级值。

由不同的底座、外壳和灭弧元件可组合成整个断路器系列。

下列性能均由灭弧元件来确定：①开断电压范围；②耐受过电流值；③工作电流值。

进线端和出线端之间以及相和地之间的绝缘强度是由外壳决定的；相间的绝缘强度是由极间距离决定的；40.5kV 等级最大爬电距离为 810mm。

在 LN5（FP）断路器系列中使用的标准底座有 4 种相距：230、250、350、460mm。

一般可将任何一个极安置在任何一种底座上，但最好选择最小的相距，以减小体积。对于更高的工作电流值，其相距的选择也将更大。

对于一些设备（如大的外壳，或直动式脱扣器）相距的优先值也略为提高。

断路器可正面布局，也可纵向布局。

（4）外形安装尺寸图。断路器外形安装尺寸见图 16-20 和表 16-13。

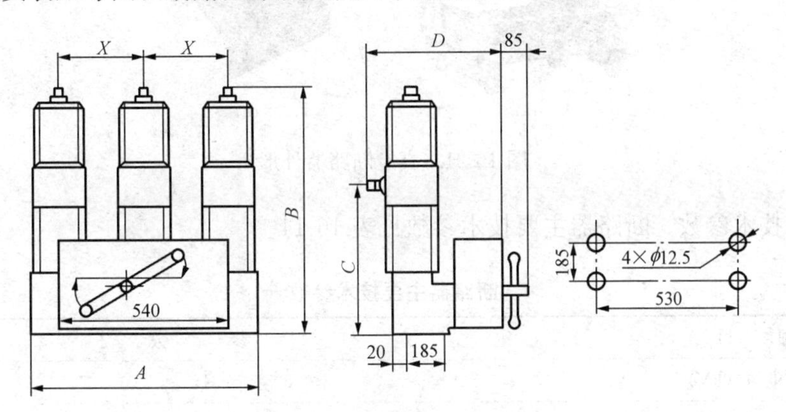

图 16-20　断路器外形安装尺寸

表 16-13　　**LN5-7.2～40.5 系列断路器外形安装尺寸**　　（mm）

X	250			350			460		
	<31.5kA	31.5kA 40kA	>40kA	≤25kA		31.5kA 40kA	≤20kA	25kA	≥31.5kA
				≤24kV	>24kV				
A	740	740		940	940	940	1160	1160	
B	922	1012		922	1012	1012	1012	1012	
C	504	594		504	594	594	594	594	
D	526	543		526	526	543	526	543	

（5）订货须知。订货时须注明断路器的型号、额定电压、额定电流、额定开断电流；断路器的极间中心距、机构的布局；断路器的附件和操动机构。

第 3 节　户内高压交流真空断路器

1. ZN12-12（3AF、REV1）系列户内高压交流真空断路器

（1）用途。ZN12-12（3AF、REV1）系列户内高压交流真空断路器为额定电压 12kV、三相交流 50Hz 的户内高压开关设备，其操动机构为弹簧储能式，可用交流或直流操作，也可用手动操作。

该断路器机构简单、开断能力强、寿命长、操作功能齐全、无爆炸危险。断路器适用于发电厂、变电站及输配电系统作为控制与保护设备，特别适合开断重要负载及一些需要频繁操作的场合，真空断路器外形见图 16-21。

(a) (b)

图 16-21 真空断路器外形

(2) 主要技术参数。断路器主要技术参数见表 16-14。

表 16-14 断路器主要技术参数

项目	参数				
额定电压（kV）	12				
额定雷电冲击耐受电压（kV）	75				
1min 工频耐受电压（kV）	42				
额定电流（A）	630 1250	630、1250、 1600、2000	1250、1600、 2000、2500	1600、2000、 2500、3150	3150 4000
额定频率（Hz）	50				
额定短路开断电流（kA）	16	25	31.5	40	50
额定短路关合电流（峰值，kA）	40	63	80（100）①	100（130）①	125
额定短时耐受电流（kA）	16	25	31.5	40	50
额定峰值耐受电流（kA）	40	63	80（100）①	100（130）①	125
额定短路开断电流开断次数（次）	50			20	
额定失步开断电流（kA）					12.5
额定操作顺序	分—0.3s—合分—180s—合分			分—180s—合分—180s—合分	
额定电流开断次数（次）	10 000				
机械寿命（次）	10 000				
额定电容器组开断电流（A）	630（单个电容器组）、400（背对背电容器组）				
额定短路持续时间（s）	4				
触头合闸弹跳时间（ms）	≤2			≤3	
合闸时间（ms）	≤85			20～85	
分闸时间（ms）	≤60			25～60	

续表

项目	参数				
开断时间（ms）	≤80				
触头累计磨损厚度（mm）	3				
储能电动机功率（W）	350				
储能电动机电压（V）	AC/DC 110、220				
额定电压储能时间（s）	≤15				
合闸电磁铁额定电压（V）	AC/DC 110、220				
分闸电磁铁额定电压（V）	AC/DC 110、220				
储能式脱扣器额定电压（V）	AC/DC 110、220				
欠电压脱扣器额定电压（V）	AC/DC 110、220				
过电流脱扣器额定电流（A）	5				
辅助开关额定电流（A）	AC 10/DC 5				
质量（kg）	120	120	124	130	308

① 括号内为超标准能够满足的参数。

（3）结构及特点。该系列真空断路器主要由操动机构、真空灭弧室及连接件三部分组成。灭弧室装在上、下出线座之间，六只环氧树脂绝缘子将灭弧室与机构相连。通过机构箱上的主轴、拉杆把运动从操动机构传到灭弧室动导电杆上。由上出线座、灭弧室、导电夹、软连接、下出线座等构成断路器的主回路。

断路器灭弧室采用钢铬触头材料，灭弧开断能力高、截流值较低，并且有很长的电寿命。操动机构采用两级蜗轮蜗杆减速，储能噪声低、机械寿命长。断路器除基本控制元件合、分闸电磁铁外，为了满足用户的不同要求，还可增加附加过电流或欠电压脱扣器。

（4）外形安装尺寸图。真空断路器外形安装尺寸见图16-22～图16～23、表16-15。

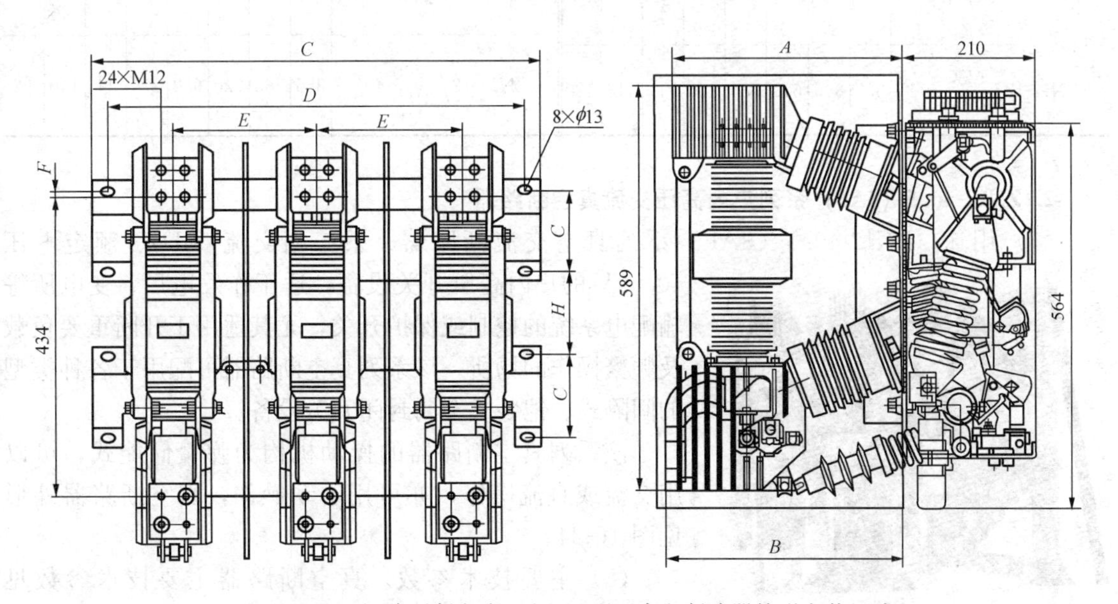

图16-22 （短路开断电流40kA以下）真空断路器外形安装尺寸

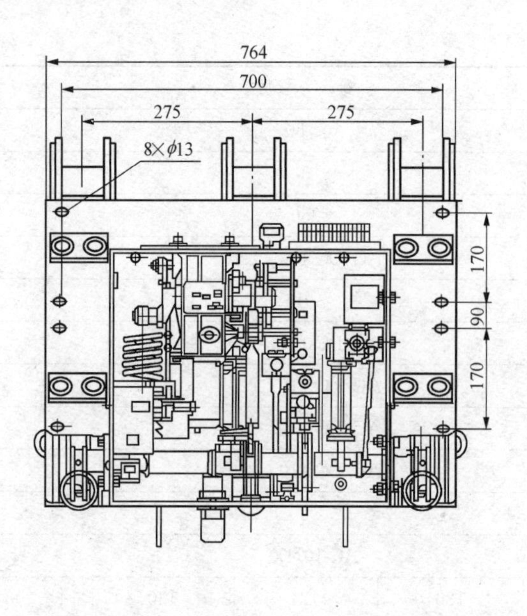

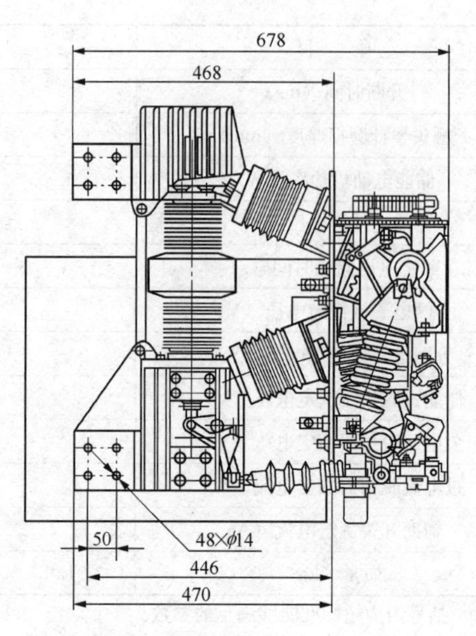

图 16-23 （短路开断电流 50kA）真空断路器外形安装尺寸

表 16-15　　　　真空断路器外形安装尺寸表

<table>
<tr><th>型号 \ 尺寸（mm）</th><th>A</th><th>B</th><th>C</th><th>D</th><th>E</th><th>F</th><th>G</th><th>H</th></tr>
<tr><td>ZN12-12/630-16</td><td rowspan="3">347</td><td rowspan="3">340</td><td rowspan="3">640</td><td rowspan="3">610</td><td rowspan="3">220</td><td rowspan="3">1</td><td rowspan="3">116</td><td rowspan="3">120</td></tr>
<tr><td>ZN12-12 $\frac{1250}{2000}$ -25</td></tr>
<tr><td>ZN12-12 $\frac{1250}{2000}$ -31.5</td></tr>
<tr><td>ZN12-12 $\frac{1250}{2000}$ -40</td><td>352</td><td>345</td><td>610</td><td>586</td><td>220</td><td>1</td><td>116</td><td>120</td></tr>
<tr><td>ZN12-12 $\frac{2500}{3150}$ -40</td><td>352</td><td>360</td><td>610</td><td>586</td><td>220</td><td>1</td><td>116</td><td>120</td></tr>
<tr><td>ZN12-12 $\frac{1250}{2000}$ -40</td><td>355</td><td>348</td><td>720</td><td>680</td><td>275</td><td>11</td><td>140</td><td>92</td></tr>
<tr><td>ZN12-12 $\frac{2500}{3150}$ -40</td><td>355</td><td>363</td><td>720</td><td>680</td><td>275</td><td>11</td><td>140</td><td>92</td></tr>
</table>

2. ZN12-40.5（3AF）系列户内高压交流真空断路器

（1）用途。ZN12-40.5（3AF）系列真空交流断路器，系三相交流 50Hz、额定电压 40.5kV 的户内高压开关设备，适于作发电厂、变电所等输配电系统的控制或保护开关，尤其适用于开断重要负载及频繁操作的场所。该系列真空断路器可配用于各种类型的间隔式、铠装式金属封闭开关设备。

图 16-24 真空断路器外形

该系列真空断路器的操动机构为弹簧储能式，可以用交流或直流操作，亦可用手动操作，真空断路器外形见图 16-24。

（2）主要技术参数。真空断路器主要技术参数见表 16-16。

表 16-16　　真空断路器主要技术参数

项　目	参　数	项　目	参　数
额定电压（kV）	40.5	额定短路开断电流开断次数（次）	20
额定电流（A）	1250、1600、2000	额定频率（Hz）	50
额定短路开断电流（kA）	25、31.5	1min 工频耐受电压（kV）	95
额定短路关合电流（峰值，kA）	63、80	雷电冲击耐受电压（峰值，kV）	185
额定短路耐受电流（4s，kA）	25、31.5	机械寿命（次）	10 000
额定峰值耐受电流（kA）	63、80		

（3）结构及特点。该断路器主要由真空灭弧室、操动机构和支撑部分组成。框架上固定 6 只环氧树脂绝缘子，3 只灭弧室通过铸铝的上、下出线端固定在绝缘子上。下出线端通过软连接与灭弧室动导电杆上的导电夹相连，在动导电杆的底部装有万向杆端轴承，该杆端轴承通过一轴销与下出线上的拐臂相连，断路器主轴通过三根绝缘拉杆将力传递给动导电杆，使断路器实现分合闸。

（4）外形安装尺寸图。真空断路器外形安装尺寸见图 16-25。

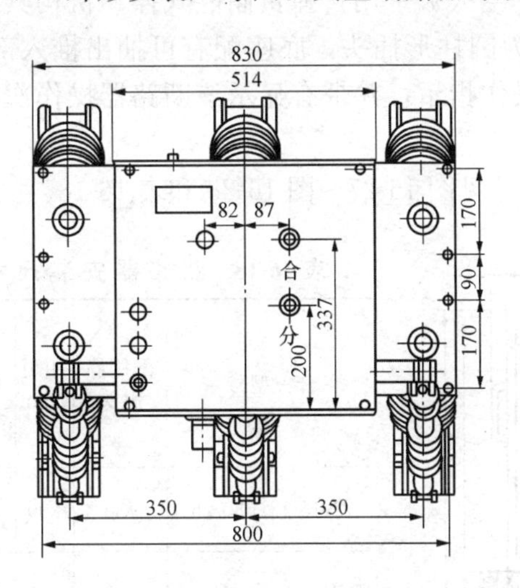

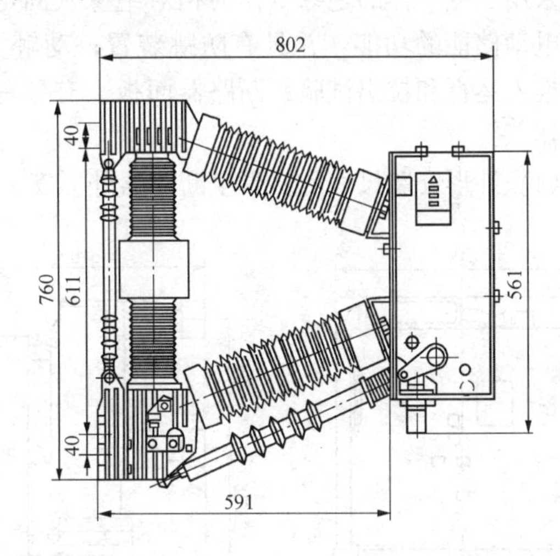

图 16-25　真空断路器外形安装尺寸

（5）订货须知。订货时须注明断路器型号、名称、主要技术参数及订货数量；电动机电压；辅助开关触头对数；分、合闸电磁铁电压。用户如果需要备品，须在订货时提出。

3. ZN18-12（VK）系列户内高压交流真空断路器

（1）用途。ZN18-12 系列户内高压交流真空断路器是额定电压 12kV、三相交流 50Hz 的户内高压开关设备，可作为发电厂、变电所的控制和保护开关用，尤其适用于开断重要负载及频繁操作的场所。该断路器是在 ZN18-12（VK）型真空断路器的基础上研发出来的一种派生产品，主要目的是为了使 ZN18-12（VK）型真空断路器能够在 ZS1（ABB 公司）、GZS1（森源公司）等型号的开关柜上安装使用，为用户提供多种断路器的选择，真空断路器外形见图 16-26。

图 16-26　真空断路器外形

（2）主要技术参数。真空断路器主要技术参数见表 16-17。

表 16-17　　真空断路器主要技术参数

项　目	参　数	项　目	参　数
额定电压（kV）	12	额定短时耐受电流（kA）	25、31.5、40
额定电流（A）	630、1250、3150	额定短路持续时间（s）	4
额定短路开断电流（kA）	25、31.5、40	额定峰值耐受电流（kA）	63、80、100
额定短路关合电流（kA）	63、80、100	机械寿命（次）	20 000
工频耐受电压（1min，kV）	42（相间、相对地），48（断口）	外形尺寸（高×宽×深，mm）	656×685×626，799×885×716
标准雷电冲击耐受电压（kV）	75（相间、相对地）85（断口）	质量（kg）	95、120、300

（3）结构及特点。该产品为手车式，总体布局属悬挂式，真空灭弧室装在前部，操动机构装在后部，前后两部分由绝缘操作杆连接，并由接地金属板隔开，设有接地开关电气防误操作联锁机构，操作安全可靠，维修方便。

采用三相一体的绝缘罩作为相对绝缘及固定真空灭弧室用；弹簧储能式操动机构具有手动和电动储能的功能，并具有防跳装置；动触头为圆柱形插头，底座配有可抽出推入部件，方便推入运行和拉出试验；断路器面板上有各种操作指示，并带有显示该断路器操作次数的计数器。

（4）外形安装尺寸图。真空断路器外形安装尺寸见图 16-27～图 16-28 和表 16-18。

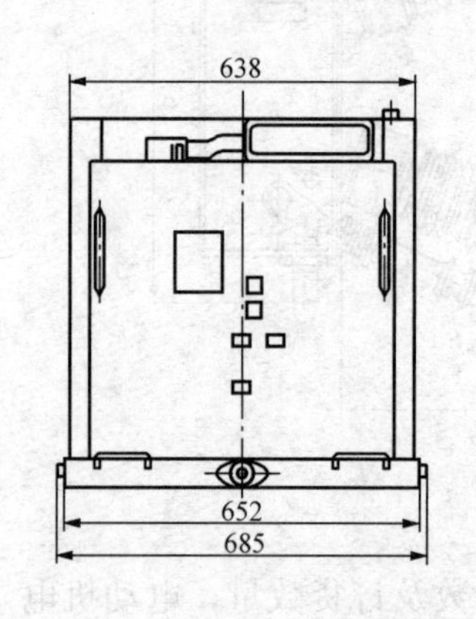

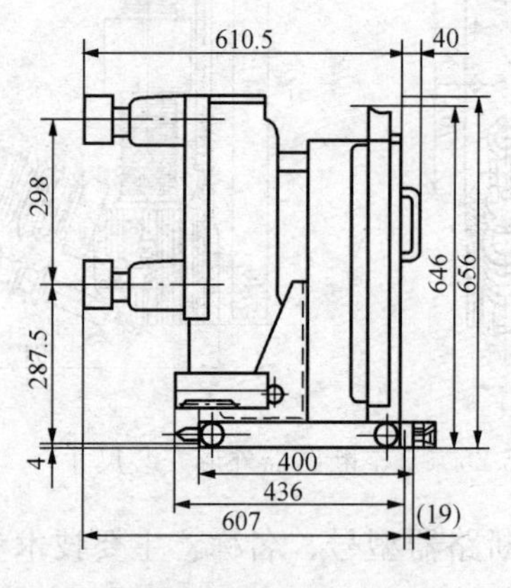

图 16-27　630A、1250A 真空断路器外形安装尺寸

表 16-18　断路器安装尺寸

开关型号	配用静触头	相距/mm	插头外径/mm
ZN18-12/630-25	ϕ35	200	ϕ91
ZN18-12/1250-31.5	ϕ49	200	ϕ106
ZN18-12/3150-40	ϕ109	275	ϕ159

（5）订货须知。订货时须注明断路器型号、名称、数量；操作电压；备品、备件的名称和数量。

4. ZN18A-12（VK）型户内高压交流真空断路器

（1）用途。ZN18A-12 型户内高压交流真空断路器，系三相交流 50Hz、额定电压 12kV 的户内装置，主要用于 3.6～12kV 的可移开式（或固定式）开关设备中，用于工矿企业、高层建筑、发电厂及变电站等各种场所作为电气设备的保护与控制，特别适用于频繁操作的场所。

（2）主要技术参数

额定电压：12kV。

额定电流：1250A。

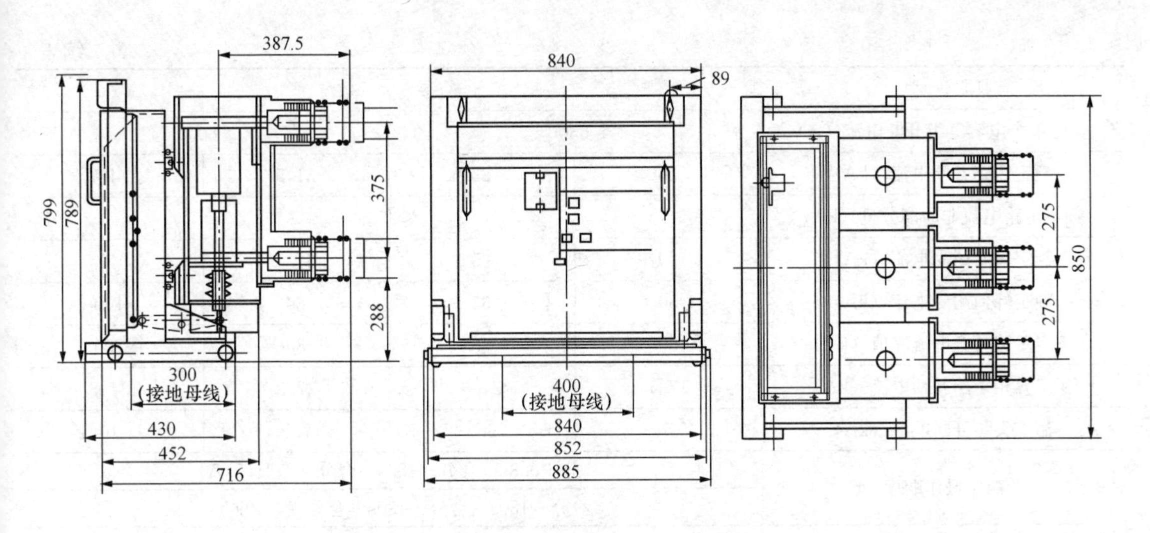

图 16-28　E150 真空断路器外形安装尺寸

额定短路开断电流：31.5kA。

额定短路关合电流：80kA。

额定热稳定电流：31.5kA。

额定动稳定电流：80kA。

额定短路持续时间：4s。

额定绝缘水平（1min 工频耐受电压）：

相间、相对地为 42kV；

隔离断口为 48kV。

（3）结构及特点。该产品是可移开式（或固定式）开关设备专用真空断路器，配有专用一体化微电动机弹簧储能操作机构。主要由操动机构箱、三相极柱装配及其拐臂组成。

（4）外形安装尺寸图。真空断路器外形安装尺寸见图 16-29。

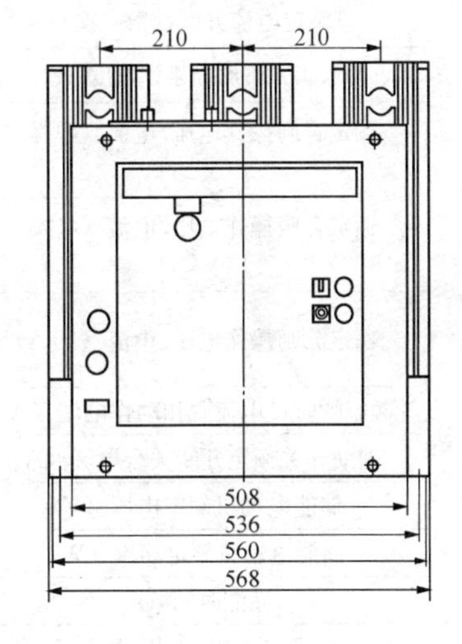

图 16-29　真空断路器外形安装尺寸

5. ZN21-12（VB5）系列户内高压交流真空断路器

（1）用途。ZN21-12（VB5）系列户内高压交流真空断路器，适用于频率 50Hz、电压 10kV 三相电力系统中，作为工矿企业、发电厂和变电站发、配电系统的保护和控制，特别适用于具有无油化、不检修及频繁操作要求的场所。

（2）主要技术参数。真空断路器主要技术参数见表 16-19。

表 16-19　　真空断路器主要技术参数

项　目	参　数			
额定电压（kV）	12			
额定雷电冲击耐受电压峰值（kV）	75			
额定短时工频耐受电压（1min，kV）	42			
额定频率（Hz）	50			
额定电流（A）	630、800、1250	630、800、1250	800、1250、1600、2000	1600、2500、3150、4000

续表

项目	参数			
额定单个电容器组开断电流（A）	630		800	
额定短路开断电流（kA）	20	25	31.5	40
额定短路电流非周期分量（kA）	≤35%			
额定短时耐受电流（kA）	20	25	31.5	40
额定峰值耐受电流（kA）	50	63	80	100
额定短路关合电流峰值（kA）	50	63	80	100
额定异相短路开断电流（kA）	17.4	21.8	27.3	34.6
额定失步开断电流（kA）	5	6.3	7.9	10
额定操作顺序	分—0.3s—合分—180s—合分（≤31.5kA） 分—180s—合分—180s—合分（≤40kA）			
分闸时间（额定电压，ms）	35～55			
合闸时间（额定电压，ms）	30～50			
机械寿命（次）	30 000			
额定短路开断电流开断次数（次）	30		50	30
额定电流开断次数（次）	10 000			
动、静触头允许磨损累计厚度（次）mm	3			
额定合闸操作电压/电流（弹操）（V/A）	AC220/1.9、110/3.8 DC220/1、110/1.2、48/4.6			
额定合闸操作电压/电流（电操）（V/A）	DC220/71、110/142			
额定分闸操作电压/电流（V/A）	AC220/1.9、110/3.8 DC220/1、110/1.2、48/3.6			
额定瞬时过电流脱扣动作电流（A）	5			
辅助开关额定开断关合电流（A）	AC16，DC2			
储能电动机额定电压（V）	AC220、110，DC220、110、48			
储能电动机额定功率（W）	80			
储能时间（s）	≤11			
二次回路1min工频耐压（V）	2000			

（3）结构及特点。该断路器三相真空灭弧室安装于U形槽结构的绝缘骨架中，绝缘性能好；永磁机构采用高矫顽力的稀土永磁材料的磁能，与电磁线圈结合，获得实现双稳态的合分闸控制，出力特性与真空断路器负载特性一致，能与真空断路器进行完美匹配；永磁操动机构采用的永磁体经过老化及特殊防腐处理，具有极强的稳定性，即使在高温环境条件下，也可长期稳定工作；机构在设计中给定了合理的作功余量，安装调试后可不再进行维护。

（4）外形安装尺寸图。真空断路器外形安装尺寸见图16-30和表16-20。

（5）订货须知。订货时须注明产品型号、名称及订货数量，额定电压、额定电流及额定短路开断电流，额定操作电压，安装方式为固定式或手车式，操动机构为弹操或电操，若有特殊情况，需在订货协议中注明。

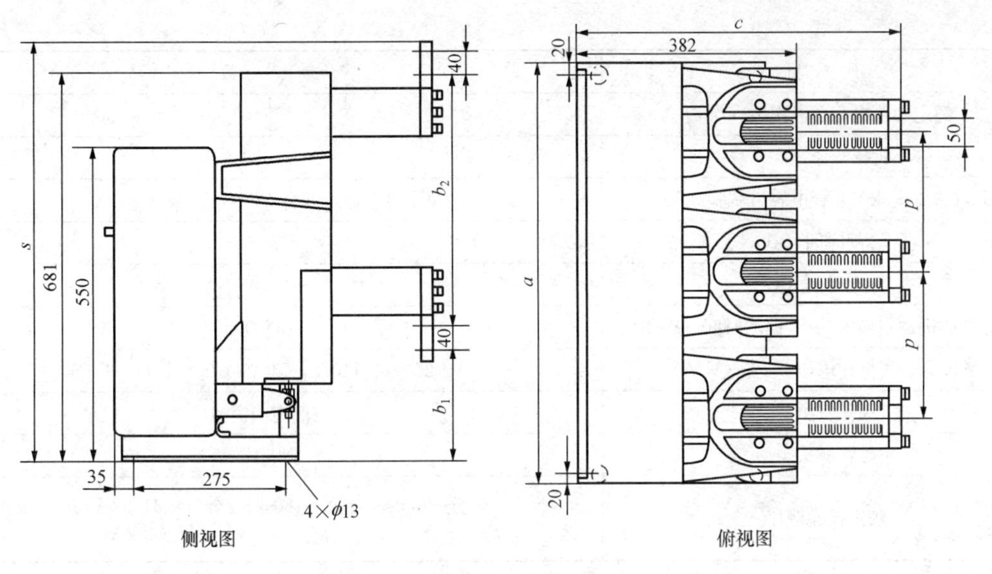

图 16-30 真空断路器外形安装尺寸

表 16-20 真空断路器外形安装尺寸 (mm)

额定电流（A）	额定开断电流（kA）	p	a	b_1	b_2	c	s
≤800	20/25/31.5	210	580	280	315	484	—
1250	120/25/31.5	210	580	280	315	484	—
1600	31.5	210	580	280	315	484	—
1600	40	200	580	280	335	496	—
2000	31.5	250	740	280	355	496	—
2500	40	250	740	280	355	496	—
3150	40	250	740	199	442	562	741
4000	40	275	790	203	444	715	747

6. ZN21A-12（VB5）系列户内高压交流真空断路器

（1）用途。ZN21A-12 系列户内高压交流真空断路器，适用于三相交流 50Hz、电压 10kV 电力系统中，作为工矿企业、发电厂和变电所输配电系统的保护和控制用。

（2）主要技术参数。真空断路器主要技术参数见表 16-21。

表 16-21 真空断路器主要技术参数

项目		参数			
额定电压（kV）		12			
额定频率（Hz）		50（60）			
绝缘水平	1min 工频耐受电压（kV）	42			
	雷电冲击耐受电压（全波，kV）	75			
额定电流（A）		630、1250	630、1250、1600	1250、1600、2000、2500	3150
额定短路开断电流（kA）		20/25	31.5	40	40/50
额定峰值耐受电流（kA）		50/63	80	100	100/125
4s 短时耐受电流（kA）		20/25	31.5	40	40/50

续表

项　目	参　数	
额定短路电流开断次数（次）	50	30
机械寿命（次）	20 000	
1250A/31.5kA 开合电容组实验（A）	单个电容器组开合 630A，背靠背 400A	
合闸时间（s）	≤0.1	
分闸时间（s）	≤0.05	
储能电动机额定输入功率/储能时间（W/S）	75/10	
额定分合闸操作电压/电流（V/A）	AC 220/1、110/2，DC 220/0.77、110/1.55	
灭弧室类型	玻璃泡或瓷泡	
主触臂触头类型	梅花式	
额定操作顺序	分—0.3s—合分—180s—合分（≤31.5kA）、 分—180s—合分—180s—合分（40kA）	

（3）结构及特点。该系列断路器采用封闭绝缘形式，主绝缘筒加内外裙边，其爬电比距达到行业标准要求：①断路器系整体式弹簧操动机构，机械特性优良，灵巧的底盘手车配合严谨的滚动式轨道，防误操作的机械联锁装置；②SMC 工艺不饱合聚酯材料的灭弧室封闭罩，按全绝缘防护等级设计，配置瓷质真空灭弧室；③既可作为手车式断路器使用，也可作为固定式断路器使用，兼容性的结构设计为客户选型提供方便；④配套有隔离手车、电压互感器手车、避雷器手车等产品，标准化、系列化、通用化程度高。

（4）外形安装尺寸图。真空断路器外形安装尺寸见图 16-31。

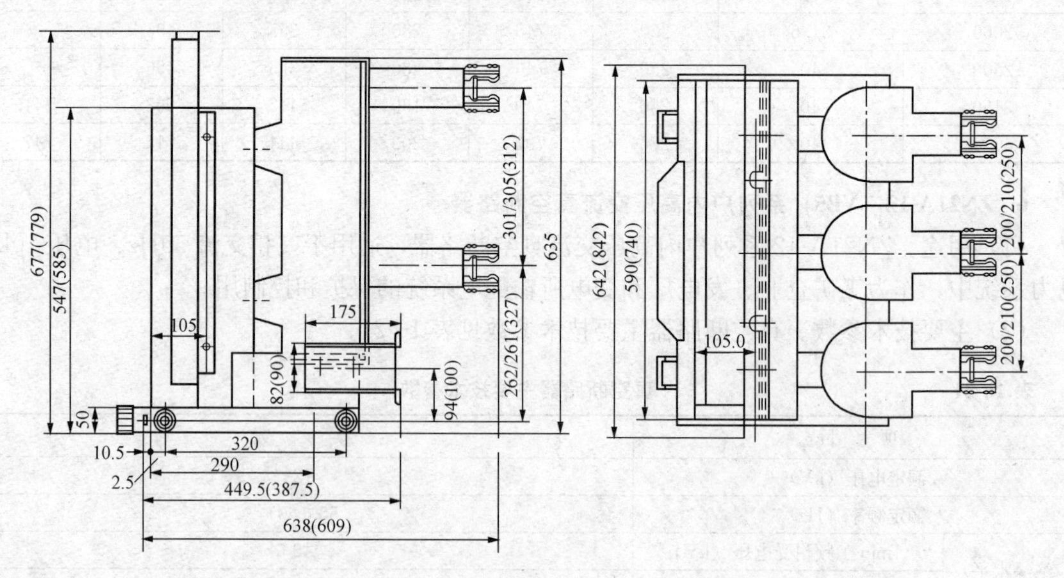

图 16-31　真空断路器外形安装尺寸

注：括号内尺寸为（2000～3150）A～（31.5～40）kA 断路器外形尺寸。

（5）订货须知。订货时须注明断路器型号名称、规格及数量，规格应包括额定电压、额定电流、额定短路开断电流及操作电压等，备品备件的名称规格和数量，用户的特殊要求可协商解决。

7. ZN21C-12（VB5）系列户内高压交流真空断路器

（1）用途。ZN21C-12（VB5）系列户内高压交流真空断路器是与EIB公司合作生产的产品，适用于额定电压12kV、交流50Hz的户内开关系统中，作为工矿企业、发电厂和变电站发、配电系统的控制和保护，真空断路器外形见图16-32。

图16-32 真空断路器外形

（2）主要技术参数。真空断路器主要技术参数见表16-22。

表16-22 **真空断路器主要技术参数**

项目			参数			
			20kA	25kA	31.5kA	40kA
额定电压（kV）			12			
额定绝缘水平	1min工频耐受电压	相间、相对地	42			
		真空断口间	49			
	雷电冲击耐受电压（峰值）	相间、相对地	75			
		真空断口间	85			
辅助回路1min工频耐受电压			2000			
额定频率（Hz）			50			
额定电流（A）			630、800、1250	630、800、1250	800、1250、1600、2000	1600、2500、3150、4000
额定短时耐受电流（4s，kA）			20	25	31.5	40
额定峰值耐受电流（kA）			50	63	90	100
额定短路开断电流（kA）			20	25	31.5	40
额定短路关合电流（峰值，kA）			50	63	90	100
额定短路开断电流的直流分量			75%			60%
额定电缆充电开断电流（A）			25			
额定单个电容器组开断电流（A）			630		800	
额定异相短路开断电流（kA）			17.3	21.7	27.3	34.6
额定失步开断电流（kA）			5	6.3	7.9	10
额定操作顺序			分—0.3s—合分—180s—合分（≤31.5kA） 分—180s—合分—180s—合分（40kA）			
分闸时间（额定电压，ms）			35～55			
合闸时间（额定电压，ms）			30～50			
机械寿命（次）			30 000			
额定短路开断电流开断次数（次）			50			30
额定电流开断次数（次）			10 000			
触头允许磨损厚度（mm）			3			
额定分闸操作电压/电流（V/A）			AC 220/1.9、110/3.8，DC 220/1、110/1.2、48/4.6			
额定合闸操作电压/电流（V/A）			AC 220/1.9、110/3.8，DC 220/1、110/1.2、48/4.6			
额定瞬时过电流脱扣动作电流（A）			5			
辅助开关额定开断关合电流（A）			AC 16，DC 2			
储能电动机额定电压（V）			AC 220、110，DC 220、110、48			
储能电动机额定功率（W）			80			
储能时间（s）			≤11			

(3) 结构及特点。断路器采用整体式结构设计，将断路器的一次电气部分与操动机构以及底板（底盘）三者联成一个统一整体，是一种高直流分量断路器。

断路器的电气部分由绝缘骨架，上、下出线臂，真空灭弧室，软连接或滚动连接以及绝缘子构成。操动机构部分由箱体、储能系统、凸轮传动系统、合分闸保持释放装置以及二次控制系统组成。底板将电气部分与操动机构箱连接并通过它将断路器安装固定。

真空灭弧室安装在三相一体 SMC 绝缘骨架的 U 形槽内，绝缘骨架既作为真空灭弧室的绝缘支撑，又作为相间绝缘隔板，操动机构为一体式的弹簧操动机构。

VB5 真空断路器的面板上有真空灭弧室触头磨损指示窗口，通过指示窗口能轻易地判断真空灭弧室触头的磨损情况。

VB5 真空断路器在开关柜内的安装形式既可以是固定式，也可以安装于手车底盘上成为手车式。

(4) 外形安装尺寸图。真空断路器外形安装尺寸见图 16-33～图 16-37 和表 16-23～表 16-25。

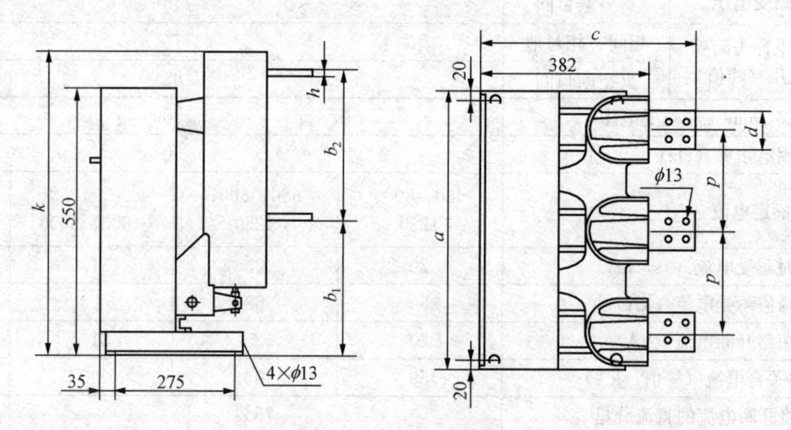

图 16-33　固定式（≤2000A）

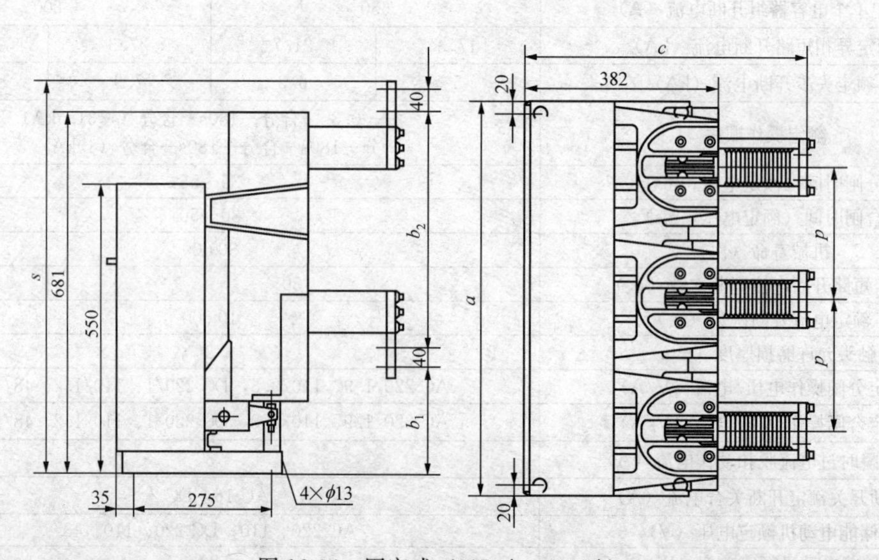

图 16-34　固定式（3150A～4000A）

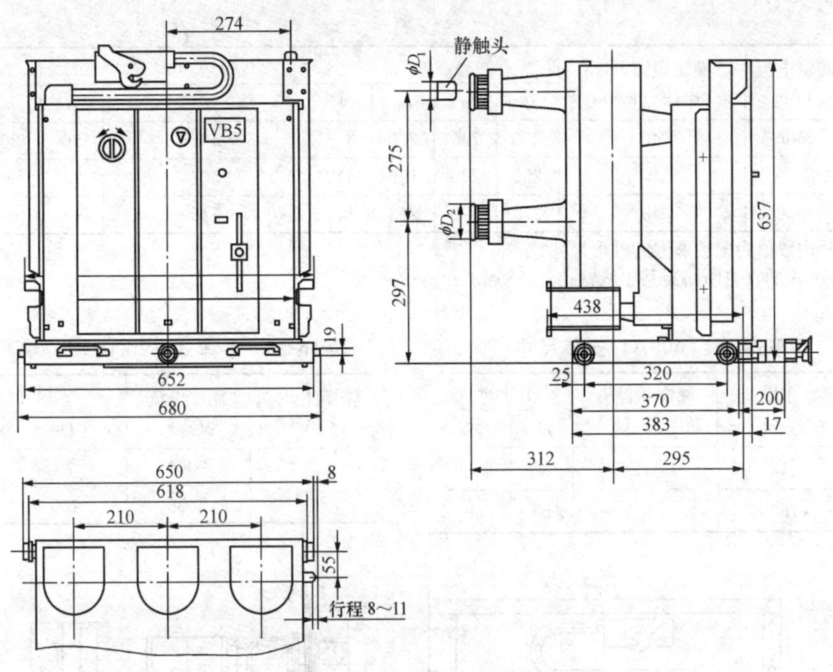

图 16-35　手车式（≤1600A）

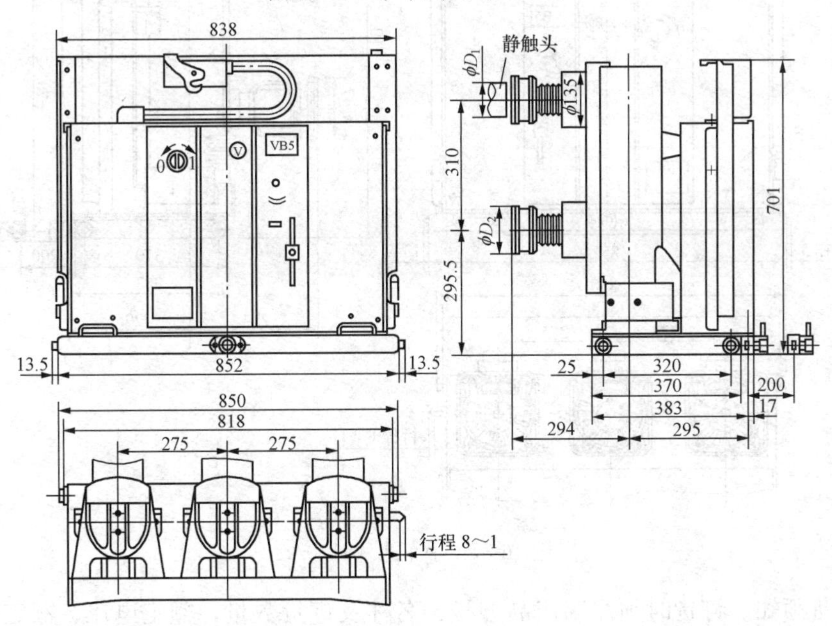

图 16-36　手车式（2000~2500A）

表 16-23　　　　**外 形 安 装 尺 寸**

额定电压 (kV)	额定电流 (A)	额定短路开断电流（kA）	尺寸（mm）								
			p	a	b_1	b_2	c	d	h	k	s
12	≤800	20/25/31.5	210	580	280	315	484（494）	50	12.5	631	—
	1250	20/25/31.5	210	580	280	315	484（494）	80	12.5	631	—
	1600	31.5	210	580	280	315	484	90	20	631	—
	1600	40	200	580	280	335	496	90	20	661	—
	2000	31.5	250	740	280	355	496	90	20	681	—

续表

额定电压（kA）	额定电流（A）	额定短路开断电流（kA）	尺寸（mm）								
			p	a	b_1	b_2	c	d	h	k	s
12	2500	40	250	740	280	355	496	90	20	681	—
	3150	40	250	740	199	442	562	—	—	—	741
	4000	40	275	790	203	444	715	—	—	—	741

注　1. 括号内数值为配玻璃泡的外形尺寸。
　　2. ≤800A 的真空断路器其出线臂孔为 2×ϕ13。

表 16-24　手车式（≤1600A）安装尺寸

额定电压（kV）	额定电流（A）	额定短路开断电流（kA）	尺寸（mm）	
			D_1	D_2
12	≤1250	≤31.5	35	74
	1600	31.5	55	93

表 16-25　手车式（2000～2500A）安装尺寸

额定电压（kV）	额定电流（A）	尺寸（mm）	
		D_1	D_2
12	2000	79	117
	2500	109	147

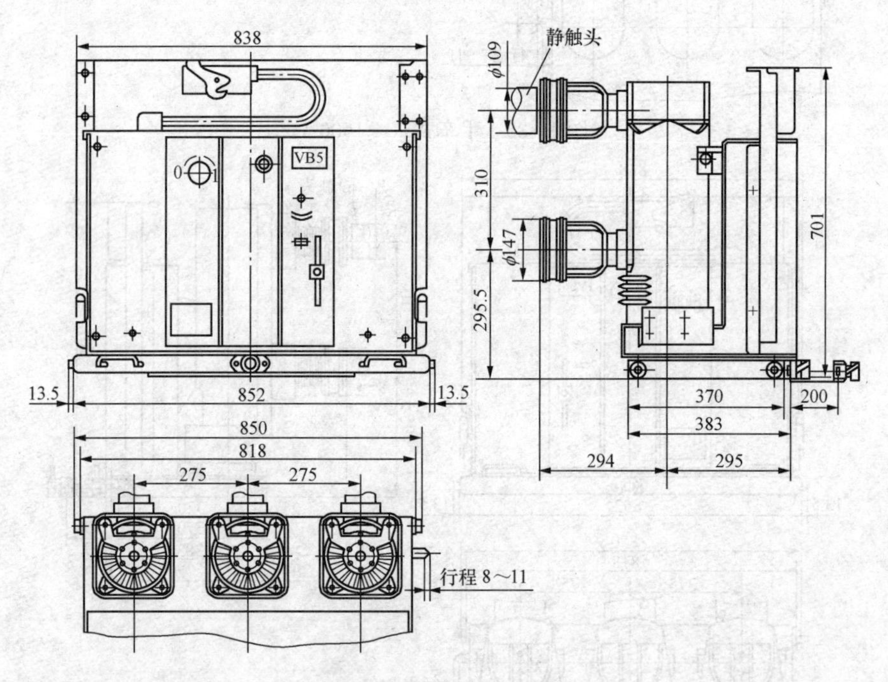

图 16-37　手车式（3150A）

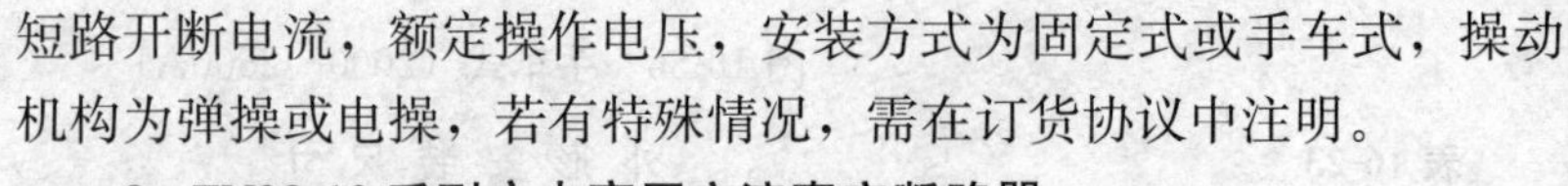

（5）订货须知。订货时须注明产品型号、名称及订货数量，额定电压、额定电流及额定短路开断电流，额定操作电压，安装方式为固定式或手车式，操动机构为弹操或电操，若有特殊情况，需在订货协议中注明。

图 16-38　真空断路器外形

8. ZN28-12 系列户内高压交流真空断路器

（1）用途。ZN28-12 系列户内高压交流真空断路器，系三相交流 50Hz、额定电压 12kV 的户内装置，主要用于发电厂、变电站及配电系统的控制和保护，尤其适用于开断重要负载及需频繁操作的场所，真空断路器外形见图 16-38。

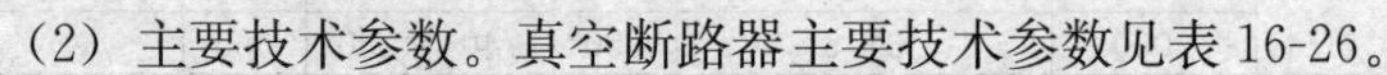

（2）主要技术参数。真空断路器主要技术参数见表 16-26。

表 16-26　　　　　　真空断路器主要技术参数

项　　目		参　　数						
额定电压（kV）		12						
额定电流（A）		630、1250、1600			2000		2500、3150	
额定短路开断电流（kA）		20	25	31.5	31.5	40	31.5	40
额定电路关合电流（峰值，kA）		50	63	80	80	100	80	100
额定动稳定电流（峰值，kA）		50	63	80	80	100	80	100
额定热稳定电流（kA）		20	25	31.5	31.5	40	31.5	80
额定热稳定时间（s）		4						
额定短路开断电流开断次数（次）		50、30、20						
额定单个电容器组开断电流（A）		630						
额定背对背电容器组开断电流（A）		400						
1min 工频耐受电压（kV）		48（断口间），42（相间及对地）						
雷电冲击耐受电压（kV）		85（断口间），75（相间及对地）						
机械寿命（次）		10 000						
操动机构	电磁	CD-17						
	弹簧	CT19						

（3）结构及特点。该断路器配用中封式纵磁场触头结构的真空灭弧室和直流电磁操动机构。操动机构和真空灭弧室采用前后布置，断路器为手车式，操动机构通过绝缘拉杆与真空灭弧室动导电杆相连接，带动真空灭弧室动触头以规定的机械参数分合运动。为了保证动触头在分合过程中对中良好，提高开断短路电流能力和灭弧室的机械寿命，固定灭弧室的上支架装有辅助导向装置。

产品总体结构为综合式，每只灭弧室由两只悬挂绝缘子固定，并由绝缘杆支撑，使产品结构稳固。该断路器既可装入手车式开关柜，也可装入固定式开关柜，操动机构结构简单，动作可靠，调试简便。

（4）外形安装尺寸图。真空断路器外形安装尺寸见图 16-39。

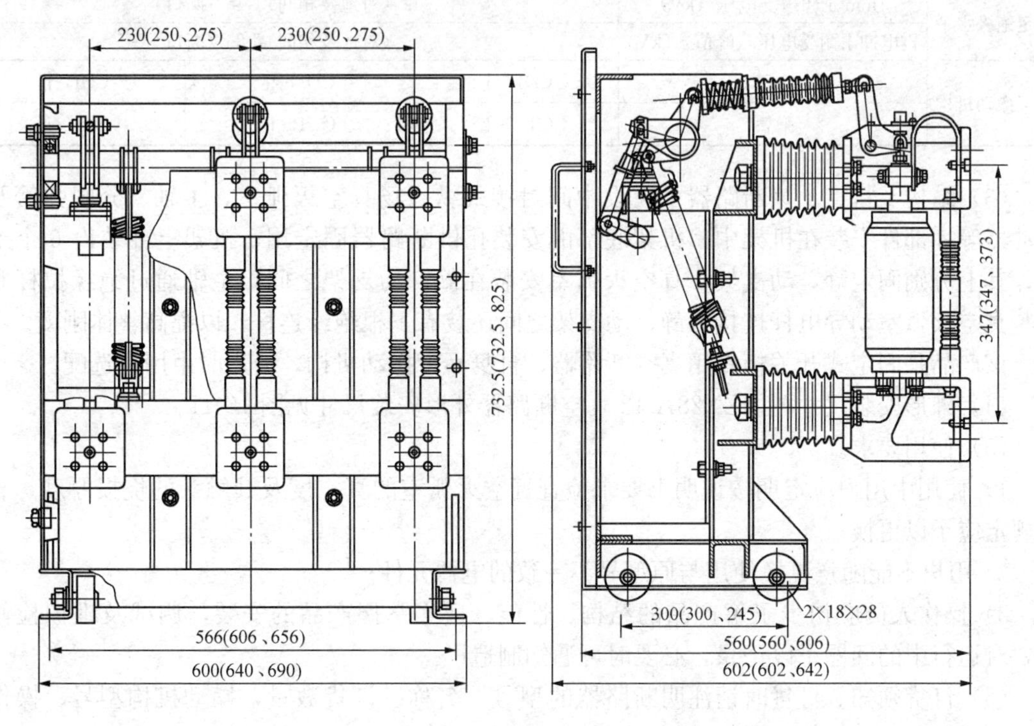

图 16-39　真空断路器外形安装尺寸

图 16-40　ZN28A-12 真空断路器外形

（5）订货须知。订货时须注明断路器型号、名称、数量，操作电压，备品、备件的名称和数量。

9. ZN28A-12 系列户内高压交流真空断路器

（1）用途。ZN28A-12 系列户内交流高压交流真空断路器为三相交流 50Hz、额定电压 12kV 配电系统中的户内装置，主要安装在固定式开关柜中，供工矿企业，发电厂及变电所作电气设施的保护和控制之用，并适用于频繁操作的场所，其外形见图 6-40。

（2）主要技术参数。2N28A-12 真空断路器主要技术参数见表 16-27。

表 16-27　　2N28A-12 真空断路器主要技术参数

<table>
<tr><th colspan="2">项　目</th><th colspan="4">参　数</th></tr>
<tr><td colspan="2">额定电压（kV）</td><td colspan="4">12</td></tr>
<tr><td colspan="2">额定频率（Hz）</td><td colspan="4">50</td></tr>
<tr><td colspan="2">额定电流（A）</td><td>630-1250</td><td>1250-1600</td><td>1600-2000</td><td>2000-3150</td></tr>
<tr><td colspan="2">额定短路开断电流（kA）</td><td>20</td><td>25</td><td>31.5</td><td>40</td></tr>
<tr><td colspan="2">额定短路关合电流（kA）</td><td>50</td><td>63</td><td>80</td><td>100</td></tr>
<tr><td colspan="2">额定峰值耐受电流（动稳定电流）（kA）</td><td>50</td><td>63</td><td>80</td><td>100</td></tr>
<tr><td colspan="2">4s 额定短时耐受电流（热稳定电流）（kA）</td><td>20</td><td>25</td><td>31.5</td><td>40</td></tr>
<tr><td colspan="2">额定短路开断电流开断次数（次）</td><td colspan="4">30</td></tr>
<tr><td colspan="2">机械寿命（次）</td><td colspan="4">10 000</td></tr>
<tr><td colspan="2">额定操作顺序</td><td colspan="4">分—0.3s—合分—180s—合分</td></tr>
<tr><td rowspan="2">额定绝缘水平</td><td>1min 工频耐受电压（kV）</td><td colspan="4">42（对地及相间）、48（断口）</td></tr>
<tr><td>雷电冲击耐受电压（峰值）（kV）</td><td colspan="4">75（对地及相间）、85（断口）</td></tr>
<tr><td rowspan="2">所配操动机构</td><td>电磁</td><td>CD17-Ⅰ</td><td colspan="2">CD17-Ⅱ</td><td>CD17-Ⅲ</td></tr>
<tr><td>弹簧</td><td>CT19-Ⅰ</td><td colspan="2">CT19-Ⅱ</td><td>CT19-Ⅲ</td></tr>
</table>

（3）结构及特点。该断路器中装设中间封接式纵磁场真空灭弧室，主轴、分闸弹簧及油缓冲器等零部件安装在机架中，机架底部的安装孔供断路器固定用，机架上部装设 6 个绝缘子，其上分别固定静，动支架，真空灭弧室安装在静、动支架之间，主轴通过绝缘拉杆和拐臂与真空灭弧室动导电杆连接，静、动支架之间还装有三根绝缘连杆，以提高整体刚度。

该产品是固定式开关柜专用真空断路器，自身不带操动机构，使用时由用户选配。

（4）外形安装尺寸图。ZN28A-12 真空断路器外形安装尺寸见图 16-41。

（5）使用要求。

1）使用中用户应定期按说明书要求检查真空灭弧室的真空度及其触头的烧损厚度，若超出规定应予以更换；

2）用户不能随意更换使用与原型号不一致的电器元件；

3）操作人员应初步了解产品的结构、性能、适当掌握产品的安装，调试及维护检修知识，对运行中的问题予以记录，必要时可通知制造厂。

（6）订货须知。订货时请注明断路器的型号、名称、订货数量，操动机构型号、操作电压，其他备品、备件的名称与数量。

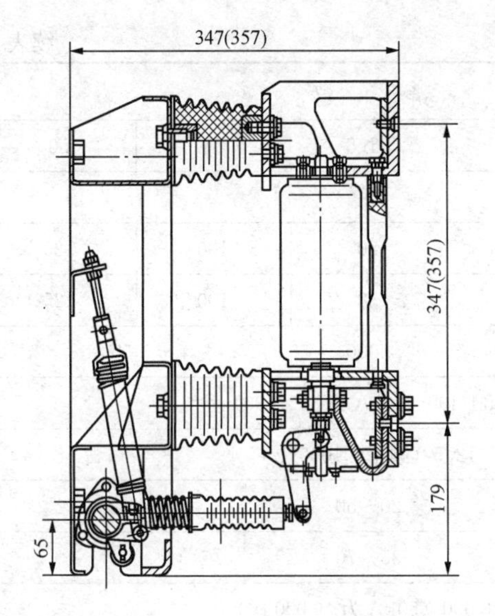

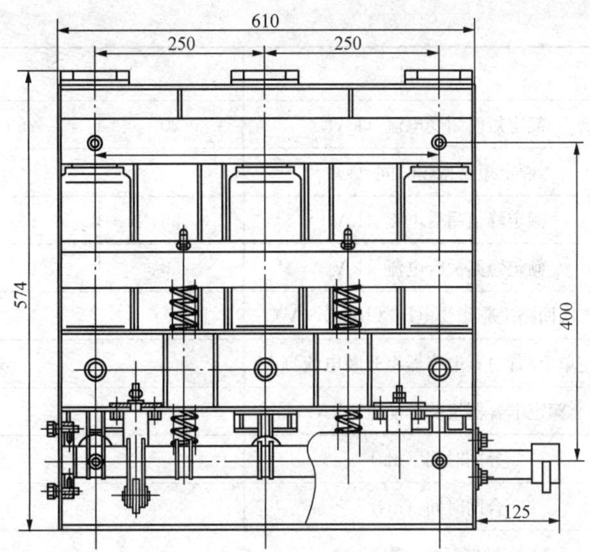

图 16-41　ZN28A-12 真空断路器外形安装尺寸

10. ZN63-12（VS1）系列户内高压交流真空断路器

（1）用途。ZN63-12（VS1）系列户内高压交流真空断路器是三相交流 50Hz、额定电压 12kV 的户内装置。适合于投切各种不同性质的负载及频繁操作的场合，可供工矿企业，发电厂，变电站及高层建筑电气设施的保护和控制之用，真空断路器外形见图 16-42。

图 16-42　真空断路器外形

（2）主要技术参数见表 16-28。

（3）结构及特点。该断路器的主体部分设置在由环氧树脂采用 APG 工艺浇注而成的绝缘筒内，这种结构能有效地防止包括外力冲击、污染、环境等外部因素对真空灭弧室的影响。操动机构为平面布置的弹簧操动机构，具有手动储能和电动储能。断路器主体部分安装在断路器框架后部，与机构连成一体，即采用整体布局，使操动机构的操作性能与灭弧室开合所需的性能吻合，减少了中间环节，降低了能耗和噪声。

表 16-28　　真空断路器主要技术参数

项　目	参　数				
额定电压（kV）	12				
额定短时工频耐受电压（1min，kV）	42				
额定雷电冲击耐受电压（峰值，kV）	75				
额定频率（Hz）	50				
额定电流（A）	630、1250	630、1250	630、1250、1600、2000、2500、3150	1250、1600、2000、2500、3150	1600、2000、2500、3150
额定短路开断电流（kA）	20	25	31.5	40	50

续表

项　目	参		数		
额定短时耐受电流（kA）	20	25	31.5	40	50
额定短路持续时间（s）	4				
额定峰值耐受电流（kA）	50	63	80	100	125
额定短路关合电流（kA）	50	63	80	100	125
二次回路工频耐受电压（1min）（V）	2000				
额定单个/背对背电容器组开断电流（A）	630/400（40kA 为 800/400）				
额定电容器组关合涌流（kA）	12.5（频率≤1000Hz）				
分闸时间（ms）	20～50				
合闸时间（ms）	35～70				
机械寿命（次）	20 000（50kA 为 10 000 次）				
额定电流开断次数（次）	20 000（50kA 为 10 000 次）				
额定短路电流开断次数（次）	50（40kA 为 30、50kA 为 20）				
动、静触头允许磨损累计厚度（mm）	3				
额定合闸操作电压（V）	AC/DC 110、220				
额定分闸操作电压（V）					
储能电动机额定电压（V）	AC/DC 110、220				
储能电动机额定功率（W）	65（50kA 为 80）				
储能时间（s）	≤15				
触头开距（mm）	11±1				
超行程（mm）	3.5±1				
触头合闸弹跳时间（ms）	≤2				
三相分、合闸不同期性（ms）	≤2				
平均分闸速度（m/s）	1.1±0.2				
平均合闸速度（m/s）	0.6±0.2				
触头分闸反弹幅值（mm）	≤3				
主导电回路电阻（不含触臂）（$\mu\Omega$）	≤50（630A）≤45（1250A） ≤35（1600—2000A）≤25（2500A）以上				
触头合闸接触压力（N）	2400±200（20kA、25kA） 3100±00（31.5kA） 4250±50（40kA）7000±250（50kA）				
额定操作顺序	分—0.3s—合分—180s—合分 分—180s—合分—180s—合分（50kA）				

（4）外形安装尺寸图。ZN63-12（VS1）真空断路器外形安装尺寸见图 16-43 与图 16-44

和表 16-29 和表 16-30。

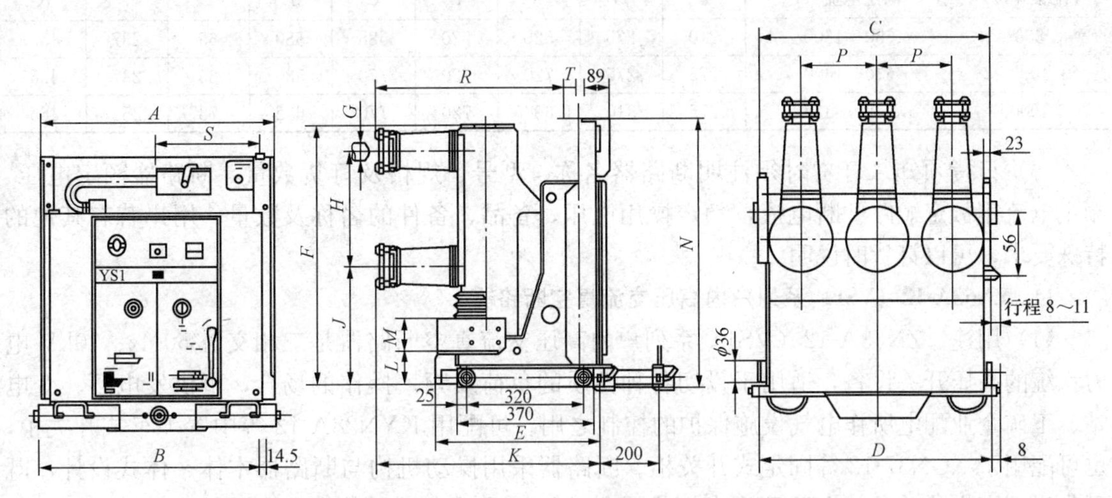

图 16-43 ZN63-12（VS1）真空断路器外形安装尺寸（手车式）

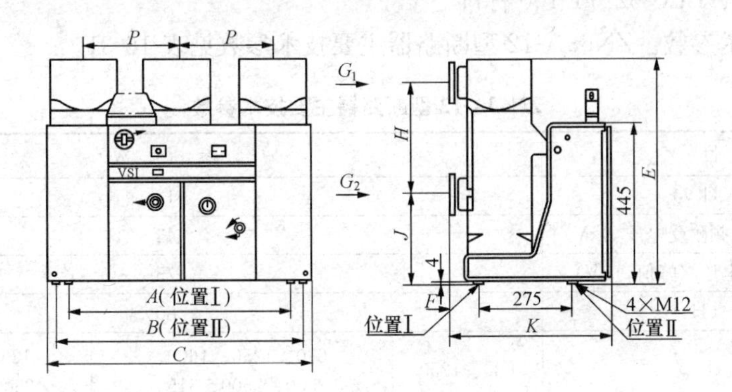

图 16-44 ZN63-12（VS1）真空断路器外形安装尺寸（固定式）

表 16-29 **ZN63-12**（VS1）**真空断路器外形安装尺寸**（手车式） （mm）

配柜宽度	额定电流（A）	额定短路开断电流（kA）	*P*	*H*	*A*	*B*	*C*	*D*	*E*	*F*	*G*	*J*	*K*	*L*	*M*	*N*	*R*	*S*	*T*
650	630	20～31.5	150	275	490	502	492	500	433	626	ϕ35	280	598	76	78	637	508	202	40
650	1250	20～31.5	150	275	490	502	492	500	433	626	ϕ49	280	598	76	78	637	508	202	40
800	630	20～315	210	275	638	652	640	650	433	626	ϕ35	280	598	76	78	637	508	277	40
800	1250	20～40	210	275	638	652	640	650	433	626	ϕ49	280	598	76	78	637	508	277	40
800	1600	31.5～40	210	275	638	652	640	650	433	626	ϕ55	280	598	76	78	637	508	277	40
1000	630	20～315	275	275	838	852	838	850	433	626	ϕ35	280	598	76	78	637	508	377	40
1000	1250	20～40	275	275	838	852	838	850	433	626	ϕ49	280	598	76	78	637	308	377	40
1000	1600	31.5～40	275	275	838	852	838	850	433	626	ϕ55	280	598	76	78	637	508	377	40
1000	1600～2000	31.5～50	275	310	838	852	838	850	861	680	ϕ79	293	586	77	88	698	536	377	0
1000	2500～4000	31.5～50	275	310	838	852	838	850	361	680	ϕ100	295	586	77	88	698	536	377	0

表 16-30　　ZN63-12（VS1）真空断路器外形安装尺寸（固定式）　　（mm）

配柜宽度	额定电流/A	*P*	*H*	*A*	*B*	*C*	*E*	*F*	*J*	*K*
800	630～1600	210	275	520	520	588	580	65	237	455
1000	630～1600	275	275	720	720	770	580	65	237	455
1000	1600～4000	275	310	650	720	770	632	78	252	465

（5）订货须知。订货时须注明断路器名称、型号、规格及订货数量，断路器额定电压、额定电流用额定短路开断电流，额定操用电压，备品、备件的名称及数量，用户若有其他的特殊要求，可以订货时说明。

11. ZN63A-12（VS1）系列户内高压交流真空断路器

（1）用途。ZN63A-12（VS1）系列户内高压交流真空断路器是三相交流 50Hz、10kV 电力系统的高压开关设备，适用于投切各种性质的负荷及频繁操作的场合，可供发电厂、变电站、工矿企业配电所作电气设施保护的控制之用。可配用 KYN28A-12 等中置手车式开关柜，也可配用于 XGN37-12 等固定式开关柜。断路器采用操动机构与断路器本体一体式设计，既可作为固定安装单元，也可配用专用推进机构，组成手车单元使用。产品符合 GB 1984，JB 3855、DL/T 403、LEC 62271-100 标准。

（2）主要技术参数。ZN63A-12 型断路器主要技术参数见表 16-31。

表 16-31　　ZN63A-12 型断路器主要技术参数

项　目	参　数		
额定电压（kV）	12		
额定短时（1min）工频耐受电压（kV）	42		
额定雷电冲击耐受电压（峰值，kV）	75		
额定频率（Hz）	50		
额定电流（A）	630、1250	630、1250、1600、2000、2500、3150	1250、1600、2000、2500、3150、4000①
额定短路开断电流（kA）	25	31.5	40
额定短时耐受电流（kA）	25	31.5	40
额定短路持续时间（s）	4		
额定峰值耐受电流（kA）	63	80	100
额定短路关合电流（kA）	63	80	100
二次回路（1min）工频耐受电压（V）	2000		
额定单个/背对背电容器组开断电流（A）	630/400（40kA 为 800/400）		
额定电容器组关合涌流（kA）	12.5（频率≤1000Hz）		
分闸时间（ms）	20～50		
合闸时间（ms）	35～70		
机械寿命（次）	20 000		
额定电流开断次数（电寿命，次）	20 000		
额定短路电流开断次数	50（40kA 为 30）		
动、静触头允许磨损累计厚度（mm）	3		
额定合闸操作电压（V）	AC/DC 110、220		
额定分闸操作电压（V）			
储能电动机额定电压（V）	AC/DC 110、220		

续表

项　　目	参　　数
储能电动机额定功率（W）	80
储能时间（s）	≤15
触头开距（mm）	11±1
超行程	3.5±1
触头合闸弹跳时间（ms）	≤2
三相分、合闸不同期性	≤2
平均分闸速度（触头分开～6mm，m/s）	0.9～1.2
平均合闸速度（6mm～触头闭合）	0.5～0.8
触头分闸反弹幅值（mm）	≤3
主导电回路电阻（$\mu\Omega$）	≤50（630A）、≤45（1250A）、 ≤35（1600～2000A） ≤25（2500A以上）
触头合闸接触压力（N）	2400±200（25kA） 3100±200（31.5kA） 4250±250（40kA）
额定操作顺序	分—0.3s—合分—180s—合分

① 4000A需强制风冷。

（3）结构及特点。该断路器的灭弧室与操动机构部分采用前后配置方式，三相主导电回路为集成化固封极柱，通过传动机构连接为一个整体，以保证断路器的总体配合性能。

采用中封式陶瓷真空灭弧室，铜铬触头材料及纵磁场触头结构，具有断流容量大、绝缘水平高、灭弧能力强、使用寿命长等特点。

真空灭弧室装在采用APG新工艺成型的绝缘筒内，不仅缩小了断路器的整体尺寸，还防止了异物对灭弧室的损伤和表面污染。绝缘筒在借鉴国外同类产品优点的基础上，增设内裙边和加强筋，提高了绝缘水平和抗动热稳定电流的能力。

操动机构采用弹簧储能式，具有电动和手动储能两种功能，断路器工作时储能弹簧的能量通过输出凸轮传递给连杆机构，再通过连杆机构传递到动触头部分。先进合理的缓冲装置，分闸无反弹，减弱分闸冲击和振动。无需调整，极少维护或免维护。机构寿命高达2万次。

（4）外形安装尺寸图。

1）手车式断路器外形安装尺寸图见图16-45、图16-46和表16-32、表16-33。

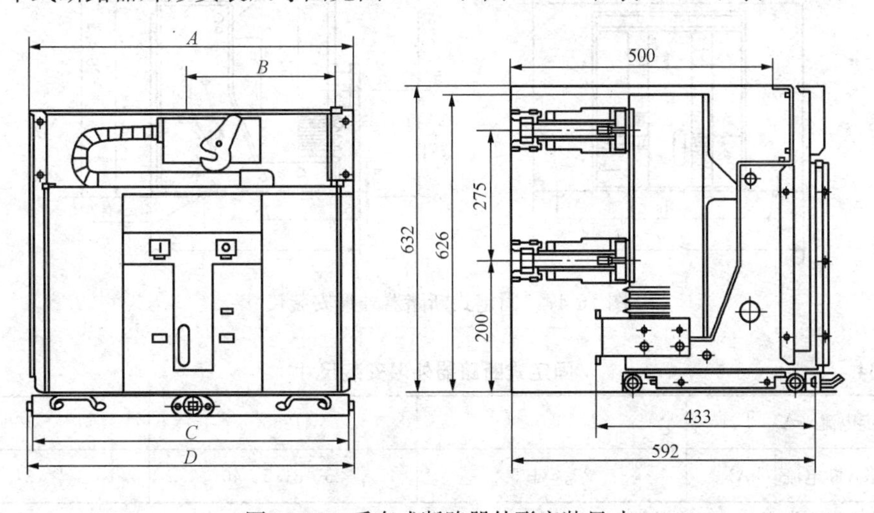

图16-45　手车式断路器外形安装尺寸

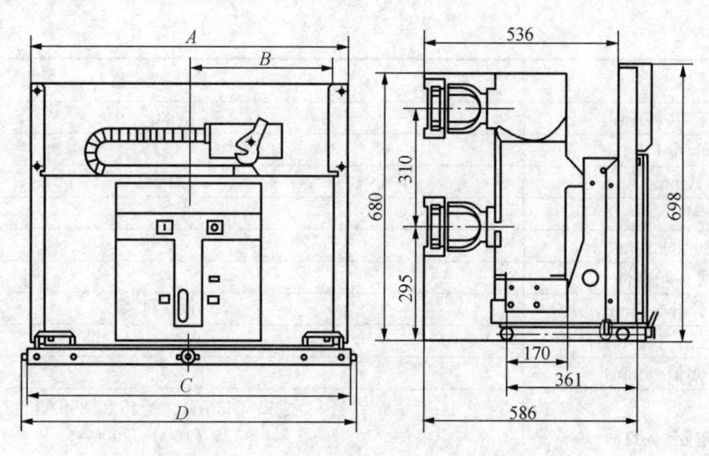

图 16-46　手车式断路器外形安装尺寸

表 16-32　手车式断路器外形安装尺寸　(mm)

相间距	额定电流(A)	额定短路开断电流(kA)	配合静触头尺寸	*A*	*B*	*C*	*D*
150	630	25、31.5	$\phi35$	488	245	502	531
	1250	25、31.5、40	$\phi49$				
210	630	25、31.5	$\phi35$	638	277	652	681
	1250	25、31.5、40	$\phi49$				
	1600	31.5	$\phi55$				

注　一次相间距为 150mm，配柜宽为 650mm；一次相间距为 210mm，配柜宽为 800mm。

表 16-33　手车式断路器外形安装尺寸　(mm)

相间距	额定电流(A)	额定短路开断电流(kA)	配合静触头尺寸	*A*	*B*	*C*	*D*
275	1600	31.5、40	$\phi79$	838	377	852	881
	2000						
	2500	31.5、40	$\phi109$				
	3150						
	4000①	40					

注　一次相间距为 275mm，配柜宽为 1000mm。
①　4000A 需强制风冷。

2）固定式断路器外形安装尺寸图见图 16-47、图 16-48 和表 16-34、表 16-35。

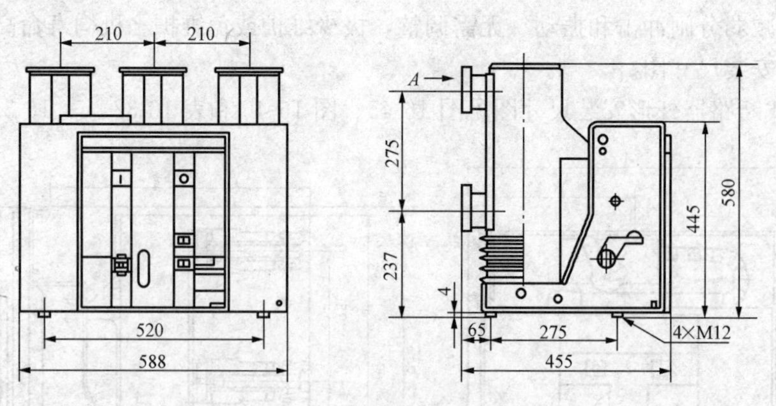

图 16-47　固定式断路器外形安装尺寸

表 16-34　固定式断路器外形安装尺寸

额定电流(A)	630	1250	1600
额定短路开断电流(kA)	25、31.5	25、31.5、40	31.5

注　一次相间距为 210mm，配柜宽为 800mm。

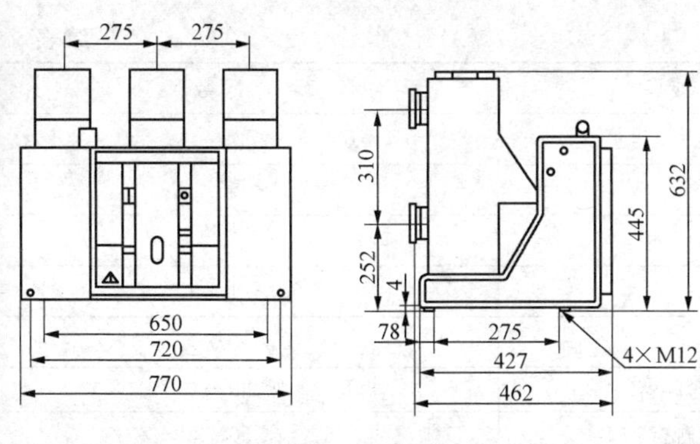

图 16-48 固定式断路器外形安装尺寸

表 16-35 固定式断路器外形安装尺寸

额定电流（A）	1600	2000	2500	3150	4000①
额定短路开断电流（kA）	31.5、40				40

注 一次相间距为 275mm，配柜宽为 1000mm。
① 4000A 需强制风冷。

（5）订货须知。订货时须注明断路器型号、名称、规格及订货数量，断路器额定电压、额定电流及额定短路开断电流；操作电源类别、电压等级，备品、备件的名称及数量，用户若有其他特殊要求，可在订货时说明。

12. ZN63A（VS1）-40.5 型户内高压交流真空断路器

（1）用途。ZN63A（VS1）-40.5 型户内高压交流真空断路器（简称断路器），是用于 40.5kV 电力系统的户内开关设备，作为电网系统、工矿企业动力设备的保护和控制单元。由于真空断路器的特殊优越性，尤其适用于要求频繁操作或多次开断短路电流的场所。

（2）主要技术参数。ZN63A-40.5 型断路器主要技术参数和机械特性参数见表 16-36、表 16-37。

表 16-36 ZN63A-40.5 型断路器主要技术参数

项目			参数
额定电压（kV）			40.5
额定频率（Hz）			50
额定电流（A）			1250/1600
额定短路开断电流（有效值）（kA）			25/31.5
额定短时耐受电流持续时间（s）			4
额定短路关合电流（峰值）（kA）			63/80
额定峰值耐受电流（峰值）（kA）			63/80
额定绝缘水平	雷电冲击耐受电压（峰值）	相间、相对地（kV）	185
	工频耐受电压 1min		95
额定操作顺序			分—0.3s—合分—180s—合分
额定操作电压（V）			AC/DC 110、220
机械寿命（次）			10 000
质量（25kA/31.5kA）（kg）			≤350

表 16-37 ZN63A-40.5 断路器机械特性参数

项目	参数
触头开距（mm）	20±2
超行程（mm）	4±1
相间中心距离（mm）	300±1.5
触头合闸弹跳时间（ms）	≤3

续表

<table>
<tr><th colspan="2">项　　目</th><th colspan="2">参　　数</th></tr>
<tr><td colspan="2">三相分、合闸不同期性（ms）</td><td colspan="2">≤2</td></tr>
<tr><td colspan="2">分闸时间（ms）</td><td colspan="2">20～50</td></tr>
<tr><td colspan="2">合闸时间（ms）</td><td colspan="2">35～70</td></tr>
<tr><td colspan="2">平均分闸速度（刚分后 12mm，m/s）</td><td colspan="2">1.3～1.8</td></tr>
<tr><td colspan="2">平均合闸速度（刚合前 6mm，m/s）</td><td colspan="2">0.5～0.8</td></tr>
<tr><td rowspan="2">各相导电回路电阻（μΩ）</td><td>不含触臂</td><td colspan="2">≤30</td></tr>
<tr><td>含触臂</td><td colspan="2">≤50</td></tr>
<tr><td colspan="2" rowspan="2">触头压力（N）</td><td>25kA</td><td>31.5kA</td></tr>
<tr><td>2400±200</td><td>3100±200</td></tr>
</table>

（3）结构及特点。断路器采用操动机构与断路器本体一体式设计，既可作为固定安装单元，也可配用专用推进机构，组成手车单元使用。

断路器总体结构采用操动机构和灭弧室前后布置的形式，三相主导电回路为集成化固封极柱，断路器外观精美、体积小、绝缘强度高，使断路器具有寿命长、一次导电回路实现免维护等优点。

断路器配用新型弹簧操动机构，操动机构置于灭弧室前的机构箱内，该机构具有手动储能和电动储能功能。本断路器将真空灭弧与操动机构闪后布置组成统一整体，使操动机构的操作性能与灭弧室开合所需性能更为吻合，减少不必要的中间传动环节，降低了能耗，使断路器的性能更为可靠。

（4）外形安装尺寸图。ZN63A-40.5 型断路器外形安装尺寸见图 16-49。

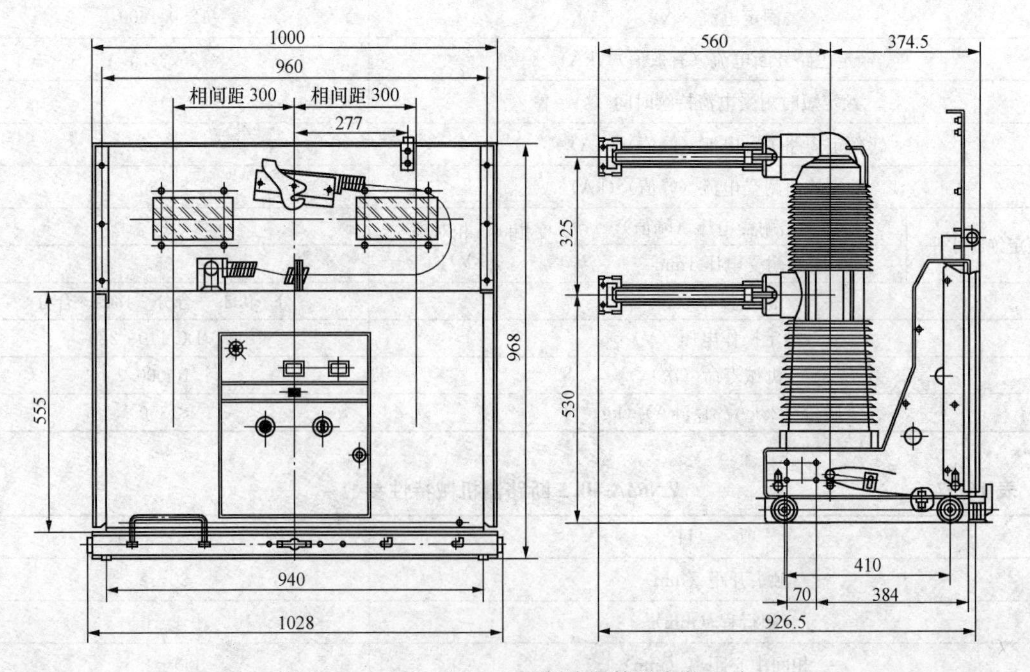

图 16-49　ZN63A-40.5 型断路器外形安装尺寸

注：1250A 配 ϕ49 静触头 1600A 配 ϕ55 静触头。

（5）订货须知。订货时须注明断路器型号、名称、规格、及订货数量，断路器额定电压、额定电流及额定短路开断电流，操作电源类别、电压等级，备品、备件的名称及数量，用户若有其他特殊要求，可在订货时说明。

13. ZN63G-12（3AS4）系列户内高压交流真空断路器

（1）用途。ZN63G-12（3AS4）系列户内高压交流真空断路器是用于12kV电力系统的户内开关设备，作为电网设备、工矿企业动力设计的保护和控制单元，适用于投切各种不同性质的负载和频繁操作、多次开断短路电流的场合，断路器外形见图16-50。

图16-50 ZN63G-12型断路器外形

（2）主要技术参数。ZN63G-12型断路器主要技术参数见表16-38。

表16-38 ZN63G-12型断路器主要技术参数

项目	参数		
额定电压（kV）	12		
额定短时1min工频耐受电压（kV）	42		
额定雷电冲击耐受电压（峰值，kV）	75		
额定频率（Hz）	50		
额定电流（A）	630、1250	630、1250、1600、2000、2500、3150	1600、2000、2500、3150
额定短路开断电流（kA）	25	31.5	40
额定短时耐受电流（kA）	25	31.5	40
额定短路持续时间（s）	4		
额定峰值耐受电流（kA）	63	80	100
额定短路关合电流（kA）	63	80	100
二次回路1min工频耐受电压（V）	2000		
额定单个/背对背电容器组开断电流（A）	630/400（40kA为800/400）		
额定电容器组关合涌流（kA）	12.5（频率≤1000Hz）		
分闸时间（ms）	20～50		
合闸时间（ms）	35～70		
机械寿命（次）	30 000		
电寿命（次）	按GB 1984—2003E2级		
动、静触头允许磨损累计厚度（mm）	3		
定合闸操作电压（V）	AC/DC110、220		
额定分闸操作电压（V）			
储能电动机额定电压（V）			
储能电动机额定功率（W）	65（3AS4型≥2500A为80）		

续表

项目		参数
储能时间（s）		≤15
触头开距（mm）	3AS2 型	7.5±1
	3AS4 型	9.0±1
超行程（mm）		3.5±1
触头合闸弹跳时间（ms）		≤2
三相分合闸不同期性（ms）		≤2
平均分闸速度（m/s）	3AS2 型	0.9～1.3（触头刚分～2mm）
	3AS4 型	0.9～1.2（触头刚分～6mm）
平均合闸速度（m/s）	3AS2 型	0.6～1.0（2mm～触头刚合）
	3AS4 型	0.5～0.8（6mm～触头刚合）
分闸过冲（mm）		≤2
主导电回路电阻（μΩ）		≤35(630～2000A) ≤25(≤2500A)
触头合闸接触压力（N）		3400±200（25～31.5kA） 4600±250（40kA）
额定操作顺序		分—0.3s—合分—180s—合分

（3）结构及特点。断路器总体结构采用操动机构和灭弧室前后布置的形式，主导电回路部分为三相落地式结构。上、下出线座及灭弧室浇注固封在采用 APG 工艺浇注而成绝缘筒内，使得灭弧室表面不存在粉尘聚积，可以防止真空灭弧室受到外部因素的损坏，确保其可使用在湿热及污秽较严重环境下。

操动机构为弹簧储能操动机构，断路器框架内装有合闸单元，由一个或数个脱扣电磁铁组成的分闸单元、辅助开关、指示装置等部件。前方设有合、分按钮，手动储能操作孔，弹簧储能状态指示牌，合分指示牌等；可配用专用推进机构，组成手车单元使用。

（4）外形安装尺寸图。ZN63G-12 型断路器外形安装尺寸见图 16-51、图 16-52 和表 16-39、表 16-40。

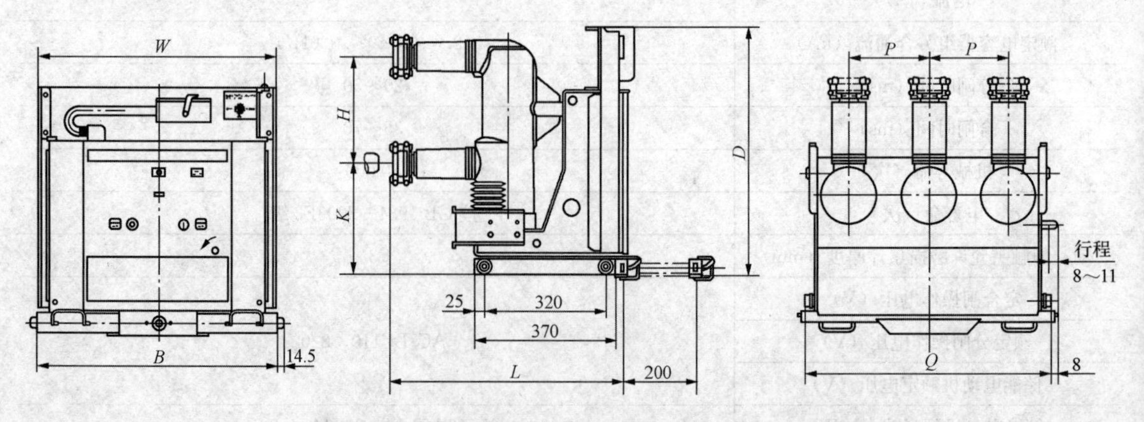

图 16-51　ZN63G-12 型手车式断路器外形安装尺寸

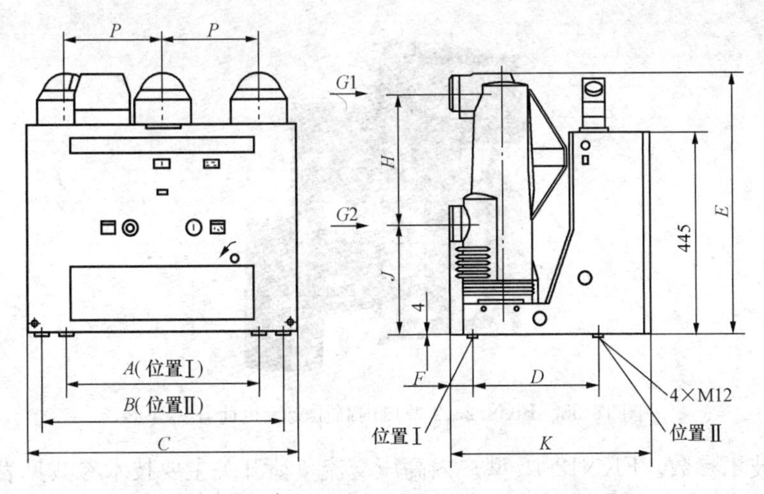

图 16-52　ZN63G-12 型固定式断路器外形安装尺寸

表 16-39　　**ZN63G-12 型手车式断路器外形安装尺寸**　　(mm)

确定参数/kA	P	H	K	L	B	D	Q	W
0.63 25～31.5	210	275	280	598	652	637	652	638
1.250 25～31.5	210	275	280	598	652	637	652	638
0.63～1.250 25～31.5	275	275	280	598	852	637	852	838
1.6～2 31.5～40	275	310	295	586	852	735	852	838
2.5～3.15 31.5～40	275	310	295	586	852	735	852	838

表 16-40　　**ZN63G-12 型固定式断路器外形安装尺寸**　　(mm)

配柜宽度	额定电流/A	P	H	A	B	C	D	E	F	J	K
800	0.63～1.25	210	275	520	520	588	250	552	71.5	237	437
1000	0.63～1.25	275	275	720	720	770	275	552	46.5	237	437
1000	1.6～4	275	310	650	720	770	275	720	78	252	465

注意事项：为防止意外事故，在对操动机构进行加润滑脂等各项工作时，应在未储能状态下进行。

第 4 节　户内高压交流负荷开关

1. FKN12-12 型户内高压交流负荷开关

(1) 用途。FKN12-12 型户内高压交流负荷开关广泛用于工厂、学校、住宅小区、高层建筑等三相交流 50Hz、系统电压 3.6～12kV 的配电系统，作为接受和分配电能之用，可用于环网开关柜、箱式变电站、开闭所等配电设备中。产品符合 GB/T 3804 和 GB/T 16926 标准要求，负荷开关外形见图 16-53。

图 16-53　FKN12-12 型户内高压交流负荷开关外形

（2）主要技术参数。FKN12-12 型户内高压交流负荷开关主要技术参数见表 16-41。

表 16-41　　FKN12-12 型户内高压交流负荷开关主要技术参数

<table>
<tr><th>项　目</th><th>参　数</th><th>项　目</th><th>参　数</th></tr>
<tr><td>额定电压（kV）</td><td>12</td><td>开断空载变压器容量（kVA）</td><td>1600</td></tr>
<tr><td>额定频率（Hz）</td><td>50</td><td>额定电缆充电开断电流（A）</td><td>10</td></tr>
<tr><td>额定电流（A）</td><td>630</td><td>固分时间（ms）</td><td>45</td></tr>
<tr><td>额定短时耐受电流（kA）</td><td>20</td><td rowspan="2">1min 工频耐受电压（kV）</td><td rowspan="2">42（相间、相对地）、
48（隔离断口间）</td></tr>
<tr><td>额定峰值耐受电流（kA）</td><td>50</td></tr>
<tr><td>额定短路关合电流（kA）</td><td>50</td><td rowspan="2">雷电冲击耐受电压（kV）</td><td rowspan="2">75（相间、相对地）、
85（隔离断口间、峰值）</td></tr>
<tr><td>额定有功负载开断电流（A）</td><td>630</td></tr>
<tr><td>额定闭环开断电流（A）</td><td>630</td><td>机械寿命（次）</td><td>＞2000</td></tr>
</table>

（3）结构及特点。该压气式负荷开关为框架结构，结构紧凑，分闸时具有明显隔离断口，与同类产品相比，压气筒内径增大、压气量增大、灭弧能力增强，因而具有较强开断能力。

设有金属隔板，当接地开关合闸的同时，与接地开关联动的金属隔板自动将带电的静触头（母线室）封闭，使得检修或更换熔断器时绝对安全。

负荷开关可选装电动操动机构，为电动、手动两用，可实现远距离控制。

可选装辅助开关、脱扣器。可选装透明罩（也称防尘罩）代替金属隔板实现将带电的静触头（母线室）封闭。

负荷开关与接地开关之间有机械联锁，防止误操作。

负荷开关附有门锁，可方便地将开关柜门与开关联锁，当柜门打开或柜门门锁未锁好时，负荷开关不能操作，当接地开关未合闸时，柜门不能打开，维护作业安全。

防误机构可满足成套高压设备“五防”的要求。

（4）外形安装尺寸图。FKN12-12 型户内高压交流负荷开关外形安装尺寸见图 16-54 和表 16-42。

（5）订货须知。用户订货时请注明开关的型号、名称、数量。操作方式为手动操作、电动操作及操作电压。安装方式为侧面安装、正面安装、倒安装。操作方向为左操作、右操作。可选配件有辅助开关、脱扣器及电压、柜间联锁。组合电器熔断器熔夹安装方式为 90°和 60°。

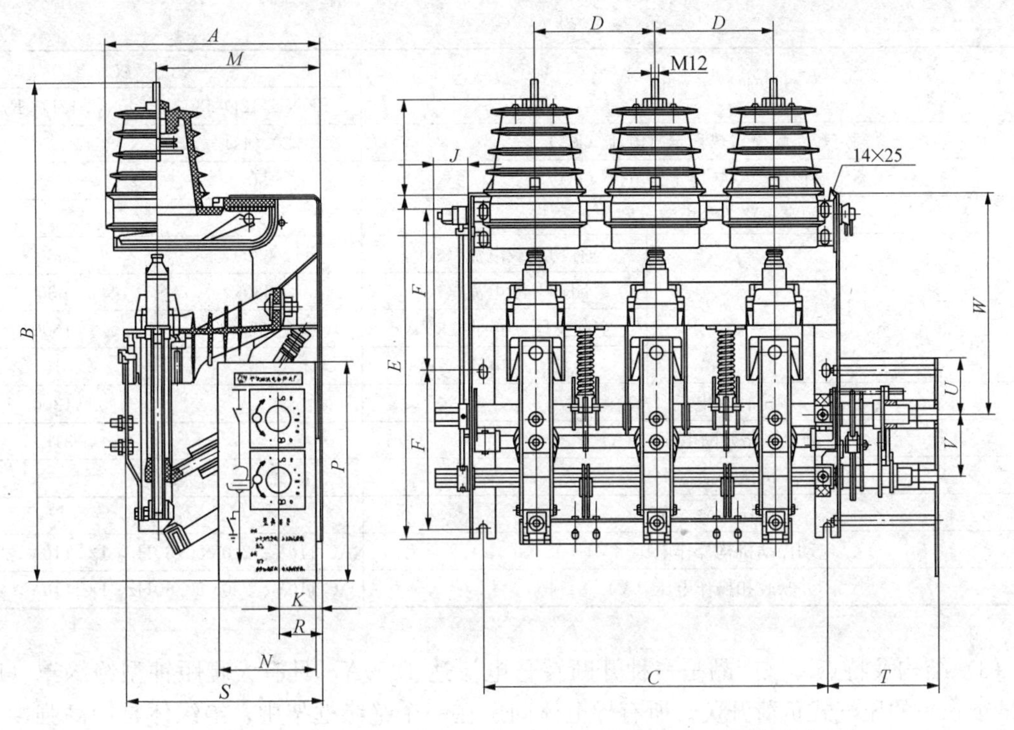

图 16-54　FKN12-12 型户内高压交流负荷开关外形安装尺寸

表 16-42　　FKN12-12 型户内高压交流负荷开关外形安装尺寸　　(mm)

A	B	C	D	E	F	J	M	N	P	S	T	U	V	W
380	840	600	210	583	270	65	287	171	370	337	194	95	105	374

2. FKN12A-12 系列户内高压交流负荷开关

(1) 用途。FKN12A-12 系列户内高压交流负荷开关是一种最新改进压气式负荷开关，主要用于三相环网或终端供电的市区配电站和工业用电设备中，在主体结构完全相同的情况下，可分为负荷开关、负荷开关—熔断器组合电器、三工位隔离开关。其中负荷开关又可分为带接地开关和不带接地开关两种。该负荷开关装配在 HXGN-12 型箱型固定式户内交流金属封闭开关设备及箱式变电站中，可组成众多的接线方案，满足用户对控制、保护、计量等各种要求。

(2) 主要技术参数。FKN12A-12 系列负荷开关主要技术参数见表 16-43。

表 16-43　　FKN12A-12 系列负荷开关主要技术参数

项　目		参　数	
		FKN12-12D/630	FKN12-12D．R/125
额定电压（kV）		12	12
额定频率（Hz）		50	50
额定电流（A）		630	125
额定雷电冲击耐受电压（峰值，kV）	相间、对地	75	75
	隔离断口	85	85
额定短时 1min 工频耐受电压（kV）	相间、对地	42	42
	隔离断口	48	48

续表

项目		参数	
		FKN12-12D/630	FN12-12D. R/125
额定短路耐受（热稳定）电流（kA）		20（4s）	
额定峰值耐受（热稳定）电流（kA）		50	
额定短路关合电流（kA）		50	
额定开断电流	有功负载电流（A）	630	630
	闭环开断电流（A）	630	630
	空载变压器容量（kVA）	1600	1600
	电缆充电电流（A）	10	10
额定转移电流（A）			1300
额定短路开断电流（kA）			31.5
机械寿命（次）		3000	
电气寿命（次）		500	
电动操动机构操作电压（V）		AC 110V、220V50/60Hz，DC 110V，220V	
并联脱扣操作电压（V）		AC 110V、220V50/60Hz，DC 110V，220V	

（3）结构及特点。该产品是一种开断转移电流达 1300A，具有大爬距钟型绝缘罩（爬距达 260mm）的压气式负荷开关。所有导电体固定在一个绝缘框架中，绝缘体是用高强度、不燃烧的不饱和聚酯 SMC 材料制造，具有电寿命长、转移电流高、稳定性可靠、操作方便、绝缘水平高、系列化强的特点。操动机构有手动和电动操动机构。

（4）外形安装尺寸图。FKN12A-12 系列负荷开关外形安装尺寸见图 16-55。

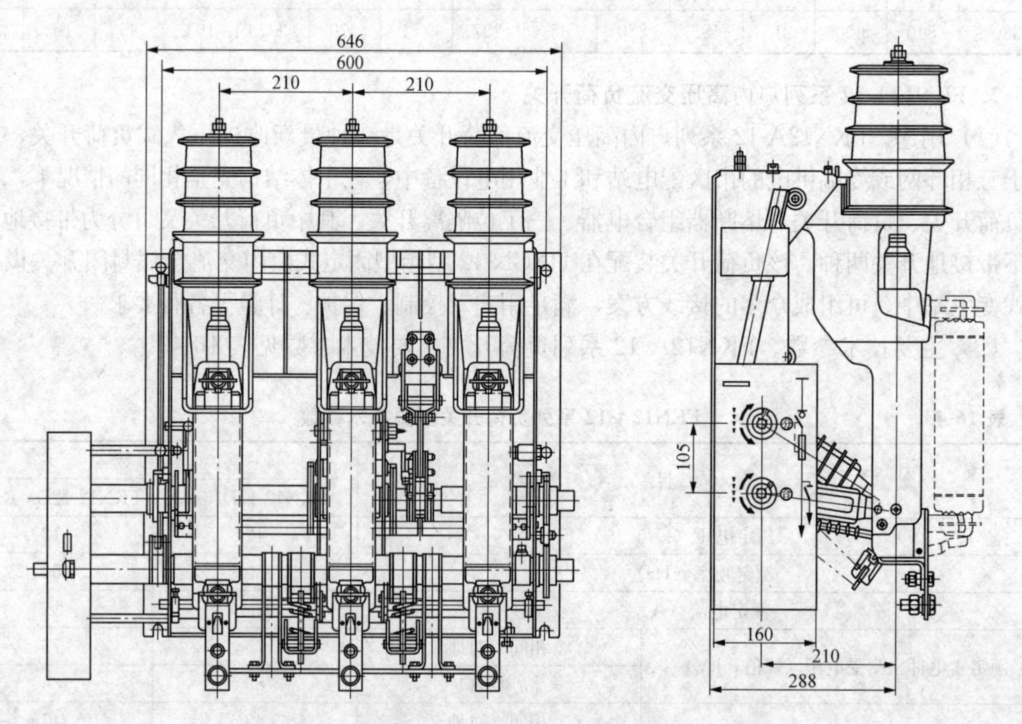

图 16-55　FKN12A-12 系列负荷开关外形安装尺寸

注：L 尺寸由客户决定，但不小于 130mm，900mm 深柜配 190mm，不同柜深依此计算。

3. FLN36-12D型户内高压交流负荷开关

（1）用途。FLN36-12D型户内高压交流负荷开关适用于三相交流50Hz、12kV的电力系统中，作为工矿企业、高层建筑、住宅小区的环网开关设备、预装式变电所等场所，用来开断、关合负载电流，也可用作关合和开断空载长线、空载变压器及电容器组等。负荷开关和限流熔断器串联组合可代替断路器使用，即由负荷开关承担关合和开断各种负载电流，由限流熔断器承担开断较大的过载电流和短路电流。产品符合GB 3804、GB 16926、IEC 60265-1、IEC 60420标准要求。该产品具有“合-分-接地”三工位灭弧室、联锁可靠、断口绝缘强度高、大爬距设计、出线端用均压保护罩保护、特殊的动密封和固定密封设计、密封可靠，并且在明显位置装有压力表，供运行时监视，确保运行安全，是装备城市电网的新一代高压开关设备。

图16-56 FLN36-12D型户内高压交流负荷开关外形

（2）主要技术参数。FLN36-12D型户内高压交流负荷开关主要技术参数见表16-44。

表16-44 FLN36-12D型户内高压交流负荷开关主要技术参数

项目	参数	项目		参数
额定电压（kV）	12	额定电缆充电开断电流（A）		10
额定频率（Hz）	50	额定转移电流（A）		1700（1800）
额定电流（A）	630	1min工频耐受电压（kV）	相对地、相间	42
额定短路关合电流（峰值，kA）	50		离断口	48
额定峰值耐受电流（kA）	50	雷电冲击耐受电压（kV）	相对地、相间	75
额定短时4s耐受电流（kA）	20		隔离断口	85
接地开关额定峰值耐受电流（kA）	50	机械寿命（次）		2000
接地开关额定短时4s耐受电流（kA）	20	额定SF_6气体压力（MPa）		0.04～0.05
开断空载变压器容量（kVA）	1250（1600）	额定操作电源电压（V）		AC DC 220、110
额定有功负载开断电流（A）	630			
额定闭环开断电流（A）	630			

（3）结构及特点。该负荷开关由上下壳体、灭弧装置、动静触头、操动机构等组成，如增加熔断器触头座和撞击脱扣系统就成为组合电器。

上下躯壳由环氧树脂真空注射而成，构成充气内腔，内腔中动触头是公用的，主开关上、下静触头和接地静触头，可循序完成合—分—接地三工位操作，在两种基本手力弹簧储能操动机构上可加装电动合、分闸。实现遥控操作，供用户选择。

躯壳后部设有安全隔膜，当灭弧室内部可能发生故障造成压力过高时，过压气体可冲破隔膜得到释放，从而确保人身安全。

充气内腔充入0.04～0.05MPa（20℃时）纯SF_6气体，经严格检验，能保证密封性的预期工作寿命为20年。

机构箱正面设有气体压力表和位置指示，压力表用于监视SF_6气体压力变化。位置指示

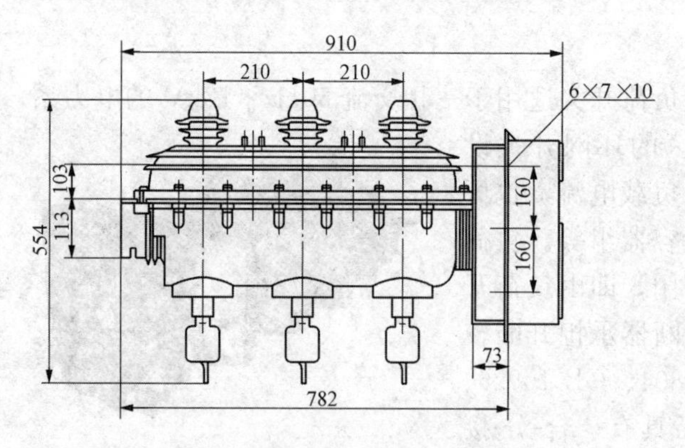

图 16-57 FLN36-12D 型户内高压交流负荷开关外形安装尺寸

装置直接与动触头传动轴连接，指示动触头的可靠工作位置。

（4）外形安装尺寸图。FLN36-12D 型户内高压交流负荷开关外形安装尺寸见图 16-57。

（5）订货须知。订货时应注明产品型号名称及订货数量，额定电压、额定电流，操动机构的型号（K 型、A 型）。选用电动操作时注明操作电压，组合电器中可以选用的熔断器的型号和规格，备品备件的名称、数量（操作手柄为每五台负荷开关配 1 支）；其他特殊要求。

4. FLN38-12 系列户内高压交流负荷开关

（1）用途。FLN38-12 系列户内高压交流负荷开关，适用于 10kV 及以下的电力系统中。作为变压器、电缆、架空线路等电力设备的控制和保护之用。特别适用于城、乡电网的终端变电站及箱式变电站，用于环网双辐射供电单元的控制与保护。

（2）主要技术参数。FLN38-12 系列户内高压交流负荷开关主要技术参数见表 16-45。

表 16-45　FLN38-12 系列户内高压交流负荷开关主要技术参数

项目		参数	
额定电压（kV）		12	
额定电流（A）		630	1250
额定频率（Hz）		50	
额定雷电冲击耐受电压（kV）	相间及对地	95	
	断口间	110	
额定短时 1min 工频耐受电压（50Hz）	相间及对地（kV）	42	
	断口间（kV）	48	
额定短路关合电流（kA）		63	

项目	参数	
额定峰值耐受电流（kA）	63	
短时 2s 耐受电流（kA）	25	
额定有功负载开断电流（A）	630	1250
额定闭环开断电流（A）	630	1250
额定电缆充电开断电流（A）	10	
主回路电阻（$\mu\Omega$）	≤105	
相间距（中心距，mm）	170	

（3）结构及特点。该开关由底座、静触头座、动触头及动触头座构成。负荷开关本体与 K 型弹簧操动机构为一体。额定电流为 630A 或 1250A。K 型操动机构是单弹簧操动机构，由它带动负荷开关实现分合闸。

（4）外形安装尺寸图。FLN38-12 系列户内高压交流负荷开关外形安装尺寸见图 16-58。

（5）订货须知。订货时须注明产品型号、规格、数量以及交货日期，如有特殊要求请与制造厂协商。

5. FLRN36-12D 型户内高压交流负荷开关—熔断器组合电器

（1）用途。FLRN36-12D 型户内高压交流负荷开关—熔断器组合电器适用于三相交流 50Hz、12kV 电力系统中，作为工矿企业、高层建筑、住宅小区的环网开关设备，预装式变电所等场所，用来开断、关合负载电流，也可用作关合和开断空载长线、空载变压器及电容器

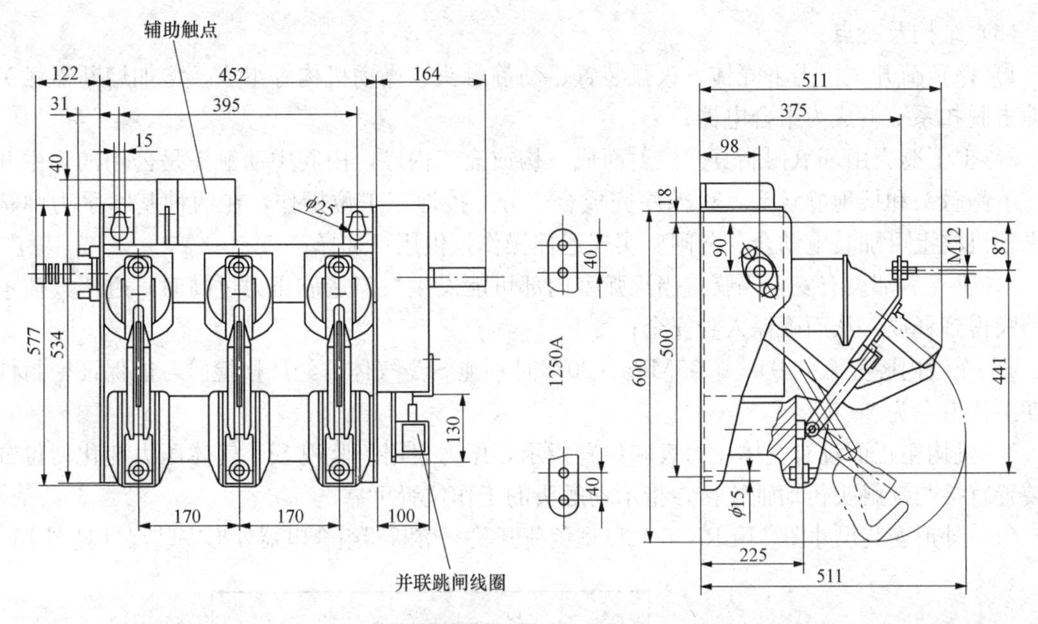

图 16-58　FLN38-12 系列户内高压交流负荷开关外形安装尺寸

注：1250A：尺寸增加 2mm。

组等。负荷开关和限流熔断器串联组合可代替断路器使用，即由负荷开关承担关合和开断各种负载电流，由限流熔断器承担开断较大的过载电流和短路电流。产品符合 GB 3804、GB 16926、IEC 60265-1、IEC 60420 标准要求。该产品具有“合—分—接地”三工位灭弧室、联锁可靠、断口绝缘强度高、大爬距设计、出线端用均压保护罩保护、特殊的动密封和固定密封设计，密封可靠，并且在明显位置装有压力表，供运行时监视，确保运行安全，是装备城市电网的新一代高压开关设备，负荷开关—熔断器组合电器外形见图 16-59。

图 16-59　FLRN36-12D 型负荷开关—熔断器组合电器外形

（2）主要技术参数。FLRN36-12D 型负荷开关—熔断器组合电器主要技术参数见表 16-46。

表 16-46　　FLRN36-12D 型负荷开关—熔断器组合电器主要技术参数

项　目		参　数
额定电压（kV）		12
额定频率（Hz）		50
额定电流（A）		125
额定短路开断电流（kA）		31.5
额定短路关合电流（峰值，kA）		80（预期）
开断空载变压器容量（kVA）		1250（1600）
额定转移电流（kA）		1700（1800）
1min 工频耐受电压（kV）	相对地、相间	42
	离断口	48
雷电冲击耐受电压（kV）	相对地、相间	75
	隔离断口	85

项　目			参　数
机械寿命（次）			2000
额定 SF_6 气体压力（MPa）			0.04～0.05
额定操作电源电压（V）			AC/DC 220、110
熔断器额定参数			
额定电压（kV）	熔断器额定电流（A）	熔断件额定电流（A）	额定开断电流（kA）
12	40	6.3、10、16、20、25、31.5、40	40
	100	50、63、80、100	40
	125	125	50

(3) 结构及特点。

1) 该负荷开关由上下壳体、灭弧装置、动静触头、操动机构等组成，增加熔断器触头座和撞击脱扣系统就成为组合电器；

2) 上下躯壳由环氧树脂真空注射而成，构成充气内腔，内腔中动触头是公用的，主开关上、下静触头和接地静触头，可循序完成合—分—接地三工位操作，在两种基本手力弹簧储能操动机构上可加装电动合、分闸。实现遥控操作，供用户选择；

3) 躯壳后部设有安全隔膜，当灭弧室内部可能发生故障造成压力过高时，过压气体可冲破隔膜得到释放，从而确保人身安全；

4) 充气内腔充入 0.04～0.05MPa（20℃时）纯 SF_6 气体，经严格检验，能保证密封性的预期工作寿命为 20 年；

5) 机构箱正面设有气体压力表和位置指示，压力表用于监视 SF_6 气体压力变化；位置指示装置直接与动触头传动轴连接，指示动触头的工作位置可靠。

(4) 外形安装尺寸图。FLRN36-12D 型负荷开关—熔断器组合电器外形安装尺寸见图 16-60。

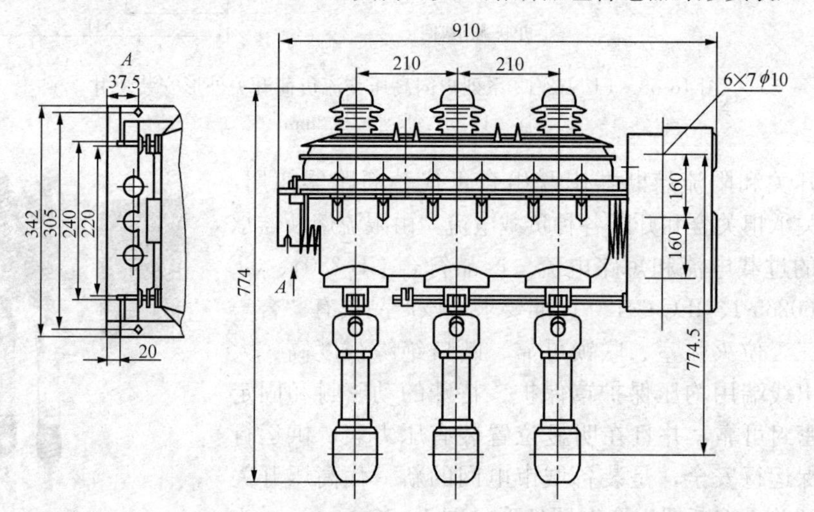

图 16-60　FLRN36-12D 型负荷开关—熔断器组合电器外形安装尺寸

(5) 订货须知。订货时须提供产品型号名称及订货数量，额定电压、额定电流，操动机构的型号（K 型、A 型），选用电动操作时注明操作电压，组合电器中可以选用的熔断器的型号和规格，备品备件的名称、数量（操作手柄为每五台负荷开关配一支），其他特殊要求。

6. FLRN38-12 型户内高压交流负荷开关—熔断器组合电器

(1) 用途。FLRN38-12（NAL）型户内高压交流负荷开关—熔断器组合电器，适用于三相交流 50Hz 环网或终端供电的电站和工业用电设备中，作为 10kV 电力系统负载控制线路保护之用。

(2) 主要技术参数。FLRN38-12 型负荷开关—熔断器组合电器主要技术参数见表 16-47。

表 16-47　FLRN38-12 型负荷开关—熔断器组合电器主要技术参数

名称		参数	名称		参数
额定电压（kV）		12	额定 1min 工频耐受电压（50Hz，kV）	相间及对地	42
额定频率（Hz）		50		断口间	48
额定雷电冲击耐受电压（kV）	相间及对地	95	组合电器最大熔断器电流（A）		125
	断口间	110	组合电器额定转移电流（A）		1250

(3) 结构及特点。由额定电流为630A的负荷开关本体、A型弹簧操动机构、熔断器跳闸机构、熔断器及熔断器座等组成，其中熔断器为可选件，熔断器最大额定电流为125A。A型操动机构是双弹簧操动机构，合闸操作之前，应先将其分闸弹簧储能。

熔断器跳闸机构与熔断器及A型操动机构配合使用，当熔断器熔断后，熔断器撞针撞击跳闸机构并使其动作，带动A型操动机构动作使开关分闸。若损坏的熔断器未被换下，A型操动机构将无法操作，开关无法合闸。

(4) 外形安装尺寸图。FLRN38-12型负荷开关—熔断器组合电器外形安装尺寸见图16-61、表16-48。

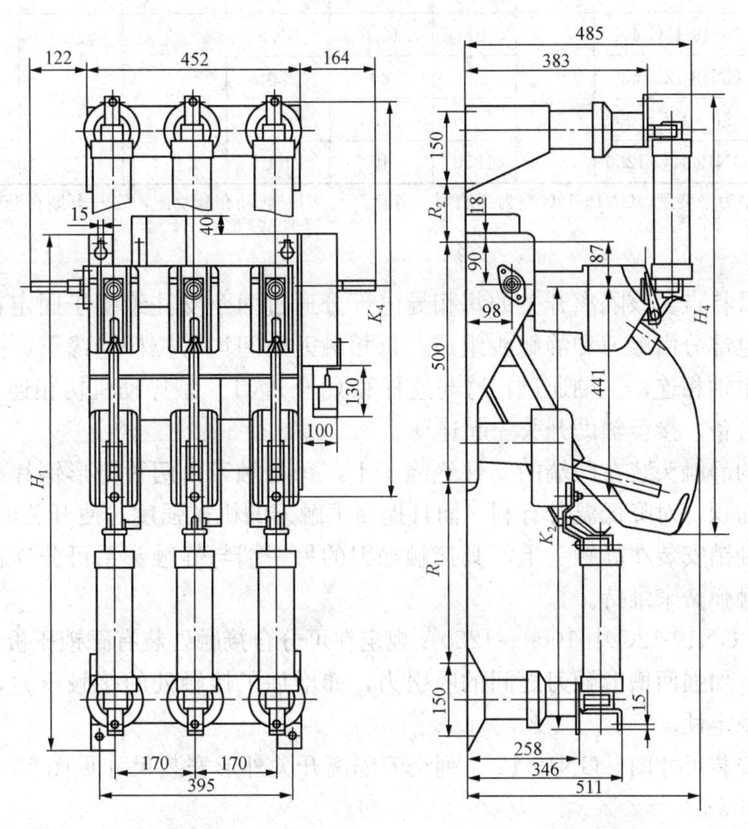

图16-61 FLRN38-12型负荷开关—熔断器组合电器外形安装尺寸

表16-48 **FLRN38-12型负荷开关—熔断器组合电器外形安装尺寸** (mm)

熔断器电流/A	H_1	H_4	K_2	K_4	R_1	R_2
6～100	1060	895	925	828	375	125
125	1210	1045	1075	978	525	275

(5) 订货须知。订货时须注明产品的全型号、数量，是否需要配用操动机构，如有特殊要求，请与制造厂协商。

第5节 户内高压交流隔离开关

1. GN19-12系列户内高压交流隔离开关

(1) 用途。GN19-12系列户内高压交流隔离开关是三相交流50Hz的高压开关设备，用于额定电压 12kV 电力系统中，在有电压无负载的情况下作分合电路之用。隔离开关配用 CS6-1 型手力操动机构。

（2）主要技术参数。GN19-12 系列交流隔离开关主要技术参数见表 16-49。

表 16-49　GN19-12 系列交流隔离开关主要技术参数

型号规格		额定电压（kV）	额定电流（A）	4s 短路时耐受电流（kA）	额定峰值耐受电流（kA）	1min 工频耐压（kV）		雷电冲击耐压（kV）	
						对地和相间	断口间	对地和相间	断口间
GN19-12/400	GN19-12C/400	12	400	12.5	31.5	42	53	75	90
GN19-12/630	GN19-12C/630		630	20	50				
GN19-12/1000	GN19-12C/1000		1000	31.5	80				
GN19-12/1250	GN19-12C/1250		1250	40	100				

注　GN19-12 型为平装型；GN19-12C 型为穿墙型（带套筒）。C1—转动在套管侧，C2—开断在套管侧，C3—两侧均为套管。

（3）结构及特点。该隔离开关的每相导电部分通过两个支柱绝缘子固定在底架上。三相平行安装，导电部分由触刀和静触头组成，每相触刀中间均有拉杆绝缘子。拉杆绝缘子与安装在底架上的主轴相连，主轴通过拐臂与连杆和 CS6-1（T）型操动机构相连，操动机构上借连动杆（用户自备）接至辅助开关一起连动。

导电部分的静触头装在两端的支柱绝缘子上，每相触刀由两片槽形铜片组成，它不仅增大了触刀散热面积，对降低温升有利，而且提高了触刀的机械强度，使开关的动稳定性提高。触刀一端通过轴销安装在静触头上，其接触触刀的另一端与静触头系可分连接，而触刀接触压力靠两端接触弹簧来维持。

GN19-12、GN19-12C 中 1000～1250A 规定在可分合接触处装有磁锁压板。其目的是当短路电流通过时，加强两槽形触刀之间的吸引力，亦增加了接触处的接触压力，因而提高了开关触头的动热稳定性。

（4）外形安装尺寸图。GN19-12 系列交流隔离开关外形安装尺寸见图 16-62、图 16-63 和表 16-50、表 16-51。

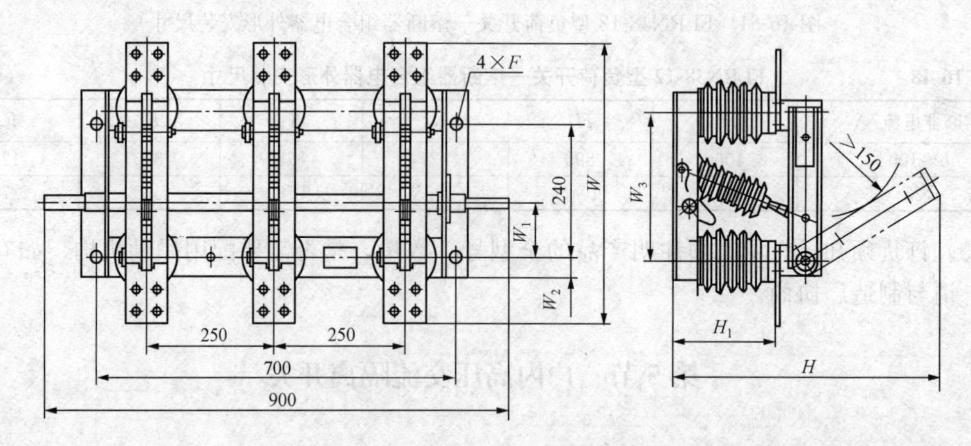

图 16-62　GN19-12/400～1250 系列交流隔离开关外形安装尺寸

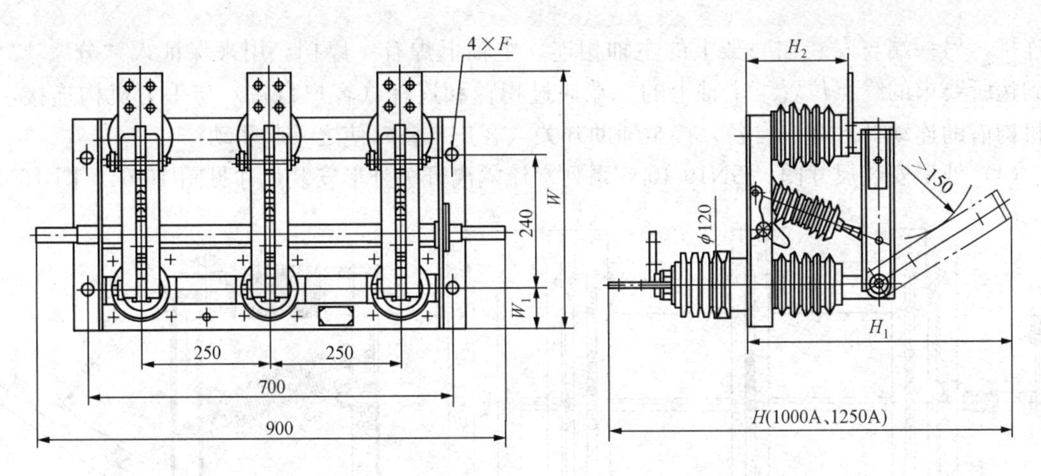

图 16-63 GN19-12C/400～1250 系列交流隔离开关外形安装尺寸

表 16-50　　GN19-12/400～1250 系列交流隔离开关外形安装尺寸　　(mm)

型　号	F	W	W_1	W_2	W_3	H	H_1
GN19-12/400	14×24	450	85	25	240	460	177
GN19-12/630	14×24	470	85	25	240	460	177
GN19-12/1000	18×28	510	100	37	270	520	192
GN19-12/1250	18×28	510	100	37	270	520	192

表 16-51　　GN19-12C/400～1250 系列交流隔离开关外形安装尺寸　　(mm)

型　号	F	W	W_1	H	H_1	H_2
GN19-12C/400	14×24	410	65	641	460	177
GN19-12C/630	14×24	420	65	641	460	177
GN19-12C/1000	18×28	465	75	777	510	192
GN19-12C/1250	18×28	465	75	777	510	192

(5) 订货须知。订货时请注明产品型号、名称、额定电压、额定电流及操动机构型号。

2. GN19-40.5 系列户内高压交流隔离开关

(1) 用途。GN19-40.5 (W) 系列户内高压交流隔离开关适用于三相交流 50Hz、35kV 电气线路，在有电压无负载的情况下作接通或隔离电源之用。

(2) 主要技术参数。GN19-40.5 系列交流隔离开关主要技术参数见表 16-52。

表 16-52　　GN19-40.5 系列交流隔离开关主要技术参数

项　目	参　数	项　目		参　数
额定电压 (kV)	40.5	雷电冲击耐受电压（峰值）	对地、相间 (kV)	185
额定电流 (A)	2000～3150		断口 (kV)	215
4s 热稳定电流 (kA)	50	1min 工频耐受电压（有效值）	对地、相间 (kV)	95
动稳定电流 (kA)	125		断口 (kV)	115
污秽等级	Ⅱ			

(3) 结构及特点。隔离开关每相导电部分通过两个支柱绝缘子固定在底架上，三相平行安装。导电部分由刀和触头组成，每相刀中间均安装有省力机构。拉杆绝缘子一端与省力机

构连接，另一端与安装在底架上的主轴相连。主轴上焊有一停挡，用来保证入“分”、“合”时到达所要求的终点位置。主轴上的一端通过拐臂和连杆（客户自备）与手力机构连接，手动机构借助连动杆（客户自备）接至辅助开关（客户自备）使之一起联动。

（4）外形安装尺寸图。GN19-40.5 系列交流隔离开关外形安装尺寸见图 16-64、图 16-65。

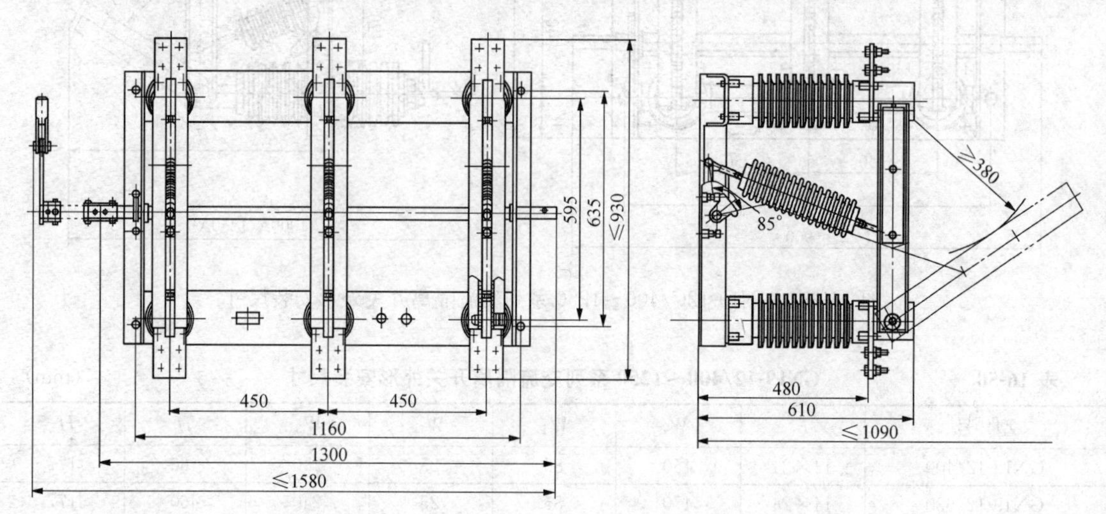

图 16-64　GN19-40.5（W）/2000 型交流隔离开关外形安装尺寸

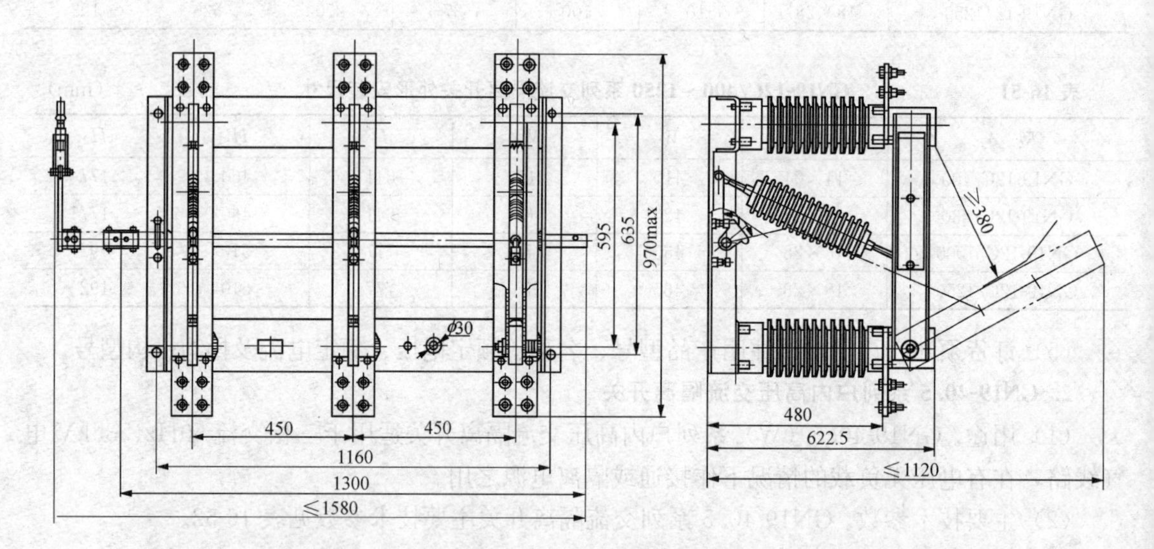

图 16-65　GN19-40.5（W）/3150 型交流隔离开关外形安装尺寸

（5）注意事项。①隔离开关安装高度一般为 2.5～10m（隔离开关转轴至地面的距离），手动机构的安装位置为 1～1.3m（手柄转轴中心至地面的距离），机构可装在隔离开关左边或右边；②隔离开关可安装于墙壁或金属架上，应水平或垂直安装；③确定隔离开关的安装位置。

3. GN24-12D 系列户内高压交流隔离开关

（1）用途。GN24-12D 系列户内高压交流带接地开关的隔离开关是三相交流 50Hz 的高压开关设备，用于额定电压 12kV 及以下的电力系统中，供有电压无负载的情况下分合电路之用。

该产品有合闸、分闸、接地三个工作位置，并能分步动作，具备防止带电挂接地线及防止带接地合闸的防误性能。产品配用于 KGN 等开关设备。隔离开关配用 CS6-18 型或 CS6-1 型手力操动机构。

(2) 主要技术参数。GN24-12D 系列交流隔离开关主要技术参数见表 16-53。

表 16-53 GN24-12D 系列交流隔离开关主要技术参数

额定电压（kV）	额定电流（A）	4s 额定短时耐受电流（kA）	额定峰值耐受电流（kA）	1min 工频耐受电压（kV）	雷电冲击耐受电压（kV）
12	400	12.5	31.5	42	75
	630	20	50		
	1000	31.5	80		
	1250	40	120		

(3) 结构及特点。该系列产品是隔离开关和接地开关的组合。主要由底架、支柱绝缘子、拉杆绝缘子、主刀、接地刀、触头及传动板组成。主要特点是主刀和接地刀通过传动板控制，使该产品具有下列三个动作位置：主刀合闸，接地刀打开；主刀、接地刀同时打开；主刀打开，接地刀合闸，因此具备“防止带电挂接地线”和“防止带接地线合闸”的防误功能。为了满足需要，设计有平装型、穿墙型、双接地等型式。配用操动机构为 CS6-1 和 CS18 两种。CS18 为防误闭锁机构，可以实现“防止带负载分闸”和“防止误分误合上下隔离开关”两种防误功能。

(4) 外形安装尺寸图。GN24-12D 系列交流隔离开关外形安装尺寸见图 16-66 和表 16-54。

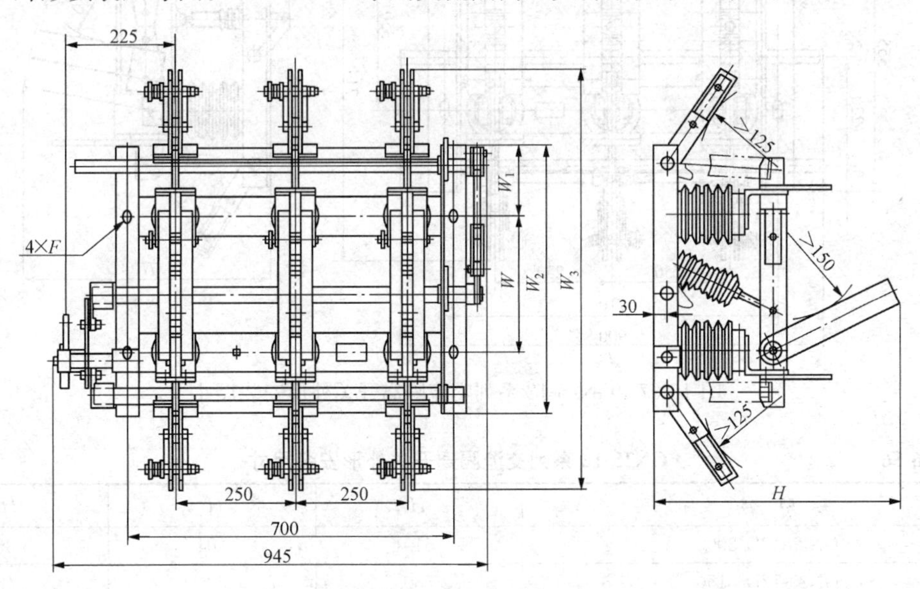

图 16-66 GN24-12D 系列交流隔离开关外形安装尺寸

表 16-54 GN24-12D 系列交流隔离开关外形安装尺寸 (mm)

型 号	F	W	W_1	W_2	W_3	H
GN24-12SD11/400～630	14×24	240	116	510	810	460
GN24-12SD11/1000～1250	18×28	270	140	535	840	520

(5) 订货须知。订货时请注明产品型号、名称、额定电压、额定电流及操动机构型号。

4. GN25-12 系列户内高压交流隔离开关

(1) 用途。GN25-12 系列户内高压交流隔离开关是三相交流 50Hz 的高压开关设备，用于额定电压 12kV 的电力系统中，供有电压无负载的情况下分合电路之用。隔离开关可提供带接地开关装置，配用 CS6-2 型手动操动机构。

(2) 主要技术参数。GN25-12 系列交流隔离开关主要技术参数见表 16-55。

表 16-55　GN25-12 系列交流隔离开关主要技术参数

额定电压（kV）	额定电流（A）	4s 额定短时耐受电流（kA）	额定峰值耐受电流（kA）	1min 工频耐受电压（kV）	雷电冲击耐受电压（kV）
12	2000	40	100	42	75
	3150	50	125		

(3) 结构及特点。该系列隔离开关为三相闸刀式结构，由底架、拉杆绝缘子、支柱绝缘子、闸刀及静触头等部分组成。为了满足需要，设计有平装型、穿墙型、带接地刀等型式。

触头接触压力由特殊设计的传动机构，通过由磁锁板组成的杠杆系统放大后产生，故接触可靠、操作力小，且有一定自洁能力。

(4) 外形安装尺寸图。GN25-12 系列交流隔离开关外形安装尺寸见图 16-67、表 16-56。

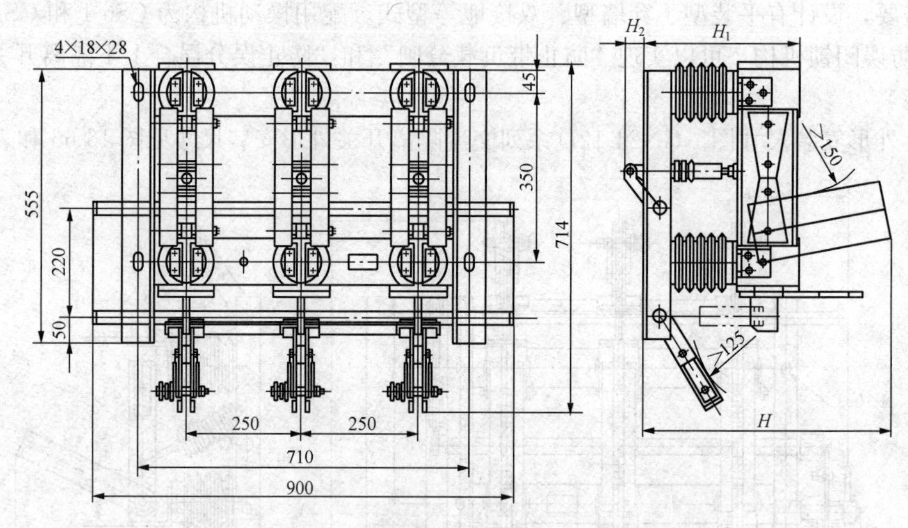

图 16-67　GN25-12 系列交流隔离开关外形安装尺寸

表 16-56　GN25-12 系列交流隔离开关外形安装尺寸　(mm)

型　号	H	H_1	H_2
GN25-12D/2000	510	304	36
GN25-12D/3150	530	329	48

(5) 订货须知。订货时请注明产品型号、名称、额定电压、额定电流及操动机构型号。

第 6 节　户内高压交流接地开关

1. JN1-12 型户内高压交流接地开关

(1) 用途。JN1-12 型户内高压交流接地开关是高压开关柜中的主要元件之一，作为设备检修时，为保证人身安全，用作接地的一种机械接地装置。适用于三相交流 50Hz、额定电压 12kV 及以下的电力系统中，有平装式和穿墙式两种结构形式，平装式可配带电显示装置。该产品可配用 CS6-1、JS 型手动机构或其他操动机构。

（2）主要技术参数。JN1-12 型接地开关主要技术参数见表 16-57。

表 16-57　　JN1-12 型接地开关主要技术参数

额定电压（kV）	4s 额定短时耐受电流（kA）	额定峰值耐受电流（kA）	1min 工频耐受电压（kV）	雷电冲击耐受电压（kV）
12	12.5	31.5	42	75
	20	50		
	31.5	80		
	40	100		

（3）结构及特点。该接地开关由底架、支柱绝缘子或套管绝缘子、静触头、转轴、动触刀及汇流母排等组成。底架是由角钢焊成的框架，三只装有静触头的支柱绝缘子或套管绝缘子固定在底架的横梁上，主轴与拐臂焊接。动触刀在分闸状态由转轴带动至合闸位置；分闸时，沿合闸的反方向转动至分闸位置。

（4）外形安装尺寸图。JN1-12 型接地开关外形安装尺寸见图 16-68、图 16-69 和表 16-58、表 16-59。

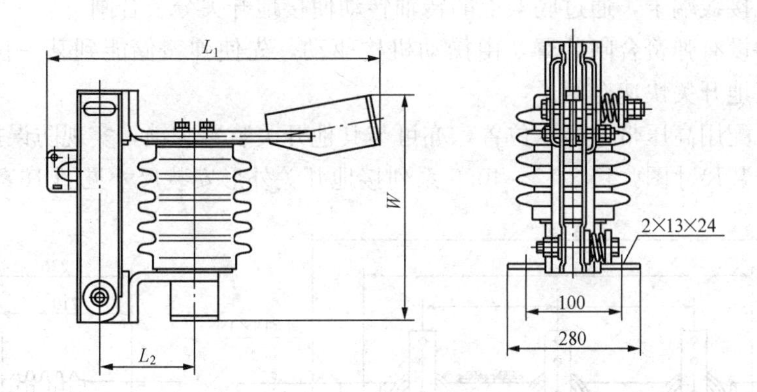

图 16-68　JN1-12（C）Ⅰ/12.5～40 单相接地开关外形安装尺寸

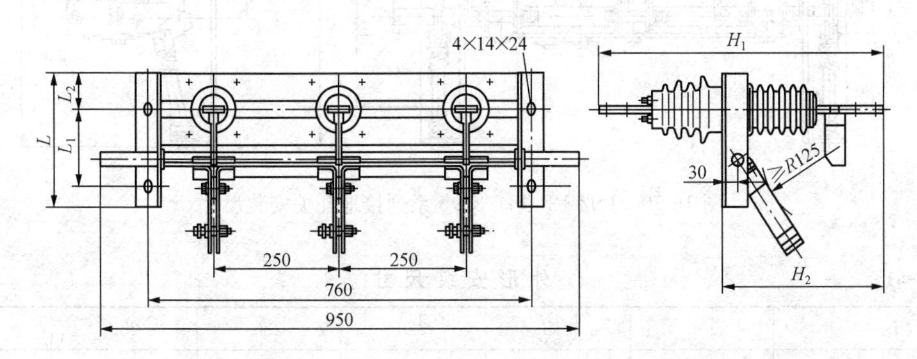

图 16-69　JN1-12CⅢ/20～40 型接地开关外形安装尺寸

表 16-58 JN1-12 型接地开关安装尺寸 (mm)

型号	L_1	L_2	W
JN1-12Ⅰ/12.5、20	246	70	262
JN1-12CⅠ/12.5、20	301	70	210
JN1-12Ⅰ/31.5、40	257	100	276
JN1-12CⅠ/31.5、40	346	100	227

表 16-59 接地开关安装尺寸 (mm)

型号	L	L_1	L_2	H_1	H_2
JN1-12CⅢ/20	250	150	65	572	324
JN1-12CⅢ/31.5	290	240	25	669	352
JN1-12CⅢ/40	290	240	25	637	390

(5) 订货须知。订货时须注明接地开关产品型号与规格、相间中心距、操动机构名称及型号，如需配带电显示装置则须注明功能与显示器型号。

2. JN2-12-40.5 系列户内高压交流接地开关

(1) 用途。JN2-12～40.5 系列户内高压交流接地开关是三相交流 50Hz 的高压开关设备，用于额定电压 12kV 电力系统中，作为保证检修人员人身安全的接地装置。

(2) 主要技术参数。JN2-12～40.5 系列接地开关主要技术参数见表 16-60。

表 16-60 JN2-12～40.5 系列接地开关主要技术参数

额定电压（kV）	额定短路关合电流（kA）	4s 额定短时耐受电流（kA）	额定峰值耐受电流（kA）	1min 工频耐受电压（kV）	雷电冲击耐受电压（kV）
12	80	31.5	80	42	75
40.5	63	25	63	95	185

(3) 结构及特点。该接地开关是三相装置，底架上装有三只支柱绝缘子，支柱绝缘子上装有接地触头及接线端子，通过底架上的转轴转动使接地开关分、合闸。

接地开关中设有弹簧合闸装置，由操动机构驱动，先使弹簧储能到某一位置时，弹簧能量释放，实现接地开关快速合闸。

接地开关可配用高压带电显示位置，亦可与其他开关装置联锁，实现防误操作。

(4) 外形安装尺寸图。JN2-12～40.5 系列接地开关外形安装尺寸见图 16-70 和表 16-61。

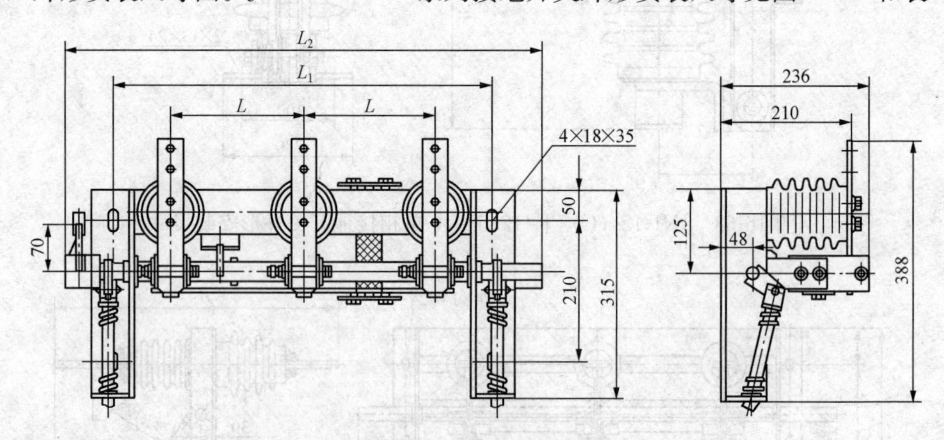

图 16-70 JN2-12（G）/31.5 系列接地开关安装尺寸

表 16-61 外形安装尺寸 (mm)

L	190	210	220	230	250	275
L_1	565	605	645	645	685	735
L_2	725	765	805	805	845	895

(5) 订货须知。订货时请注明产品型号、名称、额定电压，如有特殊需要，请一并注明。

3. JN6-40.5型户内高压交流接地开关

(1) 用途。JN6-40.5型户内高压交流接地开关用于三相交流50Hz、额定电压40.5kV电力系统中，作为保证检修时人身安全的接地装置。

(2) 主要技术参数。JN6-40.5型接地开关主要技术参数见表16-62。

表16-62　　JN6-40.5型接地开关主要技术参数

额定电压（kV）	额定短路关合电流（kA）	4s额定短时耐受电流（kA）	额定峰值耐受电流（kA）	1min工频耐压（kV）	雷电冲击耐压（kV）
40.5	50	20	50	95/115	185/215
	63	25	63		

(3) 结构及特点。该接地开关是由框架、导电部分及传动系统组成。框架由底框、分闸限位板、合闸限位螺钉等构成。导电部分的固定触头通过环氧树脂浇注的支柱绝缘子（传感器）固定在框架上。接地开关配用提示型或强制型的高压带电显示装置。

(4) 外形安装尺寸图。JN6-40.5型接地开关外形安装尺寸见图16-71。

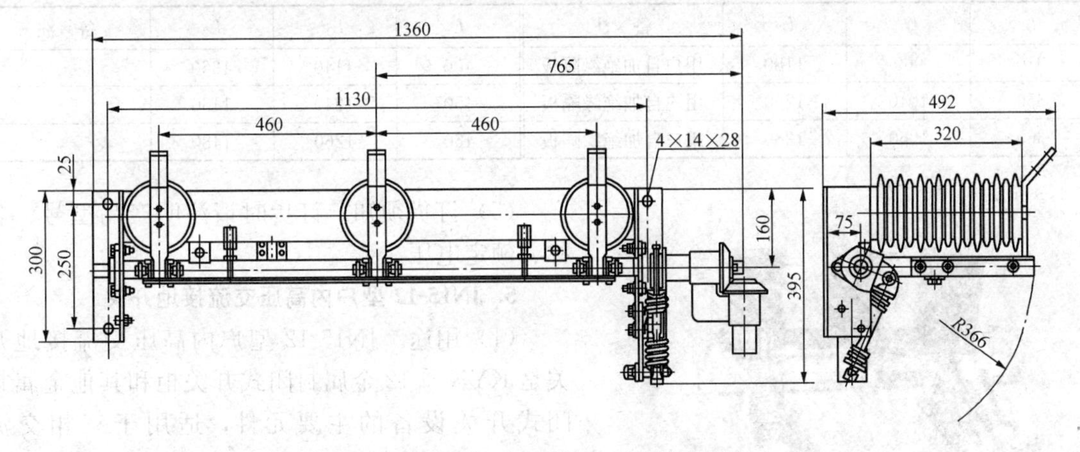

图16-71　JN6-40.5/20型接地开关外形安装尺寸

(5) 订货须知。订货时请注明产品型号、名称、额定电压，如有特殊需要，需一并注明。

4. JN12-40.5型户内高压交流接地开关

(1) 用途。JN12-40.5型户内高压交流接地开关用于三相交流50Hz、额定电压40.5kV电力系统中，作为保证检修时人身安全的接地装置。

(2) 主要技术参数。JN12-40.5型接地开关主要技术参数见表16-63。

表16-63　　JN12-40.5型接地开关主要技术参数

额定电压（kV）	额定短路关合电流（kA）	4s额定短时耐受电流（kA）	额定峰值耐受电流（kA）	1min工频耐压（kV）	雷电冲击耐压（kV）
40.5	63	25	63	95/115	185/215
	80	31.5	80		

(3) 结构及特点。接地开关为三相装置，底架上装有三只支柱绝缘子，支柱绝缘子上装有接地触头及接线端子，通过底架上的转轴转动使接地开关分、合闸。接地开关中设有弹簧

合闸装置，由操动机构驱动，先使弹簧储能到某一位置时，弹簧能量释放，实现接地开关快速合闸。接地开关可配用高压带电显示装置，也可与其他开关装置联锁，实现防误操作。

（4）外形安装尺寸图。JN12-40.5 接地开关外形安装尺寸见图 16-72 和表 16-64。

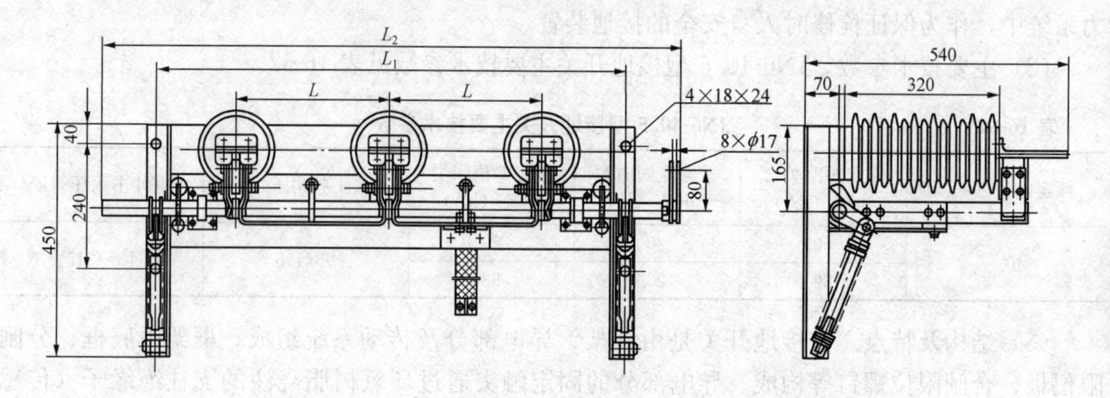

图 16-72　JN12-40.5（G）/25～31.5 型接地开关外形安装尺寸

表 16-64　　**JN12-40.5 型接地开关外形安装尺寸**

L	L_1	L_2	备　注	L	L_1	L_2	备　注
310	960	1180	用户自加绝缘隔板	400	1140	1360	—
350	1040	1260	用户自加绝缘隔板	450	1240	1460	—
360	1060	1280	用户自加绝缘隔板	460	1260	1480	—

图 16-73　JN15-12 型接地开关外形

（5）订货须知。订货时请注明产品型号、名称、额定电压。

5. JN15-12 型户内高压交流接地开关

（1）用途。JN15-12 型户内高压交流接地开关是 KYN□-12 金属封闭式开关柜和其他金属封闭式开关设备的主要元件，适用于三相交流 50Hz、额定电压 12kV 配电系统中，并可装设带电显示器，作为检修时的接地保护，确保维修人员的人身安全，外形见图 16-73。

（2）主要技术参数。JN15-12 型接地开关主要技术参数见表 16-65。

表 16-65　　**JN15-12 型接地开关主要技术参数**

项　目	参　数	项　目		参　数
额定电压（kV）	12	额定绝缘水平（对地、相间）	1min 工频耐受电压（kV）	42
额定频率（Hz）	50			
额定短时耐受电流（热稳定电流）（kA）	31.5、40		雷电冲击耐受电压（峰值，kV）	75
额定短路持续时间（热稳定时间）（s）	4			
额定峰值耐受电流（动稳定电流）（kA）	80、100	机械寿命（次）		2000
额定短路关合电流（峰值）（kA）	80、100	回路电阻（μΩ）		≤120、≤80
相间中心距（mm）	210、275	配用的操动机构		手动弹簧操动机构

注　接地开关可根据用户需要订制其他规格的相间中心距。

(3) 结构及特点。JN15-12/31.5-210 型户内交流高压接地开关，由底架、支持绝缘子、静触头、操纵板、螺旋弹簧、主轴、汇流铜管、软连接、调整定位环、碟形弹簧、拐臂、动触刀、操作拐臂等组成，根据用户需要可装设带电显示器。

JN15-12/40-275 型户内交流高压接地开关，由左侧板、右侧板、静触头、操纵板、螺旋弹簧、主轴、汇流铜管、软连接、调整定位环、碟形弹簧、拐臂、动触刀、齿轮机构（或操作拐臂）等组成，该接地开关的静触头与开关本体分装。

当操动机构使接地开关关合时，操作拐臂带动主轴转动，两根操作弹簧受力张开，合闸弹簧过死点后，在弹簧的作用下，驱动主轴带动触刀快速合闸。由于弹簧力克服回路的电动力，故保证接地开关能可靠关合额定短路电流，并能耐受额定短路电流下的电动力及热量。分闸操作时，作用力矩使主轴克服阻力矩及弹簧力，带动操纵板沿分闸方向转动，并使动触刀上的拐臂压缩弹簧过死点，弹簧储能结束，以备下次合闸。

(4) 外形安装尺寸图。JN15-12 型接地开关外形安装尺寸见图 16-74。

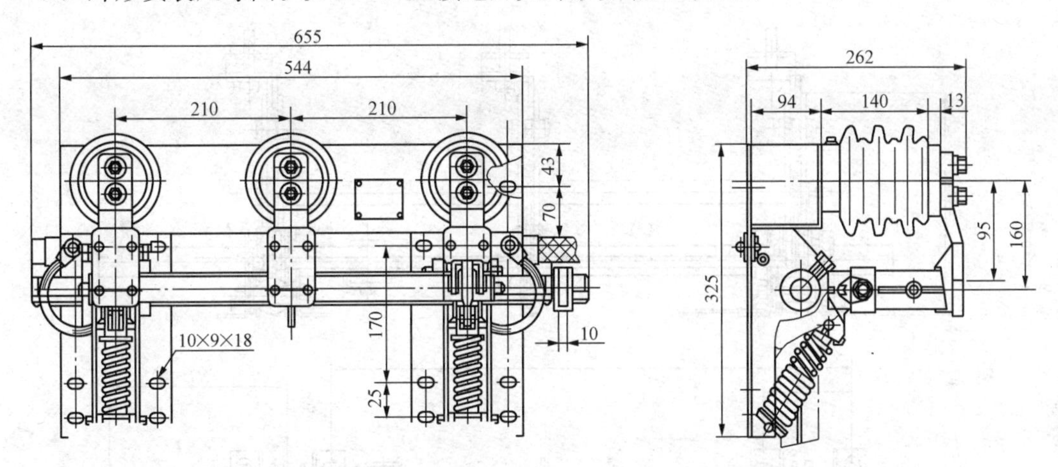

图 16-74 JN15-12/31.5 型接地开关外形安装尺寸

(5) 注意事项。

1) 接地开关可水平、垂直或倾斜安装，但应保证柜架安装梁的平行度和强度，使产品安装后不受应力，以免影响操作性能和增加振动，安装时亦不能使产品受到损坏。

2) 用户可以根据需要调整操作拐臂或齿轮机构的位置（左或右），方法是松开两个调整定位环的紧固螺钉，用木榔头敲打主轴端部至所需位置，重新拧紧紧固螺钉即可。

3) 产品投入使用前，要确认使用环境是否与规定的要求相一致，否则应采取适当措施。

4) 与接地开关配套的操动机构应能使主轴转动角度不小于 90°。

5) 定期维护，清除产品表面积尘，所有摩擦和运动部件应定期加注润滑油。

6) 工作人员应初步了解产品的结构、性能，适当掌握产品的安装、调试及维护检修知识，对运行中的问题予以记录，必要时可通知制造厂。

(6) 订货须知。订货时请注明产品的型号、名称、相间中心距尺寸、订货数量；操作拐臂或齿轮机构的安装位置（左或右）；是否配带电显示器；其他备品，备件的名称与数量。

6. JN15A-12 型户内高压交流接地开关

(1) 用途。JN15A-12 型户内高压交流接地开关适用于三相交流 50Hz、电压 10kV 电力系统中，作为保证维修时人身安全的接地装置，并可与各种型号高压开关柜配套使用。

（2）主要技术参数。JN15A-12 型接地开关主要技术参数见表 16-66。

表 16-66 **JN15A-12 型接地开关主要技术参数**

项 目	参 数	项 目		参 数
额定电压（kV）	12	额定峰值耐受电流（kA）		80、100
额定短时耐受电流（kA）	31.5、40	极间中心距（mm）		150、210、230、250、275
额定短路持续时间（s）	4	额定绝缘水平（对地、相间）	1min 工频耐压（kV）	42
额定短路关合电流（kA）	80、100		雷电冲击耐压（kV）	75

（3）结构及特点。该接地开关由底架、静触头、动触头、触头弹簧、电压传感器、合闸弹簧、汇流导管等组成。JYN15-12 型接地开关为整体式结构，JYN15A-12 为分体式结构。

（4）外形安装尺寸图。JN15A-12 型接地开关外形安装尺寸见图 16-75 和表 16-67。

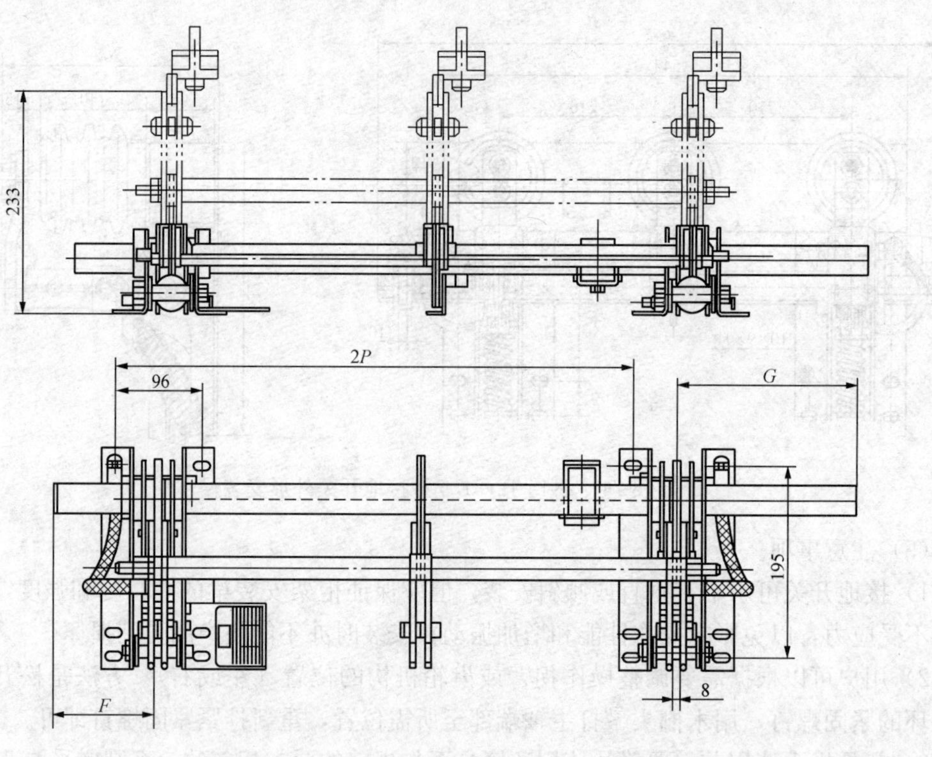

图 16-75 JN15A-12 型接地开关外形安装尺寸

表 16-67 **外 形 安 装 尺 寸** （mm）

型 号	2P	F	G
JN15A-150	300	75	160
JN15A-210	420	50	175
JN15A-275	550	50	210

（5）订货须知。订货时须注明产品型号、名称、数量，使用环境条件、安装方式，备件、附件的名称及数量，如有其他特殊要求，应与制造厂协商处理。

第7节　户内高压交流真空接触器

1. JCZ1-7.2～12 系列户内高压交流真空接触器

（1）用途。JCZ1-7.2～12 系列户内高压交流真空接触器系三相交流 50Hz 的户内高压开关设备，适用于电压 10kV 及以下的户内电力系统中，供远距离接通与分断线路，频繁起动和控制高压电动机，频繁操作电弧炉变压器及电容器组；它与继电器后备保护熔断器配合，可作线路的过载及短路保护；与高压限流式熔断器等元器件组装，构成组合单元，配用于高压开关柜，作为电力系统的成套配电装置。

（2）主要技术参数。JCZ1-7.2～12 系列真空接触器主要技术参数见表 16-68。

表 16-68　JCZ1-7.2～12 系列真空接触器主要技术参数

额定电压（kV）	额定电流（A）	接通能力（A）	分断能力（A）	极限分断能力（A）	操作频率（次/h）	电寿命（万次）	机械寿命（万次）	控制回路参数		
								额定电压（V）	额定功率（VA）	
									吸合	保持
7.2～12	160 250 400 630	1600 2500 4000 6300	1280 2000 3200 5040	1600 2500 4000 6300	300	25	100	110 220 380	≤1000	≤100

（3）结构及特点。该接触器总体结构采用前后和上下两种结构布置。接触器由底座、真空灭弧室和由双线圈拍合式直流电磁铁动作的电磁操动机构、绝缘子、绝缘杆组成对地绝缘的绝缘部分组成。

（4）外形安装尺寸图。JCZ1-7.2～12 系列真空接触器外形安装尺寸见图 16-76。

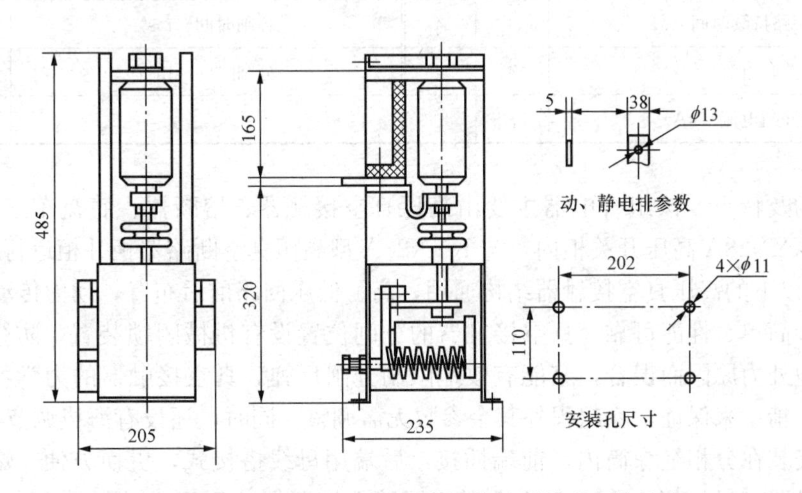

图 16-76　JCZ1-7.2～12 系列真空接触器外形安装尺寸

（5）订货须知。订货时须注明真空接触器的型号、名称、额定电压及额定电流，操作控制回路的额定电压，订货数量及过电压吸收器需要的台数。

图 16-77　JCZR16-7.2～12 系列接触器—熔断器组合电器外形

2. JCZR16-7.2～12 系列户内高压交流接触器—熔断器组合电器

（1）用途。JCZR16-7.2～12 系列户内高压交流接触器—熔断器组合电器可配装于开关柜内组成 F-C 回路，与综合保护装置配合使用。供发电厂及工矿企业用来关合、开断交流高压电动机、变压器、电容器等负载用，并具有过载、短路保护的功能。适用于交流 50Hz、额定电压 12kV 及以下的三相电力系统中，交流接触器—熔断器组合电器外形见图 16-77。

（2）主要技术参数。JCZR16-7.2～12 系列接触器—熔断器组合电器主要技术参数见表 16-69。

表 16-69　　JCZR16-7.2～12 系列接触器—熔断器组合电器主要技术参数

项目		参数		项目		参数	
额定电压（kV）		7.2	12	极限开断电流（kA）		4.5	4.5
额定绝缘水平	1min 工频耐受电压相间、对地（kV）	32	42	机械寿命（次）	J 型	100 000	100 000
	冲击耐受电压（断口）（kV）	60	75		D 型	300 000	300 000
熔断器额定电流（A）		25～315	25～160	质量（kg）		55	56
预期短路开断电流（kA）		50	50	头开距（mm）		6^{+1}_{0}	
预期短路关合电流（峰值，kA）		130	130	接触行程（超程，mm）		3±0.5	
额定峰值耐受电流（峰值，kA）		10	10	合闸触头弹跳时间（ms）		≤3	
额定短时耐受电流（有效值，kA）		4	4	三相分闸同期性（ms）		≤2	
额定短路持续时间（s）		4	4	合闸时间（ms）		≤150	
额定关合电流（kA）		4	4	分闸时间（ms）		≤40	
额定开断电流（kA）		3.2	3.2				

（3）结构及特点。该组合电器主要由高压真空接触器、熔断器、底盘车三大部分组成。可直接装于 KYN28A 高压开关柜内，与 KYN28A 型高压真空断路器柜并柜运行。

12kV 及以下的高压真空接触器结构通用，高、低压回路前后布置，动力传动采用 T 型杠杆传动，结构简单、性能可靠。真空接触器的分闸位置设有机械闭锁装置，防止真空接触器因振动或其他外力原因而误合，又能有效地限制分闸反弹。真空接触器的力学特性及参数完全由零件加工精度来保证，除超程外其余参数无需调整。同时，还设有海拔调节器。

熔断器安装在分相绝缘筒内，前端插接，后端用母线搭接式，更换方便。熔断器筒水平布置，与接触器有机地组合在一起。在电气回路上熔断器位于真空接触器及负载的电源侧，使熔断器的保护范围最大化。

底盘车采用丝杠推进机构，具有进车平稳，位置定位准确、精度高等优点。

第8节 电抗器和消弧线圈

1. 简述

电抗器的品种繁多，应用范围很广，在本节中仅介绍与发电、变电密切相关的几种，即限流电抗器，中压并联电抗器和消弧线圈。

2. 限流电抗器

（1）分类。限流电抗器串联于电力系统中，在系统发生故障时限制短路电流值，使之降低以满足其后所接设备的短路电流容许值的要求。限流电抗器现有干式空心限流电抗器和混凝土柱式限流电抗器两种。

（2）干式空心限流电抗器。

1）型式结构及型号含义。干式空心限流电抗器采用环氧树脂固化，质量轻，有较大的动稳定裕度。其产品型号含义如下。

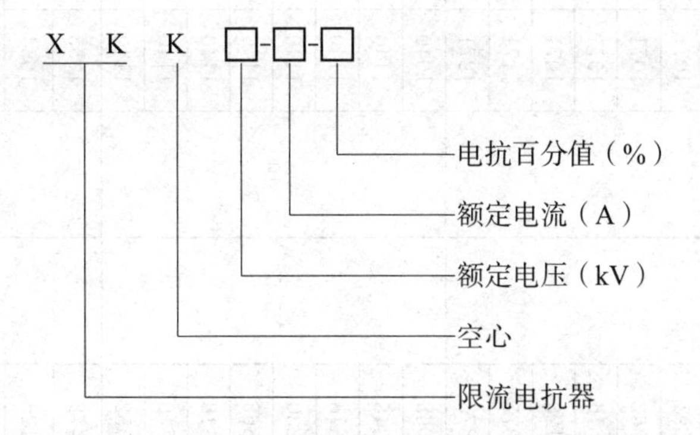

2）技术数据。XKK 系列干式空心限流电抗器的技术数据见表 16-70。

3）外形及安装尺寸。干式空心限流电抗器外形及安装尺寸见图 16-78。

（3）混凝土柱式限流电抗器。

1）型式结构及型号含义。混凝土柱式限流电抗器（又称水泥电抗器）是用混凝土装成牢固的整体，其结构简单，成本低，维护方便。产品型号含义如下。

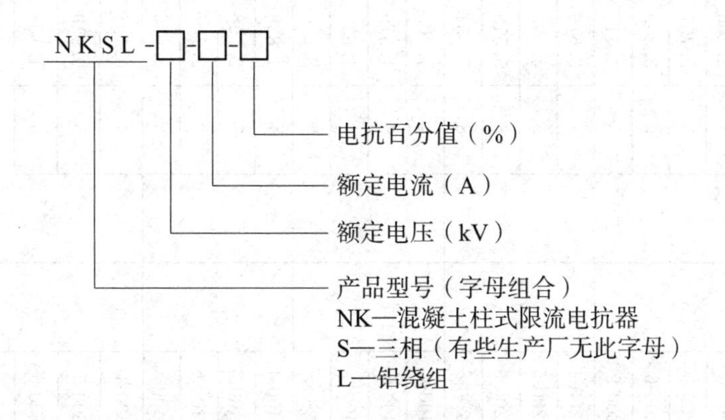

2）技术数据。混凝土柱式限流电抗器的技术数据见表 16-71。

表 16-70　XKK 系列干式空心限流电抗器技术数据

型号	额定电压（kV）	额定电流（A）	电抗率（%）	额定电感（mH）	三相通过容量（kVA）	单相无功容量（kvar）	单相损耗（75℃时）（W）	动稳定电流峰值（kA）	4s 热稳定电流（kA）	线圈外径 D（mm）	线圈高度 H_1（mm）	下瓷座高度 H_2（mm）	中间瓷件高度 H_3（mm）	瓷座中心直径 D_c（mm）	$\phi b/\phi d$	单相质量（kg）
XKK-6-200-3	6	200	3	1.645	3×693	20.8	1069	12.75	5	1071	627	521	280	900	140/14	141
XKK-6-200-4			4	2.206		27.7	1289			1071	707	521	280	900	140/14	160
XKK-6-200-5			5	2.757		34.7	1496			1071	767	521	280	900	140/14	179
XKK-6-200-6			6	3.309		41.6	1691			1071	837	521	280	900	140/14	197
XKK-6-200-8			8	4.412		55.5	2062			1071	967	521	280	900	140/14	231
XKK-10-200-4	10		4	3.676	3×1155	46.2	1816			1071	887	521	280	900	140/14	209
XKK-10-200-5			5	4.595		57.7	2126			1071	987	521	280	900	140/14	236
XKK-10-200-6			6	5.513		69.3	2377			1171	1007	521	280	1000	140/14	261
XKK-10-200-8			8	7.351		92.4	2873			1271	1087	597	280	1100	140/14	308
XKK-6-400-4	6	400	4	1.103	3×1386	55.4	2068	25.5	10	1040	597	521	280	850	140/14	184
XKK-6-400-5			5	1.379		69.2	2348			1140	627	521	280	950	140/14	209
XKK-6-400-6			6	1.654		83.2	2678			1140	667	521	280	950	140/14	227
XKK-6-400-8			8	2.206		111	3230			1140	737	521	280	950	140/14	262
XKK-10-400-4	10		4	1.838	3×2309	92.4	2865			1140	687	521	280	950	140/14	238
XKK-10-400-5			5	2.298		115.5	3318			1140	757	521	280	950	140/14	267
XKK-10-400-6			6	2.757		138.6	3746			1140	827	521	280	950	140/14	294
XKK-10-400-8			8	3.676		184.8	4552			1140	947	521	280	950	140/14	346
XKK-6-600-4	6	600	4	0.735	3×2078	83.1	2472	38.25	15	1083	607	521	280	900	140/14	255
XKK-6-600-5			5	0.919		103.9	3125			1054	627	521	280	900	140/14	247
XKK-6-600-6			6	1.103		124.8	3572			1155	617	597	280	1000	140/14	274
XKK-6-600-8			8	1.470		166.3	4184			1155	687	597	280	1000	140/14	317
XKK-10-600-4	10		4	1.225	3×3464	138.6	3224			1168	667	597	280	1000	140/14	337
XKK-10-600-5			5	1.532		173.3	4147			1157	707	597	280	1000	140/14	340
XKK-10-600-6			6	1.838		207.9	5238			1150	727	597	280	1000	140/14	329
XKK-10-600-8			8	2.451		277.2	6251			1250	777	671	280	1100	140/14	388

续表

型号	额定电压(kV)	额定电流(A)	电抗率(%)	额定电感(mH)	三相通过容量(kVA)	单相无功容量(kvar)	单相损耗(75℃时)(W)	动稳定电流峰值(kA)	4s热稳定电流(kA)	线圈外径D(mm)	线圈高度H_1(mm)	下瓷座高度H_2(mm)	中间瓷件高度H_3(mm)	瓷座中心直径D_c(mm)	$\phi b/\phi d$	单相质量(kg)
XKK-6-800-4	6	800	4	0.552	3×2771	111.0	3287	51.00	20	980	567	521	280	800	140/14	244
XKK-6-800-5			5	0.689		138.5	3775			980	607	521	280	800	140/14	271
XKK-6-800-6			6	0.827		166.3	4214			1130	567	521	280	950	140/14	294
XKK-6-800-8			8	1.103		221.8	5056			1130	637	521	280	950	140/14	338
XKK-10-800-4	10		4	0.919	3×4619	184.8	4524			1176	607	597	280	1000	140/14	335
XKK-10-800-5			5	1.149		231.0	5190			1276	607	671	280	1100	140/14	375
XKK-10-800-6			6	1.379		277.3	5807			1276	647	671	280	1100	140/14	407
XKK-10-800-8			8	1.838		369.6	6965			1276	727	671	280	1100	140/14	477
XKK-6-1000-4	6	1000	4	0.441	3×3464	139	3959	63.75	25	1035	619	521	280	850	140/14	272
XKK-6-1000-5			5	0.551		174	4554			1035	659	521	280	850	140/14	303
XKK-6-1000-6			6	0.662		208	5090			1035	689	521	280	850	140/14	331
XKK-6-1000-8			8	0.882		277	5691			1200	619	597	280	1050	140/14	419
XKK-6-1000-10			10	1.103		347	6512			1250	719	671	280	1100	140/14	474
XKK-10-1000-4	10		4	0.735	3×5774	231	5076			1200	639	597	280	1050	140/14	386
XKK-10-1000-5			5	0.919		239	5839			1200	689	597	280	1050	140/14	425
XKK-10-1000-6			6	1.103		347	6511			1250	719	597	280	1100	140/14	474
XKK-10-1000-8			8	1.471		462	7815			1250	799	597	280	1100	140/14	546
XKK-10-1000-10			10	1.838		577	9000			1250	869	597	280	1100	140/14	616
XKK-6-1500-4	6	1500	4	0.294	3×5196	209	4536	95.63	37.5	1235	689	597	386	1100	140/14	408
XKK-6-1500-5			5	0.368		260	5234			1235	689	597	386	1230	140/14	460
XKK-6-1500-6			6	0.441		312	5828			1385	719	671	386	1230	140/14	502
XKK-6-1500-8			8	0.588		416	7182			1485	739	671	386	1300	140/14	612
XKK-6-1500-10			10	0.736		520	8276			1485	819	671	386	1300	140/14	679
XKK-10-1500-4	10		4	0.490	3×8660	347	6331			1430	719	671	386	1300	140/14	518
XKK-10-1500-5			5	0.613		444	7437			1483	779	671	386	1300	140/14	627
XKK-10-1500-6			6	0.735		520	8061			1486	839	671	386	1300	140/14	702
XKK-10-1500-8			8	0.980		693	9722			1540	899	671	386	1450	225/18	802
XKK-10-1500-10			10	1.225		866	11 552			1693	919	821	386	1500	225/18	1000

续表

型　号	额定电压(kV)	额定电流(A)	电抗率(%)	额定电感(mH)	三相通过容量(kVA)	单相无功容量(kvar)	单相损耗(75℃时)(W)	动稳定电流峰值(kA)	4s热稳定电流(kA)	线圈外径D(mm)	线圈高度H_1(mm)	下瓷座高度H_2(mm)	中间瓷件高度H_3(mm)	瓷座中心直径D_c(mm)	$\phi b/\phi d$	单相质量(kg)
XKK-6-2000-4	6	2000	4	0.221	3×6928	278	5935	102	40	1200	798	597	386	1050	140/14	468
XKK-6-2000-5			5	0.276		347	6748			1300	810	597	386	1100	140/14	527
XKK-6-2000-6			6	0.331		416	7503			1410	790	671	386	1250	140/14	579
XKK-6-2000-8			8	0.441		554	8984			1410	860	671	386	1250	140/14	658
XKK-6-2000-10			10	0.551		694	10 344			1510	880	671	386	1350	140/14	740
XKK-6-2000-12			12	0.662		832	11 064			1510	940	671	386	1350	140/14	781
XKK-10-2000-4	10		4	0.368	3×11 547	463	8018			1458	800	671	386	1300	140/14	605
XKK-10-2000-5			5	0.459		577	9214			1458	850	671	386	1300	140/14	672
XKK-10-2000-6			6	0.551		692	10 337			1510	880	671	386	1350	140/14	730
XKK-10-2000-8			8	0.735		924	12 338			1558	960	671	386	1400	225/18	851
XKK-10-2000-10			10	0.919		1155	14 081			1658	990	821	386	1500	225/18	970
XKK-10-2000-12			12	1.103		1386	15 807			1658	1060	821	386	1500	225/18	1066
XKK-6-2500-4	6	2500	4	0.176	3×8655	346	6185	128	50	1330	740	597	386	1150	140/14	542
XKK-6-2500-5			5	0.221		433	7801			1430	750	671	386	1250	140/14	603
XKK-6-2500-6			6	0.265		520	8719			1430	800	671	386	1250	140/14	652
XKK-6-2500-8			8	0.353		693	10 394			1530	800	841	386	1350	225/18	740
XKK-6-2500-10			10	0.441		866	11 988			1530	860	841	386	1350	225/18	821
XKK-6-2500-12			12	0.529		1039	13 312			1630	880	841	386	1450	225/18	912
XKK-10-2500-4	10		4	0.294	3×14 430	577	9299			1530	770	841	386	1350	225/18	685
XKK-10-2500-5			5	0.368		721	10 666			1530	820	841	386	1350	225/18	757
XKK-10-2500-6			6	0.441		866	11 988			1530	860	841	386	1350	225/18	822
XKK-10-2500-8			8	0.588		1154	14 215			1630	920	821	386	1450	225/18	961
XKK-10-2500-10			10	1.735		1443	16 250			1730	950	821	386	1550	225/18	1087
XKK-10-2500-12			12	0.882		1731	18 172			1730	1020	821	386	1550	225/18	1199
XKK-6-3000-4	6	3000	4	0.147	3×10 392	416	7992	128	50	1390	720	671	386	1200	140/14	571
XKK-6-3000-5			5	0.184		520	9165			1390	760	671	386	1200	140/14	623
XKK-6-3000-6			6	0.221		625	10 395			1490	750	671	386	1300	140/14	668
XKK-6-3000-8			8	0.294		831	12 453			1590	790	821	386	1400	225/18	783
XKK-6-3000-10			10	0.368		1041	14 299			1655	840	821	386	1500	225/18	967
XKK-6-3000-12			12	0.441		1247	13 991			1655	890	821	386	1500	225/18	1057

续表

型　号	额定电压（kV）	额定电流（A）	电抗率（%）	额定电感（mH）	三相通过容量（kVA）	单相无功容量（kvar）	单相损耗（75℃时）（W）	动稳定电流峰值（kA）	4s热稳定电流（kA）	线圈外径 D（mm）	线圈高度 H_1（mm）	下瓷座高度 H_2（mm）	中间瓷件高度 H_3（mm）	瓷座中心直径 D_c（mm）	$\phi b/\phi d$	单相质量（kg）
XKK-6-3000-4	10	3000	4	0.245	3×17 320	693	11 074	128	50	1655	740	821	386	1500	225/18	795
XKK-6-3000-5			5	0.306		865	12 733			1655	800	821	386	1500	225/18	882
XKK-6-3000-6			6	0.368		1040	14 299			1656	840	821	386	1500	225/18	968
XKK-6-3000-8			8	0.490		1387	15 027			1656	930	821	386	1500	225/18	1114
XKK-6-3000-10			10	0.613		1733	17 042			1756	940	897	386	1600	225/18	1225
XKK-6-3000-12			12	0.735		2078	19 384			1756	1000	897	386	1600	225/18	1346
XKK-6-3500-4	6	3500	4	0.126	3×12 124	485	8014	168	63	1640	858	795	386	1450	225/18	838
XKK-6-3500-5			5	0.158		606	7742			1710	908	795	386	1520	225/18	1078
XKK-6-3500-6			6	0.189		727	8749			1710	958	795	386	1520	225/18	1139
XKK-6-3500-8			8	0.252		970	11 299			1740	1008	795	386	1550	225/18	1162
XKK-6-3500-10			10	0.315		1212	10 801			1885	1208	795	386	1690	225/18	1668
XKK-6-3500-12			12	0.378		1455	12 891			2017	1258	795	386	1830	225/18	1678
XKK-10-3500-4	10		4	0.210	3×20 207	808	9915			1748	1308	795	386	1560	225/18	1030
XKK-10-3500-5			5	0.262		1010	9463			1882	1208	795	386	1690	225/18	1568
XKK-10-3500-6			6	0.315		1212	10 704			1930	1258	795	386	1840	225/18	1688
XKK-10-3500-8			8	0.420		1617	14 730			1951	1408	795	386	1760	225/18	1787
XKK-10-3500-10			10	0.525		2021	18 600			1975	1508	795	386	1780	225/18	1760
XKK-10-3500-12			12	0.630		2425	21 582			2072	1508	795	386	1880	225/18	1858
XKK-6-4000-4	6	4000	4	0.110	3×13 856	554	8145	204	80	1590	978	795	386	1400	225/18	967
XKK-6-4000-5			5	0.138		693	9377			1640	1078	795	386	1450	225/18	1087
XKK-6-4000-6			6	0.165		831	10 550			1640	1098	795	386	1450	225/18	1198
XKK-6-4000-8			8	0.221		1108	12 995			1640	1218	795	386	1450	225/18	1393
XKK-6-4000-10			10	0.276		1386	14 772			1740	1258	795	386	1550	225/18	1570
XKK-6-4000-12			12	0.331		1663	17 069			1690	1398	795	386	1500	225/18	1742
XKK-10-4000-4	10		4	0.184	3×23 094	924	12 091			1570	1138	795	386	1380	225/18	1120
XKK-10-4000-5			5	0.230		1155	14 167			1570	1238	795	386	1560	225/18	1262
XKK-10-4000-6			6	0.276		1386	16 531			1620	1248	795	386	1430	225/18	1295
XKK-10-4000-8			8	0.368		1848	19 031			1680	1398	795	386	1490	225/18	1640
XKK-10-4000-10			10	0.459		2309	23 045			1710	1428	795	386	1520	225/18	1685
XKK-10-4000-12			12	0.551		2771	26 807			1900	1428	1095	386	1710	225/18	1704

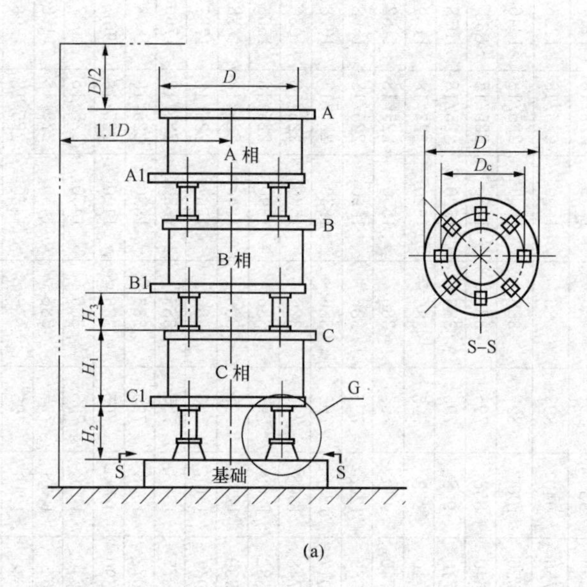

(a)

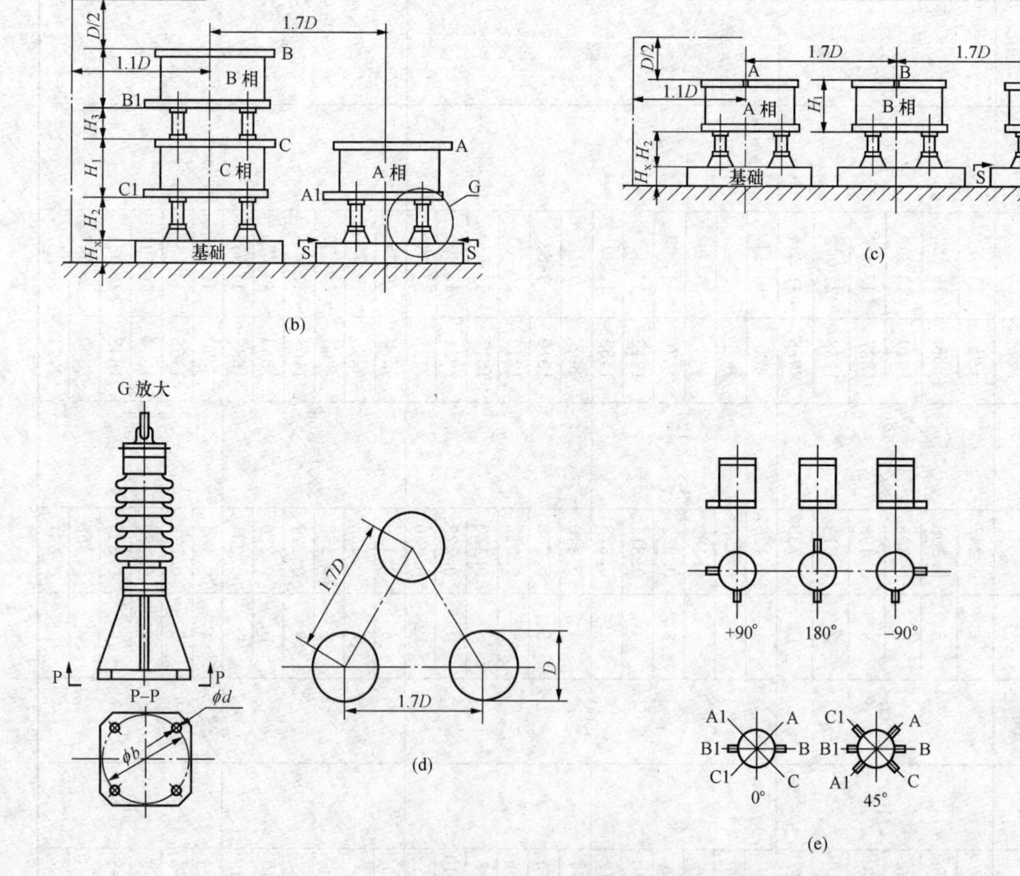

图 16-78 干式空心限流电抗器外形

(a) 三相叠放布置；(b) 二相叠放、一相并列布置；(c) 三相水平布置；(d) 三个单相电抗器品字形布置；(e) 水平布置和垂直布置出线夹角

表 16-71　　　　混凝土柱式限流电抗器技术数据

型　号	额定电压（kV）	额定电流（A）	电抗百分值（%）	额定电感（mH）	三相通过容量（kVA）	单相无功容量（kvar）	单相损耗（75℃时）（W）	动稳定电流（A）	热稳定电流（A）
NKSL-6-200-3	6	200	3	1.654	3×693	20.8	1176	12 750	14 600
NKSL-6-200-4			4	2.206		27.7	1395	12 750	14 550
NKSL-6-200-5			5	2.757		34.7	1631	10 200	14 260
NKSL-6-200-6			6	3.309		41.6	1828	8500	14 380
NKSL-6-200-8			8	4.412		55.5	2221	6375	14 230
NKSL-10-200-4	10	200	4	3.676	3×1155	46.2	1976	12 750	14 130
NKSL-10-200-5			5	4.596		57.6	2329	10 200	14 000
NKSL-10-200-6			6	5.515		69.4	2587	8500	14 120
NKSL-10-200-8			8	7.353		92.5	3119	6375	14 000
NKSL-6-400-4	6	400	4	1.103	3×1386	55.0	2709	25 500	22 000
NKSL-6-400-5			5	1.379		69.3	3153	20 400	22 260
NKSL-6-400-6			6	1.654		83.1	3083	17 000	20 190
NKSL-6-400-8			8	2.206		111.0	3677	12 750	20 060
NKSL-10-400-4	10	400	4	1.838	3×2309	92.4	3196	25 500	27 560
NKSL-10-400-5			5	2.298		115.5	3447	20 400	22 440
NKSL-10-400-6			6	2.757		138.5	3877	17 000	21 650
NKSL-10-400-8			8	3.676		184.7	4740	12 750	21 220
NKSL-6-600-4	6	600	4	0.735	3×2078	83.0	2347	38 250	49 330
NKSL-6-600-5			5	0.919		103.9	3502	30 600	34 290
NKSL-6-600-6			6	1.103		124.7	3932	25 500	34 780
NKSL-6-600-8			8	1.470		166.3	4859	19 125	34 530
NKSL-10-600-4	10	600	4	1.225	3×3464	138.6	3327	38 250	46 810
NKSL-10-600-5			5	1.532		173.2	4280	30 600	41 410
NKSL-10-600-6			6	1.838		207.8	5775	25 500	33 000
NKSL-10-600-8			8	2.451		277.0	7014	19 125	33 230
NKSL-6-800-4	6	800	4	0.551	3×2771	110.9	3692	51 000	40 890
NKSL-6-800-5			5	0.689		138.6	4319	40 800	38 560
NKSL-6-800-6			6	0.827		166.3	5057	34 000	36 050
NKSL-6-800-8			8	1.103		221.7	6049	25 500	37 940
NKSL-10-800-4	10	800	4	0.919	3×4619	184.8	4705	51 000	42 620
NKSL-10-800-5			5	1.149		230.9	5536	40 800	42 500
NKSL-10-800-6			6	1.379		277.1	7193	34 000	35 940
NKSL-10-800-8			8	1.838		369.5	8632	25 500	36 560
NKSL-6-1000-5	6	1000	5	0.551	3×3464	173.3	4717	51 000	49 200
NKSL-6-1000-6			6	0.662		207.8	5177	42 500	49 680
NKSL-6-1000-8			8	0.882		278.0	6301	31 900	48 360
NKSL-6-1000-10			10	1.103		346.4	7243	25 500	47 280
NKSL-10-1000-6	10	1000	6	1.103	3×5774	346.4	7243	42 500	47 280
NKSL-10-1000-8			8	1.471		462.0	8650	31 900	46 760
NKSL-10-1000-10			10	1.838		578.0	10 579	25 500	45 740
NKSL-6-1500-5	6	1500	5	0.368	3×5196	259.8	5386	76 500	88 540
NKSL-6-1500-6			6	0.441		311.8	5994	63 750	90 300
NKSL-6-1500-8			8	0.588		415.7	7313	47 800	88 870
NKSL-6-1500-10			10	0.735		519.6	8486	38 250	87 860
NKSL-10-1500-6	10	1500	6	0.735	3×8660	519.6	8486	63 750	87 860
NKSL-10-1500-8			8	0.980		692.8	10 467	47 800	84 700
NKSL-10-1500-10			10	1.225		866.0	11 843	38 250	86 230

续表

型　号	额定电压（kV）	额定电流（A）	电抗百分值（%）	额定电感（mH）	三相通过容量（kVA）	单相无功容量（kvar）	单相损耗（75℃时）（W）	动稳定电流（A）	热稳定电流（A）
NKSL-6-2000-6	6	2000	6	0.331	3×6928	415.7	8150	85 000	92 370
NKSL-6-2000-8			8	0.441		554.3	9565	63 750	95 030
NKSL-6-2000-10			10	0.551		692.8	11 190	51 000	92 780
NKSL-10-2000-6	10	2000	6	0.551	3×11 547	692.8	11 190	85 000	92 780
NKSL-10-2000-8			8	0.735		923.8	13 520	63 750	92 060
NKSL-10-2000-10			10	0.919		1155.0	15 829	51 000	90 750
NKSL-6-3000-8	6	3000	8	0.294	3×10 392	831.4	13 701	95 600	144 560
NKSL-6-3000-10			10	0.368		1039.2	15 545	76 500	147 330
NKSL-10-3000-8	10	3000	8	0.490	3×17 320	1386.0	17 875	95 600	140 460
NKSL-10-3000-10			10	0.613		1732.0	20 206	76 500	144 030
NKSL-10-3000-12			12	0.735		2078.4	23 116	63 750	141 740

注　表中数据为沈阳变压器厂产品数据。

3）外形及安装尺寸。混凝土柱式限流电抗器的外形及安装尺寸见图 16-79 及表 16-72。

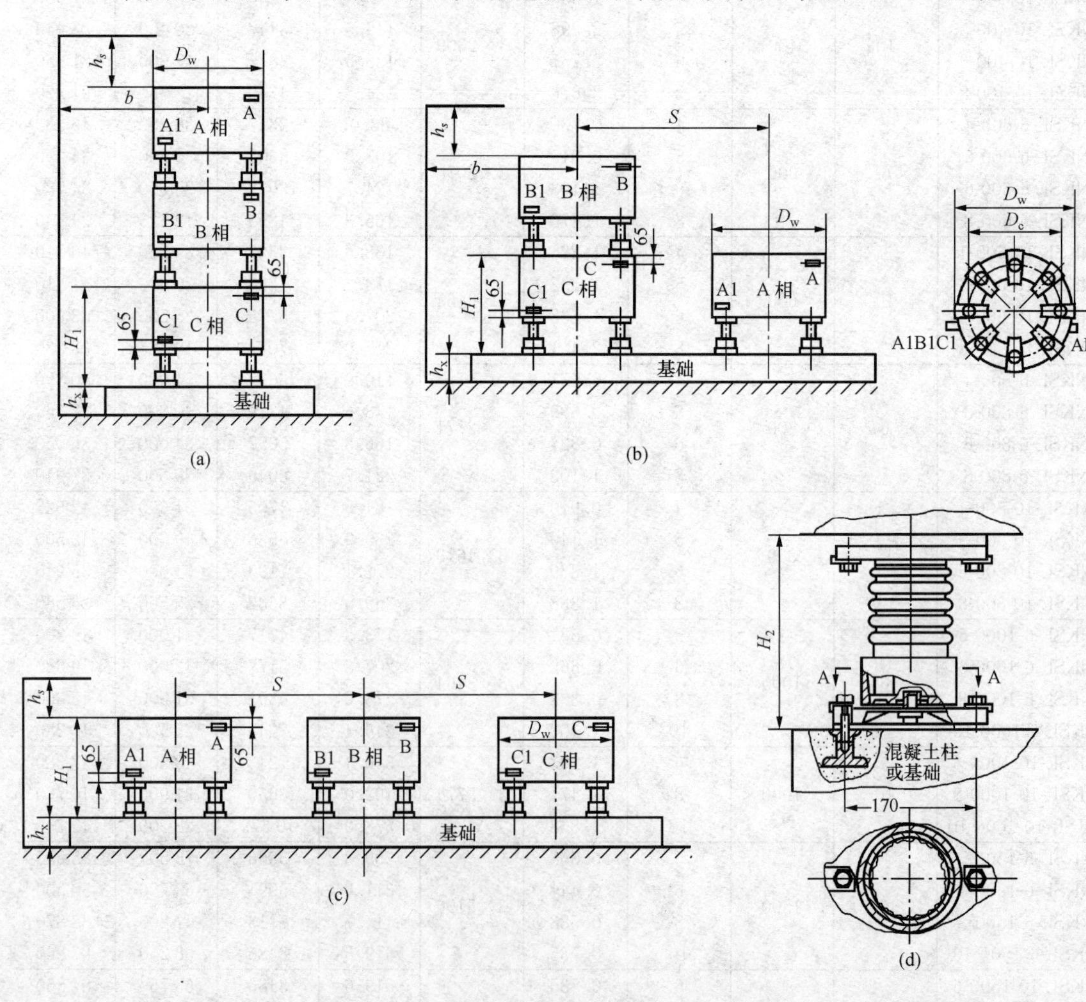

图 16-79　混凝土柱式限流电抗器外形安装尺寸

（a）三相叠放布置；（b）两相叠放、一相并列布置；（c）三相水平布置；（d）支撑瓷座固定装配图

表 16-72　　混凝土柱式限流电抗器外形及安装尺寸

型　号	尺寸（mm）					并列排列时相间中心距 S（mm）	质量（kg）		引出端子之间夹角	排列方式
	单相高度 H_1	混凝土柱外径 D_w	瓷座中心直径 D_c	瓷座高度 H_2	每相瓷座数量		每相导线质量	每相总重		
NKSL-6-200-3	770	1105	810	255	8	1500	73.0	390	90°或180°	三相叠放、二叠一并或三相水平
NKSL-6-200-4	770	1175	810	255	8	1500	85.8	445		
NKSL-6-200-5	860	1085	720	255	8	1500	98.6	500		
NKSL-6-200-6	860	1175	810	255	8	1500	110.9	515		
NKSL-6-200-8	950	1175	810	255	8	1500	133.0	585		
NKSL-10-200-4	950	1085	720	255	8	1500	118.3	570		
NKSL-10-200-5	1040	1085	720	255	8	1500	137.8	635		
NKSL-10-200-6	1040	1175	810	255	8	1500	153.8	655		
NKSL-10-200-8	1040	1245	810	255	8	1500	182.0	740		
NKSL-6-400-4	950	1175	810	255	10	1500	108.4	680		
NKSL-6-400-5	1040	1175	810	255	8	1500	126.1	635		
NKSL-6-400-6	770	1105	810	255	8	1500	110.7	410		
NKSL-6-400-8	770	1175	810	255	8	1500	130.0	470		
NKSL-10-400-4	1130	1155	720	255	8	1750	185.5	800		
NKSL-10-400-5	860	1105	810	255	8	1600	158.5	495		
NKSL-10-400-6	860	1085	720	255	8	1600	173.5	550		
NKSL-10-400-8	950	1085	720	255	8	1500	208.2	630		
NKSL-6-600-4	950	1270	950	255	10	1800	197.0	760		
NKSL-6-600-5	950	1085	720	255	8	1600	152.2	590		
NKSL-6-600-6	950	1175	810	255	8	1600	171.4	610		
NKSL-6-600-8	1040	1255	810	255	8	1550	210.5	750		
NKSL-10-600-4	1130	1105	810	255	10	1850	260.7	815		
NKSL-10-600-5	1130	1175	810	255	8	1800	256.0	780		
NKSL-10-600-6	1130	1155	720	255	8	1750	238.6	830		
NKSL-10-600-8	1220	1245	810	255	8	1800	289.4	935		
NKSL-6-800-4	770	1290	900	255	12	1900	134.9	650		
NKSL-6-800-5	860	1240	900	255	10	1850	155.1	640		
NKSL-6-800-6	950	1175	810	255	8	1800	177.7	615		
NKSL-6-800-8	950	1255	810	255	8	1800	208.4	700		
NKSL-10-800-4	950	1240	900	255	12	2000	217.6	860		
NKSL-10-800-5	950	1255	810	255	10	2000	246.6	845		
NKSL-10-800-6	1130	1210	900	255	10	1950	246.4	900		
NKSL-10-800-8	1130	1270	900	255	8	1900	288.4	880		
NKSL-6-1000-5	995	1310	1000	255	12	2000	200.4	800		
NKSL-6-1000-6	955	1370	1100	255	12	1800	220.0	820		
NKSL-6-1000-8	1115	1380	1100	255	12	1800	266.8	950		
NKSL-6-1000-10	1115	1390	1000	255	12	1700	302.7	1100		
NKSL-10-1000-6	1115	1390	1000	255	12	1900	302.7	1080		
NKSL-10-1000-8	1115	1460	1100	255	12	1800	355.0	1230		
NKSL-10-1000-10	1235	1450	1100	255	12	1800	410.6	1390		
NKSL-6-1500-5	1050	1380	1000	255	12	2000	283.3	1120		
NKSL-6-1500-6	950	1500	1100	255	12	2000	318.9	1050		
NKSL-6-1500-8	1040	1530	1100	255	12	2000	380.8	1180		
NKSL-6-1500-10	1130	1540	1100	255	12	1900	439.0	1090		
NKSL-10-1500-6	1330	1540	1100	255	12	2300	439.0	1530		二叠一并或三相水平
NKSL-10-1500-8	1310	1500	1100	255	12	2200	529.0	1550		
NKSL-10-1500-10	1310	1650	1200	255	12	2200	602.2	1620		

续表

型号	尺寸（mm）					并列排列时相间中心距 S（mm）	质量（kg）		引出端子之间夹角	排列方式
	单相高度 H_1	混凝土柱外径 D_w	瓷座中心直径 D_c	瓷座高度 H_2	每相瓷座数量		每相导线质量	每相总重		
NKSL-6-2000-6	1215	1410	1000	255	12	2300	339.8	1330	90°或180°	二叠一并或三相水平
NKSL-6-2000-8	1115	1590	1200	255	12	2300	398.6	1280		
NKSL-6-2000-10	1235	1580	1200	255	12	2200	461.7	1450		
NKSL-10-2000-6	1335	1580	1200	255	12	2500	461.7	1560		
NKSL-10-2000-8	1355	1640	1200	255	12	2500	555.4	1640		
NKSL-10-2000-10	1475	1680	1300	255	12	2300	644.7	1840		
NKSL-6-3000-8	1835	1470	1200	255	12	2500	578.3	1720		三相水平
NKSL-6-3000-10	1835	1630	1300	255	12	2500	659.9	1800		
NKSL-10-3000-8	1235	1730	1200	255	12	2700	686.1	1920		
NKSL-10-3000-10	1235	1880	1300	255	12	2700	774.3	2010		
NKSL-10-3000-12	1255	1870	1300	255	12	2700	878.8	2370		

注 1. 表中数据为沈阳变压器厂产品数据。

2. 安装尺寸 $h_s=0.5D_w-130$，$h_x=0.5D_w-325$，$b=D_w-120$。

3. 中压并联电抗器

（1）分类。中压并联电抗器是并联连接在110～500kV高压变电站6～63kV低压侧，用于补偿输电线的无功容量，维持输电系统的电压稳定，降低系统的绝缘水平，它不仅可提高系统的传输能力和效率，还可以有效地降低系统操作过电压。中压并联电抗器有传统油浸铁心式电抗器及新型干式空心电抗器两种。

（2）油浸铁心式电抗器。

1）结构形式及型号含义。油浸铁心式并联电抗器铁心材料采用冷轧硅钢片，线圈采用层式结构，整体浸入变压器油中。产品型号含义如下

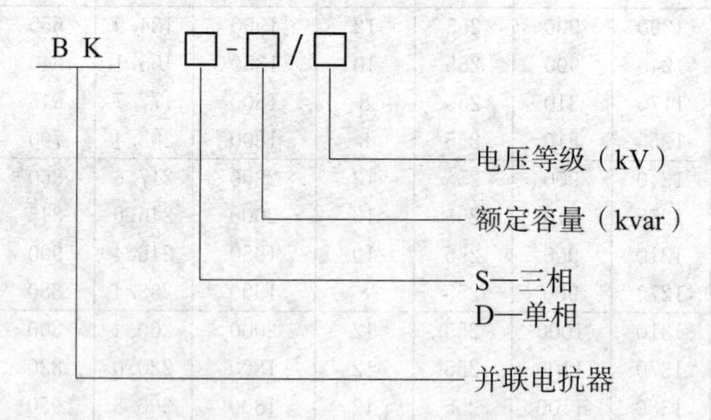

2）技术数据。油浸铁心式并联电抗器的技术数据见表16-73。

表16-73　油浸铁心式并联电抗器的技术数据

型号	额定容量（kvar）	额定电压（kV）	额定电抗（Ω）	线圈联结方式	噪声（dB）	质量（t）			外形尺寸（长×宽×高，mm）	基础尺寸（mm）	参阅图号
						油	运输	总			
BKS-30000/15	30 000	15	7.5	Y	≤80	9.4	24.5	35.1	5640×4400×4440	1800×1800	16-80
BKS-30000/10	30 000	10.5	3.675	Y	≤80	9.4	24.5	35.1	5640×4400×4440	1800×1800	
BKS-30000/35	30 000	37	45.63	Y	≤80	9.4	24.5	35.1	5640×4400×4	1800×1800	16-81
BKS-30000/35	30 000	35	40.8	Y	≤80	9.4	24.5	35.1	5640×4400×4440	1800×1800	

3）外形及安装尺寸。油浸铁心式中压并联电抗器外形及安装尺寸见图16-80～图16-81。

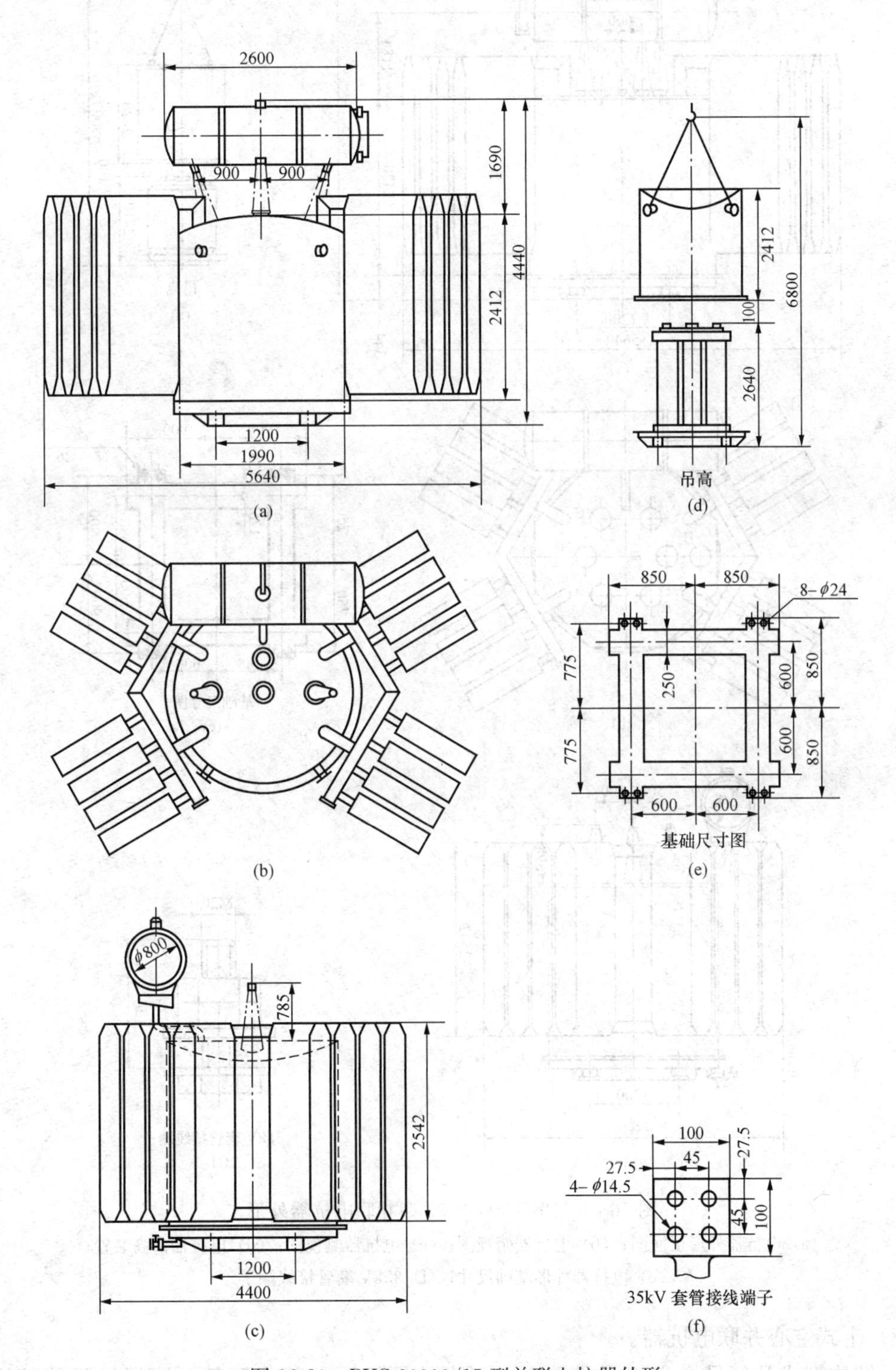

图16-80 BKS-30000/15型并联电抗器外形

（a）电抗器外形正面图；（b）电抗器俯视图；（c）电抗器侧视图；（d）电抗器吊高装置；（e）电抗器外形基础尺寸；（f）35kV套管接线端子

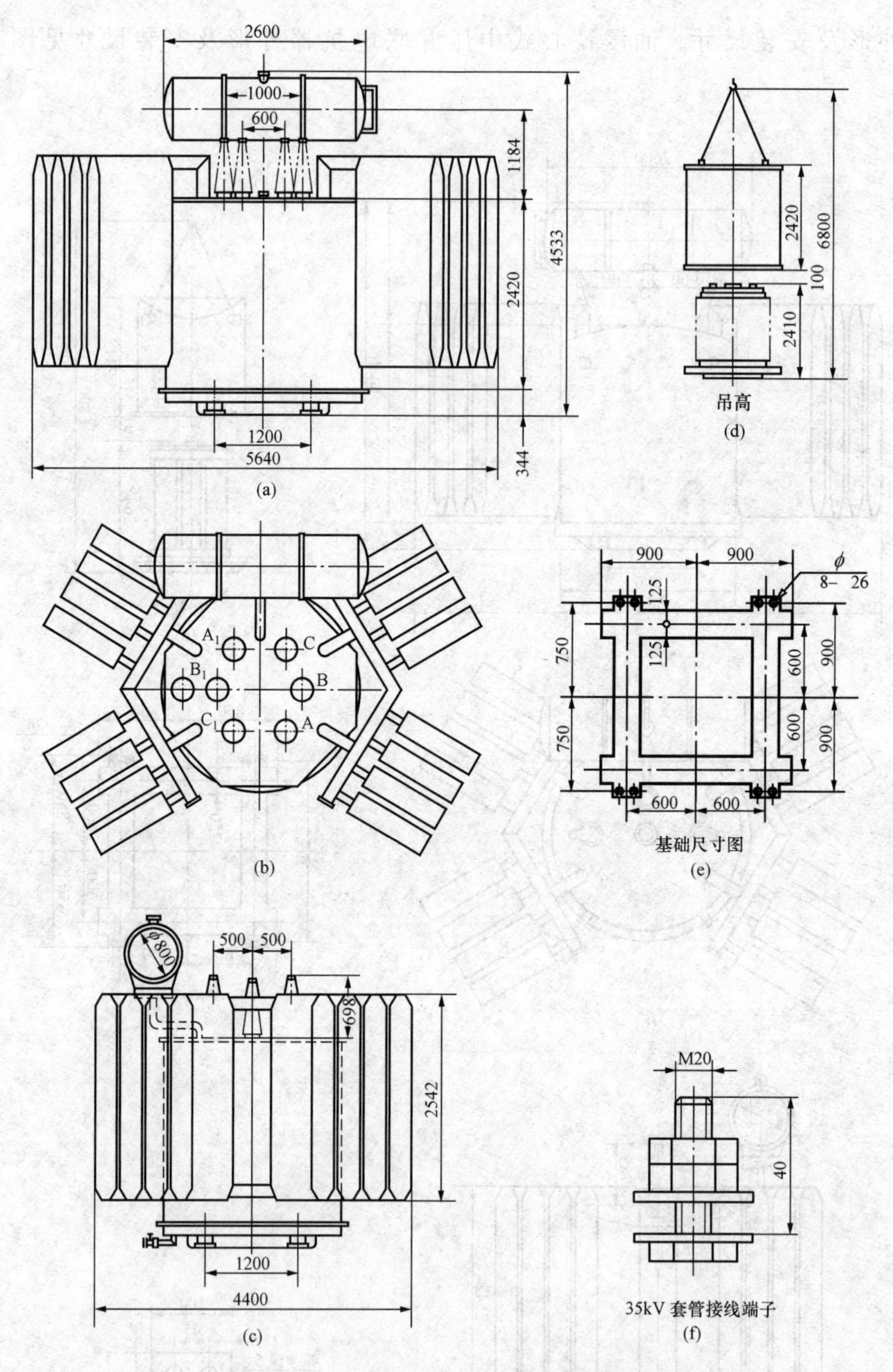

图 16-81　BKS-30000/35 型并联电抗器外形

(a) 电抗器外形正面图；(b) 电抗器俯视图；(c) 电抗器侧视图；(d) 电抗器吊高装置；(e) 电抗器外形基础尺寸；(f) 35kV 套管接线端子

(3) 干式空心并联电抗器。

1) 结构型式及型号含义。干式空心并联电抗器线圈外部由环氧树脂浸透的玻璃纤维包封，整体高温固化，没有铁心，不存在铁磁饱和现象，线性度好。它的外形尺寸小，机械强度高，其产品型号含义如下（不同生产厂型号略有不同）。

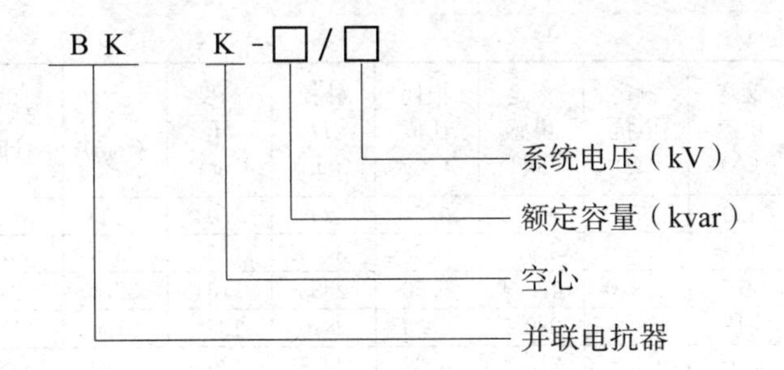

2）技术数据。干式空心并联电抗器的技术数据见表16-74。

表16-74　干式空心并联电抗器技术数据

型号	额定容量(kVA)	额定电流(A)	额定电抗(Ω)	额定电感(mH)	损耗比值(%)	外径 D (mm)	高度 H_1 (mm)	总高(mm)	总质量(kg)	安装支点（个）	安装直径 D_c (mm)
BKK-500/10	500	87	66.6	212.1	2.40	1607	1322	2130	803	8	1500
BKK-1000/10	1000	173	33.4	106.4	1.58	1429	1332	2060	1059	8	1250
BKK-1500/10	1500	260	22.2	70.7	1.22	1460	1252	1980	1250	8	1250
BKK-1670/10	1670	289	20.0	63.5	1.16	1568	1102	1910	1290	8	1300
BKK-2000/10	2000	347	16.7	53.2	0.99	1587	1092	1900	1404	8	1300
BKK-3000/10	3000	520	11.1	35.5	0.95	1857	1464	2270	1918	8	1600
BKK-4000/10	4000	693	8.33	26.5	0.85	1921	1374	2255	2178	8	1600
BKK-5000/10	5000	866	6.67	21.2	0.69	2135	1504	2525	2822	8	1800
BKK-6700/10	6700	1161	4.98	15.9	0.56	2214	1264	2375	3583	8	1800
BKK-10000/10	10000	1732	3.34	10.6	0.49	2528	1494	2715	4370	8	2100
BKK-15000/10	15000	2598	2.22	7.1	0.40	2792	1644	2965	5860	8	2300
BKK-20000/10	20000	3464	1.67	5.3	0.38	3023	1596	3115	6753	8	2400
BKK-1000/15	1000	110	82.7	263.4	1.54	1825	1522	2415	1152	8	1700
BKK-1500/15	1500	165	55.1	175.5	1.33	1727	1432	2315	1352	8	1550
BKK-1670/15	1670	184	49.5	157.6	1.28	1630	1472	2280	1436	8	1450
BKK-2000/15	2000	220	41.3	131.5	1.05	1698	1352	2160	1529	8	1450
BKK-3000/15	3000	330	27.6	87.9	0.85	1790	1252	2135	1908	8	1500
BKK-4000/15	4000	440	20.7	65.8	0.71	1964	1132	2015	2230	8	1600
BKK-5000/15	5000	550	16.5	52.6	0.67	2125	1654	2675	3020	8	1800
BKK-6700/15	6700	737	12.3	39.3	0.52	2110	1644	2665	3754	8	1800
BKK-10000/15	10000	1100	8.3	26.3	0.44	2438	1484	2705	5065	8	1900
BKK-15000/15	15000	1650	5.5	17.5	0.38	2746	1394	2715	5423	8	2150/2600
BKK-20000/15	20000	2200	4.1	13.1	0.35	3022	1636	3155	7204	16	2150/2600
BKK-30000/15	30000	3300	2.8	8.8	0.28	3318	1706	3325	9968	16	2300/2900
BKK-1500/35	1500	74	272.0	866.2	1.47	2760	1672	3030	1826	8	2600
BKK-1670/35	1670	83	245.0	780.3	1.18	2721	1682	3040	1965	8	2600
BKK-2000/35	2000	99	204.0	649.7	1.05	2577	1642	2810	2035	8	2450
BKK-3000/35	3000	149	136.0	433.1	1.00	2465	1612	2780	2343	8	2200
BKK-4000/35	4000	198	102.0	324.8	0.82	2345	1644	2815	2712	8	2100
BKK-5000/35	5000	248	81.7	260.2	0.64	2292	1574	2745	3032	8	2100
BKK-6700/35	6700	332	61.0	194.3	0.56	2368	1454	2625	3448	8	2100
BKK-10000/35	10000	495	41.0	130.6	0.45	2346	1604	2830	4976	8	2000
BKK-10000/39	10000	456	50.0	159.2	0.40	2460	1584	2690	4950	8	2000
BKK-15000/35	15000	743	27.2	86.6	0.39	2989	1634	3160	5829	8	2600
BKK-20000/35	20000	990	20.4	64.9	0.34	3002	1826	3350	8064	16	2000/2800
BKK-30000/35	30 000	1485	13.6	43.3	0.27	3310	1886	3510	10332	16	2500/2900
BKK-40000/35	40000	1980	10.2	32.5	0.25	3727	1656	3470	11924	16	2700/3200
BKK-4000/63	4000	110	331.0	1054.1	0.79	3231	1754	3360	3434	8	3000

续表

型　号	额定容量(kVA)	额定电流(A)	额定电抗(Ω)	额定电感(mH)	损耗比值(%)	外径 D (mm)	高度 H_1 (mm)	总高(mm)	总质量(kg)	安装支点(个)	安装直径 D_c (mm)
BKK-5000/63	5000	138	265.0	843.9	0.71	3298	1604	3200	3593	8	3100
BKK-6700/63	6700	184	198.0	630.6	0.65	3089	1764	3370	4077	8	2850
BKK-10000/63	10 000	275	132.0	420.4	0.50	2883	1764	3270	4944	8	2600
BKK-15000/63	15 000	413	88.2	280.9	0.39	2810	1644	3150	6074	8	2400
BKK-20000/63	20 000	550	66.2	210.8	0.35	2895	1766	3270	8480	16	2100/2500
BKK-30000/63	30 000	823	44.1	140.4	0.30	3606	1936	3740	9921	16	2850/3300
BKK-40000/63	40 000	1100	33.1	105.4	0.27	3664	1846	3650	10 731	16	2750/3200

注　表中数据为北京电力设备总厂产品数据。

3）外形及安装尺寸。干式空心并联电抗器的外形及安装尺寸见图16-78。

4. 消弧线圈

（1）定义。消弧线圈也叫接地电抗器，用于中性点非直接接地系统中，一端接变压器中性点，另一端接地。当系统发生单相接地故障，出现弧光接地时，消弧线圈中产生电感电流以补偿线路对地电容产生的电容电流，使流经故障点的接地电流减小，不致发生持续的电弧。避免故障范围扩大，提高供电系统的安全和可靠性。

（2）结构形式及型号含义。消弧线圈的铁心由硅钢片叠成。线圈采用圆筒式线圈，为油浸自冷式。其产品型号含义如下

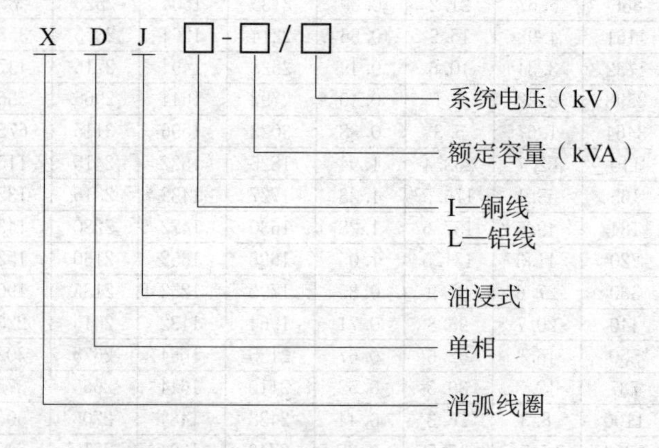

（3）技术数据。消弧线圈技术数据见表16-75。

表16-75　　消弧线圈技术数据

型　号	系统电压(kV)	消弧线圈电压(kV)	额定容量(kVA)	电流 数值(A)	电流 挡数	器身质量(kg)	油质量(kg)	总质量(kg)
XDJL-460/6.6	6.6	3.81	460	50～120	9	750	370	1300
XDJL-600/10	10	6.06	600	50～100	9	800	410	1450
XDJL-550/35	35	22.2	550	12.5～25	9	1100	650	2000
XDJL-1100/35	35	22.2	1100	25～50	9	1500	900	2750
XDJL-2200/35	35	22.2	2200	50～100	9	2000	1260	3900
XDJL-650/44	44	26	650	12.5～25	9	1350	800	2500
XDJL-1300/44	44	26	1300	25～50	9	1800	1160	3500
XDJL-950/60	60	38.1	950	12.5～25	9	2800	1500	5000
XDJL-1900/60	60	38.1	1900	25～50	9	3200	1700	5600
XDJL-3800/60	60	38.1	3800	50～100	9	4150	2700	7850
XDJI-55/6	6	3.63	55	7.5～15	5	300	210	610

续表

型　号	系统电压（kV）	消弧线圈电压（kV）	额定容量（kVA）	电流		器身质量（kg）	油质量（kg）	总质量（kg）
				数值（A）	挡数			
XDJL-87.5/6	6	3.63	87.5	12.5～25	9	300	210	610
XDJI-175/6	6	3.63	175	25～50	9	300	210	610
XDJI-350/6	6	3.63	350	50～100	9	550	450	1160
XDJI-60/10	10	6.06	60	5～10	5	300	210	610
XDJI-75/10	10	6.06	75	6.25～12.5	5	300	210	610
XDJI-120/10	10	6.06	120	10～20	5	300	210	610
XDJI-150/10	10	6.06	150	12.5～25	9	300	210	610
XDJI-300/10	10	6.06	300	25～50	9	550	450	1160
XDJI-50/13.8	13.8	7.97	50	3～6	5	420		500
XDJI-80/13.8	13.8	7.97	80	5～10	5	420		500
XDJI-80/13.8	13.8	7.96	80	4～10	5	300	210	610
XDJI-100/13.8	13.8	7.97	100	6.3～12.6	5	550		650
XDJI-120/13.8	13.8	7.96	120	7.5～15	5	280	210	590
XDJI-100/15	15.75	9.1	100	5～10	5	480		550
XDJI-100/15	15.75	9.1	100	4～10	5	300	210	610
XDJI-120/15	15.75	9.1	120	6.25～12.5	5	300	210	610
XDJI-26/18	18	10.4	26	1.25～2.5	5	520		600
XDJI-210/18	18	10.4	210	10～20	9	480	450	1090
XDJI-275/35	35	22.2	275	6.25～12.5	5	560	540	1307
XDJI-3500/110	110	70	3500	25～50	9	5000	5000	11 500
XDJI-4500/110	110	70	4500	32.2～64.4	9	5000	5000	11 500

注　表中数据的北京电力设备总厂产品数据。

（4）外形及安装尺寸。消弧线圈的外形及安装尺寸见图 16-82～图 16-87 及表 16-76～表 16-79。

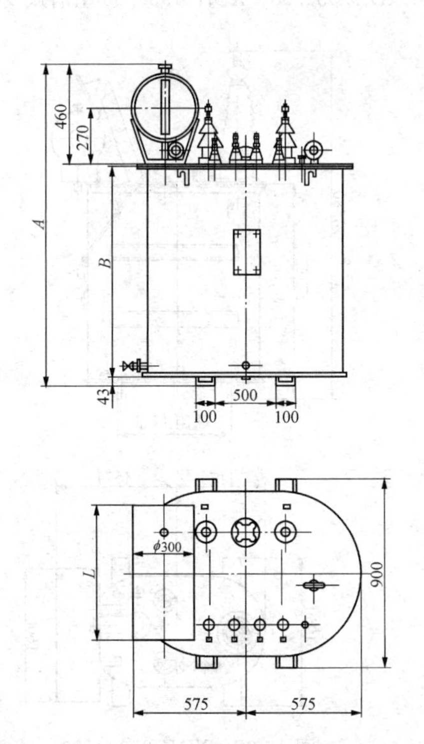

图 16-82　XDJI-350/6、XDJI-300/10、XDJL-460/6.6、XDJL-600/10 型消弧线圈外形

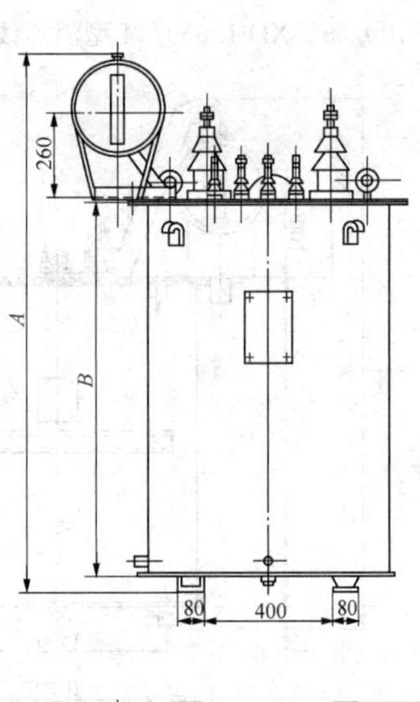

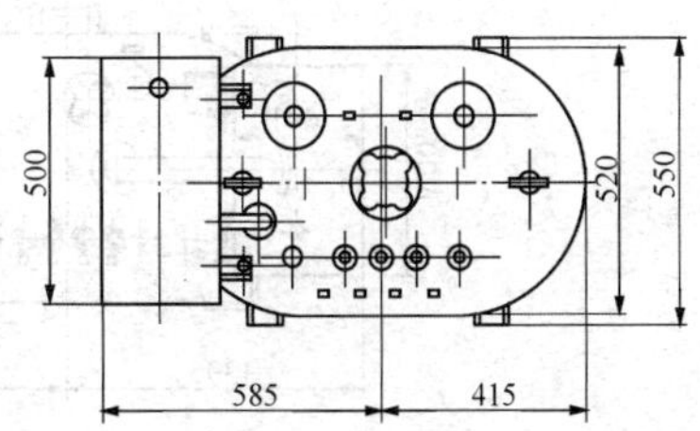

图 16-83　XDJI-55/6～XDJI-120/15 型消弧线圈外形

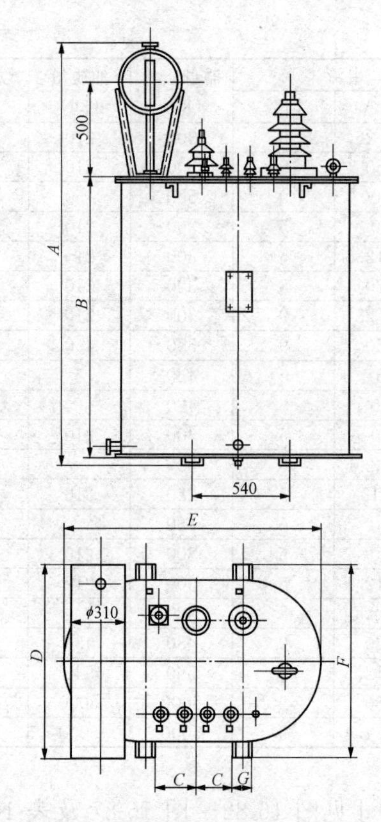

图 16-84　XDJI-275/35、XDJI-550/35、XDJI-1100/35、XDJL-650/44 型消弧线圈外形

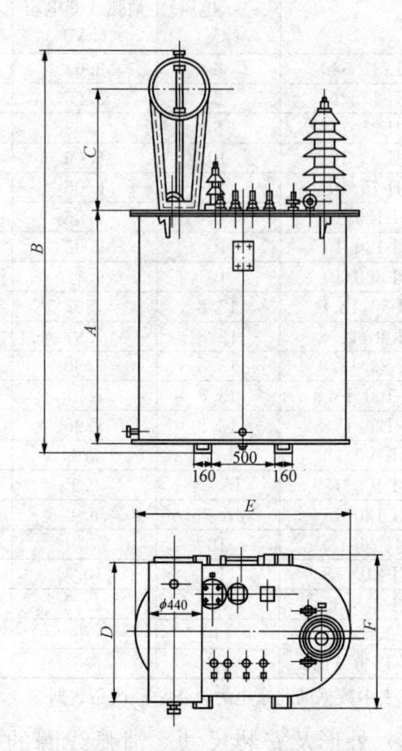

图 16-85　XDJL-2200/35、XDJL-/300/44、XDJL-950/60、XDJL-1900/60 型消弧线圈外形

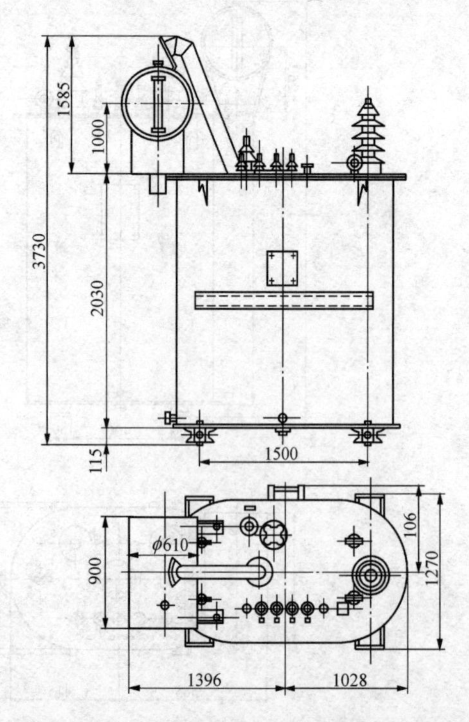

图 16-86　XDJL-3800/60 型消弧线圈外形

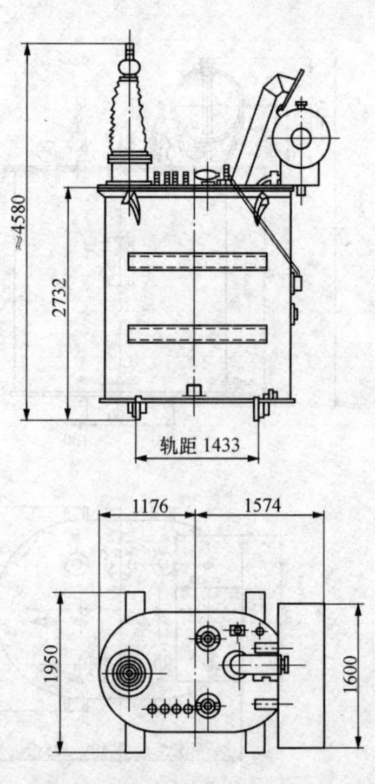

图 16-87　XDJI-3500/110、XDJI-4500/110 型消弧线圈外形

表 16-76 XDJI-350/6、XDJI-300/10、XDJL-460/6.6、XDJL-600/10 型消弧线圈外形及安装尺寸

型 号	外形尺寸（mm）		
	A	*B*	*L*
XDJI-350/6	1325	806	550
XDJI-300/10	1325	806	
XDJL-460/6.6	1584	1060	650
XDJL-600/10	1585	1066	650

表 16-77 XDJI-55/6～XDJI-120/15 型消弧线圈外形及安装尺寸

型 号	外形尺寸（mm）		型 号	外形尺寸（mm）	
	A	*B*		*A*	*B*
XDJI-55/6			XDJI-120/10	1470	1010
XDJI-87.5/6			XDJI-150/10	1520	1060
XDJI-175/6	1470	1010	XDJI-80/15	1520	1060
XDJI-60/10	1420	960	XDJI-100/15	1520	1060
XDJI-75/10			XDJI-120/15	1520	1060

表 16-78 XDJI-275/35、XDJI-550/35、XDJI-1100/35、XDJL-650/44 型消弧线圈外形及安装尺寸

型 号	外形及安装尺寸（mm）						
	A	*B*	*C*	*D*	*E*	*F*	*G*
XDJI-275/35	1670	940	180	700	1220	900	100
XDJI-550/35	2050	1320	200	900	1290	840	100
XDJI-1100/35	2230	1490	210	1000	1420	1040	120
XDJI-650/44	2090	1360	210	1000	1420	1040	120

表 16-79 XDJL-2200/35、XDJL-1300/44、XDJL-950/60、XDJL-1900/60 型消弧线圈外形及安装尺寸

型 号	外形及安装尺寸（mm）					
	A	*B*	*C*	*D*	*E*	*F*
XDJL-2200/35	1720	2540	500	900	1500	1000
XDJL-1300/44	1577	2397	500	900	1500	1000
XDJL-950/60	1643	2913	950	1100	1724	1200
XDJL-1900/60	1810	3080	950	1100	1724	1200

第 9 节 户外高压交流电缆分接开关设备

1. DFW4A-12 型户外高压交流电缆分接开关设备

（1）用途。DFW4A-12 型户外高压交流电缆分接开关设备，广泛应用于交流 10kV 电缆系统的电缆节点处，用以分配电能。其连接方式简单、方便、具有全绝缘、全密封、耐腐蚀、免维护、安全可靠等特点，环境适应能力强，广泛适用于工业园区、住宅小区、商业中心、矿区和钢铁、汽车、石油、化工、水泥等大型企业以及其他场合的配电网，特别适用于城市电网改造工程，可大大节省设备和电缆的投资，提高供电的可靠性。

（2）主要技术参数。电缆分接开关主要技术参数见表 16-80。

表 16-80 电缆分接开关主要技术参数

项 目	参 数	项 目	参 数
额定电压（kV）	12	工频耐受电压（kV/1min）	45
最高工作电压（kV）	15	雷电冲击耐受电压（kV）	105
额定电流（A）	630	连接点电阻（μΩ）	≤40
额定频率（Hz）	50	电缆截面（mm^2）	25～400
额定热稳定电流（kA/s）	20/3	电缆分支回路数	2～4
额定动稳定电流（峰值）（kA）	50	防护等级	IP33

(3) 结构及特点。该电缆分接箱为户外型设计，全绝缘、全密封结构。箱体的内外所有机械结构全部采用优质 2mm 亚光不锈钢制造，箱体防护等级达 IP33；电缆接头支架位于箱体内的上部，用来支撑绝缘插座或绝缘双通套管的作用。用来固定电缆接头连接。如果要带避雷器型，避雷器连接安装在电缆接头的后部。带电显示器安装固定在电缆仓底板之上。显示器的工作电压从绝缘双通管表面铜片感应取样。从箱体外面的观察孔可观察内部各相电压是否正常运行。

(4) 外形安装尺寸图。电缆分接开关外形安装尺寸见图 16-88。

(5) 订货须知。订货时须注明电缆分支箱的型号、线路数、电缆标称截面，是否带短路指示器、是否带避雷器。

2. DFW8-12 型户外高压交流电缆分接开关设备

(1) 用途。DFW8-12 型户外高压交流电缆分接开关设备主要用于额定频率 50Hz、额定电压 12kV 三相交流环网系统及一般放射式系统的电缆连接处，用以接受和分配电能。广泛用于城市工业园区、城市商业中心、矿区和钢铁、汽车、石油、化工、水泥等大型企业及其他场合的配电网，特别适用于城市电网的电缆化改造工程，可大大节省设备和电缆的投资、提高供电的可靠性，电缆分接开关外形见图 16-89。

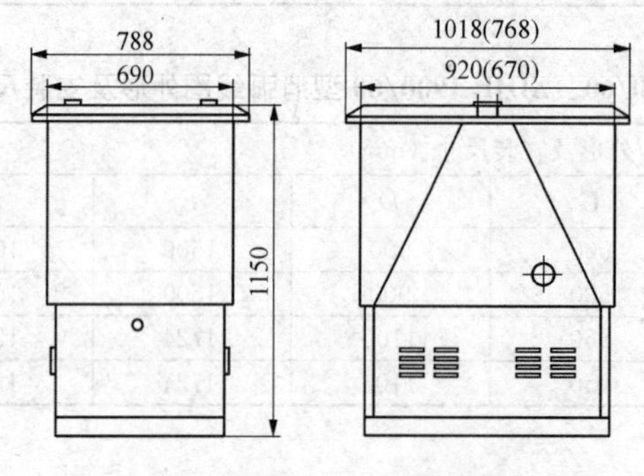

图 16-88　电缆分接开关外形安装尺寸

图 16-89　DFW8-12 型电缆分接开关外形

(2) 主要技术参数。电缆分接开关主要技术参数见表 16-81。

表 16-81　　DFW8-12 型电缆分接开关主要技术参数

项　目	单位	参　数	项　目	单位	参　数
额定电压	kV	12	额定工频耐受电压（相间、相对地/断口）	kV	42/48
额定电流	A	200、630	额定冲击耐受电压（相间、相对地/断口）	kV	75/85
额定短时耐受电流	kA	16、20	防护等级		IP33～IP43
额定短时耐受电流（峰值）	kA	40、50			

(3) 结构及特点。该电缆分接箱是由 12kV 电缆附件，高压电器设备（可选）和箱体组成，具有全绝缘、全密封、耐腐蚀、免维护、安全可靠、造型美观等优点。

外壳采用 2mm 厚优质不锈钢板制作，箱体结构合理，各功能单元小室间相互独立，有隔板隔开，互不影响；分接箱配置五防联锁机构，防止误操作与非法操作；方便于现场检修和控制，减少停电面积，是现代电缆分接最理想的选择。

(4) 外形安装尺寸图。DFW8-12 型电缆分接开关外形安装尺寸见图 16-90 和表 16-82。

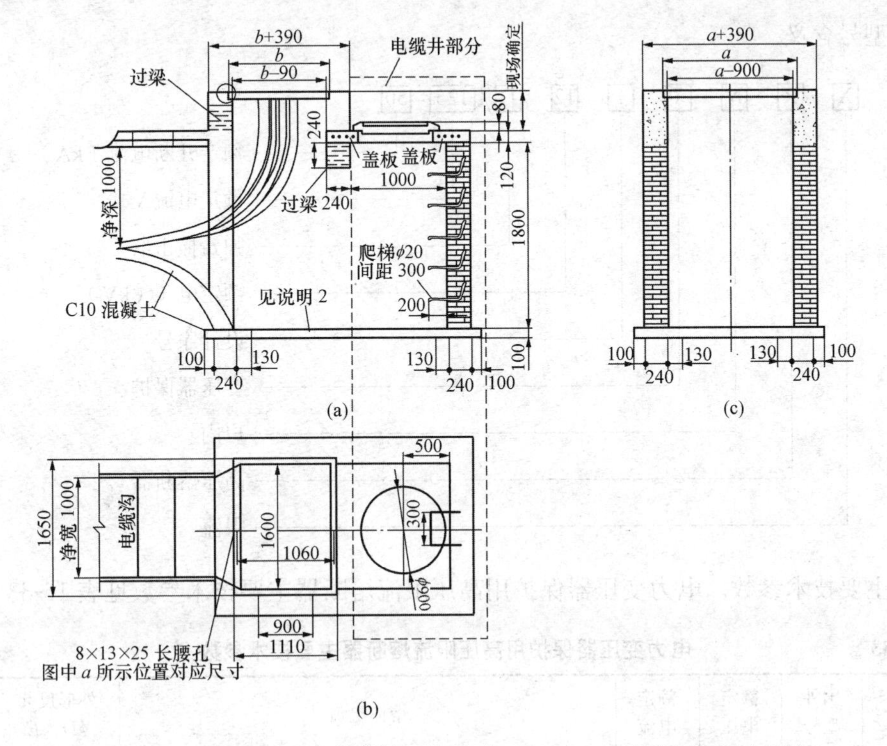

图 16-90 DFW8-12 型电缆分接开关外形（a、b、c—外形安装尺寸标注）

表 16-82 **DFW8-12 型电缆分接开关外形安装尺寸**

方案	3 分支	3A，4 分支	4A，5 分支	5A，6 分支	6A 分支
a（mm）	650	650	650	650	650
b（mm）	540	810	910	1010	1110

方案	带开关分接箱、开闭所									
	1	2	3	4	5	6	7	8	9	10
a（mm）	1010	900	1100	1300	1400	1600	1800	2000	2200	2500
b（mm）	900	1100	1100	1100	1100	1100	1100	1100	1100	1100

第 10 节 电力配电设备保护熔断器

1. 电力变压器保护用高压限流熔断器

（1）电力变压器保护用高压限流熔断外形图。熔断器外形见图 16-91。

（2）用途及特点。本产品适用于户内交流 50Hz，额定电压 7.2～40.5kV 电力系统，作为变压器及其他电力设备过载或短路等的保护元件。并可与其他保护电器（负荷开关、真空接触器）配合使用。该类型熔断器在规定的使用条件下，能可靠的分断最小开断电流为 2.5～3 倍熔断件额定电流至额定开断电流 50kA 之间的任何故障电流。

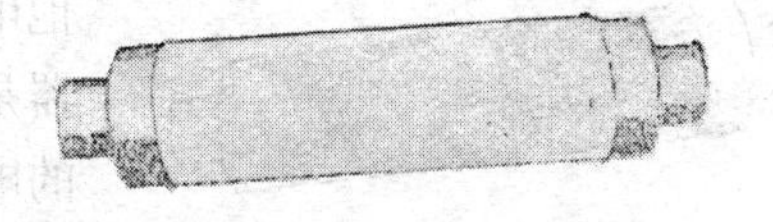

图 16-91 电力变压器保护用高压限流熔断器外形

（3）型号含义。

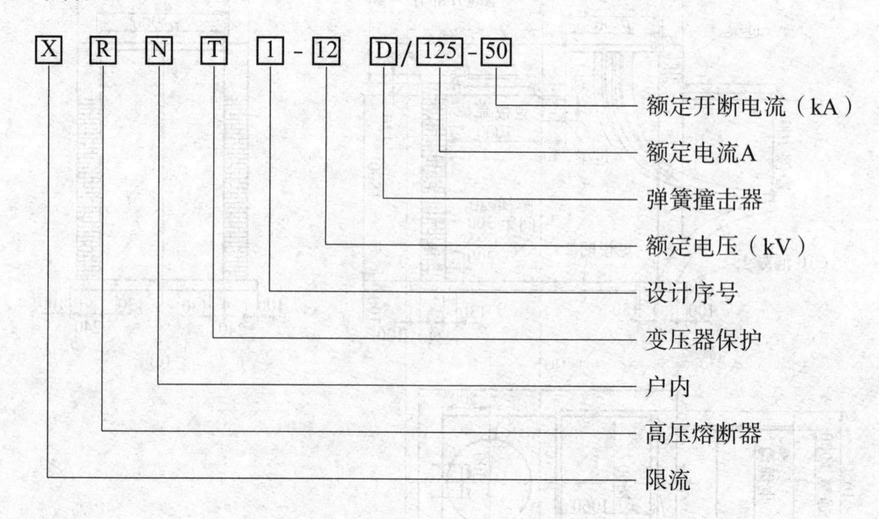

（4）主要技术参数。电力变压器保护用高压限流熔断器主要技术参数见表16-83。

表16-83　　电力变压器保护用高压限流熔断器主要技术参数

国内型号	国外型号	额定电压	额定电流	熔体电流	外形尺寸 $\phi D\times E$	开断电流
XRNT1-7.2	SDLDJ	7.2	63	3.15、4、5、6.3、10、16、20、25、34.5、40、50、63	ϕ51×292	50kA
	SFLDJ	7.2	160	71、80、100、125、160	ϕ76×292	
		7.2	250	200、224、250	ϕ87×292	
XRNT1-12 特种规格		12	10	3.15、4、5、6.3、10	ϕ45×210	
		12	25	3.15、4、5、6.3、10、16、20、25	ϕ51×192	
XRNT1-12	SDLDJ	12	63	3.15、4、5、6.3、10、16、20、25、31.5、40、50、63	ϕ51×292	
	SFLDJ	12	100	71、80、100	ϕ76×292	
	SKLDJ	12	125	125	ϕ76×292	
		12	200	160、200	ϕ87×292	
		12	250	224、250	ϕ87×442	
		12	315	315	ϕ87×537	
XRNT1-40.5		40.5	16	3.15、4、5、6.3、10、16	ϕ51×537	31.5kA
		40.5	40	20、25、31.5、40	ϕ76×537	
		40.5	50	3.15、4、5、6.3、10、16、20、25、31.5、40、50	ϕ76×650	
		40.5	63	50、56、63	ϕ87×537	
		40.5	100	71、80、100	ϕ87×650	

2. 电力变压器全范围保护用高压限流熔断器

（1）电力变压器全范围保护用高压限流熔断器外形图。熔断器外形见图16-92。

（2）用途及特点。本产品适用于户内交流50Hz，额定电压12kV系统，作为变压器及其他电力设备过载或短路等的保护元件。全范围保护用高压熔断器是一种新型的限流熔断器，它能够可靠地开断引起熔体熔化的电流至额定开断电流50kA之间的任何故障电流，它是利用限流式熔断器具有较高的分断能力，而非限流或熔断器却具有较好的小电流保护特点，结合两种熔断器的不同特点组合为一

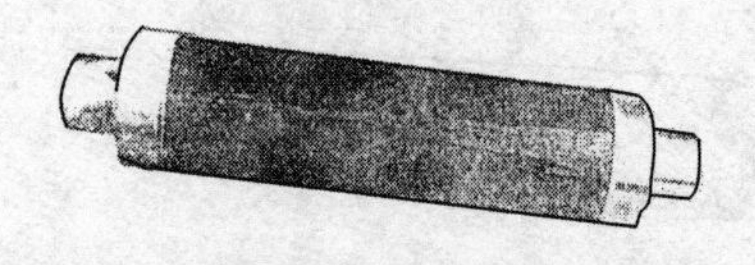

图16-92　电力变压器全范围保护用高压限流熔断器外形

体，获得全范围开断的良好保护特性。

（3）型号含义。

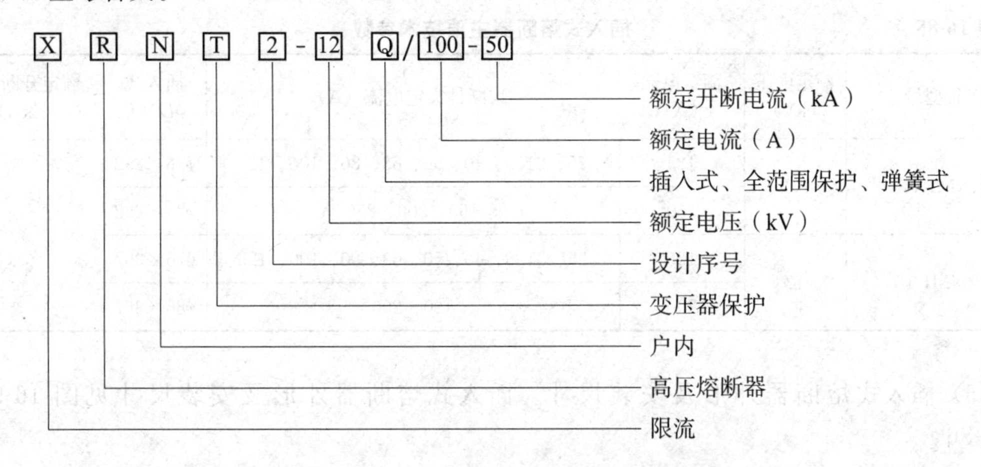

（4）主要技术参数。电力变压器全范围保护用高压限流熔断器主要技术参数见表16-84。

表16-84 电力变压器全范围保护用高压限流熔断器主要技术参数

国标型号	额定电压（kV）	额定电流（A）	熔断件额定电流（A）	$\phi D\times E$	额定开断电流（kA）
XRNT2-12（FFLDJ）	12	63	10、16、20、25、31.5、40、50、63	ϕ76×292	50
		100	80、100	ϕ88×292	

3. 高压电动机保护用高压限流熔断器

（1）用途及特点。

本产品适用于户内交流50Hz，额定电压3.6kV、7.2kV及12kV系统，可与其他保护电器（如负荷开关、真空接触器等）配合使用，作为高压电动机及其他电力设备过载或短路等的保护元件。熔断器在规定的使用条件下，能可靠的分断（1.6～3）倍熔断件额定电流至50kA额定开断电流之间的任何故障电流。

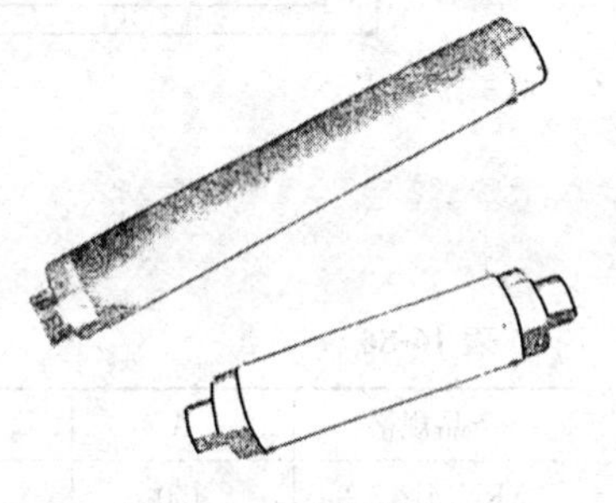
图16-93 熔断器外形

（2）熔断器外形图。熔断器外形见图16-93。

（3）型号含义。

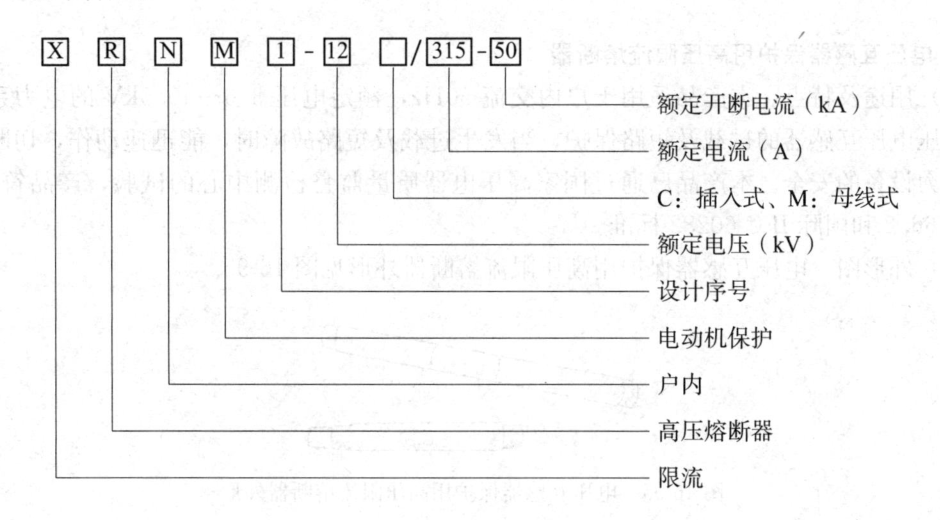

（4）主要技术参数。插入式熔断器主要技术参数见表16-85。

表16-85　　插入式熔断器主要技术参数

产品型号	额定电压（kV）	额定电流（A）	熔断件额定电流（A）	插入式 $\phi D\times E$	额定开断电流（kA）
XRNM1-7.2	7.2	125	25、31.5、40、50、63、80、100、125	ϕ76×292	50
		250	160、200、250	ϕ88×292	
XRNM1-12	12	125	25、31.5、40、50、63、80、100、125	ϕ76×367	
		200	160、200	ϕ88×367	

（5）插入式熔断器外形及安装尺寸。插入式熔断器外形及安装尺寸见图16-94和表16-86。

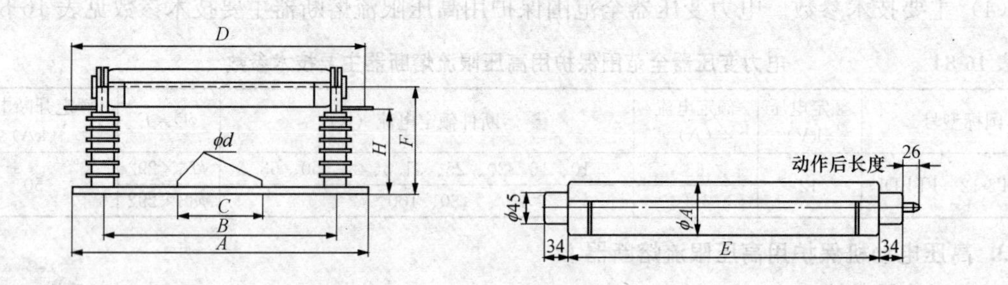

图16-94　插入式熔断器外形及安装尺寸

表16-86　　插入式熔断器外形安装尺寸

产品规格	A	B	C	D	H	F	ϕd
XRNM1-7.2	450	322	150	454	160	203	ϕ13
XRNM1-12	530	397	220	529	160	203	

4. 电压互感器保护用高压限流熔断器

（1）用途及特点。本产品适用于户内交流50Hz，额定电压3.6～40.5kV的电力系统中，作为高压电压互感器的过载及短路保护，当发生过载及短路故障时，能迅速动作，切断电源，保护电力设备的安全。本产品已通过国家高压电器质量监督检测中心的试验，产品符合国标GB 15166.2和国际IEC 60282标准。

（2）外形图。电压互感器保护用高压限流熔断器外形见图16-95。

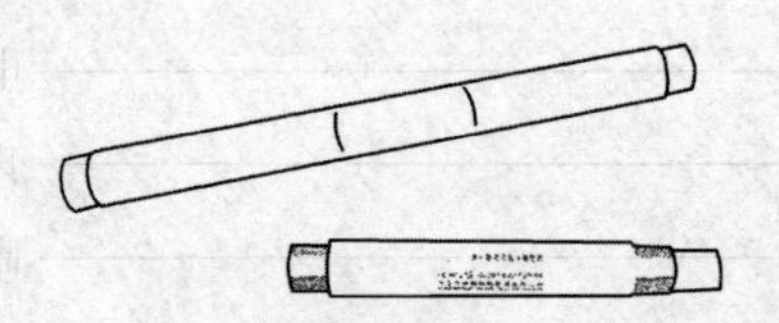

图16-95　电压互感器保护用高压限流熔断器外形

（3）型号含义。

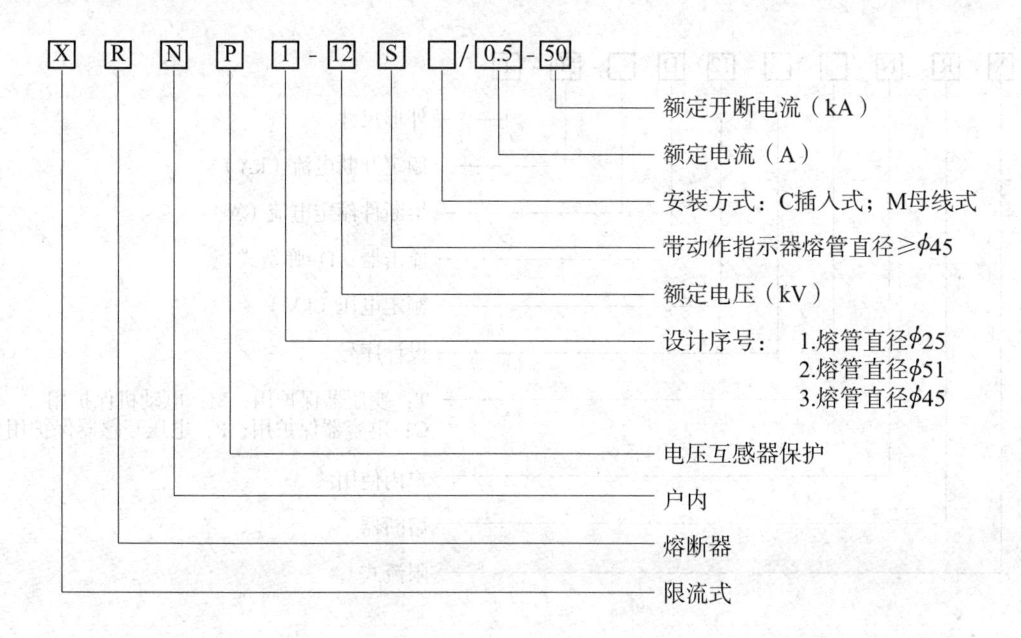

（4）主要技术参数。电压互感器保护用高压限流熔断器主要技术参数见表16-87。

表16-87　电压互感器保护用高压限流熔断器主要技术参数

产品型号	额定电压（kV）	熔断件额定电流（A）	开断电流（kA）	外形尺寸	备　注
XRNP1-3.6	3.6	0.2、0.3、0.5、1、2、3.15、4、5	50	ϕ25×195	XRNP□系列产品是本公司新开发的产品，可直接代替市场上老的产品 RN_2 产品带有动作指示器，可直接观察产品的运行情况
XRNP1-7.2	7.2				
XRNP1-12	12				
XRNP1-24	24	0.2、0.3、0.5、1、2、3.15	50	ϕ25×324	
XRNP1-40.5	40.5	0.2、0.3、0.5、1、2	31.5	ϕ25×465	
XRNP2-7.2S	7.2	0.5、1、2、3.15、6.3、10、16	50	ϕ51×192	
XRNP3-7.2S	7.2	0.5、1、2、3.15、6.3、10	50	ϕ45×210	
XRNP□-7.2S	7.2	0.5、1、2、3.15、6.3、10、16	50	ϕ51×210	
XRNP2-12	12	0.5、1、2、3.15、6.3、10、16	50	ϕ51×192	
XRNP3-12S	12	0.5、1、2、3.15、6.3、10	50	ϕ45×210	
XRNP2-40.5S	40.5	0.5、1、2、3.15、6.3、10	31.5	ϕ51×465	
XRNP3-40.5	40.5	0.5、1、2、3.15、6.3	31.5	ϕ45×465	

5. 真空接触器熔断器（F-C）专用高压限流熔断器

（1）熔断器外形图。真空接触器熔断器专用高压限流熔断器外形见图16-96。

（2）用途。本产品适用于户内交流50Hz，额定电压12kV系统，与真空接触器配合使用，作为高压电动机、变压器等电力设备的过载或短路保护。并配合厂家在西安高压电器研究所通过试验。

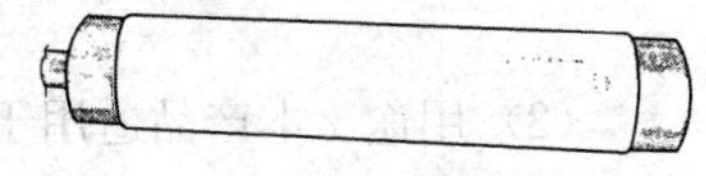

图16-96　真空接触器熔断器专用高压限流熔断器外形

（3）型号含义。

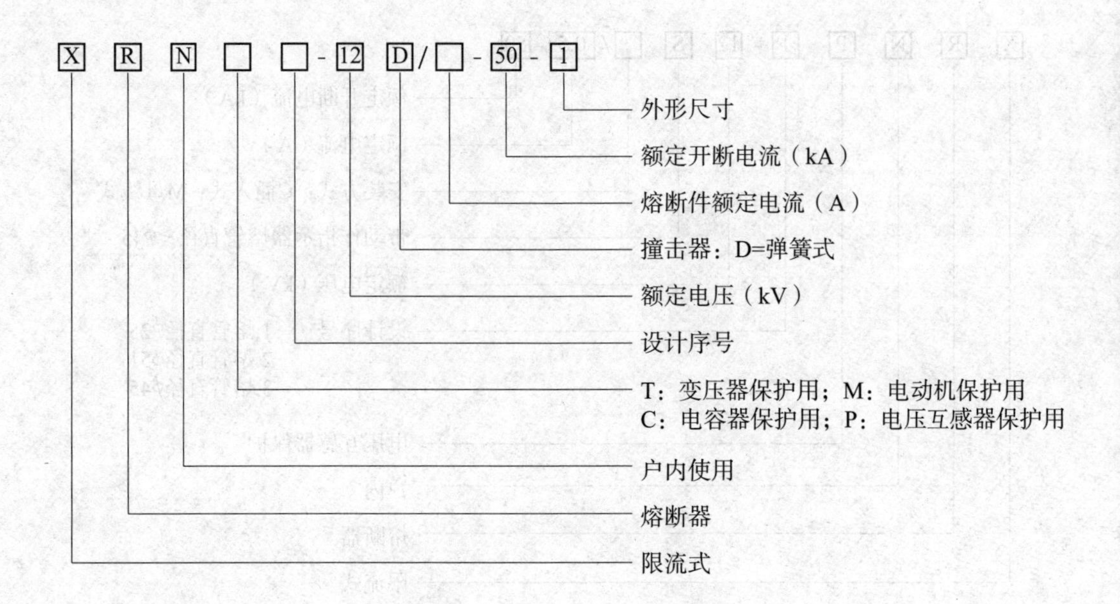

（4）主要技术参数。真空接触器熔断器专用高压限流熔断器主要技术参数见表 16-88。

表 16-88　　真空接触器熔断器专用高压限流熔断器主要技术参数

产品型号	额定电压（kV）	熔断件额定电流（A）	额定电流（A）
XRNM□-7.2	7.2	25、40、63、80、100、125、160、200、250、315	50
XRNM□-7.2	7.2	355、400	50
XRNT□-7.2	7.2	25、31.5、40、50、63、80、100、125、160、200	50
XRNM□-12	12	25、40、50、63、80、100、125、160	50
XRNM□-12	12	200、224、250	50

6. 电力电容器保护用高压限流熔断器

（1）外形图。电力电容器保护用高压限流熔断器外形见图 16-97。

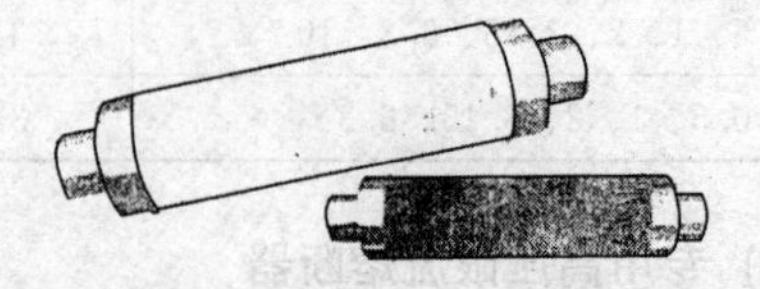

图 16-97　电力电容器保护用高压限流熔断器外形

（2）用途。本产品适用于户内交流 50Hz，额定电压 3.6、7.2、12kV 系统作为电力电容器组的短路保护，熔断器在规定的使用条件下，能可靠地分断熔化电流至额定开断电流之间的任何故障电流。

（3）型号含义。

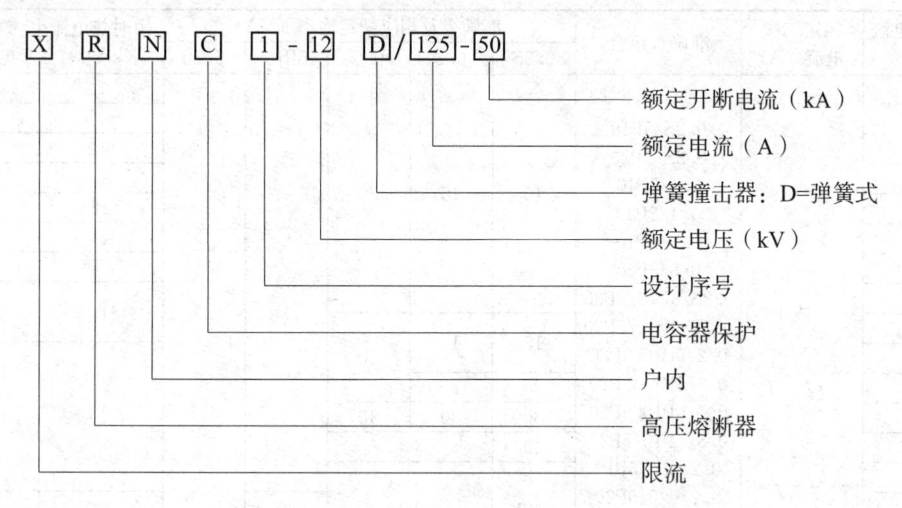

（4）主要技术参数。电力电容器保护用高压限流熔断器主要技术参数见表16-89。

表16-89　　电力电容器保护用高压限流熔断器主要技术参数

产品型号	额定电压（kV）	额定电流（A）	熔断件额定电流（A）	额定开断电流（kA）	$\phi D\times E$
XRNC1-3.6	3.6	100	50、63、71、80、100	50	ϕ76×292
		160	125、140、160		ϕ88×292
XRNC1-7.2	7.2	63	16、20、25、40、50、63	50	ϕ76×367
		125	71、80、90、100、125		ϕ88×367
XRNC1-12	12	16	8、10、12.5、16	50	ϕ76×292
		63	20、25、31.5、35.5、40、45、50、56、63		ϕ76×442
		125	71、75、80、90、100、112、125		ϕ88×442

第11节　常用高压电流互感器

1. LZZB9-40.5型电流互感器

（1）外形图及型号含义。电流互感器外形见图16-98。

图16-98　电流互感器外形

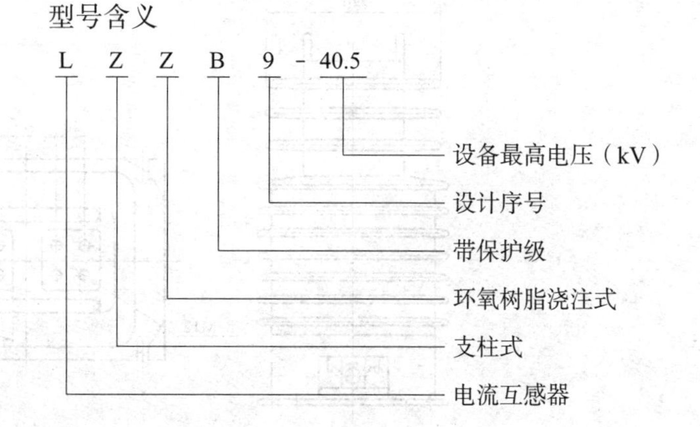

（2）技术参数。LZZB9-40.5型电流互感器主要技术参数见表16-90。

表 16-90　　LZZB9-40.5 型电流互感器主要技术参数

<table>
<tr><th rowspan="2">额定一次电流（A）</th><th rowspan="2">额定二次电流（A）</th><th rowspan="2">准确级组合</th><th colspan="5">准确级及相应额定输出（VA）</th><th rowspan="2">短时热电流（kA/s）</th><th rowspan="2">额定动稳定电流（kA）</th></tr>
<tr><th>0.2S</th><th>0.2</th><th>0.5</th><th>5P10</th><th>5P20</th></tr>
<tr><td>15</td><td rowspan="16">5或1</td><td rowspan="16">0.2S/5P10
0.2S/5P20
0.4/5P10
0.4/5P20
0.5/5P10
0.5/5P20
0.2S/5P10/5P20
0.2S/5P10/5P20
0.2/5P10/5P20
0.2/5P10/5P20
0.5/5P10/5P20
0.5/5P10/5P20
0.2/0.5/5P10
0.2/0.5/5P20</td><td rowspan="8">10</td><td rowspan="8">10</td><td rowspan="8">20</td><td rowspan="14">30</td><td rowspan="16">20</td><td>3.2</td><td>8</td></tr>
<tr><td>20</td><td>4.5</td><td>11.5</td></tr>
<tr><td>30</td><td>6.3</td><td>16</td></tr>
<tr><td>40</td><td>9</td><td>22.5</td></tr>
<tr><td>50、60</td><td>12</td><td>30</td></tr>
<tr><td>75</td><td>16</td><td>40</td></tr>
<tr><td>100、150</td><td>25</td><td>63</td></tr>
<tr><td>200</td><td rowspan="2">31.5</td><td rowspan="2">80</td></tr>
<tr><td>250、300</td><td rowspan="2">15</td><td rowspan="2">15</td><td rowspan="3">30</td></tr>
<tr><td>400</td><td rowspan="5">40</td><td rowspan="5">100</td></tr>
<tr><td>500</td><td>20</td><td>20</td></tr>
<tr><td>600</td><td>30</td><td>30</td><td>40</td></tr>
<tr><td>750（800）</td><td>40</td><td colspan="2">50</td></tr>
<tr><td>1000</td><td rowspan="3">50</td><td colspan="2" rowspan="3">60</td></tr>
<tr><td>1250（1200）</td><td>40</td><td rowspan="2">63</td><td rowspan="2">150</td></tr>
<tr><td>1500、2000</td><td>50</td></tr>
</table>

（3）外形及安装尺寸。LZZB9-40.5 型电流互感器外形及安装尺寸见图 16-99。

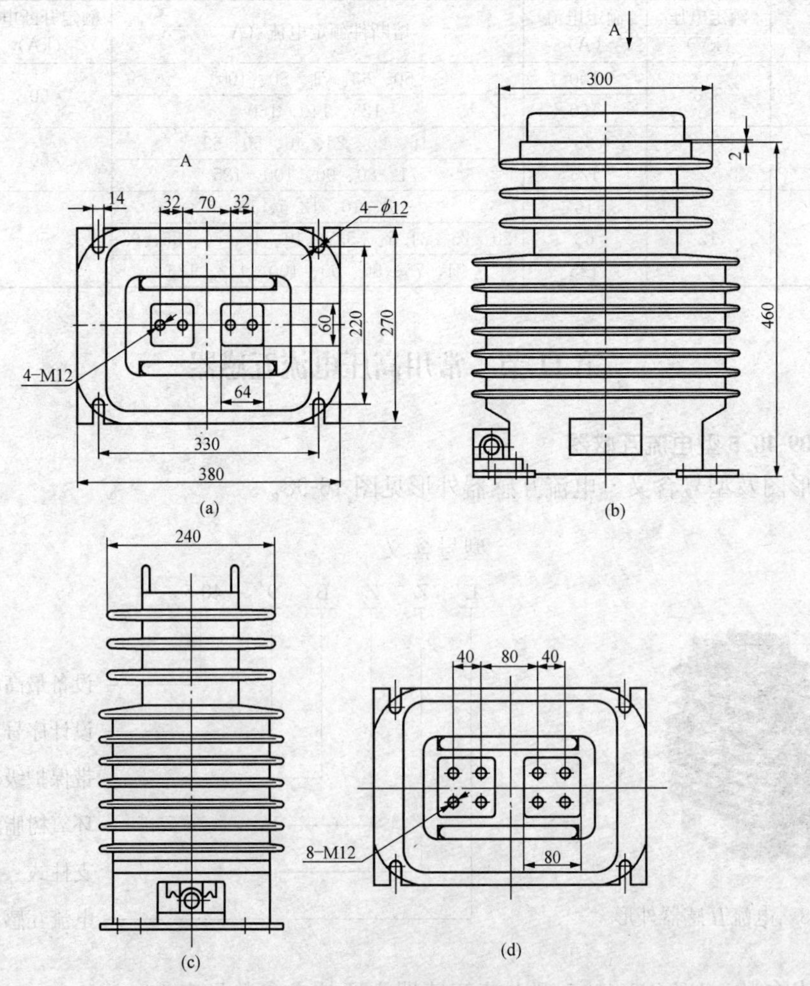

图 16-99　LZZB9-40.5 型电流互感器外形及安装尺寸

2. LZZBJ9-10（A，AQ，B，C）型电流互感器

（1）外形图及型号含义。LZZBJ9-10 型电流互感器外形见图 16-100。

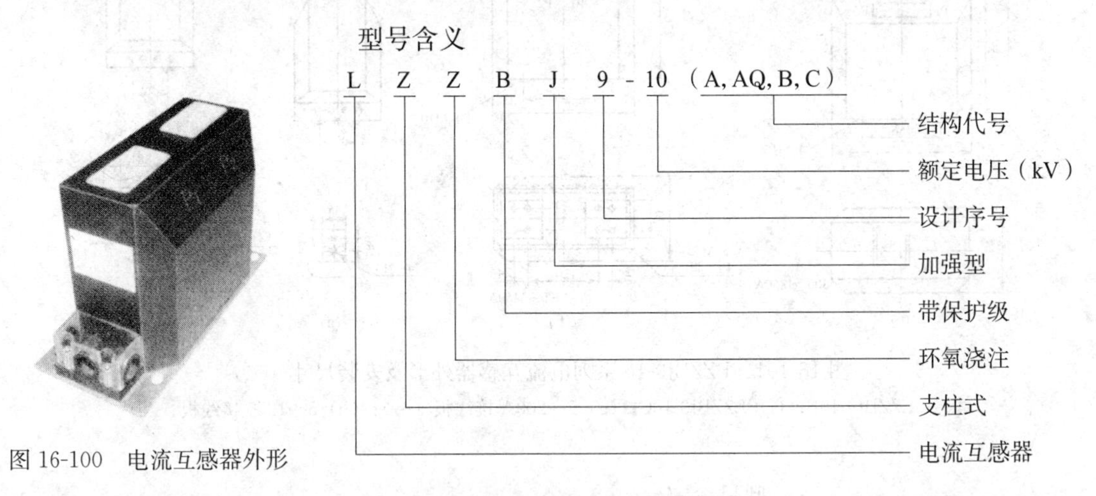

图 16-100　电流互感器外形

（2）技术参数。LZZBJ9-10 型电流互感器主要技术参数见表 16-91。

表 16-91　　LZZBJ9-10 型电流互感器主要技术参数

额定一次电流（A）	额定二次电流（A）	准确级组合	准确级及相应额定输出（VA）				短时热电流（kA/1s）	额定动稳定电流（峰值 kA）（kA）
			0.2S	0.5S	0.5	5P10		
5～75	1 或 5	0.2S/5P10 0.5S/5P10 0.5/5P10	10	10	15	15	$200I_{1n}$	$500I_{1n}$
100～200							35	80
300～500							63	130
600			10	15	30	30	70	140
750～2000							80	160
2500～3000							100	200

（3）外形及安装尺寸。LZZBJ9-10 型电流互感器外形及安装尺寸见图 16-101。

3. LZZB12-10A1（同 AS12/150b/2S）型电流互感器

（1）外形图及型号含义。电流互感器外形见图 16-102。

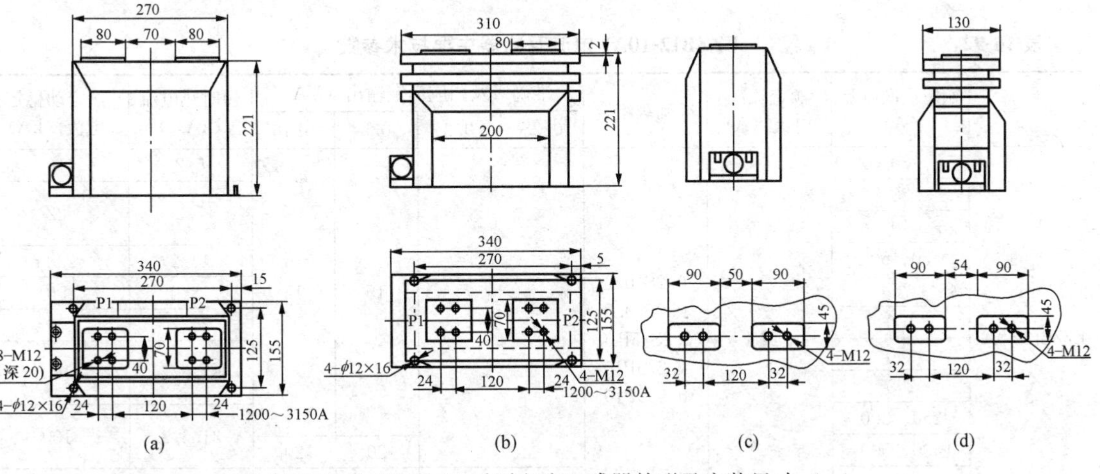

图 16-101　LZZBJ9-10 系列电流互感器外形及安装尺寸（一）

（a）LZZBJ9-10A；（b）LZZBJ9-10AQ；（c）5～1000A 接线板（一）；（d）5～1000A 接线板（二）

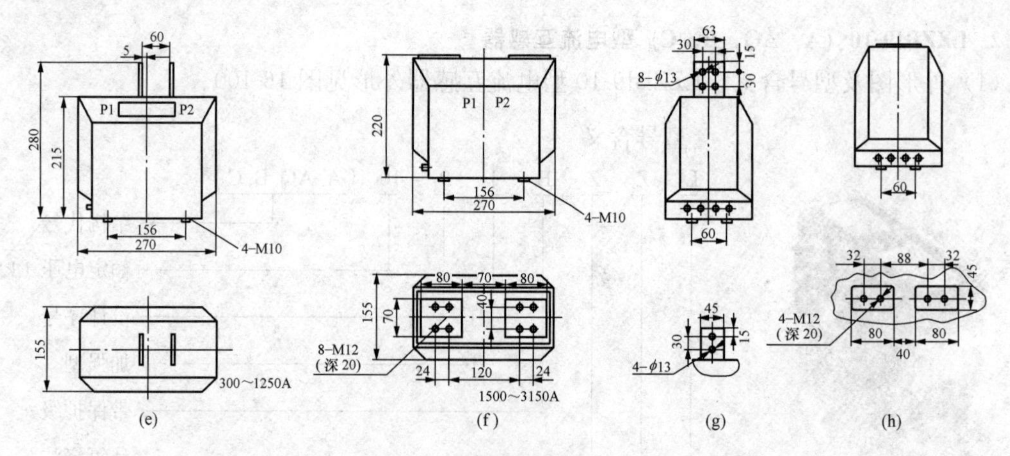

图 16-101　LZZBJ9-10 系列电流互感器外形及安装尺寸（二）

(e) LZZBJ9-10B；(f) LZZBJ9-10C；(g) 5～200A 接线板（一）；(h) 5～1250 接线板（二）

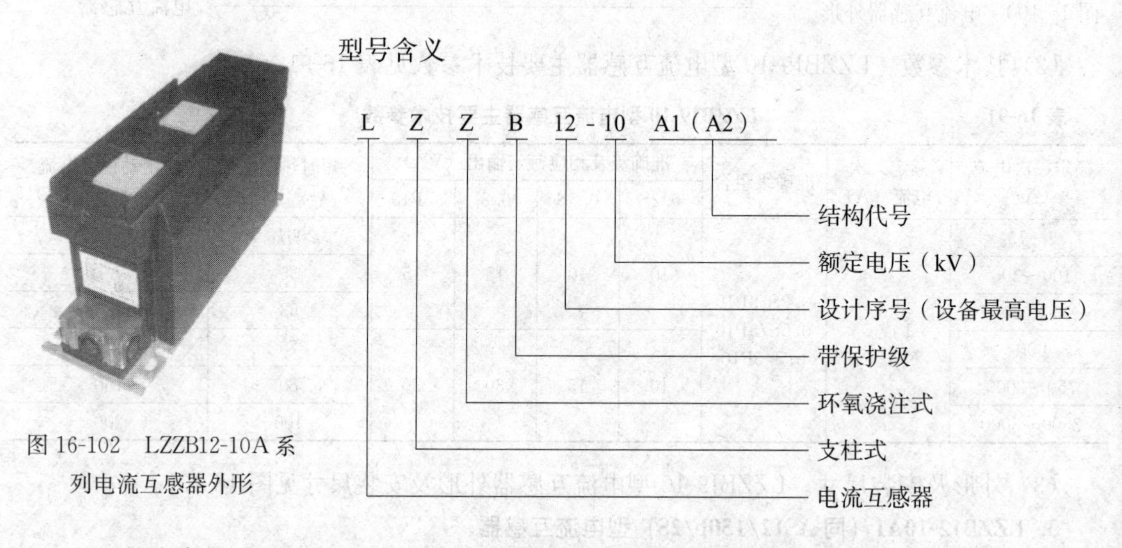

图 16-102　LZZB12-10A 系列电流互感器外形

（2）技术参数。LZZB12-10A1 电流互感器主要技术参数见表 16-92。

表 16-92　　**LZZB12-10A1 电流互感器主要技术参数**

型号	额定一次电流（A）	额定二次电流（A）	准确级组合	准确级及相应额定输出（VA）				短时热电流（kA/s）	额定动稳定电流（kA）
				0.2S	0.2	0.5	5P10		
LZZB12-10A1	20	5 或 1	0.2S/0.2 0.2S/0.5 0.2S/5P10 0.2/5P10 0.5/5P10	10		15	15	5/2	16
	30							7/2	22
	40								
	50、60							12/2	38
	75							18/2	56
	100							25/2	76
	150							31.5/2	100
	200								
	250、300							31.5/3	100
	400、500					20	20		
	600			15		30	30	40/3	128
	750～2000							45/3	144

（3）技术参数。LZZB12-10A2电流互感器主要技术参数见表16-93。

表16-93　　LZZB12-10A2电流互感器主要技术参数

型　号	额定一次电流（A）	额定二次电流（A）	准确级组合	准确级及相应额定输出（VA）				短时热电流（kA/s）	额定动稳定电流（kA）
				0.2S 0.2	0.5	5P10	5P20		
LZZB12-10A2	100	5或1	0.2S/0.2/5P20 0.2S/0.5/5P20 0.2S/5P10/5P20 0.2/5P10/5P20 0.5/5P10/5P20 0.2/0.5/5P20 0.5/5P10/5P10	10	15	15	20	5/2	16
	150							10/2	32
	200							12/2	38
	300							21/2	67
	400							25/2	76
	500							31.5/3	100
	600							40/3	128
	750～2000							50/3	160

（4）外形及安装尺寸。外形及安装尺寸见图16-103、图16-104。

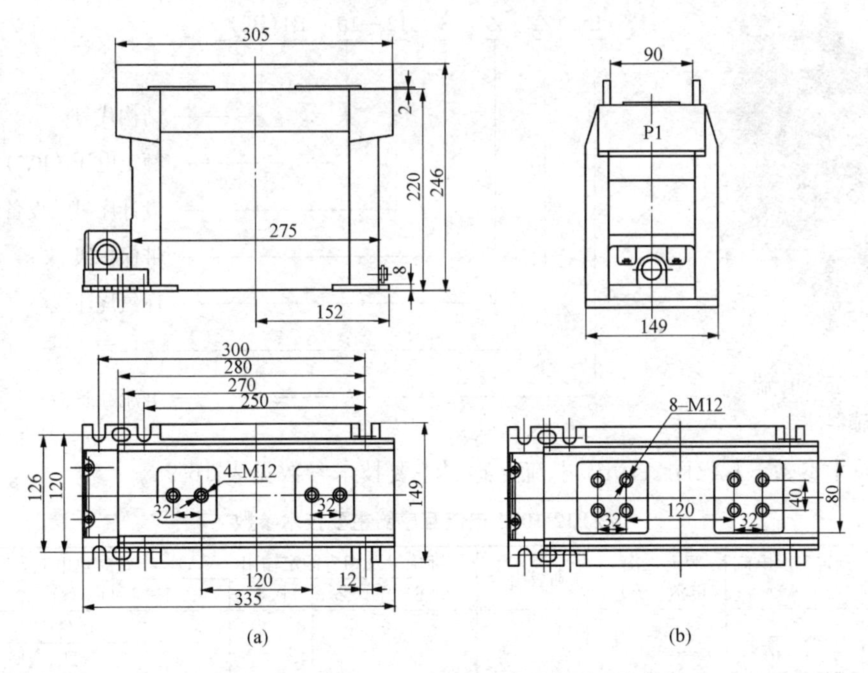

图16-103　LZZB12-10A1电流互感器外形及安装尺寸

（a）I_{1n}≤5～1250A；（b）I_{1n}≥1500～2000A

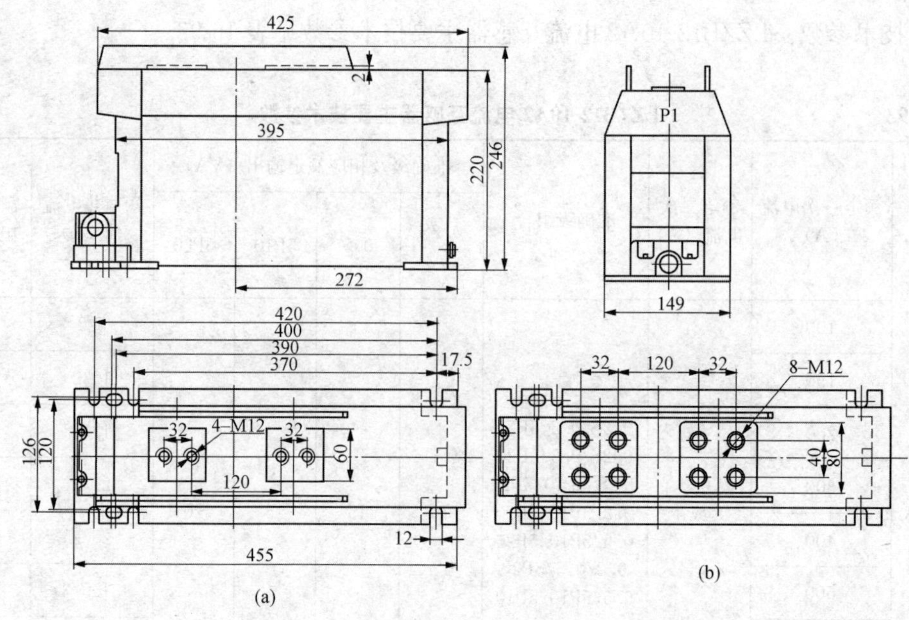

图 16-104　LZZB12-10A2 电流互感器外形及安装尺寸

（a）I_{1n}≤50～1250A；（b）I_{1n}≥1500～2000A

4. LZZB12-10B1（同 AS12/185h/2S）LZZB12-10B2（同 AS12/185h/4S）型电流互感器

（1）外形图及型号含义。外形见图 16-105。

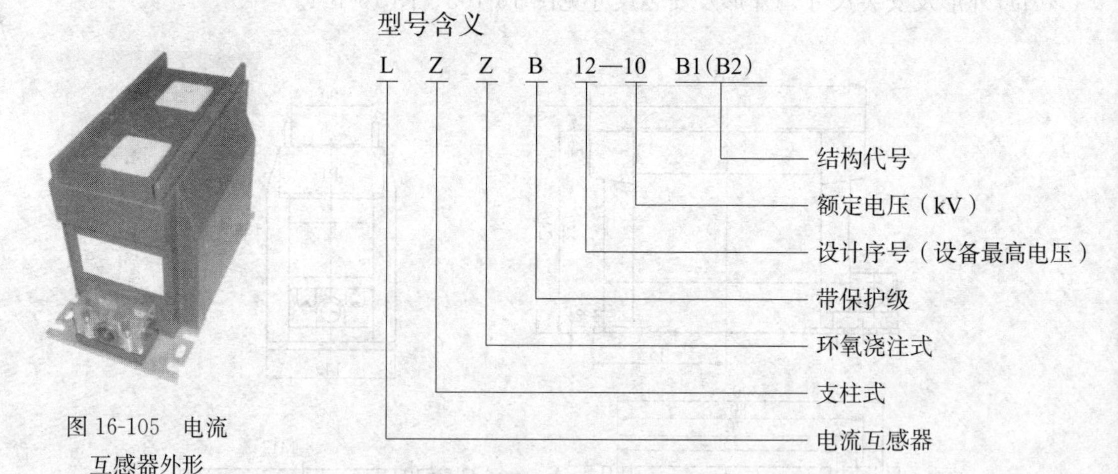

图 16-105　电流互感器外形

（2）技术参数。LZZB12-10B1 电流互感器主要技术参数见表 16-94。

表 16-94　LZZB12-10B1 电流互感器主要技术参数

型　号	额定一次电流（A）	额定二次电流（A）	准确级组合	准确级及相应额定输出（VA）				短时热电流（kA/s）	额定动稳定电流（kA）
				0.2S	0.2	0.5	5P10		
LZZB12-10B1	20	5 或 1	0.2S/0.2 0.2S/0.5 0.2S/5P10 0.2/5P10 0.5/5P10	10		15	15	5/2	16
	30、40							7/2	22
	50、60							12/2	38
	75							18/2	56
	100							25/2	76
	150							31.5/2	100
	200							31.5/3	

续表

型 号	额定一次电流（A）	额定二次电流（A）	准确级组合	准确级及相应额定输出（VA）				短时热电流（kA/s）	额定动稳定电流（kA）
				0.2S	0.2	0.5	5P10		
LZZB12-10B1	300.400	5或1	0.2S/0.2 0.2S/0.5 0.2S/5P10 0.2/5P10 0.5/5P10	15		30	30	40/3	128
	500.600							50/3	160
	750～1500								
	2000～3000							63/3	200

（3）技术参数。LZZB12-10B2电流互感器主要技术参数见表16-95。

表16-95　LZZB12-10B2电流互感器主要技术参数

型 号	额定一次电流（A）	额定二次电流（A）	准确级组合	准确级及相应额定输出（VA）				短时热电流（kA/s）	额定动稳定电流（kA）
				0.2S 0.2	0.5	5P10	5P20		
LZZB12-10B2	30.40	5或1	0.2S/0.5/5P20 0.2S/5P10/5P20 0.5/0.5/5P20 0.5/5P10/5P20 0.5/5P10/5P10	10	15	15	20	5/2	16
	50.60							7/2	22
	75							10/2	32
	100							15/2	48
	150							21/2	67
	200							31.5/2	100
	300.400							31.5/3	
	500.600							40/3	128
	750～1500			15	20	20		50/3	160
	2000～3000			20	30	30		63/3	200

（4）外形及安装尺寸。外形尺寸及安装尺寸见图16-106、图16-107。

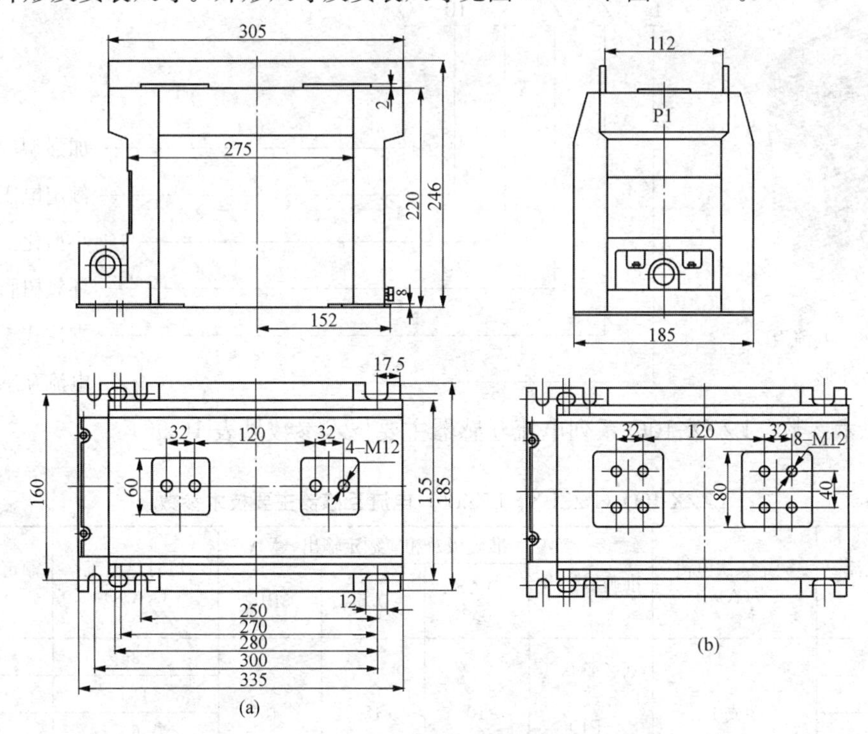

图16-106　LZZB12-10B1电流互感器外形及安装尺寸

(a) I_{1n}≤20～1250A；(b) I_{1n}≥1500～3000A

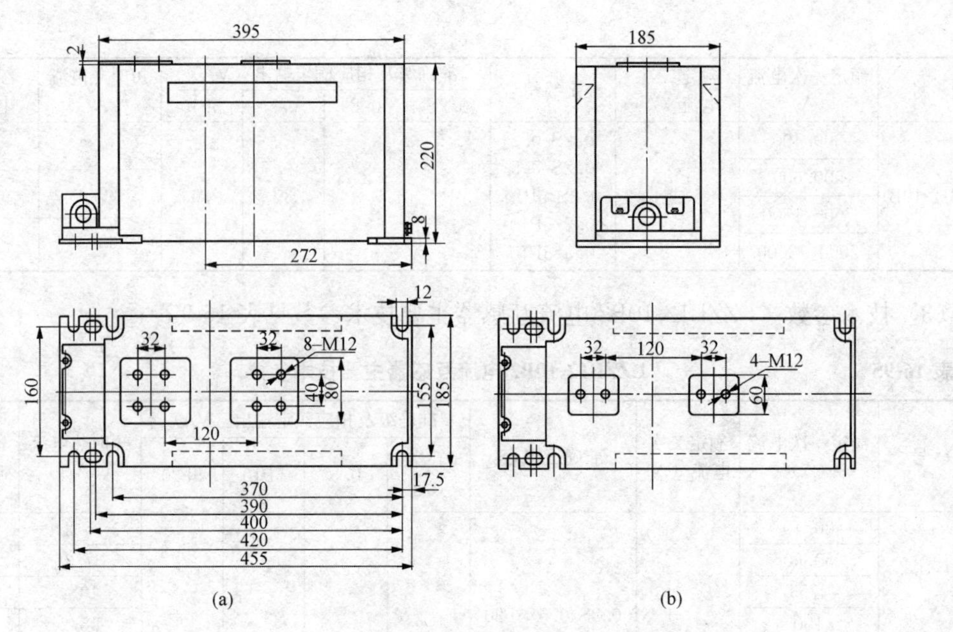

图 16-107　LZZB12-10B2 电流互感器外形及安装尺寸

(a) I_{1n}≥1500～3000A；(b) I_{1n}≤20～1250A

5. LZZX-10Q（LZZBX、LZZB6）型电流互感器

(1) 外形图及型号含义。LZZX-10Q 电流互感器外形见图 16-108。

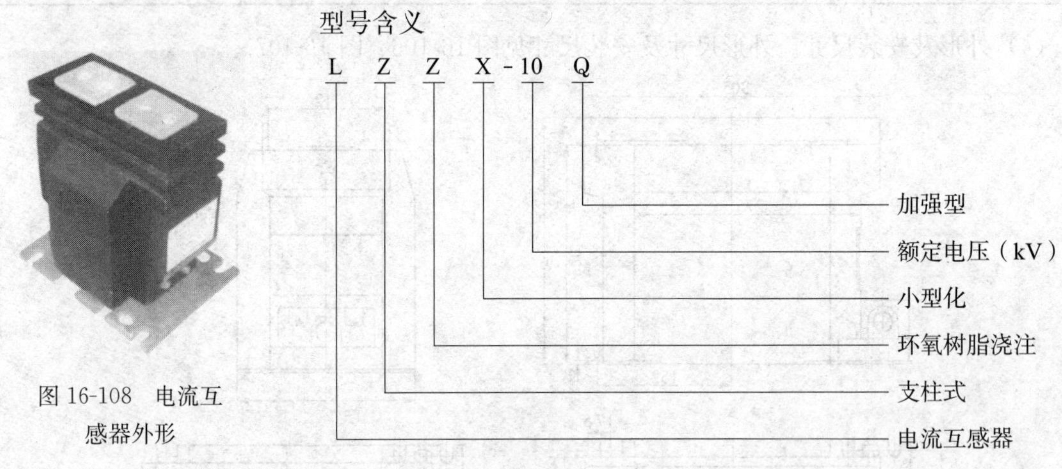

图 16-108　电流互感器外形

(2) 技术参数。LZZX-10Q 系列电流互感器主要技术参数见表 16-96。

表 16-96　LZZX-10Q（LZZBX、LZZB6）**电流互感器主要技术参数**

额定一次电流（A）	额定二次电流（A）	准确级组合	准确级及相应额定输出（VA）			短时热电流（kA/s）	额定动稳定电流（kA）
			0.2S 0.2	0.5	5P10		
20	5 或 1	0.2 或 0.5 或 5P10（10P10）	10	15	15	3	7.5
30						4.5	11.3
40						6	15
50.60						7.5	18

续表

额定一次电流（A）	额定二次电流（A）	准确级组合	准确级及相应额定输出（VA）			短时热电流（kA/s）	额定动稳定电流（kA）
			0.2S 0.2	0.5	5P10		
75	5或1	0.2或0.5 或 5P10 （10P10）	10	15	15	11.3	28
100						15	45
150						22.5	56
200、250						30	75
300、400						40	100
500、600							

（3）外形及安装尺寸。LZZX-10Q型电流互感器外形及安装尺寸见图16-109。

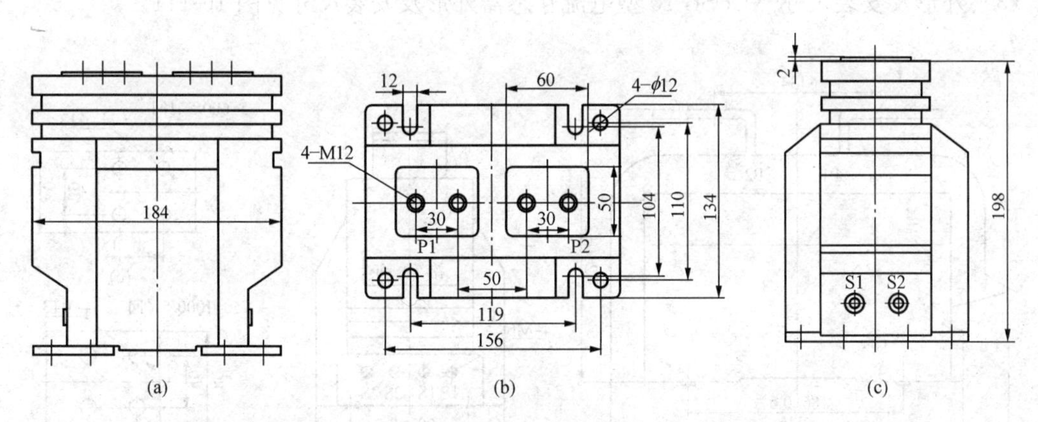

图16-109　LZZX-10Q型电流互感器外形及安装尺寸

6. LFSB-10型电流互感器

（1）外形图及型号含义。LFSB-10型电流互感器外形见图16-110。

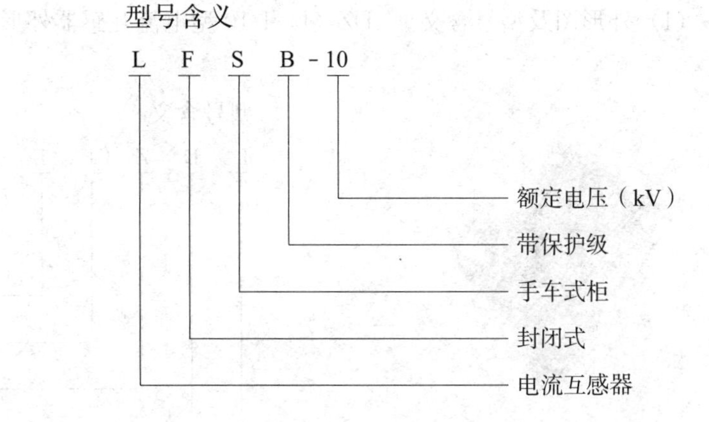

图16-110　电流互感器外形

（2）技术参数。LFSB-10型电流互感器主要技术参数见表16-97。

表 16-97　　LFSB-10 型电流互感器主要技术参数

额定一次电流（A）	准确级组合	准确级及相应额定输出（VA）					短时热电流（kA/1s）	额定动稳定电流（峰值 kA）
		0.2S	0.2	0.5	5P10	5P20		
5-200	0.2/0.2 0.5/0.5 0.2/5P10 0.5/5P10 0.2/5P20 0.5/5P20 5P10/5P10	10	10	15	15	10	$100I_{1n}$	$250I_{1n}$
300							36	90
400							45	110
500-600							56	140
750		10	15	20	20	20	63	157
1000							80	200
1250								
1500								

(3) 外形及安装尺寸。LFSB-10 型电流互感器外形及安装尺寸见图 16-111。

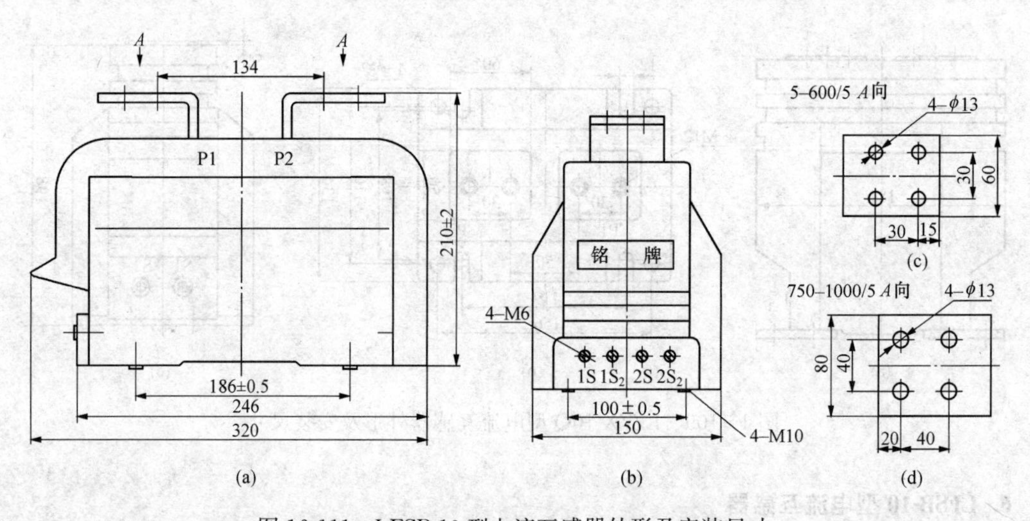

图 16-111　LFSB-10 型电流互感器外形及安装尺寸

7. LDZ（J）1-10 型电流互感器

(1) 外形图及型号含义。LDZ（J）1-10 型电流互感器外形见图 16-112。

图 16-112　LDZ（J）1-10 型电流互感器外形

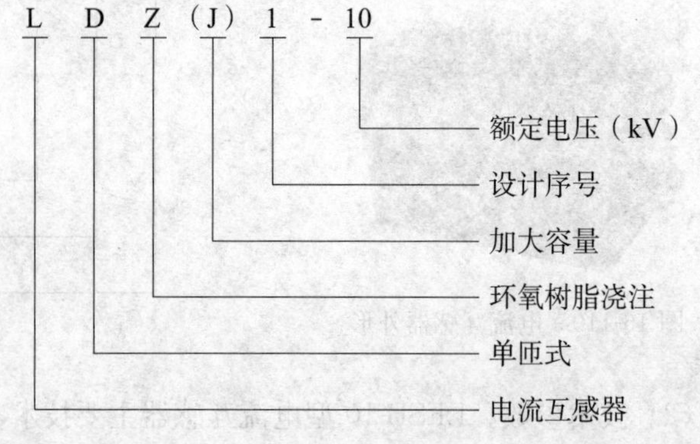

（2）技术参数。LDZ（J）1-10 型电流互感器主要技术参数见表 16-98。

表 16-98　　LDZ（J）1-10 型电流互感器主要技术参数

产品型号	额定一次电流（A）	额定二次电流（A）	准确级组合	准确级及相应额定输出（VA）			短时热电流（kA/1s）	额定动稳定电流（峰值 kA）（kA）
				0.2	0.5	5P15		
LDZ1-10	400.500	1 或 5	0.2/0.2 0.2/0.5 0.5/10P15 0.5/10P15 0.5/0.5	10	10	15	30	75
	600						45	112.5
	750							
	1000						50	125
LDZJ1-10	400.500			20	20	30	30	75
	600			30	30	40		
	750						40	100
	1000						50	125
	1250						60	150
	1500						75	187.5

（3）外形及安装尺寸。LDZ（J）1-10 型电流互感器外形及安装尺寸见图 16-113 和表 16-99。

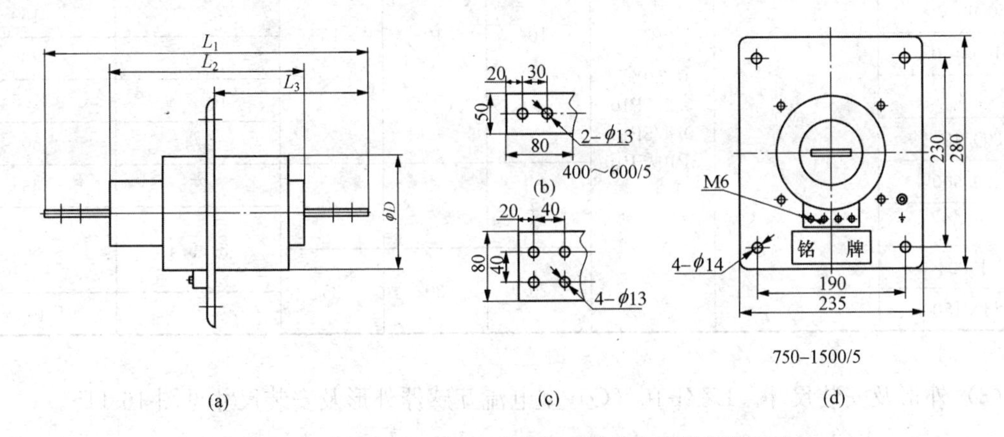

图 16-113　LDZ（J）1-10 型电流互感器外形及安装尺寸

表 16-99　　电流互感器外形及安装尺寸

型号	一次电流（A）	L_1	L_2	L_3	ϕD
LDZ1-10	400～1000	400	250	190	140
LDZJ1-10		410	270	200	178
	1200～1500	450		220	

8. LZZJ-10（Q）型电流互感器

（1）外形图及型号含义。LZZJ-10（Q）型电流互感器外形见图 16-114。

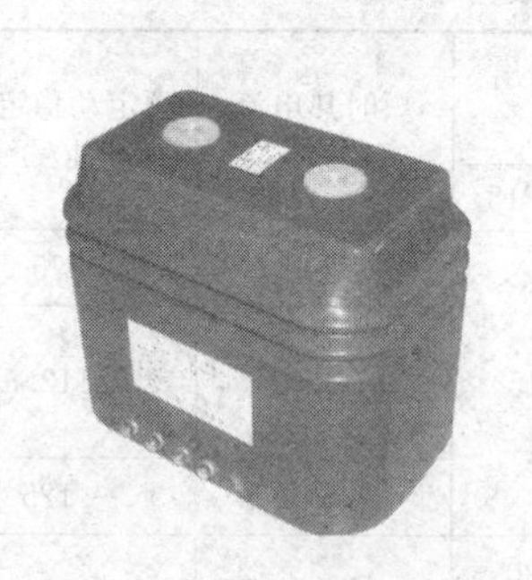

图 16-114　电流互感器外形

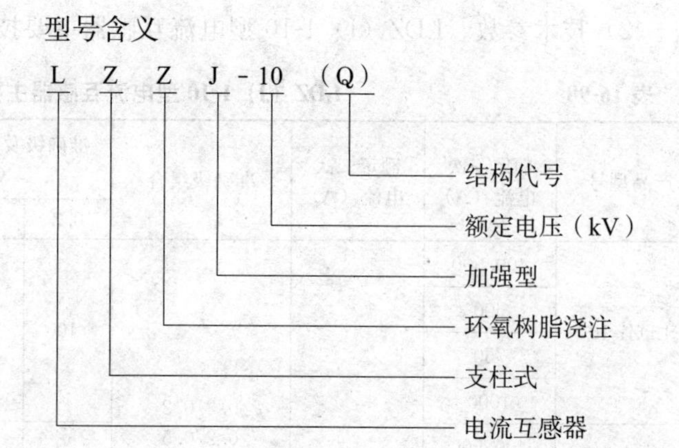

（2）技术参数。LZZJ-10（Q）型电流互感器主要技术参数见表 16-100。

表 16-100　　LZZJ-10（Q）型电流互感器主要技术参数

额定一次电流（A）	额定二次电流（A）	准确级组合	准确级及相应额定输出（VA）			短时热电流（kA/s）	额定动稳定电流（kA）
			0.2	0.5	5P10		
20	5或1	0.2/0.5 0.2/5P10 0.5/5P10 5P10/5P10	10	10	15	1.6/2	4
30.40						3.15/2	8
50.60.75						6.3/2	16
100.150						8/2	20
200						12.5/4	31.5
300.400						2/4	50
500.600			15	15	20	25	63
750						31.5/4	80
1000			20	20	25		
1250.1500						40/4	100

（3）外形及安装尺寸。LZZJ-10（Q）型电流互感器外形及安装尺寸见图 16-115。

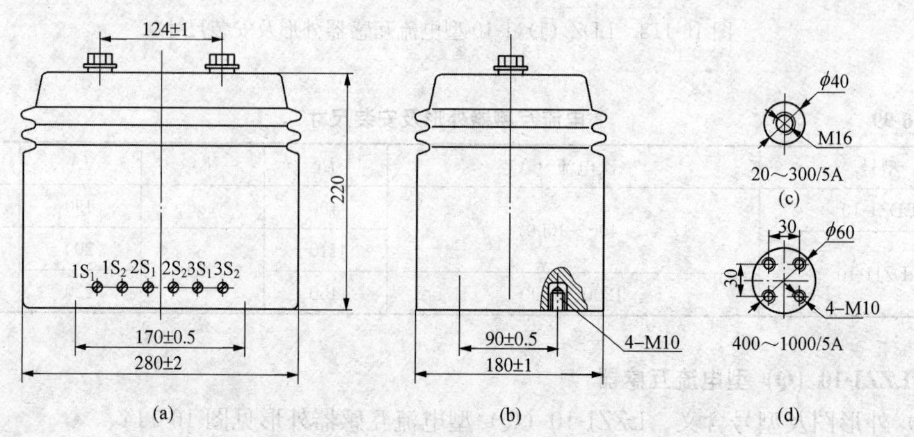

图 16-115　LZZJ-10（Q）型电流互感器外形及安装尺寸

9. LZJC-10 型电流互感器

（1）外形图及型号含义。LZJC-10 型电流互感器外形见图 16-116。

图 16-116　电流互感器外形

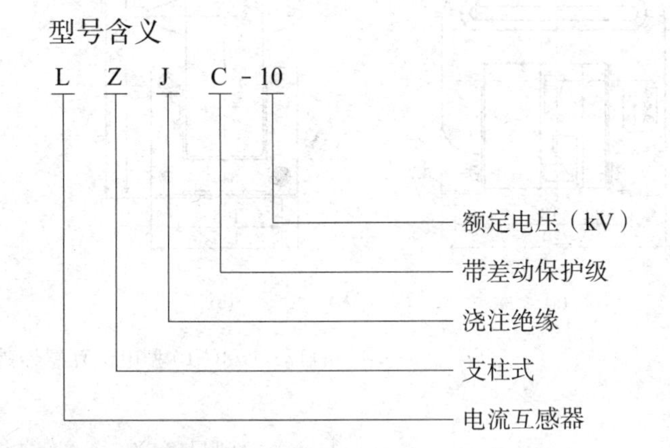

（2）技术参数。LZJC-10 型电流互感器主要技术参数见表 16-101。

表 16-101　　LZZJC-10 型电流互感器主要技术参数

额定一次电流（A）	额定二次电流（A）	准确级组合	准确级及相应额定输出（VA）		额定短时热电流（kA/s）	额定动稳定电流（峰值 kA）（kA）
			0.5	5P15		
5	5 或 1	0.5/5P15	10	15	0.5	1.75
10					1.0	2.5
15					1.5	3.75
20					2.0	5.0
30					3.0	7.5
40					4.0	10
50					5.0	12.5
75					7.5	18.7
100					10	25
150					15	37.5
200					20	50
300					27	67.5
400					36	90
600					40	100
750					50	125
1000					63	158

（3）外形及安装尺寸。LZJC-10 型电流互感器外形及安装尺寸见图 16-117。

10. LZZQB6-10 型电流互感器

（1）外形图及型号含义。LZZQB6-10 型电流互感器外形见图 16-118。

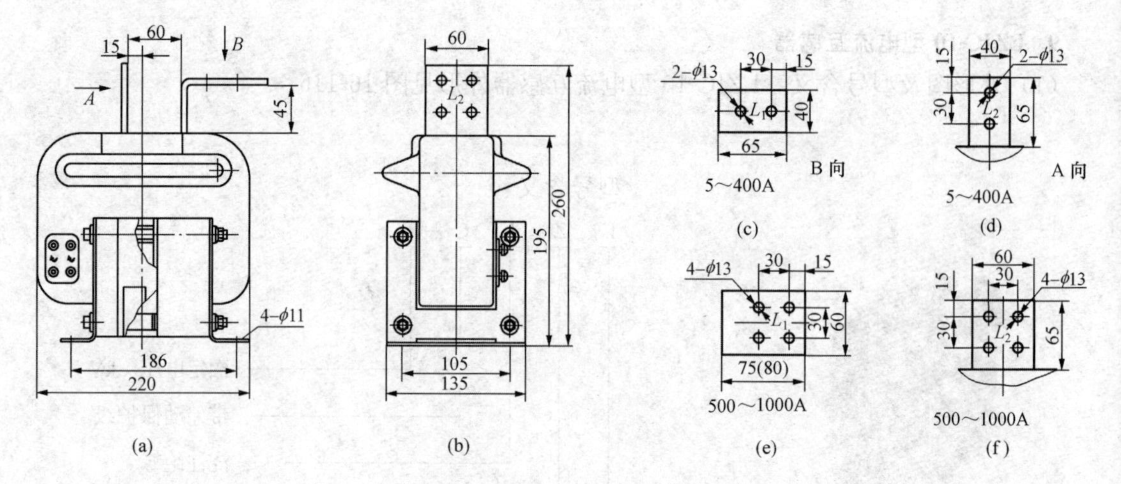

图 16-117　LZJC-10 型电流互感器外形及安装尺寸

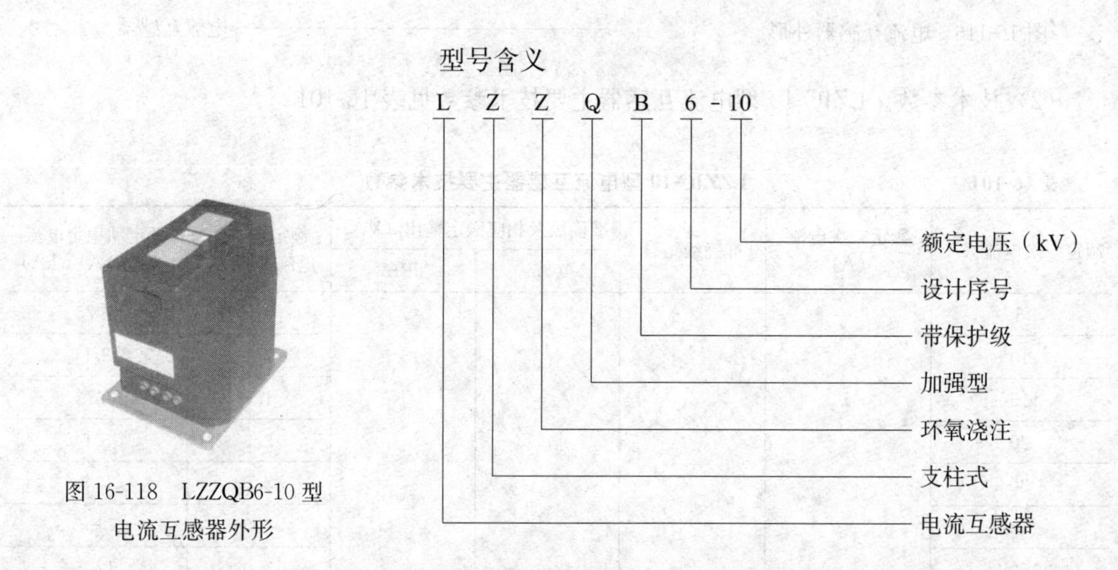

图 16-118　LZZQB6-10 型电流互感器外形

（2）主要技术参数。LZZQB6-10 型电流互感器主要技术参数见表 16-102。

表 16-102　　LZZQB6-10 型电流互感器主要技术参数

额定一次电流（A）	额定二次电流（A）	准确级组合	准确级及相应额定输出（VA）			短时热电流（kA/s）	额定动稳定电流（峰值 kA）（kA）
			0.2	0.5	5P15		
20	5 或 1	0.2/0.5 0.5/5P15 0.5/5P15	10	10	15	8	20
30						12.5	31.5
40						16	40
50						20	50
75						25	63
100				15	20	31.5	80
150、200、300						45	112.5
400、500				20	30		
600、750			15	30	40		
1000～1500						63	160

（3）外形及安装尺寸。LZZQB6-10 型电流互感器外形及安装尺寸见图 16-119。

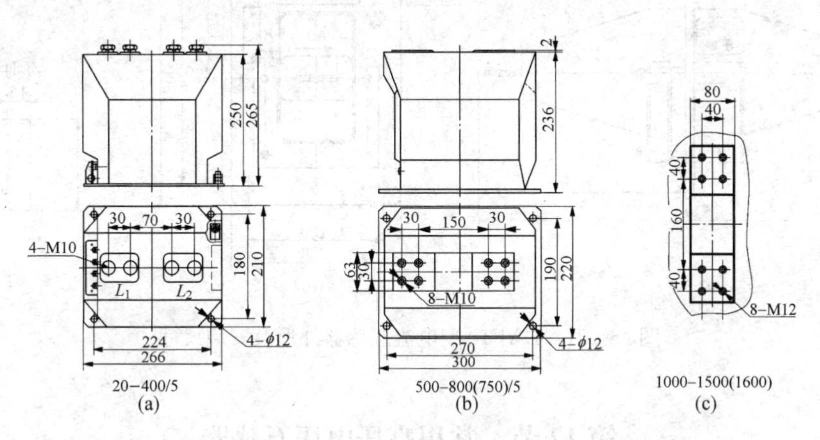

图 16-119　LZZQB6-10 型电流互感器外形及安装尺寸

11. LAJ-10 型电流互感器

（1）外形图及型号含义。LAJ-10 型电流互感器外形见图 16-120。

图 16-120　电流互感器外形

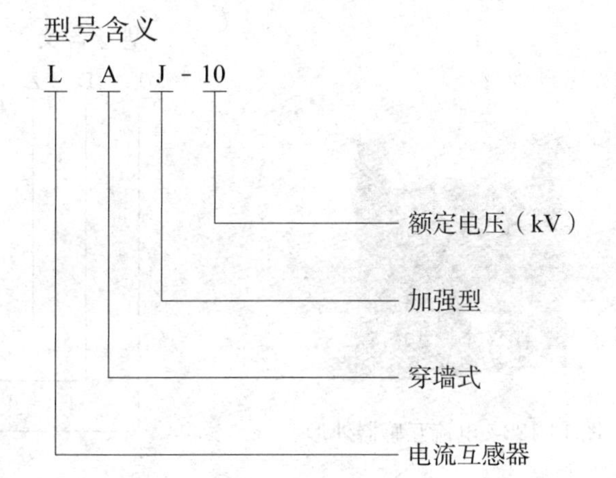

（2）主要技术参数。LAJ-10 型电流互感器主要技术参数见表 16-103。

表 16-103　　LAJ-10 型电流互感器主要技术参数

额定一次电流（A）	额定二次电流（A）	准确级组合	准确级及相应额定输出（VA）			短时热电流（kA/s）	额定动稳定电流（峰值 kA）
			0.2	0.5	10P15		
750	1 或 5	0.2/0.5 0.2/10P15 0.5/10P15	10	15	20	$60I_{1n}$	$150I_{1n}$
1000							
1250							

（3）外形及安装尺寸。LAJ-10 型电流互感器外形及安装尺寸见图 16-121。

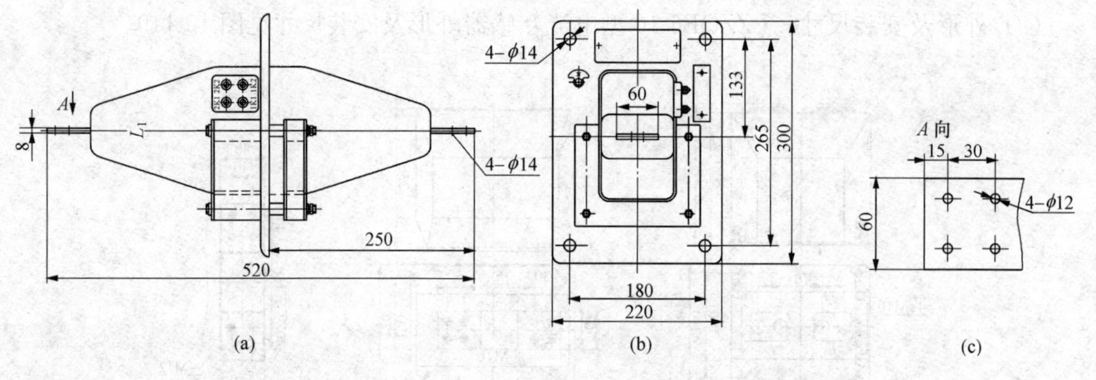

图 16-121 LAJ-10 型电流互感器外形及安装尺寸

第 12 节 常用高压电压互感器

1. JDZ9-35 型电压互感器

（1）外形图及型号含义。JDZ9-35 型电流互感器外形见图 16-122。

图 16-122 电流互感器外形

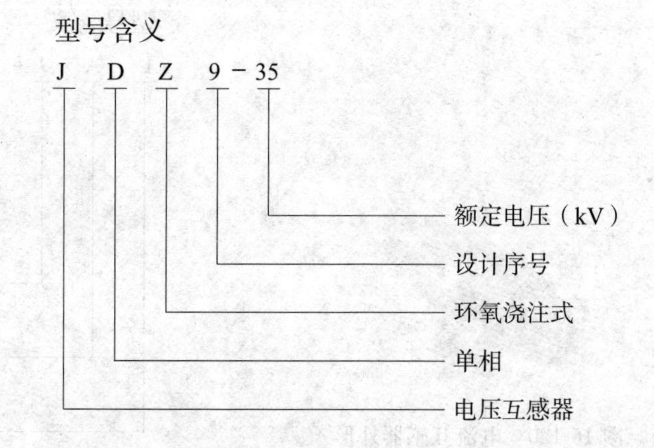

（2）主要技术参数。JDZ9-35 型电压互感器主要技术参数见表 16-104。

表 16-104 JDZ9-35 型电压互感器主要技术参数

<table>
<tr><th>型 号</th><th>额定电压比
(kV/kV)</th><th>准确级</th><th>额定输出
(VA)</th><th>极限输出
(VA)</th><th>额定绝缘水平
(kV)</th><th>额定频率
(Hz)</th></tr>
<tr><td rowspan="3">JDZ9-27.5</td><td rowspan="3">27.5/0.1
27.5/0.1/0.1</td><td>0.2</td><td>60</td><td rowspan="2">800</td><td rowspan="3">31.5/80/185</td><td rowspan="6">50/60</td></tr>
<tr><td>0.5</td><td>120</td></tr>
<tr><td>0.2/0.5</td><td>30/60</td><td>400</td></tr>
<tr><td rowspan="3">JDZ9-35</td><td rowspan="3">35/0.1
35/0.1/0.1</td><td>0.2</td><td>60</td><td rowspan="2">800</td><td rowspan="3">40.5/95/200</td></tr>
<tr><td>0.5</td><td>120</td></tr>
<tr><td>0.2/0.5</td><td>30/60</td><td>400</td></tr>
</table>

（3）外形及安装尺寸。JDZ9-35 型电压互感器外形及安装尺寸见图 16-123。

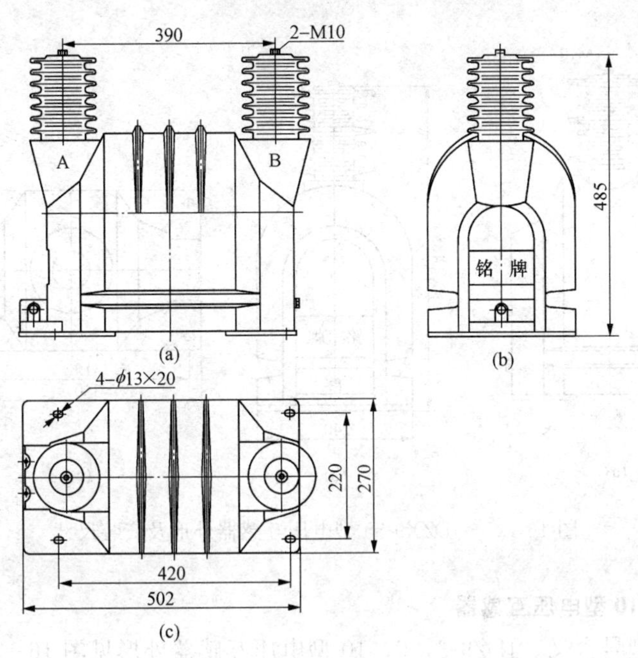

图 16-123　JDZ9-35 型电压互感器外形及安装尺寸

2. JDZX9-35 型电压互感器

（1）外形图及型号含义。JDZX9-35 型电压互感器外形见图 16-124。

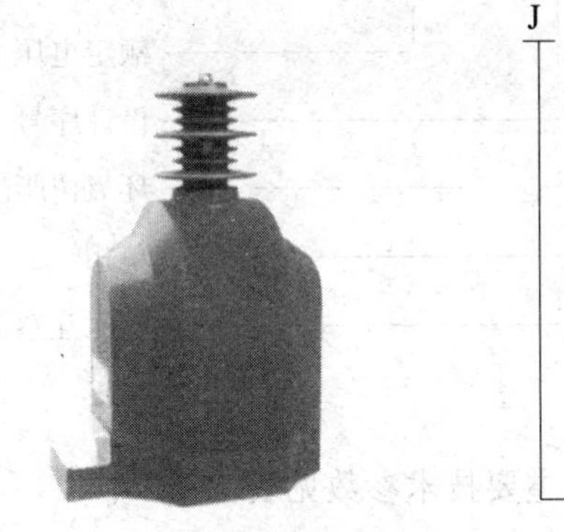

型号含义

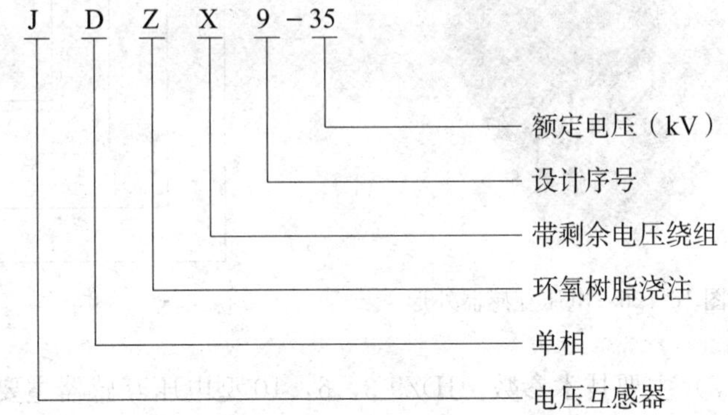

图 16-124　电压互感器外形

（2）主要技术参数。JDZX9-35 型电压互感器主要技术参数见表 16-105。

表 16-105　　JDZX9-35 型电压互感器主要技术参数

<table>
<tr><th rowspan="2">型　号</th><th rowspan="2">额定电压比
(kV/kV)</th><th colspan="3">准确级及相应额定输出</th><th rowspan="2">极限输出
(VA)</th><th rowspan="2">剩余绕组准确及
额定输出（VA）</th><th rowspan="2">额定绝缘水平
(kV)</th><th rowspan="2">额定频率
(Hz)</th></tr>
<tr><th>0.2</th><th>0.5</th><th>1.0</th></tr>
<tr><td>JDZX-27.5</td><td>$\frac{27.5}{\sqrt{3}}\Big/\frac{0.1}{\sqrt{3}}\Big/\frac{0.1}{3}$</td><td rowspan="2">30</td><td rowspan="2">50</td><td rowspan="2">180</td><td rowspan="2">600</td><td>6P</td><td>31.5/80/180</td><td rowspan="2">50/60</td></tr>
<tr><td>JDZX-35</td><td>$\frac{35}{\sqrt{3}}\Big/\frac{0.1}{\sqrt{3}}\Big/\frac{0.1}{3}$</td><td>100</td><td>40.5/95/200</td></tr>
</table>

(3) 外形及安装尺寸。JDZX9-35 型电压互感器外形及安装尺寸见图 16-125。

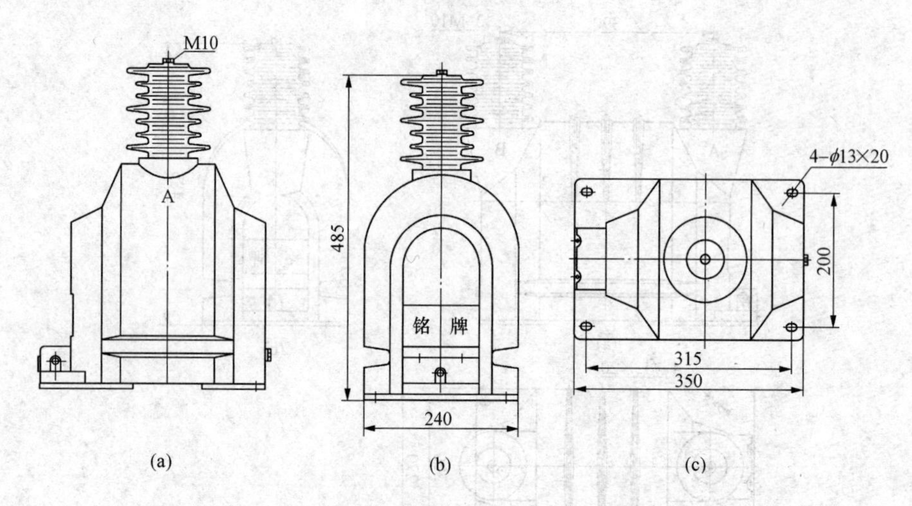

图 16-125 JDZX9-35 型电压互感器外形及安装尺寸

3. JDZ9-3，6，10 型电压互感器

(1) 外形图及型号含义。JDZ9-3，6，10 型电压互感器外形见图 16-126。

图 16-126 电压互感器外形

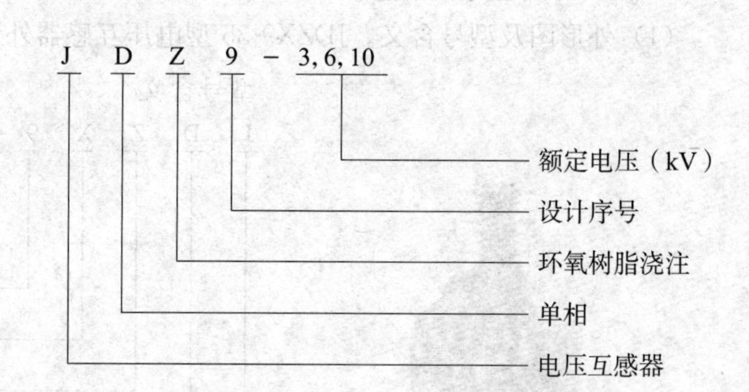

(2) 主要技术参数。JDZ9-3，6，10 型电压互感器主要技术参数见表 16-106。

表 16-106 **JDZ9-3，6，10 型电压互感器主要技术参数**

产品型号	额定电压比 (kV/kV)	准确级及相应额定输出（VA）			极限输出（VA）	额定绝缘水平 (kV)	备 注
		0.2	0.5	1.0			
JDZ9-3	3000/100	40	120	240	500	3.6/25/40	类同 VKV
JDZ9-6	6000/100					7.2/32/60	
JDZ9-10	10 000/100					12/42/75	

（3）外形及安装尺寸。JDZ9-3，6，10型电压器外形及安装尺寸见图16-127。

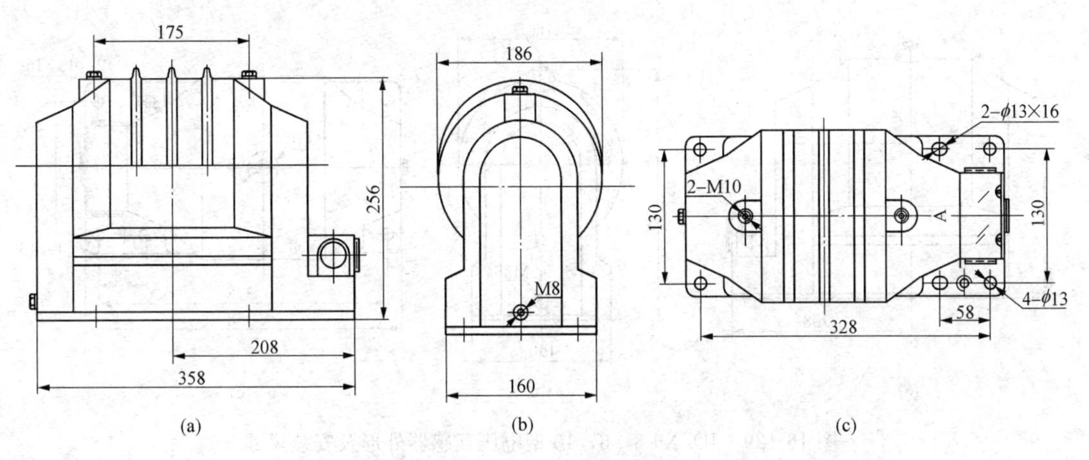

图16-127　JDZ9-3，6，10型电压互感器外形及安装尺寸

4. JDZX9-3，6，10型电压互感器

（1）外形图及型号含义。JDZX9-3，6，10型电压互感器外形见图16-128。

图16-128　JDZX9-3，6，10型电压互感器外形

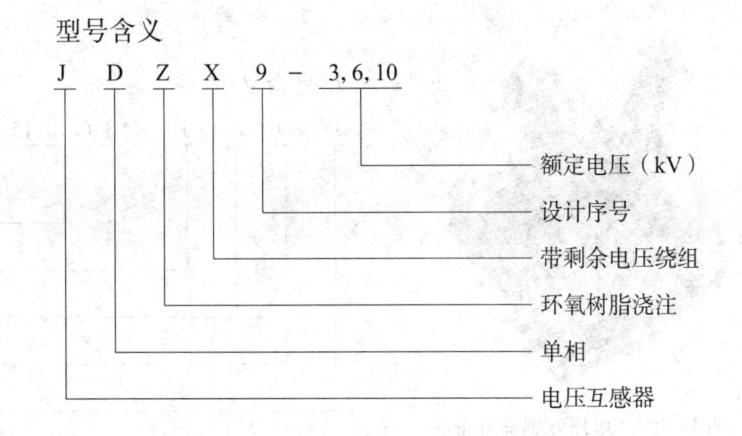

（2）主要技术参数。JDZX9-3，6，10型电压互感器主要技术参数见表16-107。

表16-107　JDZX9-3，6，10型电压互感器主要技术参数

产品型号	额定电压比（kV/kV）	准确级及相应额定输出（VA）			极限输出（VA）	额定绝缘水平（kV）	备　注
		0.2	0.5	6P			
JDZX9-3	$3000/\sqrt{3}/100/\sqrt{3}/100/3$	30	90	100	400	3.6/25/40	VK1
JDZX9-6	$6000/\sqrt{3}/100/\sqrt{3}/100/3$					7.2/32/60	
JDZX9-10	$10\,000/\sqrt{3}/100/\sqrt{3}/100/3$					12/42/75	

（3）外形及安装尺寸。JDZX9-3，6，10 型电压互感器外形及安装尺寸见图 16-129。

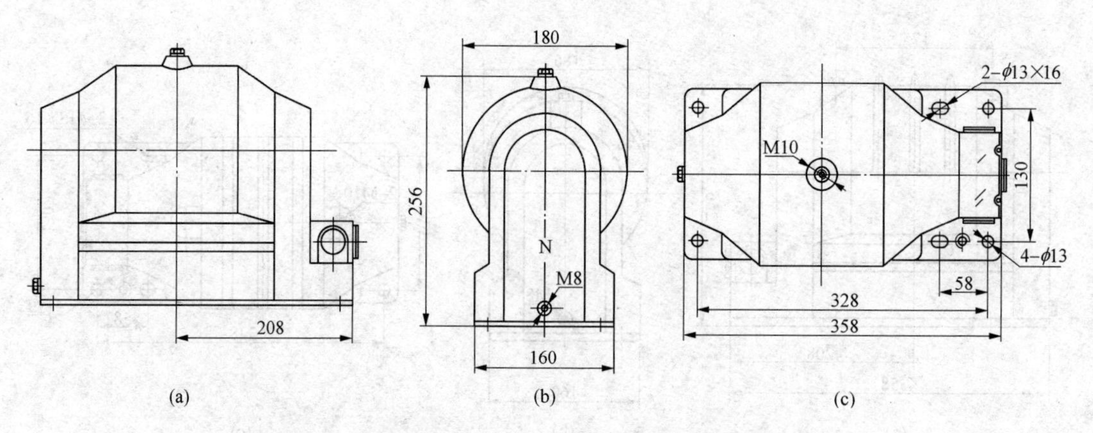

图 16-129　JDZX9-3，6，10 型电压互感器外形及安装尺寸

注：一次接地端子 N 也可放在上面（全绝缘）；型号为 JDZX9-3C，6C，10C；外形及安装尺寸同 JDZ9-3，6，10

5. JDZ（J）-3，6，10，15 型电压互感器

（1）外形图及型号含义。JDZ（J）-3，6，10，15 型电压互感器外形见图 16-130。

图 16-130　电压互感器外形

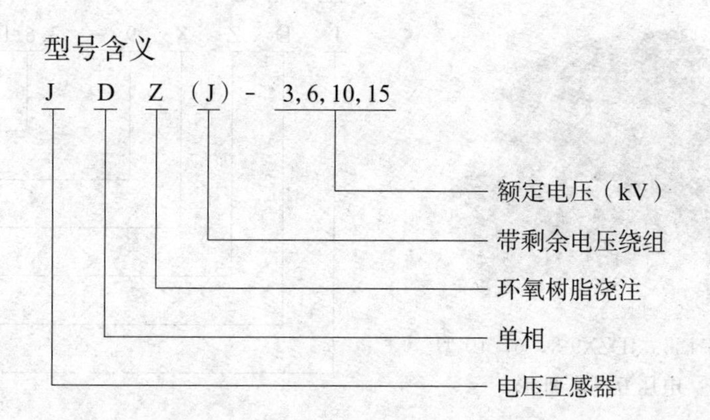

（2）主要技术参数。JDZ（J）-3，6，10，15 型电压互感器主要技术参数见表 16-108。

表 16-108　JDZ（J）-3，6，10，15 型电压互感器主要技术参数

产品型号	额定电压比（kV/kV）	额定频率（Hz）	额定输出（VA）				热极限输出（VA）	绝缘水平（kV）
			0.2	0.5	1.0	6P		
JDZ-6	3000/100	50 或 60		30	50		200	3.6/25/40
JDZ-6GY（Q）	6000/100		20	50	80		300	7.2/32/60
JDZ-10	10 000/100，10 000/200		30	80	120		500	12/42/75
JDZ-10GY（Q）	11 000/100							13.2/42/75

续表

产品型号	额定电压比（kV/kV）	额定频率（Hz）	额定输出（VA）				热极限输出（VA）	绝缘水平（kV）
			0.2	0.5	1.0	6P		
JDZ-15	13 800/100	50或60	30	80	120		500	16/45/105
	15 000/100							17.5/45/105
JDZJ-6	3000/$\sqrt{3}$/100/$\sqrt{3}$/100/3		15	30	50	40	200	3.6/25/40
JDZJ-6GY(Q)	6000/$\sqrt{3}$/100/$\sqrt{3}$/100/3							7.2/32/60
JDZJ-10	10 000/$\sqrt{3}$/100/$\sqrt{3}$/100/3		15	40	60	50	300	12/42/75
JDZJ-10GY(Q)	11 000/$\sqrt{3}$/100/$\sqrt{3}$/100/3							13.2/42/75
JDZJ-15	13 800/$\sqrt{3}$/100/$\sqrt{3}$/100/3		15	40	60	50	300	16/45/105
	15 000/$\sqrt{3}$/100/$\sqrt{3}$/100/3							17.5/45/105

（3）外形及安装尺寸。JDZ（J）-3，6，10，15型电压互感器外形及安装尺寸见图16-131。

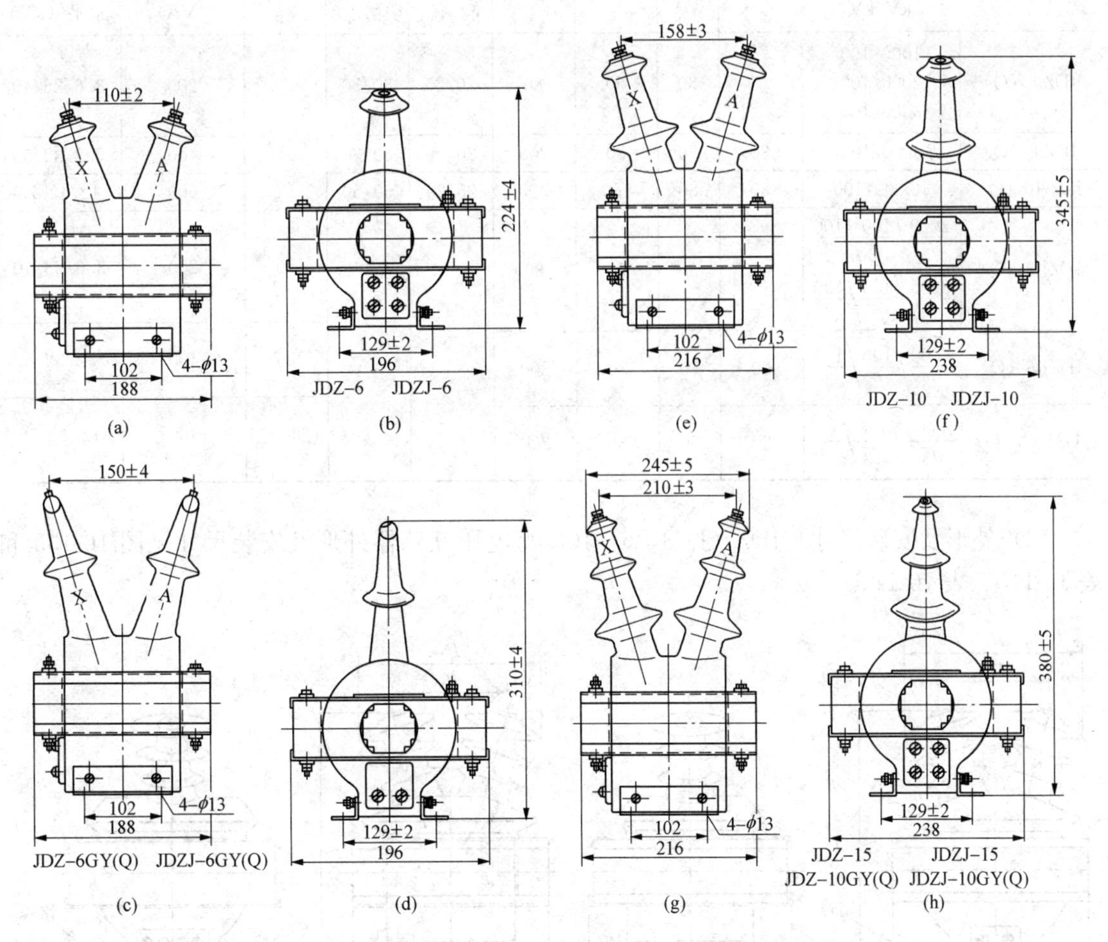

图16-131 JDZ（J）-3，6，10，15型电压互感器外形及安装尺寸

6. JDZ（J）-3，6，10Q型电压互感器

（1）外形图及型号含义。电压互感器外形见图16-132。

（2）主要技术参数。JDZ（J）-3，6，10Q型电压互感器主要技术参数见表16-109。

图 16-132　电压互感器外形

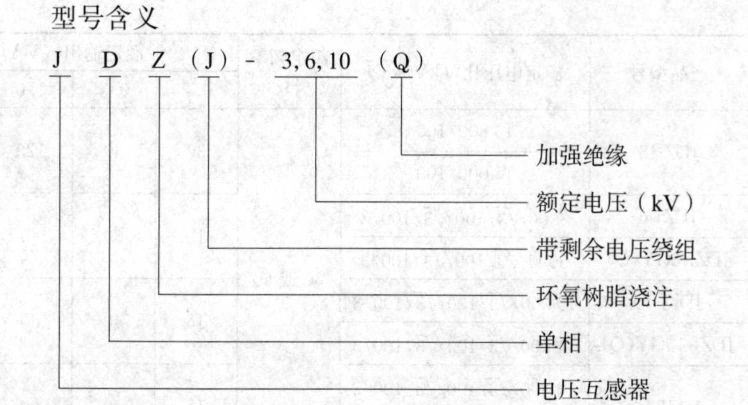

表 16-109　　JDZ (J)-3，6，10Q 型电压互感器主要技术参数

型　号	额定电压比（kV/kV）	额定二次输出（VA）							极限输出（VA）	额定绝缘水平（kV）
		0.2	0.5	1	3	0.2/0.2	0.5/0.5	6P		
JDZ-3（Q）	1000/100 2000/100 3000/100		30	50	80	20/20	30/30		200	3.6/25/40
JDZ-6（Q）	6000/100	30	50	80	200	20/20	30/30		400	7.2/32/60
JDZ-10（Q）	10 000/100	30	80	150	300	25/25	50/50		500	12/42/75
JDZJ-3（Q）	$\frac{2000}{\sqrt{3}}\Big/\frac{100}{\sqrt{3}}\Big/\frac{100}{3}$ $\frac{3000}{\sqrt{3}}\Big/\frac{100}{\sqrt{3}}\Big/\frac{100}{3}$		30	50	80			50	200	3.6/23/40
JDZJ-6（Q）	$\frac{6000}{\sqrt{3}}\Big/\frac{100}{\sqrt{3}}\Big/\frac{100}{3}$	20	50	80	200			50	400	7.2/32/60
JDZJ-10（Q）	$\frac{10000}{\sqrt{3}}\Big/\frac{100}{\sqrt{3}}\Big/\frac{100}{3}$	20	50	80	200			50	400	12/42/75

（3）外形及安装尺寸。JDZ（J）-3，6，10Q 型电压互感器外形及安装尺寸见图 16-133 和表 16-110、表 16-111。

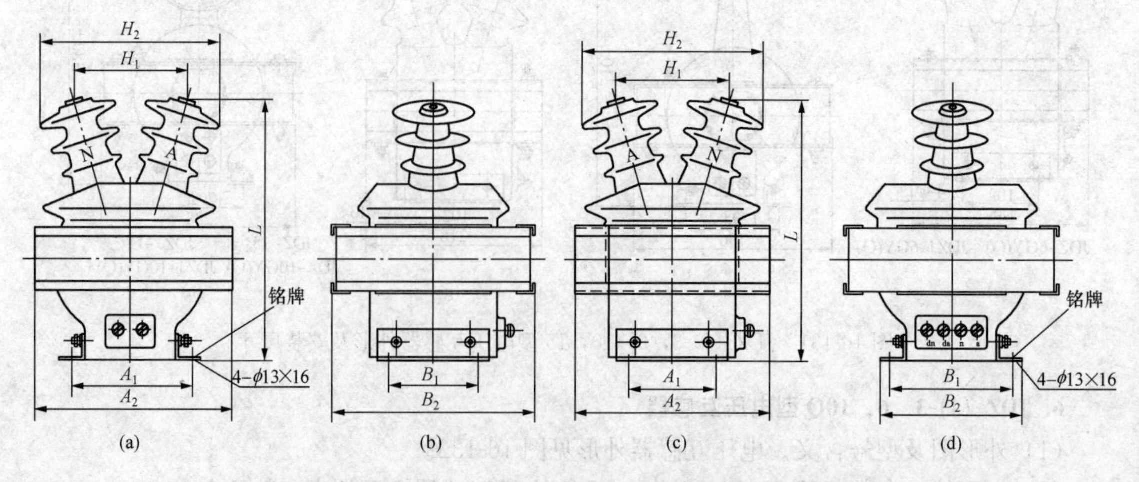

图 16-133　JDZ（J）-3，6，10Q 型电压互感器外形及安装尺寸

表 16-110 JDZ-3，6，10（Q）型安装尺寸

型 号	H_1	H_2	L	A_1	A_2	B_1	B_2
JDZ-10（Q）	180	250	315	170	230	90	206
JDZ-3，6（Q）	160	215	285	168	216	90	192

表 16-111 JDZJ-3，6，10（Q）型安装尺寸

型 号	H_1	H_2	L	A_1	A_2	B_1	B_2
JDZJ-10（Q）	180	250	315	90	206	170	230
JDZJ-3，6（Q）	160	215	285	90	192	168	216

7. JDZ12-6，10（同 RZL10）型电压互感器

（1）外形图及型号含义。JDZ12-6，10 型电压互感器外形见图 16-134。

图 16-134 电压互感器外形

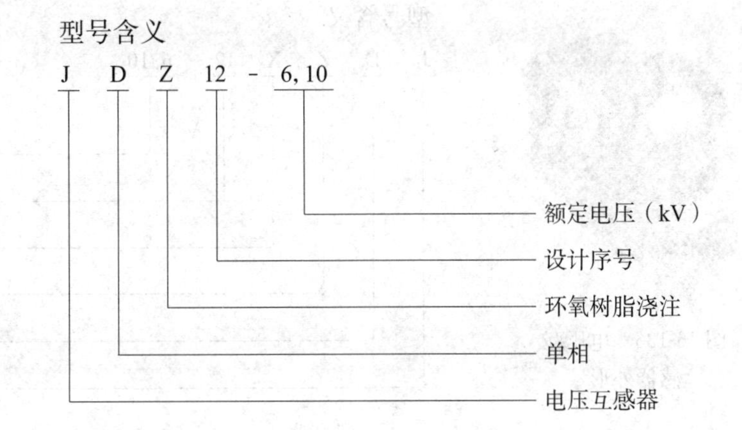

（2）主要技术参数。JDZ12-6，10（同 RZL10）型电压互感器主要技术参数见表 16-112。

表 16-112 JDZ12-6，10（同 RZL10）型电压互感器主要技术参数

型 号	额定电压比（kV/kV）	准确级	额定输出（VA）	极限输出（VA）	额定绝缘水平（kV）	额定频率（Hz）
JDZ12-6	6/0.1	0.2	15	200	7.2/32/60	50/60
		0.5	30			
		1.0	60			
JDZ12-10	10/0.1	0.2	15	200	12/42/75	50/60
		0.5	30			
		1.0	60			

（3）外形及安装尺寸。JDZ12-6，10（同 RZL10）型电压互感器外形及安装尺寸见图 16-135。

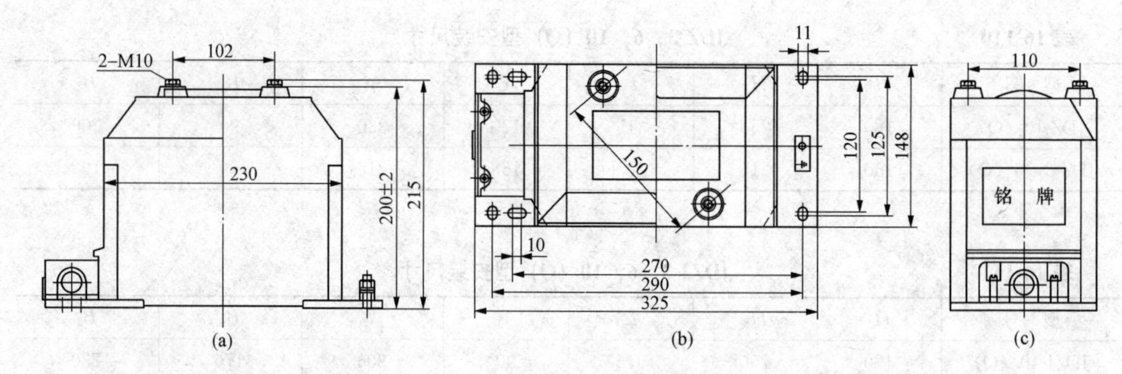

图 16-135　JDZ12-6，10（同 RZL10）型电压互感器外形及安装尺寸

8. JDZX-6，10（同 REL10）型电压互感器

（1）外形图及型号含义。电压互感器外形见图 16-136。

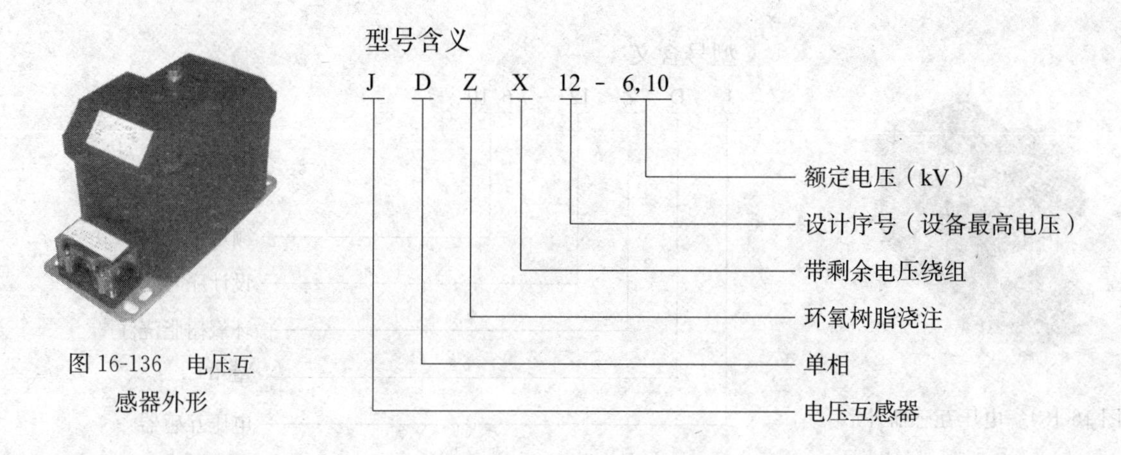

图 16-136　电压互感器外形

（2）主要技术参数。JDZX-6，10（同 REL10）型电压互感器主要技术参数见表 16-113。

表 16-113　JDZX-6，10（同 REL10）型电压互感器主要技术参数

型　号	额定电压比（kV/kV）	准确级（VA）	额定输出（VA）	极限输出（VA）	额定绝缘水平（kV）	额定频率（Hz）
JDZX12-6	$\frac{6}{\sqrt{3}}\Big/\frac{0.1}{\sqrt{3}}\Big/\frac{0.1}{3}$	0.2	15	200	7.2/32/60	50/60
		0.5	30			
		5P	50			
JDZX12-10	$\frac{10}{\sqrt{3}}\Big/\frac{0.1}{\sqrt{3}}\Big/\frac{0.1}{3}$	0.2	15	200	12/42/75	50/60
		0.5	30			
		6P	50			

（3）外形及安装尺寸。JDZX-6，10（同 REL10）型电压互感器外形及安装尺寸见图 16-137。

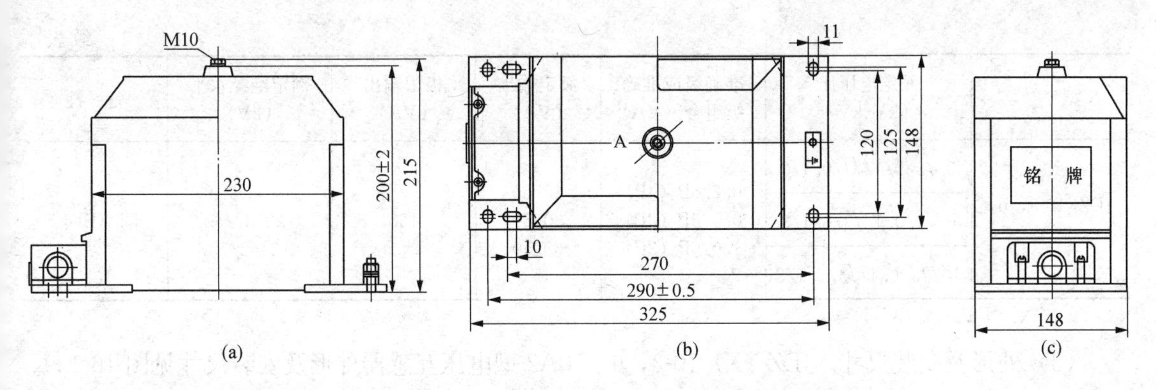

图 16-137 JDZX-6，10（同 REL10）电压互感器外形及安装尺寸

9. JDZ（X）10-3，6，10A2 型电压互感器

（1）外形图及型号含义。JDZ（X）10-3，6，10A2 型电压互感器外形见图 16-138。

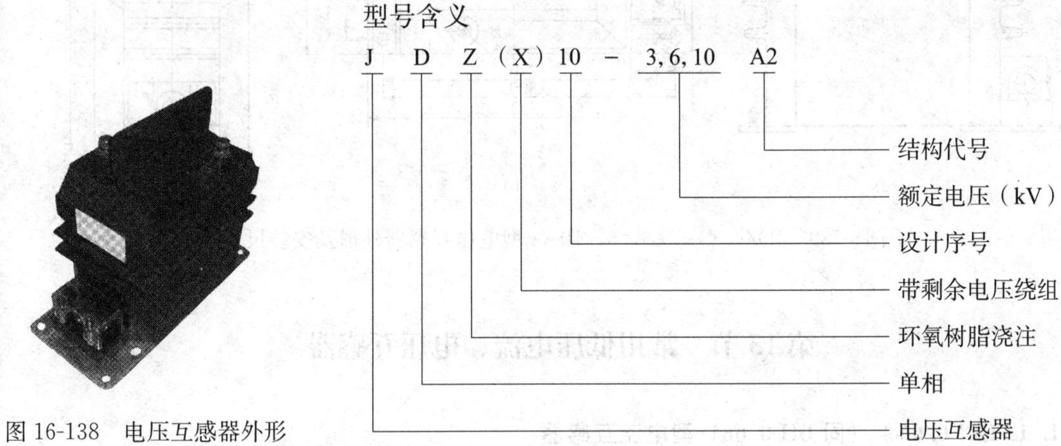

图 16-138 电压互感器外形

（2）主要技术参数。JDZ（X）10-3，6，10A2 型电压互感器主要技术参数见表 16-114。

表 16-114 JDZ（X）10-3，6，10A2 型电压互感器主要技术参数

<table>
<tr><th>型 号</th><th>额定电压比
(kV/kV)</th><th>准确级或准确
级组合（VA）</th><th>额定输出
（VA）</th><th>极限输出
（VA）</th><th>额定绝缘水平
（kV）</th><th>备 注</th></tr>
<tr><td rowspan="6">JDZ10-3，6，
10A2</td><td>3/0.1</td><td>0.2</td><td rowspan="3">15
30
60</td><td rowspan="3">150</td><td rowspan="3">3.6/25/40
7.2/32/60
12/42/75</td><td rowspan="6">同 AZL10</td></tr>
<tr><td>6/0.1</td><td>0.5</td></tr>
<tr><td>10/0.1</td><td>1.0</td></tr>
<tr><td>3/0.1/0.1</td><td>0.2/0.2</td><td rowspan="3">10/10
10/15
15/15</td><td rowspan="3">150</td><td rowspan="3">3.6/25/40
7.2/32/60
12/42/75</td></tr>
<tr><td>6/0.1/0.1</td><td>0.2/0.5</td></tr>
<tr><td>10/0.1/0.1</td><td>0.5/0.5</td></tr>
</table>

续表

型　号	额定电压比（kV/kV）	准确级或准确级组合（VA）	额定输出（VA）	极限输出（VA）	额定绝缘水平（kV）	备　注
JDZX10-3，6，10A2	$3/\sqrt{3}/0.1/\sqrt{3}/0.1/3$	0.2/6P（3P）	15/50	150	3.6/25/40	同 AEL10
	$6/\sqrt{3}/0.1/\sqrt{3}/0.1/3$	0.5/6P（3P）	30/50		7.2/32/60	
	$10/\sqrt{3}/0.1/\sqrt{3}/0.1/3$	1.0/6P（3P）	60/50		12/42/75	

（3）外形及安装尺寸。JDZ（X）10-3，6，10A2 型电压互感器外形及安装尺寸见图 16-139。

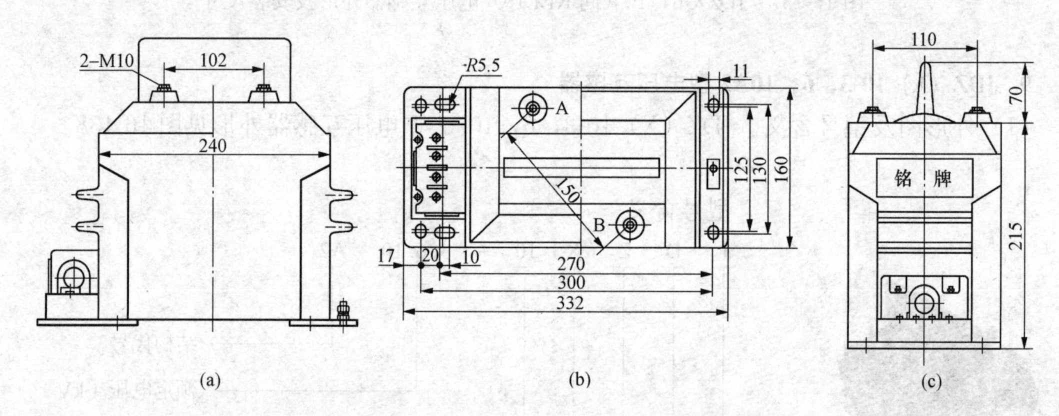

图 16-139　JDZ（X）10-3，6，10A2 型电压互感器外形及安装尺寸

第 13 节　常用低压电流、电压互感器

1. LMK8-0.66Ⅰ（同 BH-0.66）型电流互感器

（1）外形图及型号含义。LMK8-0.6Ⅰ型电流互感器外形见图 16-140。

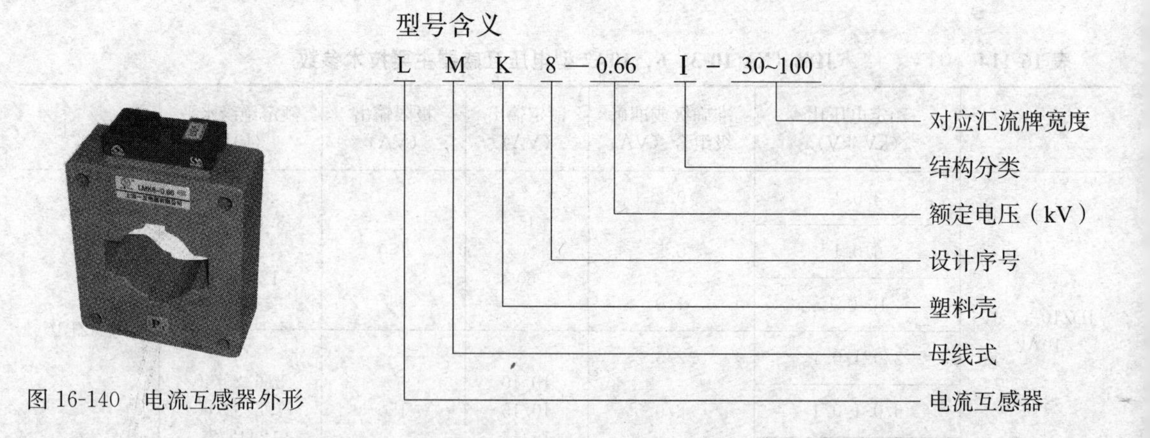

图 16-140　电流互感器外形

（2）主要技术参数。LMK8-0.66Ⅰ（同 BH-0.66）型电流互感器主要技术参数见表 16-115。

表 16-115　　　LMK8-0.66Ⅰ（同 BH-0.66）型电流互感器主要技术参数

型　号	额定电流比（A/A）	汇流排		额定负载（VA）	准确级	穿心匝数	窗口尺寸（mm）
		截面积（mm^2）	根数				
LMK8-0.66Ⅰ-30	15/5　15/1	—	—	2.5	1	5	图 16-139 图（a）
	20/5　20/1					4	
	25　30/5　25　30/1					3	
	40～60/5　40～60/1					2	
	75　100/5　40　100/1	30×10	1			1	
	150/5　150/1				0.5		
	200～300/5　200～300/1			5			
LMK8-0.66Ⅰ-40	15/5　15/1	—	—	2.5	1	5	图 16-139 图（b）
	20/5　20/1					4	
	25　30/5　20　30/1					3	
	40～60/5　40～60/1					2	
	75　100/5　75　100/1	40×10	1			1	
	150/5　150/1				0.5		
	200～400/5　200～400/1			5			
	500～800/5　500～800/1			10			
LMK8-0.66Ⅰ-60	150/5　150/1	60×10　60×6	1　1-2	2.5	0.5	1	图 16-139 图（c）
	200～400/5　200～400/1			5			
	500～800/5　500～800/1			10			
	1000/5　1000/1			15	0.2		
	1200　1500/5　1200　1500/1			20			
	2000/5　2000/1			40			
LMK8-0.66Ⅰ-80	300　400/5　300　400/1	80×10　60×10	1　1-2	5	0.5	1	图 16-139 图（d）
	500～800/5　500～800/1			10			
	1000/5　1000/1			15	0.2		
	1200，1500/5，1200.1500/1			20			
	2000～2500/5，2000～2500/1			40			
LMK8-0.66Ⅰ-100	600～800/5　600～800/1	100×10　80×10	1　1-2	10	0.5	1	图 16-139 图（d）
	1000/5　1000/1			15	0.2		
	1200，1500/5，1200，1500/1			20			
	2000～3000/5，2000～3000/1			40			

（3）外形及安装尺寸。LMK8-0.66Ⅰ（同 BH-0.66）型电流互感器外形及安装尺寸见图 16-141和表 16-116、表 16-117。

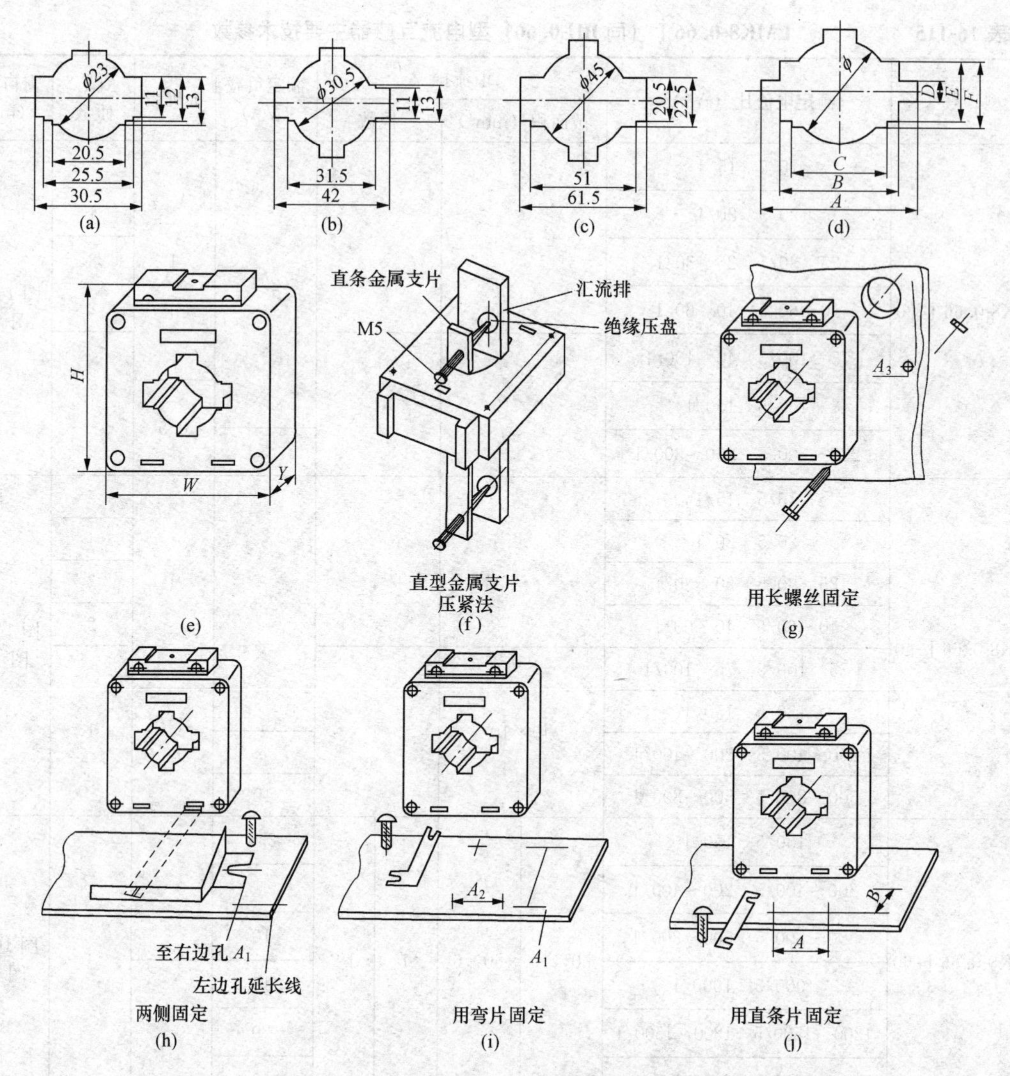

图 16-141　LMK8-0.66Ⅰ（同 BH-0.66）型电流互感器外形及安装尺寸

表 16-116　　　　电流互感器安装尺寸

图 D 型号	φ	A	B	C	D	E	F
LMK8-0.66Ⅰ-80	52	81.5	61.5	42	10.4	31	37
LMK8-0.66Ⅰ-100	62	101.5	81.5	60.5	10.4	32	37

表 16-117　　　　电流互感器安装尺寸

型　号	H	W	Y
LMK8-0.66Ⅰ-30	78	59	30
LMK8-0.66Ⅰ-40	97	75	44
LMK8-0.66Ⅰ-60	126	102	46
LMK8-0.66Ⅰ-80	138	118	45
LMK8-0.66Ⅰ-100	154	145	45

2. LMK8-0.66Ⅱ（同BH-0.66）型电流互感器

（1）外形图及型号含义。LMK8-0.66Ⅱ型电流互感器外形见图16-142。

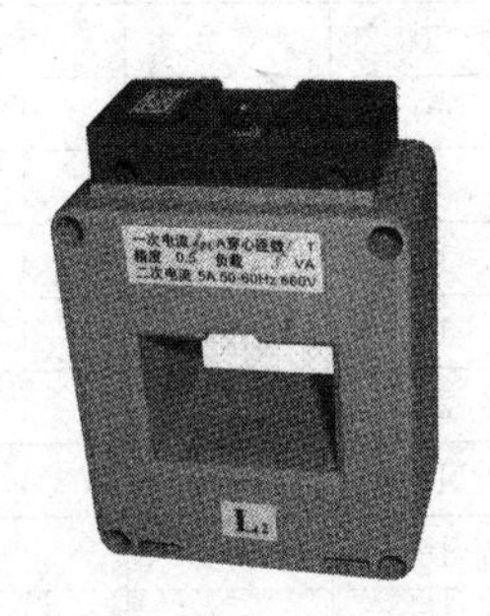

图16-142　电流互感器外形

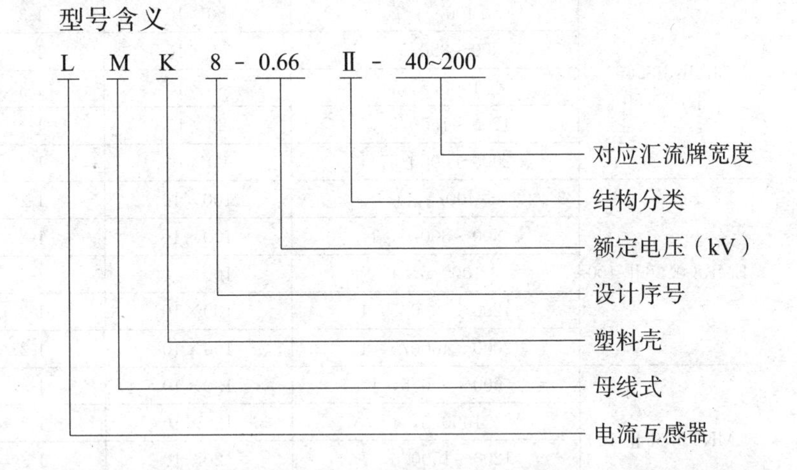

（2）主要技术参数。LMK8-0.66Ⅱ（同BH-0.66）型电流互感器主要技术参数见表16-118。

表16-118　LMK8-0.66Ⅱ（同BH-0.66）型电流互感器主要技术参数

型　号	额定电流比（A/A）	汇流排		额定负载（VA）	精度等级	穿心匝数
		截面尺寸	根数			
LMK8-0.66Ⅱ-40	150/5，1	40×10	1-2	2.5	0.5	1
	200～400/5，1	40×10	1-2	5	0.5	1
	500～800/5，1	40×10	1-2	10	0.5	1
	1000/5，1	40×10	1-2	15	0.2	1
	1200～1600/5，1	40×10	1-2	20	0.2	1
LMK8-0.66Ⅱ-50	150/5，1	50×10	1-2	2.5	0.5	1
	200～400/5，1	50×10	1-2	5	0.5	1
	500～800/5，1	50×10	1-2	10	0.5	1
	1000/5，1	50×10	1-2	15	0.2	1
	1200～1500/5，1	50×10	1-2	20	0.2	1
	2000/5，1	50×10	1-2	40	0.2	1
LMK8-0.66Ⅱ-60	150/5，1	60×10	1-2	2.5	0.5	1
	200～400/5，1	60×10	1-2	5	0.5	1
	500～800/5，1	60×10	1-2	10	0.5	1
	1000/5，1	60×10	1-2	15	0.2	1
	1200～1500/5，1	60×10	1-2	20	0.2	1
	2000/5，1	60×10	1-2	40	0.2	1
LMK8-0.66Ⅱ-80	300～400/5，1	80×10	1-2	5	0.5	1
	500～800/5，1	80×10	1-2	10	0.5	1
	1000/5，1	80×10	1-2	15	0.2	1
	1200～1500/5，1	80×10	1-2	20	0.2	1
	2000～2500/5，1	80×10	1-2	40	0.2	1

续表

型　号	额定电流比（A/A）	汇流排		额定负载（VA）	精度等级	穿心匝数
		截面尺寸	根数			
LMK8-0.66 Ⅱ-80×50	400/5，1	80×10	1-3	5	0.5	1
	500～800/5，1	80×10	1-3	10	0.5	1
	1000/5，1	80×10	1-3	15	0.5	1
	1200～1500/5，1	80×10	1-3	20	0.2	1
	2000～3000/5，1	80×10	1-3	40	0.2	1
LMK8-0.66Ⅱ-100	400/5，1	100×10	1-2	5	0.5	1
	500～800/5，1	100×10	1-2	10	0.5	1
	1000/5，1	100×10	1-2	15	0.2	1
	1200～1500/5，1	100×10	1-2	20	0.2	1
	2000～4000/5，1	100×10	1-2	40	0.2	1
LMK8-0.66Ⅱ-120	600～800/5，1	120×10	1-3	10	0.5	1
	1000/5，1	120×10	1-3	15	0.2	1
	1200～1500/5，1	120×10	1-3	20	0.2	1
	2000～5000/5，1	120×10	1-3	40	0.2	1
LMK8-0.66Ⅱ-180	600～800/5，1	80×10　180×10	4　1-2	10	0.5	1
	1000/5，1	80×10　180×10	4　1-2	15	0.2	1
	1200～1500/5，1	80×10　180×10	4　1-2	20	0.2	1
	2000～5000/5，1	80×10　180×10	4　1-2	40	0.2	1
LMK8-0.66Ⅱ-200	600～800/5，1	100×10　200×10	4　1-2	10	0.5	1
	1000/5，1	100×10　200×10	4　1-2	15	0.2	1
	1200～1500/5，1	100×10　200×10	4　1-2	20	0.2	1
	2000～5000/5，1	100×10　200×10	4　1-2	40	0.2	1

（3）外形及安装尺寸。LMK8-0.66Ⅱ（同 BH-0.66）型电流互感器外形及安装尺寸见图 16-143和表 16-119、表 16-120。

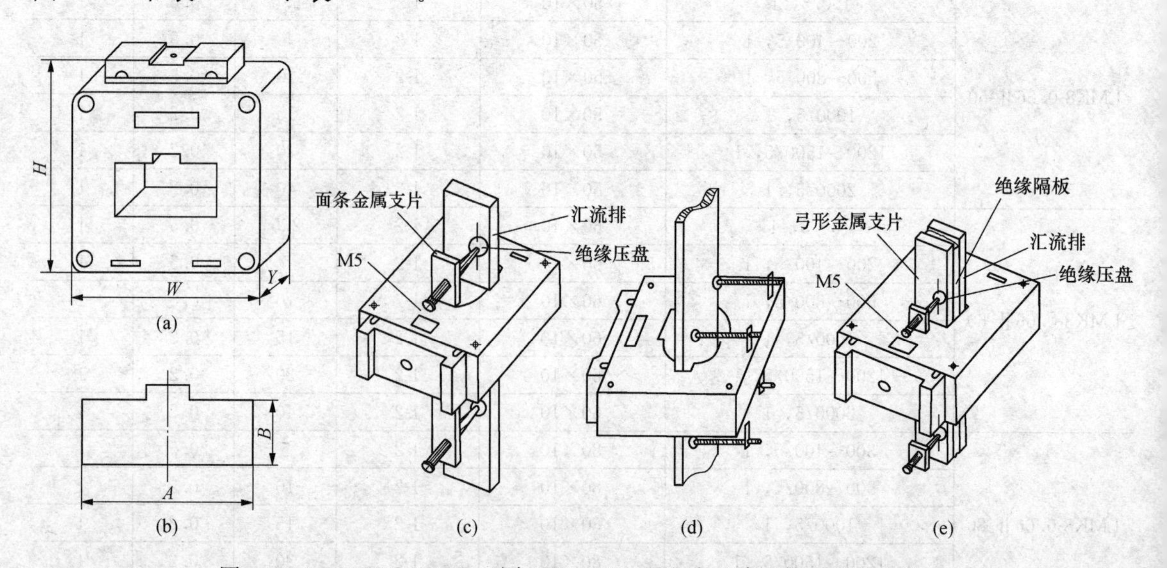

图 16-143　LMK8-0.66Ⅱ（同 BH-0.66）型电流互感器外形及安装尺寸

(a) 安装尺寸图（一）；(b) 安装尺寸图（二）；(c) 直形金属支片压紧法；(d) 二直形金属支片压紧法；(e) 弓形金属支片压紧法

表 16-119　　外 形 安 装 尺 寸

型　号	*A*	*B*
LMK8-066Ⅱ-40	42	31
LMK8-0.66Ⅱ-50	52	31
LMK8-0.66Ⅱ-60	62	32
LMK8-0.66Ⅱ-80	82	32
LMK8-0.66Ⅱ-80×50	82	52
LMK8-0.66Ⅱ-100	102	32
LMK8-0.66Ⅱ-120	122	53
LMK8-0.66Ⅱ-180	182	34
LMK8-0.66Ⅱ-200	204	35

表 16-120　　外 形 安 装 尺 寸

型　号	*H*	*W*	*Y*
LMK8-0.66Ⅱ-40	103	75	45
LMK8-0.66Ⅱ-50	103	87	45
LMK8-0.66Ⅱ-60	112	99	45
LMK8-0.66Ⅱ-80	119	118	45
LMK8-0.66Ⅱ-80X50	141	120	46
LMK8-0.66Ⅱ-100	127	140	48
LMK8-0.66Ⅱ-120	151	167	48
LMK8-0.66Ⅱ-180	115	228	50
LMK8-0.66Ⅱ-200	133	244	50

3. LMZ（J）1-0.5 型电流互感器

（1）外形图及型号含义。LMZ（J）1-0.5 型电流互感器外形见图 16-144。

图 16-144　LMZ（J）1-0.5 型电流互感器外形

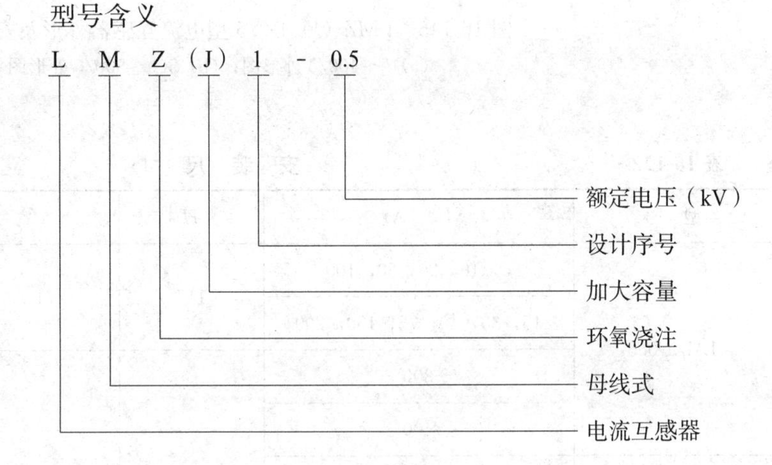

（2）主要技术参数。LMZ（J）1-0.5 型电流互感器主要技术参数见表 16-121。

表 16-121　　LMZ（J）1-0.5 型电流互感器主要技术参数

<table>
<tr><th rowspan="2">型　号</th><th rowspan="2">额定一次电流（A）</th><th rowspan="2">额定安匝数</th><th rowspan="2">穿心匝数</th><th colspan="4">准确级及相应额定输出（VA）</th></tr>
<tr><th>0.2</th><th>0.5</th><th>1.0</th><th>10P6</th></tr>
<tr><td rowspan="5">LMZ1-0.5</td><td>5，10，20，50，100</td><td>100</td><td>1～20</td><td></td><td rowspan="5">5</td><td rowspan="5">7.5</td><td rowspan="10"></td></tr>
<tr><td>15，30，75，150</td><td>150</td><td>1～10</td><td rowspan="6">5</td></tr>
<tr><td>40，200</td><td>200</td><td>1～5</td></tr>
<tr><td>300</td><td>300</td><td>1</td></tr>
<tr><td>400</td><td>400</td><td>1</td></tr>
<tr><td rowspan="6">LMZJ1-0.5</td><td>5，10，15，20，30，40，50，75，100，150，200，300</td><td>300</td><td>1～60</td><td rowspan="5">10</td><td rowspan="5">15</td></tr>
<tr><td>40，200，400</td><td>400</td><td>1～10</td></tr>
<tr><td>500</td><td>500</td><td>1</td><td rowspan="3">10</td></tr>
<tr><td>600</td><td>600</td><td>1</td></tr>
<tr><td>750</td><td>750</td><td>1</td></tr>
<tr><td>1000，1250，1500，2000，3000，4000</td><td>1000-4000</td><td>1</td><td>15</td><td>20</td><td>30</td><td>10</td></tr>
</table>

(3) 外形及安装尺寸。LMZ(J)1-0.5 型电流互感器外形及安装尺寸见图 16-145 和表 16-122、表 16-123。

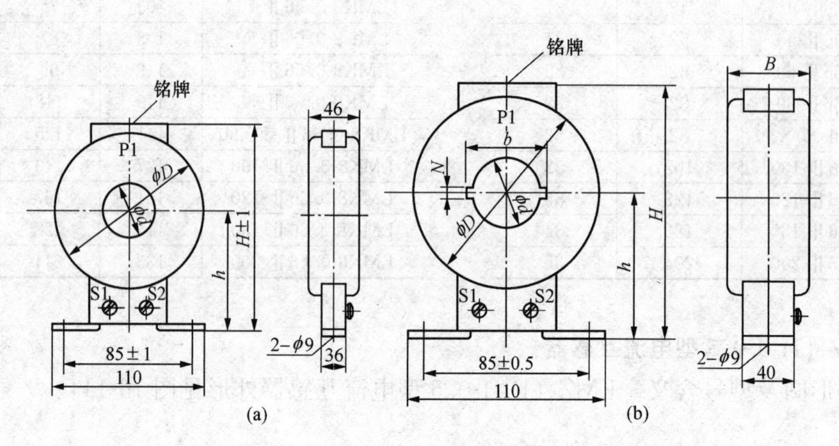

图 16-145 LMZ(J)1-0.5 型电流互感器外形及安装尺寸

(a) 5～400/5 外形图;(b) 500～800/5 外形图

表 16-122 安 装 尺 寸 (mm)

<table>
<tr><th>型 号</th><th>I_{1n}(A)</th><th>H</th><th>h</th><th>D</th><th>d</th></tr>
<tr><td rowspan="4">LMZ1-0.5</td><td>5,10,20,50,100</td><td rowspan="2">117</td><td rowspan="2">71</td><td rowspan="2">92</td><td>25</td></tr>
<tr><td>15,30,40,75,150,200</td><td>30</td></tr>
<tr><td>300</td><td rowspan="4">122</td><td rowspan="4">73</td><td rowspan="4">97</td><td>35</td></tr>
<tr><td>400</td><td>45</td></tr>
<tr><td rowspan="2">LMZJ1-0.5</td><td>5,10,15,20,30,50,75,100,150,300</td><td>35</td></tr>
<tr><td>40,200,400</td><td>45</td></tr>
</table>

表 16-123 安 装 尺 寸 (mm)

型 号	I_{1n}(A)	H	h	D	d	B	N	h
LMZJ1-0.5	500,600	130	75	106	40	46	9	53
	800	140	80	115	50	50	12	63

4. LMZ(J)1,2-0.66 型电流互感器

(1) 外形图及型号含义。LMZ(J)1,2-0.66 型电流互感器外形见图 16-146。

(2) 主要技术参数。LMZ(J)1,2-0.66 型电流互感器主要技术参数见表 16-124。

图 16-146 电流互感器外形

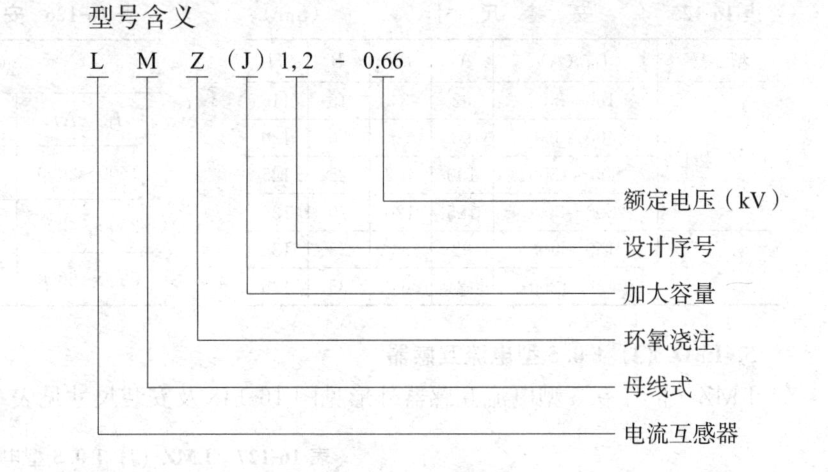

表 16-124 LMZ（J）1，2-0.66 型电流互感器主要技术参数

额定一次电流（A）	额定二次电流（A）	准确级及相应额定输出（VA）		
		0.2	0.5	1.0
150，200，300，400	5 或 1		5	
500，600，750		5	10	10
1000，1250，1500		10	15	20
2000，3000		15	20	25
4000			30	30
5000，6000				

（3）外形及安装尺寸。LMZ（J）1，2-0.66 型电流互感器外形及安装尺寸见图 16-147 和表 16-125、表 16-126。

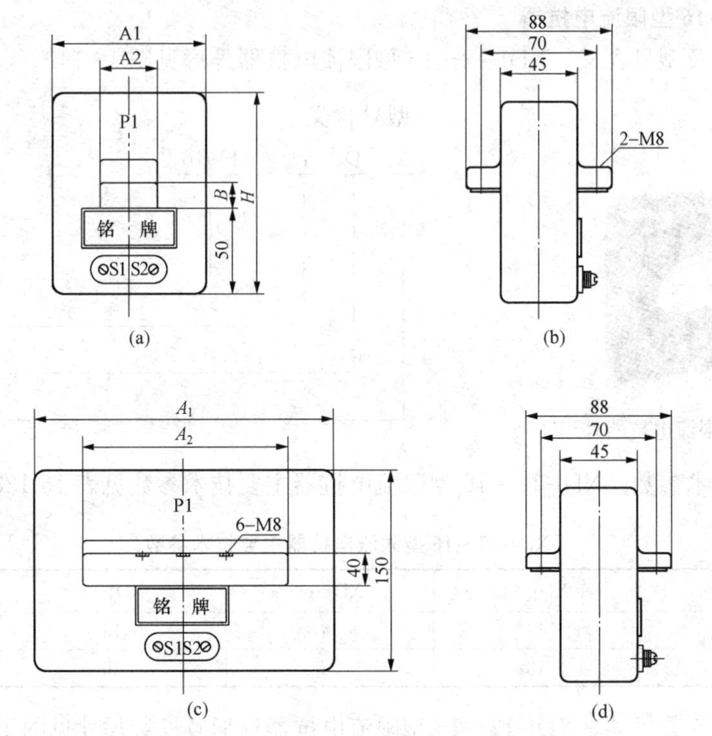

图 16-147 LMZ（J）1，2-0.66 型电流互感器外形及安装尺寸

表 16-125　安　装　尺　寸　(mm)

型　号	I_{1n} (A)	A_1	A_2	B	H
LMZ1-0.66	150～300	92	34	15	115
	400～600	98	52	20	120
	800～1500	150	102	25	125
	2000～3000	185	120	30	134
LMZ2-0.66	150～400	92	34	35	135
	500～1250	124	64	35	135

表 16-126　安　装　尺　寸

型号 LMZ2-0.66		
I_{1n} (A)	A_1	A_2
1500～2000	190	127
2500～4000	274	204
5000～6000	274	158

5. LMZ (J) 1-0.5 型电流互感器

LMZ（J）1-0.5 型电流互感器外形见图 16-148 及安装尺寸见表 16-127。

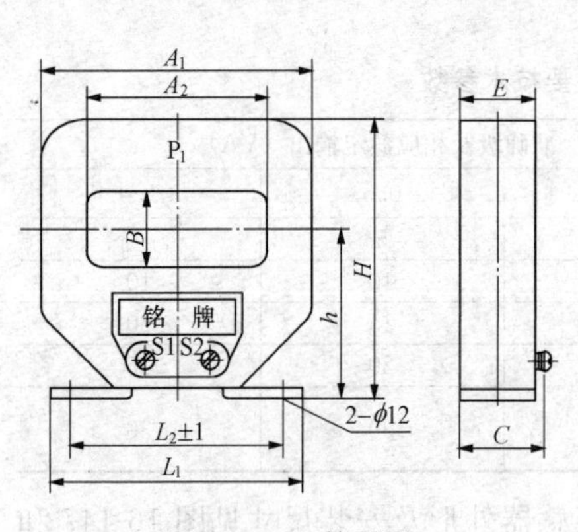

图 16-148　外形图

表 16-127　LMZ (J) 1-0.5 型电流互感器安装尺寸

型　号	电流比	A_1	A_2	B	h	H	L_1	L_2	C	E	质量 (kg)
LMZJ1-0.5	1000/5	171	98	50	91	152	152	120	41	37	2.5
	1200/5										
	1500/5										
	2000/5	216	138	70	102	182	175	150	46	42	3.3
	3000/5										

6. XD1-12～16 型限流电抗器

（1）外形图及型号含义。XD1-12～16 型限流电抗器外形见图 16-149。

图 16-149　限流电抗器外形

型号含义

X D 1 - 12~16

- 12~16：电抗器容量
- 1：设计序号
- D：单相
- X：电抗器

（2）主要技术参数。XD1-12～16 型限流电抗器主要技术参数见表 16-128。

表 16-128　XD1-12～16 型限流电抗器主要技术参数

型　号	XD1-12	XD1-14	XD1-15	XD1-16
配电容器容量	12	14	15	16
额定电流	18	22	26	30

（3）外形及安装尺寸。XD1-12～16 型限流电抗器外形及安装尺寸见图 16-150。

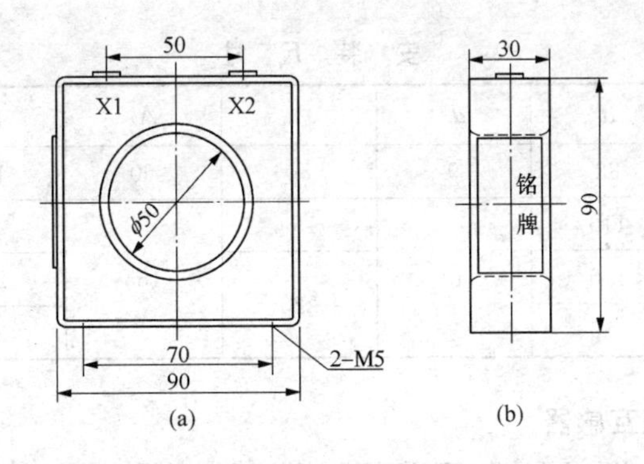

图 16-150 XD1-12～16 型限流电抗器外形及安装尺寸

7. LJ1-2，4，7 型零序电流互感器

（1）外形图及型号含义。LJ1-2，4，7 型零序电流互感器外形见图 16-151。

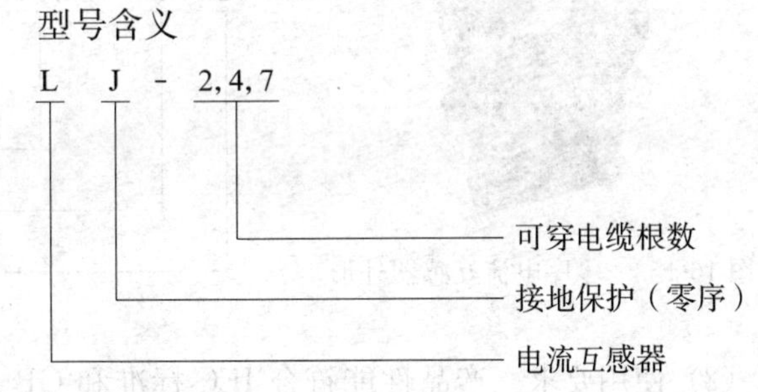

图 16-151 LJ1-2，4，7 型零序电流互感器外形

（2）主要技术参数。LJ1-2，4，7 型零序电流互感器主要技术参数见表 16-129。

表 16-129　　LJ1-2，4，7 型零序电流互感器主要技术参数

产品型号	允许穿过电缆根数	二次负载（Ω）	配用继电器型号	继电器整定电流（A）	使继电器动作电流—灵敏度（A）	工频耐压（kV）
LJ-2	1～2	10	DD-11/60	0.03	1-3	3
LJ-4	3～4					
LJ-7	5～7					
LJ1	1					

（3）外形及安装尺寸。LJ1-2，4，7 型零序电流互感器外形及安装尺寸见图 16-152 和表 16-130。

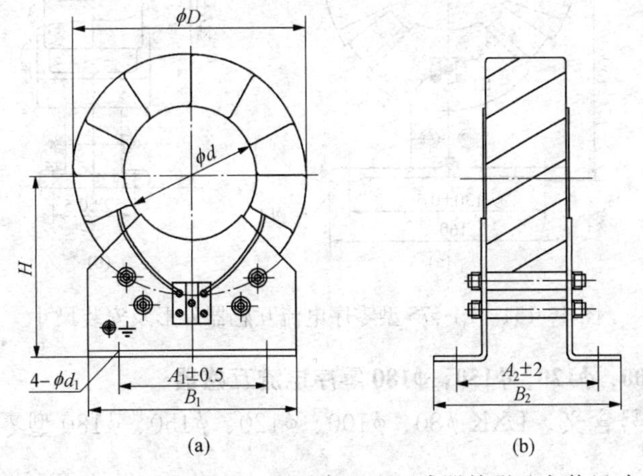

图 16-152 LJ1-2，4，7 型零序电流互感器外形及安装尺寸

表 16-130　　　　安　装　尺　寸　　　　(mm)

<table>
<tr><th>型　号</th><th>D</th><th>d</th><th>d_1</th><th>A_1</th><th>A_2</th><th>B_1</th><th>B_2</th><th>H</th></tr>
<tr><td>LJ1</td><td>145</td><td>82</td><td>9</td><td>80</td><td>60</td><td>130</td><td>80</td><td>103</td></tr>
<tr><td>LJ-2</td><td>230</td><td>110</td><td rowspan="3">13</td><td>150</td><td rowspan="3">155</td><td>200</td><td rowspan="3">195</td><td>195</td></tr>
<tr><td>LJ-4</td><td>285</td><td>140</td><td rowspan="2">220</td><td>280</td><td>217</td></tr>
<tr><td>LJ-7</td><td>310</td><td>185</td><td>300</td><td>235</td></tr>
</table>

8. LJ-ϕ75 型零序电流互感器

(1) 外形图及型号含义。LJ-ϕ75 型零序电流互感器外形见图 16-153。

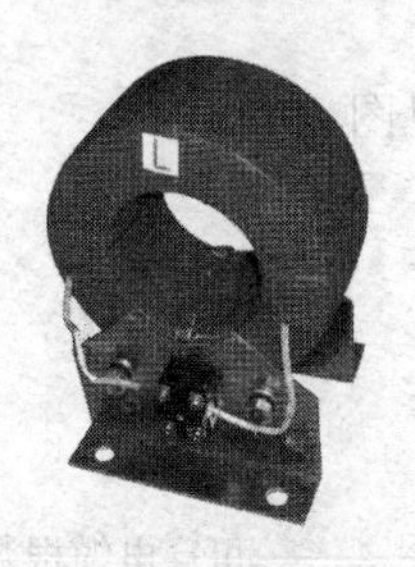

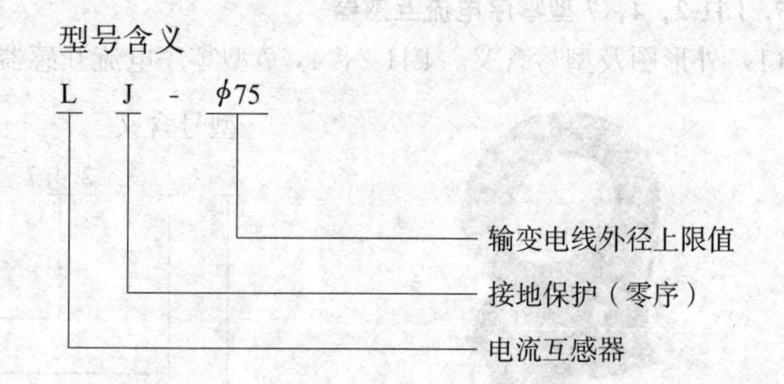

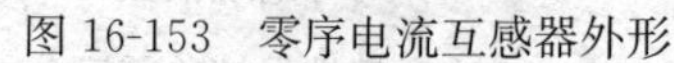
图 16-153　零序电流互感器外形

(2) 使用要求。产品性能符合 IEC 标准和 GB 1208—97《电流互感器》。本型互感器与 DL11/0.2 型继电器配合使用，当互感器的二次绕组接 DL11/0.2 型继电器（继电器绕组并联，整定电流为 0.1A）且互感器二次外接总阻抗不大于 10Ω，使继电器动作的一次剩余电流不大于 10A。

(3) 外形及安装尺寸。LJ-ϕ75 型零序电流互感器外形及安装尺寸见图 16-154。

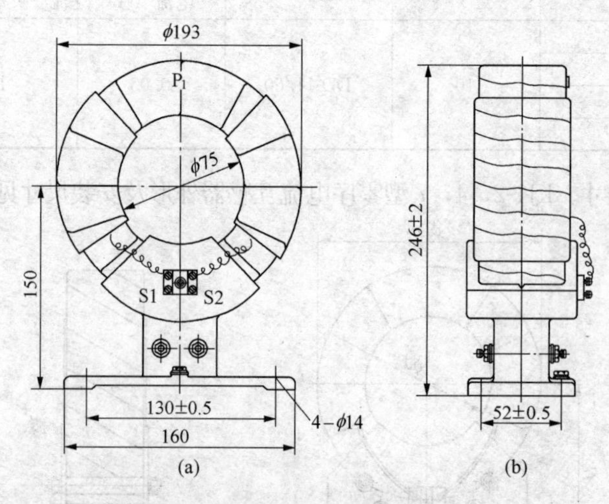

图 16-154　LJ-ϕ75 型零序电流互感器外形及安装尺寸

9. LXK-ϕ80，ϕ100，ϕ120，ϕ150，ϕ180 零序电流互感器

(1) 外形图及型号含义。LXK-ϕ80、ϕ100、ϕ120、ϕ150、ϕ180 型零序电流互感器外形见图 16-155。

型号含义

LX　K　-　ϕ80，ϕ100，ϕ120，ϕ150，ϕ180

- ϕ80，ϕ100，ϕ120，ϕ150，ϕ180——输变电缆外径上限值
- K——开合式
- LX——电缆式零序电流互感器

图 16-155　零序电流互感器外形

（2）主要技术参数。LXK 系列零序电流互感器主要技术参数见表 16-131。

表 16-131　　LXK 系列零序电流互感器主要技术参数

继电器型号	继电器线圈连接方式	继电器刻度值（A）	一次零序电流值（A）
DD-11/60	串联	15×1	24-4.5
		30×1	
	并联	15×2	3-5
		30×2	
DD-1/60	串联	15×1	3-5
		30×1	
	并联	15×2	3-6
		30×2	

（3）外形及安装尺寸。LXK 系列零序电流互感器外形及安装尺寸见图 16-156 和表 16-132。

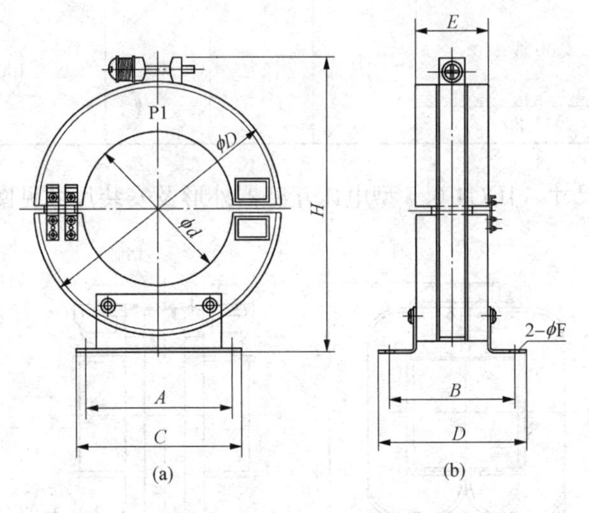

图 16-156　LXK 系列零序电流互感器外形及安装尺寸

表 16-132　　LXK 系列零序电流互感器安装尺寸

型　号	ϕd	ϕD	H	A	B	C	D	E	ϕF
LXK-ϕ80	80	160	180						
LXK-ϕ100	100	180	200	120	102	135	120	58	7×10
LXK-ϕ120	120	200	220						

续表

型　号	ϕd	ϕD	H	A	B	C	D	E	ϕF
LXK-ϕ150	150	250	270	150	134	180	150	80	11×15
LXK-ϕ180	180	280	300						

10. JDG4-0.5 型电压互感器

(1) 外形图及型号含义。JDG4-0.5 型电压互感器外形见图 16-157。

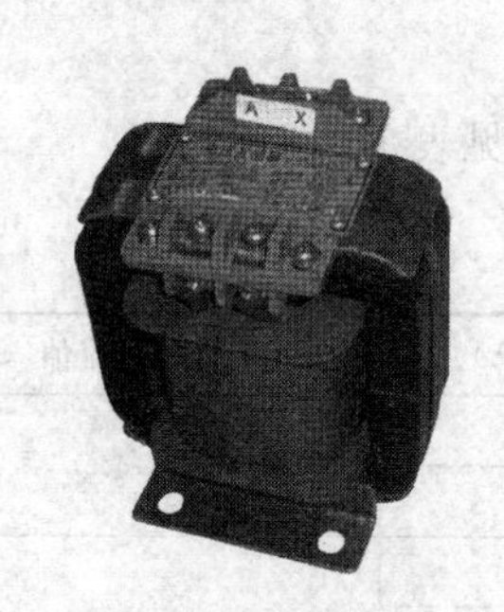

图 16-157　电压互感器外形

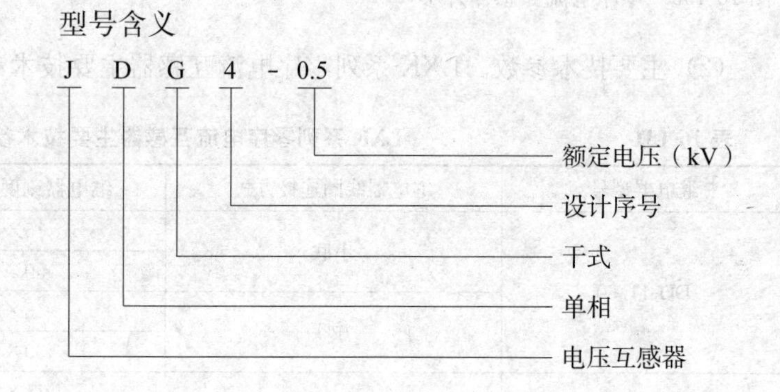

(2) 主要技术参数。JDG4-0.5 型电压互感器主要技术参数见表 16-133。

表 16-133　JDG4-0.5 型电压互感器主要技术参数

额定一次电压（V）	额定二次电压（V）	准确级及相应额定输出			极限输出（VA）	绝缘水平（kV）
		0.5	1.0	3		
200，220	100 或 110	15	25	60	100	3
380，400，440						
500，660						
440	220					

(3) 外形及安装尺寸。JDG4-0.5 型电压互感器外形及安装尺寸见图 16-158。

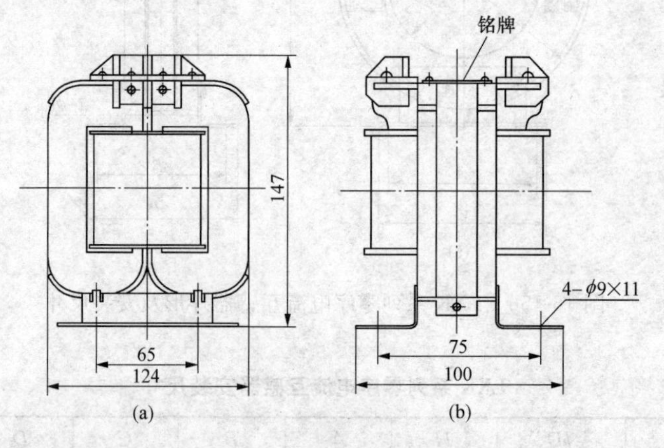

图 16-158　JDG4-0.5 型电压互感器外形及安装尺寸

11. JDZ2-1 型电压互感器

(1) 外形图及型号含义。JDZ2-1 型电压互感器外形见图 16-159。

图 16-159　JDZ2-1 型电压互感器外形

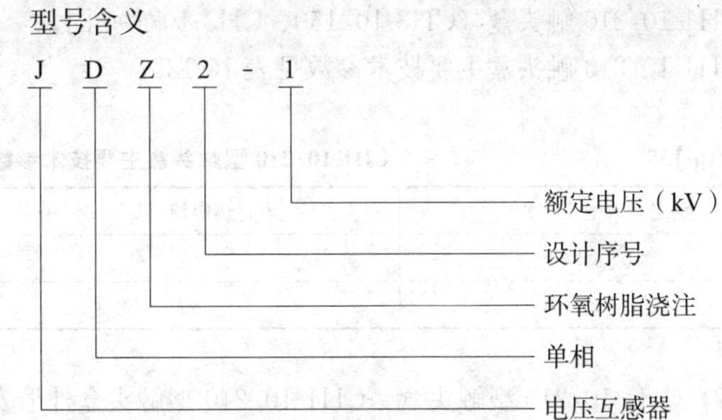

（2）主要技术参数。JDZ2-1 型电压互感器主要技术参数见表 16-134。

表 16-134　　JDZ-1 型电压互感器主要技术参数

额定一次电压（V）	额定二次电压（V）	准确级及相应额定输出		极限输出（VA）	额定频率（Hz）	绝缘水平（kV）
		1.0	3.0			
380-660	100	5	10	30	50 或 60	0.66/3.6
660-1140						1.14/3.6
750-1500						1.5/3.6

（3）外形及安装尺寸。JDZ2-1 型电压互感器外形及安装尺寸见图 16-160。

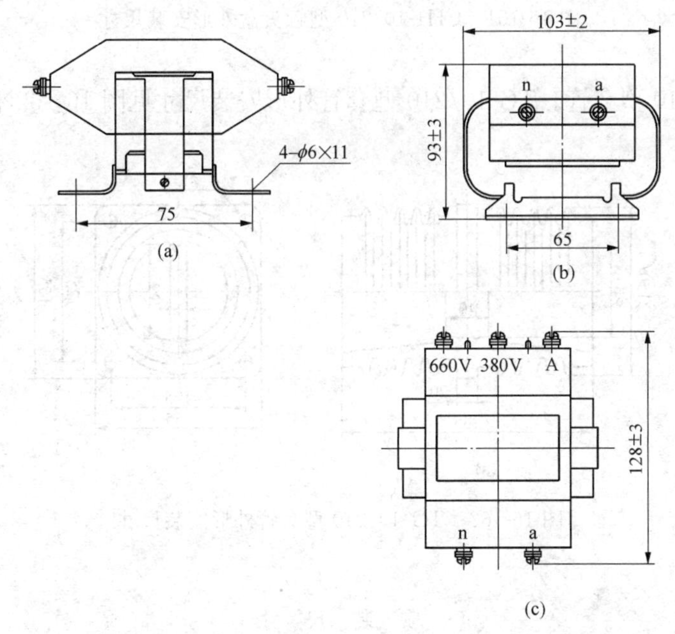

图 16-160　JDZ2-1 型电压互感器外形及安装尺寸

第 14 节　常用开关柜配套绝缘件

1. KYN1-10 开关柜配套绝缘件

（1）主要技术参数。

CH1-10/210 触头盒（CH3-10/150、CH3-10/190 同）。

CH1-10/210 触头盒主要技术参数见表 16-135。

表 16-135　　CH1-10/210 型触头盒主要技术参数

额定一次电流（A）	短时热电流（kA）	额定动稳定电流（kA，峰值）
630A 及以下	63	100
800～1250A	80	130

（2）CH1-10/210 型触头盒。CH1-10/210 型触头盒外形安装尺寸见图 16-161。

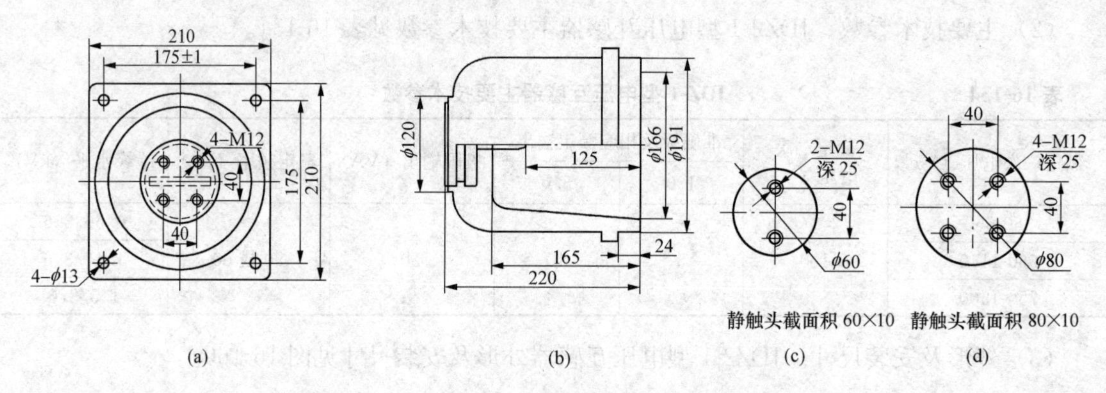

图 16-161　CH1-10/210 型触头盒外形安装尺寸

（3）TG-10/210 型套管。TG-10/210 型套管外形安装尺寸见图 16-162 和表 16-136。

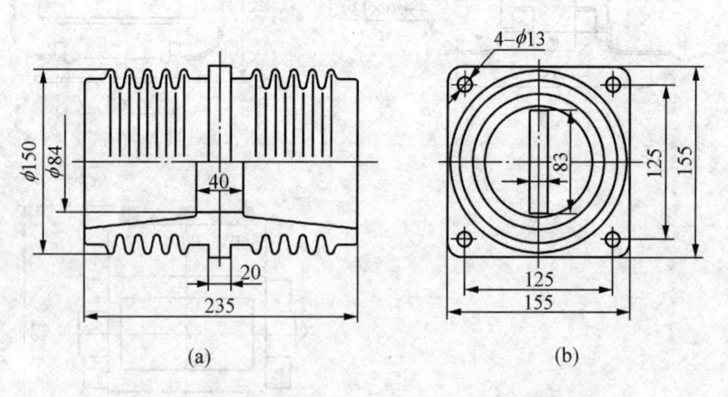

图 16-162　TG-10/210 型套管外形安装尺寸

表 16-136　　安　装　尺　寸

规　格	*H*	备　注
ϕ150×235/80×10	13	单母线
ϕ150×235/2×80×10	33	双母线

（4）ZJ-10Q 型绝缘子。ZJ-10Q 型绝缘子外形安装尺寸图 16-163。

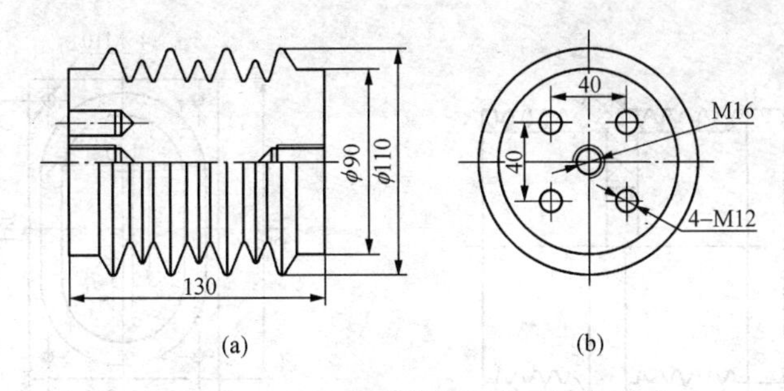

图 16-163　ZJ-10Q 型绝缘子外形安装尺寸

2. KYN28 中置柜配套绝缘件

（1）CH3-10/190 型触头盒。CH3-10/190 型触头盒外形安装尺寸见图 16-164。

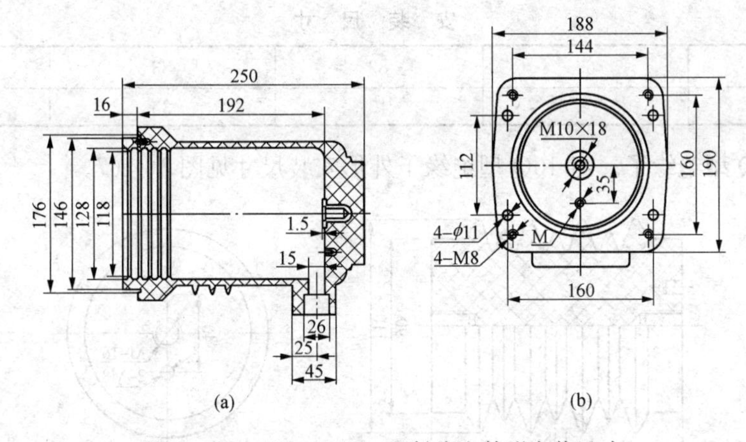

图 16-164　CH3-10/190 型触头盒外形安装尺寸

（2）CH3-10/150 型触头盒。CH3-10/150 型触头盒外形安装尺寸见图 16-165。

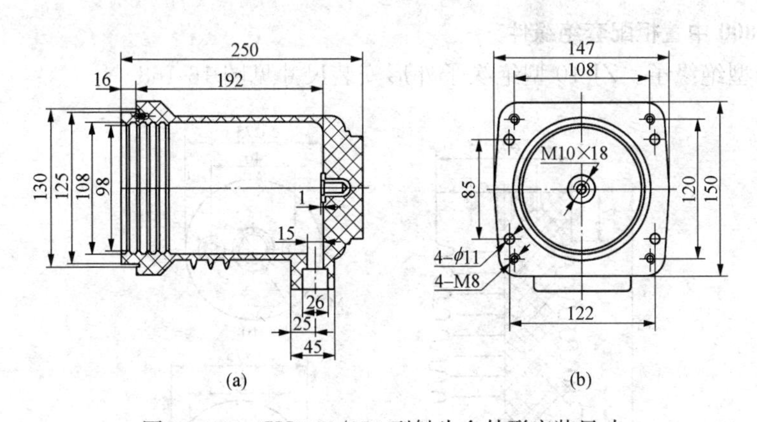

图 16-165　CH3-10/150 型触头盒外形安装尺寸

（3）TG3-10/190×210 型套管。TG3-10/190×210 型套管外形安装尺寸见图 16-166 和表 16-137。

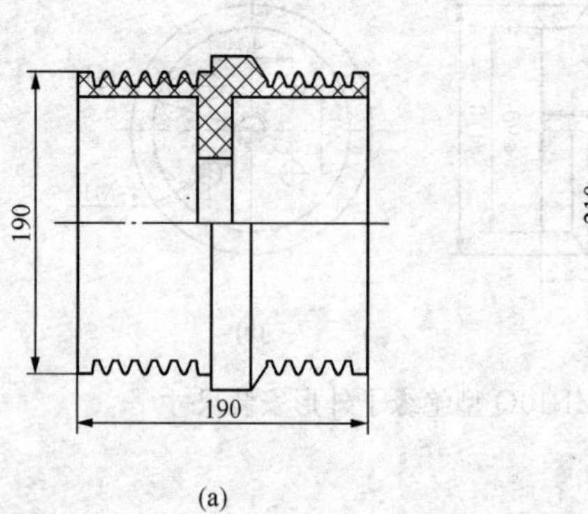

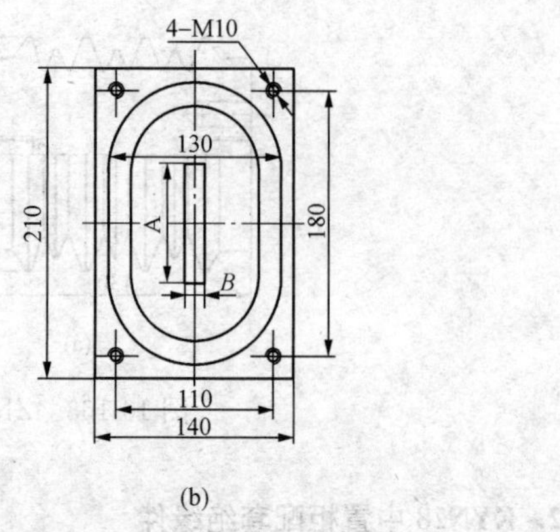

图 16-166　TG3-10/190×210 型套管外形安装尺寸

表 16-137　　安　装　尺　寸

A	63	83	83	103
B	8	13	33	13

（4）ZJ-10Q 型绝缘子。ZJ-10Q 型绝缘子外形安装尺寸见图 16-167。

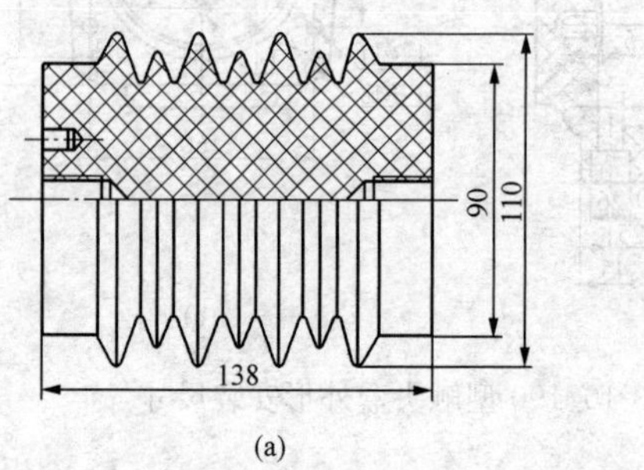

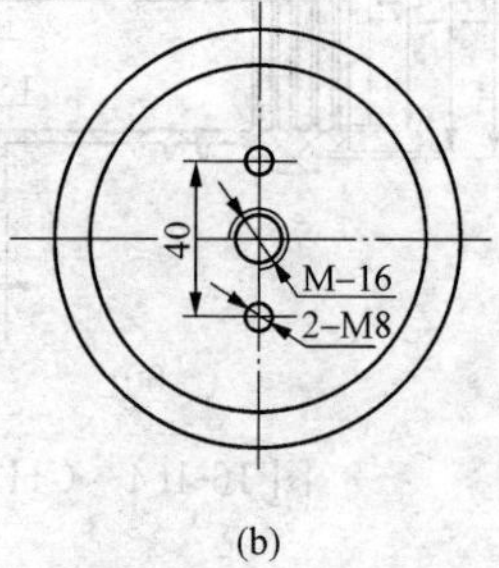

图 16-167　ZJ-10Q 型绝缘子外形安装尺寸

3. KYN18-800 中置柜配套绝缘件

（1）ZJ-10 型绝缘子。ZJ-10 型绝缘子外形安装尺寸见图 16-168。

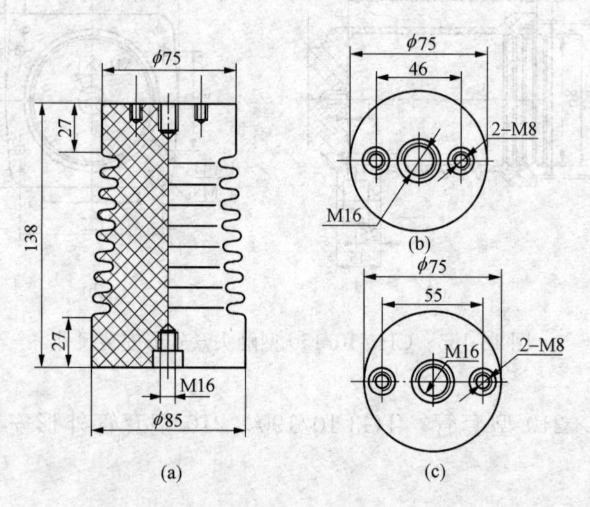

图 16-168　ZJ-10 型绝缘子外形安装尺寸

（2）TG3-10 型套管。TG3-10 型套管外形安装尺寸见图 16-169 和表 16-138。

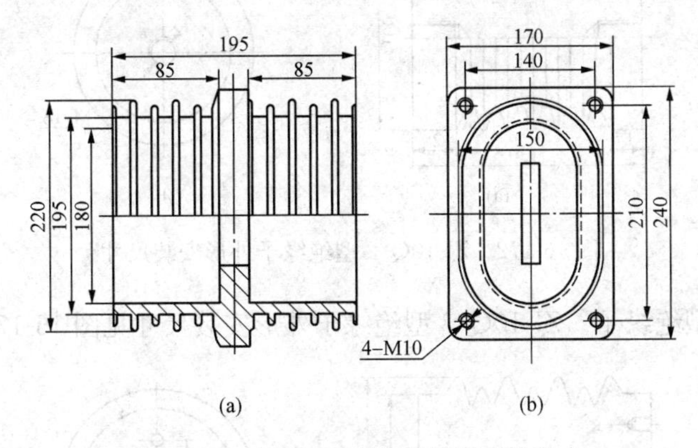

图 16-169　TG3-10 型套管外形安装尺寸

表 16-138　安装尺寸

A	83	83	103	103
B	13	33	13	33

（3）CH4-10 型触头盒。CH4-10 型触头盒外形安装尺寸见图 16-170。

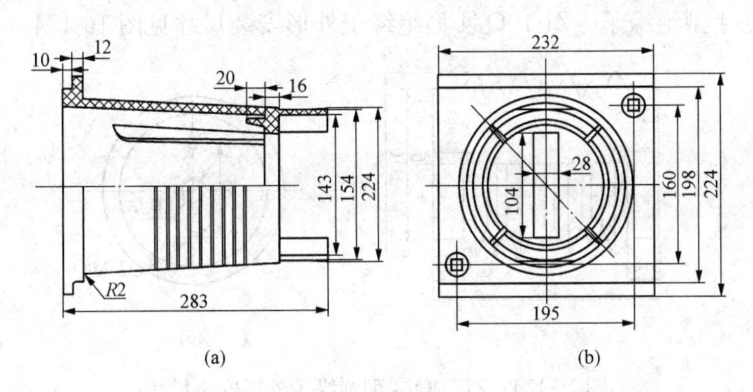

图 16-170　CH4-10 型触头盒外形安装尺寸

4. 10kV 各类绝缘子

（1）ZJ-10Q/1 型绝缘子。ZJ-10Q/1 型绝缘子外形安装尺寸见图 16-171。

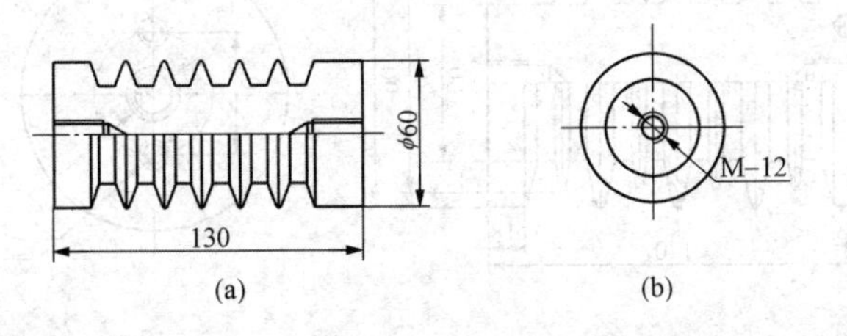

图 16-171　ZJ-10Q/1 型绝缘子外形安装尺寸

（2）ZJ-10Q/2 型绝缘子。ZJ-10Q/2 型绝缘子外形安装尺寸见图 16-172。

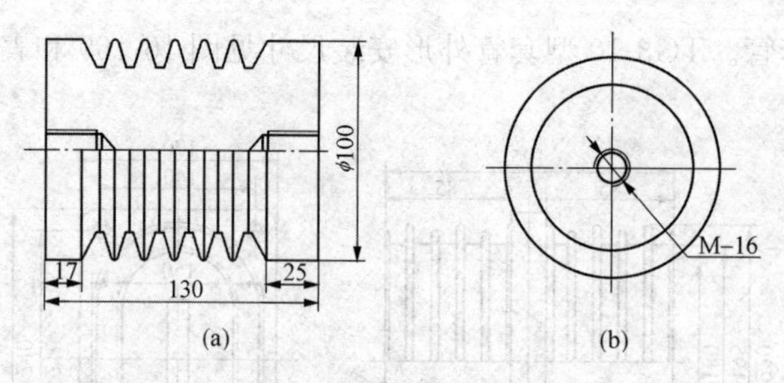

图 16-172　ZJ-10Q/2 型绝缘子外形安装尺寸

（3）ZJ-10Q/3 型绝缘子。ZJ-10Q/3 型绝缘子外形安装尺寸见图 16-173。

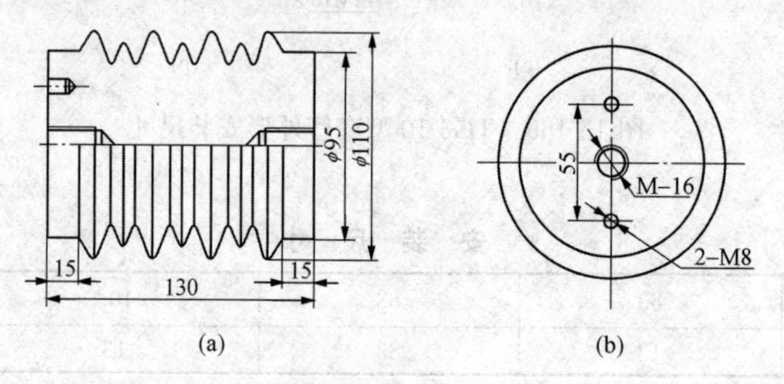

图 16-173　ZJ-10Q/3 型绝缘子外形安装尺寸

（4）ZJ-10Q/4 型绝缘子。ZJ-10Q/4 型绝缘子外形安装尺寸见图 16-174。

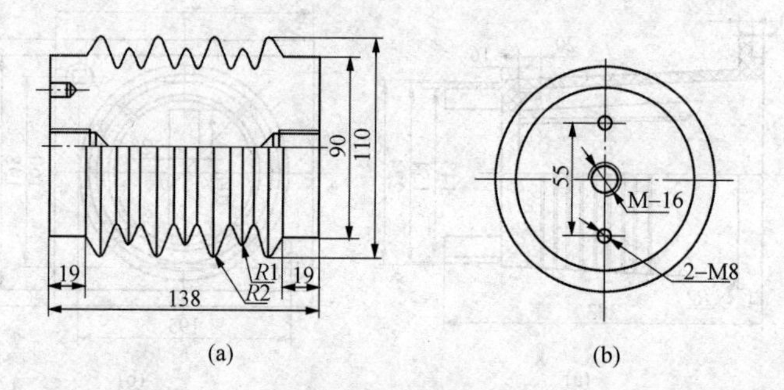

图 16-174　ZJ-10Q/4 型绝缘子外形安装尺寸

（5）ZJ-10Q/5 型绝缘子。ZJ-10Q/5 型绝缘子外形安装尺寸见图 16-175。

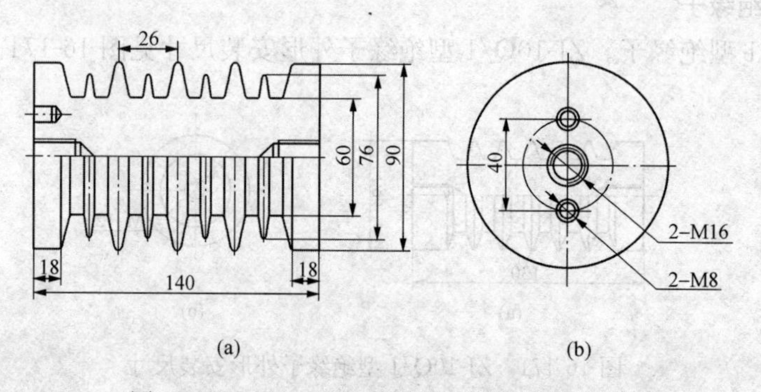

图 16-175　ZJ-10Q/5 型绝缘子外形安装尺寸

（6）ZJ-10Q/6 型绝缘子。ZJ-10Q/6 型绝缘子外形安装尺寸见图 16-176。

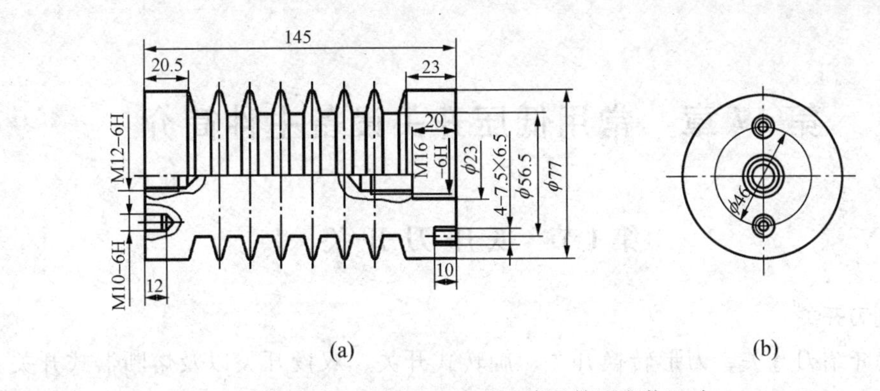

图 16-176　ZJ-10Q/6 型绝缘子外形安装尺寸

（7）ZJ-10Q/7 型绝缘子。ZJ-10Q/7 型绝缘子外形安装尺寸见图 16-177。

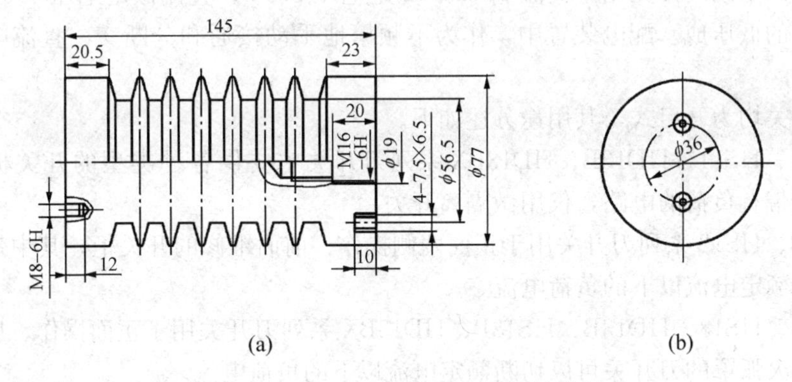

图 16-177　ZJ-10Q/7 型绝缘子外形安装尺寸

第17章　常用低压开关设备主件简介

第1节　低压刀开关

1. H系列刀开关

本节主要介绍刀开关、刀形转换开关、旋转式开关、双投开关以及熔断器式开关。例如HD11、HD12、HD13、HD13BX、HD13B、HS13B、HS13BX、HD14系列刀开关，HS11、HS12、HS13系列刀形转换开关。

(1) 用途。本系列开关用于交流50Hz、额定电压380V、直流额定电压440V、额定电流1500A及以下的低压成套配电装置中，作为不频繁地手动接通和分断交、直流电路或作隔离开关用。

本系列开关均为开启式，其用途分述如下。

1) HD11、HS11、HD13B、HD13BX系列刀开关主要供各种类型的开关板、动力箱使用，不能切断带有负荷的电路，仅用做隔离开关。

2) HD12、HS12系列刀开关用于正面两侧操作、前面维修的开关柜，其中带灭弧罩的刀开关可以切断额定电流以下的负荷电流。

3) HD13、HS13、HD13B、HS13B、HD13BX系列刀开关用于正面操作、后面维修的开关柜，其中带灭弧罩的刀开关可以切断额定电流以下的负荷电流。

HD14、HD14B系列刀开关用于动力配电箱，其中带灭弧罩的刀开关可以带负荷操作。

(2) 型式结构。在各系列刀开关中，额定电流为100～400A的采用单刀片，额定电流为600～1500A的采用双刀片。触头压力通过在刀片两侧加装片状弹簧来取得。

带有杠杆及旋转操作机构的刀开关，用来切断额定电流的均应采用灭弧罩，以保证分断电路时的安全可靠。其中灭弧罩是由绝缘纸板和钢板栅片拼铆而成。不同规格的刀开关均采用同一型式的操作机构，操作机构具有明显的分、合指示和可靠的定位装置。各系列刀开关底部采用玻璃纤维模压板或胶木板。

(3) 型号含义。各系列刀开关可按其结构型式、转换方向、极数、电流等分类，具体分

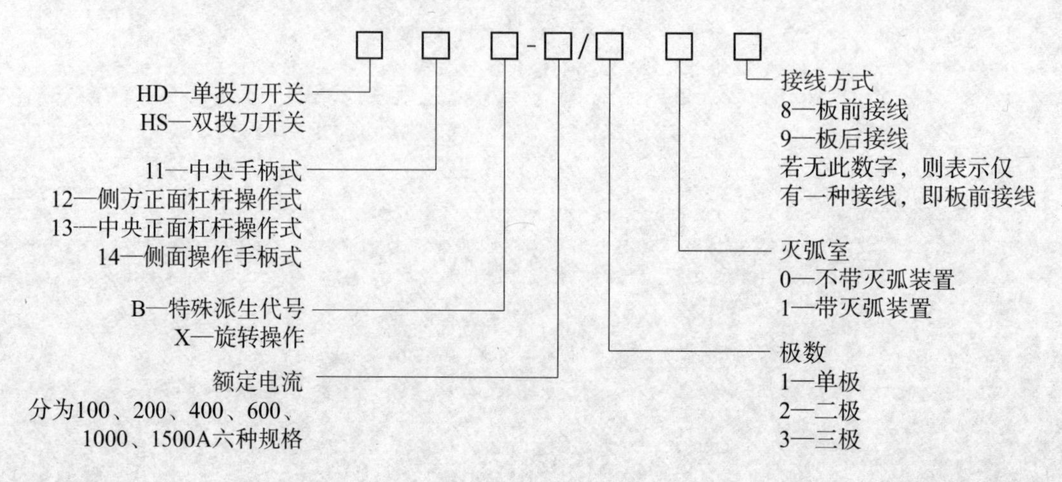

类情况见表17-1。

表 17-1　　各系列刀开关分类

结构型式	转换方向	极　数	额定电流等级（A）	系列型号
中央手柄式	单投	1、2、3	100、200、400	HD11-□/□8
中央手柄式	单投 双投	1、2、3 1、2、3	100、200、400、600、1000 100、200、400、600、1000	HD11-□/□9 HS11-□/□
侧方正面杠杆操动机构式（装有灭弧室）	单投 双投	2、3 2、3	100、200、400、600、1000 100、200、400、600、1000	HD12-□/□1 HS12-□/□1
侧方正面杠杆操动机构式（不装灭弧室）	单投 双投	2、3 2、3	100、200、400、600、1000、1500 100、200、400、600、1000	HD12-□/□0 HS12-□/□0
中央正面杠杆操动机构式（装有灭弧室）	单投 双投	2、3 2、3	100、200、400、600、1000 100、200、400、600、1000	HD13-□/□1 HS13-□/□1
中央正面杠杆操动机构式（不装灭弧室）	单投 双投	2、3 2、3	100、200、400、600、1000、1500 100、200、400、600、1000	HD13-□/□0 HS13-□/□0
侧面操动手柄式（装有灭弧室）	单投	3	100、200、400、600	HD14-□/31
侧面操动手柄式（不装灭弧室）	单投	3	100、200、400、600	HD14-□/30
正面操动旋转式（装有灭弧罩）	单投	3	200、400、600、1000、1500	HD13BX-□/31
正面操动旋转式（无灭弧罩）	单投	3	200、400、600、1000、1500	HD13BX-□/30

（4）技术数据。

1）各系列刀开关的分断能力见表17-2、表17-3。

表 17-2　　各系列刀开关分断能力（一）

型　号	有无灭弧室	在下列电源电压下断开的电流值（A）			
		交流 $\cos\varphi=0.7$		直流时间常数 $T=0.01$s	
		380V	500V	220V	440V
HD12、13、14 HS12、13	有	I_e	$0.5I_e$	I_e	$0.5I_e$
HD12、13、14 HS12、13	无	$0.3I_e$	—	$0.2I_e$	—
HD11 HS11	—	用于电路中无电流时开断电路			

注　I_e为刀开关额定电流。

表 17-3　　各系列刀开关分断能力（二）

型　号	额定电流（A）	通断能力 AC380V $\cos\varphi=0.72\sim0.8$（A）	电流稳定性峰值 杠杆操作式（kA）	1s热稳定性有效值（kA）
HD13B HD13BX HD14B HS13B HS13BX	200	200	30	10
	400	400	40	20
	600	600	50	25
	1000	1000	60	30
HD13B HD13BX	1500	—	80	40

2）刀开关的机械寿命（在不带电状态下）应不少于下列开、断次数：额定电流100、200、400A时为10 000次；额定电流600、1000、1500A时为5000次。

3）装有灭弧罩的刀开关，在60%额定电流及在110%额定电压下，其开、断次数不小于下列数值：100、200、400A时为1000次；600、1000A时为500次。

4）各系列刀开关的电动稳定性及热稳定性的电流值见表17-4。

表17-4　各系列刀开关电动稳定性及热稳定性电流值

额定电流（A）	电动稳定性电流峰值（kA）		1s热稳定性电流（kA）
	中间手柄式	杠杆操作式	
100	15	20	6
200	20	30	10
400	30	40	20
600	40	50	25
1000	50	60	30
1500	—	80	40

（5）外形及安装尺寸。各不同生产厂家的产品外形及安装尺寸有所差异，在选用时请参阅该产品样本。

2. QAS、QPS系列双投开关

（1）用途。该系列开关用于交流50Hz，额定工作电压为660V，额定工作电流为3150A及以下的低压成套配电装置中，作为不频繁的双电源回路接通和分断之用。

（2）型式结构。该系列双投开关采用一个独特的双投联锁机构，控制二台并列安装的Q系列开关，实现双电路的投切。操作采用具有防误性能的旋转式手柄机构（或电动操作），具有三个明显的通断位置（可带指示灯）。

（3）技术数据。QAS、QPS系列双投开关技术数据见表17-5。

（4）外形及安装尺寸。QAS、QPS系列双投开关外形及安装尺寸见表17-5和图17-1。

表17-5　QAS、QPS系列双投开关技术数据

型　号		QAS 400	QPS 630	QPS 1000	QAS 1000	QPS 1250	QPS 1600	QPS 2500	QPS 3150
主极数		3	3	3	3	3	3	3	3
额定绝缘电压交流（V）		1000	1000	1000	1000	1000	1000	1000	1000
额定工作电压交流（V）		660	660	660	660	660	660	660	660
约定发热电流（A）		630	630	1000	1000	1250	1600	2500	3150
约定封闭发热电流（A）		400	630	1000	1000	1250	1600	2500	3150
额定工作电流交流（A）	500Vcosφ0.95　AC-21类别	400	630	1000	1000	1250	1600	2500	3150
	500Vcosφ0.65　AC-22类别	400	630	630	800	800	800		
	660Vcosφ0.95　AC-21类别	400	630	1000	1000	1250	1470	2500	2500
额定电容功率380V（kvar）			310	316					
额定接通与分断能力380V（kvar）			316	316					
额定熔断短路电流500V（kA，r.m.s）		100	100	100，380V	100				
额定熔断短路电流660V（kA，r.m.s）		50	100		50				
最大熔体（A）		440	630	1000	1000				

续表

型 号	QAS 400	QPS 630	QPS 1000	QAS 1000	QPS 1250	QPS 1600	QPS 2500	QPS 3150
额定短路接通能力 660V 峰值（kA）	50	60	60	50	85	85	130	130
额定短时耐受电流持续时间 1s 660V（kA，r. m. s）	45	32	32	50	50	50	80	80
机械寿命（次）	12 000	12 000	12 000	3000	3000	3000	1000	1000
质量（不包括手柄）（kg）	20.2	22	22.8	39.4	44	45	114	120.2
操作力矩（Nm）	16	16	16	30	30	30	70	70
辅助触头 380V AC-11（A）	4	4	4	6	6	6	6	6
外形尺寸（宽×深×高，mm）	630×200×185			870×250×211			870×250×355	

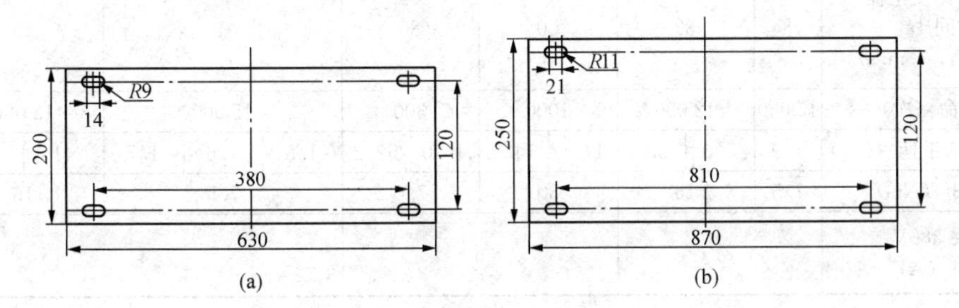

图 17-1 QAS、QPS 系列双投开关安装尺寸

（a）QAS400A QAS630A QPS1000A；（b）QAS1000A QPS1250A QPS1600A QPS2500A QPS3150A

3. HH15G（QA、QP）系列隔离开关-熔断器组合电器

（1）技术数据。HH15G（QA、QP）技术数据见表 17-6。

（2）外形及安装尺寸。见产品说明书或样本。

表 17-6　　HH15G（QA、QP）系列隔离开关-熔断器组技术数据

型 号		HH15G（QP）							HH15G（QA）					
		250	630	1000	1250	1600	2500	3150	125	160	200	400	630	1000
主极数		3												
额定绝缘电压（V）		1000												
额定工作电压（V）		380 660												
约定发热电流（A）		315	630	1000	1250	1600	2500	3150	160	200	250	630	630	1000
约定封闭发热电流（A）		250	630	1000	1250	1600	2500	3150	125	160	200	400	630	1000
额定工作电流交流（A）	380Vcosφ0.95 AC-22 类别	315	630	1000	1250	1600	2500	3150						
	380Vcosφ0.65 AC-22 类别	315	630	630	800	800								
	660Vcosφ0.95 AC-21 类别	315	630	1000	1250	1470	2500	2500						
额定工作电流/功率交流（A/kW）	380Vcosφ0.35 AC-23 类别								160/75	200/90	200/110	400/200	630/355	1000/500
	660Vcosφ0.35 AC-23 类别								160/110	160/150	160/150	400/375	400/375	800/170
	660Vcosφ0.65 AC-22 类别								160	200	200	400	630	1000

续表

型 号	HH15G（QP）							HH15G（QA）					
	250	630	1000	1250	1600	2500	3150	125	160	200	400	630	1000
额定熔断短路电流 380V（kA，r.m.s）	100							100					
额定熔断短路电流 660V（kA，r.m.s）	50							50					
最大熔体（A）	250	630	1000					200			400	630	1000
额定短路接通能力 660V 峰值（kA）	39	60		85		130		20			50		
额定短时耐受电流持续时间 1s 660V（kA，r.m.s）	8	32		50		80		4			15		50
机械寿命（次）	15 000	12 000		1000		300		15 000			12 000		3000
质量（不包括手柄）（kg）	1.9	5.0	5.4	14.0	14.5	49.0	52.2	1.5	1.6	1.7	41	4.3	11.7
操作力矩（Nm）	7.5	16		30		7.0		7.5			16		30
辅助触头 380V AC-11（A）	4			6				4					6

第2节 低压万能式断路器

1. CW1 系列智能型万能式断路器

（1）用途。CW1 系列智能型万能式断路器用于控制和保护低压配电网络。一般安装在低压配电柜中作主开关起总保护作用。额定电流 1000A 及以下的断路器，还可作为电动机不频繁起动之用。

1）交流额定电流 630A～5000A；

2）短路分断能力 80kA～120kA（有效值）；

3）额定工作电压 AC 690V 及以下；

4）具有 3 极和 4 极；

5）抽屉式和固定式；

6）可倒进线安装；

7）多种智能控制器，提供不同功能；

8）具有隔离功能，符号为“—⁄✕—”；

9）执行 IEC 60947—2、GB 14048.2—2001 标准；

10）本断路器获国家强制性产品认证“CCC”标志。

（2）结构特点。

1）断路器有固定式和抽屉式之分，把固定式断路器本体装入专用的抽屉座就成为抽屉式断路器。断路器本体由触头系统、灭弧系统、操动机构、电流互感器、智能控制器和辅助开关、二次插接件、欠压、分励脱扣器等部件组成；抽屉座由带有导轨的左右侧板、底座和横梁等组成。

2）触头系统。采用一挡触头系统，在同一触头的不同部位，触头单元既具有主触头的功能，又具有弧触头的功能。

采用新型耐弧的触头材料，使触头在分断短路电流后不致过分发热而引起温升过高。触头系统采用多路并联，降低电动斥力，提高触头系统的电动稳定性。

（3）正常工作条件和安装条件。

1）断路器可在周围空气温度为－5～＋40℃条件下运行。

2）安装地点的海拔不超过2000m。

3）安装地点的空气相对湿度在最高温度为＋40℃时不超过50%；在较低温度下可以有较高的相对湿度，例如20℃时达90%，对由于温度变化偶尔产生的凝露，应采取特殊的措施。

4）污染等级为3级。

5）断路器主电路及欠电压脱扣器线圈、电源变压器初级线圈的安装类别为Ⅳ，其余辅助电路、控制电路安装类别为Ⅲ。

6）船用和湿热带型断路器能耐受潮湿空气、盐雾及霉菌的影响。

7）船用型断路器在受到船舶正常振动时能可靠工作。

8）断路器应按使用说明书安装要求安装。断路器的垂直倾斜度不超过5°，船用断路器不超过22.5°。

9）断路器应安装在无爆炸危险和无导电尘埃，无足以腐蚀金属和破坏绝缘的地方。

10）断路器安装在柜体小室内，且加装门框，防护等级达IP40。

11）灭弧室。每个极均设有一个灭弧室，其作用是将各电极分隔开，并相互绝缘，与断路器的其他部分及操作人员相隔离。

灭弧室全部置于断路器的绝缘底座内，增加了灭弧室壁的机械强度，不致在分断大短路电流时炸裂。

12）操作机构和手动、电动传动机构。机构位于断路器正面。操动机构采用五连杆的自由脱扣机构，并设计成储能形式。在使用过程中，机构总是处于预储能位置，只要断路器一接到合闸命令，断路器就能立即瞬时闭合。预储能的释放可用手动释能按钮或合闸电磁铁来完成。电动传动机构自成一体。储能轴与主轴之间通过凹凸形楔口活动联结，装拆方便。

13）智能控制器。智能控制器的方框图17-2。

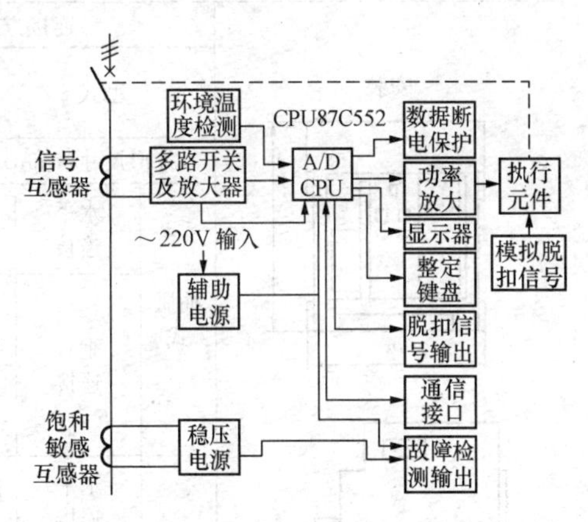

图17-2　智能控制器方框图

（4）技术参数及安装尺寸。CW1系列智能型万能式断路器技术参数及安装尺寸见表17-7。

表17-7　CW1系列智能型万能式断路器技术参数及安装尺寸

型号　Type	CW1-2000			
框架等级额定电流 I_{nm}（A）	2000			
额定电流 I_n（A）	630	800	1000	1250
额定工作电压 U_e（V）	AC400，690　50Hz			
额定绝缘电压 U_i（V）	AC1000　50Hz			
额定冲击耐受电压 U_{imp}（V）	12 000			
工频耐受电压 U	AC3500V/1min　50Hz			
极数	3、4	3、4	3、4	3、4

续表

型号 Type				CW1-2000			
N相额定电流 I_N（A）				50%I_N 100%I_N			
额定极限短路分断能力 I_{cu}（kA）（有效值）			AC400V	80	80	80	80
			AC690V	50	50	50	50
额定运行短路分断能力 I_{cs}（kA）（有效值）			AC400V	50	50	50	50
			AC690V	50	50	50	50
额定短路接通能力 I_{cm}（kA）（峰值）			AC400V	176	176	176	176
			AC690V	105	105	105	105
额定短时耐受电流（Is）I_{cw}（kA）（有效值）			AC400V	50	50	50	50
			AV690V	40	40	40	40
使用类别				B			
全分断时间（无附加延时）（ms）				25～30			
闭合时间（ms）				最大70			
智能控制器			电子型	○	○	○	○
			标准型	○	○	○	○
			通信型	○	○	○	○
操作性能	电气寿命		AC400V	6500	6500	6500	6500
			AC690V	3000	3000	3000	3000
	机械寿命		免维护	15 000	15 000	15 000	15 000
			有维护	30 000	30 000	30 000	30 000
安装	连接方式			水平 垂直	水平 垂直	水平 垂直	水平 垂直
	型式		抽屉式	○ ○	○ ○	○ ○	○ ○
			固定式	○ ○	○ ○	○ ○	○ ○
	外形尺寸（mm）$H\times W\times L$			H W L	H W L	H W L	H W L
	抽屉式	水平连接	3P 后置	438 375 451	438 375 451	438 375 451	438 375 451
			4P 后置	438 470 451	438 470 451	438 470 451	438 470 451
		垂直连接	3P 前置	494 375 425	494 375 425	494 375 425	494 375 425
			3P 后置	438 375 446	438 375 446	438 375 446	438 375 446
			4P 前置	494 470 425	494 470 425	494 470 425	494 470 425
			4P 后置	438 470 446	438 470 446	438 470 446	438 470 446
	固定式	水平连接	3P 后置	395 362 351	395 362 351	395 362 351	395 362 351
			4P 后置	395 457 351	395 457 351	395 457 351	395 457 351
		垂直连接	3P 前置	482 362 325	482 362 325	482 362 325	482 362 325
			3P 后置	395 362 375	395 362 375	395 362 375	395 362 375
			4P 前置	482 457 325	482 457 325	482 457 325	482 457 325
			4P 后置	395 457 375	395 457 375	395 457 375	395 457 375

H W L

CW1-2000		CW1-3200				CW1-4000			CW1-5000	
2000		3200				4000			5000	
1600	2000	2000	2500	2900	3200	3200	3600	4000	4000	5000
AC 400，690 50Hz										
AC 1000 50Hz										
12 000										
AC3500V1min 50Hz										

续表

型号　Type					CW1-2000							
3、4	3、4	3、4	3、4	3、4	3、4	3	4	3	4	3	4	3
50%In、100%In												
80	80	100	100	100	100	100		100		100		120
50	50	65	65	65	65	75		75		75		75
50	50	80	80	80	80	80		80		80		100
50	50	65	65	65	65	65		65		65		65
176	176	220	220	220	220	220		220		220		264
105	105	143	143	143	143	165		165		165		165
50	50	80	80	80	80	80		80		80		100
40	40	50	50	50	50	65		65		65		65
B												
25～30												
最大 70												
○	○	○	○	○	○	○		○		○		○
○	○	○	○	○	○	○		○		○		○
○	○	○	○	○	○	○		○		○		○
6500	6500	3000	3000	3000	3000	1500		1500		1500		500
3000	3000	1500	1500	1500	1500	750		750		750		500
15 000	15 000	10 000	10 000	10 000	10 000	10 000	5000	10 000	5000	10 000	5000	4000
30 000	30 000	20 000	20 000	20 000	20 000	20 000	10 000	20 000	10 000	20 000	10 000	8000
水平　垂直	水平　垂直	水平	水平	水平	水平	水平		水平		水平		水平
○　○	○　○	○	○	○	○	○		○		○		○
○　○	○　○	○	○	○	○	○		○		○		○
H W L	*H W L*	*H W L*	*H W L*	*H W L*	*H W L*	*H W L*						*H W L*
438 375 451	438 375 451	438 429 492	438 429 492	438 429 492	438 429 492	438 544 492						438 799 492
438 470 451	438 470 451	438 544 492	438 544 492	438 544 492	438 544 492	438 799 492						
494 375 425	494 375 425											
438 375 446	438 375 446											
494 470 425	494 470 425											
438 470 446	438 470 446											
395 362 351	395 362 351	395 414 371	395 414 371	395 414 371	395 414 371	395 527 424						395 782 424
395 457 351	395 457 351	395 527 371	395 527 371	395 527 371	395 527 371	395 782 424						
482 362 325	482 362 325											
395 362 375	395 362 375											
482 457 325	482 457 325											
395 457 375	395 457 375											

注　I_n＝630、800、1000A 断路器具有电动机保护型，U_e＝400V。

（5）功耗（环境温度＋40℃）。

1）CW1-2000 三极，360VA；

2）CW1-2000 四极，420VA；

3）CW1-3200 三极，900VA；

4）CW1-3200 四极，1220VA；

5）CW1-4000 三极，1225VA；

6）CW1-4000 四极，1240VA；

7）CW1-5000 三极，1250VA。

（6）降容系数。CW1 系列断路器降容系数见表 17-8。

表 17-8　CW1 系列断路器降容系数

环境温度（℃）		+40	+45	+50	+55	+60
允许持续工作电流	2000A	$1I_n$	$0.95I_n$	$0.9I_n$	$0.85I_n$	$0.8I_n$
	3200A	$1I_n$	$0.92I_n$	$0.86I_n$	$0.80I_n$	$0.74I_n$
	4000A	$1I_n$	$0.93I_n$	$0.87I_n$	$0.81I_n$	$0.75I_n$
	5000A	$1I_n$	$0.94I_n$	$0.88I_n$	$0.82I_n$	$0.76I_n$

注　周围空气温度与允许持续工作电流关系（在各种环境温度条件下，实测断路器进出线端温度达到 110℃为基准）。

（7）高海拔降容修正系数。CW1 系列断路器安装在海拔超过适用工作环境的 2000m 以上时，断路器电气性能可参照表 17-9 示值修正。

表 17-9　高海拔降容修正系数

海拔（m）	2000	3000	4000	5000
工频耐压（V）	3500	3150	2500	2000
工作电流修正系数	1	0.93	0.88	0.82
短路分断能力修正系数	1	0.83	0.71	0.63

2. CW2 系列智能型万能式断路器

（1）正常工作条件及周围环境条件。

1）周围空气温度−5～+40℃，且 24h 的平均值不超过+35℃；

2）安装地点的海拔不超过 2000m；

3）空气的相对湿度在最高温度为+40℃时不超过 50%，在较低温度下可以允许有较高的相对湿度，例如 20℃时达 90%，对由于温度变化偶尔产生的凝露应采取特殊的措施；

4）污染等级为 3 级；

5）断路器主电路及欠电压脱扣器线圈、电源变压器一次绕组的安装类别为Ⅳ，其余辅助电路、控制电路安装类别为Ⅲ；

6）断路器安装的垂直倾斜度不超过 5°；

7）断路器应安装在无爆炸危险和无导电尘埃、无足以腐蚀金属和破坏绝缘的地方；

8）断路器安装在柜体小室内，且加装门框、防护等级达 IP40。

（2）性能及特点。

1）高性能、小体积。CW2 系列断路器具有 1600、2000、2500、4000、6300 五只壳架。CW2-1600 断路器宽度尺寸仅为 248mm，$I_{cs}=I_{cu}$，高达 50kA，适用于 400mm 的柜体中间。新开发的 CW2-2500 断路器尺寸等同于 CW2-2000，宽度仅为 347mm，$I_{cs}=I_{cu}$，高达 85kA，短时耐受达到 65kA。CW2-4000、CW2-6300 满足了大容量、小型化的要求，为用户节省空间和成本。

2）更高分断和短时耐受能力。CW2 系列断路器全系列运行短路分断能力 $I_{cs}=100\%I_{cu}$ 极限短路分断能力。额定运行短路分断能力达 120kA，最大短时耐受电流更高达 $I_{cw}=100$kA，可以从容面对各种保护场合。

3）优异的升级换代性能。CW2-2000 断路器，可直接替换原 CW1-2000 断路器，无需改变母排和柜门的开孔尺寸。

4）简便安装、节约成本。CW2 系列断路器具有更简单的安装方式，可以简便实现。

5）连接方式。垂直连接、水平连接、混合连接。

6）先进可靠的安全性能。CW2 系列断路器具有可靠的抽屉座三位置锁定和自动解锁装置，安全确认“连接”、“试验”、“分离”三个位置。

7）易于集成、轻松实现网络管理。

CW2 系列断路器可实现智能化网络监控，采用开放式的 Modbus-RTU 通信协议，可通过转换器连接 Profibus、Devicenet、Ethernet 现场总线，方便用户进行集成管理。

8）清晰的合闸准备就绪指示，确保安全操作，可靠运行。

9）具有 IP30 防护等级的二次端子，安全防护更可靠。

10）更完善的保护，更完善的全选择性。

CW2 系列断路器可实现 ZSI 区域选择性联锁，确保各级保护的完全选择性，减少母排的热动力的承受。

(3) 技术参数及安装尺寸。CW2 系列智能型万能式断路器技术参数及安装尺寸见表 17-10。

表 17-10　　CW2 系列智能型万能式断路器技术参数及安装尺寸

型　号		CW2-1600
壳架等级额定电流 I_{nm}（A）		1600
额定电流 I_n（A）		200、400、630、800、1000、1250、1600
额定工作电压 U_e（V）		400、690/50Hz
额定绝缘电压 U_i（V）		1000
额定冲击耐受电压 U_{imp}（kV）		12
工频耐受电压 U（V）1min		3500
极数		3、4
N 极额定电流 I_N（A）		100%I_n
额定极限短路分断能力 I_{cu}（kA）（有效值）	AC 400V	50
	AC 690V	25
额定运行短路分断能力 I_{cs}（kA）（有效值）	AC 400V	50
	AC 690V	25
额定短路接通能力 I_{cm}（kA）（峰值）	AC 400V	105
	AC 690V	52.5
额定短时耐受电流（0.5s）I_{cw}（kA）（有效值）	AC 400V	42
	AC 690V	25
全分断时间（无附加延时）（ms）		25～30
闭合时间（ms）		最大 70
智能控制器	L25 型	○
	M25 型	○
	M26 型	○
	H26 型	○
	P25 型	○
	P26 型	○

续表

<table>
<tr><td colspan="5">型　号</td><td colspan="3">CW2-1600</td></tr>
<tr><td rowspan="4">操作性能</td><td rowspan="2">电气寿命</td><td colspan="3">AC 400V</td><td colspan="3">6500</td></tr>
<tr><td colspan="3">AC 690V</td><td colspan="3">3000</td></tr>
<tr><td rowspan="2">机械寿命</td><td colspan="3">免维护</td><td colspan="3">15 000</td></tr>
<tr><td colspan="3">有维护</td><td colspan="3">30 000</td></tr>
<tr><td rowspan="9">外形尺寸</td><td colspan="4">宽×高×深
[W×H×D (mm)]</td><td>W</td><td>H</td><td>D</td></tr>
<tr><td rowspan="4">抽屉式</td><td rowspan="2">水平连接</td><td>3P</td><td>后置</td><td>248</td><td>351.5</td><td>297</td></tr>
<tr><td>4P</td><td>后置</td><td>318</td><td>351.5</td><td>297</td></tr>
<tr><td rowspan="2">垂直连接</td><td>3P</td><td>后置</td><td>248</td><td>351.5</td><td>297</td></tr>
<tr><td>4P</td><td>后置</td><td>318</td><td>351.5</td><td>297</td></tr>
<tr><td rowspan="4">固定式</td><td rowspan="2">水平连接</td><td>3P</td><td>后置</td><td>254</td><td>320</td><td>197</td></tr>
<tr><td>4P</td><td>后置</td><td>324</td><td>320</td><td>197</td></tr>
<tr><td rowspan="2">垂直连接</td><td>3P</td><td>后置</td><td>254</td><td>320</td><td>197</td></tr>
<tr><td>4P</td><td>后置</td><td>324</td><td>320</td><td>197</td></tr>
<tr><td colspan="5">壳架等级额定电流 I_{nm} (A)</td><td colspan="2">2000</td><td>2500</td></tr>
<tr><td colspan="5">额定电流 I_n (A)</td><td colspan="2">630、800、1000、1250、1600、2000</td><td>1250、1600、2000、2500</td></tr>
<tr><td colspan="5">额定工作电压 U_e (V)</td><td colspan="3">400、690/50Hz</td></tr>
<tr><td colspan="5">额定绝缘电压 U_i (V)</td><td colspan="3">1000</td></tr>
<tr><td colspan="5">额定冲击耐受电压 U_{imp} (kV)</td><td colspan="3">12</td></tr>
<tr><td colspan="5">工频耐受电压 U (V) 1min</td><td colspan="3">3500</td></tr>
<tr><td colspan="5">极数</td><td colspan="3">3、4</td></tr>
<tr><td colspan="5">N极额定电流 I_N (A)</td><td colspan="3">100%I_n</td></tr>
<tr><td colspan="4" rowspan="2">额定极限短路分断能力 I_{cu} (kA)(有效值)</td><td>AC 400V</td><td colspan="2">80</td><td>85</td></tr>
<tr><td>AC 690V</td><td colspan="2">50</td><td>50</td></tr>
<tr><td colspan="4" rowspan="2">额定运行短路分断能力 I_{cs} (kA)(有效值)</td><td>AC 400V</td><td colspan="2">80</td><td>85</td></tr>
<tr><td>AC 690V</td><td colspan="2">50</td><td>50</td></tr>
<tr><td colspan="4" rowspan="2">额定短路接通能力 I_{cm} (kA)(峰值)</td><td>AC 400V</td><td colspan="2">176</td><td>187</td></tr>
<tr><td>AC 690V</td><td colspan="2">105</td><td>105</td></tr>
<tr><td colspan="4" rowspan="2">额定短时耐受电流 (1s) I_{cw} (kA)(有效值)</td><td>AC 400V</td><td colspan="2">60</td><td>65</td></tr>
<tr><td>AC 690V</td><td colspan="2">40</td><td>50</td></tr>
<tr><td colspan="5">全分断时间(无附加延时)(ms)</td><td colspan="3">25～30</td></tr>
<tr><td colspan="5">闭合时间 (ms)</td><td colspan="3">最大 70</td></tr>
<tr><td rowspan="6">智能控制器</td><td colspan="4">L25 型</td><td colspan="3">○</td></tr>
<tr><td colspan="4">M25 型</td><td colspan="3">○</td></tr>
<tr><td colspan="4">M26 型</td><td colspan="3">○</td></tr>
<tr><td colspan="4">H26 型</td><td colspan="3">○</td></tr>
<tr><td colspan="4">P25 型</td><td colspan="3">○</td></tr>
<tr><td colspan="4">P26 型</td><td colspan="3">○</td></tr>
</table>

续表

型号					CW2-1600								
操作性能	电气寿命	AC 400V			6500	5000							
		AC 690V			3000	2500							
	机械寿命	免维护			15 000	15 000							
		有维护			30 000	30 000							
外形尺寸	宽×高×深 [W×H×D（mm）]				W	H	D						
	抽屉式	水平连接	3P	后置	347	438	390	347	438	390			
			4P	后置	442	438	390	442	438	390			
		垂直连接	3P	后置	347	438	390	347	438	390			
			4P	后置	442	438	390	442	438	390			
	固定式	水平连接	3P	后置	362	395	290	362	395	290			
			4P	后置	457	395	290	457	395	290			
		垂直连接	3P	后置	362	395	290						
			4P	后置	457	395	290						
壳架等级额定电流 I_{nm}（A）					4000	6300							
额定电流 I_n（A）					2000	2500	2900	3200	3600	4000	4000	5000	6300
额定工作电压 U_e（V）					400、690/50Hz								
额定绝缘电压 U_i（V）					1000								
额定冲击耐受电压 U_{imp}（kV）					12								
工频耐受电压 U（V）1min					3500								
极数					3、4								
N极额定电流 I_N（A）					100%I_n								
额定极限短路分断能力 I_{cu}（kA）（有效值）			AC400V		100	120							
			AC690V		75	85							
额定运行短路分断能力 I_{cs}（kA）（有效值）			AC400V		100	120							
			AV690V		75	85							
额定短路接通能力 I_{cm}（kA）（峰值）			AC400V		220	264							
			AC690V		165	187							
额定短时耐受电流（1s）I_{cw}（kA）（有效值）			AC400V		85	100							
			AC690V		75	85							
全分断时间（无附加延时）（ms）					25～30								
闭合时间（ms）					最大70								
智能控制器	L25型				○								
	M25型				○								
	M26型				○								
	H26型				○								
	P25型				○								
	P26型				○								

续表

型号						CW2-1600					
操作性能	电气寿命	AC 400V				1500			1000		
		AC 690V				1000			800		
	机械寿命	免维护				10 000			5000		
		有维护				20 000			10 000		
外形尺寸 W H D		宽×高×深 [$W\times H\times D$(mm)]				$W\times H\times D$			$W\times H\times D$		
	抽屉式	水平连接	3P	后置		401	438	395	767	475.5	395
			4P	后置		514	438	395	993	475.5	395
		垂直连接	3P	后置		401	438	395	767	475.5	395
			4P	后置		514	438	395	993	475.5	395
	固定式	水平连接	3P	后置		414	395	290	782	395	290
			4P	后置		527	395	290	1008	395	290

注 I_n=200、400、630、800、1000A 断路器具有电动机保护型，其 U_e=400V。
I_n=630、800、1000A 断路器具有电动机保护型，U_e=400V。
CW2-6300，I_n=6300A，抽屉式断路器供应连接方式为垂直连接。

3. RMW1 系列智能型万能式空气断路器

(1) 用途。RMW1（DW45）智能型万能式空气断路器额定电压为交流 50Hz，690V，额定电流 630～6300A，用于配电网络中分配电能和保护线路、电源及用电设备免受过载、短路、接地故障的危害，具有较高精度的选择性保护，提高了供电可靠性。

(2) 特点。

1) 结构紧凑；

2) 通断能力高；

3) 无飞弧距离、较高安全性；

4) 智能型过电流脱扣保护，附有通信接口，可与计算机集群控制；

5) 电流表、电压表显示功能。

(3) 结构型式。

1) 安装方式：固定式、抽屉式；

2) 接线方式：水平接线、L 型垂直接线、十字垂直接线、水平加长接线；

3) 极数：三极、四极；

4) 操作方式：手动储能操作、电动机储能操作；

5) 脱扣器种类：智能型脱扣器、欠电压瞬时（或延时）脱扣器、分励脱扣器。

(4) 技术参数及安装尺寸。RMW1 系列智能型万能式断路器技术参数及安装尺寸见表 17-11。

表 17-11　　RMW1 系列智能型万能式断路器技术参数及安装尺寸

断路器型号		框Ⅰ											
		RMW1-630		RMW1-800		RMW1-1000		RMW1-1250		RMW1-1600		RMW1-2000	
额定电流 I_n（A）		630		800		1000		1250		1600		2000	
额定工作电压 U_e（V）		690		690		690		690		690		690	
额定绝缘电压 U_i（V）		1000		1000		1000		1000		1000		1000	
极数 P		3、4		3、4		3、4		3、4		3、4		3、4	
分断时间（ms）		30		30		30		30		30		30	
合闸时间（ms）		60		60		60		60		60		60	
分断能力 S～低　H～高		S	H	S	H	S	H	S	H	S	H	S	H
额定极限短路分断能力（kA）	400V	65	80	65	80	65	80	65	80	65	80	65	80
	690V	50	50	50	50	50	50	50	50	50	50	50	50
额定运行短路分断能力（kA）	400V	50	65	50	65	50	65	50	65	50	65	50	65
	690V	50	50	50	50	50	50	50	50	50	50	50	50
额定短时耐受电流 1s(kA)	400V	40	50	40	50	40	50	40	50	40	50	40	50
	690V	40	40	40	40	40	40	40	40	40	40	40	40
智能性脱扣器		√		√		√		√		√		√	
bse3（基本型）基本保护		√		√		√		√		√		√	
bse4（多功能型）可选择保护		√		√		√		√		√		√	
bse5（全功能型）通讯接口		√		√		√		√		√		√	
机械寿命次数	有维护	20 000		20 000		20 000		20 000		20 000		20 000	
	无维护	10 000		10 000		10 000		10 000		10 000		10 000	
安装型式	固定式	√		√		√		√		√		√	
	抽屉式	√		√		√		√		√		√	
外形尺寸（mm）	$H\times W\times D$	$H\times W\times D$		$H\times W\times D$		$H\times W\times D$		$H\times W\times D$		$H\times W\times D$		$H\times W\times D$	
	固定 3P	402×362×322		402×362×322		402×362×322		402×362×322		402×362×322		402×362×322	
	固定 4P	402×457×322		402×457×322		402×457×322		402×457×322		402×457×322		402×457×322	
	抽屉 3P	447×375×420		447×375×420		447×375×420		447×375×420		447×375×420		447×375×420	
	抽屉 4P	447×470×420		447×470×420		447×470×420		447×470×420		447×470×420		447×470×420	
质量（kg）	固定 3P	41		41		41		42.4		42.4		44.5	
	固定 4P	53		53		53		55.1		55.1		57.8	
	抽屉 3P	65.4		65.4		65.4		68		68		69.8	
	抽屉 4P	83.9		83.9		83.9		87.8		87.8		92.3	

断路器型号	框Ⅱ				框Ⅲ			
	RMW 1-2000	RMW 1-2500	RMW 1-2900	RMW 1-3200	RMW 1-4000/3	RMW 1-4000/4	RMW 1-5000	RMW 1-6300
额定电流 I_n（A）	2000	2500	2900	3200	4000	4000	5000	6300
额定工作电压 U_e（V）	690	690	690	690	690	690	690	690
额定绝缘电压 U_i（V）	1000	1000	1000	1000	1000	1000	1000	1000

续表

断路器型号		框Ⅱ									框Ⅲ		
		RMW 1-2000		RMW 1-2500		RMW 1-2900		RMW 1-3200		RMW 1-4000/3	RMW 1-4000/4	RMW 1-5000	RMW 1-6300
极数 *P*		3、4		3、4		3、4		3、4		3	4	3、4	3、4
分断时间（ms）		30		30		30		30		30	30	30	30
合闸时间（ms）		60		60		60		60		60	60	60	60
分断能力 S～低 H～高		S	H	S	H	S	H	S	H				
额定极限短路分断能力（kA）	400V	80	100	80	100	80	100	80	100	100	120	120	120
	690V	65	65	65	65	65	65	65	65	65	85	85	85
额定运行短路分断能力（kA）	400V	65	80	65	80	65	80	65	80	80	100	100	100
	690V	50	50	50	50	50	50	50	50	50	75	75	75
额定短时耐受电流 1s(kA)	400V	65	80	65	80	65	80	65	80	80	100	100	100
	690V	50	50	50	50	50	50	50	50	50	75	75	75
智能性脱扣器		√		√		√		√		√	√	√	√
bse3（基本型）基本保护		√		√		√		√		√	√	√	√
bse4（多功能型）可选择保护		√		√		√		√		√	√	√	√
bse5（全功能型）通讯接口		√		√		√		√		√	√	√	√
机械寿命次数	有维护	20 000		20 000		20 000		20 000		20 000	5000	5000	5000
	无维护	10 000		10 000		10 000		10 000		10 000	1000	1000	1000
安装型式	固定式	√		√		√		√					
	抽屉式	√		√		√		√		√	√	√	√
外形尺寸（mm）	*H*×*W*×*D*	*H*×*W*×*D*		*H*×*W*×*D*		*H*×*W*×*D*		*H*×*W*×*D*		*H*×*W*×*D*	*H*×*W*×*D*	*H*×*W*×*D*	*H*×*W*×*D*
	固定 3P	402×422×322		402×422×322		402×422×322		402×422×322		—	—	—	—
	固定 4P	402×537×322		402×537×322		402×537×322		402×537×322		—	—	—	—
	抽屉 3P	447×435×420		447×435×420		447×435×420		447×435×420		450×550×492	—	450×930×492	450×930×492
	抽屉 4P	447×550×420		447×550×420		447×550×420		447×550×420		—	450×930×492	450×930×492	450×930×492
质量（kg）	固定 3P	48		48		59		59		—	—	—	—
	固定 4P	61.6		61.6		76.7		76.7		—	—	—	—
	抽屉 3P	75		75		90		90		93	210	210	210
	抽屉 4P	95		95		117		117		125	210	210	210

注 表中"√"表示有配置，"—"表示无配置。

4. RMW2 系列智能型万能式空气断路器

（1）用途与特点。RMW2 智能型万能式空气断路器是目前国内体积较小、性能指标较高的智能型可通信万能式空气断路器。

RMW2 智能型万能式空气断路器额定电压为交流 50Hz，400V，额定电流 200～1600A，用于配电网络中用来分配电能和保护线路、电源及用电设备免受过载、欠电压、短路、漏电、接地等故障的危害，具有较高精确的选择性保护，提高了供电可靠性。额定电流的 630A 及以下断路器可以用作直接操作电动机，作为控制电动机的偶然启动、停止之用。

RMW2 智能型万能式空气断路器具有小型化、结构合理、通断能力高、无飞弧距离等特点。

RMW2 智能型万能式空气断路器拥有全新的高性能智能控制单元，提升了断路器的可靠性和安全性。

（2）结构型式。

1）安装方式：抽屉式或固定式；

2）接线方式：水平接线或垂直接线；

3）操作方式：手动操作或电动机操作兼手动操作；

4）脱扣器种类：分为智能型脱扣器、欠电压瞬时（或延时）脱扣器或分励脱扣器；

5）极数：三极、四极。

（3）技术参数及安装尺寸。

RMW2 系列智能型万能式断路器技术参数及安装尺寸见表 17-12。

表 17-12　**RMW2 系列智能型万能式断路器技术参数及安装尺寸**

断路器型号		RMW2-1600						
额定电流（A）		200	400	630	800	1000	1250	1600
额定工作电压（V）		400	400	400	400	400	400	400
额定绝缘电压（V）		1000	1000	1000	1000	1000	1000	1000
极数 P		3、4	3、4	3、4	3、4	3、4	3、4	3、4
分断时间（ms）		30	30	30	30	30	30	30
合闸时间（ms）		60	60	60	60	60	60	60
额定极限短路分断能力（kA）		55	55	55	55	55	55	55
额定运行短路分断能力（kA）		42	42	42	42	42	42	42
额定短路耐受电流 0.5s（kA）		42	42	42	42	42	42	42
智能型脱扣器		RMW2-bse3、bse4、bse5						
RMW2-bse3 基本型		√	√	√	√	√	√	√
RMW2-bse4 多功能型		√	√	√	√	√	√	√
RMW2-bse5 可通信型		√	√	√	√	√	√	√
机械寿命次数	有维护	10 000	10 000	10 000	10 000	10 000	10 000	10 000
	无维护	5000	5000	5000	5000	5000	5000	5000
安装型式	固定式	√	√	√	√	√	√	√
	抽屉式	√	√	√	√	√	√	√
外形尺寸（mm）		$W \times H \times D$						
	固定 3P	276×300×270						
	固定 4P	346×300×270						
	抽屉 3P	250×352×366						
	抽屉 4P	320×352×366						
质量（kg）	固定 3P	15	15	15	15	18	18	18
	固定 4P	20.5	20.5	20.5	20.5	23	23	23
	抽屉 3P	39.5	39.5	39.5	39.5	45	45	45
	抽屉 4P	49	49	49	49	55	55	55

注　表中“√”表示有配置，“—”表示无配置。

5. DW15 系列万能式断路器

（1）用途。DW15-630 万能式断路器额定电流 630A；DW15C-630 抽屉式万能式断路器额定电流 630A；DWX15C-630 万能式限流断路器额定电流 630A；DWX15C-630 抽屉式万能断路器额定电流 630A；DW15-1600 万能式断路器额定电流 1600A。适用于交流 400V50Hz 配电网络中作为分配电能，保护线路及电源设备的过载、欠电压和短路保护之用，在正常条件下也可作为电路的不频繁转换及电动机的不频繁起动之用。

型号带有 C 字母的抽屉式的安装结构提高了使用的经济性，在主电路和二次回路中均采用了插接式结构。在成套装置中，可省略固定式所必须的隔离开关，起到一机二用。同时增加了安全性，可靠性及应急状态下的灵活性。

型号带有 X 字母的断路器具有限流特性，在特大短路电流出现时能快速断开，因此特别适用于可能出现大短路电流的网络中用做保护之用。

（2）特点。

1）结构紧凑；

2）保护性能齐全。

（3）结构型式。

1）DW15-200，400，630，1000，1600 固定式万能断路；

2）DW15C-200，400，630 抽屉式万能断路器；

3）DWX15-200，400，630 固定式限流断路器；

4）DWX15C-200，400，630 抽屉式限流断路器。

（4）技术参数及性能。DW15 系列断路器技术参数见表 17-13～表 17-18。

表 17-13　DW15-200～1600 断路器的额定电流及整定电流值

壳架等级额定电流（A）	过电流脱扣器额定电流（A）	过电流脱扣整定值（A）			
		长延时	瞬时		
		热—电磁式	热—电磁式		电磁式
200	100	64～80～100	1000	1200	—
	160	102～128～160	1600	1920	
	200	128～160～200	2000	2400	
400	315	201.6～252～315	3150	3780	—
	400	256～320～400	4000	4800	
630	315	201.6～252～315	3150	3780	—
	400	256～320～400	4000	4800	
	630	403.5～504～630	6300	7560	
1000	630	441～504～630	1890～3780		630～1890
	800	560～640～800	2400～4800		800～2400
	1000	700～800～1000	3000～6000		1000～3000
1600	1600	1120～1280～1600	4800～9600		1600～4800

表 17-14　DWX15～200～630 断路器长延时过电流脱扣器的额定电流、电流整定值范围

壳架等级额定电流（A）	长延时过电流脱扣器额定电流（A）	配用速饱和电流互感器的电流比	长延时电流整定值范围（A）	瞬时过电流脱扣器整定值（A）	
				配电用	保护电动机用
200	100	100/5	64～100	1000	1200
	160	160/5	102～160	1600	1920
	200	200/5	128～200	2000	2400

续表

壳架等级额定电流（A）	长延时过电流脱扣器额定电流	配用速饱和电流互感器的电流比	长延时电流整定值范围（A）	瞬时过电流脱扣器整定值（A）	
				配电用	保护电动机用
400	315	315/5	202～315	3150	3780
	400	400/5	256～400	4000	4800
630	315	315/5	202～315	3150	3780
	400	400/5	256～400	4000	4800
	630	630/5	403～630	6300	7560

表 17-15　断路器的额定极限短路分断能力，额定短时耐受电流，在 400V 额定工作电压时飞弧距离

壳架等级额定电流（A）	额定极限短路分断能力 I_{cu}		额定短时耐受电流 I_{cw}		飞弧距离（mm）	电源进线方式
	通断能力 kA	功率因数	短时耐受电流（kA）	与额定短时耐受电流有关时间（s）		
DW15-200	20	0.3	8	0.2	280	上进线
DW15-400	25	0.25	8			
DW15-630	30	0.25	12.6			
DW15-1000	50	0.25	30	1	350	上进线 下进线
DW15-1600						
DWX15-200	50	0.25	/	/	280	上进线
DWX15C-200						
DWX15-400						
DWX15C-400						
DWX15-630	70	0.2				
DWX15C-630	50	0.25				

表 17-16　断路器的欠电压脱扣器，分励脱扣器，电磁铁，电动机操作的额定工作电压及所需最大瞬时功率

类型	DW15-200～630					DWX15-200～630						DW15-1000，1600				动作电压范围
	交流（VA）			直流（W）		～220V50Hz		～400V50Hz		直流（W）		交流（W）		直流（W）		
	127V	220V	400V	110V	220V	瞬时	延时	瞬时	延时	－110V	－220V	220V	400V	110V	220V	
欠电压脱扣器	/	17.2	19	/	/	17.2	12	19	22.3	/	/	18	19	/	/	吸合 85%～110% 断开 70%～35%
分励脱扣器	300	525	547	432	285	525	/	547	/	432	285	44	57	29	24	70%～110%
电磁铁线圈	/	7026	7220	7000	7700	7026	/	7220	/	7000	7700	/	/	/	/	85%～110%
电动机	/	400	400	400	/	400	/	400	/	400	400	250	250	250	250	85%～110%
释放电磁铁	/	/	/	/	/	/	/	/	/	/	/	670	680	890	903	85%～110%

表 17-17　　长延时过电流脱扣器的反时限过载特性

型号	周围空气温度	配电用断路器				保护电动机用断路器			
		试验电流/脱扣器整定电流		脱扣时间	状态	试验电流/脱扣器整定电流		脱扣时间	状态
DWX15	+30°±2℃	X	1.05	2h内不脱扣	从冷态开始	X	1.05	2h内不脱扣	从冷态开始
		Y	1.3	1h内脱扣	从热态开始	Y	1.20	1h内脱扣	从热态开始
		3.00		可返回时间>4s	从热态开始	1.50		<4min	从热态开始
						7.2		可返回时间≥4s	从冷态开始
	−5℃	X	1.05	2h内不脱扣	从冷态开始	X	1.05	2h内不脱扣	从冷态开始
		Y	1.35	1h内脱扣	从热态开始	Y	1.30	1h内脱扣	从热态开始
	+40℃	X	1.00	2h内不脱扣	从冷态开始	X	1.00	2h内不脱扣	从冷态开始
		Y	1.25	1h内脱扣	从热态开始	Y	1.20	1h内脱扣	从热态开始
DW15	+30℃±2℃	1.05		2h内不脱扣	从冷态开始	1.05		2h内不脱扣	从冷态开始
		1.3		<1h	从热态开始	1.20		<1h	从热态开始
						1.5		<4min	从热态开始
		3.00		可返回时间>8s	从冷态开始	7.2		可返回时间>4s	从冷态开始

表 17-18　　辅助触头正常使用条件下的通断能力

使用类别		接通			分断			通断操作循环次数和操作频率		
		I/I_e	U/U_e	cosϕ 或 T0.95	I/I_e	U_r/U_e	cosϕ 或 T0.95	操作次数	每分钟操作次数	通电时间(s)
DW15	AC-15	10	1	0.3	1	1	0.3	6050	1	0.05
	DC-13	1	1	300ms	1	1	300ms			
DWX15	AC-15	10	1	0.3	1	1	0.3	6050	1	0.05
	DC-13	1	1	300ms	1	1	300ms			

6. ME（DW17）系列万能式断路器

（1）用途。ME（DW17）系列万能式空气断路器（以下简称断路器）是从联邦德国 AEG 公司引进的产品，适用于额定工作电压 AC400V、690V、50～60Hz；额定工作电流 630～4000A 的配电电路作不频繁转换之用、对线路及电气设备的过载，欠电压和短路进行保护。并具有分级选择保护。能直接起动电动机并保护电动机、发电机和整流装置等免受过载、短路和欠电压等不正常情况的危害。

（2）特点。断路器具有结构紧凑，体积小、质量轻、系列性强。零部件互换性好，保护系统齐全，技术经济指标高，维护使用方便等特点。

（3）结构型式。

1）安装方式：固定式、抽屉式；

2）极数：三极、四极。

（4）操作方式。ME 系列断路器的操作方式有右侧手动直接操作、正面手动直接操作、正面手动快速操作、电动机快速操作、电动机储能带释能操作五种方式。

电动机操作采用交直流串励电机配上一套储能闭合装置，通过电动操作控制装置控制断路器闭合。控制装置具有闭合操作完成后能防止第二次闭合动作。从闭合操作指令发出到闭合操作完成时间约 700ms。

电动机预储能带释能操作，其操作分两个过程：第一个过程为储能，只需操作储能按钮即可完成。第二个过程为闭合操作，当需要断路器闭合时，只需接通闭合操作按钮即可完成。从接到闭合令发出到闭合操作完成时间约 100ms。

(5) 技术及电气参数。ME（DW17）系列断路器三极和四极时技术参数见表 17-19 和表 17-20。

表 17-19　ME（DW17）系列断路器三极时技术参数

结构尺寸		1						2			3		备 注
型号		ME 630	ME 800	ME 1000	ME 1250	ME 1600	ME 1605	ME 2000	ME 2500	ME 2505	ME 3200	ME 3205	
过载长延时脱扣器整定电流调节范围（A）	200-300-400	•	•										任选一种
	350-500-630	•	•	•									
	500-650-800		•										
	500-750-1000			•	•	•							
	750-1000-1250				•								
	900-1200-1600					•							
	900-1400-1900						•						
	1000-1500-2000							•					
	1500-2000-2500								•				
	1900-2400-2900									•			
短路短延时脱扣器整定电流调节范围（kA）	3-4-5	•	•	•	•								任选一种
	5-6.5-8	•	•	•	•	•	•						
	8-10-12						•	•	•	•			
	8-12-16										•		
	10-15-20											•	
短路瞬时脱扣器整定电流调节范围（kA）	2-3-4	•	•	•	•								
	4-6-8	•	•	•	•	•	•	•	•				
	6-9-12						•	•	•	•			
	8-12-16										•		
	10-15-20											•	
通断能力符合 IEC 60947-2，VDE 0660. o $\xrightarrow{t}$ co $\xrightarrow{t}$ co	～400V	50	50	50	50	50	50	80	80	80	80	80	
	～690V	50	50	50	50	50	50	80	80	80	80	80	
额定接通能力峰值（kA）	～400V	105	105	105	105	105	105	180	180	180	180	180	
	～690V	105	105	105	105	105	105	180	180	180	180	180	
额定短时耐受电流（kA）		30	30	50	50	50	50	80	80	80	80	80	

表 17-20　ME（DW17）系列断路器四极时技术参数

型　号		ME 630/Ⅳ	ME 800/Ⅳ	ME 1000/Ⅳ	ME 1250/Ⅳ	ME 1600/Ⅳ	ME 2000/Ⅳ	ME 2500/Ⅳ	备 注
过载长延时脱扣器整定电流调节范围（A）	200-300-400	•	•	•	•	•			任选一种
	350-500-630	•	•	•	•	•			
	500-650-800		•						

续表

型号		ME 630/Ⅳ	ME 800/Ⅳ	ME 1000/Ⅳ	ME 1250/Ⅳ	ME 1600/Ⅳ	ME 2000/Ⅳ	ME 2500/Ⅳ	备注
过载长延时脱扣器整定电流调节范围（A）	500-750-1000			·	·	·			任选一种
	750-1000-1250				·				
	900-1400-1600					·			
	1000-1500-2000						·	·	
	1500-2000-2500							·	
短路短延时脱扣器整定电流调节范围（kA）	3-4-5	·	·	·	·	·			任选一种
	5-6.5-8	·	·	·	·	·			
	8-10-12						·	·	
短路瞬时脱扣器整定电流调节范围（kA）	1.5-2-3	·	·	·					
	2-3-4	·	·	·	·	·			
	4-6-8	·	·	·	·	·			
	6-9-12						·	·	
通断能力符合 IEC60947-2，VDE0660. o $\xrightarrow{t}$ tco $\xrightarrow{t}$ tco	～400V	40	40	40	40	40	50	50	
	～690V	40	40	40	40	40	50	50	
额定接通能力峰值（kA）	～400V	84	84	84	84	84	105	105	
	～690V	84	84	84	84	84	105	105	
额定短时耐受电流（kA）		30	30	40	40	40	50	50	

注 电源为上进线或下进线，短路短延时保护（延时时间 300ms）额定分断能力≤50kA 时，$\cos\phi=0.25$，80kA 时 $\cos\phi=0.2$。

第 3 节　低压塑料外壳式断路器

1. M1 系列塑料外壳式断路器

（1）用途。M1 系列塑料外壳式断路器适用于交流 50Hz、额定工作电压 400V、额定电流 800A 的配电网络中，用于分配电能和保护线路、电源及用电设备免受过载、欠电压和短路的危害，提高了供电可靠性，在正常条件下可作为线路的不频繁转换及电动机的不频繁起动之用。并具有隔离功能。

（2）技术标准。符合 GB 14048.2 和 IEC 60947-2 技术标准。

（3）结构型式。

1）用途：配电、保护电动机；

2）极数：二极、三极、四极；

3）操作方式：电动操作、转动手柄操作、本体手柄直接操作；

4）脱扣器种类：瞬时脱扣器、复式脱扣器（瞬时脱扣器和过载脱扣器）；

5）接线方式：板前接线、板后接线、插入式接线；

6）安装方式：垂直安装（竖装）、水平安装（横装）。

（4）正常工作条件。符合 GB 14048.2 和 IEC 60947-2 工作环境标准。

（5）脱扣器方式及附件代号。断路器脱扣器方式及附件代号见表 17-21。

表 17-21 断路器脱扣器方式及附件代号

脱扣器方式及附件代号		型号 / 极数	$M1\text{-}\frac{63H}{100C}$	$M1\text{-}\frac{100S\cdot H}{250S\cdot H}$		$M1\text{-}\frac{400S\cdot H}{630S\cdot H}$		M1-800S·H
瞬时脱扣器	复式脱扣器	附件名称	3	3	4	3	4	3
208	308	报警触头	[| |●]→	←[●|]		←[●|]		←[●|]
210	310	分励脱扣器	←[□|]	←[□|]		←[□|]		←[□|]
220	320	辅助触头	[| |○]→	←[○|]		←[○|]		←[○|]
230	330	欠电压脱扣器	←[■|]	[| |■]→		[| |■]→		[| |■]→
240	340	分励脱扣器、辅助触头	←[□|○]→	←[○|□]→		←[○|□]→		←[○|□]→
250	350	分励脱扣器、欠电压脱扣器	——	←[□|■]→		←[□|■]→		←[□|■]→
260	360	二组辅助触头	——	←[○|○]→		←[○|○]→		←[○|○]→
270	370	辅助触头、欠电压脱扣器	←[■|○]→	←[○|■]→		←[○|■]→		←[○|■]→
218	318	分励脱扣器、报警触头	←[□|●]→	←[●|□]→		←[●|□]→		←[●|□]→
228	328	辅助触头、报警触头	[| |○●]→	←[●|○]→		←[●|○]→		←[●|○]→
238	338	欠电压脱扣器、报警触头	←[■|●]→	←[●|■]→		←[●|■]→		←[●|■]→
248	348	分励脱扣器、辅助报警触头	←[□|○●]→	←[○●|□]→		←[○●|□]→		←[○●|□]→
268	368	二组辅助触头、报警触头	——	←[○●|○]→		←[○●|○]→		←[○●|○]→
278	373	欠电压脱扣器、辅助报警触头	←[■|○●]→	←[○●|■]→		←[○●|■]→		←[○●|■]→

注 1. RMM1-63H；100C. S. H：250S，H220，320，240，340，270，370一组可提供二动合二动断辅助触头；260，360二组可提供三动合三动断辅助触头，请订货时在附件代号后加注“B”，如320B。

2. ○ 辅助触头。
● 报警触头。
□ 分励脱扣器。
■ 欠电压脱扣器。
→ 引线方向。

（6）技术参数及安装尺寸。M1 系列塑料外壳式断路器技术参数及安装尺寸见表 17-22。

表 17-22　　M1 系列塑料外壳式断路器及安装尺寸

型　号		M1-63H	M1-100C	M1-100S	M1-100H	
壳架等级额定电流（A）		63	100			
额定电流 30℃（A）		10、12.5、16、20、25、32、40、50、63	10、16、20、32、40、50、63、80、100	16、20、32、40、50、63、80、100		
极数		2、3	2、3	2、3	2、3	4
额定绝缘电压（V）		690				
额定冲击耐受电压（V）		6000				
额定极限短路分断能力（kA）	a.c400V	50	25	35	50	
	a.c690V				5	
额定运行短路分断能力（kA）	a.c400V	25	16	25	35	
	a.c690V				3.5	
飞弧距离（mm）		≤50	≤50			
操作性能（次）	通电	4000	4000			
	不通电	6000	6000			
隔离适用性		■	■	■	■	
外形尺寸（mm）	W	77	77	90	90	120
	L	120	120	155	155	155
	H_1	80	70	68	86	86
	H_2	102	92	86	104	104
安装尺寸 $W_1 \times L_1$（mm）		25×100	25×100	30×132		
质量（kg）		1	0.9	1.3	1.6	2
分励脱扣器		■	■	■	■	
欠电压脱扣器		■	■	■	■	
辅助触头		■	■	■	■	
报警触头		■	■	■	■	
电动操作机构		■	■	■	■	
转动手柄操作机构		■	■	■	■	

M1-250S	M1-250H		M1-400S		M1-400H		M1-630S		M1-630H		M1-800S	M1-800H
250			400				630				800	
100、125、160、180、200、225、250			250、315、350、400				500、600、630				700、800	
2、3	2、3	4	2、3	4	2、3	4	2、3	4	2、3	4	3	3
690												
6000												
35	50		50		65		50		65		50	65

续表

型 号							M1-63H		M1-100C		M1-100S	M1-100H
	5				15				15			
25	35		32.5		45		32.5		45		32.5	45
	3.5				10				10			
≤50			≤100				≤100				≤100	
2000			1000				1000				1000	
6000			4000				4000				4000	
■	■		■		■		■		■		■	■
105	105	140	140	280	140	280	210	280	210	280	210	210
165	165	165	257	275	257	275	275	275	275	275	275	275
86	103	103	103	103	103	103	103	103	103	103	103	103
110	127	127	155	155	155	155	155	155	155	155	155	155
35×126			44×194	70×243	44×194	70×243	70×243				70×243	
2.2	2.6	3.4	6.4	13	6.4	13	10	13	10	13	10.5	
■	■		■		■		■		■		■	■
■	■		■		■		■		■		■	■
■	■		■		■				■		■	■
■	■		■		■				■		■	■
■	■		■		■		■		■		■	■
■	■		■		■		■		■		■	■

注 RMM1系列塑料外壳式断路器上端为电源端LINE，下端为负载端LOAD，配线时不能倒接。“■”表示厂家可供货。

（7）脱扣器性能及技术参数。M1系列塑壳断路器脱扣器性能及技术参数见表17-23～表17-25。

表17-23　　瞬时过电流脱扣器的电流整定值

壳架等级额定电流（A）	配电用		保护电动机用	
63H	$I_n \leqslant 16A$	$I_n \geqslant 20A$	$I_n \leqslant 16A$	$I_n \geqslant 20A$
	$I_x=8I_n$；$I_y=240A$	$10I_n \pm 20\%$	$I_x=9.6I_n$；$I_y=240A$	$12I_n \pm 20\%$
100C	$I_n \leqslant 16A$	$I_n \geqslant 20A$	$I_n \leqslant 16A$	$I_n \geqslant 20A$
	$I_x=8I_n$；$I_y=240A$	$10I_n \pm 20\%$	$I_x=9.6I_n$；$I_y=240A$	$12I_n \pm 20\%$
100S、H、L	$10I_n \pm 20\%$		$12I_n \pm 20\%$	
250S、H、L	$5I_n \pm 20\%$、$10I_n \pm 20\%$		$12I_n \pm 20\%$	
400S、H、L	$5I_n \pm 20\%$、$10I_n \pm 20\%$		$12I_n \pm 20\%$	
630S、H、L	$5I_n \pm 20\%$、$10I_n \pm 20\%$		—	
800S、H	$5I_n \pm 20\%$、$10I_n \pm 20\%$		—	

注 1. I_x为约定不脱扣电流；I_y为约定脱扣电流。
2. RMM1-250中100A、125A规格瞬时脱扣器无$5I_n$电流整定值。

表 17-24　　配电用过载保护特性（反时限断开动作特性）

试验电流名称	整定电流倍数	约定时间		起始状态
		I_n≤63A	63A≤I_n	
约定不脱扣电流	1.05	≥1h	≥2h	从冷态开始
约定脱扣电流	1.30	<1h	<2h	从热态开始

表 17-25　　保护电动机用过载保护特性（反时限断开动作特性）

试验电流名称	整定电流倍数	约定时间	起始状态
约定不脱扣电流	1.00	≥2h	从冷态开始
约定脱扣电流	1.20	<2h	从热态开始

2. M1L 系列带剩余电流保护塑壳式断路器

（1）用途与标准。M1L 系列带剩余电流保护塑料外壳式断路器（以下简称断路器）适用于交流 50Hz，额定工作电压 400V，额定工作电流至 630A 及以下的电路中作不频繁转换，额定工作电流至 400A 的断路器亦可用于电动机不频繁起动之用。断路器具有过载、短路和欠电压保护功能。同时可作为人身间接接触保护和设备漏电保护，也可防止因设备绝缘损坏产生接地故障电流可能引起的火灾危险。在有关保护装置失灵时额定剩余动作电流不超过 30mA 的断路器还可用作直接接触的附加保护。

本产品符合 IEC 60947-2、GB 14048.2 低压断路器及附录 B 带剩余电流保护的断路器标准。

（2）分类。

1）按断路器用途。

a. 配电用；

b. 保护电动机用。

2）按极数。

a. 三极；

b. 四极。

3）按操作方式。

a. 本体手柄直接操作；

b. 电动操作；

c. 转动手柄操作。

4）按过电流脱扣器。

a. 瞬时脱扣器；

b. 复式脱扣器（瞬时脱扣器和过载脱扣器）。

5）按剩余电流保护动作时间。

a. 非延时型；

b. 延时型。

6）按接线方式。

a. 板前接线；

b. 板后接线；

c. 插入式接线。

(3) 型号与含义。

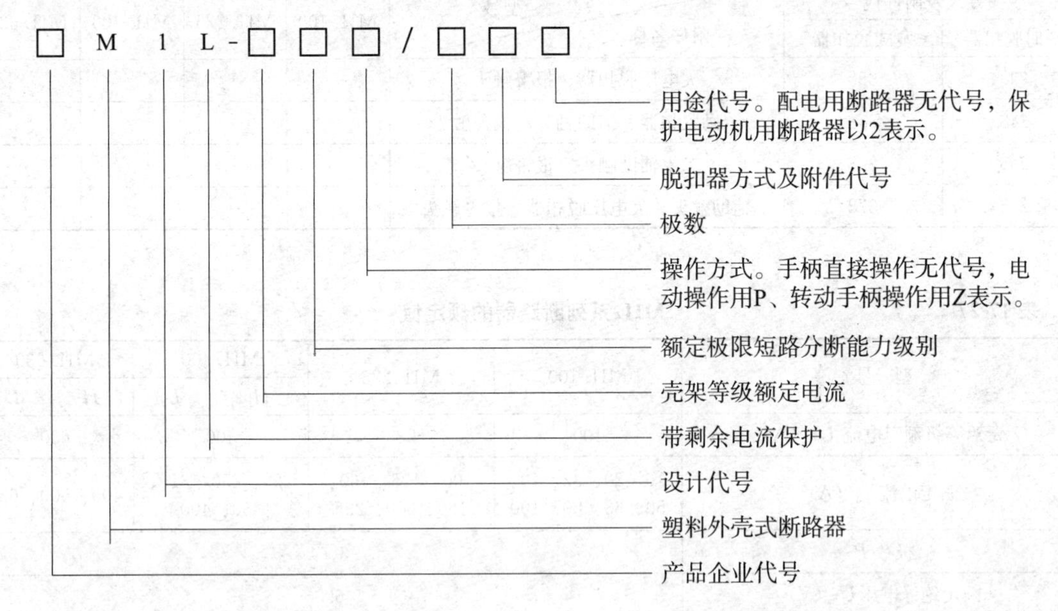

本型号含义与M1产品型号含义相同，只是多一项“L”符号和少一项N极保护方式。

(4) 断路器正常工作条件。

1) 周围空气温度。上限值不超过＋40℃，24h的平均值不超过＋35℃，下限值一般不低于－5℃。

2) 安装地点的海拔高度一般不超过2000m。

3) 大气条件。大气相对湿度在周围空气温度＋40℃时不超过50%，在较低温度下可以有较高的相对湿度；最湿月的平均最大相对湿度为90%，同时该月的月平均最低温度为＋25℃，并考虑到因温度变化发生在产品表面上的凝露。

4) 污染等级。为3级污染。

(5) 技术参数及性能。M1L系列带剩余电流保护塑壳式断路器技术参数及性能见表17-26～表17-30。

表17-26　　M1L系列脱扣器及附件代号

脱扣方式及附件代号		型号 附件名称	M1L-100	M1L-225	M1L-400	M1L-630
瞬时脱扣器	复式脱扣器					
200	300	无	√	√	√	√
208	308	报警触头	√	√	√	√
210	310	分励脱扣器	√	√	√	√
220	320	辅助触头	√	√	√	√
230	330	欠电压脱扣器	√	√	√	√
240	340	分励脱扣器、辅助触头	—	—	√	√
260	360	二组辅助触头	—	—	√	√
270	370	辅助触头、欠电压脱扣器	—	—	√	√
218	318	分励脱扣器、报警触头	—	—	√	√
228	328	辅助触头、报警触头	√	√	√	√

续表

脱扣方式及附件代号		附件名称＼型号	M1L-100	M1L-225	M1L-400	M1L-630
瞬时脱扣器	复式脱扣器					
238	338	欠电压脱扣器、报警触头	—	—	√	√
248	348	分励脱扣器、辅助触头、报警触头	—	—	√	√
268	368	二组辅助触头、报警触头	—	—	√	√
278	378	辅助触头、欠电压脱扣器、报警触头	—	—	√	√

表 17-27　　M1L 系列断路器的额定值

型　号		M1L-100	M1L-225	M1L-400		M1L-630	
				H	L	H	L
壳架等级额定电流 I_{nm}（A）		100	225	400		630	
额定电流 I_n（A）		16、20、32、40、50、63、80、100	100、125、160、180、200、225	225、250、315、350、400		400、500、630	
极数 P		3、4					
额定绝缘电压 U_i（V）		690					
额定耐受冲击电压 U_{imp}（V）		8000					
额定极限短路分断能力 I_{cu}（kA）AC 400V		50		65	85	65	85
额定运行短路分断能力 I_{cs}（kA）AC 400V		25		65	65	65	65
飞弧距离（mm）		50		100			
额定剩余动作电流 $I_{\Delta n}$（mA）	非延时型	30/100/500 可调		100/300/500 可调			
	延时型	100/300/500 可调					
额定剩余不动作电流 $I_{\Delta no}$（mA）		$1/2I_{\Delta n}$					
额定剩余短路接通分断能力 $I_{\Delta m}$（kA）		$1/4I_{cu}$					

表 17-28　　M1L 系列剩余电流保护动作时间

剩余电流		$I_{\Delta n}$	$2_{\Delta n}$	$5I_{\Delta n}^{*}$	$10I_{\Delta n}^{**}$
非延时型	最大分断时间（s）	0.2	0.1	0.04	0.04
延时型	最大分断时间（s）	0.5/1.15/2.15	0.4/1.0/2.0	0.3/0.9/1.9	0.3/0.9/1.9
	极限不驱动时间（s）	0.1/0.5/1.0			

*　对 $I_{\Delta n}\leqslant$30mA 规格用 0.25A 代替 $5I_{\Delta n}$。

**　对 $I_{\Delta n}\leqslant$30mA 规格用 0.5A 代替 $10I_{\Delta n}$。

表 17-29　　M1L 系列瞬时过电流脱扣器电流整定值

壳架等级额定电流 I_{nm}（A）	配电用	保护电动机用
100	$10I_n\pm20\%$	$12I_n\pm20\%$
225	$10I_n\pm20\%$	$12I_n\pm20\%$
400	$10I_n\pm20\%$	$12I_n\pm20\%$
630	$10I_n\pm20\%$	—

表 17-30 **M1L 系列过载保护特性**（反时限动作）

用途		整定电流倍数		约定时间（h）	周围空气参考温度（℃）
		约定不脱扣电流 I_x	约定脱扣电流 I_y		
配电用断路器	I_n≤63A	1.05	1.3	1	30±2
	63<I_n	1.05	1.3	2	30±2
保护电动机用断路器		1.0	1.2	2	40±2

（6）漏电报警器。带漏电报警器的本系列断路器，当发生漏电时，漏电报警器发出信号：报警指示灯亮，P1、P2 动断触点断开；P1、P3 动合触点闭合，但断路器不脱扣。发生漏电报警后，应及时排除线路漏电故障，并进行复位。如用试验按钮进行测试报警后也要进行复位。

该漏电报警器是为了满足特殊场合需要，用户在选用该功能保护电器时请慎重。

触点容量：AC 250V 5A。

3. DZ20 系列空气断路器

（1）技术参数及性能。DZ20 系列空气断路器技术参数及性能见表 17-31～表 17-34。

表 17-31 **DZ20 系列空气断路器主要技术数据**

型号	断路器额定电流 I_n（A）	框架等级额定电流（A）	电磁脱扣整定值		交流短路极限通断能力（kA）	电寿命（次）	机械寿命（次）	飞弧距离（mm）
			配电用	电动机用				
DZ20C-160	16，20，32 40，50，63 800，100 （C：125，160）	160	$10I_n$	$12I_n$	12	4000	4000	150
DZ20Y-100		100			18			
DZ20J-100					35			
DZ20G-100					100			200
DZ20C-250	100，125 160，180 200，225 （C：250）	250	$5I_n$ $10I_n$	$8I_n$ $12I_n$	15	2000	6000	150
DZ20Y-200		200			25			
DZ20J-200					42			
DZ20G-200					100			200
DZ20C-400	200，250 315，350，400 （C：100，125， 160，180）	400	$10I_n$	$12I_n$	15	1000	4000	200
DZ20Y-400					30			
DZ20J-400			$5I_n$、$10I_n$		42			
DZ20C-630	400，500，630	630	$5I_n$ $10I_n$		30	1000	4000	200
DZ20Y-630	250，315，350 400，500，630				30			
DZ20J-630					42			
DZ20Y-1250	800，1000，1250	1250	$4I_n$，$7I_n$		50	500	2500	200

表 17-32 **DZ20 系列空气断路器附件代号**

脱扣方式	附件名称															
	无	报警触头	分励脱扣器	辅助触头	欠电压脱扣器	分励脱扣器辅助触头	分励脱扣器欠电压脱扣器	二组辅助触头	辅助触头欠电压脱扣器	分励脱扣器报警触头	辅助触头报警触头	欠电压脱扣器报警触头	分励脱扣器辅助触头报警触头	分励脱扣器欠电压脱扣器报警触头	二组辅助触头报警触头	辅助触头欠电压脱扣器报警触头
瞬时脱扣器	200	208	210	220	230	240	250	260	270	218	228	238	248	258	268	278
复式脱扣器	300	308	310	320	330	340	350	360	370	318	328	338	348	358	368	378

注 复式脱扣器包括电磁脱扣器和热脱扣器。

表 17-33　　DZ20 系列空气断路器过载保护特性（约定时间）

试验名称	I/I_n	配电用反时限断开特性						电动机保护用反时限断开特性				起始状态	环境温度（℃）
		I_{nm}=100A		I_{nm}/A				I_{nm}=100A		I_{nm}/A			
		I_n≤63	63<I_n≤100	200	400	630	1250	I_n≤63A	63<I_n≤100	200	400		
约定不脱扣电流	1.05	1h	2h	2h				2h		2h		冷态	+40
约定脱扣电流	1.20							2h		2h		热态	
	1.25		2h	2h									
	1.35	1h											
可返回电流	3.0	5s	8s	8s		12s						冷态	
	6.0							3s	5s	5s	8s		

表 17-34　　DZ20 系列空气断路器短路保护整定值

型　号	瞬时脱扣器整定电流倍数		型　号	瞬时脱扣器整定电流倍数	
	配电保护用	电动机保护用		配电保护用	电动机保护用
DZ20C-160	$10I_n$	$12I_n$	DZ20C-400	5～$10I_n$	8～$12I_n$
DZ20Y-100			DZ20Y-400	$10I_n$	$10I_n$
DZ20J-100			DZ20J-400	5～$10I_n$	
DZ20G-100			DZ20C-630		
DZ20C-250	5～$10I_n$	8～$12I_n$	DZ20Y-630		
DZ20Y-200			DZ20J-630		
DZ20J-200			DZ20Y-1250	$10I_n$	
DZ20G-200					

（2）合、分闸电路及结构。DZ20-250P、DZ20-400P、DZ20-630P 型断路器可装有电动合、分闸操动机构，操动机构为电动机带动的蜗轮、蜗杆操动机构，可装置在断路器手动合闸的绝缘手柄上。电动机为：AC/DC 220V、75W、0.5A，交直流两用串励式电动机。操动合闸机构为短时工作制，完成接通与分断的总操作时间大约只有 0.5s。DZ20 系列断路器合、分闸电路见图 17-3。

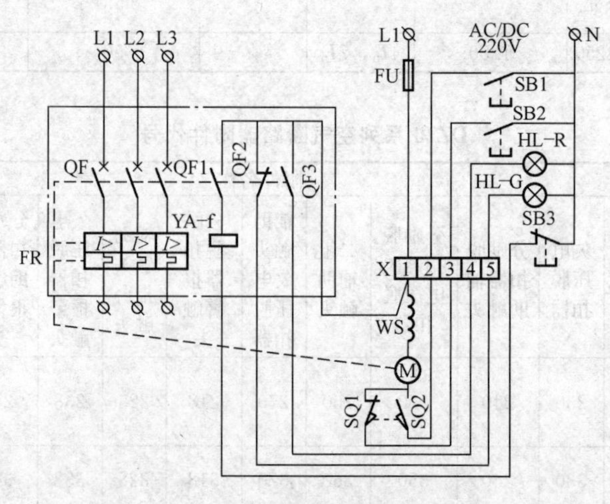

图 17-3　DZ20 系列断路器合、分闸电路

4. 施耐德 M 系列低压断路器

施耐德 M 系列低压断路器技术数据见表 17-35。

表 17-35　　施耐德 M 系列低压断路器技术数据

型号		M08				M10				M12				M16				M20				M25				M32		M40		M50		M63	
I_n		800				1000				1250				1600				2000				2500				3200		4000		5000		6300	
I_o		800				1000				1250				1600				2000				2500				3200		4000		5000		6300	
等级		N1	H1	H2	L1	N1	H1	H2	L1	N1	H1	H2	L1	N1	H1	H2	L1	N1	H1	H2	L1	N1	H1	H2	L1	H1	H2	H1	H2	H1	H2	H1	H2
额定极限短路分断能力（I_{cu}）	220V 415V	40	65	100	130	40	65	100	130	40	65	100	130	40	65	100	130	55	75	100	130	55	75	100	130	75	100	75	100	100	150	100	150
	440V	40	65	100	110	40	65	100	110	40	65	100	110	40	65	100	110	55	75	100	110	55	75	100	110	75	100	75	100	100	150	100	150
	500V 690V	40	65	85	65	40	65	85	65	40	65	85	65	40	65	85	65	55	75	85	65	55	75	85	65	75	85	75	85	85	85	85	85
额定运行短路分断能力（I_{cs}）	220V 415V	40	65	100	130	40	65	100	130	40	65	100	130	40	65	100	130	55	75	100	130	55	75	100	130	75	100	75	100	100	125	100	125
	440V	40	65	100	110	40	65	100	110	40	65	100	110	40	65	100	110	55	75	100	110	55	75	100	110	75	100	75	100	100	125	100	125
	500V 690V	40	65	85	65	40	65	85	65	40	65	85	65	40	65	85	65	55	75	85	65	55	75	85	65	75	85	75	85	85	85	85	85
额定短时耐受电流（I_{cw}）	0.5s	40	65	65	12	40	65	65	12	40	65	65	12	40	65	65	17	55	75	75	17	55	75	75	17	75	75	75	75	100	100	1000	100
	1s	30	50	50	12	30	50	50	12	30	50	50	12	40	50	50	17	55	75	75	17	55	75	75	17	75	75	75	75	100	100	100	100
	3s	22	32	32	12	22	32	32	12	22	32	32	12	20	32	32	17	50	57	57	17	50	75	75	17	75	75	75	75	100	100	100	100
额定短路接通能力（I_{cm}）	220V 415V	84	143	220	286	84	143	220	286	84	143	220	286	84	143	220	286	121	165	220	286	121	165	220	286	165	220	165	220	220	330	220	330
	440V	84	143	220	242	84	143	220	242	84	143	220	242	84	143	220	242	121	165	220	242	121	165	220	242	165	220	165	220	220	330	220	330
	500V 690V	84	143	187	143	84	143	187	143	84	143	187	143	84	143	187	143	121	165	187	143	121	165	187	143	165	187	165	187	187	187	187	187
额定冲击耐受电流（I_{imp}）		84	143	143	24	84	143	143	24	84	143	143	24	84	143	143	24	121	165	165	34	121	165	165	34	165	165	165	165	220	220	220	220

5. ABB-F 系列低压断路器

ABB-F 系列低压断路器技术数据见表 17-36。

表 17-36　　ABB-F 系列低压断路器技术数据

系列号		F1						F2				F3	F4		F5		F6	
性能水平		B	N	S	H	V	L	H	V	L	S	S	S		S	H	S	H
极数		3，4						3，4				3，4	3，4		3，4		3	
I_n（A）		1250，1600，2000			1250，1600			2000，2500		2500，3000		2000，2500，3000	3200，3600		3200，4000，5000		6300	
AC 380V	I_{cu}（kA）	40	50	60	85	130	130	85	130	130	65	75	75	80	100	120	100	120
	I_{cs}（kA）	40	40	55	85	130	130	85	130	130	65	75	75	80	100	120	100	120
I_{cw}·1s（kA）		40	40	50	20	20	—	25	25	—	65	75	75	80	100	100	100	100
I_{cw}·3s（kA）		23	23	50	—	—	—	—	—	—	50	50	50	55	60	60	80	80
分闸时间（ms）		30	30	30	—	—	—	—	—	—	30	30	30	30	45	45	45	45
分断时间（ms）		45	45	45	10	10	10	10	10	10	45	45	45	45	60	60	60	60

注　I_n—断路器额定电流（A）；I_{cu}—额定极限短路分断容量（kA）；I_{cs}—额定运行短路分断容量（kA）；I_{cw}·1s—1s 额定短时耐受电流（kA）；I_{cw}·3s—3s 额定短时耐受电流（kA）。

6. TO、TG 系列塑壳式自动开关

TO、TG 系列塑壳式自动开关技术数据见表 17-37、表 17-38。

表 17-37　　TO，TG 系列塑料外壳式自动开关技术数据

型　号	壳架等级额定电流（A）	脱扣器额定电流 I_n（A）	通断能力（kA）				电寿命（次）	机械寿命（次）	总寿命（次）
			50Hz 380V	cosφ	60Hz 440V	cosφ			
TO-100BA	100	15、20、30、40、50、60、75、100	18	0.20～0.25	12	0.25～0.30	6000	4000	10 000
TO-225BA	225	125、150、175、200、225	25	0.15～0.20	20	0.20～0.25	4000	4000	8000
TO-400BA	400	250、300、350、400	30	0.15～0.20	25	0.15～0.20	1000	5000	6000
TG-30	30	15、20、30	30	0.15～0.20	30	0.15～0.20	6000	4000	10 000
TG-100B	100	15、20、30、40、50、60、75、100	30	0.15～0.20	25	0.15～0.20	6000	4000	10 000
TG-400B	400	250、300、350、400	42	0.15～0.20	30		1000	5000	6000

表 17-38　　TO、TG 系列塑料外壳式自动开关过电流脱扣器动作特性

试验电流	动作时间						起始状态
	脱扣器额定电流 I_n						
	15～30A	40～50A	60A	75～100A	125～225A	250～400A	
$1.05I_n$	＜1h	＜1h	＜1h	＜2h	＜2h	＜2h	冷态
$1.25I_n$	—	—	—	＜2h	＜2h	＜2h	热态
$1.35I_n$	＜1h	＜1h	＜1h	—	—	—	热态
$2I_n$	2min	4min	6min	6min	8min	10min	冷态

第4节 低压交流接触器

1. CKJ 系列交流低压真空接触器

（1）CKJ 系列交流低压真空接触器技术数据见表 17-39～表 17-41。

表 17-39　　CKJ 系列交流低压真空接触器技术数据

型　号	极　数	额定电压（V）	额定电流（A）	固有合闸时间（s）	固有分闸时间（s）	每小时允许操作次数		接通与分断能力	
						AC3 时	短时（20s 内）操作	接　通	分　断
CKJ-100	3	660 或 1140	100	≤0.2	≤0.1	300	3600	—	—
CKJ-125	3	660 或 1140	125	≤0.2	≤0.1	300	3600	—	—
CKJ1-160	3	660 或 1140	160	≤0.2	≤0.1	—	—	—	—
CKJ1-250	3	660 或 1140	250	≤0.2	≤0.1	—	—	—	—
CKJ1-300	3	660 或 1140	300	≤0.2	≤0.1	300	2000		
CKJ5-250	3	660 或 1140	250	≤0.2	≤0.1	300	2000	2500A 100 次	2000A 25 次
CKJ5-400	3	660 或 1140	400	≤0.2	≤0.1	300	2000	4000A 100 次	3200A 25 次
CKJ5-600	3	660 或 1140	600	≤0.2	≤0.1	300	1200	6000A 100 次	4800A 25 次
CKJ5-600/1	1	660 或 1140	600	—	—	—	—	—	—

型　号	电寿命（万次）		机械寿命（万次）	极限分断能力	主回路热稳定电流		主回路接触电阻（μΩ）	质量（kg）
	AC3 时	AC4 时			电流（A）	时间（s）		
CKJ-100	30	6	300	2500A 3 次	1000	10	—	—
CKJ-125	30	6	300	2500A 3 次	1000	10	—	—
CKJ1-160	—	—	250	4500A 3 次	—	—	—	—
CKJ1-250	—	—	250	4500A 3 次	—	—	—	—
CKJ1-300	—	—	250	4500A 3 次	—	—	—	—
CKJ5-250	60	2	300	4500A 3 次	2000	10	≤250	—
CKJ5-400	60	2	300	4500A 3 次	3200	10	≤160	—
CKJ5-600	60	0.5	300	6000A 3 次	4800	10	≤100	20
CKJ5-600/1	—	—	—	—	—	—	—	12

表 17-40　　CKJ 系列交流低压真空接触器对主触头、辅助触头技术要求

型　号	主触头				辅助触头			
	初压力（MPa）	终压力（MPa）	开距（mm）	超额行程（mm）	动合		动断	
					开距（mm）	超程（mm）	开距（mm）	超程（mm）
CKJ-100、125	—	—	2.2±0.22	0.8±0.1	3.5	2.5	3.5	2.5
CKJ-160	—	—	—	—	—	—	—	—

续表

型号	主触头				辅助触头			
	初压力（MPa）	终压力（MPa）	开距（mm）	超额行程（mm）	动合		动断	
					开距（mm）	超程（mm）	开距（mm）	超程（mm）
CKJ1-250	—	—	—	—	—	—	—	—
CKJ1-300	—	—	—	—	—	—	—	—
CKJ5-250	—	0.762×10^6	2±0.1	1±0.1	—	—	—	—
CKJ5-400	1.127×10^6	1.176×10^6	2±0.1	1±0.1	—	—	—	—
CKJ5-600	1.862×10^6	1.96×10^6	2.1±0.1	1.1±0.1	—	—	—	—

表 17-41　CKJ系列交流低压真空接触器辅助触头技术数据

控制电源电压（V）	辅助触头额定电压（V）	辅助触头发热电流（A）	最高额定工作电压下的工作电流（A）	辅助触头				辅助触头的电气间隙（mm）	辅助触头的爬电距离（mm）
				对数	操作频率（次/h）	电寿命（万次）	机械寿命（万次）		
交流 50Hz 220V（或 36V）	交流 50Hz 380、220V；直流 220V	5	交流 0.78A① 直流 0.27A	三常开、三常闭，其中一对大超程常闭触头作为接触器吸合时转换线圈电流用	600	30	300	5.5	6.3

① 在较低工作电压下可以有较大的工作电流，可按额定控制容量换算。

（2）外形安装尺寸。CKJ系列交流低压真空接触器外形及安装尺寸见图 17-4 和表 17-42。

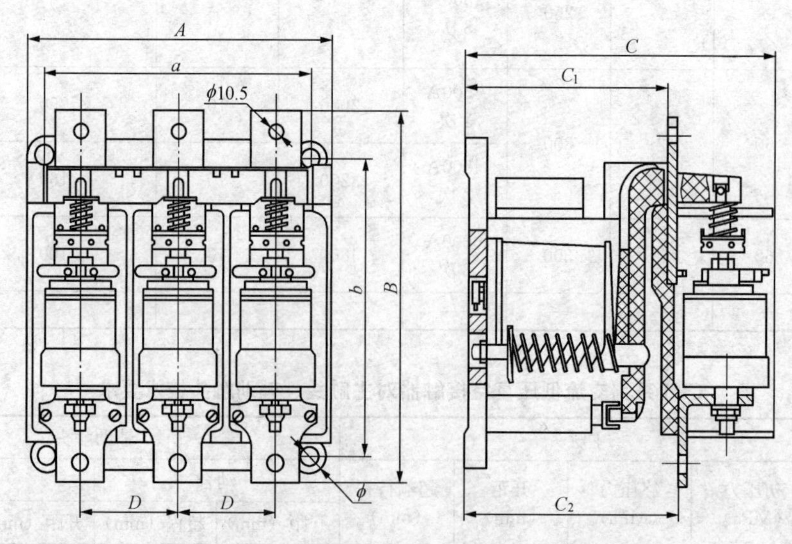

图 17-4　CKJ-100、125、CKJ5-250、400 型交流低压真空接触器外形及安装尺寸

表 17-42　　　　CKJ 系列交流低压真空接触器外形及安装尺寸

型号	极数	外形尺寸（mm）				安装尺寸（mm）				
		A	B	C	D	a	b	C_1	C_2	ϕ
CKJ-100	3	140	150	175		126	110	113	—	2-ϕ9+2-ϕ5.5
CKJ-125										
CKJ1-160		—	—	—	—	—	—	—	—	—
CKJ1-250		—	—	—	—	—	—	—	—	—
CKJ1-300		—	—	—	—	—	—	—	—	—

型号	极数	外形尺寸（mm）				安装尺寸（mm）				
		A	B	C	D	a	b	C_1	C_2	ϕ
CKJ5-250	3	182	204	178	59	160	160	118	121	1-ϕ11
CKJ5-400		216	216	188	70	160	180	118	121	4-ϕ11
CKJ5-600		346	250	～218	86	300	230	—	—	4-ϕ9
CKJ5-600/1	1	192	250	～218	—	160	230	—	—	4-ϕ9

2. CJ20 系列交流接触器

（1）技术数据及性能。CJ20 系列交流接触器技术数据及性能见表 17-43。

表 17-43　　　　CJ20 系列交流接触器技术数据

型号	额定绝缘电压（V）	额定工作电压（V）	额定发热电流（A）	断续周期工作制下的额定工作电流（A）	AC3 类工作制下的控制功率（kW）	在额定负荷下额定操作频率（次/h）		
						AC2	AC3	AC4
CJ20-6.3	660	220 380 660	6.3	6.3 6.3 3.6	1.7 3 3	— 300 120	— 1200 600	— 300 120
CJ20-10		220 380 660	10	10	2.2 4 7.5	— 300 120	— 1200 600	— 300 120
CJ20-16		220 380 660	16	16 16 13.5	4.5 7.5 11	— 300 120	— 1200 600	— 300 120
CJ20-25		220 380 660	32	25 25 16	5.5 11 13	— 300 120	— 1200 600	— 300 120
CJ20-40		220 380 660	55	55 40 25	11 22 22	— 300 120	— 1200 600	— 300 120
CJ20-63		220 380 660	80	63 63 40	18 30 35	— 300 120	— 1200 600	— 300 120
CJ20-100		220 380 660	1.5	100 100 63	28 50 50	— 300 120	— 1200 600	— 300 120
CJ20-160		220 380 660	200	160 160 100	48 85 85	— 300 120	— 1200 600	— 300 120
CJ20-160/11	1140	1140		80	85	30	300	30

续表

型号	额定绝缘电压（V）	额定工作电压（V）	额定发热电流（A）	断续周期工作制下的额定工作电流（A）	AC3类工作制下的控制功率（kW）	在额定负荷下额定操作频率（次/h）		
						AC2	AC3	AC4
CJ20-250	660	220	315	250	80	—	—	—
		380		250	132	300	600	120
CJ20-250/06		660		200	190	120	300	30
CJ20-400		220	400	400	115	—	—	—
		380		400	200	300	600	120
CJ20-400/06		660		250	200	120	300	30
CJ20-630		220	630	630	175	—	—	—
		380		630	300	300	600	120
		660		400	350	120	300	30
CJ20-630/11	1140	1140	400	400	400	30	120	30

型号	机械寿命（万次）	AC3工作剩下电寿命（万次）	热稳定性	在 $1.1U_c\cos\varphi=0.35\pm0.05$ 时		保安性		吸引线圈动作性	
				接通100次	$f=2000I^{0.2}\times U_e^{-0.8}\pm10\%$（kHz）$=1.1\pm0.05$ 时开断25次	熔焊电流峰值（kA）	极限电流峰值（kA）	吸合电压	释放电压
CJ20-6.3	1000	100	AC3类8倍额定工作电流时，通电持续时间10s	$12I_e$	$10I_e$			35%～110%额定电压下可靠吸合（煤矿用产品下限留有10%的裕量）	≤70%额定电压可靠释放（煤矿用产品为65%），又不低于10%线圈额定电压
CJ20-10									
CJ20-16									
CJ20-25									
CJ20-40									
CJ20-63	600	120				6	12		
CJ20-100				$10I_e$	$8I_e$	10	20		
CJ20-160									
CJ20-160/11		20							
CJ20-250	300	60～80				11	22		
CJ20-250/06									
CJ20-400	300								
CJ20-400/06									
CJ20-630						16	32		
CJ20-630/11		12							

（2）CJ20系列交流接触器辅助触头技术数据见表17-44。

表17-44　CJ20系列交流接触器辅助触头技术数据

类别	型号	额定电压（V）	额定发热电流（A）	额定控制功率（VA）	通断能力考核条件		
					U/U_e	I/I_e	$\cos\varphi$ 或时间常数 T
交流	CJ20-6.3、10、16、25、40	380	10	100	1.1	1.1×10	$\cos\varphi=0.2$
	CJ20-63、100、160		6	300		1.1×10	$\cos\varphi=0.2$
	CJ20-250、400、630		10	500		1.1×14	$\cos\varphi=0.15$
直流	CJ20-6.3、10、16、25、40	220	10	60	1.1	1.1×3	$T=30$min
	CJ20-63、100、160		6	60			
	CJ20-250、400、630		10	60			

续表

类别	型　号	电寿命考核条件						操作频率（次/h）	机械寿命（万次）	正常使用下的电寿命（万次）
		接通			分断					
		U/U_e	I/I_e	$\cos\varphi$或时间常数T	U/U_e	I/I_e	$\cos\varphi$或时间常数T			
交流	CJ20-6.3、10、16、25、40		12	$\cos\varphi=0.65$			$\cos\varphi=0.65$	1200	1000	100
	CJ20-63、100、160	1	10	$\cos\varphi=0.2$	1	1	$\cos\varphi=0.25$	1200	1000	120
	CJ20-250、400、630		14	$\cos\varphi=0.15$			$\cos\varphi=0.2$	600	300	60
直流	CJ20-6.3、10、16、25、40							1200	1000	100
	CJ20-63、100、160	1	3	$T=30$ms	1	1	$T=150$ms	1200	1000	120
	CJ20-250、400、630							600	300	60

注　表中U、I分别为接触器试验电压和电流，U_e、I_e分别为接触器额定电压和额定电流。

（3）CJ20系列交流接触器吸引线圈技术数据见表17-45。

表17-45　　　　CJ20系列交流接触器吸引线圈技术数据

型　号	额定电压（V）	吸引线圈		消耗功率（VA/W）		质量（kg）
		匝数	导线型号及线径（mm）	起动	吸持	
CJ20-6.3	36 127 220 380	—	—	—	—	—
CJ20-10	36 127 220 380	—	—	—	—	—
CJ20-16	36 127 220 380	—	—	—	—	—
CJ20-25	36 127 220 380	606±6 2138±21 3700±37 6400±64	QZ-2，0.4 QZ-2，0.2 QZ-2，0.16 QZ-2，0.12	—	—	—
CJ20-40	36 127 220 380	460±5 1630±16 2820±28 4880±49	QZ-2，0.57 QZ-2，0.31 QZ-2，0.23 QZ-2，0.17	—	—	—
CJ20-63	36 127 220 380	2×146 2×482 2×810 2×1010	QZ-2，0.95 QZ-2，0.51 QZ-2，0.39 QZ-2，0.31	480/153	57/16.5	0.3
CJ20-100	36 127 220 380	2×(120±1) 2×(483±5) 2×(750±8) 2×(1300±13)	QZ-2，1.0 QZ-2，0.53 QZ-2，0.40 QZ-2，0.31	570/175	61/21.5	0.324

续表

型　号	额定电压(V)	吸引线圈		消耗功率（VA/W）		质量（kg）
		匝数	导线型号及线径（mm）	起动	吸持	
CJ20-160	36 127 220 380 矿用 127	2×85 2×300 2×520 2×900 2×277	QZ-2，1.12 QZ-2，0.63 QZ-2，0.45 QZ-2，0.35 QZ-2，0.71	855/325	85.5/34	0.4
CJ20-250	127 220 380	2×177 2×306 2×527	QZ-2，0.90 QZ-2，0.67 QZ-2，0.50	1/10/565	152/65	0.6
CJ20-400	127 220 380	—	—	—	—	—
CJ20-630	127 220 380 矿用直流 220	2×108 2×185 2×323 2×210	QZ 2，1.46 QZ-2，1.12 QZ-2，0.86 SBEC，0.86	3578/790 775	250/118 /10.3	1.5

（4）CJ20 系列交流接触器采用 NT 系列熔断器作短路保护电器，完全满足“α”型（允许接触器本身有任何形式的损坏，检查后接触器可能需要更换某些零件，如触头、灭弧罩或者需要更换整台接触器）要求。对于 CJ20-25 型及以上接触器，还能满足“C”型（允许触头熔焊，而且可以更换触头）要求。

NT 系列熔断器的特性数据为：分断电压为 1.1×380V，极限分断电流为 100kA，功率因数为 0.15±0.05。

CJ20 系列交流接触器与 NT 系列熔断器的配合见表 17-46。

表 17-46　CJ20 系列交流接触器与 NT 系列熔断器的配合

接触器型号	配装熔断器型号	接触器型号	配装熔断器型号
CJ20-6.3	NT00-16/500	CJ20-100	NT1-250/500
CJ20-10	NT00-20/500	CJ20-160	NT2-315/500
CJ20-16	NT00-32/500	CJ20-250	NT2-400/500
CJ20-25	NT00-40/500	CJ20-400	NT3-500/500
CJ20-40	NT00-63/500	CJ20-630	NT3-630/380
CJ20-63	NT1-160/500	—	—

（5）CJ20 系列交流接触器分类见表 17-47。

表 17-47　CJ20 系列交流接触器分类

接触器等级		1	2	3	4	5	6	7	8	9	10	11
额定发热电流（A）		6.3	10	16	25	40	63	100	160	250	400	630
不同额定电压下的额定电流（A）	380V	6.3	10	16	25	40	63	100	160	250	400	630
	660V	—	6.3	10	16	25	40	63	100	200	250	400
	1140V	—	—	—	—	—	—	—	80	—	—	400

注　1. 表中额定工作电流是指 AC3 类负荷时的数值。
2. CJ20-630/11 型（额定电压 1140V 时）的额定发热电流为 400A。

（6）CJ20系列交流接触器外形及安装尺寸见表17-48和图17-5。

表17-48　　CJ20系列交流接触器外形及安装尺寸

型　号	外形及安装尺寸（mm）										安装螺钉
	A	*B*	*C*	*a*	*b*	*L*	*H*	*G*	*F*	*n*	
CJ20-6.3											M4
CJ20-10											
CJ20-16											
CJ20-25	52	90	121.5	10	80	—	—	—	—		
CJ20-40	86.5	111.5	118	70	80	—	—	—	30	—	
CJ20-63	116	142	146	100	90	92	28	14.5	60	—	M5
CJ20-100	120	150	125	108	92	—	—	—	70	—	M5
CJ20-160	116	187	178	130	130	121.5	45	22	80	—	M8
CJ20-160/11	146	197	190	130	130	121.5	45	20	80	—	
CJ20-250	186	235	230	160	150	152	49	28	100	100	
CJ20-250/06	186	235	230	160	150	152	49	28	100		
CJ20-400											M10
CJ20-400/06											
CJ20-630	242	294	272	210	180	181	67.5	31.5	120	120	M10
CJ20-630/11	242	294	287	210	180	181	67.5	31.5	120		

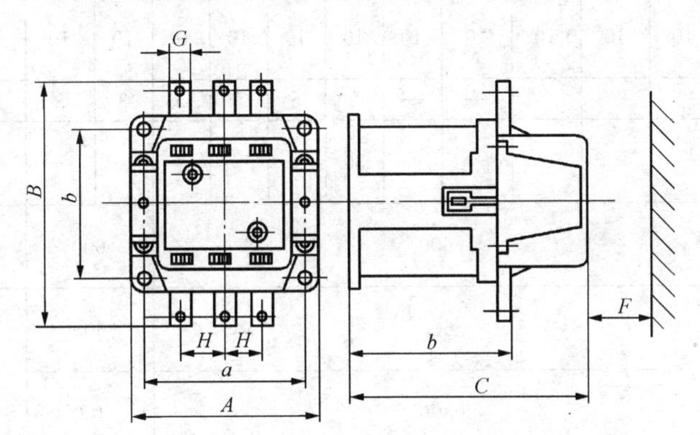

图17-5　CJ20系列交流接触器外形及安装尺寸

3. B系列交流接触器

B系列交流接触器及K型辅助接触器技术数据见表17-49。

表17-49　　B系列交流接触器及K型辅助接触器技术数据

型　号															
型　号	交流操作	B9	B12	B16	B25	B30	B37	B45	B65	B85	B105	B170	B250	B370	B460	K40-31-22
	带叠片式铁芯的直流操作	—	—	—	—	—	BE 37	BE 45	BE 65	BE 85	BE 105	BE 170	BE 250	BE 370	—	—
	带整块式铁芯的直流操作	—	—	—	—	—	BC 37	BC 45	—	—	—	—	—	—	—	KC40-31-22
极数		3或4*					3									4
额定绝缘电压（V）		750	750	750	750	750	750	750	750	750	750	750	750	750	750	660
最高工作电压（V）		660	660	660	660	660	660	660	660	660	660	660	660	660	660	500
额定发热电流 I_R（A）		16	20	25	40	45	45	60	80	100	140	230	300	410	660	10

续表

额定工作电流（A）	380V时AC3、AC4	8.5	11.5	15.5	22	30	37	45	65	85	105	170	250	370	475	AC136
	660V时AC3、AC4	3.5	4.9	6.7	13	17.5	21	25	44	53	82	118	170	268	337	—
380V时AC3（600次/h）AC4（300次/h）条件下	控制三相电动机最大功率（kW）	4	5.5	7.5	11	15	18.5	22	33	45	85	90	132	200	250	—
	AC3电寿命（百万次）	1	1	1	1	1	1	1	1	1	1	1	1	1	1	AC115
	AC4电寿命（百万次）	0.04	0.04	0.04	0.04	0.04	0.04	0.04	0.04	0.04	0.04	0.03	0.03	0.03	0.01	—
660V时AC3（600次/h）AC4（300次/h）条件下	控制三相电动机最大功率（kW）	3	4	5.5	11	15	18.5	22	40	50	75	110	160	250	315	—
	AC3电寿命（百万次）	—	—	—	—	—	—	—	—	—	—	—	—	—	—	—
	AC4电寿命（百万次）	—	—	—	—	—	—	—	—	—	—	—	—	—	—	—
380V时接通能力（A）		105	140	190	270	340	445	540	780	1020	1260	2040	3000	4450	5700	—
380V时分断能力（A）		85	115	155	220	300	370	450	650	850	1050	1700	2500	3700	4750	—
机械寿命（1800次/h）（百万次）	B型	10	10	10	10	10	10	10	10	10	10	10	3	3	—	K型 30
	BE型	—	—	—	—	—	5	5	5	5	3	3	3	3	—	—
	BC型	—	—	—	—	—	30	30	—	—	—	—	—	—	—	KC型 30
各种工作制下的操作频率（次/h）	交流AC1工作制	600									600		400		—	—
	交流AC2、AC3工作制	600									600		400		300	—
	交流AC2、AC4工作制	300									150		100		150	—
	直流DC2～DC5工作制	300									150		100		—	—
线圈吸持功率	B型（VA/W）	7.6/2.2	7.6/2.2	7.6/2.2	—	—	22	22	30	30	32/9	60/15	66/16	100/27	—	K型 7.6/2.2
	BE型（W）	—	—	—	—	—	12	12	17	17	6	9	12	14	—	—
	BC型（W）	—	—	—	—	—	19	19	—	—	—	—	—	—	—	KC型 7.6
质量（kg）	B型	0.27	0.27	0.27	—	—	1.06	1.08	1.9	1.9	2.3	3.2	6.5	10.6	26.6	K型 0.27
	BE型	—	—	—	—	—	1.18	1.2	2.02	2.08	3.34	3.2	6.5	10.6	—	—
	BC型	—	—	—	—	—	1.98	2.0	—	—	—	—	—	—	—	KC型 0.48
最多辅助触头数		5	5	5	6	4	8	8	8	8	8	8	8	8	8	8

* 当需要主极数为4极时，须在订货时指明，此时将减少一个辅助触头，辅助触头的动合、动断数量，可根据需要组合。

第5节　低压直流接触器

1. CZ0 系列直流接触器

（1）CZ0 系列直流接触器技术数据及性能见表 17-50～表 17-54。

表 17-50　　CZ0 系列直流接触器技术数据

型　号	额定电压（V）	额定电流（A）		主触头数量		辅助触头数量		额定操作频率（次/h）	质量（kg）
		主触头	辅助触头	动合	动断	动合	动断		
CZ0-40/20	440**	40*	5	2	0	2	2	1200	2.2
CZ0-40/02				0	2	2	2	600	2.2
CZ0-100/10 CZ0-100/01 CZ0-100/20		100	5	1 0 2	0 1 0	2 2 2	2 1 2	1200 600 1200	3.4 3.2 5.4
CZ0-150/10 CZ0-150/01 CZ0-150/20		150	5	1 0 2	0 1 0	2 2 2	2 1 2	1200 600 1200	5.0 5.0 7.8
CZ0-250/10 CZ0-250/20		250	10	1 2	0 0	5***		600	9.8 18
CZ0-400/10 CZ0-400/01 CZ0-400/20		400	10	1 0 2	0 1 0	5***		600	16 17 26
CZ0-600/10		600	10	1	0	5***		600	22

*　额定电流为 40A 的接触器用于控制小电流回路时，为保证可靠灭弧，其灭弧线圈分 1.5、2.5、5、10、20 及 40A 六种，具体选择哪种灭弧线圈，可按工作电流选择。

**　额定电流为 100（双极）、150、250、400、600A 带动合主触头的接触器，可提高至 660V 使用，但此时电寿命要相应降低。

***　其中一对为固定动合，另外四对动合、动断可任意组合，如果将动合触头改为动断时，只需将左、右静触头对调，再将动触头移上一格并翻转 180°即可，反之亦然。

表 17-51　　CZ0 系列直流接触器主触头通断能力及动热稳定值

接触器主触头	通断电压（V）	通断能力 $T=0.015$s			电动稳定倍数	热稳定倍数
		通断条件	临界分断能力（A）	断流能力（A）		
动合主触头 动断主触头	$1.05U_e$	通断各 20 次，每次通电时间 0.2～0.3s，间隔 10s	$0.2I_e$	$4I_e$ $2.5I_e$	（17～20）I_e	$7I_e$，10s

注　1. 表中 U_e 为直流接触器额定电压；I_e 为直流接触器额定电流。
　　2. 接触器电动稳定倍数：CZ0-100 型及以下时选取 20 倍；CZ0-150 型及以上时选取 17 倍。

表 17-52　　CZ0 系列直流接触器主触头电寿命与机械寿命

额定电流（A）		接通条件			分断条件			电寿命（万次）	机械寿命（万次）
		额定电流（A）	额定电压（V）	时间常数（s）	额定电流（A）	额定电压（V）	时间常数（s）		
带动合主触头	40～150	$2.5I_e$	U_e	0.002	I_e	$0.1U_e$	0.0075	50	500
带动断主触头								30	300
带动合主触头	250～600							30	300

注　I_e—直流接触器额定电流；U_e—直流接触器额定电压。

表 17-53 CZ0 系列直流接触器辅助触头的接通与分断能力

接触器额定电流（A）	辅助触头额定电流（A）	额定电压（V）		接通电流（A）	分断电流（A）	
					电感负荷	电阻负荷
150 及以下	5	交流	380	50	5	5
		直流	110 220	8 4	1.5 0.5	2.5 1
250 及以上	10	交流	380	100	10	10
		直流	110 220	15 8	2.5 1	5 2

表 17-54 CZ0 系列直流接触器辅助触头的电寿命及机械寿命

接触器额定电流（A）	辅助触头额定电流（A）	额定电压（V）		接通电流（A）	分断电流（A）		电寿命（万次）	机械寿命（万次）
					电感负荷	电阻负荷		
150 及以下	5	交流	380	12	1.2	1.2	50	500
		直流	110 220	4 2	0.6 0.3	1.2 0.6		
250 及以上	10	交流	380	22	2.2	2.2	30	300
		直流	110 220	6 3	1 0.5	2 1		

（2）直流接触器吸引线圈在额定电压下的功率消耗见表 17-55。

表 17-55 CZ0 系列直流接触器吸引线圈功率消耗

型 号	功率消耗（W）	型 号	功率消耗（W）
CZ0-40/20	22	CZ0-150/20	40
CZ0-40/02	24	CZ0-250/10	220/31
CZ0-100/10	24	CZ0-250/20	290/40
CZ0-100/01	180/24	CZ0-400/10	350/28
CZ0-100/20	30	CZ0-400/01	506/42
CZ0-150/10	30	CZ0-400/20	430/43
CZ0-150/01	300/25	CZ0-600/10	320/50

注 表中分子为线圈起动时的功率消耗，分母为吸持时的功率消耗。

（3）外形及安装尺寸。

1）CZ0 系列直流接触器外形及安装尺寸见图 17-6～图 17-9 及表 17-56。

2）CZ0 系列直流接触器带机械连锁装置安装尺寸见图 17-10。

（4）订货说明。订货时需说明下列各项：

1）产品型号、名称、电流等级、极数及吸引线圈电压。

2）电流为 40A 等级的则须说明磁吹线圈的规格。

3）若用于特殊场所，须指明用于湿热带或干热带。

4）对机械连锁的要求。

5）订货数量。

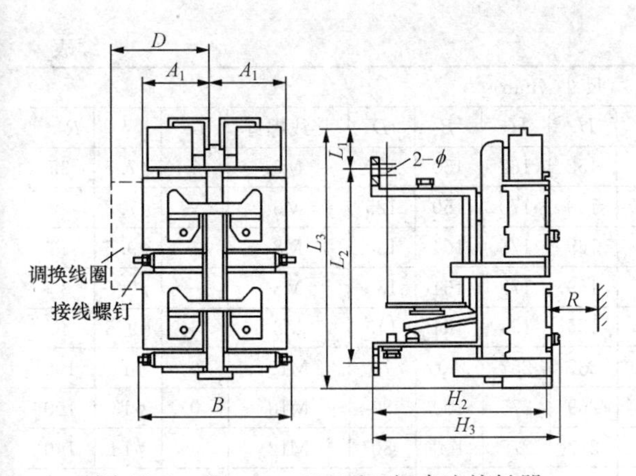

图 17-6　CZ0-40～150 型双极直流接触器外形及安装尺寸

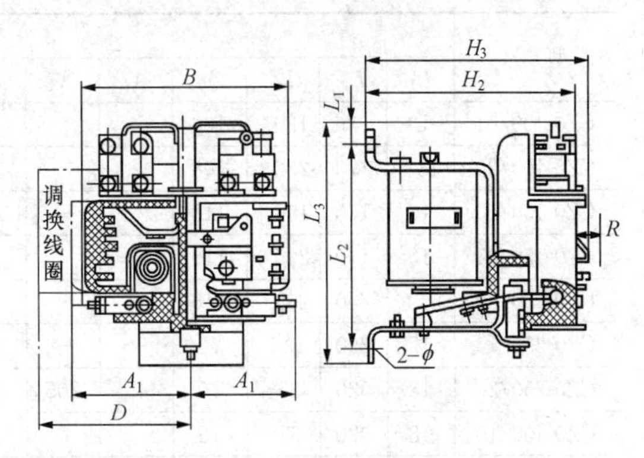

图 17-7　CZ0-100～150 型单极直流接触器外形及安装尺寸

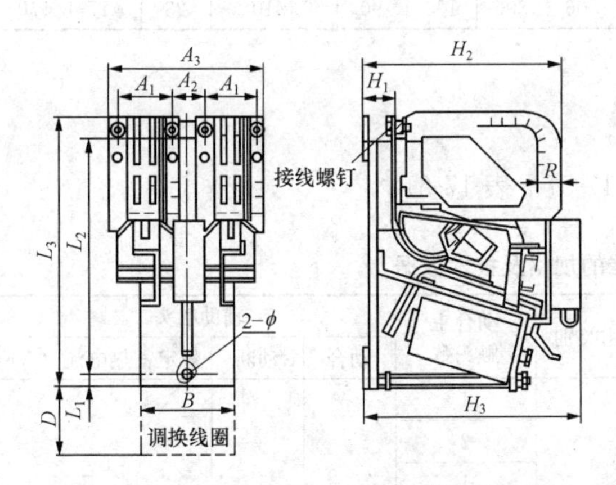

图 17-8　CZ0-250～400 型双极直流接触器外形及安装尺寸

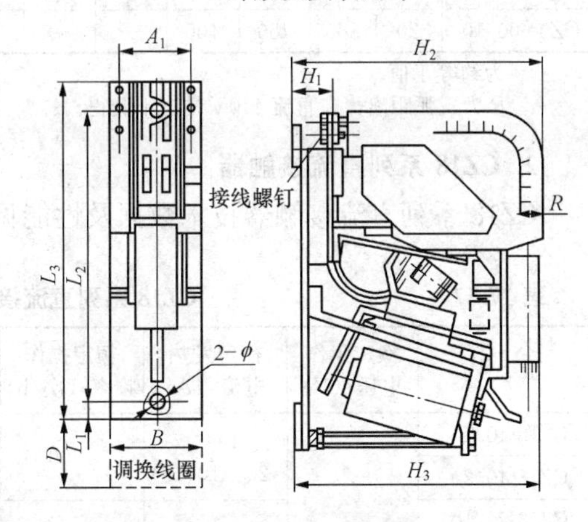

图 17-9　CZ0-250～600 型单极直流接触器外形及安装尺寸

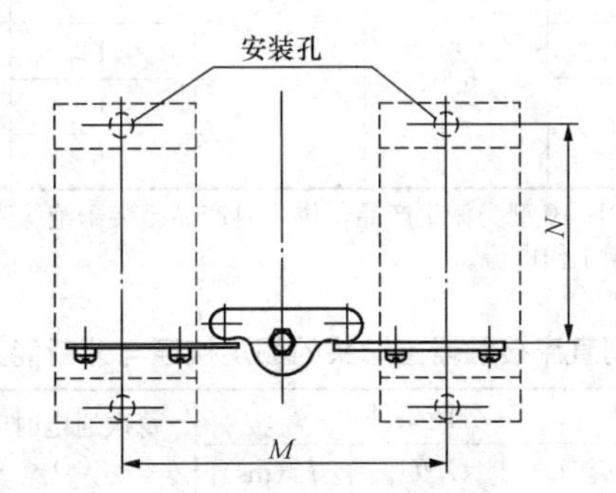

图 17-10　CZ0-40～150 型直流接触器带机械连锁装置安装尺寸

表 17-56　　CZ0 系列直流接触器外形及安装尺寸

型　号	尺寸（mm）														
	L_1	L_2	L_3	A_1	A_2	A_3	H_1	H_2	H_3	B	D	接线螺钉	L_0	ϕ	R^{**}
CZ0-40/20	36*	146	192*	82	—	—	—	146	152	114	120	M6	—	ϕ7.5	15
CZ0-40/02	36*	146	192*	82	—	—	—	146	162	114	120	M6	—	ϕ7.5	15
CZ0-100/10	15	146	175*	108	—	—	—	152	162	150	120	M6	—	ϕ7.5	40

续表

型　号	尺寸（mm）														
	L_1	L_2	L_3	A_1	A_2	A_3	H_1	H_2	H_3	B	D	接线螺钉	L_0	ϕ	R**
CZ0-100/01	10	146	180*	108	—	—	—	152	162	150	120	M6	—	ϕ7.5	35
CZ0-100/20	48*	170	232*	108	—	—	—	160	170	150	125	M6	—	ϕ7.5	40
CZ0-150/10	10	170	190*	118	—	—	—	169	178	164	130	M8	—	ϕ9.5	40
CZ0-150/01	10	170	205*	118	—	—	—	169	178	164	130	M8	—	ϕ9.5	35
CZ0-150/20	61*	200	288*	118	—	—	—	185	194	164	140	M8	—	ϕ9.5	40
CZ0-250/10	12	290	327	70	—	—	37	237	257	90	70	M10	0	ϕ11	100
CZ0-250/20	18	320	356	70	45	205	69	269	275	100	80	M10	0	ϕ13	100
CZ0-400/10	18	320	370	75	—	—	42	277	275	100	80	M12	0	ϕ13	140
CZ0-400/01	18	343	393	75	—	—	42	277	—	100	—	M12	—	ϕ13	120
CZ0-400/20	20	340	388	75	50	225	49.5	285	306	130	90	M12	0	ϕ17	120
CZ0-600/10	20	380	450	105	—		59	306	306	130	90	M10	23	ϕ17	170

*　为约等于值。

**　R为飞弧距离，在直流440V情况下测得。

2. CZ18系列直流接触器

CZ18系列直流接触器技术数据及性能见表17-57～表17-61。

表17-57　　CZ18系列直流接触器的规格及技术数据

<table>
<tr><th rowspan="2">型　号</th><th rowspan="2">额定工作电压（V）</th><th rowspan="2">额定发热电流（A）</th><th rowspan="2">额定操作频率（次/h）</th><th rowspan="2">使用类别</th><th rowspan="2">动合主触头数</th><th colspan="3">辅助触头</th></tr>
<tr><th>动合</th><th>动断</th><th>额定发热电流（A）</th></tr>
<tr><td>CZ18-40/10</td><td rowspan="8">440</td><td rowspan="2">40**
（20、10、5）</td><td rowspan="2">1200</td><td rowspan="8">DC2</td><td>1</td><td rowspan="8">2</td><td rowspan="8">2</td><td rowspan="4">6</td></tr>
<tr><td>CZ18-40/20</td><td>2</td></tr>
<tr><td>CZ18-80/10</td><td rowspan="2">80</td><td rowspan="2">1200</td><td>1</td></tr>
<tr><td>CZ18-80/20</td><td>2</td></tr>
<tr><td>CZ18-160/10*</td><td>160</td><td rowspan="4">600</td><td>1</td><td rowspan="4">10</td></tr>
<tr><td>CZ18-315/10*</td><td>315</td><td>1</td></tr>
<tr><td>CZ18-630/10*</td><td>630</td><td>1</td></tr>
<tr><td>CZ18-1000/10</td><td>1000</td><td>1</td></tr>
</table>

*　CZ18-160B/10、315B/10、630B/10型为派生产品，供货时产品已装于绝缘底板上。

**　5、10、20A为吹弧线圈的额定工作电流。

表17-58　　CZ18系列直流接触器主触头的额定接通与分断能力参数表

接通条件			分断条件			每次通电时间（s）	试验间隔时间（s）	试验次数
I/I_e	U/u_e	T（ms）	I_c/I_e	U_r/U_e	T（ms）			
4	1.1	15	4	1.1	15	0.05～0.5	5～10	25

表17-59　　CZ18系列直流接触器主触头的电寿命参数表

类　别	接通条件			分断条件		
	I/I_e	U/u_e	T（ms）	I_c/I_e	U_r/U_e	T（ms）
DC2	2.5	1	2	1	0.10	7.5
DC3	2.5	1	2	2.5	1	2
DC4	2.5	1	7.5	1	0.30	10
DC5	2.5	1	7.5	2.5	1	7.5

表 17-60　　　　CZ18 系列直流接触器辅助触头的接通和分断能力表

电流种类	额定工作电压（V）	额定发热电流（A）	额定工作电流（A）	接通条件				分断条件				试验次数	时间间隔（s）	通电时间（s）
				I（A）	U（V）	$\cos\varphi$	$T0.95$（ms）	I_c（A）	U_r（V）	$\cos\varphi$	$T0.95$（ms）			
AC	380	6	0.8	8.8	418	0.7		8.8	418	0.7		50	5～10	≥0.5
		10	2.6	46	418	0.7		46	418	0.7				
DC	220	6	0.27	0.9	242		300	0.9	242		300	20	5～10	≥0.5
		10	0.4	2.2	242		300	2.2	242		300			

表 17-61　　　　CZ18 系列直流接触器辅助触头电寿命的试验值

电流种类	额定工作电压（V）	额定发热电流（A）	额定工作电流（A）	接通条件				分断条件			
				I（A）	U（V）	$\cos\varphi$	$T0.95$（ms）	I_c（A）	U_r（V）	$\cos\varphi$	$T0.95$（ms）
AC	380	6	0.8	8	380	0.7		0.8	380	0.4	
		10	2.6	41	380	0.7		2.6	380	0.4	
DC	220	6	0.27	0.8	220		300	0.27	220		300
		10	0.4	2	220		300	0.4	220		300

第6节　热　继　电　器

1. RJ 系列热继电器

（1）用途。热继电器主要作为电机及电气设备过载保护，常与交流接触器组成磁力起动器。

JR15 热继电器为二相结构。JR0、JR14、JR16、JR9、T、3UA 等系列热继电器为三相结构，并可装设电动机断相保护装置。

JR9 系列限流热继电器除具有保护过载的热元件外，还具有作短路保护的电磁元件。

3UA 系列热继电器是从德国西门子公司引进技术而生产的。

（2）结构及特点。JR0、JR9、JR14、JR15、JR16 系列热继电器是一种双金属片式热继电器，适用于长期或间断长期工作的一般交流电动机的过载保护（JR9 还具有短路保护），并常与交流接触器组成磁力起动器。

（3）技术数据。JR0、JR9、JR14、JR15、JR16 系列热继电器型号规格及技术数据见表 17-62～表 17-66。

表 17-62　　　　JR15 系列热继电器型号规格及技术数据

型　号	额定电流（A）	热元件等级	
		热元件额定电流（A）	整定电流调节范围（A）
JR15-10/2	10	0.35 0.50 0.72 1.1 1.6	0.25～0.3～0.35 0.32～0.4～0.5 0.45～0.6～0.72 0.68～0.9～1.1 1.0～1.3～1.6

续表

型　号	额定电流（A）	热元件等级	
		热元件额定电流（A）	整定电流调节范围（A）
JR15-10/2	10	2.4 3.5 5.0 7.2 11.0	1.5～2.0～2.4 2.2～2.8～3.5 3.2～4.0～5.0 4.5～6.0～7.2 6.8～9.0～11.0
JR15-40/2	40	11.0 16.0 24.0 33.0 45.0	6.8～9.0～11.0 10.0～13.0～16.0 15.0～20.0～24.0 22.0～28.0～35.0 30.0～37.5～45.0
JR15-100/2	100	50 72 100	32～40～50 40～60～72 60～80～100
JR15-150/2	150	110 150	68～90～110 100～125～150

表 17-63　　JR0、JR14、JR16 系列热继电器型号规格及技术数据

型　号	额定电流（A）	热元件等级	
		热元件额定电流（A）	整定电流调节范围（A）
JR0-20/3、20/3D JR14-20/2、20/3、20/D JR16-20/3、20/3D	20	0.35 0.50 0.72 1.1	0.25～0.35 0.32～0.5 0.45～0.72 0.68～1.1
JR0-20/3、20/3D JR14-20/2、20/3、20/D JR16-20/3、20/3D	20	1.6 2.4 3.5 5 7.2 11 16 22	1.0～1.6 1.5～2.4 2.2～3.5 3.2～5 4.5～7.2 6.8～11 10～16 14～22
JR0-60/3、60/3D JR16-60/3、60/3D	60	22 32 45 63	14～22 20～32 28～45 40～63
JR0-150/3、150/3D JR16-150/3、150/3D	150	63 85 120 160	40～63 53～85 75～120 100～160
JR14-150/2、150/3 150/D	150	100 150	64～100 96～150

表 17-64　　JR9、JR9-A 系列热继电器型号规格及技术数据

型　号	额定电流（A）	热元件电流的调节范围（A）	电磁元件电流的调节范围（A）
JR9-60 JR9-60A	7.2 11 17	4.5～5.85～7.2 7～9～11 10.8～13.9～17.0	60～190
	26 40 62	16.6～21.3～26.0 25.6～32.8～40.0 39.0～50.5～62.0	180～600
JR9-300 JR9-300D	38 57 86 125	24～31～38 37～47～57 56～71～86 85～100～125	300～1000
JR9-300A JR9-300AD	176 230 310	124～150～176 170～200～230 226～268～310	900～2700

注　JR9-60、60A 型目前尚未生产。

表 17-65　　JR9-300D 型限流热继电器动作特性

元件种类	保护类别	整定电流倍数	动作时间	周围介质温度（℃）	条　件
双金属元件	过载保护	1	长期不动作	+35	三极串联，直接通入整定电流
		1.4	12min 内动作	+35	三极串联，先通入整定电流温度达到稳定后，接着三极同时通入 1.4 倍整定电流
		6	不小于 15s 动作	+35	三级串联，直接通入 6 倍整定电流
	断相保护	1 0.9	长期不动作	+35	二极通入整定电流，同时另一极通过 0.9 倍整定电流
		1.35 0.9	12min 内动作	+35	二极由整定电流温度达到稳定后，升至 1.35 倍整定电流，同时另一极由 0.9 倍整定电流温度达到稳定后断电
电磁元件	短路保护	0.8	不动作	室温	每极单独通入 0.8 倍电磁元件电流，以及三极串联通入 0.8 倍电磁元件电流
		1.2	瞬时动作	室温	每极单独通入 1.2 倍电磁元件电流，以及三极串联通入 1.2 倍电磁元件电流

注　JR9-300 无断相保护。

表 17-66　　JR9-300AD 型热继电器动作特性

保护类别	整定电流倍数	动作时间	周围介质温度（℃）	条　件
过载保护	1	长期不动作	+40	三极串联，直接通入整定电流
	1.2	20min 内动作	+40	三极串联，先通入整定电流温度达到稳定后，接着通入 1.2 倍整定电流
	1.5	3min 内动作	+40	三极串联，先通入整定电流温度达到稳定后，接着通入 1.5 倍整定电流
	6	不小于 12s 动作	+40	三极串联，直接通入 6 倍整定电流
断相保护	1 0.9	长期不动作	+40	二极通入整定电流，同时另一极通过 0.9 倍整定电流
	1.15 0.0	20min 内动作	+40	二极由整定电流温度达到稳定后升至 1.15 倍整定电流，同时另一极由 0.9 倍整定电流温度达到稳定后断电

注　JR9-300A 无断相保护。

（4）外形及安装尺寸。热继电器外形及安装尺寸见表 17-67 和图 17-11～图 17-15。

表 17-67　JR0、JR9、JR9-A、JR14、JR15 和 JR16 系列热继电器外形尺寸

系列	电流等级（A）	外形尺寸（长×宽×高，mm）	系列	电流等级（A）		外形尺寸（长×宽×高，mm）
JR0	20 40 60 150	70×43×71 79×56×74 92.5×57×78 137×90×119	JR9 JR9-A	300	38、57、 86、125、 176、230、 310	154×91×83 154×93×83 154×112×83 154×125×83
JR14	20 150	71×40×60.5 142×120×138.5	JR15	100 150		88×71×103.5 167×95×115
JR15	10 40	66.6×47×77.5 76×61×83.5	JR16	20 60 150		70×42×60 88×52×84.5 120×74.5×98

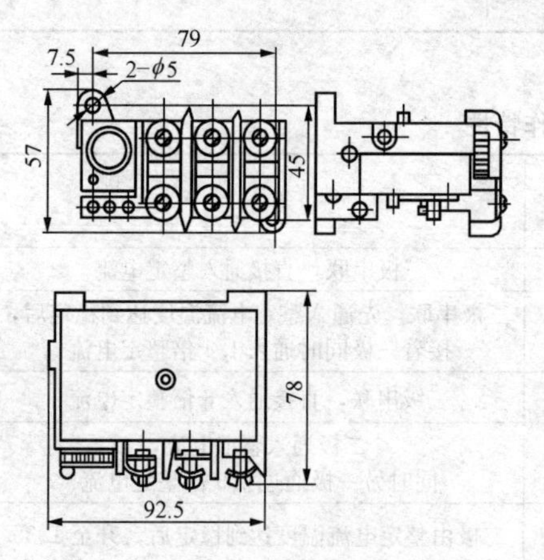

图 17-11　JR0-60 型热继电器外形及安装尺寸

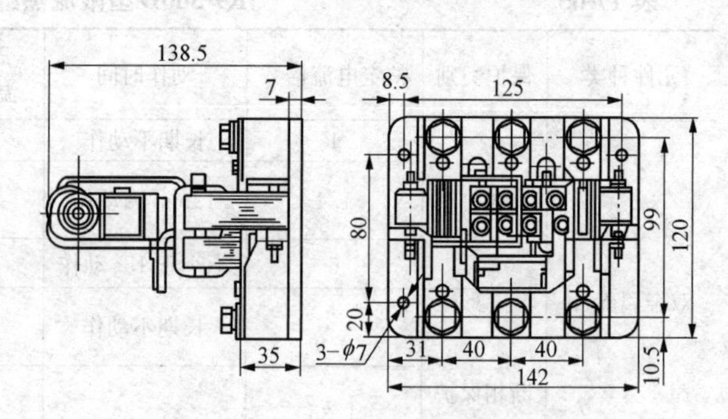

图 17-12　JR14-150 型热继电器外形及安装尺寸

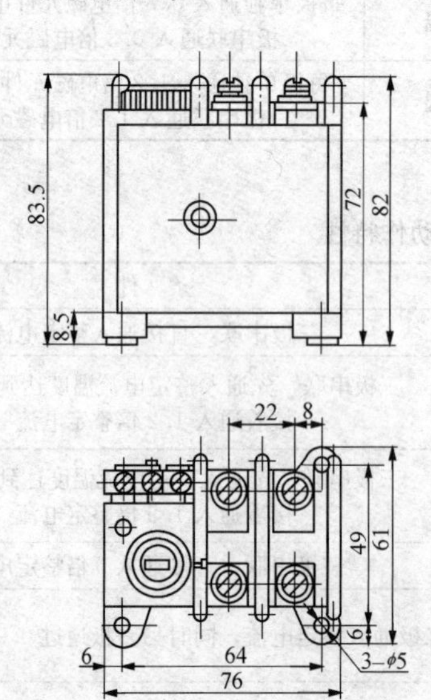

图 17-13　JR15-40 型热继电器外形及安装尺寸

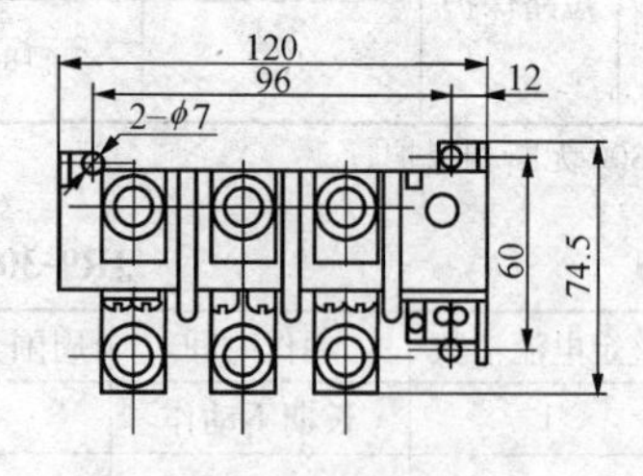

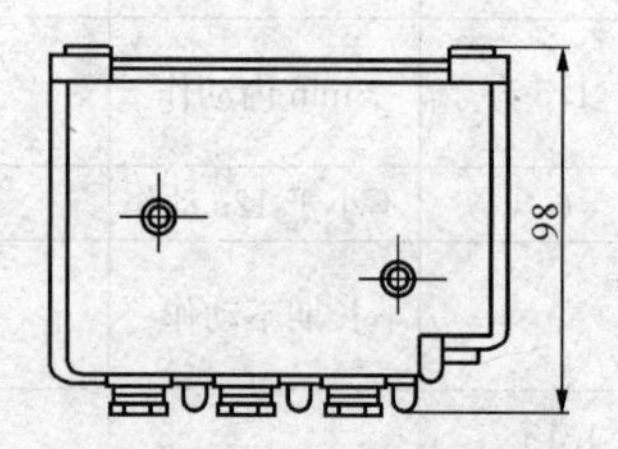

图 17-14　JR16-150 型热继电器外形及安装尺寸

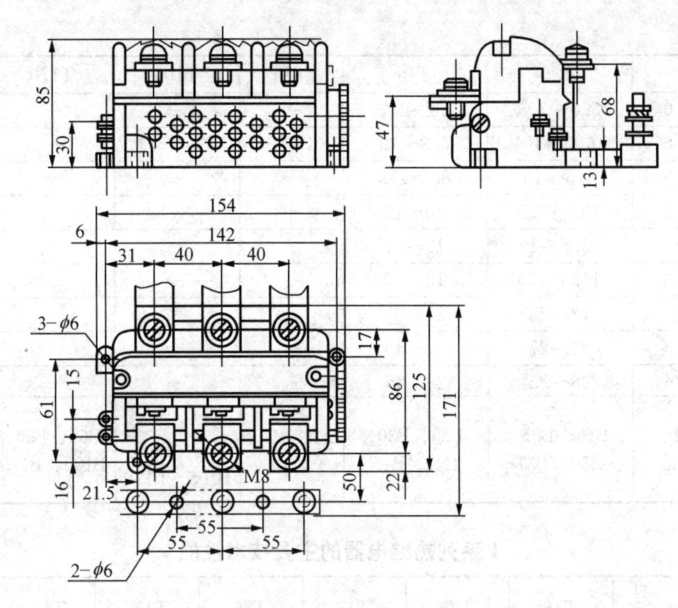

图 17-15　JR9-300 型热继电器外形及安装尺寸

2. T 系列热继电器

(1) 用途。T 系列热继电器用于交流 50～60Hz、电压 660V 及以下，电流 500A 及以下的电力线路中，一般作为交流电动机的过载保护之用，常与 B 系列交流接触器配合组成磁力起动器。

(2) 技术数据。

1) T 系列热继电器的各种型号整定电流调节范围见表 17-68。

2) T 系列热继电器的主要技术性能见表 17-69。

3) 控制触点的额定电压、额定电流及额定发热电流见表 17-70。

4) 继电器的动作特性见表 17-71。

5) 三相带断相保护热继电器各相负荷不平衡时的动作特性见表 17-72。

6) 热继电器温度补偿特性见表 17-73。

表 17-68　　T 系列热继电器的各种型号整定电流调节范围

型　号	T16	T25	T45	T85	T105	T170	T250	T370
整定电流调节范围(A)	0.11～0.16	0.17～0.25	0.25～0.40	6.0～10	36～52	90～130	100～160	160～250
	0.14～0.21	0.22～0.32	0.30～0.52	8.0～14	45～63	110～160	160～250	250～400
	0.19～0.29	0.28～0.42	0.40～0.63	12～20	57～82	140～200	250～400	310～500
	0.27～0.40	0.37～0.55	0.52～0.83	17～29	70～105	—	—	—
	0.35～0.52	0.50～0.70	0.63～1.0	25～40	80～115	—	—	—
	0.42～0.63	0.60～0.90	0.83～1.3	35～55	—	—	—	—
	0.55～0.83	0.70～1.1	1.0～1.6	45～70	—	—	—	—
	0.70～1.0	1.0～1.5	1.3～2.1	60～100	—	—	—	—
	0.90～1.3	1.3～1.9	1.6～2.5	—	—	—	—	—
	1.1～1.5	1.6～2.4	2.1～3.3	—	—	—	—	—
	1.3～1.8	2.1～3.2	2.5～4.0	—	—	—	—	—
	1.5～2.1	2.8～4.1	3.3～5.2	—	—	—	—	—
	1.7～2.4	3.7～5.6	4.0～6.3	—	—	—	—	—

续表

型　号	T16	T25	T45	T85	T105	T170	T250	T370
整定电流调节范围（A）	2.1～3.0	5.0～7.5	5.2～8.3	—	—	—	—	—
	2.7～4.0	6.7～10	6.3～10	—	—	—	—	—
	3.4～4.5	8.5～13	8.3～13	—	—	—	—	—
	4.0～6.0	12～15.5	10～16	—	—	—	—	—
	5.2～7.5	13.5～17	13～21	—	—	—	—	—
	6.3～9.0	15.5～20	16～27	—	—	—	—	—
	7.5～11	18～23	21～35	—	—	—	—	—
	9.0～13	21～27	27～45	—	—	—	—	—
	12～17.6	26～35	28～45	—	—	—	—	—
配套的接触器	B9、B12、B16、B25	B16、B25、B30、B37	B25、B30、B37、B45	B65、B85	B37、B45、B65、B85、B105、B170	B65、B85、B105、B170	B250	B370、B460

表 17-69　　T系列热继电器的主要技术性能

项　目 \ 型　号	T16	T25	T45	T85	T105	T170	T250	T370
温度补偿范围（℃）	−25～+50	−25～+50	−25～+50	−25～+50	−25～+50	−25～+50	−25～+50	−25～+50
断相保护	有	有	有	有	有	有	有	有
手动和自动复位	手动	手动	自动	自动	自动	自动	自动	自动
最大热损功率（W相）	2.1	—	2.9	8.2	2.9	2.9	2.9	2.9
操作频率（次/h）	15	15	15	15	15	15	15	15
电寿命（万次）	5	5	5	5	5	5	5	5

表 17-70　　T系列热继电器控制触点的额定电压、额定电流及额定发热电流

项目 \ 型号		T16	T25	T45			T85	T105		T170		T250		T370	
		NO/NC		NO	NC	CO	NO	NC	NO	NC	NO	NC	NO	NC	NO
额定发热电流（A）		10	—	10	10	6	10	10	6	10	6	10	6	10	6
额定电流（A）	～220V	3	—	3	1.7	1.7	3	3	1.7	3	1.7	3	1.7	3	1.7
	～380V	2	—	2	1.3	1.3	2	2	1.3	2	1.3	2	1.3	2	1.3
	～500V	1	—	1.5	1	—	1.5	1	1	1	1	1	1	1	1

注　NO为动合触点，NC为动断触点，CO为转换触点。

表 17-71　　T系列热继电器的动作特性（环境温度20～25℃时，三相通电）

整定电流倍数	动作时间	起始状态	整定电流倍数	动作时间	起始状态
1.05	2h不动作	冷态开始	1.5	<2min	热态开始
1.2	<2h	热态开始	6.0	>5s	冷态开始

注　热态开始，即以1.0倍整定电流加热至稳定后开始。

表 17-72　　三相带断相保护T系列热继电器在其各相负荷不平衡时的动作特性

整定电流倍数		动作时间	工作状态
任意二相	第三相		
1.0	0.9	2h不动作	冷态开始
1.15	0	<2h	热态开始

注　热态开始，即以本表项1电流加热至稳定后开始。

表 17-73　　T 系列热继电器温度补偿特性

额定电流倍数	动作时间	工作状态	环境空气温度（℃）
1.0 1.05	2h 不动作	冷态开始	+50 −25
1.2 1.3	＜2h	热态开始	+50 −25

注　热态开始，即以表中相应的电流加热至稳定后开始。

7）热继电器特性曲线：T16、T45 型热继电器动作特性曲线见图 17-16、图 17-17。其他型号热继电器，结构相似的特性曲线也相似，这里从略。

（3）外形及安装尺寸。T 系列热继电器的外形及安装尺寸见图 17-18～图 17-22。

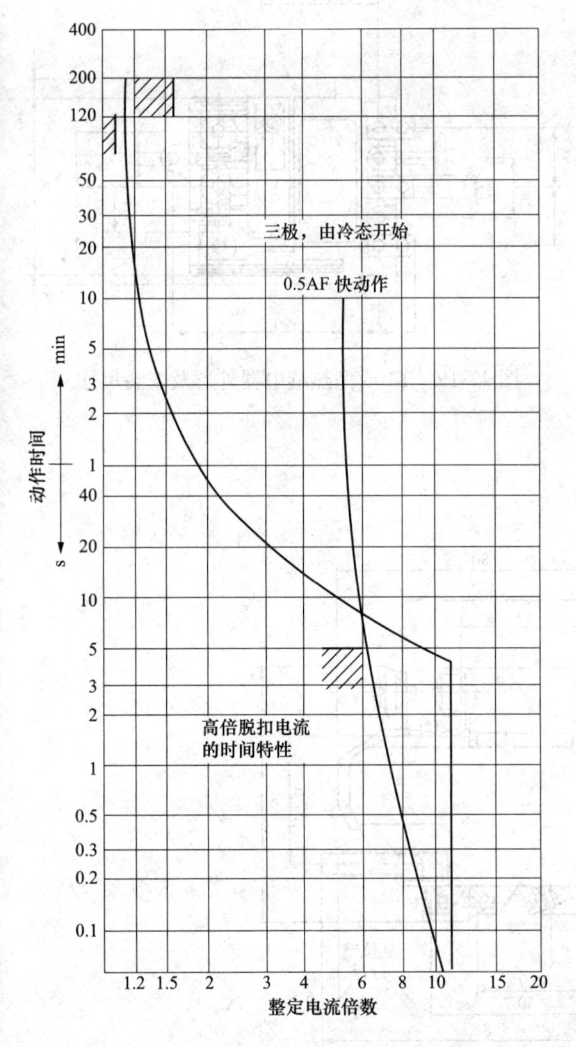

图 17-16　T16 型热继电器动作特性曲线

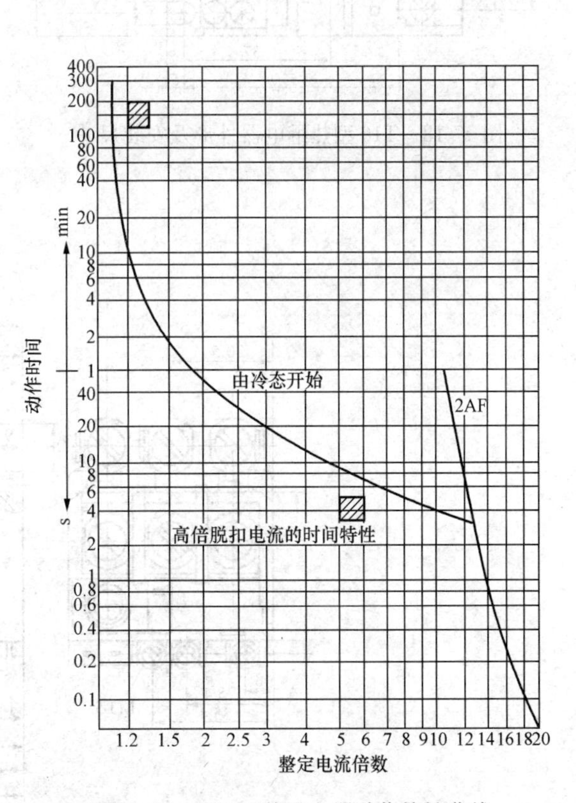

图 17-17　T45 型热继电器动作特性曲线

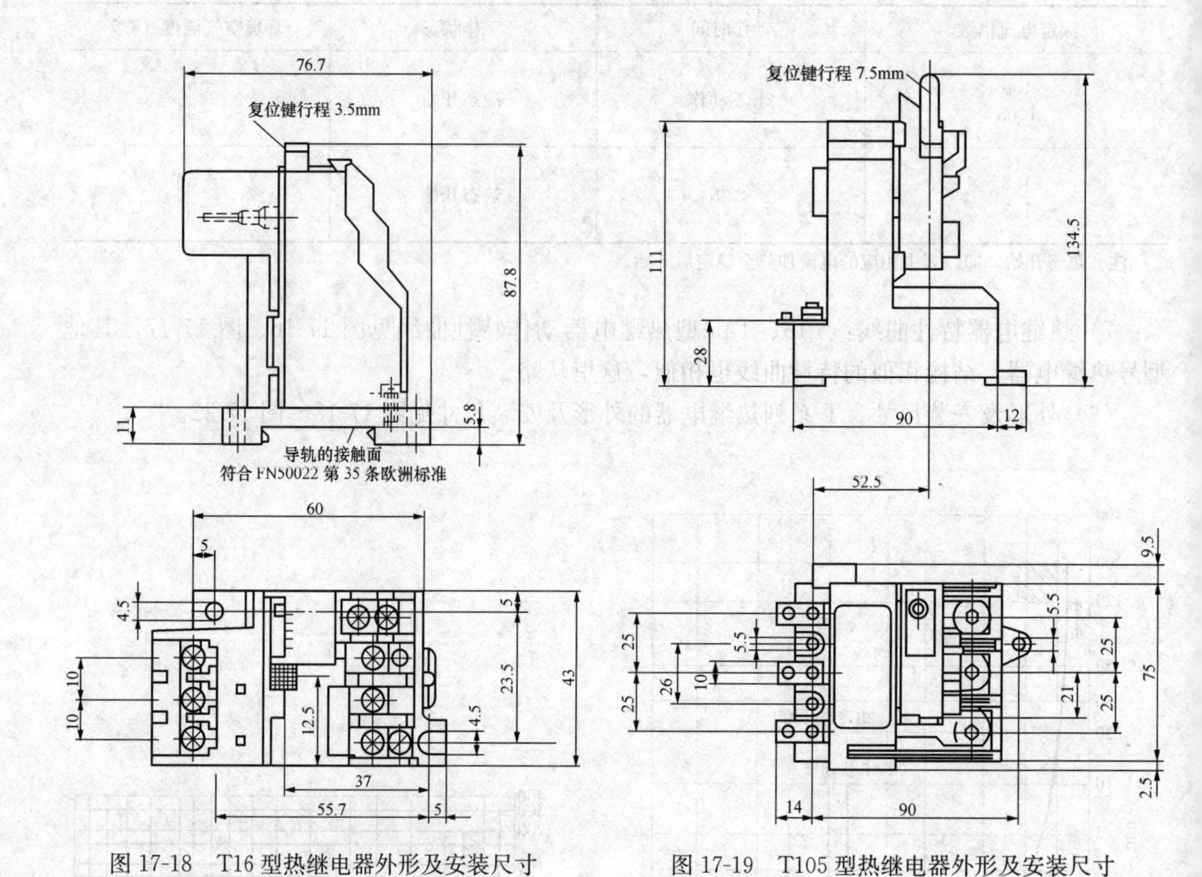

图 17-18　T16 型热继电器外形及安装尺寸

图 17-19　T105 型热继电器外形及安装尺寸

图 17-20　T45 型热继电器外形及安装尺寸

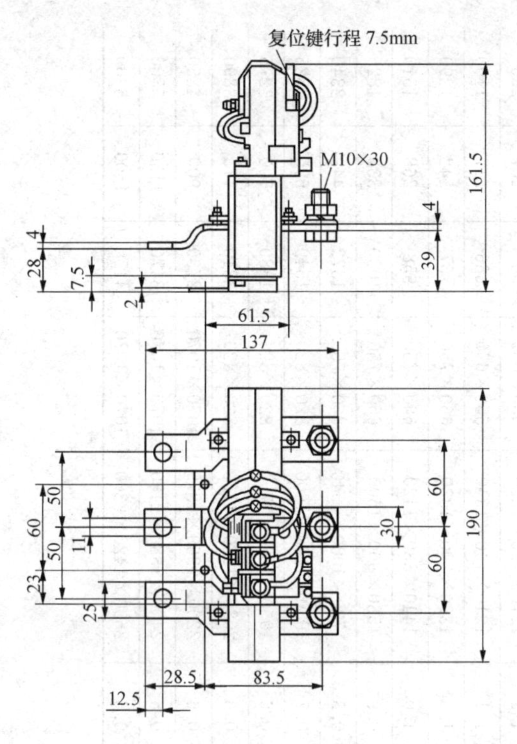

图 17-21 T250 型热继电器外形及安装尺寸

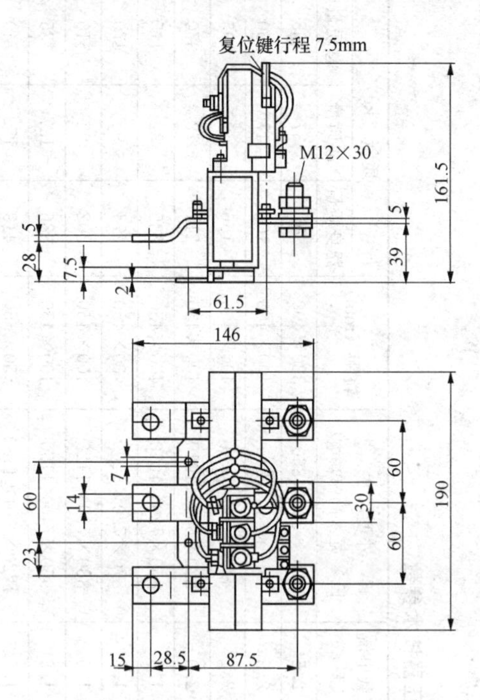

图 17-22 T370 型热继电器外形及安装尺寸

第7节 电 力 变 压 器

1. 10kV 级 S9 系列双绕组无励磁调压变压器

(1) 概述。S9 系列变压器是赶超国际先进水平的低损耗铜绕组产品。该产品采用了优质材料，在线圈、器身和绝缘方面运用了新的设计和工艺，从而使空载、负载损耗降低，性能和结构更加合理可靠。

产品性能优于 GB/T 6451—1999，节能效果更加显著。

(2) 技术参数及外形尺寸。S9 系列变压器外形见图 17-23。10kV 级 S9 型双绕组无励磁调压变压器技术参数见表 17-74。

图 17-23 S9 系列变压器外形

2. 10kV 级 S11-M 系列全密封配电变压器

(1) 概述。S11-M 系列全密封配电变压器，采用全密封型，无储油柜，变压器由于温度和负载变化引起的油体积变化，完全由变压器油箱的弹性予以调节，在大气压力条件下密封的油箱，其内部压力的变化主要取决于变压器油体积的变化和油箱弹性程度，而波纹散热片的油箱可以满足取消储油柜后对油箱的要求。在全密封变压器中已广泛使用，变压器外形见图 17-24。

(2) 结构及特点。

1) 无储油柜，高度比同类产品低，全密封结构。

表 17-74　　**10kV 级 S9 型双绕组无励磁调压变压器技术参数**

型　号	额定容量（kVA）	电压组合（kV）			联结组标号	损耗（W）		短路阻抗（%）	空载电流（%）	外型尺寸 长×宽×高（mm）	轨距（mm）	质量（kg）		
		高压	高压分接	低压		空载	负载					器身质量	油质量	总质量
S9-10/10	10					75	350		2.5	680×360×860	320×400	76	37	165
S9-20/10	20					120	550		2.5	760×380×940	400×400	105	47	250
S9-M-30/10	30					130	600		2.1	800×530×980	400×400	156	60	295
S9-M-50/10	50					170	870		2.0	820×660×1010	400×450	211	72	370
S9-M-63/10	63					200	1040		1.9	850×720×1050	400×450	235	82	415
S9-M-80/10	80					250	1250		1.8	870×720×1100	400×450	274	95	470
S9-M-100/10	100	11		0.63		290	1500		1.6	880×760×1120	400×450	302	98	510
S9-M-125/10	125		±5%		Yyno	340	1800	4.0	1.5	960×740×1150	400×450	386	127	635
S9-M-160/10	160	10.5				400	2200		1.5	1220×710×1180	550×550	419	152	740
S9-M-200/10	200					480	2600		1.3	1200×690×1280	550×550	492	156	855
S9-M-250/10	250	10		0.6		560	3050		1.2	1270×720×1280	550×650	565	207	96
S9-M-315/10	315		±2×2.5%			670	3650		1.1	1310×740×1340	550×650	666	217	1100
S9-M-400/10	400	6.3				800	4300		1.0	1390×790×1380	660×750	757	242	1290
S9-M-500/10	500					960	5150		1.0	1440×830×1420	660×750	958	268	1510
S9-M-630/10	630	6		0.4	Dyn11	1200	6200		0.9	1580×900×1500	660×750	1080	333	1825
S9-M-800/10	800					1400	7500		0.8	1720×1000×1540	660×750	1372	449	2340
S9-M-1000/10	1000					1700	10 300		0.7	1950×1160×1600	820×820	1549	595	2825
S9-M-1250/10	1250					1950	12 000		0.6	1950×1160×1700	820×820	1880	700	3275
S9-M-1600/10	1600					2400	14 500	4.5	0.6	2080×1280×1760	820×820	2310	775	3890
S9-M-2000/10	2000					2800	17 800		0.6	2200×1360×1879	1070×1070	2730	900	4850
S9-M-2500/10	2500					3200	20 700		0.6	2400×1380×2180	1070×1070	3470	1130	5800
S9-M-3150/10	3150					3800	24 300		0.6	2600×1420×2300	1070×1070	4150	1500	6900

注　外型尺寸及质量，随客户要求而改变，表内数据仅供参考，以出厂文件为准。

图 17-24 S11-M 系列变压器外形

2）变压器高低压引线，器身等紧固部分都带自锁防松螺母，采取了不吊心结构，器身与油箱紧密结合能随运输震动与颠簸。

3）油箱为波纹油箱，波纹片式散热器不但具有冷却功能而且还具有“呼吸”功能，波纹片的弹性可以补偿温度变化而引起的油体积变化。

4）箱盖用高于高压套管油位的杆状注油塞。

5）压力释放阀-当变压器超载或故障引起油箱内部压力达到 35kPa 时，压力释放阀便动作，可靠地释放压力，而当压力减小到正常值时又恢复原状，保证了变压器的运行。

6）测温装置-变压器的箱盖上配有温度计座。

（3）正常使用条件。正常使用条件见表 17-75。

表 17-75 正常使用环境条件

最高气温：	+40℃	最高日平均气温：	±30℃
最高年平均气温：	+20℃	最低气温：	−25℃
海拔不超过：	1000M	户内或户外使用	户外

（4）主要技术参数及外形尺寸。10kV 级 S11-M 系列全密封配电变压器技术参数及外形尺寸见表 17-76。

3. 35kV 级 S11 系列双绕组无励磁调压变压器（30～3150kVA）

（1）结构及特点。35kV 级 S9、S11 系列无励磁调压电力变压器，采用全斜接缝、圆柱形铁心和拉杆（拉板）弧形拉带结构，线圈采用纵向油道，器身采用层压板压紧，油箱根据用户要求可选用片式散热器油箱或波纹式油箱。产品具有性能优良、结构可靠、低损耗、低噪声、外形美观等特点。35kV 级 S11 系列变压器外形见图 17-25。

（2）技术参数及外形尺寸。35kV 级 S11 系列双绕组无励磁调压变压器技术参数及外形尺寸见表 17-77。

4. 35kV 级 S11 型双绕组无励磁调压变压器（630～31 500kVA）

（1）变压器外形。35kV 级 S11 型双绕组无励磁调压变压器外形见图 17-26。

（2）主要技术参数及外形尺寸。35kV 级 S11 型双绕组无励磁调压变压器技术参数及外形尺寸见表 17-78。

图 17-25 35kV 级 S11 型系列变压器外形

5. 35kV 级 S11 系列双绕组有载调压变压器（2000～31 500kVA）

（1）变压器外形。35kV 级 S11 系列双绕组有载调压变压器外形见图 17-27。

（2）主要技术参数及外形尺寸。35kV 级 S11 系列双绕组有载调压变压器及外形尺寸见表 17-79。

表 17-76　　10kV 级 S11-M 系列全密封配电变压器技术参数

型　号	额定容量(kVA)	电压组合(kV)			联结组标号	损耗(W)		短路阻抗(%)	空载电流(%)	外型尺寸 长×宽×高(mm)	轨距(mm)	质量(kg)		
		高压	高压分接	低压		空载	负载					器身质量	油质量	总质量
S11-10/10	10					50	350		2.5	680×360×860	320×400	76	37	165
S11-20/10	20					80	550		2.5	760×380×940	400×400	105	47	250
S11-M-30/10	30					100	600		2.1	800×530×980	400×400	156	60	295
S11-M-50/10	50					130	870		2.0	820×660×1010	400×450	211	72	370
S11-M-63/10	63					150	1040		1.9	850×720×1050	400×450	235	82	415
S11-M-80/10	80					180	1250		1.8	870×720×1100	400×450	274	95	470
S11-M-100/10	100	11		0.63		200	1500		1.6	880×760×1120	400×450	302	98	510
S11-M-125/10	125		±5%		Yyn0	240	1800	4.0	1.5	960×740×1150	400×450	386	127	635
S11-M-160/10	160	10.5				280	2200		1.5	1220×710×1180	550×550	419	152	740
S11-M-200/10	200					340	2600		1.3	1200×690×1280	550×550	492	156	855
S11-M-250/10	250	10		0.6		400	3050		1.2	1270×720×1280	550×650	565	207	96
S11-M-315/10	315		±2×2.5%			480	3650		1.1	1310×740×1340	550×650	666	217	1100
S11-M-400/10	400	6.3				570	4300		1.0	1390×790×1380	660×750	757	242	1290
S11-M-500/10	500					680	5150		1.0	1440×830×1420	660×750	958	268	1510
S11-M-630/10	630	6		0.4	Dyn11	810	6200		0.9	1580×900×1500	660×750	1080	333	1825
S11-M-800/10	800					980	7500		0.8	1720×1000×1540	660×750	1372	449	2340
S11-M-1000/10	1000					1150	10 300		0.7	1950×1160×1600	820×820	1549	595	2825
S11-M-1250/10	1250					1360	12 000		0.6	1950×1160×1700	820×820	1880	700	3275
S11-M-1600/10	1600					1640	14 500	4.5	0.6	2080×1280×1760	820×820	2310	775	3890
S11-M-2000/10	2000					2030	17 800		0.6	2200×1360×1879	1070×1070	2730	900	4850
S11-M-2500/10	2500					2450	20 700		0.6	2400×1380×2180	1070×1070	3470	1130	5800
S11-M-3150/10	3150					2900	24 300		0.6	2600×1420×2300	1070×1070	4150	1500	6900

注　外型尺寸及质量，随客户要求而改变，表内数据仅供参考，以出厂文件为准。

表 17-77　　35kV 级 S11 系列双绕组无励磁调压变压器技术参数

型　号	额定容量（kVA）	电压组合（kV）			联结组标号	损耗（W）		短路阻抗（%）	空载电流（%）	外型尺寸 长×宽×高（mm）	轨距（mm）	质量（kg）		
		高压	高压分接	低压		空载	负载					器身质量	油质量	总质量
S11-M-30/35	30					120	785		1.3	1250×750×1620	550×550	230	260	780
S11-M-50/35	50				Yyn0	170	1150		1.2	1140×790×1710	550×550	280	285	889
S11-M-80/35	80					200	1450		1.1	1170×830×1750	550×550	361	310	970
S11-M-100/35	100			0.63		240	1915		1.1	1190×830×1800	660×660	430	340	1038
S11-M-125/35	125					270	2250		1.0	1230×840×1820	660×660	500	380	1180
S11-M-160/35	160	35				290	2680		1.0	1250×850×1830	660×660	580	420	1360
S11-M-200/35	200		±5%			340	3150		0.9	1260×860×1840	660×660	685	475	1540
S11-M-250/35	250			0.6		400	3740		0.9	1330×860×1960	660×660	740	540	1760
S11-M-315/35	315				Yyn0	480	4505		0.8	1795×1065×2010	820×820	930	620	2050
S11-M-400/35	400					575	5440	6.5	0.8	1880×1100×2050	820×820	1050	640	2200
S11-M-500/35	500					680	6545		0.8	1950×1155×2150	820×820	1200	680	2450
S11-M-630/35	630		±2×2.5%	0.4		815	7820		0.8	2030×1170×2200	820×820	1400	740	2600
S11-M-800/35	800	38.5				975	9350		0.7	2150×1180×2250	820×820	1650	800	2900
S11-M-1000/35	1000					1155	11 475		0.6	2300×1200×2350	820×820	1950	880	3200
S11-M-1250/35	1250					1375	13 855		0.6	2400×1250×2420	820×820	2250	930	3750
S11-M-1600/35	1600				Dyn11	1660	16 575		0.5	2550×1300×2580	1070×1070	2650	1000	4150
S11-M-2000/35	2000					2030	18 275		0.5	2750×1350×2700	1070×1070	3000	1120	4800
S11-M-2500/35	2500					2450	19 500		0.5	2780×1380×2750	1070×1070	3515	1450	5750
S11-M-3150/35	3150					3010	22 950	7.0	0.5	2820×1400×2800	1070×1070	3800	1900	7100

注　外型尺寸及质量，随客户要求而改变，表内数据仅供参考，以出厂文件为准。

图 17-26　35kV 级 S11 型变压器外形

图 17-27　变压器外形

6. 10kV 级 SC(B)9～SC(B)11 系列干式配电变压器

(1) 用途及特点。10kV 级 SC(B)系列环氧浇注干式变压器，将 F 级环氧树脂在真空状态下对线圈进行压力包封浇注。产品具有节能耐潮、防尘、无污染、低噪声、低局放、免维护等优点。特别适用于高层建筑。住宅小区、工矿企业、机场、码头、地下设施等场合，也适用于和开关框配套使用。干式变压器外形见图 17-28。

(2) 主要技术参数。10kV 级 SC(B)9～SC(B)11 系列干式配电变压器主要技术参数见表 17-80。

7. SG10 型 H 级干式电力变压器

(1) 性能及用途。SG10 型 H 级干式电力变压器绕组绝缘采用 NOMEX 纸，在真空压力下浸漆干燥处理。具有结构稳定，抗短路能力强，运行安全可靠，损耗低、耐高温、低局放等优点，且具备产品使用期满后回收方便、无毒的环保特性，是一种环保型变压器，可广泛用于工矿企业、机场、车站、城镇小区和城网改造。

(2) 外形图。H 级干式变压器外形见图 17-29。

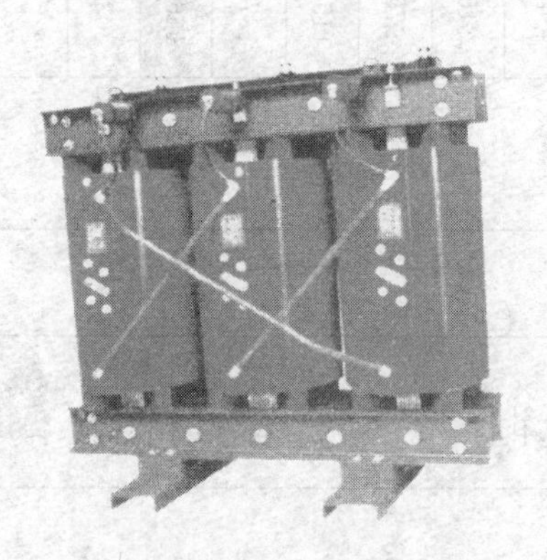

图 17-28　干式变压器外形

图 17-29　干式变压器外形

(3) 主要技术参数。SG-10 系列干式变压器主要技术参数见表 17-81。

表 17-78　　35kV 级 S11 型双绕组无励磁调压变压器技术参数

型　号	额定容量（kVA）	电压组合（kV）			联结组标号	损耗（kW）		短路阻抗（%）	空载电流（%）	外型尺寸 长×宽×高（mm）	轨距（mm）	质量（kg）		
		高压	高压分接	低压		空载	负载					器身质量	油质量	总质量
S11-M-630/35	630					0.515	7.820		0.8	2300×1170×2200	820×820	1400	820	2180
S11-M-800/35	800					0.975	9.350		0.7	2350×1180×2250	820×820	1650	900	3650
S11-M-1000/35	1000					1.155	11.475	6.5	0.6	2400×1200×2350	820×820	1950	980	3900
S11-M-1250/35	1250			3.15		1.375	13.855		0.6	2500×1250×2420	820×820	2250	1050	4150
S11-M-1600/35	1600				Yd11	1.660	16.575		0.5	2550×1300×2580	1070×1070	2650	1150	4560
S11-M-2000/35	2000	35		3.3		2.030	18.275		0.5	2700×1330×2600	1070×1070	2450	1320	5050
S11-M-2500/35	2500		±5%			2.450	19.550		0.5	2850×1380×2700	1070×1070	2950	1550	6500
S11-M-3150/35	3150			6		3.010	22.950	7.0	0.5	3000×1410×2800	1070×1070	3400	2020	7740
S11-M-4000/35	4000					3.605	27.200		0.5	3050×1480×2900	1070×1070	4020	2350	8650
S11-M-5000/35	5000			6.3		4.270	31.195		0.4	3070×1560×3010	1070×1070	5080	2530	10 500
S11-M-6300/35	6300		±2×2.5%			5.110	34.850		0.4	3400×1650×3010	1475×1475	6200	3020	12 200
S11-8000/35	8000			10.5		7.000	38.250		0.4	3500×3245×3020	1475×1475	7260	2800	13 500
S11-10000/35	10 000	38.5				8.260	45.050	7.5	0.4	3600×3450×3300	1475×1475	8180	3080	15 200
S11-12500/35	12 500			11	YNd11	9.800	53.550		0.3	3700×3500×3500	1475×1475	11 500	4280	18 900
S11-16000/35	16 000					11.900	65.450		0.3	3850×3550×3700	2040×1475	13 600	5170	27 500
S11-20000/35	20 000					14.070	79.050		0.3	3950×3650×3850	2040×1475	15 500	6300	31 280
S11-25000/35	25 000					16.730	93.500	8.0	0.3	4100×3850×4050	2040×1475	18 200	7750	37 890
S11-31500/35	31 500					19.950	112.20		0.3	4300×4050×4230	2040×1475	22 100	8900	42 560

注　外型尺寸及质量，随客户要求而改变，表内数据仅供参考，以出厂文件为准。

表 17-79　　35kV 级 S11 型系列双绕组有载调压变压器技术参数

型号	额定容量（kVA）	电压组合（kV）			联结组标号	损耗（kW）		短路阻抗（%）	空载电流（%）	外型尺寸 长×宽×高（mm）	轨距（mm）	质量（kg）		
		高压	高压分接	低压		空载	负载					器身质量	油质量	总质量
S11-M-2000/35	2000					2.247	19.125	6.5	0.6	3305×1310×2600	1070×1070	2850	1780	5750
S11-M-2500/35	2500					2.647	20.527		0.6	3450×1320×2700	1070×1070	3150	1955	7360
S11-M-3150/35	3150			6.3		3.185	24.565		0.6	3600×1330×2800	1070×1070	3482	2755	8640
S11-M-4000/35	4000	35			Yd11	3.850	28.985	7.0	0.6	3650×1340×2900	1070×1070	4080	3050	9675
S11-M-5000/35	5000			6.6		4.550	34.000		0.5	3670×1550×3010	1070×1070	5180	3330	11 690
S11-M-6300/35	6300		±3×2.5%			5.460	36.550		0.5	4100×1560×3100	1475×1475	6455	4080	13 870
S11-8000/35	8000			10		7.700	40.375		0.5	3900×3150×3200	1475×1475	7488	2800	15 410
S11-10000/35	10 000					9.100	47.770	7.5	0.5	4100×3350×3300	1475×1475	9280	3080	17 600
S11-12500/35	12 500			10.5		10.71	56.525		0.4	4350×3500×3400	1475×1475	12 620	6250	21 680
S11-16000/35	16 000	38.5			YNd11	12.883	68.094		0.4	4400×3550×3650	2040×1475	15 360	6880	30 130
S11-20000/35	20 000			11		15.167	80.278		0.4	4700×3650×3850	2040×1475	17 520	7600	34 000
S11-25000/35	25 000					16.730	93.500	8.0	0.4	5000×3850×4050	2040×1475	20 700	8990	41 190
S11-31500/35	31 500					19.445	113.33		0.4	5300×4050×4230	2040×1475	24 620	10 690	47 790

注　外型尺寸及质量，随客户要求而改变，表内数据仅供参考，以出厂文件为准。

表 17-80　　10kV 级 SC(B)9～SC(B)11 系列干式配电变压器主要技术参数

容量(kVA)	SC（B）9 系列					SC（B）10 系列					SC（B）11 系列				
	P_o(W)	P_k120℃(W)	I_0(%)	U_k(%)	L_{PA}(dB)	P_o(W)	P_k120℃(W)	I_o(%)	U_k(%)	L_{PA}(dB)	P_o(W)	P_k120℃(W)	I_o(%)	U_k(%)	L_{PA}(dB)
30	220	750	2.9	4	43	190	710	2.8	4	41	170	710	2.7	4	41
50	310	1050	2.5	4	43	270	995	2.4	4	41	240	995	2.3	4	41
80	410	1460	2.3	4	44	370	1380	2.2	4	42	320	1380	2.1	4	42
100	450	1660	2.2	4	44	400	1575	2.1	4	42	350	1575	2.0	4	42
125	530	1950	2.0	4	48	470	1850	1.9	4	44	410	1850	1.8	4	44
160	610	2250	2.0	4	46	540	2125	1.9	4	44	480	2125	1.8	4	44
200	700	2670	1.8	4	46	620	2525	1.7	4	44	550	2525	1.6	4	45
250	810	2910	1.8	4	46	720	2750	1.7	4	44	630	2755	1.6	4	45
315	990	3670	1.6	4	47	880	3470	1.5	4	45	770	2470	1.4	4	46
400	1100	4220	1.6	4	47	980	3990	1.5	4	45	850	3990	1.4	4	46
500	1300	5160	1.6	4	49	1160	4880	1.5	4	47	1020	4880	1.4	4	48
630	1510	6220	1.4	4	49	1340	5875	1.3	4	47	1180	5875	1.2	4	48
630	1460	6300	1.4	6	50	1300	5960	1.3	6	48	1130	5960	1.2	6	49
800	1710	7360	1.4	6	51	1520	6955	1.3	6	49	1330	6955	1.2	6	49
1000	1990	8600	1.3	6	51	1770	8130	1.2	6	49	1550	8130	1.1	6	50
1250	2350	10 260	1.3	6	52	2090	9700	1.2	6	50	1830	9700	1.1	6	50
1600	2750	12 420	1.3	6	52	2450	11 730	1.2	6	50	2140	11 730	1.1	6	51
2000	3730	15 300	1.1	6	53	3320	14 450	1.0	6	51	2900	14 450	0.9	6	51
2500	4500	18 180	1.1	6	54	4000	17 170	1.0	6	52	3500	17 170	0.9	6	52

注　500kVA 及以上的产品可提供箔式绕组的变压器。

表 17-81　　SG-10 系列 H 级干式变压器主要技术参数

额定容量(kVA)	电压组合			联结组标号	空载电流(%)	空载损耗(W)	负载损耗(W)	短路阻抗(%)
	高压 U_H（kV）	低压 U_L（kV）	高压分接范围（%）					
30	6 6.3 10 10.5 11	0.4	1.5%或 ±2×2.5%	Yyn0 或 Dyn11	3.2	225	835	4.0
50					2.8	290	1270	
80					2.6	370	1830	
100					2.4	410	2170	
125					2.2	480	2595	
160					2.2	560	3105	
200					2.0	660	3980	
250					2.0	760	4675	
315					1.8	880	5610	
400					1.8	1040	6630	
500					1.8	1200	7950	
630					1.6	1400	9265	
630					1.6	1345	9775	6.0
800					1.6	1700	11 560	
1000					1.4	1985	13 345	

续表

额定容量(kVA)	电压组合			联结组标号	空载电流(%)	空载损耗(W)	负载损耗(W)	短路阻抗(%)
	高压 U_H（kV）	低压 U_L（kV）	高压分接范围（%）					
1250	6 6.3 10 10.5 11	0.4	1.5%或 ±2×2.5%	Yyn0 或 Dyn11	1.4	2385	15 640	6.0
1600					1.4	2735	18 105	
2000					1.2	3320	21 250	
2500					1.2	4000	24 735	

8. 10kV 级 SC 系列干式配电变压器外形尺寸

10kV 级 SC(B)～SC(B)11 系列干式配电变压器外形尺寸见表 17-82～表 17-83。

表 17-82　SC(B) 系列 10kV 级干式配电变压器外形尺寸

额定容量(kVA)	SC(B)9 系列							
	长（mm）	宽（mm）	高（mm）	质量（kg）	长（mm）	宽（mm）	高（mm）	质量（kg）
30	900	600	780	380	1200	900	1500	700
50	950	600	875	530	1250	900	1500	850
80	1000	600	905	600	1300	900	1500	900
100	1050	600	950	720	1350	900	1500	950
125	1060	650	975	820	1400	950	1500	1000
160	1150	650	1020	950	1450	950	1500	1150
200	1200	750	1080	1120	1500	1050	1500	1450
250	1500	750	1160	1230	1550	1050	1500	1530
315	1300	750	1480	1400	1600	1050	1800	1700
400	1350	870	1560	1700	1650	1070	1860	2000
500	1400	870	1610	1960	1700	1170	1900	2200
630	1450	870	1700	2400	1750	1170	2000	2750
630	1500	1020	1750	2500	1800	1350	2050	2800
800	1600	1020	1800	2850	1900	1350	2100	3250
1000	1650	1020	1850	3330	1950	1350	2150	3680
1250	1700	1020	1920	4050	2000	1350	2220	4450
1600	1800	1020	1950	5000	2100	1350	2250	5500
2000	1850	1020	2030	5500	2150	1350	2330	6000
2500	1900	1020	2170	6500	2200	1350	2470	7000

表 17-83　10kV 级 SC(B)9～SC(B)11 系列干式配电变压器技术参数

额定容量 kVA	SC（B）10 系列								SC（B）11 系列							
	长(mm)	宽(mm)	高(mm)	质量(kg)	长(mm)	宽(mm)	高(mm)	质量(kg)	长(mm)	宽(mm)	高(mm)	质量(kg)	长(mm)	宽(mm)	高(mm)	质量(kg)
30	900	600	800	400	1200	900	1500	730	900	600	800	420	1200	900	1500	730
50	960	600	900	550	1250	900	1500	880	960	600	900	550	1250	900	1500	880
80	1030	600	925	620	1330	900	1500	920	1050	600	925	650	1330	900	1500	920
100	1060	600	950	750	1350	900	1500	980	1080	600	950	760	1350	900	1500	1000
125	1120	650	975	840	1400	950	1500	1020	1150	650	975	850	1400	950	1500	1020
160	1180	650	1050	980	1480	950	1500	1180	1180	650	1050	980	1480	950	1500	1180

续表

额定容量 kVA	SC（B）10系列								SC（B）11系列							
	长（mm）	宽（mm）	高（mm）	质量（kg）	长（mm）	宽（mm）	高（mm）	质量（kg）	长（mm）	宽（mm）	高（mm）	质量（kg）	长（mm）	宽（mm）	高（mm）	质量（kg）
200	1230	750	1100	1150	1530	1050	1500	1480	1250	750	1100	1150	1530	10 250	1500	1480
250	1260	750	1160	1260	1560	1050	1500	1560	1260	750	1160	1250	1560	1050	1500	1560
315	1330	750	1500	1430	1630	1050	1800	1750	1350	750	1500	1430	1630	1050	1800	1750
400	1380	870	1560	1740	1680	1170	1860	2060	1380	870	1560	1700	1680	1170	1860	2060
500	1440	870	1610	2000	1740	1170	1900	2250	1440	870	1610	2000	1740	1170	1900	2250
630	1490	870	1710	2430	1790	1350	2000	2790	1490	870	1710	2430	1790	1170	2000	2790
630	1570	870	1750	2550	1870	1350	2050	2830	1580	1020	1750	2550	1670	1350	2050	2830
800	1680	1020	1830	2860	1990	1350	2100	3300	1680	1020	1830	2860	1990	1350	2100	. 3300
1000	1730	1020	1850	3350	2080	1350	2150	3720	1730	1020	1850	3350	2030	1350	2150	3720
1250	1780	1020	1950	4080	2080	1350	2220	4480	1780	1020	1950	4080	2080	1350	2220	4480
1600	1880	1020	1950	5050	2180	1350	2250	5530	1880	1020	1950	5050	2180	1350	2250	5530
2000	1900	1020	2050	5550	2200	1350	2330	6060	1900	1020	2050	5550	2200	1350	2330	6060
2500	1950	1020	2180	6570	2150	1350	2470	7050	1950	1020	2180	6570	2250	1350	2470	7050

第8节　电力电容器

1. 概述

电力电容器对供配电系统无功电能的补偿，对供配电系统经济运行起着主要的作用。从功率三角形［图 17-30（a）］可知，如果供配电系统中需求的无功电能太大，即功率因数太低，将使输电线路的传输能力和配电变压器的出力降低，使流动电费费用增加。

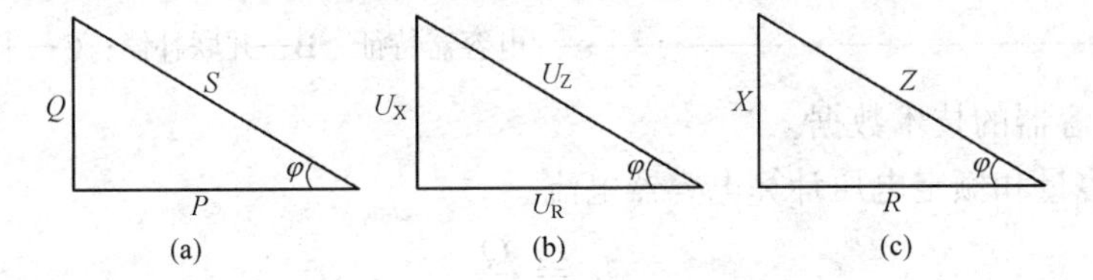

图 17-30　无功电能补偿三角形

（a）功率三角形；（b）电压三角形；（c）阻抗三角形

P—有功功率（kW）；Q—无功功率（kvar）；S—视在功率（kVA）；φ—功率因数角；

U_R—电阻上的电压降（V）；U_X—电抗上的电压降（V）；U_Z—阻抗上的电压降（V）；R—电阻（Ω）；

X—电抗（包括感抗 X_L 和容抗 X_C），（Ω）；Z—阻抗（Ω）

（1）自然功率因数 $\cos\varphi$ 降低的主要原因。

1）配电系统设计不合理。

2）大马拉小车，例如，电动机都在轻载状态下运行。

3）机加工设备多；带电感式镇流器的日光灯多。

由于日常运行中，大部分用电设备都呈感性，所以一般自然 $\cos\varphi$（即不加电力电容器补偿时的 $\cos\varphi$）都在 0.85 以下，供电部门要求用电单位的 $\cos\varphi$ 应在 0.9 以上。因此，供配电系统在设计时和运行中，增加电力电容器对供配电系统进行无功电能补偿是不可少的环节。

(2) 电力电容器对供配电系统进行无功补偿的作用。

1) 补偿无功功率，提高功率因数 $\cos\varphi$。即电感性负荷瞬时所吸收的无功功率，可由电力电容器同一瞬时所释放的无功功率中得到补偿，减少了电网的无功输出，从而可提高电力系统的功率因数 $\cos\varphi$；

2) 提高了供电设备的出力。当供电设备（例如电源变压器）的视在功率一定时，如果把功率因数提高，可使输出的有功功率随之提高，使供电设备的有功出力也就提高了；

3) 降低功率损耗和电能损失。在三相交流电路中，功率损耗与其功率因数有关，当功率因数提高后，将使功率损耗下降，从而降低了线路上和变压器中的电能损失；

4) 改善电压质量。线路中的无功功率减少，可减少线路的电压损失，使电压质量得到改善。

2. 电力补偿电容器的型号和技术数据

(1) 国产电力补偿电容器的型号含义。

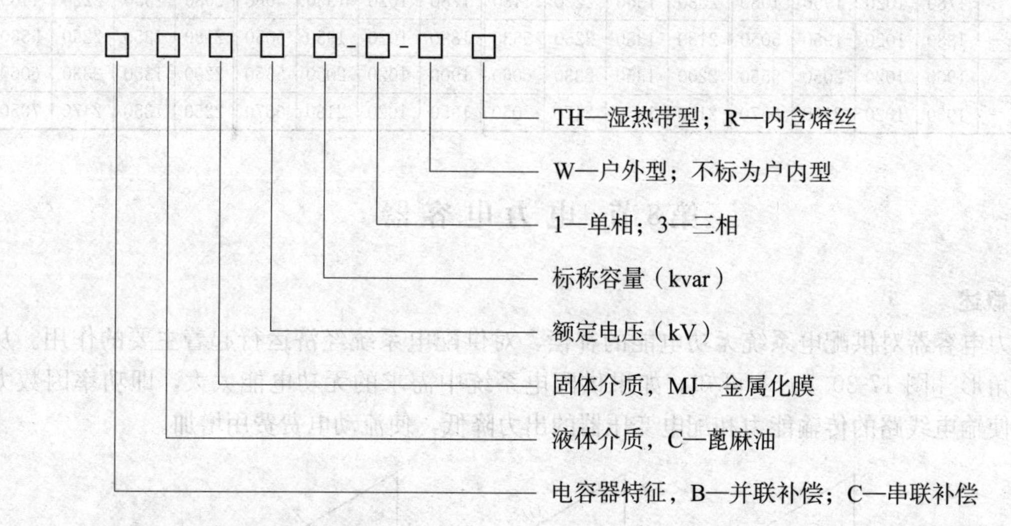

(2) 并联电容器的技术数据。

1) 按标称容量和额定电压计算电容器电流。

单相：
$$I_C=\frac{Q}{U_n}$$

三相：
$$I_C=\frac{Q}{\sqrt{3}U_n}$$

式中 I_C——电容器的额定电流，A；

Q——电容器的标称容量，kvar；

U_n——电容器的额定电压，kV。

2) 按电容器的实际电容值和额定电压计算电容器的额定电流。

单相：
$$I_C=\frac{U_n}{X_C}=\frac{U_n}{\frac{1}{2\pi fC}}=2\pi fCU_n=0.314CU_n$$

三相：
$$I_C=\frac{0.314CU_n}{\sqrt{3}}$$

式中 I_C——电容器的实际电流值，A；

C——电容器的实际电容值，μF；

U_n——电容器的额定电压，kV；

f——工频 50Hz。

3）由单台电容器组成的三相电容组的电流计算。

a. Y形接线的电容器组的电压和电流、Y形接线的电容器组，线电压等于$\sqrt{3}$倍的相电压，线电流等于相电流。即

$$I_L = I_\varphi = \frac{Q_C}{\sqrt{3}U_L}$$

式中 I_L——线电流，A；

I_φ——相电流，A；

Q_C——电容器三相总容量，kvar；

U_L——线电压，kV。

b. △形接线的电容器组的电压和电流、△接线的电容器组，线电流等于$\sqrt{3}$倍的相电流，线电压等于相电压。即

$$I_L = \frac{Q_C}{\sqrt{3}U_L}$$

3. 自愈式电力电容器的特点及性能结构

（1）特点。自愈式电力电容器的特点是：应用具有自愈性能的聚丙烯金属膜作为电容器元件的介质与极板。

聚丙烯薄膜具有高工作场强与低介质损耗，以及体积小、容量大、损耗小等特点。从表17-84的几项性能比较，我们可以看出此类电容器具有油浸纸介质式电容器所不及的优点。

表17-84 自愈式电容器与油浸纸介质式电容器性能比较表

项目单位	自愈式电容器	油浸纸介电容器
tanδ（%）	0.05～0.08	0.3～0.4
温升（℃）	5～8	20
工作场强（kV/mm）	300	14
比特性（kV/kvar）	0.3～0.4	1.7～2.1
价格比	1～1.2	1.5～1.6

下面以国产低压自愈式并联电力电容器为例，扼要地介绍该类电容器的结构原理及应用。

（2）结构原理。自愈式电容器主要由芯子、浸渍剂、端子、壳体、保险器、自放电装置和安装架等几个主要部分组成。

1）芯子。芯子是电容器的基本工作单元，由聚丙烯金属化膜绕制而成，两端面的金属层通过喷金连接成电极，每台电容器由若干只芯子根据要求进行组合连接，对于三相低压并联电容器，一般以△形接法。

自愈式电容器的自愈功能，就是利用金属化膜的特殊性能。金属化聚丙烯膜是利用高真空蒸镀技术，在聚丙烯基膜表面蒸镀一层铝、锌或锌＋铝等金属薄层，其厚度极薄，仅为0.03～0.04μm，这层金属层在一定的温度下极易气化挥发，当我们在该电容器两极板间施加一定电压后，介质中的某些电弱点被击穿。由于击穿电弱点时释放一定的能量，使得电弱点

周围的金属层受热而气化挥发。电弱点附近由于失去金属层而形成绝缘区，使电容器自行恢复正常工作。这样，每通过一次自愈作用，电容器就剔除一批电弱点，使得电容器的耐电压水平也就提高一个等级。

金属化层的厚薄直接影响电容器的自愈性能。一般讲，较薄的金属化层对自愈有利，但与喷金层的结合脆弱。要求金属化膜既要有良好的自愈性能，又要有足够金属化厚度，以提高喷金强度。目前，国外生产一种边缘加厚金属化膜，这种膜具有上述两大优点。自愈式电容器，就是选用具有边缘加厚金属化膜绕制芯子。经实践证明，其工作可靠性高，自愈性好、经得起浪涌电流的冲击、工作寿命长。

2）浸渍剂。浸渍剂是电容器内部的充填物。与油浸纸介电容器不同的是，纸介电容器中的浸渍剂直接浸入介质中间，而自愈式电容器由于膜的工作场强高，可以不必像纸一样靠浸渍剂来提高工作场强与降低损耗。这里的浸渍剂其主要作用是解决芯子外表面的局部放电与提高电容器的自愈性能及改善散热条件。

自愈式电容器选用一定配比的油蜡作为浸渍剂，通过真空浸渍，将浸渍剂灌注壳内，通过浸渍可以有效地解决芯子边缘的局部放电，并且由于固化后的微晶蜡在芯子外部形成一个强大的应力区，当元件自愈时，由于存在一定的应力，可以迫使迅速灭弧，防止蒸发区扩大与自愈恶化而导致元件“打炮”。这类浸渍剂与液体浸渍剂相比，性能稳定、不燃烧，并有效地解决了漏油问题。

3）保险装置。当万一由于自愈失效，自愈式电容器内部的金属化膜受热软化并放气而使电容器胀鼓时，保险装置能及时切断电源保护整个装置。

保险装置的种类较多，有力学型和电学型等，结构上也各有千秋。本保险装置集力与电气保险为一体，具有双重功能，放置于电容器壳体内部，利用外壳的形变来启动保险机构，切断电源。万一保险失控，电气保险也会立即启动，同样切断电源，从而保护整个装置。

4）自放电装置。放电装置能将电容器在退出运行初始峰值电压在3min内降到50V以下，以保证运行及维修安全。

5）外壳。电容器外表由马口铁冲制，耐腐性好，外涂阻燃漆，外形美观。端子与上盖采用整体压铸，耐电压强度可高达3500V，且密封性能好。长期在－45～＋50℃环境中使用，不会开裂，绝缘性能稳定。

（3）使用要点。

1）自愈式电容器的额定电压必须与本地区电网电压相符，对于某些电网电压过高或者有谐波电压存在，在配置自愈式电容器时，应采取措施给予避免与隔离（对于高次谐波的危害往往被人忽视，其中3、5、7次谐波能量最大，危害最强）。

2）要注意运行环境温度。由于过高的运行温度会导致金属化膜的电化学反应加剧，影响自愈时的热量消散，使使用寿命缩短与自愈失败。安装电容器时，应避开热源，改善散热及通风环境。

3）电容柜应设有合理的保护装置，调整合适的延时及放电时间。投入与切除电容器组要配有限流及放电装置。投切程序应遵守先投先切和后投后切的原则，要防止频繁地投切。电容组在切除时，必须保留足够容量，作为基数组，同时为防止新投入的电容器受到旁侧先投入电容对其放电（由于电容器内阻小，浪涌电流可能高达上万安培），应设置限流保护装置。

自愈式并联电容器从它的节能效果及技术的先进性来看，足以显示它的强大生命力，国外有资料介绍，它的理论寿命可以达上百年之久。但由于在使用中经验不足，可能会出现一些故障，如对电网谐波成分没有加以限制或消除的措施，而导致电容器的损坏等。因此，需要在使用中不断积累运行经验，使其不断扩大使用范围。

4. 电力电容器补偿容量计算

（1）计算法。

功率因数补偿电容的无功容量计算公式如下

$$Q_C = P_{cp}(\tan\varphi_1 - \tan\varphi_2)$$

式中 Q_C——需要补偿的无功容量，kvar；

P_{cp}——月平均有功功率，kW；

$\tan\varphi_1$——对应于补偿前，自然功率因数角 φ_1 的正切值；

$\tan\varphi_2$——对应于补偿后，预期达到的功率因数角 φ_2 的正切值。

（2）功率因数 $\cos\varphi$ 的计算。运行中的功率因数，即平均功率因数，指某一规定时间段内功率因数的平均值。功率因数可以根据功率三角形、电压三角形或阻抗三角形求得。下式为通过功率三角形计算的公式。

$$\cos\varphi = \frac{P}{S} = \frac{P}{\sqrt{P^2 + Q^2}}$$

式中 P——某一时间内消耗的有功电能（kWh）由有功电能表读出；

Q——与 P 同一时间内消耗的无功电能（kvarh）由无功电能表读出。

（3）查表法求取功率因数。为了运行中值班人员计算平均功率因数方便，可以根据无功电能 Q 和有功电能 P 算出功率因数角 φ 的正切值 $\tan\varphi$，然后，根据 $\tan\varphi$ 查表得出功率因数 $\cos\varphi$。

$$\frac{Q}{P} = \tan\varphi \rightarrow \text{查表 17-85 得出} \cos\varphi$$

例如，已知 P=6250kWh， Q=1812.5kvarh，则

$$\tan\varphi = \frac{Q}{P} = \frac{1812.5}{6250} = 0.29$$

据表 17-85 中 $\tan\varphi$=0.29，查到 $\cos\varphi$=0.961

表 17-85 **cos φ 速查表**

$\cos\varphi$ \ $\tan\varphi$ / $\tan\varphi$	0.00	0.01	0.02	0.03	0.04	0.05	0.06	0.07	0.08	0.09
0.00	1.00	0.999	0.999	0.999	0.999	0.999	0.998	0.998	0.997	0.996
0.10	0.995	0.994	0.993	0.992	0.990	0.989	0.987	0.986	0.984	0.982
0.20	0.981	0.979	0.977	0.975	0.972	0.970	0.968	0.966	0.963	0.961
0.30	0.958	0.955	0.952	0.950	0.947	0.944	0.941	0.938	0.935	0.932
0.40	0.929	0.925	0.922	0.919	0.915	0.912	0.909	0.905	0.901	0.898
0.50	0.895	0.891	0.887	0.884	0.880	0.876	0.873	0.869	0.865	0.861
0.60	0.858	0.854	0.850	0.842	0.840	0.838	0.834	0.831	0.827	0.823
0.70	0.819	0.815	0.812	0.808	0.804	0.800	0.796	0.792	0.789	0.785
0.80	0.781	0.777	0.773	0.769	0.765	0.762	0.758	0.754	0.750	0.746
0.90	0.743	0.739	0.736	0.732	0.728	0.725	0.722	0.718	0.714	0.710
1.00	0.707	0.704	0.700	0.697	0.693	0.690	0.686	0.683	0.679	0.676

5. 电力电容器补偿方式

(1) 集中补偿。集中补偿（也称三相补偿或称三相共补），通常指电力电容器安装于变电站内 10kV 系统供配电母线上或用户低压 380V/220V 供配电母线上。可采用三相补偿方式对三相相对平衡的无功负荷进行补偿，保证在系统三相电压不平衡条件下装置运行的可靠性。主回路系统图见图 17-31。

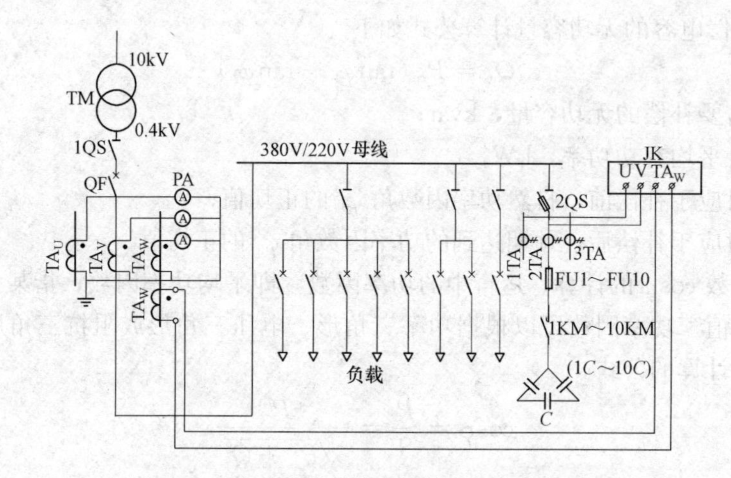

图 17-31 电力电容器集中补偿的主回路系统图

TM—配电变压器 10kV/0.4kV；KM—交流接触器；TA_U、TA_V、TA_W、1TA～3TA—电流互感器；JK—cosφ 自动控制器；QF—断路器；C—电力补偿电容器；FU—熔断器；PA—电流表；1QS—三相隔离开关；2QS—隔离开关熔断器组

集中补偿的电容器容量，仅需按照变、配电所的总负荷选择，见表 17-86。

表 17-86　每千瓦有功功率所需的电容器补偿容量（kvar）

改进前功率因数 $\cos\varphi_1$	改进后功率因数 $\cos\varphi_2$											
	0.8	0.82	0.84	0.85	0.86	0.88	0.90	0.92	0.94	0.96	0.98	1.00
0.40	1.54	1.60	1.65	1.67	1.70	1.75	1.81	1.87	1.93	2.00	2.09	2.29
0.42	1.41	1.47	1.52	1.54	1.57	1.62	1.68	1.74	1.80	1.87	1.96	2.16
0.44	1.29	1.34	1.39	0.41	1.44	1.50	1.55	1.61	1.68	1.75	1.84	2.04
0.46	1.18	1.23	1.28	1.31	1.34	1.39	1.44	1.50	1.57	1.64	1.73	1.93
0.48	1.08	1.12	1.18	1.21	1.23	1.29	1.34	1.40	1.46	1.54	1.62	1.83
0.50	0.98	1.04	1.09	1.11	1.14	1.19	1.25	1.31	1.37	1.44	1.53	1.73
0.52	0.89	0.94	1.00	1.02	1.05	1.10	1.16	1.21	1.28	1.35	1.44	1.64
0.54	0.81	0.86	0.91	0.94	0.97	1.02	1.07	1.13	1.20	1.27	1.36	1.56
0.56	0.73	0.78	0.83	0.86	0.89	0.94	0.99	1.05	1.12	1.19	1.28	1.48
0.58	0.66	0.71	0.76	0.79	0.81	0.87	0.92	0.98	1.04	1.12	1.20	1.41
0.60	0.58	0.64	0.69	0.71	0.74	0.79	0.85	0.91	0.97	1.04	1.13	1.33
0.62	0.52	0.57	0.62	0.65	0.67	0.73	0.78	0.84	0.90	0.98	1.06	1.27
0.64	0.45	0.50	0.56	0.58	0.61	0.66	0.72	0.77	0.84	0.91	1.00	1.20
0.66	0.39	0.44	0.49	0.52	0.55	0.60	0.65	0.71	0.78	0.85	0.94	1.14
0.68	0.33	0.38	0.43	0.46	0.48	0.54	0.59	0.65	0.71	0.79	0.88	1.08
0.70	0.27	0.32	0.38	0.40	0.43	0.48	0.54	0.59	0.66	0.73	0.82	1.02
0.72	0.21	0.27	0.32	0.34	0.37	0.42	0.48	0.54	0.60	0.67	0.76	0.96
0.74	0.16	0.21	0.26	0.29	0.31	0.37	0.42	0.48	0.54	0.62	0.71	0.91

续表

改进前功率因数 $\cos\varphi_1$	改进后功率因数 $\cos\varphi_2$											
	0.8	0.82	0.84	0.85	0.86	0.88	0.90	0.92	0.94	0.96	0.98	1.00
0.76	0.10	0.16	0.21	0.23	0.26	0.31	0.37	0.43	0.49	0.56	0.65	0.85
0.78	0.05	0.11	0.16	0.18	0.21	0.26	0.32	0.38	0.44	0.51	0.60	0.80
0.80	—	0.05	0.10	0.13	0.16	0.21	0.27	0.32	0.39	0.46	0.55	0.75
0.82	—	—	0.05	0.08	0.10	0.16	0.21	0.27	0.34	0.41	0.49	0.70
0.84	—	—	—	0.03	0.05	0.11	0.16	0.22	0.28	0.35	0.44	0.65
0.85	—	—	—	—	0.03	0.08	0.14	0.19	0.26	0.33	0.42	0.62
0.86	—	—	—	—	—	0.05	0.11	0.17	0.23	0.30	0.39	0.59
0.88	—	—	—	—	—	—	0.06	0.11	0.18	0.25	0.34	0.54
0.90	—	—	—	—	—	—	—	0.06	0.12	0.19	0.28	0.49

集中补偿比分段补偿、就地补偿的电容器用量少、利用率高，便于实现自动投切和管理、维护，能减少变压器和主供汇流母线的无功负荷和电能损耗，图 17-31$\cos\varphi$ 的电流取样取自电源总母线，但不能减少用户内部各条馈电线路的无功负荷和电能损耗。对于补偿容量较大的用户，多采用集中补偿、分相补偿、分段补偿、就地补偿相结合的方式（也称混合补偿）。

（2）分段补偿。分段补偿也叫分散补偿。常见的有以下几种方式。

1）高压电力电容器分组安装于城乡电网 10kV 或 6kV 配电线路的杆架上或开闭所内。

2）低压电力电容器安装于公用配电变压器的二次低压（380V/220V）侧。

3）低压电力电容器安装于电力用户的汇流母线上或动力配电柜处。

分段补偿的优点是补偿设备利用率比较高，使供电系统能充分地、均衡地得到补偿。缺点是管理、维护不方便。

（3）分相补偿。可采用分相补偿方式对三相不平衡无功负荷进行补偿。

（4）就地补偿。就地补偿又称“个别补偿”。就地补偿方式是指电力电容器直接装于用电设备附近。如图 17-32 所示，图中电力电容器与电动机供电回路相关联，就地补偿比较适合补偿容量较大的电动机。

对感应电动机就地补偿时，一般应以空载状态补偿至功率因数接近 1 为准，因为空载时，所消耗的无功功率相对较多，补偿后，即使电动机满载，功率因数也是滞后的，如果以满载时耗用的无功功率作补偿依据，则空载或轻载时，必然导致过补偿。感应电动机空载时的功率因数一般在 0.1～0.3 之间。

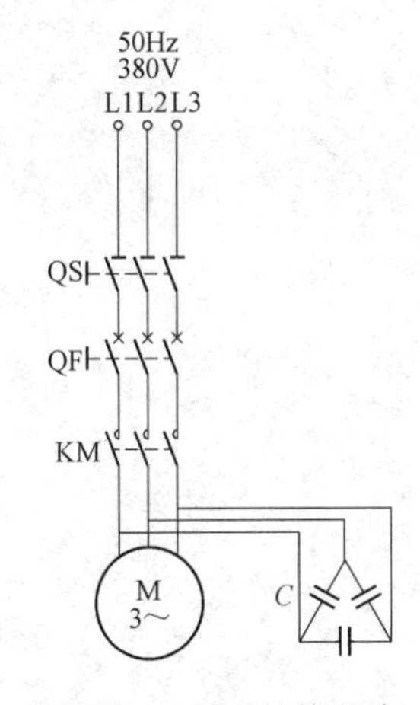

图 17-32　就地补偿电路

采用就地补偿时，可以最大限度地减少系统输电线路中流过的无功电流，使整个供配电系统的能量损耗、线路的导线截面、有色金属消耗量、开关设备、变压器容量等都能相应减少和降低。从而取得了良好的效果。但就地补偿存在如下缺点：

1）电容器利用率较低，补投资较大。

2）如果电容器容量选择不当，电动机可能产生自激过电压，使电动机受到损坏。

3）电容器易受震动和环境的影响。

因此，就地补偿通常适用于负荷比较稳定，且经常运行的电动机，如水泵、风机、空气压缩机、球磨机等设备的电动机，对变速运行、正反方向运行、点动、堵转、反接制动的电动机不宜采用。

(5) 电力补偿电容器的接线。三相电力补偿电容器的联接方法有Y和△两种方法。实际应用中，大部分采用的都是△连接见图 17-31、图 17-32 所示。

1) 无论 10kV 级供配电系统还是 380V/220V 供配电系统，所接入的无功功率补偿装置都是电容器组，而电容器组都是由单只或组合电容器通过接线（Y连接或△连接）组成。

2) 在三相补偿电路中，电容器组接为△形接线，从而实现三相共补的功能。

3) 在分相补偿电路中，电容器组应接为Y形接线，从而实现单相分补的功能 。

(6) 控制元件的选用。随着科学技术的发展，目前大部分用户都选用智能型控制器和智能型复合开关。

第 18 章　电力变压器的并列运行

第 1 节　电力变压器并列运行的特点及条件

电力变压器的并列运行也称并联运行，就是各台变压器的一次绕组并接到同一电网母线上，二次绕组也都并接到公共的二次母线上。

1. 变压器并列运行的特点

采用并列运行方式，具有下列特点。

（1）提高供电可靠性。并列运行中的某一台变压器发生故障时，可从电网切除并进行检修，负载由其余各台变压器分担，不用中断供电，必要时仅需对某些用户限电，采用并列运行，也可有计划地安排轮流检修。

（2）提高运行经济性。根据负载大小可随时调整投入并列运行的变压器台数，保证变压器有较高的负载系数，从而可减少空载损耗、提高效率、改善电网的功率因数。

（3）减少一次性投资。变压器并列运行，可以减少总备用容量，并能随用电负载的增加而分批安装新变压器，即分期投资。

（4）合理选用并联台数。由于大容量变压器成本低、效率高，所以要合理考虑并联台数。

2. 变压器并列运行的条件

（1）变压器绕组的联结组别必须相同。在变压器并列运行的条件中，最重要的一条就是要求并列的变压器的联结组别相同。如果联结组别不同的变压器并列后，即使电压的有效值相等，同样在两台变压器同相的二次侧，也会出现很大的电压差（电位差）。由于变压器二次阻抗很大，将会产生很大的循环电流，使变压器严重发热以致烧毁。因此联结组别不同的变压器是不允许并列运行的。

（2）各变压器一、二次侧的额定电压分别相等（电压比相同）。并列运行的变压器如果电压比不同，二次侧电压不相等，相差大于允许值，会在绕组内产生较大循环电流，降低变压器的输出容量，严重时还会烧毁变压器。

（3）变压器的短路电压百分比（又称阻抗电压百分比）应相等。变压器并列运行时，负载分配与短路电压的数值大小成反比，即短路电压大的变压器分配的负载电流小；而短路电压小的变压器分配的负载电流大。如果并列运行的变压器短路电压百分比不相等时，不能按变压器容量成比例地分配负载，会造成短路电压百分比小的变压器过负载，短路电压百分比大的不能满负载。

（4）变压器容量比不超过 3∶1。这一点是从变压器经济运行考虑的，因为容量相差过多时容易使负载分配不合理，造成一台变压器过负载，另一台变压器不能满负载。

（5）特殊情况。变压器在特殊情况，不能完全满足上述条件时，要求做到以下几点：

1）每台变压器承担的负载不应超过本身额定容量的 5%，如额定容量为 100kVA 变压器，负载不可超过 105kVA。

2）任何一台变压器在空载时，二次绕组产生的循环电流不应超过任何一台变压器额定电流的 10%。

3）并列运行的变压器承担的总负载不能长时间超过本身额定容量的 110%。

4）并列运行变压器的短路电压差值应不超过其中一台变压器短路电压值的 10%。

5）并列运行变压器的电压比间允许相差不超过±0.5%（电压比>3 时）或±1%（电压比≤3 时）。

第 2 节　变压器并列运行注意事项及台数确定

1. 变压器并列运行注意事项

变压器并列运行，除应满足并列运行条件外，还应该注意安全操作，一般应考虑以下几方面：

（1）新投入运行和检修后的变压器，并列运行前应进行核相，并在空载状态时试验并列运行无问题后，方可正式并列运行带负载。

（2）变压器的并列运行，必须考虑并列运行的经济性，不经济的变压器不允许并列运行。同时还应注意，不宜频繁操作。

（3）进行变压器并列或解列操作时，不允许使用隔离开关和跌开式熔断器。要保证操作正确，不允许通过变压器倒送电。

（4）需要并列运行的变压器，在并列运行前应根据实际情况，预计变压器负载电流的分配，在并列后立即检查两台变压器的运行电流分配是否合理。在需解列变压器或停用一台变压器时，应根据实际负载情况，预计是否有可能造成一台变压器过负载。而且也应检查实际负载电流，在有可能造成变压器过负载的情况下，不准进行解列操作。

2. 并列变压器最佳台数的确定

为了满足电力系统总负载的需要，可以用一台大容量或几台小容量变压器并列运行来解决。究竟采用单台还是多台变压器，合理解决的原则是变压器总损耗要小，也就是所有变压器的总空载损耗 P_0 和总负载损耗（即短路损耗）P_k 为最小来确定变压器的合理台数。

变压器负载损耗 P_k 等于变压器额定负载损耗 P_{kN} 与负载率 β 平方的乘积，即

$$P_k = \beta^2 P_{kN}$$

式中　P_k——变压器负载率为 β 时的负载损耗；

β——变压器负载率，它等于变压器实际运行的负载与额定容量之比；

P_{kN}——变压器额定负载损耗。

负载损耗大小随负载大小而变，当变压器空载时，$\beta=0$；当变压器带满载时，$\beta=1$；负载损耗在 $\beta=0$ 到 $\beta=1$ 之间变化。$\beta=0$ 时，$P_k=0$；$\beta=1$ 时，$P_k=P_{kN}$。

空载损耗 P_0 在所有情况下总是不变的，不管 $\beta=0$，还是 $\beta=1$。变压器不管负载大小，总损耗内总要包含 P_0，因此，P_0 越小越好。采用冷轧硅钢片，可以降低单位质量损耗（在 $B=1T$ 时，0.5W/kg 以下）。

下面分析一台变压器单独运行、两台变压器并联运行在同一总负载下的两种情况。

一台变压器总损耗为 $P_0+\beta^2 P_{kN}$，两台变压器并联工作在同一负载下的总损耗为 $2P_0+2(\beta/2)^2 P_{kN}$。当一台变压器和两台变压器的总损耗相等时，则有

$$P_0+\beta^2P_{kN}=2P_0+2\left(\frac{\beta}{2}\right)^2P_{kN}$$

由上式解出 β 值为

$$\beta=\sqrt{\frac{2P_0}{P_{kN}}}$$

设 β_2 为两台变压器并列运行时的实际负载率，一台变压器运行损耗小于两台变压器并列运行的损耗时，则有

$$\beta<\beta_2$$

一台变压器运行损耗大于两台变压器并列运行的损耗时，则有

$$\beta>\beta_2$$

如果并列变压器是三台时，可写出下列平衡方程式

$$2P_0+2\frac{(\beta)_2}{2}P_{kN}=3P_0+\frac{(\beta)_2}{3}P_{kN}$$

或
$$2\frac{(\beta)_2}{2}P_{kN}-3\frac{(\beta)_2}{3}P_{kN}=P_0$$

所以
$$\beta_2=\frac{6P_0}{P_{kN}}$$

即
$$\beta=\sqrt{\frac{6P_0}{P_{kN}}}$$

设 β_3 为三台变压器并列运行时的实际负载率，当 $\beta>\beta_3$ 时，采用三台变压器并列运行有利。

同理，当四台变压器并列运行时，有

$$3P_0+3\frac{(\beta)_2}{3}P_{kN}=4P_0+4\frac{(\beta)_2}{3}P_{kN}$$

所以
$$\beta=\sqrt{\frac{12P_0}{P_{kN}}}$$

设 β_4 为四台变压器并列运行时的实际负载率，当 $\beta>\beta_4$ 时，采用四台变压器并列运行有利。

当有 n 台变压器并列运行时，可得到

$$\beta=\sqrt{\frac{n(n-1)P_0}{P_{kN}}}$$

设 β_n 为 n 台变压器并列运行时的实际负载率，当 $\beta>\beta_n$ 时，采用 n 台变压器并列运行有利。

【例 18-1】 有两台容量为 800kVA 变压器，已知 $P_0=1340\text{W}$，$P_{kN}=7195\text{W}$，试确定在怎样的负载下采用两台变压器并列运行比单台运行有利。

解
$$\beta=\sqrt{\frac{2P_0}{P_{kN}}}=\sqrt{\frac{2\times1340\text{W}}{7195\text{W}}}=0.61$$

$$0.61\times800\text{kVA}=488\text{kVA}$$

当负载大于 488kVA 时，采用两台 800kVA 变压器并列运行，比单台 800kVA 变压器运

行有利。现设两种情况验证。

(1) 设负载为 600kVA 实际负载率

$$\beta_2 = \frac{600\text{kVA}}{800\text{kVA}} = 0.75$$

一台变压器运行时

$$P_0 + \beta_2^2 P_{kN} = 1340\text{W} + 0.75^2 \times 7195\text{W} = 5387\text{W}$$

两台变压器并列运行时

$$2P_0 + 2\frac{(\beta_2)_2}{2}P_{kN} = 2\times 1340\text{W} + 2\times\frac{(0.75)_2}{2}\times 7195\text{W} = 4704\text{W}$$

采用两台变压器并列运行，总损耗减少数为

$$5387\text{W} - 4704\text{W} = 683\text{W}$$

(2) 设负载为 300kVA，实际负载率

$$\beta_2 = \frac{300\text{kVA}}{800\text{kVA}} = 0.375$$

一台变压器运行时

$$P_0 + \beta_2^2 P_{kN} = 1340\text{W} + 0.375^2 \times 7195\text{W} = 2352\text{W}$$

两台变压器并列运行时

$$2P_0 + 2\frac{(\beta_2)_2}{2}P_{kN} = 2\times 1340\text{W} + 2\times\frac{(0.375)_2}{2}\times 7195\text{W} = 3186\text{W}$$

采用单台变压器运行，总损耗减少数为

$$3186\text{W} - 2352\text{W} = 834\text{W}$$

【例 18-2】 有 5 台容量为 750kVA 变压器并列运行，已知 P_0=3720W，P_{kN}=10945W，5 台变压器相同，试确定 β 为多少时，5 台并联运行比 4 台并联运行损耗少。

解

$$\beta = \sqrt{\frac{n(n-1)P_0}{P_{kN}}} = \sqrt{\frac{5(5-1)\times 3720\text{W}}{10945\text{W}}} = 2.607$$

$$2.607 \times 750\text{kVA} = 1955\text{kVA}$$

当负载大于 1955kVA 时，采用 5 台变压器并列运行有利。

下面验证当 β=2.607 时，4 台变压器并列运行和 5 台变压器并列运行时总耗一样。

4 台变压器并列运行时

$$4P_0 + 4\frac{(\beta)_2}{4}P_{kN} = 4\times 3720\text{W} + 4\frac{(2.607)_2}{4}\times 10945\text{W} = 33477\text{W}$$

5 台变压器并列运行时

$$5P_0 + 5\frac{(\beta)_2}{5}P_{kN} = 5\times 3720\text{W} + 5\frac{(2.607)_2}{5}\times 10945\text{W} = 33477\text{W}$$

第 3 节　电力变压器的异常运行与故障处理

1. 电力变压器的异常运行

电力变压器的异常运行与故障分析见表 18-1。

表 18-1　　电力变压器运行与故障分析

异常运行情况	可能原因	处理方法
变压器温升过高	（1）由于涡流，使铁心长期过热，引起硅钢片间的绝缘破坏，铁损增大，造成温升过高	需停电吊心检修
	（2）穿心螺杆绝缘破坏，造成穿心螺杆与硅钢片短接，有很大的电流流过穿心螺杆使变压器发热，温度升高	需停电吊心检修
	（3）绕组层间或匝间有短路点，造成温升过高，气体继电器动作	需停电吊心检修
	（4）分接开关接触不良，使得接触电阻过大，甚至造成局部放电或过热，导致变压器温升过高	需停电吊心，检修分接开关
	（5）超负载运行	需减轻负载
	（6）三相负载严重不平衡，使低压中线内的电流超过额定电流的25%，使温升过高	需调整三相负载
	（7）温度测量系统失控误动作	需检修
	（8）变压器冷却条件破坏，如风扇或其他冷却系统发生故障，变压器室通风道阻塞，使环境温度升高等	需检修冷却装置
变压器运行声音异常（大幅度的负载变动，如有大设备起动，电弧炉炼钢，晶闸管整流器等负载时，由于高次谐波分量很大，也会异常声响，这属正常现象，无需处理）	（1）外接电源电压很高	需设法降低电压，将分接开关调到相应电压的位置上
	（2）过负载运行，会使变压器发生很高而且较重的嗡嗡声	需适当降低负载
	（3）在系统短路或接地时，变压器承受很大的短路电流，会使变压器发出很大噪声	对短路点停电检修处理
	（4）变压器内部坚固件松动、错位，因而发出强烈而不均匀的噪声	急需停电吊心检修
	（5）变压器内部接触不良，或绝缘有击穿，发出放电的劈啪声	需停电吊心检修
	（6）系统发生铁磁谐振时，使变压器发出粗细不均的噪声	可采用调换变压器的办法，或调整负载性质
油位不正常，油质变坏	（1）漏油	应查出漏油部位，如瓷套管破裂；封口耐油橡皮老化；散热管有砂眼等，作相应修复加油
	（2）油中有气体溶解	应取样作化验检查，发现有问题时，应作净化处理
防爆薄膜破裂	变压器内部发生严重故障，油及绝缘物分解产生大量气体，容器内部压力增大，压破防爆管上的薄膜，严重时将油喷出	需停电吊心检修，并更换合适的薄膜
分接开关故障（运行中的变压器如分接开关发生故障，油箱上会有吱吱的放电声，电流随响声而摆动，气体继电器可能动作，油的闪点降低）	（1）分接开关触头弹簧压力不足，触头滚轮压力不匀，使有效接触面积减少，以及因镀银层的机械强度不够而严重磨损等会引起分接开关烧毁	需吊心检修开关
	（2）分接开关接触不良，经受不起短路电流冲击发生故障	
	（3）例分接开关时，由于分接头位置切错误，引起开关烧毁	
	（4）相间绝缘距离不够，或绝缘材料性降低，在过电压下短路	

续表

异常运行情况	可能原因	处理方法
绝缘瓷套闪络和爆炸	(1) 套管内的电容芯子制造不良，内部游离放电	需更换新套管
	(2) 套管积尘太多，有裂纹或机械损伤	需更换新套管
	(3) 套管密封不严，漏水，使绝缘受潮	需检修封严
运行时熔断器熔体熔断	(1) 高压侧一相熔体熔断的主要原因是外力、机械损伤造成；此外当高压侧（中性不接地系统）发生一相弧光接地或系统中有铁磁谐振过电压出现，也可能造成高压一相熔体熔断	停电检查，如未发现异常，可将熔体更换，在变压器空载状态下试送电，经监视变压器运行正常，可带负载
	(2) 高压侧两相熔体熔断的主要原因是变压器内部或外部短路故障造成	停电检查高压引线及瓷绝缘有无闪络放电痕迹，注意观察变压器有无过热、变形、喷油等异常现象，通过摇测绝缘电阻、取油样进行化验测量绕组直流电阻等手段来确定故障性质，通过检查、鉴定、修复处理故障后，方可更换熔体
	(3) 低压侧熔体熔断主要是低压母线、断路器、熔断器等设备发生短路故障	重点检查负载侧的设备，发现故障经处理后，消除了故障点，方向更换熔体恢复供电
气体继电器动作	(1) 变压器换油、加油时随滤油机打入变压器空气	需及时放出气体，经运行 24h 无问题后，方可将气体继电器接入掉闸位置
	(2) 系统不严，将气体随油泵打入变压器中	需检修冷却装置
	(3) 保护装置的二次线路发生短路故障	需检修二次线路
	(4) 变压器内部发生故障，局部产生电弧或发热严重，使油分解产生气体，使气体继电器动作	需吊心检修
三相电压不平衡	(1) 三相负载不平衡，引起中性点位移，使三相电压不平衡	调整负载使三相平衡
	(2) 系统发生铁磁谐振，使三相电压不平衡	调整负载性质
	(3) 绕组局部发生匝间或层间短路，造成三相电压不平衡	检修变压器绕组

2. 电力变压器故障的检查处理方法

(1) 分析保护装置动作。容量为 400kVA 以上的电力变压器都装有继电保护装置，如气体继电器、过电流继电器（过流、速断保护），变压器产生故障后，会使相应装置动作。继电保护动作，可进行以下几方面的分析判断和检查处理。

1) 变压器电保护动作、断路器掉闸的故障判断、分析与检查处理。主要进行以下检查：

a. 继电保护动作后，经检查确认速断保护动作，可暂时解除信号声响。

b. 如过电流继电器动作使断路器掉闸，应立即查明故障原因，如是外部原因（过载、外部短路等），未发现内部短路现象及放电烧伤痕迹，可迅速切断故障点，联系恢复送电；如经检查确认是线路造成越级跳闸，可先切除故障回路，联系恢复送电 。如发生二次母线及变压器出口引线短路时，应对变压器整体仔细检查，并作纪录，进行全面试验。处理缺陷之后方能送电。

c. 差动继电器在变压器投入时动作使断路器掉闸，如该变压器在投入运行前已做过绝缘试验和差动保护试验，经检查又无异常现象，可再次送电：如再次又动作，就不能再强行送电，要检查清楚故障原因并排除。如该变压器在投入运行前未做过绝缘试验和差动保护试验，则应进行线路及变压器的绝缘保护试验，合格后，才能再次投入。

d. 差动继电器在变压器运行中动作使断路器掉闸，应检查变压器的一、二次断路器之间是否有短路、闪络、放电等现象；检查套管、电缆头、断路器、电流互感器引线等是否有烧伤放电现象；检查变压器的防爆管有无喷油、溢油现象，变压器外壳有无裂纹跑油现象；拉开一、二次隔离开关，对变压器做全面高压绝缘试验；检查结果如果是电流互感器故障，应更换互感器或修理合格后再投入运行；所有检查无异常并试验合格后，变压器方可投入运行。

e. 如有气体保护，检查气体保护是否动作，如气体保护未动，说明故障点在变压器外部，重点检查变压器及高压断路器向变压器供电的线路、电缆、母线是否有相间短路故障。此外，还应重点检查变压器的高压引线部分有无明显的故障点，有无其他明显异常现象，如变压器喷油、起火、温升过高等。

f. 如确属高压设备或变压器故障，应立即报告有关领导，属于主变压器故障应报告供电局，同时做好投入备用变压器和将重要负载倒出的准备工作。

g. 未查明原因并消除故障前，不准再次给变压器合闸送电。

h. 必要时对变压器的继电保护进行事故校验，以证实继电保护的可靠性，还要填写事故调查报告，提出反事故措施。

2）变压器气体保护动作后的检查与处理。运行中，发现气体保护动作并发出信号时，应做以下几方面的检查处理：

a. 只要气体保护动作，就应判明故障发生在变压器内部。如当时变压器运行无明显异常，可收集变压器内气体，进一步分析，确定故障性质。

b. 取变压器气体时应当停电后进行，可采用排水取气法，将气体取至试管中。

c. 根据气体的颜色和进行点燃试验，观察是否有可燃性气体，以判断故障部位和故障性质。

d. 收集到的气体若无色、无味且不可燃，说明气体继电器动作的原因是油内排出的空气引起的；如果气体是黄色、不易燃烧，说明是变压器内木质部分故障；如果气体是淡黄色、带强烈臭味并且可燃，则为纸质绝缘故障；如气体为灰色或黑色、易燃，则是绝缘油故障。

对于室外变压器，可以打开气体继电器的放气阀，点燃从放气阀排出的气体看是否可燃。如果可燃，则气体开始燃烧并发出明亮的火焰。当油开始从放气阀外溢时，立即关闭放气阀门。

室内变压器，禁止在变压器室内进行点燃试验，应将收集到的气体，拿到安全地方去进行点燃试验。判断气体颜色要迅速进行，否则气体颜色很快会消失。

e. 气体保护动作未查明原因，为了进一步证实变压器的良好状态，可取出变压器油样作简化试验，看有无油耐压降低和油闪点下降的现象，如仍然没有问题，应进一步检查气体保护二次回路，看是否可能造成气体保护误动作。

f. 变压器重瓦斯动作时，断路器掉闸，未进行故障处理并未确实证明变压器无故障时，不可重新合闸送电。

g. 变压器发生故障，应立即报告有关领导，确定更换和大修变压器的方案，提出调整变压器负载的具体措施及防止类似事故的反事故措施。

（2）解体检查。解体检查是判断故障性质与部位的重要方法。若故障发生在铁心或绕组的内部，则必须进行器身解体检查。

一般固体绝缘击穿多有炭渣沉积或产生焦臭气味，因此凡有特殊臭味之处，均应仔细嗅辨和检查（有时要剥开绝缘检查）。另外还应察看绕组的颜色和老化程度，根据经验，通常将绝缘老化程度概括地分为四级，见表18-2。

表18-2　　绝缘老化的分级

级　别	绝缘状态	说　明
第一级	绝缘弹性良好，色泽新鲜均一	绝缘良好
第二级	绝缘稍硬，但手按时无变形，且不裂不脱落，色泽略暗	尚可使用
第三级	绝缘已有发脆，色泽较暗，手按时有轻微的裂纹，变形不太大	绝缘不可靠，应酌情更换绕组
第四级	绝缘已炭化发脆，手按时脱落或裂开	不能使用

（3）试验检查。许多故障不能只从外部直观检查就能作出判断，例如匝间短路，内部绕组放电或击穿，内部绕组与外部绕组之间的绝缘被击穿等，其外表面的征象均不显著，所以，必须进行试验测量，结合外观检查，才能迅速而且正确地判断故障的性质和部位。表18-3列出了试验检查的项目和方法。

表18-3　　查找变压器故障的试验项目和检查方法

试验项目	试验结果	产生故障的可能原因	检查方法
用2500V绝缘电表测量绕组与绕组间、绕组与地间的绝缘电阻	绝缘电阻为零	绕组与绕组之间或绕组对地之间有击穿现象	解体检查绕组和绝缘
	绝缘电阻值较前一次测量降低40%以上（温度换算值）	绝缘受潮	用2500V绝缘电阻测量吸收比$R''_{50}R''_{15}$（要求＞1.3）
	绕组间以及每相间的绝缘电阻不相等	套管可能损坏	将套管与绕组间的引线拆除，单独测绕相对油箱或套管对箱盖的绝缘电阻
绕组的直流电阻试验	分接开关在不同的分接位置时，直流电阻相差很大	分接开关接触不良，触头有污垢，分接头与开关的连接有错误（未经拆卸检修的变压器不可能发现这种情况）	吊出器身，检查分接开关与分接头的连接和分接开关的接触状态
	相电阻大于三相平均值的2%～3%	绕组的出头与引线的连接焊接不良，接触不良；匝间有短路；引线与套管间连接不良	用直流电桥分段测量比较方便。将三相的每一相分段测量后相互进行比较，阻值与该段平均阻值比较相差大的，说明存在有缺陷
空载试验	空载损耗与电流值非常大	铁心螺杆或铁轭螺杆与铁心有短路处。接地的连接片装得不正确构成短路；匝间短路	吊出器身，检查接地及匝间短路处，用1000V绝缘电阻表，测铁轭螺杆的绝缘电阻，检查绝缘电阻，检查绝缘情况
	空载损耗非常大	线间绝缘不良或铁心短路	用直流电压、电流法测线间绝缘
	空载电流很大	铁心接缝装配不良，硅钢片不足量	吊出器身检修，观察铁心接缝及测量铁轭截面
短路试验	阻抗电压很大	各部分接触不良（如套管与开关等）	分段测量直流电阻
短路试验	短路损失过大	并联导线中有断裂；换位不正确；导线载面较小	将低压短路，当离压Y联结时分别在AB、BC、CA端施压，进行三次短路试验，对每次测量的结果加以分析比较；当高压D联结时应分别短接一相
绕组联结组测量	所测的结果同要求的联结组不相符（未经拆卸检修的变压器不可能发生这种情况）	某相绕组中有一个绕组方向反了	进行联结组的逐相测量，检查绕组的变压比

第 19 章　常用电线、电缆及母线技术数据

第 1 节　工程常用电线、电缆型号名称用途及敷设场合

1. 工程常用电线、电缆型号与用途

工程常用电线、电缆型号与用途见表 19-1。

表 19-1　　工程常用电线、电缆型号与用途

电缆类别	型　号	名　称	主要用途
聚氯乙烯绝缘软线	RV RVB	铜芯聚氯乙烯绝缘软线 铜芯聚氯乙烯绝缘平型软线	供交流 250V 及以下各种移动电器接线
	RVS RVV	铜芯聚氯乙烯绝缘绞型软线 铜芯聚氯乙烯绝缘聚氯乙烯护套软线	同 RV，额定电压 500V 及以下
	RV-105	铜芯耐热聚氯乙烯软线	同 RV，供高温场所用
	RV RV-105 RVB RVS	聚氯乙烯绝缘软线	适用于各种交、直流移动电器、电子仪器、电信设备及自动化装置接线
丁腈聚氯乙烯复合物绝缘软线	RFB RFS	RFB（平型）RFS（绞型）丁腈聚氯乙烯复合物绝缘软线	适用于交流 250V 及以下或直流 500V 及以下各种移动电器、无线电设备和照明灯座的接线，具有耐寒、耐热老化不延燃和保持低温柔软等性能
聚氯乙烯绝缘屏蔽电线	BVP RVP BVVP RVVP BVP-105 RVP-105	聚氯乙烯绝缘屏蔽电线 聚氯乙烯绝缘屏蔽软线 聚氯乙烯绝缘聚氯乙烯护套屏蔽电线 聚氯乙烯绝缘聚氯乙烯护套屏蔽软线 耐热 105°聚氯乙烯绝缘屏蔽电线 耐热 105°聚氯乙烯绝缘屏蔽软线	适用于交流 250V 及以下的电器、仪表、电信、电子设备及自动化装量屏蔽线路用
铜、铝母线	TMY（TMR）	硬（软）铜母线	适用于作电机、电气、配电设备及其他电工用的铜母线
	LMY（LMR）	硬（软）铝母线	适用于作电机、电气、配电设备及其他电工用的铝母线
	TRJ	裸铜软绞线	供移动式电气设备作连接线用
铝绞线及钢芯铝绞线	LJ LGJ LGJQ LGJJ	铝绞线 钢芯铝绞线 轻型钢芯铝绞线 加强型钢芯铝绞线	适用于架空电力输配电线路并可生产各型号钢芯铝绞线的防腐电线
橡皮绝缘线	BLXF（BXF）	铝（铜）芯氯丁橡皮线	固定敷设，尤其适用于户外
	BLX（BX） BXR	铝（铜）橡皮线 铜芯橡皮线	固定敷设 室内安装，要求电线较柔软时使用

续表

电缆类别	型号	名称	主要用途
聚氯乙烯绝缘电线	BV BLV BVV BLVV	铜芯聚氯乙烯绝缘电线 铝芯聚氯乙烯绝缘电线 铜芯聚氯乙烯绝缘聚氯乙烯护套电线 铝芯聚氯乙烯绝缘聚氯乙烯护套电线	用于交流500V及以下或直流1000V及以下的电器设备及电气线路，可明敷、暗敷、护套线可以直接埋地
	BVR	铜芯聚氯乙烯软电线	同BV型，安装要求柔软时用
	BV-105	铜芯耐热105℃聚氯乙烯绝缘电线	同BV型，用于高温场所
	BLV-105	铝芯耐热105℃聚氯乙烯绝缘电线	同BV-105型

电缆类别	型号		名称	主要用途
	铝芯	铜芯		
聚氯乙烯绝缘聚氯乙烯护套电力电缆	VLV	VV	聚氯乙烯绝缘，聚氯乙烯护套电力电缆	敷设在室内、隧道内及管道中，不能承受机械外力作用
	VLV29	VV29	聚氯乙烯绝缘，聚氯乙烯护套内钢带铠装电力电缆	敷设在地下，能承受机械外力作用，但不能承受大的拉力
	VLV30	VV30	聚氯乙烯绝缘，聚氯乙烯护套裸细钢丝铠装电力电缆	敷设在室内、矿井中，能承受机械外力作用，并能承受相当的拉力
	VLV39	VV39	聚氯乙烯绝缘，聚氯乙烯护套内细钢丝铠装电力电缆	敷设在水中，能承受相当的拉力
	VLV50	VV50	聚氯乙烯绝缘，聚氯乙烯护套裸粗钢丝铠装电力电缆	敷设在室内、矿井中，能承受机械外力作用，并能承受较大的拉力
	VLV59	VV59	聚氯乙烯绝缘，聚氯乙烯护套内粗钢丝铠装电力电缆	敷设在水中，能承受较大的拉力
交联聚乙烯绝缘聚氯乙烯护套电力电缆	YJV	YJLV	交联聚乙烯绝缘，聚氯乙烯护套电力电缆	敷设在室内，沟道中及管子内，也可埋设在土壤中，不能承受机械外力作用，但可经受一定的敷设牵引力
	YJVF	YJLVF	交联聚乙烯绝缘，分相聚氯乙烯护套电力电缆	敷设在室内，沟道中及管子内，也可埋设在土壤中，不能承受机械外力作用，但可经受一定的敷设牵引力
	YJV29	YJLV29	交联聚乙烯绝缘，聚氯乙烯护套内钢带铠装电力电缆	敷设在土壤中，能承受机械外力作用，但不能承受大的拉力
	YJV30	YJLV30	交联聚乙烯绝缘，聚氯乙烯护套裸细钢丝铠装电力电缆	敷设在室内，隧道内及矿井中，能承受机械外力作用，并能承受相当的拉力
交联聚乙烯绝缘聚氯乙烯护套电力电缆	YJV39	YJLV39	交联聚乙烯绝缘，聚氯乙烯护套内细钢丝铠装电力电缆	敷设在水中或具有高差较大的土壤中，电缆能承受相当的拉力
	YJV50	YJLV50	交联聚乙烯绝缘，聚氯乙烯护套裸粗钢丝铠装电力电缆	敷设在室内，隧道内及矿井中，能承受机械外力作用，并能承受较大的拉力
	YJV59	YJLV59	交联聚乙烯绝缘，聚氯乙烯护套内粗钢丝铠装电力电缆	敷设在水中，能承受较大的拉力
橡皮绝缘聚氯乙烯护套电力电缆	XLV	XV	橡皮绝缘聚氯乙烯护套电力电缆	敷设在室内，电缆沟，管道中，不能承受机械外力作用
	XLV20	XV29	橡皮绝缘聚氯乙烯护套内钢带铠装电力电缆	敷设在地下，电缆能承受机械外力作用，不能承受大的拉力

续表

电缆类别	型　号	名　称	主要用途
油浸纸绝缘铝包电力电缆	ZL ZLL	铜芯纸绝缘裸铝包电力电缆 铝芯纸绝缘裸铝包电力电缆	敷设在室内，隧道及沟管中，对电缆应没有机械外力，对铝护套有中性环境
	ZL11 ZLL11	铜芯纸绝缘铝包电力电缆 铝芯纸绝缘铝包电力电缆	敷设在对铝护套有腐蚀的室内和沟管中，电缆不能承受机械外力作用
	ZL12 ZLL12	铜芯纸绝缘铝包钢带铠装电力电缆 铝芯纸绝缘铝包钢带铠装电力电缆	敷设在对铝护套有腐蚀的土壤中，电缆能承受机械外力作用，但不能承受大的拉力
	ZL120 ZLL120	铜芯纸绝缘铝包裸钢带铠装电力电缆 铝芯纸绝缘铝包裸钢带铠装电力电缆	敷设在对铝护套有腐蚀的室内和沟管中，电缆能承受机械外力作用，但不能承受大的拉力
	ZL13 ZLL13	铜芯纸绝缘铝包细钢丝铠装电力电缆 铝芯纸绝缘铝包细钢丝铠装电力电缆	敷设在对铝护套有腐蚀的土壤和水中，电缆能承受机械外力作用，也能承受相当的拉力
	ZL130 ZLL130	铜芯纸绝缘铝包裸细钢丝铠装电力电缆 铝芯纸绝缘铝包裸细钢丝铠装电力电缆	敷设在对铝护套有腐蚀的室内沟管，中和矿井内，电缆能承受机械外力作用也能承受相当的拉力
	ZL15 ZLL15	铜芯纸绝缘铝包粗钢丝铠装电力电缆 铝芯纸绝缘铝包粗钢丝铠装电力电缆	敷设在水中，电缆能承受较大的拉力
	ZL22 ZLL22	铜芯纸绝缘铝包钢带铠装 二级防腐电力电缆 铝芯纸绝缘铝包钢带铠装 二级防腐电力电缆	敷设在对铝护套和钢带均有严重腐蚀的环境中，能承受机械外力，但不能承受大的拉力
	ZL23 ZLL23	铜芯纸绝缘铝包细钢丝铠装 二级防腐电力电缆 铝芯纸绝缘铝包细钢丝铠装 二级防腐电力电缆	敷设在对铝护套和钢丝均有严重腐蚀的环境中，能承受机械外力作用，并能承受相当的拉力
	ZL25 ZLL25	铜芯纸绝缘铝包粗钢丝铠装 二级防腐电力电缆 铝芯纸绝缘铝包粗钢丝铠装 二级防腐电力电缆	敷设在对铝护套和钢丝均有严重腐蚀的环境中，能承受较大的拉力
油浸纸绝缘铅包电力电缆	ZQ ZLQ	铜芯纸绝缘裸铅包电力电缆 铝芯纸绝缘裸铅包电力电缆	敷设在室内、沟道中及管子内，对电缆应没有机械损伤，且对铅护层有中性环境
	ZQ11 ZLQ11	铜芯纸绝缘铅包麻被电力电缆 铝芯纸绝缘铅包麻被电力电缆	敷设在室内、沟道中及管子内，对电缆应没有机械损伤，且对护层有中性环境
	ZQ12 ZLQ12	铜芯纸绝缘铅包钢带铠装电力电缆 铝芯纸绝缘铅包钢带铠装电力电缆	敷设在土壤中，能承受机械损伤，但不能承受大的拉力
	ZQ120 ZLQ120	铜芯纸绝缘铅包裸钢带铠装电力电缆 铝芯纸绝缘铅包裸钢带铠装电力电缆	敷设在室内，沟道及管子内，能承受机械损伤，但不能承受大的拉力
	ZQ13 ZLQ13	铜芯纸绝缘铅包细钢丝铠装电力电缆 铝芯纸绝缘铅包细钢丝铠装电力电缆	敷设在土壤中，能承受机械损伤，并能承受相当的拉力

续表

电缆类别	型号	名称	主要用途
油浸纸绝缘铅包电力电缆	ZQ130 ZLQ130	铜芯纸绝缘铅包裸细钢丝铠装电力电缆 铝芯纸绝缘铅包裸细钢丝铠装电力电缆	敷设在室内及矿井中，能承受机械损伤，并能承受相当的拉力
	ZQ15 ZLQ15	铜芯纸绝缘铅包粗钢丝铠装电力电缆 铝芯纸绝缘铅包粗钢丝铠装电力电缆	敷设在水中，能承受较大的拉力
	ZQF12 ZLQF12	铜芯纸绝缘分相铅包钢带铠装电力电缆 铝芯纸绝缘分相铅包钢带铠装电力电缆	敷设在土壤中，能承受机械损伤，但不能承受大的拉力
	ZQF120 ZLQ120	铜芯纸绝缘分相铅包裸钢带铠装电力电缆 铝芯纸绝缘分相铅包裸钢带铠装电力电缆	敷设在室内，沟道中及管子内，能承受机械损伤，但不能承受大的拉力
	ZQF15 ZLQF15	铜芯纸绝缘分相铅包粗钢丝铠装电力电缆 铝芯纸绝缘分相铅包粗钢丝铠装电力电缆	敷设在水中，能承受较大的拉力
	ZQ22 ZLQ22	与型号ZQ12同，但为二级防腐外护层 与型号ZLQ12同，但为二级防腐外护层	敷设在对钢带严重腐蚀的环境中
	ZQ23 ZLQ23	与型号ZQ13同，但为二级防腐外护层 与型号ZQL13同，但为二级防腐外护层	敷设在对钢丝严重腐蚀的环境中
	ZQ25 ZLQ25	与型号ZQ15同，但为二级防腐外护层 与型号ZLQ15同，但为二级防腐外护层	敷设在对钢丝严重腐蚀的环境中
油浸纸滴干绝缘铅包电力电缆及不滴流浸渍剂纸绝缘铅包电力电缆	ZQP12 ZLQP12 ZQD12 ZLQD12	与型号ZQ12同，但为干绝缘 与型号ZLQ12同，但为干绝缘 与型号ZQ12同，但为不滴流 与型号ZLQ12同，但为不滴流	用于垂直或高落差敷设，敷设在土壤中，能承受机械损伤，但不能承受大的拉力
	ZQP120 ZLQP120 ZQD120 ZLQD120	与型号ZQ120同，但为干绝缘 与型号ZLQ120同，但为干绝缘 与型号ZQ120同，但为不滴流 与型号ZLQ120同，但为不滴流	用于垂直或高落差敷设，敷设在室内，沟道及管子内，能承受机械损伤，但不能承受大的拉力
	ZQP13 ZLQP13 ZQD13 ZLQD13	与型号ZQ13同，但为干绝缘 与型号ZLQ13同，但为干绝缘 与型号ZQ13同，但为不滴流 与型号ZLQ13同，但为不滴流	用于垂直或高落差敷设，敷设在土壤中，能承受机械损伤，并能承受相当的拉力
	ZQP130 ZLQP130 ZQD130 ZLQD130	与型号ZQ130同，但为干绝缘 与型号ZLQ130同，但为干绝缘 与型号ZQ130同，但为不滴流 与型号ZLQ130同，但为不滴流	用于垂直或高落差敷设，敷设在室内及矿井中，能承受机械损伤，并能承受相当的拉力
	ZQP15 ZLQP15 ZQD15 ZLQD15	与型号ZQ15同，但为干绝缘 与型号ZLQ15同，但为干绝缘 与型号ZQ15同，但为不滴流 与型号ZLQ15同，但为不滴流	用于垂直或高落差敷设，敷设在水中，能承受较大的拉力
	ZQPF12 ZLQP1F2 ZQDF12 ZLQDF12	与型号ZQF12同，但为干绝缘 与型号ZLQF12同，但为干绝缘 与型号ZQF12同，但为不滴流 与型号ZLQF12同，但为不滴流	用于垂直或高落差敷设，敷设在土壤中，能承受机械损伤，但不能承受大的拉力

续表

电缆类别	型 号	名 称	主要用途
油浸纸滴干绝缘铅包电力电缆及不滴流浸渍剂纸绝缘铅包电力电缆	ZQPF120 ZLQPF120 ZQDF120 ZLQDF120	与型号 ZQF120 同，但为干绝缘 与型号 ZLQF120 同，但为干绝缘 与型号 ZQF120 同，但为不滴流 与型号 ZLQF120 同，但为不滴流	用于垂直或高落差敷设，敷设在室内，沟道及管子内，能承受机械损伤，但不能承受大的拉力
	ZQPF15 ZLQF15 ZQPDF15 ZLQDF15	与型号 ZQF15 同，但为干绝缘 与型号 ZLQF15 同，但为干绝缘 与型号 ZQF15 同，但为不滴流 与型号 ZLQF15 同，但为不滴流	用于垂直或高落差敷设，敷设在水中，能承受较大的拉力
橡皮绝缘和塑料绝缘控制电缆	KYV	铜芯聚乙烯绝缘聚氯乙烯护套控制电缆	敷设在室内，电缆沟中，管道内及地下
	KVV	铜芯聚氯乙烯绝缘聚氯乙烯护套控制电缆	敷设在室内，电缆沟中，管道内及地下
	KXV	铜芯橡皮绝缘聚氯乙烯护套控制电缆	敷设在室内，电缆沟中，管道内及地下
	KXF	铜芯橡皮绝缘氯丁护套控制电缆	敷设在室内，电缆沟中，管道内及地下
	KYVD	铜芯聚乙烯绝缘耐寒塑料护套控制电缆	敷设在室内，电缆沟中，管道内及地下
	KXVD	铜芯橡皮绝缘耐寒塑料护套控制电缆	敷设在室内，电缆沟中，管道内及地下
	KXHF	铜芯橡皮绝缘非燃性橡套控制电缆	敷设在室内，电缆沟中，管道内及地下
	KYV20	铜芯聚乙烯绝缘聚氯乙烯护套内钢带铠装控制电缆	敷设在室内，电缆沟中，管道内及地下，能承受较大的机械外力作用
	KVV29	铜芯聚氯乙烯绝缘聚氯乙烯护套内钢带铠装控制电缆	敷设在室内，电缆沟中，管道内及地下，能承受较大的机械外力作用
	KXV29	铜芯橡皮绝缘聚氯乙烯护套内钢带铠装控制电缆	敷设在室内，电缆沟中，管道内及地下，能承受较大的机械外力作用

电缆类别	型号	名称	主要用途	范围（mm^2）
通用橡套软电缆	YQ	轻型橡套电缆	连接交流电压 250V 以下轻型移动电气设备	0.3～0.75 1 芯、2 芯、3 芯
	YQW		连接交流电压 250V 及以下轻型移动电气设备，具有耐气候和一定的耐油性能	
	YZ	中型橡套电缆	连接交流电压 500V 及以下各种移动电气设备	0.5～6.2 芯、3 芯及（3+1）芯
	YZW		连接交流电压 500V 及以下各种移动电气设备，具有耐气候和一定的耐油性能	
	YC	重型橡套电缆	连接交流电压 500V 及以下各种移动电气设备，能承受较大的机械外力作用	2.5～120 1 芯、2 芯、3 芯及（3+1）芯
	YCW		连接交流电压 500V 及以下各种移动电气设备，能承受较大的机械外力作用，具有耐气候和一定的耐油性能	

注 0.5mm^2 以下的 BV 及 BV-105 型小截面电缆，只适用于交流 250V 及以下或直流 500V 及以下的设备内部接线。

1. 除 KXF 型控制电缆外，其他控制电缆均能生产铝芯的，铝芯控制电缆的用途与铜芯控制电缆的用途相同，但线芯截面为 2.5，4，6，10mm^2。
   型号中的 W 表示户外型。
2. 不滴流浸渍剂纸绝缘铅包电力电缆可与油浸纸绝缘铅包电力电缆的所有型号相对应。主要用于垂直或高落差敷设。

2. 各种电缆外护层及敷设场合

各种电缆外护层及铠装的适用敷设场合见表 19-2。

表 19-2　　各种电缆外护层及铠装的适用敷设场合

护套或外护层	铠　装	代号	敷设方式							环境条件					备注
			室内	电缆沟	隧道	管道	竖井	埋地	水下	易燃	移动	多砾石	一般腐蚀	严重腐蚀	
裸铝护套（铝包）	无	L	√	√	√	—	—	—	—	√	—	—	—	—	
裸铅护套（铅包）	无	Q	√	√	√	√	—	—	—	√	—	—	—	—	
一般橡套	无		√	√	√	√	—	—	—	—	√	—	√	—	
不延燃橡套	无	F	√	√	√	√	—	—	—	√	√	—	√	—	耐油
聚氯乙烯护套	无	V	√	√	√	√	—	√	—	√	√	—	√	√	
聚乙烯护套	无	Y	√	√	√	√	—	√	—	—	√	—	√	√	
普通外护层（仅用于铅护套）	裸钢带	20	√	√	√	—	—	—	—	√	—	—	—	—	
	钢带	2	√	√	○	—	—	√	—	—	—	—	—	—	
	裸细钢丝	30	—	—	—	—	√	—	—	√	—	—	—	—	
	细钢丝	3	—	—	—	—	○	√	√	○	—	√	—	—	
	裸粗钢丝	50	—	—	—	—	√	—	—	√	—	—	—	—	
	粗钢丝	5	—	—	—	—	○	√	√	○	—	√	—	—	
一级防腐外护层	裸钢带	120	√	√	√	—	—	—	—	√	—	—	√	—	
	钢带	12	√	√	○	—	—	√	—	○	—	√	√	—	
	裸细钢丝	130	—	—	—	—	√	—	—	√	—	—	√	—	
	细钢丝	13	—	—	—	—	○	√	√	○	—	√	√	—	
	裸粗钢丝	150	—	—	—	—	√	—	—	√	—	—	√	—	
	粗钢丝	15	—	—	—	—	○	√	√	○	—	√	√	—	
二级防腐外护套	钢带	22	—	—	—	—	—	√	—	√	—	√	—	√	
	细钢丝	23	—	—	—	—	√	√	√	√	—	√	—	√	
	粗钢丝	25	—	—	—	—	○	√	√	○	—	√	—	√	
内铠装塑料外护层（全塑电缆）	钢带	29	√	√	√	—	—	√	—	√	—	√	—	√	
	细钢丝	39	—	—	—	—	√	√	√	√	—	√	—	√	
	粗钢丝	59	—	—	—	—	√	—	√	√	—	√	—	√	

注　1. "√"表示适用；"○"表示外被层为玻璃纤维时适用，"—"标记者不推荐采用。
2. 裸金属护套一级防腐外护层由沥青复合物加聚氯乙烯护套组成。
3. 铠装一级防腐外护层由衬垫层、铠装层和外被层组成。衬垫层由两个沥青复合物、聚氯乙烯带和浸渍皱纸带的防水组合层组成。外被层由沥青复合物、浸渍电缆麻（或浸渍玻璃纤维）和防止粘合的涂料组成。
4. 裸铠装一级防腐外护层的衬垫层与铠装一级外护层的衬垫层相同，但没有外被层。
5. 铠装二级防腐外护层的衬垫层与铠装一级外护层的衬垫层相同，钢带及细钢丝铠装的外被层由沥青复合物和聚氯乙烯护套组成。粗钢丝铠装的镀锌钢丝外面挤包一层聚氯乙烯护套或其他同等效能的防腐涂层，以保护钢丝免受外界腐蚀。
6. 如需要用于湿热带地区的防霉特种护层可在型号规格后加代号"TH"。
7. 单芯钢带铠装电缆不适用于交流线路。

第 2 节　高低压开关设备母线选型及载流量

1. 高低压开关设备母线选型标准尺寸

高低压开关设备母线选型标准尺寸（引用标准 CB3906、GB7251.1、JD50-113、114）见表 19-3。

表 19-3　　高低压开关设备母线选型标准尺寸

TMY 铜母线规格尺寸（mm）					LMY 铝母线规格尺寸（mm）				
额定载流量（A）	装置中相导线		相应保护导线		额定载流量（A）	装置中相导线		相应保护导线	
	截面积（mm^2）	规格	截面积（mm^2）	规格		截面积（mm^2）	规格	截面积（mm^2）	规格
5200	3600	3(120×10)	1000	100×10	4100	3600	3(120×10)	800	100×8
4650	3000	3(100×10)	800	100×8	3650	3000	3(100×10)	800	100×8
3990	2400	3(80×10)	640	80×8	3100	2400	3(80×10)	640	80×8
3610	2000	2(100×10)	640	80×8	2860	2000	2(100×10)	640	80×8
3100	1600	2(80×10)	480	60×8	2410	1600	2(80×10)	480	60×8
2330	1200	120×10	360	60×6	1820	1200	120×10	360	60×6
2030	1000	100×10	250	50×5	1600	1000	100×10	250	50×5
1670	800	80×10	250	50×5	1305	800	80×10	250	50×5
1490	640	80×8	200	40×5	1160	640	80×8	200	40×5
1300	600	60×10	200	40×5	1015	600	60×10	200	40×5
1160	480	60×8	200	40×5	902	480	60×8	200	40×5
990	360	60×6	200	40×5	765	360	60×6	160	40×4
840	300	50×6	160	40×4	651	300	50×6	160	40×4
760	250	50×5	160	40×4	585	250	50×5	160	40×4
580	200	40×5	160	40×4	475	200	40×5	120	40×3
550	160	40×4	90	30×3	422	160	40×4	90	30×3
418	120	30×4	60	20×3	321	120	30×4	60	20×3
360	100	25×4	60	20×3	275	100	25×4	45	15×3
299	75	25×3	45	15×3	233	75	25×3	45	15×3
242	60	20×3	45	15×3	190	60	20×3	30	10×3
185	45	15×3	30	10×3	145	45	15×3	30	10×3
123	30	10×3	30	10×3	96	30	10×3	30	10×3

注　矩形截面母线在 70℃时的载流量（环境温度 35℃）。

2. 高低压开关设备各种形状的母线规格及载流量

（1）单条矩形母线规格及载流量见表 19-4、表 19-5。

表 19-4　　单条矩形母线规格的载流量（母线最高允许温度为 70℃）

母线规格及截面积（mm^2）	铝母线						铜母线					
	最大允许持续电流（A）						最大允许持续电流（A）					
	平放			立放			平放			立放		
	25℃	35℃	40℃	25℃	35℃	40℃	25℃	35℃	40℃	25℃	35℃	40℃
15×3	156	138	127	165	145	134	200	176	162	210	185	171

续表

母线规格及截面积（mm²）	铝母线最大允许持续电流（A）						铜母线最大允许持续电流（A）					
	平放			立放			平放			立放		
	25℃	35℃	40℃	25℃	35℃	40℃	25℃	35℃	40℃	25℃	35℃	40℃
20×3	204	180	168	215	190	175	261	233	214	275	245	225
25×3	252	219	204	265	230	215	323	285	271	340	300	285
30×4	347	309	285	365	325	300	451	394	366	475	415	385
40×4	456	404	375	480	425	395	593	522	484	625	550	510
40×5	518	452	418	546	475	440	665	588	551	700	591	580
50×5	632	556	518	665	585	545	816	721	669	860	760	705
50×6	703	617	570	740	650	600	906	797	735	955	840	775
60×6	826	731	680	870	770	715	1069	940	873	1125	990	920
60×8	975	855	788	1025	900	830	1251	1101	1016	1320	1160	1070
60×10	1100	960	890	1155	1010	935	1395	1230	1133	1475	1295	1195
80×6	1050	930	860	1150	1010	935	1395	1195	1110	1480	1300	1205
80×8	1215	1060	985	1320	1155	1070	1553	1361	1260	1690	1480	1370
80×10	1360	1190	1150	1480	1295	1200	1747	1553	1417	1900	1665	1540
100×6	1310	1160	1070	1425	1260	1160	1665	1557	1356	1810	1592	1475
100×8	1495	1310	1210	1625	1425	1315	1911	1674	1546	2080	1820	1686
100×10	1765	1470	1360	1820	1595	1475	2121	1865	1720	2310	2025	1870
120×8	1775	1530	1420	1900	1675	1550	2210	1940	1800	2400	2110	1995
120×10	1905	1685	1620	2070	1830	1760	2435	2152	1996	2650	2340	2170

表 19-5　温度校正系数（K_T）

实际环境温度（℃）	母线最高允许温度 70℃											
	−5	0	5	10	15	20	25	30	35	40	45	50
K_T	1.29	1.24	1.20	1.15	1.11	1.05	1.00	0.94	0.88	0.81	0.74	0.67

（2）多条矩形母线规格及载流量见表 19-6。

表 19-6　多条矩形母线的载流量

母线规格及截面积（mm²）	铝母线						铜母线					
	最大允许持续电流（A）											
	25℃		35℃		40℃		25℃		35℃		40℃	
	平放	竖放	平放	竖放	平放	竖放	平放	竖放	平放	竖放	平放	竖放
2(60×6)	1282	1350	1126	1185	1035	1090	1650	1740	1452	1530	1340	1410
2(60×8)	1596	1680	1460	1480	1291	1360	2050	2160	1503	1900	1660	1750
2(60×10)	1910	2010	1682	1770	1558	1640	2430	2560	2140	2250	1985	2090
2(80×6)	1500	1630	1320	1433	1222	1330	1940	2110	1705	1885	1580	1720

续表

母线规格及截面积（mm^2）	铝母线						铜母线					
	最大允许持续电流（A）											
	25℃		35℃		40℃		25℃		35℃		40℃	
	平放	竖放	平放	竖放	平放	竖放	平放	竖放	平放	竖放	平放	竖放
2(80×8)	1876	2040	1651	1975	1520	1650	2410	2620	2117	2515	1950	2120
2(80×10)	2237	2410	1950	2120	1809	1965	2850	3100	2575	2735	2345	2550
2(100×6)	1780	1935	1564	1700	1450	1578	2270	2470	2000	2170	1855	2015
2(100×8)	2200	2390	1930	2100	1794	1950	2180	3060	2470	2690	2290	2490
2(100×10)	2630	2860	2300	2500	2130	2315	3320	3610	2935	3185	2735	2970
2(120×8)	2440	2650	2140	2330	1986	2160	3130	3400	2750	2995	2550	2770
2(120×10)	2945	3200	2615	2840	2410	2620	3770	4100	3330	3620	3090	3360
3(60×6)	1582	1720	1390	1510	1280	1390	2060	2240	1810	1970	1670	1815
3(60×8)	2005	2180	1766	1920	1624	1765	2565	2790	2255	2450	2080	2260
3(60×10)	2520	2650	2215	2330	2050	2165	3135	3300	2750	2900	2560	2690
3(80×6)	1930	2100	1696	1845	1575	1712	2500	2720	2200	2390	2040	2215
3(80×8)	2410	2620	2118	2300	1970	2140	3100	3370	2730	2970	2530	2750
3(80×10)	2870	3120	2530	2725	2330	2530	3670	3990	3230	3510	2990	3250
3(100×6)	2300	2500	2030	2200	1880	2040	2920	3170	2565	2790	2370	2580
3(100×8)	2800	3050	2480	2680	2290	2490	3610	3930	3180	3460	2945	3200
3(100×10)	3350	3640	2935	3190	2715	2950	4280	4650	3735	4060	2450	3750
3(120×8)	3110	3380	2730	2970	2530	2750	3995	4340	3515	3820	3260	3540
3(120×10)	3770	4100	3320	3610	3090	3360	4780	5200	4230	4600	3920	4260
4(100×10)	3820	4150	3360	3650	3130	3400	4875	5300	4290	4670	4000	4350
4(120×10)	4270	4650	3765	4090	3505	3810	5430	5900	4770	5190	4450	4840

（3）管形母线载流量及技术数据，见表19-7、表19-8。

（4）槽形（U形）母线载流量及技术数据见表19-9。

表19-7　　**管形铝母线载流量及技术数据**

几何尺寸图	d_0/D_0（mm/mm）	截面（mm^2）	载流量（A）			集肤效应系数 K_f	截面系数 W（cm^3）	惯性半径 r_1（cm）
			25℃	35℃	40℃			
d_0 / D_0	13/16	68.2	295	260	239	1.0	0.231	0.513
	17/20	87.1	345	304	279	1.0	0.382	0.656
	18/22	126	425	374	344	1.0	0.586	0.71
	27/30	134.5	500	440	405	1.0	0.929	1.008
	26/30	176	575	506	465	1.0	1.175	0.993
	25/30	216	640	563	518	1.0	1.395	0.975
	36/40	239	765	673	620	1.0	2.2	1.34
	35/40	294	850	748	688	1.0	2.64	1.328
	40/45	335	935	823	757	1.0	3.42	1.505

续表

几何尺寸图	d_0/D_0 (mm/mm)	截面（mm²）	载流量（A）			集肤效应系数 K_f	截面系数 W（cm³）	惯性半径 r_1（cm）
			25℃	35℃	40℃			
	45/50	373	1040	915	842	1.0	4.30	1.68
	50/55	412.5	1145	1007	927	1.013	5.27	1.86
	54/60	539	1340	2180	1085	1.0	7.42	2.02
	64/70	631	1545	1360	1250	1.013	10.35	2.23
	74/80	725	1770	1560	1432	1.011	13.68	2.73
	72/80	954	2035	1790	1650	1.0	17.6	2.68
	75/85	1260	2400	2110	1940	1.0	24.2	2.82
	90/95	727	1925	1695	1560	1.0	16.6	3.27
	90/100	1495	2840	2500	2300	1.0	34.39	3.37

注 载流量按最高允许温度 70℃计。

表 19-8　管形铜母线载流量及技术数据

几何尺寸图	d_0/D_0 (mm/mm)	截面（mm²）	载流量（A）			集肤效应系数 K_f	截面系数 W（cm³）	惯性半径 r_1（cm）
			25℃	35℃	40℃			
	12/15	63.5	340	299	275	1.0	0.199	0.479
	14/18	100.5	460	405	372	1.0	0.37	0.571
	16/20	113	505	445	410	1.0	0.472	0.638
	18/22	126	555	488	450	1.0	0.587	0.71
	20/24	139	600	528	485	1.0	0.715	0.78
	22/26	151	650	572	526	1.0	0.855	0.85
	25/30	217	830	730	672	1.0	1.395	0.975
	29/34	248	925	814	749	1.0	1.845	1.11
	35/40	294	1100	967	890	1.0	2.64	1.325
	40/45	335	1200	1055	970	1.0	3.42	1.505
	45/50	373	1330	1170	1078	1.0	4.3	1.68
	49/55	490	1580	1390	1280	1.0	6.16	1.84
	53/60	621	1860	1636	1505	1.0	8.41	2.01
	62/80	829	295	2020	1860	1.0	13.9	2.33
	72/80	954	2610	2296	2114	1.0	17.6	2.68
	75/85	1260	3070	2700	2485	1.0	24.2	2.82
	90/95	727	2460	2164	1990	1.0	16.6	3.27
	93/100	1062	3060	2690	2480	1.0	25.19	3.41

注 载流量按最高允许温度 70℃计。

表 19-9 **槽形母线载流量及技术数据**

几何尺寸图

截面尺寸				母线组截面 (mm^2)	铜母线				铝母线				(□□□ 沿 X 轴排列)			(□□□ 沿 Y 轴排列)			两母线槽焊成整体时				铝母线共振最大允许距离 (cm)	
h (mm)	b (mm)	d (mm)	r (mm)		双槽容许电流 (A)			集肤效应系数 K_f	双槽容许电流 (A)			集肤效应系数 K_f	截面系数 W_x (cm^3)	惯性矩 I_x (cm^4)	惯性半径 r_x (cm)	截面系数 W_y (cm^3)	惯性矩 I_y (cm^4)	惯性半径 r_y (cm)	截面系数 W_{y0} (cm^3)	惯性矩 I_{y0} (cm^4)	惯性半径 r_{y0} (cm)	静力矩 S_{y0} (cm)	双槽实连时绝缘子间	垫片间或不实连时绝缘子间
					25℃	35℃	40℃		25℃	35℃	40℃													
75	25	4	6	1040	2730			1.02	—		—	1.012	10.1	41.6	2.83	2.52	6.2	1.09	23.7	89	2.88	14.1		
75	35	5.5	6	1390	3250			1.04	2670	2350	2160	1.025	14.1	53.1	2.70	3.17	7.6	1.05	30.1	113	2.85	18.0	178	174
100	45	4.5	8	1550	3620			1.038	2820	2480	2280	1.02	22.2	111	3.78	4.51	14.5	1.33	48.6	243	3.96	28.8	205	125
100	45	6	8	2020	4300			1.074	3500	3080	2830	1.038	27	135	3.7	5.9	18.5	1.37	58	290	3.85	36	203	123
125	55	6.5	10	2740	5500			1.085	4640	4080	3760	1.05	50	290	4.7	9.5	37	1.65	100	620	4.8	63	228	139
150	65	7	10	3570	7000			1.126	5650	4970	4580	1.075	74	560	5.65	14.7	68	1.97	167	1260	6.0	98	252	150
175	80	8	12	4880	8550			1.195	6430	5660	5210	1.103	122	1070	6.65	25	244	2.4	250	2300	6.9	156	263	147
200	90	10	14	6870	9900			1.32	7550	6640	6120	1.175	193	1930	7.55	40	254	2.75	422	4220	7.9	252	285	157
200	90	12	16	8080	10 500			1.465	8830	7770	7150	1.237	225	2250	7.6	46.5	294	2.7	490	4900	7.9	290	283	157
225	105	12.5	16	9760	12 500			1.515	10 300	9070	8350	1.285	307	3450	8.5	66.5	490	3.2	645	7240	8.7	390	299	163
250	115	12.5	16	10 900	—			1.563	10 800	9500	8750	1.313	360	4500	9.2	81	660	3.52	824	10 300	9.82	495	321	200

注 载流量按最高允许温度 70℃计。

第3节 导线和电缆截面积的选择与计算

1. 导线和电缆的选择原则

导线和电缆截面积的合理选择，对于供配电系统的安全、可靠、经济、合理地运行至关重要。导线截面积选择过小，将使导线在长期运行中发热，造成线路损耗过大，甚至形成安全隐患。导线截面积选择过大，造成初投资过大。所以，应该按照如下条件合理地选择导线和电缆的截面积：

(1) 发热条件。

(2) 经济电流密度。

(3) 电压损耗允许值。

(4) 机械强度的要求。

除满足以上条件外，还要进行热稳定度的校验，使电缆通过最大三相短路电流后，电缆的芯线之间不应粘连在一起，能够继续进行正常运行使用。为此，就要适当增加电缆芯线的截面积。特别是现代化的工厂、饭店、写字楼等，用电量大，供配电系统也大，断流容量大，电缆密布如林，敷设情况非常复杂。一旦电缆损坏，更换起来困难，房屋装饰破坏，停业检修，造成的经济损失是很大的。鉴于此，初建时，确定好电缆截面积，并留有充分的裕量是保证供配电系统安全、可靠、经济、合理地运行的基础。

2. 电力线路导线截面积的选择与计算

(1) 按发热条件选择导线截面。当导线中有电流流过时，便产生以电能转化为热能的功率损耗，其中一部分热量散发到周围环境中，使环境温度升高，另一部分热量使导体本身温度升高。

影响导线温升的因素有环境温度、电流大小、邻近导体通电后向周围散发的热量等。

按发热条件选择导线截面积应满足下式

$$I_y \geqslant I_c$$

式中 I_c——流过导线的计算负荷电流，A；

I_y——导线的允许电流，A。

根据导线材质、导线截面积、环境温度可以确定最佳的电流密度。如果是电缆并列敷设，还应乘以电缆并列敷设系数，降低导线载流量。

(2) 按经济电流密度选择导线截面积。从经济观点来选择导线截面积，应从降低电能损耗、减少投资和节约有色金属等方面来衡量。从降低电能损耗的要求出发，则导线截面愈大愈有利；从减少投资和节约有色金属要求出发，导线截面越小越有利。所有线路中的电能损耗和初投资都直接影响年运行费用，随意增加或减少导线截面都是不经济的。应综合考虑各方面因素，确定符合总经济利益的导线截面积，即为“经济截面”。对应于经济截面的电流密度，称为“经济电流密度”。我国现行的经济电流密度如表19-10所示。

表19-10 经济电流密度 （单位：A/mm^2）

导线材料	最大负荷利用小时数		
	<3000h	3000～5000h	>5000h
铝	1.65	1.15	0.9
铜	3.0	2.25	1.75

导线经济截面积的计算公式

$$S=\frac{I_{zd}}{J}=\frac{P}{\sqrt{3}JU_n\cos\varphi}$$

式中　J——经济电流密度，A/mm²；

P——输送容量，kW；

U_n——线路额定电压，kV；

I_{zd}——最大负荷电流，A。

根据经济电流密度选择的导线截面积作为基础，然后再通过发热条件、电压损失、机械强度、热稳定校验，最后确定最佳的导线截面。

（3）按电压损耗选择导线截面积。电流通过导线会产生电压降，如果电压降过大，线路末端电压会降得很低，会使电动机转矩降低、照明昏暗、荧光灯不启辉。因此，用电设备都规定在允许的电压范围内工作。一般规定线路的始端、末端电压与额定电压不得相差±5%。铜铝电阻率ρ及电导率r值（20℃时数值）见表19-11。

表19-11　　铜、铝电阻率ρ及电导率r值（20℃时数值）

名　称	铜	铝	名　称	铜	铝
r/(m/Ω·mm²)	57.4	35.34	ρ/(Ω·mm²/km)	17.5	28.3

根据电压损失，求导线截面用下式

$$S=\frac{PL}{r\Delta U_r\%U_n^2}\times 100$$

式中　S——导线截面积，mm²；

P——通过线路的有功功率，kW；

L——线路的长度，km；

r——导线材料的电导率，m/Ω·mm²；

U_n——导线所输送电压的额定值，V；

$\Delta U_r\%$——允许电压损耗中的电阻分量（%）。

（4）按机械强度选择导线截面积。主要是指在架空线路中，其最小的导线截面积不能小于其最小允许截面积。在架空线路中使用的裸导线规定最小允许的截面为：

1）铜线在10kV电压情况下，居民区、非居民区均为16mm²，低压为10mm²。

2）铝线在10kV电压情况下，在居民区为35mm²，非居民区为25mm²，低压为16mm²。

3）钢芯铝线在10kV电压情况下，在居民区为25mm²，非居民区为16mm²，低压为16mm²。

（5）按热稳定度校验电缆导电线芯截面积。供配电线路发生短路时，短路电流可达到额定电流的数十倍至数百倍。强大的短路电流在电缆导体中通过时产生很大的热量，使导体的温度很快升高。为了保证不损害电缆的性能，导体本身所允许的最高温度，或短期内绝缘所能承受的最高温度，就成了限制短路电流或承受短路电流的因素。允许短路电流就是根据允许短路温升来计算的。

1）电缆的允许短路电流。计算短路时的温度和允许短路电流时的假设有如下4个。

a. 短路电流发热全部被消耗于导体的加热，使导体温度上升，而向外的散热可以忽略不计。

b. 导体的热容系数与温度无关，等于平均热容系数。

c. 导体的交流电阻与直流电阻的比与温度无关。

d. 短路发生时，$t=0$，导体温度为 θ_0。

则短路时的温度 θ_{sc}（℃）为

$$\theta_{sc}=\theta_0+1+\alpha(\theta_0-20)\left(e\frac{I_{sc}^2R'_{20}t}{C_c}-1\right)$$

允许短路电流 I_s

$$I_s=\sqrt{\frac{C_c}{R'_{20}\alpha t}\ln\frac{1+\alpha(\theta_{sc}-20)}{1+\alpha(\theta_0-20)}}=K\frac{S}{\sqrt{t}}$$

式中 θ_0——短路前导体的温度，℃；

α——导体电阻的温度系数，1/℃；

C_c——每立方厘米电缆导体的热容，J/℃·cm³；

I_s——短路电流，A；

t——短路时间，s；

R'_{20}——20℃时，每厘米电缆导体的交流电阻，Ω/cm；

S——导体截面积，mm²；

$$K=\sqrt{\frac{C_c}{\alpha K'\rho_{20}}\ln\frac{1+\alpha(\theta_{sc}-20)}{1+\alpha(\theta_0-20)}}$$

K'——20℃时导体交流电阻与直流电阻的比值；

ρ_{20}——20℃时导体电阻系数（Ω·mm/km）。

电缆常用金属的电阻温度系数见表19-12，电缆常用材料的密度和热容系数见表19-13。

表19-12　电缆常用金属的电阻温度系数

导体材料	温度系数 α(25℃)/(1/℃)	导体材料	温度系数 α(25℃)/(1/℃)
铜	3.93×10^{-3}	铝	4.03×10^{-3}

表19-13　电缆常用材料的密度和热容系数

材料名称	密度/(g/cm³)	热容系数/(J/℃·cm³)	材料名称	密度/(g/cm³)	热容系数/(J/℃·cm³)
铜	8.9	3.5	铝	2.7	2.48

2）电缆的允许短路温度。电缆的允许短路温度 θ_{sc}，由电缆导体本身及电缆绝缘所能承受的最大温度来决定。

a. 导体本身所能承受的最大温度是按照不会损害导体机械强度及其他性能的最大温度。根据经验，对线路中没有锡焊接头的10kV以下的电缆，铜芯为250℃，铝芯为200℃。

b. 由绝缘所能承受的最大温度来决定时，决定于电缆的绝缘种类及电缆的电压等级，见表19-14所示。

表19-14　各种电力电缆的允许短路温度 θ_s

电缆种类	允许短路温度 θ_s（℃）	电缆种类	允许短路温度 θ_s（℃）
粘性浸渍纸绝缘电缆	220	聚乙烯电缆	140
充气电缆	220	交联聚乙烯电缆	230
充油电缆	160	天然橡皮电缆	150
聚氯乙烯电缆	120	丁基及乙丙橡胶电缆	230

热稳定校验结果应该是

$$I_s \geqslant I_{sc}$$

$$\theta_s \geqslant \theta_{sc}$$

式中　I_s——电缆允许的短路电流，A；

I_{sc}——供配电系统最大短路电流，A；

θ_s——电缆的允许短路温度，℃；

θ_{sc}——电缆短路时的温度，℃。

第4节　电线、电缆长期连续负荷允许的载流量

1. 塑料绝缘电线在空气中及穿管敷设的载流量（包括阻燃、耐火、不燃烧型）

（1）500V单芯聚氯乙烯绝缘电线在空气中敷设长期连续负荷允许载流量见表19-15。

表19-15　BV型、BLV型电线载流量（相应电线表面温度为60℃）

标称截面（mm^2）	长期连续负荷允许载流量（A）		标称截面（mm^2）	长期连续负荷允许载流量（A）	
	铜芯（BV）	铝芯（BLV）		铜芯（BV）	铝芯（BLV）
0.75	16	—	25	138	105
1.0	19	—	35	170	130
1.5	24	18	50	215	165
2.5	32	25	70	265	205
4	42	32	95	325	250
6	55	42	120	375	285
10	75	59	150	430	325
16	105	80	185	490	380

注　1. 导电线芯最高允许工作温度为65℃。
2. 周围环境温度为25℃。

（2）500V单芯聚氯乙烯绝缘电线穿钢管或塑料管时在空气中敷设长期连续负荷允许载流量见表19-16、表19-17。

表19-16　BV型、BLV型穿钢管在空气中敷设允许的载流量（A）

标称截面（mm^2）	长期连续负荷允许载流量					
	穿2根电线		穿3根电线		穿4根电线	
	BV铜芯	BLV铝芯	BV铜芯	BLV铝芯	BV铜芯	BLV铝芯
1.0	14	—	13	—	11	—
1.5	19	15	17	13	16	12
2.5	26	20	24	18	22	15
4	35	27	31	24	28	22
6	47	35	41	32	37	28
10	65	49	57	44	50	38
16	82	63	73	56	65	50
25	107	80	95	70	85	65
35	133	100	115	90	105	80
50	165	125	146	110	130	100

续表

标称截面（mm²）	长期连续负荷允许载流量					
	穿2根电线		穿3根电线		穿4根电线	
	BV铜芯	BLV铝芯	BV铜芯	BLV铝芯	BV铜芯	BLV铝芯
70	205	155	183	143	165	127
95	250	190	225	170	200	152
120	290	220	260	195	230	172
150	330	250	300	225	265	200
185	380	285	340	255	300	230

注　周围环境温度为25℃时，导体芯线最高允许温度为65℃。

表19-17　　BV型、BLV型单芯穿塑料管在空气中敷设允许的载流量（A）

标称截面（mm²）	长期连续负荷允许载流量（A）					
	穿2根电线		穿3根电线		穿4根电线	
	铜芯（BV）	铝芯（BLV）	铜芯（BV）	铝芯（BLV）	铜芯（BV）	铝芯（BLV）
1.0	12	—	11	—	10	—
1.5	16	13	15	11.5	13	10
2.5	24	18	21	16	19	14
4	31	24	28	22	25	19
6	41	31	36	27	32	25
10	56	42	49	38	44	33
16	72	55	65	49	57	44
25	95	73	85	65	75	57
35	120	90	105	80	93	70
50	150	114	132	102	117	90
70	185	145	167	130	148	115
95	230	175	205	158	185	140
120	270	200	240	180	215	160
150	305	230	275	207	250	185
185	355	265	310	235	280	212

注　周围环境温度为25℃时，导体芯线最高允许温度为65℃

（3）聚氯乙烯绝缘软线、丁腈聚氯乙烯复合物绝缘软线、聚氯乙烯绝缘聚氯乙烯护套电缆在空气中敷设，长期连续负荷允许载流量见表19-18。

表19-18　RV、RVV、RVB、RVS、RFB、RFS、BVV、BLVV系列电线或电缆允许载流量

标称截面（mm²）	长期连续负荷允许载流量（A）					
	1芯电线		2芯电线		3芯电线	
	铜芯	铝芯	铜芯	铝芯	铜芯	铝芯
0.12	5	—	4	—	3	—
0.2	7	—	5.5	—	4	—
0.3	9	—	7	—	5	—
0.4	11	—	8.5	—	6	—
0.5	12.5	—	9.5	—	7	—

续表

标称截面（mm^2）	长期连续负荷允许载流量（A）					
	1芯电线		2芯电线		3芯电线	
	铜芯	铝芯	铜芯	铝芯	铜芯	铝芯
0.75	16	—	12.5	—	9	—
1	19	—	15	—	11	—
1.5	24	—	19	—	14	—
2	28	—	22	—	17	—
2.5	32	25	26	20	20	16
4	42	34	36	26	26	22
6	55	43	47	33	32	25
10	57	59	65	51	52	40

注 周围环境温度为25℃时，导体芯线最高允许温度为65℃。

2. 0.6/1kV 聚氯乙烯绝缘电力电缆载流量

(1) 1～3芯0.6/1kV聚氯乙烯绝缘及护套电力电缆的允许载流量见表19-19。

表19-19 1～3芯VV、VLV、阻燃耐火型，0.6/1kV聚氯乙烯绝缘及护套电力电缆的载流量

标称截面（mm^2）	在空气中（A）						在地下（A）					
	1芯		2芯		3芯		1芯		2芯		3芯	
	铜	铝	铜	铝	铜	铝	铜	铝	铜	铝	铜	铝
1.5	24	—	20	—	17	—	34	—	27	—	22	—
2.5	32	25	28	21	23	18	46	35	35	28	30	23
4	45	34	36	29	31	24	61	47	47	36	39	31
6	56	43	47	36	39	31	75	58	58	45	49	38
10	80	61	66	51	56	43	105	81	80	62	68	52
16	106	83	89	69	76	59	138	106	105	82	89	69
25	143	111	117	91	102	78	180	138	133	104	107	83
35	175	133	143	111	122	94	218	169	164	127	131	101
50	223	170	180	138	154	122	265	196	201	159	159	123
70	265	207	217	170	191	148	310	239	244	186	195	150
95	329	254	238	182	233	180	369	283	280	210	231	178
120	382	297	273	211	270	207	416	323	320	238	262	201
150	445	339	325	242	313	244	474	364	355	272	300	231
185	519	392	370	298	360	281	530	408	407	322	337	262
240	609	472	—	—	429	334	617	474	—	—	390	301
300	705	546	—	—	477	376	700	530	—	—	451	355
400	832	641	—	—	—	—	820	629	—	—	—	—
500	965	753	—	—	—	—	929	710	—	—	—	—

续表

标称截面 (mm²)	在空气中（A）						在地下（A）					
	1芯		2芯		3芯		1芯		2芯		3芯	
	铜	铝	铜	铝	铜	铝	铜	铝	铜	铝	铜	铝
630	1134	880	—	—	—	—	1060	813	—	—	—	—
800	1357	1049	—	—	—	—	122	938	—	—		

注 1. 导电线芯最高允许工作温度为70℃。
2. 空气温度为30℃。
3. 土壤温度为25℃。
4. 土壤热阻系数为1.2℃·m/W。

（2）0.6/1kV、3+1芯或4芯聚氯乙烯绝缘及护套电力电缆的载流量见表19-20。

表19-20　VV型、VLV型载流量

标称截面 (mm²)	在空气中（A）		在地下（A）		标称截面 (mm²)	在空气中（A）		在地下（A）	
	铜（VV）	铝（VLV）	铜（VV）	铝（VLV）		铜（VV）	铝（VLV）	铜（VV）	铝（VLV）
4	28	22	37	28	70	178	136	194	148
6	38	28	46	36	95	218	168	231	177
10	51	40	61	47	120	253	195	263	204
16	68	53	80	61	150	297	228	303	233
25	92	71	106	82	185	344	263	340	263
35	115	89	130	101	240	390	291	397	298
50	144	111	161	124	300	438	342	448	356

（3）0.6/1kV聚氯乙烯绝缘及护套电力电缆载流量见表19-21。

表19-21　0.6/1kV　VV_{22}、VLV_{22}型聚氯乙烯绝缘及护套电力电缆载流量

截面 (mm²)	在空气中（A）						在地下（A）					
	1芯		2芯		3芯		1芯		2芯		3芯	
	铜	铝	铜	铝	铜	铝	铜	铝	铜	铝	铜	铝
4	—	—	37	29	32	24	—	—	45	35	38	29
6	—	—	48	37	40	32	—	—	56	43	47	37
10	82	64	67	52	57	45	101	78	77	59	65	50
16	111	85	91	70	77	60	132	104	102	79	87	66
25	143	111	122	92	102	80	175	132	125	97	109	84
35	175	138	143	111	122	95	212	164	148	115	130	100
50	223	175	180	138	154	122	260	201	181	140	160	123
70	276	212	217	170	191	148	307	238	220	170	195	150
95	334	260	240	185	233	180	371	286	278	208	229	176
120	387	297	278	215	270	207	424	339	320	229	262	201
150	445	345	319	254	313	244	483	375	361	270	299	229
185	509	398	368	292	360	281	541	419	405	310	334	257
240	615	477	—	—	424	334	636	493	—	—	386	298
300	700	541	—	—	477	371	721	557	—	—	445	350

续表

截面（mm^2）	在空气中（A）						在地下（A）					
	1芯		2芯		3芯		1芯		2芯		3芯	
	铜	铝	铜	铝	铜	铝	铜	铝	铜	铝	铜	铝
400	832	641	—	—	—	—	838	647	—	—	—	—
500	970	747	—	—	—	—	955	743	—	—	—	—
600	1124	875	—	—	—	—	1093	849	—	—	—	—
800	1346	1039	—	—	—	—	1284	987	—	—	—	—

（4）0.6/1kV、3+1芯或4芯聚氯乙烯绝缘及护套电力电缆的载流量见表19-22。

表19-22　0.6/1kV　VV_{22}、VLV_{22}型3+1芯或4芯聚氯乙烯绝缘及护套电力电缆的载流量

标称截面（mm^2）	在空气中（A）		在地下（A）		标称截面（mm^2）	在空气中（A）		在地下（A）	
	铜	铝	铜	铝		铜	铝	铜	铝
4	29	23	36	27	70	184	141	196	151
6	39	29	46	36	95	226	174	234	181
10	52	40	61	47	120	260	201	267	206
16	70	54	81	62	150	301	231	301	231
25	94	73	106	82	185	345	266	338	261
35	119	92	134	103	240	390	294	389	290
50	149	115	163	125	300	447	345	440	340

（5）VV、VLV、VV_{22}、VLV_{22}型3+2芯、4+1芯、5芯聚氯乙烯绝缘电力电缆载流量见表19-23。

表19-23　0.6/1kV　VV、VLV、VV_{22}、VLV_{22}型3+2芯、4+1芯、5芯聚氯乙烯绝缘电力电缆的载流量

标称截面（mm^2）	非铠装（A）				铠装（A）			
	在空气中		在地下		在空气中		在地下	
	铜	铝	铜	铝	铜	铝	铜	铝
1.5	15	—	20	—	—	—	—	—
2.5	21	16	28	21	—	—	—	—
4	26	21	34	27	25	21	33	26
6	37	25	45	33	36	25	44	32
10	46	36	56	43	45	34	54	41
16	60	47	72	55	58	45	70	53
25	82	64	95	75	80	62	95	74
35	108	84	123	96	107	82	121	94
50	134	100	151	113	132	98	149	110
70	165	124	181	136	162	122	180	135
95	203	156	216	165	200	152	212	161
120	236	183	246	192	230	180	241	187
150	281	214	287	219	275	208	280	212

续表

标称截面（mm²）	非铠装（A）				铠装（A）			
	在空气中		在地下		在空气中		在地下	
	铜	铝	铜	铝	铜	铝	铜	铝
185	328	246	334	251	318	236	324	241
240	367	268	374	275	352	253	360	361
300	418	330	428	341	401	314	412	325

3. 0.6/1kV～1.8/3kV 硅烷交联聚乙烯绝缘电力电缆载流量

（1）YJV、YJY、YJLV、YJLY（包括钢带、钢丝铠装型）1～3 芯电缆的载流量见表 19-24。

表 19-24　　YJV、YJY 电缆载流量

标称截面（mm²）	非铠装（A）						铠装标称（A）					
	在空气中			在地下			在空气中			在地下		
	1芯	2芯	3芯	1芯	2芯	3芯	1芯	2芯	3芯	1芯	2芯	3芯
	铜	铜	铜	铜	铜	铜	铜	铜	铜	铜	铜	铜
1.5	31	26	22	44	35	28	—	—	—	—	—	—
2.5	41	36	30	59	45	38	—	—	—	—	—	—
4	58	46	40	78	60	50	—	46	40	—	57	48
6	72	60	50	96	74	63	—	60	51	—	71	60
10	102	85	72	134	102	87	105	85	72	129	98	83
16	136	114	97	177	134	114	142	116	98	168	130	111
25	183	150	131	230	170	137	183	156	130	225	160	131
35	224	183	156	279	210	168	224	183	156	271	189	162
50	285	230	197	339	257	204	285	230	197	332	231	204
70	339	278	244	397	312	250	353	277	245	392	281	249
95	421	305	298	472	358	296	428	307	298	464	355	293
120	489	350	346	532	410	335	495	355	345	524	400	335
150	570	416	401	607	454	384	569	408	400	608	438	382
185	664	474	461	678	521	431	651	471	457	662	502	427
240	745	—	549	760	—	499	768	—	542	764	—	494
300	902	—	611	896	—	577	896	—	610	882	—	569
400	995	—	678	990	—	642	991	—	670	987	—	638
500	1135	—	—	1089	—	—	1130	—	—	1022	—	
630	1352	—	—	1257	—	—	1350	—	—	1239	—	
800	1637	—	—	1465	—	—	1633	—	—	1440	—	

注　1. 表中计算值为铜芯载流量。铝芯载流量为铜芯的 1/1.29 倍。
2. 适用型号：YJV、YJY、YJLV、YJVY（包括钢带、钢丝铠装型）。
3. 导体最高允许工作温度为 90℃。
4. 空气温度为 30℃。
5. 土壤温度为 25℃。
6. 土壤热阻系数为 1.2℃·m/W。

（2）YJV、YJY、YJLV、YJLY 型 3＋1、3＋2、4＋1、4、5 芯电缆的载流量见表 19-25。

表 19-25 YJLV、YJLY 电缆载流量

标称截面（mm²）	3+1，4芯（A）				3+2，4+1，5芯（A）			
	非铠装		铠装		非铠装		铠装	
	在空气中	在地下	在空气中	在地下	在空气中	在地下	在空气中	在地下
	铝	铝	铝	铝	铝	铝	铝	铝
2.5	22	26	—	—	20	26	—	—
4	28	35	28	34	27	34	27	28
6	36	46	36	46	32	42	32	33
10	51	60	51	60	46	55	44	44
16	68	78	69	79	60	70	58	57
25	91	104	93	104	82	96	80	79
35	114	129	117	131	108	122	105	105
50	142	158	147	160	128	144	126	120
70	174	189	180	190	159	174	156	150
95	215	226	222	231	200	211	195	191
120	250	261	257	262	234	245	231	226
150	292	298	295	295	274	280	267	261
185	337	338	340	334	315	321	307	305
240	372	382	376	371	343	352	335	334
300	438	456	441	435	422	436	420	416

注 1. 表中给出计算值是铝芯载流量，铜芯载流量为铝芯的 1.29 倍。
2. 适用型号：YJV、YJY、YJLV、YJLY（包括钢带、钢丝铠装型）。
3. 导体最高允许工作温度：90℃。
4. 空气温度：30℃。
5. 土壤温度：25℃。
6. 土壤热阻系数：1.2℃·m/W。

4. 架空绝缘电缆载流量

（1）1kV 及以下架空绝缘电缆在空气中敷设时载流量的理论计算值见表 19-26。

表 19-26 1kV 及以下架空绝缘电缆载流量

载流量 / 线芯 / 绝缘材料 / 截面（mm²）	铜（A）		铝（A）	
	聚氯乙烯（PVC）	聚乙烯（PE）	聚氯乙烯（PVC）	聚乙烯（PE）
16	102	104	79	81
25	138	142	107	111
35	170	175	132	136
50	209	216	162	168
70	266	275	207	214
95	332	344	257	267
120	384	400	299	311
150	442	459	342	356
185	515	536	399	416
240	615	614	476	497

注 1. 表中所列为单芯绝缘电缆载流量。
2. 适用型号 JKV、JKLV、JKY、JKLY。
3. 导电线芯最高允许温度为 70℃。
4. 周围环境温度为 30℃。

（2）10kV 和 35kV 交联聚氯乙烯绝缘架空电缆在空气中的载流量见表 19-27。

表 19-27　　10kV 和 35kV 架空绝缘电缆载流量

标称截面（mm²）	1 芯（A）		3 芯（A）	
	铝	铜	铝	铜
16	93	115	87	112
25	104	132	100	129
35	127	161	120	155
50	155	190	148	191
70	195	251	180	232
95	238	300	220	284
120	274	350	250	323
150	318	400	280	361
185	350	462	320	412
240	410	550	376	480

注　1. 单芯载流量为“品”字型敷设的数值。
2. 适用型号 JKYJ、JKLYJ（JKY、JKLY）。
3. 导体长期工作温度不超过 90℃。
4. 空气环境温度为 30℃。
5. 表中 3 芯数值为有承载负荷下的载流量，无承载负荷时的载流量不应超过有承载负荷的值。
6. 35kV 只有 1 芯结构。

（3）架空绝缘电缆温度校正系数 K 见表 19-28。

表 19-28　　架空绝缘电缆温度校正系数 *K*

线芯额定温度（℃）	实际环境温度（℃）										
	−5	0	5	10	15	20	30	35	40	45	50
	载流量校正系数 *K*										
90	1.26	1.23	1.19	1.16	1.12	1.08	1.00	0.96	0.91	0.87	0.82
80	1.30	1.27	1.23	1.18	1.14	1.10	1.00	0.95	0.89	0.84	0.78
70	1.37	1.27	1.28	1.18	1.17	1.12	1.00	0.94	0.87	0.79	0.71
65	1.41	1.36	1.31	1.25	1.20	1.13	1.00	0.93	0.85	0.76	0.66
60	1.47	1.41	1.35	1.29	1.22	1.16	1.00	0.91	0.82	0.71	0.58
55	1.55	1.48	1.41	1.34	1.27	1.18	1.00	0.89	0.78	0.63	0.45
50	1.66	1.58	1.50	1.41	1.32	1.00	0.87	0.71	0.50	—	—

第 5 节　各种护套电缆适用环境和线路敷设方式选择

各种护套或外护层的电缆适用环境和线路敷设方式选择见表 19-29。

表 19-29　　各种护套或外护层的电缆适用环境和线路敷设方式选择

护套或外护层	铠装	代号	敷设方式								环境条件					备注
			室内	电缆沟	电缆桥架	隧道	管道	竖井	埋地	水下	火灾危险	移动	多烁石	一般腐蚀	严重腐蚀	
裸铅护套（铅包）	无	Q	√	√	√	√	√	—	—	—	√	—	—	—	—	
一般橡套	无		√	√	√	√	√	—	—	—	—	√	—	√	—	

续表

护套或外护层	铠装	代号	敷设方式								环境条件					备注
			室内	电缆沟	电缆桥架	隧道	管道	竖井	埋地	水下	火灾危险	移动	多烁石	一般腐蚀	严重腐蚀	
不延燃橡套	无	F	√	√	√	√	√	—	—	—	√	√	—	√	—	耐油
聚氯乙烯护套	无	V	√	√	√	√	√	—	√	—	√	√	—	√	√	
聚乙烯护套	无	Y	√	√	√	√	√	—	√	—	—	√	—	√	√	
普通外护层（仅用于铅护套）	裸钢带	20	√	√	√	√	—	—	—	—	√	—	—	—	—	
	钢带	2	√	√	√	○	—	√	√	—	—	—	—	—	—	
	裸细钢丝	30	—	—	—	—	—	√	—	—	√	—	—	—	—	
	细钢丝	3	—	—	—	—	—	○	√	√	○	—	√	—	—	
	裸粗钢丝	50	—	—	—	—	—	√	—	—	√	—	—	—	—	
	粗钢丝	5	—	—	—	—	—	○	√	√	○	—	√	—	—	
一级防腐外护层	裸钢带	120	√	√	√	√	—	—	—	—	√	—	—	√	—	
	钢带	12	√	√	√	○	—	—	—	√	—	—	√	√	—	
	裸细钢丝	130	—	—	—	—	—	√	—	—	√	—	—	√	—	
	细钢丝	13	—	—	—	—	—	○	√	√	○	—	√	√	—	
	裸粗钢丝	150	—	—	—	—	—	√	—	—	√	—	—	√	—	
	粗钢丝	15	—	—	—	—	—	○	√	√	○	—	√	√	—	
二级防腐外护层	钢带	22	—	—	—	—	—	—	√	—	√	—	√	—	√	
	细钢丝	23	—	—	—	—	—	√	√	√	√	—	√	—	√	
	粗钢丝	25	—	—	—	—	—	○	√	√	○	—	√	—	√	
内铠装塑料（全塑电缆）	钢带	22 29	√	√	—	√	—	—	√	—	√	—	√	—	√	
	细钢丝	39	—	—	—	—	—	√	√	√	√	—	√	—	√	
	粗钢丝	59	—	—	—	—	—	√	—	√	√	—	√	—	√	

注　1. “√”表示适用；“○”表示外被层为玻璃纤维时适用；“—”建议不用。

2. 单芯钢带铠装电缆不适用于交流线路。

第6节　按环境条件选择电气线路敷设方式

按环境条件选择电气线路敷设方式见表19-30。

表19-30　　按环境条件选择电气线路敷设方式

导线类型	敷设方式	常用导线型号	环境性质																	
			干燥		潮湿	特别潮湿	高温	多尘	化学腐蚀	火灾危险区			爆炸危险区				户外	高层建筑	一般民用	进户线
			生活	生产						21	22	23	1	2	10	11				
塑料护套线	直敷配线	BLVV、BVV	√	√	×	×	×	×	×	×	×	×	×	×	×	×	×	+	√	×

续表

导线类型	敷设方式	常用导线型号	环境性质																	
			干燥		潮湿	特别潮湿	高温	多尘	化学腐蚀	火灾危险区			爆炸危险区				户外	高层建筑	一般民用	进户线
			生活	生产						21	22	23	1	2	10	11				
绝缘线	瓷夹（塑料卡）	BLV、BV、BLX、BX	√	√	×	×	×	×	×	×	×	×	×	×	×	×	×	—	+	×
	鼓型绝缘子		+	√	√	—	√	√	×	+①	+①	+	×	×	×	×	+	—	—	×
	蝶针式绝缘子		×	√	√	√	√	√	+	+①	+①	+	×	×	×	×	√⑤	—	—	√
	钢管明敷		—	+	+	+	√	+	+②	√	√	√	√	√	√	√	+	√	√	√
	钢管埋地		—	√	√	√	√	√	+	√	√	√	√	√	√	√	+②	√	√	√
	电线管明敷		+	+	+	×	+	+	×	+	+	+	×	×	×	×	—	√	√	×
	硬塑料管明敷		+	√	√	√	+	√	√	+	+	+	×	×	×	×	—	—	—	+
	硬塑料管埋地		+	+	+	+	—	+	√	—	—	—	×	×	×	×	+	—	—	+
	波纹管敷设		√	—	+	+	+	—	+	+	+	+	×	×	×	×	×	—	√	×
	线槽配线		√	√	×	×	×	×	×	×	×	×	×	×	×	×	×	√	√	×
裸导体	绝缘子明敷	LJ、TJ、LMY、TMY	×	√	+	—	√	+	—	+⑥	+⑥	+⑥	×	×	×	×	√⑤	—	—	×
母线槽	支架明敷	各型号	—	√	+	—	+	+	×	+	+	+	+	+	+	+	+	—	—	+
电缆	地沟内敷设	VLV、VV、ZLQ、ZQ、XLV、XV	—	√	+	—	√	+	—	+	+	+	+④	+④	—	—	+	√	√	√
	支架明敷	VLV、VV、YJLV、YJV	—	√	√	√	+	√	√	+	+	+	+③	+③	+	+	—	—	—	+
	直埋地	VLV22、VV22、YJLV22、YJV22、ZLQ22、ZQ22	—	—	—	—	—	—	—	—	—	—	—	—	—	—	√	—	—	√
	桥架敷号	各型号	—	√	+	—	+	√	+	+	+	+	+③	+③	+③	+	+	√	—	+
架空电缆	支架明敷	—	—	—	—	—	—	—	—	—	—	—	—	—	—	—	√	—	—	√

注 表中“√”推荐使用，“+”可以采用，“—”记号建议不用，“×”不允许使用。

① 应远离可燃物，且不应敷设在木质吊顶、墙壁上及可燃液体管道栈桥上。

② 应采用镀锌钢管并作好防腐处理。

③ 应采用铠装电缆。

④ 地沟内应埋砂并设排水措施。

⑤ 屋外架空用裸导体，沿墙用绝缘线。

⑥ 可用硬裸母线，但应连接可靠，尽量采用焊接；在21和23区内，母线宜装防护罩，孔径不大于12mm，在22区内应有防尘罩。

第20章 电气工程常用国家和行业标准

第1节 电气工程常用国家和行业技术标准目录

电气工程常用国家和行业技术标准目录见表20-1。

表20-1 电气工程常用国家和行业技术标准目录

标准号	时 间	标 准 名 称
GB 156	现行标准	额定电压
GB 726		电气设备额定电流
GB 311.1～6		高压输变电设备的绝缘配合及高压试验技术
GB 999		直流电力牵引电压系列
GB 1498		电机、低压电器外壳防护等级
GB 1980		电气设备额定频率
GB 10609.1		技术制图标题栏
GB 2900.1～48		电工名词术语
GB 3102.5		电学和磁学的量和单位
GB 3805		安全电压
GB 3926		中频设备额定电压
GB 4025		指示灯和按钮的颜色
GB 4026		电器接线端子的识别和用字母、数字符号标志接线端子的通则
GB 4064		电气设备安全设计导则
GB 4728.1～13		电气图用图形符号
GB 5094		电气技术中的项目代号
GB 5465.1		电气设备用图形符号编制通则
GB 5465.2		电气设备用图形符号
GB 6988.1～7		电气制图
GB 7159		电气技术中的文字符号制定通则
GB 4208		外壳防护等级（IP代码）
GB 191		包装储运图示标志
GB 2681		电工成套装置中的导线颜色
GB 2900.18		电工名词术语低压电器
GB 3983.1		低压电并联电容器
GB/T 16927.1		高电压试验技术，第一部分：一般试验要求
GB 4942.2		低压电器外壳防护等级

续表

标准号	时间	标准名称
GB 7251.1	现行标准	低压成套开关设备和控制设备第1部分：型式试验和部分型式试验
GB 7261		继电器及继电保护装置基本试验方法
GB 9466		低压成套开关设备基本试验方法
GB 13539		低压熔断器
GB/T 14048.1		低压开关设备和控制设备
GB 304.1		面板架和柜的基本尺寸系列
ZBK 36001		低压抽出式成套开关设备
GB/T 11022		高压开关设备和控制设备标准的共用技术要求
GB 3906		3.6～40.5kV交流金属封闭开关设备和控制设备
GB 3804		3～63kV交流高压负荷开关
GB 1984		交流高压熔断器
GB 14808		交流高压接触器
GB 16926		交流高压负荷开关—熔断器组合电器
GB 763		交流高压电器在长期工作时发热
DL/T 402		交流高压断路器订货技术条件
DL/T 404		户内交流高压开关柜订货技术条件
DL/T 593		高压开关设备的共用订货技术条件
GB 50254		电气装置安装工程低压电器施工及验收规范
GB 50171		电气装置安装工程盘、柜及二次回路接线施工及验收规范
GBJ 194		电气装置安装工程母线装置施工及验收规范
GBJ 148		电气装置安装工程电力变压器、互感器施工及验收规范
GBJ 147		电气装置安装工程高压电器施工及验收规范
GB 50259		电气照明装置施工及验收规范
GB 50258		电气装置安装工程1kV及以下配线工程施工及验收规范
GB 50170		电气装置安装工程旋转电机施工及验收规范
GB 50169		电气装置安装工程接地装置施工及验收规范
GB 50168		电气装置安装工程电缆线路施工及验收规范
GB 50166		电气装置安装工程火灾自动报警系统施工及验收规范
DL/T 537		高压/低压预装式变电站选用导则
GB/T 16927.1		高电压试验技术　第1部分：一般试验要求
GB/T 2900.8		电工术语　绝缘子
GB/T 2900.18		电工术语　低压电器
GB 16926		交流高压负荷开关—熔断器组合电器
GB/T 14048.3		低压开关设备和控制设备　第3部分：开关、隔离器、隔离开关、熔组器
GB/T 16935.1		低压系统内设备的绝缘配合　第1部分　原理、要求和试验
GB 1094.1		电力变压器　第1部分　总则
GB 1094.2		电力变压器　第2部分　温升

续表

标准号	时 间	标准名称
GB 1094.3	现行标准	电力变压器 第3部分 绝缘水平、绝缘试验和外绝缘空气间隙
GB 1094.5		电力变压器 第5部分 承受短路的能力
GB 1094.4		电力变压器 第4部分 雷电冲击和操作冲击试验导则
GB 1094.10		电力变压器 第10部分 声级测定
GB 1094.7		电力变压器 第7部分 电力变压器负载导则
GB 1094.11		电力变压器 第11部分 干式变压器
GB/T 13499		电力变压器应用导则
GB/T 6451		油浸式电力变压器技术参数和要求
GB 4208		外壳防护等级
GB/T 17211		干式电力变压器负载导则
GB/T 17467		高压/低压预装式变电站
GB/T 2900.15		电工术语 变压器、互感器、调压器和电抗器
GB/T 15164		油浸式电力变压器负载导则

第2节 电气设备外壳防护等级

电气设备外壳防护等级见表20-2。

表20-2 电气设备外壳防护等级（引自GB 4208、GB/T 4942.1）

第一个表征数字及含义		第二表征数字及含义								
		0	1	2	3	4	5	6	7	8
		无防护	防滴	15°防滴	防淋水	防溅水	防喷水	防海浪	防浸水影响	防潜水影响
0	无防护	IP00	—	—	—	—	—	—	—	—
1	防护大于50mm的固体异物	IP10	IP11	IP12	—	—	—	—	—	—
2	防护大于12.5mm的固体异物	IP20	IP21	IP22	IP23	—	—	—	—	—
3	防护大于2.5mm的固体异物	IP30	IP31	IP32	IP33	IP34	—	—	—	—
4	防护大于1mm的固体异物	IP40	IP41	IP42	IP43	IP44	—	—	—	—
5	防尘	IP50	—	—	—	IP54	IP55	—	—	—
6	尘密	IP60	—	—	—	—	TP65	IP66	IP67	IP68

注 1. 外壳防护等级由表征字母IP和附加在后面的两个表征数字组成。第一个数字表示防止固体异物进入壳内或触及壳内带电或运动部分的程度；第二个数字表示防液体进入壳内的程度。
2. 如只需单独标志一种防护型的等级时，则被略去的数字位置以X补充。例如IPX3或IP5X。

第3节 电气装置安装工程低压电器施工及验收规范（引自GB 50254—2006）

1. 一般规定

（1）低压电器安装前的检查，应符合下列要求。

1）设备铭牌、型号、规格，应与被控线路或设计相符。

2）外壳、漆层、手柄，应无损伤或变形。

3）内部仪表、灭弧罩、瓷件、胶木电器，应无裂纹痕。

4）螺钉应拧紧。

5）具有主触头的低压电器，触头的接触应紧密，采用 0.05mm×10mm 的塞尺检查，接触两侧的压力应均匀。

6）附件应齐全、完好。

（2）低压电器的安装高度，应符合设计要求。当设计无规定时，应符合下列要求。

1）落地安装的低压电器，其底部宜高出地面 50～100mm。

2）操作手柄转轴中心与地面的距离，宜为 1200～1500mm；侧面操作的手柄与建筑物或设备的距离，不宜小于 200mm。

（3）低压电器的固定，应符合下列要求。

1）低压电器根据其不同的结构，可采用支架、金属板、绝缘板固定在安装梁上或底板上，金属板、绝缘板应平整，板厚应符合设计要求。当采用卡轨支撑安装时，卡轨应与低压电器匹配，并用固定夹或固定螺栓与壁板紧密固定，严禁使用变形或不合格的卡轨。

2）紧固件应采用镀锌制品，螺栓规格应选配适当，电器的固定应牢固、平稳。

3）有防震要求的电器应增加减震装置；其紧固螺栓应采取防松措施。

4）固定低压电器时，不得使电器内部受额外应力。

（4）电器的外部接线，应符合下列要求。

1）接线应按接线端头标志进行。

2）接线应排列整齐、清晰、美观、导线绝缘应良好、无损伤。

3）电源侧进线应接在进线端，即固定触头接线端；负荷侧出线应接在出线端，即可动触头接线端。

4）电器的接线应采用铜质或有电镀金属防锈层的螺栓和螺钉，连接时应拧紧，且应有防松装置。

5）外部接线不得使电器内部受到额外应力。

6）母线与电器连接时，接触面应符合现行国家标准 GB 50149—2010《电气装置安装工程母线装置施工及验收规范》的有关规定。连接处不同相的母线最小电气间隙，应符合表 20-3 的要求。

表 20-3　不同相的母线最小电气间隙

额定电压（V）	额定电压（V）
$U \leqslant 500$	10
$500 < U \leqslant 1200$	14

（5）成排或集中安装的低压电器应排列整齐。器件间的距离，应符合设计要求，并应便于操作及维护。

（6）电器的金属外壳、框架的接零或接地，应符合现行国家标准《电气装置安装工程接地装置施工及验收规范》的有关规定。

（7）低压电器绝缘电阻的测量，应符合下列规定。

1）测量应在下列部位进行，对额定工作电压不同的电器，应分别进行测量。

a. 主触头在断开位置时，同极的进线端及出线端之间。

b. 主触头在闭合位置时，不同极的带电部件之间、触头与线圈之间以及主电路与同它不直接连接的控制和辅助电路（包括线圈）之间。

c. 主电路、控制电路、辅助电路等带电部件与金属支架之间。

2）测量绝缘电阻所用兆欧表的等级及所测量的绝缘电阻值，应符合现行国家标准《电气装置安装工程电气设备交接试验标准》的有关规定。

（8）低压电器的试验应符合现行国家标准《电气装置安装工程电气设备交接试验标准》的有关规定。

2. 低压断路器

（1）低压断路器安装前的检查，应符合下列要求。

1）衔铁工作面上的油污应擦净。

2）触头闭合、断开过程中，可动部分与灭弧室的零件不应有卡阻现象。

3）各触头的接触平面应平整；开合顺序、动静触头分闸距离等，应符合设计要求或产品技术的规定。

4）受潮的灭弧室，安装前应烘干，烘干时应监测温度。

（2）低压断路器的安装，应符合下列要求。

1）低压断路器的安装，应符合产品技术文件的规定；当无明确规定时，宜垂直安装，其倾斜度不应大于5°。

2）低压断路器与熔断器配合使用时，熔断器应安装在电源侧。

3）低压断路器操动机构的安装，应符合下列要求。

a. 操作手柄或传动杠杆的开、合位置应正确；操作力不应大于产品的规定值。

b. 电动操动机构接线应正确；在合闸过程中，开关不应跳跃；开关合闸后，限制电动机或电磁铁通电时间的联锁装置应及时动作；电动机或电磁铁通电时间不应超过产品的规定时间。

c. 开关辅助触点动作应正确可靠，接触应良好。

d. 抽屉式断路器的工作、试验、隔离三个位置的定位应明显，并应符合产品技术文件的规定。

e. 抽屉式断路器空载时进行抽、拉数次应无卡阻，机械联锁应可靠。

（3）低压断路器的接线，应符合下列要求。

1）裸露在箱体外部且易触及的导线端子，应加绝缘保护。

2）有半导体脱扣装置的低压断路器，其接线应符合相序要求，脱扣装置的动作应可靠。

3. 低压隔离开关、刀开关、转换开关及熔断器组合电器

（1）隔离开关与刀开关的安装，应符合下列要求。

1）开关应垂直安装。

2）可动触头与固定触头的接触应良好；大电流的触头或刀片宜涂复合脂。

3）安装杠杆操作机构时，应调节杠杆长度，使操作到位且灵活；开关辅助接点指示应正确。

4）开关的动触头与两侧压板距离应调整均匀，合闸后接触面应压紧，刀片与静触头中心线应在同一平面，且刀片不应摆动。

(2) 转换开关安装后，其手柄位置指示应与相应的接触片位置相对应，定位机构应可靠，所有的触头在任何接通位置上应接触良好。

(3) 带熔断器或灭弧装置的负荷开关接线完毕后，检查熔断器应无损伤，灭弧栅应完好，且固定可靠；电弧通道应畅通，灭弧触头各相分闸应一致。

4. 漏电保护器及消防电气设备

(1) 漏电保护器的安装、调整试验应符合下列要求。

1) 按漏电保护器产品标志进行电源侧和负荷侧接线。

2) 带有短路保护功能的漏电保护器安装时，应确保有足够的灭弧距离。

3) 在特殊环境中使用的漏电保护器，应采取防腐、防潮或防热等措施。

4) 电流型漏电保护安装后，除应检查接线无误外，还应通过试验按钮检查其动作性能，并应满足要求。

(2) 火灾探测器、手动火灾报警按钮、火灾报警控制器、消防控制设备等的安装，应按现行国家标准 GB 50166—2007《火灾自动报警系统施工及验收规范》指行。

5. 低压接触器及电动机起动器

(1) 低压接触器及电动机起动器安装前的检查，应符合下列要求。

1) 衔铁表面无锈斑、油垢，接触面应平整、清洁。可动部分应灵活无卡阻，灭弧罩之间应有间隙，灭弧线圈绕向应正确。

2) 触头的接触应紧密，固定主触头的触头杆应固定可靠。

3) 当带有动断触头的接触器与磁力起动器闭合时，应先断开动断触头，后接通主触头；当断开时应先断开主触头，后接通动断触头，且三相主触头的动作应一致，其误差应符合产品技术文件的要求。

4) 电磁起动器热元件的规格应与电动机的保护特性相匹配；热继电器的电流调节指示位置应调整在电动机的额定电流值上，并应按设计要求进行定值校验。

(2) 低压接触器和电动机起动器安装完毕后，应进行下列检查。

1) 接线应正确。

2) 在主触头不带电的情况下，起动线圈间断通电，主触头动作正常，衔铁吸合后应无异常响声。

(3) 可逆起动器或接触器，电气连锁装置和机械连锁装置的动作均应正确、可靠。

(4) 星、三角起动器的检查、调整、应符合下列要求。

1) 起动器的接线应正确；电动机定子绕组正常工作应为三角形接线。

2) 手动操作的星、三角起动器，应在电动机转速接近运行转速时进行切换；自动转换的起动器应按电动机负荷要求正确调节延时装置。

(5) 自耦减压起动器的安装、调整，应符合下列要求。

1) 自耦变压器应垂直安装。

2) 油浸式自耦变压器的油面不得低于标定的油面线。

3) 减压抽头在 65%～80%额定电压下，应按负荷要求进行调整；起动时间不得超过自耦减压起动允许的起动时间。

(6) 手动操作的起动器，触头压力应符合产品技术文件的规定，操作应灵活。

(7) 接触器或起动器均应进行通断检查；用于重要设备的接触器或起动器尚应检查其起

动值，并应符合产品技术文件的规定。

(8) 变阻式起动器的变阻器安装后，应检查其电阻切换程序、触头压力、灭弧装置及起动值，并应符合设计要求或产品技术文件的规定。

6. 继电器及按钮

(1) 继电器安装前后的检查，应符合下列要求。

1) 可动部分动作应灵活、可靠。

2) 表面污垢和铁心表面防锈剂应清除干净。

(2) 按钮的安装应符合下列要求。

1) 按钮之间的距离宜为 50～80mm，按钮箱之间的距离宜为 50～100mm，当倾斜安装时，其与水平的倾角不宜小于 30 度。

2) 按钮操作应灵活、可靠、无卡阻。

3) 集中在一起安装的按钮应有编号或不同的识别标志，“紧极”按钮应有明显标志，并设保护罩。

7. 电阻器及频敏变阻器

(1) 电阻器的电阻元件，应位于垂直面上。电阻器垂直安装不应超过四箱；当超过四箱时应另列一组。有特殊要求的电阻器，其安装方式应符合设计规定。电阻器底部与地面间，应留有间隙，并不应小于 150mm。

(2) 电阻器的接线，应符合下列要求。

1) 电阻器与电阻元件的连接应采用铜或钢的裸导体，接触应可靠。

2) 电阻器引出线夹板或螺栓应设置与设备接线图相应的标志。

3) 多层叠装的电阻箱的引出导线，应采用支架固定，并不妨碍电阻元件的更换。

(3) 电阻器内部不应有断路或短路，其直流电阻值的误差应符合产品技术文件的规定。

(4) 频敏变阻器的调整，应符合下列要求。

1) 频敏变阻器的极性和接线应正确。

2) 频敏变阻器的抽头和气隙调整，应使电动机起动特性符合机械装置的要求。

3) 频敏变阻器配合电动机进行调整过程中，连续起动数次及总的起动时间，应符合产品技术文件的规定。

8. 电熔器

(1) 电熔器及熔体的容量，应符合设计要求，并核对所保护电气设备的容量与熔体容量相匹配；对后备保护、限流、自复、半导体器件保护等有专用功能的熔断器，严禁替代。

(2) 熔断器安装位置及相互间距离，应便于更换熔体。

(3) 有熔断器指示器的熔断器，其指示器应装在便于观察的一侧。

(4) 瓷质熔断器在金属底板上安装时，其底座应垫软绝缘衬垫。

(5) 安装具有几种规格的熔断器，应在底座旁标明规格。

(6) 有触及带电部分危险的熔断器，应配齐绝缘抓手。

(7) 带有接线标志的熔断器，电源线应按标志进行接线。

(8) 螺旋式熔断器的安装，其底座严禁松动，电源应接在熔心引出的端子上。

9. 工程交接验收

(1) 工程交接验收时，应符合下列要求。

1）电器的型号、规格符合设计要求。

2）电器的外观检查完好，绝缘器件无裂纹，安装方式符合产品技术文件的要求。

3）电器安装牢固、平整，符合设计及产品技术文件的要求。

4）电器的接零、接地可靠。

5）电器的连接线排列整齐、美观。

6）绝缘电阻值符合要求。

7）活动部件动作灵活、可靠，联锁传动装置动作正确。

8）标志齐全完好、字迹清晰。

（2）通电后，应符合下列要求。

1）操作时动作应灵活、可靠。

2）电磁器件应无异常响声。

3）线圈及接线端子的温度不应超过规定。

4）触头压力、接触电阻不应超过规定。

（3）验收时，应提交下列资料和文件。

1）变更设计的证明文件。

2）制造厂提供的产品说明书、合格证件及竣工图纸等技术文件。

3）安装技术记录。

4）调整试验记录。

5）根据合同提供的备品、备件清单。

第 4 节　电气装置安装工程盘、柜及二次回路接线施工及验收规范（引自 GB 50171—2012）

1. 总则

（1）本规定适用于各类配电盘、保护盘、控制盘、屏、台、箱和成套柜等及其二次回路接线安装工程的施工和验收。

（2）盘、柜装置及二次回路接线的安装工程应按已批准的设计进行施工。

（3）盘、柜等在搬运和安装时应采取防振、防潮、防止框架变形和漆面受损等安全措施，必要时可将装置性设备和易损元件拆下单独包装运输。当产品有特殊要求时，尚应符合产品技术文件的规定。

（4）盘、柜应存放在室内或能避雨、雪、风、沙的干燥场所。对有特殊保管要求的装置性设备和电气元件，应按规定保管。

（5）采用的设备和器材，必须是符合国家现行技术标准的合格产品，并有合格证件。设备应有铭牌。

（6）设备和器材到达现场后，应在规定期限内作验收检查，并应符合下列要求：

1）包装及密封良好。

2）开箱检查型号、规格符合设计要求，设备无损伤，附件、备件齐全。

3）产品的技术文件齐全。

4）按本规范要求外观检查合格。

（7）施工中的安全技术措施，应符合本规范和国家现行有关安全技术标准及产品技术文件的规定。

(8) 与盘、柜装置及二次回路接线安装工程有关的建筑工程施工，应符合下列要求：

1) 与盘、柜装置及二次回路接线安装工程的有关建筑物、构筑物的建筑工程质量，应符合国家现行的建筑工程及验收规范中的有关规定。当设备或设计有特殊要求时，应满足其要求。

2) 设备安装前建筑工程应具备下列条件：

a. 屋顶、楼板施工完毕，不得渗漏。

b. 结束室内地面工作，室内沟道无积水、杂物。

c. 预埋件及预留孔符合设计要求，预埋件应牢固。

d. 门窗安装完毕。

e. 进行装饰工作时有可能损坏已安装设备或设备安装后不能再进行施工的装饰工作全部结束。

3) 对有特殊要求的设备，安装调试前建筑工程应具备下列条件：

a. 所有装饰工作完毕，清扫干净。

b. 装有空调或通风装置等特殊设施的，应安装完毕，投入运行。

(9) 设备安装用的紧固件，应用镀锌制品，并宜采用标准件。

(10) 盘、柜上模拟母线的标志颜色应符合表20-4模拟母线的标志颜色的规定。

表20-4　　模拟母线的标志颜色

电压(kV)	颜　色	电压(kV)	颜　色	电压(kV)	颜　色
交流0.23	深灰	交流13.8～20	浅绿	交流220	紫
交流0.40	黄褐	交流35	浅黄	交流330	白
交流3	深绿	交流60	橙黄	交流500	淡黄
交流6	深蓝	交流110	朱红	直流0.22	褐
交流10	绛红	交流154	天蓝	直流500	深紫

注　1. 模拟母线宽度宜为6～12mm。
2. 设备的模拟涂色时应与相同电压等级的母线颜色一致。
3. 本表不适用于弱电屏以及流程模拟的屏台。

(11) 二次回路接线施工完毕在测试绝缘时，应有防止弱电设备损坏的安全技术措施。

(12) 安装调试完毕后，建筑物中的预留孔洞及电缆管口应做好封堵。

(13) 盘、柜的施工及验收，除按本规范规定执行外，尚应符合国家现行的有关标准规范的规定。

2. 盘、柜的安装

(1) 盘、柜基础型钢安装允许偏差的规定见表20-5。

表20-5　　基础型钢安装的允许偏差

项　目	每米(mm)	全长(mm)	备　注
直线度	<1	<5	
平面度	<1	<5	环形布置按设计要求
位置误差及平行度	—	<5	

(2) 基础型钢安装后，其顶部宜高出抹平面 10mm；手车式成套柜按产品技术要求执行。基础型钢应有明显的可靠接地。

(3) 盘、柜安装在振动场所，应按设计要求采取防震措施。

(4) 盘、柜及盘、柜内设备与各构件间连接应牢固。主控制盘、继电保护盘和自动装置盘等不宜与基础型钢焊死。

(5) 盘、柜单独或成列安装时，其垂直度、水平偏差以及盘、柜面偏差和盘、柜间接缝的允许偏差应符合表 20-6 的规定。

表 20-6 盘、柜的安装

项目		允许偏差（mm）
垂直度（每米）		<1.5
水平偏差	相邻两盘顶部	<2
	成列盘顶部	<5
盘面偏差	相邻两盘边	<1
	成列盘面	<5
盘间接缝		<2

(6) 模拟母线应对齐，其误差不应超过视差范围，并应完整，安装牢固。

(7) 端子箱安装应牢固，封闭良好，并应能防潮、防尘。安装的位置应便于检查；成列安装时，应排列整齐。

(8) 盘、柜、台、箱的接地应牢固良好。装有电器的可开启的门，应以裸铜软线与接地的金属构架可靠地连接。成套柜应装有供检修用的接地装置。

(9) 成套柜的安装应符合下列要求：

1) 机械闭锁、电气闭锁应动作准确、可靠。

2) 动触头与静触头的中心线应一致，触头接触紧密。

3) 二次回路辅助开关的切换触点应动作准确，接触可靠。

4) 柜内照明齐全。

(10) 抽出式配电柜的安装尚应符合下列要求：

1) 抽屉推拉应灵活轻便，无卡阻、碰撞现象，抽屉应能互换。

2) 抽屉的机械联锁装置应动作正确可靠，断路器分闸后，隔离触头才能分开。

3) 抽屉与柜体间的二次回路连接插件应接触良好。

4) 抽屉与柜体间的接触及柜体、柜架的接地应良好。

(11) 手车式柜的安装尚应符合下列要求：

1) 检查防止电气误操作的“五防”装置齐全，并动作灵活可靠。

2) 手车推拉应灵活轻便，无卡阻、碰撞现象，相同型号的手车应能互换。

3) 手车推入工作位置后，动触头顶部与静触头底部的间隙应符合产品要求。

4) 手车和柜体间的二次回路连接插件应接触良好。

5) 安全隔离板应开启灵活，随手车的进出而相应动作。

6) 柜内控制电缆的位置不应妨碍手车的进出，并应牢固。

7) 手车与柜体间的接地触头应接触紧密，当手车推入柜内时，其接地触头应比主触头先接触，拉出时接地触头比主触头后断开。

(12) 盘、柜的漆层应完整、无损伤。固定电器的支架等应刷漆。安装于同一室内且经常监视的盘、柜，其盘面颜色宜和谐一致。

3. 盘、柜上的电器安装

（1）电器的安装应符合下列要求：

1）电器元件质量良好，型号、规格应符合设计要求，外观应完好，且附件齐全，排列整齐，固定牢固，密封良好。

2）各电器应能单独拆装更换，而不应影响其他电器及导线束的固定。

3）发热元件宜安装在散热良好的地方；两个发热元件之间的连线应采用耐热导线或裸铜线套瓷管。

4）熔断器的熔体规格、断路器的整定值应符合设计要求。

5）切换压板应接触良好，相邻压板间应有足够安全距离，切换时不应碰及相邻的压板；对于一端带电的切换压板，应使在压板断开情况下，活动端不带电。

6）信号回路的信号灯、光字牌、电铃、电笛、事故电钟等应显示准确，工作可靠。

7）盘上装有装置性设备或其他有接地要求的电器，其外壳应可靠接地。

8）带有照明的封闭式盘、柜应保证照明完好。

（2）端子排的安装应符合下列要求：

1）端子排应无损坏，固定牢固，绝缘良好。

2）端子应有序号，端子排应便于更换且接线方便；离地高度宜大于350mm。

3）回路电压超过400V者，端子板应有足够的绝缘，并涂以红色标志。

4）强、弱电端子宜分开布置；当有困难时，应有明显标志，并设空端子隔开或设加强绝缘隔板。

5）正、负电源之间以及经常电的正电源与合闸或跳闸回路之间，宜以一个空端子隔开。

6）电流回路应经过试验端子，其他需断开的回路宜经特殊端子或试验端子。试验端子应接触良好。

7）潮湿环境宜采用防潮端子。

8）接线端子应与导线截面匹配，不应使用小端子配大截面导线。

（3）二次回路的连接件均采用铜质制品；绝缘件应采用自熄性阻燃材料。

（4）盘、柜的正面及背面各电器，端子牌等应标明编号、名称、用途及操作位置，其标明的字迹应清晰、工整，且不易脱色。

（5）盘、柜上的小母线应采用直径不小于6mm的铜棒或铜管，小母线两侧应有标明其代号或名称的绝缘标志牌，字迹应清晰、工整，且不易脱色。

（6）二次回路的电气间隙和爬电距离应符合下列要求：

1）盘、柜内两导体间，导电体与裸露的不带电的导体间应符合表20-7允许最小电气间隙及爬电距离的要求。

表20-7　允许最小电气间隙及爬电距离

额定电压（V）	电气间隙（mm）		爬电距离（mm）	
	额定工作电流（A）			
	≤60	＞60	≤60	＞60
≤60	3.0	5.0	3.0	5.0
60＜U≤300	5.0	6.0	6.0	8.0
300＜U≤500	8.0	10.0	10.0	12.0

2）屏顶上小母线不同相或不同极的裸露载流部分之间，裸露载流部分与未经绝缘的金属体之间，电气间隙不得小于12mm，爬电距离不得小于20mm。

4. 二次回路接线

（1）二次回路接线应符合下列要求：

1）按图施工，接线正确。

2）导线与元件间采用螺栓连接、插接、焊接或压接等，均应牢固可靠。

3）盘、柜内导线不应有接头，导线芯线应无损伤。

4）电缆芯线和所配导线的端部均应标明其回路编号，编号应正确，字迹清晰且不易脱色。

5）配线应整齐、清晰、美观，导线绝缘应良好，无损伤。

6）每个接线端子的每侧接线宜为1根，不得超过2根。对于插接式端子，不同截面积的2根导线不得接在同一端子上；对于螺栓连接端子，当接2根导线时，中间应加平垫片。

7）二次回路接地应设专用螺钉。

（2）盘、柜内的配线电流回路应采用电压不低于500V的铜芯绝缘导线，其截面积不应小于2.5mm^2；其他回路截面不应小于1.5mm^2；对电子元件回路、弱电回路采用锡焊连接时，在满足载流量和电压降及有足够机械强度的情况下，可采用不小于0.5mm^2截面积的绝缘导线。

（3）用于连接门上的电器、控制台板等可动部分的导线尚应符合下列要求：

1）应采用多股软导线，敷设长度应有适当裕度。

2）线束应有外套塑料管等加强绝缘层。

3）与电器连接时，端部应绞紧，并应加终端附件或搪锡，不得松散、断股。

4）在可动部位两端应用卡子固定。

（4）引入盘、柜内的电缆及其芯线应符合下列要求：

1）引入盘、柜的电缆应排列整齐、编号清晰、避免交叉，并应固定牢固，不得使所接的端子排受到机械应力。

2）铠装电缆在进入盘、柜后，应将钢带切断，切断处的端部应扎紧，并将钢带接地。

3）使用静态保护、控制等逻辑回路的控制电缆，应采用屏蔽电缆。其屏蔽层应按设计要求的接地方式予以接地。

4）橡胶绝缘的芯线应用外套绝缘管保护。

5）盘、柜内的电缆芯线，应接垂直或水平有规律地配置，不得任意歪斜交叉连接。备用芯线长度应留有适当余量。

6）强、弱电回路不应使用同一根电缆，并应分别成束分开排列。

（5）直流回路中具有水银触点的电器，电源正极应接到水银侧触点的一端。在油污环境中，应采用耐油的绝缘导线。在日光直射环境中，橡胶或塑料绝缘导线应采取防护措施。

5. 工程交接验收

（1）在验收时应按下列要求进行检查：

1）盘、柜的固定及接地应可靠，盘、柜漆层应完好、清洁整齐。

2）盘、柜内所装电器元件应齐全完好，安装位置正确，固定牢固。

3）所有二次回路接线应准确、连接可靠、标志齐全清晰、绝缘符合要求。

4）手车或抽屉式开关柜在推入或拉出时应灵活，机械闭锁可靠；照明装置齐全。

5）柜内一次设备的安装质量验收要求应符合国家现行有关标准、规范的规定。

6）用于热带地区的盘、柜应具有防潮、抗霉和耐热性能，按国家现行标准 JB/T 4159—1999《热带电工产品通用技术要求》验收。

7）盘、柜及电缆管道安装完后，应作好封堵。可能结冰的地区还应有防止管内积水结冰的措施。

（2）在验收时，应提交下列资料和文件：

1）工程竣工图。

2）制造厂提供的产品说明书、调试大纲、试验方法、试验记录、合格证件及安装图样等技术文件。

3）变更设计的证明文件。

4）根据合同提供的备品、备件清单。

5）安装技术记录。

6）调整试验记录。

（3）在验收时，应提交下列资料和文件：

1）变更设计的证明文件。

2）制造厂提供的产品说明书、试验记录、合格证件及安装图样等技术文件。

3）安装技术记录。

4）备品、备件清单。

第5节　变配电设备的空气绝缘间隙

1. 户内配电设备的最小空气间隙

户内配电设备的最小空气间隙见表20-8。

表20-8　　户内配电设备的最小空气间隙（单位：mm）

符号	应用范围	系统标称电压（kV）										
		0.4	3	6	10	15	20	35	60	110J	110	220J
A_1	带电部分至接地之间	10	75	100	125	150	180	300	550	850	950	1800
A_2	不同相的带电部分之间	10	75	100	125	150	180	300	550	900	1000	2000
B_1	栅状遮栏至带电部分之间	110	825	850	875	900	930	1050	1300	1600	1700	2550
B_2	网状遮栏至带电部分之间	23	175	200	225	250	280	400	650	950	1050	1900

2. 户外配电设备的最小空气间隙

户外配电设备的最小空气间隙见表20-9。

表20-9　　户外配电设备的最小空气间隙（单位：mm）

符号	应用范围	系统标称电压（kV）									
		3～10	15～20	35	66	110J	110	220J	330J	500J	750J
A_1	带电部分至接地之间	200	300	400	650	900	1000	1800	2500	3800	4800
A_2	不同相的带电部分之间	200	300	400	650	1000	1100	2000	2800	4300	7200
B_1	栅状遮栏至带电部分之间	950	1050	1150	1400	1650	1750	2550	3250	4550	6250
B_2	网状遮栏至带电部分之间	300	400	500	750	1000	1100	1900	2600	3900	5600

注　1. 以上两表中的标称电压带“J”字表示系统中性直接接地电网。

2. 当海拔超过1000m时，A 值应按图a进行校正；其户内 B_2 值可取 $A+30$mm。

3. 海拔大于1000m时，A值修正系数

海拔大于1000m时，A值修正系数见图20-1。

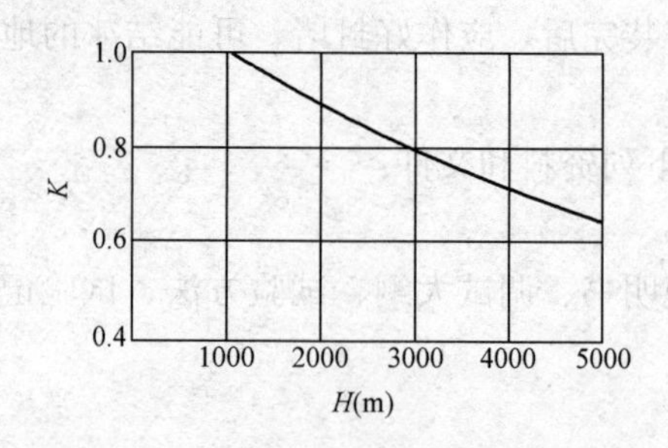

图20-1　海拔系数与海拔高度关系曲线

4. 保护导体截面积的选取

保护导体截面积的选取见表20-10。

表20-10　　**保护导体截面积的选取**（引自GB 7251）

装置的相导线截面积S	相应保护导线截面积（mm^2）
$S \leqslant 16$	S
$16 < S \leqslant 35$	16
$35 < S \leqslant 400$	$S/2$
$400 < S \leqslant 800$	200
$S > 800$	$S/4$

附录1

企业技术标准、生产工艺规范文件汇编技术文件目录

第1部分 3.6～40.5kV交流金属封闭开关设备和控制设备企业标准

QB/T 3906—2010

1 概述

本标准引用GB 3906—2006《3.6～40.5kV交流金属封闭开关设备和控制设备》和GB/T 11022—1999《高压开关设备和控制设备标准的共用技术要求》等相关技术标准进行系统编制的。本标准规定以外的其他有关技术要求，按相关国家标准要求执行。

本标准规定了工厂装配的、额定电压3.6～40.5kV、户内或户外安装的、频率为50Hz及以下的交流金属封闭开关设备和控制设备（以下简称设备）的各项技术要求。

本标准中制造厂和用户协议或规定在标准中没有给出，在应用时，双方要根据实际情况再进行商定。条款确定之后，作为本标准的附加技术条件，并具有同等效力。

1.1 内容和适用范围

本标准规定了设备的使用条件、额定值、设计与结构、型式试验和出厂试验等方面的技术要求。外壳内可能装有固定式或可移开、抽出式的元件，并可能充有绝缘和/或开断用流体(液体或气体)。在维修设备时，具有电网运行的连续性和方便性。

适用于额定电压3.6～40.5kV、户内或户外安装的、频率为50Hz及以下的设备。

注1：本标准主要针对三相系统，但也可用于单相或两相系统。

注2：设备的安全性取决于产品的设计、使用、调整、配合、安装和运行。

对于具有充气隔室的设备，设计压力不超过0.3MPa（相对压力）时本标准适用。

注3：设计压力超过0.3MPa（相对压力）的充气隔室应按GB 7674进行设计和试验。

特殊用途的设备，除应符合本标准的规定外，可能需要增加相应的技术要求。

装于设备中的各元件应按照各自标准的规定进行设计和试验。考虑到各个元件在成套设备中的安装情况，本标准对单个元件的标准作了补充。

本标准不排除在同一外壳中使用其他设备，此时应考虑设备对成套开关设备和控制设备造成的影响。

注4：具有绝缘外壳的成套开关设备和控制设备按IEC 60466：1987的规定执行；

注5：额定电压40.5kV以上的空气绝缘的设备，如果满足GB/T 11022—1999规定的绝缘水平，本标准也适用。

1.2 规范性引用文件

GB 3906—2006　3.6～40.5kV交流金属封闭开关设备和控制设备

GB/T 11022—1999　高压开关设备和控制设备标准的共用技术要求

2 术语和定义

2.1 本标准采用的术语和定义：详见GB 2900.20—1994和GB 3906—2006中的规定。

2.2 型号定义

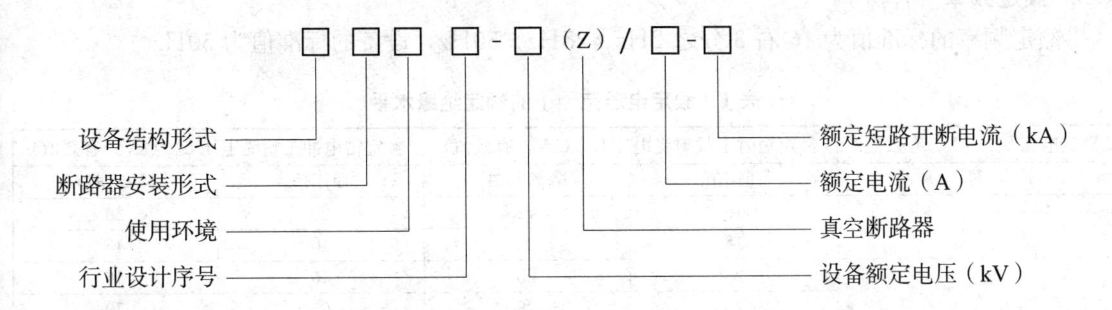

3 使用条件

3.1 正常使用条件

a 户内、户外周围环境空气温度。

最高温度：不超过+40℃；

最低温度：户内不低于−15℃；户外不低于−40℃；

24h 内测得的日平均值不超过 35℃。

b 海拔高度：不大于 1000m。

c 周围空气没有明显地受到尘埃、烟、腐蚀性气体、蒸汽或盐雾的污染。污秽等级不得超过 GB/T 5582 中的Ⅱ级。

d 环境湿度及水蒸气压力。在 24h 内测得的相对湿度的平均值不超过 95%；月相对湿度平均值不超过 90%；在 24h 内测得的水蒸气压力的平均值不超过 2.2kPa；月水蒸气压力平均值不超过 1.8kPa；

在高湿度期间温度急聚变化时可能出现凝露。在这样的条件下，要采用适当的去湿装置。

e 在二次系统中感应的电磁干扰的幅值不超过 1.6kV。

3.2 特殊使用条件

a 在超过 GB/T 11022—1999 和本标准规定的正常环境条件下使用时，应按 GB/T 11022—1999 中 2.2 项条款的规定来设计，以满足不同环境的技术要求。

b 在可能发生地震的地区，用户应按 GB/T 13540 来规定设备的抗震等级。

c 其他参数，用户应参照 GB/T 4796～4798 来规定这些环境参数。

4 额定值

4.1 额定电压为设备所在系统的最高电压上限。额定电压的标准值如下：

4.4.1 范围Ⅰ，额定电压 252kV 及以下

3.6、7.2、12、24、40.5、72.5、126、252kV。

4.1.2 范围Ⅱ，额定电压 252kV 以上

363、550、800kV。

4.2 额定绝缘水平

设备的额定绝缘水平应该从表 1 和表 2 给定的数值中选取。在这些表中，耐受电压适用于 GB 311.1 中规定的标准参考大气（温度、压力和湿度）条件。

对于特殊使用条件，见本节 3（2）。

4.3 额定频率（f_r）

额定频率的标准值为 16 右 3 分之 2Hz，25Hz，50Hz，设备的标准值为 50Hz。

表 1 额定电压范围Ⅰ的额定绝缘水平

额定电压 U_r（kV，有效值）	额定短时工频耐受电压 U_d（kV，有效值）		额定雷电冲击耐受电压 U_p（kV，有效值）	
	通用值	隔离断口	通用值	隔离断口
3.6	10	12	20	23
	18	20	40	46
7.2	20	25	40	46
	23	28	60	70
12	28	32	60	70
	42 *	48 *	75	85
24	50	60	95	110
			125	145
40.5	85，95 *	110	185	215
72.5	140	160	325	375
	160	176	350	385
126	185	210	450	520
	230	265	550	630
252	360	415	850	950
	395	460	950	1050
	460	530	1050	1200

表中 * 为设备外绝缘在干燥状态下之耐受电压。

注：表 1 中的“通用值”适用于相对地、相间和开关断口。“隔离断口”仅对某些开关装置有效。

表 2 额定电压范围Ⅱ的额定绝缘水平

额定电压 U_r（kV，有效值）	额定短时工频耐受电压 U_d（kV，有效值）		额定雷电冲击耐受电压 U_p（kV，有效值）			额定电压 U_r（kV，有效值）	
	相对地和相间（注 3）	开关断口和/或隔离断口（注 3）	相对地和开关断口	相间（注 3 和 4）	隔离断口（注 1、2 和 3）	相对地和相间	开关断口和/或隔离断口（注 2 和 3）
(1)	(2)	(3)	(4)	(5)	(6)	(7)	(8)
363	460	520	850	1300	850(+295)	1050	1050(+205)
	510	580	950	1425		1175	1175(+205)
550	630	800	1050	1680	1050(+450)	1425	1425(+315)
	680		1175	1760		1550	1550(+315)
800	830	1150	1300	2210	1100(+650)		1800(+455)
			1425	2420			2100(+455)

注：1. 栏（6）也适用于某些断路器，见 GB 1984。

2. 栏（6）中，括号内的值是加在对侧端子上的工频电压 U_r 根号 2 比根号 3（联合电压试验）。栏（8）中，括号内的值是加在对侧端子上的工频电压峰值 $0.7U_r$ 根号 2 比根号 3（联合电压试验）。见附录 D。

3. 栏（2）的值适用于：a）型式试验，相对地；b）出厂试验，相对地，相间和开关断口。栏（3）、（5）、（6）和（8）的值只适用于型试验。

4. 这些值是利用 GB 311.1 表 2 中的倍数算出的。

4.4 额定电流和温升

4.4.1 额定电流（I_r）

设备的额定电流是在规定的使用和性能条件下，设备应该能够持续通过的电流的有效值。额定电流应当从 GB/T 762 规定的 R10 系列中选取。

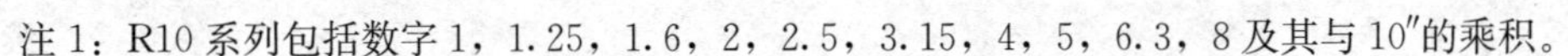

注 1：R10 系列包括数字 1，1.25，1.6，2，2.5，3.15，4，5，6.3，8 及其与 10^n 的乘积。

注 2：对短时工作制和间断工作制，额定电流由制造厂和用户商定。

设备的某些主回路（如母线、配电线路等）可以有不用的额定电流。

4.4.2 温升

在温升试验规定的条件下，当周围空气温度不超过 40℃时，设备任何部分的温升不应该超过表 3 规定的温升极限。

设备中各元件的温升不包括含在表 3 所规定的范围内，而是按照它们各自的技术条件，则其温升不得超过该元件标准规定的极限。

可触及的外壳和盖板的温升不应超过 30K。对不可触及的，温升极限可增加 10K。

表 3　高压开关设备和控制设备各种部件、材料和绝缘介质的温度和温升极限

部件、材料和绝缘介质的类别（见说明 1、2 和 3）	最大值	
	温度（℃）	周围空气温度不超过 40℃时的温升（K）
1　触头	（本项中有最低允许值的表面材料的值）	
裸铜或裸铜合金		
——在空气中	75	35
——在 SF_6（纯六氟化硫与其他无氧气体的混合物）	105	65
——在油中	80	40
镀银或镀镍（在试验后）		
——在空气中	105	65
——在 SF_6（纯六氟化硫与其他无氧气体的混合物）	105	65
——在油中	90	50
镀锡（在试验后）		
——在空气中	90	50
——在 SF_6（纯六氟化硫与其他无氧气体的混合物）	90	50
——在油中	90	50
2　用螺栓的或与其等效的连接	（本项中有最高允许值的表面材料的值）	
裸铜、裸铜合金或裸铝合金		
——在空气中	90	50
——在 SF_6（纯六氟化硫与其他无氧气体的混合物）	115	75
——在油中	100	60
镀银或镀镍		
——在空气中	115	75
——在 SF_6（纯六氟化硫与其他无氧气体的混合物）	115	75
——在油中	100	60
镀锡		
——在空气中	105	65
——在 SF_6（纯六氟化硫与其他无氧气体的混合物）	105	65
——在油中	100	60
3　其他裸金属制成的或有其他镀层的触头或连接	（根据性能确定最高允许温升）	
4　用螺钉或螺栓与外部导体连接的端子		
——裸的	90	50
——镀银、镀镍或镀锡	105	65
——其他镀层	（根据性能确定最高允许温升）	
5　油开关装置用油（油的上层，低闪点油勿气化和氧化）	90	50

续表

部件、材料和绝缘介质的类别（见说明1、2和3）	最大值	
	温度（℃）	周围空气温度不超过40℃时的温升（K）
6　用作弹簧的金属零件	（温度不应该达到使材料弹性受损的数值）	
7　绝缘材料以及与下列等级的绝缘材料接触的金属部件		
——Y	90	60
——A	105	65
——E	120	80
——B	130	90
——F	155	115
——瓷漆：油基	100	60
合成	120	80
——H	180	140
C　其他绝缘材料	（仅以不损害周围的零部件为限）	
8　除触头外，与油接触的任何金属或绝缘件	100	60
9　可触及的部件		
——在正常操作中可触及的	70	30
——在正常操作中不需触及的	80	40

4.4.3　表3中的（1、2和3）说明

说明1：按其功能，几种类别。其允许的最高温度和温升值是相关类别中的最低值。

说明2：温度和温升的极限值不适用于处在真空中的部件，其余部件不得超过表3给出的温度和温升值。

说明3：应注意保证周围的绝缘材料不遭到损坏。

4.5　额定短时耐受电流（I_k）

在规定的使用和性能条件下，在规定的短时间内，设备在合闸位置能够承载的电流的有效值。

额定短时耐受电流的标准值应当从GB/T 762规定的R10系列中选取。并应该等于设备的短路额定值。

注：R10系列包括数字1，1.25，1.6，2，2.5，3.15，4，5，6.3，8及其与10″的乘积。

对接地回路也应规定额定短时耐受电流，其数值可以与主回路的不同。

4.6　额定峰值耐受电流（I_P）

在规定的使用和性能条件下，设备在合闸位置能够承载的额定短时耐受电流第一个大半波的电流峰值。额定峰值耐受电流应该等于2.5倍额定短时耐受电流。

注1：按照系统的特性，可能需要高于2.5倍额定短时耐受电流的数值。

注2：原则上，主回路的额定短时耐受电流和额定峰值耐受电流不能超过串联于该回路中最薄弱元件的相应额定值。但可采用限制短路电流的器件，例如，使用限流熔断器、电抗器等。

对接地回路也应规定额定峰值耐受电流，其数值可以与主回路的不同。

4.7　额定短路持续时间（t_k）

设备在合闸位置能够承载额定短时耐受电流的时间间隔，其标准值为2s。

如果需要，可以选取小于或大于2s的值。推荐值为0.5s、1s、3s和4s。

对接地回路也应规定额定短路持续时间，其数值可以与主回路的不同。

4.8　合、分闸装置和辅助、控制回路的额定电源电压（U_a）

合、分闸装置和辅助、控制回路的额定电源电压应该理解为：当设备操作时在其回路端子上测得的电压。如果需要，还包括制造厂提供或要求的与回路串联的辅电阻或元件。但不包括连接到电源的导线。

额定电源电压应当从表4和表5给出的标准值中选取。

表4　直　流　电　压

直流电压（V）	24	48	110	220

表5　交　流　电　压

三相、三线或四线制系统（V）	单相三线制系统（V）	单相两线制系统（V）
—	110/220	110
220/380	—	220
230/400	—	230

注：1. 第一栏中较低值是对中性点的电压，较高值是相间电压。第二栏中较低值是对中性点的电压，较高值是相间电压。
2. 230/400V在将来是唯一的标准值，并推荐在新的系统中采用。现有的220/380V系统的电压变化应当限制在230/240V±10%的范围内。在下阶段的标准化工作中将考虑缩小这一范围。
3. 保护和测量互感器的二次电压不受本标准的约束。

在额定值的85%和110%间的任一电源电压下，操动机构应该能使开关合闸和分闸。脱扣器的操作见本节5（8）。

4.9　合、分闸装置和辅助回路的额定电源频率

额定电源频率的标准值为DC，50Hz。

4.10　绝缘和/或操作用压缩气源的额定压力

除非制造厂另有规定，额定压力的标准值为：

0.5、1、1.6、2、3、4MPa。

4.11　额定充入水平（充流体隔室的）

制造厂规定的在投入运行前充入隔室的充气压力［相对于20℃和101.3kPa大气条件，用MPa（相对压力）或密度表示］或充入液体的质量。

5　设计和结构

设备的设计应使得正常运行、检查、维护操作和主回路是否带电状态的确定，包括通常的相序检查、连接电缆的接地、电缆故障的定位、连接电缆或其他器件的电压试验以及消除危险的静电电荷均能够安全地进行。

类型、额定值和结构相同的所有可移开部件和元件在机械上和电气上应有互换性。

当这些可移开部件和元件以及隔室的设计在机械上允许互换时，可以安装相同或较大额定电流和绝7缘水平的可移开部件和元件，以代替相同或者较小额定电流和绝缘水平的可移开部件和元件。这通常不适用于限流装置。

注：配装较高额定值的可移开部件或元件并不是必须提高功能单元的能力，或意味着功能单元能够运行在可移开部件或元件的额定值。

装于外壳内的各种元件都应满足各自的技术要求。

主回路有限流熔断器时，设备制造厂可以规定熔断的短路电流。

5.1　对开关设备和控制设备中液体的要求

制造厂应该规定设备中使用液体的种类、要求的数量和质量，并为用户提供更新液体和保持要求的液体数量和质量的必要说明，（如该设备的使用维修手册，详见 GB/T 11022—1999 中 10.4.1 项 a)。

5.1.1　液位

应该提供检查液位的装置，最好能在使用时指示出正确工作时允许的液位上、下限。

注：这条不适用缓冲器。

5.1.2　液体的质量

设备中使用的液体应该遵守制造厂说明书的规定。

对充油的设备，新绝缘油应该遵守 GB 2536 的规定。

注：应考虑环境温度变化对缓冲器中液体的挚动特性的影响。

5.2　对开关设备和控制设备中气体的要求

制造厂应该规定设备中使用气体的种类、要求的数量、质量和密度，并为用户提供更新气体和保持要求气体数量和质量的必要说明，（如该设备的使用维修手册，详见 GB/T 11022—1999 中 10.4.1 项 a)。密封压力系统除外。

对充六氟化硫的设备，新的六氟化硫应该遵守 GB 12022。可使用满足 GB/T 8905—1996 规定的 SF_6 气体。

为了防止凝露，在充气设备中，在额定充气密度（P_{re}）下充入用作绝缘的气体。

凝露点的测量和确定参见 GB 12022。

设备充有压缩气体的部件应遵守有关标准的要求。

注 1：注意要遵守有关压力容器的地方法规。

注 2：六氟化硫的处理见 IEC 61634：1995。

5.3　接地

接地回路的短时耐受电流值取决于使用设备的系统中性点的接地类型。

注 1：对于中性点直接接地系统的设备，接地回路的短时耐受电流最大值可达到主回路的额定短时耐受电流。

注 2：对于中性点非直接接地系统的设备，接地回路的短时耐受电流最大值可达到主回路的额定短时耐受电流的 87%（异相接地故障情况下的短路）。

接地回路通常设计成只能耐受一次短路故障。

5.3.1　主回路的接地

为了确保维护时的人员安全，规定或需要触及的主回路中的所有部件都应能事先接地，这不包括与设备分离后变成可触及的可移开部件。

5.3.2　外壳的接地

每台设备的底架上应该设置可靠的适用于规定故障条件的接地端子（接地导体），端子上的紧固螺钉或螺栓的直径应不小于 12mm。接地连接点应标有保护接地符号。

在最后安装时，应通过接地导体将运输单元相互连接，相邻运输单元之间的该连接应能承受接地回路的额定短时耐受电流和峰值耐受电流。

注 1：一般地，如果延伸到设备的整个长度的接地导体具有足够的截面积。则认为完全可以满足上述要求。

如果接地导体是铜质的，则在规定的接地故障条件下，当额定短路持续时间为 1s 时，其中的电流密度不超过 200A/mm^2；当额定短路持续时间为 3s 时，其中的电流密度不超过

$125A/mm^2$。且其截面不得小于 $30mm^2$。接地导体的末端应有合适的端子以便与设备的接地系统相连接。如果接地导体不是铜质的，则应满足等效的热效应和机械效应的要求。

注 2：导体截面积的计算方法参考 GB 3906—2006 附录 D。

每个功能单元的外壳都应连接到这个接地导体。部件直径不超过 12.5mm 的小部件就不需要连接到这个接地导体，但所有要接地的金属零件都应连接到接地导体。

通过框架、盖板、门、隔板或其他构件间的电气连续性确保功能单元内部相互之间的接地连接（例如：通过螺钉或焊接方法固定）。高电压隔室的门应采用适当的方法连接到框架。

注 3：外壳和门见 5.20

5.3.3　接地装置的接地

当接地连接必须承受全部的三相短路电流值（如短路连接用于接地装置情况下）时，这些连接应选用相应的尺寸。

5.3.4　可抽出部件和可移开部件的接地

可抽出部件应接地的金属部分在试验位置和隔离位置以及所有的中间位置时均应保持接地。在所有位置，接地连接的载流能力不应小于对外壳的要求值（见 5.20.1）

插入时，通常接地的可移开部件的金属部分应在主回路的可移开部件与固定触头接触之前接地。

如果可抽出部件或可移开部件包括将主回路接地的其他接地装置，则应认为工作位置的接地连接是接地回路的一部分，具有相关的额定值（见 4.5、4.6 和 4.7）。

5.4　辅助设备和控制设备

a）辅助回路的主要性能应该用下列额定值表示：

——额定电流：10A，温升不超过表 3 规定的极限；

——额定短时耐受电流：100A，持续时间为 30ms；

——额定绝缘水平：通过 6.2.10 规定的试验。

对特殊的使用场合，可以按第 9 章向制造厂提出不同值。

b）在环境条件（见第 3 章）、关合和开断能力以及辅助触头操作相对于主设备操作的时间方面，辅助触头应该适合于它们预定的功能。在直流 220V、回路时间常数不小于 20ms 时，辅助触头应该至少能关合和开断 2A。

对特殊的使用场合，可以按第 9 章向制造厂提出不同值。

c）辅助开关应该适合于为开关装置规定的电气和机械操作循环的次数。

d）应该按第 9 章向制造厂提出要求供给的空闲辅助触头数和指示开关触头数。

e）和主触头一起操作的辅助开关应该在两个方向能正向驱动的。

f）除了仪用互感器、分闸线圈和辅助触头等的端子上的短导线以外，应该用接地的金属隔板或绝缘隔板把辅助和控制设备以及它们所在的回路同主回路分隔开来。

g）在使用中要求巡查的辅助设备，应该是可接近且没有直接接触高压部件的危险。

h）辅助和控制回路的元件应该遵守适用的产品标准。

5.5　动力操作

用外部能源操作的开关装置，当操动机构（这里，术语“操动机构”包括中间继电器和接触器，如果有的话）的动力源的电压或压力处在 4.8 和 4.10 规定的下限时，应该能关合/或开断它的额定短路电流（如果有的话）。如果制造厂规定了最大合闸和分闸时间，它们不应该被超过。

除了在维修时的慢操作外，主触头只应该在传动机构的作用下并以设计的方式运动。在合闸装置和/或分闸装置失去能源或在失去后重新施加能源时，不应该引起主触头合闸或分闸位置的改变。

5.6　储能操作

储能操作的开关装置，按5.6.1或5.6.2储足能量时，应该能关合和开断它的额定短路电流（如果有的话）。如果制造厂规定了最大合闸和分闸时间，它们不应该被超过。除了在维修时的慢操作外，主触头只应该在传动机构的作用下并以设计的方式运动。在机构失去能源后新施加能源时，主触头不应该运动。

5.6.1　储气罐或液压蓄能器中能量的储存

a）外部气源或液压源。除非制造厂另有规定，操作压力的上、下限分别为额定压力的110%和85%。

如果储气罐内的压缩气体也用来灭弧，上述极限值不适用。

b）与开关装置或操动机构一体的压缩机或泵。

操作压力的上、下限应由制造厂规定。

5.6.2　弹簧（或重锤）储能

如果用弹簧（或重锤）储能，弹簧储能（或重锤升起）后，5.6条的要求适用。如果储能不足以完成合闸操作，动触头就不应该从分闸位置开始运动。

5.6.3　人力储能

如果弹簧（或重锤）是用人力储能的，应该标出手柄运动的方向。在开关装置上应该装设弹簧（或重锤）已储能的指示器，不依赖人力合闸操作的情形除外。

用人力给弹簧（或重锤）储能所需的最大操作力不应该超过250N。

给弹簧（或重锤）储能的或驱动压缩机或泵的电动机及其电气辅助设备，在额定电源电压（见4.8）的85%到110%之间、交流时在额定频率（见4.9）下应该满意的工作。

此外，制造厂应该提供用手力给弹簧或重锤储能的工具（如果列入供货清的话），这类工具应符合5.6.3。

5.7　不依赖人力的操作

如果是不依赖人力操作的负荷开关或接地开关（由制造厂标明），为了避免在合上短路后电器过早地再分开，应当利用合适的方法在合闸和分闸操作间引入一定的时延，该时延不应该小于额定短路持续时间，应为3s。

5.8　脱扣器的操作

脱扣器的操作极限值应如下所述：

5.8.1　并联合闸脱扣器

并联合闸脱扣器在合闸装置额定电源电压（见4.8）的85%到110%（交流）或85%到110%（直流）范围内应该正确的动作。

5.8.2　并联分闸脱扣器

并联分闸脱扣器在分闸装置额定电源电压（见4.8）的65%（直流）或85%（交流）到120%之间、交流时在分闸装置的额定电源频率（见4.9）下，在开关装置所有的直到它的额定短路开断电流的操作条件下都应正确地运作。

当电源电压等于或小于额定值的30%时，不应脱扣。

5.8.3 并联脱扣器的电容储能操作

当用与开关装置组成一体的整流器-电容器组对并联脱扣器进行储能操作时，电容器由主回路的电压充电。在电源从整流器-电容器组的输入端子上断开并用导线短接后的5s内，电容器保留的电荷应该足以使脱扣器满意地动作。断开前主回路的电压应该取与开关装置额定电压相关的系统最低电压（“设备最高电压”和系统电压之间的关系见GB 156)。

5.8.4 欠压脱扣器

当欠压脱扣器端子电压降到（即便是缓慢地和逐渐地降到）它的额定电压的35%以下时，它应该动作使开关装置分闸。另一方面，当端子电压大于它的额定电压的65%时，它不应使开关装置分闸。

当欠压脱扣器端子电压等于或大于它的额定电压的85%时，开关装置应能合闸。当端子电压低于它的额定电压的35%时，开关装置应不能合闸。

5.9 低压力闭锁、高压力闭锁和监视装置

如果在操作机构的系统中装有低压力或高压力闭锁装置，按5.6.1和有关的产品标准，它们应该能整定在制造厂指明的合适的压力极限上（或内）动作。

充有作为绝缘和/或操作介质的压缩气体且最低功能压力高于0.2MPa（绝对压力）的封闭压力系统，应该装设压力（或密度）监视装置；并按有关的产品标准，作为维修计划的一部分，要连续地或至少是定期地对其进行校核。对于最低功能压力不高于0.2MPa（绝对压力）的封闭压力系统，是否装设应当由制造厂和用户协商。

5.10 铭牌

设备及其操动机构应装设铭牌。铭牌上载有在有关的产品标准中规定的、必要的信息，如制造厂名或商标、制造年月、产品型号、出厂编号和额定参数等。

对于户外设备，铭牌及其安装件应该是不受气候影响的和防腐蚀的。

如果设备由带独立操动机构的几个单极组成，每个单极都应装设铭牌。

对与开关装置组成一体的操动机构，可以只用一个组合的铭牌。

在铭牌上和/或文件中的技术参数，有许多是各种设备通用的。这些参数应该用相同的符号表示。这些参数和符号如下：

——额定电压 U_r

——额定雷电冲击耐受电压 U_p

——额定操作冲击耐受电压 U_s

——额定工频耐受电压 U_d

——额定电流 I_r

——额定短时耐受电流 I_k

——额定峰值耐受电流 I_p

—— 额定频率 f_r

——额定短路持续时间 t_k

——额定辅助电压 U_a

——绝缘介质的额定充入压力（密度） p_{re}

——操作介质的额定充入压力（密度） p_{rm}

——绝缘介质的报警压力（密度） p_{ae}

——操作介质的报警压力（密度）p_{am}

——绝缘介质的最低功能压力（密度）p_{me}

——操作介质的最低功能压力（密度）p_{mm}

其他专用的参数（如气体种类或温度等级）应该用相关标准中使用的符号来表示。

设备的铭牌应耐久清晰、易识别、铭牌应包括表6规定的内容：

在正常运行期间，应能看清楚各功能单元的铭牌。若有可移开部件，应有标明所属功能单元有关数据的单独铭牌，但仅要求在移开位置时能看清这些铭牌。

表6 铭 牌 参 数

<table>
<tr><th colspan="2">项 目</th><th>缩 写</th><th>单 位</th><th>适用性（a）</th><th>仅当需要时标注</th></tr>
<tr><td colspan="2">制造厂</td><td></td><td></td><td>×</td><td></td></tr>
<tr><td colspan="2">型号</td><td></td><td></td><td>×</td><td></td></tr>
<tr><td colspan="2">出厂编号</td><td></td><td></td><td>×</td><td></td></tr>
<tr><td colspan="2">制造年月</td><td></td><td></td><td>×</td><td></td></tr>
<tr><td colspan="2">适用的标准</td><td></td><td></td><td>×</td><td></td></tr>
<tr><td colspan="2">额定电压</td><td>U_r</td><td>kV</td><td>×</td><td></td></tr>
<tr><td colspan="2">额定频率</td><td>f_r</td><td>Hz</td><td>×</td><td></td></tr>
<tr><td colspan="2">额定雷电冲击耐受电压</td><td>U_p</td><td>kV</td><td>×</td><td></td></tr>
<tr><td colspan="2">额定短时工频耐受电压</td><td>U_d</td><td>kV</td><td>×</td><td></td></tr>
<tr><td colspan="2">额定电流</td><td>I_r</td><td>A</td><td>×</td><td></td></tr>
<tr><td colspan="2">额定短时耐受电流</td><td>I_k</td><td>kA</td><td>×</td><td></td></tr>
<tr><td colspan="2">额定峰值耐受电流</td><td>I_p</td><td>kA</td><td>Y</td><td>不是额定短时耐受电流的2.5倍时</td></tr>
<tr><td colspan="2">额定短路持续时间</td><td>t_k</td><td>S</td><td>×</td><td></td></tr>
<tr><td colspan="2">绝缘用的额定充入水平</td><td>P_{re}</td><td>MPa或kg</td><td>（×）</td><td></td></tr>
<tr><td colspan="2">绝缘用的报警水平</td><td>P_{ae}</td><td>MPa或kg</td><td>（×）</td><td></td></tr>
<tr><td colspan="2">绝缘用的最低功能水平</td><td>P_{me}</td><td>MPa或kg</td><td>（×）</td><td></td></tr>
<tr><td rowspan="6">内部电弧试验特征</td><td>内部电弧等级</td><td>IAC</td><td></td><td>（×）</td><td></td></tr>
<tr><td rowspan="3">可触及的种类（代码）</td><td rowspan="3"></td><td>A（F，L，R）</td><td rowspan="3">（×）</td><td rowspan="3"></td></tr>
<tr><td>B（F，L，R）</td></tr>
<tr><td>C</td></tr>
<tr><td>电弧试验的电流</td><td></td><td>kA</td><td>（×）</td><td></td></tr>
<tr><td>电弧试验电流的持续间</td><td></td><td>S</td><td>（×）</td><td></td></tr>
</table>

注（1）缩写代码可以用来代替项目名称的术语。

（2）采用项目名称的术语时，"额定"一词可以不出现。

（3）表中（a）项中的符号含义：×表示这些数值的标记是强制性的；（×）表示这些数值的标记是根据适用的情况；Y表示这些数值的标记是根据栏中*项的条件。

5.11 联锁装置

为了安全和便于操作，设备的不同元件之间可能需要联锁装置（例如开关和相关的接地开关之间）。不正确的操作能造成损害的或确保形成隔离断口的开关装置，应该按照制造厂和用户的协议装设联锁装置。

为了安全和便于操作，设备的不同元件之间应装设联锁。在设计时，应优先考虑机械联锁。下列规定对主回路是强制性的：

a）具有可移开部件的设备。断路器、负荷开关或接触器只有处于分闸位置时才能抽出或插入。

断路器、负荷开关或接触器只有处在工作位置、隔离位置、移开位置、试验位置或接地位置时才能操作。

断路器、负荷开关或接触器只有在与自动分闸的辅助回路都已接通时才可以在工作位置合闸。相反地，断路器在工作位置处于合闸状态时辅助回路不能断开。

b）装有隔离开关的设备。应装设联锁以防止在规定条件（见 GB 1985—2004）以外操作隔离开关。只有相关的断路器、负荷开关或接触器在分闸位置时才能操作隔离开关。

注 1：在双母线系统，若母线切换时不中断电流，则上述规定可以不考虑。

只有相关的隔离开关处于合闸位置、分闸位置或接地位置（如果有）时，断路器、负荷开关或接触器才能操作。

附加或替代联锁的规定，应根据制造厂与用户的协议。制造厂应提供与联锁的特性和功能相关的所有必要的资料。

接地开关与相关的隔离开关之间应加装联锁。

对于那些因操作不正确而可能引起损坏、或在检修时用于建立隔离断口的主回路元件，应装设锁定装置（例如，加装挂锁）。

如果回路通过与接地开关串联的主开关装置（断路器、负荷开关或接触器）接地，则接地开关应与主开关装置联锁。且应采取措施以防主开关装置意外分闸，例如，通过断开脱扣回路或阻塞机械脱扣。

注 2：除接地开关外，也可能是隔离开关处于接地位置。

如果有非机械联锁，则设计应使得在没有辅助电元时不会出现不适宜情况。但是，对于紧急控制，制造厂可给出没有联锁设施、手动操作的其他方法。在这种情况下，制造厂应明确地指明该设施，并规定操作程序。

5.12 位置指示

对不可见触头，应该提供主回路触头位置的清晰而可靠的指示。在就地操作时，应该能容易地校核位置指示器的状态。

在分闸、合闸或接地（如果有的话）位置，位置指示器的颜色应按 IEC 73（常用绿色表示分闸，用红色表示合闸）。

合闸位置应该有标志，最好用字符“I”或“合”（按 GB/T 5465.2）。

分闸位置应该有标志，最好用字符“O”或“分”（按 GB/T 5465.2）。

对多功能的开关装置，作为代替，位置可以用 GB/T 4728.1 中的图形符号来标志。

5.13 外壳的防护等级

装有主回路（它可以从外部进入外壳）部件的设备的所有外壳，以及所有设备和开关装置的低压控制和/或辅助回路和操动机构的外壳，都应该按 GB 4208 规定其防护等级。防护等级适用于设备使用条件。

注：对于其他条件，例如维修、试验等，防护等级可以是不同的。

5.13.1 防止人体接近危险部件的防护和防止固体外物进入设备的防护

外壳对人体提供的防止接近主回路、控制和/或辅助回路的危险部件和任何危险的运动部件（光滑的转轴和缓慢运动的连杆除外）的防护等级，应该用表 7 中规定的符号表示。

IP 标志的第一位特征数字表示外壳对人体提供的防护等级以及防止固体外物进入外壳内部设备的防护等级。

如果只要求防止接近危险部件的防护，或者如果这种防护比第一位特征数字表示的要高，那么，如在表 7 中所示，可以使用一个附加的字母。

表7 防护等级

防护等级	防止固体异物进入	防止接近危险部件
IP1×B	直径50mm及以上的物体	防止手指接近（直径12mm长80mm的试指）
IP2×	直径12.5mm及以上的物体	防止手指接近（直径12mm长80mm的试指）
IP2×C	直径12.5mm及以上的物体	防止工具接近（直径2.5mm长100mm的试棒）
IP2×D	直径12.5mm及以上的物体	防止导线接近（直径1.0mm长100mm试验导线）
IP3×	直径2.5mm及以上的物体	防止工具接近（直径2.5mm长100mm的试棒）
IP3×D	直径2.5mm及以上的物体	防止导线接近（直径1.0mm长100mm试验导线）
IP4×	直径1.0mm及以上的物体	防止导线接近（直径1.0mm长100mm试验导线）
IP5×	尘埃；不能完全防止尘埃进入，但不得影响正常运行和危及安全	防止导线接近（直径1.0mm长100mm试验导线）

注：1. 表示防护等级的符号符合GB 4208。
2. 对IP5X，GB 4208的12.4的类别2是适用的。
3. 如果只关心防止接近危险部件的防护，则使用附加字母并把第一位特征数字用×代替。

表7给出每一防护等级的外壳会“排斥”的物体的细节。术语“排斥”意味着：固体外物不会完全进入外壳，人体的一部分或人持有的物体要么不会进入外壳，如果进入，则会保持足够的间隙和不会触及危险的运动部件。

5.13.2 防止水侵入的防护

IP标志的第二位特征数字表示防止有害的水侵入，这一防护不规定等级（第二位特征数字×）。

对于有防雨和防其他气候条件的附加防护性能的户外设备，应该在第二位特征数字后或在附加的字母后（如果有的话）用补充字母W来说明。

5.13.3 在正常使用条件下防止设备受到机械撞击的保护

设备的外壳应有足够的机械强度（相应的试验规定在6.7.2中）。

对户内设备，推荐的撞击能量为2J。

对没有附加机械防护的户外设备，经制造厂和用户协商可以规定较高的撞击能量。

5.14 爬电距离

用GB/T 5582给出的一般规则选择绝缘子，它们在污秽条件下应当具有良好的性能。

位于相和地间、相间、断路器和负荷开关一个极的两个端子间的户外瓷或玻璃绝缘子，其外部的最小标称爬电距离用以下关系式确定：

$$L_t = a \times L_f \times U_r \times K_D$$

式中

L_t——最小标称爬电距离，(mm)（见注1）；

a——按表8选择的与绝缘类型有关的应用系数；

L_f——最小标称爬电比距；

U_r——设备的额定电压；

K_D——直径的校正系数（JB/T 5895）。

注1：对于实际的爬电距离，可以规定罩造允差（见GB 8287.1和GB 772）

注2：相和地间测得的爬电距离与U_r的比。

注3：户内使用的绝缘子的爬电比距正在考虑中。

表8 爬电距离的应用系数

绝缘应用的部位	应用系数a
相对地	1.0

续表

绝缘应用的部位	应用系数 a
相间	$\sqrt{3}$
断路器或开关的断口	1.0

注：1. 可能处在反相条件下的开关装置，其断口需要更长的爬电距离。这时推荐的应用系数 $a=1.15$。
2. 易被溶化的污雪覆盖的非直立安装的绝缘子可能需要更长的爬电距离。

5.15　气体和真空的密封

以下规定适用于使用真空或除大气压下的空气以外的气体作为绝缘、绝缘和灭弧、或操作介质的所有设备。附录E（GB 3906－2006）给出关于密封的一些资料、实例和建议。

5.15.1　气体的可控压力系统

气体可控压力系统的密封性用每天的补气次数（N）或用每天的压力降（ΔP）来规定。其允许值由制造厂给出。

5.15.2　气体的封闭压力系统

制造厂规定的封闭压力系统的密封特性应该与维修和检查最少的准则一致。

气体封闭压力系统的密封性用每个隔室的相对漏气率（F rel）来规定；标准值是每年1%和3%。

要考虑具有不同压力的分装间可能出现的漏气。特别是一个隔室在检修，相邻隔室又充有一定压力的气体时，制造厂还应当规定经过隔板的允许漏气率，而且补气间隔时间不应该少于一个月。

应该提供在设备运行时，能给气体系统安全补气的手段。

5.15.3　密封压力系统

密封压力系统的密封性以其预期工作寿命来规定。标准值是20年和30年。

5.15.4　密封

为了能够进入密封压力系统的或可控压力系统的充流体隔室，如果用户要求，制造厂应规定透过隔板的允许泄漏量。最低功能水平超过0.1MPa（相对压力）的充气隔室，当压力（＋20℃时）下降到低于最低功能水平时，应给出指示。充气隔室与充流体隔室（例如电缆盒、电压互感器）之间的隔板，不应出现影响两种介质绝缘性能的任何泄漏。

5.16　液体的密封

以下规定适用于使用液体作为绝缘、绝缘和灭弧，或头恒定压力或无恒定压力操作介质的所有设备。

5.16.1　液体的可控压力系统

液体可控压力系统的密封性用每天补液次数或用不补液的压力降来规定。两者均由泄漏率引起。其允许值由制造厂给出。

5.16.2　液体的封闭压力系统

加压的或不加压的液体封闭压力系统的密封性应该由制造厂规定。

5.16.3　液体的密封性

制造厂应该说明液体的密封性。应该清楚地指出内部密封和外部密封的区别。

a）绝对密封：检测不到液体的损耗；

b）相对密封：在下列条件下，液体少量的损耗是可接受的：

——泄漏率（Fliq）应该低于允许泄漏率；

——泄漏率（Fliq）不应该随时间持续地增大，或就开关装置来说，不应随操作次数增加而增的大；

——液体的泄漏不应该引起设备的误动作，在正常工作过程中也不应对操作者造成任何伤害。

补充内容见本附录5.15.4

5.17 易燃性

应该在材料的选择和零部件的设计上，使得因设备中的事故过热而引发的火焰在传播时受到阻止。

5.18 电磁兼容性（EMC）

二次系统应该能耐受感应电磁干扰的幅值不超过1.6kV，不会造成损坏或引起误动作。

这既适用于正常运行，也适用于开合操作，包括开断主回路中的故障电流。

二次系统包括：

——控制和辅助回路，包括装在设备上的或在其邻近的中央控制柜中的回路；

——作为设备组成部分的监视，诊断等设备；

——作为设备组成部分的与仪用互感器二次端子相连的回路。

在许多情况下，二次系统可以分成几个主要的分系统，如断路器的中央控制柜或在GIS间隔中断路器的成套控制柜。

注1：实际上，二次系统中设备复杂程度的差别很大。在某些情况下，二次系统只包括一些辅助的双位继电器、信号电缆和端子板。在另一些情况下，则包括整套的保护、控制和测量设备。

注2：有关EMC的一般指导和改善EMC的种种考虑应在二次系统的装设指南中给出，该指南目前正在考虑中。二次系统中感应电压幅值既取决于二次系统本身，又取决于主回路的条件，如接地情况和额定电压。

5.19 内部故障

满足本标准要求设计和制造的设备，原则上能够防止内部故障的出现。

用户也应根据电网特征、运行程序和使用条件（见8.3）进行适当的选择。

如果按照制造厂的说明书安装和维护开关设备，则在其整个使用期间出现内部电弧的概率是很小的，但不应完全忽视。

因产品缺陷、异常的使用条件或者误操作引起的外壳内部的故障可能导致内部电弧，如果现场有人员，会造成伤害。

经验表明：故障很可能出现在外壳内部的某些位置。表9列出了容易出现内部故障的部位、故障起因以及减小内部故障概率的措施。

表9 内部故障的部位、原因及降低内部故障概率的措施举例

易发生内部故障的部位（1）	内部故障可能发生的原因（2）	预防措施举例（3）
电缆室	设计不当	选择合适的尺寸、使用合适的材料
	错误安装	避免电缆交叉连接；在现场进行质量检查；合适的力矩
	固体或流体绝缘损坏（缺陷或泄漏）	工艺检查和/或现场绝缘试验，定期检查液面
隔离开关、负荷开关、接地开关	误操作	加联锁（见5.11），延时再分闸；不依赖人力操作；负荷开关和接地开关的关合能力，人员培训
螺栓连接和触头	腐蚀	使用防腐蚀的覆盖层和/或油脂；采用电度。或加以封闭。
	装配不当	采用适当的方法检查工艺。正确的力矩。适当上锁

续表

易发生内部故障的部位（1）	内部故障可能发生的原因（2）	预防措施举例（3）
互感器	铁磁谐振	采用适当的回路设计，以避免此类现象的影响
	电压互感器的低压侧短路	通过适当的措施，如保护盖、低压熔断器，以避免短路
断路器	维护不良	按规程定期进行维护；人员培训
所有的部位	工作人员的失误	用遮栏限制人员接近；用绝缘包裹带电部分；人员培训
	电场作用下的老化	出厂做局部放电试验
	污染、潮气、灰尘和小动物等的进入	采取措施保证达到规定的使用条件（见第3章）；采用充气隔室
	过电压	防雷保护；合适的绝缘配合；现场进行绝缘试验

可以采用其他措施使在内部电弧情况下对人员提供尽可能高等级的保护。这些措施的目的在于限制内部故障的对外影响。

例如以下措施：

——利用光传感器、压力传感器、热传感器或者母线差动保护快速切除故障，缩短故障时间；

——采用适当的熔断器与开关装置组合起来限制允通电流和故障持续时间；

——利用快速传感器、快速合闸装置（灭弧器）将电弧快速转移到金属短接回路快速消除电弧；

——遥控；

——压力释放装置；

——仅当前门关闭时，才把可抽出部件从工作位置移到其他位置或由其他位置移到工作位置。

可用 GB 3906—2006 中附录 A 的试验来检验设备在内部电弧情况下对人员提供规定防护等级的设计效果。成功通过试验验证的设计归为 IAC 类。

5.20　外壳

5.20.1　总则

除符合 5.20.4 的观察窗外，外壳应是金属的。只要金属板或活门完全封闭了高压部件，外壳也可以是绝缘材料的。设备安装完成后，其外壳至少要满足 IP2X 的防护等级。

为了确保防护，还应符合下述条件：

从外壳的金属件到规定的接地点通过 30A（DC）时，其电压降最大为 3V。地板表面，虽然不是金属的，但可认为是外壳的一部分。安装说明书中应给出为了获取地板表面提供的防护等级所采取的方法。

安装房间的墙壁不能作为外壳的一部分。

界定不可触及隔室的外壳部件应清楚地标明且不可拆除。

外壳的水平表面，例如顶板，通常设计成不支撑人员和除总装部件外的其他设备。如果制造厂声明在运行或维护时有必要站在设备顶盖上或在其上行走时，则相关的区域应设计成可以承载所负的重量，而不使其变形。在这种情况下，设备上那些不能安全地站立或行走的区域，例如压力释放板，应清晰地标明。

5.20.2　盖板和门

作为外壳一部分的盖板和门应是金属的，如果高压部件由打算接地的金属隔板或活门封闭，盖板和门也可以是绝缘材料的。

当作为外壳一部分的盖板和门关闭后，应具有与外壳相同的防护等级。

盖板和门不应使用网状的金属编制物、拉制的金属及类似的材料制成。当盖板和门上有通风通道、通风口或观察窗时，参见5.20.4和5.20.5。

根据高压隔室的可触及类型，把盖板和门分成两类：

a）导致触及基于工具的可触及隔室的盖板和门

在正常运行和维护时不需要打开的盖板（固定盖板）或门。若不使用工具，此类盖板和门应不能打开、拆下或移开；

b）导致触及联锁控制的可触及隔室或基于程序的可触及隔室的盖板和门

按制造厂的规定，日常工作和/或日常维护需要触及的隔室，应有盖板和门。这些盖板和门应不需要工具就能打开或移开。

5.20.3　作为外壳一部分的隔板或活门

如果可移开部件处于接地、试验、隔离、移开等任意一个位置时隔板或活门都成为外壳的一部分，则它们应是金属的并接地且能提供对外壳规定的防护等级。

5.20.4　观察

观察窗至少应达到对外壳规定的防护等级。

观察窗应该使用机械强度与外壳相近的透明板遮盖。同时，应有足够的电气间隙或静电屏蔽等措施（例如，在观察窗的内侧加一个适当接地金属编织网），防止形成危险的静电电荷。

主回路带电部分与观察窗的可触及表面之间的绝缘，应能耐受4.2条规定的对地和极间的试验电压。

5.20.5　通风通道、通风口

通风通道和通风口的布置或防护，应使它具有与外壳相同的防护等级。通风通道和通风口可以使用网状编制物或类似的材料制造，但应具有足够的机械强度。

通风通道和通风口的布置，应考虑到在压力作用下排出的气体或蒸汽不致危及到操作人员。

5.21　隔室

5.21.1　概述

隔室应以其中的主要元件来命名，例如，断路器隔室，母线隔室，电缆隔室等。

当电缆终端和其他主要元件——断路器、母线等在同一隔室时，则命名应首先考虑其他主要元件。

注：隔室可以根据所封闭的几个元件进一步划分，例如，电缆/CT隔室等。

隔室可以是各种形式的，例如：

——充液隔室；

——充气隔室；

——固体绝缘隔室。

只要满足IEC 60466：1987中规定的条件，单独嵌入在固体绝缘材料中的主要元件可以被看成隔室。

隔室间相互连接所必须的开孔应该用套管或其他等效方法加以封闭。

母线隔室可以延伸到几个功能单元而不采用套管或其他等效方法。但是，对于LSC2类设备，每组母线应有独立的隔室，例如，双母线系统中以及可开合或隔离的母线段。

5.21.2 充流体（气体或液体）隔室

5.21.2.1 概述

隔室应能承受运行中的的正常压力和瞬态压力。

当充气隔室在运行中长期持续承受压力时，它们所处的特殊的运行条件与压缩空气容器和类似的压力容器是不同的，这些不同的条件是：

——充气隔室通常充以非常干燥、稳定、惰性的无腐蚀性气体。由于维持这些气体的压力波动很小，所采取的措施是设备运行的基础，且隔室的内壁不会遭受腐蚀，故在确定隔室的设计时，不需要考虑这些因素；

——设计压力小于或等于0.3MPa（相对压力）。

对户外设备，制造厂应考虑气候条件的影响。见第3章。

5.21.2.2 设计

应根据流体的性质、本标准定义的设计温度和设计水平（如果适用）来设计充流体隔室。

充流体隔室的设计温度通常是在周围空气温度上升时导体中流过额定电流引起流体温度升高到的上限值。对于户外设备，应考虑其他可能的影响，例如太阳辐射。外壳的设计压力不小于外壳在设计温度时内部能达到的压力上限值。

对于充流体隔室，应考虑产生内部故障（见本附录5.19的可能性以及下列因素）：

——隔室壁或隔板两边可能的全部压力差，包括正常充气或维护时抽真空过程中可能出现的压力差。

——具有不同运行压力的相邻隔室间发生泄漏事件时引起的压力。

5.21.2.3 密封

制造厂应规定充流体隔室所采用的压力系统和允许泄漏率（见5.15和5.16的规定）。

为了能够进入封闭压力系统的或可控压力系统的充流体隔室，如果用户要求，制造厂应规定透过隔板的允许泄漏量。

最低功能水平超过0.1MPa（相对压力）的充气隔室，当压力（+20℃时）下降到低于最低功能水平时，应给出指示（见GB 3906—2006中3.120）。

充气隔室与充液体隔室（例如电缆盒、电压互感器）之间的隔板，不应出现影响两种介质绝缘性能的任何泄漏。

5.21.2.4 充流体隔室的压力释放

当有压力释放装置或设计时，它们应这样布置：当操作者进行正常操作时，如果在压力作用下有气体或蒸汽逸出，应使操作者遭受到的危险降低到可接受的程度。压力释放装置在低于1.3倍设计压力时不应动作。压力释放装置可能是设计的薄弱区域（例如：隔室的）或自爆装置（例如：爆破盘）。

5.21.3 隔板和活门

5.21.3.1 概述

隔板和活门至少应达到表7规定的IP2X防护等级。

当相邻室为常规气压时，隔板应能够提供机械防护（如果适用）。

应采用套管或其他等效方法使导体穿过隔板以满足要求的IP等级。

设备外壳上和隔室隔板上的开口（通过它可移开部件或可抽出部件和固定触头啮合）应采用在正常运行中操作的自动活门以便在 GB 3906 中 3.126 到 3.130 定义的所有位置确保对人员的防护。应采取措施确保活门的可靠动作，例如，通过机械驱动，此时活门的运动是由可移开部件或可抽出部件的正向驱动。

并不是在任何情况下从打开的隔室都能很容易地确定活门的状态（例如，电缆隔室打开但活门却在断路器隔室）。在这种情况下，可能需要进入第二个隔室或用可靠的指示装置或观察窗来确定活门的状态。

如果为了维护或试验需要打开活门触及一组或多组固定触头，则应有措施使每组活门能独立地锁定在关闭位置。如果维护或试验时，为了使活门保持在打开位置而使得活门不能自动关闭，则只有在活门恢复了自动动作功能后，开关装置才能够推回到工作位置。活门自动动作功能可以通过装开关装置推回到工作位置来恢复。

另外，插入临时隔板可能防止暴露带电的固定触头（见 10.4）。

对于 PM 级，打开的隔室和主回路带电部件之间的隔板和活门应是金属的。否则，就是 PI 级（见 GB 3906 中 3.109）。

5.21.3.2　金属隔板和活门

金属隔板和活门或它们的金属部件应连接到功能单元的接地点，且能够在承载 30A（DC）电流时到规定接地点的电压降不超过 3V。

根据 IP2X 的防护等级，金属隔板和关闭的活门中的间隙不应超过 12.5mm。

5.21.3.3　非金属隔板和活门

全部或部分由绝缘材料制成的隔板和活门应满足下述要求：

a）主回路带电部分和绝缘隔板、活门的可触及的表面之间的绝缘，应能耐受 4.2 规定的对地和极间试验电压；

b）绝缘材料同样应耐受项 a）中规定的工频试验电压。GB/T 1408.1—1999 所规定的试验方法适用；

c）主回路带电部分和绝缘隔板、活门的内表面之间，至少应能耐受 150%的设备额定电压；

d）如果通过绝缘表面的连续路径或通过被小的气体或液体间隙截断的路径而在绝缘的隔板和活门的可触及表面产生泄漏电流，在规定的试验条件（见 6.15.2.）下，此泄漏电流不应超过 0.5mA。

5.22　可移开部件

用以在高压导体之间形成隔离断口的可移开部件应符合 GB 1985—2004 的规定，但机械操作试验（见 6.13 和 7.7）除外。该隔离装置只用于维护。

如果可移开部件打算用做隔离开关，或者与仅用于维护目的可移开部件相比，打算更加频繁地移开或更换，则试验应包括机械操作试验，并符合 GB 1985—2004 的规定。

应能判定隔离开关或接地开关的操作位置，如果满足下列条件之一，则认为满足此要求：

——隔离断口是可见的；

——可抽出部件相对于固定部分的位置是清晰可见的，并且可以清楚辨别完全接通和完全断开位置；

——可抽出部件的位置由可靠的指示器指示。

注：参见 GB 1985—2004。

任何可移开部件与固定部分的连接，在正常运行条件下，特别是在短路时，不会由于可能出现的力的作用而被意外地打开。

对 IAC 级设备，在内部电弧情况下，可抽出部件推进到工作位置或由工作位置抽出都不应降低规定的防护等级。例如，可以通过仅在用于保护人员安全的盖板和门关闭时才能操作来实现，也可以采用防护水平等效的其他措施。所用设计的有效性应由试验验证（见 GB 3906—2006 附录 A 中 A.1。）

5.23　电缆绝缘试验的规定

绝缘试验时，如果电缆不能与设备断开，那些仍然和电缆连接的那件应能按照相关的电缆标准要求耐受制造厂规定的电缆试验电压。也就是说，当隔离断口一侧带有正常的系统对地电压时，在隔离断口的另一侧连接的电缆上进行试验。

见 6.2.12 规定的绝缘试验。

注：应注意这样一个事实：在某些情况下，设备的隔离断口的一侧施加电缆试验电压而另一侧仍然带电时，隔离断口之间的实际电压已经接近或超过其额定工频试验电压，断口之间的绝缘没有了安全裕度。

5.24　防腐蚀要求

设备运行期间，应采取措施防止对设备的腐蚀。外壳的所有螺栓和螺钉都应易于拆卸。特别是对于具有充气隔室的设备，因为可能导致丧失密封性，接触的不同材料间的电镀腐蚀应予以考虑。考虑到螺栓和螺钉的腐蚀应保证接地回路的电气连续性。

6　型式试验

6.1　概述

型式试验是为了验证开关设备和控制设备及其操动机构和辅助设备的性能。

装在金属封闭开关设备和控制设备内的元件，如果它们的技术要求超出 GB/T 11022—1999 的规定，则应符合各自的技术要求，并按这些要求进行试验，还应考虑到下述规定：

由于元件的类型、额定参数和它们的组合具有多样性，实际上不可能对设备的所有方案都进行型式试验，所以，型式试验只能在典型的功能单元上进行。任何一种具体布置方案的性能可用可比布置方案的试验数据来验证。

注：具有代表性的功能单元，可以采取一种可扩展单元的形式。必要时，可以由两个或者三个这样的单元拼装在一起。

包含有机绝缘材料的设备，除按下述规定进行试验外，还应按制造厂和用户之间的协议进行补充试验（如果有）。

型式试验的试品应与正式生产产品的图样和技术条件相符合，下列情况下，该设备应进行型式试验：

a）新试制的产品，应进行全部型式试验；

b）转厂及异地生产的产品，应进行全部型式试验；

c）当产品的设计、工艺或生产条件及使用的材料发生重大改变而影响到产品性能时，应做相应的型式试验；

d）正常生产的产品每隔八年应进行一次温升试验、机械操作试验、短时耐受电流和峰值耐受电流试验以及关合和开断试验；

e）不经常生产的产品（停产三年以上），再次生产时应进行 d）项的规定试验；

f）对系列产品或派生产品，应进行相关的型式试验，部分试验项目可引用相应的有效试验报告。

型式试验和验证项目包括：

——强制的型式试验：

a）绝缘试验（6.2）；

b）温升试验和回路电阻的测量（6.5 和 6.4）；

c）短时耐受电流和峰值耐受电流试验（6.6）；

d）关合和开断能力的验证（6.12）；

e）机械操作和机械特性测量试验（6.13）；

f）防护等级检验（6.7.1）；

g）辅助和控制回路的附加试验（6.10）；

——适用时，强制的型式试验；

h）非金属隔板和活门的试验（6.15）；

i）充气隔室的压力耐受试验和气体状态测量（6.14）；

j）密封试验（6.8）；

k）内部电弧试验（对 IAC 级设备）（6.17）；

l）电磁兼容性试验（EMC）（6.9）。

——选用的型式试验（根据制造厂和用户之间的协议）：

m）气候防护试验（6.16）；

n）机械撞击试验（6.7.2）；

o）局部放电试验（6.2.9）；

p）人工污秽试验（6.2.8）；

q）电缆试验回路的绝缘试验（6.2.12）；

r）耐受腐蚀试验（6.18）。

型式试验可能有损于被试部件以后的正常使用，所以，如果没有制造厂和用户之间的协议，型式试验的试品不应投入使用。

6.1.1 试验的分组

除非在有关的产品标准中另有规定，型式试验应该最多在四个试品上进行。

注：规定四个试品的合理性在于增强用户的信心，即受试的设备是将要交付的设备的代表（在极限情况下，可要求所有的试验在一台试品上进行）。

开关设备和控制设备的每台试品应该确实和图样相符，应该充分代表该型产品，并应该经受一项或多项型式试验。

为了便于试验，型式试验可以分成几组。一般的分组实例见表 10。

表 10 型式试验分组的实例

组别	型式试验	条号
1	主、辅助和控制回路的绝缘试验 无线电干扰电阻（r.i.v.）试验	6.2 6.3
2	主回路电阻的测量 温升试验	6.4 6.5

续表

组　别	型式试验	条　号
3	短时耐受电流和峰值耐受电流试验 关合和开断试验	6.6 见有关的产品标准
4	外壳防护等级检验 密封试验 机械试验 环境试验	6.7 6.8 见有关的产品标准 见有关的产品标准

如果需要附加的型式试验项目，则在有关的产品标准中规定。

每项试验原则上应该在完整的开关设备上进行（如果不是，见 GB/T 11022—1999 中 3.2.2)，试品处在运行要求和条件下（在规定的压力和温度下充以规定种类和数量的液体或气体)，并配上它的操动机构和辅助设备。在每项型式试验开始前试品原则上应该处在或恢复到新的和/或清洁的状态。

按照有关的产品标准，在各组型式试验过程中如果可以进行整修，制造厂应该向试验室提供在试验中可以更新的零部件的说明。

强制的型式试验项 k）和项 1）除外）最多在四台试品上完成。

6.1.2　确认试品用的资料

制造厂应该向试验室送交图样和其他资料，它们包含足以由型号来肯定地确认送试设备主要部件和零件的信息。每张图样和每份资料清单都应该有单一的编号以便查找，并应该包含一个声明，其大意为：制造厂保证送交的图样和资料确实代表了受试的设备。

确认完毕后，零件图和其他资料应该归还制造厂保存。

制造厂应该保留受试设备所有零部件的详细设计记录，并应该确保这些记录和送交的图样和资料中包含的信息是一致的。

注：生产体系已经符合 GB/T 19001 或 GB/T 19002 认证的制造厂，它们一定要满足上面提到的要求。

试验室应该通过查对，确认送交的图样和资料清单充分地代表了受试设备的部件和零件，但不对这些资料的准确性负责。

在附录 A 中规定了为确认开关设备和控制设备的主要零部件，要求制造厂向试验室送交的图样和资料的清单。

注：如果制造厂能证明某一结构细节的改变不会影响某项型式试验的结果，在作出这一改变后，这项型式试验不必重复进行。

6.1.3　型式试验报告包括的资料

所有型式试验的结果应该记入型式试验报告。报告内的数据要足以证明试品符合技术条件。报告还应该包括足以确认设备主要部件的资料，特别是以下的资料：

——制造厂；

——受试设备的型号和出厂编号；

——受试设备的一般描述（制造厂给出的），包括极数；

——如果适用，主要部件（如操动机构、灭弧室和并联阻抗）的制造厂、型号、出厂编号和额定值；

——开关装置或者设备（开关装置作为整体的一部分）的支持结构的一般说明；

——如果适用，试验中使用的操动机构和其他装置的说明；

——说明设备在试验前后状态的照片；

——足以代表受试设备的外形图的资料清单；

——为确认受试设备主要部件而送交的全部图样的图号；

——试验布置的说明（包括试验线路图）；

——试验过程中设备的表现、试验后的状态以及试验过程中更换和整体过的零部件的说明；

——按有关标准的规定，记录下每项试验或每个试验循环的试验参数。

6.2 绝缘试验

除非本标准另有规定，设备的绝缘试验应该按 4.2 中表 1 和表 2 的规定，（也可参见 GB/T 16927.1）进行。

在 GB/T 11022—1999 附寻 D 中给出有关绝缘试验的资料。

注：如果设备装有与它不可分开的电压限制装置，整套设备应当按 GB/T 11022—1999 附录 F 进行试验。

6.2.1 试验时周围的大气条件

关于标准参考大气条件和大气条件修正因数应该按 GB/T 16927.1。

当设备处于大气中的外绝缘至关重要时，应该使用修正因数 K_t。

如果处于大气中的外绝缘是至关重要的，且仅在这种情况下干试时，才应该使用温度修正因数。

对于额定电压 40.5kV 及以下的开关设备和控制设备，假定 $m=1$ 和 $\omega=0$。

对于既有内绝缘又有外绝缘的设备，如果修正因数 K_t 的值在 0.95 和 1.05 之间，应该使用修正因数。然而，为了避免内绝缘受到过高的电压，如果已确认外绝缘性能良好，则可略去修正因数 K_t。当修正因数处在 0.95 到 1.05 的范围之外，绝缘试验的细节应该由制造厂和用户商定。

对于只有内绝缘的设备，周围的大气条件不产生影响，不应该使用修正因数 K_t。

对于联合试验，应该按总的试验电压值来计算参数 g。

6.2.2 湿试验程序

户外设备进行湿绝缘试验时，设备的外绝缘应该在 GB/T 16927.1 规定的标准湿试程序下承受湿耐受试验。

6.2.3 绝缘试验时设备的状态

绝缘试验应该在完全装配好的（和使用中一样的）设备上进行；绝缘件的外表面应该处于清洁状态。

试验用的设备应该按制造厂规定的最小电气间隙和高度安装。

如果受试设备离地面的高度比使用时离地面的安装高度低，认为这样试验过的设备可以满足要求。

如果在设计上设备和极间距离不是固定不变的，试验用的极间距离应该是制造厂规定的最小值。然而，为了避免仅为试验而装设大型三极设备，人工污秽试验和无线电干扰试验可以在单极上进行；如果极间最小电气间隙等于或大于 GB/T 311.7 给出的值，其余所有的绝缘试验都可以在单极上进行。

如果制造厂规定在使用中需要采用附加的绝缘（如绝缘包带和绝缘套），在试验时也应该采用这些附加的绝缘。

如果装有保护系统用的弧角或弧环，为了进行试验，可以把它们拆下或增大它们的间距。如果是用来改善电场分布的，试验时它们应该保持在原来的位置。

对于采用压缩气体作为绝缘的设备，绝缘试验应该在制造厂规定的最低功能压力（密度）下进行。在试验的过程中应该记录气体的温度和压力，并将其列入试验报告。

注：注意：在装有真空开关装置的设备的绝缘试验中，应当采取预防措施以保证可能发射出的X射线的辐射水平低于安全限值。国家安全规程会影响制定的安全措施。

对用流体（液体和气体）绝缘的设备，进行绝缘试验时制造厂规定的绝缘流体应充至其最低功能水平。

6.2.4　通过试验的判据

a）短时工频耐受电压试验。如果没有发生破坏性放电，则应认为该设备通过了试验。湿试时如果在外部自恢复绝缘上发生破坏性放电，该试验应该在同一试验状况下重复进行，如果没有再发生破坏性放电，则应认为该设备成功地通过了试验。

b）冲击试验。若满足下列条件，则该设备通过了雷电冲击电压试验：①非自恢复绝缘未发生破坏性放电。②对每一个试验系列的15次冲击试验，破坏性放电应不超过两次，且最后五次冲击中破坏性放电应不超过一次。如果最后五次冲击试验中有一次破坏性放电，则应施加附加的五次试验验证且不应出现击穿。只要整个试验过程中放电总数不超过两次，可以重复增加五次试验。这会导致每系列试验的次数最多达到25次。③对充流体隔室试验时，若试验套管不是设备的一部分，则不考虑试验套管上出现的闪络。可以采用GB/T 16927.1中的程序C作为15次冲击耐受试验的替代方法。这时，对每一极性应该连续施加3次冲击电压。如果不发生破坏性放电，则应该认为该设备通过了试验。如果在自恢复绝缘上发生一次破坏性放电，应该追加9次冲击试验，如果不再发生破坏性放电，则应该认为该设备通过了试验。

如果已经证明某一极性的试验给出最不利的试验结果，则允许只进行这一极性的试验。

某些绝缘材料在一次冲击试验后仍有残留电荷，在例换极性时应当小心。为使绝缘材料放电，推荐采用适当的方法，如在试验前施加三次约80%试验电压的反极性冲击。

c）简要说明。当试验大型设备时，为检查设备后面的其他元件（断路器、隔离开关、其他间隔）的绝缘性能，往往要通过该设备前面的部分来施加试验电压，这部分可能承受好多组试验。建议从首先连接的部分开始，对其后各部分依次进行试验。当这部分按上述判据通过了试验，在其后的其他元件的试验过程中，它们的合格性不应因这部分可能发生的破坏性放电而受到影响。

注：这种放电可能是电压施加次数增加引起的累积效应，或是设备内部远端发生破坏性放电引起的反射电压造成。在充流体设备中，为了减少这种放电发生的概率，可以提高已经通过试验部分的压力。

6.2.5　试验用压的施加和试验条件

由于设计方案种类很多，要对主回路试验做出具体的规定是不现实的，但原则上应包括下列试验：

a）对地和相间。试验电压值按6.2.6的规定。主回路的每相导体应依次与试验电源的高压接线端连接。

主回路的其他导体和辅助回路应与接地导体或框架相连，并与试验电源的接地端子相连接。

如果各相导体是分离的，那么，仅进行对地试验。

应在所有的开关装置（接地开关除外）处于合闸位置，且所有的可移开部件处于工作位置的条件下进行绝缘试验。并应注意到下述可能的情况，即在开关装置处于分闸位置或可移开部件处于隔离位置、移开位置、试验位置或接地位置时，可能引起更为不利的电场条件时，试验应在该条件下重复进行。当可移开部件处于隔离位置、试验位置或移开位置时，其本身不进行这些耐压试验。

对这些试验，例如电流互感器、电缆终端和过流脱扣/指示器这些装置应按正常工作情况装设。如果不能确定最不利的情况，则需在其他布置方式重复试验。

为了检验是否符合本标准 5.20.4 和 5.21.3.3 的项 a）要求，对操作和维护时可能触及的绝缘材料的观察窗、绝缘隔板和活门的可触及表面，在其绝缘强度最不利的位置覆盖一块接地的圆形或方形金属箔，其面积尽可能大些，但不超过 $100cm^2$，当不能确定何处为最不利位置时，试验应在几个不同的位置重复进行。为便于试验，根据制造厂和用户协议，可同时用几个金属箔，或用更大的金属箔覆盖于绝缘材料的可触及表面。

b）隔离断口之间。主回路的各隔离断口应施以 6.2.6 所规定的试验电压，或参照 GB/T 11022—1999 的 6.2.5.2 规定的试验程序进行试验。

隔离断口可以是：

——打开的隔离开关；

——由可抽出或可移开的开关装置连接的主回路的两个部分之间的断口。

如果在隔离位置，有一个接地的金属活门插在被分开的触头之间形成一个分离，则在接地的金属活门与带电部分之间的距离仅应耐受对地的试验电压。

如果在隔离位置，固定部分与可抽出部件之间没有接地的金属活门或隔板，则应按下述要求施加规定的断口之间的试验电压：

——若可抽出部件的主回路导电啊分可以被意外地触及，则试验电压应施加在固定触头与动触头之间；

——若可抽出部件的主回路导电部分不可能被意外地触及，则试验电压应施加在两侧固定触头之间。如果可能，试验时可抽出部件的开关装置处于合闸位置；如果该开关装置在隔离位置不能合闸，则应在可抽出部件处在试验位置、其开关装置处于合闸位置时重复进行该试验。

c）补充试验。为了检验是否符合 5.21.3.3 的项 c）规定的要求，应按上述 a）的规定，用一接地的金属箔覆盖于绝缘板或活门朝向带电体的表面，在主回路带电部分与绝缘隔板、活门内表面之间进行工频耐压试验，试验电压为 150％的额定电压，时间为 1min。

6.2.6 金属封闭开关设备和控制设备的试验

试验时，施加 4.2 中表 1 规定的试验电压，相对地和相间试验电压从通用值中选取，隔离断口间的试验电压应从隔离断口中选取。

6.2.6.1 工频电压试验

被试设备应按照 4.2 中表 1 规定的试验电压进行试验，并参照 GB/T 16927.1—1997 的规定承受短时工频耐受电压试验。对每一试验条件，升到试验电压并保持 1min。

只进行工频电压干试验。

互感器、电力变压器或熔断器可以用能够再现高压连接电场分布情况的模拟品代替。过电压保护元件可以断开或移开。

进行工频电压试验时，试验变压器的一端应与设备的外壳相连并接地。但当按 6.2.5 的项 b）进行试验时，电源中点或另一中间抽头接地并与外壳相连，以使得在任一带电部分和外壳之间的电压不超过 6.2.5 的项 a）规定的试验电压值。

如果不能这样，经制造厂的同意，试验变压器的一端可以接地，必要时，外壳应与地绝缘。

6.2.6.2　雷电冲击电压试验

被试设备只进行干燥状态下的雷电冲击电压试验。试验按 GB/T16927.1—1997 中程序 B 的规定进行，应采用 1.2/50μs 标准雷电冲击试验电压，对每一试验条件和正、负极性施加其额定耐受电压连续 15 次。

互感器、电力变压器或熔断器可以由可再现高压连接电场分布情况的模拟品代替。

过电压保护元件应断开或移开，电流互感器二次应短路并接地、也允许低变比的电流互感器一次侧短接。

进行雷电冲击电压试验时，冲击发生器的接地端子应与被试设备的外壳相连。但是，当按 6.2.5 的项 b）进行试验时，若有必要，可使外壳与地绝缘，以使带电部分和外壳之间的电压不超过 6.2.5 项 a）规定的试验电压值。

6.2.7　额定电压 245kV 以上开关设备和控制设备的试验

不适用。

6.2.8　人工污秽试验

按制造厂和用户之间的协议，在凝露和污秽方面，使用条件严于本标准规定的正常使用条件的设备可按 GB 3906—2006 中附录 C 进行试验。

6.2.9　局部放电试验

按 GB 3906—2006 中附录 B 的规定，并做如下补充：

该试验按制造厂和用户之间的协议进行。

若进行该试验，应在雷电冲击电压试验和工频电压试验后进行，互感器、电力变压器或熔断器可以用能够再现高压连接电场分布情况的模拟品代替。

注 1：当成套设备由常规元件（例如：互感器、套管）组合而成，且这些元件可按各自标准的规定单独试验时，本试验的目的是检查这些元件的成套设备中的布置；

注 2：试验可以在成套设备或分装上进行。注意测量不要受到外部局部放电的影响。

6.2.10　辅助和控制回路的试验

被试设备的辅助和控制回路应该承受短时工频耐受电压试验：

a）电压加在连接在一起的辅助和控制回路与开关装置的底架之间；

b）电压加在辅助和控制回路的每一部分（这部分在正常使用中与其他部分绝缘）与连接在一起并和底架相连的其他部分之间。

试验电压应该为 2000V。电压持续时间为 5s。如果在每次试验中都未发生破坏性放电，则认为该设备的辅助和控制回路通过了试验。

通常，电动机和在辅助和控制回路中使用的其他装置的试验电压应该与这些回路的试验电压相同。如果这些电器已按相应的标准做过试验，则在试验时可以隔开。

注：如果在辅助和控制回路中使用了电子元件，可以按制造厂和用户之间的协议采用不同的试验程序和数值。

电流互感器的二次绕组应短路并与地隔离，电压互感器的二次绕组应开路。

限压装置（如果有）应断开。

6.2.11　作为状态检查的电压试验

如果在关合、开断和/或机械/电气耐受试验后，开关装置断口间的绝缘性能不能充分可靠地用目测检查来核实，那么按 6.2.6.1 和 6.2.7.1，在下述工频电压下对开关断口做工频电压干试验可能是合适的。

对于额定电压 252KV 及以下的设备；

——对隔离开关和负荷-隔离开关（有安全要求的设备）为表 1（工频耐受电压-隔离断口栏）中值的 80％；

——对其他设备为表 1（工频耐受电压-通用值栏）中值的 80％。

注：

1 降低试验电压出于两方面的原因，一是考虑到老化、耗损和其他的正常劣化，额定试验电压留有安全裕度；二是由于闪络电压的统计特性。

2 对某些类型的封闭开关装置，可能需要做对地绝缘的状态检查试验。这时，应当分别以表 1 和表 2 栏中通用值的 80％做工频电压试验。

3 相关的产品标准可能把这些类型设备的状态检查试验规定为强制性的。

6.2.12 电缆试验回路的试验

为了在设备运行时能够进行电缆的绝缘试验（见 5.23），应进行附加的工频耐受电压型式试验，以确认相关的隔离断口在另一侧仍然带电时耐受电缆试验电压的能力。

试验电压值按制造厂和用户之间的协议。

注：协议的试验电压值的选取应保证在金属封闭开关设备和管制设备的隔离断口的一侧施加例如直流电缆试验电压另一侧仍然带电时，隔离断口之间最终的电压和隔离断口的额定工频试验电压间具有安全裕度。

6.3 无线电干扰电压

不适用。

6.4 回路电阻的测量

6.4.1 主回路

为了把做过温升试验（型式试验）的设备与所有做过出厂试验的同一型号的设备作一比较，应该进行主回路电阻的测量，见表 11 规定值。

表 11 主回路电阻测量值

额定电流（A）	主回路电阻测量值（μΩ）	一次隔离触头电阻（含触臂）（μΩ）
630	≤200	≤85
1250	≤150	≤60
1600～2000	≤90	≤50
2500	≤70	≤45
3150	≤65	≤40

应该用直流来测量每极端子间的电压降或电阻。对于设备应该作特殊的考虑（见相关的标准）。

试验电流应该取 50A 到额定电流之间的任一方便的值（推荐值为 100A）。

注：经验表明，单凭主回路电阻增大不能看作是接触或联结不好的可靠证据。这时，试验应当在更大的（尽可能接近额定电流的）电流下重复进行。

应该在温升试验前、开关设备和控制处在周围空气温度下测量直流电压降或电阻。还应该在湿升试验后，设备冷却到周围空气温度时测量直流电压降或电阻。在两次试验中测得的电阻的差别不应该超过 20％。

在型式试验报告中，应该给出直流电压降或电阻的测量值，以及试验时的一般条件（电流、周围空气温度、测量部位等）。

成套设备主回路两端之间的电阻值，它表明电流通路的正常状况。该电阻的测量值供出厂试验参考（见 7.3）。

6.4.2 辅助回路

应该把每个低能辅助触头接入电阻性负载回路，施加 $6V^{\ 0}_{-15}\%$的真流电压时，在回路中流过 10mA 的电流。低能辅助触头接通时的电阻不应该超过 50Ω。

6.5 温升试验

如果设计具有多种元件或布置方案时，试验应在最苛刻条件的那些元件和布置方案上进行。具有代表性的功能单元应尽量按正常使用条件来安装，包括所有常规的外壳、隔板、活门等，并且在进行试验时应将盖板和门关闭。

应在规定的相数下，通以额定电流进行温升试验，电流从母线的一端流向与电缆连接的末端。

对单个功能单元进行试验时，其相邻的单元应通以电流，该电流所产生的功率损耗应与额定情况下相同。如果无法在实际条件下进行试验，则允许以加热或隔热的方法来模拟其等价条件。

如果外壳内还安装有其他的主要功能元件，它们应承载这样的电流，该电流产生的功率损耗与额定条件相对应。功率损耗相同的其他等效程序也可以接受。

各元件的温升，应以外壳外面的周围空气温度作为基准折算，各元件的湿升不应超过各标准的规定。如果周围空气温度不稳定，可在相同的环境条件下，取一个相同的外壳的表面温度作为试验时的环境温度。

6.5.1 受试设备的状态

除非在相关标准中另有规定，主回路的温升试验应该在装有清洁触头的新开关装置上进行；如果适用的话，在试验前充以用作绝缘的合适的液体或处于最低功能压力（密度）的气体。

6.5.2 设备的布置

试验应在户内、大体上无空气流动的环境下进行，受试开关装置本身发热引起的气流除外。实际上，当空气流速不超过 0.5m/s 时，就达到这一条件。

对于除辅助设备以外的部分的温升试验，设备及其附件在所有重要方面都应该安装得和使用中的一样，包括设备各部分在正常工作时的所有外罩，并应防止来自外部的过度加热和冷却。

按照制造厂的说明书，如果设备可以安装在不同的位置，温升试验应该在最不利的位置上进行。

原则上，这些试验应该在三极设备上进行；但若其他极或其他单元的影响可以忽略的话，试验也可以在单极或单元上进行。这是非封闭开关设备的一般情况。对于额定电流不超过 630A 的三极设备，可以把三级串联后进行试验。

对于设备、特别是大型的设备，它们的对地绝缘对温升没有明显的影响，对地绝缘可以明显地降低。

接到主回路的临时连接线应使得试验时没有明显的热量从设备散出或向设备传入。应该测量主回路端子和离端子 1m 处临时连接线的温升，两者温升的差值不应超过 5K。临时连接线的类型和尺寸应该记入，试验报告。

注1：为了使温升试验更具重现性，临时连接线的类型和尺寸可以在相关标准中予以规定。

对于三极设备，除了上述的例外情况，试验应在三相回路上进行。

应该在设备的额定电流（I_r）下进行试验，电源电流应该是近似正弦的。

除了直流辅助设备外，开关设备和控制设备应该在额定频率下试验，频率的低差为±$^{2}_{5}$%。试验频率应该记入试验报告。

注2：对邻近载流部分没有铁质元件的敞开式开关装置在50Hz下进行温升试验时，如果实测的温升值不超过最大允许值的95%，则应当认为该开关装置在60Hz下的性能得到了验证。

如果用60Hz试验，其结果应当对额定电流相同的额定频率为50Hz的同一产品有效。

试验应该持续足够长的时间以使温升达到稳定。如果在1h内温升的增加不超过1K，就认为达到这一状态。通常这一判据在试验持续时间达到受试设备热时间常数的五倍时就会满足。

除了要求测量热时间常数的情况外，可以用较大电流预热回路的办法来缩短整个试验的时间。

6.5.3 温度和温升的测量

应该采取预防措施来减少由于开关装置的温度和周围空气温度的变化之间的时间滞后引起的变化和误差。

对于线圈，通常利用电阻变化来测量温升的方法（参见GB/T 11022—1999附录H），只在使用电阻法不可行时才允许使用其他的方法。

除线圈以外的各部分的温度（其温度极限已有规定）应该用温度计、热电偶或其他适用的传感器件来测量，它们应被放在可触及的最热点上。如果需要计算热时间常数，在整个试验过程中过应按一定时间间隔记录温升。

浸入液体介质中元件的表面温度只应该使用紧贴在元件表面的热电偶来测量。液体介质本身的温度应该在它的上层测量。

使用温度计或热电偶测量时，应该采取以下的预防措施：

a）温度计的球泡或热电偶应该防止来自外部的冷却（用干燥清洁的羊毛等）。然而，被保护的面积和受试电器的冷却面积相比应该是可以忽略的；

b）应该保证温度计或热电偶与受试部分的表面之间具有良好的导热性；

c）如果在变化的磁场中使用球泡形温度计，酒精温度计比水银温度计更为适宜，因为后者更易受到变化磁场的影响。

6.5.4 周围空气温度

周围空气温度是设备（对于封闭开关设备和控制设备是指外壳）周围空气的平均温度。它应该在试验的最后四分之一的期间，至少使用三只均匀布置在设备周围、处在载流部件的平均高度上并距设备1m处的温度计、热电偶或其他温度检测器件来测量。应该防止温度计或热电偶受气流以及热的过分影响。

为了避免温度快速变化造成的读数误差，可以把温度计或热电偶放入装有0.5L油的小瓶中。

在最后四分之一的试验期间，周围空气温度的变化在1h内不应该超过1K。如果因试验室不利的温度条件而不可能达到时，可以用在相同条件下但不通过电流的一台相同的设备的温度来代替周围空气温度。这台另加的设备不应该受到过分的热量。

试验时的周围空气温度应该高于+10℃，但低于+40℃。在周围空气温度的这一范围内，不应该进行温升值的修正。

6.5.5 辅助设备和控制设备的温升试验

试验用规定的电源（交流或直流）进行，对交流电源，用它的额定频率（允差－5%～＋2%）。

注：对邻近载流部分没有铁质元件的敞开式开关装置在50Hz下进行温升试验时，如果实测的温升值不超过最大允许值的95%，则应当认为该开关装置在60Hz下的性能得到了验证。

如果用60Hz试验，其结果应当对额定电流相同的额定频率为50Hz的同一产品有效。

辅助设备应该在其额定电源电压或其额定电流下进行试验。交流电源电压应该是近似正弦的。

连续工作在额定值的线圈的试验应该持续足够长的时间以使温升达到稳定值。如果在1h内温升的变化不超过1K，通常就认为达到了这一状态。

对于只在开关操作时才通电的回路，应该按下述条件进行试验：

a）如果开关装置具有在操作终了时切断辅助回路的自动开断装置，该回路应该通电10次，每次1s或者直到自动开断装置动作为止，两次通电之间的间隔时间取10s，如果开关装置的结构不允许，则取可能的最短间隔时间；

b）如果开关装置不具有在操作终了时切断辅助回路的自动开断装置，试验时回路应该一次通电15s。

6.5.6 温升试验的解释

设备或其辅助设备各部分的温升（其温升极限已有规定）不应该超过表3的规定值。否则，应认为该设备没有通过试验。

如果弧触头是裸铜触头，它和主触头分离但又并联，主触头的温升和弧触头的温升都不应该超过表3给出的值。

如果线圈的绝缘由几种不同的绝缘材料组成，线圈的允许温升应取温升极限最低的绝缘材料的值。

如果装有各种符合各自标准的设备（例如整流器、电动机、低压开关等）这些设备的温升不应超过在相应标准中规定的极限值。

6.6 短时耐受电流和峰值耐受电流试验

设备的主回路和接地回路（如果适用的话）应该经受试验，来试验它们承载额定峰值耐受电流和额定短时耐受电流的能力。

试验应该在额定频率（允差±10%）和任一合适的电压下进行，并在任一方便的周围温度下开始试验。

注：为了便于试验，可能需要更大的额定频率允差。如果偏差显著，即如额定频率50Hz的设备在60Hz下试验或反之，则在解释试验结果时应予以注意。

a）主回路试验。应在预定的安装和使用条件下对设备的主回路进行试验以验证其承受额定短时耐受电流和额定峰值耐受电流的能力，即应将主回路同所有影响其性能或改变短路电流的附属元件一起装在设备内进行试验。

对这些试验，认为到辅助装置（例如电压互感器、辅助变压器、避雷器、脉冲电容器、电压检测装置和类似装置）的短连接线不是主回路的一部分。

短时耐受电流试验应进行额定相数的试验。电流互感器和脱扣装置应按正常运行条件装设，但脱扣器不得动作。

没有限流装置的设备可在任一方便的电压下试验；有限流装置的高备应在设备的额定电压下试验。若在施加的电压下产生的峰值电流和热效应大于或等于额定电压下的值，也可用其他的试验电压。

对于包含限流装置的设备，预期电流（峰值、有效值和持续时间）不应小于额定值。

如果装有带自脱扣的断路器，其脱扣值应整定到最大值。

如果装有限流熔断器，应按其规定的最大额定电流值装设熔体。

试验后，外壳内部的元件和导体，不应出现任何影响主回路良好运行的变形和损坏。

b）接地回路试验。应对设备的接地异体、接地连接和接地装置进行试验来验证其耐受额定短时耐受电流和峰值耐受电流的能力。即它们应同有可能影响其性能或改变短路电流的所有附属元件一起装在设备上进行试验。

接地装置的短时耐受电流试验应进行额定相数的试验。为了验证接地装置和接地点之间连接回路的性能，需要进一步进行单相试验。

当有可移开接地装置时，应在接地故障条件下，对固定部分与可移开部件之间的接地连接进行试验。其接地故障电流应在固定部分的接地异体和可移开部件的接地点之间流过。如果设备中的接地装置能在除正常工作位置外的另一位置进行操作，例如，在双母线设备中，试验还应在另一位置进行。

试验后，允许接地异体、接地连接或接地装置有某些变形或损坏，但必须维持接地回路的连续性。

外观检查应足以判定是否已经保证了回路的连续性。

如果对某个接地连接的连续性有怀疑，则应从该接地连接到提供的接地点通以 30A（DC）来验证，电压降应不超过 3V。

6.6.1 设备以及试验回路的布置

设备应该安装在它自身的支架上，或者安装在等效的支架上，并且装上它自身的操动机构，尽量使试验具有代表性。试品应该处于合闸位置并装上清洁的新触头。

每次试验前，机械开关装置要做一次空载操作，除了接地开关外，还要测量主回路的电阻。

可以进行三相试验或单相试验。单相试验时，下列各点应该适用：

——对于三极设备，应该在相邻的两极上进行试验；

——对于各极分离的设备，既可在相邻的两极上也可在相间距离处装设返回导体的单极上进行试验。如果在设计上相间距离不是固定不变的，应该按制造厂给出的最短距离进行试验；

——额定电压 75.5kV 以上，除非相关标准另有规定，不必考虑返回导体，但决不应该把返回导体放在比制造厂给出的最短极间中心间距离还靠近受试极的位置。

接到设备端子上的连接线应该避免端子受到不真实的应力。在设备的两侧，端子和最近的导体支持件之间的距离应该按制造厂说明书的规定。

试验的布置应该记入试验报告。

被试设备的布置应能获得最严酷的条件：未支撑母线的最大长度、设备内连接和导体的布置。在设备包含有双母线系统和/或多层设计的情况下，则试验应在开关装置处于最严酷的位置上进行。

到设备端子连接的布置应避免端子承受不实际的应力或支撑。端子和设备两侧导体的最近的支撑点之间的距离应符合制造厂的说明书，且应考虑到上述要求。

开关装置应处于合闸位置并装有洁净的新触头。

每次试验前应对机械性开关装置进行空载操作，除接地开关外，还应进行主回路电阻的测量，试验报告中应注明试验的布置。

6.6.2　试验电流和持续时间

试验电流的交流分量原则上应该等于设备的额定短时耐受电流（I_k）的交流分量。峰值电流（对于三相回路，在任一边相中的最大值）不应该小于额定峰值耐受电流（I_p），未经制造厂同意不应该超过该值的5%。

对于三相试验，任一相中的电流与三相电流平均值的差别不应该大于10%。试验电流交流分量有效值的平均值不应该小于额定值。

试验电流 I_t，施加的时间 t_t 原则上应该等于额定短路持续时间 t_k。

如果没有别的用来确定 $I_t^2t_t$ 的方法，那么它应该利用GB/T 11022—1999 附录B给出的计算 I_t 的方法从示波图上确定。试验的 $I_t^2t_t$ 不应该小于由额定短时耐受电流（I_k）和额定短路持续时间（t_k）算得的 $I_k^2t_k$，未经制造厂同意不应该超过该值的10%。

然而，如果试验设备的特性使得在规定持续时间的试验中不能得到上面规定的试验电流峰值和有效值，以下的变通是允许的：

a）如果试验设备短路电流的衰减特性使得在额定持续时间内，不在开始时施加过分大的电流，就不能得到规定的有效值（按GB/T 11022—1999 附录B或等效的方法测定），试验时允许把试验电流的有效值降低到规定值以下，并把试验的持续时间适当加长，但是，峰值电流不小于规定值和持续时间不大于5s；

b）如果为了得到要求的峰值电流，把试验电流增大到超过规定值，可以相应地把试验持续时间缩短；

c）如果a）和b）都不可行，允许把峰值耐受电流试验和短时耐受电流试验分开。这时要做两项试验：

——对于峰值耐受电流试验，施加短路电流的时间不应该小于0.3s；

——对于短时耐受电流试验，施加短路电流的时间应该等于额定持续时间。然而，按照项a）允许有时间上的偏差。

6.6.3　试验中设备的表现

所有的设备应该能承载其额定峰值耐受电流及其额定短时耐受电流，不得引起任何部件的机械损伤或触头分离。

通常认为，在试验过程中机械开关装置的载流部分和与其相邻的部件的温升可能超过表3规定的极限。对于短时电流耐受试验不规定温升极限，但达到的最高温度不足以引起相邻部件明显的损伤。

6.6.4　试验后设备的状态

试验后，设备不应该有明显的损坏；应该能正常地操作，连续的承载额定电流而不超过表3规定的温升极限，并在绝缘试验时能耐受规定的电压。

如果机械开关装置具有额定关合和/或开断能力，那么，触头的状况不应该对关合和/或开断直到其额定值的任一电流的性能有实质上的影响。

下列各项足以检查这些要求：

a）机械开关装置在试验后应该立即进行空载操作，且触头应该在第一次操作时分开；

b）其次，应该按6.4.1测量主回路电阻（接地开关除外）。如果电阻的增加超过20%，同时又不可能用目测检查证实触头的状况，进行一次附加的温升试验可能是合适的。

6.7 防护等级检验

6.7.1 IP代码的检验

按照GB 4208规定的要求（见5.13表6），试验应该在和使用情况一样的设备外壳上进行。当使用附加字母W时，在GB/T 11022附录C中给出了推荐的试验方法。

设备的隔板、活门和外壳提供的防护等级最低应为IP2X。更高的防护等级可以按照GB 4208—1993的规定。

6.7.2 机械撞击试验

如果制造厂和用户同意，户内设备的外壳应该经受机械撞击试验。在每个外壳的可能是最薄弱的部位（点）上施加三次撞击。继电器、仪表等器件除外。

施加撞击的锤头有一半径25mm、洛氏硬度R100的钢质半球面。推荐使用的GB/T 2423.44中规定的弹簧操作撞击试验装置。

试验后，外壳不应该损坏；外壳的变形不应该影响设备的正常功能，不降低绝缘和/或缩短爬电距离，也不使规定的防止接近危险部件的防护等级降到允许值以下。表面损伤如油漆脱落，冷却肋或类似零件的开裂或小面积的凹陷可以忽略。

然而，试验只在对符合这些要求有怀疑时才应该进行，且在认为有必要的有关部件的各个位置上进行。

对于户外设备，试验应当由制造厂和用户商定。

6.8 密封试验

密封试验的目的是证明绝对漏气率F不超过允许漏气率F_p的规定值。

如果可能的话，试验应当在处于P_{re}（或P_{re}）的完整的系统上进行。如果不可行，试验可以在部件、元件或分装上进行。这时，整个系统的漏气率应该利用密封配合图（见附录E），由各部分漏气率的总和来确定。压力不同的分装之间可能的泄漏也应该考虑。

装有机械开关装置的设备的密封试验应该既在开关的合闸位置又在开关的分闸位置上进行，除非漏气率与主触头的位置无关。

通常，只允许以累计漏气量的测量来计算漏气率。

型式试验报告应当包括下面这些资料：

——试品的说明，包括它的内部容积和充入气体的性质；

——试品是在合闸位置还是在分闸位置（如果适用的话）；

——试验开始时和结束时记录的压力和温度，以及补气的次数（如果需要的话）；

——压力（或密度）控制或监视装置的投入和切除压力整定值；

——用来检测漏气率的仪表的校正值；

——测量的结果；

——如果适用的话，试验气体和评定试验结果用的换算因数。

密封试验应该与相关标准中要求做的试验一起进行，一般在机械操作试验前和后、或在极端温度下的操作试验过程中进行。

在极端温度下（如果相关标准要求进行这样的试验），漏气率的增加是可接受的，只要漏气率回复到不高于在正常的周围空气温度下的最大允许值。暂时增加的漏气率不应该超过表12给出的值。

通常，为了使用合适的试验方法，参见GB/T 2423.23。

表12 气体系统的允许暂时漏气率

温度等级（℃）	允许暂时漏气率
＋40和＋50	$3F_p$
－5＜周围温度＜＋40	F_p
－5/－10/－15/－25/－40	$3F_p$
－50	$6F_p$

6.9 电磁兼容性试验（EMC）

除无线电干扰电压试验外，只对二次系统规定了EMC的要求和试验。

对于设备的主回路，在正常运行但不进行开合操作时，辐射电平是用无线电干扰电压试验来验证的。

由开合操作（包括开断故障电流）引起的辐射是偶然发生的。

上述辐射的频率和电平被认为是正常电磁环境的一部分。

对于设备的二次系统，在本标准中规定的EMC的要求和试验比其他EMC的技术规范优先。

6.10 辅助和控制回路的附加试验

按IEC 60694：2002的6.10.1、6.10.2和6.10.4到6.10.7的规定。

6.11 接地金属部件的电气连续行试验

IEC 60694：2002的6.10.3不适用。

如果证明设计是充分合理的，则通常不需要进行该试验。

但是，如果有怀疑，外壳的金属部件和/或金属隔板和活门以及它们的金属部件到提供的接地点应在30A（DC）的条件下进行试验，电压降应不超过3V。

6.12 关合和开断能力的验证

设备主回路中的开关装置和接地回路中的接地开关应按照相关标准并在适当的安装和使用条件下进行试验以验证其额定的关合和开断能力，即其安装条件应和在设备中的正常安装条件一样并在可能影响性能的相关附件（例如连接线、支撑件、通风设备等）的所有布置方式下进行试验。如果开关装置已经在安装条件更加严酷的设备中进行了试验，则不需要进行这些试验。

注：在判定何种附件可能影响到开关装置的性能时，应特别注意短路引起的机械力、电弧生成物的排出以及破坏性放电的可能性等。应认识到，在某些情况下这些影响可以完全忽略。

当多层结构的几层隔室不完全相同但又采用相同的开关装置时，则应按照相关标准的适当要求在每一层隔室重复下述试验/试验方式。

如果开关装置已经按照它们相关的标准在设备的外壳内进行了短路性能试验，则不再需要进一步试验。

包含单层或多层设计和/或双母线系统的设备，对用于验证它们的额定关合和开断能力以覆盖运行中可能出现的各种情况的试验程序需要特别加以重视。

因为不可能覆盖开关装置所有可能布置和设计，应按照下述试验程序，根据开关装置的具体特征和位置来准确地确定试验组合：

a）应在开关装置其中一个隔室中完成整个关合和开断电流试验系列。如果其他隔室的结构类似，且用于该隔室的开关装置完全相同，则上述试验对这些隔室也有效。

b）如果隔室结构不相似但采用完全相同的开关装置，则应根据相关标准的要求，在其他每一个隔室中重复进行下述试验/试验方式：

——GB 1984—2003 的试验方式 T100s、T100a 和临界电流试验（如果有）；

——GB 1985—2004 的 E1 级或 E2 级短路关合操作（适用时）；

——GB 3804—2004 的试验方式 1，10 次 CO 操作；

根据 E1 级、E2 级或 E3 级，进行试验方式 5，除非该负荷开关没有额定短路关合能力（适用时）；

——GB 16926—1997 的试验方式 TD_{ISC}、TD_{IWmax} 和 $TD_{Itransfer}$；

——按照 GB/T 14808—2001 的 6.106 对 SCPD 进行的配合验证。

c）如果某个隔室设计采用多种类型或设计的开关装置时，对每一种情况都应按照上述项 a）以及适用时的项 b）中的要求进行全部试验。

6.13 机械操作和机械特性测量试验

6.13.1 开关装置和可移开部件

开关装置及可抽出部件应按相关的技术要求操作 50 次，可移开部件应插入和移开各 25 次，以验证其操作性能良好。

如果可抽出或可移开部件要用做隔离开关，则试验应符合 GB 1985—2004 的规定。

对分体式开关装置（例如断路器、负荷开关、隔离开关、接地开关等），机械操作试验的操作次数和合格判据按该开关装置技术条件和相关标准的规定进行。

6.13.2 联锁

联锁装置应处于防止开关装置操作和可移开部件插入或抽出的位置。对开关装置试操作 50 次、对可移开部件应插入和抽出各 25 次的试操作。进行试验时，只应施加正常的操作力，不允许对开关装置、可移开部件及联锁装置进行调整。对手力操动装置，应使用正常的操作手柄进行试验。

如果满足下列条件，则认为联锁通过试验：

a）开关装置不能被操作；

b）可移开部件的插入与抽出完全被阻止；

c）开关装置、可移开部件及联锁装置工作情况良好，并且试验前后操作力基本相同。

6.13.3 机械特性测量试验

主回路和接地回路中所装的开关装置在规定的操作条件下的机械特性应符合开关装置各自技术条件的要求。

6.14 充气隔室的压力耐受试验和气体状态测量

6.14.1 具有压力释放装置的充气隔室的压力耐受试验

充气隔室的每种设计应按下述程序承受压力试验：

——应将相对压力升高到设计压力的 1.3 倍并保持 1min。压力释放装置不应动作。

——然后将压力升高到设计压力的 3 倍。低于此压力时，压力释放装置可能动作，只要

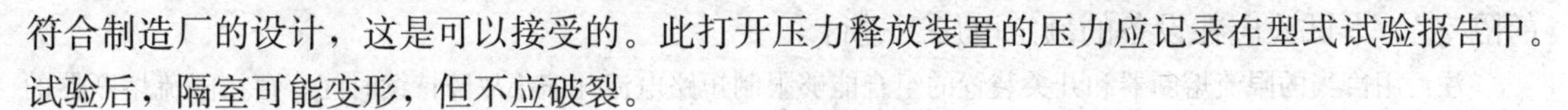

符合制造厂的设计，这是可以接受的。此打开压力释放装置的压力应记录在型式试验报告中。试验后，隔室可能变形，但不应破裂。

6.14.2 没有压力释放装置的充气隔室的压力耐受试验

充气隔室的每种设计都应按下述程序承受压力试验：

——应升高相对压力到隔室设计压力的 3 倍并持续 1min。试验后，隔室可能变形，但不应破裂。

6.14.3 充气隔室的气体状态测量试验

应测量充气隔室的气体状态，并符合其相关标准和制造厂的技术要求。

6.15 非金属隔板和活门的试验

本规定仅适用于防止（直接或间接）接触带电部件的隔板和活门。如果这些隔板上安装有套管，试验应在适当的条件下进行，即套管的一次部分应断开且接地。

全部或部分由绝缘材料制成的非金属隔板和活门应按下述规定进行试验：

6.15.1 绝缘试验

a）主回路带电部件与绝缘隔板和活门的可触及表面之间的绝缘应能耐受 4.2 中规定的对地和极间试验电压。试验方法见 6.2.5 的项 a）。

b）绝缘材料的典型样品应耐受项 a）中的工频试验电压，进行试验。

c）主回路带电部件和绝缘的隔板和活门面向这些带电部件的内表面间的绝缘应在 150% 的设备额定电压下进行试验并保持 1min。对于该试验，隔板或活门的内表面就通过位于最严酷点的至少 $100cm^2$ 的导电层接地。试验方法应按 6.2.5 项 a）的规定。

6.15.2 泄漏电流测量

当设备中有绝缘隔板或活门时，为了验证是否满足 5.21.3.3 项 d）规定的要求，应进行下列试验：

试验可按下述两种方法的任一种，主回路的一相接地，另外两相连接到电压等于设备额定电压的工频三相电源上；或者将主回路的带电部分连接在一起接到电压等于额定电压的单相电源上。对于三相试验，应在各相依次接地的不同情况下测量三次，对于单相试验则只需测量一次。

金属箔应接近于圆形或方形，其表面积应尽可能大，但不得超过 $100cm^2$，设备的外壳和框架应接地。应在干燥的、洁净的绝缘体上测量经过金属箔流到地的泄漏电流，

如果测得的泄漏电流值超过 0.5mA，则绝缘表面不能提供本标准所要求的防护。

如果接地金属部件布置适当，且能保证泄漏电流不会流经绝缘隔板和活门的可触及部分，则可不必测量泄漏电流。

6.16 气候防护试验

当制造厂和用户一致同意时，可对用于户外的设备进行气候防护试验。推荐的方法见 GB/T 11022—1999 的附录 C。

6.17 内部电弧试验

本试验适用于在出现内部电弧的情况下，在人员防护方面被认定为 IAC 级的设备。应按照附录 A 的规定，在有代表性功能单元上对包含主回路部件的每一个隔室进行试验。

被经过型式试验的限流熔断器保护的隔室应在安装能够产生最大截止电流（允通电流）的熔断器时进行试验。电流实际流过的时间受熔断器的控制。把受试隔室称为“熔断器保护

的隔室”。本试验应在设备的额定电压下进行。

注：用恰当的限流熔断器和开关装置的组合能够限制短路电流并缩小故障持续时间。存在限流熔断器的情况下，最大电弧能量可能出现在电流值小于最大开断电流时。

所有可能在试验的预期持续时间结束之前自动使回路脱扣的装置（如何护继电器），在试验期间不应动作。如果隔室和功能单元配有通过其他方法（例如，把电流切换到金属短接回路）取制电弧持续时间的装置，则这些装置在试验期间不应动作，除非要对它们进行试验。在这种情况下，设备的隔室可以在该装置工作的情况下进行试验。但是，应按照电弧的实际持续时间考核该隔室。试验电流的持续时间应为主回路的额定短路持续时间。

本试验包括在外壳或元件内的空气或其他绝缘流体（液体或气体）中出现故障导致电弧的情况，该元件的外壳在门或盖板处于正常运行条件要求的位置时成为外壳的一部分。

试验程序也包括这样的特定情况：故障发生在设备现场安装所用的固体绝缘件中，该固体绝缘不包括经过型式试验的预装绝缘件。

只要最初的试验更严酷且在下述方面能够认为和已经试验的那台类似，则某个具体设备的功能单元的试验结果的有效性可以推广到另一台：

——尺寸；

——外壳的结构和强度；

——隔板的工艺；

——压力释放装置（如果有）的性能；

——绝缘系统。

6.18　耐受腐蚀试验

对于户外设备，或者用户的要求，应按本条款进行腐蚀验证试验。

6.18.1　试验程序

设备应按 GB/T 2423.17—1993 规定的方法进行环境试验 K_a（盐雾），试验的持续时间为168h。

此外，对于具有油漆表面的设备，还应按 ISO 3231 进行耐受包含二氧化硫的湿大气试验。

6.18.2　通过试验的判据

试验后，总装的拆卸不应受到影响，腐蚀（如果有）的程度应在试验报告中指明。如果是油漆的表面，不应观察到劣化的迹象。

7　出厂试验

应在制造厂内对每一个运输单元进行出厂试验，以保证出厂产品与通过型式试验的产品一致。出厂试验报告应随产品一起出厂。

出厂试验是为了曝露材料和结构中的缺陷。它们不会损坏试品的性能和可靠性。出厂试验应该在制造厂内任一合适的地方对每台成品进行，以确保产品与已通过型式试验的设备相一致。根据协议，任一项出厂试验都可在现场进行。

本标准规定的出厂试验项目包括：

a）主回路的缘绝试验，按 7.1；

b）辅助和管制回路的绝缘试验，按 7.2；

c）主回路电阻的测量，按 7.3；

d）密封试验，按 7.4；

e）设计检查和外观检查，按 7.5。

可能需要进行一些附加的出厂试验，这在有关的产品标准中予以规定。

如果设备在运输前不完成总装，那么应该对所有的运输单元进行单独的试验。在这种场合，制造厂应该证明这些试验的有效性（例如：泄漏率，试验电压，部分主回路的电阻）。

除非制造厂和用户间另有协议，通常出厂试验不需要出试验报告。

——机械操作和机械特性测量试验（7.7）；

——电气、气动和液压辅助装置的试验（7.9）；

——充气隔室的压力试验（如果适用）和气体状态测量（7.8）；

——局部放电测量（按制造厂与用户之间协议）（7.6）；

——现场安装后的试验（7.10）；

——现场充流体后的流体状态检查（7.11）。

注：额定值和结构相同的元件，可能有必要验证其互换性（见第 5 章）。

7.1 主回路的绝缘试验

应该进行短时工频电压干试验。试验应按 4.2 和 6.2 在新的、清洁的和干燥的完整设备、单极或运输单元上进行。

试验电压应该是 4.2 表 1（通用值）的规定，或是按有关的产品标准，或是这些标准的适用部分。

如果设备的绝缘仅由实心绝缘子和处在大气压力下的空气提供，只要检查了导电部分之间（相间、断口间以及导电部分和底架间）的尺寸，工频电压耐受试验可以省略。

尺寸检查的基础是尺寸（外形）图，这些图是特定的设备的型式试验报告的一部分（或是在型式试验报告中被引用）。因此，在这些图样中应该给出尺寸检查所需的全部数据（包括允许的偏差）。

工频电压试验按 6.2.6.1 的规定进行。试验电压从 4.2 表 1（通用值）中选取。试验时，应依次将主回路每一相的导体与试验电源的高压端连接，同时，其他各相导体接地，并保证主回路的连通（例如，通过合上开关装置或其他方法）。

对于充气隔室，试验应在充以额定充入压力（或密度）的绝缘气体下进行（见 4.11）。

7.2 辅助和控制回路的绝缘试验

试验应该在 6.2.10 中所述的相同条件下进行。

为了便于试验，经制造厂和用户协商同意，试验持续时间通常可以缩短到 1s。

7.3 主回路电阻的测量

本试验按 6.4.1 表 11 值规定，也可根据制造厂和用户间的协议进行，试验时应测量主回路每一相的直流压降或电阻，且测量条件应尽可能与相应的型式试验的条件一致，可用型式试验的测量值确定出厂试验电阻值的限值。

7.4 密封试验

出厂试验应按制造厂的试验习惯在正常的周围空气温度下，在充以制造厂规定压力（或密度）的装配上进行。对于充气的系统，可以用探头来试漏。

7.4.1 气体的可控压力系统

试验程序与 6.8.1 一致。

7.4.2 气体的封闭压力系统

试验程序与 6.8.2 一致。

按密封配合图 TC，试验可以在制造过程或现场装配的不同阶段，对部件、元件和分装进行。

7.4.3 密封压力系统

a）使用气体的开关设备

试验程序与 6.8.3 的项 a）一致。

b）真空开关设备

每只真空灭弧室应该用它的出厂顺序号来认别。它的真空压力应该由制造厂按 6.8.3 的项 b）来检验。

试验结果应该作出书面记录，如有要求，应该出具书面证明。

开关装置装配完成以后，真空灭弧室的真空度应该在分开的触头间用有明显作用的出厂绝缘试验来检验。试验电压应由制造厂规定。

绝缘试验应该在出厂机械试验后进行。

7.4.4 液体密封试验

出厂试验应该在正常的周围温度下，在完全装配好的设备上进行。分装的试验也是允许的，这时，最后的检查应该在现场进行。

试验方法和型式试验方法一致（见 6.8.4）。

7.5 设计检查和外观检查

开关设备和控制设备应该经过检查，以证明它们符合买方的技术条件。

7.6 局部放电测量

本试验根据制造厂和用户之间的协议进行。

局部放电测量适宜于作为出厂试验，以检测材料和制造上可能出现的缺陷，特别是对于采用有机绝缘材料的。推荐对充流体隔室进行该试验。

如果进行本试验，试验程序按 GB 3906—2006 附录 B 的规定。

7.7 机械操作和机械特性测量试验

7.7.1 机械操作试验

机械操作试验是为了证明开关装置和可移开部件能完成预定的操作，且机械联锁工作正常。

试验时主回路不通电，应对开关装置在其操动装置规定的操作电源电压和压力极限范围内的分、合动作的正确性进行验证。

每一个开关装置和每一个可移开部件应按 6.13 的规定进行试验，但把 50 次操作和试操作改为每个方向上的 5 次操作和 5 次试操作。

7.7.2 机械特性测量

机械特性测量按 6.13.3 的规定。

7.8 充气隔室的压力试验和气体状态测量

7.8.1 充气隔室的压力试验

应对对制造好的所有充气隔室进行压力试验，每一隔室应能承受 1.3 倍设计压力 1min。

该试验不适用于额定充气压力为 0.05MPa（相对压力）及以下的密封隔室。

试验后，隔室不应出现可能影响开关设备运行的损坏或变形。

7.8.2 充气隔室的气体状态测量

应测量充气隔室中的气体状态，并应符合制造厂的技术要求。

7.9 电气、气动和液压辅助装置的试验

具有预定操作顺序的控制装置与电气、气动及其他联锁一起，应在辅助电源最不利的限值下，按规定的使用和操作条件连续试验5次。试验中不得调整。

如果辅助装置能正常地进行操作，试验后，它们应仍处于良好的工作状态，试验前后的操作力基本相同，则认为通过了试验。

7.10 现场安装后的试验

设备在安装后，应进行试验，以检验操作的正确性。

对于现场装配的部件和在现场充气隔室，建议进行下列试验：

a）主回路的电压试验。如果制造厂和用户之间达成协议，现场安装后，按照7.1规定的出厂试验方式对设备的主回路进行干燥状态下的工频电压试验。

工频试验电压应为7.1中规定值的80%，依次对主回路的每一相施加电压，其余相接地。试验时，试验变压器的一个端子和设备的外壳相连并接地。

如果用现场安装后的电压试验代替制造厂的出厂试验，则应施加全部的工频试验电压。

注：除非现场试验电压的频率足够高而不会导致电压互感器铁芯饱和，否则，现场试验期间电压互感器应给予断开。

b）密封试验。按7.4的规定。

c）现场充流体后的流体状态测量，按7.17规定。

7.11 现场充流体后的流体状态测量

应确定充流体隔室中的流体状态，并应符合制造厂的技术要求。

8 设备的选用导则

随着技术进步和功能要求的扩展，设备的结构可能多种多样。设备的选择，主要包括确定运行设备的功能要求和最能满足这些要求的内部划分形式。GB 3906—1991和目前的一些其他实际情况相比较，分类变化的说明见GB 3906—2006附录E。

此类要求应考虑到适用的法规和用户的安全规程。

表3给出了选定设备应考虑的主要内容。

8.1 额定值的选择

对给定的运行方式，选用设备时，其中各元件的额定值应满足在正常负载条件以及故障条件下的要求。设备总装的额定值可以与元件的额定值不同。

额定值的选择应符合本标准的规定，并考虑到系统的特点及其未来发展。额定值的清单列于第4章。

也应考虑其他参数，例如，当地的大气和气候条件，以及在海拔超过1000m的使用。

应计算出设备在系统中安装地点的故障电流，以确定故障引起的负荷。这方面可参考IEC 60909—0：2001。

8.2 设计和结构的选择

8.2.1 概述

设备通常根据其绝缘方式（例如：空气绝缘或气体绝缘）以及是固定式或可抽出式来确定。各个元件可抽出或移开的程度主要取决于维护的要求（如果有）和/或试验的规定。

随着少维护开关装置的发展，人们对某些部件承受电弧烧蚀的关注程度降低了。但是，仍然需要触及一些一次性元件（如熔断器），需要进行电缆的临时检查和试验。也可能需要进

行机械部件的润滑和调整，因此，一些设计把可触及的机械部件置于高压隔室之外。

维护需要触及的范围和/或是否可以容许整个设备停运可能决定了用户是选择空气绝缘的还是流体绝缘的，是选择固定式的还是可抽出式的。如果要求少维护，则应选用少维护的元件。固定式的总装，尤其是采用了少维护元件的总装是一种终生节约成本的方案。

不论是固定式还是可抽出式，在主回路隔室打开时，设备的安全运行要求工作部件应与所有的电源隔离并接地。因此，用于隔离的开关装置应能确保安全并防止再次接通。

8.2.2 隔室的结构和可触及性

本标准中所定义的内部划分形式是在尝试解决运行连续性和可维护性之间的矛盾。在不同结构形式能够提供的可维护性方面，本条款给出了一些导则。

注1：在进行10.4指出的某些维护时，如果为了防止偶然触及带电部件，要求临时插入隔板。

注2：如果用户采用了其他的维护程序，例如设置安全距离和/或设置和使用临时隔板，这些就超出了本标准的范围。

设备的完整描述应包括隔室的列表和类型（例如，母线隔室、断路器隔室等）、每个隔室的可触及性类型以及型式（可抽出型/非可抽出型）。

有四种类型隔室，其中三种隔室用户可触及，一种隔室用户不可触及。

可触及隔室：下面规定了三种控制可触及隔室打开的方法：

——首先是通过联锁来保证在打开隔室之前内部的所有带电部件不带电并接地，称为“联锁控制的可触及隔室”；

——其次是依赖于用户的程序和锁来保证安全，隔室提供有挂锁或等效的设施，称为“基于程序的可触及隔室”；

——第三种是不具有确保找开前内的性能的电气安全。需要工具才能打开的隔室，称为“基于工具的可触及隔室”。

前两种可触及隔室对用户皆适用，并可进行日常操作和维护。打开这两种类型可触及隔室的盖板和/或活门不需要工具。

如果隔室需要工具才能打开，通常应明确地指出用户应采取其他措施来保证安全，并尽可能保证性能的完好，例如：绝缘状态等。

不可触及隔室：用户不可触及，且打开隔室可能损坏隔室的完整性。应在隔室上标明“不可打开”或通过某个特征实现，例如：完全焊接的GIS箱壳。

8.2.3 开关设备和运行边疆性

设备意图提供一定的防护水平，以防止人员触及危险部件，防止固体外物进入设备。采用适当的传感器和辅助装置，也可能对对地绝缘失效提供防护。

对于设备运行连续性的丧失类别（LSC）规定了当打开主回路的一个隔室时其他隔室和/或功能单元可以保持带电的范围。

LSC1类：此类别在维护（如果需要）期间不能提供连续性运行，且在触及外壳内部之前，可能需要将设备从系统上断开，并使其处于不带电状态。

LSC2类：在触及设备内部的隔室期间，此类别给电网提供了最高的连续性运行。LSC2类还可以细分为两类：

LSC2A：当触及一个功能单元的元件时，设备的其他功能单元可以继续运行。

可抽出型LSC2A类示例：实际上，这意味着功能单元的进线高压电缆必须不带电并接地，且回路应从母线上隔离并分开（物理上和电气上）。母线可保持带电。此处用术语分开而不用分离是为了避免区分绝缘的隔板和活门和金属的隔和活门（见 8.2.4）。

LSC2B：除上述运行连续性类别 LSC2A 外的，在 LSC2B 类中，功能单元的可触及的高压进线电缆可以保持带电。

可抽出型 LSC2 B 类示例：如果 LSC2 B 类设备的每个功能单元的主开关装置安装在自己的可触及隔室内，则不需要使相应的电缆连接不带电就可以维护该主开关装置。所以，本例中的 LSC2B 类设备的每个功能单元最少需要三个隔室：

——每一台主开关装置的隔室；

——连接到主开关装置一侧的元件的隔室，如馈电回路；

——连接到主开关装置另一侧的元件的隔室，如母线。在多于一组母线的场合，每组母线应有一个独立的隔室。

8.2.4 隔板的等级

隔板划分为两个等级，PM（GB 3906 中 3.109.1）和 PI（GB 3906 中 3.109.2）。

选择隔板等级时不需要考虑在相邻隔室出现内部电弧时对人员提供防护，见 GB 3906 中 A.1，也可见 8.3。

PM 级：打开的隔室被接地的金属隔板和/或活门包围。只要打开隔室的元件和相邻隔室的元件间已经隔离（GB 3906 中 3.111 的定义），则打开的隔室中可以有或没有活门，见 5.21.3.1。

此要求的目的是在打开的隔室中没有电场且周围的隔室中不可能出现电场变化。

注：除活门改变位置的影响之外，该等级考虑到了打开的隔室不会因带电部件而有电场，且也不可能影响到带电部件周围的电场分布。

8.3 内部电弧等级的选择

选择设备时，为了对操作人员以及一般公众（适用时）提供可接受的保护水平，应考虑发生内部故障的可能性。

通过降低危险至可接受的水平可以达到此防护的目的。根据 ISO/IEC 导则 51，危险是危害出现的概率和危害的严酷度的组合（见 ISO/IEC 导则 51 的第 5 章关于安全性的定义）。

因此，有关内部电弧方面，选择合适的设备应受到获取可接受危险不平的程序的制约。此程序在 ISO/IEC 导则 51 的第 6 章中规定。该程序以用户在降低危险中所起的作用为前提。

作为导则，表 2 列出经验表明的最容易产生故障的部位、产生内部故障的原因以及降低内部故障发生概率的可能措施。如有必要，用户应履行那些适用于安装、交付使用、运行和维护的要求。

也可以采取其他措施来提供在内部电弧情况下对人员更高的防护。这些措施是为了限制此类事件的外部影响。

下面是这些措施的例子：

——通过光传感器、压力传感器、热传感器或者母线差动保护触发的快速故障排除；

——选用适当的熔断器与开关装置组合来限制允通电流和故障时间；

——通过快速传感器及快速合闸装置（灭弧器）把电弧转移到金属短接回路上来消除电弧；

——遥控；

——压力释放装置；

——仅当前门关闭时才允许可抽出部件移入和退出运行位置。

5.20.3 考虑活门在 GB 3906 中 3.127 到 3.130 的位置关闭时成为外壳一部分这一现实。从 GB 3906 中 3.126 移动到 3.128 的位置（以及反过来）时，没有检验状态的变化。

在可抽出部件沿轨道推进和抽出过程中可能出现故障。虽然这也是一种可能，但是由于关闭活门改变了电场，所以没有必要考虑此类故障。十分常见的故障是由于插头和/或活门的损坏或变形导致在推进过程中的对地闪络。

确定 IAC 级设备时，必须考虑以下几点：

——不是所有的开关设备都是 IAC 级；

——不是所有的开关设备都是可抽出式的；

——不是所有的开关设备都装有在从 GB 3906 中 3.126 到 3.128 的所有位置都能够关闭的门。

在内部故障方面，怎样选择开关设备，可以采用下述判据：

——在产生的危险可以不计的场合：没有必要选择 IAC 级设备。

——在需要考虑产生的危险时：只能使用 IAC 级设备。

对第二种情况，选择时应考虑可预见的最大短路电流及其持续时间，并与被试设备的额定值进行比较。另外，还应根据制造厂的安装说明书（见第 10 章）。尤其重要的是内部电弧期间人员的位置。根据试验的布置，制造厂应指明设备的那一侧是可触及的，用户应严格遵守说明书。人员进入未标明为可触及的区域可能会受到伤害。

在 GB 3906 附录 A.1 中规定的正常运行条件下，IAC 级提供了经过试验检验的对人员的保护水平。这只涉及这一条件下的人员防护，既不涉及到维护状态下的人员防护，也不涉及到运行的连续性。

设备的技术要求、额定值和可选试验见表 13。

表 13　设备的技术要求、额定值和可选试验

资　料	本标准的条款号	适用时，用户提出的要求
系统的特点（不是设备的额定值）		
电压（kV）		
频率（Hz）		
相数		
中性点接地的类型		
开关设备的特性		
极数		
类别——户内，户外（或特殊使用条件）	2	
隔室的名称： 母线 主开关 电缆 电流互感器（TA） 电压互感器（TV）等	GB 3906 中 3.107（见 5.21.1）	母线隔室： 主开关隔室： 电缆隔室： CT 隔室： PT 隔室： 电缆/CT 隔室： 主开关/CT 隔室： 主开关/CT 隔室： 其他隔室（状态）：
隔室的类型（指明每个高压隔室的类型），适用时： 联锁控制的可触及隔室 基于程序的可触及隔室 基于工具的可触及隔室 不可触及的隔室	GB 3906 中 3.107.1 GB 3906 中 3.107.2 GB 3906 中 3.107.3 GB 3906 中 3.107.4	
隔板等级： PM 级 PI 级	GB 3906 中 3.109.1 GB 3906 中 3.109.2	

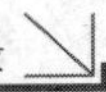

续表

资 料	本标准的条款号	适用时，用户提出的要求
可抽出/不可抽出式（主开关装置的类型）	3.125	（可抽出/不可抽出）：
运行连续性的丧失类别（LSC） LSC2B LSC2A LSC1	 GB 3906 中 3.131.1 GB 3906 中 3.131.1 GB 3906 中 3.131.2	
额定电压 U_r（kV） 3.6；7.2；12；24；40.5 等 以及相数：1，2 或 3	4.1	
额定绝缘水平： 短时工频耐受电压 U_d 雷电冲击需受电压 U_p	4.2	（通用值/隔离断口） a) / b) /
额定频率 f_r	4.3	
额定电流 Ir 进线 母线 馈线	4.4	 a) b) c)
额定短时耐受电流 I_K 主回路（进线/母线/馈线） 接地回路	4.5	 a) b)
额定峰值耐受电流 I_p 主回路（进线/母线/馈线） 接地回路	4.6	 a) b)
额定峰值耐受电流 t_k 主回路（进线/母线/馈线） 接地回路	4.7	 a) b)
合闸和分闸装置以及辅助和控制回路的额定电源电压 U_a a）合闸和脱扣 b）指示 c）控制	4.8	 a) b) c)
合闸和分闸装置以及辅助回路的额定频率	4.9	
低压力闭锁和高压力闭锁装置（规定的要求，例如，低压力指示的闭锁等）	5.9	
联锁装置（按 5.11 规定的任何附加要求）	5.11	
外壳的防护等级（如果不是 IP2X）： 门关闭时 门打开时	5.13（见 5.20.1 和 5.20.3）	 a) b)
人工污秽试验	6.2.8	附加的凝露和污秽要求
局部放电试验	6.2.9	试验值与制造厂协商
电缆试验回路的绝缘试验	6.2.12	试验值与制造厂协商
气候防护试验	6.16	适用时，协商
局部放电测量	7.12	试验值与制造厂协商

续表

资　料	本标准的条款号	适用时，用户提出的要求
内部故障　IAC 开关设备/控制设备可触及性的类别（A和B，规定每一类别对应的侧面） A　仅限于授权人员 B　未受限制的可触及性（包括公众） C　受设施的限制不可接触的可触及性以kA表示的试验值和持续时间（s）	6.17 GB 3906附录A.2也可见A.8中的例子 GB 3906附录A.3	Y/N 正面F： 侧面L： 后面R：
其他资料： 例如，电缆试验的特殊要求。		

9　应随订货单、投标书和询问单一起提供的资料

9.1　应随订货单和询问单一起提供的资料

在询问或订购一套设备时，询问者应提供下列资料：

1）系统的特征。额定电压、频率、系统中性点接地方式。

2）不同于本标准规定的使用条件（见第2章）。最高和最低周围空气温度，所有超越正常的运行条件或影响设备良好运行的条件，例如：异常地暴露于蒸汽、潮气、烟雾、易爆气体、过量的灰尘或盐雾中、热辐射（如日照）、转运设备的外部原因引起的其他振动危险和地震危险。

3）设备及其元件的特性。

a）户内设备或户外设备；

b）相数；

c）母线组数，以单线图表示；

d）额定电压；

e）额定频率；

f）额定绝缘水平；

g）母线和馈电回路的额定电流；

h）额定短时耐受电流（I_k）；

i）额定短路持续时间（若不是1s）；

j）额定峰值耐受电流（若不是$2.5I_k$）；

k）元件的额定值；

l）外壳和隔板的防护等级；

m）回路图；

n）金属封闭开关设备和控制设备的类型（例如：LSC1、LSC2）；

o）如果要求，各隔室的名称和类别的描述；

p）隔板和活门的等级（PM或PI）；

q）当适用时，IAC级（如果要求），以及对应的I_k，I_p，t和F、L、R，A、B、C。

4）操作装置的特性。

a）操动装置的类型；

b）额定电源电压（如果有）；

c）额定电源频率（如果有）；

d）额定气源压力（如果有）；

e）特殊的联锁要求。

除这些项目外，查询者应指出可能影响到投标和订货的每一种情况，例如，特殊的装配和安装条件、外部高压引线的位置、有关压力容器的规程和电缆试验要求。

如果要求进行特殊的型式试验，应提供有关资料。

9.2 投标时应提供的资料

如果适用，制造厂应采用文字叙述加图形的方式给出下列资料：

1）9.1 中的第 3）项所列举的额定值和特性。

2）按要求，提供型式试验证书或报告。

3）结构特征。

a）最重运输单元的质量；

b）设备的外形尺寸；

c）外部连线的布置；

d）运输和安装的工具；

e）安装规程；

f）各隔室的名称和类别；

g）可触及的侧面；

h）运行和维护说明书；

i）气体压力系统或液体压力系统的类型；

j）额定充入水平和最低功能水平；

k）不同隔室的液体体积或液体或气体的质量；

l）液体状态或气体状态的技术要求。

4）操动装置的特性。

a）9.1 的第 4）项所列举的类型和额定值；

b）操作电流或操作功率；

c）动作时间；

d）操作时间的耗气量。

5）用户应订购的推荐的备件清单。

10 运输、储存、安装、运行和维护规则

按照制造厂给出的说明书对设备进行运输、储存和安装以及使用中的运行和维修，是十分重要的。

因此，制造厂应提供设备的运输、储存、运行和维修说明书。运输和储存说明书应在交货前的适当时间提供，而安装、运行和维修说明书最迟应在交货时提供。

本标准不可能详细地列出每种不同类型设备的安装、运行和维修的全部规则，但下面给出的资料，对制造厂提供的说明书来说，是十分重要的。

10.1 运输、储存和安装时的条件

如果在运输、储存和安装时不能保证订货单中规定的使用条件（温度和湿度），制造厂和用户应当就此达成专门的协议。

为了在运输、储存和安装中以及在带电前保护绝缘，以防由于雨、雪或凝露等原因而吸潮，采取特殊预防措施可能是必要的。运输中的振动也应予以考虑。说明书中对此应给予适当的说明。

10.2 安装

对于每种形式的设备，制造厂提供的说明书至少应当包括下列各项。

对于IAC级设备，应提供适应设备内部电弧情况的安全安装条件的导则。实际安装条件造成的危害应根据试验样品在内部电弧试验期间的安装条件（见GB 3906附录A中A.3）进行评估。认为这些条件是最低允许条件。认为试验覆盖了所有欠严的条件和/或提供更大空间的条件。

但是，如果用户认为危险没有关系，则设备的安装可以不受制造厂指出的约束条件的限制。

10.3 运行

制造厂给出的说明书应当包括以下资料：

——设备的一般说明，要特别注意它的特性和运行的技术说明，使用户充分了解所涉及的主要原理；

——设备安全性能以及联锁和挂锁操作的说明；

——和运行有关的，为了对设备进行操作、隔离、接地、维修和试验所采取的行动的说明。

10.4 维护

维修的有效性主要取决于制造厂编写的说明书的内容和用户贯彻执行说明书的程度。

如果为了维护需要插入临时隔板来防止偶然触及带电部件，则

——制造厂应提供所需的隔板或其方案；

——制造厂应给出维护程序和隔板使用的建议；

——按照制造厂的指导安装完后，防护等级应达到GB 4208—1993规定的IP2X；

——这些隔板应满足5.21.3的要求；

——隔板及其支撑应有足够的机械强度以防偶然触及带电部件。

注：仅用做机械防护的隔板和支撑件不受本标准的约束。

运行中发生短路故障后应检查接地回路是否有潜在的损坏，如果需要，可全部或部分更换。

11 安全性

仅当设备按有关的规程安装，并按制造厂的说明书使用和维修时，它才能够安全的工作。

通常只有指派的人员才可以接近设备。它应该由技术熟练的人员来使用和维修。如果对接近配电用的设备不加限制，就需要有附加的安全性能。

本标准电气、机械、热的、操作等方面的规定为设备提供了防止各种危险的人身安全措施（参见相关的条款）。

11.1 程序

用户应提出适当的程序，以保证基于程序的可触及隔室仅在可触及隔室中的主回路部件不带电并接地或者处于抽出位置且相应的活门关闭时才能打开。该程序可以由设备的制造商或用户的安全规程规定。

11.2 内部电弧方面

就人员防护而言，在内部电弧情况下，设备的正确性能不只是设备本身设计的问题，也

与设备的状态和运行规程有关，示例见 8.3。

对户内设备，由于设备内部故障产生的电弧可能会导致开关设备安装房间内的过压力。其影响不在本标准的范围内，但设备设计时应予以考虑。

12 装配工艺检查（附加规范，对第 10 条的补充及具体作法）

12.1 元器件装配

a）一、二次元器件安装排列应符合设计要求，型号规格正确。

b）元器件应完好无损，表面清洁干净，经入库检验的合格产品。

c）元器件的合格证，说明书，技术文件应齐全。

d）元器件安装应布局合理，整齐美观，安装牢固可靠，倾斜不大于 5°。

e）配齐平垫和弹簧垫，固定螺栓突出螺母 1～3 扣之间。

f）设备标牌、眉头、模拟牌和标签应符合设计要求，安装整齐美观。

g）电气间隙和爬电距离应符合技术标准要求，低压部分一般应大于 15mm，特殊情况应大于 8mm，高压部分应符合相关的技术标准要求。

h）绝缘外壳不得有划伤痕迹。

i）柜体和元器件应清洁干净。

12.2 一次线装配

a）导线、母线选用型号规格应符合设计要求。

b）导线、母线颜色 A 相为黄色，B 相为绿色，C 相为红色，N 线为淡蓝色，PE 线为黄绿双色，母线可用相应颜色标签贴于明显易见处。

c）相序排列应符合标准要求，安装排列整齐、美观大方。

d）母线表面应平整光洁，无裂痕、锤印，折弯处无裂纹，孔口无毛刺，搭接面无氧化层。

e）选用母线夹或支撑件应能承受装置额定的短时耐受电流和峰值耐受电流所产生的动、热应力的冲击，安装整齐牢固。

f）母线弯曲处与母线搭接边线距离 25mm 左右。

g）母线连接紧密可靠，紧固螺栓个数视母线宽度而定，配齐平垫和弹簧垫，螺栓突出螺母 1～3 扣之间。

h）母线涂漆界线整齐分明，界线距母线搭接处 10mm，接触面无沾漆，母线表面无流漆。

12.3 二次配线

a）元件标识签，靠近元件明显处，粘贴牢固整齐。

b）二次选线应符合设计要求，配线整齐美观、横平竖直，线束无叠（绞）线，绑扎牢固。

c）每种相同元器件在柜内配线应统一，台与台配线一致，批与批配线一致。

d）导线穿过金属板时应有绝缘保护，线束固定应离金属表面 2～5mm，过门线束用线夹固定，并留有适当余量。

e）导线线号字迹清晰排列正确，整齐，字号易见，线号管的长度应一致，以方便维修时查找。

f）一个接线端子不得超过两根导线，压线端子拧紧牢固，导线中段不得有接头。

g）发热元件应从元件下方配线。

h）接地线规格颜色应符合技术标准要求。

i）柜内无废杂物清洁干净。

12.4　包装、运输与储存

产品的包装、运输和储存，应按照以下技术条件的规定进行。

12.4.1　包装

产品包装采用GB/T 13384附录A中的框架木箱，包装箱的材料也可根据本地材料供应情况选用，但应保证包装箱具有足够的强度，产品应垫稳、卡紧，固定于外包装箱内，产品在箱内固定方式可采用缓冲材料塞紧，木块定位，螺栓紧固。或按SHQ. BDC. 04002规定执行。

产品不得与外包装箱板有直接接触。

a. 包装应具有防水、防潮措施。对于出口包装箱的防水等级，普通封闭箱应选用B类Ⅲ级以上，滑木箱应选用B类Ⅱ级以上。包装防潮应符合GB 4768规定，出口包装防潮等级为Ⅰ、Ⅱ类。

b. 包装箱上应有在运输和保管过程中必须注意的明显标志（如向上、防潮、防雨、防震、起吊位置等）。

c. 在不损伤产品内部元件的前提下，制造厂也可和用户协商，选择经济实用的最佳包装方案。但必须保证产品在运输过程中不至于遭到损坏、变形、受潮及部件丢失等。

12.4.2　运输、储存

在运输、储存的过程中，不应超出产品国标所规定环境要求，如果不能满足要求应给出相应的说明。

第2部分　低压成套开关设备和控制设备企业标准

QB/T 7251.1—2010

1　总则

1.1　范围与目的

本部分适用于在额定电压交流不超过1000V，频率不超过1000Hz，直流不超过1500V的低压成套开关设备和控制设备（以下简称为“成套设备”），包括型式试验的成套设备（TTA）和部分型式试验的成套设备（PTTA）。

本部分也适用于频率更高的装有控制及功率器件的成套设备。在这种情况下会采用相应的附加要求。

本部分适用于带外壳或不带外壳的固定式或移动式成套设备。

注：对于某些专门类型的成套设备的特殊要求，在补充的IEC标准中给出。

本部分适用于与发电、输电、配电和电能转换的设备以及控制电能消耗的设备配套使用的成套设备。

本部分同时适用于那些为特殊使用条件而设计的成套设备，如船舶、机车车辆、机床、起重机械使用的成套设备或在易爆环境中使用的成套设备及民用即非专业使用的设备等，只要它们符合有关的规定要求。

本部分不适用于有各自相关标准的单独的元器件及自成一体的组件，诸如电机起动器、刀熔开关、电子设备等。

本部分的目的是为低压成套开关设备和控制设备定义，并阐明其使用条件、结构要求、技术性能和试验。（本企业标准引用GB 7251.1—2005标准而编制的）

本标准中制造商和用户协议或规定在标准中没有给出，在应用时，双方要根据实际情况再进行商定。条款确定之后，作为本标准的附加条件，并具有同等效力。

1.2　规范性引用文件

下列文件中的条款通过GB 7251的本部分的引用而成为本部分的条款。凡是注日期的引用文件，其随后所有的修改单或修订版均不适用于本部分，凡是不注日期的引用文件，其最新版本适用于本部分。

GB/T 2900.8—1995　电工术语　绝缘子（idt IEC 60050（471）：1984）

GB/T 2900.18—1992　电工术语　低压电器（idt IEC 60050（441）：1984）

GB/T 2900.57—2002　电工术语　发电、输电及配电—运行（idt IEC 60050）

GB/T 4026—1992　电器设备接线端子和特定导线线端的识别及应用字母数字系统的通则（idt IEC 60445：1988）。

GB 5013.3～4—1997　额定电压450/750V及以下橡皮绝缘电缆　第3部分和第4部分（idt IEC 60245-3～4：1994）

GB 5023.3～4—1997　额定电压450/750V及以聚氯乙烯绝缘电缆　第3部分和第4部分（idt IEC 60227-3～4：1993和1992）

GB 7947—1997　导体的颜色或数字标识（idt IEC 60446：1989）

GB/T 13539.1—2002　低压熔断器　第一部分：基本要（IEC 60269.1：1998，IDT）

GB/T 14048.3—2002　低压开关设备和控制设备　第3部分：开关、隔离器、隔离开关和熔断器组合电器（idt IEC 60947-3：1999）

GB 16895.3—2004　建筑物电气装置　第5-54部分：电气设备的选择和安装　接地配置、保护导体和保护联结导体（IEC 60364-5-54：2002，IDT）

GB/T 16935.1—1997　低压系统内设备的绝缘配合　第一部分：原理、要求和试验（idt IEC 60664-1：1992）

GB/T 17626.2～4—1998　电磁兼容　试验和测量技术（idt IEC 61000-4：1995）

GB/T 17626.5—1999　电磁兼容　试验和测量技术　浪涌（冲击）抗扰度试验（idt IEC 61000-4-5：1995）

GB 7251.1—2005　低压成套开关设备和控制设备　第1部分：型式试验和部分型式试验成套设备（IEC 60439-1：1999，IDT）

IEC 60038：1983　IEC标准电压

IEC 60050（826）：1982　国际电工词汇（IEW）——第826章：建筑物电气装置

IEC 60060　高电压试验技术

IEC 60071-1：1976　绝缘配合　第1部分：术语、定义、原则及规则

IEC 60073：1996　指示器和操作装置的颜色编码及其补充意义

IEC 60099-1：1991 避雷器 第1部分：用于交流系统的阀式避雷器

IEC 60112：1979 固体绝缘材料在潮湿条件下的相对起痕指数和耐起痕指数的测定方法

IEC 60146-2：1974 半导体变流器 第2部分：半导体自换相变流器

IEC 60364-3：1993 建筑物电气装置 第3部分：一般性能的估计

IEC 60364-4-41和443：1992和1995 建筑物的电气装置 第4部分：安全保护第41和44章：电击防护和过电压保护（来源于大气或由于开关操作引起的过电压）

IEC 60364-4-46：1981 建筑物的电气装置 第4部分：安全保护 第46章：隔离和开关

IEC 60417（所有部分）用于设备的图形符号 单元资料的汇编、一览表和索引

IEC 60502：1994 额定电压1kV～30kV的挤包绝缘电力电缆

IEC 60529：1989 外壳防护等级（IP代码）（GB 4208—1993 epv IEC 60529：89）

IEC 60750：1983 电气技术中的项目代号（GB 5094—1985 epv IEC 60750：83）

IEC 60865（所有部分）短路电流的计算

IEC 60890：1987 用于低压开关设备和控制设备部分型式试验的成套设备（PTTA）的一种温升外推法

IEC 61117：1992 部分型式试验成套开关设备短路耐受强度的评估方法（PTTA）

2 术语和定义

本部分引用GB 7251.1—2005中的术语和定义，本部分不再叙述。

3 成套设备的分类

成套设备按下述各项分类：

——外形设计（见GB 7251.1中2.3）；

——安装场所（见GB 7251.1中2.5.1和2.5.2）；

——安装条件，（指设备的移动能力）（见GB 7251.1中2.5.3和2.5.4）；

——防护等级（见GB 7251.1中7.2.1）；

——外壳形式；

——安装方法，例如：固定式或可移动式部件（见GB 7251.1中7.6.3和7.6.4）；

——对人身的防护措施（见GB 7251.1中7.4）；

——内部隔离形式（见GB 7251.1中7.7）；

——功能单元的电气连接形式（见GB 7251.1中7.11）。

4 成套设备的电气性能

成套设备是由以下电气性能确定的。

4.1 额定电压

成套设备的额定电压按该设备各电路和下述额定电压确定。

4.1.1 额定工作电压（U_e）（成套设备一条电路的）

成套设备中某一条电路的额定工作电压（U_e）是指该电路中的额定电流共同决定设备使用的电压值。

对于多相电路，系指相间电压。

注：控制电路额定电压的标准值由电器元件的有关标准确定。

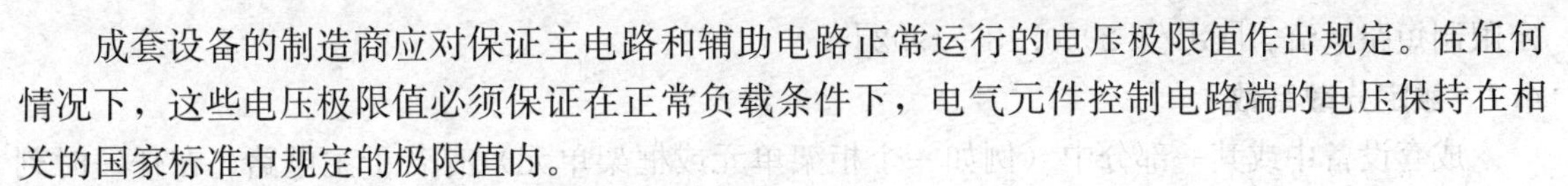

成套设备的制造商应对保证主电路和辅助电路正常运行的电压极限值作出规定。在任何情况下，这些电压极限值必须保证在正常负载条件下，电气元件控制电路端的电压保持在相关的国家标准中规定的极限值内。

4.1.2 额定绝缘电压（U_i）（成套设备中一条电路的）

成套设备中一条电路的额定绝缘电压（U_i）——介电试验电压和爬电距离都参照此电压值确定。

成套设备任何一条电路的最大额定工作电压不允许超过其额定绝缘电压。成套设备任一电路的工作电压，即使是暂时的，也不得超过其额定绝缘电压的110%。

注：对于IT系统的单相电路（见IEC 60364-3），建议额定绝缘电压至少等于电源的相间电压。

4.1.3 额定冲击耐受电压（U_{imp}）（成套设备中一条电路的）

在规定的试验条件下，成套设备的电路能够承受的规定波形和极性的脉冲电压峰值，而且电气间隙值参照此电压值确定。

成套设备中一条电路的额定冲击耐受电压应等于或高于成套设备所在系统中出现的瞬态过电压规定值。

注：额定冲击耐受电压的推荐值在表13中给。

4.2 额定电流（U_n）（成套设备中一条电路的）

成套设备中的某一电路的额定电流由制造商根据其内装电气设备的额定值及其布置和应用情况来确定。当按照8.2.1进行验证时，必须通此电流，且装置内各部件的温升不超过7.3（表3）所规定的限值。

注：由于确定额定电流的因素很复杂，因此不能给出标准值。

4.3 额定短时耐受电流（I_{cw}）（成套设备中一条电路的）

成套设备中一条电路的额定短时耐受电流是指由制造商给出的，该电路在8.2.3规定的试验条件下能安全承载的短时耐受电流方均根值。除非制造商另外规定，该时间为1s。[GB/T 2900.18—1992]

对于交流，此电流值是交流分量的方均根值，并假设可能出现的最高峰值不超过此方均值n倍，系数n在7.5.3中给出。

注：1）如果时间小于1s，建议规定额定短时耐受电流及时间，例如20kA，0.2s。

2）当试验在额定工作电压下进行时，额定短时耐受电流可以是预期电流，当试验在较低电压下进行时，它可以是实际电流。如果试验在最大额定工作电压下进行，此额定值与本标准中确定的额定预期短路电流相同。

4.4 额定峰值耐受电流（I_{pk}）（成套设备中一条电路的）

成套设备中一条电路的额定峰值耐受电流是指在8.2.3规定的试验条件下，制造商规定此电路能够圆满地承受的峰值电流（亦见7.5.3）。[GB/T 2900.18—1992]

4.5 额定限制短路电流（I_{cc}）（成套设备中一条电路的）

成套设备中一条电路的额定限制短路电流是指在8.2.3规定的试验条件下，用制造商规定的短路保护器件进行保护的电路在保护装置动作的时间内能够圆满承受的预期短路的电流值。

关于短路保护器件的详细规定应由制造商给出。

注：1）对于交流而言，额定限制短路电流是交流分量的方均根值。

2）短路保护器件既可以作为成套设备的组成部分，也可以作为独立的单元。

4.6 额定熔断短路电流（I_{cf}）（成套设备中一条电路的）

成套设备中一条电路的额定熔断短路电流是指当短路保护器件是熔断器时，此电路的额

定限制短路电流。[GB/T 2900.18—1992]

4.7 额定分散系数

成套设备中或其一部分中（例如一个柜架单元或框架单元）有若干主电路，在任一时刻所有主电路预计电流最大总和与成套设备或其选定部分的所有主电路额定电流之和的比值，即为额定分散系数。

如果制造商给出了额定分散系数，此系数将用于按照8.2.1进行的温升试验中。

注：在没有实际电流资料的情况下，允许采用表1常用数据：

表1 额定分散系数

主电路数	额定分散系数
2与3	0.9
4与5	0.8
6~9（包括9）	0.7
10及以上	0.6

4.8 额定频率

成套设备的额定频率是指设备标明的与其工作条件有关的频率值。

如果成套设备的电路选用了不同的频率值并依次而设计，则应给出各条电路的额定频率值。

注：频率值允许限制在内装电器元件相应的国家标准中所规定的范围以内。如果成套设备的制造商没有其他规定，假定限制在额定频率的98%~102%范围内。

5 提供成套设备的资料（下列资料应由制造商提供）

5.1 铭牌

每台成套设备应配备一至数个铭牌，铭牌应坚固、耐久，其位置应该是在成套设备安装好后，易于看见的地方，而且字迹要清楚。A）和b）项的资料应在铭牌上标出。

a）制造商（生产厂）名称或商标；注：制造商是对完整的成套设备承担责任的机构。

b）型号或标志号，或其他标记，据此可以从制造商得到有关的资料；

c）执行标准GB 7251.1；

d）电流类型（以及在交流情况下的频率）；

e）额定工作电压（见4.1.1）；

f）额定绝缘电压（见4.1.1）；注：可标为额定冲击耐受电压（见4.1.3）

g）辅助电路的额定电压（如适用）；

h）工作限值（见第4章）；

i）防护等级（见7.2.1）；

j）每条电路的额定电流（如适用）（见4.2）；

k）短路耐受强度（见7.5.2）；

l）特殊使用条件（则为污染等级）

m）为成套设备所设计的系统接地型式；

n）功能单元的电气连接形式；

o）外形尺寸，其顺序为高、宽（或长）、深；

p）质量及出厂编号等。

5.2　标志

在成套设备内部，应能辨别出单独的电路及其保护器件。

如果要标明成套设备电器元件，所用的标记应与随同成套设备一起提供的接线图上的标记一致，而且应符合（IEC 60750）。

5.3　安装、操作和维修说明书

制造商应在其技术文件或产品目录中，规定成套设备及设备内电气元件的安装操作和维修条件。在使用说明书上，应指出某些操作方法，并提供完整的有关资料。

6　使用条件

6.1　正常使用条件

符合本部分的成套设备适用于下述使用条件。

注：如果使用的元件，例如继电路、电子设备等不是按这些条件设计的，那么允许采取适当的措施以保证其正常工作（见 7.6.2.4 第二段）。

6.1.1　周围空气温度

6.1.1.1　户内成套设备的周围空气温度

周围空气温度不得超过＋40℃，而且在 24h 内其平均温度不得超过＋35℃。

周围空气温度的下限为－5℃。

6.1.1.2　户外成套设备的周围空气温度

周围空气温度不得超过＋40℃，而且在 24h 内其平均温度不得超过＋35℃。周围空气温度的下限为：

——温带地区为－25℃；

——严寒地区为－50℃。

注：如在严寒地区使用成套设备，制造商与用户之间需要达成一个专门的协议。

6.1.2　大气条件

6.1.2.1　户内成套设备的大气条件

空气清洁，在最高温度为＋40℃时，其相对湿度不得超过 50％。在较低湿度时，允许有较大的相对湿度。例如：＋20℃时相对湿度为 90％。但应考虑到由于温度的变化，有可能会偶尔产生适度的凝露。

6.1.2.2　户外成套设备的大气条件

最高温度为＋25℃时，相对湿度短时可高达 100％。

6.1.2.3　污染等级

污染等级（见 GB 7251.1 中 2.9.10）指成套设备所处的环境条件。

对外壳内的开关器件或元件，可使用外壳内环境条件的污染等级。

为了确定电气间隙和爬电距离，确立了以下四个微观环境的污染等级（在表 14 和 16 中给出了按照不同的污染等级规定的电气间隙和爬电距离）：

污染等级 1：无污染、或仅有干燥的非导电性污染。

污染等级 2：一般情况下，只有非导电性污染。但是，也应考虑到偶然由于凝露造成的暂时的导电性。

污染等级 3：存在导电性污染，或者由于凝露使干燥的非导电性污染变成导电性的污染。

污染等级 4：造成持久性的导电性污染，例如由于导电尘埃或雨雪造成的污染。

工业用途的污染等级标准：如果没有其他规定，工业用途的成套设备一般在污染等级 3 环境中使用。而其他污染等级可以根据特殊用途或微观环境考虑采用。注：污染等级可能受壳内安装结构影响。

6.1.3 海拔

安装场地的海拔不得超过 2000m。

注：对于在海拔高于 1000m 处使用的电子设备，有必要考虑介电强度的降低和空气冷却效果的减弱。打算在这些条件下使用的电子设备，建议按照制造商与用户之间的协议进行设计和使用。

6.2 特殊使用条件

如存在下述任何一种特殊使用条件，必须遵守适用的特殊要求或制造商与用户之间签订专门的协议。如果存在这类特殊使用条件的话，用户应向制造商提出。

特殊使用条件例举如下：

6.2.1 温度值、相对湿度或海拔高度与 6.1 的规定不同。

6.2.2 在使用中，温度和/或气压急剧变化，以致在成套设备内易出现异常的凝露。

6.2.3 空气被尘埃、烟雾、腐蚀性微粒、放射性微粒、蒸汽或盐雾严重污染。

6.2.4 暴露在强电场或强磁场中

6.2.5 暴露在高温中，例如太阳的直射或火炉的烘烤。

6.2.6 受霉菌或微生物侵蚀。

6.2.7 安装在有火灾或爆炸危险的场地。

6.2.8 遭受强烈振动或冲击。

6.2.9 安装在会使载流容量和分断能力受到影响的地方，例如将设备安装在机器中或嵌入墙内。

6.2.10 合适的措施：消除电、磁场、辐射和恶劣环境，应采取的适当的防护措施。

6.3 运输、储存和安置条件

如果运输、储存和安置时的条件，例如温度和湿度条件与 6.1 中的规定不符时，应由用户与制造厂签订专门的协议。

如果没有其他的规定，温度范围在－25～＋55℃之间适用于运输和储存过程。在短时间内（不超过 24h）可达到＋70℃。

设备在未运行的情况下经受上述高温后，不应遭受任何不可恢复的损坏，然后在规定的条件下能正常工作。

7 设计和结构

7.1 机械设计

7.1.1 总则

成套设备应由能够承受一定的机械应力、电气应力及热应力的材料构成，此材料还应能经得起正常使用时可能遇到的潮湿的影响。

为了确保防腐，成套设备应采用防腐材料或在裸露在表面涂上防腐层，同时还要考虑使用及维修重要条件。

所有的外壳或隔板包括门的闭锁器件、可抽出部件等应具有足够的机械强度以能够承受正常使用时所遇到的应力。

成套设备中电气元件和电路的布置应便于操作和维修，同时要保证必要的安全等级。

7.1.2　电气间隙、爬电距离和隔离距离

7.1.2.1　电气间隙和爬电距离

成套设备内电器元件的间距应符合各自相关标准中规定，而且，在正常使用条件下也应保持此距离。

在成套设备内部布置电气元件时，应符合其规定的电气间隙和爬电距离或冲击耐受电压，同时要考虑相应的使用条件。

对于裸露的带电导体和端子（例如：母线、电器之间的连接、电缆接头，）其电气间隙和爬电距离或冲击耐受电压至少应符合与其直接相连的电器元件的有关规定。

另外，异常情况（例如短路）不应永久性地将母线之间、连接线之间、母线与连接线之间（电缆除外）的电气间隙或介电强度减少到小于与其直接相连的电气元件所规定的值。

对于按照本标准中8.2.2.6进行试验的成套设备，在表14和表16中给出了最小值，在7.1.2.3中给出了试验电压值。

7.1.2.2　抽出式部件的隔离距离

如果功能单元安装在抽出式部件上，如设备处于新的条件下，隔离距离至少要符合GB/T 14048.3—2002中关于隔离器规定的要求，同时要考虑到制造公差和由于磨损而造成的尺寸变化。

7.1.2.3　介电性能

当制造商标明了成套设备一个电路或多个电路的额定冲击耐受电压时，则适用第7.1.2.3.1～7.1.2.3.6的要求，而且该电路应满足8.2.2.6和8.2.2.7规定的介电强度试验和验证。

在其他情况下，成套设备的电路应满足8.2.2.2、8.2.2.3、8.2.2.4和8.2.2.5规定的介电强度试验。注：然而，在此情况下，宜考虑绝缘配合的要求不能得到验证。

7.1.2.3.1　总则

下述要求以GB/T 16935.1—1997的原则为依据，并提供了在成套设备内部条件下绝缘配合的可能性。

成套设备的电路应能承受GB 7251.1附录G中给出的符合过电压类别的额定冲击耐受电压（见4.1.3），或者如果适用的话，应能承受表13给出的相应的交流或直流电压。施加在隔离器件的隔离距离或抽出式部件的隔离距离上的耐受电压在表15中给出。

注：电源系统的标称电压于成套设备电路的冲击耐受电压之间的关系在附录G中给出。

对于给定的额定工作电压，额定冲击耐受电压不应低于GB 7251.1附录G中给出的与成套设备使用处的电路电源系统标称电压相应值和适用的过电压类别。

7.1.2.3.2　主电路的冲击耐受电压

a）带电部件与接地部件之间，极与极之间的电气间隙应能承受表13给出的对应于额定冲击耐受电压的试验电压值。

b）对于处在隔离位置的抽出式部件，断开的触点之间的电气间隙应能承受表15给出的与额定冲击耐受电压相适应的试验电压值。

c）与a）及b）项的电气间隙有关的成套设备的固态绝缘应承受a）和b）项规定的冲击电压（如适用）。

7.1.2.3.3　辅助电路的冲击耐受电压

a）以主电路的额定工作电压（没有任何减少过电压的措施）直接操作的辅助电路应符合

7.1.2.3.2 中 a）和 c）项的要求。

b）不由主电路直接操作的辅助电路，可以有与主电路不同的过电压承受能力。这类交流或直流电路的电气间隙和相关的固态绝缘应该承受 GB 7251.1 附录 G 中给出的相应电压值。

7.1.2.3.4 电气间隙

电气间隙应使电路足以承受 7.1.2.3.2 和 7.1.2.3.3 给出的试验电压值。

对于情况 B—均匀电场，电气间隙应至少与表 14 给出的值相同。

与额定冲击耐受电压及污染等级有关的电气间隙，如果大于表 14 给出的关于情况 A—非均匀电场的值，则不要求进行冲击耐受电压试验。

测量电气间隙的方法在 GB 7251.1 附录 F 中给出。

7.1.2.3.5 爬电距离

a）尺寸的选定。对于污染等级 1 和污染等级 2，爬电距离不应小于按照 7.1.2.3.4 选择的相关的电气间隙。对于污染等级 3 和污染等级 4，即使电气间隙小于 7.1.2.3.4 允许的情况 A 的值，爬电距离也应不小于情况 A 的电气间隙，以减少由于过电压引起击穿的危险性。

测量爬电距离的方法在 GB 7251.1 附录 F 中给出。

爬电距离应符合 6.1.2.3 规定的污染等级和表 16 给出的在额定绝缘电压（或工作电压）下的相应的材料组别。

按照相比漏电起痕指数（CTI）（见 2.9.18）的数值范围，材料组别分类如下：

——材料组别Ⅰ　　600≤CTI

——材料组别Ⅱ　　400≤CTI<600

——材料组别Ⅲa　　175≤CTI<400

——材料组别Ⅲb　　100≤CTI<175

注：1）对于采用的绝缘材料，CTI 的值参照了从 IEC 60112 方法 A 中获得的值。

2）对于无机绝缘材料，例如玻璃或陶瓷，不产生漏电起痕，其爬电距离不需要大于其相关的电气间隙。但建议考虑击穿放电危险。

b）加强筋的使用。如果使用高度最小为 2mm 的加强筋，不考虑其数量，爬电距离可以减少至表 16 中的值 0.8 倍。根据机械要求来确定加强筋的最小底宽（见 GB 7251.1 附录 F 的第 F.2 章）。

c）特殊用途。对于打算在必须考虑绝缘故障的严重后果的场合下使用的电路，应改变表 16 中的一个或多个有影响的因素（距离、绝缘材料、微观环境中的污染），以使绝缘电压高于表 16 给出的电路的额定绝缘电压。

7.1.2.3.6 隔开的电路之间的间隙

确定隔开的电路之间的电气间隙、爬电距离和固态绝缘的尺寸时，应选用最大的电压额定值（用于电气间隙和相关的固态绝缘的额定冲击耐受电压及用于爬电距离的额定绝缘电压）。

7.1.3 外接导线端子

7.1.3.1 制造商应指出端子是适合于连接铜导线，还是适合于连接铝导线，或者是两者都适用。端子应能与外接导线进行连接，如采用螺钉、连接件等，并保证维持适合于电器元件和电路的额定电流和短路强度所需要的接触压力。

7.1.3.2 在制造商与用户之间无专门协议的情况下，端子应能适用于连接随额定电流而定的最小至最大截面积的铜导线和电缆（见 GB 7251.1 附录 A）。

如果使用铝导线，表 A.1 给出的最大尺寸的单芯或多芯导线的端子通常是能满足要求的。如不能满足要求时，可提供下一挡更大尺寸的铝导线的连接方法。

当低压小电流（小于 1A，且交流电压低于 50V 或直流低于 120V）的电子电路外接导线必须连接到成套设备上时，GB 7251.1 附录 A 中的表 A1 栏不再适用（见表 A.1 注 2）。

7.1.3.3 用于接线的有效空间应使规定材料的外接导线和芯线分开的多芯电缆能够正确地连接。导线不应承受影响其寿命的应力。

7.1.3.4 如果制造商与用户间无其他的协议，在带中性导体的三相电路中，中性导体的端子应允许连接具有下述载流量的铜导线：

——如果相导体的截面积尺寸大于 $10mm^2$，则载流量等于相导体载流量的一半，但最小为 $10mm^2$ 导线的载流量。

——如果相导体的截面积等于或小于 $10mm^2$，则载流量等于相导体的载流量。

注 1：对于非铜质导线，上述截面积建议以等效导电能力的截面积代替，此时可能需要较大端子。

注 2：有的场合，中性导体电流可能达到很高的数值，例如大的荧光灯，此时应与相导线相用。

7.1.3.5 如果需要提供一些用于中性导体、保护导体和 PEN 导体出入的连接设施，它们应安置在相应的相导线端子的附近。

7.1.3.6 电缆入口、盖板等应设计成在电缆正确安装好后，能够达到所规定的防触电措施和防护等级。也就是说电缆入口方式的选择要适合制造商规定的使用条件。

7.1.3.7 端子标志

端子的标志应符合 GB/T 4026—1992 规定。

7.2 外壳及防护等级

7.2.1 防护等级

7.2.1.1 根据 IEC 60529，由成套设备提供的防止触及带电部件，以及外来固体的侵入和液体的进入的防护等级用符号 IP 来标明。

对于户内使用的成套设备，如果没有防水的要求，下列 IP 值为优先参考值：

IP00，IP2X，IP3X，IP4X，IP5X

如果要求防水保护，表 2 给出了防护等级的优先值。

表 2 优选的 IP 值

第一位特征数对触电与外界硬物的侵入的防护	第二位特征数对水的有害进入的防护				
	1	2	3	4	5
2	IP21	—	—	—	—
3	IP31	IP32	—	—	—
4	—	IP42	IP43	—	—
5	—	—	IP53	IP54	IP55
6	—	—	—	IP64	IP65

7.2.1.2 封闭式成套设备在按照制造商的说明书安装好后，其防护等级至少应为 IP2X。

7.2.1.3 对于无附加防护设施的户外成套设备，第二位特征数字应至少为 3。

注：对于户外成套设备，附加的防护措施可以是防护棚或类似设施。

7.2.1.4 如果没有其他规定，在按照制造商的说明书进行安装（见 7.1.3.6）时，制造商给出的防护等级适用于整个成套设备，例如：必要时，可封闭成套设备敞开的安装面。

在使用中，被允许的人员需要接近成套装置的内部部件时，制造商还应给出防止直接接触，外来固体和水进入的防护等级，（见 7.4.6）。对于带有可移式和/或抽出式部件的成套设备见 7.6.4.3。

7.2.1.5 如果成套设备的某个部分（例如：工作面）的防护等级与主体部分的防护等级不同，制造商则应单独标出该部位的防护等级。例如：IP00——工作面 IP20。

7.2.2 考虑大气湿度所采取的措施

户外成套设备或封闭式户内成套设备打算用于高湿度或温度变化范围很大的场所时，应采取适当的措施（通风或内部加热、排水孔等）以防止成套设备内产生有害的凝露。然而同时仍应保持规定的防护等级（对于内装的电器元件见 7.6.2.4）。

7.3 温升

表 3 给出了温升限值，在平均环境温度小于或等于 35℃、按照 8.2.1 对成套设备进行验证时，不应超过表 3 给出的限值。

注：一个元件或部件的温升是指按照 8.2.1.5 的要求所测得的该元件或部件的温度与成套设备外部环境空气温度的差值。

表3 温 升 限 值

成套设备的部件	温升/K
内装元件*	根据不同元件的有关要求，或（如有的话）根据制造商的说明书，考虑成套设备内的温度
用于连接外部绝缘导线的端子	70**
母线和导体，连接到母线上的可移式部件和抽出式部件插接式触点	受下述条件限制（铜母线 60，镀锡铝母线 55）： ——导电材料的机械强度； ——对相邻设备的可能影响； ——与导体接触的绝缘材料的允许温度极限； ——导体温度对与其相连的电器元件的影响； ——对于接插式触点，接触材料的性质和表面的加工处理
操作手柄 ——金属的 ——绝缘材料的	 15*** 25***
可接近的外壳和覆板 ——金属表面 ——绝缘表面	 30**** 40****
分散排列的插头与插座	由组成设备的元器件的温升限值而定*****

* “内装元件”一词指：
——常用的开关设备和控制设备；
——电子部件（例如：整流桥、印刷电路）；
——设备的部件（例如：调节器、稳压电源、运算放大器）。

** 温升极限为 70K 是根据 8.2.1 的常规试验而定的数值。在安装条件下使用或试验的成套设备，由于接线、端子类型、种类、布置与试验（常规）所用的不尽相同，因此端子的温升会不同，这是允许的。

*** 那些只有在成套设备打开后才能接触到的操作手柄，例如：事故操作手柄，抽出式手柄等，由于不经常操作，故允许有较高的温升。

**** 除非另有规定，那些可以接触，但在正常工作情况下不需触及的外壳和和覆板，允许其温升提高 10K。

***** 就某些设备（如电子器件）而言，它们的温升限值不同于那些通常的开关设备的控制设备，因此有一定程度的伸缩性。

7.4 电击防护

当按照有关规定将成套设备安装在一个系统中时，下述要求可保证所需要的防护措施。

普遍可接受的防护措施可参照 IEC 60364-4-41。

考虑成套设备的特殊要求，那些对于成套设备尤为重要的防护措施详细重述如下：

7.4.1　直接接触和间接触的防护

7.4.1.1　用安全超低压防护

（见 IEC 60364-4-41 中 411.1）

7.4.2　直接接触的防护（见 GB 7251.1 中 2.6.8）

可利用成套设备本身适宜的结构措施，也可利用在安装过程中采取的附加措施来获得对直接接触的防护。可以要求制造商给出资料。

7.4.2.1　带电部件的绝缘防护

用绝缘材料将带电部件完全包住，绝缘材料只有在被破坏后才能去掉。

绝缘材料应采用能够承受使用中可能遇到的机械、电和热应力的材料制成。

注：例如把带电部件用绝缘材料包裹，电缆即为一例。

通常单独使用的漆层、搪瓷或类似物品的绝缘强度不够，不能作为正常使用时的触电防护材料。

7.4.2.2　利用挡板或外壳进行防护

应遵守下述要求：

7.4.2.2.1　所有外壳的直接接触防护等级至少应为 IP2X 或 IPXXB，金属外壳与被保护的带电部件之间的距离不得小于 7.1.2 所规定的电气间隙和爬电距离，如果外壳是绝缘材料制成的则例外。

7.4.2.2.2　所有挡板和外壳均应安全地固定在其位置上。在考虑它们的特性、尺寸和排列的同时应使它们有足够的稳固性和耐久性以承受正常使用时可能出现的变形和应力，而不减少 7.4.2.2.1 规定的电气间隙。

7.4.2.2.3　在有必要移动挡板、打开外壳或拆卸外壳的部件（门、护套、覆板和同类物）时，应满足下述条件之一：

a）移动、打开或拆卸必需使用钥匙或工具；

b）在打开门之前，应使所有的带电部件断电，因为打开门后有可能意外地触及这些带电部件（成套设备要设联锁装置，以防误操作和触电）。在 TN-C 系统中，PEN 导体不应分离或断开，TN-S 系统中，中性导体不必分离或断开。（见 IEC 60364-4-46）

c）应给成套设备装设一个内部屏障或活动挡板用来遮挡所有的带电部件，这样，在门被打开时，不会意外地触及带电部件。

一般均需加警告标志。

d）对挡板后面或外壳内部的所有带电部件需要做临时处理时（例如：更换灯泡和熔芯），仅在下列条件得到满足，方可在不用钥匙或工具，同时也不断开开关的情况下，移动、打开或拆卸挡板或外壳（见 7.6.4）：

——在挡板后面或外壳内设置一屏障，以便防止人员意外碰到不带其他保护设施的带电部件。但此屏障不必防止有关人员故意用手越过挡板去触及带电部件，不用钥匙或工具不能移动这层屏障。

——如果带电部件的电压符合安全超低压的条件，不须进行防护。

7.4.2.3　利用屏障进行防护

此措施适用于开启式成套设备，见 IEC 60364-4-41 中 412.3。

7.4.3 对间接接触的防护（见 GB 7251.1 中 2.6.9）

用户应说明适合于成套设备安装的防护措施。尤其要注意 IEC 60364-4-41 中规定的对整个装置防止间接接触的要求，例如采用保护导体。

7.4.3.1 利用保护电路进行防护

成套设备中的保护电路可由单独的保护导体或导电结构部件组成，或由两者共同组成，保护回路之间的电阻不应超过 0.1Ω。它提供下述保护：

——防止成套设备内部故障引起的后果；

——防止由成套设备供电的外部电路的故障引起的后果。

在下述条款中给出了保护电路的要求：

7.4.3.1.1 应在结构上采取措施以保证成套设备裸露导电部件之间（见 7.4.3.1.5）以及这些部件和保护电路之间（见 7.4.3.1.6）的电连续性。

对于 PTTA，除非采用型式试验的方案或按照 8.2.3.1.1～8.2.3.1.3 不需要进行短路强度的验证，否则，保护电路应使用单独的保护导体，而且把它安置在母线电磁力的影响可以被忽略的位置。

7.4.3.1.2 成套设备的裸露导电部件在下述情况下不会构成危险，则不需与保护电路连接：

——不可能大面积接触或用手抓住。

——或者由于裸露导电部件很小（大约 50mm×50mm），或者被固定在其位置上时，不可能与带电部件接触。

这适用于螺钉、铆钉和铭牌。也适用于接触器或继电器的衔铁，变压器的铁芯（除非它们带有连接保护电路的端子），脱扣器的某些部件等，不论其尺寸大小。

7.4.3.1.3 手动操作装置（手柄、转轮等）应：

——安全可靠地同已连接到保护电路上的部件进行电气连接。

——或带有辅助绝缘物，以将手动操作装置同成套设备的其他导电部件互相绝缘。此绝缘物至少应与手动操作装置所属器件的最大绝缘电压等级一样。

操作时通常用手握的手动操作的部件最好采用符合成套设备的最大绝缘电压的绝缘材料来制作或包覆。

7.4.3.1.4 用漆层或搪瓷覆盖的金属部件一般认为没有足够的绝缘能力以满足这些要求。

7.4.3.1.5 应通过直接的或由保护导体完成的相互有效连接来确保保护电路的连续性。

a）当把成套设备的一个部件从外壳中取出时，例如：进行例行维修，成套设备其余部分的保护电路不应当被切断。

如果采用的措施能够保证保护电路有持久良好的导电能力，而且载流容量足以承受成套设备中流过的接地故障电流，那么，组装成套设备的各种金属部件则被认为能够有效地保证保护电路的连续性。

注：建议软金属管不能用作保护导体。

b）如果可移式或抽出式部件配备有金属支撑表面，而且它们对支撑表面上施加压力足够大，则认为这些支撑面能充分保证保护电路的连续性，可能有必要采取一定的措施以保证有持久良好的导电性。从连接位置到分离（隔离位置）位置，抽出式部件的保护电路应一直保护其有效性。

c）在盖板、门、遮板和类似部件上面，如果没有安装电气设备，通常的金属螺钉连接和金属铰链连接则被认为足以能够保证电的连续性。

如果在盖板、门、遮板等部件上装有电压值超过超低压限值的电器时，应采取措施，以保证保护电路的连续性。建议给这些部件装配上一个保护导体（PE、PEN），此保护导体的截面积取决于所属电器电源引线截面积的最大值，并附合表4A的要求。为此目的而设计的等效的电连接方式（如滑动触点，防腐蚀铰链）也认为是满足要求的。

d）成套设备内保护电路所有部件的设计，应使它们能够承受在成套设备的安装场地可能遇到的最大热应力和动应力。

e）如果将外壳当作保护电路的一部分使用时，其截面积与7.4.3.1.7中规定的最小截面积在导电能力方面应是等效的。

f）当利用连接器或插头插座切断保护电路连续性时，只有在带电导体已被切断后，保护电路才能断开，并且在带电导体重新接通以前，应先恢复保护电路的连续性。

g）原则上，成套设备内的保护电路不应包含分断器件（开关、隔离器等），但f）项中提及的情况例外。保护导体的整个回路中，唯一允许的措施是设置连接片，这种连接片只有经过批准的人才可借助于工具来拆卸（某些试验可能需要此种连接片）。

7.4.3.1.6 用于连接外部保护导体的端子和电缆套的端子应是裸露的，如无其他规定，应适于连接铜导体。应该为每条电路的出线保护导体设置一个尺寸合适的单独端子。对铝或铝合金的外壳或导体，应特别注意电腐蚀的危险。在成套设备具有导电结构、外壳等部件的情况下，应采取措施以保证成套设备的裸导电部件（保护电路）和连接电缆的金属外皮（钢管、铅皮等）之间的电的连续性。用于保证裸露导体与外部保护导体的电的连续性而采取的连接措施不得用作其他用途。

注：如果成套设备金属部件，尤其是密封盖，具有完善的耐磨表面，例如：使用粉末涂料，宜采取专门的措施。

7.4.3.1.7 外部导体所连接的成套设备内的保护导体（PE，PEN）的截面积应按下述方法中的一种来确定：

a）保护导体（PE，PEN）的截面积不应小于表4中给出的值。如果表4用于PEN导体，在中性电流不应超过相电流的30%的前提下是允许的。

表4 保护导体的截面积（PE、PEN） mm^2

相导线的截面积 S	相应保护导体的最小截面积 S_p
$S \leqslant 16$	S
$16 < S \leqslant 35$	16
$35 < S \leqslant 400$	$S/2$
$400 < S \leqslant 800$	200
$800 < S$	$S/4$

如果应用此表得出非标准的尺寸，那么，应采用最接近的较大的标准截面积的保护导体（PE、PEN）。

只有在保护导体（PE、PEN）的材料与相导体的材料相同时，表4中的值才有效。如果材料不同，保护导体截面积的确定要使之达到与表4相同的导电效果。

对于PEN导体，下述补充要求应适用：

——最小截面积应为铜 $10mm^2$ 或铝 $16mm^2$；

——在成套设备内PEN导体不需绝缘；

——结构部件不应用作 PEN 导体。但铜制或铝制安装轨道可用作 PEN 导体。

——在某些应用场合，例如大的萤光照明装置，PEN 导体的电流可能达到较高值，可根据供用双方专门协议，配备其载流量等于或高于相导体的 PEN 导体。

b）保护导体的截面积还可用 GB 7251.1 附录 B 中规定的公式计算求得，或用其他方法获得，例如：通过试验获得。

确定保护导体的截面积，必须同时满足下述条件：

1）按照 8.2.4.2 进行试验时，故障电路阻抗值应满足保护器件动作时所要求的条件；

2）电力保护器件动作条件应这样选择：不能因保护导体（PE、PEN）中的故障电流所引起的温升损坏该导体或其电连续性。

7.4.3.1.8 如果成套设备中带有导电材料构成的结构部件、框架、外壳等，保护导体则不需与这些部件绝缘（例外情况见 7.4.3.1.9）。

7.4.3.1.9 接至某些保护电器的导体——包括连接这些器件至单独接地电极的导体，都必须细致地进行绝缘。这适用于诸如电压型故障检测器，同时也适用于变压器中性点的接地线。

注：在实施关于这类器件的技术要求时，要注意采用专门的措施。

7.4.3.1.10 某一器件，如其可接近导电部件不能用固装方式与保护电路连接，应用导线连接到成套设备的保护电路上，导线的截面积根据表 4A 选择。

表 4A 铜连接导线的截面积

额定工作电流 I_e（A）	连接导线的最小截面积（mm^2）
$I_e \leq 20$	S^*
$20 < I_e \leq 25$	2.5
$25 < I_e \leq 32$	4
$32 < I_e \leq 63$	6
$63 < I_e$	10

* S 为相导体的截面积（mm^2）。

7.4.3.2 采用保护电路以外的防护措施

成套设备可以提供下述不要求带有保护电路的防止间接接触的措施：

——电路的电气隔离；

——完全绝缘。

7.4.3.2.1 电路的电气隔离

（见 IEC 60364-4-41：1992 中 413.5）。

7.4.3.2.2 用完全绝缘进行防护（根据 IEC 60364-4-41 中 413.2.1.1，它等同于第Ⅱ类设备）。

采用完全绝缘防止间接接触必须满足下述要求：

a）电器元件应用绝缘材料完全封闭。外壳上应标有外部易见的符号“回”。

b）外壳采用绝缘材料制作，这种绝缘材料应能耐受在正常使用条件下或特殊使用条件下（见 6.1 和 6.2）易于遭受的机械、电气和热应力，而且还应具有耐老化和阻燃能力。

c）外壳上不应有因导电部件穿过而可能将故障电压引出壳体外的部位。

操作机构的轴，在外壳的内部和外部应按最大的额定绝缘电压与带电部件绝缘。而且，（如果适用）也应按成套设备中所有电路的最大额定冲击耐受电压绝缘。

d）成套设备准备投入运行并接上电源时，外壳应将所有的带电部件、裸露导电部件和附属于保护电路的部件封闭起来，以使它们不被触及。外壳提供的防护等级至少应为IP3XD（见IEC 60529）。

如果保护导体穿过一个裸露的导电部件已被隔离的成套设备，并延伸到与成套设备负载端连接的电气设备，该成套设备则应配备连接外部保护导体的端子，并用适当的标记加以区别。

在外壳内部，保护导体及其端子应与带电部件绝缘，且裸露导电部件应以与带电部件相同的方法进行绝缘。

e）成套设备内部的裸露导电部件不应连接在保护电路上，也就是说不应把裸露导电部件用于保护电路这一防护措施中。这同时也适用于内装电气元件，即使它们具有用于连接保护导体的端子。

f）如果外壳上的门或覆板不使用钥匙或工具也可打开，则应配备一个用绝缘材料制成的屏障，此挡板不仅可防止无意识地触及可接近的带电部件，还可防止无意识地触及在打开覆板后可接近的裸露导电部件，因此，此挡板不使用工具应不能打开。

7.4.4　电荷放电

如果成套设备中包含有断电后存在危险电荷的设备（如电容器等），则要求装有警告牌。

用于灭弧和继电器延时动作等的小电容器，不应认为是有危险的设备。

注：如果切断电源后的5s之内，由静电产生的电压降至直流120V以下时，无意识的接触不认为是有危险的。

7.4.5　成套设备内部操作与维修通道（见GB 7251.1中2.7.1和2.7.2）

成套设备内部操作与维修通道必须符合IEC 60364-4-481的要求。

注：成套设备内极限深度约1m的凹进部分不应视为通道。

7.4.6　对经过允许的人员接近运行中的成套设备的要求

根据制造商与用户的协议，经过允许的人员接近运行中的成套设备，必须满足下述制造商和用户同意的一项或几项要求。这些要求应作为对7.4保护措施的补充。

注：当经过允许的人员获准接近成套设备时，双方同意的要求生效，例如：成套设备或其部件带电时，经过允许的人员可借助工具或用解除联锁的办法（见7.4.2.2.3）接近成套设备。

7.4.6.1　对进行检查和类似操作而接近成套设备的要求

在成套设备带电运行的情况下，成套设备的设计与布置应使制造商与用户间商定的某些操作项目得以进行。

这类操作可以是：

——直观检查：

a）开关器件及其他元器件；

b）继电器和脱扣器的定位和指示器；

c）导线的连接方法与标记；

——继电器、脱扣器及电子器件的调整和复位；

——更换熔芯；

——更换指示灯；

——某些故障部位的检测，例如：用设计适宜并绝缘的器件测量电压和电流。

7.4.6.2　对进行维修而接近成套设备的要求

在相邻的功能单元或功能组仍带电的情况下，对成套设备中已断开的功能单元或功能组按照制造商和用户的协议进行维修时，应采取必要的措施。对由制造商和用户商定所采取的措施的选择取决于使用条件、维修周期、维修人员的能力、现场安装规则等。这些措施包括适当的隔离形式的选择（见 7.7），可以是：

——在需维修的单元或功能组和相邻的功能单元或功能组之间应留有足够大的空间。建议对维修当中可能移动的部件最好装有夹持固定设施；

——使用其设计和布置是用来防止直接接触邻近功能单元或功能组的挡板；

——对每个功能单元或功能组使用隔室；

——插入制造商提供或规定的附加保护器件。

7.4.6.3　在带电情况下为扩展设备而接近成套设备的要求

若要求将来能在其余部分带电的情况下，用附加的功能单元或功能组来扩展设备，应采用 7.4.6.2 的规定操作。进出线的连接，不应带电进行，除非设计允许带电连接。

7.5　短路保护与短路耐受强度

注：目前，此条主要用于交流设备上，对直流设备的要求仍在考虑中。

7.5.1　总则

成套设备必须能够耐受不超过额定值的短路电流所产生的热应力和电动应力。

注：用限流装置（如电抗器、限流熔断器或限流开关）可以减少短路电流产生的应力。

可以用某些元器件，例如：断路器、熔断器或两者的组合保护成套设备，上述元器件可以安装在成套设备的内部或外部。

注：对用于 IT 系统的成套设备（见 IEC 60364-3），短路保护电器在线电压下的每个单相上应有足够的分断能力以排除第二次接地故障。

用户订购成套设备时，应指出安装地点的短路条件。

注：

1）在设备内部产生电弧的情况下，虽然利用适当的设计来避免这类电弧或限制电弧的持续时间，但仍希望提供高的人身防护等级。

2）对于 PTTA，特殊情况应利用类似 TTA 外推法来验证。

7.5.2　有关短路耐受强度的资料

7.5.2.1　对于仅有一个进线单元的成套设备，制造商应指出如下短路耐受强度

7.5.2.1.1　对于进线单元具有短路保护装置（SCPD）的成套设备，应标明进线单元的接线端子的预期短路电流的最大允许值。这个值不应超过相应的额定值（见 4.3、4.4、4.5 和 4.6）。相应的功率因数和峰值应为 7.5.3 中给出的数据。

如果短路保护装置是一个熔断器或是一个限流断路器，制造商应指明 SCPD 的特性（电流额定值、分断能力、截断电流、I^2t 等）。

如果使用带延时脱扣的断路器，制造商应标明最大延时时间和相应于指定的预期短路电流的电流整定值。

7.5.2.1.2　对于进线单元没有短路保护的成套设备，制造商应用下述一种或几种方法标明短路耐受强度：

a）额定短时耐受电流及相关的时间（如果不是 1s）（见 4.3），额定峰值耐受电流（见 4.4）

注：当最大时间不超过 3s 时，额定短时耐受电流和相关的时间的关系用下面的公式表示 I^2t=常数，但峰值不应超过额定峰值耐受电流。

b）额定限制短路电流（见 4.5）。

c）额定熔断短路电流（见4.6）。

对于b）和c），制造商应说明用于保护成套设备所需要的短路保护装置的特性（额定电流、分断能力、截断电流、I^2t 等）。

注：当需要更换熔芯时，建议采用具有相同特性的熔芯。

7.5.2.2 具有几个不可能同时工作的进线单元的成套设备，其短路电流耐受强度可根据7.5.2.1在每个进线单元上标出。

7.5.2.3 对于具有几个可能同时工作的进线单元的成套设备，以及有一个进线单元和一个或几个用于可能增大短路电流的大功率电机的出线单元的成套设备，应制定一个专门的协议以确定每个进线单元、出线单元和母线中的预期短路电流值。

7.5.3 耐受电流峰值与短路耐受电流之间的关系

为确保电动力的强度，耐受电流的峰值应用短路耐受电流乘系数 n 获得。系数 n 的标准值和相应的功率因数在表5中给出。

表5 系数 n 的标准值和相应的功率因数

短路电流的方均根值 I（kA）	$\cos\varphi$	n
$I \leqslant 5$	0.7	1.5
$5 < I \leqslant 10$	0.5	1.7
$10 < I \leqslant 20$	0.3	2
$20 < I \leqslant 50$	0.25	2.1
$50 < I$	0.2	2.2

注：表中的值适合于大多数用途。在某些特殊的场合，例如在变压器或发电机附近，功率因数可能更低。因此，最大的预期峰值电流就可能变为极限值以及代替短路电流的方均根值。

7.5.4 短路保护电器的协调

7.5.4.1 保护电器的协调应以制造商与用户之间的协议为依据。制造商的产品目录中给出的资料可作为这类协议。

7.5.4.2 如果工作条件要求供电电源有最大的连续性，成套设备的短路保护电器的整定和选择应是这样的：即在任何一个输出支路中发生短路时，应利用安装在该故障支路中的开关器件使其消除，而不影响其他输出支路，以确保保护系统的选择性。

7.5.5 成套设备内的电路

7.5.5.1 主电路

7.5.5.1.1 母线（裸露或绝缘的）的布置应使其在正常工作条件下不会发生内部短路。除非另有规定，母线应按照有关短路耐受强度的资料（见7.5.2）进行计算和设计，并且，应使其至少能够承受由母线电源侧的保护电器限定的短路强度。

7.5.5.1.2 在框架单元内部，主母线和功能单元电源侧及包括在该单元内的电器元件之间的连接导体（包括配电母线）应根据每个单元内相关短路电器负载侧的衰减后的短路应力来确定（见7.5.5.3），其布置应使得在正常工作条件下，相与相之间及相与地之间发生内部短路的可能性极小，这种导体最好是固体刚性制品。

7.5.5.2 辅助电路

辅助电路的设计应考虑电源接地系统并保证接地故障或带电部件和裸露导电部件之间的

故障不会引起危险的误动作。

一般来讲，辅助电路应给予保护以防止短路的影响。但是，如果短路保护电器的动作可能造成危险事故，就不应配备保护电器。在此情况下，辅助电路导线应使其在正常工作条件下，不会发生短路（见 7.5.5.3）。

7.5.5.3　为减少短路的可能性对无防护的可带电导体选择和安装

成套设备内无短路保护器保护的带电导体（见 7.5.5.1.2 和 7.5.5.2）在整个成套设备内的选择和安装应使其在正常工作条件下，相与相之间或相与地之间内部短路可能性极小。表 17 给出导体类型和安装要求的例子。

7.6　成套设备内装的开关电器和元件

7.6.1　开关电器和元件的选择

成套设备内装的开关电器和元件应符合其相关标准。

开关电器和元件的额定电压（额定绝缘电压、额定冲击耐受电压等）、额定电流，使用寿命、接通和分断能力、短路耐受强度等应适合于成套设备外形设计的特殊用途（例如开启式和封闭式）。

开关器件和元件的短路耐受强度或分断能力不足以承受安装场合可能出现的应力时，应利用限流保护器件（例如：熔断器或断路器）对元件进行保护。为内装的开关器件选择限流保护器件时，为了照顾到协调性（见 7.5.4），应当考虑到元件制造商规定的最大允许值。

开关电器和元件的协调，例如：电机起动器和短路保护器件的协调，应符合相关的标准。

在制造商标明了额定冲击耐受电压的电路中，其开关电器和元件不应产生高于该电路的额定冲击耐受电压的开关过电压。而且，也不应承受高于该电路的额定冲击耐受电压的开关过电压。在选择用于给定电路上开关的电器和元件时，应考虑后一点。

例如：

额定冲击耐受电压 U_{imp} = 4000V，额定绝缘电压 U_i = 250V 和最大开关过电压为 1200V（在 230V 额定工作电压时）的开关电器和元件可以用于过电压类别Ⅰ、Ⅱ、Ⅲ的电路中，甚至用于采用了适当的过电压保护措施的Ⅳ类别的电路中。

注：过电压类别见 GB 7251.1 中 2.9.12 和 GB 7251.1 附录 G

7.6.2　安装

开关器件和元件应按照制造商说明书（使用条件、飞弧距离、隔弧板的移动距离等等）进行安装。

7.6.2.1　可接近性

安装在同一支架（安装板、安装框架）上的电器元件、单元和外接导线的端子的布置应使其在安装、接线、维修和更换时易于接近。尤其是外部接线端子建议设于地面安装成套设备的基础面上方至少 0.2m，并且，端子的安装应使电缆易于与其连接。

必须在成套设备内进行调整和复位的元件应是易于接近的。

一般来讲，对于地面安装的成套设备，由操作人员观察的指示仪表不应安装在高于成套设备基础面 2m 处。操作器件，如手柄、按钮等等，应安装在易于操作的高度上；这就是说，其中心线一般不应高于成套设备基础面 2m。

注：1）紧急开关器件的操作机构（见 IEC 60364-5-537 中 537.4）在高于地面 0.8～1.6m 的范围内是易于接近的。

注：2）对于墙上安装和地面安装的成套设备，建议安装在可以满足上述关于可接近性的要求和操作高

度的位置上。

7.6.2.2 相互作用

成套设备内开关器件和元件的安装与接线应使其本身的功能不致由于正常工作中出现相互作用，如热、电弧、振动、能量场而受到破坏。如果是电子成套设备，有必要把控制电路与电源电路进行隔离或屏蔽。

如果外壳的设计使其可安装熔断器，应特别考虑到发热的影响（见 7.3）。制造商应规定所使用的熔芯的类型的额定值。

7.6.2.3 挡板

手动开关电器的挡板设计应使电弧对操作者不产生任何危险。

为了减少更换熔芯时的危险，应使用相间挡板，除非熔断器的设计与结构已考虑了这一点，则不要求使用相间挡板。

7.6.2.4 安装场地的条件

选择成套设备内所用的开关器件和元件应以 6.1（见 7.6.2.2）规定的成套设备的正常工作条件为依据。

根据有关规定，必要时，应采取一些适当的措施（如：加热、通风）以保证维持正常工作所需要的使用条件，例如：继电器、仪表、电子元件等维持正常运行时所需要的最低温度。

7.6.2.5 冷却

可以为成套设备提供自然冷却或强行冷却。安装场地如果要求有特殊措施保证良好的冷却，那么制造商应提供必要的资料（例如，给出与阻碍散热或自身产生热的部件之间的距离）。

7.6.3 固定式部件

就固定式部件（见 GB 7251.1 中 2.2.5）而言，主电路（见 GB 7251.1 中 2.1.2）的连接只能在成套设备断电的情况下进行接线和断开。一般情况下，固定式部件的拆卸与安装要使用工具。

固定式部件的断开可以要求全部或部分断开成套设备。

为了防止未经许可的操作，开关器件可以带有机构，以保证把它锁在一个或多个位置上。

注：在某些条件下，如果允许在带电情况下进行工作，则必需采取有效的安全措施。

7.6.4 可移式部件和抽出式部件

7.6.4.1 设计

可移式部件或抽出式部件的设计应使其电气设备能够安全地从带电的主电路上分断或连接。可移式部件和抽出部件可以配备插入式联锁（见 GB 7251.1 中 2.4.17）。在不同位置以及从一种位置转移到另一种位置时，应保持最小的电气间隙和爬电距离（见 7.1.2.1）。

注：1）允许使用专用工具。

注：2）保证这些操作在空载情况下进行是必要的。

可移式部件应具有连接位置（见 GB 7251.1 中 2.2.8）和移出位置（见 GB 7251.1 中 2.2.11）。

抽出式部件还应具有一分离位置（见 GB 7251.1 中 2.2.10）及试验位置（见 GB 7251.1 中 2.2.9），或试验状态（见 GB 7251.1 中 2.1.9）。它们应能分别地在这些位置上定位。这些位置应能清晰地识别。

关于抽出式部件在不同位置上的电气状态见表6。

表6　抽出式部件在不同位置上的电气状态

电　路	连接方式	位　置			
		连接位置（见2.2.9）	试验状态/位置（见2.1.9/2.2.10）	分离位置（见2.2.11）	移出位置（见2.2.12）
进线主电路	进线线路插头和插座或其他连接器件	│	╲	○	○
出线主电路	出线线路插头和插座或其他连接器件	│	│　或　╲	│　或　○[①]	○
辅助电路	插头和插座或类似的连接器件	│	│	○	○
抽出式部件电路的状况		带电	带电，辅助电路操作试验的准备	如果不出现反向供电，则不带电	○
成套设备主电路出线端子的状况		带电	带电或不分断*	同上	如果不出现反向供电，则不带电
		应满足7.4.4的要求			

注：│—连接；○—分断（已形成隔离距离）；╲=打开，但不必分断（未形成隔离距离）接地连续性应符合7.4.3.1.5的b）项并应一直保持到形成隔离。

① 取决于设计。

* 取决于端子是否由其他电源，例如备用电源供电。

7.6.4.2　抽出式部件的联锁和挂锁

除非另有规定，抽出式部件应配备一个器件，以保证在主电路已被切断以后，其电器才能抽出和重新插入。

为了防止未经许可的操作，可以给抽出式部件提供一个锁或挂锁，以将它们固定在一个或几个位置上（见7.1.1）

7.6.4.3　防护等级

为成套设备所规定的防护等级（见7.2.1）一般适合于可移式和/或抽出式部件的连接位置（见GB 7251.1中2.2.8），制造商应指出在其他位置和在不同位置之间转移时所具有的防护等级。

带有抽出式部件的成套设备可设计成它在试验位置和分离位置以及一个位置向另一个位置转换时仍保持如同连接位置时的防护等级。

如果在可移式部件或抽出式部件移出以后，成套设备不能保持原来的防护等级，应达成采用某种措施以保证适当防护的协议。制造商产品目录中给出的资料可以作为这种协议。

7.6.4.4　辅助电路的连接方式

辅助电路应设计成在使用工具或不使用工具的情况下都能断开。

如果是抽出式部件，辅助电路的连接尽可能不使用工具。

7.6.5　鉴别

7.6.5.1　主电路和辅助电路导体的鉴别

除了7.6.5.2中提到的情况外，鉴别导体的方法和范围，例如利用连接端子上的或在导体本身末端上的排列、颜色或符号，应由制造商负责，而且应与接线图和图样上的标志一致。在适合的地方，可以采用GB/T 4026—1992和GB 7947中的鉴别方法。

7.6.5.2　保护导体（PE、PEN）和主电路的中性导体（N）的鉴别

用形状、位置、标志或颜色应很容易地区别保护导体。如果用颜色区别，必须是绿色和

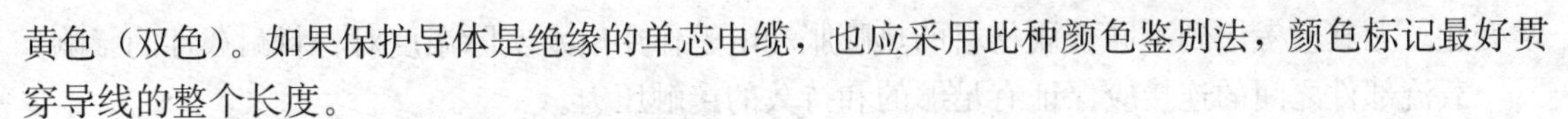

黄色（双色）。如果保护导体是绝缘的单芯电缆，也应采用此种颜色鉴别法，颜色标记最好贯穿导线的整个长度。

注：绿、黄双色鉴别标志严格地专供保护导体之用。

主电路的任何中性导体用形状、位置、标志或颜色应很容易区分。如用颜色进行鉴别，建议选用浅蓝色。

外接保护导体的端子应按照 GB/T 4026—1992 标注。示例见 IEC 60417 的 5019 号图形符号⊥。如果外部保护导体与能明显识别的带有黄绿颜色的内部保护导体连接时，则不要求此符号。

7.6.5.3　开关位置的指示和操作方向

如果在元件或器件的安装方案中没有对操作机构的操作方向作出规定，而且在铭牌上也没有明确的标识，则建议采用 IEC 60447 中的操作方向。

7.6.5.4　指示灯与按钮

指示灯与按钮的颜色在 IEC 60073 中给出。

——指示灯与按钮的颜色如：电源（停止）指示灯为绿色，合闸（运行）指示灯为白色或红色，异常报警指示灯为黄色，事故跳闸危险指示灯为红色，贮能完毕指示灯为黑色。正常分闸及停止按钮为红色，事故紧急按钮为红色或黄色，正常合闸及起动按钮为白色或绿色，贮能及试验按钮为白色或黑色。

7.7　用挡板或隔板实现成套设备内部的隔离

用挡板或隔板（金属的或非金属的）将成套设备分成单独的隔室或封闭的防护空间以达到下述一种或几种状态：

——防止触及相邻功能单元的危险部件。防护等级至少应为 IPXXB；

——防止固体外来物从成套设备的一个单元进入相邻的单元。防护等级至少应为 IP2X。

如果制造商没有提出异议，则上述两个条件应适用。

注：防护等级 IP2X 包括了防护等级 IPXXB。

以下是用挡板或隔板进行隔离的典型形式（示例，见 GB 7251.1 附录 D）。

<table>
<tr><th>主判据</th><th>补充判据</th><th>形　式</th></tr>
<tr><td>不隔离</td><td></td><td>形式 1</td></tr>
<tr><td rowspan="2">母线与功能单元隔离</td><td>外接导体端子不与母线隔离</td><td>形式 2a</td></tr>
<tr><td>外接导体端子与母线隔离</td><td>形式 2b</td></tr>
<tr><td rowspan="2">母线与功能单元隔离，所有的功能单元相互距离，外接导体端子与功能单元隔离，但端子之间相互不隔离</td><td>外接导体端子不与母线隔离</td><td>形式 3a</td></tr>
<tr><td>外接导体端子与母线隔离</td><td>形式 3b</td></tr>
<tr><td rowspan="2">母线与功能单元隔离，并且所有的功能单元相互隔离，也包括作为功能单元组成部分的外接导体的端子</td><td>外接导体端子与并联的功能单元在同一隔室中</td><td>形式 4a</td></tr>
<tr><td>外接导体端子与关联的功能单元不在同一隔室中，它位于单独的、隔开的、封闭的防护空间中或隔室中</td><td>形式 4b</td></tr>
</table>

隔离形式和更高的防护等级应服从于制造商与用户之间的协议。

有关挡板或隔板的稳定性或耐久性见 7.4.2.2.2。

7.8　成套设备内的电气连接：母线与绝缘导线

7.8.1　总则

正常的温升、绝缘材料的老化和正常工作时所产生的振动不应造成载流部件的连接有异常变化。尤其应考虑到不同金属材料的热膨胀和电解作用以及实际温度对材料耐久性的影响。

载流部件之间的连接应保证有足够的和持久的接触压力。

7.8.2　母线和绝缘导线的尺寸和额定值

成套设备内导体截面积的选择由制造商负责。除了必须承载的电流外，选择还受下述条件的支配：成套设备所承受的机械应力、导体的敷设方法、绝缘类型和（如适用的话）所连接的元件种类（如电子的）。

7.8.3　布线（见7.8.2）

7.8.3.1　应该至少按照有关电路的额定绝缘电压（见4.1.2）确定绝缘导线。

7.8.3.2　两个连接器件之间的电线不应有中间接头或焊接点。应尽可能在固定的端子上进行接线。

7.8.3.3　绝缘导线不应支靠在不同电位的裸带电部件和带有尖角的边缘上，应用适当的方法固定绝缘导线。

7.8.3.4　在覆板或门上连接电器元件和测量仪器的导线的安装，应该使覆板和门的移动不会对导线产生任何机械损伤。

7.8.3.5　在成套设备中对电气元件进行焊接连接时，只有在电气元件上对此类连接采取了措施时，才是允许的。

如设备在正常工作时遭受强烈的振动，则应采用辅助方法将焊接电缆或接线机械地固定在离焊接点较近的地方。

7.8.3.6　在正常工作时有剧烈振动的地方，例如在挖掘机上、起重机上、船上、电梯设备的机车上，应注意将导线固定住。对于不是7.8.3.5所述的电器元件，在剧烈振动条件下，焊缆焊接片和多股导线的焊接端头都是不适用的。

7.8.3.7　通常，一个端子上只能连接一根导线：只有在端子是为此用途而设计的情况下才允许将两根或多根导线连接到一个端子上。

7.8.3.8　一、二次选线应符合设计要求，配线要做到整齐美观、横平竖直、二次线束无叠（绞）线、绑扎牢固、线号标识清楚。

7.9　对电子设备供电电路的要求

如果关于电子设备的IEC文件中没有其他规定，以下要求则适用：

7.9.1　输入电压的变化（根据IEC 60146—2）

1）由蓄电池供电的电压变化范围等于额定供电电压的±15%。

注：此范围不包括蓄电池充电要求的额外电压变化范围。

2）直流电压的变化范围也即由交流电源整流而获得的变化范围（见第3）项）。

3）交流电源的电压变化范围等于额定输入电压的±10%。

4）如果需要更宽的变化范围，则应服从制造商与用户之间的协议。

7.9.2　过电压（根据IEC 60146—2）

成套设备的设计应保证GB 7251.1图1中的规定，过电压可以用保护电器来中断运行以保护成套设备，使其在峰值电压升至2U+1000V的情况下不出现任何损坏。

7.9.3　电压和频率的短时变化

出现下述情况的短时变化时，设备的运转不应受到任何破坏：

a）在不超过0.5s的时间内，电压降不超过额定电压的15%。

b）电源频率的偏差不得超过额定频率的±1%。如需要更大偏差范围，则要服从制造商和用户的协议。

c）设备电源电压的最大允许断电时间由制造商给出。

7.10 电磁兼容性

7.10.1 EMC 环境 （见 6.2.10）主要与低压公共电网和非公共电网或工业电网有关。

7.10.2 试验要求 如满足 7.10.1 和元器件制造的规定，则不需试验，否则按照 8.2.8 项验证。

7.10.3 抗干扰

7.10.3.1 不装有电子电路的成套设备 不受正常电磁干扰，因此不需进行抗干扰试验。

7.10.3.2 装有电子装置的成套设备 装有电子装置的设备符合相关 MEC 标准和 MEC 环境。

7.10.4 辐射

不装有电子电路的设备，只在偶然的通断操作过程中可能产生电磁干扰，因它被限制在开关过电压以内，其持续时间以微秒为单位测量，其值不超过相关电路的额定脉冲耐受电压。因此，被视为正常电磁环境部分，且不需验证。对装有电子电路的设备，应符合相关的 MEC 标准和 MEC 环境。

7.11 功能单元电气连接形式的说明

在成套设备或成套设备部件的内部功能单元电气连接的形式可由三个字母表示：

——第一个字母表示进线主电路电气连接的形式；

——第二个字母表示出线主电路电气连接的形式；

——第三个字母表示辅助电路的电气连接的形式。

以下字母用于表示：

F——固定连接（见 GB 7251.1 中 2.2.12.1）；

D——可分离连接（见 GB 7251.1 中 2.2.12.2）；

W——可抽出式连接（见 GB 7251.1 中 2.2.12.3）。

8 试验规范

8.1 试验分类

检验成套设备性能的试验包括：

——型式试验（见 8.1.1 和 8.2）

——出厂试验（见 8.1.2 和 8.3）

需要时，制造商要为验证提供试验场地。

注：对 TTA 和 PTTA 进行试验与验证见表 7。

表 7 TTA 和 PTTA 进行试验与验证项目

序 号	被检性能	条款号	TTA	PTTA
1	温升极限	8.2.1	用试验（型式试验）验证温升极限	用试验或外推法验证温升极限
2	介电性能	8.2.2	用试验（型式试验）验证介电性能	根据 8.2.2 或 8.3.2 规定的试验验证介电性能，或根据 8.3.4（见序号 9 和 11）验证绝缘电阻
3	短路耐受强度	8.2.3	用试验（型式试验）验证短路耐受强度	用试验或出自类似的通过型式试验安排的外推法验证短路耐受强度

续表

序　号	被检性能	条款号	TTA	PTTA
4	保护电路有效性 成套设备裸露导电部件与保护电路之间的有效连接 保护电路的短路耐受强度	8.2.4 8.2.4.1 8.2.4.2	通过目测或电阻测量（型式试验）验证成套设备裸露导电部件与保护电路之间的有效连接 用试验（型式试验）验证保护电路的短路耐受强度	通过目测或电阻测量验证成套设备的裸露导电部件与保护电路之间的有效连接 用试验或对保护导体的合理设计与安排验证保护电路的短路耐受强度（见7.4.3.1.1最末一段）
5	电气间隙与爬电距离	8.2.5	用试验（型式试验）验证电气间隙与爬电距离	验证电气间隙与爬电距离
6	机械操作	8.2.6	验证机械操作（型式试验）	验证机械操作
7	防护等级	8.2.7	验证防护等级（型式试验）	验证防护等级
8	连接线、通电操作	8.3.1	检查成套设备，包括检查连接线，如有必要进行通电操作试验（出厂试验）	检查成套设备，包括检查连接线，如有必要进行通电操作试验
9	绝缘	8.3.2	介电强度试验（出厂试验）	介电强度试验或按照8.3.4（见序号2和11）验证绝缘电阻
10	防护措施	8.3.3	检查防护措施和保护电路的连续性（出厂试验）	检查防护措施
11	绝缘电阻	8.3.4		验证绝缘电阻，除非已按8.2.2或8.3.2进行试验（见序号2和9）

对PTTA进行温升极限的验证应：

——根据8.2.1试验，或

——外推法，例如依据IEC 60890。

8.1.1　型式试验（见8.2）

型式试验是用来验证给定型式的成套设备是否符合本标准的要求。

型式试验应在一个成套设备的样机上进行或在按相同或类似设计制造的成套设备的部件上进行。

这些试验应由制造商主动进行。

型式试验包括：

a）温升极限的验证（见8.2.1）；

b）介电性能验证（见8.2.2）；

c）短路耐受强度验证（见8.2.3）；

d）保护电路有效性验证（见8.2.4）；

e）电气间隙和爬电距离验证（见8.2.5）；

f）机械操作验证（见8.2.6）；

g）防护等级验证（见8.2.7）。

这些试验可以按任意次序在同一样机上或在同一型式的不同样机上进行。

如果成套设备的部件做了修改，只在这种修改可能对试验结果产生不利影响时，才必需重新进行型式试验。

8.1.2　出厂试验（见8.3）

出厂试验是用来检查工艺和材料是否合格的试验。这些试验在每一台装配好的新的成套设备上或在每一个运输单元上进行，在安装工地上不作另外的出厂试验。

成套设备采用标准化元件在元件制造厂外进行装配，而使用的部件和附件是制造商为此用途而规定或提供的，则应由负责装配成套设备的厂商进行出厂试验。

出厂试验包括：

a）检查成套设备应包括检查接线，必要的话，进行通电操作试验（见 8.3.1）；

b）介电强度试验（见 8.3.2）；

c）防护措施和保护电路的电连续性检查（见 8.3.3）。

这些试验可按任意次序进行。

注：在制造厂进行的出厂试验工作，不能免除安装单位在经过运输和安装后进行检查试验的责任。

8.1.3　成套设备中电器和独立元件的试验

如果成套设备中的电器和独立元件按照 7.6.1 进行过挑选，并且是按照制造商的说明书进行安装的，则不要求进行型式试验或出厂试验。

8.2　型式试验

8.2.1　温升极限的验证

8.2.1.1　总则

温升试验是验证成套设备中各部件的温升极限是否超过 7.3 的规定。

一般应在成套设备中安装的电器元件上以符合 8.2.1.3 的额定电流值进行温升试验。

试验也可根据 8.2.1.4 用功率损耗等效的加热电阻器来进行。

只有在采取适合的措施使试验具有代表性的情况下允许对成套设备的单独部件（板、箱、外壳等）进行试验（见 8.2.1.2）。

在各单独电路上进行温升试验，应采用设计所确定的电流类型和频率。所用的试验电压应使流过电路的电流等于 8.2.1.3 所确定的电流值。应对继电器、接触器、脱扣器等的线圈施加额定电压。

对于开启式成套设备，如果出自型式试验的单独部件、导体的尺寸以及电器元件的布局明显而不会出现过高的温升，也不会对成套设备相连接的设备及相邻的绝缘材料部件造成损害，则不需进行温升试验。

8.2.1.2　成套设备的放置

成套设备应如同正常使用时一样放置，所有覆板都应就位。

试验单独部件或结构单元时，与其邻接的部件或结构单元应产生与正常使用时一样的温度条件。此时，可以使用电阻加热器。

8.2.1.3　在所有电器元件上通以电流进行温升试验

试验应在成套设备所设计一个或多个有代表性的组合电路上进行，所选择的电路应能足够准确地得到尽可能的最高温升。

对于这种试验，进线电路通以其额定电流（见 4.2），每条出线电路通过的电流为其额定电流乘以额定分散系数（见 4.7）。如果成套设备中包含有熔断器，试验时应按制造商的规定配备熔芯。试验所用熔芯的功率损耗应载入试验报告中。

试验时使用的外连导体的尺寸和布置方式也应载入试验报告。

试验持续的时间应足以使温度上升到稳定值（一般不超过 8h）。实际上，当温度变化不超过 1K/h 时，即认为达到稳定温度。

在缺少外接导体和使用条件的详细资料时，外接试验导体的截面积应如下：

8.2.1.3.1　试验电流值400A以下（包括400A）：

a）导线应使用单芯铜电缆或绝缘线，其截面积按表8给出的数值；

b）导体应尽可能暴露在大气中；

c）每根临时接线的最小长度应是：

——当截面积小于或等于35mm² 时，长度为1m；

——当截面积大于35mm² 时，长度为2m。

表8　用于试验电流为400A及以下的铜导线

试验电流的范围[1]（A）	导线尺寸[2,3]	
	mm²	AWG/MCM
0～8	1.0	18
8～12	1.5	16
12～15	2.5	14
15～20	2.5	12
20～25	4.0	10
25～32	6.0	10
32～50	10	8
50～65	16	6
65～85	25	4
85～100	35	3
100～115	35	2
115～130	50	1
130～150	50	0
150～175	70	00
175～200	95	000
200～225	95	0000
225～250	120	250
250～275	150	300
275～300	185	350
300～350	185	400
350～400	240	500

注：1. 试验电流值应高于第一栏中的第一个值，低于或等于此栏中第二个值。

2. 为了方便试验，在经过制造商同意后，对规定的试验电流可采用小于给出值的导线。

3. 对给出的试验电流范围，可使用规定的两个导体中的一种。

8.2.1.3.2　试验电流值高于400A但不超过800A时：

a）根据制造商的建议，导线应是单芯聚氯乙烯绝缘铜电缆，其截面积在表9中给出，或者是表9中给出的等效的铜母排。

b）电缆或铜母排的间隔大约为端子之间的距离。铜母排应涂成无光的黑色。每个端子的多条平行电缆应捆在一起，相互间的距离大约为10mm。每个端子的多条铜排之间的距离大约等于母排的厚度。如果所要求的母排尺寸不适合端子或没有这种尺寸的母排，则允许采用截面积大致相同，冷却面积大致相同或略小一些的其他母排。电缆和母排不应交叉。

c）对于单相或多相试验，连接试验电源的临时接线的最小长度为2m。连接中性点的临

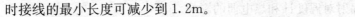

时接线的最小长度可减少到 1.2m。

8.2.1.3.3 试验电流值高于 800A 但不超过 3150A 时：

a）导线应是表 9 中规定尺寸的铜母排，除非成套设备的设计规定只能用电缆。在这种情况下，电缆的尺寸和布置应由制造商给出。

b）铜母排的间隔大约为端子之间的距离。铜母排应涂成无光的黑色。每个端子的多条铜母排应以大约等于母线厚度的间距隔开。如果所要求的母排尺寸不适合端子或没有这种尺寸的母排，则允许采用截面积大致相同，冷却面积大致相同或略小一些的其他母排。铜母排不应交叉。

c）对于单相或多相试验，连接试验电源的任何临时接线的最小长度为 3m，但如果连接线的电源末端的温升低于连接导中点的温升不超过 5K，那么，连接线可减少到 2m。连接中性点的接线的最小长度应为 2m。

表 9 对应于试验电流的铜导线的标准截面积

额定电流值 A	试验电流的范围[1] A	试验导线			
		电缆		铜母排[2]	
		数目	截面积[3] mm^2	数目	尺寸 mm
500	400～500	2	150（16）	2	30×5（15）
630	500～630	2	185（18）	2	40×5（15）
800	630～800	2	240（21）	2	50×5（17）
1000	800～1000			2	60×5（19）
1250	1000～1250			2	80×5（20）
1600	1250～1600			2	100×5（23）
2000	1600～2000			3	100×5（20）
2500	2000～2500			4	100×5（21）
3150	2500～3150			3	100×10（23）

注：1. 电流值应大于第一个值，小于或等于第二个值。
2. 假设母排是垂直排列的，如果制造商有规定，也可采用水平排列。
3. 括号内的值为试验导线的温升估计值（以绝对温标 K 表示），仅供参考。

8.2.1.3.4 试验电流值高于 3150A 时：

有关试验的所有项目，例如，电源类型、相数和频率（如需要的话），试验导线的截面积等，在制造商和用户之间应达成协议。这些数据应作为试验报告的一部分。

8.2.1.4 用功率损耗等效的加热电阻器进行温升试验

对于某些主电路和辅助电路额定电流比较小的封闭式成套设备，其功率损耗可使用能产生相同热量的加热电阻器来模拟，该电阻器安装在外壳内适当的位置上。

连到电阻器上的引线截面不应导致显著的热量传出外壳。

加热电阻试验，对外壳相同的所有成套设备应具有充分的代表性，尽管外壳内装有不同的电器元件，但只要考虑电路的分散系数后，其内装元件的总功率损耗不超过试验中施加的功率损耗即可。

内装的电器元件的温升不得超过表 3（见 7.3）给出的值。该温升可按如下方法求得近似值：即测量出该电器元件在大气中的温升，然后再加上外壳内部与外部的温差。

8.2.1.5 温度的测量

可用热电偶或温度计来测量温度。对于线圈，通常采用测量电阻变化值的方法来测量温度。为测量成套设备内部的空气温度，应在适宜的地方装配几个测量器件。

应防止空气流动和热辐射对温度计和热电偶的影响。

8.2.1.6 环境温度

环境温度应在试验周期的最后四分之一期间内测量，至少要用两个热电偶或温度计均匀地布置在成套设备的周围，在高度约等于成套设备的1/2，并离开成套设备1m远的地方安装。应防止空气流动和热辐射对温度计和热电偶的影响。

如果试验时环境温度+10℃与+40℃之间，则表3中给出的值就是温升的极限值。

如果试验时环境温度超过+40℃或低于+10℃，则本标准不适用，制造商和用户应另订专门的协议。

8.2.1.7 试验结果

试验结束时，温升不应超过表3中规定的值。电器元件在成套设备内部温度下，并在其规定的电压极限范围内应能良好地工作。

8.2.2 介电性能验证

8.2.2.1 总则

对于成套设备的某些部件，已经按照有关规定进行过型式试验，而且在安装时没有损坏其介电强度，则不需单独对其进行此项型式试验。

再有，此试验不需在PTTA上进行（见表7）。

当成套设备包含一个与裸露导电部件（按照7.4.3.2.2中d项的规定）已绝缘的保护导体时，该导体应被视为一个独立的电路，也就是说，应采用与其所在主电路相同的电压进行试验。

试验的进行：

——如果制造商已标明额定冲击耐受电压U_{imp}的值（见4.1.3），应根据8.2.2.6.1～8.2.2.6.4；

——在其他情况下，应依据8.2.2.2～8.2.2.5。

8.2.2.2 绝缘外壳的试验

用绝缘材料制造的外壳，还应进行一次补充的介电试验，在外壳的外面包覆一层能覆盖所有的开孔和接缝的金属箔，试验电压则施加于这层金属箔和外壳内靠近开孔和接缝的相互连接的带电部件以及裸导电部件之间。对于这种补充试验，其试验电压应等于表10中规定值的1.5倍。

注：对于采用总体绝缘防护的成套设备，其外壳的试验电压尚在考虑中。

8.2.2.3 用绝缘材料制造的外部操作手柄

按照7.4.3.1.3的要求用绝缘材料制造或覆盖的手柄，介电试验是在带电部件和用金属箔裹缠整个表面的手柄之间施加表10规定的1.5倍试验电压值。进行该试验时，框架不应当接地。也不能同其他电路相连接。

8.2.2.4 试验电压值与施加部位

试验电压应施加于：

1）成套设备的所有带电部件与相互连接的裸露导电部件之间。

2）在每个极和为此试验被连接到成套设备相互连接的裸露导电部件上的所有其他极之间。

开始施加时的试验电压不应超过本款中给出的50%。然后在几秒钟之内将试验电压平稳增加至本款规定的最大值并保持5s。交流电源应具有足够的功率以维持试验电压，可以不考虑漏电流。此试验电压实际应为正弦波，而且频率在45～62Hz之间。

试验电压值如下：

8.2.2.4.1 对于主电路及未包括在 8.2.2.4.2 中的辅助电路，按表 10 规定。

表 10 试验电压值

额定绝缘电压 U_i	介电试验电压（交流方均根值，V）
$U_i \leqslant 60$	1000
$60 < U_i \leqslant 300$	2000
$300 < U_i \leqslant 690$	2500
$690 < U_i \leqslant 800$	3000
$800 < U_i \leqslant 1000$	3500
$1000 < U_i \leqslant 1500$ *	3500

* 仅指直流。

8.2.2.4.2 制造商已指明不适于由主电路直接供电的辅助电路，按表 11 的规定。

表 11 不由主电路直接供电的辅助电路试验电压值

额定绝缘电压 U_i	介电试验电压（交流方均根值，V）
$U_i \leqslant 12$	250
$12 < U_i \leqslant 60$	500
$60 < U_i$	$2U_i + 1000$，其最小值为 15 000

8.2.2.5 试验结果

如果没有击穿或放电现象，认为通过了此项试验。

8.2.2.6 冲击电压耐受试验

8.2.2.6.1 基本条件

被试的成套设备应按照生产厂的说明同正常使用时一样完整地安装在它自身的支撑件上或等效的支撑件上。环境条件按 6.1 规定。

任何用绝缘材料制作的操作机构和任何无附加外壳的设备的完整的非金属外壳应用金属箔覆盖，金属箔连接到框架或安装金属板上。该金属箔应将标准试指（GB 4028—1993 的试验探针 B）可以触及的所有表面全部盖住。

8.2.2.6.2 试验电压

试验电压应符合 7.1.2.3.2 和 7.1.2.3.3 的规定。

按照制造商的协议，可用表 13 中给出的工频电压或直流电压进行试验。如果了解浪涌抑制器的性能，在该项试验时允许断开浪涌抑制器。然而最好用冲击电压对带有过压抑制装置的设备进行试验。试验电流的能量不应超过过压抑制装置的额定能量。

a）对每个极应施加 3 次 1.2/50μs 的冲击电压，间隔时间至少为 1s。

b）施加工频电压和直流电压，在交流情况下，持续时间为 3 个周波；或在直流情况下，每极施加 10ms。

按照 GB 7251.1 中附录 F 所给的方法，通过测量验证电气间隙等于或大于表 14 中情况 A 的值。

8.2.2.6.3 试验电压的施加

试验电压施加于：

a）成套设备的每个带电部件（包括连接在主电路上的控制电路和辅助电路）和内连的裸

露导电部件之间。

b）在主电路每个极和其他极之间。

c）没有正常连接到主电路上的每个控制电路和辅助电路与

——主电路；

——其他电路；

——裸露导电部件；

——外壳或安装板之间。

d）对于断开位置上的抽出式部件，穿过绝缘间隙，在电源侧和抽出式部件之间，以及在电源端和负载端之间。

8.2.2.6.4 试验结果

在试验过程中，不应有无意的击穿放电。

8.2.2.7 爬电距离验证

应测量相与相之间，不同电压的电路导体之间及带电部件与裸露导电部件之间的最小爬电距离。对应于材料组别和污染等级所测的爬电距离应符合 7.1.2.3.5 的要求。

8.2.3 短路耐受强度验证

8.2.3.1 可免除此项验证的成套设备的电路

以下情况不要求进行短路耐受强度验证：

8.2.3.1.1 额定短时耐受电流或额定限制短路电流不超过 10kA 的成套设备。

8.2.3.1.2 采用限流器件保护的成套设备，该器件在最大允许预期短路电流（在成套设备的进线电路端）时的截断电流不超过 17kA。

8.2.3.1.3 打算与变压器相连接的成套设备中的辅助电路，该变压器二次额定电压不小于 110V 时，其额定容量不超过 10kVA。或二次额定电压小于 110V，其额定容量不超过 1.6kVA，而且其短路阻抗不小于 4%。

8.2.3.1.4 成套设备的所有部件（母排、母线支架、母排接头、进线和出线单元、开关器件等）已经过适合成套设备工作条件的型式试验。

注：以开关器件为例，符合 GB 14048.3—2002 具有额定限制短路电流的开关装置或符合 GB 14048.4—1993）具有短路保护器件的电机起动类装置。

8.2.3.2 必需经过短路耐受强度验证的成套设备的电路

除 8.2.3.1 中提到的电路以外的所有电路。

8.2.3.2.1 试验安排

成套设备及其部件应象正常使用时一样安置。除了在母线上的试验和取决于成套设备结构形式的试验以外，如果各功能单元结构相同，而且不影响试验结果就只需试验一个功能单元。

8.2.3.2.2 试验的实施—总则

如果试验电路中包含有熔断器，应采用最大电流额定值（对应于额定电流）的熔断体，如果需要，应采用制造商规定的熔断器。

试验成套设备时所要求的电源线和短路连接导线应有足够的强度以耐受短路，它们的排列不应造成任何附加的应力。

如果没有其他规定，试验电路应接到成套设备的输入端上，三相成套设备应按三相连接。

对于所有短路耐受额定值的验证（见 4.3.4.4，4.5 和 4.6）在电源电力为 1.05 倍额定工作电压时，预期短路电流值应由标准示波图来确定，该示波图在向成套设备供电的导体上取得，该导体位于尽可能靠近成套设备的输入电源侧，并将成套设备用可忽略阻抗的导体进行短路。示波图应显示出一个稳定电流，该电流可在某一时间内测得（即该时间等于成套设备内保护器件的动作时间）或在一规定时间内测得，该电流值近似于 8.2.3.2.4 规定的值。

用交流进行短路试验时，试验电路的频率允许偏差为额定频率为 25%。

在操作中与保护导体连接的设备的所有部件，包括外壳，应进行如下连接：

1）对适用于带中性点接地的三相四线系统（也见 IEC 60038），并有相应标志的成套设备，可接在电源中性点或接在允许预期故障电流至少为 1500A 的电感性人为中性点。

2）对于也适用于三相三线系统并带有相应标志的成套设备，同三相四线系统的连接方式一样，并且，要与产生对地电弧的可能性很小的相导体连接。

除 7.4.3.2.2 论述的设备外，试验电路应包括一个安全装置（如一个由直径为 0.8mm，长度不超过 50mm 的铜丝作熔芯的熔断器）用以检测故障电流。在这种可熔元件的电路中，预期故障电流应为 1500A±10%，下面注 2 和注 3 所述情况除外，必要时，用一个电阻器把电流限制在该值上。

注 1：一根 0.8mm 直径的铜丝，在 1500A 下，大约经过半个周波就熔断，电源频率在 45～67Hz 之间（对于直流，熔断时间为 0.01s）。

注 2：按照有关产品标准的要求，小型设备的预期故障电流可能小于 1500A，可选用熔断时间与注 1 相同的直径较小的铜丝（见注 4）。

注 3：在电源具有一个人为的中性点时，预期故障电流可能比较低，按照制造商的协议，可选用熔断时间与注 1 相同的直径较小的铜丝（见注 4）。

注 4：在可熔断电路中预期故障电流和铜丝直径之间的关系建议根据表 12。

表 12　预期故障电流与铜丝直径的关系

铜丝直径（mm）	可熔元件电路中预期故障电流（A）	铜丝直径（mm）	可熔元件电路中预期故障电流（A）
0.1	50	0.4	500
0.2	150	0.5	800
0.3	300	0.8	1500

表 13　冲击、工频和直流试验的介电耐受电压

额定冲击耐受电压 U_{imp}（kV）	试验电压和相应的海拔									
	交流峰值和直流耐受电压 $U_{1.2/50}$（kV）					交流方均根值（kV）				
	海平面	200m	500m	1000m	2000m	海平面	200m	500m	1000m	2000m
0.33	0.36	0.36	0.35	0.34	0.33	0.25	0.25	0.25	0.25	0.23
0.5	0.54	0.54	0.53	0.52	0.5	0.38	0.38	0.38	0.37	0.36
0.8	0.95	0.9	0.9	0.85	0.8	0.67	0.64	0.64	0.60	0.57
1.5	1.8	1.7	1.7	1.6	1.5	1.3	1.2	1.2	1.1	1.06
2.5	2.9	2.8	2.8	2.7	2.5	2.1	2.0	2.0	1.9	1.77
4	4.9	4.8	4.7	4.4	4	3.5	3.4	3.3	3.1	2.83
6	7.4	7.2	7	6.7	6	5.3	5.1	5.0	4.75	4.24

续表

额定冲击耐受电压 U_{imp}（kV）	试验电压和相应的海拔									
	交流峰值和直流耐受电压 $U_{1.2/50}$（kV）					交流方均根值（kV）				
	海平面	200m	500m	1 000m	2 000m	海平面	200m	500m	1 000m	2 000m
8	9.8	9.6	9.3	9	8	7.0	6.8	6.6	6.4	5.66
12	14.8	14.5	14	13.3	12	10.5	10.3	10.0	9.5	8.48

注：1）表13采用了均匀电场，情况B（见2.9.15）的特性，因此，冲击电压、直流和交流峰值耐受电压值是相同的，其交流方均根值是从交流值推导出来。

2）如果电气间隙介于情况A和情况B之间，那么本表给出的交流值和直流值比冲击电压值更严格。

3）工频电压试验要遵循制造商的协议（见8.2.2.6.2）。

表14　空气中的最小电气间隙

<table>
<tr><th rowspan="4">额定冲击耐受电压 U_{imp}（kV）</th><th colspan="8">最小电气间隙（mm）</th></tr>
<tr><th colspan="4">情况A　非均匀电场条件（见2.9.16）</th><th colspan="4">情况B　均匀电场理想条件（见2.9.15）</th></tr>
<tr><th colspan="4">污染等级</th><th colspan="4">污染等级</th></tr>
<tr><th>1</th><th>2</th><th>3</th><th>4</th><th>1</th><th>2</th><th>3</th><th>4</th></tr>
<tr><td>0.33</td><td>0.01</td><td rowspan="3">0.2</td><td rowspan="4">0.8</td><td rowspan="5">1.6</td><td>0.01</td><td rowspan="3">0.2</td><td rowspan="5">0.8</td><td rowspan="6">1.6</td></tr>
<tr><td>0.5</td><td>0.04</td><td>0.04</td></tr>
<tr><td>0.8</td><td>0.1</td><td>0.1</td></tr>
<tr><td>1.5</td><td>0.5</td><td>0.5</td><td>0.3</td><td>0.3</td></tr>
<tr><td>2.5</td><td>1.5</td><td>1.5</td><td>1.5</td><td>0.6</td><td>0.6</td></tr>
<tr><td>4</td><td>3</td><td>3</td><td>3</td><td>3</td><td>1.2</td><td>1.2</td><td>1.2</td></tr>
<tr><td>6</td><td>5.5</td><td>5.5</td><td>5.5</td><td>5.5</td><td>2</td><td>2</td><td>2</td><td>2</td></tr>
<tr><td>8</td><td>8</td><td>8</td><td>8</td><td>8</td><td>3</td><td>3</td><td>3</td><td>3</td></tr>
<tr><td>12</td><td>14</td><td>14</td><td>14</td><td>14</td><td>4.5</td><td>4.5</td><td>4.5</td><td>4.5</td></tr>
</table>

注：最小的电气间隙值以大气压为80kPa时（它相当于海拔200m处的正常大气压）的1.25/50μs冲击电压为基准。

8.2.3.2.3　主电路试验

对于带母排的成套设备，按照下面a）、b）和d）项进行试验。

对于不带母排的成套设备，按照下面a）项进行试验。

对于不满足7.5.5.1.2的试验要求的成套设备，另外还要按照c）项进行试验。

a）如果出线电路中有一个事先没经过试验的元件，则应进行如下试验：

为了试验出线电路，其出线端子应用螺栓进行短路连接。当出线电路中的保护器件是一个断路器时，根据IEC 60947-1中8.3.4.1.2的b)，试验电路可包括一个分流电阻器与电抗器并联来调整短路电流。

对于额定电流小于或等于630A的断路器，在试验过程中，应有一根0.75m长，截面积相应于约定发热电流的电缆（见IEC 60947-1表9和表10）。开关应合闸，并像工作中正常使用那样在合闸位置上。然后施加试验电压，并维持足够长的时间，使出线单元的短路保护器件动作以消除故障，并且在任何情况下，试验电压持续时间不得少于10个周波。

b）带有主母排的成套设备应进行一次补充的试验，以考验主母排和进线电路包括连接点的短路耐受强度。短路点离电源的最近点应是2m±0.40m。对于额定短时耐受电流（见4.3）和额定峰值耐受电流（见4.4）验证，如果在低压下进行试验才能使试验电流为额定值（见8.2.3.2.4的b项）时，此距离可增大。所设计的成套设备的被试验母排长度小于1.6m，而且，成套设备不再扩展时，应对整条母排进行试验，短路点应在这些母排的末端。如果一组母排由不同的母排段构成，（诸如截面积不同，相邻母排之间的距离不同，母排形式及每米母排上支架的数量不同)，则每一段母排应分别或同时进行试验。该试验亦应满足上面所提的条件。

c）在将母排接到单独的出线单元的导体中，用螺栓连接实现短路时，短路点应尽量靠近出线单元母排侧的端子。短路电流值应与主母排相同。

d）如果存在中性母排，应进行一次试验以考验其相对于最近的母排（包括任何接点）的短路耐受强度。8.2.3.2.3b）项要求适用于中性母排与该相母排的连接。制造商与用户之间如无其他协议，中性母排试验的电流值应为三相试验时相电流的60％。

8.2.3.2.4 短路电流值及其持续时间

a）用短路保护器件保护的成套设备，无论保护器件是在进线单元或是其他地方，试验电压的施加时间应足够长，在任何情况下，不应小于10个周期，以确保短路保护器件动作。并清除故障。

b）进线单元中不带有短路保护器的成套设备（见7.5.2.1.2)。

应该在指定的保护器件的电源侧，用预期电流对于所有的短路耐受额定值进行动应力和热应力的验证。如果制造商给出了额定短时耐受电流：额定峰值耐受电流、额定限制短路电流或额定熔断短路电流的值，则该预期电流应与制造商给出的值相等。

当试验站很难用最大工作电压进行短时耐受电流试验或峰值耐受试验时，根据8.2.3.2.3的b)、c）和d）进行的试验可在任何合适的低压下进行。在这种情况下，实际试验电流等于额定短时耐受电流或峰值耐受电流。这些应在试验报告中说明。然而，在试验期间，如果出现保护装置发生瞬时触点分离，则应用最大工作电压重新进行试验。

在短时和峰值耐受试验时，如果有任何过载脱扣装置在试验时发生脱扣动作，则试验无效。

所有的试验应在设备的额定频率（偏差±25％）及按表5的短路电流对应的功率因数下进行。

标定电流值应是所有相中交流分量的平均有效值。当以最大工作电压进行试验时，标定电流即是实际试验电流。在每相中电流偏差应在＋5％到0％之内，而且功率因数偏差＋0.0至0.05之内。在施加电流的规定时间内其交流分量的有效值应保持不变。

对于限制和熔断短路电流试验，在规定保护器件的电源侧，试验应以1.05倍额定工作电压（见8.2.3.2.2）及预期电流进行，预期电流值等于额定限制或熔断短路电流值。试验不允许以低电压进行。

8.2.3.2.5 试验结果

试验后，导线不应有任何过大的变形，只要电气间隙和爬电距离仍符合7.1.2的规定，母排的微小变形是允许的。同时，导线的绝缘和绝缘支撑部件不应有任何明显的损伤痕迹，也就是说，绝缘物的主要性能仍保证设备的机械性能和电器性能满足本标准的要求。

检测器件不应指示出有故障电流发生。

导线的连接部件不应松动，而且，导线不应从输出端子上脱落。

在不影响防护等级，电气间隙不减小到小于规定数值的条件下，外壳的变形是允许的。

母排电路或成套设备框架的任何变形影响了抽出式部件或可移式部件的正常插入的情况，应视为故障。

在有疑问的情况下，应检查成套设备的内装元件的状况是否符合有关规定。

8.2.3.2.6 对于通过部分型式试验的成套设备（PTTA）应按下述要求之一验证其短路耐受

强度：

——根据 8.2.3.2.1～8.2.3.2.5 进行试验；

——或根据来自类似的通过型式试验安排的外推法。

8.2.4 保护电路有效性的验证

8.2.4.1 成套设备的裸露导电部件和保护电路之间的有效连接验证

应验证成套设备的不同裸露导电部件是否有效地连接在保护电路上。进线保护导体和其相关的裸导电部件之间的阻不应超过 0.1Ω。

应使用电阻测量仪器进行验证，此仪器可以使至少 10A 交流或直流电流通过电阻测量点之间 0.1Ω 的阻抗。

注：有必要将试验时间限制在 5s，否则，低电流设备可能会受到试验的不利影响。

8.2.4.2 通过试验验证保护电路的短路强度（8.2.3.1 规定的电路不适用）

一个单相试验电源，一极连接在一相的进线端子上另一极连接到进线保护导体的端子上。如成套设备带有单独的保护导体，应使用最近的相导体。对于每个有代表性的出线单元应进行单独试验，即用螺栓在单元的对应相的出线端子和相关的出线保护导体之间进行短路连接。

试验中的每个出线单元应配有保护装置，该保护装置可使单元通过最大峰值电流和 I^2t 值。此试验允许用成套设备外部的保护器件来进行。

对于此试验，成套设备的框架应与地绝缘。试验电压应等于额定工作电压的单相值。所用预期短路电流值应是成套设备三相短路耐受试验的预期短路电流值的 60%。

此试验的所有其他条件应同 8.2.3.2 相似。

8.2.4.3 试验结果

无论是由单独导体或是由框架组成的保护电路，其连续性和短路耐受强度都不应遭受严重破坏。

除直观检查外，还可用通以相关出线单元额定电流的方法进行测量，以验证上述结果。

注 1：当把框架作为保护导体使用时，只要不影响电的连续性，而且邻近的易燃部件不会燃烧，那么接合处出现的火花和局部发热是允许的。

注 2：试验前后，在进线保护导体端子和相关的出线保护导体端子间测量电阻比值可验证是否符合这一条件。

8.2.5 电气间隙和爬电距离验证

应验证电气间隙和爬电距离是否符合 7.1.2 规定的值。

考虑到外壳及其部件或内部屏障可能产生的变形，包括偶然由短路引起的任何变化，必要时，对电气间隙和爬电距离进行测量。

如果成套设备包含抽出式部件，则有必要在试验位置（见 GB 7251.1 中 2.2.9）（如果有的话）和分离位置（见 GB 7251.1 中 2.2.10）时分别验证电气间隙和爬电距离是否符合要求。

8.2.6 机械操作验证

对于按照其有关规定进行过型式试验的成套设备的器件，只要在安装时机械操作部件无损坏，则不必对这些器件进行此项型式试验。

对于需要作此项型式试验的部件，在成套设备安装好之后，应验证机构操作是否良好，操作循环的次数应为 50。

注：对于抽出式功能单元，一次操作循环应为从连接位置到分离位置，然后再回到连接位置。

同时，应检查与这些动作相关的机械联锁机构的操作。如果器件、联锁机构等的工作条件未受影响，而且所要求的操作力与试验前一样，则认为通过了此项试验。

8.2.7 防护等级验证

应按照 IEC 60529 对根据 7.2.1 和 7.7 提供的防护等级进行验证，必要时，可进行修改以适合特殊型式的成套设备。进水试验后，如在外壳内可立刻容易地看到水痕，应根据 8.2.2 试验验证其介电性能。用于 IP3X 和 IP4X 试验器件及在 IP4X 试验时外壳的支撑形式应在试验报告中给出。

防护等级为 IP5X 的成套设备应根据 IEC 60529 的 13.4 中特征 2 进行试验。

防护等级为 IP6X 的成套设备应根据 IEC 60529 的 13.4 中特征 1 进行试验。

8.2.8 EMC 试验（试验项目和指标见 GB/T 17626.5～17626.2）

没有满足 7.10.2 a）和 b）要求的成套设备或其部件应经受下述试验。

8.2.8.1 抗干扰试验 型式试验级别为 IEC 61000-4 的级别 3；试验指标：浪涌 1.2/50～8/20μs-2kV（线-地）、1kV（线-线）；快速瞬态冲击—2kV；电磁场—10V/m；静态放电—8kV/空气放电。

8.2.8.2 辐射试验 辐射极限按此标准验证：CISPR11B 级用于环境 1 和 CISPR11A 级用于环境 2。

8.3 出厂试验

8.3.1 检查成套设备，包括查线及必要时进行的通电操作试验

应对机械操作元件、联锁、锁扣等部件的有效性进行检查。应检查导线和电缆的布置是否正确，以及电器安装是否正确。有必要进行直观检查以保证规定的防护等级、电气间隙和爬电距离。（可能时，通过抽样试验来检查连接，特别是螺钉连接是否接触良好）。

另外，还应检查 5.1 和 5.2 规定的资料和标志是否完整，以及成套设备是否与其相符。此外，应检查成套设备与制造商提供的电路、接线图和技术数据是否相符。

根据成套设备的复杂程度，可能有必要检查接线，并进行通电操作试验。试验程序和数量取决于成套设备是否包括复杂的联锁装置和程序控制装置等等。

在某些场合下，当成套设备进行安装并打算投入运行时，可能有必要在现场进行或重复此试验。在这种情况下，制造商和用户之间应达成专门的协议。

8.3.2 介电强度试验

试验应如下进行：

——如果制造商已标出额定冲击耐受电压 U_{imp} 的值（见 4.1.3）则按照 8.3.2.1 和 8.3.2.2 的 b）项进行试验。

——其他情况则按照 8.3.2.1 和 8.3.2.2a）进行试验。

对于已按 8.2.2.1 或 8.3.4 的规定验证绝缘电阻的 PTTA 则不需进行此项试验。

由额定值不超过 16A 短路保护器件保护的和预先已经以辅助电路的额定电压进行过电气操作试验（见 8.3.1）的 TTA 和 PTTA 的辅助电路也不需进行该试验。

8.3.2.1 总则

试验时，成套设备的所有电气器件都应连接起来，除非根据有关规定应施加较低试验电压的器件以及某些消耗电流的器件（如线圈、测量仪器）——对这些电器施加试验电压后将会引起电流的流动——则应当断开。此类电器应在其中一个接线端上断开，除非它被设计为不能耐受满载试验电压时，才能将所有接线端子都断开。

安装在带电部件和裸露导电部件之间的抗干扰电容器不应断开，此电容器应能够耐受试验电压。

8.3.2.2　试验电压值、持续时间和实施

a）按照8.2.2.4，试验电压应施加1s。交流电源应该有足够的容量，以便在出现各种漏电流时仍能维持试验电压。试验电压实际为正弦波，其频率在45～62Hz之间。

如果被试设备是包括在已预先经受过介电试验的主电路或辅助电路之中，试验电压则可以减至8.2.2.4所给出值的85%。

试验时：

——可以闭合所有的开关器件；或

——将试验电压依次施加在电路的所有部件上。

试验电压应施加在带电部件和成套设备的导电框架之间。

b）应按照8.2.2.6.2和8.2.2.6.3进行试验。如果安装在电路中的元件按照其相关标准用较低的试验电压进行了出厂试验，那么，此试验也应采用上述较低的电压值。然而，此试验电压不应低于额定冲击耐受电压30%（不用海拔修正因数）或不低于两倍的额定绝缘电压，采用这两者中较高的一种。

8.3.2.3　试验结果

如果没有击穿或闪络现象，则认为通过了此项试验。

8.3.3　保护措施和保护电路的电连续性检查

应检查防止直接接触和间接接触的防护措施（见7.4.2和7.4.3）。

可利用直观检查来验证保护电路以确保7.4.3.1.5所列措施得以实施。尤其应检查螺钉连接是否接触良好，可能的话可抽样试验。

8.3.4　绝缘电阻的验证

对于没有按照8.2.2或8.3.2经受介电强度试验的PTTA，应用电压至少为500V的绝缘测量仪器进行绝缘测量。

如果电路与裸露导电部件之间，每条电路对地标称电压的绝缘电阻至少为1kΩ/V。

作为例外，有些器件不连接起来较为合适，这些器件根据它们的特殊要求，在施加试验电压时是消耗电流的器件（如线圈、测量仪器）或是不为满载试验电压而设计的。

表15　适用于设备断开点之间隔离距离的试验电压

额定冲击耐受电压U_{imp}（kV）	试验电压和相应的海拔									
	交流峰值和直流耐受电压$U_{1.2/50}$（kV）					交流方均根值（kV）				
	海平面	200m	500m	1000m	2000m	海平面	200m	500m	1000m	2000m
0.33	1.8	1.7	1.7	1.6	1.5	1.3	1.2	1.2	1.1	1.06
0.5	1.8	1.7	1.7	1.6	1.5	1.3	1.2	1.2	1.1	1.06
0.8	1.8	1.7	1.7	1.6	1.5	1.3	1.2	1.2	1.1	1.06
1.5	2.3	2.3	2.2	2.2	2	1.6	1.6	1.55	1.55	1.42
2.5	3.5	3.5	3.4	3.2	3	2.47	2.47	2.40	2.26	2.12
4	6.2	6	5.8	5.6	5	4.38	4.24	4.10	3.96	3.54
6	9.8	9.5	9.3	9	8	7.0	6.8	6.60	6.40	5.66
8	12.3	12.1	11.7	11.1	10	8.7	8.55	8.27	7.85	7.07
12	18.5	18.1	17.5	16.7	15	13.1	12.8	12.37	11.80	10.6

注：1）如果电气间隙介于情况A和情况B之间，表15给出的交流和直流值比冲击电压值更严格。

2）工频电压试验以制造商的协议为条件（见8.2.2.6.2）。

表16 爬电距离的电小值

设备额定绝缘电压或实际工作电压交流方均根值或直流V[5)]	设备长期承受电压的爬电距离（mm）														
	污染等级			污染等级				污染等级				污染等级			
	1[6)]	2[6)]	1	2				3				4			
	材料组别			材料组别				材料组别				材料组别			
	2)	3)	2)	Ⅰ	Ⅱ	Ⅲa	Ⅲb	Ⅰ	Ⅱ	Ⅲa	Ⅲb	Ⅰ	Ⅱ	Ⅲa	Ⅲb
10	0.025	0.04	0.08	0.4	0.4	0.4		1	1	1		1.6	1.6	1.6	4)
12.5	0.025	0.04	0.09	0.42	0.42	0.42		1.05	1.05	1.05		1.6	1.6	1.6	
16	0.025	0.04	0.1	0.45	0.45	0.45		1.1	1.1	1.1		1.6	1.6	1.6	
20	0.025	0.04	0.11	0.48	0.48	0.48		1.2	1.2	1.2		1.6	1.6	1.6	
25	0.025	0.04	0.125	0.5	0.5	0.5		1.25	1.25	1.25		1.7	1.7	1.7	
32	0.025	0.04	0.14	0.53	0.53	0.53		1.3	1.3	1.3		1.8	1.8	1.8	
40	0.025	0.04	0.16	0.56	0.8	1.1		1.4	1.6	1.8		1.9	2.4	3	
50	0.025	0.04	0.18	0.6	0.85	1.2		1.5	1.7	1.9		2	2.5	3.2	
63	0.04	0.63	0.2	0.63	0.9	1.25		1.6	1.8	2		2.1	2.6	3.4	
80	0.063	0.1	0.22	0.67	0.95	1.3		1.7	1.9	2.1		2.2	2.8	3.6	
100	0.1	0.16	0.25	0.71	1	1.4		1.8	2	2.2		2.4	3.0	3.8	
125	0.16	0.25	0.28	0.75	1.05	1.5		1.9	2.1	2.4		2.5	3.2	4	4)
160	0.25	0.4	0.32	0.8	1.1	1.6		2	2.2	2.5		3.2	4	5	
200	0.4	0.63	0.42	1	1.4	2		2.5	2.8	3.2		4	5	6.3	
250	0.56	1	0.56	1.25	1.8	2.5		3.2	3.6	4		5	6.3	8	
320	0.75	1.6	0.75	1.6	2.2	3.2		4	4.5	5		6.3	8	10	
400	1	2	1	2	2.8	4		5	5.6	6.3		8	10	12.5	
500	1.3	2.5	1.3	2.5	3.6	5		6.3	7.1	8.0		10	12.5	16	
630	1.8	3.2	1.8	3.2	4.5	6.3		8	9	10		12.5	16	20	
800	2.4	4	2.4	4	5.6	8		10	11	12.5	4)	16	20	25	
1000	3.2	5	3.2	5	7.1	10		12.5	14	16		20	25	32	
1250			4.2	6.3	9	12.5		16	18	20		25	32	40	
1600			5.6	8	11	16		20	22	25		32	40	50	
2000			7.5	10	14	20		25	28	32		40	50	63	
2500			10	12.5	18	25		32	36	40		50	63	80	
3200			12.5	16	22	32		40	45	50		63	80	100	
4000			16	20	28	40		50	56	63		80	100	125	
5000			20	25	36	50		63	71	80		100	125	160	
6300			25	32	45	63		80	90	100		125	160	200	
8000			32	40	56	80		100	110	125		160	200	250	
10 000			40	50	71	100		125	140	160		200	250	320	

注：1. 工作电压为32V及以下的绝缘不会出现漏电或漏电起痕现象。然而必须考虑到电解腐蚀的可能性，为此规定了最小的爬电距离值。(另注：爬电距离＝最高电压×爬电比距)

2. 按照R10数系选择电压值。

1）由于GB/T 16935.1中2.4的条件，材料组别Ⅰ或材料组别Ⅱ、Ⅲa、Ⅲb，漏电起痕的可能性减小。

2）材料组别Ⅰ、Ⅱ、Ⅲa、Ⅲb。

3）材料组别Ⅰ、Ⅱ、Ⅲa。

4）此区域内的爬电距离值尚未确定。材料组别Ⅲb一般不推荐用于630V以上的污染等级3，也不推荐用于污染等级4。

5）作为例外，对于额定绝缘电压127，208，415，440，660/690和830V，可以采用分别对应于125、200、400、630和800V的较低档的爬电距离值。

6）这两栏中给出的值适用于印刷线路材料的爬电距离。

表 17　导体的选择和安装要求

导体的类型	要 求
裸导体或带基本绝缘的单芯导体例如：符合 GB/T 5023.3—1997 的导线	应避免相互接触与带电部件接触，例如：加隔离物
带基本绝缘和最大容许导体工作温度 90℃以上的单芯导体，例如符合 GB/T 5013.3—1997 的电缆，或符合 GB/T 5023.3—1997 耐热 PVC 绝缘电缆	在没有施加外部压力的地方相互接触或与带电部件接触是容许的。必须避免与锋利的边缘接触。必须没有机械损害的危险。这些导体加载后其工作温度不得超过 70℃
带有基本绝缘的导体，例如：符合 GB/T 5023.3—1997 并带有附加辅助绝缘，例如：用热缩套管单独覆盖或用塑料导管单独走线	如果没有机械损坏的危险不需附加要求
用具有非常高的机械强度的材料绝缘的导体，例如：FTFE 绝缘，或用于 3kV 以内带有增强外部套管的双重绝缘导体，例如：符合 IEC 60502 的电缆	
单芯或多芯带护套电缆，例如：GB/T 5013.4—1997 或 GB/T 5023.4—1997 中的电缆	

注：按上表安装的裸导体或绝缘导体，在其负载端接一个短路保护器件时，其长度可以达 3m。

表 18　适合连接用铜导线的最小和最大截面积（见 7.1.3.2）

额定电流	单芯或多芯导线		软导线	
	截面积		截面积	
	最小	最大	最小	最大
a（A）	*b*（mm^2）	*c*（mm^2）	*d*（mm^2）	*e*（mm^2）
6	0.75	1.5	0.5	1.5
8	1	2.5	0.75	2.5
10	1	2.5	0.75	2.5
12	1	2.5	0.75	2.5
16	1.5	4	1	4
20	1.5	6	1	4
25	2.5	6	1.5	4
32	2.5	10	1.5	6
40	4	16	2.5	10
63	6	25	6	16
80	10	35	10	25
100	16	50	16	35
125	25	70	25	50
160	35	95	35	70
200	50	120	50	95
250	70	150	70	120
315	95	240	95	185

注：上表适用于每个端子上连接一根铜导线。

1）如果外接导体直接连接在内装器件上，有关规定中给出的截面积应适用。

2）如需要选用表中规定值以外的导体，建议由制造商和用户签订专门的协议。

8.3.5 装配工艺检查

8.3.5.1 元器件装配

a）一、二次元器件安装排列应符合设计要求，型号规格正确。

b）元器件应完好无损，表面清洁干净，经入库检验的合格产品。

c）元器件的合格证，说明书，技术文件应齐全。

d）元器件安装应布局合理，整齐美观，安装牢固可靠，倾斜不大于5°。

e）配齐平垫和弹簧垫，固定螺栓突出螺母1～3扣之间。

f）设备标牌、眉头、模拟牌和标签应符合设计要求，安装整齐美观。

g）电气间隙和爬电距离应符合技术标准要求，低压部分一般应大于15mm，特殊情况应大于8mm，高压部分应符合相关的技术标准要求。

h）绝缘外壳不得有划伤痕迹。

i）柜体和元器件应清洁干净。

8.3.5.2 一次线装配

a）导线、母线选用型号规格应符合设计要求。

b）导线、母线颜色A相为黄色，B相为绿色，C相为红色，N线为淡蓝色，PE线为黄绿双色，母线可用相应颜色标签贴于明显易见处。

c）相序排列应符合标准要求，安装排列整齐、美观大方。

d）母线表面应平整光洁，无裂痕、锤印，折弯处无裂纹，孔口无毛刺，搭接面无氧化层。

e）选用母线夹或支撑件应能承受装置额定的短时耐受电流和峰值耐受电流所产生的动、热应力的冲击，安装整齐牢固。

f）母线弯曲处与母线搭接边线距离25mm左右。

g）母线连接紧密可靠，紧固螺栓个数视母线宽度而定，配齐平垫和弹簧垫，螺栓突出螺母1～3扣之间。

h）母线涂漆界线整齐分明，界线距母线搭接处10mm，接触面无沾漆，母线表面无流漆。

8.3.5.3 二次配线

a）元件标识签，靠近元件明显处．粘贴牢固整齐。

b）二次选线应符合设计要求，配线整齐美观、横平竖直，线束无叠（绞）线，绑扎牢固。

c）每种相同元器件在柜内配线应统一，台与台配线一致，批与批配线一致。

d）导线穿过金属板时应有绝缘保护，线束固定应离金属表面2～5mm，过门线束用线夹固定，并留有适当余量。

e）导线线号字迹清晰排列正确，整齐，字号易见，线号管的长度应一致，以方便维修时查找。

f）一个接线端子不得超过两根导线，压线端子拧紧牢固，导线中段不得有接头。

g）发热元件应从元件下方配线。

h）接地线规格颜色应符合技术标准要求。

i）柜内无废杂物，整洁干净。

9 包装、运输和储存

9.1 包装

产品包装采用GB/T 13384附录A中的框架木箱，包装箱的材料也可根据本地材料供应情况选用，但应保证包装箱具有足够的强度，产品应垫稳、卡紧，固定于外包装箱内，产品在箱内固定方式可采用缓冲材料塞紧，木块定位，螺栓紧固。

产品不得与外包装箱板有直接接触。

a）包装应具有防水、防潮措施。对于出口包装箱的防水等级，普通封闭箱应选用B类Ⅲ级以上，滑木箱应选用B类Ⅱ级以上。包装防潮应符合GB 4768规定，出口包装防潮等级为Ⅰ、Ⅱ类。

b）包装箱上应有在运输和保管过程中必须注意的明显标志（如向上、防潮、防雨、防震、起吊位置等）。

c）在不损伤产品内部元件的前提下，制造商也可和用户协商，选择经济实用的最佳包装方案。但必须保证产品在运输过程中不至于遭受损坏、变形、受潮及部件丢失等。

9.2 运输、储存

在运输、储存的过程中，不应超出产品国标所规定环境要求，如果不能满足要求应给出相应的说明。

第3部分 低压成套开关设备和控制设备技术条件

1 总则

1.1 范围与目的

本标准适用于在额定电压交流不超过1000V，频率不超过50Hz，额定电压为直流不超过1500V的低压成套开关设备和控制设备（以下简称设备）。

本标准也适用于频率更高的装有控制及功率器件的设备。在这种情况下应采用相应的附加要求。

本标准适用于带外壳的固定式或移动式设备。

注：对于某些专门类型的成套设备的特殊要求，在相关的国家标准中给出。

本标准适用于在使用中与发电、输电、配电和电能转换的设备以及控制电能消耗的设备配套使用的设备。

本标准同时适用于那些为特殊使用条件而设计的设备，如船舶、机车车辆、机床、起重机械使用的设备或在易爆环境中使用的成套设备及民用即非专业人员使用的设备等，只要它们符合有关的规定要求。

本标准不适用于单独的元器件及自成一体的组件，诸如电动机起动器、刀熔开关、电子设备等。以上设备应符合它们各自的相关标准。

本标准的目的是为低压成套开关设备和控制设备规定定义，并阐明其使用条件、结构要求、技术性能和试验。

1.2 引用标准

下列标准所包含的条文，通过在本标准中引用而构成为本标准的条文。本标准出版时，所示版本均为有效。所有标准都会被修订，使用本标准的各方应探讨使用下列标准最新版本的可能性。

GB 156　　标准电压（neq IEC 38：1983）

GB 311.1　　高压输变电设备的绝缘配合（neq IEC 71-1：1993）

GB/T 2900.8	电工术语　绝缘子（eqv IEC 50（471）：1984）
GB 4205	控制电气设备的操作件标准运动方向（eqv IEC 447：1974）
GB 4208	外壳防护等级（IP 代码）（eqv IEC 529：1989）
GB 5094	电气技术中的项目代号（eqv IEC 750：1983）
GB 7678	半导体自换相变流器（eqv IEC 146-2：1977）
GB 7947	绝缘导体和裸导体的颜色标志（neq IEC 446：1973）
GB 13539	低压熔断器（neq IEC 269：1986）
GB/T 14048.1	低压开关设备和控制设备　总则（eqv IEC 947-1：1988）
GB 14048.3	低压开关设备和控制设备　低压开关、隔离器、隔离开关及熔断器组合电器（eqv IEC 947-3：1990）
GB 14048.4	低压开关设备和控制设备　低压机电式接触器和电动机起动器（eqv IEC 947-4：1990）
GB 7251.1	低压成套开关设备和控制设备（idt IEC 493-1：1992）

2　定义

本标准采用 GB 7251.1 中的定义，本标准不再叙述。

3　使用条件

3.1　周围空气温度不高于＋40℃，不低于－5℃，24h 内的平均温度不得大于＋35℃。

3.2　户内安装使用，使用地点的海拔高度不超过 2000m。

3.3　周围空气相对湿度不超过 90％（20℃时），应考虑到由于温度的变化可能会偶然产生凝露的影响，在最高温度＋40℃时，其相对湿度不超过 50％。

3.4　设备垂直安装，倾斜度不超过 5 度。

3.5　设备应安装在无剧烈震动和冲击的地方，以及不足使电器元件受到腐蚀和严重污染的场所。

3.6　特殊使用环境，用户应在订货时提出与制造厂协商解决。

4　型号及含义

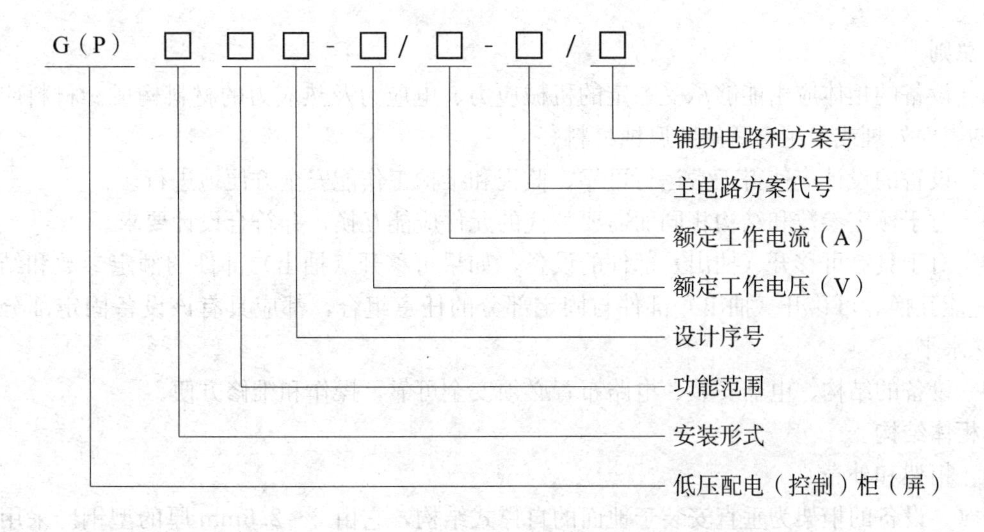

5 额定值

本标准中的额定值为设备在规定的工作条件下所给定的参数值。

表1 低压成套设备主要技术参数

序 号	项 目		数 据
1	主回路额定电压（V）		380（400）、660
2	辅助回路额定电压（V）	AC	36、220、380
		DC	24、110、220
3	额定绝缘电压（V）		660、1000
4	额定频率（Hz）		50
5	额定电流（A）	水平母线	≤4000
		垂直母线（MCC）	≤1000
6	母线额定短时耐受电流（1S，kA）		15、30、50、80、100
7	母线额定峰值耐受电流（0.1S，kA）		30、63、105、176、220
8	额定工频耐受电压（5S，V）	主电路	2500
		辅助电路	1760
9	母线（V）	三相四线制	A、B、C、N
		三相五线制	A、B、C、PE、N
10	外壳防护等级		IP2X～IP5X

6 提供成套设备的资料

6.1 铭牌

铭牌内容见9.1条规定。

6.2 标志

在成套设备内部，应能辨别出单独的电路及其元器件，并与设计图样一致。

6.3 安装、操作和维修使用说明书。

7 技术要求

7.1 总则

7.1.1 设备的柜体应由能够承受一定的机械应力、电应力及热应力的材料构成。材料应进行合适的表面处理或采用合适的防腐蚀材料。

7.1.2 设备的设计应使得正常运行可靠、监视和维护工作能安全方便地进行。

7.1.3 对于额定参数和结构相同而需要替代的元件应能互换，并符合设计要求。

7.1.4 对于具有可移开（抽出）部件的设备，如果可移开（抽出）部件的额定参数和结构相同则应能互换。可移开（抽出）部件与固定部分的任意组合，都应具有该设备固定部分的额定绝缘水平。

7.1.5 设备的结构、电器安装、电路布置必须安全可靠，操作和维修方便。

7.2 柜体结构

7.2.1 柜架和外壳

7.2.1.1 设备的柜架为垂直安装于地面的自撑式结构，它由2～2.5mm厚的型钢。采用部分焊接或螺栓紧固组装而成。并设有 E＝20mm、E＝100mm 等模数安装孔，可根据元器件的安装位置，任意布置纵横架板。

7.2.1.2 柜架和外壳应有足够的机械强度和刚度，使得装在柜架和外壳内的开关，操作机构及其他元器件，具有他原来的机械特性和电气性能。同时不因吊装运输等情况而影响设备的性能。

7.2.2 外形尺寸

柜架的外形尺寸应根据不同型号的柜体设计结构来进行选取，详见各种型号的使用说明书。

一般优先采用如下规格：

高：2200mm

宽：400、600、800、1000、1100、1200mm

深：600、800、1000mm

标准配电箱、照明箱和非标箱根据实际需求来选定外形尺寸。

7.2.3 外壳的防护等级应不低于 GB 4208 规定的 IP2X。也可根据用户要求可在 IP2X-IP5X 之间选用。如果要求防水保护可从第二位特征数选用。

7.2.4 盖板和门

盖板和门关闭后应具有与外壳一样的防护等级。

7.2.5 铰链

7.2.5.1 铰链的轴和套均应牢固地固定在门及外壳上，其紧固点不得少于两点，如果有定位点，可采用一点紧固。

7.2.5.2 利用钢制铰链作为接地保护措施时，则铰链应镀锌或镀铬，如铰链与门或外壳采用点焊连接则不能因焊接而破坏铰合面的镀层。

7.2.5.3 装有铰链的门应能承受四倍于它本身重量（但不小于 10kg）的负荷，铰链不应永久变形。

7.2.6 观察窗

7.2.6.1 观察窗应使用机械强度与外壳相近似的透明阻燃材料遮盖，并达到外壳所规定的防护等级。

7.2.6.2 观察窗与主电路带电部分之间应有足够的电气间隙。

7.2.6.3 观察窗布置的位置应便于观察设备内运行中的设备。

7.2.7 通风窗和排气口

7.2.7.1 通风窗和排气口的设计和安装应使它们与外壳具有相同的防护等级，通风窗和排气口可以使用网状纺织物或类似的材料封挡，但应有足够的机械强度。

7.2.7.2 通风窗和排气口的布置与安装，应使熔断器、断路器等在正常工作时或短路情况下有电弧或可熔性金属喷出时不致危及操作者。

7.2.7.3 如果喷弧源距通风窗较近，允许在二者之间加装隔弧板，隔弧板应为接地的金属板或耐弧的绝缘板，隔弧板的尺寸应每边大于通风窗外形 10mm。

7.2.7.4 外壳顶部的通风窗，排气口应用覆板遮盖。

7.2.8 隔离

7.2.8.1 利用隔板可将设备分成母线室、电缆室、单元隔室，隔室应能防止触及邻近功能单元带电部件，能限制事故的扩大，能防止外界物体从设备的一个隔室进到另一个隔室。

7.2.8.2 隔室之间的开孔应确保熔断器，断路器在短路分断时产生的气体不影响相邻隔室的功能单元的正常工作。

7.2.8.3 用作隔离的板可采用镀锌金属板或绝缘板，镀锌金属板应与保护导体相连接。在人体碰撞其变形不应减小绝缘距离，绝缘隔板则不应碎裂。

7.2.8.4 功能单元隔室中的隔板不应因短路分断时所产生电弧或游离气体所产生的压力而造成损坏或永久变形。

7.2.9 防腐性

7.2.9.1 所有金属零部件除非它本身具有防腐蚀能力外，都应采取防腐蚀措施，防腐措施有：喷涂、镀锌、搪锡或其他方法。

7.2.9.2 所有需喷涂的钢板、钢型材、金属结构件在喷涂前应进行除油防锈和磷化处理，其内部表面应至少喷涂一层防腐蚀底漆。

7.2.10 绝缘材料

7.2.10.1 绝缘材料应有足够的机械强度和刚度，能够耐受使用中可能遇到的机械应力、电应力和热应力。

7.2.10.2 绝缘材料应具有良好的抗老化和阻燃能力，阻燃性能应符合 GB 4609 中 FV-0 级的规定要求。

7.2.10.3 设备中了为提高相间和相对地间的绝缘水平加设的绝缘件，它的设置应保证相间和相对地间有足够的空气距离，以免由于电场强度的影响，使绝缘件很快破坏。

7.2.10.4 绝缘件的绝缘水平不得低于设备额定绝缘电压的 1.5 倍。

7.3 电气间隙、爬电距离和间隔距离

7.3.1 电气间隙与爬电距离

7.3.1.1 主母线、垂直母线、分支母线和主电路连接件、带电部件之间及其与接地金属构件之间的爬电距离和电气间隙不应小于 15mm，特殊情况应符合表 2 中有关给定值。

7.3.1.2 母线、母线连接件和电器元件进出线端子间某些部分达不到上条规定时允许采用包扎绝缘的措施。

表 2 电气间隙与爬电距离

额定绝缘电压（V）	电气间隙（mm）		爬电距离（mm）	
	63A 及以下	大于 63A	63A 及以下	大于 63A
$U_i<60$	3	5	3	5
$60<U_i<300$	5	6	6	8
$300<U_i<660$	8	10	10	12

7.3.1.3 当采用绝缘母线时允许缩小电气间隙和爬电距离。

7.3.1.4 爬电距离应符合 GB 7251.1 中 6.1.2.3 规定的污染等级和表 16 给出的在额定电压下的相应的材料组别。

7.3.2 抽出式部件的隔离距离

7.3.2.1 如果功能单元安装在抽出式部件上，如设备处于新的条件下，隔离距离至少要符合隔离器（详见 GB 14048.3 中的）有关规定中的要求，同时要考虑到制造公差和由于磨损而造成的尺寸变化。

7.3.2.2 可移式部件或抽出式部件的设计应使其电气设备即使在主电路带电的情况下，亦可安全地从主电路上断开或接通。在不同位置以及从一种位置转移到另一种位置时，应保持最小的电气间隙和爬电距离。部件断开间距应不小于25mm。

7.4 介电性能

当成套设备一个电路或多个电路的额定耐受电压和冲击耐受电压时，则适用第7.4.1和7.4.2条的要求，而且该电路应满足8.1.3.4规定的介电强度试验和验证。

在其他情况下，成套设备的电路应满足8.1.3中规定的介电强度试验。

电路与裸露导电部件之间，每条电路对地标称电压的绝缘电阻应至少为1000Ω/V。

7.4.1 总则

成套设备的电路应能承受表3和表12给出的相应的交流或直流电压。施加在隔离器件的隔离距离或抽出式部件的隔离距离上的耐受电压在GB 7251.1中表15中给出。

注：电源系统的标称电压与成套设备电路的冲击耐受电压之间的关系在GB 7251.1中附录G中给出。

对于给定的额定工作电压，额定冲击耐受电压不应低于GB 7251.1中附录G中给出的与成套设备使用处的电路电源系统标称电压相应值和适用的过电压类别。

7.4.2 主电路的额定耐受电压和冲击耐受电压

a）带电部件与接地部件之间，极与极之间的电气间隙应能承受表12和表3给出的对应于额定耐受电压和冲击耐受电压的试验电压值。

b）对于处在隔离位置的抽出式部件，断开的触点之间的电气间隙应能承受GB 7251.1中表15给出的与额定冲击耐受电压相适应的试验电压值。

7.4.3 辅助电路和控制电路的额定耐受电压和冲击耐受电压

a）以主电路的额定工作电压（没有任何减少过电压的措施）直接操作的辅助电路和控制电路应符合7.4.2中a）项的要求。

b）不由主电路电压直接操作的辅助电路和控制电路，可以有与主电路不同的过电压承受能力。这类交流或直流电路的电气间隙和相关的固态绝缘应该承受GB 7251.1附录G中给出的相应的电压值。

表3 冲击、工频和直流试验的介电耐受电压 单位：kV

额定冲击耐受电压 U_{imp}	试验电压和相应的海拔									
	交流峰值和直流耐受电压 $U_{1.2/50}$					交流方均根值				
	海平面	200m	500m	1000m	2000m	海平面	200m	500m	1000m	2000m
0.33	0.36	0.36	0.35	0.34	0.33	0.25	0.25	0.25	0.25	0.23
0.5	0.54	0.54	0.53	0.52	0.5	0.38	0.38	0.38	0.37	0.36
0.8	0.95	0.9	0.9	0.85	0.8	0.67	0.64	0.64	0.60	0.57
1.5	1.8	1.7	1.7	1.6	1.5	1.3	1.2	1.2	1.1	1.06
2.5	2.9	2.8	2.8	2.7	2.5	2.1	2.0	2.0	1.9	1.77
4	4.9	4.8	4.7	4.4	4	3.5	3.4	3.3	3.1	2.83
6	7.4	7.2	7	6.7	6	5.3	5.1	5.0	4.75	4.24
8	9.8	9.6	9.3	9	8	7.0	6.8	6.6	6.4	5.66
12	14.8	14.5	14	13.3	12	10.5	10.3	10.0	9.5	8.48

注：1. 表3采用了均匀电场，情况B（见GB 7251.1中2.9.15）的特性，因此，冲击电压、直流和交流峰值耐受电压值是相同的，其交流方均根值是从交流值推导出来。

2. 如果电气间隙介于情况A和情况B之间，那么表3给出的交流值和直流值比冲击电压值更严格。

3. 工频电压试验要按照表12和表13规定值进行。

7.5 温升

当按照 8.1.2 进行验证时，成套设备的温升不应超过表 9 给出的限值。

7.6 短路保护与短路耐受强度

7.6.1 总则

成套设备必须能够耐受最大至额定短路电流所产生的热应力和电动应力。

注：用限流装置（如电抗器、限流熔断器或限流开关）可以减少短路电流产生的应力。

可以用某些元器件，例如：断路器、熔断器或两者的组合保护成套设备，上述元器件可以安装在成套设备的内部或外部。

用户订购成套设备时，应指出安装地点的短路条件。

7.6.2 有关短路耐受强度的资料

7.6.2.1 对于仅有一个进线单元的成套设备，应指出如下短路耐受强度：

a）由于进线单元具有短路保护装置（SCPD）的成套设备，在进线单元的接线端子上应标明预期短路电流的最大允许值。这个值不应超过相应的额定值（见表 1）。相应的功率因数和峰值应为 7.6.3 中给出的数据。

如果短路保护装置是一个熔断器或是一个限流断路器，应指明 SCPD 的特性（电流额定值、分断能力、截断电流、I^2t 等）。

如果使用带延时脱扣的断路器，应标明最大延时时间和相应于指定的预期短路电流的电流整定值。

b）对于进线单元没有短路保护的成套设备，用下述一种或几种方法标明短路耐受强度：

1）额定短时耐受电流及相关的时间，额定峰值耐受电流。

2）额定限制短路电流。

3）额定熔断短路电流。

7.6.2.2 具有几个不可能同时工作的进线单元的成套设备，其短路电流耐受强度可根据 7.6.2.1 在每个进线单元上标出。

7.6.2.3 对于具有几个可能同时工作的进线单元的成套设备，应制定一个专门的协议以确定每个进线单元、出线单元和母线中的预期短路电流值。

7.6.3 短路电流的峰值与方均根值的关系

用来确定电动力强度的短路峰值电流（包括直流分量在内的短路电流的第一个峰值）应由系数 n 乘短路电流方均根值获得。系数 n 的标准值和相应的功率因数在表 4 中给出。

表 4 系数 n 的标准值和相应的功率因数

短路电流的方均根值	cosϕ	n
$I \leqslant 5kA$	0.7	1.5
$5kA < I \leqslant 10kA$	0.5	1.7
$10kA < I \leqslant 20kA$	0.3	2
$20kA < I \leqslant 50kA$	0.25	2.1
$50kA < I$	0.2	2.2

注：表中的值适合于大多数用途。在某些特殊的场合，例如在变压器或发电机附近，功率因数可能更低。因此，最大的预期峰值电流就可能变为极限值以代替短路电流的方均根值。

7.7 成套设备内部电路

7.7.1 主电路

7.7.1.1 各功能单元主电路的导体和串联的元件以及母线的布置，应充分考虑该回路的母线

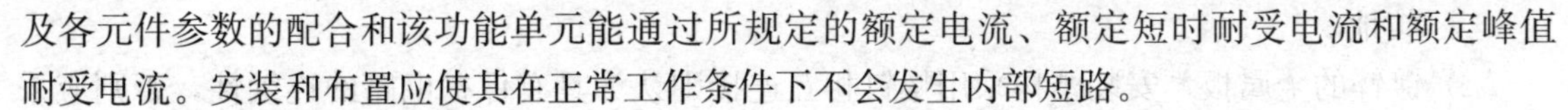

及各元件参数的配合和该功能单元能通过所规定的额定电流、额定短时耐受电流和额定峰值耐受电流。安装和布置应使其在正常工作条件下不会发生内部短路。

7.7.1.2 短路保护电器在额定的电气参数范围内应能可靠分断额定短路电流和额定峰值电流。

7.7.1.3 设备内短路保护电器应具有选择性。

7.7.2 保护接地

设备的保护电路由单独的保护导体或导电结构件（或二者都有）组成，它可防止设备内部故障的扩大，也可防止通过设备供电的外部电路故障的扩大；应保证设备内各裸露导电部件之间以及它们与保护电路之间的电连续性。进线保护导体和其相关的裸导电部件之间的电阻不超过0.1Ω。

设备的保护回路除应符合GB 7251.1第7.4.3.1条的规定外，本标准再作如下补充。

7.7.2.1 保护导体的设置

a）设备根据需要可设置一根贯穿装置全长的保护导体，该导体将装置内所装电器元件或部件的外壳与柜体电气地连接在一起。其截面积按表5规定选取。

表5 保护导体的最小截面积

装置的相导线的截面积（S）	相应的保护导体的最小截面积（mm^2）
$S \leqslant 16$	S
$16 < S \leqslant 35$	16
$35 < S \leqslant 400$	$S/2$
$400 < S \leqslant 800$	200
$800 < S$	$S/4$

b）为了方便保护导体之间连接和提高可靠性，在装置中亦可设置垂直走向的分支保护母线，其截流面积可按下式计算：$S_P = \sqrt{I^2 t}/K$

式中：

S_P——保护导体截面积，mm^2

I——忽略故障点阻抗情况下的故障电流值（有效值），A；

t——短路保护电器的动作时间，s；

k——系数（见表6），它取决于保护导体材质，使用的绝缘材料以及初始和最终温度。

注：计算时应考虑电路阻抗和保护电器的限流能力。

表6 材 料 系 数

使用的绝缘材料	最终温度	K		
		铜	铝	钢
聚氯乙烯	160℃	143	95	52
裸导体	250℃	176	116	64
丁烯橡胶	220℃	166	110	60

注：假定导体的初始温度为30℃。

c）可移开部件保护导体允许采用插接方式与柜架的保护导体相连接。

7.7.2.2 接地

a）所有作为隔离带电导体的金属隔板均应有效地接地，所有电器元件的金属外壳以及金属手动操作机构应有效地接地。

b）所有电器元件的外壳如果用金属螺钉安装在已经接地的镀锌金属构件上，则认为已经接地。

c）镀锌的金属板，安装结构采用螺钉相互连接则认为具有保护电路的连续性，否则应采取措施（例如采用专用接地螺栓或接地垫圈）来保证电路的连接性。

d）对于门、盖板、覆板和类似部件，如果其上装有电压值超过42V的电气设备时，应采用保护导体将这些部件和保护电路连接，此保护导体的截面积不小于从电源到所属电器最大导线的截面积。

e）在接地母线和柜体之间所有的连接点应躲开或穿透不导电绝缘层或油漆层等，以保证良好的电气连接。

7.7.2.3 保护导体应能承受装置在运输，安装时产生的机械应力和在单相接地短路事故中所产生的机械应力与热应力，其接地连续性不应破坏。

7.7.3 辅助电路

7.7.3.1 辅助电路推荐采用变压器与主电路进行隔离。

7.7.3.2 辅助电路应装设保护器件，如果与主电路连接，则保护器件的短路分断能力与主电路保护元件相同。

7.7.3.3 辅助设备（仪表、继电器）应能承受由于开关的分合闸产生的振动，而不会误动作。

7.7.3.4 辅助设备，辅助电路的接线应有适当的保护，以防止来至主电路意外燃弧的损坏。

7.7.4 母线、绝缘导线和布线

7.7.4.1 总则

a）母线材料应选用铜、铝材料。导线应选用多股铜芯绝缘导线。

b）母线和绝缘导线截面积应根据其允许载流量大于通过该电路最大工作电流的1.3倍来选择，且温升不超过容许限值。

c）母线的连接和母线绝缘导线的布置要尽量减少涡流损耗的影响，如果交流导体要穿过封闭的具有导磁性能的框架或金属隔板，则该电路的三相导线均应从同一孔中穿过。

d）端子与连接导线端头连接时应有足够的接触压力。

7.7.4.2 母线

a）额定电流在630A及以上的母线在搭接部位应经搪锡或镀银的工艺处理后，方可搭接，不允许用涂敷导电膏代替搪锡工艺。

b）额定电流在630A以下的母线在搭接部位允许不用搪锡，但应采取措施保证可靠的连接。

c）母排应采用绝缘支撑件进行固定，以保证母线之间和母线与其他部件之间的距离不变。母线的布置和连接及绝缘支撑件应能承受装置额定的短时耐受电流和额定峰值耐受电流所产生的机械应力和动、热应力的冲击。

d）母线之间的连接应保证有足够的面积和压力，但不应使母线变形，振动和温度变化在母线上产生的膨胀和收缩不致影响母线连接部位的接触特性。

e）在母线穿过金属隔板之处，应提供适宜的套管和其他绝缘件。

7.7.4.3 绝缘导线

a）设备中绝缘导线的额定绝缘电压值应同相应电路的额定绝缘电压值一致。

b）主电路和辅助电路绝缘导体的连接都应采用冷压接端头进行连接。压接端头与多股铜芯绝缘导线配合应适宜，压接牢固后再进行搪锡处理。

c）在可移动的地方，如跨门连接线，必须采用多股铜芯绝缘导线，并要留有一定长度的裕量，以便不致因部件的移动而对导线产生机械损伤。

d）通常一个端子只连接一根导线，必要时允许连接二根导线。当需要连接二根以上导线时，应采用过渡端子以确保可靠的连接或将多根导线压在同一个压接端头上，但必须在压接处搪锡。另外计算每根导线的载流量之和不应大于该端子的载流量。

e）电器元件间的连接导线，中间不应再有铰接点或焊点。接线应尽可能在固定的端子上进行。

f）连接到发热元件上的导线应考虑到发热元件对导线绝缘的影响。

g）绝缘导线不应贴在裸露带电部件或贴近带有尖角的金属边缘敷设，应使用线夹固定在支架上，最好敷设在行线槽内。

h）绝缘导线穿越金属隔板上的穿线孔时，为了防止导线绝缘被磨损，应在孔上加装光滑的衬套。

i）辅助电路的导线必须采用铜芯绝缘导线，其最小截面积为 1.5mm^2（单股铜芯绝缘导线）和 1.0mm^2（多股铜芯绝缘导线）。连接低电源小电流电路（如连接电子电路）的绝缘导线允许选用更小截面积的导线。

j）使用多股导线时，接线端部必须应有可靠的接线端头，并应搪锡处理。

7.7.4.4　母线和导线的颜色及排列

a）装置中母线和导线的颜色及排列应符合表 7 规定。

表 7　母线和导线的颜色及排列

类　别		垂直排列	水平排列	前后排列	母线、导线颜色
交流	A相	上	左	远	黄
	B相	中	中	中	绿
	C相	下	右	近	红
	中性线	最下	最右	最近	淡蓝
	接地保护线				黄绿双色
直流	正极	上	左	远	橙
	负极	下	右	近	蓝

b）母线相序颜色可以贯穿母线全长，亦可在母线明显位置贴上圆形或垂直于母线的条形色标加以区别。

7.7.4.5　布线

a）一次配线。按图样设计要求选择母线的型号、规格和排列顺序以及安装位置，母线加工和装配详见 SHQ.BDC2.002，装配整齐美观大方、支撑牢固，应能耐受短路电流和峰值耐受电流所产生的动、热应力和机械应力的冲击。

b）二次配线。按图样设计要求选择绝缘导线的型号规格，首先粘贴元件标识签。靠近元件明显处，粘贴牢固整齐。走线整齐美观、横平竖直、线束无叠（绞）线，绑扎牢固。线号字迹清晰、排列整齐、正确、字号易见，线号管长短一致。

7.7.5　元器件

7.7.5.1　元器件的选择

a）设备中开关电器和元件的额定电压（额定绝缘电压和冲击耐受电压）、额定电流、接通和分断能力，短路耐受强度等参数应符合设计额定参数的要求。

b）安装在设备中的元件应符合其本身的有关标准要求，强制认证的元件应具有认证标志。

c）指示灯和按钮的颜色应根据其用途按 GB 2682 的规定选用。

d）选择受电、馈电、电动机控制等所用的断路器及熔断器时，应注意它们之间保护特性的配合。

7.7.5.2　元器件的安装

a）所有元器件均应按照设计要求进行安装，布局合理、整齐美观、牢固，并与设计图样一致。

b）元器件的安装与接线应使其功能不致由于相互影响而受到损害。

c）需要在设备内部操作，调整和复位的元件应易于接近，安装在同一支架上的电器，功能单元的外部接线端子应使其在安装、接线、维修和更换时易于接近。

d）外部接线用的端子应安装在装置基础面上方至少 0.2m 高度处，并且应为连接电缆提供必要的空间。端子标志应符合 GB 4026 的有关规定。

e）指示仪表的安装高度一般不得高出装置基础面 2m。紧急操作器件应安装在距设备基础面 0.8～1.6m 范围内。

7.7.6　操作机构的操作方向及指示

7.7.6.1　开关电器操作机构运动方向和指示应符合其说明书的规定。

7.7.6.2　设备的操作机构运动方向应有明显标志，推荐采用的运动方向如表 8 所示。

表 8　推荐采用的运动方向

操作工具名称	运动方式	运动方向、操作工具的相互位置	
		合闸时	分闸时
手柄、手轮或单双臂杠杆	转动	顺时针	逆时针
手柄或杠杆	线性运动	←水平方向→	←水平方向→
	垂直方向	向上↑	向下↓
两个上、下排列的按钮或拉线	按、拉	上面	下面
两个水平排列的按钮或拉线	按、拉	左面	右面

7.7.7　功能单元

7.7.7.1　在主开关分断的情况下，即使主电路带电，也能用于直接或借助工具安全地将功能单元抽出或插入。

7.7.7.2　功能单元应有三个明显的位置：连接位置、试验位置、分离位置。

a）当功能单元处于连接位置时，主开关处于分断位置时，亦可视为试验位置。

b）位置指示可采用位置指示牌、也可借助操作机构的不同位置加以识别。

7.7.7.3　功能单元在 7.7.7.2 条中的三个位置都应有机械定位装置，不允许因外力的作用而从一个位置移到另一个位置。

7.7.7.4　功能单元的主电路和辅助电路的隔离接插件（包括进线和出线）应跟随功能单元自动地接通和分离。

7.7.7.5　相同规格的功能单元应具有互换性，即使是在短路事故发生后，其互换性也不能破坏。

7.7.7.6 功能单元的抽出机构应能进行不少于100次的机械寿命试验。试验后仍满足7.7.7.3、7.7.7.5条要求和7.3.2条的间隔距离的要求。若断路器是抽出（移开）式的，则可不在设备上进行此项试验。

7.7.7.7 功能单元上安装的保护电路连接插头的动作程序应该是：

a）当主电路隔离插件与带电导体连接之前，保护电路连接插头与外壳的保护导体先接通。

b）当主电路隔离插件与带电导体分离后，保护电路连接插头才允许与保护导体分离。

7.7.8 联锁

7.7.8.1 为了确保操作程序以及维修时的人身安全，设备都应具备机械联锁或电气联锁。

7.7.8.2 当装置具有二个进线单元时，根据系统运行的需要，应能提供二个进线开关操作的相互联锁，联锁装置可以是机械和电气的，也可二者同时具备则保护性能更安全。

7.7.8.3 馈电单元和电动机控制单元与单元门应设置机械联锁。当主开关（熔断器式隔离开关或断路器）处于分断时，门才能打开，否则门打不开。

7.7.8.4 只有在主开关（熔断器式隔离开关或断路器）处于分断位置时，功能单元才能抽出或插入。

7.7.8.5 如果在一个功能单元之中装有二条电路形成一个双馈电或双电动机控制单元时，则每个电路的主开关都应与门联锁。

7.7.8.6 为了防止未经允许的操作，主开关的操作机构应能使用挂锁或暗锁将主开关锁在分断或闭合位置上。

7.7.8.7 当特殊需要时，可设置一个解锁机构以便使主开关处于接通位置时，也能将门打开。

7.7.8.8 联锁机构应进行寿命试验、试验次数1000次，试验后机构仍应符合7.7.8.3条的规定。

8 试验规范

成套设备的试验种类分为型式试验和出厂试验两种形式。

8.1 型式试验

8.1.1 总则

8.1.1.1 型式试验的目的是验证设备的电气性能和机械性能是否达到本标准要求。

8.1.1.2 由于元件的组合具有多样性，不可能对所有的方案进行型式试验，所以型式试验应在具有代表性的方案，规定的柜体和功能单元上（指承受短路能力最薄弱，分断条件最差、热损耗最大）进行，以充分确定出它们的实际性能，其他类型方案的性能可借类似的试验数据来判定。

8.1.1.3 全部型式试验项目在一台设备样机上进行。

8.1.1.4 进行型式试验的设备样机必须是经过出厂试验合格的新产品。

8.1.1.5 型式试验应由国家电力行政主管机关指定的试验站进行。

8.1.1.6 型式试验项目包括：

a）温升试验；

b）介电强度试验；

c）短路强度试验；

d）保护电路有效性试验；

e）电气间隙和爬电距离检验；

f）动作试验；

g）功能单元互换性试验；

h）防护等级检验。

8.1.1.7 停产5年以上的产品再次生产时，要重新进行型式试验。

8.1.1.8 如果设备的部件，电器元件或材料作了修改，这些修改影响试验结果时必须重做型式试验。

8.1.2 温升试验

8.1.2.1 温升试验的目的是验证设备在正常使用条件下，施加额定负载时设备各部位的温升是否超过规定值。

8.1.2.2 设备各部位的额定温升应符合表9的规定。

表9 额定温升

部位	端头材质	温升（K）	测试方法
内装元件	铜镀锡或镀银	根据不同元件的有关标准要求确定	点温计法
母线上的插接式触点	铜母线 镀锡铝母线	60 55	点温计法
母线连接处	铜—铜 铜搪锡—铜搪锡 铜镀银—铜镀银 铝搪锡—铝搪锡 铝搪锡—铜搪锡	50 60 80 55 55	点温计法
操作手柄	金属的 绝缘材料	15 25	点温计法
可触及的外壳和覆板	金属表面 绝缘表面	30 40	点温计法

注：（1）装在设备内部的操作手柄（如事故操作手柄、抽出式把手等）因只有门打开后才能被触及，且经常不操作，故其温升允许略高于表中数据。

（2）除非另有规定，对可能触及，但正常工作时不需触及的外壳和覆板，允许其温升比表中数据高10K。

8.1.2.3 温升试验的要求和方法，应符合GB 7251.1第8.2.1条的有关规定，并作如下说明和补充：

a）如果有可供选择的元件和布置方案，则应选取其中工作条件最苛刻的元件布置方案进行试验。

b）设备的温升（包括元件），应以设备的周围空气温度作为基准，各部位的温升不超过各自标准规定。

c）柜内隔离空间的温升不应超过所装电气元件和材料的最高允许温升。

d）环境温度。

环境温度应在试验周期的最后四分之一期间内测量，至少要用两个热电偶或温度计均匀地布置在成套设备的周围，在高度约等于成套设备的二分之一，并离开成套设备1m远的地方安装。应防止空气流动和热辐射对温度计和热电偶的影响。

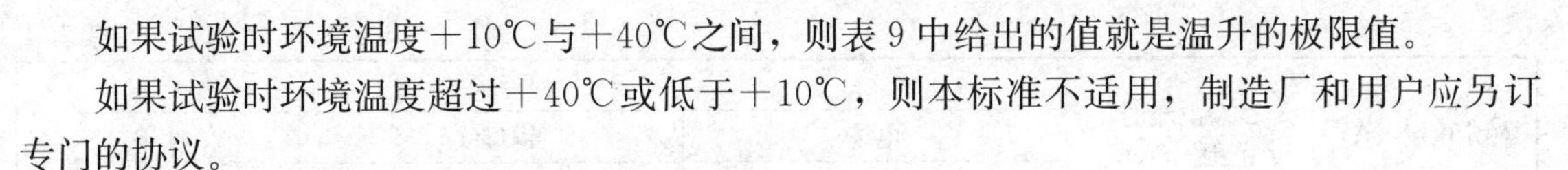

如果试验时环境温度+10℃与+40℃之间，则表9中给出的值就是温升的极限值。

如果试验时环境温度超过+40℃或低于+10℃，则本标准不适用，制造厂和用户应另订专门的协议。

8.1.2.4　试验结果

试验结束时，温升不应超过表9中规定的值。电器元件在成套设备内部温度下，并在其规定的电压范围内应能良好地工作，则此项试验可认为通过。

8.1.2.5　温升试验用连接导线的要求和试验电流

a）试验电流小于或等于400A时，应使用单芯铜电缆或绝缘导线。导线应尽量悬空，其截面积和导线长度应符合表10的要求。

表10　对应于试验电流为400A及以下的铜导线

额定电流（A）	试验电流范围 A	电缆或导线的截面积（mm^2）	导线最短长度（m）
≤6	7.9	1.0	≥1
8，10，12	7.9～15.9	1.5	
16，20	15.9～22	2.5	
25	22～30	4	
32	30～39	6	
40	39～54	10	
63	54～72	16	
80	72～93	25	
100	93～117	35	
125	117～147	50	≥2
160	147～180	70	
200	180～216	95	
250	216～250	120	
300	250～287	150	
350	287～334	185	
400	334～400	240	

注：试验电流值应大于第一个值，小于或等于第二值。

b）试验电流大于400A或小于等于800A时应使用单芯铜电缆或相应的铜排，其截面积和导线长度应符合表11的规定。电缆或铜排的间隔大约为端子之间的距离。铜母排应涂成无光的黑色。每个端子的多条平行电缆应捆在一起，相互的距离大约为10mm。每个端子的多条铜排之间的距离大约等于母排的厚度。如果铜排的尺寸与出线端不符或缺少所需规格，允许使用截面大致相同或散热面大致相同的其他铜排代替，电缆和铜排（或其他母排）不应交叉。

表11　对应于试验电流的铜导线的标准截面积

额定电流（A）	试验电流的范围[1]（A）	试验导线				
		电缆		铜母线[2]		导线的最短长度
		数量	截面积（mm^2）	数量	尺寸（mm）	
500	400～500	2	150（16）*	2	30×5（15）	≥2
630	500～630	2	185（18）	2	40×5（15）	
800	630～800	2	240（21）	2	50×5（17）	

续表

额定电流（A）	试验电流的范围[1]（A）	试验导线				
		电缆		铜母线[2]		导线的最短长度
		数量	截面积（mm^2）	数量	尺寸（mm）	
1000	800～1000			2	60×5（19）	≥3
1250	1000～1250			2	80×5（20）	
1600	1250～1600			2	100×5（23）	
2000	1600～2000			3	100×5（20）	
2500	2000～2500			4	100×5（21）	
3100	2500～3150			3	100×10（23）	

注：1. 试验电流值应大于第一个值，小于或等于第二个值。

2. 表中铜母线垂直布置，如果制造厂另有规定也可按水平布置。

* 括号里给出的试验导线的温升（绝对温度）估计值仅供参考。如果在导线的电源端的温升不高于5K，低于导线长度的温升，则导线长度可缩短为2m。

c）试验电流大于800A小于或等于3150A时应使用铜排，其截面积、导线长度应符合表11的规定。

d）试验电流大于3150A时试验的所有有关条款，如电源类型、相数和频率，试验的导线截面、长度等均应在制造厂和用户之间应达成协议。这些数据均应载入试验报告中。

8.1.3　介电强度试验

8.1.3.1　介电强度试验是验证设备各部分的绝缘性能是否满足设备所规定的额定绝缘等级的要求。应根据各电路的额定电压分别进行试验。

8.1.3.2　试验时的大气条件应符合本标准第3章的规定。

8.1.3.3　试验电压值

a）对于主电路及与主电路直接连接的辅助电路，试验电压值应为表12给出的相应数据。

b）对于不与主电路直接连接的辅助电路，试验电压值应为表13给出的相应数据。

c）对于冲击电压耐受试验电压值应为表3给出的相应数据。

d）对于用绝缘材料制成的外壳，还应进行在外壳外面包覆一层能覆盖所有孔和接缝的金属箔与带电部件及裸露导电部件之间的介电强度试验，试验电压值为表12给出的相应数据的1.5倍。

e）用绝缘材料制造或覆盖的手柄，应在带电部件与用金属箔裹缠的手柄之间进行介电强度试验，试验电压值为表12规定的相应值的1.5倍。试验时，框架不接地，也不能同其他电路相连。

表12　试验电压值

额定绝缘电压 U_i	介电试验电压（交流方均根值）
$U_i \leqslant 60$	1000
$60 < U_i \leqslant 300$	2000
$300 < U_i \leqslant 690$	2500
$690 < U_i \leqslant 800$	3000
$800 < U_i \leqslant 1000$	3500
$1000 < U_i \leqslant 1500$ *	3500

* 仅指直流。

表 13　不由主电路直接供电的辅助电路试验电压值

额定绝缘电压 U_i（V）	介电试验电压（交流方均根值，V）
$U_i \leqslant 12$	250
$12 < U_i \leqslant 60$	500
$60 < U_i$	$2U_i + 1000$，其最小值为 1500

8.1.3.4　电路与裸露导电部件之间，每条电路对地标称电压的绝缘电阻应至少为 1000Ω/V。

8.1.3.5　介电强度的试验条件和方法

a）试验电压值与施加部位。试验电压应施加于：

1）成套设备的所有带电部件与裸露导电部件之间。

2）在每个极和为此试验被连接到成套设备相互连接的裸露导电部件上的所有其他极之间。

开始施加试验电压时不应超过本条中给出的 50%。然后在几秒钟之内将试验电压稳定后增加至本条规定的最大值并保持 5s。试验电源应具有足够的容量以使在出现允许的漏电流的情况下亦能维持试验电压。此试验电压实际应为正弦波，而且频率在 45～62Hz 之间。

试验电压值如下：

b）对于主电路及未包括 c）中的辅助电路，按表 12 规定的相应数值。

c）不适于由主电路直接供电的辅助电路，按表 13 的规定的相应数值。

d）冲击电压试验值按表 3 规定的相应数值。

e）其他部位试验电压值，见 8.1.3.3 条中的 d）和 e）的规定。

8.1.3.6　试验时电流互感器的二次侧应短接并接地，电压互感器的二次侧应断开。

8.1.3.7　试验结果

试验过程中，没有发生绝缘击穿、表面闪络或电压突然下降，则认为试验合格，标准测试仪可直接显示合格与不合格。

8.1.4　短路强度试验

设备的主电路和接地电路应能耐受规定的额定短时耐受电流和额定峰值耐受电流。其试验要求和方法应按下述条款进行。

8.1.4.1　可免除短路强度试验的设备的电路

a）额定短路电流不超过 10kA 的设备；

b）采用额定分断能力不超过 15kA 的限流保护的设备；

c）连接在变压器上辅助电路，其变压器额定容量不超过 10kVA、二次额定电压不低于 110V，其额定容量不超过 1.6kVA、二次额定电压低于 110V，而且其短路阻抗不小于 4%；

d）已经经过适合于设备工作条件的型式试验的母线、母线支架、母线接头、进线和出线单元、开关器件等。

8.1.4.2　必须进行短路强度试验的设备的电路

除第 8.1.4.1 项规定以外的所有电路。

8.1.4.3　试验的基本条件

a）设备或其中的部件应按正常工作位置进行试验，除在母线上的试验和取决于设备结构形式的试验外，如果各功能单元结构相同而且不致影响试验结果，则只需试验一个功能单元。

b）被试设备的电路中若有熔断器，则熔断体电流应选用最大的额定值。

c）试验电源的频率允许偏差为额定频率的25%。

d）额定短时耐受电流和额定峰值耐受电流的试验应按第7章中有关规定进行，短路电流值及其持续时间见表1规定值。

e）验证预期短路电流时试验电源电压在1.05倍额定工作电压时，预期短路电流值由校准示波图来确定。在试验前拍摄预期短路电流波形，用一根阻抗可以忽略的导线将电源连接在被试设备上、短路点尽可能靠近设备的电源进线端。试验时，用示波器记录电流波形曲线，波形图应能证实在保护器件动作之前（或在规定时间内）电流已稳定，并达到设备标准或技术条件的规定值。

f）在工作中用与保护导体连接的设备的所有部件，包括外壳，应进行如下连接：

1）对适用于带中性点接地的三相四线系统，并有相应标志的成套设备，可接在电源中性点或接在允许预期故障电流至少为1500A的电感性人为中性点。

2）对于同在三相四线系统中使用一样也适合在三相三线系统中使用并有相应标志的成套设备，要同对大地产生电弧的可能性很小的相导体连接。

试验电路应包括一个适当的检测装置（如一个由直径为0.8mm，长度不超过50mm的铜丝作熔芯的熔断器）用以检测故障电流。在可熔断元件的电路中，预期故障电流为1500A±10%。必要时，用一个电阻器把电流限制在该值上。

8.1.4.4 主电路试验

a）不带主母线的设备进行试验时，应先将设备的出线端用螺栓短接，开关电器应按正常使用方式保持在闭合位置，然后施加试验电压，试验电压持续时间不得少于10个周波，以便装置中的短路保护电器将电流分断。

b）带主母线的设备进行试验时，除按第8.1.4.4.1条进行试验外，还应进行下列各项试验：

1）对主母线和进线端（至少包含一个连接点）进行短路强度试验，短路点应选在距电源2m±0.4的位置，对额定短时耐受电流和额定峰值耐受电流试验，此距离可以增大。

2）如果设备的主母线长度小于1.6m，则短路点应选在母线的末端。

3）如果设备采用不同的母线段（截面不同，间距不同，母线形式不同及母线支撑件间距不同），则每个母线段应分别进行试验。试验的短路点应选在靠近各母线段的出线端，其短路电流值应与主母线相同。

4）如果设备中带有中性母线，则应对中性母线进行考核，考核中性母线应在与它最近的一相母线之间进行短路强度试验，此试验仍按本条a、b、c项要求进行。其试验电流值应为设备的三相试验的相电流值的60%。如果中性母线与三相母线分开设置，则可免做此项试验；

c）在母线的终端用不小于母线载流量的软导体以最短距离短接。

d）在试验中，除为限制短路电流值和短路持续时间而装设的保护装置外，应保证其他的保护装置不动作，电流互感器和脱扣装置应按正常运行装设，但脱扣装置不得动作。

8.1.4.5 短路电流值和持续时间

a）短路强度试验应满足如下条件：

1）带有保护器件的设备（或电路）应通以规定的预期短路电流，直至被保护器件切断电源为止（见7.6.2.1中a）条），给定值见表1和表4。

2）不带有保护器件的设备（或电路），应通以技术条件规定的额定短时耐受电流和额定峰值耐受电流来验证其短路强度（见7.6.2.1中b）条），给定值见表1和表4。

b）短时耐受电流试验除技术条件有明确规定外，一般应满足如下条件：

1）每次通电时间为1s；

2）试验参数允差：试验短时耐受电流应为额定耐受短路电流 I^2t 的95%～115%；

3）如果试验设备容量有限，则允许保持 I^2t 值不变，将通电时间延长至不超过2s，但此时 I^2t 值的允差为+15%；

4）试验电流的有效值应由示波图来确定。

c）额定峰值耐受电流试验应满足如下条件：

1）每次通电时间应不少于3个周波，但试验电流有效值的平方与通电时间的乘积不应大于短时耐受电流的相应值；

2）试验参数允差：试验峰值耐受电流应为额定峰值耐受电流的95%～110%；

3）试验应选用选相合闸装置，在用三相电源试验时，应作到直至出现额定峰值耐受电流为止。

8.1.4.6 短路电流峰值与有效值的关系：

短路电流峰值（包括直流分量在内的短路电流的第一个尖峰值）是由短路电流有效值乘以系数 n 所得，系数 n 与短路电流有效值和功率因数（$\cos\varphi$）关系的标准值见表4。

8.1.4.7 对于具有预期短路电流，额定限制短路电流或额定熔断短路电流的装置，动热稳定强度应在规定的保护器件的供电侧用预期短路电流值、限制短路电流值或熔断短路电流值来试验。

8.1.4.8 试验结果的判定

试验过程中和试验结束后应满足如下要求：

1）试验后母线不应有过大的变形（不明显的变形是允许的），其电气间隙和爬电距离均应符合第8.1.6条的规定；

2）导线的绝缘和绝缘支撑部件不应有任何损坏，应仍满足本技术条件中主电路的介电强度试验要求；

3）接线部件无松动，飞弧检测（接地）熔丝完好，在保证电气间隙要求的条件下，设备的外壳允许有变形，但不应损害防护等级和机械性能；

4）对抽出式或可移出式部件，母线或框架的变形不应影响抽出式或移出式部件的正常抽插和相同部件的互换。

8.1.5 保护电流的有效性试验

8.1.5.1 设备的放置

设备或其中的部件应按正常工作位置进行试验，并且应将设备的框架与地绝缘。

8.1.5.2 设备的裸导电部件和保护电路之间连续性试验。

a）直观检查设备的裸导电部件之间及这些部件和设备的保护电路之间的电连续性应接触良好，连接可靠，并有明显的接地保护点和标志。

b）用直流压降法或微欧计测定进线保护导体的端子和设备相应的裸导电部件之间的电阻不应超过0.1Ω，试验后再次测量应不高于此值。

c）测量电阻值的电路应载入试验报告。

8.1.5.3 保护电路的短路强度试验

a）试验电源为单相，其一根接到设备靠近保护导体的一相进线端，另一根接到保护导体的进线端（保护接地点）。然后将一相的出线端与保护导体的另一端短接。

b）对具有代表性的出线单元应进行单独的试验，即把单元的对应相的出线端和相关的保护导体出线端之间进行短路连接。

c）试验中的每个带有保护器件的出线单元，应使其通过最大峰值电流和 I^2t 电流值，此试验允许用安装在设备外部的保护器件来进行。

d）短路强度试验的预期电流值。

对于此试验，成套设备的框架应与地绝缘。试验电压应等于额定工作电压的单相值。所用预期短路电流值是成套设备三相短路耐受试验的预期短路电流值的60%。

8.1.5.4 试验结果

a）无论是由单独导体或是由框架组成的保护电路，其连续性和短路耐受强度都不同。应遭受严重破坏。

b）除直观检查外，还可用与相关出线单元额定电流相同数量级的电流进行测量，以作验证。

注：1）当把框架作为保护导体使用时，只要不影响电的连续性，而且邻近的易燃部件不会燃烧，那么接合处出现的火花和局部发热是允许的。

2）试验前后，在进线保护导体端子和相关的出线保护导体端子间测量电阻比值可验证是否符合这一条件。

3）对于抽出式或移开式部件在试验后不应影响其正常工作。

8.1.6 电气间隙和爬电距离测量

8.1.6.1 通常采用简单的工量具检测装置的各部件之间的电气间隙和爬电距离，应符合第7.3条的规定。

8.1.6.2 检查部位应包括所有带电部件与不带电部件之间以及带电部件相互之间的电气间隙与爬电距离。

8.1.6.3 对于抽出式或移开式部件，应检查其不同位置的电气间隙与爬电距离。

8.1.6.4 电气间隙与爬电距离测量的位置、使用的工量具、均应载入报告中。

8.1.7 机械操作验证

8.1.7.1 对于按照其有关规定进行过型式试验的成套设备的电器，只要在安装时机械操作部件无损坏，则不必对这些器件进行此项型式试验。

8.1.7.2 对于需要作此项型式试验的部件，在成套设备安装好之后，应验证机构操作是否良好，操作循环的次数应为50次。

注：对于抽出式或移开式的功能单元，一次操作循环应为从连接位置到分离位置，然后再回到连接位置。

同时，应检查与这些动作相关的机械联锁机构的操作。如果器件、联锁机构等的工作条件未受影响，而且所要求的操作力与试验前一样，则认为通过了此项试验。

8.1.7.3 功能单元互换性试验

用不同规格任一功能单元在同一规格的两个单元隔室中各抽插二次，在垂直母线短路强度试验后抽插一次，在功能单元短路试验后抽插一次，试验结果功能单元在隔室动作以及在连接位置、试验位置、分离位置应无卡紧现象，动作灵活可靠，则认为合格。

8.1.7.4 功能单元机械寿命试验

功能单元应在它的隔室中从连接位置到分离位置再回到连接位置无载抽插至少达到100次。试验结果如下：

a）主电路隔离插件与垂直母线接触部分无明显机械损伤。

b）单元的抽插机构、定位机构应保持其原有的功能。

c）在分离位置主电路隔离接插件的带电导体与垂直母线的间隔距离不小于 25mm。

d）保护电路的连续性不应破坏。

注：做此项试验时可将联锁机构的寿命试验一起考核。

8.1.7.5 试验结果的判定

元器件经过上述规定次数操作后，其动作与试验前一样，则认为此项试验合格。

8.1.8 防护等级验证

8.1.8.1 防护等级应符合第 7.2.3 条的规定。

8.1.8.2 防护等级的试验方法和主要试验条件见 GB 4208—93 中的表 10 和表 11。

8.2 出厂试验

8.2.1 出厂试验是为了检查元器件及材料和制造工艺是否符合设计和标准要求，保证出厂的产品与通过型式试验的产品相一致所必须进行的试验。

8.2.2 每台设备出厂前必须进行出厂试验，出厂试验全部合格后才能发放产品合格证书。

8.2.3 出厂试验项目包括：

a）一般检查；

b）机械、电气动作试验；

c）介电强度试验；

d）保护电路连续性试验；

e）可移开部件互换性试验。

8.3 一般检查

8.3.1 检查电气间隙、爬电距离和间隔距离应符合第 8.1.6 条规定。

8.3.2 检查设备内元器件的装配应符合 7.7.1～7.7.3 条和 7.7.5～7.7.8 条的规定。

8.3.3 检查设备内接线正确性的检查应符合第 7.7.4 条的规定。

8.3.4 根据设计要求检查设备的结构设施（包括防护等级）和被覆层的质量等应符合第 7 章的有关规定。

8.4 机械、电气动作试验

设备在出厂前都需进行机械操作和电气动作试验，以保证设备的装配质量和电路中元器件动作的正确性和接线的可靠性。

8.4.1 机械操作试验：装置中所有手动操作部件，都应操作 5 次而无异常现象出现。

8.4.2 电气动作试验：按设备的电气原理图要求，应进行模拟操作 5 次试验，试验结果应符合设计要求。

8.5 介电强度试验

8.5.1 对于出厂试验中的介电强度试验，试验电压与表 12 和表 13 的规定相同，试验条件和试验方法见 8.1.3.5 条规定。

8.5.2 电路与裸露导电部件之间，每条电路对地标称电压的绝缘电阻应至少为 1000Ω/V。

8.5.3 试验电压值与第 8.1.3.5 中 b)～e）条规定进行。

8.5.4 试验结果

试验过程中，没有发生绝缘击穿、表面闪络或电压突然下降，则认为试验合格。

8.6 保护电路连续性试验

保护电路连续性试验应符合 8.1.5.2 条的规定。

8.7 抽出式或可移开式部件互换性试验

用任一抽出式或可移开式部件在同一规定的两个隔室中各抽插 3 次如抽插灵活，则认为合格。

9 铭牌及标志

为了正确使用和维护检修等，设备必须设置铭牌和各种标志来说明其电气参数，使用条件，正确的操作和元件的更换。

9.1 铭牌

9.1.1 每台设备应配备一个铜质或铝质铭牌，铭牌要牢固地固定在明显易见位置。

9.1.2 下列 a 项至 i 项内容应在铭牌上给出，j 项至 o 项可在铭牌上或在有关资料中给出。

a）产品名称或型号；

b）制造厂厂名和商标；

c）制造年、月和出厂日期；

d）出厂编号；

e）执行标准代号；

f）额定频率；

g）额定工作电压；

h）额定绝缘电压；

i）额定电流；

j）母线额定电流；

k）额定短时耐受电流（短路强度）；

l）防护等级；

m）使用条件；

n）外形尺寸及安装尺寸；

o）质量。

9.2 标志

9.2.1 开关操作机构应清楚的标志出它们的接通和断开位置。

9.2.2 装置内电器元件应在尽可能靠近该元件的上方标志该元件的文字符号，各电路的导线端头也应标志相应的符号。所有的符号应符合有关标准并与提供的接线图上的符号一致。

9.2.3 根据用户需要，还可提供标明用途的标志牌。

10 包装、运输、贮存

10.1 包装

10.1.1 设备包装应符合 JB 3084—82《电力传动控制站的产品包装与运输规程》的要求，包装储运标志应清楚整齐，并保证不应因运输或贮存较久而模糊不清。标志一般包括下列内容：

a）制造厂名或商标名；

b）设备名称、型号；

c）设备数量；

d）包装箱的外形尺寸及毛重；

e）收货单位名称和地址；

f）“小心轻放”、“切勿淋雨”，包装日期等字样。

10.1.2 随产品装箱的资料应包括下列内容：

a）装箱单；

b）使用说明书；

c）电气原理图和接线图；

d）产品合格证；

e）备品备件、随机附件、专用工具清单等。

10.1.3 包装应使用能防尘、防潮、防雨和不能受机械损伤的包装材料。

10.1.4 包装箱应能保证产品在装卸、运输过程中不受损坏或变形。

10.1.5 设备应用螺栓牢固地固定在包装箱内底排上。

10.2 运输

10.2.1 设备在运输中不应有剧烈振动和颠簸冲击。

10.2.2 装卸时不应撞击和倒置或翻滚，并应有防雨工具摭盖。

10.3 贮存

10.3.1 设备应存放在通风良好的库房，避开高温，尘埃和金属粉尘多的场所。

10.3.2 在库外存放应有防雨、防水、防晒的设备。

10.3.3 存放地点周围不应有腐蚀、易燃和易爆物品。

10.3.4 贮存期间不得随意拆卸电气元件及零部件。

10.3.5 设备在贮运期间环境温度在－25℃～＋55℃之间，并不得造成不可恢复损伤。

10.4 其他

设备自出厂日期起 12 个月内，如出现制造质量问题而影响正常使用，制造厂应提供免费修理与更换零部件。

第 4 部分　户内铠装式高压开关设备技术条件

1　主题内容及适用范围

本技术条件适用于额定电压 3.6～12kV，频率为 50Hz 的户内铠装抽出式交流金属封闭开关设备（以下简称开关设备），用于接受和分配电能的单母线，单母线分段系统的输配电控制装置。

本产品除符合国家标准 GB 3906（3.6～40.5kV 交流金属封闭开关设备和控制设备）和国际电工委员会 IEC 298（1990 版）《1kV 以上 52kV 及以下交流金属封闭开关设备和控制设备》的有关规定外，尚应满足本技术条件的要求。

2　引用标准（执行最新标准）

GB 311.1　《交流输变电设备的绝缘配合》

GB 762　《电气设备　额定电流》

GB 763　《交流高压电器在长期工作时的发热》

GB1984　《交流高压断路器》

GB 1985　《交流高压隔离开关和接地开关》
GB 2706　《交流高压电器动热稳定试验方法》
GB 3906　《3.6～40.5kV 交流金属封闭开关设备和控制设备》
GB 3309　《高压开头设备在常温下的机械试验》
GB 4768　《防霉包装技术要求》
GB 11022　《高压开关设备通用技术条件》
GB/T 13384　《机电产品包装通用技术条件》
DL 403　《10～35kV 户内高压真空断路器订货技术条件》
DL 404　《户内交流高压开关柜订货技术条件》
DL/T 539　《户内交流高压开关柜和元件凝露及污秽试验技术条件》

3 技术要求

3.1 产品型号的组成及含义

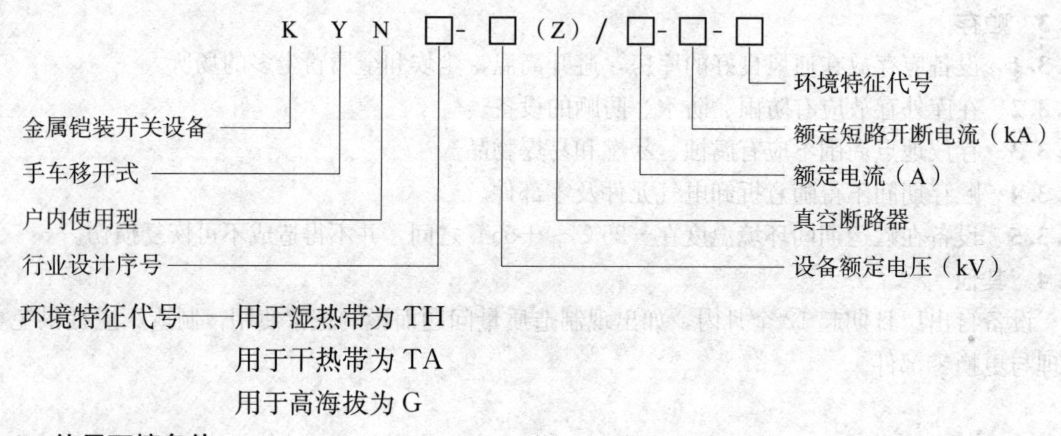

环境特征代号——用于湿热带为 TH
用于干热带为 TA
用于高海拔为 G

3.2 使用环境条件

3.2.1 正常使用条件

a）周围空气温度。

上限：＋40℃；

下限：－10℃。

b）海拔高度。设备安装场所的最大海拔高度：1000m。

c）湿度。

日平均相对湿度：不大于 95％；

月平均相对湿度：不大于 90％。

d）地震。地震烈度不超过 8 度。

e）周围空气应不受腐蚀性或可燃气体，水蒸气等明显污染。

f）无严重污秽及经常性的剧烈振动，严酷使用条件下严酷度设计满足 1 类要求。

3.2.2 特殊使用条件

在超过 GB 3906 和本技术条件规定的正常的环境条件下使用时，由用户和制造厂协商。

3.3 额定参数

3.3.1 额定电压与最高工作电压见表 1

表1 额定电压与最高工作电压

额定电压（kV）	3	6	10	35
最高工作电压（kV）	3.6	7.2	12	40.5

3.3.2 额定绝缘水平

a）额定雷电冲击耐受电压75kV（对地及相间），85kV（一次隔离断口间）；

b）对地及相间额定短时（1min）工频耐受电压42kV；

c）一次隔离断口间额定短时（1min）工频耐受电压48kV；

d）辅助回路和控制回路额定短时（5s）工频电压2kV。

3.3.3 额定频率 50Hz

3.3.4 额定电流

所配用断路器的额定电流630，1250，1600，2000，2500，3150（A）

铠装式开关柜的额定电流630，1250，1600，2000，2500，3150（A）

3.3.5 额定热稳定电流16，20，25，31.5，40，50（kA 3S）

3.3.6 额定动稳定电流40，50，63，80，100，125（kA peak）

3.3.7 额定短路开断电流16，20，25，31.5，40，50（kA yms）

3.3.8 额定短路关合电流40，50，63，80，100，125（kA peak）

3.3.9 分合闸装置和辅助回路的额定电压（V）

直流为 110，220

交流为 110，220

3.3.10 防护等级

开关设备外壳的防护等级为IP4X，隔室间的防护等级为IP2X，且当断路器室门打开时，断路器室的防护等级仍可达IP2X，即未打开门时，能够阻挡直径或厚度大于1mm的导线，或直径超过1mm的其他物体伸入柜体；断路器室打开后，能够阻挡直径大于12mm的固体，手指或长度不超过80mm类似物体接近带电部分和触及运动部分。

3.4 设计和结构

产品的设计和结构应符合国家标准GB 3906中对户内铠装移开式交流金属封闭开关设备的要求，并能满足五防联锁要求：

a）防止带负荷推拉断路器手车；

b）防止误分，误合断路器；

c）防止接地开关处在闭合位置时关合断路器；

d）防止在带电时误合接地开关；

e）防止误入带电隔室。

4 试验方法和检验规则

试验方法按试验目的不同分为型式试验和出厂试验两种。

4.1 型式试验

型式试验的目的是通过验证开关设备及其配用的主回路中各元件的机械特性和电气性能，以证明元件的布置和结构的可行性，装于设备内的元件除应符合各自的技术标准外，还应满足本技术条件的有关规定。

由于开关设备的元件，额定参数及组合具有多样性，不可能对所有方案进行型式试验，所以型式试验只在具有代表性的功能单元上进行。任何特定方案的性能可借类似方案的试验数据来判定。

型式试验的试品应与正式生产的产品图样相符。对 GB 3906—2006 中第 7 章规定的 a～f 情况下，必须进行型式试验。型式试验的项目包括：

a）耐受电压试验；

b）温升试验和主回路电阻测量；

c）主回路和接地回路的动、热稳定试验；

d）开关的开断和关合能力试验；

e）机械试验；

f）防护等级的检查；

g）严酷使用条件下的试验；

h）内部故障电弧效应的试验；

i）操作振动试验。

4.1.1 耐受电压试验（包括雷电冲击电压试验，工频耐压试验，辅助回路的控制回路的工频耐压试验）

依照额定耐受电压的参数，按 GB 311.1～6 及 GB 3906 的规定进行设备的耐受电压试验及辅助回路和控制回路的耐压试验，试验条件应尽可能接近标准的参考大气条件中允许使用的空气密度和湿度修正因素。

4.1.2 温升试验和主回路电阻测量

按 GB 763 及 GB 3906，对装有不同的额定电流值的断路器柜进行主回路电阻测量和温升试验，跨越铠装移开式交流金属封闭开关设备的主回路所测得的电阻值不应超过表 2 所列的数值。

表 2 主回路电阻和断路器电阻

额定电流（A）	630	1250	1600～2000	2500	3150
主回路电阻（μΩ）	200	150	90	80	65
断路器电阻（含触臂、隔离触头）（μΩ）	85	60	50	48	40

温升试验在机械寿命试验前及试验后应各进行一次，数值应符合标准限定的数值。

4.1.3 主回路及接地回路的额定动，热稳定电流试验

依照额定动，热稳定的参数，按 GB 2706 及 GB 3906 规定进行动，热稳定试验，试验结果应符合有关规定的要求。

4.1.4 开断和关合能力试验

依照断路器的额定关合电流和开断电流的参数，按 GB 1984 和 GB 3906 规定进行额定开断和关合能力试验，试验结果应符合有关规定的要求。

4.1.5 断路器和可抽出部件及其联锁装置的机械试验

a）机械特性试验。开关设备主回路中所装的开关等元件在规定的操作条件下的机械特性，应符合各自的标准和技术的要求。

b）机械操作试验。机械操作试验是为了证明断路器和可移开部件能完成预定的操作功能，且机械联锁应符合规定要求。

对断路器进行分、合操作各 50 次，可移开部件插入、抽出各 25 次，接地开关打开、合上各 25 次，试验时，施加正常的操作力，且不允许对断路器、可抽出部件、接地开关、联锁装置进行调整，若各部分工作良好，联锁可靠，则认为装置动作可靠。

c）机械寿命试验。机械寿命试验按 GB 3309 及 GB 3906 规定，对主回路隔离插头，二次隔离插头和可移开部件进行推进、抽出各 500 次的机械寿命试验，柜内所装置的元件，应按照各自的国家标准和技术条件的要求，在柜内进行机械寿命试验，机械寿命试验后，开关设备应能正常工作。

4.1.6 防护等级的检查（防止人体接近带电部分和触及运动部分的试验）

外壳防护等级为 IP4X，按 GB 11022 规定进行，对外壳用直径 $1.0_{0}^{+0.05}$ mm 的直钢丝不能通过外壳或隔板上的开孔，用直径 $1.0_{-0.05}^{0}$ mm 的钢丝检验，当工具能够插入时，还应满足：

a）不能因检验工具插入，使得带电部分介电强度降至额定绝缘水平以下；

b）不能触及外壳内的运动部件；

当断路器室门打开时，防护等级为 IP2X。用直径 $12_{0}^{+0.05}$ mm 的球体不能通过外壳或隔板上的开孔，用标准金属试针检验时，应满足 a、b 两项要求。

4.1.7 严酷使用条件下的试验

按 1 类设计要求，依照 GB 3906 附录 E 的要求进行试验。试验结果应满足有关规定的要求。

4.1.8 内部故障电弧效应的试验

本试验为参考性试验，可根据与用户间的协议而定，试验程序按 GB 3906 的附录 A 进行。

4.1.9 操作振动试验

操作振动试验按 GB 3906 附录 G 的规定进行。

4.2 出厂试验

每个功能单元都应在制造厂内进行出厂试验，这是制造厂为保证出厂产品与通过型式试验的产品一致性，对每台产品都必须进行的试验。

出厂试验项目包括：

a）结构检查；

b）机械特性和机械操作试验；

c）主回路 1min 工频耐压试验及辅助回路和控制回路的工频耐压试验；

d）主回路电阻测量；

e）辅助电气装置试验；

f）接线正确性检查。

4.2.1 结构检查

开关设备应按照订货时用户提供的一次接线方案，检查其排列、一次配线连接、元件等是否符合要求，除此之外，设备还应符合正式的图样和技术文件的要求。

4.2.2 机械特性和机械操作试验

按本技术条件 4.1.5 的 a）、b）项进行试验，但试验次数改为分、合和插入、抽出各 5 次，联锁装置试操作 5 次。

如辅助装置能顺利地进行操作，试验后，其仍处于良好的工作状态；试验前后操作力不变；则认为符合要求。

4.2.3 主回路 1min 工频耐压干试验及辅助回路和控制回路的耐压试验

按本技术条件 4.1.1 进行试验，但主回路只作工频耐压；辅助回路和控制回路耐压试验时间可减至 1s。

4.2.4　主回路电阻的测量

按本技术条件 4.1.2 进行，但只测量主回路电阻。

4.2.5　辅助电气装置试验

电气装置及其他联锁，应与具有预定操作程序的控制装置在一起，在其辅助能源最不利的限值下，按规定的使用和操作条件试验 5 次，试验中不得调整。

如辅助装置能顺利地进行操作，试验后，其仍处于良好的工作状态；试验前后操作力不变，则认为符合要求。

4.2.6　接线正确性的检查

应检验实际接线与线路图的一致性，还要对所有辅助开关、辅助回路里的各种表计进行通电动作试验。

4.2.7　装配工艺检查

4.2.7.1　元器件装配

a）一、二次元器件安装排列应符合设计要求，型号规格正确。

b）元器件应完好无损，表面清洁干净，经入库检验的合格产品。

c）元器件的合格证，说明书，技术文件应齐全。

d）元器件安装应布局合理，整齐美观，安装牢固可靠，倾斜不大于5°。

e）配齐平垫和弹簧垫，固定螺栓突出螺母 2～3 扣之间。

f）设备标牌、眉头、模拟牌和标签应符合设计要求，安装整齐美观。

g）电气间隙和爬电距离应符合各自的标准要求。

h）绝缘外壳不得有划伤痕迹。

i）柜体和元器件应清洁干净。

4.2.7.2　一次线装配

a）导线、母线选用型号规格应符合设计要求。

b）导线、母线颜色 A 相为黄色，B 相为绿色，C 相为红色，N 线为淡蓝色，PE 线为黄绿双色，母线可用相应颜色标签贴于明显易见处。

c）相序排列应符合标准要求，安装排列整齐、美观大方。

d）母线表面应平整光洁，无裂痕、锤印；折弯处无裂纹，孔口无毛刺，搭接面无氧化层。

e）选用母线夹或支撑件应能承受装置额定的短时耐受电流和峰值耐受电流所产生的动、热应力的冲击，安装整齐牢固。

f）母线弯曲处与母线搭接边线距离 25mm 以上。

g）母线连接紧密可靠，紧固螺栓的个数视母线宽度而定，配齐平垫和弹簧垫，螺栓突出螺母 2～3 扣之间。

h）母线涂漆界线整齐分明，界线距母线搭接处 10mm，接触面无沾漆，母线表面无流漆。

4.2.7.3　二次配线

a）元件标识签，靠近元件明显处，粘贴牢固整齐。

b）二次选线应符合设计要求，配线整齐美观、横平竖直，线束无叠（绞）线，绑扎牢固。

c）每种同元件在柜内配线应统一，做到台与台配线一致，批与批配线一致。

d）导线穿过金属板时应有绝缘保护，线束固定应离金属表面 2～5mm，过门线束用线夹固定，并留有适当余量。

e）导线线号字迹清晰排列正确，整齐，字号易见，线号管的长度应一致，以方便维修时查找。

f）一个接线端子不得超过两根导线，压线端子应拧紧可靠，导线中段不得有接头。

g）发热元件应从元件下方配线。

h）接地线规格颜色应符合技术标准要求。

i）柜内无废杂物清洁干净。

5 铭牌

应能防止气候条件的影响和腐蚀，铭牌上应包括下述内容：

a）制造厂名称或商标；

b）产品的型号、名称；

c）额定电压；

d）额定电流；

e）额定开断电流；

f）额定动稳定电流；

g）额定热稳定电流和时间；

h）防护等级；

i）标准号；

j）出厂日期编号、制造日期；

k）抽出部件（手车），应具有单独的铭牌。

6 包装、运输、储存

产品的包装、运输、储存，应按有关规定进行，制造厂应提供这方面的说明书等资料。

6.1 包装

6.1.1 产品包装采用GB/T 3384—92附录A中的框架木箱、菱镁混凝土箱。也可根据本地材料供应情况选用其他材料，但要保证包装箱具有足够强度。产品应垫稳、卡紧、固定于外包装箱内。产品在箱内的固定方式可采用缓冲材料塞紧、木块定位紧固、螺栓紧固。产品不得与外包装箱板有直接接触。

6.1.2 包装要具有防水措施，对与出口包装箱的防水等级，普通封闭箱应选用B类Ⅲ级以上，滑木箱应选用B类Ⅱ级以上。

6.1.3 包装防潮应符合GB 4768规定。出口包装的防潮等级应为Ⅰ、Ⅱ类。

6.2 运输、储存

在运输和储存过程中不应超出产品所规定的环境要求。如果温度和湿度不能保证，应给出相应说明。

第5部分 高低压开关设备和控制设备柜体部件技术条件

1 主题内容及适用范围

本技术条件规定了柜体制造中的技术要求和柜体验收检查要求。

本技术条件适用于高低压开关设备和控制及配电设备的各类型柜体。

2 引用标准（执行最新标准）

GB 1804　公差与配合　未注公差尺寸的极限偏差
GB 4208　外壳防护等级的分类
GB 7267　电力系统二次回路控制、保护屏及柜基本尺寸系列
DL 404　户内交流高压开关柜订货技术条件
GB 3906　3～35kV交流金属封闭开关设备
GB 7251　低压开关设备和控制设备

3 使用环境

3.1 户内使用

3.2 使用场所无腐蚀金属的介质

3.3 使用场所无明显的水气、凝露，相对湿度不大于90％（相当于20℃时），无严重霉菌。

4 技术要求

4.1 一般要求

柜体制造应符合图样的各项技术要求；柜体防护等级应符合设计要求。

4.2 加工要求

4.2.1 零件、部件表面应平整，不允许有凹凸现象，弯曲处不得有裂纹。

4.2.2 焊缝焊接应符合相应的焊接技术标准，不许有气孔、烧穿、咬边、裂纹、夹渣和虚焊等缺陷。焊缝上的药皮及溅渣应及时清除。

4.2.3 柜体的门与门框、铰链应配合加工，门装配后，其四周门缝应均匀，门启闭灵活，锁紧可靠。门的开启角度不小于90°，柜体其他部件的接合缝隙也应均匀一致。

4.2.4 柜体开孔尺寸公差应符合图样设计要求，孔边毛刺一般不应大于0.3mm，孔的位置度公差，图样无要求时按1.5制造。

4.2.5 图样上未注尺寸公差按GB 1804之规定。

4.2.6 金属构件和紧固零件表面均应有涂覆层和电镀层，涂层厚度应符合有关标要求。电镀件镀层应平整、光亮，不允许有麻点，起层，漏镀和刺边等缺陷。

零部件喷涂（漆类）应严格执行有关喷涂工艺规程，涂层（漆膜）有良好的附着力。涂层均匀，光洁，不允许有波纹、斑点、起层、流迹、气泡、缩孔、缩边、手印和粘附物。面板类的涂层不应眩目反光。涂层颜色应符合图样及色板之规定，同一批柜体的涂层颜色应一致。

5 验收规程及检查

5.1 验收规程

柜体应逐个交付验收。

5.2 检查方法及要求

柜体按一般方法进行检查，检查应符合第4章的各项要求，对于不符合第4章要求的柜体退回返修，重新检查，直至检查合格。

附录A

产品组装要求（补充件）

产品零件、部件的制造除符合规定图样外，还应符合本补充规定的要求。

A1 产品中电气绝缘件要求：

a）表面粗糙度不高于1.6；

b）绝缘材采用吸水性小，耐热性高的阻燃型塑料；

c）热固型塑料制作，其表面损伤面积不大于1mm²；

d）层压材料绝缘板制件，在机械加工（破坏材料的加工）后应浸涂绝缘清漆。

A2 产品组装要求

A2.1 组装后的产品，外观整洁，仪表盘上仪表操作杆、显示布局合理，美观，标志明显。

A2.2 紧固件连接牢固可靠，有防松措施。紧固件有防腐镀层或涂层；对于既作连接又作导电的紧固件必须用铜质材料。

A2.3 产品组装应符合设计要求，并遵守相关的装配工艺，组装过程中不得损伤零、部件涂覆表面。

A2.4 组装后产品转动部分应转动灵活，并不碰撞相邻的表面。

A2.5 柜内的元器件、行线槽或布线应排列整齐，布线层次分明，力求横平竖直，标号清晰，导线颜色符合要求。

A2.6 产品外表尺寸公差

产品组装后的面板、平行度公差：1000∶3；

产品组装后的垂直度公差：

a）前后方向：6mm；

b）左右方向：3mm。

第6部分 高低压开关设备和控制、配电设备包装技术条件

1 主题内容及适用范围

本文件规定了高低压开关设备和控制及配电设备系列产品包装箱、制箱材料、产品包装与运输等方面应遵守的基本原则、方法及要求。

本技术条件适用于各类设备出厂时产品的包装与运输。

引用标准及技术文件（执行最新标准）：

GB 191　　包装储运图示标志
GB 7284　　框架木箱
JB 2759　　机电产品包装通用技术条件
JB 3084　　电力传动控制站的产品包装与运输规程
GB 3906　　3～35kV交流金属封闭开关设备
GB 7251　　低压开关设备和控制设备

2 制箱材料

2.1 木材

2.1.1 制箱木材主要选用马尾松、落叶松、紫云杉及其他杂木，企业可根据木材资源情况选用。

2.1.2 木材不宜带有使箱体强度受到削弱或易造成包装破裂的各种缺陷，滑木、枕木及框架

应采用一级木材，顶板、底板、箱板可采用二级木材。

2.1.3 木材含水率不宜超过20%。

2.2 其他材料

2.2.1 密封箱傍可采用普通木质纤维板，胶合板或竹质层胶合板。

2.2.2 滑木、枕木可采用菱镁混凝土或其他材料。

3 包装箱

3.1 总则

3.1.1 包装箱应有足够的强度，在正常储运条件下，确保产品的安全及完整无损。

3.1.2 包装箱的体积应尽可能地缩小，其外廓尺寸应符合运输部门及有关标准的规定。

3.1.3 应有防雨、防霉、防震措施，自发货之日起，应保证在一年内不致因包装不善而造成的产品锈蚀、长霉、损坏及包装箱体自散或漏孔丢件等缺陷。

3.2 包装箱的形式及结构

3.2.1 包装箱主要采用滑木，普通封闭，也可采用滑木框架封闭箱。

3.2.2 箱板宽度不宜小于60mm，厚度不宜小于15mm，封闭箱箱板宜采用对口接缝的方法。

3.2.3 滑木两端应在距地面高度1/2处成45°～55°下斜角（如图3所示）。

3.2.4 箱档宽度不宜小于60mm，厚度不宜小于20mm。

3.3 成箱要求

3.3.1 应根据箱板/箱档的厚度和材料强度，合理的选用封箱的铁用钉。

3.3.2 箱板用钉必须在板内侧将钉尖打弯，紧贴箱板，所有接缝处不准用钉。

3.3.3 封箱时尽可能采用波浪形布钉，钉头、钉尖不得外露或中途弯曲。

3.3.4 箱体内封衬防水材料（石油沥青油毡）宜采用整块材料，若需拼接时，应采用搭接钉合的方法，顶盖内衬防水材料不得拼接。

3.3.5 采用箱档加固的封闭箱，在箱档接合处应用包棱角钉加固。

4 装箱要求

4.1 装箱的产品必须是经检验符合设计图样及技术标准、质量合格的产品，不合格产品不准装箱出厂。

4.2 产品在装箱前，应作好防护措施，对可能腐蚀的金属表面、电器元件触头可涂敷防锈腊或中性凡士林以防生锈，并消除产品积尘。

4.3 易破碎部件、易松动部件以及电器元件运动部分等应用软绳或其他材料固定，使在运输途中不致发生碰撞或损坏。

4.4 采用聚氯乙烯塑料作为内包装时，不宜与产品油漆层直接接触。为减少潮气对产品侵蚀，塑料袋内应放入适量的硅胶吸湿剂（500～600g/m³），硅胶含水量不得大于4%。

4.5 产品应平整地垂直固定在箱体底部，用螺栓和箱底的滑木或枕木拧紧，螺栓头不得凸出滑木表面、箱内附件、备件或工具等应塞实、卡紧。

4.6 产品上前后凸出的设备的元件，应与箱壁保持一定的间隙以免运输途中碰损或撞毁。

4.7 包装箱内与非同柜设备不得混装，附带的备品备件工具等可分别或者混合装箱。

4.8 测量仪表、继电器等非特殊精密仪表，允许不拆下运输，在运输途中易受震损坏的仪表、仪器应用具有防震、防潮等措施的包装箱包装。

4.9 随同产品供给的主母线根据数量进行分装或合装。

4.10 随机供用户的技术文件按《随机文件规定》，应用塑料袋封袋，并放入包装箱内，当产品分多箱包装时，随机文件应放主机箱内。

5 箱面标志

5.1 包装箱表面标志应包括发货标志和储运标志，标志应采用不褪色的油漆或油墨，准确、清晰、牢固地涂刷在箱体两侧面上。

5.2 包装、储运标志按 GB 191 规定，发货标志一般应包括：

a）产品型号、名称及数量；

b）出厂编号及箱号（或合同号）；

c）箱体尺寸（长×宽×高）；

d）净质量与毛质量；

e）装箱日期；

f）到站（港）及收货单位；

g）发站（港）及发货单位。

6 运输与储存

6.1 箱体在竖立、转运、起吊过程中不许倒置、翻滚，以防止损坏柜面油漆层、元器件及防止柜体受力不均而变形。

6.2 箱体在转运临时停置时，必须采取防雨、防潮、防震措施。

6.3 产品在储存时，不得直接放在泥土的地面上，库房应通风良好，不受有害气体侵入，严禁与化学药品、酸、碱及蓄电池存放在同一库房内。

6.4 产品储存条件应符合 GB 7251 第 5.1、5.2 条规定。

贴包装图

第7部分 开关设备试验大纲

1 主题内容及适用范围

本试验大纲（以下简称大纲）规定户内铠装式交流金属封闭开关设备的检查试验项目和方法。本试验大纲只适用于电力系统用户内铠装式交流金属封闭开关设备的型式试验和出厂试验。

2 试验依据（执行最新标准）

GB 3906《3.6～40.5kV 交流金属封闭开关设备和控制设备》

GB/T11022《高压开关设备和控制设备标准的共同技术要求》

3 试验仪器和设备

3.1 直尺、卷尺、塞尺、卡尺、角尺；

3.2 三相交流调压器；
3.3 工频耐压试验台；
3.4 短路发电机或大电流发生器；
3.5 开关机械特性测试仪；
3.6 电压表、电流表、万用表、绝缘电阻表；
3.7 电压互感器、电流互感器、可调电感器；
3.8 示波器、点温计、电流放大器；
3.9 回路电阻测试仪；
3.10 多功能试验台。

4 出厂试验项目

出厂试验按下列各项进行，若有一项未通过，则需退修调整后再次试验，通过后方可发给产品合格证。

4.1 一般检查

用各种量具和目测，检查结构外形尺寸、材质和结构形式、涂漆、电镀件、电器元件、母线、绝缘导线、电气间隙、爬电距离、防护等级、接地等，检查结果应符合 GB 3906—2006 标准中 8.1 条的要求；

4.2 机械特性和机械操作试验应符合 GB 3906—2006 标准中 8.2 条的要求；
4.3 主回路 1min 工频耐压试验应符合 GB 3906—2006 标准中 8.3 条的要求；
4.4 辅助回路工频耐压试验应符合 GB 3906—2006 标准中 8.4 条的要求；
4.5 主回路电阻测量应符合 GB 3906—2006 标准中 8.5 条的要求；
4.6 辅助的电气性能试验应符合 GB 3906—2006 标准中 8.9 条的要求；
4.7 接线正确性的检查应符合 GB 3906—2006 标准中 8.10 条的要求；
4.8 通电动作试验应符合 GB 3906—2006 标准中 8.2 条的要求。

5 型式试验项目

型式试验除包括出厂试验项目外，还应按下列各项进行，若有一项未通过，则需退修调整后再次试验，通过后方可发给产品合格证。

5.1 耐受电压试验应符合 GB 3906—2006 标准中 7.1 条的要求；
5.2 温升试验和主回路电阻测量应符合 GB 3906—2006 标准中 7.2 和 7.3 条的要求；
5.3 主回路和接地回路的动、热稳定性试验应符合 GB 3906—2006 标准中 7.4 条的要求；
5.4 开关的开断和关合能力试验应符合 GB 3906—2006 标准中 7.5 条的要求；
5.5 机械试验应符合 GB 3906—2006 标准中 7.6 条的要求；
5.6 防护等级的检查应符合 GB 3906—2006 标准中 7.7 条的要求；
5.7 泄漏电流测量应符合 GB 3906—2006 标准中 7.8 条的要求；
5.8 操作振动试验应符合 GB 3906—2006 标准中 7.11 条的要求。

6 试验程序和方法

检查和试验程序及方法要遵循各项标准的技术要求。

附录A

(企业名称)

高压开关柜出厂检验报告

用户名称： 产品型号： 出厂编号： 合同号：

<table>
<tr><th>项目</th><th>序号</th><th colspan="4">检验内容（执行标准：GB 3906 现行标准）</th><th>检验结果</th></tr>
<tr><td rowspan="16">一般性检验</td><td>1</td><td colspan="4">外形尺寸：宽： mm； 深 mm； 高 mm</td><td></td></tr>
<tr><td>2</td><td colspan="4">外形：铭牌内容完整、正确；模拟牌、眉头、标签标识正确，安装整齐；漆色均匀，无流痕、起泡、皱纹、露底、色差、伤迹等；焊缝均匀、牢固；磨光无渣眼；电镀层、表面平整度、对角线、钢板厚度和材质、接地线都应符合技术要求；紧固螺栓露出螺母3-3扣</td><td></td></tr>
<tr><td>3</td><td colspan="4">结构：柜门应能在不小于90°内灵活开闭；门周边缝均匀，不大于3mm；机构及传动装置应操作灵活可靠；机械联锁和五防闭锁应正确可靠操作灵活；同类型、同规格的手车应能互换，要有识别装置；可移开部件推进或抽出应灵活轻便，整体结构应符合设计要求</td><td></td></tr>
<tr><td>4</td><td colspan="4">防护等级：防护等级应符合设计要求（IP ）</td><td></td></tr>
<tr><td rowspan="5">5</td><td colspan="4">主回路电气间距，应符合标准要求： 单位：mm</td><td rowspan="5"></td></tr>
<tr><td>电压等级（kV）
部 位</td><td>6</td><td>10</td><td>35</td></tr>
<tr><td>不同相裸带电体间、带电体至接地间净距</td><td>100</td><td>125</td><td>300</td></tr>
<tr><td>裸带电体至门及封板间净距</td><td>130</td><td>155</td><td>330</td></tr>
<tr><td>裸带电体至网状门或网状封板间净距</td><td>200</td><td>225</td><td>400</td></tr>
<tr><td>6</td><td colspan="4">辅助回路：电气间隙不小于4mm；爬电距离不小于6mm</td><td></td></tr>
<tr><td>7</td><td colspan="4">主回路连线及所装配电器元件、材料规格应符合设计要求，布局合理整齐，并有各自产品合格证</td><td></td></tr>
<tr><td>8</td><td colspan="4">二次配线应正确横平竖直、整齐美观符合工艺要求；绝缘导线的截面积和相序布置应符合标准要求</td><td></td></tr>
<tr><td>9</td><td colspan="4">手车动静触头、二次隔离插件、微动开关、辅助开关、接点等调节到可靠接触状态</td><td></td></tr>
<tr><td>10</td><td colspan="4">主电路中不同金属电气连接处，应采取防电化腐蚀措施</td><td></td></tr>
<tr><td>11</td><td colspan="4">母线搭接处应平整，连接紧密可靠，在母线接触面间用0.05塞尺检查，其塞入深度不大于5mm，50mm及以下的母线其塞入深度不大于2mm</td><td></td></tr>
<tr><td rowspan="8">机械特性和机械电气操作试验</td><td>1</td><td colspan="4">主回路的断路器、隔离开关、接地开关或手车及可移开部件均操作五次，应可靠合与分，操作灵活轻便</td><td></td></tr>
<tr><td>2</td><td colspan="4">根据系统图、原理图、二次接线图等设计要求，进行通电动作试验。动作应正确可靠（包括断路器及各种保护回路各操作五次），各回路保护整定值，各种表计指示正确</td><td></td></tr>
<tr><td>3</td><td colspan="4">操作机构型号规格： 操作机构编号：</td><td></td></tr>
<tr><td>4</td><td colspan="4">断路器型号规格： 断路器编号：</td><td></td></tr>
<tr><td rowspan="4">5</td><td colspan="4">开距： A相 mm； B相 mm； C相 mm</td><td rowspan="4">见“机械特性测试表”</td></tr>
<tr><td colspan="4">行程： A相 mm； B相 mm； C相 mm</td></tr>
<tr><td colspan="4">合闸速度 m/s； 分闸速度 m/s； 合闸时间 ms； 分闸时间 ms</td></tr>
<tr><td colspan="4">三相分、合闸不同期性 ms；额定合、分闸操作电压 V；储能电机额定电压 V</td></tr>
<tr><td rowspan="2">工频耐压试验</td><td>1</td><td colspan="4">主回路工频耐压试验（ ）kV/1min应无击穿、放电现象</td><td></td></tr>
<tr><td>2</td><td colspan="4">辅助回路工频耐压试验2kV/5s应无击穿、放电现象</td><td></td></tr>
<tr><td>回路电阻试验</td><td>1</td><td colspan="4">回路电阻值：A相 μΩ；B相 μΩ；C相 μΩ</td><td></td></tr>
<tr><td>包装</td><td>1</td><td colspan="4">出厂技术文件、备品、备件及专用工具按规定配齐附给，随机备件应固定，产品包装应符合标准要求</td><td></td></tr>
<tr><td colspan="3">本产品检查试验结论：</td><td>检验员：</td><td colspan="2">审核：</td><td>日期：</td></tr>
</table>

附录B

（企业名称）

低压开关柜（动力、照明配电箱）出厂检验报告

用户名称：　　　　　　　　产品型号：　　　　　　　　出厂编号：　　　　　　　　合同号：

项　目	序号	检验内容（执行标准：GB 7251.1 现行标准）	检验结果
一般性检验	1	外形尺寸：宽　　mm；深　　mm；高　　mm	
	2	外形：铭牌内容完整、正确；眉头、标签标识正确，安装整齐；漆色均匀，无流痕、起泡、皱纹、露底、色差、伤迹等；焊缝均匀、牢固；磨光无渣眼；电镀层、表面平整度、对角线、钢板厚度和材质、接地线都应符合技术要求；紧固螺栓露出螺母 3-5 扣	
	3	结构：柜门应能在不小于 90°内灵活开闭；门周边缝均匀，不大于 3mm；机构及传动装置应操作灵活可靠；可移开部件推进或抽出应灵活轻便，整体结构应符合设计要求	
	4	防护等级：防护等级应符合设计要求（IP　　）	
	5	主回路电气间距：一般不小于 20mm，特殊情况不小于 10mm。爬电距离不小于 12mm	
	6	辅助回路：电气间隙不小于 4mm；爬电间距离不小于 6mm	
	7	主回路连线及所装配电器元件、材料规格应符合设计要求，布局合理整齐，并有各自产品合格证	
	8	二次配线应正确横平竖直、整齐美观符合工艺要求；绝缘导线的截面积和相序布置应符合标准要求	
	9	母线搭接处应平整，连接紧密可靠，在母线接触面间用 0.05 塞尺检查，其塞入深度不大于 5mm，50mm 及以下的母线其塞入深度应大于 2mm	
机械特性和机械、电气操作试验	1	主回路的主开关（断路器）、隔离开关、各抽屉单元均操作五次，应可靠合与分，操作灵活轻便	
	2	根据系统图、原理图、二次接线图等设计要求，进行通电动作试验。动作应正确可靠（包括断路器及各种保护回路各操作五次），各回路保护整定值，各种表计指示正确	
工频耐压试验	1	主回路工频耐压试验 2500V/1min 应无击穿、放电现象	
	2	辅助回路工频耐压试验 1500V/5s 应无击穿、放电现象	
绝缘电阻试验	1	相间与相对地绝缘电阻不小于 10MΩ	
包装	1	出厂技术文件、备品、备件及专用工具按规定配齐附给，随机备件应固定，产品包装应符合标准要求	
本产品检查试验结论：	检验员：	审核：	日期：

第8部分 KYN□-12（Z）型户内铠装抽出式交流金属封闭开关设备安装使用说明书

1 概述

KYN□-12（Z）型铠装抽出式交流金属封闭系列开关设备，符合GB 3906—2006《3.6-40.5kV交流金属封闭开关设备和控制设备》及DL 404《户内交流开关柜订货技术条件》的标准要求。

适用于三相交流50（60）Hz、额定电压12kV、额定电流至3150A单母线户内电力系统成套配电装置，作为发电厂、变电站（所）等工矿企业接受和分配电能之用，并具有对电路进行控制、保护和检测等功能。尤其适用于频繁操作的场所，该产品具有防止误操断路器等五防联锁功能。

2 使用环境条件

a）周围温度：不高于+40℃，不低于−15℃；

b）相对湿度：日平均值不大于95%，月平均值不大于90%；

c）海拔高度：1000m及以下；

d）地震烈度：不超过8度；

e）水蒸气压力：日平均值不超过2.2kPa，月平均值不超过1.8kPa；

f）周围应无火灾、爆炸危险、严重污秽、化学腐蚀及剧烈震动的场所；

g）超出上述条件时，由用户与制造厂协商解决。

3 基本参数及主要技术性能指标

3.1 基本参数见表1

表1 基本参数

序号	项目			数据
1	额定电压（kV）			12
2	额定频率（Hz）			50（60）
3	额定绝缘水平	额定工频耐受电压（1min，kV）	极间、极对地	42
			断口间	48
		额定雷电冲击耐受电压（kV）	极间、极对地	75
			断口间	85
4	额定电流（A）			630 1250 1600 2000 2500 3150
5	额定热稳定电流（短时耐受电流，kA）			20 25 31.5 40 50
6	额定动稳定电流（峰值耐受电流，kA）			40 50 63 80 100
7	额定热稳定时间（短路持续时间，s）			4
8	额定短路开断电流（kA）			20 25 31.5 40 50
9	额定短路关合电流（kA）			40 50 63 80 100
10	辅助回路额定电压（V）		AC	36、220、380
			DC	24、110、220
11	辅助回路工频耐受电压（1min）有效值（V）			2000
12	主母线额定峰值耐受电流（kA）			40 50 63 80 100
13	外壳防护等级			IP4X（隔室为IP2X）
14	柜体外形尺寸（高×宽×深）mm			2300×800(1000)×1500(1660)

3.2 VS1（VD4）真空断路器技术数据，见表 2

表 2 VS1（VD4）真空断路器技术数据

项目		数据
额定电压（kV）		3.6、7.2、12
额定绝缘水平	1min 工频耐受电压（有效值，kV）	42
	雷电冲击电压（开断前峰值，kV）	75
	雷电冲击电压（开断后峰值，kV）	75
额定频率（Hz）		50
额定电流（A）		630、1250、1600、2000、2500、3150
额定开合单个和背电容器组电流（A）		630/400
额定短路开断电流（kA）		20、25、31.5、40
4s 热稳定电流（峰值，kA）		20、25、31.5、40
额定短路关合电流（峰值，kA）		50、63、80、100
额定动稳定电流（峰值，kA）		50、63、80、100
额定操作程序		分—180s—合分—180s—合分
自动重合闸操作顺序		分—0.3s—合分—180s—合分
合闸时间（ms）		≤100
分闸时间（ms）		≤50
燃弧时间（ms）		≤15
额定短路开断电流开断次数（次）		50（40kA 为 30）
额定电流开断次数和机械寿命（次）		10 000
动、静触头允许磨损累计厚度（mm）		3
额定分合闸操作电压（V）		AC110/220 DC110/220
储能电机额定电压（V）		AC110/220 DC110/220
储能电机额定功率（W）		70/100
储能时间（s）		≤10
触头开距（mm）		11±1
超行程（mm）		3.5±0.5
触头合闸弹跳时间（ms）		≤2
三相分、合闸不同期性		≤2
平均分闸速度（触头分开 6mm，m/s）		0.9～1.2
平均合闸速度（m/s）		0.5～0.8
触头分闸反弹幅值（mm）		≤3
主回路电阻（μΩ）		≤150
触头合闸接触压力（N）		2400±200（25kA） 3100±200（31.5kA） 4250±250（40kA）

3.3 电压互感器主要技术参数见表3、表4

表3 JDZ9型电压互感器技术参数

型　号	额定频率（Hz）	额定电压比（V）	准确级或准确级组合	额定输出（VA）	极限输出（VA）	额定绝缘水平（kV）	备　注
JDZ9-3	50，60	3000/100	0.2	40	500	3.6/25/40	同VKV
			0.5	100			
			1	200			
			3	240			
JDZ9-6		6000/100	0.2	40	500	7.2/32/60	同VKV
			0.5	100			
			1	200			
			3	240			
JDZ9-10		10 000/100	0.2	40	500	12/42/75	同VKV
			0.5	100			
			1	200			
			3	240			

3.4 JDZX9型电压互感器技术参数（根据用户需求选用）

表4 JDZX9型电压互感器技术参数

型　号	额定频率（Hz）	额定电压比（V）	准确级或准确级组合	额定输出（VA）	极限输出（VA）	额定绝缘水平（kV）	备　注
JDZX9-3	50，60		0.5/6P	60/100	400	3.6/25/40	
JDZX9-6						7.2/32/60	
JDZX9-10						12/42/75	

3.5 电流互感器主要技术参数见表5

表5 LZZBJ9-10型电流互感器部分技术参数

额定一次电流1（A）	准确级及相应的额定输出VA				1s热稳定电流1th（kA）	动稳定电流（kA）
	0.2	0.5	1	10p10		
15；20；30；40；50		10	20	15	400le	2.51th
60		10	15	15	21	52.5
75		10	20	15	31.5	. 8
100		10	20	15	45	112.5
150；160		10	20	15	63	130
200		15	30	15	63	130
300		10	20	15	80	160
400		10	20	20		
500		15	30	30		
600		15	30	20		
750；800	10	30	60	20		
1200；1500	20	30	60	30	100	160
1500；1600	20	30	60	15		
2000	20	30	60	20		
2500	20	30	60	20		
3000；3150	30	60	90	10p15，30		

3.6 保护回路可以采用继电保护或微机综合保护（国产、进口均可），根据需要进行近控或远控。

4 结构简述

本型号开关柜是按照GB 3906—2006中规定的铠装移开式设计、制造的。外壳的防护等级为IP40；各个隔室的防护等级为IP20。开关柜主要由柜体和可移开部件（简称小车）两部分组成。柜体设计应方便安装、调试、维护等结构型式，柜内采用自然冷却方式。

4.1 柜体

本型开关柜的柜体是装配式结构，主要构件是用敷铝锌薄钢板，经数控加工机床加工而成。由于采用了多重折弯工艺和拉铆螺母、高强度螺栓等，使开关柜在保证足够强度和刚性的同时，重量更轻，抵御有害气体腐蚀的能力更强，而且外观更加美观。柜体结构按照柜内主要功能元件分隔为小车室、主母线室、电缆室（电流互感器室）和继电器室（见图2、图5）。除了继电器室以外，其余各个隔室均设置通向柜顶的事故排气通道。

小车室的底部设有小车轨道，供小车在柜内运动。隔室内安装有主回路静触头的触头盒与主母线室和电缆室相通。当小车在试验位置或退出柜外时，活动帘板将静触头盖住，形成有效隔离；当小车从试验位置向工作位置移动时，活动帘板自动打开，保证主回路顺利连接。上、下活动帘板是独立运动的，并且可以分别锁定。因此，如果需要的话，检修人员可以锁定带电侧的帘板，检修另一侧的主回路静触头。

主母线室内安装三相矩形铜母线。各个开关柜的主母线室经套管连通，运行时各柜的主母线室之间是隔开的，可以避免一个间隔出现意外，祸及其他开关柜的扩展性事故发生。

电缆室内根据主回路方案的需要，可以安装电流互感器，接地开关、带电显示装置和固定主电缆用的构架、附件等。开关柜底板上开设有主电缆进入孔及可拆卸封板。本型开关柜每相可以并接1-3根单芯电缆。

继电器室是用于安装继电保护、控制等二次元件的。小室的左侧设有供控制电缆进出的线槽：在小室顶部设有小母线穿过孔，接线时顶盖板可以翻转，便于小母线安装。继电器室的门上可以安装需要观察的仪表装置、经常操作的开关和嵌入式的继电器等。

注：不靠墙安装时，接地开关装在下隔板后侧。

4.2 小车

根据小车上配置的主回路元件的不同，可以有断路器小车、电压互感器小车、隔离小车和计量小车等。各类小车接模数积木式变化，同规格小车保证互换。小车在柜内有试验（断开）位置和工作位置两个定位位置。小车的推进（退出）采用蜗轮副省力机构，操作轻便、灵活。小车移出柜外时，需要配置专用的转运小车。

小车用转运小车运入柜体后，首先定位于试验（断开）位置，小车与柜体锁定后，可以摇动推进机构，将小车推向工作位置。小车到达工作位置时，摇把摇动受阻，小车到位。小车的相关联锁机构保证只有断路器处于分闸状态，小车方可移动，只有小车在试验（断开）位置或工作位置定位后，断路器方可合闸。

4.3 联锁

4.3.1 本型开关柜设计了可靠的“五防”闭锁系统。

a）断路器的防止误合、分操作，我们建议通过采用带红、绿翻牌的断路器控制开关实现。用户如果习惯使用其他防误措施，可以在订货时提出。

b）开关柜闭锁保证断路器小车在试验或工作位置时，断路器才能进行合、分操作，断路器合闸后，小车将无法运动。防止了带负荷推拉小车。

c）开关柜闭锁保证仅当接地开关处在分闸位置时，小车才可以从试验位置向工作位置移动；仅当小车处于试验位置时，接地开关才可以进行合闸操作。此外，接地开关必要时，可以配置带电显示装置。所以，可以防止带电合接地开关及接地开关处于合闸状态送电的误操作发生。

d）开关柜闭锁保证接地开关没有合闸，柜前下门和柜后门都无法打开。从而防止了误入带电间隔。

4.3.2 二次插头副和小车位置的联锁

开关柜柜体与小车的二次线路是通过二次插头实现连接的。二次插头通过一根波纹伸缩管与小车连接；二次插座装设在柜体小车室的右上方。小车只有在试验位置时，可以插上或拔下二次插头。小车在工作位置时，联锁将二次插头锁定，使其不能拔下。如果二次电源没有接通，断路器的合闸机构可以被电磁锁锁定（断路器选择配闭锁线圈）。此时，断路器小车在二次插头没有插好之前，只能进行分闸操作，而无法使其合闸。

4.3.3 带电显示装置

如果用户需要，开关柜内可以配置带电显示装置。其不但可以显示主回路的带电状态，而且可以与电磁锁配合，实现对开关手柄、柜门等的强制闭锁，达到防止带电关合接地开关、防止误入带电间隔的目的，从而提高了开关柜防误性能。

4.3.4 接地装置

开关柜在电缆小室设置了可以与邻柜贯通的主接地干线（10×40mm 铜母线）。主接地干线与柜体结构有良好的导电接触，并通过柜体与小车保持良好的电连续性。

4.3.5 开关柜的二次参考原理图

用户可根据自己的系统实际情况选择控制电源和配置断路器的控制电路，并设计相应开关柜二次原理图。本样机为 KYN28A-12(Z)/1250-31.5 型，VS1 断路器进出线柜，AC200V 控制电源，原理图、接线图和总装图详见图样目录。

5 安装调整

5.1 开关柜的基础尺寸和安装尺寸见装图。

5.2 开关柜的基础施工一般应当分两次浇铺混凝土，第一次固定电缆槽钢，第二次铺设地面，一般铺设厚度为 60mm，地面应低于基础槽钢的上平面 1～3mm。

5.3 开关柜如果是单面排列，柜前走廊以大于 2.5m 为宜；开关柜如果是两列对面排列，柜间走廊以不小于 3m 为宜。

5.4 开关柜在运输过程中，应当使用叉车或备有符合要求吊具的吊车等。严禁使用滚运方式，避免撬棍等损坏开关柜。小车不应当安装在柜体中运输，而应当在柜体安装完成后装入柜内。

5.5 开关柜的安装步骤建议如下：（参考图样）

5.5.1 松开主母线室的顶盖螺钉，卸去顶盖。

5.5.2 在主母线室前面卸下隔板项 12。

5.5.3 松开小车室下面的隔板项 17。

5.5.4 卸下电缆盖板项19。

5.5.5 卸去开关柜内左右两侧二次电缆槽盖板。

5.5.6 卸下吊装板。

5.5.7 此时，可以一台一台的顺序组合开关柜。如果一排开关柜的数量超过10台，建议由中间向两侧组合。在垂直和水平两个方向的不平度，要求不大于2mm。

5.5.8 当开关柜组合好后，可用M12螺栓将开关柜与基础连接；也可以使用焊接的方式，将开关柜与基础连接在一起。

5.6 主母线的安装

5.6.1 将主母线的包装箱打开，按母线上的标记将母线排好。检查主母线套管是否完好。

5.6.2 擦净母线接触面，涂上导电膏或者中性凡士林后，将母线穿入主母线套管。主母线的安装最好与开关柜的拼装工作交替进行，避免整排开关柜拼装完成后穿主母线困难。

5.7 接地回路的安装

5.7.1 开关柜安装好后，用随柜附带的连接件将各柜的主接地干线连接好。

5.7.2 将开关柜的主接地干线与建筑的接地网连接，如果开关柜的数量超过10台，必须有两个以上的连接点。

6 使用与维护

6.1 使用前的检查

开关柜在使用前，应当清理设备内外；检查各部分的紧固件有无松动；检查各种电器设备的接线有无脱落；将小车在开关柜内试推、拉；对断路器进行合分操作，观察有无异常；检查联锁机构是否完整、灵活、可靠；检查二次线路接线是否正确；进行规程要求的各项试验。

6.2 开关柜在运行中，运行人员除了应遵守有关规程的要求以外，还应注意以下问题：

6.2.1 操作程序

虽然开关柜设计有保证开关柜各部分操作程序正确的联锁，但是操作人员对开关柜各部分的投入和退出仍应严格按操作规程和本技术文件的要求进行，不应随意操作，更不应在操作受阻时，不加分析强行操作。否则，容易造成设备损坏，甚至引起事故。

6.2.1.1 无接地开关的断路器柜的操作

a）将断路器可移开部件装入柜体。断路器小车准备由柜外推入柜内前，应认真检查断路器是否完好，有没有漏装部件，有无工具等杂物放在机构箱或开关内，确认无问题后将小车装在转运车上并锁定好。将转运车推到柜前，把小车调整到合适位置；注意应将转运车前部定位锁板插入柜体中隔板插口并将转运车与柜体锁定之后，再打开断路器小车的锁定钩，将小车平稳推入柜体并锁定。当确认已将小车与柜体锁定好后，解除转运车与柜体的锁定，将转运车推开。

b）小车在柜内操作。小车从转运车装入柜体后，即处于柜内断开位置，若想将小车投入运行，首先应使小车处于试验位置，并将辅助回路插头插好。如接通二次电源，则继电器室面板上的小车试验位置指示灯亮。此时，可在主回路未接通的情况下对小车进行电气操作试验。若想继续进行操作，必须确认断路器处于分闸状态后，可将小车推进摇把插入操作孔，顺时针转动摇把，直到感到摇把明显受阻并且听到辅助开关的切换声，看到继电器室门上的小车工作位置指示灯亮时取下摇把，小车在工作位置定位。此时，主回路接通，断路器已处于准备状态，可通过控制回路对其进行合、分操作。

若准备将小车从工作位置退出，首先应确认断路器已处于分闸状态。然后插入摇把，逆时针转动摇把直到感到摇把明显受阻并且听到辅助开关的切换声，看到继电器室门上的小车试验位置指示灯亮时取下摇把，小车回到试验位置。此时，主回路已经完全断开，金属活动帘板关闭。

c）从柜中取出小车。若准备从柜中取出小车，首先应确定小车已处于试验位置，然后打开柜门，把转运车与柜体锁住（与把小车装入柜内时相同），摘开辅助回路插头并扣锁在小车骨架上，将小车解锁后向外拉出。当小车完全进入转运车，并确认被转运车锁定后，再打开转运车与柜体锁定，把转运车向后拉出。如小车要用转运车运输较长距离时，应当格外小心，以避免运输过程中发生意外事故。

d）断路器在柜内合、分状态的确认。断路器的合分状态可以通过断路器的小车面板上的合分闸指示牌及继电器室门上的合分闸指示灯的指示进行判断。

6.2.1.2 有接地开关的断路器柜的操作

有接地开关的断路器柜将断路器小车装入柜内和从柜内取出小车的程序与无接地开关的断路器柜的操作程序完全相同，仅在小车在柜内移动过程和操作接地开关过程中要注意如下问题：

a）小车在柜内操作。当准备将小车推入工作位置时，除了要遵守 8.2.1.a 中提请注意的诸项要求外，还应确认接地开关处于分开状态，否则下一步操作将无法完成。

b）合接地开关操作。若要合接地开关，首先应确定小车已退到试验位置并取下推进机构摇把，然后按下接地开关操作孔处的联锁弯板，插入接地开关操作摇把，顺时针转动 90°，接地开关合闸。若要分接地开关需逆时针转动操作摇把 90°，接地开关分闸。

6.2.1.3 一般隔离柜的操作

隔离小车本不具备接通和断开负荷电流的能力，因此在带负荷的情况下推拉小车是极其危险的，因此进行隔离小车柜内操作时，必须保证首先断开与之相配合的断路器，断路器分闸后，其辅助开关切断隔离小车的电气闭锁，隔离小车可以进行推拉操作。隔离小车推拉的具体操作方法与断路器小车相同。

6.2.2 使用联锁的注意事项

6.2.2.1 本产品的联锁功能是以机械联锁为主，辅之以电气联锁实现其功能的，功能上能实现开关柜“五防”闭锁的要求，但是操作人员不应因此而忽视操作规程的要求，不按规程规定的要求操作。只有组织手段与技术手段相结合才能有效发挥联锁装置的保障作用，防止误操作事故的发生。

6.2.2.2 本产品的联锁功能的投入与解除，大部分是在正常操作过程中同时实现的，不需要增加额外的操作步骤。

如发现操作受阻（如操作阻力突然增大）应首先检查是否有误操作的可能，而不应强行操作以至损坏设备，甚至导致误操作事故的发生。

6.2.2.3 有些联锁因特殊需要允许紧急解锁（如柜体前下门和接地开关的联锁）。紧急解锁的使用必须慎重，不宜随意使用，使用时也要采取必要的防护措施，一经处理完毕，应立即恢复联锁状态。

6.3 开关柜的检修应除按有关规程要求进行外，建议用户特别注意以下几点：

6.3.1 定期按真空断路器的安装使用说明书的要求，检查断路器的情况，并进行必要的调整。

6.3.2 检查小车推进机构及其联锁的情况，使其满足本说明书有关要求。

6.3.3 检查主回路触头的情况，擦除动、静触头上陈旧油脂，察看触头有无损伤；弹簧力有无明显变化；有无因温度过高引起镀层异常氧化现象，如有以上情况，应及时处理。检查辅助回路触头有无异常情况，并进行必要的修整。

6.4 检查接地回路各部分的情况，如接地触头、主接地线及过门接地线等，保证其电连续性。

6.5 检查各部分紧固件，如有松动，应及时紧固。

7 运输与储存

7.1 开关柜的长途运输，建议不采用公路运输的方式，特别不要长距离在三级以下公路运输。

7.2 开关柜的包装底板上固定时可采用滚运。无包装开关柜应采用吊运或铲运。

7.3 开关柜（即使是带外包装的）不宜长期在户外储放。较长时期不用的开关柜，应储放在干燥，通风的户内仓库中。开关柜的外包装有效期一般不超过一年。

8 产品的成套性

产品在交货时应具备以下文件和附件：

8.1 产品的合格证明书。

8.2 产品的安装使用说明书。

8.3 装箱单。

8.4 产品的工程设计资料（包括系统图、二次接线图、设备明细表等）。

8.5 小车推进摇把、接地开关操作摇把（建议每5台开关柜配一套）及转运车（建议合同台量10台以下，每5台配一套，超过10台，每增加10台，加一套）

8.6 开关柜内主要元件的安装使用说明书等技术文件和附件。

9 订货须知

订货时应提供下列技术资料：

9.1 主接线方案编号及单线系统图。排列图，平面布置图。

9.2 用户提供二次功能图，端子排列图，如无端子排列图时按制造厂编排。

9.3 开关柜内的电气元件的型号、规格、数量。

9.4 电气设备汇总表。

9.5 需要母线桥（两列柜间母线桥和墙柜间母线桥）时提供跨距和高度尺寸。

9.6 开关柜使用在特殊环境条件时应在订货时提出。

9.7 需要其他或者超出附件，备件时应提出种类和数量。

生产工艺规范

第1部分　高低压开关设备和控制设备装配工艺规范

1　工艺流程

柜体装配→元器件装配→一次线装配→二次配线→清理

2　工艺过程和技术要求

2.1　柜体装配

2.1.1　柜体的漆色应一致并符合要求。

2.1.2　柜体结构连接及位置和防护等级应符合设计要求。

2.1.3　接地触片及螺栓不应有黄锈和油漆，接地符号应明显。

2.1.4　门与四周的平整度应符合标准要求（每平方米不大于2mm），门的开度应大于90°。

2.1.5　柜体的对角线应符合技术要求（每米不大于2mm）。

2.1.6　紧固螺栓应拧紧并有防松措施，丝扣露出螺母2～3扣之间。

2.1.7　手车、抽屉推拉应灵活轻便，接地可靠，电阻不大于1000$\mu\Omega$，同型号手车或抽屉应能互换，动静触头应可靠接触。

2.1.8　带五防联锁机构或互锁机构的开关柜，操作程序应符合设计要求，并动作灵活可靠。

2.1.9　柜体内外漆层应无划碰伤及污染印迹，否则应处理完好。

2.2　元器件装配

2.2.1　一、二次元器件安装排列应符合设计要求，型号规格正确。

2.2.2　元器件应完好无损，表面清洁干净，经入库检验的合格产品。

2.2.3　元器件的合格证，说明书，技术文件应齐全。

2.2.4　元器件安装应布局合理，整齐美观，安装牢固可靠，倾斜不大于5°。

2.2.5　配齐平垫和弹簧垫，固定螺栓突出螺母2～3扣之间。

2.2.6　设备标牌、眉头、模拟牌和标签应符合设计要求，安装整齐美观。

2.2.7　电气间隙和爬电距离应符合技术标准要求，低压部分一般应大于15mm，特殊情况应大于8mm，高压部分应符合相应的标准要求。

2.2.8　绝缘外壳不得有划伤痕迹。

2.2.9　柜体和元器件应清洁干净，检查无误后即可转入下道工序。

2.3　一次线装配

2.3.1　导线、母线选用型号规格应符合设计要求。

2.3.2　导线、母线颜色A相为黄色，B相为绿色，C相为红色，N线为淡蓝色，PE线为黄绿双色，母线可用相应颜色标签贴于明显易见处。

2.3.3　相序排列应符合标准要求，安装排列整齐、美观大方。

2.3.4　母线表面应平整光洁，无裂痕、锤印；剪切口用锉刀修平无毛刺，折弯处无裂纹，孔口无毛刺，搭接面无氧化层。

2.3.5　选用母线夹或支撑件应考虑能承受装置额定的短时耐受电流和峰值耐受电流所产生的

动热应力的冲击，安装整齐牢固。

2.3.6 母线弯曲处与母线搭接边线距离在25mm左右。

2.3.7 母线连接紧密可靠，紧固螺栓个数视母线宽度而定，配齐平垫和弹簧垫，螺栓突出螺母2～3扣之间。

2.3.8 母线涂漆界线整齐分明，界线距母线搭接处10mm，接触面无沾漆，母线表面无流漆。

2.3.9 导线、母线安装完工后，将柜内清理干净。

2.4 二次配线

2.4.1 首先粘贴元件标识签，靠近元件明显处，粘贴牢固整齐。

2.4.2 二次选线应符合设计要求，配线要做到整齐美观、横平竖直，线束无叠（绞）线，绑扎牢固。

2.4.3 每种同元件在柜内配线应统一，做到台与台配线一致，批与批配线一致。

2.4.4 导线穿过金属板时应有绝缘保护，线束固定应离金属表面2～5mm，过门线束用线夹固定，并留有适当余量。

2.4.5 导线线号字迹清晰排列正确，整齐，字号易见，线号管的长度应一致，以方便维修时查找。

2.4.6 一个接线端子不得超过两根导线，压线端子应拧紧可靠，导线中段不得有接头。

2.4.7 发热元件应从元件下方配线。

2.4.8 接地线规格颜色应符合技术标准要求。

2.5 清理

配线完后，将柜内废杂物清理干净，准备调试。

第2部分 高低压开关设备和控制设备母线加工与安装工艺规范

1 范围

本守则适用于本公司生产的高低压成套开关设备（以下简称开关设备）的母线加工与安装。

2 矩形母线加工

2.1 矩形母线加工工艺流程见下图：

准备→下料→去脂→清洗→整形→冲孔→压平（压花）→曲弯→去脂→清洗→搪锡→套热缩管→加热定形→装配

如采用喷漆工艺，须再在搪锡工艺完成后再进行喷涂→干燥→装配

2.2 准备工作

认真阅读图纸，按图纸尺寸和技术要求，计算所需母线的长度，领取符合品种规格要求的铜排或铝排（以下简称母排）。母排的选取要按母线选型标准进行选用。

母排表面必须平整光滑，不得有裂痕、锈斑、凹陷、气孔、锤印、划伤、起皱等缺陷。

2.3 下料

2.3.1 按图核对元器件的规格、安装位置，根据元器件的实际布置情况（实测）和图纸的技术要求，确定母线的弯制和连接方案。

2.3.2 根据母线实际需要的长度尺寸，在母线加工机上切断母线，应保证剪口的边线的垂直度误差小于母线宽度的1%。

2.3.3 下好料的母排应放在工作台上，用板锉去除毛刺和尖角，用毛刷刷去沾在母线上的切屑，并整齐码放在母线堆放器具上。

从本工序起，以后每一加工工序之间，母排均应码放在母线堆放器具上，不得直接置于地上（后面不再重复说明）。

2.4 去脂与清洗

母排经下料后，进入去脂与清洗工序，该工序由涂装车间完成，参照开关柜体去脂与清洗工艺要求进行。

母排去脂清洗后，应晾干或以净布擦干，平放在清净的小车上运回母线加工组。

2.5 整形

母线下料后，用目测的方法判断是否平直，如无明显不平直，可直接进入下道工序，反之则应进行整形。整形可采用二种方法，一种是在母线加工机上整形（校平）模进行，另一种是放在工作台上，用木锤校平。应注意避免出现压痕或锤痕。

2.6 冲孔

2.6.1 矩形母线搭接的接触面冲孔或钻孔应按表1规定进行。

2.6.2 在母线加工机上装上对应的冲孔模具，调节定位装置以满足母线冲孔尺寸的要求，然后开动加工机冲孔。

表1 矩形母线搭接技术要求

图例	类型	规格尺寸								螺栓规格	数量
		A	*B*	*C*	*D*	*E*	*F*	*G*	*φ*		
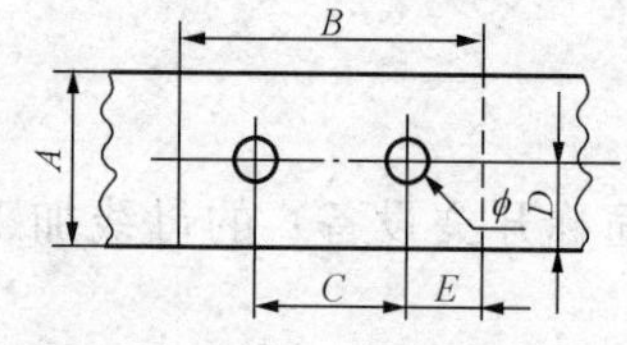	直线连接	15	40	20	7.5	10			7	M6	2
		20	50	26	10	12			7		
		25	50	26	12.5	12			9	M8	
		30	60	30	15	15			9		
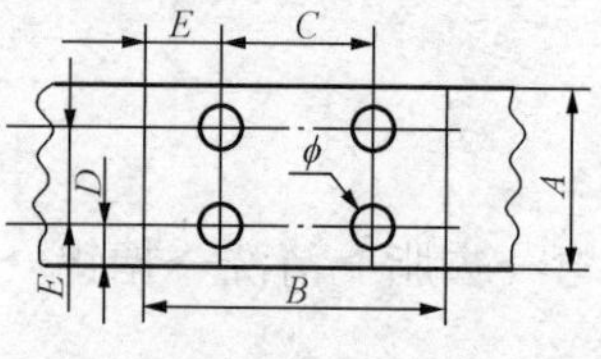		40	80	40	10	20	20	20	11	M10	3
		50	90	50	15	20	25	20	11		
		60	90	50	20	20	25	20	13	M12	
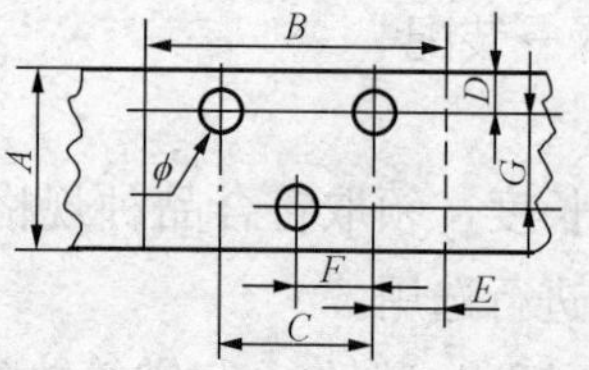		80	80	40	20	20	40		15	M14	4
		100	100	50	25	25	50		17	M16	
		120	120	60	30	30	60		17		

续表

图例	类型	规格尺寸								螺栓规格	数量
		A	B	C	D	E	F	G	φ		
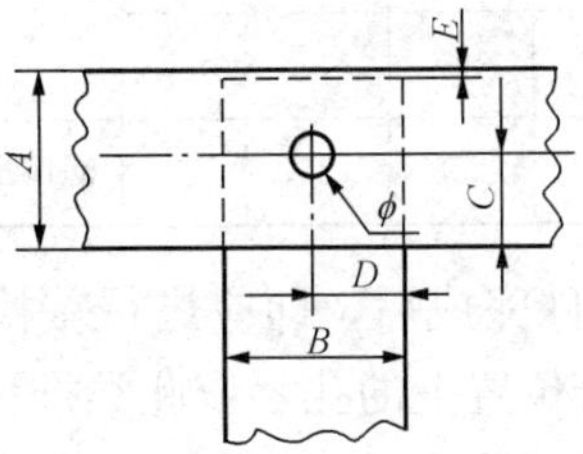	T 型连接	15	10	7.5	5	2			7	M6	1
		20	15	10	7.5	2			7		
		25	15	12.5	7.5	2			7		
		20	20	10	10	3			7		
		25	20	12.5	10	3			7		
		25	25	12.5	12.5	3			9	M8	
		30	25	15	12.5	3			9		
		40	25	20	12.5	3			9		
		30	30	15	15	3			9		
		40	30	20	15	3			9		
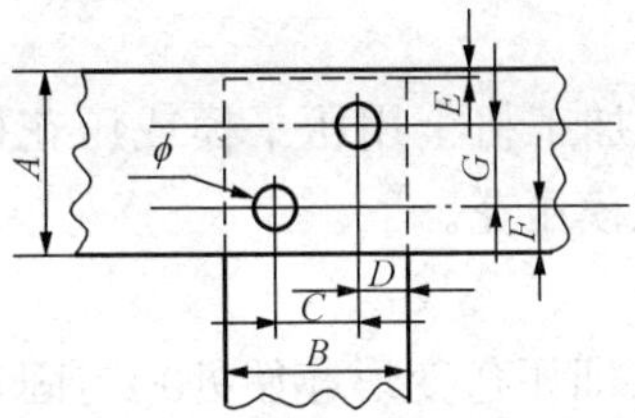	T 型连接	40	40	20	10	3	10	20	11	M10	2
		50	50	24	12	3	12	24	11		
		60	50	24	12	3	12	24	11		
		60	60	30	15	3	15	30	13	M12	
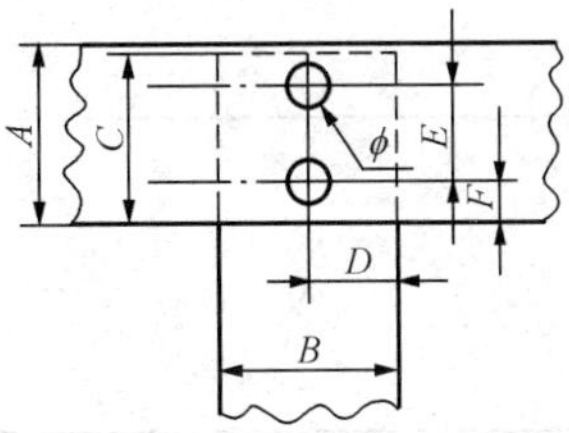	T 型连接	80	25	77	12.5	40	20		9	M8	2
		100	20	97	10	50	25		7	M6	
		100	25	97	12.5	50	25		9	M8	
		100	30	97	15	50	25		9		
		30	15	27	7.5	16	6		7	M6	
		40	15	37	7.5	20	10		7		
		30	20	27	10	16	6		7		
		40	15	37	7.5	20	10		7		
		40	20	37	10	20	10		7		
		50	20	47	10	26	12		7		
		50	25	47	12.5	26	12		9	M8	
		50	30	47	15	26	12		9		
		50	40	47	20	26	12		11	M10	
		60	25	57	12.5	30	15		9	M8	
		60	30	57	15	30	15		9		
		60	40	57	20	30	15		11	M10	
		80	30	77	15	40	20		9	M8	
		80	40	77	20	40	20		11	M10	
		80	50	77	25	40	20		11		
		80	60	77	30	40	20		13	M12	
		100	40	97	20	50	25		11	M10	
		100	50	97	25	50	25		11		
		100	60	97	30	50	25		13	M12	

续表

图例	类型	规格尺寸							螺栓规格	数量
		A	B	C	D	E	F	ϕ		
A E F φ C D B	T型连接	80	80	40	20	40	20	15	M14	4
		100	80	40	20	50	25	15		
		100	100	50	25	50	25	17	M16	

2.6.3 每批母线同一位置上的孔应在一起加工，每次第一个工件完成后，即应进行首检，确认合格后才能继续加工，当批完成后，调节定位装置，冲第二个位置上的孔，依此类推。

2.6.4 一般情况下，母线孔的加工均应采用冲孔的方法，如需用钻孔的方法，应倒坡口去毛刺。

2.6.5 各孔间的距离及孔与边的距离尺寸误差小于0.5mm。

2.7 压平（压花）

母排冲孔之后，应予以压平或压花，压平或压花应在母线加工机上用压平模或压花模进行，一般厚度≤4的母排用光面模压平，厚度>4的母排用压花模压花。

2.8 压弯

2.8.1 母排的压弯应在母线加工机上用弯曲模进行，弯曲处（即压弯变形起始处）与固定螺栓孔的距离不小于50mm，距母线搭接处的距离不小于30mm，距母线固定面的距离不小于30mm。

2.8.2 弯曲处不允许有裂纹和明显折皱现象，皱纹高度应<1mm。

2.8.3 母排平弯的最小弯曲半径见表2。

表2 母排平弯的最小弯曲半径

母排规格（宽×厚）	最小弯曲半径（mm）	
	铜	铝
≤50×5	$2b$	$2b$
≥60×5	$2b$	$2.5b$

注：表中b表示母排的厚度。

2.8.4 母排立弯的最小弯曲半径见表3

表3 母排立弯的最小弯曲半径

母排规格（宽×厚）	最小弯曲半径（mm）	
	铜	铝
≤50×5	a	$1.5a$
≥60×5	$1.5a$	$2.0a$

注：表中a表示母排的厚度。

2.8.5 母排扭90°弯（即麻花弯），其扭转长度（即弯曲变形的长度）应不小于母线宽度的2.5倍。

2.8.6 当母排压弯后难以操作冲孔或搪锡时，应将压弯工序放在冲孔或搪锡之后进行。

2.9 搪锡

2.9.1 母排搪锡应在专用设备超声波浸锡槽中进行。

2.9.2 母排在搪锡前应再次进行去脂清洗，待烘干后用洁净器具运回搪锡工作现场，并尽快安排搪锡，其间应保持工件洁净，不得再进行任何加工。

2.9.3 搪锡操作应遵守母线搪锡工艺守则，做到锡面平整光滑无麻点。

2.10 装热缩套管

2.10.1 设计要求要装绝缘套管的母排，完成搪锡后，应装上热缩套管，并加热使其收缩，以达到技术要求。

2.10.2 根据母排的规格选取相应的热缩套管，并截取合适的长度，套在母排上，注意热缩管上的"印字"一定要朝向母排的背面，套管两端要留有一定的余量准备修齐。

2.10.3 将套好热缩管的母排置于工作台上，用液化气焰烘烤热缩管，火焰应调节柔和，为黄色火焰，应与热缩管保持适当的距离（以不过热烧焦为度），手持喷枪并以螺旋状前行，以保证套管沿四周方向均匀受热收缩。

2.10.4 加热时应从管子中间向两端逐渐延伸，或从一端向另一端推进，以利排出空气。

2.10.5 加热收缩后的制品，表面应光滑均匀，无明显皱褶、起泡、烧焦、塌陷等缺陷，然后对其两端进行修整，其两端距搭接处的距离为10～15mm，并相互一致，即每一批产品同一种母线其套管长度和套入的位置应一致，其误差＜3mm，端面四周整齐平直。

2.11 喷漆

2.11.1 设计要求涂以带颜色的母线，在安装之前，应根据标准要求喷以不同颜色的漆，涂漆的颜色标准见表4

表4 母线涂色的标准规定

回路类别		涂漆颜色
交流	A相	黄
	B相	绿
	C相	红
	N中性线	紫（淡蓝）
	NPE接地中性线	紫底黑条（在紫底上每间隔150mm喷涂倾斜45°，宽100mm的黑条）
直流	正极（+）	赭（橙）
	负极（−）	蓝
	接地线	赭或蓝底黑条（涂黑条的方法同交流接地中性线）

2.11.2 喷涂在喷涂车间进行，喷涂之前，先检查母排上是否有脏污，如较为轻微，可用干净棉布或棉纱蘸少许甲苯或汽油擦拭，如较为严重，应返工重新去脂并清洗、晾干。

2.11.3 母排喷漆边线应平直，垂直于母排边线，于母线搭接面距离为10mm，喷漆前，用胶纸将不喷漆部分贴上，待漆干后揭去。

2.11.4 母排喷漆要使用快干漆，晾干、操作时，注意喷涂厚度适中、均匀，漆膜光亮平整，不应有流挂、起皱等缺陷。

3 母线制造文明施工

母排为铜质或铝质，材质软，强度、刚度低，易变形，表面极易被磕碰划伤，铜、铝为活泼金属，易腐蚀，故在母排制造过程中尤应注意文明施工。

3.1 母排应存放在干燥通风的室内料架上，每处堆放层数不宜太多，如果确因条件所限必须暂时存放在地上，则地面必须平整、干净，无积灰、积水、垃圾、油污，禁止露天存放过夜。

3.2 母排在搬运装卸过程中，必须单根轻拿轻放，严禁摔、扔，在任何情况下，任何工序间，其自由下落的高度严禁超过30cm，在无滚动支承时，应尽量避免平推平移母排。

3.3 母排下料后，应整齐码放在专用的工位器具上，此后的每一道工序之间，均匀使用工位器具进行码放、中转，严禁直接置于地面。

3.4 母排在去脂清洗前后，操作者所使用的工具、工位器具、手套等均应分开，以避免清洗后再沾上油污，形成二次污染。

3.5 非标准柜体的母线试制样件时，允许各工序交叉、重复进行，以及必要的修配，每道加工工序间，均应注意保持工件洁净，去毛刺及修配工作必须在钳工台上进行，并及时清除切屑、油渍，在下料后和搪锡前不得省掉去脂清洗工序。

3.6 母线安装之前，应将开关柜相关部位及所用工具、紧固体擦净。装配后注意及时用干净织品擦拭干净。

4 母线的安装

4.1 检查母线及其连接部件的质量，发现不合格，不予安装。

4.2 母线搭接时，其接触部分的长度应大于或等于母线的宽度。

4.3 母线搭接面应平整光滑，接触严密，安装完成后，在母线接触面间用厚0.05宽10mm的塞尺检查，60mm及以上的母排，其塞入深度应小于5mm，50mm及以下的母排，其塞入深度应小于2mm。

4.4 母线用螺栓连接时，应符合以下要求：

4.4.1 母线平放或斜放时，螺栓应从下往上穿或从斜下方往斜上方穿，螺母装在上方或斜上方，螺栓两端均应加平垫圈，接触螺母的一端应加弹簧垫圈，在使用大垫圈的场合，为提高强度，可放入2只垫圈。螺栓头部露出螺母高度为（0.3～0.5）d（d为螺纹外径）。

4.4.2 应视螺栓、螺母的大小选用与其相配的扳手，以正常手力或加半身、全身力拧紧。对于铝母线应先用大一些力拧紧，松开后，再以小一些的力拧紧。

各种螺母对应的拧紧力矩可参照表5

表5 螺母拧紧力矩

螺　纹	拧紧力矩（Nm）	操作要领
M6	3.5	只加腕力
M8	8.3	加腕力和肘力
M10	16.4	加全部臂力
M12	28.5	加上半身力
M16	71	加全身力
M20	137	压上全身重量
M24	235	压上全身重量

4.4.3 母线与电器的接线部分连接时，不应使其受到应力，即不应使其“叫劲”。

4.4.4 母线之间、母线与其他机构之间的电器间隙应分别符合以下标准。

4.4.4.1 高压开关柜的电器间隙见表6

表6 高压开关柜的电器间隙（mm）

额定电压（kV）	1～3	6	10	35
带电部分至接地之间净距	75	100	125	300
不同相带电部分之间净距	75	100	125	300
带电部分至无孔遮拦之间净距	105	130	155	330
带电部分至网状遮拦之间净距	175	200	225	400
带电部分至栅状遮拦之间净距	825	850	875	1050
裸导体至接地之间净距	2375	2400	2425	2600

4.4.4.2 低压配电装置的电器间隙和爬电距离见表7

表7 低压配电装置的电器间隙和爬电距离（mm）

额定绝缘电压U_i（V）	电器间隙		爬电距离	
	63A及以下	大于63A	63A及以下	大于63A
$U_i \leqslant 60$	1	2	2	3
$60 < U_i \leqslant 300$	2	4	4	5
$300 < U_i \leqslant 660$	4	6	6	8

注：有些产品有特殊要求者，按有关规定执行。

4.5 母线有相序关系时，其排列顺序见表8

表8 母线相序排列规定

类别		垂直排列	水平排列	前后排列
交流	A相	上	左	远
	B相	中	中	中
	C相	下	右	近
中性线或中性保护线		最下	最右	最近
直流	正极	上	左	远
	负极	下	右	近

注：1. 在特殊情况下，如果按此顺序排列会使母线配制困难，可不按此表规定制作。
2. 如果中性线或中性保护线不在相线附近安装，其位置可安装在柜体底部前面。

第3部分 表面处理工艺规范

一、工艺流程

除油（碱洗）→清洗→除锈（酸洗）→清洗→中和→表调→磷化→清洗→晾干（烘干）→打腻抛光→喷涂→固化（塑化）→冷却→入库

二、工艺过程和技术要求

（1）按技术要求配置好足量的碱溶液（20-30g/L），将工件浸入碱洗槽中进行冲洗，浸渍时间在槽温70°～90°时为3～10min，清洗完后吊出再浸入清水槽中将碱溶液清洗干净，清洗时间在常温～50°时为1～3min。

（2）按技术要求配置好足量的酸溶液（200-250g/L），将碱洗后的工件浸入酸洗槽中进行冲洗，浸渍时间应除尽氧化皮为止。清洗完后吊出再浸入清水槽中，将酸液清洗干净，清洗时间在常温～50°时为1～3min。

（3）为了防止二次生锈及将残酸带入磷化工序，除锈后的工件必须进行中和处理后才能进入下一道工序，中和槽液为（3～5g/L）Na_2CO_3水溶液。中和后的工件再浸入清水槽中清晰干净。

（4）按技术要求配制好表面整水溶液（pH＝8～9），将中和后的工件浸入表调槽中进行冲洗，时间为1～3min，然后进入下一道工序。

（5）按技术要求配制好足量磷化溶液（pH＝2.5～3），将表调后的工件浸入磷化槽中，浸渍时间为3～5min，（视磷化膜重在1～6g/m^2）。然后吊出浸入清水槽中进行冲洗干净（一般为1～3min），冲洗完后吊出晾干或烘干。

（6）干燥好的工件某部位如有凹陷、空洞、不平处要进行打腻子，待干后进行抛光。

（7）喷涂。

1）喷涂采用高压静电喷涂法，对工件进行喷涂。首先根据用户要求颜色来确定选用何种涂料。

2）调整好适当的喷涂电压和喷涂距离才能收到良好的喷涂效果，电压应控制在60～80kV之间，距离应控制在150～300mm之间。

3）调整好适当的供粉气压，在一定的喷涂条件下，以0.05mPa的供粉气压为100%的沉积效率为标准，随着供粉气压的增加，沉积效率反而下降。

4）控制好喷粉量（100～250g/min）和涂膜厚度。

（8）固化。

1）固化时要严格控制温度和时间，否则将严重影响产品质量，见表1。

表1　几种粉末涂料固化（塑化）温度和时间

粉末品种	温度（℃）	时间（min）	备　注
环氧粉末	160～180	15～30	
低压聚乙烯	180～200	20～30	半塑化180℃，3～5min
酚醛环氧	200	30	
氯化聚醚	200～250	19～15	工件预热10～20min
聚四氟乙烯	300～350	20～30	
聚酯环氧	180～200	10～20	
聚二氟氯乙烯	260～280	15～25	
聚酯	180～220	10～20	
聚氨酯	180～220	10～20	

2）工件置于烘箱内必须让工件于工件之间留有足够的空隙以保证热空气的流通，从而防止工件涂膜固化不均匀，影响产品质量，为确保工件固化均匀，应装设热风循环装置。

3）工件在固化（塑化）后要进行冷却处理，根据粉末品种和不同规格的工作来选择相应的冷却方法，在工件未完全冷透之前，要严禁用手触摸涂膜或使工件之间相互碰撞。

4）冷却后要对工件进行后处理（整理、修补及后热处理）。

（9）入库时要轻抬轻放，有序摆放，不得撞伤。

(10) 整个流程完成后要清理现场，准备好下次表面处理工作。

第4部分　钢板剪裁工艺规范

一、总则

1. 本规范适用于开关柜钢板的剪裁工序。

2. 钢板应符合有关材料标准或图纸要求，或有供应主管部门的代用物资申请表。

3. 钢板应平直，料厚3.5mm时，每平方米不平度不大于2.5mm，料厚大于3.5mm时，每平方米不平度不大于5mm。

4. 看明图纸和技术要求后方可切料。

5. 切料要采用科学下料法，力求提高材料利用率。

二、方法

1. 根据钢板厚度对机床作检查

(1) 刀口刃部是否锋利。

(2) 刀片紧固螺丝是否旋紧。

(3) 两刀片对接处间隙不大于0.2mm。

(4) 刀片不直度应不大于0.03mm。

2. 调整间隙

搬动大轮使上刀片徐徐下降，并用塞尺检查调整间隙，要保证刀口间隙均匀一致，板料厚度与刃片间隙关系如下：

料厚（mm）	间隙（mm）
0.5～3.0	0.15～0.2
3.0～6.0	0.2～0.3

3. 调整挡板

(1) 根据图纸要求，调整标尺，使其符合要求。

(2) 固定挡板并检查紧固后尺寸是否变动。

4. 切料

(1) 试切：检查断面是否平直，若有挤边、飞刺现象，应重新检查调整间隙或更换刀片。

(2) 切料时要靠紧机床左侧的方尺，必要时用法兰固定，以防钢板移动。

(3) 板料剪板长度直线度的一般公差。

表1　板料剪板长度直线度的一般公差

剪板长度（mm）	材料厚度（mm）		
	≤3	>3～6	>6～12
	公差（mm）		
−120	0.2	0.4	0.5
>121～400	0.3	0.8	1.0

续表

剪板长度（mm）	材料厚度（mm）		
	≤3	>3～6	>6～12
	公差（mm）		
>401～1000	0.5	1.2	1.8
>1001～2000	0.6	1.6	2.4
>2001～4000	0.9	2.4	3.0

（4）板料剪切垂直度的一般公差。

表2　板料剪切垂直度的一般公差

短边长度（mm）	材料厚度（mm）		
	≤3	>3～6	>6～12
	公差（mm）		
－120	0.3	0.5	1.2
>121～400	0.6	1.0	1.3
>401～1000	1.2	2.0	2.6
>1001～2000	2.0	3.0	5.6
>2001～4000	3.0	4.5	8.0

第5部分　切角、冲压工艺规范

一、总则

（1）本规范适用于开关柜生产中的钣金工序。

（2）转本工序的半成品应经上道工序检验合格方可进行切角或冲孔工序。

二、设备、模具

（1）切角设备QA32-6A剪切机。

（2）冲孔设备JG21-100开式固定台式压力机或JZ21-110A开式固定台式压力机，JG23-30开式可倾压力机，J21S-100开式深喉口固定台式压力机。根据被冲切件的大小，选取不同的设备。

（3）根据切角、冲孔的落料周长的不同选择不同的刃具、模具。

三、操作方法

（1）看清图纸，明了半成品的展开与成品件的几何关系，选择适当模具、刃具。

（2）检查设备与模具是否有合格标识，不合格的设备、模具、刃具不得使用。

（3）装调模具、刃具办法。

（4）将上冲头装入冲床滑块孔内，调好位置并将顶丝旋紧。

（5）将下模放在机床台面上。

（6）使冲头降至下极点位置。

（7）转动滑块连杆使上模深入下槽。

（8）移动下模使冲模各项间隙均匀一致。

（9）将压板螺丝放入冲床台面上的T型槽内。

（10）放上压板调到适当位置，旋紧螺母使压板平压在下模至上。

（11）使冲床动作一次，重新检查间隙有无变化。

（12）试冲检查孔的断面是否整齐一致，是否符合图纸及技术要求，并作必要调整。

（13）调整好至板或坐标使其尺寸符合图纸要求。

注意：首件要送交检验人员检查合格后方可继续切角、冲压。

第6部分　钻孔操作工艺规范

（1）工作前必须检查设备电气、机械传动部位、安全装置是否完好。

（2）工作前要将钻头卡牢，调整好主轴转速，上下行程方可生产。

（3）钻孔时首件必须进行检查，是否达到钻孔的孔径与质量要求。

（4）钻孔位置和精度应符合设计要求，无问题方可正式生产。

（5）操作着必须经过安全教育，操作时必须配戴本工种所需配的劳动防护用品，女工发辫放入帽内，操作者周身严禁有飘荡现象，严禁戴手套，以免事故发生。

（6）工作结束后应将设备擦净，去除钻屑、污物等。

（7）要做好设备保养工作，可定期保养使设备经常处于完好状态。

（8）注意首件要送交检验人员检查合格后方可继续钻孔。

第7部分　折弯工艺规范

一、总则

（1）本规范适用于钢板零件的折弯工序，而不适用于模具弯曲的冲压工艺。

（2）折弯件所使的钢板应符合有关材料标准的规定。

（3）折弯前应仔细看清图纸各部位尺寸、要求方向及辅助说明，明了半成品与成品的几何关系。

二、设备及工具

（1）设备：折弯机。

（2）使用工具：角度尺、卡尺、盒尺、榔头、扳手。

三、展开料计算

展开长度为直线部分和弯曲部分中性层长度之和，中性层的曲率半径，按下式计算

$$\rho = r + \chi t$$

式中　χ——中性层位移系数，按表1选取。

表1　低碳钢展开料参数

弯曲型号	材料厚度																			
	0.3	0.5	0.6	0.7	0.8	0.9	1.0	1.1	1.2	1.3	1.4	1.5	1.6	1.8	2.0	2.5	3	4	5	6
	$K=r/t$																			
V型	0.1	0.14	0.16	0.18	0.2	0.22	0.23	0.24	0.25	0.26	0.27	0.28	0.29	0.30	0.31	0.32	0.33	0.36	0.41	0.46
U型	0.21	0.23	0.24	0.25	0.26	0.27	0.28	0.29	0.30	0.31	0.32	0.33	0.34	0.35	0.36	0.38	0.41	0.45	0.48	0.5
⊔型	—	0.1	0.11	0.12	0.13	0.14	0.15	0.16	0.17	0.18	0.19	0.20	0.21	0.23	0.25	0.28	0.32	0.37	0.42	0.48
型	—	0.77	0.76	0.75	0.73	0.72	0.70	0.69	0.67	0.66	0.64	0.62	0.60	0.58	0.54	0.52	0.50	0.5	0.5	0.5

注：1. 表中V型压弯角度按90°考虑，当压弯角度$a<90°$时，χ应适当取小些，反之取大些。
2. 根据材料的差异和上下模具r的大小，实际操作时可能会出现差异，操作者可根据经验进行适当调整。

四、立式折弯机的操作和工艺

（1）开正车、踩踏板，使上刀徐徐下降至距下刀20～40mm位置。

（2）配刀：上刀具一般应长于所折零件，门类零件一般应先折小面，然后根据大面尺寸搭配上刀，使上刀总长度小于大面尺寸2.0～5.0左右，如确实无法达到，可使上刀之间留有间隙，但不得大于10mm。

（3）抬刀，再使上刀降至下极点位置，（注意不得使上刀与下刀槽接触，以免造成顶刀事故）。

（4）酌情调整下刀托两端的推拉螺栓，使上下刀中心线重合。

（5）根据板料厚度和曲弯角度调整上下刀的间隙（切忌不得小于料厚度）。

（6）调整挡板。

1）后挡板：根据图纸要求的边高，摇动下床身两侧标尺摇把使挡板端面与下刀槽中心等于边高减去料厚。

2）前挡板：将前挡板螺丝放在托料架槽钢横槽内，并使螺丝穿入前挡板孔内，戴上螺母，用盒尺量出前挡板位置，并旋紧螺母，使刀槽中心到挡板端面距离等于边高减去料厚。

（7）试弯：将料放在托料架上，向前（后）轻推（拉），使料端面靠紧挡板，踩下踏板，使机床动作一次，检查尺寸和角度，并相应调整挡板与上下刀的间隙。

（8）由于刀具磨损，导致同一道弯各部角度不一致的现象时，可在下刀具下面垫以铜箔（0.05～0.1mm）加以调整，但所垫铜箔总厚度不得超过0.3mm。

（9）连发与急停试折合格后，对较简单的零件和较熟练的操作者，可采用连发操作，即把重锤放在连发位置上或脚踩连发，在机床右侧或管脚踩踏板的操作者，要密切注意另一操作者的动作。如有异常，应立即抬脚或推动急停手柄，以免发生事故。下班或工作中断时，要及时搬下重锤，恢复机床单发状。

五、要求

（1）凡经冲、钻加工又无方向要求的板料，一律以光滑平整面为正面。

（2）凡长度、厚度其中一项在折弯时超过机床负荷能力的材料，须经有关部门同意后，方可折弯。

（3）立式折弯机运转停止前，严禁按动反车按钮。

六、检验

（1）折弯角度不符合要求的零件，可用木锤、手锤矫正，但板料上的锤痕深度不超过0.5mm。

（2）材料弯曲角度的一般公差按表2执行。

表2　材料弯曲角度的一般公差

弯曲角度	公　差
≤90°	±1°30′
>90°	±2°00′

第8部分　点焊机操作工艺规范

一、操作方法

（1）焊件在施焊前须清除油、锈及污物，否则将严重地降低电极的使用期限及点焊质量。点焊时先接通冷却水，再接通电动机的开关。

（2）在连续自动点焊时，可一直踏住脚踏板。使凸轮连续运转，反复地完成点焊过程，以获得一连串的连续焊点。

（3）在断续点焊时，可按需要压下或松开脚踏板。

二、压力的调整

对不同厚度的不同材料的金属在点焊时，需要加不同的压力，压力的调整可改变弹簧的压缩程度，调节时需使：

（1）电极臂在电极开始压到焊件时应相互平行；

（2）上电极的工作行程，应调节为30mm左右。

电极触头的消耗，将使压力有所减少，修光触头后，需松开电极臂螺丝，将电极略为移下。

三、焊接工艺及参数

（1）焊接时间：在焊接低碳钢时，本焊机可利用强规范焊接法，此时具有高的生产率，最少的电能消耗及焊接变形，本焊机焊接时间可在0.2～0.35s范围中调整，该焊接时间，正适宜于点焊低碳钢，及1.0mm以下的黄铜、锡青铜或铜镍合金，而点焊不锈钢时，焊接时间最好在0.12s以下（此时可另行时间调节片）。

（2）焊接电流：焊接电流决定于焊件之材质，厚度及接触表面之情况，通常金属导电率越高，电极压力越大，通电时间越短，则所需的电流密度也随之增加。

表1　各种材料较适宜的焊接电流密度

焊接方式特性	焊接电流密度（A/mm²）			
	低碳钢	不锈钢	黄钢	青铜
弱规范	90～150	—	—	—
强规范	110～220	240～450	160～320	140～230

（3）电极压力：电极对焊件施加压力的目的为了保持焊件的接触电阻，减少分现象，保证焊点的强度与紧密程度。

表2 作用于电极上的单位面积压力

焊接方式特性	作用于电极上的单位面积压力（kg/mm²）				
	低碳钢	低合金钢	不锈钢	黄铜	青铜
弱规范	<5mm 2～4	—	—	—	—
强规范	<2.5mm 2～9	5～12	4～18	1～5	5～10

（4）电极形状及尺寸：电极通常由铜锆合金制成，电极接触面直径，大致为：

$\delta \leqslant 1.5$mm 时，　　电极接触面直径 $= 2\delta + 3$mm

$\delta \geqslant 2.0$mm 时，　　电极接触面直径 $= 1.5\delta + 5$mm

（5）焊点的布置：焊点的距离越小，电流的分流越小，使焊点处的电流减小，会影响焊点之强度。

（6）对于低碳钢或不锈钢，焊点间最小中心距离 $A=16\delta$。

第9部分 手工电弧焊工艺规范

一、适用范围

本规范适用于我公司生产的高低压开关柜的板金焊接工作。

二、设备、材料和工具

（1）设备：交流电焊机。

（2）材料：电焊条质量符合有关标准的要求。

（3）工具：电焊钳、电焊面罩、清渣锤、扁铲。

表1 操作者根据本人视力选择电焊护目镜片

外形尺寸（长×宽×高）：108×50×(2～3.8)（mm）									
色泽：褐色或暗绿色，遮光号数愈大，色泽愈深，有害电弧光线透过率愈小，适用的焊接电流则愈大									
镜片 遮光号	1.2　1.4 1.7　2	3 4	5 6	7 8	9　10 11	12 13	14	15 16	
适用电弧作业	防侧光与杂散光	辅助工	≤30A	30～75A	75～200A	200～400A	≥400A	≥500	

三、焊接质量要求

（1）主要焊缝及一般焊缝的规定："主要焊缝"是指受力较大的部位的焊缝（如开关柜基本支承结构，重量在9公斤以上电器支承结构及电器操纵机构支承架等），高压开关油箱及需要电镀的焊缝，除上述以外称"一般焊缝"。

（2）所有焊缝不允许有超过以下规定的缺陷，如果图纸另有特殊要求时，按图纸要求。

1）焊缝内部的夹渣、气孔、裂缝及未焊透现象应符合表2要求。

表 2　夹渣、气孔、裂缝及未焊透现象一般规定

名　称	主要焊缝	一般焊缝
夹渣	不允许存在	长 50mm 范围风，允许有一处面积不大于 6mm^2 夹渣
气孔	不允许存在	长 50mm 范围风，允许有一处直径不大于 1mm 的气孔
裂纹	不允许存在	发现有裂纹时，允许细补焊
未焊透	不允许存在	出现时，必须要背后补焊二次，影响美观时剃平或磨平

2）焊缝外部出现焊瘤、咬边、烧穿、焊缝宽度不整齐及陷槽等应符合表 3 规定。

表 3　焊瘤、咬边、烧穿等一般规定

名　称	主要焊缝	一般焊缝
焊瘤	不允许存在	不允许存在
咬边	不允许存在	允许有被超过被焊金属层厚度 5%的咬边
烧穿	不允许存在	在不影响装配及表面美观时允许有烧穿但熔化金属突出高度不大于 1.5mm
焊缝宽度不整齐	在同一道焊缝中，最窄处与最宽处之比不超过 1∶3	
陷槽	不允许存在	不应超过被焊金属的 1/5

四、操作要求

(1) 焊接位置应尽量用平焊。

(2) 焊接过程中应尽量选择焊接变形量小的顺序进行焊接，一般采用对称位置焊接。

(3) 焊接前必须将焊接处污物及点焊时留存熔渣清理干净。

(4) 必须在焊接处引弧，不得在焊件上任意引弧。

(5) 焊接过程中若有断弧现象，必须将上段焊缝的结尾处熔渣清理干净再重新焊接。

(6) 焊接终了时，应将电弧压短，缓缓提起焊条，防止出现弧坑，在有弧坑时应重新补焊。

(7) 若被焊零件需要修改时，不得使用电弧切割、堵孔、打孔。

(8) 必须仔细检查胎具是否正确，如发现不符合要求，必须经修理合格后才许使用。

五、焊接要求

(1) 所有焊件的几何形状及尺寸必须符合图纸及有关公差等级的要求。

(2) 焊缝尺寸偏差，长度允许＋5mm，宽度允许＋2mm，高度允许＋1mm。

(3) 断续焊接时，焊缝节距要均匀。

(4) 焊前先将工件点牢，焊点应点在焊缝位置上。

六、焊后清理要求

(1) 熔渣及飞溅物的清理必须在每道工序焊接过程中或结束时进行，不允许将此道工序焊接的熔渣及飞溅物带到下道工序，操作者及时检查自己焊缝的质量并使产品清洁美观。

(2) 先用清渣锤或扁铲敲掉熔渣，检查焊缝，如发现不符合焊缝质量要求的，及时补焊并清渣后用扁铲将飞溅物清理干净，门板及门合页焊缝周围必须将污物清理干净。

七、焊接时焊接位置参考图

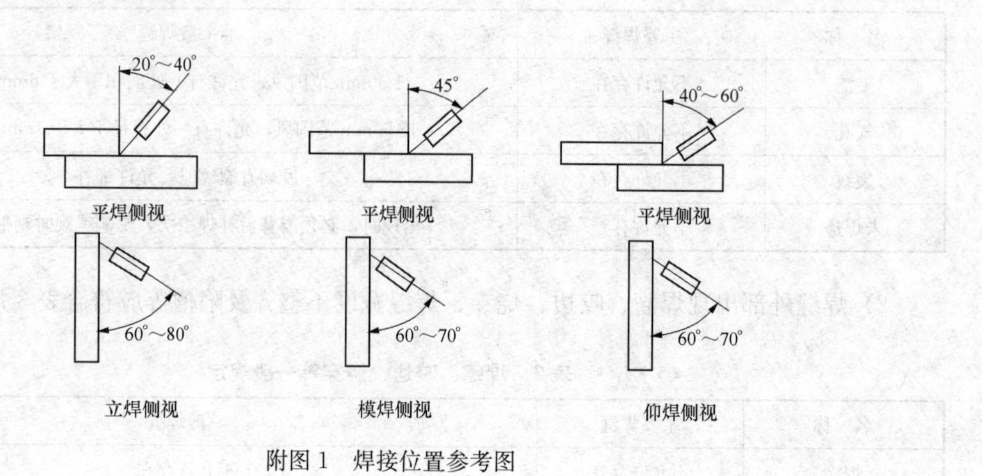

附图1　焊接位置参考图

八、焊接规范

（1）代表符号，见附图2。

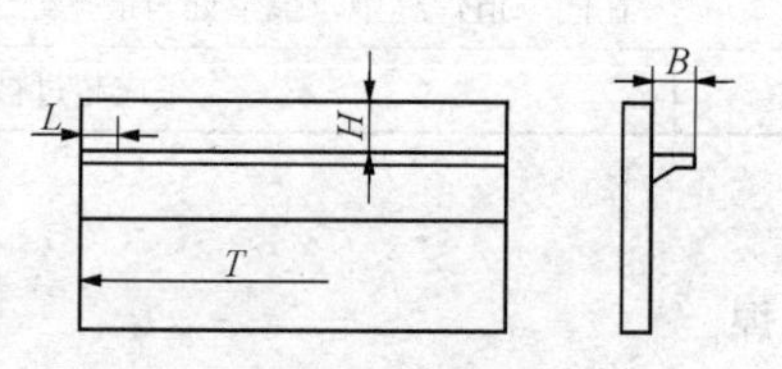

附图2　代表符号

L—焊缝长度；*B*—焊缝宽度；*H*—焊缝高度；*T*—焊缝节距

（2）根据工件厚度选用焊条直径及使用电流表。

表4　根据工作厚度选用焊条直径及电流表

工件厚度（mm）	焊条直径（mm）	使用电流（A）
1.5	2.5	60～90
2～3	2.5或3.2	60～90
4～5	3.2	90～130
6	4	160～210

（3）焊缝高度 h。一般焊缝的焊缝高度等于焊条直径，主要焊缝的焊缝高度应比一般焊缝高出1～2mm。

（4）焊缝节距 t 及焊缝长度 L。断续焊接时，一般焊缝的节距为230mm，焊缝长25mm，主要焊缝的节距是300mm，焊缝长30mm。（有特殊要求时，按图施工）。

九、安全注意事项

（1）工作前首先检查设备的完好情况，设备应接地、紧固件旋紧。

（2）检查电缆线有无漏电现象，漏电时必须修理好后再使用。

（3）穿戴好防护用品如绝缘胶鞋、电焊面罩、手套等，防止灼伤、触电。

第10部分　打磨工艺规范

（1）工作前首先检查磨光机、电源线是否破损，砂轮片是否安装牢固，护罩有未松动，确认完好方可使用。

（2）工作场地经常保持整洁，无硬杂物，以防损伤产品表面。

（3）打磨时要掌握好技术要领，使打磨效果符合技术要求。

（4）打磨应注意产品表面平整度，轮角线等关键部位保持美观度，翻动产品时应避免磕碰。

（5）操作时必须配戴手套，护目镜等劳防用品。

（6）注意首件要送交检验人员检查合格后方可继续打磨。

第11部分　机加工一般尺寸公差

引用标准：GB 1804—2000

JB/T 6753.1～5—1993

为了适应生产发展的需要。根据我公司机床设备的加工能力和工艺条件，依据国家标准和有关机械行业标准编制了本公司标准“一般尺寸公差”。

（1）凡采用一般尺寸差的公差的要素在图样上不单独注出公差，也不做其他说明。

（2）凡图样未注公差的数据尺寸属于切削加工的（车、铣、刨、磨、镗）按表1中f（精密级）加工。属于钳工（含数控剪、冲、弯）加工按1中m（中等级）加工。一般剪、冲、弯按表1中C（粗糙级）。

（3）图样上未注公差的倒圆半径与倒角高度尺寸的极限偏差，无论何种加工方法一律按表2。

（4）板料剪切长度直线度的一般公差按表3。

（5）板料剪切垂直度的一般公差按表4数控剪切按表中A，其他按表B。

（6）板料弯曲角度的一般公差按表5。

（7）焊接结构角度的一般公差按表6垂直度的一般公差按表8。

（8）组装结构尺寸的一般公差按表7垂直度的一般公差按表8。

（9）图样中有电镀要求的切削加工件，其尺寸为镀后尺寸加工时应计入镀层厚度12μm。

（10）切削加工的未注公差角度的极限偏差按差表9C级（粗糙级）。

（11）面板、侧板、门板等类构件的平面度一般公差为任意每平方米2mm。

（12）焊接结构门缝允许偏差按表10。

（13）组装结构门缝允许偏差按表11。

表1　未注公差尺寸的极限偏差　(mm)

公差等级		尺寸分段							
		0.5～3	>3～6	>6～30	>30～120	>120～400	>400～1000	>1000～2000	>2000
长度尺寸	F-精密级	±0.05	±0.05	±0.1	±0.15	±0.2	±0.3	±0.5	
	m-中等级	±0.1	±0.1	±0.2	±0.3	±0.5	±0.8	±1.02	±2
	c-粗糙级	±0.2	±0.3	±0.5	±0.8	±1.2	±2	±3	±4
孔	F-精密级	+0.10	+0.10	+0.20	+0.30	+0.40	+0.60	+1.0	1.6
	m-中等级	+0.20	+0.20	+0.40	+0.60	+1.00	+1.60	+2.4	±4.0
轴	F-精密级	0～0.1	0～0.1	0～0.2	0～0.3	0～0.4	0～0.6	0～0.8	0～1.0
	m-中等级	0～0.2	0～0.2	0～0.4	0～0.6	0～1.0	0～1.6	0～2.3	0～3.0

表2　倒圆半径与倒角高度尺寸的极限偏差数值　(mm)

公差等级	尺寸分段			
	0.5～3	>3～6	>6～30	>30
F-精密级	±0.2	±0.5	±1	±2
m-中等级				

表3　板料剪切长度直线度的一般公差　(mm)

剪切长度＼厚度	≥3	>3～6	>6～12
～120	0.2	0.4	0.5
>120～400	0.3	0.8	1.0
>400～1000	0.5	1.2	1.8
>1000～2000	0.6	1.6	2.4
>2000～4000	0.9	2.4	3.0

表4　板料剪切垂直度的一般公差　(mm)

剪切长度＼厚度	≥3		>3～6		>6～12	
	A	*B*	*A*	*B*	*A*	*B*
～120	0.3	0.3	0.3	0.3	0.3	0.3
>120～400	0.6	0.6	0.6	0.6	0.6	0.6
>400～1000	1.2	1.2	1.2	1.2	1.2	1.2
>1000～2000	2.0	2.0	2.0	2.0	2.0	2.0
>2000～4000	3.0	3.0	3.0	3.0	3.0	3.0

表5　板料弯曲角度的一般公差　(mm)

弯曲角度	公　差
≤90°	±1°30′
>90°	±2°00′

表 6　焊接结构的一般尺寸公差　(mm)

尺寸分段	高　度	深度（前后）	宽　度
～120	±0.8		0～0.6
>120～400	±1.2		0～1.0
>400～1000	±2.0		0～1.6
>1000～2000	±3.0		0～2.4
>2000～4000	±4.0		0～4.0

表 7　组装结构的一般尺寸公差　(mm)

尺寸分段	高　度	深度（前后）	宽　度
～120	±0.3		0～0.4
>120～400	±0.5		0～0.6
>400～1000	±0.8		0～1.0
>1000～2000	±1.2		0～1.6
>2000～4000	±2.0		0～2.8

表 8　结构垂直度的一般尺寸公差　(mm)

尺寸分段	公差等级	
	A（并列安装柜体）	B（单台安装柜体）
～120	1.2	2.0
>120～400	2.0	3.0
>400～1000	2.5	4.0
>1000～2000	3.0	5.0
>2000～4000	4.0	6.3

表 9　板料弯曲角度的一般公差　(mm)

弯曲角度	公　差
≤90°	±1°30′
>90°	±2°00′

表 10　焊接结构的一般尺寸公差　(mm)

尺寸分段	高　度	深度（前后）	宽　度
～120	±0.8		0～0.6
>120～400	±1.2		0～1.0
>400～1000	±2.0		0～1.6
>1000～2000	±3.0		0～2.4
>2000～4000	±4.0		0～4.0

表 11　组装结构的一般尺寸公差　(mm)

尺寸分段	高　度	深度（前后）	宽　度
～120	±0.3		0～0.4
>120～400	±0.5		0～0.6
>400～1000	±0.8		0～1.0
>1000～2000	±1.2		0～1.6
>2000～4000	±2.0		0～2.8

表12 结构垂直度的一般尺寸公差 (mm)

尺寸分段	公差等级	
	A（并列安装柜体）	B（单台安装柜体）
～120	1.2	2.0
＞120～400	2.0	3.0
＞400～1000	2.5	4.0
＞1000～2000	3.0	5.0
＞2000～4000	4.0	6.3

表13 未注公差角度的极限偏差 (mm)

公差等级	短边长度				
	≤10	＞10～50	＞50～120	＞120～400	＞400
M（中等级）	±1°	±30′	±20′	±10′	±5′
C（粗糙级）	±1°30′	±1°	±30′	±15′	±10′
V（最粗级）	±3°	±2°	±1°	±30′	±20′

表14 焊接结构门缝允许偏差 (mm)

尺寸范围	部 位	
	同一缝隙均匀差	平行缝隙均匀差
＜1000	1	2
≥1000	1.5	2.5

表15 组装结构门缝允许偏差 (mm)

尺寸范围	部 位	
	同一缝隙均匀差	平行缝隙均匀差
≤1000	1	1
＞1000	1.5	2.5

附加说明：此项标准依照下列标准编制

GB 1804—2000 一般公差-未注公差的线性和角度尺寸的公差

JB/T 6753.1—1993 钣金件和结构的一般公差及其选用原则

JB/T 6753.2—1993 金属剪切件的一般公差

JB/T 6753.3—1993 金属冷冲压件的一般公差

JB/T 6753.4—1993 焊接结构的一般公差

JB/T 6753.5—1993 组装结构的一般公差

附录3

KYN□-12（Z）型户内铠装抽出式交流金属封闭开关设备设计文件

第1部分　KYN□-12（Z）型户内铠装抽出式交流金属封闭开关设备技术任务书

1　设计依据及来源

KYN□-12（Z）型户内铠装抽出式交流金属封闭开关设备（以下简称开关设备）的研制是根据引进西安森源电气公司GZS1型户内金属铠装抽出式开关设备生产技术，由上海淞昊电气成套设备有限公司组织联合设计研制组并承担该项目的开发工作。

联合设计组的任务是根据上海淞昊电气成套设备有限公司（2010）1号文件要求，设计研制出符合国情，具有较高技术性能指标，成本相对较低，能够适应电力市场发展需要，并可与国内外同类优等产品竞争的KYN□-12（Z）型开关设备。

2　产品用途及使用范围

2.1　产品用途

KYN□-12（Z）型户内铠装抽出式交流金属封闭开关设备系3.6～12kV三相交流50Hz单母线及母线分段的成套装置。主要用于发电厂、中小型发电机送电、工矿企事业变配电以及电力系统的二次变电所的受电、送电及大型高压电动机起动等，实行控制保护、监测之用。

2.2　使用范围

a. 周围空气温度。

最高温度：＋40℃；

日平均值不大于：＋35℃；

最低温度：－15℃。

b. 海拔。海拔高度≤1000m。

c. 湿度。

日平均相对湿度：不大于95％；

月平均相对湿度：不大于90％。

d. 地震。地震烈度不超过8度。没有火灾、爆炸危险、严重污秽、化学腐蚀及剧烈振动的场所。

e. 对于特殊运行环境如：高湿度、温度变化较大的气候环境，具有Ⅱ级以下污秽、震动，设计中应作一些特殊处理。

3　基本参数及主要技术性能指标

3.1　额定参数

3.1.1　额定电压与最高工作电压

额定电压与最高工作电压见表1。

表 1 额定电压与最高工作电压

额定电压（kV）	3	6	10	35
最高工作电压（kV）	3.6	7.2	12	40.5

3.1.2 额定绝缘水平

额定雷电冲击耐受电压（kV）75（对地及相间），85（一次隔离断口间）

对地及相间额定短时（1min）工频耐受电压（kV） 42

一次隔离断口间额定短时（1min）工频耐受电压（kV） 48

辅助回路和控制回路（1min）工频耐受电压（V） 2000

3.1.3 额定频率：50Hz

3.1.4 额定电流

所配用断路器的额定电流：630、1250、1600、2000、2500、3150A；

铠装式同台柜的额定电流：630、1250、1600、2000、2500、3150A

3.1.5 额定短路开断电流（kA yms）

16、20、25、31.5、40、50。

3.1.6 额定热稳定电流（kA 3s）

16、20、25、31.5、40、50。

3.1.7 额定动稳定电流（kA peak）

40、50、63、80、100、125。

3.1.8 额定短路关合电流（kA peak）

40、50、63、80、100、125。

3.1.9 分合闸装置和辅助回路的额定电压

直流为24，36，48，60，110，220V。

交流为110，220V。

3.2 技术要求

3.2.1 产品外壳的防护等级为IP4X，隔室间的防护等级为IP2X，且当断路器室门打开时，断路器室的防护等级为IP2X。

3.2.2 产品满足以下防护要求，能够：

a. 防止带负荷推拉断路器手车；

b. 防止误分、合断路器；

c. 防止接地开关处在闭合位置时关合断路器；

d. 防止在带电时误合接地开关；

e. 防止误入带电隔室。

3.2.3 产品的一次部件带电距离（相间、相对地）应不少于125mm（空气），绝缘件的爬电距离有机绝缘应不少于240mm，瓷质绝缘应不小于216mm。

3.2.4 产品的绝缘强度应能满足本任务书3.1.2的要求。

3.2.5 产品不同额定电流下的温升应满足GB 3906中7.2的要求。

3.2.6 产品的开断关合能力应满足本任务书3.1.5、3.1.8相应值的要求。

3.2.7 产品的动、热稳定应满足本任务书3.1.6、3.1.7相应值的要求。

3.2.8 产品的回路电阻应不大于表2要求：

表2 回路电阻

额定电流（A）	630	1250	1600～2000	2500	3150
主回路回路电阻（μΩ）	200	150	90	80	65

3.2.9 产品的机械试验应满足 GB 3906 中有关要求，其机械寿命应符合一次元件自身的要求。

3.2.10 产品安装的一、二次元件必须接线准确，动作无误。

4 结构设计主导思想

4.1 开关柜由固定的柜体和可抽出部件（手车）两部分组成，手车采用中置式。

4.2 柜体实现完全组装化，是用经 CNC 机床加工和折弯之后的零件由高强度螺栓拴接而成，柜架零件拼装不允许使用焊接工艺，考虑到柜体整体美观及局部强度要求，只有面板、后封板及个别金加工零件才可使用焊接工艺。

4.3 开关柜外壳零件均采用 2mm 厚敷铝锌钢板经多重折弯制成，具有强度高、无需任何表面处理仍保持良好的防腐蚀、抗氧化性能。

4.4 开关柜隔室要采用接地金属板严格分开，其隔室主要分为断路器手车室、母线室、电缆室和继电器仪表室。

4.5 母线室、电缆室需有充裕的空间，在满足空气净距 125mm 的同时，还需保证安装、维护的便利。

4.6 按标准要求，开关柜需有安全可靠的联锁机构。

4.7 手车骨架采用薄钢板经 CNC 机床加工后铆焊而成。手车需配备灵活、可靠的推进退出操作及联锁机构，手车在柜内需有明显的工作位置、试验位置/断开位置，并有锁紧定位装置。

4.8 开关柜的外形尺寸系列见表 3

表3 开关柜的外形尺寸系列 （mm）

高	宽	深
2300	800	1500
		1660
	1000	1500
		1660

5 主要内装元器件和特殊要求

主要元器件的选用原则是立足于高性能、高质量、采购渠道顺畅的产品，同时又能满足有关标准要求和 KYN□-12（Z）型系列高性能的要求。

5.1 主开关选用 ABB 公司性能优越的 VD4 真空断路器或选用国内设计制造的 VS1 型高性能真空断路器。

5.2 电流互感器、接地开关等主要元件均选用目前国内采用引进技术所生产的最先进的产品。

6 标准化要求

6.1 产品设计应遵循标准化、通用化、系列化的设计原则。

6.2 产品设计主要依据标准为 GB 3906《3.6～40.5kV 交流金属封闭开关设备和控制设备》和本企业标准及 10003 JT《技术条件》。

7 制造与检测

7.1 产品的制造

7.1.1 产品制造根据主电路方案设计的总装图要求和制造规范进行。

7.1.2 二次辅助电路可参照辅助电路图进行。

7.2 产品的检测

7.2.1 出厂检测按 GB 3906《3.6～40.5kV 交流金属封闭开关设备和控制设备》第 8 章进行。

7.2.2 型式试验检测由定点试验站按照 GB 3906《3.6～40.5kV 交流金属封闭开关设备和控制设备》第 7 章进行。

8 计算机辅助设计

KYN□-12（Z）型产品的全部图纸均采用计算机系统辅助设计并且由 CAD 绘制完成。

9 样机试制、检验与鉴定

9.1 为检验 KYN□-12（Z）型开关设备的性能水平和结构，元器件性能的配套性能指标，需由参与联合设计的成套厂制造样柜试验。样柜主要电气参数为短路开断电流 31.5kA，支母线额定电流 1250A，额定电压为 12kV。

9.2 型式试验应在国家及有关行业主管部门规定的试验站进行。

9.3 型式试验通过后即可申请进行鉴定。

10 技术水平

KYN□-12（Z）型开关设备的技术水平完全符合 GB 3906 和本企业标准及 10003 JT 的标准和技术条件的要求，达到国内先进水平。

第 2 部分 KYN□-12（Z）型户内铠装抽出式交流金属封闭开关设备技术经济分析报告

1 产品型号及名称

KYN□-12（Z）型户内铠装抽出式交流金属封闭开关设备（以下简称开关设备）。

2 产品中的主要电器元件和材料

2.1 主要电器元件

断路器：VS1 或 VD4、3AH 真空断路器（含弹簧操动机构）。

电流互感器：LZZBJ9－12 或 AS12 系列。

电压互感器：JDZ9－12 或 REL10、RZL10。

接地开关：JN15 或 ES1。

2.2 主要材料

敷铝锌钢板、冷轧钢板、不锈钢板、铝板、钢材、冷拉圆钢。

在上述元件、材料中，断路器、电流互感器、电压互感器、敷铝锌钢板对产品的性能，质量及成本影响较大。

3 同类型产品技术经济分析比较

3.1 国内同类产品技术经济分析

经过近几年的技术引进和自行开发，我国的高压开关产品得到了长足的发展，其技术性能参数均有了显著提高，大大缩小了与国外先进水平的差距，但产品质量、可靠性、制造工艺水平仍与国际先进水平有较大差距。例如，按国家标准 GB 3906《3.6～40.5kV 交流金属封闭开关设备》设计的 KYN1 产品为众多类型铠装移开式开关设备中较为先进的产品，目前在市场上的覆盖面较大。该产品的优点在于柜与柜间及隔室间均用接地金属板隔开，隔室用的防护等级达到 IP2X，可有效防止事故蔓延，提高了供电的可靠性，且全面符合国际电工委托会标准 IEC 298（1990）的有关标准，曾一度得到广大用户的认可。随着我国电力事业的蓬勃发展，市场上急切需求大量高参数，高可靠性，高性能的技术成熟的输配电设备。由于 KYN1 等原设计是基于配用 SN10 型少油断路器和以后再发展真空、SF_6 方案考虑，所以此类国产产品结构均采用传统的焊接工艺，落地手车形式，致使生产效率低，劳动条件差，而且外观、质量、互换性等均受到一定的制约，已无法适应市场进一步发展的需求，故其虽然价格较低，但市场占有率已受到一定的限制，国内一些用电要求较高的场所，仍然大量依靠进口，国家耗费外汇较大。

3.2 国外同类产品分析

80 年代初，国外的金属铠装移开式开关设备由于多按配装油断路器设计，故其虽具有占地面积小，易看到手车位置等优点，但空间利用欠佳，防护等级不易提高。近几年来，随着小尺寸的真空和 SF_6 断路器的出现，中置式铠装相继问世，该种开关柜由于主开关位于开关柜的中部，从而扩大了下层电缆室的空间，方便于安装及维护。如 ABB 公司的 ZS1 型真空开关柜即采用该种结构。

从国外同类产品来看，采用组装结构的柜子较为普遍，其结构设计也合理，组装形式多样、精度高；且元件与材料的工艺水平较高，产品规格齐全、体积小、外形美观，但其安装工艺较复杂，柜体绝缘散热条件较差，且价格居高不下，尚不易被国内用户所接受。

3.3 KYN□-12（Z）型产品技术经济分析

鉴于国内小尺寸真空断路器技术的日趋成熟，板材 CNC 制造系统及数控冲、剪、弯、切割设备在国内初具规模，工艺技术及装备水平均有了一定的提高，为适应国内电力行业发展的需要，不断满足用户对高品质的开关设备的需求，我公司借鉴当代国外同类产品的最高水平，开发研制出了具有领先水平的 KYN□-12（Z）型铠装抽出式交流金属封闭开关设备。其主要特点如下：

3.3.1 该产品为金属铠装式，分为柜体和可移开部件两大部分，柜体内部由接地的金属板分成断路器室、母线室、电缆室和继电器仪表室。主回路系统的各隔室均有独立的压力释放装置和通道，各隔室均可靠接地，而且封闭完善，防护等级可达到 IP2X，可有效控制内部事故蔓延。

3.3.2 柜体外壳和隔板是用敷铝锌薄钢板或钢板经 CNC 机床加工和折弯后拴接而成，装配简单、方便，而且装配好的开关柜能保持尺寸上的统一性。

3.3.3 柜体外壳采用不需进行任何表面处理的 2mm 厚敷铝锌钢板，该种钢板具有很强的抗腐蚀、抗氧化作用。由于选用了此种板材，因而可以采用多重折边加工工艺来进行柜体零部件加工。多重折边加工工艺使柜体选用材料统一，且柜体具有比同类型号其他系列开关设备重量轻、强度高等优点。

3.3.4 选用 ABB 公司生产的 VD4 真空断路器和国产较好的 VS1 真空断路器作为设备主开关。该两种断路器采用加强型全绝缘结构设计，不仅外形精巧美观，而且具有较高的机械寿命和电寿命（具体参数见说明书），使柜体与手车配合浑然一体。

3.3.5 可移开部件（手车）结构紧凑，体积较小，配有可靠的推进、退出机构及联锁方便，联锁机构动作灵活可靠。

3.3.6 设备中所选用的主要元器件均为当今国内利用引进技术所生产的最为先进的产品，所以确保了 KYN□-12（Z）型产品配套的优良，以此可大大提高供电回路的可靠性。

3.3.7 手车互换性极好，该产品保证所有同等规格手车均能灵活互换。

3.3.8 开关柜的密封性较好，外壳防护等级可达 IP4X。

3.3.9 手车采用中置型式，所以柜体可靠墙安装，有效地节约了占地面积。而且该种手车中置位置较国内普通中置柜高，所以检修维护较方便。

3.3.10 电缆室空间充裕，单芯电缆、三芯电缆均可方便安装，而且每相均可安装多根电缆，如用户选用零序互感器，也可装于电缆室。

3.3.11 开关设备具有可靠的“防误”联锁机构，从而为设备正常运行提供安全保障。

3.3.12 该设备能经受内部燃弧故障和凝露污秽运行条件。

3.4 KYN□-12（Z）型产品同国内外同类型产品技术经济对照

KYN□-12（Z）型产品同国内外同类型产品技术经济对照见表 1。

表 1 产品技术经济对照

序号	比较内容	KYN□—12（Z）	KYN1-10（国内）	ZS1（国外）
1	额定电压（kV）	3～10	3～10	3～10
2	额定电流（A）	～3150	～3150	～3150
3	额定短路开断电流（kA）	～50	～40	～50
4	配用断路器	VD4 或 VS1 真空断路器	SN1～10 少油断路器 ZN28 真空断路器	VD4 真空断路器
5	符合标准	GB 3906 IEC 298	GB 3906 IEC 298	GB 3906 IEC 298
6	柜体型式	户内金属铠装抽出式中置式手车	户内金属铠装移开式，落地式手车	户内金属铠装抽出式，中置式手车
7	柜体结构	组装式	焊接式	组装式
8	外壳防护等级	IP4X	IP2X	IP4X
9	一次回路空气净距	125	105	100
10	一次回路爬电距离（mm）	有机绝缘 240 瓷质绝缘 216	有机绝缘 210 瓷质绝缘 190	有机绝缘 210
11	凝露和污秽严酷度	1 级	0	0
12	“防误”要求	达到	达到	未达到
13	手车互换性	好	差	好

续表

<table>
<tr><th>序号</th><th colspan="2">比较内容</th><th colspan="2">KYN□-12（Z）</th><th>KYN1-10（国内）</th><th>ZS1（国外）</th></tr>
<tr><td>14</td><td colspan="2">电缆接头高度（mm）</td><td colspan="2">850</td><td>650</td><td>550</td></tr>
<tr><td>15</td><td colspan="2">耐受内部燃弧故障</td><td colspan="2">21kA
电缆室 0.1S
断路器室 0.8S</td><td>国内已型试</td><td>国内未型式</td></tr>
<tr><td>16</td><td colspan="2">外形尺寸（mm）</td><td colspan="2">高 2300
宽 800　1000
深 1500　1660</td><td>高 2200
宽 800　1000
深 1500　1650</td><td>高 2200
宽 650　800　1000
深 1300</td></tr>
<tr><td rowspan="3">17</td><td rowspan="3">主要一次元件价格</td><td>断路器（万元）
31.5kA
1250A</td><td>VD4
10</td><td>VS1
4.5</td><td>5.35</td><td>11.5</td></tr>
<tr><td>电流互感器（元/只）</td><td colspan="2">1800</td><td>1650</td><td>2800</td></tr>
<tr><td>接地开关（元）</td><td colspan="2">2250</td><td>1850</td><td>12 500</td></tr>
<tr><td>18</td><td colspan="2">售价（万元）
（以相同功能单元计，
配 40kA，1250A 真空断路器）</td><td>VD4
18.5</td><td>VS1
11.5</td><td>10</td><td>22</td></tr>
</table>

3.5 KYN□-12（Z）型产品与国内外同类产品的技术经济比较

综上所述，KYN□-12（Z）型产品虽然由于采用了具有高抗腐蚀和抗氧化性能的敷铝锌钢板，在制造成本方面，较国内同类产品要高一些，但其在结构及性能上都具有 KYN1 等普通国产产品无法比拟的优越性。又由于国外同类进口产品虽然技术含量较高，但其成本高，售价也较高，不易被国内用户接受，而该产品不但具有国外同类产品的当代先进水平，且在价格上具有一定的优势，故该产品投产后必将拥有一个广阔的销售市场和良好的销售前景，将不断巩固和扩展我公司产品在国内外市场的占有率。

4 结论

KYN□-12（Z）型户内铠装抽出式交流金属封闭开关设备，设计起点高，其技术要求不仅符合有关标准要求，而且满足中国市场和电力部门的一些特殊需要进行了设计。开关设备在设计中，首先选择了一些当今世界先进水平的电器元件，这样保证了整个装置的电气性能优良；考虑对中国市场和一些特殊地区需要采取加强绝缘型设计，无论从空气间隙和爬电比距上都能满足一些严酷环境中运行要求，这样克服了一些进口产品和引进产品中的不足之处；整体设计上选用了敷铝锌钢板，组装式结构，中置式布置，断路器采用全绝缘式布置。这样柜体板材上的优异给表面处理工序、防腐都带来了极大好处，同时选用一种板材给制造上带来极大方便。由于采用敷铝锌板材，可用多重折边的独特工艺，使整个柜体不仅保证了高强度，而且重量有了较大下降；由于组装式结构大大提高了产品标准化的程度，整个产品 70 多个方案，零部件大约只需 700 个，标准件 1000 多个，产品零部件标准化系数可达 98.32%，这给组织批量生产、缩短生产周期带来了方便，减少了生产场地占用面积。据计算和实际生产运行，组装式产品与焊装式产品生产场地占用比率大约为 1∶2.5。

开关设备设计由于选用了当今一些先进的电器元件，断路器室动、静触头连接基本采用全绝缘方式，选用加大爬电比距的绝缘件，这样与同类产品相比较，其体积较小，绝缘性能也大大增强。从型式试验结果来看，能满足凝露与污秽运行条件下的严酷度可达1级。开关防误功能齐全，能有效地、强制性地实现防止误操作；联动机构、断路器小车推进机构设计灵巧，操作起来轻便、灵活可靠；断路器小车在不使用情况下，可在开关室内处于冷备用状态，而不必暴露于柜体之外，给投入运行的便捷和整体美观、整洁都有极大好处，并减小了变电建设面积。

开关设备能靠墙和后并柜安装，这样减小了设备占地面积，极大减少了建筑面积，经济效益明显。电缆室电缆连接头可高于800mm，给电缆安装维护和零序互感器安装都带来极大方便。柜体中二次线都设计了其专用封闭通道，一、二级分隔保护可靠。

产品型式试验项目齐全，并符合技术标准要求。

综上所述，KYN□-12（Z）型产品从电气、机械特点上都达到设计任务书中所提出的要求。产品技术先进、性能可靠、操作简单；它不仅优于国内同类型产品，而且可取代当今10kV成套设备中的进口产品。与国内同类产品相比较，虽然由于电器元件、材料选用，CNC加工提高了它的成本，价格上有所提高，但由于其较高的技术性能和其可靠性，对人身、设备安全和可靠供电所带来的社会效益则非常明显。与进口产品相比，在国内一些特殊需要上和一些国家特殊气候环境场所要求上，都高于国外进口产品，而价格上则大大低于进口产品，完全可以取代进口产品并出口一些国家，这给国家建设可节约和创造大量外汇。由此可见，KYN□-12（Z）型产品提高市场经济效益将非常明显。

第3部分　KYN□-12（Z）型户内铠装抽出式交流金属封闭开关设备试制鉴定大纲

1　主题内容与适用范围

本技术文件规定了KYN□-12（Z）型户内铠装抽出式交流金属封闭开关设备（以下简称开关设备）试验和鉴定方面的内容、方法。

本技术文件适用于KYN□-12（Z）型开关设备试验和鉴定。

2　引用标准（执行最新标准）

GB 311.1	《高压输变电设备的绝缘配合》
GB 763	《交流高压电器在长期工作时的发热》
GB 1984	《交流高压断路器》
GB 1985	《交流高压隔离开关和接地开关》
GB 2706	《交流高压电器动热稳定试验方法》
GB 3309	《高压开关设备常温下的机械试验》
GB 3906	《3.6～40.5kV交流金属封闭开关设备和控制设备》
GB 11022	《高压开关设备通用技术条件》
DL 403	《10～35kV户内高压真空断路器订货技术条件》

DL 404 《户内交流高压开关柜订货技术条件》
DL/T 539 《户内交流开关柜和元件凝露及污秽试验技术条件》
SHQ. BDC. 10003 JT 《3.6～40.5kV 交流金属封闭开关设备技术条件》

3 试验项目、技术要求和方法

3.1 对开关设备性能验证的试验项目

a. 型式试验；
b. 出厂试验。

3.1.1 型式试验的目的，是验证开关设备的电气性能和机械性能是否达到产品设计的技术条件要求。通过验证试验，证明产品设计的布置和结构是可行的，即达到目的。

3.1.1.1 根据 GB 3906 要求，用于型式试验的样机应是具有代表性的功能单元，其他类型方案的性能可借类似的数据来判定。

3.1.1.2 型式试验的试品应与正式生产的产品图样和技术条件相符。

开关设备如有下列情况，必须进行型式试验：
a. 新试制产品应进行全部型式试验；
b. 转厂试制产品，应进行全部型式试验；
c. 设计、工艺或使用材料作重要变更而影响产品性能时，应作相应的型式试验；
d. 对于正常生产按规定进行周期型式试验。

3.1.1.3 型式试验项目包括：
a. 耐受电压试验；
b. 温升试验和主回路电阻测量；
c. 主回路和接地回路的动、热稳定试验；
d. 开关的开断和关合能力试验；
e. 机械试验；
f. 防护等级的检查；
g. 严酷使用条件下的试验；
h. 内部故障电弧效应的试验；
i. 操作振动试验。

3.1.2 出厂试验的目的，是为了检查开关设备在制造过程中所用材料、电器元件及加工工艺是否符合产品图样与技术要求。这是制造厂为保证出厂产品与通过型式试验的产品一致性所必须要进行的试验。

3.1.2.1 出厂试验必须在每台产品上进行。

3.1.2.2 出厂试验项目包括：
a. 结构检查；
b. 机械特性和机械操作试验；
c. 主回路 1min 工频耐压干试验及辅助回路的工频耐压试验；
d. 主回路电阻测量；
e. 辅助电气装置试验；
f. 接线正确性检查。

3.2　技术要求和方法（见表1）

表1　技术要求和方法

序号	试验项目	技术要求与根据	试验方法	测试设备与仪器、仪表
1	结构与接线正确性检验	a. 产品及其零件，部件上应符合产品图纸。 b. 产品的配线应符合产品的接线方案，接线正确，工艺美观，柜内的元件应符合各自的标准和技术条件。 c. 产品高压部分相间中心距210±0.5mm或275±0.5mm，相间及相对地空气绝缘距离≥125mm	检查产品及零件、部件的尺寸形状、表面涂覆等是否符合图样要求，并根据产品的一、二次接线方案检查其配线连接、元件等是否符合要求	盒尺、铜板尺、卡尺、万用表、检验控制台等
2	主回路雷电冲击电压和工频耐压试验	根据GB 311和GB 3906的有关规定相间和相对地冲击耐压达到75kV，一次隔离断口间85kV。 1min工频耐压试验电压42kV，一次隔离断口间试验电压为48kV	额定冲击及工频耐压参数按GB 311、GB 3906规定进行。本产品进行相间和相对地耐压试验。避雷器应解开或移开，电流互感器二次侧应短接并接地，低变比TA也允许一次侧接地	冲击电压发生器、工频耐压试验变压器
3	辅助回路和控制回路的耐压试验	辅助和控制回路应能承受1min1500V工频耐压试验，若各次试验皆无击穿放电现象则为通过。应符合GB 3906中7.1.8项规定	(1) 辅助回路和控制回路连接在一起，电压加在它和接地骨架之间。 (2) 辅助回路和控制回路中的电动机和其他设备，其试验电压应与回路相同。 (3) TA的二次侧应短接并与地断开。 (4) TV的二次侧应断开	工频耐压变压器
4	辅助电气装置试验	按GB 3906中8.9要求辅助装置能顺利地进行操作，试验后，它们仍处于良好的工作状态，试验前后操作力不变	电气装置及其联锁应与具有预定操作程序的控制装置一起，在辅助能源不利的限制下按规定的使用和操作条件连续试验5次，试验中不得调整	操作控制台
5	主回路电阻测量	根据产品技术条件7.3中表3规定	直流电压降法	直流电压表、直流电源、直流毫伏表、回路电阻测试仪
6	温升试验	应符合GB 3906中7.2规定。该设备（包括元件）的温升，应以外壳外面的周围空气温度作为基位。各元件温升不应超过各自标准的规定。对可触及的外壳及盖板，温升不得超过30K，对可触及但正常运行时无需触及的外壳或盖板，其温升不得超过40K，对于可能触及的外壳某些部位，若温升高于65K时，应采取措施以确保周围的绝缘材料不会损伤	(1) 试验时应将盖板和门关闭。 (2) 应在规定相数下，通以额定电流，电流从汇流排的一端流经与电缆连接的末端，该试验应在寿命试验的前后各进行一次。对元件内部的温升，在寿命试验前应进行测量	升流变压器、温升测试仪、热电偶等

续表

序号	试验项目	技术要求与根据	试验方法	测试设备与仪器、仪表
7	机械特性试验	根据 GB 3906 中 7.6.1 主回路中所装的开关在规定的操作条件下机械特性，应符合各自的技术条件要求	按 GB 3309 及各自的技术条件进行试验	卡尺、直流电源、操作控制台、断路器机械特性测试仪
8	机械操作试验	应符合 GB 3906 有关规定。 (1) 开关、手车操作可靠、灵活。 (2) 联锁装置应可靠，应达到技术要求	按 GB 3906 各自技术条件进行试验。 (1) 开关分、合操作各 50 次，手车插入、抽出各 25 次。 (2) 按技术条件要求各项各操作 25 次	直流电源、操作控制台
9	机械寿命试验	应符合 GB 3309 及 GB 3906 中 7.6.3 规定。 (1) 主回路中的断路器以及有关的联锁应符合技术条件要求。 (2) 隔离插头、接地开关和可移开部件及二次隔离插头应满足要求	按 GB 3309 和 GB 3906 中 7.6.3 进行试验	直流电源、操作控制台、计数器等
10	主回路动、热稳定性试验	试验后，外壳内的元件和导体，不应遭受有损主回路正常运行的变形和损坏	按 GB 2706 及 GB 3906 中 7.4.2 规定进行试验	冲击发电机组或变压器、程序控制仪、示波器等
11	接地回路动、热稳定试验	接地导体、接地连接和接地装置按产品技术条件规定进行动、热稳定试验。接地开关应与主回路具有相同的动热稳定参数。试验后，允许接地导体、接地连线及接地开关有某些变形，但必须维持接地回路的连续性，且接地开关仍应能操作	按 GB 2706 和 GB 3906 有关规定进行试验	冲击发电机组或变压器、程序控制仪、示波器等
12	开关的关合和开断能力试验	额定关合电流参数 31.5～125kA，额定短路开断电流参数为 16～50kA	按 GB 1984 和 GB 3906 的要求进行试验	冲击发电机组或变压器、程序控制仪、示波器等
13	防护等级验证	外壳的防护等级 IP4X 间隔防护等级为 IP2X 断路器室门打开时防护等级为 IP2X	按 GB 3906 和 GB 11022 中 6.12 条的要求进行试验	标准金属试指及 ϕ12 ＋ (8.05) mm 刚性球体 ϕ1＋(8.05) mm 的钢性平直钢丝
14	操作振动试验	按 GB 3906 附录 G 的要求进行试验	按 GB 3906 附录 G 的要求进行试验	调压器、操作控制台
15	严酷使用条件下的试验	按 GB 3906 附录 E 中 1 类设计要求进行	按 GB 3906 附录 E 要求进行	气候试验室、喷雾装置、加热装置、高压电源
16	内部故障电弧效应试验	按 GB 3906 中 7.15 条件的规定	按 GB 3906 中 7.15 的规定	冲击发电机组或变压器、示波器、高速摄影机、指示器

4　鉴定性质、级别和内容

4.1　开关设备应进行产品鉴定或批试鉴定，鉴定级别按有关规定，由主管部门主持鉴定。

4.2　按 ZB/T J01 035.5《产品图样及设计文件的完整性》规定产品鉴定应提供下列资料：

a. 文件目录；
b. 技术任务书；
c. 技术条件；
d. 试制鉴定大纲；
e. 型式试验报告；
f. 技术经济分析报告；
g. 标准化审查报告；
h. 试制总结；
i. 安装使用说明书；
j. 包装技术条件；
k. 产品全套图纸；
l. 外购件明细表；
m. 图样目录。

4.3　产品鉴定内容

a. 审查产品技术条件是否符合国家标准及技术任务书的要求；
b. 审查产品图样和技术文件的正确性、完整性、统一性；
c. 审查产品型式试验报告，确定产品是否达到产品技术条件和有关标准的规定；
d. 审查产品结构的合理性。

4.4　作出鉴定委员会的结论和建议。

第 4 部分　KYN□—12（Z）型户内铠装抽出式交流金属封闭开关设备标准化审查报告

1　概述

KYN□-12（Z）型户内铠装抽出式交流金属封闭开关设备系 12kV 三相交流 50Hz 单母线及单母线分段系统的成套配电装置，主要用于发电厂、中小型变电站、工矿企事业变配电以及电力系统的二次变电所的变电送电及大型高压电动机控制等，实行控制、保护、监测之用。

根据《中华人民共和国标准化法》的规定，标准化对产品必须进行监督，产品设计亦要充分考虑标准化要求，为此对产品进行了标准化审查并提出标准化审查报告。

2　产品采用和依据的标准（执行最新标准）

GB 156	《额定电压》
GB 311.1	《高压输变电设备的绝缘配合》
GB 762	《电气设备　额定电流》

GB 763　　《交流高压电器在长期工作时的发热》
GB 1984　　《交流高压断路器》
GB 1985　　《交流高压隔离开关和接地开关》
GB 2706　　《高压电器动热稳定试验方法》
GB 3309　　《高压开关设备常温下的机械试验》
GB 3906　　《3.6～40.5kV 交流金属封闭开关设备和控制设备》
GB 7354　　《局部放电测量》
GB 11022　　《高压开关设备通用技术条件》
DL 404　　《户内交流高压开关柜订货技术条件》
IEC 298（1990）　　《1kV 以上 52kV 及以下交流金属封闭开关设备和控制设备》
IEC 694（1984）　　《高压开关设备和控制设备标准的共用条款》

3 标准化审查内容

3.1 KYN□-12（Z）型产品图纸、技术文件齐全。符合 ZB/T J01 035.5《产品图样及设计文件完整性》的要求。
3.2 KYN□-12（Z）型产品所提供的图形、资料、文件中的图形符号、格式均符合 GB 4728《电气图用图形符号》和 GB 7159《电气技术中的文字符号制定通则》，产品图样绘制符合 GB 4457～4460《机械制图》、GB/T 131《机械制图、表面粗糙度符号、代号及其注法》、GB 1800～1804《公差与配合》、GB 1182～1184《形状和位置公差》及最新有效的有关技术制图标准。
3.3 产品所选择使用的元器件均为国家统一定型产品或通过有关主管部门的鉴定后生产的定型产品，且在组装前经过质检部门的严格检验，以保证元器件在成套装置投入运行后的稳定可靠。
3.4 产品图样及技术文件的编号符合 JB/DQZ 0133.9《电工产品图样及技术文件十进位分类编号法》。
3.5 产品的结构合理，产品系列化、通用化、标准化程度较高。
3.6 产品各项电气性能满足技术条件的要求，符合有关国际、国内标准。
3.7 产品所提供的工艺文件齐全、合理，符合 JB/Z 187.2《工艺文件的完整性》的要求。

4 产品零件的标准化系数 *K*（按 003 方案）

表 1 产品零件的标准化系数 *K*

名称 \ 系数 *K* \ 参数	种类（项）	零件数
通用件 Σt	179	339
标准件 Σb	50	1092
外购件 Σw	17	205
专用件 Σz	11	28
总数 Σ	257	1664

$$K=\frac{\Sigma t+\Sigma b+\Sigma w}{\Sigma}\times 100\%\approx 98.32\%$$

5 结果

KYN□-12（Z）型户内铠装抽出式交流金属封闭开关设备符合标准化审查要求，具备批量生产的条件，可以进行产品鉴定。

第5部分 KYN□-12（Z）型户内铠装抽出式交流金属封闭开关设备型式试验大纲

1 主题内容及适用范围

本型式试验大纲（以下简称大纲）规定KYN□-12（Z）型户内铠装抽出式交流金属封闭开关设备的检查试验项目和方法。

本型式试验大纲只适用于KYN□-12（Z）型系列电力系统用户内铠装抽出式交流金属封闭开关设备的型式试验和出厂试验。

2 试验依据（执行最新标准）

GB 3906《3.6～40.5kV交流金属封闭开关设备和控制设备》

GB/T 11022《高压开关设备和控制设备标准的共同技术要求》

3 试验仪器和设备

3.1 直尺、卷尺、塞尺、卡尺、角尺。

3.2 三相交流调压器。

3.3 工频耐压试验台。

3.4 短路发电机或大电流发生器。

3.5 开关机械特性测试仪。

3.6 电压表、电流表、万用表、绝缘电阻表。

3.7 电压互感器、电流互感器、可调电感器。

3.8 示波器、点温计、电流放大器。

3.9 回路电阻测试仪。

3.10 多功能试验台。

4 出厂试验项目

出厂试验按下列各项进行，若有一项未通过，则需退修调整后再次试验，通过后方可发给产品合格证。

4.1 一般检查

用各种量具和目测，检查结构外形尺寸、材质和结构形式、涂漆、电镀件、电器元件、母线、绝缘导线、电气间隙、爬电距离、防护等级、接地等，检查结果应符合GB 3906—2006

标准中 8.1 条的要求。

4.2 机械特性和机械操作试验应符合 GB 3906—2006 标准中 8.2 条的要求。

4.3 主回路 1min 工频耐压试验应符合 GB 3906—2006 标准中 8.3 条的要求。

4.4 辅助回路工频耐压试验应符合 GB 3906—2006 标准中 8.4 条的要求。

4.5 主回路电阻测量应符合 GB 3906—2006 标准中 8.5 条的要求。

4.6 辅助的电气性能试验应符合 GB 3906—2006 标准中 8.9 条的要求。

4.7 接线正确性的检查应符合 GB 3906—2006 标准中 8.10 条的要求。

5 型式试验项目

型式试验除包括出厂试验项目外，还应按下列各项进行，若有一项未通过，则需退修调整后再次试验，通过后方可发给产品合格证。

5.1 耐受电压试验应符合 GB 3906—2006 标准中 7.1 条的要求。

5.2 温升试验和主回路电阻测量应符合 GB 3906—2006 标准中 7.2 和 7.3 条的要求。

5.3 主回路和接地回路的动、热稳定性试验应符合 GB 3906—2006 标准中 7.4 条的要求。

5.4 开关的开断和关合能力试验应符合 GB 3906—2006 标准中 7.5 条的要求。

5.5 机械试验应符合 GB 3906—2006 标准中 7.6 条的要求。

5.6 防护等级的检查应符合 GB 3906—2006 标准中 7.7 条的要求。

5.7 泄漏电流测量应符合 GB 3906—2006 标准中 7.8 条的要求。

5.8 操作振动试验应符合 GB 3906—2006 标准中 7.11 条的要求。

6 试验程序和方法

检查和试验程序及方法要遵循各项标准的技术要求。

第 6 部分 KYN□-12（Z）型户内铠装抽出式交流金属封闭开关设备试制总结报告

1 任务来源

略。

2 设计过程

2.1 调研阶段

设计试制组重点调查国内及国内利用引进技术所生产的 12kV 户内金属铠装式开关设备的制造使用现状及存在的问题，对目前国内广泛使用的多种型号的组装式中压柜的实际技术水平进行了详细的分析和比较，对国内当前从国外引进的组装型中压柜做了全面调查。同时对在该产品中所使用的主要配套元器件的生产情况、技术现状以及批量供货能力做了详细的了解。调研阶段的工作为确定 KYN□-12（Z）型开关设备的技术水平和参数打下了良好的技术基础。

2.2 初步设计阶段

在完成设计调研任务后，在广泛征求各有关方面的意见的前提下，提出了《KYN□-12（Z）型开关设备技术任务书》，规定了KYN□-12（Z）型产品的设计主导思想和产品的技术性能指标。

2.2.1 根据技术任务书的要求，设计组选择了典型代表方案，开展初步设计。至2010年1月10日，初步设计阶段工作任务完成如下方面的初步设计：

a. 额定电流至1250A的800mm宽柜体电缆进出线方案的总装图；

b. 系列产品一次系统方案图。

2.2.2 完成了如下技术资料的初稿：

a. 技术任务书；

b. 技术条件；

c. 试制鉴定大纲。

2.3 样机图样设计

根据初步设计和系统考虑，以配31.5kA、1250A断路器800mm宽柜体电缆进出线这一典型、通用方案来作为样柜是适宜的。联合设计组以此展开具体的零部件图样设计工作。

在全套图样的设计过程中，联合设计组严格按GB 3906等有关标准和本产品的技术任务书、技术条件的要求，本着系列化、通用化和标准化的原则，于2010年1月20日完成了全套图样设计，并编制了图样目录、明细表、外购件采购清单。在设计中，对于该开关设备所需要的柜体和断路器、接插件、绝缘件、密封件、辅助插头、辅助开关也组织了生产厂家进行联合开发，以满足设计的整体需要。

3 样机试制

相比国内同类型产品，KYN□-12（Z）型产品技术含量高，是采用板材加工的新工艺经多重折弯，板材采用进口敷铝锌钢板，结构采用全组装式。完全突破了我国多年来沿袭的传统加工方法。零件加工工艺较复杂，零部件精度要求较高，所以试制工作相当艰巨，这样试制和生产势必要建立在先进的CNC加工设备和技术先进的软件程序的基础上。这样才能保证试制成功和为今后能投入批量生产，摸索出一套生产工艺经验过程。经多方调查研究，设计试制组确定由参与联合设计的江苏天翔电气有限公司来承担柜体设计试制工作。

3.1 工艺文件编制

为样机生产的便利和所生产的零件满足产品图纸要求，由专业工艺人员用引进的日本CAMPATH康派司钣金加工编程软件和意大利多重折弯机的CYBEIEC程序，对每个零件都编制了详细的加工程序和工艺文件。

3.2 工装模具

对产品中某些特殊形状的零件和孔，及时设计了模具和有关定位装配夹具。

3.3 样机生产

3.3.1 样机试制中，对敷铝锌钢板采取国内外多家生产厂取样试制，结果发现有些厂家的板材经多重折边后敷层开裂，甚至于有板材开裂现象，最后我们选定了瑞典生产的板材。此板材延展性和刚性都较好，敷层花纹均匀、细密，色泽适中，在阳光和灯光下都不炫目。

3.3.2　样机加工中，由于设计要求精度高，除板材落料、冲孔要求前道工序各尺寸保证系数高外，多重折弯是关键，因折弯成形后，尺寸受折弯线确定、材料延展性等诸多因素影响。要求在试制中通过多次反复摸索和引进软件的应用，加工程序编制技术人员最后摸索编出理想的程序，使多重折弯的钣金件完全符合设计要求。

3.3.3　在试制中把紧外协、辅助元器件的试制这一环，对于本次设计中专门需要的辅件，我们都投入人力物力考察了一些专门厂家组织试制。这样使开关设备设计的完美得到了保证。2010 年 1 月 30 日完成了样机试制，并作型试样品之用。

由参与联合设计的有关人员直接组织样机生产，对整个生产过程中的不合格零件及主要元器件得以有效控制，确保了零件与图样的统一性，对校对图样的正确性打好了基础。

3.4　图样更改

在编制工艺文件过程中所发现的由于设计不当以至于不便加工的零件，对产品图样做了局部修改。在产品装配过程中所发现的由于设计错误不便装配的零部件，及时对有关图样做了修改。

4　型式试验

型式试验按 GB 3906《3.6～40.5kV 交流金属封闭开关设备和控制设备》和 KYN□-12（Z）型产品试制鉴定大纲要求进行。2010 年 2 月 25 日在西高所完成了全部型式试验。经验证，KYN□-12（Z）型产品通过了全部项目的试验。通过型式试验证明设计是符合技术任务书中提出的各项要求。型式试验结果详见报告。

5　结论

KYN□-12（Z）型开关设备的试制和型式试验，验证了该产品的设计达到了《技术任务书》中确定的技术要求，总结该产品的特点如下：

5.1　KYN□-12（Z）型产品组装式结构设计合理，外形美观、大方，安装维修方便；

5.2　板材经 CNC 机床加工后，精度高，便于装配；

5.3　产品中所采用的多重折弯结构较先进，板材经多重折弯后，整体强度高，节约材料，便于实现材料的统一化；

5.4　KYN□-12（Z）型产品达到国外先进产品的水平，而且直接用型式试验验证了参数的正确性和可靠性；

5.5　KYN□-12（Z）型产品的设计全部采用了计算机辅助设计的先进手段，使产品的设计周期大大缩短，有效地保证了图纸的正确性和统一性；

5.6　KYN□-12（Z）型产品大量使用了新的、更合理结构的零部件，其中一些较复杂的零件组织专业厂家进行批量生产，确保了产品的质量和标准化生产；

5.7　KYN□-12（Z）型产品的系列化、通用化、标准化程度较高。

6　编制有关技术文件

截止 2010 年 1 月 25 日，联合设计组完成了 KYN□-12（Z）型产品的如下技术文件：

a. 文件目录；

b. 技术任务书；

c. 技术条件；
d. 试制鉴定大纲；
e. 型式试验报告；
f. 技术经济分析报告；
g. 标准化审查报告；
h. 试制总结；
i. 安装使用说明书；
j. 柜体部件技术条件；
k. 包装技术条件；
l. 产品全套图纸；
m. 主要工艺文件；
n. 外购件明细表；
o. 图样目录。

7 鉴定

2010年3月1日，有关专家和行业人士对KYN□-12（Z）型产品的全套图样和技术文件进行了审查。然后联合设计组针对专家们所提出的意见和建议，对设计进行了及时的修改和完善。

目前KYN□-12（Z）型户内铠装抽出式交流金属封闭开关设备已具备产品鉴定条件，特此交××市电力公司鉴定委员会审查。

第7部分 KYN□-12（Z）型户内铠装抽出式交流金属封闭开关设备生产工艺总结报告

1 概述

××公司新产品开发设计试制组对样机试制的生产工艺进行了全面部署、层层把关、严格按照ISO 9001产品质量管理体系规范进行控制。

从元器件进货检验到组装成成品，均符合GB 3906—2006和技术条件要求，并顺利地通过了型式试验。

2 工艺流程

2.1 装配工艺流程

柜体装配→元器件装配→一次线装配→二次配线→清理

2.2 母线加工与安装工艺流程

准备→下料→去脂→清洗→整形→冲孔→压平（压花）→折弯→去脂→清洗→镀锡→装配（安装）

3 工艺过程和质量评定

3.1 柜体装配：由于柜体是外购成品、只作进货检验，符合设计和技术标准要求。

3.2 元器件装配

a）一、二次元器件安装排列符合设计要求，型号规格正确；

b）元器件完好无损，表面清洁干净，经入库检验合格的产品；

c）元器件的合格证，说明书，技术文件齐全；

d）元器件安装布局合理，整齐美观，安装牢固可靠，倾斜不大于3°；

e）配齐平垫和弹簧垫，固定螺栓突出螺母2-3扣之间；

f）设备标牌、眉头、模拟牌和标签均符合设计要求，安装整齐美观；

g）电气间隙和爬电距离均符合GB 3906—2006标准要求；

h）绝缘外壳没有划伤痕迹，外壳防护等符合设计标准要求。

3.3 一次线装配

a）导线、母线选用型号规格符合设计要求；

b）导线、母线颜色A相为黄色，B相为绿色，C相为红色，N线为淡蓝色，PE线为黄绿双色，母线用相应颜色标签贴于明显易见处；

c）相序排列符合设计标准要求，安装排列整齐、美观大方；

d）母线表面平整光洁，无裂痕、锤印；剪切口和孔眼处无毛刺，折弯处无裂纹，搭接面无氧化层；

e）选用的母线套管和支撑件符合设计要求，能耐受装置额定的短时耐受电流和峰值耐受电流所产生的动热应力的冲击，安装整齐牢固；

f）母排弯曲处与母排搭接边线距离在25mm以上；

g）母排连接紧密可靠，坚固，螺栓个数符合国家技术标准要求，配齐平垫和弹簧垫，螺栓突出螺母2～3扣之间；

h）母排全部采用镀锡工艺、表面光亮、均匀，无损伤痕迹；

i）母排加工过程和安装工艺均符合国家技术标准的工艺规范。

3.4 二次配线

a）首先粘贴元件标识签，靠近元器件明显处，粘贴牢固整齐；

b）配线做到整齐美观、横平竖直，线束无叠（绞）线，绑扎牢固；

c）线号管字迹清晰，套装位置排列正确、整齐，字号易见，便于维修查找；

d）导线穿金属板时有绝缘套隔离保护，过门线束用线夹固定，并留有适当余量；

e）一个接线端子接线数量不超过2根，压线牢固可靠，导线中段没有接头；

f）接地线规格颜色均符合设计要求。

3.5 清理

配线完工后，将柜内废杂物清理干净，符合设计要求。

4 结论

电力系统用KYN28A-12（Z）型样机，在试制过程中，始终贯穿有关各项技术标准和按照ISO 9001产品质量管理体系规范进行控制，精心制作，顺利地通过型式试验。

各项技术性能指标均符合设计任务书及相关的技术条件的要求，已具备了鉴定条件，可以组织批量生产。

第8部分　KYN□-12（Z）型户内铠装抽出式交流金属封闭开关设备型式试验报告

略。

第9部分　KYN□-12（Z）型户内铠装抽出式交流金属封闭开关设备产品运行报告

附用户意见书（使用总结报告）：略。

第10部分　KYN□-12（Z）型户内铠装抽出式交流金属封闭开关设备图样

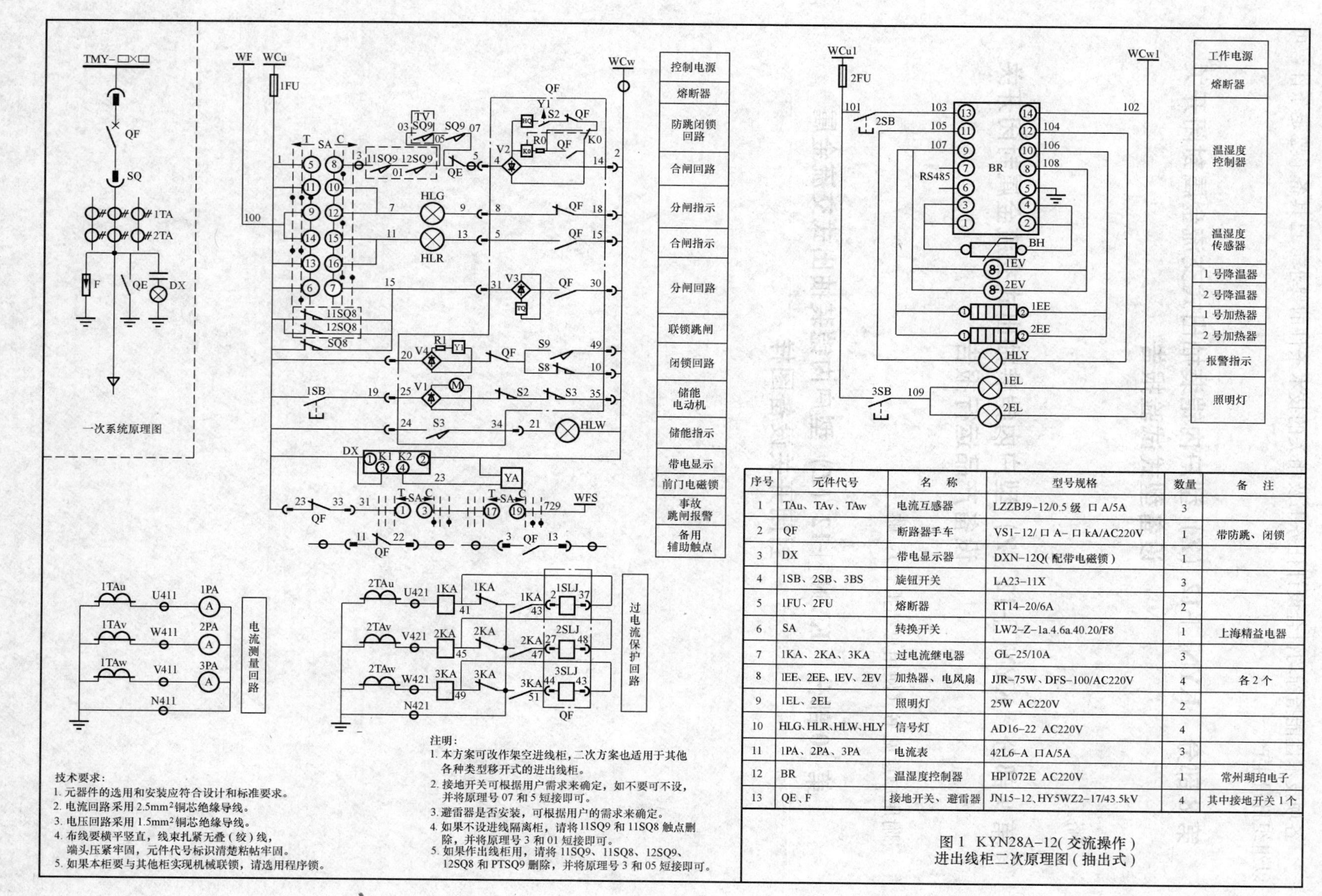

序号	元件代号	名 称	型号规格	数量	备 注
1	TAu、TAv、TAw	电流互感器	LZZBJ9-12/0.5 级 口 A/5A	3	
2	QF	断路器手车	VS1-12/ 口 A- 口 kA/AC220V	1	带防跳、闭锁
3	DX	带电显示器	DXN-12Q(配带电磁锁)	1	
4	1SB、2SB、3BS	旋钮开关	LA23-11X	3	
5	1FU、2FU	熔断器	RT14-20/6A	2	
6	SA	转换开关	LW2-Z-1a.4.6a.40.20/F8	1	上海精益电器
7	1KA、2KA、3KA	过电流继电器	GL-25/10A	3	
8	1EE、2EE、1EV、2EV	加热器、电风扇	JJR-75W、DFS-100/AC220V	4	各 2 个
9	1EL、2EL	照明灯	25W AC220V	2	
10	HLG、HLR、HLW、HLY	信号灯	AD16-22 AC220V	4	
11	1PA、2PA、3PA	电流表	42L6-A 口A/5A	3	
12	BR	温湿度控制器	HP1072E AC220V	1	常州瑚珀电子
13	QE、F	接地开关、避雷器	JN15-12、HY5WZ2-17/43.5kV	4	其中接地开关 1 个

技术要求：
1. 元器件的选用和安装应符合设计和标准要求。
2. 电流回路采用 2.5mm^{2}铜芯绝缘导线。
3. 电压回路采用 1.5mm^{2}铜芯绝缘导线。
4. 布线要横平竖直，线束扎紧无叠（绞）线，端头压紧牢固，元件代号标识清楚粘帖牢固。
5. 如果本柜要与其他柜实现机械联锁，请选用程序锁。

注明：
1. 本方案可改作架空进线柜，二次方案也适用于其他各种类型移开式的进出线柜。
2. 接地开关可根据用户需求来确定，如不要可不设，并将原理号 07 和 5 短接即可。
3. 避雷器是否安装，可根据用户的需求来确定。
4. 如果不设进线隔离柜，请将 11SQ9 和 11SQ8 触点删除，并将原理号 3 和 01 短接即可。
5. 如果作出线柜用，请将 11SQ9、11SQ8、12SQ9、12SQ8 和 PTSQ9 删除，并将原理号 3 和 05 短接即可。

图 1 KYN28A-12(交流操作)
进出线柜二次原理图（抽出式）

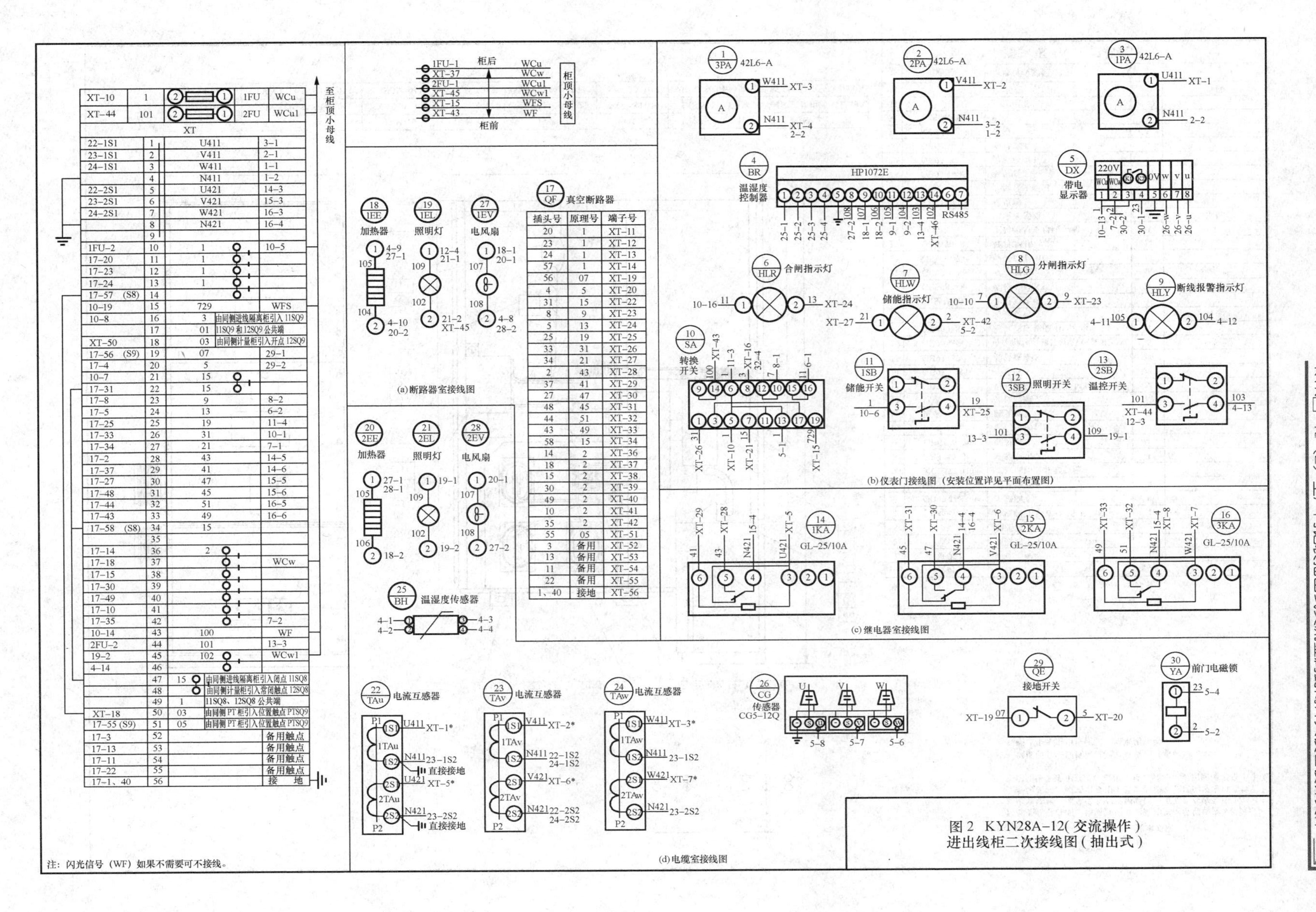

插头号	原理号	端子号
20	1	XT-11
23	1	XT-12
24	1	XT-13
57	1	XT-14
56	07	XT-19
4	5	XT-20
31	15	XT-22
8	9	XT-23
5	13	XT-24
25	19	XT-25
33	31	XT-26
34	21	XT-27
2	43	XT-28
37	41	XT-29
27	47	XT-30
48	45	XT-31
44	51	XT-32
43	49	XT-33
58	15	XT-34
14	2	XT-36
18	2	XT-37
15	2	XT-38
30	2	XT-39
49	2	XT-40
10	2	XT-41
35	2	XT-42
55	05	XT-51
3	备用	XT-52
13	备用	XT-53
11	备用	XT-54
22	备用	XT-55
1、40	接地	XT-56

图2 KYN28A-12(交流操作)
进出线柜二次接线图(抽出式)

注：闪光信号（WF）如果不需要可不接线。

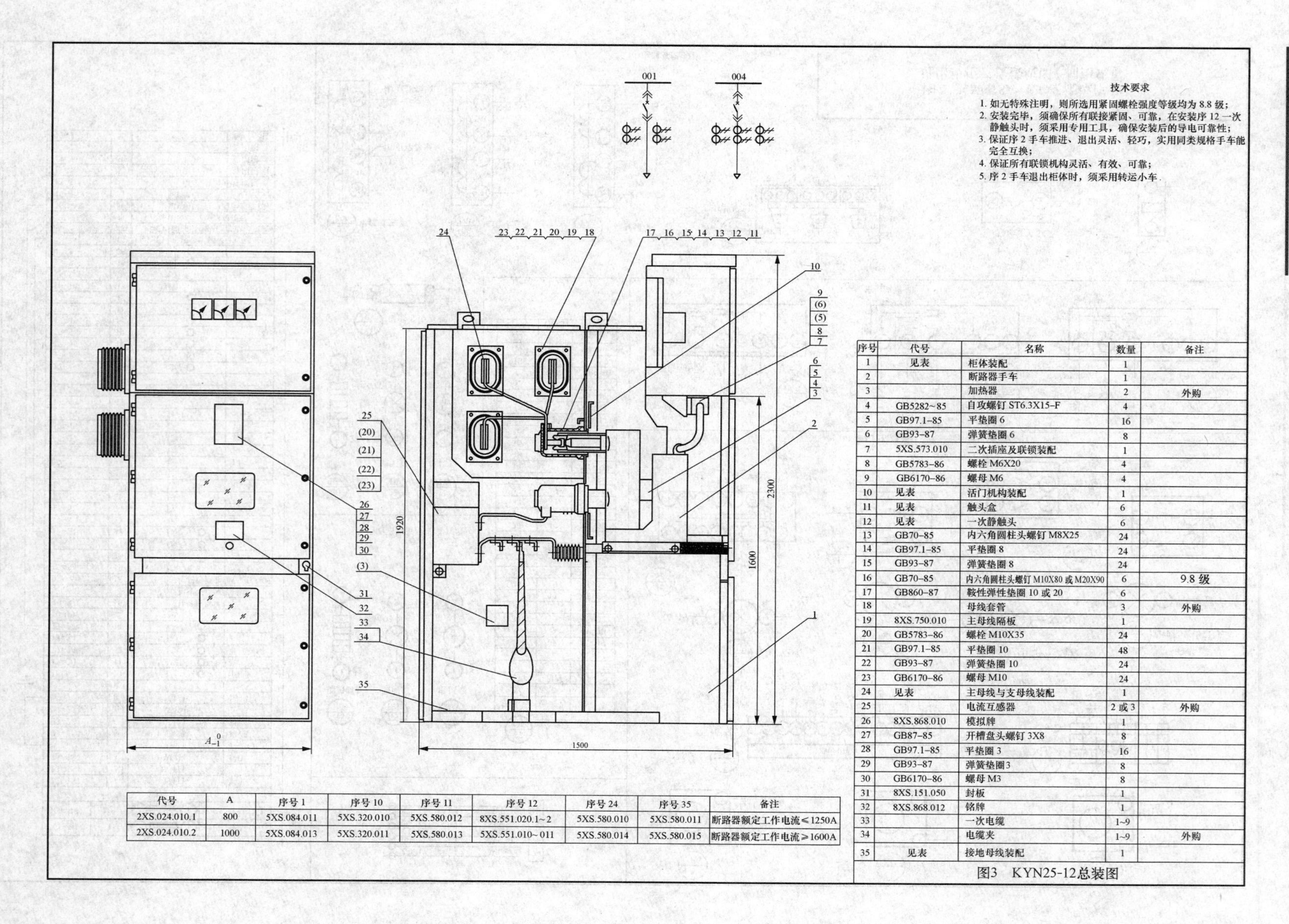

技术要求

1. 如无特殊注明，则所选用紧固螺栓强度等级均为8.8级；
2. 安装完毕，须确保所有联接紧固、可靠，在安装序12一次静触头时，须采用专用工具，确保安装后的导电可靠性；
3. 保证序2手车推进、退出灵活、轻巧，实用同类规格手车能完全互换；
4. 保证所有联锁机构灵活、有效、可靠；
5. 序2手车退出柜体时，须采用转运小车.

代号	A	序号1	序号10	序号11	序号12	序号24	序号35	备注
2XS.024.010.1	800	5XS.084.011	5XS.320.010	5XS.580.012	8XS.551.020.1~2	5XS.580.010	5XS.580.011	断路器额定工作电流≤1250A
2XS.024.010.2	1000	5XS.084.013	5XS.320.011	5XS.580.013	5XS.551.010~011	5XS.580.014	5XS.580.015	断路器额定工作电流≥1600A

序号	代号	名称	数量	备注
1	见表	柜体装配	1	
2		断路器手车	1	
3		加热器	2	外购
4	GB5282~85	自攻螺钉 ST6.3X15-F	4	
5	GB97.1-85	平垫圈 6	16	
6	GB93-87	弹簧垫圈 6	8	
7	5XS.573.010	二次插座及联锁装配	1	
8	GB5783-86	螺栓 M6X20	4	
9	GB6170-86	螺母 M6	4	
10	见表	活门机构装配	1	
11	见表	触头盒	6	
12	见表	一次静触头	6	
13	GB70-85	内六角圆柱头螺钉 M8X25	24	
14	GB97.1-85	平垫圈 8	24	
15	GB93-87	弹簧垫圈 8	24	
16	GB70-85	内六角圆柱头螺钉 M10X80 或 M20X90	6	9.8 级
17	GB860-87	鞍性弹性垫圈 10 或 20	6	
18		母线套管	3	外购
19	8XS.750.010	主母线隔板	1	
20	GB5783-86	螺栓 M10X35	24	
21	GB97.1-85	平垫圈 10	48	
22	GB93-87	弹簧垫圈 10	24	
23	GB6170-86	螺母 M10	24	
24	见表	主母线与支母线装配	1	
25		电流互感器	2 或 3	外购
26	8XS.868.010	模拟牌	1	
27	GB87-85	开槽盘头螺钉 3X8	8	
28	GB97.1-85	平垫圈 3	16	
29	GB93-87	弹簧垫圈 3	8	
30	GB6170-86	螺母 M3	8	
31	8XS.151.050	封板	1	
32	8XS.868.012	铭牌	1	
33		一次电缆	1~9	
34		电缆夹	1~9	外购
35	见表	接地母线装配	1	

图3 KYN25-12总装图

表1 元器件明细表

序号	名 称	型号及规格	单位	数量	备 注
1	断路器手车	VS1-12/1250-31.5	台	1	抽出式 AC220V
2	电流互感器	LZZBJ9-12、1250/5A	台	2	0.5 级
3	接地开关	JN15-12/31.5-210	台	1	
4	避雷器	HY5WS-17/50	台	3	
5	带电显示器	DXN-10Q（配电磁锁）	套	1	
6	过流继电器	GL-25/10A	只	2	
7	信号继电器	DX-11Q/220V	只	1	
8	转换开关	LW12-Z-1a.4.6a.40.20/F8	只	1	
9	旋钮开关	LA23-11X	只	3	
10	熔断器	JF5-2.5RD/6A	只	2	
11	加热器	JJR-75W	只	2	
12	照明灯	60W、220V	只	2	
13	信号灯	AD16-22、220V	只	3	
14	电流表	42L6-A、1250/5A	只	2	
15	接线端子	JF5-2.5	节	50	
16	穿墙套管	TG3-12Q/210	只	3	
17	绝缘子	ZJ2-12Q/210	只	3	
18	触头盒（包括静触头）	1250A	只	6	
19	小母线夹	JXZ-15	只	1	
20	温湿度控制器	HP1072E/220V	只	1	
21					

第11部分 新产品、新技术鉴定材料

表1 新产品、新技术鉴定申请表

产品名称	
完成单位	
资金来源	
起止日期	
申请单位（意见）	
上海市电力公司生技部（意见）	
拟请专家	

项目及产品介绍

1 项目来源

略。

2 产品的用途及使用范围

（1）用途。KYN□-12（Z）型开关设备系三相交流50Hz，额定电压12kV户内成套配电装置。作为发电厂、变电站（所）及工矿企事业接受和分配电能之用，对电路起到控制保护及检测等功能。

（2）使用范围。

a. 周围空气温度：不高于+40℃，不低于−15℃；

b. 相对湿度：日平均值不大于95%，月平均值不大于90%；

c. 海拔高度：不超过1000m；

d. 地震烈度不超过8°；

e. 没有火灾、爆炸危险，严重污秽，化学腐蚀及强烈振动的场所。

3 主要技术参数

（1）额定工作电压10kV，最高工作电压12kV。

（2）额定绝缘水平：相间及相对地（1min）工频耐受电压42kV；一次隔离断口额定短时（1min）工频耐受电压48kV；雷电冲耐受电压：相对地及相间75kV，一次隔离断口85kV；辅助回路和控制回路（1min）工频耐受电压1.5kV。

（3）额定频率50Hz。

（4）额定电流为630、1250、1600、2000、2500、3150A。

（5）额定短路开断电流为16、20、25、31.5、40、50kA。

（6）额定热稳定电流分为16、20、25、31.5、40、50kA（时间4s）。

（7）额定动稳定电流：分为40、50、63、80、100、125kA。

（8）额定短路关合电流：分为40、50、63、80、100、125kA。

（9）分合闸装置和辅助回路的额定工作电压：直流分为24、36、48、60、110、220V；交流分为110、220V。

4 技术要求

（1）产品外壳防护等级为IP4X，隔室为IP2X。

（2）产品具有五防联锁功能。

（3）产品的一次部件空气间隙（相间、相对地）不小于125mm，爬电距离有机绝缘不小于240mm，资质绝缘不小于216mm。

（4）其他技术参数均符合技术任书和GB 3906有关标准要求。

（5）产品安装的一、二次元件布局合理，安装正确牢固，接线准确横平竖直、动作无误、灵活可靠。

（6）柜体采用进口敷铝锌钢板制造，为组装分割式结构，分为断路器室、母线室、电缆室、继电器仪表室，手车采用中置式，操作维护极为方便，同型号手车互换性强。

（7）标准化程度和技术含量高等特点。

5 产品发展前景

该系列产品由于技术先进，科技含量高，性能稳定、运行安全可靠，并具有上述诸多优点，深受广大用户认可，市场需求量较大，所以前景广阔，可创造显著的经济效益和社会效益。

表2 鉴定意见表

鉴定组织单位意见：   年 月 日
鉴定委托单位意见：   年 月 日

表3 鉴定委员会意见

受××市经委委托××市电力公司于2010年3月1日，组织有关专家对××电气成套设备有限公司生产的“KYN口-12（Z）型户内铠装抽出式交流金属封闭开关设备”（配ZN63A-12/T1250-31.5）进行了产品鉴定。

鉴定委员会听取了产品的试制总结、型式试验报告、标准化审查报告、用户试运行报告等，审查了产品工艺文件、产品图样等技术资料，并现场抽测了产品的部分出厂试验项目，经讨论，鉴定意见如下：

（1）产品图样和技术文件基本完整、统一、正确，文件编制和图样绘制符合国家有关标准规定，可指导生产。

（2）产品经国家高压电器质量监督检验中心的型式试验，试验合格、报告有效，产品性能符合GB 3906—2006《交流金属封闭开关设备》、JB 3855—1996《户内交流高压真空断路器》的相关规定和公司产品技术条件的规定要求。现场抽检项目，试验合格。

（3）产品设计结构紧凑，性能良好，经用户试运行反映性能稳定可靠。

（4）工厂的工艺装备基本完备，测试手段基本齐全，能满足批量生产的条件。

综上所述，鉴定委员同意通过“KYN口-12（Z）户内铠装抽出式交流金属封闭开关设备”产品鉴定，可以批量生产。

希望扩大产品系列规格，更好满足用户需求。

鉴定委员会主任委员：

年 月 日

附录4

企业产品质量管理文件汇编

1. 产品质量管理网络图

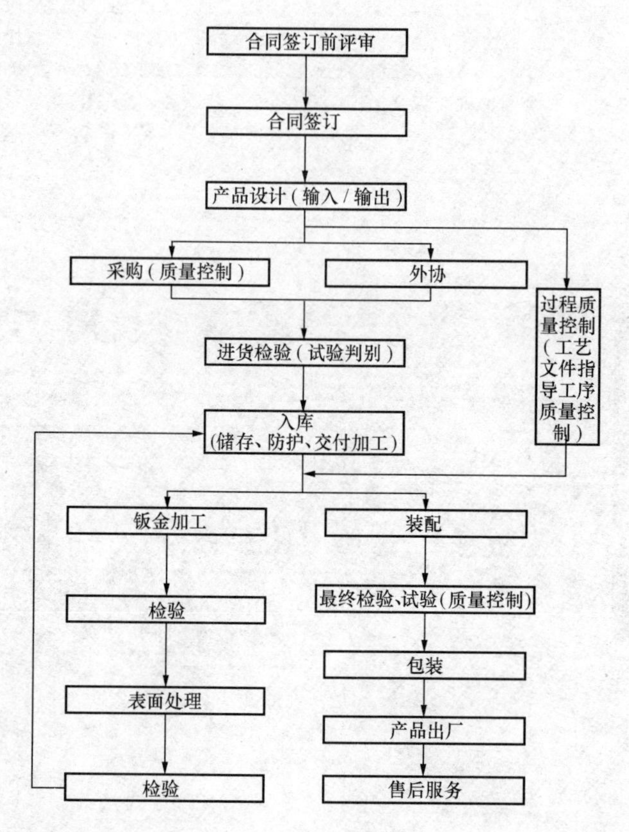

2. 生产经营活动过程流程图

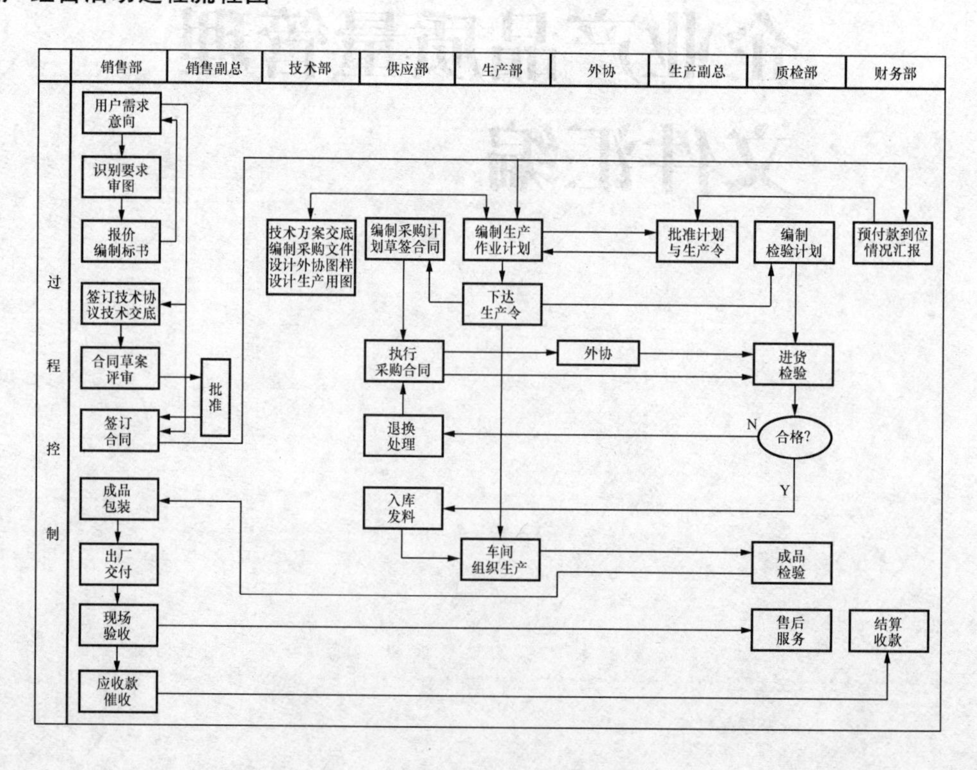

3. 产品制造工艺流程图

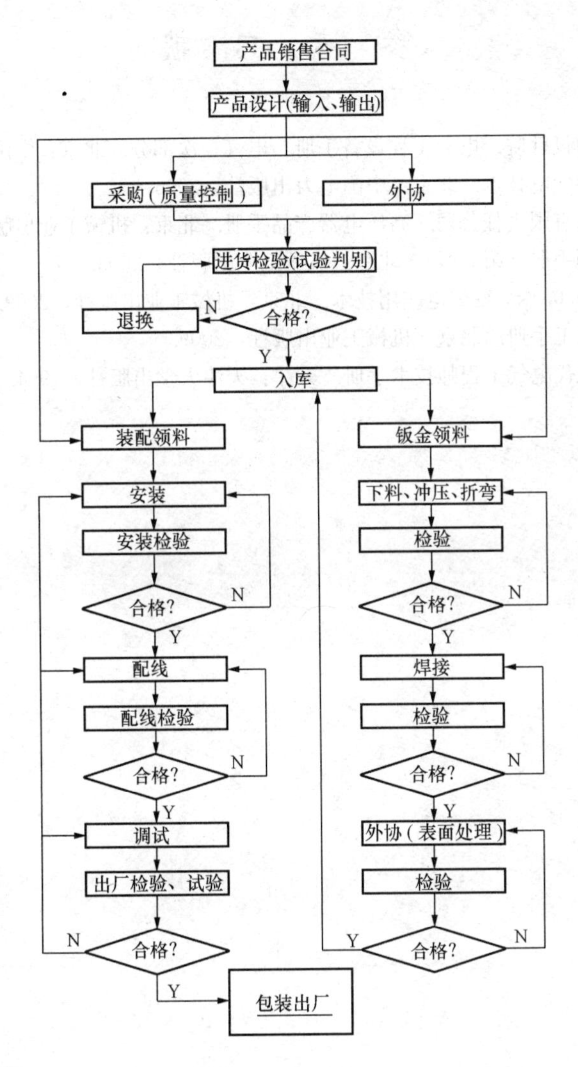

4. 进货检验工作流程图

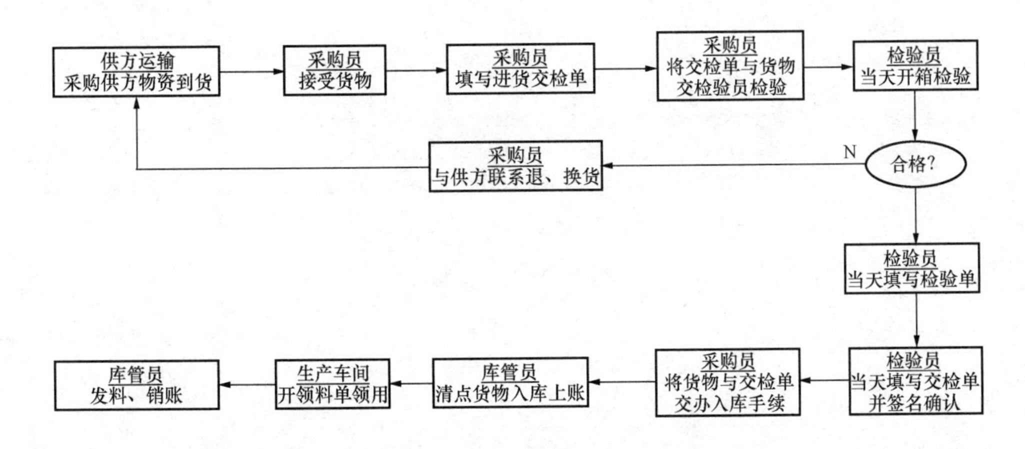

参考文献

[1] 电力工业部西北电力设计院．电力工程设备手册　电气一次部分．北京：中国电力出版社，1998.
[2] 王宇，张蓉．工厂供配电技术．北京：中国电力出版社，2006.
[3] 西安高压电器研究所有限责任公司．高压电器产品手册．北京：机械工业出版社，2008.
[4] 王建华．电气工程师手册（第 3 版）．北京：机械工业出版社，2008.
[5] 孟宪章，罗晓梅．10/0.4kV 变配电实用技术．北京：机械工业出版社，2009.
[6] 孙克军．简明农村电工手册．北京：机械工业出版社，2009.
[7] 李桂中，肖久生．现代电气工程师技术手册．天津：天津大学出版社，1994.